A
B
C Ć
D
E
F
G
H
I
J
K
L Ł
M
N
O Ó
P
Q R
S Ś
T
U
W
Y Z
Ź Ż

SŁOWNIK
naukowo-techniczny
polsko-angielski

Polish-English
DICTIONARY
of Science
and Technology

Polish-English DICTIONARY of Science and Technology

Seventh edition reprinted

edited by
SERGIUSZ CZERNI and MARIA SKRZYŃSKA

WYDAWNICTWA NAUKOWO-TECHNICZNE
WARSZAWA

SŁOWNIK naukowo-techniczny polsko-angielski

Wydanie siódme niezmienione

redagowali

SERGIUSZ CZERNI i MARIA SKRZYŃSKA

WYDAWNICTWA NAUKOWO-TECHNICZNE

WARSZAWA

62/63+65/69(038) = 84 = 20

DZIAŁ SŁOWNICTWA TECHNICZNEGO
WYDAWNICTW NAUKOWO-TECHNICZNYCH

Redaktorzy naukowi
M. SKRZYŃSKA, E. ROMKOWSKA, T. JAWORSKA

Poprzednie wydania słownika pod tytułem
Slownik techniczny polsko-angielski
wyd. I. Warszawa WNT 1962 – naklad 15 000
wyd. II. Warszawa WNT 1970 – naklad 10 000

Slownik naukowo-techniczny polsko-angielski
wyd. III. Warszawa WNT 1976 – naklad 20 000
wyd. IV. Warszawa WNT 1981 – naklad 20 000
wyd. V. Warszawa WNT 1983 – naklad 30 000
wyd. VI. Warszawa WNT 1986 – nakład 60 000

Słownik zalecony do nauczycielskich bibliotek techników i liceów zawodowych

ISBN 83-204-1380-X

OD REDAKCJI

Słownik zawiera ok. 100 000 terminów polskich z różnych dziedzin nauki i techniki, występujących w fachowej literaturze polskiej oraz ich odpowiedniki lub objaśnienia w języku angielskim.
Wydanie niniejsze oparto na materiale III wydania Słownika naukowo-technicznego polsko-angielskiego. Materiał ten został zweryfikowany i znacznie uzupełniony, szczególnie w zakresie elektroniki, matematyki, informatyki, metalurgii, chemii, nauk biologicznych, medycyny oraz rolnictwa i przemysłu spożywczego. Terminy z zakresu matematyki opracował dr Andrzej Palczewski. Uzupełnienia z innych dziedzin zebrali i opracowali redaktorzy Słownika.
Redakcja dołożyła starań, aby słownik miał jak największą praktyczną wartość dla różnych użytkowników, a więc pracowników naukowych, inżynierów i techników, tłumaczy, pracowników handlu zagranicznego oraz biur dokumentacji technicznej. Dokonano starannego wyboru licznych rzeczownikowych terminów złożonych, biorąc pod uwagę ich ważność w klasyfikacji pojęć lub też podając je przykładowo dla zilustrowania sposobu tworzenia złożeń. Starano się też zarejestrować jak najwięcej zwrotów i wyrażeń, które mogą sprawiać kłopot tłumaczom tekstów fachowych i dokumentacji.
Polskie terminy wyjściowe podano w układzie alfabetycznym według kolejności wyrazów. Dzięki temu można było wykorzystać, dla zaoszczędzenia miejsca, naturalną tendencję terminologii polskiej do tworzenia złożeń zaczynających się od rzeczownika w pierwszym przypadku, po którym następują wyrazy określające. W następujących kolejno terminach złożonych powtarzające się pierwsze wyrazy zastąpiono znakiem ~. Wyrażenia charakterystyczne, zaczynające się od przymiotników, podano w pełnym brzmieniu z zachowaniem w nich naturalnej kolejności wyrazów, np.: **„druga potęga”**, **„suchy lód”**. Same przymiotniki podano tylko z końcówkami rodzaju męskiego. W tych przypadkach, gdy istnieją dwie jednoznaczne formy terminu — pełna i skrócona — człony terminu złożonego, które mogą być pominięte, podano w nawiasach okrągłych bez zmiany kroju pisma, np. **„ciało (doskonale) chropowate”** lub „sustainer (motor)”. Ujęte w nawias wyrazy są brane pod uwagę przy alfabetyzacji.
Objaśnienia lub dopowiedzenia, jak również skróty dziedzinowe wydrukowano kursywą. Odpowiedniki angielskie wzajemnie równoznaczne są oddzielone od siebie przecinkiem; odpowiedniki bliskoznaczne, tj. takie, które znaczeniowo nie pokrywają się między sobą, lecz mieszczą się w szerszym znaczeniu terminu wyjściowego, oddzielone są średnikiem. Wreszcie odpowiedniki angielskie dotyczące różnych znaczeń terminu polskiego oddzielone są cyframi arabskimi.

INTRODUCTORY NOTE

This dictionary comprises about 100 000 Polish terms and their English equivalents or explanatory notes from various branches of science and technology, occurring in Polish literature.

The present edition of the dictionary is based on material collected for the third edition of the Polish-English Dictionary of Science and Technology. The material has been revised and many new terms have been added, with special emphasis on the newest terminology in such rapidly developing branches as electronics, mathematics, computer science, metallurgy, chemistry, biological sciences, medicine, agriculture and food industry.

The mathematical terms have been compiled by Andrzej Palczewski. The supplementary terms from other branches have been collected by the editors.

The Editorial staff have endeavoured to present a dictionary which will be of great practical value to various categories of users, viz. scientists, research workers, engineers, translators and employees in foreign trade organizations and technical documentation centres. A considerable number of compound noun terms have been carefully chosen in view of their importance in the classification of concepts or in order to illustrate the method of building compound terms. The Editorial staff have made efforts to include many of the terms and phrases which may cause trouble to translators of professional texts and documentation.

The Polish terms have been arranged in alphabetical order — word-by-word system. It was thus possible to save space by making use of the natural tendency of Polish terminology, in which compound terms are formed by putting the noun in the nominative case first and the descriptive words afterwords. When the first words of compound terms repeat themselves, they are replaced by the sign ~. Characteristic expressions beginning with adjectives are given in full, keeping the traditional word order, e.g. **„druga potęga", „suchy lód"**. Adjectives by themselves are given with the masculine endings only. In those cases where there exist two synonymous forms of a term — full and abbreviated — the parts of the compound terms which may be omitted are given in round brackets with no change in the type, e.g. **„ciało (doskonale) chropowate"** or „sustainer (motor)". The words in round brackets have been taken into account in the alphabetical arrangement.

Explanations and notes given with Polish terms and their English equivalents and also branch reference abbreviations are printed in italics. English equivalents which are synonymous are separated by a comma; near equivalents, i.e. those which do not coincide semantically, but which come within the wider meaning of the heading, are separated by a semi-colon; equivalents for different meanings of a Polish term are separated by Arabic numerals.

SKRÓTY I ZNAKI UMOWNE ZASTOSOWANE W SŁOWNIKU
ABBREVIATIONS AND SYMBOLS USED IN THE DICTIONARY

a — przymiotnik/adjective
adv — przysłówek/adverb
aero. — aeromechanika/aeromechanics
akust. — akustyka/acoustics
anat. — anatomia/anatomy
arch. — architektura/architecture
astr. — astronomia/astronomy
aut. — automatyka/automation
bhp — bezpieczeństwo i higiena pracy/ /industrial safety
biochem. — biochemia/biochemistry
biol. — biologia/biology
biur. — maszyny i urządzenia biurowe/ /office machines
bot. — botanika/botany
bud. — budownictwo, maszyny budowlane/building and building machinery
ceram. — ceramika/ceramics
chem. — chemia, inżynieria chemiczna/ /chemistry, chemical engineering
chłodn. — chłodnictwo/refrigeration
cukr. — przemysł cukrowniczy/sugar industry
cybern. — cybernetyka/cybernetics
drewn. — drewno, obróbka drewna/wood, woodworking
drog. — drogownictwo/highway engineering
ek. — ekonomia/economics
el. — elektryka, elektrotechnika/ /electricity, electrical engineering
elakust. — elektroakustyka/electro- -acoustics
elchem. — elektrochemia/electrochemistry
elektron. — elektronika/electronics
farb. — farby, barwniki, lakiery/paints and dyes
farm. — przemysł farmaceutyczny/ /pharmacy
ferm. — przemysł fermentacyjny/ /fermentation industry
fiz. — fizyka/physics
fizchem. — fizykochemia/physical chemistry
fizjol. — fizjologia/physiology
fot. — fotografia/photography
GB — termin brytyjski/British usage
genet. — genetyka/genetics
geod. — geodezja/geodetic surveying
geofiz. — geofizyka/geophysics
geogr. — geografia/geography
geol. — geologia/geology
geom. — geometria/geometry
gleb. — gleboznawstwo/soil sciences
górn. — górnictwo/mining
gum. — przemysł gumowy/rubber industry
hutn. — hutnictwo/metallurgy
hydr. — hydromechanika, hydraulika/ /hydromechanics, hydraulics
inf. — informatyka/computer science
inż. — inżynieria lądowa i wodna/civil engineering
jedn. — jednostka miary/unit of measure
jęz. — językoznawstwo/linguistics
kin. — kinematografia/cinematography
kol. — kolejnictwo/railways
kosm. — kosmonautyka/cosmonautics
kosmet. — kosmetyki, przemysł perfumeryjny/cosmetics, perfume industry
kotł. — kotły parowe/steam boilers
kryst. — krystalografia/crystallography
lab. — laboratorium chemiczne/chemical laboratory
leśn. — leśnictwo/forestry
lotn. — lotnictwo/aeronautics
masz. — części maszyn, maszyny/machine parts, machines
mat. — matematyka/mathematics
mech. — mechanika ogólna, teoria mechanizmów/mechanics, theory of machines
mech.pł. — mechanika płynów/mechanics of fluids
med. — medycyna, technika medyczna/ /medical science and apparatus
melior. — melioracja/melioration
met. — metaloznawstwo, metalografia/ /physical metallurgy, metallography
meteo. — meteorologia/meteorology
metrol. — metrologia/metrology
min. — mineralogia/mineralogy
młyn. — przetwórstwo zbożowe/gristmilling
mot. — motoryzacja, pojazdy mechaniczne/motorization, motor vehicles
narz. — narzędzia/tools
nawig. — nawigacja/navigation
nukl. — nukleonika/nucleonics
obr.ciepl. — obróbka cieplna/heat treatment
obr.plast. — obróbka plastyczna/plastic working
obr.skraw. — obróbka skrawaniem, obrabiarki, przyrządy i uchwyty/machining and machine tools
obuw. — przemysł obuwniczy/footwear industry
ocean. — oceanografia/oceanography
ochr.środ. — ochrona środowiska/environment protection
odl. — odlewnictwo/foundry practice
odzież. — przemysł odzieżowy/clothing industry
okr. — budowa okrętów, przemysł stoczniowy, statek/shipbuilding, ships
opt. — optyka, przyrządy optyczne/ /optics, optical instruments
org. — organizacja i zarządzanie/organization and management
paliw. — paliwa i smary/fuels and lubricants
papiern. — przemysł papierniczy/papermaking industry
pest. — pestycydy/pesticides
petr. — petrografia/petrography, petrology
pl — liczba mnoga/plural
poligr. — przemysł poligraficzny/printing industry
powł. — powłoki ochronne, zabezpieczenie przed korozją/protective coating, anticorrosives
poż. — pożarnictwo/fire fighting
prawn. — termin prawniczy/law
pszczel. — pszczelarstwo/bee keeping

rad. — radiotechnika, radiolokacja/radio, radiolocation
radiol. — radiologia/radiology
rak. — technika rakietowa/rocketry
roln. — rolnictwo/agriculture
ryb. — rybołówstwo/fishery
rys. — rysunek techniczny/engineering drawing
san. — inżynieria sanitarna/sanitary engineering
siln. — silniki/engines
siln par. — silniki parowe/steam engines
siln.spal. — silniki spalinowe/internal combustion engines
siln.wod. — silniki wodne/water turbines
skj — statystyczna kontrola jakości//statistical quality control
skór. — przemysł skórzany, garbarstwo//leather industry, tanning
spaw. — spawalnictwo/welding
sport — sport/sport
spoż. — przemysł spożywczy/food industry
statyst. — statystyka/statistics
szkl. — przemysł szklarski/glass industry
tel. — telekomunikacja/telecommunication
telef. — telefonia/telephony
telegr. — telegrafia/telegraphy
term. — termodynamika/thermodynamics
transp. — transport (zagadnienia ogólne); transport bliski/transport, materials handling
TV — telewizja/television
tw.szt. — przemysł tworzyw sztucznych//plastics industry
US — termin amerykański/American usage
uzbr. — sprzęt zbrojeniowy, technika wojskowa/armaments, military engineering
v — czasownik/verb
wet. — weterynaria/veterinary
wiertn. — wiertnictwo/drilling technology
włók. — włókiennictwo/textiles, textile industry
włók.chem. — włókna chemiczne/synthetic fibres
wojsk. — technika wojskowa/military engineering
wybuch. — materiały wybuchowe/explosives
wytrz. — wytrzymałość materiałów, badanie własności materiałów//strength of materials, material testing
wzbog. — wzbogacanie kopalin/ore enrichment
zeg. — zegarmistrzostwo/horology
zob. — zobacz/see
zool. — zoologia/zoology
zoot. — zootechnika/zootechny
żegl. — żegluga morska i śródlądowa//maritime shipping, inland navigation

A

A = amper *jedn.* ampere
Å = angstrem *jedn.* Ångström unit, angstrom
A_{int} **= amper międzynarodowy** *jedn.* international ampere
a = ar *jedn.* are
abakus *m arch.* abacus
abandon *m żegl.* abandonment
abażur *m* lamp-shade
abelowy *a mat.* abelian (group)
aberracja *f* **1.** *opt.* aberration **2.** *astr.* aberration
~ astygmatyczna astigmatic aberration
~ chromatyczna chromatic aberration, chromatism
~ dobowa diurnal aberration
~ komatyczna coma
~ roczna annual aberration
~ sferyczna spherical aberration
aberracyjny *a opt.* aberrated
aberroskop *m med.* aberroscope
abherent *m odl., gum., tw.szt.* abherent, parting agent, release agent
abichit *m min.* abichite
abietynian *m chem.* abietate
abiocenoza *f biol.* abiocoen, nonbiotic habitat
abiogeneza *f biol.* abiogenesis
abiotyczny *a* abiotic
abisal *m* **= abysal** *ocean.* abyss
abisynka *f (studnia abisyńska)* Abyssinian well
ablacja *f* **1.** *geol.* ablation; washout **2.** *kosm.* ablation cooling
~ deszczowa rainwash
~ lodowcowa glacial ablation
~ przez stopienie *kosm.* melting ablation
~ przez wyparowanie *kosm.* vaporizing ablation
ablacyjny *a* ablative
abluwium *n gleb.* abluvium
abonent *m telef.* subscriber, user
~ uprawniony unrestricted extension
~ uprzywilejowany preference facility
~ wywołujący calling subscriber, caller
~ wywoływany *zob.* **abonent żądany**
~ żądany called subscriber
abrazja *f geol.* abrasion, attrition
abrewiacja *f genet.* abbreviation
absencja *f* absenteeism
~ chorobowa sick absenteeism
absolut *m kosmet.* absolute
absolutny *a* absolute
absolwent *m (wyższej szkoły)* graduate
absorbancja *f fiz.* absorbance, absorbency, optical density
absorbat *m* absorbate
absorbent *m* absorbent
~ nadfioletu ultraviolet absorber, ultraviolet inhibitor
absorber *m* absorber; absorption apparatus
absorbować *v* absorb
absorpcja *f* **1.** absorption, *zob. też* **pochłanianie 2.** uptake *(e.g. of a herbicide)*
~ cyfr *telef.* digit absorption
~ dielektryczna dielectric absorption
~ fotoelektryczna photoelectric absorption
~ gruntowa *rad.* ground absorption
~ międzypasmowa intraband absorption
~ przez skórę percutaneous absorption, absorption through skin
~ rezonansowa *nukl.* resonance absorption
~ selektywna selective absorption
~ światła light absorption
~ wewnątrzpasmowa intraband absorption
~ wilgoci moisture absorption
~ wody water absorption
~ wykładnicza *nukl.* exponential absorption
absorpcjometr *m chem.* photocolorimeter, photoelectric photometer
absorpcyjność *f fiz.* absorptivity, absorption coefficient, absorptive power, specific absorbance
abstrakcja *f* abstraction
abstrakcyjny *a* abstract
abstrakt *m inf.* abstract
abstynencja *f* abstinence
absurdalny *a* absurd
absyda *f* **= apsyda** *arch.* apse
absynt *m spoż.* absinthe
abysal *m ocean.* abyss
abysalny *a ocean.* abyssal
acenaften *m chem.* acenaphthene
acetal *m chem.* acetal
~ metylowy dimethylacetal
~ winylowy vinyl acetal
acetaldehyd *m chem.* acetaldehyde, acetic aldehyde, ethanal
acetaldoksym *m chem.* acetaldoxime, acetaldehyde oxime
acetamid *m chem.* acetamide, acetic acid amine
acetamido *chem.* acetylamino
acetanilid *m chem.* acetanilide, *N*-phenylacetamide
aceto = acetylo *chem.* aceto
acetofenon *m chem.* acetophenone, phenyl methyl ketone
acetoina *f chem.* acetoin, acetylmethylcarbinol
acetoksy *chem.* acetoxy
acetol *m chem.* acetol, hydroxyacetone
acetoliza *f chem.* acetolysis
aceton *m chem.* acetone, dimethylketone

acetonitryl *m chem.* acetonitrile, methyl cyanide
acetonochloroform *m chem.* acetone chloroform, chlorobutanol
acetonyloaceton *m chem.* acetonyl acetone
acetotoluidyna *f chem. N*-acetyltoluidine, acetotoluidine
acetyl *m chem.* acetyl
acetylator *m chem.* acetylator
acetylen *m chem.* acetylene, ethine
acetylenek *m chem.* acetylide
~ **miedziawy** cuprous acetylide
~ **srebrowy** silver acetylide, silver carbide
acetylo *chem.* aceto
acetyloacetanilid *m chem.* acetoacetanilide
acetyloaceton *m chem.* acetylacetone, diacetylmethane
acetyloamino *chem.* acetylamino, acetamido
acetyloceluloza *f chem.* acetylcellulose, cellulose acetate
~ **pierwotna** fully acetylated cellulose, cellulose triacetate
~ **wtórna** hydrolyzate acetate of cellulose
acetylofenylohydrazyna *f chem.* acetylphenylhydrazine, hydracetin
acetylomaślan *m chem.* acetobutyrate
acetylooctan *m chem.* acetoacetate
acetylowanie *n chem.* acetylation
acetyna *f chem.* (mono)acetin, glyceryl monoacetate
achiralność *f chem.* achirality
achiralny *a chem.* achiral
achondryt *m min.* achondrite
achromat *m opt.* achromatic lens, antispectroscopic lens, achromat
achromatopsja *f* (*ślepota na barwy*) *med.* achromatopsia
achromatyczny *a* achromatic
achromia *f* (*brak pigmentacji*) *med.* achroma
acydoid *m gleb.* acidoid
acydoliza *f chem.* acidolysis, acid hydrolysis
acydymetria *f chem.* acidimetry, acid titration
acykliczność *f* acyclicity
acykliczny *a* acyclic; *chem.* acyclic, aliphatic; *mat.* acyclic
acyl *m chem.* acyl
acyloiny *fpl chem.* acyloins
acylowanie *n chem.* acylation
adamantan *m chem.* adamantane
adamaszek *m włók.* damask
adamsyt *m chem.* adamsite, diphenylaminechloroarsine
adaptacja *f* adaptation
~ **sensoryczna** sensory adaptation
adapter *m* **1.** *el.akust.* pick-up; disk reproducer, record player **2.** *masz.* adapter
~ **dynamiczny** dynamic pick-up
~ **elektrostatyczny** electrostatic pick-up, capacitor pick-up
~ **krystaliczny** piezoelectric pick-up, crystal pick-up
~ **łącza dalekopisowego** teletype buffer
~ **o ruchomej cewce** moving-coil pick-up
~ **piezoelektryczny** *zob.* **adapter krystaliczny**
~ **pojemnościowy** *zob.* **adapter elektrostatyczny**
adaptometr *m med.* adaptometer
adaptować *v* adapt
adatom *m* (*atom zaadsorbowany na powierzchni ciała*) adatom
addend *m chem.* ligand (group)
addycja *f chem.* addition, *zob. też* **przyłączenie**
addytywna synteza *f* **barw** additive colour process
addytywna teoria *f* **liczb** *mat.* additive number theory
addytywność *f* additivity
addytywny *a* additive
adekwatność *f* adequacy
adekwatny *a* adequate
adenaza *f* = **dezaminaza adeninowa** *biochem.* adenine deaminase
adenina *f chem.* adenine, 6-aminopurine
adenotom *m med.* adenotome
adenozyna *f chem.* adenosine
adenozynodwufosforan *m biochem.* adenosinediphosphate, ADP
adenozynomonofosforan *m biochem.* adenosinemonophosphate, AMP, adenylic acid
adermina *f biochem.* adermin(e), pyridoxine, vitamin B_6
adhezja *f* adhesion
adiabata *f fiz.* adiabate, adiabatic curve
adiabatyczny *a* adiabatic
adiabatyczny gradient *m* **temperatury** *meteo.* adiabatic lapse rate
adiabatyczny spadek *m* **entalpii** *fiz.* adiabatic heat drop
adiacent *m ek.* frontager
adiustacja *f* **maszynopisu** marking the typescript, mark-up
administracja *f* administration; management
administrować *v* administer, manage (*affairs*)
admitancja *f el.* admittance
~ **akustyczna** acoustic admittance
~ **małosygnałowa** *elektron.* small-signal admittance
~ **mechaniczna** mechanical admittance
~ **przejściowa** transfer admittance
~ **własna** coefficient of admittance
~ **wzajemna** transadmittance
adonit *m chem.* adonite, adonitol
adrema *f biur.* addressing machine, addresser, addressograph
adrenalina *f biochem.* adrenaline, epinephrine
adrenokortykotropina *f biochem.* adreno(cortico)tropic hormone, ACTH
adres *m inf.* address
~ **bezpośredni** direct address
~ **bezwzględny** absolute address, machine address
~ **efektywny** effective address
~ **generowany** generated address
~ **indeksowany** indexed address

~ **komputerowy** *zob.* **adres bezwzględny**
~ **końcowy** end address
~ **maszynowy** *zob.* **adres bezwzględny**
~ **odniesienia** reference address, address constant, ADCON
~ **początkowy** base address
~ **pocztowy** postal address
~ **podstawowy** *zob.* **adres początkowy**
~ **pośredni** indirect address, multilevel address
~ **rozkazu** instruction address
~ **rzeczywisty** absolute address, machine address
~ **skoku** jump address, transfer address
~ **symboliczny** symbolic address
~ **telegraficzny** cable address
~ **wirtualny** virtual address
~ **względny** relative address
adresarka *f biur.* addressing machine, addresser, addressograph
adresografia *f* mailing list
adresowanie *n* **1.** addressing **2.** *inf.* addressing
~ **bezpośrednie** direct addressing
~ **bezwzględne** absolute addressing
~ **otwarte** open addressing
~ **pośrednie** indirect addressing
~ **symboliczne** symbolic addressing
adsorbat *m* adsorbate
adsorbent *m* adsorbent
adsorber *m* adsorber, adsorption apparatus
adsorbować *v* adsorb
~ **chemicznie** chemisorb
adsorpcja *f* adsorption
~ **chemiczna** chemical adsorption, chemisorption
~ **fizyczna** physical adsorption, physisorption, Van der Waals adsorption
~ **jednocząsteczkowa** *zob.* **adsorpcja jednowarstwowa**
~ **jednowarstwowa** monolayer adsorption, unimolecular adsorption
~ **selektywna** selective adsorption
~ **(siłami) van der Waalsa** *zob.* **adsorpcja fizyczna**
~ **wewnętrzna** internal adsorption
~ **wielocząsteczkowa** *zob.* **adsorpcja wielowarstwowa**
~ **wielowarstwowa** multilayer adsorption, multimolecular adsorption
~ **wymienna** exchange adsorption
~ **zlokalizowana** localized adsorption
adsorpcyjność *f* adsorptivity, concentrating power of adsorber
adsorptyw *m* (*substancja adsorbowana*) adsorptive, adsorbate
adular *m min.* adularia
adwekcja *f meteo.* advection
adwokat *m* attorney
adypinian *m chem.* adipate
aerator *m masz.* aerator
aerobioza *f* (*życie w warunkach tlenowych*) aerobiosis
aerobus *m lotn.* airbus
aeroby *pl biol.* aerobes
aerodyna *f* aerodyne, heavier-than-air aircraft
aerodynamiczny *a* aerodynamic(al)
aerodynamika *f* aerodynamics
~ **gazów doskonałych** ideal aerodynamics
~ **klasyczna** classical aerodynamics
~ **molekularna** molecular aerodynamics, superaerodynamics
~ **naddźwiękowa** supersonic aerodynamics, supersonics
~ **płynów rzeczywistych** aerodynamics of the viscous fluid
~ **poddźwiękowa** subsonic aerodynamics
aeroelastyczność *f* aero-elasticity
aeroembolizm *m med.* aeroembolism
aerofobia *f* (*lęk przed powietrzem*) *med.* aerophoby
aerofotografia *f* aerial photography, aerophotography
aerofotogrametria *f* air photogrammetry
aerograf *m* aerograph, air-brush
aeroklub *m* flying club
aerolit *m astr.* aerolite, aerolith
aerologia *f* aerology
aeromechanika *f* aeromechanics
aeronautyka *f* aeronautics, air-navigation
aeronomia *f* aeronomy
aerosprężystość *f* aero-elasticity
aerostat *m* aerostat, lighter-than-air aircraft
aerostatyka *f* aerostatics
aerotermochemia *f* aerothermochemistry
aerotermoelastyczność *f* aerothermo-elasticity
aerotropizm *m bot.* aerotropism
aerozol *m chem.* aerosol
aerozyna *f chem.* aerozine (*rocket fuel*)
afazja *f med.* aphasia
afelium *n astr.* aphelion
aficyd *m* (*środek mszycobójczy*) aphicide
afinacja *f cukr.* affination
afiniczny *a mat.* affine
afisz *m* poster
agalmatolit *m min.* pagodite, agalmatolite
agamogonia *f biol.* agamogony
agar *m* agar, agar-agar
agar-agar *zob.* **agar**
agaroza *f chem.* agarose
agat *m min.* agate
agawa *f* **sizalowa** *bot.* green agave, (true) sizal, *Agave sisalana*
agencja *f* agency
~ **eksportowa** export house
~ **handlowa** commercial agency
~ **prasowa** news agency
~ **reklamy** advertisement agency, publicity office
~ **sprzedaży** selling agency
~ **ubezpieczeniowa** insurance agency
~ **zakupu** purchasing agency
agent *m ek.* agent, representative
~ **asekuracyjny** *zob.* **agent ubezpieczeniowy**
~ **czarterujący** chartering agent
~ **handlowy** middleman, commercial agent
~ **okrętowy** ship's agent, shipbroker
~ **przewozowy** freight forwarder
~ **ubezpieczeniowy** insurance broker
~ **zakupów** purchasing agent

AGH = Akademia Górniczo-Hutnicza
aglikon *m biochem.* aglucone, aglycone
aglomeracja *f* agglomeration
aglomerat *m* agglomerate
aglomerownia *f hutn.* agglomerating plant
aglukon *m biochem.* aglucone, aglycone
aglutynacja *f* agglutination
aglutynina *f biochem.* agglutinin
aglutynofor *m biol.* agglutinophore
aglutynogen *m biol.* agglutinogen
aglutynoskop *m med.* agglutinoscope
agon *m biochem.* prosthetic group
agona *f geofiz.* agonic line
agonia *f med.* agony
agorafobia *f* (*lęk przestrzeni*) *med.* agoraphobia
agradacja *f geol.* aggradation
agrafka *f* safety-pin
agranulocyt *m biol.* agranular leukocyte, agranulocyte
agranulocytoza *f med.* agranulocytosis
agrarny *a* agrarian
agregacja *f* **1.** *kryst.* aggregation **2.** *cybern.* aggregation **3.** *mat.* aggregation
~ **gleby** soil aggregation
agregat *m* **1.** *masz.* set; unit, *zob.też* **zespół** **2.** *min.* aggregate **3.** (*zespół cząstek*) aggregate
~ **chłodniczy** refrigerating unit
~ **klimatyzacyjny** air conditioning unit
~ **kondensatorów** *rad.* gang condenser
~ **pompowy** pumping engine
agrest *m bot.* gooseberry, *Ribes grossularia* L.
agresywność *f* **korozyjna** corrosive power, corrosion aggressiveness
agrochemia *f* agricultural chemistry
agrofizyka *f* agricultural physics
agrogeologia *f* agrogeology
agrohydrologia *f* agrohydrology
agroklimatologia *f* agricultural climatology
agrolotnictwo *n* agricultural aviation, ag-aviation
agrometeorologia *f* agricultural meteorology
agronom *m* agronomist
agronomia *f* agronomy
agrotechnika *f* agricultural science
A·h = amperogodzina *jedn.* ampere-hour
aikinit *m min.* aikinite
ajnsztajn *m* **1.** *chem.* einsteinium, Es **2.** *jedn.* einstein
akacja *f bot.* acacia, *Acacia* L.
~ **senegalska** gum arabic acacia, *Acacia senegal*
akademia *f* academy
akadialit *m min.* acadialite
akant *m arch.* acanthus
akantyt *m min.* acanthite, silver glance
akapit *m poligr.* **1.** indention **2.** paragraph
akariocyt *m* (*komórka bezjądrowa*) *biol.* akaryocyte
akarobójczy *a pest.* acaricidal
akaroid *m* acaroid (resin), accroides (gum)
akarycyd *m* (*środek roztoczobójczy*) acaricide, miticide
akcelerator *m* **1.** *fiz.* accelerator (*of particles*) **2.** *chem.* accelerator, accelerant, *zob.też* **przyspieszacz** **3.** *mot.* accelerator
~ **chemiczny** accelerator, accelerant
~ **cykliczny** *fiz.* cyclic accelerator
~ **elektrostatyczny** *fiz.* electrostatic accelerator
~ **indukcyjny** *fiz.* induction accelerator, betatron
~ **liniowy** *fiz.* linear accelerator
~ **z wiązkami przeciwbieżnymi** *fiz.* colliding beam accelerator
akcelerometr *m* accelerometer
akcent *m jęz.* accent
akcentować *v jęz.* accentuate
akcept *m ek.* acceptance
akceptor *m fiz., chem.* acceptor
~ **elektronów** electron acceptor
~ **protonów** proton acceptor, protophile
~ **wolnych rodników** free radical acceptor, scavenger
akceptować *v* accept
akcesoria *pl* accessories
akcja *f* **1.** action, *zob.też* **działanie** **2.** *ek.* share
~ **laserowa** *opt.* lasing
~ **poszukiwawczo-ratunkowa** search-and-rescue operation
~ **przeciwpożarowa** fire-fighting
~ **ratunkowa** rescue operation
~ **tunelowa** *elektron.* tunneling
akcjonariusz *m ek.* shareholder; stockholder
akcydensy *pl poligr.* jobbing printing, job-work
akcyza *f ek.* excise (duty)
akineza *f med.* akinesia
aklina *f* aclinic line, magnetic equator
aklimatyzacja *f* acclimatization, acclimation
akmit *m min.* acmite, aegirite, aegirine
akomodacja *f opt.* accommodation
akomodometr *m med.* accommodometer
akonityna *f chem.* aconitine
akonto *n* advance (payment)
akord *m ek.* piece rate, task rate
~ **progresywny** accelerating piece rate
~ **prosty** clean piece rate
~ **z premią** incentive rate, piece rate with bonus
~ **zwykły** clean piece rate
akr *m jedn.* acre: 1 acre = 4046.8564 m²
akrecja *f* (*wychwyt materii*) *astr.* accretion
akredytywa *f ek.* letter of credit
akrobacja *f* **lotnicza** aerobatics
akrofobia *f* (*lęk wysokości*) *med.* acrophobia
akroleina *f chem.* acrolein, acrylic aldehyde, acraldehyde
akronim *m* acronym
akroterium *n arch.* acroterium
akrydyna *f chem.* acridine
akrylan *m chem.* acrylate
akrylonitryl *m chem.* acrylonitrile
aksamit *m włók.* velvet

akseroftol *m biochem.* axerophthol, antixerophthalmic vitamin, vitamin A
aksjomat *m mat.* axiom, postulate
~ **istnienia** axiom of existence
~ **jednoznaczności** axiom of extensionality
~ **nieskończoności** axiom of infinity
~ **pary** axiom of pairs
~ **przeliczalności** axiom of countability
~ ~ **drugi** second axiom of countability
~ ~ **pierwszy** first axiom of countability
~ **regularności** axiom of regularity
~ **równoległości** parallel axiom
~ **różnicy** axiom of difference
~ **sumy** axiom of union
~ **wyboru** axiom of choice
~ **wyróżniania** axiom of comprehension
~ **zbioru potęgowego** axiom of power sets
~ ~ **pustego** axiom of the empty set
~ **zupełności** axiom of completeness
aksjomaty *mpl* **Kołmogorowa** *mat.* Kolmogorov axioms
~ **kwantyfikacji** axioms of quantification
~ **należenia** axioms of membership
~ **oddzielania** separation axioms
aksjomatyczny *a* axiomatic(al)
aksjomatyka *f mat.* axiomatics
AKSL = **aerodyna krótkiego startu i lądowania** short take-off and landing aircraft, STOL aircraft
aksoida *f mech.* axode
~ **ciała** *zob.* **aksoida ruchoma**
~ **nieruchoma** fixed axode
~ **ruchoma** moving axode
~ **w przestrzeni** *zob.* **aksoida nieruchoma**
akson *m* (*wypustka osiowa komórki nerwowej*) axon, neurite
aksonometria *f mat.* axonometry, perspective geometry
aksonometryczny *a* axonometric
aksynit *m min.* axinite
akt *m* **jonizacji** *fiz.* ionizing event
~ **kupna-sprzedaży** *ek.* bill of sale, sale contract
~ **prawny** legal act
~ **rozpadu** *nukl.* decay event, disintegration event
~ **ustawodawczy** act of legislation
akta *pl* files
aktomiozyna *f biochem.* actomyosin
aktor *m* **reakcji sprzężonej** *chem.* actor in an induced reaction
aktówka *f* portfolio
aktualizacja *f* updating
~ **danych** data updating
~ **zbioru danych** file maintenance
aktualizować *v* update, bring up to date
aktualny *a* up-to-date; present
aktyn *m chem.* actinium, Ac
~ **D** actinium D, AcD
aktyna *f* (*białko mięśni*) *biochem.* actin
aktyniczność *f opt.* actinism
aktyniczny *a opt.* actinic
aktynolit *m min.* actinolite
aktynometr *m* actinometer
aktynometria *f* actinometry
aktynomycyna *f biochem.* actinomycin
aktynon *m chem.* actinon, An
aktynoołów *m chem.* actinium D, AcD
aktynoterapia *f med.* phototherapy, actinotherapy, light therapy
aktynouran *m chem.* actinouranium, AcU
aktynowce *pl chem.* actinide series, actinides, actinoids
aktywa i pasywa *ek.* assets and liabilities
aktywacja *f fiz., chem.* activation
~ **elektronowa** electrons induced activation
~ **fotojądrowa** gamma photon activation
~ **neutronowa** neutron activation
~ **powietrza** air activation
~ **radiacyjna** radiation induced activation
~ **rezonansowa** resonance neutron activation
aktywator *m chem.* activator, activating agent
~ **katalizatora** catalyst promoter
~ **luminescencji** luminescent activator
~ **polimeryzacji** activator of polymerization, polymerization promoter
~ **przyspieszaczy** *gum.* activator of accelerators
aktywina *f farm.* chloramine T
aktywność *f* activity
~ **alfa** *fiz.* alpha-activity
~ **beta** *fiz.* beta-activity
~ **biologiczna** biological activity
~ **chemiczna** chemical activity
~ **ciśnieniowa** *fiz.* fugacity, volatility
~ **gamma** *fiz.* gamma-ray activity
~ **(jądrowa) masowa** *fiz.* unit-mass activity
~ ~ **objętościowa** *fiz.* unit-volume activity
~ **jonowa** ionic activity
~ **kapilarna** capillary activity
~ **katalityczna** catalytic activity
~ **katalizatora** activity of catalyst
~ **kwarcu** (*płytki piezoelektrycznej*) crystal activity
~ **międzyfazowa** interfacial activity
~ **molekularna** *biochem.* molecular activity (*of enzyme*), turnover number
~ **nasycenia** *fiz.* saturation activity
~ **objętościowa** *chem.* activity concentration
~ **optyczna** optical activity
~ **powierzchniowa** surface activity
~ **produktów rozszczepienia** fission product activity
~ **promieniotwórcza** radioactivity
~ **resztkowa** residual activity
~ **rozpadu** *pest.* degrading activity
~ **sejsmiczna** *geol.* seismicity, seismic activity
~ **(stężeniowa) składnika** *chem.* relative activity
~ **słoneczna** *astr.* solar activity
~ **termodynamiczna** *zob.* **aktywność (stężeniowa) składnika**
~ **właściwa** *fiz.* specific activity
~ **wzbudzona** *fiz.* induced activity
aktywny *a* active

aktywny zespół *m* **reakcyjny** *chem.* activated complex
aktywowanie *n* activation
~ **cieplne** thermal activation
~ **powtórne** reactivation
aktywowany *a* activated
akumulacja *f* accumulation; storage
~ **energii** storage of energy
~ **kosztów** *ek.* cost accumulation
akumulator *m* **1.** accumulator; *US* battery; *el.* storage cell, rechargeable cell, secondary cell **2.** *inf.* accumulator (register)
~ **Edisona** Edison accumulator, nickel-iron-alkaline accumulator
~ **elektryczny** rechargeable cell, secondary cell
~ **energii** energy accumulator
~ **guzikowy** button cell
~ **hydropneumatyczny** hydropneumatic accumulator
~ **Jungera** *zob.* **akumulator kadmowo-niklowy**
~ **kadmowo-niklowy** nickel-cadmium accumulator
~ **kwasowy** lead-acid accumulator
~ **lotniskowy** ground battery
~ **motocyklowy** motor-cycle battery
~ **naładowany** charged battery
~ **nieprzenośny** stationary battery
~ **ołowiowo-cynkowy** zinc-lead accumulator
~ **ołowiowy** lead-acid accumulator
~ **pary** steam accumulator
~ **prostokątny** prismatic cell
~ **przenośny** portable battery
~ **(samochodowy) rozruchowy** starting battery
~ **srebrowo-cynkowy** silver-zinc accumulator
~ **srebrowo-kadmowy** silver-cadmium accumulator
~ **suchoładowany** dry-charged battery
~ **szczelnie zamknięty** sealed battery, gas-proof battery
~ **trakcyjny** traction battery
~ **wyładowany** discharged battery
~ **zasadowy** alkaline accumulator
~ **żelazowo-niklowy** nickel-iron-alkaline accumulator, Edison accumulator
akumulatornia *f* accumulator plant, battery room
akumulować *v* accumulate; store
akupunktura *f* *med.* acupuncture
akustyczny *a* acoustic
akustyk *m* acoustician
akustyka *f* acoustics
~ **budowlana** architectural acoustics
~ **mikrofalowa** microwave acoustics
~ **pomieszczeń** room acoustics
~ **techniczna** sonics, technology of sound
akustykofobia *f* *med.* acousticophobia (*fear of sounds*)
akwadag *m* *elektron.* aquadag (coating)
akwaforta *f* aqua-fortis etching
akwalung *m* aqualung, scuba
akwamaryn *m* *min.* aquamarine
akwamaryna *f* *zob.* **akwamaryn**
akwametria *f* *chem.* aquametry
akwanauta *m* aquanaut, underwater explorer
akwanautyka *f* underwater exploration
akwaplan *m* *sport.* aquaplane, aquaboard
akwarela *f* water-colour, aquarel(le)
akwarium *n* aquarium
akwatinta *f* *poligr.* aquatint
akwatorium *n* water area of harbour
akwedukt *m* aqueduct
akwen *m* water region; sea area
~ **zagęszczony** *żegl.* congested sea area
akwizycja *f* *ek.* canvassing
akwizytor *m* *ek.* canvassing agent
akwokompleks *m* *chem.* aquo-complex
alabandyn *m* *min.* alabandite, mangan blende, manganese glance
alabaster *m* *min.* alabaster
alan *m* *chem.* (polymeric) aluminium hydride
alanina *f* *chem.* alanine, 2-aminopropanoic acid
alanit *m* *min.* allanite, orthite
alantoina *f* *chem.* allantoin, glyoxyldiureide
alarm *m* alarm; alert
~ **fałszywy** false alarm
~ **lotniczy** air-raid warning
~ **pożarowy** fire alarm
~ **próbny** *żegl.* practice muster
~ **przeciwpowodziowy** flood alert
~ **przeciwwłamaniowy** burglar alarm
alarmować *v* (*dźwiękiem*) sound the alarm
alarmowy wskaźnik *m* **ciśnienia** *aut.* pressure alarm
alarmowy wskaźnik *m* **temperatury** *aut.* heat alarm
albedo *n* *fiz.* albedo
~ **neutronowe** neutron albedo
albedometr *m* *fiz.* albedometer
albertyt *m* *min.* albertite
albinizm *m* *biol.* albinism, congenital leucodermia
albinos *m* *biol.* albino
albinuria *f* *med.* albinuria
albit *m* *min.* albite, sodium feldspar, white schorl
albondur *m* *met.* albondur
albumina *f* *biochem.* albumin
~ **jaja kurzego** egg albumin, ovalbumin
~ **mleka** milk albumin, lactalbumin
~ **surowicy krwi** blood albumin, serum albumin
albuminoidy *mpl* *biochem.* albuminoids, scleroproteins
albuminometr *m* *med.* albuminometer
albuminoza *f* *biochem.* albuminose, albumose
albumoskop *m* *med.* albumoscope
albumoza *f* *zob.* **albuminoza**
aldehyd *m* *chem.* aldehyde
~ **akrylowy** acrylic aldehyde, acraldehyde, acrolein
~ **benzoesowy** benzaldehyde, benzoic aldehyde
~ **bursztynowy** succinaldehyde, butanedial
~ **chlorooctowy** chloroacetaldehyde

~ **cynamonowy** cinnamic aldehyde, cinnamyl aldehyde, cinnamaldehyde
~ **enantowy** oenanthic aldehyde, oenanthal
~ **fenylooctowy** phenylacetaldehyde
~ **ftalowy** phthalic aldehyde
~ **glicerynowy** glyceric aldehyde, glyceraldehyde
~ **hydrocynamonowy** hydrocinnamic aldehyde
~ **izomasłowy** isobutyl aldehyde, isobutyraldehyde
~ **izowalerianowy** isovaleric aldehyde, isovaleraldehyde
~ **kapronowy** *n*-hexoic aldehyde, caproic aldehyde
~ **kaprylowy** *n*-octyl aldehyde, caprylic aldehyde
~ **kaprynowy** *n*-decyl aldehyde, capric aldehyde
~ **krotonowy** crotonaldehyde, 2-butenal
~ **kuminowy** cuminic aldehyde, cumaldehyde
~ **laurynowy** lauryl aldehyde, lauric aldehyde, dodecyl aldehyde
~ **masłowy** butyraldehyde, butyric aldehyde, n-butanal
~ **mrówkowy** formaldehyde, methanal
~ **nitrobenzoesowy** nitrobenzaldehyde
~ **octowy** acetic aldehyde, acetaldehyde, ethanal
~ **pirogronowy** pyruvic aldehyde, methyl glyoxal
~ **propionowy** propionaldehyde, propanal
~ **salicylowy** salicylaldehyde
~ **szczawiowy** glyoxal
~ **toluilowy** tolylaldehyde, tolualdehyde
~ **trójbromooctowy** tribromoacetaldehyde, bromal
~ **trójchlorooctowy** trichloroacetic aldehyde, chloral
~ ***n*-walerianowy** *n*-valeric aldehyde, *n*-valeraldehyde, *n*-pentanal
aldehydoalkohol *m* hydroxy aldehyde
aldehydoamina *f* amino aldehyde, amido aldehyde
aldehydoamoniak *m* aldehyde ammonia, 1-aminoethanol
aldehydoimid *m* aldimine
aldehydoketon *m* aldehyde ketone
aldehydokwas *m* aldehyde acid
aldimina *f chem.* aldimine
aldis *m żegl.* Aldis lamp
aldoheksoza *f chem.* aldohexose
aldoksym *m chem.* aldoxime
aldol *m chem.* aldol, acetaldol
aldolaza *f biochem.* aldolase, zymohexase
aldosteron *m biochem.* aldosterone
aldoza *f chem.* aldose
aldrej *m met.* aldrey
aldryna *f* (*insektycyd*) aldrin
alef-zero *mat.* aleph-null
aleja *f* lane
~ **wirowa** *aero.* vortex street, vortex trail
aleksandryt *m min.* alexandrite
alembik *m* beer still
alemontyt *m min.* allemontite
alergen *m med.* allergen
alergia *f med.* allergy
alergiczny *a* (*uczuleniowy*) *med.* allergic
alergizujący *a* (*uczulający*) *med.* allergenic
alergologia *f med.* allergology
aletryna *f* (*insektycyd*) allethrin
alfabet *m* **flagowy** *żegl.* flag alphabet
~ **genetyczny** *biol.* genetic code
~ **Morse'a** Morse alphabet, Morse code
alfa-celuloza *f* alpha cellulose
alfametr *m* **1.** *nukl.* alpha counter **2.** (*sprawdzian do ciągadeł*) alphameter
alfanumeryczny *a* alphanumeric, alphameric
alfa-promieniotwórczy *a* alpha radioactive, alpha emitting
alfaskop *m inf.* alphanumeric display
alfatron *m elektron.* alphatron
algebra *f* algebra
~ **abstrakcyjna** abstract algebra
~ **Banacha** Banach algebra, normed ring
~ **Boole'a** Boolean algebra
~ **Clifforda** Clifford algebra
~ **grupowa** group algebra
~ **homologiczna** homological algebra
~ **klas** algebra of classes
~ **kwaternionów** quaternion algebra
~ **liczb kardynalnych** cardinal algebra
~ **Liego** Lie algebra
~ **logiki** algebra of logic
~ **łączna** associative algebra
~ **macierzy** matrix algebra
~ **półgrupowa** monoid algebra
~ **przemienna** commutative algebra
~ **schematów** *inf.* circuit algebra
~ **sieci przełączających** *inf.* switching algebra
~ **splotowa** convolution algebra
~ **uniwersalna** universal algebra
~ **wolna** free algebra
~ **zdarzeń** algebra of events
~ **zewnętrzna** exterior algebra, alternating algebra
algebraiczny *a* algebraic(al)
algesimetr *m* algesimeter, algometer, odynometer
algi *fpl* algae, sea-weeds
algicyd *m pest.* algicide
alginian *m chem.* alginate
algol *m inf.* algorithmic language, algol
algologia *f* algology (*the study of algae*)
algometr *m med.* algometer
algonk *m geol.* **1.** Proterozoic era, Algonkian era, Eozoic era **2.** Proterozoic group
algorytm *m mat.* algorithm, algorism
~ **Euklidesa** euclidean algorithm, Euclid's algorithm
~ **prymalno-dualny** primal-dual algorithm
algorytmiczny *a* algorithmical
algorytmizacja *f inf.* algorithmization
algrafia *f poligr.* algraphy
alias *m statyst.* alias
alicykliczny *a chem.* alicyclic
alicyna *f farm.* allicin
alidada *f geod.* alidad(e), sight rule
alifatyczny *a chem.* aliphatic, acyclic
alit *m chem.* alite

aliterowanie *n obr.ciepl.* aluminizing, calorizing, alitizing
alizaryna *f chem.* alizarin
alizja *f żegl.* allision
alkacymetria *f chem.* acid-base titration
alkadieny *mpl chem.* alkadienes, diolefins
alkalia *pl chem.* alkalies, alkalis
~ **mocne** strong alkalies
~ **żrące** caustic alkalies
alkaliceluloza *f chem.* alkali cellulose
alkaliczność *f chem.* alkalinity, basicity
alkaliczny *a chem.* alkaline
alkalimetr *m chem.* alkalimeter
alkalimetria *f chem.* alkalimetry
alkalizować *v chem.* alkalize, alkalify
alkaloidy *mpl chem.* alkaloids
alkaloza *f med.* alkalosis
alkaminy *fpl chem.* alkamines
alkanna *f chem.* alkanna, alkanet
alkanoloamid *m chem.* alkanolamide
alkanosulfonian *m chem.* alkane sulfonate
alkany *mpl chem.* alkanes, paraffins, aliphatic saturated hydrocarbons
alkatron *m elektron.* alcatron
alkeny *mpl chem.* alkenes, olefins, ethylenic hydrocarbons
alkidale *mpl chem.* alkyds, alkyd resins
alkil *m chem.* alkyl
alkilacja *f chem.* alkylation
alkilat *m chem.* alkylate
alkilator *m chem.* alkylating equipment; alkylator
alkiloamina *f chem.* alkyloamine
alkilobenzenosulfonian *m chem.* alkylbenzenesulfonate
alkiloczterowodoronaftalen *m* alkyltetrahydronaphthalene
alkilofenol *m* **oksyetylenowany** alkylphenol ethoxylate, polyoxyethylated alkylphenol
alkilopolioksyetylenosiarczan *m* sulfated polyoxyethylene aliphatic alcohol, polyoxyethylated alkyl sulfate
alkilosiarczan *m* sulfated alcohol
alkilosilikony *mpl chem.* alkyl silicones
alkilowanie *n chem.* alkylation
alkiny *mpl chem.* alkynes, acetylene hydrocarbons
alkohol *m chem.* alcohol
~ **absolutny** absolute alcohol, anhydrous alcohol
~ **allilowy** allyl alcohol, propenyl alcohol
~ **amylowy** amyl alcohol, pentanol
~ **anyżowy** anisic alcohol
~ **arachidylowy** arachidyl alcohol, arachic alcohol
~ **behenylowy** behenyl alcohol, 1-docosanol
~ **benzylowy** benzyl alcohol, phenylcarbinol
~ **bezwodny** anhydrous alcohol, absolute alcohol
~ **bornylowy** bornyl alcohol, borneol
~ **butylowy** butyl alcohol, butanol
~ **cerylowy** ceryl alcohol, cerotin
~ **cykloheksylowy** cyclohexanol, hexahydrophenol
~ **cynamonowy** cinnamic alcohol, phenylallylic alcohol
~ **czterowodorofurfurylowy** tetrahydrofurfuryl alcohol
~ **decylowy** decyl alcohol, decanol
~ **drugorzędowy** secondary alcohol
~ **dwuacetonowy** diacetone (alcohol)
~ **dwuwodorotlenowy** dihydric alcohol, diol
~ **etylowy** ethyl alcohol, ethanol
~ **(etylowy) skażony** denatured alcohol
~ **β-fenyloetylowy** phenethyl alcohol, benzyl carbinol
~ **γ-fenylopropylowy** phenylpropyl alcohol, hydrocinnamic alcohol
~ **fluoroetylowy** fluoroethanol
~ **furfurylowy** furfuryl alcohol, 2-furan carbinol
~ **heksylowy** hexyl alcohol, hexanol
~ **heptadecylowy** heptadecanol
~ **heptylowy** heptyl alcohol, heptanol
~ **hydrocynamonowy** hydrocinnamic alcohol, phenylpropyl alcohol
~ **izobutylowy** isobutyl alcohol
~ **izopropylowy** isopropyl alcohol
~ **jednowodorotlenowy** monohydric alcohol
~ **laurylowy** lauryl alcohol, 1-dodecanol
~ **melisylowy** melissyl alcohol, myricyl alcohol
~ **metylowy** methyl alcohol, methanol, carbinol
~ **mirycylowy** myricyl alcohol, melissyl alcohol
~ **mirystylowy** myristyl alcohol, 1-tetradecanol
~ **nonylowy** nonyl alcohol, nonanol
~ **odwodniony** dehydrated alcohol
~ **oksyetylenowany** alcohol ethoxylate, polyoxyethylene alcohol
~ **oktylowy** octyl alcohol, octanol
~ **oleilowy** oleyl alcohol
~ **pentadecylowy** pentadecyl alcohol, pentadecanol
~ **pierwszorzędowy** primary alcohol
~ **piperonylowy** piperonyl alcohol
~ **propargilowy** propargyl alcohol, 2-propyn-1-ol
~ ***n*-propylowy** *n*-propyl alcohol, 1-propanol
~ **przemysłowy** industrial alcohol, industrial spirits (*denatured or aqueous ethyl alcohol*)
~ **rektyfikowany** rectified spirits
~ **salicylowy** salicyl alcohol, saligenin
~ **skażony** (*etylowy*) denatured alcohol
~ **stearylowy** stearyl alcohol, 1-octadecanol
~ **suberylowy** suberyl alcohol, cykloheptanol
~ **sześciowodorotlenowy** hexahydric alcohol
~ **trójbromoetylowy** tribromoethyl alcohol, tribromoethanol
~ **trójchloroetylowy** trichloroethyl alcohol, trichloroethanol
~ **trzeciorzędowy** tertiary alcohol

~ **undecylowy** undecyl alcohol, undecanol
~ **uwodniony** aqueous alcohol
~ **wielowodorotlenowy** polyhydric alcohol, polyalcohol
~ **winylowy** vinyl alcohol, ethenol
alkoholan *m chem.* alcoholate, alkoxide
alkoholiza *f chem.* alcoholysis
alkoholizacja *f* **win** wine fortification
alkoholizm *m* alcoholism
alkoholoaldehyd *m* alcohol aldehyde
alkoholoamina *f* amino alcohol
alkoholoketon *m* alcohol ketone
alkoholokwas *m* alcohol acid, hydroxy acid
alkoholometria *f* alcoholometry
alkoholomierz *m* alcoholometer
alkoholożel *m chem.* alcogel
alkoksy *chem.* alkoxy
alkowa *f bud.* alcove; recess
alkozol *m chem.* alcosol
alkożel *m chem.* alcogel
allantoina *f chem.* allantoin, glyoxyldiureide
allautal *m met.* allautal
allel *m genet.* allele, allelomorph
alleliczność *f zob.* **allelizm**
allelizm *m genet.* allelism, allelomorphism
allelogenia *f genet.* allelogeny
allelomorf *m zob.* **allel**
allen *m chem.* allene, propadiene
allil *m chem.* allyl
allilen *m chem.* allylene, methylacetylene, propyne
allobar *m fiz.* allobar
allochromatyczny *a min.* allochromatic
allogen *m geol.* allogene
alloksan *m chem.* alloxan, mesoxalylurea
allometryczny *a biol.* allometric
allopallad *m min.* allopalladium
almanach *m* **nautyczny** *żegl.* nautical almanac
almandyn *m min.* almandine, almandite
almukantar *m astr.* almucantar, parallel of altitude
alni *m met.* alni
alniko *m met.* alnico
aloes *m bot.* aloe, *Aloe*
alofan *m min.* allophane
aloina *f chem.* aloin
aloksyt *m met.* aloxite
alona *f* (*żywica aloesowa*) *farm.* aloe
alongator *m hutn.* elongator, rotary elongating mill
alonż *m poligr.* throwout
aloplastyka *f* (*przeszczepy obce*) *med.* allotransplantation, alloplasty
alosom *m genet.* allosome
alotriomorficzny *a kryst.* allotriomorphic, xenomorphic
alotropia *f* allotropy, allotropism
alotropowy *a* allotropic
alpaga *f włók.* alpaca
alpaka *f* **1.** *met.* alpaca, German silver, packfong **2.** *zool.* alpaca, *Lama pacos*
alpaks *m met.* alpax, silumin, italsil
alsifer *m met.* alsifer, sendust
alstonit *m min.* alstonite, bromlite
altait *m min.* altaite
altana *f* summer-house; arbour
altazymut *m geod.* altazimuth instrument
alternacja *f mat.* alternation
alternator *m* **1.** *el.* a.c. generator; automotive alternator **2.** *inf.* OR element
alternatywa *f* **1.** alternative **2.** *inf.* logical sum, inclusive OR **3.** *mat.* alternation, disjunction
alternatywny *a* alternate
altocumulus *m meteo.* alto-cumulus (cloud)
altostratus *m meteo.* alto-stratus (cloud)
aludur *m met.* aludur
alumatol *m wybuch.* ammonal
alumel *m met.* alumel
aluminiowanie *n obr.ciepl.* aluminizing; calorizing
~ **dyfuzyjne** alitizing, aluminum impregnation
~ ~ **w proszkach** pack calorizing
~ **natryskowe** alumetizing
~ **ogniowe** *zob.* **aluminiowanie zanurzeniowe**
~ **zanurzeniowe** (*w stopionym aluminium*) hot-dip aluminizing
aluminiowy *a* aluminium
aluminit *m min.* aluminite, websterite
aluminium *n met.* aluminium, aluminum
~ **hutnicze** primary aluminium
~ **pierwotne** *zob.* **aluminium hutnicze**
~ **rafinowane** refined aluminium
aluminografia *f poligr.* algraphy
aluminotermia *f met.* thermite process, aluminothermy
alumożel *m chem.* alumina gel
alund *m* alundum (*artificial corundum*)
alunogen *m min.* alunogen
aluwialny *a geol.* alluvial
aluwium *n geol.* alluvium
aluwion *m geol.* alluvion
alużel *m chem.* alumina gel
alychna *f opt.* alychne
ałun *m chem.* alum
~ **chromowo-potasowy** chrome (potash) alum, chromium potassium sulfate
~ **chromowy** *zob.* **ałun chromowo-potasowy**
~ **(glinowo-)potasowy** potash alum, aluminium potassium sulfate
~ **prażony** burnt alum, exsiccated alum
~ **żelazowo-amonowy** iron ammonium alum, iron ammonium sulfate
ałunit *m min.* alunite, alum stone
amalgamacja *f met.* amalgamation
amalgamat *m met.* amalgam
amatol *m wybuch.* amatol
amazonit *m min.* amazonite, amazon stone
ambiofonia *f akust.* ambiophony
ambligonit *m min.* amblygonite
amblioskop *m med.* amblyoscope
amboceptor *m biol.* amboceptor
ambona *f* **1.** *arch.* pulpit **2.** *leśn.* high seat
ambra *f* **(szara)** *farm.* ambergris
ambulans *m* ambulance
ambulatorium *n* first-aid room

ameba *f zool.* am(o)eba (*pl* amoebas, amoebae), *Amoeba*
amebiaza *f med.* am(o)ebiasis
ameryk *m chem.* americium, Am
ametropia *f med.* ametropia
ametyst *m min.* amethyst
amezyt *m min.* amesite
amfibia *f* amphibian
~ **desantowa** *wojsk.* amphibious (assault) landing craft, AALC
amfibol *m min.* amphibole
amfibolit *m petr.* amphibolite
amfibolityzacja *f* (*piroksenów*) *geol.* uralitization
amfigonia *f* (*rozmnażanie płciowe*) *biol.* amphigony
amfilada *f bud.* (*arrangement of rooms one behind another*)
amfiteatr *m arch.* amphitheatre
amfolit *m chem.* ampholyte, amphoteric electrolyte
amfolitoid *m chem.* ampholytoid, amphoteric colloid
amfoteryczny *a chem.* amphoteric, ampholytic, amphiprotic
amiant *m min.* amianthus (*fine variety of asbestos*)
amid *m* **(kwasowy)** *chem.* (acid) amide
~ **kwasu adypinowego** adipamide
~ ~ **akrylowego** acrylamide
~ ~ **benzoesowego** benz(oyl)amide
~ ~ **bursztynowego** succinamide
~ ~ **galusowego** gallamide
~ ~ **krotonowego** crotonamide
~ ~ **metakrylowego** methacrylamide
~ ~ **mlekowego** lactamide
~ ~ **mrówkowego** methanamide, formamide
~ ~ **nikotynowego** nicotinic acid amide, nicotinamide, niacinamide, pellagra-preventive vitamin
~ ~ **octowego** acetamide
~ ~ **oksalurowego** oxaluramide, oxalan
~ ~ **sulfonowego** sulfonamide
~ ~ **szczawiowego** ox(al)amide
~ **niacyny** niacinamide, nicotinic acid amide, nicotinamide
~ **sulfurylu** sulfuryl amide, sulfamide
amidaza *f biochem.* amidase
amidek *m chem.* (inorganic) amide, metal amide
~ **litowy** lithium amide, lithamide
~ **sodowy** sodium amide, sodamide
amidochlorek *m* **rtęciowy** *chem.* ammoniated mercury chloride, amino-mercuric chloride
amidol *m chem.* amidol
amidopiryna *f farm.* amidopyrine, aminopyrine, amidazophen
amidowanie *n chem.* amidation
amidyna *f chem.* amidine
amigdalina *f biochem.* amygdalin
amikron *m* (*cząstka amikroskopowa*) amicron
amina *f chem.* amine
~ **aromatyczna** aromatic amine
~ **drugorzędowa** secondary amine
~ **pierwszorzędowa** primary amine
~ **trzeciorzędowa** tertiary amine
aminoaldehyd *m* amino aldehyde
aminoalkan *m* alkyloamine
aminoalkohol *m* amino alcohol, alcohol amine
aminoantrachinon *m* aminoanthraquinone
aminobenzen *m* aminobenzene, aniline
p-**aminobenzenosulfonamid** *m* *p*-aminobenzenesulfonamide, sulfonamide
aminobutan *m* aminobutane, butylamine
aminodekan *m* aminodecane, decylamine
aminoetan *m* aminoethane, ethylamine
aminofenol *m* aminophenol, hydroxyaniline
aminoheksan *m* aminohexane, hexylamine
aminoketon *m* amino ketone
aminokwas *m biochem.* amino acid
~ **egzogenny** essential amino acid
~ **endogenny** endogenous amino acid, non-essential amino acid
~ **ketogenny** ketogenic amino acid
~ **niezbędny** *zob.* **aminokwas egzogenny**
~ **ograniczający** limiting amino acid
~ **podstawowy** *zob.* **aminokwas egzogenny**
aminoliza *f* aminolysis
aminometylowanie *n* aminomethylation, Mannich reaction
aminomocznik *m* aminourea, semicarbazide
aminonaftalen *m* naphthylamine
aminonitrobenzen *m* aminonitrobenzene, nitraniline
aminononan *m* aminononane, nonylamine
aminooktan *m* aminooctane, octylamine
aminopiryna *f farm.* aminopyrine
aminoplasty *mpl* amino resins
aminopropan *m* aminopropane, propylamine
aminotiomocznik *m* aminothiourea, thiosemicarbazide
aminotlenek *m* amino oxide
aminotoluen *m* aminotoluene, toluidine
aminotrójoctan *m* **sodowy** sodium nitrilotriacetate
aminowanie *n* amination
amitoza *f biol.* amitosis
amitrol *m pest.* amitrole (*herbicide*)
am(min)okompleks *m* ammine complex, metal ammine
amnezja *f* (*utrata pamięci*) *med.* amnesia
amniografia *f med.* amniography
amofos *m chem.* Ammo-Phos (*fertilizer*)
amokompleks *m* ammine complex, metal ammine
amon *m chem.* ammonium
amonal *m wybuch.* ammonal
amoniak *m chem.* ammonia
amoniakat *m chem.* ammonate, ammonated salt
amoniakowanie *n* (*np. gleby*) ammonification (*of soil*)
amoniakownia *f* ammonia recovery plant
amonifikacja *f biochem.* ammonification, ammonization
amonoliza *f chem.* ammonolysis
amorficzny *a* amorphous

amorfizacja *f* rendering amorphous
amortyzacja *f* **1.** *masz.* shock absorption **2.** *ek.* amortization, depreciation
amortyzator *m* shock absorber
~ **cierny** friction damper
~ **hydrauliczny** fluid spring, liquid spring
~ **hydropneumatyczny** *zob.* **amortyzator olejowo-powietrzny**
~ **odrzutu** *uzbr.* recoil buffer, shock absorbing mechanism (*in a gun*)
~ **olejowo-powietrzny** oleo-pneumatic shock absorber
~ **pneumatyczny** pneumatic shock absorber, pneumatic spring, air spring
~ **teleskopowy** telescopic shock absorber
~ **tłokowy** dash-pot
amortyzować *v* **wstrząsy** absorb shocks, cushion shocks
amozyt *m min.* amosite
ampeks *m* (*magnetowid studyjny*) *TV* Ampex
amper *m jedn.* ampere, A
amperogodzina *f jedn.* ampere-hour: 1A·h = 3.6 kC
amperometria *f el.* amperometry
amperomierz *m el.* ammeter
~ **cieplny** hot-wire ammeter, thermal ammeter
~ **elektromagnetyczny** moving-iron ammeter
~ **magnetoelektryczny** moving-coil ammeter
~ **szczytowy** peak ammeter
~ **szynowy** bus-bar ammeter
~ **termoelektryczny** thermoammeter, electrothermal ammeter
~ **z bocznikiem** shunted ammeter
~ **zdalny** teleammeter
amperostat *m elchem.* galvanostat
amperozwój *m jedn.* ampere-turn, amp-turn
amplidyna *f el.* amplidyne, metadyne
amplifikator *m el.* amplifier, *zob.też* **wzmacniacz**
amplitron *m elektron.* amplitron
amplituda *f* amplitude
~ **całkowita** total amplitude, peak-to-peak amplitude
~ **impulsów** pulse amplitude
~ **kołysania** *żegl.* amplitude of roll
~ **pływu** *ocean.* range of the tide, tidal amplitude
~ **prawdopodobieństwa** *fiz.* wave function
~ **rozpraszania** *nukl.* scattering amplitude
ampułka *f* ampoule, ampule
~ **poziomnicy** level phial
amputacja *f med.* amputation
amunicja *f* ammunition
~ **bojowa** live ammunition, service ammunition
~ **ćwiczebna** practice ammunition
~ **ostra** *zob.* **amunicja bojowa**
~ **scalona** fixed ammunition
~ **szkolna** drill ammunition, dummy ammunition
~ **ślepa** blank ammunition
~ **zespolona** *zob.* **amunicja scalona**

amyl *m chem.* amyl
amylaza *f biochem.* amylase, diastase
~ **ślinowa** salivary amylase, ptyalin, ptyalase
amylen *m chem.* amylene, pentene
amylodekstryna *f* amylodextrin, soluble starch
amylopektyna *f biochem.* amylopectin
amyloplast *m biol.* amyloplast
amyloza *f chem.* amylose
anabazyna *f chem.* anabasine, 2-(3-pyridyl)piperidine
anabergit *m min.* annabergite, nickel bloom
anabioza *f* (*śmierć pozorna*) *biol.* anabiosis
anabolizm *m biochem.* anabolism, constructive metabolism
anachromat *m opt.* anachromatic lens
anadromiczny *a* (*wędrujący na tarło*) *ryb.* anadromous
anaerobioza *f* (*życie w warunkach beztlenowych*) *biol.* anaerobiosis
anaeroby *pl biol.* anaerobes
anafaza *f biol.* anaphase
anafilaksja *f med.* anaphylaxis
anaforeza *f fizchem.* anaphoresis
anafront *m meteo.* anafront
anageneza *f biol.* anagenesis
anaglif *m* **1.** anaglyph (*ornament in low relief*) **2.** anaglyph (*stereoscopic picture*)
analcym *m min.* analcime, analcite
analgezja *f med.* analgesia
analit *m* (*składnik wykrywany lub oznaczany*) *chem.* analyte
analityczność *f mat.* analyticity
analityczny *a* **1.** (*dotyczący analizy*) analytic **2.** (*w przeciwieństwie do wykreślnego*) analytical
analityk *m* **1.** analytical chemist **2.** *inf.* analyst
analiza *f* **1.** analysis **2.** *chem.* analysis **3.** *mat.* analysis; calculus
~ **absorpcyjna** absorption analysis
~ ~ **gamma** gamma ray absorption analysis
~ ~ **neutronowa** neutron absorption analysis, neutron absorptiometry
~ **adsorpcyjna** adsorption analysis
~ **aktywacyjna** activation analysis
~ ~ **destrukcyjna** destructive activation analysis
~ ~ **instrumentalna** non-destructive activation analysis
~ ~ **neutronowa** neutron activation analysis
~ ~ **niedestrukcyjna** *zob.* **analiza aktywacyjna instrumentalna**
~ **arbitrażowa** umpire analysis
~ **bakteriologiczna** bacteriological analysis
~ **biochemiczna** biochemical analysis
~ **całkowita** *chem.* complete analysis, total analysis
~ **chemiczna** chemical analysis
~ **chromatograficzna** *chem.* chromatographic analysis, chromatography

~ **ciągła** (*materiałów masowych podczas transportu przenośnikami lub w czasie ciągłego procesu technologicznego*) on-line analysis
~ **cieplna** thermal analysis; *met.* thermal examination
~ **czołowa** *chem.* frontal analysis, frontal chromatography
~ **czynnikowa** *mat.* factor analysis
~ **dmuchawkowa** blowpipe analysis
~ **dokumentacyjna** *inf.* abstract
~ ~ **wykonana automatycznie** *inf.* auto-abstract
~ **dyskryminacyjna** *mat.* discriminatory analysis
~ **dyspersji** *mat.* analysis of dispersion
~ **ekonomiczna** economic analysis
~ **elektrochemiczna** electrochemical analysis, electroanalysis
~ **elektrograficzna** electrographic analysis
~ **elektrograwimetryczna** *chem.* analysis by electrodeposition, electrogravimetry
~ **elementarna** *chem.* elemental analysis, elementary analysis
~ **fazy gazowej nad roztworem** *chem.* headspace analysis
~ **fizykochemiczna** physico-chemical analysis
~ **fluorescencyjna** *chem.* fluorometric analysis, fluorescence analysis, fluorometry
~ **fluorymetryczna** *zob.* **analiza fluorescencyjna**
~ **fotoaktywacyjna** *chem.* photoactivation analysis
~ **fotometryczna** photometric analysis
~ ~ **płomieniowa** *chem.* (analysis by) flame photometry
~ **gazometryczna** gasometric analysis, manoscopy
~ **gazowa** gas analysis
~ **granulometryczna** grain size analysis, sieve analysis, screen analysis
~ **grawimetryczna** gravimetric analysis
~ **harmoniczna** *mat.* harmonic analysis
~ **ilościowa** *chem.* quantitative analysis
~ **instrumentalna** *chem.* instrumental analysis
~ **interferometryczna** interferometric analysis, interferometry
~ **inwersyjna** *chem.* stripping analysis
~ **izotopowa** isotopic analysis
~ **jakościowa** *chem.* qualitative analysis
~ **kapilarna** capillary analysis
~ **kolorymetryczna** *chem.* colorimetric analysis, colorimetry
~ **kompleksometryczna** *chem.* complexometry
~ **konduktometryczna** *chem.* conductometric titration
~ **konfluencyjna** *mat.* confluence analysis
~ **konformacyjna** *chem.* conformational analysis
~ **kosztów** *ek.* cost analysis
~ **kowariancji** *mat.* analysis of covariance
~ ~ **wielu zmiennych** multivariate analysis of covariance
~ **kroplowa** *chem.* spot test analysis
~ **krwi** blood test
~ **kulometryczna** *chem.* coulometric analysis
~ **kulostatyczna** *chem.* coulostatic analysis
~ **kupelacyjna** *met.* cupellation
~ **luminescencyjna** *chem.* fluorimetry
~ **magnetyczna** magnetic analysis
~ **manometryczna** manometry
~ **matematyczna** calculus, advanced calculus; (mathematical) analysis
~ **mechaniczna** *chem.* particle size determination
~ **metod pracy** methods study
~ **metodą regresji** *met.* regression analysis
~ ~ **rozcieńczenia izotopowego** isotope dilution (analysis)
~ **miareczkowa** *chem.* titrimetric analysis, volumetric analysis
~ **miejscowa** *hydr.* Eulerian representation (*of fluid flow*), Euler method
~ **międzyoperacyjna** *chem.* process analysis
~ **moczu** *med.* urinalysis
~ **mowy** speech analysis
~ **nefelometryczna** *chem.* nephelometric analysis, nephelometry
~ **nieorganiczna** *chem.* inorganic analysis
~ **numeryczna** *mat.* numerical analysis
~ **objętościowa** *chem.* titrimetric analysis, volumetric analysis
~ **obrazu** *TV* image analysis
~ **oksydymetryczna** *chem.* oxidimetry
~ **operacyjna** *inf.* operations analysis
~ **opisowa** *chem.* descriptive analysis
~ **organiczna** *chem.* organic analysis
~ **organoleptyczna** organoleptic analysis
~ **oscylometryczna** *chem.* oscillometric titration
~ **pniowa** *leśn.* stem analysis
~ **polarograficzna** *chem.* polarographic analysis, polarography
~ **polarymetryczna** *chem.* polarimetric analysis
~ **potencjometryczna** *chem.* potentiometric titration
~ **półilościowa** *chem.* semi-quantitative analysis
~ **prędkości** (*ruchów*) *mech.* velocity analysis
~ **próbki pobranej z kadzi** *hutn.* ladle analysis
~ **przez rugowanie** *chem.* displacement analysis
~ **przy użyciu nośnika** *chem.* carrier analysis
~ **przyczyn** *mat.* analysis of causes
~ **przykładowa** *chem.* illustrative analysis
~ **punktowa** *chem.* local analysis
~ **radiochemiczna** radiochemical analysis
~ **radiometryczna** radiometric analysis
~ **ramanowska** *fiz.* Raman spectrometry
~ **refleksometryczna** *fiz.* reflection spectrometry
~ **refraktometryczna** *chem.* refractometric analysis, refractometry
~ **rentgenowska** X-ray analysis

~ ~ **absorpcyjna** X-ray absorption analysis
~ ~ **dyfrakcyjna** X-ray diffraction analysis
~ ~ **fluorescencyjna** X-ray fluorescence analysis
~ ~ **niskokątowa** small-angle X-ray analysis
~ **rozjemcza** umpire analysis
~ **ruchowa** *chem.* process analysis
~ **ruchów** (*robotnika*) time and motion study
~ **rynku** *ek.* market analysis
~ **sądowa** *chem.* forensic analysis
~ **sedymentacyjna** sedimentation analysis
~ **sekwencyjna** *statyst.* sequential analysis
~ **sensoryczna** sensory analysis
~ **sieciowa** network analysis
~ **sitowa** sieve analysis, screen analysis
~ **skrócona** *chem.* short analysis, proximate analysis
~ **spektralna** *chem.* spectroanalysis, spectroscopic analysis
~ **spektrochemiczna** spectrochemical analysis
~ **spektrofotometryczna** *chem.* spectrophotometric titration
~ **spektroskopowa** spectroscopic analysis
~ **statystyczna** statistical analysis
~ **strąceniowa** *chem.* precipitation analysis
~ **stripingowa** *chem.* stripping analysis
~ **strukturalna** (*materiału*) structural analysis
~ **systemów** *inf.* systems analysis
~ **śladowa** *chem.* trace analysis
~ **środków spożywczych** food analysis
~ **techniczna** commercial (chemical) analysis, commercial product analysis
~ **tensorowa** *mat.* tensor analysis
~ **termiczna** thermical analysis
~ ~ **różnicowa** differential thermal analysis
~ **termograwimetryczna** *chem.* thermogravimetric analysis, thermogravimetry
~ **termomagnetyczna** *met.* thermomagnetic analysis
~ **turbidymetryczna** *chem.* turbidimetric analysis, turbidimetry
~ **w dziedzinie czasu** *aut.* time-domain analysis
~ ~ ~ **częstotliwości** *aut.* frequency-domain analysis
~ **w polu wielkiej częstotliwości** *chem.* high-frequency titration
~ **w skali makro** *chem.* macroanalysis
~ ~ ~ **mikro** *chem.* microanalysis
~ ~ ~ **półmikro** *chem.* semi-microanalysis
~ **wagowa** *chem.* gravimetric analysis
~ **wariancji** *statyst.* analysis of variance, ANOVA
~ **wartości** *ek.* value engineering, value analysis
~ **według grup funkcyjnych** *chem.* analysis via functional groups
~ **wektorowa** *mat.* vector analysis
~ **wędrowna** *hydr.* Lagrangian representation (*of fluid flow*)
~ **widmowa** *chem.* spectroanalysis, spectroscopic analysis
~ **wielowymiarowa** *statyst.* multivariate analysis
~ **wskaźnikowa** tracer analysis
~ **wymiarowa** *mat.* dimensional analysis
~ **wytopowa** *hutn.* ladle analysis
~ **za pomocą pierwiastków znaczonych** tracer analysis
~ **zapasów** *ek.* stock analysis
~ **zespolona** *mat.* complex analysis

analizator *m* **1.** analyser, analyzer **2.** (*pracownik informacji n-t*) abstractor
~ **akustyczny** sound analyser
~ **cyfrowy równań różniczkowych** digital differential analyser, DDA
~ **do oznaczania tlenu** *hutn.* oxygen determinator
~ ~ ~ **węgla** carbon determinator
~ **gazu** gas analyser, gas tester
~ **harmoniczny** *el.* harmonic analyser, wave analyser
~ **krzywych** *inf.* curve analyser
~ **obwiedni** *el.* envelope analyser
~ **przebiegów przejściowych** *el.* transient analyser
~ **przezroczy** slide scanner
~ **równań różniczkowych** differential analyser
~ **ruchu** *aut.* motion analyser
~ **scyntylacyjny** *fiz.* scintiscanner
~ **sieciowy** *el.* network analyser
~ **składu mieszanki** *siln.* fuel/air ratio gauge
~ **spalin** exhaust-gas analyser
~ **widma** spectrum analyser
~ **wielomianów algebraicznych** *inf.* equation solver

analizować *v* analyse
analog *m* analog(ue)
analogi *mpl* **dienowe** *chem.* diene analog(ue)s
analogia *f* analogy
analogiczny *a* analogical; analogous
analogowy *a inf.* analog(ue)
anamneza *f med.* anamnesis
anamorfot *m opt.* anamorphote lens
ananas *m bot.* pineapple, *Ananas comosus* Stickm
anastomoza *f med.* anastomosis
anastygmat *m opt.* anastigmatic lens, anastigmat
anataz *m min.* anatase, octahedrite
anatoksyna *f biochem.* anatoxin, toxoid
anatomia *f* anatomy
anatomiczny *a* anatomic(al)
andaluzyt *m min.* andalusite
andezyn *m min.* andesine
andezyt *m petr.* andesite
andradyt *m min.* andradite
androgeny *mpl biochem.* androgens
androsteron *m biochem.* androsterone
anemia *f med.* anemia, oligochromemia
anemograf *m* anemograph
anemometr *m* anemometer

~ **cieplno-oporowy** hot-wire anemometer
~ **czaszowy** cup anemometer
~ **skrzydełkowy** vane anemometer
~ **termoelektryczny** hot-wire anemometer
aneroid *m* **1.** aneroid (barometer) **2.** aneroid capsule
~ **samopiszący** aneroidograph
anestezja *f* (*znieczulenie*) *med.* an(a)esthesia
anestezjolog *m med.* anesthesiologist
anestezjologia *f med.* anesthesiology
anestezyna *f farm.* benzocaine
anetol *m chem.* anethole, anise camphor, *p*-methoxypropenylbenzene
aneuryna *f biochem.* aneurin(e), thiamine, vitamin B_1
angaria *f żegl.* angary
angażować *v* (**do pracy**) employ
angielska skóra *f włók.* wiping cloth
angielski koń *m* **parowy** *jedn.* horse-power: 1 hp = 745.7 W
angina *f med.* angina
angioblast *m biol.* angioblast
angiografia *f med.* angiography (*röntgenographic visualization of blood vessels*)
~ **płuc** pneumoangiography
angiologia *f med.* angiology
angiostat *m* angiostat (*apparatus for massage by pressure*)
anglezyt *m* anglesite, lead vitriol
angoba *f ceram.* engobe
angstrem *m* Ångström unit, angstrom, tenthmeter: 1Å = 10^{-10}m
anharmoniczny *a mat.* anharmonic
anhedron *m petr.* anhedron
anhydryt *m min.* anhydrite
anihilacja *f fiz.* annihilation, dematerialization
~ **pary elektronów** pair-annihilation, positron-electron annihilation
anihilator *m mat.* annihilator
anilid *m chem.* anilide
~ **kwasu benzoesowego** benz(oyl)anilide
~ ~ **mrówkowego** phenyl formamide, formanilide
~ ~ **szczawiowego** oxanilide
anilina *f chem.* aniline, aminobenzene
animacja *f* (*przy realizacji filmów rysunkowych*) *kin.* animation
animalizowanie *n włók.* animalization, animalizing process
animikit *m min.* animikite (*ore of silver*)
anion *m chem.* anion
~ **ambidentny** ambident anion
anionit *m chem.* anion exchanger
anionorodnik *m chem.* anion-radical
anionotropia *f chem.* anionotropy
anizol *m chem.* anisole, methoxybenzene
anizometropia *f* (*wada wzroku*) *med.* anisometropia
anizotropia *f* anisotropy
~ **magnetyczna** magnetic anisotropy
~ **struktury krystalicznej** crystallographic anisotropy
~ **własności mechanicznych** mechanical anisotropy, directionality of mechanical properties
anizotropowy *a* anisotropic
anizydyna *f chem.* anisidine, methoxyaniline
ankeryt *m min.* ankerite
ankieta *f* questionary
ankietować *v* circulate for comment
annabergit *m min.* annabergite, nickel bloom
annato 1. *bot.* annatto, *Bixa orellana* **2.** (*barwnik*) annatto (*dye*)
ANO = anty-nadawanie-odbiór *tel.* anti-transmit receive, ATR (tube)
anoda *f* anode, positive electrode; plate
~ **bocznikująca** *elektron.* by-pass anode
~ **do miejscowego nakładania metalu** *elchem.* doctor
~ **główna** *elektron.* main anode
~ **lampy rentgenowskiej** target of an X-ray tube
~ **nierozpuszczalna** *elchem.* insoluble anode, inert anode
~ **obojętna** *zob.* **anoda nierozpuszczalna**
~ **podtrzymująca** *elektron.* holding anode
~ **podziemna** *elchem.* ground bed (*in cathodic protection*)
~ **pomocnicza** *elektron.* relieving anode
~ **protektorowa** *elchem.* sacrificial anode
~ **wzbudzająca** *elektron.* excitation anode
~ **zapłonowa** *elektron.* ignition anode
~ ~ **ignitronu** ignitor (*of an ignitron*)
~ **zasilana z zewnętrznego źródła** *elchem.* impressed current anode (*in cathodic protection*)
anodowanie *n elchem.* anodizing, anodic treatment
anodowy *a* anodic
anodówka *f rad.* anode battery
anodyzowanie *n elchem.* anodizing, anodic treatment
anoksemia *f* (*niedotlenienie krwi*) *med.* anoxemia
anoksja *f* (*niedotlenienie tkanek*) *med.* anoxia
anolit *m elchem.* anolyte
anomalia *f* anomaly
~ **elipsy** *geom.* eccentric angle of an ellipse
~ **grawitacyjna** gravity anomaly, gravity disturbance
~ **izostatyczna** *geofiz.* isostatic anomaly
~ **optyczna** *kryst.* optical anomaly
anomer *m chem.* anomer
anomit *m min.* anomite
anormalność *f* (*odchylenie od normy*) abnormality
~ **stali** abnormality of steel
anormalny *a* abnormal
anortoklaz *m min.* anorthoclase
anortyt *m min.* anorthite, calciclase, calcium feldspar
anoskop *m med.* anoscope
ansa-związki *pl chem.* ansa compounds
anseryna *f biochem.* anserine
ANT = Akademia Nauk Technicznych (1920—1939)
antagonizm *m* antagonism
~ **jonowy** *chem.* antagonism of ions

antarktyczny *a* antarctic
Antarktyka *f* Antarctic Zone
antena *f rad.* antenna, aerial
~ **Adcocka** Adcock antenna
~ **aktywna** driven antenna
~ **aperturowa** aperture radiator
~ **Beverage'a** *zob.* **antena falowa**
~ **bezkierunkowa** nondirectional antenna, omnidirectional antenna
~ **biczowa** whip antenna
~ **bierna** parasitic antenna
~ **bifilarna** two-wire antenna
~ **Cassegraina** Cassegrain (microwave) antenna
~ **ćwierćfalowa** quarter-wave antenna
~ **dielektryczna prętowa** polyrod (antenna)
~ **dipolowa** dipole antenna, doublet antenna
~ **długofalowa** long-wave antenna, low-frequency antenna
~ **do wyznaczania kierunku** *nawig.* sense antenna
~ **docelowa** *lotn.* homing antenna
~ **dookólna** omnidirectional antenna, nondirectional antenna
~ **dwukarowa** double diamond antenna
~ **dwustożkowa** biconical antenna, biconical horn
~ **dyszowa** horn antenna, electromagnetic horn, horn radiator
~ **ekranowana** shielded antenna
~ **eliptyczno-paraboloidalna** elpar antenna
~ **falowa** wave antenna, Beverage antenna
~ **ferrytowa prętowa** ferrite-rod antenna, ferrod, loopstick antenna
~ **fishbone** fishbone antenna
~ **grzebieniowa** comb antenna
~ **harmoniczna bez punktów zerowego promieniowania** null-less antenna
~ **izotropowa** izotropic antenna, unipole
~ **kierunkowa** directional antenna
~ **kolumnowa** pylon antenna
~ **koncentryczna** sleeve antenna
~ **krótkofalowa** short-wave antenna, high-frequency antenna
~ **krzyżowa** turnstile antenna
~ **lejkowa** funnel-type antenna, funnel-shaped aerial
~ **logarytmiczno-okresowa** log-periodic antenna
~ **lotnicza** aircraft antenna
~ **mamutowa** mammoth aerial
~ **mankietowa** sleeve antenna
~ **mikrofalowa** microwave antenna
~ **motylkowa** *TV* batwing antenna
~ **nadawcza** transmitting antenna
~ **o specjalnie ukształtowanej charakterystyce** shaped-beam antenna
~ **o zasilaniu bocznikowym** shunt-excited antenna
~ **odbiorcza** receiving antenna
~ **okrętowa** shipboard antenna
~ **pajęczynowa** spider-web-aerial
~ **paraboliczna segmentowa** cheese antenna
~ **parasolowa** umbrella antenna
~ **pętlicowa** loop antenna
~ **pierwotna** primary antenna
~ **pionowa zasilana szeregowo** series-fed vertical antenna
~ **płetwowa** sharkfin antenna, fin aerial
~ **pobudzająca** aerial feed
~ **poprzecznokierunkowa** broadside array
~ **powierzchniowa** *lotn.* flush antenna
~ **półfalowa** half-wave antenna
~ **prętowa** stub antenna
~ **przeciwzakłóceniowa** anti-noise antenna, noise reducing antenna
~ **przeciwzanikowa** anti-fade antenna
~ **przeszukująca** scanning aerial, scanner
~ **radarowa** radar antenna
~ ~ **o wiązce wirującej** rotating-beam antenna
~ **radiofoniczna** broadcast antenna
~ **radionamiarowa** direction finding antenna
~ **ramowa** frame antenna
~ **rezonansowa** periodic antenna
~ **rombowa** rhombic antenna, diamond antenna
~ **samochodowa** car antenna
~ ~ **nad nadwoziem** over-car antenna
~ ~ **pod podwoziem** under-car antenna
~ **soczewkowa** lens antenna
~ **stożkowa** cone antenna, conical antenna
~ **symetryczna** balanced antenna
~ **szczelinowa** slot antenna
~ **szerokopasmowa** broad band antenna, wide band antenna
~ **szkieletowa** fishbone antenna
~ ~ **kołowa** christmastree antenna
~ ~ **stożkowa** skeleton cone antenna
~ **sztuczna** dummy antenna, **artificial** antenna
~ **ścianowa** curtain antenna
~ **T** T antenna
~ **tarczowo-stożkowa** discone antenna
~ **telewizyjna** television antenna
~ **tubowa** horn antenna, (electromagnetic) horn, horn radiator; *GB* flare, hog-horn antenna
~ ~ **z soczewką** lens-corrected horn, horn-lens
~ **typu H** lazy H antenna
~ **ultrakrótkofalowa** ultra-high-frequency antenna, very-high frequency antenna
~ **wachlarzowa** fan antenna
~ **wiązkowa** beam antenna
~ **wieżowa** tower antenna
~ **wnętrzowa** inside antenna, indoor aerial
~ **wysuwana** collapsible aerial
~ **wzdłużna** end-fire antenna, end-fire array
~ ~ **dwukierunkowa** double-end-fire antenna
~ **wzorcowa** reference antenna, standard comparison antenna
~ **Yagi** Yagi-Uda antenna
~ **z falą bieżącą** travelling-wave antenna
~ **z falą stojącą** standing-wave antenna
~ **z polem wirującym** rotating-field antenna

~ **z reflektorem parabolicznym ograniczonym równoległymi płaszczyznami** pill-box antenna
~ **zasilana bocznikowo** shunt-fed antenna
~ ~ **w środku** centre-driven antenna
~ **zbiorowa** community antenna
~ **zewnętrzna** outside antenna, outdoor aerial, open aerial
~ **zwisowa** *lotn.* trailing (wire) antenna
antocyjan *m biochem.* anthocyanin
antofilit *m min.* anthophyllite
antracen *m chem.* anthracene
antrachinon *m chem.* anthraquinone
antracyt *m petr.* anthracite, hard coal
~ **bezpłomienny** blind coal
antranilan *m* **metylu** methyl anthranilate
antranol *m chem.* anthranol, 9-hydroxyanthracene
antranon *m chem.* anthrone, anthranone
antrarufina *f chem.* anthrarufin, 1,5-dihydroxyanthraquinone
antresola *f bud.* mezzanine
antrimid *m chem.* anthrimide
antron *m chem.* anthrone, anthranone
antropologia *f* anthropology
antropometria *f* anthropometry
antropotechnika *f* human engineering
antu *pest.* antu (*rodenticide*)
antyaktywator *m biochem.* antiactivator
antyapeks *m astr.* antapex (*pl* antapexes, antapices)
antyauksochrom *m chem.* anti-auxochrome group
antybiotyk *m* antibiotic
antybioza *f* antibiosis
antycentrum *n geol.* anticentre, antiepicentre
antychlor *m farb.* antichlor
antycyklon *m meteo.* anticyclone, high-pressure area, high
antycząstka *f fiz.* antiparticle
antydatować *v* antedate, predate
antydegradant *m gum.* antidegradant, antioxidant
antydetonator *m paliw.* antidetonant, antiknock (agent)
antyelektron *m fiz.* positron, positive electron
antyenzym *m biochem.* antienzyme
antyepicentrum *n geol.* anticentre, antiepicentre
antyfebryna *f farm.* antifebrin
antyferromagnetyk *m fiz.* antiferromagnet, antiferromagnetic substance
antyferromagnetyzm *m fiz.* antiferromagnetism
antyformina *f farm.* antiformin (*disinfectant*)
antyfryz *m* antifreeze (additive), freezing inhibitor
antygen *m biol.* antigen
antygoryt *m min.* antigorite
antygrafityzator *m met.* carbide stabilizer
antyhomomorfizm *m mat.* antihomomorphism
antyizomorfizm *m mat.* anti-isomorphism
antykatalizator *m chem.* anticatalyst
antykatoda *f radiol.* anticathode, target (*of an X-ray tube*)
antykawitacyjna nadwyżka *f* **wysokości ciśnienia** (*pompy*) net positive suction head
antyklina *f geol.* anticline, saddle
antyklinorium *n geol.* anticlinorium
antykoagulant *m farm.* anticoagulant
antykodon *m biochem.* anticodon
antykoincydencja *f elektron.* anticoincidence
antykorodal *m met.* anticorodal
antykwa *f poligr.* roman (type)
antylogarytm *m* antilogarithm
antyłańcuch *m mat.* antichain
antymateria *f fiz.* antimatter
antymer *m chem.* enantiomer, antimer, optical isomer, optical antipode
antymezon *m fiz.* antimeson
antymon *m chem.* antimony, stibium, Sb
~ **bezpostaciowy** explosive antimony
~ **czarny** black antimony
~ **rafinowany** regułus of antimony, star metal
~ **wybuchowy** explosive antimony
antymonawy *a chem.* antimonous, antimonious
antymonek *m chem.* antimonide
antymonian *m chem.* antimonate
antymonin *m chem.* antimonite
antymonit *m min.* antimonite, stibnite, grey antimony
antymonowodór *m* antimony hydride
antymonowy *a chem.* antimonic
antymonyl *m chem.* antimonyl
antyneutrino *n fiz.* antineutrino
antyneutron *m fiz.* antineutron
antynomia *f mat.* antinomy
antynukleon *m fiz.* antinucleon
antypasaty *mpl meteo.* antitrades
antypiryna *f farm.* antipyrine
antyplastyfikacja *f tw.szt.* antiplasticization
antyplastyfikator *m tw.szt.* antiplasticizer
antypody *pl geogr.* antipodes
~ **optyczne** *chem.* optical antipodes, enantiomers, antimers
antyproton *m fiz.* antiproton, negative proton
antyrad *m* (*substancja zwiększająca odporność polimerów na promieniowanie jonizujące*) anti-rad
antyradiolokacja *f* radar countermeasures
antyrakieta *f uzbr.* anti-missile (rocket) missile
antyratyzacja *f* (*zabezpieczenie od szczurów*) ratproofing
antyseptyczny *a* antiseptic
antyseptyk *m* antiseptic
antystatyk *m* (*środek antyelektrostatyczny*) *włók.chem., tw.szt.* antielectrostatic agent
antystruktura *f kryst.* antistructure disorder
antysymetria *f* antisymmetry
antysymetryczny *a* antisymmetric
antyteza *f* antithesis

antytoksyna *f biochem.* antitoxin
antyutleniacz *m chem.* antioxidant
antywirus *m biol.* antivirus
antywibrator *m siln.* pendulum-type vibration damper
antywitamina *f* antivitamin
antyzadymiacz *m fot.* anti-fog substance
anulować *v* cancel
anyż(ek) *m* **1.** *bot.* anise, *Pimpinella anisum* **2.** (*nasienie*) anise (*seed*), aniseed
aorta *f anat.* aorta
aortografia *f med.* aortography
aparat *m* apparatus
~ **Abel-Pensky'ego** (*do oznaczania temperatury zapłonu*) *paliw.* Abel flash-point apparatus
~ **abonencki** *telef.* subscriber's set, subset
~ **absorpcyjny** *chem.* absorption apparatus, absorber
~ **adsorpcyjny** *chem.* adsorption apparatus, adsorber
~ **ciśnieniowy** *chem.* autoclave
~ **czopowy** *ferm.* bunging apparatus
~ **destylacyjny** *chem.* distilling apparatus, distiller, still
~ ~ **kolumnowy** column distiller, column still
~ ~ **kotłowy** pot still
~ **diagnostyczny** *med.* apparatus for diagnostics
~ **do acetylowania** *włók.* acetylator
~ **do badania wytrzymałości włókna** yarn tester
~ **do chlorowcowania** *chem.* halogenator
~ **do chromatografii wielobibułowej** chromatopack
~ **do destylacji ciągłej** continuous still
~ ~ ~ **molekularnej** molecular still
~ **do dializy** dialyzer
~ **do elektrolizy** electrolytic cell
~ **do elektronarkozy** *med.* electronic anaesthesia apparatus, electronarcosis apparatus
~ **do gaszenia wapna** lime hydrator
~ **do karbonizacji** *chem.* carbonizer
~ **do lokalizacji uszkodzeń** *el.* fault locator
~ **do miareczkowania potencjometrycznego** *chem.* electrometric titration apparatus
~ **do napowietrzania** aerator
~ **do nawęglania 1.** *chem.* carburettor **2.** *met.* carbonizer
~ **do nitrowania** *chem.* nitrator
~ **do nurkowania** diving apparatus
~ **do odmineralizowania** (*wody*) demineralizer
~ **do odmywania lepiszcza** *odl.* sand washer, elutriator
~ **do oznaczania temperatury krzepnięcia** freezing point apparatus
~ ~ ~ ~ **zapłonu** *paliw.* Abel flash-point apparatus
~ **do pomiaru połysku** reflectometer
~ **do powiększeń** *fot.* enlarger
~ **do rozdzielania izotopów** mass separator
~ **do rozkładu amalgamatu** *elchem.* denuder, denuding cell, decomposer
~ **do skraplania helu** helium liquefier
~ **do sulfonowania** *chem.* sulfonator
~ **do sztucznego oddychania** *med.* resuscitator
~ **do terapii elektrowstrząsowej** *med.* electroshock apparatus
~ **do utleniania** *chem.* oxidizer
~ **do uwadniania** *chem.* hydrator
~ **do uwodorniania** *chem.* hydrogenation apparatus
~ **do wyciągów barwnych** *poligr.* scanner
~ **do wykrywania kłamstw** lie detector, polygraph, psychintegroammeter
~ **dyfuzyjny** diffuser
~ **ekstrakcyjny** *chem.* extraction apparatus, extractor
~ **filmowy** cinematograph camera, cine camera, film camera
~ **fluidyzacyjny** fluidized(-solids) reactor
~ **fotograficzny** (photographic) camera, still camera
~ **Gantta** *włók.* J-box
~ **homogenizacyjny** homogenizer
~ **hydrolokacyjny** *żegl.* sonar; asdic
~ **kaskadowy** *chem.* cascade apparatus
~ **Kippa** *chem.* Kipp's apparatus, Kipp (gas) generator
~ **kontaktowy** *chem.* catalytic reactor; converter
~ **kreślarski** drafting machine
~ **lustrzany** *fot.* reflex camera
~ **łącza dwunumerowego** *telef.* two-party-line station
~ **małoobrazkowy** *fot.* miniature camera
~ **nitracyjny** *chem.* nitrator
~ **obciągowy** *spoż.* racking machine
~ **odbiorczy taśmowy** *telegr.* tape machine, ticker
~ **oddechowy** breathing apparatus
~ **odlewniczy (do stereotypów)** *poligr.* casting machine, casting box, caster
~ **odpędowy** *spoż.* beer still
~ **Orsata** *chem.* Orsat apparatus, Orsat analyser
~ **pakunkowy** *włók.* package-dyeing machine
~ **pasteryzacyjny** pasteurizer
~ **podsłuchowy** *wojsk.* sound detector, sound locator
~ **projekcyjny** projector
~ ~ **kinowy** film projector, motion picture projector
~ **ratowniczy indywidualny** *górn.* self-rescuer
~ **rektyfikacyjny** *chem.* rectifying apparatus
~ **rentgenowski** X-ray apparatus, röntgen apparatus
~ ~ **do prześwietleń** röntgenoscope
~ ~ **do terapii głębokiej** deep therapy X-ray unit
~ ~ **do zdjęć warstwowych** laminagraph, planigraph, stratigraph, tomograph
~ ~ **małoobrazkowy** photofluorograph, photo-röntgen unit, PR unit

~ **reprodukcyjny** *poligr.* process camera
~ **słuchowy** hearing aid
~ ~ **okularowy** (*wmontowany w oprawkę okularów*) combined spectacles and hearing aid
~ **Soxhleta** (*do ciągłej ekstrakcji z substancji stałych*) *chem.* Soxhlet extractor
~ **spiekalniczy** *hutn.* sintering machine
~ ~ **Dwight-Lloyda** Dwight-Lloyd machine
~ **stereoskopowy** *fot.* stereoscopic camera
~ **telefoniczny** telephone (set), *zob. też* **telefon**
~ ~ **bezbateryjny** batteryless telephone set
~ ~ **biurkowy** desk telephone
~ ~ **CB** *zob.* **aparat telefoniczny centralnej baterii**
~ ~ **CBa** dial telephone set
~ ~ **centralnej baterii** central battery telephone set
~ ~ **głośnikowy** loudspeaking telephone set
~ ~ **induktorowy** magneto telephone set
~ ~ **MB** *zob.* **aparat telefoniczny miejscowej baterii**
~ ~ **miejscowej baterii** local battery telephone set
~ ~ **samoinkasujący** coin-box telephone set
~ ~ **ścienny** wall telephone
~ ~ **wrzutowy** *zob.* **aparat telefoniczny samoinkasujący**
~ ~ **wybiorczy** dial telephone set
~ **telegraficzny** telegraph, *zob. też* **telegraf**
~ **telekopiowy** facsimile transmitter
~ **teleskopowy do śledzenia toru pocisku** telescopic camera tracker
~ **tlenowy** oxygen respirator
~ **torpedowy** *okr.* torpedo tube
~ **wiertniczy** drilling rig, boring rig, boring jig
~ **wirnikowy do destylacji cząsteczkowej** centrifugal molecular still
~ **wulkanizacyjny** vulcanizer
~ **wyciągowy** *med.* extension apparatus, extension equipment
~ **wylęgowy** *roln.* incubator
~ **wyparny** *chem.* evaporator, *zob. też* **wyparka**
~ **wysokociśnieniowy** *chem.* high-pressure reaction vessel
~ **zapłonowy** *siln.spal.* timer-distributor
aparatura *f* apparatus
~ **do nagrywania** *zob.* **aparatura do zapisywania dźwięku**
~ **do odtwarzania dźwięku** sound-reproducing system
~ **do zapisywania dźwięku** sound-recording system
~ **doświadczalna** testing equipment
~ **łączeniowa** *el.* switchgear
~ **oddechowa do nakozy** *med.* an(a)esthesia-respiratory apparatus
~ **pomiarowa** measuring apparatus
~ **próżniowa** vacuum equipment
apartament *m* apartment, suite of rooms
apatyt *m min.* apatite
APD = automatyczne przetwarzanie danych *inf.* automatic data processing
apeks *m* **1.** *astr.* apex **2.** *anat.* apex
apekskardiogram *m med.* apexogram
apel *m* muster
apelować *v prawn.* appeal
aperiodyczny *a* aperiodic
apertura *f opt.* aperture
~ **kątowa** opening angle
~ **liczbowa** *zob.* **apertura numeryczna**
~ **numeryczna** numerical aperture
~ **plamki** *rad., TV* spot size
apertyzacja *f spoż.* appertizing
aphelium *n astr.* aphelion
apiol *m chem.* apiol(e)
aplanat *m opt.* aplanat, aplanatic lens, rectilinear lens
aplanometr *m med.* applanation tonometer
aplazja *f* (*niedorozwój tkanki lub organu*) *med.* aplasia
aplikator *m radiol.* applicator
~ **radowy zewnętrzny** radium pack
aplit *m petr.* aplite, haplite
apoatropina *f chem.* apoatropine
apochromat *m opt.* apochromat, apochromatic lens
apoenzym *m biochem.* apoenzyme
apofilit *m min.* apophyllite
apogamia *f biol.* apogamy
apogeum *n astr.* apogee
apolune (*punkt orbity satelity Księżyca najbardziej od niego oddalony*) *kosm.* aposelene, apolune
apomorfina *f chem.* apomorphine
apopleksja *f med.* apoplexy
aposel *zob.* **apolune**
apostilb *m jedn.* apostilb, blandel: $1asb = 1/\pi \cdot cd/m^2$
apotema *f geom.* apothem short radius
apretura *f włók., skór.* end-use finish
~ **akrylowa** *skór.* acrylic finish
~ **do włókien szklanych** glass finish
~ **tłuszczowa** *skór.* oil finish
APRL = Aeroklub Polskiej Rzeczypospolitej Ludowej
aprobata *f* approval
aprobować *v* approve
aproksymacja *f mat.* approximation
~ **prostoliniowa** *aut.* straight-line approximation
~ **symplicjalna** symplicial approximation
aproksymować *v mat.* approximate
aprowizacja *f* victualling; catering
APSL = aerodyna pionowego startu i lądowania vertical take-off and landing aircraft, VTOL aircraft
apsyda *f* **1.** *arch.* apse **2.** *astr.* apsis, apse (*pl* apsides)
apteczka *f* **podręczna** first-aid kit
apteka *f* pharmacy
AR = Akademia Rolnicza
ar *m jedn.* are: $1 a = 10^2 m^2$
arabeska *f arch.* arabesque
arabinoza *f chem.* arabinose
arabit(ol) *m chem.* arabitol, arabite

arachid *m bot.* groundnut, peanut, arachide, *Arachis hypogaea*
aragonit *m min.* aragonite
aramid *m chem.* aramid, aromatic polyamide
arapnit *m min.* satin spar, satin stone
arbitraż *m* arbitration
arboretum *n* arboretum, botanical tree-garden
arbutyna *f chem.* arbutin
arbuz *m bot.* watermelon, *Citrullus lanatus* (Thunb) Mansf.
ARC = automatyczna regulacja częstotliwości *rad.* automatic frequency control, A.F.C.
archaik *m geol.* **1.** Archaeozoic (era) **2.** Archaeozoic group
archeologia *f* archeology
archipelag *m* archipelago
architekt *m* architect
architektoniczny *a* architectonic
architektura *f* architecture
~ **krajobrazu** landscape architecture
~ **okrętu** naval architecture, ship architecture
architraw *m arch.* architrave, epistyle
archiwolta *f arch.* archivolt
archiwum *n* archive(s)
arcus cosecans *m mat.* arc cosecant
arcus cosinus *m mat.* arc cosine
arcus cotangens *m mat.* arc cotangent
arcus secans *m mat.* arc secant
arcus sinus *m mat.* arc sine
arcus tangens *m mat.* arc tangent
arcydzięgiel *m bot.* angelica, *Archangelica officinalis*
ardenit *m min.* ardennite
ardometr *m* ardometer, total radiation pyrometer
areał *m roln.* area (*of land*)
areka *f* **katechu** *bot.* betel nut palm, *Areca catechu*
arekolina *f chem.* arecoline
aren *m chem.* arene, aromatic hydrocarbon
areometr *m* densimeter, hydrometer
~ **akumulatorowy** acidimeter, battery tester
~ **Baumégo** Baumé hydrometer
~ **Brixa** saccharometer
~ **do oleju** oleometer
~ **solankowy** salinometer, salometer
argentan *m met.* argentan, German silver, alpaca, packfong
argentometria *f chem.* argentometry
argentyt *m min.* argentite, silver glance
arginaza *f biochem.* arginase
arginina *f biochem.* arginine
argininobursztynian *m biochem.* argininosuccinate
argon *m chem.* argon, A
argument *m* **funkcji** argument of a function, independent variable
~ **liczby zespolonej** amplitude of a complex number
~ **operacji** *inf.* operand
argyrodyt *m min.* argyrodite
arkady *pl arch.* arcade
arkeryt *m min.* arquerite
arkoza *f petr.* arkose, feldspathic sandstone
Arktyka *f* Arctic Zone
arktyczny *a* arctic
arkusz *m* sheet
~ **autorski** (*unit of measure of the author's work, equal to 40 000 typographical marks*)
~ **blachy** metal sheet
~ **drukarski** printed sheet; signature
~ **kreślarski** drawing sheet
~ **laminatu** laminated sheet
~ **oblachowania** *mot.* panel sheet
~ **obliczenia namiaru** *odl.* burden sheet
~ **papieru jednostronnie zadrukowany** *poligr.* broad sheet
~ **poprawkowy** (*np. do instrukcji*) amendment sheet
~ **rysunkowy** drawing sheet
~ **rzymski** *zob.* **arkusz tytułowy**
~ **tytułowy** *poligr.* preliminary matter, preliminaries, prelims (*of a book*)
~ **wydawniczy** (*unit of measure of the author's work, including also work done by the publisher*)
armata *f* gun, cannon
~ **przeciwlotnicza** anti-aircraft gun
armator *m* shipowner
~ **zarządzający** ship's husband, managing owner
armatura *f* fittings, fixtures
~ **kotłowa** boiler fittings, boiler accessories, boiler moutings
~ **przyłączeniowa** pipe fittings
~ **wodociągowa** plumbing fittings, plumbing fixtures
arnika *f* **górska** *bot.* arnica, mountain tobacco, *Arnica montana*
aromat *m* aroma; flavour
aromatyczny *a* aromatic
aromatyzacja *f* aromatization
~ **benzyn** hydroforming (process)
arsen *m chem.* arsenic, As
~ **czarny** black arsenic
~ **metaliczny** grey arsenic
~ **szary** *zob.* **arsen metaliczny**
~ **żółty** yellow arsenic
arsenał *m* arsenal, armoury, ordnance depot
arsenawy *a chem.* arsenious, arsenous
arsenek *m chem.* arsenide
arseniak *m chem.* arsenous hydride, arseniuretted hydrogen, arsine
arsenian *m chem.* arsenate
arsenin *m chem.* arsenite
arsenit *m min.* arsenolite, white arsenic
arseno-antymon *m min.* allemontite, arsenical antimony
arsenobenzen *m chem.* arsenobenzene, oxophenylarsine
arsenobismit *m min.* arsenobismite
arsenopiryt *m min.* arsenopyrite, mispickel
arsenowodór *m chem.* arsenous hydride, arseniuretted hydrogen, arsine
arsfenamina *f farm.* arsphenamine

arsonowanie *n chem.* arsonation
arsyna *f zob.* **arsenowodór**
arszenik *m chem.* arsenic trioxide, white arsenic
artefakt *m med.* artefact, artifact
art.plot. = **artyleria przeciwlotnicza** anti-aircraft artillery
arteria *f* **komunikacyjna** arterial road, artery
~ **obwodowa** circular street
~ **przelotowa** thoroughfare
arteriografia *f med.* arteriography
arteriogram *m med.* arteriogram
artrografia *f med.* arthrography
artykulacja *f jęz.* articulation
artykuły *mpl* **biurowe** office supplies
~ **codziennego użytku** articles of daily use
~ **deficytowe** articles in short supply, scarce goods
~ **gospodarstwa domowego** household goods
~ **gumowe techniczne** mechanical rubber goods
~ **handlowe** articles of trade, traded goods
~ **jednorazowego użytku** non-durable consumer goods, non-durables
~ **konsumpcyjne** consumer goods
~ **masowego spożycia** articles of mass consumption
~ **niechodliwe** unmarketable articles
~ **pierwszej potrzeby** primary commodities, basic commodities, necessaries
~ **przemysłowe** manufactured goods
~ **rolne** agricultural products, farm produce
~ **spożywcze** foodstuffs, food products
~ **trwałego użytku** durable goods, durables
artyleria *f* artillery
~ **ciężka** heavy artillery
~ **nadbrzeżna** coast artillery
~ **polowa** field artillery
~ **przeciwlotnicza** anti-aircraft artillery, ack-ack
~ **przeciwpancerna** anti-tank artillery
~ **samobieżna** self-propelled artillery
ARW = **automatyczna regulacja wzmocnienia** *rad.* automatic gain control, A.G.C.
aryl *m chem.* aryl, Ar
arylohydrazyna *f chem.* arylhydrazine
arylosilikony *mpl tw.szt.* aryl silicones
arylowanie *n chem.* arylation
arytmetyczny *a* arithmetic(al)
arytmetyka *f* arithmetic
~ **binarna** binary arithmetic
~ **modulo N** modulo N arithmetic
~ **podwójnej precyzji** double-precision arithmetic
~ **resztowa** residue arithmetic
~ **stałopozycyjna** fixed-point arithmetic
~ **zmiennopozycyjna** floating-point arithmetic
arytmia *f med.* arrhythmia (*esp. of heart beat or respiration*)
arytmiczność *f biol.* arhythmicity
arytmometr *m* **1.** arithmometer, calculator, calculating machine **2.** *inf.* arithmetic/ /logic unit, ALU, computing unit
~ **biurowy** desk calculator
ASA = **atomowa spektrometria absorpcyjna** atomic absorption spectrometry
asafetyda *f* (*gumożywica z Ferula assafoetida*) *farm.* asafetida (gum), devil's dung
asbolan *m min.* asbolane, asbolite
asembler *m inf.* assembler, assembly program
asemblowanie *n inf.* assembling
asenizacja *f* waste removal
asenizator *m* waste remover
aseptyczność *f* asepsis
aseptyczny *a* aseptic
asfalciarka *f* **samochodowa** *drog.* tar spraying tanker
asfalt *m* asphalt, mineral pitch
~ **dmuchany** air-blown asphalt, mineral rubber
~ **drogowy** road asphalt
~ **fluksowany** cut back asphalt
~ **miękki** soft asphalt
~ **naftowy** petroleum asphalt
~ **nastawiany** cut back asphalt
~ **naturalny** natural asphalt, native asphalt, mineral pitch
~ **utleniony** air-blown asphalt, mineral rubber
asfalten *m chem.* asphaltene
asfaltobeton *m* asphaltic concrete
asfaltowanie *n* **(nawierzchni)** asphalting
asfaltyt *m min.* asphaltite
askryptor *m inf.* non-descriptor
asocjacja *f chem.* association
asocjat *m chem.* associated molecules
asocjować *v chem.* associate
asonoryzacja *f* sound-proofing
asonoryzowany *a* sound-proofed
asortyment *m* assortment
~ **części zapasowych** spares range
~ **produkcji** product line
~ **towarów** range of goods, assortment of goods
~ **wyrobów** product range
asparagina *f chem.* asparagine, α-aminosuccinamic acid
asparaginaza *f biochem.* asparaginase
aspekt *m* (*postać czasownika*) *jęz.* aspect
aspiracja *f med.* aspiration, removing by suction
aspirator *m* aspirator, suction apparatus
aspiryna *f farm.* aspirin, acetylsalicylic acid
asprężystość *f wytrz.* anelasticity
astat *m chem.* astatine, At
astatyczny *a* astatic
astenosfera *f geol.* asthenosphere
aster *m bot.* aster, *Aster*
asteroida *f* **1.** *astr.* asteroid, planetoid **2.** *mat.* asteroid
asteryzm *m kryst.* asterism
astma *f med.* asthma
astragal *m arch.* astragal
astrionika *f* astrionics, space electronics

astrobalistyka *f* astroballistics
astrobiologia *f* astrobiology, space biology
astrobusola *f* *lotn.* astrocompass
astrochemia *f* cosmochemistry, space chemistry
astrocyt *m* *biol.* astrocyte, star-shaped cell
astrofilit *m* *min.* astrophyllite
astrofizyka *f* astrophysics
astrograf *m* astrograph
astrokompas *m* *lotn.* astrocompass
astrokopuła *f* *lotn.* astrodome, astral dome, navigation dome
astrokorektor *m* (*bezwładnościowego systemu nawigacyjnego*) stellar monitor
astrolabium *n* *astr.* astrolabe
astrometria *f* (*pomiary ciał niebieskich*) astrometry
astron *m* *nukl.* astron
astronauta *m* astronaut, cosmonaut, spaceman
astronautyka *f* astronautics, cosmonautics
astronawigacja *f* astronavigation, celestial navigation, celo-navigation, astrogation
astronomia *f* astronomy
~ **eksperymentalna** space science
~ **radiowa** radio-astronomy
~ **rentgenowska** X-ray astronomy
astrowieżyczka *f* *lotn.* astrodome, astral dome, navigation dome
astygmatyzm *m* *opt.* astigmatism
astygmometr *m* *opt.* astigmometer, astigmatometer
asygnata *f* **kasowa** *ek.* cash order
asymetria *f* **1.** asymmetry, dissymmetry **2.** *statyst.* skewness, *zob.też* **skośność**
~ **energetyczna** *met.* energetic assymmetry
~ **magnetyczna maszyny** *el.* saliency
~ **rezystancyjna** *tel.* resistive unbalance
asymetryczny *a* asymmetric(al)
asymilacja *f* assimilation
asymilować *v* assimilate
asymptota *f* *mat.* asymptote
asymptotyczny *a* asymptotic
asynchroniczny *a* asynchronous
asystent *m* assistant
~ **pokładowy** *żegl.* midshipman
asystentura *f* assistantship
at = **atmosfera techniczna** *jedn.* technical atmosphere
atak *m* **(choroby)** *med.* fit; seizure; attack
~ **masowy pasożytów** infestation
atakamit *m* *min.* atacamite
ataksja *f* *med.* ataxia, ataxy
ataktyczność *f* *chem.* atacticity
ataraktyk *m* *med.* tranquilizer
atelier *n* studio
atest *m* certificate, attestation
~ **awaryjny** *żegl.* certificate of damage
~ **oględzin** *żegl.* survey report, certificate of survey
~ **szkód** *żegl.* damage certificate
~ **sztauerski** *żegl.* stowage certificate
atestowanie *n* conformity certification
atlant *m* *arch.* telamon
atlas *m* atlas
~ **geograficzny** geographical atlas
~ **kolorów** colour atlas
atłas *m* *włók.* sateen
atm = **atmosfera fizyczna** *jedn.* (standard) atmosphere
atm. = **atmosferyczny** *a* atmospheric
atmoliza *f* *chem.* atmolysis
atmometr *m* evaporimeter
atmosfera *f* atmosphere
~ **atomów obcych** *zob.* **atmosfera Cottrella**
~ **Cottrella** *kryst.* Cottrell atmosphere, impurity atmosphere, impurity cloud
~ **fizyczna** *jedn.* (standard) atmosphere: 1 atm = $1.01325 \cdot 10^5$ Pa
~ **gazów obojętnych** inert atmosphere
~ **glebowa** soil air
~ **jonowa** **1.** *geofiz.* ion cloud **2.** *elchem.* ion cloud, ion atmosphere
~ **kopalniana** weather (*in a mine*), mine air
~ **obojętna** neutral atmosphere
~ **ochronna** protective atmosphere, protective gas
~ **pieca** furnace atmosphere
~ **redukująca** reducing atmosphere
~ **regulowana** controlled atmosphere, prepared atmosphere
~ ~ **egzotermiczna** *obr.ciepl.* exothermic atmosphere, exogas
~ ~ **endotermiczna** *obr. ciepl.* endothermic atmosphere, endogas
~ **rozrzedzona** *astr.* tenuous atmosphere
~ **standardowa** international standard atmosphere, ISA
~ **techniczna** *jedn.* technical atmosphere: 1 at = $0{,}980665 \cdot 10^5$ Pa
~ **utleniająca** oxidizing atmosphere
~ **wzorcowa** *zob.* **atmosfera standardowa**
~ **zanieczyszczeń** *zob.* **atmosfera Cottrella**
~ **ziemska** earth's atmosphere
atmosferyczny *a* atmospheric
atmosferyki *pl* (*zakłócenia atmosferyczne*) *rad.* atmospherics, sferics, strays, X's, atmospheric interference
atol *m* *geogr.* atoll
atom *m* **1.** *fiz., chem.* atom **2.** *mat.* atom
~ **asymetryczny** asymmetric atom
~ **Bohra** Bohr atom
~ **centralny** central atom, nuclear atom
~ **donorowy** donor atom, coordinating atom
~ **epitermiczny** epithermal atom
~ **gorący** hot atom, recoil atom
~ **koordynujący** donor atom, coordinating atom
~ **ligandowy** *zob.* **atom koordynujący**
~ **macierzysty** parent atom
~ **metatrwały** metastable atom
~ **mezonowy** mesonic atom, mesic atom
~ **międzywęzłowy** *kryst.* interstitial atom
~ **mostkowy** bridging atom
~ **nagi** stripped atom
~ **nietrwały** unstable atom
~ **nukleofilowy** nucleophilic atom
~ **obcy** foreign atom
~ **obojętny** neutral atom

~ **odrzutu** recoil atom, hot atom
~ **pochodny** daughter atom
~ **podstawieniowy** *kryst.* substitutional atom
~ **przesunięty** *kryst.* displaced atom
~ **sieci (krystalicznej)** lattice atom
~ **spiro** spiro atom
~ **śródwęzłowy** *kryst.* interstitial atom
~ **wskaźnikowy** tracer atom
~ **wybity** *kryst.* knocked-on atom
~ **wysokowzbudzony** hot atom
~ **wzbudzony** excited atom
~ **z drugiej strefy koordynacyjnej** *kryst.* next-nearest neighbour
~ **zjednoczony** united atom
~ **zjonizowany** ionized atom, atomic ion
~ **znaczony** labelled atom, tagged atom
~ **związany** bound atom
atomistyka *f* atomistics, atomic physics
atomizacja *f* atomization
atomizator *m* atomizer
atomowa zdolność *f* **hamowania** *fiz.* atomic stopping power
atomowo-dyspersyjny *a* atomically dispersed
atomowość *f* (*pierwiastka*) atomicity
atomowy *a* atomic; *mat.* atomic
atomowy czynnik *m* **kształtu** *fiz.* atomic form factor, atomic structure factor
atomowy moment *m* **magnetyczny** *fiz.* atomic magnetic moment
atomowy przekrój *m* **czynny** *fiz.* atomic cross-section
atonia *f* *med.* atony
atrakcyjność *f* **rynkowa** (*wyrobów*) *ek.* marketability
atraktant *m* *roln.* attractant
~ **płciowy** sex attractant, sex pheromone
atrament *m* ink
~ **magnetyczny** magnetic ink
~ **sympatyczny** invisible writing ink
atrapa *f* dummy
atraton *m* *pest.* atraton (*herbicide*)
atrazyna *f* *pest.* atrazine (*herbicide*)
atritor *m* *san.* atritor
atritus *m* (*składnik durytu*) *geol.* attritus
atrofia *f* *med.* atrophy
atropina *f* *chem.* atropine, daturine
atropoizomeria *f* atropoisomerism
attaché *m* **handlowy** commercial attaché
~ **lotniczy** air attaché
~ **wojskowy** military attaché
atto- atto (*prefix representing* 10^{-18})
attyka *f* *arch.* **1.** attic **2.** parapet (wall)
~ **z otworami** brandishing
audiofon *m* *med.* audiophone
audiogram *m* *akust.* audiogram
audiometr *m* audiometer, acoumeter
audiometria *f* audiometry
audiowizualny *a* audiovisual
audycja *f* (*radiowa, telewizyjna*) broadcast
audytorium *n* auditorium
augit *m* *min.* augite
auksanometr *m* (*wzrostomierz roślin*) auxanometer
auksochrom *m* *chem.* auxochrome
auksyn *f* *biochem.* auxin
aula *f* hall (*in schools and universities*)
auramina *f* *chem.* auramine
aureola *f* **1.** *elektron.* halation **2.** *meteo.* aureole **3.** *geol.* aureole
aureolina *f* *farb.* aureolin, Indian yellow
aureomycyna *f* *biochem.* aureomycin, chlortetracycline
auryna *f* *chem.* aurin
aurypigment *m* *min.* auripigment, orpiment
austenit *m* *met.* austenite
~ **azotowy** nitrogen austenite
~ **pierwotny** *zob.* **austenit pierwszorzędowy**
~ **pierwszorzędowy** primary austenite
~ **przechłodzony** undercooled austenite, supercooled austenite
~ **przemieniony** transformed austenite
~ **szczątkowy** retained austenite
austenityczny *a* austenitic
austenityzator *m* (*pierwiastek stabilizujący austenit*) *met.* austenite stabilizer, austenitizer, austenite-forming element
austenityzowanie *n* *obr.ciepl.* austenitizing
auto *n* motor-car, *zob.też* **samochód**
autoabsorpcja *f* self-absorption
autobus *m* (omni)bus, (motor)bus; (motor)-coach
~ **członowy** articulated bus
~ **piętrowy** double-deck bus, double-decker
~ **pogrzebowy** funeral coach
~ **przegubowy** articulated bus
~ **szynowy** rail bus
~ **turystyczny** (motor) coach, touring bus
~ **wycieczkowy** *zob.* **autobus turystyczny**
autochtoni *mpl* aborigines
autodrabina *f* **pożarnicza** fire-fighting turnable ladder
autodyfuzja *f* self-diffusion
autodyna *f* *rad.* autodyne
autogiro *n* *lotn.* autogiro, gyroplane
autograf *m* (*pisak*) plotter
autojonizacja *f* autoionization, preionization
autokar *m* motor coach, touring bus
autokarawan *m* hearse van
autokataliza *f* *chem.* autocatalysis
autoklaw *m* autoclave, pressure (chemical) reactor
~ **do utwardzania oleju** *spoż.* hydrogenator
~ **do wulkanizacji** vulcanization autoclave
~ **wahliwy** rocking autoclave
autoklawowanie *n* (*obróbka w autoklawie*) autoclaving
autokod *m* *inf.* autocode
autokompleks *m* *chem.* autocomplex
autokorelacja *f* *statyst.* autocorrelation
autokorelogram *m* *mat.* autocorrelogram
autolit *m* (*inkluzja rodzima*) *geol.* cognate inclusion
autoliza *f* *biochem.* autolysis
automat *m* **1.** automaton (*pl* automatons, automata) **2.** automatic machine; *obr. skraw.* automatic

~ **biletowy** ticket-issuing machine, passimeter
~ **do lutowania** automatic soldering machine
~ **do pobierania próbek** autosampler
~ **do spawania łukowego** automatic arc welding machine
~ **do zamykania drzwi** door closer
~ **hamowania** (*zapobiegający poślizgowi kół*) *lotn.* anti-skid unit, automatic braking system
~ **kroplowy** *szkl.* gob feed machine
~ **polerski** buffing lathe
~ **probierczy** *telef.* routiner
~ **przeciwpoślizgowy** *lotn.* antiskid unit, automatic braking system
~ **skończony** *mat.* finite automaton
~ **spawalniczy** automatic welding machine, automative welder
~ **sprzedający** vending machine
~ **ssący** *szkl.* suction machine
~ **sterujący** *okr.* automatic steering unit, automatic pilot, autopilot
~ **telefoniczny** automatic telephone, telephone set
~ **tokarski** automatic lathe, (full) automatic, auto-lathe
~ ~ **do śrub** automatic screw machine, bolt-threading machine
~ ~ **do toczenia wzdłużnego** Swiss-type screw machine
~ ~ **jednowrzecionowy** single-spindle automatic lathe, single-spindle full automatic
~ ~ **prętowy** bar automatic
~ ~ **wielowrzecionowy** multiple-spindle automatic lathe
~ ~ ~ **uchwytowy** multi-spindle chucking machine, multi-spindle chucker
~ **wzdłużny** Swiss-type screw machine
~ **żywieniowy** *zoot.* automatic feeder
automatowy *a obr.skraw.* free-cutting, free-machining
automatyczna linia *f* **obrabiarek zespołowych** *obr.skraw.* transfer line
automatyczna regulacja *f* **wzmocnienia** *rad.* automatic gain control, AGC
automatyczna regulacja *f* **uzyskiwana z sygnału fali nośnej** carrier-derived AGC
automatyczna regulacja *f* **uzyskiwana z sygnału m.cz.** audio-derived AGC
automatyczne przetwarzanie *n* **danych** *inf.* automatic data processing, ADP
automatyczny *a* (fully) automatic, self-acting
automatyczny regulator *m* **obciążeń** *wytrz.* automatic load maintainer
automatyczny regulator *m* **poziomu** *el. akust.* automatic level control, ALC
automatyka *f* automatics, automatic control engineering
~ **strumieniowa** fluidics, fluid state automation
automatyzacja *f* automation
~ **pełna** full automation
automatyzm *m biol.* automatism
automatyzować *v* automatize
automiksja *f biol.* automixis
automobilista *m* motorist
automobilizm *m* motoring, automobile sport
automorficzny *a mat.* automorphic
automorfizm *m mat.* automorphism
~ **wewnętrzny** inner automorphism
autonawigator *m* autonavigator, automatic navigation system
autonomiczne przetwarzanie *n* **danych** *inf.* off-line data processing
autonomiczny *a* autonomous; *mat.* autonomous
autopilot *m lotn.* automatic pilot, autopilot
autoprotoliza *f chem.* autoprotolysis
autopsja *f med.* autopsy
autor *m* author
autoradiografia *f fiz.* radioautography; autoradiography
autoradiogram *m* radioautograph; autoradiograph
autoradioliza *f chem.* autoradiolysis
autoregresja *f mat.* autoregression
autorotacja *f aero.* autorotation
~ **utajona** latent autorotation
autoryzować *v* authorize
autosom *m genet.* autosome
autostop *m* hitch-hiking
autostopowicz *m* hitch-hiker
autostrada *f* motorway, expressway, superhighway, limited-access highway
~ **bezpłatna** freeway
~ **płatna** toll-expressway, turnpike
autotransformator *m el.* autotransformer
autotransplantat *m* (*przeszczep własnopochodny*) *med.* autograft, autoplasty
autotrof *m* (*organizm samożywny*) *biol.* autotroph
autotroficzny *a biol.* autotrophic
autotrofizm *m biol.* autotrophism
autotypia *f poligr.* **1.** half-tone process, autotype **2.** half-tone block
autożyro *n lotn.* autogiro, gyroplane
autunit *m min.* autunite, calcouranite
avogram *m fiz.* avogram
awanport *m inż.* outer harbour
awans *m* promotion
awanturyn *m min.* aventurine
awaria *f* **1.** *masz.* break-down; failure **2.** *żegl.* average
~ **partykularna** *zob.* **awaria poszczególna**
~ **poszczególna** *żegl.* particular average
~ **przypadkowa** random failure
~ **radiologiczna** radiation accident
~ **reaktora spowodowana ucieczką chłodziwa** *nukl.* loss-of-coolant accident, LOCA
~ **wielka** *żegl.* gross average
~ **wspólna** *żegl.* general average
~ **zwykła** *żegl.* particular average
awaryjność *f masz.* failure frequency, mortality
awaryjny *a* emergency
awers *m* abverse (*front side of coin or medal*)

awicyd *m* (*środek do zwalczania ptaków*) *chem.* avicide
awidyna *f biochem.* avidin
awiofon *m lotn.* intercom
awionika *f* (*elektronika lotnicza*) avionics, aviation electronics
awitaminoza *f med.* avitaminosis
awiważ *m włók.chem.* avivage
awizo *n ek.* letter of advice, advice note
awokado *n bot.* avocado, *Persea americana* Mill.
awometr *m el.* multimeter, volt-ohm-milliammeter
Az = amperozwój *jedn.* ampere-turn
azbest *m* asbestos, mineral flax
~ **aktynolitowy** amianthus, byssolite
~ **amfibolowy** amphibolite asbestos
~ **chryzotylowy** chrysotile asbestos, serpentine asbestos
~ **palladowany** palladized asbestos
~ **platynowany** platinated asbestos, platinized asbestos
~ **serpentynowy** serpentine asbestos, chrysotile asbestos
~ **w arkuszach** asbestos boards
azbestocement *m* asbestos cement
azbestoza *f med.* asbestosis
azbestyna *f farb.* asbestine (*extender or filler*)
azbeścica *f med.* asbestosis
azdyk *m nawig.* asdic (*Anti-Submarine Detection Investigation Committee*)
azeotrop *m chem.* azeotrope, azeotropic mixture
azeotropia *f chem.* azeotropy
azeotropowy *a* azeotropic
azobenzen *m chem.* azobenzene, diphenyldiimide
azochloramid *m chem.* chloroazodin
azoksyzwiązek *m chem.* azoxy compound
azolitmina *f farb.* azolitmin
azot *m chem.* nitrogen, N
~ **amonowy** ammonia nitrogen
~ **atmosferyczny** atmospheric nitrogen
~ **azotanowy** nitrate nitrogen
~ **białkowy** albuminoid nitrogen
~ **metaboliczny** metabolic nitrogen, endogenous nitrogen
~ **powietrza** atmospheric nitrogen
~ **związany** fixed nitrogen, combined nitrogen
azotan *m chem.* nitrate
~ **amonowy** ammonium nitrate
~ **barowy** barium nitrate
~ **celulozy** cellulose nitrate, nitrocellulose
~ **miedziowy** cupric nitrate
~ **mocznika** urea nitrate
~ **potasowy** potassium nitrate
~ **rtęciowy** mercuric nitrate
~ **sodowy** sodium nitrate
~ **srebrowy** silver nitrate, lunar caustic
~ **torowy** thorium nitrate
~ **wapniowy** calcium nitrate, lime saltpetre, Norwegian saltpetre
~ **żelazawy** ferrous nitrate, iron (II) nitrate
~ **żelazowy** ferric nitrate, iron (III) nitrate
azotawy *a chem.* nitrous
azotek *m chem.* nitride
~ **borowy** boron nitride
~ **fosforowy** phosphorous nitride
azotniak *m roln.* nitrogenous fertilizer
azotoaustenit *m met.* nitrogen austenite
azotomierz *m chem.* nitrometer
azotowanie *n obr.ciepl.* nitriding, nitrarding, nitride case hardening, nitrogen (case) hardening
~ **gazowe** ammonia nitriding, gas nitriding
~ **jarzeniowe** *zob.* **azotowanie jonowe**
~ **jonowe** ion nitriding, ionitriding, glow (discharge) nitriding
~ **kąpielowe** bath nitriding, wet nitriding, liquid nitriding
~ **z nasiarczaniem** sulfonitriding, sulfinuzing
azotowce *pl chem.* nitrogen family, nitrogen group (N, P, As, Sb, Bi)
azotowy *a chem.* nitric
azotox *m chem.* (*trade name for DDT*)
azotyn *m chem.* nitrite
~ **amylu** amyl nitrite
~ **etylu** ethyl nitrite, sweet spirits of niter
~ **potasowy** potassium nitrite
~ **sodowy** sodium nitrite
~ **srebrowy** silver nitrite
azozwiązek *m chem.* azo compound
azuryt *m min.* azurite, chessylite
Azw = amperozwój *jedn.* ampere-turn
azydek *m chem.* azide
~ **kwasowy** acid azide
azymut *m* **1.** *astr., geod. nawig.* azimuth **2.** *geom.* azimuth; amplitude of a point, vectorial angle
~ **łopaty (wiropłata)** *lotn.* blade azimuth
azyna *f chem.* azine
ażur *m* **1.** open-work **2.** *obr.plast.* blanking scrap
ażurowy *a* openwork

B

b = **baria** *jedn.* barye
baba *f* **kafara** drop weight, pile hammer, monkey
babit *m* babbitt metal, Babbitt's metal
babka *f* *włók.szt.* spinning cake, cheese
~ **lancetowata** *bot.* ribwort, *Plantago lanceolata*
bacyt *m* *min.* bazzite
bacytracyna *f* (*antybiotyk z Bacillus subtilis*) bacitracin
badać *v* examine, investigate; test; inspect; study; explore
~ **możliwości** explore possibilities
~ **pod mikroskopem** examine under the microscope
badania *npl* **operacyjne** operation research, opsearch, *zob.też* **badanie**
~ **podstawowe** basic research, fundamental research
~ ~ **kierowane** objective basic research, strategic research
~ ~ **wolne** free basic research, pure basic research
~ **podwodne** underwater exploration
~ **porównawcze** trade-off studies
~ **przestrzeni kosmicznej** space research
~ **stosowane** applied research
badanie *n* examination; investigation; testing; inspection, *zob.też* **badania**
~ **biologiczne** (*metodami biologicznymi*) *chem.* bioassay
~ **częściowo niszczące** semi-destructive inspection
~ **czystości patentowej** prior-art search
~ ~ **substancji** *chem.* purity test
~ **dotykiem** *med.* palpation
~ **drenażu prądowego** (*w ochronie antykorozyjnej*) current drainage survey
~ **dwustopniowe** double sampling
~ **dylatometryczne** *met.* dilatometry
~ **elektryczne indukcyjne** *met.* electric inspection
~ **fluorescencyjne** fluorescent penetrant inspection
~ **gruntu** *inż.* soil survey
~ **hartowności na przełomie próbki** *met.* penetration-fracture test
~ **jednostopniowe** single sampling
~ **kliniczne** *med.* clinical investigation
~ **konsystencji betonu** (*za pomocą stożka opadowego*) *inż.* slump test
~ **kruszności wg Hessa** *wybuch.* Hess crusher test
~ **laboratoryjne** bench test, laboratory test
~ **lekarskie** medical examination
~ **magnetyczne proszkowe** magnetic particle inspection, magnafluxing
~ **makroskopowe** macroscopy, macrography, macroscopic examination
~ **materiałów** materials testing
~ **mikroskopowe** microscopy, micrography, microscopic examination
~ ~ **metali** metallurgical microscopy
~ ~ **przy dużym powiększeniu** high-power microscopic examination
~ ~ **przy małym powiększeniu** low-power microscopic examination
~ ~ **rud** mineragraphy
~ ~ **w jasnym polu** bright-field microscopy
~ ~ **w nadfiolecie** ultraviolet microscopy
~ **moczu** urine examination
~ **modelowe** model testing
~ **modelu z napędem własnym** *okr.* self-propulsion test
~ **na czystość** *chem.* purity test
~ (*rudy*) **na drodze mokrej** *górn.* wet assay
~ **na zgodność z wymaganiami** (*np. normy*) qualification test
~ **na zużycie** wear testing
~ **naukowe** scientific research
~ **nieniszczące** non-destructive testing, NDT
~ **niezawodności** reliability test
~ ~ **eksploatacyjne** field reliability test
~ ~ **kontrolne** reliability compliance test
~ ~ **określające** reliability determination test
~ **odkształceń za pomocą kruchych pokryć** strain crack test
~ **odporności na czynniki atmosferyczne** exposure test
~ **oglądaniem** *med.* inspection
~ **okresowe** routine test
~ **organoleptyczne** organoleptic test
~ **patentowe** patent examination
~ **penetracyjne** liquid-penetrant inspection
~ **płynności** *tw.szt.* plastic yield test
~ **pobieżne** perfunctory examination
~ **ponowne** re-examination
~ **próbki** specimen test
~ **przepuklenia** bursting test
~ **przyczyn wypadku** investigation of an accident
~ **przyspieszone** *chem.* accelerated test
~ **radiograficzne** radiographic examination, radiographic inspection
~ **reakcji psychomotorycznych** psychomotor test
~ **rentgenowskie** X-ray examination
~ ~ **warstwowe** tomography, laminagraphy, planigraphy, stratigraphy, sectional radiography
~ **rozszerzalnościowe** *met.* dilatometry

~ **ruchów** *ek.* motion study
~ **rynków** *ek.* market research
~ **sądowe** forensic investigation
~ **sekwencyjne** *skj* sequential sampling
~ **sitowe** *chem.* sieve testing
~ **skłonności do pękania** *spaw.* crack test
~ **skrócone** *skj* curtailed inspection
~ **sortujące** screening test
~ **sprężystości stali sprężynowej** camber test
~ **stuprocentowe** *skj* detailed inspection
~ **szczegółowe** thorough examination
~ **środowiskowe** environmental test(ing)
~ **temperatury krzepnięcia** (*olejów*) cold test
~ **terenowe** *inż.* field investigation, site investigation
~ **trwałości** endurance test
~ **ultradźwiękowe** ultrasonic testing
~ **urzędowe** legal test
~ **w perle** *chem.* bead testing
~ **wad materiałowych** flow detection
~ **wielostopniowe** multiple sampling
~ **własności mechanicznych** mechanical testing
~ **właściwości morskich** *okr.* seakeeping test
~ **wstępne** *chem.* preliminary test, exploratory test
~ **wyrazistości** *akust.* articulation testing
~ **wyrywkowe** *skj* sampling
~ ~ **alternatywne** sampling by attributes
~ ~ **dwustopniowe** double sampling
~ ~ **na właściwość mierzalną** sampling by variables
~ ~ **obostrzone** tightened sampling
~ ~ **odbiorcze** acceptance sampling
~ ~ **ulgowe** reduced sampling
~ ~ **wielostopniowe** multiple sampling
~ **wzrokowe** visual inspection, perusal
~ **wzroku** *med.* sight-testing
~ **z obciążeniem stopniowym** step stress test
~ **za pomocą środków cieniujących** *med.* contrast radiography
~ **zagrożenia zdrowia** *bhp* health monitoring
~ **zastępcze** substitute investigation
~ **zwarciowe** *el.* short circuit testing
badawczo-rozwojowy *a* (*np. program*) research and development, R and D
baddeleit *m min.* baddeleyite
badyl *m roln.* bent
bagassa *f* bagasse, megass
bagaż *m* luggage, baggage
~ **kabinowy** *żegl.* wanted baggage, cabin baggage
~ **podręczny** wanted baggage
bagażnik *m* luggage boot; luggage compartment
~ **dachowy** *mot.* roof luggage rack
bagażownia *f* baggage room
bagenreja *f żegl.* crossjack yard
bagenżagiel *m żegl.* crossjack
bagienny *a* boggy, swampy; palustrine
bagier *m* = **pogłębiarka** dredger, dredge
bagietka *f chem.* glass rod
~ **z gumką** policeman
bagnet *m* bayonet
bagnisty *a* boggy, swampy
bagno *n* bog, swamp, morass, marsh
~ **torfowiskowe** peat swamp
~ **zwyczajne** *bot.* marsh tea, *Ledum palustre*
bagrownica *f* = **pogłębiarka** dredger, dredge
bagrowanie *n* = **pogłębianie** dredging
bainit *m met.* bainite, troosto-martensite
bajeryt *m min.* bayerite
bajt *m inf.* byte
~ **błędu** sense byte, error byte
bak *m* **1.** tank **2.** *okr.* forecastle deck
~ **do wywoływania** *fot.* developing tank
bakburta *f okr.* port (side)
bakcyl *m* **cementowy** cement bacillus
bakelit *m tw.szt.* bakelite
bakelizować *v* bakelize
baken *m żegl.* beacon
baki *mpl* **masztowe** *żegl.* mast cleat, thumb cleat
bakłażan *m bot.* eggplant, *Solanum melongena* L.
bakowiec *m narz.* brace bit
baksztag *m żegl.* backstay
~ **pomocniczy** preventer backstay, breast backstay
~ **ruchomy** running backstay, shifting backstay
baktał *m ryb.* after quarter rope
bakterie *fpl* bacteria (*sing.* bacterium); microbes
~ **azotowe** nitrogen fixing bacteria
~ **beztlenowe** anaerobic bacteria, anaerobes
~ **brodawkowe** nodule bacteria
~ **denitryfikacyjne** denitrifying bacteria
~ **gnilne** putrefactive bacteria
~ **lizogeniczne** lysogenic bacteria
~ **mezofilowe** mesophilic bacteria
~ **nitryfikacyjne** nitrifying bacteria
~ **octowe** acetobacters, vinegar bacteria, acetic acid bacteria
~ **odporne na wysokie ciśnienie** baroduric bacteria
~ **tlenowe** aerobic bacteria, aerobes
~ **trawiące celulozę** cellulose digesters
~ **wiążące azot** *zob.* **bakterie azotowe**
~ **wytrzymujące temperaturę pasteryzacji** thermoduric bacteria
~ **żelaziste** iron-oxidizing bacteria
bakteriemia *f med.* bacter(i)emia
bakteriobójczy *a* bactericidal
bakteriocyny *pl biol.* bacteriocins
bakteriofagi *pl* (bacterio)phages
bakterioliza *f* bacteriolysis (*dissolution of bacteria*)
bakteriologia *f* bacteriology
bakteriopochodny *a* bacteriogenic
bakterioryza *f* bacteriorhiza
bakterioskopia *f* bacterioscopy
bakteriostatyczny *a* (*hamujący wzrost bakterii*) bacteriostatic
bakteriostaza *f* (*zahamowanie wzrostu bakterii*) bacteriostasis

bakterioza *f* (*choroba bakteryjna roślin*) bacteriosis
bakteroid *m biol.* bacteroid
bakterycyd *m* bactericide
bakteryjny *a* bacterial
bakteryzacja *f* bacterization
bal *m drewn.* balk; deal
~ **ścianki szczelnej** *inż.* pile plank
balans *m zeg.* balance(-wheel), fly-wheel
balas *m bud.* baluster, ban(n)ister
balast *m* **1.** ballast **2.** *zoot.* (*substancja organiczna niestrawna w paszy*) ballast
~ **ruchomy** shifting ballast, portable ballast
~ **stały** permanent ballast
~ **wodny** water ballast
~ **żeliwny** (*w blokach*) *żegl.* kentledge, pig-iron ballast
balastować *v* ballast
balata *f gum.* balata
~ **uwodorniona** hydrobalata
baldachim *m* **1.** *arch.* canopy **2.** *lotn.* wing canopy
baldaszek *m bot.* whorl
balistokardiograf. *m med.* ballistocardiograph
balistokardiografia *f* ballistocardiography
balistokardiogram *m* ballistocardiogram
balistyczny *a* ballistic
balistyka *f* ballistics
~ **wejścia w atmosferę** *kosm.* entry ballistics
~ **wewnętrzna** interior ballistics
~ **zewnętrzna** exterior ballistics
balistyt *m wybuch.* ballistite
~ **bezpłomienny** flashless ballistite
~ **osłabiony** attenuated ballistite
balkon *m bud.* balcony
~ **cofnięty** loggia
ballas *m* (*odmiana diamentu technicznego*) ballas
balneologia *f med.* balneology
balon *m lotn.* balloon
~ **kliwer** *żegl.* balloon jib, ballooner
~ **na ogrzane powietrze** hot-air balloon
~ **na uwięzi** captive balloon, tethered aerostat
~ **pilotowy** *meteo.* pilot balloon
~ **-sonda** *meteo.* sounding balloon, rawinsonde
~ **-spadochron** ballute
~ **szklany** glass balloon
~ ~ **opleciony** carboy
~ **sztaksel** *żegl.* balloon staysail
~ **topsel** *żegl.* balloon topsail
~ **wolny** free balloon
~ **zaporowy** barrage balloon
~ **żagiel** balloon (fore)sail, balloon
balonet *m lotn.* ballonet
baloniarstwo *n* ballooning (*sport*), aerostation
balonik *m* **do stwierdzania obecności alkoholu w wydychanym powietrzu** drunkometer
balotyna *f szkl.* ballotini
balsa *f* balsa wood
balsam *m* balsam, balm
~ **guriunowy** gurjun balsam
~ **kanadyjski** Canada balsam, balsam of fir
~ **kopaiwowy** copaiba balsam, copaiba resin
~ **Mekka** Mecca balsam, balm of Gilead
~ **peruwiański** Peru balsam, black balsam
~ **tolutański** tolu balsam
balsamiczny *a* balmy
balustrada *f bud.* balustrade, railing; parapet
Bałtycka i Międzynarodowa Konferencja Morska Baltic and International Maritime Conference, BIMCO
bambus *m bot.* bamboo, *Bambusa*
banan *m bot.* banana, *Musa*
~ **manilski** abaca, Manila hemp, *Musa textilis*
bananowiec *m okr.* banana carrier
bandaż *m* bandage; band
~ **elastyczny** *med.* elastic bandage
~ **wirnika** *masz.* shroud of a rotor, shrouding
bandażowanie *n* banding
bandera *f żegl.* flag
~ **grzecznościowa** courtesy flag
~ **marynarki wojennej** navy ensign
banderola *f* label band
bang-bang (*sterowanie przekaźnikowe*) *aut.* bang-bang
banisteryna *f chem.* harmine
bank *m* **danych** *inf.* data bank
~ **emisyjny** bank of issue
~ **inwestycyjny** investment bank
~ **kredytowy** loan bank
~ **krwi** blood bank
~ **narodowy** national bank
~ **rolny** land-bank
~ **terminologiczny** term bank
Bank Rozrachunków Międzynarodowych Bank for International Settlements, BIS
banknot *m* banknote
bankowość *f* banking
bankructwo *n* bankruptcy
bańka *f* can; bulb
~ **do oleju** oil can
~ **lampy** *el.* bulb
~ **matowana** *el.* satin-etched bulb
~ **mleczna** *el.* opal bulb
~ **surowa** *el.* bulb as blown
~ **szklana** glass bulb
~ **w kształcie płomienia** *el.* flame bulb
~ **zwierciadlona** *el.* metal coated bulb
bar *m* **1.** *chem.* barium, Ba **2.** *jedn.* bar
~ **samoobsługowy** cafeteria; self-service bar
barak *m* hut
baran *m zool.* ram
~ **kastrowany** wether
baranek *m ocean.* white cap (*on tops of waves*)
baraniec *m geol.* roche moutonnée
baranina *f* mutton
barat *m włók.* barratte, xanthating churn
barbakan *m arch.* barbican
barban *m chem.* barban (*herbicide*)

barbeta *f okr.* barbette
~ **burtowa** sponson
barbital *m chem.* barbital, barbitone, diethylmalonylurea
barbiturany *mpl chem.* barbiturates
barbotaż *m* barbotage, bubbling
barboter *m* bubbler, *zob.też* **bełkotka**
barbotowanie *n* barbotage, bubbling
barchan *m* **1.** *włók.* fustian **2.** *geol.* barkhan, barchan
bardo *n włók.* harness
bardzo drobny superfine
bardzo duża skala *f* **integracji** (*układów scalonych*) very large scale integration, VLSI
bardzo lotny readily volatile
bardzo łatwo rozpuszczalny very soluble
bardzo mała częstotliwość *f rad.* very low frequency, VLF
bardzo silny wiatr *m meteo.* moderate gale, high wind (7 *Beaufort scale*)
bardzo słabo alkaliczny barely alkaline
bardzo suchy high-dried
bardzo ważna osobistość *f* very important person, VIP
bardzo wielka częstotliwość *f rad.* very high frequency, VHF
bardzo wielka fala *f ocean.* precipitous sea
bardzo wielkie napięcie *el.* ultra-high voltage, UHV
bardzo wolno dead slow
bardzo wrażliwy highly sensitive
bardzo wysokie ciśnienie *n* superpressure
bareter *m rad.* ballast lamp, ballast tube, barretter, ballast resistor
baria *f jedn.* barye, microbar: 1 barye = = 1 dyne/cm²
bariera *f* **1.** barrier **2.** *bud.* parapet **3.** *geol.* moraine bar
~ **cieplna** *lotn.* heat barrier, thermal barrier
~ **Cottrella-Lomera** *kryst.* Cottrell-Lomer barrier
~ **dźwięku** *lotn.* sound barrier
~ **energetyczna** *fiz.* potential hill, potential barrier
~ **kulombowska** *nukl.* Coulomb barrier
~ **lodowa** *ocean.* barrier ice
~ **podnoszona** *drog.* bascule barrier
~ **potencjału** *zob.* **bariera energetyczna**
~ ~ **kulombowskiego** *zob.* **bariera kulombowska**
barierka *f* (guard) railing
bariery *fpl* **celne** customs barriers
barion *m fiz.* baryon
bark *m* **1.** *okr.* bark **2.** *anat.* shoulder
~ **bieżnika** (*opony*) tread shoulder
barka *f* barge; lighter
~ **bez napędu** dumb barge
~ **cumownicza** mooring lighter, chain boat
~ **desantowa** landing craft, landing barge
~ ~ **czołgów** tank landing craft
~ **elastyczna** flexible barge (*for liquid cargoes*), dracone
~ **ładunkowa portowa** deck barge
~ **mieszkalna** houseboat
~ **motorowa** motor cargo boat
~ **płaskodenna** punt
~ **pożarnicza** fire barge
~ **węglowa** coal barge
~ **zbiornikowa** tank barge
barkarz *m* bargee, lighterman
barkas *m okr.* launch, long boat
barkentyna *f okr.* barkentine
barkometr *m skór.* barkometer
barkowiec *m okr.* barge carrier; LASH (*lighters-aboard-ship*)
barn *m jedn.* barn: 1b = 10^{-28} m²
barograf *m* barograph; *lotn.* recording altimeter, altitude recorder
barok *m arch.* baroque (style)
barometr *m* barometer
~ **aneroidalny** aneroid barometer
~ **naczyniowy** cup barometer, cistern barometer
barometryczny *a* barometric(al)
barostat *m* barostat
barwa *f* colour, *zob.też* **barwy**
~ **achromatyczna** neutral colour
~ **dźwięku** *akust.* tone quality, timbre
~ **nasycona** saturated colour
~ **przejściowa** *chem.* end-point colour
barwiarka *f włók.* dyeing machine
~ **zwrotna** jigger, jig-dyeing machine, jig
barwica *f* **drewna** discoloration of wood
barwić *v* dye, colour
barwienie *n* dyeing, colouring
~ **barwnikami kadziowymi** *włók.* vat dyeing
~ **dwukąpielowe** *włók.* double-bath dyeing
~ **elektrolityczne** galvanic colouring
~ **jednokąpielowe** *włók.* one-bath dyeing
~ **metodą pakunkową** *włók.* package dyeing
~ **na zaprawie chromowej** *włók.* chrome bottom dyeing
~ **obojętne** *włók.* neutral dyeing
~ **płomienia** *chem.* flame coloration
~ **powtórne** *włók.* re-dyeing
~ **przez zanurzenie** *włók.* dip dyeing
~ **sposobem domowym** *włók.* home dyeing
~ **unitarne** *włók.* union dyeing
~ **w bębnach obrotowych** *skór.* drum dyeing
~ **w cytroku** *skór.* paddle dyeing
~ **w kąpieli obojętnej** *włók.* neutral dyeing
~ **w korytku** *skór.* tray dyeing
~ **w masie** *włók.* dyeing in the cake
~ **w motkach** *włók.* skein dyeing
~ **w nawoju** *włók.* dyeing in the lap
~ **wgłębne** *drewn.* cross dyeing, deep dyeing
~ **włókien mieszanych** union dyeing
~ **woskowe** *włók.* batik (dyeing)
barwinek *m bot.* periwinkle, *Vinca minor*
barwka *f* **szkła** *szkl.* flashing knob
barwnik *m* dye, dyestuff, colour; stain, *zob.też* **barwniki**
~ **akrydynowy** acridine dye

~ **alizarynowy** alizarin dye
~ **anilinowy** aniline dye
~ **antracenowy** anthracene dye
~ **antrachinonowy** antraquinone dye
~ **azometynowy** azomethine dye
~ **azowy** azo dye
~ ~ **tworzony na włóknie** insoluble azoic dye, naphthol dye, ice dye, glacial dye, ingrain dye
~ **azynowy** azine dye
~ **benzydynowy** benzidine dye
~ **bezpośredni** direct dye, substantive dye
~ **bisazowy** disazo dye
~ **ceramiczny** ceramic colour
~ **chinolinowy** quinoline dye
~ **chromowy** chrome dye
~ **cyjaninowy** cyanine dye
~ **disazowy** disazo dye
~ **do jedwabiu octanowego** acetate dye
~ **do skóry** leather dye
~ **do wełny** wool dye
~ **do włosów** hair dye
~ **do włókien mieszanych** union dye
~ **do żywych komórek** vital stain
~ **dobrze wyrównujący** level-dyeing dye
~ **dwufenylometanowy** diphenylmethane dye
~ **dyspersyjny** dispersed dye
~ **flawonowy** flavone dye
~ **fluorescencyjny** fluorescent dye
~ **helionowy** *włók.* direct dye fast to light
~ **hydroksyantrachinonowy** hydroxyanthraquinone dye
~ **indaminowy** indamine dye
~ **indantrenowy** indanthrene dye
~ **indygoidowy** indigoid dye
~ **kadziowy** vat dye
~ **komórkowy** *biochem.* cytochrome
~ **ksantenowy** xanthene dye
~ **kwasowo-chromowy** chrome dye
~ **kwasowo-zaprawowy** acid-mordant dye
~ **kwasowy** acid dye
~ **lodowy** ice dye, glacial dye, naphthol dye, ingrain dye, insoluble azoic dye
~ **metachromowy** metachrome colour
~ **metalizowany** metallized dye, metal complex dye
~ **metalokompleksowy** *zob.* **barwnik metalizowany**
~ **mikroskopowy** microscopical stain; biological stain
~ **mineralny** mineral dye, mineral colour
~ **monoazowy** monoazo dye
~ **naftoelanowy** naphthol dye, insoluble azoic dye, ice dye
~ **naturalny** natural dye
~ **nietrwały** fugitive dye
~ **nitrowy** nitro dye
~ **nitrozowy** nitroso dye
~ **oksazynowy** oxazine dye
~ **oksydacyjny** oxidized dye
~ **pigmentowy** (*nierozpuszczalny w wodzie*) pigment dye
~ **pirazolonowy** pyrazolone dye
~ **pironowy** pyrone dye
~ **poliazowy** polyazo dye
~ **reaktywny** fibre-reactive dye
~ **roślinny** vegetable dye
~ **rozpuszczalny w wodzie** water-soluble dye
~ **rozwijany** developed dye
~ **siarkowy** sulfur dye
~ **smołowy** coal-tar dye
~ **spożywczy** food colour
~ **stylbenowy** stilbene dye
~ **substantywny** substantive dye, direct dye
~ **syntetyczny** synthetic dye
~ **tiazolowy** thiazole dye
~ **tiazynowy** thiazine dye
~ **tioindygowy** thioindigo dye
~ **trisazowy** trisazo dye
~ **trójfenylometanowy** triphenylmethane dye
~ **trwały** fast colour
~ **wytwarzany** (*na włóknie*) **przez utlenianie** oxidized dye
~ **wywoływany** *zob.* **barwnik rozwijany**
~ **zaprawowy** mordant dye
~ ~ **chromowo-kompleksowy** bottom chrome dye
~ **zasadowy** basic dye, tannin dye
~ **zawiesinowy** dispersed dye
barwniki *mpl* **komórkowe** *biol.* cytochromes
~ **nigrozynowe** nigrosines
~ **żółci** *biol.* bile pigments
barwny *a* coloured
barwoczułość *f fot.* colour sensitivity
~ **ortochromatyczna** orthochromatic colour sensitivity
~ **ortopanchromatyczna** orthopanchromatic colour sensitivity
barwy *fpl* **dopełniające** complementary colours
~ **nalotowe** *obr.ciepl.* temper colours, heat tint
~ **ochronne** *biol.* protective coloration, cryptic coloration
~ **odpuszczania** *zob.* **barwy nalotowe**
~ **podstawowe** primary colours, primaries
~ **spektralne** *zob.* **barwy widmowe**
~ **widmowe** spectral colours
barycentryczny *a* barycentric
baryłka *f* barrel; cask; keg; firkin
baryłkowatość *f* barrel shape; crowning (*of a cylinder*)
baryłkowaty *a* barrel-shaped; crowned
barysfera *f geol.* barysphere, centrosphere
baryt *m min.* barite, heavy spar
barytobeton *m* barium concrete, barytes concrete
basen *m* **1.** basin; pool; pond **2.** *med.* bedpan
~ **do krystalizacji** crystallizing pond
~ **do odparowywania** evaporating pond
~ **doświadczalny** *okr.* experimental tank
~ **falowy** (*do badania właściwości morskich*) *okr.* seakeeping tank
~ **granulacyjny** (*do granulacji żużla*) *hutn.* cinder granulating tank, cinder pit
~ **holowniczy** (*do badania modeli*) *okr.* towing tank

~ **jachtowy** marina
~ **krystalizacyjny** crystallizing pond
~ **modelowy** *okr.* ship model basin, model experimental tank
~ **oceaniczny** *geol.* ocean basin
~ **płuczkowy** *wiertn.* slush pit
~ **pływacki** swimming pool
~ **pływowy** *inż.* tidal basin
~ **portowy** harbour basin; closed basin, wet dock
~ **roszarniczy** *włók.* retting pit
~ **rozmotalniczy** (*kokonów*) *włók.* reeling basin
~ **rozpryskowy** (*do studzenia wody*) spray pond
~ **wanny szklarskiej** tank of a tank furnace
~ **wyposażeniowy** *okr.* fitting-out basin, fitting-out dock
~ **z wapnem defekosaturacyjnym** *cukr.* lime pond
bas reflex (*typ obudowy głośnika*) bass-reflex
basofilia *f med.* basophilia
bastard *m skór.* bastard
bastyt *m min.* bastite, schiller-spar
baszta *f arch.* tower
~ **doku pływającego** side wall of a floating dock
batat *m bot.* sweet potato, *Ipomoca batatas*
bateria *f* battery; bank
~ **akumulatorowa** *el.* accumulator battery, storage battery
~ ~ **buforowa** floating battery, buffer battery
~ ~ **kadmowo-niklowa** nicad battery
~ ~ **wyrównawcza** balancing battery
~ ~ **z płynnym elektrolitem** wet battery
~ ~ **zrównoważona** floating-trickle
~ **anodowa** *el.* anode battery
~ **atomowa** atomic battery
~ **dyfuzorów** *cukr.* diffusion battery
~ **ekstrakcyjna** *chem.* extraction battery
~ **galwaniczna** *el.* primary battery
~ **koksownicza** bank of coke-ovens, coke oven battery
~ **kotłów** bank of boilers
~ **manometrów** multiple manometer
~ **ogniw mokrych** (*z ciekłym elektrolitem*) wet battery
~ ~ **z depolaryzacją powietrzną** metal-air battery
~ **pieców** battery of ovens
~ **retort** (*gazowniczych*) retort bench
~ **rezerwowa** *el.* floating battery
~ **siatkowa** *rad.* grid battery, C-battery
~ **słoneczna** solar battery
~ **sucha** *el.* dry battery
~ **termoelektryczna jądrowa** radioisotopic power generator, isotopic thermoelectric generator, radioisotope thermal power source
~ **trakcyjna** *el.* automative battery, motive-power battery
~ **wtórna** *el.* secondary battery
~ **wyczerpana** run-down battery
~ **wyparna** evaporator battery
~ **zapasowa** *el.* stand-by battery
~ **żarzenia** *rad.* filament battery, A-battery
bateryjka *f* **kieszonkowa** flash-light battery
batik *m włók.* **1.** batik (dyeing) **2.** batik (*dyed cloth*)
batochrom *m farb.* bathochrome, bathochromic group
batofobia *f* (*lęk głębokości*) *med.* bathophobia
batolit *m geol.* bathylith, batholith
batometr *m* bathometer
~ **seryjny** Nansen bottle, Petterson-Nansen water bottle, reversing water bottle (*water sampling device*)
batymetr *m tel.* transmission measuring set
batymetria *f ocean.* bathymetry
batysfera *f ocean.* bathysphere
batyskaf *m ocean.* bathyscaph
batyst *m włók.* batiste; cambric
batytermograf *m ocean.* bathythermograph
bawełna *f* **1.** *bot.* cotton-plant, *Gossypium* L. **2.** *włók.* cotton
~ **kolodionowa** collodion cotton
~ **strzelnicza** guncotton, nitrocotton
bawełnica *f* (*pylica włókiennicza*) *med.* byssinosis
baza *f* **1.** base; basis **2.** *mat.* base (*of topological space*); basis (*of vector space*)
~ **danych** *inf.* data base
~ **do pomiaru prędkości** speed course
~ **dualna** *mat.* dual basis
~ **kontenerowa** *transp.* container terminal
~ **lotnicza** *wojsk.* air base
~ **materiałowa** resource base
~ **morska** *wojsk.* naval base
~ **obróbkowa** machining datum surface
~ **ortogonalna** *mat.* orthogonal basis
~ **otoczeń** *mat.* neighbourhood base
~ **przestępna** *mat.* transcendence basis
~ **surowcowa** source of raw materials, material resources
~ **techniczno-materiałowa handlu** fixed assets for commercial production
~ **ustalająca** *masz.* location
~ **wymiarowa** *rys.* reference line
~ **zapachowa** perfume base
bazalt *m petr.* basalt
bazanit *m petr.* basanite
bazoid *m gleb.* basoid
bazowy *a mat.* basic
bazylia *f* **pospolita** *bot.* sweet basil, *Ocimum basilicum* L.
bazylika *f arch.* basilica
bażant *m zool.* pheasant, *Phasianus colchicum* L.
bąbel *m med.* blister
bąblowiec *m zool.* echinococcus, *Taeniidae*
bączek *m żegl.* dinghy; jolly boat
bąk *m* **1.** *mech.* top **2.** *zob.* **bączek**
BDT = biuro dokumentacji technicznej
°Bé = stopień Baumégo (*jednostka gęstości cieczy*) Baumé degree

beczka *f* **1.** barrel **2.** *jedn.* barrel (*the unit of liquid and dry volume*) **3.** *lotn.* barrel
~ **akcentowana** *lotn.* hesitating roll
~ **autorotacyjna** *lotn.* flick roll, snap roll
~ **baryłkowata** *lotn.* barrel roll
~ **cumownicza** *żegl.* mooring buoy, anchorage buoy
~ **dewiacyjna** *żegl.* swinging buoy
~ **na kole** *lotn.* horizontal circle roll
~ **na tempa** *lotn.* hesitating roll
~ **pionowa** *lotn.* upward roll
~ **powolna** *lotn.* slow roll
~ **półszczelna** *transp.* dry barrel, slack barrel
~ **stalowa** steel drum
~ **sterowana** *lotn.* slow roll
~ **szybka** *lotn.* flick roll, snap roll
~ **walca** (*walcarki*) face of a roll, roll face (*in a rolling mill*)
~ **ze wznoszeniem** *lotn.* climbing roll
beczkować *v* barrel, put in barrels
beczkowatość *f* (*kształt próbki po spęczeniu*) barreling
beczkowaty *a* barrel-shaped
beczułka *f* barrel, keg, cask
bednarka *f* hoop iron, band iron, banding steel, hoops
bednarstwo *n* cooperage, coopery
bednarz *m* cooper
bejca *f* **1.** *drewn.* strain **2.** *roln.* seed pickle
~ **do mazerowania** scumble stain
~ **lakierowa** varnish stain
~ **spirytusowa** spirit stain
~ **wodna** water stain
bejcowanie *n* **1.** *drewn.* staining, dyeing **2.** *roln.* (seed) pickling, (seed) dressing
bejdewind *m* *żegl.* beating (*sailing point*)
bejdewindem *żegl.* by the wind
bekerel *m* (*jednostka aktywności promieniotwórczej*) becquerel, Bq
bekon *m* bacon
bel *m* *jedn.* bel
bela *f* bale
beleczka *f* (*cegła stosowana w zakończeniach muru*) *bud.* queen closure
~ **konikowa** (*wagi analitycznej*) rider-bar
belit *m* *ceram.* belite
belka *f* **1.** *wytrz.* beam **2.** *bud.* beam
~ **bezmianu** steelyard arm, steelyard shank
~ **bujaka** *kol.* truck bolster, swing bolster, equalizer
~ **ceowa** channel beam
~ **ciągła** continuous beam
~ **deski rozdzielczej** *mot.* scuttle
~ **do narzędzi zawieszanych** *roln.* toolbar
~ **dwuteowa** I-beam, flanged beam
~ ~ **szerokostopowa** H-beam
~ **hiperstatyczna** *wytrz.* statically indeterminate beam
~ **-igła** needle (beam)
~ **ilorazu** *biur.* quotient coupling bar
~ **izostatyczna** *wytrz.* statically determinate beam
~ **obustronnie utwierdzona** clamped-clamped beam
~ **odbojowa** *okr.* fender beam, fender bar
~ ~ **holownika** rubbing strip of a tug
~ ~ **nabrzeża** cap log
~ **ogonowa** *lotn.* tail boom
~ **osi przedniej** *mot.* front axle beam
~ ~ **tylnej** rear axle beam
~ **osprzętowa** (*walcarki*) guide bar, rest bar
~ **palcowa** finger bar (*of a mower*)
~ **podestowa** *bud.* pitching piece, bearer, apron piece
~ **podsuwnicowa** crane beam
~ **policzkowa** (*biegu schodów*) *bud.* notchboard, stringer
~ **poprzeczna** cross-beam, cross-bar, traverse
~ ~ **zaczepu pługa** *roln.* hake bar
~ **pozioma frezarki wspornikowej** overarm of a milling machine
~ **rozdzielcza przyrządu uchylnego** (*wagi*) equalizing bar
~ **skrzynkowa** box beam
~ **spocznikowa** *zob.* **belka podestowa**
~ **statycznie niewyznaczalna** *wytrz.* statically indeterminate beam
~ ~ **wyznaczalna** statically determinate beam
~ **stopująca** *biur.* stop bar
~ **stropowa** *bud.* floor joist, floor beam
~ **sufitowa** *kotł.* girder stay
~ **suportowa** (*obrabiarki*) crossrail of a machine tool
~ **swobodnie podparta** free-ends beam, free-free beam
~ **szybowa** *górn.* bunton, byatt
~ **tarownicza** (*wagi*) tare beam
~ **teowa** T-beam
~ **usterzenia** *lotn.* tail boom
~ **utwierdzona** constrained beam, fixed beam
~ **wagi** balance beam
~ **Warrena** *lotn.* Warren truss
~ **wibracyjna** *odl.* vibrating beam, shake-out bail
~ **wieńcząca pale** *bud.* pile capping beam
~ **wlewowa** *odl.* cross-gate, cross-runner
~ ~ **z garbami** saw-tooth cross gate
~ **wodząca** *biur.* guide bar, guide rail
~ ~ **wagi stołowej** stay of bench scales
~ **wspornikowa** cantilever (beam), semi-beam
~ **wyrównawcza** balance beam
~ **wzdłużna** longitudinal beam; stringer
~ ~ **dachu** *mot.* longitudinal roof beam
~ ~ **podłogi** *mot.* longitudinal floor beam
~ **wzmocniona cięgnem** *bud.* trussed beam
~ **zaczepowa** *roln.* draw-bar, draught-bar, drag-bar
~ **zakładana** *inż.* stop log, flash-board
~ **zakrzywiona** *bud.* arch girder
~ **zamocowana** constrained beam, fixed beam
~ **zderzakowa** **1.** *biur.* stop bar **2.** *kol.* buffer beam, end sill (*in a rail wagon*)
~ **żużlowa** *odl.* cross-gate, cross-runner
belkowanie *n* **1.** *arch.* entablature **2.** beams; girders (*in a structure*)

belkowiec *m lotn.* boom tail aircraft
belladona *f bot.* poison black cherry, deadly nightshade, *Atropa belladonna*
belowanie *n* baling
belweder *m arch.* belvedere
bełkotka *f chem.* sparger, bubbler
~ **porowata** porous sparger
~ **rurowa** perforated-pipe sparger
bełtać *v* stir, agitate
bełtak *m skór.* plunger
bemit *m min.* boehmite
benchinoks *m pest.* benquinox (*fungicide*)
bentonit *m petr.* bentonite, colloidal clay, taylorite
bentos *m ocean.* benthos
bentosowy *a ocean.* benthic
benzakron *m chem.* benzylidene acetone, benzalacetone
benzal *m* = **benzyliden** *chem.* benzylidene
benzaldehyd *m chem.* benzaldehyde, benzoic aldehyde
benzaldoksym *m chem.* benzaldoxime
benzamid *m chem.* benzamide, benzoylamide
benzanilid *m chem.* benzanilide, benzoylanilide
benzantron *m chem.* benzanthrone
benzen *m chem.* benzene, benzol(e)
~ **nieorganiczny** borazole
benzenosulfochlorek *m chem.* benzene sulfonyl chloride
benzenosulfonian *m chem.* benzenesulfonate
benzhydrol *m chem.* benzhydrol, diphenyl carbinol
benzil *m chem.* benzil, dibenzoyl
benzimidazol *m chem.* benzimidazole
benzochinon *m chem.* (benzo)quinone
benzoesan *m chem.* benzoate
benzofenon *m chem.* benzophenone, diphenylketone
benzofuran *m chem.* benzofuran, coumarone
benzoil *m chem.* benzoyl
benzoiloglikokol *m chem.* benzoylglycocoll, hippuric acid
benzoilohydrazyna *f chem.* benzoyl hydrazine, benzoic acid hydrazide
benzoilokarbinol *m chem.* benzoyl carbinol, phenacyl alcohol
benzoilooctan *m* **etylu** *chem.* ethyl benzoylacetate, benzoyl acetic ester
benzoilowanie *n chem.* benzoylation
benzoina *f chem.* benzoin, phenyl benzoyl carbinol
benzokaina *f farm.* benzocaine
benzoksazol *m chem.* benzoxazole
benzol *m* **1.** *chem.* benzene, benzol(e) **2.** *paliw.* benzol
~ **silnikowy** motor benzol
~ **surowy** crude benzol
~ **techniczny** industrial benzol
benzolownia *f* benzol recovery plant
benzonitryl *m chem.* benzonitrile, phenyl cyanide
benzopirazyna *f chem.* benzopyrazine, quinoxaline
1,2-benzopiron *m chem.* 1,2-benzopyrone, cumarin
benzopurpuryna *f farb.* benzopurpurin(e)
benzotiazol *m chem.* benzothiazole
benzotiofen *m chem.* benzothiophene, thionaphthene
benzotriazol *m chem.* benzotriazole, aziminobenzene
benzydyna *f chem.* benzidine (base), *p*-diaminodiphenyl
benzyl *m chem.* benzyl
benzyliden *m chem.* benzylidene
benzylidenoacetofenon *m chem.* benzylidene acetophenone, chalcone
benzylidenoaceton *m chem.* benzylidene acetone, benzalacetone
benzylidenoanilina *f chem.* benzylidene aniline, *N*-benzal aniline
benzylidyn *m chem.* benzylidyne
benzyloamina *f chem.* benzylamine, aminotoluene
benzyloceluloza *f chem.* benzyl-cellulose
benzylokarbinol *m chem.* benzyl carbinol, phenethyl alcohol
benzylopenicylina *f* benzyl-penicillin, penicillin G
benzylowanie *n chem.* benzylation
benzyna *f* petrol; *US* gasoline, gas
~ **ciężka** naphtha
~ **do lakierów** painter's naphtha, mineral spirits
~ **ekstrakcyjna** extraction naphtha
~ **etylizowana** leaded petrol, ethyl gasoline
~ **krakowa** cracked petrol
~ **lakiernicza** painter's naphtha, petroleum spirits, mineral spirits
~ **lakowa** *zob.* **benzyna lakiernicza**
~ **lekka** light petrol, light gasoline
~ **lotnicza** aviation petrol, aviation gasoline, avgas
~ **naturalna** straight-run spirit, straight-run gasoline
~ **nieetylizowana** unleaded petrol
~ **niestabilizowana** wild gasoline
~ **niskooktanowa** low-octane petrol
~ **niskowrząca** volatile spirits
~ **pierwszej destylacji** straight-run spirit, straight-run gasoline
~ **pirolityczna** pyrolysis gasoline
~ **polimeryzacyjna** polymer gasoline, polymerization gasoline
~ **przeciwstukowa** anti-knock petrol
~ **reformowana** reformed gasoline
~ **rozkładowa** cracked petrol
~ **silnikowa** motor spirits
~ **stabilizowana** stabilized gasoline
~ **surowa** wild gasoline
~ **syntetyczna** synthetic petrol
~ **wysokogatunkowa** high-test gasoline
~ **wysokooktanowa** high-octane petrol
~ **z poliformowania** polyform gasoline
berberyna *f chłodn.* berberine
berkel *m chem.* berkelium, Bk
bertolidy *mpl chem.* non-stoichiometric compounds, berthollides

beryl *m* **1.** *chem.* beryllium, Be **2.** *min.* beryl
~ **niebieski** *min.* aquamarine
berylowce *mpl chem.* alkaline earth family (Be, Mg, Ca, Sr, Ba, Ra)
beryloza *f med.* beryllosis
besemerowanie *n hutn.* bessemer process
besemerownia *f hutn.* bessemer plant
betaaktywny *a fiz.* beta-active
betaina *f chem.* betaine, trimethylglycine
betainy *fpl chem.* betaines, betaine compounds
betapromieniotwórczy *a fiz.* beta-active
betatron *m nukl.* betatron, induction accelerator
betel *m bot.* betel pepper, *Piper betle* L.
beton *m* concrete
~ **asfaltowy** asphaltic concrete
~ **barytowy** *nukl.* barium concrete, barytes concrete
~ **bitumiczny** bituminous concrete
~ **cementowy** cement concrete
~ **chromitowy** (*ogniotrwały*) chrome concrete
~ **chudy** lean concrete
~ **ciekły** poured concrete
~ **ciężki** dense concrete, heavy concrete
~ **ekspansywny** expansive concrete
~ **hydrotechniczny** watertight concrete
~ **kablowy** post-tensioned prestressed concrete
~ **komórkowy** cellular concrete
~ **lany** poured concrete
~ **lekki** lightweight concrete
~ **masywny** (*niezbrojony*) mass concrete, bulk concrete
~ **napowietrzony** air-entrained concrete, aerated concrete
~ **natryskiwany** shotcrete, gunite
~ **niezbrojony** plain concrete
~ **o dużej zawartości cementu** rich concrete
~ **odpowietrzony** vacuum concrete
~ **ogniotrwały** refractory concrete
~ **porowaty** cellular concrete
~ **prefabrykowany** precast concrete
~ **smołowy** tar concrete
~ **sprężony** prestressed concrete
~ **strunowy** pre-tensioned prestressed concrete
~ **stwardniały** hardened concrete
~ **trocinowy** sawdust concrete
~ **ubijany** tamped concrete, rammed concrete
~ **wibrowany** vibrated concrete
~ **wirowany** spun concrete, centrifugally cast concrete
~ **wodoodporny** watertight concrete
~ **wylewany** poured concrete
~ **z kamienia łamanego** rubble concrete
~ **zagęszczony** compacted concrete
~ **zbrojony** reinforced concrete, ferro-concrete, armoured concrete
~ **zwykły** ordinary concrete, normal concrete
~ **żużlowy** slag concrete
betoniarka *f bud.* concrete mixer
~ **drogowa przesuwna** movable paving concrete mixer, paver
~ **samochodowa** truck concrete mixer
betoniarnia *f bud.* (*plant producing prefabricated concrete elements*)
betoniarz *m bud.* concrete placer
betonować *v bud.* place the concrete
betonownia *f bud.* concrete-mixing plant
betonowy *a* concrete
bewatron *m nukl.* bevatron (*accelerator*)
bez *m bot.* lilac, *Syringa vulgaris*
~ **czarny** elder, *Sambucus nigra*
bez czekania w kolejce *ek.* free of turn, f.o.t.
bez domieszek pure, with no admixtures
bez dopłat no extras, without additional charge
bez dostępu światła in the dark
bez dyplomu uncertificated
bez interlinii *poligr.* solid
bez kolejki *ek.* free of turn, f.o.t.
bez napięcia *el.* dead
bez nośnika *chem.* carrier-free
bez obciążenia (at) no-load
bez obudowy *elektron.* unencapsulated
bez odsetek *ek.* ex interest
bez ograniczeń without restraint; *biol.* ad lib
bez opakowania unpacked; in bulk
bez opłaty free of charge; gratis, gratuitous
bez pęknięć crack-free
bez połysku lustreless; *farb.* dead
bez potrąceń *ek.* free of all deductions
bez powrotu do zera (*zapis, odczyt*) *inf.* non-return-to-zero
bez prawa regresu *ek.* without recourse
bez prowizji *ek.* free of commission
bez skazy flawless
bez smaku tasteless
bez strat lossless
bez szwu seamless
bez uszkodzeń without breakdown, failure-free
bez wad flawless
bez wpływu na... with no effect on...
bez względu na... irrespective of...
bez załogi unmanned; crewless
bez zapachu odour-free, odourless
bez zarzutu (*np. towar*) faultless; perfect
bez zniekształceń distortion-free
bezaberracyjny *a opt.* aberration-free, aberrationless
bezalkoholowy *n* non-alcoholic
bezan *m żegl.* mizzen; spanker
bezanmaszt *m żegl.* mizzen-mast
bezawaryjny *a* without breakdown, failure-free
bezbarwny *a* colourless
bezbłędny *a* free of error, error-free; faultless
bezbłyskowy *a* flashless
bezchmurny *a* cloudless, clear (*sky*)
bezcłowy *a* duty-free
bezdeficytowy *a ek.* breakeven
bezdyfuzyjny *a* diffusionless
bezdymny *a* smokeless
bezdźwięczny *a* soundless

bezechowy *a akust.* echo-free, anechoic
bezgłos *m* (*utrata głosu*) *med.* aphonia
bezgorączkowy *a med.* afebrile, apyretic
bezgotówkowy *a* not involving cash
bezinercyjny *a* inertialess
beziskrowy *a* sparkless
bezkierunkowy *a* non-directional
bezkłowy *a* centreless (*grinder*)
bezkomórkowy *a biol.* acellular
bezkręgowce *mpl zool.* invertebrates
bezkształtny *a* shapeless; *biol.* adelomorphic
bezlistny *a* leafless
bezładny *a* chaotic
bezmasowy *a* massless, zero-mass
bezmian *m* steelyard, unequal-armed balance, Roman balance
bezobjawowy *a med.* asymptomatic
bezodrzutowy *a* **1.** *uzbr.* recoilless, non-recoil **2.** *masz., metrol.* dead-beat
bezogonowiec *m lotn.* tailless aircraft
bezoporowy *a el.* resistanceless
bezpieczeństwo *n* safety; security
~ **eksploatacji** operational safety
~ **i higiena pracy** industrial safety
~ **obsługi** safety of service
~ **pożarowe** fire-safety
~ **pracy** work safety, occupational safety
~ **ruchu** *drog.* safety of traffic, road safety
~ **samoistne** (*dzięki konstrukcji urządzenia, bez uwzględnienia warunków zewnętrznych*) intrinsic safety
~ **użytkowania** operational safety
~ **żeglugi** safety of navigation
bezpieczna długotrwałość *f* **lotu** *lotn.* prudent limit of endurance
bezpiecznik *m* safety device; safety catch; *el.* cut-out
~ **awaryjny** (*w reaktorze jądrowym*) reactor safety fuse
~ **bezwładnikowy** (*zapalnika*) *uzbr.* safety pellet
~ **bezzwłoczny** *el.* quick-break fuse
~ **dwuwkładkowy** *el.* two-shot repeater fuse
~ **nieosłonięty** *el.* open fuse
~ **odcinkowy** *el.* sectionalizing fuse
~ **odśrodkowy** (*zapalnika*) *uzbr.* locking weight
~ **spustu** *uzbr.* trigger lock
~ **suchy** *spaw.* dry back-pressure valve
~ **temperaturowy** *el.* temperature limit fuse
~ **topikowy** *el.* fuse, fusible cut-out
~ ~ **wkręcany** screw-in (type) fuse
~ ~ **z wymiennym elementem** renewable fuse
~ ~ **zwłoczny** slow-blow fuse
~ **w walcarce** *obr.plast.* breaker block
~ **wielkiej mocy** *el.* high-power fuse
~ **wielokrotny** *el.* multiple-shot fuse
~ **wielowkładkowy** *el.* repeater fuse
~ **wodny** *spaw.* water seal, hydraulic back-pressure valve
~ **wydmuchowy** *el.* expulsion fuse
~ **wytwornicy** *spaw.* flash-back arrester
~ **z poznawką** *el.* indicating fuse
~ **z sygnalizacją** *tel.* alarm-type fuse
~ **z wymiennym drutem topikowym** *el.* rewirable fuse
~ **zamknięty** *el.* enclosed fuse
~ **zrywowy** (*szybowcowy*) safety break-off joint (*for gliders*)
~ **zwłoczny** *el.* time delay cut-out
bezpieczny *a* safe
bezpieczny pomimo uszkodzenia failsafe
bezpieczny promień *m* **lotu** *lotn.* point of no return
bezpieczny przy manipulowaniu safe for handling
bezpieńka *f leśn.* truncated plant
bezplanowy *a* planless, unplanned
bezpłat *m lotn.* wingless-aircraft
bezpłatkowy *a bot.* apetalous
bezpłatny *a* free (of charge); gratuitous
bezpłciowy *a biol.* asexual
bezpłodność *f biol.* sterility
bezpłodny *a biol.* sterile
bezpłomieniowy *a* flameless
bezpływowy *a ocean.* tideless
bezpokładowiec *m okr.* open craft
bezpokładowy *a okr.* undecked
bezpopiołowy *a* ash-free, ashless
bezpostaciowy *a* amorphous
bezpośredni *a* direct
bezpośrednio uziemiony *el. GB* solidly earthed; *US* solidly grounded
bezpowietrzny *a* air-free
bezprawny *a* illegal
bezprocentowy *a ek.* free of interest
bezprodukcyjny *a* non-productive
bezprzekładniowy *a* gearless
bezprzewodowy *a* wireless
bezprzyczynowy *a* causeless
bezpyłowy *a* dust-free
bezrdzeniowy *a* coreless
bezreduktorowy *a* gearless
bezrezystancyjny *a el.* resistanceless
bezrobocie *n* unemployment
bezrobotny *m* unemployed
bezrogi *a zoot.* (*rasa*) hornless; (*pozbawiony rogów*) polled
bezrolny *m* lackland
bezruch *m* standstill
~ **pływu** *ocean.* stand of the tide
bezsenność *f med.* sleeplessness, insomnia
bezsęczny *a drewn.* free of knots, knotless, clear (*timber*)
bezsilnikowy *a* engineless, motorless, unpowered
bezsolny *a* salt-free
bezsprężarkowy *a siln.* without a compressor
bezstopniowy *a* stepless
bezstratny *a fiz.* lossless; non-dissipative
bezstrukturalny *a met.* structureless
bezszmerowy *a* noiseless
bezsznurowy *a telef.* cordless
bezszwowy *a* seamless
bezszynowy *a* trackless
beztarciowy *a* frictionless
beztlenowce *pl biol.* anaerobes, anaerobic bacteria

~ **względne** aerotolerant bacteria
beztlenowy *a* oxygen-free
beztłuszczowa masa *f* **ciała** lean body mass, LBM
bezusterkowy *a* faultless, failure-free
bezużyteczny *a* useless
bezwartościowy *a* worthless, valueless
bezwarunkowy *a* unconditional; *mat.* unconditional, unconditioned
bezwietrze *n* *meteo.* calm
bezwirowy *a* **1.** *fiz.* irrotational **2.** *mat.* irrotational
bezwładnik *m* *uzbr.* pellet, plunger
~ **regulatora** (*odśrodkowego*) governor weight
bezwładnościowy *a* inertial
bezwładność *f* inertia
~ **akustyczna** acoustic inertance, acoustic mass
~ **cieplna** thermal inertia
~ **mas związanych** *mech.pł.* apparent inertia, virtual inertia
~ **przygotowana** *zob.* **bezwładność mas związanych**
~ **termometryczna** thermometric lag
~ **w ruchu obrotowym** rotational inertia
~ **wirtualna** *mech.pł.* virtual inertia, apparent inertia
bezwładny *a* inert
bezwodnik *m* *chem.* anhydride
~ **azotawy** nitrous anhydride, nitrogen trioxide
~ **azotowy** nitric anhydride, nitrogen pentoxide
~ **borowy** boric anhydride, boric oxide
~ **chromowy** chromic anhydride, chromium trioxide
~ **fosforawy** phosphorus trioxide
~ **fosforowy** phosphoric anhydride, phosphorus pentoxide
~ **kwasowy** acid anhydride
~ **octowy** acetic anhydride, ethanoic anhydride
~ **siarkawy** sulfurous acid anhydride, sulfur dioxide
~ **siarkowy** sulfuric anhydride, sulfur trioxide
~ **wanadowy** vanadic acid anhydride, vanadium pentoxide
~ **węglowy** carbonic anhydride, carbon dioxide
~ **wolframowy** tungstic acid anhydride, tungstic oxide
bezwodny *a* *chem.* anhydrous
bezwonny *a* odour-free, odourless, scentless
bezwymiarowy *a* dimensionless, nondimensional
bezwzględnie suchy absolutely dry, completely dry, bone-dry
bezwzględny *a* absolute
bezzałogowy *a* unmanned; crewless
bezzasadny *a* groundless
bezzaworowy *a* *masz.* valveless
bezzwłoczny *a* instantaneously operating, instantaneous
bezzwrotny *a* **1.** non-returnable **2.** *ek.* unrepayable

bęben *m* **1.** drum; barrel **2.** *arch.* tambour (*wall carrying cupola*) **3.** *arch.* tambour (*in the shaft of a column*)
~ **cepowy** (*młocarni*) beater bar drum
~ **ciągarki** *obr.plast.* drawing drum, drawing block
~ **czcionkowy** (*drukarki*) type drum
~ **do oczyszczania** tumbling barrel, rattle barrel, cleaning drum
~ **do siarczkowania** *włók.* xanthating churn, barratte
~ **do zestalania** (*tłuszczów*) *spoż.* chill roll
~ **do zwijania** reel
~ **grudkujący** *wzbog.* drum pelletizer, pelletizing drum, balling drum
~ **hamulcowy** brake drum
~ **holendra** *papiern.* hollander beater roll
~ **kablowy** cable drum
~ **krzywkowy** cam drum
~ **linowy** cable drum; rope drum
~ ~ **windy** *okr.* gypsy, gipsy
~ **lustrzany** *TV* mirror drum
~ **łańcuchowy** (*windy kotwicznej*) *okr.* cable lifter, wildcat; chain barrel
~ **magnetyczny** *inf.* magnetic drum
~ **mieszalny** mixing drum
~ **mikrometru** thimble of a micrometer
~ ~ **z noniuszem** vernier sleeve of a micrometer
~ **napędowy** *zeg.* going barrel
~ ~ **z wieńcem zębatym** first wheel, great wheel, main wheel, motion wheel
~ **nastawczy** *biur.* setting-up rotor
~ **nawojowy** winding reel
~ **nożowy holendra** *papiern.* hollander beater roll, beating roll
~ **obrotowy do galwanizacji** electroplating barrel
~ ~ **krajalnicy** *cukr.* rotating spider
~ **pasowy** wide-face pulley
~ **piłowy** *włók.* saw cylinder
~ **płuczkowy** *górn.* washing cylinder
~ **pralniczy** *włók.* washing cylinder
~ **pralny** *papiern.* washer drum
~ **rejestrujący** recording drum
~ **rewolwerowy** *włók.* revolving box
~ **roboczy ciągarki** *obr.plast.* drawing block, drawing drum
~ **setowy** *poligr.* justifying scale (*in a monotype*)
~ **sitowy** sieve drum
~ **soczewkowy** *TV* lens drum
~ **sortowniczy** sorting drum
~ **sprężyny napędowej** *zeg.* going barrel
~ **suszarniczy** drying drum
~ **ściągacza odbieraka prądu** ropewinder (*in a trolleybus*)
~ **transportowy** *kin.* sprocket drum (*in a projector*)
~ **wieloczółenkowy** *włók.* revolving box
~ **wiertniczy** *wiertn.* draw-rope spool, bull wheel
~ **windy** *okr.* winch head
~ **wirówki** centrifuge basket
~ **wrzecionowy** *obr.skraw.* spindle carrier (*in a multiple-spindle automatic*)

~ **wyciągarki** hoisting drum, winding drum
~ **wyrównawczy** *zeg.* fusee
~ **zębaty** (*np. projektora*) sprocket drum
~ **zębowy** (*młocarni*) peg drum
~ **zgrzeblący** *włók.* carding cylinder, licker-in
~ **zwijarki** *obr.plast.* coiling drum, mandrel of a coiling machine
~ **żebrowany** finned drum
bębenek *m* **ucha** *anat.* eardrum, tympanic mebrane
bębnowanie *n* barrel finishing, tumbling, barreling, rattling; *skór.* drumming
~ **na mokro** wet barrel finishing, wet tumbling
~ **na sucho** dry barrel finishing, dry tumbling
~ **wykańczające** barrel finishing, precision tumbling
bękart *m poligr.* widow
bhp = bezpieczeństwo i higiena pracy industrial safety; occupational safety
biaks *m inf.* biax (*ferrite element*)
biała plama *f* **na mapie** *geogr.* unsurveyed area; unexplored territory
biała rdza *f met.* white rust
białaczka *f med.* leukemia, leukocythemia
białawy *a* whitish
białe ciałko *n* **krwi** white blood cell, white blood corpuscle, leucocyte
białe plamy *fpl* (*wada struktury stali hartowanej*) *met.* white spots
białka *npl chem.* proteins, *zob.też* **białko**
~ **izolowane** *spoż.* protein izolates
~ **kurczliwe** contractile proteins
~ **proste** simple proteins
~ **przenoszące** *biochem.* transport proteins
~ ~ **acyle** *biochem.* acyl carrier proteins, ACP
~ **transportujące** *zob.* **białka przenoszące**
~ **włókniste** scleroproteins, albuminoids
~ **złożone** conjugated proteins, proteids
białko *n* **jaja** white of an egg, albumen
~ **jednokomórkowe** single cell protein, SCP
~ **mięśni** muscle protein; actin
~ **roślinne upostaciowane** *spoż.* textured vegetable protein
białkomocz *m med.* albinuria, proteinuria
białodrzew *m* white poplar, abele, *Populus alba*
biały dymiący kwas *m* **azotowy** white fuming nitric acid, WFNA
biały karzeł *m astr.* white dwarf star
biały metal *m* white metal (*bearing alloy*)
biały szum *m el.akust.* white noise
biały żar *m* white heat, candescence
biały żużel *m* (*w elektrycznym procesie wytapiania stali*) white slag
bibeloty *pl* (*drobne ozdoby szklane*) frigger
bibliobus *m* book van
bibliografia *f* bibliography, reference list
biblioteka *f* library
~ **programów** *inf.* program library
bibliotekoznawstwo *n* library science
bibuła *f* blotting-paper, absorbent paper
~ **do sączenia** *zob.* **bibuła filtracyjna**
~ **filtracyjna** filter paper
~ **rozwłókniona** macerated filter paper, filter paper pulp
bibułka *f* tissue paper
~ **kondensatorowa** *el.* condenser tissue
~ **marszczona** crêpe tissue paper
~ **papierosowa** cigarette paper
bicharakterystyka *f mat.* bicharacteristics
bicie *n* **1.** *masz.* run-out, whipping **2.** *hydr.* hammering (action)
~ **czołowe** axial run-out, face run-out
~ **osiowe** *zob.* **bicie czołowe**
~ **pasa (pędnianego)** belt flap(ping)
~ **poprzeczne** radial run-out, lateral whip
~ **promieniowe** *zob.* **bicie poprzeczne**
~ **wzdłużne** axial run-out, face run-out
bić *v* strike; beat
bidło *n włók.* batten of the loom
biec *v* run
biedrzeniec *m* **mniejszy** *bot.* pimpinella, *Pimpinella saxifraga*
bieg *m* **1.** run(ning) **2.** course **3.** *mot.* gear
~ **bezpośredni** *mot.* direct (speed) gear
~ **gorący** *paliw.* blow period (*of a generator*)
~ ~ **konwertora** *hutn.* hot blow of a converter
~ **górny rzeki** headwaters
~ **jałowy** idle run(ning), idling, running light
~ **kanałowy** *hutn.* chimneying (*of a blast-furnace*)
~ **luzem** idle run(ning), idling, running light
~ **mokry** *paliw.* steaming process
~ **najniższy** *mot.* bottom gear, first speed
~ **najwyższy** *mot.* top gear, high speed gear
~ **nierówny** *siln.* bumpy running
~ **obrzeżny** *hutn.* pillaring (*of a blast-furnace*)
~ **odwrócony** *masz.el.* inverted running
~ **pieca** *hutn.* working of a furnace
~ **(pojazdu) z rozpędu** coasting
~ **próżny** (*wagonu*) *kol.* empty run
~ **rzeki** course of the river
~ **schodowy** *bud.* flight of stairs
~ **spokojny** *siln.* quiet running, smooth running
~ **suchy** *paliw.* non-steaming process
~ **synchronizowany** *mot.* synchronized speed (gear)
~ **tylny** *mot.* back gear, reverse gear
~ **własny licznika (promieniowania)** *fiz.* background counting rate, background count
~ **wodny** *hydr.* water-course
~ **wsteczny 1.** *mot.* back gear, reverse gear **2.** *masz.* back running
~ ~ **statku** *żegl.* sternboard
~ **z rozpędu** coasting
~ **zimny** *paliw.* gas making run, up-run stage (*of a generator*)
biegacz *m* (*przędzarki obrotowej*) *włók.* traveller

biegły *m* expert
biegun *m* **1.** *mat., fiz.* pole **2.** (*w żarnach*) upper millstone **3.** (*w urządzeniach przechylnych*) rocker
~ **dodatni** *el.* positive end, red pole (*of magnet*)
~ **funkcji analitycznej** *mat.* pole of an analytic function
~ **geograficzny** terrestrial pole
~ **jednokrotny** *mat.* simple pole
~ **komutacyjny** *el.* commutating pole, compole
~ **magneśnicy** *el.* field pole
~ **magnetyczny** magnetic pole
~ ~ **Ziemi** geomagnetic pole
~ **niebieski** *astr.* celestial pole
~ **południowy geograficzny** South Pole, south geographic pole
~ ~ **igły magnetycznej** south pole
~ ~ **magnetyczny Ziemi** south (geo)magnetic pole, south pole
~ **północny geograficzny** North Pole, north geographic pole
~ ~ **igły magnetycznej** north pole
~ ~ **magnetyczny Ziemi** north (geo)magnetic pole, north pole
~ **przeciwny** antipole
~ **przegięć** *mech.* centre of inflexions
~ **świata** *astr.* celestial pole
~ **ujemny** *el.* negative end, blue pole (*of magnet*)
~ **układu współrzędnych** *mat.* pole of a system of coordinates
~ **utajony** *el.* non-salient pole
~ **wydatny** *el.* salient pole, projecting pole
~ **wypadkowy** *el.* consequent pole
~ **ziemski** terrestrial pole
~ **zimna** *geogr.* cold pole
~ **zwrotny** *el.* commutating pole, compole
biegunowa *f mat.* polar line
~ **krążenia szybowca** glider circling polar
~ **Lilienthala** *zob.* **biegunowa profilu**
~ **profilu** *aero.* polar curve of an aerofoil
~ **skośnej fali uderzeniowej** *aero.* shock polar
biegunowość *f fiz.* polarity
~ **dodatnia** (*elektrody*) *spaw.* straight polarity
~ **ujemna** (*elektrody*) *spaw.* reversed polarity
~ **wiązania** *chem.* polarity of bond
~ **wzajemna** (*stożkowych*) *mat.* polarity
biegunowy *a* polar; *geom.* polar
bieguny *mpl* (*w urządzeniach przechylnych*) rockers
~ **różnoimienne** *el.* opposite poles
biel *m* (*drzewa*) sap-wood, alburnum
biel *f farb.* white
~ **antymonowa** antimony white
~ **barowa** *zob.* **biel barytowa**
~ **barytowa** permanent white, blanc fixe, fixed white
~ **cynkowa** zinc white
~ **indygowa** indigo white, leucoindigo
~ **kremska** *zob.* **biel ołowiana**
~ **ołowiana** white lead, Cremnitz white
~ **permanentna** permanent white, blanc fixe, fixed white
~ **równoenergetyczna** *TV* equal-energy white
~ **satynowa** *papiern.* satin white
~ **tytanowa** titanium white
bielactwo *n* **skóry** *med.* leukoderma
~ **wrodzone** *biol.* albinism, congenital leukoderma
bielak *m biol.* albino
bielarka *f włók.* bleaching machine
bielarnia *f włók.* bleachery
bielenie *n* **1.** *włók., papiern.* bleaching; *skór.* whitening **2.** *bud.* whitewashing, limewhiting **3.** *hutn.* tinning **4.** *farb.* milkiness (*defect of coating*)
~ **lnu** linen bleaching
~ **łąkowe** *włók.* grass bleaching
~ **masy papierniczej** paper pulp bleaching
~ **mokre** wet bleaching
~ **na słońcu** sun bleaching
~ **optyczne** optical bleaching (*with optical brighteners*)
~ **ścieru drzewnego** *papiern.* ground wood bleaching
~ **tłuszczów** bleaching of fats
bielica *f gleb.* podzol
~ **torfiasta** peat podzol
bielicowanie *n gleb.* podzolization
bielić *v* bleach; whiten
bielidło *n* **1.** bleaching-powder **2.** *bud.* limewash **3.** *odl.* whitening
bielizna f linen
~ **kolorowa** (*do prania*) coloured wash
bielnik *m* bleaching kettle, bleacher
bielność *f papiern.* bleachability
bieluń *f* **dziędzierzawa** *bot.* stramonium, Jamestown weed, *Datura stramonium*
bierka *f ryb.* meshstick, keevil, kibble
bierność *f chem.* passivity
bierny *a* **1.** *chem.* passive **2.** *el.* wattless
bieśnik *m wiertn.* go-devil
bieżnia *f* **1.** running track **2.** *masz.* race(way)
~ **czółenka krosna** *włók.* raceplate of the loom, lay race, race board, shuttle race
~ **łożyska** bearing race(way), bearing track
~ ~ **kulkowego** ball race, ball-track
~ ~ **wałeczkowego** roller race, roller path
~ ~ **wzdłużnego** thrust race of a bearing
~ **pierścieniowa** (*w obrotnicach i żurawiach*) live ring
~ **pomocnicza łożyska wałeczkowego** side flange of a roller bearing
~ **rolkowa** roller conveyor
bieżnik *m* **opony** tyre tread, tyre cap
bieżnikowanie *n* (*opon*) retreading, recapping (*of tyres*)
bifenylen *m chem.* biphenylene
bifilarny *a* bifilar
bifurkacja *f* bifurcation; *mat.* bifurcation
bifurkować *v mat.* bifurcate
bigowanie *n* cardboard bending (*bookbinding*)

bigówka *f* cardboard bending machine (*bookbinding*)
biharmoniczny *a mat.* biharmonic
bijak *m* beater; ram
~ **cepa** *roln.* swingle
~ **kafara** drop-weight, beetle-head (*of a pile driver*)
~ **krosna** *włók.* picker stick
~ **młota** (*mechanicznego*) ram, tup (*of a power hammer*)
~ **młotka** hammer face
~ **młyna** (*węglowego*) mail beater
bijekcja *f mat.* bijection
bijektywny *a mat.* bijective
bijnik *m uzbr.* firing hammer; firing pin; percussion striker
bikarbonat *m* = **wodorowęglan sodowy** *chem.* sodium bicarbonate
bilans *m* **1.** balance **2.** *ek.* balance-sheet
~ **cieplny** heat balance, thermal balance
~ **energetyczny** energy balance
~ **handlowy** trade balance
~ **losowy** random balance
~ **materiałowy** material balance
~ ~ **procesu metalurgicznego** metallurgical balance sheet
~ **nakładów i wyników produkcji** *ek.* input-output analysis
~ **neutronów** (*w reaktorze*) *nukl.* neutron economy
~ **płatniczy** *ek.* balance of payments
~ ~ **ujemny** adverse balance of payments
~ **roczny** *ek.* annual balance
~ **tlenowy** oxygen balance
~ **towarowy** commodity balance
bilansować *v* balance
bilet *m* ticket
~ **powrotny** return ticket
~ **w jedną stronę** one-way ticket, single ticket
bilinearny *a mat.* bilinear
bilion *m* (10^{12}) *GB* billion; *US* trillion
bilirubina *f biochem.* bilirubin, bilifulvin
biliwerdyna *f biochem.* biliverdin
bimetal *m* bimetal, duplex metal
~ **termometryczny** thermometal, thermal bimetal
bimetalowy *a* bimetallic
bimorf *m akust.* bimorph
binarny *a mat.* binary
binaryzacja *f mat.* decimal-to-binary conversion
bindra *f* oak barrel stave
binduga *f* timber yard for rafting
bineutron *m fiz.* dineutron
bing-bang (*uderzenie dźwiękowe*) *lotn.* sonic bang, bing-bang
binistor *m elektron.* binistor
binoda *f fizchem.* binodal curve
binormalna *f mat.* binormal
biocenoza *f* biocenosis
biochemia *f* biochemistry
biochemiczne zapotrzebowanie *n* **tlenu** *san.* biochemical oxygen demand
biochemiczny *a* biochemical
biochemik *m* biochemist
biocybernetyka *f* biocybernetics
biocydy *pl* (*substancje do niszczenia mikroflory i mikrofauny*) biocides
biodro *n anat.* ilium
biodynamika *f* biodynamics
bioelektronika *f* bioelectronics
bioelektryczność *f* bioelectricity
biofaktor *m biochem., spoż.* biofactor
biofiltr *m san.* biofilter
biofizyk *m* biophysicist
biofizyka *f* biophysics
biogaz *m* biogas
biogeneza *f* biogenesis
biogurt *m spoż.* acidophilous milk
bioherma *f geol.* bioherm
bioinżynieria *f* biochemical engineering, bioengineering
biokatalizator *m* biocatalyst
biokinetyka *f* biokinetics
bioklimatologia *f* bioclimatology
biokorozja *f* biocorrosion, biological corrosion
biolit *m petr.* biolith
bioliza *f* biolysis
biologia *f* biology
~ **gleby** soil biology
~ **kosmiczna** space biology
~ **molekularna** molecular biology
~ **wód** hydrobiology
biologiczne sprzężenie *n* **zwrotne** biofeedback
biologiczny okres *m* **połowicznego zaniku** *nukl.* biological half-life (*of a radioactive substance*)
biologiczny równoważnik *m* **rentgena** *radiol.* röntgen-equivalent-man, rem
bioluminescencja *f* bioluminescence
biomasa *f* biomass; *roln.* standing population
biomatematyka *f* biomathematics
biomedycyna *f kosm.* biomedicine
biomedyczny *a* biomedical
biometeorologia *f* biometeorology
biometria *f* biometry, biometrics
biomikroskopia *f* biomicroscopy
bionika *f* bionics
biopsja *f med.* biopsy
biorąc to pod uwagę... with this in mind...
biorca *m med.* recipient
biortogonalizacja *f mat.* biorthogonalization
biortogonalny *a mat.* biorthogonal
bios *m* bios (*factor of yeasts growth*)
biosfera *f geol.* biosphere
biostatyczny *a* (*hamujący wzrost i rozmnażanie*) biostatic
biosynteza *f* biosynthesis
biot *jedn.* abampere: 1Bi = 10A
biotelemetria *f* biotelemetry, medical telemetry
biotop *m* (*środowisko*) biotope
biotyna *f biochem.* biotin, vitamin H
biotyp *m* biotype
biotyt *m min.* biotite, black mica
bioza *f chem.* biose
bipak *m fot.* bipack
bipolarny *a* bipolar, dipolar
bipolimer *m chem.* bipolymer

biskwit *m ceram.* biscuit
bistabilny *a* bistable
biszofit *m min.* bischofite
bit *m inf.* bit, binary digit
~ **kontrolny** check bit
~ **najbardziej znaczący** most significant bit, MSB
~ **najmniej znaczący** least significant bit, LSB
~ **nieparzystości** odd parity bit
~ **parzystości** even parity bit
~ **redundancyjny** redundancy bit
~ **zgodności** tag
bitów na cal (*gęstość zapisu*) *inf.* bits per inch, bpi
bitów na sekundę (*szybkość zapisu*) *inf.* bits per second, b/s
bitum *m chem.* bitumen
~ **dmuchany** blown bitumen, oxidized bitumen
~ **sulfonowany** sulfonated bitumen
~ **torfowy** peat bitumen
bitumastyk *m* bitumastic
bitumiczny *a* bituminous
bitumizacja *f* **1.** *geol.* coalification, bituminization, carbonification **2.** *inż.* bitumization
bity *pl* **równowartościowe** *inf.* isobits
biuletyn *m* bulletin; report
biuret *m chem.* biuret, carbamylurea
biureta *f chem.* buret(te)
~ **do analizy gazu** gas burette
~ **wagowa** weight burette
biurko *n* desk
~ **pomiarowe** *el.* test desk
biuro *n* office, bureau
~ **informacji handlowej** commercial inquiry office
~ **konstrukcyjne** design office
~ **miejskie** (*linii lotniczej*) town terminal
~ **napraw** *telef.* fault clearing service
~ **numerów** *telef.* directory inquiry service
~ **ogłoszeń** advertising agency
~ **opracowań technologicznych** methods department
~ **organizacji procesu produkcyjnego** *zob.* **biuro opracowań technologicznych**
~ **patentowe** patent office
~ **personalne** personnel department
~ **podróży** travel agency
~ **pośrednictwa pracy** employment exchange, employment agency
~ **prasowe** news agency
~ **projektowe** design office
~ **reklamy** advertising agency
~ **rzeczy znalezionych** lost (and found) property office
~ **spedycji** forwarding agency, shipping agency
~ **sprzedaży** sales office, sales department
~ **tłumaczeń** translation bureau
~ **wymiany (pieniędzy)** exchange office
~ **zaopatrzenia** purchasing department
~ **zbytu** sales office
~ **zleceń** *telef.* special service
biurowiec *m* office building
biurowość *f* office work

bizmit *m min.* bismite, bismuth ochre
bizmut *m chem.* bismuth, Bi
~ **tellurowy** *min.* tetradymite
bizmutan *m chem.* bismuthate
bizmutek *m chem.* bismuthide
bizmutowodór *m chem.* bismuthine
bizmutoza *f* (*zatrucie bizmutem*) bismuthism, bismuthosis
bizmutyl *m chem.* bismuthyl
bizmutyn *m min.* bismuthinite, bismuth glance
biżuteria *f* **szklana** Gablonz glassware
BK = **biuro konstrukcyjne**
blacha *f* sheet (metal); (metal) plate
~ **aluminiowa** sheet aluminium
~ **biała** tinplate, tinned sheet
~ ~ **bezcynowa** tin-free steel, TFS
~ ~ **matowa** terne(-plate); dull plate
~ ~ ~ **o cienkiej powłoce** short terne
~ ~ ~ **o grubej powłoce** long terne
~ **bimetalowa** composite sheet
~ **cienka** sheet (metal)
~ ~ **walcowana na gorąco** hot(-rolled) sheet
~ ~ **walcowana na zimno** cold(-rolled) sheet
~ ~ **wyżarzona w pakietach** close-annealed sheet
~ **cynkowa** sheet zinc
~ **czarna** black plate, black iron
~ **dachowa** roofing sheet
~ **do cynkowania** galvanizing sheet
~ **do głębokiego tłoczenia** deep-drawing sheet
~ **do tłoczenia** drawing (quality) sheet
~ **dobiegowa** *spaw.* run-on plate
~ **duraluminiowa platerowana** aluminium aldural
~ **dwuwarstwowa** duplex plate
~ **dziurkowana** perforated sheet
~ **elektrotechniczna** electrical sheet
~ **falista** corrugated plate, corrugated sheet
~ **głębokotłoczna** deep-drawing sheet
~ **goła** (*bez powłoki*) uncoated sheet
~ **gruba** (metal) plate
~ ~ **walcowana na gorąco** hot-rolled plate
~ **karoseryjna** car body sheet
~ **kotłowa** boiler plate, boiler iron
~ **lutownicza** brazing sheet
~ **łebkowa** bulb plate
~ **mosiężna** sheet brass
~ **na korpusy puszek** can body stock
~ **nadburcia przydziobnicowa** *okr.* apron plate, spirketting plate
~ **niepokryta** (*bez powłoki*) uncoated sheet
~ **o nieregularnym kształcie** sketch plate
~ **o teksturze kostkowej** cube texture sheet
~ **obołowiona** lead-coated sheet
~ **ochronna drzwiczek paleniskowych** *kotł.* door liner
~ ~ **w gardzieli wielkiego pieca** throat armour, stockline armour
~ **ocynkowana** galvanized iron, zinc coated sheet

~ **ocynowana** tinplate, tinned sheet
~ **odbłyskowa** reflector sheet
~ **okrętowa** ship plate
~ **pancerna** armour plate
~ **perforowana** perforated sheet
~ **platerowana** clad plate
~ **podłogowa** (*żeberkowa lub wzorzysta*) floor plate
~ **pokryta** coated sheet
~ **polerowana** (*stalowa*) planished sheet
~ **prądnicowa** dynamo sheet, generator sheet
~ **rdzeniowa** *el.* core plate
~ **ryflowana** chequer plate, riffled plate
~ **stalowa** steel sheet, sheet iron
~ ~ **cienka** (< 3 mm) steel sheet
~ ~ **czerniona** polished blue steel
~ ~ **gruba** steel plate, plate steel
~ ~ **platerowana aluminium** alufer
~ ~ **teksturowana** grain oriented steel sheet
~ **taśmowa** metal strip
~ **tłoczna** drawing sheet
~ **tombakowa** sheet bronze
~ **transformatorowa** transformer plate
~ **trawiona** pickled sheet
~ **uniwersalna** universal (mill) plate, U.M. plate
~ **walcowana** rolled sheet; rolled plate
~ **węzłowa** (*w kratownicy*) gusset plate, gusset
~ **wielowarstwowa** sandwich plate
~ **wybiegowa** *spaw.* run-off plate
~ **wzmacniająca** *kotł.* doubling plate
~ **z wkładkami dystansowymi** *el.* spacer plate
~ **zabezpieczająca** (*np. spód drzwi*) *bud.* kickplate
~ **żeberkowa** chequer plate, riffled plate
blacharnia *f* sheet-metal shop
blacharstwo *n* tinsmithing
blacharz *m* tinman, tin-smith
blachowatość *f skór.* stiffness
blachownia *f okr.* plate shop
blachownica *f* plate girder, plain girder
blachówka *f hutn.* sheet slab, sheet bar, strip breakdown
bladoniebieski *a* pale blue, bluish
blady *a* pale
blaknąć *v* fade
blankiet *m* form, blank
blankofor *m* optical brightener
blanszerowanie *n skór.* whiting
blanszowanie *n spoż.* blanching
blask *m* glare
blastoderma *f biol.* blastoderm
blastomer *m biol.* blastomere
blastula *f biol.* blastula
blaszanka *f* can, tin
blaszany *a* tin
blaszka *f* plate; lamella; sheet
~ **gniazdkowa zamka** striking plate of a lock
~ **liściowa** *bot.* leaf blade, leaf lamina
blaszki *fpl* **grzyba** *bot.* gills
blaszkowiec *m* (*pędzel*) fitch (*brush*)
blat *m* **stołu** table top
blaza *f ryb.* pellet
blenda *f* **1.** *min.* blende **2.** *arch.* blind window
~ **cynkowa** sphalerite, (zinc) blende, mock ore
~ **manganowa** alabandite, manganese blende, manganese glance
~ **smolista** *zob.* **blenda uranowa**
~ **uranowa** pitchblende, uraninite
bliski nadfiolet *m* near UV
bliski wartości optymalnej near-optimal
blisko siebie close together
bliskość *f mat.* proximity
blizna *f* **1.** *odl.* rattail (*defect*) **2.** *med.* scar
bliźniaczy *a biol.* geminate
bliźniak *m* **1.** *biol.* twin **2.** *kryst.* twinned crystal, (crystal) twin
~ **mechaniczny** *kryst.* mechanical twin, deformation twin
~ **mimetyczny** *kryst.* mimetic twin, pseudosymmetric twin
~ **naśladowczy** *zob.* **bliźniak mimetyczny**
~ **odkształcenia** *kryst.* deformation twin
~ **polisyntetyczny** *kryst.* polysynthetic twin
~ **przemiany** *kryst.* transformation twin
~ **przerośnięty** *kryst.* interpenetration twin
~ **pseudosymetryczny** *kryst.* pseudosymmetric twin
~ **termiczny** *zob.* **bliźniak wyżarzania**
~ **wyżarzania** *kryst.* annealing twin
~ **wzrostowy** *kryst.* growth twin
bliźniakowanie *n kryst.* twinning
bliźnięta *pl biol.* twins
~ **dwujajowe** biovular twins
~ **jednojajowe** uniovular twins, monozygotic twins
blok *m* **1.** block **2.** compound pulley **3.** *chem.* (*fragment cząsteczki polimeru*) block **4.** *med.* block **5.** *statyst.* block
~ **bez krążka** dumb sheave
~ **cylindrów** *siln.spal.* cylinder block, monoblock
~ **czterokrążkowy** fourfold block
~ **danych** *inf.* data block
~ **denny** (*wanny szklarskiej*) siege block
~ **do bloku** (*o talii*) *żegl.* block and block, chock-a-block
~ **energetyczny** *el.* power unit
~ **funkcjonalny** *aut.* functional element
~ **grafitowy** *nukl.* graphite block
~ **jednokrążkowy** single block
~ **kamienny** *bud.* stone block, gobbet
~ **kanalizacji kablowej** cable duct
~ **konfiguracyjny** *chem.* configurational block
~ **konstytucyjny** *chem.* constitutional block
~ **kotwiący** *inż.* deadman, anchor block
~ **książki** bulk of book
~ **logiczny** *inf.* logical block
~ **losowy** *statyst.* randomised block
~ **ładowniczy** *okr.* cargo block
~ **matrycowy** *obr.plast.* die block
~ ~ **dolny** bottom die, female die

~ ~ **górny** top die, punch die
~ **metalu** *hutn.* ingot
~ **mieszkalny** block of flats; *US* apartment house
~ **modyfikacji** *inf.* indexing unit
~ **obłowy** *okr.* bilge block, side block
~ **ograniczony uskokami** *geol.* fault block
~ **paliwowy** *nukl.* fuel slug
~ **pamięci** *inf.* storage block
~ **pędny** *mot.* integrated drive assembly, drive unit
~ **rolkowy** *okr.* patent block
~ **ruchomy** (*dźwigu*) *okr.* running block
~ **sera** brick of cheese
~ **serca** *med.* heart block
~ **słów** (*komputerowych*) *inf.* block of words
~ **stępkowy** *okr.* keel block, middle block
~ **ścienny** building block, masonry unit
~ **uranowy** *nukl.* uranium slug, uranium lump
~ **wejściowy** *inf.* input section, input block
~ **wyjściowy** *inf.* output section, output block
~ **zespolony** *okr.* sister block
~ **zrandomizowany** *statyst.* randomised block
blokada *f* **1.** *masz.* blocking, interlocking **2.** *med.* blockade
~ **dostępu do danych** *inf.* data interlock
~ ~ **do pamięci** *inf.* memory lockout
~ **elektryczna** electrical interlocking
~ ~ **nerwu** *med.* electrical nerve-block
~ **przeciwkołysaniowa** *el.* surge guard
~ **samoczynna** *kol.* automatic block system
~ **systemu** *inf.* system deadlock
~ **szumów** *elektron.* noise suppression; muting; squelching
~ **tunelu aerodynamicznego** flow constraint effect in a wind tunnel
bloki *m pl* **(kamienne) ułożone warstwami** *inż.* coursed rubble
blokować *v* **1.** *masz.* block, interlock **2.** *chem.* mask
blokowanie *n* **dyslokacji** *kryst.* dislocation locking
blokówka *f poligr.* book stitcher, stapling machine
bluszcz *m* **pospolity** *bot.* ivy, *Hedera helix* L.
błąd *m* error; deviation; *zob.też* **uchyb**
~ **absolutny** absolute error
~ **addytywny** *mat.* additive error
~ **aerodynamiczny** *lotn.* position error (*of speedometer*)
~ **analizy** analytical error
~ **apercepcji** (*w analizie sensorycznej*) anticipation error, aperception error
~ **bezwzględny** *mat.* absolute error
~ **białkowy** *chem.* protein error
~ **całkowity** total error
~ **cechowania** calibration error
~ **cząstkowy** partial error; individual component error
~ **czynnościowy** manipulative error
~ **ćwierćokrężny** (*radionamiaru*) *nawig.* quadrantal error
~ **dopasowania** matching error
~ **dopuszczalny** admissible error, permissible error
~ **doświadczenia** experimental error
~ **drugiego rodzaju** *mat.* type 2 error
~ **drukarski** misprint, printer's error
~ **fabryczny** manufacturing defect
~ **gruby** blunder, gross error
~ **grupowy** (*przy transmisji danych*) *tel.* trunk group error
~ **interpolacji** *mat.* interpolation error
~ **istotny** material error
~ **kapilarny** capillary error
~ **kierunkowy** (*kompasu*) directional error
~ **kolimacyjny** *opt.* collimation error
~ **komutacji** (*w falowniku*) *el.* commutation failure
~ **kropli** *chem.* drop error
~ **liczenia** miscount
~ **liniowości** linearity error
~ **maszynopisu** typing error
~ **metodyczny** error of method
~ **miareczkowania** *chem.* titration error, volumetric error
~ **narzędzia (pomiarowego)** instrument error
~ **niejednoznaczności** ambiguity error
~ **nieobciążony** *statyst.* unbiased error
~ **nieoznaczony** indeterminate error
~ **nieunikniony** inevitable error
~ **obserwacji** observation error
~ **oceny** error of estimation; error of judgement
~ **oczekiwania** (*w analizie sensorycznej*) expectation error
~ **odczynnika** *chem.* reagent error
~ **odczytu** misread, reading error
~ **osobisty** observer's error, personal error, operative error
~ **oznaczony** determinate error
~ **paralaksy** parallax error
~ **parzystości** *inf.* parity error
~ **pełzania zera** *inf.* drift error
~ **pierwszego rodzaju** *mat.* type 1 error
~ **płaskości** out-of-flatness
~ **pobrania próbki** sampling error
~ **pobudliwości** *metrol.* discrimination error
~ **podziałki 1.** scale error **2.** *masz.* pitch error
~ ~ **pojedynczej** adjacent pitch error (*of screw thread*)
~ ~ **sumaryczny** cumulative pitch error (*of screw thread*)
~ **pomiaru** measuring error
~ **poprawności wskazań** bias error
~ **pozorny** apparent error
~ **północny (busoli)** *lotn.* northerly turning error
~ **półokrężny** (*radionamiaru*) *nawig.* semicircular error
~ **prawdopodobny** *statyst.* probable error
~ **procentowy** *mat.* percentage error
~ **propagacyjny** (*radionamiaru*) *nawig.* propagation error

~ **propagowany** *inf.* inherited error
~ **próbki** sampling error
~ **przeciętny** average error
~ **przemieszczenia** *nawig.* translation error
~ **przeoczenia** (*przy detekcji sygnałów*) *rad.* false dismissal
~ **przypadkowy** *mat.* accidental error, random error
~ **przyrządu** instrumental error
~ **przyspieszeniowy** *nawig.* acceleration error
~ **rachunkowy** account error, error of calculation
~ **rozpuszczalności** *chem.* solutional error
~ **rozróżnialności** *inf.* resolution error
~ **solny** *chem.* salt error
~ **stały** constant error, fixed error
~ **standardowy** *statyst.* mean error, standard error
~ **statystyczny** statistical error
~ **subiektywny** personal error, observer's error, operative error
~ **sumaryczny** *statyst.* pooled error
~ ~ **podziałki** *masz.* cumulative pitch error
~ **systematyczny** *mat.* systematic error; *inf.* bias
~ **średni** *statyst.* mean error
~ ~ **prawdopodobny** probable average error, quadratic error
~ **średniokwadratowy** *statyst.* error mean-square
~ **temperaturowy** *metrol.* temperature error
~ **ułożenia 1.** *kryst.* stacking fault **2.** *hutn.* stacking fault
~ ~ **bliźniaczy** *kryst.* twin fault
~ **w księgowaniu** book-keeping error
~ **w tłumaczeniu** error in translation, mistranslation
~ **ważenia** error in weighing
~ **wierności wskazań** *metrol.* repeatability error
~ **wleczenia** (*róży kompasowej*) *nawig.* swirl error
~ **wskazania** (*przyrządu*) indication error
~ **wskaźnika** *chem.* indicator error
~ **wykonania** error of operation, manipulative error
~ **wymiaru** dimensional error
~ **względny** *mat.* relative error
~ **wzorcowania** calibration error
~ **z obcinania** *mat.* truncation error
~ **z odrzucania** *zob.* **błąd z obcinania**
~ **z próbki** *statyst.* sampling error
~ **zamknięcia** (*wieloboku*) *geod.* closing error, error of closure
~ **zaokrąglenia** *mat.* rounding error, round-off error
~ **zarysu zęba** (*w porównaniu do zarysu konstrukcyjnego*) profile error of a gear
~ **zera** *metrol.* zero error
~ **zmiany obciążenia** *inf.* loading error
~ **zrównoważony** *inf.* balanced error
~ **zwrotny** reversal error
błądzenie *n* **łuku** *el.* arc migration
~ **przypadkowe** *statyst.* random walk
błędne koło *n* (*przy definiowaniu*) vicious circle
błędnie datować *v* misdate
błędnie informować *v* misinform
błędnie interpretować *v* misinterpret
błędnie obliczać *v* miscalculate; miscount
błędnie przedstawiać *v* (*zagadnienie*) misrepresent
błędnie skierować *v* misdirect
błędnik *m anat.* labyrinth
błędny *a* erroneous, incorrect
błędy *mpl* **kompensujące się** compensating errors
błękit *m farb.* blue
~ **berliński** Berlin blue
~ **bromofenolowy** bromophenol blue, tetrabromophenolsulfonphthalein
~ **bromotymolowy** bromothymol blue, dibromothymolsulfonphthalein
~ **chiński** (*barwnik spożywczy*) China blue
~ **indygowy** indigo, indigotin, synthetic indigo blue
~ **kobaltowy** cobalt blue, Thénard's blue
~ **metylenowy** methylene blue
~ **miedzi** *min.* azurite, chessylite
~ **Milori** Milori blue
~ **paryski** Parisian blue
~ **pruski** Prussian blue
~ **Thénarda** Thénard's blue, cobalt blue
~ **Turnbulla** Turnbull's blue
~ **tymolowy** thymol blue, thymolsulfonephthalein
~ **ultramarynowy** ultramarine (blue)
~ **żelazowy** iron blue
błona *f* membrane; *fot.* film; *med.* coat; tunic(a)
~ **barwna** *fot.* colour film
~ **bębenkowa** *anat.* tympanic membrane
~ **biologiczna** *san.* bacterial jelly, gelatinous film
~ **cienkowarstwowa** *fot.* thin emulsion film
~ **czarno-biała** *fot.* black-and-white film
~ **do małoobrazkowych zdjęć klatki piersiowej** *radiol.* miniature chest film
~ **drożdży kożuchujących** *ferm.* wine flowers
~ **fluoroskopowa** *radiol.* fluoroscopic film
~ **fotograficzna** photographic film
~ **komórkowa** *biol.* cell membrane, plasma membrane
~ **maziowa torebki stawowej** *anat.* synovial membrane
~ **obiałkowa** (*jaja*) *zool.* inner shell membrane
~ **odwracalna** *fot.* reversal film, reversible film
~ **płaska** *fot.* cut film, flat film
~ **podskorupowa** (*jaja*) *zool.* outer shell membrane
~ **półprzepuszczalna** semi-permeable membrane
~ **radiograficzna** radiographic film
~ **rentgenowska** X-ray film

~ **(rentgenowska) bezokładkowa** non-screen film
~ ~ **okładkowa** screen-type film
~ **śluzowa** *anat.* mucous membrane, mucosa
~ ~ **na occie** *spoż.* mother of vinegar
~ **światłoczuła** sensitive film
~ **witelinowa (jaja)** *biol.* vitelline membrane
~ **wysokoczuła** *fot.* rapid film, highly sensitive film, high-speed film
~ **ze ścieżką dźwiękową** *kin.* sound track film
~ **zwojowa** *fot.* roll film
~ **żelatynowa** gelatinous film
błonica *f med.* diphteria
błonka *f* film; *biol.* pellicle
~ **adsorpcyjna** *chem.* surface-active film
~ **kondensatu** condensate film
~ **powierzchniowa** surface film
błonnik *m* cellulose
błota *npl* **słone** *geol.* saltmarsh
błotniarka *f* **1.** dump barge, dump-scow, garbage scow, hopper barge **2.** *cukr.* plate-and-frame filter press
~ **pierwsza** *cukr.* first carbonatation filter
błotnik *m* **1.** *mot.* mudguard, wing **2.** *kotł.* mud drum
błoto *n* mud
~ **defekosaturacyjne** *cukr.* defecation mud, lime mud, lime sludge
błysk *m* flash; burst of light
błystka *f* **trolingu** *ryb.* spoon
błyskać *v* flash; gleam
błyskawica *f* lightning
błyszcz *m min.* glance
~ **antymonu** antimony glance, stibnite, antimonite
~ **bizmutu** bismuthinite, bismuth glance
~ **kobaltu** cobaltite, cobalt glance
~ **miedzi** chalcocite, copper glance
~ **molibdenu** molybdenite, molybdenum glance
~ **ołowiu** galena, lead glance, blue lead
~ **srebra** argentite, silver glance
~ **żelaza** ha(e)matite, iron glance, rediron ore
błyszczący *a* glossy; glittering; brilliant
błyszczeć *v* glitter
BN = Biblioteka Narodowa
BN = norma branżowa
boazeria *f* wainscot
bobik *m bot.* horse bean, broad bean, *Vicia faba* L.
bobina *f* **1.** *górn.* bobbin drum (*of a hoisting machine*) **2.** *papiern.* bobbin
bobiniarka *f papiern.* bobbin cutting machine
bobrek *m* **trójlistny** *bot.* bitter trefoil, buck bean, *Menyanthes trifoliata*
bochen *m* **pudlarski** *hutn.* puddled ball, bloom
~ **sera** loaf of cheese
bochenek *m* **chleba** loaf of bread
bocian *n* **1.** (*nóż tokarski*) bar and knee turning tool **2.** *zool.* stork, *Ciconia*
bocianie gniazdo *n okr.* crow's nest
boczek *m* **1.** *poligr.* marginal title; side-heading **2.** *spoż.* bacon
bocznica *f* **1.** *kol.* (railway) siding **2.** *górn.* lay-by
~ **fabryczna** factory siding
~ **wentylacyjna** *górn.* air split
~ **załadowcza** loading siding
bocznik *m* **1.** *el.* shunt **2.** *narz.* side rabbet plane
bocznikować *v el.* shunt
bocznokołowiec *m okr.* side wheeler, side paddler
bocznościan *m lotn.* sidewall hovercraft, captured air bubble craft
boczny *a* lateral, side-
boczny tor *m* side track
boczny wiatr *m* cross-wind
bod *m jedn.* baud, unit pulse
bodmeria *f* **ładunkowa** *żegl.* respondentia
bodnia *f wiertn.* cellar
bodziec *m* stimulus; incentive
~ **barwowy** colour stimulus
~ **ekonomiczny** financial incentive
~ **elektryczny** *med.* electric shock
~ ~ **podprogowy** subthreshold stimulus
~ ~ **(po)nadprogowy** suprathreshold stimulus
~ ~ **progowy** electrical threshold, limen
~ **materialny** financial incentive
~ **sprawdzający** *med.* test stimulus
~ **świetlny** light stimulus
~ **wzrokowy** visual stimulus
bogactwa *npl* **naturalne** natural resources
bogactwo *n* **narodowe** national wealth
~ **rudy** ore richness, grade of ore
~ **surowcowe** raw material resources
bogaty *a* rich
bogaty w kwarc *petr.* quartzose
bogaty wybór *m* **towarów** variety of goods
boghed *m petr.* boghead (coal)
BOINTE = branżowy ośrodek INTE
boisko *n* **sportowe** sports ground
boja *f* buoy, floating beacon, *zob.też* **pława**
bojer *m* ice-scooter, ice yacht
bojka *f* **beczkowa** *ryb.* cask buoy; keg buoy
bojler *m bud.* boiler (*for hot water supply*)
bojowe środki *mpl* **chemiczne** chemical warfare agents
bojowe środki *mpl* **trujące** toxic warfare agents
bojowy *a wojsk.* operational, combat
bojrep *m żegl.* anchor-buoy rope
bok *m* side; flank; *geom.* side
~ **głowicy rewolwerowej** *obr.skraw.* turret face
~ **gniazda czopa** *drewn.* mortise cheek
~ **krzywki** *masz.* cam flank
~ **niepracujący zęba** (*czynnego*) *masz.* trailing side of tooth
~ **otworu** *bud.* check of an opening
~ **pracujący zęba** (*czynnego*) *masz.* leading side of tooth
~ **przeciwległy** *geom.* opposite side
~ **przylegly** *geom.* adjacent side
~ **spoiny pachwinowej** leg of a fillet weld
~ **trójkąta** side of a triangle

~ **wielokąta** side of a polygon
~ **zezwoju** *el.* section side (*of a coil*)
boki *mpl skór.* flank, belly (offal)
bokówki *pl* **gęsie** (*pierze*) goose side feathers
boks *m* box (*compartment*)
~ **rękawicowy** *nukl.* glove box
bokser *m siln.* opposed-cylinder engine
boksyt *m min.* bauxite
bolometr *m metrol.* bolometer
bom *m okr.* boom
~ **ażurowy** lattice boom
~ **ładunkowy** cargo boom
~ **przedni** foreboom
~ **żagla** sail boom
bomba *f* bomb
~ **atomowa** atomic bomb, A-bomb
~ **błyskowa** (photo)flash bomb
~ **burząca** high-explosive bomb, demolition bomb
~ **cezowa** *med.* caesium therapy unit
~ **czasowa** delayed-action bomb, time bomb
~ **ćwiczebna** practice bomb
~ **dekalinowa** *chem.* heating mortar
~ **dymna** smoke-producing bomb
~ **fotograficzna** photoflash bomb
~ **głębinowa** depth charge
~ ~ **rakietowa** depth-charge rocket
~ **jądrowa** nuclear bomb
~ ~ **brudna** dirty bomb
~ **kalorymetryczna** *fiz.* (oxygen-)bomb calorimeter
~ **kasetowa** cluster bomb
~ **kierowana** guided bomb
~ **kobaltowa** **1.** cobalt bomb **2.** *med.* cobalt-therapy unit
~ **latająca** flying bomb
~ ~ **kierowana** (*z samolotu*) stand-off bomb, powered guided bomb
~ **lotnicza** aerial bomb
~ ~ **głębinowa** aerial depth charge
~ **łzawiąca** tear-gas bomb
~ **manometryczna** *wybuch.* manometric bomb
~ **napalmowa** napalm bomb
~ **neutronowa** neutron bomb
~ **nuklearna** nuclear bomb
~ **orbitalna** orbiting bomb
~ **oświetlająca** flare
~ ~ **spadochronowa** parachute flare, flare shute
~ **plutonowa** plutonium bomb
~ **przeciw celom żywym** anti-personnel bomb
~ **przeciwczołgowa** anti-tank bomb
~ **radowa** *med.* radium therapy unit
~ **rozszczepieniowa** fission bomb
~ **-samolot** flying bomb
~ **skrzydlata** winged bomb
~ **ślizgowa** glider bomb, glide bomb
~ ~ **zdalnie kierowana** razon
~ **termojądrowa** thermonuclear bomb, fusion bomb
~ **termonuklearna** *zob.* **bomba termojądrowa**
~ **tlenowa** *chem.* oxygen bomb
~ **uranowa** uranium bomb
~ **wodorowa** hydrogen bomb, H-bomb
~ **z opóźnionym spadaniem** retarded bomb
~ **zapalająca** incendiary (bomb)
~ ~ **magnezowa** magnesium bomb
bombardowanie *n* **1.** bombing; bombardment **2.** *fiz.* bombardment
~ **elektronami** electron bombardment
~ **jądra** nuclear bombardment
~ **jonowe** ion bombardment
~ **neutronami** neutron bombardment
~ **przez warstwę chmur** bombing through overcast
~ **z lotu nurkowego** dive-bombing
~ **z małej wysokości z lotu wznoszącego** loft bombing
bombaż *m spoż.* blown can defect
bombowiec *m* bomber, *zob.też* **samolot bombowy**
bombramstenga *f okr.* long topgallant mast
bombramżagiel *m okr.* royal
bomkliwer *m okr.* outer jib
bomy *mpl* **ładownicze sprzężone** *okr.* spar and boom gear
bon *m* **awaryjny** *żegl.* average bond
~ **ładunkowy bodmeryjny** *żegl.* respondentia bond
bonderyzacja *f powł.* bonderizing
bondur *m met.* bondur
bonifikata *f* deduction in price, discount
~ **zwyczajowa** customary allowance
boniowanie *n arch.* rustic work, rustication
bonitacja *f* **drzewostanu** *leśn.* stand quality classification
~ **gleby** soil valuation, land-capability taxation
bonnet *m żegl.* bonnet, studsail
bony *mpl* **zaporowe** *żegl.* port bars
bor *m chem.* boron, B
bora *f meteo.* bora (*cold wind*)
boracyt *m min.* boracite
boraks *m min.* borax
~ **rodzimy** tincal
boral *m nukl.* boral
boran *m chem.* borate
~ **metylowy** (tri)methyl borate
borazol *m chem.* borazole
bordo *m* (*kolor*) claret (colour)
~ **alizarynowe** alizarin bordeaux
borek *m chem.* boride
borgis *m poligr.* bourgeois (*size of type*)
borneol *m chem.* borneol, bornyl alcohol
bornit *m min.* bornite, purple copper ore, horse-flesh ore
bornyl *m chem.* bornyl
bornylen *m chem.* bornylene
boroetan *m chem.* boroethane, diborane
borokrzemian *m chem.* borosilicate
boronatrokalcyt *m min.* boronatrocalcite, ulexite
boropentan *m chem.* pentaborane
borotrójalkil *m chem.* boron trialkyl
borowce *pl chem.* boron family, boron group

borowik *m* **szlachetny** *bot.* edible boletus, *Boletus edulis*
borowina *f med.* peat bath
borowodorek *m chem.* borohydride
borowodorowanie *n chem.* hydroboration
borowodór *m chem.* borane, boron hydride
borówka *f* **amerykańska** *zob.* **borówka wysoka**
~ **brusznica** red whortleberry, *Vaccinium vitis-idaea*
~ **czarna** bilberry, *Vaccinium myrtillus* L.
~ **wysoka** American blueberry, *Vaccinium corymbosum* L.
bort *m min.* bort (*diamond used in industry*)
bortowanie *n* **rury** = **odwijanie rury** beading of a tube
boryl *m chem.* boryl
bosak *m* boat hook
~ **pożarniczy** fire hook, fire anchor
bosman *m żegl.* boatswain
botaniczny *a* botanic(al)
botanika *f* botany
botulizm *m* (*zatrucie jadem kiełbasianym*) botulism
bozon *m fiz.* boson
bób *m bot.* broad bean, horse bean, *Vicia faba* L.
~ **tonka** (*nasiona Dipteryx oppositifolia*) *farm.* tonka (bean)
ból *m* pain; ache
~ **głowy** headache
~ **mięśni** myalgia, pain in the muscles
~ **zęba** toothache
BPBM = **Biuro Projektów Budownictwa Morskiego**
B+R = **badania i rozwój** research and development, R & D
brachistochrona *f* **1.** *mech.* brachistochrone **2.** *mat.* brachistochrone
brachyantyklina *f geol.* dome fold
brać *v* **fale** (*na pokład*) *żegl.* ship water (*on deck*)
~ **na gejtawy** *żegl.* brail up
~ **na kredyt** take on credit
~ **na siebie ryzyko** accept a risk
~ **namiar** *nawig.* take a bearing
~ **odpowiedzialność za...** take responsibility for...
~ **pod uwagę** take into consideration, take into account
~ **poprawkę na...** allow for...
~ **udział** take part, participate, partake
~ ~ **w reakcji chemicznej** participate in chemical reaction
~ ~ **w zebraniu** attend a meeting
~ **w cudzysłów** put in quote marks
~ **w posiadanie** take possession
~ **w zastaw** take in pledge
brak *m* **1.** lack, deficiency; shortage **2.** reject, discard
~ **danych** no data available
~ **dostawy** *ek.* no arrivals
~ **dowodów** *prawn.* absence of evidence
~ **funduszów** lack of funds
~ **gotówki** shortage of cash
~ **ilościowy w dostawie** short delivery (*of goods*)
~ **iskry** *siln.spal.* missing spark
~ **kompetencji** *prawn.* lack of ability, no ability
~ **laktacji** *med.* agalactia, nonsecretion of milk
~ **łaknienia** *med.* anorexia
~ **maszynowy** *papiern.* broke
~ **mieszkań** housing shortage
~ **naprawialny** salvageable reject
~ **nienaprawialny** unsalvageable reject
~ **odlewniczy** *odl.* waster, faulty casting
~ **odpowiedzi** no reply
~ **ostateczny** unsalvageable reject
~ **pigmentacji** *med.* achroma
~ **pokrycia** *ek.* want of cover
~ **popytu** absence of demand, no demand
~ **potwierdzenia** absence of confirmation
~ **pragnienia** *med.* adipsia, adipsy
~ **przetopu** *spraw.* lack of joint penetration, poor fusion
~ **równowagi** unbalance
~ **siły roboczej** lack of manpower
~ **sygnału** no signal
~ ~ **wyjściowego** *aut.* zero output
~ **sztywności** *masz.* whippiness
~ **tętna** *med.* acrotism
~ **węchu** *med.* anosmia
~ **wtopu** *spraw.* lack of fusion, incomplete fusion
brakarz *m* quality control inspector
braki *mpl* **produkcyjne** spoilage
brakiczny *a geol.* brackish
brakoróbstwo *n* spoilage; *bud.* jerry building
brakowanie *n* (*odrzucanie jako brak*) rejection, discarding
bram *m okr.* topgallant (sail)
brama *f* **1.** gate **2.** *transp.* gantry **3.** *hutn.* slab ingot **4.** *inf.* port
~ **klapowa** (*doku*) falling-leaf gate
~ **powodziowa** *inż.* flood-gate
~ **śluzy** *inż.* lock gate
~ **wsporna** (*doku*) mitre gate
bramka *f aut., inf.* gate
~ **I** AND gate
~ **logiczna** logical gate, switching gate
~ **LUB** OR gate
~ **NIE-I** NAND gate
~ **NIE-LUB** NOR gate
~ **podwójna NAND** dual NAND gate
~ **przeniesienia** carry gate
~ **śledząca** (*na ekranie wskaźnika radiolokacyjnego*) automatic strobe pulse
~ **TSL** three-state-logic, TSL
~ **wędrująca** (*na ekranie wskaźnika radiolokacyjnego*) walling strobe pulse
~ **wyjściowa** out-gate
bramkowanie *n elektron.* gating; strobing
bramownica *f* gantry crane
bramreja *f okr.* topgallant yard
bramstenga *f okr.* topgallant mast
bramżagiel *m okr.* topgallant sail
branie *n* **fali** (*na pokład*) *żegl.* shipping water (*on deck*)
~ ~ **rufą** pooping

branża *f ek.* branch
brasować *v żegl.* brace
bratek *m* **trójbarwny** *bot.* pansy, *Viola tricolor*
braunit *m* **1.** *min.* braunite **2.** *met.* braunite
braunmileryt *m min.* brownmillerite
braunsztyn *m min.* battery manganese
brazyleina *f farb.* brasilein
brazylina *f farb.* brasilin, pernambuco extract
brazylit *m min.* brazilite, baddeleyite
brąz *m* **1.** *met.* bronze **2.** *farb.* brown (colour)
~ **aluminiowy** aluminium bronze
~ **armatni** ordnance bronze, ordnance metal
~ **artystyczny** (*na odlewy artystyczne*) statuary bronze, statue bronze
~ **berylowy** beryllium bronze
~ **bezcynowy** tin-free bronze
~ **biały** white bronze
~ **cynowo-cynkowy** zinc bronze, (Admiralty) gun metal
~ **cynowo-fosforowy** phosphor tin-bronze
~ **cynowy** tin bronze
~ **dzwonowy** bell bronze, bell metal
~ **fosforowy** phosphor bronze
~ **grafitowy** graphite bronze
~ **kadmowy** cadmium copper, cadmium bronze
~ **krzemowy** silicon bronze
~ **łożyskowy** bearing bronze
~ **manganowy** manganese bronze
~ **maszynowy** machine bronze
~ **medalierski** medal bronze
~ **monetowy** coinage bronze
~ **niskocynowy** low-tin bronze
~ **odlewniczy** casting bronze
~ **ołowiowy** lead bronze
~ **panewkowy** bearing bronze
~ **porowaty** porous bronze, sintered bronze
~ **przerabialny plastycznie** wrought bronze
~ **przewodowy** (high-)conductivity bronze
~ **spiekany** sintered bronze, porous bronze
~ **wolframowy** tungsten bronze
~ **wtórny** scrap bronze
~ **wysokocynowy** high-tin bronze
~ **zaworowy** valve bronze
~ **zwierciadłowy** mirror alloy, speculum (alloy)
brązal *m* aluminium bronze
brązowanie *n* bronzing
brązowawy *a* brownish
brązowy *a* **1.** *met.* bronze **2.** *farb.* brown
brązyt *m min.* bronzite
bregeryt *m min.* bröggerite
breja *f* pulp
~ **krystaliczna** crystal mass
brejneryt *m min.* breunnerite
brekcja *f petr.* breccia
~ **morenowa** moraine breccia
~ **nieuwarstwiona** ataxite
~ **tufowa** tuff breccia
~ **uskokowa** fault breccia, dislocation breccia, crush breccia
~ **wulkaniczna** volcanic breccia, flow breccia
brezent *m włók.* canvas paulin
~ **impregnowany** tarpaulin
briks *m cukr.* (*density of sugar solution in Brix degrees*)
brodawka *f* **korzeniowa** *bot.* root nodule
~ **sutkowa** *anat.* nipple
brodzenie *n mot.* fording
brodzik *m* **dziecięcy** paddling pool
brojler *m spoż.* broiler
brojlernia *f* broiler house
brokat *m włók.* brocade
~ **szklany** *szkl.* pâte de verre
brokuł *m bot.* broccoli, *Brassica oleracea* L.
brom *m chem.* bromine, Br
bromal *m chem.* bromal, tribromoacetaldehyde
bromawy *a chem.* bromous
bromek *m chem.* bromide
~ **cynkowy** zinc bromide
~ **etylenu** ethylene (di)bromide, dibromoethane
~ **potasowy** potassium bromide
~ **srebrowy** silver bromide
~ **talawy** thallium bromide, thallous bromide
bromian *m chem.* bromate
bromianometria *f chem.* bromometry; titration with bromate solution
bromin *m chem.* bromite
bromlit *m min.* alstonite
bromoaceton *m* bromoacetone
bromobenzen *m* bromobenzene, phenyl bromide
bromochloroform *m* bromotrichloromethane
bromocyjan *m* bromide cyanide, cyanogen bromide
bromocyjanek *m* **benzylu** bromobenzylcyanide, BBC
bromoetan *m* bromoethane, ethyl bromide
bromofenol *m* bromophenol
bromoform *m* bromoform, tribromomethane
bromofosgen *m* bromophosgene, carbonyl bromide
bromolej *m fot.* bromoil process
bromometan *m* bromomethane, methyl bromide
bromometria *f chem.* bromometry
bromonaftalen *m* bromonaphthalene
bromooctan *m* **etylu** ethyl bromoacetate
bromopikryna *f* bromopicrin, nitrobromoform, tribromonitromethane
bromopren *m* bromoprene
bromotrójchlorometan *m* bromotrichloromethane
bromouracyl *m biochem.* bromouracil
bromowanie *n chem.* bromination
bromowodorek *m* hydrobromide
bromowodór *m* hydrogen bromide
bromowy *a chem.* bromic
brona *f roln.* harrow
~ **-chwastownik** weeder
~ **ciężka** heavy harrow; brake (harrow)
~ ~ **o zębach zagiętych** drag harrow

~ **łańcuchowa** chain harrow
~ **łąkowa** grassland harrow
~ **łopatkowa** spading harrow
~ **o zębach nożowych** acmeharrow, knife harrow
~ **posiewna** seed harrow
~ **rotacyjna** rotary harrow
~ **sprężynowa** spring-tooth harrow
~ **sprzęgnięta z pługiem** plough-harrow
~ **talerzowa** disk harrow
~ ~ **dwurzędowa** double-action disk harrow, tandem harrow
~ ~ **jednorzędowa** single-action disk harrow
~ **wielopolowa** articulated harrow, jointed harrow
~ **z ramą przegubową** flexible harrow
~ **zębowa** tooth harrow, tine harrow
~ **zygzak** (*o zygzakowatym układzie zębów*) zigzag harrow
bronchograf *m med.* bronchograph
bronchografia *f med.* bronchography
bronchoskop *m* (*wziernik oskrzelowy*) *med.* bronchoscope
bronować *v* harrow
~ **broną talerzową** disk
broń *f* weapon; arms, armament
~ **atomowa** atomic weapon
~ **automatyczna** automatic (gun), automatic weapon
~ **bezodrzutowa** recoilless gun
~ **biologiczna** biological weapon
~ **boczna** side arms
~ **defensywna** defensive weapon
~ **jądrowa** nuclear weapon
~ **kierowana** guided weapon
~ **konwencjonalna** conventional weapon
~ **małokalibrowa** small arms
~ **masowej zagłady** weapon of mass destruction
~ **maszynowa** machine gun
~ **myśliwska** shotgun
~ **nuklearna** nuclear weapon
~ **odtylcowa** breech-loading gun, breech-loader
~ **ofensywna** ultimate weapon
~ **palna** fire-arms; gun
~ **pancerna** armoured vehicles
~ **przeciw okrętom podwodnym** antisubmarine weapon
~ **przeciwlotnicza** antiaircraft weapon; air defence artillery, ADA
~ **przeciwpancerna** antitank weapon, tank killer
~ **radiologiczna** radiological weapon
~ **rakietowa** rocket weapon
~ **samoczynna** automatic (gun)
~ **samokierowana** robot weapon
~ **samopowtarzalna** self-loading weapon
~ **sportowa** sporting gun
~ **strategiczna** strategic (nuclear) weapon
~ **strzelecka** small arms
~ **tajna** secret weapon
~ **termojądrowa** thermonuclear weapon
~ **zaczepna** offensive weapon
brosza *f arch.* boss
broszura *f* booklet, brochure, pamphlet
broszurowanie *n* stitching (*of books*)
~ **rysunków** filing of drawings
browar *m* brewery
browarnictwo *n* brewing (industry)
bród *m* ford
bródka *f* **klucza** bit of a key, web of a key
bróg *m roln.* Dutch barn
bruceloza *f med., wet.* brucellosis, Bang's disease
brucyna *f chem.* brucine, dimethoxystrychnine
brucyt *f min.* brucite
brud *m* dirt, soil; *skór.* scud
brudnica *f zool.* tussock-moth, *Lymantria*
brudny *a* dirty, soiled
brudowanie *n* **skóry** leather scudding
brudowarka *f skór.* scudding machine
brudownik *m skór.* scudding knife
bruk *m* pavement
brukiew *f bot.* rutabaga, swede, Swedish turnip, Russian turnip, *Brassica napobrassica*
brukit *m min.* brookite
brukować *v* pave
~ **kostką** cube, pave with cubes
brukowiec *m* paving stone, cobble
brukselka *f bot.* Brussels sprouts, *Brassica oleracea gemmifera*
brulion *m* rough draft, rough copy
brunat *m farb.* brown (colour)
~ **kasselski** Cassel brown, Cologne earth, Van Dycke brown
~ **Van Dycka** *zob.* **brunat kasselski**
brunatnawy *a* brownish
brunatnice *fpl bot.* brown algae, *Phaeophyceae*
brunatnieć *v* become brown, brown
brunatnienie *n* **enzymatyczne** *spoż.* enzymatic browning
brunatny *a* brown
brutto *a* gross (*weight etc.*)
bruzda *f* furrow, groove, chase
~ **gwintu** *masz.* root of thread
~ **instalacyjna** *bud.* wall chase
~ **lufy** rifle, groove of a barrel
bruzdowanie *n* **luf** gun rifling
bruzdownica *f* **luf** gun rifling machine
bruzdownik *m roln.* middlebreaker, earthing-up plough, butting plough, lister
bryg *m okr.* brig
brygada *f* (*robotników*) gang (*of workers*), squad
~ **awaryjna** emergency squad
~ **dozorująca** maintenance gang
~ **formierska** *odl.* moulding gang
~ **monterska kadłuba** *okr.* plater's squad
~ **naprawcza** *zob.* **brygada remontowa**
~ **niterska** *okr.* rivet squad
~ **remontowa** repair gang; repair team
~ **sieciowa** *el.* line gang
~ **spawaczy** welding gang
~ **sztauerska** *żegl.* longshoreman's gang, stevedore gang
~ **zmianowa** shift
brygadzista *m* ganger, master workman, chargehand, foreman
brygantyna *f okr.* brigantine, schooner brig

brykieciarka *f* briquetting machine
brykiet *m* briquet(te); patent fuel
~ **węglowy** briquetted coal, coal briquette
brykietowanie *n* briquetting
brykietownia *f* briquetting plant
brykietownica *f* briquetting machine
brylant *m* **1.** brilliant (*diamond of finest cut*) **2.** *poligr.* brilliant (*size of type*)
brylantyna *f kosm.* brilliantine
bryła *f* **1.** *geom.* solid, body **2.** lump, chunk, clod, slug
~ **barw** *opt.* colour solid
~ **foremna** *geom.* regular solid
~ **fotometryczna** *opt.* solid of light distribution, intensity distribution surface
~ **koksowa** block of coke
~ **kolorymetryczna** *opt.* colour solid
~ **obrotowa** *geom.* solid of revolution, body of revolution
~ **prędkości** *hydr.* solid of velocities
~ **rozkładu światłości** *zob.* **bryła fotometryczna**
~ **rozpraszająca** *akust.* diffusing block
~ **szkła** (*optycznego*) chunk glass
~ **węgla** lump of coal, cob
~ **ziemi** lump of earth, clod
bryndza *f* sheep cheese
brystol *m papiern.* Bristol (board), bristol
brytyjska jednostka *f* **ciepła** British thermal unit: 1 Btu = 1055 J
brytyjski antyluizyt *m chem.* British anti-lewisite, dithioglycerol, BAL
bryza *f meteo.* breeze
~ **lądowa** land breeze, offshore wind
~ **morska** sea breeze
bryzgać *v* splash
bryzgoszczelny *a* (*w obudowie zabezpieczającej od rozbryzgów wody*) *masz.el.* splash-proof
brzask *m* dawn, morning twilight, daybreak
~ **astronomiczny** astronomical twilight
brzechwa *f* fin, vane (*of a bomb*)
~ **kierująca** steering fin, guidance vane (*of a guided missile*)
~ **ogonowa** (*pocisku*) tail fin
~ **stabilizująca** stabilizing fin
brzeczka *f* wort
~ **chmielowa** *ferm.* hopped wort
~ **chromowa** *skór.* chrome (tanning) liquor
~ **farbowa** *skór.* handler
~ **fermentacyjna** fermentation broth, fermentation nutrient, fermentation medium
~ **garbarska** *skór.* tan(ning) liquor
~ **klarowna** *ferm.* sweet wort
~ **melasowa** *ferm.* molasses wort, molasses mash
~ **piwna** brewer's wort
~ **przednia** *ferm.* first wort
~ **wyczerpana** *skór.* used liquor
~ **zużyta** *zob.* **brzeczka wyczerpana**
brzeg *m* **1.** shore; bank **2.** edge **3.** *mat.* edge, boundary; boundary (*in homology theory*)
~ **dolny** *ocean.* beach face
~ **figury** *geom.* periphery
~ **magnetosfery** *geofiz.* magnetopause
~ **morski** seashore; coast
~ ~ **poszarpany** (*przez erozję*) wave-cut shore
~ ~ **skalisty** rocky coast
~ ~ **stromy** sheer coast, bold coast
~ **prosty** (*płyty, deski*) square edge
~ **rzeki** river bank
~ **spoiny** toe of weld
~ **tarczy** (*np. Słońca, planety*) *astr.* limb
~ **tkaniny** *włók.* list(ing)
~ **utwierdzony** (*płyty*) built-in edge (*of plate*)
~ **wywinięty** (*blachy*) *spaw.* raised edge
~ **wzmocniony** (*tkaniny*) selvage
~ **zaokrąglony** (*płyty*) rounded edge (*of plate*)
~ **zbioru** *mat.* boundary of a set
~ **zukosowany** *spaw.* prepared edge, chamfered edge
brzegownica *f drewn.* edger
brzegowy *a* coastal
brzeszczot *m* blade
brzeźniak *m* (*dłuto kamieniarskie*) *bud.* mallet-headed drafting chisel
brzęczenie *n rad.* buzz(ing)
~ **magnetyczne** *masz.el.* magnetic hum
brzęczyk *m el.* buzzer
brzmieć *v* sound
brzmienie *n* **całkowite telegramu** body of a telegraph message
brzoskwinia *f bot.* peach tree, *Prunus persica* Sieb. et Zucc.
brzoza *f bot.* birch, *Betula* L.
~ **brodawkowata** European white birch, *Betula alba* L.
~ **gruczołkowa** *zob.* **brzoza brodawkowata**
brzuch *m anat.* abdomen, belly.
~ **włoka** *ryb.* belly of a trawl net
~ **żagla** bunt of a sail
brzusiec *m* **fali** *fiz.* loop of wave
~ **mięśnia** *anat.* belly of a muscle
brzuszny *a anat.* ventral
BSC = **bezpośrednie sterowanie cyfrowe** *aut.* direct digital control, DDC
BSCh = **bojowe środki chemiczne** chemical warfare agents
BSiP = **biuro studiów i projektów**
BST = **bojowe środki trujące** toxic warfare agents
buchta *f* **liny** *żegl.* bight (*of a rope*)
buczek *m telef.* howler; hooter; (*powietrzny lub parowy*) typhon
budka *f* booth; hut
~ **kablowa** *tel.* cable hut
~ **maszynisty** *kol.* driver's cab
~ **meteorologiczna** weather house
~ **telefoniczna** call box; *US* telephone booth
budowa *f* **1.** building; construction **2.** structure **3.** *biol.* habitus; constitution
~ **ataktyczna** (*polimerów*) *chem.* atactic structure
~ **atomu** atomic structure
~ **bezpostaciowa** amorphous structure
~ **chemiczna** chemical constitution

~ **cząsteczki** molecular structure
~ **dróg** road-making; highway engineering
~ **grodzy** *inż.* coffering
~ **komórkowa** cellular structure
~ **krystaliczna** crystal structure; *zob.też* **struktura**
~ **łańcuchowa** *chem.* chain structure
~ **makroskopowa** macrostructure
~ **maszyn** machine building, mechanical engineering
~ ~ **okrętowych** marine engineering, naval engineering
~ **materii** constitution of matter
~ **micelarna** *chem.* micellar structure
~ **mikroskopowa** microstructure
~ **okrętów** naval architecture; shipbuilding
~ **pierścieniowa** *chem.* ring structure
~ **powłokowa** *fiz.* shell structure
~ **schodkowa** (*krzywej*) step structure (*of a curve*)
~ **syndiotaktyczna** (*polimerów*) *chem.* syndiotactic structure
~ **tam ogniowych** *górn.* bashing
~ **usieciowana** (*z wiązaniami poprzecznymi*) *chem.* network structure, cross-linked structure
~ **wielowarstwowa** sandwich structure
~ **zwarta** compact structure
budowacz *m górn.* builder; timberer
budować *v* build; construct; erect
budowla *f* building; structure
~ **ochronna** *inż.* work of defence, work of protection
~ **piętrząca** *inż.* dam; weir
~ **wodna** water plant
~ **ziemna** earthen structure
budowlani *mpl* building workers
budownictwo *n* building engineering; building industry
~ **lądowe i wodne** civil engineering
~ **mieszkaniowe** housing
~ **modularne** modular building
~ **morskie** harbour engineering
~ **okrętowe** shipbuilding; naval architecture
~ **portowe hydrotechniczne** harbour engineering
~ **przemysłowe** industrial building
~ **substandardowe** jerry building
~ **wielkopłytowe** large-panel construction
~ **wodne** hydro-engineering
budowniczy *m* builder
~ **okrętów** shipbuilder
budulec *m* building timber, structural lumber; building materials
budynek *m* building, house
~ **biurowy** office building
~ **fabryczny** factory building
~ **inwentarski** *roln.* building for livestock
~ **miejski** municipal building
~ **mieszkalny** apartment building
~ **monumentalny** edifice
~ **nadszybia** *górn.* headhouse, shaft house
~ **siłowni** powerhouse
~ **użyteczności publicznej** public building
~ **w stanie surowym** shell of a building (*under construction*)
~ **wiejski** farmhouse, farm building
~ **wielokondygnacyjny** *zob.* **budynek wielopiętrowy**
~ **wielopiętrowy** multistoreyed building
~ **z elementów prefabrykowanych** prefabricated building
~ **z muru pruskiego** half-timber building
budzik *m* alarm clock
budżet *m* budget
bufet *m* snack-bar; canteen
buffeting *m lotn.* buffeting
bufor *m* **1.** = **zderzak** buffer, bumper **2.** = = **mieszanina buforowa** *chem.* buffer, buffered solution **3.** *inf.* buffer store
~ **maskujący jony przeszkadzające** ligand interference preventive buffer
~ **redoks** oxidation-reduction buffer
~ **spektroskopowy** spectrochemical buffer
buforowanie *n inf.* buffering
bufowanie *n* **skóry** buffing of leather
buhaj *m zoot.* bull
bujak *m kol.* equalizer
buk *m bot.* beech, *Fagus* sp.
bukat *m zoot.* young beef cattle
bukiet *m* (*w analizie sensorycznej*) bouquet
bukowanie *n transp.* booking
bukownik *m roln.* clover huller
bukszpan *m bot.* box(wood), *Buxus sempervirens* L.
bukszpryt *m okr.* bowsprit
~ **skrócony** horn bowsprit
bukwia *f bot.* beechnuts
bulanżeryt *m min.* boulangerite
bulbokapnina *f chem.* bulbocapnine
buldożer *m* **1.** *inż.* bulldozer **2.** *obr.plast.* horizontal bending machine, bulldozer
bulgotać *v* bubble
bulier *m bud.* boiler (*for hot water supply*)
bulion *m* **1.** *biol.* broth bouillon **2.** *spoż.* stock
bulwa *f bot.* bulb; tuber
bulwiasty *a* bulbous; onion-shaped
buła *f geol.* nodule, ball
bułat *m* damascence steel, damask
buna *f gum.* buna
bunkier *m* **1.** *wojsk.* bunker (shelter), pillbox **2.** *okr.* bunker (*ship's fuel space*) **3.** *żegl.* fuel
bunkierka *f* fuel ship, bunkering boat
bunkrowanie *n żegl.* bunkering
~ **węglem** coaling
bunkrowiec *f* fuel ship, bunkering boat
burak *m* **boćwina** chard
~ **cukrowy** sugar beet, *Beta alba* Langenthal
~ **ćwikłowy** garden beet, *Beta rubra* Gürke
~ **pastewny** mangel, mangold, fodder beet, *Beta vulgaris* Alef
bureta *f włók.* silk noil, bourette
burgos *m poligr.* bourgeois (*size of type*)
burgulec *m szkl.* shaping block
burnonit *m min.* bournonite, wheel ore

bursztyn *m* amber, succinite
bursztynian *m chem.* succinate
burta *f okr.* ship's side
~ **nawietrzna** weather side, weather board, windward side
~ **przy burcie** side by side
~ **zawietrzna** lee side
burtówka *f okr.* wing house
burza *f* storm
~ **gradowa** hail-storm
~ **jonosferyczna** sudden ionospheric disturbance, SID
~ **magnetyczna** (geo)magnetic storm
~ **mózgów** (*forma narady produkcyjnej*) brainstorming
~ **piaskowa** sand-storm
~ **słoneczna** (*silna aktywność Słońca*) solar storm
~ **śnieżna** snow-storm
~ **z piorunami** thunder-storm
burzenie *n* **się** effervescence
~ ~ **wody w kotle** boiler foaming
burzliwość *f* turbulence (*of flow*)
burzliwy *a* **1.** turbulent **2.** *meteo.* stormy
burzowiec *m* storm sewer, storm(-water) drain
burzyć *v* demolish (*old buildings*)
~ **się** effervesce
busola *f* compass, *zob.też* **kompas**
~ **deklinacyjna** declinometer
~ **geodezyjna** circumferentor
~ **giromagnetyczna** gyro-magnetic compass
~ **giroskopowa** gyroscopic compass, gyro-compass
~ **inklinacyjna** dip-needle
~ **magnetyczna** magnetic compass
~ **-matka** master compass
~ **miernicza** *zob.* **busola geodezyjna**
~ **odległościowa** *lotn.* distant reading compass, remote indication compas, R.I. compass
~ **pływakowa** liquid compass
~ **zdalna** *zob.* **busola odległościowa**
~ **żyromagnetyczna** gyro-magnetic compass
~ **żyroskopowa** gyroscopic compass, gyro-compass
buster *m* (*urządzenie wspomagające*) booster
buszel *m jedn.* bushel, bu
but *m* shoe, boot
~ **kolumny rur** *wiertn.* casing shoe
~ **pala** *inż.* pile shoe, sabot
~ **stępora** (*kruszarki*) stamp head
butadien *m chem.* butadiene
butadien-1,3 *m* 1,3-butadiene, erythrene, divinyl B
butan *m chem.* butane
butanal *m chem.* butanal, butyric aldehyde
butanodial-1,4 *m chem.* butanedial, succinaldehyde
butanodiol *m chem.* butanediol, butylene glycol
butanol *m chem.* butanol, butyl alcohol
butanon-2 *m* 2-butanone, methyl ethyl ketone
butanotiol *m chem.* butanethiol, butyl mercaptan
butelka *f* bottle
~ **Kleina** *mat.* Klein bottle
~ **lejdejska** *el.* Leyden jar
~ **pływająca** *ocean.* drift bottle
~ **z doszlifowanym korkiem szklanym** *lab.* glass-stoppered bottle
~ **z dwiema szyjkami** *lab.* two-necked bottle
~ **z nakrętką** screw-capped bottle
~ **z trzema szyjkami** *lab.* Woulfe bottle
~ **z wkraplaczem** *lab.* drop(ping) bottle
butelkować *v* bottle, put into bottles
butelkowanie *n* bottling
~ **piwa** racking of beer
buten *m chem.* butene, butylene
butenyl *m chem.* butenyl
butla *f* large bottle
~ **do ssaka** *med.* aspiration flask
~ **gazowa** gas cylinder
~ **magnetyczna** *fiz.* magnetic bottle (*confinement of plasma*)
~ **Nansena** *ocean.* Nansen bottle, Patterson-Nansen water bottle, reversing water bottle (*water-sampling device*)
~ **szklana** glass balloon
~ ~ **opleciona** carboy
~ **tlenowa** oxygen cylinder
butwieć *v* rot, decay
buty *mpl* **nurka** diving shoes
~ **ochronne** safety shoes, leggings
butyl *m* **1.** *chem.* butyl **2.** *gum.* butyl (rubber)
butylek *m* **litu** *chem.* butyllithium
butylen *m chem.* butylene, butene
butyliden *m chem.* butylidene
butyloamina *f chem.* butylamine, aminobutene
butylobenzen *m chem.* butylbenzene
butylofenol *m chem.* butylphenol
butylohydroksytoluen *m chem.* butylated hydroxytoluene, BHT
butylolit *m chem.* butyllithium
butylopirokatechina *f chem.* butylcatechol
butyral *m* **poliwinylu** *tw.szt.* polyvinyl butyral
butyrolakton *m chem.* butyrolactone
butyrometr *m spoż.* butyrometer, creamometer
butyron *m chem.* butyrone, dipropyl ketone
być *v* **do dyspozycji** be available
~ **podporządkowanym** be subordinated to...
~ **pomocnym przy...** be of assistance in...
~ **przewodniczącym** (*zebrania*) preside (*at a meeting*), be in the chair
~ **upoważnionym do...** be empowered to...
~ **w naprawie** undergo repairs
~ **w pogotowiu** stand by
~ **w ruchu** move; run
~ **wodowanym** (*o statku*) take the sea
~ **znoszonym** (*o statku*) make leeway
bydło *n* cattle
~ **hodowlane** breeding cattle
~ **mięsne** beef cattle

~ **o użytkowności dwukierunkowej** (*np. mleczno-mięsne*) dual purpose cattle
~ **opasowe** fattening cattle, fed cattle, fat stock
~ **rogate** horned stock
~ **rzeźne** slaughter cattle
~ ~ **młode** (16—20 *miesięcy*) young beef cattle
~ **utrzymywane w oborze** stabled cattle
~ **zarodowe** pedigree cattle, breeding stock
bydłowiec *m okr.* cattle carrier
byk *m zool.* bull
bylica *f bot.* wormwood, *Artemisia*
~ **draganek** tarragon, *Artemisia dracunculus*
~ **piołun** mingwort, *Artemisia absinthium*
~ **pospolita** mugwort, *Arthemisia vulgaris*
bylina *f bot.* perennial
bysolit *m min.* byssolite
bystry *a* (*nurt*) rapid
bystrze *n* rapids
~ **pływu** *ocean.* tide race
bytownit *m min.* bytownite
BZT = biochemiczne zapotrzebowanie tlenu *san.* biochemical oxygen demand, BOD
BZT całkowite ultimate biochemical oxygen demand, BODu

C

C = kulomb *jedn.* coulomb
°C = stopień Celsjusza degree centigrade
c = centy- centi-
c = cycero *poligr.* pica
c = cykl cycle
c.at. = ciężar atomowy atomic weight
c.cz. = ciężar cząsteczkowy molecular weight
c.topn. = ciepło topnienia heat of fusion
c.wł. = ciężar właściwy specific gravity
CAF = Centralna Agencja Fotograficzna
cajg *m włók.* jean; drill
cakiel *m* (*highland breed of sheep*)
cal = kaloria *jedn.* (gram-)calorie
cal *m jedn.* inch: $1'' = 2.54 \cdot 10^{-2}$ m
~ **kwadratowy** square inch
~ **sześcienny** cubic inch
~ **wodny** water-inch
~ ~ **górniczy** miner's inch
calizna *f* undisturbed soil
~ **węglowa** *górn.* body of coal, unmined coal
calówka *f* **1.** inch-rule **2.** *drewn.* one-inch plank
cała naprzód! *żegl.* full ahead!
całka *f mat.* integral
~ **Cauchy-Lagrange'a** Cauchy's integral
~ **czasu i kwadratu uchybu** *aut.* integral of time and squared error, ITSE
~ ~ **i uchybu bezwzględnego** *aut* integral of time and absolute error, ITAE
~ **eliptyczna** elliptic integral
~ **energii** energy integral
~ **iterowana** iterated integral
~ **konfiguracyjna** *fiz.* configuration(al) integral
~ **krzywoliniowa** curvilinear integral, line integral, contour integral
~ **kwadratu uchybu** *aut.* integral of squared error, ISE
~ **nieoznaczona** indefinite integral
~ **niewłaściwa** improper integral
~ **objętościowa** volume integral
~ **okrężna (wektora)** circulation
~ **osobliwa** singular integral
~ **oznaczona** definite integral
~ **po zbiorze nieograniczonym** infinite integral
~ **podwójna** double integral

~ **potrójna** triple integral
~ **powierzchniowa** surface integral
~ **szczególna** particular integral
~ **uchybu bezwzględnego** *aut.* integral of absolute error, IAE
~ **wielokrotna** multiple integral
~ **właściwa** proper integral
~ **z funkcji trygonometrycznej** trigonometric integral
~ **zderzeniowa** *fiz.* collision integral
całkować *v* integrate
całkowalny *a* integrable
całkowalny z kwadratem square integrable
całkowanie *n mat.* integration
~ **graficzne** graphical integration
~ **graficzno-analityczne** semigraphical integration
~ **metodą prostokątów** rectangular integration
~ **podwójne** double integration
~ **pojedyncze** single integration
~ **przez części** integration by parts
~ **przez podstawienie** integration by substitution
~ **wielokrotne** multiple integration
~ **wykreślne** *zob.* **całkowanie graficzne**
~ **wyraz po wyrazie** term-by-term integration
~ **wzdłuż krzywej** integration over a curve
~ ~ **obwodu zamkniętego** contour integration
całkowicie metalowy all-metal
całkowicie niespójny *mat.* extremally disconnected, totally disconnected
całkowicie rozpuszczalny completely soluble, fully soluble
całkowicie rozpuszczalny w wodzie all--water-soluble
całkowicie spawany all-welded
całkowicie suchy completely dry, absolutely dry
całkowicie wypalony dead-burned
całkowicie zamknięty totally enclosed
całkowicie zautomatyzowany fully automatic
całkowita wysokość *f* **strat** (*energetycznych*) *hydr.* total head lost
całkowita zawartość *f* **subtancji stałych** total solids
całkowite biochemiczne zapotrzebowanie *n* **tlenu** ultimate BOD, BOD_u
całkowite ciepło *n* **rozpuszczania** total heat of solution, integral heat of solution
całkowite przełożenie *n* **przekładni** total gear ratio, overall gear ratio
całkowite zapotrzebowanie *n* **tlenu** *san.* total oxygen demand, TOD
całkowitość *f mat.* integrity, wholeness
całkowity *a* complete; total; overall; entire; integral
całkowity ciężar *m* **ciągniony** *kol.* gross load hauled
całkowity koszt *m* overall cost
całkowity sygnał *m* **synchronizacji koloru** *TV* composite colour sync
całkowity węgiel *m* **organiczny** *san.* total organic carbon, TOC
całkowy *a mat.* integral
całodzienny *a* full day's (*work etc.*); round-the-clock (*service*)
całość *f* total; whole
cały ton *m akust.* whole tone
cap *m zool.* male goat, he-goat
c.b.d.o. = **co było do okazania** *mat.* quod erat demonstrandum (q.e.d.)
CBK = **Centralne Biuro Konstrukcyjne**
CBKK = **Centralne Biuro Konstrukcji Kablowych**
CBKŁT = **Centralne Biuro Konstrukcji Łożysk Tocznych**
CBKO = **Centralne Biuro Konstrukcji Okrętowych**
CBKPiM = **Centralne Biuro Konstrukcji Pras i Młotów**
CBKSS = **Centralne Biuro Konstrukcyjne Silników Spalinowych**
CBKUB = **Centralne Biuro Konstrukcyjne Urządzeń Budowlanych**
CBM PAN = **Centrum Badań Molekularnych i Makromolekularnych Polskiej Akademii Nauk**
CCW = **chromatografia cienkowarstwowa** *chem.* thin-layer chromatography
cd = **kandela** *jedn.* candela, new candle
cebula *f bot.* onion, *Allium cepa* L.
cebulasty *a* onion-shaped; bulbous
cebulka *f bot.* bulb
~ **włosowa** *anat.* hair bulb
cebulkowaty *a bot.* bulbous
cech *m* guild
cecha *f* **1.** characteristic; quality; feature **2.** mark; stamp **3.** *genet.* character **4.** *górn.* sight
~ **alternatywna** alternate characteristic
~ **bezśrednicowa.** (*śmigła*) *aero.* speed--power coefficient
~ **charakterystyczna** characteristic, specific quality
~ ~ **wyróżniająca cel** (*uchwycony przez urządzenie lokacyjne*) target signature
~ **dominująca** *genet.* dominant
~ **hydrauliczna** fall velocity, sinking velocity
~ **indywidualna** individual characteristic
~ **jakości** quality symbol
~ **jakościowa** (*przy badaniach sensorycznych*) quality factor
~ **konstrukcyjna** design feature
~ **krytyczna jakości** (*produktu*) critical quality factor
~ **legalizacyjna** *metrol.* verification mark, verification stamp
~ **liczbowa** measurable characteristic
~ **literowa łącza** *telegr.* channel letter
~ **logarytmu** characteristic of a logarithm
~ **mierzalna** *zob.* **cecha liczbowa**
~ **na taśmie mierniczej** *geod.* teller
~ **nabyta** *genet.* acquired character
~ **niepożądana** *skj* demerit, undesired characteristic
~ **odmowy legalizacji** *metrol.* mark of refusal

~ **pożądana** desired characteristic
~ **recesywna** *genet.* recessive characteristic
~ **skasowana** *metrol.* obliterated stamp
~ **specyficzna** distinctive feature, peculiarity
~ **stali** *hutn.* designation of steel
~ **ustępująca** *zob.* **cecha recesywna**
~ **wyróżniająca** *zob.* **cecha specyficzna**
cechowanie *n* calibration; marking; stamping
cechownik *m telef.* marker
~ **końcowy** terminating marker
~ **wyjściowy** originating marker
cechówka *f leśn.* marking hammer
cechsztyn *m geol.* Permian limestone
cedent *m ek.* transferrer
cedować *v ek.* transfer, cede
cedr *m bot.* cedar, *Cedrus* Link
cedrat *m bot.* citron, *Citrus medica* L.
cedren *m chem.* cedrene
ceduła *f* **1.** (*giełdowa*) stock-list, list of quotations **2.** *transp.* way-sheet, way-bill
cedzak *m* **pałąkowy** *ryb.* landing net
~ **popychany** push net
~ **stawny** stownet
cedzić *v* strain, filter
cedzidło *n* strainer; nutsche filter
~ **arkuszowe** *cukr.* leaf filter
cefarantyna *f chem.* cepharantin
cefeidy *pl astr.* Cepheid variables
cegielnia *f* brickyard
ceglany *a* (made of) brick
ceglarka *f* brick press
ceglasty *a* brick-red
cegła *f* brick
~ **chromitowa** chrome brick
~ **dolomitowa** dolomite brick
~ **drążona** cored brick
~ **dynasowa** dinas brick, silica brick
~ **dziewiątka** three-quarter brick
~ **dziurawka** cavity brick, cellular brick
~ **forsterytowa** forsterite brick
~ **izolacyjna** insulating brick
~ **kadziowa** ladle brick
~ **klinkierowa** clinker brick
~ **klinowa** key brick
~ **kominówka** radial brick
~ **kratownicowa** chequer brick
~ **krzemionkowa** silica brick, dinas brick
~ **kształtowa do naroży nieprostokątnych** squint
~ **kwasoodporna** acidproof brick
~ **licówka** face brick
~ **magnezytowa** magnesite brick
~ ~ **smołowana** *hutn.* tar-bonded magnesite brick
~ **magnezytowo-chromitowa** magnesite--chrome brick
~ **niedopałka** underburnt brick
~ **niewypalona** (*suszona na słońcu*) adobe (brick)
~ **ogniotrwała** firebrick, fireclay brick
~ ~ **z masy topionej** fusion cast brick
~ **otulona blachą** metal-cased brick, metal-clad brick, ferroclad brick
~ **peryklazowa** periclase brick
~ **płaska** scone brick
~ **połówkowa** half-bat
~ **przepalona** overburnt brick
~ **pustakowa** hollow brick, structural (clay) tile
~ **sitówka** perforated brick
~ **sklepieniowa** arch brick
~ ~ **piecowa** *hutn.* roof brick
~ **surówka** green brick, adobe
~ **sylikatowa** calcium-silicate brick, lime--sand brick
~ **szamotowa** chamotte brick
~ **trocinówka** light porous clay brick
~ **ułamkowa** bat
~ **w okładzinie z blachy stalowej** steel--cased brick
~ **wapienno-krzemowa** calcium-silicate brick, lime-sand brick
~ **wiążąca** tie brick, header
~ **wozówka** stretcher
~ **wydrążona** hollow brick
~ **wypalona** burnt brick
~ **wysokoogniotrwała** super-duty fireclay brick
~ **z jednym bokiem zukosowanym** splayed brick
~ **z narożem zaokrąglonym** bull-header, bullhead
~ **zasadowa** basic brick
~ **zbrojona wkładkami z blachy** internally plated brick
~ **zwykła** common brick
~ **żużlowa** slag brick
cekaem *m* = **ciężki karabin maszynowy** heavy machine-gun
CEKOP = Centrala Eksportowa Kompletnych Obiektów Przemysłowych
cel *m* target
~ **bezszumny** silent target
~ **ćwiczebny holowany** (*przez samolot*) tow target, drogue
~ ~ **latający** (target) drone
~ **grupowy** multiple target
~ **podróży** destination
~ **(radiolokacyjny) imitowany** imitation target
celestyn *m min.* celestite
celinit *m petr.* fusinite
celit *m min.* celite
celka *f* cell; chamber
~ **transformatorowa** *el.* transformer chamber
~ ~ **podziemna** transformer pit
celnik *m* customs officer
celność *f uzbr.* accuracy (*of fire, bombing*)
celny *a* **1.** accurate (*shot, fire*) **2.** (concerning) customs, tariff
celobiaza *f biochem.* β-glucosidase
celobioza *f chem.* cellobiose, cellose
celofan *m* cellophane
celon *m farb.* dope
celonowanie *n lotn.* doping
CELOR = Centralne Laboratorium Ochrony Radiologicznej
celostat *m astr.* coelostat
celowa *f geod.* sight (line)

~ **obustronna** reciprocal sight
~ **w przód** fore sight
~ **wstecz** back sight
celować *v* sight; aim
celownik *m* **1.** *uzbr.* sight; gunsight; back-sight; rear sight **2.** *fot.* view-finder **3.** *inż.* sight rail
~ **bombowy** *lotn.* bombsight
~ **fotograficzny** view-finder
~ ~ **lunetowy** telescopic view-finder
~ ~ **lustrzany** brilliant view-finder
~ ~ **Newtona** direct-vision view-finder
~ ~ **ramkowy** wire-frame view-finder
~ **-kątomierz** *uzbr.* dial sight
~ **laserowy** laser target positioner
~ **matówkowy lustrzanki** *fot.* waist finder
~ **noktowizyjny** *uzbr.* sniperscope
~ **peryskopowy** *uzbr.* periscopic sight
~ **radiolokacyjny artyleryjski** radar gun-layer
~ **refleksyjny** *uzbr.* reflex sight
~ **samoczynny przeciwlotniczy** *uzbr.* compensating sight
~ **świetlny** light beam localizer
~ **teleskopowy** *uzbr.* telescopic sight
~ **tylny** *uzbr.* back-sight
~ **z przelicznikiem** (*automatycznie odkładający poprawkę*) lead-computing gun-sight
~ **ze stałą nastawą** *uzbr.* battle sight
~ **ze szczerbiną** *uzbr.* peep-sight
celowy *a* purposeful; advisable
celulaza *f biochem.* cellulase
celuloid *m* celluloid
celuloza *f biochem.* cellulose
~ **do nitrowania** nitration cellulose
~ **drzewna** wood cellulose
~ **hydratyzowana** hydrated cellulose, hydrocellulose
~ **merceryzowana** *zob.* **celuloza hydratyzowana**
~ **nitracyjna** *zob.* **celuloza do nitrowania**
~ **słomowa** straw cellulose
~ **sodowa** sodium cellulose
~ **utleniona** oxidized cellulose, oxycellulose
~ **zapasowa** *chem.* lichenin
celulozan *m chem.* cellulosan
celulozoksantogenian *m tw.szt.* cellulose xanthate, cellulose xanthogenate
celulozownia *f papiern.* pulp mill
cement *m* cement
~ **anhydrytowy** slag-sulfate cement, supersulfated cement
~ **asfaltowy** asphalt cement
~ **autoklawizowany** autoclaved cement
~ **azbestowy** asbestos cement
~ **bezskurczowy** non-shrinking cement
~ **bezwodny** anhydrous cement
~ **biały** white cement
~ **boksytowy** Bauxitland cement, Kühl cement
~ **ekspansywny** expanding cement, expansive cement
~ **glinowy** aluminous cement, high-alumina cement, fused cement
~ **hutniczy** metallurgical cement, blast-furnace cement
~ **hydrauliczny** water cement
~ **Kühla** Kühl cement, Bauxitland cement
~ **magnezjowy** magnesia cement, Sorel cement
~ **murarski** masonry cement
~ **naturalny** natural cement, Roman cement
~ **ogniotrwały** fireproof cement
~ **portlandzki** Portland cement
~ **pucolanowy** pozzolana cement
~ **rzymski** Roman cement, natural cement
~ **Sorela** Sorel cement, magnesia cement
~ **szybkotwardniejący** rapid-hardening cement
~ **szybkowiążący** fast-setting cement
~ **tamponażowy** (*do szybów naftowych*) oil-well cement
~ **topiony** fused cement, aluminous cement, high-alumina cement
~ **wodoszczelny** waterproof cement
~ **wolnotwardniejący** slow-hardening cement
~ **wolnowiążący** slow-setting cement
~ **wysokogatunkowy** high-grade cement
~ **żelazisty** iron-ore cement
~ **żużlowo-gipsowy** slag-sulfate cement, supersulfated cement
~ **żużlowy** slag cement
cementacja *f* **1.** *bud.* cementation; grouting **2.** *obr.ciepl.* carburizing, case-hardening
cementowanie *n bud.* cementing
cementownia *f* cement plant
cementyt *m met.* cementite, iron carbide
~ **drugorzędowy** pro-eutectoid cementite, hypereutectoid cementite
~ **eutektoidalny** pearlitic cementite
~ **eutektyczny** eutectic cementite
~ **kulkowy** divorced cementite, spheroidized cementite, globular cementite
~ **pierwotny** *zob.* **cementyt pierwszorzędowy**
~ **pierwszorzędowy** primary cementite
~ **przedeutektoidalny** pro-eutectoid cementite, hypereutectoid cementite
~ **skoagulowany** coalesced cementite
~ **stopowy** alloy cementite, alloyed cementite
~ **trzeciorzędowy** tertiary cementite
~ **wolny** free cementite, excess cementite
cena *f* price
~ **bez...** (*z wyłączeniem*) price exclusive of...
~ **brutto** gross price, long price
~ **cennikowa** scheduled price, list price
~ **chwiejna** staggering price, wavering price
~ **detaliczna** retail price
~ **dewizowa** price in foreign currency
~ **dla konsumenta** consumer price
~ **dogodna** acceptable price
~ **dumpingowa** dumping price, underprice
~ **eksportowa** export price
~ **fabryczna** manufacturer's price, factory price
~ **fakturowa** billing price, invoiced price

~ **franco** free delivered price, *zob.też* **franco**
~ **giełdowa** exchange price
~ **globalna** inclusive price
~ **godziwa** fair price
~ **gotówkowa** cash price
~ **hurtowa** wholesale price
~ **jednostkowa** unit price, price per unit
~ **katalogowa** catalogue price
~ **konkurencyjna** competitive price
~ **kontrolowana** state-controlled price
~ **korzystna dla nabywcy** buyer's price
~ ~ **dla sprzedawcy** seller's price
~ **kosztu** cost price
~ **krajowa** home-market price, domestic price
~ **kupna** buying price, purchase price
~ **licytacyjna** auction price
~ **loco** price on spot, spot price, loco price
~ **łączna** inclusive price
~ **łącznie z dostawą** delivered price
~ **nabycia** purchase price
~ **najkorzystniejsza** best price
~ **netto** net price, short price
~ **oclona** duty-paid price
~ **od wagi** weight price
~ **odpowiednia** suitable price
~ **odsprzedaży** resale price
~ **oferowana** offered price, bid price
~ **okazyjna** bargain price
~ **orientacyjna** approximate price, estimated price
~ **ostateczna** last price
~ **podaży** supply price, offering price
~ **podlegająca obniżeniu** reducible price
~ **podstawowa** base price, basic price
~ **podtrzymywana** suported price
~ **poniżej kosztu własnego** under-cost price, losing price
~ **popytu** demand price
~ **prohibicyjna** prohibitive price
~ **przybicia** (*na licytacji*) adjudication price
~ **przystępna** reasonable price, moderate price
~ **ryczałtowa** overhead price, lump-sum price, all-round price
~ **rynkowa** market price
~ **rzeczy używanej** second-hand price
~ **sprzedaży** selling price
~ **stała** fixed price; firm price
~ **subsydiowana** subsidized price
~ **światowa** world-market price
~ **umiarkowana** moderate price, reasonable price
~ **umowna** agreed price, arranged price, contract price
~ **ustalona** set price, settled price, fixed price
~ **własna** cost price
~ **wolnorynkowa** free-market price
~ **wygórowana** exaggerated price, exorbitant price
~ **wyjściowa** asking price, initial price
~ **wyprzedażowa** selling-off price
~ **wywoławcza** (*na licytacji*) starting price
~ **z rabatem** rebated price
~ **zakupu** purchase price
~ **zbytu** selling price
~ **zniżkująca** decreasing price, declining price, falling price
~ **zniżona** reduced price
~ **zwyżkująca** increasing price, rising price
~ **żądana** asked price, demanded price
cennik *m* price list
cenność *f* **neutronów** *nukl.* neutron importance
cent *m* **1.** *akust.* cent (*unit of frequency interval*) **2.** *nukl.* cent (*unit of reactivity*)
centnar *m zob.* **cetnar**
centra *npl* **aktywne** *chem.* active centres, active sites
~ **barwne** *kryst.* colour centres, absorbing centres
~ **chiralności nierównocenne** *chem.* dissimilar chiral centres, non-identical chiral centres
~ ~ **równocenne** similar chiral centres, identical chiral centres
centrala *f* **1.** central office, head office **2.** *telef.* exchange **3.** *okr.* control room
~ **abonencka** *telef.* private branch exchange, PBX
~ **automatyczna** *tel.* automatic exchange
~ **dowodzenia** *okr.* control tower (*in a warship*)
~ **handlu zagranicznego** foreign trade agency
~ **miejscowa** *telef.* local exchange
~ **międzymiastowa** *telef.* trunk exchange, toll exchange, trunk centre
~ ~ **pierwszego stopnia** primary trunk centre
~ ~ **węzłowa** zone trunk centre
~ **międzynarodowa** *telef.* international exchange
~ **okręgowa** *telef.* district exchange
~ **okrętu podwodnego** control room of a submarine
~ **pełnosatelitowa** *telef.* full satellite exchange
~ **podmiejska** *telef.* toll exchange
~ **półautomatyczna** *telef.* semi-automatic exchange
~ **półsatelitowa** *telef.* discriminating satellite exchange
~ **prywatna automatyczna** *telef.* private automatic exchange, PAX
~ **przedsiębiorstwa** head office, central office
~ **publiczna** *telef.* public exchange
~ **rejonowa** *telef.* sector exchange
~ **ręczna** *telef.* manual exchange
~ **satelitowa** *telef.* satellite exchange
~ **tandemowa** *telef.* tandem exchange
~ **telefoniczna** telephone exchange
centralizator *m mat.* centralizer
centralizować *v* centralize
centralna elipsoida *f* **bezwładności** central ellipsoid of inertia
centralna rejestracja *f* **danych** *inf.* data logging

centralne ogrzewanie *n* central heating
centralne przygotowywanie *n* **pyłu** *kotł.* bin system of pulverized coal preparation, storage system of pulverized coal preparation
centralne twierdzenie *n* **graniczne** *mat.* central limit theorem
centralny *a* central
centralny dawkownik *m* **czasu** *aut.* master timer
centralny system *m* **smarowania ciśnieniowego** central force feed oiling system
Centralny Urząd Międzynarodowych Przewozów Kolejami Central Office for International Railway Transport, COIRT
centrodia *f zob.* **centroida**
centroida *f mech.* centrode
~ figury moving centrode, centrode of the body
~ nieruchoma fixed centrode, centrode of space
~ ruchoma *zob.* **centroida figury**
~ stała *zob.* **centroida nieruchoma**
centropłat *m* = **skrzydło środkowe** *lotn.* centre section of a wing
centrosfera *f geol.* centrosphere, barysphere
centrosom *m biol.* centrosome
centrowanie *n* alignment, centring
centrówka *f obr.skraw.* centring machine
centrum *n* **1.** centre; *US* center, *zob.też* **centra** **2.** *geom.* centre, midpoint
~ adsorpcyjne *fizchem.* adsorption centre, adsorption site
~ akceptorowe (*elektronu w sieci*) acceptor impurity, acceptor (centre)
~ aktywne *chem.* active centre, active site (*of a catalyst*)
~ chiralności *chem.* chiral(ity) centre
~ chromoforowe *chem.* chromophoric centre
~ czułości *fot.* sensitivity centre
~ donorowe (*elektronu w sieci*) donor impurity
~ grupy *mat.* centre of a group
~ handlowe commercial centre; shopping centre
~ katalityczne *chem.* catalytic centre, catalytic site
~ kontroli obszaru *lotn.* area control centre, ACC
~ koordynacji *chem.* centre for coordination
~ miasta city centre, town centre
~ obróbkowe machining centre
~ prochiralności *chem.* prochiral(ity) centre
~ rekombinacji *chem.* recombination centre
centryfuga *f* = **wirówka** centrifuge, centrifugal separator
centuria *f* **pospolita** *bot.* centaury, *Erythraea centaurium*
centy- centi- (*a prefix representing* 10^{-2})
centyl *m statyst.* centile, percentile
centymetr *m jedn.* centimetre
centypuaz *m jedn.* centipoise
centystokes *m jedn.* centistoke
cenzura *f* censorship
CEO = **czteroetylek ołowiu** *chem.* lead tetraethyl, tetraethyl lead
ceownik *m* channel, channel section, channel bar
~ skrzydełkowy wing channel
ceowniki *mpl* **stalowe** channel iron, U-iron
cep *m roln.* **1.** *narz.* flail, beater **2.** *masz.* beater plate (*in a thresher*)
cer *m chem.* cerium, Ce
cera *f kosmet.* complexion
ceramiczny *a* ceramic
ceramika *f* ceramics
~ elektrotechniczna electroceramics
~ metali powder metallurgy, metal ceramics
~ PLZT *zob.* **ceramika cyrkonowa**
~ szlachetna (ceramic) whiteware
cerata *f* oilcloth
ceratab *m elektron.* leadless inverted device, LID
ceratka *f med.* jaconet
~ izolacyjna *el.* cambric, varnished cloth
~ ~ olejowa oiled insulating cloth, empire cloth
cerawy *a chem.* cerous
cerebron *m biochem.* cerebron, phrenosin
cerebrozydy *mpl biochem.* cerebrosides
ceres *m* (*purified coconut oil used as butter substitute*)
cerezyna *f* ceresine (wax)
cermet *m zob.* **cermetal**
cermetal *m* cermet, ceramet, metal-ceramic
cerometria *f chem.* ceriometry
cerowy *a chem.* ceric
cerrobas *m met.* cerrobase
cerrobend *m met.* cerrobend, Lipowitz alloy
certa *f zool.* vimba, *Vimba vimba* L.
certus *m* casein glue
certyfikacja *f* certification
certyfikat *m* certificate, *zob.też* **świadectwo**
~ okrętowy certificate of registry (*of a ship*)
cerusyt *m min.* cerussite
ceryl *m chem.* hexacosyl
cesarskie cięcie *n med.* cesarean section
cetan *m chem.* cetane, hexadecane
ceten *m chem.* cetene, hexadecene
cetnar *m* **amerykański** *US* (short) hundredweight, cental, centner, quintal: 1 cwt = 45.359 kg
~ angielski (long) hundredweight: 1 cwt = 50.802 kg
cetyl *m chem.* cetyl
cetyna *f* **1.** *chem.* cetin, cetyl palmitate **2.** *drewn.* needle-cuts (*as raw material*)
cewa *f* **maszyny wyciągowej** *górn.* bobbin (drum) of a hoisting machine

cewadyna *f chem.* cevadine, veratrine
cewiarka *f włók.* weft winder
~ **wężówkowa** tubular cop winder
cewiarnia *f włók.* winding department
cewienie *n włók.* spooling, weft yarn winding
cewka *f* **1.** *el.* coil **2.** *włók.* spool; bobbin; pirn **3.** *bot.* tracheid
~ **bezkorpusowa** form-wound coil
~ **bezrdzeniowa** air-core coil, air-spaced coil
~ **bezżelazowa** iron-free coil
~ **cylindryczna** solenoid
~ **czujnikowa** sensing coil
~ **czystości koloru** *TV* purity coil
~ **dławikowa** choking coil
~ **drgająca** (*głośnika magnetoelektrycznego*) speech coil, voice coil
~ **ekranująca** shading coil, shading ring
~ **gasząca** (*łuk*) earth fault neutralizer
~ **indukcyjna** induction coil, inductor
~ **kompensacyjna** *el.* earth fault neutralizer
~ **korygująca** *TV* alignment coil
~ **kubkowa** *tel.* pot core inductor
~ **magneśnicy** field coil
~ **mówna** speech coil, voice coil
~ **nawijana na wzorniku** *zob.* **cewka bezkorpusowa**
~ **odchylająca** *elektron.* deflector coil
~ **ogniskująca** *elektron.* focusing coil, concentration coil
~ **powietrzna** (*bezrdzeniowa*) air-core coil, air-spaced coil
~ **probiercza** search coil, exploring coil
~ **przeciwprzydźwiękowa** *rad.* hum bucking coil
~ **przytrzymująca** (*elektromagnesu*) holding coil
~ **pupinizacyjna** loading coil
~ **reakcyjna** *elektron.* tickler coil
~ **rezonansowa** *rad.* tank coil
~ **Ruhmkorffa** Ruhmkorff (induction) coil
~ **sekcyjna** divided coil
~ **skupiająca** *elektron.* focusing coil, concentration coil
~ **sprzężenia zwrotnego** *zob.* **cewka reakcyjna**
~ **stożkowa** *włók.* cone
~ **strojona rdzeniem** slug-tuned coil
~ **ślepa** dummy coil
~ **tłumiąca** shading ring, shading coil
~ **topikowa** *telef.* heat coil
~ **uzwojenia bocznikowego** shunt coil
~ **wątkowa** *włók.* pirn
~ **wspomagająca** booster coil
~ **wydmuchowa** blow-out coil
~ **wzbudzająca** exciting coil
~ **z rdzeniem prasowanym** iron-dust core coil
~ **z zaczepami** tapped coil
~ **zapłonowa** *siln.spal.* ignition coil
~ ~ **rozruchowa** booster coil
cewkarka *f el.* coil winding machine
cewnik *m med.* catheter
~ **balonikowy** balloon catheter
~ **z mikrofonem** phonocatheter, (cardiac) catheter microphone
cewnikowanie *n med.* catheterization
cez *m chem.* c(a)esium, Cs
ceza *f ryb.* sheer seine
cęgi *pl* pincers
~ **masztu** (*jachtu*) tabernacle
cętka *f* spot; speck
cętkowany *a* spotty; specky
cętkowatość *f papiern.* speckiness, specks and spots
CGS = centymetr-gram-sekunda (*układ jednostek miar*) centimetre-gram-second
chabazyt *m min.* chabazite
chalaza *f zool.* chalaza (*w jaju ptasim*)
chalcedon *m min.* chalcedony
chalkantyt *m min.* chalcanthite
chalkon *m chem.* chalcone
chalkopiryt *m min.* chalcopyrite, copper pyrite, peacock ore
chalkotrychit *m min.* chalcotrichite, plush copper ore, hair copper
chalkozyn *m min.* chalcocite, copper glance
chalony *mpl biochem.* chalones
chałupnictwo *n* cottage industry, homework
chałupnik *m* cottager, homeworker
chaos *m* **molekularny** *fizchem.* molecular chaos
chaotyczny *a* chaotic
charakter *m mat.* character
~ **aromatyczny** *chem.* aromatic character, aromaticity
~ **grupy** *mat.* group character
~ **właściwy** *mat.* proper character
charakterystyczny *a* characteristic
charakterystyka *f* characteristic(s); characteristic curve
~ **aerodynamiczna śmigła** airscrew characteristic
~ **amplitudowa** *aut.* attenuation diagram
~ **anodowa** *elektron.* plate characteristic
~ **biegu jałowego** *masz.el.* open-circuit characteristic, no-load characteristic
~ **bocznikowa** *masz.el.* shunt characteristic
~ **czasowa** *aut.* transient performance, transient response
~ **czasowo-odległościowa** *el.* time-distance characteristic
~ **czasowo-prądowa** *el.* time-current characteristic
~ **częstotliwościowa** *el.* frequency characteristic; *aut.* frequency response
~ **czułości oka** visual sensitivity curve
~ **działania** *masz.* performance characteristic, performance curve
~ **eksploatacyjna** operating characteristic
~ **emisji** *elektron.* emission characteristic
~ **Eulera** *mat.* Euler characteristic
~ **izoprądowa** *elektron.* constant-current characteristic
~ **jądrowa** nuclear characteristic
~ **kierunkowości** (*mikrofonu, głośnika*) *rad.* directional response pattern

~ **latarni** (*morskiej, lotniczej*) characteristic of a beacon
~ **mocowo-prądowa** *el.* power-current characteristic
~ **mocy** *el.* power characteristic, power curve
~ **momentu w zależności od obciążenia** (*silnika*) *el.* torque-load characteristic
~ ~ **w zależności od prędkości obrotowej** (*silnika*) *el.* torque-speed characteristic
~ **napięciowa** *el.* voltage characteristic
~ **napięciowo-prądowa** *el.* voltage-current characteristic
~ **o stromym zboczu** *el.* steep-sided characteristic
~ **obciążeniowa** *el.* full-load characteristic
~ **opadająca** drooping characteristic
~ **planu badań** *skj* operating-characteristic function
~ **pola ciśnieniowego** (*okrętu*) pressure signature
~ ~ **magnetycznego** (*okrętu*) magnetic signature
~ **poświaty** (*ekranu luminescencyjnego*) *elektron.* persistence characteristic
~ **powierzchni Eulera** *mat.* Euler characteristic of a topological space
~ **pracy** *masz.* performance characteristic, performance curve
~ **prądowo-czasowa** *el.* current-time characteristic
~ **promieniowania** *akust.* radiation pattern
~ ~ **anteny** *rad.* antenna pattern
~ **regulacji własnej** *aut.* inherent control characteristic
~ **robocza** operating characteristic
~ **rozkładu widmowego** *fiz.* relative spectral curve
~ **samowyrównywania** *zob.* **charakterystyka regulacji własnej**
~ **silnika** engine performance
~ **tłumienia** *aut.* attenuation diagram
~ **trwałości** life curve
~ **udarowa** *el.* impulse characteristic
~ **w stanie nieustalonym** *el.* transient characteristic
~ **w stanie ustalonym** *el.* steady-state characteristic
~ **widmowa** (*przyrządu fotoelektrycznego*) spectral-response characteristic (*of a photoelectric device*)
~ **wysokościowa silnika** *lotn.* altitude performance of an engine
~ **zwarciowa** *el.* short circuit characteristic
charaktron *m elektron.* charactron
chata *f* cottage
chelat *m chem.* chelate (complex), chelate compound
~ **wewnętrzny** neutral chelate
chelatacja *f zob.* **chelatowanie**
chelatometria *f chem.* chelatometry, chelatometric titration
chelatowanie *n* (*tworzenie się kompleksów chelatowych*) chelate (ring) formation
chełbia *f zool.* jelly fish
chemia *f* chemistry
~ **analityczna** analytical chemistry
~ **atomów gorących** hot-atom chemistry
~ **ciała stałego** solid-state chemistry
~ **czysta** pure chemistry
~ **doświadczalna** experimental chemistry
~ **farmaceutyczna** pharmaceutical chemistry
~ **fizjologiczna** physiological chemistry
~ **fizyczna** physical chemistry
~ ~ **metali** metallurgical chemistry
~ **gleby** soil chemistry
~ **gospodarcza** household chemistry
~ **izotopów** isotope chemistry
~ **jądrowa** nuclear chemistry
~ **koloidów** colloid chemistry
~ **koordynacyjna** coordination chemistry
~ **kwantowa** quantum chemistry
~ **nieorganiczna** inorganic chemistry
~ **niskich temperatur** cryochemistry
~ **ogólna** general chemistry
~ **organiczna** organic chemistry
~ **pierwiastków promieniotwórczych** radiochemistry
~ **przemysłowa** industrial chemistry
~ **radiacyjna** radiation chemistry
~ **rolna** agricultural chemistry
~ **ropy naftowej** petrochemistry, petroleum chemistry
~ **roślin** phytochemistry, plant chemistry
~ **sądowa** forensic chemistry, legal chemistry
~ **stosowana** applied chemistry
~ **środków spożywczych** food chemistry
~ **techniczna** industrial chemistry, technical chemistry
~ **teoretyczna** theoretical chemistry
~ **włókiennicza** textile chemistry
~ **żywności** food chemistry
chemichromatografia *f* chemichromatography
chemiczne zapotrzebowanie *n* **tlenu** *san.* chemical oxygen demand, COD
chemicznie bierny chemically inert
chemicznie czynny chemically active
chemicznie czysty chemically pure
chemicznie nieczynny chemically inert
chemicznie podobny chemically analogous, chemically similar
chemicznie trwały chemically stable
chemicznie związany chemically bounded
chemiczny *a* chemical
chemigrafia *f poligr.* half-tone process, block-making, photoengraving
chemik *m* chemist
~ **analityk** analytical chemist
chemikalia *pl* chemicals
~ **dozowane** *fot.* ready-for-use chemicals, prepared chemicals
~ **luzem** bulk chemicals
~ **niebezpieczne w manipulacji** hard-to-handle chemicals
~ **wysokowartościowe** fine chemicals

chemikaliowiec *m* *okr.* chemical cargo carrier, chemical tanker
chemiluminescencja *f* chemiluminescence
chemisorpcja *f* chemisorption, chemical adsorption
chemizacja *f* **rolnictwa** chemicalization of agriculture
chemizm *m* chemism, chemical mechanism
chemokineza *f* *biol.* chemokinesis
chemoliza *f* chemolysis
chemometria *f* chemometrics
chemoreceptor *m* *fizjol.* chemoreceptor
chemoreologia *f* chemical rheology
chemosterylant *m* *pest.* chemosterilant
chemosterylizacja *f* *pest.* chemosterilization (*e.g. of male insects*)
chemosynteza *f* *biochem.* chemosynthesis
chemotaksja *f* *biol.* chemotaxis
chemoterapia *f* *med.* chemotherapy
chemotron *m* (*przyrząd chemotroniczny*) *elektron.* electrochemical device
chemotronika *f* chemotronics
chemotropizm *m* *biol.* chemotropism
chiastolit *m* (*odmiana andaluzytu*) *min.* chiastolite, macle
chimera *f* *biol.* chimera
chinaldyna *f* *chem.* quinaldine
chinalizaryna *f* *chem.* quinalizarin
chinazolina *f* *chem.* quinazoline
chinhydron *m* *chem.* quinhydrone
chinidyna *f* *chem.* chinidine, conquinine
chinina *f* *chem.* quinine
chiniofon *m* *farm.* chiniofon
chinizaryna *f* *chem.* quinizarine, 1,4-dihydroxyanthraquinone
chinoksalil *m* *chem.* quinoxalinyl
chinoksalina *f* *chem.* quinoxaline
chinolil *m* *chem.* quinolyl
chinolina *f* *chem.* quinoline
chinon *m* *chem.* **1.** (benzo)quinone **2.** quinone (*in general*)
chinonyl *m* *chem.* quinonyl
chinozol *m* *farm.* quinosol
chip *m* (*struktura półprzewodnikowa*) *elektron.* chip
chiralność *f* *fizchem.* chirality
chiralny *a* chiral
chiralooptyczny *a* chiroptical
chirurg *m* surgeon
chirurgia *f* surgery
~ **naczyniowa** vascular surgery
~ **plastyczna** plastic surgery
~ **szczękowa** dental surgery
chityna *f* *biochem.* chitin
chitynaza *f* *biochem.* chitinase
chleb *m* bread
~ **razowy** wholemeal bread
chlew *m* *zob.* **chlewnia**
chlewnia *f* (pig)sty, piggery
chloantyt *m* *min.* chloanthite
chlor *m* *chem.* chlorine, Cl
~ **czynny** available chlorine
~ **wolny** *zob.* **chlor czynny**
chloral *m* chlorine, trichloroacetic aldehyde
chloraloza *f* chloralose
chloramfenikol *m* (*antybiotyk*) chloramphenicol, chloromycetin
chloramina *f* *chem.* chloramine
chloran *m* *chem.* chlorate
~ **potasowy** potassium chlorate
~ **sodowy** sodium chlorate
chloranil *m* *chem.* chloranil, tetrachloroquinone
chlorator *m* **1.** *papiern.* bleaching boiler **2.** *san.* chlorinator
chlorawy *a* *chem.* chlorous
chlordan *m* *chem.* chlordan(e)
chlorek *m* *chem.* chloride
~ **acetylenu** acetylene dichloride
~ **acetylu** acetyl chloride
~ **alkilu** alkyl chloride
~ **allilu** allyl chloride
~ **amonowy** ammonium chloride
~ ~ **techniczny** sal ammoniac
~ **amylu** amyl chloride, chloropentane
~ **antymonylu** antimonyl chloride, antimony oxychloride
~ **arsenawy** arsenic chloride, arsenic trichloride
~ **barowy** barium chloride
~ **benzoilu** benzoyl chloride
~ **benzylidenu** benzyl dichloride, benzylidene chloride
~ **benzylidynu** benzotrichloride, phenylchloroform
~ **benzylu** benzyl chloride
~ **bielący** chloride of lime, chlorinated lime
~ **bornylu** bornyl chloride
~ **borowy** boron chloride, boron trichloride
~ **butylu** butyl chloride
~ **butyrylu** butyryl chloride, butyroyl chloride
~ **chromowy** chromic chloride, chromium chloride
~ **cyjanu** cyanogen chloride
~ **cynawy** stannous chloride, tin dichloride, tin crystals
~ **cynkowy** zinc chloride
~ **cynowy** stannic chloride, tin tetrachloride
~ **cyrkonylu** zirconyl chloride, zirconium oxychloride
~ **etylenu** ethylene dichloride
~ **etylu** ethyl chloride, chloroethane
~ **fosforawy** phosphorous chloride, phosphorous trichloride
~ **fosforowy** phosphoric chloride, phosphorous pentachloride
~ **fosforylu** phosphoryl chloride, phosphorous oxychloride
~ **germanowy** germanium tetrachloride
~ **glinowy** aluminium chloride
~ **jodu** iodine monochloride
~ **karbonylu** carbonyl chloride, chloroformyl chloride, phosgene
~ **kwasowy** acid chloride
~ **kwasu benzoesowego** benzoyl chloride
~ ~ **chlorooctowego** chloroacetyl chloride
~ ~ **karboksylowego** acyl chloride

~ **magnezowy** magnesium chloride
~ **manganawy** manganous chloride, manganese chloride
~ **manganowy** manganic chloride, manganese trichloride
~ **metakryloilu** methacryloyl chloride
~ **metylenu** methylene chloride, dichloromethane
~ **metylu** methyl chloride, chloromethane
~ **miedziawy** cuprous chloride, resin of copper
~ **miedziowy** cupric chloride
~ **niklawy** nickel chloride
~ **nitrozylu** nitrosyl chloride
~ **oksalilu** oxalyl chloride
~ **ołowiawy** lead chloride
~ **ołowiowy** lead tetrachloride
~ **palladawy** palladium (bi)chloride, palladous chloride
~ **platynawy** platinous chloride
~ **platynowy** platinic chloride, platinum tetrachloride
~ **podtytanawy** titanium (di)chloride
~ **potasowy** potassium chloride
~ **rodowy** rhodium (tri)chloride
~ **rtęciawy** mercurous chloride, calomel
~ **rtęciowy** mercuric chloride
~ **sodowy** sodium chloride
~ **srebrowy** silver chloride
~ **sulfurylu** sulfuryl chloride, sulfuric oxychloride
~ **tantalowy** tantalum (penta)chloride
~ **tionylu** thionyl chloride
~ **tytanowy** titanic chloride, titanium tetrachloride
~ **wapniowy** calcium chloride
~ **winylu** vinyl chloride
~ **złotowy** gold chloride, auric chloride
~ **żelazawy** ferrous chloride
~ **żelazowy** ferric chloride
chlorelina *f* chlorellin (*antibiotic from Chlorella vulgaris*)
chloroacetaldehyd *m* chloroacetaldehyde
chloroacetofenon *m* chloroacetophenone
chloroaceton *m* chloroacetone, chlorinated acetone
chloroalkan *m* alkyl chloride
chloroamina *f* chloroamine
chloroanilina *f* chloroaniline
chloroazodyna *f* chloroazodin
chlorobenzen *m* chlorobenzene, chlorobenzol
chlorobutan *m* butyl chloride
chlorocyjan *m* cyanogen chloride
chloroetan *m* chloroethane, ethyl chloride
2-chloroetanol *m* 2-chloroethanol, ethylene chlorohydrin
chloroetylen *m* vinyl chloride
chlorofenol *m* chlorophenol, chlorinated phenol
chlorofenson *m pest.* chlorofenson, ovex
chlorofenyloamina *f* chloroaniline
chlorofil *m biochem.* chlorophyl(l)
chlorofilaza *f biochem.* chlorophyllase
chloroform *m* chloroform, trichloromethane
chlorohydryna *f* chlorohydrin
~ **etylenowa** ethylene chlorohydrin, 2-chloroethanol
chlorokauczuk *m* chlorinated rubber
chloroliza *f chem.* chlorinolysis
chlorometan *m* chloromethane, methyl chloride
chlorometylowanie *n* chloromethylation, Blanc reaction
chloromrówczan *m* **etylu** ethyl chlorocarbonate, ethyl chloroformate
chloromycetyna *f* chloromycetin, chloramphenicol (*antibiotic from Streptomyces venezuelae*)
chloronaftalen *m* chloronaphthalene (*chlorinated naphthalene*)
chloronitroanilina *f* chloronitroaniline
chloronitrobenzen *m* chloronitrobenzene
chloronitrofenol *m* chloronitrophenol
chlorooctan *m* chloroacetate
chloropentan *m* chloropentane, amyl chloride
chloropikryna *f* chloropicrin, nitrotrichloromethane, nitrochloroform
chloroplast *m bot.* chloroplast
chloroplatynian (IV) *m* chloroplatinate
chloropren *m* chloroprene, chlorobutadiene
chloroprofam *m pest.* chloropropham
chloropropan *m* propyl chloride
chloropsja *f* (*widzenie w kolorze zielonym*) *med.* chloropsia
chlorosiarczek *m* **trójchlorometylowy** perchloromethyl mercaptan
chlorosilan *m* chlorosilicane
chlorosulfonowanie *n chem.* chlorosulfonation, sulfochlorination
chlorotetracyklina *f* chlortetracycline, aureomycin (*antibiotic from Streptomyces aureofaciens*)
chlorotymol *m* chlorothymol
chlorowanie *n chem.* chlorination
~ **destrukcyjne** chlorinolysis
~ **pierścienia** nuclear chlorination
~ **przez podstawienie** substituted chlorination
~ **przez przyłączenie** additive chlorination
~ **ścieków** waste-water chlorination
~ **wstępne** prechlorination
~ **wyczerpujące** exhaustive chlorination
chlorowce *mpl* (*4 elements: chlorine, bromine, iodine, astatine*)
chlorowcoalkan *m* alkyl halide
chlorowcohydryna *f* halohydrin
chlorowcokwas *m* halogen acid, haloid acid
chlorowcopochodna *f* halogen derivative
chlorowcowanie *n* halogenation
~ **pierścienia** nuclear halogenation
chlorowiec *m chem.* halogen
~ **bierny** inert halogen
~ **niezwiązany** *zob.* **chlorowiec wolny**
~ **ruchliwy** labile halogen
~ **wolny** elemental halogen
chlorownica *f san.* chlorinator (*apparatus for chlorinating water*)
chlorownik *m zob.* **chlorownica**
chlorowodorek *m* hydrochloride

chlorowodorokauczuk *m* (*kauczuk naturalny chlorowodorowany*) rubber hydrochloride
chlorowodór *m* hydrogen chloride
chlorowy *a chem.* chloric
chloroza *f* (*choroba roślin*) chlorosis
chloryn *m chem.* chlorite
~ **sodowy** sodium chlorite
chloryt *m min.* chlorite
chłodnia *f* **1.** *chłodn.* cold store **2.** cooler **3.** *hutn.* cooling bed, hot bed, cooling bank (*in a rolling mill*)
~ **kominowa** cooling tower, cooling stack
~ **o postępowym ruchu rusztów** *hutn.* carry-over-type cooling bed
~ **prowiantowa** *żegl.* reefer stores
~ **rolkowa** *hutn.* roller-type cooling bed
~ **składowa** cold store
~ **spieku** *hutn.* sinter cooler
~ **szafkowa** domestic refrigerator
~ **śrubowa** *hutn.* screw-type cooling bed
~ **wieżowa** *zob.* **chłodnia kominowa**
~ **zębata** *hutn.* notch-bar cooling bed, rack-type cooling bed, walking-beam cooling bed
chłodnica *f* cooler; radiator; *chem.* condenser
~ **końcowa** aftercooler (*in a compressor*)
~ **Liebiga** *chem.* Liebig condenser
~ **międzystopniowa** interstage cooler, intercooler (*in a compressor*)
~ **natryskowa** *zob.* **chłodnica ociekowa**
~ **ociekowa** spray cooler, trickle cooler, atmospheric cooler
~ ~ **do piwa** beer fall
~ **oleju** oil cooler
~ **ożebrowana** extended surface cooler
~ **płytowa** (*wielkiego pieca*) plate cooler, stave cooler
~ **pośrednia** interstage cooler, intercooler (*in a compressor*)
~ **powietrzna** *chłodn.* air cooler
~ ~ **mokra** spray-type air cooler
~ ~ **natryskowa** *zob.* **chłodnica powietrzna mokra**
~ **powietrzno-rurkowa** cellular radiator, honeycomb radiator
~ **rurowa** pipe cooler
~ **scalona** *chłodn.* unit cooler
~ **skrzynkowa** (*wielkiego pieca*) cooling box
~ **soczewkowa** lens-ring cooler
~ **spadków** (*wielkiego pieca*) bosh cooler, bosh plate
~ **spiralna** coiled-tube condenser
~ **tunelowa** *lotn.* ducted radiator
~ **ulowa** cellular radiator, honeycomb radiator
~ **wodnorurkowa** tubular radiator
~ **wody** water cooler
~ **wstępna** forecooler, precooler
~ **zespolona** *chłodn.* unit cooler
~ **zwrotna** *chem.* reflux condenser
chłodnictwo *n* refrigeration, refrigerating engineering
chłodnik *m* **1.** refrigeration engineer **2.** cooling bed (*for sintered product*)
chłodniowiec *m okr.* refrigerated vessel, cold storage vessel
chłodzenie *n* **1.** cooling **2.** refrigeration
~ **ablacyjne** *kosm.* ablation cooling
~ **błonowe** film cooling
~ **dyfuzyjne** diffusion cooling
~ **gorące** *hutn.* hot cooling
~ **jednoprzejściowe** once-through cooling
~ **kąpielowe** *obr.ciepl.* bath cooling
~ **klimatyzacyjne** comfort cooling
~ **międzystopniowe** (*w sprężarce*) interstage cooling, intercooling
~ **nadmierne** over-cooling
~ **natryskowe** spray cooling
~ **niedostateczne** poor cooling
~ **obiegowe** closed circuit cooling
~ **olejowe natryskowe** *masz.* oil-jet cooling
~ **parowe** evaporative cooling
~ **powierzchniowe** surface cooling
~ **powietrzne** air-cooling
~ ~ **przymusowe** blast cooling; *lotn.* blower cooling
~ ~ **tunelowe** *lotn.* ducted cooling
~ **powolne** slow cooling
~ **próżniowe** (*owoców i warzyw przed transportem*) vacuum cooling
~ **przeponowe** surface cooling
~ **rozpyłowe** *zob.* **chłodzenie natryskowe**
~ **solankowe** brine cooling
~ **szybkie** rapid cooling; *obr.ciepl.* quenching
~ **termosyfonowe** thermosiphon cooling
~ **transpiracyjne** transpiration cooling, sweat cooling
~ **ultraszybkie** (*ciekłego metalu*) *obr.ciepl.* liquisol quenching, splat cooling
~ **w oleju** *obr. ciepl.* oil cooling
~ **w powietrzu** *obr.ciepl.* air-cooling
~ **w wodzie** *obr.ciepl.* water-cooling
~ **warstewkowe** film cooling
~ **wentylatorowe** fan cooling
~ **wodne** *siln.* water-cooling
~ **wstępne** forecooling, precooling
~ **wtryskowe** injection cooling
~ **wyparne** evaporative cooling
~ **za pomocą ochładzalników** *odl.* chilling
~ **zdalaczynne** pipeline refrigeration
chłodziarka *f* refrigerator; refrigerating machine, refrigerating unit
~ **absorpcyjna** absorption refrigerator
~ **domowa** household refrigerator
~ **powietrzna** cold-air refrigerator
~ **próżniowa** vacuum refrigerator
~ **sprężarkowa** compression refrigerator
chłodzić *v* cool; refrigerate
chłodziwo *n* coolant, cooling agent, cooling medium; *obr.skraw.* cutting fluid
~ **ciekłe** liquid coolant
~ **hartownicze** quenching fluid
~ **-moderator** *nukl.* moderator-coolant
~ **reaktorowe** nuclear reactor coolant
chłodzony powietrzem air-cooled
chłodzony wodą water-cooled
chłonąć *v* absorb; imbibe
chłonka *f fizjol.* lymph

chłonność *f* absorptivity, absorbing power, absorbing capacity
~ **rynku** *ek.* absorptivity of the market
chłonny *a* **1.** absorptive **2.** *fizjol.* lymphatic
chmiel *m bot.* hop, *Humulus lupulus* L.
~ **wygotowany** spent hops
chmieliny *pl zob.* **chmiel wygotowany**
chmielnik *m* hop-garden
chmura *f* cloud
~ **deszczowa** nimbus, rain-cloud
~ **elektronowa** *fiz.* electron cloud, electron atmosphere
~ **jonowa** **1.** *geofiz.* ion cloud **2.** *elchem.* ion atmosphere, ion cloud
~ **kłębiasta** cumulus (cloud)
~ ~ **deszczowa** cumulo-nimbus (cloud)
~ **kłębiasto-pierzasta** cirro-cumulus (cloud)
~ ~ **-warstwowa** stratocumulus
~ **ładunku** *fiz.* charge cloud
~ **niska warstwowa** stratus (cloud)
~ **pierzasta** cirrus (cloud)
~ **postrzępiona** *zob.* **chmura poszarpana**
~ **poszarpana** fractus, broken cloud
~ **radioaktywna** radioactive cloud
~ **rotorowa** rotor cloud
~ **stojąca** (*nad górą*) standing cloud, banner cloud, crest cloud
~ **średnia kłębiasta** alto-cumulus (cloud)
~ ~ **warstwowa** alto-stratus (cloud)
~ **świecąca w nocy** noctilucent cloud
~ **warstwowa deszczowa** nimbo-stratus (cloud)
~ **warstwowo-pierzasta** cirro-stratus (cloud)
~ **z kryształków lodu** ice-crystal cloud
~ **zanieczyszczeń** *kryst.* Cottrell atmosphere, impurity cloud
chmurność *f* **przezrocza** *papiern.* cloudiness, cloud effect, wildness
chodnik *m* **1.** *drog.* sidewalk; footway; walkway **2.** *górn.* heading; gallery; gangway; drift **3.** floorcloth; strip of carpet; floor mat
~ **badawczy** *górn.* testing gallery
~ **eksploatacyjny** *górn.* extraction gallery, pull drift
~ **główny** *górn.* main entry; mother entry
~ **graniczny** *górn.* fringe drift
~ **izolacyjny** *el.* insulating mat
~ **kreci** *roln.* mole run
~ **krótki** *górn.* stenting
~ **larwalny** *drewn.* larval gallery
~ **obchodowy** *górn.* travelling road, pathway
~ **objazdowy** *górn.* runaround
~ **obsadzony** *górn.* going road
~ **odstawowy** *górn.* conveyor road
~ **odwadniający** *górn.* drain-way, drainage gallery, water gallery
~ **owadzi** *drewn.* larval gallery
~ **podpiętrowy** *górn.* sub-drift
~ **podwójny** *górn.* twin entry
~ **pomocniczy** *górn.* counter, subsidiary road
~ **poprzeczny** *górn.* thirling
~ **poszerzony** *górn.* slab entry
~ **poszukiwawczy** *górn.* exploratory drift, monkey drift
~ **pośredni** *zob.* **chodnik podpiętrowy**
~ **powietrzny** *górn.* ventilating road
~ **prowadzony po spągu** *górn.* footwall drift
~ **prowadzony pod kątem 45° do głównego kierunku** *górn.* half-course
~ **przewozowy** *górn.* haul(age) road, haulway, roadway, gangway, brow drift
~ **przygotowawczy** *górn.* advanced gallery
~ **równoległy** *górn.* counter
~ **ruchomy** *transp.* travolator; moving sidewalk
~ **ślepy** *górn.* stub entry, cul-de-sac
~ **transportowy** *górn.* carrying gangway, gate road
~ **ucieczkowy** *górn.* escape road, escape way, runaround
~ **w drążeniu** *górn.* going road
~ **w kamieniu** *górn.* rock gangway
~ **w węglu** *górn.* coal gangway, coal heading
~ **wentylacyjny** *górn.* air-heading, airway, ventilating road
~ **wodny** *górn.* water gallery, drainage gallery, drain-way
~ **wybierkowy** *górn.* extraction gallery, pull drift
~ **wyłożony okrąglakami** *górn.* corduroy road
~ **zbiorczy** (*główny chodnik poziomy*) *górn.* mother entry
cholangiografia *f med.* cholangiography, cholecystography
cholecystografia *f zob.* **cholangiografia**
cholekalcyferol *m biochem.* cholecalciferol, vitamin D_3
cholera *f med.* cholera
~ **drobiu** *wet.* fowl cholera
cholesterol *m biochem.* cholesterol, cholesterin
cholewa *f* **1.** *hutn.* bootleg, top hat, box-hat **2.** *szkl.* cylinder, roller
cholewki *pl* (*obuwia*) uppers
cholina *f chem.* choline
cholinoesteraza *f biochem.* cholinesteraze
chomątko *n* clip; thimble
chomąto *n* horse-collar
chorągiewka *f* **kierunkowa** wind vane, weathercock
~ **końcówkowa** *el.* terminal lug
choroba *f* disease, sickness, illness
~ **bakteryjna roślin** bacteriosis
~ **Banga** *med., wet.* brucellosis, Bang's disease
~ **cynowa** *met.* tin pest, tin disease, tin plague
~ **dekompresyjna** *zob.* **choroba kesonowa**
~ **górska** mountain sickness
~ **Heinego-Medina** poliomyelitis, polio, Heine-Medina disease, infantile paralysis
~ **kesonowa** compressed-air illness, caisson disease, decompression illness
~ **lokomocyjna** kinetosis, motion sickness, travel sickness

~ **morska** sea-sickness, pelagism
~ **motyliczna owiec** distomiasis
~ **papuzia** parror fever
~ **pierwotniakowa** protozoosis
~ **podlegająca obowiązkowi zgłaszania** notifiable disease
~ **popromienna** radiation sickness
~ **powietrzna** air sickness, aeropathy
~ **psychiczna** insanity; alienation
~ **weneryczna** venereal disease, VD
~ **wieńcowa** coronary disease
~ **wodorowa** *met.* hydrogen disease, hydrogen unsoundness (*of copper*)
~ **wysokościowa** altitude sickness, oxygen deficiency sickness
~ **zakaźna** infectious disease, contagious disease, communicable disease
~ **zawodowa** occupational disease
chorobotwórczość *f* pathogenesis
chorobotwórczy *a* pathogenic, morbific
chorobowy *a* pathological
choroby *fpl* **przenoszone przez wodę** water-borne diseases
~ ~ **przez zwierzęta** zoonoses
~ **roślin** plant diseases
chory *m* sick (*person*)
chowany *a* retractable
chód *m* **dzienny** *zeg.* daily (going) rate
~ **zegara** clock rate
chór *m arch.* choir
chów *m roln.* breeding, rearing, *zob.też* **hodowla**
~ **bateryjny** (*drobiu, królików*) battery keeping
~ **drobiu** aviculture
~ **krewniaczy** *zob.* **chów wsobny**
~ **wsobny** inbreed
chrabąszcz *m zool.* cockchafer, *Melolontha vulgaris*
chrapy *pl* (*okrętu podwodnego*) breathing tube, snort, snorkel (*in a submarine*)
chrom *m chem.* chromium, Cr
chromal *m met.* megapyr
chromansil *m met.* chromansil
chromatermografia *f chem.* chromathermography
chromatografia *f chem.* chromatography
~ **adsorpcyjna** adsorption chromatography
~ **bibułowa** paper chromatography
~ ~ **buforowa** buffered paper chromatography
~ ~ **krążkowa** radial paper chromatography
~ ~ **wstępująca** ascending paper chromatography
~ ~ **zstępująca** descending paper chromatography
~ **ciecz/ciało stałe** liquid-solid chromatography, solution adsorption chromatography
~ **ciecz/ciecz** liquid-liquid chromatography
~ **cieczowa** liquid chromatography
~ ~ **wysokosprawna** high performance liquid chromatography
~ **cienkowarstwowa** thin-layer chromatography
~ ~ **wysokosprawna** high performance thin-layer chromatography
~ **dwukierunkowa** two-dimensional chromatography
~ **ekstrakcyjna** extraction chromatography, reversed-phase (partition) chromatography
~ **gaz-ciało stałe** gas-solid chromatography, gas adsorption chromatography
~ **gaz-ciecz** qas-liquid chromatography
~ **gazowa** gas chromatography, vapour-phase chromatography
~ **jonitowa** ion-exchange chromatography
~ **jonowymienna** *zob.* **chromatografia jonitowa**
~ **kolumnowa** column chromatography
~ **kołowa** *zob.* **chromatografia krążkowa**
~ **krążkowa** radial chromatography, disk chromatography
~ **molekularno-sitowa** molecular sieving chromatography
~ **osadowa** chemichromatography
~ **podziałowa** partition chromatography
~ ~ **z odwróconymi fazami** reversed-phase (partition) chromatography, extraction chromatography
~ **sitowa** *zob.* **chromatografia żelowa**
~ **z programowaniem temperatury** temperature-programmed chromatography
~ **żelowa** gel permeation chromatography, gel filtration
chromatograficznie czysty chromatographically pure
chromatograficzny *a* chromatographic
chromatogram *m chem.* chromatogram
~ **na bibule** papergram
~ **na kolumnie** sorptogram
~ **wielobibułowy** multi-paper chromatogram
chromatopolarografia *f chem.* chromatopolarography
chromatopsja *f med.* chromatopsia
chromatoza *f med.* chromatosis
chromatron *m TV* chromatron (*single-gun colour picture tube*)
chromatyczność *f opt.* chromaticity, chroma
chromatyczny *a opt.* chromatic
chromatyna *f biochem.* chromatin
chromatyzm *m opt.* chromatic aberration, chromatism
chromawy *a chem.* chromous
chromel *m met.* chromel
chromian *m chem.* chromate
~ **sodowy** sodium chromate
chromianka *f* chromic acid cleaning mixture
chromianowanie *n powł.* chromate treatment, chromating, cromodizing, chromate coating
chrominancja *f TV* chrominance
chromit *m min.* chromite, chrome iron (ore), chrome ironstone
chromofag *m biol.* chromophage, pigmentophage
chromoferryt *m met.* chromiferrous ferrite

chromofor *m chem.* chromophore, chromophoric group
~ wewnętrznie chiralny intrinsically chiral chromophore, inherently chiral chromophore
chromofory *mpl* **sprzężone** compound chromophores
chromogen *m biochem.* chromogen
chromogeneza *f biochem.* chromogenesis
chromolitografia *f poligr.* chromolithogràphy, colour lithography
chromon *m chem.* chromone, 1,4-benzopyrone
chromonikielina *f met.* nichrome, chrome-nickel
chromoplast *m biol.* chromoplast
chromoproteidy *mpl zob.* **chromoproteiny**
chromoproteiny *fpl biochem.* chromoproteins
chromosfera *f astr.* chromosphere
chromosom *m biol.* chromosome
chromowanie *n* **1.** *powł.* chromium plating **2.** *obr.ciepl.* chrome hardening **3.** *włók.* chroming
~ dyfuzyjne chromium cementation, chromizing, chromium impregnation
~ elektrolityczne chromium electroplating
~ ~ twarde durionizing
~ galwaniczne chromium electroplating
~ następcze *włók.* after-chroming
~ twarde hard chromium plating
chromowce *pl chem.* chromium group, chromium family (Cr, Mo, W)
chromowy *a chem.* chromic
chromozom *m biol.* chromosome
chromyl *m chem.* chromyl
chroniczny *a med.* chronic; protracted
chronić *v* protect, safeguard
chronitor *m telegr.* chronitor
chronoamperometria *f elchem.* chronoamperometry
chronofotografia *f* chronophotography
chronograf *m* chronograph
chronokulometria *f elchem.* chronocoulometry
chronometr *m* chronometer, timekeeper
~ morski *zob.* **chronometr okrętowy**
~ okrętowy marine chronometer
chronometraż *m ek.* timekeeping, timing, time study
chronometrażysta *m ek.* timekeeper, timer, time-study engineer
chronometria *f* chronometry
chronopotencjogram *m elchem.* potential-time curve
chronopotencjometria *f elchem.* chronopotentiometry
chronoskop *m* chronoscope
chronotron *m el.* chronotron
chronowoltoamperometria *f chem.* single-sweep voltammetry, voltammetry with continuously changing potential
~ cykliczna cyclic voltammetry
chropowatość *f* roughness; coarseness
~ powierzchni surface roughness
chropowaty *a* rough; coarse
chrupki *a* crisp
chrust *m* brush-wood
chryzarobina *f farm.* chrysarobin
chryzazyna *f chem.* chrysazin, 1,8-dihydroxyanthraquinone
chryzen *m chem.* chrysene, 1,2-benzophenanthrene
chryzoberyl *m min.* chrysoberyl
chryzoidyna *f chem.* chrysoidine (base), 2,4-diaminoazobenzene
chryzokolla *f min.* chrysocolla
chryzolit *m min.* olivine, chrysolite
chryzotyl *m min.* chrysotile
chrzan *m bot.* horseradish, *Armoracia rusticana*
chrząstka *f anat.* cartilage
chrzest *m* **statku** naming a ship
chrzęst *m* **cyny** *met.* tin cry
~ jedwabiu silk scroop
chudość *f* **masy** *papiern.* freeness of stuff
chusta *f* **serowarska** cheese cloth
chwast *m roln.* weed
chwastobójczy *a* herbicidal
chwastownik *m roln.* weeder
chwiać *v* **się** sway
chwiejba *f żegl.* rolling (*of a ship*)
chwiejnica *f lotn.* glider training scaffold
chwiejność *f* instability
chwiejny *a* instable
chwila *f* instant, moment (*of time*)
~ początkowa initial instant
~ zakończenia spalania paliwa (*w locie*) *rak.* all-burned time
~ znamienna *tel.* specific instant
chwilowy *a* instantaneous
chwycić *v* **wiatr w żagle** fill the sails
chwyt *m* **1.** grip; shank; *narz.* tang, fang **2.** intake **3.** *włók.* hand, feel; *skór.* touch; *papiern.* snap
~ jedwabiu *włók.* silk hand
~ naporowy (*powietrza*) *lotn.* ram intake
~ pilnika *narz.* file tang
~ pistoletu pistol grip, gunstock
~ powietrza air-intake; air scoop
~ walców *obr.plast.* bite of rolls, nip of rolls
~ wiertła *narz.* drill shank
~ wiórów *drewn.* chip hood
chwytacz *m masz.* catcher; arrester, *zob. też* **łapacz**
~ iskier spark arrester
~ klatkowy *górn.* cage catcher
~ ochronny dźwigu safety stop, safety gear (*in a lift*)
~ oleju oil trap
~ rdzenia *wiertn.* core catcher
~ tłuszczu *san.* grease trap, grease-removal tank
~ wiązki *fiz.* beam catcher
chwytać *v* catch; grip; grab; seize; pick up
~ kleszczami grip by tongs, grasp by tongs
chwytak *m* grab; bucket; gripping device (*of a manipulator*)
~ do kręgów taśmy (*podwieszony do suwnicy*) *hutn.* coil lifter
~ do zielonki *roln.* silage buckrake

~ **dwulinowy** double rope grab
~ **dwułupinowy** clamshell (grab), clamshell bucket
~ **elektromagnetyczny** *transp.* lifting magnet
~ **jednolinowy** single rope grab
~ **łupinowy** clamshell (grab), clamshell bucket
~ **nożycowy** crampon
~ **widłowy** grapple fork
~ **wielołupinowy** grapple, orange-peel bucket
~ **wozów** *górn.* runaway tub arrester
chwytka *f żegl.* stop (*a fastening*)
chwytnik *m* **dźwigu** safety stop, safety gear (*in a lift*)
chybić *v* miss (*the target*)
~ **zwrot** (*przez sztag*) *żegl.* miss stays
chybienie *n* **bliskie** near miss
chybotanie *n* (*kół pojazdu*) wobble; shimmy
~ **tłoka** *siln.* piston slapping
chyłomierz *m lotn.* inclinometer, level
~ **podłużny** fore-and-aft level
~ **poprzeczny** bank indicator, cross level
chymotrypsyna *f biochem.* chymotrypsin
chymozyna *f* = **podpuszczka** *biochem.* rennin, chymosin
CHZ = Centrala Handlu Zagranicznego
ChZT = chemiczne zapotrzebowanie tlenu *san.* chemical oxygen demand, COD
Ci = kiur *jedn.* curie
ciałka *npl* **krwi** *biol.* blood cells, blood corpuscles
~ ~ **białe** white blood cells, leucocytes
~ ~ **czerwone** red blood cells, erythrocytes
~ **zieleni** *bot.* chloroplasts
ciałko *n* **żółte** *biol.* yellow body
ciało *n* **1.** *fiz.* body; substance **2.** *mat.* field **3.** *biol.* body; soma
~ **algebraiczne** *mat.* algebraic field
~ **amorficzne** amorphous body
~ **antyferromagnetyczne** antiferromagnet, antiferromagnetic substance
~ **bezpostaciowe** *zob.* **ciało amorficzne**
~ **białe** *fiz.* white body
~ **binghamowskie** *mech.pł.* pseudosolid body
~ **ciekłe** liquid body
~ **cienkie** *aero.* thin body, slender body
~ **diamagnetyczne** diamagnetic substance
~ **(doskonale) białe** *fiz.* white body
~ ~ **chropowate** *mech.* rough body
~ ~ **czarne** *fiz.* black body, full radiator, complete radiator, perfect radiator
~ ~ **gładkie** *mech.* smooth body
~ ~ **sprężyste** *mech.* elastic body
~ ~ **sztywne** *mech.* rigid body
~ **doskonałe** *mech.* perfect body, ideal body
~ **elastoplastyczne** *mech.* elastoplastic body
~ **euklidesowe** *mech.* Euclid body
~ **ferromagnetyczne** *el.* ferromagnetic substance, ferromagnet
~ **fotograficznie szare** photographic neutral body
~ **helimagnetyczne** helimagnet
~ **Hooke'a** *mech.* Hookean solid
~ **ichtioidalne** *mech.pł.* fish-type body
~ **idealne** *mech.* perfect body, ideal body
~ **izotropowe** isotropic body
~ **jednorodne** homogeneous body, uniform body
~ **klas** *mat.* class field
~ **liczbowe** *mat.* number field, number domain
~ **niebieskie** *astr.* celestial body, heavenly body
~ **o kształcie obłym** *aero.* rounded body
~ ~ ~ **urwistym** bluff body
~ **obce** foreign matter
~ **opływowe** *mech.pł.* fish-type body
~ **oporowe** (*o kształcie nieopływowym*) *mech.pł.* blunt body
~ **paramagnetyczne** paramagnetic material, paramagnet
~ **plastyczne** *mech.* plastic body, plastic
~ **plastyczno-lepko-sprężyste** *mech.* real body
~ **płynne** *mech.pł.* fluid body
~ **pływające** *mech.pł.* floating body
~ **pobudzające wytwarzanie przeciwciał** *biol.* antigen
~ **polikrystaliczne** *zob.* **ciało wielokrystaliczne**
~ **promieniotwórcze** radioactive substance
~ **przemienne** *mat.* commutative field
~ **przeświecalne** translucent body
~ **przezroczyste** transparent body
~ **rozkładu** *mat.* decomposition field, splitting field
~ **rzeczywiste** *mech.* real body
~ **smukłe** *mech.pł.* slender body
~ **stałe** *fiz.* solid (body)
~ **swobodnie spadające** freely falling body
~ **szare** *fiz.* grey body, non-selective radiator
~ **szkliste** (*oka*) *anat.* vitreous body, vitreous humour
~ **ułamków** *mat.* quotient field
~ **uporządkowane** *mat.* ordered field
~ **widmowo szare** *fot.* spectral neutral body
~ **wielokrystaliczne** polycrystal body, polycrystal
~ **wizualnie szare** *fot.* visual neutral body
~ **współczynników** *mat.* coefficient field, constant field
~ **wypukłe** *mat.* convex body
~ **zbiorów** *mat.* field of sets
ciasne granice *fpl* **wymiarowe** *metrol.* fine limits
ciasny *a* tight
ciasto *n spoż.* dough
~ **asfaltowe** *bud.* asphalt putty
~ **prochowe** *wybuch.* powder composition, powder pulp
~ **skalne** *geol.* groundmass, rock matrix
~ **wapienne** *bud.* lime putty
ciastowaty *a* doughy
ciąć *v* cut, *zob.też* **cięcie**

~ **fale** *żegl.* breast the sea
~ (*taśmę*) **na arkusze** cut to sheets
~ **na drobne kawałki** cut into small fragments
~ **na kłody** *drewn.* log
~ **na kostki** cube; dice
~ **na plastry** slice
~ **poprzecznie** *drewn.* saw (*wood*) across the grain
~ **wzdłużnie** *drewn.* rip, saw (*wood*) with the grain
ciąg *m* **1.** *mat.* sequence **2.** train, series **3.** draught, draft **4.** *lotn.*, *rak.* thrust **5.** *obr.plast.* draw
~ **busolowy** *geod.* needle traverse
~ **Cauchy'ego** *mat.* regular sequence
~ **do morza** (*ryb wędrownych*) sea run (*of fish*)
~ **dokładny** *mat.* exact sequence
~ ~ **krótki** *mat.* short exact sequence
~ **drenarski** drainage path
~ **fal** *fiz.* wave-train
~ **farb** *skór.* colour pit, colour suspenders
~ **forsowany** (*np. przez dopalanie w silniku turboodrzutowym*) *lotn.* forced thrust; afterburning thrust
~ **homologii** *mat.* homology sequence
~ **identyfikacji systemu** (*na taśmie magnetycznej*) identification burst
~ **impulsów** *elektron.* pulse train
~ **jednostkowy rzeczywisty** (*silnika rakietowego*) effective specific thrust
~ **kablowy** *telegr.* cable run
~ **kodokładny** *mat.* coexact sequence
~ **kodowy** *inf.* code combination
~ **kominowy** chimney draught, stack effect
~ **kotła = kanał kotła** boiler pass
~ **liczbowy** *mat.* sequence of numbers
~ **łańcuchowy czerpaków** ladder of buckets (*of an excavator*)
~ **malejący** *mat.* decreasing sequence
~ **minimizujący** *mat.* minimizing sequence
~ **monotoniczny** *mat.* monotone sequence
~ **na ziemi** *lotn.* static thrust
~ **napędowy** *lotn.*, *rak.* propulsive thrust
~ **naturalny** natural draught
~ **netto** (*silnika odrzutowego*) thrust output
~ **nieograniczony** *mat.* non-bounded sequence
~ **nieskończony** *mat.* infinite sequence
~ **niezbędny** *lotn.* required thrust
~ **niwelacyjny** *geod.* level circuit
~ **odwrotny** (*w kominie*) down-draught (*in a chimney*)
~ **odwrócony** *lotn.* reverse thrust
~ **ograniczony** *mat.* bounded sequence
~ **pieszy** pedestrian street
~ **poligonowy** *geod.* polygonal traverse
~ ~ **otwarty** open traverse
~ ~ **zamknięty** closed traverse
~ **postojowy** *lotn.* static thrust
~ **produkcyjny** production line
~ **prób** *statyst.* sequence of trials
~ **przenośników taśmowych** belt conveyor flight
~ **przewodów** *el.* wireway
~ **rakiety** propulsive force of a rocket, rocket thrust, rocket power
~ **rekurencyjny** *mat.* recursive sequence
~ **rosnący** *mat.* increasing sequence
~ **rozporządzalny** *lotn.* available thrust
~ **rur** pipe-line; pipe string
~ ~ **okładzinowych** *wiertn.* casing string
~ ~ **wodnych** *górn.* water string
~ ~ **wydobywczych** *wiertn.* flow string, pay string
~ **ryb** trip of fish
~ **silnika rakietowego** rocket thrust
~ **skończony** *mat.* finite sequence
~ **spektralny** *mat.* spectral sequence
~ **statyczny** *lotn.* static thrust
~ ~ **przy biegu jałowym** idling static thrust
~ ~ **silnika odrzutowego** static jet thrust
~ **sztuczny** forced draught, induced draught
~ **śmigła** *lotn.* propeller thrust
~ ~ **napędowy** propulsive thrust of a propeller
~ ~ **użyteczny** effective thrust of a propeller, net thrust of a propeller
~ **talii** *okr.* running part of a fall
~ **uogólniony** *mat.* net
~ ~ **spełniający warunek Cauchy'ego** Cauchy net
~ **w miejscu** *lotn.* static thrust
~ **wirnika** *lotn.* thrust of a rotor
~ **wsteczny** *lotn.* reverse thrust
~ **wstępu** (*na taśmie magnetycznej*) preamble
~ **wstępujący** *mat.* monotonically increasing sequence
~ **wymagany** *lotn.* required thrust
~ **wymuszony** forced draught, induced draught
~ **zakończenia** (*na taśmie magnetycznej*) postamble
~ **zbieżny** *mat.* convergent sequence
~ **zerowy** *mat.* null sequence
~ **zstępujący** *mat.* monotonically decreasing sequence
~ ~ **przedziałów** *mat.* nested intervals
ciągadło *n obr.plast.* drawing die, reducing die
~ **ciśnieniowe** pressure drawing die
~ **do drutu** wire drawing die
~ **do rur** tube drawing die
~ **kształtowe** profile die, shaped die
~ **nastawne** adjustable die
~ **płytkowe** drawing plate, die plate, wortle
~ **profilowe** shaped die, profile die
~ **rolkowe** roller die
~ ~ **nastawne** Turk's-head die
~ **stożkowe** conical die
~ **wraz z oprawą** die assembly
ciągarka *f obr.plast.* drawing machine, drawing-bench, drawbench
~ **do drutu** wire drawing machine, wire drawbench
~ **do drutu pracująca z poślizgiem** slip drawing machine

~ **do prętów** bar drawing machine, bar drawbench
~ **do rur** tube drawing machine, tube drawbench
~ **jednobębnowa** (*do drutu*) bull block
~ ~ **z bębnem o podwójnej powierzchni roboczej** double-deck block
~ **ławowa** chain drawbench
~ **pracująca z magazynowaniem drutu** accumulation-type wire drawing machine
~ **rabunkowa** *górn.* prop withdrawer, prop puller, timber puller
~ **wielostopniowa** multi-die drawing machine, multi-stage drawing machine
~ **wielotarczowa do drutu** step-cone type wire drawing machine
ciągarnia *f obr.plast.* drawing mill
~ **drutu** wire (drawing) mill, wire works
~ **rur** pipe (drawing) mill
ciągliwość *f met.* ductility
ciągliwy *a met.* ductile
ciągłość *f* continuity
~ **absolutna** *mat.* absolute continuity
~ **dostaw** continuity of supply
~ **jednostajna** *mat.* uniform continuity
~ **przemiany fazowej** *zob.* **ciągłość stanu**
~ **stanu** *fiz.* continuity of state
ciągły *a* continuous; perpetual
ciągły absolutnie *mat.* absolutely continuous
ciągły kawałkami *mat.* piecewise continuous
ciągły lewostronnie *mat.* continuous on the left
ciągły prawostronnie *mat.* continuous on the right
ciągnąć *v* **1.** pull, haul, drag **2.** *obr.plast.* draw
~ **szybem** *górn.* wind, raise
~ **taliami** *żegl.* bowse
~ **windą** *żegl.* heave
~ **włok** *ryb.* trawl
ciągnienie *n* **1.** pull(ing); haul(ing), dragging **2.** *obr.plast.* drawing
~ **drutu** wire drawing
~ ~ **na mokro** wet wire drawing
~ ~ **z przeciwciągiem** back-pull wire drawing, reactive wire drawing
~ **gumą** rubber drawing
~ **hydrauliczne** *obr.plast.* hydraulic drawing
~ **na poduszce pneumatycznej** *obr.plast.* air drawing
~ **na zimno** cold drawing, bright drawing
~ **prętów** bar drawing
~ **rur bez trzpienia** tube sinking, empty sinking, sink drawing
~ ~ **na trzpieniu** mandrel drawing, bar drawing of tubes
~ ~ **na trzpieniu swobodnym** floating-plug drawing
~ ~ **swobodne** sinking of tubes, empty sinking, sink drawing of tubes
~ **sieci** (*trakcyjnej*) *el.* wiring
~ **szkła** glass drawing
~ ~ **płaskiego metodą Fourcaulta** Fourcault process (*of forming sheet glass*)
~ **szybem** *górn.* winding
~ **wstępne** *obr.plast.* first drawing
~ **z łuszczeniem** (*drutu, prętów, rur*) die scalping
~ **z przeciwciągiem** *obr.plast.* drawing with back-pull
~ **z przewijaniem** *obr.plast.* reverse redrawing, inside-out redrawing
ciągnięcie *n* **gzymsu okrojem** *bud.* running moulding
~ **profilu w tynku** *bud.* running off
ciągnik *m* tractor
~ **balastowy** ballast tractor
~ **do dłużyc** logging tractor
~ **dwukołowy** walking tractor
~ **ewakuacyjny** *wojsk.* recovery tractor, wrecker
~ **gąsienicowy** caterpillar tractor, crawler tractor, track-laying tractor
~ **holowniczy** haulage tractor, towing tractor
~ **jednoosiowy** walking tractor
~ **kołowo-gąsienicowy** half-track tractor
~ **kołowy** wheeled tractor
~ **lotniskowy** aircraft tractor
~ **manewrowy** *kol.* light rail motor tractor
~ **ogrodniczy** garden tractor
~ **półgąsienicowy** half-track tractor
~ **przetokowy** *kol.* rail-shunting tractor
~ **ratowniczy** recovery tractor, wrecker
~ **rolniczy** farm tractor
~ ~ **do upraw międzyrzędowych** row-crop farm tractor
~ **sadowniczy** orchard tractor
~ **siodłowy** truck-tractor
~ **szczudłowy** high-clearance tractor
~ **terenowy** (*rolniczy, leśny*) land tractor
~ **zrywkowy** *leśn.* skidding tractor, skidder
ciągniony na zimno *obr.plast.* cold-drawn, hard-drawn (*wire*)
ciągomierz *m* draught gauge
ciągownik *m obr.plast.* drawing die
ciąża *f fizjol.* pregnancy, gestation
~ **mnoga** multiple pregnancy
ciążenie *n* gravitation, gravitational attraction
~ **powszechne** universal gravitation, Newtonian attraction
ciążyć *v* gravitate
cicha woda *f* (*na rzece*) backwater
cichobieżny *a* silent-running
cichy *a* silent, noiseless, inaudible
cichy wspólnik *m ek.* dormant partner
ciec *v* flow; trickle
CIECH = Centrala Importowo-Eksportowa Chemikalii
ciecz *f* **1.** liquid **2.** *fizjol.* fluid; humour
~ **anizotropowa** anisotropic liquid, liquid crystal
~ **anodowa** *chem.* anolyte
~ **beztarciowa** non-viscous liquid
~ **bezwodna organiczna** water-free organic liquid

~ **bieląca** *włók.* bleaching liquor
~ **biologiczna** biological fluid
~ **bordoska** *chem.* Bordeaux mixture
~ **chłodząca** liquid coolant
~ **chłodząco-smarująca** *obr.skraw.* cutting fluid, cutting compound, cutting-tool lubricant
~ ~ ~ **przy szlifowaniu** grinding fluid
~ **ciężka** *wzbog.* heavy liquid, dense medium
~ **do przekładni hydrokinetycznych** automatic transmission fluid
~ **doskonała** ideal liquid, perfect liquid
~ **hartownicza** hardening liquid, quenching fluid
~ **hydrauliczna** hydraulic fluid
~ **hydrometryczna** hydrometrical liquid, measuring liquid
~ **idealna** ideal liquid, perfect liquid
~ **kalifornijska** *chem.* lime sulfur
~ **katodowa** catholyte
~ **klarowna nad osadem** supernatant liquid, liquor
~ **kontrastowa** *med.* radiopaque fluid
~ **krystaliczna** anisotropic liquid
~ **macierzysta** *met.* mother liquor
~ **manometryczna** manometer liquid
~ **martwa** *hydr.* dead liquid; undrainable liquid
~ **Maxwella** *mech.pł.* Maxwell body
~ **mierząca** hydrometrical liquid, measuring liquid
~ **naturalna** natural liquid, real liquid
~ **nawęglająca** *obr.ciepl.* liquid carburizer
~ **newtonowska** Newtonian fluid
~ **nielepka** non-viscous liquid
~ **nienewtonowska** non-Newtonian fluid
~ **nieściśliwa** incompressible liquid
~ **niezasocjowana** *chem.* non-associated liquid, non-polar liquid
~ **niezwilżająca** non-wetting liquid
~ **plastyczna** *fiz.* Bingham plastic
~ **polarna** *chem.* polar liquid
~ **pracująca** working liquid
~ **przechłodzona** supercooled liquid
~ **przegrzana** superheated liquid
~ **robocza** working liquid
~ **rzeczywista** real liquid, natural liquid
~ **sklarowana nad osadem** supernatant liquor
~ **szklista** (*oka*) *anat.* vitreous humour, vitreous body
~ **ściśliwa** compressible liquid
~ **ustrojowa** biological fluid, body fluid
~ **uszczelniająca** sealing liquid
~ **warzelna** *papiern.* digesting liquor
~ **wodnista** (*oka*) *anat.* aqueous humour
~ **wskazująca** *metrol.* indicating liquid
~ **wymywająca** (*w chromatografii*) *chem.* eluant
~ **wyparta** displaced liquid
~ **wysokowrząca** high-boiling liquid
~ **zamykająca** sealing liquid
~ **zasocjowana** *chem.* associated liquid
~ **zwilżająca** wetting liquid
ciecze *fpl* **mieszające się** miscible liquids
~ **nie mieszające się** immiscible liquids
~ **o ograniczonej wzajemnej rozpuszczalności** partially miscible liquids
~ **wzajemnie nierozpuszczalne** immiscible liquids
ciek *m* **podziemny** *geol.* underflow (*of water*)
~ **wodny** *hydr.* water-course, water race
ciekły *a* liquid
ciekły kryształ *m* liquid crystal, *zob.też* **kryształ ciekły**
ciekły tlen *m* liquid oxygen, loxygen, lox
cielę *n* calf
~ **odsadzone** weaned calf
cielęcina f veal
cielętnik *m zoot.* calf house, calf pen, calf ward
cielić się *v zoot.* calve (down); *US* freshen
ciemiernik *m* **czarny** *bot.* black hellebore, *Helleborus orientalis*
ciemiężyca *f* **biała** *bot.* white hellebore, *Veratrum album*
ciemnia *f elektron.* dark space
~ **anodowa** anode dark space
~ **Astona** Aston dark space
~ **Crookesa** *zob.* **ciemnia katodowa**
~ **fotograficzna** dark-room
~ **katodowa** *elektron.* cathode dark space, Crookes dark space
~ **optyczna** dark chamber, camera obscura
~ **rentgenowska** X-ray processing room
ciemnienie *n* darkening
ciemnoniebieski *a* dark blue
ciemnozielony *a* dark green
ciemny *a* dark
cieniowanie *n farb., rys.* shading; grading
cieniowytrzymałość *f zob.* **cienioznośność**
cienioznośność *f leśn.* shadow tolerance
cienki *a* thin; light-gauge (*e.g. wire*)
cienko uwarstwiony *geol.* thin-bedded
cienkościenny *a* thin-walled
cienkowarstwowy *a* thin-layer; *elektron.* thin-film
cień *m* shadow; *astr.* umbra
~ **aerodynamiczny** wake
~ **cieplny** heat shadow
~ **do powiek** *kosmet.* eye shadow
cieplak *m bud.* (*temporary structure enabling the work to be continued in winter-time*)
cieplarka *f zoot.* incubator
~ **do przewożenia wcześniaków** *med.* transport incubator
cieplarnia *f roln.* greenhouse, hothouse; glass-house
cieplica *f geol.* therma
cieplny *a* thermal; thermic; calorific
ciepławy *a* tepid, lukewarm
ciepło *n* heat
~ **aktywacji** heat of activation
~ **akumulowane** stored heat
~ **atomowe** atomic heat
~ **doprowadzone** heat input, supplied heat
~ **jawne** *fiz.* sensible heat
~ **jednostkowe powietrza wilgotnego** humid heat
~ **kondensacji** heat of condensation
~ **krystalizacji** heat of crystallization

~ **mieszania** heat of mixing
~ **moderatorowe** *nukl.* moderator heat
~ **molowe** *chem.* molal heat capacity
~ **odczuwalne** *fiz.* sensible heat
~ **oddychania** *chłodn.* vital heat
~ **odlotowe** *zob.* **ciepło odpadkowe**
~ **odpadkowe** waste heat, off-heat, exhaust heat, rejected heat
~ **parowania** heat of vaporization, heat of evaporation
~ ~ **utajone** latent heat of vaporization
~ ~ **wewnętrzne** internal heat of vaporization
~ **powstawania** *chem.* heat of formation, heat of combination
~ **powyłączeniowe** *nukl.* after-heat
~ **promieniowania** radiant heat; heat of radioactivity
~ **przegrzania** superheat
~ **przemiany** *fiz.* heat of transition
~ ~ **fazowej** heat of phase transition, latent heat
~ ~ **promieniotwórczej** *nukl.* decay heat
~ **reakcji** *chem.* heat of reaction
~ ~ **jądrowej** *nukl.* Q-value, nuclear disintegration energy
~ **rozkładu** heat of decomposition
~ **rozpuszczania** heat of solution
~ ~ **cząstkowe** differential heat of solution, partial heat of solution
~ ~ **ostatnie** last heat of solution
~ ~ **pełne** total heat of solution
~ ~ **pierwsze** first heat of solution
~ ~ **różniczkowe** *zob.* **ciepło rozpuszczania cząstkowe**
~ **rozszczepienia** *nukl.* fission heat
~ **skraplania** heat of condensation
~ **spalania** heat of combustion; *paliw.* (gross) calorific value, high-heat value, higher calorific value
~ **topnienia** heat of fusion
~ **tworzenia** *chem.* heat of formation, heat of combination
~ ~ **się powierzchni** *fiz.* latent heat of surface
~ **utajone** latent heat, heat of phase transition
~ **utleniania** heat of oxidation
~ **wiązania** *chem.* heat of linkage
~ **właściwe** specific heat
~ **wyczuwalne** sensible heat
~ **związane** unavailable heat
~ **zwilżania** *fiz.* heat of wetting
ciepłochronność *f* *włók.* warmth retention
ciepłochronny *a* heat-insulating
ciepłokrwisty *a* *biol.* warm-blooded, homeothermal
ciepłownia *f* heat-generating plant
ciepłownictwo *n* heat engineering
ciepły *a* **1.** warm **2.** *nukl.* warm
cierny *a* frictional
cierń *m* *bot.* thorn, spine
cierpki *a* acrid; astringent
ciesak *m* *drewn.* adze
ciesielstwo *n* carpentry
cieszynit *m* *petr.* teschenite
cieśla *m* carpenter
~ **górniczy** *górn.* timberer
~ **okrętowy** shipwright
cieślica *f* *drewn.* adze
~ **mechaniczna** adzing machine
cieśnina *f* *geogr.* strait(s)
cieśń *f* *anat.* istmuth
cięcie *n* cutting; *leśn.* felling
~ **acetylenowo-tlenowe** *spaw.* oxy-acetylene cutting
~ **brzegowe** *leśn.* border cutting
~ **gazowe** *spaw.* flame cutting, gas cutting
~ **gniazdowe** *leśn.* group cutting
~ **kwarcu** crystal cut
~ **lancą tlenową** *spaw.* lance cutting, lancing
~ **laserowe** cutting by laser
~ **łukowe** *spaw.* arc cutting
~ ~ **elektrodą metalową** metal-arc cutting
~ ~ ~ **węglową** carbon-arc cutting
~ **łukowo-tlenowe** *spaw.* oxy-arc cutting
~ **metali piłką ręczną** hacksawing
~ **na kłody** *drewn.* logging
~ **na koronę** (*drzew owocowych*) *roln.* lop and crop
~ **na kostki** cubing, cutting into cubes
~ **na mokro** *obr.skraw.* wet cutting
~ **na sucho** *obr.skraw.* dry cutting
~ **na wzrost** (*drzew owocowych*) *roln.* lop and top
~ **nożem elektrycznym** *med.* electrotomy, electrocision
~ **nożycami** shearing
~ ~ **ręcznymi** snipping
~ ~ **wibracyjnymi** (*blachy*) nibbling
~ **obsiewne** *leśn.* seeding felling
~ **odnowieniowe** *leśn.* regeneration felling, reproductive felling
~ **odsłaniające** *leśn.* light felling, opening up
~ **pakietami** (*blach*) *spaw.* stack cutting, piled-plate cutting
~ **pielęgnacyjne** *leśn.* improvement felling
~ **piłą** sawing
~ ~ **cierną** friction sawing
~ ~ **taśmową** bandsawing
~ **plazmowe** plasma (arc) cutting
~ **płomieniowe** *hutn.* flame parting
~ **pod wodą** *spaw.* underwater cutting
~ **poprzeczne** *drewn.* cross-cutting
~ **pośrednie** *leśn.* intermediate felling, secondary felling
~ **przerębowe** *leśn.* selection logging
~ **przygodne** *leśn.* incidental felling
~ **przygotowawcze** *leśn.* prelogging
~ **regeneracyjne** (*drzew owocowych*) *roln.* regeneration cutting
~ **sanitarne** *leśn.* sanitation felling
~ **skóry** (*przy zdejmowaniu z tuszy zwierzęcia*) opening cut, ripping cut
~ **ściernicą** abrasive cutting
~ **tarciowe** friction cutting
~ **termiczne** (*np. gazowe, łukowe*) thermal cutting, fusion cutting
~ **tlenowe** *spaw.* oxygen-cutting, oxy-cutting

~ ~ **jednocześnie wieloma palnikami** multiple oxygen cutting
~ ~ **z topnikiem** flux-oxygen cutting, flux-injection cutting
~ **tlenowo-acetylenowe** *spaw.* oxyacetylene cutting
~ **tlenowo-proszkowe** *spaw.* iron powder cutting
~ **uprzątające** *leśn.* cleaning cutting, removal cutting
~ **uzupełniające** *leśn.* relogging
~ **wstępne** *leśn.* prelogging
~ **wzdłużne** *drewn.* ripping
~ ~ **taśm** *hutn.* strip slitting
~ **z topnikiem** *spaw.* flux cutting, cover cutting
~ **zupełne** *leśn.* clear cutting, clear felling

cięciwa *f geom.* chord
~ **aerodynamiczna** aerodynamic chord
~ **odniesienia** *aero.* reference chord
~ **profilu lotniczego** chord of an airfoil section
~ **resoru** *masz.* chord of spring
~ **równowagowa** (*na wykresie równowagi faz*) tie line, conode (*on a phase diagram*)
~ **średnia aerodynamiczna** mean aerodynamic chord, second mean chord
~ ~ **geometryczna** *aero.* mean geometric chord, first mean chord
~ **zerowej siły nośnej** *aero.* zero-lift line

cięgło *n masz.* pull rod
~ **hamulca** *kol.* brake rod
~ **sprzęgu** *kol.* coupling bar

cięgno *n* string, tension member; flexible connector
~ **bębna wyrównawczego** *zeg.* fusee chain; fusee gut
~ **bierne napędu pasowego** slack side of belt drive
~ **czynne napędu pasowego** driving side of belt drive
~ **hamulca** *mot.* brake rod
~ **izolacyjne** pull insulator
~ **napędowe** wrapping connector (*in a drive gear*)

ciężar *m* weight
~ **adhezyjny** adhesive weight (*of a vehicle*)
~ **atomowy** atomic mass, atomic weight
~ **bezwzględny** absolute weight
~ **brutto** gross weight
~ **całkowity** all-up weight; total weight
~ **ciągniony** *kol.* hauled load, train load; *mot.* towed load
~ **cząsteczkowy** molecular mass, molecular weight
~ **części spadających** (*młota*) falling weight (*in a power hammer*)
~ **gramocząsteczkowy** gram-molecular weight
~ **hamowany** *transp.* braked weight, weight to be braked
~ **hamujący** *kol.* brake weight
~ **holowany** *transp.* tow weight; towed load
~ **izotopowy** = **masa atomowa izotopu** isotopic mass
~ **jednej stopy bieżącej materiału** foot-weight
~ **jednostkowej zmiany zanurzenia** *okr.* tons per inch immersion
~ **jednostkowy** specific weight
~ ~ **silnika na funt ciągu** *lotn.* weight per pound thrust
~ ~ ~ **na konia mechanicznego** *lotn.* weight per horse-power
~ **ładunku** *transp.* pay load
~ ~ **handlowego** commercial load
~ ~ **wyładowanego** *żegl.* landed weight
~ **maksymalny wtrysku** *tw.szt.* shot capacity
~ **molowy** *chem.* gram-molecular weight
~ **nadmierny** excessive weight, excess of weight
~ **napędny** *kol.* adhesion weight
~ **naprężający** (*sieć jezdną*) counterweight for overhead contact line
~ **nasypowy** bulk density; apparent powder density
~ **netto** net weight
~ **nieresorowany** (*pojazdu*) unsprung weight (*of a vehicle*)
~ **objętościowy** weight by volume, bulk density
~ **opakowania** tare
~ **operacyjny do startu** *lotn.* operational take-off weight
~ **płatny** commercial load; pay load
~ **pojazdu gotowego do jazdy** (*wraz z ładunkiem*) *mot.* running weight
~ ~ **w stanie suchym** *mot.* vehicle dry weight
~ **pozorny** (*ciała zanurzonego*) *hydr.* apparent weight
~ **przestrzeni topologicznej** *mat.* weight of a topological space
~ **przyczepny** (*pojazdu*) adhesive weight (*of a vehicle*)
~ **regulatora** (*odśrodkowego*) governor weight
~ **resorowany** (*pojazdu*) sprung weight (*of a vehicle*)
~ **rozporządzalny** *lotn.* disposable load
~ **równoważnikowy** *chem.* combining weight, equivalent weight
~ **rzeczywisty (samolotu) w locie** actual flying weight
~ **samolotu próżnego** empty weight of an aircraft
~ ~ **w locie** flying weight of an aircraft
~ ~ **z pełnym wyposażeniem bojowym** combat weight of an aircraft
~ **silnika suchego** dry weight of engine
~ **służbowy** *kol.* weight in working order
~ **startowy rakiety** launch weight, firing weight (*of a rocket missile*)
~ ~ **samolotu** take-off weight of an aircraft
~ **statku pustego** light ship weight
~ **substancji suchej** dry weight
~ **towaru przed suszeniem** *roln., spoż.* green weight
~ **uresorowany** (*pojazdu*) sprung weight (*of a vehicle*)

~ **użyteczny** pay load; useful load
~ **wahadła = obciążnik wahadła** pendulum bob
~ **wirujący** flyweight
~ **własny** dead weight (*of a structure*)
~ ~ **samolotu** base weight of an aircraft, gross tare weight
~ ~ **silnika** (*suchego i bez osprzętu*) bare weight of an engine
~ ~ **wagonu** tare weight of rail car, weight empty
~ **właściwy** specific gravity
~ ~ **pozorny** apparent specific gravity, bulk specific gravity (*of porous materials*)
~ ~ ~ **proszku** powder density
~ **wysyłkowy** shipping weight (*of goods*)
~ **wytopu** *hutn.* tap(ping) weight
~ **wyważający** mass-balance weight
~ **zanieczyszczeń** (*np. ziemniaków, buraków*) dirt tare
ciężarek *m* weight, bob, plummet; *ryb.* sinker
~ **do przetykania rur** pipeline pig
~ **mechanizmu odśrodkowego** centrifugal weight
~ **pionu** plumb, plumb-bob, plummet
~ **sondy** sounding-lead, plummet
~ **wyważający** balancing slug
ciężarna *a fizjol.* pregnant
ciężarowskaz *m wiertn.* drillometer, weight indicator
ciężarowy napinacz *m* **pasa** gravity idler
ciężarówka *f* (motor) truck, lorry
ciężka woda *f* heavy water, deuterium oxide
ciężki *a* heavy
ciężki karabin *m* **maszynowy** heavy machine-gun
ciężki „na łeb" *lotn.* nose heavy
ciężki „na ogon" *lotn.* tail heavy
ciężki wodór *m* heavy hydrogen, deuterium
ciężkie warunki *mpl* trying conditions, difficult conditions
ciężkość *f* gravity, earthpull
CIINTE = Centralny Instytut Informacji Naukowo-Technicznej i Ekonomicznej (*do* 1971 r.)
CINTE = Centrum Informacji Naukowej, Technicznej i Ekonomicznej
CIOP = Centralny Instytut Ochrony Pracy
cios *m* **1.** *bud.* cut stone, ashlar **2.** *geol.* joint, jointing
~ **kształtowy wymiarowy** *bud.* dimension stone
~ **tensjonalny** *geol.* tension joint
ciosać *v* dress; hew; adze
ciosak *m narz.* **1.** adze **2.** pick
cipolino *n* (*odmiana białego marmuru*) *petr.* cipolin
cirrocumulus *m meteo.* cirrocumulus (cloud)
cirrostratus *m meteo.* cirro-stratus (cloud)
cirrus *m meteo.* cirrus (cloud)
CIS = Centralny Inspektorat Standardyzacji Ministerstwa Handlu Zagranicznego
cis *m* **pospolity** *bot.* yew, *Taxus* L.
ciskacz *m* (*wozów*) *górn.* car pusher, putter, trammer
ciskanie *n* (*wozów*) *górn.* putting, hand tramming
cisnąć *v* **na wiatr** *żegl.* hug the wind
cisoida *f geom.* cissoid
cisuranowce *mpl chem.* (*five elements: francium, radium, actinium, thorium, protactinium*)
cisza *f* **1.** silence **2.** *meteo.* calm (0 *Beaufort scale*)
~ **radarowa** radar silence
~ **radiowa** radio silence
~ **zupełna** *ocean.* dead calm
ciśnienie *n* (specific) pressure, unit pressure, intensity of pressure
~ **absolutne** absolute pressure
~ **akustyczne** sound pressure, acoustic pressure
~ **alarmowe** alarm pressure
~ **atmosferyczne** atmospheric pressure, barometric pressure
~ ~ **normalne** standard atmospheric pressure
~ **barometryczne** *zob.* **ciśnienie atmosferyczne**
~ **bezwzględne** absolute pressure
~ **całkowite** total pressure
~ **cząstkowe (gazu)** partial pressure
~ **denne** (*na spodzie odwiertu*) *wiertn.* bottom-hole pressure
~ **dmuchu** blast pressure
~ **doładowywania** *siln.* supercharging pressure
~ **domykające** (*formę*) *tw.szt.* clamping pressure
~ **dopływowe** inlet pressure
~ **dynamiczne** *mech.pł.* dynamic pressure, kinetic pressure, velocity pressure
~ **efektywne** effective pressure
~ **elektrostatyczne** electrostatic pressure
~ **ferrostatyczne** *odl.* ferrostatic pressure
~ **formujące** *tw.szt.* moulding pressure
~ **gazu** gas pressure
~ **głowicowe przy zamkniętym odwiercie** shut-in well pressure
~ **górotworu** *geol.* rock pressure, ground pressure, geostatic pressure
~ **hydrodynamiczne** hydrodynamic pressure
~ **hydrostatyczne** hydrostatic pressure
~ **indykowane** *siln.* indicated pressure
~ **kapilarne** capillary pressure
~ **kinetyczne** *mech.pł.* kinetic pressure, dynamic pressure, velocity pressure
~ **końcowe** *hydr.* terminal pressure
~ **krwi rozkurczowe** diastolic blood pressure
~ ~ **skurczowe** systolic pressure
~ ~ **tętnicze** arteriotony, (arterial) blood pressure
~ ~ **w żyłach** venous pressure
~ **krytyczne** critical pressure
~ **ładowania** *siln.spal.* boost (pressure)
~ **łuku** *spaw.* arc force
~ **magnetyczne** magnetic pressure

~ **manometryczne** gauge pressure, manometric pressure
~ **metalostatyczne** *odl.* metallostatic pressure
~ **miernicze** *hydr.* measuring pressure
~ **minusowe** *zob.* **ciśnienie niższe**
~ **niskie** low pressure
~ **niższe** *hydr.* downstream pressure, lesser pressure
~ **obliczeniowe** design pressure
~ **oddechowe** *fizjol.* breathing pressure
~ **osmotyczne** osmotic pressure
~ **otoczenia** ambient pressure
~ **parcjalne** (*gazu*) partial pressure
~ **pęcznienia** swelling pressure
~ **piezometryczne** piezometric pressure
~ **Pitota** *mech.pł.* Pitot pressure
~ **plusowe** *hydr.* upstream pressure, greater pressure
~ **po stronie tłocznej** (*przy pompowaniu*) delivery pressure
~ **poniżej atmosferycznego** subatmospheric pressure
~ **powierzchniowe** surface pressure
~ **prędkości** *mech.pł.* velocity pressure, dynamic pressure, kinetic pressure
~ **promieniowania** radiation pressure
~ **próbne** *hydr.* test pressure
~ **robocze** working pressure
~ **rozprężania** expansion pressure
~ **rozrywające** (*przy próbach hydraulicznych*) bursting pressure
~ **rzeczywiste** actual pressure
~ **skalarowe** scalar pressure
~ **sklepieniowe** (*w mechanice gruntów*) arch pressure
~ **spalania** (*najwyższe*) *siln.spal.* peak firing pressure
~ **spiętrzenia** *aero.* impact pressure, pressure at the impact point
~ **sprężania** compression pressure
~ **stagnacji** *aero.* stagnation pressure, pressure at the stagnation point
~ **stałe** constant pressure
~ **statyczne** *mech.pł.* static pressure
~ **stropu** *górn.* roof pressure
~ **średnie efektywne** *siln.* mean effective pressure, m.e.p.
~ **świeżego ładunku** *siln.spal.* charge pressure
~ **tłoczenia** forcing pressure
~ **upustu** (*pary w turbinach parowych*) extraction pressure
~ **użyteczne** effective pressure
~ **w komorach serca** *fizjol.* chamber pressure
~ **w ogumieniu** *mot.* tyre pressure
~ **w przewodzie wlotowym** *siln.spal.* manifold pressure
~ **wewnętrzne** (*cieczy*) internal pressure
~ **wlotowe** *siln.* admission pressure, inlet pressure
~ **włoskowate** capillary pressure
~ **wsteczne** back pressure
~ **wtrysku** injection pressure
~ **wydechu** *siln.* exhaust pressure
~ **wylotowe** *hydr.* discharge pressure; *siln.* exhaust pressure
~ **wypadkowe** resultant pressure
~ **wysokie** high pressure
~ **wywołane przyspieszeniem** *hydr.* acceleration pressure
~ **wyższe** *hydr.* upstream pressure, greater pressure
~ **zamykające** (*formę*) *tw.szt.* locking pressure
~ **zastoju** *aero.* stagnation pressure, pressure at the stagnation point
~ **znamionowe** *masz.* pressure rating
~ **zredukowane** reduced pressure
~ **żylne** (*krwi w żyłach*) *fizjol.* venous pressure
ciśnieniomierz *m* **1.** manometer, pressure gauge **2.** *med.* tonometer
~ **oczny** ophthalmotonometer
ckm = ciężki karabin maszynowy heavy machine-gun
CKT = cykl kwasów trójkarboksylowych *biochem.* tricarboxilic acid cycle, Krebs cycle
CLCh = Centralne Laboratorium Chłodnictwa
clearing *m ek.* clearing
CLG = Centralne Laboratorium Gazownictwa
CLO = Centralne Laboratorium Optyki
CLOR = Centralne Laboratorium Ochrony Radiologicznej
CLPR = Centralne Laboratorium Przemysłu Rolnego
cło *n* customs (duty)
~ **od wartości** (*towaru*) ad valorem duty
cm = centymetr *jedn.* centimetre
cm² = centymetr kwadratowy square centimetre
cm³ = centymetr sześcienny cubic centimetre
cmentarzysko *n nukl.* burial (ground), graveyard (*for radioactive waste*)
~ **samochodów** used car dump
c.o. = centralne ogrzewanie central heating
co było do okazania (c.b.d.o.) quod erat demonstrandum (q.e.d.)
co do... regarding..., as regards
co metr at 1 m intervals
co miesiąc monthly, every month
COB i RTD = Centralny Ośrodek Badań i Rozwoju Techniki Drogowej
COB i RTK = Centralny Ośrodek Badań i Rozwoju Techniki Kolejnictwa PKP
COBN = Centralny Ośrodek Badawczy Normalizacji
COCh = Centralny Ośrodek Chłodnictwa
CODKK = Centralny Ośrodek Doskonalenia Kadr Kierowniczych
codzienny *a* daily
cofacz *m biur.* back space key, back spacer
cofać *v* (*np. taśmę, wózek maszyny do pisania*) backspace
~ **się** withdraw; recede; retreat; *mot.* reverse

~ **się wiatrem z dziobu** *żegl.* back off
cofanie *n* **się miana** *chem.* retreat of titre
~ ~ **superfosfatu** reversion of superphosphate
~ ~ **wymalowania** cissing, crawling (*defect of coating*)
cofka *f hydr.* backwater
cofnąć *v* **klasę** (*statku*) expunge the class (*of a ship*)
~ **licencję** *ek.* withdraw a licence
cofnięcie *n* **odliczania wstecznego** *kosm.* backout
~ **się** withdrawal; *geol.* recession
~ ~ **płomienia** *spaw.* flash-back
~ ~ **zahamowania** (*reakcji*) *chem.* reversal of inhibition
~ **w linii zabudowania** *bud.* set-back
COINiM = Centralny Ośrodek Informacji Normalizacyjnej i Metrologicznej
COINTE = Centralny Ośrodek Informacji Naukowej, Technicznej i Ekonomicznej
COIP = Centralny Ośrodek Informacji Patentowej
COKBPO = Centralny Ośrodek Konstrukcyjno-Badawczy Przemysłu Okrętowego
cokół *m arch.* pedestal, socle, plinth
~ **bez kolumny** *arch.* stereobate
~ **bezpiecznika** (*metalowy*) *mot.* fuse socket
~ **komina** chimney base
~ **lampy elektronowej** base of an electron tube
~ **przypodłogowy** *bud.* skirting (board), mop board, washboard
~ **żarówki** *mot.* bulb socket
COMD = Centralny Ośrodek Maszyn Dydaktycznych
CONP = Centralny Ośrodek Normowania Pracy
continuum *n* **1.** *mat.* continuum (*compact, connected set*); continuum (*cardinality of a set*) **2.** *fiz.* continuum
~ **materialne** *fiz.* continuous medium, material continuity, substantial continuity
COPAN = Centrum Obliczeniowe Polskiej Akademii Nauk
cos = cosinus *mat.* cosine, cos
cosec = cosecans *mat.* cosecant, cosec
cosecans *m mat.* cosecant, cosec
cosinus *m mat.* cosine, cos
~ **hiperboliczny** hyperbolic cosine, cosh
~ **kierunkowy** *geom.* direction cosine
cosinusoida *f mat.* cosine curve
cotangens *m mat.* cotangent, ctg
~ **hiperboliczny** hyperbolic cotangent, coth
cotangensoida *f mat.* cotangent curve
coupe dwumiejscowe *mot.* coupe two-seater
cP = centypuaz *jedn.* centipoise
c.par. = ciepło parowania *fiz.* heat of vaporization
CPN = Centrala Produktów Naftowych
crowdion *m kryst.* crowdion (*lattice defect*)
CRD = centralna rejestracja danych data logging
CRPD = centralna rejestracja i przetwarzanie danych data logging and processing
c/s = cykl na sekundę *jedn.* cycle per second, hertz
ctg = cotangens *mat.* cotangent, ctg
cuchnący *a* stinking, foul
cudzożywny *a biol.* heterotrophic, heteroecious
cudzysłów *m* quotation marks
CUG = Centralny Urząd Geologii
CUGW = Centralny Urząd Gospodarki Wodnej
CUJiM = Centralny Urząd Jakości i Miar (*do* 1972 r.)
cukier *m chem.* sugar
~ **afinowany** affinated sugar
~ **biały** white sugar
~ **buraczany** beet sugar, saccharose, sucrose
~ **drobnokrystaliczny** false grain
~ **drugiego rzutu** second-grade sugar
~ **drzewny** xylose, wood sugar
~ **gronowy** grape sugar, glucose, dextrose
~ **inwertowany** inverted sugar
~ **klonowy** maple sugar
~ **kryształ** granulated sugar
~ **lodowaty** icing sugar
~ **miażdżony** crushed grain sugar
~ **miękki** soft sugar
~ **mlekowy** milk sugar, lactose
~ **nieoczyszczony** brown sugar
~ **owocowy** fruit sugar, fructose
~ **palony** burnt sugar, caramel
~ **pierwszego rzutu** first sugar
~ **prosty** simple sugar, monosaccharide
~ **puder** powdered sugar
~ **redukujący** reducing sugar
~ **sklarowany** melting sugar, melt
~ **słodowy** malt sugar, maltose
~ **surowy** raw sugar
~ **trzcinowy** cane sugar, saccharose, sucrose
~ **w głowach** loaf sugar
~ **w kostkach** cube sugar, lump sugar
~ **z klonu cukrowego** maple sugar
~ **żółty** raw sugar
cukinia *f bot.* zucchini
cukromierz *m* saccharometer
cukromocz *m* (*obecność cukru w moczu*) *med.* glycosuria
cukrownia *f* sugar factory
cukrownictwo *n* sugar industry
cukry *mpl chem.* sugars, saccharides, carbohydrates
cukrzan *m chem.* saccharate
~ **wapniowy** saccharated lime
cukrzyca *f* **1.** *cukr.* massecuite, fillmass **2.** *med.* diabetes mellitus; diabetes
cuma *f żegl.* mooring line, fast
~ **dziobowa** bow line, head line, head fast
~ **podana na ląd** shore fast
~ ~ **ze śródokręcia** waist hawser
~ **rufowa** stern line, stern fast

~ ~ poprzeczna after breast rope, quarter breast, backspring
~ szpringowa spring line
cumowanie *n* **1.** *żegl.* mooring **2.** *kosm.* docking
~ z dziobu i z rufy fore and aft mooring
cumowisko *n żegl.* berthage, mooring place
cumownik *m żegl.* pierman, wharfman
cumulonimbus *m meteo.* cumulo-nimbus (cloud)
cumulus *m meteo.* cumulus (cloud)
curry *spoż.* curry
CW kompleks *m mat.* CW complex
CW kompleks *m* **absolutny** *mat.* absolute CW complex
cwo = całkowity węgiel organiczny *san.* total organic carbon
cybernetyka *f* cybernetics
~ techniczna engineering cybernetics
cybet *m kosmet.* civet, zibeth
cycero *n poligr.* **1.** *jedn.* pica **2.** pica (*type body*)
cyfra *f* digit, figure, numeral, numeric character
~ dwójkowa binary digit, bit
~ dziesiętna decimal(-coded) digit
~ kierunkowa *telef.* routing digit
~ kontrolna *inf.* check digit
~ najniższego rzędu *inf.* lowest-order digit
~ ósemkowa octal digit
~ przeniesienia *inf.* carry digit
~ techniczna *inf.* gap digit
~ znacząca significant digit
~ ~ największa most significant digit
~ znaku sign digit
cyfronik *m* digital-circuit engineer
cyfronika *f inf.* digital-circuit engineering, digital electronics
cyfrowy *a* digital; numeric(al)
cyfry *fpl* **arabskie** arabic numerals
~ rzymskie Roman numerals
cyfryzować *v aut.* digitize
cyjan *m chem.* **1.** cyanogen, C_2N_2 **2.** cyano, -CN
cyjanamid *m chem.* cyanamide, urea anhydride
~ wapniowy calcium cyanamide, lime nitrogen
cyjanek *m chem.* cyanide
~ cynkowy zinc cyanide
~ etylu ethyl cyanide, propionitrile
~ potasowy potassium cyanide
~ propylu butyronitrile
cyjanian *m chem.* cyanate
cyjanina *f farb.* cyanin(e)
cyjanit *m min.* cyanite, kyanite, disthene
cyjanizacja *f met.* cyaniding
cyjanoamina *f chem.* cyanamide, urea anhydride
2-cyjanoetanol *m* ethylene cyanohydrin, beta hydroxy propionitrile
cyjanohydryna *f chem.* cyanohydrin
~ etylenowa *zob.* **2-cyjanoetanol**
cyjanokobalamina *f biochem.* cyanocobalamin, vitamin B_{12}
cyjanometylowanie *n chem.* cyanomethylation
cyjanomiedzian *m chem.* cuprocyanide
cyjanoplatynian *m chem.* cyanoplatinate, platinocyanide
cyjanowanie *n obr.ciepl.* cyaniding, cyanidizing, cyanide (case) hardening, cyanide treatment
~ gazowe dry cyaniding, gas cyaniding, carbo-nitriding, ni-carbing, nitrocarburizing, ammonia carburizing
~ kąpielowe liquid cyaniding, liquid carbonitriding
~ ~ w solach wapnia aero-case process
cyjanowodór *m chem.* hydrogen cyanide
cyjanożelazian II *m chem.* hexacyanoferrate II, ferrocyanide
cyjanożelazian III *m chem.* hexacyanoferrate III, ferricyanide
cykl *m* cycle, *zob.też* **obieg**
~ azotowy *biochem.* nitrogen cycle
~ Bethego (*reakcji termojądrowych*) *nukl.* carbon-nitrogen cycle, Bethe cycle
~ farbiarski *włók.* dye cycle
~ graniczny *mat.* limit cycle
~ Krebsa *zob.* **cykl kwasów trójkarboksylowych**
~ kwasów tłuszczowych *biochem.* fatty acid cycle, fatty acid oxidation spiral
~ ~ trójkarboksylowych *biochem.* Krebs cycle, tricarboxylic acid cycle
~ kwasu cytrynowego *zob.* **cykl kwasów trójkarboksylowych**
~ mocznikowy *biochem.* urea cycle, ornithine cycle
~ narażeń stress cycle
~ neutronowy *nukl.* neutron cycle
~ obciążeń *zob.* **cykl narażeń**
~ obsługowy *mot.* service cycle
~ oddechowy *fizjol.* breathing cycle, respiratory cycle
~ ornitynowy *biochem.* urea cycle, ornithine cycle
~ paliwowy *nukl.* fuel cycle (*of a reactor*)
~ pamięci *inf.* storage cycle
~ pentozofosforanów *biochem.* pentose phosphate cycle, Warburg-Dickens-Horecker (pathway), WDH pathway
~ powielania (*paliwa*) *nukl.* breeding cycle
~ pracy (*urządzenia*) working cycle, work cycle, duty cycle
~ prasowniczy *tw.szt.* moulding cycle
~ produkcyjny production cycle, manufacturing cycle; campaign
~ protonowo-protonowy *nukl.* proton-proton chain, deuterium cycle
~ przewozowy *transp.* turnaround (cycle)
~ remontowy overhaul life
~ roboczy (*urządzenia*) work cycle; duty cycle
~ rujowy *zoot.* estrous cycle
~ słoneczny solar cycle
~ termodynamiczny thermodynamic cycle
~ węglowo-azotowy (*reakcji termojądrowych*) *nukl.* carbon-nitrogen cycle, Bethe cycle

~ **wypalania** (*paliwa*) *nukl.* burn-out cycle
~ **wytwórczo-konsumpcyjny** production-consumption cycle
cyklicznie *adv* in cycles
cykliczny *a* cyclic; *geom.* cyclic, circular
cyklida *f geom.* cyclide
cyklina *f drewn.* scraper
cyklinować *v drewn.* scrape
cyklizacja *f chem.* cyclization, ring formation
cykloaddycja *f chem.* cycloaddition
cykloalkany *mpl chem.* cycloalkanes, cycloparaffins, polymethylenes
cykloalkeny *mpl chem.* cycloolefins
cyklobutan *m chem.* cyclobutane, tetramethylene
cyklogiro *n lotn.* cyclogyro, paddle-plane
cyklograf *m* cyclograph
cyklogram *m* cyclogram
cykloheksan *m chem.* cyclohexane
cykloheksanol *m chem.* cyclohexanol
cykloheksanon *m chem.* cyclohexanone
cykloheksen *m chem.* cyclohexene
cykloheksyl *m chem.* cyclohexyl
cykloheksyloamina *f chem.* cyclohexylamine
cykloheptanol *m chem.* cycloheptanol, suberyl alcohol
cykloida *f geom.* cycloid
~ **skrócona** curtate cycloid, trochoid
~ **wydłużona** prolate cycloid
~ **zwyczajna** common cycloid
cykloidalny *a* cycloidal
cyklokauczuk *m* cyclized rubber
cyklometr *m el.* cycle counter
cyklon *m* **1.** *meteo.* cyclone **2.** *masz.* cyclone (*dust extractor*)
~ **bateryjny** *masz.* multicyclone, multicell cyclone
~ **mokry** *masz.* wet cyclone
~ **wielokrotny** *zob.* **cyklon bateryjny**
cyklonit *m wybuch.* cyclonite, hexogen
cykloolefiny *fpl chem.* cycloolefins
cykloparafiny *fpl* cycloparaffins, cycloalkanes, polymethylenes
cyklopentan *m chem.* cyclopentane, pentamethylene
cyklopolimeryzacja *f chem.* cyclopolymerization
cyklopropan *m chem.* cyclopropane, trimethylene
cyklotron *m nukl.* cyclotron (*accelerator*)
cyklowersja *f chem.* cycloversion process (*catalytic cracking*)
cyklożyro *n lotn.* cyclogyro, paddle-plane
cykoria *f bot.* chicory, *Cichorium intybus*
~ **endywia** endive, *Cichorium endivia* L.
cykuta *f bot.* water hemlock, *Cicuta virosa*
cylinder *m masz.* cylinder
~ **formowy** *poligr.* plate cylinder
~ **hamulcowy** (*hamulca hydraulicznego*) *mot.* brake operating cylinder
~ **hydrauliczny** hydraulic cylinder
~ **kwadratowy** (*o stosunku skoku tłoka do średnicy cylindra zbliżonym do* 1) *siln.* square cylinder
~ **miarowy** *lab.* graduated cylinder, measuring cylinder
~ **nadkwadratowy** *siln.spal.* oversquare cylinder
~ **pneumatyczny** air powered cylinder
~ **podkwadratowy** *siln.spal.* undersquare cylinder
~ **prasujący** *odl.* shot cylinder, injection cylinder
~ **przeszlifowany** *siln.* reground cylinder
~ **sitowy** *papiern.* screening cylinder
~ **strzykawki** *med.* syringe barrel
~ **tłumikowy** (*wagi*) damper pot
~ **wtryskarki** *tw.szt.* feed cylinder
~ **z doszlifowanym korkiem** *lab.* stoppered cylinder
~ **zwierający** *odl.* closing cylinder
cylindrowanie *n leśn.* laying in
cylindry *mpl* **bliźniacze** *masz.* siamesed cylinders
~ **przeciwległe** opposed cylinders
~ **w układzie rzędowym** in-line cylinders
cylindryczny *a* cylindrical
cyma *f arch.* cyma, ogee
cymen *m chem.* cymene, cymol
cyna *f chem.* tin, Sn
~ **alfa** *zob.* **cyna szara**
~ **beta** *zob.* **cyna biała**
~ **biała** white tin
~ **szara** grey tin
~ **w bloczkach** block tin
cynamoil *m chem.* cinnamoyl
cynamon *m* cinnamon (bark)
cynamonian *m chem.* cinnamate
cynamonowiec *m bot.* cinnamon, *Cinnamomum zeylanicum*
~ **kamforowy** camphor tree, *Cinnamomum camphora*
cynawy *a chem.* stannous
cynchonidyna *f chem.* cinchonidine
cynchonina *f chem.* cinchonine
cyneol *m chem.* cineol(e), eucalyptol(e), cajeputol
cynfolia *f* tin-foil, tin leaf, stanniol
cyniak *m* **drzewny** (*odmiana kasyterytu*) *min.* wood tin, dneprewskite
cynian *m chem.* stannate
cynin *m chem.* stannite
cynk *m chem.* zinc, Zn
~ **elektrolityczny** electrolytic zinc
~ **granulowany** granulated zinc, drop zinc
~ **handlowy** spelter, commercial zinc
~ **techniczny** *zob.* **cynk handlowy**
~ **twardy** (*produkt odpadkowy przy cynkowaniu ogniowym*) galvanizing dross, zinc dross
~ **w bloczkach** slab zinc
cynkal *m met.* mazak, zamak, durak
cynkalium *n met.* zincalium
cynkan *m chem.* zincate
cynki *mpl* **antykorozyjne** zinc protectors, zincs
cynkit *m min.* zincite, spartalite, red zinc ore
cynkografia *f poligr.* zincography, halftone process
cynkonośny *a* zinciferous

cynkowanie *n* galvanizing, zinc plating, zinc coating
~ **dyfuzyjne** sherardizing
~ **elektrolityczne** electrolytic zinc coating, electro-galvanizing, wet galvanizing, cold galvanizing
~ **galwaniczne** *zob.* **cynkowanie elektrolityczne**
~ **ogniowe** hot galvanizing, hot-dip zinc coating
~ **sposobem suchym** dry galvanizing
~ **z przeżarzaniem** galvannealing
~ **zanurzeniowe ogniowe** hot-dip zinc coating, hot galvanizing
cynkowce *mpl chem.* zinc family, zinc group elements (Zn, Cd, Hg)
cynober *m min.* cinnabar, natural vermilion
cynowanie *n* tinning, tin plating
~ **elektrolityczne** electro-tinning
~ **ogniowe** hot tinning, hot-dip tinning
cynowy *a* **1.** *chem.* stannic **2.** (made of) tin
cypel *m geogr.* headland, point, promontory
~ **piaszczysty** sandspit
~ **urwisty** bluff
cyplowanie *n skór.* trimming
cyprys *m bot.* cypress, *Cupressus*
cyrk *m geol.* cirque
cyrkaloj *m met.* zircaloy
cyrkiel *m* compass(es)
~ **drążkowy** beam compasses, trammel (points)
~ **eliptyczny** elliptic trammel, ellipsograph
~ **pomiarowy** *rys.* dividers
~ **redukcyjny** proportional dividers
~ **sprężynowy** bow compasses
~ **traserski** *zob.* **cyrkiel warsztatowy**
~ **warsztatowy** dividers
~ ~ **sprężynowy** spring dividers
~ **zerowy** drop compasses, rotating compasses, drop pen, fixed centre spring bows, twirler
cyrkon *m* **1.** *chem.* zirconium, Zr **2.** *min.* zircon
cyrkonal *m met.* zirconal
cyrkonyl *m chem.* zirconyl
cyrkulacja *f* **1.** circulation **2.** *mat.* circulation (*of a vector*), contour integral **3.** *żegl.* turning motion
~ **ustalona** *okr.* steady-turning circle
cyrkulator *m masz.* circulator
~ **falowodowy** *el.* waveguide circulator
~ **ferrytowy** ferrite circulator
cyrylica *f* cyrillic alphabet
cysteina *f biochem.* cysteine
cysteinyl *m chem.* cysteinyl
cysterna *f* cistern, tank
~ **lotniskowa** (*paliwowa*) *mot.* aircraft bowser, aircraft refueller
~ **pożarnicza** fire tender, fire tanker, water tender
cystografia *f med.* cystography, cystoradiography
cystoskop *m med.* cystoscope
cystyna *f biochem.* cystine
cytat *m* quotation
cytochemia *f* cytochemistry
cytochrom *m biochem.* cytochrome
cytogenetyka *f biol.* cytogenetics
cytokineza *f biol.* cytokinesis
cytologia *f biol.* cytology
cytopatologia *f med.* cytopathology
cytoplazma *f biol.* cytoplasm
cytostatyczny *a* (*hamujący rozwój komórek*) *farm.* cytostatic
cytozyna *f biochem.* cytosine
cytrok *m skór.* paddle vat
cytron *m* (*odmiana cytryny*) citron, *Citrus medica* L.
cytronellal *m chem.* citronellal, rhodinal
cytrus *m bot.* citrus fruit
cytryn *m min.* citrin
cytryna *f* **1.** *bot.* lemon, *Citrus limon* **2.** *biochem.* citrin (*vitamin P*)
cytrynian *m chem.* citrate
~ **amonowo-żelazowy** ferric ammonium citrate, iron ammonium citrate
~ **potasowy** potassium citrate
~ **sodowy** sodium citrate
cytrynina *f* citrinin (*antibiotic from Penicillium citrinum*)
cytydyna *f biochem.* cytidine, Cyd
cytydynodwufosforan *m biochem.* cytidine diphosphate, CDP
cytydynotrójfosforan *m biochem.* cytidine triphosphate, CTP
czad *m* carbon monoxide
czadnica *f* gas generator, gas producer, producer gas machine
czapa *f* **polarna** *geogr., astr.* polar cap
~ **złoża** *geol.* overlay
~ **żelazna** *geol.* gossan
czapka *f* **pala** *inż.* pile cap
czarka *f* **bliźniacza** twin bucket (*of a water turbine*)
~ **turbiny Peltona** bucket of the Pelton turbine
czarna dziura *f astr.* black hole, collapsar
czarna jagoda *f bot.* bilberry, *Vaccinium myrtillus* L.
czarna ospa *f med.* black smallpox
czarna skrzynka *f cybern.* black box; *lotn.* flight recorder; crash recorder
czarne gotowanie *n papiern.* burned cooking, black cooking
czarniak *m zool.* green cod, *Gadus virens* L.
czarnoziem *m roln.* black-earth, chernozem
czarny rynek *m ek.* black market
czarny ugór *m roln.* bare fallow
czarter *m transp.* charter, charter-party
~ **na czas** time charter
~ **na podróż** voyage charter, trip charter
~ **otwarty** (*bez określenia ładunku i portu wyładowania*) open charter
czarterujący *m* charterer
czas *m* time, *zob.też* **okres**
~ **awaryjny** downtime
~ **bezawaryjnej pracy** error-free running time
~ **bezwzględny** absolute time

~ **biologiczny połowicznego zaniku** biological half-life
~ **blokowy** *lotn.* block time, chock-to-chock time
~ **cyklu odczyt-zapis** read-write cycle time
~ **czułości** (*komory mgłowej*) *nukl.* sensitive time
~ **do ponownego zapisu** write recovery time
~ **do uszkodzenia** time to failure
~ **docisku wstępnego** (*przy zgrzewaniu oporowym*) *spaw.* squeeze time
~ **dostępu** *inf.* access time
~ **dyspozycyjny komputera** machine available time
~ **działania całkującego** *aut.* integral action time
~ ~ **rakietowych silników hamujących** *kosm.* retrofire time
~ ~ **różniczkującego** *aut.* derivative action time
~ **efemerydalny** *astr.* ephemeris time, E.T.
~ **ekspozycji** *fot.* exposure time
~ **elementarny** infinitesimal time
~ **grynicki** Greenwich (mean) time, GMT
~ **gwiazdowy** sidereal time
~ ~ **grynicki** Greenwich sidereal time, GST
~ **hamowania** (*pojazdu*) braking time
~ **jałowy** dead time, idle time
~ **jarzenia się łuku** *spaw.* arcing time
~ **jednostkowy** *ek.* time per unit; floor-to-floor time, cycle time
~ **kontaktowania** *chem.* contact time
~ **konwersji** *inf.* conversion time
~ **kroplenia** *chem.* drop time (*in polarography*)
~ **krzepnięcia** *med.* clotting time, coagulation time
~ **letni** summer time
~ **łukowy** *el.* arcing time
~ **magazynowania** carrier storage time
~ **martwy** dead time, idle time
~ **maszynowy 1.** *ek.* machine time; machining time **2.** *inf.* machine available time
~ **miejscowy** local time
~ **między awariami** time between failures, TBF
~ **na podjęcie decyzji** decision time
~ **nadania** (*wiadomości*) *tel.* time of origin
~ **nagrzewania** warm-up time
~ ~ **się lampy** *elektron.* tube heating time
~ **najkrótszy między rozróżnialnymi impulsami** *fiz.* resolving time
~ **najpóźniejszy zgłoszenia** (*pasażera do punktu odprawy*) *transp.* check-in time
~ **napromieniania** irradiation time
~ **narastania impulsu** *elektron.* pulse rise time, low-to-high level transition time
~ ~ **odpowiedzi** *aut.* rise time, build-up time
~ ~ **prądu** (*przy zgrzewaniu oporowym*) upslope time
~ **naświetlania** *fot.* exposure time
~ **niesprawności** (*urządzenia*) down-time
~ **niezdatności** (*do pracy*) down-time
~ **obiegu ciała przez satelitę** *kosm.* orbital period
~ **obróbki** working time; machining time; processing time
~ **oczekiwania 1.** *inf.* waiting time, latency (time) **2.** *telef.* period of delay
~ ~ **w kolejce** queuing time, turn time
~ **odebrania** (*wiadomości*) *tel.* time of receipt
~ **odnowy** (*licznika*) *nukl.* recovery time (*of a counter*)
~ **odpadania** (*przekaźnika*) *el.* releasing time
~ **odpowiedzi** *aut.*, *metrol.* response time
~ **odpuszczania** (*w cyklu zgrzewania oporowego*) temper time
~ **okrętowy** *żegl.* ship's time, time on board
~ **opadania impulsu** *elektron.* pulse decay time, pulse fall time, high-to-low level transition time
~ **operacji dodawania lub odejmowania** *inf.* add-subtract time
~ **opóźnienia** *el.* delay time
~ **osadzania się** settling time
~ **podstawowy** *ek.* base time
~ **podwojenia** (*paliwa*) *nukl.* breeding doubling time
~ **podźwięku** (*rezonatora*) *rad.* ring time
~ **pogłosu** *elakust.* reverberation time
~ **połowicznego rozpadu** *fiz.* half-life (period), half-period (*of a radioisotope*)
~ **połowicznej śmiertelności** *radiol.* median lethal time, MLT
~ **pomocniczy** *ek.* auxiliary time
~ **ponownego odczytu** sense recovery time
~ **portowy** *żegl.* establishment of the port
~ **postoju** *żegl.* lay time, lay days
~ ~ **maszyny** machine idle time
~ **poświaty** *TV* afterglow duration
~ **powrotu** *elektron.* recovery time
~ ~ **do położenia początkowego** *masz.* resetting time
~ **pozostawania w styku** (*powierzchni sklejanych*) closed assembly time
~ **pracy** worktime
~ ~ **jałowej** idle time
~ ~ **urządzenia** service life
~ **prawdziwy** *astr.* apparent time, true time
~ **propagacji** (*impulsu wejściowego*) *aut.* carry propagation delay
~ **przebiegu** *inf.* run time
~ **przebywania wsadu w piecu grzewczym** *hutn.* dwell time in the furnace
~ ~ ~ **w piecu wgłębnym** *hutn.* pit time
~ **przelotu** (*cząstki naładowanej*) *elektron.* transit time
~ **przełączania** switching time; change-over time, transfer time

~ **przerwy w pracy** (*urządzenia*) idle time; time out
~ **przestoju** standing time; idle time
~ ~ **z powodu uszkodzenia** down-time
~ **przetrzymywania** hold time
~ **przewidywany przybycia** *transp.* estimated time of arrival, ETA
~ **przewidziany rozkładem** scheduled time (*of arrival or departure*)
~ **przewozowy** (*od ukończenia odlewania wlewka do załadowania go do pieca wgłębnego*) *hutn.* bogie time
~ **przygotowawczo-zakończeniowy** (*w technologii mechanicznej*) setup time
~ **reagowania** *metrol.* response time (*of a measuring instrument*)
~ **realizacji** *ek.* lead time
~ **regeneracji** *nukl.* recovery time
~ **regulacji** *aut.* setting time
~ **relaksacji** *mech.pł.* relaxation time
~ **ręczny** (*w technologii mechanicznej*) manual time, hand time
~ **roboczy zwykły** (*w odróżnieniu od pracy w nadgodzinach*) *ek.* straight time
~ **rozdzielczy** (*najkrótszy czas między rozróżnialnymi impulsami*) *fiz.* resolving time
~ **rozpadu** *nukl.* period of decay
~ **rozpoczęcia operacji** *wojsk.* zero hour
~ **rozruchu** (*urządzenia*) starting time; *el.* operating time
~ **rzeczywisty przybycia** *transp.* actual time of arrival, ATA
~ **schładzania** cooling period
~ **składowania** storage life
~ **skrawania** machining time, cutting time
~ **słoneczny** solar time
~ **słońca prawdziwego** *astr.* true time
~ **słowa** *inf.* word time, word period
~ **spęczania** (*przy zgrzewaniu doczołowym*) *spaw.* upsetting time
~ **sprawności** (*urządzenia, części*) up time
~ **stanu jałowego** off-time, idle time
~ **stapiania** *spaw.* burn-off time
~ **strefowy** zone time, ZT
~ **śmierci cieplnej** *biol.* thermal death time, TDT
~ **średni miejscowy** local mean time
~ ~ **międzyawaryjny** mean time between failures, MTBF
~ ~ **słoneczny** solar mean time
~ ~ **(słoneczny) w Greenwich** Greenwich mean time, GMT
~ **środkowoeuropejski** central European time
~ **technologiczny** *ek.* productive time
~ **tłumienia** total response time
~ **trwania** duration
~ ~ **impulsu** *elektron.* pulse duration, pulse length, pulse width
~ ~ **lotu** *lotn.* flight time
~ ~ **łuku** *el.* arcing time; *spaw.* arc time
~ ~ **połączenia** *tel.* holding time
~ ~ **sprawdzania** *metrol.* period of verification
~ ~ **wybierania** *telef.* hunting time
~ ~ **wytopu** *hutn.* heat time, tap-to-tap time
~ ~ **zbocza** *elektron.* slope time
~ **twardnienia** *tw.szt.* setting time
~ **uniwersalny** universal time, UT; Greenwich mean time
~ **uruchomienia produkcji** *ek.* manufacturing lead time
~ **urzędowy** civil time
~ **ustalania** *aut.* setting time, set-up time
~ **uśredniania** (*prądu elektrody*) *elektron.* averaging time
~ **utajenia** *nukl.* latency time, latent period
~ **utrzymywania** hold time; holding time
~ **utwardzania** *gum., tw.szt.* curing time
~ **uzyskania odpowiedzi** *inf.* total delivery time
~ **użytkowania** working life
~ **wachtowy** *żegl.* bell time
~ **wiązania** (*np. cementu*) time of set
~ **włączenia** on-time, turn-on time
~ **wschodnioeuropejski** Eastern European time
~ **wyiskrzenia** (*przy zgrzewaniu iskrowym*) flashing time, flash-off time
~ **wykonania** (*operacji technologicznej*) operation time
~ ~ **programu** *inf.* run time
~ **wyłączenia** off-time, turn-off time
~ **wypływu** outflow time; *gum., tw.szt.* flash time
~ **wyprzedzenia informacji** *inf.* setup time
~ **wytrzymania końcowego** *spaw.* hold time
~ **wywozu** (*drewna*) *leśn.* hauling season
~ **wznoszenia** (*na określoną wysokość*) *lotn.* time-to-climb
~ **zadziałania** *metrol.* response time (*of a measuring instrument*); *el.* operating time
~ **zakończeniowy** (*w technologii mechanicznej*) breaking-down time
~ **zanikania impulsu** *tel.* pulse decay time
~ **zaniku** *nukl.* cooling period
~ **zaoszczędzony** time saved
~ **zapamiętywania** *inf.* storage time
~ **zaporowy** *elektron.* blocking period
~ **zasadniczy** *ek.* productive time
~ **zdatności** (*do prawidłowego działania*) up time
~ **zetknięcia** contact time
~ **zwłoki** *masz.* dead time; dwell
~ **zwrotu nakładów inwestycyjnych** *ek.* payout time
~ **życia** **1.** *fiz.* lifetime **2.** *farb., tw.szt.* working life, pot life
~ ~ **radiacyjny** (*stanu wzbudzonego*) radiative lifetime
~ ~ **satelity** satellite orbit lifetime
czasochłonność *f* **wymiany silnika** engine change time
czasochłonny *a* time-consuming
czasomierz *m zeg.* time measurer, time-piece
~ **rejestrujący** time recorder

czasopismo *n* periodical; journal
~ **abstraktowe** *inf.* abstract journal
~ **prymarne** primary journal
~ **przeglądowe** review journal
czasoprzestrzeń *f fiz.* space-time (continuum)
czasoster *m rad.* timer
czasowanie *n* timing
~ **zapłonu** *siln.spal.* ignition timing
czasownik *m* **1.** *aut.* timer, time distributor, timing mechanism **2.** *jęz.* verb
czasowo pełniący obowiązki... acting temporary...
czasowy *a* temporal; temporary
czasza *f* bowl
~ **dzwonka** bell gong
~ **kulista** *mat.* spherical cap
~ **skupiająca** *radiol.* focusing cup
~ **spadochronu** *lotn.* parachute canopy
czaszka *f anat.* skull
cząsteczka *f chem.* molecule
~ **aktywowana** activated molecule, active molecule
~ **dipolowa** (di)polar molecule
~ **dwuatomowa** diatomic molecule
~ **dwufunkcyjna** bifunctional molecule
~ **heterojądrowa** heteronuclear molecule
~ **homojądrowa** homonuclear molecule
~ **jednoatomowa** monoatomic molecule
~ **jonowa** ion molecule
~ **liniowa** linear molecule
~ **łańcuchowa** chain molecule
~ **nadwzbudzona** superexcited molecule
~ **-olbrzym** giant molecule
~ **polarna** (di)polar molecule
~ **-rotator sferyczny** spherical top molecule
~ **sandwiczowa** sandwich molecule, molecular sandwich
~ **swobodna** (*gazu*) free molecule
~ **typu bąka sferycznego** *zob.* **cząsteczka-rotator sferyczny**
~ **wzbudzona** excited molecule
~ **znaczona** labelled molecule, tagged molecule
cząsteczki *fpl* **izoelektronowe** *chem.* isoelectronic molecules
~ **sąsiadujące** vicinal molecules
cząsteczkowość *f* **reakcji** *chem.* molecularity of reaction
cząsteczkowy *a* molecular
cząstka *f* **1.** *fiz.* particle **2.** *chem.* elementary entity, chemical entity
~ **alfa** alpha particle
~ **alfina** alphina particle
~ **amikroskopowa** amicron
~ **beta** beta particle
~ ~ **plus** positive beta particle
~ **bombardowana** target particle, bombarded particle
~ **bombardująca** bombarding particle
~ **chemiczna** (*atom, cząsteczka, jon, wolny rodnik lub cząstka elementarna*) chemical entity, elementary entity
~ **ciężka** heavy particle
~ **długozasięgowa** long-range particle
~ **dziwna** strange particle
~ **elementarna** elementary particle, fundamental particle
~ ~ **cieczy** liquid particle
~ ~ **gazu** gas particle
~ **emitowana** emitted particle, ejected particle
~ **Fermiego** Fermi particle, fermion
~ **jądrowa** nuclear particle
~ **jądrowo-czynna** nuclear-active particle
~ **jonizująca** ionizing particle
~ **koloidalna** colloidal particle
~ **lawinowa** shower particle
~ **lekka** light particle
~ **macierzysta** original particle
~ **materialna** material particle
~ **naładowana** charged particle
~ **nieprzenikliwa** non-penetrating particle
~ **nietrwała** unstable particle
~ **niezwiązana** unbound particle
~ **o krótkim zasięgu** short-range particle
~ **o spinie całkowitym** boson
~ **o spinie połówkowym** fermion, Fermi particle
~ **odrzutu** recoil particle
~ **padająca** incident particle, bombarding particle
~ **pierwotna** initiating particle
~ **pochłonięta** absorbed particle
~ **powabna** charmed particle
~ **przyspieszona** accelerated particle
~ **punktowa** point particle
~ **relatywistyczna** relativistic particle
~ **rozpadowa** decay particle, disintegration particle
~ **składowa jądra** nuclear particle
~ **spinorowa** spinor (particle)
~ **subatomowa** subatomic particle
~ **submikroskopowa** sub-microscopic particle, submicron
~ **-tarcza** target particle, bombarded particle
~ **trwała** stable particle
~ **ulewy** shower particle
~ **ultramikroskopowa** ultramicroscopic particle, ultramicron
~ **wirtualna** virtual particle
~ **wtórna** secondary particle
~ **wypromieniowana** emitted particle, ejected particle
~ **wysokoenergetyczna** energetic particle, high-energy particle
~ **wytworzona** product particle
~ **Yukawy** Yukawa particle
~ **z rozpadu promieniotwórczego** decay particle, disintegration particle
~ **zużyta** consumed particle
cząstki *fpl* **osiadające** *chem.* settleable solid particles
~ **przypadkowe** *fiz.* uncontrolled particles
~ **stałe** (*w zawiesinie*) particulate solids, particulates
~ **wieloładunkowe promieniowania kosmicznego** multiply charged cosmic rays
cząstkowy *a* partial
czcionka *f poligr.* type
~ **obca** (*w składzie*) bastard (type)
~ **uszkodzona** battered type

czcionki *fpl* **tekstowe** *poligr.* small letters, lower-case, minuscules
cz.d.a. = **czysty do analizy** *chem.* analytically pure
czeczota *f* (*wada drewna*) burl, burr
czeczotowość *f zob.* **czeczota**
czek *m ek.* cheque
~ **na okaziciela** cheque to bearer, bearer cheque
czekolada *f* chocolate
czeladnik *m* journeyman, apprentice
czepiec *m* (*druga komora żołądka przeżuwaczy*) *zool.* reticulum, honeycomb stomach
~ **balistyczny** (*pocisku*) ballistic cap, projectile ogive
~ **ochronny** (*pocisku przeciwpancernego*) armour-piercing cap, penetrative cap
~ **zrywkowy** *leśn.* skidding cone, cap
czepigi *pl* **pługa** *roln.* plough handles
czerepy *mpl* **donicy** *szkl.* potsherd
czereśnia *f bot.* sweet cherry, *Prunus avium* L.
czernica *f bot.* whortleberry, bilberry, *Vaccinium myrtillus* L.
czernidło *n odl.* blackwash, blacking, facing, slip
czernienie *n* blacking; *powł.* blueing, browning, black oxide treatment, black oxidation (*of steel*)
czerń *f farb.* black
~ **anilinowa** aniline black
~ ~ **parowana** steam black
~ ~ **utleniana** suspension black, oxidation black
~ **antymonowa** antimony black, antimony trisulfide
~ **chromianowa** lead chromate steam black
~ **głęboka** full black
~ **kostna** boneblack, animal black
~ **manganowa** manganese black
~ **mineralna** mineral black
~ **niebieskawa** blue-black
~ **palladowa** palladium black
~ **parowana** steam black
~ **pełna** full black
~ **platynowa** platinum black
~ **żelazowa** iron oxide black, black oxide of iron
czerpać *v* **1.** bail, scoop **2.** tap, draw **3.** *papiern.* mould
~ **z rezerw** *ek.* draw on reserves
czerpadło *n wiertn.* bailer, bail
czerpak *m* scoop, bucket; bailer
~ **pogłębiarki** dredge, mud bucket
~ **pokrywy korbowodu** *siln.spal.* oil dipper, connecting rod pecker
czerparka *f* excavator, digger
~ **chwytakowa** (*przy głębieniu szybów*) *górn.* cactus grab
czert *m min.* chert
czerw *m* maggot
~ **czczy** *pszczel.* addled brood
czerwień *f farb.* red
~ **alizarynowa** alizarin red, Turkey red
~ **angielska** English red
~ **chromowa** chrome red, Chinese red
~ **drewna** red rot of wood
~ **fenolowa** phenol red, phenolsulfonphthalein
~ **kadmowa** cadmium red
~ **Kongo** Congo red
~ **krezolowa** cresol red
~ **marsowa** Mars red
~ **metylowa** methyl red
~ **obojętna** neutral red
~ **turecka** Turkey red, alizarin red
~ **wenecka** Venetian red
~ **żelazowa** iron oxide red, imperial red
czerwonawy *a* reddish
czerwone ciałka *npl* **krwi** red blood cells, erythrocytes
czerwonka *f med.* dysentery
czerwony *a* red
czerwony karzeł *m astr.* red dwarf (star)
czerwony olbrzym *m astr.* red giant (star)
czerwony piryt *m* **niklowy** *min.* niccolite, nickelin, arsenic nickel
czerwony tlenek *m* **rtęciowy** *farb.* red mercuric oxide
czerwony żar *m met.* red heat
czesalnia *f włók.* (*wełny, bawełny*) combing mill; (*lnu, konopi*) hackling room
czesanie *n włók.* (*wełny, bawełny*) combing; (*lnu, konopi*) hackling
czesanka *f włók.* tops
czesarka *f włók.* (*wełny, bawełny*) comber; (*lnu, konopi*) hackling machine
częstoskurcz *m med.* tachycardia
częstościomierz *m* **języczkowy** *zob.* **częstościomierz wibracyjny**
~ **wibracyjny** *el.* vibrating-reed frequency meter
częstość *f* frequency, *zob.też* **częstotliwość**
~ **charakterystyczna (Debye'a)** *fiz.* characteristic frequency, Debye frequency
~ **drgań własnych sprężyny** *masz.* periodicity of a spring
~ **emisji** *fiz.* emission rate
~ **graniczna błędów** *inf.* error frequency limit, EFL
~ **impulsów** *el.* pulse rate
~ **łączeń** *el.* frequency of operation
~ **pociągów** *kol.* frequency of trains
~ **występowania uszkodzeń** failure rate
~ **względna** *statyst.* relative frequency
~ **zderzeń** *nukl.* collision rate
częstotliwościomierz *m el.* frequency meter
częstotliwość *f* frequency, *zob.też* **częstość**
~ **akustyczna** audio frequency
~ **bardzo wielka** *rad.* very high frequency, VHF
~ **bliska rezonansowej** near-resonance frequency
~ **cyklotronowa** *fiz.* cyclotron frequency
~ ~ **plazmy** *zob.* **częstotliwość drgań magnetostatycznych**
~ **drgań magnetostatycznych** Larmor frequency

~ ~ **własnych** natural frequency, free vibration frequency
~ **dudnień** *rad.* beat frequency
~ **fali** wave frequency
~ ~ **nośnej wizji** *TV* vision (carrier) frequency
~ **flatteru** *lotn.* flutter frequency
~ **generacji maksymalna** *elektron.* maximum frequency of oscillation
~ **generatora sterującego** *akust.* driving frequency
~ **giromagnetyczna** *fiz.* gyro-frequency
~ **główna** *akust.* basic frequency
~ **graniczna** *rad.* **1.** limit frequency **2.** (*przetwornika*) cut-off frequency
~ ~ **współczynnika alfa** (*w tranzystorze*) alpha cut-off frequency
~ **grupowa** *tel.* group frequency
~ **kątowa** *el.* angular frequency, pulsatance
~ **kontrolna** *rad.* pilot frequency
~ **krytyczna** *mech.* resonance frequency
~ **linii** *TV* line frequency
~ **lustrzana** *rad.* image frequency
~ **mała** *tel.* low frequency
~ **modulująca** *tel.* modulating frequency
~ **nadakustyczna** super-audio frequency
~ **naddźwiękowa** supersonic frequency
~ **nadpodstawowa** (*rezonatora piezoelektrycznego*) overtone frequency
~ **nadtelefoniczna** super-telephone frequency
~ **nośna** *tel.* carrier frequency
~ ~ **wizji** *TV* picture carrier, video carrier
~ **obrazu** *TV* frame frequency, picture frequency
~ **obrotów** revolutions frequency
~ **odchylania pionowego** *TV* vertical frequency, frame frequency
~ ~ **poziomego** *TV* line frequency
~ **optymalna pracy** *rad.* optimum working frequency, OWF, frequency optimum traffic, FOT, optimum traffic frequency
~ **podakustyczna** sub-audio frequency
~ **podstawowa** *el.* fundamental frequency
~ **podtelefoniczna** sub-telephone frequency
~ **pośrednia** *rad.* intermediate frequency
~ **powtarzania impulsów** *elektron.* pulse repetition rate, PRR
~ **półobrazu** *TV* vertical frequency, frame frequency
~ **progowa** threshold frequency
~ **prowadząca** *rad.* pilot frequency
~ **przemysłowa** *el.* power frequency, power-line frequency, mains frequency
~ **radioelektryczna** radio frequency
~ **radiowa** *zob.* **częstotliwość radioelektryczna**
~ **ramki** *TV* frame frequency, vertical frequency
~ **rezonansowa** *el.*, *mech.* resonance frequency
~ **robocza** *rad.* operating frequency, working frequency, traffic frequency
~ ~ **optymalna** optimum working frequency, OWF, optimum traffic frequency, frequency optimum traffic, FOT
~ **rozgraniczająca** (*mechanicznego zapisu dźwięku*) cross-over frequency
~ **różnicowa** *rad.* beat frequency
~ **sieciowa** power-line frequency, mains frequency
~ **słyszalna** audio frequency
~ **sygnału niebezpieczeństwa** distress frequency
~ ~ **wizyjnego** *TV* video frequency
~ **szachownicy** (*w telegrafii kopiowej*) dot frequency
~ **średnia** medium frequency
~ **środkowa kanału** *tel.* mid-channel frequency
~ ~ **pasma** *rad.* mind-band frequency
~ **techniczna** power-line frequency
~ **telefoniczna** telephone frequency, voice frequency
~ **tętnień** *el.* ripple frequency
~ **tworząca** *akust.* formant
~ **ultradźwiękowa** ultrąsonic frequency
~ **użytkowa maksymalna** *rad.* maximum usable frequency, MUF
~ **wielka** *rad.* high frequency, HF
~ **własna** natural frequency, free vibration frequency
~ ~ **oscylatora** *el.* free-running frequency of an oscillator
~ **występowania słów** *inf.* word frequency
~ **wywoławcza** *rad.* call-frequency
~ **wyznaczona** (*dla radiostacji*) *rad.* assigned frequency
~ **względna flatteru** *lotn.* reduced flutter frequency
~ **wzywania pomocy** distress frequency
~ **zakłócająca** *rad.* interfering frequency
~ **zdjęć filmowych** *kin.* taking frequency
~ **zegarowa** *aut.* clock frequency
~ **zerowa** zero frequency, z.f.
~ **zewowa** *tel.* ringing frequency
~ **(zmian) obrazu** *TV* picture frequency, field frequency
~ **znamionowa** *el.* rated frequency
części *fpl* parts, elements, *zob.też* **część**
~ **biegowe** *kol.* running gear
~ **lotne** *paliw.* volatile matter
~ **maszyn** machine elements
~ **nadziemne** (*rośliny*) *roln.* green tops
~ **nierozpuszczalne** insoluble parts
~ **nośne konstrukcji** *lotn.* primary structure
~ **odkryte statku** weather portions of a ship
~ **organiczne** organic matter
~ **składowe** components, component parts
~ **toczne łożyska** rolling elements of a bearing
~ **wirujące** *masz.* rotating parts
~ **współpracujące** *masz.* co-acting parts
~ **wystające kadłuba** *okr.* appendages
~ **wzajemnie zamienne** interchangeable parts
~ **zamienne** spare parts, spares

~ **zapasowe** *zob.* **części zamienne**
~ **złączne** *masz.* fasteners
~ **zużywalne** *masz.* wearing parts
częściowo mieszający się partly miscible
częściowo obrobiony semi-finished
częściowy *a* partial; fragmentary
część *f* **1.** part; portion **2.** *masz.* piece, element, *zob.też* **części**
~ **adresowa rozkazu** *inf.* address part of an instruction
~ **bezsęczna pnia** *leśn.* clean bole, clear bole
~ **bogata złoża rudy** ore shoot
~ **centralna komputera** central processing unit (*of a digital computer*), CPU
~ **cylindryczna kadłuba** (*statku*) *okr.* middlebody
~ **dodatkowa toru pupinizowanego** *tel.* building-out section
~ **dolna bieżnika opony** *mot.* subtread
~ ~ **skrzyni korbowej** *siln.* lower crankcase
~ ~ **tłocznika** *obr.plast.* lower die, bed die, bottom die
~ **dziobowa kadłuba** *okr.* forebody
~ **główną** *mat.* principal part
~ **górna tłocznika** *obr.plast.* top die, upper die
~ ~ **trzonu sterowego** *okr.* rudder head
~ **kalibrująca przeciągacza** *narz.* burnishing shell
~ **kasowana** *odl.* stop-off (piece)
~ **klarująca** (*wanny zmianowej*) *szkl.* fining end
~ **mokra** (*maszyny papierniczej*) wet end (*of a papermaking machine*)
~ **nadwodna burty** *okr.* broadside, topside
~ ~ **kadłuba** *okr.* deadwork, above-water body
~ **nielotna suchej pozostałości** fixed residue
~ **o znanej niezawodności** *masz.* known-reliability part
~ **objętościowa** part by volume
~ **odciągana** (*formy*) *odl.* drawback, false core
~ **odejmowana** (*modelu lub rdzennicy*) *odl.* loose piece
~ **odległościowa** spacer, distance piece
~ **opadająca toru pocisku** descending branch of trajectory
~ **operacyjna** (*rozkazu*) *inf.* operation part of an instruction
~ **otwarta wykroju** (*walców walcarki*) *hutn.* live hole
~ **płaska beczki walca** (*walcarki*) *hutn.* bullhead
~ **podwodna kadłuba** *okr.* quickwork, underwater body
~ **podziemna konstrukcji** *bud.* substructure
~ **ponownie użyta** (*np. z poprzedniego modelu wyrobu*) retrofit part
~ **prowadząca** *masz.* pilot, guide
~ ~ **tłoka** *siln.spal.* skirt of a piston
~ **przednia dziobnicy** *okr.* cutwater, false stem
~ ~ **żebra płata** *lotn.* nose rib
~ **przykadłubowa skrzydła** *lotn.* root of wing
~ **rezystywna rezystora** *el.* resistance element
~ **rufowa kadłuba** *okr.* afterbody
~ **rzeczywista liczby zespolonej** *mat.* real part of a complex number
~ **sitowa** (*maszyny papierniczej*) *papiern.* wire part, wire end (*of a papermaking machine*)
~ **składowa** component (part), constituent
~ **ssąca** (*maszyny papierniczej*) suction part (*of a papermaking machine*)
~ **susząca** (*maszyny papierniczej*) dry end (*of a papermaking machine*)
~ **szybko zużywalna** *masz.* high-mortality part
~ **środkowa pasma przesyłowego** *tel.* midband
~ ~ **skrzydła** *lotn.* inner wing, centre section
~ **topliwa** (*wanny szklarskiej*) melting end (*of a tank furnace*)
~ **tylna lufy** *uzbr.* breech end of gun
~ **urojona liczby zespolonej** *mat.* imaginary part of a complex number
~ **wagowa** part by weight
~ **wspólna (zbiorów)** *mat.* intersection (of sets), product
~ **wstępna krzywki** *masz.* outstroke of a cam
~ **wymienna** replaceable part
~ **wyrobowa** (*wanny szklarskiej*) working end (*of a tank furnace*)
~ **wystająca** projection, protuberance, protrusion, prominence
~ **wznosząca się toru pocisku** ascending branch of trajectory
~ **zalana** *odl.* cast-in piece
~ **zamknięta wykroju** (*walców walcarki*) *hutn.* dead hole
~ **zanurzona kadłuba** *okr.* underwater body, quickwork
~ **zerowa krzywki** *masz.* cam heel
~ **zewnętrzna skrzydła** *lotn.* outer wing
~ **zstępna krzywki** *masz.* instroke of a cam, drop of a cam
~ **zwężająca się kadłuba** (*rufowa lub dziobowa*) *okr.* cant body
~ **żniwna kombajnu zbożowego** *roln.* header, stripper
CZLS = Centralny Zespół Lotnictwa Sanitarnego
człekokształtny *m zool.* anthropoid
człon *m* **1.** *mech.* link; member **2.** *aut.* element, unit **3.** *mat.* term
~ **bierny** *masz.* follower
~ **blokujący** *aut.* blocking unit
~ **całkujący** *aut.* integrating element
~ **centralowy** (*numeru abonenta*) *telef.* routing digit
~ **cumowniczy** *kosm.* docking module, DM
~ **czasowy** *el.* timing element
~ **czynny** *masz.* driver, moving link
~ **dowodzenia** *kosm.* command module, CM

~ **końcowy** (*nadajnika*) *rad.* final stage (*of a transmitter*)
~ **korekcyjny** *aut.* equalizer
~ **lądujący** *kosm.* lander, landing module, LM
~ **liniowy** *aut.* linear element
~ **logiczny** *aut.* logic unit
~ **lokomotywy** *kol.* motor unit
~ **mechanizmu** member of a mechanism
~ **napędzający** *masz.* driver, moving link
~ **napędzany** *masz.* follower
~ **nieliniowy** *aut.* non-linear element
~ **nierewersyjny** *aut.* irreversible element
~ **odniesienia prędkości** *mech.* phorograph link
~ **operacyjny** (*komputera analogowego*) executive device
~ **pobudzeniowy** *el.* starting element
~ **pociągu przegubowego** *kol.* section of an articulated train
~ **podwozia** (*samolotu*) undercarriage (unit)
~ **pomiarowy** *aut.* measuring unit
~ **porównujący** *aut.* comparison element
~ **proporcjonujący** *aut.* proportioning element
~ **rakiety** stage of a rocket
~ **regulacyjny** *aut.* control unit
~ **równania** *mat.* term of an equation
~ **sprzężenia zwrotnego** *aut.* feedback element
~ **sterujący** *aut.* control element, control unit
~ **strojeniowy** *rad.* tuner
~ **ujemny** *aut.* lag network
~ **wejściowy** *aut.* input element
~ **wyjściowy** *aut.* output element
~ **wykonawczy** *aut.* final control unit
~ **wykrywający** *aut.* detecting element
~ **wzmacniający** *aut.* amplifier element
~ **zwłoczny** *aut.* time element
członek *m* **1.** member **2.** *anat.* limb
~ **akademii** member of the Academy, academician
~ **korespondent** corresponding member (*of the Academy*)
~ **stowarzyszenia** associate
~ **towarzystwa naukowego** fellow (*member of a scientific society*)
~ **załogi** crewman, crew member
~ **zarządu** executive; director
~ **związku zawodowego** trade-unionist
członkostwo *n* membership
człowiek *m* **standardowy** *radiol.* standard man; *spoż.* reference man
~ **wzorcowy** *zob.* **człowiek standardowy**
człowiek za burtą! *żegl.* man overboard!
czochra *f* *włók.* ripple comb
czochradło *n* *zoot.* scratching device
czołg *m* *uzbr.* tank
~ **ewakuacyjny** recovery tank
~ **ratowniczy** *zob.* **czołg ewakuacyjny**
~ **z lemieszem spychacza** tank dozer
~ **z trałem przeciwminowym** flail tank, tank mine sweeper
czoło *n* **1.** front **2.** *anat.* forehead
~ **beczki walca** (*walcarki*) end face of the roll body
~ **elektrody** (*do zajarzania łuku*) *spaw.* striking end of an electrode
~ **fali** wave front
~ ~ **uderzeniowej** *aero.* shock front, front face of a shock wave
~ **impulsu** *elektron.* pulse leading edge
~ **lampy elektronopromieniowej** face-plate of a cathode-ray tube
~ **łuku** *arch.* face of arch
~ **piku** *chem.* fronting (*in gas chromatography*)
~ **płomienia** flame front
~ **przodku** *górn.* working face
~ **wyrobiska** *górn.* head
~ ~ **wybierkowego** breast wall
~ **zezwoju** *el.* end winding, coil outhang
~ **zęba** (*koła zębatego*) end face of tooth (*of a toothed wheel*)
czołowa prezentacja *f* **danych** (*na przedniej szybie kabiny*) *lotn.* head-up display, HUD
czołownica *f* **wagonu** *kol.* end sill, buffer beam
czołowy *a* frontal
czołówka *f* **aparatu fotograficznego** lens panel of a camera
czop *m* **1.** *masz.* pin; journal; pivot; gudgeon; trunnion **2.** spigot; bung **3.** *drewn.* tenon
~ **beczki** spigot, bung
~ **fermentacyjny** fermentation bung
~ **korbowy** *siln.* crank-pin
~ **krótki** (*nie przechodzący na wylot*) *drewn.* stub tenon
~ **łożyskowy wału korbowego** crankshaft main bearing journal
~ **nośny** (*konwertora, kadzi*) trunnion
~ ~ **steru** *okr.* rudder pintle
~ **obcy** *drewn.* inserted tenon, false tenon
~ **obrotowy żurawia** king-pin
~ **odsadzony** *drewn.* tease tenon, haunched tenon
~ **osiowy** *masz.* pivot
~ **płaski wkrętu** half dog point of a screw
~ **poprzeczny** *masz.* journal
~ **promieniowy** *zob.* **czop poprzeczny**
~ **przechodzący na wylot** *drewn.* through tenon
~ **skrętny** *kol.* king-pin, pintle
~ **tłocznika** *obr.skraw.* die shank
~ **walca** (*walcarki*) roll neck, roll journal
~ **walcowy wkrętu** *masz.* full dog point of a screw
~ **wału** *masz.* shaft neck
~ **wkrętu** *masz.* dog point of a screw
~ **wózka** *kol.* centre pin
~ **wpuszczany** *zob.* **czop wtoczony**
~ **wtoczony** (*o zmniejszonej średnicy*) *masz.* sunk journal
~ **wzdłużny** *masz.* pivot
~ **z zębem** *drewn.* tusk tenon
~ **zagłębiony** (*o zmniejszonej średnicy*) *masz.* sunk journal
~ **zatorowy** *med.* embolus

~ **zawiasy** pintle
~ **zwrotnicy** *mot.* steering spindle
czopek *m farm.* suppository
czopiarka *f drewn.* tenoning machine, tenon-cutting machine, tenoner
~ **dwustronna** *zob.* **czopiarka podwójna**
~ **podwójna** double-ended tenoning machine
~ **pojedyncza** single-ended tenoning machine
czopnica *f narz.* tenon saw
czopowanie *n drewn.* tenoning
czopuch *m kotł.* flue, smoke conduit
czosnek *m bot.* garlic, *Allium sativum* L.
czółenko *n włók.* shuttle
czterdziestoośmiościan *m.kryst.* hexa(kis)octahedron
czteroatomowy *a chem.* tetraatomic
czteroazotan *m* **arabinozy** *chem.* arabinose tetranitrate, nitroarabinose
~ **pentaerytrytu** pentaerythritol tetranitrate
czteroboran *m chem.* tetraborate
czterobromek *m* **telluru** *chem.* tellurium tetrabromide, telluric bromide
czterobromoetan *m* **symetryczny** *sym*-tetrabromoethane, acetylene tetrabromide
czterobromoetylen *m chem.* tetrabromoethylene
czterobromofluoresceina *f chem.* tetrabromofluorescein, eosin(e)
czterochlorek *m chem.* tetrachloride
~ **acetylenu** acetylene tetrachloride, *sym*-tetrachloroethane
~ **irydu** iridium tetrachloride, iridic chloride
~ **krzemu** silicon (tetra)chloride
~ **węgla** carbon tetrachloride, tetrachloromethane
czterochlorobenzen *m chem.* tetrachlorobenzene
czterochlorobenzochinon-1,4 *m chem.* tetrachloroquinone, chloranil
czterochloroetan *m chem.* tetrachloroethane
czterochloroetylen *m chem.* perchloroethylene, tetrachloroethylene
czterochlorometan *m chem.* carbon tetrachloride, tetrachloromethane
czterocukry *mpl chem.* tetrasaccharides
czterocząsteczkowy *a chem.* quadrimolecular
czteroetylek *m* **ołowiu** *chem.* lead tetraethyl, tetraethyl lead, TEL
czteroetyloołów *m zob.* **czteroetylek ołowiu**
czterofluorek *m chem.* tetrafluoride
~ **krzemu** silicon (tetra)fluoride
~ **uranu** uranium tetrafluoride, green salt
~ **węgla** carbon tetrafluoride, tetrafluoromethane
(cztero)fluoroboran *m* **potasowy** *chem.* potassium fluoborate
czterofluoroetylen *m chem.* tetrafluoroethylene, perfluoroethylene
czterofluorometan *m chem.* carbon tetrafluoride, tetrafluoromethane
czterojodek *m chem.* tetraiodide
czterokrotnik *m* **napięcia** *rad.* voltage quadrupler
czterokrotny *a* quadruple
czterometylek *m* **ołowiu** *chem.* tetramethyl lead
czteronitrometan *m chem.* tetranitromethane
czteropostaciowy *a kryst.* tetramorphous
czterosiarczek *m chem.* tetrasulfide
czterosilnikowy *a* four-engined
czteroskładnikowy *a chem.* quaternary
czterosuw *m* four-stroke engine
czterotakt *m zob.* **czterosuw**
(cztero)tioantymonian *m chem.* thioantimonate
czterotionian *m chem.* tetrathionate
czterotlenek *m chem.* tetroxide
~ **osmu** osmium tetroxide, osmic acid anhydride
czterowakans *m kryst.* tetravacancy
czterowartościowy *a chem.* tetravalent, quadrivalent
czterowodorofuran *m chem.* tetrahydrofuran
czterowodoropirol *m chem.* tetrahydropyrrole, pyrrolidine
czterozasadowy *a chem.* tetrabasic
cztery działania *npl mat.* four fundamental operations
czucie *n fizjol.* feel
~ **doustne** mouthfeel
~ **powierzchniowe** haptic feel
~ **sterów** *lotn.* control feel
czujka *f* **przeciwpożarowa** fire detector, fire warning sensor
czujnik *m* **1.** *aut.* sensor, sensing element; pick-up; (primary) detector **2.** *metrol.* indicator, gauge
~ **biologiczny** biosensor
~ **biomedyczny** biomedical sensor
~ **chemiczny** chemosensor
~ **ciepła** heat sensor, thermal sensor
~ **ciśnienia** pressure pick-up
~ **drgań** vibration pick-up
~ **dźwigniowy** amplifying gauge
~ **elektryczny** electrolimit gauge
~ **horyzontu** *kosm.* horizon sensor, horizon scanner
~ **jonizacyjny** ionization gauge, ion gauge
~ **kąta natarcia** *lotn.* incidence sensor
~ **manometryczny** pressure element
~ **mechaniczny** mechanical indicator
~ **nacisku** (*walców*) *hutn.* force sensor, load sensor
~ **oblodzenia** *lotn.* ice detector
~ **optotronicznego czytnika pisma** *elektron.* retina, OCR scanning device
~ **optyczny** optimeter
~ **orientacji** (*w przestrzeni*) *kosm.* attitude sensor
~ **położenia** *aut.* position sensor
~ **pomiarowy** *aut.* detecting element, sensor
~ **prędkości kątowej** angular-rate sensor
~ **przeciążenia** *lotn.* g-sensor, overload detector

~ **przeciwpożarowy** fire-warning sensor, fire detector
~ **przeszukujący** scanning sensor
~ **równowagi** *aut.* balance detector
~ **strumieniowy prędkości kątowej** *aut.* fluidic rate sensor
~ **temperaturowy** temperature-sensitive element, temperature probe, heat sensor
~ **tensometryczny** strain gauge
~ **termoelektryczny ssawny** aspirating thermocouple
~ **tokarski kontrolny** lathe test indicator
~ **ultradźwiękowy** ultrasonic sensor, ultrasonic probe
~ **wibracyjny** vibration pick-up
~ **wirowy** *aut.* vortex sensor
~ **zbliżeniowy** proximity detector
~ **zegarowy** dial indicator, dial gauge
~ ~ **kontrolny** dial test indicator
czułek *m zool.* antenna (*pl* antennae, antennas); tentacle
czułość *f* sensitivity, *zob.też* **wrażliwość**
~ **błony** *fot.* film speed
~ **fotokatody** luminous sensitivity of a photo-electric cathode
~ **kontrastowa** *opt.* contrast sensitivity
~ **lotek** *lotn.* sensitivity of ailerons
~ **mechanizmu awaryjnego** *nukl.* scram power
~ **na promieniowanie jonizujące** radiosensitivity
~ **nadmierna sterów** *lotn.* overcontrol
~ **odbiornika** *rad.* sensitivity of a receiver
~ **odchylania elektrycznego** *eletron.* deflection sensitivity
~ **prądowa** *el.* current sensitivity
~ **próby** *chem.* sensitivity of a test
~ **przekaźnika** sensitivity of a relay
~ **regulatora** sensitivity of a governor
~ **słuchowa** auditory sensitivity
~ **stężeniowa** *chem.* concentration sensitivity
~ **świetlna** *TV* luminous sensitivity
~ **wagi** balance sensitivity
czuły *a* sensitive
czuwak *m kol.* dead-man's handle
czwartego stopnia *mat.* quartic
czwartorzęd *m geol.* Quaternary (period)
czwartorzędowy *a chem.* quaternary
czwarty wymiar *m* (*czas w teorii względności*) fourth dimension
czworaczki *pl biol.* quadruplets
czworoboczny *a geom.* quadrilateral
czworobok *m geom.* quadrilateral
~ **przegubowy** *mech.* four-bar linkage
~ ~ **o korbach nieskrzyżowanych** quadric mechanism
~ ~ ~ ~ **skrzyżowanych** crossed quadric mechanism
czworokąt *m geom.* quadrangle, quadrilateral, tetragon
czworokątny *a* quadrangular, tetragonal
czworomian *m mat.* quadrinomial
czworonóg *m zool.* quadruped, tetrapod
czworościan *m geom.* tetrahedron
~ **piramidalny** *kryst.* tristetrahedron
czworościenny *a geom.* tetrahedral
czwórka *f* **1.** (*w kablu*) *el.* quad **2.** (*np. punktów*) *mat.* quadruple
~ **dwuparowa** multiple-twin quad
~ **gwiazdowa** star-quad
~ **trójskrętna** multiple-twin quad
czwórkowy *a* **1.** quaternary **2.** *el.* quadded **3.** *mat.* quadruple
czwórnik *m el.* two-terminal-pair network, four-terminal network
~ **bezźródłowy** *zob.* **czwórnik bierny**
~ **bierny** passive four-terminal network
~ **doziemnie symetryczny** balanced two-terminal-pair network
~ **mostkowy** bridged network
~ **niezniekształcający** distortionless four-terminal network
~ **o układzie podwójnego T** parallel-T network
~ **przenikowy** crosstalk four-terminal network
~ **przezroczysty** transparent four-terminal network
~ **różnicowy** differential four-terminal network
~ **rurowy** (pipe) cross, four-way piece
~ ~ **45°** double Y-branch
~ ~ **dwuzwężkowy** reducing cross
~ ~ **równoprzelotowy** straight cross
~ **symetryczny** (*oporowo i energetycznie*) symmetrical two-terminal-pair network
~ **wszechprzepustowy** all-pass network
~ **wzdłużnie symetryczny** balanced four-terminal network
~ **zbliżnoprzenikowy** near-end crosstalk four-terminal network
~ **zdalnoprzenikowy** far-end crosstalk four-terminal network
czwórnóg *m wiertn.* four-legged boring rig
czynnik *m* **1.** *mat.* factor **2.** *fiz., chem., biol.* agent
~ **aktywujący** *chem.* activator, activating agent
~ **azeotropujący** *chem.* entrainer
~ **białka zwierzęcego** animal protein factor, APF
~ **całkujący** *mat.* integrating factor
~ **chelatujący** *chem.* chelating agent
~ **chłodniczy** refrigerant, refrigerating medium
~ **chłodzący** coolant, cooling medium
~ **chorobotwórczy** *med.* pathogen
~ **dojrzewania** *ferm.* maturing agent
~ **dominujący** *genet.* dominant
~ **elektrochemiczny** electronegative valency effect, electrochemical factor
~ **elektrowartościowości ujemnej** *zob.* **czynnik elektrochemiczny**
~ **giromagnetyczny** *fiz.* gyromagnetic ratio, magnetomechanical ratio
~ **grzewczy** heating medium, heat-transfer fluid
~ **hamujący** (*reakcję*) *chem.* inhibitor

~ ~ **uwalnianie hormonu melanotropowego** *biochem.* melanin inhibiting factor, MIF
~ ~ **wydzielanie prolaktyny** *biochem.* prolactin inhibiting factor, PIF
~ **jonizujący** ionizing agent
~ **klimatyczny** climatic factor
~ **kłaczkujący** flocculant, flocculating agent
~ **koagulujący** coagulant, coagulating agent
~ **kompleksotwórczy** *chem.* complexing agent
~ **korozyjny** corrosion factor, corrosive
~ **kształtu** *chem.* form factor
~ ~ **atomowy** atomic scattering factor
~ **Landégo** *fiz.* Landé g factor, spectroscopic splitting factor, Landé splitting factor
~ **lewostronny** *mat.* prefactor
~ **ludzki** human factor
~ **matujący** *włók.* dulling agent
~ **metylujący** *chem.* methylating agent
~ **mutagenny** *biochem.* mutagenic factor, mutagene
~ **normujący** *mat.* normalization factor
~ **odstraszający** deterrent
~ **odwadniający** dehydrant, dehydrating agent
~ **ograniczający** limiting factor
~ **pierwszy** *mat.* prime factor
~ **pośredniczący** medium
~ **prawostronny** *mat.* postfactor
~ **proporcjonalności** *mat.* proportionality factor
~ **przyrostu** *kryst.* gain factor
~ **rakotwórczy** carcinogenic agent, carcinogen
~ **redukujący** *chem.* reducer, reducing agent
~ **regulujący** *aut.* control(ling) agent
~ ~ **pH** *spoż.* pH adjusting agent
~ **Rh** *med.* Rh factor, Rh antigen, rhesus factor
~ **roboczy** *masz.* working medium
~ **rozpraszający** disperser, dispersing agent
~ **rozprzęgający** *biochem.* uncoupling agent
~ **rozszczepienia spektroskopowego g** spectroscopic splitting factor, Landé g factor, Landé splitting factor
~ **sieciujący** *chem.* cross-linking agent
~ **spieniający** foaming agent
~ **sterowania całkowitego** *aut.* integral control factor
~ ~ **proporcjonalnego** *aut.* proportional control factor
~ **strącający** precipitant, precipitating agent
~ **stymulujący uwalnianie prolaktyny** *biochem.* prolactin releasing factor, PRF
~ **szkodliwy** noxious agent
~ **środowiskowy** environmental factor
~ **uczulający** *biol.* allergen
~ **utleniający** oxidizer
~ **uwalniający hormon luteinizujący z przysadki** *biochem.* luteinizing hormone releasing factor, LH-RF
~ ~ **kortykotropinę** *biochem.* corticotrophin release factor, CRF
~ **wartościowości względnej** *fiz.* relative valency effect
~ **wielkości atomu** *fiz.* atomic size effect, atomic size factor
~ **wypływający** effluent, efflux
~ **wzrostowy 1.** *biol.* growth factor **2.** *gum., tw.szt.* expanding agent
~ **zakaźny** *med.* infective agent
~ **zakażający** *biol.* contagium
~ **zakwaszający** acidifier, acidifying agent
~ **zanieczyszczający** pollutant
~ **zgazowujący** gasifying medium
czynności *fpl* **okresowe** (*obsługi*) routine maintenance
~ **ślepe** (*w analizie sieciowej*) dummy activities
czynnościowy *a* functional
czynność *f* activity, action, *zob.też* **aktywność**
~ **antybiotyczna** *farm.* antibiotic activity
~ **kapilarna** capillary activity
~ **łączeniowa** *el.* switching operation
~ **optyczna** *chem.* optical activity
~ **powierzchniowa** *chem.* surface activity
czynny *a* **1.** active; operative **2.** *tel.* in circuit
czynsz *m ek.* rent
czyrak *m* **gromadny** *med.* carbuncle
czysta kultura *f* **drożdży** yeast pure culture
czysta wełna *f* pure wool
czystej krwi *zoot.* full-blood(ed), pure bred, true-bred, thoroughbred
czystopis *m* fair copy
czystość *f* cleanness, *chem.* purity; *met.* fineness
~ **jądrowa** nuclear purity
~ **kolorymetryczna** colorimetric purity
~ **optyczna** optical purity
~ **patentowa** patent clearance, noninfringement of patent in force
~ **pobudzenia** *el.* excitation purity
czysty *a* clean; clear; neat; *chem.* pure; *met.* fine
czysty do analizy *chem.* analar, analytically pure
czysty zysk *m* net profit, net income
czyszczak *m* **kanalizacyjny** access eye, cleanout
czyszczalnia *f* **do zboża** corn cleaner
czyszczenie *n* cleaning; clearing; cleansing, cleanup
~ **dna** (*rzeki, kanału*) dredging
~ **elektrolityczne** electrolytic cleaning, electrolytic degreasing
~ **na sucho** dry cleaning
~ **szczotką** brushing
~ ~ **metalową** wire-brushing
~ **ziarna** *roln.* winnowing
czyściciel *m* **wagonów** *kol.* carriage cleaner

czytanie *n* reading
~ **korekty** *poligr.* proof reading
~ **maszynowe** automatic character recognition
~ **rozproszone** *inf.* scatter reading
~ **wsteczne** *inf.* reverse reading
czytelnia *f* reading room
czytelnik *m* reader
czytelność *f* legibility
czytnik *m* *inf.* reading apparatus, reader
~ **arkuszowy** *inf.* page reader
~ **-dziurkarka kart** card reader/punch
~ **fotoelektryczny** (*taśmy dziurkowanej*) photo-electric (punched tape) reader
~ **kart** card reader
~ **optyczny** optical reading apparatus, visual scanner
~ ~ **pisma** optical character reader, OCR
~ **pisma magnetycznego** magnetic ink character reader
~ **-sorter dokumentów** document reader-sorter
~ **taśmy dziurkowanej** punched-tape reader
~ ~ **magnetycznej** magnetic tape reader
~ **znaków magnetycznych** magnetic ink character reader, MICR
CZZPM = Centralny Zarząd Zbytu Przemysłu Maszynowego

Ć

ćwiartka *f* *mat.* quarter; quadrant
~ **kłody** *drewn.* quarter-balk
~ **koła** *mat.* quadrant
ćwiartkowanie *n* quartering
~ **próbek** *chem.* coning and quartering (method)
ćwiartkowy podział *m* **wysokości lotu** *lotn.* quadrantal cruising levels
ćwiczyć *v* practise
ćwiek *m* **1.** tack; clout nail **2.** *bud.* gallet
ćwiekowanie *n* (*muru*) *bud.* garreting, galleting
ćwierć *f* **okręgu koła** *geom.* quadrant of a circle
~ **płaszczyzny** *geom.* quadrant of a plane
ćwierćfalówka *f* *opt.* quarter-wave plate
ćwierćtusza *f* quarter (*of a slaughtered animal*)
~ **przednia** fore quarter
~ **tylna** hind quarter
ćwierćwałek *m* *arch.* quarter round
ćwiertnik *m* *zeg.* cannon pinion

D

D = Debaj *jedn.* Debye unit
D = kąt prosty *mat.* right angle
D = dioptria *jedn.* diopter
d = decy- deci-
da = deka- deca-
dach *m bud.* roof
~ **brogowy** *zob.* **dach czterospadkowy**
~ **czterospadkowy** hip roof
~ **dwuspadkowy** gable roof, ridge roof
~ **jednospadkowy** lean-to roof, shed roof, pent roof
~ **kalenicowy** peaked roof
~ **kryty blachą** sheet roof
~ ~ **dachówką** tile roof
~ ~ **słomą** thatched roof
~ **łukowy** wagon roof
~ **łupinowy** shell roof
~ **mansardowy** mansard roof
~ **na słupach** (*np. nad peronem*) island station roof, umbrella roof
~ **namiotowy** pavilion roof
~ **odsuwany** *mot.* sunshine roof, sliding roof
~ **opuszczany** *mot.* convertible top, drop-head
~ **pilasty** sawtooth roof
~ **płaski** flat roof, deck roof
~ **półkopulasty** concha
~ **przesuwny** *mot.* sunshine roof, sliding roof
~ **pulpitowy** lean-to roof, shed roof, pent roof
~ **rzędowy** ridge and valley roof
~ **sieci** *ryb.* square
~ **składany** *mot.* convertible top, drop-head
~ **szedowy** sawtooth roof
~ **tarasowy** flat roof, deck roof
~ **wiszący** suspension roof
~ **z koszem** valley roof
dachówczarka *f* (roof-)tile making machine
dachówka *f* (roofing-)tile
~ **holenderska** pantile
~ **karpiówka** plane tile, plain tile
~ **koszowa** valley tile
~ **płaska** plane tile, plain tile
~ **rzymska** Roman tile
dać *v* **daleko idące uprawnienia** give broad powers to...
~ **pierwszeństwo (przejazdu)** give right of way
~ **się wyprzedzić** *żegl.* drop astern; *mot.* let overtake
~ **zaliczkę** *ek.* advance
daglezja *f* **zielona** *bot.* Douglas fir, *Pseudotsuga taxifolia* Britt.
dający się ciąć cuttable
dający się formować plastic
dający się formować na gorąco *tw.szt.* hot-forming
dający się miareczkować *chem.* titratable
dający się określić determinable
dający się przewidzieć foreseeable
dający się skroplić liquefiable
dający się wymontować demountable
dający się zastosować applicable
dający się zmierzyć measurable
dajka *f geol.* dyke, counter (vein)
daktyl *m bot.* date (*fruit*)
daktyloskopia *f* dactyloscopy
daktylowiec *m* **właściwy** *bot.* date, *Phoenix dactylifera*
dalambercjan *m mat.* d'Alambertian
dalba *f żegl.* dolphin
~ **cumownicza** pile mooring
~ **palowa** pile dolphin
daleki *a* distant; remote; far
daleki nadfiolet *m fiz.* far ultraviolet, far UV
dalekiego zasięgu long-range; long-distance
daleko w dół low down; *US* way down
daleko w górę high up; *US* way up
daleko w tyle far behind
dalekobieżny *a* long-distance (*train etc.*)
dalekomorski *a* seagoing, oceangoing (*ship*); deep-sea, deep-water (*fishing etc.*)
dalekonośny *a* long-range (*gun etc.*)
dalekopis *m* teleprinter; *US* teletypewriter, TWX machine
dalekosiężny *a* far-reaching
dalekowidz *m* hyper(metr)ope, farsighted person
dalekowidzenie *n med.* hyper(metr)opia, farsightedness, long-sightedness
dalmierz *m opt.* range-finder, telemeter; *geod.* stadia
~ **dwuobrazowy** coincidence range-finder, double-image range-finder
~ **dwupolowy** split field range-finder
~ **jednopolowy** coincidence range-finder, double-image range-finder
~ **laserowy** ranging laser
~ **radiolokacyjny** ranging radar, radar distance finder
~ **sprzężony** coupled range-finder
~ **stereoskopowy** stereoscopic range-finder
dalocelownik *m uzbr.* director
dalszy ciąg *m* continuation
dalszy plan *m* background
dalszy podział *m* (*na mniejsze części*) subdivision
daltonidy *mpl chem.* daltonides
daltonista *m* colour-blind person, daltonist

daltonizm *m* colour-blindness, daltonism
damara *f* dammar (gum), dammar (*natural resin*)
danaida *f hydr.* orifice gauging tank, danaide
~ **pojedyncza** single orifice danaide
~ **wielokrotna** multiple orifice tank, multi-danaide
dane *fpl* data
~ **analogowe** analog data
~ **bieżące** current data
~ **brakujące** missing data
~ **Cauchy'ego** *mat.* Cauchy data
~ **cyfrowe** digital data
~ **eksperymentalne** evidence
~ ~ **negatywne** unfavourable evidence
~ ~ **pozytywne** favourable evidence
~ **eksploatacyjne** operating data
~ **jednostkowe** unit record
~ **nagromadzone** cumulative data
~ **osobiste** *zob.* **dane personalne**
~ **ostateczne** final data
~ **personalne** personal details
~ **pierwotne** initial data, raw data, primary data, source data
~ **początkowe** *mat.* Cauchy data, initial data
~ **podstawowe** basic data, basal data
~ **projektowe** design data
~ **przybliżone** approximate data
~ **robocze** working data; operational data
~ **statystyczne** statistical data
~ **techniczne** technical data
~ **testowe** test data
~ **transakcyjne** transaction data
~ **wejściowe** input data, data-in
~ **własne** own data
~ **wyjściowe** output data, data-out
~ **z obserwacji** observed data
~ **zakodowane** coded data
~ **znamionowe** rating
~ **źródłowe** initial data, raw data, primary data, source data
daniel *m zool.* fallow deer, *Cervus dama*
daraf *m* (*jednostka elastancji — odwrotność farada*) *el.* daraf
darmo *adv* free (of charge); gratis, gratuitously
darmowy *a* free (of charge); gratuitous
darnina *f* sod, turf
darniować *v* sod, turf
darń *f* sod, turf
darsonwalizacja *f med.* d'Arsonvalism, darsonvalisation
daszek *m* **1.** *bud.* penthouse; canopy; awning **2.** *min.* dome **3.** *bhp* eyeshade
~ **międzykondygnacyjny** *bud.* skirt roof
~ **na słupach** island station roof, umbrella roof
~ **nad wykuszem** *bud.* bonnet
~ **osiowy** *kryst.* sphenoid
~ **płócienny** awning
~ **zabezpieczający** (*np. przy głębieniu szybu*) *górn.* penthouse
daszkowiec *m okr.* shade deck vessel
data *f* date
~ **ważności** expiration date
~ **wystawienia zlecenia** *ek.* order date
~ **zastemowania** (*gotowości ładunku w porcie*) *żegl.* stem date
~ **zgłoszenia** filling date (*of an application*)
datafon *m inf.* dataphone, acoustic coupler
datolit *m min.* datolite
datować *v* date
datowanie *n* dating, age determination
~ **izotopowe** isotopic dating
~ **promieniotwórcze** radioactive dating, radiometric dating, carbon dating, nuclear age determination
~ **radiowęglowe** radiocarbon dating
datowany *a* dated, dd
datownik *m* dating machine; date stamp, dater
dauterm *m chem.* dowtherm
dawać *v* **dobre wyniki** bring good results
~ **dochód** bring in returns, show profit, pay
~ **iskrę** produce a spark
~ **komendy do steru** *żegl.* conn
~ **mleko** *zool.* yield milk
~ **moc** *siln.* develop power
~ **odszkodowanie** *ek.* compensate
~ **plon** *roln.* yield
~ **pożądane wyniki** produce desired results
~ **procent** *ek.* bear interest
~ **stratę** *ek.* show a deficit
~ **sygnały** signal
~ **w wyniku...** result in...
~ **w zastaw** *ek.* pawn
~ **wskazówki** provide guidance
~ **zaliczkę** *ek.* advance, pay on account
dawca *m* giver; donor
~ **krwi** *med.* blood donor
~ **nieodpowiedni** *med.* incompatible donor
dawka *f* dose, dosage
~ **absorbowana** absorbed dose
~ **biologiczna** biological dose
~ **bytowa** (*paszy*) *zoot.* (basal) maintenance ration
~ **całkowita** integral dose, total dose
~ **dopuszczalna** permissible dose, tolerance dose
~ **drażniąca** *med.* stimulating dose
~ **dzielona** fractional dose, divided dose
~ **dzienna** daily dose, daily intake
~ **ekspozycyjna** exposure dose
~ **epilacyjna** epilation dose
~ **głębokościowa** *radiol.* depth dose
~ **indywidualna** personal dose
~ **jednorazowa** single dose
~ **koniecznościowa** emergency dose
~ **lecznicza** therapeutical dose, curative dose
~ **lokalna** local dose
~ **maksymalnie dopuszczalna** *GB* maximum permissible dose; *US* maximum permissible exposure
~ **medianowa** *statyst.* median effective dose
~ **miejscowa** local dose
~ **nagromadzona** accumulated dose

~ **napromienienia** radiation dose
~ ~ **całego ciała** whole-body radiation dose
~ ~ **zawodowego** occupational radiation dose
~ **nasyceniowa** *med.* saturation dose
~ **naświetleniowa** exposure dose
~ **niebezpieczna** danger dose
~ **niedostateczna** underdose
~ **niszcząca** destructive dose
~ **nowotworowa** tumour dose
~ **paliwa** *siln.spal.* fuel charge
~ **pochłonięta** absorbed dose
~ ~ **skumulowana** cumulative absorbed dose
~ **podrumieniowa** suberythema dose
~ **pokarmowa** *zoot.* (food) ration
~ ~ **bytowa** (basal) maintenance ration
~ ~ **zbilansowana** balanced ration
~ **połowicznej śmiertelności** lethal dose 50, median lethal dose, MLD
~ **powierzchniowa** surface dose
~ **progowa** threshold dose
~ **promieniowania** radiation dose
~ **rakowa** carcinoma dose
~ **równoważna** *radiol.* equivalent dose
~ **rumieniowa** (skin) erythema dose, SED
~ **skórna** skin dose
~ **skuteczna** effective dose, ED
~ **subletalna** sublethal dose
~ **sumaryczna** accumulated dose
~ **śmiertelna** lethal dose, fatal dose
~ ~ **50%** lethal dose 50, median lethal dose, MLD
~ ~ **minimalna** minimum lethal dose, MLD, DLM (dosis lethalis minima)
~ ~ **najniższa** *zob.* **dawka śmiertelna minimalna**
~ **terapeutyczna** therapeutical dose, curative dose
~ **tkankowa** tissue dose
~ **toksyczna** toxic dose, poisonous dose
~ **uderzeniowa** large initial dose, shock dose
~ **w powietrzu** in-air dose, free-air dose
~ **wyjaławiająca** sterilization dose
~ **wyjściowa** exit dose
~ **względnej skuteczności biologicznej** relative biological effectiveness dose
~ **z wypadku** accident dose
~ **za duża** overdose
~ **za mała** underdose
~ **zagrożeniowa** danger dose
~ **życiowa** life-time dose
dawkomierz *m radiol.* dosimeter, dosemeter, quantimeter
~ **całkujący** integrating dosimeter
~ **chemiczny** chemical dosimeter
~ **do jam ciała** *med.* body-cavity dosimeter
~ **filmowy** (*do pomiaru dawki osobistej*) film dosimeter
~ **indywidualny** *zob.* **dawkomierz osobisty**
~ **osobisty** personal monitor, personal dosimeter, badge meter, film badge
~ **progowy** go-no-go dosimeter
~ **promieniowania** radiation dosimeter
~ ~ **jonizującego** intensitometer
~ **rentgenowski** röntgenometer
~ **termoluminescencyjny** thermoluminescent dosimeter, TLD
~ **wnękowy** *med.* body-cavity dosimeter
dawkować *v* **1.** dose, batch **2.** ration (*food etc.*)
dawkowanie *n* dosage, batching; proportioning
~ **czasu** timing
~ **frakcjonowane** *radiol.* dose fractionation
~ **przedłużone** *radiol.* dose protraction
dawkownik *m* batcher, metering device, dosage device
~ **czasu** time distributor, timer
~ ~ **samonaciągowy** self-resetting timer
~ ~ **zegarowy** timing clock
dazomet *m pest.* dazomet, DMTT (*fungicide and herbicide*)
dąb *m bot.* oak, *Quercus* L.
~ **biały** white oak, *Quercus alba* L.
~ **błotny** swamp oak, pin oak, water oak, *Quercus palustris* Muenchh.
~ **czerwony** red oak, *Quercus borealis* Michx. F.
~ **korkowy** cork oak, *Quercus suber* L.
dąbrowa *f* oak wood, oak grove
dąć *v* blow
dążyć *v* tend
~ **do granicy** *mat.* approach a limit
~ **do nieskończoności** approach infinity
~ **do zera** approach zero
dB = decybel *jedn.* decibel
dcm = decymetr *jedn.* decimetre
debaj *m jedn.* Debye unit, debye: $1D = 3.33 \cdot 10^{-30}$ C·m
debajogram *m met.* powder photograph, powder pattern
debajowska odległość *f* **ekranowania** *fiz.* Debye shielding distance
debet *m ek.* debit
decen *m chem.* decene, decylene
decentralizacja *f* decentralization
decy- deci-, d (*prefix in decimal system, multiplication factor* 10^{-1})
decybel *m jedn.* decibel, dB
decybelometr *m* decibel meter
decydować *v* decide, make a decision, take a decision
decydowanie *n* decision-making
decydujący *a* decisive
decydujący o szybkości rate-determining
decyklizacja *f chem.* ring opening, ring cleavage
decyl *m* **1.** *chem.* decyl **2.** *statyst.* decile
decylen *m chem.* decylene, decene
decylion *m GB* decillion
decyloamina *f chem.* decylamine, aminodecane
decymetr *m jedn.* decimetre: $1 \text{ dm} = 10^{-1}$ m
decyzja *f* decision
~ **błędna** wrong decision
~ **dopuszczalna** admissible decision
~ **optymalna** optimum decision

dedukcja *f* deduction, inference
dedukcyjny *a* deductive
dedukować *v* deduce, infer
deelektronizacja *f chem.* de-electronation
deemfaza *f el.akust.* deemphasis, postemphasis
defekacja *f* **1.** *cukr.* liming **2.** *fizjol.* defecation
~ **sucha** *cukr.* rock liming
~ **wstępna** *cukr.* predefecation, preliming
defekator *m cukr.* liming tank, limer
defekt *m* defect; failure; flaw
~ **anty Schottky'ego** *kryst.* anti Schottky defect
~ **elektryczny** *kryst.* electronic imperfection, ionic defect
~ **Frenkla** *kryst.* Frenkel defect, Frenkel disorder, Frenkel pair
~ **funkcji analitycznej** *mat.* defect of an analytic function
~ **liniowy** *kryst.* line defect, dislocation
~ **łańcucha** *chem.* chain defect
~ **masy** *fiz.* mass defect, mass deficiency, packing loss
~ **płaski** *zob.* **defekt powierzchniowy**
~ **powierzchniowy** *kryst.* plane defect
~ **punktowy** *kryst.* point defect, zero-dimensional defect
~ **Schottky'ego** *kryst.* Schottky defect
~ **sieci krystalicznej** *zob.* **defekt sieciowy**
~ **sieciowy** *kryst.* lattice defect, lattice imperfection, crystal defect, crystal imperfection
~ **silnika** engine failure
defektoskop *m* flaw detector, defectoscope
~ **magnetoindukcyjny** eddy-current flaw detector
~ **na promienie podczerwone** infra-red flaw detector
~ **ultradźwiękowy** supersonic flaw detector, reflectoscope
defektoskopia *f* flaw detection
~ **fluorescencyjna** fluorescent penetrant inspection, Zyglo inspection
~ **gamma** gamma-ray material testing
~ **magnetoindukcyjna** eddy-current inspection
~ **magnetyczna** magnetic inspection, magnetic crack detection, magnetographic inspection
~ ~ **proszkowa** magnetic particle inspection, magnetic powder inspection, magnafluxing
~ **promieniotwórcza** radioactive microradiography
~ **radiologiczna** radiography
~ **rentgenowska** X-ray radiography
~ **ultradźwiękowa** supersonic inspection, supersonic test, ultrasonic inspection
~ ~ **metodą echa** echo-sounding technique
defibrator *m papiern.* defiberizer, defibrator
defibrylacja *f med.* defibrillation
defibrylator *m med.* defibrillator
deficyt *m* deficit, deficiency
~ **elektronowy** electron deficiency
~ **kasowy** *ek.* shortage in cash
~ **masy** *fiz.* mass deficiency, mass defect
~ **tlenu** (*w wodzie*) oxygen sag
deficytowy *a* **1.** (*przynoszący deficyt*) unremunerative, unprofitable **2.** scarce, in short supply
definicja *f* definition
~ **indukcyjna** *mat.* inductive definition
~ **obrazu** *opt.* picture definition
~ **problemu** *inf.* problem description, problem definition
~ **syntaktyczna** *mat.* syntactical definition
definiować *v* define
definiowalny *a* definable
deflacja *f* **1.** *ek.* deflation **2.** *geol.* deflation
deflagracja *f chem.* deflagration
deflegmacja *f chem.* dephlegmation, partial condensation
deflegmator *m chem.* dephlegmator, partial condenser; *chłodn.* rectifier
deflektometr *m* (*kompasu*) deflectometer, deflection indicator (*in a compass*)
deflektor *m* **1.** *masz.* deflector, deflection plate, baffle **2.** deflection indicator, deflectometer (*in a compass*)
~ **akustooptyczny** acousto-optical deflector
~ **kominowy** *bud.* chimney cowl; chimney-pot; tallboy
~ **pierścieniowy strumienia gazów wylotowych** (*w silniku odrzutowym*) exhaust deflecting ring
~ **strumienia** jet deflector
deflokulacja *f chem.* deflocculation
defoliacja *f roln.* defoliation
defoliant *m chem.roln.* defoliant
defometr *m gum.* Defo apparatus
deformacja *f* deformation; distortion, *zob. też* **odkształcenie**; **zniekształcenie**
~ **jądra** *fiz.* nuclear distortion
deformować *v* deform
deg *m jedn.* degree Kelvin (*as measure of difference of temperature*)
degeneracja *f* **1.** *fiz.* degeneration, degeneracy **2.** *biol.* degeneration
deglomeracja *f* deglomeration
degradacja *f chem.* degradation
~ **energii** *fiz.* degradation of energy
~ **fotochemiczna** photochemical degradation, photodegradation
~ **Hofmanna** *chem.* Hofmann degradation
~ **polimeru** *chem.* polymer degradation, depolymerization, degradation of polymer
~ **termiczna (polimerów)** thermal degradation
degras *m skór.* degras, moellen
degustacja *f* tasting (*of wine, tea etc.*)
degustator *m* taster
dehalogenacja *f chem.* dehalogenation
dehydratacja *f chem.* dehydration
dehydrator *m chłodn.* dehydrator
dehydrogenacja *f chem.* dehydrogenation
dehydrogenaza *f biochem.* dehydrogenase
~ **amidu kwasu liponowego** *biochem.* lipoamide dehydrogenase, diaphorase

~ **mleczanowa** *biochem.* lactic dehydrogenase, LDH
dehydrogenizacja *f chem.* dehydrogenation
dejonizacja *f el.* deionization
dejwud *m okr.* deadwood
deka- deca-, da (*prefix representing* 10)
dekada *f* decade
~ **licząca** *elektron.* decade counter, scale-of-ten circuit, decade scaler
dekadien *m chem.* decadiene
dekaedr *m* = **dziesięciościan** *geom.* decahedron
dekagram *m jedn.* decagram(me): 1 dag = $= 10^{-2}$ kg
dekahydronaftalen *m chem.* decahydronaphthalene
dekalescencja *f met.* decalescence
dekalina *f chem.* decalin, decahydronaphthalene
dekalkomania *f poligr.* transfer printing, decalcomania, decal
dekan *m chem.* decane
dekanal *m chem.* decanal, capraldehyde
dekanol *m chem.* decanol, decyl alcohol
dekantacja *f* decantation
dekantat *m* decantate
dekanter *m* decanter, clarifier
dekantować *v* decant
dekapowanie *n* = **dotrawianie** *elchem.* pickling
dekarboksylacja *f chem.* decarboxylation
dekarboksylaza *f biochem.* decarboxylase
dekarbonizacja *f chem.* decarbonization, decarbonizing
~ **wapnem i sodą na gorąco** (*wody*) *san.* hot lime-soda process
~ **wapnem na zimno** (*wody*) *san.* cold lime process
dekarstwo *n bud.* roofwork
dekarz *m bud.* roofer
dekatron *m elektron.* decatron, decade counter tube
dekatyzarka *f włók.* decating machine
~ **parowa** steaming machine
dekatyzowanie *n włók.* decating, decatizing; steaming
deklaracja *f* declaration
~ **abandonowa** *żegl.* notice of abandonment
~ **celna** customs entry; bill of entry
~ **o pochodzeniu** (*towaru*) *ek.* declaration of origin
~ **procedury** *inf.* procedure declaration, declarative statement
~ **tablicy** (*w algolu*) *inf.* array declaration
deklinacja *f astr.* declination
~ **magnetyczna** magnetic declination; *geofiz.* variation
deklinator *m geod.* declinometer
dekoder *m inf.* decoder
~ **operacji** operation decoder
dekodować *v inf.* decode, interpret
dekometr *m nawig.* decometer
dekompresja *f* decompression, pressure relief
dekompresor *m siln.spal.* decompressor
dekontaminacja *f radiol.* decontamination
dekoracja *f* decoration
~ **wnętrz** interior decoration
~ **wystaw sklepowych** window-dressing
dekoracyjny *a* decorative, fancy
dekorator *m* **wnętrz** interior decorator
dekortykacja *f włók.* decortication
dekortykator *m włók.* decorticator
dekoza *f chem* decose
dekrement *m mat.* decrement
~ **logarytmiczny** (*drgań*) logarithmic decrement
~ **masy** *fiz.* mass decrement
~ **tłumienia** (*drgań*) damping decrement
dekremetr *m* (*miernik dekrementu*) decremeter
dekrepitacja *f* decrepitation
dekstran *m chem.* dextran(e)
dekstroza *f chem.* dextrose, glucose, grape sugar
dekstryna *f chem.* dextrin
~ **skrobiowa** starch dextrin, starch gum
DEL = **dioda elektroluminescencyjna** *elektron.* light-emitting diode, LED
delegacja *f* **1.** delegation **2.** business trip
delegat *m* delegate, deputy
delfin *m* **pospolity** *zool.* common dolphin, *Delphinus delphis* L.
delfiniak *m okr.* dolphin striker, martingale boom
delfinowanie *n lotn.* (*making use of thermal currents during crosscountry flights in sailplanes*)
delignifikacja *f papiern.* delignification
delikatesy *pl* grocery store; *US* delicatessen
delinterowanie *n spoż., włók.* delinting (process)
delta *f* **1.** delta (Δ) **2.** (*rzeki*) delta **3.** *lotn.* delta wing aircraft
~ **Diraca** *mat.* delta function
~ **Kroneckera** *mat.* Kronecker delta
deltoid *m mat.* deltoid
deluwium *n geol.* slope wash
dem *m biol.* deme
demagnetyzacja *f* (*np. kadłuba okrętu*) degaussing, deperming
demagnetyzator *m* demagnetizer
demagnetyzować *v* demagnetize
dematerializacja *f fiz.* dematerialization, annihilation
demiksja *f chem.* (solvent) demixing
demineralizacja *f chem.* demineralization, demineralizing
~ **wody** water demineralizing, demineralization of water, (water) softening
demodulacja *f el.* demodulation
demodulator *m el.* demodulator
~ **grupowy** group demodulator
~ **kanałowy** channel demodulator
demodyfikator *m met.* demodifier
demografia *f* demography
demonstrować *v* demonstrate; show; display
demontaż *m* disassembly, dismantling, stripping

demontować *v* disassemble, dismantle, strip
demulgator *m chem.* demulsifier, emulsion breaker, demulsification agent
demulgowanie *n chem.* demulsification, emulsion breaking, de-emulsification
demultiplekser *m el.* demultiplexer
demultipleksowanie *n* demultiplexing
den *m jedn.włók.* denier
denaturacja *f chem.* denaturation
denaturant *m chem.* denaturant; contaminant
denaturat *m chem.* denatured (ethyl) alcohol
denaturator *m chem.* denaturant; contaminant
denaturowanie *n chem.* denaturation
dendrologia *f leśn.* dendrology
dendrometria *f leśn.* dendrometry
dendryt *m* **1.** dendrite, dendritic crystal, arborescent crystal, fir-tree crystal, fern-leaf crystal **2.** *anat.* dendrite, dendrone **3.** *mat.* spanning tree
~ decyzyjny decision tree
dendrytyczny *a* dendritic, arborescent
denier *m jedn.włók.* denier
denitracja *f zob.* **denitrowanie**
denitrowanie *n chem.* denitration
denitryfikacja *f biochem.* denitrification
denitryfikatory *mpl biochem.* denitrifiers
denko *n* **1.** bottom **2.** *obr.plast.* web (*in a forging*)
~ głowicy cylindra *siln.spal.* crown of a cylinder head
~ tłoka *siln.spal.* piston head, piston crown
denkowanie *n* **(łusek)** *obr.plast.* heading, coining, base rolling
dennica *f* **konwertora** *hutn.* converter bottom, bottom plug
~ kotła = dno kotła boiler end, boiler head
dennik *m okr.* floor
~ ciągły continuous floor
~ częściowy partial floor
~ główny main floor
~ kosza rufowego transom floor, transom plate
~ krótki partial floor
~ otwarty bracket floor, open floor, skeleton floor
~ owręża main floor
~ pełny plate floor, solid floor
~ przerywany intercostal floor
~ skrajnika deep floor, rising floor
~ wstawkowy intercostal floor
~ wysoki deep floor, rising floor
denny *a* **1.** *okr.* bottom **2.** *biol.* bottom living
densometr *m fot.* densitometer
densymetr *m* densimeter, densitometer, gravitometer; aerometer
densytometr *m fot.* densitometer
densytometria *f fot.* densitometry
dentystyka *f* dentistry
denudacja *f geol.* denudation
departament *m* department
depasywacja *f elchem.* depassivation
depesza *f* telegram, wire, cable
depeszować *v* telegraph, send a wire, cable
depilacja *f skór.* depilation
depilator *m* depilatory
depolaryzacja *f elchem.* depolarization
depolaryzator *m elchem.* depolarizer
depolimeraza *f biochem.* depolymerase
depolimeryzacja *f chem.* depolymerization, polymer degradation, depropagation
~ termiczna thermal degradation
deponować *v ek.* deposit
depozycja *f nukl.* deposition
depozyt *m ek.* deposit
~ aktywny *nukl.* active deposit
~ bankowy *ek.* safe-deposit
deprecjacja *f ek.* depreciation; debasement
depresator *m chem.* depressant
depresja *f* depression
~ horizontu dip of horizon
~ kapilarna capillary depression
depresor *m ryb.* depressor (*of a pelagic trawl*)
~ flotacji *wzbog.* flo(a)tation depressor
deproteinizacja *f chem.* deproteinization
depsyd *m chem.* depside
deptak *m* **1.** promenade **2.** *szkl.* mechanical boy, dummy
deratyzacja *f* deratization, deratting, rat extermination
derma *f* **1.** *tw.szt.* leather substitute **2.** (*skóra właściwa*) true skin
dermatoid *m* artificial leather, imitation leather
dermatologia *f* dermatology
dermatom *m med.* dermatome, skin grafting razor
dermograf *m med.* dermatograph
der(r)ik *m* = **żuraw masztowy** derrick (crane)
derytus *m geol.* derital minerals, deritus
derywacja *f* **1.** *lotn.* derivation **2.** *hydr.* approach flume
desant *m wojsk.* **1.** landing operation (*on enemy territory*) **2.** landing party, landing troops
desantowiec *m okr.* landing craft, landing ship
deseczka *f* **wylotowa** *pszczel.* flight board, alighting-board (*in a beehive*)
deseniarka *f skór.* embossing roller
desensybilizacja *f fot.* desensitization
desensybilizator *m fot.* desensitizer
deseń *m* pattern, design
~ wielobarwny *włók.* multi-coloured pattern
deska *f* board
~ celownicza (*przy układaniu przewodów w wykopach*) *inż.* sight rail
~ czołowa okapu *bud.* fascia (board)
~ kalenicowa *bud.* ridge-board, rooftree; comb board
~ kreślarska drawing board
~ niestrugana rough board
~ podłogowa floor board
~ podmodelowa *odl.* moulding board, turnover board

~ **poszycia ściany** *bud.* weather-board, clapboard
~ **rozporowa** (*włoka*) *ryb.* otter board, trawl board
~ **równająca** *inż.* screed
~ **szczytowa** *bud.* bargeboard, gableboard
~ **trałowa** (*włoka*) *ryb.* otter board, trawl board
~ **z przełącznikami** (*pulpitu łącznicy*) *tel.* key-shelf
~ **z wtyczkami łączeniowymi** (*pulpitu łącznicy*) *tel.* plug-shelf
deskowanie *n bud.* **1.** boarding; planking **2.** shuttering, forms, formwork, falsework
~ **aktywne** active shuttering
~ **dachu** roof boarding, roof sheathing
~ **obudowy** lining sheeting
~ **przestawne** climbing shuttering
~ **zewnętrzne ścian** weather boarding
deskrypt *m mat.* description
deskryptor *m inf.* descriptor, keyword
desmin *m min.* stilbite
desmoenzym *m biochem.* desmoenzym, endoenzyme
desmotropia *f chem.* desmotropism
desorbent *m chem.* displacent (*in chromatography*)
desorpcja *f chem.* desorption
~ **oleju chłonnego** oil stripping
destabilizacja *f* (*stali austenitycznej*) destabilization
destabilizator *m lotn.* destabilizer
destrukcja *f* **polimeru** *chem.* destruction of polymer
destrukcyjny *a* destructive
destylacja *f chem.* distillation
~ **cieczy wzajemnie nierozpuszczalnych** condistillation
~ **cząsteczkowa** *zob.* **destylacja molekularna**
~ **destrukcyjna** destructive distillation
~ **drewna** distillation of wood
~ **ekstrakcyjna** extractive distillation
~ **frakcjonowana** fractional distillation
~ **frakcyjna** *zob.* **destylacja frakcjonowana**
~ **kotłowa** simple distillation
~ **molekularna** molecular distillation
~ **nośnikową** carrier distillation
~ **periodyczna** batch distillation
~ **pod zmniejszonym ciśnieniem** *zob.* **destylacja próżniowa**
~ **powtórna** redistillation
~ **prosta** simple distillation
~ **próżniowa** vacuum distillation
~ **rozkładowa** *zob.* **destylacja destrukcyjna**
~ **równowagowa** equilibrium distillation, flash distillation, pipe-still distillation
~ **rzutowa** *zob.* **destylacja równowagowa**
~ **sucha drewna** destructive wood distillation
~ ~ **węgla** coal carbonization
~ **z parą wodną** steam distillation
~ **z retorty** retorting
destylarka *f* **wody** water still
destylarnia *f* distillery
destylat *m* distillate
~ **krakowy** cracking distillate
~ **parafinowy** paraffin distillate, wax distillate
destylator *m* distiller, distilling apparatus, still
destylowanie *n* distilling
~ **z retorty** retorting
destymulator *m* **korozji** corrosion destimulator
desulfitacja *f chem.spoż.* desulfitation
desulfonacja *f chem.* desulfonation
desulfuracja *f chem.* desulfurization
desykant *m pest.* desiccant
deszcz *m* rain
~ **marznący** ice rain
~ **meteorów** *astr.* meteor shower
~ **przelotny** shower
~ **radioaktywny** radioactive rain
~ **ulewny** heavy rain, downpour
~ **z pozornie bezchmurnego nieba** serein
~ **ze śniegiem** sleet
deszczomierz *m* rain-gauge, pluviometer, ombrometer
deszczoodporny *a* rainproof, rain-tight
deszczowanie *n roln.* sprinkling, sprinkling irrigation, overhead irrigation, spray irrigation
deszczownia *f roln.* sprinkling machine
~ **strumieniowa** rain gun
deszczówka *f* rain-water
deszczułki *fpl* **posadzkowe** wood flooring
deszyfrować *v* decrypt
detal *m* **1.** detail **2.** *ek.* retail (trade)
detalicznie *adv ek.* by retail
detaliczny *a ek.* retail
detalista *m ek.* retailer
detaszowanie *n włók.* spot cleaning, spot removal
detekcja *f* **1.** *nukl.* detection **2.** *rad.* detection
~ **kwadratowa** *rad.* square-law detection
~ **siatkowa** *rad.* leaky grid detection
detektor *m* detector
~ **atomów znaczonych** tracer detector
~ **fazy** *tel.* phase detector, phase discriminator
~ **heterodynowy** *rad.* heterodyne detector
~ **iloczynowy** *rad.* product detector
~ **jonizacyjny promieniowania** monitor ionization chamber, gas-filled radiation counter tube
~ **krystaliczny** *rad.* crystal detector
~ **kwadratowy** *rad.* square-law detector
~ **linearny** *rad.* linear detector
~ **masowy** (*w chromatografii gazowej*) mass sensitive detector
~ **mikrofalowy** microwave detector
~ **neutronów** neutron detector
~ **nieszczelności** leak detector
~ **o automatycznej polaryzacji** detector balance bias, DBB
~ **płomieniowo-jonizacyjny** flame ionization detector, FID
~ **podczerwieni** infrared detector
~ **promieniowania** radiation detector

~ **reakcyjny** *rad.* regenerative detector
~ **stężeniowy** (*w chromatografii gazowej*) concentration sensitive detector
~ **stosunkowy** *rad.* ratio detector
~ **superreakcyjny** *rad.* superregenerative detector
~ **termokonduktometryczny** thermal conductivity cell
~ **wychwytu elektronów** electron capture detector, ECD
~ **z dodatnim sprzężeniem zwrotnym** *zob.* **detektor reakcyjny**
detergent *m chem.* detergent
~ **do wywabiania plam** spotting detergent
~ **kationowo czynny** cationic detergent
~ **miękki** soft detergent
~ **syntetyczny** synthetic detergent, syndet
determinować *v* determinate
detoksykacja *f* detoxification
detonacja *f* detonation
~ **całkowita i natychmiastowa** *uzbr.* high-order detonation
~ **w stadium początkowym** *siln.spal.* incipient detonation
detonator *m wybuch.* detonator; exploder
detonować *v* detonate
detrytus *m geol.* detritus
detubator *m med.* extubator
deuter *m chem.* deuterium, heavy hydrogen, D
deuterek *m chem.* deuteride
deut(er)on *fiz.* deuteron, d
deuterowanie *n chem.* deuteration,. deuterium exchange
dewaluacja *f ek.* devaluation (*of a currency*); depreciation (*of value*)
dewaluować *v ek.* devaluate; depreciate
dewastacja *f* devastation
dewastować *v* devastate
dewiacja *f* deviation
~ **częstotliwości** frequency deviation
~ **ćwierćokrężna** *nawig.* quadrantal deviation
~ **fazy** *rad.* phase deviation
~ **kompasu** compass deviation
~ **ostateczna** *nawig.* residual deviation
~ **półokrężna** *nawig.* semicircular deviation
~ **przechyłowa** *nawig.* heeling error
~ **sześciookrężna** *nawig.* sextantal deviation
~ **szybkościowa** (*żyrokompasu*) speed latitude error (*of a gyrocompass*)
dewiaskop *m nawig.* deviascope
dewiatometr *m nawig.* deviatometer
dewiator *m mat.* deviator
~ **kompasów** *żegl.* compass adjuster
~ **naprężeń** *wytrz.* stress deviator
~ **odkształceń** *wytrz.* strain deviator
dewitalizacja *f med.* devitalization
dewitryfikacja *f geol.* devitrification
dewizy *pl ek.* foreign exchange
dewon *m geol.* **1.** Devonian (period) **2.** Devonian (system)
dewulkanizacja *f gum.* devulcanization
dezacetylacja *f chem.* deacetylation
dezaeracja *f* deaeration
dezagregacja *f* disaggregation
dezakomodacja *f* (*przenikalności magnetycznej*) disaccommodation
dezaktywacja *f* **1.** *chem.* deactivation, inactivation **2.** *nukl.* cooling (down)
dezaktywować *v nukl.* cool (down)
dezalkilowanie *n chem.* dealkylation
dezaminaza *f biochem.* deaminase
dezaminowanie *n chem.* deamination
dezasocjacja *f chem.* disassociation
dezazotacja *f obr.ciepl.* de-nitriding
dezodorant *m kosmet.* deodorant, deodorizer
dezodoryzacja *f* deodorization
dezodoryzator *m* deodorizer (*apparatus*)
dezoksy- *chem.* deoxy-
dezoksykortykosteron *m biochem.* deoxycorticosterone
dezorganizacja *f* disorganization
dezorientacja *f kryst.* misorientation (angle)
dezynfekcja *f* disinfection
dezynfekcyjny *a* disinfecting
dezynfekować *v* disinfect
dezynfektor *m* disinfector
dezynsekcja *f* disinsectization
dezynsekować *v* disinsect
dezyntegrator *m masz.* disintegrator, disintegrating mill
~ **Theissena** *hutn.* Theissen disintegrator
dębianka *f bot.* oak-gall, Turkey gall
dębina *f* **1.** oak-wood **2.** oak bark
dętka *f* **1.** inner tube, air-chamber **2.** bladder (*of football*)
diabaz *m petr.* diabase
diabetometr *m med.* diabetometer
diabetyk *m med.* diabetic
diada *f mat.* dyad
diafon *m okr.* diaphone
diofonometr *m telef.* crosstalk meter
diaforaza *f biochem.* diaphorase
diafragma *f* **1.** *opt.* diaphragm **2.** *hydr.* diaphragm
diagenetyczny *a geol.* diagenetic
diageneza *f geol.* diagenesis
diagnostyka *f* **1.** *med.* diagnosis, diagnostic **2.** diagnosis, diagnostic
~ **radiologiczna** radiodiagnosis
~ **rentgenowska** X-ray diagnosis; *US* diagnostic roentgenology
~ **za pomocą ETO** computer diagnosis
~ **zdalna** telediagnosis
diagnoza *f med.* diagnosis, diagnostic
diagonal *m włók.* diagonal (cloth), twill, twell
diagonala *f mat.* diagonal
diagonalny *a mat.* diagonal
diagram *m* **1.** scheme; schedule **2.** *mat.* diagram; graph
~ **Arganda** *mat.* Argand diagram
~ **łączeń** *el.* scheme of connections
~ **molekularny** *fiz.* molecular diagram
~ **pokrycia (anteny)** *rad.* coverage diagram
~ **profilowy** *mat.* band chart
~ **przemienny** *mat.* commutative diagram

diak *m elektron.* diac (diode ac switch), trigger diode
diakrytyczny *a* diacritical
diaktyniczny *a opt.* diactinic
dialag *m min.* diallage
dializa *f chem.* dialysis
dializat *m chem.* dialysate
dializator *m chem.* dialyzer
~ **krwi** *med.* haemodialyzer
dialog *m* **użytkownik-komputer** *inf.* conversational processing
dialogit *m min.* dialogite, rhodochrosite
dialylftalat *m chem.* diallyl phthalate, DAP
diamagnetyczny *a* diamagnetic
diamagnetyk *m* diamagnetic material
diamagnetyzm *m* diamagnetism
diament *m* **1.** *min.* diamond **2.** *poligr.* diamond (*type size*)
~ **Knoopa** *wytrz.* Knoop indenter
~ **szklarski** glazier's diamond, glass cutter, cutting diamond
diamentowanie *n obr.skraw.* diamond turning
diametral pitch *masz.* diametral pitch
diamikrokarta *f inf.* transparent microcard, microfiche
diapir *m geol.* diapir
diapozytyw *m* diapositive, (lantern) slide, film slide, transparency
diapozytywowy *a* diapositive
diaskop *m opt.* slide projector, projection lantern
diaspor *m min.* diaspore, boehmite
diastaza *f biochem.* diastase, amylase
diastereoizomeria *f chem.* diastereoisomerism
diatermia *f med.* **1.** diathermy **2.** diathermy (*apparatus*)
~ **chirurgiczna** diathermy coagulator
~ **krótkofalowa** short-wave diathermy, parathermy
diatermiczny *a* diathermic, diathermous
diatomit *m min.* diatomite, diatom(aceous) earth, kieselguhr
diazotypia *f poligr.* diazotype, diazo process
diazynon *m pest.* diazinon (*acaricide and insecticide*)
dichlon *m pest.* dichlone (*fungicide*)
dichlorfos *m pest.* dichlorvos (*insecticide*)
dichroizm *m opt.* dichroism
~ **kołowy** circular dichroism, CD (*in spectroscopy*)
dieldryna *f pest.* dieldrin (*insecticide*)
dielektrometria *f chem.* dielectrometry
dielektryczny *a el.* dielectric
dielektryk *m el.* dielectric, nonconductor
~ **nośny** base dielectric
dieny *mpl chem.* dienes, diolefines
dieselizacja *f kol.* dieselization
dieta *f* **1.** *spoż.* diet **2.** *med.* diet **3.** *ek.* travelling allowance
~ **alkalizująca** *med.* alkali-ash diet
~ **cukrzycowa** *med.* diabetic diet
~ **dla ozdrowieńców** *med.* convalescent diet
~ **eliminująca** *med.* elimination diet
~ **fizjologiczna** *med.* balanced diet
~ **łatwostrawna** *med.* protective diet
~ **mleczna** *med.* lactotherapy
~ **niedrażniąca** *med.* bland diet
~ **odchudzająca** *med.* reduction diet
~ **podstawowa** basal diet
~ **zakwaszająca** *med.* acid-ash diet
dietetyczny *a* dietetic
dietetyk *m* dietician
dietetyka *f* dietetics
digraf *m poligr.* digraph
dikwat *m pest.* diquat (*herbicide*)
dimefoks *m pest.* dimefox (*acaricide and insecticide*)
dimer *m chem.* dimer
dimeryzacja *f chem.* dimerization
dimetoat *m pest.* dimethoate (*acaricide and insecticide*)
dimorfizm *m kryst.* dimorphism
dineutron *m fiz.* dineutron
dingi *f żegl.* dinghy
dinokap *m pest.* dinocap (*acaricide and fungicide*)
dinoprop *m pest.* dinoprop (*herbicide and insecticide*)
dinosam *m pest.* dinosam, DN(O)SAP, DNAP (*herbicide and insecticide*)
dinoseb *m pest.* dinoseb, DN(O)SBP (*herbicide*)
dioda *f elektron.* diode
~ **BARITT** BARITT diode, barrier injection transit time diode
~ **czterowarstwowa** four layer diode, Shockley diode
~ **detekcyjna** detection diode
~ **dodatkowa** booster diode
~ **dyskowa** disk-seal diode
~ **elektrochemiczna** solion
~ **elektroluminescencyjna** light-emitting diode, LED
~ **emisyjna** *zob.* **dioda elektroluminescencyjna**
~ **Esakiego** tunnel diode
~ **formująca** pulse-forming diode
~ **fotoelektryczna** photodiode
~ **Gunna** Gunn diode
~ **IMPATT** IMPATT diode, impact avalanche and transit time diode
~ **krystaliczna** crystal diode, crystal rectifier
~ **lampowa** two-electrode tube
~ **lawinowa** avalanche diode
~ **LSA** (*z ograniczoną akumulacją ładunków*) LSA diode, limited space-charge accumulation diode
~ **ładunkowa** charge storage diode, step-recovery diode, snap-off diode
~ **mocy** power diode
~ **odniesienia** (voltage) reference diode
~ **parametryczna** *zob.* **dioda pojemnościowa**
~ **-pentoda** diode-pentode
~ **p-i-n** pin diode, power diode
~ **podwójna** duodiode
~ **podwyższająca napięcie** booster diode

~ **pojemnościowa** varactor (diode), variable-capacitance diode, varicap, voltage-variable capacitor
~ **półprzewodnikowa** semiconductor diode
~ **prostownicza** rectifying diode
~ **próżniowa** vacuum diode
~ **przełączająca pnpn** Shockley diode, four-layer diode
~ **przełącznikowa** switching diode
~ **Schottky'ego** Schottky barrier diode
~ **SCL** space-charge limited diode
~ **Shockleya** four-layer diode, Shockley diode
~ **spustowa** trigger diode
~ **stabilizacyjna** (voltage) reference diode
~ **stałoprądowa** constant-current diode
~ **strumieniowa** *aut.* fluidic diode
~ **szybka** fast recovery diode
~ **świecąca** light-emitting diode, LED
~ **TRAPATT** TRAPATT diode, trapped plasma avalanche triggered transit diode
~ **-trioda** binode
~ **tunelowa** tunnel diode
~ **usprawniająca** *TV* efficiency diode
~ **ustalająca** clamping diode
~ **wielokrotna** multiple diode
~ **wirowa** *aut.* vortex diode
~ **wsteczna** backward diode
~ **z gorącymi nośnikami** hot carriers diode
~ **z gromadzeniem ładunku** charge storage diode, step recovery diode
~ **zastępcza** equivalent diode
~ **Zenera** Zener diode, breakdown diode
~ **złączowa** junction diode
~ **żołędziowa** acorn diode
dioksan *m chem.* dioxane
diol *m chem.* diol, dihydric alcohol
dionina *f chem.* dionin
diopsyd *m min.* diopside
dioptaz *m min.* dioptase (*copper ore*)
diopter *m geod.* sight vane
dioptria *f opt.* diopter, dioptre, D
dioptromierz *m opt.* dioptrimeter
dioryt *m petr.* diorite
~ **kwarcowy** quartz diorite
diplekser *m rad.* diplexer
diplet *m fiz.* diplet
diplokokcyna *f biochem.* diplococcin
dipol *m* **1.** *fiz.* dipole, doublet, duplet **2.** *hydr.* dipole, double source, doublet **3.** *rad.* dipole (antenna)
~ **dyslokacji** *kryst.* dislocation dipole
~ **elektryczny** electric doublet, electric dipole
~ **elementarny** infinitesimal dipole
~ **magnetyczny** magnetic dipole
~ **mankietowy** *rad.* sleeve dipole
~ **pętlicowy** *rad.* folded dipole
~ ~ **wielokrotny** multi-element folded dipole
~ **pobudzany** *rad.* driven dipole
~ **podwójny** electric quadrupole
~ **półfalowy** *rad.* half-wave dipole
~ **szerokopasmowy** *rad.* wideband dipole
~ **z dopasowaniem za pomocą strojnika** stub matched dipole
~ **z zasilaniem typu J** J-fed dipole
dipole *pl* **zakłócające** (*środek antyradiolokacyjny*) radar-reflective dipoles
dipolowy *a* dipolar
direktor *m rad.* director
disul *m pest.* disul (*herbicide*)
disulfoton *m pest.* disulfoton (*insecticide*)
dit *m* (*dziesiątkowa jednostka informacji*) *inf.* decit, decimal digit
diuna *f geol.* dune
diuron *m pest.* diuron (*herbicide*)
dkg = dekagram *jedn.* decagram(me)
D-korektor *m nawig.* quadrantal corrector
DKT = dział kontroli technicznej quality control department
dla potrzeb przemysłu for industrial purposes
dławić *v* choke, throttle; stifle
dławienie *n* **przepływu** throttling, wire--drawing
~ **się silnika** *siln.spal.* engine spluttering
~ ~ **tunelu aerodynamicznego** choking of wind tunnel
~ **silnika** *siln.spal.* throttling back the engine
dławik *m* **1.** *masz.* (packing) gland, gland seal **2.** *el.* choke, choking coil, impedance coil; reactor
~ **anodowy** *el.* anode stopper
~ **filtru zasilacza** *elektron.* main supply smoothing choke
~ **gwintowy** *masz.* screwed gland
~ **liniowy** *el.* feeder reactor
~ **mikrofalowy** *el.* microwave choke
~ **nasycany** *el.* saturable reactor, transductor
~ **ochronny** *el.* line choking coil
~ **przetężeniowy** *el.* current-limiting reactor
~ **regulacyjny** *el.* regulating inductor
~ **siatkowy** *el.* grid choke
~ **sterowany** *el.* saturable reactor
~ **szynowy** *kol.* impedance bond
~ **transduktorowy** *el.* transductor reactor
~ **uziemiający** *el.* earthing reactor, grounding reactor
~ **wielozaczepowy** *el.* tapped variable inductor
~ **wyładowczy** *el.* discharge coil
~ **wyrównawczy** *el.* absorption reactance coil; transition coil
dławnica *f masz.* stuffing-box; packing
~ **cieczowa** liquid-sealed gland
~ **hydrauliczna** hydraulic gland
~ **labiryntowa** labirynth (packing)
~ **międzystopniowa** diaphragm gland (*in a steam turbine*)
~ **obrotowa** rotary packing
~ **olejowa** oil gland
~ **uszczelniająca** compression gland
~ **wewnętrzna** internal gland (*in a steam turbine*)
~ **węglowa** carbon packing, carbon gland, carbon-ring gland
~ **wodna** water (sealed) gland

~ **z dławikiem gwintowym** screw-type stuffing box
~ **zewnętrzna** external gland (*in a steam turbine*)
dłonica *f bhp* hand-pad
dłoń *f anat.* palm
dług *m* debt
~ **hipoteczny** mortgage debt
długofalowy *a* **1.** long-wave **2.** long-term
długopis *m* ball(-point) pen
długość *f* length
~ **całkowita** overall length; *okr.* length over all, length o.a.
~ **cyklu produkcyjnego** throughput time
~ **drogi mieszania** *mech.pł.* mixing length
~ ~ **przeskoku iskry** *el.* arcing distance
~ **dyfuzji** *fiz.* diffusion length
~ **działki elementarnej** *metrol.* scale interval size, scale interval width, scale spacing
~ **ekliptyczna** *astr.* celestial longitude, ecliptic longitude
~ **elektryczna** electrical length
~ **fabrykacyjna** (*kabla*) *el.* factory length
~ ~ ~ **na bębnie** length per drum
~ **fali** *fiz.* wavelength
~ ~ **de Broglie'a termiczna** quantum length
~ **falotwórcza** *żegl.* wave-making length
~ **farby drukarskiej** length of printing ink
~ **geograficzna** longitude
~ **halsu** (*przy żeglowaniu półwiatrem*) *żegl.* reach
~ **impulsu** pulse width, pulse length, pulse duration
~ **klasyfikacyjna** *okr.* Lloyd's length
~ **krzywej** *geom.* length of a curve
~ **lądowania** *lotn.* landing distance
~ **liczby** *inf.* digital capacity
~ **łuku** *geom.* arc length
~ **między pionami** *okr.* length between perpendiculars, length pp, LBP
~ **migracji** *nukl.* migration length
~ **na wodnicy** *okr.* length on waterline, waterline length
~ **nabrzeży** *żegl.* waterfront
~ **niebieska** *astr.* celestial longitude, ecliptic longitude
~ **nośna profilu** (*powierzchni*) bearing length of the effective profile
~ **obliczeniowa spoiny** effective length of weld
~ ~ **statku** displacement length of a ship
~ **podziałowa** *okr.* subdivision length
~ **pomiarowa próbki** *wytrz.* gauge length of a test piece
~ ~ **statku** tonnage length of a ship
~ **poskoku** *masz.* overlap length
~ **profilu zwilżonego** *hydr.* wetted perimeter
~ **przerwy iskrowej** *el.* gap distance
~ **przęsła** span (length)
~ **rejestrowa** *okr.* register length
~ **rejestru** *inf.* register length
~ **rozproszenia** *fiz.* diffusion length
~ **rozwarcia** (*styków*) *masz.el.* length of break
~ **słowa** *inf.* word length, word size
~ **spowalniania** *nukl.* slowing-down length, length of moderation
~ **sprężyny zblokowanej** solid length of a spring, closed length of a spring
~ **sprowadzona pręta przy wyboczeniu** *wytrz.* reduced buckling length
~ ~ **wahadła** *mech.* equivalent length of a pendulum
~ **startu** *lotn.* take-off distance
~ **strumienia paliwa** spray penetration
~ **swobodna** (*pręta narażonego na wyboczenie*) *wytrz.* reduced buckling length
~ ~ **sprężyny** free length of a spring, open length of a spring
~ **tonażowa** *okr.* tonnage length
~ **trasy w milach** *kol.* route milage
~ **tworzącej** *geom.* slant height
~ **wektora** *mat.* absolute value of a vector
~ **wiązania** *chem.* bond length
~ **wkręcenia śruby** length of engagement of a screw
~ **wręźnicy** *okr.* chain girth, skin girth
~ **wyboczeniowa** (*pręta*) *wytrz.* reduced buckling length
~ **zaostrzenia dziobowego** *okr.* length of entrance
~ ~ **rufowego** *okr.* length of run
~ **zatapialna** *okr.* floodable length
~ **zerwania** (*pręta*) *wytrz.* breaking length
~ **zęba** (*prostego*) *masz.* facewidth of tooth
~ **życia przeciętna** life expectancy
długoterminowy *a* long-term
długotrwałość *f* **lotu** *lotn.* endurance
długotrwały *a* prolonged, sustained, long-lasting
długowieczność *f biol.* longevity
długożyciowy *a nukl.* long-lived
dłutak *m obr.skraw.* gear-shaper cutter, pinion cutter
dłutarka *f drewn.* (chisel) mortiser
dłuto *n narz.* chisel; *med.* chisel, gouge; *górn.* bit
~ **ciesielskie** *drewn.* ripping chisel
~ ~ **płaskie** firmer chisel
~ **do czyszczenia powierzchni** scaling chisel
~ **do doszczelniania** caulking chisel, caulking tool, fullering tool, calker
~ **do drewna** wood chisel
~ **gniazdowe** *drewn.* mortise chisel, framing chisel
~ **kamieniarskie** stonecutter's chisel; drove
~ **kombinowane** *drewn.* hollow mortise chisel
~ **kostne** *med.* osteotome, bone chisel
~ **łańcuszkowe** *drewn.* mortising chain, chain cutter
~ **płaskie** flat chisel
~ **pneumatyczne** pneumatic chisel, chipping hammer, chipper

~ **przegubowe** *med.* arthroplastic gouge
~ **spadowe** *inż.* pounder
~ **stolarskie** wood chisel
~ **tokarskie** turning chisel
~ **wklęsłe** *drewn.* gouge
~ ~ **półokrągłe** *drewn.* hollow chisel
dłutowanie *n* **1.** *obr.skraw.* chiselling; slotting **2.** *drewn.* mortising
~ **odlewów** chipping of castings
dłutownica *f* **1.** *obr.skraw.* slotting machine, slotter, vertical shaper **2.** *drewn.* (chisel) mortiser, mortising machine
~ **łańcuszkowa** *drewn.* chain mortiser
dłużnik *m* debtor
dłużyca *f* **1.** *transp.* long-load **2.** *drewn.* log
dłużyce *fpl* **kopalniakowe** *drewn.* long mining props
dm = decymetr *jedn.* decimetre
DMP = dolny martwy punkt *siln.* bottom dead centre
dmuch *m* blast, wind (*in a furnace*)
~ **dolny** undergrate blast
~ **nad rusztem** overgrate blast
~ **parowo-tlenowy** steam-oxygen blast
~ **pierwotny** primary blast
~ **powietrzno-parowy** mixed air-steam blast
~ **wtórny** secondary blast
~ **wzbogacony** enriched blast
~ ~ **w tlen** oxygen enriched air
dmuchacz *m* **szkła** gaffer, glassblower, blower
dmuchać *v* blow; blast
dmuchanie *n* blowing; blasting
~ **olejów schnących** blowing of drying oils
~ **szkła** glass blowing
dmuchawa *f* blower; blast machine, blowing engine; blowing fan
~ **do acetylenu** *spaw.* acetylene booster
~ **do stertowania** (*słomy i siana*) *roln.* pneumatic stacker, wing stacker
~ **gazowa** *hutn.* gas-driven blowing engine
~ **Gellnera** *chem.* cell blower
~ **nośna** (*poduszkowca*) lift fan
~ **o napędzie turbinowym** turboblower
~ **odśrodkowa** centrifugal blower
~ **osiowa** axial-flow blower, axial fan
~ **parowa strumieniowa** steam-jet blower
~ **parowozowa** *kol.* steam-jet blower
~ **powietrzna** air blower
~ **Rootsa** Roots blower
~ **rotacyjna** rotary blower
~ **strumieniowa** jet blower
~ **tłokowa** reciprocating blower, piston blower
~ **wielkopiecowa** blast-furnace blower
~ **wirnikowa** turboblower
dmuchawka *f* blow-pipe
~ **dentystyczna** *med.* chip blower
~ **lutownicza** soldering blowpipe
dmuchomierz *m* blast gauge
DN = dyrektor naczelny director general, general manager
DNB = dwunitrobenzen *chem.* dinitrobenzene
dni *mpl* **mleczne** *zoot.* days in milk (*of cow*)
~ **przestoju** *żegl.* days on demurrage
~ **przewidziane na załadunek** *żegl.* loading days
~ **ulgowe** *żegl.* days of grace
dniówka *f* daily wage
dno *n* bottom
~ **basenu wanny szklarskiej** siege of a tank
~ **beczkowate** *okr.* barrel bottom
~ **cylindryczne** *kotł.* cylindrical head
~ **czołowe** *kotł.* front end
~ **doku** *okr.* dock floor
~ **filtrujące** (*kadzi*) filter-floor
~ **(kadłuba) z redanem** *okr.* stepped bottom
~ **kanału** *inż.* invert
~ **koszykowe** *kotł.* torispherical head
~ **kotła** boiler end, boiler head
~ **kuliste** *kotł.* spherical head
~ **łuski** *uzbr.* cartridge base
~ **morza** sea bottom, sea bed, sea floor
~ **nieczyste** *żegl.* foul ground, foul bottom (*of the sea*)
~ **nieusztywnione** *kotł.* self-staying head
~ **obrośnięte** *żegl.* foul bottom (*of a ship's hull*)
~ **oka** *anat.* eyeground, fundus
~ **otworu wiertniczego** *wiertn.* hole bottom
~ **perforowane** perforated bottom
~ **płaskie** *kotł.* flat head
~ **podwójne** double bottom
~ ~ **komorowe** *okr.* cellular double bottom
~ **pozorne** (*wg wskazań echosondy*) *ocean.* phantom bottom (*indicated by an echo sounder*)
~ **półkuliste** *kotł.* hemispherical head
~ **przednie** *kotł.* front end
~ **ruchome** *ocean.* mobile bed
~ **sitowe** perforated bottom
~ **statku** bottom of a ship's hull
~ **tłoka** *siln.spal.* piston head, piston crown
~ **wewnętrzne** *okr.* inner bottom, tank top
~ **wrębu w kole zębatym** bottom land of a gear
~ **wyoblone** *kotł.* flanged head
~ **wypukłe** *kotł.* dished head
~ **zewnętrzne** *okr.* outer bottom
do burty statku *ek.* (delivered) alongside
do celów technicznych for technical purposes
do jednorazowego użycia throw-away, expendable, disposable, for single use; one application only
do naprawienia reparable
do natychmiastowego przyrządzenia *spoż.* instant
do nieskończoności *mat.* ad infinitum
do oporu home (*e.g. to drive a nail...*)

do pola (*porządek wybierania*) *górn.* on the advance
do pół masztu *żegl.* at half-mast
do przeniesienia *ek.* carried forward
do przodu forwards
do tyłu backwards
do wewnątrz inwards
doba *f* twenty-four hours, a day and night
~ **gwiazdowa** sidereal day
~ **pływowa** tidal day
~ **słoneczna** solar day
~ **słońca średniego** civil day
dobarwianie *n* *włók.* cross dyeing
dobieg *m* (*przy lądowaniu*) *lotn.* landing run
dobielanie *n* *papiern.* final bleaching
dobierać *v* match, select, assort
dobijać *v* strike home
~ **do nabrzeża** *żegl.* berth a vessel; come alongside
dobijak *m* **do gwoździ** *narz.* nail set
dobijanie *n* **odkuwki** *obr.plast.* restriking
~ **wątku** *włók.* beating-up
dobniak *m* *narz.* beetle, mall
doborowy *a* selected; high-grade
dobowy *a* twenty-four hours
dobór *m* selection; choice
~ **kolorów** colour scheme
~ **naturalny** *biol.* natural selection; mating
dobra *npl* goods, *zob.też* **artykuły**
~ **inwestycyjne** investment goods, capital goods, producer goods
~ **konsumpcyjne** consumer goods
dobra pogoda *f* fair weather
dobra praktyka *f* **przemysłowa** good manufacturing practice, GMP
dobra praktyka *f* **rolna** good agricultural practice, GAP
dobroć *f* *el.* quality factor, Q factor, figure of merit
~ **cewki** *rad.* coil magnification (factor)
~ **próżni** (*lampy*) *elektron.* hardness
~ **wzmacniacza** *el.* gain-bandwidth product
dobry urodzaj *m* *roln.* heavy crop
dobrze spawalny readily welded
dobrze uwarstwiony *geol.* well bedded
dobrze zaopatrzony well-stocked, well supplied
dobudówka *f* *bud.* annex(e), outbuilding
doc. = **docent** assistant professor
doceniać *v* **znaczenie** appreciate importance of...
docent *m* assistant professor
dochładzacz *m* aftercooler; *chłodn.* subcooler
dochładzanie *n* aftercooling; *chłodn.* subcooling
dochodowość *f* *ek.* profitableness
dochodowy *a* profitable
dochodzenie *n* investigation, inquiry
dochód *m* *ek.* income, return, profit
~ **brutto** gross income
~ **czysty** *zob.* **dochód netto**
~ **narodowy** national income
~ **netto** net income, net profit
dociągacz *m* *narz.* drawing-up dolly
~ **kotwicy** *okr.* housing stopper
dociągać *v* **śruby** tighten the screws
dociążenie *n* **przy jeździe na zakrętach** *mot.* cornering load
docierać *v* (*współpracujące części*) grind in (*co-acting parts*)
docierak *m* lap, lapping tool
~ **płaski** lapping block
~ **zbrojony** charged lap
docieranie *n* **1.** *obr.skraw.* lapping **2.** grinding-in; running-in
~ **formy** *odl.* placing a mould
~ **kształtowe** forming lapping
~ **łożysk** wearing-in of bearings
~ **rdzenia** *odl.* core grinding
~ **silnika** running-in of an engine
~ **zaworu** valve grinding
docierarka *f* *obr.skraw.* lapper, lapping machine
docinak *m* **łańcuchowy** *wiertn.* bridle chain
docisk *m* **1.** pressure; holding down **2.** *obr. skraw.* clamp
~ **elektrod przy zgrzewaniu** welding force
~ **górny** (*przy walcowaniu*) overdraft, overdraught
~ **hakowy** hook clamp
~ **krawędziowy** edge clamp
~ **krzywkowy** cam-operated clamp
~ **odchylny** swinging clamp, hinged clamp
~ **płaski** *zob.* **docisk płytkowy**
~ **płytkowy** plate clamp, plain clamp, strap
~ ~ **odgięty** offset clamp
~ **pryzmowy** V-clamp
~ **przy zgrzewaniu** welding pressure
~ **strugnicy** *drewn.* bench screw, chops
~ **styków** *el.* contact tip pressure
~ **wahliwy** compensating clamp, equalizing clamp, floating clamp
~ **widlasty** U-clamp
~ **zestyku** *el.* contact force
dociskacz *m* *obr.plast.* blankholder, flange holder; pressure pad
~ **do nitów** *narz.* rivet snap
dociskać *v* **1.** press down; hold down; press against **2.** *obr.skraw.* clamp
doczepiać *v* attach; fasten
doczepianie *n* **wagonu** *kol.* coupling up (*of a railway carriage*)
~ **wozów** *górn.* lashing
doczyścić *v* clean thoroughly
dodajanie *n* *zoot.* stripping
dodatek *m* **1.** (*substancja*) addition, additive **2.** (*w książce*) supplement; appendix **3.** *ek.* allowance
~ **blaskotwórczy** *elchem.* brightener
~ **do kąpieli zaprawowej** *włók.* mordanting assistant
~ **do paliw ciężkich** ignition control additive, ICA
~ **do płuczki wiertniczej** *wiertn.* ada mud
~ **flotacyjny** flo(a)tation agent
~ **kadziowy** *hutn.* ladle addition
~ **niwelujący** *elchem.* leveller

~ obniżający temperaturę (*smarów*) pour (-point) depressant
~ przeciwdziałający tworzeniu się żywic gum inhibitor
~ przeciwpieniący anti-foaming agent, defoamer, foam inhibitor
~ przeciwstukowy *paliw.* antiknock agent
~ rodzinny family allowance
~ schudzający *paliw.* leaning component
~ stopowy alloy addition
~ uszlachetniający improver
~ wykończający (*do kąpieli stalowej*) finishing (*in steelmaking*)
~ wyrównujący *elchem.* leveller
~ za wysługę lat *ek.* seniority increment, longevity pay
dodatki *mpl* **do żywności** (*np. środki konserwujące, barwniki itp.*) food additives
~ wprowadzone do pieca (*stalowniczego*) *hutn.* furnace additives
dodatkowy *a* additional; accessory; *biol.* adventitious
dodatni *a* **1.** *mat.* positive, plus **2.** favourable, beneficial (*influence etc.*)
dodatniość *f mat.* positivity
dodawać *v* add
~ drożdże (*do brzeczki*) *ferm.* pitch
~ kroplami *chem.* add dropwise, add drop by drop
~ w nadmiarze *chem.* add in excess
dodawanie *n mat.* addition, summation
~ (geometryczne) wektorów vectorial summation
~ niszczące *inf.* destructive addition
~ po kropli *chem.* dropwise addition, addition drop by drop
~ wymazujące *inf.* destructive addition
~ zbiorów *mat.* union of sets
dodecen *m chem.* dodecene, dodecylene
dodekan *m chem.* dodecane
dodekanoil *m chem.* lauroyl
dodruk *m poligr.* additional number of copies printed
dodyna *f pest.* dodine (*fungicide*)
dofermentowanie *n* after-fermentation, secondary fermentation
dogarbowanie *n skór.* retannage
doginanie *n obr.plast.* setting, overbending
doglądać *v* supervise
dogładzanie *n obr.skraw.* superfinish
dogładzarka *f obr.skraw.* superfinisher
dogłos *m akust.* growth of sound; *telef.* sidetone
dogniatak *m* burnisher, burnishing tool
~ wałkowy burnishing roller
dogniatanie *n* burnishing
dogodność *f* convenience
dogodny *a* convenient
dogrzewanie *n* reheating
doić *v zoot.* milk
dojarka *f* milkmaid (*worker*)
~ mechaniczna milking machine, milker
~ wiadrowa bucket milking plant
dojarnia *f roln.* milking parlour, milking room
~ poprzeczna abreast milking parlour
~ równoległa *zob.* **dojarnia poprzeczna**
dojazd *m* access (*by road*)
~ kolejowy railroad access
dojazdy *mpl* **do pracy** (*ruch podmiejski*) *transp.* commuter traffic
dojenie *n* milking
~ mechaniczne machine milking
~ ręczne finger milking
dojrzałość *f* maturity; ripeness
~ handlowa *roln.* economic maturity
dojrzały *a* mature; ripe
dojrzewać *v* ripen
dojrzewalnik *m chem.* ripening tank
dojrzewalnia *f* **sera** cheese ripening room
dojrzewanie *n* ripening; maturing
~ betonu *bud.* curing of concrete
~ chemiczne *fot.* after-ripening, second ripening
~ drugie *zob.* **dojrzewanie chemiczne**
~ fizyczne *fot.* Ostwald ripening
~ pierwsze *zob.* **dojrzewanie fizyczne**
~ płciowe *fizjol.* puberty
~ posprzętne (*nasion*) *roln.* after-ripening
~ przyspieszone *ferm.* quick ageing
~ sera cheese ripening, cheese curing, maturing of cheese
~ złóż *san.* maturing of beds
dojście *n* access (*by road*)
dojść *v* **do porozumienia** come to terms
~ do równowagi reach equilibrium, attain equilibrium
~ do wniosku arrive at a conclusion, reach a conclusion
dok *m okr.* dock
~ budowlany building dock
~ palczasty depositing dock
~ pływający floating dock, pontoon dock
~ ratowniczy salvage dock
~ remontowy graving dock
~ samodokujący selfdocking dock
~ sekcyjny łączony śrubami bolted sectional dock
~ skrzyniowy box dock
~ suchy dry dock; graving dock
~ zestawny sztywny sectional box dock
dokarmianie *n roln.* emergency feeding, additional feeding; forced alimentation
doker *m żegl.* *GB* docker, pierman; *US* longshoreman
dokerka *f US żegl.* longshoring
dokleić *v* stick on
dokładać *v* **starań** spare no pains, make every effort to...
dokładanie *n* **toru** *górn.* track advancing
dokładnie *adv* accurately: precisely; exactly
dokładnie z rufy *żegl.* dead aft
dokładność *f* accuracy; precision; exactitude; (*w estymacji*) *statyst.* closeness (*in estimation*)
~ odczytu accuracy of reading
~ pasowania goodness of fit
~ pomiaru accuracy of measurement, measuring accuracy

~ **wymiarów** dimensional accuracy
dokładny *a* accurate; precise; exact
dokonać *v* achieve
~ **kontrakcji** *mat.* contract
~ **oceny** make an estimate, evaluate, make an appraisal
dokonywać *v* **odczytu** *metrol.* take reading
~ **prób** test, carry out tests
dokować *v okr.* dock
dokowanie *n* **w suchym doku** *okr.* dry-docking
DOKP = Dyrekcja Okręgowa Kolei Państwowych
dokręcać *v* (*kurek*) turn (*a tap*) tight
~ **nakrętkę** tighten up a nut
~ **śrubę** screw home
dokręcony mechanicznie powertight
dokręcony ręcznie handtight
dokształcanie *n* additional instruction, additional training
doktor *m* doctor
doktorant *m* candidate for doctor's degree, postgraduate
doktorat *m* doctor's degree, doctorate
doktoryzować *v* confer the doctor's degree
dokument *m* **pierwotny** source document
~ **źródłowy** *zob.* **dokument pierwotny**
dokumentacja *f* documentation
~ **naukowa** scientific documentation
~ **techniczna** technical documentation
dokumentalista *m* documentalist
dokumentalny *a* documentary
dokumenty *mpl* **ładunkowe** *żegl.* shipping documents
~ **okrętowe** documents of vessel, ship's papers
~ **pokładowe samolotu** aircraft documents
~ **towarzyszące** accompanying documents, attached documents
~ **wtórne** secondary publications
dolar *m nukl.* dollar (*unit of reactivity*)
dolegliwość *f med.* affection
doleryt *m petr.* dolerite
dolewać *v* pour more; add (*liquid*)
~ **kroplami** add dropwise, add drop by drop
dolewanie *n* **formy** *odl.* topping-up a casting
~ **oleju** *mot.* adding oil, oil top-up
dolina *f* **1.** valley **2.** *el.* (*okres poza szczytem*) off-peak period
~ **antecedencyjna** *geol.* antecedent valley
~ **antyklinalna** *geol.* anticlinal valley
~ **fali** wave trough, wave hollow
~ **polodowcowa** glacial valley
~ **przełomowa** *zob.* **dolina antecedencyjna**
~ **rzeki poszerzona** *geol.* strath
~ **uskokowa** *geol.* fault valley
DOLMEL = Dolnośląskie Zakłady Maszyn Elektrycznych
dolna granica *f* lower limit
dolnopłat *m lotn.* low-wing monoplane
~ **wolnonośny** low-wing cantilever monoplane
dolnoprzepustowy *a el.* low-pass, LP (*filter*)
dolnozaworowy *a siln.* side-valve (*engine*)
dolny zwrotny punkt *m siln.* bottom dead centre, outer dead centre
dolomit *m min.* dolomite, pearl spar
~ **smołowany** tar dolomite
~ **stabilizowany** stabilized dolomite
dolomitownia *f hutn.* dolomite plant
dolomitówka *f* dolomite brick
dolot *m* **1.** *lotn.* approaching by air; last stage of flight **2.** *masz.* inlet, admission, induction
doładowanie *n* **1.** *siln.spal.* supercharging, pressure charging, forced induction **2.** *transp.* additional loading
~ **kabiny ciśnieniowej** *lotn.* cabin supercharging
~ **ładunku** *żegl.* topping up, topping off
~ **wyrównawcze** (*akumulatora*) *el.* equalizing charge
dołączać *v* add; affix; join; *mat.* associate
dołączony *a mat.* adjoined, associate
dołek *m* (*w układzie wlewowym*) *odl.* sprue base, well
dołkować *v* **pod sadzenie** *roln.* dibble
dołowanie *n* **1.** *roln.* pitting **2.** *szkl.* maturing, ageing **3.** *astr.* lower culmination
~ **masy ceramicznej** *ceram.* fermenting of body
~ **sadzonek** *leśn.* heeling in
dom *m* house
~ **dwurodzinny** duplex house
~ **handlowy** business house, commercial house
~ **jednorodzinny** individual house, single family house
~ **mieszkalny** dwelling-house, apartment house
~ **prefabrykowany** prefabricated house, ready-built house
~ **towarowy** department store, warehouse
~ **wolno stojący** detached house
~ **wydzierżawiony** tenement
domek *m* cottage
~ **weekendowy** bungalow
domeny *fpl fiz.* domains
~ **cylindryczne** bubble domains, magnetic bubbles
domeykit *m min.* domeykite
domiar *m* **1.** *geod.* offset **2.** *ek.* surtax, supertax, excess profits duty
domieszać *v* admix
domieszanie *n* admixture
~ **kwasu stężonego** *chem.* fortification of acid
domieszka *f* admixture
~ **akceptorowa** *elektron.* acceptor impurity
~ **amfoteryczna** (*o poziomach energetycznych donorowych i akceptorowych*) *elektron.* amphoteric impurity
~ **donorowa** *elektron.* donor impurity
~ **głęboka** *elektron.* deep-lying impurity
~ **objętościowa** (*np. do paszy treściwej*) *roln.* extender

~ **opóźniająca wiązanie betonu** *bud.* concrete retarder
~ **płytka** *elektron.* shallow-lying impurity
~ **półprzewodnika** semiconductor impurity, dopant
~ **przyspieszająca wiązanie betonu** *bud.* concrete hardener
domieszki *fpl* **niezamierzone** *met.* tramp elements
~ **(stopowe) przypadkowe** *zob.* **domieszki niezamierzone**
domieszkowanie *n elektron.* doping (*semiconductors*)
~ **złotem** *elektron.* gold doping
domięśniowy *a med.* intramuscular
dominant *m genet.* dominant
dominanta *f mat.* modal value, mode
dominować *v* prevail, predominate
dominowanie *n biol.* dominance
domknięcie *n mat.* closure
~ **algebraiczne** algebraic closure
~ **zbioru** closure of the set
domknięty *a mat.* closed
domknięty algebraicznie algebraically closed
domniemanie *n* presumption
domofon *m telef.* interphone, domestic telephone set
domowej roboty homemade
domowy *a* domestic
donica *f* **szklarska** *szkl.* pot, crucible
donicarnia *f szkl.* pot room; *US* clay room
doniczka *f* flower pot
~ **próbna** *szkl.* skittle pot, cannon pot, jockey pot
donor *m* **1.** *elektron.* donor (*in a semiconductor*) **2.** *chem.* donor
~ **elektronów** electron donor
~ **protonów** proton donor
donośnik *m uzbr.* feed lever
~ **taśmy nabojowej** belt feed
donośność *f* range
~ **rzutu** *mech.* range of throw
doodbytniczo *adv med.* per rectum
doosiowy *a biol.* adaxial
dopalacz *m lotn.* afterburner, (exhaust) reheater
dopalanie *n lotn.* after-burning, (exhaust) reheat
dopasowanie *n* matching, fitting; checking in
~ **anteny** antenna matching
~ **falowe** (*źródła i odbiornika*) *rad.* impedance matching
~ **kolorów** colour match
~ **krzywej** curve fitting
dopasownik *m rad.* matching network
dopasowywać *v* match, fit; check in
~ **styki** *el.* dress the contacts
dopasowywanie *n tel.* conditioning
dopełniacz *m* (*do wywoływacza*) *fot.* replenisher solution
dopełniać *v* complete; fill up
dopełniający *a mat.* complementary
dopełnianie *n* (*cieczy w naczyniu*) topping-up, filling-up
~ **do kreski** making-up to the mark
dopełnienie *n mat.* complement
~ **algebraiczne** algebraic complement, cofactor, signed minor
~ **deklinacji** *geod.* codeclination
~ **do dziesięciu** *inf.* ten's complement
~ **do dziewięciu** *inf.* nine's complement
~ **kąta (do 360°)** *geom.* explement of an angle
~ **szerokości geograficznej** colatitude
~ **wysokości** *astr.* coaltitude
~ **zbioru** *mat.* complement of a set
dopinanie *n* **wozów** *górn.* lashing
dopisany *a geom.* escribed
dopłata *f ek.* surcharge, extra charge
~ **do biletu** extra fare
~ **do frachtu** *żegl.* overfreight
~ **pocztowa** extra postage
~ **za pośpiech** dispatch money
dopływ *m* (*płynu*) inflow, influx
~ **bezuderzeniowy** *hydr.* shock-free entry
~ **rzeki** tributary (river), affluent, side stream
dopływać *v* flow in
doprowadnik *m* **prądu** *el.* lead-in wire
doprowadzać *v* feed; supply; convey; conduct; deliver
~ **do wrzenia** bring to boiling
~ **do stanu równowagi** balance
~ **do synchronizmu** *masz.el.* pull into step
doprowadzający *a med.* afferent
doprowadzanie *n* **do synchronizmu** *masz.el.* pulling into step
doprowadzenie *n* **1.** *el.* lead **2.** feed; supply; delivery
~ **antenowe** *rad.* antenna lead
~ **ciepła** heat input
~ **mocy** power feed
~ **napięcia** voltage application
~ **paliwa** fuel feed
~ **zasilania** *el.* power connection
doprowadzić *v* **do końca** bring to an end; conclude
dopuszczalna pozostałość *f* **pestycydu** *spoż.* maximum pesticide residue limit, pesticide tolerance
dopuszczalny *a* permissible, admissible, allowable; acceptable
dopuszczalny okres *m* **magazynowania** storage life, shelf life
dopuszczalny przyrost *m* **temperatury** temperature-rise limit
dopuścić *v* admit
dorada *f zool.* gilthead, *Aurata aurata* L.
doradca *m* consultant, adviser
~ **techniczny** consulting engineer, advisory engineer, technical adviser
doraźny *a* immediate
dordzeniowy *a med.* intraspinal
doręczyciel *m* (*przesyłek, telegramów*) messenger
dorobić *v* **klucz** make a new key
doroczny *a* annual
dorosły *a* adult; grown up
dorożka *f* **samochodowa** taxi(-cab)
dorsz *m zool.* cod, *Gadus morrhua* L.
~ **młody** scrod

dorycki *a arch.* Doric (*order*)
dorzecze *n* river basin; drainage area, drainage basin
doskonalenie *n* **organizacji pracy i metod zarządzania** organization development, OD
doskonalić *v* perfect, improve
doskonałość *f lotn.* lift/drag ratio, fineness ratio; gliding ratio
doskonały *a* perfect, ideal
dostały *a* (*o winie*) mellow
dostarczać *v* supply, deliver, furnish
~ **ciepło** supply heat
~ **dane** provide data
~ **informacje** furnish information, give information, supply information
~ **żywność** cater
dostarczony *a* delivered, dd
dostateczność *f* **estymatora** *statyst.* sufficiency of estimator
dostateczny *a* sufficient
dostawa *f* delivery, supply
~ **bezpośrednia** (*od dostawcy do odbiorcy*) door-to-door delivery
~ **do burty** (*statku*) *transp.* delivery alongside
~ **do domu** home delivery
~ **na każde żądanie** delivery on call
~ **na koszt dostawcy** free delivery
~ **natychmiastowa** prompt delivery, immediate delivery
~ **partiami** delivery by lots
dostawca *m* supplier; caterer
~ **okrętowy** shipchandler
dostawowy *a med.* intra-articular
dostęp *m* access
~ **bezpośredni do pamięci** *inf.* direct memory access, DMA
~ **do pamięci** *inf.* storage access
~ **dowolny** *inf.* random access
~ **natychmiastowy** *inf.* rapid access, immediate access
~ **sekwencyjny** *inf.* sequential access
~ **swobodny** *zob.* **dostęp dowolny**
dostępność *f* accessibility
~ **pola stykowego** *tel.* contact bank availability
dostępny *a* accessible
dostępny dla publiczności open to the public
dostępny na rynku commercially available
dostosować *v* accommodate; readjust
~ **się do otoczenia** readjust to environmental conditions
dostosowanie *n* accommodation; readjustment
dostrajacz *m el.* tuner; *TV* turret tuner
dostrajanie *n el.* fine tuning, vernier tuning
~ **liniowe** linear trim
~ **szeregowe** padding
dostroić *v* **się do stacji** *rad.* tune in to a station
dostrzegalny *a* apparent, perceptible, visible, observable
dosuszać *v* redry, dry up
dosuszanie *n* forced drying, second drying, drying up
dosyłacz *m* **naboju** actuator, follower (*in a machine gun*)
~ **pocisku** rammer (*in a gun*)
doszczelniak *m* caulking tool, caulking chisel, calker; fullering tool
doszczelnianie *n* **doszczelniakiem płaskim** fullering
~ **szwów nitowych** caulking
doszlifowywać *v* (*współpracujące części*) grind in (*co-acting parts*)
dośrodkowy *a* **1.** centripetal **2.** *med.* afferent
doświadczalny *a* experimental; empirical
doświadczenie *n* **1.** experiment **2.** experience
~ **czynnikowe** *mat.* factorial experiment
~ **dla par** *mat.* paired experiment
~ **eliminujące** *mat.* screening experiment
~ **fikcyjne** *mat.* dummy experiment, blind experiment
~ **krytyczne** *nukl.* critical experiment
~ **modelowe** model-scale experiment
~ **porównawcze** comparative experiment
~ **pozareaktorowe** *nukl.* out-of-pile experiment
~ **wewnątrz reaktora** *nukl.* in-pile-experiment
~ **wykładnicze** *nukl.* exponential experiment
~ **zawodowe** professional experience
~ **ze zmiennymi połączonymi** *mat.* paired experiment
doświadczony *a* experienced
doświeżanie *n hutn.* reblow
dotacja *f ek.* subsidy, subvention, donation
dotknąć *v* **dna** *żegl.* touch the ground
dotknięcie *n* touch
~ **przypadkowe** *bhp* inadvertent contact
dotłaczanie *n obr.plast.* sizing, restriking
~ **cegieł** repressing of bricks
dotrawianie *n elchem.* pickling
dotrzymać *v* **terminu** meet the deadline
~ **warunków umowy** adhere to a contract
dotwardzanie *n tw.szt.* after-bake
dotyczyć *v* apply to ...; concern
dotyk *m* **1.** *włók.* feel **2.** *fizjol.* touch
dotykowy *a biol.* tactual; tactile
doustnie *adv med.* orally, per os
dowiązanie *n* **geodezyjne** geodetic control
~ **zdjęć lotniczych** photogrammetric bridging
dowiedzieć *v* **się** find out
dowiedziony *a* proved
dowiercanie *n* **do złoża** *wiertn.* well completion
dowierzchnia *f górn.* raise, rise gallery, upcut
dowodzić *v mat.* prove (*a theorem*)
dowolny *a* arbitrary; optional
dowód *m mat.* proof; evidence
~ **indukcyjny** *mat.* proof by induction
~ **konstrukcyjny** *geom.* construction proof
~ **„nie wprost"** *mat.* indirect proof
~ **rejestracyjny** *mot.* registration book

~ **własności** *ek.* certificate of ownership
dowtherm *m chem.* dowtherm
dowulkanizacja *f gum.* aftercure, post (-oven) cure
dowywoływanie *n fot.* postdeveloping
doza *f* dose; batch, *zob.też* **dawka**
dozator *m masz.* batcher, batch meter, *zob.też* **dozownik**
dozorca *m* tender; caretaker
~ **nadszybia** *górn.* banksman
~ **placowy** yardman
dozorować *v* supervise; inspect
dozorowanie *n* supervision; inspection
dozorowiec *m okr.* escort vessel, destroyer escort
dozowanie *n* batching; metering; proportioning; dosage
~ **objętościowe** proportioning by volume
~ **wagowe** proportioning by weight
dozownik *m* batcher, batch meter; feeder, proportioner
~ **bębnowy** rotary vane feeder, pocket feeder
~ **ciężarowy** constant weight feeder
~ **gwiazdowy** rotary vane feeder, pocket feeder
~ **łańcuchowy** chain feeder
~ **nurnikowy** plunger feeder
~ **objętościowy** volume feeder
~ **obrotowy łopatkowy** rotary vane feeder, pocket feeder
~ ~ **talerzowy** rotary table feeder, rotary feed table
~ **próbek** (*w chromatografii gazowej*) sample injector
~ **skipowy** *górn.* skip measuring pocket
~ **skrzynkowy** sliding-box feeder
~ **szufladkowy** *zob.* **dozownik skrzynkowy**
~ **tlenu** oxygen dispenser
~ **wagowy** weight feeder
~ **walcowy** roll feeder
~ **wózkowy** sliding-box feeder
dozór *m* supervision; inspection; attendance
~ **dźwigów** elevator inspection
~ **pożarowy** fire watch
~ **techniczny** technical inspection
dozwolony *a* allowed; permitted
dozymetr *m radiol.* dosimeter, dosemeter
~ **indywidualny** personal monitor, personal dosimeter
~ **kieszonkowy** pocket dosimeter
~ **luminescencyjny** luminescence dosimeter
~ **progowy** threshold dosimeter
~ **termoluminescencyjny** thermoluminescent dosimeter
dozymetria *f radiol.* dosimetry
~ **chemiczna** chemical dosimetry
~ **dawek nagromadzonych** *zob.* **dozymetria dawek sumarycznych**
~ **dawek sumarycznych** accumulative dosimetry
~ **wysokopoziomowa** megarad dosimetry, high level dosimetry
dożółcanie *n* **cytryn** *spoż.* degreening of lemons
dożylny *a* intravenous, endovenous
dożynki *pl roln.* harvest festival, harvest home
dożywocie *n* annuity
dożywotni *a* lifelong
dój *m* milking
dół *m* pit
~ **chłonny** *bud.* dry well
~ **do murowania kadzi odlewniczych** *hutn.* ladle lining pit
~ **farbowy** *skór.* tanning pit
~ **garbarski** *skór.* pit
~ **gnilny** *san.* septic tank
~ **na wapno** *bud.* lime pit
~ **na zgorzelinę** *hutn.* scale pit
~ **obrotnicy** turntable pit
~ **odciekowy** *papiern.* drainer, draining tank
~ **odlewniczy** *odl.* permanent moulding pit, deep moulding pit, casting pit; pouring pit, teeming pit
~ **osadowy** settling pit
~ **pętlowy** (*w walcowni taśm*) loop(ing) pit
~ **płuczkowy** *wiertn.* slush pit
~ **pod rynną spustową żeliwiaka** *odl.* cupola pit
~ **podwyżymakowy** *papiern.* couch pit
~ **potencjału** *fiz.* potential trough, potential well
~ **próbny** (*do badań gruntu*) *inż.* test pit (*in foundation studies*)
~ **ustępowy** *bud.* cesspool
~ **wagowy** scale pit
~ **wysłodkowy odkryty** *cukr.* open-pit pulp silo
~ **z brzeczką świeżą** *skór.* head-rocker liquor
~ **z brzeczką wyczerpaną** *skór.* tail-rocker liquor
DP = diametral pitch *masz.* diametral pitch
dr = doktor doctor
drabina *f* ladder
~ **lukowa** *okr.* hatch ladder
~ **przesuwna** travelling ladder
~ **samochodowa** ladder truck
~ **składana o płaskich szczeblach** stepladder
~ **strażacka** fire ladder
~ **wysuwana** extension ladder
~ **z platformą roboczą** flat-top ladder
~ **z pomostem** crow's-nest ladder
drabinka *f* **dla roślin pnących** treillage
~ **do rozpinania krzewów** *roln.* espalier
~ **kablowa** *el.* cable rack
~ **linowa** rope ladder; *żegl.* jack ladder, Jacob's ladder
~ **sznurowa** rope ladder
drachma *f jedn.* drachm, dram (*a unit of mass* $\approx$ 3.88 g)
draga *f* **1.** *ryb.* dredge, scooper, drag net **2.** dredger, *zob.też* **pogłębiarka**
~ **mechaniczna** *ryb.* mechanical harvester, scooper type harvester
dranica *f* **pod tynk** *bud.* plaster lath

drapacz *m* **1.** *roln.* Suede harrow **2.** *żegl.* grapnel
drapaczowanie *n roln.* cultivating
drapanie *n* **1.** scraping **2.** *włók.* teaseling, raising, napping
draparka *f włók.* teaseling machine, raising machine, napper
~ **bębnowa** gig barrel
drapień *m* **(do tynku)** *bud.* devil (float)
drapieżnik *m zool.* predator
drażetka *f* dragée
drażniący *a* irritating, irritant
drażnienie *n* (*ciekłego metalu*) *odl.* poling
drąg *m* pole, rod
~ **do dysz** *odl.* poker bar
~ **do łamania żużla** clinkering bar
~ **do pompowania** *odl.* feeding rod
~ **do przebijania otworu spustowego** *hutn.*, *odl.* tap-out bar, tap(ping) bar, tapping rod
~ **do zatykania otworu spustowego** *odl.* botting stick
~ **nastawnicy** *kol.* reach rod
~ **nawojowy** *papiern.* reeling bar
~ **rozciągający** *papiern.* spread bar, stretch bar
~ **rozruchowy** (*przy odlewaniu ciągłym*) *hutn.* starter bar, dummy bar, dummy ingot
~ **startowy** *zob.* **drąg rozruchowy**
~ **środkowy tentu** *okr.* awning boom
~ **tłokowy** *siln.* piston rod
~ **wsadzarki** *hutn.* charging bar, peel
drągowina *f drewn.* pole wood
drążarka *f* **elektroiskrowa** spark (erosion) machine, electro-erosion machine
drążek *m* stick, rod, bar
~ **czcionkowy** type bar (*in a typewriter*)
~ **do obijania modelu** *odl.* striker
~ **flagowy** *żegl.* flagstaff
~ **hamulca** *mot.* brake rod
~ **holowniczy** *mot.* tow bar
~ **izolacyjny** *el.* operating pole, insulating stick
~ **kanalizacyjny** *el.* sweep's rod
~ **kierowniczy** *mot.* steering rod
~ ~ **podłużny** drag link, steering side rod
~ ~ **poprzeczny** tie rod, track rod, steering cross rod
~ **klawiszowy** *biur.* key lever
~ **napędowy** actuating rod
~ **odbieraka prądu** *el.* trolley-pole
~ **pociągowy** drawrod
~ **popychacza zaworowego** *siln.spal.* valve rod, tappet rod
~ **prowadzący** *masz.* guide rod
~ **reakcyjny** *mot.* control rod, radius rod
~ **regulacyjny** regulating rod
~ **skrętny** torsion bar, torque rod
~ **sterowy** *lotn.* control stick
~ **sterujący** *masz.* control rod
~ **suwakowy** *siln.par.* slide-valve rod, slide-valve spindle
~ **uziemiający** *el.* ground stick, earth rod
~ **wybieraka krzyżowego** *tel.* selecting bar
drążenie *n* **1.** hollowing **2.** *górn.* driving
~ **elektrochemiczne** electrolytic machining, electrochemical machining, electromachining
~ **elektroiskrowe** spark machining
~ **elektronowe** (*wiązką elektronów*) electron-beam drilling
~ **otworów lancą tlenową** thermic boring
~ **przekopu** *górn.* drifting, cross-cutting, rock-drivage
~ **sztolni** *zob.* **drążenie tunelu**
~ **szybu nadsięwłomem** *górn.* raising a shaft
~ ~ **z zamrażaniem gruntu** *górn.* Foraky freezing process
~ **tunelu** *inż.* tunneling
~ ~ **za pomocą tarczy** shield tunneling
~ **wibracyjne** *górn.* vibration drilling
drążkarka *f drewn.* dowelling machine
drążyć *v* **1.** hollow **2.** *górn.* drive; drift, cut a drift
drelich *m włók.* drill
dren *m* **1.** *melior.* drain (tile), drain pipe **2.** *elektron.* drain **3.** *med.* drain; drainage tube
~ **francuski** stone filled drain
~ **kreci** mole drain
~ **z narzutem kamiennym** rubble drain
~ **zbiorczy** scoop drain
~ **żwirowy** gravel drain
drenaż *m* **elektryczny** (*ochrona przeciwkorozyjna*) electrical drainage
„~ **mózgów"** brain-drain
~ **rynku** *ek.* drain of the market
drenować *v* drain
drenowanie *n* drainage; draining system
~ **elektryczne** *powł.* electric drainage
~ **krecie** mole drainage
~ **podziemne** underdrainage
~ **powierzchniowe** face drainage
~ **sączkowe** pipe drainage
dreszcze *mpl med.* rigor
drewniany *a* wooden
drewnieć *v bot.* lignify
drewnienie *n bot.* lignification
drewno *n* wood; timber, lumber
~ **bakelizowane** bakelite wood
~ **bednarskie** stave wood
~ **bezsęczne** clear wood
~ **białe** whitewood
~ **bielu** sap-wood, alburnum
~ **budowlane** building timber
~ **bukowe** beechwood
~ **bukszpanowe** boxwood
~ **ciosane** fashioned timber
~ **czeczotowate** cross-grained wood
~ **czyste** (*bez wad*) clear wood
~ **do ekstrakcji** (*garbników*) extract wood
~ **drzew iglastych** softwood, wood of coniferous trees
~ ~ **liściastych** hardwood, wood of deciduous trees
~ **gęstosłoiste** close-grained wood
~ **gięte** bentwood
~ **gwajakowe** guaiac, lignum-vitae
~ **impregnowane** pretreated wood, impregnated wood
~ **jesionowe** ash wood

~ kampeszowe logwood, campeachy wood
~ konstrukcyjne structural lumber
~ kopalniane mine timber, pit timber, pitwood
~ korowane barked wood
~ ~ na biało clean barked wood
~ ~ na czerwono partially barked wood
~ letnie summer wood, late wood
~ metalizowane armoured wood
~ miękkie softwood
~ modelowe *odl.* pattern lumber
~ na pniu standing timber
~ na podpałkę lightwood
~ o barankowatym układzie włókien curly-grained wood
~ o budowie drobnowłóknistej finetexture wood
~ o falistym układzie włókien wavy-grained wood
~ o skośnym układzie włókien diagonal-grained wood
~ obrobione dressed timber
~ odpadkowe waste wood
~ opałowe firewood, fuel wood
~ parowane steamed wood
~ posuszowe (*drzew uschniętych na pniu*) deadwood
~ późne summer wood, late wood
~ prasowane compressed wood, densified wood
~ prostowłókniste straight-grained wood
~ rozpałkowe kindling wood
~ różane rosewood
~ rzadkosłoiste coarse-grained wood
~ satynowe satin-wood
~ sezonowane seasoned wood
~ sękate knotty wood
~ sosnowe pinewood, redwood
~ spławiane floated wood, raft wood, drift wood
~ stolarskie small timber
~ strzały stemwood
~ szerokosłoiste coarse-grained wood
~ ścięte cut wood
~ świeże green wood
~ twarde hardwood
~ twardzieli heart-wood, true wood, duramen
~ tyczkowe pole-wood
~ ulepszone improved wood
~ utwardzone compressed wood, densified. wood
~ warstwowe laminated wood
~ wczesne spring wood, early wood
~ wiosenne *zob.* **drewno wczesne**
~ wzorzyste figured wood
~ zdrowe sound wood
drewnowiec *m okr.* timber carrier
drezyna *f kol.* go-devil
~ silnikowa doodlebug, motor car
drgać *v* vibrate
drgający *a* vibratory
drgania *npl* **1.** *mech.* vibration; *el.* oscillation **2.** *masz.* charring, chatter
~ akustyczne acoustic vibration
~ atomu atomic vibration
~ cieplne thermal agitation, thermal vibration
~ cierne *masz.* stick-slip motion
~ cyklotronowe plazmy cyclotron oscillation of plasma, magnetostatic plasma oscillation
~ dynatronowe dynatron oscillation
~ elektrostatyczne plazmy electrostatic plasma oscillation
~ elektryczne electric oscillation
~ gasnące damped vibration
~ giętne transverse vibrations
~ główne (normalne) *mech.* normal vibration
~ harmoniczne harmonic vibration, sinusoidal vibration
~ ~ drugiego rzędu octave vibration, secondary vibration
~ liniowe linear vibration
~ magnetostatyczne plazmy magnetostatic plasma oscillation, cyclotron oscillation of plasma
~ niepożądane *el.* parasitic oscillation, spurious oscillation
~ o dwóch punktach węzłowych two-node vibration
~ o jednym punkcie węzłowym single-node vibration
~ okresowe periodic vibration
~ osiowe przekładni śrubowej shuttling of single-helical gearing
~ pasożytnicze *el.* parasitic oscillation, spurious oscillation
~ periodyczne periodic vibration
~ podłużne longitudinal vibration
~ podstawowe fundamental vibration
~ podtrzymywane *el.* sustained oscillation
~ poprzeczne transverse vibration
~ relaksacyjne *el.* relaxation oscillation
~ rezonansowe resonant vibration
~ samowzbudne self-excited vibration, self-induced vibration
~ sieci (*krystalicznej*) lattice vibration
~ sinusoidalne sinusoidal vibration, harmonic vibration
~ ~ jednostajnie tłumione uniformly damped sinusoidal vibration
~ ~ modulowane modulated sinusoidal vibration
~ składowe fourierowskie harmonic components, Fourier components
~ skrętne torsional vibration
~ swobodne free vibration, proper vibration
~ synchroniczne synchronous oscillation
~ tłumione damped vibration
~ własne free vibration, proper vibration
~ wymuszone forced vibration
~ zanikające damped vibration
drganie *n* vibration; oscillation, *zob.też* **drgania**
~ żagla *żegl.* shivering (*of a sail*)
drobiarstwo *n* poultry farming
drobienie *n* **rzutowe** *młyn.* impact disintegration

drobina *f chem.* molecule, *zob.też* **cząsteczka**
drobinowy *a* = **cząsteczkowy** molecular
drobnica *f transp.* general cargo, package cargo, package freight
~ **zrębowa** (*odpady*) *leśn.* slash
drobnicowiec *m okr.* general cargo vessel
drobnokrystaliczny *a* fine-crystalline
drobnosproszkowany *a* finely powdered
drobnoustroje *mpl* microorganisms; microbes
drobnouwarstwiony *a* striped (*e.g. coal, schist*)
drobnoziarnisty *a* fine-grained
drobny *a* minute; fine
droga *f* **1.** road; way; track **2.** *fiz.* path **3.** *mat.* path
~ **bez przejazdu** blind alley, cul-de-sac
~ **bita** macadam road
~ **boczna** minor road
~ **całkowania** *mat.* path of integration
~ **do kołowania** *lotn.* taxi track, taxiway
~ **dojazdowa** access road; service road
~ **dwupasowa** two-lane road
~ **dyfuzji** *elektron.* diffusion length
~ **ewakuacji** escape route
~ **główna 1.** arterial road, highway **2.** *telef.* main route
~ **gruntowa** unsurfaced road, soil-surfaced road, dirt road
~ ~ **stabilizowana cementem** soil-cement road
~ **hamowania** (*pojazdu*) braking distance (*of a vehicle*)
~ **jednokierunkowa** one-way road
~ **krawędziowa** *mat.* edge path
~ ~ **zamknięta** closed edge path
~ **pierwszej klasy** primary road
~ **lokalna** local road
~ **lotnicza** airway, AWY, air route
~ **magnetyczna** *fiz.* magnetic path
~ **Mleczna** Milky Way
~ **morska** seaway
~ **na grobli** causeway
~ **o nawierzchni z małych gładkich kamieni** telford road
~ **o twardej nawierzchni** surfaced road
~ **objazdowa** by-pass road
~ **obniżona (pod wiaduktem)** depressed highway
~ **odpłatna** toll road, turnpike
~ **okrężna** ring road; roundabout way
~ ~ **do kołowania** *lotn.* perimeter track
~ **państwowa** national highway
~ **pierwszej kolejności zimowego utrzymania** first priority road for winter maintenance
~ **polna** field way
~ **powrotna** return path
~ **prawna** legal course
~ **prądu** *el.* current path
~ **przebyta** distance covered
~ **przelotowa** arterial road
~ **przeskoku iskry** *el.* spark path
~ **publiczna** highway
~ **reakcji** *chem.* reaction path
~ **regulatora** *masz.* travel of a governor
~ **rozpadu** *nukl.* decay path
~ **rzeczywista** *lotn.* track made good
~ **samochodowa** motor road
~ **służbowa** line of authority
~ **sprężyny** *masz.* travel of a spring
~ **startowa** *lotn.* runway
~ ~ **do lądowania wg przyrządów** instrument runway
~ **swobodna** *fiz.* free path
~ ~ **średnia transportu** *nukl.* transport mean free path
~ **szybkiego ruchu** through highway, throughway, fast road, through street, expressway
~ **tłoka** *masz.* piston travel
~ **tłuczniowa** macadam road
~ **trzypasowa** three-lane road
~ **upływu (prądu)** *el.* leakage path
~ **wiejska** country road, country lane
~ **wielopasowa** multilane road
~ **wodna** water-way
~ ~ **śródlądowa** inland water-way
~ **wyładowania** *el.* discharge path
~ **z pierwszeństwem przejazdu** major road
~ **zamknięta** *mat.* closed path
~ **zatrzymania** (*pojazdu*) stopping distance (*of a vehicle*)
~ **zbliżania** *lotn.* path of approach
drogą lotniczą *transp.* by air
drogą morską *transp.* by sea
drogi *fpl* **homotopijne** *mat.* homotopic paths
drogista *m* chemist
drogownictwo *n* highway engineering
drogowskaz *m* signpost, guidepost, fingerpost, directing post
drozometr *m meteo.* drosometer
drożdże *pl* yeast
~ **browarniane** brewer's yeast
~ **czystych kultur** pure-culture yeast
~ **dolnej fermentacji** bottom-fermentation yeast, bottom yeast
~ **dzikie** wild yeast
~ **gorzelniane** distillery yeast
~ **górnej fermentacji** top fermentation yeast, top yeast, surface yeast
~ **mateczne** seed yeast
~ **niezarodnikujące** asporogenous yeast
~ **paszowe** fodder yeast
~ **piekarniane** baker's yeast
~ **piwne** *zob.* **drożdże piwowarskie**
~ **piwowarskie** barm, beer yeast
~ **prasowane** compressed yeast
~ **spożywcze** food yeast
~ **suszone** dried yeast
~ **winiarskie** wine yeast
~ **wysiewowe** yeast starter
~ **zarodnikujące** sporogenous yeast
~ **zarodowe** seed yeast
drożdżownia *f* yeast factory
drożność *f med.* patency
drożny *a* (*przewód*) *med.* patent
drób *m* (domestic) fowls, poultry
dróżnik *m* gateman
druciak *m* wire-nail

druga dwusieczna *f* **kąta osi optycznych** *kryst.* obtuse bisectrix
druga krzywizna *f* *mat.* second curvature
druga liczba *f* **kwantowa** *fiz.* secondary quantum number, azimuthal quantum number
druga potęga *f* *mat.* second power, square
druga prędkość *f* **kosmiczna** *astr.* planet escape velocity
druga strzyża *f* (*wełny*) fleece wool
druga zasada *f* **dynamiki (Newtona)** *mech.* second principle of dynamics, Newton's second law, second law of motion
druga zasada *f* **termodynamiki** second law of thermodynamics
drugi bieg *m* *mot.* second gear
drugi oficer *m* **pokładowy** *żegl.* second mate
drugi pilot *m* *lotn.* second pilot
drugi pokos *m* *roln.* after-grass, aftermath
drugie dojrzewanie *n* *fot.* second ripening, after-ripening
drugie stadium *n* **pełzania** *wytrz.* secondary creep, steady-state creep, viscous creep, K-flow, steady-rate creep
drugiego stopnia *mat.* quadratic
drugorzędny *a* secondary
drugorzędowy *a* *chem.* secondary
druk *m* **1.** print; printing **2.** (*przesyłka pocztowa*) printed matter
~ **anilinowy** flexographic printing, aniline printing, flexography
~ **barwny** colour printing
~ **bezpośredni** *włók.* direct printing
~ **czterobarwny** *poligr.* four-colour reproduction
~ **drugiej strony arkusza** *poligr.* backing-up
~ **dwustronny** *włók.* duplex printing
~ **filmowy** *włók.* screen printing
~ **fleksograficzny** flexographic printing, aniline printing, flexography
~ **gruby** bold-face print
~ **jasny** light-face print
~ **natryskowy** *włók.* spray printing
~ **ochronny** *włók.* resist printing
~ **offsetowy** offset print
~ **płaski** surface print, planographic print
~ **półgruby** medium face print
~ **rezerwowy** *włók.* resist printing
~ **rotacyjny** rotary printing
~ **sitowy** *poligr.*, *włók.* silk-screen printing, paint-screen process
~ **trójbarwny** three-colour reproduction
~ **typograficzny** letterpress printing, typographical printing
~ **wklęsły** intaglio print(ing), gravure printing
~ **woskowy** *włók.* batik dyeing
~ **wypukły** relief print(ing), letterpress printing, typographical printing
~ **wywabowy** *włók.* discharge printing
~ **z klisz trawionych** *poligr.* etch printing
~ **zwykły** *włók.* direct printing
drukarka *f* printing machine; printer
~ **anilinowa** flexographic press, aniline press
~ **bezkontaktowa** *inf.* noncontact printer, projection printer
~ **biletowa** ticket-machine
~ **czcionkowa** *biur.* typeset duplicator
~ **filmowa** *włók.* screen printing machine
~ **fotograficzna błyskowa** *inf.* flash photographic printer
~ **igłowa** *inf.* matrix printer, stylus printer
~ **kontrolna** *inf.* monitor printer
~ **matrycowa** *zob.* **drukarka igłowa**
~ **mozaikowa** *zob.* **drukarka igłowa**
~ **siatkowa** *włók.* screen printing machine
~ **szybka** high-speed printer, HSP
~ **termiczna** thermal printer, thermoprinter
~ **tkanin** *włók.* cloth printing machine
~ **wierszowa** *inf.* line(-at-a-time) printer
~ **(wierszowa) bębnowa** *inf.* wheel printer
~ **znakowa** *inf.* character(-at-a-time) printer
drukarnia *f* **1.** printing house **2.** *włók.* print-works
drukarstwo *n* typography, (art of) printing
drukarz *m* **1.** printer **2.** pressman
~ **offsetowy** offset pressman, offset operator
drukować *v* print; type
drukowanie *n* printing
~ **maszynowe** *poligr.* machining, presswork
~ **na wałkach drukarskich** *włók.* roller printing
~ **ochronne** (*tkanin*) *włók.* resist-dyeing
drukowanymi literami (*wypełnić*) in print
drukowność *f* printability (*of paper*)
drut *m* wire
~ **bandażowy** *el.* band wire
~ **bezpiecznikowy** *el.* fuse wire
~ **ciągniony** drawn wire
~ ~ **na zimno** cold-drawn wire, hard-drawn wire
~ **cienki** fine wire
~ **do lutowania** solder wire
~ **do opancerzania** *el.* armouring wire
~ **do przyłączania** *el.* hook-up wire
~ **do spawania** filler wire, welding wire
~ ~ ~ **z rdzeniem topnikowym** *spaw.* flux cored filler wire
~ **do twardego lutowania** brazing wire
~ **do wiązania** binding wire
~ **do wyciągów** *med.* extension wire
~ **do wyrobu gwoździ** nail wire
~ **do wyrobu igieł** needle wire
~ **do zszywania** stitching wire, stapling wire
~ **dodatkowy** *spaw.* filler wire
~ ~ **bezprądowy** *spaw.* cold wire
~ **dzwonkowy** *el.* bell wire
~ **elektrodowy** welding electrode
~ ~ **w kręgach** *spaw.* coiled electrode
~ **emaliowany** *el.* enamel-insulated wire
~ **falowy** *tel.* wave cut
~ **fortepianowy** piano wire, music wire
~ **goły** *el.* bare wire
~ **gruby** heavy wire
~ **grzejny** heater wire

~ **izolowany** insulated wire
~ **jezdny** *el.* trolley wire
~ **kolczasty** barbed wire
~ **kształtowy** shaped wire
~ **magnetyczny** magnetic wire
~ **miedziany o rdzeniu stalowym** *el.* core wire
~ **miedziowo-płaszczowy** *el.* copper-clad wire
~ **miękki** mild wire
~ **na liny** cable wire, rope wire
~ **nawojowy** *el.* coil wire
~ **nośny** *el.* **1.** (*w instalacjach*) messenger cable **2.** (*w kablach napowietrznych*) catenary wire
~ **ocynkowany** galvanized wire
~ **ocynowany** tinned wire, tin-coated wire
~ **odciągowy** guy-wire
~ **opleciony** *el.* braided wire
~ **oporowy** *el.* resistance wire
~ **otulony** *spaw.* coated wire
~ **owalny** streamline wire
~ **patentowany** patented steel wire
~ **platerowany** clad wire, composite wire
~ **płaski** flat(tened)wire
~ **profilowy** shaped wire
~ **przepustowy (lampy)** *el.* sealing-in wire
~ **sodowy** *chem.* sodium wire
~ **sprężynowy** spring wire
~ **stykowy** *el.* whisker (*in a semiconductor diode*)
~ **szpulowy** (*nawinięty na szpulę*) spooled wire
~ **ślizgowy** (*opornika*) *el.* slidewire
~ **topikowy** *el.* fuse wire
~ **w kręgach** coiled wire
~ **w obwoju** *el.* covered wire
~ ~ ~ **i oplocie** covered and braided wire
~ **wiązałkowy** binding wire, tie wire
~ **wyprowadzeniowy** *tel.* connecting wire
~ **wyżarzony** mild wire
~ **zgrzeblarkowy** card wire
~ **zwieszakowy** (*w kablach napowietrznych*) *el.* suspension wire
~ **żarnikowy** *el.* filament wire
drutówka *f* **opony** *gum.* bead wire
druza *f min.* druse; voog, vug
druzgot *m petr.* breccia
~ **uskokowy** *geol.* fault breccia, dislocation breccia
drużyna *f* gang (of workers), brigade
~ **awaryjna** breakdown gang
~ **ratownicza** rescue brigade
drwal *m* feller, lumberman
dryf *m żegl.* drift, leeway
~ **potencjału** (*elektrody*) *elchem.* potential drift
~ **żyroskopu** gyro drift
dryf-kotwa *f żegl.* drag (anchor), drift anchor, sea anchor
dryfować *v żegl.* drift, sag, lose way, make leeway
~ **bez żagli** hull, sail ahull
~ **na kotwicy** drag the anchor
dryfowany *a żegl.* adrift
dryft *m* **kontynentów** *geol.* continental drift
dryfter *m okr.* drifter, drift netter, lugger
drygawica *f ryb.* trammel net
drylometr *m wiertn.* drillometer
drzazga *f* splinter
drzewce *n okr.* spar
~ **dziobowe** jackstaff
~ **flagowe** (flag)staff, flagpole
~ **rufowe** ensign staff
drzewiarka *f górn.* timber carrier, timber trolley, dog car
drzewnik *m* lignin
drzewny *a biol.* arboreal, arboreous
drzewo *n* **1.** tree **2.** *mat.* tree
~ **bulowskie** *mat.* Boolean tree
~ **chinowe** *bot.* cinchona tree, *Cinchona*
~ **doborowe** crop tree
~ **goździkowe** *bot.* aromatic clove tree, *Eugenia caryophyllata*
~ **górujące** *leśn.* superior tree
~ **iglaste** coniferous tree
~ **kapokowe** *bot.* silk cotton tree, ceiba, *Ceiba pentandra* (Stickm.) Gaerth.
~ **karłowate** dwarf tree
~ **kauczukodajne** rubber tree
~ **laurowe** *bot.* laurel, sweet bay, *Laurus nobilis*
~ **liściaste** deciduous tree, broad-leaved tree
~ **młode** *bot.* sapling
~ **nieowocujące** nonbearing tree
~ **niskopienne** low-headed tree
~ **obalone przez wiatr** windfallen tree
~ **ochronne** *leśn.* nurse tree
~ **odporne na mrozy** hardy tree
~ **opanowane przez szkodniki** suppressed tree
~ **owocowe** fruit tree
~ **owocujące** bearing-tree
~ **powiązań** (*w teorii grafów*) subspanning tree
~ **sandałowe** *bot.* sandalwood, *Santalum*
~ **swobodnę** *mat.* free tree
~ **szerokolistne** broadleaf tree
~ **szpalerowe** wall tree
~ **w wieku owocowania** bearing age tree
~ **zaatakowane przez korniki** brood tree
drzewołazy *pl* climbers, creepers
drzeworyt *m* woodcut, wood engraving, wood block
drzeworytnictwo *n* wood engraver's art, wood engraving, wood-block printing
drzewostan *m* forest stand
~ **czysty** pure stand
~ **główny** main stand
~ **jednogatunkowy** pure stand
~ **jednowiekowy** even-aged stand
~ **mieszany** mixed stand
~ **panujący** dominant crop, principal crop
~ **pozostający na zrębie** residual stand
~ **przerzedzony** sparsely stand
~ **rębny** final crop
~ **wielogatunkowy** mixed stand
drzewoznawstwo *n leśn.* dendrology
drzwi *pl* door
~ **bezpieczeństwa** emergency door

~ **bombowe** *lotn.* bomb door, bomb hatch
~ **całoszklane** frameless glass door
~ **dwudzielne rozsuwane** bi-parting door
~ **dwuskrzydłowe** double door
~ **dymnicy** (*parowozu*) *kol.* front end door
~ **dzielone** halved door
~ **grodziowe** *okr.* geared bulkhead door
~ **harmonijkowe** *bud.* accordion door
~ **hermetyczne** pressure-tight door
~ **kryte** vanishing door
~ **o skrzydłach dzielonych poziomo** *bud.* Dutch door
~ **obrotowe** revolving door
~ **oszklone w górnej części** sash door
~ **płycinowe** panelled door
~ **podnoszone** overhead door, rise-and-fall gate
~ **pożarowe** fire door
~ **przesuwne** sliding door
~ **rozsuwane** *zob.* **drzwi przesuwne**
~ **samoszczelne** self-sealing door
~ **samozamykające się** self-closing door
~ **składane** folding door
~ **szybowe** (*na przystanku dźwigu*) landing door
~ **tylne** *mot.* tailgate
~ **uruchamiane mechanicznie** power door
~ ~ **ręcznie** hand-worked door
~ ~ **sprężonym powietrzem** air-worked door
~ **w boazerii** *bud.* dwarf door
~ **wahadłowe** swing door
~ **wentylacyjne** *górn.* air door, air trap
~ **wodoszczelne** *okr.* watertight door
~ **wsadowe** charging door (*of a furnace*)
~ **wyrzucalne** *lotn.* jettisoned door
~ **z wykładziną ołowianą** *radiol.* lead door
~ **zapasowe** emergency door
drzwiczki *pl* door
~ **denne** *odl.* drop bottom, bottom door (*of a cupola*)
~ **dymnicy** *kotł.* smoke-box door
~ **eksplozyjne** explosion door
~ **kontrolne** *kotł.* firing door, furnace door
~ **włazowe** *odl.* cleaning door, lighting hole (*of a cupola*)
~ **wsadowe** *odl.* charging door (*of a cupola*)
~ **wycierowe** *bud.* soot door, cleanout door
drżenie *n med.* tremor
~ **(częstotliwości) fali nośnej** *rad.* scintillation
~ **dźwięku** *akust.* flutter
~ **impulsu** *el.* pulse jitter
dualizm *m* duality
~ **falowo-korpuskularny** *fiz.* wave-particle duality
dualny *a* dual, reciprocal
duant *m nukl.* dee, duant (*D-shaped electrode in a cyclotron*)
dubbing *m kin.* dubbing
dubler *m lotn., kosm.* back-up pilot; doubler, stand-by operator
dublet *m fiz.* doublet, duplet, dipole
~ **elektronowy** electron doublet, electron pair
~ **podstawowy** fundamental doublet
~ **spinowy** spin doublet
~ **widmowy** doublet (*pair of spectral lines*)
dublować *v* double; duplicate
dublowanie *n* **pracy** *org.* duplication of work
duchy *mpl fiz.* ghosts (*in spectroscopy*)
~ **w widmie** spectral ghosts
dudnienie *n akust.* beat
~ **relaksacyjne** wiggle, ringing pattern
~ **sprężyny** *masz.* flutter of a spring
dukla *f górn.* dook
dukt *m rad.* duct
~ **przyziemny** ground based duct
~ **radiowy** *zob.* **dukt troposferyczny**
~ **troposferyczny** (tropospheric) radio duct
duktor *m poligr.* duct roller
duktylometr *m* ductilometer, ductility tester
dulcyna *f chem.* dulcin, sucrol, *p*-phenetylurea
dulcyt *m chem.* dulcitol, dulcite
dulka *f* rowlock, oarlock
duo *n* (*walcarka*) *obr.plast.* two-high mill
~ **nienawrotne** pull-over mill, drag-over mill
duodioda *f el.* duodiode, double diode, DD
~ **-trioda** duodiode-triode
duotrioda *f el.* duotriode, double triode
dupleks *m telegr.* duplex
dupleksowy *a* duplex
duplikat *m* duplicate; counterpart
dupnegatyw *m kin.* picture duplicate negative
duppozytyw *m kin.* picture master positive
dur *m* **brzuszny** *med.* typhoid fever
~ **plamisty** *med.* typhus fever
dural *m zob.* **duralumin**
duralumin *m met.* duralumin
duraluminium *n zob.* **duralumin**
duren *m chem.* durene, durol
duroplasty *mpl tw.szt.* hardening plastics
duryt *m petr.* durain, dead coal
dusza *f* **liny** rope core
~ **schodów (kręcących)** *bud.* hollow newel
duszący *a* suffocating (*e.g. odour*)
duszenie *n* **międzykominowe** (*szybowca*) intercurrent descent (*of a sailplane*)
dusznica *f* **bolesna** *med.* angina pectoris
duża funkcja *f* **rozdziału** *fiz.* grand partition function
duża ilość *f* large quantity, bulk
duża lepkość *f powł.* heavy body
duża plastyczność *f* **prasownicza** *tw.szt.* soft flow, easy flow
duża prędkość *f* high speed
duża skala *f* **integracji** *elektron.* large scale integration, LSI
duża wydajność *f* high capacity
duża wyrazistość *f* (*obrazu*) *TV, rad.* high definition
duże litery *fpl* capital letters, capitals; *poligr.* upper case
duże natężenie *n* **ruchu** *transp.* heavy traffic
duże powiększenie *n opt.* high magnification; *fot.* blow-up

duży asortyment *m* broad range (*of goods etc.*)
duży okres *m* *inf.* major cycle
duży popyt *m* *ek.* heavy demand
duży potencjał *m* **termodynamiczny** *fiz.* grand (thermodynamical) potential
duży skok *m* *lotn.* coarse pitch
duży wybór *m* large assortment, good selection, wide variety
dwoina *f* *skór.* split
dwoistość *f* duality
dwoisty *a* dual
dwojacz *m* (*pracownik*) *skór.* splitter
dwojarka *f* *skór.* splitting machine
~ **karczkowa** cheeking machine
~ **taśmowa** band knife splitting machine
dwojenie *n* *skór.* splitting, skiving, paring
dworek *m* manor-house
dworzec *m* **kolejowy** railway station
~ **lotniczy** (*miejski*) air terminal
~ **morski** *żegl.* passenger terminal
~ **osobowy** *kol.* passenger station
~ **towarowy** *kol.* goods station; *US* freight depot
dwójkowo-dziesiętny *inf.* binary-decimal
dwójkowy *a* *mat.* binary
dwójłomność *f* *min.* birefringence, double refraction
~ **Kerra** *opt.* electrooptical Kerr effect, Kerr effect
~ **wymuszona** temporary double refraction
dwójnik *m* *el.* two-terminal network
dwójnóg *m* bipod
dwuacetyl *m* *chem.* diacetyl, biacetyl
dwuacetylen *m* *chem.* diacetylene
dwuacetylometan *m* *chem.* diacetylmethane
dwuacetylomorfina *f* *chem.* diacetylmorphine, diamorphine, heroin
dwuacetyna *f* *chem.* diacetin, glyceryl diacetate
dwualdehyd *m* *chem.* dialdehyde
dwuamid *m* **kwasu ftalowego** *chem.* phthalamide
~ **kwasu jabłkowego** malamide
dwuamina *f* *chem.* diamine
dwuaminobenzen *m* *chem.* diaminobenzene, phenylenediamine
dwuaminofenol *m* *chem.* diaminophenol
dwuaminonaftalen *m* *chem.* naphtylenediamine
1,2-dwuaminopropan *m* *chem.* propylene diamine
dwuaryl *m* *chem.* biaryl
dwuatomowy *a* *chem.* diatomic, biatomic
dwuazometan *m* *chem.* diazomethane, azimethylene
dwuazotan *m* **celulozy** *chem.* cellulose dinitrate, pyroxylin
~ **gliceryny** *chem.* glycerol dinitrate
~ **glikolu etylenowego** *chem.* nitroglycol
dwuazotypia *f* *fot.* diazotype, diazo process
dwuazowanie *n* *chem.* diazotization, diazo reaction, diazo process
dwuazozwiązek *m* *chem.* diazo compound
dwuazyna *f* *chem.* diazine
1,3-dwuazyna *f* *chem.* pyrimidine, 1,3-diazine
1,4-dwuazyna *f* *chem.* pyrazine, 1,4-diazine
dwubarwność *f* *kryst.* dichroism; pleochroism
dwubarwny *a* dichromatic, two-colour; *min.* dichroic
dwubenzantron *m* *chem.* violanthrone
dwubenzoil *m* *chem.* dibenzoyl, benzil
dwubenzo-γ-piran *m* *chem.* xanthene
dwubenzopirol *m* *chem.* dibenzopyrrole, carbazole
dwubenzyl *m* *chem.* dibenzyl, bibenzyl
dwubiegun *m* **1.** *el.* dipole, doublet **2.** *hydr.* dipole, double source, doublet
dwubiegunowy *a* dipolar, bipolar
dwuborowodór *m* *chem.* boroethane, diborane
dwubromek *m* *chem.* dibromide
1,2-dwubromoetan *m* *chem.* ethylene (di)bromide, EDB, 1,2-dibromoethane
dwubromotymolosulfoftaleina *f* bromothymol blue
dwucharakterystyka *f* *mat.* bicharacteristic
dwuchlorek *m* *chem.* dichloride
~ **dwusiarki** sulfur monochloride
~ **tytanu** titanium dichloride
~ **wanadu** vanadous chloride
~ **wanadylu** vanadyl (di)chloride
dwuchlor(o)amina *f* *chem.* dichloramine
dwuchloroanilina *f* *chem.* dichloroaniline
dwuchlorobenzen *m* *chem.* dichlorobenzene
1,2-dwuchloroetan *m* *chem.* ethylene (di)chloride, 1,2-dichloroethane
dwuchlorometan *m* *chem.* dichloromethane, methylene chloride
1,2-dwuchloropropan *m* *chem.* propylene (di)chloride, 1,2-dichloropropane
dwuchromian *m* *chem.* dichromate, bichromate
~ **potasowy** potassium dichromate, bichrome
dwuchwytnik *m* *biol.* amboceptor
dwucukry *mpl* *chem.* disaccharides
dwucyjan *m* *chem.* (di)cyanogen
dwucząsteczkowy *a* *chem.* dimolecular, bimolecular
dwuczłonowy *a* *mat.* binomial, binary, dyadic
dwudrogowy *a* two-way (*valve*)
dwudrożny *a* *zob.* **dwudrogowy**
dwudzielny *a* *masz.* split; bipartite
dwudziestoczterościan *m* *geom.* icositetrahedron
dwudziestościan *m* *geom.* icosahedron
dwuetanoloamina *f* *chem.* diethanolamine, DEA
dwuetylenodwuamina *f* *chem.* piperazine
dwuetyloamid *m* **kwasu lizergowego** *farm.* lysergic acid diethylamide, LSD
dwuetyloamina *f* *chem.* diethylamine
dwuetylobenzen *m* *chem.* diethylbenzene
dwufazowy *a* diphase
dwufenyl *m* *chem.* diphenyl, biphenyl
dwufenylenometan *m* *chem.* diphenylene methane, fluorene

dwufenyloacetylen *m chem.* diphenylacetylene, tolan
dwufenyloamina *f chem.* diphenylamine, DPA
dwufenyloaminochloroarsyna *f chem.* phenarsazine chloride
dwufenylocyjanoarsyna *f chem.* cyano diphenyl arsine, CDA
dwufenyloguanidyna *f chem.* diphenylguanidine, DPG
dwufenylokarbinol *m chem.* benzhydrol
dwufenyloketon *m chem.* benzophenone
dwufenylometan *m chem.* diphenylmethane, benzylbenzene
o-**dwuformylobenzen** *m chem.* phthalic aldehyde
dwufosfat *m chem.* (*phosphate fertilizer*)
dwufosfid *m zob.* **dwufosfina**
dwufosfina *f chem.* liquid hydrogen phosphide
dwufosgen *m chem.* diphosgene
dwufuroil *m chem.* furil
dwugarmond *m poligr.* paragon (*type body*)
dwugaz *m* carburetted water gas
dwuhalogenek *m chem.* dihalide
dwuhalogenki *mpl* **bliźniacze** *chem. gem*-dihalides
~ **sąsiadujące** *vic*-dihalides
dwuhydrat *m chem.* dihydrate
1,4-dwuhydroksyantrachinon *m chem.* quinizarine
m-**dwuhydroksybenzen** *m chem.* resorcinol
o-**dwuhydroksybenzen** *m chem.* pyrocatechol
p-**dwuhydroksybenzen** *m chem.* *p*-dihydroxybenzene, hydroquinone, quinol
dwuhydroksyfenyloalanina *f biochem.* dihydroxyphenylalanine, dopa
2,4-dwuhydroksypirymidyna *f chem.* uracil
2,6-dwuhydroksypuryna *f chem.* dioxopurine, xanthine
dwuizocyjanian *m chem.* diisocyanate
dwuizopropylidenoaceton *m chem.* phorone
dwujajowy *a biol.* biovular
dwukanałowy *a el.* two-channel
dwuketon *m chem.* diketone
dwukielich *m* two-socket connection tube
dwukierunkowy *a* two-way; *el.* bidirectional
dwukołowy *a* two-wheeled
dwukryształ *m* bicrystal
dwukumaryna *f chem.* dicoumarol
dwukwadratowy *a mat.* biquadratic
dwuletni *a* biennial
dwuliniowy *a mat.* bilinear
dwulufowy *a uzbr.* twin-barrel
dwumetyloacetamid *m chem.* dimethyl acetamide, DMAC
dwumetyloamina *f chem.* dimethylamine, DMA
dwumetyloanilina *f chem.* dimethylaniline, xylidine
dwumetylobenzen *m chem.* dimethylbenzene, xylene
dwumetylofenol *m chem.* dimethylphenol, xylenol
dwumetyloformamid *m chem.* dimethylformamide, DMF
dwumetyloketon *m chem.* dimethyl ketone, acetone
1,3-dwumetyloksantyna *f chem.* theophylline
3,7-dwumetyloksantyna *f chem.* theobromine
1,2-dwumetoksybenzen *m chem.* veratrole
dwumetyloksystrychnina *f chem.* brucine
dwumetylolomocznik *m chem.* dimethylol urea
dwumetylosulfoksyd *m chem.* dimethyl sulfoxide, DMSO
dwumetylosulfotlenek *zob.* **dwumetylosulfoksyd**
dwumetylotiofen *m chem.* thioxene
dwumian *m mat.* binomial
dwumienny *a mat.* binomial
dwunastkowy *a* duodecimal
dwunastnica *f anat.* duodenum
dwunastokąt *m geom.* dodecagon
dwunastościan *m geom.* dodecahedron
~ **deltoidowy** *kryst.* deltohedron, deltoid dodecahedron
~ **pięciokątny** *kryst.* pyritohedron, pyritoid
dwuneutron *m fiz.* dineutron
dwunitka *f żegl.* marline, lacing
dwunitkowy *a* bifilar
dwunitroanilina *f chem.* dinitroaniline
dwunitrobenzen *m chem.* dinitrobenzene
dwunitrogliceryna *f chem.* dinitroglycerin, glycerol dinitrate
dwunitrokrezol *m chem.* dinitrocresol, DNC
dwunitroksylen *m chem.* dinitroxylene, DNX
dwunitronaftalen *m chem.* dinitronaphthalene
dwunitrotoluen *m chem.* dinitrotoluene, DNT
dwunormalna *f mat.* binormal
dwunożny *a* biped(al)
dwunukleotyd *m biochem.* dinucleotide
~ **nikotynamidoadeninowy** *biochem.* diphosphopyridine nucleotide, DPN, nicotinamide adenine dinucleotide, NAD
dwuobiektywowy *a opt.* binocular
dwuobwodowy *a el.* two-way
dwuoctan *m chem.* diacetate
dwuogniskowy *a opt.* bifocal
dwuoksan *m chem.* dioxane
dwuoksolan *m chem.* dioxolane
dwuoksym *m chem.* dioxime
dwuolefiny *pl chem.* diolefins, alkadienes
dwuosiowy *a mat.* biaxial
dwupiątkowy *a inf.* biquinary
dwupierścieniowy *a chem.* bicyclic
dwupłat *m lotn.* biplane
dwupłciowy *a biol.* bisexual; *bot.* androgynous
dwupłytka *f* **piezoelektryczna** *el.akust.* bimorph (cell)

dwupodstawiony *a chem.* disubstituted
dwupostaciowość *f kryst.* dimorphism
dwupostaciowy *a kryst.* dimorphous
dwuręczny *a med.* bimanual
dwurodnik *m chem.* biradical, diradical
dwuróg *m narz.* beak iron, bickern, stake
~ blacharski lejowy funnel stake
~ ~ okrągły rounding stake
~ ~ żłobkowany grooving stake, crease iron
~ jubilerski goldsmith's beak iron
dwusacharydy *mpl chem.* disaccharides
dwuseryjny *a mat.* biserial
dwusiarczek *m chem.* disulfide
~ węgla carbon disulfide
dwusiarczyn *m chem.* metabisulfite, pyrosulfite
dwusieczna *f* **(kąta)** *geom.* bisector
~ kąta osi optycznych *kryst.* bisectrix
~ ~ ~ ~ druga *kryst.* obtuse bisectrix
dwusilan *m chem.* disilicane
dwusilnikowy *a lotn.* twin-engined
dwuskładnikowy *a* two-component, binary (*mixture, alloy*)
dwuskrętka *f el.* double spiral
dwusłupowy *a el.* two-legged
dwustabilny *a* bistable
dwuster *m lotn.* dual controls
dwustopniowy *a* two-stage
dwustosunek *m* **czwórki punktów** *mat.* cross ratio, anharmonic ratio
dwustronnie wklęsły biconcave, concavo-concave
dwustronnie wypukły biconvex, convexo-convex
dwustronny *a* two-sided, double-sided, bilateral
dwusuw *m* two-stroke engine, two-cycle engine
dwuścian *m* **1.** *mat.* dihedral, dihedron **2.** *kryst.* pinacoid
~ podstawowy *kryst.* basal pinacoid
dwuścienny *a geom.* dihedral
dwuśrubowiec *m okr.* twin-screw vessel
dwuteownik *m* I-section, I-bar, double-tee bar
~ kłonicowy *kol.* rail-tie bar
~ o stopkach równoległościennych parallel-flange beam, straight-flange beam
~ szerokostopowy H-section, H-bar, broad-flange beam, wide-flange beam
dwuterpeny *mpl chem.* diterpenes
dwutiokwas *m chem.* dithio acid
dwutionian *m chem.* dithionate, hyposulfate
dwutlenek *m chem.* dioxide
~ azotu nitrogen dioxide, nitrogen peroxide
~ cyrkonu zirconium (di)oxide
~ hafnu hafnia, hafnium oxide
~ krzemu silicon dioxide, silica
~ siarki sulfur dioxide, sulfurous anhydride
~ toru thorium dioxide
~ uranu urania, uranium dioxide
~ węgla carbon dioxide
~ ~ gaśniczy fire extinguishing carbon dioxide
~ ~ stały solidified carbon dioxide, carbon dioxide snow, dry ice
dwuuszny *a akust.* binaural
dwuuściec *m zool.* distoma, *Distoma*
dwuwakans *m kryst.* divacancy
dwuwartościowy *a chem.* divalent, bivalent
dwuwęglan *m* **trójsodowy** *chem.* sodium sesquicarbonate, concentrated crystal soda, neutral soda
dwuwinyl *m chem.* bivinyl, divinyl, erythrene
dwuwklęsły *a* biconcave, concavo-concave
dwuwodoro(orto)fosforan *m* **sodowy** *chem.* monobasic sodium phosphate
dwuwodzian *m chem.* dihydrate
dwuwrotnik *m* (*mikrofalowy*) *tel.* two-port
dwuwymiarowy *a* two-dimensional
dwuwypukły *a* biconvex, convexo-convex
dwuzarodkowy *a biol.* bigerminal
dwuzasadowy *a chem.* dibasic
dwuzłączka *f* pipe union (joint)
dwuzmienny *a* bivariant
dwuznaczny *a* ambiguous
dwuzwarty *a mat.* bicompact
dybel *m drewn.* dowel
dychawica *f med.* asthma
dychroit *m min.* dichroite, cordierite, iolite
dydym *m chem.* didymium (*mixture of praseodymium and neodymium*)
dyfeomorfizm *m mat.* diffeomorphism
dyferencjał *m* = **mechanizm różnicowy** *mot.* differential (gear), compensating gear
dyfrakcja *f fiz.* diffraction
~ cząstek particle diffraction
~ elektronowa electron diffraction
~ ~ wysokoenergetyczna *fiz.* high-energy electron diffraction, HEED
~ fali diffraction of a wave
~ neutronowa neutron diffraction
~ promieniowania rentgenowskiego X-ray diffraction
dyfraktogram *m fiz.* diffraction pattern
~ elektronowy *met.* electron diffraction pattern, electronogram
~ prześwietleniowy *radiol.* transmission pattern
dyfraktometr *m fiz.* diffraction instrument, diffractometer
~ rentgenowski X-ray diffractometer
dyfteryt *m med.* diphteria
dyfundować *v* diffuse
dyfuzat *m* diffusate
dyfuzja *f fiz.* diffusion
~ burzliwa *mech.pł.* eddy diffusion, turbulent diffusion
~ ciśnieniowa pressure diffusion
~ do wnętrza (*półprzewodnika*) in-diffusion
~ gazów gaseous diffusion
~ jonowa *kryst.* ionic diffusion
~ kanalikowa *kryst.* pipe diffusion
~ molekularna molecular diffusion
~ neutronów neutron diffusion

~ poprzez wakansy *fiz.* vacancy diffusion
~ powierzchniowa surface diffusion
~ przyspieszona *fiz.* enhanced diffusion
~ sferyczna spherical diffusion
~ spotkaniowa (*w półprzewodniku*) diffusion from two sides
~ temperaturowa thermal diffusion, thermodiffusion
~ termiczna thermal diffusion, thermomigration, Soret effect
~ ujemna *fiz.* up-hill diffusion
~ w ciele stałym solid-state diffusion
~ wakansowa *fiz.* vacancy diffusion
~ własna self-diffusion
~ wsteczna (*w półprzewodniku*) out-diffusion
~ wstępująca *fiz.* up-hill diffusion
~ wzajemna interdiffusion
dyfuzor *m* **1.** diffuser **2.** *mech.pł.* diffuser, diverging cone
~ bezłopatkowy *aero.* vaneless diffuser
~ bezuderzeniowy (*naddźwiękowy*) *aero.* perfect diffuser
~ kielichowy *aero.* cup diffuser
~ naddźwiękowy *aero.* superacoustic diffuser
~ poddźwiękowy *aero.* subacoustic diffuser
~ przeciwprądowy *cukr.* counter-current diffuser
~ ułopatkowany *aero.* vaned diffuser
dyfuzorownia *f papiern.* diffuser station, diffuser plant
dyfuzyjność *f fiz.* diffusivity
~ cieplna thermal diffusivity
dygestorium *n* = **wyciąg laboratoryjny** fume cupboard, (fume) hood
dygitacja *f geol.* digitation
dykit *m min.* dickite
dykta *f* = **sklejka** plywood
dyktafon *m* dictaphone, dictating machine
dyl *m* plank
dylatacja *f* **1.** *fiz.* dilatation **2.** *bud.* expansion joint
dylatancja *f chem.* dilatancy
dylatator *m med.* bougie
dylatometr *m* dilatometer
~ interferencyjny interferential dilatometer
~ objętościowy volume dilatometer
dylatometryczny *a* dilatometric
dylina *f* **(mostowa)** *inż.* floor plank
dyluwium *n geol.* diluvium
dym *m* smoke; fume
~ gęsty dense smoke
~ maskujący *wojsk.* screening smoke
~ trujący toxic smoke
~ zasłonowy *zob.* **dym maskujący**
dymić *v* smoke
dymnica *f kotł.* smoke-box
dymnik *m* **1.** *bud.* squint window **2.** *hutn.* prolong (*zinc metallurgy*)
dymomierz *m* smokemeter
dyna *f jedn.* dyne: 1 dyne = 10^{-5} N
dynamiczny *a* dynamic(al)
dynamika *f* dynamics
~ cieczy hydrodynamics
~ ~ doskonałej dynamics of a perfect liquid, classical hydrodynamics
~ gazów gas dynamics
~ ~ rozrzedzonych rarefied gas dynamics, molecular aerodynamics
~ gleby soil dynamics
~ mikrobiologiczna microbial dynamics
~ plazmy plasma dynamics
~ płynów dynamics of fluids
~ przepływów hipersonicznych hypersonic aerodynamics
~ reaktora *nukl.* reactor dynamics
~ rozwoju *ek.* growth trend
~ sygnału *rad.* dynamic range
dynamit *m* dynamite
~ zwykły straight dynamite
dynamometr *m* dynamometer
~ do siły pociągowej traction dynamometer
~ dźwigniowy calibrating lever, proving lever
~ elektryczny wagowy electric cradle dynamometer
~ pierścieniowy proving ring
~ ~ do pomiaru sił ściskających compression proving ring
~ śrubowy *okr.* screw dynamometer
~ torsjometryczny torsiometer
dynasówka *f* dinas brick
dynatron *m el.* dynatron, negative transductance tube, negatron
dynia *f bot.* pumpkin, squash, *Cucurbita*
dynistor *m elektron.* Shockley diode
dynoda *f elektron.* dynode
dynstat *m gum., tw.szt.* dynstat
dyplom *m* diploma; brevet; certificate of proficiency
dyplomowany *a* qualified
dyrekcja *f* **1.** board of directors; managers **2.** head office; headquarters
dyrektor *m* director, manager
~ naczelny director general, general manager
~ techniczny management engineer
dyrektywa *f inf.* job-control statement
dyrektywy *fpl* instructions
dyrygent *m inf.* master program, supervisor, supervisory program, executive program
dyscyplina *f* discipline
~ technologiczna shop discipline
dysektor *m* **obrazu** *TV* image dissector, dissector tube
dysertacja *f* thesis (*of a candidate for a degree*)
dysgeniczny *a genet.* dysgenic
dysjunkcja *f inf.* OR function
~ Sheffera *mat.* alternative denial
dysk *m* disk
~ elastyczny *inf.* floppy disk
~ jednostkowy *mat.* unit circle
~ magnetyczny *inf.* magnetic disk
~ pamięciowy *inf.* memory disk
~ zbieżności *mat.* circle of convergence
dysketka *f inf.* floppy disk
dyskonto *n ek.* discount
dyskontować *v ek.* discount

dyskordancja *f geol.* discordance
dyskretny *a* (*nieciągły*) discrete
dyskretyzować *v aut.* digitize
dyskryminator *m rad.* discriminator
~ **amplitudowy** *tel.* pulse-high discriminator, amplitude discriminator
~ **częstotliwości** *el.* frequency discriminator
dyskusja *f* debate
dyskusyjny *a* disputable, debatable; questionable
dyslokacja *f* **1.** *kryst.* dislocation, line defect **2.** *geol.* dislocation
~ **brzegowa** *zob.* **dyslokacja krawędziowa**
~ **Cottrella-Lomera** *kryst.* Cottrell-Lomer barrier
~ **cząstkowa** *kryst.* partial dislocation
~ **doskonała** *kryst.* perfect dislocation
~ **drzewo** *kryst.* tree dislocation, dislocation tree
~ **Franka** *kryst.* Frank partial dislocation
~ **kątowa** *kryst.* stair-rod dislocation
~ **krawędziowa** *kryst.* edge dislocation, Taylor-Orowan dislocation
~ **lasu** *zob.* **dyslokacja drzewo**
~ **mieszana** *kryst.* mixed dislocation
~ **naładowana** *kryst.* charged dislocation
~ **narożnikowa** *kryst.* stair-rod dislocation
~ **pełna** *kryst.* perfect dislocation
~ **(po)ślizgowa** *kryst.* glissile dislocation
~ **półutwierdzona** *kryst.* sessile dislocation, Frank partial dislocation
~ **pryzmatyczna** *kryst.* prismatic dislocation
~ **przemieszczalna** *kryst.* glissile dislocation
~ **rozszczepiona** *kryst.* extended dislocation
~ **schodkowa** *kryst.* edge dislocation
~ **Shockley'a** *kryst.* Shockley partial dislocation
~ **śrubowa** *kryst.* screw dislocation, Burgers dislocation
~ ~ **prawoskrętna** *kryst.* right-handed screw dislocation
~ **ułamkowa** *kryst.* partial dislocation
~ **zakotwiczona** *kryst.* pinned dislocation
~ **złożona** *kryst.* mixed dislocation
dyslokacje *fpl* **emitowane** *fiz.* emissary dislocations
~ **na granicach ziarn** *kryst.* boundary dislocations
dysmembrator *m* single-runner attrition mill
dysmutacja *f chem.* dismutation, disproportionation
dysocjacja *f chem.* dissociation
~ **elektrolityczna** electrolytic dissociation
~ **fotochemiczna** photochemical dissociation, photodissociation, photochemical decomposition, photolysis
~ **jonowa** ionic decomposition
~ **termiczna** thermal dissociation, thermal decomposition
~ **wielostopniowa** dissociation in stages
dysocjować *v chem.* dissociate
dysolucja *f chem.* dissolution
dysonans *m akust.* dissonance, discord
dyspasza *f żegl.* average adjustment
dyspaszer *m żegl.* average adjuster
dyspergator *m chem.* dispersing agent
dyspergowanie *n chem.* dispergation
dyspersja *f* **1.** *fiz., chem.* dispersion **2.** *statyst.* dispersion
~ **atomowa** atomic dispersion
~ **kątowa** angular dispersion
~ **liniowa** linear dispersion
~ **normalna** *statyst.* normal dispersion
~ **przewodnictwa** dispersion of conductance
~ **rotacyjna** *zob.* **dyspersja skręcalności optycznej**
~ **skręcalności optycznej** optical rotatory dispersion, ORD
~ **skrzyżowana** crossed dispersion
~ **światła** dispersion of light
dyspersoid *m chem.* dispersoid
dysponenda *f* **wydawnicza** books in print
dysponent *m* **ładunku** *żegl.* shipper
dysponować *v* dispose (of...)
dyspozycyjność *f el.* availability (factor)
dyspozycyjny *a* disposable
dyspozytor *m* dispatcher
~ **lotu** *lotn.* flying instrument unit
dyspozytornia *f* dispatch office, dispatch room
~ **mocy** *el.* load-dispatching unit
dysproporcjonowanie *n chem.* dismutation, disproportionation (reaction)
dysproz *m chem.* dysprosium, demonium, Dy
dyssypacja *f fiz.* dissipation
~ **energii** energy dissipation
dystektyk *m* (*na krzywej likwidusu*) *term.* distectic point
dysten *m min.* cyanite, kyanite, disthene
dystorsja *f opt.* distortion
dystrybuanta *f statyst.* (cumulative) distribution function
~ **rozkładu brzegowego** marginal distribution function
dystrybucja *f* **1.** *ek.* distribution **2.** *mat.* distribution, generalized function
~ **informacji selektywna** *inf.* selective dissemination of information, SDI
~ **inwolutywna** *mat.* involutive distribution
~ **o zwartym nośniku** *mat.* distribution with compact support
~ **temperowana** *mat.* temperate distribution, tempered distribution
dysymilacja *f biol.* dissimilation, catabolism
dysza *f* **1.** nozzle; jet **2.** (*typ anteny falowodowej*) spout
~ **biegu jałowego** *siln.spal.* slow-running jet, idling jet
~ **chłodzenia natryskowego** *hutn.* cooling spray
~ **ciśnieniowa** pressure nozzle
~ **do drobnego rozpylania** fog nozzle
~ **do usuwania zgorzeliny** *hutn.* descaling nozzle

~ **dodatkowa** *siln.spal.* supplementary jet
~ **dopływowa** *aero.* entrance nozzle, entrance cone
~ **gaźnika** *siln.spal.* carburettor jet
~ **iglicowa** needle nozzle
~ **jednootworowa** (*wtryskiwacza*) *siln.spal.* single-hole nozzle
~ **kalibrowana** metering nozzle
~ **kompensacyjna** *siln.spal.* compensating jet
~ **korekcyjna** *siln.spal.* correction jet
~ **Korta** *okr.* Kort nozzle, shrouded propeller, ducted propeller
~ **korygująca** (*położenie statku w przestrzeni*) *kosm.* attitude jet
~ **Lavala** *aero.* Laval nozzle
~ ~ **bezuderzeniowa** perfect effuser
~ **mocy** *siln.spal.* power jet
~ **naddźwiękowa** *aero.* superacoustic nozzle, supersonic nozzle
~ **napędowa okrętowa** shrouded propeller, ducted propeller, Kort nozzle, nozzle propeller
~ ~ **silnika odrzutowego** *lotn.* propelling nozzle, propulsion nozzle
~ **natryskowa** *hutn.* spray nozzle, cooling spray
~ **opóźniająca** (*wtryskiwacza*) *siln.spal.* delay nozzle
~ **opylacza** *roln.* dust nozzle
~ **paliwowa** *siln.spal.* fuel jet, fuel nozzle
~ ~ **dodatkowa** (*rozruchowa i biegu jałowego*) pilot jet
~ ~ **główna** main metering jet
~ ~ **zanurzona** submerged jet
~ **parowa** steam nozzle
~ **pełnej mocy** *siln.spal.* high-speed jet
~ **piaszczarki** sandblast nozzle
~ **płomieniowa** (*palnika do cięcia*) heating nozzle (*of cutting torch*)
~ **poddźwiękowa** *aero.* subacoustic nozzle, subsonic nozzle
~ **pomiarowa** measuring nozzle, flow nozzle
~ **powietrza dodatkowego** *siln.spal.* air bleed (orifice)
~ **powietrzna** air nozzle; air jet; (*w piecu*) tuyère
~ **przędzalnicza** *włók.szt.* spinneret, spinning nozzle
~ **regulowana** controllable nozzle; variable-area nozzle
~ **rozbieżna** divergent nozzle
~ **rozpylająca** spray nozzle, atomizing nozzle
~ **rozruchowa** *siln.spal.* starter jet, primer jet
~ **silnika odrzutowego** jet nozzle
~ **tłumiąca hałas** (*silnika turboodrzutowego*) *lotn.* suppressing nozzle
~ **tnąca** (*palnika do cięcia*) oxygen nozzle (*of cutting torch*)
~ **wielkopiecowa** blast-furnace tuyère
~ **wielootworowa** (*wtryskiwacza*) *siln.spal.* multi-hole nozzle, multiple spray nozzle
~ **wodna** water nozzle
~ **wtryskiwacza paliwa** *siln.spal.* fuel injection nozzle, injection sprayer
~ **wylotowa** **1.** exhaust nozzle **2.** *tw.szt.* extruding die, extrusion die
~ ~ **silnika odrzutowego** propelling nozzle, propulsion nozzle
~ ~ **tunelu aerodynamicznego** entrance cone of a wind tunnel
~ **wypływowa** *hydr.* discharging nozzle
~ **wytłaczarki** *tw.szt.* extruder die, extrusion die
~ **zaślepiona** *hutn.* blanked tuyère
~ **zbieżna** convergent nozzle
~ **zbieżno-rozbieżna** *aero.* convergent-divergent nozzle, con-di nozzle
~ **zwężająca łuk** (*w plazmotronie*) arc constricting nozzle
dyszak *m hutn.* blowpipe, belly pipe, tuyère connection (*in a blast furnace*)
dysze *fpl* **pierścieniowe współosiowe** coannular nozzles
dyszel *m* thrill(er), draught bar, shaft (*of cart or carriage*)
~ **holowniczy** *mot.* tow bar
~ **półwózka** *kol.* radius bar
dyszolot *m lotn.* jet vertical take-off wingless aircraft
~ **jednoosobowy rakietowy** pogo(-type vehicle)
dyszownica *f hutn.* tuyère cooler (*in a blast furnace*)
dytetragonalny *a kryst.* ditetragonal
dytrygonalny *a kryst.* ditrigonal
dywan *m* **grzejny** heating carpet
dywanik *m* **aktywny** *bud.* vacuum mat
~ **gumowy** *bhp* rubber blanket
dywergencja *f* divergence
~ **aeroelastyczna** aeroelastic divergence
~ **układu skrzydło-lotka** *aero.* wing-aileron divergence
~ **wektora** *mat.* divergence of a vector
dywidenda *f ek.* dividend
dywiz *m poligr.* en rule
dywizor *m mat.* divisor
~ **główny** *mat.* principal divisor
dywizorek *m poligr.* copy-holder
dyzbaryzm *m med.lotn.* disbarism
dyżur *m* (turn of) duty
dyżurny *m* on duty person
~ **ruchu** *kol.* train dispatcher
dzban *m* jar
dziać *v włók.* knit
dział *m* **1.** department **2.** division
~ **finansowy** financial department
~ **gospodarki** branch of economy
~ **kadr** personnel department
~ **kontroli technicznej** quality control department
~ **księgowości** bookkeeping department, accounting department
~ **niższego rzędu** (*w klasyfikacji*) subdivision
~ **planowania** planning department
~ **produkcji** manufacturing department
~ **reklamacji** claim department
~ **reklamy** publicity department
~ **socjalny** welfare department

~ **współpracy z zagranicą** foreign relations department
~ **wiedzy** field of learning
~ **wodny** *geol.* watershed, (drainage) divide
~ **zaopatrzenia** purchasing department, supplies department
~ **zbytu** sales department; marketing department
działa *npl* **sprzężone** *uzbr.* twin guns
działać *v* act; function, work, operate; be in operation
~ **bez zakłóceń** work smoothly, work satisfactorily
~ **hamująco** hamper; have a restraining effect
~ **wadliwie** function badly, malfunction
działający *a* operative
działający pod wpływem światła light-activated
działający wstecz retroactive
działalność *f* activity
~ **gospodarcza** economic activity
~ **handlowa** commercial activity
~ **wulkaniczna** volcanic activity
~ **zawodowa** professional activity
działania *npl* **wojenne** warfare, hostilities; *prawn.* act of war
działanie *n* **1.** action; functioning, working, operation; performance **2.** *mat.* operation
~ **agresywne żużla** *hutn.* slag attack
~ **amortyzacyjne** *aut.* snubber action
~ **antagonistyczne** *farm.* antagonistic action
~ **automatyczne** automation
~ **bakteriobójcze** bactericidal action, antibacterial action
~ **bakteriostatyczne** bacteriostatic action
~ **bez upoważnienia** unauthorized action
~ **bezpośrednie** direct action
~ **bezusterkowe** no-failure operation, performance without failure; trouble-free service
~ **biologiczne** biological effect
~ **brzegu** *żegl.* bank effect
~ **buforowe** *chem.* buffer action
~ **całkowe** (*regulatora*) *aut.* integral action
~ **czyszczące** cleaning effect
~ **dwupołożeniowe** *aut.* on-off action
~ **dwustopniowe** *aut.* two-step action
~ ~ **ze strefą nieczułości** *aut.* two-step action with overlap
~ **dźwigni** leverage
~ **ekranujące** *el.* screening effect
~ **girostatyczne** gyroscopic effect, gyroeffect
~ **jednoznacznie wymuszone** *mech.* positive action
~ **karbu** *wytrz.* notch effect
~ **katalityczne** catalytic activity
~ **kontrastowe** *med.* contrast effect, contrast action
~ **korozyjne** corrosive effect
~ **(korozyjne) ogniwa miejscowego** couple action
~ **migowe** *el.* snap action
~ **mrozu** frost action
~ **następcze** after-effect
~ **natychmiastowe** immediate action
~ **niezadowalające** poor performance
~ **niezależne** *cybern.* autonomous working
~ **niezawodne** dependable operation
~ **ochronne** protective action
~ **odłamkowe** (*pocisku*) fragmentation effect (*of a shell*)
~ **odstraszające** *wojsk.* deterrence
~ **odwrotne** *mat.* inverse operation
~ ~ **steru** *lotn.* reversal of control
~ **opóźnione** delayed action; lag
~ **prawidłowe** satisfactory operation, non-failure operation
~ **przeciwoscylacyjne** *aut.* antihunt action
~ **przy średnich warunkach eksploatacji** midrange performance
~ **przygotowawcze** pre-operation
~ **radiobiologiczne** radiobiological action
~ **różniczkowe** (*regulatora*) *aut.* derivative action, rate action
~ **rumieniotwórcze** *nukl.* erythema efficiency
~ **ssące** *hydr.* suction effect
~ **sterów** *lotn.* response to controls
~ ~ **opóźnione** lag of controls
~ **synergiczne** *biol.*, *farm.* synergism
~ **ścierne** abrasive action
~ **śmiertelne** lethal effect
~ **światła** action of light
~ **toksyczne** toxic action
~ **uboczne** secondary action; side effect
~ **w stanie ustalonym** *aut.* steady-state performance
~ **wadliwe** malfunction, malperformance, faulty operation
~ **wgłębne** *elchem.* throwing power
~ **wiatru na powierzchnię ziemi** *geol.* eolation
~ **wielostopniowe** *aut.* multi-step action
~ **wsteczne** back-action
~ **wstępne** pre-operation
~ **wybiorcze** selective action
~ **wygładzające** *elchem.* levelling action
~ **wzajemne** interaction
~ **zaworowe** *el.* valve action
~ **zwłoczne** delayed action
działka *f* **1.** *metrol.* graduation **2.** lot, plot (*piece of ground*)
~ **budowlana** building lot, building site
~ **elementarna** scale interval, minimum graduation
~ **gruntu** *roln.* allotment
~ **pokrotnika** *telegr.* contact
~ **zrębowa** *leśn.* felling site, cutting site, felling strip, logging unit
działko *n uzbr.* (automatic) gun, cannon
~ **boczne** *lotn.* beam gun
~ **cementowe** *bud.* cement gun, concrete gun, concreting sprayer
~ **lotnicze** aircraft gun
~ ~ **ruchome** flexible aircraft gun
~ ~ **stałe** fixed aircraft gun
~ **obrotowe** swivel gun

~ **przeciwlotnicze** anti-aircraft gun
~ **szybkostrzelne** quick-firing gun, Q.F. gun; *US* rapid fire gun
~ **w skrzydle samolotu** *lotn.* wing gun
~ **wodne** monitor
działo *n uzbr.* gun, cannon, piece of ordnance
~ **bezodrzutowe** non-recoil gun
~ **czołgowe** tank gun
~ **elektronowe = wyrzutnia elektronowa** *fiz.* electron gun
~ **harpunnicze** harpoon gun, whaling gun
~ **laserowe** laser gun
~ **ładowane od tyłu** breech-loading gun, breechloader
~ **pancerne** gun tank
~ **polowe** field-gun, field-piece
~ **przeciwpancerne samobieżne** tank destroyer
~ **rakietowe** rocket gun
~ **samobieżne** self-propelled gun
~ **w wieżyczce pancernej** turret gun
działownia *f uzbr.* gun shed
działówka *f bud.* partition (wall)
dzianie *n włók.* knitting
dzianina *f włók.* knitted fabric
~ **puszysta** knitted pile fabric
dziąsło *n anat.* gum
dziczyzna *f* venison
dziedziczna wielkość *f* **ziarna** *met.* inherent austenitic grain size, McQuaid-Ehn grain size
dziedziczność *f biol.* heredity, inheritance
~ **żeliwa** heredity of cast iron
dziedziczny *a* **1.** *biol.* hereditary **2.** *mat.* hereditary
dziedziczyć *v* inherit
dziedzina *f* **1.** domain, field **2.** *mat.* domain
~ **całkowitości** *mat.* domain of integrity, entire, integral domain
~ **działalności** field of activity, line of activity
~ **funkcji** *mat.* domain of a function
~ **odwzorowania** *mat.* domain of a map
~ **operatora** *mat.* domain of an operator
~ **wiedzy** field of knowledge
dziedziniec *m* court, courtyard; *arch.* piazza
dziegieć *m* wood tar
dzielarka *f* **do ciasta** *spoż.* dough dividing machine
dzielący na pół *geom.* bisecting, halving
dzielenie *n mat.* division
~ **bez reszty** exact division
~ **częstotliwości** *el.* frequency division
~ **lewostronne** predivision
~ **płytek na struktury** *elektron.* dicing
~ **prawostronne** postdivision
~ **repetycyjne** *inf.* repeated division
dzielić *v* divide; part
~ **na części** partition
~ **na ćwiartki** quarter
~ **na dwie części** divide in two
~ **na odcinki** section, segment
~ **na połowy** bisect; halve
~ **na trzy równe części** trisect
~ **proporcjonalnie** divide proportionately, prorate
~ **się 1.** divide; split, break up (*into parts*) **2.** be composed of..., consist of...
~ ~ **na dwie kategorie** fall into two categories
dzielna *f mat.* dividend
dzielnica *f* (*miasta*) quarter; district
~ **handlowa** shopping centre
~ **mieszkaniowa** residential quarter; housing estate
~ **ruder** slum
dzielnik *m* **1.** *mat.* divisor **2.** *el.* divider
~ **częstotliwości** *el.* frequency divider
~ **elementarny** *mat.* elementary divisor
~ **mocy** *el.* power divider, load divider
~ **napięcia** *el.* voltage divider, voltbox
~ **normalny** *mat.* invariant subgroup, normal subgroup, normal divisor, self-conjugate subgroup
~ **próbki** *chem.* sample splitter
~ **zera** *mat.* zero divisor
dzielność *f* **morska** seaworthiness
dzielony *a* sectional
dzieło *n* **sztuki** work of art
dziennie *adv* daily, every day
dziennik *n* **1.** (*gazeta*) daily (paper) **2.** daily record; diary
~ **bicia pala** *inż.* driving record
~ **laboratoryjny** laboratory log
~ **okrętowy** log-book, sea log, ship's log (book)
~ **podawczy** correspondence register
~ **pokładowy** *żegl.* deck log
~ **polowy** *geod.* field book
~ **pomiarów** *żegl.* log sheet
~ **wierceń** *wiertn.* boring log, drill log
dziennikarstwo *n* journalism
dzienny *a* daily, diurnal
dzień *m* **przestoju** *transp.* demurrage day
~ **astronomiczny** astronomical day
~ **kalendarzowy** *astr.* civil day
~ **roboczy** workday, working day
~ **roku przestępnego** (29 *lutego*) *astr.* intercalary day
~ **wolny od pracy** day-off; holiday
~ **wypłaty** pay-day
dziergarka *f poligr.* (*górna*) headband; (*dolna*) footband, tailband
dzierżawa *f* tenancy, lease
~ **gruntu** land tenure
~ **statku** *żegl.* demise charter
dzierżawca *m* tenant, leaseholder, lessee
dziesięciobok *m geom.* decagon
dziesięciokąt *m zob.* **dziesięciobok**
dziesięcionormalny *a chem.* decanormal
dziesięciościan *m geom.* decahedron
dziesięciotysięcznik *m* 10 000 DWT ship
dziesięciowodoronaftalen *m* **techniczny** *chem.* decalin
dziesiętnik *m* carry-over unit (*in calculating machines*)
dziesiętny *a* decimal
dziewiarka *f włók.* knitting machine, knitting frame, knitter
~ **okrągła** circular knitting machine

~ **osnowowa** warp knitting machine, warp (knitting) frame
~ ~ **ażurująca** warp lace machine, filet frame
~ **rządkowa** weft knitting machine
~ **ściągaczowa kotonowa** cotton rib top frame
~ **wątkowa** weft knitting machine
dziewiarstwo *n włók.* knitting; hosiery
dziewiątka *f bud.* three-quarter brick
dziewienie *n włók.* knitting
dziewięciokąt *m geom.* nonagon
dzieworództwo *n biol.* parthenogenesis
dzięcioł *m zool.* woodpecker
dzięgiel *m bot.* angelica, *Archangelica officinalis*
dzik *m zool.* wild boar, *Sus scrofa*
dziki lokator *m* squatter
dziki strzał *m wojsk.* wild shot
dzikie budownictwo *m* jerry-building
dziobać *v* **masę betonową** *bud.* poke the concrete mix
dziobak *m* **1.** *spaw.* chipping hammer, slag hammer **2.** *drewn.* bevel-edge chisel
dziobek *m* (*naczynia*) lip, spout
~ **zlewki** *lab.* beaker lip
dziobem do wiatru *żegl.* wind-rode (*ship*)
dziobem na przód (*przegłębiony*) *żegl.* by the head
dziobnica *f okr.* stem
~ **płytowa** *okr.* soft nose
dziobnik *m okr.* bowsprit
~ **krótki** *okr.* horn bowsprit
dziobówka *f okr.* topgallant forecastle
~ **otwarta** monkey forecastle
~ **wgłębiona** sunken forecastle
dziób *m* **gruszkowy** *okr.* bulbous bow
~ **kadzi** *hutn.* ladle spout, ladle lip
~ **krzyżownicy** *kol.* actual frog point
~ **lemiesza** *roln.* share point
~ **łyżkowy** *okr.* spoon bow
~ **ostry** *okr.* lean bow, sharp bow, narrow bow
~ **otwierany** (*np. na promach*) bow visor
~ **palnika** *spaw.* blowpipe nozzle, blowpipe tip, torch tip, welding tip
~ ~ **do cięcia gazowego** cutting nozzle, cutting tip
~ **pełny** *okr.* bold bow, bluff bow, full bow
~ **płaski** *okr.* pram bow
~ **prosty** *okr.* plumb bow, vertical bow
~ **rozchylony** *okr.* flare out bow
~ **statku** *okr.* bow, prow
~ **supłacza** (*wiązałki*) *roln.* twine bills
~ **w dziób** *żegl.* end on
~ **zęba kultywatora** *roln.* cultivator point
dziura *f* **1.** hole **2.** *fiz.* (electron) hole
~ **magnetyczna** (*na taśmie*) drop-out
~ **po sęku** *drewn.* knothole
~ **powietrzna** *lotn.* air pocket
dziurawka *f* **1.** *bud.* cellular brick, cavity brick, hollow brick **2.** *telegr.* punched tape, perforated message tape
dziurka *f* **informacyjna** (*taśmy*) data hole (*of a tape*)
~ **od klucza** keyhole
~ **prowadząca** (*taśmy*) feed hole (*of a tape*)
dziurkacz *m biur.* perforator
~ **do korków** cork borer
~ **ucha** *zoot.* ear punch
dziurkarka *f* **1.** perforator; punch **2.** *obr. plast.* perforating press; punch press
~ **kart** card punch
~ ~ **klawiaturowa** key (board) punch
~ ~ **z kontrolą wizualną** *inf.* visual card punch
~ **powtarzająca** *inf.* duplicating punch
~ **reprodukująca** *zob.* **dziurkarka powtarzająca**
~ **rewolwerowa** *skór.* rotary punch
~ **ręczna** *inf.* spot punch, unipunch
~ **sumaryczna** *inf.* totalizing punch
~ ~ **z urządzeniem reprodukującym** gang punch
~ **taśmy** tape punch
~ **z głowicą rewolwerową** *obr.plast.* turret punch press
dziurki *fpl* **prowadzące** (*taśmy dziurkowanej, filmowej*) sprocket holes
dziurkować *v* perforate; punch, pierce
dziurkowanie *n* **gładkie** *obr.plast.* burrless piercing, precision piercing
~ **przesunięte** *inf.* off-punch
dziurkowany *a* perforated
dziurkownik *m obr.plast.* piercing die
dziurownica *f* **kowalska** *narz.* swage block
dziwerować *v met.* damascence, damaskeen
dziwność *f fiz.* strangeness
dzwon *m* bell
~ **kolumny rektyfikacyjnej** *chem.* bubble-cap
~ **nurkowy** diving bell, bell caisson
~ **ratowniczy** (*na okręcie podwodnym*) rescue diving bell
~ **szklany** bell jar, bell glass
dzwonek *m* **1.** bell; *telef.* ringer **2.** *wiertn.* trumpet, pulling yoke
~ **drzwiowy** doorbell
~ **polaryzowany** *zob.* **dzwonek prądu zmiennego**
~ **prądu zmiennego** magneto bell, ringer
dzwonić *v* ring (the bell), sound the bell
dzwonnica *f* bell tower, belfry; campanile
dzwono *n* **płaszcza kotła** boiler shell ring
~ **wieńca koła** (*drewnianego*) felloe, felly
dźwięczeć *v* sound
dźwięcznik *m el.* chime
dźwięczność *f* sonorousness
dźwięk *m* sound
~ **o wytłumionych tonach niskich** *el.akust.* no-bottom sound
~ **o wytłumionych tonach wysokich** *el. akust.* no-top sound
~ **odbity** reflected sound
~ **podsłyszalny** infra-audible sound
~ **prosty** pure sound, simple tone
~ **rozproszony** diffuse sound
~ **słyszalny** audible sound
~ **wibrujący** warble tone
~ **wystrzału lub wybuchu** report
~ **złożony** complex tone
dźwiękochłonny *a* sound absorbing

dźwiękoszczelny *a* soundproof
dźwiękowód *m* (*linii opóźniającej ultradźwiękowej*) sound conductor
dźwiękowy *a* sonic
dźwig *m* (hoisting) crane; lift; elevator
~ **jezdny** travelling crane
~ **latający** flying crane (*helicopter used for hoisting duties*)
~ **nożycowy** shear-legs, shears
~ **okrężny** paternoster
~ **osobowy** passenger lift
~ **pływający** pontoon crane
~ ~ **portalowy** floating gantry
~ **portowy** harbour crane, wharf crane
~ **towarowy** goods lift, freight lift
dźwigać *v* hoist
dźwigar *m* girder; spar
~ **kratowy** lattice girder, truss girder, open-web girder
~ ~ **Pratta** N-truss, Pratt truss
~ **mostowy** *inż.* bridge girder
~ **o pełnym środniku** *bud.* solid-web girder
~ **skrzydła** *lotn.* wing spar
~ **skrzynkowy** box girder; box spar
~ **statecznika pionowego** *lotn.* fin post
~ **szybowy** *górn.* bunton, byatt
~ **walczaka** *kol.* waist bearer (*in a steam locomotive*)
~ **ze ściągiem** bowstring girder
dźwignia *f* lever
~ **beczułki** *zeg.* yoke
~ **blokująca** *biur.* locking arm
~ **czcionkowa** *biur.* type-bar
~ **do nacisku dłonią** (*w narzędziach pneumatycznych*) palm lever
~ **do poziomowania** (*pługa*) *roln.* levelling control
~ **drugiego rzędu** second-order lever, second-class lever
~ **dwuramienna** double-arm lever, double-ended lever
~ **dwustronna** first-order lever, first-class lever
~ **główna** (*wagi*) **bez wrębów** smooth weighbeam
~ ~ **przesuwnikowa z równowagą niestałą** supersensitive weighbeam, unstable weighbeam, accelerating weighbeam
~ ~ ~ **z równowagą obojętną** dead weighbeam, neutral weighbeam
~ **jednoramienna** single-arm lever, single-ended lever
~ **jednostronna** second-class lever, second-order lever
~ **kątowa** angle lever, bell-crank, knee lever
~ ~ **podwójna** T-lever, wrist plate
~ **kierownicy** *mot.* drop arm
~ **klawiszowa** *biur.* key lever
~ **kolankowa** toggle
~ **kompensacyjna** (*wagi*) compensating lever
~ **kontrolna do sprawdzania obciążeń** *wytrz.* proving lever, calibrating lever
~ **korbowa** crank lever
~ **korekty** (*w maszynach do dodawania*) indicator lever
~ **literowa** *biur.* type-bar
~ **ładunkowa** (*wagi*) load-sustaining lever, supporting lever, main lever, short lever
~ ~ **wagi pomostowej** platform lever
~ **mocująca** *obr.skraw.* clamping lever, binder lever
~ **napinająca** *uzbr.* cocking lever
~ **nastawcza** selector lever
~ **nastawnicy** *kol.* reverse lever
~ **nierównoramienna** uneven-arm lever, multiplying lever
~ **nośna** (*wagi*) load-sustaining lever, supporting lever, main lever, short lever
~ **nożna** foot-lever, pedal
~ **obciążnikowa** weighing arm
~ ~ **twardościomierza** weighing lever of a hardness testing machine
~ **pierwszego** rzędu first-order lever, first class lever
~ **popychacza zaworu** *siln.spal.* valve arm
~ **pośrednia** (*wagi*) intermediate lever
~ **prosta** simple lever
~ **przedniego zakładania papieru** *biur.* front feed lever
~ **przekazująca** (*wagi*) intermediate lever
~ **przepustnicy** *lotn.* throttle lever
~ **przesuwnikowa maszyny wytrzymałościowej** steelyard of a testing machine
~ ~ **wagi** weighbeam, steelyard of the scales
~ ~ ~ **z dwiema podziałkami** (*np. angielską i metryczną*) duplex weighbeam
~ **przewodnia** transfer lever, transmitting lever, extension lever, long lever
~ **ręczna** hand lever
~ ~ **odgięta** offset hand lever
~ **ręcznego posuwu** *obr.skraw.* feed lever
~ **rozwidlona** wishbone lever, forked lever
~ **równoramienna** even-arm lever
~ **różnicowa** differential lever
~ **ryglująca** *uzbr.* bolt lock (*in a machine gun*)
~ **siłomierza maszyny wytrzymałościowej** weighing lever of a testing machine
~ **skoku ogólnego** *lotn.* collective pitch lever
~ **skrętna** torsion lever
~ **spustowa** *uzbr.* firing lever, trigger sear
~ **sterowania ręcznego** manual control lever
~ **sterująca** control lever, operating lever
~ **tabulatora** *biur.* palm tabulator
~ **teowa** T-lever, wrist plate
~ **torsyjna** torsion lever
~ **uchylna** (*wagi*) pendulous beam
~ **wagi** balance lever, balance beam
~ **wahliwa** rocking lever
~ **włączająca** trip lever
~ **wybierająca** *biur.* choosing arm
~ **wyłączająca** release lever
~ **wyrównawcza** compensating lever
~ **wyrzutnika** *uzbr.* extractor lever
~ **wyważona** (*wagi*) weighted lever

~ **wywołania sumy i podsumy** *biur.* total and subtotal stop
~ **zabezpieczająca** safety lever
~ **zaciskowa** *obr.skraw.* clamping lever, binder level
~ **zamkowa** *uzbr.* operating lever (*of a gun*)
~ **zamykająca licznik** (*w maszynach do liczenia*) *biur.* total locking lever
~ **zaworu** *siln.spal.* valve rocker, valve arm
~ ~ **ssącego** inlet rocker
~ ~ **wydechowego** exhaust rocker
~ **zdawcza** (*wagi*) transfer lever, transmitting lever, extension lever, long lever
~ **złożona** compound lever
~ **zmiany biegów** *mot.* gear-change lever
~ **zwalniająca** *biur.* release lever, release arm
~ **zwrotnicowa** *kol.* switch lever, release lever
dźwignica *f* crane
~ **linomostowa** cableway, blondin
~ ~ **przesuwna** full-travelling cableway
~ ~ **zakrążna** radial cableway
dźwignicowy *m* crane operator, craneman
dźwignik *m* (lifting) jack, hoist, *zob.też* **podnośnik**
~ **do podnoszenia torów** *kol.* track lifter
~ **hydrauliczny** hydraulic jack
~ **ładowniczy** *żegl.* cargo jack
~ **łańcuchowy** chain jack
~ **nożycowy** scissors jack
~ **pneumatyczny** air hoist
~ **stały samochodowy** car lift
~ **śrubowy** screw jack, bottle jack
~ **zębatkowy** ratchet jack, geared jack
~ ~ **dźwigniowy** rack-and-lever jack
dźwigowe *n* (*opłata*) cranage
dźwigowy *m* (*pracownik*) craneman, crane operator, hoistman
dżdżownica *f zool.* earthworm
dżem *m spoż.* jam
dżemsonit *m min.* jamesonite, feather ore
dżiger *m* = **barwiarka zwrotna** *włók.* jig, jigger, jig-dyeing machine
dżonka *f żegl.* junk
dżul *m jedn.* joule
dżuma *f med.* plague
~ **cynowa** *met.* tin pest, tin disease
dżungla *f* jungle

E

E = **stopień Englera** *jedn.* Engler degree
ebonit *m* ebonite, hard rubber
~ **mikroporowaty** porbonite
ebuliometr *m* ebulliometer, ebullioscope
ebuliometria *f chem.* ebulliometry, ebullioscopy
ebulioskop *m zob.* **ebuliometr**
ebulioskopia *f zob.* **ebuliometria**
echo *n* echo
~ **dookoła świata** *rad.* round-the-world echo
~ **łopoczące** *tel.* flutter-echo
~ **magnetyczne** (*na taśmie magnetycznej*) accidental printing, spurious printing; printthrough
~ **radiolokacyjne** radar echo, radar return
~ ~ **boczne** side lobe echo
~ ~ **fałszywe** parasitic echo
~ ~ **niepożądane** unwanted echo
~ ~ **od brzegu** land return, ground clutter
~ ~ **od morza** sea return, sea clutter
~ ~ **od opadów atmosferycznych** precipitation echo
~ ~ **tylne** back echo
~ ~ **użyteczne** desirable echo, wanted echo
~ ~ **z poprzedniego okresu** second-time-round echo
~ **spinowe** *fiz.* spin echo
echoencefalograf *m med.* echoencephalograph, sonoencephalograph
echokardiografia *f med.* echocardiography
echomierz *m* echometer
echosonda *f* echo sounder, echo depth finder, sonic sounder, sonic depth finder
~ **rejestrująca dokładna** precision depth recorder, PDR
~ **rybacka** fish finder
edafon *m biol.* edaphon (*flora and fauna in soils*)
edestyna *f biochem.* edestin (*vegetable globulin*)
edometr *m inż.* consolidometer
edwans *m* (*fok regatowy*) *żegl.* advance staysail
EEG = **elektroencefalogram** *med.* electroencephalogram, EEG
efapsa *f anat.* ephapse

efedryna *f chem.* ephedrine
efekt *m* effect, *zob.też* **zjawisko**
~ **allosteryczny** *biochem.* allosteric effect
~ **anodowy** *elchem.* anode effect
~ **asymetrii** *elchem.* asymmetry effect, relaxation effect
~ **Bartona** *chem.* long distance effect (*in organic chemistry*)
~ **barwny** colour effect
~ **batochromowy** bathochromic effect, bathochromic shift
~ **białkowy** *chem.* protein error
~ **brzegowy** *rad.* land effect, coastal refraction
~ **cieplarniany** *geofiz.* greenhouse effect
~ **cieplny** *fiz.* thermal effect, heat effect, heat change
~ ~ **reakcji** *chem.* heat of reaction
~ **Comptona** *fiz.* Compton(-Debye) effect
~ **Cottona** *chem.* Cotton effect, circular dichroism (*in spectroscopy*)
~ **dalekiego zasięgu** *chem.* long distance effect
~ **dławienia** *term.* Joule-Thomson effect
~ **długofalowy** long-term effect
~ **Dopplera** *fiz.* Doppler effect
~ **Dorna** *elchem.* sedimentation potential, electrophoretic potential, Dorn effect
~ **dyspersyjny** dispersion effect
~ **ekonomiczny** economic effect
~ **ekranowania** *fiz.* screening effect
~ **elektroforetyczny** electrophoretic effect
~ **elektrokapilarny** *elchem.* electrocapillary effect
~ **elektrowiskozowy** *mech.pł.* electroviscous effect
~ **ferroelektryczny** *kryst.* ferroelectric effect
~ **Gunna** *elektron.* Gunn effect
~ **hiperchromowy** (*wzrost intensywności absorpcji barwnika*) hyperchromic effect
~ **hipochromowy** (*spadek intensywności absorpcji barwnika*) hypochromic effect
~ **hipsochromowy** (*przesunięcie niebieskie absorpcji światła*) hypsochromic shift
~ **hopingowy** (*przeskok elektronu w krysztale, któremu towarzyszy emisja lub absorpcja fononu*) hopping effect
~ **Joule'a-Thomsona** *term.* Joule-Thomson effect, Joule-Kelvin effect
~ **kanałowy** *fiz.* channelling effect
~ **kataforetyczny** *chem.* cataphoretic effect
~ **Kerra** *fiz.* Kerr effect, electric double refraction
~ **klatkowy** *chem.* cage effect
~ **kopiowania** (*na taśmie magnetycznej*) *inf.* printthrough
~ **kumulacyjny ładunku** *wybuch.* Munroe effect
~ **lokalny** *telef.* sidetone
~ **łączny** combined effect
~ **magnetokaloryczny** *fiz.* magnetocaloric effect
~ **masy** *fiz.* mass effect, packing effect
~ **napięcia B** *chem.* back strain effect, B-strain effect
~ **następczy** *fiz.* aftereffect, post-effect
~ **nocny** *rad.* night effect
~ **odrzutu** *chem.* recoil effect, Szilard-Chalmers effect
~ **ogniskowy** *aero.* focusing effect
~ **piezoelektryczny** *kryst.* piezoelectric effect
~ ~ **odwrotny** converse piezoelectric effect
~ **piorący** *chem.* detergency effect
~ **piroelektryczny** *kryst.* pyroelectric effect
~ **podpory** (*w atropoizomerach*) *chem.* buttressing effect
~ **prędki** *fiz.* fast (fission) effect
~ **przestrzenny** *zob.* **efekt steryczny 1.**
~ **przeszkody przestrzennej** *chem.* hindering effect, effect of steric hindrance
~ **radiacyjny** radiation effect
~ **relaksacyjny** *elchem.* asymmetry effect, relaxation effect
~ **solny** *elchem.* salt effect
~ **Soreta** *fiz.* Soret effect, thermal diffusion
~ **stereochemiczny** *zob.* **efekt steryczny 2.**
~ **steryczny** *chem.* **1.** steric effect (*in organic chemistry*) **2.** stereochemical effect (*in coordination compounds*)
~ **synergiczny** *biol., farm.* synergism, synergistic effect
~ **Szilarda i Chalmersa** *chem.* Szilard-Chalmers effect, recoil effect
~ **ściankowy** *fiz.* wall effect
~ **tautomeryczny** *chem.* tautomeric effect
~ **techniczny normy** technical standard effect
~ **transmisji konformacyjnej** *chem.* long distance effect (*in organic chemistry*)
~ **tunelowy** *fiz.* tunnel effect
~ **uboczny** side-effect
~ **upakowania** *fiz.* packing effect
~ **ustawienia** *chem.* orientation effect (*in intermolecular forces*)
~ **Wiena** *elchem.* field strength effect, Wien's effect
~ **Wignera** *fiz.* Wigner effect, discomposition effect
~ **wzmacniający** *chem.* promoter effect (*in catalysis*)
~ **Zeemana** *fiz.* Zeeman effect
efektor *m cybern.* effector
efekty *mpl* **dźwiękowe** *rad.* sound effects
~ **skali** *mech.pł.* scale effects
efektywność *f* efficiency; performance
~ **inwestycji** effectiveness of investments
efektywny *a* effective, efficient
efemerydy *fpl astr.* ephemerides
efluwacja *f el.* electric wind, static breeze
efuzja *f* (*gazów*) *fiz.* effusion
egalizacja *f* equalization (*e.g. in dyeing process*)
egalizowanie *n* **karczków i łebków** *skór.* cheeking
egiryn *m min.* aegirite, aegirine, acmite
eguter *m papiern.* dandy roll

egzaltacja *f chem.* exaltation
egzamin *m* **konkursowy** competitive examination
~ **państwowy** state examination
~ **pisemny** written examination
~ **ustny** oral examination
~ **wstępny** entrance examination
egzaminator *m* examiner
egzema *f med.* eczema
egzemat *m* **solny** *geol.* salt diapir
egzemplarz *m* copy; piece; specimen
~ **bezpłatny** free copy
~ **okazowy** advance copy, specimen copy
~ **recenzyjny** (*książki*) review copy
egzoderma *f bot.* exoderm(is)
egzoenergetyczny *a* exoenergic, exoergic
egzoenzym *m* (*enzym działający poza komórką*) *biochem.* exoenzyme
egzoergiczny *a zob.* **egzoenergetyczny**
egzogamia *f biol.* exogamy, outbreeding
egzogenny *a biol.* exogenous
egzosfera *f astr.* exosphere, region of escape
egzotermiczny *a* exothermic
egzynit *m geol.* exinite, liptinite
egzytancja *f* **energetyczna** *fiz.* radiant emittance, radiant exitance, radiancy
eikozan *m chem.* eicosane
einstein *m* = **ajnsztajn** *chem.* einsteinium, Es
ejektor *m* ejector (pump)
~ **parowy** steam-jet ejector, steam ejector
~ **pneumatyczny** *zob.* **ejektor powietrzny**
~ **powietrzny** air ejector
~ **wodny** water ejector
ekapierwiastki *mpl* eka-elements
EKG = **elektrokardiogram** *med.* electrocardiogram, ECG
EKG = **Europejska Komisja Gospodarcza (ONZ)** Economic Commission for Europe, (UN)ECE
ekierka *f* = **trójkąt (rysunkowy)** triangle, set-square
ekipa *f* crew
~ **ratownicza** rescue party.
eklimetr *m geod.* (in)clinometer, slope level
ekliptyka *f astr.* ecliptic
ekologia *f biol.* ecology, environmental biology
ekonometria *f* econometrics
ekonometryczny *a* econometric
ekonomia *f* economy
~ **neutronów** *fiz.* neutron economy
~ **polityczna** economics, political economy
ekonomiczny *a* **1.** (*gospodarczy*) economic **2.** (*oszczędny*) economical
ekonomika *f* economics
~ **pracy** labour economics
~ **przedsiębiorstwa** economics of the enterprise, business economics
~ **przemysłu** economics of industry
~ **rolnictwa** agricultural economics
ekonomizer *m kotł.* (fuel) economizer, *zob. też* **podgrzewacz**
ekosfera *f astr.* ecosphere
ekotyp *m biol.* ecotype
ekran *m* **1.** screen, shield **2.** *kotł.* waterwall **3.** *inż.* shield
~ **akustyczny** acoustic baffle, baffle board
~ **Anderssona** *hydr.* Andersson's screen
~ **cewki** *el.* coil shield
~ **ciemny** *elektron.* dark-trace screen
~ **do biuret** *chem.* meniscus reader
~ **elektromagnetyczny** electromagnetic screen
~ **elektrostatyczny** electrostatic screen, Faraday cage, electrostatic shield
~ **Faradaya** *zob.* **ekran elektrostatyczny**
~ **fluorescencyjny do prześwietleń** *radiol.* fluoroscopic screen
~ **fluoryzujący** fluorescent screen
~ **lampy oscyloskopowej** CRT screen
~ **luminescencyjny** luminescent screen
~ **magnetyczny** magnetic screen, magnetic shield
~ **(mierniczy) Anderssona** *hydr.* Andersson's screen
~ **monitora obrazowego** display screen
~ **odbijający** *kin.* brightening screen
~ **ołowiany** *radiol.* lead screen, lead shielding
~ **panoramicznego wskaźnika radiolokacyjnego** P display (*of the plan position indicator*)
~ **panoramiczny** *kin.* panoramic screen
~ **projekcyjny** projection screen
~ ~ **perełkowy** pearl screen, beaded screen
~ **radiacyjny** *bhp* radiation shield
~ **rentgenowski** X-ray screen
~ **rozpraszający** *kin.* diffusing screen
~ **świetlny** luminous screen
~ **telewizyjny** kinescope screen; television screen, telescreen
~ **tenebrescencyjny** *elektron.* dark-trace screen
~ **tłowy** (*sygnału*) *kol.* back board
~ **wanny szklarskiej** *szkl.* shadow wall, baffle wall
~ **wodny** *kotł.* waterwall
~ **wzmacniający** *radiol.* intensifying screen
~ **z poświatą** *elektron.* afterglow screen
~ **zewnętrzny lampy elektronowej** tube shield
ekranolot *m* ram-wing
ekranopis *m inf.* direct computer display, (visual) display unit; video typewriter; interactive graphic display
ekranoplan *m* ram-wing
ekranowanie *n* screening, shielding
~ **jądra** *fiz.* screening of the nucleus
~ **magnetyczne** magnetostatic shielding, magnetic shielding
ekrazyt *m wybuch.* ecrasite, ammonium trinitrocresolate
ekruda *f* (*tkanina introligatorska*) ecru silk
ekscentryczny *a* eccentric
eksces *m* **sferyczny** *mat.* spherical excess
ekscymer *m chem.* excimer
ekscyton *m fiz.* exciton
ekscytron *m elektron.* excitron

ekshaustor *m* exhauster, exhaust fan, suction fan
ekskawator *m* **(stomatologiczny)** (dental) excavator
ekskluzja *f* **jonów** *chem.* ion exclusion
ekspander *m* **1.** *gum.* expander **2.** *inf.* extender circuit
~ **ciśnieniowy** *gum.* pressure expander
~ **próżniowy** *gum.* vacuum expander
ekspandor *m tel.* (signal) expandor
ekspansja *f* expansion
~ **adiabatyczna** adiabatic expansion
~ **złoża** (*np. jonitowego*) bed expansion
ekspediować *v* (*towar*) ship; dispatch
ekspedycja *f* (*towaru*) **1.** shipment; dispatch **2.** shipping department
~ **bagażowa** luggage registration (office)
~ **naukowa** scientific expedition
~ **towarowa** *kol.* goods office (*at a station*)
ekspeler *m spoż.* expeller
ekspert *m* expert
ekspertyza *f* expertise, expert opinion
~ **metrologiczna** metrological evaluation
~ **sądowa** forensic investigation
eksperyment *m* experiment
eksperymentalny *a* experimental
eksperymentator *m* experimenter
eksperymentować *v* experiment
eksploatacja *f* operating, using (*machines, equipment*)
~ **górnicza** mining; exploitation
~ **odkrywkowa** open-cast mining, strip mining, surface mining
~ **podziemna** underground mining
~ **pola naftowego** oil-field development
~ **rabunkowa** *górn.* gophering, coyoting
~ **sztolniowa** adit-cut mining, tunnel mining
~ **torfu** (*do twardego dna*) stripping the peat
~ **z podsadzaniem** cut-and-fill mining
~ **złóż głębokich** deep-level mining
~ ~ **płytkich** alluvial mining, placer mining
~ ~ **z dna morskiego** deep-sea mining
eksploatować *v* exploit; operate; *górn.* mine
eksplodować *v* explode, blow up
eksplozja *f* explosion
~ **jądra** nuclear explosion, fragmentation
eksponat *m* exhibit
eksport *m* export
~ **niewidoczny** (*usługi dla klientów zagranicznych*) invisible export
eksporter *m* exporter
~ **wyłączny** sole exporter
eksportować *v* export
ekspozycja *f* **1.** *radiol.* exposure dose **2.** *fot.* exposure **3.** exhibition
~ **nadmierna** *fot.* over-exposure
ekspozytura *f* agency
ekstensywny *a* extensive
ekstrafos *m chem.* (*phosphate fertilizer*)
ekstrahent *m chem.* extraction solvent, extractant
ekstrahować *v chem.* extract
~ **na ciepło** digest
ekstrakcja *f* **1.** *chem.* extraction **2.** *med.* extraction, removal
~ **bateryjna** batch extraction
~ **elektrolityczna** electro-extraction (*of metals*)
~ **frakcyjna** fractional extraction
~ **przeciwprądowa** counter-current extraction
~ **rozpuszczalnikowa** solvent extraction, liquid-liquid extraction
~ **selektywna** selective extraction
~ **w układzie ciecz-ciało stałe** liquid-solid extraction
~ **w układzie ciecz-ciecz** liquid-liquid extraction, solvent extraction
ekstrakt *m chem.* extract; *spoż.* solids
~ **gambiru** (*z drzewa Vucaria gambir*) *skór.* gambir (extract), terra japonica, pale catechu
~ **garbarski** tanning extract
~ **wybielający** *skór.* bleaching extract
ekstraktor *m* **1.** *chem.* extractor, extraction apparatus **2.** *inf.* extractor
~ **bateryjny** batch extractor
ekstrapłaszczyzna *f kryst.* extra half plane
ekstrapolacja *f mat.* extrapolation
ekstrapolować *v mat.* extrapolate
ekstremalna *f mat.* extremal
ekstremalny *a mat.* extreme
ekstremum *n mat.* extremum, extreme
~ **lokalne** relative extremum
ekstruzja *f geol.* extrusion
ekstynkcja *f* **1.** *fizchem.* absorbance, extinction **2.** *astr.* extinction
eksykator *m chem.* desiccator, exsiccator
ektoderma *f biol.* ectoderm, epiblast
ektoenzym *m biochem.* ectoenzyme
ektopasożyt *m biol.* ectoparasite
ekwinokcjum *n astr.* equinoctial point, equinox
ekwipartycja *f* **energii** *fiz.* equipartition of energy
ekwipotencjalny *a fiz.* equipotential
el. = **elektryczny** electric(al)
elaboracja *f* **pocisków** *uzbr.* shell filling
elaidynizacja *f* (*olejów*) elaidinization
elastancja *f el.* elastance (*reciprocal of capacitance*)
~ **własna** self-elastance
~ **właściwa** elastivity
elastomer *m chem.* elastomer
~ **fluorowy** fluorinated elastomer, fluoroelastomer
~ **termoplastyczny** thermoplastic rubber, TR
~ **uretanowy** polyurethane elastomer, polyurethane rubber
elastometr *m* elastometer
elastooptyka *f wytrz.* photo-elasticity
elastoplasty *mpl* elastoplastics
elastoplastyczność *f wytrz.* elastoplasticity
elastyczność *f* **1.** flexibility **2.** *wytrz.* elasticity, *zob.też* **sprężystość**
~ **pracy** *masz.* flexibility of operation
~ **przy odbiciu** *gum.* impact resilience, rebound resilience

~ **silnika** engine response
~ **testu** *mat.* robustness
elastyczny *a* **1.** flexible **2.** *wytrz.* elastic
elastyfikator *m gum.* elasticator
elastyna *f biochem.* elastin
elateryt *m min.* elaterite, mineral caoutchouc
elektret *m* electret
elektroakustyka *f* electro-acoustics, engineering acoustics
elektroanaliza *f chem.* analysis by electrodeposition, electrogravimetry
~ **chemiczna** electrochemical analysis
elektrobalistokardiograf *m med.* electroballistocardiograph
elektrochemia *f* electrochemistry
elektrochemiczny *a* electrochemical
elektrochemiczny· szereg *m* **napięciowy** electrochemical series, electromotive series
elektrochirurgia *f* electrosurgery; electric cautery
elektrochromatografia *f* electrochromatography
elektrociepłownia *f* thermal-electric power station, heat and power generating plant
elektroda *f* electrode; plate
~ **anodowa świecy zapłonowej** sparking plug earthed point
~ **bliźniacza** *spaw.* twinned electrode, twin-cored electrode
~ **boczna** (*świecy zapłonowej*) side electrode (*of a sparking plug*)
~ **bombardowana** *elektron.* target
~ **centralna** (*świecy zapłonowej*) centre electrode (*of a sparking plug*)
~ **chinhydronowa** *elchem.* quinhydrone electrode
~ **chlorosrebrowa** *elchem.* silver-silver chloride electrode
~ **ciągła** *hutn.* Söderberg electrode
~ **cienko otulona** *spaw.* lightly coated electrode
~ **czołowa** (*świecy zapłonowej*) overhead earth electrode
~ **denna** *hutn.* bottom electrode
~ **do cięcia** *spaw.* cutting electrode
~ **do napawania utwardzającego** *spaw.* hard-facing rod
~ **do spawania** welding electrode
~ ~ ~ **łukowego** arc-welding electrode, welding rod
~ **do zgrzewania** welding die
~ **dodatnia** positive electrode, anode
~ **dwubiegunowa** bipolar electrode, intermediate electrode
~ **dwurdzeniowa** *spaw.* twinned electrode, twin-cored electrode
~ **dyskowa wirująca** *elchem.* rotating disk electrode, RDE
~ ~ ~ **z pierścieniem** rotating ring-disk electrode
~ **enzymatyczna** *elchem.* enzyme substrate electrode
~ **gazowa** *elchem.* gas electrode
~ **gazująca** *spaw.* electrode with volatile covering
~ **głębokowtapiająca** *spaw.* deep penetration electrode
~ **główna** *elektron.* main electrode
~ **goła** *spaw.* bare electrode, unshielded electrode
~ **gorąca** *spaw.* hot rod
~ **grafitowa** graphite electrode
~ **grubo otulona** *spaw.* heavy coated electrode
~ **hakowa** (*świecy zapłonowej*) hook-type electrode
~ **hamująca** *elektron.* decelerating electrode
~ **igłowa** *med.* needle electrode
~ **jonizacyjna** *elektron.* animating electrode
~ **jonoselektywna** *elchem.* ion-selective electrode
~ **kalomelowa** *elchem.* calomel electrode
~ **katodowa świecy zapłonowej** sparking plug firing point
~ **kłowa** *spaw.* contact point
~ **kondensatora** plate of a capacitor
~ **kontaktowa** *spaw.* touch-type electrode
~ **krążkowa** *spaw.* circular electrode, roller electrode, (seam) welding wheel
~ **kroplowa** *elchem.* dropping electrode
~ **masowa** (*świecy zapłonowej*) earth electrode, ground electrode
~ **metalowa** metal electrode
~ **mieszana** *elchem.* complex electrode
~ **modulująca** *elektron.* modulator electrode
~ **nie ulegająca polaryzacji** *elchem.* non-polarizable electrode
~ **nieotulona** *spaw.* bare electrode, unshielded electrode
~ **nietopliwa** *spaw.* nonconsumable electrode
~ **niewypalona** (*węglowa*) *elchem.* green carbon
~ **normalna** *elchem.* standard electrode
~ **nurnikowa** *elchem.* dipping electrode
~ **o dużej pracy wyjścia elektronów** non-thermionic electrode
~ **o kulistej powierzchni roboczej** *spaw.* domed electrode
~ **o małej pracy wyjścia elektronów** thermionic electrode
~ **odchylająca** *elektron.* deflecting electrode
~ **odniesienia** *elchem.* reference electrode
~ **odwracalna** *elchem.* reversible electrode
~ **ogniskująca** *elektron.* focusing electrode
~ **opancerzona** *spaw.* wrapped electrode
~ **opóźniająca** *fiz.* decelerating electrode
~ **opóźniona** *elchem.* retarded electrode
~ **osadcza** collecting electrode (*of electrofilter*)
~ **otulona** *spaw.* covered electrode, coated electrode, shielded electrode
~ **owijana** *spaw.* flyspun electrode
~ **pieca łukowego** arc-furnace electrode
~ **platynowa** platinum electrode

~ ~ **wirująca** *elchem.* rotating platinum electrode, RPE
~ **pleciona** *spaw.* braided electrode
~ **podwójna** *elchem.* twinned electrode
~ **pomocnicza** 1. *elektron.* auxiliary electrode 2. supporting electrode (*in emission spectroscopy*)
~ **porównawcza** *elchem.* reference electrode
~ **pośrednia** *elektron.* intermediate electrode, bipolar electrode
~ **prętowa** bar electrode
~ **prosta** *elchem.* simple electrode
~ **proszkowa** powder electrode
~ **przyspieszająca** *elektron.* accelerating electrode
~ **przyspieszenia dodatkowego** *elektron.* postaccelerating electrode
~ **rdzeniowa** *spaw.* (flux-)cored electrode, stuffed electrode
~ **redoks** *elchem.* oxidation-reduction electrode
~ **robocza** (*w elektrotermii*) high-potential plate, hot electrode
~ **roztapiana** *hutn.* consumable electrode
~ **równowagowa** equilibrium electrode
~ **rtęciowa** mercury electrode
~ ~ **kroplowa kapiąca** dropping mercury electrode
~ ~ ~ **wisząca** hanging-drop mercury electrode
~ ~ **strumieniowa** streaming mercury electrode
~ **samospiekająca się** *hutn.* self-baking electrode, continuous electrode, Söderberg electrode
~ **siatkowa** *elektron.* grid electrode, mesh electrode
~ **skręcana** *spaw.* stranded electrode
~ **spawalnicza** welding electrode
~ **spodowa** *hutn.* bottom electrode
~ **sterująca** *elektron.* control electrode
~ **stykowa** *spaw.* touch-type electrode, contact electrode, touch rod
~ **sygnałowa** (*lampy analizującej*) *TV* signal electrode
~ **szklana** *elchem.* glass electrode
~ **świecy zapłonowej** sparking plug point
~ **talamidowa** thalamid electrode
~ **taśmowa** *spaw.* strip electrode
~ **tnąca** *med.* cutting electrode
~ **topliwa** *spaw.* consumable electrode
~ **ujemna** negative electrode, cathode
~ **utleniająco-redukująca** *elchem.* oxidation-reduction electrode
~ **uziemiona** passive electrode
~ **w zwojach** (*do spawania automatycznego*) coiled electrode
~ **węglowa** carbon electrode
~ ~ **do spawania** carbon welding electrode, welding carbon
~ ~ **niewypalona** green carbon
~ ~ **surowa** *zob.* **elektroda węglowa niewypalona**
~ **wielokapilarowa** *elchem.* multitip electrode
~ **wodorowa** *elchem.* hydrogen electrode
~ ~ **normalna** normal hydrogen electrode, standard hydrogen electrode
~ **wolframowa aktywowana** *spaw.* activated-type tungsten electrode
~ ~ **torowana** thoriated tungsten electrode
~ **wskaźnikowa** *elchem.* indicator electrode
~ **wstrząsowa** (*stosowana przy leczeniu wstrząsami elektrycznymi*) *med.* shock electrode
~ **wydrążona** cupped electrode, hollow electrode
~ **wzorcowa** standard electrode, normal hydrogen electrode
~ **zanurzeniowa** *elchem.* dipping electrode
~ **zapłonowa** *elektron.* starter, starting electrode
~ ~ **ignitronu** ignitor (electrode)
~ **zasadowa** *spaw.* low-hydrogen electrode
~ **zbiorcza** *fiz.* collecting electrode
~ **zerowa** *elchem.* null electrode
~ **zgrzewarki punktowej** contact point of a spot welder
~ **zimna** *elektron.* cold electrode
~ **złożona** *elchem.* complex electrode
elektrodekantacja *f* electrodecantation, electrogravitational separation
elektrodiagnostyka *f med.* electrodiagnosis
elektrodializa *f fiz.* electrodialysis
elektrodializer *m* electrodialyser
elektrododatni *a* electropositive
elektrodruk *m* electrographic printing, electrography
elektrodyfuzja *f met.* electrodiffusion, electromigration, electrotransport
elektrodynamika *f* electrodynamics
elektrodynamometr *m* electrodynamometer
elektroencefalograf *m med.* electroencephalograph
elektroencefalografia *f med.* electroencephalography
elektroencefalogram *m med.* electroencephalogram, EEG
elektroenergetyka *f* electrical power engineering, heavy current engineering
elektrofilowy *a* electrophilic
elektrofiltr *m* electrical precipitator, electro-filter
~ **Cottrella** Cottrell precipitator
~ **mokry** electrostatic precipitator, water-film precipitator
~ **płytowy** wire-and-plate precipitator
~ **rurowy** wire-in-tube precipitator
~ **suchy** dry electrostatic precipitator
elektrofonia *f* electro-acoustics, engineering acoustics
elektrofonokardiograf *m med.* electrophonocardiograph
elektrofor *m* electrophorus
elektroforeza *f* electrophoresis
~ **pasmowa** moving-boundary electrophoresis
elektrofosforanowanie *n* granodizing
elektrofotografia *f* electrophotography

elektrografia *f* **1.** electrography, electrographic printing **2.** *chem.* electrographic analysis
elektrografit *m* electrographite
elektrograwimetria *f chem.* electrogravimetry
elektrokapilarność *f* electrocapillarity
elektrokardiograf *m med.* electrocardiograph
elektrokardiografia *f med.* electrocardiography
~ **wektorowa** vector electrocardiography
elektrokardiogram *m* electrocardiogram, ECG
~ **prawej komory serca** dextrocardiogram
elektrokinetyka *f* electrokinetics
elektrokoagulacja *f* electrocoagulation
elektrokocioł *m* electric boiler
elektrokorund *m* aloxite, alundum
elektrolit *m* electrolyte
~ **amfoteryczny** amphoteric electrolyte, ampholyte
~ **koloidalny** colloidal electrolyte
~ **mocny** strong electrolyte
~ **podstawowy** basic electrolyte, supporting electrolyte (*in polarography*)
~ **słaby** weak electrolyte
~ **z soli stopionych** igneous bath
~ **zanieczyszczony** foul electrolyte
elektrolityczny *a* electrolytic
elektroliza *f* electrolysis
~ **roztworu** electrolysis of solution
~ **soli stopionych** fused-salt electrolysis, fused-bath electrolysis
~ **wyczerpująca** exhaustive electrolysis
elektrolizer *m* electrolyser, electrolysis cell, electrolytic tank; electroplating vat
~ **chlorowy** chlorine cell
~ **do regeneracji elektrolitu** liberator tank, depositing-out tank
~ **dzwonowy** bell-jar cell
~ **korytowy** trough cell
~ **rtęciowy** mercury cell
elektrolizernia *f* electrolytic plant
elektrolizować *v* electrolyze
elektroluminescencja *f* electroluminescence
elektromagnes *m* electromagnet
~ **zbieżności** *TV* convergence coil
elektromagnetyczny *a* electromagnetic
elektromagnetyzm *m* electromagnetism
elektromanometr *m med.* blood pressure recorder
elektromasaż *m med.* electromassage
elektromedycyna *f* electromedicine
elektrometalurgia *f* electrometallurgy
elektrometr *m* electrometer
~ **elektroniczny** tube electrometer
~ **kapilarny** capillary electrometer
~ **kwadrantowy** quadrant electrometer
~ **wibracyjny** vibrating reed electrometer
~ **wielokomórkowy** multiple electrometer
elektromiograf *m med.* electromyograph
elektromiografia *f med.* electromyography
elektromiogram *m med.* electromyogram, EMG
elektromonter *m* wireman
elektromotorowiec *m okr.* Diesel-electric vessel
elektromotoryczny *a* electromotive
elektron *m* **1.** *fiz.* electron **2.** *met.* elektron, electron, dowmetal
~ **antywiążący** antibonding electron
~ **atomowy** orbital electron
~ **Augera** Auger electron
~ **beta** beta electron
~ **bombardujący** bombarding electron, incident electron
~ **ciężki** heavy electron
~ **delta** delta electron, secondary electron
~ **dodatni** positive electron, positron
~ **gorący** hot electron
~ **grupy chromoforowej** chromophoric electron
~ **jądrowy** nuclear electron
~ **komptonowski** Compton electron, recoil electron
~ **konwersji** conversion electron
~ **nieparzysty** odd electron
~ **niesparowany** unpaired electron
~ **niewiążący** nonbonding electron
~ **odrzutu** *zob.* **elektron komptonowski**
~ **optyczny** optically active electron, optical electron, luminous electron
~ **orbitalny** orbital electron
~ **padający** incident electron, bombarding electron
~ **peryferyjny** peripheral electron, outer(-shell) electron
~ **pierwotny** primary electron
~ **początkowy** initiating electron
~ **podwzbudzeniowy** subexcitation electron
~ **(powłoki) Q** Q-electron
~ **powłokowy** orbital electron
~ **powolny** slow electron
~ **pozajądrowy** extranuclear electron, orbital electron, planetary electron
~ **prędki** high-speed electron, fast electron
~ **przewodnictwa** conduction electron
~ **przyjądrowy** innermost electron
~ **rozpadowy** decay electron, disintegration electron
~ **samotny** lone electron
~ **solwatowany** solvated electron
~ **sparowany** paired electron
~ **spułapkowany** trapped electron
~ **swobodny** free electron
~ **świetlny** optically active electron, luminous electron, optical electron
~ **ujemny** negative electron, negatron
~ **uwodniony** hydrated electron
~ **walencyjny** valence electron, outer(-shell) electron
~ **wartościowości** *zob.* **elektron walencyjny**
~ **wewnętrzny** inner(-shell) electron
~ **wiążący** bonding electron
~ **wolny** free electron
~ **wtórny** secondary electron
~ **wybity** knocked-on electron
~ **zdelokalizowany** delocalized electron

~ **zewnętrzny** peripheral electron, outer(-shell) electron, valence electron
~ **zlokalizowany** localized electron
~ **związany** bound electron
elektronagrzew *m hutn.* electroheat
elektronarkoza *f med.* electroanalgesia
elektroniczna technika *f* **obliczeniowa** electronic data processing, EDP
elektroniczne przetwarzanie *n* **danych** electronic (business) data processing
elektroniczny *a* electronic (*pertaining to electron devices and systems*)
elektronik *m* electronic engineer
elektronika *f* electronics, electronic engineering
~ **ciała stałego** solid-state electronics
~ **energetyczna** power engineering electronics
~ **jądrowa** nuclear electronics
~ **jonowa** ionics
~ **kosmonautyczna** astrionics
~ **kwantowa** quantum electronics
~ **lotnicza** avionics
~ **mikrofalowa** microwave electronics
~ **molekularna** molecular electronics, molelectronics
~ **półprzewodnikowa** semiconductor electronics
~ **próżniowa** vacuum electronics
~ **układów scalonych** integrated electronics
elektronobiorca *m* electron acceptor
elektronodawca *m* electron donor
elektronofilny *a* electrophilic
elektronografia *f* electronography
elektronogram *m* electronogram, electron diffraction pattern
elektronoluminescencja *f* cathodoluminescence, electroluminescence
elektronowolt *m jedn.* electron volt, eV
elektronowy *a* electron
elektronowy rezonans *m* **paramagnetyczny** *fiz.* electron paramagnetic resonance, EPR
elektronówka *f* = **lampa elektronowa** electron valve, electron tube
elektrookulografia *f med.* electrooculography
elektroosadzanie *n* electrodeposition
elektroosmoza *f* electroosmosis, electroendosmosis
elektropolerowanie *n* electrolytic polishing, electropolishing, electrobuffing
elektropołów *m ryb.* electrical fishing
elektrorafinacja *f met.* electrorefining, electrolytic refining
elektroredukcja *f* electrolytic reduction
elektroretinogram *m med.* electroretinogram, ERG
elektroskop *m* electroscope
~ **kondensatorowy** condenser electroscope
~ **listkowy** leaf electroscope
elektrosorpcja *f* electrical clean-up
elektrostalownia *f* electric steel-melting shop
elektrostatyczny *a* electrostatic
elektrostatyka *f* electrostatics
elektrostenoliza *f* electrostenolysis
elektrostrykcja *f* electrostriction
elektrostymulacja *f biol.* electrical stimulation
elektrosurówka *f* electric furnace pig iron
elektrotaksja *f biol.* electrotaxis, galvanotaxis
elektrotechnika *f* electrical engineering, electrotechnics, electrotechnology
elektroterapia *f* electrotherapy
elektrotermia *f* **1.** electric heating engineering **2.** electrothermics
elektrotermiczny *a* electrothermal
elektrotom *m med.* electric knife
elektrotomia *f med.* electrotomy, electrocision
elektrotonus *m biol.* electrotonus
elektrotransport *m met.* electrodiffusion, electromigration, electrotransport
elektroujemność *f fiz.* electronegativity
elektroujemny *a* electronegative
elektroultrafiltracja *f* electro-ultrafiltration
elektrowalencyjność *f zob.* **elektrowartościowość**
elektrowartościowość *f chem.* electrovalence, electrovalency
elektrowartościowy *a chem.* electrovalent
elektrowciąg *m* telpher
elektrowiert *m wiertn.* electric well-drilling unit
elektrownia *f* electric power station, power plant, generating station, central station
~ **atomowa** nuclear power plant, atomic power station
~ **cieplna** thermal power station
~ **falowa** water-wave power station
~ **geotermiczna** geothermal power station
~ **jądrowa** nuclear power plant, atomic power station
~ **maretermiczna** marine thermal power station
~ **niskospadowa** low-head water-power plant
~ **parowa** steam power plant
~ **pływowa** tidal power station
~ **pompowa** pumped-storage power station
~ **przepływowa** river hydro-plant
~ **rezerwowa** stand-by power station
~ **rzeczna** run-of-river power plant
~ **słoneczna** solar power station
~ ~ **orbitalna** satellite solar power station, SSPS
~ **szczytowo-pompowa** pumped-storage power station
~ **wiatrowa** wind power plant
~ **wodna** hydro-electric power station, water-power plant
~ **wysokospadowa** high-head water power plant
~ **z silnikami wysokoprężnymi** diesel-electric (power) plant
~ **zbiornikowa** water storage power station
elektrowozownia *f* electric locomotive shed, depot

elektrowóz *m* electric locomotive
~ **akumulatorowy** battery-electric locomotive
~ **dwuczłonowy** twin-unit electric locomotive
elektrum *n min.* electrum
elektryczność *f* electricity
~ **atmosferyczna** atmospheric electricity
~ **dodatnia** positive electricity, vitreous electricity
~ **dynamiczna** dynamic electricity
~ **statyczna** static electricity
~ **ujemna** negative electricity
elektryczny *a* electric(al)
elektryfikacja *f* electrification
elektryk *m* electrician
elektryzacja *f* electrification; *med.* electrization
element *m* element, *zob.też* **elementy**
~ **adaptacyjny liniowy** *cybern.* adaptive linear neuron, adeline
~ **ALBO** *inf.* exclusive OR element
~ **baterii słonecznej** solar cell
~ **bezpieczeństwa** (*w reaktorze jądrowym*) *nukl.* safety member
~ **bezpiecznikowy** *masz.* breaking piece
~ **bierny** *el.* passive element
~ **bistabilny** *aut.* bistable element
~ **budowlany** structural element, building unit
~ **centralny** *mat.* pivot(al) element
~ **cyfrowy** *inf.* digital element
~ **danych** *inf.* data element; data item, datum
~ **decyzyjny** *inf.* decision element
~ **drukowany** *el.* printed component
~ **dwójkowy** *inf.* binary element
~ **dwójnikowy zorientowany** *elektron.* unilateral element
~ **dwustabilny** *inf.* bistable element
~ **dwuwymiarowy** two-dimensional element, surface element, area element
~ **dyskretny** *zob.* **element cyfrowy**
~ **ferroelektryczny o własnościach stabilizacyjnych** tandel (*temperature autostabilizing non-linear dielectric element*)
~ **fikcyjny** *inf.* dummy element
~ **funkcji** *mat.* function element
~ **funkcjonalny** *inf.* functional element
~ **grzejny** *el.* heating element, heating resistor, heater
~ ~ **denny** hearth element
~ ~ **paskowy** strip heater
~ ~ **prętowy** rod-type heating resistor, rod resistor, heating rod
~ ~ **skrętkowy** wire coil resistor, coiled heater
~ ~ **wkładkowy** cartridge heater
~ ~ **wtopiony** cast-in resistor
~ **Gunna** *elektron.* Gunn element, GE
~ **I** *inf.* AND element
~ **jednostkowy** *mat.* unity element, unit
~ ~ **grupy** identity element of a group
~ **kamienny** *bud.* stonework element
~ **kompensacyjny** *nukl.* shim member
~ **konstrukcji** structural component, structural member
~ **liniowy** linear element, one-dimensional element
~ **logiczny** *inf.* logic element, functor
~ ~ **diodowo-tranzystorowy** diode-transistor logic (element), DTL
~ ~ ~ ~ **z diodą Zenera** diode-transistor zener logic, DTZL
~ ~ **o dużej odporności na zakłócenia** high noise immunity logic, HNIL, high threshold logic, HTL
~ ~ **o sprzężeniu emiterowym** emitter-coupled logic, ECL
~ ~ ~ ~ **prądowym** current mode logic, CML
~ ~ **rezystorowo-tranzystorowy** resistor-transistor logic, RTL
~ ~ **strumieniowy** fluid logic element
~ ~ **tranzystorowo-tranzystorowy** transistor-transistor logic, TTL
~ ~ ~ ~ **wysokoprogowy** high-level transistor-transistor logic, HL TTL
~ ~ **tranzystorowy o sprzężeniu bezpośrednim** direct-coupled transistor logic, DCTL
~ **LUB** *inf.* OR element
~ **łańcuchowy** *elektron.* bucket-brigade device, BBD
~ **M2** *inf.* addition modulo 2 element
~ **macierzy** *mat.* matrix element
~ **maksymalny** (*zbioru uporządkowanego*) *mat.* maximal element (*of an ordered set*)
~ **masy** *fiz.* element of mass
~ **materialny** *fiz.* material element, substantial element
~ **mielący** grinding medium
~ **miniaturowy** *elektron.* microelement
~ **minimalny** (*zbioru uporządkowanego*) *mat.* minimal element (*of an ordered set*)
~ **NIE** *inf.* NOT element
~ **NIE-I** *inf.* NAND element
~ **NIE-LUB** *inf.* NOR element
~ **nośny** *masz.* bearing element, bearer
~ **objętości** volume element, three-dimensional element
~ **obrazu** *TV* picture element
~ **obrotowy** (*sztywny*) *mech.* rotator, rigid rotating body
~ **odwrotny** *mat.* inverse (*of an element*)
~ **opóźniający** *aut.* delay element
~ **paliwowy** *nukl.* fuel element
~ ~ **wypalony** burnt-up fuel element, spent fuel element
~ **pierwszy** *mat.* primitive element
~ **pola** *zob.* **element powierzchniowy**
~ **powierzchniowy** surface element, area element, two-dimensional element
~ **półprzewodnikowy** *elektron.* semiconductor element
~ **prawdopodobieństwa** *mat.* probability element

~ **prefabrykowany** *bud.* prefabricated unit, precast (concrete) unit
~ ~ **toru** *kol.* pre-assembled track section
~ **procesorowy** *inf.* processing element
~ **promieniujący** *el.* radiant element, radiator
~ **przedłużalny** extendable element
~ **przełączający progowy** *elektron.* threshold switch
~ ~ **z półprzewodnikiem amorficznym** ovonic switch, glass switch
~ **przestrzeni fazowej** *fiz.* phase-space cell
~ **przestrzenny** volume element, three-dimensional element
~ **rezerwowy** backup element
~ **rozróżnialności radiolokatora** radar resolution cell
~ **rozstawczy** *masz.* spacer
~ **rozwidlony** *masz.* crutch, forked element
~ **rzeczywisty** (*macierzy*) *mat.* real element
~ **sieci** *kryst.* lattice constituent
~ **sprężysty hydrauliczny** liquid spring
~ ~ **pneumatyczny** pneumatic spring, air spring
~ **stabilny** *mat.* stable element
~ **sterowany** *aut.* controlled member
~ **sterowniczy** *aut.* control member, control element
~ **strumieniowy** *aut.* fluidic element, fluid-state element, fluidic device
~ **topikowy** *el.* fuse element, fuse link
~ **torsyjny** *mat.* torsion element
~ **trójwymiarowy** three-dimensional element, volume element
~ **układu nadążnego** *aut.* servo element
~ **unilateralny** *elektron.* unilateral element
~ **ustalający 1.** *masz* retainer **2.** *obr.skraw.* location, locator
~ ~ **połączenia** *masz.* locking fastener
~ **usztywniający** stiffener
~ **wieńczący** *arch.* crowning (element)
~ **wirujący** (*sztywny*) *mech.* rotator
~ **zapasowy** backup element
~ **zbioru** member of a set
~ **ze sprzężeniem ładunkowym** *elektron.* charge-coupled device, CCD
~ **zerowy** *mat.* null element, zero element
~ **złączny** *masz.* fastener
elementarny *a* elementary; *mat.* infinitesimal
elementy *mpl* **danych** *inf.* data items
~ **logiczne** *inf.* logic elements, *zob.też* **element logiczny**
~ **maszyn** machine elements
~ **nieporównywalne** *mat.* non-comparable elements
~ **orbity** *astr.* elements of an orbit
~ **przeciwzakłóceniowe** *rad.* suppression elements
~ **stałostanowe** *elektron.* solid-state elements
~ **strumieniowe** *aut.* fluid-state elements, fluidic elements
~ **symetrii** *kryst.* symmetry elements
~ **toczne** (*łożyska*) *masz.* rolling elements (*of a bearing*)
~ **wielootworowe** *elektron.* multi-aperture devices, MAD
elemi *n* elemi (gum), canarium
elewacja *f* **1.** *arch.* façade **2.** *astr.* elevation
elewator *m* **1.** *transp.* elevator **2.** *roln.* (corn) elevator **3.** *wiertn.* casing elevator
elewon *m* *lotn.* elevon, ailavator
eliksir *m* *farm.* elixir
eliminacja *f* elimination
~ **metodą podstawiania** *mat.* elimination by substitution
~ **termiczna defektów** *met.* annealing of defects
~ **zakłóceń** *tel.* interference rejection, interference suppression
~ **zer** *inf.* zero suppression
eliminator *m* *rad.* suppressor, trap circuit
~ **antenowy** wave trap
~ **drgań** *masz.* vibration eliminator
~ **gwizdów** whistle filter
~ **koloru** *TV* colour killer (circuit), killer stage
~ **sygnałów lustrzanych** image suppressor
~ **zakłóceń** interference suppressor
elinwar *m* *met.* elinvar
elipsa *f* *mat.* ellipse
~ **bezwładności** (*figury płaskiej*) *mech.* ellipse of inertia
~ **naprężeń** *wytrz.* stress ellipse
~ **prędkości** *aero.* velocity ellipse
~ **przejściowa** *kosm.* transfer ellipse
elipsograf *m* ellipsograph, elliptic trammel
elipsoida *f* *mat.* ellipsoid
~ **bezwładności Poinsota** *mech.* Poinsot's ellipsoid of inertia
~ **krętów** *mech.* MacCullagh's ellipsoid
~ **MacCullagha** *zob.* **elipsoida krętów**
~ **naprężeń** *wytrz.* stress ellipsoid
~ **obrotowa** *mat.* ellipsoid of revolution, spheroid
~ ~ **spłaszczona** flattened spheroid
~ ~ **wydłużona** prolate spheroid
~ **odkształcenia** *wytrz.* strain ellipsoid
elipsoidalny *a* ellipsoidal
eliptyczność *f* ellipticity
eliptyczny *a* elliptic(al)
elita *f* *roln.* elite seed
eloksalowanie *n* *elchem.* anodizing, anodic oxidation process, Eloxal process
eluat *m* *chem.* eluat
elucja *f* *chem.* elution (development)
eluent *m* *chem.* eluent, eluant
eluowanie *n* *zob.* **elucja**
elutriacja *f* elutriation
eluwium *n* *geol.* eluvium
emalia *f* enamel
~ **ceramiczna** vitreous enamel
~ **do paznokci** nail enamel
~ **kryjąca** cover enamel
~ **mokra** biscuit enamel

~ **nazębna** *anat.* tooth enamel
~ **piecowa** baking enamel, stoving enamel
~ **porcelanowa** porcelain enamel
~ **szklista** vitreous enamel
emaliernia *f* enamel shop, (vitreous) enamelling plant
emaliernik *m* enameller
emaliować *v* enamel
emaliowanie *n* **jednowarstwowe** one-coat enamelling
emanacja *f fizchem.* emanation
~ **aktynowa = aktynon** actinium emanation, actinon, An
~ **promieniotwórcza** radioactive emanation
~ **radowa = radon** radium emanation, radon, RaEm
~ **torowa = toron** thorium emanation, thoron, Tn
embargo *n ek.* embargo
embriologia *f biol.* embryology
embrion *m biol.* embroyo
emeraldyna *f barwn.* emeraldine
emeryt *m* pensioner
emerytura *f* old age pension
emetyk *m* **1.** *chem.* tartar emetic, antimony potassium tartrate **2.** (*środek wymiotny*) emetic (*agent inducing emesis*)
EMG = electromiogram electromyogram, EMG
emisja *f* **1.** *fiz.* emission; *ochr.środ.* emission (*of pollutants*) **2.** *ek.* issue, issuing (*of banknotes etc.*)
~ **autoelektronowa** field emission (*of electrons*)
~ **cząstek** particle emission, corpuscular emission
~ ~ **alfa** alpha emission
~ **elektronowa** electron emission
~ **fotoelektronowa** photoemission, photoelectric emission, external photoelectric effect
~ **jonów** ion emission
~ **kaskadowa** cascade emission
~ **monoenergetyczna** monoenergetic emission
~ **pieniędzy** issuing of currency
~ **pierwotna** primary emission (*of electrons*)
~ **polowa** field emission (*of electrons*)
~ **spontaniczna** *fiz.* spontaneous emission (*of radiation*)
~ **termoelektronowa** thermionic emission
~ **wtórna** secondary emission (*of electrons*)
~ **wymuszona** stimulated emission, induced emission
emisyjność *f fiz.* (thermal) emissivity
emitancja *f fiz.* emittance, emissive power, radiating power
~ **świetlna** luminous emittance
emiter *m* **1.** (*źródło promieniowania*) emitter **2.** (*w tranzystorze*) emitter
emitować *v* emit
emitron *m TV* emitron, image iconoscope
empiryczny *a* empirical
emulacja *f inf.* emulation
emulator *m inf.* emulator
emulgator *m chem.* emulsifier, emulsifying agent
emulgować *v chem.* emulsify
emulsja *f* emulsion
~ **drobnoziarnista** *fot.* fine grain emulsion
~ **fotograficzna** photographic emulsion
~ **jądrowa** nuclear emulsion
~ **olejowa** oil emulsion
~ **ropy naftowej w wodzie** roily oil
~ **światłoczuła** *fot.* light sensitive emulsion
~ **typu olej w wodzie** oil-in-water emulsion, O/W emulsion
~ ~ **woda w oleju** water-in oil emulsion, W/O emulsion
~ **wysokoczuła** *fot.* high-speed emulsion
emulsoid *m chem.* emulsoid
emulsyfikator *m chem.* emulsifier (*apparatus*), whipper
emulsyna *f biochem.* β-glucosidase
enancjomery *mpl chem.* enantiomers, antimers, optical antipodes
enancjomorfizm *m kryst.* enantiomerism, enantiomorphism
enancjotropia *f chem.* enantiotropy
enantal *m chem.* oenanthal
enantol *m zob.* **enantal**
enargit *m min.* enargite
encefalografia *f med.* encephalography
encyklopedia *f* encyclopaedia
endoderma *f bot.* endodermis
endoenergetyczny *a fiz.* endoenergic, endoergic
endoenzym *m biochem.* endoenzyme, desmoenzyme
endoergiczny *a fiz.* endoenergic, endoergic
endofotografia *f med.* endophotography
endogamia *f biol.* endogamy
endogenny *a* (*wewnątrzpochodny*) *biol.* endogenous
endokrynologia *f med.* endocrinology
endomorfizm *m* **1.** *mat.* endomorphism **2.** *geol.* endomorphism **3.** *fizjol.* endomorphy
endoosmoza *f fiz.* electro(end)osmosis
endopasożyt *m* (*pasożyt wewnętrzny*) endoparasite
endoskop *m* endoscope
endoskopia *f med.* endoscopy
endosmoza *f chem.* endosmosis
endotermiczny *a* endothermic
endotion *m chem.* endothion (*acaricide*)
endotoksyna *f biol.* endotoxin
endryna *f chem.* endrin (*insecticide and avicide*)
endywia *f bot.* endive, *Cichorum endivia*
enema *f med.* enema
energetyk *m* power engineer
energetyka *f* power engineering; power industry
~ **jądrowa** nuclear power engineering
energia *f* energy
~ **aktywacji** *fiz., chem.* activation energy

~ **atomowa** atomic energy, nuclear energy
~ **całkowita** total energy
~ **(charakterystyczna) Fermiego** *fiz.* Fermi characteristic-energy level
~ **chemiczna** chemical energy
~ **cieplna** thermal energy, heat energy
~ **ciśnienia** *mech.pł.* pressure energy
~ **cząstki** particle energy
~ **czystego odkształcenia objętościowego** *wytrz.* strain energy due to the change of volume
~ ~ ~ **postaciowego** *wytrz.* distortion energy
~ **dyslokacji** *fiz.* energy of dislocation
~ **dysocjacji** *chem.* dissociation energy
~ **elektryczna** electric energy
~ **epitermiczna** *nukl.* epithermal energy
~ **Fermiego** *fiz.* Fermi characteristic-energy level
~ **fuzji** *nukl.* fusion energy
~ **hydroelektryczna** hydro-electric power
~ **jądrowa** nuclear energy, atomic energy
~ **jonizacji** ionization energy
~ **kiełkowania** *bot.* germination viability, germinative energy
~ **kinetyczna** kinetic energy, velocity energy
~ **kwantu** quantum energy
~ **mechaniczna** mechanical energy
~ **mezomerii** *chem.* resonance energy
~ **nagromadzona** stored energy
~ **odkształcenia** *wytrz.* energy of deformation, strain energy, resilience
~ ~ **objętościowego** strain energy of volume change
~ ~ **postaciowego** strain energy of distortion
~ **odrzutu** *nukl.* recoil energy
~ **oscylacyjna** *fiz.* vibrational energy
~ **pływów** tidal power
~ **pobrana** energy input
~ **pobudzenia** *fiz.* excitation energy
~ **ponadtermiczna** *nukl.* epithermal energy
~ **porządkująca** *kryst.* ordering energy
~ **potencjalna** potential energy
~ **powierzchniowa cieczy** free surface energy of a liquid
~ **progowa** *fiz.* threshold energy
~ **promieniowania** radiation energy
~ ~ **hamowania** *nukl.* bremsstrahlung energy
~ **promienista** radiant energy
~ **przemiany promieniotwórczej** energy of radioactivity
~ **przemieszczenia** *nukl.* translation energy
~ **przepływu** *mech.pł.* energy of flow
~ **punktu zerowego** *fiz.* zero-point energy
~ **reakcji** reaction energy
~ **rezonansu** *chem.* resonance energy
~ **rotacyjna** *fiz.* rotational energy
~ **rozpadu (promieniotwórczego)** disintegration energy, decay energy
~ **rozporządzalna** available energy
~ **rozszczepienia** *nukl.* fission energy
~ **separacji** *nukl.* separation energy
~ **sieci krystalicznej** energy of crystal lattice, lattice energy
~ **słoneczna** solar energy
~ **spalania** combustion energy
~ **sparowania** (*tworzenia się pary elektronowej*) *fiz.* pairing energy
~ **spoczynkowa** *fiz.* rest energy
~ **sprężysta** *wytrz.* elastic strain energy
~ **sprzęgania** *farb.* coupling power
~ **stabilizacji** *chem.* resonance energy
~ **swobodna (Helmholtza)** *term.* free energy, Helmholtz function, work function
~ ~ **Gibbsa** *term.* Gibbs free energy, Gibbs function, free enthalpy
~ **szczytu** *tel.* spike leakage energy
~ **świetlna** luminous energy
~ **termojądrowa** fusion energy
~ **translacyjna** *fiz.* translational energy
~ **uderzenia** energy of blow, striking energy
~ **ukryta** *nukl.* latent energy
~ **użyteczna** effective energy
~ **wewnętrzna** internal energy, inner energy
~ **wiatru** wind energy, wind power
~ **wiązania 1.** *fiz.* binding energy, BE **2.** *chem.* bond energy
~ **własna** *nukl.* proper energy, self-energy
~ **wodna** water energy, water power, hydro-power
~ **wyjściowa lasera** laser output
~ **wylotowa pocisku** muzzle energy
~ **wzbudzenia** *fiz.* excitation energy
~ **zakumulowana** stored energy
~ **zerowa** *fiz.* zero-point energy, zero-temperature energy
~ **złożowa** *górn.* reservoir energy
~ **związana** *fiz.* bound energy; unavailable energy
energochłonny *a* energy-consuming
energoelektronika *f* power engineering electronics
ENG = elektronystagmografia *med.* electronystagmography
engoba *f* *ceram.* engobe
enkoder *m* *inf.* encoder
enol *m* *chem.* enol
enolan *m* *chem.* enolate
enolizacja *f* *chem.* enolization
entablatura *f* = **belkowanie** *arch.* entablature
entalpia *f* *term.* enthalpy, heat content, total heat
~ **całkowita** *aero.* stagnation enthalpy
~ **molowa** *chem.* molar enthalpy
~ **stagnacji** *zob.* **entalpia całkowita**
~ **swobodna (Gibbsa)** free enthalpy, Gibbs function, Gibbs free energy
~ **zastoju** *aero.* stagnation enthalpy
entaza *f* **(kolumny)** *arch.* entasis, swelling
enteroskop *m* *med.* enteroscope
entomologia *f* *zool.* entomology
entropia *f* **1.** *term.* entropy **2.** *inf.* entropy, information rate
~ **konfiguracji** *term.* configurational entropy

~ **molowa** *chem.* molar entropy, proper entropy
~ **przekazana** (*z otoczenia*) supplied entropy, exchanged entropy
~ **resztkowa** *term.* excess entropy
~ **właściwa** *fiz.* thermal capacitance
~ **zmieszania** *term.* configurational entropy
enzootia *f wet.* enzootic (disease)
enzym *m biochem.* enzyme, ferment
~ **amylolityczny** amylolytic enzyme
~ **flawinowy** flavoprotein
~ **kompleksowy** complex enzyme, enzyme complex
~ **konstytucyjny** constitutive enzyme
~ **nukleolityczny** nuclease
~ **pektynolityczny** pectinolytic enzyme, pectinase
~ **pozakomórkowy** exoenzyme (*acting outside the cell*)
~ **proteolityczny** proteolytic enzyme, peptidase, proteinase
~ **rozkładający** splitting enzyme, degrading enzyme
~ **unieruchomiony** (*na stałym nośniku*) immobilized enzyme
~ **wewnątrzkomórkowy** endoenzyme, endocellular enzyme
enzymatyczny *a* enzymatic
enzymatyka *f zob.* **enzymologia**
enzymologia *f biochem.* enzymology
eoliczny *a* (*spowodowany wiatrem*) *geol.* eolian
eozoik *m geol.* **1.** Proterozoic era, Algonkian era, Eozoic (era) **2.** Proterozoic group
eozyna *f farb.* eosin(e), tetrabromofluorescein
eozynofilia *f med.* eosinophilia
EPD = elektroniczne przetwarzanie danych electronic data processing, EDP
epicentrum *n* (*trzęsienia ziemi*) epicentre
epichlorohydryna *f chem.* epichlorohydrin, chloropropylene oxide
epicykloida *f mat.* epicycloid
epidemia *f med.* epidemic
epidemiologia *f med.* epidemiology
epiderma *f biol.* epidermis
epidiaskop *m opt.* epidiascope
epidot *m min.* epidote
~ **manganowy** pie(d)montite, manganese epidote
epifity *mpl bot.* epiphytes, aerophytes
epigenetyczny *a geol.* epigenetic
epigenetyka *f biol.* epigenetics
epigeniczny *a geol.* epigene
epigenotyp *m biol.* epigenotype
epilacja *f med.* epilation, removal of hair
epimer *m chem.* epimer, epimeride
epimeraza *f biochem.* epimerase
epimeria *f chem.* epimerism
epimeryzacja *f chem.* epimerization
epimorfizm *m mat.* epimorphism
epinefryna *f biochem.* epinephrine, adrenaline
episkop *m opt.* episcope, opaque projector
epistrefa *f geol.* epizone
epistyl *m arch.* architrave, epistyle
epitaksja *f kryst.* epitaxy
~ **z fazy ciekłej** liquid-phase epitaxy, LPE
~ **z fazy gazowej** vapour-phase epitaxy, VPE
epitaksjalny *a* epitaxial
epitermiczny *a nukl.* epithermal
epitrochoida *f mat.* epitrochoid
epiurator *m ferm.* purifying column
epizootia *f* (*zaraza zwierząt*) epizootic
epoka *f* **1.** *geol.* epoch **2.** *astr.* epoch
epoksyd *m chem.* epoxide, EP
epoksydacja *f chem.* epoxidation
1,2-epoksyetan *m chem.* 1,2-epoxyethane, ethylene oxide, EO
1,3-epoksypropan *m chem.* oxetane
epsomit *m min.* epsomite, epsom salt
era *f geol.* era
~ **algoncka** Proterozoic era, Algonkian era, Eozoic (era)
~ **archaiczna** Archaeozoic era
~ **eozoiczna** Proterozoic era, Algonkian era, Eozoic (era)
~ **kenozoiczna** Cainozoic (era)
~ **mezozoiczna** Mesozoic (era)
~ **paleozoiczna** Palaeozoic (era)
~ **proterozoiczna** Proterozoic era, Algonkian era, Eozoic (era)
eratyk *m geol.* erratic (boulder)
erb *m chem.* erbium, Er
erbon *m chem.* erbon (*herbicide*)
erdoks *m górn.* airdox
erepsyna *f biochem.* erepsin
erf *m mat., fiz.* erf, error function
erg *m jedn.* erg: 1 erg = 10^{-7} J
ergobazyna *f chem.* ergometrine, ergonovine
ergodyczność *f mat.* ergodicity
ergodyczny *a mat.* ergodic
ergometr *m* (*przyrząd do pomiaru pracy mięśni*) ergometer, ergograph
~ **rowerowy** bicycle ergograph
ergometria *f* ergometry
ergometryna *f chem.* ergometrine, ergonovine
ergonomia *f* ergonomics, human(-factors) engineering
ergosomy *mpl biochem.* ergosomes, poly(ribo)somes
ergospirografia *f med.* ergospirography
ergospirogram *m med.* ergospirogram
ergosterol *m biochem.* ergosterol, ergosterin, provitamin D_2
ergotamina *f chem.* ergotamine
ergotoksyna *f chem.* ergotoxine
eriometr *m włók.* eriometer
erkenzator *m papiern.* erkensator (*centrifugal sorting machine*)
erlang *m jedn.* erlang, E
erlenmajerka *f chem.* Erlenmeyer flask
erodować *v* erode
erozja *f* erosion
~ **brzegu** *ocean.* coast erosion
~ **dna morskiego** (*wskutek prądów pływowych*) tidal scour
~ **eoliczna** *geol.* wind erosion
~ **formy** *odl.* cutting of mould surface

~ **gleby** soil erosion
~ **katody** cathode sputtering, cathode evaporation, cathodic disintegration
~ **kawitacyjna** cavitational erosion, pitting erosion
~ **łopatki** (*turbiny*) blade erosion
~ **powierzchniowa** *gleb.* sheet erosion
~ **powietrzna gleby** soil blowing, soil drifting
~ **śnieżna** *geol.* nivation, snow patch erosion
~ **wewnętrzna** *geol.* subsurface erosion; *inż.* piping (*under a dam*).
ERP = elektronowy rezonans paramagnetyczny *fiz.* electron paramagnetic resonance, E.P.R.
errata *f poligr.* errata
ersted *m jedn.* oersted
erupcja *f geol.* eruption; *wiertn.* blow-out
~ **słoneczna** *astr.* eruptive prominence
erytren *m chem.* erythrene, 1,3 butadiene, divinyl B
erytrocyt *m biol.* erythrocyte, red blood corpuscle, red blood cell
erytrocytoza *f med.* erythrocytosis, erythremia
erytromycyna *f biochem.* erythromycin (*antibiotic*)
erytrozyna *f farb.* erythrosine
erytryn *m min.* erythrite, cobalt bloom
erytryt *m chem.* erythrite; erythritol
esencja *f* essence
eseryna *f chem.* eserine, physostigmine
esica *f anat.* sigmoid (colon)
eskadra *f* squadron
esker *m geol.* esker, back furrow, asar
eskorta *f* escort
eskortowiec *m okr.* escort vessel
eskulina *f chem.* esculine, esculinic acid
esowaty *a* S-shaped; *biol.* sigmoid
esownica *f arch.* ogee, cyma
esówka *f* **1.** *narz.odl.* circular bead, flange bead **2.** *bud.* pantile
esparto *n bot.* esparto (grass)
estakada *f* **1.** *inż.* trestle (bridge) **2.** *drog.* flyover
ester *m chem.* ester
~ **etylowy kwasu acetylooctowego** ethyl acetoacetate, acetoacetic ester
~ **kwasu akrylowego** acrylic ester
~ ~ **2-hydroksyetanosulfonowego** isenthionate
~ **metylowy kwasu octowego** methyl acetate
~ **polikwasu akrylowego** polyacrylate
~ ~ **metakrylowego** polymethacrylate
esteraza *f biochem.* esterase
estrada *f* estrade, raised platform
estradiol *m biochem.* estradiol
estragon *m bot.* tarragon, estragon, *Artemisia dracunculus*
estriol *m biochem.* estriol
estrogen *m biochem.* estrogen
estron *m biochem.* estrone
estryfikacja *f chem.* estrification
~ **wewnątrzcząsteczkowa** interesterification

estymacja *f mat.* estimation
~ **metodą minimum chi-kwadrat** minimum chi-square estimation
~ ~ **najmniejszych kwadratów** least squares estimation
~ ~ **największej wiarygodności** maximum likelihood estimation
~ **punktowa** point estimation
estymator *m mat.* estimator
~ **dostateczny** sufficient estimator
~ **metodą najmniejszych kwadratów** least squares estimator
~ **najefektywniejszy** efficient estimator
~ **najlepszy** best estimator
~ **nieobciążony** unbiased estimator
~ **o najmniejszej wariancji** optimum estimator
~ **obciążony** biased estimator
~ **optymalny** optimum estimator
~ **punktowy** point estimator
~ **regularny** regular estimator
~ **zgodny** consistent estimator
estymowalny *a mat.* estimable
eszelon *m opt.* echelon (diffraction) grating
etalon *m metrol.* etalon, *zob.też* **wzorzec**
~ **międzynarodowy** international prototype
~ **odniesienia** reference standard
~ **podstawowy** primary standard, fundamental standard
~ **roboczy** working standard
etan *m chem.* ethane, dimethyl
etanal *m chem.* ethanal, acetaldehyde
etanodial *m chem.* ethanedial, glyoxal, oxalaldehyde
etanodiol-1,2 *chem.* ethylene glycol, glycol
etanol *m chem.* ethanol, ethyl alcohol
etanolan *m chem.* ethylate
etanoloamina *f chem.* ethanoloamine, colamine
etap *m* stage
etat *m ek.* permanent status, regular employment, post
etażerka *f* **do suszenia rdzeni** *odl.* core drying rack
eten *m chem.* ethene, ethylene
etenoid *m* ethenoid plastic
etenol *m chem.* ethenol, vinyl alcohol
etenyl *m chem.* ethenyl, vinyl (group)
eter *m chem.* **1.** ether **2.** ethyl ether
~ **amylowy** (di)amyl ether, amyl oxide
~ **butylowy** (di)butyl ether
~ **chloroetylowy** dichloroethyl ether
~ **cykliczny** epoxide, EP
~ **do narkozy** anaesthesia ether
~ **dwuglikolowy** diethylene glycol
~ **etylowobutylowy celulozy** ethyl butyl cellulose
~ **etylowofenylowy** phenyl ethyl ether, phenetole
~ **etylowonaftylowy** naphthyl ethyl ether, nerolin
~ **etylowy** (di)ethyl ether, ether
~ ~ **celulozy** ethyl cellulose, EC
~ **fenylowy** phenyl ether, diphenyl oxide

~ **metylowy** (di)methyl ether
~ **naftowy** petroleum benzine
~ **winylowoizobutylowy** vinyl isobutyl ether
~ **winylowy** (di)vinyl ether
eternit *m bud.* eternit, asbestos-cement roofing material
eterowy *a chem.* etheral, etheric
eteryfikacja *f chem.* etherification
eteryna *f paliw.* bottled gas, liquefied petroleum gas (*mixture of liquefied propane and butane*)
etion *m chem.* ethion (*acaricide and insecticide*)
etnografia *f* ethnography
ETO = elektroniczna technika obliczeniowa electronic data processing, EDP
etoksy *m chem.* ethoxy, ethyoxyl
etoksyanilina *f chem.* aminophenetole, phenetidine
etoksyfenol *m chem.* ethoxyphenol
etoksyl *m chem.* ethyoxyl, ethoxy
etoksynitrobenzen *m chem.* nitrophenetole
etykieciarka *f* labelling machine
etykieta *f* **1.** label **2.** *inf.* label
~ **doczepna** tag
~ **firmowa** brand label
~ **końca zbioru danych** *inf.* end-of-file label, trailer label
~ **początku zbioru danych** *inf.* file header (label)
~ **samoprzylepna** pressure sensitive label
~ **wolumenu** (*nośnika danych*) *inf.* volume label
etykietowanie *n* **1.** labelling **2.** *inf.* labelling
etyl *m chem.* ethyl
etylal *m chem.* ethylal, diethoxymethane
etylan *m chem.* ethylate, ethoxide
etylen *m chem.* ethylene, ethene, olefiant gas
etylenodwuamina *f chem.* ethylenediamine, EDA
etylidenoanilina *f chem.* ethylidene aniline
etylidyn *m chem.* ethylidine, ethidine
etylina *f paliw.* leaded petrol, ethyl gasoline
etylizowanie *n* **benzyny** leading of petrol
etyloamina *f chem.* ethylamine, aminoethane
etyloazynofos *m chem.* azinphos-ethyl (*acaricide and insecticide*)
etylobenzen *m chem.* ethylbenzene, phenylethane
2-etylobutanol *m chem.* 2-ethylbutyl alcohol
etylobutyloceluloza *f chem.* ethyl butyl cellulose
etyloceluloza *f chem.* ethyl cellulose, EC
etylofenol *m chem.* ethylphenol
etylokarbyloamina *f chem.* ethyl isocyanide
etylomocznik *m chem.* ethylurea
etylowanie *n chem.* ethylation
etyn *m chem.* ethine, acetylene
etynylowanie *n chem.* ethynylation
eudiometr *m* eudiometer
eufenika *f genet.* euphenics
euforia *f* **nurków** (*odurzenie azotem*) nitrogen narcosis, rapture of the deep
eugenika *f* eugenics
eugenol *m chem.* eugenol, eugenic acid
eukaina *f chem.* β-eucain
eukaliptol *m chem.* eucalyptol(e), cinede
eukaliptus *m bot.* eucalyptus
europ *m chem.* europium, Eu
Europejska Agencja Przestrzeni Kosmicznej European Space Agency, ESA
europejska jednostka monetarna European currency unit, ECU
Europejska Komisja Gospodarcza Economic Commission for Europe, ECE(UN)
Europejska Unia Radiofonii European Broadcasting Union, EBU
Europejska Wspólnota Energii Atomowej European Atomic Energy Community, EURATOM
Europejska Wspólnota Gospodarcza European Economic Community, EEC
Europejska Wspólnota Węgla i Stali European Coal and Steel Community, ECSC
Eurowizja *f* Eurovision
eutektoid *m fiz.* eutectoid (mixture)
eutektoidalny *a* eutectoid
eutektyczny *a* eutectic
eutektyk *m zob.* **eutektyka**
eutektyka *f fiz.* eutectic (mixture)
~ **anormalna** divorced eutectic
~ **cementytowa** cementite eutectic
~ **fosforowa potrójna** steadite, phosphide eutectic
~ **grafitowa** graphite eutectic
~ **ledeburytyczna** cementite eutectic
~ **poczwórna** quaternary eutectic
~ **podwójna** binary eutectic
~ **potrójna** ternary eutectic
eutenika *f biol.* euthenics
eutrofizacja *f* **wód** eutrophication of natural waters
eV = elektronowolt *jedn.* electron volt
ewaporograf *m* evaporograph
ewaporometr *m* evaporimeter
EWG = Europejska Wspólnota Gospodarcza European Economic Community, EEC
ewidencja *f* = **plik** *inf.* file
ewokator *m biol.* evocator
ewolucja *f* **1.** *biol.* evolution **2.** *lotn.* acrobatic manoeuvre
~ **gatunków** *biol.* evolution of species, speciation
ewoluta *f mat.* evolute
ewolwenta *f mat.* involute
ewolwentomierz *m* involute tester
ewolwentowy *a* involute
eworsja *f geol.* evorsion
EWWS = Europejska Wspólnota Węgla i Stali European Coal and Steel Community, ECSC
eżektor *m* ejector (pump)

F

F = farad *jedn.* farad
°F = stopień Fahrenheita degree Fahrenheit
fabrycznie nowy brand-new
fabryczny *a* of a factory, manufacturing; industrial
fabryka *f* factory, plant, works
~ **chemiczna** chemical plant
~ **domów** precast building units plant
~ **konserw rybnych** fish preservation plant
~ ~ **pływająca** floating fish cannery
~ **papieru** paper-mill
~ **samochodów** motorcar factory, automobile works
fabrykat *m* manufactured product
fabrykować *v* manufacture, produce, make (*in a factory*)
fachowiec *m* specialist
fachownica *f* *telegr.* message retainer
facja *f* *geol.* facies
~ **tektoniczna** tectofacies
facjata *f* *bud.* attic
fadeometr *m* *chem.* fadeometer
fading *m* *rad.* fading
fag *m* *biol.* (bacterio)phage
fagocyt *m* **jądra** *biol.* koryophage
fagocytoza *f* *biol.* phagocytosis
fagocyty *mpl* *biol.* phagocytes
fagoliza *f* *biol.* phagolysis
fajalit *m* *min.* fayalite
fajans *m* *ceram.* faience
fajka *f* **wydechowa** *siln.spal.* stub exhaust pipe
fakolit *m* (*intruzja soczewkowa zgodna z uwarstwieniem skał osadowych*) *geol.* phacolith
faksymile *n* **1.** facsimile **2.** *tel.* facsimile, fax, phototelegraphy, radiophoto, telephoto(graphy), wirephoto
faktoryzacja *f* **1.** factorization **2.** *mat.* factorization, factoring
faktura *f* **1.** *ek.* invoice **2.** surface quality
fakturowanie *n* *ek.* invoicing
~ **zwrotne** invoicing back
faktysa *f* *gum.* factice, rubber substitute, factis, sub
~ **biała** white factice
fakultatywny *a* facultative

fala *f* wave, *zob.też* **fale**
~ **anodowa** anodic wave (*in polarography*)
~ **biegnąca** *zob.* **fala bieżąca**
~ **bieżąca** progressive wave, moving wave, travelling wave, advancing wave
~ **boczna** *żegl.* beam sea
~ **ciągła** continuous wave
~ ~ **przerywana** *rad.* interrupted continuous wave, ICW
~ **ciepła** *meteo.* heat wave
~ **ciśnienia** pressure wave
~ **cylindryczna** cylindrical wave
~ **cząstkowa** elementary wave, partial wave
~ **czołowa** *ocean.* head sea
~ **denna** *ocean.* ground swell
~ **detonacyjna** detonation wave
~ **długa** *ocean.* long sea
~ **drgająca** oscillatory wave
~ **dziobowa** *żegl.* bow wave, wave of displacement
~ **(elektromagnetyczna) nadzwyczajna** *geofiz.* extraordinary wave, X wave
~ ~ **poprzeczna** transverse electromagnetic wave, TEM wave
~ ~ **submilimetrowa** submillimeter wave
~ **elektronowa** electron wave
~ **elementarna** elementary wave, partial wave
~ **głębokowodna** *ocean.* deep-water wave
~ **gwałtowna przypływu** (*u ujścia rzeki*) mascaret, (tidal) bore, eagre
~ **harmoniczna** harmonic wave
~ **jonosferyczna** *rad.* ionospheric wave
~ **jonowo-akustyczna** (*w plazmie*) ion--acoustic wave
~ **katodowa** cathodic wave (*in polarography*)
~ **krótka** *ocean.* short-crested sea
~ **kulista** spherical wave
~ **ładunku przestrzennego** *elektron.* space--charge wave
~ **Macha** *aero.* Mach wave
~ **malejąca** wave of decreasing amplitude
~ **martwa** *ocean.* swell
~ **(morska) sejsmiczna** (*spowodowana trzęsieniem ziemi*) tsunami, seismic sea wave
~ **napięciowa** *el.* voltage wave
~ **narastająca** wave of increasing amplitude
~ **nośna** carrier (wave)
~ ~ **chrominancji** *zob.* **fala nośna koloru**
~ ~ **dźwięku** sound carrier
~ ~ **koloru** *TV* colour carrier, (colour) subcarrier, chrominance subcarrier
~ ~ **regulowana** floating carrier
~ ~ **stłumiona** *tel.* suppressed carrier, SC
~ ~ **wizji** *TV* vision carrier
~ ~ **wstępna** *TV* subcarrier
~ **odbita** reflected wave
~ **odosobniona** solitary wave
~ **okresowa** *hydr.* periodic wave
~ **okrętowa rufowa** stern wave
~ **oscylacyjno-postępowa** *ocean.* translational wave
~ **padająca** incident wave

~ **periodyczna** *hydr.* periodic wave
~ **piłokształtna** *el.* saw-tooth wave
~ **płaska** plane wave, two-dimensional wave
~ ~ **spolaryzowana** plane-polarized wave
~ **płytkowodna** *ocean.* shallow-water wave
~ **pływu** *ocean.* tidal wave
~ **podłużna** longitudinal wave
~ **podmuchu** (*po wybuchu*) burst wave
~ **polarograficzna** polarographic wave
~ **poprzeczna** transverse wave
~ ~ **elektryczna** *rad. GB* H wave; *US* TE wave
~ ~ **magnetyczna** *rad. GB* E wave; *US* TM wave
~ **postępująca** *ocean.* progressive wave
~ **powrotna** return wave, backward wave
~ **prądowa** *el.* current wave
~ **prostokątna** *rad.* rectangular wave, square wave
~ **prowadzona** *rad.* guided wave
~ **przestrzenna** *rad.* space wave, sky wave; ionospheric wave
~ **przesunięcia** *mech.* shear wave
~ **przybojowa** *ocean.* surf, breakers
~ ~ **oceaniczna** blind rollers
~ **przypływu w ujściu rzeki** (tidal) bore, eagre, mascaret
~ **przyziemna** *rad.* ground wave
~ **regularna** *ocean.* regular wave
~ **rozrzedzeniowa** *aero.* expansion wave, rarefaction wave
~ **sejsmiczna** *ocean.* seismic sea wave, tsunami
~ **sinusoidalna** sine wave
~ **skacząca** *ocean.* (tidal) bore, eagre, mascaret
~ **skośna** *żegl.* quartering sea
~ **spinowa** *fiz.* spin wave
~ **stłoczona** *ocean.* choppy sea
~ **stojąca** standing wave, stationary wave; *ocean.* seiche
~ **stroma** *ocean.* hollow sea
~ **translacyjna** *ocean.* translational wave
~ **trochoidalna** *mech.pł.* Gerstner trochoidal wave
~ **typu TE** *GB* H wave; *US* transverse electric wave, TE wave
~ ~ **TEM** transverse electromagnetic wave, TEM wave
~ ~ **TM** *GB* E wave; transverse magnetic wave, TM wave
~ **udarowa** *el.* impulse wave
~ **uderzeniowa** *aero.* shock wave
~ ~ **czołowa** headwave, bow shock
~ ~ **normalna** normal shock
~ ~ **odsunięta** detached shock
~ ~ **prostopadła** normal shock
~ ~ **rozmywająca się** extinguishing shock
~ ~ **skośna** angle shock, oblique shock
~ ~ **spływowa** tailwave, rear shock
~ ~ **tłumiona** decaying shock
~ ~ **zanikająca** extinguishing shock
~ ~ **związana** attached shock
~ **ugięta** diffracted wave
~ **wędrowna** progressive wave, moving wave, travelling wave, advancing wave
~ **wielka** *ocean.* heavy sea
~ **wydłużona** *ocean.* long-crested sea
~ **wyprzedzająca** *żegl.* overtaking sea
~ **z baksztagu** *żegl.* quartering sea
~ **załamana** refracted wave
~ **załamująca się** *ocean.* plunging breaker
~ **zaostrzona** *el.* peaked wave
~ **zbita** *ocean.* choppy sea
~ **zgęszczeniowa** *aero.* compression wave
~ **zimna** *meteo.* cold wave
falcowanie *n* **1.** *poligr.* folding **2.** *zob.* **zamkowanie** (*blacharskie*)
falcówka *f poligr.* folder, folding machine
~ **nożowa** knife folder
fale *fpl* waves, *zob.też* **fala**
~ **akustyczne** sonic waves, sound waves
~ **de Broglie'a** *fiz.* matter waves, de Broglie waves
~ **decymetrowe** *rad.* decimeter waves
~ **dekametrowe** *rad.* short waves, decametric waves
~ **długie** *rad.* long waves
~ **dźwiękowe** sonic waves, sound waves
~ **elektromagnetyczne** electromagnetic waves
~ **grawitacyjne** *ocean.* gravity waves
~ **kapilarne** *hydr.* capillary waves, ripples
~ **krótkie** *rad.* short waves, decametric waves
~ **krzyżujące się** *ocean.* cross sea
~ **materii** *fiz.* matter waves, de Broglie waves
~ **metrowe** *rad.* ultrashort waves
~ **plazmowe** plasma waves
~ **pływu** *ocean.* tidal waves
~ **powierzchniowe** *ocean.* surface waves
~ **przypływu i odpływu** *zob.* **fale pływu**
~ **radiowe** radio waves
~ **spinowe** *fiz.* spin waves
~ **średnie** *rad.* medium waves
~ **świetlne** light waves
~ **ultrakrótkie** *rad.* ultra-short waves
~ **wewnętrzne** *ocean.* internal waves, subsurface waves
faleń *m okr.* painter
~ **długi** sea painter
~ **krótki** lazy painter
~ **łodziowy** boat painter
~ **przytrapowy** guest rope
faleza *f geol.* (wave-cut) cliff
falistość *f* waviness, undulation; corrugation
~ **gwintu** drunkenness of screwthread
~ **krawędzi blach** (*wada*) *hutn.* cockles
~ **powierzchni obrobionej** wavy finish
falisty *a* wavy, undulated; corrugated
falochron *m inż.* breakwater
~ **mieszany** (*narzutowo-ścianowy*) composite breakwater
~ **narzutowy** mound breakwater
~ **pionowy** upright wall breakwater
~ **pneumatyczny** pneumatic breakwater, bubble breakwater

~ **wyspowy** island breakwater, detached breakwater, detached mole
falomierz *m el.* wavemeter
~ **absorpcyjny** absorption wavemeter
~ ~ **aktywny** grid-dip oscillator, GDO
~ ~ ~ **tranzystorowy** transistor-dip oscillator, TDO
~ **wnękowy** *rad.* cavity wavemeter
falorób *m hydr.* wave-maker
falowanie *n* **1.** wavy motion, undulation **2.** *papiern.* waviness (*defect*)
~ **cieczy w zbiorniku** sloshing of liquid in a tank
~ **gwałtowne** surging
~ **(zwojów) sprężyny** *masz.* spring surge
falownica *f hydr.* wave-maker, wave generator
falownik *m el.* inverter
~ **rtęciowy** mercury-arc inverter
falowód *m rad.* wave-guide
~ **grzbietowy** ridge waveguide
~ **radarowy dużej mocy** rat race
~ **zamknięty** wave duct
~ ~ **z przegrodami** septate waveguide
falrep *m okr.* grab rope, hand rope
falsyfikat *m* forgery; counterfeit
falszkil *m okr.* false keel
fał *m okr.* halliard, haulyard
fałd *m geol.* fold
~ **diapirowy** piercing fold
~ **drugorzędny** minor fold
~ ~ **w grzbiecie płaszczowiny** digitation
~ **duży** major fold
~ **główny** *zob.* **fałd duży**
~ **izoklinalny** drag fold
~ **kopulasty** dome
~ **leżący** recumbent fold
~ **mały** minor fold
~ **monoklinalny** monocline
~ **obalony** overfold, overturned fold, broken fold
~ **przewalony** reversed fold, overthrust fold, inverted fold
~ **siodłowy** anticlinal fold
~ **stojący** upright fold, upfold, vertical fold
~ **szerokopromienny** open fold
~ **wachlarzowaty** fan fold
~ **wąskopromienny** chevron fold, sharp fold
~ **zamknięty** tight fold
~ **zgodny** accordant fold
fałda *f* fold, crease, pleat, plait, tuck
fałdować *v* fold, crimp, corrugate, crease
fałdy *fpl* **jednoznaczne** *geol.* similar folds
fałsz *m mat.* falsehood
fałszerstwo *n* forgery, falsification; counterfeit; adulteration
fałszować *v* forge, falsify (*documents*); counterfeit (*coins*); adulterate (*food etc.*)
fałszywka *f odl.* pattern match, oddside
~ **trwała** hard-sand match
fałszywy *a* false; counterfeit
fanotron *m elektron.* phanotron, thermionic rectifier
fant *m górn.* lid
fantastron *m elektron.* phantastron
fantastyka *f* **naukowa** science-fiction
fantom *m radiol.* phantom
farad *m jedn.* farad, F
faradaj *m elchem.* faraday, Faraday constant
faradomierz *m el.* faradmeter, capacitance meter
faradyzacja *f med.* faradization, faradism
farba *f* paint; colour; ink
~ **alkidowa** alkyd paint
~ **anilinowa** aniline ink
~ **ceramiczna** ceramic colour
~ **ciepłoczuła** thermometric paint, thermometric ink, temperature-sensitive paint
~ **do gruntowania** priming paint, bottom paint, primer
~ **do maskowania** camouflage paint
~ **do włosów** *kosmet.* hair dye
~ **drukarska** *poligr.* (printer's) ink; *włók.* printing paste
~ **emulsyjna** emulsion paint
~ **graficzna** printing ink
~ **izolacyjna** insulating paint
~ **kazeinowa** casein paint
~ **klejowa** size colour, glue colour; distemper; calcimine
~ **kryjąca** body colour
~ **krzemianowa** silicate paint
~ **lateksowa** latex paint
~ **masy ciekłej** *ceram.* slip stain
~ **matowa** flatting (colour)
~ **naszkliwna** *ceram.* overglaze colour
~ **nawierzchniowa** topcoat paint
~ **nie kryjąca** glaze colour
~ **ochronna** protective paint
~ **olejna** oil paint, oil colour
~ ~ **matowa** flat oil paint
~ **pleśnioodporna** fungicidal paint
~ **podkładowa** priming paint, bottom paint, primer; undercoater
~ ~ **przeciwrdzewna** anti-corrosive primer
~ **podszkliwna** *ceram.* underglaze colour
~ **próżnioszczelna** vacuum sealing paint
~ **przeciwkorozyjna** anti-corrosive paint
~ **przeciwoblodzeniowa** de-icing paint
~ **przeciwporostowa** *okr.* antifouling paint
~ **przeciwrdzewna** rust-inhibitive paint
~ **przeciwślizgowa** anti-slip paint
~ **reaktywna** wash primer
~ **szybkoschnąca** quick-drying paint
~ **świecąca** luminous paint, phosphorescent paint
~ **termometryczna** thermometric paint, thermometric ink, temperature-sensitive paint
~ **uszczelniająca** vacuum sealing paint
~ **wapienna** limewash
~ **wodna** water paint
~ **wodnicowa** *okr.* boot topping (paint)
~ **ziemna** mineral colour
farbiarka *f włók.* dyeing machine, dyeing apparatus
~ **pasmowa** winch dyeing machine
~ **wieloprzedziałowa** multiple box dyeing machine
~ **zwrotna** jig-dyeing machine, jig, jigger

farbiarnia *f* *włók.* dye-house
farbiarstwo *n* dyeing
farbka *f* **do prania** blue
farbkowanie *n* *włók.* blueing
farbować *v* dye, colour
farbowanie *n* dyeing (process), coloration
farby *fpl* **1.** *zob.* **farba** **2.** *skór.* rocker vats
farinograf *m* *spoż.* farinograph
farmaceuta *m* chemist
farmaceutyczny *a* pharmaceutical
farmacja *f* pharmacy
farmakolog *m* pharmacologist
farmakologia *f* pharmacology
farmakopea *f* pharmacopoeia
farmakosyderyt *m* *min.* pharmacosiderite, arsenicated iron ore
farmakoterapia *f* pharmacotherapy
farnezol *m* *biochem.* farnesol
farsz *m* *spoż.* stuffing
fartuch *m* **1.** apron **2.** *inż.* cut-off wall
~ **blaszany** *bud.* apron flashing
~ **błotnika** *mot.* mud flap
~ **ochronny** *bhp* protective apron
~ **ołowiany** *radiol.* lead apron
~ **wlewowy** (*maszyny papierniczej*) apron (*of a paper machine*)
~ **włoka** *ryb.* chafer, cowhide, codend protector, blinder
farwater *m* *żegl.* fairway
fasada *f* *arch.* façade, front
faseciarka *f* *poligr.* bevelling machine
faser *m* *elektron.* solid-state acoustic amplifier
faseta *f* **1.** *arch.* facette, listel **2.** *inf.* facet
fasetka *f* (*oszlifowana ścianka kamienia szlachetnego*) facet
fastrygować *v* *włók.* baste, tack
faszyna *f* fascine, faggot
fauna *f* *zool.* fauna (*pl* faunas *lub* faunae)
~ **i flora danego regionu** biota
~ **i flora miejscowa** aborigines
~ **i flora ścieków** *san.* sewage life
faza *f* **1.** phase **2.** *chem.* structural constituent, phase **3.** (*maszyny wielofazowej*) *el.* phase winding **4.** *bud.* chamfer **5.** *szkl.* bevel **6.** (*w mechanice statystycznej*) phase of a system, phase point
~ **biała** (*wada struktury stali hartowanej*) *met.* white spots
~ **ciekła** liquid phase
~ **drgania** vibration phase
~ **dwustopniowa** *szkl.* double bevel
~ **dyspersyjna** dispersed phase, dispersoid
~ **elektronowa** *met.* electron compound
~ **fali** phase of a wave
~ **gazowa** gaseous phase
~ **Hume-Rothery'ego** *fiz.* Hume-Rothery compound, electron compound
~ **klinowa** *szkl.* taper bevel
~ **krytyczna** *chem.* critical phase
~ **macierzysta** *chem.* parent phase
~ **mezomorficzna** mesomorphic phase, liquid crystal
~ **międzywęzłowa** *kryst.* interstitial compound
~ **nieruchoma** *chem.* stationary phase
~ **nietrwała** *chem.* labile phase
~ **opóźniająca się** *el.* lagging phase
~ **płaska stroma** *szkl.* feather edge
~ **pośrednia** *fiz., kryst.* Hume-Rothery phase, Hume-Rothery compound
~ **profilowa** *szkl.* shaped bevel
~ **prosta** *szkl.* sloped edge
~ **przedeutektoidalna** *met.* pro-eutectoid phase
~ **przejściowa** *chem.* transient phase
~ **rozpraszająca** continuous phase
~ **rozproszona** dispersed phase, dispersoid
~ **ruchoma** *chem.* mobile phase
~ **sigma** *met.* sigma phase
~ **skondensowana** *chem.* condensed phase
~ **stacjonarna** *chem.* stationary phase
~ **stała** solid phase
~ **utwardzająca** *met.* hardening phase
~ **wydzielona** (*z roztworu stałego*) *met.* precipitate
~ **wyprzedzająca** *el.* leading phase
fazer *m* *elektron.* solid-state acoustic amplifier
fazitron *m* *elektron.* phasitron
fazomierz *m* *el.* phase meter
fazor *m* *el.* phasor, complexor
fazotron *m* *nukl.* synchrocyclotron
fazowanie *n* **1.** (*krawędzi*) bevelling, chamfering, canting **2.** *el.* phasing
fazy *fpl* **rozrządu** *siln.* timing angles
~ **termodynamiczne sprzężone** *chem.* coexisting phases, conjugate phases
~ **współistniejące** *zob.* **fazy termodynamiczne sprzężone**
fazytron *m* *elektron.* phasitron
fekalia *pl* fecal matter
felandren *m* *chem.* phellandrene
felogen *m* *bot.* phellogen, cork producing layer, cork cambium
femiczny *a* (*bogaty w* Fe *i* Mg) *geol.* femic
femto- femto- (*prefix representing* 10^{-15})
fen *m* *meteo.* föhn wind, foehn
fenacetyna *f* *chem.* phenacetin, acetophenetidine
fenakit *m* *min.* phenacite
fenantren *m* *chem.* phenanthrene
fenantrolina *f* *chem.* phenanthroline
fenazyna *f* *chem.* phenazine, azophenylene
fenchlorfos *m* *pest.* fenchlorphos (*insecticide*)
fenchon *m* *chem.* fenchone
fenestracja *f* *med.* fenestration
fenetol *m* *chem.* phenetole, phenyl ethyl ether
fenetydyna *f* *chem.* phenetidine, aminophenetole
fenkapton *m* *pest.* phenkapton (*acaricide and insecticide*)
fenkuł *m* *bot.* fennel, *Foeniculum vulgare*
fenogenetyka *f* *biol.* phenogenetics
fenokopia *f* *biol.* phenocopy
fenoksymetylopenicylina *f* *biochem.* phenoxymethylpenicillin, penicillin V
fenol *m* *chem.* **1.** phenol **2.** benzophenol, carbolic acid
fenolan *m* *chem.* phenate, phenolate
~ **sodowy** sodium phen(ol)ate
fenoloftaleina *f* *chem.* phenolphthalein

fenologia *f* phenology
fenolosulfoftaleina *f chem.* phenolsulfonphthalein, phenol red
fenoplasty *pl tw.szt.* phenolics, phenoplasts
fenoprop *m pest.* fenoprop silvex (*herbicide*)
fenotiazyna *f chem.* phenothiazine, thiodiphenylamine
fenotyp *m biol.* phenotype
fenson *m pest.* fenson, 4 chlorophenyl benzenesulfonate, CPBS (*acaricide*)
fention *m pest.* fenthion (*insecticide*)
fenuron *m pest.* fenuron (*herbicide*)
fenyl *m chem.* phenyl
fenylen *m chem.* phenylene
N-**fenyloacetamid** *m chem.* *N*-phenylacetamide
fenyloalanina *f biochem.* phenylalanine
fenyloamina *f chem.* aniline, aminobenzene
fenylobenzoilokarbinol *m chem.* phenyl benzoyl carbinol
fenylochloroform *m chem.* benzotrichloride
fenyloetylen *m chem.* phenylethylene, styrene
fenylohydrazyna *f chem.* phenylhydrazine
fenylokarbamid *m chem.* phenyl carbamide, phenylurea
fenylokarbinol *m chem.* phenylcarbinol
fenylomocznik *m chem.* phenylurea, phenyl-carbamide
ferbam *m pest.* ferbam (*fungicide*)
ferberyt *m min.* ferberite
ferganit *m min.* ferghanite
fergusonit *m min.* fergusonite
ferm *m chem.* fermium, Fm
ferma *f* farm
~ **drobiarska** poultry farm
~ **hodowlana** animal farm
~ **kurza** chicken farm
~ **lisia** fox farm
ferment *m biochem.* ferment, enzyme
fermentacja *f* fermentation, zymosis; *san.* digestion
~ **alkoholowa** alcoholic fermentation
~ **bakteryjna** bacterial fermentation
~ **burzliwa** effervescent fermentation, violent fermentation
~ **dolna** bottom fermentation
~ **drożdżowa** yeast fermentation
~ **gnilna** *san.* putrefactive fermentation
~ **górna** surface fermentation
~ **leżakowa** secondary fermentation, after-fermentation
~ **masłowa** butyric fermentation
~ **metanowa** *san.* methane fermentation
~ **mezofilna** *san.* mesophilic digestion
~ **mlekowa** lactic fermentation
~ **octowa** acetic fermentation
~ **osadu** (*ściekowego*) sludge digestion
~ **ścieków** *san.* sewage digestion
~ **tlenowa** aerobic fermentation
~ **wgłębna** submerged (culture) fermentation
~ **wstępna** preliminary fermentation
~ **wtórna** secondary fermentation, after-fermentation
fermentor *m* fermenter, fermentation tank
fermentować *v* ferment
fermi *jedn.* fermi, femtometer: 1 f = 10^{-13} cm
fermion *m fiz.* fermion, Fermi-particle
ferniko *n met.* kovar, fernico
feromon *m* **płciowy** *chem.* sex attractant
feron *m biochem.* pheron, apoenzyme, apoferment
ferraktor *m elektron.* ferractor
ferrimagnetyk *m* ferrimagnetic substance, ferrimagnetic material, ferrimagnet
ferrimagnetyzm *m* ferrimagnetism
ferrocen *m chem.* ferrocene
ferroelektryczność *f* ferroelectricity
ferroelektryk *m* ferroelectric (substance), seignette-electric
ferrogranat *m* **itru** *min.* yttrium iron garnet
ferromagnetyczny *a* ferromagnetic
ferromagnetyk *m* ferromagnetic substance, ferromagnetic material
ferromagnetyzm *m* ferromagnetism
ferrometr *m* ferrometer
ferroskop *m elektron.* hysteresiscope
ferryt *m* **1.** *met.* ferrite **2.** *elektron.* ferrite
~ **magnetycznie miękki** soft ferrite
~ **pierwotny** delta ferrite
~ **przedeutektoidalny** *zob.* **ferryt wolny**
~ **wolny** free ferrite, excess ferrite
~ **wysokotemperaturowy** *zob.* **ferryt pierwotny**
ferrytyczny *a met.* ferritic
ferrytyzator *m* (*pierwiastek stabilizujący ferryt*) *met.* ferrite stabilizer, ferritizer, ferrite-forming element
feston *m arch.* festoon
fetor *m* offensive odour, stink
fiberoskop *m med.* optical fibre endoscope, medical fiberscope
fibroina *f biochem.* fibroin, silk matter
fibryla *f* fibril
fibrylacja *f papiern.* fibrillation
fibryna *f biochem.* fibrin
fibrynogen *m biochem.* fibrinogen
fider *m el.* feeder
figa *f bot.* **1.** (*owoc*) fig **2.** fig (tree), *Ficus*
figura *f* (geometric) figure
~ **akrobacji** *lotn.* aerobatic manoeuvre
~ **dziobowa** *okr.* figurehead
~ **geometryczna** geometric figure; configuration
~ **niemożliwa** (*na rysunku*) impossible object
~ **płaska** *geom.* plane figure, linear figure
figury *fpl* **biegunowe** *kryst.* pole figures
~ **Lissajous** *fiz.* Lissajous' curves, Lissajous' figures
~ **podobne** *geom.* similar figures
~ **przystające** *geom.* congruent figures
~ **równowagi** *hydr.* figures of equilibrium
~ **trawienia** *met.* etch figures
~ **wyższego pilotażu** *lotn.* aerobatics
filar *m* **1.** *bud.* pillar; pier **2.** *górn.* pillar; leg; fender

~ **bezpieczeństwa** *zob.* **filar ochronny**
~ **mostowy** bridge pier
~ **ochronny** *górn.* protecting pillar, safety pillar
~ ~ **szybu** shaft pillar, bottom pillar
~ **ogniowy** *górn.* fire pillar, fire rib
~ **rudny** *górn.* metal ridge, stope pillar
~ **węglowy** coal pillar, rib of coal, rance
filarek *m* **międzyokienny w piecu martenowskim** furnace pier
~ ~ **w przedniej ścianie pieca martenowskiego** front-wall jamb, front-wall pillar, door jamb
filc *m* felt
~ **dolny** *papiern.* bottom felt
~ **drukarski** *włók.* blanket
~ **górny** *papiern.* top felt
~ ~ **samoodbiorczy** lick-up felt
~ **mokry prasowy** *papiern.* wet press felt
~ **odbierający** *papiern.* take-up felt
~ **odwadniający** *papiern.* pulp felt
~ **papierniczy** paper felt
~ **suszący** *papiern.* dry felt
filcowanie *n* felting; fulling
fileciarka *f spoż.* filleting machine
filet *m spoż.* fillet
filia *f* branch office, branch house
~ **terenowa** up-country branch house
filiera *f włók.szt.* spinneret, spinning nozzle
filigran *m papiern.* watermark
filit *m petr.* phyllite
film *m* **1.** *fot.* film **2.** *kin.* film, motion picture, movie
~ **animowany** animated cartoon, cartoon film
~ **barwny** colour film
~ **bezpieczny** safety film, non-flam film
~ **czarno-biały** black-and-white film
~ **dokumentalny** documentary film
~ **duplikatowy** duplicating film, dupe-film
~ **dźwiękowy** sound film
~ **fabularny** feature film
~ **kinematograficzny** cinematograph film
~ **łatwopalny** nitrocellulose film, nitrate film
~ **na podłożu acetylocelulozowym** acetate film
~ **na podłożu nitrocelulozowym** nitrocellulose film, nitrate film
~ **negatywowy** negative film
~ **niemy** silent film
~ **niepalny** non-flam film, safety film
~ **odwracalny** reversal film, reversible film
~ **oświatowy** educational film
~ **panoramiczny** panoramic film
~ **pełnometrażowy** full-length film
~ **porysowany** *kin.* rainy film
~ **pozytywowy** positive film
~ **rysunkowy** cartoon film, animated cartoon
~ **telewizyjny** telefilm, telepic, vidfilm, vidpic
~ **testowy** test film
~ **wąskotaśmowy** cinematograph film
~ **wzorcowy** *zob.* **film testowy**
~ **zadeszczony** *kin.* rainy film
~ **zwolniony** slow-motion film
filmoteka *f* film (stock) library
filmować *v* film
filochinon *m biochem.* vitamin K
filogeneza *f biol.* phylogeny
filogenia *f zob.* **filogeneza**
filtr *m* **1.** filter; strainer **2.** *odl.* strainer core **3.** *mat.* filter
~ **aktywny RC** *el.* RC active filter
~ **akustyczny** acoustic filter
~ **analogowy** *elektron.* analog filter
~ **antenowy** *rad.* wave trap
~ **bakteryjny** germ-proof filter
~ **barwny** *fot.* colour filter; colour screen
~ **bębnowy** drum-type filter
~ **biologiczny** *san.* biofilter
~ **bocznikowy** by-pass filter, partial-flow filter
~ **Butterwortha** *el.* Butterworth filter
~ **Cauchy'ego** *mat.* Cauchy filter
~ **ciągły** continuous filter
~ **cieczowy** *fot.* solution filter
~ **ciemniowy** *fot.* safe-light
~ **ciśnieniowy** pressure filter
~ **cyfrowy** *elektron.* digital filter
~ ~ **rekursywny** recursive digital filter
~ **Czebyszewa** *el.* Chebyshev filter
~ **dokładnego oczyszczania** fine filter, secondary filter
~ **dolnoprzepustowy** *el.* low-pass filter
~ **drabinkowy** *tel.* ladder-type filter
~ **elektrostatyczny** electrofilter, electrical precipitator
~ **elektryczny** wave filter
~ **eliptyczny** *el.* elliptic-function filter
~ **górnoprzepustowy** *el.* high-pass filter, low-stop filter
~ **grawitacyjny** gravity filter
~ **grupowy** *tel.* group filter
~ **grzebieniowy** *el.* comb filter
~ **igłowy** *inż.* wellpoint
~ **indukcyjny** *el.* inductive filter, LC filter
~ **kanałowy** *tel.* channel filter
~ **kierunkowy** *el.* directional filter
~ **kontrolny** contrast filter
~ **korekcyjny** *fot.* printing filter, correction filter, compensating filter
~ **kwarcowy** crystal filter
~ ~ **symetryczny** (*złożony z dwóch filtrów różnicowych*) *el.* back-to-back crystal filter
~ **LC** *zob.* **filtr indukcyjny**
~ **lejowy** *lab.* funnel filter
~ **magnetyczny wielotarczowy** (*do oczyszczania cieczy zawierających cząstki magnetyczne*) magnetic disk filter
~ **maksymalny** *mat.* ultra filter
~ **mikrofalowy** microwave filter
~ **mostkowy** *tel.* lattice-type filter
~ **niebiesko-zielony** *fot.* cyan filter
~ **obejściowy** by-pass filter, partial flow filter
~ **obojętny** *opt.* neutral filter
~ **obrotowy** rotary filter
~ **odkażający** germ-proof filter
~ **odżużlający** *odl.* strainer core, filter core

~ **oleju** oil filter, oil strainer
~ **optyczny** optical filter
~ **pasmowo-przepustowy** *el.* band-pass filter
~ **pasmowo-zaporowy** *el.* band-elimination filter, band-stop filter
~ **pasmowy** *el.* band filter
~ ~ **oktawowy** *akust.* octave-band filter
~ **pełnego przepływu** full-flow filter
~ **piaskowy** sand filter
~ ~ **powolny** slow sand filter
~ **pierścieniowy** *rad.* ring filter
~ **piezoelektryczny** *rad.* crystal filter
~ **płytkowy** plate filter, disk filter
~ **polaryzacyjny** polarizing filter
~ **pospieszny** *san.* rapid filter, high-rate filter
~ **powietrza** air filter, air cleaner
~ **powolny** *san.* slow filter, low-rate filter
~ **próbkujący** *el.* sampled-data filter
~ **próżniowy** vacuum filter
~ ~ **talerzowy** vacuum horizontal filter
~ **przeciwzakłóceniowy radiowy** radio interference eliminator
~ **przeciwdymowy** smoke filter
~ **przeciwpyłowy** dust filter
~ **przeciwszumowy** *el.* noise filter
~ **purpurowy** *fot.* magenta filter
~ **redukcyjny** *opt.* reducing screen
~ **rezonansowy** *el.* tuned filter
~ **rękawowy** (*przeciwpyłowy*) bag filter, sack filter
~ **rodzaju fali** *rad.* mode filter
~ **samooczyszczający się** self-cleaning filter
~ **sitowy** sieve filter
~ **stopniowy** *opt.* step filter
~ **strojony** *el.* tuned filter
~ **szary** *opt.* neutral filter, neutral absorber, non-selective absorber
~ **szeregowy** full-flow filter
~ **szerokopasmowy** *el.* wide-band filter
~ **szpilkowy** *inż.* well point
~ **szybkosączący** *chem.* rapid filter, accelofilter
~ **środkowo-zaporowy** *el.* band-rejection filter
~ **świecowy** candle filter
~ **świetlny** light filter
~ **tarczowy** plate filter, disk filter
~ **taśmowy** band filter
~ **tkaninowy** cloth filter, fabric filter
~ **transferowy** *telef.* transfer filter
~ **ważkości** *el.* weighting network
~ **wąskopasmowy** *el.* narrow-band filter
~ **wielogałęziowy** *el.* N-path filter
~ **wlewowy** *odl.* strainer core, filter core
~ **workowy** (*przeciwpyłowy*) bag filter, sack filter
~ **wstępnego oczyszczania** *zob.* **filtr wstępny**
~ **wstępny** coarse filter, preliminary filter; pre-cleaner
~ **wtórnego oczyszczania** fine filter, secondary filter
~ **wygładzający** *el.* smoothing filter
~ **z wejściem dławikowym** *el.* choke-input filter
~ **z wkładem filtrującym** cartridge filter
~ **zagęszczający** thickener filter
~ **zaporowy** *el.* stop filter, rejector; blocking filter
~ **zdjęciowy stopniowy** *fot.* graduated filter, sky-filter
~ **zewnętrzny** *radiol.* added filter
~ **zmiękczający** *fot.* softening screen, diffusion disk, diffuse
~ **zraszany** *san.* percolating filter
~ **żwirowy** *san.* graveller
filtracja *f* filtration, filtering, *zob.też* **filtrowanie**
filtracyjność *f papiern.* filterability
filtrat *m* filtrate
filtrować *v* filter, filtrate; strain; percolate
filtrowanie *n* filtering, filtration
~ **cyfrowe** *elektron.* digital filtering
~ **kontaktowe** contact filtration
~ **pospieszne** accelerated filtration
~ **przez piasek** sand filtration
~ **przy stałym natężeniu przepływu** constant-rate filtration
~ **przy zmiennym natężeniu przepływu** variable-rate filtration
~ **swobodne** free filtering
~ **szybkie** rapid filtration
filtrprasa *f* = **prasa filtracyjna** filter-press
filtry *mpl san.* water works
finansować *v* finance
finansowo-niezależny *ek.* financially self--supporting
finansowy *a* financial, fiscal
fiolet *m farb.* violet
~ **krystaliczny** methyl violet
fiolka *f* phial, vial
fiołek *m* **trójbarwny** *bot.* pansy, *Viola tricolor*
fiord *m geogr.* fjord
firankarka *f włók.* curtain machine
firankowanie *n* (*wada wymalowania*) curtaining, sagging (*of paint*)
firet *m poligr.* em-quad
firma *f ek.* firm, house
~ **eksportowa** export(ing) house
~ **finansująca** financing company
~ **handlowa** commercial firm, merchant house
~ **importowa** import(ing) house
~ **konkurencyjna** competing firm, competitors' business
~ **macierzysta** original firm
~ **maklerska** brokerage house
~ **renomowana** firm of renown, firm of repute
firn *m meteo.* firn (snow), névé
fissium *n fiz.* fissium, U-fissium alloy
fistaszek *m bot.* pistacio nut, *Pistacia vera* L.
fiszbin *m* whalebone, whale fin, baleen
fitochemia *f* phytochemistry, plant chemistry
fitohormony *mpl* plant hormones
fitol *m chem.* phytol
fitolit *m geol.* phytolith

fitopatologia *f* phytopathology, plant pathology
fitoplankton *m* phytoplankton, plant plankton
fitosterole *mpl biochem.* phytosterols
fitoterapia *f med.* phytotherapy
fitotoksyczny *a* phytotoxic
fityl *m chem.* phytyl
fizjologia *f* physiology
fizjologicznie suchy *gleb.* physiologically dry
fizjoterapia *f* physical therapy, physiotherapy, physicotherapy; physiatrics
fizostygmina *f chem.* physostigmine, eserine
fizyczny *a* physical
fizyk *m* physicist
~ **radiolog** radiation physicist
fizyka *f* physics
~ **atomowa** atomic physics
~ **chemiczna** chemical physics
~ **ciała stałego** solid-state physics
~ **cząstek elementarnych** particle physics
~ **doświadczalna** experimental physics
~ **elektronowa** electron physics
~ **jądrowa** nuclear physics, nucleonics
~ **małych energii** low-energy physics
~ **metali** metal physics
~ **molekularna** molecular physics
~ **niskich temperatur** low-temperature physics, cryophysics
~ **plazmy** plasma physics
~ **reaktora** reactor physics
~ **słońca** solar physics
~ **stosowana** applied physics
~ **teoretyczna** theoretical physics
~ **wielkich energii** high-energy physics
fizykalny *a* physical
fizykochemia *f* physical chemistry
fizykoterapia *f* physical therapy, physiotherapy, physicotherapy; physiatrics
fizysorpcja *f* physical adsorption, physisorption, Van der Waals adsorption
flaga *f* flag
~ **armatora** house flag
~ **kodu** code flag
~ **regatowa** racing flag
~ **sygnałowa** *żegl.* signal flag
~ **wzywania pomocy** distress flag
flaglinka *f okr.* (signal) halyard
flagsztok *m okr.* staff
flaki *pl spoż.* tripe
flancować *v roln.* transplant
flanela *f włók.* flannel
flatter *m lotn.* flutter
~ **giętno-skrętny** bending-torsion flutter
~ **giętny** pure-bending flutter
~ **klasyczny** classical flutter, coupled flutter
~ **o dwóch stopniach swobody** binary flutter
~ **o trzech stopniach swobody** ternary flutter
~ **przeciągnięcia** stalling flutter
~ **skrętny** torsional flutter
~ **sprzężony** coupled flutter, classical flutter
flawantren *m farb.* flavanthrone
flawiny *fpl biochem.* flavines
flawon *m chem.* flavone
flawonol *m biochem.* flavonol
flawoproteidy *mpl biochem.* flavin enzymes, flavoproteins
flądra *f ryb.* flounder, *Pleuronectes flesus* L.
flebogram *m med.* phlebogram, venogram
flegma *f* **1.** (*w procesie destylacji*) reflux, phlegm **2.** *fizjol.* phlegm
flegmatyzacja *f wybuch.* desensitization
flegmatyzator *m wybuch.* moderant, deterrent, phlegmatizing agent
fleksja *f jęz.* inflection, inflexion
fleksografia *f* aniline printing
fleksometr *m tw.szt., gum.* flexometer
fleksura *f geol.* flexure
flesz *m* (photo-)flash lamp, flashgun
flettner *m lotn.* balance tab
flint *m* **1.** *min.* flint **2.** *opt.* flint glass, optical flint
~ **ciężki** *opt.* dense flint
~ **lekki** *opt.* light flint
flip-flop *n elektron.* flip-flop, bistable multivibrator
flisz *m geol.* flysch
fliz *m bud.* flagstone, flag
fliza *f poligr.* ink slab, inking stone
flogopit *m* phlogopite, magnesium mica
flokowanie *n* (*tkanin*) *włók.* flocking
flokulacja *f chem.* flocculation
flokulant *m chem.* flocculent, flocculating agent
flokulator *m chem.* **1.** flocculator **2.** *zob.* **flokulant**
flokuł *m astr.* flocculus
flora *f bot.* flora, *zob.też* **fauna**
~ **jelitowa** (*bakteryjna*) *biol.* intestinal flora
flota *f żegl.* fleet
~ **handlowa** merchant navy, mercantile marine, shipping
~ **morska** marine
~ **rybacka** fishing fleet
~ **wojenna** navy
flotacja *f wzbog.* flo(a)tation
~ **błonkowa** film flotation
~ **kolektywna** bulk flotation, collective flotation
~ **pianowa** froth flotation
~ **powierzchniowa** film flotation
~ **rozdzielcza** *zob.* **flotacja selektywna**
~ **selektywna** selective flotation, differential flotation, preferential flotation
~ **zbiorowa** bulk flotation, collective flotation
flotacyjność *f wzbog.* flotability
flotownia *f wzbog.* flotation plant
flotownik *m wzbog.* flotation machine
~ **agitacyjny** agitation-type flotation machine, agitation cell
~ **mechaniczny** impeller flotation machine
~ **powietrzny** pneumatic cell
flotylla *f* **rybacka** fishing fleet
fluatowanie *n bud.* fluating
fluencja *f* **(cząstek)** *fiz.* (particle) fluence

~ **energii** energy fluence
fluidyk *m aut.* fluidic device
fluidyzacja *f chem.* fluidization
~ **jednorodna** homogeneous fluidization, particulate fluidization
~ **niejednorodna** heterogeneous fluidization, aggregative fluidization
~ **w fazie gęstej** dense-phase fluidization
~ **w fazie rzadkiej** dilute-phase fluidization
fluksometr *m el.* maxwellmeter, fluxmeter
fluktuacja *f* fluctuation
~ **cen** *ek.* price fluctuation
~ **echa radarowego** bobbing
fluor *m chem.* fluorine, F
fluoran *m chem.* fluorate
fluorek *m chem.* fluoride
~ **amonowy** ammonium fluoride
~ **borowy** boron fluoride
~ **cynkowy** zinc fluoride
~ **etylu** ethyl fluoride, fluoroethane
~ **metylu** methyl fluoride, fluoromethane
~ **sodowy** sodium fluoride, fluorol
~ **uranowy** uranium tetrafluoride, green salt
~ **winylu** vinyl fluoride
fluoren *m chem.* fluorene
fluoresceina *f chem.* fluorescein
fluorescencja *f fiz.* fluorescence
~ **opóźniona** delayed fluorescence
~ **radiacyjna** radiation induced fluorescence
~ **rentgenowska** X-ray fluorescence, XRF
~ **sensybilizowana** sensitized fluorescence
fluorescencyjny *a* fluorescent
fluorkowanie *n* **wody** *san.* water fluoridation
fluorobaryt *m min.* fluorbarite
fluorobenzen *m chem.* fluorobenzene
fluorobenzyd *m pest.* fluorbenside (*acaricide*)
fluorocyjan *m chem.* cyanogen fluoride
fluoroelastomery *mpl chem.* fluorocarbon elastomers
fluoroetan *m chem.* fluoroethane, ethyl fluoride
fluoroetanol *m chem.* fluoroethanol
fluoroetylen *m chem.* fluoroethylene, vinyl fluoride
fluoroform *m chem.* fluoroform, trifluoromethane
fluorografia *f fot.* fluorography
fluorokrzemian *m* **barowy** *chem.* barium fluosilicate
fluorometan *m chem.* fluoromethane, methyl fluoride
fluoropochodne *fpl* **węglowodorów** *chem.* fluorocarbons
fluoroskop *m* fluoroscope, röntgenoscope
fluoroskopia *f* fluoroscopy, fluoroscopic inspection, röntgenoscopy
fluorouracyl *m chem.* fluorouracil, FUra
fluorourydyna *f chem.* fluorouridine, FUrd
fluorowanie *n* fluorination
~ **wody** *san.* water fluoridation
fluorowce *mpl chem.* halogen group, halogens
fluorowodorek *m chem.* hydrofluoride
fluorowodór *m chem.* hydrogen fluoride
fluorowy *a chem.* fluoric
fluoroza *f bhp* fluorosis (*occupational disease*)
fluorymetr *m* fluorometer, fluorimeter
fluorymetria *f* fluorimetry, fluorescence analysis; fluorometric analysis
fluoryt *m min.* fluorspar, fluorite
fluoryzować *v* fluoresce
fobia *f med.* phobia
fok *m okr.* fore sail
foka *f zool.* seal, *Phoca*
fokmaszt *m okr.* fore mast
fokometr *m med.* dioptrimeter
fokreja *f okr.* fore yard
foksztaksel *m okr.* forestaysail
foktopsel *m okr.* fore gaff topsail
fokusacja *f kryst.* focusing
fokuson *m kryst.* focuson, focused collision
fokżagiel *m okr.* foresail
folia *f* foil; (metal) leaf; *tw.szt.* film
~ **aluminiowa** aluminium foil
~ **bez wypełniacza** *tw.szt.* supported sheeting
~ **cynowa** tin-foil, stanniol
~ **elastyczna** flexible film
~ **izolacyjna** insulating foil
~ **kalandrowana** *tw.szt.* calendered film
~ **klejąca** multiple layer adhesive
~ **lana** *tw.szt.* casting film, casting foil, cast sheet
~ **metalowa** metal foil, (metal) leaf
~ ~ **błyszcząca** tinsel
~ **octanowa** *tw.szt.* sheeting acetate
~ **orientowana dwukierunkowo** *tw.szt.* tensilized film
~ **papieropodobna** paper-like film
~ **pęcherzykowa** cellular air plastic film, air bubble film
~ **podłożowa** *fot.* film base
~ **polietylenowa** *tw.szt.* polyethylene sheeting
~ **rozdzielająca** *tw.szt.* release film
~ **szklana** glass film
~ **wiskozowa** *tw.szt.* viscose foil
~ **wylewana** *tw.szt.* casting film, casting foil, cast sheet
~ **wytłaczana** *tw.szt.* extruded film
~ **z tworzywa sztucznego** plastic film
~ **złota** gold-leaf
foliacja *f petr.* foliation
folikulina *f biochem.* foliculin, estrone, theelin
folikulostymulina *f biochem.* follicle-stimulating hormone, FSH
folowanie *n włók.* fulling; milling
folpet *m pest.* folpet (*fungicide*)
folusz *m włók.* fulling mill, fuller
fon *m jedn.* phon
fonendoskop *m med.* phonendoscope
fonetyka *f jęz.* phonetics
fonia *f akust.* sound
fonizacja *f akust.* sound amplification
fonochemia *f* sonochemistry, phonochemistry

fonoencefalograf *m med.* phonoencephalograph
fonoencefalografia *f med.* phonoencephalography
fonogram *m* sound record
fonokardiograf *m med.* phonocardiograph
fonokardiografia *f med.* phonocardiography
fonokraniograf *m med.* phonoencephalograph
fonometr *m* phonometer
fonon *m elektron.* phonon
fononika *f* acoustoelectronics
fonopulmonograf *m med.* electrophonopulmograph
fonostymulacja *f med.* acoustic stimulation, auditive stimulation
fonostymulator *m med.* phonostimulator, acoustic stimulator, sonic stimulator
fonoteka *f* sound library
fontanna *f arch.* fountain
forat *m pest.* phorate (*insecticide*)
fordewind *m żegl.* running free (*sailing point*)
foremnik *m obr.plast.* swage, swedge
foremny *a geom.* regular
forma *f* **1.** form, shape **2.** *odl., tw.szt., bud.* mould, mold
~ **alternująca** *mat.* alternating form
~ **bezskrzynkowa** *odl.* snap flask mould, removable-flask mould
~ **ciśnieniowa** *odl.* pressure casting die
~ **do kształtowania przez dmuchanie** *gum., tw.szt.* blow mould
~ **do lodu** *chłodn.* ice can, ice mould
~ **do odlewania** *szkl.* font mould
~ ~ ~ **metodą traconego wosku** *odl.* investment
~ ~ ~ **pod ciśnieniem** *odl.* pressure casting die, die-casting mould
~ ~ ~ **z wylewaniem** *odl.* slush mould
~ **do prasowania przetłocznego** *tw.szt.* separate pot mould
~ **do rozdmuchiwania** *gum., tw.szt.* blow mould
~ **do spawania termitowego** *spaw.* thermite mould
~ **drukowa** *poligr.* forme
~ **dwuczęściowa** *zob.* **forma dwuskrzynkowa**
~ **dwuskrzynkowa** *odl.* two-part mould
~ **dzielona** *szkl.* open-and-shut mould, split mould
~ **fałszywa** *odl.* pattern match, oddside
~ **gliniana** *odl.* loam mould
~ **główkowa** *szkl.* neck mould, neck ring, ring mould
~ **gruntowa** *odl.* floor mould
~ ~ **otwarta** open floor mould
~ ~ **zamknięta** covered floor mould
~ **hermitowska** *mat.* Hermitian form
~ **jednogniazdowa** *tw.szt.* single cavity mould, single impression mould
~ **jednorazowa** *odl.* expendable mould
~ **jednorodna** *mat.* quantic
~ **kwadratowa** *mat.* quadratic form, quadric
~ **lana** *tw.szt.* cast profile
~ **metalowa** *odl.* metal mould, chill, gravity die
~ **modelowa** original mould
~ **mokra** *odl.* green-sand mould
~ **nieotwierana** *szkl.* block mould
~ **niewyciskowa** *tw.szt.* positive mould
~ **normalna dysjunktywna** *mat.* disjunctive normal form
~ ~ **koniunktywna** conjunctive normal form
~ **obrotowa** (*do odlewania odśrodkowego*) centrifugal casting mould
~ **obsuszana na powietrzu** *odl.* air dried mould
~ **odlewnicza** casting mould, foundry mould
~ **otwierana** *szkl.* open-and-shut mould, split mould
~ **piaskowa** *odl.* sand mould
~ **piętrowa** *odl.* multiple mould
~ **podstawowa druga** *mat.* second fundamental form
~ **podsuszona** *odl.* skin-dried mould, partially dried mould
~ **pojedyncza** *tw.szt.* single cavity mould, single impression mould
~ **powłokowa** *tw.szt.* glove mould
~ **półtoraliniowa** *mat.* sesquilinear form
~ **półtrwała** *odl.* semi-permanent mould
~ **półwyciskowa** (*o ograniczonym wycisku tłoczywa*) *tw.szt.* semi-positive mould
~ **prasownicza** *tw.szt.* press mould
~ **przetłoczna** *tw.szt.* transfer mould
~ **przysuszona** *odl.* skin-dried mould, partially dried mould
~ **rębni** *leśn.* form of cutting method
~ **ręczna** *tw.szt.* portable mould, loose mould, hand mould
~ **różniczkowa** *mat.* differential form
~ **segmentowa** *tw.szt.* split (cavity) mould
~ **siodłowa** *tw.szt.* saddle mould
~ **skorupowa** *odl.* shell mould
~ **spalona** *odl.* dead burned mould
~ **sucha** *odl.* dry-sand mould
~ **tłoczna** *tw.szt.* compression mould
~ **trwała** *odl.* permanent mould
~ **trzyczęściowa** *odl.* three-part mould
~ **w rdzeniach** *odl.* core assembly
~ **wieloczęściowa** *odl.* multiple-part mould
~ ~ **rozbieralna** *tw.szt.* split (cavity) mould
~ **wielogniazdowa** *zob.* **forma wielokrotna**
~ **wielokrotna** *tw.szt.* multi-impression mould, multi-cavity mould, composite mould
~ **wieloskrzynkowa** *odl.* multiple-part mould
~ **wielownękowa** *odl.* combination casting die
~ **wilgotna** *odl.* green-sand mould
~ **wirująca** (*do odlewania odśrodkowego*) centrifugal casting mould
~ **wklęsła** *tw.szt.* female mould, matrix
~ **właściwa** *szkl.* blow mould, body mould, finish mould

~ **wstępna** *szkl.* blank mould; *ceram.* small mould
~ **wtryskowa** *tw.szt.* injection mould
~ **wyciskowa** *tw.szt.* shut-off mould, flash mould
~ **wygotowana** *odl.* blown mould
~ **wypukła** *tw.szt.* male mould
~ **z kanałami grzejnymi** *tw.szt.* cored mould
~ **z workiem ciśnieniowym** *tw.szt.* bag mould
~ **z zamknięciem stykowym** *tw.szt.* shut--off mould, flash mould
~ **z zamknięciem teleskopowym** *tw.szt.* positive mould
~ **zdejmowana** *tw.szt.* portable mould, hand mould, loose mould
~ **ze zdejmowaną matrycą** *tw.szt.* bar mould
aci-**forma** *f chem.* *aci*-form
formacja *f geol.* formation, system
formaldehyd *m chem.* formaldehyde, methanal
formalina *f chem.* formalin
formalizacja *f* formalization
formalności *fpl* **celne** customs formalities
~ **wymagane** prescribed formalities, required formalities
formalny *a* formal
formamid *m chem.* formamide, methanamide
formanilid *m chem.* formanilide, phenylformamide
formant *m akust.* formant
format *m* **1.** format; size **2.** *inf.* (data) format
~ **A** *papiern.* A size
~ ~ **przed obcięciem** RA size
~ **jawny** *mat.* explicit format
~ **książki** book size, format
~ **nieobcięty** *papiern.* untrimmed size
~ **papieru** size of paper sheet
~ ~ **przed obcięciem** SRA-size
~ **po obcięciu** *poligr.* trim size
~ **rysunku** drawing size
~ **słowa** (*maszynowego*) *inf.* word format
~ **surowy** *papiern.* untrimmed size
~ **znormalizowany** standard size
~ **zwykły** *mat.* ordinary format
formatka *f* **wilgotna** *papiern.* wet lap, fibre mat
formatówka *f drewn.* dimension saw
~ **dwustronna** double dimension saw
formatyzator *m inf.* format effector
formierka *f* **1.** *odl.* (foundry) moulding machine **2.** forming machine, former
~ **bliźniacza** twin moulding machine
~ **do formowania w skrzyniach usuwalnych** snap flask moulding machine, boxless moulding machine
~ **do makuchów** *roln.* cake former
~ **elektromagnetyczna** electro-magnetic moulding machine
~ **elektromechaniczna** electric moulding machine
~ **kombinowana** jolt-squeeze moulding machine
~ **mechaniczna** power moulding machine
~ **narzucarka** sand-slinger
~ **obrotowa** turnover moulding machine
~ **prasująca** squeeze moulding machine
~ ~ **o dolnym nacisku** bottom squeeze moulding machine
~ ~ **o górnym nacisku** top squeeze moulding machine
~ ~ **ręczna** hand squeeze moulding machine
~ **przeciągowa** stripping-plate moulding machine, plain stripper
~ **przeponowa** diaphragm moulding machine
~ **ręczna** hand moulding machine
~ **trzpieniowa** pin-lift moulding machine, push-off moulding machine, pin-lift stripper
~ **ubijarka** ramming moulding machine, tamping moulding machine
~ **wstrząsarka** jolt moulding machine, jolt-ramming machine, jolter, jar--ramming machine
~ ~ **z amortyzacją** shockless jolt(ing) machine
~ ~ **z dopasowaniem** jolt-squeeze moulding machine
~ **wyciskarka** (*ze ślimakiem*) rotary core machine
~ **z płytą obracaną** *zob.* **formierka ze stołem obracanym**
~ **zdwojona** twin moulding machine
~ **ze stołem obracanym** turn-table moulding machine
~ **ze stołem przerzucanym** roll-over moulding machine, rockover moulding machine, rockover jolter
formiernia *f odl.* (foundry) moulding shop, (foundry) moulding plant
formierstwo *n odl.* moulding practice
formierz *m odl.* moulder
formować *v* **1.** shape; form **2.** mould
formowanie *n* **1.** shaping; forming **2.** *odl.* moulding, molding **3.** *tw.szt.* moulding, molding **4.** *ceram.* throwing
~ **arkuszy** *tw.szt.* sheeting
~ **artystyczne** ornamental moulding
~ **bezskrzynkowe** *odl.* snap-flask moulding, flaskless moulding
~ **do odlewania piętrowego** stack moulding
~ **drobiu** *spoż.* dressing
~ **dwuskrzynkowe** *odl.* two-box moulding
~ **dyfuzyjne** *tw.szt.* diffusion moulding
~ **gomółek szklanych** *szkl.* crown process
~ **jednoskrzynkowe** *odl.* covered floor moulding
~ **kontaktowe** *tw.szt.* lay-up
~ **laminatów** *tw.szt.* laminate moulding, laminating
~ **maszynowe** *odl.* machine moulding, mechanical moulding
~ **na mokro** *odl.* green-sand moulding
~ **na stole** *odl.* bench moulding
~ **na sucho** *odl.* dry-sand moulding
~ **na wilgotno** *odl.* green-sand moulding

~ **na wosk tracony** *odl.* investment moulding, lost wax process
~ **na wytłaczarce nurnikowej** *tw.szt.* plunger extrusion moulding
~ **na zimno** *tw.szt.* cold moulding
~ **narzucarką** *odl.* slinger moulding
~ **niskociśnieniowe** *tw.szt.* low-pressure moulding, vacuum forming, vacuum moulding
~ ~ **w worku** vacuum bag moulding
~ **obrotowe** *tw.szt.* rotational moulding
~ **otwarte** *odl.* moulding in open sand bed
~ **odlewów powtarzalnych** repetition moulding
~ **osadowe** (*z zawiesiny*) *tw.szt.* slush moulding
~ **plastyczne** plastic forming
~ **pod ciśnieniem** *tw.szt.* pressure forming
~ **próżniowe** *tw.szt.* vacuum forming, vacuum moulding, low-pressure moulding
~ **przetłoczne** *tw.szt.* transfer moulding, flow moulding
~ **przez bańkę** *szkl.* making on a post
~ **przez dmuchanie** *gum.*, *tw.szt.* blow moulding
~ **przez maczanie** *tw.szt.* dip moulding
~ **przez zanurzanie** *tw.szt.* solvent moulding
~ **pulpowe** *tw.szt.* pulp moulding
~ **rdzeni** *odl.* coremaking
~ **ręczne** *odl.* hand moulding
~ **rotacyjne** *tw.szt.* rotational moulding
~ **się antycyklonów** *meteo.* anticyclogenesis
~ ~ **cyklonów** *meteo.* cyclogenesis
~ ~ **ryb w ławice** shoaling of fish
~ **skorupowe** *odl.* shell moulding, C process, Croning process
~ **skrzepu** (*w serowarstwie*) *spoż.* setting of curd
~ **tłoczne** *tw.szt.* compression moulding
~ **uderzeniowe** *tw.szt.* impact moulding
~ **w dole** *odl.* pit moulding
~ **w glinie** *odl.* loam moulding
~ **w gruncie** *odl.* floor moulding
~ ~ ~ **bez przykrycia** moulding in open sand bed
~ ~ ~ **pod przykryciem** covered floor moulding
~ **w masie formierskiej** sand moulding
~ **w rdzeniach** *odl.* moulding in cores, core moulding
~ **w skrzynkach** *odl.* box moulding, flask moulding
~ ~ ~ **parzystych** two-box moulding
~ ~ ~ **usuwalnych** snap-flask moulding
~ **w stos** *odl.* stack moulding
~ **w worku** *tw.szt.* bag moulding
~ **wirowe** *tw.szt.* centrifugal moulding
~ **włókna** *włók.szt.* throwing
~ **wstępne** *tw.szt.* preforming
~ **wtórne** *tw.szt.* postforming
~ **wtryskowe** *tw.szt.* injection moulding
~ ~ **bezodpadowe** runnerless injection moulding
~ **wytłoczne** *gum.*, *tw.szt.* extrusion moulding
~ **wzornikowe** *odl.* strickle moulding, sweep moulding, sweeping up, strickling
~ ~ **wg przymiarów kontrolnych** *odl.* strickle moulding with gauges
~ **z masy plastycznej** plastic forming
~ **z modelu naturalnego** *odl.* loose pattern moulding
~ ~ ~ **wytapianego** *odl.* investment moulding, lost wax process
~ **z nabiera** *szkl.* making on blowpipe
~ **z obracaniem** turn-over moulding
~ **z odbieraniem** *odl.* moulding requiring parting-down
~ **z okazu** *odl.* reproduced model moulding
~ **z plackiem** *odl.* moulding with cake
~ **z płyt** *odl.* plate moulding
~ **z proszku** *tw.szt.* powder moulding
~ **z przekładaniem rdzenia** *odl.* turn-over moulding
~ **z rozdmuchiwaniem** *tw.szt.* blow moulding
~ **za pomocą piszczeli** *szkl.* off-hand glass blowing
~ **zakuwki nita** laying up
formownik *m* **wytłaczarki** *gum.*, *tw.szt.* extruding die
formularz *m* (blank) form
~ **ankietowy** questionnaire, inquiry form
~ **celny** customs form
~ **do dziurkowania** *inf.* punching pattern
~ **podania** application form
~ **ustawiający** *inf.* setup form
~ **zgłoszeniowy** *zob.* **formularz podania**
formuła *f mat.* formula
~ **atomowa** atomic formula
~ **chemiczna** (chemical) formula
~ **domknięta** closed formula
~ **rekurencyjna** recurrence formula
~ **w postaci normalnej** prenex formula
formułować *v* formulate
formy *fpl* **niespolaryzowane** *mat.* apolar forms
~ **przestawne** (*do robót betonowych*) *bud.* moving forms, climbing forms
~ **ślizgowe** (*do robót betonowych*) *bud.* sliding forms
formyl *m chem.* formyl
2-formylofuran *m chem.* furfural(dehyde), pyromucic aldehyde
formylowanie *n chem.* formylation
fornir *m* veneer; scaleboard
~ **łuszczony** (*na skrawarce obrotowej*) rotary-cut veneer
~ **nożowy** *zob.* **fornir skrawany**
~ **skrawany** (*na skrawarce płaskiej*) sliced veneer
~ **tarty** sawed veneer
fornirować *v* veneer
forologia *f med.* phorology
foron *m chem.* phorone
foronomia *f hydr.* geometry of flow
forsowanie *n* **mielizny** *żegl.* forging over a shoal

~ **wzbudzenia** *masz.el.* field forcing
forsteryt *m min.* forsterite, white olivine
forsyt *m wybuch.* forcite
forszt *m bud.* withe, mid-feather
fortran *m inf.* Fortran (*problem oriented computer language*)
fortyfikacja *f wojsk.* fortification
fosfamidon *m pest.* phosphamidon (*acaricide and insecticide*)
fosfatazy *fpl biochem.* phosphatases
fosfatydy *fpl biochem.* phosphatides, phospholipides
fosfatydylocholina *f biochem.* phosphatidyl choline
fosfatyzacja *f powł.* phosphatizing, phosphate treatment, phosphate coating
fosfazot *m* (*nawóz*) *chem.* phosphazote
fosfina *f chem.* phosphine
fosfokreatyna *f biochem.* phosphocreatine, PC
fosfolipidy *mpl biochem.* phosphatides, phospholipides
fosfoproteidy *mpl biochem.* phosphoproteins
fosfor *m* **1.** *chem.* phosphorus, P **2.** luminophore; phosphor
~ **-32** *chem.* radiophosphorus, phosphorus-32, ^{32}P
fosforan *m chem.* phosphate
~ **amonowy** ammonium phosphate
~ **dwuamonowy** diammonium phosphate, dibasic ammonium phosphate
~ **dwunukleotydu nikotynamido-adeninowego** nicotinamide-adenine dinucleotide phosphate, NADP
~ **dwusodowy** disodium phosphate, dibasic sodium phosphate
~ **glinowy** aluminium phosphate
~ **jednopotasowy** monobasic potassium phosphate, primary potassium ortophosphate
~ **jednosodowy** monobasic sodium phosphate, primary sodium ortophosphate
~ **jednowapniowy** monocalcium phosphate, monobasic calcium phosphate
~ **ryboflawinowy** *biochem.* flavin mononucleotide, FMN
~ **(trój)butylowy** tributyl phosphate, TBP
~ **(trój)krezylowy** tricresyl phosphate
~ **trójsodowy** tribasic sodium phosphate, trisodium ortophosphate
fosforanowanie *n powł.* phosphatizing, phosphate treatment, phosphate coating
~ **elektrolityczne (stali)** electro-granodizing
~ **powolne** parkerizing
~ **przyspieszone** bonderizing
fosforawy *a chem.* phosphorous
fosforek *m chem.* phosphide
~ **cynkowy** zinc phosphide
fosforescencja *f fiz.* phosphorescence
~ **radiacyjna** radiation induced phosphorescence
fosforiak *m chem.* phosphine, hydrogen phosphide, phosphuretted hydrogen
fosforobrąz *m met.* phosphor-bronze
fosforoskop *m* phosphoroscope
fosforowodór *m chem.* phosphine, hydrogen phosphide, phosphuretted hydrogen
fosforowy *a chem.* phosphoric
fosforyl *m chem.* phosphoryl
fosforylacja *f chem.* phosphorylation
~ **fotosyntetyczna** *biochem.* photophosphorylation
fosforylaza *f biochem.* phosphorylase
fosforylowanie *n zob.* **fosforylacja**
fosforyn *m chem.* phosphite
fosforyt *m min.* phosphate rock, phosphorite
fosforzyca *f bhp* phosphorism (*occupational disease*)
fosgen *m chem.* phosgene, carbonyl chloride, carbonoxychloride
fosgenit *m min.* phosgenite
fosylizacja *f geol.* lapidification
fot *m jedn.* phot: $1ph = 10^4$ lx
fotel *m* armchair
~ **dentystyczny** *med.* dental chair, dental operation chair
~ **obrotowy** swivel chair
~ **pilota** *lotn.* pilot's seat
~ **wyrzucany** ejection seat
~ **zabiegowy** *med.* operating chair
fotoaktywacja *f* photoactivation, gamma photon activation, γ-ray activation
fotochemia *f* photochemistry
fotochemiczny *a* photochemical
fotodegradacja *f* photodegradation, photochemical degradation
fotodioda *f elektron.* photodiode
~ **lampowa** phototube, photoemissive cell diode
~ **półprzewodnikowa** semiconductor photodiode
fotodysocjacja *f chem.* photodissociation
fotoelastyczność *f* photoelasticity
fotoelektron *m* photoelectron
fotoelektryczność *f* photoelectricity
fotoelektryczny *a* photoelectric
fotoelement *m* photoelement, photovoltaic cell
fotoemisja *f elektron.* photoemission, photoemissive effect
fotofluorograf *m radiol.* photofluorograph, photofluorographic unit, photo-röntgen unit
fotofluorografia *f* photofluorography, photoröntgenography
fotoforeza *f* photophoresis
fotofosforylacja *f biochem.* photophosphorylation
fotofrakcja *f* (*w radiometrii*) photofraction
fotograf *m* photographer
fotografia *f* **1.** photography **2.** photograph
~ **barwna** colour photography
~ **cieplna** infrared photography
~ **lotnicza** aerial photography, aerophotography
~ **mikroskopowa** photomicrography
~ **rentgenowska** X-ray photography

~ **smugowa** *fiz., aero.* schlieren photography
~ **stereoskopowa** stereophotography
~ **w podczerwieni** infrared photography
fotograficzny *a* photographic
fotografować *v* photograph, take photographs
fotogrametria *f geod.* photogrammetry
~ **dwuobrazowa** stereophotogrammetry
~ **lotnicza** air photogrammetry, aerial mapping
~ **naziemna** ground photogrammetry
fotograwiura *f poligr.* photogravure
fotojądrowy *a* photonuclear
fotojonizacja *f* photoionization, radiation ionization
fotokarabin *m lotn.* cine camera gun, camera gun
fotokataliza *f chem.* photocatalysis
fotokatalizator *m chem.* photocatalyst
fotokatoda *f elektron.* photocathode, photoelectric cathode
~ **półprzezroczysta** semitransparent photocathode
~ **typu UPE** (*o ujemnej energii powinowactwa elektronowego*) photocathode with negative energy of electron affinity
fotokolorymetr *m* photoelectric colorimeter, photocolorimeter
fotokomórka *f* photocell, photoelectric cell; photodetector, light-sensitive cell, photosensor
~ **selenowa** selenium cell
~ **siarczkowo-kadmowa** CdS cell
fotokopia *f* photocopy, photographic print
fotokopiarka *f biur.* photocopying machine
~ **błyskawiczna** instant copying machine
fotolakier *m* photo-etch resist (*in photolithographic process*)
fotolaryngoskop *m med.* photolaryngoscope
fotolitografia *f* photolithography
fotoliza *f chem.* photolysis, photochemical decomposition, photodecomposition, photodissociation
~ **błyskowa** *chem.* flash photolysis
fotoluminescencja *f* photoluminescence
fotomakrografia *f* photomacrography
fotomaska *f elektron.* photomask, photo (-etch) resist
fotometr *m opt.* photometer, foot-candle meter
~ **całkujący** integrating photometer, photometric integrator
~ **fizyczny** objective photometer
~ **fluorescencji** fluorophotometer
~ **fotoelektryczny** photoelectric photometer, objective photometer
~ **izoluminacyjny** equality of luminosity photometer
~ **klinowy** wedge photometer
~ **kulisty** photometric sphere, globe photometer
~ **obiektywny** objective photometer
~ **płomieniowy** flame photometer
~ **równokontrastowy** equality of contrast photometer
~ **spektralny** spectrophotometer
~ **subiektywny** subjective photometer, visual photometer
~ **wzrokowy** *zob.* **fotometr subiektywny**
fotometria *f* **1.** *opt.* photometry **2.** *chem.* photometry, photometric analysis
~ **fizyczna** *zob.* **fotometria obiektywna**
~ **fotograficzna** photographic photometry
~ **obiektywna** physical photometry
~ **płomieniowa** flame photometry
~ **subiektywna** visual photometry
~ **widmowa** spectrophotometry
~ **wzrokowa** *zob.* **fotometria subiektywna**
fotomikrografia *f* photomicrography
fotomontaż *m* montage photograph, photo-montage
foton *m* photon, light quantum
fotoneutron *m fiz.* photoneutron
fotonówka *f el.* photoemissive cell
fotooffset *m poligr.* photo-offset
fotoogniwo *n* photoelement, photovoltaic cell
fotoopornik *m el.* photoresistor, photo-conductive cell
fotopik *m fiz.* photopeak, photoelectric peak, total absorption peak
fotopolimeryzacja *f* photopolymerization, photochemical polymerization
fotopowielacz *m elektron.* multiplier phototube, photoelectric multiplier, photomultiplier (tube)
fotopółprzewodnik *m* photoconductor
fotoprąd *m* photocurrent
fotoproton *m fiz.* photoproton
fotoprzewodnik *m* photoconductor
fotoprzewodzenie *n* photoconduction, photoconductivity
fotoredukcja *f chem.* photoreduction
fotorektoskop *m med.* photorectoscope
fotorezystor *m el.* photoresistor, photoconductive cell, light-sensitive resistor, LSR
fotorozkład *m chem.* photodissociation
fotorozpad *m* **jądrowy** *nukl.* photodisintegration
fotorozszczepienie *n nukl.* photofission
fotosensybilizacja *f* photosensitization
fotosetter *m poligr.* photosetter
fotosfera *f* (*słoneczna*) *astr.* photosphere
fotosieciowanie *n* (*polimerów*) *chem.* photocrosslinking
fotoskład *m poligr.* photocomposition, filmsetting, phototype setting, photosetting
fotoskładarka *f poligr.* photo(type)setter, photocomposer
fotostat *m* (*do reprodukcji dokumentów*) photostat
fotosynteza *f chem.* photosynthesis
fotoszkic *m geod.* photographic mosaic
fototaksja *f biol.* phototaxis
fototelegrafia *f* facsimile telegraphy, phototelegraphy, picture telegraphy
fototeodolit *m geod.* phototheodolite
fototorakoskop *m med.* photothoracoscope
fototranzystor *m elektron.* phototransistor

fototropizm *m* **1.** *fiz.* phototropism, phototrophy **2.** *biol.* phototropism, phototrophy
fototypia *f poligr.* phototypography
fototyrystor *m elektron.* photothyristor
fototytularka *f poligr.* coxhead liner, headliner
fotowarystor *m elektron.* photovaristor
foyer *n arch.* foyer
fracht *m żegl.* **1.** freight (*the price paid*) **2.** freight (*goods transported*)
~ **ad valorem** (*obliczany od wartości przesyłki*) ad valorem freight
~ **bezpośredni** through freight
~ **brutto** gross freight
~ **ciężarowy** freight by weight
~ **cząstkowy** *zob.* **fracht dystansowy**
~ **dystansowy** pro rata freight
~ **kubaturowy** freight by measurement
~ **płatny z dołu** freight payable at destination
~ **płatny z góry** freight prepaid
~ **powrotny** back freight
~ **proporcjonalny** pro rata freight
~ **ryczałtowy** lump(sum) freight
frachtowanie *n żegl.* freightage
frachtowiec *m okr.* freighter, freight vessel, cargo carrier
frachtujący *m żegl.* freighter
fractostratus *m meteo.* scud
fractus *m meteo.* fractus, broken cloud
fragment *m* fragment
~ **jądrowy** nuclear fragment
~ **kruszenia** *nukl.* spallation fragment
~ **rozszczepienia** *nukl.* fission fragment
~ ~ **pierwotny** *nukl.* primary fission fragment
fragmentacja *f* (*jądra*) *nukl.* spallation
~ **pamięci** *inf.* store fragmentation
fragmentaryczny *a* fragmentary
frakcja *f* fraction; cut
~ **boczna** *chem.* side stream
~ **ciężka** (*destylacji*) heavy ends
~ **długowłóknista** *papiern.* long fibres
~ **dobrych sztuk** *skj* fraction effective
~ **dolna** *poligr.* inferior figures (*or* *letters*)
~ **główna** (*destylacji*) main fraction
~ **górna** *poligr.* superior figures (*or* *letters*)
~ **końcowa** (*destylacji*) tail fraction, tails
~ **krótkowłóknista** *papiern.* short fibres
~ **lekka** (*destylacji*) light ends
~ **macierzysta** *nukl.* parent fraction
~ **molowa** mole fraction
~ **niedobrych sztuk** *skj* fraction defective
~ **pochodna** *nukl.* daughter fraction
~ **ropna** crude oil fraction
~ **szczytowa** (*destylacji*) top-product, tops
~ **uszkodzeń** failure quota
~ **wymienna** *nukl.* exchange fraction
~ **z próbki** *mat.* sampling fraction
frakcjonowanie *n* fractionation
~ **elucyjne** *chem.* fractional extraction
~ **strąceniowe** *chem.* fractional precipitation
frakcyjny *a* fractional
fraktografia *f* (*badanie przełomów*) *met.* fractography
fraktogram *m met.* fractograph
franco nabrzeże free overside
franco pokład statku free on board, f.o.b.
franco port free harbour
franco samochód ciężarowy *GB* free on truck; *US* free on board, f.o.b.
franco siedziba odbiorcy free at yours
franco wagon *GB* free on rail, free on truck; *US* free on board, f.o.b.
franco wzdłuż (burty) statku *GB* free alongside ship, free from alongside; *US* free alongside vessel
franco zasobnia bunkrowa statku (*cena paliwa*) free into bunkers, f.i.b.
frans *m chem.* francium, Fr
franszyza *f* (*ubezpieczeniowa*) franchise
fregata *f okr.* **1.** full-rigged ship **2.** frigate (*escort vessel*)
frekwencja *f* attendance
frenozyna *f biochem.* phrenosin, cerebron
freon *m chłodn.* Freon
fresk *m arch.* fresco, mural
frez *m obr.skraw.* milling cutter, mill
~ **chwytowy do rowków trapezowych** *drewn.* dovetailing cutter, dovetailing bit
~ **czołowy** face mill, face cutter
~ ~ **wewnętrzny** hollow mill
~ **do gwintów** thread cutter
~ **do kół ślimakowych** wormgear hob
~ **do obróbki zespołu kół zębatych** multiple-gear cutter
~ **do rowków** slotting cutter
~ ~ ~ **gwintowników** tap flutting cutter
~ ~ ~ **teowych** T-slot cutter
~ ~ ~ **w połączeniach narożnikowych** *drewn.* corner lock cutter
~ **do rozwiertaków** reamer fluting cutter
~ **do wałków wielowypustowych** spline cutter
~ **do zdobinowania** *drewn.* quirk cutter
~ **do zgrubnej obróbki gwintów** stocking cutter
~ **dwuostrzowy** double-bit flycutter
~ **esowy** *drewn.* S-knife
~ **jednolity** integral-tooth cutter
~ **jednostrzałowy** single-bit flycutter
~ **kątowy** angle (milling) cutter
~ ~ **jednostronny** single-angle cutter
~ ~ **symetryczny** double-angle cutter
~ **krążkowy ćwierćokrągły wklęsły** *drewn.* corner-rounding cutter
~ **kształtowy** formed cutter, profile cutter
~ ~ **zataczany** formed relieved cutter
~ **modułowy** gear cutter
~ **naprzemianskośny** staggered teeth milling cutter
~ **nasadzany** arbor milling cutter
~ ~ **walcowo-czołowy** shell-end milling cutter, shell-end mill
~ **o zębach prostych** straight-gashed cutter
~ **o zębach śrubowych** helically-gashed cutter, spiral mill
~ **obwiedniowy** hob, hobbing cutter

~ ~ **do wałków wielowypustowych** spline shaft hob
~ **palcowy** (*do rowków*) end mill, slotting mill
~ **piłkowy** metal slitting saw
~ **profilowy półokrągły wklęsły** beading cutter
~ **rurowy** hollow mill
~ **ścinowy kształtowy** formed profile cutter, shaped profile cutter
~ **ślimakowy** hob, hobbing cutter
~ ~ **do kół zębatych** gear-cutting hob
~ **tarczowy dzielony** interlocking cutter, interlocking side mill
~ ~ **naprzemianskośny** herringbone mill
~ ~ **trzystronny** side and face cutter, side milling cutter, side mill
~ ~ **walcowo-czołowy** half-side milling cutter, half-side mill
~ **trzpieniowy** shank cutter
~ ~ **do matryc** die sinking cutter
~ **walcowo-czołowy** end milling cutter, end mill
~ **walcowy** plain milling cutter; slab mill, slabbing mill
~ ~ **o zębach śrubowych** helical mill
~ **zataczany** relieved cutter
~ **ze wstawianymi ostrzami** inserted-tooth cutter
~ **zespołowy** gang-type cutter, milling gang

frezarka *f* **1.** *obr.skraw.* milling machine, miller **2.** *drewn.* moulding machine, moulder, shaper **3.** *poligr.* mortiser
~ **bramowa** planer mill, milling planer
~ ~ **ciężka** slabbing machine
~ **do gwintów** thread milling machine
~ **do kół zębatych** gear miller
~ **dwuwrzecionowa** *drewn.* doublespindle shaper
~ **konsolowa** knee-type milling machine, knee and column milling machine
~ **kopiowa** tracer milling machine
~ ~ **do matryc** die-sinking machine, diesinker
~ **obwiedniowa** hobbing machine, hobber
~ ~ **do kół stożkowych** bevel gear generator
~ ~ **do kół zębatych** gear hobbing machine, gear hobber
~ ~ **do wałków wieloklinowych** spline hobbing machine
~ **pionowa** vertical milling machine
~ ~ **z głowicą obiegową** rotary head milling machine
~ ~ **z ręcznym posuwem** routing machine, router
~ **pozioma** horizontal milling machine
~ ~ **ciężka** planer mill, milling planer
~ **produkcyjna** manufacturing-type milling machine
~ ~ **dwuwrzecionowa** duplex milling machine
~ ~ **jednowrzecionowa** simplex milling machine
~ **stołowa** bench-type hand miller
~ **uniwersalna 1.** universal milling machine **2.** *drewn.* universal moulding machine, recessing machine
~ **wspornikowa** knee-type milling machine, knee and column milling machine
~ **wzdłużna** bed milling machine
~ **z samoczynnym pionowym przesuwem stołu** fall and rise milling machine

frezer *m* machinist miller

frezowanie *n obr.skraw.* milling
~ **czołowe** face milling
~ **frezem zespołowym** gang milling
~ **gniazda** pocket milling
~ **gwintu** thread milling, thread cutting
~ **kopiowe** tracer milling
~ **kształtowe** profile milling, contour milling
~ **matryc** die sinking
~ **obwiedniowe** hobbing
~ **płaszczyzn** slab milling, rotary planing
~ **powierzchni obrotowych** peripheral milling
~ ~ **śrubowych** spiral milling, helical milling
~ **profilowe 1.** profile milling **2.** *drewn.* moulding
~ **przeciwbieżne** out-cut milling, up milling
~ **rowków** slot milling
~ ~ **w narzędziach** gashing
~ **równoległe** abreast milling
~ **szeregowe** string milling
~ **wpustów** *drewn.* grooving, furrowing
~ **współbieżne** climb milling, in-cut milling, climb cutting
~ **wyjęć dwuściennych przelotowych** slash milling, step milling
~ **wysokowydajne** heavy duty milling
~ **z ręcznym posuwem narzędzia** routing
~ **zgrubne** rough milling

frigoria *f jedn.* frigorie: 1 fg = 1.16264±0.00014 W

front *m* **1.** *bud.* frontage **2.** *meteo.* front **3.** (*szyk samolotów*) line abreast
~ **chłodny** cold front
~ **ciepły** warm front
~ **krystalizacji** *met.* solidification front, crystallization front
~ **krzepnięcia** *zob.* **front krystalizacji**
~ **polarny** arctic front
~ **zokludowany** occluded front

frontogeneza *f* (*tworzenie się frontu*) *meteo.* frontogenesis

frontoliza *f* (*zanikanie frontu*) *meteo.* frontolysis

fronton *m arch.* fronton, frontispiece, pediment

frontówka *f* (*cegła*) *bud.* bright front

frontyspis *m* (*rycina z lewej strony karty tytułowej książki*) *poligr.* frontispiece

froterka *f* floor polisher

β-fruktofuranozydaza *f biochem.* saccharose

fruktoza *f chem.* fructose, fruit sugar, levulose

frykcja *f gum., tw.szt.* friction ratio

frykcjonowanie *n gum., tw.szt.* friction calendering, frictioning
frymartynizm *m biol.* freemartinism
fryta *f ceram.* frit
fryz *m arch.* frieze
fryzon *m* (*zewnętrzna warstwa oprzędu*) *włók.* knubbs, frisons
FSC = Fabryka Samochodów Ciężarowych
FSO = Fabryka Samochodów Osobowych
ftalamid *m chem.* phthalamide
ftalan *m chem.* phthalate (*salt or ester*)
~ **allilu** diallyl phthalate, DAP
~ **oktylu** dioctyl phthalate, DOP
ftaleiny *fpl farb.* phthaleins
ftalen *m chem.* phthalate
ftalil *m chem.* phthaloyl
ftaloazyna *f chem.* phthalazine
ftalocyjaniny *fpl chem.* phthalocyanines
ftaloil *m chem.* phthaloyl
ftyzjologia *f med.* phthisiology
fuga *f* (*w murze*) *bud.* joint (*of brickwork*)
fugatywność *f fiz.* fugacity, volatility
fugować *v* **spoiny** (*w murze*) *bud.* point the joints
fukacz *m górn.* squealer
fukson *m farb.* fuchsone
fuksyna *f farb.* fuchsin(e), magenta
fulard *m włók.* padding machine
fulardowanie *n włók.* padding
fulchronograf *m el.* fulchronograph
fulwen *m chem.* fulvene
fumaran *m chem.* fumarate (*salt or ester*)
fumarola *f geol.* fumarole
fumigacja *f* fumigation
fumigacyna *f biochem.* fumigacin
fumigant *m* fumigant
fumigator *m* fumigator
fumigatyna *f biochem.* fumigatin
fundacja *f* foundation
fundament *m* foundation
~ **ciągły** strip foundation, continuous footing
~ **do narządzania** *poligr.* imposing surface
~ **maszyny** machine foundation
~ **na palach** pile foundation
~ **na ruszcie** floating foundation
~ **oddzielny** spot footing
~ **odosobniony** *zob.* **fundament oddzielny**
~ **palowy** pile foundation
~ ~ **zawieszony** floating pile foundation
~ **płytki** spread foundation
~ **płytowy** raft foundation, mat foundation
~ **schodkowy** stepped foundation
~ **silnika** (*głównego*) *okr.* engine bed
~ **stopowy** pad foundation
~ **studniowy** sunk well foundation
fundamentowanie *n* foundation engineering, foundation work, foundation practice
fundusz *m* fund
~ **amortyzacyjny** sinking fund, depreciation fund
~ **czasu pracy** available standard hours (*of work*)
~ **dyspozycyjny** discretional fund
~ **emerytalny** pension fund
~ **inwestycyjny** investment fund
~ **płac** wages fund
~ **rezerwowy** reserve fund
~ **rozwojowy** development fund
fungicyd *m pest.* fungicide
~ **glebowy** soil fungicide
~ **ochronny** protective fungicide
~ **o działaniu leczniczym** curative fungicide
~ ~ ~ **wyniszczającym** eradicant fungicide
~ **selektywny** selective fungicide
~ **systemiczny** systemic fungicide
~ **w proszku** powder fungicide, fungicidal dust
funkcja *f* function
~ **addytywna** additive function
~ **algebraiczna** algebraic function
~ **analityczna** analytic function
~ ~ **jednolistna** univalent function
~ ~ **pełna** monogenic analytic function
~ ~ **w sensie Weierstrassa** analytic function in the sense of Weierstrass
~ **autokorelacyjna** autocorrelation function
~ **beta** beta function
~ ~ **niekompletna** incomplete beta function
~ **błędu** error function, erf
~ **Boole'a** Boolean function
~ **całkowa rozkładu zmiennej losowej** *statyst.* integral probability distribution function
~ **całkowalna** integrable function
~ ~ **z kwadratem** square-integrable function
~ **całkowita** entire function, integral function
~ ~ **skończonego rzędu** integral function of finite order
~ **celu** objective function
~ **cenności** *nukl.* importance function
~ **cepstrum** *akust.* cepstrum
~ **charakterystyczna** (*zmiennej losowej*) characteristic function
~ **ciągła** continuous function
~ **cosinus** cosine function
~ **cylindra eliptycznego** elliptic cylinder function
~ ~ **parabolicznego** parabolic cylinder function
~ **czasu** time function
~ **częstości** frequency function, probability density function, p.d.f.
~ **decyzyjna** decision function
~ **delta** delta function
~ **eliptyczna** elliptic function
~ **Eulera** (*dla liczb całkowitych*) totient
~ **falowa** wave function
~ **gamma** gamma function
~ **gęstości prawdopodobieństwa** frequency function, probability density function, p.d.f.
~ **Gibbsa** *term.* Gibbs function, free enthalpy, (Gibbs) free energy
~ **Greena** source function, Green function
~ **gwiaździsta** starlike function

~ **Hamiltona** Hamiltonian function
~ **harmoniczna** harmonic function
~ ~ **cylindryczna** cylindrical harmonic
~ ~ **elipsoidalna** ellipsoidal harmonic
~ ~ **sferyczna 1.** spherical harmonic **2.** solid harmonic
~ **Helmholtza** *term.* work function, (Helmholtz) free energy, Helmholtz function, Helmholtz potential
~ **hipergeometryczna konfluentna** confluent hypergeometric function
~ **holomorficzna** holomorphic function
~ **I** *zob.* **funkcja iloczynu logicznego**
~ **iloczynu logicznego** *inf.* AND function
~ **jawna** explicit function
~ **jednorodna** homogeneous function
~ **jednostkowa** unit step function
~ **jednowartościowa** single-valued function
~ **korelacji wzajemnej** crosscorrelation function
~ **kryterium** criterion function
~ **Lagrange'a** Langrangian function
~ **logiczna** logical function
~ ~ **sumy galwanicznej** *aut.* implied-OR, wired-OR
~ **malejąca** decreasing function
~ **meromorficzna** meromorphic function
~ **monotoniczna** monotone function
~ **nadharmoniczna** superharmonic function
~ **naprężeń** *wytrz.* stress function
~ **negacji** *inf.* NOT function
~ **nieparzysta** uneven function
~ **niewymierna** irrational function
~ **niezawodności** survival function
~ **obliczalna** computable function
~ **oceny** evaluative function
~ **odpowiedzi** *inf.* response function
~ **odwrotna** inverse function
~ ~ **względem sinusa** inverse-sine, anti--sine
~ ~ **względem tangensa** anti-tangent
~ **odwzorowująca** mapping function
~ **okresowa** periodic function
~ **Pierce'a** *inf.* NOR function
~ **pierwotna 1.** primitive (*in logic*) **2.** antiderivative of a function, primitive (*in analysis*)
~ **podcałkowa** integrand
~ **podharmoniczna** subharmonic function
~ **prawdopodobieństwa** probability function
~ **prądu** stream function
~ **próbna** test function
~ **przekształcalna** transformable function
~ **przekształcona** transform
~ **przeniesienia** *aut.* transfer function
~ **przestępna** transcendental function
~ ~ **elementarna** elementary transcendental function
~ **rekursywna** recursive function
~ **Riemanna** (Riemann) zeta function
~ **rosnąca** increasing function
~ **rozdziału** *fiz.* partition function
~ ~ **konfiguracyjna** configuration(al) integral
~ **rozkładu (prawdopodobieństwa)** (cumulative) distribution function, cumulative frequency function, (cumulative) probability function
~ ~ **statystycznego Fermiego i Dirac'a** *fiz.* Fermi-Dirac distribution function
~ **rozpoznawcza** discriminant function
~ **rozróżniająca** *zob.* **funkcja rozpoznawcza**
~ **różniczkowalna** differentiable function
~ **różnowartościowa** multiple valued function
~ **rzeczywista** real-valued function
~ **schodkowa** staircase function
~ **Scheffera** *inf.* NAND function
~ **sigma** sigma function
~ **signum** signum function
~ **sił** *mech.* force-function
~ **sinus** sine function
~ **skokowa** step function
~ **skoku jednostkowego** unit step function
~ **sprzężona** conjugate function
~ **stanu** *term.* state quantity, thermodynamic quantity
~ **strat** loss function
~ **sumy logicznej** *inf.* OR function
~ **termodynamiczna** thermodynamic variable, thermodynamic function of state
~ ~ **całkowita** integral thermodynamic quantity
~ ~ **ekstensywna** extensive thermodynamic quantity
~ ~ **intensywna** intensive thermodynamic quantity
~ ~ **molowa** molar thermodynamic quantity
~ ~ **nadmiarowa** excess thermodynamic quantity
~ ~ **resztkowa** *zob.* **funkcja termodynamiczna nadmiarowa**
~ **theta** theta-function
~ **trygonometryczna** trigonometric function
~ **tworząca** generating function
~ **tworzenia** *chem.* ligand number
~ **uwikłana** implicit function
~ **wagowa** tapering function
~ **wejściowa** *aut.* input function
~ **wektorowa** vector function
~ **wielowartościowa** *zob.* **funkcja wieloznaczna**
~ **wieloznaczna** many-valued function, multiple valued function
~ **wielu zmiennych** function of several variables
~ **większościowa** *inf.* majority function
~ **własna** eigenfunction
~ **wszędzie określona** completely defined function
~ **wyboru** choice function
~ **wyjściowa** *aut.* output function
~ **wykładnicza** exponential function
~ ~ **zanikająca** decaying exponential function
~ **wymierna** rational function

~ **wymuszająca** *aut.* excitation function, driving function
~ **wypukła** convex function
~ **wzbudzenia** *nukl.* excitation function
~ **z ograniczoną wariacją** function of bounded variation
~ **zbioru** set function
~ ~ **addytywna** additive set function
~ ~ **przeliczalnie addytywna** countably additive set function
~ **zdaniowa** propositional function
~ **złożona** composite function
~ **źródła** source function
funkcje *fpl* **Bessela** cylindrical functions, Bessel functions
~ **harmoniczne sprzężone** harmonic conjugates
~ **hiperboliczne** hyperbolic functions
~ **hipereliptyczne** hyperelliptic functions
~ **kołowe** circular functions
~ **nadmiarowe** *fiz.* excess functions
~ **termodynamiczne** *fiz.* state quantities
~ **trygonometryczne** trigonometric functions, circular functions
~ ~ **dopełniające** complementary trigonometric functions
~ ~ **odwrotne** antitrigonometric functions
~ ~ **sprzężone** cofunctions
~ **zależne** related functions
funkcjonalizm *m* functionalism
funkcjonalny *a* **1.** functional **2.** *mat.* functional
funkcjonał *m mat.* functional
~ **liniowy** linear functional
funkcjonować *v* function, work, operate
funkcjonowanie *n* **części w danym systemie** in-system performance
~ **niezawodne** non-failure operation
funkcyjność *f* (*cząsteczki*) *chem.* functionality
funkcyjny *a* functional
funktor *m* **1.** *mat.* functor **2.** *inf.* functor, logic element; gate
~ **addytywny** additive functor
~ **dokładny** exact functor
~ **kontrawariantny** contravariant functor
~ **kowariantny** covariant functor
~ **NAND** *inf.* NAND(= NOT-AND) gate
~ **NOR** *inf.* NOR(= NOT-OR) element
~ **OR** *inf.* OR-circuit, OR-gate
~ **sprzężony** adjoint functor
funt *m jedn.* **1.** (avoirdupois) pound, pound (mass): 1 lb = 0.453592 kg **2.** (*jednostka monetarna*) pound
~ **handlowy** *zob.* **funt 1.**
~ **masy** *zob.* **funt 1.**
~ **-siła** pound-force: 1 lb = 4.44822 N
~ **troy** (troy) pound, (apothecaries') pound: 1 lb apoth = 0.373241 kg
furan *m chem.* furan(e), furfuran, tetrol
2-furanokarbinol *m chem.* furfuryl alcohol
furfural *m chem.* furfural(dehyde), furfurol, peromucic aldehyde
furfuran *m chem.* furan(e), furfuran
furfuryl *m chem.* furfuryl
furgon *m* wagon, van
furil *m chem.* furil
furkadło *n* (*wiertarka ręczna*) Archimedean drill, Persian drill
~ **jednokierunkowe** automatic drill
~ **smyczkowe** bow drill, fiddle drill
furoil *m chem.* furoyl
furoina *f chem.* furoin
furta *f* **burtowa** *okr.* side port, side door
~ **dziobowa** *okr.* bow port
~ **ładunkowa** *okr.* cargo port
~ **wejściowa** *okr.* gangway door, gangway port
~ **wodna** *okr.* freeing port, bulwark port, wash port
furtka *f bud.* wicket
furyl *m chem.* furyl
fusy *pl* dregs; lees
futerał *m* case
~ **do odważników** weight receptacle
~ **pistoletu** holster
~ **pogotowia** *fot.* ever-ready (camera) case
futraminy *fpl farb.* fur dyes
futro *n* fur
futryna *f* **drzwiowa** door frame
~ **okienna** window frame
futrzarstwo *n* furriery
fuzja *f* **1.** *nukl.* fusion, thermonuclear reaction **2.** *ek.* amalgamation, merger, fusion
fuzle *pl ferm.* fusel oil; grain oil; potato spirit
fuzyt *m petr.* fusain, mother coal, mineral charcoal
fylit *m petr.* phyllite

G

G = giga- giga-
G = gram-siła *jedn.* gram-force
g = gram *jedn.* gram(me)
gabardyna *f* *włók.* gabardine
gabaryt *m* overall dimensions; limiting outline
gabinet (*m*) study (*room*)
gablota *f* show-case, display case
gabro *n* *petr.* gabbro
gacz *m* **parafinowy** *paliw.* slack wax
gad *m* *zool.* reptile
gadolin *m* *chem.* gadolinium, Gd
gadolinit *m* *min.* gadolinite
gafel *m* *okr.* gaff
~ dwurozprzowy wishbone
gaflowiec *m* *okr.* schooner
gagat *m* *min.* gagate, jet coal
gaja *f* *okr.* guy, vang
~ taliowa slewing guy
~ żurawika łodziowego davit guy
gal. = galon *jedn.* gallon
gal *m* **1.** *chem.* gallium, Ga **2.** *jedn.* galileo: 1 Gal = 10^{-2} m/s^2
gala *f* **flagowa** *żegl.* dress of a ship
~ ~ pełna full dress of a ship
galaktan *m* *biochem.* galactan, galactosan
galaktolipid *m* *biochem.* cerebroside, galactolipid
galaktoza *f* *chem.* galactose
galaktozydaza *f* *biochem.* galactosidase
galaktyka *f* *astr.* galaxy
~ spiralna belkowa barred spiral galaxy
Galaktyka *f* (Milky Way) Galaxy
galalit *m* *tw.szt.* galalith, artificial horn
galamid *m* *chem.* gallamide
galanteria *f* **gumowa** rubber fancy goods
galaretka *f* jelly
galaretowacenie *n* gelation, gelling
galaretowacieć *v* gelatinize
galaretowaty *a* gelatinous, jelly-like, jellied
galasówka *f* *zool.* gallfly
galasy *pl* (*wyrośla wywołane przez galasówki*) *bot.* gallnuts
galatonina *f* *skór.* tannin
galena *f* *min.* galena, blue lead, lead glance
galenit *m* *zob.* **galena**
galeria *f* *arch.* gallery, ambulatory
~ wystawowa dzieł sztuki art gallery
galeriowiec *m* *bud.* gallery-access block of flats
galeta *f* *włók.*, *chem.* godet
~ wielostopniowa multi-stage godet
galon *m* *jedn.* gallon
~ amerykański *US* gallon (= 3.785 dm^3)
~ angielski imperial gallon (= 4.549 dm^3)
galopowanie *n* (*ślizgacza, wodnosamolotu*) porpoising
galusan *m* *chem.* gallate
galvanealing (*specjalna obróbka cynkowej warstwy ogniowej*) galvanealing
galwaniczny *a* galvanic, voltaic
galwanizacja *f* **1.** electroplating **2.** *med.* galvanizm, galvanization
galwanizator *m* electro-plater, galvanizer
galwanizernia *f* galvanizing plant, electroplating plant, plating shop
galwanochromia *f* galvanic colouring
galwanometr *m* galvanometer
~ balistyczny ballistic galvanometer
~ ekranowany shielded galvanometer
~ magnetoelektryczny (*o ruchomej cewce*) d'Arsonval galvanometer
~ o ruchomej cewce moving-coil galvanometer
~ o ruchomym magnesie moving-magnet galvanometer
~ różnicowy differential galvanometer
~ sinusowy sine galvanometer
~ strunowy string galvanometer
~ tangensowy tangent galvanometer
~ termoelektryczny thermo-galvanometer
~ wibracyjny vibration galvanometer
~ zwierciadłowy mirror galvanometer
galwanoplastyka *f* galvanoplasty, electroforming
galwanoskop *m* galvanoscope
galwanostat *m* galvanostat
galwanostegia *f* galvanostegy
galwanotaksja *f* galvanotaxis, electrotaxis
galwanotechnika *f* electroplating
galwanoterapia *f* galvanotherapy
galwanotropizm *m* *biol.* galvanotropism
galwanotyp *m* *poligr.* electrotype, electro
galwanotypia *f* *poligr.* electro-typing
gałązka *f* *bot.* twig
gałąź *f* branch
~ analityczna *mat.* analytic branch
~ dodatnia *zob.* **gałąź R**
~ funkcji analitycznej *mat.* branch of an analytic function
~ krzywej *mat.* branch of a curve
~ obwodu *el.* limb of circuit
~ opadająca przewodu lewarowego downcast leg of a siphon pipe
~ P *fiz.* P branch (*in spectroscopy*)
~ produkcji *ek.* branch of production
~ Q *fiz.* Q-branch (*in spectroscopy*)
~ R *fiz.* R branch (*in spectroscopy*)
~ sieci *el.* arm of network
~ sprzęgająca *el.* coupling branch
~ toru (pocisku) *rak.* leg of the trajectory
~ ujemna *zob.* **gałąź P**
~ uzwojenia *el.* path of winding

~ wznosząca się przewodu lewarowego upcast leg of a siphon pipe
~ zerowa *zob.* **gałąź Q**
gałka *f* **1.** knob **2.** *okr.* Turk's head
~ muszkatołowa *spoż.* nutmeg
~ na linie *okr.* diamond knot, footrope knot
~ nastawcza adjusting knob, setting knob
~ oczna *anat.* eyeball, globe of the eye
~ sterowania control knob
~ strojeniowa *el.* tuning knob
~ zasilająca *odl.* shrink bob
gama *f* **muzyczna** musical scale
gambir *m skór.* gambir
gambo *n włók.* kenaf
gameta *f biol.* gamete
gametocyd *m biol.* gametocide
gamma *f* **1.** *TV, fot.* gamma **2.** *jedn.* gamma; 1 gamma = 0.000010e
gamma-celuloza *f chem.* gamma-cellulose
gammaencefalografia *f* gammaencephalography
gammaglobulina *f biochem.* gamma globulin, immune globulin, immunoglobulin
gammagrafia *f* gamma radiography, gammagraphy
gamma-promieniotwórczy *a* gamma-(radio) active
gamon *m biol.* gamone
ganek *m bud.* porch
gar *m* **na taśmę** *włók.* sliver can
~ wielkiego pieca hearth of blast furnace, crucible of blast furnace
garaż *m* garage
garb *m* hump, projection
~ formy piaskowej *odl.* projection cod
~ krzywki *masz.* cam lobe, cam nose
~ półkulisty *spaw.* button-type projection
garbarnia *f* tannery, tanyard
garbarstwo *n* tanning (industry), tannery, leather manufacture
garbarz *m* tanner
garbnik *m* tanning agent; tannin, tan
~ roślinny vegetable tannin
~ syntetyczny synthetic tannin, syntan
garbnikowanie *n okr.* barking (*of sails, nets*)
garbowanie *n skór.* tanning, tannage
~ ałunowe tawing, alum-formaldehyde tannage
~ białoskórnicze *zob.* **garbowanie ałunowe**
~ chromowe chrome tanning
~ chromowo-roślinne chrome retanning
~ dołowe pit tanning
~ emulsji *fot.* emulsion hardening
~ jednokąpielowe one-bath tanning
~ kombinowane miscellaneous tanning
~ przyspieszone rapid tanning
~ roślinne vegetable tanning, bark tanning, barking
~ roślinno-ałunowe dongola tanning
~ roślinno-chromowe semi-chrome tanning
~ siarkowo-tłuszczowe sulfur-fat tanning
~ tłuszczowe oil tanning, chamoising
~ wstępne pretanning
~ zamszowe chamoising oil tanning
~ żelazowe iron tanning
garderoba *f* dressing room; cloak-room
gardło *n anat.* pharynx, throat
~ niewodu pułapkowego *ryb.* door of a pound net
gardziel *m* throat; choke
~ dyszy nozzle throat
~ gaźnika carburettor choke, choke tube
~ konwertora *hutn.* converter mouth, converter nose, converter neck, converter cone
~ rowka *spaw.* root of joint
~ szybu *górn.* fore-shaft
~ wielkiego pieca blast furnace top, blast furnace throat
~ włoka *ryb.* belly of a trawl net
~ zgrzewarki horn spacing of a welder
gargulec *m arch.* gargoyle, gurgoyle, spout
garłacz *m* **1.** *uzbr.* discharger, bomb thrower **2.** *kotł.* Galloway tube
garmond *m poligr.* long primer (*size of type*)
garncarstwo *n* pottery
garncarz *m* potter
garnek *m* pot
~ do wyżarzania *obr.ciepl.* saggar, sagger, annealing pot, annealing box
~ kondensacyjny steam trap, condensing vessel
~ odwadniający *zob.* **garnek kondensacyjny**
~ przędzalniczy *włók.chem.* centrifugal pot, centrifugal box, spinning box
garniec *m* (*do odlewania wlewków*) *hutn.* tundish
garnieryt *m min.* garnierite
garnitur *m* **czcionek** *poligr.* fount
~ genetyczny genome
gasić *v* extinguish; quench; put out
gasik *m el.* spark-quench, spark killer, spark suppressor
gasiwo *n el.* arc-quenching medium
gaslift *m wiertn.* gas lift
gasnąć *v* **1.** go out, be extinguished **2.** *siln. spal.* stall
gastroskop *m med.* gastroscope
gastrula *f biol.* gastrula
gaszenie *n* extinguishing; quenching
~ fluorescencji quenching of fluorescence
~ iskrzenia *el.* spark suppression
~ koksu quenching of coke
~ łuku *el.* arc suppression, arc interruption
~ pożaru fire suppression, firefighting (action)
~ wapna slaking, slacking
gaśnica *f* (fire) extinguisher, fire annihilator
~ pianowa foam extinguisher
~ płynowa fluid extinguisher, soda-acid extinguisher
~ proszkowa dry-chemical extinguisher, dry powder extinguisher
~ śniegowa carbon-dioxide extinguisher

~ **tetrowa** carbon-tetrachloride extinguisher
gaśniczy dwutlenek *m* **węgla** fire extinguishing carbon dioxide
gaśnięcie *n el.* damping
gaśnik *m* **wapna** *papiern.* lime slaker
g. atom = gramoatom *chem.* gram-atom
gatunek *m* sort; brand; grade; *biol.* species
~ **najlepszy** top grade, choice brand
~ **skóry** class of leather
~ **stali** grade of steel
gatunkować *v* grade, sort
gaus *m jedn.* gauss; 1Gs = 10^{-4} T
gausomierz *m el.* gaussmeter
gausotron *m el.* gausitron, magnetoresistor
gaz *m* gas, *zob. też* **gazy**
~ **biologiczny** biogas
~ **błotny** marsh gas
~ **bogaty** rich gas
~ **bojowy** war gas, military gas, gas warfare agent
~ **chłodzący** cooling gas
~ **ciekły naturalny** liquefied natural gas, LNG
~ **czadnicowy** generator gas, producer gas
~ **do syntezy (chemicznej)** chemical gas, synthesis gas
~ **doskonały** perfect gas, ideal gas
~ **drażniący** irritant gas
~ **drzewny** wood (distillation) gas
~ **duszący** suffocating gas, asphyxiant gas
~ **dwuwymiarowy** *fiz.* gaseous film
~ **elektronowy** *fiz.* electron gas
~ **fermentacyjny** *san.* sewage gas, digester gas
~ **Fermiego** *fiz.* Fermi gas
~ **gardzielowy** *hutn.* top gas, blast-furnace gas, throat gas
~ **generatorowy** generator gas, producer gas
~ ~ **powietrzny** air-gas
~ **gnilny** *san.* sewage gas, digester gas
~ **gotowy** (*do reakcji*) *chem.* make-up gas
~ **idealny** perfect gas, ideal gas
~ **jednoatomowy** monoatomic gas
~ **koksowniczy** coke-oven gas
~ **kopalniany** fire-damp, mine gas
~ ~ **zapalny** sharp gas
~ **krakowy** *paliw.* cracked gas, cracking still gas
~ **kwaśny** acid gas
~ **lokalizacyjny** *el.* tracer gas
~ **łzawiący** tear-gas, lacrimator
~ **miejski** town gas, city gas, illuminating gas
~ **mieszany** mixed gas; semi-water gas
~ **mokry** *paliw.* wet gas
~ **musztardowy** mustard gas, yperite
~ **napędowy** power gas (*for turbines*)
~ **nawęglający** *obr.ciepl.* carburizing gas
~ **nawęglany** carburetted water gas
~ **niedoskonały** actual gas, real gas, nonideal gas
~ **nieoczyszczony** impure gas
~ **nieodgazolinowany** *paliw.* wet gas
~ **nieskraplający się** non-condensible gas, permanent gas
~ **niezwyrodniały** non-degenerate gas
~ **nośny 1.** *chem.* carrier gas (*in chromatography*) **2.** *lotn.* carrier gas
~ **nukleonowy** *fiz.* nu-gas
~ **obezwładniający** incapacitating agent
~ **obiegowy** circulating gas, recycle gas
~ **obojętny** inert gas
~ **obserwacyjny** *el.* supervisory gas
~ **ochronny** *spaw.* shielding gas
~ **oczyszczony** purified gas, treated gas
~ **odbierany z dołu generatora** down-run gas
~ **odgazolinowany** *paliw.* dry gas
~ **odlotowy** waste gas; *hutn.* smelter gas, off-gas
~ **olejowy** oil gas
~ **opałowy** fuel gas
~ **pędny** propellant (*in aerosols*)
~ **płynny** *paliw.* liquefied petroleum gas, LPG; bottled gas, bugas
~ **pofermentacyjny** *san.* sludge digestion gas, sewage gas
~ **potrójny** *paliw.* tri-gas
~ **powietrzno-wodny** *zob.* **gaz półwodny**
~ **półwodny** semi-water gas
~ **prażalniczy** roaster gas, burner gas
~ **pryszczący** (*bojowy*) blister-gas
~ **przenoszący** *chem.* carrier gas
~ **rafinacyjny** refinery gas
~ **resztkowy** *chem.* tail gas
~ **rozrzedzony** rarefied gas
~ **rozweselający** laughing gas
~ **rzeczywisty** actual gas, real gas, non-ideal gas
~ **skroplony** liquefied gas
~ **sprężony** compressed gas
~ **suchy** dry gas
~ **syntezowy** synthesis gas, chemical gas
~ **świetlny** town gas, city gas, illuminating gas
~ **tnący** *spaw.* piercing gas
~ **trujący** toxic gas, poison gas
~ **trwały** (*nieskraplający się*) permanent gas
~ **ubogi** (*zawierający mało węglowodorów ciekłych*) lean gas
~ **węglowy** coal gas
~ **wielkopiecowy** blast-furnace gas, top gas
~ **wodny** water gas
~ ~ **nawęglany** carburetted water gas, enriched water gas
~ ~ **zawierający azot** N-water gas
~ **wolny od składników obojętnych** inert-free gas
~ **wydmuchowy** *chem.* tail gas
~ **wysokokaloryczny** high Btu gas
~ **wytlewny** low-temperature oven gas
~ **zdegenerowany** degenerate gas
~ **ziemny** natural gas
~ ~ **mokry** wet natural gas
~ ~ **naftowy** petroleum gas
~ ~ **z otworu wiertniczego** casinghead gas
~ **zjonizowany** ionized gas
~ **znakujący** tracer gas
~ **znieczulający** *med.* anaesthetic gas

gaza *f* gauze
~ **higroskopijna** absorbent gauze
gazeta *f* newspaper, daily paper
~ **telewizyjna** teletext
gazik *m med.* swab
gazobeton *m* aerated concrete, gas concrete
gazociąg *m* gas piping
gazogenerator *m* gas generator, gas producer
~ **o opadowym kierunku przepływu** down--draught gas producer
~ **o podwójnym przepływie** double--draught gas producer
~ **o wznoszącym kierunku przepływu** up--draught gas producer
gazol *m* liquefied petroleum gas, LPG; bottled gas, bugas
gazolina *f* **surowa** casing-head gasoline, natural gasoline
gazoliniarnia *f* **absorpcyjna** gas absorption plant
gazometr *m* gasometer
gazomierz *m* gas meter
~ **miechowy** bellows gas meter
gazoprzepuszczalny *a* gas permeable
gazoszczelny *a* gas-tight
gazotron *m el.* thermionic rectifier, phanotron
~ **rtęciowy** mercury-vapour tube
gazowanie *n* gassing
~ **akumulatora** *el.* gassing of an accumulator
~ **z dołu** up-run (*in a gas generator*)
~ **z góry** down-run (*in a gas generator*)
gazowiec *m okr.* liquid gas carrier
~ **LPG** LPG carrier, LPG ship
gazownia *f* gas-works
gazownica *f* motor gas producer
gazownictwo *n* gas engineering
gazowy *a* gaseous
gazozol *m fiz.* aerosol; sogasoid
gazożel *m chem.* aerogel
gazy *mpl* **kominowe** flue gas, furnace gas
~ **odstrzałowe** *górn.* after-damp
~ **powybuchowe** *zob.* **gazy odstrzałowe**
~ **przemysłowe** industrial gases
~ **spalinowe** exhaust gas, waste gas, combustion gas; flue gas, furnace gas
~ **szlachetne** noble gases, rare gases, inert gases, helium-group gases
~ **wydechowe** *siln.spal.* exhaust gas, waste gas, combustion gas
gazyfikacja *f* gasification
gaźnik *m* carburettor
~ **bezpływakowy** floatless carburettor
~ **bliźniaczy** dual carburettor
~ **bocznossący** side-intake carburettor
~ **ciśnieniowy** (*przeznaczony do pracy ze sprężarką*) pressure carburettor
~ **dolnossący** downdraft carburettor
~ **dwugardzielowy** dual carburettor
~ **górnossący** updraft carburettor
~ **pływakowy** float-type carburettor
~ **rozruchowy** starting carburettor
~ **wtryskowy** injection carburettor
~ **z dodatkową dyszą paliwową kompensacyjną** hydraulic carburettor, well-type carburettor, submerged carburettor
~ **z samoczynnym urządzeniem rozruchowym** self-starting carburettor
gąbczastość *f* sponginess
gąbczasty *a* spongy
gąbka *f* sponge
~ **platynowa** platinum sponge
~ **żelazna** *hutn.* iron sponge
gąsienica *f* **1.** (*np. ciągnika*) caterpillar, crawler chain, track chain, track **2.** *zool.* caterpillar, grub
~ **jedwabnika** silkworm
~ **nakładana** *mot.* half-track
~ **nasadcza** *zob.* **gąsienica nakładana**
gąsior *m* **1.** (*dachówka kalenicowa*) *bud.* ridge tile **2.** (*butla*) carboy **3.** *zool.* gander
gąska *f hutn.* pig sow
gąszcz *m leśn.* boscage
Gb = gilbert *jedn.* gilbert
g.cz. = gramocząsteczka *chem.* gram-molecule, mole
gejtawa *f okr.* clew line, clew rope, brail
~ **zdwojona** garnet
gejzer *m geol.* geyser
gelan *m chem.* GA agent, tabun (*war gas*)
gen *m biol.* gene
gencjanina *f chem.* gentisin, gentianin
generacja *f* generation
~ **komputerów** computer generation
~ **neutronów** *nukl.* generation of neutrons
~ **szumów** *elektron.* noise generation
generator *m* **1.** generator **2.** *inf.* generating program, generator
~ **akustyczny** *rad.* audio-frequency generator
~ **Colpittsa** *el.* Colpitts' oscillator
~ **częstotliwości** frequency oscillator
~ **drgań** *el.* oscillator
~ ~ **piłokształtnych** saw-tooth oscillator
~ ~ **relaksacyjnych** relaxation oscillator
~ ~ **spontanicznych** (*sieci krystalicznej*) *elektron.* solid-state acoustic amplifier
~ ~ **sterowany napięciem modulującym** voltage-controlled oscillator, VCO
~ **dudnieniowy** beat frequency generator
~ **dynatronowy** *elektron.* dynatron
~ **dźwiękowy** acoustic generator
~ **elektrostatyczny** electrostatic generator
~ **(elektrostatyczny) van de Graaffa** *fiz.* van de Graaff generator, belt-type generator
~ **fal** *hydr.* wave generator
~ **funkcji** *aut.* function generator
~ **gazu** gas generator, gas producer, gasifier
~ ~ **napędowego** motor gas producer
~ **harmonicznych** *el.* harmonic generator
~ **impulsów** *el.* impulse generator
~ **infinitezymalny** *mat.* infinitesimal generator
~ **iskrowy** *rad.* spark-gap generator
~ **kamertonowy** *rad.* tuning-fork oscillator
~ **kaskadowy** *fiz.* cascade generator

~ **klistronowy** klystron oscillator
~ **koherentny** *rad.* coherent oscillator, coho
~ **kwarcowy** quartz(-crystal) oscillator
~ **lampowy** *elektron.* valve generator, electron-tube generator
~ **liczb losowych** random-number generator
~ **lokalny stabilizowany** *rad.* stable local oscillator, stalo
~ **łukowy** arc generator
~ **magnetofluidodynamiczny** magnetofluiddynamic generator, MFD-generator
~ **magnetohydrodynamiczny** magnetohydrodynamic generator, MHD-generator
~ **magnetostrykcyjny** magnetostriction oscillator
~ **magnetronowy** magnetron oscillator
~ **małej częstotliwości** *rad.* audiofrequency generator
~ **Meissnera** *el.* Meissner oscillator
~ **mikrofalowy** microwave oscillator
~ ~ **o fali wstecznej** *elektron.* backward-wave oscillator, BWO
~ **mocy** *rad.* power oscillator
~ **na gaz ssany** *paliw.* suction producer
~ **na pył węglowy** coal dust gasifier
~ **na żużel ciekły** *paliw.* liquid-slag producer, slagging producer
~ **normalny napięciowy** normal voltage generator
~ **o sprzężeniu elektronowym** *el.* electron-coupled oscillator, eco
~ **o wzbudzeniu miękkim** self-excited oscillator
~ ~ ~ **twardym** self-sustained oscillator, self-maintained oscillator
~ **obcowzbudny** separately excited generator
~ **octowniczy** vinegar generator, Frings generator, acetifier, mother cask
~ **odchylania** *elektron.* sweep generator
~ **odciekowy** liquid-slag producer, slagging producer
~ **oporowo-pojemnościowy** *el.* resistance-capacitance oscillator, R-C oscillator
~ **piany** foam generator
~ **podstawowy** *rad.* master oscillator, pilot oscillator
~ **podstawy czasu** *elektron.* time-base generator
~ **pojemnościowy** *el.* dielectric generator
~ **prądu stałego** dynamo
~ ~ **przemiennego** alternator
~ **programów** *inf.* program generator
~ ~ **wydawniczych** report program generator, RPG, report writer
~ **przebiegu prostokątnego** square-wave oscillator
~ **przeniesień jednoczesnych** *inf.* look-ahead carry generator
~ **przestrajany** *el.* variable-frequency oscillator, VFO
~ **radioizotopowy z przetwornikiem termoelektrycznym** radioisotope thermoelectric generator, RTG
~ **relaksacyjny** *rad.* relaxation oscillator
~ **rentgenowski** X-ray generator
~ **samodławny** *rad.* blocking generator
~ **samopodtrzymujący** self-sustained oscillator, self-maintained oscillator
~ **samowzbudny** self-excited generator
~ **sortowania/łączenia** (*danych*) *inf.* sort/merge generator
~ **stabilizowany piezoelektrycznie** *el.* crystal-controlled oscillator
~ **sterujący** *rad.* pilot oscillator, master oscillator
~ **stroikowy** *rad.* tuning-fork oscillator
~ **sygnałów akustycznych** *telef.* tone generator
~ ~ **wzorcowych** signal generator
~ **synchroniczny** (*wału elektrycznego*) synchro transmitter
~ **synchronizujący** *TV* sync generator
~ **sztucznego głosu** *el.akust.* voice operation demonstrator, voder
~ **szumów** noise generator
~ **tranzystorowy** transistor oscillator
~ **udarowy** *el.* surge generator, impulse generator
~ **ultradźwiękowy** ultrasonic generator
~ **wielkiej częstotliwości** *rad.* high-frequency generator
~ **wirów** *lotn.* vortex generator
~ **wolnobieżny** *elektron.* free-running oscillator
~ **wysokiego napięcia** high-voltage generator
~ **wzbudzający** *rad.* exciter
generatornia *f* producer gas plant
generować *v* generate
generowanie *n* **fal** *hydr.* wave-making
genetyczny *a biol.* genetic
genetyka *f* genetics
~ **molekularna** molecular genetics
genom *m biol.* genome
genotyp *m biol.* genotype
gentyzyna *f chem.* gentisin, gentianin
genus *m mat.* genus
~ **funkcji całkowitej** genus of an entire function
~ **powierzchni** genus of a surface
geny *mpl* **regulacyjne** *biol.* regulator genes
~ **regulatory** *zob.* **geny regulacyjne**
geochemia *f* geochemistry, geological chemistry
geoda *f petr.* geode, voog, vug
geodeta *m* geodesist, land surveyor
geodetyka *f mat.* geodesic (line)
geodezja *f* geodesy
~ **górnicza** mine surveying, underground surveying
~ **niższa** land surveying
~ **wyższa** higher geodesy
geodezyjny *a* geodesic, geodetic
geodynamika *f* geodynamics
geoelektryczny *a* geoelectric
geofizyka *f* geophysics
~ **poszukiwawcza** geophysical prospecting

geofon *m geofiz.* geophone
geografia *f* **przemysłu** industrial geography
geoida *f* geoid
geolog *m* geologist
geologia *f* geology
~ **dynamiczna** geodynamics
~ **górnicza** mining geology
~ **inżynierska** engineering geology
~ **rolnicza** agrogeology, agricultural geology
geomagnetyczny *a* geomagnetic
geomagnetyzm *m* terrestrial magnetism, geomagnetism
geometria *f* geometry
~ **afiniczna** affine geometry
~ **algebraiczna** algebraic geometry
~ **analityczna** analytic geometry
~ **cząsteczki** molecular geometry
~ **dwuwymiarowa** two-dimensional geometry
~ **euklidesowa** Euclidean geometry
~ **hiperboliczna** *zob.* **geometria Łobaczewskiego**
~ **Łobaczewskiego** Lobachevski geometry
~ **mas** *mech.* mass geometry
~ **Minkowskiego** Minkowski geometry
~ **nieeuklidesowa** non-Euclidean geometry
~ **ostrza narzędzia** *obr.skraw.* tool contour and angles
~ **płaska** plane geometry, planimetry
~ **przestrzenna** geometry of solids, solid geometry, stereometry
~ **Riemanna** Riemannian geometry
~ **różniczkowa** differential geometry
~ **ruchu cieczy** *hydr.* geometry of flow, theory of stream lines
~ **rzutowa** projective geometry
~ **sferyczna** spherics
~ **wykreślna** descriptive geometry
geometryczna głębokość *f* **gwintu** *masz.* angular depth of thread
geometryczna wysokość *f* **ssania** (*pompy*) *hydr.* static suction lift
geometryczny *a* geometric(al)
geometryzacja *f mat.* geometrization
geomorfologia *f* geomorphology
geopotencjał *m* geopotential
geosfera *f* geosphere
geosynklina *f* geosyncline
geotechnologia *f* geotechnology
geotermiczny *a* geothermal, geothermic
geotom *m gleb.* geotome
geotropizm *m* geotropism
geriatria *f med.* geriatrics
german *m chem.* germanium, Ge
germanit *m min.* germanite
germanowodór *m chem.* germane
gerontologia *f med.* gerontology
gersdorfit *m min.* gersdorffite
geter *m elektron.* getter, degasser
geterowanie *n elektron.* getter spraying, gettering
getyt *m min.* geothite, xanthosiderite
gęsiarnia *f zoot.* goosery
gęsiostópka *f* **kultywatora** *roln.* cultivator point
~ **pielnika** A-hoe blade
gęstnieć *v* thicken
gęstnienie *n* **1.** thickening **2.** *powł.* feeding
gęsto upakowany *kryst.* close-packed
gęstopłynny *a* thick, viscous
gęstościomierz *m* areometer, hydrometer; densimeter
gęstość *f* **1.** density; thickness **2.** *fiz.* mass density **3.** *statyst.* density
~ **atomowa** atomic density
~ **dyslokacji** dislocation density
~ **elektronowa** free-electron density
~ **energii akustycznej** sound energy density
~ **jądrowa** nuclear density
~ **jonizacji** ionization density
~ **jonowa** ion concentration
~ **ładunku** *el.* charge density
~ ~ **przestrzennego** space-charge density
~ **mocy** *fiz.* power density
~ **monochromatyczna** *opt.* spectral concentration
~ **nasypowa** bulk density
~ ~ **z usadem** tap density (*of powder*)
~ **neutronów całkowita** neutron (number) density
~ **normalna** standard density
~ **nośników ładunków** *elektron.* carrier density
~ **optyczna** *fot.* optical density
~ ~ **w świetle odbitym** reflection density
~ ~ **warstwy fotograficznej** film density
~ ~ **zadymienia** fog density
~ ~ **zewnętrzna** external optical density, reflection density
~ **palisady profilów** *aero.* pitch/cord ratio
~ **pary** vapour density
~ **potencjalna** *mech.pł.* potential density
~ **prawdopodobieństwa** *statyst.* probability density
~ ~ **rozkładu brzegowego** marginal density function
~ **prądu** *el.* current density
~ ~ **emisyjnego** emission density, specific emission
~ **robocza mocy** *fiz.* working power density
~ **rozkładu** *statyst.* frequency function, probability density function
~ **spinowa** *fiz.* spin density
~ **spowolniania** *nukl.* slowing-down density
~ **stanów** (*energetycznych*) *fiz.* density of states
~ **strumienia** *fiz.* flux density
~ ~ **cząstek** particle flux density
~ ~ **energii** energy flux density, area-density of power
~ ~ **promieniowania** radiant flux density, irradiance
~ **średnia** (*ciała porowatego lub sypkiego*) bulk density
~ **telefoniczna** telephone density
~ **upakowania 1.** *inf.* packing density **2.** *nukl.* packing density
~ **uzwojenia** *el.* closeness of winding

~ **widmowa** *opt.* spectral concentration
~ **wydajności linii źródłowej** *hydr.* density of the line source
~ ~ **powierzchni źródłowej** *hydr.* density of the surface source
~ **względna** specific gravity
~ **zaczernienia** *fot.* photographic density
~ **zaludnienia** population density
~ **zanieczyszczeń** (*w wodzie*) total dissolved solids
~ **zapisu** (*danych na nośniku*) *inf.* record density
~ ~ **binarnego** bit (packing) density
~ ~ **informacji** (*na taśmie magnetycznej*) packing density of tape
~ ~ **znaków** character density
~ **zderzeń** *nukl.* collision density
~ **zwojowa** (*cewki*) *el.* turns density
~ **źródłowości** *hydr.* density of source distribution
gęstwa *f ceram.* slurry
gęsty *a* dense; thick
gęś *f zool.* goose (*pl* geese), *Anser domesticus*
~ **surówki** *hutn.* pig, sow
G-hak *m ryb.* G-link
giąć *v* bend; flex
gibsyt *m min.* gibbsite, hydrargillite
giełda *f* stock-exchange
giemza *f skór.* glazed kid
giez *m zool.* warble fly; botfly
gięcie *n* bending
~ **profilowe taśmy** *obr.plast.* profiling of strip, roll form profiling
~ **w parze** *drewn.* steam-bending
giętarka *f* bending machine, bender
~ **do blach** plate bending machine
~ **do kształtowników** section bending machine
~ **do prętów** bar bending machine, bar bender
~ **do rur** tube bending machine, tubing bender
~ **do szyn** rail bender, jim-crow
~ **do wręgów** frame bender
~ **pozioma** bulldozer
giętka *f* **traserska** spline
giętki *a* flexible, pliant, supple
giętkość *f* flexibility, pliability
giętny *a* flexural
GIG = Główny Instytut Górnictwa
gig *m* (*łódź okrętowa*) gig
giga- giga- (*prefix representing* 10^9)
gigantofon *m* street loudspeaker
gilbert *m jedn.* gilbert: 1 Gb = 0.795775 A
giloszowanie *n szkl.* needle etching
gilotyna *f papiern.* paper cutter
gilotynka *f* **do wierszy linotypowych** *poligr.* lino slug cutter
gilsonit *m min.* gilsonite
gilza *f* **ekstrakcyjna** *lab.* extraction thimble
~ **nawojowa** *papiern.* core, centre
gilziarka *f papiern.* core winding machine, centre making machine
gimnastyka *f* gymnastics
gips *m* gypsum
~ **bezwodny** *min.* anhydrite, anhydrous calcium sulfate
~ **jastrychowy** *bud.* anhydrous gypsum plaster
~ **modelarski** plaster of Paris
girator *m rad.* gyrator
girlanda *f* festoon
~ **oświetleniowa** lighting festoon
giro- gyro-, *zob.też* **żyro-**
girobus *m* gyrobus
girobusola *f* gyro-compass, gyromagnetic compass
girokompas *m zob.* **girobusola**
~ **-matka** master gyro-compass
giromagnetyczny *a fiz.* gyromagnetic
giroskop *m* gyroscope, gyro
~ **prędkościowy** rate gyroscope
~ **swobodny** free gyroscope
giroskopowy wskaźnik *m* **kursu** directional gyro
girostat *m* gyrostat
gitara *m masz.* swing-frame of a gear train
Gl = gal *jedn.* galileo
glacjał *m geol.* glacial period
glandulografia *f med.* glandulography
glauberyt *m min.* glauberite
glaukodot *m min.* glaucodot
glaukofan *m min.* glaucophane
glaukonit *m min.* glauconite
glaukopiryt *m min.* loellingite
glazura *f ceram., papiern.* glaze
glazurowanie *n* **1.** *ceram.* glazing **2.** *chłodn.* glazing
gleba *f* soil
~ **aluwialna** alluvial soil
~ **bagienna** bog soil
~ **bielicowa** podsol, podzol
~ **brunatna** brown soil
~ **ciężka** heavy soil
~ **darniowa** grassland soil
~ **dziewicza** primitive soil
~ **glejowa** gley (soil)
~ **gliniasta** loamy soil
~ **gruboziarnista** gravelly soil
~ **jałowa** barren soil
~ **kasztanowa** chestnut soil
~ **kwaśna** sour soil
~ **lekka** light soil
~ **lessowa** loessial soil
~ **luźna** mellow soil, non-coherent soil
~ **łąkowa** grassland soil
~ **łąkowo-bagienna** meadow bog soil
~ **łąkowo-torfowa** meadow pet soil
~ **marglowa** marly soil
~ **naniesiona** alluvial soil
~ ~ **przez wiatr** aeolian soil
~ **nie zakwaszona** sweet soil
~ **piaszczysta** sandy soil
~ **piaszczysto-gliniasta** loamy soil
~ **pozbawiona struktury** residual soil
~ **próchnicza** humous soil
~ **szkieletowa** skeletal soil
~ **ścisła** stiff soil
~ **torfowa** peat soil
~ **torfowo-łąkowa** meadow-peat soil
~ **typu przejściowego** transitional soil

~ **ubita** packed soil
~ **uboga** hungry soil
~ **utworzona ze skały macierzystej** endodynamomorphic soil
~ **wapniowa** limestone soil
~ **wyjałowiona** exhausted soil
~ **zakwaszona** sour soil
~ **zasolona** saline soil
~ **zdrenowana** drained soil
~ **zmeliorowana** reclaimed soil
~ **zwałowana** packed soil
~ **zwarta** stiff soil
~ **zwięzła** heavy soil, firm soil
~ **żwirowata** gravelly soil
~ **żyzna** rich soil, fat soil
glebogryzarka *f roln.* soil miller, rototiller
glebostan *m roln.* nature of soil
gleboznawstwo *n* soil science, pedology
glej *m gleb.* gley (soil)
glejta *f* **ołowiowa** *chem.* litharge, massicot
glicerofosfat *m chem.* glycerophosphate
glicerol *m* glycerol, glycerin(e)
gliceryd *m chem.* glyceride
gliceryna *f* glycerol, glycerin(e)
glicerynian *m chem.* glycerate
glicerynofosforan *m chem.* glycerophosphate
glicyd *m chem.* glycide, glycidol
glicyna *f chem.* glycin, glycocoll, aminoacetic acid
glif *m arch.* embrasure, splay
glikogen *m chem.* glycogen, animal starch, liver starch
glikogenaza *f biochem.* glycogenase
glikogenoliza *f biochem.* glycogenolysis
glikohydrolaza *f* **mukopeptydowa** *biochem.* lisozyme
glikokaliks *m biol.* glycocalyx
glikokol *m chem.* glycocoll, glycin, aminoacetic acid
glikol *m chem.* glycol, dihydric alcohol
~ **butylenowy** butylene alcohol, butanediol
~ **dwuetylenowy** diethylene glycol
~ **etylenowy** (ethylene) glycol
~ **polioksyetylenowy** polyethylene glycol, PEG
~ **polipropylenowy** polypropylene glycol, PG
~ **propylenowy-1,2** 1,2-propylene glycol
~ **trójetylenowy** triethylene glycol
glikolid *m chem.* glycolide
glikolilomocznik *m chem.* glycolylurea, hydantoin
glikoliza *f biochem.* glycolysis
glikolonitryl *m chem.* glycolonitrile
glikonian *m chem.* glyconate
glikonolakton *m chem.* glyconolactone
glikoproteidy *mpl biochem.* glycoproteids, glycoproteins
glikoproteiny *fpl zob.* **glikoproteidy**
glikozydy *mpl chem.* glycosides
glin *m chem.* aluminium, aluminum, Al
glina *f* clay
~ **aktywowana** activated clay
~ **bentonitowa** bentonite
~ **ceglarska** brick loam, brick clay
~ **chuda** *ceram.* mild clay
~ **formierska** *odl.* moulder's loam
~ **garncarska** pottery clay, potter's earth
~ **kaolinitowa** kaolinite clay
~ **(kaolinitowa) chuda** *odl.* weak clay, mild clay
~ ~ **tłusta** strong clay, fat clay
~ **łupkowata** shale clay
~ **ogniotrwała** fire-clay, refractory clay
~ **osadowa** *geol.* secondary clay
~ **palona porowata** *bud.* gravelite
~ **pęczniejąca** bloating clay
~ **plastyczna** *ceram.* plastic clay, long clay
~ **spągowa** *geol.* seat clay, underclay
~ **tłusta** adobe (clay)
~ **zwałowa** *geol.* boulder clay
~ **żelazista** iron clay
glinian *m chem.* aluminate
gliniany *a* (made of) clay
gliniasty *a* argillaceous, clayey
gliniec *m bud.* gravelite
glinka *f* **biała** (*garncarska*) argilla, white bole, white clay, China clay, terra alba, kaolin
~ **kaolinowa** *zob.* **glinka biała**
~ **porcelanowa** *zob.* **glinka biała**
glinokrzem *m met.* alsifer
glinokrzemian *m chem.* aluminosilicate
glinosyderyt *m min.* clay-ironstone
glinowanie *n* **1.** *obr.ciepl.* aluminizing, calorizing **2.** *melior.* addition of clay
glinowce *mpl chem.* boron family
glinowodorek *m chem.* aluminium hydride
glinowodór *m chem.* (polymeric) aluminium hydride
glinożel *m chem.* aluminium gel
glinożelazin *m chem.* aluminoferrite
~ **wapniowy** tetracalcium aluminoferrite
glioksal *m chem.* glyoxal, oxalaldehyde, ethanediol
glioksalina *f chem.* glyoxaline, imidazole
glioksym *m chem.* glyoxime, glyoxal dioxime
gliptale *mpl tw.szt.* glyptals, glyptal resins
gliptolit *m geol.* glyptolith, ventifact
glista *f zool.* ascarid
glistnica *f med., wet.* ascariasis
glob *m* **ziemski** terrestrial globe
globalny *a* global
globina *f biochem.* globin
globularny *a* globular
globulina *f biochem.* globulin
~ **mleka** lactoglobulin
globus *m* globe (*spherical chart*)
glon *m* alga (*pl* algae)
glonocyd *m* algicide
glukonian *m chem.* gluconate
glukonolakton *m chem.* gluconolactone
glukoza *f chem.* glucose, dextrose, grape sugar
glukozydazy *fpl biochem.* glucosidases
glukozydy *mpl chem.* glycosides
glutamina *f chem.* glutamine
glutaminian *m* **sodowy** *chem.* monosodium glutamate
gluteliny *fpl biochem.* glutelins

gluten *m biochem.* gluten
gluteniny *fpl biochem.* glutenins
glutyna *f chem.* glutin
gładki *a* smooth, even
gładkopokładowiec *m* flush deck vessel
gładkościomierz *m metrol.* surface analyser
gładkość *f* smoothness
~ **powierzchni (obrobionej)** surface finish, surface quality
gładzak *m obr.skraw.* honing tool
gładzarka *f* honing machine
gładzenie *n* **1.** smoothing; dressing **2.** *obr. skraw.* honing (process) **3.** *włók.* calendering; beetling **4.** *papiern.* calendering, glazing
~ **formy** *odl.* sleeking of mould
~ **golizny** *skór.* scudding
gładziarka *f włók.* calender; *papiern.* calender, smoother
~ **arkuszowa** *papiern.* sheet calender
~ **cierna** *włók.* friction calender
~ **czezyngowa** *włók.* chaising calender
~ **mokra** *papiern.* intermediate calender
~ **morująca** *włók.* chaising calender
~ **stępowa** *włók.* beetling machine, beetle
~ **wodna** *włók.* water calender
gładzica *f drewn.* scraper
gładzik *m* **blacharski** planishing hammer, planisher
~ **czółenkowy** *odl.* pipe sleeker, pipe smoother
~ **formierski** *odl.* (taper) trowel
~ **frykcyjny** *papiern.* friction pressing roller
~ **kątowy** *odl.* corner tool
~ **kowalski** set hammer
~ ~ **płaski** flatter
~ **kształtowy** *odl.* slecker, slicker, smoother
~ **kulisty** *odl.* button sleeker
~ **maszynowy** *papiern.* machine calender
~ **prostowniczy** *szkl.* flattening tool
~ **stalowy** *drewn.* steel burnisher
gładź *f masz.* sliding surface
~ **cylindra** cylinder bearing surface
~ **kowadła** anvil face
~ **morska** *ocean.* slick
~ **suwaka** *masz.* (slide) valve face, valve land
~ **tynku** *bud.* finishing coat, setting coat, skim coat, white coat (*of plaster*)
głaz *m* boulder
~ **narzutowy** erratic (boulder)
głąb *m* **kapusty** *bot.* cabbage stump
głębia *f ocean.* deep water; abyss
~ **dokowa** *okr.* dock pit, dock trench
~ **ostrości** *fot.* (*przedmiotu*) depth of field; (*tolerancja odległości błony od obiektywu*) depth of focus
~ **roztworu** *elchem.* bulk of solution, body of solution
głębienie *n* **szybu** *górn.* shaft sinking, shafting
~ ~ **metodą obudowy wbijanej** shaft piling
~ ~ **z zamrażaniem gruntu** freeze sinking
głębina *f* deep water, deep place; abyss
głębinowy *a* abyssal
głęboki *a* deep
głębokie mrożenie *n chłodn.* deep freezing
głębokie tłoczenie *n obr.plast.* deep drawing
głęboko mrożony *chłodn.* deep-frozen
głęboko ukorzeniony *bot.* deeply rooted
głębokościomierz *m* **1.** *narz.* depth gauge **2.** *żegl.* draught gauge
~ **czujnikowy** dial depth gauge
~ **drążkowy** depth rod
~ **mikrometryczny** depth gauge micrometer
~ **prętowy** *hydr.* sounding rod
~ **zwilżeniowy linkowy** *hydr.* dipwire
~ ~ **prętowy** dip stick
głębokość *f* depth
~ **brodzenia** *mot.* fording depth
~ **geometryczna gwintu** (angular) depth of screw-thread
~ **gleby** soil depth
~ **hartowania** *obr.ciepl.* depth of hardening
~ **modulacji** *el.* modulation factor, depth of modulation
~ **naskórkowa** *fiz.* skin depth
~ **nośna gwintu** depth of engagement of a screw-thread
~ **odbicia naskórkowa** *fiz.* reflection skin-depth
~ **odcienia** *farb.* depth of shade
~ **penetracji** penetration depth
~ **posadowienia** *bud.* depth of foundation
~ **skrawania** *obr.skraw.* depth of cut
~ **uziomu** *el.* earth depth
~ **warstwy naskórkowej** *fiz.* skin depth
~ **wnikania** (*pocisku*) penetration distance
~ **wpuszczenia klina** *masz.* depth of key
~ **wtopienia** *spaw.* amount of penetration, penetration depth
~ **wypalenia** *nukl.* specific burn-up, fuel irradiation level
~ **zabielenia** *odl.* depth of chill
~ **zanurzenia** (*ciała pływającego*) draught (*of a floating body*)
~ **znieczulenia** *med.* depth of anaestesia
~ **żagla** *okr.* drop of sail
głębokotłoczność *f obr.plast.* deep drawability
głębokotłoczny *a obr.plast.* deep drawing
głos *m* voice
głosowy *a* vocal
głośnik *m* loudspeaker
~ **dwumembranowy** double-cone loudspeaker
~ **dynamiczny** dynamic loudspeaker
~ **elektromagnetyczny** electromagnetic loudspeaker
~ **elektrostatyczny** electrostatic loudspeaker
~ **indukcyjny** induction loudspeaker
~ **jonowy** ionic loudspeaker, ionophone
~ **kontrolny** monitoring loudspeaker

~ **magnetoelektryczny** dynamic loudspeaker
~ **magnetostrykcyjny** magnetostriction loudspeaker
~ **nie zniekształcający** high-fidelity loudspeaker
~ **niskotonowy** woofer
~ **przenośny ze wzmacniaczem** bullhorn
~ **o ruchomej kotwicy** moving-iron loudspeaker
~ **o ruchomym przewodzie** moving-conductor loudspeaker
~ **piezoelektryczny** piezoelectric loudspeaker
~ **pneumatyczny** compressed-air loudspeaker, pneumatic loudspeaker
~ **podwodny** subaqueous loudspeaker, hydrophone
~ **stożkowy** cone (diaphragm) loudspeaker
~ **średniotonowy** mid-range loudspeaker
~ **tubowy** horn (loudspeaker)
~ **wysokotonowy** tweeter
głośność *f akust.* loudness; volume
~ **hałasu (subiektywna)** perceived noise level
głośny *a* loud; noisy
głowa *f anat.* head
~ **bojowa torpedy** war-head of a torpedo
~ **cukru** loaf of sugar
~ **do głowy** *chem.* head-to-head (*configuration of polymer*)
~ **do ogona** *chem.* head-to-tail (*configuration of polymer*)
~ **doku** *okr.* head of dock
~ **pala** *inż.* butt-end of a pile
~ **stopnia schodów** *bud.* tail of a step
~ **wlewka** *hutn.* crop end of an ingot, ingot top, ingot head
~ ~ **wyrośnięta** spongy top, cauliflower top, rising top (*of an ingot*)
~ **zęba** (*koła zębatego*) tooth point, addendum (*of a toothed wheel*)
głowica *f* **1.** *masz.* head **2.** (*zezwoju*) *masz. el.* knuckle, nose (*of a coil*)
~ **adaptera** *el.* pick-up, playback head
~ **akustyczna** sound box
~ **bojowa** (*pocisku*) war-head (*of a missile*)
~ **bomby** *uzbr.* base cap
~ **butli** (*do gazów*) (gas) cylinder top
~ **cementacyjna** *wiertn.* cementing head
~ **ciągowa** *obr.plast.* draw head
~ **cylindra** *siln.spal.* cylinder head
~ **czytająco-pisząca** *inf.* read-write head
~ **detekcyjna** (*mikrofalowa*) *rad.* detector mount
~ **dmuchu** *szkl.* blow head
~ **do drążkarki** *drewn.* round bar cutterhead
~ **do gładzenia** *obr.skraw.* honing tool
~ **do obciągania ściernic** dresser head
~ **do wytaczania z imakiem suwakowym** *obr.skraw.* rotating cross-fed unit
~ **drąga rozruchowego** (*przy odlewaniu ciągłym*) *hutn.* starter head
~ **falochronu** pierhead
~ **fotometryczna** photometer head
~ **frezowa** *obr.skraw.* face milling cutter, face mill; *drewn.* cutterblock, cutterhead
~ ~ **do czopów** tenoning cutterblock, tenoning cutterhead
~ ~ **kwadratowa** square cutterhead
~ ~ **walcowa** round cutterhead
~ ~ **ze wstawianymi zębami** *obr.skraw.* inserted-tooth face mill
~ **gałęzi** (*w widmie*) *fiz.* branch head
~ **grabiowa** (*żniwiarki*) rake apparatus (*in a harvester*)
~ **gwinciarska** *obr.skraw.* diehead, die box, threading head
~ ~ **maszynowa** (*samootwierająca się*) automatic die, self-opening die
~ ~ **ręczna** chaser diestock
~ **izotopowa rentgenowska** isotopic X-ray unit
~ **jądrowa** nuclear war-head (*of a missile*)
~ **kablowa** *el.* cable head, cable terminal
~ ~ **trójpalcowa** *el.* trifurcating box
~ **kasująca** erasing head, wiper (*in a tape recorder*)
~ **kolumny 1.** *arch.* capital, cap (*of column*) **2.** *chem.* column head
~ ~ **rektyfikacyjnej** *chem.* still head
~ **łopatkowa oczyszczarki wirnikowej** *odl.* wheelabrator, throwing wheel
~ **magnetyczna** magnetic head
~ **mikrometryczna** micrometer head
~ **nacinająca** cutting head (*sound recording*)
~ **napędowa przenośnika** conveyor driving head
~ **narzędziowa do bruzdowania** *obr.skraw.* rifling head
~ **narzucarki** *odl.* slinger head
~ **nawiewnika** *okr.* ventilator cowl
~ **nożowa** *obr.skraw.* toolhead; *drewn.* cutterblock, cutterhead
~ ~ **do rozdrabniania wiórów** *drewn.* chip cutter
~ ~ **do zaokrąglania** *drewn.* rounding-off cutterhead
~ ~ **do zaostrzania** *drewn.* pointing cutterhead
~ ~ **kwadratowa** *drewn.* square cutterhead
~ ~ **tarczowa** *drewn.* cutter disk
~ **obiegowa** *obr.skraw.* revolving head, rotary head
~ **odbieraka drążkowego** *el.* trolley head
~ **odczytu/zapisu** *inf.* read-write head
~ **odczytująca** *el.akust.* (sound) reproducing head; *metrol.* reading head
~ **odwiertu** *górn.* wellhead
~ **pala** *inż.* pile head
~ **pasma** (*w widmie*) *fiz.* band head
~ **peryskopowa** periscopic head
~ **pieca martenowskiego** open-hearth furnace block, open-hearth furnace port, open-hearth furnace end
~ **pirsu** pierhead
~ **płuczkowa** *wiertn.* casinghead
~ **pocisku** (*artyleryjskiego*) shell head

~ ~ **rakietowego** nose-cone of a rocket missile
~ **podziałowa** *obr.skraw.* dividing head, index head
~ ~ **kątowa** angle gauge dividing head
~ ~ **optyczna** *metrol.* optical dividing head
~ **pomiarowa** *obr.skraw.* measuring head, gauge head
~ **pompowa** *wiertn.* casinghead
~ **prasy** *obr.plast.* crown of a press
~ **przeciwerupcyjna** *wiertn.* blow-out preventer
~ **przenośnika taśmowego** belt head of a conveyor
~ **rewolwerowa** (*tokarki*) turret, capstan head
~ ~ **pionowa** capstan tool head
~ ~ **z posuwem poprzecznym** cross-sliding turret
~ **rozdzielacza** (*zapłonu*) *siln.* distributor cap
~ **rurowa** *wiertn.* casinghead, tubing head
~ **samonaprowadzająca** (*pocisku*) guidance head, seeker head
~ **skrętna** *obr.skraw.* swivel head
~ **spawalnicza** welding head
~ **ssąca** (*pogłębiarki*) dustpan (*of a dredger*)
~ **statywu** tripod head
~ **stemplowa** *obr.plast.* punch holder
~ **suwakowa** *metrol.* sliding head
~ **szczelinowa** *tw.szt.* sheet die
~ **szlifierska** wheelhead (*of a grinder*)
~ **szybu** *górn.* shaft collar
~ **tarczowa do frezowania wąskich rowków** *drewn.* slitting disk
~ ~ **do rowków wpustowych** *drewn.* grooving disk
~ **trzonu sterowego** *okr.* rudder head
~ **trzpienia dziurującego** *obr.plast.* piercer point, piercing head
~ **uchwytowa maszyny wytrzymałościowej** holder of a testing machine
~ **uniwersalna** *inf.* combined (read/write) head
~ **urabiająca** *górn.* ripping head
~ **urządzenia samokierującego** (*w pociskach kierowanych*) homing head (*in guided missiles*)
~ **wagi** weighing head
~ **wejściowa** *TV* tuner
~ **wiertarska** *obr.skraw.* drill(ing) head
~ ~ **wielowrzecionowa** multi-spindle drill head
~ ~ ~ **z nastawnymi wrzecionami** adjustable centre multi-drill head
~ **wiertnicza** boring head
~ **wirnika** (*śmigłowca*) rotor head (*of a helicopter*)
~ **wrębiarki** *górn.* cutter-head
~ **wychylna** *obr.skraw.* swivel head
~ **wydobywcza** *wiertn.* Christmas tree
~ **wytaczarska** *obr.skraw.* boring head
~ **wytłaczarki** *tw.szt.* extrusion head
~ **z tarczą kołową** (*wagi*) dial head (*of a balance*)
~ **zapisująca** *inf.* recording head, write head
~ **zasilacza** *szkl.* feeder
~ **zezwoju** *el.* nose of a coil
głownia *f* **lutownicza** soldering bit
głowonóg *m zool.* cephalopod
głód *m* **1.** hunger, starvation **2.** shortage; scarcity
~ **mieszkaniowy** *ek.* housing shortage
~ **tlenowy** oxygen want
głóg *m bot.* hawthorn, *Crataegus* L.
główczenie *n* (*pocisku*) *uzbr.* bottling, nosing (*of shell*)
główka *f* head
~ **bezpiecznikowa** *el.* fuse holder
~ **buraka cukrowego** sugar beet crown
~ **butelki** *szkl.* finish of a bottle
~ **cegły** end face of a brick
~ **czcionki** head of type
~ **czosnku** garlic bulb
~ **dźwiękowa** (*projektora*) *kin.* sound(-reproducing) head (*of a projector*)
~ **gramofonu** sound-box of a gramophone
~ **gwoździa** nailhead
~ **kapusty** loaf of cabbage
~ **korbowodu** *siln.spal.* small end of a connecting-rod
~ **kosy** (*w maszynie żniwnej*) knife head (*in a harvester*)
~ **naciągowa** *zeg.* winding crown, winding button
~ **odważnika** weight knob
~ **sprzęgu hamulcowego** *kol.* air brake hose coupling
~ **szyny** rail head
~ **tabeli** table heading
~ **tłoka** *siln.spal.* piston head
~ **zezwoju** *el.* nose of a coil
główna krawędź *f* **skrawająca** *narz.obr.skraw.* side cutting edge; (*wiertła*) lip of a drill
główna liczba *f* **kwantowa** *fiz.* principal quantum number, total quantum number, main quantum number
główne osie *fpl* **bezwładności** *mech.* principal axes of inertia
główne urządzenie *n* **sterujące** master control
główne zastosowanie *n* principal use
główny *a* main, principal, primary; *mat.* cardinal
główny dostawca *m* main supplier
główny inżynier *m* chief engineer
główny kąt *m* **natarcia** *narz.obr.skraw.* normal side rake angle
główny kąt *m* **przyłożenia** *narz.obr.skraw.* normal side relief angle, normal side clearance angle
główny kąt *m* **przystawienia** *narz.* approach angle
główny konstruktor *m* chief design engineer, chief designer
główny księgowy *m* accountant general, chief accountant
główny moment *m* **bezwładności** *mech.* principal moment of inertia
główny pożytek *m pszczel.* main flow

główny projektant *m* chief project engineer
główny przewód *m* **doprowadzający** delivery main
główny przewód *m* **powietrzny** air main
główny przewód *m* **wodny** water main
główny technolog *m* chief process engineer
główny układ *m* **regulacji** master control
główny urząd *m* central office, principal office
główny wykonawca *m* *bud.* prime contractor
głuchoniemy *a* *med.* deaf-mute
głuchy *a* *akust.* dead (*sound*)
GM = licznik Geigera-Müllera Geiger-Müller counter, G-M counter
gmach *m* edifice, large building
GMP = górny martwy punkt *siln.* inner dead centre
gnejs *m* *petr.* gneiss, bastard granite
gniazdko *n* (*wtyczkowe*) *el.* socket, female connector; *tel.* jack
~ **antenowe** *rad.* antenna jack
~ **języczka zamka** (lock) keeper
~ **równoległe** *telef.* branch jack
~ **słupowe strażnicze** *telef.* sentinel pole jack
~ **sprężynowe** *telef.* spring nest
~ **szeregowe** *telef.* break jack
~ **wtyczkowe** *el.* socket-contact
~ **zgłoszeniowe** *telef.* answering jack
gniazdo *n* **1.** *masz.* seat, seating; socket; pocket; well **2.** *chem.* spur (*in radiolysis*) **3.** *geol.* pocket
~ **czopa** *drewn.* mortise, mortice
~ ~ **steru** *okr.* rudder gudgeon
~ **formy** *tw.szt.* mould cavity, mould form
~ **kamienia łożyskowego** bezel (*in precision instruments*)
~ **kłonicowe** stake pocket
~ **kulowe łożyska wzdłużnego** *masz.* ball socket
~ ~ **zaworu** *masz.* ball seat
~ **łożyska** bearing mounting, bearing seat(ing)
~ **osłony łożyska** *masz.* bearing housing seat
~ **otwarte łożyska** *masz.* open bearing mounting
~ **półotwarte łożyska** *masz.* shoulder bearing mounting
~ **produkcyjne** work centre
~ ~ **przedmiotowe** production cell
~ ~ **technologiczne** machine group
~ **rdzennika** *odl.* core print (seat)
~ **rudy** *geol.* ore pocket
~ **stożkowe** (*zaworu*) *masz.* coned seat
~ **środkujące** *rys.* centre
~ ~ **celuloidowe** horn centre
~ **świecy zapłonowej** *siln.spal.* sparking plug seating
~ **w murze** (*do oparcia belki*) *bud.* wall pocket
~ **wielokrotne** *el.* plugging box
~ **wtyczkowe** *el.* plug-in socket
~ ~ **ścienne** wall outlet
~ ~ **z wtyczką** plug-in socket and plug
~ ~ **z wyłącznikiem** switch-socket
~ **zamknięte łożyska** *masz.* closed bearing mounting, blind bearing mounting
~ **zapalnika** *uzbr.* fuse pocket, fuse well
~ **zaworu** valve-seat
~ ~ **wstawiane** valve seat insert, valve insert ring
gnicie *n* decay, rot, putrefaction; digestion
~ **ścieków** *san.* sewage digestion
gnida *f* *zool.* nit
gniecenie *n* **bochna** *hutn.* stringling
gnieść *v* crush
gniezdnik *m* *el.* jack panel, jack strip
~ **lampowy** lamp panel
gnijący *a* putrescible
gnilny *a* putrid
gniot *m* *obr.plast.* draft, rolling reduction
~ **bezpośredni** direct draft, vertical draft, direct reduction
~ **boczny** indirect draft, side draft, side work, lateral draft
~ **pośredni** *zob.* **gniot boczny**
~ **prosty** direct draft, vertical draft, direct reduction
~ **w jednym przejściu** draft per pass
gniotownik *m* crusher, crushing mill
~ **do ksantatu** *tw.szt.* xanthate kneader
~ **do makuchów** *roln.* cake breaker
~ **krążnikowy** chaser mill, Chilean mill, edge runner, pan crusher
~ **walcowy** roll crusher
gnojownia *f* *roln.* dunghill
gnojówka *f* *roln.* liquid manure
gnomon *m* gnomon (*of sundial*)
gnój *m* dung, manure
GNR = godzina największego ruchu *tel.* busy hour
gobelin *m* tapestry
godzina *f* hour
~ **największego ruchu** *tel.* busy hour
~ **odjazdu** time of departure
~ **przyjazdu** time of arrival
~ **zamknięcia** (*np. sklepu*) closing time
godziny *fpl* **biurowe** office hours, business hours
~ **nadliczbowe** overtime
~ **największego nasilenia ruchu** (*w mieście*) rush-hours
~ **pracy** working hours
~ **przepracowane** worked hours
~ **świecenia** *el.* burning hours
~ **urzędowania** office hours
gofrowanie *n* *włók.* embossing
golec *m* *skór.* shearling
goleń *f* *anat.* tibia
~ **amortyzacyjna podwozia** *lotn.* shock absorber leg
~ **hydropneumatyczna podwozia** *lotn.* oleo-pneumatic strut, oleo strut, oleo leg
~ **podwozia** *lotn.* undercarriage leg; undercarriage strut
Golfstrom *m* *ocean.* Gulf Stream
golizna *f* *skór.* lime pelt
gołąb *m* *zool.* pigeon
~ **pocztowy** homing pigeon
gołębnik *m* *zoot.* dove-cot(e), pigeon-house

gołoledź *f* glazed frost
goły *a* naked, bare
gołym okiem by the unaided eye
gomółki *fpl* **szklane** crown glass
gonadotropina *f* *biochem.* gonadotropin
gondola *f* *lotn.* nacelle
~ **podkadłubowa** ventral pod
~ **podskrzydłowa** underwing pod
~ **podwieszona** pod
~ **silnikowa** (*w samolotach*) engine nacelle; (*w sterowcach*) engine car
~ **załogi** (*sterowca*) control car
gong *m* gong, chime
goniec *m* (*pracownik*) messenger; runner
~ **czółenkowy** *włók.* picker
goniometr *m* goniometer
~ **przykładany** *kryst.* contact goniometer
~ **refleksyjny** *kryst.* reflecting goniometer
goniometria *f* *mat.* goniometry
gont *m* *bud.* shingle
GOP = Górnośląski Okręg Przemysłowy
gorąca aktywność *f* *nukl.* high activity
gorąca linia *f* *tel.* hot line
gorąca rezerwa *f* warm stand-by
gorące miejsce *n* **1.** *siln.spal.* hot-spot **2.** *genet.* hot-spot
gorący *a* **1.** hot **2.** *nukl.* highly active, hot
gorączka *f* *med.* fever
~ **cynkowa** (*wskutek zatrucia parami cynku*) *med.* zinc chills, metal fume fever
~ **mleczna** *wet.* milk fever
~ **poszczepienna** *med.* vaccinal fever
gorczyca *f* **jasna** *bot.* white mustard, *Sinapis alba* L.
gorszy gatunek *m* cheaper brand, inferior quality
gorycz *f* bitterness
gorzelnia *f* distillery
gorzelnictwo *n* distilling of alcohol
gorzki *a* bitter
goslaryt *m* *min.* goslarite
gospoda *f* tavern, inn; public house, pub
gospodarczy *a* economic
gospodarka *f* **1.** economy **2.** management, administration
~ **chłopska** peasant farming
~ **drobnotowarowa** small-scale commodity production
~ **energetyczna** energy management
~ **hodowlana** livestock farming, animal husbandry
~ **leśna** forestry
~ **magazynowa** stock management
~ **materiałowa** materials management, supply management
~ **narodowa** national economy
~ **narzędziowa** tooling service
~ **odpadami** waste disposal, waste management
~ **osadami** *san.* sludge handling
~ **paliwowa** fuel policy
~ **pamięcią** *inf.* memory management, store management
~ **planowa** planned economy
~ **powietrzna** *górn.* air control
~ **rolna** agricultural economy; farming
~ **stropem** *górn.* roof control
~ **ściekami** waste-water disposal, water sewage disposal
~ **uspołeczniona** socialized economy
~ **wodna** water economics; *ochr.środ.* water conservation; *biol.* water balance
~ **wolnorynkowa** free market economy
~ **zacofana** backward economy
~ **zła** mismanagement
gospodarstwo *n* **chłopskie** peasant holding
~ **domowe** household, house keeping
~ **hodowlane** animal farm, stock farm
~ **jajczarskie** egg farm
~ **mleczne** dairy farm
~ **odroślowo-nasienne** *leśn.* coppice and standards
~ **pastwiskowe** pasture management
~ **przemienno-łąkowe** ley farm
~ **rolne** *farm.* farmstead
~ ~ **uspołecznione** collective farm
~ **rybne** fish farm
~ **sadownicze** fruit farm
~ **towarowe** commercial farm, commodity farm
~ **wielokierunkowe** diversified farm
gospodarz *m* **pasożyta** host
gościec *m* *med.* rheumatism
gotować *v* boil; cook
~ **na kryształ** *zob.* **gotować na ziarno**
~ **na ziarno** *cukr.* boil to grain
~ **się** boil
gotowanie *n* boiling; cooking
~ **akumulatora** *el.* gassing
~ **celulozy** kiering of cellulose
~ **cukrzycy drugiej** *cukr.* high raw boiling
~ ~ **pierwszej** white boiling
~ ~ **trzeciej** raw boiling
~ **formy** *odl.* boiling, blowing out
~ **kwaśne** *wybuch.* sour boiling (*of nitrocellulose*)
~ **pojemnościowe** (*żywności*) radio-cooking, dielectric cooking
~ **rudą** (*kąpieli stalowej*) *hutn.* ore boil
~ **stabilizujące** *wybuch.* stabilizing boiling (*of nitrocellulose*)
~ **szmat** *papiern.* rag boiling
~ **ulepu na nitkę** *cukr.* string proof
~ **w kilku rzutach** *cukr.* multi-boiling system
gotowość *f* readines; availability
~ **bojowa** *wojsk.* fighting trim, operational readiness
~ **operacyjna** availability
gotowy *a* ready; off-the shelf
gotowy do spożycia *spoż.* ready-to-serve
gotówka *f* cash, ready money
gotyk *m* *arch.* Gothic style, gothic
~ **płomienisty** (*francuski*) flamboyant style
goździk *m* **1.** *bot.* carnation, *Dianthus caryophyllus* L. **2.** *spoż.* clove
goździkowiec *m* **korzenny** *bot.* aromatic clove tree, *Eugenia caryophyllata*
góra *f* mountain
~ **lodowa** iceberg
~ **podwodna** *geol.* seamount

~ **stołowa** *geol.* table mountain
~ **świadek** *geol.* island mountain, inselberg, monadnock, torso mountain
górka *f lotn.* pull-up from level flight, hump
~ **rozrządowa** *kol.* hump
górnictwo *n* mining
~ **naftowe** oil mining
~ **odkrywkowe** surface mining
~ **podziemne** underground mining
~ **rudne** ore mining
~ **węglowe** coal-mining
górniczy *a* mining
górnik *m* miner
~ **szybowy** shaftsman; shaft sinker
~ **ścianowy** (*pracujący na ścianie*) longwall miner
~ **węglowy** coal miner, collier
~ **zatrudniony przy rozłupywaniu skał** splitter
górnopłat *m lotn.* high-wing monoplane
~ **typu parasol** parasol monoplane
~ **wolnonośny** cantilever high-wing monoplane
~ **zastrzałowy** braced high-wing monoplane
górny zwrotny punkt *m siln.* top dead centre, inner dead centre
górotwór *m geol.* rock mass, ground
~ **zaburzony tektonicznie** troubled ground
górotwórczy *a geol.* orogenetic
górowanie *n astr.* upper transit, upper culmination
gr = gran *jedn.* grain
gra *f* **barw** *opt.* play of colour
~ **roztopionego metalu** *odl.* surface play of metal
~ **sprężyny** *masz.* riding of spring
grab *m bot.* hornbeam, *Carpinus betulus* L.
grabiarka *f roln.* rake (*wheeled implement*)
~ **boczna** side delivery rake
~ **konna** horserake
~ ~ **do siania** hayrake, hay collector
grabić *v roln.* rake
grabie *pl* rake
~ **aerodynamiczne** *aero.* wake rake, Pitot comb
~ **konne z samoczynnym unoszeniem zębów** *roln.* self-dump rake
~ ~ **poprzeczne do siania** hay rake
graca *f roln.* hoe
~ **do zaprawy** *bud.* larry
gracować *v* hoe
grad *m* **1.** hail **2.** *jedn.* grade: $1^g = \pi/200$ radians
gradacja *f* gradation
gradient *m* gradient
~ **ciśnienia** pressure gradient
~ **koncentracji** *chem.* concentration gradient
~ **pionowy temperatury atmosfery** *meteo.* environmental lapse rate
~ **potencjału** potential gradient
~ **przybliżenia liniowego** gradient of linear approximation
~ **skalara** gradient of a scalar
~ **stężenia** *chem.* concentration gradient
~ **temperatury** thermal gradient, temperature gradient
~ **wektora** (*pola*) gradient of a vector
~ **wiatru** *meteo.* wind shear
gradobicie *n* hailstorm, shower of hail
gradzina *f* **1.** hail-stone **2.** *narz.* tooth chisel
gradzinowanie *n* **kamienia** batting
graf *m mat.* graph
~ **dwudzielny** bipartite graph
~ **pełny** complete graph
~ **płaski** planar graph
~ **skierowany** digraph
grafekon *m* (*lampa pamięciowa*) *el.* graphecon
graficzny *a* graphical
grafika *f* graphic art
~ **komputerowa** *inf.* computer graphics
grafion *m* drawing pen, lining pen, ruling pen
~ **cyrkla** ink point, pen point (*of compasses*)
~ **do linii krzywych i linii obrysu** contour pen, curve pen
~ ~ ~ **obramowania** border pen, spade pen, swedish pen
~ **do litografii** litho pen
~ **podwójny** road pen, railway pen
~ **z kółkiem do linii kreskowych** dotting pen
~ **zwykły** plain ruling pen
grafit *m* graphite; black lead, plumbago
~ **Achesona** Acheson graphite
~ **drugorzędowy** *met.* secondary graphite
~ **eutektyczny** *met.* eutectic graphite
~ **gwiazdkowy** *met.* rosette graphite
~ **koloidalny** colloidal graphite
~ **kulkowy** *met.* modular graphite
~ **pierwotny** *met.* primary graphite, kish
~ **pierwszorzędowy** *zob.* **grafit pierwotny**
~ **płatkowy** *met.* flake graphite
~ **retortowy** retort graphite
~ **rozetkowy** *met.* rosette graphite
~ **sferoidalny** *met.* modular graphite
~ **syntetyczny** Acheson graphite
~ **szumowy** *met.* primary graphite, kish
~ **wtórny** *met.* secondary graphite
grafitowanie *n odl.* blacking
grafitowy *a met.* graphitoidal
grafityzacja *f met.* graphitization; graphitic corrosion
grafityzator *m met.* graphite-forming element, graphitizer
grafityzowanie *n obr.ciepl.* graphitizing
grafon *m inf.* grapheme
grafoskop *m inf.* graphic display (unit)
gram *m jedn.* gram(me): 1 g = 10^{-3} kg
~ **-siła** *jedn.* gram-force: 1 G = 0.980665·$\cdot 10^{-2}$ N
gramatura *f papiern.* substance, basis weight, G.S.M. (*grammes per square metre*)
gramatyka *f jęz.* grammar
gramicydyna *f biochem.* gramicidin
gramoatom *m chem.* gram-atom

gramocząsteczka *f chem.* gram-molecule, mole
gramodrobina *f zob.* **gramocząsteczka**
gramofon *m* gramophone, phonograph
gramojon *m chem.* gram-ion
gramorad *m radiol.* gram-rad
gramorównoważnik *m chem.* gram-equivalent
~ **radu** *radiol.* gram-rad
gramowid *m TV* teleplayer, videodisk player
gran *m jedn.* grain: 1 gr = 0.0648 g
granat *m* **1.** *uzbr.* grenade **2.** *uzbr.* high-explosive shell **3.** *min.* garnet **4.** *farb.* navy blue, dark blue **5.** *bot.* pomegranate, *Punica granatum*
~ **karabinowy** rifle grenade
~ **ręczny** hand grenade
granatnik *m uzbr.* grenade launcher
graniak *m* **1.** *petr.* dreikanter, glyptolith; angular boulder; faceted pebble **2.** *drewn.* square timber
graniastosłup *m geom.* prism
graniastosłupowy *a* prismatic
graniastość *f* (*błąd kształtu*) lobing
graniasty *a* prismatic; angular
~ **o zaokrąglonych narożach** subangular
graniatka *f wiertn.* grief stem, kelly
granica *f* limit; boundary; border, *zob.też* **granice**
~ **asymptotyczna** *mat.* asymptotic limit
~ **błędu** *mat.* limit of error, margin of error
~ **bólu** *akust.* threshold of pain
~ **całkowania** *mat.* limit of integration
~ **ciągu** *mat.* limit of a sequence
~ **czułości** *metrol.* limit of sensitiveness
~ **daszkowa** *kryst.* tilt boundary
~ **daty** *geod.* date line, calendar line
~ **dokładności** *metrol.* limit of accuracy
~ **dokuczliwości** *akust.* threshold of annoyance
~ **dolna** lower limit, inferior limit
~ **dopuszczalna** permissible limit
~ **ekstrapolowana** *nukl.* extrapolated boundary
~ **faz** *fiz.* interface, phase boundary
~ **funkcji** *mat.* limit of function
~ **górna** upper limit; superior limit
~ **Hooke'a** *wytrz.* limit of proportionality
~ **indukcyjna** *mat.* inductive limit
~ **istotności** significance limit
~ **lewostronna** *mat.* left-hand limit, limit on the left
~ **międzyfazowa** *fiz.* phase boundary, interface
~ **Mohorovičicia** *geol.* Mohorovičić discontinuity, Moho
~ **nieprzekraczalna** deadline
~ **odwrotna systemu odwrotnego** *mat.* inverse limit
~ **opłacalności** *ek.* break-even point
~ **osiadania** (*gruntu*) *bud.* limit of draw
~ **pełzania** *wytrz.* creep limit
~ **plastyczności** *wytrz.* yield point
~ ~ **rzeczywista** true limiting creep stress
~ ~ **umowna** proof stress, offset yield strength
~ ~ **wyraźna** physical yield point
~ **płynności** **1.** *inż.* liquid limit **2.** *tw.szt.* flow limit
~ **podziarn** *kryst.* subgrain boundary, subboundary
~ **praktycznej pozostałości pestycydu** *spoż.* practical (pesticide) residue limit
~ **prawdopodobieństwa** probability limit
~ **prawostronna** *mat.* limit on the right, right-hand limit
~ **projektywna** *mat.* projective limit
~ **proporcjonalności** *wytrz.* limit of proportionality
~ **prosta** *mat.* direct limit
~ **rozdziału faz** *fiz.* interface, phase boundary
~ **rozpuszczalności** solubility limit
~ **skośna** *kryst.* tilt boundary
~ **skręcenia** *zob.* **granica skręcona**
~ **skręcona** *kryst.* twist boundary
~ **słyszalności** *akust.* limit of audibility
~ ~ **górna** threshold of audibility
~ **sprężystości** *wytrz.* elastic limit, limit of elasticity
~ **tolerancji** *skj* tolerance limit
~ **wiecznych śniegów** *geogr.* snow line
~ **wtopu** *spaw.* weld junction
~ **wybuchowości** explosive limit
~ **wykrywalności** *chem.* quantity sensitivity, limit of detection
~ **wymiarowa** size limit
~ **wymiaru nieprzechodniego** „not go" limit
~ ~ **przechodniego** „go" limit
~ ~ **sprawdzianu** gauge limit
~ **zamkniętej figury krzywoliniowej** *geom.* circumference
~ **zapłonu** limit of inflammability
~ **ziarna** *kryst.* grain boundary
~ ~ **szerokokątowa** high-angle grain boundary
~ ~ **wąskokątowa** *zob.* **granica ziarna niskokątowa**
~ ~ **niskokątowa** small-angle (grain) boundary
~ **(zmiany) daty** date line, calendar line
~ **zużycia sprawdzianu** *metrol.* gauge wear limit
granice *fpl* **jakości serii** *skj* lot quality protection
~ **klasy** class limits
~ **(przedziału) ufności** *statyst.* confidence limits
~ **żyły** *geol.* wall of a lode
granicznik *m* landmark
graniczny *a* limiting
granit *m petr.* granite
~ **napisowy** runite, graphic granite
granitowy *a* granitic
granityzacja *f geol.* granitization
granodyzacja *f elchem.* granodizing
granulacja *f* granulation
granulat *m* granulated product
~ **szklany** granulated glass

~ **wstępnie spieniony** *tw.szt.* pre-expanded beads
granulator *m* granulator; pelleting machine
granulka *f* granule; pellet
granulocyt *m* *biol.* granulocyte
~ **obojętnochłonny** neutrocyte
granulować *v* granulate; pellet
granulowany *a* granular
grań *f* **spoiny** root of weld
graser *m* *fiz.* graser (*gamma ray stimulated emission of radiation*)
grasica *f* *anat.* thymus (gland)
grat *m* = **rąbek** *obr.plast.* burr; fin, flash; *spaw.* spit
gratis *m* (*egzemplarz bezpłatny książki*) complimentary copy, free copy
gratowanie *n* *obr.plast.* trimming
gratyfikacja *f* *ek.* gratuity
grawerka *f* engraving machine
grawerować *v* engrave, chase
grawimetr *m* gravimeter
grawimetria *f* *geofiz.* gravimetry, gravimetric analysis
grawimetryczny *a* gravimetric
grawitacja *f* gravitation
grawiton *m* *fiz.* graviton
grej *m* *radiol.* gray, Gy (*the International System unit of absorbed dose*)
grejpfrut *m* *bot.* grape fruit, *Citrus paradisi*
grena *f* silkworm eggs
grenarstwo *n* silkworm egg production
grenokit *m* *min.* greenockite
grenowanie *n* *poligr.* (plate) graining
grenówka *f* *poligr.* plate graining machine, grainer
greting *m* *okr.* grating
greża *f* raw silk, grege silk
gręplarka *f* *włók.* carding machine, card
~ **do konopi** hemp comb
gręplowanie *n* *włók.* carding
grobla *f* dyke
groch *m* *bot.* pea, *Pisum sativum* L.
grochodrzew *m* *bot.* robinia, false acacia, *Robinia pseudoacacia* L.
grochowiec *m* *petr.* pisolite
grodza *f* *inż.* bulkhead, cofferdam
~ **drewniana wodoszczelna** stank
~ **kaszycowa** crib cofferdam
~ **komorowa** cellular cofferdam
~ **ziemną** earth-fill cofferdam
grodzica *f* *inż.* sheet pile, piling section
grodzić *v* fence
grom *m* *meteo.* thunder
~ **dźwiękowy** *lotn.* sonic bangs, sonic boom, bing-bang
gromada *f* **gwiazd** *astr.* group of stars
gromadzenie *n* accumulation, collection
~ **danych** *inf.* acquisition of data
gromadzić *v* accumulate, collect
~ **nadmierne zapasy** overstock, hoard
~ **się** accumulate
~ **zapasy** stock
~ ~ **interwencyjne** stockpile
gronkowiec *m* *biol.* staphylococcus
grono *n* **1.** *fiz.* cluster **2.** *anat.* acinus (*pl* acini) **3.** *bot.* bunch (*e.g. of grapes*)
~ **winne** *bot.* bunch of grapes
gronowaty *a* *geol.* botryoidal
gronowy *a* *anat.* acinar
gros *m* (12 *tuzinów*) gross
groszek *m* **1.** (*sortyment węgla*) pea coal **2.** *bot.* pea
~ **pachnący** sweet pea, *Lathyrus odoratus* L.
~ **zielony** green pea
groszkowanie *n* **1.** *skór., papiern.* graining **2.** *bud.* daubing, bush hammering
grot *m* **1.** *okr.* main sail **2.** *narz.* point chisel
~ **iglicznу** *uzbr.* firing pin; striker
~ **lutowniczy** soldering tip
~ **strzałki** *rys.* arrow-head
grota *f* *geol.* cave
grotabom *m* *okr.* main boom
grotabras *m* *okr.* main brace
grotaszot *m* *okr.* main sheet
grotmaszt *m* *okr.* main mast
grotowanie *n* (*kamieni*) *bud.* pointing (*stones*)
grotżagiel *m* *okr.* mainsail
groźba *f* **pożaru** fire risk
gródź *f* *okr.* bulkhead
~ **lekka** partition bulkhead
~ **ognioochronna** fire-screen bulkhead
~ **ogniotrwała** fire-resisting bulkhead, fire-proof bulkhead
~ **pyłochłonna** screen bulkhead
~ **wodoszczelna** watertight bulkhead
~ **wytrzymałościowa** structural bulkhead
~ **zderzeniowa** collision bulkhead
gruber *m* *roln.* grubber
grubizna *f* *drewn.* large timber
grubościenny *a* thick-walled, heavy-walled
grubościomierz *m* thickness gauge; pachymeter
~ **czujnikowy** dial thickness gauge
~ **promieniotwórczy** radioactive thickness gauge
~ **rentgenowski** (*do pomiaru grubości taśmy walcowanej*) X-ray thickness gauge
grubościówka *f* *drewn.* thicknessing machine, thicknesser
grubość *f* thickness
~ **blachy** sheet gauge
~ **drutu** wire gauge
~ **pakietu (blach)** stack thickness
~ **pokrywy śnieżnej** *meteo.* snow accummulation, depth of snow
~ **powłoki** (*wymalowania*) build
~ **półchłonna** *nukl.* half-thickness
~ **profilu** *aero.* thickness of an aerofoil section
~ **spoiny pachwinowej** throat of fillet weld
~ **warstwy** thickness of layer
~ ~ **utwardzonej** *obr.ciepl.* case depth
~ ~ **zabielonej** *odl.* depth of chill
~ **względna profilu** *aero.* thickness/chord ratio (*of an aerofoil section*)

~ **ziarna** grain coarseness
~ **znamionowa spoiny czołowej** size of groove weld
gruboziarnistość *f* coarse grain structure
~ **dziedziczna** *met.* inherent coarsening propensities
gruboziarnisty *a* coarse-grained; *petr.* rudaceous
gruby *a* **1.** thick **2.** coarse **3.** heavy-gauge
gruby błąd *m* gross error, parasitic error, blunder
gruczoł *m anat.* gland
~ **dokrewny** endocrine gland, ductless gland
~ **łojowy** sebaceous gland
~ **łzowy** lacrimal gland, tear gland
~ **mleczny** lactiferous gland, mammary gland
~ **nadnerczowy** adrenal
~ **płciowy** gonad
~ **potowy** sweat gland
~ **ślinowy** salivary gland
~ **wydzielania wewnętrznego** endocrine gland, ductless gland
grudki *fpl* **wypalane** *hutn.* heat-hardened pellets, fired pellets
~ **zmetalizowane** metallized pellets, prereduced pellets
grudkowanie *n* **rudy** *hutn.* ore pelletizing, ore balling
grudkownia *f hutn.* pellet(izing) plant
grudkownik *m* **bębnowy** *hutn.* balling drum
~ **talerzowy** balling disk
grumot *m żegl.* grommet ring
grunt *m* **1.** ground, soil **2.** *powł.* priming paint, ground colour
~ **bagnisty** mire
~ **chromianowy** *powł.* zinc chromate primer
~ **kotwiczny** *żegl.* holding ground
~ **księżycowy** moon-rocks
~ **macierzysty** *żegl.* natural ground
~ **nasypowy** made ground
~ **nie nadający się do uprawy** no-arable land
~ **nie uprawiany** untilled land
~ **nienaruszony** undisturbed soil
~ **odlewni** foundry floor
~ **piaszczysty** sandy soil
~ **reaktywny** *powł.* metal conditioner, etching primer
~ **rodzimy** subsoil, virgin soil
~ **spoisty** *inż.* cohesive soil
~ **sypki** *inż.* non-cohesive soil, loose ground
~ **wodonośny** wet ground
~ **z pyłem cynkowym** *powł.* zinc-rich primer
~ **zagęszczony** *inż.* compacted earth
gruntować *v powł.* ground; stain (*wood*)
~ **tynk** *bud.* clearcole
grunty *mpl* **niewykorzystane rolniczo** underdeveloped land
~ **opuszczone** (*nie uprawiane*) derelict land
~ **orne** arable land, cropland, ploughland
grupa *f* group
~ **abelowa** *mat.* abelian group
~ ~ **wolna** free abelian group
~ **alternująca** *mat.* alternating group
~ **amidowa** *chem.* amide group
~ **antyauksochromowa** *chem.* anti-auxochrome group
~ **auksochromowa** *chem.* auxochrome
~ **automorfizmów** *mat.* automorphism group
~ **awaryjna** *żegl.* damage control party
~ **azowa** *chem.* azo group
~ **batochromowa** *chem.* bathochrome
~ **beztorsyjna** *mat.* torsion free group
~ **bezwładności** *mat.* inertia group
~ **blokująca** *chem.* **1.** protecting group, blocking group, covering group **2.** (*w kompleksach chelatowych*) steric(al) hindrance, blockig group
~ **charakterów** *mat.* character group
~ **chemicznie czynna** *chem.* reactive group
~ **chromoforowa** *chem.* chromophore, chromophoric group
~ **cykliczna** *mat.* cyclic group
~ **czwartego stopnia** *zob.* **grupa czwórna**
~ **czwórna** *tel.* supermastergroup
~ **dodatkowa** *chem.* odd series, B family, sub-group (*of periodic system*)
~ **dualna** *mat.* dual group
~ **dwuazowa** *chem.* diazo group
~ **dwukleszczowa** *chem.* bidentate group, bidentate coordinator
~ **energetyczna neutronów** neutron energy group
~ **fal** *fiz.* wave group
~ **farbiarska** (*barwnika*) dyeing group
~ **funkcyjna** *chem.* functional group
~ **główna** *chem.* main group, even series, A family (*of periodic system*)
~ **holonomii** *mat.* holonomy group
~ **homologii** *mat.* homology group
~ ~ **relatywnych** relative homology group
~ **homotopii** *mat.* homotopy group
~ **hydrofilowa** *chem.* water-soluble group
~ **ilorazowa** *mat.* factor group, quotient group
~ **impulsów** *tel.* group of pulses
~ **izotropii** *mat.* isotropy group
~ **jednokleszczowa** *chem.* monodentate group
~ **kanałów** *tel.* group of channels
~ **karboksylowa** *chem.* carboxyl (group), carboxylic acid group
~ **karbonylowa** *chem.* carbonyl
~ **Kleina** *mat.* four-group
~ **kohomologii** *mat.* cohomology group
~ ~ **relatywnych** relative cohomology group
~ **komutacyjna** *el.* commutating group
~ **koordynująca** *chem.* coordinating group
~ **krwi** *med.* blood group, BG
~ **kwasowa** *chem.* acid(ic) group
~ **Liego** *mat.* Lie group
~ **liniowa pełna** *mat.* general linear group
~ **mostkowa** *chem.* bridging group
~ **nilpotentna** *mat.* nilpotent group
~ **nitrowa** *chem.* nitro group

~ **obrotów** *mat.* rotation group
~ **opuszczająca** *chem.* departing group, leaving group (*in substitution reaction*)
~ **ortogonalna** *mat.* orthogonal group
~ **osmoforowa** *chem.* osmophore, odoriphore
~ **permutacji** *mat.* permutation group
~ **płacy** wage cathegory
~ **poboczna** *chem.* sub-group, odd series, B family (*of periodic system*)
~ **podstawowa** *mat.* fundamental group
~ **podzielna** *mat.* divisible group
~ **połączeń transformatora** vector group of a transformer
~ **prosta** *mat.* simple group
~ **prostetyczna** *biochem.* prosthetic group
~ **przekształceń** *mat.* transformation group
~ **przestrzenna** *kryst.* space group
~ **przesunięć** *mat.* translation group
~ **punktowa** *kryst.* point group, crystal class, symmetry class
~ **rezystorów połączonych szeregowo** *el.* resistance chain
~ **robocza** working group, WG
~ **rozwiązalna** *mat.* solvable group
~ **skoordynowana** *chem.* ligand
~ **solotwórcza** *chem.* acid(ic) group
~ **specjalna** *mat.* special group
~ **stowarzyszona** *mat.* associated group
~ **sulfhydrylowa** *chem.* sulfhydryl group, thiol group
~ **sulfonowa** *chem.* sulfo group
~ **symetrii** *mat.* symmetric group
~ **taksonomiczna** *biol.* taxon (*pl* taxa, taxons)
~ **tematyczna** *inf.* subject field
~ **tiolowa** *zob.* **grupa sulfhydrylowa**
~ **topologiczna** *mat.* continuous group
~ **torsyjna** *mat.* torsion group
~ **translacji** *mat.* translation group
~ **translacyjna** *kryst.* translation group
~ **tranzytywna** *mat.* transitive group
~ **trójna** *tel.* master group
~ **trzeciego stopnia** *zob.* **grupa trójna**
~ **układu okresowego** *chem.* periodic group
~ **unimodularna** *mat.* unimodular group
~ **wartości** *mat.* value group
~ **wodorotlenowa** hydroxyl (group)
~ **wolna** *mat.* free group
~ **wstępna** *tel.* sub-group
~ **wtórna** *tel.* supergroup
~ **z różniczką** *mat.* differential group
~ **zwarta** *mat.* compact group
grupoid *m mat.* groupoid
grupować *v* group
grupowanie *n* **danych** *inf.* grouping of data, clustering of data
~ **programów we wsady** *inf.* batching of programs
grupowe pobieranie *n* **próbki** *statyst.* cluster sampling
grusza *f bot.* pear (tree), *Pyrus* L.
gruszka *f* **1.** *bot.* pear (*fruit*) **2.** *hutn.* converter, *zob.też* **konwertor** **3.** *wiertn.* swage, swedge
~ **Bessemera** *hutn.* Bessemer converter
~ **Costy** (*zgrubienie na płetwie steru*) *okr.* costa bulb
~ **regulacyjna** *lotn.* regulating bullet (*in turbojet engine*)
~ **żarowa** *siln.spal.* hot bulb
gruszkowaty *a* pear-shaped
gruz *m* debris; rubble
~ **ceglany** crushed brick
~ **lodowy** *ocean.* brash-ice, brash
~ **skalny** stone debris
gruzobeton *m* crushed-brick concrete
~ **dziobowy** *okr.* bow bulb
gruźlica *f med.* tuberculosis, TB
~ **bydlęca** *wet.* bovine tuberculosis
gryka *f bot.* buckwheat, *Fragopyrum esculentum* Mnch.
grynicki kąt *m* **czasowy** *astr.* Greenwich hour angle
grypa *f med.* influenza
grynszpan *m met.* verdigris
grys *m bud.* grit
~ **marmurowy** marble chips
~ **szklany** granulated glass
grysik *m* **1.** *bud.* grit **2.** *górn.* pearls **3.** *spoż.* semolina
gryz *m wiertn.* drilling tooth
gryzak *m zob.* **gryz**
gryzący *a* (*zapach, smak*) pungent
gryzeina *f biochem.* grisein
gryzoń *m zool.* rodent
grzać *v* heat; warm
grzałka *f* heater
grzanie *n* **pojemnościowe** dielectric heating
grządka *f roln.* bed
grządziel *m* **pługa** *roln.* plough beam
grzbiet *m* **1.** back **2.** ridge
~ **dachu** *bud.* ridge of roof
~ **fali** crest of wave
~ **gwintu** crest of screw-thread
~ **książki** back of book, shelfback, backbone
~ **łopaty śmigła** suction face of an airscrew blade
~ **łuku** *arch.* extrados
~ **maski** *mot.* bonnet top
~ **nosa** *anat.* bridge of a nose
~ **płata nośnego** *lotn.* upper wing surface
~ **profilu lotniczego** camber face of an aerofoil section
~ **przelewu** *hydr.* overfall crest
~ **skiby** *roln.* furrow crown
~ **śródoceaniczny** *geol.* mid-oceanic ridge
~ **udaru** *el.* wave tail
~ **zwałów lodów** *ocean.* pressure ridge
grzbietnica *f drewn.* back saw, mitre saw, tenon saw
~ **boczna** slitting saw
~ ~ **z rękojeścią do przekładania** slitting saw with reversible handle
grzbietopłat *m lotn.* high-wing monoplane; shoulder-wing monoplane
grzbietowy *a* dorsal
grzebanie *n* (*u ptactwa*) *zool.* scratching
grzebieniarka *f* **taśmowa** *włók.* cap gill box
grzebieniowaty *a* comb-shaped

grzebień *m* **1.** comb **2.** *inf.* extractor **3.** (*do lnu, konopi*) hackle
~ **aerodynamiczny** (*na górnej powierzchni skrzydła*) *lotn.* fence (*on a wing*)
~ **do gwintów** *metrol.* screw pitch gauge
~ **do rapowania tynku** *bud.* scratcher
~ **dziobowy** *żegl.* bow feather (*of water*)
~ **dźwigni klawiszowych** *biur.* key lever comb
~ **iglasty** *włók.* faller
~ **izolacyjny** *el.* grid separator
~ **łączówki** *telef.* fanning strip
~ **oporowy (wału)** *masz.* runner of a shaft
~ **rufowy** *żegl.* roach
~ **rurek Pitota** *aero.* Pitot comb, wake rake
~ **snowarski** *włók.* raddle, wraithe
~ **wewnętrzny** *odl.* internal stripping plate
~ **wybieraka** *telef.* comb plate
grzechotka *f narz.* ratchet drill
grzejnictwo *n* **domowe** domestic heating
~ **elektryczne** electric heating
~ **przemysłowe** industrial heating
grzejnik *m* heater; radiator
~ **elektryczny** electric heater
~ **konwekcyjny** *bud.* unit heater
~ **lutowniczy** blow-lamp, blowtorch, brazing lamp
~ **nurkowy** immersion heater
~ **pojemnościowy** dielectric heater
grzęda *f roln.* **1.** garden bed **2.** perch, roost
grzęza *f ryb.* leads, sinker
grzmot *m* thunder
grzyb *m* fungus
~ **domowy** house fungus
~ **jadalny** mushroom
~ **prawdziwy** edible boletus, *Boletus edulis*
~ **ściekowy** *san.* sewage fungus
grzybek *m* **narostowy** (*w akumulatorze*) *el.* moss
~ **zaworu** *masz.* valve head
grzybica *f med.* mycosis
grzybnia *f bot.* mycelium
grzybobójczy *a* fungicidal
grzywacz *m ocean.* billow, white horse
grzywna *f* fine
Gs = **gaus** *jedn.* gauss
guanidyna *f chem.* guanidine, iminourea, carbamidine
guanina *f chem.* guanine, 2-amino-6-oxypurine
guano *n* guano, bird dung
GUC = **Główny Urząd Ceł**
gudron *m paliw.* soft asphalt
GUGiK = **Główny Urząd Geodezji i Kartografii**
GUKPPiW = **Główny Urząd Kontroli Prasy, Publikacji i Widowisk**
GUM = **Główny Urząd Miar** (*do* 1966 r.)
GUM = **Główny Urząd Morski**
guma *f* rubber
~ **angielska** British gum
~ **arabska** arabic gum, acacia gum, senegal gum
~ **do wycierania** eraser, cleaning rubber
~ **do żucia** chewing gum
~ **gąbczasta** sponge rubber
~ **komórkowa** cellular rubber
~ **mikrokomórkowa** microcellular rubber
~ **mikroporowata** microporous rubber
~ **odpadkowa** scrap rubber, waste rubber
~ **ołowiowa** lead rubber
~ **piankowa** foam rubber
~ **porowata** porous rubber
~ **przewodząca** conductive rubber
~ **regenerowana** reclaimed rubber, reclaim
~ **senegalska** senegal gum, arabic gum, acacia gum
~ **tragakantowa** tragacanth (gum)
~ **twarda** hard rubber, ebonite
~ **wulkanizowana** vulcanized rubber
~ **zużyta** waste rubber
gumbo *n* (*odmiana gliny*) *petr.* gumbo
gumiastość *f* (*konsystencja gumiasta*) gumminess
gumiguta *f* gamboge, cambogia
gumilaka *f* varnish gum
gumowanie *n* rubber coating, rubberizing
gumowany *a* gummed (*paper etc.*)
gumożywica *f* gum resin
gumówka **1.** *f poligr.* gumming machine **2.** rubber-powered flying model
GUS = **Główny Urząd Statystyczny**
gutaperka *f* gutta-percha
guyot *m ocean.* guyot, tablemount
guz *m* **1.** *drewn.* burl **2.** *odl.* knob (*casting defect*) **3.** *med.* tumo(u)r
guzek *m anat.* nodule
guzik *m* **1.** button **2.** *odl.* button sleeker
~ **przyciskowy** push-button
gwajak *m drewn.* lignum vitae, guaiac(um)
gwajakol *m chem.* guaiacol
gwałtowna ulewa *f* cloud burst, rain gush
gwałtowna wichura *f* storm (11 *Beaufort scale*)
gwałtowny wiatr *m* fresh gale, violent wind (8 *Beaufort scale*)
gwarancja *f* guaranty, guarantee, warranty
~ **jakości serii** *skj* lot quality protection
gwarantować *v* guarantee
gwasz *m farb.* gouache
gwiazda *f* **1.** star **2.** *geom.* star
~ **cylindrów** (*w silnikach gwiazdowych*) bank of cylinders (*in radial engines*)
~ **kopaczki ziemniaków** *roln.* digging reel
~ **mniejsza w układzie gwiazdy podwójnej** *astr.* comes, companion star
~ **naprężeń** *wytrz.* strain rosette
~ **neutronowa** *astr.* neutron star
~ **nowa** *astr.* nova
~ **podwójna** *astr.* double star, binary star system
~ **polarna** *astr.* Polaris, North Star, Polestar
~ **punktu** *mat.* star of a point
~ **supernowa** *astr.* supernova
~ **symbiotyczna** symbiotic star
~ **szczotkowa** *masz.el.* brush-rocker
gwiazda-gwiazda (*układ połączeń*) *el.* star-star
gwiazda-trójkąt (*układ połączeń*) *el.* star-delta

gwiazdka *f* (*odsyłacz w tekście*) asterisk, star
~ **artyleryjska** (*sprawdzian*) *uzbr.* star gauge
~ **do bębnowania** *odl.* tumbling star, mill star
~ **Hodge'a** *mat.* star-operator
gwiazdkowość *f kryst.* asterism
gwiazdozbiór *m astr.* constellation
gwiaździsty *a* star-shaped
gwiezdny *a* stellar, sidereal
gwinciarka *f* screwing machine
~ **do gwintów wewnętrznych** tapping machine, tapper
~ **do gwintów zewnętrznych** threading machine
~ **z ręcznym posuwem wrzeciona** sensitive tapping machine
gwint *m* **1.** *masz.* (screw) thread **2.** *uzbr.* rifle, rifling
~ **bardzo drobnozwojny** extra-fine thread
~ **calowy zunifikowany** unified screw thread
~ **drobnozwojny** fine thread
~ **Edisona** (*okrągły, do żarówek*) Edison thread
~ **elektryczny** (*do rurek izolacyjnych*) electrical thread
~ **falisty** drunken thread
~ **grubozwojny** coarse thread
~ **Harvey'a** Harvey thread
~ **jednokrotny** signle(-start) thread
~ **jednozwojny** *zob.* **gwint jednokrotny**
~ **kwadratowy** (*napędowy*) square thread
~ **lewy** left-hand thread
~ **metryczny** metric thread
~ ~ **normalny** International Standard thread
~ **napędowy** power transmission thread, translating thread
~ **niepełny** washout thread, vanish thread, imperfect thread, incomplete thread
~ **nieznormalizowany** bastard thread
~ **o dużym skoku** quick thread
~ **o zmniejszonej głębokości** stub thread
~ **okrągły** round thread, knuckle thread
~ ~ **z wkładką śrubową** *lotn.* aerothread
~ **piłowy** saw tooth thread
~ **pojedynczy** single(-start) thread
~ **prawy** right-hand thread
~ **prostokątny** square thread
~ **przytępiony** truncated thread
~ **rurowy** pipe thread
~ ~ **drobnozwojny** gas thread
~ ~ **szczelny** dryseal pipe thread
~ **Sellersa** Seller's thread, American National thread, United States Standard thread
~ **stożkowy** taper thread
~ **ścięty** truncated thread
~ **trapezowy** trapezoidal thread
~ ~ **niesymetryczny** buttress thread, leaning thread
~ **trójkątny** V-thread, vee thread, angular thread
~ ~ **ostry** sharp V-thread
~ **trójzwojny** multiple threaded screw, three-start thread, triple thread
~ **trzykrotny** *zob.* **gwint trójzwojny**
~ **walcowany** rolled screw thread
~ **walcowy** straight thread
~ **wejściowy** washout thread, vanish thread, imperfect thread, incomplete thread
~ **wewnętrzny** internal thread, female thread
~ **Whitwortha** British Standard Whitworth thread
~ **wielokrotny** multiple(-start) thread
~ **wielozwojny** *zob.* **gwint wielokrotny**
~ **zegarmistrzowski** watch screw thread
~ **zerwany** stripped thread
~ **zewnętrzny** external thread, male thread
~ **złączny** fastening thread
gwintowanie *n obr.skraw.* threading
~ **lufy** rifling
~ **otworów** tapping
~ **przelotowe nakrętek** run-over nut tapping
gwintownica *f narz.* chaser diestock, threader
~ **do gwintów stożkowych rurowych** receder chaser diestock, receder pipe die
~ **do rur** pipe die
~ ~ ~ **z grzechotką** ratchet pipe die
~ **ramkowa** screw-plate
~ **z grzechotką** ratchet chaser diestock
gwintownik *m narz.* screw-tap
~ **Nr 1** (*wstępny, do gwintów stożkowych*) entering tap, taper tap
~ **do gwintów stożkowych rurowych** taper pipe tap
~ **do nakrętek** nut tap
~ **do rur** pipe tap
~ **fajkowy** hook tap
~ **kotlarski** boiler tap
~ **maszynowy** machine tap
~ ~ **do nakrętek** tapper tap
~ **ratunkowy** *wiertn.* fishing tap
~ **rozsuwny** (*do gwintów stożkowych*) tap receding
~ **wstępny** (*do gwintów stożkowych*) entering tap, taper tap
~ ~ **drugi** second tap
~ **wykończający** bottoming tap
gwizd *m* whistle; *tel.* singing; howl
~ **interferencyjny** *rad.* interference whistle, squealing
~ **progowy** *rad.* threshold howl
gwizdawka *f* whistle
~ **alarmująca** alarm whistle
gwizdek *m* whistle
~ **bosmański** boatswain's whistle, boatswain's call
~ **organowy** chime whistle
gwoździarka *f* nailing machine, nail making machine, nail press
gwoździowanie *n bud.* nailing
gwoździownica *f* heading tool
gwóźdź *m* nail
~ **bez główki** spring, brad nail
~ **budowlany kwadratowy** square nail

~ ~ **okrągły** common nail, round nail
~ **chłodzący** *odl.* chill nail
~ **do przybijania gontów** shingle nail
~ **druciak** wire nail, brad, wire tack
~ **kostny** *med.* bone pin, bone nail
~ **nagwintowany** screwnail
~ **papowy** roofing nail
~ **pomiarowy** *geod.* spad
~ **szkutniczy** boat nail
~ **tapicerski** coat nail
~ **tynkarski** clout nail
~ **z główką naciętą** drive nail
~ ~ ~ **półkolistą** cup headed nail
~ ~ ~ **szeroką** tack
~ ~ ~ **wtopioną** sinker nail
~ **ząbkowany** rag nail
gzyms *m arch.* cornice
~ **cofnięty** receding cornice
~ **okapnikowy** dripstone, label, weather moulding
~ **międzypiętrowy** water table
~ **pochyły** raking cornice
~ **wgłębiony** receding cornice
~ **wklęsły** coved cornice
~ **wspornikowy** bracketed cornice
gzymsik *m arch.* band course

H

H = henr *jedn.* henry
h = godzina *jedn.* hour
h = hekto- hecto
ha = hektar *jedn.* hectare
habilitacja *f* qualifying as assistant professor
habitus *m kryst.* habit
haczyk *m* hook
~ **rybacki** fish hook, angle
~ **zatrzaskowy** snap hook
hadron *m nukl.* hadron
hafciarka *f włók.* embroidery machine
hafn *m chem.* hafnium, Hf
haft *m* embroidery
haftować *v* embroider
hahn *m chem.* hahnium, element 105, Ha
hak *m* hook
~ **cięgłowy** *kol.* draw-hook, draw-bar, drag-bar, coupler
~ **do formy** *odl.* gagger, dabber, prod
~ **do podnoszenia** hoisting hook
~ **dwurożny** ramshorn hook
~ **dźwigowy** crane hook
~ **gończy** *ryb.* messenger hook
~ **holowniczy** tow hook
~ ~ **otwierany** quick-release towing hook
~ ~ **z amortyzatorem** shock-absorbing towing hook
~ **krętlikowy** swivel hook
~ **ładunkowy** cargo hook
~ **nagwintowany** screw hook
~ **odrzutny** slip hook, pelican hook
~ **oprawczy** *ryb.* blubber hook
~ **płaski** plain hook
~ **po linę** *wiertn.* rope fishing jars, rope grab, rope spear
~ **połówkowy** sister hook
~ **ratunkowy** *wiertn.* fishing hook
~ **szynowy** *kol.* rail spike, track spike, dog-nail
~ **wkręcany** screw hook
~ **wyciągowy** *wiertn.* fishing hook, tappet hook, grab iron
~ **z noskiem** cargo hook
~ **z trzonem** shank hook
~ **z wąsem** *wiertn.* finger grip, grapnel, hook stick, crawfoot
~ **zaczepowy** (*w samolocie pokładowym*) arrester hook (*in carrier aircraft*)

~ **zapadkowy** finger hook; safety hook
~ **zatrzaskowy** spring hook
haketau *m ryb.* bridge trackle, gilguy
hala *f* hall
~ **dmuchaw** *hutn.* blower house, blowing room
~ **ekspedycji** (*wyrobów*) shipping bay, despatch bay
~ **konwertorów** *hutn.* converter house, converter bay
~ **lejnicza** *hutn.* casting house, casting bay, casting aisle
~ **maszyn** engine room, engine house
~ **materiałów wsadowych** *hutn.* charging bay, charging aisle
~ **montażowa** assembly room; erection bay
~ **odlewnicza** *hutn.* teeming bay, pouring bay, pouring pit
~ ~ **stalowni martenowskiej** pitside of open-hearth furnace
~ **pieców** *hutn.* furnace aisle, furnace bay
~ ~ **do wyżarzania** annealing bay
~ ~ **wgłębnych** soaking pit bay, pit building
~ **przygotowania nadstawek wlewnicowych** *hutn.* hot topping building
~ ~ **wlewnic** *hutn.* mould preparation yard, mould bay
~ ~ **wsadu** *hutn.* charging bay, charging aisle
~ **rozlewnicza** *hutn.* casting house, casting area, ladle bay, casting bay
~ **spustowa** *zob.* **hala rozlewnicza**
~ **ściągania wlewnic** *hutn.* stripper building, stripping bay
~ **targowa** market hall, covered market
~ **turbin** turbine-room
~ **wegetacyjna** *roln.* plant house
~ **wsadowa** *hutn.* charging bay, charging aisle; loading bay
~ **wykańczalni** *hutn.* finishing bay
~ **zasobników** (*materiałów wsadowych do wielkiego pieca*) *hutn.* stock house, hopper house
halacja *f fot.* halation, halo
halibut *m zool.* halibut, *Hippoglossus hippoglossus*
halimetr *m* salinometer, salometer
halinograf *m* salinity indicator
halit *m* rock-salt, halite
hall *m bud.* hall; lounge; lobby
hallotron *m el.* Hall generator
hallotronowy element *m* **mnożący** *el.* Hall-effect multiplier
halny *m meteo.* föhn (*in the Tatra mountains*)
halo *n* **1.** *meteo.* halo, glory **2.** *fot.* halation, halo
~ **przeciwsłoneczne** *meteo.* paranthelion, mock sun
~ **przyksiężycowe** *meteo.* paraselene
~ **przysłoneczne** *meteo.* parhelion
halochromia *f chem.* halochromism
halofit *m bot.* halophyte
halogenek *m chem.* halide
halogenokompleks *m chem.* halide complex, halo-complex
halogeny *mpl chem.* halogen (group), halogens
haloizyt *m min.* halloysite
halotrychit *m min.* halotrichite, iron alum
hals *m żegl.* tack
~ **półwiatrem** fine reach
~ **trałowy** leg of sweep
halsować *v żegl.* tack, beat (about), ply the seas
hałas *m* noise
~ **bliskiego źródła dźwięku** near-field noise
~ **odległego źródła dźwięku** far-field noise
~ **otoczenia** ambient noise
hałaśliwość *f* noisiness
hałaśliwy *a* noisy
hałda *f* dump, heap (*of refuse*)
~ **kamienna** *górn.* spoil bank
~ **żużlowa** slag dump, slag dumping area, cinder dump
hamak *m* hammock
hamiltonian *m* Hamiltonian function, hamiltonian
~ $\hat{H}$ Hamiltonian operator, energy operator
hamowacz *m* **wozów** *górn.* spragger
hamować *v* **1.** brake, apply brakes **2.** hamper; check; impede **3.** *chem.* inhibit (*reaction*) **4.** *nukl.* moderate, slow-down
hamowanie *n* **elektromagnetyczne** electromagnetic braking
~ **„całą wstecz"** *żegl.* crash backing
~ **jonów** *chem.* ion retardation
~ **krystalizacji** inhibition of crystallization
~ **odrzutowe** (*przez odwrócenie kierunku wypływu spalin*) *lotn.* thrust braking
~ **odzyskowe** *el.* regenerative braking
~ **oporowe** *el.* resistance braking, rheostatic braking
~ **przeciwprądowe** *el.* counter-current braking, plug braking, reverse-power braking, plugging
~ **reakcji** *chem.* inhibition of reaction
~ ~ **enzymatycznej na zasadzie sprzężenia zwrotnego** *biochem.* feedback inhibition
~ **silnika** engine testing
~ **solenoidowe** solenoid braking
~ **śrubą** *żegl.* screw backing
~ **wiosłami** (*łodzi*) holding water (*by immersing the oars*)
~ **wiroprądowe** *el.* eddy-current braking
~ **wozów** *górn.* spragging
~ **wzrostu** *biol.* retardation of growth
~ **zatrzymujące** stopping braking
~ **zwalniające** checking braking
~ **zwrotne** (*na zasadzie sprzężenia zwrotnego*) *biochem.* feedback inhibition, retroinhibition
hamownia *f* **silników** **1.** engine test house **2.** engine test bed, engine test bench
hamownica *f* electric dynamometer

hamulce *mpl* **(wodowaniowe) ciężarowe** *okr.* launching drags
~ ~ **linowe** rope stops
~ ~ **łańcuchowe** drag chains
hamulcowy *m* brake operator, brakesman
hamulec *m* brake
~ **aerodynamiczny** airbrake
~ **bezpieczeństwa** emergency brake
~ **bębnowy** drum brake
~ **cierny** friction brake
~ **ciężarowy** (*dźwigowy*) load brake
~ **dwuklockowy** double-block brake
~ **dwuszczękowy** two-shoe brake
~ **dynamometryczny** (torque) dynamometer
~ ~ **absorpcyjny** absorption dynamometer
~ ~ **cierny** abrasion dynamometer
~ ~ **Prony'ego** Prony brake
~ ~ **taśmowy** belt dynamometer
~ ~ **wiroprądowy** *el.* eddy-current dynamometer
~ ~ **włącznikowy** transmission dynamometer
~ **elektromagnetyczny szynowy** *kol.* slipper brake
~ **główny** *mot.* service brake
~ **hydrauliczny** hydraulic brake
~ **klinowy** *kol.* scotching brake
~ **klockowy** shoe brake, block brake
~ **najazdowy** *mot.* overrunning brake
~ **nożny** foot brake
~ **o szczękach rozpieranych** expanding brake
~ **odrzutowy** *lotn.* thrust brake
~ **odrzutu** *uzbr.* recoil brake
~ **odśrodkowy automatyczny** centrifugal brake
~ **pomiarowy** (torque) dynamometer
~ **pomocniczy** *mot.* additional brake
~ **postojowy** *mot., lotn.* parking brake
~ **powietrzny wiatraczkowy** fly
~ **próżniowy** vacuum brake
~ **ręczny** hand-brake
~ **samonastawny** *mot.* auto-adjusting brake
~ **samowzbudzający** self-energizing brake
~ **szczękowy** shoe brake, block brake
~ ~ **wewnętrzny** (*o szczękach rozpieranych*) internal expanding brake
~ ~ **zewnętrzny** (*o szczękach zaciskanych*) external shoe brake
~ **tarczowy** disk brake
~ **taśmowy** band brake, strap brake
~ **torowy** *kol.* wagon retarder
~ **wirnikowy** fan brake
~ **wirowoprądowy** *el.* eddy-current brake
~ **wylotowy** (*działa*) muzzle brake
~ **z luzownikiem elektrohydraulicznym** thrustor brake
~ **zakleszczający** self-energizing brake
~ **zasadniczy** *mot.* service brake
~ **zwrotny** reverse brake
~ **ze wspomaganiem** power brake; servo brake
handel *m* trade, commerce
~ **detaliczny** retail (trade)
~ **hurtowy** wholesale (trade)
~ **krajowy** home trade, domestic trade
~ **morski** maritime commerce, sea-born trade
~ **wewnętrzny** home trade, domestic trade
~ **zagraniczny** foreign trade
handshake (*dwuszynowa metoda kontroli przesyłania informacji*) *inf.* handshake
hangar *m lotn.* hangar, air-shed
~ **portowy** *żegl.* shed
hantla *f* **1.** *sport.* dumb-bell **2.** *kryst.* dumbbel interstitial, split interstitial
hardenit *m met.* hardenite
hardware = sprzęt komputerowy *inf.* hardware
harmoniczna *f* harmonic
harmoniczny *a* harmonic
harmonijka *f* bellows, concertina
harmonogram *m* graphic schedule, time-scale
~ **ścisły** tight schedule
harpun *m ryb.* harpoon
hartowanie *n* **1.** *obr.ciepl.* hardening, quenching, quench (hardening) **2.** *fot.* hardening, tanning (*of negatives*) **3.** *szkl.* toughening
~ **acetylenowo-tlenowe** oxyacetylene surface hardening
~ **bez nalotu** clean hardening, bright hardening
~ **bezpośrednie po nawęgleniu** pot quenching
~ **częściowe** local hardening, selective hardening, differential hardening
~ **czyste** clean hardening, bright hardening
~ **dwukrotne** double quenching
~ **indukcyjne** induction hardening, high-frequency hardening
~ **izotermiczne** isothermal quenching, austempering
~ **kąpielowe** liquid quenching
~ **kokilowe** chill hardening
~ **miejscowe** local hardening, selective hardening, differential hardening
~ **na wskroś** through hardening, full hardening
~ **natryskowe** spray quenching, pressure quenching, spray hardening
~ **niezupełne** (*stali*) underhardening
~ **od czoła** end hardening, end quench
~ **ostre** rapid quenching, drastic quenching, fast quench
~ **palnikowe** *zob.* **hartowanie płomieniowe**
~ **płomieniowe** flame hardening, Shorter process, shorterizing, torch hardening
~ ~ **obrotowe** spin(-flame) hardening
~ **podwójne** (*stali nawęglonej*) regenerative quenching, double quenching
~ **posuwowe** progressive hardening
~ **posuwowo-obrotowe** progressive spin hardening
~ **powierzchniowe** surface hardening, skin hardening

~ **przerywane** interrupted hardening, time quenching
~ **rdzenia** core refining
~ **skrośne** through hardening
~ **stopniowe** graduated hardening, step quenching, hot quenching, martempering, marquenching
~ **ślepe** (*próbne*) blank hardening
~ **w cieczy** liquid quenching
~ **w kąpieli metalowej** alloy quench
~ ~ ~ **solnej** fused salt quenching
~ **w matrycy** cold die quenching
~ **w oleju** oil hardening, oil quenching
~ **w strumieniu powietrza** air-blast quenching, gas quenching, dry quenching
~ **w wodzie** water hardening
~ **z niedochłodzeniem** slack quenching
~ **zwykłe** customary quenching
hartowany *a* hardened, quenched
hartowany w oleju oil-hardened
hartowany w powietrzu air-hardened
hartownia *f obr.ciepl.* hardening shop; hardening plant
hartownica *f obr.ciepl.* hardening heater; hardening table
hartownik *m* heat treater
hartowność *f met.* hardenability, hardening capacity
hartowny *a* hardenable
hasło *n* (*w słowniku*) entry
haszysz *m farm.* hashish
haubica *f uzbr.* howitzer
hausmanit *m* hausmannite
heban *m drewn.* ebony
hedenbergit *m min.* hedenbergite
heksagonalny *a kryst.* hexagonal
heksahydryt *m min.* hexahydrite
heksan *m chem.* hexane
heksanoheksaol *m chem.* hexahydric alcohol
heksanol *m* hexanol, hexyl alcohol
heksasól *f włók. chem.* nylon salt
heksen *m chem.* hexsene, hexylene
heksenol *m chem.* hexenol
heksoda *f elektron.* hexode, six-electrode tube
heksogen *m wybuch.* hexogen, cyclonite
heksoza *f chem.* hexose
heksyl *m chem.* hexil, hexite
heksylen *m chem.* hexylene, hexene
heksyn *m chem.* hexyne
hektar *m jedn.* hectare: 1 ha = 10^4 m^2.
hekto- hecto- (*prefix representing* 10^2)
hektopaskal *m jedn.* hectopascal
hel *m chem.* helium, He
heliakalny *a astr.* heliacal
heliantyna *f farb.* helianthine, methyl orange
helikoida *f mat.* helicoid
helikopter *m lotn.* helicopter, *zob.też* **śmigłowiec**
helimagnetyzm *m fiz.* helimagnetism
heliocentryczny *a astr.* heliocentric
heliodor *m min.* heliodor
helioelektrownia *f* solar power station
heliofit *m bot.* heliophyte
heliograf *m* heliograph, sunshine recorder
heliografia *f fot.* heliography, sun-printing
heliograwiura *f poligr.* photogravure, heliography
helion *m fiz.* helium nucleus
heliosfera *f geofiz.* heliosphere
helioskop *m astr.* helioscope
heliostat *m astr.* heliostat
heliotermometr *m* heliothermometer, solarimeter
heliotrop *m* **1.** *min.* heliotrope **2.** heliotrope (*an instrument*)
heliotropina *f chem.* piperonal, heliotropin
heliotropizm *m biol.* heliotaxis, heliotropism
heliport *m lotn.* heliport, helicopter airport
helisa *f mat.* helix
helowce *mpl chem.* helium-group gases, rare gases, noble gases
helwin *m min.* helvite
hełm *m* **1.** helmet **2.** *arch.* cupola (*over a tower*)
~ **ciśnieniowy** *lotn.* pressure helmet
~ **donicy** *szkl.* dome of pot
~ **dymowy** (*pożarniczy*) smoke helmet
~ **lotniczy** *lotn.* flying helmet
~ **nurkowy** diving helmet
~ **ochronny** safety helmet, hard hat; crash helmet
hełmofon *m lotn.* headset
hem *m biochem.* haem, heme
hemateina *f biochem.* hematein
hematokryt *m med.* hematocrit
hematoksylina *f chem.* hematoxylin
hematoksylon *m* **kampechiański** *bot.* logwood, *Haematoxylon campechianum* L.
hematologia *f med.* hematology
hematometr *m med.* hemocytometer
hematoskop *m med.* hematoscope
hematyna *f biochem.* hematin
hematyt *m min.* h(a)ematite, iron glance, red iron ore
~ **amerykański** kidney iron ore
~ **krystaliczny** specular iron
~ **ochrowy** red ochre, reddle
hemeralopia *f med.* hemeralopia, day blindness
hemiceluloza *f* hemicellulose
hemiedryczny *a kryst.* hemihedral
hemimorfit *m min.* hemimorphite, calamine
hemisfera *f* hemisphere
hemo- *GB* haemo-; *US* hemo-
hemocytoblast *m biol.* hemocytoblast, hemoblast
hemo(cyto)metr *m med.* hemocytometer
hemoglobina *f biochem.* hemoglobin, Hb
hemofilia *f med.* hemophilia
hemogram *m med.* blood picture, hemogram, blood count
hemoliza *f med.* hemo(cyto)lysis, erythrolysis, lysemia
hemoproteidy *pl biochem.* hemoproteins
hemoroidy *pl med.* hemorrhoids
henna *f kosmet.* henna

henr *m jedn.* henry, H
henromierz *m el.* inductance meter
heparyna *f biochem.* heparin
heptadekan *m chem.* heptadecane
heptadekanol *m chem.* heptadecanol
heptan *m chem.* heptane
heptanal *m* heptaldehyde, heptanal
heptanol *m* heptanol, heptyl alcohol
hepten *m chem.* heptene, heptylene
heptoda *f elektron.* heptode, pentagrid, seven-electrode tube
heptyl *m chem.* heptyl
heptylen *m chem.* heptylene, heptene
herbata *bot.* tea, *Thea*
herbicyd *m pest.* herbicide, weedkiller
~ **glebowy** soil-applied herbicide, residual herbicide
~ **kontaktowy** contact herbicide
~ **mocznikowy** herbicidal urea
~ **powschodowy** post-emergence herbicide
~ **przedwschodowy** pre-emergence herbicide
~ **selektywny** selective herbicide
~ **systemiczny** systemic herbicide
~ **totalny** non-selective herbicide
herbicydowy *a* herbicidal
herc *m jedn.* hertz, Hz
hercynit *m min.* iron spinel, hercynite
hermetyczny *a* air-tight, hermetic
hermetyzacja *f* air-tight sealing; *elektron.* encapsulation (*of microelements*)
heroina *f chem.* heroin
herpolodia *f mech.* herpolhode
heteroatom *m chem.* heteroatom
heteroauksyna *f biochem.* indoleacetic acid
heteroazeotrop *m chem.* heteroazeotrope
heterochromosom *m genet.* heterochromosome
heterocykliczny *a chem.* heterocyclic
heterodyna *f rad.* heterodyne
heterodynowanie *n* heterodyne action
heteroepitaksja *f* heteroepitaxy
heterogamia *f genet.* heterogamy
heterogeniczny *a* heterogeneous
heterogonia *f genet.* heterogony
heteroliza *f chem.* heterolysis
heteromorficzny *a kryst.* heteromorphous
heteropolarny *a* heteropolar
heteropolikwas *m chem.* heteropolyacid
heteropolimer *m chem.* heteropolymer
heteropolimeryzacja *f chem.* heteropolymerization
heteroprzeszczep *m med.* heterograft
heterosfera *f* (*górna część atmosfery ziemskiej, powyżej* 100 km) heterosphere
heterotroficzny *a bot.* heterotrophic
heterozłącze *n elektron.* heterojunction
heterozygota *f genet.* heterozygote
heulandyt *m min.* heulandite
heurystyczny *a cybern.* heuristic
hewetyt *m min.* hewettite
hexadecen *m chem.* hexadecene, cetene
hiacynt *m* **1.** *min.* hyacinth **2.** *bot.* hyacinth, *Hyacinthus orientalis* L.
hibernacja *f zool.* hibernation
hibneryt *m min.* hübnerite
hiduminium *n met.* hiduminium
higiena *f* hygiene
~ **pracy** occupational hygiene
~ **psychiczna** mental hygiene
~ **zawodowa** occupational hygiene
~ **żywienia** food hygiene
higieniczny *a* hygienic; sanitary
higrometr *m* hygrometer
higrometria *f* hygrometry
higroskopijność *f* hygroscopicity
higroskopijny *a* hygroscopic
higrostat *m.* humidistat, hygrostat
hikora *f drewn.* hickory
hiperbola *f mat.* hyperbola
hiperboliczny *a* hyperbolic
hiperboloida *f mat.* hyperboloid
~ **dwupowłokowa** hyperboloid of two sheets
~ **jednopowłokowa** hyperboloid of one sheet
hiperboloidy *fpl* **sprzężone** conjugate hyperboloids
hiperfragment *m fiz.* hyperfragment
hipergol *m rak.* hypergolic bipropellant, self-igniting bipropellant
hipergoliczny *a paliw.* hypergolic, self-igniting
hiperkapnia *f* (*nadmiar* CO_2 *we krwi*) *med.* hypercapnia
hiperkoniugacja *f fiz.* hyperconjugation, no-bond resonance
hiperkoniunkcja *f zob.* **hiperkoniugacja**
hiperon *m fiz.* hyperon
~ **omega** omega hyperon
hiperregulacja *f aut.* oversensitive regulation
hipersensybilizacja *f fot.* hypersensitization
hipersoniczny *a aero.* hypersonic
hiperstatyczny *a mech.* hyperstatic, statically indeterminate
hipertoniczny *a chem.* hypertonic
hipertrofia *f biol.* hypertrophy
hipnotyzować *v med.* hipnotize
hipnoza *f med.* hypnosis
hipocentrum *m geol.* focus of an earthquake
hipocykloida *f mat.* hypocycloid
hipokalcemia *f med.* hypocalcemia
hipokapnia *f med.* hypocapnia
hipoksja *f med.* hypoxia, hypoxemia
hipoteka *f ek.* **1.** land registry **2.** mortgage
hipotermia *f med.* hypothermia
hipotetyczny *a* hypothetical
hipoteza *f* hypothesis, theory
~ **alternatywna** alternative hypothesis
~ **dopuszczalna** admissible hypothesis
~ **energii odkształcenia postaciowego** distortion-energy theory
~ **nieparametryczna** nonparametric hypothesis
~ **parametryczna** parametric hypothesis
~ **prosta** simple hypothesis
~ **statystyczna** statistical hypothesis
~ **zerowa** null hypothesis
~ **złożona** composite hypothesis

hipotoniczny *a chem.* hypotonic
hipotrochoida *f mat.* hypotrochoid
hipsograf *m tel.* level recorder, recording transmission measuring set
hipsometr *m* (*miernik poziomu napięcia*) *tel.* level measuring set
hipsometria *f* hypsometry
hipsotermometr *m* hypsometer, thermobarometer
histereza *f fiz.* hysteresis
~ **dielektryczna** dielectric hysteresis
~ **łuku** *el.* arc hysteresis
~ **magnetyczna** magnetic hysteresis
~ **sprężysta** *wytrz.* elastic hysteresis
histerezometr *m fiz.* hysteresis meter, B-H meter
histochemia *f* histochemistry, chemistry of living tissues
histogeneza *biol.* histogenesis
histogram *m* bar chart, histogram
histologia *f med.* histology
histon *m biochem.* histone
histopatologia *f biol.* histopathology
historia *f* **termiczna** *chem.* thermal history (*e.g. of sample of polymer*)
histydyna *f biochem.* histidine
hodograf *m mech.* hodograph
hodometr *m* hodometer, odometer, perambulator, ambulator
~ **rowerowy** cyclometer
hodoskop *m fiz.* hodoscope
hodować *v* breed, rear
hodawanie *n* **monokryształów** artificial growth of crystals, crystal pulling
hodowca *m* breeder
hodowla *f* breeding; culture
~ **bakteryjna** bacterial culture
~ **bydła** stock-farming, stock-breeding
~ **ciągła** continuous cultivation
~ **drobiu** poultry keeping, poultry farming
~ **jedwabników** sericulture
~ **lasu** silviculture
~ **lisów** fox fur farming
~ **na surowicy** *biol.* seroculture
~ **pszczół** bee keeping
~ **roślin** plant raising
~ ~ **ozdobnych** floriculture
~ ~ **w polu elektrycznym** electroculture
~ **ryb** fish breeding, fish farming, pisciculture
~ **zarodowa** pedigree breeding
hol *m* **1.** towline, towing howser, towrope **2.** *bud.* hall; longue; lobby
holding *m ek.* holding company
holender *m papiern.* hollander, beater, beating engine
~ **bazaltowy** lava stone beater, stone roll beater
~ **bielący** bleaching beater, poacher (tub)
~ **masowy** general purpose beater, stuff engine
~ **mieszalny** mixing engine
~ **półmasowy** half-stuff beater, pulping beater
~ **pralny** wash beater, wash engine
~ **rozwłókniający** slushing beater
holenderka *f bud.* pantile
holendrowanie *n lotn.* oscillatory instability
holendrownia *f papiern.* beater room
holendrowy *m papiern.* beaterman
holm *m chem.* holmium, Ho
holoceluloza *f* holocellulose
holocen *m* (*młodsza epoka czwartorzędu*) *geol.* Holocene
holoedryczny *a kryst.* holohedral
holoenzym *m biochem.* holoenzyme
holografia *f* holography
~ **akustyczna** acoustic holography
hologram *m* hologram
holomorficzny *a kryst.* holomorphic
holować *v* tow, haul
holowanie *n* towing, hauling
~ **(szybowca) za samochodem** autotow(ing)
~ **(szybowca) za samolotem** aerotow(ing)
holownictwo *n* towage service
holownik *m* tug(boat), tow boat
~ **pełnomorski** seagoing tug
~ **portowy** harbour tug, dock tug
~ **ratowniczy** salvage tug
~ **rzeczny** river tug
~ **szybowców** *lotn.* glider-tug, tow-plane
homar *m zool.* lobster, *Homarus*
homeomorfizm *m mat.* homeomorphism
homeopolarny *a* homeopolar
homeostat *m cybern.* homeostat
homeostaza *f biol.* homeostasis
homochromatyczny *a* homochromatic
homogamia *f biol.* homogamy
homogeniczność *f* homogeneity
homogeniczny *a* homogeneous
homogenizacja *f* **1.** *chem.* homogenization **2.** *obr.ciepl.* homogenizing (treatment)
homogenizator *m chem.* homogenizer, emulsifier
homoliza *f chem.* homolysis
homolog *m* homologue
homologacja *f* official certification (*of type*)
~ **procesu** certification of process
homologia *f chem.* homology
homologiczny *a* homologous
homomorfizm *m mat.* homeomorphism, homomorphous mapping
homopauza *f meteo.* homopause
homopolimer *m chem.* homopolymer
homopolimeryzacja *f chem.* homopolymerization
homoseryna *f biochem.* homoserine
homosfera *f meteo.* homosphere
homotetia *f mat.* similitude
homotopia *f* (*odwzorowań ciągłych*) *mat.* homotopy
homozygota *f genet.* homozygote
hon *m obr.skraw.* honing tool
honorarium *n* fee
honowanie *n obr.skraw.* honing (process)
honownica *f obr.skraw.* honing machine
hormon *m biochem.* hormone, *zob.też* **hormony**

~ **adrenokortykotropowy** adreno(cortico)-tropic hormone, ACTH
~ **antydiuretyczny** antidiuretic hormone, vasopressin, ADH
~ **ciałka żółtego** progesterone
~ **estrogenny** estrogenic hormone
~ **juwenalny** juvenile hormone, neotenin
~ **laktacyjny** prolactin, lactogenic hormone, luteotropic hormone, mammogenic hormone, mammogen, mammotropin
~ **laktogeniczny** *zob.* **hormon laktacyjny**
~ **luteinizacyjny** interstitial cell-stimulating hormone, ICSH, luteinizing hormone, LH
~ **mlekotwórczy** *zob.* **hormon laktacyjny**
~ **przytarczyc** parathormone, parathyroid hormone
~ **somatotropowy** *zob.* **hormon wzrostu**
~ **tyreotropowy** thyrotropic hormone, thyroid-stimulating hormone, TSH, thyrotropin
~ **wzrostu** growth hormone, GH, somatotropic hormone, STH, somatotropin
hormony *mpl* **gonadotropowe** gonadotropic hormones
~ **kory nadnerczy** adrenal cortex hormones, adrenocortical hormones, corticosteroids, corticoids
~ **krążenia** circulatory hormones
~ **płciowe** sex hormones
~ **roślinne** plant hormones, phytohormones
hornblenda *f min.* hornblende
horst *m geol.* horst
horyzont *m* horizon; skyline
~ **astronomiczny** celestial horizon, rational horizon
~ **fizyczny** sensible horizon, visible horizon, observer's horizon
~ **morski** sea horizon, offing
~ **nawigacyjny** sensible horizon, apparent horizon
~ **prawdziwy** rational horizon, celestial horizon
~ **radiolokacyjny** radar horizon
~ **radiowy** radio horizon
~ **sceniczny** cyclorama
~ **sztuczny** *lotn.* artificial horizon
~ ~ **akrobacyjny** non-toppling gyro horizon
~ **widoczny** sensible horizon; visible horizon, observer's horizon; optical horizon
hossa *f ek.* boom
hotel *m* **robotniczy** workers' hostel, bunkhouse
hotelarstwo *n* hotel trade
huba *f bot.* agaric
huczek *m wiertn.* tube hanger
hufnal *m* horse nail
humidostat *m* humidistat; hygrostat, humidity controller
humifikacja *f roln.* humification
huminy *pl chem.* humins
humus *m roln.* humus
huragan *m* hurricane (12 *Beaufort scale*)
hurt *m* wholesale (trade)
hurtownia *f* warehouse
hurtownik *m* wholesaler, wholesale dealer
huta *f* **stali** steel mill, steel plant, steelworks, ironworks
~ **szkła** glass-works, glass-house
~ **żelaza** *zob.* **huta stali**
hutnictwo *n* **metali** metallurgy, metallurgical engineering
~ ~ **nieżelaznych** non-ferrous metallurgy
~ **żelaza** ferrous metallurgy, iron and steel industry
hutniczy *a* metallurgic(al)
hutnik *m* metallurgist
~ **mistrz** *szkl.* (glass)blower, gaffer
~ **formujący nóżką** *szkl.* servitor
hyalofan *m min.* hyalophane
hybryd *m* **1.** *genet.* hybrid **2.** *chem.* hybrid, hybridized orbital
~ **diagonalny** *chem.* diagonal hybrid, sp hybrid
~ **liniowy** *zob.* **hybryd diagonalny**
~ **rezonansowy** *chem.* resonance hybrid
~ **sp** *zob.* **hybryd diagonalny**
~ **sp²** *zob.* **hybryd trygonalny**
~ **sp³** *zob.* **hybryd tetraedryczny**
~ **tetraedryczny** *chem.* sp³ hybrid
~ **trygonalny** *chem.* sp² hybrid
hybryda *f* **1.** *inf.* hybrid computer, analog-digital computer **2.** *tel.* hybrid junction
hybrydyzacja *f genet.* hybridization, producing hybrids
~ **orbitali** *chem.* hybridization of orbitals
hydracetyna *f chem.* hydracetin
hydrant *m* hydrant
~ **przeciwpożarowy** fire hydrant, fire-plug
hydrargilit *m min.* gibbsite, hydrargillite
hydrat *m chem.* hydrate
hydratacja *f chem.* hydration
~ **oleju** hydration of oil
hydratyzowany *a chem.* hydrated
hydrauliczny *a* hydraulic
hydraulik *m* plumber, pipefitter
hydraulika *f* applied hydraulics
hydrazony *mpl chem.* hydrazones
hydrazozwiązki *mpl chem.* hydrazo compounds
hydrazyd *m chem.* hydrazite
hydrazyna *f chem.* hydrazine
hydrinden *m chem.* hydrindene, indan
hydrobalata *f gum.* hydrobalata
hydrobiologia *f* hydrobiology
hydroborowanie *n chem.* hydroboration
hydrobus *m* (*tramwaj wodny*) passenger river boat
hydroceluloza *f* hydrocellulose, hydrated cellulose
hydrochinon *m chem.* hydroquinone, quinol
hydrochlorokauczuk *m* rubber hydrochloride
hydrocyklon *m chem.* hydrocyclone, hydraulic cyclone, wet cyclone
hydrocynkit *m min.* hydrozincite, zinc bloom

hydrodynamiczny *a* hydrodynamic
hydrodynamika *f* hydrodynamics
~ **klasyczna** classical hydrodynamics
hydroelektrownia *f* hydro-electric generating station, hydro-electric power plant
hydroenergetyka *f* water power engineering
hydrofilowy *a* hydrophilic
hydrofobowy *a* hydrophobic, water-repellent
hydrofon *m akust.* hydrophone, subaqueous loudspeaker
hydrofor *m* hydrophore
hydroformowanie *n* (*benzyn*) hydroforming (process)
hydroformylowanie (*n*) *chem.* hydroformylation
hydrogenaza *f biochem.* hydrogenase
hydrogenerator *m el.* hydrogenerator
hydrogenizacja *f chem.* hydrogenation
hydrogenoliza *f chem.* hydrogenolysis; destructive hydrogenation
hydrogeologia *f* hydrogeology
hydrograf *m* nautical surveyor, hydrographer
hydrografia *f* hydrography
hydrokauczuk *m tw.szt.* hydrorubber
hydrokinetyka *f* kinetics of fluids
hydrokompleks *m chem.* aquo-complex
hydrokortyzon *m biochem.* hydrocortisone, cortisol
hydroksyaceton *m chem.* hydroxyacetone, acetol
hydroksyaldehyd *m chem.* alcohol aldehyde
hydroksybenzen *m chem.* hydroxybenzene, (benzo)phenol
hydroksykwas *m chem.* hydroxy(carboxylic) acid
hydroksyl *m chem.* hydroxyl (group)
hydroksyloamina *f chem.* hydroxylamine, oxammonium
hydroksylowanie *n chem.* hydroxylation
hydroksynaftalen *m chem.* hydroxynaphthalene, napthanol
hydroksynitryl *m chem.* hydroxy nitrile, cyanohydrin
hydroksyprolina *f biochem.* hydroxyproline
hydrolaza *f biochem.* hydrolase
hydrolityczny *a chem.* hydrolytic
hydroliza *f chem.* hydrolysis
~ **katalityczna** catalytic hydrolysis
~ **kwasowa** acid hydrolysis, acidolysis
hydrolizować *v chem.* hydrolyze
hydrologia *f* hydrology
~ **rolnicza** agrohydrology
hydrolokacja *f żegl.* echo ranging
hydrolokator *f żegl.* underwater detecting system (*sonar, asdic*)
~ **lotniczy opuszczany** airborne dipping sonar
hydromechaniczny *a* hydromechanical
hydromechanika *f* hydromechanics
~ **fizyczna** physical hydromechanics
~ **techniczna** hydraulics
~ **teoretyczna** theoretical hydromechanics
hydromechanizacja *f* hydraulic mining
hydrometalurgia *f* hydrometallurgy, wet metallurgy
hydrometeory *mpl meteo.* hydrometeors
hydrometria *f* hydrometry, hydraulic measurements
hydromonitor *m* monitor, hydraulic giant
hydronalium *n met.* hydronalium
hydroplan *m lotn.* hydroplane, seaplane, *zob.też* **wodnosamolot**
hydropłat *m* hydrofoil
hydropneumatyczny *a* hydropneumatic
hydroponika *f roln.* hydroponics, nutriculture
hydropulper *m papiern.* hydropulper
hydropult *m* stirrup pump
hydrorafinacja *f paliw.* hydrofining
hydrosfera *f* hydrosphere
hydrostatyczny *a* hydrostatic
hydrostatyka *f* hydrostatics
hydrotechnika *f* hydraulic engineering
hydrotermalny *a min.* hydrothermal
hydrotorf *m* hydropeat
hydrotrop *m chem.* hydrotrope
hydrowęzeł *m* hydrotechnical system
hydrozol *m chem.* hydrosol, aquasol
hydrożel *m chem.* hydrogel
hypersten *m min.* hypersthene
hyposkop *m tel.* frequency response tracer
Hz = herc *jedn.* hertz

I

IA = **Instytut Automatyki**
IASE = **Instytut Automatyki Systemów Energetycznych**
IB = **Instytut Barwników**
IBiB = **Instytut Biochemii i Biofizyki**
IBJ = **Instytut Badań Jądrowych**
IBL = **Instytut Badawczy Leśnictwa**
IBL = **Instytut Badań Literackich**
IBW = **Instytut Budownictwa Wodnego**
IChF = **Instytut Chemii Fizycznej**
IChN = **Instytut Chemii Nieorganicznej**
IChO = **Instytut Chemii Ogólnej**
IChO = **Instytut Chemii Organicznej**
IChP = **Instytut Chemii Przemysłowej**
IChPW = **Instytut Chemicznej Przeróbki Węgla**
ichtiol *f farm.* ichthyol
ichtiologia *f zool.* ichtiology
ichtiolokator *m zob.* **ichtioskop**
ichtioskop *m ryb.* fish finder
ICP = **Instytut Celulozowo-Papierniczy**
ICS = **Instytut Cybernetyki Stosowanej**
ICSO = **Instytut Ciężkiej Syntezy Organicznej**
idący na wschód *żegl.* eastbound (*ship*)
idący na zachód *żegl.* westbound (*ship*)
idący w podróż *żegl.* outward bound (*ship*)
idealny *a* perfect, ideal
ideał *m mat.* ideal
identyczność *f mat.* identity
identyczny *a* identical
identyfikacja *f* identification, identifying
identyfikator *m inf.* identifier
~ **procedury** procedure identifier
~ **tablicy** array identifier
identyfikować *v* identify
idiochromatyczny *a min.* idiochromatic
idiochromatyzm *m min.* idiochromatism
idiomorficzny *a kryst.* idiomorphic
idiomorfizm *m kryst.* idiomorphism
IEiOPiB = **Instytut Ekonomiki i Organizacji Przemysłu i Budownictwa**
IEl = **Instytut Elektrotechniki**
IEn = **Instytut Energetyki**
IER = **Instytut Ekonomiki Rolnej**
IF = **Instytut Fizyki**
IFiL = **Instytut Farb i Lakierów**
IFJ = **Instytut Fizyki Jądrowej**
IG = **Instytut Geofizyki**
igelit *m tw.szt.* (*plasticized polyvinyl chloride*)
igiełka *f* **łożyska** *masz.* needle roller
igiełkowaty *a* needle-shaped
IGiHZ = **Instytut Genetyki i Hodowli Zwierząt**
IGiK = **Instytut Geodezji i Kartografii**
iglasty *a* **1.** *kryst.* acicular, aciform, needle--shaped **2.** *bot.* coniferous
iglica *f* **1.** needle; spear **2.** *uzbr.* firing pin; striker **3.** *bud.* spire
~ **dozująca** metering needle, metering pin
~ **dyszy** nozzle needle
~ ~ **Peltona** *siln.wod.* Pelton needle
~ **stożkowa** tapered needle
~ **stukomierza** *siln.spal.* bouncing-pin
~ **zwrotnicowa** *kol.* switch point, switch blade
igliwie *n bot.* litter of conifer needles
~ **techniczne** needle-cuts (*as raw material*)
igła *f* needle
~ **busoli** compass needle
~ **gramofonowa** playing needle
~ **magnetyczna** magnetic needle
~ **odczytu** *inf.* sensing pin
~ **pomiarowa** gauging point, measuring needle
~ **radowa** *radiol.* radium needle
~ **sieciarska** *ryb.* meshing needle, netmaker's needle
~ **sortownicza** (*do kart selekcyjnych*) *inf.* sorting needle
~ **śródskórna** *med.* intradermal needle
~ **żeglarska** sailmaker's needle
igłofiltr *m inż.* wellpoint
igłowanie *n włók.* stitching, needling (*technique*)
igły *fpl* **cementytu** *met.* cementite spines
~ **lodowe** *meteo.* frazil ice, needle ice, ice needles
igniter *m elektron.* ignitor, keep-alive electrode
ignitron *m elektron.* ignitron
IGW = **Instytut Gospodarki Wodnej**
IHAR = **Instytut Hodowli i Aklimatyzacji Roślin**
IINTE = **Instytut Informacji Naukowej, Technicznej i Ekonomicznej**
ikonometr *m fot., geod.* iconometer
ikonoskop *m TV* iconoscope, storage-type camera tube
~ **obrazowy** image iconoscope, emitron, supericonoscope
ikra *f ryb.* spawn, ova, hard roe
~ **mięczaków** culth, culch
ikrowiec *m petr.* öolite, eggstone
~ **żelazisty** öolitic limonite
ikrzak *m ryb.* spawner
IKŚ = **Instytut Kształtowania Środowiska**
IL = **Instytut Lotnictwa**
ilasty *a* silty, clayey
ilium *m met.* illium (*acid resisting alloy*)
ilmenit *m min.* ilmenite, titaniferrous iron ore
iloczyn *m mat.* product
~ **cząstkowy** *mat.* partial product

~ **czterech współczynników** *nukl.* four-factor formula
~ **galwaniczny** *inf.* wired-AND
~ **GB** *el.* (*gain* × *bandwidth product*)
~ **jonowy** *chem.* ionic product
~ **logiczny** logical product; *inf.* AND operation
~ **mieszany trzech wektorów** triple scalar product
~ **nieskończony** *mat.* continued product, infinite product
~ **pergaminowania** *papiern.* parchmentizing product
~ **rozpuszczalności** *chem.* solubility product
~ **skalarny** scalar product, dot product, inner product
~ **wektorowy** vector product, cross product
~ **zanegowany** *inf.* NAND operation
~ **zbiorów** *mat.* product of sets
iloraz *m mat.* quotient
~ **inteligencji** intelligence quotient, IQ
~ **postępu geometrycznego** common ratio
~ **różniczkowy** differential quotient
ilości *fpl* **chemicznie równoważne** chemically equivalent quantities
~ **stechiometryczne** *zob.* **ilości chemicznie równoważne**
~ **śladowe** *chem.* minute quantities
ilościomierz *m radiol.* quantimeter
ilościowy *a* quantitative
ilość *f* quantity, amount
~ **części na miliard** *chem.* parts per billion, ppb
~ **części na milion** *chem.* parts per million, ppm
~ **dmuchu** *odl.* blowing rate, blast volume
~ ~ **jednostkowa** relative blowing rate, blast intensity
~ **informacji** *cybern.* information content, quantity of information
~ **miejsc siedzących** seating capacity; passenger capacity
~ **ruchu** *mech.* momentum
~ **substancji** *fiz.* amount of substance
~ **towaru wyładowanego** *zegl.* outturn
iluminator *m* **1.** *okr.* porthole, air port **2.** *opt.* condenser, condensing lens
~ **burtowy** side scuttle, side light
~ **otwierany hełmu (nurka)** window door
~ **stały** deadlight
ilustracja *f* illustration
ilustrować *v* illustrate
IŁ = Instytut Łączności
ił *m* clay; silt
~ **czarny** attritus
~ **czerwony** red clay
~ **płynny** quick clay
~ **warwowy** varved clay
~ **wstęgowy** *zob.* **ił warwowy**
iłołupek *m petr.* argillaceous schist, shale clay, clay slate, mudstone
iłować *v* (*szczeliny*) *wiertn.* mud off
iłowiec *m petr.* mudstone
IM = Instytut Matematyczny
IM = Instytut Morski

imadło *n narz.* vice, vise
~ **do lin stalowych** riggers's vice
~ **do ostrzenia pił** saw vice, saw chops
~ **do rur** tube vice, pipe vice
~ **do strugarki podłużnej** planer vice
~ ~ ~ **poprzecznej** shaper vice
~ **maszynowe dwuczęściowe** divided machine vice
~ ~ **przechylne** inclinable machine vice
~ ~ **uniwersalne** universal machine vice
~ **obracalne** swivel vice
~ **obracalno-pochylne** universal machine vice
~ **pneumatyczne** air vice
~ **ramowe** (*do rur*) frame vice
~ **ręczne** hand vice, filer's vice
~ **równoległe** parallel vice
~ **stolarskie** woodworker's vice; bench holdfast
~ **stołowe** bench vice
~ **szybkomocujące** quick-acting vice; instantaneous grip vice
~ **warsztatowe** bench vice
~ **wzorcarskie** toolmaker's vice
~ **z zaciskiem mimośrodowym** cam-action vice
~ **zawiasowe** hinged vice
imak *m obr.skraw.* gripper; „C" clamp
~ **dwunożowy** balance turning tool
~ **kolankowy** knee turner, knee tool
~ **nożowy** cutter holder, tool holder; tool block
~ **prowadnikowy** box tool, turner
~ ~ **rolkowy** roller steady box tool, roller turner
~ **strugnicy** *drewn.* bench hook
~ **suwakowy** (*do obróbki rowków i podtoczeń*) recessing tool slide
~ **wielonożowy** gang tool (post), multiple tool post
imbir *m bot.* ginger, *Zingiber officinale*
~ **żółty** (*z kłączy Curcuma longa*) *farb.* curcuma, turmeric
IMER = Instytut Mechanizacji i Elektryfikacji Rolnictwa
imid *m chem.* imide
~ **kwasu szczawiowego** oximide
imidazol *m chem.* imidazole, glyoxaline
imidazolil *m chem.* imidazolyl
imigracja *f biol.* immigration
IMiGW = Instytut Meteorologii i Gospodarki Wodnej
imina *f chem.* imine
iminomocznik *m chem.* iminourea, guanidine, carbamidine
imitacja *f* imitation
~ **marmuru** *bud.* scagliola
~ **skóry** imitation leather
~ **spoinowania** *bud.* bastard pointing
~ **złota** imitation gold, mock gold
imitator *m aut.* simulator
~ **sygnałów radiolokacyjnych** radar targets simulator
imitować *v* simulate
IMM = Instytut Maszyn Matematycznych
immitancja *f aut.* two-terminal function, driving-point function

immobilizacja *f* **enzymów** *biochem.* immobilization of enzymes
immunizować *v biol.* immunize
immunochemia *f* immunochemistry
immunogenetyka *f* immunogenetics
immunologia *f* immunology
IMN = Instytut Metali Nieżelaznych
IMO = Instytut Materiałów Ogniotrwałych
IMP = Instytut Maszyn Przepływowych
IMP = Instytut Mechaniki Precyzyjnej
impaktor *m med.* nails inserter
impedancja *f el.* impedance, apparent resistance
~ **akustyczna** acoustic impedance
~ ~ **jednostkowa** specific acoustic impedance, unit area acoustic impedance
~ **charakterystyczna** characteristic impedance
~ **falowa** wave impedance
~ **kinetyczna** motional impedance
~ **łańcuchowa** iterative impedance
~ **małosygnałowa** small-signal impedance
~ **mechaniczna** mechanical impedance
~ **obciążenia** load impedance
~ **przejściowa** transfer impedance
~ **przestrzeni swobodnej** intrinsic impedance
~ **przetwornika nieobciążonego** free impedance
~ ~ **unieruchomionego** blocked impedance
~ **ruchowa** motional impedance
~ **szeregowa** series impedance
~ **w punkcie zasilania (linii)** sending-end impedance, driving-point impedance
~ **wejściowa** input impedance
~ **własna** self-impedance
~ **wzajemna** mutual impedance
implantacja *f med.* implantation
~ **jonów** *elektron.* ion implantation
implikacja *f mat.* implication
implodować *v* implode
implozja *f* implosion, inward collapse
import *m ek.* import
impost *m arch.* impost
impregnacja *f* impregnation, proofing
~ **drewna** wood preservation, wood treatment
~ **gumą** rubberizing
~ **przeciw wilgoci** wet-proofing
~ **przeciwmolowa** *włók.* mothproof finish
~ **wodoodporna** waterproofing, moisture-proofing
impregnarka *f włók.* impregnating machine
impregnat *m* impregnant
impregnować *v* impregnate, proof; (*przez zanurzanie*) steep
impregnowany *a* impregnated
impsonit *m petr.* impsonite
impuls *m* impulse; pulse
~ **blokujący** *aut.* disabling pulse
~ **bramkujący** *elektron.* gate pulse; strobe pulse
~ **całkowity** *rak.* total impulse
~ **dźwiękowy** (*lub ultradźwiękowy*) **sonaru** ping
~ **fałszywy** *nukl.* spurious pulse
~ **fazujący** (*w radiolokacji*) locking pulse
~ **jednostkowy 1.** *telegr.* dot **2.** *rak.* specific impulse
~ **jonizacyjny** ionization pulse
~ **kluczujący** *rad.* keying pulse
~ **modulujący** *zob.* **impuls kluczujący**
~ **narastający** *el.* incremental impulse
~ **pasożytniczy** *nukl.* spurious pulse
~ **piłokształtny** sawtooth pulse
~ **podwójny** *elektron.* pulse doublet
~ **pozycji** *inf.* commutator pulse
~ **prostokątny** *elektron.* rectangular pulse
~ **próbkowy** *rad.* sampling pulse
~ **pytający** *rad.* interrogation pulse
~ **radiolokacyjny** radar pulse
~ **rozjaśniający** brightening pulse
~ **rozładowujący** discharge pulse
~ **rozruchowy** *inf.* start pulse
~ **siły** *mech.* impulse, time-effect
~ **sondujący** (*w radiolokacji*) scanning pulse
~ **spustowy** (*w radiolokacji*) trigger pulse
~ **sygnału czasu** time tick
~ **synchronizacji pionowej** *TV* vertical driving pulse
~ ~ **poziomej** horizontal driving pulse
~ **synchronizacyjny** *tel.* marker pulse
~ **trójkątny** triangular pulse
~ **udarowy** *el.* kick
~ **ukształtowany** *rad.* shaped pulse
~ **właściwy** *rak.* specific impulse
~ **wybierający** *rad.* strobe pulse
~ **wygaszający** *rad., TV* blanking pulse, killer pulse
~ **wygaszania linii** *TV* line suppression pulse
~ **wywoławczy** *rad.* interrogation pulse
~ **wyzwalający** (*w radiolokacji*) trigger pulse; tripping pulse
~ **zakłócający** *aut.* disturbing pulse
~ **zamykający** (*obwód*) *el.* make impulse
~ **zapłonowy** *el.* firing pulse
~ **zatrzymania** *inf.* stop pulse
~ **zegarowy** clock pulse
~ **zezwalający** *inf.* enable pulse
~ **znakujący** *tel.* marker pulse
impulsator *m el.* pulse generator, pulser
impulsograf *m telef.* pen recorder, pulse recorder, undulator
impulsowanie *n el.* impulsing; *telegr.* keying; *telef.* dialling; *masz.el.* inching
IMUZ = Instytut Melioracji i Użytków Zielonych
IMŻ = Instytut Metalurgii Żelaza
in blanco in blank (*cheque, document*)
in crudo *poligr.* in quires, in sheets
inaktywacja *f* **cieplna** *biol.* thermal destruction
ind *m chem.* indium, In
indan *m chem.* indan, hydrindene
indantren *m chem.* indanthrene
indazol *m chem.* indazole

indeks *m* **1.** (*spis*) index **2.** (*wskaźnik*) index **3.** student's book of registration of courses
~ **barw** colour index
~ **dieslowy** *paliw.* diesel index
~ **dolny** subscript
~ **górny** superscript
~ **heteroatomów w kontekście** *inf.* hetero-atom-in-context index, HAIC index
~ **lepkości** *paliw.* viscosity index
~ **na brzegu książki** thumb index
~ **permutacyjny** *inf.* permutational index, permuted index
~ **rzeczowy** subject index (*in a book*)
~ **słów kluczowych i autorów** *inf.* word-and-author index, WADEX
~ ~ ~ **poza kontekstem** *inf.* key-word-out-of-context index, KWOC index
~ ~ ~ **w kontekście** *inf.* key-word-in-context index, KWIC index
~ **wiskozowy** viscosity index
indeksowanie *n inf.* indexing
~ **automatyczne** autoindexing
~ **koordynujące** coordinate indexing
~ **współrzędne** *zob.* **indeksowanie koordynujące**
~ **za pomocą grup wyrazowych** phrase indexing
~ ~ ~ **słów kluczowych poza kontekstem** key-word-out-of-context indexing, KWOC indexing
~ ~ ~ **słów kluczowych w kontekście** key-word-in-context indexing, KWIC indexing
inden *m chem.* indene
indofenol *m chem.* indophenol
indol *m chem.* indole
indos *m ek.* endorsement
indukcja *f* **elektromagnetyczna** electromagnetic induction
~ **elektryczna** dielectric flux density, electric induction, electric displacement
~ **magnetyczna** magnetic flux density, magnetic induction
~ ~ **szczątkowa** residual flux density, remanence, residual magnetism; *geofiz.* natural remanent magnetization
~ **matematyczna** mathematical induction
~ **swobodna** free induction
~ **własna** self-induction
~ **wzajemna** mutual induction
indukcyjność *f el.* inductance
~ **biegu jałowego** open-circuit inductance
~ **główna** *elektron.* mutual-flux inductance
~ **rozproszenia** *elektron.* leakage inductance
~ **własna** self-inductance, coefficient of self-induction
~ **wzajemna** mutual inductance, coefficient of mutual inductance
indukcyjny *a* inductive
indukować *v* induce
indukowany *a* induced
induktancja *f el.* inductive reactance

induktor *m* **1.** *el.* coil **2.** *el.* magneto **3.** *chem.* inductor (*in induced reactions*)
~ **o zmiennej indukcyjności** *el.* varindor
industrializacja *f* industrialization
indygo *m farb.* indigo, indigotin
~ **miedziane** *min.* indigo copper
indygoid *m farb.* indigoid (dye)
indygosole *mpl* soluble vat dyes
indygotyna *f farb.* indigotin, indigo
indyk *m zool.* turkey, *Meleagris gallopavo*
indykator *m* **1.** *siln.* indicator **2.** *chem.* indicator; indicating medium
~ **katodowy** *siln.spal.* cathode-ray indicator
~ **proszkowy** indicating powder
indykatrysa *f* (*powierzchnia optyczna*) *kryst.* indicatrix, index ellipsoid
indyl *m chem.* indolyl
indywidualny *a* individual
indywiduum *n* **chemiczne** chemical individual, (pure) substance
inercja *f* inertia, *zob.też* **bezwładność**
inercyjny *a* inertial
inertancja *f mech.* inertance
~ **rurociągu** *hydr.* pipeline inertance
infekcja *f* infection
infiltracja *f* infiltration
infimum *n mat.* infimum, greatest lower bound, glb
inflacja *f ek.* inflation
influencja *f* **elektrostatyczna** electrostatic induction
informacja *f* **1.** information; intelligence **2.** enquiry service
~ **genetyczna** genetic information
~ **handlowa** business information, trade information
~ **kontrolna** *inf.* checking information
~ **nienumeryczna** *inf.* non-numerical information
~ **ruchu lotniczego** flight information
~ **w postaci czytelnej dla komputera** machine-sensible information, computer readable information
~ **wejściowa** *inf.* input information
informator *m* **1.** (*osoba*) informant **2.** guide (book), directory, reference book
~ **handlowy** commercial directory
informatyk *m* computer scientist, information scientist
~ **analityk** computer analyst
informatyka *f* computer science, computer theory; information science, informatics
informować *v* inform
~ **na bieżąco o zachodzących zmianach** keep abreast of recent developments
infradźwięk *m* infrasound
infradźwiękowy *a* infrasonic, subsonic
infralokacja *f* infra-red range and direction detection
infrastruktura *f* infrastructure
infuzja *f med.* infusion
inhalacja *f med.* inhalation
inhalator *m med.* inhaler
~ **tlenowy (pokładowy)** *lotn.* oxygen set, oxygen unit

inhibitor *m chem.* inhibitor, negative catalyst, anticatalyst
~ **anodowy** anodic inhibitor
~ **katodowy** cathodic inhibitor
~ **kiełkowania** *roln.* sprout inhibitor
~ **korozji** corrosion inhibitor, rust inhibitor
~ **lotny** (*korozji*) vapour phase inhibitor, VPI, volatile corrosion inhibitor, VCI
~ **organiczny anodowo-katodowy** double-acting organic inhibitor, adsorption inhibitor
~ **polimeryzacji** polymerization inhibitor, polymerization retarder
~ **rdzewienia** rust inhibitor, corrosion inhibitor
~ **tworzenia się żywic** *paliw.* gum inhibitor
~ **utleniający** oxidizing inhibitor
~ **wzrostu** (*roślin*) *roln.* growth inhibitor
inicjalizacja *f inf.* initialization
inicjały *mpl* initials
inicjator *m chem., wybuch.* initiator
~ **azowy** *chem.* azo catalyst
~ **jonowy** *chem.* ionic initiator, ionic catalyst
~ **reakcji łańcuchowej** *chem.* chain initiator
inicjatywa *f* **prywatna** private enterprise; private venture
inicjowanie *n chem., wybuch.* initiation
~ **anionowe** *chem.* anionic initiation
~ **jonowe** *chem.* ionic initiation
~ **pod wpływem światła** *chem.* photoinitiation
~ **reakcji łańcuchowej** *chem.* chain initiation
iniekcja *f* **nośników** *elektron.* injection of carriers
iniektor *m* injector
~ **parowy** steam injector
~ **podwójny** *kotł.* double-tube injector
~ **pojedynczy** *kotł.* single-tube injector
~ **samochwytny** *kotł.* re-starting injector, automatic injector
~ **samozasysający** *kotł.* lifting injector
~ **zalewowy** *kotł.* non-lifting injector
inkandescencja *f* incandescence
inklinacja *f* **magnetyczna** magnetic inclination, magnetic dip
inklinometr *m* (magnetic) inclinometer, dip needle, dipping compass
inkludować *v* (*próbkę*) *met.* mount (*the test specimen*)
inkluzja *f geol.* enclave
~ **pirytu w węglu** *min.* brass, brasses
~ **rodzima** cognate inclusion
inkonel *m met.* inconel
inkrement *m mat.* increment
inkrustacja *f* **1.** incrustation; inlay **2.** *szkl.* tit
inkrustować *v* inlay (*ornament*)
inkrusty *pl papiern.* contraries
inkubacja *f roln., biol.* incubation
inkubator *m roln., biol.* incubator, rearer
innowacja *f* innovation
inozynodwufosforan *m biochem.* inosine diphosphate, IDP
inozyt *m chem.* inositol
INS = Instytut Nawozów Sztucznych
insektycyd *m pest.* insecticide, insect exterminant
~ **kontaktowy** contact insecticide, non-systemic insecticide
~ **roślinny** natural insecticide
~ **systemiczny** systemic insecticide
~ **układowy** *zob.* **insektycyd systemiczny**
~ **z grupy węglowodorów chlorowanych** organochlorine insecticide
inseminacja *f zoot.* insemination
insolacja *f* insolation, sun exposure
inspekcja *f* supervision
~ **lotnicza** aerial survey
~ **radiologiczna** radiological survey
inspekt *m roln.* frame
inspektor *m* inspector; surveyor; supervisor; *górn.* examiner
~ **bezpieczeństwa** *górn.* safety examiner
~ ~ **pracy** safety supervisor
~ **księgowości** auditor
~ **ładunkowy** *żegl.* cargo superintendent
~ **ochrony radiologicznej** radiological safety officer
~ **portowy** port warden, port revee
~ **ruchu drogowego** traffic inspector
~ **sanitarny** sanitary inspector, health officer
~ **sztauerski** shipworker, ship foreman
instalacja *f* system, installation
~ **alarmowa** alarm system
~ **centralnego ogrzewania** central heating system
~ **chłodzenia** *siln.* cooling system
~ **elektryczna** wiring system
~ ~ **dwuprzewodowa** two-conductor wiring system
~ ~ **jednoprzewodowa** earth-return wiring system
~ **hydrauliczna** hydraulic system
~ **kanalizacyjna** sewerage system
~ **klimatyzacyjna** air conditioning system
~ **kotłowa** boiler plant
~ **napowietrzna** *el.* overhead installation
~ **ogrzewcza** *bud.* heating system; heating plant
~ **olejowa** *siln.* oil system
~ **oświetleniowa** *el.* lighting installation
~ **paliwowa** *siln.* fuel system
~ **przeciwpożarowa** fire protection system
~ **sanitarna** *bud.* sanitary system
~ **tryskaczowa** *poż.* sprinkler
~ **typu studniowego do ciągłego odlewania** *hutn.* pit-type installation for continuous casting
~ **uziemiająca** *el.* earth installation
~ **wodociągowa** water supply system
~ **zęzowa** *okr.* bilge system, drainage system
instalator *m* (*urządzeń wodociągowych i kanalizacyjnych*) plumber, pipefitter
instalować *v* install, *zob.też* **zakładać**
instant *a* (*szybko rozpuszczalny*) *spoż.* instant

instantyzacja *f spoż.* instantizing
instrukcja *f* instruction; *inf.* statement, *zob.też* **rozkaz**
~ **kontroli** inspection specification
~ **łączności szyfrowej** *wojsk.* cryptographic instructions
~ **obsługi** servicing instruction; service manual
~ **operatorska programu** *inf.* program statement
~ **użytkowania** instructions for use
~ **(wywołania) procedury** *inf.* procedure statement
instruktaż *m* instruction; vocational guidance
instruktor *m* instructor
instrument *m* instrument
instrumentacja *f wiertn.* fishing
instruować *v* instruct, teach
instynkt *m biol.* instinct
instytut *m* institute
~ **badawczy** research institute
insulina *f biochem.* insulin
intarsja *f* marquetry
INTE = informacja naukowo-techniczna i ekonomiczna (*scientific, technological and economic information system*)
integracja *f* **standardowa** *elektron.* small scale integration, standard scale integration, SSI
~ **średnioskalowa** *elektron.* medium scale integration, MSI
~ **wielkoskalowa** *elektron.* large scale integration, LSI
integraf *m metrol.* integraph
integralny *a* integral
integrator *m* integrator, integrating unit
integrować *v* integrate
intensyfikacja *f* intensification
~ **wydobycia** *wiertn.* well stimulation
intensyfikator *m* **smaku** *spoż.* flavour enhancer
intensyfikować *v* intensify
intensywnie zabarwiony full, rich (*in colour*)
intensywność *f* intensity
~ **dawki** *nukl.* dose-rate
~ **dmuchu** *hutn.* blowing rate
~ **dźwięku** sound volume
~ **kontroli** *skj* degree of inspection
~ **oziębiania** (*przy hartowaniu*) *obr.ciepl.* severity of quench, H-value
~ **promienieniowania** *nukl.* radiation rate
~ **ruchu** *transp.* amount of traffic
~ **spalania** (*paliw gazowych*) specific flame output
~ **uszkodzeń** *elektron.* failure rate
~ **wybarwienia** depth of shade
~ **wydzielania ciepła** rate of heat development
intensywny *a* intense, intensive; *farb.* full, rich
interakcja *f mat.* interaction
interceptor *m lotn.* intercepter, spoiler
interdyscyplinarny *a* interdisciplinary
interfejs *m inf.* interface
~ **peryferyjny wspólny** shared peripheral interface, SPI
interferencja *f* **aerodynamiczna** aerodynamic interference
~ **fal** *fiz.* wave interference
~ **kanałów przyległych** *rad.* adjacent-channel interference, monkey chatter
~ **międzyprocesorowa** *inf.* interprocessor interference
~ **studzien** *hydr.* interference of wells
~ **zębów** (*przekładni zębatej*) *masz.* tooth interference
interferometr *m metrol.* interferometer, interference comparator
interferometria *f metrol.* interferometry
~ **wielokrotna** multiple beam interferometry
interferon *m biochem.* interferon
interfon *m tel.* interphone
interglacjał *m geol.* interglacial period
interkolumnium *n arch.* intercolumniation
interlinia *f poligr.* lead
internat *m* boarding-school
internegatyw *m fot.* internegative
interpolacja *f mat.* interpolation
~ **paraboliczna** parabolic interpolation
interpolator *m aut.* interpolator (unit)
interpolować *v* interpolate
interpretacja *f* interpretation; *inf.* decoding
~ **niewłaściwa** misinterpretation
interpreter *m inf.* interpreter, interpretive routine
interpretować *v inf.* interpret
~ **niewłaściwie** misinterpret
interskan *m rad.* interscan
intertyp *m poligr.* intertype
interwał *m* interval
~ **czasu** interval of time
~ **częstotliwości** *akust.* pitch interval
Interwizja *f* Intervision
INTiBS = Instytut Niskich Temperatur i Badań Strukturalnych
intoksykacja *f med.* poisoning
introgresja *f genet.* introgression
introligator *m* bookbinder
introligatornia *f* bookbinders' workshop
introligatorstwo *n* bookbinding
intruzja *f geol.* intrusion
~ **magmowa** igneous intrusion
~ **pozioma międzywarstwowa** intrusive sheet
intubacja *med.* intubation
intubator *m med.* intubator
inulaza *f biochem.* inulinase, inulase
inulina *f chem.* inulin, alant starch
inulinaza *f zob.* **inulaza**
inwalidztwo *n* disability
inwar *m met.* invar
inwariant *m mat.* invariant
inwazja *f* **pasożytnicza** *zoot.* parasitic infestation
inwentaryzacja *f* stock-taking, making inventory, drawing up inventory
inwentarz *m* stock, inventory
~ **hodowlany** breeding stock

~ **martwy** dead stock
~ **żywy** live-stock
inwentyka *f* inventiveness; creative activity
inwersja *f* inversion
~ **cukru** *chem.* sugar inversion
~ **częstotliwości** *tel.* frequency inversion
~ **emulsji** emulsion inversion
~ **łańcucha kinematycznego** inversion of kinematic pair
~ **pary kinematycznej** inversion of kinematic pair
~ **pierścienia** *chem.* interconversion of chair forms
~ **półprzewodnika** *elektron.* inversion of semiconductor
~ **temperatury** *meteo.* temperature inversion, negative temperature lapse rate
inwertor *aut.* inverter, sign reverser
~ **fazy** *el.* phase inverter
~ **ujemno-impendancyjny** negative impedance inverter
inwertowany *a* inverted
investor *m* investor
inwestować *v* invest
inwestycja *f* investment; capital construction
inwolucja *f mat.* involution
inżektor *m* injector, *zob.też* **iniektor**
inż. = **inżynier** engineer
inżynier *m* engineer
~ **aerodynamik** aerodynamicist
~ **akustyk** sound engineer
~ **budownictwa lądowego** civil engineer
~ **budowy okrętów** naval architect
~ **chemik** chemical engineer
~ **chłodnik** refrigerating engineer
~ **dyplomowany** chartered engineer
~ **elektronik** electronic engineer
~ **elektryk** electrical engineer
~ **energetyk** *el.* power engineer
~ **górnik** mining engineer
~ **mechanik** mechanical engineer
~ **nadzoru** *bud.* resident engineer, site engineer
~ **narzędziowiec** tool engineer
~ **obsługi użytkownika** *inf.* customer engineer
~ **organizacji procesu produkcyjnego** methods engineer
~ **pokładowy** *lotn.* flight engineer
~ **projektant** designing engineer
~ **radioelektryk** radio engineer
~ **rolnik** agricultural engineer
~ **ruchu** operating engineer
~ **sanitarny** sanitary engineer
~ **technolog** production engineer
~ **technologii żywności** food engineer
~ **wizji** *TV* video engineer
~ **wytrzymałościowiec** stress engineer, stressman
inżynieria *f* engineering
~ **biochemiczna** biochemical engineering, bioengineering
~ **brzegowa** coastal engineering
~ **budowlana** construction engineering, structural engineering, building engineering
~ **chemiczna** chemical engineering
~ **genowa** genetic engineering
~ **górnicza** mineral engineering
~ **jądrowa** nuclear engineering
~ **lądowa** civil engineering
~ **materiałowa** materials technology, materials engineering
~ **molekularna** molecular engineering
~ **reaktorowa** reactor engineering
~ **ruchu** *drog.* traffic engineering
~ **sanitarna** sanitary engineering
~ **społeczna** social engineering
~ **środowiskowa** environmental engineering, environmental science and technology
~ **wartości** *ek.* value engineering, value analysis
~ **wojskowa** military engineering
IO = **Instytut Odlewnictwa**
iolit *m min.* cordierite, iolite, dichroite
IOP = **Instytut Obróbki Plastycznej**
IOPM = **Instytut Organizacji Przemysłu Maszynowego**
IOS = **Instytut Obróbki Skrawaniem**
IPC = **Instytut Przemysłu Cukrowniczego**
IPDiR = **Instytut Przemysłu Drobnego i Rzemiosła**
iperyt *m* yperite, mustard gas
IPF = **Instytut Przemysłu Farmaceutycznego**
IPF = **Instytut Przemysłu Fermentacyjnego**
IPGum = **Instytut Przemysłu Gumowego**
IPM = **Instytut Przemysłu Mleczarskiego**
IPO = **Instytut Przemysłu Organicznego**
IPPT = **Instytut Podstawowych Problemów Techniki**
IPS = **Instytut Przemysłu Skórzanego**
ipsofon *m tel.* teleboy
IPT = **Instytut Przemysłu Tłuszczowego**
IPWŁ = **Instytut Przemysłu Włókien Łykowych**
IPWMB = **Instytut Przemysłu Wiążących Materiałów Budowlanych**
IPZ = **Instytut Przemysłu Zielarskiego**
iraser *m fiz.* infra-red maser, iraser
ircha *f* chamois leather
iron *m chem.* irone
IRŚ = **Instytut Rybactwa Śródlądowego**
IRWR = **Instytut Rozwoju Wsi i Rolnictwa**
iryd *m chem.* iridium, Ir
irydoosm *m met.* osmiridium, iridosmine, iridosmium
irygator *m med.* irrigator
irys *m bot.* orris, *Iris*
iryzowanie *n szkl.* iridization, irization
IS = **Instytut Spawalnictwa**
ISiC = **Instytut Szkła i Ceramiki**
iskiernik *m el.* spark gap
~ **gaszący** deion gap
~ **koordynacyjny** coordinating spark gap
~ **kulowy** sphere spark gap
~ **obrotowy** rotary spark gap
~ **ochronny** protective spark gap

~ **odcinający** isolating spark gap
~ **ostrzowy** needle spark gap
~ **pomiarowy** measuring spark gap
~ **prętowy** rod spark gap
iskra *f* spark
~ **obfita** *siln.spal.* fat spark
~ **słaba** *siln.spal.* poor spark
~ **sterowana** controlled spark
~ **zapłonowa** *siln.spal.* ignition spark
iskrochron *m* spark arrester
iskrownik *m* *siln.spal.* permanent magnet machine, magneto
~ **jednoiskrowy** single-spark magneto
~ **rozruchowy** impulse starter
~ **w kole zamachowym** flywheel magneto
~ **wielkiej częstotliwości do zajarzania łuku** *spaw.* pilot-spark starting unit
~ **z twornikiem szeregowo-bocznikowym** compound-armature magneto
~ **z wirującym twornikiem** revolving-armature magneto, shuttle magneto
~ **z wirującymi magnesami** inductor magneto
iskrzenie *n el.* sparking, scintillation
iskrzyk *m* **żelazisty** *min.* iron pyrite
istnieć *v* exist; be available
istnienie *n* **przejściowe** (*nietrwałych związków*) *chem.* transient existence
istota *f* **biała** *anat.* white matter
~ **szara** *anat.* grey matter
istotność *f mat.* significance
istotny *a* essential
iść *v* **baksztagiem** *żegl.* quarter
~ **bejdewindem** beat to windward
~ **kursem równoległym** get on parallel course
~ **lewym halsem** have the port tack aboard
~ **na dno** go down, go to the bottom
~ **na siebie dziób w dziób** meet end on
~ **naprzód** make headway
~ ~ **z trudem** forge ahead
~ **ostro do wiatru** lie close to the wind
~ **pełnym wiatrem** sail large, sail free, run free
~ **pod prąd** stem
~ **pod żaglami** sail
~ **prawym halsem** have the starboard tack aboard
~ **siłą bezwładności** keep her way
~ **w morze** stand for the offing
~ **według kursu** lie the course
~ **wzdłuż brzegu** lie along the land, run down
~ **z wiatrem** run free, go free, run large, run before the wind
ITB = Instytut Techniki Budowlanej
ITC = Instytut Techniki Cieplnej
ITD = Instytut Technologii Drewna
ITE = Instytut Technologii Elektronowej
iteracja *f mat.* iteration
iteracyjny *a mat.* iterative
iterb *m chem.* ytterbium, Yb
itr *m chem.* yttrium, Y
ITR = Instytut Tele- i Radiotechniczny
ITS = Instytut Tworzyw Sztucznych
ITWL = Instytut Techniczny Wojsk Lotniczych
IUNG = Instytut Uprawy, Nawożenia i Gleboznawstwa
IW = Instytut Włókiennictwa
IW = Instytut Weterynarii
IWP = Instytut Wzornictwa Przemysłowego
IWS = Instytut Włókien Sztucznych
IZ = Instytut Zootechniki
izalobara *f meteo.* isallobar
izaloterma *f meteo.* isallotherm
izanomala *f meteo.* isanomal, isanomalous line
izatyna *f chem.* isatin
izba *f* room
~ **chorych** sick-room, infirmary; (*na statku*) sick bay
~ **handlowa** *ek.* chamber of commerce
~ **mieszkalna** habitable room
~ **pomiarów** gauge and standards room
~ **rozrachunkowa** *ek.* clearinghouse
Izba *f* **Wełny w Gdyni** Gdynia Wool Federation, GWF
izbica *f inż.* ice-apron, ice-breaker, starling
izentalpa *f fiz.* isenthalpe
izentionian *m chem.* isenthionate
izentropa *f fiz.* isentrope
izoaktywa *f met.* isoactivity line
izoallil *m chem.* isoallyl, propenyl
izobara *f fiz.* isobar, isobaric line; pressure contour
izobary *pl* isobaric isotopes, isobar(e)s
izobata *f* bathymetrical contour, depth curve, isobath
izobutan *m chem.* isobutane
izobuten *m chem.* isobutene, isobutylene
izochora *f term.* isochor(e)
izochroma *f* (*w elastooptyce*) isochromatic (line)
izochroniczny *a* isochronous
izochronizm *m* isochronism
izocyjanek *m chem.* isocyanide, carbylamine
izocyjanian *m chem.* isocyanate, carbonimide
izocząsteczki *fpl chem.* isomolecules
izodiafer *m nukl.* isodiaphere
izodoza *f nukl.* isodose (curve)
izodynama *f* isodynamic line
izoelektronowy *a* isoelectronic
izoelektryczny *a* isoelectric
izoenzym *m biochem.* isoenzyme, izozyne
izofona *f akust.* equal loudness contour, Fletcher-Munson contour
izoforon *m chem.* isophorone
izogona *f* isogonic (line)
izohalina *f ocean.* isohaline
izohieta *f meteo.* isohyet
izohydryczny *a* isohydric
izokauczuk *m* isorubber
izokarena *f okr.* curve of stability of form
izoklina *f geofiz., wytrz.* isoclinic line, isoclinal
izolacja *f* insulation
~ **akustyczna** sound insulation

~ **cieplna** heat insulation, lagging, cleading
~ ~ **odległościowa** thermal standoff
~ **dielektryczna** dielectric isolation
~ **elektryczna** electric insulation
~ **główna** *el.* insulation to ground
~ **kolektorowa** *elektron.* collector diffusion isolation, CDI
~ **międzyuzwojeniowa** *el.* interwinding insulation
~ **międzywarstwowa** (*w uzwojeniu*) *el.* interlayer insulation, layer-to-layer insulation
~ **międzyzwojowa** *el.* turn-to-turn insulation
~ **paroszczelna** *chłodn.* vapour barrier
~ **przeciwdrganiowa** anti-vibration insulation
~ **(przeciw)dźwiękowa** sound insulation
~ **przeciwwilgociowa** damp insulation
~ **przewodu** wire insulation
~ **rury** pipe covering
~ **sekcyjna** *kol.el.* sectioning
~ **wibracyjna** anti-vibration insulation
~ **zasypowa** *chłodn.* fill insulation
~ **złączowa** (*elementów w układzie scalonym*) *elektron.* diffused-junction isolation
~ **żyły** core insulation
izolacyjność *f* insulating power
izolacyjny *a* insulating
izolator *m* **1.** *fiz.* non-conductor **2.** *el.* insulator
~ **cięgnowy** pull insulator
~ **długopniowy** long-rod insulator
~ **goły** bare insulator
~ **jajowy** egg insulator
~ **kloszowy** petticoat insulator
~ **kołpakowy** cap and pin insulator, disk insulator
~ **liniowy** line insulator
~ **naciągowy** strain insulator
~ **obrotowy** rotating insulator
~ **kuty** armoured insulator
~ **optyczny** *elektron.* optically coupled isolator, photocoupler, transoptor, optoisolator
~ **pniowy** rod insulator
~ **przebijalny** puncturable insulator
~ **przeciwzabrudzeniowy** anti-pollution insulator
~ **przepustowy** bushing (insulator), lead-in insulator
~ ~ **kondensatorowy** condenser bushing
~ ~ **napowietrzno-wewnętrzny** outdoor-indoor bushing
~ ~ **sworzniowy** rod bushing
~ ~ **zanurzeniowy** immersed bushing
~ **schodkowy** stepped insulator
~ **stojący** stand-insulator, pin(-type) insulator
~ ~ **na trzonie hakowym** (*w kształcie litery S*) swan-neck insulator
~ **szerokokloszowy** flared-skirt insulator
~ **teletechniczny** (*do linii napowietrznych*) line insulator
~ **trakcyjny** railway-insulator
~ **wielostożkowy** multicone insulator
~ **wiszący** suspension insulator, string insulator
~ **wsporczy** stand-off insulator, post-insulator
izolaty *mpl* **białkowe** *spoż.* protein izolates
izoleucyna *f* *biochem.* isoleucine
izolować *v* **1.** insulate **2.** isolate
izolowanie *n* **akustyczne** sound-proofing
~ **cieplne** lagging, cleading
~ **fundamentów w gruncie silnie nawodnionym** *bud.* tanking
izolowany *a* insulated
izoluksa *f* *opt.* isolux, isophot
izomaślan *m* *chem.* isobutyrate
izomer *m* **1.** *chem.* isomer **2.** *nukl.* isomer
~ **lewoskrętny** laevorotatory isomer
~ **optyczny** optical isomer
~ **prawoskrętny** dextrorotatory isomer
~ **rotacyjny** rotational isomer
izomeria *f* *chem.* isomerism
~ *cis-trans* *cis-trans* isomerism, geometric isomerism
~ **dynamiczna** dynamic isomerism, tautomerism
~ **elektronowa** electromerism
~ **funkcyjna** functional group isomerism
~ **geometryczna** *cis-trans* isomerism, geometric isomerism
~ **grup funkcyjnych** *zob.* **izomeria funkcyjna**
~ **jądrowa** nuclear isomerism
~ **jonowa** ionization isomerism
~ **keto-enolowa** enol-keto isomerism
~ **koordynacyjna** co-ordination isomerism
~ **łańcuchowa** chain isomerism
~ **optyczna** optical isomerism
~ **polimeryzacyjna** polymerization isomerism
~ **położenia** position isomerism
~ **przestrzenna** space isomerism, stereoisomerism
~ **rodników** metamerism
~ **solna** salt isomerism, structural isomerism, linkage isomerism
~ **solwatacyjna** solvate isomerism
~ **strukturalna** *zob.* **izomeria solna**
~ **wiązania** *zob.* **izomeria solna**
izomery *mpl* **konformacyjne** *chem.* conformational izomers, conformers
~ **zwierciadlane** *chem.* antimers, enantiomers, optical antipodes
izomeryczny *a* *chem.* izomeric
izomeryzacja *f* *chem.* isomerization
izometria *f* *mat.* isometry
izomorficzny *a* *kryst.* isomorphous
izomorfizm *m* *kryst.* isomorphism
izonefa *f* *meteo.* isoneph
izonitryl *m* *chem.* isonitrile, carbylamine, isocyanide
izooktan *m* *chem.* isooctane
izopacha *f* (*w elastooptyce*) isopachic (*stress pattern*)
izopentan *m* *chem.* isopentane
izopleta *f* *mat.* isopleth
izoploid *m* *nukl.* isoploid
izopolikwasy *mpl* isopoly acids

izopolimorfizm *kryst.* isopolymorphism
izopren *m chem.* isoprene
izopropyl *m chem.* isopropyl
izorytma *f meteo.* isovent
izosklera *f met.* isoskler
izospin *m nukl.* isotopic spin, isobaric spin, isospin
izostata *f wytrz.* isostatic, stress trajectory
izostera *f* isostere
izosteryczny *a* isosteric
izosteryzm *m* isosterism
izotacha *f* line of equal velocity
izoterma *f* isotherm, isothermal line
izotermiczny *a* isothermal
izotiocyjanian *m chem.* isothiocyanate
izoton *m fiz.* isotone
izotoniczny *a biochem.* isotonic
izotop *m fiz.* isotope
~ **długotrwały** long-lived isotope
~ **krótkotrwały** short-lived isotope
~ **macierzysty** parent isotope
~ **najbardziej rozpowszechniony** commonest isotope
~ **naturalny** natural isotope
~ **promieniotwórczy** radioactive isotope, radioisotope, unstable isotope
~ ~ **kobaltu** radiocobalt
~ ~ **węgla** radiocarbon
~ **radioaktywny** radioactive isotope, radioisotope, unstable isotope
~ **sztuczny** man-made isotope
~ **trwały** stable isotope
izotopia *f* isotopism
izotopowy *a* isotopic
izotopy *mpl* **izobaryczne** isobaric isotopes, isobar(e)s
izotron *m nukl.* isotron
izotropia *f zob.* **izotropowość**
izotropowość *f* isotropy
izotropowy *a* isotropic
izotypia *f kryst.* isotypism
izowalerianian *m chem.* isovalerate
izowanilina *f chem.* isovanillin
izówka *f* (*maszyna introligatorska*) eyeletting machine, hole punching machine (*bookbinding*)
IŻŻ = Instytut Żywności i Żywienia

J

J = dżul *jedn.* joule
jabłczan *m chem.* malate
jabłecznik *m spoż.* cider
jabłko *n* **1.** *bot.* apple **2.** *okr.* mast truck
jabłoń *f bot.* apple tree, *Malus* Mill.
jacht *m* yacht
~ **balastowy** keel boat, keeler
~ **kilowy** *zob.* **jacht balastowy**
~ **klasy krajowej** national class boat
~ **krążowniczy** cruising yacht
~ **mieczowy** drop keel yacht
~ **regatowy** racing yacht, racer
~ **z załogą jednoosobową** single hander
jachting *m* yachting
jad *m* toxin; venom
~ **bakteryjny** bacteriotoxin
~ **kiełbasiany** botulin
~ **pszczeli** bee venom
~ **trupi** cadaveric poison
jadalnia *f* dining room; *okr.* messroom
jadalny *a* edible, eatable
jadeit *m min.* jadeite
jadonośny *a* toxophorous
jadowity *a* poisonous; toxic; venomous; virulent
jadro *n* (*tkanina sieciowa*) *ryb.* webbing, lint
jagnię *n* lamb
jagoda *f* berry
jajeczko *n zob.* **jajo**
jajeczkowanie *n fizjol.* ovulation
jajka *npl* **chłodnicze** cold-stored eggs
~ **świeże** fresh eggs; new-laid eggs
~ **w proszku** dried eggs, powdered eggs
~ **zepsute** bad eggs
jajko *n* egg
~ **wzorcowe** egg grading weight
jajnik *m anat.* ovary
jajo *n biol.* ovum (*pl* ova)
jajobójczy *a pest.* ovicidal
jajorodny *a zool.* oviparous, egg-laying
jajowaty *a* egg-shaped, ovoid, oviform
jajowód *m anat.* oviduct
jak pokazano (*na rys.*) as shown
jak wyżej (*w tekście*) as before
jakościowy *a* qualitative
jakość *f* quality; *skj* fraction effective
~ **dopuszczalna** acceptable quality level
~ **dostarczona** *skj* incoming quality

~ **graniczna po kontroli** *skj* average outgoing quality limit
~ **niska** bad quality, poor quality
~ **odbioru mowy** *tel.* quality of speech
~ **optymalna** economic quality
~ **po kontroli** *skj* average outgoing quality
~ **powierzchni** (*obrobionej*) surface texture
~ **projektowa** quality of design
~ **transmisji** *tel.* transmission performance
~ **użytkowa** functional quality
~ **widzialności** *astron.* seeing
~ **wyborowa** selected quality
~ **wykonania** (*wyrobu*) workmanship, quality of conformance
~ **wykończenia** quality of finish
~ **wymagana** required quality
~ **wzorcowa** (*wykonania*) reference grade
jałowica *f zool.* dry cow
jałowiec *m bot.* juniper, *Juniperus* L.
jałowość *f* **1.** *med.* sterility, asepsis **2.** *biol.* sterility
jałowy *a* **1.** *med.* sterile, aseptic, germ-proof **2.** *biol.* sterile, barren **3.** *masz.* idle
jałówka *f zool.* heifer
jama *f* cavity, pit; hole
~ **brzuszna** *anat.* abdominal cavity
~ **potencjału** *fiz.* potential well, potential trough
~ **skurczowa** *odl.* contraction cavity, shrinkage cavity pipe
~ ~ **międzykrystaliczna** intercrystalline shrinkage
~ **usadowa** *hutn.* shrink hole, drawhole, pipe; *szkl.* font
~ ~ **otwarta** (*we wlewku*) primary pipe
~ ~ **pierwotna** *zob.* **jama usadowa otwarta**
~ ~ **wtórna** *zob.* **jama usadowa zamknięta**
~ ~ **zamknięta** (*we wlewku*) secondary pipe
~ **ustna** *anat.* oral cavity
~ **wzorcownicza odważnika** adjusting hole of weight
janowiec *m* **barwierski** *bot.* dyer's weed, *Isatis tinctoria*
japonka *f bud.* concrete buggy, two-wheeled cart
jar *m geol.* ravine; canyon
jard *m jedn.* yard: 1 yd = 0.9144 m
jarmuż *m bot.* kale, *Brassica oleracea* var. *acephala*
jarowizacja *f roln.* vernalization, iarovization
jarozyt *m min.* jarosite
jaryzacja *f zob.* **jarowizacja**
jarząb *m bot.* rowan tree, mountain ash, *Sorbus aucuparia* L.
jarzemko *n* **wagi** shackle of the scales
jarzenie *n* glowing
~ **łuku** *el.* arcing, arc burning
jarzeniówka *f el.* glow-discharge tube, gas-discharge tube
~ **siatkowa** grid-glow tube
~ **stabilizacyjna** stabilizer tube, voltage-regulator tube, VR tube
jarzębina *f bot.* rowan tree, mountain ash, *Sorbus aucuparia* L.
jarzmo *n* **1.** *masz.* yoke, shackle; slotted lever **2.** *anat.* yoke
~ **krzyżowe (przegubu)** cross, star-piece (*of a coupling*)
~ **magnesu** keeper of a magnet
~ **masztu** *okr.* mast clamp, mast hasp, mast yoke
~ **mostowe wahaczowe** *inż.* rocker bent
~ **przekładni obiegowej** cage of a planetary gear, planetary cage
~ **stawidła** link
~ **steru** *okr.* rudder yoke
~ **szczotkowe** *el.* brush yoke
~ **szybowe drewniane** *górn.* wall plate
~ **z wycięciem** slotted link
~ **zaworu** valve yoke, valve spindle
~ **żurawika** *okr.* spectacle plate, davit spreader; davit collar
jarzyć *v* **się** glow
jarzyna *f* vegetable
jaskinia *f* cave
jaskółczy ogon *m* (*połączenie*) dovetail
jaskrawość *f opt.* luminance, brightness, brilliance
~ **subiektywna** *opt.* luminosity
~ **zaciemniająca** veiling brightness
jaskrawy *a* **1.** glaring (*light*) **2.** bright (*colour*)
jasna obwódka *f* picture frame (*casting defect*)
jasna woda *f żegl.* white water (*in shallow waters*)
jasność *f* **brzmienia** *akust.* brightness of tone
~ **gwiazdy** stellar luminosity
~ **obiektywu** *fot.* (*square of lens speed*)
~ **subiektywna** *opt.* retinal illuminance
~ **tonu** *akust.* brightness of tone
jasnozielony *a* light green
jasnożółty *a* pale yellow
jasny *a* light; bright; *farb.* weak
jaspis *m petr.* jasper
jastrych *m bud.* jointless floor
jaszcz *m* **amunicyjny** ammunition trailer
~ **artyleryjski** artillery caisson
jaszczurka *f odl.* spoon and square
jata *f wiertn.* shanty
jawor *m bot.* great maple, *Acer pseudoplatanus* L.
jaz *m hydr.* weir
~ **oddzielający** leaping weir
~ **przelewowy** overfall weir, waste weir
~ **ruchomy** movable weir
~ **stały** solid weir
~ **upustowy** diversion weir
~ **walcowy** roller gate dam
jazda *f* **1.** travelling, running, going **2.** (*ruch kamery wzdłuż sceny*) track
~ **na zakręcie** *mot.* cornering
~ **próbna** trial run, trial trip
~ **w dół** (*dźwigu*) descending (*of a lift*), going down

~ **w górę** (*dźwigu*) ascending (*of a lift*), going up
~ **w układzie ukrotnionym** *kol.* multiple unit running
~ **złączonymi pojazdami** (*cieplno-elektrycznymi*) *kol.* paired running
jąderko *n biol.* nucleolus, plasmosome
jądra *npl* **zwierciadlane** *fiz.* mirror nuclei
jądro *n* **1.** *fiz.* nucleus (*pl* nuclei) **2.** *biol.* nucleus **3.** *anat.* testis (*pl* testes)
~ **atomowe** atomic nucleus
~ **bez elektronów** bare nucleus
~ **bombardowane** target nucleus
~ **całkowe** *mat.* kernel
~ **ciężkie** heavy nucleus
~ **deuteru** deuteron, deuton
~ **komórkowe** *biol.* nucleus
~ **końcowe** final nucleus
~ **lekkie** light nucleus
~ **łuku spawalniczego** welding arc column
~ **macierzyste** original nucleus, parent nucleus
~ **magiczne** magic-number nucleus
~ **nagie** bare nucleus
~ **nieparzysto-nieparzyste** odd-odd nucleus
~ **nieparzysto-parzyste** odd-even nucleus
~ **nieruchome** stationary nucleus
~ **nietrwałe** unstable nucleus
~ **o liczbie magicznej** magic-number nucleus
~ **ogołocone** bare nucleus
~ **osłonięte** shielded nucleus
~ **parzysto-nieparzyste** even-odd nucleus
~ **parzysto-parzyste** even-even nucleus
~ **płomienia (gazowego)** *spaw.* inner cone of welding flame
~ **pochodne** daughter nucleus
~ **podwójnie magiczne** doubly magic nucleus, proton-and-neutron magic nucleus
~ **pośrednie** intermediate nucleus, compound nucleus
~ **promieniotwórcze** radioactive nucleus
~ **przekroju** *wytrz.* core of a cross section
~ **rozszczepialne** fissionable nucleus
~ **systemu** *inf.* nucleus
~ **-tarcza** target nucleus
~ **trwałe** stable nucleus
~ **trytu** *nukl.* triton
~ **w spoczynku** stationary nucleus
~ **wirowe** *hydr.* vortex core, whirl core
~ **wychwytu** capturing nucleus
~ **wyjściowe** original nucleus, parent nucleus
~ **zgrzeiny** *spaw.* weld nugget
~ **Ziemi** centrosphere, barysphere
~ **złożone** compound nucleus, intermediate nucleus
~ **zorientowane** aligned nucleus
jądrowo czysty *fiz.* nuclear pure
jądrowy *a fiz.* nuclear
jądrowy czynnik *m* **kształtu** *fiz.* nuclear form factor
jądrowy przekrój *m* **czynny** *fiz.* nuclear cross-section
jądrowy rezonans *m* **paramagnetyczny** *fiz.* nuclear spin resonance, nuclear magnetic resonance, NMR
jechać *v* **rowerem** ride a bicycle
~ **samochodem** go by car; drive a car
~ **tyłem** *mot.* reverse
~ **w dół** go down
~ **w górę** go up
jednakobiegunowy *a* homopolar
jednakowo odległy equidistant
jednakowo prawdpodobny equiprobable
jednoamid *m chem.* monoamide
jednoatomowy *a* monoatomic
jednobarwny *a* monochromatic
jednobiegunowy *a* unipolar
jednochlorek *m chem.* monochloride
jednocukry *mpl chem.* monosaccharides, simple sugars
jednocząsteczkowy *a chem.* monomolecular, unimolecular
jednoczesność *f* simultaneity; synchronism
jednoczesny *a* simultaneous; synchronous
jednodziesięciomolarny *a chem.* decimolar
jednodziesięcionormalny *a chem.* decinormal
jednofazowy *a* single-phase, monophase
jednoglicieryd *m chem.* monoglyceride
jednojajowy *a biol.* uniovular
jednokanałowy *a tel.* single-channel
jednokierunkowo zorientowany (*polimer*) *chem.* uniaxially oriented
jednokierunkowy *a* unidirectional
jednokładność *f mat.* homothety, similitude
jednokomórkowy *a biol.* unicellular
jednokwasowy *a chem.* mon(o)acid
jednolitość *f* uniformity
jednolity *a* uniform
jednolity system *m* **komputerów** *inf.* unified computer system
jednometaliczny *a chem.* monometallic
jednomian *a mat.* monomial
jednonormalny *a chem.* normal
jednoobwodowy *a el.* one-way
jednooctan *m* **gliceryny** *chem.* glycerol monoacetate, monoacetin
jednoogniskowy *a opt.* unifocal
jednoosiowy *a kryst.* uniaxial
jednopłat *m lotn.* monoplane
~ **wolnonośny** cantilever monoplane
jednopokładowiec *m* single-deck vessel
jednopolówka *f roln.* one-crop system
jednopostaciowy *a* homomorphic
jednorazowego użytku expendable
jednorazowy *a* single
jednoroczny *a bot.* annual
jednorodność *f* homogeneity
~ **wymiarów** *metrol.* dimensional homogeneity
jednorodny *a* homogeneous
jednosiarczek *m chem.* monosulfide
jednosilan *m chem.* monosilane, silicon hydride
jednoskładnikowy *a* unary
jednoskośny *a kryst.* monoclinic
jednostka *f* unit
~ **(aktywności) enzymu** *biochem.* enzyme unit

~ **arytmetyczno-logiczna** *inf.* arithmetic logic unit, ALU
~ **astronomiczna długości** astronomical unit, AU
~ **atomowa** atomic unit
~ **bezwzględna** absolute unit
~ **biologiczna** biological unit
~ **centralna** (*komputera*) central processing unit (*of a digital computer*), CPU
~ **elektromagnetyczna** electromagnetic unit
~ **elektrostatyczna** electrostatic unit
~ **fizyczna** physical unit
~ **frachtowa** (*ładunku*) *żegl.* freight unit
~ **frezarska** *obr.skraw.* milling unit
~ **głośności (subiektywnej) hałasu** perceived noise decibel
~ **główna** *metrol.* principal unit
~ **gospodarcza** economic unit
~ **gwinciarska** *obr.skraw.* tapping unit
~ **hydrograficzna** *okr.* hydrographic ship, surveying vessel
~ **ilości ciepła** heat unit
~ ~ **informacji** information unit
~ **konstrukcyjna** *masz.* building-block unit
~ **konstytucyjna** (*polimeru lub oligomeru*) *chem.* constitutional unit, mer
~ ~ **powtarzalna** constitutional repeating base unit
~ **litologiczna** (*np. grupa, formacja, piętro*) *geol.* lithologic unit, rock unit
~ **ładunkowa** unit load, unitized load
~ **masy** mass unit
~ ~ **atomowej** atomic mass unit, atomic weight unit, amu
~ **metryczna** metric unit
~ **miary** unit of measure
~ **międzynarodowa** international unit
~ **momentu magnetycznego** *nukl.* Bohr magneton
~ **monetarna** monetary unit
~ **monomeryczna** *chem.* monomeric unit
~ **obliczeniowa** *ek.* unit of account
~ **obróbkowa** *obr.skraw.* unit head
~ **ognia** *wojsk.* unit of fire, ammunition establishment
~ **pamięci** *inf.* storage unit, memory unit
~ ~ **taśmowej** tape station, tape unit
~ **pływająca** vessel; (water) craft
~ **pochodna** *metrol.* derived unit
~ **pociągowa** *kol.* motive power unit, train unit, articulated train
~ **podstawowa** *metrol.* fundamental unit
~ ~ **konfiguracyjna** *chem.* configurational base unit
~ **pojemności kontenerowca** (*odpowiada zdolności przewozowej jednego kontenera 20-stopowego*) *okr.* twenty-feet equivalent unit
~ **pokarmowa** *zoot.* feed unit
~ **pomocnicza** *okr.* auxiliary vessel
~ **potencjału grawitacyjnego Ziemi** *geofiz.* geopotential unit
~ **powtarzalna przestrzennie** *chem.* stereorepeating unit, stereobase unit
~ **pracy rozdzielczej** *nukl.* separative work unit
~ **procesorowa** *inf.* processor unit
~ **produkcji** production unit
~ **przeliczeniowa dla zwierząt** (*pokarmowa*) *zoot.* animal unit
~ **przesłuchu** *tel.* crosstalk unit
~ **przestrzenna magazynowania** storage unit
~ **przestrzennie podstawowa** *chem.* stereorepeating unit, stereobase unit
~ **przetwarzania potokowego** *inf.* pipeline processing unit
~ **ruchu telefonicznego** *telef.* traffic unit
~ **skrobiowa** (*pokarmowa*) *zoot.* starch unit
~ **statystyczna** statistical unit
~ **sterująca** *aut.* control unit
~ ~ **jedno urządzenie** nonshared control unit, unipath
~ ~ **wspólna** shared control unit
~ **stratygraficzna** *geol.* stratigraphic unit
~ **taśmy magnetycznej** *inf.* tape unit
~ **tokarska** *obr.skraw.* turning unit
~ **tolerancji** *metrol.* tolerance unit
~ **trafiku** *zob.* **jednostka ruchu telefonicznego**
~ **urojona** *mat.* imaginary unit, complex unit
~ **wejścia/wyjścia** *inf.* input/output unit
~ **wiertarska** *obr.skraw.* drilling unit
~ **wolumenu akustycznego** *tel.* volume unit
~ **wtórna** *metrol.* secondary unit
~ **wyrobu** *skj* unit of product
~ **X** X-unit, siegbahn: 1 XU = 10^{-13} m
~ **zmotoryzowana** *wojsk.* motorized unit
jednostkowy *a* unitary; elementary
jednostopniowy *a* single-stage
jednostronnie gładki *papiern.* one side glazed
jednostronny *a* unilateral
jednoszynowy *a* single-rail
jednościan *m kryst.* pedion
jedność *f mat.* unit, unity
jednośladowy *a* (*pojazd*) one-track (*vehicle*)
jednośrubowiec *m okr.* single screw vessel
jednotlenek *m chem.* monoxide
jednowartościowy *a* **1.** *mat.* single-valued **2.** *chem.* monovalent, univalent
jednowodoroglutaminian *m* **sodowy** *chem.* sodium glutamate
jednowodorotlenowy *a chem.* monohydric
jednowodzian *m chem.* monohydrate
jednowrotnik *m tel.* one-port
jednozasadowy *a chem.* monobasic
jednozmienny *a* univariant
jednozwojowy *a tel.* single-turn
jednożyłowy *a tel.* single-core
jedwab *m* (*naturalny*) silk
~ **błyszczący** bright rayon, lustrous rayon
~ **chałupniczy** native silk
~ **Chardonneta** *zob.* **jedwab kolodionowy**
~ **kolodionowy** *włók. chem.* collodion silk, nitrocellulose rayon
~ **matowy** *włók.chem.* dull rayon
~ **miedziowy** *włók.chem.* cuprammonium rayon; *US* Bemberg

~ **nieodklejony** écru silk
~ **obciążony** weighted silk
~ **octanowy** *włók.chem.* acetate rayon
~ **obgotowany** boiled-off silk, degummed silk
~ **odklejony** *zob.* **jedwab obgotowany**
~ **półmatowy** *włók.chem.* semi-dull rayon
~ **półobgotowany** souple silk
~ **suplowany** *zob.* **jedwab półobgotowany**
~ **surowy** raw silk, grege silk
~ **szpulowy** *włók.chem.* spool rayon
~ **sztuczny** artificial silk, rayon
~ **wiskozowy** viscose rayon
~ **wykończony** *włók.chem.* finished rayon
jedwabisty *a* silky
jedwabnictwo *n* sericulture
jedwabnik *m zool.* silk-worm
jedzenie *n* food, victuals
jeleń *m zool.* red deer, *Cervus elaphus*
jelito *n anat.* intestine, bowel, gut
~ **cienkie** small intestine
~ **grube** large intestine
jelutong *m* (*niskogatunkowy kauczuk naturalny*) *gum.* jelutong
jełczeć *v* become rancid
jemioła *f* **pospolita** *bot.* mistletoe, *Viscum album*
jersey *włók.* jersey
jesień *f astr.* autumn; *US* fall
jesion *m bot.* ash, *Fraxinus* L.
~ **amerykański** white ash, *Fraxinus americana*
~ **czarny** brown ash, black ash, *Fraxinus nigra*
~ **oregoński** Oregon ash, *Fraxinus oregona*
~ **pensylwański** red ash, *Fraxinus pensylvanica*
jesiotr *m zool.* sturgeon, *Acipenser*
jezdnia *f* roadway
~ **mostowa** bridge deck, bridge floor
jeziorko *n* **burzliwe** *spaw.* agitated molten pool, boiling molten pool
~ **ciekłego metalu** *zob.* **jeziorko spawalnicze**
~ **gęstopłynne** *spaw.* viscous molten pool
~ **rzadkopłynne** *spraw.* fluid molten pool
~ **spawalnicze** welding puddle, molten pool, weld pool
jeziorny *a geol.* lacustrine
jezioro *n* lake
~ **słone** salt lake
~ **sztuczne** man-made lake
~ **utworzone w starorzeczu** oxbow lake, mortlake
jeździć *v* **po szynach** travel on rails, run on rails, move on rails
jeżeli chodzi o ... as far as ... is (are) concerned
jeżowiec *m zool.* sea urchin
jeżyna *f bot.* blackberry, *Rubus fruticosus* L.
jęczmień *m bot.* barley, *Hordeum vulgare* L.
~ **browarniany** brewer's barley, malting barley
jętka *f bud.* collar beam, collar tie, span piece

języczek *m* **komutatora** *el.* commutator riser
język *m* **1.** *anat.* tongue **2.** language
~ **adresów symbolicznych** *inf.* assembly language, symbolic language
~ **algorytmiczny** *inf.* algorithmic language
~ **autokodowy** *inf.* autocode
~ **automatycznego programowania** *zob.* **język autokodowy**
~ **bezpośredniego dostępu** interactive language, conversational language
~ **dyfuzora spiralnego** (*sprężarki*) cut-off of a volute diffuser
~ **ekonomiczny** *inf.* business-oriented language
~ **filaru** *inż.* buttress tongue
~ **formalny** *inf.* formal language
~ **indeksowania** *zob.* **język informacyjno-wyszukiwawczy**
~ **informacyjno-wyszukiwawczy** indexing language, retrieval command language RECOL
~ **komputera** computer language, machine language
~ **konwersacyjny** *inf.* interactive language, conversational language
~ **manipulowania danymi** *inf.* data manipulation language, DML
~ **modelowania** *inf.* simulation language
~ **na który się tłumaczy** target language, TL
~ **naturalny** natural language
~ **niezależny od komputera** computer independent language
~ **odpowiedników** (*w słowniku*) target language
~ **ojczysty** mother tongue
~ **problemowy** *inf.* problem-oriented language
~ **proceduralny** *inf.* procedure-oriented language
~ **programowania** *inf.* program language
~ ~ **Basic** beginner's all-purpose symbolic instruction code, BASIC
~ ~ **obrabiarek sterowanych numerycznie** *aut.* automatic programming tool, APT, programming language for numerically controlled machine tools, PROLAMAT
~ **specjalistyczny** language for special purposes, LSP
~ **spustowy** trigger
~ **sterowania pracami** *inf.* job-control language
~ **symboliczny** *inf.* assembly language, symbolic language
~ **symulacyjny** *inf.* simulation language
~ **tablicowy** *inf.* tabular language
~ **techniczny** *zob.* **język specjalistyczny**
~ **tekstu tłumaczonego** source language
~ **ukierunkowany maszynowo** computer oriented language
~ **wejściowy** *inf.* input language
~ **wewnętrzny** *inf.* computer language, machine language
~ **wyjściowy** *inf.* source language, SL

~ **wynikowy** *inf.* object language, target language
~ **wysokiego poziomu** *inf.* high-level language
~ **z którego się tłumaczy** source language
~ **zewnętrzny** *inf.* input language
~ **źródłowy** *inf.* source language, SL
języki *mpl* **wybijające płomienia** *szkl.* sting-out
językoznawstwo *n* linguistics
jod *m chem.* iodine, J
jodan *m chem.* iodate
jodanometria *f chem.* titration with iodate
jodargiryt *m min.* iodargyrite, iodyrite
jodawy *a chem.* iodous
jodek *m chem.* iodide
~ **etylu** ethyl iodide, iodoethane
~ **kadmowy** cadmium iodide
~ **metylu** methyl iodide, iodomethane
~ **potasowy** potassium iodide
~ **rtęciowy** mercuric iodide
~ **sodowy** sodium iodide
~ **srebra** silver iodide
jodełkowaty *a kryst.* arborescent, dendritic
jodła *f bot.* fir, *Abies* Mill
~ **balsamiczna** balsam fir, *Abies balsamea*
~ **biała** silver fir, *Abies alba*
~ **jednobarwna** California white fir, Colorado fir, *Abies concolor*
~ **kalifornijska** *zob.* **jodła jednobarwna**
~ **olbrzymia** grand fir, lowland white fir, *Abies grandis*
~ **pospolita** silver fir, *Abies alba*
~ **szlachetna** noble fir, *Abies procera*
jodoetan *m chem.* ethyl iodide, iodoethane
jodoform *m chem.* iodoform, triiodomethane
jodoksybenzen *m chem.* iodoxybenzene
jodometan *m chem.* iodomethane, methyl iodide
jodometria *f chem.* iodometry
jodowanie *n chem.* iodination
jodowodór *m chem.* hydrogen iodide
jodowy *a chem.* iodic
jodyna *f chem.* iodine tincture
jodynina *f biochem.* iodinin (*antibiotic*)
jodyryt *m min.* iodyrite, iodargyrite
jogurt *m spoż.* yoghurt
johannit *m min.* johannite
johimbina *f chem.* yohimbine, corynine
jol *m* (*typ żaglowca*) yawl
jola *f okr.* **1.** knockabout **2.** girtline
jolka *f okr.* jolly boat
jon *m chem.* **1.** ion **2.** ionium, Io
~ **amfoteryczny** *zob.* **jon dwubiegunowy**
~ **chlorkowy** chlorion, chloride ion
~ **dodatni** positive ion, cation
~ **dwubiegunowy** dual ion, amphion, ampholyte ion
~ **fenoniowy** phenonium ion
~ **fosfoniowy** phosphonium
~ **hydroksylowy** hydroxyl ion, OH−
~ **hydronowy** hydronium ion, hydrated hydrogen ion, oxonium ion
~ **karbeniowy** carbanion
~ **karboniowy** carbonium ion, carbo-cation
~ **kompleksowy** complex ion
~ **liatowy** lyate ion
~ **lionowy** lyonium ion
~ **macierzysty** parent ion
~ **nitroniowy** nitronium ion
~ **o znaku przeciwnym** counter-ion, gegenion
~ **obojnaczy** *zob.* **jon dwubiegunowy**
~ **oksoniowy** hydronium ion, hydrated hydrogen ion, oxonium ion
~ **pobudzony** excited ion
~ **rodnikowy** ion radical, radical ion
~ **sodowy** sodion
~ **ujemny** negative ion, anion
~ **uwodniony** aquo-ion
~ **wodoropodobny** hydrogen-like ion
~ **wodorotlen(k)owy** hydroxyl ion, OH−
~ **wodorowy** hydrogen ion, H^+
~ **zaadsorbowany** adsorbed ion, ad-ion
jonika *f* ionics
jonit *m* ion exchanger, ionite
~ **chelatujący** *zob.* **jonit selektywny**
~ **organiczny** ion-exchange resin
~ **selektywny** specific ion exchanger
~ **specyficzny** *zob.* **jonit selektywny**
jonitowanie *n* (*wody*) ion exchange
jonizacja *f* ionization
~ **całkowita** total ionization
~ **dysocjacyjna** dissociative ionization
~ **fotoelektryczna** photoionization
~ **gazu** gaseous ionization
~ **kolizyjna** collision ionization, impact ionization
~ **lawinowa** cumulative ionization
~ **pierwotna** primary ionization
~ **termiczna** thermoionization
~ **wielokrotna** multiple ionization
~ **własna** auto-ionization
~ **właściwa** specific ionization
~ **zderzeniowa** collision ionization, impact ionization
jonizator *m* **1.** ionizer (*apparatus*) **2.** ionizing agent
jonizować *v* ionize
jonofon *m rad.* ionophone, ionic loudspeaker
jonoforeza *f chem.* ionophoresis
jonogen *m chem.* ionogen
jonogram *m rad.* ionogram
jonomer *m chem.* ionomer
jonon *m chem.* **1.** ionium, Io **2.** ionone
jonorodnik *m chem.* ion radical, radical ion
jonosfera *f* ionosphere
jonosonda *f rad.* ionosonde, ionospheric sounder
jonoterapia *f med.* ionotherapy
jonotwórczy *a* ionogenic
jonowy *a* ionic
jontoforeza *f med.* iontophoresis
jordanit *m min.* jordanite
Jowisz *m astr.* Jupiter
JRP = **jądrowy rezonans paramagnetyczny** *fiz.* nuclear spin resonance, nuclear magnetic resonance, NMR

jubiler *m* jeweller
jucht *m* Russian leather
judasz *m* (*w drzwiach*) *bud.* eyehole, judas
jufers *m okr.* dead-eye
jukka *f bot.* yucca, *Yucca* spp
jumper *m ryb.* gilson, jilson
jumpsaling *m okr.* jumper stay spreader
jumpsztag *m okr.* jumper stay; jackstay
jura *f geol.* **1.** (*formacja*) Jurassic system **2.** (*okres*) Jurassic period
justowanie *n* **1.** *poligr.* justification **2.** *opt.* aligning, alignment
justunek *m poligr.* spacing material, blank material
juta *f włók.* jute
juzing *m żegl.* houseline

K

K = kelwin *jedn.* kelvin
k = kilo- kilo-
k = stała Boltzmanna *fiz.* Boltzmann constant
kabaczek *m bot.* vegetable marrow, cucurbit, *Cucurbita pepo*
kabanos *m spoż.* (*thin dry smoked pork sausage*)
kabel *m* **1.** *el.* cable **2.** *jedn.* cable-length (185.2 m) **3.** *włók.chem.* tow
~ **aluminiowy o rdzeniu stalowym** aluminium cable steel-reinforced, ACSR
~ **awaryjny** emergency cable, interruption cable
~ **bezstratny** non-dissipative cable
~ **ciśnieniowy** pressure cable
~ **czwórkowy** quadded cable
~ **dalekosiężny** *telef.* long distance cable
~ ~ **płaski** flat twin cable
~ **dwużyłowy** two-core cable, twin cable
~ **ekranowany** screened cable
~ **elektroenergetyczny** power cable
~ **giętki taśmowy** flat flexible cable
~ **głębinowy** deep sea cable
~ **instalacyjny** *telef.* subscriber's cable
~ **jednożyłowy** single-core cable, single cable
~ **koncentryczny** coaxial cable, concentric cable, coax
~ **krarupizowany** continuously loaded cable, Krarup loaded cable
~ **mieszany** composite cable
~ **międzymiastowy** *telef.* long distance cable
~ **morski** submarine cable
~ **nadziemny** overground cable, aerial cable
~ **niskonapięciowy** low-tension cable
~ **n-parowy** n-pair cable
~ **obciążony indukcyjnie** loaded cable
~ **obołowiony** lead covered cable, lead sheated cable
~ **okręgowy** *telef.* trunk zone cable, district cable
~ **olejowy** oil-filled cable
~ **opancerzony** armoured cable
~ **ósemkowy** quadded pair cable
~ **parowy** twin cable, paired cable
~ **płaski giętki** flat flexible cable

~ **pod napięciem** live cable
~ **podziemny** underground cable, buried cable
~ **pupinizowany** pupinized cable
~ **rzeczny** river cable
~ **spawalniczy** welding cable
~ **światłowodowy** light cable
~ **telefoniczny** telephone cable
~ ~ **transatlantycki** transatlantic telephone cable, TAT
~ **telekomunikacyjny** telecommunication cable
~ **trójżyłowy** three-core cable, three-conductor cable
~ **w izolacji gumowej** rubber-coated cable
~ **wielożyłowy** multicore cable, polycore cable, multi-conductor cable
~ ~ **płaski składany zygzakowato** accordion cable
~ **wleczny** trailing cable
~ **współosiowy** coaxial cable, concentric cable, coax
~ **wysokonapięciowy** high-tension cable
~ **z izolacją bawełniano-jedwabną** cotton-silk cable
~ ~ ~ **papierowo-powietrzną** dry-core cable
~ ~ ~ **pod ciśnieniem** compression cable
~ ~ ~ **powietrzną** air-spaced cable
~ ~ ~ **rdzeniową** belted cable
~ **z żyłami w oddzielnych powłokach ołowianych** separately leaded cable, SL cable
~ **zakończeniowy** terminating cable
~ **zasiłowy** feeder cable
~ **ziemny** buried cable
~ **złączowy** *kol.* jumper cable
kabestan *m okr.* capstan
~ **cumowniczy** warping capstan
~ **kotwiczny** anchor capstan
kabina *f* cabin; cab
~ **ciśnieniowa** *lotn.* pressure cabin
~ **dźwiękoszczelna** (*ochrona przed hałasem*) acoustic refuge
~ **dźwigu** lift car
~ **kierowcy** (*samochodu*) driver's cab
~ **kontrolna** *rad.* studio control cubicle
~ **nawigacyjna** *okr.* chart room
~ **oddzielana** *lotn.* ejection capsule
~ **operatora** (*np. dźwigu*) driver's cage
~ **odrzucana** *zob.* **kabina oddzielana**
~ **pasażerska** *lotn.* passenger cabin
~ **pilota** *lotn.* cockpit
~ **projekcyjna** *kin.* projection booth
~ **spawalnicza** welding booth
~ **statku kosmicznego** space capsule
~ **telefoniczna** telephone booth, telephone box
~ **wentylowana** *lotn.* ventilated cabin
~ **wyciągu pionowego** lift car
~ **wysokościowa** *lotn.* pressure cabin
kablobeton *m* post-tensioned prestressed concrete
kablowiec *m* cable ship, cable layer
kabłąk *m* bow; bail
~ **mikrometru** micrometer frame
~ **spustowy** *uzbr.* trigger guard
kabotaż *m żegl.* coasting (trade)
~ **wielki** intercoastal trade
kabotażowiec *m* coasting vessel, coaster
kabriolet *m mot.* drophead coupe, convertible
kaczan *m bot.* **1.** cabbage strump **2.** corn cob
kaczę *n zool.* duckling
kączka *f* **1.** *zool.* duck, *Anas domestica* **2.** *lotn.* canard (aeroplane), tail-first aeroplane
kaczor *m zool.* drake
kaczy dziób *m* (*ładowarka*) *górn.* duck-bill (loader)
kadaster *m* cadastral survey
kadaweryna *f chem.* cadaverine, pentamethylenediamine
kadencja *f* term of office
kadka *f papiern.* top chest, stuff box
kadłub *m* **1.** *masz.* body, frame **2.** *okr.* hull (*of a ship*) **3.** *lotn.* fuselage (*of an aircraft*)
~ **belkowy** *lotn.* tail boom
~ **łodzi latającej** hull of a flying boat
~ **martwy** *okr.* deadworks
~ **maszyny** machine frame
~ **naciskotrwały** (*okrętu podwodnego*) pressure hull (*of a submarine*)
~ **nadwozia** *mot.* body shell
~ **ostrodenny** *okr.* sharp-bottomed hull
~ **pocisku rakietowego** airframe (*of a rocket missile*)
~ **pompy** pump casing
~ **prasy** *obr.plast.* column of a press
~ **samolotu** *lotn.* fuselage of an aeroplane
~ **silnika** (*samochodowego*) engine block
~ **statku** hull of a ship
~ **sztywny** (*okrętu podwodnego*) pressure hull (*of a submarine*)
~ **świecy zapłonowej** spark plug shell
~ **turbiny** (*parowej*) turbine cylinder
~ **z redanem** *okr.* stepped hull
~ **zewnętrzny** (*okrętu podwodnego*) outer hull (*of a submarine*)
~ **żywy** *okr.* quickwork
kadłubopłat *m lotn.* lifting-body
kadm *m chem.* cadmium, Cd
kadmowanie *n* cadmium plating
kadr *m kin.* frame
~ **główny** *inf.* master record
kadrowanie *n kin.* framing
kadry *fpl* staff, personnel
~ **naukowe** scientific workers
kadziowanie *n włók.* vatting
kadziowy *m* ladleman
kadziówka *f hutn., odl.* ladle lining brick
kadź *f* **1.** *odl., hutn.* ladle **2.** *chem.* vat; tub; back
~ **barwnika** dye vat
~ **bielarska** *włók.* bleaching vat
~ **cyrkulacyjna** *papiern.* cycling chest
~ **cytrokowa** *skór.* paddle vat
~ **czajnikowa** *odl.* tea-pot ladle
~ **do ługowania** leaching tank, leach
~ **do moczenia** steeping vat
~ **do odlewania stali** steel ladle

~ **do wytrawiania** *met.* pickling vat
~ **do wzbogacania mułu rudnego** *wzbog.* keeve, kieve
~ **dolnospustowa** *odl.* bottom pour(ing) ladle, bottom stoppered ladle, bottom--tap ladle, stopper ladle
~ **dziobowa** *odl.* lip-pour ladle, tilting ladle
~ **farbiarska** dyeing vat, quetch
~ **fermentacyjna** fermenter, fermenting vat, fermentation tank
~ **filtracyjna** filter tank
~ **hartownicza** *obr.ciepl.* quenching tank, cooling tank
~ **indygowa** *włók.* indigo vat
~ **macierzysta** *włók.* stock vat
~ **masowa** *papiern.* stuff chest
~ **maszynowa** *papiern.* machine chest
~ **mateczna** *ferm.* seed-yeast tank
~ **mieszadłowa** *papiern.* mixing box, strirring chest, agitating chest
~ **mieszalnikowa** *hutn.* mixing ladle, mixer-type car, torpedo ladle, Pugh--type ladle, hot-metal transfer ladle, submarine ladle
~ **niedogrzana** *hutn.* underfired ladle
~ **octownicza** vinegar generator
~ **odlewnicza** *odl.* casting ladle, pouring ladle; *hutn.* teeming ladle, tapping ladle
~ **osadowa** settling vat
~ **podwieszona** *odl.* monorail ladle
~ **pośrednia** *hutn.* tundish, trolley ladle, intermediate ladle, pony ladle
~ ~ **z dwoma wylewami** two-way tundish
~ ~ **zatyczkowa** stoppered tundish
~ **potrząsana** *hutn.* shaking ladle
~ **pralnicza** *włók.* wash-bowl; scouring bowl
~ **przechylna** *odl.* tilting ladle, lip-pour ladle
~ **przelewowa** *papiern.* overflow chest
~ **przewoźna** *hutn.* transfer ladle
~ **ręczna** *odl.* hand ladle, shank ladle, two-man ladle
~ **rozdzielcza** *papiern.* top chest
~ **sedymentacyjna** *chem.* settling vat
~ **surówkowa** *hutn.* pig ladle, iron ladle, hot metal ladle, blast-furnace ladle
~ ~ **wagonowa** *hutn.* ladle car, transfer ladle, jumbo
~ **suwnicowa** *odl.* crane ladle, bull ladle
~ **syfonowa** tea-pot ladle, siphon ladle
~ **ślepa** *farb.* blank vat
~ **wypukłodenna** *hutn.* dished bottom ladle
~ **z kołowrotem** *włók.* winch dyeing machine
~ **z mieszadłem śmigłowym** *papiern.* propeller vat
~ **z mieszadłem wahadłowym** *papiern.* oscillating vat
~ **zacierna** *ferm.* mash tub, mash tun
~ **zagęszczająca** *papiern.* thickening chest
~ **zasobnikowa** *papiern.* dump chest
~ **zatyczkowa** *odl., hutn.* bottom pour(ing) ladle, bottom stoppered ladle, bottom--tap ladle, stopper ladle
~ **zbiorcza** *papiern.* storage tank, storage vat
~ **zlewna** *ferm.* starting tub
~ **żużlowa** *hutn.* slag ladle, cinder pot, slag pot
kaem = **karabin maszynowy** *m wojsk.* machine-gun
kafar *m inż.* pile-driver; *hutn.* drop work
~ **do rozbijania złomu** scrap metal breaker, skull cracker
kafel *m* tile
kaganiec *m zoot.* muzzle
kainit *m min.* kainite
kajak *m* canoe
kajdany *pl* = **docinak łańcuchowy** *wiertn.* briddle chains
kajper *m* (*oddział*) *geol.* Keuper series
kajuta *f okr.* cabin
kajzer *m jedn.* kayser: $1K = 1\ cm^{-1}$
kakao *n spoż.* cacao
kakaowiec *m bot.* cocoa (tree), *Theobroma cacao*
kakodyl *m chem.* cacodyl, tetramethyl
kaktus *m bot.* cactus
kalafior *m bot.* cauliflower, *Brassica oleracea* var. *botrytis*
kalafonia *f* rosin, calophony
~ **destylacyjna** gum rosin
~ **ekstrakcyjna** wood rosin
~ **hartowana** *zob.* **kalafonia utwardzana**
~ **sulfonowana** sulfonated rosin
~ **utwardzana** hardened rosin
kalait *m min.* calaite, turquoise
kalamin *m min.* (electric) calamine, hermimorphite
kalander *m papiern., tw.szt., gum.* calender; *włók.* mangle
~ **czterowalcowy** *gum.* four-roll calender
~ **deseniowy** embossing calender
~ **do mieszanek ragowych** *gum.* rags calender
~ **do wytłaczania** embossing calender
~ **frykcyjny** *gum.* friction calender
~ **płytujący** *tw.szt.* sheeting calender
~ **profilowy** *tw.szt., gum.* profile calender
~ **satynujący** *papiern.* plate calender
~ **trójwalcowy** *gum.* three-roll calender
~ **wyciągający arkusze** *tw.szt.* sheeting calender
kalandrowanie *n* calendering
kalarepa *f bot.* kohlrabi, cabbage turnip, *Brassica oleracea* var. *gongylodes* L.
kalaweryt *m min.* calaverite
kalcyferol *m biochem.* calciferol, vitamin D_2
kalcynator *m* calciner, calcining furnace
kalcynowanie *n* calcination; roasting
kalcyt *m min.* calcite, calcspar, calcsparite, sparite, sparry calcite
~ **włóknisty** satin spar
kaldera *f geol.* caldera
kalenica *f bud.* roof ridge
kaliaparat *m chem.* potash bulb
kaliber *m* calibre; bore

~ **ciągadła** *obr.plast.* die bearing, parallel of a die
kalibrator *m metrol.* calibrator
~ **kwarcowy** quartz frequency standard
kalibrowanie *n* **1.** *metrol.* calibration **2.** *obr.plast.* ironing, sizing
~ **walców** (*walcarki*) roll pass design
kalibrownik *m* (*walców*) *obr.plast.* roll designer
kaliforn *m chem.* californium, Cf
kalifornijski wskaźnik *m* **nośności** (*gruntu*) *inż.* California bearing ratio
kaliko *n* **1.** *włók.* calico **2.** *papiern.* calico paper, chintz
kalimagnezja *f* (*nawóz sztuczny*) sulfate of potash magnesia
kalinit *m min.* kalinite
kalka *f* **karbonowa** carbon paper
~ **kreślarska (papierowa)** tracing paper
~ ~ **nieprzetłuszczona** natural tracing paper
~ ~ **płócienna** tracing cloth
~ ~ **przetłuszczona** prepared tracing paper, oil tracing paper
~ **maszynowa** typing carbon paper
kalkomania *f* transfer (printing), decalcomania, decal
kalkowanie *n* calking
kalkulacja *f* calculation
~ **kosztów** cost accounting, costing
~ **orientacyjna** rough calculation
kalkulator *m* calculator, calculating machine
~ **elektroniczny kieszonkowy** electronic pocket-size calculator
kalkulograf *m telef.* calculograph
kalomel *m min.* calomel, mercurous chloride, mercurial horn ore, calomelite, horn quicksilver
kalorescencja *f fiz.* calorescence
kaloria *f jedn.* calorie, cal
~ **duża** kilocalorie, large calorie
~ **mała** *zob.* **kaloria piętnastostopniowa**
~ **międzynarodowa** International Table calorie, IT calorie: 1 $cal_{IT} = 0.41868 \cdot 10J$
~ **piętnastostopniowa** fifteen-degrees calorie, gram-calorie, small calorie: 1 $cal_{15} = 0.41855 \cdot 10J$
~ **średnia** mean calorie (1/100 *of the heat needed to raise* 1 *gram of water from* 0 *to* 100°C)
~ **termochemiczna** thermochemical calorie (= $0.4184 \cdot 10J$)
kaloryczność *f* calorific value
kaloryczny *a* calorific
kaloryfer *m* radiator (*central heating*)
kalorymetr *m* calorimeter
~ **lodowy** (*Bunsena*) ice calorimeter
~ **przepływowy** flow calorimeter
~ **różnicowy** differential calorimeter
kalorymetria *f* calorimetry
kalorymetryczny *a* calorimetric
kaloryzator *m cukr.* calorizator, calorizer
kaloryzowanie *n obr.ciepl.* aluminizing, calorizing
kalota *f* **1.** *bud.* calotte **2.** *szkl.* roughing tool
~ **tunelu** crownsection of tunnel
kalutron *m* (*separator izotopów*) *nukl.* calutron
kał *m fizjol.* f(a)eces
~ **ropny** *paliw.* bottom settlings
kałamarz *m* **1.** ink-pot **2.** *poligr.* ductor; ink carrier
kambium *n bot.* cambium
kambr *m geol.* **1.** Cambrian (period) **2.** Cambrian (system)
kame *geol.* kame
kamera *f fot., kin.* camera
~ **balistyczna** *uzbr.* ballistic camera
~ **celownicza** viewing camera
~ **Debey'a-Scherrera** *radiol.* powder camera
~ **do zdjęć lotniczych** aerial camera, aerocamera
~ ~ ~ ~ **przyspieszonych** multi-speed camera
~ **filmowa** cinematograph camera, cine--camera, film camera, motion-picture camera
~ ~ **dźwiękowa** film sound recorder
~ **fotograficzna** photographic camera, still camera
~ **panoramiczna** panoramic camera
~ **podwodna** submarine camera, underwater camera
~ **powielająca** step-and-repeat camera
~ **rapid** *kin.* multi-speed camera
~ **telewizyjna** television camera
~ **wieloobrazowa** multiplying camera
~ **zdjęciowa** cinematograph camera, cine--camera, film camera, motion-picture camera
kamerownia *f TV* camera room
kamerton *m* tuning fork
kamerzysta *m kin., TV* cameraman
kamfen *m chem.* camphene
kamfora *f chem.* camphor
kamica *f med.* calculosis
~ **moczowa** urolithiasis
~ **żółciowa** cholelithiasis
kamieniarka *f bud.* stonework
kamieniarz *m* (stone) mason
kamienica *f* **czynszowa** apartment house
kamienie *mpl* (*niestopione składniki masy szklanej*) *szkl.* stones
kamienienie *n petr.* petrification
kamieniołom *m* quarry
kamienisty *a* stony (*covered with stones*); rocky
kamienny *a* (made of) stone
kamień *m* **1.** stone **2.** *zeg.* jewel **3.** *masz.* slide, slider, slide block; tumbling block **4.** *hutn.* matte **5.** *med.* calculus
~ **amazoński** *min.* amazon stone, amazonite
~ **brukowy** paving stone
~ **budowlany** building stone
~ **ciosany** cut stone, ashlar, dressed stone
~ **cynowy** *min.* cassidstone, tinstone
~ **do ostrzenia** grindstone, whetstone
~ **drogowy** road stone

~ **gzymsowy** *bud.* coping stone
~ **impulsowy wychwytu** *zeg.* impulse pallet
~ **kotłowy** boiler scale, furr
~ **kotwiący** *bud.* bondstone
~ **krawężnikowy** kerb-stone
~ **księżycowy** *min.* adularia, moonstone, glassy feldspar
~ **kształtowany** *bud.* shaped stone
~ **litograficzny** lithographic stone
~ **łamany** crushed stone, broken stone, broken rock
~ **łożyskowy** *zeg.* hole jewel
~ **łupany** square stone
~ **miedziowy** *hutn.* copper matte
~ **młyński** millstone
~ **moczowy** *med.* urolith
~ **nakrywkowy** *zeg.* end-stone, end-piece, cap jewel
~ **narożny** *bud.* corner-stone, quoin
~ **nazębny** tooth scale
~ **niklowy** *hutn.* nickel matte
~ **obrobiony** *bud.* dressed stone
~ **ociosany** *zob.* **kamień obrobiony**
~ **piwny** *ferm.* beer stone, beer scale
~ **płytowy** flagstone
~ **polny** cobble, cobble-stone
~ **probierczy** touchstone
~ **spoczynkowy** *zeg.* locking-stone
~ **sworznia** (*przegubu kulowego*) ball cup (of a spherical joint)
~ **szlachetny** gem stone, jewel, precious stone
~ **ścierakowy** *zob.* **kamień ścierny 2.**
~ **ścierny 1.** abrasive stick **2.** *papiern.* grinder stone, pulpstone
~ **wapienny** limestone
~ **wciskany** *zeg.* push-in type jewel, friction-tight jewel
~ **węgielny** *bud.* foundation stone, corner stone
~ **wieńczący** (*ściany szczytowej*) *bud.* crown stone, apex stone
~ **winny** *ferm.* argols, wine lees, crude cream of tartar
~ **wypełniający** *bud.* filler stone, gallet
~ **zerodowany wiatrem** *geol.* ventifact, glyptolith, dreikanter, rillstone, faceted pebble, wind-cut stone
~ **żółciowy** *med.* gallstone, cholelith
~ **zwornikowy** (*w sklepieniu*) *bud.* keystone, closer

kamionka *f* stoneware; vitrified clay
~ **kwasoodporna** chemical stoneware
~ **szlachetna** fine stoneware

kamizelka *f* **ratunkowa** *lotn.*, *żegl.* life jacket
~ ~ **nadmuchiwana** inflatable life jacket; *lotn.* Mae West

kampania *f* **cukrownicza** sugar campaign
~ **pieca** *hutn.* furnace campaign, furnace life
~ **produkcyjna** (*np. w cukrownictwie*) campaign (*e.g. in sugar industry*)
~ **reklamowa** advertising campaign

kampanila *f* *arch.* campanile, detached bell-tower

kamuflaż *m* *wojsk.* camouflage; *okr.* dazzle painting

kamuflet *m* camouflet (*cavity caused by underground explosion*)

kanalik *m* **olejowy** *masz.* oil duct

kanalizacja *f* sewage system, sewerage
~ **ogólnospławna** combined sewage system
~ **rozdzielcza** separate sewage system
~ **rzek** canalization of rivers

kanalizować *v* **1.** (*rzekę*) canalize **2.** (*dom*) sewer

kanał *m* **1.** channel; canal; waterway **2.** duct; conduit; passage **3.** *szkl.* canal (*sheet glass*)
~ **akustyczny** *tel.* sound channel
~ **bez pamięci** *inf.* memoryless channel
~ **binarny** *inf.* binary channel
~ **bliźniaczy** (*grzewczy*) hairpin flue (*in the oven*)
~ **burzowy** storm-water drain, storm sewer
~ **czasowy** *tel.* time-derived channel
~ **częstotliwościowy** *tel.* frequency channel
~ ~ **naturalny** voice-frequency channel
~ ~ **nośny** *tel.* carrier current channel
~ **derywacyjny** *hydr.* approach flume
~ **do napromieniania** *nukl.* irradiation channel, experimental hole
~ **dopływowy 1.** *hydr.* inlet channel **2.** *siln.wod.* head race
~ **doprowadzający** (*w formie wtryskowej*) *tw.szt.* runner
~ **doświadczalny** *nukl.* test hole, experimental hole, beam hole, glory hole
~ **dymowy** *kotł.* smoke flue, gas pass
~ **dyskretny** *inf.* discrete channel
~ **falowy** *rad.* wave duct
~ **filmowy** *kin.* film channel, film gate, projection gate
~ **główny** *san.* trunk sewer, intercepting sewer, interceptor
~ **gorący** *nukl.* hot channel
~ **grzewczy** heating flue
~ **informacyjny** *inf.* data channel, information channel, data link
~ **kablowy** *el.* cable duct, cable passage
~ ~ **podziemny** *el.* cable subway
~ **korzenia zębowego** *anat.* root canal
~ **kotła** boiler pass
~ **kreci** *melior.* mole track
~ **łączności** *inf.* data channel
~ **łzowy** *anat.* lacrimal duct
~ **mierniczy** *hydr.* measuring flume, *zob. też* **kanał pomiarowy**
~ **międzyłopatkowy** (*wirnika*) *masz.* blade passage, runner passage, vane passage
~ **morski** ship canal
~ **nadawczy** *tel.* go channel
~ **nawadniający** irrigation canal
~ **obiegowy** (*do badań modelowych*) *okr.* flow tank
~ **odpływowy 1.** *hydr.* discharge channel **2.** *siln.wod.* tail race
~ **odwadniający** drain, lode
~ **ogniowy** (*w łusce*) *uzbr.* fire hole, flash hole

~ **olejowy** *masz.* oil passage, oilway
~ **otwarty** *hydr.* open channel
~ **oznaczony pławami** *żegl.* buoyed channel
~ **paliwowy** *nukl.* fuel channel
~ **parowy** *siln.spal.* steam distribution passage
~ **pomiarowy** *hydr.* measuring flume
~ ~ **zwężkowy** throated measuring flume, Venturi flume, hydrometric flume
~ **powietrzny** air-duct
~ **powrotny** return passage, return channel
~ **przepływu mocy** *el.* power channel
~ **przesyłu danych** *inf.* data link, information channel, data channel
~ **radiofoniczny** broadcasting channel
~ **radiowy** radio channel
~ **reaktora** *nukl.* reactor channel
~ **rewizyjny** *mot., kol.* inspection pit
~ **sklepiony** *hydr.* culvert
~ **spalinowy** *kotł.* flue, gas pass
~ **sztuczny** *hydr.* artificial channel, flume
~ **ściekowy** drain; sewer; gutter; gully
~ ~ **przemysłowy** industrial gutter
~ **śluzy** sluice-way
~ **telekomunikacyjny** communication channel
~ **telewizyjny** television channel
~ **upustowy** *inż.* by-channel, floodway
~ **wejścia/wyjścia** *inf.* input/output channel
~ **wentylacyjny** ventilating duct; *okr.* air trunk, ventilating trunk
~ ~ **pionowy** *bud.* air shaft
~ **wlotowy** *hydr.* inlet channel
~ **wspólny** *el.* co-channel
~ **wylotowy** *hydr.* discharge channel
~ **z pamięcią** *inf.* store channel
~ **zasilający** delivery channel
~ **zęzowy** *okr.* limber (*for bilge water*)
~ **ziarnisty** *inf.* discrete channel
~ **żeglugowy** water-way, navigable channel
kanałek *m* (*w zestawie do syfonowego odlewania wlewków*) *hutn.* bottom runner, runner brick
kanciasty *a* angular
kandela *f* *jedn.* candela, new candle, cd
~ **na metr kwadratowy** nit, candela per square metre: 1 nt = 1 cd/m²
kandelabr *m* candelabrum
kanela *f* *arch.* flute
kangurowanie *n* *lotn.* bouncing (*during landing*)
kanion *m* *geol.* canyon
kanister *m* canister
kaniula *f* *med.* cannula
kanoniczny *a* (*o postaci wyrażenia*) *mat.* canonical
kanonierka *f* *okr.* gun boat
kantak *m* *narz.* cant hook
kantal *m* *met.* kanthal
kantar *m* *zoot.* halter
kantarydyna *f* *chem.* cantharidin, lacton of cantharidic acid, cantharides camphor
kantowanie *n* *obr.plast.* ingot turning, turning up
kantownik *m* *obr.plast.* ingot turning machine, ingot tilter, turner
~ **do kręgów taśmy** downender
kantyna *f* canteen
kaolin *m* *petr.* kaolin, porcelain clay, China clay
kaolinit *m* *min.* kaolinite
kaolinizacja *f* *min.* kaolinization
kaon *m* *fiz.* kaon, K meson
kapa *f* **1.** *górn.* roof timber **2.** *szkl.* canopy
kapacytancja *f* *el.* capacitance, capacitive reactance
~ **rurociągu** *hydr.* pipeline capacitance
kapać *v* drip, drop
kapar *m* *bot.* caper, *Capparis spinoza*
kapelusz *m* **grzyba** *bot.* pileus, cap
~ **pszczelarski** bee hat
kapilara *f* capillary (tube)
~ **do odważania** *lab.* weighing capillary
~ **termometru** capillary stem of a thermometer
kapilarność *f* capillarity
kapilarny *a* capillary
kapinos *m* *bud.* drip, throating, gorge
kapitaliki *mpl* *poligr.* small capitals, small cape
kapitał *m* capital; fund
~ **akcyjny** joint stock
~ **amortyzacyjny** sinking fund
~ **martwy** dead capital
~ **obrotowy** circulating capital, working capital
~ **towarowy** commodity capital
~ **trwały** fixed capital
~ **w gotówce** cash capital
~ **zainwestowany** invested capital
~ **zakładowy** stock, basic capital
~ **zamrożony** frozen capital, unavailable capital, tied-up capital
kapitałka *f* *poligr.* footband
kapitan *m* **portu** harbour master
~ **statku 1.** *żegl.* master (*of a vessel*) **2.** *lotn.* captain, first pilot
~ ~ **rybackiego** skipper
kapitanat *m* **portu** harbour master's office
kapitel *m* *arch.* capital, cap (*of column*)
kapka *f* (*końcówka elektrody*) *elektron.* cap
kaplica *f* *arch.* chapel
kapłon *m* *zoot.* capon, gelded cock
kapok *m* *włók.* kapok
kapotaż *m* *lotn.* turnover (*during landing or taxying*)
kaprolaktam *m* *tw.szt.* caprolactam
kapronian *m* *chem.* caproate, capronate, hexoate
kaprylan *m* *chem.* caprylate, octoate
kaprynian *m* *chem.* caprate, caprinate, decanoate
kapsantyna *f* *chem.* capsanthin
kapsla *f* crown-cap
~ **szamotowa** *ceram.* saggar
kapslować *v* cap
kapsuła *f* **ratownicza** *lotn.* jettisoned emergency capsule

kapsułka *f* capsule
~ **radowa** *med.* radium tube
~ **z opłatka** *farm.* cachet, wafer capsule
~ **żelatynowa** *farm.* pearl
kaptan *m pest.* captan (*fungicide*)
kaptaż *m geol.* river capture, river piracy, stream capture
kaptur *m* hood
~ **ochronny** *bhp* protective hood
~ ~ **zapalnika** fuze cover, safety cap
~ **projekcyjny** projection hood
kapturkowanie *n* (*bezpieczników, oporników*) *el.* capping
kapusta *f bot.* cabbage, *Brassica oleracea* var. *capitata* L.
~ **brukselska** Brussels sprouts, *Brassica oleracea gemmifera*
~ **chińska** *zob.* **kapusta pekińska**
~ **głąbiasta** *zob.* **kapusta pastewna**
~ **kiszona** sauerkraut
~ **liściasta** *zob.* **kapusta warzywna bezgłowa**
~ **pastewna** marrow-stem kale, *Brassica oleracea* var. *medullosa*
~ **pekińska** Chinese cabbage, *Brassica pekinensis*
~ **warzywna bezgłowa** collard, *Brassica oleracea* var. *accephala* L.
~ **włoska** savoy (cabbage), *Brassica oleracea* var. *sabauda* L.
kara *f* penalty
~ **konwencjonalna** conventional penalty
~ **pieniężna** fine
karabin *m uzbr.* rifle
~ **automatyczny** automatic rifle
~ **maszynowy** machine-gun
~ ~ **boczny** *lotn.* beam gun
~ ~ **ciężki** heavy machine-gun
~ ~ **lekki** light machine-gun
~ ~ **ładowany taśmowo** belt-fed gun
~ ~ **obrotowy** *lotn.* flexible gun; swivel gun
~ ~ **ręczny** automatic rifle
~ **samopowtarzalny** semi-automatic
~ **wielostrzałowy** magazine rifle, magazine gun
~ **wyborowy** sniper rifle
karabinek *m uzbr.* carbine
~ **sportowy** miniature rifle
karabiny *mpl* **maszynowe sprzężone** multiple gun
karabińczyk *m* clip hook, snap hook, spring hook
karagen *m bot.* carrageen, Irish moss, *Chondrus crispus* L.
karagenina *f farm.* carrageenin
karaluch *m zool.* cockroach, *Blatta orientalis*
karat *m jedn.* carat (= 0.2 g)
karawan *m* hearse
karb *m* notch, indentation, nick, dent
~ **międzynarodowy** (*na próbce udarnościowej*) *wytrz.* Mesnager notch
~ **trójkątny** V-notch
karbamid *m chem.* carbamide, urea
karbaminian *m chem.* carbamate, urethane
karbamoil *m zob.* **karbamyl**
karbamyl *m chem.* carbamyl
karbamylomocznik *m chem.* carbamylurea, biuret
karbanilid *m chem.* carbanilide
karbanion *m chem.* carbanion
karbaryl *m pest.* carbaryl (*insecticide*)
karbazol *m chem.* carbazole, dibenzopyrrole
karbeny *mpl chem.* carbenes
karbid *m chem.* (calcium) carbide, acetylenogen
karbikowanie *n włók.* crimping
karbikowatość *f włók.* crimp
karbinol *m chem.* carbinol
karboanion *m chem.* carbanion
karbochemia *f* chemistry of coke
karbohydrazy *fpl biochem.* carbohydrases
karboid *m chem.* carboid
karbokation *m chem.* carbonium ion, carbo-cation
karboksyl *m chem.* carboxyl (group)
karboksylaza *f biochem.* carboxylase
karboksylowanie *n chem.* carboxylation
karboksymetyloceluloza *f chem.* carboxymethyl cellulose
karbol *m chem.* carbolic acid
karbolina *f* **sadownicza** *roln.* tar distillate wash, winter wash
karbolineum *n* carbolineum (*timber preservative*)
karbometylen *m chem.* ketene
karbomycyna *f biochem.* carbomycin
karbon *m geol.* **1.** Carboniferous period **2.** Carboniferous system
karbonado *n min.* carbonado, black diamond
karbonatyzacja *f min.* carbonatization
karbonizacja *f* **1.** *chem.* carbonization **2.** *włók.* carbonization
karbonizarka *f włók.* carbonizing machine, carbonizing oven
karbonizator *m chem.* carbonating tower, carbonating column
karbonyl *m chem.* carbonyl
karbonylek *m chem.* carbonyl
karborund *m* carborundum, silicon carbide
karbowanie *n* crimping; goffering
~ **powierzchni** *obr.skraw.* chatter
karbunkuł *m med.* carbuncle
karburator *m* = **gaźnik** *siln.spal.* carburettor
karburyzator *m obr.ciepl.* carburizer, carburizing medium, carbonaceous material
karbyloamina *f chem.* carbylamine, isonitrile, isocyanide
karcinotron *m elektron.* carcinotron, backward-wave oscillator
karcz *m* stump, stub (*of tree*)
karczkowanie *n skór.* splitting of necks
karczma *f* tavern
karczoch *m bot.* artichoke, *Cynara scolymus* L.
karczowanie *n* stubbing, stumping
karczownica *f zob.* **karczownik**
karczownik *m* stump puller, rooter; treedozer

kardan *m* = **przegub uniwersalny** *masz.* universal joint, universal coupling, Hooke's coupling
kardiograf *m med.* cardiograph
kardioida *f mat.* cardioid
kardiologia *f* cardiology
kardioskop *m med.* cardioscope
kardiostymulator *m med.* (cardiac) pacemaker, heart pacer
kardiotachometr *m med.* cardiotachometer
karenaż *m* (*przechylanie statku w celu konserwacji dna*) careenage
karencja *f roln.* waiting period, preharvest interval
karetka *f* **1.** ambulance **2.** *masz.* carriage
kariatyda *f arch.* caryatid
kariofag *m biol.* karyophage
kariokineza *f biol.* karyokinesis
kariologia *f biol.* karyology
karioplazma *f biol.* nucleoplasm
kark *m anat.* neck
karłowacenie *n biol.* dwarfing
karma *f zoot.* feed, fodder, forage
karmazyn *m farb.* crimson
~ **pospolity** *zool.* redfish, Norway haddock, ocean perch, *Sebasted marinus* L.
karmel *m* caramel, burnt sugar
karmicielka *f* (*pszczoła*) nurse bee
karmić *v* feed
karmienie *n* feeding
~ **przymusowe** force feeding
karmin *m farb.* carmine (*pigment*)
karmnik *m zoot.* animal feeder
karnalit *m min.* carnallite
karnes *m arch.* bead
karnotyt *m min.* carnotite
karnotyzacja *f* **obiegu** *term.* (*improving the thermal efficiency of a steam power plant to bring it nearer to the ideal Carnot cycle*)
karoseria *f* = **nadwozie** *mot.* body (*of a car*)
karotaż *m* geophysical prospecting, *zob. też* **profilowanie**
karoten *m biochem.* carotene, carotin
karotenoidy *mpl biochem.* carotenoids
karotowanie *n włók., skór.* carrotting
karp *m zool.* carp, *Cyprinus Carpio* L.
karpina *f drewn.* rootwood, stumpwood
karpiowate *pl zool.* cyprinids
karpiówka *f bud.* plane tile, plain tile, crown tile
karta *f* **1.** card **2.** leaf (*of book etc.*) **3.** charter (*grant of rights*)
~ **aktualizująca** *inf.* patch card
~ **braków** reject note
~ **dokumentacyjna** *inf.* abstract card
~ **drogowa** *mot.* waybill
~ **dziurkowana** punched card
~ ~ **kolejna** (*uzupełniająca informacje na kartach poprzedzających*) *inf.* trailer card
~ ~ **90-kolumnowa** *inf.* ninety-column card
~ ~ **krótka** *inf.* stub card, scored card
~ ~ **obrzeżnie** *inf.* margin-punched card; edge-punched card
~ ~ **sumaryczna** *inf.* summary card
~ **embarkacyjna** *żegl.* boarding card
~ **gwarancyjna** guarantee certificate
~ **instrukcyjna** instruction card
~ **kartotekowa** index card
~ **kontroli rozstępu** *skj* range chart
~ **kontrolna** **1.** (*pracownika*) time card **2.** (*przeliczenia ładunku*) tallycard
~ **magazynowa** stock card
~ **magnetyczna** *inf.* magnetic card
~ **materiałowa** material issue list, picking list
~ **mikrofilmowa** *inf.* microfiche
~ **narzędziowa** tool ticket
~ **obecności** (*zegarowa*) time card
~ **obiegowa** (*obróbki*) route sheet, route card, operation sheet
~ **operacyjna** instruction card
~ **perforowana** punched card
~ **pracy** operation card, job card, work ticket
~ **przebiegu operacyjnego** process-flow chart
~ ~ **wytopu** *hutn.* cast history sheet, heat record card, heat log, melt log
~ **przewodnia** **1.** process planning sheet **2.** *inf.* master card, control card
~ **selekcyjna** *inf.* manual punched card
~ ~ **nacinana** edge-notched card
~ ~ **szczelinowa** slotted card
~ **sterująca** *inf.* master card, control card
~ **sumacyjna** *skj* cummulative sum chart, cusum chart
~ **technologiczna** operation sheet
~ **terminologiczna** (*w leksykografii*) word slip
~ **wykresowa** (*przyrządu rejestrującego*) record chart
~ **wytopu** *hutn.* cast history sheet, heat record card, heat log, melt log
~ **zegarowa** clock card
~ **zejścia na ląd** *żegl.* landing card
~ **zmian** (*programu*) *inf.* patch card
kartacz *m uzbr.* case-shot, canister-shot, canister
kartamina *f farb.* safflower
kartel *m ek.* cartel
karter *m* = **skrzynia korbowa** *siln.spal.* crankcase, crankchamber, crankshaft casing
kartkować *v* leaf (*a book*)
kartofel *m bot.* potato, *Solanum tuberosum*
kartografia *f* cartography
kartografowanie *n geod.* mapping
karton *m* **1.** *papiern.* cardboard, paperboard; boxboard **2.** carton, cardboard box
~ **bezdrzewny** *zob.* **karton celulozowy**
~ **celulozowy** cellulose board, woodfree board
~ **jednowarstwowy** single-ply board
~ **kredowany** chromo board
~ **makulaturowy** chipboard
~ **na opakowania** boxboard

~ **wielowarstwowy** multi-ply board
kartoniarka *f papiern.* board machine
kartonowanie *n* cartoning (*packing into cartons*)
kartoteka *f* card file, card index
~ **główna** master file
kartotekować *v* file
kartusz *m arch.* cartouche
karuk *m* isinglass (*fish glue*)
karuzela *f* **1.** *aero.* whirling arm **2.** *inf.* (*cykliczne, przemienne wykorzystywanie zasobu — w systemie operacyjnym*) round robin
karuzelówka *f obr.skraw.* turning and boring lathe, vertical lathe, vertical boring mill, side-head boring mill
karwon *m chem.* carvol, carvone
karzeł *m astr.* dwarf star
kasa *f* **biletowa** booking-office
~ **oszczędności** savings bank
~ **pancerna** safe
~ **rejestrująca** (*sklepowa*) cash register
kasacja *f* withdrawal from use (*of technical equipment*)
kaseta *f* cassette; *fot.* film holder
~ **kart błędnych** (*w maszynie liczącoanalitycznej*) error stacker
~ **magnetofonowa** tape cartridge
~ ~ **mała** compact cassette, cc
~ **paliwowa** *nukl.* fuel assembly
~ **podająca** (*w maszynie liczącoanalitycznej*) feed hopper
~ **wizyjna** video cassette
kaseton *m arch.* coffer, lacunar, caisson
kask *m* protective helmet, safety helmet
~ **lotniczy** *lotn.* flying helmet
kaskada *f* cascade
~ **profilów lotniczych** aerofoil cascade
kaskader *m* stuntman
kaskoda *f el.* cascode
kasowalność *f* **danych** *inf.* erasability of storage
kasowanie *n* **1.** elimination; erasing **2.** *odl.* stopping off
kasownik *m* **1.** *biur.* clearing lever; resetting device **2.** automatic ticket-puncher (*e.g. in a bus*) **3.** *odl.* stopping-off piece
~ **luzu** *masz.* lashlock, backlash eliminator
kastor *m min.* petalite
kastoreum *n chem.* castor
kastracja *f wet.* castration, gelding; caponization; pulardization
kastrat *m* (*zwierzę wykastrowane*) castrate
kasyteryt *m min.* cassiterite, tinstone
kasza *f spoż.* groats
~ **jęczmienna** barley groats
~ **lodowa** *ocean.* brash ice
~ **manna** semolina
~ **perłowa** pearl barley
kaszalot *m zool.* sperm whale, cachalot, *Physeter catodan* L.
kaszmir *m włók.* cashmere
kaszorek *m ryb.* landing net; wash net
~ **cedzak** skimming net
kaszt *m górn.* crib, chock, cog
kaszta *f poligr.* case, composing frame
~ **z czcionkami tekstowymi** lower case
~ **z wersalikami** upper case
kasztan *m bot.* chestnut
~ **jadalny** sweet chestnut, European chestnut; *Castanea sativa* Mill.
kaszyca *f inż.* crib, cribwork
katabatyczny *a* (*wiatr*) *meteo.* katabatic
katabioza *f fizjol.* catabiosis
katabolit *m biochem.* catabolite
katabolizm *m biochem.* katabolism
katadioptryczny *a* (*dotyczący odbijania i załamywania światła*) *opt.* catadioptric
katadynowanie *n* (*wody*) *san.* Katadyn process
kataforeza *f chem.* cataphoresis
katalaza *f biochem.* catalase
katalityczny *a chem.* catalytic
kataliza *f chem.* catalysis
~ **enzymatyczna** enzyme catalysis
~ **fermentacyjna** *zob.* **kataliza enzymatyczna**
~ **hamująca** negative catalysis
~ **heterogeniczna** *zob.* **kataliza wielofazowa**
~ **homogeniczna** *zob.* **kataliza jednofazowa**
~ **jednofazowa** homogeneous catalysis
~ **jonowa** ionic catalysis
~ **kontaktowa** contact catalysis, contact action
~ **kwasowo-zasadowa** acid-base catalysis
~ **radiacyjna** radiation catalysis
~ **ujemna** negative catalysis
~ **wielofazowa** heterogeneous catalysis
katalizator *m chem.* catalyst, catalytic agent
~ **azowy** azo catalyst
~ **bez dodatku promotorów** unpromoted catalyst
~ **bez nośnika** unsupported catalyst
~ **biochemiczny** biocatalyst, biochemical catalyst
~ **dodatni** positive catalyst
~ **fluidalny** fluidized catalyst
~ **gotowy** make-up catalyst
~ **kompleksowy** co-ordination catalyst
~ **kontaktowy** contact (agent), solid catalyst
~ **mieszany** mixed catalyst
~ **nieruchomy** fixed-bed catalyst
~ **(osadzony) na nośniku** supported catalyst
~ **przemysłowy** commercial catalyst
~ **stały** solid catalyst, contact (agent)
~ **stapiany** fused catalyst
~ **stereospecyficzny** stereospecific catalyst
~ **strącany** precipitated catalyst
~ **szkieletowy** skeletal catalyst
~ **Twitchella** Twitchell reagent
~ **ujemny** negative catalyst, anti-catalyst
~ **w pastylkach** pelleted catalyst
~ **wieloskładnikowy** multicomponent catalyst
~ **wytrącany** precipitated catalyst
~ **z dodatkiem promotorów** promoted catalyst

~ **zarodkowania** *kryst.* nucleation catalyst, nucleant
~ **zużyty** spent catalyst
katalizować *v* catalyze
katalizowany przez enzymy enzyme-catalyzed
katalog *m* catalog(ue)
~ **działowy** classified catalogue
katamaran *m okr.* catamaran
~ **holowniczy** (*do holowania modeli*) towing catamaran
katapulta *f* catapult
katapultowanie *n lotn.* catapulting
katar *m* **sienny** *med.* allergic rhinitis, hay fever
katarakta *f gęol.* cataract
katarometr *m chem.* katharometr, thermal conductivity cell
kataster *m* cadastral survey, land register
katastrofa *f* crash; disaster
katatermometr *m* Kata thermometer
katechina *f chem.* catechin, catechinic acid, catechol
katecholaza *f biochem.* catecholase
katechu *m skór.* catechu, cutch extract
katedra *f* **1.** *arch.* cathedral **2.** chair (*at university*)
kategoria *f* category, class
katenacja *f chem.* catenation
kateter *m med.* catheter
katetometr *m metrol.* cathetometer
katgut *m med.* catgut
kation *m chem.* cation, positive ion
kationit *m chem.* cation exchanger
kationotropia *f chem.* cationotropy
katoda *f* cathode
~ **aktywowana** activated cathode
~ **bezpośrednio żarzona** directly heated cathode, filamentary cathode
~ **ciekła** pool cathode
~ **fotoelektronowa** photocathode
~ **impregnowana** impregnated cathode, matrix dispenser cathode
~ **jarzeniowa** glow-discharge cathode
~ **łukowa** arc cathode
~ **metalowa jednorodna** pure metal cathode
~ **mozaikowa** mosaic cathode
~ **o grzaniu jonowym** ionic-heated cathode
~ **pomocnicza** (*zmniejszająca gęstość prądu na niektórych częściach powierzchni*) *elchem.* thief
~ **pośrednio żarzona** indirectly heated cathode, heater-type cathode
~ **pozorna** virtual cathode
~ **rtęciowa** mercury-pool cathode
~ **tlenkowa** oxide (coated) cathode
~ **spiekana** matrix oxide cathode
~ ~ **z osnową metalową** metal-loaded oxide cathode
~ **torowana** thoriated (tungsten) cathode
~ **wolframowa** pure tungsten cathode
~ **wtórna** (*lampy elektronowej*) dynode
~ **zasobnikowa** dispenser cathode
~ **zimna** cold cathode
~ **żarzona** thermionic cathode, hot cathode
katodoluminescencja *f el.* cathodoluminescence
katolit *m elchem.* catholyte
katoptryczny *a* (*dotyczący odbijania światła*) *opt.* catoptric
kaucja *f ek.* security; bail
kauczuk *m* caoutchouc; rubber
~ **bromobutylowy** bromobutyl rubber, brominated butyl rubber
~ **butadienowo(-akrylo)nitrylowy** butadiene-acrylonitrile rubber, nitrile-butadiene rubber
~ ~ **-styrenowy** styrene-butadiene rubber
~ **butadienowy** butadiene rubber, polybutadiene
~ **butylowy** butyl rubber, isobutene-isoprene rubber
~ **chlorobutylowy** chlorobutyl rubber
~ **chloroprenowy** chloroprene rubber, polychloroprene, neoprene
~ **chlorowodorowany** rubber hydrochloride
~ **depolimeryzowany** fluid rubber, depolymerized rubber, DPR
~ **dwumetylobutadienowy** dimethylbutadiene rubber, methyl rubber
~ **etylenowo-propylenowy** ethylene-propylene rubber
~ **fluoroprenowy** fluoroprene rubber
~ **fluorowy** fluorinated elastomer, fluoroelastomer, fluorine rubber
~ **izomeryzowany** isomerized rubber
~ **izoprenowy** isoprene rubber
~ **klasyfikowany technicznie** technically classified rubber, TCR
~ **metylowy** methyl rubber, dimethylbutadiene rubber
~ **mineralny** mineral rubber
~ **modyfikowany** olejem oil-extended rubber
~ **naturalny** natural rubber, India-rubber
~ **nitrylowy** nitrile rubber, NBR
~ **oksypropylenowy** polypropylene oxide
~ **olejowany** oil-extended rubber
~ **peptyzowany** peptized rubber
~ **polisiarczkowy** polysulfide rubber, thioplast, thiorubber, thiokol
~ **przewalcowany** (*nadmiernie uplastyczniony*) dead milled rubber
~ **sproszkowany** powdered rubber
~ **surowy** crude rubber
~ **syntetyczny** synthetic rubber
~ **termoplastyczny** thermoplastic rubber
~ **uwodorniony** hydrorubber
~ **w arkuszach** sheet rubber
~ **wędzony** smoked sheets
~ **wulkanizowany** vulcanized rubber, vulcanite, ebonite
~ **z drzew dziko rosnących** wild rubber
~ **zamrożony** frozen rubber
~ **zdeproteinizowany** deproteinized rubber
kauper *m* = **nagrzewnica dmuchu** (*Cowpera*) *hutn.* Cowper stove
kauri *n* (*odmiana kopalu*) kauri (resin), cowrie

kaustyczność *f chem.* causticity
kaustyfikacja *f chem.* causticization
kaustyzator *m papiern.* causticizer
kausza *f* = **sercówka linowa** (rope) thimble
kauter *m med.* cauter
kauteryzacja *f med.* cauterization
KAW = **Krajowa Agencja Wydawnicza**
kawa *f* **1.** *bot.* coffee, *Coffea* **2.** coffee (*a drink*)
~ **instant** instant coffee
~ **mielona** ground coffee
~ **palona** roasted coffee
kawalerka *f bud.* bachelor flat
kawał *m* lump, large piece
kawałek *m* piece; slug: chunk
kawałkowatość *f* (*węgla, rudy*) lumpiness
~ **złomu** size of scrap
kawerna *f* **1.** *geol.* cavity **2.** *tw.szt.* void (*defect*)
kawior *m spoż.* caviar
kawitacja *f hydr.* cavitation
~ **kłębiasta** cloud cavitation
~ **pęcherzowa** bubble cavitation, bubbling cavitation
~ **warstwowa** *zob.* **kawitacja wstęgowa**
~ **wstęgowa** sheet cavitation, steady-state cavitation
kawon *m bot.* watermelon, *Citrullus lanatus* Mansf.
kazeina *f* casein
~ **podpuszczkowa** rennet casein, paracasein
kącik *m* **obiadowy** (*w kuchni*) dining nook
kądziel *f włók.* distaff
kąkol *m bot.* cockle, *Agrostemma githago*
kąpiel *f* bath
~ **barwiąca** *włók.* dyebath, dye liquor
~ **bieląca** *włók.* bleaching bath
~ **błotna** *zob.* **kąpiel borowinowa**
~ **borowinowa** *med.* mud bath
~ **chłodząca** *obr.ciepl.* cooling bath
~ **czterokomorowa** *med.* four-cell bath
~ **do cyjanowania** cyaniding bath
~ **do cynkowania** galvanizing bath
~ **do miedziowania** copper bath
~ **do nawęglania** carburizing bath
~ **do niebieszczenia** *włók.* blueing bath
~ **do niklowania** nickel plating bath
~ **do rtęciowania** blue dip
~ **do trawienia matowego** matte dip
~ ~ ~ **połyskowego** bright dip
~ ~ ~ **wzorów mrozu** *szkl.* frosting bath
~ **do usuwania powłoki galwanicznej** strip-fixing bath
~ **do wstępnego nakładania powłok** *elchem.* strike, striking solution
~ **druga** *skór.* second bath, reduction bath
~ **elektrolityczna** *zob.* **kąpiel galwaniczna**
~ **farbiarska** *włók.* dyebath, dye liquor
~ **galwaniczna** (electro)plating bath, electrolytic bath
~ **garbująca** *fot.* hardening bath
~ **hartownicza** *obr.ciepl.* quenching solution, quenching bath, quenchant
~ **hartująca** *fot.* hardening bath
~ **impregnująca** *skór.* first bath
~ ~ **rezorcynowo-formaldehydowo-lateksowa** *gum.* resorcinol formaldehyde latex dip, RFL dip
~ **kwaśna** *chem.* acid bath
~ ~ **po chlorowaniu** *włók.* white sour
~ **lutownicza** soldering dipper
~ **metalowa** *hutn.* metal bath, melt
~ **mydlana** *włók.* soap bath
~ **namokowa** *skór.* soak liquor
~ **napawająca** *włók.* padding bath, pad
~ **odbielająca** *fot.* bleaching bath
~ **odbielająco-utrwalająca** *fot.* bleach--fixing bath
~ **olejowa** *obr.ciepl.* oil bath
~ **oziębiająca** cooling bath
~ **pierwotna** *włók.* original bath
~ **pierwsza** *skór.* first bath
~ **piklująca** *skór.* pickle
~ **piorąca** *włók.* washing bath, scouring bath, detergent bath
~ **płucząca** rinsting bath
~ **początkowa** *włók.* original bath
~ **potrawienna** *hutn.* spent pickle liquor
~ **przerywająca** *fot.* stop bath
~ **przygotowawcza** *elchem.* dip
~ **przędzalnicza** *włók.chem.* spinning bath
~ **redukująca** *chem.* reduction bath
~ **roztopionego metalu** *hutn.* metal bath, melt
~ **solankowa** *med.* brine bath
~ **solna** *obr.ciepl.* salt bath
~ **stabilizująca** *fot.* stabilizing bath
~ **stalownicza** steel bath
~ **stara** *włók.* standing bath
~ **strącająca** *tw.szt.* coagulating bath
~ **termostatyczna** (*o stałej temperaturze*) thermostated bath
~ **trawiąca** *hutn.* pickling solution, pickle
~ **utrwalająca** *włók., fot.* fixing bath
~ **używana** *włók.* standing bath
~ **wapniąca** *skór.* lime liquor
~ **wstępna** *elchem.* strike, striking solution
~ **wykończająca** *włók.* after-treatment bath
~ **wywołująca** *włók., fot.* developing bath
~ **zaprawowa** *włók.* mordanting bath
~ **zwilżająca** *włók.* wetting-out bath
kąpielisko *n* **publiczne** public bath
kąt *m* angle
~ φ *el.* power angle
~ **Bragga** *kryst.* Bragg angle
~ **Brewstera** (*całkowitej polaryzacji*) *opt.* Brewster's angle
~ **bryłowy** *geom.* solid angle
~ ~ **pełny** (*równy* 4π *steradianów*) steregon
~ **brzegowy** *hydr.* angle of capillarity, boundary angle, rim angle, angle of contact
~ **celowania** *uzbr., geod.* sighting angle
~ **chwytu** (*przy walcowaniu*) *obr.plast.* angle of bite, angle of contact, angle of nip, gripping angle, rolling angle
~ **czasowy** *nawig.* hour angle
~ ~ **grynicki** Greenwich hour angle, GHA

~ **dopełniający** *geom.* complement of an angle, complementary angle
~ **drogi** *nawig.lotn.* track angle
~ **dryfu** *żegl.* drift angle, leeway angle
~ **dwuścienny** dihedral (angle)
~ ~ **wgłębnika** *wytrz.* face angle of a penetrator
~ **działania łożyska** contact angle of a bearing
~ ~ **siły pociągowej** (*w narzędziach doczepianych*) *roln.* angle of hitch
~ **elongacji** (*wahadła*) angular displacement (*of a pendulum*)
~ **fazowy** *el.* phase angle
~ ~ **liczby zespolonej** *mat.* phase of a complex number
~ **głowy zęba** (*koła zębatego stożkowego*) *masz.* addendum angle, face angle
~ **godzinny** *astr.* hour angle, meridian angle
~ **gwintu** thread angle, angle of thread
~ **kierunkowy** direction angle
~ **komutacji** *el.* overlap (angle)
~ **krawędzi spływu** *aero.* trailing edge angle
~ **krytyczny stateczności** *okr.* upsetting angle, angle of vanishing stability
~ **krzyżownicy** *kol.* frog angle
~ **kursowy** *nawig.* heading angle, course angle; *żegl.* angle on the bow
~ **łupliwości** *min.* cleavage angle
~ **Macha** *masz.* Mach angle
~ **martwy** *masz.* dead angle
~ **masztowy** *okr.* masthead angle
~ **między kierunkami wartościowości** *chem.* valency angle
~ **między wiązaniami** *chem.* bond angle
~ **międzyosiowy** *masz.* shaft angle
~ **nachylenia** angle of inclination, angle of depression, minus angle
~ ~ **zbocza** *inż.* angle of slope
~ **nadejścia** (*fal*) *rad.* angle of arrival
~ **napływu czynnika** inlet angle, entrance angle
~ **naroża** *narz.* tool included angle
~ **nastawienia łopaty** (*śmigła, wirnika*) *lotn.* blade (incidence) angle
~ **natarcia 1.** *mech.pł.* angle of incidence, angle of attack **2.** *narz.* tool rake (angle)
~ ~ **główny** *narz.* tool orthogonal rake
~ ~ **krytyczny** *aero.* angle of stall
~ ~ **normalny roboczy** *narz.* working normal rake
~ ~ **zerowy** *narz.* neutral rake
~ **nutacji** *mech.* nutation angle
~ **obciążenia** *el.masz.* power angle, displacement angle
~ **obrazu obiektywu** *opt.* angle of lens
~ **obrotu** *mech.* angular displacement, angle of rotation
~ ~ **spoiny** weld rotation
~ ~ **wału korbowego** crank angle
~ ~ **własnego** *mech.* longitude of the nodal line
~ **odbicia promieni** angle of reflection
~ **odbłysku** *kryst.* Bragg angle
~ **odchylenia** *lotn.* angle of yaw, yaw angle
~ ~ **noża** *narz.* tool approach angle, tool lead angle
~ ~ **przepływu** *mech.pł.* deflection angle
~ ~ **strug za płatem** *aero.* angle of downwash
~ ~ **wahadła** angular displacement of a pendulum
~ **opasania** (*w przekładni cięgnowej*) angle of contact, angle of lap, angle of wrap, wrapping angle
~ ~ **poprzecznego** (*w kole zębatym*) rim angle
~ **odchyleń poziomych** (*łopat wirnika śmigłowca*) lag angle, angle of lag
~ **oporu (gruntu) przy ścinaniu** *inż.* angle of shearing resistance
~ **opóźnienia** delay angle, retardation angle
~ ~ **fazowego** *fiz.* angle of lag, lag angle
~ **osi optycznych** *kryst.* optic axial angle
~ **ostry** *geom.* acute angle
~ **ostrza** *narz.* tool wedge angle; *drewn.* clearance bevel
~ ~ **narzędzia wieloostrzowego** tooth angle
~ **padania** (*cząstek na powierzchnię*) *fiz.* glancing angle
~ ~ **promieni** angle of incidence
~ **paniki** *żegl.* angle of panic
~ **paralaktyczny** *astr.* parallactic angle
~ **pełny** *geom.* round angle, angle 360°, perigon
~ **płaski** *geom.* plane angle, flat angle
~ **płaszczyzny podziałowej** (*przy walcowaniu*) *obr.plast.* neutral angle, no-slip angle
~ **pochylenia** angle of inclination, angle of pitch, angle of tilt, rake
~ ~ **koła** *mot.* camber angle
~ ~ **linii śrubowej** helix angle
~ ~ **rowków wiertła** *narz.* rake of a drill
~ ~ **spoiny** weld slope
~ ~ **sworznia zwrotnicy** *mot.* king pin inclination
~ ~ **toru pocisku** *uzbr.* angle of arrival
~ ~ **zbocza** *inż.* angle of slope
~ **podniesienia** *uzbr.* (angle of) elevation
~ ~ **lufy** *uzbr.* angle of quadrant elevation, quadrant elevation, quadrant angle
~ **podrzutu** *uzbr.* angle of jump
~ **postoju** (*samolotu na ziemi*) *lotn.* ground angle
~ **poślizgu** *obr.skraw.* shear angle
~ ~ **śmigła** *lotn.* airscrew slip angle
~ **powierzchni czołowej** (*w kole stożkowym*) *masz.* back angle
~ **poziomy niebezpieczny** *żegl.* horizontal danger angle
~ **półpełny** *geom.* straight angle
~ **precesji** *mech.* precession angle
~ **promieniowania** *rad.* angle of radiation
~ **prosty** *geom.* right angle

~ **prowadzenia elektrody** (*zawarty między osią lica spoiny a osią elektrody*) *spaw.* electrode lead angle
~ **przechylenia** *lotn.* angle of roll
~ **przechyłu** *żegl.* angle of heel, angle of inclination
~ **przecięcia** angle of intersection
~ ~ **się ortodromy z południkiem** *żegl.* angle of position
~ **przeciwległy** *geom.* opposite angle, alternate angle
~ **przekrycia zaworów** *siln.spal.* valve overlap
~ **przestrzenny** solid angle
~ **przewodzenia** *el.* conduction angle
~ **przylegania** *hydr.* angle of capillarity, boundary angle, rim angle, angle of contact
~ **przyległy** *geom.* adjacent angle
~ **przyłożenia główny** *narz.* tool orthogonal clearance (angle)
~ ~ **normalny** tool normal clearance
~ ~ **wiertła** drill lip clearance
~ **przyporu** pressure angle (*in a gear*)
~ ~ **czołowy** apparent pressure angle, transverse pressure angle
~ ~ **normalny** true pressure angle
~ ~ **poskokowy** overlap angle
~ **przystawienia** *narz.* tool cutting edge angle
~ **rowka** *spaw.* groove angle, included angle, angle of Vee
~ **rozpraszania** *nukl.* scattering angle
~ **rozwarcia** (*np. wylotu rury*) angle of flare
~ ~ **rowka** *spaw.* groove angle, included angle, angle of Vee
~ **rozwarty** *geom.* obtuse angle
~ **rzutu** (*pocisku*) angle of projection
~ **schodzenia** *lotn.* angle of descent
~ **skierowany** *geom.* directed angle
~ **sklinowania skrzydeł dwupłata** *lotn.* decalage
~ **skosu płata** *lotn.* sweep-back angle
~ **skośnej fali uderzeniowej** *aero.* shock angle
~ **skrawania** *narz. obr.skraw.* cutting angle
~ **skręcania** *mech.* angle of torsion, angle of twist
~ ~ **płaszczyzny polaryzacji** angle of polarization
~ **skręcenia koła** (*kierowanego*) *mot.* wheel angle, steering angle
~ **skrętu** *mot.* turning angle
~ **spadku** *inż.* angle of inclination, angle of depression, minus angle
~ **spływu czynnika** outlet angle, angle of discharge
~ **spoczynku** *mech.* angle of repose, friction angle, limiting angle of reaction
~ **steru** *żegl.* rudder angle
~ **stoku** declivity angle
~ ~ **naturalnego** *inż.* angle of slide, slope of repose, angle of repose
~ **stopy zęba** (*koła zębatego stożkowego*) *masz.* dedendum angle
~ **stożka wirnika** *lotn.* coning angle
~ ~ **wierzchołkowego** (*koła zębatego stożkowego*) *masz.* face angle
~ **strat dielektrycznych** dielectric loss angle, loss factor
~ **ścinania** *narz.obr.skraw.* shear angle
~ **środkowy** (*w kole*) *geom.* central angle (*in a circle*)
~ **tarcia** *mech.* friction angle, angle of repose, limiting angle of reaction
~ **toru lotu ślizgowego** *lotn.* gliding angle, angle of glide
~ **uderzenia** (*pocisku*) *uzbr.* striking angle, angle of impact
~ **uskoku** *spaw.* bevel angle, angle of preparation
~ **upadku** (*pocisku*) *uzbr.* angle of fall
~ **ustawienia łopatki** *masz.* blade-angle setting
~ ~ **noża** *obr.skraw.* tool setting angle
~ ~ **selsyna** *aut.* synchro angle
~ **usypu** *inż.* angle of repose, angle of natural slip, slope of repose, angle of slide
~ **wahań pionowych** (*wirnika śmigłowca*) *lotn.* flapping angle
~ ~ **poziomych** (*wirnika śmigłowca*) lag angle
~ **wartościowości** *chem.* valency angle
~ **wejścia** **1.** entrance angle, inlet angle **2.** *mot.* angle of approach
~ ~ **łuku przyporu** (*w przekładni zębatej*) angle of approach
~ **wewnętrzny** (*wielokąta*) *geom.* interior angle
~ **widzenia** *opt.* angle of view, sight angle
~ ~ **kamery** *kin.* shooting angle of a camera
~ **wielościenny** *geom.* solid angle, polyhedral angle
~ **wieńca** (*koła zębatego*) rim angle
~ **wierzchołkowy** *geom.* apex angle, vertical angle
~ ~ **noża** *narz.* nose angle
~ ~ **wiertła** *narz.* point angle, included drill angle
~ **wklęsły** (*wielokąta*) *geom.* re-entrant angle
~ **wlotowy** inlet angle, entrance angle
~ **wpisany** *geom.* inscribed angle
~ **współczynnika mocy** *el.* power factor angle
~ **współotwarcia zaworów** *siln.spal.* valve overlap
~ **wychylenia klap** *lotn.* flap angle
~ ~ **lotki** *lotn.* aileron angle
~ ~ **steru kierunku** *lotn.* rudder angle
~ **wygięcia trzonka noża** *narz.* shank angle
~ **wyjścia** *zob.* **kąt wylotowy**
~ **wylotowy** outlet angle, angle of discharge
~ **wylotu** (*pocisku*) *uzbr.* angle of departure
~ **wyprzedzenia** **1.** *uzbr.* lead angle, angle of allowance **2.** *siln.* angle of advance

~ ~ **sworznia zwrotnicy** *mot.* castor angle
~ ~ **zapłonu** 1. *siln.* ignition advance angle 2. *el.* margin of commutation
~ **wypukły** (*wielokąta*) *geom.* salient angle
~ **wzajemnej orientacji** *kryst.* misorientation (angle)
~ **wzniesienia** *geod.* angle of elevation
~ **wzniosu linii śrubowej** spiral angle, lead angle
~ ~ **płata** *lotn.* dihedral (angle)
~ **wznoszenia** *lotn.* angle of climb
~ **zagięcia** *obr.plast.* bend(ing) angle
~ **zaklinowania płata** *lotn.* angle of wing setting, angle of incidence
~ **zalewania** *żegl.* angle of flooding
~ **załamania promieni** *fiz.* angle of refraction
~ **zaostrzenia dziobowego** *okr.* angle of entrance (*in the forebody of a ship*)
~ ~ **rufowego** angle of run (*in the afterpart of a ship*)
~ **zarysu gwintu** thread angle, included angle (*of thread*)
~ **zataczania koła** *mot.* Ackerman angle
~ **zawarty** *geom.* included angle
~ **zbieżności** (*np. odkuwki*) draft angle
~ **zdjęciowy** *kin.* shooting angle
~ **zejścia** *mot.* angle of departure
~ ~ **łuku przyporu** (*w przekładni zębatej*) angle of recession
~ **zerowego momentu** (*śruby*) *okr.* pitch of no torque
~ ~ **naporu** (*śruby*) zero-thrust angle
~ **zerowej siły nośnej** *aero.* zero lift angle
~ **zerowy** *geom.* zero angle
~ ~ **przyporu** (*w przekładni zębatej*) pressure angle of generation
~ **zetknięcia** *hydr.* angle of capillarity, boundary angle, rim angle, angle of contact
~ **zewnętrzny** (*wielokąta*) *geom.* exterior angle
~ **zezowania** (*pocisku kierowanego*) lead angle (*in missile guidance*)
~ **zgięcia** *obr.plast.* bend(ing) angle
~ **znikania światła** *kryst.* extincion angle
~ **zorientowany** *geom.* directed angle
~ **zwilżania** *fiz.* angle of contact, wetting angle
~ ~ **zstępujący** receding wetting angle
~ **zwłoki** *uzbr.* trail angle
kątnica *f okr.* thwart knee
kątnik *m* 1. *narz.* bevel cutter 2. *el.* (*conduit*) elbow, ell, sharp bend
kątomierz *m* protractor
~ **działowy** *uzbr.* dial sight, panoramic sight, panoramic telescope, gun arc
~ **kołowy** *rys.* circular protractor
~ **nastawny** (*warsztatowy*) bevel protractor
~ ~ **z noniuszem** vernier bevel protractor
~ **optyczny z poziomnicą** optical clinometer
~ **uniwersalny** universal bevel protractor
kątownica *f* **nastawna** sine bar
kątownik *m* 1. square 2. angle (section), angle bar
~ **do mocowania** *obr.skraw.* angle plate, angle bracket
~ **łebkowy** bulb angle
~ **murarski** *bud.* angle gauge
~ **nastawny** universal bevel gauge
~ ~ **do mocowania** *obr.skraw.* adjustable angle plate, swivel angle plate
~ ~ **wzorcarski** combination bevel gauge
~ **równoramienny** equal-sided angle, equal-leg angle
~ **stały 45°** mitre square
~ **ustawczy** *obr.skraw.* centre head
~ **walcowy** cylindrical square
~ **wzorcarski** (*do mocowania*) *obr.skraw.* box angle plate
kątowniki *mpl* **stalowe** angle iron, angle steel
kątowy *a* angular
kąty *mpl* **Eulera** *mech.* Euler's angles
~ **naprzemianległe** *geom.* alternate angles
~ **odpowiadające** *geom.* corresponding angles, exterior-interior angles
~ **przeciwległe** (*wielokąta*) *geom.* opposite angles
~ **przy podstawie** *geom.* base angles
~ **w układzie narzędzia** *obr.skraw.* tool angles
~ ~ ~ **roboczym** *obr.skraw.* working angles
~ **wierzchołkowe** *geom.* vertical angles
kb = karabin rifle
kbk = karabinek carbine
kbks = karabinek sportowy miniature rifle
kcal = kilokaloria *jedn.* kilocalorie, kilogram-calorie, great calorie, large calorie
kciuk *m anat.* thumb
KD = klasyfikacja dziesiętna (universal) decimal classification
KDD = klasyfikacja dziesiętna Deweya Dewey decimal classification
kecz *m okr.* ketch
kefaliny *pl biochem.* kephalins, cephalins
kefir *m spoż.* kefir
kegel *m poligr.* type size, point size
keja *f* quay
kelwin *m jedn.* kelvin, K
kem *m geol.* kame
kenaf *m bot.* kenaf, kanaf(f), *Hibiscus cannabinus* L.
kenel *m* cannel coal
kenotron *m elektron.* kenotron
kenozoik *m geol.* **1.** Cainozoic era 2. Cainozoic group
kerargiryt *m min.* cerargyrite, chlorargyrite, hornsilver
keratom *m med.* keratome
keratyna *f biochem.* keratin
kerazyna *f biochem.* kerasin
kerdometr *m tel.* gain measuring set
kerma *f fiz.* kinetic energy released in material, kerma
kermezyt *m min.* kermesite, antimony blend, pyrostibnite
kernit *m min.* kernite

kerogen *m petr.* kerogen
kerozyna *f* aviation kerosene
keson *m* **1.** *inż.* caisson **2.** *lotn.* torque box, torsion box
~ **-dzwon** bell caisson
~ **pneumatyczny** pneumatic caisson
ket *m okr.* cat, catboat
keten *m chem.* ketene
ketmia *f* **konopiowata** *bot.* kenaf, kanaf(f), *Hibiscus cannabinus* L.
ketol *m chem.* keto alcohol, ketol, hydroxyketone
keton *m chem.* ketone
~ **etylowobutylowy** ethyl butyl ketone, 3-heptanone
~ **etylowy** diethyl keone, 3-pentanone
~ **fenylowy** benzophenone, diphenylketone
~ **izobutylowy** diisobutyl ketone, isovalerone
~ **metylowoetylowy** methyl ethyl ketone
~ **metylowoizobutylowy** methyl isobutyl ketone, MIBK
~ **metylowo-propylowy** pentanone, methyl propyl ketone, MPK
~ **pentadecylowy** palmitone
~ **propylowy** dipropyl ketone, 4-heptanone
ketonizacja *f chem.* ketonization
ketonoacetal *m chem.* ketone acetal
ketonoalkohol *m chem.* keto alcohol, ketol, hydroxyketone
ketonokwas *m chem.* keto acid
ketoza *f chem.* ketose
keV = kiloelektronowolt *jedn.* kilo-electron-volt
kędzierzawiarka *f włók.* curling machine
kędzierzawienie *n włók.* curling, friezing
~ **liścia** *bot.* leaf curling
kęs *m hutn.* billet
~ **smoły polerowniczej** *szkl.* mallet
kęsisko *n* **kwadratowe** *hutn.* bloom
~ **płaskie** *hutn.* slab
kęsy *mpl* (*sortyment węgla*) rounds (*of coal*)
KF = krótkie fale *rad.* short waves, decametric waves
kg = kilogram *jedn.* kilogram(me)
KG·m = kilogramometr *jedn.* **1.** kilogrammetre **2.** metre-kilogram
kichawiec *m bot.* sabadilla, *Sabadilla officinalis*
kielich *m* **kwiatu** *bot.* calyx
~ **pocisku** shell forging, shell body, shell case
~ **rury** pipe bell, pipe socket, faucet
kielichowanie *n* **rur** belling of tubes
kielnia *f bud.* trowel
~ (*tynkarska*) **do wykańczania ościeży i naroży** margin trowel
~ (*tynkarska*) **do zacierania na gładko** laying trowel
~ **kamieniarska** lifting trowel
~ **mała** buttering trowel
~ **murarska** brick trowel
~ **tynkarska** plasterer's trowel
~ ~ **wydłużona** gauging trowel
kieł *m* **1.** *masz.* centre (*of a lathe etc.*) **2.** *anat.* canine (tooth)
~ **centrujący** centre point
~ **do karczowania** *roln.* stumper
~ **elektrody** *spaw.* electrode tip
~ **górnej szczęki** *anat.* eye-tooth
~ **konika** (*tokarki*) tail centre, back centre (*of a lathe*)
~ **nieruchomy** *obr.skraw.* dead centre
~ **obrotowy** *obr.skraw.* live centre, revolving centre, running centre
~ **sprzęgłowy** clutch jaw, engagement dog
~ **stały** *obr.skraw.* dead centre
~ **tokarki** lathe centre
~ ~ **z końcówką z węglików spiekanych** tipped centre
~ **zabierakowy** *obr.skraw.* driving centre
~ **zderzaka** *mot.* bumper overrider
~ **ze ścięciem** *obr.skraw.* half-round centre, half centre
kiełbasa *f spoż.* sausage
kiełek *m bot.* germ
~ **słodowy** *ferm.* malt sprout
~ **wyłącznika** (*wagi analitycznej*) arrestment lug
~ **zbożowy** cereal germ
kiełkować *v bot.* germinate, sprout
kiełkownik *m roln.* germination apparatus
kierat *m roln.* horse gear, bullock gear
kierować *v* **1.** steer; guide; direct **2.** manage; control; operate
~ **przedsiębiorstwem** run an enterprise
~ **się do ...** *żegl.* head for ...
~ ~ **zasadą** follow a principle
kierowalność *f* (*pojazdu*) steerability
kierowanie *n* steering; guidance (*of missiles etc.*)
~ **geomagnetyczne** magnetic guidance
~ **gwiezdne** stellar guidance
~ **inercyjne** inertial guidance
~ **na cel** homing (*of missile*)
~ **ogniem** (*artyleryjskim*) (artillery) fire control
~ **programowe** pre-set guidance
~ **przewodowe** wire guidance
~ **rozkazami** command guidance
~ **ruchu 1.** *drog.* channelization **2.** *telef.* routing
~ **stropem** *górn.* roof control
~ **światła** (*przez oprawę*) light control
~ **w środkowej fazie lotu** midcourse guidance
~ **wiadomości** *tel.* message routing
~ **wiązką** beam-rider guidance
~ **wstępne** launching guidance
~ **z ziemi** ground control (*of aircraft, missiles*)
~ **zdalne pociskami** missile guidance
~ ~ ~ **po torze** direct command guidance, track-command guidance
~ **ze wspomaganiem** *mot.* power-assisted steering
kierowca *m* driver
~ **rezerwowy** spare driver; co-driver
~ **samochodowy** (*amator*) motorist
kierownica *f* **1.** *mat.* directrix **2.** *mot.* steering gear **3.** handle-bar (*in a bicycle or motorcycle*) **4.** *masz.* guide ring, stator **5.** *inż.* lead-in pier

~ **bezpieczna** *mot.* collapsible steering wheel
~ **łopatkowa** guide vanes, stator (*of a turbine or axial compressor*)
~ **przykładnicy** *rys.* T-square stock
~ **stolikowa** *geod.* sight rule
~ **strug** *lotn.* fence (*on a wing*)
~ **turbiny wodnej** guide apparatus of water turbine
~ **wstępna** inlet guide vanes, prestator blades (*in a compressor*)
~ **ze wspomaganiem** *mot.* power steering gear
kierownictwo *n* management; administration; direction
kierownik *m* manager; head (of department)
~ **barki** barge master
~ **działu** head of department
~ ~ **kadr** personnel officer, personnel manager, head of personnel department
~ **kontroli technicznej** chief inspector
~ **magazynu** warehouse-man, warehouse-keeper
~ **maszyn** (*w marynarce wojennej*) chief engineer (*in the navy*)
~ **oddziału produkcyjnego** shop master
~ **personalny** *zob.* **kierownik działu kadr**
~ **produkcji** production manager, works manager, plant manager
~ **ruchu** dispatcher
~ **sprzedaży** sales manager, sales executive
kierunek *m* direction
~ **łatwego magnesowania** *met.* direction of easy magnetization, preferred magnetic axis
~ **najgęściej obsadzony** (*atomami*) *kryst.* strong direction
~ **nawinięcia** *masz.el.* direction of winding
~ **obrotu** sense of rotation, hand of rotation
~ **przeciwbieżny** *masz.el.* backward direction
~ **przepływu** direction of flow
~ **przewodzenia** *el.* conducting direction, forward direction
~ **studiów** branch of study
~ **trudnego magnesowania** *met.* direction of hard magnetization
~ **uprzywilejowany** *opt.* privileged direction
~ **ustawienia** orientation
~ **wiatru** direction of the wind, wind's eye
~ **włókien** *drewn.* grain direction
~ **współbieżny** *masz.el.* forward direction
~ **wsteczny** inverse direction
~ **wstęgi** *papiern.* direction of paper
kierunki *mpl* **główne** *mat.* principal directions
kierunkowość *f akust.* directivity
~ **struktury powierzchni obrobionej** *obr. skraw.* lay
~ **własności** directionality of properties, anisotropy
kierunkowskaz *m mot.* direction indicator, traffic indicator, trafficator
~ **migowy** winker direction indicator
~ **ramieniowy** semaphore direction indicator
~ **świetlny** direction indicator lamp
kierunkowy *a* directional
kierznia *f spoż.* churn
kieszeń *f* pocket
~ **dekoracyjna** *TV* auxiliary scenary store
~ **kotwiczna** *okr.* anchor pocket
~ **na mapy** (*na drzwiach samochodu*) map pocket
~ **podsadzkowa** *górn.* filling pocket
~ **pyłowa** dust pocket, dust leg
~ **zasypowa** *szkl.* filling pocket, doghouse
~ **zbiorcza** (*na wyroby*) *obr.plast.* collecting pocket
~ **żużlowa** (*w piecu martenowskim*) slag pocket
kikut *m* **1.** *med.* stump **2.** *leśn.* snag
kil *m okr.* keel, *zob.też* **stępka**
kilblok *m okr.* keel block, middle block
kilo- kilo- (*prefix representing* 10^3)
kilof *m* pick, pickaxe
kilogram *m jedn.* kilogram(me), kg
kilogramometr *m jedn.* **1.** kilogrammetre: 1 kG·m (*pracy*) = 9.80665 J; 1. kG·m (*momentu*) = 9.80665 N·m **2.** metre-kilogram
kilokaloria *f jedn.* kilocalorie, kilogram-calorie, great calorie, large calorie, *zob. też* **kaloria**
kilometr *m jedn.* kilometre: 1 km = 10^3 m
kilotona *f jedn.* kiloton, kt, *zob.też* **tona**
kilowat *m jedn.* kilowat, kW, *zob.też* **wat**
kilowatogodzina *f jedn.* kilowat-hour: 1 kW·h = $0.36 \cdot 10^7$ J
kilowolt *m jedn.* kilovolt, kV, *zob.też* **wolt**
kilson *m okr.* keelson, kelson
kilwater *m żegl.* wake, dead water
kimograf *m* kymograph
kinazy *pl biochem.* kinases
kinematografia *f* cinematography
kinematyczny *a* kinematic
kinematyka *f mech.* kinematics
~ **ciała sztywnego** kinematics of the rigid body
~ **płynów** kinematics of fluids
~ **punktu** kinematics of a point
kineskop *m TV* picture tube, image tube, viewing tube, kinescope
~ **achromatyczny** black-and-white kinescope
~ **biało-czarny** *zob.* **kineskop achromatyczny**
~ **kolorowy** colour picture tube
~ ~ **jednowiązkowy** single-beam colour picture tube
~ ~ **maskowy** three-gun colour picture tube
~ **projekcyjny** projection picture tube
kinetostatyka *f mech.* dynamic force analysis
kinetoza *f med.* motion sickness, kinetosis
kinetyczny *a* kinetic
kinetyka *f mech.* kinetics

~ chemiczna chemical kinetics, reaction kinetics
~ ciała sztywnego rigid-body dynamics
~ płynów kinetics of fluids
~ punktu materialnego kinetics of a particle
~ układów materialnych kinetics of material system
kingston *m okr.* kingston valve, sea inlet valve
kinkiet *m* lamp bracket
kino *n* cinema
~ objazdowe mobile cinema
~ parkingowe drive-in cinema
kiosk *m* **1.** kiosk **2.** *okr.* conning-tower
kipers *m spoż.* kipper, kippered herring
kipieć *v* boil over
kipiel *f ocean.* surf, breakers, overfalls
kiszenie *n spoż.* souring
kiszonka *f roln.* ensilage, silage
kit *m* putty; lute; cement
~ klejowy gap filling adhesive
~ malarski painter's putty
~ pszczeli propolis, bee glue
~ szklarski glazier's putty
~ szpachlowy hard putty, stopper, hard stopping, filler
~ żelazny iron mastic, iron cement, beaumontage
~ żywiczny resin cement
kita *f* **płomienia** *spaw.* flame feather
kitlistwa *f bud.* glazing bead moulding, glass stop
kitować *v* lute; putty
kiur *m* **1.** *chem.* curium, Cm **2.** *jedn.* curie: 1 Ci = $0.37 \cdot 10^{11}$ Bq
kiurometr *m gum.* curemeter
kiurowce *pl chem.* curoids (Cm, Bk, Cf, Es, Fm, Md, No, Lr)
kiuweta *f zob.* **kuweta**
kiwak *m górn.* pumping jack
kiwanie *n* **statku** *żegl.* pitching
kiwon *m wiertn.* oil-well pump
kizeryt *m min.* kieserite
klacz *f zool.* mare
klajster *m* paste
klakson *m mot.* horn (signal)
klamerka *f* **1.** *odl.* spring chaplet **2.** *med.* clip
klamka *f* door handle
~ odciągana *mot.* pull-cut-type handle
~ wpuszczona *mot.* flush-fitting handle, recessed door handle, sunk door handle
~ wewnętrzna *mot.* inside door handle
klamra *f* clamp, clasp; shackle; staple
~ ciesielska dog (anchor)
~ do łączenia kamieni oblicówki *bud.* fibula
~ kłonicowa stake pocket
~ krętlikowa swivel shackle
~ masztu *okr.* mast hasp, mast clamp
~ odrzutowa (*liny trałowej*) *ryb.* towing block, slip block, slip hook
~ pasa belt fastener
~ stoperowa (*liny*) *ryb.* wire stopper
klamrować *v* clamp; *drewn.* dog
klamry *fpl* **włazowe** step irons
klapa *f* **1.** flap; hatch; gate **2.** flap valve, clack valve, clack; swivel damper **3.** *lotn.* landing flap **4.** *ryb.* flapper
~ eksplozyjna *kotł.* explosion door
~ Fowlera *lotn.* Fowler flap, extension flap
~ gruntowa (*pogłębiarki*) diverting valve (*of a dredger*)
~ krokodylowa *lotn.* split flap
~ miernicza *hydr.* hinged-gate measuring valve
~ nosowa (*na krawędzi natarcia*) *zob.* **klapa przednia**
~ podmuchowa *kotł.* blast gate
~ powietrzna *kotł.* air damper
~ przednia *lotn.* leading-edge flap, nose flap
~ strumieniowa *lotn.* jet flap
~ szczelinowa *lotn.* slotted flap
~ ~ przesuwna *zob.* **klapa Fowlera**
~ sztormowa *okr.* storm valve
~ tylna *mot.* tailage
~ w podłodze trapdoor
~ wjazdowa promu *okr.* ferry bridge
~ włoka *ryb.* flapper of a trawl
~ wywrotna *kotł.* dumping door
~ z nadmuchem (*ze zdmuchiwaniem warstwy przyściennej*) blown flap
~ zamykająca zasobnika tipper seal
~ zwykła *lotn.* plain flap
klapka *f* **1.** small flap **2.** *lotn.* tab (*on a control surface*) **3.** *tel.* drop indicator
~ odciążająca *lotn.* balance tab
~ sterownicza *lotn.* servo tab
~ telefoniczna *telef.* drop indicator
~ wyważająca *lotn.* trimming tab, trimmer
~ ~ stała trimming strip
klapki *fpl* **regulujące chłodzenie** cooling flaps, gills
klapolotka *f lotn.* flaperon, flap-aileron
klaps *m kin.* clap sticks
klapy *fpl* **całkowite wychylone** *lotn.* full flaps
klark *m* **1.** *żegl.* clerk **2.** *geol.* clarke, crustal abundance
~ bukingowy booking clerk
~ frachtujący chartering clerk
~ ładujący cargo sheet clerk
~ pasażerski landing clerk
klarowanie *n* clarifying, clarification (*of liquid*)
~ piwa break of beer
~ statku clearing of ship
~ szkła fining of glass
klarownica *f* **1.** clarifier **2.** *cukr.* melting pan, melting tank, melter **3.** *ferm.* straining tub
klarownik *m* clarifier, clarrifying tank
klarowność *f* clarity
klarowny *a* clear, limpid, pellucid
klarówka *f cukr.* melt, melted sugar
klaryt *m petr.* clarite, clarain, glance coal
klasa *f* class; grade
~ bonitacji *roln., leśn.* valuation class, productivity class

~ **gładkości powierzchni** *rys.* roughness number
~ **krystalograficzna** crystal class
~ **monotypowa** (*jachtów*) one-design class, monotype class
~ **ograniczona** (*jachtów*) restricted class
~ **papieru** grade of paper, class of paper
~ **regatowa** (*jachtów*) rating class
~ **stali** grade of steel
~ **statku** class of ship
~ **symetrii** *kryst.* symmetry class
~ **szkolna** classroom
~ **tolerancji** grade of tolerance
~ **trapezoedru trygonalnego** *kryst.* trigonal-trapezohedral class
~ **trymownicza ładowni** (*statku*) trimming class of the hold
~ **wadliwości** *skj* class fraction defective
~ **wieku** *leśn.* age class
~ **wzorcowa** (*wykonania*) reference grade
~ **ziarnowa** *górn.* size grade
klaster *m nukl.* cluster
klasyfikacja *f* classification; grading
~ **alternatywna** alternative classification
~ **BZ** (*rozkładu strumienia świetlnego we wnętrzu*) British zonal classification of light distribution
~ **dziesiętna** (universal) decimal classification
~ **gruntów** *roln.* land classification
~ **hydrauliczna** hydraulic classification, wet classification
~ **pneumatyczna** pneumatic classification, air separation
~ **pyłów** elutriation
~ **sitowa** screen classification
~ **statku** classification of ship
~ **stołowa** *górn.* tabling
~ **(węgla) według klas** classification by grade
~ ~ ~ **sortymentów** classification by size
~ ~ ~ **typów** classification by rank
~ **wibracyjna** vibration separation
klasyfikator *m wzbog.* classifier, sizing apparatus
~ **czaszowy** bowl classifier
~ **grabkowy** rake classifier
~ **hydrauliczny** hydraulic classifier, wet classifier
~ **pneumatyczny** air classifier
~ **powietrzny** *zob.* **klasyfikator pneumatyczny**
~ **pyłów** elutriator
~ **stożkowy** cone classifier, classifying cone
~ **ślimakowy** screw classifier, spiral classifier
~ **śrubowy** *zob.* **klasyfikator ślimakowy**
~ **wielopoziomowy** multideck classifier
~ **zgrzebłowy** drag-type classifier
klasyfikować *v* classify; grade
klasztor *m* monastery, cloister
klatka *f* **1.** cage; hutch **2.** (*opakowanie*) crate
~ **czterowalcowa** *hutn.* four-high stand
~ **do łamania zgorzeliny** *hutn.* scale breaking stand
~ **drewniana** (*opakowanie*) wood crate
~ **Faradaya** *el.* Faraday cage
~ **filmowa** *fot.* frame
~ **kwarto** *zob.* **klatka czterowalcowa**
~ **o walcach poziomych** *hutn.* horizontal stand
~ **osadcza** *hutn.* edging stand, (vertical) edger
~ **piersiowa** *anat.* chest, thorax
~ **poszerzająca** *hutn.* spreading mill
~ **pośrednia** *hutn.* intermediate stand
~ **przedgotowa** *hutn.* leader stand
~ **schodowa** *bud.* staircase, stairway
~ **stępkowa** *okr.* keel block
~ **szybowa** mine cage, pit-cage
~ **uniwersalna** *hutn.* universal stand
~ **walcownicza** *hutn.* rolling stand, mill stand
~ ~ **wymienna** change stand
~ **walców ciągnących** (*urządzenia do ciągłego odlewania*) withdrawal stand
~ ~ **zębatych** *hutn.* pinion stand, pinion housing
~ **wielopiętrowa** *górn.* multideck cage
~ **wielowalcowa** *hutn.* multi-roll stand
~ **wirnika** *el.* squirrel-cage
~ **wstępna** *hutn.* break-down stand, roughing stand
~ ~ **walcowni obręczy** becking mill
~ **wyciągu** elevator cage
~ **wykończająca** *hutn.* finishing stand, finisher
~ **z walcami pionowymi** *hutn.* edging stand, (vertical) edger
klatkowy *a* cellular
klatrat *m chem.* clathrate compound
klaustrofobia *f med.* claustrophobia
klauzula *f* clause
~ **arbitrażowa** arbitration clause
~ **dewiacyjna** *żegl.* deviation clause
~ **kolizyjna** *żegl.* collision clause, running down clause
~ **lodowa** *żegl.* ice clause
~ **największego uprzywilejowania** *ek.* most favoured nation clause
~ **pokładowa** *żegl.* deck clause
~ **strajkowa** *żegl.* strike clause
~ **zastawu** *żegl.* lien clause
klawacyna *f farm.* clavacin, clavatin, claviformin, patulin (*antibiotic*)
klawiatura *f* keyboard
~ **10-klawiszowa** *biur.* ten-key keyboard
klawiformina *f zob.* **klawacyna**
klawisz *m* key; key button
~ **cofający** *biur.* back space key
~ **korekty** *biur.* correction key
~ **martwy** dead key
~ **mnożenia** (*w maszynach do liczenia*) multiplication key
~ **odstępów** *biur.* space bar
~ **rezultatu** (*w maszynach do liczenia*) *zob.* **klawisz wynikowy**
~ **rozruchu** *biur.* start key
~ **tabulatora** *biur.* tabulator key

~ **wynikowy** (*w maszynach do liczenia*) total key
kleić *v* glue, cement
kleistość *f* (*farby graficznej*) tack, tackiness (*of printing ink*)
~ **konfekcyjna** *gum.* building tack
kleisty *a* gluey, tacky
klej *m* glue, cement; adhesive
~ **aktywowany na gorąco** heat activated adhesive
~ **albuminowy** albumin glue
~ **anaerobowy** anaerobic adhesive
~ **beztlenowy** *zob.* **klej anaerobowy**
~ **cyjanoakrylowy** cyanoacrylate adhesive
~ **dekstrynowy** British gum
~ **do drewna** wood adhesive
~ **do metali** metal-bonding adhesive
~ **do papieru** paper adhesive
~ **do produkcji papieru** paper-maker's glue; size
~ **dwuwarstwowy** separate application adhesive
~ **emulsyjny** emulsion adhesive
~ **fenolowy** phenolic adhesive, phenolic cement
~ **introligatorski** bookbinding glue
~ **kauczukowy** rubber cement
~ **kazeinowy** casein glue
~ **konstrukcyjny** *drewn.* assembly glue, structural adhesive
~ **kontaktowy** contact adhesive
~ **kostny** bone glue
~ **lateksowy** latex cement
~ **mocznikowo-formaldehydowy** urea-formaldehyde resin adhesive
~ **pianowy** foam glue
~ **pomydlany** nigre (*in soap manufacture*)
~ **przylepcowy** pressure-sensitive adhesive
~ **roślinny** vegetable glue; mucilage
~ **rybi** fish glue; isinglass
~ **skórny** hide glue, skin glue, leather glue
~ **skrobiowy** starch glue
~ **stolarski** carpenter's glue, joiner's glue
~ **termoplastyczny** thermoplastic adhesive
~ **termoutwardzalny** thermosetting adhesive
~ **topliwy** hot-melt adhesive
~ **uniwersalny** all-purpose adhesive
~ **uszczelniający** gap filling adhesive
~ **utwardzalny na ciepło** warm-setting adhesive
~ **wodny** aqueous adhesive
~ **wodoodporny** waterproof glue
~ **wzmacniany** (*np. włóknami*) supported adhesive
~ **zwierzęcy** animal glue
~ **żywiczny** resin glue, resin adhesive
klejarka *f* **1.** *drewn.* glue spreader **2.** *poligr.* gluing machine, gumming machine, gluer **3.** *włók.* dressing machine; slasher
klejenie *n* **1.** gluing; cementing **2.** *włók.* dressing, slashing **3.** *papiern.* sizing
~ **kontaktowe** contact bonding
~ **stykowe** *zob.* **klejenie kontaktowe**
klejomierz *m* glue tester
klejonka *f* *włók.* dressing
klejowaty *a* gluey
klejówka *f* (*odpadki skór surowych*) glue stock, fleshings
klekot *m* clatter
klepać *v* beat (*with hammer*); dress (*sheet metal*)
klepadło *n* **blacharskie** stake, tinsmith's anvil, dolly block
~ ~ **kuliste** round bottom stake
klepak *m* (tinsmith's) chasing hammer
kleparka *f* *włók.* willow, willey
klepisko *n* **1.** *roln.* thrashing floor **2.** *ferm.* couching-floor
~ **młocarni** concave (*of a thrasher*)
klepka *f* (*beczki*) stave
~ **drewniana** woodstave
~ **posadzkowa** parquet flooring block
~ **skrajna** (*poszycia burtowego*) *okr.* washboard
~ **tunelowa** poling board (*in tunnelling*)
klepulec *m* *poligr.* shooting plane, planer
kleszcz *m* *zool.* tick, *Argas*
kleszcze *pl* **1.** tongs; pliers **2.** *bud.* roof tie, collar tie **3.** *med.* forceps
~ **bezpiecznikowe** *el.* fuse-tongs
~ **do gęsi** *odl.* pig tongs
~ **do trzebienia** *wet.* emasculator
~ **do usuwania zębów** *zob.* **kleszcze ekstrakcyjne**
~ **do wkładek bezpiecznikowych** *el.* fuse tongs
~ **do wlewków** *hutn.* ingot tongs, stripper tongs
~ **dźwigowe** *transp.* lifting tongs, pick-up tongs; pincher
~ **ekstrakcyjne** extracting forceps, dental forceps
~ **izolacyjne** *el.* insulated tongs
~ **kabłąkowe** curved lip tongs
~ **kowalskie** forge tongs
~ **nitownicze** rivet tongs
~ **płaskie** straight lip tongs
~ **podnoszące** *transp.* lifting tongs, pick-up tongs
~ **porodowe** midwifery forceps; abortion forceps
~ **protetyczne** dental mechanic's tongs, laboratory pliers
~ **samozaciskające** (*do podnoszenia ciężarów*) grip-tongs
~ **wyciągowe** (*do drutu*) *obr.plast.* pulling-in dog, stringing-up dog
kleszczka *f* *ryb.* meshing needle, net needle
kleweit *m* *min.* cleveite
klidonograf *m* *el.* klydonograph
klient *m* customer; patron
klif *m* *geol.* cliff
klimaks *m* (*ekologiczny*) *biol.* climax
klimat *m* climate
~ **kontynentalny** continental climate
~ **morski** marine climate, oceanic climate
~ **stepowy** semiarid climate, steppe climate
~ **umiarkowany** temperate climate, mezothermal climate, mezoclimate
klimatologia *f* climatology

klimatyzacja *f* air conditioning
~ **bytowa** comfort air conditioning
~ **przemysłowa** industrial air conditioning
klimatyzator *m* air conditioner
~ **pokojowy** room air conditioner
klimatyzowanie *n* conditioning
klimatyzowany *a bud.* air conditioned
klin *m* **1.** wedge **2.** *lotn.* vee formation
~ **czaszy spadochronu** gore of a parachute
~ **czółenkowy** *masz.* disk key, Woodruff key
~ **do formy** *poligr.* quoin
~ **do łupania kamieni** *bud.* spalling wedge
~ **do urabiania węgla** *górn.* buster
~ **drewniany** (*w odeskowaniu*) *bud.* page
~ **fotometryczny** wedge photometer
~ **kasownika** *biur.* clearing wedge
~ **kwadratowy** *masz.* square key
~ **linotypowy** *poligr.* space band
~ **montażowy** *okr.* plater's wedge
~ **nastawczy** *masz.* adjusting wedge, adjusting cotter, adjusting key
~ **o ściankach równoległych** *masz.* parallel key
~ **odłamu** (*w mechanice gruntów*) soil wedge
~ **olejowy** *masz.* oil wedge, convergent lubricating film
~ **optyczny** *fot.* wedge filter
~ **płaski** *masz.* key on flat
~ **pochylniowy** *okr.* declivity board
~ **podbudowy statku** *okr.* adjusting wedge (*to raise a vessel*)
~ **podporowy** *okr.* shore wedge
~ **poprzeczny** *masz.* cotter
~ **regulujący** *masz.* adjusting wedge, adjusting cotter, adjusting key
~ **rozdzielczości** (*na obrażie kontrolnym*) *TV* resolution wedge
~ **smarowy** *masz.* oil wedge, convergent lubricating film
~ **styczny prostokątny** *masz.* tangent key, Lewis key
~ **walcowy** *masz.* round key
~ **włoka** *ryb.* quarter of a trawl
~ **wpuszczany** *masz.* sunk key
~ **wzdłużny** *masz.* machine key
~ ~ **noskowy** gib-head key
~ ~ **stożkowy** round key
~ ~ **wklęsły** saddle key
~ **zbieżny** *masz.* taper key
~ **zwykły** *masz.* plain key
kliniec *m* **1.** *drog.* key aggregate **2.** *arch.* arch block, arch stone, voussoir
~ **obudowy tunelu** *inż.* tubing
~ **wezgłowiowy** (*sklepienia*) springer, rein skewback, cushion (*of a vault*)
klinkier *m ceram.* clinker
~ **budowlany** clinker brick
~ **drogowy** paving brick, pavior, adamantine clinker
klinkierowanie *n* clinkering
klinoklaz *m min.* abichite
klinometr *m geod.* clinometer, inclinometer, slope level
klinować *v* wedge
~ **klinem poprzecznym** *masz.* cotter
~ ~ **wzdłużnym** *masz.* key
klinowanie *n* **kamieni** *bud.* stoping
~ **wrębu** *górn.* nogging
klinowy *a* wedge-shaped
klintonit *m min.* clintonite, xanthophyllite
kliny *mpl* **pomiarowe** taper parallels (*for measuring holes*)
klistron *m elektron.* klystron
~ **dwuobwodowy** two-cavity clystron
~ **refleksowy** reflex klystron
~ **wieloobwodowy** multi-cavity klystron
klisza *f* **drewniana** *poligr.* wood block
~ **drukarska** printing block, printing plate
~ **fotograficzna** photographic plate
~ **kreskowa** *poligr.* line block
~ **siatkowa** *poligr.* half-tone block
kliważ *m geol.* cleavage
kliwer *m okr.* jib
kliwerfał *m okr.* jib halyard
kliwerszot *m okr.* jib sheet
kloc *m* **obłowy** (*w doku*) *okr.* bilge shore
~ **prasujący** *odl.* presser board, squeeze board
klocek *m* block
~ **cierny** *masz.* friction block, friction pad
~ ~ **sprzęgła** clutch shoe
~ **do mocowania stolarki** *bud.* furniture fixing block, fixing pad
~ **do szlifowania** (*np. kamienia*) rubber, rubbing block
~ **dociskowy** *masz.* pressure shoe
~ **hamulcowy** brake shoe, brake block
~ **sieciarski** *ryb.* meshstick, keevil, kibble
~ **włosa** *zeg.* hairspring stud, index pin, curb pin
~ **wrębowy** *górn.* chock
klon *m* **1.** *bot.* maple, *Acer* **2.** *biol.* clone
~ **cukrowy** sugar maple, *Acer saccharum* L.
~ **czerwony** red maple, *Acer rubrum*
~ **jawor** great maple, *Acer pseudoplatanus*
~ **polny** field maple, *Acer campestre* L.
~ **wielkolistny** Oregon maple, bigleaf maple, *Acer macrophyllum*
~ **zwyczajny** Norway maple, *Acer platanoides* L.
kloning *m biol.* cloning
klosz *m* **izolatora** *el.* petticoat of an insulator
~ **kulisty lampy** lamp globe
~ **lampy** lamp bowl; *mot.* lamp lens
~ **okrętu podwodnego** bow buoyancy tank (*of a submarine*)
klotoida *f mat.* clothoid, Cornu's spiral
klozet *m* water-closet
klub *m* **użytkowników** (*sprzętu komputerowego*) user group
klucz *m* **1.** *key* **2.** *masz.* spanner, wrench **3.** *lotn.* vee formation
~ **czołowy z dwoma czopami** face wrench, face spanner, fork wrench
~ **do rur** pipe spanner, pipe wrench
~ **do uchwytu** (*np. tokarskiego*) chuck wrench, chuck key

~ **do wykręcania kołków śrubowych** stud remover
~ **do zatrzasku** latch-key
~ **dwustronny** double-ended spanner, double-head wrench
~ **dynamometryczny** torque spanner, torque wrench, tension wrench
~ **elektrolityczny** *elchem.* salt-bridge
~ **fajkowy** bent spanner
~ **haczykowaty do nakrętek okrągłych** sickle spanner
~ **informacyjny** *inf.* sorting key
~ **jednostronny** single-ended spanner, single-head wrench
~ **kombinowany** (*połączenie klucza płaskiego z oczkowym*) combination spanner
~ **łańcuchowy do rur** chain spanner, chain wrench, chain (pipe) tongs
~ **maszynowy** constructional spanner, engineer's wrench
~ **montażowy** (*do konstrukcji stalowych*) structural wrench
~ **Morse'a** *telegr.* Morse key
~ **naciągowy** *zeg.* winding key
~ **nasadowy** tubular spanner, socket wrench
~ ~ **krzyżowy** star brace
~ ~ **sześciokątny** hexagon-socket wrench
~ **nastawny** adjustable spanner, shifting spanner
~ ~ **pojedynczy** monkey wrench
~ **oczkowy** box spanner, box wrench
~ ~ **dwunastokątny** ring spanner
~ ~ ~ **odgięty** offset ring spanner
~ ~ **sześciokątny** hexagon spanner
~ **płaski** open ended spanner, flat wrench
~ ~ **do nakrętek trudnodostępnych** obstruction spanner
~ **prądowy** *elektron.* current-mode logic
~ **rozsuwalny główkowy** bulldog adjustable spanner
~ ~ **pojedynczy** monkey wrench
~ **sklepienia** *bud.* key course
~ **sortowania** *inf.* sorting key
~ **sterujący** *el.* control key
~ **sygnalizacyjny** *el.* signalling key
~ **udarowy** (*z napędem pneumatycznym*) impact wrench
~ **uniwersalny** pass-key, skeleton key, master key
~ **widełkowy do rur** alligator wrench
~ **wiertniczy** toll wrench
~ **z grzechotką** ratchet spanner, ratchet wrench
~ **zabezpieczenia pamięci** *inf.* protection key
kluczowanie *n tel.* keying
~ **z przesuwem częstotliwości** *elektron.* freguency-shift keying
~ **kolorem** *TV* colour separation overlay, chroma-key
~ **z przesuwem fazy** phase-shift keying, PSK
kluczyk *m* **zapłonu** *mot.* ignition key
kluk *m wiertn.* lifting dog
klupeina *f biochem.* clupeine
kluska *f* **przybitkowa** *górn.* pallet of stemming
kluza *f* **kotwiczna** *okr.* hawse-pipe, chain pipe, naval pipe
~ ~ **rufowa** stern pipe
kłaczek *m* **zawiesiny** floc(cule)
kłaczkowanie *n* flocculation
kłaczkowaty *a* flocculent
kład *m* **miejscowy** *rys.* revolved section, superimposed section
~ **przesunięty** *rys.* removed section, detail section
kładka *f* **trapowa** *okr.* gangplank, gangboard, gangway
kłaść *v* lay
~ **nacisk na...** lay stress on..., place emphasis on..., emphasize
~ **się na kursie** *żegl.* set a course
~ **stępkę** *okr.* lay the keel
kłąb *m* **1.** *hutn.* puddled ball **2.** *zool.* withers
~ **ziemniaczany** *bot.* tuber
kłącze *n bot.* rhizome
kłębek *m włók.* ball
kłębienie *n* (*masy szklanej*) *szkl.* blocking, poling, plugging, boiling (*of molten glass*)
kłębkarka *f włók.* ball winding machine
kłęby *mpl* **dymu** puffs of smoke
kłoda *f* **1.** *drewn.* log **2.** (*do ręcznej obróbki skór*) beam
~ **do brudowania** *skór.* scudding beam
kłodowanie *n drewn.* logs making
kłonica *f* stanchion, stake
kłos *m bot.* ear
kłosić *v* **się** *roln.* come into ear
kłosownik *m roln.* awner
kłódka *f* padlock
kłus *m* trot
kłusak *m* trotter
kłykieć *m masz.* lobe
KM = koń mechaniczny *jedn.* metric horsepower
km = kilometr *jedn.* kilometre
km = karabin maszynowy machine-gun
KM·h = koniogodzina *jedn.* horsepower-hour
kmin *m* **rzymski** *bot.* cum(m)in, *Cuminum cyminum*
kminek *m bot.* **1.** caraway, *Carum carvi* L. **2.** caraway-seed
knaga *f okr.* belaying cleat, deck cleat
KNiT = Komitet Nauki i Techniki (*do* 1972 *r.*)
knot *m* **1.** wick **2.** match **3.** *odl.* wax vent, strum
~ **do smarowania** (*łożysk*) oil wick
~ **szybkopalny** quick-match
~ **wolnopalny** slow-match
knowie *n roln.* butts
knur *m zool.* boar
koacerwacja *f chem.* coacervation
koagulacja *f chem.* coagulation
~ **elektryczna** electrocoagulation
koagulant *m chem.* coagulant, coagulating agent, coagulator
koagulat *m chem.* coagulum

koagulowanie *n chem.* coagulation; gelling
koaktywator *m chem.* coactivator
koalescencja *f fiz.* coalescence
koażel *m chem.* coagel
kobalamina *f biochem.* cobalamin, vitamin B^{12}
kobalt *m chem.* cobalt, Co
~ **-60** cobalt-60, radioactive cobalt, radiocobalt, ^{60}Co
kobaltawy *a chem.* cobaltous
kobaltiak *m chem.* cobaltammine
kobaltowce *mpl chem.* cobalt group (Co, Rh, Ir)
kobaltowy *a chem.* cobaltic
kobaltyn *m min.* cobaltite, cobalt glance
kobylica *f wiertn.* gin pole
kobyłka *f* **rusztowaniowa** *bud.* scaffold trestle
koc *m* blanket
~ **pożarowy** *bhp* fire blanket
kocenie *n* **się owiec** lambing
kocioł *m* boiler; pot; kettle
~ **bezpaleniskowy** waste-heat boiler
~ **brzeczkowy** *ferm.* wort kettle, brew kettle
~ **defekacyjny** *cukr.* limer, liming tank
~ **destylacyjny** still, distillation pot
~ **do bielenia** *papiern.* bleaching boiler
~ **do gotowania klejonki** *włók., papiern.* size kettle
~ **do parowania drewna** *papiern.* steaming digester
~ **do przetapiania metalu** *poligr.* remelter
~ **do siarkowania** *chem.* sulfonator; *cukr.* sulfitor
~ **do warzenia mydła** soap-boiling kettle, soap pan, soap boiler
~ **dwupłomienicowy** Lancashire boiler
~ **dwuprzelotowy** two-pass boiler
~ **dwustronny** double-ended boiler
~ **dwuwalczakowy** two-drum boiler, bi-drum boiler
~ **elektrodowy** electrode boiler
~ **energetyczny** power boiler
~ **erozyjny** *geol.* pothole
~ **eworsyjny** *geol.* evorsion hollow
~ **grzejny** bot water boiler
~ **jednopłomienicowy** Cornish boiler
~ **jednoprzelotowy** single-pass boiler
~ **jednostronny** single-ended boiler
~ **kornwalijski** Cornish boiler
~ **La Monta** forced circulation boiler
~ **lankaszyrski** Lancashire boiler
~ **lodowcowy** *geol.* pot-hole
~ **mydlarski** soap boiler, boiling kettle, soap pan
~ **na ciepło odpadkowe** waste-heat boiler
~ **na najwyższe ciśnienie** super-pressure boiler
~ **o obiegu naturalnym** natural circulation boiler
~ ~ ~ **wymuszonym** forced circulation boiler
~ **o ogrzewaniu pośrednim** (*składający się z kotła pierwotnego i wtórnego*) two-pressure boiler
~ **o ruszcie mechanicznym** stoker-fired boiler
~ **odzysknicowy** waste-heat boiler
~ **okrętowy** marine boiler
~ **opłomkowy** water-tube boiler
~ **opromieniowany** radiant boiler
~ **parowozowy** locomotive boiler
~ **parowy** steam boiler
~ ~ **elektryczny** electric steam-riser, electric steam generator
~ **pieca łukowego** shell of an arc furnace
~ **płomienicowy z rurami Gallowaya** Galloway boiler
~ **płomieniówkowy** fire-tube boiler
~ ~ **leżący wieloprzelotowy** multi-pass fire-tube boiler
~ ~ **walczakowy** through-tube boiler
~ ~ **zwrotny** return-tubular boiler
~ **pomocniczy** donkey boiler
~ **przechylny** tilting boiler
~ **przepływowy** once-through boiler, monotube boiler
~ **pyłowy** pulverized-fuel boiler
~ **regeneracyjny** *gum.* digester
~ **rusztowy** stoker fired boiler
~ **saturacyjny** *cukr.* carbonator, carbonation tank
~ **sekcyjny** sectional boiler
~ **stojący** vertical boiler, upright boiler
~ **stromorurkowy** bent-tube boiler, drum--type boiler
~ ~ **wielowalczakowy** multidrum bent--tube boiler
~ **trójkanałowy** three-pass boiler
~ **trójprzelotowy** *zob.* **kocioł trójkanałowy**
~ **trójwalczakowy** tri-drum boiler
~ **utylizacyjny** waste-heat boiler
~ **warzelny** heat boiler, boiling pot; *włók.* (bucking) kier
~ ~ **do brzeczki** *ferm.* wort kettle, brew kettle
~ ~ ~ ~ **chmielowej** hop jack
~ **właściwy** boiler proper
~ **wodnorurowy** water-tube boiler
~ ~ **komorowy** box-header water-tube boiler, straight-tube boiler, header-type boiler
~ **wodny** water heater
~ **wulkanizacyjny** *gum.* curing oven
~ **wysokoprężny** high-pressure boiler
~ **z paleniskiem wewnętrznym** internally fired boiler
~ ~ ~ **zdwojonym** twin-furnace boiler
~ ~ ~ **zewnętrznym** externally fired boiler
~ **z poprzecznym walczakiem** cross-drum boiler
~ **zacierny** *ferm.* mash kettle
~ **zdwojony** double-ended boiler
kociołek *m* pot; kettle
~ **do kleju** glue pot
~ **do topienia** *odl.* melting pot
~ **kompasu** compass bowl
kod *m* code; cipher
~ **alfanumeryczny** alphanumeric code

~ **bez powrotu do zera** *inf.* non-return-to--zero code, NRZ code
~ **binarny** *inf.* binary code
~ **czasowy** timing code
~ **detekcyjny** *inf.* error detecting code, self-checking code
~ **„dwa z pięciu"** *inf.* two-out-of-five code
~ **dwójkowo-dziesiętny** *inf.* binary-coded decimal (system), BCD
~ **dwójkowy** *inf.* binary code
~ **dwupiątkowy** *inf.* biquinary code
~ **dwuwartościowy** *inf.* binary code
~ **genetyczny** *biol.* genetic code
~ **Graya** *inf.* Gray code, reflected binary code
~ **kablowy** *telegr.* cable code
~ **kierunkowych numerów telefonicznych** standard telephone directory code, STD code
~ **komputera** computer instruction code, machine code
~ **korekcyjny** *inf.* error correcting code, self-checking code
~ **kwibinarny** *inf.* quibinary code
~ **liczbowy** numerical code
~ **literowo-cyfrowy** alphanumeric code
~ **literowy** letter code
~ **łańcuchowy** *inf.* chain code
~ **minimalnie redundancyjny** *inf.* minimum redundance code
~ **morsowski** Morse code
~ **N-argumentowy** N-ary code
~ **NRZ** *inf.* non-return-to-zero code, NRZ code
~ **operacyjny** *inf.* operation code
~ **piątkowy** *tel.* five-unit code
~ **pięciodwójkowy** *inf.* quibinary code
~ **pocztowy** postal code, zip code
~ **prosty** *inf.* direct code
~ **przezroczysty** *inf.* transparent code
~ **rozkazowy** *inf.* instruction code
~ **samokomplementarny** *inf.* self-complementaring code
~ **samokorygujący** *inf.* self-correcting code
~ **skrótowy** *tel.* brevity code
~ **Stibitza** *inf.* excess-three code, Stibitz code
~ **telegraficzny** telegraph code
~ **wewnętrzny** *inf.* machine code, computer instruction code
~ **współużywalny** *inf.* reentrant code
~ **wynikowy absolutny** absolute object code
~ ~ **przesuwalny** relocatable code
~ **z nadmiarem trzy** *inf.* excess-three code, Stibitz code
~ **zewnętrzny** *inf.* pseudo-code
kodamina *f chem.* codamine
kodeina *f chem.* codeine, methylmorphine
kodeks *m* **drogowy** higway code
koder *m* coder, coding device
kodon *m genet.* codon
kodopis *m inf.* flexowriter
kodować *v* code, encode
kodowanie *n* **niepozycyjne** *inf.* free-form coding
~ **szerokości impulsów** *el.* width coding
kodujący *m inf.* coder (*person*)
koedycja *f* co-edition (*of a book*)
koenzym *m biochem.* coenzyme
~ **A** coenzyme A, CoA
~ **F** coenzyme F, CoF, tetrahydrofolic acid
~ **Q** coenzyme Q, CoQ, ubiquinone
koercja *f fiz.* coercive force
koercyjność *f fiz.* coercivity
koercyjny *a* coercive
kofeina *f chem.* coeffeine, theine, methyltheobromine
koferdam *m okr.* cofferdam
koferment *m biochem.* coenzyme
kogazyna *f chem.* kogasin
kogut *m zoot.* cock, rooster
kohenit *m* (*cementyt meteorytowy*) *met.* cohenite
koherencja *f* **światła** coherence of light
kohezja *f fiz.* cohesion
koincydencja *f mat.* coincidence
~ **impulsów** *fiz.* pulse coincidence
~ **przypadkowa** *fiz.* chance coincidence
koja *f* (*łóżko na statku*) *okr.* bunk, berth
~ **wisząca** cot (bed)
kojarzenie *n* **zdjęć lotniczych** photogrammetric bridging
kojarzyć *v* **1.** link; join **2.** *zoot.* mate
kojec *m zoot.* pen; coop
kojony *mpl chem.* co-ions
kokaina *f chem.* cocaine
kokatalizator *m chem.* cocatalyst
kokcydioza *f* **królików** *wet.* rabbit coccidiosis
koker *m* **trzonu sterowego** *okr.* helm port, rudder trunk, rudder casing
kokila *f odl.* permanent mould, metal mould, chill (mould), gravity die
~ **kształtowa** shaped chill
kokilarka *f odl.* permanent mould casting machine
koklusz *m med.* pertussis, whooping cough
kokon *m zool.* cocoon
kokondensacja *f fiz.* cocondensation
kokonizacja *f* (*rodzaj opakowania*) spray webbing; cocooning, cocoonization
kokos *m* coco(nut)
kokpit *m* cockpit (*in a yacht*)
~ **samościekowy** self-draining cockpit
koks *m* coke
~ **formowany** formed coke, preformed coke
~ **gazowniczy** gas coke, retort coke
~ **gąbczasty** spongy coke
~ **gruby** large coke, lump coke
~ **hutniczy** blast-furnace coke
~ **kotlinowy** *odl.* coke bed, column of coke (*in a cupola*)
~ **kruszony** broken coke
~ **lekko spieczony** sintered coke
~ **łamany** broken coke
~ **metalurgiczny** metallurgic coke
~ **naftowy** petroleum coke
~ **naturalny** cinder coke, natural coke
~ **niespieczony** sandy coke
~ **niskopopiołowy** high carbon coke

~ **odlewniczy** cupola coke, foundry coke
~ **opałowy** domestic coke
~ **pakowy** pitch coke
~ **piaszczysty** sandy coke
~ **pogazowy** gas coke, retort coke
~ **ponaftowy** petroleum coke
~ **sortowany** graded coke
~ **spieczony** baked coke
~ **stopiony** fused coke
~ **suchy bezpopiołowy** dry-ash-free coke
~ **wielkopiecowy** blast-furnace coke
~ **wydęty** swollen coke
~ **wypełniający** *odl.* coke bed, column of coke (*in a cupola*)
~ **wysokowęglowy** high carbon coke
~ **wytlewniczy** low carbonization coke, semi-coke
~ **wzbogacany** graded coke
~ **z koksowni** coke oven coke
~ **z pieca ulowego** beehive coke
~ **zlany** fused coke
koksiak *f* fire-basket, brazier, salamander
koksiarka *f kol.* coke wagon, coke car
koksik *m* fly-ash, quick coke
koksochemia *f* chemistry of coke
koksowalność *f* coking capacity
koksowanie *n* coking, high temperature carbonization
~ **fluidalne** fluid coking
~ **węgla** coking of coal
koksownia *f* coking plant, cokery
~ **hutnicza** steelworks-owned coking plant
~ **kopalniana** mine-owned coking plant
koksownictwo *n* coke engineering, coke-making
kolacjonować *v* collate
kolagen *m biochem.* collagen, collogen
kolamina *f chem.* colamine
kolanko *n* (*rurowe*) elbow (connection), ell, knee
~ **dyslokacji** *kryst.* kink
~ **gładkie** plain elbow
~ **gwintowe** screwed elbow
~ **równoprzelotowe** straight elbow
~ **słomy** straw knot
~ **z uchami do zamocowania** drop elbow
~ **ze stopką** base elbow
~ **zwężkowe** reducing elbow
kolano *n* knee; turn
~ **dyszowe** (*w wielkim piecu*) tuyère stock, boot leg, leg pipe, pen stock (*in a blast furnace*)
kolaps *m* **grawitacyjny** *astr.* gravitational collapse
kolator *m* (*maszyna licząco-analityczna*) collator, interpolator
kolaudacja *f bud.* terminal inspection
kolba *f* **1.** *uzbr.* butt (*of a rifle*) **2.** *lab.* flask; bulb **3.** *bot.* cob (*of corn*)
~ **destylacyjna** distillation flask
~ **Erlenmeyera** *lab.* Erlenmeyer flask, conical flask
~ **karabinu** butt of rifle
~ **kulista** *lab.* round-bottomed flask
~ **kukurydzy** *bot.* corn cob
~ **lutownicza** soldering tool, soldering bit
~ **miarowa metalowa** metal measuring flask
~ ~ **szklana** graduated flask, measuring flask
~ **ssawkowa** *lab.* suction flask
~ **stożkowa** *lab.* conical flask, Erlenmeyer flask
~ **tryskawkowa** *lab.* wash bottle
kolbka *f* **Englera** *chem.* Engler flask
kolcowanie *n* **opon** tyre studding
kolcowaty *a med.* acanthoid
kolcowój *m* **lekarski** *bot.* sarsaparilla, *Smilax officinalis*
kolczasty *a biol.* hispid
kolczatka *f* **1.** *roln.* rotary harrow **2.** spiked timber connector
kolczyk *m* **uszny** *zoot.* ear stud, ear tag
kolczykować *v* **zwierzęta** *zoot.* earmark
kolczykownica *f zoot.* ear tag fixing pliers
kolczysty *a med.* acanthoid
koleba *f transp.* jubilee wagon; *górn.* rocker dump car
kolebnik *m zeg.* cross-bar balance, foliot
kolec *m* **1.** spike; barb **2.** *anat.* spine **3.** *zool.* stylet **4.** *bot.* thorn, spine
~ **na szkielecie rdzeniowym** *odl.* brod
~ **probierczy woltomierza** *el.* voltometer spear
~ **przeciwślizgowy** *mot.* tyre stud
~ **termiczny** *fiz.* thermal spike
koleina *f* rut, wheel track
kolej *m* railway, railroad
~ **dwulinowa** bicable ropeway, twin-cable ropeway
~ **dwutorowa** double-track railway
~ **jednoszynowa** monorail
~ **linowa** cable railway
~ ~ **napowietrzna** aerial cable railway, aerial ropeway
~ ~ **naziemna** funicular railway
~ ~ **wahadłowa** to-and-fro aerial ropeway, jig-back, reversible tramway
~ ~ **wielowózkowa** aerial tramway
~ **nadziemna** overhead railway
~ **napowietrzna jednolinowa** monocable (railway)
~ **normalnotorowa** standard-gauge railway
~ **podziemna** underground; *US* subway
~ **rębności** *leśn.* felling rotation
~ **wąskotorowa** narrow-gauge railway
~ **zębata** (*górska*) rack railway, cog railway
kolejarz *m* railwayman
koleją by rail
kolejka *f* **1.** narrow-gauge railway **2.** queue, waiting line
~ **linowa zwałowa** *górn.* slackline cableway
~ **łańcuchowa** *górn.* creeper
kolejkowanie *n inf.* queuing
kolejnictwo *n* railway system; railway engineering, railroad engineering
kolejno *adv* in turn, in succession
kolejność *f* sequence, order
~ **czynności** sequence of operation, operational sequence

~ **faz** *el.* phase sequence
~ ~ **przeciwna** negative phase sequence
~ ~ **zgodna** positive phase sequence
~ **ładowania** turn of loading
~ **spawania** welding sequence
~ **układania spoiny wielowarstwowej** *spaw.* build(ing)-up sequence
~ **zalegania warstw** *geol.* sequence of strata
~ **za/wyładunku statków** (*wg czasu przyjścia do portu*) *żegl.* turn of the port
~ **zapłonu** *siln.spal.* firing sequence, firing order
kolejny *a* following; consecutive; successive
kolektor *m* **1.** collector; collecting pipe; main drain **2.** *wzbog.* collector, flotation reagent **3.** *chem.* carrier, *zob.też* **nośnik**
~ **elektronów** electron collector
~ **frakcji** *chem.* fraction collector
~ **gazu** gas collector
~ **kanalizacyjny** *san.* interceptor, intercepting sewer, trunk sewer
~ **promieniowania słonecznego** solar collector
~ **ropny** *geol.* petroleum trap, oil trap
~ **spalin** *zob.* **kolektor wydechowy**
~ **ssawny** *siln.* suction manifold
~ **wlotowy** *zob.* **kolektor ssawny**
~ **wydechowy** *siln.* exhaust manifold
~ **z dyszami natryskowymi** (*do chłodzenia walców*) *hutn.* spray header
kolektyw *m* collective, group
~ **kolektywizacja** *f roln.* collectivization
kolemanit *m min.* colemanite
kolendra *f* **siewna** *bot.* coriander, *Coriandrium sativum*
koleń *m zool.* dogfish, bowfish, *Squalus acanthias* L.
koleopter *m lotn.* coleopter
kolicyna *f biochem.* colicin
kolidar *m elektron.* colidar, coherent light detection and ranging
kolidować *v* **z...** interfere with...
kolidyna *f chem.* methyl ethyl pyridine, MEP
kolimacja *f opt.* collimation
kolimator *m opt.* collimator
kolineacja *f mat.* collineation
kolinearny *a mat.* collinear
kolisty *a* circular
kolizja *f* collision, *zob. też* **zderzenie**
~ **norm prawnych** conflict of laws
kolka *f med.* colic
~ **ołowicza** (*choroba zawodowa*) lead colic
~ **żółciowa** biliary colic
kolkotar *m farb.* colcothar, red iron oxide
kolmatacja *f melior.* silting-up; warping of land
kolodium *n chem.* collodion
kolofan *m min.* collophane
kologarytm *m mat.* cologarithm, colog
koloid *m chem.* colloid(al) system, colloidal suspension
~ **amfoteryczny** ampholytoid
~ **asocjacyjny** association colloid, semicolloid
~ **elektrokratyczny** electrocratic colloid
~ **hydrofilowy** hydrophilic colloid
~ **hydrofobowy** hydrophobic colloid
~ **liofilowy** lyophilic colloid
~ **liofobowy** lyophobic colloid
~ **micelarny** association colloid, semicolloid
~ **ochronny** protective colloid
~ **promieniotwórczy** radiocolloid
koloidalny *a zob.* **koloidowy**
koloidowy *a chem.* colloidal
koloidyna *f chem.* trimethylpyridine
koloksylina *f chem.* collodion cotton
kolonel *m poligr.* minion (*size of type*)
kolonia *f* (*np. bakterii*) *biol.* colony
kolor *m* colour, color, *zob.też* **barwa**
~ **urojony** nonphysical primary, virtual reference stimulus (*in colorimetry*)
kolorowość *f TV* chrominance
kolorymetr *m chem.* colorimeter, chromometer
~ **fotoelektryczny** photocolorimeter, photoelectric colorimeter
~ **Gillespiego** (*do oznaczania pH*) biocolorimeter
kolorymetria *f chem.* colorimetry; colorimetric analysis
kolumbit *m min.* columbite, tantalite, niobite
kolumienka *f* stanchion, stake, upright
kolumna *f* **1.** column; pillar; standard **2.** *chem.* tower; column, *zob.też* **wieża** **3.** *lotn.* line astern (*formation*)
~ **amoniakalna** *chem.* ammonia still
~ **bez wypełnienia** *chem.* unpacked column
~ **bomu ładunkowego** *okr.* king post
~ **brzeczkowa** *ferm.* rectifier
~ **chromatograficzna** *chem.* chromatographic column, chromatographic tube
~ **destylacyjna** distillation column
~ **druku** *poligr.* type page
~ **dźwiękowa** column loudspeaker
~ **ekstrakcyjna** *chem.* extraction column
~ **epiuracyjna** *ferm.* purifying column
~ **frakcjonująca** *chem.* fractionating column, fractionator
~ **głośnikowa** column loudspeaker
~ **jonitowa** *chem.* ion-exchange column, ionic column
~ **kanelowana** fluted column
~ **kapilarna** *chem.* capillary (chromatographic) column, open-tubular column
~ ~ **pokryta nośnikiem** support-coated open tubular column, SCOT column
~ ~ **z warstwą porowatą** porous layer open tubular column, PLOT column
~ **karbonizacyjna** *chem.* carbonating column, carbonating tower
~ **kierownicy** *mot.* steering column
~ **masztu** *okr.* lower mast
~ **mikropakowana** *chem.* micropacket column
~ **odgotowująca** *ferm.* rectifier

~ **odpędowa** *chem.* stripping column, stripper
~ **odwadniająca** *ferm.* main still, dehydration column
~ **odwarowa** *ferm.* weak alcohol still
~ **podszybowa** *hutn.* mantle pillar (*in blast-furnace*)
~ **podżeliwiakowa** *odl.* cupola leg, cupola column
~ **półkowa** *chem.* plate column
~ **produkcyjna** *chem.* making tower
~ **pulsacyjna** *chem.* pulse column
~ **rektyfikacyjna** rectifying column
~ **spiralna** *arch.* wreathed column
~ **spirytusowa** *zob.* **kolumna rektyfikacyjna**
~ **spuszczona** *poligr.* dropped head
~ **stabilizacyjna** *chem.* stabilizer
~ **sterowa** *lotn.* control column; *okr.* steering column
~ **stężająca** *chem.* concentrating column, enriching column
~ **talerzowa** *chem.* tray tower, disk column
~ **termiczna** *nukl.* thermal column
~ **wodna** *bud.* standpipe
~ **wodowskazowa** *bud.* water column
~ **wyznacznika** *mat.* column of determinant
~ **wzmacniająca** *ferm.* concentrating column, enriching column
~ **z półkami dzwonowymi** *chem.* bubble-cap column, bubble-plate tower
~ ~ ~ **rusztowymi** turbogrid column, grid tray column
~ ~ ~ **sitowymi** perforated plate column, sieve-plate column
~ ~ ~ **warstewkowymi** baffle plate column
~ **z wypełnieniem** packed column, packed tower
~ ~ ~ **kratowym** lattice column
~ **żurawika** *okr.* davit pedestal
kolumnada *f arch.* colonnade
kolur *m astr.* colure
~ **równonocy** equinoctial colure
~ **stanowisk słońca** solstitial colure
koła *npl* **jezdne bliźniacze** *mot.* dual wheels, twin wheels
~ **zębate zespołowe** compound gear wheel
kołatanie *n* **serca** *med.* palpitation
kołatek *m* (*szkodnik drewna*) *zool.* wood borer, *Anobius pertinax*
kołatka *f* (*u drzwi*) *bud.* knocker
kołczan *m* **na elektrody** *spaw.* electrode carrier
kołek *m* peg; pin; stud
~ **bezpiecznikowy ścinany** shear pin
~ **do obkładania lin** *okr.* belaying pin; cavil, cavel
~ **do sadzenia rozsady** *roln.* dibble
~ **drewniany** treenail, spile
~ **falowodowy** matching post (*in a waveguide*)
~ **gwintowany** *masz.* stud-bolt
~ **łączący** *mast.* key, false key
~ **modelowy** *odl.* pattern dowel
~ **ograniczający** *masz.* guard finger
~ **opornika stosunkowego** *el.* ratio plug
~ **oporowy** *obr.skraw.* stop, rest button
~ ~ **nastawny** adjustable stop, heel rest
~ **paletkowy** *zeg.* pallet pin
~ **prowadzący** *masz.* guide pin, pilot
~ **sprężynujący** *masz.* spring pin
~ **ściany** *masz.* shear pin
~ **ustalający** *masz.* dowel (pin), locating pin, steady pin
~ ~ **przesuwny** jack pin
~ ~ **ścięty** flatted pin
~ ~ **śruby** bolt locating peg
~ **walcowy** *masz.* straight pin
~ **wyrzutnika** *obr.plast.* push pin; *tw. szt.* ejector pin
~ **z kołnierzem** *masz.* collar stud
~ **z wieńcem** *masz.* shoulder pin
~ **zabezpieczający** **1.** *masz.* locking pin **2.** *masz.* shear pin **3.** *uzbr.* arming pin
~ **zwierający** *el.* bridging plug
kołki *mpl* **podnoszące** *odl.* lifting pins, stripping pins
~ **przeciwpoślizgowe** (*na stalowych obręczach ciągników*) grass studs
kołkowanie *n* studding; pinning
kołkownica *f okr.* (belaying) pin rack, pin rail
kołnierz *m masz.* flange; collar
~ **elektrody** (*w piecu łukowym*) electrode ring, bull's eye
~ **falowodowy** waveguide flange
~ **gardzieli konwertora** *hutn.* nose flange of a converter
~ **kluzy kotwicznej** *okr.* hawse pipe flange, hawse bolster
~ **masztowy** *okr.* mast coat
~ **oporowy** (*na walcu bruzdowym walcarki*) interlocking collar
~ ~ **wału** shaft shoulder
~ **rurowy** pipe flange
~ ~ **z szyjką** neck pipe flange
~ **skafandra nurka** neck of diving suit
~ **skrajny** (*na walcu bruzdowym walcarki*) end collar
~ **walca** (*walcarki*) roll collar
koło *n* **1.** *geom.* circle **2.** *masz.* wheel
~ **azymutalne** *geod.* azimuth circle
~ **bezwładności Mohra** *mech.* Mohr's circle of inertia
~ **biegowe** *mot.* road wheel
~ **biegunowe** *el.* magnet wheel
~ **bierne** *masz.* driven wheel
~ **bose** *kol.* wheel centre
~ **bruzdowe** *roln.* furrow wheel (*of plough*)
~ **centralne** solar wheel, sun wheel, central gear (*of planetary gear*)
~ **czynne** *masz.* driving wheel
~ **daszkowe** *masz.* herringbone gear
~ **deklinacyjne** *astr.* circle of equal declination
~ **den wrębów** dedendum circle, root circle (*in toothed wheel*)
~ **długości** *astr.* circle of longitude
~ **dopisane** *geom.* escribed circle
~ **formierskie** *zob.* **koło garncarskie**

~ **garncarskie** *ceram.* jolley
~ **główów** addendum circle, tip circle (*in toothed wheel*)
~ **godzinne** *astr.* hour circle, circle of right ascension
~ **godzinowe** *zeg.* hour wheel, centre wheel
~ **gwiazdowe maszyny rozlewniczej** *hutn.* casting wheel
~ **hamulcowe** brake-pulley
~ **jednolite** (*stalowe*) monobloc wheel
~ **jednostek** *poligr.* unit wheel (*in monotype*)
~ **jezdne** *mot.* road wheel; *roln.* land wheel, ground wheel
~ **kierownicy** *mot.* steering wheel
~ **kierujące** (*turbiny*) nozzle diaphragm (*of turbine*)
~ **Koepe** *górn.* Koepe pulley
~ **krzywiznowe** *geom.* circle of curvature
~ **linowe** rope pulley, grooved pulley, rope sheave; cable wheel
~ **łańcuchowe** chain wheel; sprocket wheel
~ ~ **napinające** jockey chain wheel
~ **łopatkowe** paddle wheel
~ ~ **oczyszczarki** wirnikowej centrifugal casting wheel, impeller wheel of a blasting machine
~ **małe** (*kuli*) *geom.* small circle
~ **miękkie** (*o mniejszej twardości*) *masz.* soft pinion
~ **minutowe** *zeg.* second wheel, minute wheel
~ **mniejsze w przekładni zębatej** pinion
~ **Mohra** *wytrz.* Mohr's circle
~ **naciągowe** *zeg.* winding wheel
~ **napędne** *kol.* driving wheel, driver
~ **napędowe** *masz.* drive wheel; *zeg.* first wheel, great wheel, main wheel, power wheel, motion wheel
~ **napędzające** *masz.* driving wheel
~ ~ **gąsienicę** track sprocket
~ **napędzane** *masz.* driven wheel
~ **nastawcze** *zeg.* setting wheel
~ **niezależnie zawieszone** *mot.* independent (road) wheel
~ **obiegowe** planet wheel, satellite wheel, planet (*in planetary gear*)
~ ~ **przekładni różnicowej** differential pinion
~ **odlewnicze** *poligr.* mould disk (*in linotype*)
~ **odniesieniowe o zębach prostych** *masz.* virtual spur gear
~ **odtaczane** *geom.* epicycle
~ ~ **po kuli** *masz.* spherical roller
~ **ogonowe** *lotn.* tailwheel
~ **opisane** *geom.* circumscribed circle
~ **pasowe** *masz.* (belt) pulley
~ ~ **dzielone** split pulley
~ ~ **jałowe** idle pulley, dead pulley, loose pulley
~ ~ **kierujące** guide pulley, mule pulley, jockey pulley
~ ~ **klinowe** sheave
~ ~ **luźne** idle pulley, dead pulley, loose pulley
~ ~ **napinające** straining pulley, tightening pulley, tension pulley
~ ~ **nośne** support pulley
~ ~ **o zmiennej średnicy skutecznej** expanding pulley, variable-pitch pulley
~ ~ **płaskie** flat-faced pulley, band pulley
~ ~ **przesuwne** sliding pulley
~ ~ **robocze** fast pulley
~ ~ **rowkowe** grooved pulley, sheave
~ ~ ~ **nastawne** (*w przekładni o zmiennym przełożeniu*) expansion pulley
~ ~ **schodkowe** *zob.* **koło pasowe stopniowe**
~ ~ **stopniowe** step(ped) pulley, cone pulley, speed pulley
~ ~ **wypukłe** crown face pulley, cambered pulley
~ ~ **z obrzeżem** flanged pulley
~ **pędne** *górn.* Koepe pulley
~ **pionowe** *astr.* vertical circle
~ **planetowe** planet wheel, satellite wheel, planet (*in planetary gear*)
~ **podbiegunowe** Polar Circle
~ ~ **południowe** Antarctic Circle
~ ~ **północne** Arctic Circle
~ **podnośne do buraków** *cukr.* beet feeder, beet wheel
~ **podporowe przednie** (*pługa*) *roln.* gauge wheel, beam wheel
~ **podstawowe krzywki** cam profile core
~ **podwozia** *lotn.* landing wheel
~ **podziałowe** *masz.* pitch circle
~ **polowe** *roln.* land wheel (*of plough*)
~ **południkowe** (*instrument obserwacyjny*) *astr.* transit circle, meridian transit
~ **pośrednie** *zeg.* third wheel
~ **pozycyjne** *nawig.* position circle, circle of equal altitude
~ **przeciwślizgowe** (*z ostrogami*) *roln.* cleated wheel
~ **przednie** *mot.* front wheel; *lotn.* nose wheel
~ **przegięć** *mech.* circle of inflexions
~ **ramieniowe** spoke wheel
~ **ratunkowe** *żegl.* life buoy
~ ~ **ze spodniami** breeches buoy
~ **rowkowe** grooved pulley, sheave
~ **rozproszenia** *opt.* circle of confusion
~ **równego prawdopodobieństwa** (50% *trafień*) *wojsk.* circle of equal probability, CEP
~ **samonastawne** castoring wheel
~ **sekundowe** *zeg.* seconds wheel, fourth wheel
~ **skrętu** *mot.* turning circle
~ **słoneczne** *masz.* solar wheel, sun wheel, sun gear, central gear (*in planetary gear*)
~ **sterowe** *okr.* steering wheel; *lotn.* control wheel
~ **stóp** dedendum circle, root circle (*in toothed wheel*)
~ **szerokości** *astr.* circle of latitude

~ **szprychowe** *masz.* spoke wheel
~ **ściśle styczne** *geom.* osculating circle
~ **ślimakowe** *masz.* wormwheel
~ **tarcia** *mech.* friction circle
~ **tarczowe** disk wheel; plate wheel
~ **toczne** *narz.* generating circle
~ **tylne** *lotn.* tailwheel
~ **wiatrowe** (*wielołopatkowe*) windwheel
~ **wielkie** *geom.* great circle
~ **wierzchołkowe 1.** *masz.* addendum circle, tip circle (*in toothed wheel*) **2.** *astr.* vertical circle, circle of altitude
~ **wirnikowe 1.** rotor disk, rotor wheel (*in turbine*) **2.** *masz.el.* spider
~ ~ **magneśnicy** field spider
~ **wodne** water-wheel
~ ~ **nasiębierne** overshot water-wheel
~ ~ **podsiębierne** undershot water-wheel
~ ~ **śródsiębierne** breast water-wheel
~ **wpisane** *geom.* inscribed circle
~ **współpracujące z zębatką** rack wheel
~ **wychwytowe** *zeg.* escape wheel, scape-wheel
~ ~ **kołkowe** pin escape wheel
~ **wysokości** *astr.* almucantar
~ **z wieńcem** *masz.* flanged wheel
~ **zalotowe** *zeg.* warning wheel
~ **zamachowe** flywheel
~ ~ **zębate** geared flywheel
~ **zapadkowe** ratchet-wheel
~ **zapasowe** *mot.* spare wheel
~ **zasadnicze** *masz.* base circle
~ **zastępcze o zębach prostych** virtual spur gear
~ **zbieżności** *mat.* circle of convergence
~ **zbożowe** *roln.* grain wheel (*in corn harvester*)
~ **zestawu silnikowego** *kol.* driving wheel
~ ~ **tocznego** trailing wheel
~ **zębate** *masz.* gear (wheel), toothed wheel
~ ~ **czołowe** spur wheel
~ ~ **daszkowe** chevron gear, double helical gear, herringbone gear
~ ~ **dwuwieńcowe** double gear
~ ~ **koronowe** face gear, contrate gear, crown gear
~ ~ **na wale pośrednim** laygear
~ ~ **niekorygowane** (*o normalnej wysokości zębów*) full-height gear
~ ~ **nieokrągłe** non-circular gear
~ ~ **o dużym module** coarse-pitch gear
~ ~ **o małym module** fine-pitch gear
~ ~ **o niepełnym uzębieniu** segmental gear, mutilated gear
~ ~ **o szerokim wieńcu** (*współpracujące z kilkoma innymi kołami osadzonymi na różnych wałach*) Marlborough wheel
~ ~ **o zębach cykloidalnych** cycloidal wheel
~ ~ ~ ~ **wstawianych** cog-wheel
~ ~ **palcowe** spindle wheel
~ ~ **pierścieniowe stożkowe** bevel crown gear
~ ~ **podwójne** double gear
~ ~ **pośredniczące** idle wheel, intermediate wheel, cock wheel
~ ~ **półosi** *mot.* differential side gear
~ ~ **przesuwne** sliding gear
~ ~ **stopniowe** stepped gear
~ ~ **stożkowe** bevel gear
~ ~ ~ **o zębach krzywoliniowych** spiral bevel gear
~ ~ ~ **o zębach prostych** straight bevel gear
~ ~ ~ **zerolowe** zerol bevel gear
~ ~ **strzałkowe** chevron gear, double helical gear, herringbone gear
~ ~ **śrubowe** helicoidal involute gear, helical gear, helical tooth wheel
~ ~ **talerzowe** *zob.* **koło zębate tarczowe**
~ ~ **tarczowe** face gear, contrate gear, crown gear
~ ~ **trzpieniowe** pinion
~ ~ **ułożyskowane jednostronnie** overhung gear
~ ~ **walcowe** cylindrical gear
~ ~ ~ **wewnętrzne** (*o uzębieniu wewnętrznym*) internal gear, annular gear
~ ~ **wielowieńcowe** compound gear
~ ~ **współpracujące** (inter)mating gear
~ ~ **zewnętrzne** (*o uzębieniu zewnętrznym*) external gear
~ ~ **zmianowe** change gear, change wheel
kołodziej *m* wheel-wright
kołogniot *m* pan grinding mill, chaser (mill), edge runner
kołotok *m zob.* **kołogniot**
kołowacizna *f wet.* circling disease
kołować *v lotn.* taxi
kołowiec *m* **1.** *okr.* paddle vessel, paddle boat, paddler **2.** *lotn.* paddle plane
kołowrotek *m* **1.** *włók.* spinning wheel **2.** turnstile (*at entrance*)
~ **do odwijania** *hutn.* swift
kołowrót *m* **1.** windlass, gin **2.** (*rozgałęźnik falowodowy*) *rad.* turnstile junction
~ **kablowy** *tel.* cable winch
~ **pochylniany** *górn.* incline engine
~ **rabunkowy** *górn.* prop drawer, prop puller
~ **teletechniczny** *el.* wire winch
~ **wiertniczy** *wiertn.* draw works
~ **wyciągowy** *górn.* drawing machine
kołowy *a* circular
kołówka *f obr.skraw.* axle(-turning) lathe, wheel lathe, journal truing lathe
kołpak *m* cap, hood
~ **koła** *mot.* hub cover, hub cap
~ **ochronny** protective cap
~ **pala** *inż.* pile cap
~ **parowy** *kotł.* steam dome
~ **pełnoochronny** *radiol.* dully protective tube housing
~ **pieca do wyżarzania** *hutn.* annealing bell, annealing hood
~ **półki kolumny destylacyjnej** bubble-cap
~ **rozpylacza** spray nozzle cap
~ **śmigła** *lotn.* airscrew spinner
~ **śruby** *okr.* propeller cap, cone cover
~ **zaworu butlowego** gas cylinder cap

kołysanie *n* swinging; rocking; sway(ing); rolling
~ **boczne** *żegl.* roll, sway; *mot.* side-throw, side-sway
~ **dźwięku** (*przy odtwarzaniu*) wow
~ **maszyny synchronicznej** *el.* hunting
~ **pionowe** *żegl.* heaving
~ **podtrzymywane** *aut.* hunting
~ **postępowe** *żegl.* surge
~ **proste** *żegl.* simple motions, uncoupled motions
~ **wiązane** *żegl.* coupled motions
~ **własne** *żegl.* natural motion
~ **wzdłużne** *żegl.* pitching
~ **wzmacniacza** *el.* motorboating (*in an amplifier*)
kołyska *f* cradle
~ **łoża działa** gun cradle
~ **wodowaniowa** *okr.* launching cradle
koma *f* *opt.* coma (*aberration*)
komar *m* *zool.* mosquito (*pl* mosquito(e)s), *Culex*
~ **widliszek** anopheles, *Anopheles*
komasować *v* integrate; merge; combine
kombajn *m* **buraczany** (sugar) beet harvester
~ **chodnikowy** *górn.* heading machine
~ **do pracy na zboczach** *roln.* hillside combine
~ **do zbioru zielonek** forage harvester
~ **górniczy** combined cutter loader, mechanical (coal) miner, Joy miner
~ **silosowy** forage harvester
~ **zbożowy** combine-harvester, reaper-thresher
~ **ziemniaczany** potato harvester
kombajnista *m* *górn.* cutter-loaderman; *roln.* combine-harvester operator
kombi *n* *mot.* estate car, station wagon
kombinacja *f* *mat.* combination
kombinat *m* (*przemysłowy*) industrial complex
kombinatoryka *f* *mat.* theory of combinations
kombinerki *pl* = **szczypce uniwersalne płaskie** combination pliers, engineer's side-cutting pliers
kombinezon *m* **lotniczy** flying suit
~ **przeciwprzeciążeniowy** *lotn.* (anti-)g-suit
~ **ratunkowy nadmuchiwany** *lotn.* inflatable exposure suit
~ **roboczy** overalls
komentarz *m* *inf.* comment, annotation
komer *m* *chem.* comer
kometa *f* *astr.* comet
komfort *m* comfort
komin *m* **1.** chimney; funnel; chimney stack, smokestack **2.** *meteo., lotn.* (*upward air current*)
~ **dolny** (*pod pokładem*) *okr.* lower stack
~ **fabryczny** factory chimney, smokestack
~ **rudny** *geol.* ore pipe, ore chimney
~ **termiczny** *meteo., lotn.* thermal air current
kominek *m* *bud.* fireplace
~ **palnika** *lab.* burner chimney
~ **spadochronu** parachute vent
kominówka *f* *bud.* radial brick
komisarz *m* **awaryjny** *żegl.* average surveyor
komisja *f* commission, board
~ **egzaminacyjna** examining board
~ **homologacyjna** *lotn.* flying evaluation board
~ **lekarska** medical board
~ **rewizyjna** board of control
~ **rzeczoznawców** experts' committee
komitet *m* comittee
~ **doradczy** advisory committee, consultative committee
~ **normalizacyjny** standards committe
~ **redakcyjny** editorial board
Komitet Badania Przestrzeni Kosmicznej Committee on Space Research, COSPAR
komonomer *m* *chem.* co-monomer
komora *f* chamber
~ **aerozolowa** (*do badań korozyjnych*) aerosol chamber, salt spray chamber
~ **akceleracyjna** *nukl.* accelerating chamber
~ **akustyczna** sound chamber
~ ~ **pochłaniająca** *zob.* **komora bezechowa**
~ **amunicyjna** *okr.* ammunition room
~ **bezechowa** *akust.* anechoic chamber, dead room, free-field room
~ **biologiczna** (*na statku kosmicznym*) biopack
~ **bombowa** *lotn.* bomb well, bomb bay
~ **celna** custom-house
~ **chłodnicza** cold room
~ **chromatograficzna** *chem.* chromatographic chamber
~ **ciągnienia** *szkl.* drawing chamber
~ **ciągu** (*silnika rakietowego*) thrust chamber (*of a rocket engine*)
~ **ciśnieniowa** pressure chamber
~ **czerpalna** *san.* wet well
~ **dekompresyjna** (*dla nurków*) decompression chamber, recompression chamber
~ **dławikowa** *masz.* stuffing-box, packing-box, packing chamber
~ **do prasowania** (*w prasie do siana lub słomy*) baling chamber
~ **ekranowana** *nukl.* shielding castle
~ **fermentacji osadu** *san.* sludge digestion chamber, sludge digester; septic tank
~ **flotacyjna** *wzbog.* floatation cell
~ **gaszeniowa** *el.* extinguishing chamber
~ **gnilna** *san.* sludge digestion chamber, digester
~ **gorąca** *nukl.* hot cell
~ **grzewcza pieca** *hutn.* heating chamber of a furnace
~ **iskrowa** spark chamber
~ **jonizacyjna** ionization chamber
~ ~ **borowa** boron ionization chamber, boron-filled chamber
~ ~ **ekstrapolacyjna** extrapolation ionization chamber
~ ~ **impulsowa** pulse ionization chamber

~ ~ **skompensowana** compensation ionization chamber
~ ~ **Wilsona** Wilson cloud chamber, expansion cloud chamber
~ ~ **wnękowa** cavity ionization chamber
~ ~ **wzorcowa** free-air ionization chamber, standard ionization chamber
~ **kablowa** *tel.* cable chamber
~ **katodowa** *elchem.* cathode compartment
~ **klimatyczna** climatic chamber
~ **klimatyzacyjna** air washer
~ **koksownicza** coking chamber
~ **kontaktowa** *chem.* catalyst chamber
~ **korbowa** *siln.* crank chamber
~ **ładunkowa** *uzbr.* gun chamber
~ **łańcuchowa** *okr.* chain locker
~ **łukowa** *el.* arc chute
~ **mgłowa** *fiz.* cloud chamber, fog track chamber
~ **miernicza** *hydr.* measuring chamber
~ **mieszankowa gaźnika** carburettor outlet chamber
~ ~ **palnika spawalniczego** welding torch mixer
~ **mułowa** *kotł.* mud collector
~ **nabojowa** *uzbr.* cartridge chamber
~ **napowietrzania** *san.* aeration tank
~ **natryskowa** spray chamber
~ **niskich ciśnień** low pressure test chamber
~ **odciekowa** (*dławicy*) *masz.* leak-off pocket
~ **odpylająca** dust (settling) chamber
~ ~ **z filtrami workowymi** baghouse
~ **osadowa** *san.* sedimentation chamber
~ **paleniskowa** *kotł.* furnace chamber, combustion chamber
~ ~ **całkowicie zekranowana** integral furnace
~ **pęcherzykowa** *fiz.* bubble (ionization) chamber
~ **płatów** (*dwupłata*) wing cell, wing cellule (*of a biplane*)
~ **pływakowa** *siln.* float chamber, float bowl (*in a carburettor*)
~ **podmaszynowa** *szkl.* drawing pit; drawing chamber; drawing kiln
~ **podwozia** (*chowanego*) *lotn.* wheel well
~ **pogłosowa** *akust.* echo room, reverberation chamber, reverberation room
~ **pomiarowa** *aero.* test chamber; *hydr.* measuring chamber
~ **potna** *chem.* sweater, sweating room
~ **powietrza naporowego** *lotn.* plenum chamber
~ **powietrzna** air space
~ **próżniowa** vacuum chamber
~ ~ **do odgazowania ciekłego metalu** *hutn.* vacuum degassing vessel
~ ~ **toroidalna** *nukl.* doughnut (*in an accelerator*)
~ **przegrzewacza** *kotł.* superheater header
~ **przetłoczna** *tw.szt.* transfer chamber (*of a press mould*)
~ **przyspieszająca** *nukl.* accelerating chamber
~ **pyłowa** dust (settling) chamber
~ **radiacyjna** irradiation chamber
~ **regeneratora ciepła** *hutn.* checker chamber
~ **rękawicowa** *nukl.* glove box
~ **rozmrażania** *chłodn.* chill room
~ **rozprężania** (*dla nurków*) decompression chamber, recompression chamber
~ **rozprężeniowa** *fiz.* expansion (ionization) chamber
~ **rozszczepieniowa** *nukl.* fission chamber
~ **sekcyjna** *kotł.* sectional header
~ **serca** *anat.* ventricle
~ **skrzydła** *lotn.* wing bay
~ **solna** (*do badań korozyjnych*) salt spray chamber, aerosol chamber
~ **spalania** combustion chamber; blast chamber, combustor (*in jet engines*)
~ ~ **dzbanowa** can-type combustion chamber, cylindrical combustion chamber (*in jet engines*)
~ ~ **międzystopniowego** interheater (*in gas turbines*)
~ ~ **w piecu tyglowym** *odl.* melting hole
~ **sprężania** *siln.* compression chamber
~ **sprężonego powietrza** plenum chamber
~ **sprzęgająca głośnika** *el.* air chamber of loudspeaker
~ ~ **stabilizacji tlenowej** *san.* stabilization basin
~ **sterylizacyjna** sterilization chamber
~ **sucha** (*manipulacyjna*) *nukl.* dry box
~ **suszarnicza** drying chamber
~ **śladowa** *fiz.* cloud chamber, fog track chamber
~ **śluzowa** (*w kesonie*) air-lock chamber
~ **turbinowa** *hydr.* turbine pit, wheel pit
~ **wirowa** turbulence chamber; swirl chamber
~ **wodna** *kotł.* boxheader
~ **wstępna** **1.** *hydr.* forebay **2.** *siln.spal.* precombustion chamber, ante-chamber
~ **wstępnego spalania** *zob.* **komora wstępna 2.**
~ **wulkanizacyjna** vulcanizing chamber
~ **wylotowa** (*silnika rakietowego*) thrust chamber (*of a rocket engine*)
~ **wyrównawcza** **1.** *hydr.* surge chamber, surge tank, surge shaft **2.** *aero.* settling chamber
~ ~ **powietrzna** plenum chamber
~ **wysokościowa** *lotn.* altitude (test) chamber
~ **zamkowa** *uzbr.* breech casing, breech recess; barrel extension
~ **zamrażalni szybkiego działania** *chłodn.* quick freezer room
~ **zasypowa** *tw.szt.* loading cavity, loading chamber (*of a press mould*)
~ **żużlowa** *hutn.* slag pocket, slag chamber (*in open-hearth furnace*)
~ ~ **powietrzna** air slag pocket
komorne *n ek.* rent
komory *fpl* **węglowe** *chem.* coal stalls (*for coal hydrogenation*)
komórka *f biol.* cell

~ **elementarna** (*sieci przestrzennej*) *kryst.* unit cell, elementary cell
~ ~ **prymitywna** primitive unit cell
~ **fotoelektryczna** photocell, photoelectric cell, light-sensitive cell, photodetector, photosensor
~ ~ **emisyjna** photoemissive cell
~ **fotoprzewodnościowa** photoconductive cell
~ **fotowoltaiczna** photo-voltaic cell, photoelement
~ **gwiaździsta** *biol.* spider cell
~ **jajowa** *biol.* oocyte, ovocyte
~ **Kerra** *el.* Kerr cell
~ **koła wodnego** water-wheel bucket
~ **kostna** *biol.* osteocyte, bone cell
~ **macierzysta** *biol.* mother cell
~ ~ **krwinek** hemo(cyto)blast
~ **nerwowa** *biol.* nerve cell
~ **paliwowa** *nukl.* fuel cell
~ **pamięci** *inf.* storage cell, memory cell, storage location
~ **plazmatyczna** *biol.* plasmacyte, plasma cell
~ **prosta** *zob.* **komórka prymitywna**
~ **prymitywna** *kryst.* primitive (unit) cell
~ **przestrzeni fazowej** *el.* phase-space cell
~ **reaktora** *nukl.* reactor cell
~ **sieciowa** *kryst.* unit cell, elementary cell
~ **somatyczna** *biol.* body cell
~ **tłuszczowa** *biol.* fat cell
~ **tuczna** *biol.* mastocyte, mast cell
~ **zębinotwórcza** *biol.* odontoblast
~ **żerna** *biol.* phagocyte
komórkowy *a* cellular
kompandor *m tel.* compandor
kompansja *f* (*sygnału*) *tel.* companding (*of a signal*)
komparator *m* **1.** *metrol.* comparator **2.** *chem.* comparator **3.** *inf.* comparator
~ **analogowy** *inf.* analog comparator
~ **blokowy** *chem.* block comparator
~ **cyfrowy** *inf.* digital comparator
~ **warsztatowy pionowy** (*z czujnikiem*) bench gauge
komparatystyka *f inf.* benchmarking
komparoskop *m metrol.* comparoscope
kompas *m* compass, *zob.też* **busola**
~ **aperiodyczny** aperiodic compass
~ **automatycznego sterowania** automatic steering compass
~ **awaryjny** emergency compass
~ **azymutowy** *zob.* **kompas główny**
~ **główny** master compass
~ **górniczy** mining compass, mining dial
~ **kontrolny** (*w kabinie kapitana*) *żegl.* telltale compass
~ **magnetyczny** magnetic compass
~ **peryskopowy** periscopic compass
~ **projekcyjny** projector compass
~ **przekaźnikowy** transmitting compass
~ **refleksyjny** reflector compass
~ **sterowy** steering compass
~ ~ **rezerwowy** stand-by steering compass
~ **suchy** dry compass
~ **z płynem** liquid compass
kompatybilność *f elektron., TV* compatibility
~ **oprogramowania** *inf.* software compatibility
kompatybilny *a* compatible
kompensacja *f* compensation; balancing; *nukl.* shimming
~ **automatyczna niskich tonów** *rad.* automatic bass compensation, ABC
~ **dewiacji busoli** *nawig.* compass compensation
~ **prądu** *el.* neutralization of current
~ **reaktora** *nukl.* coarse control of a reactor, shimming
~ **składu mieszanki** *siln.spal.* mixture compensation
kompensacyjny *a* compensatory
kompensator *m* compensator
~ **błędów czasowych** (*przy rejestracji audiowizualnej*) *elektron.* element compensator
~ **luzu** *masz.* backlash compensator
~ **rurowy** expansion pipe joint, tube compensating piece
~ ~ **pętlicowy** expansion bend
~ **synchroniczny** *el.* synchronous condenser
~ **wieżowy** *włók.* J-box
kompensować *v* compensate; balance
~ **niewspółosiowość** *masz.* accomodate misalignment
kompilator *m inf.* compiler, compiling program
kompilować *v* compile
kompleks *m* **1.** complex **2.** *chem.* complex (compound)
~ **aktywny** activated complex, transition complex
~ **bierny** inert complex
~ **chelatowy** chelate complex
~ **cząsteczkowy** *zob.* **kompleks donorowo--akceptorowy**
~ **donorowo-akceptorowy** donor-acceptor complex, charge-transfer complex, molecular complex
~ **dwupodstawiony** disubstituted complex
~ **dwurdzeniowy** binuclear complex
~ **enzymatyczny** *biochem.* complex enzyme
~ **jednordzeniowy** mononuclear complex
~ **jonowo-asocjacyjny** outer sphere complex, ion association complex, ion pair
~ **kanałowy** (*w polimeryzacji*) canal complex
~ **koordynacyjnie nasycony** coordinatively saturated complex
~ **mieszany** mixed (ligand) complex
~ **mostkowy** polynuclear complex, bridged complex
~ **niskospinowy** low-spin complex
~ **o spinach sparowanych** *zob.* **kompleks niskospinowy**
~ **płaski kwadratowy** square-planar complex
~ **różnoligandowy** mixed (ligand) complex

~ **startowy (kosmodromu)** launch complex
~ **trójpodstawiony** trisubstituted complex
~ **wielopodstawny** mixed (ligand) complex
~ **wielordzeniowy** polynuclear complex, bridged complex
~ **wymienny zasad** *gleb.* base exchange complex
~ **wysokospinowy** high-spin complex, spin-free complex
~ **z przeniesieniem ładunku** donor-acceptor complex, charge-transfer complex, molecular complex
~ **zewnątrzsferowy** outer sphere complex, ion association complex, ion pair
~ **zewnętrzno-orbitalowy** outer orbital complex
kompleksometria *f chem.* complexometry, complexometric titration
kompleksony *mpl chem.* complexones
kompleksowy *a* complex
komplet *m* set; kit
~ **czcionek** *poligr.* font
~ **modelowy** *odl.* pattern equipment
~ **narzędzi** tool kit
~ **odważników** set of weights
~ **sit** sieve set
~ **skrzynkowy** (*opakowanie*) complete set of a case
~ **stempli** (*literowych i cyfrowych*) font
~ **szczęk** (*do uchwytu*) set of jaws
~ **żagli** set of sails, suit of sails
kompletny *a* complete
kompletny obiekt *m* **przemysłowy** complete factory installation, industrial plant
komponent *m* **barwnika** colour coupler
kompost *m roln.* compost, vegetable soil
kompostowanie *n* **odpadów stałych** *san.* composting of solid wastes
kompoundowanie *n* compounding (*of oils*)
kompozycja *f* **perfumeryjna** compound perfume
kompozyt *m* (*materiał konstrukcyjny wieloskładnikowy*) composite (material)
~ **metalowy** metal-matrix composite
kompreg *m* compreg, compregnated wood
kompres *m med.* compress
kompresja *f* compression
~ **dynamiki mowy** *el.akust.* speech compression
kompresor *m* **1.** compressor, *zob.też* **sprężarka 2.** *tel.* compression amplifier
~ **amplitudy** *tel.* amplitude compressor
komptometr *m* non-listing adding machine
komputer *m* computer
~ **analogowy** analogue computer
~ **asynchroniczny** asynchronous computer
~ **cyfrowy** digital computer
~ **czwartej generacji** fourth-generation computer (*with LSI circuits*)
~ **drugiej generacji** second-generation computer
~ **elektroniczny** electronic computer
~ **główny** head computer, host computer
~ **hybrydowy** hybrid computer, analog-digital computer
~ **komunikacyjny** interface-message computer
~ **na elementach strumieniowych** fluid computer (*with fluid logic elements*)
~ **niezależny** (*od komputera głównego*) stand-alone machine
~ **peryferyjny** (*systemu satelitarnego*) satellite computer, slave computer
~ **przyrostowy** incremental computer
~ **rezerwowy** stand-by computer
~ **równoległy** parallel computer
~ **satelitarny** satellite computer, slave computer
~ **sekwencyjny** sequential computer, consecutive computer
~ **słowowy** word-organized computer
~ **specjalizowany** special(-purpose) computer
~ **sylabowy** syllable computer
~ **synchroniczny** synchronous computer
~ **szeregowy** serial computer
~ **trzeciej generacji** third-generation computer
~ **uniwersalny** general(-purpose) computer
~ **wielodostępny** multi-access computer, MAC
~ **wieloprocesorowy** multiprocessor computer
~ **wynikowy** object computer
~ **znakowy** character-oriented computer
~ **źródłowy** source computer
komputeryzacja *f* computerization; cybernation
komulec *m ryb.* spreader, stretcher; danleno, brail
komunikacja *f* communication, traffic
~ **autobusowa** bus service
~ **bezpośrednia** through traffic
~ **kolejowa** railway service
~ **lotnicza** air service
~ **miejska** municipal transport services
~ **radiowa** radio communication, radio traffic
~ ~ **między statkami** intership traffic
komunikat *m* announcement; *inf.* message
~ **o pogodzie** weather report
komutacja *f el.* commutation
~ **opóźniona** under-commutation
~ **przyspieszona** over-commutation
komutator *m masz.el.* commutator
komutować *v el.* commutate
konar *m bot.* bough, branch (*of a tree*)
koncentracja *f* concentration
~ **jonów** ion density, ion concentration
~ **masy** *fiz.* mass concentration
~ **naprężeń** *wytrz.* stress concentration
koncentrat *m* concentrate
~ **białkowy** *spoż.* protein concentrate
~ **flotacyjny** *wzbog.* floatation concentrate
~ **rudy** *wzbog.* ore concentrate, headings
~ **spożywczy** concentrated food, food concentrate
koncentrator *m* **1.** concentrator, thickener **2.** *el.* concentrator focus inductor **3.** *wzbog.* concentrating plant
~ **telegraficzny** telegraph concentrator

koncentrować *v* concentrate
koncentryczność *f* concentricity
koncentryczny *a* concentric
koncern *m* *ek.* concern
koncesja *f* *ek.* licence
koncesjonariusz *m* *ek.* licensee, licence holder; *US* franchise
konchinina *f* *chem.* conquinine, quinidine
konchoida *f* *mat.* conchoid
kondensacja *f* **1.** *fiz.* condensation (*of vapour*) **2.** *chem.* condensation
~ **acyloinowa** acyloin condensation
~ **frakcjonowana** fractional condensation
~ **kapilarna** capillary condensation, condensation in pores
~ **kroplowa** dropwise condensation
~ **perlista** *zob.* **kondensacja kroplowa**
~ **stopowa** *zob.* **kondensacja w stopie**
~ **strumieniowa** jet condensation
~ **sublimacyjna** crystallization from gaseous phase
~ **w stopie** melt condensation
~ **wakansów** *kryst.* vacancy condensation
~ **warstewkowa** film condensation
~ **wsteczna** retrograde condensation
kondensat *m* condensate, condensation water
kondensator *m* **1.** *el.* condenser, capacitor **2.** *siln.par.* steam condenser, *zob.też* **skraplacz**
~ **blokujący** *el.* blocking capacitor
~ **dostrojczy** *rad.* padding condenser, trimming condenser
~ **elektroenergetyczny** power capacitor
~ **elektrolityczny** electrolytic capacitor
~ **ESD** *el.* energy storage device, ESD
~ **gaszący** *el.* quench condenser
~ **grzejny** electrode heater
~ **kołpaczkowy** *el.* cup capacitor
~ **krążkowy** *el.* disk capacitor
~ **metalizowany** metallized capacitor
~ **motylkowy** *el.* butterfly capacitor
~ **nastawny** *el.* variable capacitor
~ **obejściowy** *rad.* by-pass
~ **obrotowy częstotliwościowo proporcjonalny** *rad.* straight-line frequency capacitor, SLF capacitor
~ ~ **falowo-proporcjonalny** straight-line wavelength capacitor, SLW capacitor
~ ~ **pojemnościowo-proporcjonalny** straight-line capacitance capacitor, SLC capacitor
~ **ochronny** *el.* protective capacitor
~ **odsprzęgający** bypassing capacitor
~ **olejowy** *el.* oil-filled capacitor
~ **papierowy** *el.* paper capacitor
~ **płytkowy** *el.* plate capacitor
~ **powietrzny** *el.* air capacitor
~ **przeciwzakłóceniowy radiowy** radio interference suppressor capacitor
~ **przepustowy** *el.* feedthrough capacitor
~ **rozruchowy** *el.* starting capacitor
~ **stały** *el.* fixed capacitor
~ **stroikowy** *tel.* trimming condenser, trimmer, trimmer capacitor
~ ~ **płytkowy rozchylny** book capacitor
~ **strojeniowy** *rad.* tuning capacitor
~ **wyrównawczy** *el.* padder, balancing capacitor
~ **z dwóch skręconych przewodów** *el.* gimmick
~ **zaporowy** *el.* blocking capacitor
kondensatory *mpl* **sprzężone** *rad.* gang condenser
kondensor *m* *opt.* condenser (lens)
kondensować *v* condense
konduktancja *f* *el.* conductance
~ **przyrostowa ujemna** external negative differential, END
~ **własna** self-conductance
konduktometr *m* *elchem.* conductometer
konduktometria *f* *elchem.* conductometry, conductometric analysis
konduktor *m* *wiertn.* bore-hole conductor, conductor pipe, guide casing
konduktywność *f* electrical conductivity
kondurangina *f* *chem.* condurangin
kondycjonowanie *n* conditioning
~ **wstępne** preconditioning
kondygnacja *f* *bud.* storey, story
konewka *f* watering-can
konfekcjonerka *f* **do opon** *gum.* tyre building machine
konfekcjonowanie *n* **opon** tyre building
konferansjer *m* *rad. TV* announcer
konferencja *f* conference
~ **zdalna** (*przy wykorzystaniu urządzeń telekomunikacyjnych*) teleconference
Konferencja Narodów Zjednoczonych ds Handlu i Rozwoju United Nations Conference on Trade and Development, UNCTAD
konfetti *pl* (*wycinki kart lub taśm dziurkowanych*) chads
konfiguracja *f* configuration
~ **elektronowa** electron configuration, arrangement of electrons
~ **„głowa do głowy"** head-to-head configuration (*of a polymer*)
~ **„głowa do ogona"** head-to-tail configuration (*of a polymer*)
~ **łańcucha** chain configuration
~ **pikietowa linii sił** *fiz.* picket-fence configuration, cusped lines configuration
~ **typu „główny-podrzędny"** *inf.* master-slave configuration
konfiskata *f* seisure; forfeit
konfiskować *v* seize (*property*)
konflikt *m* **dostępu do pamięci** *inf.* memory access conflict
konformacja *f* *chem.* conformation, constellation
~ **anty** (fully) staggered conformation
~ ± **anty-klinalna** *zob.* **konformacja częściowo ekliptyczna**
~ ± **anty-periplanarna** *zob.* **konformacja anty**
~ **częściowo ekliptyczna** part(ial)ly eclipsed conformation, anti-clinal conformation, ac conformation
~ **ekliptyczna** eclipsed conformation
~ **kopertowa** envelope conformation

~ **koronowa** crown conformation, crown form
~ **krzesełkowa** chair conformation, chair form
~ **łańcucha** chain conformation
~ **łódkowa** boat form
~ **naprzeciwległa** *zob.* **konformacja ekliptyczna**
~ **przeciwległa** *zob.* **konformacja anty**
~ **skośna** gauche conformation, skew conformation
~ ± **synklinalna** *zob.* **konformacja skośna**
~ ± **syn-periplanarna** *zob.* **konformacja ekliptyczna**
~ **wannowa** *zob.* **konformacja łódkowa**
~ **zaćmiona** *zob.* **konformacja ekliptyczna**
~ **zasłonięta** *zob.* **konformacja ekliptyczna**
konformery *mpl chem.* conformational izomers, conformers
konfuzor *m mech.pł.* confusor, converging cone, convergent pipe, taper pipe
konglomerat *m* **1.** *petr.* conglomerate **2.** *chem.* conglomerate, racemic mixture
~ **o spoiwie krzemionkowym** *petr.* silcrete
~ **spojony węglanem wapnia** *petr.* calcrete
kongres *m* congress
koniak *m* cognac
kongruencja *f mat.* congruence
kongruentny *a mat.* congruent
koniczyna *f bot.* clover, *Trifolium*
koniec *m* end
~ **biegowy** (*liny*) *żegl.* running part, hauling part (*of a rope*)
~ **elektrody nieotulony** (*do uchwytu*) *spaw.* bare terminal end of an electrode
~ **górny pala** *inż.* butt-end of a pile
~ **impulsu** *elektron.* pulse finish
~ **języka** *anat.* apex linguae
~ **klarowania** *szkl.* seed-free time
~ **krzywej** (*drogi, toru*) *inż.* point of tangency
~ **łańcucha kotwicznego** *żegl.* bitter end (*of anchor cable*)
~ **obcięty** (*np. wlewka, kęsa*) *hutn.* crop
~ **odpływu** *ocean.* last of the ebb
~ **pilnika** file point
~ **płaski** (*śruby, wkrętu*) plain sheared end
~ **probierczy woltomierza** voltmeter spike
~ **przedni taśmy** (*walcowanej*) *hutn.* head end of strip, leading end of strip
~ **soczewkowy** (*śruby, wkrętu*) rounded end
~ **stały liny** *żegl.* standing part of rope
~ **stożkowy** (*śruby, wkrętu*) cone point
~ **śruby** (*lub wkrętu*) screw end; screw point
~ **topienia zestawu** *szkl.* batch-free time
~ **tylny taśmy** (*walcowanej*) *hutn.* trailing end of strip, tail end of strip
~ **wgłębiony** (*śruby, wkrętu*) cup point
~ **wiązania** *ceram.* final setting time
~ **zapisu** *inf.* end of record, EOR
~ **zbioru danych** *inf.* end of file, EOF
~ **zezwoju** *masz.el.* finishing lead
konietlica *f* **łąkowa** *bot.* yellow oat-grass, *Trisetum flavescens*
konik *m* **obrabiarki** tailstock, loose headstock, footstock, poppet, dead head
~ **wagi** rider (weight), jockey weight
konina *f* horsemeat
koniogodzina *f jedn.* horsepower-hour: 1 KM·h = $2.647795 \cdot 10^4$ J
koniugacja *f* **1.** *biol.* conjugation **2.** *jęz.* conjugation
~ **mejotyczna chromosomów** *genet.* synapsis
koniunkcja *f* **1.** *astr.* conjunction **2.** *inf.* conjunction, AND operation
~ **z zakazem** *inf.* exclusion, NOT-IF-THEN operation
koniunktor *m elektron.* AND gate, AND circuit
koniunktura *f* **na rynku** market conditions
konkluzja *f* inference
konkordancja *f* **1.** *geol.* concordance **2.** *inf.* concordance
konkrecja *f geol.* concretion, ball
konkrecje *fpl* **kuliste węgla** apple coal
konkret *m* (*abstrakt olejku eterycznego*) *kosmet.* concrete
konkurencja *f ek.* competition
konkurencyjny *a* competitive
konkurować *v* compete
konkurs *m* competition
konny *a* horse-drawn
konoda *f fiz.* tie-line, conode
konoida *f mat.* conoid
konopie *pl bot.* hemp, *Cannabis* L.
~ **indyjskie** sunn hemp, *Cannabis indica* Lam.
~ **manilskie** Manilla hemp, abaca, *Musa textilis*
konosament *m ek.* bill of lading, BL
~ **bezpośredni** trough bill of lading
~ **imienny** straight bill of lading
~ **lotniczy** air freight bill, AFB
~ **morski** ocean bill of lading
~ **na okaziciela** blank bill of lading, B/L to bearer
~ **na zlecenie** order bill of lading, B/L to order
~ **spóźniony** stale bill of lading
~ **z klauzulą restrykcyjną** foul bill of lading
~ **załadowania** shipped bill of lading, on-board bill of lading
~ **zbiorowy** omnibus bill of lading, collective bill of lading
konoskop *m kryst.* conoscope
konserwacja *f* **1.** *masz.* maintenance **2.** preservation, conservation
~ **czasu** timekeeping
~ **profilaktyczna** preventive maintenance
~ **radiacyjna** preservation (of food) by irradiation
~ **żywności** conservation of foodstuffs, preservation of food
konserwacyjność *f* maintainability
konserwator *m* (*urządzeń*) maintenance technician
~ **oleju** (*w transformatorze*) oil conservator, oil expansion chamber

konserwować *v* **1.** maintain (*equipment*) 2. conserve; preserve (*food etc.*)
~ w puszkach tin, can
konserwy *pl spoż.* preserves
~ w puszkach canned food
~ w słojach potted food
konsola *f* **1.** bracket **2.** console; control desk
~ dzwonu *okr.* belfry
konsolidacja *f* **gruntu** consolidation of soil
konsonans *m* (*współbrzmienie harmonijne*) *akust.* consonans
konsorcjum *n ek.* consortium
konspekt *m* draft (*of a written work*)
konstantan *m met.* constantan, advance
konstelacja *f astr.* constellation
konstrukcja *f* **1.** design; construction 2. structure
~ ażurowa *bud.* openwork
~ budowlana building structure
~ całkowicie metalowa all-metal construction
~ drewniana wooden construction; woodwork
~ geodetyczna *lotn.* geodetic structure
~ geometryczna *mat.* geometrical construction
~ integralna *lotn.* integral construction
~ kamienna *bud.* stonework
~ klasyczna *zob.* **konstrukcja konwencjonalna**
~ konwencjonalna orthodox design
~ liny rope lay
~ łupinowa *bud.* shell construction
~ mieszana *bud.* mixed construction, composite construction
~ modularna modular structure; modular design
~ niekonwencjonalna unorthodox design
~ nośna supporting structure, load-bearing structure
~ nowoczesna advanced design
~ przekładkowa sandwich construction
~ przestrzenna z prętów stalowych *bud.* steel space structure
~ skorupowa *lotn.* monocoque construction, stressed-skin construction
~ spawana welded construction, weldment
~ stalowa steel construction; steelwork
~ ~ wielkiego pieca blast furnace frame
~ stalowo-drewniana (*statku*) composite construction (*of a ship*)
~ szkieletowa frame construction, skeleton construction
konstrukcyjny *a* constructional; structural
konstruktor *m* designer, design engineer; constructor
konstruować *v* design; construct
konstruowanie *n* design engineering, designing
konsulat *m* consulate
konsultant *m* consultant; adviser
konsultować *v* give (professional) advice
konsument *m* consumer
konsumpcja *f* consumption
~ masowa mass consumption

konsystencja *f* consistence
konsystometr *m metrol.* consistometer
konsza *f spoż.* conge
konszowanie *n* (*masy czekoladowej*) *spoż.* conging process
kontakt *m* **1.** contact, *zob.też* **styk, zestyk** 2. *chem.* contact (agent), solid catalyst
~ akustyczny *żegl.* echo contact
~ bezpośredni close contact
~ drzwiowy (*np. w dźwigni*) *el.* door contact
~ hermafrodytyczny *elektron.* hermaphroditic contact
~ liniowy *el.* ohmic contact, linear contact
~ metal-półprzewodnik *el.* metal-semiconductor junction
~ omowy *el.* ohmic contact, linear contact
~ Twitchell'a *chem.* Twitchell reagent
~ wewnętrzny *elektron.* male contact
~ zewnętrzny *elektron.* female contact
kontaktor *m chem.* contactor
kontaktować *v* contact
kontaktron *m el.* reed relay
~ z rtęcią wet-reed relay
kontakty *mpl* **handlowe** commercial relations, business contacts
kontaminacja *f* contamination, *zob.też* **skażenie**
kontaminant *m* (*substancja skażająca*) contaminant
kontekst *m* context
kontener *m* container
kontenerowiec *m* container ship
~ dowozowy feeder ship
~ komorowy cellular container ship
~ o pionowych operacjach kontenerami lo-lo container ship (*lift-on/lift-off*)
~ -pojazdowiec con-ro ship (*container/roll-on/roll-off*), ro-lo ship (*ro-ro/lo-lo*)
konteneryzacja *f transp.* containerization
kontinuum *n* **komptonowskie** *fiz.* Compton continuum
konto *n ek.* account
kontrafał *m żegl.* downhaul
kontrahent *m* contracting party, contractor
kontrakcja *f* **Lorentza-Fitzgeralda** *fiz.* Lorentz-Fitzgerald contraction
~ tensora *mat.* contraction of tensor
kontrakt *m ek.* contract
kontraktacja *f ek.* contracting
kontraktować *v ek.* contract
kontrast *m opt.* contrast
kontrastowość *v fot.* contrast
kontraszot *m okr.* lazy guy
kontraśruba *f okr.* contra-propeller
kontrforsa *f bud.* buttress
kontroferta *f ek.* counteroffer, counterbid
kontrola *f* inspection; control; check; monitoring
~ aktywna preventive inspection
~ aktywności lokalnej *radiol.* area monitoring
~ alternatywa *skj* inspection by attributes
~ arytmetyczna *inf.* arithmetic check

~ **automatyczna w czasie obróbki** in-process control
~ **bandery** *żegl.* verification of flag
~ **bierna** remedial inspection
~ **bieżąca** current control
~ **błędów** *inf.* error check
~ **całkowita** 100% inspection
~ **celna** customs inspection; *żegl.* jerquing
~ **cen** price control
~ **części przewodniej** pilot-piece inspection
~ **częściowa** sampling inspection
~ **czynna** 1. preventive inspection 2. monitoring
~ **dawek indywidualnych** *radiol.* personnel monitoring
~ **dozymetryczna** *radiol.* dosimetry
~ **działania** functional inspection
~ **ilościowa** quantity inspection
~ **jakości** quality inspection
~ **kodu** *inf.* code check
~ **księgowości** audit
~ **lotna** travelling inspection, patrol inspection, roving inspection
~ **lotniska** aerodrome control
~ **marginesowa** *inf.* marginal check
~ **matematyczna** *inf.* mathematical check
~ **na podstawie właściwości ilościowych** *skj* inspection by variables
~ **na zmiennym stanowisku** travelling inspection, roving inspection, patrol inspection
~ **nadawania** *rad.* programme monitoring
~ **nadmiarowa** *inf.* redundancy check
~ ~ **cykliczna** cyclic redundancy check, CRC
~ ~ **pionowa** vertical redundancy check, VRC
~ ~ **wzdłużna** longitudinal redundancy check
~ **nieparzysta parzystości** *inf.* odd parity check
~ **obostrzona** *skj* tightened inspection
~ **obszaru** *lotn.* area control
~ **odbiorcza** acceptance inspection
~ **ostateczna** final inspection
~ **ostrości wzroku** *med.* sight-testing
~ **parzystości** *inf.* parity check
~ **pasywna** remedial inspection
~ **pierwszej sztuki** first-piece inspection
~ **podejścia do lądowania** *lotn.* approach control
~ **ponowna** check inspection, reinspection
~ **(poziomu) promieniowania** radiation monitoring
~ **prawidłowości** *inf.* validity check
~ **profilaktyczna** preventive inspection
~ **programowa** *inf.* programmed check
~ **przesiewająca** screening inspection
~ **przez duplikację** *inf.* duplication check
~ **przez nadmiar informacji** *inf.* redundancy check
~ **przezierna** (*kart dziurkowanych*) *inf.* sight check
~ **przy przyjmowaniu** (*towaru*) on-receipt inspection, incoming inspection
~ **redundancyjna** *inf.* redundancy check
~ **rozkładu dawek** *radiol.* site monitoring
~ **równoległym działaniem** *inf.* twin check
~ **ruchoma** patrol inspection, travelling inspection, roving inspection
~ **ruchu drogowego** road traffic control
~ ~ **lotniczego** air-traffic control, ATC
~ **sitowa** sieve testing
~ **skażeń** *radiol.* monitoring
~ **skrócona** *skj* reduced inspection
~ **statystyczna** statistical control
~ **stuprocentowa** 100% inspection, detailed inspection
~ **sum** *inf.* summation check
~ **środowiska** environmental surveillance (*around nuclear installations*)
~ **techniczna** product quality control, production control
~ ~ **przebiegu produkcji** process inspection, production inspection
~ **ulgowa** *skj* reduced inspection
~ **ustawowa** mandatory control
~ **według cech mierzalnych** *skj* inspection by variables
~ **wielokrotna** multiple inspection
~ **wymiarowa** dimensional control, gauging
~ **wyrywkowa** *skj* sampling inspection
~ **zapasów** stock check
~ **zapobiegawcza** preventive inspection
~ **zupełna** 100% inspection, screening inspection
~ **zwykła** usual inspection
kontroler *m* inspector, controller; supervisor
~ **celny** customs officer
~ ~ **statków** jerquer; *US* boarding inspector
~ **ilości ładunku** *żegl.* tallier, tally clerk
~ **księgowości** auditor
~ **lotu** flight control system
~ **oddziałowy** floor inspector
~ **ruchu lotniczego** air-traffic controller
~ **stanowiska roboczego** bench inspector
~ **warsztatowy** floor inspector
kontrolować *v* inspect; control; check
kontrtorpedowiec *m okr.* destroyer
kontur *m* = **obrys** outline, contour
kontuzja *f med.* concussion
kontynent *m geogr.* continent
kontyngencja *f mat.* contingency
kontyngent *m ek.* quota
kontynuator *m* **łańcucha** (*reakcji*) *chem.* chain carrier, chain propagator
konurbacja *f* conurbation, urban aggregate
konwalia *f* **majowa** *bot.* lily-of-the-valley, *Convallaria majalis*
konwekcja *f* convection (*of heat*)
~ **swobodna** natural convection
~ **termohalinowa** *ocean.* thermohaline convection
~ **wody** *melior.* ascent of water
~ **wymuszona** forced convection
konwektor *m* convector
konwencja *f* **logiczna** logic convention
~ ~ **dodatnia** *aut.* positive logic
~ ~ **ujemna** *aut.* negative logic

konwencjonalny *a* **1.** conventional (*sign*) **2.** traditional, classical (*design etc.*)
konwergencja *f mat.* convergence
~ **warstw** *geol.* convergence of strata
konwersacja *f* (*dialog użytkownik-komputer*) *inf.* conversational processing
konwersja *f* **1.** *fiz., chem.* conversion **2.** *inf.* conversion
~ **analogowo-cyfrowa** analog-to-digital conversion
~ **cyfrowo-analogowa** digital-to-analog conversion, d/a conversion
~ **dwójkowo-dziesiętna** binary-to-decimal conversion
~ **dziesiętno-dwójkowa** decimal-to-binary conversion
~ **pierścienia** *chem.* interconversion of chair forms
~ **postaci liczb** *inf.* number system conversion
~ **wewnętrzna** *fiz.* internal conversion
konwerter *m inf.* language converter, *zob. też* **przetwornik**
~ **analogowo-cyfrowy** analog-to-digital converter, adc, digitizer
~ **cyfrowo-analogowy** digital-to-analog converter, dac
~ **dodatnio-impedancyjny** positive impedance converter, PIC
~ **idealny mocy** ideal power converter, IPC
~ **impedancyjny uogólniony** generalized impedance converter, GIC
~ **strumienia neutronów** neutron converter
~ **szeregowo-równoległy** serial-parallel converter
~ **ujemno-impedancyjny** negative impedance converter, NIC
~ **(zapisu) z taśmy magnetycznej na karty dziurkowane** tape-to-card (converter)
konwertoplan *m lotn.* convertaplane
konwertor *m* **1.** *hutn.* converter **2.** *chem.* converter **3.** *el.* frequency converter
~ **AOD** *hutn.* AOD furnace (*argon-oxygen decarburization*)
~ **Bessemera** *hutn.* Bessemer converter
~ **Kaldo** *hutn.* Kaldo vessel, Kaldo furnace
~ **kwaśny** *hutn.* acid converter
~ **LD** *hutn.* LD vessel (*Linz-Donawitz*), BOS vessel (*basic oxygen steelmaking*)
~ **niesymetryczny** *hutn.* eccentric converter
~ **o wykładzinie zasadowej** *hutn.* basic-lined converter
~ **obrotowy** *hutn.* rotary converter
~ **odlewniczy** side blow converter, Tropenas converter
~ **rotorowy** (*do wytapiania stali*) rotor furnace, rotary converter
~ **stalowniczy** steel making converter
~ **strumienia elektronów** *fiz.* flux converter
~ **symetryczny** (*z gardzielą prostą*) *hutn.* concentric converter
~ **tlenowy** *hutn.* oxygen-blown converter, oxygen converter
~ ~ **z dolnym dmuchem** bottom blown oxygen converter
~ ~ **z górnym dmuchem** top blown oxygen converter
~ **tomasowski** *hutn.* basic Bessemer converter
~ **Tropenasa** *hutn.* side blown converter, Tropenas converter
~ **wielostopniowy** *chem.* multi-pass converter
~ **z bocznym dmuchem** *zob.* **konwertor Tropenasa**
konwertorownia *f hutn.* converter house, converter bay
konwojent *m* **ładunku** goods guard
~ **pociągu** *górn.* trip rider
konwojować *v* convoy; guard (*during transport*)
konwój *m* convoy
koń *m zool.* horse, *Equus caballus caballus*
~ **juczny** pack-horse
~ **mechaniczny** *jedn.* metric horsepower: 1 KM = 0.73549 kW
~ ~ **kotłowy** boiler horse-power
~ **parowy angielski** *jedn.* horsepower: 1 hp = 0.74569 kW
~ **pociągowy** draught horse, pole horse, poler, shaft horse
~ **rasowy** bloodhorse
~ **roboczy** *zob.* **koń pociągowy**
~ **wierzchowy** riding horse, saddle horse
~ **wyścigowy** race horse
końce *mpl włók.* hard waste
końcowy *a* final; terminal
końcówka *f* tip; end; terminal
~ **abonencka** *inf.* subscribers terminal
~ **do lutowania** *el.* tab terminal
~ **dociskowa** *obr.skraw.* clamping pad
~ **elektrody** *elektron.* electrode terminal
~ **giętka** *elektron.* flexible lead
~ **kła** (*z węglików spiekanych*) *obr.skraw.* centre tip
~ **kulista** *masz.* ball end
~ **liny** rope socket
~ **miseczkowa** *elektron.* cavity cap
~ **montażowa** *el.* assembly terminal, contact terminal
~ ~ **do lutowania** contact lug
~ ~ **do owijania** wire-wrap terminal
~ ~ **do wtłaczania** contact shank
~ ~ **do zaciskania** crimp terminal
~ **okrętowa** *elektron.* wrapped terminal
~ **pisząca** (*przyrządu piszącego*) recorder pen
~ **pomiarowa** gauging point, contact tip, feeler, tester
~ **skrzydła** *lotn.* wing tip
~ **smarowniczki olejowej** spout of an oil can
~ **trzpienia dziurującego** *obr.plast.* piercing plug, piercer point
~ (*kablowa*) **widełkowa płaska** *el.* spade lug, spade terminal
~ **wtryskiwacza** *siln.spal.* injection sprayer

~ **wydechowa** *kotł.* blast nozzle
~ **wylotowa** nozzle
kończyć *v* finish
kończyna *f anat.* limb
~ **przednia** forelimb
~ **tylna** hindlimb
koński ząb *m bot.* flint corn, dent corn, *Zea mays indentata* Montg.
kooperacja *f* co-operation
kooperant *m* co-operating party
koordynacja *f* co-ordination
~ **modularna** *bud.* modular co-ordination
~ **wymiarowa** *bud.* dimensional co-ordination
koordynatograf *m aut.* coordinate plotter, XY plotter
kopa *f* **siana** *roln.* haycock
kopacz *m* digger, navvy
kopaczka *f* **ziemniaków** *roln.* potato digger
~ ~ **gwiazdowa** potato spinner
~ ~ **przenośnikowa** potato lifter, potato elevator-digger
~ ~ **rozrzucająca** potato spinner
kopać *v* dig; excavate
~ **kilofem** pick
~ **rów** trench, dig a trench
~ **studnię** sink a well
~ **ziemniaki** lift potatoes
kopal *m* copal, fossil resin
~ **Kongo** Congo copal, Congo gum
kopalina *f* **użyteczna** useful mineral
kopalnia *f* mine, pit
~ **cyny** stannary
~ **czynna** productive mine
~ **gazowa** gassy mine, safety lamp mine, dampy mine, foul mine
~ **nieczynna** dormant mine
~ **niegazowa** non-gassy mine, open lamp mine
~ **odkrywkowa** strip mine, strip pit, open pit
~ **pyłowa** dusty mine
~ **soli** salina, salt mine
~ **węgla** coal-mine, colliery
~ **złota** gold mine
~ **żwiru** gravel pit
kopalniaki *mpl* mine timber, pit timber, pitwood
kopalnictwo *n* mining
~ **złóż płytkich** placer mining
koparka *f masz.* excavator, digger
~ **chwytakowa** clamshell excavator
~ **do otworów** (*na słupy*) hole-digging machine
~ **do robót odkrywkowych** stripper, stripping shovel
~ **do rowów** trench excavator, trencher, ditcher, channelling machine
~ ~ ~ **odwadniających** drainage ditcher
~ **do szybów** *górn.* sinking engine
~ **jednonaczyniowa** power shovel, mechanical shovel, single-bucket excavator
~ **kołowa** wheel excavator
~ **krocząca** walking dragline
~ **linomostowa** cableway excavator
~ **łyżkowa** power shovel, mechanical shovel, single-bucket excavator
~ **obrotowa** swing shovel
~ **podsiębierna** pull shovel, drag shovel, hoe shovel, backacter, backhoe, back-digger
~ **przedsiębierna** push shovel, high shovel, face shovel
~ **wielonaczyniowa** bucket ladder excavator, dredger excavator
~ ~ **kołowa** bucket-wheel excavator, rotary excavator
~ ~ **łańcuchowa** chain-and-bucket type excavator
~ **wzdłużna** trench excavator, trencher, ditcher, ditching machine
~ **zbierakowa** dragline excavator
~ **zgarniakowa** *zob.* **koparka zbierakowa**
kopcić *v* smoke
kopcowanie *n roln.* clamping
kopczykowanie *n roln.* marcottage
koper *m bot.* dill, *Anethum graveolens*
~ **włoski** fennel, *Foeniculum vulgare*
koperciarka *f* envelope-making machine
koperta *f* **1.** envelope **2.** *nukl.* envelope, sheath
~ **z okienkiem** window envelope
~ **zegarkowa** watch case
kopia *f* copy; (*dzieła sztuki*) replica; *rys.* tracing; *fot.* print
~ **duppozytywowa** *kin.* master print
~ **dźwiękowa** *kin.* composite print
~ **eksploatacyjna** *kin.* release print
~ **obrazu** *kin.* picture print
~ **odwracalna** *kin.* reversal print
~ **przez kalkę** carbon copy
~ **stykowa** *fot.* contact print
~ **wierna** true copy
~ **z napisami** *kin.* superimposed print
~ **z obrazem anamorfotycznie ścieśnionym** *kin.* squeeze print
kopiał *m* templet, template
kopiapit *m min.* copiapite, yellow copperas
kopiarka *f* **1.** *rys.* copying frame **2.** *fot.* printer, printing machine **3.** *poligr.* copying machine **4.** *obr.skraw.* tracing machine
~ **reprodukcyjna** *kin.* reprinting machine
~ **skokowa** *kin.* intermittent printer, step printer
~ **stykowa** *fot.* contact printer
~ **szczelinowa** *kin.* slit printer
kopiarnia *f kin.* printing room
kopiec *m roln.* clamp
kopiorama *f poligr.* printing frame
kopiowanie *n* **1.** copying **2.** *rys.* tracing **2.** *fot.* printing **4.** *obr.skraw.* tracing
~ **na frezarce** tracer milling
~ ~ ~ **wg wzornika 3-wymiarowego** kellering
~ **optyczne** *fot.* projection printing, optical printing
~ **stykowe** *fot.* contact printing
~ **wielkoseryjne** (*kart dziurkowanych*) *inf.* gangpunching
kopka *f włók.* cheese; cop

koplanarny *a mat.* co-planar
kopnięcie *n* **silnika przy zapuszczaniu** back-kick of engine
kopoliestry *mpl* **blokowe** *chem.* segmented copolyesters
~ **przemienne** patterned copolyesters
kopolimer *m chem.* copolymer
~ **ABS** (*akrylonitrylu, butadienu i styrenu*) ABS resin
~ **bezładny** random copolymer
~ **blokowy** block copolymer
~ **chaotyczny** *zob.* **kopolimer bezładny**
~ **czteroskładnikowy** quadripolymer
~ **etylenu z octanem winylu** ethylene-vinyl acetate (copolymer), EVA
~ ~ **z propylenem** ethylene-propylene rubber
~ **odcinkowy** sequence copolymer
~ **przemienny** alternating copolymer
~ **szczepiony** graft copolymer
kopolimeryzacja *f chem.* copolymerization
~ **blokowa** block copolymerization
~ **szczepiona** graft copolymerization
kopra *f* copra
koprecypitacja *f chem.* co-precipitation
kopulasty *a* dome-shaped, domed
kopuła *f* **1.** *arch.* dome, cupola **2.** *geol.* dome fold
~ **szafki kompasu** binnacle helmet
kopułka *f* dome
~ **anteny radiolokatora** *lotn.* radome, radar dome
~ **astronawigacyjna** *lotn.* astrodome
~ **obserwacyjna** (*np. na kadłubie samolotu*) blister
kopyto *n zool.* hoof
~ **szewskie** last
kora *f* **1.** *bot.* bark **2.** *anat.* cortex
~ **dębowa** oak bark
~ **mangrowa** mangrove bark
~ **mózgowa** *anat.* cerebral cortex
~ **mydłoki** *farm.* soap bark
~ **nadnerczy** *anat.* adrenal cortex
~ **rozdrobniona** *skór.* tanbark
~ **właściwa** outer bark
koral *m* **szlachetny** *zool.* precious coral, *Corallium nobile*
koralik *m* **izolacyjny** dielectric bead
koralowce *pl zool.* anthozoa
korazja *f geol.* corrasion
korba *f* crank
~ **do świdrów** *narz.* brace, crank-brace, bit-stock
~ ~ ~ **dwuręczna** wimble
~ ~ ~ **grzechotka** ratchet brace
~ ~ ~ **kątowa** angle brace
~ ~ ~ **z uchwytem dwuszczękowym** plain brace
~ **ręczna** crank handle, hand-crank, crank lever
~ **rozruchowa** *mot.* starting crank, starting handle
~ **zamka** *uzbr.* breech mechanism lever
korbka *f* **opuszczania (i podnoszenia) szyby** *mot.* window winder handle
korbowód *m* connecting-rod
~ **boczny** *siln.spal.* articulated connecting-rod, link rod
~ **główny** *siln.spal.* master connecting-rod
~ **przyczepny** *zob.* **korbowód boczny**
kord *m włók.* cord
~ **oponowy** tyre cord, steel cord
kordel *m tel.* conductor string
kordieryt *m min.* cordierite, iolite, dichroite
kordyt *m wybuch.* cordite
korek *m* **1.** cork **2.** plug; stopper; bung
~ **bezpieczeństwa** safety plug
~ **denny** *uzbr.* base plug
~ **do rur** pipe plug
~ **do zatykania otworu spustowego** *hutn., odl.* bot(t), bod
~ **ekspandowany** expanded cork
~ **gazowy** *hydr.* gas trap
~ **górski** *min.* mountain cork
~ **gumowy** rubber stopper
~ **gwintowy** screw plug
~ **parowy** (*w przewodzie*) vapour-lock
~ **porowaty** (*do przedmuchiwania kąpieli stalowej w kadzi*) *hutn.* porous plug
~ **powietrzny** (*w przewodzie*) air-lock; gas trap
~ **prasowany** slab cork
~ **spustowy** drain plug; bottom plug
~ **szklany** *lab.* glass stopper
~ **szlamnikowy** *kotł.* washout plug
~ **szlifowany** *lab.* ground-in stopper
~ **topliwy** fusible plug, safety plug
~ **wlewowy** filler plug
~ **wyczystkowy** *kotł.* washout plug
~ **wzorcowniczy odważnika** adjusting plug of a weight
~ **zaślepiający** blank(ing) plug
~ ~ **otwór świecy zapłonowej** *siln.spal.* dummy sparking plug
korekcja *f* correction; *el.akust.* equalization
~ **astronomiczna** *nawig.* stellar monitoring
~ **częstotliwościowa** frequency correction
~ **końcowa** *el.akust.* post-equalization
~ **sprzężenia zwrotnego** *aut.* correcting feed-back
~ **wstępna** *el.akust.* pre-equalization
~ **wtórna** *el.akust.* deemphasis
~ **żyroskopu swobodnego** erection of free gyroscope
koreks *m fot.* developing box, developing tank
korekta *f poligr.* **1.** proof **2.** proof-reading
~ **autorska** author's proof
~ **po przełamaniu** page proof
~ **szpaltowa** galley proof, slip proof
korektor *m* **1.** (*pl* korektory) *el.* corrector; *tel.* equalizer **2.** (*pl* korektorzy) *poligr.* proof-reader
~ **fazowy** *tel.* phase equalizer, delay equalizer
~ **Flindera** *nawig.* Flinders bar (*for compass compensation*)
~ **hamowania** (*zapobiegający zablokowaniu kół*) *mot.* anti-block system

~ **kabla** *tel.* cable equalizer
~ **opóźnieniowy** *tel.* phase equalizer, delay equalizer
~ **tłumieniowy** *tel.* attenuation equalizer
~ **zera** zero adjusting screw, zero adjuster
korektura *f* correction, adjustment
~ **planu** adjustment of the plan
~ **toru lotu** *kosm.* midcourse correction
korelacja *f mat.* correlation
~ **cząstkowa** partial correlation
~ **kanoniczna** cannonical correlation
~ **kolejności** rank correlation
~ **liniowa** linear correlation
~ **łączna** joint correlation
~ **międzyklasowa** between-class correlation
~ **serii** autocorrelation, serial correlation
~ **skrośna** cross correlation
~ **według momentu mieszanego** product--moment correlation
~ **wielokrotna** multiple correlation
~ **wzajemna** *zob.* **korelacja skrośna**
korelator *m inf.* correlator
korelogram *m mat.* correlogram
korespondencja *f* correspondence
~ **przychodząca i wychodząca** incoming and outgoing post
korkociąg *m* **1.** corkscrew **2.** *lotn.* spin
~ **odwrócony** inverted spin
~ **plecowy** *zob.* **korkociąg odwrócony**
~ **płaski** flat spin
~ **stromy** steep spin
korkowacenie *n bot.* suberization
korkownica *f skór.* graining machine, grainer
kornik *m* **1.** *zool.* bark beetle, pinhole borer **2.** *odl.* pitted skin (*casting defect*)
korniszon *m* **1.** *odl.* horn gate **2.** *spoż.* small pickled cucumber
korodować *v* corrode
korodujący *a* (*skłonny do korozji*) corrodible
korona *f* **drogi** road crown
~ **drzewa** head of tree
~ **grabiowa** *roln.* rake apparatus (*of corn harvester*)
~ **kwiatu** *bot.* corolla
~ **muru** *bud.* wall coping
~ **przelewu** *hydr.* overfall crest
~ **ratunkowa** *wiertn.* bell-mouth socket, overshot
~ **słoneczna** *astr.* solar corona
~ **wału** (*przeciwpowodziowego*) top of levee
~ **zęba** *anat.* crown of a tooth
koronografia *f med.* coronary arteriography
koronka *f* **1.** *wiertn.* bit **2.** *inf.* lacing
~ **diamentowa** diamond bit
~ **krzyżowa** cross-bit
~ **rdzeniowa** core bit, core-cutter head
~ **śrutowa** shot bit, shot drill, calyx drill
~ **wiertnicza** drill bit
~ **wymienna** *wiertn.* detachable bit, ripbit
~ **zębata** sawtooth bit
koronkarka *f włók.* lace machine
koronkarstwo *n włók.* lace-making
korowanie *n drewn.* barking, decortication
~ **częściowe** barking in patches
~ **pasmami** barking in strips
korowarka *f drewn.* barker, barking machine
~ **bębnowa** barking drum, drum barker
~ **cierna** friction barker
~ **do dłużyc** whole log barker
~ **hydrauliczna** hydraulic barker
~ ~ **strumieniowa** stream barker, jet hydraulic barker
~ **łańcuchowa** chain barker
~ **nożowa** knife barker
~ **ręczna** bark spud
~ **tarczowa** disk barker
korowina *f bot.* outer bark
korozja *f* corrosion
~ **alkaliczna** (*w roztworach zasad*) alkaline corrosion
~ **anodowa** anode corrosion
~ **atmosferyczna** atmospheric corrosion, climatic corrosion
~ **bakteryjna** microbi(ologic)al corrosion
~ **bimetaliczna** bimetallic corrosion
~ **biologiczna** biocorrosion
~ **cierna** fretting corrosion, chafing corrosion
~ **elektrochemiczna** elektrochemical corrosion
~ **erozyjna** erosion corrosion, turbulence corrosion
~ **galwaniczna** galvanic corrosion
~ **gazowa** high-temperature corrosion
~ **grafityczna** graphitic corrosion
~ **gruntowa** underground corrosion, soil corrosion
~ **jądrowa** nuclear corrosion
~ **katastrofalna** breakaway corrosion
~ **kawitacyjna** cavitation corrosion
~ **kontaktowa** contact corrosion
~ **kroplowa** drop corrosion
~ **miejscowa** localized corrosion
~ **międzykrystaliczna** intercrystalline corrosion, intergranular corrosion
~ **mikrobiologiczna** microbi(ologic)al corrosion
~ **na sucho** dry corrosion
~ **naprężeniowa** stress corrosion
~ **nitkowa** filiform corrosion, thread-form corrosion
~ **nożowa** knife-line attack
~ **ogólna** general corrosion, uniform corrosion
~ **plamista** spot corrosion
~ **pod wpływem prądów błądzących** stray--current corrosion
~ **pod złożem** deposit corrosion
~ **podosadowa** *zob.* **korozja pod złożem**
~ **podpowłokowa** underfilm corrosion
~ **przy zmiennym zanurzeniu** alternating immersion corrosion
~ **przy całkowitym zanurzeniu** total immersion corrosion
~ **punktowa** point corrosion
~ **radiacyjna** radiolytic corrosion

~ **równomierna** general corrosion, uniform corrosion
~ **selektywna** selective corrosion
~ **siarkowa** sulfur corrosion
~ **spoin** weld decay
~ **stykowa** contact corrosion
~ **szczelinowa** crevice corrosion
~ **śródkrystaliczna** transgranular corrosion, transcrystalline corrosion
~ **totalna** brekaway corrosion
~ **turbulencyjna** turbulence corrosion, erosion corrosion
~ **udarowa** impingement corrosion
~ **w głębi fazy metalicznej** subsurface corrosion
~ **w ośrodkach ciekłych** wet corrosion
~ **w pasie wodnicowym** (*statku*) waterline corrosion
~ **w roztworach wodnych** aqueous corrosion
~ **w stopionych metalach** liquid-metal corrosion
~ **warstwowa** layer corrosion, exfoliation corrosion
~ **włóknista** filamentary corrosion
~ **wysokotemperaturowa** high-temperature corrosion
~ **wżerowa** pitting (corrosion)
~ **z depolaryzacją tlenową** oxygen-consuming corrosion
~ **ziemna** soil corrosion, underground corrosion
~ **zmęczeniowa** fatigue corrosion
korozyjność *f* corrosivity
korozyjny *a* corrosive
korpus *m masz.* body; frame; case, casing; housing, *zob.też* **kadłub**
~ **cewki** *el.* spool, bobbin, coil form
~ **dławika** *masz.* gland housing
~ **pługa** *roln.* plough body; *US* plow bottom
~ **pompy** pump barrel, pump casing
~ **prasy** press frame
~ **przekładni** *siln.spal.* wheelcase
~ **reaktora** *nukl.* reactor vessel
~ **skraplacza** condenser shell
~ **struga** *narz.* plane stock
~ **świecy zapłonowej** *siln.spal.* spark(ing) plug shell
~ **wtryskiwacza** *siln.spal.* nozzle holder
~ **złącza** *el.* connector body
~ **zwierzęcia** (*bez nóg i głowy*) barrel
korpuskularny *a fiz.* corpuscular
korpuskuła *f fiz.* corpuscle, elementary particle, *zob.też* **cząstka, cząstki**
kort *m* **tenisowy** tennis court
kortykosteron *m biochem.* corticosterone
kortykosterydy *mpl biochem.* adrenal cortex hormones, adrenocortical harmones, corticosteroids, corticoids
kortykotropina *f biochem.* corticotropin, adrenocorticotropic hormone, ACTH
kortyna *f biochem.* cortin
kortyzon *m biochem.* cortisone
korund *m min.* corundum, alumina
korybulbina *f chem.* corybulbine
korygować *v* correct
korypalmina *f chem.* corypalmine
korytarz *m* corridor
~ **kablowy** *el.* cable passage
~ **paszowy** *zoot.* feeding passage
~ **poprzeczny** (*na statku*) passageway
~ **powietrzny** *lotn.* airway
~ **wzdłużny** (*np. na statku, w wagonie osobowym*) alleyway
korytarzowiec *m bud.* corridor-type block of flats
korytko *n* **1.** tray **2.** channel (*rolled section*)
~ **do narzędzi** tool tray
~ **ładownicze** *uzbr.* loading trough, loading tray
~ **przelewowe** *kotł.* spray pan
~ **ślizgowe** (*prowadnicy okna*) *mot.* slider channel
koryto *n* trough; *hydr.* flume, fleam, open channel
~ **do przemywania rudy** *wzbog.* sluice (box), washing cradle
~ **drogi** road trench, road bed
~ **klejarskie** *włók.* sizing trough
~ **pomiarowe** *hydr.* measuring flume
~ ~ **Parshalla** Parshall flume
~ **rzeki** river-bed, stream channel, streamway
~ ~ **dla niskiej wody** minor bed
~ ~ **dla wysokiej wody** major bed
~ **spustowe** *hutn.* runner
~ **wsadowe** *hutn.* charging box, charging pan
~ **zasypowe** feed chute
~ **zrzutowe** chute
~ **żużlowe** *hutn.* cinder runner, cinder trough
korytuberyna *f chem.* corytuberine
korzenie *mpl* (*metal tracony przy odlewaniu syfonowym*) *hutn.* (*runner scrap sprues and cores*)
korzenny *a spoż.* spicy
korzeń *m* **1.** *bot.* root **2.** *anat.* root
~ **buraka** beet root
~ **czerwony** *farb.* alkanna, alkanet
~ **palowy** *bot.* taproot
~ **zęba** *anat.* prong
korzonek *m anat.* radicle
korzystać z... take advantage of...
~ **z prawa wyboru** exercise the option
korzystne warunki *mpl* favourable conditions; *ek.* easy terms
korzystny *a* advantageous; beneficial
korzyść *f* advantage
~ **dostawcy** *skj* supplier's handicap
~ **odbiorcy** *skj* consumers' handicap
kosa *f* **1.** *roln.* scythe **2.** *masz.* knife (*of a reaper*) **3.** *geogr.* recurved spit
kosaciec *m bot.* orris, *Iris*
kosiarka *f roln.* mower, mowing machine; riding mower
~ **ciągnikowa** tractor mower
~ **do trawy** grass mower
~ **do trawy lub zboża** reaper-mower
~ **do trzciny** (*wodna*) reed mower
~ **gazonowa** lawn mower
kosić *v roln.* mow, cut
kosmetologia *f* cosmetology

kosmetyczny *a* cosmetic
kosmetyk *m* cosmetic
kosmetyka *f* cometics
~ **lekarska** medical cosmetics
kosmiczny *a* cosmic
kosmochemia *f* cosmochemistry, space chemistry
kosmodrom *m* spaceport, space ship base
kosmogonia *f* cosmogony
kosmografia *f* cosmography
kosmologia *f* cosmology
kosmonauta *m* spaceman, cosmonaut, astronaut
kosmonautyka *f* cosmonautics, astronautics, space technology
kosmopłat *m* aerospace vehicle, space-air vehicle
kosmos *m* universe
kosmotron *m nukl.* cosmotron
kosmyk *m* **wełny** *włók.* flock
kosodrzewina *f bot.* mountain pine, dwarf pine, *Pinus montana*, Mill.
kostka *f* **1.** block; cube **2.** cobble (*size of coal*) **3.** *anat.* ankle
~ **błyskowa** *fot.* flash-cube
~ **brukowa kamienna** sett; pitcher; Belgian block
~ **fotometryczna** *zob.* **kostka kontrastowa Lummera-Brodhuna**
~ **kontrastowa Lummera-Brodhuna** *opt.* Lummer-Brodhune sight box
~ **matrycowa** *obr.plast.* die block
~ **miękka** *cukr.* lump sugar
~ **mozaikowa** tessera, mosaic block
~ **piłowana** *cukr.* chipped slab
~ **prasowana** briquette; *cukr.* pressed cube, moulded sugar
~ **sześcienna** cube
~ **wybuchowa** block explosive
kostkowanie *n* spotting (*finish*)
kostnica *f* mortuary
kostnienie *n biol.* ossification
kostrzewa *f bot.* fescue, *Festuca*
kosz *m* basket; *ryb.* basket trap
~ **balonu** balloon basket
~ **dachu** *bud.* valley
~ **koksowy** fire-basket, salamander
~ **rufowy** *okr.* counter
~ **samowyładowczy** hopper
~ **satelitów** *mot.* planet pinion cage, planet carrier
~ **ssawny** (*pompy*) suction rose, strainer (*of a pump*)
~ **szańcowy** *inż.* gabion
~ **zasypowy** charging hopper
~ **zęzowy** *okr.* strum box, rose box
koszar *m zoot.* fold
koszarka *f* house boat
koszary *pl* barracks
koszenie *n roln.* mowing, cutting down
koszenila *f farb.* cochineal
koszt *m* cost, *zob.też* **koszty**
~ **jednostkowy** cost per piece, unit cost
~ **łączny** joint cost
kosztorys *m* estimate, cost calculation
kosztorysant *m* estimator
kosztorysowanie *n* costing
koszty *mpl* costs
~ **amortyzacji** amortization charges
~ **bezpośrednie** direct costs
~ **biurowe** office upkeep
~ **brutto** gross cost
~ **budowy** building costs
~ **całkowite** total costs
~ **dodatkowe** additional charges, extra charges
~ **dostawy** costs of delivery, delivery charges
~ **eksploatacji** operating costs, running-costs
~ **fabryczne** factory costs
~ **inwestycyjne** capital costs, first costs
~ **konserwacji** maintenance costs, upkeep costs
~ **magazynowania** storage costs
~ **materiałowe** material costs
~ **netto** net cost
~ **ogólne** general costs; overheads, on-costs
~ **opakowania** packing costs
~ **osobowe** wage costs, costs of labour
~ **portowe** *żegl.* port charges
~ **pośrednie** indirect costs
~ **pozaprodukcyjne** non-operating costs
~ **produkcji** costs of production
~ **przeładunku** costs of handling
~ **przewozu** transport charges, freight
~ **przygotowania produkcji** preparation expenses
~ **ratownictwa** *żegl.* salvage charges
~ **reklamy** publicity expenses, costs of advertising
~ **remontu** costs of repairs
~ **robocizny** labour costs
~ ~ **i materiałów** prime costs
~ **rzeczywiste** actual costs, real costs
~ **składowania** storage charges
~ **sprzedaży** marketing costs
~ **stałe** fixed costs
~ **szacunkowe** estimated costs
~ **transportu** transport charges, freight
~ **utrzymania 1.** maintenance costs, upkeep **2.** cost of living
~ **użytkowania** operating cost
~ **własne** prime cost, self-cost
~ **wydziałowe** departmental costs
~ **wyładunku** *żegl.* landing charges
~ **zbytu** marketing costs
koszulka *f* **1.** *masz.* jacket, *zob.też* **płaszcz 2.** *nukl.* can; cladding
~ **do form bezskrzynkowych** *odl.* slip jacket
~ **lufy** *uzbr.* barrel liner
~ **paliwowa** *nukl.* fuel element can
~ **parowa** *masz.* steam jacket
~ **wodna** *masz.* water jacket
koszulkowanie *n nukl.* canning; cladding
koszyczek *m* **łożyska** *masz.* bearing cage, bearing spacer, bearing retainer, bearing separator, ball distance ring
koszyk *m* basket
~ **łożyska** *zob.* **koszyczek łożyska**
~ **satelitów** *mot.* planet pinion cage, planet carrier

koszykarstwo *n* basketry, basket work
kościec *m anat.* skeleton
kościół *m* church
kość *f anat.* os (*pl* ossa), bone
~ **słoniowa** ivory
kot *m* (*kotwica*) *okr.* grapnel
kota *f* **wysokościowa** *geod.* spot height
kotbelka *f okr.* cathead
kotew *f bud.* anchor, tie; *kotł.* longitudinal stay, brace
~ **belki stropowej** wall anchor, joist anchor
~ **ścienna** wall tie
kotlarnia *f* boiler forge
kotlarstwo *n* coppersmithing
kotlarz *m* **1.** boiler maker, boiler-smith **2.** copper-smith, brazier, tinker
kotlina *f* **walcownicza** *obr.plast.* rollgap, bite region of the work rolls
~ **żeliwiaka** *odl.* cupola crucible, cupola well, crucible zone
kotłownia *f* boiler-room; boiler house; *okr.* stokehold
kotonizowanie *n włók.* cottonization
kotwica *f okr.* anchor
~ **admiralicji** stocked anchor, old-fashioned anchor
~ **główna** bower anchor
~ **martwa** mooring anchor, morring clump
~ **patentowa** patent anchor, stockless anchor
~ **pływająca** drag anchor, drift anchor, sea anchor, floating anchor
~ **prądowa** stream anchor
~ **splątana** foul anchor
~ **wielohakowa** grapnel
~ **wychwytu chronometrowego** *zeg.* detent
~ **zapasowa** best bower anchor
~ **zawoźna** kedge-anchor
~ **zegara** *zeg.* jewelled pallet fork
kotwicowisko *n żegl.* anchorage, anchor ground
kotwiczyć *v żegl.* anchor
kotwić *v bud.* anchor, brace
kotwienie *n* **stropu** *górn.* roof bolting
kowadełko *n* **1.** *anat.* anvil **2.** *narz.* anvil; stake
~ **blacharskie** tinsmith's anvil, bottom stake
~ **przyrządu pomiarowego** measuring anvil
kowadło *n* anvil
~ **dwurożne** two-beaked anvil
~ **górne** (*w bijaku młota maszynowego*) hammer block
~ **kształtowe** shaped die (*for hammer forging*)
~ **płaskie** flat die (*for thread rolling*)
kowal *m* smith, blacksmith
~ **maszynowy** forgeman, forger, hammerman
~ **matrycowy** drop forger
kowalencyjność *f chem.* covalence
kowalentność *f chem.* covalency
kowalność *f* malleability, forgeability
kowalny *a* malleable, forgeable
kowar *m met.* kovar, fernico
kowariancja *f mat.* covariance, covariation
kowariantny *a mat.* covariant
kowarka *f obr.plast.* swaging machine
~ **rotacyjna** rotary swaging machine, rotary swager
kowartościowość *f chem.* covalence, covalency
kowelin *m min.* covellite, indigo copper
koza *f zool.* goat, *Capra*
kozieradka *f bot.* fenugreek, *Trigonella*
kozioł *m* **1.** trestle; horse **2.** *okr.* poppet **3.** *zool.* roe-buck, *Capreolus capraea*
~ **do piłowania drewna** saw-horse, sawing jack
~ **montażowy silnika** *lotn.* engine erection stand, engine trestle
~ **murarski** *bud.* mason's horse
~ **oporowy** *kol.* bumper block, buffer stop
~ **palowy** *inż.* pile trestle, raking trestle
~ **rusztowaniowy** *bud.* scaffold trestle
~ **trałowy** *okr.* trawl gallow
~ ~ **burtowy** side gallow
~ **wodowaniowy** *okr.* launching poppet
~ ~ **dziobowy** fore poppet
~ ~ **rufowy** after poppet
kozłek *m* **lekarski** *bot.* valerian, garden heliotrope, all-heal, *Valeriana officinalis*
kozłowanie *n* (*przy lądowaniu*) *lotn.* bouncing (*during landing*)
kozły *mpl* **kablowe** *el.* reel jacks, cable horses
kozuba *f bud.* vaulting cell
kozubek *m bud.* cricket
koźlę *n zool.* kid
kożuch *m san.* surface scum
~ **z sulfatu** *szkl.* gall
~ **żużlowy** *odl.* dross, scum (*on molten metal*)
kożuszek *m* **mleka** milk skin (*of boiled milk*)
kożuszenie *n farb.* skinning
kółko *n* wheel; roller
~ **całkujące** (*planimetru*) integrating roller
~ **nosowe** *zoot.* nose ring
~ **ogonowe** *lotn.* tailwheel
~ **ręczne** *masz.* hand-wheel
~ **samonastawne** castoring wheel, castor
~ **toczne** runner
~ **ugniatające** (*w siewniku*) *roln.* press wheel
kp = kilopond *jedn.* kilogram-force
kp·m = kilopondometr *jedn.* kilogrammetre
kr = karat *jedn.* carat
kra *f* ice float
krab *m zool.* crab
krabowanie *n włók.* crabbing
kraj *m* **pochodzenia** *ek.* country of origin
~ **zamieszkania** country of residence
krajać *v* cut
~ **na plastry** slice
krajak *m szkl.* glass cutter
~ **diamentowy** cutting diamond
krajalnica *f* cutter, slicer, slicing machine, *zob.też* **krajarka**

~ **poprzeczna** *papiern.* cross-cutter
krajanka *f* **buraczana** *cukr.* chips, noodles
~ ~ **niewysłodzona** (beet) cossettes, beet slices
~ ~ **wysłodzona** beet pulp, exhausted cossettes, marc
krajarka *f* cutter, slicer, slicing machine
~ **arkuszy** *papiern.* sheet cutter
~ **do okopowych** *roln.* root slicer
~ **do owoców** fruit-mincing machine
~ **dwuformatowa** *papiern.* duplex (sheet) cutter
~ **jednonożowa** guillotine
~ **szmat** *papiern.* rag cutter, rag chopper
kraje *mpl* **rozwijające się** developing countries
krajka *f* **tkaniny** *włók.* selvage, selvedge; list
krajobraz *m* landscape; topography
krajowy *a* (*w odróżnieniu od międzynarodowego*) domestic, home
kraking *m zob.* **krakowanie**
krakowanie *n paliw.* cracking
~ **katalityczne** catalytic cracking, cat-cracking
~ ~ **fluidalne** fluidized bed catalytic cracking
~ ~ **z pneumatycznym unoszeniem katalizatora** airlift TCC process (*thermofor catalytic cracking*)
~ **termiczne** thermal cracking
~ **wstępne** viscosity breaking, visbreaking
~ **z katalizatorem ruchomym** thermofor catalytic cracking
krakowian *m mat.* cracovian
kraksa *f* crash
kran *m* **1.** crane, *zob.też* **żuraw** **2.** cock, *zob.też* **kurek**
~ **zdjęciowy** = **dźwig operatorski** *kin.* camera crane
kraniec *m* **nabiegunnika** *el.* pole horn
~ **schodzący** (*szczotki*) *el.* leaving edge
~ **wchodzący** (*szczotki*) entering edge
kraniometr *m med.* cephalometer, craniometer
kraniometria *f med.* craniometry
krańcowy *a* extreme
kroplak *m farb.* madder
krarupizacja *f tel.* continuous loading, Krarup loading (*of cables*)
krarupizowany *a tel.* loaded
kras *m geol.* karst
krasowienie *n* karst formation
krata *f* grid; grate; grille; trellis
~ **do samożywienia** *zoot.* self-feed rack
~ **do wybijania** (*odlewów*) knockout grid, grating shake-out
~ **luku kotłowni** *okr.* stokehold grating, fidley grating
~ **pomiarowa** *hydr.* measuring grid, measuring palisade
~ **regeneratora** chequework, chequers (*of heat regenerator*)
~ **wlotowa** (*przed wlotem do turbiny wodnej*) trash screen
krater *m geol.* crater
~ **elektrody** *spaw.* electrode crater
kratka *f* grid, grate; (*w opakowaniu*) cell partition
~ **Bucky'ego** *radiol.* antidiffusion screen; Bucky screen
~ **modularna** *bud.* modular plane grid
~ **nieruchoma** *radiol.* stationary grid, Lysholm grid
~ **przeciwrozproszeniowa** *radiol.* antidiffusion screen, Bucky screen
~ **ruchoma** *radiol.* moving grid, reciprocating grid
~ **ściekowa** (*uliczna*) catch basin grate
~ ~ **podłogowa** *bud.* floor drain
~ **wentylacyjna** *bud.* air grate
kraton *m* (*blok kontynentalny*) *geol.* craton
kratownica *f* truss, framework, latticework
~ **hiperstatyczna** statically indeterminate truss
~ **izostatyczna** statically determinate truss
~ **lukowa** *okr.* hatch grating
~ **nagrzewnicy dmuchu** *hutn.* stove chequers, chequerwork
~ **o kracie trójkątnej** Warren truss
~ **płaska** plane truss
~ **prosta** simple truss
~ **przestrzenna** space truss, space frame
~ **regeneratora** *hutn.* chequerwork, stove chequers
~ **statycznie niewyznaczalna** statically indeterminate truss
~ ~ **wyznaczalna** statically determinate truss
~ **sztauerska** *okr.* dunnage grating
kratowy *a* latticed
kratówka *f ceram.* chequer brick, chequer tile
kraudion *m kryst.* crowdion
krawędziak *m* **1.** *drewn.* square-sawn timber **2.** *petr.* einkanter, dreikanter, angular boulder **3.** *narz.* hammer-headed drafting chisel (*for stone dressing*)
krawędziarka *f* **1.** *obr.plast.* (bending) brake, folding brake, folder (sheet), folding machine, sheet-metal brake **2.** *drewn.* edger
~ **ręczna** *obr.plast.* hand brake
krawędzie *fpl* **wyważarki statycznej** balancing ways
krawędź *f* edge
~ **absorpcji** (*fotoelektrycznej*) absorption edge
~ **bazowa** *drewn.* better edge
~ **dolna żagla** foot of a sail
~ **gładka pilnika** safe-edge of a file
~ **górna nadburcia** *okr.* gunwale
~ **grzbietowa sklepienia** *arch.* extrados curve
~ **impulsu** *el.* pulse edge
~ **komptonowska** *fiz.* Compton edge
~ **lodu szelfowego** *ocean.* ice front
~ **pomiarowa** *metrol.* knife-edge
~ **natarcia** *aero.* edge of attack
~ **ostra** feather edge
~ **podniebienia sklepienia** *arch.* intrados curve
~ **pokładu** *okr.* deck line

~ **przelewu** *hydr.* overfall edge
~ **skarpy** *geol.* crest of bench
~ **skrawająca** *narz.* cutting edge
~ **spływu** *aero.* trailing edge
~ **strefy dziewiątek** (*karty dziurkowanej*) *inf.* nine-punch edge
~ **tnąca** *narz.* cutting edge
~ **wewnętrzna wezgłowia sklepienia** *arch.* springing line
~ **wywrotu** (*dźwignicy*) overturn line (*of a crane*)
~ **wzorcarska** toolmaker's knife-edge
~ **zwilżona** *hydr.* wetted edge
~ **żagla** edge of sail
krawężnica *f bud.* hip rafter, angle rafter
~ **toru wodowaniowego** *okr.* launching ribband
krawężnik *m* kerb, curb
~ **wjazdowy** lip kerb, sloped curb
~ **wysoki** barrier curb
krawiectwo *n* tailoring
krąg *m* circle
~ **drutu** coil of wire
~ **liny** *żegl.* fake
~ **nadlotniskowy** *lotn.* aerodrome (traffic) circuit
~ **Plimsolla** *żegl.* loadline disk, birth-mark
~ **przed lądowaniem** *lotn.* landing circle
~ **sera** *spoż.* drum of cheese
~ **śmigła** *lotn.* airscrew disk
~ **taśmy luźno zwiniętej** *hutn.* open lap coil
~ ~ **walcowanej na gorąco** hot-rolled coil
~ **widzialności** circle of visibility
~ **wolnej burty** *żegl.* loadline disk, birth-mark
~ **z podziałką** *metrol.* graduated circle
kręglak *m* (*do ręcznej obróbki skór*) beam
krążak *m włók.* winch
krążek *m* roller; pulley, disk
~ **cyfrowy** (*tarczy numerowej*) *telef.* number ring
~ **dyfrakcyjny** *opt.* diffraction pattern
~ **gąsienicowy** (*podwozia*) track roller
~ **jezdny** (*np. trolejbusu*) trolley-wheel
~ **linowy** rope sheave, cable pulley
~ **napinający** tension roller
~ **odbieraka prądu** trolley-wheel
~ **pasowy nośny** support-roller
~ **szmaciany do polerowania** polishing mop
~ **ścierny** abrasive disk, abrasive wheel
~ **wewnątrzmaciczny** *med.* intrauterine device, IUD
~ **wygniatający** crushing roller, crush roll (*for dressing grinding wheels*)
~ **wykresowy** circular record chart, round chart (*for recording instruments*)
krążenie *n* **1.** circulation **2.** circling
~ **krwi** blood circulation
~ **pozaustrojowe** *med.* extracorporal circulation
~ **prędkości** *mech.pł.* circulation of a velocity vector
krążki *mpl* **śryżowe** *ocean.* pancake ice
krążkowanie *n obr.plast.* surface rolling, roller finishing, roller burnishing, roll hardening
~ **piwa** *ferm.* krausening
krążnik *m* runner, muller, roller (*of a chaser mill*)
krążownik *m okr.* cruiser
krążyć *v* **1.** (*w obwodzie*) circulate **2.** (*zataczać kręgi*) circle
~ **po orbicie** orbit
~ ~ ~ **wokółziemskiej** orbit the earth
krążyna *f bud.* (arch) centre, centring
~ **narożna** (*w sklepieniu*) angle rib
kreacja *f* **entropii lokalna** *fiz.* local entropy production, entropy source strength
~ **pary** (*cząstka-antycząstka*) *fiz.* pair creation
kreatyna *f chem.* creatine
kreatynina *f chem.* creatinine
kreda *f* **1.** chalk **2.** *geol.* Cretaceous period
~ **malarska** *bud.* whiting, whitewash
~ **pławiona** *zob.* **kreda malarska**
kredens *m* cupboard
~ **kuchenny** dresser
kredka *f* **termometryczna** thermochrom, tempilstick
kredowanie *n* **1.** *powł.* chalking, powdering (*defect of coating*) **2.** *gum.* chalking (*defect*) **3.** *papiern.* white pigment coating
kredyt *m ek.* credit
~ **bankowy** bank credit
~ **długoterminowy** long-term credit
~ **inwestycyjny** investment credit
kredytobiorca *m ek.* credited party
kredytodawca *m ek.* grantor of credit
krem *m* (*kosmetyczny*) cream
~ **do golenia** shaving cream
~ **do opalania** sun cream
~ **do rąk** hand cream
~ **do włosów** hair cream
~ **hormonowy** hormone cream
~ **kosmetyczny** cosmetic cream
~ **lanolinowy** lanolin cream
~ **leczniczy** treatment cream
~ **na dzień** day cream
~ **na noc** night cream
~ **nawilżający** moisturizing cream
~ **nietłusty** non-greasy cream
~ **ochronny** barrier cream
~ **oczyszczający** cleansing cream
~ **odżywczy** nourishing cream
~ **pod puder** *zob.* **krem podkładowy**
~ **podkładowy** foundation cream
~ **półtłusty** vanishing cream
~ **przeciwsłoneczny** sunburn cream
~ **przeciwzmarszczkowy** anti-wrinkle cream
~ **tłusty** greasy cream
~ **uniwersalny** all-purpose cream
~ **wybielający** bleaching cream
kremowanie *n* **lateksu** *gum.* latex creaming
kremplina *f włók.* crimplene
kreozol *m chem.* creosol
kreozot *m chem.* creosote

krepa *f* 1. *włók.* crêpe 2. crêpe (rubber)
~ **jasna** (*rodzaj kauczuku naturalnego*) *gum.* pale crêpe
~ **zelówkowa** sole crêpe
krepiarka *f papiern.* crêping machine, craping machine
krepowanie *n papiern.* crêping
kres *m mat.* bound(ary)
~ **dolny** (*zbioru*) greatest lower bound, infimum
~ **górny** (*zbioru*) least upper bound, supremum
kresa *f* **biała** *anat.* linea alba (*pl* lineae albae), white line
kreska *f* dash; score
~ **kursowa** (*busoli*) lubber mark
~ **pochyła** (*w tekście znak /*) *poligr.* oblique stroke
~ **podziałki** graduation, scale mark
~ **zerowa** (*podziałki*) zero graduation
kreskowanie *n rys.* lining; shading; hatching
~ **przekroju** sectioning, section lining, sectional shading, cross-hatching
kreskownica *f rys.* parellel rule(r)
kreślarnia *f* drawing office, drafting room
kreślarz *m* draughtsman, draftsman
~ **konstruktor** designer draughtsman
~ **maszynowy** engineering draughtsman
~ **narzędziowy** tooling draughtsman
kreślenie *n* drawing
~ **kursu** *żegl.* shaping a course
~ **na mapie nawigacyjnej** chart-work
kreślić *v* draw (*a line, a drawing*)
kret *m zool.* mole, *Talpa europea*
~ **drenarski** mole (drainer), mole plough
kreton *m włók.* cretonne
kretowisko *n* molehills
krew *f* blood
~ **konserwowana** preserved blood
~ **sucha** dry blood
krewetka *f zool.* shrimp; prawn
krezol *m chem.* cresol, methyl phenol
krezylit *m wybuch.* cresylite
kręcenie *n* **silnika drugim silnikiem** motoring the engine
kręcić *v* **(się)** rotate, turn
kręg *m* (*kręgosłupa*) *anat.* vertebra (*pl* vertebrae *or* vertebras)
~ **krzyżowy** sacral vertebra
~ **obrotowy** axis
~ **szczytowy** atlas
kręgosłup *m anat.* vertebral column
kręgowce *pl zool.* vertebrata, vertebrates
kręt *m mech.* moment of momentum, angular momentum
krętlik *m* swivel (shackle)
kręty *a* sinuous, tortuous
kriochirurgia *f* cryosurgery
kriodesykacja *f chłodn.* freeze-drying, lyophilization
kriofilny *a* (*lubiący zimno*) *biol.* cryophilic
kriofizyka *f* croyphysics
kriogenika *f* (*technika niskich temperatur*) cryogenics, cryogenic engineering
kriohydrat *m chłodn.* cryohydrate, cryosel
kriolit *m min.* cryolite
kriologia *f geol.* cryology
kriometr *m* cryometer, frigorimeter, low-temperature thermometer
kriometria *f chem.* cryoscopy
kriosar *m elektron.* cryosar
krioskop *m* cryoscope
kriostat *m* cryostat
krioterapia *f med.* cryotherapy
kriotron *m elektron.* cryotron
kriozol *m chem.* cryosol
krochmal *m* starch
~ **gruzełkowy** pearl starch
~ **mokry** wet starch, green starch
~ **zielony** *zob.* **krochmal mokry**
~ **ziemniaczany** potato starch
krochmalarka *f* starch mangle
krochmalenie *n* starching
kroczący *a masz.* walking
krok *m* **komputera** *inf.* step of a computer
~ **kwantowania** *aut.* quantization step
~ **programu** *inf.* program step
krok po kroku stepwise
krokiew *m bud.* rafter
~ **koszowa** valley rafter
~ **narożna** hip rafter, angle rafter
~ **pozorowana** mock rafter, rafter end
~ **wiązara dachowego** principal rafter
~ **wpuszczona w wymian** trimmed rafter
krokiewka *f* 1. *bud.* jack-rafter, cripple-timber 2. carline (*in a railway car*)
krokodyl *m* 1. *zool.* crocodile 2. *lotn.* split flap
krokomierz *m* pedometer
krokus *m bot.* saffron, *Crocus sativus* L.
kron *m opt.* crown (glass)
~ **ciężki** dense crown
~ **lekki** light crown
kronika *f* **filmowa** news-reel
kropelka *f* droplet, blob
kropka *f* dot; point
kropkowany *a biol.* punctate
kropla *f* 1. drop 2. *szkl.* gob, gather, lump 3. *szkl.* knot (*defect*)
~ **deszczu** raindrop
kroplami *adv* dropwise, drop by drop
krople *fpl* **Hoffmanna** *farm.* spirits of ether compound
~ **miętowe** *farm.* tincture of peppermint
~ **walerianowe** *farm.* tincture of valerian
kroplochwyt *m szkl.* guide funnel
kroplomierz *m* dropper
kroploszczelny *a masz.el.* dripproof
kroplówka *f med.* drip
~ **dożylna** intravenous drip
krosno *n włók.* loom, lathe
~ **bezczółenkowe** shuttleless weaving loom
~ **chwytakowe** gripper loom
~ **mechaniczne** power loom
~ **nicielnicowe** harness loom
~ **strumieniowe** (*bezczółenkowe*) jet loom
~ **tkackie** weaving loom
~ **wieloczółenkowe rewolwerowe** revolving box loom
~ ~ **szufladkowe** drop box loom
~ **wstążkowe** ribbon loom
~ **z biciem dolnym** underpick loom

~ ~ ~ **górnym** overpick loom
~ **z maszyną nicielnicową** dobby loom
~ **żakardowe** Jacquard loom
krotnica *f tel.* terminal equipment
krotnik *m elektron.* multiplier
~ **elektronów** electron multiplier
~ **fotoelektryczny** photo-multiplier cell, photoelectric multiplier
krotność *f* multiplication factor
~ **kąpieli** (*farbiarskiej*) *włók.* liquor ratio, bath ratio
~ **osi symetrii** *kryst.* fold of an axis, multiplicity of an axis
~ **produkcji wielorakiej** *nukl.* multiplicity
~ **rezerwowania** (*w teorii niezawodności*) order of redundancy
krotonian *m chem.* crotonate
krowa *f zool.* cow
~ **cielna** cow in-calf
~ **dojna** cow in-milk, milk cow, milker
~ **wysokomleczna** heavy milker
~ **zasuszona** dry cow
krowiarnia *f zoot.* cowhouse
króbka *f* (*kaszty zecerskiej*) *poligr.* letter-case
króciaki *mpl* (*sortyment tarcicy*) ends, shorts, shot boards
króciec *m* **kielichowy** socket ferrule
~ **rurowy** stub pipe; connector pipe
~ **spustowy** *kotł.* blowdown connection
krój *m* **nożowy pługa** *roln.* knife coulter
~ **pisma** *poligr.* type-face, type style
~ **pługa** *roln.* coulter
~ **tarczowy pługa** *roln.* rolling coulter
królica *f zool.* doe
królik *m* **1.** *zool.* rabbit, *Oryctolagus caniculus* **2.** *nukl.* rabbit, shuttle
królikarnia *f zoot.* rabbit house
krótkie spięcie *n* = **zwarcie** *el.* short-circuit, shorting
krótkofalówka *f rad.* short-wave transmitter
krótkoterminowy *a* short-term
krótkotrwały *a* of short duration, momentary
krótkowzroczność *f med.* nearsightedness, myopia
krótkożyciowy *a fiz.* short-lived
krtań *f anat.* larynx
kruche pokrycie *n wytrz.* stress-coat
kruchość *f* brittleness; embrittlement; *spoż.* tenderness; shortness
~ **alkaliczna** *met.* caustic cracking, caustic embrittlement
~ **azotanowa** nitrate embrittlement
~ **drewna** brashness of wood
~ **korozyjna** *met.* corrosion embrittlement
~ **ługowa** caustic cracking, caustic embrittlement
~ **na gorąco** *met.* hot-shortness, redshortness, red brittleness
~ **na niebiesko** (*stali*) blue shortness, blue brittleness
~ **na zimno** *met.* cold-shortness
~ **odpuszczania** *obr.ciepl.* temper brittleness
~ **popromienna** *zob.* **kruchość radiacyjna**
~ **radiacyjna** *met.* radiation embrittlement
~ **reotropowa** *met.* rheotropic brittleness
~ **siarczkowa** *met.* sulfide embrittlement
~ **udarowa** *met.* notch brittleness
~ **wodorowa** *met.* hydrogen embrittlement; pickle brittleness; acid brittleness
~ **wywołana pełzaniem** creep embrittlement
kruchy *a* brittle, short, fragile, friable
~ **na gorąco** hot-short, red-short
~ **na zimno** cold-short
krupa *f meteo.* snow pellets, soft hail
krupiarka *f spoż.* shucker, shucking machine, pearling mill
krupon *m skór.* butt, crop
kruponowanie *n skór.* rounding, cropping
krustalny *a* (*dotyczący skorupy ziemskiej*) *geol.* crustal
kruszarka *f* crusher, crushing mill; breaker
~ **czterowalcowa** four-roll crusher
~ **do węgla** coal breaker
~ **dwuwalcowa** double-roll crusher
~ **jednowalcowa** single roll crusher
~ **kłowa** needle crusher
~ **-kołogniot** pan (grinding) mill, pan crusher, chaser mill, edge runner, Chilean mill
~ **kulowa** ball crusher
~ **młotkowa** hammer crusher
~ **o walcach zębatych** sawtooth crusher
~ **obrotowa** rotary crusher
~ **stęporowa** stamp mill
~ **stożkowa** cone crusher, gyratory crusher
~ **szczękowa** jaw crusher, alligator crusher
~ **tarczowa** disk crusher
~ **udarowa** impact crusher
~ ~ **stęporowa** stamping mill
~ **walcowa** roll crusher, crushing rolls
~ **węgla** coal crusher
~ **wstępna** coarse crusher, primary crusher, pre-crusher
~ **żużla** clinker grinder
kruszarnia *f wzbog.* crushing plant
kruszconośny *a* ore-bearing
kruszec *m* ore, *zob.też* **ruda**
kruszenie *n* crushing
~ **jądra atomowego** *nukl.* spallation
~ **miałkie** fine crushing
~ **wstępne** coarse crushing
kruszność *f* **1.** *wybuch.* brisance, shattering effect **2.** *wzbog.* grindability (*of rocks*)
kruszyć *v* crush; crumble; spall
~ **się** crumble
kruszywo *n bud.* aggregate; ballast
~ **aktywne** reactive aggregate
~ **bituminowane** bituminized aggregate
~ **ciężkie** heavy aggregate, dense aggregate
~ **do betonu** concrete aggregate
~ **do zapraw** mortar aggregate
~ **drobne** fine aggregate, key aggregate
~ **grube** coarse aggregate
~ **jednofrakcyjne** single-sized aggregate
~ **kamienne** crushed stone aggregate
~ **korkowe** granulated cork

~ **lekkie** lightweight aggregate
~ **nieaktywne** unreactive aggregate, inert aggregate
~ **nieprzesiane** ungraded aggregate, crusher-run aggregate
~ **o ciągłej krzywej przesiewu** (*zawierające ziarna różnej wielkości*) graded aggregate
~ **o składzie naturalnym** all-in aggregate
~ **obojętne** inert aggregate, unreactive aggregate
~ **ostroziarniste** sharp aggregate
~ **otoczakowe** rounded aggregate
~ **perlitowe spulchnione** expanded perlite aggregate
~ **sortowane** multiple-size aggregate, divided coarse aggregate
~ **sypkie** discrete aggregate
~ **szamotowe** grog
~ **wypełniające** filler aggregate
~ **z żużla paleniskowego** cinder aggregate, breeze aggregate
~ **zwięzłe** tough aggregate
~ **żwirowe** gravel aggregate
krużganek *m arch.* cloister; ambulatory
krwawić *v* bleed
krwawienie *n med.* bleeding; hemorrhage
krwawnik *m min.* bloodstone
~ **pospolity** *bot.* yarrow, milfoil, *Achillea millefolium*
krwinki *fpl biol.* hematocytes, blood cells, blood corpuscles
~ **białe** leukocytes, white blood cells
~ ~ **ziarniste** granulocytes, granular leukocytes
~ **czerwone** erythrocytes, red blood cells
krwiobieg *m med.* blood circulation
krwiodawca *m med.* blood donor
krwotok *m med.* hemorrhage; bleeding
~ **wewnętrzny** internal hemorrhage
krycie *n* **1.** *powł.* covering power, hiding power **2.** *zoot.* mating
~ **blachą** *bud.* sheet laying
~ **dachu** *bud.* roofing, roof-work
~ ~ **dachówką** tiling
~ **żagla** lee-bowing
kryl *m zool.* krill, *Euphasia superba*
kryolit *m min.* cryolite
krypa *f* punt (*flat-bottomed boat*)
krypta *f arch.* crypt
kryptoklimat *m* cryptoclimate
kryptokrystaliczny *a* cryptocrystalline
kryptolit *m min.* monazite, cryptolite
kryptologia *f* (*nauka o szyfrach*) cryptology
kryptometr *m farb.* cryptometer
krypton *m chem.* krypton, Kr
kryptoskop *m radiol.* kryptoscope
krystaliczność *f farb.* frosting, gas-check (*defect of coating*)
krystaliczny *a* crystalline
krystalit *m* allotriomorphic grain; crystallite
krystalizacja *f* crystallization
~ **cukrzycy pierwszego rzutu** *cukr.* curing
~ **frakcyjna** fractional crystallization
~ **miodu** granulation of honey
~ **pierwotna** primary crystallization
~ **powtórna** repeated crystallization, recrystallization
~ **z fazy gazowej** crystallization from gaseous phase
~ **ze stopu** melt crystallization
krystalizator *m* **1.** *chem.* crystallizer **2.** *hutn.* continuous casting mould
~ **bębnowy** trommel crystallizer
~ **blokowy do ciągłego odlewania** block mould for continuous casting, solid block mould
~ **do ciągłego odlewania** continuous casting mould, concast mould
~ **do przetapiania elektrożużlowego** *hutn.* electrode mould for electroslag remelting
~ **kołyskowy** shaking crystallizer
~ **korytowy** trough crystallizer
~ **łukowy** curved mould, curvilinear mould, bow-type mould (*for continuous casting*)
~ **obrotowy** rotary crystallizer
~ **panwiowy** tank crystallizer
~ **płytowy** plate mould (*for continuous casting*)
~ **próżniowy** vacuum crystallizer
~ **rurowy** tubular-type mould (*for continuous casting*)
~ **wieżowy** tower crystallizer
~ **z mieszadłem** *chem.* agitated crystallizer
~ ~ ~ **ślimakowym** screw crystallizing tank, screw crystallizer
krystalizować *v* crystallize
krystalizujący *a* crystallizable
krystalochemia *f* crystal chemistry
krystalografia *f* crystallography
~ **geometryczna** geometrical crystallography
~ **rentgenowska** X-ray analysis of crystal structure
~ **strukturalna** structural crystallography
krystalograficzny *a* crystallographic
krystalogram *m* crystallogram
krystaloid *m* crystalloid
krystaloluminescencja *f* crystalloluminescence
krystobalit *m min.* cristobalite
kryształ *m* **1.** crystal **2.** *szkl.* crystal glass
~ **alotriomorficzny** allotriomorphic crystal
~ **atomowy** atomic crystal, covalent crystal
~ **bliźniaczy** twin crystal, twinned crystal, crystal twin, macle
~ **ciekły** liquid crystal, mesomorphic phase
~ ~ **nematyczny** nematic liquid crystal
~ **cząsteczkowy** molecular crystal, Van der Waals crystal
~ **czeski** Bohemian crystal
~ **dendrytyczny** dendritic crystal, arborescent crystal, dendrite, fir-tree crystal
~ **doskonały** perfect crystal
~ **fałszywy** pseudomorphic crystal, pseudomorph
~ **górski** *min.* mountain crystal, rock crystal

~ **hodowany z fazy gazowej** vapour-grown crystal
~ **idealny** perfect crystal
~ **idiomorficzny** idiomorphic crystal, automorphic crystal
~ **iglasty** needle-like crystal
~ **izometryczny** isometric crystal
~ **jednoosiowy** uniaxial crystal
~ **jonowy** ionic crystal
~ **kowalencyjny** atomic crystal, covalent crystal
~ **macierzysty** parent crystal
~ **mimetyczny** mimetic crystal
~ **molekularny** molecular crystal, Van der Waals crystal
~ **mieszany** mixed crystal, mix crystal
~ **mozaikowy** mosaic crystal
~ **niedoskonały** imperfect crystal
~ **nieuporządkowany** disordered crystal
~ **nitkowy** filamentary microcrystal, whisker
~ **o podwójnym załamaniu** birefringent crystal
~ **optycznie dwuosiowy** biaxial crystal
~ **pierwszego rzutu** *cukr.* first crop
~ **piezoelektryczny** piezoelectric crystal
~ **pojedynczy** single crystal
~ **półprzewodnika** semiconducting crystal
~ **pseudomorficzny** pseudomorphic crystal, pseudomorph
~ **roztworu stałego** mixed crystal
~ **rzeczywisty** imperfect crystal
~ **skalny** *min.* mountain crystal, rock crystal
~ **słupkowy** columnar crystal, fringe crystal
~ **walencyjny** (*mający wiązania kowalencyjne*) valence crystal
~ **warstwowy** multilayer crystal
~ **włoskowy** filamentary microcrystal, whisker
~ **wydrążony** well-type crystal
~ **zaszczepiający** seed crystal
~ **zonalny** zonal crystal
kryształy *mpl* **równoosiowe** (*we wlewku*) *hutn.* equi-axed crystals
kryteria *npl* criteria
~ **wytrzymałościowe** *mech.* strength criteria
kryterium *n* criterion
~ **degeneracji** *fiz.* degeneracy criterion
~ **dwustronne** two-sided criterion
~ **jakości** figure of merit
~ **jednostronne** one-sided criterion
~ **Lawsona** *fiz.* Lawson criterion
~ **Nyquista** *aut.* Nyquist stability criterion
~ **plastyczności** *wytrz.* yield criterion
~ **podobieństwa** *mech.* similarity number, criterion of similarity
~ **sztywności** *aero.* stiffness criterion
~ **zbieżności** test for convergence (*of a series*)
krytyczność *f* **reaktora** *nukl.* criticality of a nuclear reactor
~ **(reaktora) z chłodziwem** wet criticality
krytyczny *a* critical
krytyczny na neutronach natychmiastowych (*reaktor*) *nukl.* prompt-critical
krytyczny na neutronach opóźnionych (*reaktor*) *nukl.* delayed-critical
krytyczny stopień *m* **odkształcenia** *met.* critical strain, threshold strain
krytyczny stopień *m* **sprężania** *siln.spal.* highest useful compression ratio
kryza *f hydr.* orifice, diaphragm
~ **komina** *okr.* funnel cap
~ **łuski** *uzbr.* extractor rim, case flange
~ **pomiarowa** *hydr.* measuring orifice plate
~ ~ **o zmiennym przepływie** flexible iris orifice
~ ~ **ostrobrzeżna** sharp-edged orifice, square-edged orifice
~ **wylotowa** *hydr.* discharge orifice
kryzowanie *n* **oczek** (*sieci rybackiej*) creasing
kryzys *m* **1.** *ek.* crisis, slump **2.** *med.* crisis
~ **falowy** *aero.* shock stall
krzak *m* **palowy** *inż.* pile cluster
krzem *m chem.* silicon, Si
krzemek *m chem.* silicide
krzemian *m chem.* silicate
~ **glinowy** aluminium silicate
~ **potasowo-glinowy** potassium alumino-silicate
~ **wapniowy** calcium silicate
krzemica *f med.* silicosis (*occupational disease*)
krzemico-gruźlica *f med.* silicotuberculosis (*occupational disease*)
krzemienica *f drewn.* compression wood
krzemień *m petr.* flint, fire-stone
krzemionka *f chem.* silica, silicon dioxide
krzemoalkany *mpl chem.* silicanes, silanes, silicon hydrides
krzemoetan *m chem.* disilicane
krzemoferryt *m met.* silicon ferrite
krzemokauczuk *m* silicone rubber
krzemomangan *m met.* silico-manganese
krzemometan *m chem.* silicomethane, silane, monosilane
krzemowanie *n obr.ciepl.* siliconizing
~ **dyfuzyjne** silicon impregnation
krzemowodory *mpl chem.* silicon hydrides, silanes, silicanes
krzemowy *a* siliceous
krzepnąć *v* solidify
krzepnięcie *n* solidification
~ **krwi** *med.* blood coagulation
krzesać *v* **iskry** strike sparks
krzesło *n* chair
~ **obrotowe** swivel chair
krzew *m* bush, shrub
krztusiec *m med.* pertussis, whooping cough
krzywa *f mat.* curve
~ **adiabatyczna** *term.* adiabatic curve, adiabate
~ **algebraiczna** algebraic curve
~ **analityczna** *chem.* analytical curve, standardization curve
~ **balistyczna** *mech.* ballistic curve
~ **barw widmowych** *opt.* spectrum locus

~ **błędów** *metrol.* error curve
~ **całkowa** *mat.* integral curve
~ ~ **przekroju wrężnicowego** *okr.* curve of areas of section
~ **charakterystyczna** characteristic (curve)
~ ~ **emulsji** *fot.* characteristic emulsion curve, emulsion calibration curve, density curve
~ **ciężarów** *okr.* curve of weights
~ **CTP** (*czas-temperatura-przemiana*) *obr. ciepl.* TTT curve, time-temperature-transformation curve
~ **drugiego stopnia** *mat.* second-degree curve, conic
~ **elucji** (*w chromatografii*) *chem.* effluent concentration history
~ **Fanno** (*krzywa stałej gęstości przepływu czynnika*) *fiz.* Fanno line
~ **fotopowa widzialności względnej** *opt.* photopic luminosity curve
~ **grodziowa** *okr.* floodable length curve
~ **hartowności** *obr.ciepl.* hardenability curve
~ **histerezy magnetycznej** B-H curve, magnetization curve
~ **izofoniczna** *akust.* isophonic contour
~ **jednakowej sprawności** *hydr.* iso-efficiency curve
~ **kalibrowania** *chem.* standardization curve, analytical curve, working curve
~ ~ **emulsji** *fot.* characteristic emulsion curve, emulsion calibration curve
~ **końca przemiany** *fiz.* curve of complete transition
~ **łącząca punkty na wykresie** point-to-point curve
~ **krzepnięcia** *zob.* **krzywa likwidusu**
~ **likwidusu** *fiz.* liquidus curve
~ **miareczkowania** *chem.* titration curve
~ **mocy** *siln.* power curve
~ **momentów prostujących** *okr.* curve of righting moments
~ ~ **przechylających** *okr.* curve of heeling moments
~ **niepłaska** *mat.* twisted curve
~ **niestatecznej pracy sprężarki** surge line of a compressor
~ **obciążenia** load curve
~ **obciążenie-naprężenie** *wytrz.* load-extension curve
~ **obwiedniowa** *mat.* envelope curve
~ **odciętych środka wyporu** *okr.* curve of longitudinal centre of buoyancy
~ **operacyjno-charakterystyczna** *skj* operating-characteristic curve
~ **osłabiania** (*promieniowania*) *radiol.* absorption curve
~ **pełzania** *wytrz.* creep curve
~ **piłokształtna** saw-toothed curve
~ **pionowa** *inż.* vertical curve
~ **płaska** *mat.* plane curve
~ **płynięcia** *fiz.* flow curve
~ **początku przemiany** *fiz.* curve of incipient transition
~ **pogoni** *mat.* curve of pursuit
~ **polarograficzna** *chem.* current-voltage curve, polarogram
~ **pól przekrojów wodnicowych** *okr.* curve of water planes area
~ ~ ~ **wrężnicowych** curve of sectional areas
~ **prostowalna** *mat.* rectifiable curve
~ **przebicia** (*w chromatografii*) *chem.* exchange isoplane
~ **przejściowa 1.** *met.* transition curve **2.** *kol., drog.* transition curve, easement curve
~ **przemiany promieniotwórczej** *nukl.* disintegration curve, decay curve
~ **przestrzenna** *mat.* space curve
~ **przeżycia** *radiol.* survival curve
~ **ramion stateczności statycznej** *okr.* curve of statical stability, curve of righting moment levers
~ **rezonansu** *tel.* resonance curve
~ **robocza** *chem.* working curve, analytical curve, standardization curve
~ **(rozkładu) prędkości** *hydr.* velocity (distribution) curve
~ **rozkładu widmowego** spectral distribution curve
~ **rozpadu** *nukl.* disintegration curve, decay curve
~ **rozpuszczalności** solubility curve
~ ~ **granicznej** solvus
~ **rozsyłu światłości** *opt.* curve of intensity distribution
~ **rozwarstwienia** *fizchem.* binodal curve
~ **rzeczywistych środków wyporu** *okr.* curve of floatation
~ ~ **temperatur wrzenia** true-boiling-point distillation curve
~ **składana** *mat.* spline
~ **składu ziarnowego** size distribution curve
~ **skotopowa widzialności względnej** *opt.* scotopic luminosity curve
~ **skręcona** *mat.* twisted curve
~ **skutków dawki** *radiol.* dose-effect curve
~ **solidusu** solidus curve, melting-point curve
~ **spiętrzenia** *hydr.* swelling curve
~ **spinodalna** *term.* spinodal curve, spinodal line, spinodal
~ **spodkowa** *mat.* pedal curve
~ **sprawności** *masz.* efficiency curve
~ **sprężystego wygięcia pręta** *wytrz.* elastica
~ **stanów czynnika** condition curve, state-line curve (*in steam turbines*)
~ ~ **wody** *inż.* water-level curve
~ **stratności** *el.* loss curve
~ **sznurowa** *mech.* funicular curve
~ **tlenowa** *san.* oxygen sag curve
~ **topnienia** *met.* solidus curve, melting-point curve
~ **typu S** *mat.* reverse curve, S curve
~ **udarności w zależności od temperatury** *wytrz.* temperature/impact curve
~ **umocnienia** *met.* work-hardening curve, flow curve

~ **Wöhlera** *wytrz.* Wöhler's curve, stress number curve, S/N curve, stress-cycle curve, fatique curve, endurance test curve
~ **wrzenia** boiling curve
~ **współczynnika siły nośnej** *aero.* lift curve
~ **wykresu rozciągania** *wytrz.* stress-strain curve, deformation curve
~ **wyporności** *okr.* displacement curve
~ **wyrwania** *lotn.* manoeuvring envelope
~ **wysokości metacentrum** *okr.* curve of height of metacentre, curve of vertical metacentre
~ ~ **środków wyporu** *okr.* curve of vertical centre of buoyancy
~ **wzorcowa** *chem.* analytical curve, standardization curve
~ **wzorcowania** *metrol.* calibration curve, rating curve
~ **zaczernienia** *fot.* characteristic emulsion curve, emulsion calibration curve, density curve
~ **zamknięta** *mat.* closed curve
~ **zmęczenia** *wytrz.* stress number curve, stress-cycle curve, Wöhler's curve, S/N curve
krzywak *m hydr.* pipe end
~ **podwójny** *siln.wod.* breeches-pipe, breeches-piece
~ **pomiarowy** centrifugal-head flow-meter
krzywe *fpl* **Lissajous** *fiz.* Lissajous figures
krzywica *f* **1.** *drewn.* sweep-saw, turning saw **2.** *med.* rickets
krzywić *v* **się** warp, twist
krzywik *m rys.* French curve, drawing curve
~ **nastawny** spline
krzywizna *f* curvature
~ **drewna** bowing, warping, crooking
~ **profilu lotniczego** camber of an airfoil section
krzywka *f masz.* cam
~ **bębnowa** barrel cam
~ ~ **o podwójnym rowku** heddle cam
~ ~ **rowkowa** scroll cam
~ ~ **stożkowa** conical cam
~ ~ **walcowa** cylindrical cam
~ **czołowa** crown cam
~ **dwustronna** double-acting cam, positive motion cam, positive-return cam
~ **ewolwentowa** involute cam
~ **harmoniczna** harmonic cam
~ **jednostronna** single-acting cam
~ **ładunkowa** (*przyrządu uchylnego*) power sector
~ **mimośrodowa** eccentric cam
~ **napędzana** (*przez popychacz*) inverse cam
~ **niepełnokątowa** sector cam
~ **o powolnym wzniosie** slow-lift cam
~ **o szybkim wzniosie** quick-lift cam
~ **otwarta** single-acting cam
~ **płaska** disk cam, plane cam, plate cam
~ **przestawiona** offset cam
~ **przesuwna** sliding cam, reciprocating cam
~ **równomiarowa** constant-breadth. cam
~ **równośrednicowa** constant-diameter cam
~ **spiralna** volute cam
~ **tarczowa** disk cam, plane cam, plate cam
~ ~ **skośna** swash-plate, wobble plate
~ **trójłukowa równoboczna** triangular curved cam, heart cam
~ **wahliwa** oscillating cam
~ **walcowa** barrel cam
~ **z popychaczem stycznym** peripheral cam
~ **zamknięta** double-acting cam, positive--motion cam, positive-return cam
krzywoliniowy *a* curvilinear
krzywomierz *m* curvometer, rotameter, opisometer
krzyż *m* cross
~ **maltański** *mech.* Maltese cross, Geneva wheel
~ **kucia** (*wada*) forging cross
~ **nitek** *opt.* cross-hairs
krzyżak *m* **1.** *masz.* cross, star-piece **2.** *wiertn.* X-bit
~ **pierścieniowo-czopowy** (*przegubu*) *masz.* ring-and-trunnion cross
~ **tokarki rewolwerowej** capstan handle
krzyżować *v* **się 1.** cross **2.** *biol.* cross
krzyżowanie *n* **1.** *genet.* crossing, hybridization **2.** *tel.* twisting (*of wires*)
~ **wsteczne** backcrossing
krzyżownica *f* **1.** *kol.* frog **2.** *papiern.* block-bottom paper sack-making machine
~ **napowietrzna** *kol.* overhead crossing
krzyżowy *a* (*w kształcie krzyża*) cruciform
krzyżówka *f biol.* bastard
~ **wsteczna** backcross
krzyżulec *m* **1.** cross brace (*of truss*) **2.** *siln.* crosshead **3.** *okr.* mooring swivel, mooring shackle
krzyżyk *m* (*znak* †) obelisk, obelus, dagger
ks = karabin samopowtarzalny semi--automatic (rifle)
ksantalina *f chem.* xanthaline
ksantat *m włók.chem.* sodium cellulose xanthate
ksanten *m chem.* xanthene
ksantofil *m biochem.* xanthophyl, lutein
ksantofilit *m* (*odmiana seybertytu*) *min.* xanthophyllite
ksantogenerator *m włók.chem.* xanthator
ksantogenian *m chem.* xanthate, xanthogenate
~ **celulozy** *włók.chem.* cellulose xanthate
ksantogenowanie *n włók.chem.* xanthating, xanthation
ksanton *m chem.* xanthone, xanthene ketone
ksantosyderyt *m min.* goethite, xanthosiderite
ksantyna *f chem.* xanthine, dioxopurine
ksenoblast *m min.* xenoblast

ksenokryształ *m* (*kryształ alogeniczny w skale magmowej*) *petr.* xenocryst
ksenolit *m petr.* xenolith, accidental inclusion, exogenous inclusion
ksenomorficzny *a kryst.* xenomorphic
ksenon *m chem.* xenon, Xe
ksenotym *m min.* xenotime
ksenyl *m chem.* xenyl
kserofit *m bot.* xerophyte
kserograf *m* xerographic printer
kserografia *f* xerography
kseroprzeszczep *m med.* heterograft
kserożel *m* xerogel
KSI = Krajowy System Informacji
książka *f* book
~ **telefoniczna** telephone directory
~ **w oprawie broszurowej** paperback
~ **w oprawie twardej** hardcover (book)
~ **wysyłkowa** shipping book
~ **zamówień** book of orders
~ **zażaleń** book of complaints
księga *f* **główna** (*w księgowości*) (general) ledger
~ **inwentarzowa** inventory book, stock book
~ **kasowa** cash-book
~ **magazynowa** inventory book, stock book
~ **rodowodowa** *zoot.* book of genealogy
~ **wzorów** pattern book
księgarnia *f* book shop, book store
księgarstwo *n* book trade
księgi *pl* (*trzecia komora żołądka przeżuwaczy*) *zool.* omasum, psalterium
~ **wieczyste** *prawn.* real-estate register
księgosusz *m wet.* rinder pest, cattle plague
księgowość *f* bookkeeping
~ **przebitkowa** duplicating bookkeeping
księgowy *m* book-keeper, accountant
księżyc *m* satellite; moon
~ **przybywający** (*między nowiem i pełnią*) waxing moon
~ **ubywający** (*między pełnią i nowiem*) waning moon
księżycowo-słoneczny *a astr.* lunisolar
księżycowy *a* lunar
KSL = krótki start i lądowanie *lotn.* short take-off and landing
ksylem *m bot.* xylem
ksylen *m chem.* xylene, xylol
ksylidyna *f chem.* xylidine
ksylit *m petr.* xyloid coal, wood coal
ksyloza *f chem.* xylose, wood sugar
kształt *m* shape, form
~ **fali** wave-form
~ **konstrukcyjny kadłuba** *okr.* moulded form of a hull
~ **krzywej pola magnetycznego** *el.* field form
~ **opływowy** streamline shape
~ **załamków EKG** *med.* ECG wave form
~ **Ziemi** *geod.* figure of the earth
kształtka *f* **kamienna** *bud.* shaped stone
~ **kratownicowa** (*do regeneratów*) *hutn.* chequer tile, chequer brick
~ **lana** *tw.szt.* cast profile
~ ~ **betonowa** *bud.* cast stone
~ **lejowa** *odl.* runner brick
~ **muszlowa** *odl.* ladle well, well block, pocket block
~ **rurowa** pipe fitting
~ ~ **kołnierzowa** flanged pipe fitting
~ ~ **obejściowa** cross-over
~ ~ **redukcyjna** reducing pipe fitting
~ ~ **wielodrogowa** branch pipe, header
~ **stropowa** *bud.* pavement light
~ **szklana pryzmatyczna** *bud.* luxfer tile, light-directing block
~ **środkowa** (*w zestawie do syfonowego odlewania wlewków*) centre brick, king brick, crown brick, spider
~ **wstępna do rozdmuchiwania** *tw.szt.* parison
~ **wykładzinowa żeliwiaka** *odl.* cupola block
kształtowanie *n* forming, shaping
~ **bez dobicia** *obr.plast.* air forming
~ **dużymi mocami** *obr.plast.* high-energy-rate forming
~ **elektrohydrodynamiczne** *obr.plast.* electric hydroforming, electrohydraulic forming, hydrospark forming, electrical discharge shaping
~ **elektromagnetyczne** *obr.plast.* electromagnetic forming
~ **galwaniczne** electroforming
~ **hydrodynamiczne** *obr.plast.* hydroforming
~ **impulsów** *el.* pulse shaping
~ **krajobrazu** landscape architecture
~ **magnetyczne** *obr.plast.* magnetic-pulse forming
~ **obrotowe** *obr.plast.* rotary swaging
~ **powierzchni stożkowej** coning
~ **profili** (*z taśmy*) *obr.plast.* moulding
~ **przez dmuchanie** *gum.*, *tw.szt.* blow moulding
~ **termiczne** *tw.szt.* thermoforming
~ **według wzornika** profiling
~ **wiązki** *rad.* beam shaping
~ **wtórne** *tw.szt.* postforming
~ **wybuchowe** *obr.plast.* explosive forming
~ **z dobiciem** *obr.plast.* compression forming
~ **zarysu metodą obwiedniową** *obr.skraw.* generating
kształtownik *m* **1.** *obr.plast.* section, shape **2.** *lotn.* former
~ **ciężki** heavy section
~ **fali** *rad.* shaper
~ **gięty** (*z blachy*) sheet-metal section, roll formed shape
~ **konwiowy** milk churn section
~ **kowalski** *narz.* swage, swedge
~ **lekki** light section
~ **łebkowy** bulb bar
~ **o dużym przekroju** heavy section
~ **o małym przekroju** light section
~ **okienny** window section, sash section, casement section
~ **(stalowy) konstrukcyjny** structural shape, structural section

~ **tłoczony wypływowo** extruded section
~ **walcowany** rolled section
~ **wyciskany** extruded section
kształtowniki *mpl* **stalowe** steel sections, section steel, section iron
KT = kontrola techniczna product quality control
ku przodowi *żegl.* fore
ku rufie *żegl.* aft
kubatura *f* cubage, cubature, cubic capacity
kubek *m* cup
~ **smakowy** *anat.* taste bud
~ **udojowy** *zoot.* teat cup (*of milking apparatus*)
kubeł *m* bucket; pail; scoop
~ **czerpakowy** grab bucket
~ **dennozsypny** bottom-dump bucket
~ ~ **lejowy** hopper-bottom bucket
~ **do masy betonowej** concrete bucket
~ **pogłębiarki** skip of a dredge
~ **samoopróżniający się** (self-)dumping bucket
~ **skipowy** skip bucket
~ **szybowy** *górn.* hoppit, bowk
~ **wsadowy** *odl.* charging bucket
~ **wyciągowy** hoisting bucket
~ **wyciągu pochyłego** skip bucket
~ **wywracalny** tilting bucket, tip(ping) bucket
~ **z klapami dennymi** drop bottom bucket
kubełek *m* **przenośnika** conveyor bucket
kubikator *m drewn.* board rule
kubryk *m okr.* forecastle
kuchenka *f* cooker
kuchnia *f* kitchen; *okr., lotn.* galley
kuchy *pl spoż.* oil cake
kucie *n obr.plast.* forging
~ **bezwypływkowe** *hutn.* flashless forging
~ **koni** horse shoeing
~ **matrycowe** die forging, drop forging; stamping
~ **na gorąco** hot forging
~ **na kowarkach** rotary swaging, rotary forging
~ **na kuźniarkach** machine forging, upsetter forging
~ **na młotach** hammer forging
~ **na prasach** press forging
~ **na trzpieniu** forging on a mandrel, hollow forging
~ **na zimno** cold forging
~ **odkuwek ze spieków** powder forging
~ **swobodne** (black)smith forging, flat die forging, open die forging
~ **w foremnikach** swaging
~ **w matrycach zamkniętych** closed-die forging
~ **wstępne** blocking, preparing, roughing
~ **z zachowaniem ciągłości włókien** continuous grain flow process
kuć *v obr.plast.* forge
kufa *f ferm.* storage cask
kufel *m* mug
kujny *a* forgeable, malleable
kukurydza *f* **zwyczajna** *bot.* maize; *US* corn, *Zea mays* L.
~ **na zielonkę** green maize
~ **pastewna** dent corn, *Zea mays* convar. *dentiformis*
~ **prażona** popcorn
kula *f* **1.** *geom.* sphere **2.** ball; globe **3.** *uzbr.* shot
~ **czasu** *żegl.* time ball
~ **Fermiego** *fiz.* Fermi sphere
~ **fotometryczna** photometric sphere
~ **kompensacyjna** *nawig.* quadrantal corrector
~ **krzemienna** *młyn.* flint pebble
~ **miełąca** *młyn.* grinding ball
~ **niebieska** *astr.* celestial sphere
~ **piętrząca** *hydr.* impact-pressure sphere, Pitot sphere
~ **pulsująca** *akust.* pulsating sphere
~ **regulatora odśrodkowego** flyball
~ **stalowa zawieszona na żurawiu** (*np. do robót rozbiórkowych*) wrecking ball, skull cracker
~ **sygnałowa pływów** *żegl.* tide ball
~ ~ **(służby) czasu** *żegl.* time ball
~ **Ulbrichta** photometric globe
~ **ziemska** terrestrial globe
kulawka *f bud.* jack-rafter, dwarf rafter, cripple-timber
~ **koszowa** valley jack rafter
kuleczka *f* globule, nodule
~ **tłuszczowa** *spoż.* globule of fat
kuleczkowanie *n obr.plast.* shot peening, cloudburst treatment
kulisa *f masz.* slotted lever
kulisty *a* spherical, globular, ball-shaped
kulka *f* globule, nodule
kulki *fpl* **szklane** glass marbles; ballotini
~ **ścierne** (*do polerowania*) abrasive spheres
kulkowy *a* globular, nodular
kulminacja *f astr.* culmination, transit
~ **dolna** lower culmination, lower transit
~ **górna** upper culmination, upper transit
~ **na południowej części południka świata** southing
kulograwimetria *f chem.* coulogravimetry
kulomb *m jedn.* coulomb: $1\ C = 1A \cdot 1s$
kulometr *m el.* coulometer, voltameter
kulometria *f chem.* coulometry, coulometric analysis
kuloodporny *a* bullet-proof
kultura *f biol.* culture
~ **bakteryjna** bacterial culture
~ ~ **macierzysta** stock culture
~ ~ **mateczna** *zob.* **kultura bakteryjna macierzysta**
~ **drożdży czysta** yeast pure culture
~ **wodna** *roln.* aquaculture, aquiculture, hydroponics, nutriculture
kultywator *m roln.* cultivator; lister
~ **powierzchniowy** (*włóka kombinowana z broną*) coulter harrow, sweeper harrow
~ **rotacyjny** rotary cultivator
~ **sprężynowy** spring-tine cultivator
~ **wielorzędowy** gang cultivator
kultywatorowanie *n roln.* cultivating, cultivator tillage
kuluary *pl bud.* lobby

kumachlor *m pest.* coumachlor (*rodenticide*)
kumafos *m pest.* coumaphos (*insecticide*)
kumafuryl *m pest.* coumafuryl, fumarin (*rodenticide*)
kumaron *m chem.* coumarone, benzofuran
kumaryna *f chem.* coumarin, benzopyrone
kumen *m chem.* cumene, cumol, isopropylbenzene
kumidyna *f chem.* cumidine, *para*-isopropylaniline
kumulacyjny *a* cumulative
kupelacja *f met.* cupellation
kupelka *f met.* cupel
kupferon *m chem.* cupferron
kupiec *m* merchant, trader, dealer
~ **detaliczny** retailer, retail dealer
~ **drobny** small trader
~ **hurtowy** wholesaler, wholesale dealer
~ **wielobranżowy** general dealer
kupno *a* purchase
~ **na kredyt** purchase on credit, credit purchase
~ **na raty** instalment buying
~ **na zapas** buying ahead
~ **według próbki** purchase by sample
~ **według specyfikacji** purchase to specification
~ **za gotówkę** purchase for cash, cash purchase
kupować *v* purchase, buy
kupryt *m min.* cuprite, red copper ore, ruby copper
kupujący *m* buyer
kura *f zool.* hen
~ **karłowata** Bantam
kurara *f farm.* curare
kurcz *m med.* cramp
kurczatow *m chem.* kurchatovium, element 104, Ku
kurczenie *n* **się** shrinkage, shrinking contraction
~ ~ **rynku** narrowing of the market, shrinking of the market
~ ~ **tkaniny** shrinkage of cloth
kurczę *n zool.* chicken
kurczliwy *a* shrinkable; *biol.* contractile
kurczyć *v* **się** shrink, contract
kurek *m* **1.** *masz.* cock; tap **2.** *uzbr.* cock; cocking piece
~ **bezdławikowy** plug cock
~ **czerpalny** bib-cock, bib-valve, faucet, spigot
~ **czterodrogowy** four-way cock
~ **dekompresyjny** *siln.spal.* compression cock, compression tap
~ **dławikowy** gland cock
~ **dwudrogowy** two-way cock
~ **jednodrogowy** single-way cock
~ **kontrolny** test cock
~ **odcinający** stop cock, shut-off cock
~ **odpowietrzający** vent cock, air cock
~ **odprężnikowy** *siln.spal.* compression cock, compression tap
~ **odsalający** *kotł.* scum cock
~ **probierczy** test cock; gauge cock
~ **rozdzielacza** *chem.* funnel tap
~ **samozamykający się** self-closing cock
~ **spustowy** drain cock, emptying cock; *kotł.* blow-off cock
~ **trójdrogowy** three-way cock
~ **wylotowy** bib-cock, bib-valve, faucet, spigot
kurkuma *f* **1.** *bot.* turmeric, curcuma, Indian saffron, *Curcuma longa* L. **2.** *farb.* turmeric
kurkumina *f chem.* curcumin
kurnik *m* hen house, poultry house, hennery
~ **dla niosek** laying house
kuropatwa *f zool.* partridge, *Perdix*
kurs *m* **1.** *nawig.* course **2.** *ek.* rate (*of exchange*) **3.** course (*of lectures*)
~ **dewizowy** *zob.* **kurs 2.**
~ **dokształcający** refresher course
~ **geograficzny** *nawig.* true course
~ **kolizyjny** *nawig.* collision course
~ **kompasowy** *nawig.* compass course
~ **magnetyczny** *nawig.* magnetic course
~ **mocny** *ek.* firm rate
~ **przeliczeniowy** *ek.* exchange rate, rate of conversion
~ **rzeczywisty** *nawig.* true course, course made good
~ **statku** *nawig.* ship's head
~ **walutowy** *zob.* **kurs wymienny**
~ **według wiatru** *nawig.* sailing point
~ **wolnorynkowy** *ek.* free market rate, inofficial rate
~ **wymienny** *ek.* exchange rate, rate of conversion
~ ~ **stały** fixed rate of exchange
~ **założony** *nawig.* estimated course
kursograf *m nawig.* Decca track plotter
kursor *m* (*na ekranie wskaźnika radiolokacyjnego*) *nawig.* bearing vector
kursowo stateczny *żegl.* directionally stable
kursywa *f poligr.* italic (type), italics
kurtoza *f mat.* kurtosis
kurtyna *f* curtain
~ **poduszkowca** hovercraft skirt
~ **powietrzna** air curtain
kurtyzowanie *n zoot.* docking
kurz *m* dust
kurza stopka *f* (*splot na linie*) *żegl.* back splice
kurza ślepota *f med.* nyctalopia, night blindness
kurzawka *f geol.* quicksand, running sand, sandwater
kurzworek *m odl.* dust bag, dustbin
kustosz *m* (*w muzeum*) custodian; keeper; conservator
kuszetka *f kol.* berth
kutel *m* **niewodu** *ryb.* codend, bag, bunt (*of a seine*)
kuter *m* **1.** *okr.* cutter **2.** *spoż.* cutter
~ **artyleryjski** gunboat
~ **pilotowy** pilot cutter
~ **ratowniczy** rescue cruiser
~ **rybacki** fish cutter, kutter
~ **trałowy** minesweeping boat
kutner *m włók.* nap

kutrowanie *n* **mięsa** cutting meat by means of mechanical cutters
kuty *a* forged
kuweta *f* *fot.* developing dish, developing tray
~ **absorpcyjna** *chem.* absorption cell, cuvette
~ **przepływowa** *chem.* flow cell
kuźnia *f* *obr.plast.* forge, forging shop; smithy
~ **matrycowa** drop forge, drop forging shop
kuźniarka *f* *obr.plast.* horizontal forging machine, upset forging machine, upsetting machine, cold heading machine, upsetter, header
kuźnictwo *n* *obr.plast.* forging
kV = kilowolt *jedn.* kilovolt
kW = kilowat *jedn.* kilowatt
kwacz *m* swab
kwadra *f* (*księżyca*) quarter (*fourth part of lunar period*)
kwadrak *m* *elektron.* quadrac
kwadrant *m* **1.** *mat.* quadrant **2.** *masz.* quadrant
~ **sterowy** *okr.* rudder quadrant
kwadrat *m* **1.** *mat.* square **2.** *mat.* second power **3.** *poligr.* canon (*size of type*) **4.** *poligr.* quad (*spacing material*)
~ **łaciński** *mat.* latin square
~ **przygotowawczy** (*poprzedzający wykrój przedgotowy*) *obr.plast.* strand square
kwadratowy *a* **1.** square **2.** quadratic
kwadratówka *f* *wiertn.* grief stem, kelly
kwadratysa *f* *mat.* quadratrix
kwadratura *f* **1.** *astr.* quadrature **2.** *mat.* quadrature **3.** *el.* quadrature
~ **koła** squaring the circle
kwadrofonia *f* four-channel stereo sound system
kwadrupleks *m* *telegr.* quadruplex
kwadruplet *m* *fiz.* quadruple
kwadrupol *m* *fiz.* quadrupole
~ **elektryczny** electric quadrupole
kwadryka *f* *mat.* quadric (surface)
~ **naprężeń** *wytrz.* stress quadric
~ **wydłużeń** *wytrz.* strain quadric
kwalifikacja *f* **nasion** *roln.* seed certification
kwalifikacje *pl* **zawodowe** professional qualification
kwalifikator *m* (*w słowniku*) qualifier, qualifying label
~ **dziedzinowy** scope note, subject label
kwalifikować *v* **(się)** qualify
kwalifikowany *a* qualified
kwalimetr *m* *radiol.* qualimeter
kwalimetria *f* quality metrology
kwant *m* *fiz.* quantum
~ **czasu** (*w systemach operacyjnych*) *inf.* time slice
~ **działania** elementary quantum, Planck constant
~ **energii** energy quantum
~ ~ **drgania** ergon
~ ~ **obrotowej** roton
~ **pola grawitacyjnego** graviton
~ **światła** light quantum, photon
kwantowanie *n* *fiz.* quantization
kwantyfikacja *f* quantification
kwantyl *m* *mat.* quantile
kwantyzacja *f* *fiz.* quantization
kwarantanna *f* quarantine
kwarc *m* *min.* quartz
~ **mleczny** (*zawierający złoto rodzime*) milky quartz, gold quartz
~ **niebieski** blue quartz
~ **syntetyczny** doped quartz
~ **zadymiony** smoky quartz
kwarcyt *m* *min.* quartzite
kwark *m* *fiz.* quark
kwartyl *m* *mat.* quartile
kwartalnik *m* quaterly (magazine)
kwas *m* *chem.* acid, *zob.też* **kwasy**
~ **abietynowy** abietic acid, abietinic acid, sylvic acid
~ **acetylooctowy** acetoacetic acid
~ **acetylosalicylowy** *farm.* acetylsalicylic acid, aspirin
~ **adenozynojednofosforowy** *biochem.* adenylic acid, adenosine monophosphate, AMP
~ **adenozynotrójfosforowy** *biochem.* adenosine triphosphate, ATP
~ **adenylowy** *zob.* **kwas adenozynojednofosforowy**
~ **adypinowy** adipic acid
~ **akrylowy** acrylic acid, vinylformic acid
~ **akumulatorowy** battery acid
~ **alginowy** alginic acid
~ **alkilosiarkowy** alkyl sulfuric acid, alkyl hydrogen sulfate
~ **amidosulfonowy** amidosulfuric acid, sulfamic acid
~ **aminobarbiturowy** aminobarbituric acid, uramil
~ *p*-**aminobenzenosulfonowy** *p*-aminobenzenesulfonic acid, sulfanilic acid
~ **aminobenzoesowy** aminobenzoic acid
~ **aminobursztynowy** succinamic acid
~ *α*-**aminoizowalerianowy** *biochem.* valine
~ **aminokarboksylowy** amino acid
~ **aminooctowy** aminoacetic acid, glycine, glycocoll
~ **aminotrójoctowy** nitrilotriacetic acid, NTA
~ **arachidynowy** arachic acid, arachidic acid, eicosanoic acid
~ **aromatyczny** aromatic acid
~ **askorbinowy** ascorbic acid, vitamin C
~ **asparginowy** *biochem.* aspartic acid
~ **azotawy** nitrous acid
~ **azotowodorowy** hydrazoic acid, azoimide
~ **azotowy** nitric acid
~ ~ **stężony** concentrated nitric acid, aqua fortis
~ **barbiturowy** barbituric acid
~ **behenowy** docosanoic acid
~ **benzenodwukarboksylowy** benzene dicarboxylic acid
~ **benzenosulfonowy** benzene(mono)sulfonic acid, phenylsulfonic acid

~ **benzoesowy** benzene carboxylic acid, benzoic acid
~ **beztlenowy** hydracid, binary acid
~ **borny** boric acid
~ **bromowy** bromic acid
~ **bursztynowy** succinic acid, ethylenedicarboxylic acid
~ **Caro** Caro's acid, peroxymonosulfuric acid
~ **chaulmugrowy** chaulmoogric acid, hydnocarpyl acetic acid
~ **chinowy** quinic acid, kinic acid
~ **chlorawy** chlorous acid
~ **chlorooctowy** chlor(o)acetic acid
~ **chlorosulfonowy** chlorosulfonic acid
~ **chlorowodorowy** hydrochloric acid, muriatic acid
~ **chlorowy** chloric acid
~ **cholowy** *biochem.* cholic acid, cholalic acid
~ **chromowy** chromic acid
~ **cukrowy** saccharic acid
~ **cyjanowodorowy** hydrocyanic acid, hydrogen cyanide, prussic acid
~ **cyjanowy** cyanic acid
~ **cynamonowy** cinnamic acid, cinnamylic acid
~ **cytrynowy** citric acid
~ **czterobromozłotowy** bromoauric acid
~ **dehydroaskorbinowy** *biochem.* dehydroascorbic acid
~ **dezoksyrybonukleinowy** *biochem.* deoxyribonucleic acid, thymus nucleic acid, DNA
~ ~ **mitochondrialny** mitochondrial DNA, mt DNA
~ **do wytrawiania** *met.* pickling acid
~ **dwunastowolframianofosforowy** phosphotungstic acid
~ **dwutionowy** dithionic acid, hyposulfuric acid
~ **dwuzasadowy** diabasic acid, diprotic acid
~ **dymiący** fuming acid
~ **etylenodwuaminoczterooctowy** ethylenediaminetetraacetic acid, EDTA
~ **fenylooctowy** phenylacetic acid
~ **fluorokrzemowy** silicofluoric acid, fluosilicic acid
~ **fluorowodorowy** hydrofluoric acid
~ **foliowy** folic acid, pteroylglutamic acid, PGA
~ **fosfatydowy** *biochem.* phosphatidic acid
~ **fosfoenolopirogronowy** *biochem.* phosphoenol pyruvic acid
~ **fosforowy 1.** phosphoric acid (*in general*) **2.** orthophosphoric acid
~ **ftalowy** phthalic acid
~ **fumarowy** fumaric acid
~ **galusowy** gallic acid
~ **garbnikowy** tannic acid, tannin
~ **glicerynowy** glyceric acid
~ **glikolowy** glycolic acid, hydroxyacetic acid
~ **glikonowy** gluconic acid, glyconic acid
~ **glioksalowy** glyoxalic acid, glyoxylic acid
~ **glutaminowy** glutamic acid
~ **gronowy** racemic acid, inactive tartaric acid
~ **helwolinowy** *biochem.* helvolic acid
~ **homogentyzynowy** *biochem.* homogentisic acid
~ **hydroksyoctowy** hydroxyacetic acid, glycolic acid
~ **jabłkowy** apple acid, malic acid, hydroxysuccinic acid
~ **jednozasadowy** monobasic acid, monoprotic acid
~ **kamforowy** camphoric acid
~ **kapronowy** caproic acid, hexanoic acid
~ **kaprylowy** caprylic acid, octanoic acid
~ **karboksylowy** carboxylic acid
~ **karbolowy** carbolic acid
~ **korkowy** suberic acid, octanedioic acid
~ **krzemowy** silicic acid
~ **listny** folic acid, pteroylglutamic acid
~ **malonowy** malonic acid, metanedicarbonic acid, propanedioic acid
~ **margarynowy** margaric acid
~ **masłowy** butyric acid, butanoic acid
~ **merkaptooctowy** mercaptoacetic acid, thioglycolic acid
~ **metafosforowy** metaphosphoric acid, glacial phosphoric acid
~ **metakrylowy** metacrylic acid
~ **metakrzemowy** metasilicic acid
~ **metanodwukarboksylowy** metanedicarbonic acid, malonic acid
~ **mewalonowy** *biochem.* mevalonic acid
~ **mineralny** mineral acid
~ **mirystynowy** myristic acid, tetradecanoic acid
~ **mlekowy** milk acid, lactic acid
~ **mocny** strong acid
~ **moczowy** uric acid
~ **mrówkowy** formic acid, hydrogen carboxylic acid
~ **muraminowy** *biochem.* muramic acid
~ **nadbenzoesowy** perbenzoic acid
~ **nadchlorowy** perchloric acid
~ **nadmanganowy** permanganic acid
~ **nadoctowy** peracetic acid, peroxyacetic acid
~ **nadrenowy** perrhenic acid
~ **nadtlenodwusiarkowy** peroxydisulfuric acid, persulfuric acid
~ **nadtlenojednosiarkowy** peroxymonosulfuric acid, Caro's acid
~ **nadtlenowy** per-acid
~ **naftalenooctowy** naphthaleneacetic acid
~ **nerwonowy** nervonic acid
~ **nieorganiczny** mineral acid
~ **nikotynowy** nicotinic acid, niacin
~ **nitrosalicylowy** nitrosalicylic acid
~ **nitrylotrójoctowy** nitriiotriacetic acid, NTA
~ **nordhauzeński** Nordhausen (sulfuric) acid, fuming sulfuric acid, oleum
~ **nukleinowy drożdżowy** *biochem.* yeast-nucleic acid
~ **octowy** acetic acid, ethanoic acid, methanecarboxylic acid

~ ~ **lodowaty** glacial acetic acid
~ **odpadkowy** waste acid
~ **oleinowy** oleic acid, oleinic acid
~ **olejowy** *zob.* **kwas oleinowy**
~ **organiczny** organic acid
~ **orotowy** *biochem.* orotic acid
~ **ortofosforowy** orthophosphoric acid, phosphoric acid
~ **pektowy** *biochem.* pectic acid, polygalacturonic acid
~ **pikrynowy** picric acid, nitroxanthic acid, lyddite
~ **pirofosforowy** pyrophosphoric acid
~ **pirosiarkowy** pyrosulfuric acid, disulfuric acid
~ **pirośluzowy** furoic acid
~ **podchlorawy** hypochlorous acid
~ **podsiarkawy** hyposulfurous acid
~ **podsiarkowy** hyposulfuric acid, dithionic acid
~ **poligalakturonowy** *zob.* **kwas pektowy**
~ **ponitracyjny** spent acid
~ **porafinacyjny** (*siarkowy*) sludge acid
~ **pruski** prussic acid, hydrocyanic acid
~ **pteroiloglutaminowy** folic acid, pteroylglutamic acid, PGA
~ **rozcieńczony** dilute acid
~ **rybonukleinowy** *biochem.* ribonucleic acid, yeast-nucleic acid, RNA
~ ~ **dopełniający** complementary ribonucleic acid, cRNA
~ ~ **informacyjny** messenger ribonucleic acid, m-RNA
~ ~ **jądrowy** nuclear ribonucleic acid, nRNA
~ ~ **przenoszący** transfer ribonucleic acid, t-RNA, soluble-RNA, s-RNA
~ ~ **rybosomowy** ribosomal ribonucleic acid, rRNA
~ ~ **strukturalny** *zob.* **kwas rybonukleinowy rybosomowy**
~ **salicylowy** salicylic acid
~ **selenawy** selenous acid, selenious acid
~ **selenowy** selenic acid
~ **siarkawy** sulfurous acid
~ **siarkowodorowy** hydrosulfuric acid
~ **siarkowy** sulfuric acid
~ ~ **100%** monohydrate
~ ~ **dymiący** fuming sulfuric acid, oleum, Nordhausen (sulfuric) acid
~ ~ **glowerowy** glover acid, tower acid
~ ~ **komorowy** chamber acid
~ ~ **kontaktowy** contact acid
~ ~ **odpadowy** sludge acid, spent acid
~ ~ **stężony** dipping acid
~ **słaby** weak acid
~ **solny** hydrochloric acid, muriatic acid
~ **stearynowy** stearic acid
~ **stężony** concentrated acid
~ **suberynowy** suberic acid, octanedioic acid
~ **sulfonowy** sulfonic acid
~ **szczawiowy** oxalic acid, ethanedioic acid
~ **tereftalowy** terephthalic acid
~ **tetrahydrofoliowy** *biochem.* tetrahydrofolic acid, coenzyme F
~ **tioglikolowy** thioglycolic acid, mercaptoacetic acid
~ **tionowy** thionic acid
~ **tiosiarkowy** thiosulfuric acid
~ **tlenowy** oxy-acid
~ **tłuszczowy** fatty acid
~ ~ **wielonienasycony** polyunsaturated acid
~ ~ **wolny** free fatty acid, FFA
~ **trójbromooctowy** tribromoacetic acid
~ **trójchlorooctowy** trichloroacetic acid
~ **trójzasadowy** tribasic acid
~ **walerianowy** valeric acid, pentanoic acid
~ **warzelny** *papiern.* acid cooking liquor
~ **wersenowy** ethylenediaminetetraacetic acid, EDTA
~ **węglowy** carbonic acid
~ **wielozasadowy** polybasic acid, polyprotic acid
~ **winowy** tartaric acid
~ **winylomrówkowy** vinylformic acid, acrylic acid
~ **wolny** free acid
~ **zmleczały** (*spieniony elektrolit w ogniwie*) *el.* milky acid
~ **zregenerowany** regenerated acid
~ **żółty** *farb.* yellow acid
kwasica *f med.* acidosis, hyperoxemia
kwasić *v* **1.** *chem.* acidify **2.** *spoż.* sour
kwaskowaty *a* acidulous; sourish
kwasochłonność *f biol.* acidophilia
kwasochłonny *a biol.* acidophilic
kwasomierz *m. chem.* acidimeter
~ **akumulatorowy** battery tester
kwasoodporność *f* acid resistance
kwasoodporny *a* acid-proof, acid-resisting
kwasotwórczy *a chem.* acid-forming
kwasowanie *n* **odwiertu** *wiertn.* acid treatment of bore-hole
kwasowość *f chem.* acidity
kwasowy *a chem.* acidic
kwasy *mpl chem.* acids, *zob.też* **kwas**
~ **huminowe** humic acids
~ **humusowe** *zob.* **kwasy huminowe**
~ **nukleinowe** nucleic acids
~ **smołowe** tar acids
~ **wodorowe** (*acids without oxygen*)
~ **żywiczne** resin acids
kwaszenie *n* **1.** *chem.* acidification **2.** *spoż.* souring
kwaśnieć *v* acidify; become sour
kwaśniejący *a* acescent
kwaśnienie *n* acidification
kwaśność *f* acidity
kwaśny *a* **1.** acid **2.** sour
kwaśny siarczan *m* = **wodorosiarczan** bisulfate, acid sulfate, hydrogen sulfate
kwaśny węglan *m* = **wodorowęglan** bicarbonate, hydrogen carbonate, acid carbonate
kwatera *f* **główna** *wojsk.* headquarters
kwatermistrzostwo *n* logistics
kwaternion *m mat.* quaternion
kwaterpolimer *m chem.* quadripolymer
kwazar *m astr.* quasar, quasi-star, quasi-stellar object

kwazi- *zob.* **quasi-**
kwebracho *n skór.* quebracho
kwerenda *f inf.* query
~ **informacyjna** search query
kwestionariusz *m* questionary
kWh = kilowatogodzina *jedn.* kilowatt-hour
kwiaciarstwo *n* floriculture
kwiat *m bot.* flower; bloom; blossom
~ **antymonowy** *min.* antimony bloom, valentinite
~ **cynkowy** zinc bloom, hydrozincite
~ **kobaltowy** cobalt bloom, erythrite
~ **miedziany** (*odmiana kuprytu*) *min.* chalcotrichite, hair copper
~ **niklowy** nickel bloom, annabergite
~ **siarczany** flowers of sulfur, sublimed sulfur
kwiatostan *m bot.* inflorescence
~ **po opadnięciu kwiatów** infructescence
~ **roślin złożonych** anthodium
kwiatowy *a* floral
kwintal *m jedn.* quintal: 1 quintal = = 100 kg
kwintocen *m pest.* quintozene (*fungicide*)
kwintuplet *m fiz.* quintuplet
kwit *m* receipt
~ **bagażowy** luggage ticket
~ **dokowy** *żegl.* dock receipt, quay receipt
~ **przesyłkowy** parcel's receipt
~ **składowy** warehouse receipt, housing note
~ **sternika** *żegl.* mate's receipt, board receipt
~ **wagowy** weight slip
~ **wysyłkowy** dispatch note
kwitariusz *m* receipt-book
kwitować *v* **odbiór** acknowledge receipt
kwitujący *m* **odbiór** receiptor
kwoczenie *n* broodiness
kwoka *f* broody (hen), brooder
~ **elektryczna** *zoot.* electric brooder
kwota *f* amount; quota
~ **łączna** total amount
~ **należną** amount due
~ **uzgodniona** agreed amount

L

LA = liczba acetylowa *chem.* acetyl number, acetyl value, hydroxyl number
labdanum *n* labdanum, ladanum (oleoresin)
labilny *a* labile; unstable
labirynt *akust.* labyrinth
laborant *m* laboratory assistant
laboratorium *n* laboratory
~ **analityczne** *chem.* analytical laboratory
~ **badań jądrowych** nuclear research laboratory
~ **badawcze** testing laboratory
~ **chemiczne** chemical laboratory
~ **fabryczne** plant laboratory
~ **gorące** *nukl.* hot laboratory, hot cell
~ **językowe** language laboratory
~ **księżycowe recepcyjne** lunar receiving laboratory, LRL
~ **naukowo-badawcze** research laboratory
~ **polowe** field laboratory
~ **ruchome** mobile laboratory
~ **wskaźników izotopowych** tracer laboratory
~ **zimne** *nukl.* cold laboratory
labradoryt *m petr.* labradorite
lać *v* pour
lada *f* (*sklepowa*) counter
~ **chłodnicza** refrigerated counter
lagrangian *m mech.* Lagrangian function
laguna *f geol.* lagoon
lak *m* **1.** sealing-wax **2.** *farb.* lake
~ **barwnikowy** colour lake
~ **taninowy** tannic acid lake
laka *f* lake (*pigment*)
~ **krapowa** madder
lakier *m* lacquer; varnish
~ **akrylowy** acrylic lacquer
~ **alkidowy** alkyd lacquer
~ **asfaltowy** bituminous lacquer, asphalt paint, black varnish
~ **bezbarwny** varnish, transparent lacquer
~ ~ **do mazerowania** scumble glaze
~ **bitumiczny** *zob.* **lakier asfaltowy**
~ **caponowy** zapon lacquer
~ **celulozowy** cellulose lacquer
~ **chlorokauczukowy** chlorinated rubber lacquer
~ **chudy** (*o małej zawartości oleju*) short-oil varnish

~ **do łodzi** boat varnish
~ **do malowania natryskowego** spray lacquer
~ ~ ~ **zanurzeniowego** dipping lacquer
~ **do paznokci** nail lacquer
~ **do podłóg** floor varnish
~ **do robót zewnętrznych** spar varnish
~ **do szlifowania** polishing varnish, rubbing varnish, flatting varnish
~ **do włosów** hair lacquer
~ **do wykrywania naprężeń** stress-coat lacquer
~ **elektroizolacyjny** insulating varnish
~ **epoksydowy** epoxide lacquer
~ **lotniczy** aircraft dope
~ **matowy** flat varnish
~ **nasycający** impregnating varnish
~ **nitrocelulozowy** nitrocellulose lacquer, nc-lacquer
~ **olejno-żywiczny** oleo-resinous varnish
~ ~ ~ **szybkoschnący** gold size
~ **olejny** oil varnish
~ **piecowy** stoving lacquer, stoving varnish, baking varnish
~ **poliestrowy** polyester lacquer
~ **próżnioszczelny** vacuum sealing paint
~ **rdzochronny** rust-proof varnish
~ **samochodowy** automative lacquer
~ **schnący na powietrzu** air-drying lacquer, solvent evaporating lacquer
~ **silikonowy** silicone resin varnish
~ **spirytusowy** spirit varnish
~ **szelakowy** shellac varnish
~ **szybkoschnący** fast-drying lacquer
~ **termoutwardzalny** stoving lacquer
~ **tłusty** (*o dużej zawartości oleju*) long-oil varnish
~ **transparentowy** clear coloured varnish
~ **utwardzalny na zimno** cold setting lacquer
~ **wlewnicowy** *hutn.* ingot mould dress-ing, ingot mould lacquer, ingot mould wash
~ **żywiczny** resin varnish
lakiernia *f* paint shop
lakiernictwo *n* varnish manufacture
lakierować *v* lacquer; varnish
lakierowany *a* lacquered
lakierówka *f masz.papiern.* lacquer coater
lakkaza *f biochem.* laccase, *p*-diphenol oxidase
lakmus *m chem.* litmus, lacmus, lichen blue
lakolit *m geol.* laccolith, laccolite
lakrymator *m* (*gaz bojowy*) tear gas, lacrimator
~ **trujący** toxic lacrimator
laktacja *f biol.* lactation, milk secretion
laktalbumina *f biochem.* lactalbumin
laktam *m chem.* lactam
laktodensymetr *m spoż.* lactometer
laktoflawina *f biochem.* lactoflavin, riboflavin, vitamin B_2
laktoglobulina *f biochem.* lactoglobulin
laktometr *m spoż.* lactometer
lakton *m chem.* lactone
~ **kwasu kantarydowego** lacton of cantharidic acid, cantharidin, cantharides camphor
laktoza *f chem.* lactose, lactobiose, milk sugar
laktyd *m chem.* lactide
laktym *m chem.* lactim
lakustralny *a geol.* lacustrine
lala = **latające laboratorium** *lotn.* flying test bed
lalka *f el.* dolly (*of a dry cell*)
lama *f zool.* llama, *Lama*
lambert *m jedn.* lambert: 1 lb = (1/π) 10^4 cd/m²
lamblioza *f med.* giardiasis, lambliasis
laminarny *a* laminar
laminat *m* laminate, laminated material
~ **azbestowy** asbestos laminate
~ **drzewny** laminated wood
~ **formowy** laminated moulding
~ **krzyżowy** cross laminate
~ **na podkładzie z tworzywa piankowego** *włók.* foam-back fabric, foamback
~ **niskociśnieniowy** low-pressure laminate
~ **papierowy** paper laminate, laminated paper
~ **poprzeczny** cross laminate
~ **szklany** glass laminate
~ **włókienniczy** textile laminate, laminated fabric
~ **wstępny** *tw.szt.* lay up
~ **wysokociśnieniowy** high-pressure laminate
laminowanie *n* laminating, lamination; laminate moulding
lampa *f* lamp; light
~ **acetylenowa** acetylene lamp
~ **analizująca** *TV* camera tube, pick-up tube
~ ~ **akumulująca** iconoscope, storage-type camera tube
~ ~ **fotoemisyjna** photo-emissive camera tube
~ ~ **fotoprzewodząca** photo-conductive camera tube
~ ~ **obrazowa** image camera tube
~ **bakteriobójcza** sterilamp
~ **bateryjna** battery tube
~ **bezcieniowa** *med.* operating lamp
~ **bezpieczeństwa** *górn.* Davy's safety lamp
~ **bezpośrednio żarzona** directly heated tube
~ **biurkowa** desk lamp
~ **błyskowa** 1. photo-flash-lamp, flashgun 2. *mot.* flasher lamp
~ ~ **elektronowa** speedlamp, speedflash
~ **ciemniowa** *fot.* dark-room lamp; safe-light
~ **czołowa** *med.* forehead lamp
~ **Davy'ego** *górn.* Davy's safety lamp
~ **elektrometryczna** electrometer tube
~ **elektronopromieniowa** cathode-ray tube, CRT
~ ~ **o kilku wyrzutniach elektronowych** multigun tube

~ **elektronowa** 1. electron tube, electron valve 2. *fot.* speedlamp, speedflash
~ ~ **czteroelektrodowa** four-electrode tube, tetrode
~ ~ **detekcyjna** detector tube
~ ~ **dużej mocy** high-power tube
~ ~ **dwuelektrodowa** two-electrode tube, diode
~ ~ **dwuwiązkowa** double-beam cathode-ray tube
~ ~ **gazowana** gas-filled tube
~ ~ **generacyjna** oscillator tube
~ ~ **impulsowa** pulsed tube
~ ~ **kombinowana** multi-unit tube
~ ~ **licząca** counter tube
~ ~ **małej częstotliwości** low-frequency tube
~ ~ **mieszająca** mixer tube
~ ~ **mikrofalowa** microwave tube
~ ~ **nadawcza** transmitting tube
~ ~ **o chłodzeniu wrzeniowym** vapotron, vapour-cooled tube
~ ~ **o dużym współczynniku amplifikacji** high-mu tube
~ ~ **o katodzie zimnej** cold-cathode tube
~ ~ ~ ~ **żarzonej** hot-cathode vacuum tube, pliotron
~ ~ **o podtrzymywanej próżni** pumped tube
~ ~ **o siatkach posobnych** aligned grid valve
~ ~ **ośmioelektrodowa** eight-electrode tube, octode
~ ~ **pięcioelektrodowa** five-electrode tube, pentode
~ ~ **pośrednio żarzona** heater-type vacuum tube
~ ~ **promieniowa** cathode-ray tube
~ ~ **próżniowa** high-vacuum tube
~ ~ **przełącznikowa** switch tube, selector tube
~ ~ **reaktancyjna** reactance tube
~ ~ **siedmioelektrodowa** seven-electrode tube, heptode, pentagrid
~ ~ **spustowa** trigger tube
~ ~ **subminiaturowa** subminiature tube
~ ~ **sześcioelektrodowa** six-electrode tube, hexode
~ ~ **tarczowa** disk-seal tube, lighthouse tube, megatron
~ ~ **trójelektrodowa** three-electrode tube, triode
~ ~ **wiązkowa** electron-beam tube
~ ~ **wieloelektrodowa** multi-electrode tube
~ ~ **wielokrotna** multi-unit tube
~ ~ **wielosiatkowa** multiple-grid tube
~ ~ **wielowiązkowa** multiple beam tube
~ ~ **wzmacniająca** amplifier tube
~ ~ **z termokatodą** thermionic valve
~ ~ **zliczająca** decatron, decade counter tube
~ ~ **żołędziowa** acorn tube
~ **fluorescencyjna** fluorescent lamp
~ **fotoelektronowa** phototube, photoelectric tube
~ **gazowa** gas lamp
~ ~ **płomienna** gas-flame lamp
~ **gazowana** gas-filled (electron) tube
~ **Geisslera** Geissler tube
~ **głośnikowa** loudspeaker tube
~ **górnicza** miner's lamp
~ **helowa** helium lamp
~ **jajczarska** (*do prześwietlania jaj*) *spoż.* eggtester
~ **jarzeniowa** glow-discharge tube
~ **jazdy wstecz** *mot.* back-up lamp, reversing light
~ **jednotrzonkowa** single-ended lamp
~ **karbidowa** acetylene lamp
~ **komutacyjna** switch tube, selector tube
~ **końcowa** *rad.* output valve
~ **ksenonowa o wyładowaniu łukowym** xenon arc lamp
~ **kwarcowa** quartz lamp, ultraviolet lamp
~ ~ **z promiennikiem podczerwieni** *med.* combined ultraviolet and infrared lamp
~ **licząca dekadowa** *elektron.* decatron
~ **lutownicza** blow-lamp, blowtorch, brazing lamp
~ **łukowa** arc lamp
~ **matowa** frosted lamp
~ **mleczna** opal lamp
~ **mocy** *rad.* output valve, power tube
~ **naftowa** kerosene lamp
~ **nahełmna** *górn.* cap lamp
~ **neonowa** neon discharge tube, neon lamp
~ **Nernsta** Nernst lamp, Nernst glower
~ **nurkowa** *żegl.* diving light
~ **o fali bieżącej** travelling-wave tube
~ **o fali postępującej** forward-wave tube
~ **o fali wstecznej** backward-wave tube
~ **o gorącym zapłonie** (*z urządzeniem podgrzewającym wstępnie elektrody*) hot-start lamp
~ **o modulacji prędkości** (*elektronów*) velocity-modulated tube
~ **o świetle dziennym** daylight lamp
~ ~ ~ **mieszanym** mixed light lamp
~ **obrazowa** *TV* picture tube, image tube, viewing tube, display tube, kinescope
~ **odbiorcza** *rad.* receiving tube
~ **oddzielająca** *rad.* buffer tube
~ **operacyjna** *med.* operating lamp
~ **oporowa** (*regulująca prąd*) *rad.* ballast lamp, barretter
~ **oscylograficzna** oscillograph tube
~ **oscyloskopowa** cathode-ray oscilloscope, scope
~ ~ **z ekranem tenebrescencyjnym** dark-trace tube, skiatron
~ **pamięciowa** *inf.* storage tube
~ ~ **obrazowa** memotron
~ **podwodna** underwater lamp
~ **porównawcza** comparison lamp
~ **projekcyjna** *kin.* projector lamp
~ **projektorowa** projector lamp
~ **prostownicza** rectifier tube, vacuum-tube rectifier
~ ~ **z ciekłą katodą** pool rectifier
~ **próżniowa miękka** (*z pozostałością gazów*) *elektron.* soft tube
~ **przeglądowa** *kin.* film viewer lamp

~ **przemiany częstotliwości** mixer tube
~ **przenośna** (*samochodowa*) trouble lamp, inspection lamp, hand lamp
~ **przepisowa tylna** *mot.* legal tail lamp
~ **punktowa** *fot.* spotlight
~ **radaroskopowa** radar scope
~ **rentgenowska** X-ray tube
~ ~ **do terapii stykowej** contact-irradiation X-ray tube
~ ~ **dwuogniskowa** double-focus tube
~ ~ **o ognisku liniowym** line-focus tube
~ ~ **samoochronna** self-protected tube
~ ~ **samoprostująca** self-rectifying tube
~ ~ **sekcjonowana** multisection tube
~ **rtęciowa** mercury discharge lamp, mercury-vapour tube
~ ~ **o ciekłej katodzie** pool tube
~ **siatkowa** grid-controlled (electron) tube
~ **słoneczna** sunlamp, sunlight lamp
~ **sodowa** sodium discharge lamp, sodium--vapour tube
~ **spektroskopowa** spectroscopic lamp
~ **stabilizująca napięcie** stabilizer tube, voltage-regulator tube, VR tube
~ **stop** *mot.* stop lamp, stop light
~ **stroboskopowa** stroboscopic tube, strobotron
~ **sufitowa** *mot.* roof lamp
~ **sygnałowa** signalling lamp
~ **szczelinowa** *med.* slit lamp
~ **tląca** glow discharge lamp
~ **uliczna** street light
~ **wabiąca** *ryb.* attraction lamp
~ **wisząca** pendant lamp
~ **wskaźnikowa benzynowa** *górn.* Davy's safety lamp
~ **wyjściowa** *rad.* output valve, power tube
~ **wyładowcza** (electric) discharge lamp, gas discharge lamp, vapour lamp
~ **wzorcowa** standard lamp
~ **z parami kadmu** cadmium lamp
~ **zwierciadlona** metallized lamp
~ **zwieszakowa** pendant lamp
~ **żarowa** incandescent lamp, filament lamp
lampara *f ryb.* lampara (net), lampara seine
~ **zmodyfikowana** pursed lampara
lamperia *f bud.* wainscot
lampiarnia *f okr.* lamp room, lamp locker
lampiarz *m górn.* lampman, lampist
lampka *f* **sygnalizacyjna** signal lamp
~ **wywoławcza** *tel.* call-in lamp
~ **zajętości** *tel.* engaged lamp
lampmistrz *m górn.* lampman, lampist
lampownia *f górn.* lamp room
lampowy *zob.* **lampmistrz**
lanca *f inż.* wash pipe
~ **opryskiwacza** *roln.* spray lance
~ **pomiarowa** (*z wbudowanymi termoelementami*) *hutn.* measuring lance
~ **tlenowa** *spaw.* oxygen lance; *hutn.* oxygen blowing lance
~ **tlenowo-proszkowa** *spaw.* powder lance
lancet *m* **1.** *odl.* cleaner, lifter **2.** *med.* lancet
~ **z haczykiem** *odl.* scotch cleaner
~ **ze stopką gładzikową** *odl.* flange cleaner
langusta *f zool.* crawfish, sea cryfish, *Palinurus vulgaris* Latr.
lanital *m włók.* (*casein synthetic fibre*)
lanolina *f* lanolin, wool-fat, wool grease, wool wax
~ **bezwodna** anhydrous lanolin, alapurin
lanosterol *m biochem.* lanosterol
lantan *m chem.* lanthanum, La
lantanowce *pl chem.* lanthanide series, lanthanide elements, lanthanides
lany *a* cast
laparoskop *m med.* laparoscope
lapilli *pl* (*kawałki lawy*) *geol.* lapilli
lapis *m chem.* lunar caustic
~ **lazuli** *min.* lapis lazuli, lazurite
laplasjan *m mat.* Laplace operator, laplacian
lapowanie *n obr.skraw.* lapping
lapownica *f obr.skraw.* lapper, lapping machine
larwa *f zool.* larva
~ **ryby** larval fish
larwicyd *m pest.* larvicide
larwobójczy *a* larvicidal
laryngofon *m* throat microphone, laryngophone
laryngologia *f* laryngology
laryngoskop *m med.* laryngoscope
~ **fotograficzny** (*przystosowany do fotografowania*) photolaryngoscope
las *m* forest, wood
~ **dojrzały** timber forest, mature forest
~ **dyslokacji** *kryst.* dislocation forest
~ **iglasty** coniferous forest
~ **jednogatunkowy** pure forest
~ **liściasty** leafy forest
~ **mieszany** mixed forest
~ **odroślowy** coppice, sprout forest
~ **ochronny** shelterwood
~ **wysokopienny** high forest
laseczka *f* (*bakteria*) *biol.* bacillus
laser *m fiz.* laser
~ **cieczowy** liquid laser
~ **gazowy** gas laser
~ **impulsowy** pulsed laser
~ **pompowany optycznie** optically-pumped laser
~ **półprzewodnikowy** semiconductor laser, solid-state laser
~ **pracujący w podczerwieni** iraser, infra--red maser
~ **rubinowy** ruby crystal laser
~ **szklisty** glass laser
~ **trójpoziomowy** three-level laser
~ **typu YAG** yttrium-aluminum-garnet laser, yag laser
~ **wielkiej mocy** superpower laser
~ **wielopoziomowy** multilevel laser
~ **wzbudzony skoncentrowanym promieniowaniem słonecznym** sun-pumped laser
laserowanie *n* lasing
laska *f* **popychacza** (*zaworowego*) *siln.* valve rod, tapped rod

laskowanie *n arch.* tracery (*stone ornamental openwork*)
lasować *v* (*wapno*) slake, slacken
lastryko *n bud.* terrazzo
laszowanie *n lotn.* first solo (*of a pupil pilot*)
latacz *m okr.* flying jib
latać *v* fly
latająca platforma *f lotn.* flying platform
latająca ryba *f zool.* flying fish
latające laboratorium *n lotn.* flying test bed; flying laboratory
latające skrzydło *n* flying wing, all-wing aircraft
latający kadłub *m lotn.* lifting body
latający talerz *m* (*niezidentyfikowany obiekt latający*) flying saucer (*unidentified flying object*)
latarka *f* **elektryczna** electric torch
latarnia *f* **1.** lantern; *nawig.* beacon **2.** *arch.* lantern (*on top of dome or roof*) **3.** control window, sight glass
~ **kierunkowa** *nawig.* directional beacon
~ **lotnicza** aeronautical beacon
~ **lotniskowa** aerodrome beacon
~ **masztowa** *okr.* top lantern
~ **morska** lighthouse
~ **morsko-lotnicza** aeromarine light
~ **okrętowa** ship's lantern
~ **przednia** *kol.* head-light
~ **radarowa** *nawig.* responder beacon
~ **radiowa** *nawig.* radio beacon
~ **rufowa** *okr.* poop lantern
~ **sygnałowa** *żegl.* flashing lantern
~ **uliczna** street lantern
latarnik *m* lighthouse keeper
latarniowiec *m okr.* lightvessel
latawiec *m* kite
latebra *f biol.* latebra, white yolk
lateks *m gum.* latex
~ **kauczukowy** rubber latex
~ **naturalny** *zob.* **lateks kauczukowy**
~ **piankowy** *zob.* **lateks spieniony**
~ **spieniony** foamed latex
~ **syntetyczny** synthetic latex
~ **zagęszczony przez odstawanie** creamed latex
latensyfikacja *f fot.* latensification
lateryt *m min.* laterite
laterytyzacja *f geol.* lateritization, lateritic weathering
latryna *f* latrine
latyt *m petr.* latite
lauegram *m kryst.* Laue pattern
laumontyt *m min.* laumontite
laureat *m* **nagrody Nobla** Nobel prize winner
lauren *m chem.* 1-dodecene, decylethylene, dodecylene
lauroil *m chem.* lauroyl
laurylosiarczan *m* **sodowy** sodium lauryl sulfate
laurynian *m chem.* laurate, *n*-dodecanoate
lautal *m met.* lautal
lawa *f petr.* lava
lawenda *f* **zwykła** *bot.* (English) lavender, *Lavandula officinalis*
lawina *f* avalanche
~ **Augera** (*promieniowania kosmicznego*) *astr.* Auger shower, extensive air shower
~ **elektronów** electron avalanche
~ **jonów** ion avalanche
~ **śnieżna** snow avalanche
lawirować *v żegl.* beat about, tack about
~ **pod wiatr** beat to windward
lawsonit *m min.* lawsonite
lazulit *m min.* lazulite, berkeyite, blue spar, false lapis
lazur *m* **miedziowy** *min.* chessylite, azurite
lazura *f* **miedziowa** (*czerwona*) *szkl.* copper staining
lazurowanie *n szkl.* staining
lazuryt *m min.* lazurite, lapis lazuli
ląd *m* land
~ **stały** mainland
~ **zobaczony** (*z morza*) *żegl.* landfall
lądolód *m geol.* continental glacier
lądować *v* land, *zob.też* **lądowanie**
~ **na spadochronie** parachute, descend by parachute
lądowanie *n lotn.* landing
~ **autorotacyjne** (*śmigłowca*) autorotation landing
~ **awaryjne** (*z uszkodzeniem samolotu*) crash landing
~ **bez widoczności** blind landing
~ **miękkie** *kosm.* soft landing
~ **na pokładzie lotniskowca** deck landing
~ **na punkt** spot landing
~ **na trzy punkty** three-point landing
~ **pośrednie** intermediate landing
~ **przerwane** refused landing; balked landing
~ **przymusowe** forced landing; crash landing; emergency landing
~ **twarde** *kosm.* hard landing
~ **udaremnione** balked landing; refused landing
~ **według przyrządów** instrument landing
~ **z bocznym wiatrem** cross-wind landing
~ **z hamowaniem** brake landing
~ **z natychmiastowym startem** (*bez zatrzymywania się podczas dobiegu, np. przy szkoleniu*) touch-and-go landing
~ **z prostej** (*bez okrążania lotniska*) straight-in landing
~ **z przepadnięciem** pancake landing, pancaking
~ **z przychwytywaniem** (*np. za pomocą lin lub siatek*) arrested landing
~ **z uszkodzeniem samolotu** crash landing
~ **z wiatrem** downwind landing
~ **z wyłączonym silnikiem** dead-stick landing
~ **za bliskie** undershoot, short landing
~ **za dalekie** overshoot
~ **zapobiegawcze** precautionary landing
~ **ze schowanym podwoziem** wheels-up landing, belly landing
lądowisko *n lotn.* landing ground, landing field

lądownik *m* (*człon statku lub sondy kosmicznej przeznaczony do miękkiego lądowania*) *kosm.* lander, landing module
~ **księżycowy** lunar lander, lunar module, LM
LB = liczba bromowa *paliw.* bromine number
lb = lambert *jedn.* lambert
LC = liczba cetanowa *paliw.* cetane number
LE = liczba estrowa *chem.* ester number, ester value
lebiodka *f* **pospolita** *bot.* origanum, *Origanum vulgare*
lecytyna *f* *biochem.* lecithin, lecithol, phosphatidyl choline
lecytynazy *fpl* *biochem.* lecithinases, phospholipases
leczenie *n* therapy, treatment; medication
~ **alkaliami** alkalitherapy
~ **ciepłem** thermotherapy
~ **dietą** alimentotherapy
~ **długotrwałe** long-term therapy
~ **następowe** after-treatment
~ **obliteracyjne** obliteration (*complete removal of an organ*)
~ **ołowiem** plumbotherapy, saturnotherapy, lead treatment
~ **pooperacyjne** *zob.* **leczenie następowe**
~ **promieniowaniem** radiotherapy, radiation therapy
~ **przymusowe** compulsory treatment
~ **tlenem** oxygen therapy
~ **ultradźwiękami** ultrasound treatment
~ **wodą** water treatment, hydrotherapeutics
~ **zachowawcze** conservative treatment
lecznica *f* infirmary
lecznictwo *n* therapeutics
leczniczy *a* therapeutic; medical
ledeburyt *m* *met.* ledeburite
ledeburytyczny *a* ledeburitic
legalizacja *f* **narzędzia pomiarowego** verification of measuring instrument
legalizator *m* *metrol.* verification officer
legalizować *v* legalize, attest; *metrol.* verify (*measuring instruments*)
legalny *a* lawful, rightful; legal
legar *m* *bud.* ground beam, sleeper
~ **łodzi** boat cradle, boat chock
~ **podłogowy** joist
legenda *f* *rys.* key, legend
leizna *f* **kamienna** rock casting, cast rock
lej *m* funnel
~ **centralny** (*do syfonowego odlewania stali*) *hutn.* centre runner, trumpet
~ **do zalewania pompy** priming funnel
~ **popielnikowy** *kotł.* ash hopper
~ **przerzutowy** switching funnel
~ **przesypowy** *kotł.* siftings hopper
~ **samowyładowczy** hopper
~ ~ **z dozownikiem** measuring hopper
~ **spływowy** (*w dachu płaskim*) *bud.* roof terminal
~ **wirowy** *hydr.* free surface vortex, whirlpool
~ **załadowczy** charging hopper
~ **zasilający** feed hopper
~ **zasypowy** charging hopper
lejce *pl* reins
lejek *m* funnel
~ **Babo** hot water funnel, funnel heater
~ **Büchnera** Büchner funnel, suction funnel
~ **do sączenia** filtering funnel
~ ~ ~ **na gorąco** funnel heater, hot water funnel
~ **karbowany** ribbed funnel
~ **przędzalniczy** *włók.szt.* spinning funnel
~ **sitowy** suction funnel, Büchner funnel
~ **stożkowy dziurkowany** filter cone
~ **szybkosączący** fluted funnel
~ **wlewowy** *odl.* pouring cup, runner cup, sprue cup
lejność *f* *odl.* castability, flowing power, running quality, runnability, fluidity
lek *m* medicine, medicament, remedy, drug
~ **analeptyczny** analeptic
~ **cucący** *zob.* **lek analeptyczny**
~ **pobudzający mięsień sercowy** cardiac stimulant
~ **przeciwpotny** anhidrotic
~ **uspokajający nienarkotyczny** tranquilizer
lekarstwo *n* *zob.* **lek**
lekka mgła *f* haze
lekka woda *f* (*środek gaśniczy*) light water
lekki *a* light; lightweight
lekki karabin *m* **maszynowy** light machine-gun
lekkie nachylenie *n* *inż.* easy gradient
lekkiej konstrukcji lightweight
lekko amoniakalny faintly ammoniacal
lekko zabarwiony tinged
lekkopokładowiec *m* awning-deck ship
lekospis *m* pharmacopoeia
lektor *m* **1.** (*urządzenie do odczytywania mikrofilmów*) reading apparatus, optical reader **2.** reader (*at a university*)
lelingit *m* *min.* loellingite
lemiesz *m* **pługa**, ploughshare
~ **dziobowy** *roln.* landside share
~ **kopaczki do ziemniaków** digging share
~ **spycharki** bulldozer blade
lemniskata *f* *mat.* lemniscate
len *m* flax, *Linum usitatissimum* L.
~ **międlony** broken flax
~ **moczony** retted flax
~ **przemoczony** overretted flax
~ **roszony** retted flax
leniwka *f* *geod.* tangent screw
lep *m* **na muchy** sticky fly paper
lepa *f* *ocean.* shuga
lepić *v* **się** stick, adhere
lepidolit *m* *min.* lepidolite, lithium mica
lepik *m* cement, glue
~ **dachowy** pitch for roofing
~ **pokładowy** marine glue
lepiszcze *n* binder, binding agent; tackifier
~ **ilaste** clay binder

lepki *a* **1.** viscous, viscid (*fluid*) **2.** sticky, adhesive, tacky
lepkosprężystość *f* viscoelasticity
lepkościomierz *m* viscometer, viscosimeter
~ **Englera** Engler viscometer
~ **włoskowaty** capillary viscometer
lepkość *f* viscosity; body (*of oil*)
~ **anormalna** non-Newtonian viscosity
~ **burzliwa** *mech.pł.* eddy viscosity
~ **ciała stałego** solid viscosity
~ **dynamiczna** absolute viscosity
~ **istotna** intrinsic viscosity
~ **kinematyczna** kinematic viscosity
~ **newtonowska** Newtonian viscosity
~ **normalna** *zob.* **lepkość newtonowska**
~ **pełzania** creep viscosity
~ **plastyczna** plastic viscosity
~ **pozorna 1.** apparent viscosity **2.** *farb.* false body
~ **Saybolta** Saybolt universal viscosity
~ **strukturalna** non-Newtonian viscosity
~ **zredukowana** reduced viscosity, Staudinger function, viscosity number
lepnik *m bot.* stickseed, *Lappula* Mnch.
lepton *m fiz.* lepton
~ *μ* lepton *μ*, muon
less *m geol.* loess
leszcz *m zool.* bream, *Abramis brama* L.
leszczyna *f bot.* hazel, *Corylus avellana* L.
leśnictwo *n* forestry
letarg 1. *nukl.* lethargy (*of neutrons*) **2.** *med.* lethargy
letni *a* **1.** *astr.* estival **2.** (*ciepławy*) lukewarm
leucyna *f chem.* leucine, *α*-aminoisocaproic acid
leucyt *m min.* leucite, white garnet
leukemia *f med.* leukaemia, leukemia
leukocydyna *f biochem.* leukocidin
leukocyt *m biol.* leucocyte, white blood cell, white blood corpuscle
~ **kwasochłonny** eosinophil
~ **zasadochłonny** basophil
leuko(cyto)penia *f med.* leuko(cyto)penia
leukocytoza *f med.* leukocytosis
leukoindygo *n farb.* leucoindigo, indigo white
leukoksen *m min.* leucoxene
leukoplast *m* **1.** *bot.* leucoplast **2.** *farm.* sticking plaster
leukozasada *f farb.* leuco base
leukozwiązek *m farb.* leuco compound, leuco
lewa burta *f okr.* port (side)
lewa strona *f* left(-hand) side; *lotn.* port (side)
lewar *m* **1.** *hydr.* siphon, syphon **2.** (lifting) jack, hoist, *zob.też* **dźwignik, podnośnik**
lewatywa *f med.* enema
lewitacja *f* **magnetyczna** magnetic levitation, maglev
leworęczność *f* left-handedness, sinistrality
lewoskrętność *f fiz.* laevorotation, levulorotation
lewoskrętny *a* **1.** *fiz.* laevo-rotary, laevo-gyrous **2.** *biol.* sinistrorse
lewostronny *a* left-sided
lewulina *f chem.* levulin, fructosin
lewuloza *f chem.* laevulose, fructose, fruit sugar
leżak *m* **1.** *młyn.* nether milstone **2.** *bud.* raking flue **3.** *pszczel.* long hive
leżakowanie *n ferm.* seasoning, cellar treatment
~ **piwa** beer storage
~ **ziarna** (*przed przemiałem*) tempering of grain
leżakownia *f ferm.* beer storage cellar
leżanka *f* **monterska** *mot.* fitter's couch, cradle
leżący niżej *geol.* subjacent
leżący poza orbitą Księżyca *astr.* translunar
leżący w jednej płaszczyźnie uniplanar, coplanar
leżeć *v* **na burcie** *żegl.* lie along, lie over
~ **w dryfie** *żegl.* heave to
leżnia *f bud.* transom pole, putlog
lęk *m med.* phobia
~ **głębokości** bathophobia
~ **przed powietrzem** aerophobia
~ **przestrzeni** agoraphobia, kenophobia
~ **wysokości** acrophobia
lg = logarytm dziesiętny common logarithm, Briggsian logarithm
LGOM = Legnicko-Głogowski Okręg Miedziowy
lias *m geol.* lias (series)
liazy *fpl biochem.* lyases
libella *f metrol.* level, *zob.też* **poziomnica**
libracja *f* **(Księżyca)** *astr.* libration
lica *f el.* litz wire
licencja *f ek.* licence; *US* license
~ **eksportowa** export licence
~ **na sprzedaż** selling licence
~ **na wyrób** manufacturing licence
~ **wyłączna** exclusive licence
licencjobiorca *m ek.* licensee, licence holder
licencjodawca *m ek.* licensor
licencjonować *v ek.* license
licheniformina *f* (*antybiotyk*) *biochem.* licheniformin
lichenina *f chem.* lichenin
lichtowanie *n żegl.* lighterage, lightering
lichtuga *f żegl.* lighter, coasting barge
lichtugowe *n żegl.* lighterage (*charges*)
lichwa *f ek.* usury
lichwiarski *a ek.* usurious
lichy *a* bad, poor (*of quality*): sholdy, cheap (*of goods*)
lico *n* face; front; *skór.* grain
~ **grani** back of weld
~ **luźne** *skór.* loose grain
~ **łamliwe** *skór.* cracky grain
~ **marmurkowe** *skór.* marbled grain
~ **muru** *bud.* wall face
~ **spoiny** face of weld
licowanie *n bud.* facing
~ **płytkami** tiling
licówka *f* face brick; facing tile

~ **kamienna nieregularna** random ashlar
licytacja *f ek.* auction
~ **przymusowa** compulsory auction
licytant *m ek.* bidder
~ **dający więcej** overbidder, higher bidder
licząc od dnia... dating from...
licząc z grubsza on a rough calculation
liczba *f* number, numeral, *zob.też* **liczby**
~ **Abbego** *opt.* Abbe number
~ **acetylowa** *chem.* acetyl number, acetyl value, hydroxyl number
~ **Alfvéna** *mech.pł.* Alfvén number
~ **algebraiczna** algebraic number
~ **API** (*specific gravity in degrees API — American Petroleum Institute scale*)
~ **Archimedesa** *mech.pł.* Archimedes number
~ **atomowa** atomic number
~ **Avogadry** *chem.* Avogadro's number, Avogadro's constant
~ **barionowa** baryon number
~ **bezwymiarowa** dimensionless number
~ **bromowa** *paliw.* bromine number
~ **buforowa** *chem.* buffer value
~ **burzliwości** *aero.* scale of turbulence
~ **całkowita** *mat.* integer
~ **cetanowa** *paliw.* cetane number
~ **chlorowa** *chem.* chlorine number
~ **czynnych zwojów sprężyny** *masz.* effective number of coils
~ **Defo** *gum.* Defo hardness, Defo number
~ **dienowa** *chem.* diene value
~ **dodatnia** positive number
~ **doskonała** *mat.* perfect number
~ **dwójkowa** binary number
~ **dyskwalifikująca** *skj* rejection number
~ **dziesiętna** decimal (number)
~ ~ **kodowana dwójkowo** *inf.* binary-coded decimal
~ **estrowa** *chem.* ester number, ester value
~ **falowa** *fiz.* wave number
~ **Faradaya** *el.* faraday, Faraday's constant
~ **Fouriera** *fiz.* Fourier number
~ **Froude'a** *mech.pł.* Froude number
~ **grup funkcyjnych** *chem.* functionality (*of a molecule*)
~ **hydroksylowa** *chem.* hydroxyl value, acetyl number, acetyl value
~ **izotopowa** isotopic number, neutron excess number, difference number
~ **jodowa** *chem.* iodine number, iodine value
~ **kawitacji** cavitation number
~ **komutacyjna** *el.* commutating number
~ **końcówek przypadająca na jedną bramkę** *elektron.* pin-to-gate ratio
~ **koordynacyjna** *kryst.* co-ordination number
~ **krwinek** *med.* blood count
~ **kształtu drzewa** *leśn.* form factor
~ **kwalifikująca** *skj* acceptance number
~ **kwantowa** *fiz.* quantum number
~ ~ **azymutalna** *zob.* **liczba kwantowa dodatkowa**
~ ~ **dodatkowa** secondary quantum number, azimuthal quantum number
~ ~ **druga** *zob.* **liczba kwantowa dodatkowa**
~ ~ **efektywna** effective quantum number
~ ~ **główna** main quantum number, total quantum number
~ ~ **magnetyczna** magnetic quantum number, third quantum number
~ ~ **orbitalna** secondary quantum number, azimuthal quantum number
~ ~ **oscylacyjna** vibrational quantum number
~ ~ **pierwsza** main quantum number, total quantum number
~ ~ **poboczna** secondary quantum number, azimuthal quantum number
~ ~ **rotacyjna** rotational quantum number
~ ~ **spinowa** spin quantum number
~ ~ **trzecia** third quantum number, magnetic quantum number
~ **kwasowa** *chem.* acid value, acid number
~ **lepkościowa** (*roztworu*) *chem.* Staudinger function, reduced viscosity, viscosity number
~ ~ **graniczna** limiting viscosity number, intrinsic viscosity
~ **leptonowa** *fiz.* lepton number
~ ~ **mionowa** muon number
~ **ligandowa** *chem.* ligand number
~ **Macha** *aero.* Mach number
~ ~ **krytyczna** critical Mach number
~ ~ **magnetyczna** Alfven number
~ ~ **miejscowa** local Mach number
~ **maleinowa** *chem.* maleic value
~ **masowa** *fiz.* mass number
~ **mianowana** *mat.* denominate number
~ **miedziowa** *włók., papiern.* copper number, copper index
~ **miejsc siedzących** (*w pojeździe*) seating capacity (*of a vehicle*)
~ **mieszana** *mat.* mixed number
~ **mikrostanów** *fiz.* number of microscopic complexions, thermodynamic multiplicity
~ **nadtlenkowa** *chem.* peroxide value
~ **naturalna** *mat.* natural number
~ **niemianowana** *mat.* abstract number, absolute number
~ **nieparzysta** odd number
~ **nieskończona** infinite number
~ **niewymierna** *mat.* irrational number, surd (number)
~ **nitek osnowy i wątku tkaniny na powierzchni 1 cala²** *włók.* thread count, cloth count
~ **obrotów 1.** *masz.* number of revolutions **2.** *biochem.* turnover number, molecular activity
~ **obsadzeń** *fiz.* occupation number
~ **oderwana** *mat.* abstract number, absolute number
~ **oktanowa** *paliw.* octane number
~ **olejowa pigmentu** *farb.* oil absorption number

~ **Parsonsa** Parsons number (*for steam turbines*)
~ **parzysta** *mat.* even number
~ **Pecleta** *fiz.* Peclet number
~ **pianowa** *kosmet.* lather value
~ **pierwsza** *mat.* prime (number)
~ **Ply Rating** (*międzynarodowe oznaczenie umownej liczby warstw osnowy opony*) Ply Rating, P.R.
~ **podobieństwa** *mech.* similarity number, criterion of similarity
~ **podpierwiastkowa** *mat.* radicand
~ **Poissona** *wytrz.* Poisson ratio, rho ratio
~ **porządkowa** *mat.* ordinal (number)
~ ~ **pierwiastka** atomic number
~ **postępu reakcji** *chem.* advancement of reaction, reaction variable, extent of reaction
~ **powrotu** *chem.* reflux ratio
~ **poza zakresem** *inf.* number out of range, overflow number
~ **pozaskończona** *mat.* transfinite number
~ **protonów** (*w jądrze*) *fiz.* proton number
~ **przenoszenia** (*jonu*) *elchem.* transference number, transport number (*of ion*)
~ **przestępna** *mat.* transcendental number
~ **przędzenia** *włók.* spinning number
~ **przyporu** (*w przekładni zębatej*) (tooth) contact ratio, engagement factor
~ **Reynoldsa** *fiz.* Reynolds number
~ **rodanowa** *chem.* thiocyanogen value
~ **Rogi** *chem.* Roga index
~ **rozpadów na sekundę** *nukl.* disintegrations per second
~ **rubinowa** *chem.* Congo rubin number
~ **rzeczywista** *mat.* real number
~ **spienienia** foam value
~ **sprzężona** *mat.* conjugate number
~ **stopni swobody** (*układu*) *fiz.* variance, number of independent variables, number of thermodynamic degrees of freedom
~ **stopowa** *tw.szt.* melt index
~ **szacunkowa** *fot.* guide number
~ **tętnieniowa** *el.* pulse number
~ **toluenowa** *paliw.* toluene number
~ **ujemna** negative number
~ **unarna** *inf.* unary number
~ **urojona** *mat.* imaginary number
~ **utlenienia** oxidation number
~ **wartościowości** *chem.* valence number
~ **wielocyfrowa** multiplace number
~ **wodorotlenowa** *chem.* hydroxyl value, acetyl number, acetyl value
~ **Wolfa** *astr.* Wolf (sunspot) number
~ **wymiarowa** *rys.* dimension figure
~ **wymierna** *mat.* rational number
~ **względna plam słonecznych** *zob.* **liczba Wolfa**
~ **zamknięć uzwojenia** *el.* degree of reentrancy
~ **zaokrąglona** *mat.* round-off number
~ **zespolona o module 1** *mat.* complex number
~ **ziarnistości** (*dla ciał sypkich*) grain (fineness) number
~ **złota** *chem.* gold number
~ **złożona** *mat.* composite number
~ **zmydlenia** *chem.* saponification number
~ **znamienna** *mech.* similarity number, criterion of similarity
~ **zobojętnienia** *chem.* neutralization value
liczbowy *a* numerical
liczby *fpl* **kardynalne** *mat.* cardinal numbers
~ **losowe** *mat.* random numbers
~ **magiczne** *nukl.* magic numbers
~ **normalne** preferred numbers (*in standardization*)
~ **przypadkowe** *mat.* random numbers
~ **przystające** *mat.* congruous numbers
~ **pseudolosowe** *mat.* pseudo random numbers
liczebność *f mat.* size, *zob.też* **liczność**
~ **zespołu pozycji równoznacznych** *kryst.* rank of equipoints
liczenie *n* calculation; computing
~ **stałopozycyjne** *inf.* fixed-point calculation
~ **z podwójną precyzją** *inf.* double precision computing
~ **zmiennopozycyjne** *inf.* floating-point calculation
liczman *m żegl.* tallyman
licznik *m* **1.** counter; meter **2.** *mat.* numerator
~ **abonencki** *telef.* subscriber's meter
~ **amperogodzinowy** *el.* ampere-hour meter
~ **antykoincydencyjny** *nukl.* anticoincidence counter
~ **binarny** *inf.* binary counter
~ **borowy** *nukl.* boron counter tube
~ **ciałek krwi** *med.* haemocytometer, blood cell counter
~ **czasu** time-meter
~ **cząstek** *fiz.* particle counter
~ **(cząstek) alfa** alpha counter
~ ~ **beta** beta counter
~ **cykli** *el.* cycle counter
~ **Czerenkowa** *nukl.* Cerenkov counter
~ **dla całego ciała** *radiol.* whole-body counter
~ **drgań** vibration counter
~ **dwutaryfowy** *el.* two-rate meter, double-rate meter
~ **dziesiętny** *inf.* decimal counter
~ **elektroniczny** electronic counter
~ **elektryczny** electricity meter
~ **energii biernej** *el.* var-hour meter, wattless-power meter
~ ~ **czynnej** watt-hour meter
~ **gazu** gas-meter
~ **Geigera-Müllera** Geiger-Müller counter (tube)
~ **geigerowski** *zob.* **licznik Geigera-Müllera**
~ **G-M** *zob.* **licznik Geigera-Müllera**
~ **impulsów** impulse counter
~ **indukcyjny** induction meter

~ **iskrowy** *fiz.* spark counter
~ **jonizacyjny** *fiz.* ionization counter
~ **kilowatogodzin** kilowatt-hour meter
~ **koincydencyjny** *fiz.* coincidence counter
~ **kontrolny** monitor counter
~ **krystaliczny** *fiz.* crystal counter
~ **krzyżowy** cross register (*in bookkeeping machines*)
~ **luminescencyjny** scintillation counter
~ **maksymalny** *el.* maximum demand meter
~ **mil** *mot.* mileage recorder
~ **modulo N** *inf.* modulo-N counter
~ **następnikowy** (*zliczający „w przód"*) *inf.* count-up counter
~ **neutronów** neutron counter
~ **obciążenia** *telef.* traffic meter
~ **obrotowy** *el.* motor-meter
~ **obrotów** tachometer, revolution counter, rev-counter
~ **okienkowy** (*promieniowania*) *fiz.* window counter
~ **osi** *kol.* axle-counter
~ **parkingowy** parking meter
~ **pierścieniowy** *inf.* ring counter
~ **pionowy** *biur.* vertical register (*in bookkeeping machines*)
~ **płytkowy** *fiz.* parallel plate counter
~ **poprzednikowy** (*zliczający „w tył"*) *inf.* count-down counter
~ **promieniowania** *fiz.* radiation counter
~ **proporcjonalny** (*promieniowania jonizującego*) *nukl.* proportional counter
~ **przeciążenia** *telef.* overflow meter
~ **pseudopierścieniowy** *inf.* Johnson counter, Möbius counter, twisted ring
~ **rewersywny** (*zliczający w obydwu kierunkach*) reversible counter, down-up counter
~ **rozkazów** *inf.* instruction counter, program counter
~ **rozmowominut** *telef.* speaking minute meter
~ **rozmów** *telef.* call-counting meter
~ **rozszczepieniowy** *fiz.* fission counter
~ **samogasnący** *fiz.* self-quenching counter
~ **samoinkasujący** *el.* prepayment meter, slot meter
~ **scyntylacyjny** *nukl.* scintillation counter
~ ~ **cieczowy** liquid scintillation counter
~ **sekund** seconds counter
~ **strat** *el.* loss meter
~ **sumujący** totalizing counter
~ **(synchroniczny) z przeniesieniami szeregowymi** *elektron.* serial carry counter
~ **szczytowy** *el.* excess meter
~ **taksówkowy** taximeter, fare register
~ **ułamka** *mat.* numerator
~ **warogodzinowy** *el.* var-hour meter, wattless-power meter
~ **watogodzinowy** *el.* watt-hour meter
~ **wątków** *włók.* pick-counter
~ **wielotaryfowy** *telef.* multi-rate meter
~ **woltoamperogodzinowy** volt-ampere-hour counter
~ **zadziałań** *inf.* operation counter
~ **zdjęć** *fot.* frame counter
~ **zwojów** (*w cewce*) *el.* coil-turn counter
liczność *f* **materii** *chem.* amount of substance
~ **partii** *skj* lot size, batch quantity, batch size
~ **próbki** *skj* sample size
~ **zbioru** *mat.* power of a set
liczyć *v* compute; calculate; count
~ **ładunek** *żegl.* tally
liczydło *n* **1.** counter (*counting mechanism*) **2.** abacus
lid *m elektron.* leadless inverted device, LID
lidar *m elektron.* lidar (*laser infrared radar*)
lideryt *m min.* blue quartz
lido *n geol.* sandkey, sand cay
lidyt *m min.* lydite, Lydian stone
ligand *m chem.* ligand
~ **dwudonorowy** bidentate ligand, bidentate group, bidentate coordinator
~ **dwufunkcyjny** *zob.* **ligand dwudonorowy**
~ **dwukleszczowy** *zob.* **ligand dwudonorowy**
~ **jednodonorowy** simple ligand, unidentate ligand, monofunctional ligand
~ **jednofunkcyjny** *zob.* **ligand jednodonorowy**
~ **jednomiejscowy** *zob.* **ligand jednodonorowy**
~ **wielodonorowy** multidentate ligand, polyfunctional ligand, polydentate ligand
~ **wielofunkcyjny** *zob.* **ligand wielodonorowy**
~ **wielokleszczowy** *zob.* **ligand wielodonorowy**
ligatura *f* **1.** *poligr.* ligature **2.** *odl.* master alloy, foundry alloy
ligaza *f biochem.* ligase
lignifikacja *f* lignification
lignina *f* **1.** *chem.* lignin **2.** (*wata celulozowa*) cellucotton
lignit *m min.* lignite, bituminous wood, xyloid coal, wood coal
lignoston *m* compressed wood, densified wood
lignosulfoniany *mpl chem.* lignosulfonates, lignin sulfonates
ligroina *f paliw.* ligroin
LIK = lotny inhibitor korozji vapour phase inhibitor, VPI
lik *m* (*żagla*) edge of sail
~ **dolny** foot of sail
likier *m spoż.* liqueur
liklina *f okr.* bolt-rope
likopodium *n* lycopodium, vegetable sulfur
likwacja *f met.* liquation
likwidacja *f* disposal; removal
~ **szkód** *ek.* liquidation of damages
~ **zakłóceń** *el.* fault clearing
~ **zapasów** *ek.* running down of stocks
likwidator *m uzbr.* destructor

~ **szkód** *ek.* liquidator of damages, claim settler
likwidus *m fiz.* liquidus (curve), freezing-point curve
lilak *m bot.* lilac, *Syringa*
limburgit *m petr.* limburgite
limbus *m geod.* limb
limfa *f fizjol.* lymph
limfatyczny *a fizjol.* lymphatic
limfocyt *m biol.* lymphocyte
limfocytoza *f med.* lymphocytosis
limfopenia *f med.* lympho(cyto)penia
limit *m ek.* limit
limiter *m el.* limiter
limitować *v* limit, set a limit
limitowany *a ek.* limited
limnigraf *m hydr.* limnigraph, water-level recorder
limnologia *f* (*nauka o wodach śródlądowych*) limnology
limonen *m chem.* limonene, dipentene
limonit *m min.* limonite, brown iron ore, brown haematite
limuzyna *f mot.* limousine
limuzynka *f* (*osłona kabiny pilota*) cockpit canopy
lin *m zool.* tench, *Tinca tinca* L.
lina *f* rope; cable; hawser
~ **bez końca** closed rope, endless rope
~ **beznapięciowa** non-spinning rope
~ **bezpieczeństwa** (*przy nurkowaniu*) life-line
~ **biegnąca** running rope
~ **bojkowa** *ryb.* dan line
~ **cumownicza** mooring line
~ **czteropokrętkowa** shroud-laid rope
~ **ćwiartkowa** (*włoka*) *ryb.* quarter rope
~ **do wychylania bomu** *okr.* slew rope
~ **dolna sieci** *ryb.* sole rope
~ ~ **w dźwigu** tail rope, balance rope
~ **druciana** wire rope
~ **druciano-włókienna** fibre clad rope, marline clad rope
~ **dzieleniowa okrężnicy** *ryb.* zipper line
~ **dźwigowa** hoisting rope, lifting rope
~ **główna wędy ciągnionej** *ryb.* whiskey line, dog line
~ **gończa** *ryb.* messenger
~ **górna sieci** *ryb.* headline, top line, cork line
~ **gumowa do startu szybowców** bungee catapult (*for launching gliders*)
~ **harpunnicza** *ryb.* harpoon line, whale rope
~ **Herkules** Hercules rope, combination rope
~ **holownicza** tow-rope, towing howser; towing line
~ **jednozwita** twisted line
~ **jezdna kolei linowej** carrying rope, track rope (*of aerial ropeway*)
~ **kombinowana** (*włókienno-stalowa*) Hercules rope, combination rope
~ **kotwiczna** *okr.* anchor line
~ ~ **łodzi** rode
~ **lewozwita** left-lay rope, left-handed rope, backhanded rope
~ **łowcza** *ryb.* fishing line
~ **łyżkowa** *wiertn.* bailing line
~ **manilowa** Manilla rope
~ **naczółkowa** (*u skrzydła sieci*) *ryb.* wing line
~ **napędowa** *masz.* transmission rope
~ **nasiębierna** *górn.* overlap rope
~ **nieodkrętna** non-spinning rope
~ **niesmołowana** white rope
~ **nośna dźwigu** hoisting rope, lifting rope
~ ~ **kolei linowej** carrying rope, track rope, ropeway (*of aerial ropeway*)
~ ~ **sieci trakcyjnej** catenary (wire)
~ ~ **wyciągu linowego** *leśn.* skyline
~ ~ **wzdłużna sieci trakcyjnej** longitudinal catenary
~ **o budowie półzamkniętej** half-lock coil rope
~ **o splotkach okrągłych** round strand rope
~ ~ ~ **spłaszczonych** flattened strand rope
~ **ochronna** *żegl.* manrope
~ **odciągowa** guy-rope, stay rope
~ **okrężna** closed rope, endless rope
~ **opustowa** (*przy nurkowaniu*) *żegl.* descending line
~ **osadkowa** *ryb.* selvage line
~ **płaska** flat rope, band rope
~ **pociągowa kolei linowej** traction rope, hauling rope (*of aerial ropeway*)
~ **podciągowa** (*włoka*) *ryb.* poke line, poop line, lazy decky
~ **podnosząca** hoisting rope, lifting rope
~ **podsiębierna** *górn.* underlap rope
~ **prawozwita** right-lay rope, right-handed rope, plain-laid rope
~ **przeciwzwita** ordinary-lay rope, regular-lay rope
~ **przewijająca się** running rope
~ **przewozowa** *górn.* haulage rope, conveying rope
~ **przechwytująca** (*na pokładzie lotniskowca*) cross-deck pendant
~ **ratownicza** life-line
~ **sieci dolna** *ryb.* sole rope
~ ~ **górna** headline, top line, cork line
~ **smołowana** tarred rope
~ **sondująca** *żegl.* lead-line, sounding line
~ **splotu kablowego** cable-laid rope
~ ~ **odwrotnego** lang-lay rope
~ ~ **zwykłego** ordinary-lay rope, regular-lay rope
~ **stalowa** wire rope, steel cable
~ ~ **jednoskrętna** twisted line
~ ~ **trójskrętna** cable-laid rope
~ ~ **zamknięta** (*skręcona z drutów okrągłych i zetowych*) locked-coil rope
~ ~ **zapleciona** spliced wire rope
~ **sygnałowa** (*przy nurkowaniu*) *żegl.* life-line
~ **sznurująca** *ryb.* purse rope, pursing cable, spring rope, hauling rope
~ **sztormowa** *żegl.* life-line (*along the deck*)

~ **szybowa** *górn.* hoisting rope, lifting rope
~ **świdrowa** *wiertn.* drilling cable, drilling rope
~ **talii** *okr.* fall
~ **torowa** (*kolei linowej*) carrying rope, track rope (*of aerial ropeway*)
~ **trałowa 1.** *ryb.* trawl warp **2.** (*trałowca*) sweep line
~ **trójzwita** cable-laid rope
~ **wiertnicza** drilling cable, drilling rope
~ **włókienna** fibre rope
~ **współzwita** lang-lay rope
~ **wyciągowa** hoisting rope, lifting rope
~ **wyrównawcza** (*w dźwigu*) balance rope, tail rope
~ **zamknięta** closed rope, endless rope
linearny *a mat.* linear, lineal
linearyzacja *f* **krzywej** *mat.* linearization of a curve
lingwistyka *f* linguistics
~ **formalna** mathematical linguistics
~ **komputerowa** computational linguistics
~ **matematyczna** mathematical linguistics
~ **stosowana** applied linguistics
linia *f* **1.** line, *zob.też* **linie 2.** *poligr.* brass rule
~ **abonencka** *telef.* subscriber's line
~ **absorpcyjna** *fiz.* absorption line
~ **apsyd** *astr.* line of apsides
~ **atomowa** *fiz.* atom line, arc line
~ **automatyczna obrabiarek zespołowych** in-line transfer machine, transfer line
~ **barw widmowych** spectrum locus, spectral locus
~ **bez strat** *tel.* lossless line, dissipationless line
~ **biała ciągła** *drog.* continuous white line
~ ~ **przerywana** broken white line
~ **brzegowa** *ocean.* shore-line, coastline
~ **celowa** *geod.* line of sight, sight (line)
~ ~ **w przód** foresight
~ ~ **wstecz** backsight
~ **celowania** aiming line, line of sight
~ **ciągła** *rys.* full line, solid line
~ **cienka** *rys.* fine line, light line
~ **cięcia blach** *hutn.* shearing line
~ **dalekosiężna** *telef.* long-distance line, trunk line
~ **depresji** *hydr.* line of depression
~ **do rysowania** *rys.* ruler
~ **dowozowa** *lotn., żegl.* feeder line
~ **dwutorowa 1.** *kol.el.* double track **2.** double circuit overhead line
~ **dyslokacji** *kryst.* dislocation line
~ **działania ciągu** *lotn., rak.* thrust line, thrust axis
~ ~ **siły** *mech.* line of force
~ ~ ~ **nośnej** *aero.* lift axis
~ **dziobu** *okr.* stem line
~ **dźwięku** *aero.* sonic line
~ **elektroenergetyczna** electrical supply line, power line
~ **elektrolitycznego cynowania** electrolytic tinning line
~ ~ **oczyszczania** electrolytic cleaning line
~ **emisyjna** *fiz.* emission line
~ **falista** *rys.* wavy line
~ **falowa** *fiz.* wave line
~ **Fanno** *aero.* Fanno line
~ **geodezyjna** geodesic (line)
~ **główna** *kol.* trunk line, main line
~ **graniczna** border-line, boundary line
~ **gruba** *rys.* heavy line
~ **hodowlana** *zoot.* line of breeding
~ **interferencyjna** (*w rentgenografii*) interference line
~ **iskrowa** *fiz.* spark line
~ **izochoryczna** *fiz.* isochor(e)
~ **izostatyczna** *wytrz.* isostatic, stress trajectory
~ **izosteryczna** *hydr.* isostere
~ **jonowa** *fiz.* spark line, ion line
~ **kolejowa** railway line
~ ~ **miejscowa** *kol.* branch line
~ **komunikacyjna** communication line
~ **kreskowa** *rys.* dashed line
~ ~ **o jednakowych kreskach** chain-dashed line
~ **kreskowania przekroju** *rys.* section line
~ **kreskowo-punktowa** dot-and-dash line
~ **lotnicza** airline
~ **ładunkowa** *żegl.* load line
~ **łamana** *mat.* open polygon, broken line
~ **łańcuchowa** *mat.* catenary
~ **łukowa** *fiz.* arc line, atom line
~ **mikrofalowa** *rad.* microwave link
~ **montażowa** assembly line
~ **nabieżnika** *nawig.* leading line
~ **naddźwiękowa** (*w przepływie*) *aero.* supersonic line
~ **najlepiej dobrana** *mat.* line of best fit
~ **największych naprężeń stycznych** *wytrz.* shear stress trajectory
~ **napowietrzna** overhead line; *tel.* open-wire line
~ ~ **dwutorowa** double circuit (overhead) line
~ ~ **jednotorowa** single circuit (overhead) line
~ **nieczynna** *tel.* dead line
~ **niewidoczna** *rys.* hidden line
~ **nitowania** (*teoretyczna linia środków otworów nitowych*) rivet line, gage line
~ **obcinania krawędzi blach** *hutn.* edge trimming line
~ **obojętna walców** *obr.plast.* pitch line
~ **obrabiarkowa** machine production line
~ **obrysu** *rys.* contour line
~ **odbicia** *kryst.* (mirror-)reflection line, symmetry line
~ **oddziałowa** *leśn.* ride
~ **odkształceń głównych** *wytrz.* trajectory of principal strains
~ **odniesienia** reference line; datum line; *rys.* leader (line)
~ **odręczna** *rys.* freehand line
~ **opakowaniowa** packaging line
~ **operacyjna** operating line
~ **opóźniająca** *inf.* delay line
~ **osiowa** *rys.* centre line
~ **oświetleniowa** light circuit
~ **paskowa** *elektron.* stııp line

~ **pionowa** vertical (line), perpendicular
~ **płynna** *hydr.* fluid line
~ **pływania** *hydr.* water-line
~ **pod napięciem** *el.* live line, energized line
~ **podniesienia lufy** (*działa*) *uzbr.* line of elevation
~ **podstawowa wykresu** base line, scale base, zero line
~ **podwójna** *rys.* double line
~ **podziałowa gwintu** pitch line of thread
~ ~ **matrycy** *obr.plast.* flash line, split line, die line
~ **podziału** parting line
~ **podziemna** (*kablowa*) underground line
~ **pokładowa** *okr.* deck line
~ **pola (wektorowego)** *mat.* field line
~ **pomiarowa** *elektron.* slotted line, slotted section
~ **poprzeczna** *mat.* transversal (line)
~ **poślizgu** *obr.skraw.* path of shear
~ **potokowa** flow production line
~ **pozioma** horizontal (line)
~ **poziomu wody** *żegl.* water mark
~ **pozycyjna** *nawig.* position line
~ **prądu** *hydr.* stream line
~ **produkcyjna** production line
~ **prosta** straight line; ruled line
~ **przecięcia powierzchni** *mat.* line of intersection
~ **przenikania powierzchni** *zob.* **linia przecięcia powierzchni**
~ **przepływowa** flow production line
~ **przerwania** *rys.* break line
~ **przerywana** *rys.* broken line
~ **przesyłowa** *el.* transmission line
~ ~ **ćwierćfalowa** *tel.* quarter-wave stub, quarter-wave line
~ ~ **elektroenergetyczna** power transmission line
~ ~ **paskowa** strip transmission line
~ ~ **płaska** two-plate transmission line
~ ~ **półfalowa** half-wave transmission line
~ ~ **w transmisji jednoprzewodowej** *inf.* party-line bus
~ ~ **zamknięta** shielded transmission line
~ **przewodowa** *tel.* wire line
~ **przykładnicy** *rys.* T-square blade
~ **przyporu** *masz.* contact line, engagement line, line of action (*in a toothed gear*)
~ **punktowa** *rys.* dotted line
~ **radiowa** radio link
~ ~ **przekaźnikowa** radio-relay link
~ **ramanowska** *fiz.* Raman line
~ **rayleighowska** *fiz.* Rayleigh line
~ **rozdzielcza** *el.* distribution line
~ **rozrzedzenia** *aero.* expansion line
~ **rzeki** *geol.* thalweg, longitudinal profile of a river, valley line
~ **rzutowania** *rys.* projection line, projector
~ **rzutu** *uzbr.* line of departure
~ **sił** *fiz.* line of force
~ **skierowana** *mat.* directed line
~ **spektralna** *fiz.* spectral line
~ **sprzęgowa** *el.* interconnector
~ **strzału** *uzbr.* line of fire
~ **symetrii** *kryst.* symmetry line, (mirror-)reflection line
~ **szkieletowa profilu** *aero.* camber line of an aerofoil section
~ **sztuczna** *tel.* artificial line
~ **ścinania** *obr.skraw.* path of shear
~ **śladu płaszczyzny przekroju** *rys.* cutting plane line
~ **średnia walców** *obr.plast.* pitch line
~ **środkowa** centre line
~ ~ **profilu** *aero.* camber line of an aerofoil section
~ **śrubowa** helix, screw line
~ **świateł poprzecznych** (*na lotnisku*) cross-bar (*landing lights*)
~ **taśmowa** *rad.* microstrip
~ **technologiczna** process line
~ **telefoniczna** telephone line
~ **telewizyjna przekaźnikowa** television-relay link
~ **tramwajowa** tram(way) line
~ **tworząca** *mat.* generating line
~ **uciągu** (*narzędzia*) *roln.* line of draught; line of hitch
~ **uderzenia** *mech.* line of impact
~ **ugięcia belki** bending line of beam
~ **uskoku** *geol.* fault line
~ **walcarek** *obr.plast.* roll line, train of roll stands
~ **wału 1.** *masz.* shafting **2.** main engine, shafting
~ **węzłowa** *mech.* nodal line
~ **wgłębień** (*profilu powierzchni*) *metrol.* valley line
~ **widmowa** *fiz.* spectral line
~ **widzenia** line of sight
~ **wierzchołkowa** (*profilu powierzchni*) *metrol.* peak line
~ **wirowa** *hydr.* vortex line
~ **wodna 1.** *okr.* water-line **2.** *kotł.* water-line
~ ~ **bezładunkowa** *okr.* light water-line, light load line
~ ~ **konstrukcyjna** *okr.* designed water-line
~ ~ **ładunkowa** *okr.* load water-line
~ **wpływu** *wytrz.* influence line, action line
~ **wskazująca drogę ruchu** *rys.* path line
~ **wtopu** *spaw.* line of fusion
~ **wybierania** *TV* scanning line
~ **wykopu** *inż.* cut line
~ **wymiarowa** *rys.* dimension line
~ **wytrawiania** *hutn.* pickling line
~ **wzdłużnego cięcia taśm** *hutn.* slitting line
~ **wzniesień** (*profilu powierzchni*) *metrol.* peak line
~ **wzniosu pokładu** *okr.* sheer line
~ **wzroku** line of vision
~ **zamykająca wielobok sznurowy** *mech.* closing line
~ **zarysu** *rys.* contour line
~ **zasiłowa** *el.* feeder

~ **zawiasowa** (*przy uskoku nożycowym*) *geol.* hinge line
~ **zazębienia** *masz.* contact line, engagement line, line of action (*in a toothed gear*)
~ **zelektryfikowana** electrified line
~ **zerowa wykresu** zero line, base line, scale base
~ **zerowej siły nośnej** *aero.* axis of zero lift, no-lift line
~ **zęba** (*koła zębatego*) flank pitch line
~ ~ **śrubowego** pitch helix
~ ~ ~ **na walcu zasadniczym** base helix
~ **zgęszczeniowa** *aero.* compression line
~ **zgrzewania taśm** (*w celu uzyskania większych kręgów*) *hutn.* coil build-up line
~ **zmiany daty** calendar line, date line
~ **zorientowana** *mat.* directed line
~ **zygzakowata** *rys.* zig-zag line
~ **źródłowa** (*pola wektorowego*) source line, linear source (*of vector field*)
liniał *m metrol.* straight-edge, rule
~ **krawędziowy wzorcarski** toolmaker's knife-edge
~ **sinusowy** sine bar
~ ~ **suwmiarkowy** vernier sine gauge
liniały *mpl* **manipulatora** *obr.plast.* side--guides of a manipulator, manipulator heads
liniarka *f poligr.* paper-ruling machine
~ **arkuszowa** sheet ruling machine
~ **obustronna** two-sided ruling machine
~ **zwojowa** reel-fed ruling machine
liniatura *f papiern.* ruling
linie *fpl* **antystokesowskie** *fiz.* anti-Stokes lines
~ **dyskwalifikujące** *skj* rejection limits
~ **Fraunhofera** *fiz.* Fraunhofer lines
~ **izostatyczne** *wytrz.* stress trajectories
~ **jednakowych prędkości pływowych** *ocean.* co-fluctual lines
~ **kontrolne** *skj* control limits, control lines
~ ~ **wewnętrzne** warning limits
~ ~ **zewnętrzne** action limits
~ **Lüdersa-Hartmanna** *met.* flow lines, flow figures, stretcher strains, Lüders' lines, Hartmann lines, Lüders' bands, deformation bands, Piobert lines
~ **Macha** *aero.* Mach lines
~ **nadstruktury** *met.* superlattice reflections
~ **odrzuceń** *skj* rejection limits
~ **ostatnie** *chem.* ultimate lines, persistent lines, raies ultimes (*of an element in spectrum*)
~ **ostrzegawcze** *skj* warning limits
~ **papilarne** *anat.* dermatoglyphics, fingerprint lines
~ **płynięcia** *met.* flow lines, flow figures, stretcher strains, Lüders' lines, Hartmann lines, Lüders' bands, deformation bands, Piobert lines
~ **podziału wręgowego** *okr.* square stations
~ **poślizgu** *met.* slip lines, slip bands
~ **telluryczne** *astr.* telluric lines
~ **teoretyczne kadłuba statku** lines drawing, body lines
linienie *n zool.* moulting
linijka *f* **spiętrzająca** *papiern.* sluice, slice
~ **z podziałką** *rys.* scale
liniować *v* rule
liniowe przeniesienie *n* **energii** *fiz.* linear energy transfer, LET
liniowiec *m okr.* liner
liniowość *f mat.* linearity
liniowy *a* linear; lineal
linka *f* cord; line; strand
~ **antenowa** aerial wire
~ **asekuracyjna** life-line
~ **Bowdena** bowden (cable)
~ **ciężarkowa** *ryb.* sinkerline
~ **hamulca** *mot.* brake cable
~ **holownicza** *lotn.* tow rope
~ **logu** *żegl.* log-line
~ **mieczowa** *żegl.* centerboard pendant
~ **nośna** *el.* suspension strand, messenger cable
~ **pleciona** sennit line
~ **przeciągowa** *el.* drawing-in rope
~ **przewiązowa** *żegl.* seizing line
~ **ratunkowa wystrzeliwana** *żegl.* shot line
~ **repowa** *ryb.* seizing, lash
~ **rybacka** fishing line
~ **sondy** *żegl.* lead-line, sounding line
~ **sterowa** *lotn.* control cable
~ **sygnałowa** *żegl.* signal halyard
~ **wyzwalająca** (*spadochronu*) (parachute) rip cord
linki *fpl* cordage
~ **nośne spadochronu** parachute shroud lines
~ **sterownicze** (*łodzi wiosłowej*) yoke lines, yokelanyards
linneit *m min.* linnaeite
linoblok *m* **ładowniczy** *okr.* cargo whip
linofilm *m poligr.* linofilm
linoksyn *m farb.* linoxyn
linoleum *n* linoleum
linotron *m* (*elektroniczna maszyna do fotoskładu*) *poligr.* linotron
linotyp *m poligr.* linotype
linters *m włók.* linters
liny *fpl* **takielunku** *okr.* cordage
lioenzym *m biochem.* lyo-enzyme
liofil *m chem.* lyophilic colloid
liofilizacja *f* lyophilization, freeze-drying
liofilizator *m* lyophilizing cabinet
liofilowy *a chem.* lyophilic
liofob *m chem.* lyophobic colloid
liofobowy *a chem.* lyophobic
lioliza *f chem.* lyolysis, solvolysis
liotropia *f chem.* lyotropy
lizol *m chem.* lyosol
liożel *m chem.* lyogel
lipa *f bot.* lime, *Tilia* L.
liparyt *m petr.* rhyolite, liparite
lipazy *fpl biochem.* lipases
lipidoza *f med.* lipidosis, lipoidosis
lipidy *mpl biochem.* lipides, lipins, lipoids

lipofag *m biol.* lipophage
lipoidy *mpl zob.* **lipidy**
lipoksydazy *fpl biochem.* lipoxidases
lipoproteidy *mpl zob.* **lipoproteiny**
lipoproteiny *fpl biochem.* lipoproteins
lisica *f drewn.* fret-saw, compass saw
lisp (*autokodowy język programowania do zapisu algorytmów przetwarzania list danych w postaci łańcuchów*) *inf.* list processing (language), LISP
list *m* letter; bill, note
~ **dworcowy** railway letter
~ **gwarancyjny** letter of indemnity, letter of guarantee
~ **kredytowy** letter of credit
~ **polecający** letter of recommendation, letter of introduction
~ **polecony** registered letter
~ **potwierdzający** letter of acknowledgement
~ **przewodni** accompanying letter, covering letter
~ **przewozowy** waybill; *US* bill of lading
~ ~ **lotniczy** air waybill, AWB
~ **załączony** enclosed letter
lista *f* list; *inf.* report
~ **dwukierunkowa** *inf.* two-way list, list with two-way pointers
~ **indeksowa** *inf.* subscript list
~ **jednokierunkowa** *inf.* one-way list, list with one-way pointers
~ **kodu** *inf.* code set
~ **ładunkowa** *żegl.* cargo list
~ **montażowa** *TV* continuity script
~ **oczekujących** waiting list
~ **pasażerów** passenger list; passenger manifest
~ **płacy** payroll
~ **rozkazów** *inf.* instruction set
~ **symboli do tłumaczenia programów** *inf.* external symbol dictionary
~ **towarów wolnocłowych** free list
~ **wysyłkowa** mailing list
~ **załogi** *żegl.* crew list, muster roll
listek *m* **1.** *bot.* leaflet **2.** *rad.* lobe
~ **boczny** *rad.* minor lobe, side lobe
~ **główny** *rad.* major lobe, main lobe
~ **mniejszy** *rad.* secondary lobe
~ **zarodkowy zewnętrzny** *biol.* ectoderm, epiblast
listewka *f* slip; strip
~ **pod tynk** *bud.* plaster lath
listowanie *n* **programu** *inf.* program listing
listowie *n bot.* leafage, foliage
listownie *adv* by letter
listwa *f drewn.* slat, batten, lath; strip
~ **kierunkowa** (*przy tynkowaniu*) *bud.* screed
~ **mocująca obicie** *mot.* upholstery moulding
~ **motowidła** *roln.* reel slat
~ **mrozowa** *drewn.* frost-rib
~ **odbojowa** *okr.* beading, guard rail
~ **ozdobna** (*w nadwoziach*) *mot.* garnish strip
~ ~ **stolarska** planted moulding
~ **podłużna usztywniająca** stringer
~ **podpierająca** *zob.* **listwa prowadząca**
~ **profilowa** *bud.* moulding
~ **prowadząca** (*przy szlifowaniu bezkłowym*) work-rest blade, work support blade, work-rest (*for centreless grinding*)
~ **przymykowa** cover strip
~ ~ **okna** sash stop
~ **przypodłogowa** *bud.* skirting (board), skilting, washboard, mop board
~ **przystępkowa** *okr.* keel rail; bilge handrail (*in a lifeboat*)
~ **stykowa** *tel.* contact strip
~ **ślizgowa** *kol. el.* pantograph pan
~ **uiglona** *włók.* faller
~ **wiodąca** *masz.* fence
~ **wyważająca** *lotn.* trimming strip
~ **wzmacniająca** *drewn.* cleat
~ **zaciskowa** *el.* terminal strip
~ **zębata** *masz.* toothed bar
~ **zgarniająca** *bud.* strike
liszaj *m med.* lichen
liść *m bot.* leaf
lit *m chem.* lithium, Li
litargit *m min.* litharge
litera *f* letter
~ **T** (*wskaźnik kierunku lądowania*) *lotn.* landing tee
~ **wąska** *poligr.* condensed letter, condensed type
literał *m inf.* literal (operand)
literatura *f* **fachowa** professional literature
~ **fantastyczno-naukowa** science fiction literature
~ **naukowa** scientific literature
~ **popularno-naukowa** popular science publications
liternictwo *n* lettering
literowo-cyfrowy *a* alphanumeric, alphameric
literowy *a* literal
literówka *f* (*błąd drukarski*) *poligr.* literal
litofilny *a min.* lithophilous
litografia *f poligr.* lithography
litoklaz *m geol.* lithoclase
litologia *f geol.* lithology
litopon *m farb.* lithopone, lithophone
litoralny *a geol.* littoral
litosfera *f geol.* lithosphere, crust of the Earth
litosol *m gleb.* lithosol
litowce *pl chem.* alkali metals
litr *m jedn.* litre: $1\ l = 10^{-3}\ m^3$
litraż *m* litre capacity
litroatmosfera *f jedn.* litr-atmosphere (= 101.325 J)
lity *a* solid; monolithic
lizawka *f roln.* salt-lick
lizogenia *f biol.* lysogeny
lizol *m* Lysol (*disinfectant*)
lizosom *m biochem.* lysosome
lizozym *m biochem.* lysozyme
lizymetr *m gleb.* lysimeter, drain gauge
lizyna *f chem.* lysine
lizyny *fpl biol.* lysines

LJ = liczba jodowa *chem.* iodine number, iodine value
LK = liczba kwasowa *chem.* acid number, acid value
lkm = lekki karabin maszynowy light machine-gun
LL = liczba lepkościowa *chem.* viscosity number, reduced viscosity, Staudinger function
lm = lumen *jedn.* lumen
lm·s = lumenosekunda *jedn.* lumen-second
LN = liczba nadtlenkowa peroxide number, peroxide value
ln = logarytm naturalny Napierian logarithm, natural logarithm
lniarstwo *n* flax trade
LO = liczba oktanowa *paliw.* octane number
locha *f zoot.* sow
locja *f żegl.* sailing directions, coast pilot
loco fabryka *ek.* ex factory, ex works
loco statek *ek.* ex ship
lodołam *m inż.* ice-apron, ice-breaker
lodołamacz *m okr.* ice-breaker
lodowanie *n chłodn.* icing
lodowaty *a* icy, ice-cold
lodowiec *m geol.* glacier
~ **kontynentalny** continental glacier
lodowisko *n* ice rink
lodownik *m chłodn.* ice generator, ice making machine
lodowy *a* ice, glacial
lodówka *f* **1.** ice refrigerator, ice box **2.** household refrigerator, domestic refrigerator
log = logarytm *mat.* logarithm
log *m żegl.* log, distance recorder
~ **burtowy** midship log
~ **ciśnieniowy** pitometer log
~ **denny** bottom log, submerged log, ground log
~ **elektromechaniczny** electric log
~ **mechaniczny** taffrail log, trident log, patent log, screw log
~ **ręczny** hand log, common log
logarytm *m mat.* logarithm
~ **Briggsa** *zob.* **logarytm dziesiętny**
~ **dziesiętny** common logarithm, Briggsian logarithm
~ **naturalny** Napierian logarithm, natural logarithm
~ **Nepera** *zob.* **logarytm naturalny**
~ **zwyczajny** common logarithm, Briggsian logarithm
logarytmiczny *a* logarithmic
logarytmowanie *n* finding the logarithm
logatom *m telef.* logatom, nonsens syllable
loggia *f arch.* loggia
logika *f* **dodatnia** *inf.* positive logic
~ **dwójkowa** *zob.* **logika dwuwartościowa**
~ **dwuwartościowa** binary logic, two-valued logic
~ **matematyczna** mathematical logic, logistics
~ **N-wartościowa** N-valued logic
~ **prądowa** current-mode logic
~ **symboliczna** symbolic logic
~ **ujemna** *inf.* negative logic
~ **wielowartościowa** multiple-valued logic
~ **większościowa** majority logic
logistyka *f mat.* logistics
loglina *f okr.* log-line
logometr *m el.* quotient meter, ratio meter
logotyp *m poligr.* logotype
LOH = liczba wodorotlenowa *chem.* acetyl number, acetyl value, hydroxyl number
LOK = Liga Obrony Kraju
lokacja *f* location, position finding
~ **nadajników radiowych** radio position finding
lokal *m* place, premises
~ **biurowy** business premises
~ **czynszowy** tenement
~ **mieszkalny** dwelling
~ **publiczny** public place
~ **sklepowy** shop premises
lokalizacja *f* location, localization; siting
~ **obiektów przemysłowych** industrial location
~ **uszkodzeń** fault location
lokalizator *m* **naświetlań** *radiol.* applicator
~ **uszkodzeń** *el.* fault finder
lokalizować *v* localize, locate
lokalny *a* local
lokata *f* **kapitału** *ek.* investment of capital
lokaut *m ek.* lock-out
lokomobila *f* locomobile
lokomotywa *f* locomotive, (railway) engine
~ **akumulatorowa** storage-battery locomotive
~ **dwuczłonowa** twin-unit locomotive, double locomotive
~ **elektryczna** electric locomotive
~ **kolei zębatej** rack locomotive
~ **kopalniana dołowa** mining locomotive, mine-haulage locomotive
~ ~ **przodkowa** working face locomotive
~ **kusa** tank locomotive, tank engine
~ **manewrowa** shunting locomotive, switching locomotive, shunter
~ **o silnikach sprzężonych** compound locomotive
~ **osobowa** passenger locomotive
~ **parowa** steam locomotive, engine, *zob. też* **parowóz**
~ ~ **bezpaleniskowa** steam storage locomotive
~ **przetokowa** shunting locomotive, switching locomotive, shunter
~ **rozrządowa** hump locomotive
~ **spalinowa** diesel locomotive
~ **spalinowo-elektryczna** diesel-electric locomotive
~ **towarowa** freight locomotive
~ **trójczłonowa** triple locomotive
~ **turbo-elektryczna** turbine-electric locomotive
~ **wąskotorowa** narrow-gauge locomotive
lokówka *f kosmet.* curler
loksodroma *f nawig.* loxodromic line, rhumb-line
lont *m* fuse, match
~ **detonujący** detonating fuse

~ **górniczy** reed
~ **prochowy** blasting fuse, safety fuse
~ ~ **minerski** blasting time fuse
~ **szybkopalny** fast-burning fuse
~ **wolnopalny** slow-burning fuse
~ **wybuchowy** detonating fuse
~ **zapalający** igniting fuse
lora *f kol.* platform car
loran *m nawig.* long-range navigation (system), loran
~ **o synchronizowanej fali jonosferycznej** ss loran, sky-wave-synchronized loran
lordoza *f med.* lordosis
lorens *m chem.* lawrencium, Lw
lornetka *f* binocular
~ **polowa** field-glasses
losowanie *n mat.* sampling
~ **proste** simple sampling
~ **złożone** composed sampling
losowość *f* randomness, chance variation
losowy *a* random
loszka *f zoot.* gilt
LOT = Polskie Linie Lotnicze „Lot"
lot *m lotn.* flight
~ **bez lądowania** non-stop flight
~ **bez widoczności** instrument flight
~ **beznapędowy** (*pocisku*) coasting flight (*of missile*)
~ **bezzałogowy** unmanned flight
~ **czarterowy** charter flight
~ **docelowy** homing (flight)
~ **godowy** *pszczel.* nuptial flight
~ **grupowy** formation flying
~ **holowany** (*szybowca*) aero-tow (*of a sailplane*)
~ **holujący** (*samolotu holującego szybowiec*) towing flight (*of a towing aircraft*)
~ **kontrolny** (*np. po naprawie samolotu*) check flight
~ **kosmiczny** space flight
~ **koszący** low flying, hedgehopping
~ **międzyplanetarny** interplanetary flight
~ **mięśniowy** man-powered flight
~ **na długotrwałość** endurance flight
~ **na dużej wysokości** high altitude flight
~ **na linii krajowej** domestic flight
~ **na prostej** (*przy lądowaniu*) final approach (*for landing*)
~ **na uwięzi** (*np. śmigłowca, modelu latającego*) captive flight, tethered flight
~ **na zamówienie** charter flight
~ **nurkowy** dive, diving
~ **odwrócony** inverted flight
~ **operacyjny** operational flight, sortie
~ **plecowy** *zob.* **lot odwrócony**
~ **po orbicie wokółziemskiej** orbiting the earth
~ **pozarozkładowy** non-scheduled flight
~ **próbny odbiorczy** acceptance flight
~ **przy wyłączonym silniku** power-off flight
~ **rozkładowy** scheduled flight
~ **sterowany radiem** radio controlled flight
~ **swobodny** free flight
~ **ślepy** instrument flight
~ **ślizgowy** glide
~ **ukośny ze wznoszeniem** climb-forward flight
~ **ustalony** steady flight
~ **w szyku** formation flight
~ **w warunkach ustalonych** stabilized flight
~ **według przyrządów** instrument flight
~ **wiszący** hovering (*of a helicopter*)
~ **wleczony** (*szybowca*) aero-tow (*of a sailplane*)
~ **z prędkością poddźwiękową** subsonic flight
~ **z widocznością ziemi** contact flight
~ **z wyłączonym silnikiem** power-off flight
~ **załogowy** manned flight
~ **zboczowy** (*szybowca*) soaring flight along the hillside (*of a sailplane*)
~ **ze ślizgiem** side-slipping
~ **żaglowy** (*szybowca*) soaring (*of a sailplane*)
lotka *f lotn.* aileron
~ **-hamulec aerodynamiczny** deceleron
~ **końcowa** wing tip aileron
~ **pływająca** floating aileron
~ **różnicowa** differential aileron
~ **szczelinowa** slotted aileron
lotnia *f* paraglider, hang-glider
lotniarstwo *n* paragliding (sport), hang-gliding
lotnictwo *n* aviation, aeronautics
~ **cywilne** civil aviation
~ **marynarki** *GB* fleet air arm; *US* Navy air force
~ **rolnicze** agricultural aviation
~ **wojskowe** air force
lotnik *m* airman, flier
lotnisko *n* aerodrome; airfield
~ **docelowe** aerodrome of destination
~ **odlotowe** aerodrome of departure
~ **przystosowane do przyjmowania samolotów w dowolnych warunkach atmosferycznych** all-weather airport
~ **śmigłowcowe** helicopter airport, heliport
~ **wodne** seadrome
~ **zapasowe** alternate aerodrome, diversion airfield
lotniskowiec *m* aircraft carrier
~ **konwojowy** escort aircraft carrier
lotność *f* **1.** *fiz.* volatility, fugacity **2.** *aero.* fineness ratio
lotny *a* volatile
lotny z parą wodną volatile in steam
loża *f* (*teatralna*) box (*at theatre*)
lód *m* ice
~ **blokowy** (*w blokach*) block ice
~ **ciemny** *ocean.* black ice
~ **cylindryczny** tube ice
~ **denny** anchor ice
~ **dryfujący** *ocean.* pack ice, drift-ice
~ **eutektyczny** eutectic ice
~ **łuskowy** flake ice, scale ice
~ **matowy** marble ice
~ **nawarstwiony** rafted ice
~ **pierścieniowy** tube ice

~ płatkowy flake ice, scale ice
~ płytkowy plate ice
~ pokruszony *ocean.* slop
~ przezroczysty clear ice
~ przybrzeżny *ocean.* landfast ice
~ stały *ocean.* fast ice
~ stłoczony *ocean.* pressure ice
~ suchy dry ice, carbon dioxide ice
~ szklisty clear ice
~ śniegowy *chłodn.* snow ice
~ topniejący *ocean.* rotten ice
~ z form can ice
~ ziarnisty *meteo.* firn, névé
~ zmurszały *ocean.* rotten ice
LR = liczba rodanowa *chem.* thiocyanogen value
LUB wykluczające *inf.* exclusive OR
lśniący *a* glossy
lucerna *f bot.* lucerne, alfalfa, *Medicago sativa* L.
lucyferaza *f biochem.* luciferase
lucyferyna *f biochem.* luciferin
ludlow *m poligr.* ludlow
ludność *f* population
lufa *f* barrel; (gun) tube
lugier *m okr.* lugger, logger, drifter, drift netter
lugrotrawler *m okr.* trawler-drifter, combination lugger
luizyt *m chem.* lewisite
luk *m okr.* hatch, hatchway
~ kotłowy boiler hatch
~ ładowni cargo hatch
~ maszynowy engine hatch
~ pomiarowy tonnage hatch
~ ratunkowy excape hatch
~ tonażowy tonnage hatch
~ trymowniczy trimming hatch
~ wodoszczelny watertight hatch
~ zejściowy (*do pomieszczeń*) companion hatch
luka *f* **1.** void; gap **2.** *kryst.* lattice defect, Schottky defect, vacancy **3.** *geol.* hiatus
~ czworościenna tetrahedral interstice, tetrahedral void
~ na taśmie magnetycznej *el.* dropout
~ podwójna divacancy
~ międzywęzłowa interstitial void, interstice
~ międzyzębna *masz.* tooth space
~ tetraedryczna tetrahedral interstice, tetrahedral void
lukrecja *f bot.* liquorice, *Glycyrrhiza glabra*
luks *m jedn.* lux, metre-candle, lx
luksfer *m bud.* luxfer tile
luksomierz *m* foot-candle meter, luxmeter, illumination meter
luksosekunda *f jedn.* lux second
lumen *m jedn.* lumen, Lm
lumenosekunda *f jedn.* lumen-second
lumenomierz *m* lumenmeter, integrating photometer, photometric integrator
luminal *m farm.* phenobarbital
luminancja *f opt.* luminance, brightness, brilliance
~ ekranu *TV* screen brightness
~ energetyczna *fiz.* radiance, steradiancy
luminescencja *f fiz.* luminescence
~ radiacyjna radiation induced luminescence, radioluminescence
luminofor *m* luminophor(e), luminescent material, phosphor
luminoforowy wskaźnik *m* **próżni** *elektron.* skanascope
lumityp *m poligr.* (photo-)lumitype
lunacja *f astr.* synodic month, lunar month, lunation
luneta *f* **1.** *opt.* telescope **2.** *zob.* **podtrzymka**
~ astronomiczna inverting telescope
~ morska naval telescope
~ nożycowa *uzbr.* battery commander's telescope
~ przekładalna reversible telescope
~ wodna water glass
~ z urządzeniem umożliwiającym obserwację w nocy scotoscope
lunkeryt *m odl.* pipe eliminator, anti-piping compound
lunonauta *m* selenonaut
lupa *f* magnifying glass, reading glass
~ nastawcza *fot.* split-image range-finder
~ pomiarowa measuring magnifier
~ tkacka *włók.* counting glass, pick glass
lupulina *f ferm.* lupulin
lusterko *n* mirror
~ boczne do holowania przyczep *mot.* tow mirror
~ ~ na błotniku wing mirror
~ czołowe *med.* head mirror
~ dentystyczne dental mirror
~ mikroskopu substage mirror (*in microscope*)
~ sygnalizacyjne heliograph, signalling mirror
~ wsteczne rear-view mirror
lustro *n* mirror; specular reflector, regular reflector
~ dichroiczne *TV* dichroic mirror
~ półprzezroczyste two-way mirror, see-through mirror
~ samopowracające *fot.* instant return mirror
~ zniekształcające distorting mirror
lustrzanka *f fot.* reflex (camera)
~ dwuobiektywowa twin-lens reflex
~ jednoobiektywowa single-lens reflex
lut *m* solder
~ cynowy tin solder
~ łatwotopliwy quick solder
~ miękki soft solder
~ ~ cynowo-ołowiowy common solder, tinman's solder
~ ~ kalafoniowy rosin-core solder
~ ~ ołowiowo-cynowy coarse solder, plumber's solder
~ mosiężnoniklowy white solder
~ mosiężny brazing brass
~ srebrny silver solder, silversmith's solder, brazing silver
~ twardy brazing solder, hard solder, brazing metal, spelter solder
~ w paście paste solder

luteina *f chem.* lutein
lutet *m chem.* lutetium, lutecium, Lu
lutnia *f* **wentylacyjna** *górn.* ventilation pipe, air-duct, ventube, fang, thurling
lutospawanie *n* braze welding, bronze welding
lutowanie *n* soldering
~ **beztopnikowe** fluxless soldering
~ **falowe** (*za pomocą fali ciekłego lutu*) flow soldering, wave soldering
~ **gazowe** gas brazing
~ **miękkie** soft soldering
~ **piecowe** oven soldering
~ **przez zanurzanie** dip soldering
~ **srebrem** silver soldering
~ **twarde** brazing, hard soldering
~ ~ **oporowe** electro-brazing
~ ~ **piecowe** furnace brazing
~ **w atmosferze ochronnej** blanket soldering
lutowie *n* solder, *zob.też* **lut**
lutowina *f* soldered joint
~ **twarda** braze
lutownica *f* soldering iron, soldering tool
~ **pistoletowa** soldergun, soldering gun
lutydyna *f chem.* lutidine, dimethylpiridine
luwers *m okr.* lacing hole, eyelet
luz *m masz.* clearance, backlash; play; shake
~ **boczny** side play; side shake
~ **kierownicy** *mot.* steering play
~ **łopatkowy** blade clearance (*in turbines*)
~ **łożyska** bearing slackness
~ **obwodowy** backlash, pitch play (*in toothed gear*)
~ **osiowy** axial clearance, axial play, end play
~ **poprzeczny** radial clearance
~ **promieniowy** *zob.* **lut poprzeczny**
~ **roboczy** running clearance
~ **sterowy** *lotn.* slack of the controls
~ **stykowy** (*w formie prasowniczej*) *tw. szt.* spew relief
~ **średnicowy** (*różnica między średnicami otworu i wałka*) *masz.* diameter clearance
~ **ujemny** *masz.* negative allowance, interference
~ **w pasowaniu ruchowym** positive allowance
~ **wierzchołkowy** tip clearance (*in toothed gear*)
~ ~ **gwintu** crest clearance
~ **wzdłużny** axial clearance, axial play, end play
~ **zaworowy** *siln.spal.* tappet clearance, valve clearance
luzem *adv* (*o materiale*) in bulk
luzować *v* loosen; slacken; *żegl.* veer
~ **linę** pay out a rope
~ **stopniowo** (*linę, łańcuch*) *żegl.* veer away
luzownik *m* **elektrohydrauliczny** (*w hamulcach dźwigowych*) thrustor
~ **hamulca** brake release
luźnospad *m wiertn.* fall apparatus, slipping apparatus
luźny *a* loose; slack
lx = luks *jedn.* lux
lx·s = luksosekunda *jedn.* lux-second
LZ = liczba zmydlenia *chem.* saponification number

Ł

łacha *f* **1.** sandbank **2.** old river bed; backwater
ładowacz *m* loader (*worker*)
~ **wozów** *górn.* car filler
ładować *v* load; charge
ładowanie *n* loading; charging
~ **akumulatora** *el.* charging a battery
~ **broni** gun loading
~ ~ **od strony zamka** breech-loading
~ ~ **od wylotu lufy** muzzle loading
~ **do pamięci** *inf.* fetching
~ **do samolotu** emplaning
~ **„kaczym dziobem"** *górn.* duck-billing
~ **kamienia** *górn.* mucking, lashing, slushing
~ **konserwacyjne** (*akumulatora*) *el.* floating a battery
~ **luzem** *transp.* loading in bulk
~ **mechaniczne** power loading
~ **na statek** embarkation
~ **paliwa** (*do zasobni*) *żegl.* bunkering
~ **pieca** furnace charging
~ **ponowne** reloading, recharging
~ **reaktora** reactor loading
~ **w beczki** barreling; casking
~ **w worki** bagging
~ **wyrównawcze** (*akumulatora*) *el.* equalizing charging
ładowarka *f* loader; loading machine
~ **jednonaczyniowa** bucket loader
~ **„kaczy dziób"** *górn.* duck-bill loader
~ **kamienia** *górn.* mucker, slusher
~ **kłód** log loader
~ **łapowa** *górn.* stripper-loader
~ **łopatowa** shovel loader
~ **mechaniczna** power loader
~ **obrotowa** swing loader
~ **samochodowa** wheeled loader
~ **szybka** speed loader
~ **torowa** track loader
~ **urobku skalnego** *górn.* mucker
~ **wstrząsana** shaking-conveyor loader
~ **zasięrzutna** overhead loader, rocker shovel
~ **zgarniakowa** scraper loader
ładownia *f* *okr.* hold
~ **akumulatorów** *el.* charging room
~ **chłodzona** refrigerated hold
~ **dolna** lower hold
~ **dziobowa** fore hold
~ **główna** main hold
~ **gruntowa pogłębiarki** well of a dredge
~ **łatwotrymująca** easytrimming hold
~ **rufowa** after hold
~ **rybna** fish hold, fish room
~ **samotrymująca** self-trimming hold
~ **trudnotrymująca** heavytrimming hold
ładownica *f* **1.** ammunition pouch **2.** *el.* regulator switch (*for battery charging*)
ładownik *m* *uzbr.* charger clip, cartridge clip, cartridge holder
~ **taśmowy** belt-filling machine
ładowność *f* load capacity, carrying capacity
~ **statku netto** cargo carrying capacity, net capacity
ładunek *m* **1.** load **2.** charge **3.** *transp.* cargo; freight
~ **atomu** *fiz.* atomic charge
~ **balastujący** *żegl.* kentledge goods
~ **bezpłomieniowy** *wybuch.* flashless charge
~ **bezpośredni** *transp.* through cargo
~ **bomb** *lotn.* bomb load
~ **brudny** *transp.* dirty cargo
~ **całookrętowy** full and complete cargo, shipload
~ **całowagonowy** carload
~ **cenny** valuable cargo
~ **ciemniowy błon małoobrazkowych** *fot.* refill
~ **ciężki** heavy cargo; *żegl.* deadweight cargo
~ **cząstki** *fiz.* particle charge
~ **denny** *żegl.* kentledge goods
~ **długowymiarowy** long goods; long-load
~ **dodatkowy** (*powietrza lub mieszanki*) *siln.spal.* supercharge
~ **dodatni** *el.* positive charge
~ **drobnicowy** general cargo, break-bulk cargo
~ **drogocenny** precious cargo
~ **elektronu** electron charge
~ **elektrostatyczny** static charge
~ **elektryczny** electric charge
~ **elementarny** *fiz.* elementary charge
~ **gazotwórczy** *odl.* gas producing charge
~ **jądra** *fiz.* nuclear charge
~ **jednostkowy** unit load
~ **jonu** ionic charge
~ **kontenerowy** container load
~ **kumulacyjny** *uzbr.* hollow charge, cavity charge, shaped charge
~ **luzem** *zob.* **ładunek masowy**
~ **łatwopalny** inflammable cargo
~ **masowy** *żegl.* bulk cargo
~ **minerski** blasting charge, demolition charge
~ **miotający** *uzbr.* propellant charge
~ **nadmierny** overcharge
~ **nie załadowany na statek** (*nie mieszczący się lub zapomniany*) *żegl.* short-shipped cargo
~ **niebezpieczny** dangerous cargo, hazardous freight
~ **niegabarytowy** *żegl.* off-gauge cargo

~ **niepełnokontenerowy** less-than--container load
~ **objętościowy** *transp.* outsize load; bulky cargo
~ **pełnokontenerowy** full container load
~ **pełnostatkowy** shipload
~ **podpokładowy** *żegl.* inboard cargo, underdeck cargo
~ **pokładowy** *żegl.* deck cargo
~ **powierzchniowy** *el.* surface charge
~ **powrotny** *transp.* return cargo
~ **półmasowy** *żegl.* break bulk cargo
~ **prochowy** powder charge
~ **przestrzenny 1.** *żegl.* light cargo, measurement cargo **2.** *el.* space charge
~ **punktowy** *el.* point charge
~ **samochodowy** truckload
~ **saperski** blasting charge, demolition charge
~ **swobodny** *el.* free charge
~ **toczny** roll-on/roll-off cargo
~ **udarowy** *górn.* base charge, priming
~ **ujemny** *el.* negative charge
~ **uzupełniający** *żegl.* intermediate cargo, completion cargo
~ **w sztukach** *żegl.* piece cargo
~ **w workach** bagged cargo
~ **wewnętrzny pocisku** *uzbr.* filler, shell filling
~ **właściwy** (*cząstki*) *fiz.* charge/mass ratio, specific charge
~ **wybuchowy** blowing charge
~ **wydrążony** *uzbr.* hollow charge
~ **wypełniający** *żegl.* filler cargo
~ **zabukowany** booked cargo
~ **zagubiony** lost cargo
~ **zamrożony** deep-frozen cargo
~ **zapłonowy** *uzbr.* igniting primer
~ **zastępczy** *transp.* substituted cargo
~ **żywca** *transp.* live cargo
łagodny nowotwór *m med.* benign tumour
łagodny środek *m* **redukujący** *chem.* mild reducing agent
łagodny wiatr *m meteo.* gentle breeze (3 *Beaufort scale*)
łagodzić *v* attenuate; mitigate
~ **wstrząsy** absorb shocks
łajniaki *mpl roln.* cow droppings
łam *m poligr.* column
łamacz *m* **1.** *masz.* breaker; crusher **2.** *górn.* breaker post, breaker timber **3.** *poligr.* clicker, maker-up
~ **fal** *inż.* wave breaker
~ **gęsi** *odl.* pig breaking machine
~ **jednowalcowy** single roll crusher
~ **kory** *drewn.* bark chopper
~ **makuchów** oil cake breaker
~ **spieku** *hutn.* sinter breaker
~ **stożkowy** cone crusher
~ **szczękowy** jaw breaker
~ **wiórów** *obr.skraw.* chipbreaker groove
~ **zgorzeliny** *hutn.* scale breaker, scale--breaking stand, scale-removing rolls
~ **żużla** *kotł.* clinker grinder
łamacze *mpl górn.* breaker row
łamać *v* **1.** break, fracture **2.** *poligr.* make up (*pages*) **3.** *ferm.* break
łamana *f mat.* broken line
łamanie *n* **emulsji** emulsion breaking
~ **piwa** breaking of beer
~ **zgorzeliny** *hutn.* scale breaking, scale cracking
łamarka *f* **sztywnika** *włók.* cloth breaking machine
łamliwość *f* brittleness, fragility
łamliwy *a* breakable, brittle, fragile
łania *f zool.* doe
łańcuch *m* chain
~ **antystatyczny** *mot.* (antistatic) drag chain
~ **bez końca** closed chain, endless chain
~ **boczny** *chem.* side chain, lateral chain, branch
~ **cichobieżny** silent chain
~ **cumowniczy** *żegl.* mooring chain
~ **czerpakowy** (*pogłębiarki*) bucket chain (*in a dredger*)
~ **członowy składany** link-belt chain
~ **do drzwi** chain door-fastener
~ **drabinkowy** (*współpracujący z kołem łańcuchowym*) pitch chain, sprocket chain
~ ~ **panwiowy** bushing chain
~ ~ **wielokrotny** leaf chain, multiple strand chain
~ ~ **złączkowy** block-centre chain
~ **energetyczny** *chem.* energy chain
~ **Fleyera** plate link chain
~ **gąsienicowy** caterpillar chain, crawler chain, track chain
~ **główny** *chem.* main chain, backbone chain, trunk chain
~ **górski** mountain chain
~ **haczykowy** detachable chain
~ **izolatorów** *el.* insulator string
~ **kinematyczny** kinematic chain
~ **kinetyczny** *chem.* chain of reactions
~ **kotwiczny** *okr.* anchor cable, anchor chain, chain cable
~ **Markowa** *mat.* Markov chain
~ **mierniczy** surveyor's chain
~ **napędowy** driving chain, power chain
~ **napędu rozrządu** *siln.* timing chain
~ **normalny** *chem.* normal chain, linear chain, straight chain
~ **odciągowy izolatorów** *el.* tension insulator string
~ **ogniwowy** (*zwykły*) coil chain, plain link chain
~ ~ **rozpórkowy** stud-link chain
~ **okrężny** *masz.* endless chain, closed chain
~ **pierścieniowy** coil chain, plain link chain
~ **płytkowy** plate link chain
~ **pomiarowy** *metrol.* measuring path, measuring circuit
~ **(produktów) rozszczepienia** *fiz.* fission chain
~ **prosty** *chem.* normal chain, linear chain, straight chain
~ **przeciwślizgowy** *mot.* tyre chain, non--skid chain

~ **przelotowy izolatorów** *el.* suspension insulator string
~ **reakcji** *chem.* chain of reactions
~ **rozgałęziony** *chem.* branched chain
~ **rozłączalny** detachable chain
~ **rozpadu promieniotwórczego** radioactive decay chain
~ **sterowy** *okr.* rudder chain, steering chain
~ **(sworzniowy) tulejkowy** roller chain
~ **sztywny** *chem.* rodlike chain (*of a polymer*)
~ **tnący dłutarki** *drewn.* mortising chain, chain cutter
~ **węglowy** *chem.* carbon chain
~ **wirów** *mech.pł.* row of vortices
~ **wrębowy** *górn.* cutter chain
~ **zagarniający** (*redlicy siewnika*) *roln.* drag chain, covering chain
~ **zamknięty** closed chain, endless chain
~ **zębaty** toothed chain
łańcuchowa *f mat.* catenary
łańcuchowy *a* **1.** *mat.* catenary **2.** *mech.* chain **3.** *chem.* aliphatic, acyclic
łańcuchy *mpl* **zawieszenia klatki** *górn.* bridle chains
łańcuszek *m* **wagi łańcuszkowej** catenary poise
łapa *f* **1.** *masz.* lug; arm **2.** *zool.* paw
~ **do wyciągania gwoździ** *narz.* nail puller, nail drawer, nail extractor, nail claw
~ **kotwicy** anchor blade
~ **laboratoryjna** clamp
~ **mieszadła** stirrer arm
~ **podkopująca** (*podkopywacza buraków*) *roln.* lifting share
~ **podpierająca** (*np. żurawia*) side supporting arm (*of a crane etc.*)
łapacz *m masz.* catcher, *zob.też* **chwytacz**
~ **kamieni** *cukr.* stone separator, stone catcher
~ **kropel** *chem.* catch-drop, drip tube
~ **miazgi** *cukr.* pulpfanger
~ **ogonków** *cukr.* tail separator
~ **oleju** oil collector
~ **popiołu** cinder trap
~ **pyłu** dust catcher, dust collector
~ **samolotu** (*skracający wybieg przy lądowaniu*) arresting gear
~ **sęków** *papiern.* strainer, knotter, knot catcher
~ **szlamu** mud trap
~ **wozów** *górn.* car stop, car retarder
~ **zanieczyszczeń** *cukr.* trash screen
łapać *v* **słońce** (*sekstantem*) *nawig.* shoot the sun
łapadło *n górn.* cage catcher
łapka *f* **do probówek** *lab.* test-tube clamp
łapy *fpl skór.* claws
łasica *f zool.* weasel, *Mustela nivalis*
łata *f* **1.** patch **2.** *drewn.* lath, batten **3.** *geol.* staff, rod
~ **do równania tynku** *bud.* floating rule
~ **do spoinowania** *bud.* joint rule, pointing rule
~ **miernicza** *geod.* measuring staff, measuring rod
~ **murarska** *bud.* traversing rule
~ **niwelacyjna** *geod.* levelling staff
~ **paralaktyczna** *geod.* subtense bar
~ **tachymetryczna** *geod.* stadia rod
~ **tentu** *okr.* awning stretcher, awning jackstay
~ **tynkarska** *bud.* derby (float)
~ **w stropie** *górn.* rashing
~ **z okrojem** (*do ciągnięcia gzymsów*) *bud.* gig stick
~ **z pionem** *bud.* plumb-rule
łatać *v* patch
łatwe płynięcie *n tw.szt.* free flowing
łatwo dostępny 1. easily accessible **2.** readily available
łatwo psujący się perishable
łatwo rozpuszczalny readily soluble, freely soluble
łatwo skraplający się easily liquefied
łatwo ulegający utlenieniu readily oxidizable
łatwopalność *f* inflammability; flammability
łatwopalny *a* inflammable, flammable
łatwosterowalny *a* (*samolot*) responsive (*aeroplane*)
łatwość *f* facility, ease
~ **konserwacji** maintainability
~ **obsługi** servicing facility; operating comfort
~ **rozruchu silnika** startability of engine
~ **sterowania** *żegl.* ease of steering
~ **usuwania żużla** *spaw.* removability of slag
~ **zmywania** washability
łatwotopliwy *a* fusible
łatwy do nabycia easily obtainable, easy to get
łaty *fpl drewn.* scantlings
ława *f* **1.** bench **2.** *hutn.* guide plate, fore plate (*of a rolling stand*) **3.** *lotn.* line abreast (*formation*)
~ **dekarska** *bud.* toe hold
~ **dokowa** *okr.* dock shoring stage
~ **drutowa** *bud.* profile, batter board
~ **fundamentowa** continuous footing; combined footing
~ **montażowa** assembly rig
~ **nieskończona** *inż.* infinite strip
~ **optyczna** optical bench
~ **pieca** (*donicowego*) *szkl.* seat
~ **podokienna** *bud.* window sill
~ **przepychowa** (*do produkcji rur bez szwu*) *obr.plast.* tube push bench
~ **ziemna** *inż.* berm, bench
ławica *f geol.* bank, shoal
~ **lodów** *ocean.* patch
~ **mgły** fog bank, fog patch
~ **ostrygowa** oyster-bed, oyster bank
~ **perłowa** pearl bank
~ **piaszczysta** sandbank
~ **ryb** fish shoal, swarm
~ **zewnętrzna** (*druga od brzegu*) *ocean.* outer bar
ławka *f* bench; bank
~ **poprzeczna** (*łodzi*) thwart (*of a boat*)
łazienka *f* bathroom

łazik *m mot.* jeep, field vehicle
łaźnia *f* bath
~ **grzejna** heating bath
~ **olejowa** oil bath
~ **parowa** steam bath
~ **piaskowa** sand bath
~ **powietrzna** air bath
~ **wodna** *chem.* water bath
łącze *n tel.* link; connection
~ **abonenckie** *telef.* exchange line, subscriber's line
~ ~ **bezpośrednie** *telef.* direct exchange line
~ **dalekosiężne** *telef.* trunk circuit, trunk line, long-distance line
~ **dwukierunkowe** *telef.* bidirectional circuit
~ **dwuprzewodowe** *tel.* two-wire circuit
~ **dwutorowe** *tel.* four-wire circuit
~ **dzierżawione** *telef.* private wire circuit, leased circuit
~ **jednotorowe** *tel.* two-wire circuit
~ **komutowane** *tel.* switched line
~ **miejskie** *telef.* public exchange line
~ **międzymiastowe** *telef.* trunk circuit, trunk line, long-distance line
~ **mikrofalowe** *rad.* microwave link
~ **nadążne** *aut.* follow-up link
~ **naturalne** *telef.* voice frequency circuit
~ **nośne** *telef.* carrier current circuit, carrier channel
~ **pośredniczące** *telef.* tie-line
~ **radiolokacyjne** radar relay
~ **radiowe** radio link
~ **selsynowe** *aut.* selsyn system, synchro-tie, synchro-system
~ **służbowe** *telef.* order wire, service circuit
~ **synchroniczne** *aut.* selsyn system, synchro-system, synchro-tie
~ **telefoniczne** *tel.* two-way channel
~ **towarzyskie** *telef.* party line
~ ~ **dwunumerowe** two-party line
~ ~ **wielonumerowe** multiparty line
łączenie *n* joining; connecting; linking; bonding; *el.* switching, *zob.też* **łączyć**
~ **łubkami** (*nakładkami stykowymi*) fishing, bolting up fishplates
~ **na orbicie** (*statków kosmicznych lub ich członów*) docking
~ **przecinkami** *górn.* cross-cutting
~ **przedsiębiorstw** *ek.* merger, fusion
~ **się atomów** *chem.* binding of atoms
~ **ultradźwiękowe** *elektron.* ultrasonic compression bonding
~ **w bloki** *inf.* blocking
~ **warstw** plying up
~ **za pomocą termokompresji** *elektron.* thermocompression bonding
łączna suma *f* total sum, grand total, totality
łączna wartość *f* total value, aggregate value
łączne strącanie *n* **osadów** co-precipitation
łączniarka *f włók.* doubler
~ **taśm** sliver lap machine

łącznica *f* **1.** *tel.* switchboard, board **2.** *kol.* (railway) siding
~ **bezsznurowa** *telef.* cordless switchboard
~ **międzymiastowa** *telef.* tool board
~ **probiercza** *telef.* test board
~ **ręczna** *telef.* manual exchange, manual switchboard
~ **telefoniczna** telephone switchboard
łącznik *m* **1.** connector; connecting link, coupling link; connecting rod **2.** fastener **3.** coupler, coupling **4.** *el.* switch
~ **akustyczny** acoustic connector
~ **całkowicie izolowany** *el.* all-insulated switch
~ **cięgnowy** *masz.* wrapping-connector, band
~ **czasowy** (*z mechanizmem zegarowym*) *el.* automatic time switch
~ **do drewna** timber connector
~ **do przewodu giętkiego** hose coupling
~ **dotykowy** *el.* touch switch
~ **dwupołożeniowy** *el.* double-throw switch
~ **działający przy napięciu zerowym** zero-voltage switch
~ **dźwigni klawiszowej** *biur.* key lever draw link
~ **dźwigniowy** *el.* tilt(ing) switch
~ **gumowo-metalowy** *masz.* metalastik
~ **gumowy** *masz.* silentblock
~ **gwintowy** threaded fastener
~ **kabłąkowy** shackle, clevis
~ **krańcowy** *el.* limit switch
~ **międzyogniwowy** (*w akumulatorze*) *el.* cell connector
~ **migowy** *el.* snap switch, quick-make switch
~ **mimośrodu** eccentric rod
~ **miniaturowy** *el.* micro-switch, switchette
~ **ogniowy** *uzbr.* powder pellet
~ **olejowy** *el.* oil switch
~ **orczykowy** *el.* strain yoke
~ **pokrętny** *el.* rotary switch
~ **przesuwny** *masz.* infinite connecting-rod
~ **przechylny** *el.* tilt(ing) switch
~ **przyciskowy** *el.* button switch, push-button
~ **rozetowy walcarki** *hutn.* wobbler(-type) coupling, palm-ended coupling
~ **rozruchowy** starting switch
~ **rurowy** pipe fitting, pipe connection
~ ~ **gwintowy** screwed pipe fitting
~ ~ **kielichowy** socket pipe fitting
~ ~ **kołnierzowy** flanged pipe fitting
~ ~ **zwężkowy** reducing pipe fitting
~ **samoryglujący** self-locking fastener
~ **skokowy** *el.* snap switch, quick-make switch
~ **skurczowy** shrunk cleat
~ ~ **kotwicowy** tee-headed cleat
~ **spawalniczy** welding connector
~ **spoczynkowy** permanent fastener
~ **sprzęgowy** coupler, coupling adapter
~ ~ **szyn zbiorczych** *el.* bus coupler

~ **subminiaturowy** *el.* subminiature switch
~ **szybkozwalniający** quick release fastener
~ **szynowy** *el.* rail bond
~ ~ **na skrzyżowaniu** continuity-bond
~ **śrubowy** screw fastener, screw-and-nut
~ **trzonkowo-hakowy** *el.* ball-ended hook
~ **trzonkowo-uchowy** *el.* ball eye
~ **trzonkowo-widlasty** *el.* ball clevis
~ **uchowo-widlasty** *el.* clevis eye
~ **uziomowy** *el.* earthing switch
~ **walcarki** *hutn.* mill spindle, coupling spindle, roll driving spindle, rolling mill coupling
~ **wtykowy** *el.* plug-in connector, plug--and-socket
~ **wybiorczy** *el.* selector
~ **z odejmowanym kluczem** *el.* loose-key switch
~ **zabezpieczony przed wypadnięciem po rozłączeniu** *masz.* captive fastener
~ **zaciskowy** *el.* clamp connector
~ **zębaty walcarki** *hutn.* gear-type spindle, gear coupling of a rolling mill
~ **zwarciowy** *el.* short-circuiting switch
łącznikowiec *m* (*do transportu ryb z łowisk*) *okr.* fish carrier
łączność *f* communication
~ **dupleksowa** *tel.* two-way communication
~ **laserowa** laser communication, coherent light communications
~ **pocztowa** postal communication
~ **radiowa** radio-communication
~ **telefoniczna** telephone communication
~ **tranzytowa** *tel.* through traffic
łączone I *aut.* wired-AND
łączone LUB *aut.* wired-OR
łączówka *f el.* connecting block, terminal block, junction block
~ **lutownicza** *el.* soldering lug
~ **zaciskowa** terminal strip
łączyć *v* join; connect; couple; link; bond, *zob.też* **łączenie**
~ **blachy** join sheets
~ **części składowe** (*w zespoły*) compound; combine
~ **człony w pary** *mech.* pair the links
~ **gwoździami** nail together
~ **końce liny** splice the rope ends
~ **na czopy** *drewn.* tenon, mortise
~ **na długość** *drewn.* splice
~ **na pióro i wpust** *drewn.* tongue
~ **na rąbek** (*blachy*) seam (*sheet metal*)
~ **na styk** butt
~ **na ucios** *drewn.* scarf
~ **na wczepy płetwiaste** *drewn.* dovetail
~ **na zakładkę** lap
~ **na zamek** *drewn.* scarf
~ **parami** pair
~ **przegubowo** articulate
~ **przewiązkami** *bud.* lace
~ **przez skręcanie** (*np. przewody*) splice
~ **przędzę** *włók.* double
~ **skurczowo** shrink on
~ **sznurem** *el.* patch
~ **śrubami** bolt, screw together
~ **w całość** integrate; unite, unitize
~ **warstwy** laminate
~ **wzajemnie** interconnect
~ **z masą** *el.* connect to frame
~ **z przeskokiem** *telef.* skip
łąka *f* meadow
~ **bagienna** meadow bog
~ **nizinna** meadow moor
~ **przyrzeczna** haugh
~ **sztuczna** seeded grassland
łąkarstwo *n* cultivation of meadows
łąki *fpl* **przemienne** (*grunt orny pod uprawę czasową traw i koniczyn*) ley
łeb *m* **1.** *zool.* head **2.** *masz.* head
~ **czworokątny** (*śruby*) square head
~ **formowany** (*nitu*) formed head
~ **gniazdkowy** (*wkrętu*) socket head, recessed head
~ **gotowy** (*nitu*) performed head, manufactured head
~ **grzybkowy** (*nitu*) mushroom head, oval head
~ **kołnierzowy** (*śruby*) washer head
~ **korbowy korbowodu** big-end of connecting-rod
~ ~ ~ **bocznego** wrist-pin end of connecting-rod
~ **kulisty** (*nitu*) globe head
~ ~ **zwykły** (*wkrętu, nitu*) round head, spherical head, jacket head, snap head
~ **łącznika mimośrodu** eccentric strap, eccentric hoop
~ **młota wahadłowego** hammer of an impact testing machine, pendulum of an impact testing machine
~ **młoteczkowy** (*śruby*) T-head
~ **nitu** rivet head
~ ~ **pasowego** belt head
~ **osi przedniej** *mot.* front axle head
~ **płaski** (*nitu*) flat head
~ **półkulisty** (*nitu*) cup head
~ ~ **wzmocniony** high button head
~ ~ **zmniejszony** mushroom head, oval head
~ ~ **zwykły** button head
~ **radełkowany** (*śruby*) knurled head
~ **rozwidlony osi przedniej** *mot.* front axle yoke
~ **samolotu** nose of an aircraft
~ **stożkowy** (*nitu*) steeple head
~ ~ **płaski** countersunk head, flush head
~ ~ **soczewkowy** (*nitu*) round-top countersunk head; (*wkrętu*) knob head, lentil head, oval head
~ ~ **ścięty wzmocniony** cone pan head
~ ~ ~ **zwykły** rose pan head
~ **sześciokątny** (*śruby*) hexagonal head
~ **śruby** bolt head
~ **tłokowy korbowodu** small-end of connecting-rod
~ **trapezowy** (*wkrętu*) gun head
~ ~ **odwrócony** (*nitu*) machine head
~ ~ **wklęsły** (*wkrętu*) cock head
~ **walcowy otworowy** (*śruby*) capstan head
~ ~ **płaski** (*śruby*) cheese head

~ ~ **soczewkowy** (*śruby*) fillister head
~ **z rowkiem** (*wkrętu*) slotted head
łęk *m* **1.** *geol.* syncline, trough **2.** *bud.* arch, *zob.też* **łuk** **3.** *masz.* slotted lever
łęty *mpl roln.* haulm
łodyga *f* stalk, stem
łokieć *m anat.* elbow
łom *m* crowbar; jemmy
łopata *f* spade, shovel
~ **ładowarki** *górn.* loading head
~ **mechaniczna** *bud.* shovelling machine
~ **przegubowa** (*wirnika śmigłowca*) articulated blade (*of a helicopter rotor*)
~ **śmigła** airscrew blade, propeller blade
~ **wirnika** (*śmigłowca*) rotor blade (*of a helicopter*)
łopatka *f* **1.** *masz.* blade; vane, *zob.też* **łopatki** **2.** *siln.* bucket, scoop **3.** (*w silnikach wiatrowych*) wing, sail **4.** *narz.* paddle; spatula **5.** *anat.* shoulder blade, scapula
~ **do (ucisku) języka** *med.* tongue depressor, tongue blade
~ **klucza** (*do zamka*) key bit, key web
~ **laboratoryjna** spatula
~ **odchylająca** deflecting vane
~ **ołówka** *rys.* flat point of a pencil
łopatki *fpl* **kierownicze** *masz.* stator blades; guide vanes
~ **naprowadzające kierownicy** (*sprężarki*) prestator blades
~ **nastawne** (*koła łopatkowego*) *okr.* feathering paddles
~ **regulacyjne** (*turbiny wodnej*) wicket gate
łopian *m bot.* burdock, *Arctium lappa*
łopotanie *n aero.* flutter, *zob.też* **flatter**
~ **pasa** (*pędnianego*) belt flap(ping)
łosoś *m ryb.* salmon, *Salmo salar* L.
~ **jednoroczny** parr
~ **po tarle** kelt
~ **w okresie tarła** kipper
łoś *zool.* moose, *Alces*
łotok *m hydr.* penstock
łowić *v ryb.* catch; fish
~ **na wędkę** angle
~ **niewodem** seine
~ **pstrągi** trout
~ **włokiem** drag
łowiectwo *v* hunting
łowienie *n* **ryb na żywą przynętę** live bait fishing
~ ~ **w przeręblach** ice-fishing
łowisko *n ryb.* fishery, fishing ground
~ **dalekomorskie** deep-sea fishery
~ **morskie** sea fishery
~ **przybrzeżne** shore fishery
łoza *f bot.* grey willow, *Salix cinerea* L.
łoże *n masz.* bed; cradle
~ **bomu** *okr.* boom saddle
~ **działa** gun carriage, gun mount
~ ~ **kolejowego** railway mount
~ **karabinu** rifle stock
~ ~ **maszynowego** machine-gun cradle
~ **klejarskie** *drewn.* gluing bed
~ **montażowe** *okr.* jig
~ **obrabiarki** bed of a machine tool
~ **silnika** *lotn.* engine mount, engine bearer, engine cradle
~ **tokarki** lathe bed
~ ~ **z wybraniem** gap bed
~ **wodowaniowe** *okr.* packing
łożysko *n* **1.** *masz.* bearing **2.** *hydr.* bed **3.** *anat.* placenta
~ **czopu czołowego** pivot bearing
~ **czterorzędowe** four-row bearing
~ **dwukierunkowe** reversible bearing
~ **dwurzędowe** double-row bearing
~ **dzielone** split bearing, plummer-block, pillow block
~ **grzebieniowe** multiple collar bearing
~ **igiełkowe** needle bearing
~ **jednorzędowe** single-row bearing
~ **kamienne** *zeg.* hole jewel, in-setting
~ **kołnierzowe** collar bearing
~ **kuliste** *masz.* spherical bearing
~ **kulkowe** ball bearing
~ ~ **bezkoszyczkowe** cageless ball bearing
~ ~ **poprzeczne** radial contact ball bearing
~ ~ **rozłączne** separable ball bearing
~ **niedzielone** bearing block; solid pedestal
~ **niezależne** (*stanowiące samodzielny zespół*) self-contained bearing
~ **nośne steru** *okr.* rudder carrier
~ **o tarciu płynnym** oil-film bearing
~ **oczkowe** bearing block; solid pedestal
~ **oporowe** thrust bearing, axial bearing
~ **płaskie** plane bearing
~ **pływające** (*hydrauliczne*) floating bearing
~ **podatne** elastic bearing
~ **poprzeczne** radial bearing, journal bearing
~ **poprzeczno-wzdłużne** angular bearing, angle bearing, double-purpose bearing, oblique bearing
~ **powietrzne** air bearing
~ **promieniowe** radial bearing, journal bearing
~ **ruchome** (*mostowe*) expansion bearing
~ **rzeki** *geol.* river-bed
~ **samonastawne** self-aligning bearing
~ **samosmarujące** self-lubricating bearing
~ **skośne** angular bearing, angle bearing, double-purpose bearing, oblique bearing
~ **stojące** pedestal bearing
~ **stopowe** footstep bearing, step bearing, toe bearing
~ **stożkowe** cone bearing
~ **swobodne** floating bearing
~ **ściśle pasowane** (*o jednakowym promieniu czopa i panwi*) fitted bearing, coincident bearing
~ ~ **poprzeczne** true radial bearing
~ ~ **wzdłużne** true thrust bearing
~ **ślizgowe** slide bearing, plain bearing
~ ~ **z panwią dzieloną** divided-sleeve bearing
~ ~ ~ ~ **niepełną** partial journal bearing, partial-sleeve bearing
~ ~ ~ ~ **pełną** full bearing

~ ~ **z półpanwią** half-bearing
~ **śrubowe kulkowe** ball screw
~ **tekstolitowe** fabric bearing
~ **toczne** rolling bearing, anti-friction bearing
~ **tulejowe** sleeve bearing
~ ~ **nylonowe** nyliner
~ **tunelowe** *okr.* tunnel (shaft) bearing, line shaft bearing
~ **uszczelnione** sealed bearing
~ **wahaczowe** (*mostu*) *inż.* rocker bearing
~ **wahliwe** self-aligning bearing
~ **walca** *hutn.* roll-neck bearing
~ **wałeczkowe** roller bearing
~ ~ **liniowe** linear roller bearing
~ ~ **stożkowe** tape-rolling bearing
~ **wału śrubowego** *okr.* stern bush, stern tube bearing, stern tube bushing
~ **wielokołnierzowe** multiple collar bearing
~ **wstępnie obciążone** preloaded bearing
~ **wzdłużne** thrust bearing, axial bearing
~ ~ **dolne** footstep bearing, step bearing, toe bearing
~ ~ **podwójne** differential thrust bearing
~ **z automatycznym smarowaniem** self-oiling bearing
~ **z fałszywymi odciskami Brinella** brinelled bearing
~ **z pierścieniem uszczelniającym** sealed bearing
~ **z wałeczkami krętymi** flexible-roller bearing
~ **zwilżone** *hydr.* wetted bed
łódeczka *f* **do odważania** *chem.* weighing boat
~ **do spalań** *chem.* combustion boat
łódka *f* boat
~ **do snucia włókna** *szkl.* bushing
~ **nabojowa** *uzbr.* cartridge holder, cartridge clip, charger clip
~ **ratunkowa nadmuchiwana** inflatable dinghy
łódź *f* boat
~ **alarmowa** (*ratownicza*) emergency boat
~ **bezpokładowa** open boat
~ **ceremonialna** state barge
~ **hydrograficzna** surveying boat
~ **kilowa** keel boat
~ **latająca** *lotn.* flying boat
~ **modelowa** (*do badań hydrodynamicznych*) model boat
~ **motorowa** motor-boat
~ **naprzemianwiosłowa** single-banked rowboat
~ **niewywrotna** self-righting boat
~ **nurkowa** diving boat
~ **o ostrej rufie** double ender
~ **ostrodenna** V-bottom boat
~ **otwarta** open boat
~ **pełnopokładowa** decked-in boat
~ **pilotowa** pilot boat
~ **płaskodenna** flatboat
~ **podwodna** submarine
~ ~ **miniaturowa** midget submarine
~ **podwójnie wiosłowa** double-banked rowboat
~ **ratownicza** rescue boat, life-boat, salvage boat
~ **ratunkowa** life-boat
~ **rybacka** fishing boat
~ **sadzowa** *ryb.* hatch boat
~ **samoopróżniająca się** self-bailing boat
~ **samoprostująca się** self-righting boat
~ **składana** folding boat, collapsible boat, flat boat
~ **towarzysząca** tender
~ **wielorybnicza** whaleboat
~ **wiosłowa** rowboat, rowing-boat
~ **z napędem śmigłowym** hydroglider
~ **żaglowa** sail boat
łój *m* **1.** tallow **2.** *fizjol.* sebum
~ **barani** mutton tallow
~ **bydlęcy** oleo stock
~ **rybi** fish tallow
~ **wołowy** beef tallow, beef suet
łubek *m* **1.** fish-plate, fish-bar, splice bar, shin **2.** *med.* splint
~ **do szyn** *kol.* rail joint bar
~ **kątowy** angle fish-plate, angle splice bar
~ **płaski** shallow fish-plate
łubianka *f* chip basket, splint basket
łubin *m* *bot.* lupin(e), *Lupinus* L.
ług *m* *chem.* lye; liquor
~ **biały** *papiern.* white liquor
~ **czarny** *papiern.* black liquor
~ **końcowy** (*po wielostopniowej krystalizacji*) end liquor, end lye (*after crystallization*)
~ **macierzysty** mother liquor, leach
~ **merceryzacyjny** *włók.* mercerizing lye
~ **odpadkowy** spent liquor, waste liquor
~ **posiarczynowy** *papiern.* waste sulfite liquor
~ **potasowy** potash lye
~ **siarczynowy** *papiern.* sulfite liquor
~ **sodowy** soda lye
~ **warzelny** boiling lye; *włók.* buck; *papiern.* digesting liquor
~ **zielony** *papiern.* green liquor
~ **żrący** caustic liquor, alkali lye
ługoodporny *a* lyeproof, alkali-resisting
ługowanie *n* *chem.* leaching; lixiviation; extraction
~ **boksytu** *met.* bauxite digestion
ługownia *f* *chem.* leaching plant
łuk (*m*) **1.** *mat.* arc **2.** *el.* arc **3.** *bud.* arch **4.** (*kształtka rurowa*) bend
~ **autoelektronowy** high-field-emission arc
~ **bezdźwięczny** *spaw.* silent arc, quiescent arc
~ **bezprzegubowy** *mech.* hingeless arch, rigid arch
~ **biegunowy** *el.* pole arc
~ **błądzący** *spaw.* erratic arc
~ **burzliwy** *spaw.* turbulent arc
~ **cichobieżności** (*profilu krzywki*) *masz.* quieting curve
~ **cichy** *spaw.* silent arc, quiescent arc
~ **czołowy dachu** (*nadwozia samochodu*) roof front top rail

~ **dekoracyjny** *arch.* blind arch
~ **dłużycowy kołowy** logging wheels
~ **dwuprzegubowy** *mech.* two-hinged arch
~ **dzienny** *astr.* diurnal arc, diurnal circle
~ **elektryczny** electric arc
~ **gotycki** *arch.* gothic arch
~ ~ **podwyższony** lancet arch
~ **jasny nieba** (*po zachodzie słońca*) bright segment of the sky
~ **koła mniejszy od półokręgu** *mat.* minor arc
~ ~ **większy od półokręgu** major arc
~ **kołowy** *mat.* circular arc
~ **lancetowy** *arch.* lancet arch
~ **mały** *astr.* minor arc
~ **mauretański** *arch.* horseshoe arch
~ **metalowy** (*między elektrodami metalowymi*) *spaw.* metallic arc
~ **nadchodzący przyporu** arc of approach (*in toothed gear*)
~ **nadśrubowy** *okr.* propeller arch
~ **niestateczny** *spaw.* unstable arc
~ **obniżony** *arch.* depressed arch
~ **odciążający** *arch.* relieving arch, discharging arch
~ **odwrócony** *arch.* inverted arch
~ **okręgu** *mat.* circular arc
~ **opasania** arc of (belt) contact (*in belt drive*)
~ **osłonięty** *spaw.* shielded arc
~ **otwarty** *el.* open arc
~ **pełzający** *zob.* **łuk pochyły**
~ **pionowy** *inż.* vertical curve
~ **plazmowy** plasma arc
~ **pochyły** *arch.* rampant arch
~ **podatny** *górn.* yielding arch
~ **podwyższony** *arch.* stilted arch
~ **pokładu** *okr.* camber, round of beam
~ **pomocniczy** *spaw.* pilot arc
~ **pryskający** *spaw.* spattering arc
~ **przejściowy** *drog., kol.* easement curve, transition curve
~ **przyporowy** *arch.* flying buttress, straining arch
~ **przyporu zęba** arc of contact, arc of action, cycle of tooth contact, tooth cycle (*in toothed gear*)
~ **rurowy** pipe bend, long radius elbow
~ ~ **prostokątny** quarter bend
~ ~ **180°** U-bend
~ ~ ~ **rozwarty** open pattern return bend
~ ~ ~ **szeroko rozwarty** wide pattern return bend
~ ~ ~ **zwarty** close pattern return bend
~ **słoneczny** (*we mgle*) *meteo.* fog bow, white rainbow
~ **spawalniczy** welding arc
~ **spokojny** *spaw.* tranquil arc
~ **stateczny** *spaw.* stable arc
~ **styku** (*przy walcowaniu*) *obr.plast.* contact arc
~ **syczący** *spaw.* hissing arc
~ **termoelektronowy** *el.* thermionic arc
~ **tęczowy** *arch.* rood arch
~ **tnący** *spaw.* piercing arc
~ **trójprzegubowy** *mech.* three-hinged arch
~ **trzeszczący** *spaw.* crackling arc
~ **w osłonie argonu** *spaw.* argon-shielded arc
~ **wejściowy przyporu** arc of approach (*in toothed gear*)
~ **węglowy** *el.* carbon arc
~ **wichrowaty** *spaw.* turbulent arc
~ **wielki** *astr.* major arc
~ **wirujący** *spaw.* rotating arc
~ **wzbudzenia** *el.* excitation arc, holding arc
~ **zamknięty** *el.* enclosed arc
~ **zazębienia** *masz.* arc of contact, arc of action, cycle of tooth contact, tooth cycle (*in toothed gear*)
~ **zejściowy przyporu** arc of recess (*in toothed gear*)
~ **zębaty** *masz.* toothed arc
~ **zorzy górny** *meteo.* twilight arch
~ **zrywkowy** *leśn.* logging arch
łukować *v* (*na kotwicy*) *żegl.* slew, range
łupacz *m zool.* haddock, *Melanogrammus aeglefinus*
łupać *v* cleave, split
łupanie *n* **kamieni klinami** *bud.* stoping
łuparka *f* **mechaniczna drewna** wood splitting machine
łupek *m petr.* shale; slate; schist
~ **autoklastyczny** (*utworzony na miejscu*) autoclastic schist
~ **bitumiczny** bituminous shale
~ **dachowy** roof slate
~ **ilasto-mikowy** phyllite
~ **ilasty** clump, clunch, mudstone
~ **kwarcytowy** quartz schist
~ **łyszczykowy** mica-schist
~ **mikowy** *zob.* **łupek łyszczykowy**
~ **naftowy** oil shale
~ **osadowy** mudstone
~ **piaszczysty** arenaceous shale
~ **polerski** rotten-stone, tripoli
~ **spągowy** underearth
~ **talkowy** talc schist
~ **węglowy** carbonaceous shale, bass, bat
~ ~ **przerośnięty syderytem** black-band
~ **zielony** greenstone
łupiarka *f skór.* splitting machine
łupież *m med.* scurf, dandruff
łupina *f* shell; hull; rind
~ **chwytaka** bucket shell
~ **cienkościenna** *bud.* thin shell
~ **izolacyjna** (*izolacji cieplnej*) insulating lag
~ **żyły** *geol.* wall of a lode
łupkowy *a petr.* shaly
łupliwość *f petr.* cleavage
~ **podstawowa** basal cleavage
łupliwy *a* cleavable, fissile
łupność *f petr.* cleavage
łuska *f* **1.** scale; flake; shell; hull **2.** *hutn.* teeming arrest; teeming lap (*casting defect*); scab shell, sliver, skin pipe (*rolling defect*)
~ **kłosowa** *bot.* glume
~ **naboju** cartridge case

~ **szklana** flake glass, frost, diamantini
łuskać *v* shell; peel
łuski *fpl* **owsiane** oat hulls
~ **parafinowe** paraffin scale
~ **spoiny** weld ripples
łuskowaty *a* flaky; scaly
łuszczarka *f spoż.* huller, hulling machine; sheller; peeler; scourer
~ **do fornirów** wood peeling machine, veneer slicer
~ **kory** decorticator
~ **prętów** *obr.skraw.* bar turning machine, bar turner
łuszczarnia *f spoż.* pearling mill
~ **prętów** *hutn.* bar turning shop
~ **ryżu** rice mill
łuszczenie *n spoż.* hulling; decortication
~ **prętów** *obr.skraw.* bar turning
~ **się** scaling; spalling; flaking; exfoliation; peeling
~ ~ **naskórka** (*wyrobów walcowanych*) *hutn.* skin lamination
~ ~ **szkliwa** *ceram.* shivering
~ ~ **bieżni łożyska** spalling of a bearing
~ ~ **zębów kół zębatych** tooth flaking, gear spalling
łuszczka *f drewn.* veneer
łydka *f anat.* calf
łyko *n bot.* phloem, bast, sieve tissue; bass
łysinka *f* **prowadząca wiertła** drill margin
łyszczyk *m min.* mica, *zob.też* **mika**
~ **potasowy** white mica, muscovite
łyżeczka *f* **boczna** *odl.* heart trowel, safe-edge-heart
~ **formierska** scoop, spoon tool
łyżka *f* spoon
~ **cementacyjna** *wiertn.* cementing box
~ **czerpakowa** *odl.* pouring cup, socket cup
~ **do motowiązania** *żegl.* serving mallet, serving board
~ **do opon** tyre lever, tyre iron
~ **herbaciana** (*jednostka objętości*) teaspoonful (1/3 *tablespoonful*)
~ **klapowa** *inż.* bailer
~ **koparki** (excavator) bucket, scoop
~ **odlewnicza** *odl.* shank ladle, hand shank
~ **przedsiębierna** (*koparki*) dipper bucket
~ **stołowa** (*jednostka objętości*) tablespoonful; 1 tbsp = 1/2 OZ
~ **wiertnicza** bailer, sludger
łyżkowanie *n wiertn.* bailing
łyżkowiny *pl wiertn.* bailings, sludge
łyżwa *f* **odbieraka prądu** *el.* collector pan
~ **wodzika** *siln.* crosshead shoe, crosshead slipper
łza *f powł.* bead
łzawienie *n* **1.** (*szwów*) *okr.* weeping (*through the seams*) **2.** *fizjol.* lacrimation
łzawnik *m bud.* drip, gorge, throat(ing)
łzy *fpl* **batowskie** *szkl.* Prince Rupert drop

M

μ = **mikro-** micro-
M = **mega-** mega-
m = **metr** *jedn.* metre
m = **mili-** milli-
m = **magnetyczna liczba kwantowa** *fiz.* magnetic quantum number
m = **mol** *chem.* gram-molecule, mole
m_a = **tysięczna artyleryjska** *jedn.* mil
m_B = **magneton Bohra** *jedn.* Bohr magneton
m^2 = **metr kwadratowy** square metre
m^3 = **metr sześcienny** cubic metre
MA = **maszyna (matematyczna) analogowa** analogue computer
Ma = **liczba Macha** *aero.* Mach number
macak *m* **dziesiętny** *zeg.* dixieme gauge, millimetre gauge
maceracja *f chem.* maceration
macerał *m* **węglowy** *petr.* maceral
macerator *m chem.* macerator
machometr *m lotn.* Machmeter, Mach indicator
macica *f anat.* uterus, womb
macierz *f mat.* matrix
~ **alternująca** *mat.* alternating matrix
~ **diagonalna** diagonal matrix
~ **dobrze uwarunkowana** well conditioned matrix
~ **dodatnio określona** positive definite matrix
~ **gęstości** (*w kwantowej mechanice statystycznej*) statistical operator, density matrix, density operator
~ **hermitowska** Hermitian matrix
~ **jednostkowa** identity matrix, unit matrix
~ **korelacji** correlation matrix
~ **kowariancji** covariance matrix
~ **kwadratowa** square matrix
~ ~ **o wyznaczniku 1** unimodulus matrix
~ **logiczna programowalna** *inf.* programmable logic array
~ **momentów** moment matrix
~ **nieosobliwa** nonsingular matrix
~ **obwodów** circuit matrix
~ **odpowiadająca odwzorowaniu liniowemu** associated matrix of linear map
~ **odwracalna** invertible matrix
~ **odwrotna** inverse matrix

~ **osobliwa** singular matrix
~ **paznokcia** *anat.* (nail) matrix
~ **planowania** design matrix
~ **przestawiona** transpose of a matrix
~ **rozproszenia (wielowrotnika)** *rad.* scattering matrix
~ **rozszerzona** augmented matrix
~ **sieci** tableau
~ **skośnie symetryczna** skew-symmetric matrix
~ **sprzężona** adjugate (of a) matrix, adjoint (of) a matrix
~ **symetryczna** symmetric matrix
~ **transponowana** *zob.* **macierz przestawiona**
~ **unitarna** unitary matrix
~ **wariancji-kowariancji** variance-covariance matrix
~ **zerowa** null matrix
~ **źle uwarunkowana** ill-conditioned matrix
macierzanka *f* **zwyczajna** *bot.* thyme, *Thymus vulgaris* L.
maciora *f roln.* sow
maciorka *f* (*dorosła owca*) *zoot.* ewe
macka *f zool.* antenna (*pl* antennae, antennas)
~ **prowadząca** (*przy kopiowaniu*) *obr. skraw.* tracer-finger, form tracer, explorator, follower
macki *fpl narz.* calipers
~ **do przenoszenia wymiarów** transfer calipers
~ **kombinowane** *zob.* **macki do przenoszenia wymiarów**
~ **podwójne** *odl.* foundry calipers
~ **sprężynowe** spring-type calipers
~ **środkowe** hermaphrodite calipers
~ **wewnętrzne** inside calipers
~ **z przegubem ciernym** firm joint calipers
~ **zewnętrzne** outside calipers
~ **zwykłe** (*w odróżnieniu do sprężynowych*) firm joint calipers
maculec *m bud.* transom pole, putlog
maczać *v* dip
maczanie *n tw.szt.* dipping, dip moulding
mada *f gleb.* fen soil
MAEA = Międzynarodowa Agencja Energii Atomowej International Atomic Energy Agency, IAEA (*UN*)
magazyn *m* store, store-room; warehouse
~ **celny** bonded warehouse
~ **kompletacyjny** marshalling store
~ **międzyoperacyjny** work-in-progress store
~ **nabojowy** *uzbr.* cartridge magazine
~ ~ **bębnowy** cartridge drum
~ ~ **tarczowy** cartridge disk
~ **odbiorczy** *inf.* card stacker
~ **portowy** dock warehouse
~ **przejściowy** transit store, bond store
~ **przyjęć** receiving department
~ **wolnocłowy** bonded warehouse
magazynek *m* **nabojowy** *uzbr.* drum magazine (*in a submachine gun*)
magazynier *m* store-keeper
magazynować *v* store
magazynowanie *n* storage
~ **bezciśnieniowe** non-pressure storage
~ **luzem** bulk storage
~ **pod ciśnieniem** pressure storage
~ **pod wodą** storage under water
~ **podziemne** (*ropy, gazu*) *górn.* underground storage
~ **w zbiornikach** tank storage
~ **wody przy przypływie** tide storage
magazynowe *n* (*opłata składowa*) storage
magenta *f farb.* magenta, fuchsin(e)
magiczne liczby *fpl nukl.* magic numbers
magiczne oko *n rad.* magic eye, cathode-ray tuning indicator
magiczne T *rad.* magic tee
magiel *m włók.* mangle
~ **stępowy** beetle, beetling machine, beetling mill
~ **wałkowy** mangle
magister *m* (*first university degree*)
magisterium *n* master's degree
magistrala *f* **1.** *drog.* thoroughfare, trunk highway **2.** *kol.* trunk line, main line **3.** main (conduit) **4.** *el.* bus(-bar); *elektron.* bus
~ **adresowa** *inf.* address bus
~ **danych** *inf.* data bus
~ **dostawcza** feeder line
~ **sterowania** *inf.* control bus
~ **wodociągowa** water main
magistralny *a* arterial (*e.g. road*)
magma *f geol.* magma
magmatyzm *m geol.* magmatism
magnalium *n met.* magnalium
magnes *m* magnet
~ **czystości koloru** *TV* purity magnet
~ **indukcyjny** temporary magnet
~ **kompensacyjny** compensating magnet, adjusting magnet, corrector magnet
~ **nadprzewodnikowy** superconducting magnet
~ **naturalny** natural magnet
~ **nietrwały** temporary magnet
~ **ogniskujący** *elektron.* focusing magnet
~ **podkowiasty** horseshoe magnet
~ **prętowy** bar magnet
~ **stały** permanent magnet
~ **torowy** *kol.el.* track magnet
~ **trwały** permanent magnet
~ **wzbudzający** field magnet
magnesować *v* magnetize
magnesowalność *f* magnetizability
magnesowalny *a* magnetizable
magnesowanie *n* magnetization
~ **obwodowe** circular magnetization
~ **osiowe** bipolar magnetization, longitudinal magnetization
~ **wzdłużne** *zob.* **magnesowanie osiowe**
magnesyn *m el.* magnesyn
magneśnica *f masz.el.* field magnet
~ **jednobiegunowa** homopolar field magnet
~ **różnobiegunowa** heteropolar field magnet
~ **wirująca** magnet wheel
magneto *n siln.spal.* permanent magnet machine, magneto

magnetochemia *f* magnetochemistry
magnetodielektryk *m* magnetodielectric
magnetodynamika *f* **cieczy** magnetohydrodynamics
~ **gazów** magnetogasdynamics
~ **płynów** magnetofluiddynamics
magnetoelektryczność *f* magnetoelectricity
magnetofluidodynamika *f* magnetofluiddynamics
magnetofon *m* tape recorder; magnetophone
~ **bez wzmacniacza mocy** deck
~ **jednościeżkowy** single-track magnetophone
~ **kasetowy** cassette recorder
~ **pogłosowy** reverberation magnetophone
magnetogazodynamika *f* magnetogasdynamics
magnetohydrodynamika *f* magnetohydrodynamics, MHD
magnetometr *m* magnetometer
magneton *m* **Bohra** *zob.* **magneton elektronowy**
~ **elektronowy** *fiz.* Bohr magneton
~ **jądrowy** *fiz.* nuclear magneton
magnetooptyka *f* magneto-optics
magnetopiryt *m min.* pyrrhotite
magnetosfera *f geofiz.* magnetosphere
magnetoskop *m* magnetoscope
magnetostatyczny *a* magnetostatic
magnetostatyka *f* magnetostatics, static magnetism
magnetostrykcja *f* magnetostriction
magnetowid *m TV* video recorder
~ **czterogłowicowy** transverse-scan video tape recorder
~ **helikalny** helical-scan video tape recorder
~ **kasetowy** video cassette recorder, VCR
~ **płytowy** video disk recorder, VDR
~ **rentgenowski** X-ray video tape recorder
~ **taśmowy** video tape recorder, VTR
~ **z zapisem poprzecznym** *zob.* **magnetowid czterogłowicowy**
~ **z zapisem ukośnym** *zob.* **magnetowid helikalny**
magnetowód *m* magnetic core
~ **dwuokienny** shell-type core
magnetron *m elektron.* magnetron
~ **o anodzie dzielonej** split-anode magnetron
~ **odwrócony** inverted magnetron
~ **palcowy** interdigital magnetron
~ **przestrajalny** tunable magnetron
~ **wielownękowy** multi-resonator magnetron
~ ~ **typu „wschodzące słońce"** rising-sun magnetron
~ **wnękowy** cavity magnetron
~ **współosiowy** coaxial magnetron
magnetyczne domeny *fpl* **cylindryczne** magnetic bubbles
magnetyczny *a* magnetic
magnetyk *m* magnetic material
magnetyt *m min.* magnetite, lodestone, loadstone, black iron ore, magnetic iron ore
magnetyzacja *f fiz.* (intensity of) magnetization
magnetyzm *m fiz.* magnetism
~ **okrętowy** ship's magnetism
~ **półstały** sub-permanent magnetism
~ **stały** permanent magnetism
~ **szczątkowy** residual magnetism, residual flux density, remanence
~ **ziemski** terrestrial magnetism, geomagnetism
~ **zmienny** transient magnetism
magnez *m chem.* magnesium, Mg
magnezja *f chem.* magnesia
~ **biała** magnesia alba
~ **palona** burnt magnesia, refractory magnesia
~ **techniczna** caustic magnesite
magnezjoferryt *m ceram.* magnesio-ferrite
magnezon *m chem.* magneson (*used in the detection of magnesium and molybdenum*)
magnezyt *m min.* magnesite
~ **kaustyczny** caustic magnesite, lightly calcinated magnesite
magnon *m fiz.* magnon, quantized spin wave
mahoń *m* mahogany
mający przekroczoną granicę wieku overage
mający zdolność poruszania się *biol.* motile
majątek *m* **narodowy** national property
~ **nieruchomy** real assets, immovables
~ **ruchomy** movable assets, movables
~ **trwały** fixed assets
majeranek *m bot.* (sweet) marjoram, *Majorana hortensis* Moench.
majolika *f ceram.* majolica
majoranta *f mat.* majorant
majoryzować *v mat.* majorize
majoryzujący *a mat.* dominant
majster *m* foreman, master
majsterkowanie *n* tinkering
majuskuły *fpl poligr.* capitals, capital letters
mak *m* **1.** *bot.* poppy, *Papaver* L. **2.** (*nasienie*) poppy seed
~ **lekarski** garden poppy, opium poppy, chessbolls, *Papaver somniferum* L.
makadam *m drog.* macadam
makaronowanie *n fot.* cutting into small fragments
makieta *f* mock-up; dummy
~ **nadmuchiwana** *wojsk.* pneumatic deception device
~ **pozorująca obiekt wojskowy** decoy, deception device
makietowanie *n* **układów scalonych** IC breadboarding
makler *m ek.* broker, agent, *zob.też* **agent**
~ **frachtujący** freight broker, chartering agent
~ **klarujący** clearing agent
~ **ładunkowy** loading broker
~ **okrętowy** shipbroker, ship's agent
~ **ubezpieczeniowy** insurance broker
makówka *f bot.* poppy head

makrela *f zool.* mackerel, *Scomber scombrus* L.
makroanaliza *f* macroanalysis
makroasembler *m inf.* macroassembler
makrobudowa *f* macrostructure
makrocyt *m biol.* macrocyte
makrocząsteczka *f chem.* macromolecule
~ **łańcuchowa** long-chain molecule
~ **statystycznie skłębiona** random coil (*of copolymer*)
makroelement *m biochem.* macroelement, major element, macronutrient
makroewolucja *f biol.* macroevolution
makrofotografia *f* macrophotography
makrogenerator *m inf.* macro-generator
makrografia *f* **1.** macrograph **2.** macrography
makroklimat *m* macroclimate
makrokrystaliczny *a* macrocrystalline
makrometoda *f chem.* macromethod, gram method, classical method
makronierówności *fpl* macrodeviations (*surface roughness*)
makroogniwo *n* **korozyjne** corrosion macro-cell
makroparametr *m inf.* macro-parameter
makroporowatość *f* macroporosity
makropory *mpl* macropores
makroprogramowanie *n inf.* macro-programming
makrorodnik *m chem.* polymer radical
makrorozkaz *m inf.* macroinstruction
makrosegregacja *f met.* macrosegregation, major segregation, gross segregation
makroskładnik *m chem.* macro-component
makroskopowy *a* macroscopic
makrostan *m chem.* macrostate, macroscopic state
makrostruktura *f* macrostructure
makrowytwarzanie *n inf.* macro generation
maksimum *n* maximum
~ **lokalne** peak
~ **pływu** *ocean.* high tide
makswel *m jedn.* maxwell
maksymalizacja *f mat.* maximization
maksymalność *f mat.* maximality
maksymalny *a mat.* maximal
makuch *m* oil(seed) cake, mill cake
~ **prasowany** presscake
makulatura *f* waste paper, old paper, scrap paper; printed reclaimed paper, mackle
malachit *m min.* malachite, green copper ore, green carbonite of copper
malaria *f med.* malaria
malarnia *f* paint shop
malarz *m* painter
~ **pokojowy** house painter
malation *m pest.* malathion (*acaricide and insecticide*)
maleć *v* diminish, decrease
maleinian *m chem.* maleate
~ **etylu** diethyl maleate
malina *f bot.* raspberry, *Rubus* L.
malonian *m chem.* malonate
malonylomocznik *m chem.* malonylurea, barbituric acid
malowanie *n* painting
~ **elektroforetyczne** electrodeposition of paint
~ **elektrostatyczne** elektrostatic painting
~ **krzyżowe** crossing
~ **maskujące** camouflage painting; *okr.* dazzle painting
~ **natryskowe** spray painting, spraying
~ **ochronne 1.** protective painting **2.** camouflage painting; *okr.* dazzle painting
~ **pędzlem** brush painting, brushing
~ **przez polewanie** flow coating
~ **renowacyjne** repainting
~ **(ręczne) wałkiem** roller painting
~ **w bębnach** rumbling
~ **wałkiem** roller painting
~ **wapienne** *bud.* limewhiting
~ **za pomocą walców** roller painting
~ **zanurzeniowe** dip painting, dipping
malta *f* (*biała smoła skalna*) *min.* maltha
maltaza *f biochem.* maltase, glucase
maltoza *f chem.* maltose, malt sugar, maltobiose
mała częstotliwość *f el.* low frequency
mała mechanizacja *f* (*introduction of labour saving devices, such as power tools, mechanical transport etc.*)
Mała Niedźwiedzica *f astr.* Ursa Minor
mała plastyczność *f* **prasownicza** *tw.szt.* stiff flow
mała poligrafia *f* small-offset printing
mała skala *f* **integracji** *elektron.* small--scale integration, SSI
mała zawartość *f* small content
małe koło *n mat.* small circle
małe litery *fpl poligr.* lower case
małe powiększenie *n opt.* low magnification
małe lotnictwo *n* aircraft model-making
mało intensywny low-intensity
małokalibrowy *a* small-calibre, small-bore
mały kabotaż *m żegl.* small coasting trade
mały kurek *m* (*np. odpowietrzający*) faucet, petcock
mały okres *m inf.* minor cycle
mały popyt *m ek.* little demand
mały prąd *m* (*o małym natężeniu*) *el.* weak current
mały zapas *m* low stock
małż *m zool.* clam, bivalve
małżowina *f* **uszna** *anat.* auricle, external ear
mamraj *m odl.* mud
mamrotanie *n tel.* babble
mandarynka *f bot.* mandarin(e)
maneb *m pest.* maneb (*fungicide*)
manekin *m* manikin; dummy man (*for tests*)
manetka *f lotn.* throttle lever
manewr *m* manoeuvre
~ **stopujący** *żegl.* crash backing
~ **uchyleniowy** *wojsk.* evasive action
manewrowalność *f* manoeuvrability
manewrowanie *n* manoeuvring; *kol.* switching, shunting, car handling
~ **na ziemi** *lotn.* ground handling

~ **statkiem** ship handling
manewry *mpl* **dewiacyjne** *żegl.* swinging the ship
mangan *m chem.* manganese, Mn
manganawy *a chem.* manganous
manganian *m chem.* manganate
~ **potasowy** potassium manganate
manganin *m met.* manganite
manganit *m* manganite
manganometria *f chem.* manganometry
manganonikiel *m met.* nickel-manganese
manganonośny *a* manganiferous
manganowce *mpl chem.* manganese group (Mn, Tc, Re)
manganowy *a chem.* manganic
mango *bot.* mango, *Mangifera indica*
manifest *m* **ładunkowy** *żegl.* bill of entry
~ **okrętowy** *żegl.* ship's manifest, cargo list
~ **przywozowy** *żegl.* inward manifest
manila *f włók., papiern.* Manilla (hemp), abaca
maniok *m bot.* cassava, manioc, tapioca plant, *Manihot esculenta* Grantz.
manipulacja *f* handling; manipulation
~ **drewna** logging, lumbering
~ **nieostrożna** careless handling, rough handling
~ **zdalna** remote manipulation, remote handling
manipulator *m* **1.** *masz.* manipulator **2.** *lab.* manipulator
~ **kuźniczy** forging manipulator
~ ~ **szynowy** rail-mounted manipulator, rail-bound manipulator
~ **odtwórczy** *nukl.* master-slave manipulator
~ **walcowniczy** *hutn.* side-guard manipulator
~ **zdalnie sterowany** remote-control manipulator
manipulatory *mpl* **z przedniej strony walcarki** *hutn.* entry sideguards
~ **z tylnej strony walcarki** *hutn.* delivery sideguards
manipulować *v* handle; manipulate
mankiet *m* **do pomiaru ciśnienia krwi** *med.* blood pressure cuff, arm cuff
~ **Riva-Rocci** *zob.* **mankiet do pomiaru ciśnienia krwi**
~ **uciskowy** *med.* pressure band, pressure cuff
~ **wiosła** button of an oar
manko *n ek.* shortage (*in accounts*)
~ **kasowe** cash shortage
~ **w dostawie** short delivery
~ **wagowe** short weight
manna *f* **1.** *roln.* manna grass, *Glyceria fluitans* **2.** *spoż.* semolina
mannit *m chem.* mannit, mannitol, manna sugar
mannoza *f chem.* mannose
manometr *m* manometer, pressure gauge
~ **cieczowy** liquid-column gauge
~ ~ **otwarty** U-tube manometer
~ **ciśnienia ładowania** *lotn.* boost gauge
~ **dwucieczowy** two-liquid manometer, two-fluid manometer
~ **dzwonowy** bell pressure gauge, bell-type manometer
~ **hydrostatyczny** hydrostatic pressure gauge
~ **kotłowy** steam gauge
~ ~ **kontrolny** test steam gauge
~ **mieszkowy** bellows pressure gauge
~ **naczyniowy** well-type manometer
~ ~ **z rurką skośną** inclined-tube manometer
~ **obciążeniowy** deadweight pressure gauge
~ **olejowy** oil pressure gauge
~ **otwarty** open manometer
~ **potencjometryczny** potentiometric pressure gauge, rheostatic pressure gauge
~ **prężny** elastic pressure gauge, spring--type pressure gauge
~ ~ **elektryczny** potentiometric gauge, rheostatic pressure gauge
~ **próżniowy** vacuummeter, vacuum gauge
~ **przeponowy** diaphragm pressure gauge
~ **rejestrujący** registering manometer, pressure recorder
~ **różnicowy** differential manometer
~ ~ **pierwiastkujący** square-rooting differential manometer
~ **rurkowy Bourdona** tube pressure gauge, Bourdon pressure gauge
~ **sprężynowy** elastic pressure gauge, spring-type pressure gauge
~ **sylfonowy** bellows pressure gauge
~ **tłokowy** piston pressure gauge
~ **z pierścieniem uchylnym** tilting-ring manometer
~ **z przeponą wiotką** limp-diaphragm pressure gauge
~ **z rurką spiralną Bourdona** spiral pressure gauge
manometria *f* manometry
manometryczny *a* manometric
mansarda *f bud.* attic
manszon *m papiern.* couch jacket
mantysa *f mat.* mantissa
mapa *f* **1.** map, chart **2.** *mat.* chart
~ **batymetryczna** bathymetric chart
~ **drogowa** road map
~ **geologiczna** geologic map
~ **Karnaugha** *elektron.* Karnaugh map
~ **lotnicza** aeronautical map, air map
~ **Merkatora** *nawig.* mercator map
~ **morska** nautical chart
~ **nakresowa** *żegl.* plotting chart
~ **nieba** sky diagram
~ **poglądowa gleb** reconnaissance soil map
~ **prądów** *żegl.* current chart
~ **radiolokacyjna** *lotn.* video map
~ **samochodowa** motoring map
~ **synoptyczna** *meteo.* weather-chart
~ **topograficzna** topographic map
~ **wiatrów** wind chart
~ **z prognozą meteorologiczną** prognostic chart
maranta *f bot.* arrowroot, *Maranta*

marchew *f bot.* carrot, *Daucus carota*
mareograf *m ocean.* mareograph, marigraph, tide gauge
margaryna *f* margarine
~ **mleczna** milk margarine
margaryt *m min.* margarite
margiel *m min.* marl, malm
~ **cementowy** cement rock
margines *m* margin
~ **bezpieczeństwa** safety margin, margin of safety
~ **fazy** *el.* phase margin
~ **stabilności** *tel.* singing margin
~ **wzmocnienia** *el.* gain margin
~ **zakłóceń** *elektron.* noise margin
marglowanie *n roln.* marling
marikultura *f* mariculture
marka *f* **1.** brand, mark, make (*of manufactured product*) **2.** *górn.* control tally **3.** *żegl.* marker (*on lead line*)
~ **boczna** *papiern.* side lay, side mark
~ **fabryczna** manufacturer's brand, trade mark
~ **samochodu** make of a car
markazyt *m min.* marcasite
marker *m lotn.* marker (beacon)
marketing *m ek.* marketing
markiza *f* awning
markownia *f górn.* control room
markszajderia *f* mine surveying
marlin *m zool.* marlin, spearfish, *Makaira* sp.
marlinka *f okr.* marline, lacing
marmit *m geol.* pot-hole
marmur *m petr.* marble
~ **onyksowy** *petr.* onyx marble
marmurek *m papiern.* marble paper
marmurowy *a* (made of) marble, marbly
marnotrawstwo *n* wastage, waste
marnować *v* waste
Mars *m astr.* Mars
mars *m okr.* top
marsel *m okr.* topsail
marskość *f med.* cirrhosis
marsz *m* **wiertniczy** *wiertn.* drilling cycle
marszczenie *n* **się papieru** cockling of paper
~ ~ **wymalowania** *farb.* webbling, revelling
marszczyć *v* crease; goffer; *włók., papiern.* crêpe
marszczyć *v* **się** wrinkle; shrivel
marszpikiel *m okr.* marline spike
marszruta *f* route; itinerary
marszrutowanie *n telef.* routing
marszżagiel *m okr.* topsail
marten *m hutn.* open-hearth furnace, O.H. furnace
martenzyt *m met.* martensite
~ α alpha martensite, tetragonal martensite
~ β cubic martensite, beta martensite, low-carbon martensite
~ **iglasty** acicular martensite
~ **masywny** lath martensite
~ **odpuszczony** tempered martensite
~ **regularny** cubic martensite, beta martensite, low-carbon martensite
~ **tetragonalny** tetragonal martensite, alpha martensite
~ **zgniotowy** strain induced martensite
martenzytyczny *a* martensitic
martwa cisza *f ocean.* dead calm
martwa kotwica *f* mooring sinker
martwe położenie *n mech.* dead centre
martwe wody *fpl ocean.* remanses
martwica *f* **1.** *drewn.* outer bark **2.** *med.* necrosis
~ **popromienna** *med.* radionecrosis
~ **wapienna** *geol.* calcareous sinter
martwy *a biol.* dead
martwy kolor *m* dead colour
martwy punkt *m mech.* dead centre
martyngał *m statyst.* martingale
marynarka *f* **handlowa** mercantile marine, merchant navy
~ **wojenna** navy
marynarski *a* sailor's; nautical
marynarz *m* seaman
~ **pokładowy** deck hand
marynaty *fpl spoż.* pickles
marynowanie *n spoż.* pickling, marinating
marzanna *f bot.* madder, *Rubia tinctorum*
marzłoć *f* **wieczna** *geol.* permafrost
marznąć *v* freeze
marża *f* **1.** *ek.* margin **2.** *telegr.* margin
masa *f* **1.** *fiz.* mass **2.** bulk
~ **aktywna** *el.* active material (*in a storage battery*)
~ **akustyczna** acoustic inertance, acoustic mass
~ **atomowa** *fiz.* relative atomic mass, atomic weight, A_r
~ ~ **izotopu** isotopic mass, isotopic weight
~ ~ **(względna)** relative atomic mass, atomic weight, A_r
~ **Bayera** (*produkt uboczny przy otrzymywaniu glinu*) *met.* Bayer mass
~ **betonowa** *bud.* concrete mix
~ ~ **ciekła** cast concrete, poured concrete
~ ~ **nieurabialna** unworkable concrete
~ ~ **pompowana** pumpcrete
~ ~ **prefabrykowana** ready-mixed concrete, central-mix(ed) concrete
~ ~ **urabialna** workable concrete
~ **celulozowa** *papiern.* chemical paper-pulp
~ ~ **bielona** bleached pulp
~ ~ ~ **siarczanowa** bleached kraft
~ ~ **drzewna** chemical wood pulp
~ ~ **łatwobielna** easy bleaching pulp, high-boiled pulp
~ ~ **półbielona** semi-bleached pulp
~ ~ **półchemiczna** semi-chemical pulp
~ ~ **siarczanowa** sulfate pulp
~ ~ **siarczynowa** sulfite pulp
~ ~ **słomowa** chemical straw pulp
~ ~ **sodowa** soda pulp
~ ~ **wiskozowa** rayon pulp
~ **ceramiczna** *ceram.* body
~ ~ **ciekła** (casting) slip

~ ~ **do formowania na sucho** dry press body
~ ~ **nawilżona** slurry
~ **chuda** *papiern.* free stuff
~ **ciekła** *ceram.* slip
~ **cząsteczkowa odpowiadająca wzorowi chemicznemu** formula weight
~ ~ **wagowo średnia** weight-average molecular weight
~ ~ **(względna)** relative molecular mass, molecular weight, Mr
~ ~ **z-średnia** z-average molecular weight
~ **czynna** *el.* active material (*in a storage battery*)
~ **czyszcząca** (*do gazów*) purifying material
~ **detonująca** detonating composition
~ **długa** *papiern.* long-fibred stuff
~ **do formowania na wilgotno** *odl.* green sand
~ **do pokrywania** *tw.szt.* coating compound
~ ~ ~ **drutów** *tw.szt.* wire covering compound
~ **dokładna** (*przy ważeniu*) correct weight
~ **dymna** smoke mixture; *uzbr.* smoke composition, smoke mixture
~ **dźwiękochłonna** *mot.* sound deadener, deadening mixture
~ **formierska** *odl.* moulding sand, sand-mix
~ ~ **chuda** dry sand
~ ~ **gliniasta** clay-bonded sand
~ ~ **jednolita** unit sand, system sand
~ ~ **luźna** loose sand
~ ~ **mocna** strong sand
~ ~ **olejowa** oil sand
~ ~ **słaba** dry sand
~ ~ **spulchniona** loose sand
~ ~ **stara** old sand, used sand, knock-out sand
~ ~ **szamotowa** compo
~ ~ **tłusta** strong sand
~ ~ **ubita** rammed sand
~ ~ **wybita** old sand, used sand, knock-out sand
~ ~ **zagęszczona** rammed sand
~ **fosforowa** striking surface mixture (*for match boxes*)
~ ~ **świecąca** *el.* phosphor
~ **gruba** *papiern.* rejected stock
~ **jednostki długości przędzy** yarn density
~ **kablowa** *el.* filling compound
~ **kordierytowa** *ceram.* cordierite body
~ **krótka** *papiern.* short-fibred stuff
~ **krytyczna** *nukl.* critical mass, crit
~ **lejna** *ceram.* (casting) slip
~ **łebkowa** (*na zapałki*) match-head composition
~ **magnezytowa** *ceram.* magnesite mix
~ **mielona** *papiern.* beaten stuff, beaten pulp
~ **molowa** *chem.* molar mass
~ **nadkrytyczna** *nukl.* supercritical mass
~ **niepełna** (*przy ważeniu*) short weight, underweight
~ **nieuresorowana** (*pojazdu*) unsprung mass
~ **odniesiona** *mech.* reduced mass
~ **ogniotrwała do torkretowania** *hutn.* gunning refractory, gun(ning) mix, guncrete
~ ~ **do ubijania** ramming mix
~ ~ **do zatykania otworu spustowego** taphole mix
~ ~ **wykładzinowa** refractory lining mixture
~ **oświetlająca** *wybuch.* illumination mixture
~ **papiernicza** chemical paper-pulp, stuff, stock
~ **pasożytnicza** (*wyważarki*) parasitic mass
~ **perłowa** mother of pearl
~ **pirotechniczna** pyrotechnic composition
~ **plastyczna 1.** modelling paste **2.** plastic, *zob.też* **tworzywa sztuczne**
~ **płynna** *mech.pł.* fluid mass, substantial volume
~ **pobudzająca** *wybuch.* detonating composition
~ **początkowa** *rak.* initial mass
~ **podkrytyczna** *nukl.* subcritical mass
~ **podpałowa** *wybuch.* ignition mixture
~ **porcelanowa** *ceram.* porcelain body
~ **potarkowa** striking surface mixture (*for match boxes*)
~ **pozorna** *mech.pł.* virtual mass, apparent mass, additional mass
~ **prochowa** *wybuch.* powder composition, powder pulp
~ **przędna** *włók.* spinning material
~ **przymodelowa** *odl.* facing sand
~ **przyrządu** *el.* frame of an apparatus
~ **rdzeniowa** *odl.* core sand, core compound
~ **relatywistyczna** *fiz.* relativistic mass
~ **roztopiona** melt
~ **serowa** *spoż.* cheese paste, body of cheese
~ **smarna** *papiern.* slow stuff, wet stuff, greasy stock
~ **smugowa** *uzbr.* tracer mixture, tracer composition
~ **spoczynkowa** *fiz.* rest mass
~ **sprowadzona** *mech.* reduced mass
~ **steatytowa** *ceram.* steatite body
~ **sucha** *spoż.* dry substance, dry matter
~ ~ **osadu** *san.* sludge solids
~ **szklana** metal, molten glass
~ **szmaciana** *papiern.* rag stock
~ **tłusta** *papiern.* slow stuff, wet stuff, greasy stock
~ **tytanowa** *ceram.* titanate body
~ **uresorowana** sprung mass (*of a vehicle*)
~ **uszczelniająca** sealing compound; stopper
~ **uszlachetniona** *papiern.* purified pulp
~ **wirtualna** *mech.pł.* virtual mass, apparent mass, additional mass
~ **właściwa** *fiz.* mass density
~ **wtryskowa** *tw.szt.* moulding composition, moulding compound

~ **wyciskowa** *med.* impression compound
~ **wyławiana** *papiern.* rotary stuff
~ **wypełniająca** *odl.* backing sand, heap sand
~ **zacierowa** filler
~ **zapalająca** incendiary composition
~ **zapłonowa** *wybuch.* cap composition
~ **zawieszona** sprung mass (*of a vehicle*)
~ **złoża** *geol.* bed mass
~ **zredukowana** *mech.* reduced mass
~ **związana** *mech.pł.* virtual mass, apparent mass, additional mass
masaż *m med.* massage
~ **elektryczny** electromassage
~ **serca** heart massage
maseczka *f* **kosmetyczna** face mask
~ **upiększająca** beauty mask
maselnica *f spoż.* churn
maser *m fiz.* maser (microwave amplification by stimulated emission of radiation), paramagnetic amplifier
~ **amoniakalny** ammonia maser
~ **gazowy** gas maser
~ **krystaliczny** solid-state maser
maska *f* **1.** mask **2.** *inf.* mask, extractor **3.** *elektron.* mask **4.** *powł.* resist
~ **danych** *inf.* data mask
~ **do narkozy** *med.* anaesthetic inhaler
~ **dyfuzyjna** *elektron.* diffusion mask
~ **fotolitograficzna** *elektron.* photo-etch resist, photoresist, photomask
~ **inhalacyjna** *med.* inhaling mask
~ **kineskop** *TV* shadow mask
~ **ochronna** *bhp* respirator; face guard
~ **oddechowa** *med.* respiratory mask
~ **płetwonurka** swim mask
~ **przeciwdymowa** smoke-mask
~ **przeciwgazowa** gas-mask
~ ~ **z kieszonkowym pochłaniaczem tlenku węgla** *górn.* miner's self-rescuer
~ **przeciwpyłowa** dust-mask
~ **silnika** *mot.* bonnet; *US* hood
~ **tlenowa** oxygen mask
~ **wzorcowa** *elektron.* master mask
maskon *m astr.* mascon (mass concentration)
maskowanie *n* **1.** *fot.* masking **2.** *inf.* masking, extraction **3.** *chem.* masking **4.** *akust.* masking **5.** *wojsk.* camouflage; *okr.* dazzle-painting
~ **dźwiękowe** aural masking
~ **jonów** *chem.* sequestration
~ **radiolokacyjne** radar camouflage
~ **warstwą tlenku** *elektron.* oxide masking
maskownica *f fot.* masking frame, enlarging frame; *US* printing easel
masło *n* butter
~ **antymonowe** *chem.* butter of antimony
~ **kakaowe** cocoa butter, oleum theobromatis, theobroma oil
~ **kuchenne** *spoż.* cooking butter
~ **letnie** *spoż.* grass butter, summer butter
~ **regenerowane** *spoż.* regenerated butter
~ **stołowe** *spoż.* table butter
~ **sztuczne** *spoż.* butterine
~ **śmietankowe** *spoż.* sweet butter, creamary butter
~ **topione** *spoż.* rendered butter
~ **w proszku** *spoż.* butter powder
~ **zimowe** *spoż.* hay butter
masłownia *f spoż.* butter factory
masowiec *m okr.* bulk cargo ship, bulk carrier
~ **kombinowany** combination carrier
masówka *f żegl.* bulk cargo
massikot *m farb.* massicot
mastyka *f* (*żywica*) mastic gum, mastix
mastykacja *f tw.szt., gum.* mastication, mechanical plasticization
mastykator *m tw.szt., gum.* masticator
mastyks *m* (*żywica*) mastic gum, mastix
maswerk *m arch.* tracery
masy *fpl* **plastyczne** plastics, *zob.też* **tworzywa sztuczne**
~ **powietrza** *meteo.* air mass
~ ~ **ciepłego** warm air mass
~ ~ **polarnego** polar air
~ ~ **równikowego** equatorial air
~ **świecące fosforowe** phosphors
masyw *m* (*opona pełna*) solid tyre
~ **betonowy** *bud.* concrete block
~ **górski** (mountain) massif
masywny *a* massive, solid
maszt *m* mast
~ **antenowy** *rad.* aerial mast
~ **ażurowy** *okr.* lattice mast
~ **bramowy** *okr.* goal post mast, pair masts
~ **cumowniczy** (*dla sterowców*) *lotn.* mooring mast
~ **dwunożny** *okr.* sheer mast, bipod mast
~ **ładunkowy** *okr.* cargo mast
~ **promieniujący** *rad.* master radiator
~ **prowizoryczny** (*montażowy*) *bud.* jury mast
~ **przedni** *okr.* foremast
~ **startowy** *rak.* umbilical mast
~ **trójnożny** *okr.* tripod mast
~ **tylny** *okr.* after mast
~ **wiertniczy** headstock
~ **żurawia masztowego** derrick pole, crane post
masztówka *f okr.* masthouse
maszyna *f* machine, engine, *zob.też* **maszyny**
~ **analityczna** perforated card machine
~ **analogowa** analog(ue) computer
~ **analogowo-cyfrowa** hybrid computer
~ **asynchroniczna** *el.* asynchronous machine
~ **biurowa** business machine
~ **bocznikowa** *el.* shunt machine
~ **celulozowa** *papiern.* pulp machine
~ **cieplna** heat engine
~ **cybernetyczna antropomorficzna** cybernetic anthropomorphous machine, CAM
~ **cyfrowa** digital computer
~ **czterodziałaniowa** calculating machine, calculator
~ **DL** (*aparat spiekalniczy*) *hutn.* Dwight-Lloyd machine

~ **do apreturowania** *skór.* seasoning machine
~ **do betonowania** *bud.* concrete placer
~ **do brudowania** *skór.* scudding machine
~ **do bufowania** *skór.* buffing machine
~ **do butelkowania** bottle filler
~ **do ciągnienia** *szkl.* drawing machine
~ **do cięcia gazowego** gas cutting machine, flame-cutting machine
~ **do delinterowania** *włók., spoż.* delintering machine, delinter
~ **do dodawania** adding machine
~ **do druku sitowego** *poligr.* screen process machine
~ **do druku wklęsłego** gravure machine
~ **do etykietowania** labelling machine
~ **do fakturowania** billing machine, invoicing machine, invoice typewriter
~ **do filetowania** (*ryb*) filleting machine
~ **do formowania skorupowego** *odl.* shell moulding machine
~ **do frezowania prętów** *drewn.* rod machine
~ **do groszkowania** *skór.* graining machine, grainer
~ **do kapslowania** capper, capping machine
~ **do kopiowania** *poligr.* step-and-repeat machine
~ **do krepowania** *włók.* craping machine
~ **do księgowania** accounting machine, bookkeeping machine
~ **do lamowania** *poligr.* stripping machine
~ **do międlenia i trzepania** *włók.* hemp breaker-and-scutcher
~ **do nacinania gwintu** threading machine
~ **do obciągania obrotowego** *obr.plast.* radial draw former
~ **do oczyszczania kęsów** *hutn.* billet conditioner
~ **do oczyszczania płomieniowego** (*np. wlewków*) *hutn.* scarfing machine, machine scarfer
~ **do odlewania 1.** *odl.* casting machine **2.** *poligr.* casting machine, caster
~ **do odlewania odśrodkowego** *odl.* centrifugal casting machine
~ **do oprawy książek** bookbinder
~ **do pisania** typewriter
~ ~ ~ **dla niewidomych** braille typewriter
~ ~ ~ **nut** music typewriter
~ ~ ~ **walizkowa** portable typewriter
~ ~ ~ **z ciągłym podawaniem papieru** fanfold typewriter
~ **do podcinania karczków** *skór.* cheeking machine
~ **do podkarmiania roślin** *roln.* plant feeder
~ **do powielania negatywów** *poligr.* step-and-repeat machine
~ **do powlekania** *papiern.* coater
~ **do profilowania** (*przy robotach ziemnych*) *inż.* trimming machine
~ **do prób na wielokrotne uderzenie** repeated impact testing machine
~ ~ ~ **pełzania** *wytrz.* tension creep-testing machine
~ ~ ~ **rozciągania** tensile testing machine
~ ~ ~ **skręcania** torsion test machine
~ ~ ~ ~ **udarowego** torsion impact testing machine
~ ~ ~ **ściskania** compression testing machine
~ ~ ~ **wielokrotnego zginania udarowego** repeated bending impact machine
~ ~ ~ **wytrzymałościowych** testing machine, tester
~ ~ ~ **zginania** transverse testing machine
~ ~ ~ **zmęczeniowych** fatigue testing machine, fatigue tester
~ ~ ~ **zmęczeniowych rozciągania-ściskania** direct stress fatigue testing machine
~ **do rąbkowania** (*blachy*) seaming machine, seamer
~ **do regulacji toru** *kol.* track linear, lining machine
~ **do robienia okładek** *poligr.* casemaking machine, case-maker
~ **do robót ziemnych** *inż.* earth mover
~ **do rolowania** (*przy kształtowaniu blachy*) wheeling machine
~ **do rozcierania na miazgę** pulper
~ **do rozdrabniania złomu** *hutn.* shredder
~ **do składania** *poligr.* type-setting machine, typesetter, composing machine
~ **do skubania drobiu** picking machine, picker
~ **do stenografowania** stenographic machine, stenotype
~ **do szczotkowania** brushing machine
~ **do szycia** sewing machine
~ **do taśmowania** (*przy pakowaniu*) strapping machine
~ **do układania toru** *kol.* track layer
~ **do wbijania gwoździ** nailing machine
~ **do wiązania kręgów taśmy** *hutn.* bander
~ **do workowania** bagging machine, sack-filling machine
~ **do wybijania rdzeni** core knock-out machine
~ **do wymiany podkładów** *kol.* tie replacer
~ **do wyrobu tkaniny sieciowej** netting machine, netloom
~ **do wytrawiania** *hutn.* pickling machine
~ **do zamiatania** (*jezdni*) mechanical sweeper
~ **do zasypywania wykopów** *inż.* back-filler
~ **do zbierania** *poligr.* collator, gatherer, gathering machine
~ **do zbioru bawełny** *roln.* cotton picker
~ **do złocenia i wytłaczania reliefów** *poligr.* blocking and embossing press
~ **do znakowania wyrobów** marking machine, marker
~ **dociskowa** *poligr.* platen press, platen machine
~ **drukarska** printing machine

~ **dwuobrotowa** *poligr.* two-revolution machine
~ **dydaktyczna** teaching machine
~ **dzwonienia** *telef.* ringing machine, ringer
~ **elektrostatyczna** electrostatic generator, influence machine, static machine
~ **elektryczna** electric machine
~ **flotacyjna** *wzbog.* flotation machine, flotation plant
~ ~ **agitacyjna** agitation-type flotation machine, agitation cell
~ ~ **pneumatyczna** bubble-column-type flotation machine
~ **formierska** *odl.* (foundry) moulding machine
~ **formująca** (*do płyt pilśniowych*) wet lap forming machine, fibreboard former
~ ~ **długositowa** *papiern.* Fourdrinier forming machine
~ **frankująca** *biur.* franking machine
~ **gorącokomorowa** *odl.* hot-chamber die--casting machine
~ **górnicza** mining machine
~ **hartownicza** *obr.ciepl.* hardening machine, quenching machine
~ **hybrydowa** *inf.* hybrid computer
~ **indukcyjna** *el.* induction machine
~ **(introligatorska) do wstawiania** (*wkładów książek*) *poligr.* casing-in machine
~ **jednoobrotowa** *poligr.* single-revolution machine
~ **kalkulacyjna** *biur.* calculating machine, calculator
~ ~ **zapisująca** printing calculating machine
~ **konfekcyjna do opon** *gum.* tyre building machine
~ **księgująca** accounting machine, bookkeeping machine
~ **kuźnicza** *obr.plast.* forging machine, upsetting machine, header
~ **licząca** calculating machine, calculator; computer, *zob.też* **komputer**
~ **liczącо-analityczna** *inf.* (perforated) card machine
~ **litograficzna** *poligr.* lithographic machine
~ **magnetoelektryczna** *el.* permanent--magnet machine, magneto
~ **markowska** *cybern.* Markovian machine
~ **matematyczna** computer, *zob.też* **komputer**
~ **nicielnicowa** (*krosna*) *włók.* dobbie, dobby
~ **o chłodzeniu obcym** *el.* separately--cooled machine
~ **o chłodzeniu własnym** self-cooled machine
~ **obcowzbudna** *el.* separately excited machine
~ **oblewnicza** *fot.* coating machine
~ **odlewnicza ciśnieniowa** (pressure) die--casting machine, pressure casting machine
~ **odwadniająca** *papiern.* wet machine, wet lap machine
~ **offsetowa** *poligr.* offset press
~ ~ **arkuszowa** sheet-fed offset rotary
~ ~ ~ **płaska** offset flat-bed machine
~ **pakująca** packaging machine, packer
~ **papiernicza** paper-making machine
~ ~ **długositowa** Fourdrinier (paper) machine
~ ~ **płaskositowa** *zob.* **maszyna papiernicza długositowa**
~ ~ **wielositowa** multiple wire paper machine
~ **parowa** steam engine
~ **perforująca** perforation machine
~ **płaska** *poligr.* platen press
~ ~ **do druku akcydensów** jobbing machine
~ ~ **litograficzna** direct flat-bed machine
~ **pomiarowa** measuring machine
~ **prosta** simple machine, basic machine, mechanical power
~ **przeciwwybuchowa** *el.* explosion-proof machine, flame-proof machine
~ **przepływowa** turbo-machine, fluid-flow machine
~ **rolnicza** farm machine, agricultural machine
~ **rotacyjna** *poligr.* rotary, rotary press, rotary machine
~ ~ **do zmiennych formatów** variable--size bookwork rotary
~ ~ **offsetowa** offset rotary
~ ~ **typograficzna** letterpress rotary
~ ~ ~ **arkuszowa** sheet-fed rotary machine
~ ~ ~ **rolowa** web-fed rotary machine
~ **rotograwiurowa** *poligr.* gravure rotary, high-speed gravure press
~ ~ **rolowa** web-fed gravure rotary
~ **rozlewnicza** *hutn.* ingot casting machine, pig caster
~ ~ **dwutaśmowa** twin-strand pig caster
~ **rozmotalnicza** *włók.* reeling machine
~ **samowzbudna** *el.* self-excited machine
~ **spawalnicza** welding machine
~ **spiekalnicza** *hutn.* sintering machine
~ **statystyczna** statistical machine, perforated card machine
~ **sterowa** *okr.* steering engine
~ **sumująca** adding machine
~ **sumująco-zapisująca** listing adding machine
~ **synchroniczna** *el.* synchronous machine
~ **szeregowa** *el.* series machine
~ **szeregowo-bocznikowa** *el.* compound machine
~ **szewska do formowania buta** lasting machine
~ **szwalnicza** sewing machine
~ **tabletkująca** pelleter, pelleting machine
~ **tłokowa** piston machine; piston engine
~ **Turinga** *mat.* Turing machine
~ **typograficzna** letterpress printing machine
~ ~ **płaska** flat-bed letterpress
~ ~ **rolowa** web-fed press
~ **ucząca** teaching machine
~ ~ **się** learning machine

~ **wirnikowa** *zob.* **maszyna wirowa**
~ **wirowa** turbo-machine, fluid-flow machine
~ **wsadowa do koksu** *hutn.* charging larry
~ **wyciągowa** *górn.* hoisting machine, winding machine, winding engine
~ **wykończająca** (*do operacji wykończających*) finisher
~ **wykończalnicza** *włók.* finishing machine, after-treatment machine
~ **wyporowa** displacement machine
~ **wytrzymałościowa** *wytrz.* testing machine, tester
~ **wywołująca** *fot.* developing machine
~ **z przewietrzaniem obcym** *el.* separately ventilated machine
~ **z przewietrzaniem własnym** self-ventilated machine
~ **z zatrzymującym się cylindrem** *poligr.* stop-cylinder machine
~ **zamszująca** *włók.* sueding machine
~ **zbierająco-zszywająca** *poligr.* gatherer-stitcher
~ **zespołowa** (*złożona z zespołów znormalizowanych*) building-block machine, unit construction machine
~ **zimnokomorowa** *odl.* cold-chamber die-casting machine
~ **zmęczeniowa** *wytrz.* fatigue-testing machine, fatigue tester
~ ~ **do prób obustronnego zginania** reversed bending fatigue-testing machine
~ **Żakarda** *włók.* Jacquard machine, jacquard
maszynista *m* machine operator; machinist; machine minder; *kol.* driver
~ **offsetowy** *poligr.* offset pressman, offset operator
~ **sceny** *TV* stage-hand
maszynistka *f* typist
maszynka *f* **bosmańska** *żegl.* splicing vice, rigger's screw
~ **do golenia** safety razor
~ **do mięsa** mincer, meat grinder
maszynogodzina *f* machine-hour
maszynopis *m* typescript, typewriting
~ **do druku** printer's manuscript
maszynownia *f* engine room
maszynowo *adv* by machine(ry)
maszynoznawstwo *n* theory of machines
maszyny *fpl* machinery, machines
~ **do sprzętu ziemiopłodów** harvesting machinery
~ **do uprawy roli** cultivating machinery
~ **drogowe** road-making plant
~ **kopalniane** mining machinery
~ **przepływowe** rotating machinery
~ **rolnicze** agricultural machinery, farm machines
~ ~ **podwórzowe** barn machinery
maść *f farm.* ointment
~ **cynkowa** zinc oxide ointment
~ **rtęciowa biała** white precipitate
~ ~ **żółta** yellow mercuric oxide ointment
~ **sadownicza** *roln.* grafting wax
~ **siarkowa** sulfur ointment
~ **z chlorkiem amidortęciowym** *zob.* **maść rtęciowa biała**
maślan *m chem.* butyrate
maślanka *f* buttermilk
maślany *a* buttery
maślnica *f spoż.* butter churn
mat *m farb.* flat
~ **niepełny** eggshell flat
mata *f* **1.** mat **2.** *tel.* multiple frame
~ **wilgotna** *papiern.* wet lap, fibre mat
matecznik *m* **(pszczeli)** queen-cell
matematyczny *a* mathematical
matematyk *m* mathematician
matematyka *f* mathematics
~ **statystyczna** statistical mathematics
~ **stosowana** applied mathematics
~ **teoretyczna** pure mathematics
~ **ubezpieczeniowa** actuarial mathematics, insurance mathematics
materac *m* mattress
~ **faszynowy** *inż.* fascine mattress, brush mattress
~ **nadmuchiwany** air-mattress
materia *f* matter
~ **międzygwiezdna** *astr.* interstellar matter
materializacja *f* **energii** *fiz.* materialization of energy, pair production
materialny *a* material
materiał *m* material; stuff, *zob.też* **materiały**
~ **aktywny** *nukl.* active material, radioactive material
~ **amortyzacyjny** cushioning material
~ **badany** material under investigation
~ **ciepłochronny** heat insulating material
~ **do wyrobu sieci** *ryb.* netting material
~ **dodatkowy** *spaw.* filler
~ **doświadczalny** experimental material
~ **drobno zmielony** fines
~ **dźwiękochłonny** sound deadener
~ **elastoplastyczny** elastoplastic material
~ **fantomowy** (*materiał równoważny tkance*) *radiol.* phantom material
~ **ferrimagnetyczny** ferrimagnetic (material), ferrimagnet
~ **ferroelektryczny** ferroelectric (substance), seignette-electric
~ **ferromagnetyczny** ferromagnetic (substance)
~ **filtracyjny** filter(ing) medium
~ **ilustracyjny** *poligr.* art(work)
~ **impregnacyjny** impregnating material
~ **izolacyjny** insulating material, insulant
~ **jonowymienny** *chem.* ion exchange material
~ **klejony** adherend
~ **(konstrukcyjny) złożony** composite
~ **koszulkowy** *nukl.* canning material
~ **magnetycznie miękki** soft magnetic material
~ ~ **twardy** hard magnetic material
~ **magnetyczny** magnetic material
~ **na osłony ablacyjne** *kosm.* ablation material, ablator
~ **na próbki** sampling material
~ **naniesiony** *geol.* drift bed

~ **napełniający** filling (material)
~ **napędowy** (*do rakiet*) (rocket) propellant
~ ~ **ciekły** liquid propellant
~ ~ **dwuskładnikowy** bipropellant
~ ~ **jednoskładnikowy** monopropellant
~ ~ **samozapłonowy** self-igniting propellant
~ ~ **stały** solid propellant
~ **niebezpieczny** hazardous material
~ **niemagnetyczny** non-magnetic material
~ **obrabiany** *obr.skraw.* stock
~ **otulinowy** heat insulating material
~ **paliworodny** *nukl.* breeding material, fertile material
~ **paliwowy** fuel (material)
~ **palny** combustible (material)
~ **pędny 1.** *zob.* **materiały pędne 2.** *rak.* (rocket) propellant, *zob.też* **materiał napędowy**
~ **podawany** (*np. do prasy*) feedstock; feed material
~ **polerski** polishing material, mild-abrasive
~ **porównawczy** *inf.* data of comparison
~ **pośredni** *nukl.* in-process material
~ **prętowy** *obr.skraw.* bar stock, bar work
~ **promieniotwórczy** radioactive material, active material
~ **przeciwwstrząsowy** cushioning material
~ **przewodowy** (*na przewody*) *el.* conductor material
~ **przewodzący** *el.* conducting material
~ **przezroczysty dla promieniowania podczerwonego** infrared optical material
~ **radioaktywny** radioactive material, active material
~ **reaktorowy** *nukl.* reactor material
~ **rozdrobniony nieprzesiany** crusher run
~ **rozszczepialny** *nukl.* fissile material, fissionable material, core material
~ **roztopiony** *hutn.* melt
~ **równoważny tkance** *radiol.* phantom material
~ **scyntylujący** *nukl.* scintillator, scintillating material
~ **siewny** *roln.* sowable material
~ **stykowy** (*na styki*) *el.* contact material
~ **surowy** raw material
~ **sypki** loose material
~ **sztauerski** *żegl.* dunnage
~ **szyjący** *med.* suture material
~ **ścierny** abrasive, abradant
~ ~ **wiązany** bonded abrasive
~ **ślepy** (*zecerski*) *poligr.* blank material, furniture
~ **tarczowy** *nukl.* target material
~ **termoizolacyjny** heat insulation material
~ **termoutwardzalny** thermoset
~ **walcowany** rolling stock, rolling material
~ ~ **w pakietach** *hutn.* mill pack
~ **wybuchowy** explosive; blasting material
~ ~ **bezpieczny** safe explosive, permissible explosive, authorized explosive
~ ~ **bezpłomienny** flashless explosive
~ ~ **ciekły** liquid explosive
~ ~ **gazowy** gaseous explosive
~ ~ **górniczy** mining explosive
~ ~ **inicjujący** primary explosive, initiating agent, initiator
~ ~ **kruszący** high explosive, blasting explosive, brisant explosive
~ ~ **miotający** propellant (explosive), low explosive
~ ~ **nuklearny** nuclear explosive
~ ~ **plastyczny** plastic explosive
~ ~ **pobudzający** initiating agent, primary explosive, initiator
~ ~ **przemysłowy** commercial explosive
~ ~ **zimny** cool explosive
~ **wyjściowy 1.** (*przy obróbce mechanicznej*) stock; blank; preform **2.** *chem.* parent substance
~ ~ **na odkuwki** forging stock, chunk
~ **wypełniający** filling, filler (*material*)
~ **wzbogacony** *nukl.* enriched material
~ **wzmocniony włóknami** fibre-reinforced material
~ **zasilający** *nukl.* feed material
~ **zastępczy** substitute (material)
~ **zbrojony** reinforced material
~ **zecerski** *poligr.* typographical material
~ ~ **podstawowy** fount
~ ~ **ślepy** blank material, furniture
~ **zespolony** composite material
~ **zubożony** *nukl.* depleted material
~ **żużlotwórczy** *hutn.* slag former, slag-making material
materiałochłonność *f* material consumption index
materiałochłonny *a* material-consuming
materiałoznawstwo *n* materials science, materials technology
materiały *mpl* materials, *zob.też* **materiał**
~ **budowlane** building materials
~ **deficytowe** materials in short supply
~ **drewnopodobne** wood base materials
~ **formierskie** *odl.* moulding materials
~ **konstrukcyjne** construction materials
~ **kreślarskie** drawing-office materials
~ **masowe** (*magazynowane luzem*) bulk materials
~ **ogniotrwałe** refractories
~ ~ **izolacyjne** insulating refractories
~ ~ **kwaśne** acid refractories
~ ~ **o zwiększonej zawartości tlenku glinowego** high-alumina refractories
~ ~ **porowate** light-weight refractories
~ ~ **zasadowe** basic refractories
~ **oporowe** *el.* resistance materials
~ **pędne** engine fuels and lubricants
~ **piśmienne** stationery, writing-materials
~ **pomocnicze do spawania** welding consumables
~ **strategiczne** strategic material
~ **sztauerskie** *żegl.* dunnage
~ **ścierne** abrasives
~ **tarte** sawn timber, *zob.też* **tarcica**
~ **wsadowe** *hutn.* burden materials, charge materials
~ **wybuchowe** explosives, *zob.też* **materiał wybuchowy**

~ **wysokoogniotrwałe** high-temperature refractories, super-refractories
matjes *ryb.* matjes herring, mattie
matka *f genet.* dam (*a female parent esp. of domestic animals*)
~ **pszczela** queen (bee)
matnia *f* (*niewodu*) *ryb.* bag, bunt (*of a seine*)
matowanie *n* matting; tarnishing; *farb.* flatting; *szkl.* obscuring
~ **jedwabiste** *szkl.* satin etching
~ **kwasami** *szkl.* acid embossing
matowieć *v* tarnish, lose lustre
matowy *a* mat, dull; flat; lustreless
matówka *f fot.* focusing screen, ground glass
matryca *f* **1.** *obr.plast.* die (block); *tw.szt.* female mould, matrix; *poligr.* matrix; stencil (*in a duplicator*) **2.** *chem.* matrix **3.** *mat.* matrix **4.** *elektron.* matrix **5.** *aut.* matrix
~ **do druku ręcznego** *włók.* printing block
~ **do kształtowania prostoliniowego** *obr. plast.* brake die
~ **do kucia na kuźniarkach** upsetting die
~ **do spęczania łbów** (*np. śrub, nitów*) *obr. plast.* heading die
~ **do wyciskania** *obr.plast.* extruding die, extrusion die
~ **do wytłaczania form drukarskich** flong
~ **dolna** *obr.plast.* bottom tool, anvil tool, female die
~ **dzielona** *obr.plast.* segment die, split die
~ **górna** *obr.plast.* top tool, punch die, male die
~ **kodująca** *inf.* encoder
~ **kuźnicza** drop forging die
~ ~ **dolna** bottom die
~ ~ **górna** top die
~ ~ **wielowykrojowa** multiple impression die
~ ~ **wykańczająca** finish forging die
~ **logiczna programowalna** *elektron.* programmable logic array
~ **(monotypowa) do składu** *poligr.* composition matrix
~ ~ **dolewkowa** display matrix
~ **otwarta** *obr.plast.* half die
~ **polimeryczna** *chem.* matrix polimer
~ **prawdziwości** *mat.* truth table
~ **próbki** *chem.* matrix (*of a sample*)
~ **przelotowa** (*do wyciskania współbieżnego*) *obr.plast.* aperture die
~ **rdzeni** *inf.* array of cores
~ **rozproszenia** *fiz.* scattering matrix
~ **S** *zob.* **matryca rozproszenia**
~ **samonastawna** *obr.plast.* floating die
~ **wieloczęściowa** *tw.szt.* split cavity
~ **wkładkowa** *obr.plast.* insert die
~ **wstępna** *obr.plast.* blocking die, blocker
~ **wybierania punktowego** *elektron.* scan-point matrix
~ **z podwójnym wyrzutnikiem** *obr.plast.* double knockout die
~ **z przesadzeniem** *obr.plast.* offset die
~ **z wykrojem** *obr.plast.* impression die
~ **z zamkiem** *obr.plast.* locked die
~ **zaciskowa** *obr.plast.* grip die, clamping die
matryce *fpl* **do młota spadowego** *obr.plast.* drop-hammer tools
~ **kuźnicze** buster (*a pair of dies*)
matrycowanie *n* **1.** *obr.plast.* die forging **2.** *poligr.* matrix-moulding, mat-making
mazać *v* smear, daub
mazerowanie *n* **1.** spotting (*finish*) **2.** *powł.* graining, scumbling **3.** frosting, flaking
mazidło *n farm.* liniment
mazisty *a* greasy, buttery
mazut *m paliw.* mazout
mazydoks *m pest.* mazidox (*insecticide*)
maź *f* **stawowa** *anat.* synovial fluid, synovia
maźnica *f kol.* axle-box, journal box, pedestal box
mączka *f* flour, meal
~ **chmielowa** *spoż.* lupulin
~ **cukrowa** powdered sugar
~ **drzewna** wood flour
~ **fosforytowa** *roln.* ground phosphate rock
~ **kamienna** rock dust, stone dust, crushed stone sand
~ **korkowa** cork dust, cork powder
~ **kostna** bone meal
~ **kwarcytowa** silica flour
~ **mięsno-kostna** meat-and-bone meal
~ **paszowa** feed meal
~ **prochowa** *wybuch.* meal powder
~ **rogowa** hoof meal, horn meal
~ **rybna** fish meal, fish flour
~ **słodowa** malt flour
~ **szamotowa** chamotte powder
~ **z krwi** blood meal, dried blood
~ **z piór** feather meal
mączny *a* farinaceous
mączystość *f* (*ziarna*) *młyn.* mealiness
mąka *f* flour; meal
~ **cukrowa** false grain
~ **kukurydziana** maize meal
~ **pasażowa** machine flour
~ **poślednia** middlings
~ **razowa** wholemeal
~ **skalna** *geol.* rock flour
~ **wysokoglutenowa** strong flour
~ **ziemniaczana** potato flour
mąż *m* **zaufania** (*w oddziale fabryki*) shop-steward
MBiPMB = Ministerstwo Budownictwa i Przemysłu Materiałów Budowlanych
MC = maszyna (matematyczna) cyfrowa digital computer
m.cz. = mała częstotliwość *el.* low frequency
mdłości *fpl med.* nausea
meandry *mpl geol.* meanders
mebel *m* piece of furniture
meble *mpl* furniture; fitments
~ **wbudowane** built-in furniture; built-in fitments
meblościanka *f* room divider
meblować *v* furnish

meblowóz *m mot.* pantechnicon (van), furniture van, removal truck, removal van
mech *m bot.* moss, *Muscus*
~ **irlandzki** carrageen, Irish moss, pearl moss, *Chondrus crispus* L.
~ **torfowy** peat moss, bog moss, *Sphagnum* L.
mechaniczny *a* mechanical
mechaniczny równoważnik *m* **ciepła** *fiz.* mechanical equivalent of heat, Joule equivalent
mechanik *m* mechanic; mechanician
~ **lotniskowy** ground engineer
~ **okrętowy** marine engineer, ship's engineer
~ **płatowcowy** *lotn.* rigger
~ **pokładowy 1.** *żegl.* deck engineer **2.** *lotn.* flight engineer
~ **silnikowy** *lotn.* engine fitter
~ **wachtowy** *żegl.* watch engineer
mechanika *f* mechanics
~ **budowli** theory of structures, structural mechanics
~ **cieczy** hydromechanics
~ **falowa** wave mechanics, quantum mechanics
~ **gruntów** soil mechanics
~ **klasyczna** classical mechanics, Newtonian mechanics
~ **kwantowa** quantum mechanics, wave mechanics
~ **lotu** flight mechanics
~ **newtonowska** classical mechanics, Newtonian mechanics
~ **nieba** *astr.* celestial mechanics
~ **ogólna** theoretical mechanics
~ **płynów** fluid mechanics
~ **precyzyjna** precision engineering, fine mechanics
~ **relatywistyczna** relativistic mechanics, theory of relativity
~ **statystyczna** statistical mechanics
~ **teoretyczna** theoretical mechanics
mechanizacja *f* mechanization
~ **kompleksowa** *zob.* **mechanizacja pełna**
~ **pełna** comprehensive mechanization, all-out mechanization
~ **płata nośnego** *lotn.* high-lift devices
~ **rolnictwa** agricultural engineering
mechanizm *m* mechanism; gear; motion; movement; work
~ **bicia zegara** striking mechanism, striking work
~ **blokujący** interlocking mechanism
~ **całkujący tachometryczny** *aut.* velodyne (integrator)
~ **czasowy** time mechanism
~ **dociskowy** (*przy tłoczeniu*) *obr.plast.* holding-down mechanism
~ **dwukorbowy** drag-link mechanism
~ **dwuwahaczowy** rocker mechanism, double rocking lever
~ **dźwigniowy** link mechanism, bar linkage
~ ~ **o ramionach nieskrzyżowanych** link mechanism with open links
~ ~ **różnicowy** differential lever, floating lever
~ **jarzmowy wahliwy** oscillating-beam mechanism, rocking-block linkage, swinging-block linkage
~ ~ **wodzikowy** turning-block linkage
~ ~ **z jarzmem przesuwnym** trammel gear
~ **jazdy** (*np. dźwigu*) traversing gear
~ **kierowniczy** *mot.* steering mechanism, steering gear
~ **kierunkowy** (*działa*) (gun) training mechanism, traversing mechanism, traversing gear
~ **kolanowy** toggle mechanism
~ **korbowo-wahaczowy** beam-and-crank mechanism, crank-and-rocker mechanism
~ **korbowo-wodzikowy** sliding-block linkage, slider crank mechanism
~ **krzywkowy** cam mechanism
~ **kulisowy** *zob.* **mechanizm łękowy**
~ **łękowy** link motion
~ **maltański** Maltese cross mechanism
~ **mnożący** *aut.* multiplier
~ **naciągowy** *zeg.* winding gear
~ **nacisku i odciągania** *chem.* push-pull mechanism
~ **nadążny** *aut.* slave mechanism
~ **napędowy** driving gear; motion work
~ **napędu czółenka** (*w krośnie*) *włók.* fly shuttle
~ **nastawczy** *zeg.* setting mechanism
~ **nawrotny** reversing mechanism, reversing gear
~ **o wymuszonym ruchu wszystkich członów** constrained mechanism
~ **obrotu żurawia** slewing gear
~ **odpalający** *uzbr.* firing mechanism
~ **podniesieniowy** (*działa*) *uzbr.* elevating mechanism, elevating gear
~ **podnoszący** lifting gear, hoisting gear
~ **podpomostowy wagi** understructure of the scales, bottom work of the scales
~ **posuwowy** (*obrabiarki*) feed gear, feed mechanism
~ **poziomujący** levelling mechanism
~ **prostowodowy** straight-line mechanism, straight-line motion
~ **prowadzenia** (*np. taśmy*) pathway mechanism
~ **przechyłowy** (*np. pieca*) tilting mechanism
~ **przegubowy** link mechanism, bar linkage
~ **przesuwu taśmy** (tape) transport; deck
~ **push-pull** (*w reakcjach związków organicznych*) *chem.* push-pull mechanism
~ **reakcji chemicznych** mechanism of chemical process
~ **rozrządu zaworowego** *siln.* valve-gear, valve train
~ **równoległowodowy** parallel mechanism, parallel motion, parallelogram linkage
~ **różnicowy** differential (gear), balance gear

~ **ruchu poprzecznego** *masz.* traversing gear
~ **samoczynnego ładowania** feed mechanism
~ **spustowy** release mechanism; *uzbr.* firing mechanism
~ **sterowania** control gear
~ **szybkiego ruchu powrotnego** quick-return mechanism
~ **śrubowo-kulkowy** (*śruba z kulkami między gwintami*) ball bearing screw
~ **śrubowy** screw gear
~ ~ **z gwintem sumowym** compound screw
~ ~ **z gwintem różnicowym** differential screw, Hunter's screw
~ **uruchomiający** actuating mechanism
~ **wagowy** weighing mechanism, scale work
~ **wolnego koła** free wheel, free-wheeling ratcher, coasting device
~ **wspomagający** servomechanism
~ **wychwytowy** *zeg.* escapement
~ **wydźwigowy** (*pługa*) *roln.* self-lift (*of a plough*)
~ **wyłączający** *masz.* stop-motion
~ **wyłączania sprzęgła** *mot.* throwout
~ **wyrównawczy** (*działa*) *uzbr.* levelling mechanism
~ **wywołujący sumę** *biur.* total actuator
~ **wyzwalający** release mechanism
~ **zamkowy** *uzbr.* breech mechanism
~ **zapadkowy** ratchet mechanism, ratchet gear, ratchet-and-pawl
~ **zasilania** feed gear
~ **zatrzymujący** arrester gear
~ **zegarowy** clock-work
~ **zębatkowy** rack-and-pinion
~ **zmiany biegu** gear shift mechanism, speed changer
~ **zwrotniczy** *mot.* steering linkage
mechanizmy *mpl* **okrętowe** ship's machinery
~ **podwozia** *kol.* undergear
~ **pokładowe** *okr.* deck machinery
mechanizować *v* mechanize
mechanochemia *f* mechanochemistry
mechanoterapia *f med.* mechanotherapy
mechowatość *f* **tarcicy** *drewn.* chipped grain
mediana *f mat.* median
meduza *f zool.* jelly fish, medusa
medycyna *f* medicine
~ **jądrowa** atomic medicine, nuclear medicine
~ **kosmiczna** space medicine
~ **lotnicza** aviation medicine, aeromedicine
~ **przemysłowa** industrial medicine
~ **sądowa** forensic medicine
~ **społeczna** social medicine
medyczny *a* medical
mega- mega-, M (*prefix representing* 10^6)
megafon *m* megaphone, loudspeaker
megaherc *m jedn.* megahertz, MHz, megacycle, Mc, *zob.też* **herc**
megakariocyt *m biol.* megakaryocyte
megaomomierz *m el.* megohm-meter
megaskopowy *a* megascopic (*visible to naked eye*)
megawat *m jedn.* megawatt, *zob.też* **wat**
megawatorok *m jedn.* megawatt-year
megawolt *m jedn.* megavolt, *zob.też* **wolt**
MEiEA = **Ministerstwo Energetyki i Energii Atomowej**
mejoza *f genet.* meiosis
mekarbam *m pest.* mecarbam (*acaricide and insecticide*)
mekonina *f chem.* meconin, opianyl
mekoprop *m pest.* mecoprop (*herbicide*)
mel *m jedn.* mel
melakonit *m min.* tenorite, melaconite
melamina *f chem.* melamine, cyanur(otri)-amide
melanilina *f chem.* diphenylguanidine, DPG
melanina *f biochem.* melanin
melanteryt *m min.* melanterite, iron vitriol
melanżowanie *n włók.* blending (*of wool*)
melas *m cukr.* molasses
~ **buraczany** beet molasses
~ **odcukrzony** betasse
melasa *f zob.* **melas**
melasotwórczy *a cukr.* melassigenic
meldunek *m* report
melioracja *f roln.* land improvement, land melioration, land betterment, reclamation
melisa *f* **lekarska** *bot.* dropsy plant, *Melissa officinalis*
melit *m min.* mellite
melon *m bot.* (musk) melon, *Cucumis melo* L.
membrana *f* membrane; diaphragm, *zob. też* **przepona**
~ **jonitowa** ion-exchanger membrane
memistor *m el.* memistor
mendelew *m chem.* mendelevium, Md
mendelizm *m genet.* Mendelian genetics
mendozyt *m min.* mendozite
menisk *m* **1.** *hydr.* meniscus **2.** *opt.* meniscus lens
mennica *f* mint
mentanon-3 *m chem.* menthone
menten *m chem.* menthene
mentol *m chem.* menthol, peppermint camphor
menton *zob.* **mentanon-3**
menzura *f* graduated cylinder, graduated glass
mer *m chem.* **1.** mer, constitutional unit **2.** monomeric unit
~ **ostatni** terminal unit
~ **przedostatni** penultimate unit
merceryzacja *f włók.* mercerizing, steeping treatment
merceryzarka *f włók.* mercerizer, mercerizing machine
merkaptan *m chem.* mercaptan, thioalcohol, thiol
~ **butylowy** butyl mercaptan, butanethiol
~ **etylowy** ethyl mercaptan, ethanethiol
merkaptobenzotiazol *m chem.* mercaptobenzothiazole, MBT

merkaptyd *m chem.* mercaptide
merkurometria *f chem.* titration with standard solution of mercury (1) salts
Merkury *m astr.* Mercury
meromorficzny *a mat.* meromorphic
merynos *m zool.* merino
mesa *f okr.* mess room
~ **oficerska** wardroom
~ **załogi** crew's mess
meskalina *f chem.* mescaline
metaarsenin *m chem.* meta-arsenite
metabolit *m biochem.* metabolite
metabolizm *m biol.* metabolism
metaboran *m chem.* metaborate
~ **sodowy** sodium metaborate
metacentrum *n hydr.* metacentre
~ **duże** longitudinal metacentre
~ **małe** *zob.* **metacentrum poprzeczne**
~ **poprzeczne** transverse metacentre
~ **wzdłużne** *zob.* **metacentrum duże**
metacykliczny *a mat.* metacyclic
(meta)cynian *m* **sodowy** *chem.* sodium stannate
p-**metadien** *m chem.* phellandrene
metadyna *f el.* metadyne, amplidyne
metaformaldehyd *m chem.* metaformaldehyde, triformal
metafosforan *m chem.* metaphosphate
metagalaktyka *f astr.* metagalaxy
metaglinian *m* **sodowy** *chem.* sodium aluminate
metaharmoniczny *a mat.* metaharmonic
metajęzyk *m* metalanguage
metakrylan *m chem.* methacrylate
~ **metylu** methyl methacrylate, MMA
metakryloamid *m chem.* methacrylamide
metakrzemian *m chem.* metasilicate
~ **sodowy** sodium silicate
metal *m* metal, metallic element, *zob.też* **metale**
~ **całkowicie odgazowany** *odl.* gas-free metal
~ **drukarski** printer's metal
~ **gorący** *odl.* hot liquid metal
~ **hutniczy** *hutn.* primary metal
~ **lity** (*bez porów lub wtrąceń niemetalicznych*) compact metal
~ **magnetyczny** magnetic metal
~ **Monela** Monel metal
~ **natryskowy** *spaw.* sprayed metal
~ **nowy** *hutn.* virgin metal, primary metal
~ **oczyszczany strefowo** zone-refined metal
~ **odlewniczy** (*przeznaczony do odlewania*) casting metal
~ **pierwotny** *hutn.* virgin metal, primary metal
~ **pochodzenia meteorytowego** extra-terrestrial metal
~ **powłoki** coating metal
~ **protektorowy** sacrificial metal
~ **próżniowy** (*topiony w próżni*) vacuum-melted metal
~ **przetopiony** *hutn.* reused metal, secondary metal
~ **reaktorowy** (*do reaktorów jądrowych*) nuclear metal
~ **rodzimy** **1.** *min.* native metal **2.** *spaw.* parent metal, base metal
~ **rozpuszczony** solute metal
~ **spoiny** weld metal, weld deposit
~ **surowy** crude metal
~ **techniczny** commercial metal
~ **termostatyczny** thermostat(ic) metal, thermoelectric metal
~ **ultraczysty** superpure metal, ultra-pure metal
~ **we wlewkach** ingot metal
~ **wiążący** metal(lic) binder (*in powder metallurgy*)
~ **wtórny** *hutn.* secondary metal
~ **zagazowany** *odl.* gassed metal
~ **zimny** *odl.* cold liquid metal, sluggish metal
metaldehyd *m chem.* metaldehyde
metale *mpl* metals, metallic elements, *zob. też* **metal**
~ **alkaliczne** alkali metals
~ **ciężkie** heavy metals
~ **kolorowe** non-ferrous metals
~ **lekkie** light metals
~ **nieszlachetne** common metals, base metals
~ **nieżelazne** non-ferrous metals
~ **pospolite** common metals, base metals
~ **półszlachetne** semi-noble metals
~ **przejściowe** *chem.* transition elements, transition metals
~ **samozapalne** pyrophoric metals
~ **szlachetne** noble metals, precious metals
~ **wewnętrznoprzejściowe** *chem.* inner transition elements
~ **ziem alkalicznych** alkaline earth metals
~ **ziem rzadkich** lantanide series, lantanides, rare-earth elements
metaliczny *a* metallic
metalimnion *m geofiz.* metalimnion, thermodine
metalizacja *f* **1.** metal plating, metallization **2.** *el.* bonding (*e.g. of an aircraft*)
~ **dyfuzyjna** diffusion metallization, metal impregnation
~ **kondensacyjna** metal-vapour plating
~ **łukowa** arc spraying
~ **natryskowa** metallization, metal spraying
~ **wielopoziomowa** *elektron.* multiple-layer metallization
metalograf *m* metallographer
metalografia *f* metallography
~ **rentgenowska** X-ray metallography
metalograficzny *a* metallographic
metaloid *m* **1.** metalloid, semi-metal **2.** metalloid, non-metal, non-metallic element
metalonośny *a* metalliferous
metaloorganiczny *a chem.* organometallic (*compound*)
metaloplastyka *f* hammered metalwork, artistic metalwork

metalowiec *m* metalworker
metalowy *a* (made of) metal, metallic
metaloznawca *m* physical metallurgist
metaloznawstwo *n* physical metallurgy, structural metallurgy, metal science
metalurg *m* metallurgist
metalurgia *f* metallurgy
~ **metali nieżelaznych** non-ferrous metallurgy
~ **mokra** hydrometallurgy
~ **ogniowa** pyrometallurgy
~ **proszków** powder metallurgy, metal ceramics
~ **próżniowa** vacuum metallurgy
~ ~ **stali** vacuum steelmaking
~ **włókien** fibre metallurgy
~ **żelaza** ferrous metallurgy
metalurgiczny *a* metallurgical
metamagnetyki *mpl fiz.* metamagnetic substances
metamagnetyzm *m fiz.* metamagnetism
metamatematyka *f* metamathematics
metameria *f chem.* metamerism, functional group isomerism
metamorficzny *a petr.* metamorphic
metamorfizm *m petr.* metamorphism
~ **dynamiczny** dynamometamorphism
~ **kontaktowy** contact metamorphism
~ **termiczny** thermometamorphism
metamorfoza *f petr.* metamorphism
metan *m chem.* methane
metanal *m chem.* methanal, formaldehyde
metanek *m chem.* methanide
metaniarz *m górn.* gasman
metanizacja *f chem.* methanation
metanol *m chem.* methanol, methyl alcohol, carbinol
metanolan *m chem.* methylate, methoxide
metanometr *m górn.* methane detector
metasomatoza *f geol.* metasomatism
metastabilny *a chem.* metastable
metastatyczny *a chem.* metastatic
metastaza *f fiz.* metastasis
metatektyka *f met.* metatectic
metateoria *f* metatheory
metatrwały *a chem.* metastable
meteonawigacja *f lotn.* pressure-pattern flying, aerologation
meteor *m astr.* meteor
~ **jasny** fireball; bolide
meteorograf *m* (aero)meteorograph
meteorolog *m* meteorologist
meteorologia *f* meteorology
~ **synoptyczna** synoptic meteorology
meteoryt *m astr.* meteorite, aerolite
metionina *f biochem.* methionine
metoda *f* method
~ **amerykańska** (*otrzymywania żeliwa ciągliwego*) *obr.ciepl.* blackheart process, American process
~ **amoniakalna produkcji sody** Solvay (ammonia soda) process
~ **analityczna** analytic method
~ **analizy ścieżki krytycznej** *ek.* critical path method, CPM, critical path analysis, CPA
~ ~ **wartości** value engineering, value analysis
~ **(aproksymacji) minimaks** *mat.* minimax technique, min-max technique
~ **atomów znaczonych** *nukl.* tracer method, tracer technique, labelled atoms method
~ **badania** method of testing, research method
~ **bezbrakowa** (*produkcji*) zero-defects method
~ **bloków losowych** randomized complete blocks design
~ **Braggów** *kryst.* revolving crystal method, Bragg method
~ **czasowa** (*przetwarzania analogowo-cyfrowego*) *aut.* voltage-to-time conversion method
~ **Czebyszewa przybliżonego całkowania** *mat.* Chebyshev approximation
~ **częstotliwości impulsów** *aut.* impulse frequency system
~ **częstotliwościowa** *aut.* voltage-to-frequency conversion method
~ **Czochralskiego** *kryst.* Czochralski process, Czochralski technique
~ **ćwiartkowania** *chem.* coning and quartering method
~ **Debye'a-Scherrera** *kryst.* Debye--Scherrer method, powder method
~ **dodawania wzorca** *chem.* method of standard addition
~ **doświadczalna** experimental method
~ **dwóch faz** *mat.* two-phase method
~ **dymarkowa Kruppa** (*otrzymywania żelgrudy w piecu obrotowym*) *hutn.* Krupp-Renn process
~ **ekstrapolacyjno-interpolacyjna** *mat.* predictor-corrector method
~ **elektrod polaryzowanych** *chem.* dead--stop method
~ **europejska** (*otrzymywania żeliwa ciągliwego*) *hutn.* European process
~ **Evansa** *aut.* root-locus method
~ **fazy stacjonarnej** *mat.* stationary phase method
~ **Hartree i Focka** *fiz.* self-consistent field method, SCF method
~ **impulsowa acykliczna** *aut.* impulse spacing system
~ **indeksowania SLIC** *inf.* selective listing in combination, SLIC
~ **iteracji funkcyjna** *mat.* functional iteration method
~ **iteracyjna** iterative method
~ **jednoprzebiegowa** *chem.* single-sweep method
~ **kolejnych prób** trial-and-error method
~ ~ **przybliżeń** *mat.* method of successive approximations
~ **komorowa** *chem.* (lead) chamber process
~ **kontaktowa** *chem.* contact process
~ **korelacji szeregowania** method of rank correlation
~ **kruchych powłok** *wytrz.* brittle lacquer technique

~ **laboratoryjna** laboratory method
~ **linii pierwiastkowych** *aut.* root-locus method
~ **losowań próbnych** *skj* random sampling method
~ **łamanych** *mat.* point-slope method
~ **Łobaczewskiego** *mat.* root-squaring method
~ **miareczkowania** *chem.* titrimetric method
~ **miedziowo-amoniakalna** *włók.szt.* cuprammonium process
~ **miejsc geometrycznych pierwiastków** *aut.* root-locus method
~ **mikrogramowa** *chem.* ultramicro method
~ **miligramowa** *chem.* micromethod
~ **mnożników (Lagrange'a)** *mat.* method of undetermined coefficients, method of multipliers
~ **modulacji czasowo-impulsowej** impulse duration system
~ **mokra** *chem.* wet method
~ **momentów wtórnych** *mech.* area-moment method
~ **montażu wspornikowa dwustronna** (*mostu z podpory*) *inż.* balanced-cantilever erection method
~ **Monte Carlo** *mat.* Monte-Carlo method
~ **motylkowa walcowania kątowników** butterfly method of rolling angle bars
~ **najmniejszych kwadratów** *statyst.* least square method, minimum chi-square method
~ **najszybszego spadku** *mat.* method of steepest descent, saddle-point method
~ **największej wiarogodności** maximum likelihood method
~ **nanogramowa** *chem.* nanogram method, submicro method, ultramicro method
~ **nieparametryczna** *statyst.* non-parametric method
~ **nośnikowa** *chem.* carrier method
~ **objętościowa** *chem.* volumetric method
~ **oceny statystycznej** statistical method of estimation
~ **odkrywkowa** *inż.* cut-and-cover method (*of tunneling*)
~ **odwróconych faz** *chem.* reversed phase technique
~ **PERT** programme estimation revaluation technique, PERT
~ **pierścienia i kuli** *chem.* ring-and-ball method
~ **pikogramowa** *chem.* picogram method, subultramicro method
~ **planowania ewolucyjnego** evolutionary operation, EVOP
~ **pola samouzgodnionego** *fiz.* SCF method, self-consistent field method
~ **połowienia** *mat.* method of bisection
~ **porównawcza** comparative method
~ **potencjometryczna** *chem.* potentiometric method
~ **potencjostatyczna** *chem.* potentiostatic method
~ **półilościowa** *chem.* semiquantitative method
~ **produkcji bezbrakowej** zero defects method
~ **prób i błędów** trial-and-error method
~ **przecięć** (*w rozwiązywaniu kratownic*) *wytrz.* method of sections
~ **przekątniowa (Cantora)** *mat.* diagonal method
~ **przepływów międzygałęziowych** *ek.* input-output analysis
~ **przypołudnikowa** *nawig.astr.* reduction to the meridian
~ **radiowęglowa datowania** *nukl.* radiocarbon dating
~ **Rankine'a** *mech.pł.* source-sink method, Rankine method
~ **rentgenograficzna badania struktury** X-ray diffraction method
~ ~ **dyfrakcyjna** *zob.* **metoda rentgenograficzna badania struktury**
~ ~ **kryształu obracanego** *kryst.* revolving crystal method, Bragg method
~ ~ ~ **wahliwie obracanego** *kryst.* oscillating crystal method
~ ~ **proszkowa** *kryst.* powder method, Debye-Scherrer method
~ ~ **Sachsa** *kryst.* back reflection method
~ **reprezentacyjna** *skj* representative method
~ **rozcieńczenia izotopowego** *chem.* isotope dilution method
~ **rozdzielenia zmiennych** *mat.* method of separation of variables
~ **rozpryskowa wytwarzania stali** spray steelmaking
~ **różnic skończonych** *mat.* finite-difference method
~ **różnicowa** *zob.* **metoda różnic skończonych**
~ **selektywnego zestawiania kombinacji** (*słów z tytułów dokumentów*) *inf.* selective listing in combination, SLIC
~ **serii wzorców** *chem.* standard-series method, visual comparison method (*in colorimetry*)
~ **siarczanowa** *papiern.* sulfate process
~ **siarczynowa** *papiern.* sulfite process
~ **siecznych** *mat.* secant method
~ **silnikowa** (*oznaczania liczby oktanowej paliw*) motor method of fuel rating
~ **Solvaya** *chem.* Solvay (ammonia soda) process
~ **sprzężonych gradientów** *mat.* conjugate gradient method
~ **stojakowa** *ferm.* German process
~ **strioskopowa** *aero.* schlieren method (*of visualisation of flow*)
~ **strumieniowo-czasowa** (*oznaczania grubości powłoki*) *hutn.* jet test (*for determining thickness of coating*)
~ **stykowa** (*pomiaru gładkości powierzchni*) tracer method
~ **sucha** *chem.* dry method
~ **sympleks** *mat.* simplex method

~ ~ **zmodyfikowana** revised simplex method
~ **szybkiego octowania** *ferm.* quick generator process
~ **ścieżki krytycznej** critical path method. CPM
~ **termograwimetryczna** *chem.* thermoponderal method
~ **topologiczna** *aut.* root-locus method
~ **VB** valence-bond (resonance) method
~ **wagowa** *chem.* gravimetric method
~ **wariacyjna** *fiz.* variational method
~ **wiązań walencyjnych** *zob.* **metoda VB**
~ **wieloprzebiegowa** *chem.* multi-sweep method
~ **wirówkowa** centrifugal process
~ ~ **przędzenia** *włók.szt.* centrifugal spinning
~ **wiszącej kropli** *elchem.* anodic stripping voltammetry, stripping analysis
~ **wskaźnikowa** *nukl.* tracer method, tracer technique, labelled atoms method
~ **wykreślna** graphical method
~ **wyrównywania momentów (Crossa)** *mech.* moment distribution method
~ **zapisu bez powrotu do zera** *inf.* non-return to zero change, non-return to zero mark
~ ~ **z kodowaniem fazy** phase encoding
~ ~ **z modulacją częstotliwości** frequency modulation recording
~ ~ **z powrotem do polaryzacji** return to bias recording, polarized return to zero recording
~ **zdeformowanych atomów w cząsteczkach** *chem.* DAIM-method, deformed atoms in molecules method
~ **zerowa odczytu** *metrol.* method of taking zero readings
~ **źródeł i upustów** *mech.pł.* source-sink method, Rankine method
metodologia *f* methodology
metody *fpl* **energetyczne** *wytrz.* strain energy methods
~ **naukowe organizacji pracy** work-study
~ **numeryczne** numerical methods
metodyczny *a* methodical
metoksy- *chem.* methoxy-
metoksyanilina *f chem.* methoxyaniline, anisidine
metoksybenzen *m chem.* methoxybenzene, anisole
metoksychlor *m pest.* methoxychlor, methoxy DDT, DMDT (*insecticide*)
metoksyfenol *m chem.* methoxyphenol
O-**metoksyfenol** *m chem.* guaiacol
metoksyl *m chem.* methoxyl
metoksylowanie *n chem.* methoxylation
metol *m fot.* metol (*developing agent*)
metr *m jedn.* metre, m
~ **bieżący** running metre
~ **kwadratowy** square metre
~ **sześcienny** cubic metre, stere
~ ~ **na sekundę** cumec (*a unit of volume flow rate*)
metrampaż *m poligr.* clicker, maker-up
metraż *m* metric area
metro *n* underground (railway); *US* subway
metrologia *f* metrology
~ **jakości** quality metrology
~ **prawna** legal metrology
metronom *m* metronome
metryczny *a* metric
metryka *f* **1.** birth-certificate **2.** *mat.* metric
~ **Kaehlera** *mat.* Kaehler metric
~ **książki** printer's imprint (*in a book*)
~ **maszyny** machine card
~ **przestrzeni** (*topologicznej*) *zob.* **metryka 2.**
metryzacja *f mat.* metrization
metryzować *v mat.* metrize
metryzowalny *a mat.* metrizable
metyl *m chem.* methyl group
metylal *m chem.* methylal, formal
metylan *m chem.* methylate, methoxide
2-metylanoftochinon-1,4 *m chem.* menadione
metylen *m chem.* methylene
metylidyn *m chem.* methylidyne, methine
metyloacetylen *m chem.* methylacetylene, propyne
α-**metyloakroleina** *f chem.* methacrolein
metyloamina *f chem.* methylamine
metyloantracen *m chem.* methylanthracene
metyloazynofos *m pest.* azinphos-methyl (*acaricide and insecticide*)
metylobenzen *m chem.* methylobenzene, toluene
metyloceluloza *f chem.* methyl cellulose
metylochinolina *f chem.* methylquinoline
2-metylochinolina *f chem.* quinaldine
4-metylochinolina *f chem.* lepidine
metyloetyloketon *m chem.* methyl ethyl ketone, MEK
metyloetylopirydyna *f chem.* methyl ethyl pyridine, MEP
2-metylofuran *m chem.* silvan
3-metyloindol *m chem.* 3-methylindole, scatole
5-metylo-2-izopropylofenol *m chem.* thymol, thyme camphor, isopropyl-*meta*-cresol
metylokauczuk *m* methyl rubber, dimethylbutadiene rubber
metyloparation *m pest.* parathion-methyl (*acaricide and insecticide*)
metylopiperydyna *f chem.* methylpiperidine, pipecoline
2-metylopropan *m chem.* 2-methyl propane, isobutane
2-metylopropanol *m chem.* isobutyraldehyde, isobutyl aldehyde
2-metylopropen *m chem.* 2-methylpropene, isobutene, isobutylene
2-metylopropyl *m chem.* isobutyl (*unsubstituted only*)
metylopropyloketon *m chem.* 2-pentanone, ethyl acetone, methyl propyl ketone, MPK
metyloranż *m farb.* methyl orange, helianthine

metylostyren *m chem.* methyl styrene, vinyltoluene
5-metylouracyl *m biochem.* 5-methyluracil, thymine
metylowanie *n chem.* methylation
metyn *m chem.* methylidyne, methine
mewa *f zool.* mew, gull, *Larus*
~ **morska** sea gull
mewinfos *m pest.* mevinphos (*insecticide*)
mezoatom *m fiz.* mesonic atom, mesic atom
mezofit *m bot.* mesophyte
mezokoloid *m chem.* mesocolloid
mezomeria *f chem.* mesomerism
mezomeryczny *a chem.* mesomeric
mezomorficzny *a chem.* mesomorphic
mezon *m fiz.* meson
~ μ mu-meson, muon
~ π pi-meson, pion
~ τ tau meson
~ **ciężki** heavy meson, K-particle, kaon
~ **K** *zob.* **mezon ciężki**
~ **lekki** light meson
~ ϱ rho meson
~ φ phi meson
mezonowa teoria *f* **pola** *fiz.* meson field theory
mezopauza *f geofiz.* mesopause
mezosaproby *pl biol.* mesosaprobic organisms
mezosfera *f* **1.** *meteo.* mesosphere **2.** *geol.* mesosphere, lower mantle
mezotor *m chem.* mesothorium, MsTh
mezozoik *m geol.* **1.** Mesozoic era **2.** Mesozoic group
mezzanino *n bud.* mezzanine (floor), entresol
mezzotinta *f poligr.* mezzotint
mętnościomierz *m* turbidimeter, turbidity indicator
mętność *f* turbidity
mętny *a* turbid, dull, opaque; clouded (*fluid*)
męty *pl* (*w oleju tłoczonym*) *spoż.* foots
~ **flotacyjne** *wzbog.* floatation pulp
~ **rudne** *wzbog.* ore pulp
MG = Ministerstwo Górnictwa
mg = miligram *jedn.* milligram(me)
MGD = magnetogazodynamika magnetogasdynamics
mgiełka *f* **1.** *meteo.* thin fog **2.** *powł.* bloom(ing) (*defect*)
mgła *f* mist; fog
~ **adwekcyjna** *meteo.* advection fog
~ **bardzo gęsta** *meteo.* dense fog
~ **frontowa** *meteo.* frontal fog
~ **gęsta** *meteo.* thick fog
~ **krzemionkowa** *odl.* silicate cloud
~ **lekka** *meteo.* thin fog
~ **lokalna** *meteo.* patch
~ **niska** *meteo.* shallow fog; ground fog
~ **olejowa** oil mist (*in lubrication*)
~ **orograficzna** *meteo.* upslope fog
~ **przemysłowa** *meteo.* smog, smoke fog
~ **przyziemna** *meteo.* ground fog; shallow fog
~ **radiacyjna** *meteo.* radiation fog
~ **smołowa** *paliw.* tar fog
~ **solna** *powł.* salt mist
~ **stokowa** *meteo.* upslope fog
mgławica *f astr.* nebula
mgławienie *n* (*opryskiwanie z bardzo małymi wydatkami*) ultra-low volume spraying, ULV spraying
mgr = magister (*first university degree*)
MHD = magnetohydrodynamika magnetohydrodynamics
MHz = megaherc *jedn.* megacycle per second
miał *m* fines
~ **kamienny** rock dust, stone dust, crushed stone sand
~ **koksowy** coke breeze
~ **rudny** small ore, ore fines
~ **węglowy** fine coal, small coal, culm
miałki *a* fine, powdered
miałkość *f* fineness
miano *n chem.* titre, titer
~ **coli** *san.* coli titre, coli test, coliform count
~ **jedwabiu** *włók.* silk titre
~ **roztworu** *chem.* titre, titer
~ **tłuszczu** *chem.* titre (value), titre of fats
mianować *v* (*kogoś na stanowisko*) appoint (*sb to a post*)
mianownictwo *n* nomenclature
mianownik *m mat.* denominator
~ **wspólny** common denominator
miara *f* measure
~ **addytywna** *mat.* additive measure
~ **bezwzględna wektora** absolute value of a vector
~ **długości** linear measure
~ **Haara** *mat.* Haar measure
~ **jakości** quality measure
~ **kątowa** angular measure
~ **kołowa kątów** circular measure of angles
~ **krzywizny** *geod.* degree of a curve
~ **łukowa** arc measure
~ **niezmiennicza** *mat.* invariant measure
~ **objętości** cubic measure, solid measure; *geom.* volume measure
~ ~ **ciał sypkich** dry measure
~ ~ **cieczy** liquid measure
~ **powierzchni** square measure
~ **przestrzenna** *drewn.* stacked cubic measure
~ **rozproszenia** *zob.* **miara rozrzutu**
~ **rozrzutu** *mat.* measure of dispersion
~ **rozsiewu** *zob.* **miara rozrzutu**
~ **skurczowa** *odl.* pattern-marker's rule, shrink(age) gauge, contraction rule, moulder's rule
~ **wadliwości** *skj* measure of fraction defective
~ **zbioru** *mat.* measure of a set
miareczkowanie *n chem.* titration, titrimetry
~ **acydymetryczne** acid titration, acidimetry
~ **alkacymetryczne** acid-base titration

~ **alkalimetryczne** base titration, alkalimetry
~ **amperometryczne** amperometric titration, polarometric titration, amperometry
~ **do punktu martwego** dead-stop titration, bi-amperometric titration, amperometry with two polarized electrodes
~ **elektrometryczne** electrometric titration
~ **fotokolorymetryczne** photometric titration
~ **fotometryczne** *zob.* **miareczkowanie fotokolorymetryczne**
~ ~ **strąceniowe** heterometric titration
~ **gazometryczne** gas titration
~ **heterometryczne** *zob.* **miareczkowanie fotometryczne strąceniowe**
~ **kolorymetryczne** colorimetric titration
~ **kompleksometryczne** compleximetric titration, compleximetry
~ **konduktometryczne** conductometric titration
~ **kulometryczne** coulometric titration
~ **merkurometryczne** mercurimetric titration
~ **oscylometryczne** oscillometric titration, high-frequency titration
~ **potencjometryczne** potentiometric titration
~ **przez wypieranie** displacement titration
~ **radiometryczne** radiometric titration
~ **redoks** *zob.* **miareczkowanie redoksymetryczne**
~ **redoksymetryczne** redox titration
~ **reduktometryczne** reductometric titration
~ **strąceniowe** precipitation titration
~ **termometryczne** thermometric titration, enthalpimetric titration
~ **turbidymetryczne** turbidimetric titration, heterometric titration
~ **wstępne** pretitration
miarka *f metrol.* rule
~ **drukarska** *poligr.* em scale, type scale, type gauge
~ **składana** folding rule, zigzag rule
~ **skurczowa** *odl.* contraction rule, moulder's rule, shrinkage rule
~ **taśmowa** measuring tape
miasteczko *n* **uniwersyteckie** campus
miasto *n* town; city
~ **-ogród** garden city
~ **-satelita** satellite town
miazga *f* pulp
~ **drzewna** *papiern.* wood pulp, groundwood (pulp)
~ **korkotwórcza** *bot.* phellogen, cork cambium
~ **sączkowa** filter paper clippings, filter paper pulp
~ **twórcza** (*drzewa*) *bot.* cambium
~ **zęba** *anat.* dental pulp
miażdżyca *f* **naczyń** *med.* atherosclerosis
miażdżyć *v* crush, squash
miąższość *f* **drewna** log volume, volume of wood
~ **nadkładu** *górn.* depth of cover
~ **pokładu** *górn.* seam thickness
~ **utworów karbońskich** *geol.* coal height, height of coal
~ **warstw** *geol.* depth of strata, thickness of strata
micela *f chem.* micelle
~ **odwrócona** reversed micelle
micelaryzacja *f chem.* micellarization
MICh = Międzynarodowy Instytut Chłodnictwa International Institute of Refrigeration, IIR
miech *m* bellows
miecz *m bud.* angle brace, angle tie, diagonal brace
~ **łodzi żaglowej** drop keel, sliding keel, dagger board, centerboard
mieczyk *m bot.* gladiolus, *Gladiolus*
mieć *v* **na celu** aim at...
~ **pełnomocnictwo** *ek.* be empowered to...
~ **tendencję do...** tend to...
~ ~ **wzrostową** be on the increase
~ **w obwodzie...** have a circumference of...
~ **wielkie znaczenie dla...** have a considerable bearing on...
miednica *f anat.* pelvis
miedniczka *f* **nerkowa** *anat.* renal pelvis, pelvis of kidney
miedza *f* baulk
miedzianka *f farb.* verdigris (*basic copper acetate*)
miedziankit *m* chlorinated high explosive
miedziany *a* (made of) copper
miedziawy *a chem.* cuprous
miedzionikiel *m met.* cupro-nickel, nickeline
miedzionośny *a geol.* cupriferous
miedzioryt *m poligr.* copperplate engraving
miedziorytnictwo *n* chalcography
miedziowanie *n* **1.** copper plating, copperizing **2.** *włók.* coppering
~ **bezprądowe** *powł.* currentless copper plating
~ **chemiczne** *zob.* **miedziowanie bezprądowe**
miedziowce *mpl chem.* copper group, copper family, coinage metals, currency metals (Cu, Ag, Au)
miedziowy *a chem.* cupric
miedź *f chem.* copper, Cu
~ **anodowa** anode copper
~ **beztlenowa** oxygen-free copper, deoxidized cooper
~ ~ **o dużej przewodności elektrycznej** oxygen-free high conductivity copper, OFHC copper
~ **ceglasta** (*odmiana kuprytu*) tile ore
~ **cementacyjna** cement copper
~ **czarna** black copper
~ **elektrolityczna** electrolytic copper, electrocopper, cathode copper
~ ~ **hutnicza** electrolytic tough pitch copper, ETP-copper
~ **elektrotechniczna** high conductivity copper, HC copper
~ **fosforowa** phosphor copper

~ **hutnicza** fire-refined copper
~ **katodowa** electrolytic copper, electrocopper, cathode copper
~ **konwertorowa** converter copper, blister copper
~ **krzemowa** copper-silicon
~ **manganowa** copper-manganese
~ **nieodtleniona** set copper, dry copper
~ **przewodowa** high conductivity copper, HC copper
~ **rafinowana** refined copper
~ ~ **ogniowo** fire-refined copper
~ **rodzima** *min.* native copper
~ **surowa** black copper
~ **tlenowa** dry copper, set copper
miejsca *npl* **niedogrzane** (*wsadu*) *hutn.* cold spots, skid marks, skid shadows
~ **siedzące** (*dla pasażerów, publiczności*) seating accommodation
~ **stojące** standing room
~ **wypukłe** (*na obrabianej płaskiej powierzchni*) high-spots
miejsce *n* place
~ **aktywne** *chem.* active centre (*of catalyst*)
~ **atomu** *kryst.* atom site
~ **cumowania** *żegl.* mooring place
~ **do parkowania** (*samochodów*) parking space
~ **dostawy** *ek.* delivery point
~ **dziesiątek** (*w zapisie liczby dziesiętnej*) *mat.* ten's place
~ **dziesiętne** *mat.* decimal place
~ **geometryczne** (*punktów*) (geometric) locus (*pl* loci)
~ ~ **pierwiastków** (*równania charakterystycznego układu*) *aut.* root locus
~ **gorące 1.** *siln.spal.* hot-spot **2.** *genet.* hot spot
~ **kierowania** (*pociskami*) guidance station
~ **kotwiczne** *żegl.* anchoring berth
~ **leżące** (*w wagonie sypialnym*) *kol.* berth
~ **międzywęzłowe** *kryst.* interstitial site
~ **na bagaż** (*w bagażniku samochodu*) trunk space
~ **obliczeniowe** *nawig.* fix
~ **odgałęzienia 1.** (*przewodu*) branch(ing) point **2.** (*toru*) *kol.* point of switch
~ **ogrodzone** enclosure
~ **pamięci** *inf.* storage location, memory location
~ **pierwiastka w układzie okresowym** *chem.* element place in the periodic table
~ **poboru pary** *zob.* **miejsce upustu pary**
~ **postoju pojazdów** parking (place)
~ ~ **statku** *żegl.* accommodation berth
~ **powtórzenia** *inf.* rerun point, restart point
~ **pozorne** (*ciała niebieskiego*) apparent place, apparent position (*of a heavenly body*)
~ **pożaru** seat of fire
~ **pracy** workplace; place of employment
~ **prawdziwe** (*ciała niebieskiego*) true place (*of a heavenly body*)
~ **przechowywania** storage facility
~ **przeładunkowe** (*w porcie*) loading berth
~ **przeznaczenia** *transp.* point of destination
~ ~ **nieznane** unknown destination
~ **przyłożenia dźwignika** *mot.* jacking point
~ ~ **siły** *mech.* point of application of force
~ **puste 1.** *kryst.* vacancy, discontinuity **2.** *poligr.* blank (space)
~ ~ **w cieczy** hole in liquid
~ **siedzące** (*np. w pojeździe*) seat
~ ~ **z przodu** front-seat
~ ~ **z tyłu** back-seat
~ **sypialne** *kol.* berth
~ **szpitalne** ward bed
~ **umocowania** (*ładunku w pojeździe*) *transp.* tie-down point
~ **upustu pary** bleeding point, extraction point, tapping point (*in steam turbines*)
~ **wypadku** scene of accident
~ **wysokoaktywne** *nukl.* hot spot
~ **zacumowania** *żegl.* mooring place
~ **zakotwienia** *inż.* anchor station
~ **zamieszkania** domicile
~ **zwałowania** dumping ground, bingstead
~ **żerowania** *roln., ryb.* feeding gound
miejscowy *a* local
miejscówka *f* reserved-seat ticket
miejski *a* urban
mielarz *m papiern.* beaterman
mielec *m* (*część mięśniowa żołądka ptaka*) *zool.* gizzard
mielenie *n* grinding, milling; *papiern.* beating
~ **chude** *papiern.* free beating
~ **drobnoziarniste** fine grinding
~ **masy** *papiern.* stock beating
~ **na mokro** wet grinding
~ **na sucho** dry grinding
~ **smarne** *zob.* **mielenie tłuste**
~ **tłuste** *papiern.* slow beating, wet beating
~ **wibracyjne** vibro-milling
mielizna *f* shoal
~ **środkowa** middle ground
mielnik *m* (*element mielący*) grinding medium
mieniący się *min.* chatoyant
mienie *n* **porzucone** *żegl.* derelict
~ **rozbitkowe** *żegl.* waveson
~ **społeczne** *ek.* collective goods
~ **uratowane** *żegl.* salvage
miernictwo *n* **1.** metrology **2.** surveying
~ **górnicze** mine surveying, dialling
~ **kolorów** colorimetry
~ **podziemne** *górn.* underground surveying
~ **powierzchniowe** land surveying
~ **promieniowania** radiometry
mierniczy *m* surveyor
~ **górniczy** mine surveyor, dialler
~ **powierzchniowy** land-surveyor
miernik *m* meter, measuring instrument

~ **ciśnienia** (*krwi*) *med.* tonometer
~ **częstości tętna** *med.* pulse rate meter
~ **częstotliwości** *rad.* frequency meter, wavemeter
~ **dobroci** *el.* Q-meter
~ **ekstynkcji atmosferycznej** transmissometer, hazemeter, transmittance meter
~ **elektromagnetyczny** *el.* moving-iron instrument, soft-iron instrument
~ **elektryczny wielkości nieelektrycznych** electrically measuring instrument
~ **głośności** audiometer
~ **grubości izotopowy** nucleonic thickness gauge
~ ~ **taśmy** *hutn.* strip gauge meter
~ **indukcyjności** *el.* inductometer
~ **mocy biernej** *el.* varmeter
~ ~ **dawki** *radiol.* dose-rate meter
~ ~ **wyjściowej** *rad.* output meter
~ **naciągu** tension meter, tensiometer
~ ~ **taśmy** *hutn.* strip tension meter
~ **o podziałce symetrycznej** centre-zero instrument
~ **objętości oddechowej** *med.* breathing volumeter, respiration volumeter
~ ~ **wentylacyjnej płuc** *zob.* **miernik objętości oddechowej**
~ **opadu pyłu** deposit gauge
~ **oporności izolacyjnej** *el.* insulation tester, megger
~ ~ **uziemienia** *el.* earthometer
~ **poślizgu** (*silnika asynchronicznego*) *el.* slip meter
~ **poziomu głośności** sound level meter
~ ~ **napięcia** *tel.* level measuring set
~ ~ **programowego** *rad.* volume unit meter, vu meter
~ **(poziomu) szumów** *el.akust.* psophometer, noise meter
~ **promieniowania** *fiz.* radiometer; bolometer
~ **przenikalności magnetycznej** *el.* permeameter
~ ~ **promieniowania** *radiol.* penetrometer
~ **przesłuchu** *telef.* crosstalk meter
~ **radiolokacyjny prędkości pojazdów** radar velocity measuring instrument
~ **refrakcji oka** *med.* anaclasimeter, refractive power measuring device
~ **siły dźwięku** acoustimeter
~ **tablicowy cyfrowy** digital panel meter, DPM
~ **tłumienności** *tel.* transmission measuring set
~ **twardości promieni X** *radiol.* penetrometer
~ **uniwersalny** *el.* multimeter, volt-ohm--milliammeter, circuit analyzer, multiple-purpose tester
~ **widzialności** (*przezroczystości powietrza*) transmissometer, transmittance meter, hazemeter
~ **wskazówkowy** indicating instrument, indicator
~ **wzmocności** *tel.* gain measuring set
~ **zapotrzebowania** *el.* demand meter
~ **zawartości cukru w moczu** *med.* diabetometer
mieroża *f ryb.* fyke (net)
mierzalność *f* measurability
mierzalny *a* measurable
mierzarka *f włók.* measuring machine
mierzeja *f ocean.* sandbar, sand reef
mierzenie *n* **odległości taśmą** *geod.* taping
mierzwnik *m* (*do pługa*) *roln.* weed hook
mierzyca *f papiern.* side lay, side mark
mierzyć *v* measure, take measurements; gauge (*e.g. wire diameter*)
miesiąc *m* **gwiazdowy** sideral month
~ **syderyczny** *zob.* **miesiąc gwiazdowy**
~ **synodyczny** *astr.* synodic month, lunar month, lunation
miesić *v* **ciasto** dough up, knead
mieszacz *m* **1.** *rad.* mixer **2.** *inf.* collator, interpolator
~ **symetryczny** *tel.* balanced mixer
~ **zrównoważony** *zob.* **mieszacz symetryczny**
mieszać *v* **1.** mix; stir, agitate **2.** *inf.* collate (*data*)
mieszadło *n* **1.** mixer (arm), agitator, stirrer **2.** *odl.* rabble
~ **grabkowe** rake mixer
~ **indukcyjne** (*do mieszania kąpieli metalowej*) *hutn.* induction stirrer, magnetic stirrer
~ **kotwicowe** horseshoe agitator, horseshoe mixer
~ **łapowe** *zob.* **mieszadło łopatkowe**
~ **łopatkowe** paddle agitator, paddle mixer
~ **planetarne** planetary-motion paddle
~ **śmigłowe** propeller mixer, propeller agitator
~ **śrubowe** helical agitator
~ **turbinowe** turbine mixer, turbomixer
~ ~ **stożkowe** revolving-cone mixer
mieszający się miscible
mieszający się częściowo partially miscible
mieszający się z wodą water-miscible
mieszalnik *m masz.* mixer, agitator
~ **aktywny** *hutn.* active mixer
~ **bełkotkowy** air-lift agitator
~ **do gliny** *ceram.* blunger; pug mill
~ **do klejów** cement mixer
~ **do mleka wapiennego** preliming tank
~ **do rozpuszczania ksantatu** *tw.szt.* vissolver
~ **flotacyjny** *wzbog.* conditioner
~ **-krystalizator do cukrzycy** *cukr.* crystallizer
~ **na gaz generatorowy** *mot.* gas carburettor
~ **nieaktywny** *hutn.* inactive mixer
~ **przepływowy** flow mixer
~ **strumieniowy** jet mixer
~ **surówki** *hutn.* pig-iron mixer
~ **śrubowy** helical mixer, crutcher
mieszalność *f* miscibility
~ **nieograniczona** complete miscibility, unlimited compatibility
~ **ograniczona** partial miscibility, incomplete miscibility, limited compatibility

~ **zupełna** complete miscibility, unlimited compatibility
mieszalny *a* miscible
mieszanie *n* mixing; stirring, agitation
~ **barw addytywne** additive colour process
~ ~ **subtraktywne** subtractive colour process
~ **dokładne** intimate mixing
~ **dźwięku** *rad., TV* mixing
~ **indukcyjne (ciekłego metalu)** *hutn.* induction stirring, electromagnetic stirring
~ **kąpieli metalowej** *odl., hutn.* rabbing
~ **mułu rudnego** *wzbog.* tossing
~ **napyłowe** *chem.* spray mixing
~ **prochu** *wybuch.* blending of powder
~ **składników** compounding
mieszaniec *m genet.* hybrid, bastard
mieszanina *f* mixture
~ **azeotropowa** azeotropic mixture, azeotrope
~ **buforowa** *chem.* buffer, buffered solution
~ **chromowa** *chem.* chromic acid cleaning mixture
~ **doskonała** ideal mixture, ideal solution
~ **dwuskładnikowa** binary mixture
~ **eutektoidalna** eutectoid (mixture)
~ **eutektyczna** eutectic (mixture)
~ **gazowa** gas(eous) mixture
~ ~ **doskonała** multicomponent ideal gas, perfect gas(eous) mixture
~ **heteroazeotropowa** *chem.* heteroazeotropic mixture, heteroazeotrope
~ **impregnacyjna** impregnating mixture
~ **izotopów** izotopic mixture
~ **jednorodna** intimate mixture
~ **nitrująca** nitrating acid, mixed acid
~ **oziębiająca** freezing mixture
~ ~ **lodu z solą** salt-ice mixture
~ **paliwowa** *siln.spal.* fuel mixture
~ **parowodna** *kotł.* steam and water mixture
~ **piorunująca** detonating gas
~ **polimerów** *chem.* polyblend
~ **ponitracyjna** *chem.* spent acid
~ **racemiczna** *chem.* racemic mixture, conglomerate
~ **reakcyjna** *chem.* reaction mixture
~ **rozpuszczalników** solvent mixture
~ **trójskładnikowa** ternary mixture
~ **wieloskładnikowa** multicomponent mixture
~ **wybuchowa** explosive mixture
~ **zamrażająca** freezing mixture, cryogen
~ **zeotropowa** *chem.* zeotrope
mieszanka *f* mixture, mix, composition, compound, blend
~ **barwników** combination of dyestuffs
~ **benzynowa** gasoline blend
~ **benzynowo-olejowa** *paliw.* petroil (*for two-stroke engines*)
~ **betonowa** *bud.* concrete mix
~ **biegu jałowego** *siln.spal.* slow-running mixture
~ **bitumiczna** (*do nawierzchni*) *inż.* blacktop
~ **błyskowa** *fot.* flash powder
~ **bogata** *paliw.* rich mixture
~ **do czyszczenia** cleaning mixture, cleaning composition
~ **do formowania** *tw.szt.* moulding composition, moulding mixture
~ **do maczania** *tw.szt., gum.* dipping compound
~ **do prasowania** *tw.szt.* moulding mixture, moulding composition
~ **doskonała** *paliw.* stoichiometric mixture, correct mixture, perfect mixture, true mixture
~ **drogowa** road mix
~ **egzotermiczna** *hutn.* exothermic composition
~ **finiszer** *zoot.* finishing mash
~ **frykcyjna** *gum.* friction compound
~ **gumowa** rubber mix, rubber compound
~ ~ **czysta** pure-gum compound, unloaded rubber compound
~ ~ **napełniona** loaded rubber compound
~ ~ **nienapełniona** *zob.* **mieszanka gumowa czysta**
~ **jednorodna** homogeneous mixture
~ **klejąca** (*żywica z utwardzaczem*) *tw. szt.* mixed glue
~ **koksownicza** coking blend
~ **mleczna dla niemowląt** formula (*baby food*)
~ **mokra** *siln.spal.* wet mixture
~ **nieodparowana** *zob.* **mieszanka mokra**
~ **niewulkanizowana** *gum.* crude compound
~ **o paliwie niedostatecznie rozpylonym** *siln.spal.* coarse mixture
~ **odparowana** *siln.spal.* dry mixture
~ **oszczędna** *paliw.* economical mixture
~ **paliwowa** fuel blend
~ **paliwowo-powietrzna** air-fuel mixture
~ **palna** *zob.* **mieszanka paliwowo-powietrzna**
~ **prestarter** *zoot.* prestarter mash
~ **ragowa** *gum.* rags compound
~ **spiekalnicza** *hutn.* sinter mix
~ **starter** *zoot.* starter (mash)
~ **stechiometryczna** *paliw.* stoichiometric mixture, correct mixture, perfect mixture, true mixture
~ **sucha** *siln.spal.* dry mixture
~ **surowa** *gum.* crude compound
~ **teoretyczna** *paliw.* stoichiometric mixture, correct mixture, perfect mixture, true mixture
~ **uboga** *paliw.* weak mixture, lean mixture, poor mixture
~ **wcierna** *gum.* friction compound
~ **węglowa** blend of coal
~ **z wypełniaczem włóknistym** *gum.* rags compound
~ **zbyt bogata** *siln.spal.* over-rich mixture
mieszany *a* mixed
mieszarka *f* **1.** mixer **2.** *włók.* mixing picker

~ **bębnowa** drum mixer, tumbling mixer, barrel mixer
~ **do ciasta** dough-kneading machine
~ **do czernideł** *odl.* blacking mixer, blacking mill, coke mill
~ **do gliny** pug-mill
~ **do pasz** food masher
~ **do zapraw** *bud.* mortar mixer
~ **dwustożkowa** double-cone mixer
~ **korbowa** kneading machine
~ **krążnikowa** edge runner mixer, muller (mixer), roll mixer
~ **łopatkowa** paddle mixer
~ **masy formierskiej** *odl.* sand-mill
~ **o działaniu ciągłym** continuous mixer
~ **o działaniu okresowym** batch mixer
~ **pobocznicowa** *odl.* speedmuller, centrifugal muller
~ **spiralna** ribbon mixer
~ **wstępna** *zoot.* premixer
~ **zamknięta** *gum., tw.szt.* internal mixer
mieszek *m* **1.** bellows, concertina **2.** *biol.* follicle
~ **ochronny** *masz.* gaiter
~ **prężny** sylphon (bellows), pressure capsule
~ **uszczelniający** sealing bellows
~ **włosowy** *anat.* hair follicle
mieszkalnictwo *n* housing
mieszkalny *a* habitable
mieszkanie *n* dwelling; apartment; flat
~ **dwupoziomowe** split-level apartment
~ **służbowe** service quarters
mieszkaniec *m* inhabitant
mieścić *v* **się w...** be situated in..., be contained in...
mieścić *v* **w sobie** contain; hold
mietlica *f bot.* bent (grass), *Agrostis*
mięczaki *mpl zool.* molluscs, mollusks, *Mollusca*
międlarka *f* **1.** *włók.* breaker, breaking machine **2.** *skór.* staking machine
międlenie *n* **1.** *włók.* breaking (*flax*) **2.** *skór.* staking
międzyatomowy *a* interatomic
międzybiegunowy *a* interpolar
międzycząsteczkowy *a* intermolecular
międzydendrytyczny *a kryst.* interdendritic
międzyfazowy *a* interfacial
międzygwiezdny *a* interstellar
międzyjądrowy *a* internuclear
międzyjonowy *a* interionic
międzykontynentalny *a* intercontinental
międzykrystaliczny *a* intercrystalline
międzylądowanie *n lotn.* intermediate landing
międzyliniowość *f TV* interlace, interlacing
międzymetaliczny *a* intermetallic
międzymiastowy *a* interurban
międzymorze *n* isthmus
międzynarodowa cisza *f* **radiowa** *tel.* international radio silence
międzynarodowa granica *f* **daty** *geod.* international date line
międzynarodowa klasyfikacja *f* **dziesiętna** universal decimal classification, UDC
międzynarodowy język *m* **lotniczy** International Language for Aviation, ILA
międzynarodowy kod *m* **meteorologiczny** international weather code
międzynarodowy stopień *m* **twardości gumy** international rubber hardness degree, IRHD
międzynarodowy układ *m* **gwintów metrycznych** International Metric Thread System
międzynarodowy układ *m* **jednostek miar** SI units, international system of units
międzynarodowy znormalizowany numer *m* **wydawnictw ciągłych** international standard serial number, ISSN
międzynarodowy znormalizowany numer *m* **wydawnictw zwartych** international standard book number, ISBN
międzyplanetarny *a* interplanetary
międzyplon *m roln.* intercrop
międzypodróż *f żegl.* (*krótki rejs dodatkowy między dwoma rejsami*) intermediate voyage
międzypokład *m okr.* 'tween deck
międzypokładnik *m okr.* intermediate beam
międzypokładzie *n okr.* 'tween decks
międzypunktowość *f TV* dot interlace
międzystopniowy *a masz.* interstage
międzytorze *n kol.* intertrack space
międzywarstwa *f* interlayer
~ **uszczelniająca** *powł.* sealing coat, sealer
międzywęzłowy *a kryst.* interstitial
międzywęźle *n kryst.* interstitial site, interstitial position
międzywręg *m okr.* intermediate frame
międzyziarnowy *a kryst.* intergranular
miękki *a* **1.** soft **2.** *nukl.* soft **3.** *spoż.* tender **4.** *okr.* tender
miękkie lądowanie *n kosm.* soft landing
miękkopłat *m lotn.* parawing, paraglider
mięknąć *v* soften, get soft
mięsak *m med.* sarcoma
mięsień *m anat.* muscle
~ **dwugłowy** biceps
~ **gładki** smooth muscle, nonstriated muscle, involuntary muscle, organic muscle, unstriped muscle
~ **krawiecki** sartorius
~ **napinający** tensor
~ **odwodziciel** abductor
~ **poprzecznie prążkowany** striated muscle
~ **prostujący** extensor
~ **przywodziciel** adductor
~ **sercowy** cardiac muscle
~ **wyprostny** *zob.* **mięsień prostujący**
~ **zginacz** flexor
mięso *n* meat
~ **baranie** mutton
~ **cielęce** veal
~ **końskie** horsemeat
~ **wieprzowe** pork
~ **wołowe** beef
~ **wysokobiałkowe** high-protein meat, HPM
mięsożerny *a* carnivorous

mięśniolot *m lotn.* man-powered aircraft
mięta *f bot.* mint, *Mentha* L.
~ **pieprzowa** peppermint, *Mentha piperita* L.
~ **zielona** spearmint, *Mentha viridis*
miętus *m zool.* burbot, *Lota lota* L.
migacz *m* blinker
migać *v* flicker; blink
migawka *f fot.* shutter
~ **centralna** between-lens shutter
~ **obiektywowa** *zob.* **migawka centralna**
~ **obrotowa** *kin.* revolving shutter, rotary shutter
~ **sektorowa** between-lens shutter
~ **szczelinowa** focal plane shutter, slit shutter
migdał *m* (*owoc*) almond, *zob.też* **migdałowiec**
migdałek *m anat.* (palatine) tonsil
migdałowiec *m* **1.** *bot.* almond tree, *Prunus amygdalus* Batsch **2.** *petr.* amygdaloid
migotanie *n* **1.** flickering **2.** *astr.* scintillation; twinkling **3.** *biol.* fibrillation **4.** *inf.* thrashing
~ **ech** *rad.* twinkling
~ **międzyliniowe** *TV* interline flicker
~ **przedsionków** *med.* atrial fibrillation, auricular fibrillation
migracja *f* migration
~ **elektronów** electron migration
~ **jonów** migration of ions
~ **w polu elektrycznym** electrical migration
~ **wywołana zjawiskiem lawinowym** *elektron.* avalanche-induced migration, AIM
mijać *v* (*na drodze*) pass
mijanka *f kol.* passing siding; *drog.* layby, passing place; *górn.* meeting
mika *f min.* mica, *zob.też* **łyszczyk**
~ **magnezjowa** biotite
~ **potasowa** muscovite, moscovite, potassium mica, white mica
~ **uranowa** uranite
~ **żelazna** micaceous iron-ore
mikanit *m* (*sztuczny materiał izolacyjny*) *el.* micanite
mikologia *f biol.* mycology
mikoryza *f bot.* mycorrhiza
mikro- micro-
mikroamperomierz *m el.* microammeter
mikroanaliza *f chem.* microanalysis
~ **sondą elektronową** electron probe microanalysis
mikroanalizator *m met.* microanalizer, microprobe analyser
mikrobalony *mpl tw.szt.* microballoons
mikrobar *m jedn.* barye
mikrobiologia *f* microbiology
mikrobiureta *f lab.* microburette
~ **ze śrubą mikrometryczną** micrometer syringe
mikrobrekcja *f geol.* microbreccia
mikrobudowa *f* microstructure
mikrobus *m* minibus
mikroby *mpl biol.* microbes, microorganisms
mikrochemia *f* microchemistry; *US* trace chemistry
mikrocyt *m biol.* microcyte
mikrocząstki *fpl* elementary particles
mikroelektroda *f elchem.* microelectrode
~ **stała** (*nie rtęciowa*) solid microelectrode
mikroelektronika *f* microelectronics
~ **molekularna** molecular electronics, molectronics
mikroelement *m* **1.** *biochem.* micronutrient, trace element, minor element **2.** *elektron.* microelement
mikroewolucja *f biol.* microevolution
mikrofale *fpl rad.* microwaves
mikrofaradomierz *m el.* microfarad meter
mikrofilm *m* microfilm
mikrofisza *f inf.* microfiche
mikrofon *m* microphone
~ **butonierkowy** lapel microphone
~ **cewkowy** moving-coil microphone
~ **cieplny** hot-wire microphone, thermal microphone
~ **ciśnieniowy** pressure microphone
~ **dynamiczny** dynamic microphone, moving-coil microphone
~ **elektromagnetyczny** moving-iron microphone
~ **elektronowy** electronic microphone
~ **elektrostatyczny** electrostatic microphone, condenser microphone
~ **falowy** wave microphone
~ **gradientowy** (pressure) gradient microphone
~ **jonowy** ionic microphone
~ **kierunkowy** directional microphone
~ **krtaniowy** throat microphone, laryngophone
~ **magnetoelektryczny** dynamic microphone, moving-coil microphone
~ **magnetostrykcyjny** magnetostriction microphone
~ **magnetyczny z ruchomą cewką** dynamic microphone, moving-coil microphone
~ **maskowy** mask microphone
~ **nasobny** headset
~ **piezoelektryczny** crystal microphone, piezoelectric microphone
~ **pojemnościowy** condenser microphone, electrostatic microphone
~ **pomiarowy** standard microphone
~ **prędkościowy** velocity microphone
~ **przeciwhałasowy** anti-noise microphone
~ **przeciwsobny** push-pull microphone
~ **przyustny** close talking microphone
~ **rzędowy** line microphone, machine-gun microphone
~ **sondujący** probe microphone, sound probe
~ **telefoniczny** telephone transmitter
~ **węglowy** carbon microphone
~ **wielokrotny** combination microphone
~ **wstęgowy** ribbon microphone

~ **wszechkierunkowy** omnidirectional microphone
~ **wzorcowy** standard microphone
mikrofonowanie *n elektron.* microphony, microphonic effect, microphonism, microphonics
mikrofotografia *f* **1.** microphotograph **2.** microphotography
mikrofotometr *m* microphotometer
mikrografia *f* micrograph
mikrohuta *f* minimill, ministeelplant
mikrointerferometr *m* interferometer microscope
mikrokalorymetr *m* microcalorimeter
mikrokalorymetria *f* microcalorimetry
mikrokapsułka *f* microcapsule
mikrokarta *f inf.* microfilm card, microcard
~ **przejrzysta** transparent microcard
mikrokator *m metrol.* microkator
mikroklimat *m* microclimate
mikroklin *m min.* microcline
mikrokomputer *m inf.* microcomputer
mikrokondensator *m elektron.* microcapacitor
mikrokrystaliczny *a* microcrystalline
mikrolinia *f elektron.* microstrip
mikrolit *m min.* microlite
mikrołącznik *m el.* micro-switch, switchette
mikromanometr *m* micromanometer, micro-pressure gauge
mikrometeoryty *mpl astr.* micrometeorites, micrometeorite dust
mikrometoda *f chem.* micro method, milligram method
mikrometr *m* **1.** *jedn.* micrometer, micron: 1μ (*lub* μm) = 10^{-6} m **2.** micrometer (caliper), micrometer gauge
~ **czujnikowy** dial micrometer, indicating micrometer
~ **do gwintów** thread micrometer
~ **do gwintów zewnętrznych** screw gauge micrometer
~ **do pomiarów wewnętrznych** inside micrometer caliper
~ **drążkowy** stick micrometer
~ **kabłąkowy** outside micrometer caliper
~ **okularowy** eyepiece micrometer
~ **wewnętrzny** inside micrometer caliper
~ **z noniuszem** vernier micrometer
~ **z podstawą** bench micrometer
~ **zewnętrzny** outside micrometer caliper
mikrometryczny *a* micrometric
mikromiareczkowanie *n chem.* microtitration
mikrominiaturyzacja *f elektron.* microminiaturization
mikromoduł *m elektron.* tinkertoy module
mikromontaż *m* **metodą „pająkową”** *elektron.* spider bonding
~ ~ **wyprowadzeń belkowych** beam-lead bonding
~ **struktury** chip bonding
~ **układów scalonych** IC bonding
mikron *m jedn.* micron, micrometer: 1μ (*lub* μm) = 10^{-6} m
mikronaprężenia *npl* (*równoważące się w obrębie jednego kryształu*) Heyn stresses, microstresses, microscopic stresses, textural stresses
mikronawóz *m* minor nutrient, trace nutrient
mikronierówności *fpl* **poprzeczne** *obr. skraw.* ridges (*on finished surface*)
mikronizer *m* jet mill
mikroobróbka *f* (*mechaniczna*) micro-machining
mikroogniwo *n* **korozyjne** corrosion micro-cell
mikrooperacja *f inf.* microoperation
mikrooprogramowanie *n inf.* firmware
mikroorganizmy *mpl* microorganisms, microbes
mikrooznaczanie *n chem.* microdetermination
~ **fotonefelometryczne** photonephelometric microdetermination
mikropalnik *m* microburner
mikropęknięcie *n* micro-crack
mikropierwiastek *m chem.* trace element, microelement, minor element
mikropirometr *m* micropyrometer
mikropołączenie *n elektron.* microbonding
mikropor *m* micropore
mikroporowatość *f* microporosity
mikroprocesor *m inf.* microprocessor
mikroprogram *m inf.* microprogram
mikroprogramowanie *n inf.* microprogramming
mikropróbka *f* microsample
mikroprzekaźnik *m el.* microrelay
mikroradiografia *f* microradiography
~ **projekcyjna** projection microradiography, PMR
mikroradiogram *m* microradiograph, microradiogram
mikroradiometr *m* microradiometer
mikrorentgenografia *f* microradiography
mikrorentgenogram *m* microradiograph, microradiogram
mikroreologia *f* microrheology
mikrorozkaz *m inf.* microinstruction
mikrorysa *f* micro-scratch
mikrosegregacja *f met.* microsegregation, minor segregation, dendritic segregation, coring
mikrosilnik *m el.* small-power motor
mikroskładnik *m chem.* micro-component
mikroskop *m* microscope
~ **akustyczny skaningowy** scanning acoustic microscope, SAM
~ ~ ~ **laserowy** scanning laser acoustic microscope, SLAM
~ **dwuobiektywowy** double objective microscope
~ **dwuokularowy** binocular microscope
~ **elektronowy** electron microscope
~ ~ **prześwietleniowy** transmission electron microscope
~ ~ **skaningowy** scanning electron microscope, SEM
~ ~ **transmisyjny** transmission electron microscope, TEM

~ **fluorescencyjny** fluorescence microscope
~ **interferencyjny** interferometer microscope
~ **jednoobiektywowy** monoobjective microscope
~ **jednookularowy** monocular microscope
~ **konikowy** (*wagi*) rider lens
~ **kontrolny** inspection microscope
~ **metalograficzny** metallographic microscope
~ ~ **z kamerą fotograficzną** metallograph
~ **nadfioletowy** ultraviolet microscope
~ **odbiciowy** reflecting microscope
~ **odczytowy ze spiralą** spiral micrometer microscope
~ **polaryzacyjny** polarization microscope, polarizing microscope
~ **polowo-jonowy** field-ion microscope
~ **polowy** field-emission microscope
~ **pomiarowy** measuring microscope
~ **projekcyjny** projection microscope
~ **protonowy** proton microscope
~ **prześwietleniowy** transmission electron microscope
~ **rentgenowski** X-ray microscope
~ **rogówkowy** *med.* corneal microscope, cornea microscope
~ **skaningowy** scanning electron microscope
~ **warsztatowy** toolmaker's microscope, toolroom microscope
~ **wskazówkowy** (*wagi*) pointer telescope (*on the scales*)
~ **z urządzeniem fotograficznym** camera microscope
mikroskopia *f* microscopy
~ **elektronowa** electron microscopy
~ **odbiciowa** reflection microscopy
~ **prześwietleniowa** transmission microscopy
~ **skaningowa** scanning microscopy
~ **transmisyjna** *zob.* **mikroskopia prześwietleniowa**
~ **wysokotemperaturowa** hot-stage microscopy
~ **z kontrastem fazowym** phase-contrast microscopy
mikroskopijny *a* microscopic (*very small*)
mikroskopowy *a* microscopic (*of the microscope*)
mikrosonda *f* **elektronowa** electron microprobe
mikrospawanie *n* microwelding
mikrospawarka *f* **laserowa** laser microwelding set
mikrospektroskop *m* microspectroscope
mikrostan *m chem.* microscopic state, microstate
mikrostruktura *f* microstructure
mikrostrzykawka *f med.* microsyringe
mikrosynteza *f* **termojądrowa** *nukl.* microfusion
mikrotaktyczność *f chem.* microtacticity
mikrotelefon *m* microtelephone, handset
~ **nasobny** operator's telephone set
mikrotom *m lab.* microtome
mikrotwardościomierz *m* microhardness tester
mikrotwardość *f* microhardness
mikroukład *m elektron.* micromodule, microcircuit
~ **bezwyprowadzeniowy wkładalny** leadless pluggable IC package
~ **optyczny laserowy** integrated optics
mikrowaga *f* microbalance
mikrowosk *m* microcrystalline wax
mikrowtrącenia *npl met.* micro inclusions
mikrożel *m* microgel
mikrynit *m petr.* micrinite
mikser *m* **1.** *TV* mixer (*worker*) **2.** *TV* mixer (*device*) **3.** *poligr.* mixer (*type setting machine*)
~ **kuchenny** household food mixer
~ **wizyjny** *TV* video mixer, video switcher
miksowanie *n rad., kin., TV* mixing
~ **addytywne** *elektron.* additive mixing
mikstion *m farb.* gold size
mikstura *f farm.* mixture
miksyt *m min.* mixite
mila *f jedn.* mile, statute mile, land mile: 1 mi = 1609.344 m
~ **lądowa** *zob.* **mila**
~ **morska** nautical mile: 1 nautical mi = = 1852 m
~ **pojedynczego toru kolejowego** track mile
~ **pomiarowa** (*lądowa lub morska*) measured mile
mileryt *m min.* millerite, capillary pyrite, hair pyrite, nickel pyrite
mili- milli- (*prefix representing* 10^{-3})
miliamper *m jedn.* milliampere
miliamperomierz *m* milliammeter
miliard *m GB* milliard; *US* billion
milibar *m jedn.* millibar, vac: 1 mb = $= 10^{-2}$ Pa
miligram *m jedn.* milligram(me)
milimas *m nukl.* millimass unit: 1 mmu = $= 10^{-3}$ amu
milimetr *m jedn.* millimetre
~ **słupa rtęci** conventional millimetre of mercury: 1 mmHg $\approx 1.333224 \cdot 10^2$ Pa
milimikro nano-, n (*prefix representing* 10^{-9})
milion *m* million
milionowiec *m okr.* mega-ship, megaton ship
miliwolt *m jedn.* millivolt
miliwoltomierz *m* millivoltmeter
millerator *m spoż.* millerator
miloświeca *f jedn., żegl.* sea-mile candle
mimetyczny *a kryst.* mimetic, pseudosymmetric
mimezja *f kryst.* pseudosymmetry
mimikra *f biol.* mimicry
mimoosiowy *a opt.* abaxial
mimośrodowość *f* eccentricity
~ **środka ciężkości** *mech.* mass eccentricity
mimośrodowy *a* eccentric, off-centre
mimośród *m masz.* eccentric, circular cam
~ **obciążenia** eccentricity of load

~ zastępczy equivalent eccentric, virtual eccentric
min = minuta *jedn.* minute
mina *f* **1.** *uzbr.* mine **2.** *bot.* mine
~ aktywna (*wyposażona w silnik*) mobile mine
~ akustyczna acoustic mine, sonic mine
~ denna ground mine
~ dryfująca drifting mine
~ dywersyjna limpet mine
~ hydrodynamiczna pressure mine
~ kontaktowa contact mine
~ kotwiczna moored mine
~ lądowa land mine
~ lotnicza aircraft-laid mine
~ magnetyczna magnetic mine
~ pływająca drifting mine
~ przeciw okrętom podwodnym submarine mine
~ przeciwpiechotna antipersonnel mine
~ przeciwczołgowa antitank mine
~ (przeciwczołgowa) o działaniu natychmiastowym activated mine
~ przyczepna (*magnetyczna*) mine limpet
~ -pułapka booby trap, trap mine
~ uderzeniowa contact mine
~ zagrodowa moored mine
~ zdalnie odpalana controlled mine
mineralizacja *f* mineralization
mineralizator *m* *ceram.* mineralizer
mineralny *a* mineral
mineralogia *f* mineralogy
minerał *m* mineral
~ charakterystyczny typomorphic mineral
~ kruszcowy ore mineral
~ księżycowy KREEP (kalium, rare earth elements, phosphorus)
~ paramorficzny paramorph
~ promieniotwórczy radioactive mineral
~ skałotwórczy rock-forming mineral
~ towarzyszący accessory mineral
~ uranowy uranium mineral
~ ze śladami żelaza ironshot mineral
minetta *f* *petr.* minette
minia *f* *farb.* minium
~ ołowiana minium, red lead
~ żelazowa iron minium, purple oxide of iron
miniaturowy *a* miniature
miniaturyzacja *f* miniaturization
minidysk *m* *inf.* floppy disk
minihuta *f* *hutn.* minimill, ministeelplant
minikalkulator *m* electronic pocket-size calculator
minikomputer *m* *inf.* minicomputer
minima *npl* **meteorologiczne lotniska** aerodrome meteorological minima
minimaks *m* *mat.* minimax
minimalizacja *f* *mat.* minimization
minimalizować *v* **całkę** minimize the integral
minimalny *a* minimal; minimum
minimalny moment *m* **rozruchu silnika synchronicznego** *el.* pull-up torque
minimum *n* minimum, min.
~ pływu *ocean.* low tide
~ temperatury wrzenia minimum boiling point
minlina *f* mooring cable (*of a mine*)
minor *m* *mat.* minor (determinant)
~ dopełniający complementary minor
~ główny principal minor
minoranta *f* *mat.* minorant
minowanie *n* mining
minowiec *m* *okr.* minelayer
minus *m* minus, negative sign
minusfiltrat *m* = **olej niebieski** blue oil
minuskuły *mpl* *poligr.* small letters
minuta *f* *jedn.* minute, min
~ kątowa minute (of arc)
miocen *m* *geol.* miocene (*division*)
miodarka *f* (*przyrząd do wydobywania miodu z plastrów*) honey extractor
miodnik *m* *bot.* nectary
miodobranie *n* honey harvest
miododajny *a* melliferous
miodowiec *m* *min.* mellite
miodunka *f* **plamista** *bot.* lungwort, *Pulmonaria officinalis*
miogen *m* *biochem.* myogen
mioglobina *f* *biochem.* myoglobin
miograf *m* *med.* myograph
miografia *f* myography
miologia *f* (*nauka o mięśniach*) myology
mion *m* *fiz.* mouon, mu-meson
miot *m* *zool.* litter
~ prosiąt farrow
miotła *f* broom
miotacz *m* **bomb** *uzbr.* mortar
~ ~ głębinowych depth charge thrower
~ jeża hedgehog projector
~ ognia flame-thrower
miotać *v* throw; sling; fling
~ ikrę *ryb.* spawn
miotarka *f* **podsadzkowa** *górn.* slinger, slinging machine, thrower
miozyna *f* *biochem.* myosin
miód *m* honey
~ pitny mead
~ płynny liquid honey
~ rozcieńczony wodą hydromel
~ scukrzony set honey
mipafoks *m* *pest.* mipafox (*acaricide and isecticide*)
MIR = Morski Instytut Rybacki
mira *f* **1.** *geod.* azimuth mark **2.** *kosmet.* myrrh gum, herrabal myrrh
mirabelka *f* *bot.* mirabelle plum, *Prunus insititia syriaca* Koeh.
mirabilit *m* *min.* mirabilite
miraż *m* *opt.* mirage
~ radarowy angel echo
mired *m* (*odwrotność temperatury barwowej* 10^6 *K*) *jedn.* mired, micro-reciprocal-degree
miria- myria-
mirra *zob.* **mira**
mirystyna *f* *chem.* myristin
MIS = Międzynarodowy Instytut Spawalnictwa International Institute of Welding, IIW
misa *f* pan; bowl
~ gniotownika edge-runner pan

~ **grudkująca** *wzbog.* disk pelletizer, pelletizing pan, pelletizing disk, dish granulator
~ **mieszarki** mixer pan
~ **nośna** *szkl.* blocking tool
~ **obrotowa** (*mieszarki lub gniotownika*) revolving pan
~ **polerska** *szkl.* polisher
~ **spiekalnicza** *hutn.* sinter pan
~ **szlifiersko-polerska** *szkl.* optical tool
~ **ściekowa** drip tray
~ **żużlowa** *hutn.* cinder pot, slag ladle, cinder ladle, slag thimble
miscela *f chem.* miscella
miseczka *f* **1.** *obr.plast.* cup **2.** *chem.* cuvette
~ **do próby dmuchawkowej** *chem.* scorifier
miseczkowanie *n obr.plast.* cupping, dishing
miska *f* **1.** pan; basin; dish **2.** *obr.plast.* cup
~ **do obróbki filmów** film-processing tray, processing tray
~ **fotograficzna** *zob.* **miska do obróbki filmów**
~ **olejowa 1.** *siln.spal.* oil sump **2.** *masz.* drip pan
~ **oporowa zaworu** *siln.spal.* valve thrust cup
~ **spłukowa** rinsing basin
~ **sprężyny zaworu** *siln.spal.* valve spring cup, valve spring collar, valve spring retainer
~ **ustępowa** water-closet bowl, lavatory bowl
mispikiel *m min.* arsenopyrite, mispickel
mistrz *m* foreman, master
~ **formierski** *odl.* moulding foreman
~ **modelarski** *odl.* pattern foreman
~ **odlewniczy** foundry foreman
~ **pogłębiarski** dredgemaster
~ **sztauerski** *żegl.* shipworker, ship foreman
miszmetal *m met.* mischmetal
mitochondria *npl biochem.* mitochondria (*sing* mitochondrium)
mitoza *f biol.* mitosis
mizdra *f skór.* flesh side (*of leather*)
~ **biała** bright flesh
~ **gładka** level flesh
~ **ściągnięta** crumpled flesh
~ **zmatowiała** stale flesh
~ **żywa** *zob.* **mizdra biała**
mizdrowanie *n skór.* fleshing, scouring
~ **po rozmoczeniu** soak-fleshing
mizdrownica *f skór.* fleshing machine
MK = Ministerstwo Komunikacji
MKS = metr-kilogram-sekunda (*układ jednostek miar*) metre-kilogram-second
MKSA = metr-kilogram-sekunda-amper (*układ jednostek miar*) metre-kilogram-second-ampere
MKSK = metr-kilogram-sekunda-kandela (*układ jednostek miar*) metre-kilogram-second-candela
MLA = maszyna licząco-analityczna perforated card machine
mlecz *m ryb.* milt, soft roe
mleczak *m ryb.* milter
mleczan *m chem.* lactate
~ **sodowy** sodium lactate
mleczarnia *f* dairy; creamery
mleczarstwo *n* dairying, dairy industry
mleczko *n* **cementowe** cement wash
~ **kauczukowe** (rubber) latex
~ **kosmetyczne** cosmetic milk
~ **oczyszczające** *kosmet.* cleansing milk
~ **pszczele** royal jelly
~ **skrobiowe** starch milk
mleczna *a* (*krowa w okresie mleczności*) *zoot.* in milk
Mleczna Droga *f astr.* Milky Way (Galaxy)
mleczność *f zoot.* milking capacity, lactation yield
mleć *v* grind
mleko *n* **1.** *spoż.* milk **2.** *chem.* milk
~ **acidofilne** *spoż.* acidophilous milk
~ **butelkowane** bottled milk
~ **cementowe** *bud.* cement grout
~ **chude** *spoż.* skim-milk
~ **drożdżowe zagęszczone** *ferm.* yeast cream
~ **górskie** (*odmiana kalcytu*) *petr.* agaric mineral, rock milk
~ **humanizowane** (*mleko krowie preparowane dla niemowląt*) humanized milk
~ **kalafoniowe** *papiern.* resin milk, size milk
~ **kokosowe** coconut milk
~ **kwaśne** *zob.* **mleko zsiadłe**
~ **ludzkie** *fizjol.* human milk
~ **magnezjowe** milk of magnesia
~ **napromienione** irradiated milk
~ **niebieskie** *spoż.* adulterated milk, blue milk
~ **nitrocelulozowe** *wybuch.* nitrocellulose pulp
~ **odtłuszczone** *spoż.* skim-milk
~ **pasteryzowane** pasteurized milk
~ **pełne** *zob.* **mleko pełnotłuste**
~ **pełnotłuste** whole milk, full fat milk
~ **(przechowywane) w tankach** bulk milk, loose milk
~ **regenerowane** *spoż.* reconstituted milk
~ **rozcieńczone** *spoż.* adulterated milk, blue milk
~ **siarkowe** milk of sulfur
~ **skondensowane** condensed milk
~ **sojowe** soybean milk
~ **sterylizowane UHT** *spoż.* ultra-high-temperature milk, UHT milk
~ ~ **w autoklawie** *spoż.* autoclaved milk
~ **ukwaszone** *spoż.* sour milk
~ **uperyzowane** *spoż.* uperized milk
~ **w proszku** powdered milk, milk powder, dry milk
~ **w proszku odtłuszczone** dry skim milk
~ **w proszku pełne** dry whole milk
~ **wapienne** milk of lime, whitewash
~ **witaminizowane** vitamin-fortified milk, vitaminized milk

~ **wyborowe** certified milk, tuberculin-tested milk, TT milk
~ **wypełnione** *spoż.* filled milk
~ **wzbogacone** (*np. witaminizowane*) fortified milk
~ **zgęszczone** condensed milk
~ **zsiadłe** curdled milk, set milk
~ **żywiczne** *papiern.* resin milk, size milk
mlewnik *m spoż.* roller mill
~ **rozczyniający** reduction roll
~ **rzutowy** percussion grinder
mlewo *n* (*material fed mechanically into a grinding mill*)
MLiPD = Ministerstwo Leśnictwa i Przemysłu Drzewnego
MLK = Międzynarodowe Laboratorium Księżycowe International Lunar Laboratory, ILL
MŁ = Ministerstwo Łączności
młocarnia *f roln.* thresher, grain separator
~ **do kukurydzy** husker-sheller
~ **prosta** (*bez czyszczenia ziarna*) single dressing thresher
~ **szerokomłotna** broad thresher
~ **wąskomłotna** long thresher
~ **z czyszczeniem ziarna** finishing thresher
młocka *f roln.* threshing
młodnik *m leśn.* young stand, young growth
młodociany *a* adolescent; juvenile
młodzież *f* (*młode sztuki zwierząt*) *zoot.* young stock
młot *m* hammer; stamp
~ **cierny do kucia matrycowego** friction drop hammer
~ ~ **strzemionowy** kick stamp
~ **ciesielski** battering ram, cribbing ram
~ **do kucia matrycowego** drop forging hammer, die forging hammer
~ **do kucia swobodnego** smith forging hammer
~ **do prób udarnościowych** *wytrz.* impact testing machine
~ **do przekuwania wstępnego** cogging hammer
~ **do wbijania klinów** wedge ram
~ **do wbijania pali** *inż.* pile driving hammer
~ **drewniany** maul, mall, beetle
~ **dwustojakowy** double-frame hammer
~ **dźwigniowy** helve hammer, tilt hammer
~ **Izoda** *wytrz.* Izod machine (*for impact testing*)
~ **jednostojakowy** single-frame hammer
~ **kafarowy** drop weight, ram, monkey, pile hammer
~ **kowalski** smith hammer
~ ~ **dwuobuchowy** double-faced sledge
~ ~ **dwuręczny** sledge, sledge-hammer, about-sledge
~ ~ **zwykły** cross-peen sledge
~ **kuźniczy** forging hammer
~ ~ **pneumatyczny** bêche, pneumatic forge hammer
~ **matrycowy** (*do kucia matrycowego*) drop forging hammer, die forging hammer
~ **mechaniczny** power hammer
~ **obrotowy do prób udarnościowych** *wytrz.* rotary hammer impact testing machine
~ **opadowy do prób udarnościowych** *wytrz.* drop-weight type impact testing machine, guillotine-type impact machine
~ **obustronnego działania** double-acting stamp
~ **parowo-powietrzny obustronnego działania** double-acting power hammer
~ **parowy** steam hammer
~ **pasowy** *masz.* strap hammer
~ **powietrzny** air hammer
~ **przeciwbieżny** counterblow hammer
~ **spadowy** (gravity) drop hammer, trip hammer
~ ~ **deskowy** board-drop hammer, board-lift hammer
~ ~ **linowy** rope-lift hammer
~ **sprężarkowy** pneumatic forging hammer
~ **sprężynowy** spring hammer
~ **szybkobieżny** high-speed hammer
~ **wahadłowy Charpy'ego** *wytrz.* Charpy pendulum machine, single-blow impact testing machine
~ ~ **przeciwbieżny** *wytrz.* balanced impact machine
młoteczek *m* **1.** hammer **2.** *anat.* hammer
~ **do opukiwania** *med.* percussion hammer
~ **drukujący** *biur.* print hammer
~ **dzwonka** bell hammer, bell clapper
młotek *m* hammer; (*bez trzonka*) hammer-head
~ **blacharski** tinman's hammer
~ **do czyszczenia powierzchni** scaling hammer
~ **do gwoździ** nail hammer, claw hammer
~ **do nitowania** riveting hammer, riveter
~ **do pił** saw hammer
~ **do usuwania zgorzeliny** scaling hammer, scaler
~ **drewniany** mallet
~ **dwuobuchowy** *zob.* **młotek dwustronny**
~ **dwustronny** double face hammer
~ **formierski** *odl.* moulder's hammer, moulder's mallet
~ **gładzik** (*blacharski*) planishing hammer
~ **górniczy** miner's hammer
~ **instalatorski** plumber's hammer
~ **klepak** (*blacharski*) chasing hammer
~ **kotlarski** boilermaker's hammer
~ **kowalski** blacksmith's hammer
~ ~ **krzyżowy** straight peen hammer
~ **mechaniczny** power hammer
~ ~ **do urabiania skał** *górn.* ripper
~ **miękki** mallet, soft-face hammer
~ ~ **blacharski** dresser
~ ~ ~ **do rozklepywania** bossing mallet
~ **murarski** brick hammer, gavel
~ **nitowniczy** riveting hammer, riveter
~ **pneumatyczny** pneumatic drill
~ ~ **do nitowania** pneumatic riveter, rivet gun

~ **podkowiarski** (*do kucia koni*) shoeing hammer
~ **Poldi** *wytrz.* Poldi hardness tester
~ **równiak** face hammer
~ **skórzany** rawhide mallet
~ **stolarski** carpenter's hammer
~ **ślusarski** engineer's hammer, fitter's hammer, machinist's hammer
~ ~ **zwykły** cross peen hammer
młotkowanie *n* peening; hammering
młotowanie *n* hammering
młotowina *f* hammer scale, forge scale
młotownia *f obr.plast.* hammer forge, hammer forging department
młotowy *m* hammer-smith, hammerman, striker; stamper
młócić *v roln.* thresh
~ **cepami** flail
młóto *n ferm.* spent grain
młyn *m* (grinding) mill; grinder
~ **bębnowy** tumbling mill
~ **bijakowy** beater mill
~ **drobnomielący** fine pulverizer
~ **grubomielący** coarse mill
~ **Jordana** *papiern.* Jordan refiner
~ **koloidalny** colloid mill
~ **kozłowy** post mill
~ **krążnikowy** chaser mill, Chilean mill
~ **kulowy** ball mill, ball grinder, ball-and--race-type pulverizer, ball-bearing pulverizer
~ ~ **stożkowy** conical (ball) mill
~ ~ **z otoczakami** pebble mill
~ **lodowcowy** *geol.* moulin, glacial mill
~ **młotkowy** beater mill
~ **palcowy** disintegrating mill, disintegrator
~ **prętowy** rod grinder, rod mill
~ **pyłowy** pulverizer, pulverizing mill
~ ~ **do węgla** coal-dust mill
~ **rozbijający** *papiern.* refiner
~ **rurowy** tube mill
~ **strumieniowy** jet mill
~ **tarczowy** disk mill
~ **udarowy** impact mill
~ **walcowo-pierścieniowy** ring-roller mill
~ **walcowy** roller mill
~ **węglowy** coal pulverizer
~ ~ **pierścieniowo-sprężynowy** bowl mill
~ **wiatrowy** grinding windmill
~ ~ **obrotowy** post mill
~ **wibracyjny** vibrating mill
~ **wielokomorowy** compartment mill
~ **wodny** water-mill
~ **zbożowy** corn mill, grain mill, flour mill
~ **żarnowy** buhr(stone) mill
młynek *m* mill
~ **do farb** *poligr.* ink mill
~ **hydrometryczny** hydrometric current meter
~ ~ **helikoidalny** *zob.* **młynek hydrometryczny śmigłowy**
~ ~ **śmigłowy** propeller current meter
~ **ręczny** quern
~ **Segnera** *hydr.* Segner's mill
młynownia *f kotł.* coal-milling plant

Mm = mila morska *jedn.* nautical mile
mm = milimetr *jedn.* millimetre
mnemotechniczny *a* mnemonic
mnich *m inż.* monk, outlet box
mniszek *m* **lekarski** *bot.* dandelion, *Taraxacum officinale*
mnogość *f mat.* set
mnożenie *n* **1.** *mat.* multiplication **2.** *nukl.* multiplication
~ ∪ cap product
~ ∩ cup product
~ **częstotliwości** frequency multiplication
~ **krzyżowe** cross product
~ **lewostronne** premultiplication
~ **neutronów** neutron multiplication
~ **podkrytyczne** *nukl.* subcritical multiplication
~ **prawostronne** postmultiplication
mnożna *f mat.* multiplicand
mnożnik *m mat.* multiplier
~ **analityczny** *chem.* analytical factor, stoichiometric factor, chemical factor
~ **częstotliwości** frequency multiplier
~ ~ **binarny** *inf.* binary rate multiplier, BRM
~ **dobroci** *el.* Q-multiplier
~ **Halla** *elektron.* Hall (effect) multiplier
~ **napięcia** voltage multiplier
~ **poprawkowy** *metrol.* correction factor
~ **przeliczeniowy** conversion factor
mnożyć *v mat.* multiply
moc *f* **1.** *mech.* power; horse-power; power rating; power output **2.** *chem.* strength **3.** *mat.* cardinality, cardinal number, power (*of a set*) **4.** *mat.* power
~ **admisyjna elektrody** rated electrode dissipation
~ **akustyczna** sound power, acoustic power
~ **alkoholu** proof
~ **bierna** *el.* wattless power, reactive power
~ **bojowa** *lotn.* combat rating
~ **brzeczki garbującej** *skór.* strength of liquor
~ **ciągła** continuous power, continuous rating
~ **ciągu** *lotn.* thrust power
~ **cieplna** thermal power
~ **continuum** *mat.* power of the continuum
~ **czynna** *el.* active power, real power
~ **dawki** *radiol.* dose rate
~ ~ **pochłoniętej** absorbed dose rate
~ **doprowadzana** applied power
~ **dorywcza** (*przy pracy krótkotrwałej*) short-time rating
~ **dostarczana** applied power
~ **efektywna** power output, effective power; brake horse-power
~ **ekonomiczna** (*na mieszance ubogiej*) *siln.spal.* weak-mixture rating
~ **elektryczna** electric power
~ **grzejna** (*pieca*) heating power; rate of heat development
~ **gwarantowana** (*elektrowni*) firm power, firm capacity (*of an electric plant*)
~ **hamowana** *lotn.* brake horse-power

~ ~ **całkowita** (*w silniku turbośmigłowym*) total equivalent brake horse-power (*in turboprops*)
~ **holowania** *okr.* towrope horsepower
~ **hydrauliczna** hydraulic output
~ **indykowana** *siln.spal.* indicated power
~ **izotermiczna sprężarki** isothermal horse-power of a compressor
~ **jednogodzinna** *el.* hourly output
~ **jednostkowa** unit power
~ **jonowa** ionic strength
~ **kermy** *fiz.* kerma rate
~ **kwasu** *chem.* acid strength
~ **łuku** *el.* arc power
~ **maksymalna** maximum power, maximum rating; *lotn.* maximum take-off rating
~ **mechaniczna** mechanical power
~ **na haku** *kol.* output at the drawbar, drawbar horsepower
~ **na kole pasowym** belt horse-power
~ **na obwodzie kół** *kol.* output at the wheel rim
~ **na poziomie morza** *lotn.* sea-level power
~ **na sprzęgle** power at coupling
~ **na wale** shaft power
~ **napędowa** driving power; motive power
~ **naporu** *okr.* thrust horse-power, THP
~ **niegwarantowana** (*elektrowni*) dump power (*of an electric plant*)
~ **niezbędna** *lotn.* power required
~ **nominalna** *siln.* power rating, rated power
~ **obliczeniowa ciągu** (*silnika odrzutowego*) *lotn.* thrust horse-power, THP
~ ~ **procesora** *inf.* processor capacity
~ **odbierana** (*przez antenę*) *rad.* received power
~ **odpowiadająca ciągowi** (*w silnikach turboodrzutowych*) thrust horsepower, THP
~ **oporów ruchu** *siln.* friction loss
~ **optyczna** (*soczewki*) refracting power, focal power (*of a lens*)
~ **palnika** *spaw.* blowpipe size
~ **pobierana** power input, input power, absorbed power
~ **pociągowa** *kol.* traction output
~ **podatkowa** *mot.* treasury rating
~ **podróżna** *mot.* cruising power
~ **powodująca wyłączenie awaryjne** *nukl.* scram power
~ **pozorna** *el.* apparent power
~ **(pozorna) zespolona** *el.* complex power
~ **prawna** (legal) authority
~ **promienista** radiant power
~ **przeciekowa** *tel.* leakage power
~ **przelotowa** *lotn.* cruising power
~ **psofometryczna** *tel.* psophometric power
~ **reaktora** *nukl.* reactor power
~ **rozporządzalna** *lotn.* available power
~ **rozpuszczalnika** solvent strength
~ **równoważna** (*silnika odrzutowego*) *lotn.* thrust horse-power
~ ~ **całkowita** (*silnika turbośmigłowego*) *lotn.* total equivalent (brake) horse-power, t.e.h.p.
~ **startowa** *lotn.* take-off power, take-off rating
~ **sterowania** *elektron.* driving power
~ **szczytowa** *el.* peak power
~ **testu (statystycznego)** power of a (statistical) test
~ **tętniąca** *el.* fluctuating power
~ **trwała** *siln.* continuous power, continuous rating
~ **uciągu** *roln.* drawbar horse-power
~ **ułamkowa** *el.* fractional power
~ **użyteczna** power output, effective power; brake horse-power
~ ~ **w HP** horse-power output
~ ~ **znamionowa** rated output
~ **w antenie** *rad.* antenna energy
~ **w koniach** *siln.* horse-power
~ ~ ~ **mechanicznych kotłowych** boiler horsepower, bhp
~ **w watach** *el.* wattage
~ **wiązania** *chem.* bond strength
~ **właściwa pracy** *nukl.* working power density
~ **wydawana** *el.* power output, output power
~ **wydzielana w anodzie** *elektron.* anode dissipation
~ **wyjściowa** power output
~ ~ **średnia** average power output
~ **wytwarzana** *el.* generated power, produced power
~ **wznoszenia** *lotn.* combat rating
~ **zainstalowana** (*elektrowni*) installed capacity, generating capacity (*of a power plant*)
~ **zasady** *chem.* basic strength
~ **zbioru** *mat.* power of a set
~ **znamionowa** *siln.* power rating, rated power
~ ~ **w HP** horsepower rating
~ ~ **w watach** wattage rating
~ **zużywana** consumed power
mocnica *f* **burtowa** *okr.* sheer strake
~ **pokładowa** deck stringer, stringer plate, gunwale plate
mocnik *m* **pokładowy** *okr.* gunwale bar, deck stringer angle
mocno szczelny pressure-tight (*joint*)
mocno wysuszony high-dried
mocny *a* **1.** firm, tough; robust **2.** *farb.* rich, full
mocować *v* fasten; fix; *obr.skraw.* clamp; lash (*with ropes*)
~ **kitem** *szkl.* block
~ **śrubą fundamentową** anchor
~ **w przyrządach obróbkowych** *obr.skraw.* jig
~ **w uchwycie** *obr.skraw.* chuck
~ **w zabieraku** *obr.skraw.* dog
~ **w zwornicy** *drewn.* cramp
mocowadło *n* *obr.skraw.* clamping device
mocowanie *n* **wielodociskowe** *obr.skraw.* multiple clamping
mocz *m* *fizjol.* urine

moczary *pl* swamp, bog, marsh
moczenie *n włók.* steeping, soaking; (*lnu*) retting
~ **prochu** *wybuch.* water drying of powder
moczeniec *m* retted flax
mocznica *f med.* uremia
mocznik *m chem.* urea, carbamide
moczyć *v* soak, steep; drench
moda *f statyst.* modal value, mode
model *m* model; *odl.* pattern
~ **aerodynamiczny** *aero.* wind tunnel model
~ **alfowy** (*jądra atomowego*) alpha-particle model (*of nucleus*)
~ **atomu** atomic model
~ ~ **Bohra** Bohr atom
~ **cybernetyczny** cybernetic model
~ **dwuczęściowy** *odl.* cope and drag pattern
~ **dynamicznie podobny** *aero.* dynamic model
~ **dzielony** *odl.* split pattern
~ ~ **na płycie** mounted split pattern
~ **geometrycznie podobny** geometrically similar model, geosim
~ **gronowy** *zob.* **model klastrowy**
~ **jądra** *fiz.* nuclear model
~ **klastrowy** (*jądra atomowego*) cluster model (*of nucleus*)
~ **kroplowy** (*jądra atomowego*) liquid drop model (*of nucleus*)
~ **latający** *lotn.* flying model
~ ~ **na uwięzi** tethered flying model
~ **liniowy** *mat.* linear model
~ **losowy** *skj* chance pattern
~ **ludnościowy** population model
~ **luźny** *odl.* loose pattern
~ **macierzysty** *okr.* parent model
~ **matematyczny** mathematical model
~ **-matka** *odl.* master-pattern, double-contraction pattern
~ **na płycie dwustronnej** *odl.* match plate pattern
~ **na skurcz podwójny** *odl.* master-pattern, double-contraction pattern
~ **nadprzewodnikowy** (*jądra atomowego*) superconductivity model, superfluid model, pairing correlations model (*of nucleus*)
~ **naturalnej wielkości** full-scale model
~ **naturalny** *odl.* loose pattern
~ **niedzielony** *odl.* unsplit pattern, solid pattern
~ **planetarny atomu** Bohr atom
~ **plastyczny** (*terenu*) *geol.* relief model
~ **powłokowy** (*jądra atomowego*) shell model (*of nucleus*)
~ **próbny kadłuba** *okr.* test hull
~ **przeciągany** *odl.* stripping pattern
~ **pusty** *odl.* hollow pattern
~ **redukcyjny** *lotn.* non-flying aircraft model
~ **rekombinacyjny** *elektron.* recombination model
~ **samobieżny** *okr.* self-propelled model
~ **skorelowanych par** *fiz.* superconductivity model (*of nucleus*), superfluid model, pairing correlations model
~ **sprężysty** *aero.* elastic model
~ **swobodny 1.** *odl.* loose pattern **2.** *okr.* free model
~ **szkieletowy** *odl.* skeleton pattern
~ **układu wlewowego** *odl.* set of gate patterns
~ **uproszczony** *odl.* simplified pattern
~ **urnowy** *mat.* urn model
~ **w skali zmniejszonej** scale model
~ **warstwowy** (*jądra atomowego*) shell model (*of nucleus*)
~ **wielodziałowy** *odl.* multiple-part pattern
~ **wielogrupowy** *fiz.* multigroup model
~ **wlewu głównego** *odl.* gate stick, gate pin, runner stick
~ **wytapiany** *odl.* investment pattern
~ **z modelami wlewów** *odl.* gated pattern
~ **załogowy** *okr.* model-boat, manned ship's model
modelarnia *f odl.* pattern-shop
modelarstwo *n* model-making; *odl.* pattern-making
modelarz *m* modeller; model-maker; *odl.* pattern-maker
modele *mpl* **kolektywne** *fiz.* collective models
modelit *m odl.* quick-setting compound
modelizator *m rad.* shaper
modelowanie *n* modelling, simulation
~ **analogowe** analog simulation
~ **bloków logicznych** logic block simulation, LOG BLOSIM
~ **matematyczne** mathematical modelling
~ **w wielkości naturalnej** mocking up
~ **za pomocą komputera analogowego** electronic sculpturing
modem *m tel.* modem
~ **telegraficzny** voice-frequency telegraph equipment
~ **trójkowy** ternary modem
moderacja *f nukl.* moderation, slowing down
moderator *m nukl.* moderator, *zob.też* **spowalniacz**
modernizacja *f* modernization
~ **walcowni** *hutn.* revamping of a rolling mill
modernizować *v* modernize
moderować *v nukl.* moderate, slow down
moderowany grafitem *nukl.* graphite moderated
moderowany wodą *nukl.* water moderated
modrzejec *m* **kampechiański** *bot.* logwood, campeachy wood, *Haematoxylon campechianum* L.
modrzew *m bot.* larch, *Larix* Mill.
modulacja *f* **1.** *el.* modulation **2.** *genet.* modulation
~ **amplitudy** amplitude modulation, AM
~ **anodowa** *rad.* plate modulation
~ **czasu impulsu** pulse-time modulation
~ **częstotliwości** frequency modulation, FM

~ ~ **impulsów** pulse-frequency modulation
~ ~ **wąskopasmowa** narrow-band frequency modulation, NBFM
~ **długości trwania impulsów** pulse-duration modulation, PDM, pulse-length modulation, pulse-width modulation
~ **dwutonowa** two-tone modulation
~ **gęstościowa** density modulation
~ **impulsowa kodowa** pulse code modulation, PCM
~ **jednowstęgowa** single-sideband modulation
~ **kodowo-impulsowa** *zob.* **modulacja impulsowa kodowa**
~ **negatywowa** *TV* negative amplitude modulation
~ **położenia impulsu** pulse-position modulation
~ **pozytywowa** *TV* positive amplitude modulation
~ **prędkości** velocity modulation
~ **skrośna** cross modulation
~ **szerokości impulsów** pulse-duration modulation, pulse-length modulation, pulse-width modulation, PDM
~ **wzajemna** intermodulation
~ **ze stłumioną falą nośną** suppressed carrier modulation, SC modulation
modularny *a* modular
modularyzacja *f* modularization (*of construction*)
modulator *m el.* modulator
~ **akustyczno-optyczny** acoustooptic modulator
~ **podwójnie zrównoważony** double-balanced modulator
~ **zrównoważony** balanced modulator
modulo *mat.* modulo
modulowanie *n rad.* modulation
~ **kluczem** *telegr.* keying
moduł *m* **1.** *fiz.* modulus **2.** *masz., bud.* module **3.** *mat.* (algebraic) module **4.** *mat.* modulus **5.** *mat.* absolute value
~ **ciągłości** *mat.* modulus of continuity
~ **cieczy** *papiern.* liquor ratio
~ **Helmholtza** *wytrz.* bulk modulus, volumetric modulus of elasticity, modulus of cubic compressibility, coefficient of cubic elasticity
~ **indukowany** *mat.* induced module
~ **iniektywny** *mat.* injective module
~ **Kirchhoffa** *wytrz.* modulus of rigidity, shear modulus
~ **koloru** *opt.* tristimulus value
~ **koła zębatego** module pitch (*of a gear*)
~ **kongruencji** *mat.* modulus of congruence
~ **konstrukcyjny** *masz.* building block
~ **liczby rzeczywistej** *mat.* absolute value of a real number
~ ~ **zespolonej** modulus of a complex number, norm of a complex number, absolute value of a complex number
~ **normalny** *masz.* normal module (*of a gear*)
~ **odkształcenia objętościowego** *wytrz.* bulk modulus, volumetric modulus of elasticity, modulus of cubic compressibility, coefficient of cubic elasticity
~ **osiadania** *bud.* modulus of settlement
~ **pamięci** *inf.* storage unit, memory unit
~ **projektowy** *bud.* planning module
~ **projektywny** *mat.* projective module
~ **prosty** *mat.* simple module
~ **reakcji podłoża** *bud.* modulus of subgrade reaction
~ **sprężystości** *wytrz.* modulus of elasticity, coefficient of elasticity, elastic constant
~ ~ **poprzecznej** modulus of rigidity, shear modulus, Coulomb's modulus, rigidity modulus, coefficient of transverse elasticity, torsional modulus
~ ~ **postaciowej** *zob.* **moduł sprężystości poprzecznej**
~ ~ **wzdłużnej** Young's modulus, coefficient of direct elasticity, longitudinal modulus of elasticity, elastic modulus
~ **ściśliwości** bulk modulus, volumetric modulus of elasticity, modulus of cubic compressibility, coefficient of cubic elasticity
~ **umocnienia** *obr.plast.* modulus of strain hardening, work-hardening coefficient
~ **wektora** *mat.* absolute value of a vector
~ **wierny** *mat.* faithful module
~ **wolny** *mat.* free module
~ **wyboczenia elastoplastycznego** reduced modulus of elasticity
~ **Younga** Young's modulus, coefficient of direct elasticity, longitudinal modulus of elasticity, elastic modulus
~ **z gradacją** *mat.* graded module
~ ~ ~ **podwójną** *mat.* bigraded module
modułować *v* modulate (*construction*)
modułowość *f* **konstrukcji** modularity
modułowy *a bud.* modular
modyfikacja *f* modification
~ **adresu** *inf.* address modification
modyfikator *m* **1.** modifier; modifying agent; *odl.* inoculant **2.** *inf.* modifier, index word
~ **polimeryzacji** polymerization modifier
modyfikować *v* modify
modyfikowanie *n* **żeliwa** *odl.* inoculation of cast iron
modyfikowany *a* modified
modylion *m arch.* modillion
moellon *m skór.* degras, moellen
mofeta *f geol.* mofette
mogilnik *m nukl.* burial ground, graveyard, radioactive cemetery
mohair *m włók.* mohair
mokry *a* wet
mokrym na mokre *farb.* wet on wet
mol *m chem.* **1.** (*jedn. liczności materii*) mole **2.** mole, gram-mole(cule), gram molecular weight
molalność *f* (*roztworu*) *chem.* molal concentration, molality

molalny *a chem.* molal
molarność *f* (*roztworu*) *chem.* molar concentration, molarity
molarny *a chem.* molar
molasa *f geol.* molasse
molekularność *f* **reakcji** *chem.* molecularity of reaction
molekularny *a chem.* molecular
molekuła *f chem.* molecule, *zob.też* **cząsteczka**
moleskin *m włók.* wiping cloth
molet *m narz.* knurl, knurling wheel, serration roll
moletowanie *n* knurling, milling
molibden *m chem.* molybdenum, Mo
molibdenawy *a chem.* molybdenous
molibdenian *m chem.* molybdate
molibdenit *m min.* molybdenite, molibdenum glance
molibdenowo-manganowy *a met.* moly-manganese
molibdenowy *a chem.* molybdenic, molybdic
molibdyt *m min.* molybdite, molybdic ocher
molo *n inż.* pier; jetty; mole
moloodporny *a włók.* mothproof
molowość *f* (*roztworu*) *chem.* molar concentration, molarity
molowy *a chem.* molar
molowy współczynnik *m* **absorpcji** *chem.* molar absorptivity, molar absorbancy index
moluskocyd *m pest.* molluscicide, molluscacide
molwakuometr *m* molevacuometer
mołdawit *m min.* moldavite, vitavite
moment *m* **1.** *mech.* moment **2.** *mat.* moment **3.** instant
~ **aerodynamiczny** moment of aerodynamic forces
~ **bezwładności** moment of inertia, M.I.
~ ~ **biegunowy** polar moment of inertia
~ ~ **układu materialnego** solid moment of inertia
~ **bezwzględny** *mat.* absolute moment
~ **centralny** *mat.* central moment
~ **ciężaru ciągnącego** (*w dźwignicach*) overhauling torque
~ **cyrkulacji** *mech.pł.* moment of circulation
~ **dipolowy** *el.* dipole moment
~ **elektryczny** electric moment
~ **faktorialny** *mat.* factorial moment
~ **geometryczny bezwładności powierzchni względem osi** *wytrz.* second moment of area
~ **giroskopowy** gyrostatic moment
~ **główny bezwładności** principal moment of inertia
~ ~ **układu sił** resultant moment
~ **gnący** bending moment
~ **grupy** *fiz.* group (dipole) moment
~ **hamujący** (*silnika*) braking torque, braking couple
~ **ilości ruchu** moment of momentum, angular momentum
~ **kierunkowy** *aero.* yawing moment
~ **krążenia** *mech.pł.* moment of circulation
~ **krytyczny** *masz.el.* pull-out torque, break-down torque
~ **kwadrupolowy** *el.* quadrupole moment
~ **łączny** *mat.* joint moment
~ **magnetyczny** magnetic moment
~ ~ **pozaspinowy** *fiz.* extraspin magnetic moment
~ ~ **spinowy** *fiz.* spin-magnetic moment
~ **mieszany** *mat.* product moment
~ **napędowy** driving torque, driving moment
~ **niszczący** *wytrz.* breaking moment
~ **obciążeniowy** load torque
~ **obiegowy** *fiz.* orbital moment
~ **obrotowy** torque, turning moment, turning effort
~ ~ **na wale** net torque, output torque
~ ~ **przy pełnym obciążeniu** full-load torque
~ ~ **śmigła** propeller torque
~ ~ **wejściowy** input torque
~ **od silnika** engine torque
~ **odchylający** *aero.* yawing moment
~ **odśrodkowy ciała materialnego** *mech.* product of inertia, moment of deviation, centrifugal moment
~ **oporowy** *el.* anti-torque
~ **orbitalny** *fiz.* orbital moment
~ **pary sił** *mech.* moment of a couple of forces
~ **pędu** *mech.* angular momentum, moment of momentum
~ ~ **całkowity** *fiz.* total angular momentum
~ ~ **jądra** *fiz.* nuclear spin, nuclear angular momentum
~ ~ **orbitalny** *fiz.* angular momentum
~ ~ **spinowy** *fiz.* spin
~ **pochylający** *aero.* pitching moment
~ **podłużny** *zob.* **moment pochylający**
~ **podporowy** *mech.* moment at the support
~ **poprzeczny kadłuba** *okr.* yawing moment
~ **prostujący** *okr.* righting moment
~ **przechylający** *okr.*, *aero.* rolling moment; *okr.* heeling moment
~ **przeciągający** (*w dźwignicach*) overhauling torque
~ **przeginający** *okr.* hogging moment
~ **przegłębiający** *okr.* trimming moment
~ **przywracający** *aero.*, *okr.* restoring moment
~ **reluktancyjny** *masz.el.* reluctance torque
~ **roboczy** (*przy pełnej prędkości*) *masz.* running torque
~ **rozruchowy** *siln.spal.* breakaway torque; starting torque
~ **silniowy** *mat.* factorial moment
~ **siły** moment of a force
~ **skrawania** *obr. skraw.* cutting torque
~ **skręcający** *wytrz.* torque moment, twisting moment, torsional moment

~ ~ **od sił masowych** centrifugal twisting moment
~ **spinowy** *fiz.* spin moment
~ **stateczności** *okr.* righting moment
~ **statyczny** *wytrz.* static moment
~ **synchronizujący** (*silnika synchronicznego*) *el.* pull-in torque
~ **średni kwadratowy** (*przy walcowaniu*) *hutn.* root-mean-square value of the horsepower
~ **tarcia** moment of friction
~ **tłumiący** *aut.* damping torque
~ **uginający** sagging moment
~ **utwierdzenia** (*belki*) *wytrz.* fixing moment
~ **utyku** (*silnika synchronicznego*) *el.* pull-out torque, breakdown torque
~ **walcowania** *hutn.* roll(ing) torque, rolling moment
~ **wiatru** *okr.* wind moment
~ **wpadowy** (*silnika synchronicznego*) *el.* pull-in torque
~ **wyginający** *okr.* sagging moment
~ **wyrównawczy** *okr.* righting moment
~ **wywracający** overturning moment; *okr.* capsizing moment
~ **zakłócający** *aero.* disturbing moment
~ **zamachowy** flywheel effect
~ **zawiasowy płata** *aero.* hinge moment
~ **zginający** *wytrz.* bending moment
~ ~ **falowy** *okr.* wave bending moment
~ ~ **na fali** *zob.* **moment zginający falowy**
~ **źródła podwójnego** *hydr.* moment of a doublet
momentometr *m* torque meter
~ **torsyjny** torsion meter
MON = Ministerstwo Obrony Narodowej
monacyt *m min.* monazite, cryptolite
monadnok *m geol.* monadnock, torso mountain
monczykit *m petr.* monchiquite
monel *m met.* Monel metal, monel
monergol *m rak.* monopropellant
moneta *f* coin
monitor *m* **1.** *nukl.* monitor **2.** *TV, inf.* monitor **3.** *okr.* monitor
~ **aktywności lokalnej** *nukl.* area monitor
~ **anestezjologa** *med.* anaesthesia column housing, surgery monitoring unit
~ **do sal operacyjnych** *zob.* **monitor anestezjologa**
~ **drukujący** *inf.* page printer
~ **ekranowy** CRT display unit; *inf.* computer display, monitor display, video display
~ **hydrauliczny** *górn.* monitor, hydraulic giant
~ **piaskowy** *górn.* sandslinger
~ **podsadzkowy** *górn.* slushing giant
~ **promieniowania** radiation monitor
~ **radiowy** radio monitor
~ **skażenia** *nukl.* contamination monitor
~ **wizyjno-pomiarowy** *TV* picture and waveform monitor
~ **wizyjny** *TV* picture monitor
~ **wodny** *górn.* monitor, hydraulic giant
monitorowanie *n* monitoring
~ **częstości serca** *med.* heart-rate monitoring
~ **indywidualne** *radiol.* personnel monitoring
~ **przyłóżkowe** *med.* bedside measurement, bedside monitoring
~ **zdecentralizowane** *zob.* **monitorowanie przyłóżkowe**
monochromator *m opt.* monochromator
monochromatyczny *a* monochromatic
monochromatyzacja *f opt.* monochromatization
monocyt *m biol.* monocyte
monocytopenia *f med.* monocytopenia
monocytoza *f med.* monocytosis
monodromia *f mat.* monodromy
monoenergetyczny *a* monoenergetic
monoetanoloamid *m chem.* monoethanolamide
monofonia *f rad.* monophony
monofoto *n poligr.* monophoto
monohydrat *m chem.* **1.** monohydrate **2.** 100% sulfuric acid
monoizotopowy *a* monoisotopic
monokl *m opt.* monocle, simple lens
monoklina *f geol.* monocline
monokrystalizacja *f* growing single crystals
monokryształ *m* monocrystal, single crystal
monokultura *f roln.* monoculture
monolit *m geol.* monolith
monolityczny *a* monolithic
monomer *m chem.* monomer
monomolekularny *a chem.* monomolecular
monomorficzny *a mat.* monomorphic
monomorfizm *m mat.* monomorphism
mononukleotyd *m* **flawinowy** *biochem.* flavin mononucleotide, FMN
mononukleoza *f med.* mononucleosis
monopol *m* **1.** monopoly **2.** *fiz.* monopole
monosacharydy *mpl* monosaccharides, simple sugars
monoskop *m TV* monoscope, phasmajector, monotron
monotektyka *f met.* monotectic
monotonicznie *adv mat.* monotonically
monotoniczność *f mat.* monotonicity, monotony
monotoniczny *a mat.* monotonic, monotone
monotropia *f fiz.* monotropy
monotropowy *a fiz.* monotropic
monotyp *m* **1.** *poligr.* monotype **2.** *żegl.* one-class boat
monozy *fpl chem.* monosaccharides, simple sugars
monsun *m meteo.* monsoon
montaż *m* **1.** assembly, assembling; erection; rigging; fitting **2.** *kin.* editing (*of a film*)
~ **blokowy** *bud.* gang mounting
~ **czołowy** *elektron.* face bonding
~ **elektroniczny** (*zapisów*) *TV* electronic editing
~ **formy** *odl.* mould assembly
~ **ponowny** reassembly

~ **prefabrykatów na budowie** *bud.* site assembly
~ **produkcyjny** (*bez stosowania doboru części*) non-selective assembly
~ **próbny** trial assembly
~ **reżyserski** *kin.* re-editing (*of a film*)
~ **równikowy** *astr.* equatorial mounting
~ **selekcyjny** selective assembly
~ **szkieletu konstrukcji** *bud.* framing
~ **wstępny** subassembly
~ **zapisu dźwięku** *kin.* dubbing
montażówka *f* (*do żarówek*) *el.* filament mounting machine
montebrazyt *m min.* montebrasite
montejus *m* montejus
~ **kwasowy** *chem.* acid egg, blowcase
monter *m* (*ślusarz na montażu*) assembler; erector; fitter; floor hand
~ **instalator** *el.* wireman
~ **kablowy** *el.* splicer
~ **płyt kadłuba** (*statku*) plater
~ **pracujący na linii** *el.* lineman
montmorylonit *m min.* montmorillonite
montować *v* assemble; erect; rig
montownia *f* assembly shop; assembly room
montyczelit *m min.* monticellite
monuron *m pest.* monuron (*herbicide*)
monzonit *m petr.* monzonite
moped *m* moped
mora *f* **1.** *włók.* moire **2.** *fot.*, *TV* moire effect; interference pattern
mordenit *m min.* mordenite
morela *f bot.* apricot (tree), *Prunus armeniaca* L.
morena *f geol.* moraine
~ **denna** ground moraine
morenozyt *m min.* morenosite, nickel vitriol
morfina *f chem.* morphine
morfinizm *m med.* morphinism
morfizm *m mat.* morphism
morfogeneza *f biol.* morphogenesis
morfologia *f* morphology
morfotion *m pest.* morphothion (*insecticide*)
morfotropia *f kryst.* morphotropy
morganit *m min.* morganite, vorobievite
morion *m min.* morion, smoky quartz
morowanie *n włók.* friction calendering
mors *m telegr.* **1.** Morse code **2.** inker
morski *a* marine; naval; nautical; sea-borne
morświn *m zool.* porpoise, sea hog, *Phocaena phocaena*
morwa *f bot.* mulberry, *Morus* L.
moryna *f chem.* morin
morze *n* **1.** sea **2.** (*na Księżycu*) mare
~ **bardzo spienione** very rough sea (5 *Douglas sea scale*)
~ **bardzo wzburzone** very high sea (7 *Douglas sea scale*)
~ **lekko sfalowane** slight sea (2 *Douglas sea scale*)
~ **lekko zmarszczone** smooth sea (1 *Douglas sea scale*)
~ **maksymalnie wzburzone** confused sea (9 *Douglas sea scale*)
~ **niespokojne** turbulent sea
~ **ogromnie wzburzone** precipitous sea (8 *Douglas sea scale*)
~ **otwarte** *zob.* **morze pełne**
~ **pełne** high sea
~ **przyległe** adjacent sea
~ **sfalowane** moderate sea (3 *Douglas sea scale*)
~ **skłócone** cross sea
~ **spienione** rough sea (4 *Douglas sea scale*)
~ **spokojne** calm sea (0 *Douglas sea scale*)
~ **wzburzone** high sea (6 *Douglas sea scale*)
mosiądz *m* brass
~ $\alpha+\beta$ Muntz metal, yellow brass
~ **cynowy** tin brass
~ **Delta** delta bronze
~ **krzemowy** silicon brass
~ **lany** cast brass
~ **lutowniczy** brazing brass, brazing solder, hard solder, spelter solder
~ **łuskowy** (*do wyrobu łusek*) cartridge brass
~ **manganowy** steel bronze
~ **medalierski** medal metal
~ **morski dwufazowy** naval brass, Admiralty brass, naval bronze
~ **odlewniczy** cast brass
~ **okrętowy** naval brass, Admiralty brass
~ **ołowiowy** leaded brass
~ **pospolitej jakości** common brass
~ **specjalny** (*stopowy*) complex brass
~ **wysokogatunkowy** high brass
~ **wysokoniklowy** *met.* nickel silver, German silver, nickel brass
~ **zdobniczy** ornamental brass
~ **zwykły** straight brass
mosiądzowanie *n* brass plating, brassing
mosiężny *a* brazen
moskit *m zool.* mosquito, *Culex*
moskitiera *f* mosquito screen
most *m* bridge
~ **belkowy** girder bridge
~ **blachownicowy** plate girder bridge
~ **dla pieszych** footbridge
~ **drogowy** highway bridge, road bridge
~ **holowniczy** (*do holowania modeli w basenach doświadczalnych*) towing carriage, test carriage
~ **kolejowy** railway bridge
~ **kratownicowy suwnicy** bridge girder
~ **kratowy** truss bridge
~ **łukowy** arch bridge
~ **napędowy** *mot.* driving axle, live axle
~ ~ **z przekładnią dwustopniową** dual ratio axle
~ **o przęśle obracanym** pivot bridge
~ **obrotowy** swing bridge, turn bridge
~ **podnoszony** drawbridge
~ ~ **z przeciwciężarem** bascule bridge
~ **pontonowy** pontoon bridge
~ **powietrzny 1.** *transp.* air-bridge **2.** *górn.* air crossing
~ **przedni** *mot.* front axle

~ **przeładunkowy** loading bridge, charging bridge
~ **tylny** *mot.* rear axle
~ ~ **łamany** rear swing axle
~ ~ **niesymetryczny** offset rear axle
~ **wentylacyjny** *górn.* air crossing
~ **wiszący** suspension bridge
~ **wspornikowy** cantilever bridge
~ **wyciągu pochyłego** skip bridge
~ **z jazdą dołem** bottom-road bridge, through bridge
~ **z jazdą górą** deck bridge
~ **zwodzony** drawbridge
mostek *m* **1.** bridge **2.** *anat.* sternum
~ **bębna napędowego** *zeg.* barrel bridge
~ **biegunowy** (*akumulatora*) *el.* pole bridge
~ **chelatowy** *chem.* hydrogen bridge
~ **cieplny** *chłodn.* heat leakage bridge; *nukl.* thermal bond
~ **dekadowy** *el.* decade bridge
~ **(dentystyczny)** *med.* bridgework
~ **dla pieszych** footbridge
~ **do pomiaru częstotliwości** *el.* frequency bridge
~ **dwusiarczkowy** *chem.* disulfide bridge
~ **elektrolityczny** *elchem.* salt-bridge
~ **elektronowy** *kryst.* electron bridge
~ **kapitański** *okr.* captain's bridge
~ **mechanizmu przekładni** *zeg.* train wheel bridge
~ **metalu** *obr.plast.* web, flash land, flash gap
~ **metylenowy** *chem.* methylene bridge
~ **nawigacyjny** *okr.* navigating bridge
~ **oporowy** *el.* resistance bridge, Wheatstone bridge, Wheatstone network
~ **pomiarowy** *el.* measuring bridge
~ **prostownikowy** *el.* bridge-rectifier
~ **rezonansowy** *el.* resonance bridge
~ **samorównoważący się** *aut.* self-balancing bridge
~ **siarkowy** *chem.* sulfur bridge
~ **tendrowy** *kol.* cab apron
~ **tlenowy** *chem.* oxygen bridge
~ **(w łożu) tokarki** *obr.skraw.* filler block of a lathe, gap bridge, bridge piece
~ **Wheatstone'a** *el.* Wheatstone bridge, Wheatstone network, resistance bridge
~ **wodorowy** *chem.* hydrogen bond
mostownica *f* **1.** travelling transporter **2.** *inż.* bridge sleeper, bridge tie
~ **z torem linowym** cableway transporter
mosylit *m* superkanthal
moszcz *m* *ferm.* must
~ **z winogron** stum
moszna *f* *anat.* scrotum
motak *m* *włók.* reel
motalnia *f* *włók.* reeling room
motarka *f* *włók.* reeling machine, reel
motek *m* *włók.* hank; skein
motel *m* motel
motocykl *m* motor-cycle
~ **bez przyczepy** solo motor-cycle
motopompa *f* **strażacka** fire-engine
motor *m* motor; engine, *zob.też* **silnik**
motoreduktor *m* *el.* gear-motor, motoreducer, motorized speed reducer
motorniczy *m* motorman
motorower *m* motor-bicycle
motorowiec *m* motorship
motorówka *f* motor-boat
motoryzacja *f* motorization
motoszybowiec *m* *lotn.* motor glider, powered glider, powered sailplane
motowiązanie *n* *żegl.* service, serving
motowidło *n* *włók.* reel
~ **teletechniczne** *tel.* pay-out reel, drum barrow
motyczenie *n* *roln.* hoeing
motyka *f* *roln.* hoe; mattock
~ **rotacyjna** rotary hoe
motyl *m* **1.** *zool.* butterfly **2.** *okr.* parachute spinnaker
~ **jedwabnika** silkmoth
motyle *mpl* (*wada stali*) *met.* butterflies
motylica *f* *med.* fascioliasis
mozaika *f* **1.** *arch.* mosaic **2.** *TV* mosaic **3.** (*choroba roślin*) mosaic
~ **tytoniowa** *bot.* tobacco mosaic
moździerz *m* **1.** *uzbr.* mortar **2.** *lab.* mortar
~ **do bomb głębinowych** *okr.* squid
~ **nadkalibrowy** spigot mortar
~ **piechoty** trench mortar, muzzle-loading mortar
~ **porcelanowy** *lab.* porcelain mortar
~ **udarowy** *lab.* percussion mortar
możliwości *fpl* **eksportowe** export potential
możliwość *f* **realizacji** (*np. projektu*) realizability
~ **zastosowania** usability
możliwy *a* possible; (*do wykonania*) feasible
możliwy do przewidzenia foreseeable, predictable
możliwy do przyjęcia acceptable
możliwy do sprawdzenia verifiable
możność *f* **przystosowania** adaptability
mól *m* (clothes) moth, *Tinea pellionella*
mównica *f* rostrum
mównik *m* *telef.* mouthpiece
mózg *m* *anat.* brain, cerebrum
~ **elektronowy** electronic brain
mózgowy *a* cerebral
móżdżek *m* *anat.* little brain, cerebellum
MRG = Międzynarodowy Rok Geofizyczny International Geophysical Year, IGY
MPChem. = Ministerstwo Przemysłu Chemicznego
MPL = Ministerstwo Przemysłu Lekkiego
MPM = Ministerstwo Przemysłu Maszynowego
MPMCiR = Ministerstwo Przemysłu Maszyn Ciężkich i Rolniczych
MR = Ministerstwo Rolnictwa
mr = miria- myria-
MRJ = magnetyczny rezonans jądrowy nuclear magnetic resonance
mrowienie *n* *med.* formication
mrowisko *n* anthill
mrozić *v* freeze
mrozoodporność *f* freeze resistance, resistance to frost

mrozoodporny *a* freezeproof, frostproof
mroźnia *f chłodn.* carrying freezer
~ **domowa** household freezer
mrożenie *n chłodn.* freezing
~ **w blokach** blockfreezing
~ **w kostkach** *zob.* **mrożenie w blokach**
~ **w solance** brine freezing
mrożeniówka *f wiertn.* freezing casing
mrożonki *pl* frozen food
mrożony *a* chilled, frozen
mrówczan *m chem.* formate
mrówka *f zool.* ant
mrówkowy *a chem.* formic (*acid*)
mróz *m* frost
MTP = **Międzynarodowe Targi Poznańskie**
mucha *f zool.* fly
~ **domowa** house fly, *Musca domestica*
~ **serowa** cheese fly, *Piophila casei*
muchołapka *f* fly trap
~ **papierowa** sticky fly paper
mucyna *f biochem.* mucin
mufa *f masz.* muff; sleeve, *zob.też* **tuleja**
~ **kablowa** *el.* cable box, joint box
~ **odgałęźna** (cable) tee joint
~ **przelotowa** (cable) straight-through joint
~ **rozdzielcza** *el.* bifurcating box, branching box
~ **zaporowa** *el.* (cable) stop joint
mufka *f* **instalacyjna** *el.* conduit coupling
~ **rozgałęźna** *el.* conduit tee
mufla *f* (*pieca*) muffle
mukoidy *pl biochem.* mucoids
mulcz *m roln.* mulch
mulczować *v* (*ściółkować glebę*) *roln.* mulch
mulda *f hutn.* charging pan, charging box
mulit *m min.* mullite
multicyklon *m* multicyclone, multi-cell cyclone
multimetr *m el.* multimeter, volt-ohm-milliammeter, circuit analyzer, multiple-purpose tester
~ **cyfrowy** digital multimeter, DMM
multimoduł *m bud.* multimodule
multipleks *m telegr.* multiplex
multiplekser *m elektron.* multiplexer, multiplier
multipleksowanie *n tel.* multiplex operation
multiplet *m fiz.* multiplet
multipletowość *f* (*termu*) *fiz.* multiplicity
multiplety *mpl* **izospinowe** *nukl.* charge multiplets, isomultiplets
~ **ładunkowe** *zob.* **multiplety izospinowe**
multiplikator *m* **ciśnienia hydraulicznego** hydraulic intensifier
multiplikatywny *a mat.* multiplicative
multisłowo *n inf.* multilength word
multiwektor *m mat.* multivector
multiwibrator *m el.* multivibrator
~ **bistabilny** flip-flop multivibrator
~ **monostabilny** monostable multivibrator, one-shot multivibrator
muł *m* **1.** sludge, slime, slit, sullage **2.** *zool.* mule
~ **płuczkowy** *wzbog.* slurry
~ **pokarbidowy** *spaw.* carbide residue, lime residue
~ **pteropodowy** *geol.* pteropod ooze
~ **rudny** *wzbog.* ore pulp
~ **wapienny gęsty** *spaw.* lime paste
~ **wiertniczy** bore mud
mułowiec *m petr.* mudstone
muon *m fiz.* mu-meson, muon
mur *m* masonry; brickwork
~ **dziki** boulder wall, random rubble, rubble work
~ **graniczny** property-line wall
~ **ogniowy** fire-wall, fire partition
~ **oporowy** retaining wall, revetment
~ ~ **ciężki** gravity (retaining) wall
~ ~ **nabrzeża** head wall
~ **pachwinowy** spandrel wall
~ **parapetowy** parapet wall, breast wall
~ **podwójny** cavity wall
~ **pruski** brick nogged timber wall, post and pan
~ **suchy** (*bez zaprawy*) dry masonry, dry wall
~ **szczelinowy** cavity wall
~ **z cegły** brickwork
~ **z kamienia ciosanego** ashlar masonry, ashlar(ing)
~ **z kamienia łamanego** rubble (masonry)
murarstwo *n* masonry; brickwork
murarz *m* mason, bricklayer
~ **dołowy** *górn.* waller
murawa *f* turf
murek *m* (*w piecu donicowym*) *szkl.* wicket wall, breast wall
~ **podokienny** *bud.* window back
mureksyd *m chem.* murexide, ammonium purpurate
murłat *m bud.* wall plate, rafter plate, torsel
~ **kolisty** curb-plate
murłata *f zob.* **murłat**
murława *f zob.* **murłat**
murować *v* lay bricks
murowanie *n bud.* bricklaying
~ **łuku** *bud.* turning
~ **szybu** *górn.* ginging
murowany *a* (made of) brick
mursz *m drewn.* decay, rot, doatiness
~ **miękki** advanced decay
~ **suchy** dry rot
~ **twardy** incipient decay
MUS = **mikrofalowy układ scalony** microwave integrated circuit, MIC
muskeg *m geol.* muskeg
muskowit *m min.* muscovite, moscovite, potassium mica, white mica
~ **drobnołuskowy** sericite
musować *v* effervesce, bubble
muszka *f* **1.** *uzbr.* fore-sight, muzzle sight; fore-sight bead **2.** *odl.* thickness piece
~ **kołowa** *uzbr.* ring sight
~ **octowa** *ferm.* vinegar fly, *Drosophila melanogaster*
~ **psychoda** *san.* filter fly, psychoda, *Psychodidae*

muszkatołowiec *m bot.* nutmeg (tree), *Myristica fragrans*
muszla *f zool.* shell
~ **dla orkiestry** band shell
~ **klozetowa** *san.* lavątory pan
~ **słuchawkowa** *tel.* earcap, earpiece
mutacja *f biol.* mutation
~ **genowa** gene mutation
~ **popromienna** *zob.* **mutacja radiacyjna**
~ **powrotna** back mutation
~ **punktowa** point mutation
~ **radiacyjna** radiation induced mutation, radiomutation
mutageny *mpl biochem.* mutagenes, mutagenic factors
mutant *m genet.* mutant
mutarotacja *f chem.* mutarotation
mutazy *pl biochem.* mutases
MV = **megawolt** *jedn.* megavolt
mV = **miliwolt** *jedn.* millivolt
MW = **materiał wybuchowy** explosive
MW = **megawat** *jedn.* megawatt
mW = **miliwat** *jedn.* milliwatt
Mx = **makswel** *jedn.* maxwell
myć *v* wash
mydlarka *f włók.* soaping machine
mydlenie *n włók.* soaping
mydliny *pl* suds
mydlnica *f* **lekarska** *bot.* soapwort, *Saponaria officinalis*
mydło *n* soap
~ **alkaliczne** water-soluble soap
~ **ciekłe krezolowe** *farm.* Lysol
~ **do golenia** shaving soap
~ ~ ~ **w sztyfcie** shaving stick
~ **do prania** laundry soap
~ **do twardej wody** hard water soap
~ **glicerynowe** glycerin soap
~ **glinowe** aluminium soap
~ **gospodarcze** domestic hard soap
~ **ichtiolowe** ichthyol soap
~ **kalafoniowe** rosin soap
~ **kąpielowe** bath soap
~ **klejowe** filled soap
~ **kobaltowe** cobalt soap
~ **lecznicze** medicated soap
~ **marsylskie** castile soap, Marseilles soap
~ **maziste** soft soap
~ ~ **potasowe** potash soft soap, green soap
~ **metaliczne** metallic soap
~ **miedziowe** copper soap
~ **naftenowe** naphthenic soap
~ **polimeryczne** polysoap
~ **potasowe** potassium soap, potash soap
~ **przetłuszczone** superfatted soap
~ **rdzeniowe** curd soap, grain soap, open soap
~ **rozpuszczalne w wodzie** water-soluble soap
~ **sodowe** sodium soap
~ **szare** green soap, potash soft soap
~ **techniczne** industrial soap
~ **toaletowe** toilet soap
~ **twarde** hard soap, solid soap
~ **w kawałku** bar soap
~ **w płynie** liquid soap
~ **wapniowe** calcium soap, lime soap
~ **włókiennicze** textile soap
~ **zgęstniałe** middle soap
~ **ziarniste** grain soap, curd soap, open soap
~ **zwykłe** ordinary soap
~ **żywiczne** rosin soap
myjka *f* **jaj** *spoż.* egg washer
myjnia *f* washing stand
myksomatoza *f wet.* myxomatosis
myszkowanie *n lotn.* snaking (*of an aircraft*); *żegl.* yawing (*of a ship*)
myśliwiec *m lotn.* fighter
~ **bezpośredniego wsparcia** close-support fighter
~ **bombardujący** fighter-bomber
~ **nocny** night fighter
~ **pościgowy** pursuit plane
~ **przechwytujący** fighter interceptor
~ **taktyczny** close-support fighter
mżawka *f meteo.* drizzle

N

N = liczba Avogadra *chem.* Avogadro('s) number, Avogadro('s) constant
N = niuton *jedn.* newton
n = nano- nano-
na biegu *mot.* in gear
na brzeg *żegl.* ashore
na długą metę in the long run
na długość lengthwise, lengthways
na dogodnych warunkach on easy terms
na dużej prędkości at high speed
na dużej wysokości at high altitude
na dziobie *żegl.* fore
na głowę *ek.* per head, per capita
na godzinę per hour, hourly
na holu in tow
na interlinii *poligr.* leaded
na jednostkę długości per unit length
na jednostkę masy per unit mass
na jednostkę objętości per unit volume
na kant (*ułożony*) (*stocked*) on end; edgewise, edgeways
na koszt at the expense of ...
na kotwicy at anchor
na krótką metę in the short run
na ląd *żegl.* ashore
na lewą burtę *żegl.* a-port
na licencji under licence
na małej prędkości at low speed
na małej wysokości at low altitude
na małych obrotach at idling speed
na miejscu on the spot; in situ; on the site of...
na mieliźnie aground
na morzu at sea
na nawietrznej *żegl.* a-weather
na obwodzie around the periphery
na ogół in general
na okaziciela *ek.* to the bearer
na orbicie *kosm.* in orbit
na osi odciętych *mat.* on the axis of abscissae
na osi rzędnych *mat.* on the axis of ordinates
na pełnych obrotach at full speed
na pewien czas for the time being, for a time
na piśmie in writing, written
na płask flatwise
na poczekaniu while you wait; on the spot
na podstawie... on the basis of...
na podstawie umowy by contract
na poduszce powietrznej *lotn.* cushion-borne
na pokładzie aboard, on board
na południe southwards; south of...
na porządku dziennym (*zebrania*) on the agenda
na poziomie morza at sea level
na poziomie ziemi *inż.* on grade
na północ northwards; north of...
na prawą burtę *żegl.* a-starboard
na prawym trawersie *żegl.* on the starboard beam
na prąd sieciowy *el.* mains-operated
na prądzie *żegl.* in the stream (*of a vessel*)
na przemian alternately; interchangeably
na przestrzeni... over a span of...
na rachunek odbiorcy *ek.* account payee
na raty *ek.* by instalments
na rozkaz z ziemi *lotn., kosm.* on ground command
na równej stępce *żegl.* on even keel
na różnych poziomach at different levels
na rufie *żegl.* aft, abaft
na rysunku... in fig.
na składzie in store
na stałe for good
na stałych obrotach at constant speed
na statku *żegl.* aboard, on board
na styk butt (*joint*)
na śródokręciu *żegl.* amidships
na świetle in the light
na tle... against a background of...
na tranzystorach transistorized
na trasie *lotn.* en-route
na trawersie *żegl.* abeam
na ukończeniu near completion
na wiatr *żegl.* windward, aloof; by the wind, on a wind
na wielką skalę on a large scale
na wietrze in the wind
na wlocie at the intake
na własny koszt at one's own expense
na własnym rozrachunku financially self-supporting
na (właściwym) miejscu in position
na wolnym powietrzu outdoors, out-of-doors
na wschód eastwards; east of...
na wskroś (right) through
na wylocie at the outlet
na zachód westwards; west of...
na zakładkę lap (*joint*)
na zamówienie against order
na zawietrznej *żegl.* alee, leeward, under the lee
na zewnątrz outwards
na zewnątrz budynku out-of-doors
na zewnątrz reaktora *nukl.* out-of-pile
na zlecenie under contract
na żądanie on request, on demand
na żywo *rad., TV* live (*broadcast*)
nabam *m pest.* nabam (*fungicide*)
nabiał *n* dairy produce

nabieganie *n* **fal** (*na brzeg*) uprush of waves; wave shoaling
nabiegunnik *m el.* pole shoe, pole piece
nabier *m szkl.* nose of a blowpipe
nabieracz *m szkl.* gatherer
nabierać *v* **prędkości** gain speed, gather speed, accelerate; *żegl.* gather way
~ **wysokości** *lotn.* gain height, climb
nabierak *m szkl.* gathering iron
~ **z główką szamotową** dolly
nabieranie *n szkl.* gathering
nabieżnik *m żegl.* leading marks
nabijać *v* **broń** *uzbr.* load, charge
~ **obręcz** hoop
nabijak *m górn.* stemmer, tamping stick, tamper, tamping bar, stemming rod
nabka *f masz.* boss
nabla *f mat.* del, nabla
nabłonek *m* **1.** *biol.* cuticle **2.** *anat.* epithelium
nabłyszczanie *n* **bawełny** *włók.* cotton lustering
~ **skóry** leather glazing, antiquing
nabłyszczarka *f skór.* glazing machine
nabojnica *f górn.* blaster
naborowywanie *n obr.ciepl.* boriding; boronizing
nabój *m* **1.** cartridge; round of ammunition **2.** *odl.* charge **3.** *el.* charge
~ **ćwiczebny** *uzbr.* drill cartridge
~ **dynamitowy** dynamite stick
~ **górniczy** *górn.* blasting cartridge
~ **jałowy koksu** *odl.* coke booster
~ **minerski** blasting cartridge
~ **myśliwski** shotgun shell
~ **ostry** live round
~ **scalony** *uzbr.* fixed round
~ **składany** *uzbr.* separated ammunition
~ **szkolny** *uzbr.* drill cartridge
~ **ślepy** blank cartridge, dummy round
~ **udarowy** *górn.* base charge, priming charge
~ **zespolony** *uzbr.* fixed round
nabór *m* (*np. pracowników*) recruitment
nabrzeże *n inż.* quay, wharf
~ **przeładunkowe** loading berth
~ **wyładunkowe** discharging wharf
~ **wyposażeniowe** (*stoczni*) fitting-out berth
nabyty *a* acquired
nabywać *v* **1.** purchase, buy **2.** acquire (*experience*)
~ **prawem pierwokupu** pre-empt
nabywca *m* purchaser, buyer
nachromowywanie *n powł.* chromizing
nachylenie *n* inclination, slope; batter; tilt; pitch, gradient
~ **ekliptyki** *astr.* obliquity of the ecliptic
~ **fali** *rad.* wave tilt
~ **krzywej** *geom.* slope of a curve
~ **lampy elektronowej** goodness of a valve, slope
~ **magnetyczne** magnetic inclination, magnetic dip
~ **nernstowskie** *elchem.* Nernstian slope
~ **przemiany** (*częstotliwości*) *rad.* conversion conductance, conversion transconductance
nachylony *a* inclined, sloping
nachylony w przeciwnym kierunku *geol.* anticlinal
naciąg *m* pull; tension
~ **filcu** *papiern.* felt draw
~ **główkowy** *zeg.* remontoire
~ **międzyklatkowy** (*taśmy przy walcowaniu*) *hutn.* interstand tension (*of rolled strip*)
~ **migawki** *fot.* shutter spring drive
~ **pasa** (*pędnianego*) *masz.* belt tension, belt pull
~ **przy walcowaniu** *hutn.* front tension, tension in rolling, forward tension
~ **stengi dziobnika** *okr.* jib guy
naciągać *v* **1.** stretch; strain **2.** pull over
~ **sztagiem** *żegl.* stay
~ **zegar** rewind a clock
nacięcia *npl* **na walcach** *obr.plast.* ragging of rolls, knurling of rolls
nacięcie *n* incision, indentation, nick, notch
~ **pilnika** file cut
~ ~ **krzyżowe** double cut
~ ~ **zdzieraka** coarse cut
~ **piłą** kerf
~ **przy żywicowaniu** *leśn.* resin streak
~ **żyły** *med.* venesection
nacinacz *m* **automatyczny płyt** (*szkła płaskiego*) *szkl.* vitrea cutter
nacinanie *n med.* scarification
~ **gwintu** *obr.skraw.* screw cutting
~ ~ **nożem grzebieniowym** screw chasing, thread chasing
~ **karbów** notching
~ **rowków** *obr.skraw.* chasing; slotting
~ ~ **wiórowych** (*na narzędziach*) fluting
~ **wlewów** *odl.* gating
~ **ząbków** serration
~ **zębów pilników** file cutting
nacinarka *f* **pilników** file-cutting machine
nacisk *m* pressure, thrust
~ **boczny** *masz.* side thrust
~ **jednostkowy** pressure per unit area, unit pressure
~ **koła** (*pojazdu*) wheel load (*of a vehicle*)
~ **metalu na walce** *obr.plast.* roll separating force
~ **na grunt** *inż.* base compression
~ **na oś** *kol.* axle load, weight per axle
~ **osiowy** *masz.* axial thrust, end thrust
~ **poprzeczny** *masz.* side thrust
~ **prasy w tonach** *obr.plast.* tonnage (capacity) of a press
~ **przenoszony przez łożysko** *masz.* bearing pressure
~ **przy kuciu** *obr.plast.* forging force, forging pressure
~ **stropu** *górn.* roof weight
~ **styku** *el.* contact pressure
~ **udarowy** *obr.plast.* impact pressure
~ **walców** *obr.plast.* roll pressure, roll(ing) force, roll load
~ ~ **całkowity** total roll force

~ ~ **jednostkowy** specific roll force
~ **wyciskania** *obr.plast.* extrusion pressure
~ **wzdłużny** axial thrust, end thrust
~ **zdzieraka tłocznika** *obr.plast.* stripping pressure
~ **znamionowy prasy** capacity of a press
naciskać *v* press; thrust
~ **guzik** press a button
~ **hamulce** apply brakes
~ **wiatr** *żegl.* hug the wind
naczepa *f mot.* semi-trailer, articulated trailer
~ **autobusowa** passenger semitrailer
~ **niskopodwoziowa** low-loading semi-trailer
~ **teleskopowa** (*wydłużalna*) adjustable-wheelbase semitrailer
~ **-transporter samochodów** car transporter, car carrier semitrailer
~ **wspornikowa** overhung trailer, three-quarter semitrailer
naczółek *m* **dachu** *bud.* jerkin head of a roof
~ **skrzydła włoka** *ryb.* doors end of a trawl net
naczynia *npl* **laboratoryjne** laboratory ware
~ **połączone** *hydr.* communicating vessels, connected vessels
naczyniak *m med.* angioma
naczynie *n* **1.** vessel **2.** *anat.* vessel, vas
~ **akumulatorowe** *el.* accumulator container, battery cell jar
~ **ciśnieniowe** pressure vessel
~ **chłonne** *anat.* lymph vessel
~ **Dewara** *fiz.* vacuum flask, Dewar flask
~ **do dekantacji** decanter
~ **elektrolityczne** electrolytic cell
~ **kalibrowane** *lab.* calibrated measure, measuring vessel
~ **krwionośne** *anat.* blood vessel
~ ~ **sztuczne** *med.* artificial blood vessel
~ **limfatyczne** *zob.* **naczynie chłonne**
~ **leżakowe** *ferm.* storage cask
~ **miarowe** *lab.* measuring vessel, calibrated measure
~ **Ponceleta** *metrol.* danaide
~ **pośrednie** *hutn.* pouring box, tundish
~ **włoskowate** *anat.* capillary
~ **wydobywcze** *górn.* gin tub
naczynioruchowy *a med.* vasomotor
naczyniowy *a biol.* vascular
naczynko *n* **absorpcyjne** *lab.* absorption cell
~ **konduktometryczne** *lab.* conductivity cell
~ **wagowe** *lab.* weighing bottle
nać *f roln.* haulm
nad poziomem morza above sea level
nadać *v* **stopień doktora** confer the doctor's degree
~ **tempo** set the pace
~ **uprawnienia** authorize
nadający się do naprawienia reparable
nadający się do obrotu *ek.* transferable, assignable
nadający się do obróbki workable
nadający się do prania washable
nadający się do przetwarzania automatycznego *inf.* machine-readable, machinable
nadający się do przewozu (*ładunków*) cargo-worthy
nadający się do sprzedaży *ek.* marketable
nadający się do użytku usable, fit for use; serviceable
nadający się do wielokrotnego użycia re-usable
nadający się do zakotwiczenia *żegl.* anchorable
nadający się do żeglugi (*o statku*) navigable
nadajnik *m* **1.** *el.* transmitter, sender **2.** *metrol.* primary element
~ **alarmowy automatyczny** *rad.* autoalarm sender
~ **błysków** *el.* flasher (unit)
~ ~ **bimetalowy** thermal flasher
~ **iskrowy** *rad.* spark transmitter
~ **klawiaturowy** *telegr.* keysender
~ **krótkofalowy** *rad.* short-wave transmitter
~ **łukowy** *rad.* arc transmitter
~ **-odbiornik** *rad.* transceiver
~ **odpowiedzi** *rad.* responder
~ **prędkości** *lotn.* speed transducer
~ **pytający** *rad.* interrogator, challenger
~ **radiofoniczny przekaźnikowy** rebroadcast transmitter
~ **radiolokacyjny** radar transmitter
~ **radiowy** radio transmitter
~ **telegraficzny** telegraph transmitter
~ **telewizyjny** television transmitter
~ **ultradźwiękowy** ultrasonic transmitter
~ **zagłuszający** *rad.* interference transmitter
~ **ze stłumioną nośną** *rad.* quiescent transmitter system
~ **znamienia** *tel.* name emitter, identifying emitter
nadawa *f wzbog.* (*material fed mechanically for crushing and dressing*)
nadawacz *m* **farby** *poligr.* form inking roller, distributing roller, inker
nadawać *v* send (*signal, message*); *rad.* transmit, *zob. też* **nadawanie**
~ **dyplom** grant a diploma
~ **klasę statkowi** class a ship
~ **kształt** shape, form
~ ~ **opływowy** streamline
~ ~ **prostokątny** square
~ **moc prawną** enact
~ **napięcie początkowe** *el.* bias
~ **połysk** polish
~ **program telewizyjny** broadcast television programme
~ **przesyłkę** post a parcel
~ **przez radio** broadcast, transmit, be on the air
~ **ruch** impart motion, impart movement
~ **się na...** suit, be suitable for..., lend itself to...
~ **skręt** *włók.* twist

~ **stopień naukowy** confer an academic degree
~ **zbieżność** taper
nadawanie *n tel.* transmission
~ **farby** *poligr.* inking
~ **kluczem** *telegr.* keying, keysending
~ **obrazów nieruchomych** *telegr.* facsimile transmission
~ **wąskokierunkowe** *rad.* beam transmission
~ **z taśmy dziurkowanej** *telegr.* tape-sending
nadawca *m* sender
~ **przesyłki pieniężnej** remitter
~ ~ **towarowej** consigner
nadawczo-odbiorczy *a tel.* sending-receiving
nadążać *v aut.* follow up
~ **za postępem technicznym** keep abreast of progress in technology, keep pace with technological advance
nadążny *a aut.* follow-up
nadbieg *m mot.* overdrive, step-up gear
nadbiornik *m rad.* transceiver
nadbitka *f poligr.* offprint, overprint
nadbora *f ryb.* headline, floatline, cork line, net rope, top line, headrope
nadboran *m chem.* perborate
~ **sodowy** sodium perborate, perborax, perborin, peroxydol
nadbrzeżny *a* riparian
nadbudowa *f* superstructure
nadbudówka *f* **1.** *bud.* additional storey **2.** *okr.* superstructure
nadburcie *n okr.* bulwark
nadchloran *m chem.* perchlorate
~ **potasowy** potassium perchlorate
~ **sodowy** sodium perchlorate
nadchromian *m chem.* perchromate
nadciecz *f fiz.* superfluid
nadciekłość *f fiz.* superfluidity
nadcinak *m obr.plast.* slitting die
nadcinanie *n obr.plast.* slitting (*stamping operation*)
~ **z kształtowaniem** louvering, lancing
nadciśnienie *n* **1.** positive gauge pressure, pressure above atmospheric; overpressure **2.** *med.* hypertension
nadczulenie *n fot.* hypersensitization
nadczułość *f med.* anaphylaxis
naddatek *m* (*materiału*) allowance (*excess material*)
~ **na docieranie** lapping allowance
~ **na gładzenie** honing allowance
~ **na obróbkę skrawaniem** machining allowance
~ **na skurcz** *tw.szt.* shrinkage allowance, contraction allowance
~ **na spęczanie** *obr.plast.* push-up allowance, upset allowance
~ **na szlifowanie** *obr.skraw.* grinding allowance
~ **na zamocowanie w uchwycie** *obr.skraw.* chucking allowance
~ **na zepsucie** spoilage allowance
~ **technologiczny pod nadlewem** *odl.* riser pad, riser contact
naddziurka *f* **w strefie jedenastek** *inf.* X punch, eleven punch (*in an 80-column punched card*)
naddźwiękowy *a aero.* ultrasonic, supersonic
naderwanie *n odl.* hot tear, pull (*casting defect*)
nadeutektoidalny *a met.* hypereutectoid
nadfiolet *m fiz.* ultraviolet (radiation), UV
~ **bliski** near ultraviolet, NUV
~ **daleki** far ultraviolet, FUV
~ **próżniowy** vacuum ultraviolet
~ **Schumanna** *zob.* **nadfiolet próżniowy**
nadfioletowy *a fiz.* ultraviolet
nadgodziny *pl ek.* overtime
nadgórnik *m górn.* overman
nadgrupa *f* **1.** *tel.* supergroup **2.** *kryst.* supergroup
nadgryzanie *n* **wykładziny** *odl.* lining erosion
nadir *m astr.* nadir
nadjodan *m chem.* periodate
nadkład *m górn.* overlay, overburden, baring, top, cover; callow; blanket
~ **skalny** blanket rock, roof-rock; cap rock
~ **zebrany** strippings
nadkładka *f* **stępki** *okr.* keel batten
nadkomutacja *f el.* over-commutation
nadkrytyczny *a nukl.* supercritical
nadkwas *m chem.* peracid
nadkwasowość *f chem.* superacidity, overacidity
nadkwaśność *f med.* peracidity
nadlew *m* **1.** *odl.* riser head, top nob, sinkhead, feedhead, feeder **2.** *masz.* lug, boss
~ **atmosferyczny** *odl.* atmospheric riser, atmospheric head
~ **boczny** *odl.* side riser, side head
~ **ciśnieniowy** *odl.* pressure head
~ **gazowy** *zob.* **nadlew ciśnieniowy**
~ **górny** *odl.* top riser, top head
~ **grani** *spaw.* root reinforcement
~ **kryty** *odl.* blind riser, blind head
~ **łatwoutrącalny** *odl.* knock-off head, necked-down riser, washburn riser
~ **odbijany** *zob.* **nadlew łatwoutrącalny**
~ **odkryty** *odl.* open riser, open head
~ **spoiny** weld reinforcement
~ **tłoka** *masz.* piston lug, piston boss
~ **wlewka** *hutn.* sinkhead of an ingot
~ **właściwy** *odl.* top nob
~ **wtryskowy** *tw.szt.* sprue, stalk
nadlewanie *n odl.* casting-on, burning-on
nadliczbowy *a* supernumerary
nadmanganian *m chem.* permanganate
~ **potasowy** potassium permanganate
nadmiar *m* excess, surplus; overflow
~ **mas** *geofiz.* mass concentration
~ **materiału** (*przy prasowaniu*) *tw.szt.* spew
~ **mocy** *siln.* excess power, surplus power
~ **neutronów** *nukl.* neutron excess
~ **powietrza** excess air

~ **reaktywności** *nukl.* excess reactivity, built-in reactivity
~ **sferyczny** (*trójkąta*) *geom.* spherical excess
~ **urobku** (*np. przy drążeniu tunelu*) *inż.* overbreak
~ **wody** *hydr.* excess water
~ **współczynnika powielania** *nukl.* excess multiplication factor
nadmierna ekspozycja *f fot.* over-exposure
nadmierne stężenie *n* **mieszanki** *siln.spal.* over-richness of mixture
nadmierne wyładowanie *n* **akumulatora** starvation of a battery, overdischarging
nadmierne zasilanie *n* overfeeding
nadmierność *f* (*jako środek zwiększania niezawodności systemu*) redundancy
nadmierny *a* excessive, superfluous
nadmorski *a* seaside
nadmuch *m* (*ograniczający warstwę przyścienną*) *aero.* gas injection, blow-in
nadmuchiwanie *n* **1.** inflation; blowing **2.** *szkl.* counter blow, blow-back
nadmuchiwarka *f* **rdzeni** *odl.* core blower, core-blowing machine
~ **skorupowa** shell core blower
~ **strzelająca** explosion-type core blower
nadnapięcie *n el.* overvoltage
nadnercze *n anat.* adrenal gland, suprarenal gland
nadobroty *mpl siln.* overspeeding
nadokreśloność *f mat.* overdetermination
nadparamagnetyzm *m fiz.* superparamagnetism
nadpartia *f skj* grand-lot
nadplastyczność *f met.* superplasticity
nadpłata *f ek.* overcharge
nadpłynność *f fiz.* superfluidity
nadpotencjał *m elchem.* overpotential, overvoltage
nadprąd *m el.* excess current
nadprodukcja *f ek.* over-production
~ **gazu** excess gas generation (*in a gas generator*)
nadproże *n bud.* lintel; head, header
~ **drewniane** breastsummer, bressummer
~ **okna** window head
~ **odrzwi** doorhead
~ **ościeżnicy** head (jamb), header
nadprzewodnictwo *n fiz.* superconductivity
nadprzewodnik *m fiz.* superconductor
~ **twardy** type II superconductor, high field superconductor, HFS
nadprzewodzący *a fiz.* superconductive
nadrenian *m chem.* perrhenate
nadruk *m poligr.* surprint, overprint
~ **ochronny** *farb.* overprinted resist
nadrzędny *a* superordinated
nadsiarczan *m chem.* persulfate, peroxydisulfate
nadsiarczek *m chem.* polysulfide, persulfide
nadsięwłom *m górn.* rising heading, rise drift, riser, overbreak
nadsłyszalny *a* ultrasonic (*above the upper limit of the normal range of hearing*)
nadsprzężenie *n chem.* hyperconjugation
nadstawka *f* **łącznicowa** *tel.* turret
~ **tygla** *odl.* crucible top
~ **wlewnicowa** *hutn.* hot top, sinkhead, shrink head, dozzle, ingot mould hot top, feeder head
~ ~ **egzotermiczna** exothermic hot top
~ ~ **izotermiczna** isothermal hot top
~ ~ **pływająca** floating hot top
~ **wlewowa** *odl.* runner bush, pouring box, runner box
nadsterowność *f* (*samochodu*) oversteer(ing)
nadstępka *f okr.* ke(e)lson
~ **boczna** side keelson
nadstop *m met.* superalloy
nadstruktura *f kryst.* superlattice, superstructure
nadsubtelny *a chem.* hyperfine
nadszybie *n górn.* shaft top, (pit) bank, pit-brow, tipple
nadtapianie *n* **styków** *el.* contact pitting
nadtlenek *m chem.* peroxide
~ **acetylobenzoilu** acetylobenzoyl peroxide, benzozone, acetozone
~ **sodowy** sodium peroxide, sodium dioxide
~ **wodoru** hydrogen peroxide, hydrogen dioxide
nadtlenowęglan *m chem.* percarbonate
nadtlenozwiązek *m chem.* peroxy compound
nadtopienie *n odl.* partial melting
nadwaga *f* overweight, excessive weight, surplus of weight
nadwęglan *m chem.* percarbonate
nadwodzie *n* **1.** *ocean.* backshore (beach), back beach **2.** *okr.* deadworks, above-water body
nadwozie *n* body; bodywork; coachwork
~ **autobusowe** coachwork
~ **pancerne** armoured shell (*of an armoured car*)
~ **samochodowe** motor-car body
~ **samoniosące** integral body, monobuilt body
~ **samowyładowcze** dump body (*of a truck*)
~ **skorupowe** unitized body
~ **wagonu** rail-car body
nadwoziownia *f* body shop (*in a motorcar factory*)
nadwymiana *f chem.* superexchange
nadwymiar *m* oversize
nadwymiarowy *a* oversize
nadwytrzymałość *f* superstrength
nadwyżka *f* surplus, excess
~ **ciężaru** overweight, excessive weight, surplus of weight
~ **ładunkowa** *żegl.* overage
~ **wyładowanego towaru** *żegl.* overlanded cargo
nadwzroczność *f med.* hyper(metr)opia, farsightedness
nadymać *v* inflate
nadzbieżność *f mat.* overconvergence; *fiz.* superconvergence

nadziarno *n* mesh fraction, plus mesh, plus sieve, shorts; oversize particles (*in powder*); *wzbog.* overmatter
nadzieja *f* **matematyczna** mathematical expectation, expected value, EV
nadziemny *a* above-ground, overground
nadzienie *n* *spoż.* stuffing
nadziewarka *f* (*do kiełbas*) stuffer
nadzorca *m* supervisor, overseer
~ **prac przeładunkowych** *żegl.* wharfinger
nadzorczy *a* supervisory
nadzorować *v* supervise, oversee, exercise control (over...)
nadzorujący cumowanie (*pracownik*) *żegl.* berthing master
nadzór *m* supervision; attendance
~ **metrologiczny** metrological inspection
~ **odbiorcy nad sterowaniem jakością** quality control surveillance
~ **radiologiczny** *radiol.* protection survey
~ **techniczny** engineering supervision
~ **zdalny** supervisory control
nadźwiękawianie *n* *el.akust.* sound amplification
nadżelazian *m* *chem.* perferrate
nadżerka *f* **1.** *met.* pit; speck **2.** *med.* erosion
naelektryzować *v* electrify
nafosforowanie *n* **zwrotne** *hutn.* rephosphorization, phosphorus reversion
nafta *f* kerosene, kerosine, lamp oil
~ **oświetleniowa** lighting kerosene
naftacen *m* *chem.* naphthacene, tetracene
naftalam *m* *pest.* naptalam, NPA (*herbicide*)
naftalan *m* *chem.* naphthalate
naftalen *m* *chem.* naphthalene, naphthalin, tar camphor
naftalenosód *m* *chem.* sodium naphthalene
naftalina *f* naphthaline (*trade mark*)
naftenian *m* *chem.* naphthenate
nafteny *mpl* *chem.* naphthenes, cycloparaffins, polymethylenes
naftochinon *m* *chem.* naphthoquinone
naftoil *m* *chem.* naphthoyl
naftol *m* *chem.* naphthol
naftolan *m* *chem.* naphtholate
naftolowanie *n* *farb.* naphtholation
naftyl *m* *chem.* naphthyl
naftylen *m* *chem.* naphthylene
naftylenodwuamina *f* *chem.* naphthylenediamine
nagar *m* *siln.spal.* carbon deposit
nagietek *m* **lekarski** *bot.* pot marigold, *Calendula officinalis* L.
naglinowywanie *n* *obr.ciepl.* aluminizing, calorizing, alitizing
nagła potrzeba *f* emergency
nagła zmiana *f* **przekroju** abrupt change of section
nagłaśnianie *n* *el.akust.* sound amplification
nagłe obniżenie *n* **napięcia** *el.* voltage dip
nagłe ochłodzenie *n* *meteo.* cold wave
nagłówek *m* heading, caption, headline
~ **telegramu** preamble
nagłówkowiec *m* *poligr.* coxhead liner, headliner
nagłówniak *m* *narz.* rivet set, rivet header, rivet snap, rivet knob
nagły *a* abrupt, sudden
nagły przypadek *m* emergency case
nagły wzrost *m* **ciśnienia** pressure surge
nagły wzrost *m* **mocy reaktora** *nukl.* reactor runaway, power excursion
nagły wzrost *m* **prądu** *el.* current rush
nagniataczka *f* *poligr.* bending machine
nagniatak *m* burnishing tool, burnisher
nagniatanie *n* (*obróbka wykończająca*) burnishing
~ **rolkami** roller finishing, roller burnishing
nagodzina *f* *nukl.* inhour, inverse hour
nagolenniki *mpl* shin pads, spats
nagon *m* **sztormowy** *ocean.* storm surge, storm wave
nagranie *n* **dźwiękowe** sound record(ing)
nagroda *f* reward
~ **Nobla** Nobel prize
~ **pieniężna** remuneration
nagromadzenie *n* accumulation; piling-up
~ **nadmiernych zapasów** *ek.* overstocking
nagrywanie *n* **dźwięku** sound recording
nagrzanie *n* **wlewka równomierne** *hutn.* thermal homogeneity of an ingot
nagrzany do białego żaru white-hot, candescent
nagrzany do czerwonego żaru red-hot
nagrzewać *v* heat
~ **do temperatury...** bring up to a temperature of..., heat to a temperature of...
~ **się** become heated
nagrzewanie *n* heating
~ **aerodynamiczne** aerodynamic heating, scaleless heating
~ **bezzgorzelinowe** *hutn.* scale-free heating, non-scaling heating
~ **dielektryczne** capacity current heating, dielectric heating
~ **elektrodowe** electrode heating
~ **elektryczne** electric heating, electroheat
~ **indukcyjne** induction heating, eddy-current heating
~ **kąpielowe** bath heating, immersion heating
~ **łukowe** arc heating
~ **miejscowe** local heating, selective heating
~ **na wskroś** *obr.ciepl.* heating through
~ **oporowe** resistance heating
~ ~ **bezpośrednie** *hutn.* conductive heating, direct resistance heating
~ ~ **pośrednie** indirect resistance heating
~ **płomieniowe** flame heating
~ **po spawaniu** *spaw.* postheating
~ **podczerwienią** infra-red heating
~ **pojemnościowe** capacity current heating, dielectric heating
~ **ponowne** reheating
~ **prądami wielkiej częstotliwości** high-frequency heating, radio-heating
~ **promiennikowe** infra-red heating

~ **różnicowe** differential heating
~ **silnika** engine warm-up, heating-up the engine
~ **skrośne** heating through
~ **strefowe** zone heating
~ **stykowe** direct-contact heating
nagrzewarka *f hutn.* electric heating unit
nagrzewnica *f* heater
~ **Cowpera** *hutn.* Cowper stove
~ **dmuchu** *hutn.* hot-blast stove, blast-furnace stove, blast air heating stove
~ **elektryczna** *hutn.* electric heater
~ **hartownicza** *obr.ciepl.* hardening heater, hardening set-up, hardening unit
~ **indukcyjna** induction heater
~ ~ **wielkiej częstotliwości** high-frequency induction heater
~ **oporowa bezpośrednia** *hutn.* conductive heater, direct resistance heater
~ **podmuchu** *kotł.* blast stove
~ **promiennikowa** infra-red heater, infra-oven
najazd *m TV* track on
nająć *v* hire
najem *m ek.* hire
najemca *m* lease-holder
najmniej znaczący bit *m inf.* least significant bit, LSB
najmniejsza bezpieczna wysokość *f* **lotu** *lotn.* obstacle clearing level, OCL
najmniejsza dawka *f* **śmiertelna** *farm.* minimum lethal dose
najmniejsza odległość *f* **zbliżenia** (*dwóch obiektów poruszających się w przestrzeni*) nearest approach
najmniejsza prędkość *f* **rozruchowa** *siln. spal.* cranking speed
najmniejsza wspólna wielokrotność *f mat.* least common multiple, lcm
najmniejszy wspólny mianownik *m mat.* least common denominator, lcd
najniższy bieg *m mot.* bottom gear, first speed
największa dopuszczalna dawka *f radiol.* maximum permissible dose
największa dopuszczalna prędkość *f* speed limit
największa dopuszczalna wysokość *f* **ssania** (*pompy*) *hydr.* limiting suction lift, maximum permissible suction lift
największa moc *f* **trwała** *siln.* maximum continuous power
największa prędkość *f* **lotu** *lotn.* maximum flying speed
największa szerokość *f* **statku** *okr.* beam (*of a ship*)
największa średnica *f* **toczenia** *obr.skraw.* swing capacity (*of a lathe*)
największe naprężenie *n* **styczne** *wytrz.* maximum shearing stress
największe sprężanie *n* **użyteczne** *siln.spal.* highest useful compression
największe stężenie *n* **dopuszczalne** *radiol.* maximum permissible concentration
największy wspólny podzielnik *m mat.* highest common factor, hcf, greatest commom divisor, gcd
najwyższa jakość *f* (*znak międzynarodowy*) super quality, SQ
najwyższe ciśnienie *n* **spalania** *siln.spal.* peak firing pressure
najwyższe napięcie *n* extra-high voltage, ehv; extra-high tension, eht
najwyższy bieg *m mot.* top gear, high speed
nakaz *m* **płatniczy** *ek.* payment order
~ **podatkowy** tax demand, notice of assessment
~ **pracy** compulsory employment
nakiełczarka *f obr.skraw.* centring machine
nakiełek *m obr.skraw.* centre hole
~ **chroniony** protected centre hole
nakiełkowanie *n obr.skraw.* centring, centering
nakierowywanie *n* **działa na cel** laying the gun
~ **poziome** (*działa, anteny radaru*) training the gun, traverse
naklejać *v* glue, stick on
naklejka *f* label
nakład *m* **1.** input; *ek.* outlay **2.** *poligr.* impression **3.** *poligr.* stock (*of printed matter*); run
~ **in crudo** *poligr.* sheet stock, quire stock
~ **pracy** cost of labour
nakładacz *m poligr.* feeder
nakładać *v* put on; superimpose; overlay
~ **ograniczenia** *ek.* impose restrictions, put restraints
~ **pędzlem** *powł.* apply by brush, brush on
~ **powłokę** coat, apply a coating
nakładanie *n* **kleju** glue spreading
~ **końcówki** tipping
~ **obręczy na koła** *kol.* tyring the wheels
~ **okładziny szczęk hamulca** brake lining
~ **opon** *mot.* tyring
~ **płytek z węglików spiekanych** (*na narzędzia*) *obr.skraw.* tipping (*the tools*)
~ **powłok** coating
~ **się** superposition
~ ~ **linii** (*w spektrografii*) line interference
~ ~ **ściegów** (*jeden na drugim*) *spaw.* building up
~ **w pamięci** *inf.* overlay
nakładarka *f* **kleju** *drewn.* glue spreader
nakładka *f* **1.** cover plate; strap; welt **2.** *narz.* bit **3.** *radiol.* applicator
~ **jednostronna** *masz.* single strap
~ **lufy** (*karabinu*) forearm, handguard (*of a rifle*)
~ **noża** *obr.skraw.* tool tip, tool insert
~ **ogniwa gąsienicy** track shoe
~ **pedału** *mot.* pedal pad
~ **pilnikowa** file blade
~ **stykowa 1.** fish plate, tie plate, shin **2.** *el.* contact tip
~ **szynowa** *kol.* rail joint bar, fish plate
nakładki *fpl* **ochronne imadła** slip jaws
nakłady *mpl* **inwestycyjne** *ek.* capital expenditure, investment outlay

nakłucia *npl odl.* pinhole porosity, pinholes (*casting defect*)
nakłucie *n med.* puncture
nakłuwacz *m* **cyrkla** *rys.* divider point, needle point of compasses
nakłuwać *v* prick
nakłuwak *m odl.* vent wire
nakolanniki *mpl* knee pads
nakres *m żegl.* plot
~ **radarowy** radar plot
nakreślacz *m żegl.* plotter, protractor
~ **drogi** track plotter
~ **kursu** odograph
nakręcać *v* **nakrętkę** screw on a nut
~ **zegar** wind a clock
nakrętka *f* **1.** *masz.* nut **2.** screw cap
~ **amortyzująca** damping nut
~ **czworokątna** square nut
~ **dławikowa** gland nut, packing nut
~ **do oczyszczania gwintu** die nut
~ **do przyspawania** weldnut
~ **dwustronna** turnbuckle, right-and-left nut, screw shackle
~ **dzielona** split nut
~ ~ **sprężynująca** split-and-sprung nut
~ **kapturkowa** *zob.* **nakrętka kołpakowa**
~ **kołpakowa** acorn nut, cap nut, blind nut, dome nut, box nut
~ **koronowa** castellated nut
~ **łącząca** union nut
~ **mocująca** clamp nut
~ **moletowana** knurled nut, thumb nut, milled nut, hand nut
~ **motylkowa** wing-nut, butterfly nut, ear nut
~ **napinająca** turnbuckle, right-and-left nut, screw shackle
~ **nastawcza** adjusting nut
~ **nieobrobiona** black nut, rough nut
~ **obrobiona** finished nut, bright nut
~ **ochronna** thread protector
~ **okrągła** round nut
~ **oporowa** back nut
~ **płytkowa** thumb nut
~ **pociągowa** feed screw nut
~ ~ **dwudzielna** clasp nut
~ **półobrobiona** semifinished nut, half-bright nut
~ **radełkowana** knurled nut, thumb nut, milled nut, hand nut
~ **regulacyjna wahadła** *zeg.* rating nut
~ **regulująca** adjusting nut
~ **rowkowa** slotted nut
~ **rzymska** turnbuckle, right-and-left nut, screw shackle
~ **samozabezpieczająca się** *zob.* **nakrętka samozakleszczająca się**
~ **samozakleszczająca się** self-retaining nut, self-locking nut
~ **skrzydełkowa** wing-nut, butterfly nut, ear nut
~ **sześciokątna** hexagon nut
~ ~ **normalna** regular hexagon nut
~ ~ **o wymiarach powiększonych** heavy hexagon nut
~ **ściągająca** turnbuckle, right-and-left nut, screw shackle
~ **teowa** T-nut
~ **toczna kulkowa** ball nut
~ **tulejowa** sleeve nut, bush nut
~ **uszczelniająca** gland nut, packing nut
~ **uwięziona** captive nut
~ **wciskana** push-on nut
~ **wieńcowa** collar nut, ring nut, flanged nut
~ **wypukła** (*z kołnierzem kulistym*) spherical flanged nut
~ **wysoka** high nut, thick nut
~ **wyważeniowa balansu** *zeg.* quarter-nut
~ **z pokrętłem** latch nut
~ **z przeciwnakrętką** locked nut
~ **z przetyczką przesuwną** capstan nut, tommy bar nut
~ **z uchem** eye-nut
~ **zabezpieczająca** securing nut, lock-nut, retaining nut
~ **zabezpieczona** locked nut
~ **zaciskowa** clamp nut
~ **zacisku** *el.* terminal nut
nakrój *m narz.* chamfer
nakrycie *n mat.* covering projection
~ **zbioru** cover of a set
nakrywający *a* covering
nakryt *m min.* nacrite
nakrywa *f* **kamienna** *bud.* coping stone
nakrywanie *n* **wlewków** *hutn.* capping of ingots
nakrywka *f* **1.** cap; cover **2.** *ryb.* cast net
~ **gniazdka wtyczkowego** *el.* flush plate
~ **wlewu** filler cap
nakrywki *fpl ryb.* lantern nets
nakrzemowywanie *n* **dyfuzyjne** *obr.ciepl.* ihrigizing, siliconizing
naktuz *m okr.* binnacle stand
nakurzanie *n odl.* dusting, powdering
nalepka *f* label
~ **ostrzegawcza** warning label
nalewać *v* **1.** pour **2.** infuse
~ **do pełna** top up, full up
nalewka *f farm.* tincture
~ **gorzka** bitters
~ **jodowa** tincture of iodine, iodine solution
~ **na eterze** ethereal tincture
należność *f ek.* charge, dues
należycie *adv* properly, suitably, appropriately
nalot *m* **1.** *lotn.* air raid; target run, run-in **2.** *lotn.* flying time **3.** tarnish; bloom (*on the surface*) **4.** *leśn.* wilding **5.** *skór.* spew
~ **krystaliczny** *min.* efflorescence, bloom
~ **kwiecisty** *odl.* flowers (*casting defect*)
~ **niebieski** *obr.ciepl.* blue temper
naładowany *a* charged; loaded
naładowany dodatnio *el.* positively charged
naładowany ujemnie *el.* negatively charged
nałogowiec *m* addict
nałóg *m* addiction
namaczalnik *m ferm.* steeping vat

namagnesowanie *n* *fiz.* magnetization, magnetization intensity, magnetic dipole density
~ **nasycenia** saturation magnetization
~ **szczątkowe** remanent magnetization, residual magnetization
namiar *m* **1.** *nawig.* bearing **2.** *hutn.* burden; foundry mixture
~ **kompasowy** compass bearing
~ **kontrolny** check bearing
~ **krzyżowy** cross bearings
~ **magnetyczny** magnetic bearing
~ **paliwa** *hutn.* fuel burden
~ **radiowy** radio bearing, wireless bearing
~ **rzeczywisty** true bearing
namiarowanie *n* (*obliczanie namiaru*) *hutn.* (blast-furnace) burdening
namiary *mpl* **nierównoczesne** *nawig.* open bearings
namiastka *f* substitute, surrogate
~ **wosku** replacement wax
namiernik *m* *nawig.* direction-finder
~ **akustyczny** sound locator
namierzać *v* *nawig.* take bearings
namiot *m* tent
~ **tlenowy** *med.* oxygen tent
namoki *pl* **gnilne** (*do moczenia skór suchych*) *skór.* foul soaks
namoknięty *a* waterlogged
namulanie *n* *geol.* aggradation; *melior.* silting-up
namulisko *n* *geol.* alluvion, alluvium, alluvial deposit
namuł *m* *geol.* aggradate mud, warp
namurnica *f* *bud.* wall plate, rafter plate
~ **kolista** curb-plate
namywanie *n* (*budowli ziemnych*) *inż.* silting up
nanercz *m* **zachodni** *bot.* cashew(-tree), *Anacardium occidentale* L.
naniesienie *n* *geol.* drift
naniesiony *a* *geol.* alluvial
nankin *m* *włók.* nankeen
nano- nano- (*prefix representing* 10^{-9})
nanoelektronika *f* nanoelectronics
nanometr *m* *jedn.* nanometer, nanon
nanos *m* silt
~ **rzeczny** *geol.* river outwash
nanosić *v* *geol.* drift
~ **na mapę** map, plot
~ **poprawki** correct, make corrections
nanoszenie *n* **kleju** adhesive spread
~ ~ **dwustronne** double adhesive spread
~ ~ **jednostronne** single adhesive spread
nansuk *m* *włók.* nainsook
napalanie *n* **tłuszczem** *skór.* hot stuffing
napalm *m* *wybuch.* napalm
napar *m* infusion
naparowywanie *n* **próżniowe** vacuum evaporation technique, vapour deposition, vacuum plating, vacuum deposition
naparstnica *f* *bot.* digitalis, foxglove, *Digitalis*
naparzać *v* **1.** infuse **2.** *włók.* steam
naparzarka *f* *włók.* steaming machine
napawać *v* **1.** *włók.* impregnate; pad **2.** *spaw.* pad
napawanie *n* **1.** *włók.* padding **2.** *spaw.* surfacing by welding, facing by welding, padding, pad welding, building up
~ **dwuwarstwowe** *spaw.* two-pass surfacing
~ **następcze** *włók.* over-padding
~ **regeneracyjne** *spaw.* rebuilding
~ **utwardzające** *spaw.* hard (sur)facing
~ **wstępne** *włók.* pre-padding
napawarka *f* *włók.* padding machine, padder
napełniacz *m* *tw.szt., gum.* filler, extender
~ **aktywny** reinforcing filler
~ **celulozowy** cellulose filler
~ **nieaktywny** inert filler
~ **porów** *powł.* pore filler
~ **półaktywny** semi-reinforcing filler
~ **rozcieńczający** dilutent filler
~ **wzmacniający** reinforcing filler
napełniać *v* **się** fill
napełnianie *n* **beczek** barrelling
~ **butelek** bottling
~ **ponowne** refilling, replenishing
~ **skóry** *skór.* feeding
~ **worków** sacking
~ **z dozowaniem objętościowym** volumetric filling
~ ~ ~ **wagowym** filling by weight
~ **zbiornika** tankage
napełniarka *f* filling machine
napełnić *v* **do kreski** (*np. naczynie miarowe*) fill to the mark
napęd *m* **1.** *masz.* drive; power transmission; power feed **2.** propulsion
~ **akumulatorowy** battery drive
~ **azymutowy** (*anteny radiolokatora*) azimuth drive
~ **bezpośredni** direct drive
~ **bezstopniowy** infinitely variable drive
~ **cierny** friction drive
~ **elektryczny** electric drive
~ **grupowy** group drive
~ **hydrauliczny** fluid drive
~ **indywidualny** individual drive
~ **jądrowy** nuclear propulsion
~ **jednopasowy** single-belt drive
~ **jednostkowy** individual drive
~ **jonowy** *rak.* ion propulsion
~ **konny od kieratu** *roln.* sweep power, horse drive
~ **linowy** rope drive
~ **łańcuchowy** chain drive
~ **łącznika** *el.* switch closer
~ **mechaniczny** power drive
~ **na cztery koła** *mot.* four-wheel drive
~ **na przednie koła** *mot.* front-wheel drive
~ **na tylne koła** *mot.* rear drive
~ **na wszystkie koła** *mot.* all-wheel drive
~ **nastawny** (*o zmiennym przełożeniu prędkości*) variable-speed drive
~ **niezależny** independent drive
~ **nuklearny** nuclear propulsion
~ **odrzutowy** jet propulsion, reaction propulsion
~ **parowy** steam propulsion, steam drive

~ **pasowy** belt drive
~ ~ **klinowy** V-belt drive
~ ~ ~ **z jednym kołem płaskim** V-flat drive
~ ~ **otwarty** open-belt drive
~ ~ **skośny** inclined belt drive
~ ~ **stopniowy** cone drive
~ **pedałowy** treadle drive
~ **przymusowy** positive drive
~ ~ **bezstopniowy** positive infinitely variable drive, PIV drive
~ **rakietowy** rocket propulsion
~ **ręczny** hand operation
~ **silnikowy elektryczny** motor drive
~ **spalinowo-elektryczny** diesel-electric drive
~ **strugowodny** *okr.* hydraulic jet propulsion
~ **śmigłowy** airscrew propulsion
~ **turbinowo-elektryczny** turbo-electric drive
~ **turbinowy** (*turbiną parową lub spalinową*) turbine propulsion
~ **w układzie współrzędnych prostokątnych** coordinate drive
~ **wiązarowy** *kol.* coupling rod drive
~ **wielokierunkowy** universal power feed
~ **wielołańcuchowy** multi-sprocket drive
~ **wielopasowy** multiple-belt drive
~ **wielosilnikowy** *el.* multimotor drive
~ **wodno-odrzutowy** water-jet propulsion
~ **wodny** water drive
~ **z redukcją prędkości** geared-(down) drive
~ **za pomocą przekładni stożkowej** bevel drive
~ **zębaty** gear drive
~ **zwrotnicowy** *kol.* point machine
napędowy *a* driving, motive
napędzać *v* **1.** drive **2.** propel
napędzany krzywką cam-actuated
napędzany mechanicznie power-driven
napędzany parą steam-driven
napierać *v* press against
napierśnik *m* (*uprzęży szorowej*) breastband
napięcie *n* **1.** tension **2.** *el.* voltage
~ **anodowe** anode voltage
~ **bierne** reactive voltage
~ **blokujące** (*ekranu luminescencyjnego*) sticking voltage
~ **błonowe** (*w powłoce*) *wytrz.* membrane force
~ **bramki** *elektron.* gate voltage
~ **chwilowe** instantaneous voltage
~ **czynne** active voltage
~ **dodawcze** *el.* boosting voltage, booster voltage
~ **doprowadzone** applied voltage, impressed voltage
~ **dryftu** *elektron.* drift voltage
~ **dyfuzyjne** (*w złączu p-n*) diffusion (built-in) voltage
~ **elektryczne** voltage
~ **fazowe** phase voltage
~ **formowania** *elchem.* formation voltage
~ **gaśnięcia** *elektron.* extinction voltage
~ **gwiazdowe** (*w układzie gwiazdowym*) *el.* star voltage, Y-voltage
~ **I** *chem.* internal strain, I-strain (*in alicyclic compounds*)
~ **indukcyjne** *el.* inductive voltage
~ **jałowe** off-load voltage, open-circuit voltage
~ **jonizacyjne** ionization potential
~ **kąpieli** *elchem.* bath voltage
~ **kontaktowe** contact potential difference
~ **krokowe** step voltage
~ **ładowania** (*akumulatora*) charging voltage
~ **łuku** arc voltage
~ **międzyfazowe** **1.** *el.* phase-to-phase voltage, voltage between phases **2.** *fiz.* interfacial tension
~ **międzyprzewodowe** delta voltage, line (-to-line) voltage, voltage between lines
~ **na kondensatorze** potential across a capacitor
~ **na końcu toru** delivered line voltage
~ **na zaciskach** terminal voltage
~ ~ ~ **mostka** bridge voltage
~ **nadmierne** excess voltage
~ **najwyższe** extra-high voltage, ehv; extra-high tension, eht
~ **nasycenia** saturation voltage
~ **nieustalone** (*w stanie przejściowym*) transient voltage
~ **niezrównoważenia** offset voltage
~ **niskie** low voltage; low tension
~ **niszczące** *elektron.* disintegration voltage
~ **obniżone** reduced voltage
~ **odchylające** *elektron.* deflecting voltage
~ **odcięcia** *elektron.* cut-off voltage; pinch-off voltage
~ **pasa** *masz.* belt tension, belt pull
~ **piłokształtne** saw-tooth voltage
~ **początkowe siatki** *elektron.* grid bias
~ **podwyższające** *el.* boosting voltage, booster voltage
~ **pojemnościowe** capacitive voltage
~ **południkowe** (*powłoki*) *wytrz.* meridional force
~ **powierzchniowe** *hydr.* surface tension
~ **probiercze** test voltage, proof voltage
~ ~ **pod deszczem** rain test voltage
~ ~ **wytrzymywane** withstand test voltage
~ **progowe** *elektron.* threshold voltage
~ ~ **zbocza dodatniego** positive-going threshold voltage
~ ~ **zbocza ujemnego** negative-going threshold voltage
~ **przebicia** breakdown voltage, puncture voltage
~ ~ **łączeniowe** switching-impulse puncture voltage
~ **przemienne** alternating voltage
~ **przerzutu** breakover voltage
~ **przeskoku iskry** sparking voltage, flashover voltage
~ ~ **na mokro** wet spark-over voltage, wet flash-over voltage
~ ~ **na sucho** dry flash-over voltage

~ ~ **pod deszczem** rain spark-over voltage
~ **przewodzenia** *elektron.* forward voltage
~ **przy obwodzie otwartym** open-circuit voltage, off-load voltage
~ ~ ~ **zamkniętym** closed-circuit voltage, on-load voltage, working voltage
~ **przyłożone** impressed voltage, applied voltage
~ **przyspieszające** *nukl.* accelerating voltage
~ **robocze** closed-circuit voltage, on-load voltage, working voltage
~ **rozkładowe** *elchem.* decomposition voltage
~ **samoczynne polaryzacji siatki** *elektron.* self-bias
~ **siatki** *el.* grid voltage
~ **sieci przemysłowej** power voltage
~ **skuteczne** effective voltage, rms (root-mean-square) voltage
~ **spawania** welding load voltage
~ **sprężyny** spring tension
~ **stałe równoważne** *radiol.* constant potential equivalent
~ **sterujące** control voltage, driving potential
~ **stykowe** (*między dwoma ciałami*) *el.* contact potential difference
~ **szczytowe** peak voltage, crest voltage
~ **średnicowe** (*układu wielofazowego*) diametral voltage
~ **tętniące** pulsating voltage
~ **udarowe** surge voltage
~ ~ **wytrzymywane** impulse withstand voltage
~ **ustalone** steady voltage
~ **użytkowe** utilization voltage
~ **wejściowe** input voltage
~ ~ **w stanie 0** *aut.* low-level input voltage
~ ~ **w stanie 1** *aut.* high-level input voltage
~ **węzłowe** node voltage
~ **wspólne** *elektron.* common-mode voltage
~ **wsteczne** *elektron.* inverse voltage, reverse voltage
~ **wstępne** *elektron.* bias
~ **wtórne** (*w uzwojeniu wtórnym transformatora*) secondary voltage
~ **wyjściowe** output voltage
~ ~ **w stanie 0** *aut.* low-level output voltage
~ ~ **w stanie 1** *aut.* high-level output voltage
~ **wyprostowane** rectified voltage
~ **wysokie** high voltage, high tension, H.T.
~ **wytrzymywane** withstand voltage
~ **wytrzymywane na sucho** dry withstand voltage
~ **wyzwalające bramki** *elektron.* gate firing voltage
~ **wzbudzenia** *masz.el.* field voltage
~ **zajarzenia łuku** *spaw.* striking voltage
~ **zalecane** preferred voltage
~ **zapłonowe** *elektron.* striking voltage
~ **zaporowe** blocking voltage
~ **zasilania** supply voltage
~ **zatkania** (*w tranzystorze*) *elektron.* pinch-off voltage
~ **znamionowe** voltage rating, rated voltage
~ ~ **pełne** full-rated voltage
~ **zwarciowe** short-circuit voltage
~ **zwilżania** wetting tension
~ **zwrotne** blocking voltage
~ **żarzenia** filament voltage
napięty *a* tight, tense
napinacz *m* **iglicy** *uzbr.* cocking lever
~ **koła gąsienicy** track chain adjuster
~ **pasa** (*pędnianego*) belt stretcher, belt tightener, straining pulley
napinać *v* tighten; stretch; strain; stress
~ **iglicę** (*lub kurek*) *uzbr.* cock
~ **nadmiernie** overtighten
~ **pas** *masz.* stretch the belt
~ **sprężynę** put a spring under tension
napis *m* inscription
napływ *m* silt
~ **korzeniowy** *drewn.* root swelling
~ **mas powietrza** *meteo.* advection
~ **rzeczny** *geol.* river outwash
napływowy *a geol.* alluvial
napoina *f spaw.* padding weld
napoje *mpl* liquors, beverages
~ **alkoholowe** alcoholic liquors, alcoholic beverages, intoxicating liquors
~ ~ **destylowane** distilled spirits, distilled liquors, ardent-spirits
~ **bezalkoholowe** soft drinks
~ **chłodzące** refreshing drinks
~ **wyskokowe** *zob.* **napoje alkoholowe**
napotny *a farm.* sudorific
napotykać *v* **trudności** encounter difficulties, meet difficulties
napowietrzanie *n* aeration, air admission; air entrainment (*in cement or concrete*)
~ **barboterowe** bubble aeration, barboter type aeration
~ **naturalne wody odbiornika** *san.* reaeration of water
~ **wstępne** preaeration
napowietrzny *a* aerial; overhead
napój *m* beverage; drink, *zob.też* **napoje**
napór *m* (total) pressure; thrust; *hydr.* total pressure head; *lotn.* ram effect
~ **boczny** *lotn.* cross wind force
~ **elementarny** *hydr.* elementary thrust
~ **hydrodynamiczny** hydrodynamic thrust
~ **hydrostatyczny** hydrostatic thrust
~ **pędnika** *okr.* propeller thrust
~ **wiatru** wind pressure
~ **wody okalającej** *wiertn.* water drive
naprawa *f* repair, *zob.też* **remont**
~ **awaryjna** emergency repair, damage repair
~ **bieżąca** running repair
~ **doraźna** emergency repair, damage repair
~ **drobna** minor repair, small repair

~ **główna** major repair, general overhaul
~ **kadłuba** (*statku*) *okr.* repairs to the hull
~ **niewielkich uszkodzeń powłoki** *farb.* spotting in
~ **okresowa** routine repair
~ **pospustowa pieca** *hutn.* fettling
~ **sprzętu** (*w celu usunięcia uszkodzenia*) remedial maintenance
~ **wyłożenia (kadzi) metodą torkretowania** *hutn.* gun repair
naprawiać *v* repair; make good; rectify
~ **wyprawę pieca** fettle
naprawialność *f* maintainability; repairability
naprawialny *a* reparable
naprężacz *m* **drutu** (*w nawijarce*) wire-straightening pulley
~ **filcu** *papiern.* felt stretcher
~ **pasa** (*pędnianego*) belt stretcher, belt tightener, straining pulley
naprężać *v* stress; tighten; strain; stretch
~ **pas** (*pędniany*) stretch the belt
naprężarka *f* **rolkowa** *obr.plast.* roller stretcher
naprężenia *npl mech.* stresses, *zob.też* **naprężenie**
~ **cieplne** temperature stresses, thermal stresses
~ **hartownicze** quenching stresses
~ **mikroskopowe** microscopic stresses, microstresses, textural stresses
~ **od sił masowych** inertia stresses
~ **odlewnicze** casting stresses
~ **składowe** components of stress
~ **skurczowe** shrinkage stresses
~ **spawalnicze** welding stresses
~ **strukturalne** *zob.* **naprężenia mikroskopowe**
~ **szczątkowe** locked-up stresses, residual stresses
~ **termiczne** temperature stresses, thermal stresses
~ **w locie** *lotn.* flying stresses
~ **wewnętrzne** internal stresses, residual stresses
~ **własne** *zob.* **naprężenia wewnętrzne**
naprężenie *n wytrz.* stress, intensity of stress, *zob.też* **naprężenia**
~ **bezpieczne** permissible stress, allowable stress
~ **błonowe** membrane stress
~ **burzliwe** *aero.* turbulent shear stress, Reynolds stress
~ **całkowite** total stress
~ **dopuszczalne** allowable stress, permissible stress
~ **elektryczne** voltage gradient
~ **główne** principal stress
~ **jednokierunkowe** simple stress
~ **krytyczne** buckling stress, critical compressive stress
~ **miejscowe** localized stress
~ **montażowe** assembly stress, erection stress
~ **napędu pasowego** take-up of belt drive
~ **niszczące** crippling stress, breaking stress
~ **normalne** normal stress
~ **obwodowe** circumferential stress, hoop stress
~ **oktaedryczne** octahedral stress
~ **podłużne** longitudinal stress
~ **południkowe** meridional stress
~ **powtarzające się** repeated stress
~ **promieniowe** radial stress
~ **przeginające** *okr.* hogging stress
~ **przemienne** alternating stress
~ **przepuklające** *papiern.* bursting strain
~ **przy przerywaniu próbki** true tensile stress
~ **pulsacyjne** (*kadłuba*) *okr.* panting stress
~ **Reynoldsa** *aero.* turbulent shear stress, Reynolds stress
~ **robocze** working stress, service stress, operating stress
~ **rozciągające** tensile stress, negative stress
~ **równoleżnikowe** *zob.* **naprężenie obwodowe**
~ **rzeczywiste** actual stress, true stress, effective stress
~ **skręcające** torsional stress
~ **sprowadzone** reduced stress
~ **stałe** steady stress
~ **statyczne** *zob.* **naprężenie stałe**
~ **styczne** shear(ing) stress, tangential stress
~ ~ **krytyczne** (*niezbędne do wywołania poślizgu*) critical resolved shear stress
~ **stykowe** contact stress
~ **ścinające** *zob.* **naprężenie styczne**
~ **ściskające** compressive stress, positive stress
~ **średnie** steady-stress component, mean stress
~ ~ **cyklu** mean fatigue stress
~ **udarowe** impact stress
~ **uplastyczniające** *obr.plast.* yield stress, flow stress
~ **w płaszczyźnie ośmiościanu** octahedral stress
~ **wstępne** initial stress; assembly stress
~ **wyboczające** buckling stress, critical compressive stress
~ **zastępcze** reduced stress
~ **zginające** bending stress
~ **złożone** compound stress
~ **zmęczeniowe** fatigue stress
~ **zmienne** variable stress
~ **zredukowane** reduced stress
naprężnik *m kol.* tensioning device
napromienianie *n radiol.* irradiation, raying
~ **bakteriobójcze** bactericidal irradiation
~ **chroniczne** chronic exposure
~ **ciągłe** *zob.* **napromienianie chroniczne**
~ **impulsowe** pulse irradiation
~ **krzyżowe** cross-firing
~ **stykowe** *med.* contact irradiation
~ **śródmiąższowe** *med.* interstitial radiation

~ **udarowe** acute irradiation, acute exposure
~ **w jamach ciała** *med.* cavity irradiation
~ **wiązkami zbieżnymi** convergent irradiation
~ **wstępne** pre-irradiation
napromieniony *a* irradiated
napromiennik *m rad.* aerial feed
naprowadzanie *n* **działa** (*na cel*) laying the gun, aiming at a target
~ **pocisku** (*kierowanego*) missile homing (guidance), *zob.też* **samonaprowadzanie**
~ **radiolokacyjne** radar homing
naprzemianległy *a* alternate; alternating
naprzemienny *a* alternate
napylać *v* dust, sprinkle with powder
napylanie *n* **katodowe** *elektron.* deposition of thin films by sputtering, (cathode) sputtering
~ **plazmowe** plasma spraying
~ **próżniowe** vacuum sublimation
narastać *v* accrue, build up, grow
narastanie *n* accretion, building up, growing, escalation
~ **kryształów** overgrowth of crystals
~ ~ **dendrytycznych** *met.* treeing
~ **oblodzenia** ice accretion
~ **osadu** (*na płytach akumulatora*) mossing
~ **plaży** beach accretion
~ **pływu syzygijnego** *ocean.* spring rise
narażać *v* **na niebezpieczeństwo** endanger
narażenie *n* **klimatyczne** climatic stress, climatological hazard
~ **korozyjne** corrosion hazard, corrosion danger
~ **mechaniczne** mechanical hazard
~ **środowiskowe** environmental hazard
narceina *f chem.* narceine
narękawnik *m* **ochronny** protective sleeve
~ **spawacza** welding sleeve
narkoman *m* addict
narkomania *f* narcomania, toxicomania; addiction
narkotyk *m farm.* narcotic
narkotyna *f chem.* narcotine
narkoza *f med.* an(a)esthesia, narcosis
~ **dotchawicza** intubation anesthesia
~ **dożylna** intravenous anesthesia, phlebonarcosis
~ **eterowa** etherization
narost *m* accretion; *hutn.* bear, sow, buildup
~ **na ostrzu** *obr.skraw.* built-up edge (*of tool*)
~ **żużla** (*w piecu lub w kadzi*) *odl.* slag buildup
narośl *f* **1.** *drewn.* burl, gnarl **2.** *biol.* excrescence
naroże *n bud.* corner, quoin
~ **dachu** roof hip
~ **nieprostokątne** squint quoin
narożnik *m* **1.** *bud.* corner, quoin **2.** side outlet (pipe) fitting, side outlet elbow
~ **kamienny** *bud.* corner-stone
~ **nakładany** *bud.* angle-staff; corner bead, staff bead
~ **ochronny** (*zabezpieczający naroże tynkowanej ściany lub filara*) *bud.* corner bead
nartowiec *m* hydroski vehicle, hydroski craft
narty *fpl* ski(s)
~ **wodne** hydroskis
naruszenie *n* **praw patentowych** patent infringement, infringement of patent rights
~ **prawa do znaku towarowego** trade mark infringement
~ **przestrzeni powietrznej** violation of airspace
~ **równowagi** unbalancing, upsetting
~ **struktury** *kryst.* disarrangement of structure
~ ~ **gleby** disturbance of soil
~ **umowy** breach of contract
narybek *m ryb.* fry
narząd *m anat.* organ
~ **łzowy** lacrimal apparatus
narządzanie *n* **formy** *poligr.* imposition, locking up a form, makeready (of a form)
narzędzie *n* tool; instrument; implement; utensil
~ **do pomiaru obwodu** (*np. rury*) circumference gauge
~ **do obróbki kół zębatych** gear tool
~ **do pomiaru otworów** bore gauge
~ **do szczepienia roślin** *roln.* grafting tool
~ **do usuwania rąbków** burring tool
~ **do zaciskania (końcówek)** *el.* crimping tool
~ **połowu** *ryb.* fishing gear
~ **pomiarowe** gauge; measuring instrument
~ **ratunkowe** *wiertn.* fishing tool
~ **ręczne** hand tool
~ ~ **o napędzie mechanicznym** power tool
~ ~ **o napędzie pneumatycznym** pneumatic tool
~ **robocze** working tool
~ **skrawające** cutting tool
~ ~ **jednoostrzowe** single-point cutting tool
~ ~ **wieloostrzowe** multi-point cutting tool
~ **wiertnicze** boring tool, drilling tool
~ **-wzorzec** *obr.skraw.* master tool
~ **z grzaniem wewnętrznym** *tw.szt.* integrally heated tool
~ **z ostrzem z tlenków spiekanych** *obr. skraw.* oxide cutting tool
~ **zużywane** perishable tool
narzędziowiec *m* toolmaker
narzędziownia *f* tool-room, tool(-maker's) shop
narznica *f drewn.* dovetail saw, foxtail saw
narzucać *v* **ograniczenia** impose limitations
~ **warunki** impose conditions, dictate conditions
narzucanie *n* **drugiej warstwy tynku** *bud.* floating
~ **torkretu** *bud.* gunite shot

narzucarka *f odl.* sand-slinger
~ **dolomitu** dolomite (throwing) machine, dolomite fettling machine, dolomite gun
~ **jezdna** tractor-type sand-slinger
~ **przyścienna** bracket-type sand-slinger
~ **wisząca** swingslinger
~ **z hydraulicznym wodzeniem głowicy** hydraulic-operated sand-slinger
~ **z ręcznym wodzeniem głowicy** hand-operated sand-slinger
narzut *m* **1.** *bud.* floating (coat) **2.** *drog.* fill, rip-rap **3.** *ek.* overheads
~ **kamienny** *inż.* rock filling, rubble
narzutniak *m geol.* erratic (boulder)
narzynka *f obr.skraw.* threading die, screw(ing) die, die nut
~ **dzielona** sectional screw die, sectoral screw die
~ **niedzielona** solid screw die
~ **okrągła** circular screw die
~ **sześciokątna** hexagon die nut
~ **tulejowa** spring screw die
nasada *f* **budowli** (*np. pirsu, tamy*) *inż.* root
~ **dziobowa** *okr.* forefoot
~ **języka** *anat.* root of tongue
~ **kominowa** *bud.* chimney-pot; chimney cowl; chimney cap; tall-boy
~ **łopaty śmigła** *lotn.* airscrew blade root, airscrew blade shank
~ **skrzydła** *lotn.* wing root
~ **wylotowa lufy** (*działa*) muzzle attachment
nasadka *f* cap, thimble, attachment
~ **anamorfotyczna** *kin.* anamorphote lens
~ **destylacyjna** *lab.* distillation head
~ **do cięcia gazowego** *spaw.* cutting attachment
~ **do palnika** *lab.* burner toppiece
~ **korekcyjna** *opt.* corrector plate
~ **lejowa** (*do odlewania syfonowego*) *hutn.* trumpet bell
~ **metalowa** ferrule
~ **ochronna pala** *inż.* pile driving cap
~ **palnika** *spaw.* blowpipe head
~ **zmiękczająca** *fot.* diffusion disk, diffuser, softening screen
nasiarczanie *n obr.ciepl.* sulfurizing, sulfiding
nasiąkać *v* soak, imbibe
nasiąkliwość *f* absorbability
nasiąkliwy *a* absorbable; *powł.* hungry, starved
nasiąknięty wodą waterlogged
nasiennictwo *n roln.* seed production
nasilenie *n* intensity
~ **ruchu** traffic density
nasiona *npl* **anyżu** ani(se)seed
~ **jadalne roślin strączkowych** pulses
~ **kwalifikowane** certified seeds
~ **lnu** flaxseed
~ **oleiste** oil seeds
naskórek *m* **1.** *met.* skin (*of ingot, casting*) **2.** *anat.* epidermis, cuticle
~ **podwójny** *met.* double skin, curtaining (*ingot defect*)
~ **pomarańczowy** (*chropowatość powierzchni wyrobów tłoczonych z blachy*) orange peel, alligator skin, pebbles
~ **spiekalniczy** *met.* sinterskin
naskórkowość *f* (Kelvin) skin effect
nasłonecznienie *n* insolation
nasłuch *m* **radiowy** radio watch, listening watch, listening in, radio monitoring
naspawanie *n spaw.* surfacing by welding, facing by welding, flame-plating, building-up, overlaying welding, *zob. też* **napawanie 2.**
naspoina *f* overlay weld
nastawa *f* (*np. regulatora, zapalnika czasowego*) setting
nastawiacz *m* **1.** adjuster **2.** *obr.skraw.* tool setter
~ **hamulca** *mot.* brake adjuster
~ **klocka hamulcowego** *kol.* brake shoe locker
~ **opóźniacza** *uzbr.* delay setting plug
nastawiać *v* adjust; set; *obr.skraw.* set up
~ **drożdże** *ferm.* pitch
~ **kąpiel** *włók.* make-up the bath
~ **miano** *chem.* standardize
~ **na ostrość** *fot.* focus, focalize
~ **ponownie** readjust, re-set
~ **walce** *hutn.* adjust rolls
~ **zwrotnicę** *kol.* switch
nastawiak *m* **wybieraka** *telef.* trip spindle
nastawialność *f* **płomienia** *spaw.* manageability of flame
nastawianie *n* **1.** adjustment; setting; *obr.skraw.* set-up **2.** orientation
~ **dokładne** fine adjustment
~ **(miana) roztworu** *chem.* standardization of solution
~ **na ostrość** *opt.* focusing, focalizing
~ **na zero** *metrol.* zero adjustment, zero setting
~ **niewłaściwe** maladjustment
~ **precyzyjne** fine adjustment
~ **skoku** play adjustment
~ **wstępne** presetting
~ **zgrubne** coarse adjustment
~ **zwłoczne** (*np. przekaźnika*) time delay setting
nastawienie *n* **1.** adjustment; setting; *obr. skraw.* set-up **2.** orientation, *zob.też* **nastawianie**
nastawka *f* **zerowa** zero adjusting screw
nastawnia *f* control station, control room; *kol.* signal box, signal tower; *US* switch tower
~ **kotłowa centralna** boiler operator's control station
~ **układu elektroenergetycznego** power system control room
nastawnica *f kol.* interlocking frame, signal-lever frame, interlocking control machine, interlocking plant
~ **kostkowa typu pulpitowego** *kol.* domino-panel
~ **zapalnika czasowego** fuse setter
nastawniczy *m* **1.** *kol.* signalman, signaller **2.** *kotł.* boiler setter

nastawnik *m* **1.** *aut.* controller, regulating unit **2.** *zeg.* pusher, push-piece, setting lever
~ **główny** master controller
~ **napięcia sieci** line voltage compensation control
~ **oporowy** *el.* rheostatic controller, rheostat
~ ~ **wzbudzenia** field rheostat
~ **stycznikowy** contactor controller
~ **w szyjce** *zeg.* pendant push
~ **wzbudzenia** *el.* field rheostat
~ **wzmocności** *tel.* gain regulator
~ **zaczepowy** *el.* tap-changer
~ **zaworu** *aut.* valve positioner
nastawny *a* adjustable
następca *m* successor
~ **prawny** assignee
następnik *m mat.* consequent, successor, direct successor
następny *a* following, successive; consecutive
następstwo *n* sequence, succession, order, *zob.też* **kolejność**
~ **czasowe** time sequence
~ **transgresywne** (*warstw*) *geol.* onlap, transgressive overlap
nastopniki *mpl bhp* protective spats
nastój *m farm.* infusion
nastręczać *v* **trudności** present difficulties, offer difficulties
nasunięcie *n* **erozyjne** *geol.* erosion thrust
~ **fałdowe** overfold
~ **orogeniczne** orogenic thrust
~ **warstw** overthrust
nasuwać *v* slide over; *geol.* thrust
nasuwka *f masz.* sleeve, muff
~ **rurowa** tube jointing sleeve
~ ~ **sprzęgła** coupling box, sleeve box
nasycać *v* saturate; imbue; soak; impregnate
~ **tlenem** oxygenate
nasycalnia *f* **drewna** wood treating plant, timber preserving plant
nasycalnik *m chem.* saturator
nasycanie *n chem.* saturation; impregnation
~ **drewna** wood treatment; pickling of timber
~ **dwutlenkiem węgla** carbonation
~ **tlenem** oxygenation
nasycenie *n* **barwy** chromaticity, colour saturation
~ **magnetyczne** magnetic saturation
~ **ropą** (*skał*) *geol.* oil saturation
~ **rynku** *ek.* saturation of the market
nasycony *a* saturated; impregnated
nasycony na gorąco hot-saturated
nasyp *m* embankment, bank
~ **eoliczny** (*utworzony przez wiatr*) *geol.* windrow
~ **kolejowy** railway embankment
~ **wałowany** *inż.* rolled fill
naszczytnik *m arch.* acroterium, acroterion
naszywka *f* **wzmacniająca** (*żagla*) banding, strengthening piece (*of a sail*)
naśladować *v* simulate
naśladownictwo *n* simulation
naśladownik *m aut.* simulator
~ **lotu** *lotn.* link-trainer
naświetlacz *m* flood-light
naświetlać *v fot.* expose
naświetlanie *n fot.* exposure
naświetle *n* **drzwiowe** *bud.* transon (*window*)
~ ~ **półkoliste** fanlight
naświetlenie *n fot.* **1.** exposure, quantity of illumination **2.** shot
~ **boczne** *zob.* **naświetlenie szkodliwe**
~ **migawkowe** instantaneous exposure
~ **szkodliwe** light shot
~ **wstępne** pre-exposure
natapianie *n spaw.* surfacing by welding, facing by welding, pad welding, building-up, flame-plating, overlaying; rebuilding
~ **trzonu pieca** *hutn.* fusing-in of the bottom; burning-in (the bottom), making up the bottom
~ **twardymi stopami** hard surfacing, hard-facing
natężenie *n* intensity
~ **barwy** colour intensity
~ **burzliwości** *mech.pł.* intensity of turbulence
~ **dawki** *radiol.* dose rate
~ **dmuchu** *odl.* blast intensity, relative blowing rate
~ **dopływu** *hydr.* rate of approach, rate of afflux, intensity of approach
~ **dźwięku** sound intensity, volume
~ **fali uderzeniowej** *aero.* shock strength
~ **hałasu** *akust.* noise level
~ **koercyjne** (*pola magnetycznego*) (magnetic) coercive force
~ **linii widmowych** intensity of spectral lines
~ **magnetyzacji** (intensity of) magnetization, magnetic dipole density
~ **maksymalne sygnału** *rad.* peak intensity
~ **napromienienia** irradiance, radiant flux density
~ **obciążenia** *wytrz.* load intensity
~ **oświetlenia** *opt.* illumination, illuminance, luminous flux density
~ **pola** *fiz.* field intensity, field strength
~ ~ **elektrycznego** electric field intensity, electric force
~ ~ **magnetycznego** magnetic field strength, magnetic intensity, magnetic force
~ **powściągające** (magnetic) coercive force
~ **prądu** *el.* current intensity, current strength
~ ~ **ładowania akumulatora** battery charging rate
~ **promieniowania** *fiz.* radiation intensity
~ **przepływu** *hydr.* rate of flow, intensity of flow
~ ~ **ciężarowe** weight rate of flow
~ ~ **masowe** mass rate of flow, mass flow
~ ~ **objętościowe** volumetric flow rate, volume flow

~ **ruchu pociągów** railway traffic density
~ ~ **telefonicznego** telephone traffic flow
~ ~ **ulicznego** street traffic volume
~ **strumienia wirowości** *hydr.* flux of vorticity, strength of a vortex
~ **wymiany** *telegr.* traffic density
~ **wypływu** *hydr.* rate of discharge, intensity of discharge
~ **(źródła) światła** *opt.* luminous intensity, luminosity
natleniać *v* oxygenate
natłoczka *f* **skórzana** *masz.* cup leather packing, cup leather
natłok *m tel.* congestion, contention
natłustka *f włók.* grease, oiling agent, spinning oil
natłuszczać *v* oil; grease
natłuszczanie *n* **emulsją wodną** *skór.* fat liquoring
~ **skór** leather stuffing, leather currying
natłuszczarka *f* **do blach** *hutn.* oiling machine, oiler
natłuszczony *a* greasy
natrolit *m min.* natrolite, needlestone
natron *m* **1.** *min.* natron **2.** *papiern.* sulfate paper
natrysk *m* **1.** (spray) shower **2.** *powł.* spraying, *zob.też* **natryskiwanie**
~ **bezpowietrzny** *zob.* **natrysk hydrodynamiczny**
~ **hydrodynamiczny** airless spraying
~ **ręczny** hand shower, hand spray
~ **wodny** water spray
natryskiwać *v* spray
~ **beton** *bud.* gunite
natryskiwanie *n* **elektrostatyczne** electrostatic spraying
~ **płomieniowe** flame spraying
naturalnej wielkości full-size(d)
naturalnie promieniotwórczy natural radioactive
natychmiastowo-krytyczny *a nukl.* prompt-critical
natychmiastowy *a* instantaneous, immediate, prompt
nauczanie *n* education, teaching
nauka *f* **1.** science, *zob.też* **nauki 2.** (*w rzemiośle*) apprenticeship
~ **o nosicielach chorób** phorology
~ **o ochronie środowiska** environmental science
~ **o przestrzeni kosmicznej** space science
~ **o zarządzaniu** management science
nauki *fpl* **pokrewne** allied sciences
~ **przyrodnicze** natural sciences
~ **stosowane** applied sciences
~ **ścisłe** exact sciences
~ **techniczne** technology, technical sciences
naukowa organizacja *f* **pracy** scientific management
naukowiec *m* scientist
naukowy *a* scientific
naukoznawstwo *n* science of science
nautofon *m żegl.* nautophone
nawa *f* **boczna** (*kościoła*) aisle
~ **główna** (*kościoła*) nave
~ **hali fabrycznej** bay in a factory
~ **montażowa** assembly bay
~ **poprzeczna** (*kościoła*) transept
~ **wyrobiska wybierkowego** *górn.* aisle (*of a heading*)
nawadnianie *n roln.* irrigation, watering
~ **bruzdowe** furrow irrigation
~ **deszczowniane** spray irrigation, sprinkling irrigation
~ **metodą nasiąkania** irrigation by infiltration
~ **nadmierne** overirrigation
~ **podglebia** subirrigation
~ **podsiąkowe** upward irrigation
~ **przesiąkowe** *zob.* **nawadnianie podsiąkowe**
~ **smugowe** corrugation irrigation
~ **wgłębne** subsurface irrigation, subterranean irrigation
~ **zalewowe** basin irrigation, underflowing irrigation, flood irrigation
nawalcowywanie *n* **gwintu** thread rolling
nawałnica *f* **wysokościowa** *meteo.* jet-stream
nawanianie *n* **gazu** *chem.* gas odorizing
nawapnianie *n roln.* liming
nawar *m petr.* sinter
~ **krzemionkowy** (*osad z gorących źródeł*) siliceous sinter
nawarstwiać *v* **się** build up (*in layers*), pile up
naważka *f* = **odważka** *lab.* weighed portion, weighed amount
nawęglanie *n* **1.** *obr.ciepl.* carburizing, carburization, carbonizing, cementation, case-hardening, acieration **2.** coaling (*of ships and steam locomotives*)
~ **ciekłego metalu** recarburization (*of liquid metal*), carbon pick-up
~ **częściowe** selective carburizing
~ **gazowe** gas carburizing, hypercarb process
~ **gazu** carburation of gas
~ **kąpielowe** liquid carburizing, bath carburizing
~ **miejscowe** selective carburizing
~ **w cieczach** liquid carburizing, bath carburizing
~ **w karburyzatorze stałym** *zob.* **nawęglanie w proszkach**
~ **w proszkach** box carburizing, solid carburizing, pack-hardening
nawiasy *mpl* brackets
~ **kątowe** (*znak* ⌈ *lub* ⌉) corner brackets
~ **klamrowe** braces, curly brackets
~ **kwadratowe** square brackets
~ **łukowe** parentheses, round brackets
~ **okrągłe** *zob.* **nawiasy łukowe**
~ **ostre** angle brackets, broken brackets
~ **zwykłe** *zob.* **nawiasy łukowe**
nawiązywać *v* **łączność** establish contact; establish liaison
nawiercanie *n obr.skraw.* spot drilling spotting
~ **nakiełków** centre drilling, cent(e)ring
nawiertak *m narz.* spotting drill, spotter
~ **do nakiełków** centre drill, centre drilling tool

~ ~ ~ **chronionych** bell-type counter--sink
nawierzchnia *f* **asfaltowa** asphalt pavement
~ **betonowa** concrete pavement
~ **bitumiczna** bituminous pavement
~ **brukowa** boulder pavement
~ **drogi** road surface, pavement
~ **gruntowa** soil-surfaced road
~ **jezdni mostowej** bridge flooring
~ **klinkierowa** brick pavement
~ **kolejowa** *kol.* track structure, permanent way
~ **podatna** flexible pavement
~ **sztywna** rigid pavement
~ **ścisła** dense graded pavement
~ **tłuczniowa** macadam
~ ~ **smołowana** tarmac
~ **żwirowa** gravel surface
nawietrzanie *n* aeration
nawietrzność *f* (*statku żaglowego*) ardency, griping
nawietrzny *a* windward (*direction*); weatherly (*ship*)
nawiewnik *m okr.* (intake) ventilator
~ **płócienny** windsail
~ **w iluminatorze** wind catcher
nawigacja *f* navigation
~ **astronomiczna** celestial navigation, celo--navigation
~ **bezwładnościowa** inertial navigation
~ **hiperboliczna** *lotn.* hyperbolic navigation
~ **inercjalna** *zob.* **nawigacja bezwładnościowa**
~ **meteorologiczna** meteorological navigation, aerologation, pressure-pattern flying
~ **obliczeniowa** *lotn.* dead reckoning (navigation), DR
~ **pilotowa** *żegl.* pilotage; piloting
~ **po ortodromie** *zob.* **nawigacja sferyczna**
~ **przybrzeżna** coastal navigation
~ **radiowa** radio navigation
~ **satelitarna** satellite navigation
~ **sferyczna** spherical sailing
~ **telewizyjno-radiolokacyjna** *lotn.* television and radar navigation, teleran
~ **terrestryczna** geo-navigation
~ **w przestrzeni kosmicznej** space navigation
nawigator *m* navigator
~ **automatyczny** autonavigator
nawijać *v* wind; coil
~ **na bęben** reel
nawijalnia *f el.* (coil) winding shop
nawijarka *f masz.* winder; reeler; wind-up reel; winding reel
~ **cewkowa** spooling machine, spooler
~ **osnowy** *włók.* warp dressing machine
~ **taśm** *hutn.* take-up reel
~ **tkanin** cloth rolling machine
~ **uzwojeń** *el.* coil winding machine, coil winder
nawilżacz *m* moistener, humidifier, damper
nawilżać *v* moisten, humidify, damp, wet
~ **masę formierską** *odl.* temper the sand
nawilżanie *n* humidification, damping, wetting
nawilżarka *f włók.* damping machine, damper, dewing machine
~ **parowa** steaming machine
nawis *m* overhang
~ **dziobu** *okr.* bow overhang
~ **rufy** *okr.* counter, stern overhang
~ **spoiny** (*pachwinowej*) weld overlap, roll
~ **włoka** *ryb.* square of a trawl
nawlek *m okr.* dead-eye
nawlekać *v* thread
nawodorowanie *n met.* hydriding
nawoskowany *a* waxen
nawozić *v roln.* fertilize; manure
nawożenie *n roln.* fertilization; manuring
~ **intensywne** heavy dressing, heavy fertilization
~ **marglem** marling
~ **pogłówne** top dressing
~ **samolotowe** aerial top-dressing
~ **warstwą kompostu** sheet composting
nawój *m włók.* yarn packing, beam
~ **osnowowy** warp beam, warp roll
~ **tkacki** *zob.* **nawój osnowowy**
nawóz *m roln.* manure; dressing; fertilizer
~ **azotowo-fosforowy** nitrogen-phosphorus fertilizer, nitrophosphate
~ **azotowy** nitrogenous fertilizer
~ **bakteryjny** bacterial fertilizer
~ **bez balastu** concentrated fertilizer
~ **ciekły** liquid fertilizer
~ **fosforowy** phosphatic fertilizer
~ **jednoskładnikowy** (*sztuczny*) separate material
~ **mieszany** mixed fertilizer
~ **naturalny** manure; dressing
~ **organiczny** organic fertilizer
~ **pełny** complete fertilizer
~ **potasowy** potassic fertilizer
~ **sztuczny** (chemical) fertilizer, artificial manure
~ **trójskładnikowy** complete fertilizer
~ **wieloskładnikowy** mixed fertilizer
~ **z odpadków poubojowych** tankage
~ **zielony** green manure
nawracać *v* reverse, turn back
nawrotnik *m el.* reversing switch, reverser
nawrotny *a* reversible
nawrót *m* **1.** *masz.* reverse, reversal **2.** *met.* recovery; reversion, retrogression
nawyk *m med.* habituation
nazewnictwo *n* nomenclature
naziemny *a* (*situated on the ground*)
naziom *m bud.* surcharge, overburden
nazwa *f* name
~ **chemiczna** chemical name
~ **danej** *inf.* data name
~ **firmowa** brand name; trade-mark
~ **gwarowa** vernacular name
~ **handlowa** trade name
~ **klasyfikacyjna** *biol.* taxonomic name
~ **niewłaściwa** misnomer
~ **ogólna** generic name
~ **określająca** *inf.* qualified name

~ **potoczna** customary name, common name, trivial name
~ **(prawnie) zastrzeżona** registered trade name, proprietary name
~ **systematyczna** *chem.* systematic name; *biol.* taxonomic name
~ **zwyczajowa** *zob.* **nazwa potoczna**
NBP = Narodowy Bank Polski
neburon *m pest.* neburon, neburea (*herbicide*)
nefelin *m min.* nepheline, nephelite
nefelinit *m petr.* nephelinite
nefelometr *m chem.* nephelometer
nefelometria *f chem.* nephelometric analysis, nephelometry
nefoskop *m meteo.* nephoscope
nefryt *m min.* nephrite, kidney stone
negacja *f* **1.** *inf.* negation, NOT function, NOT-operation **2.** *mat.* denial, negation
~ **obustronna** joint denial
negaton *m fiz.* negatron, negative electron
negator *m inf.* NOT element
~ **do tworzenia uzupełnienia** complementer
negatyw *m fot.* negative
~ **obrazu** *kin.* picture negative
~ **płyty gramofonowej** master (*in gramophone-record manufacture*)
~ **ścieżki dźwiękowej** *kin.* negative sound-track
negatywny *a* negative
negocjować *v* negotiate
nekroza *f med.* necrosis
nektar *m bot.* nectar
nektarnik *m bot.* nectary
nekton *m ocean.* necton
nematocyd *m pest.* nematocide
neobiogeneza *f biol.* neobiogenesis
neodym *m chem.* neodymium, Nd
neogen *m* (*oddział*) *geol.* Newer Tertiary system
neomycyna *f farm.* neomycin (*antibiotic*)
neon *m* **1.** *chem.* neon, Ne **2.** neon display
neonówka *f* neon lamp, neon discharge tube
neopermutyt *m* (*glauconite used like permutit for water-softening*)
neopren *m gum.* neoprene
neostygmina *f farm.* neostigmine
neotenia *f biol.* neoteny
neper *m jedn.* neper, napier, Np
neperomierz *m tel.* decibel-meter, level measuring set
Neptun *m astr.* Neptune
neptun *m chem.* neptunium, Np
nerka *f anat.* kidney, ren, nephros
nerkowiec *m* **zachodni** *bot.* cashew(-tree), *Anacardium occidentale L.*
nerkowy *a med.* renal
nerolidol *m chem.* nerolidol
nerolina *f chem.* nerolin
nerw *m anat.* nerve
~ **liścia** *bot.* leaf vein
~ **oczny** *anat.* ophthalmic nerve
~ **pokrycia** *mat.* nerve of covering
~ **ruchowy** *anat.* motor nerve
nerwica *f med.* neurosis
~ **pilotów** aeroneurosis, aerasthemia, flying sickness
nerwon *m biochem.* nervone
nerwowość *f med.* nervousness
nerytyczny *a ocean.* neritic
netto *a* net (*weight*)
neuristor *m cybern.* neuristor
neurochemia *f* neurochemistry
neuroelektryczność *f biol.* neuroelectricity
neurofibryl *m anat.* neurofibril
neurohormony *mpl biochem.* neurohormones
neuron *m anat.* neuron, nerve cell
neuryna *f chem.* neurine
neuryt *m anat.* axon, neurite
neutralizacja *f* neutralization
neutralizator *m spoż.* batch refining kettle
neutralizować *v* **1.** *chem.* neutralize **2.** *el.* neutralize
neutralizowanie *n* **golizny spiklowanej** *skór.* depickling
neutralny *a* neutral
neutretto *n fiz.* neutretto
neutrino *n fiz.* neutrino
neutrodyna *f el.* neutrodyne
neutron *m fiz.* neutron, *zob.też* **neutrony**
~ **błądzący** stray neutron
~ **cieplny** thermal neutron
~ **epikadmowy** epicadmium neutron
~ **epitermiczny** epithermal neutron
~ **jądrowy** nuclear neutron
~ **nadkadmowy** epicadmium neutron
~ **natychmiastowy** prompt (fission) neutron
~ **odrzutu** recoil neutron
~ **opóźniony** delayed neutron, latent neutron
~ **pierwotny** virgin neutron
~ **podkadmowy** subcadmium neutron
~ **podtermiczny** cold neutron
~ **pośredni** intermediate neutron
~ **powolny** slow neutron
~ **prędki** fast neutron
~ **reaktorowy** reactor neutron, pile neutron
~ **rezonansowy** resonance neutron
~ **rozproszeniowy** stray neutron
~ **rozszczepieniowy** fission neutron
~ **spowolniony** moderated neutron
~ **subtermiczny** subthermal neutron
~ **swobodny** free neutron
~ **termiczny** thermal neutron
~ **wtórny** secondary neutron
~ **załamany** refracted neutron
~ **zimny** cold neutron
neutronografia *f* neutron radiography
neutrony *mpl* **monoenergetyczne** *fiz.* monoenergetic neutrons
neutropenia *f med.* neutropenia
neutrosfera *f geofiz.* neutrosphere
niacyna *f chem.* niacin, nicotinic acid
nibydrożdże *pl biochem.* asporogenous yeast
nibygwiazda *f astr.* quasar, quasi-star, quasi-stellar radiation source, quasi--stellar object
nichrom *m met.* nichrome, chrome-nickel

nici *fpl* **1.** threads **2.** *szkl.* strings, cords (*defect*)
niciarka *f* **1.** riveting machine, riveter; riveting press **2.** *włók.* ply-twister **3.** *poligr.* book sewer, book sewing machine
~ **dźwigniowa** squeeze riveter
~ **hydrauliczna** hydraulic riveter, riveting ram
~ **pneumatyczna** pneumatic riveter, rivet gun
~ **ściskowa** squeeze riveter
niciarz *m* riveter, rivet driver (*worker*)
nicielnica *f* *włók.* harness
nicienie *mpl zool.* nematodes, nematoda, eelworms, *Nematoda*
nicieniobójczy *a pest.* nematocidal
nicrosilal *m met.* nicrosilal
nić *f* thread; twine
~ **cięta** *szkl.* chopped strand
~ **konopna** (*na liny*) rope yarn
~ **lateksowa** *gum.* latex thread
~ **rybacka** fishing twine, cabled yarn, fishnet twine
~ **wypełniająca** (*w kablu*) bedding string
~ **żaglowa** seaming twine
nie cierpiący zwłoki urgent
nie dający się oznaczyć undeterminable
nie dawać wyników yield no results
nie do nabycia *ek.* unobtainable
nie do przyjęcia unacceptable
nie doceniać underrate, underestimate
nie dociągnąć przy lądowaniu *lotn.* undershoot (*during landing*)
nie dotykać avoid contact
nie działający inoperative
nie elektryzujący się anelectric
nie forsując żagli *żegl.* under easy sail
nie koksujący non-coking
nie mający postaci krystalicznej xenomorphic
nie mieszający się immiscible
nie na kursie *nawig.* off course
nie nadający się unfit
nie nadający się do zamieszkania uninhabitable
nie nastawiony out of adjustment
nie obsiany *roln.* unsown
nie osadzający się non-settling
nie oświetlony unlit
nie podlegający kontroli noninspectable
nie podlegający ochronie prawnej legally unprotected
nie podlegający ocleniu duty-free
nie podparty unsupported
nie przedstawiać żadnych trudności present no difficulties
nie przekraczający... not exceeding..., n.e.
nie przepuszczający powietrza airproof, air-tight
nie przepuszczający promieni rayproof
nie przepuszczający światła lightproof
nie przepuszczający wody waterproof
nie przewracać! *transp.* keep upright
nie przynoszący strat ani zysków *ek.* breakeven
nie spełniać (*warunków*) fail to comply with...
nie strącający się *chem.* non-precipitable
nie ulegający korozji incorrodible, non-corrodible
nie utleniający się non-oxidizable
nie wrócić na statek *żegl.* break liberty
nie wrócić z urlopu *żegl.* break leave
nie wydzielający pyłu non dusting
nie wymagający nadzoru unattended
nie wyszczególniony (*w spisie*) unspecified
nie zabezpieczony unprotected
nie zapłacony unpaid
nie zatykający się nonclogging
nie zawierający... free from..., ...free
nie zawierający ołowiu lead-free
nie zawierający węgla carbonless, carbon-free
nie zestrojony out of tune
nie zmieniać się w czasie remain constant with time
nieaktywny *a* inactive
niebezpieczeństwo *n* danger; hazard; peril; distress
~ **dla zdrowia** health hazard
~ **morskie** *żegl.* maritime peril, peril of the sea
~ **pożaru** fire hazard, fire risk
~ **radiacyjne** radiation hazard
~ **wybuchu** explosion hazard
~ **zatrucia** toxic hazard
niebezpieczny *a* dangerous; hazardous
niebezpieczny dla życia lethal
niebiegunowy *a* non-polar
niebieskawy *a* bluish
niebieski *a* **1.** blue (*colour*) **2.** *astr.* celestial
niebieski beryl *m min.* aquamarine
niebieszczenie *n włók.* blueing
~ **bezchmurne** cloudless sky, clear sky
niebo *n astr.* sky
~ **bezchmurne** cloudless sky, clear sky
~ **częściowo zachmurzone** broken sky
~ **zachmurzone** cloudy sky, overcast sky
niecałkowicie wyładowany (*statek*) short landed (*ship*)
niechroniony *a* unprotected
nieciągłość *f* discontinuity
~ **Mohorovičicia** *geol.* Mohorovičić discontinuity, Moho
nieciągły *a* discontinuous; discrete
niecka *f* **1.** trough **2.** *geol.* trough; basin
~ **artezyjska** artesian basin
~ **osiadania** subsiding trough
~ **tektoniczna** fault trough
~ **węglowa** coal basin
~ **wylęgowa** *ryb.* hatching trough
nieczułość *f* (*przyrządu*) insensibility, insensitiveness
nieczuły *a* insensitive
nieczynność *f* **optyczna racematu** *chem.* external compensation
nieczynny *a* **1.** idle; out of action, out of operation; out of blast (*of a furnace*) **2.** *chem.* inert, inactive
niedbalstwo *n* (gross) negligence; carelessness

niedobory *mpl* **glebowe** *roln.* soil deficiencies
niedobór *m* deficiency; defect; shortage; scarcity
~ **białka we krwi** *med.* hypoproteinemia
~ **czerwonych krwinek** *med.* oligocythemia, erythro(cyto)penia
~ **elektronowy** electron deficiency
~ **hemoglobiny** *med.* oligochromemia
~ **masy** *fiz.* mass defect, mass deficiency, packing loss
~ **siły roboczej** deficiency of labour
~ **składników pokarmowych** *roln.* malnutrition
~ **tlenowy** oxygen want, deficiency of oxygen
~ **wagi** short weight
~ **wapnia** *med.* acalcerosis
~ **witamin** vitamin deficiency, avitaminosis
niedochronienie *n* (*w ochronie katodowej*) underprotection, insufficient protection, partial protection
niedociągnięcie *n* shortcoming
niedogon *m* (*przy destylacji*) tails
niedoinwestowany *a* undercapitalized
niedojrzały *a* green; immature; unripe
niedokarmiony *a* underfed, undernourished
niedokładność *f* inaccuracy
niedokładny *a* inaccurate, inexact
niedokompensowanie *n* *masz.el.* undercompensation
niedokrwistość *f* *med.* anemia, aglobulia, oligocytosis
~ **złośliwa** pernicious anemia
niedolew *m* *odl.* misrun (casting), short run casting; *tw.szt.* short
niedolot *m* *lotn.* undershoot, short landing
niedoładowanie *n* underloading; undercharge
niedomaganie *n* malfunctioning; trouble; (minor) defect (*in operation*)
~ **silnika** engine trouble
niedomiar *m* **tlenu** *biol.* oxygen depletion
niedopałka *f* *bud.* underburnt brick
niedopasowanie *n* misfit, mismatch
~ **sieciowe** *kryst.* lattice disregistry, lattice misfit
niedopatrzenie *n* negligence
niedopieczenie *n* (*w metalurgii proszków*) *met.* undersintering
niedopompowanie *n* (*ogumienia*) underinflation
niedoprasowanie *n* *tw.szt.* short moulding
niedoprzęd *m* *włók.* roving
niedoprzędzarka *f* *włók.* roving frame
niedopuszczalny *a* inadmissible
niedorozwinięty *a* underdeveloped
niedorozwój *m* underdevelopment
~ **umysłowy** *med.* amentia
~ **tkanki lub organu** *med.* aplasia
niedoskonałość *f* imperfection; defect
~ **punktowa** *kryst.* point defect
~ **sieciowa** *kryst.* lattice defect
niedoskonały *a* imperfect
niedostateczny *a* insufficient; inadequate
niedostatek *m* shortage, scarcity, lack
~ **żywności** food shortage
niedostępny *a* inaccessible
niedostrojenie *n* *rad.* mistuning
niedostrzegalny *a* imperceptible; invisible
niedoświetlenie *n* *fot.* under-exposure
niedotarty *a* *mot.* running-in
niedotlenienie *n* *med.* hypoxia, hypoxemia
~ **krwi** anoxemia
~ **tkanek** anoxia
niedotłumienie *n* *el.* underdamping
niedotopy *mpl* *szkl.* scum
niedotrzymanie *n* **(warunków) umowy** breach of contract
~ **zobowiązania** default
niedowarki *mpl* *papiern.* partially cooked chips
niedoważenie *n* deficiency of weight, short weight, underweight
niedoważkość *f* *kosm.* reduced gravity
niedowład *m* *med.* paresis
niedowołanie *n* *fot.* under-development
niedowulkanizowanie *n* *gum.* undercure
niedowzbudzenie *n* *masz.el.* underexcitation
niedozwolony *a* forbidden; prohibited; *prawn.* illicit
niedożywienie *n* malnutrition, underfeeding; food shortage
niedrożny *a* choked (*pipe, duct*)
nieelektrolit *m* non-electrolyte
niegniotliwy *a* *włók.* crease resistant, uncreasable, creaseproof
niehartowny *a* *obr.ciepl.* non-hardenable, unhardenable
nieistnienie *n* *mat.* non-existence
nieizolowany *a* bare, not insulated
niejadalny *a* non-edible, inedible
niejednoczesność *f* *fiz.* anti-coincidence
niejednorodność *f* heterogeneity
~ **partii** *skj* bath variation
niejednorodny *a* heterogeneous, non-homogeneous
niejednostajny *a* non-uniform
niejednoznaczny *a* ambiguous
nieklarowny *a* turbid
niekoherentny *a* incoherent
niekoksujący *a* non-coking
niekompatybilność *f* incompatibility
niekonsekwencja *f* inconsistency
niekontrolowany *a* out of control
niekorodujący *a* non-corrosive, non-corrodible
niekrystaliczny *a* non-crystalline
niekurczliwość *f* shrink resistance
niekurczliwy *a* unshrinkable
niekwadratowy *a* out-of-square
nielegalny *a* illegal
nielepki *a* inviscid
nieliniowość *f* *mat.* nonlinearity
nieliniowy *a* nonlinear
nieliniowy z-pinch (*magnetyczne utrzymanie plazmy*) plasma focus
nielotny *a* *chem.* non-volatile; fixed
niełamliwy *a* unbreakable
niełączny *a* *mat.* non-associative

niemagnetyczny *a* non-magnetic
niemalejący *a* non-decreasing
niemetal *m* non-metal, non-metallic element, metalloid
niemetaliczny *a* non-metallic
niemiarowość *f med.* **1.** arrhythmia **2.** ametropia
niemierzalny *a* non-measurable
niemieszalny *a* immiscible, incompatible
niemnący *a włók.* creaseproof, crease resistant, uncreasable
niemota *f* **słowna** *med.* alalia
niemożliwy do kontrolowania noninspectable
niemożliwy do odróżnienia indistinguishable
niemożliwy do przewidzenia unpredictable, unforeseeable
niemy indeks *m mat.* dummy index
nienadążanie *n* lagging behind
nienaprawialny *a* unreparable
nienasycony *a* non-saturated, unsaturated, undersaturated
nienormalny *a* abnormal; anomalous
nieobciążony *a mat.* unbiased
nieobecność *f* absence
nieobrobiony *a* rough
nieoczyszczony *a* crude; unrefined
nieodwracalny *a* irreversible, non-reversible
nieograniczony *a* unlimited; unbounded; boundless; unrestricted
nieokrągłość *f* out-of-roundness
nieokrągły *a* out-of-round
nieokresowy *a* aperiodic
nieokreśloność *f* indeterminacy, uncertainty
nieokreślony *a* indeterminate, undeterminate, indefinite, uncertain
nieopakowany *a* unpacked; loose
nieoperacyjny *a med.* inoperable
nieopłacalny *a* unprofitable, profitless, unremunerative
nieopodatkowany *a* free of tax(ation)
nieoprocentowany *a ek.* free of interest, interest-free
nieorganiczny *a* inorganic
nieorientowalność *f geom.* nonorientability
nieosiągalny *a* inaccessible; unobtainable
nieosłonięty *a* uncovered, bare, naked; unsheltered
nieosobliwy *a mat.* non-singular
nieostrość *f* **obrazu** *TV* image blurring
nieostrożne obchodzenie się careless handling
nieostrożność *f* carelessness
nieostry *a* (*obraz*) *fot.* out of focus; *TV* blurred
nieozdobny *a* plain
nieoznaczalny *a* indeterminable, undeterminable
nieoznaczoność *f mat.* indeterminacy
nieoznaczony *a* indeterminate, undeterminate
nieożywiony *a* abiotic; inanimate
niepalny *a* incombustible, non-combustible, non-flammable; *fot.* safety
nieparzysta kontrola *f* **parzystości** *inf.* odd parity check
nieparzysty *a mat.* odd, uneven
niepełny *a* **1.** not full **2.** incomplete
niepewność *f* uncertainty
niepewny *a* unreliable; uncertain
niepłaski *a* out-of-flat; *geom.* non-planar
niepodzielny *a* indivisible
niepogoda *f* bad weather, adverse weather, dirty weather
niepokój *m* **górotworu** *geol.* ground unrest
niepolarny *a fiz.* non-polar
niepolewany *a ceram.* unglazed
niepomyślny *a* adverse, unfavourable, unpropitious
niepoprawność *f* **wskazań** *metrol.* bias error, repeatability error
niepoprawny *a* incorrect
nieporęczny *a narz.* unwieldy
nieporównywalny *a* incomparable
niepowstanie *n* **zdarzenia** *mat.* failure of an event
niepożądany *a* undesirable, unwanted, objectionable
nieprawdziwy *a mat.* false
nieprawidłowość *f* abnormality, anomaly, irregularity
nieprawidłowy *a* abnormal, anomalous, irregular
nieproduktywny *a* unproductive
niepromieniotwórczy *a* non-radioactive
nieproporcjonalny *a* out-of-proportion
nieprostokątność *f* (*błąd kształtu np. arkusza papieru*) out-of-squareness
nieprostoliniowość *f* misalignment
nieprzechodni *a mat.* nontransitive, intransitive
nieprzeciekający *a* leakproof
nieprzejezdny *a* impassable
nieprzeliczalny *a mat.* uncountable, non-enumerable, countless
nieprzemakalny *a* waterproof
nieprzemienny *a mat.* non-commutative
nieprzenikalny *a* impenetrable; impervious
nieprzenośny *a* stationary
nieprzepuszczalny *a* impermeable, impervious
nieprzepuszczalny dla promieniowania radiopaque
nieprzerobiony *a* raw, unprocessed; crude
nieprzerwany *a* continuous, perpetual; non-stop
nieprzewidziany *a* unforeseen; incidental
nieprzewodnik *m fiz.* non-conductor, insulator
nieprzewodzący *a* non-conducting
nieprzezroczystość *f* **1.** opacity; cloudiness **2.** *nukl.* blackness
nieprzezroczysty *a* opaque
nieprzyczepny *a* abhesive
nieprzystosowany *a* ill-adapted
nieprzytomny *a med.* unconscious
nieprzywiedlność *f mat.* irreducibility
nieprzywiedlny *a mat.* irreducible
niepusty *a mat.* non-void, non-empty
nierdzewny *a* rustless, stainless, rust-proof, non-rusting

nieredukujący się *chem.* irreducible
nieregularność *f* irregularity
~ sieci *kryst.* lattice defect, lattice imperfection, lattice distortion
nieregularny *a* irregular
nieresorowany *a* unsprung
nierogacizna *f* *zoot.* swine
nierozciągliwy *a* inextensible
nierozdzielny *a* inseparable; integral
nierozkładający się *chem.* indecomposable, undecomposable
nierozkładalność *f* *mat.* irreducibility
nierozkładalny *a* *mat.* irreducible, indecomposable
nierozpoznany obiekt *m* **latający** unidentified flying object, UFO
nierozpuszczalnik *m* non-solvent
nierozpuszczalność *f* insolubility
nierozpuszczalny *a* insoluble
nierozpuszczony *a* undissolved
nierozstrzygalność *f* *mat.* undecidability
nierozwijalny *a* *mat.* non-developable
nierównoboczny *a* *geom.* scalene
nierównoległy *a* out-of-parallel
nierównomierność *f* **połysku** *powł.* sheariness
~ zabarwienia unevenness of colour
nierównomierny *a* non-uniform
nierówności *fpl* **różniczkowe** *mat.* a priori estimates, differential inequalities
nierówność *f* **1.** *mat.* inequality **2.** roughness, unevenness; irregularity of surface
~ energetyczna energy inequality
~ Höldera Hölder's inequality
~ Minkowskiego Minkowski inequality
~ Schwarza *zob.* **nierówność Schwarza-Buniakowskiego**
~ Schwarza-Buniakowskiego Buniakowski's inequality
~ trójkąta triangle inequality
~ zawsze prawdziwa absolute inequality
nierównowaga *f* unbalance
nierówny *a* **1.** unequal **2.** uneven
nieruchomość *f* *ek.* real property; real estate
nieruchomy *a* immovable, motionless; immobile, stationary, fixed
nieskażony *a* *nukl.* uncontaminated
nieskomplikowany *a* simple
nieskończenie mały *mat.* infinitesimal
nieskończoność *f* *mat.* infinity
nieskończony *a* *mat.* infinite
niesłyszalny *a* inaudible
niespaw *m* *odl.* cold shut, cold lap; teeming arrest
niespiekający się non-caking
niespójny *a* incoherent; disconnected
niesprawność *f* inefficiency; *masz.* unserviceability
niesprawny *a* inefficient; unserviceable; out of order; non-operational
niesprężystość *f* inelasticity
niesprężysty *a* inelastic
niesprzeczność *f* *mat.* consistency
niesprzeczny *a* *mat.* consistent
niestabilność *f* instability, unstability
~ czasowa (*impulsu sondującego lub echa*) *rad.* time jitter
~ przewężeniowa (*sznura plazmy*) *fiz.* sausage-type instability
~ typu pułapkowego *fiz.* trapping instability
~ zagięcia (*plazmy*) *fiz.* sausage instability (*of plasma*), kink instability
niestabilny *a* unstable, labile
niestacjonarny *a* *mat.* unsteady, non-stationary
niestałość *f* unstability
niestały *a* unstable, labile
niestateczność *f* instability, unstability
~ kierunkowa *lotn.* directional instability
~ lepkosprężysta *tw.szt.* melt fracture
~ poprzeczna *lotn.* lateral instability, roll(ing) instability
~ regulatora *masz.* governor hunting
~ spiralna *lotn.* spiral instability
~ wzdłużna *lotn.* longitudinal instability
niestateczny *a* unstable; labile
niestrawność *f* *med.* dyspepsia
niestrącający się non-precipitable
niestrzeżony *a* unwatched
niesymetryczny *a* asymmetric(al), dissymmetric(al), unsymmetric(al)
nieszczelność *f* leak, leakage
nieszczelny *a* leaky; untight
nieszczęśliwy wypadek *m* accident
nieszkliwiony *a* *ceram.* unglazed
nieszkodliwy *a* harmless
nieścieralny *a* (*farba, napis*) indelible
nieściśliwość *f* incompressibility
nieściśliwy *a* incompressible
nieść *v* carry
nieśność *f* (*drobiu*) *zoot.* egg laying, egg yield, egg production
nietoksyczny *a* atoxic
nietoperz *m* *żegl.* hurricane lantern
nietopliwy *a* infusible
nietranzytywny *a* *mat.* nontransitive
nietrwałość *f* instability, unstability
nietrwały *a* unstable, labile; perishable; undurable
nietypowy *a* atypical
nieudane podejście *n* **do lądowania** *lotn.* missed approach, baulked approach
nieudany *a* unsuccessful
nieudowadnialny *a* unprovable
nieudowodniony *a* unproved
nieujemny *a* non-negative
nieumyślny *a* unintentional
nieunikniony *a* unavoidable
nieuporządkowanie *n* *kryst.* disordered state, disorder
nieuporządkowany *a* disordered; random
nieuprawniony *a* unauthorized
nieuprawny *a* *roln.* uncultivated
nieurodzaj *m* *roln.* crop failure, bad crops
nieurodzajny *a* *roln.* barren, infertile
nieustalony *a* transient (*state, value*)
nieusuwalny *a* non-removable, unremovable; indelible
nieutleniający się *chem.* non-oxidizable
nieuwarunkowany *a* unconditioned
nieuwodniony *a* *chem.* unhydrated

nieuzbrojony *a uzbr.* unarmed
nieużytki *mpl roln.* waste land, barren land, idle land
nieważki *a* weightless, agravic
nieważkość *f* weightlessness, zero gravity
nieważny *a* (*dokument*) null and void
niewiadoma *f mat.* unknown
niewidzialny *a* invisible
niewirowy *a fiz.* irrotational
niewłaściwe zastosowanie *n* misuse, misapplication
niewłaściwie umieszczony misplaced, out of position
niewłaściwy *a mat.* improper
niewodny *a* non-aqueous
niewodoszczelny *a* non watertight, n.w.t.
niewód *m ryb.* seine (net)
~ **dobrzeżny** drag seine, beach seine, haul seine, dredge
~ **łodziowy** boat seine
~ **morski** deep-sea seine
~ **pułapkowy** *zob.* **niewód stawny**
~ **stawny** pound net, trap net, fly net, bag net
~ **z matnią** seine with bag
niewrażliwość *f* insensitiveness
~ **na szumy** *rad.* noise immunity, NI
niewrażliwy *a* insensitive
niewspółmierność *f mat.* incommensurability
niewspółmierny *a mat.* incommensurable
niewspółosiowość *f* misalignment
niewspółosiowy *a* out-of-line, out of alignment
niewspółśrodkowość *f* eccentricity, lobing
niewspółśrodkowy *a* eccentric
niewybuch *m* (*pocisku*) blind, dud, unexploded shell (*or bomb*)
niewybuchowy *a* inexplosive
niewyczuwalność *f* insensibility
~ **hydrometryczna** hydrometric non-effectiveness
niewyczuwalny *a* insensible
niewydajny *a* inefficient; unproductive
niewydolność *f med.* insufficiency
~ **krążenia** cardiac failure, heart failure
niewydolny *a med.* insufficient
niewygoda *f* discomfort
niewygodny *a* uncomfortable
niewykonalny *a* unrealizable
niewykończony *a* unfinished
niewykrywalny *a* undetectable
niewykwalifikowany *a* unskilled
niewymierny *a mat.* irrational, surd
niewypalony *a ceram.* unburnt
niewypał *m uzbr.* misfire; *górn.* missed hole, failed hole
niewypełnienie *n* **wykroju** *obr.plast.* unfilled section, underfill (*defect*)
niewypłacalność *f ek.* insolvency
niewypłacalny *a ek.* insolvent
niewyprażony *a* unburnt
niewyrośnięty *a* half-grown
niewyrównoważenie *n* unbalance
niewyrównoważony *a* unbalanced, out-of-balance
niewystarczający *a* insufficient; unsatisfactory; inadequate
niewystępowanie *n* nonoccurence
niewysychający *a* non-drying
niewytrzymały *a* not resistant
niewyważenie *n* unbalance
~ **resztkowe** (*po korekcji*) *mech.* final unbalance, residual unbalance
niewywrotny *a* stable; *żegl.* uncapsizable; self-righting
niewyznaczalny *a mat.* indeterminable
niewzbogacony *a* unenriched
niezadowalający *a* unsatisfactory
niezaistnienie *n* **zdarzenia** *mat.* failure of an event
niezakłócony *a* undisturbed, free from interference
niezależnie *adv* independently
niezależność *f* independence
~ **liniowa** *mat.* linear independence
~ **stochastyczna** *mat.* stochastic independence
niezależny *a* independent; self-contained; autonomous
niezależny algebraicznie algebraically independent
niezależny od czasu time independent
niezależny od kierunku non-directional
niezależny od temperatury temperature invariant
niezamieszkały *a* uninhabited
niezaplanowany *a* planless, unplanned
niezawodność *f* reliability, dependability
~ **eksploatacyjna** operational reliability
~ **odczytania** *metrol.* reading efficiency (*of a measuring instrument*)
~ **produkcyjna** productive reliability
niezawodny *a* reliable, dependable
niezbędne nienasycone kwasy *mpl* **tłuszczowe** *spoż.* essential fatty acids, EFA
niezbędny *a* necessary; essential
niezbieżność *f* **obiektywu** *opt.* lens scatter
niezborność *f med.* ataxia, ataxy
niezdatny do działania nonoperational
niezdatny do użytku unserviceable
niezdatny do żeglugi unseaworthy
niezdegenerowany *a mat.* nondegenerate
niezdolność *f* **do pracy** disability to work, unfitness for work
niezerowy *a mat.* non-vanishing, non-zero
niezgodnie z umową contrary to the contract
niezgodność *f* **1.** discrepancy (*of results*); incompatibility **2.** *med.* incompatibility (*of blood, drugs etc.*) **3.** *geol.* unconformity, disconformity, nonconformity (*of strata*)
~ **struktury** *odl.* defective structure (*of a casting*)
niezgodny *a* inconsistent
niezgodny z prawem illicit
niezgodny z przyjętą praktyką out of line
niezgodny z wymiarami off-size
niezidentyfikowany obiekt *m* **latający** unidentified flying object, UFO
niezjadliwy *a biol.* avirulent
niezłośliwy *a med.* benign

niezłożony *a* simple
niezmienniczość *f mat.* invariance
niezmienniczy *a mat.* invariant
niezmiennik *m mat.* invariant
niezmienność *f* constancy
~ **wskazań** (*przyrządu*) indication stability (*of a measuring instrument*)
~ ~ **wagi** truth of balance
niezmienny *a* invariable, steady, stationary
niezmydlający się unsaponifiable
niezmywalny *a* indelible
nieznaczny *a* insignificant; negligible
nieznaczony *a chem.* unlabelled
nieznany *a* unknown
nieznikający *a* non-vanishing
niezniszczalność *f* **materii** *fiz.* indestructibility of matter
niezniszczalny *a* indestructible
nieznormalizowany *a* non-standard
niezrównoważony *a* unbalanced
niezupełność *f* incompleteness
niezupełny *a* incomplete; imperfect
niezwiązany *a* unbounded
niezwilżający *a* nonwetting
niezwilżalność *f* non-wettability, repellency
niezwilżalny *a* nonwettable
niezwilżalny wodą water-repellent
niezwłoczny *a* prompt
nieżeglowny *a* innavigable
nieżelazny *a* non-ferrous
nieżyt *m med.* catarrh
nigdziegęsty *a mat.* non-dense, nowhere dense
nigrozyny *fpl farb.* nigrosines
nikiel *m chem.* nickel, Ni
~ **granulowany** nickel shot, shot nickel
~ **Ranney'a** Ranney nickel
nikielin *m min.* niccolite, nickeline, arsenical nickel, copper nickel
nikielina *f met.* nickeline
nikla *f* **indyjska** *bot.* pigeon pea, *Cajanus cajan*
niklawy *a chem.* nickelous
niklowanie *n* **bezprądowe** electroless nickel plating
~ **elektrolityczne** nickel plating, nickelizing
~ **galwaniczne** *zob.* **niklowanie elektrolityczne**
~ **połyskowe** bright nickel plating
niklowce *mpl chem.* nickel group (Ni, Pd, Pt)
niklowy *a chem.* nickelic
nikol *m opt.* Nicol prism, nicol
nikotyna *f* nicotine
nilpotentny *a mat.* nilpotent
nimbostratus *m meteo.* nimbostratus (cloud)
nimbus *m meteo.* nimbus (cloud)
nimonik *m met.* nimonic
ninhydryna *f chem.* ninhydrin
niob *m chem.* niobium, Nb
niobian *m chem.* niobate
niobit *m min.* niobite, columbite, tantalite
nioska *f* (*kura*) layer, laying hen
niskie napięcie *n* low voltage; low tension
niskoaktywny *a nukl.* warm
niskoalkoholowy *a* low-proof
niskociśnieniowy *a* low-pressure
niskoenergetyczny *a nukl.* soft
niskogatunkowy *a* low-grade, low-class
niskosodowy *a* (*np. dieta*) salt-poor
niskostopowy *a met.* low-alloyed
niskotemperaturowy *a* low-temperature
niskotopliwy *a* fusible, low-melting
niskowartościowy *a* low-grade, low-class
niskowęglowy *a met.* low-carbon
niskowrzący *a* low-boiling
nisza *f arch.* niche
~ **ekologiczna** *biol.* ecological niche
~ **z ławą** exedra
niszczący *a* destructive
niszczący jądra komórki karyolytic
niszczenie *n* **bakterii radiacyjne** *spoż.* radicidation
~ **chwastów** weed control
~ **postępujące** (*gruntu*) *inż.* progressive failure
niszczyciel *m okr.* destroyer
~ **czołgów** tank destroyer
~ **eskortowy** escort destroyer
~ **okrętów podwodnych** antisubmarine destroyer
~ **satelitów** *kosm.* satellite killer
niszczyć *v* devastate; destroy
nit *m* **1.** rivet **2.** *jedn.* nit: 1nt = 1 cd/m² **3.** *inf.* natural unit, nit, nepit
~ **bednarski** copper's rivet
~ **blacharski** tinner's rivet
~ **dwucięty** double shear rivet
~ **grzybkowy** mushroom head rivet
~ **jednocięty** single shear rivet
~ **jednostronnie zamykany** blind rivet
~ **kołpakowy** (*lotniczy*) balloon rivet, cup rivet
~ **kulisty wzmocniony** conical head rivet
~ ~ **zwykły** snap head rivet, button head rivet
~ **montażowy** dummy rivet, tack rivet
~ **pełny** solid rivet
~ **płaski** flat head rivet
~ **rozwidlony** (slotted) bifurcated rivet, split rivet, clinch rivet
~ **rurkowy** tubular rivet, hollow rivet
~ **soczewkowy** oval head rivet
~ **stożkowy** steeple head rivet
~ ~ **ścięty** cone head rivet
~ **szkutniczy** clench nail
~ **wpuszczany** countersunk rivet
~ ~ **z łbem płaskim** flush-head rivet
~ **wybuchowy** explosive rivet
~ **zakładany na budowli** site rivet, field rivet
~ ~ **na gorąco** hot-driven rivet
~ ~ **w warsztacie** shop rivet
~ **zamykany trzpieniem z odłamywanym łbem** break-head rivet
niter *m* riveter, rivet driver
nitka *f* thread
~ **opaskowa** whipping twine
~ **skręcona** *włók.* ply
~ **wyczeskowa** spun yarn
nitki *fpl* **dalmierza** *geod.* stadia hairs, stadia diaphragm, stadia wires
nitkowanie *n farb.* cob-webbing

~ **kleju** stringiness; cottoning
nitkowaty *a* filiform
nitokołek *m* rivet pin
nitośruba *f* (*łącznik*) screw rivet
nitowanie *n* riveting
~ **dwurzędowe** double riveting
~ **fabryczne** shop riveting
~ **gładkie** flush riveting
~ **jednorzędowe** single riveting
~ **maszynowe** machine riveting
~ **na gorąco** hot riveting
~ **na zakładkę** lap riveting
~ **nakładkowe** butt riveting
~ **obwodowe** circumferential riveting
~ **olejoszczelne** oiltight riveting
~ **płaskie** flush riveting
~ **półautomatyczne** blind riveting; pop riveting
~ **pneumatyczne** pneumatic riveting
~ **przestawne** diagonal riveting, staggered riveting, zigzag riveting, snake riveting
~ **równoległe** chain riveting
~ **trzyrzędowe** triple riveting
~ **w zakosy** *zob.* **nitowanie przestawne**
~ **warsztatowe** shop riveting
~ **wpuszczane** flush riveting
~ **wzdłużne** longitudinal riveting
~ **z dostępem z jednej strony** blind riveting
~ **zagłębione** (*przez wgłębianie blachy*) dimpled riveting
~ **zakładkowe** lap riveting
nitowkręt *m* clinch bolt, barbed stud
nitownica *f* riveting machine, riveter; riveting press, *zob.też* **niciarka**
nitownik *m narz.* squeeze riveter
nitracja *f chem.* nitration
nitrator *m chem.* nitrator
nitratyn *m min.* Chile nitre, Chile saltpetre
nitroalkany *pl chem.* nitroparaffins
nitroamina *f chem.* nitramine
nitroanilina *f chem.* nitr(o)aniline, aminonitrobenzene
nitrobenzen *m chem.* nitrobenzene
nitrobromoform *m chem.* nitrobromoform, bromopicrin
nitroceluloza *f chem.* nitrocellulose, cellulose nitrate
~ **kolodionowa** collodion cotton
~ **pirokolodionowa** pyrocotton, pyrocellulose
~ **wysokoazotowa** high-nitrogen nitrocellulose; guncotton
nitrochloroform *m chem.* nitrochloroform, chloropicrin
nitrofenetol *m chem.* nitrophenetol
nitroform *m chem.* nitroform, trinitromethane
nitrofos *m chem., roln.* (*ammonium nitrate + ground phosphate rock*)
nitrofoska *f chem., roln.* (*trade-name for a series of highly concentrated fertilizers*)
nitrogenaza *f biochem.* nitrogenase
nitrogliceryna *f wybuch.* nitroglycerin, glyceryl trinitrate, trinitroglycerin
nitroguanidyna *f chem.* nitroguanidine
nitrokobalamina *f chem.* nitrocobalamin
nitrokrezol *m chem.* nitrocresol
nitrolakier *m* nitrocellulose lacquer
nitroliza *f chem.* nitrolysis
nitromagnezyt *m min.* nitromagnesite
nitromannit *m chem.* nitromannite, nitromannitol
nitrometan *m chem.* nitromethane
nitrometr *m chem.* nitrometer, azotometer
nitron *m chem.* nitron
nitronawęglanie *n obr.ciepl.* dry cyaniding, carbonitriding, ni-carbing
nitroparafiny *fpl chem.* nitroparaffins
nitropochodne *fpl chem.* nitro derivatives
nitroskrobia *f chem.* nitrostarch, starch nitrate
nitrowanie *n chem.* nitration
~ **pierścienia** nuclear nitration
nitroza *f chem.* **1.** mixed acid (*nitric acid + sulfuric acid*) **2.** (*nitrogen oxides in concentrated sulfuric acid*)
nitrozowanie *n chem.* nitrosation
nitrozozwiązki *mpl chem.* nitroso compounds
nitrozwiązki *mpl* nitro compounds
nitrozyl *m chem.* nitrosyl, nitroso group
nitryfikacja *f chem.* nitrification
nitryfikanty *mpl biol.* nitrifying bacteria, nitrifiers
nitryl *m chem.* nitrile
~ **adypinowy** adiponitrile
~ **kwasu akrylowego** acrylonitrile, vinyl cyanide
~ ~ **benzoesowego** benzonitrile, phenyl cyanide
~ ~ **bursztynowego** succinonitrile, ethylene cyanide
~ ~ **masłowego** butyronitrile, n-propyl cyanide
~ ~ **mlekowego** lactonitrile, acetaldehyde, cyanohydrin
~ ~ **propionowego** propionitrile, ethyl cyanide
~ **octowy** acetonitrile, methyl cyanide
niuansowanie *a włók.* tinting
niuton *m jedn.* newton, N
niutonometr *m jedn.* newton-meter of torque, N-m
niwacja *f* (*erozja śnieżna*) *geol.* nivation, snow patch erosion
niwalny *a* nival
niweczenie *n* **orbity** *kosm.* orbital decay
niwelacja *f geod.* levelling
~ **podwójna** reciprocating levelling
~ **samolotu** alignment of an aircraft
~ **trygonometryczna** trigonometric levelling
niwelator *m geod.* levelling instrument, surveyor's level
~ **głuchy** (*ze stałą lunetą*) dumpy level
niweleta *f geod.* formation line; grade line
niwelować *v geod.* level
niwenit *m* (*blenda smolista z domieszką ceru i itru*) *min.* nivenite
nizina *f* lowland
nizyna *f biochem.* nisin

niż *m* **1.** *meteo.* low, depression **2.** *geol.* depression
niżówka *f hydr.* low water
niższego stopnia inferior in rank
n-krotny *a mat.* n-tuple, n-fold
nm = nanometr *jedn.* nanometer, nanon
NN = niskie napięcie *n* low voltage; low tension
NNKT = niezbędne nienasycone kwasy tłuszczowe *spoż.* essential fatty acids, EFA
NO = nadawanie-odbiór *m rad.* transmit--receive, TR
nobel *m chem.* nobelium, No
noc *f* **polarna** perpetual night
noga *f* leg
~ **węglowa** *górn.* coal pillar, heel of coal, rance, rib of coal, stump
nok *m okr.* yard arm
noks *m jedn.* nox
noktowizja *f* noctovision, night vision
noktowizor *m elektron.* infrared telescope, night vision device
~ **przenośny** snooperscope
NOL = niezidentyfikowany obiekt latający unidentified flying object, UFO
nomenklatura *f* nomenclature
nominacja *f* appointment
nominalny *a* nominal, rated
nomografia *f mat.* nomography
nomogram *m mat.* nomogram, nomograph, abac(us)
~ **drabinkowy** alignment chart
~ **tachymetryczny** *geod.* tacheograph
nonadekan *m chem.* nonadecane
nonan *m chem.* nonane, nonyl hydride
nonanol *m chem.* *n*-nonyl alcohol, nonanol
noniusz *m metrol.* vernier; nonius
nonparel *m poligr.* nonpareil (*size of type*)
nontronit *m min.* nontronite
nonyl *m chem.* nonyl
nonylion *m* nonillion
nonyloamina *f chem.* nonylamine, aminononane
nonylofenol *m* nonyl phenol
nora *f* burrow
noradrenalina *f biochem.* norepinephrine, noradrenaline
norka *f zool.* mink, *Mustela lutreola* L.
norma *f* **1.** standard **2.** *mat.* norm (*of a matrix*)
~ **adaptacyjna** *biol.* adaptive norm
~ **aktualna** valid standard
~ **amerykańska** U.S. standard
~ **brytyjska** British Standard
~ ~ **przedmiotowa** British Standard Specification
~ **czasu pracy** standard worktime
~ **czynnościowa** standard practice instruction, code of practice
~ **dzienna wyładunkowa** *żegl.* daily discharging rate
~ ~ **załadunkowa** *żegl.* daily loading rate
~ **jakościowa** standard of quality
~ **klasyfikacyjna** classification standard
~ **kosztorysowa scalona** compound quotation rate
~ **macierzy** *mat.* norm of a matrix
~ **międzynarodowa** international standard
~ **na metody badań** testing standard
~ **na znakowanie** identification standard
~ **nie obowiązująca** voluntary standard
~ **nie podlegająca nowelizacji** (*np. naukowa*) absolute standard
~ **obowiązująca** mandatory standard, obligatory standard
~ **państwowa** national standard
~ **próbna** tentative standard
~ **przedmiotowa** standard specification
~ **przemysłowa** industrial standard
~ **spożycia** dietary standard
~ **techniczna pracy** worktime standard
~ **technologiczna** process standard
~ **telewizyjna** television standard
~ **terminologiczna** standard(ized) vocabulary, standard glossary
~ **wymiarowa** dimensional standard, standard of size
~ **wysiewu** *roln.* rate of seeding
~ **zakładowa** internal standard, company standard
~ **zalecana** recommended standard, standard recommendiation
~ ~ **na dany składnik odżywczy** recommended nutrient allowance
~ **zużycia** expenditure quota
~ **związana** reference standard, standard of reference
~ **żywienia** *zoot.* feeding standard
normalia *pl* standardized machine elements
normalizacja *f* standardization, standards engineering
~ **funkcji falowych** *fiz.* normalization of wave function
~ **liczby** *inf.* number normalization
normalizator *m* **1.** standards engineer, standardizer **2.** *geom.* normalizer
normalizowanie *n* **1.** standardizing **2.** *obr. ciepl.* normalizing, normalization
~ **jasne** (*w atmosferze ochronnej*) *obr. ciepl.* bright normalizing
~ **płomieniem** *spaw.* flame normalizing
~ **rdzenia** (*po nawęglaniu*) *obr.ciepl.* core refining
normalka *f* = **wzorzec analityczny** *chem.* standard sample
normalna *f geom.* normal
~ **falowa** *fiz.* wave line
~ **optyczna** *kryst.* optic normal
~ **padania** (*fali*) incidence normal
normalność *f* **roztworu** *chem.* normality (*of solution*), normal concentration
normalny *a* **1.** normal; standard **2.** *mat.* normal
normalny start i lądowanie *lotn.* normal take-off and landing, NTOL
normalny zapis *m* **Backusa** *inf.* Backus normal form, BNF
normatyw *m* standard; standard value
~ **czasu** standard time, direct labour standard, output standard, time standard
normista *m* ratefixer

normowanie *n* **funkcji** *mat.* normalization of function
~ **pracy** (*techniczne*) work-study; time estimating
normy *fpl* **spójne** harmonized standards
~ **sprzeczne** conflicting standards
~ **zharmonizowane** *zob.* **normy spójne**
nos *m* **1.** *anat.* nose **2.** (*samolotu*) nose of an aircraft
nosek *m* nose; nib
~ **klina** *masz.* gib head
~ **młotka** hammer peen, hammer pane
~ **profilu** *aero.* aerofoil profile nose, aerofoil border of attack
~ **skrzydła** *lotn.* wing nose
~ **żebra** (*płata*) *lotn.* nose rib
nosiciel *m* (*zarazków*) *med.* vector
~ **pocisków** *lotn.* missile carrier
nosiłki *fpl bud.* hand barrow
nosiwo *n* material handled (*mechanically*)
nosowy *a anat.* rhinal
nostrzyk *m* **żółty** *bot.* yellow melilot, yellow sweet clover, *Melilotus officinalis* L.
nosze *pl med.* stretcher
~ **ładunkowe** (*wagi*) load carrier (*of the scales*)
~ **odważnikowe** (*wagi*) weight carrier (*of the scales*)
noszenie *n* **(szybowca)** lift (*in air currents*)
nośna *f* **fonii** *TV* sound carrier
~ **wizji** *TV* video carrier
nośnia *f masz.* bearing surface
~ **gwintu** *masz.* flank of thread, side of thread
nośnik *m* carrier; vehicle; solid support (*in chromatography*); *mat.* support, *zob. też* **nośniki**
~ **bakterii** *biol.* germ carrier
~ **ciepła** heat-carrying agent, heat carrier, heating medium, heat-transfer medium; heat-transfer fluid
~ **danych** *inf.* data carrier, data medium
~ **izotopowy** isotopic carrier
~ **katalizatora** catalyst carrier, catalyst support
~ **ładunku** *fiz.* charge carrier
~ **łańcucha reakcji** *chem.* chain carrier, chain propagator
~ **magnetyczny informacji** magnetic recording medium
~ **spektroskopowy** spectroscopic carrier, spectrochemical carrier
~ **struktury** (*układu scalonego*) *elektron.* chip carrier
~ **sygnału** *tel.* signal carrier
~ **tlenu** oxygen carrier
~ **zatrzymujący** *zob.* **nośnik zwrotny**
~ **zwrotny** *chem.* hold-back carrier
nośniki *mpl* **bliskie** material handling equipment
~ **dalekie** (*means of transportation by rail, road, sea and air*)
~ **mniejszościowe** *elektron.* minority carriers
~ **większościowe** *elektron.* majority carriers
nośność *f* load capacity, load-carrying ability
~ **dźwigu** hoisting capacity, lifting capacity
~ **ładunkowa stała** *okr.* net capacity, cargo carrying capacity, cargo deadweight
~ **łożyska** bearing capacity, bearing strength
~ ~ **ruchowa** specific dynamic capacity of a bearing
~ ~ **spoczynkowa** specific static capacity of a bearing
~ **nawierzchni** *drog.* wheel load capacity
~ **netto** *okr.* net capacity, cargo carrying capacity, cargo deadweight
~ **sprężyny** load capacity of a spring
~ **statku** deadweight (capacity), deadweight tonnage, deadweight all told
~ **użyteczna** useful load
~ **wagi** weighing capacity, carrying power of the scales
nośny *a bud.* carrying
NOT = Naczelna Organizacja Techniczna
nota *f* **kapitańska** *żegl.* captain's notice
~ **kredytowa** *ek.* note of credit, credit note, C/N
~ **obciążająca** note of debit
~ **spedycyjna** *ek.* disbursement account
notacja *f mat.* notation, *zob.też* **zapis**
~ **Backusa-Naura** Backus-Naur notation, BNF
~ **beznawiasowa** *zob.* **notacja polska**
~ **dwójkowa** binary notation
~ **dwupiątkowa** *inf.* biquinary notation
~ **dziesiętna** decimal notation
~ **Łukasiewicza** *zob.* **notacja polska**
~ **normalna Backusa** *zob.* **notacja Backusa-Naura**
~ **polska** parentheses-free notation, Polish notation, prefix notation
~ **trójkowa** ternary notation
notam *m lotn.* notice to airmen, NOTAM
notarialny *a* notarial
notariusz *m* notary
notka *f* (*u dołu kolumny, np. w książce*) footnote
~ **reklamowa** *poligr.* blurb
notowanie *n* (*cen, kursów*) *ek.* quotation
nowalie *fpl roln.* early-vegetables; first fruits, forced fruits
nowator *m* innovator
nowatorski *a* innovative
nowatorstwo *n* innovation
nowe srebro *n met.* argentan, alpaca, German silver, packfong
nowe wydanie *n* (*książki*) revised edition
nowelizacja *f* **normy** standard alternation, revision of a standard
nowina *f roln.* new ground, rough land, virgin soil
nowobiocyna *f biochem.* novobiocin
nowoczesny *a* modern
nowokaina *f farm.* (*procaine hydrochloride*)
nowolaki *mpl tw.szt.* novolaks (*thermoplastic phenol-formaldehyde resins*)
noworodek *m med.* neonate, newborn (infant)

nowości *fpl ek.* novelties
~ **wydawnicze** new publications
nowość *f* **konstrukcyjna** novelty in design
nowotwór *m med.* neoplasm, neoformation, newgrowth, tumour
~ **łagodny** benign tumour
~ **złośliwy** malignant tumour
nozdrze *n anat.* nostril, naris (*pl* nares)
nozean *m min.* nosean, noselite
nożny *a* foot-operated
nożowisko *n* **denne holendra** *papiern.* bed plate; bed knives
nożyca *f zob.* **nożyce 2.**
nożyce *pl* **1.** shear; shears **2.** *obr.plast.* shearing machine, cutting machine **3.** *wiertn.* jars; fall apparatus
~ **amortyzatora** *lotn.* torque links, torsion links
~ **bębnowe** rotary shear
~ **blacharskie** tinman's shears, tinman's snips, tinner's shears
~ ~ **do arkuszy** passing shears
~ ~ **do otworów** hole cutting shears
~ ~ **proste** straight edge tinman's shears
~ ~ **wygięte** bent edge tinman's shears
~ ~ **żmijki** universal snips
~ **do blach grubych** plate shear
~ **do blachówek** sheet bar shear
~ **do cięcia kształtowego** *obr.plast.* scroll shear
~ ~ ~ **na zimno** cold shear
~ ~ ~ **obcinków taśmy** (*na kawałki*) scrap chopper
~ ~ ~ **poprzecznego** *obr.plast.* cross(-cut) shear, dividing shear, parting shear
~ ~ ~ **wyrobów wadliwie odwalcowanych** cobble shear
~ **do dwustronnego obcinania krawędzi blach** double-side trimming shear
~ **do kęsisk** blooming shear
~ ~ ~ **płaskich** slab shear
~ **do kęsów** billet shear
~ **do obcinania końców** crop(ping) shear end shear
~ ~ ~ **krawędzi blach** (side-)trimming shear, side (cut) shear, edge trimmer
~ **do odcinania próbek** test-cutting shear
~ **do otworów** French snips
~ **do prętów** bar cutter, cropper, bar shear
~ **do trawników** grass shears
~ **dwubębnowe** two-drum shear
~ **dźwigniowe** alligator shears, crocodile shears; lever shear
~ **gilotynowe** guillotine (shear), gate shear
~ **goleni podwozia** *lotn.* torque links, torsion links
~ **korbowe** crank shear
~ **krążkowe** rotary slitter, rotary cutter
~ ~ **do cięcia łuków** circle shear
~ ~ **do obcinania krawędzi blach** rotary knife trimming shear, rotary side trimmer
~ **latające** flying shear
~ ~ **bębnowe** rotary flying shear
~ ~ **do obcinania końców** flying crop shear
~ **mechaniczne** shearing machine
~ **mocowane** bench shears
~ **o dolnym cięciu** upcutting shear
~ **o górnym cięciu** downcutting shear
~ **ogrodnicze** pruning scissors, pruning shears, garden pruner, lopping shears; hedge shears
~ **pniakowe** bench shears
~ **ratunkowe** *wiertn.* fishing jars; fishing tongs
~ **ręczne do blach** snips
~ **tarczowe do tektury** rotary card cutter
~ **wahadłowe** rocking shear, pendulum shear
~ ~ **do cięcia na gorąco** pendulum-type hot shear
~ **wibracyjne** (*do blach*) nibbling machine, nibbler
~ **wielokrążkowe** gang slitter, gang slitting machine
~ ~ **do wzdłużnego cięcia taśm** slitting shear, slitter
~ **wiertnicze luźnospadowe** *wiertn.* fall apparatus, slipping apparatus
~ **wygięte łukowo** bent snips
~ **zgniatacza** blooming shear
~ **złomowe** scrap shear
nożycowy *m* (*pracownik*) *hutn.* shearer, shear operator
nożyczki *pl* scissors
~ **do opatrunków** *med.* bandage scissors
nożyk *m* **kosy** (*kosiarki*) knife section (*of a mower*)
~ **pomiarowy** *metrol.* knife-edge
nów *m astr.* new moon
nóż *m* **1.** knife **2.** *obr.skraw.* cutting tool; cutter **3.** *odl.* sand strip
~ **blokowy** *obr.skraw.* block cutter
~ **boczny odsadzony** *obr.skraw.* knife tool, side-facing tool, bent tool
~ ~ **wygięty** cranked knife tool
~ **czołowy** *obr.skraw.* facer, facing tool
~ **dłutowniczy** *obr.skraw.* hook tool
~ **do bruzdowania luf** rifling cutter
~ **do cięcia szkła** glass knife
~ **do czopów** (*do głowicy frezowej*) *drewn.* tenoning cutter
~ **do głowic gwinciarskich** die chaser
~ **do nacinania gwintów** screw tool
~ **do oczyszczania** *skór.* scudding knife
~ **do odsadzeń czopów** (*do głowicy frezowej*) *drewn.* shoulder cutter
~ **do okulizacji** *roln.* budding knife
~ **do planowania** *obr.skraw.* side-facing tool, bent tool, knife tool
~ **do podcięć** *obr.skraw.* undercutting tool
~ **do struga** *drewn.* plane iron, cutting iron, bit
~ ~ ~ **z odchylakiem** plane double iron
~ **do strugania płaszczyzn** *drewn.* plane knife
~ ~ ~ **rowków** *obr.skraw.* slotting tool
~ **do toczenia przerywanego** intermittent cutting tool
~ ~ ~ **wzdłużnego** bar turning tool

~ **do wpustów** *drewn.* grooving cutter
~ **do wygładzania golizny** *skór.* scudding knife
~ **do wypustów** *drewn.* tonguing cutter
~ **do zaokrągleń** *obr.skraw.* radius tool, cornering tool, rounding tool
~ **do żyłowania** *skór.* beam knife
~ **dwustronny do wytaczania** *obr.skraw.* double cutter
~ ~ **zamocowany** (*w wytaczadle*) double-locked cutter
~ **dyfuzyjny** *cukr.* slicing knife, beet knife
~ **elektryczny** *med.* electrotome, electric knife
~ **Fellowsa** *obr.skraw.* gear-shaper cutter, pinion cutter
~ ~ **dzwonowy** hub-type gear-shaper cutter
~ ~ **garnkowy** *zob.* **nóż Fellowsa dzwonowy**
~ **grzebieniowy do gwintowania** *obr.skraw.* chaser, comb tool
~ **jednolity** *obr.skraw.* solid tool
~ **kablowy** *el.* hack knife, chipping knife
~ **kałamarza** *poligr.* ductor blade
~ **kątowy** *drewn.* bevel cutter
~ ~ **pielnika** *roln.* L-hoe blade
~ **kiełkowy wagi** cone pivot, button pivot (*of the scales*)
~ ~ ~ **analitycznej** needle point of analytical balance
~ **krążkowy** *obr.skraw.* circular tool
~ ~ **do gwintu** circular chaser
~ ~ **kształtowy** circular forming tool
~ ~ **nożyc** *obr.plast.* circular cutter, slitter knife
~ **kształtowy** *obr.skraw.* form tool
~ **lewy** *obr.skraw.* right-cut tool
~ **łańcucha wrębowego** (*wrębiarki*) *górn.* chain pick
~ **łącznika** *el.* switch blade
~ **łożyska nożowego** (*wagi*) knife-edge (*of the scales*)
~ **nożowiska dennego** (*holendra*) *papiern.* bed plate bar
~ **nożyc** *obr.plast.* shear blade, shear knife
~ ~ **wibracyjnych** nibbling punch
~ **nurkowy** diving knife
~ **o krzywolinijnej krawędzi skrawającej** curved cutting edge tool
~ **odgięty do góry** *obr.skraw.* raised-face tool
~ **odsadzony** *obr.skraw.* offset tool
~ **ogrodniczy** pruning knife
~ **oporowy** (*wagi*) fulcrum knife-edge, centre pivot (*of the scales*)
~ **oprawczy** *ryb.* boarding knife
~ **oprawkowy** *obr.skraw.* bit tool
~ **prawy** *obr.skraw.* left-cut tool
~ **profilowy** *drewn.* mould cutter
~ **promieniowy** *obr.skraw.* radial tool
~ **przecinak** (*tokarski*) parting-off tool
~ **samonastawny** (*wagi*) self-gauging pivot (*of the scales*)
~ **składany** (*kieszonkowy*) jack-knife
~ **słupkowy** *obr.skraw.* box-tool cutter
~ **stożkowy wagi** point pivot, cone pivot, button pivot (*of the scales*)
~ ~ ~ **analitycznej** needle point of analytical balance
~ **strugarski** *obr.skraw.* planing tool, shaper tool; *drewn.* planer knife
~ ~ **do rowków trapezowych** dovetailing tool
~ ~ **odgięty** swan-necked tool, gooseneck tool
~ ~ **wykańczak** broad tool
~ **styczny** *obr.skraw.* tangential tool
~ **tokarski** turning tool, lathe tool
~ ~ **bocian** bar and turning tool
~ ~ **boczny** side tool
~ ~ **diamentowy** diamond-tip turning tool
~ ~ **odsadzony** (*prawy lub lewy*) hognose cutter
~ **udarowy młotka wahadłowego** *wytrz.* striking edge of an impact testing machine, striking member of an impact testing machine
~ **wagi** knife-edge of the scales
~ **wagowskazu** (*wagi*) beam pivot (*of the scales*)
~ ~ **do szalki odważnikowej** tip pivot
~ **walca holendrowego** *papiern.* beater flybar, beater rollbar
~ **wodny** *papiern.* coucher, spray cutter
~ **wrębowy** *górn.* cutter pick, cutter bit (*of cutter chain*)
~ **wstawiany freza** cutter blade
~ **wygięty** *obr.skraw.* bent tool, side-facing tool
~ **wykańczak prostoliniowy** *obr.skraw.* broadnose cutter, square-nosed tool
~ **z nakładką z węglików spiekanych** *obr. skraw.* (carbide-)tipped tool
~ (*do wytaczania*) **z nastawianiem mikrometrycznym** *obr.skraw.* micrometer adjustable cutter
~ **zaokrąglony** *obr.skraw.* round-nose tool
~ **zdawczy** (*wagi*) power pivot (*of the scales*)
~ **zdzierak** *obr.skraw.* roughing tool
~ ~ **prosty zaokrąglony** straight round-nose turning tool
~ **zębatkowy** rack-type gear-shaper cutter
~ **zgarniający** *papiern.* doctor
~ **zgrzebliska** *papiern.* bed knife
~ **żłobkowany** *cukr.* corrugated knife
nóżka *f szkl.* stem (*of a glass, cup*)
~ **cyrkla** leg of compasses
~ **do uchwytów i przyrządów** *obr.skraw.* jig foot
~ **sklepienia** *bud.* springer, rein
~ **śrubowa regulacyjna wagi** levelling foot of the scales
nóżkarka *f* (*do lamp elektronowych*) stem machine (*for electronic valves*)
nóżkarz *m szkl.* servitor
nóżki *fpl* (*lampy elektronowej*) pins, stems (*of an electronic valve*)
Np = neper *jedn.* neper, napier
n.p.m. = nad poziomem morza above sea level

nt = nit *jedn.* nit, candela per square metre
nucza *f* (*cedzidło*) nutsche filter
nudności *pl med.* nausea
nukleacja *f kryst.* nucleation
nuklearny *a fiz.* nuclear
nukleazy *fpl biochem.* nucleases, nucleolytic enzymes
nukleofilowy *a* nucleophilic
nukleon *m fiz.* nucleon, nuclear particle
nukleonika *f fiz.* nucleonics, nuclear science and technology
nukleoplazma *f biol.* nucleoplasm, karyoplasm
nukleoproteidy *mpl biochem.* nucleoproteins
nukleoproteiny *mpl zob.* **nukleoproteidy**
nukleotyd *m biochem.* nucleotide
nukleotydazy *fpl biochem.* nucleotidases
nukleotydylotransferaza *f* **DNA** *biochem.* DNA nucleotidyltransferase, Kornbergs enzyme
nukleozyd *m biochem.* nucleoside
nukleozydaza *f biochem.* nucleosidase
nuklid *m fiz.* nuclide
~ **macierzysty** parent nuclide, nuclear parent
~ **pochodny** daughter nuclide
~ **poprzednik** precursor of a nuclide
~ **promieniotwórczy** radioactive nuclide, radionuclide
~ **radiogeniczny** radiogenic nuclide
~ **trwały** stable nuclide
nulka *f* = **zerownik** *rys.* drop compasses, rotating compasses, fixed centre spring bows
nulloda *f elektron.* nullode
numer *n* number
~ **czasopisma** issue (*of a newspaper or periodical*)
~ **części** part number
~ **emulsji** *fot.* emulsion number
~ **kierunkowy centrali** *telef.* exchange code
~ **kodowy** code number
~ **kolejny** serial number
~ **kontrolny** check number
~ **przebiegowy** *telegr.* message number
~ **przędzy** count of yarn
~ **rejestracyjny** *mot.* registration number
~ **rezerwowy** *zob.* **numer zapasowy**
~ **seryjny** serial number
~ **sita** sieve number, count, wire mesh number, sieve mesh
~ **telefonu** telephone number; call number
~ **wewnętrzny** *telef.* extension number
~ **wsteczny** (*czasopisma*) back issue (*of periodical*)
~ **wywoławczy** *telef.* call number, telephone number
~ **zapasowy** *telef.* spare number
~ **ziarna** grain size number
numeracja *f* numeration, enumeration
~ **stron** *poligr.* pagination
numerator *m* number stamp, numbering machine
~ **dzwonkowy** *el.* annunciator
numerować *v* number
~ **strony** paginate
numerowany *a* numbered
numeryczny *a* numerical
nurek *m* diver
nurkarstwo *n* diving
nurkować *v* dive
nurkowanie *n* **1.** *żegl.* dive, diving **2.** *lotn.* dive, diving
~ **bez pomocy przyrządów** naked diving, natural diving
~ **bez skafandra** open diving
~ **głębokowodne** deep-sea diving
~ **na mieszance helowo-tlenowej** oxy-helium diving
~ **strome** *lotn.* nose dive
~ **swobodne** skin diving, free diving
~ ~ **z akwalungiem** scuba diving
nurkownictwo *n* diving (work)
nurnik *m masz.* plunger; ram
nurt *m* (*rzeki*) midstream, main stream
nurzak *m ryb.* stopper
nurzanie *n żegl.* heaving (*of a ship*)
~ **na wodzie spokojnej** dipping
nuta *f akust.* note
nutacja *f mech.* nutation
nutownik *m* (*dłuto kamieniarskie*) lewising chisel (*for stone dressing*)
nutria *f zool.* coypu, *Myocastor coypus*
nużyca *f wet.* demodectic mange
NWM = najmniejszy wspólny mianownik *mat.* least common denominator, lcd
NWP = największy wspólny podzielnik *mat.* greatest common divisor, gcd, highest common factor, hcf
NWW = najmniejsza wspólna wielokrotność *mat.* least common multiple, lcm
nylon *m* nylon
nystatyna *f* (*antybiotyk*) *biochem.* nystatin

O

o bliskim zasięgu short-range
o budowie grzebieniowej *elektron.* interdigitated
o dalekim zasięgu long-range
o długim okresie połowicznego rozpadu *nukl.* long-lived
o dużej częstotliwości high-frequency
o dużej masie cząsteczkowej *chem.* high-molecular (weight)
o dużej mocy powerful
o dużej objętości voluminous
o dużej przewodności *el.* highly conductive
o dużej wartości opałowej *paliw.* rich
o dużej wydajności high-duty, high efficiency
o dużej wytrzymałości na rozciąganie high-tensile
o dużej zawartości alkoholu high-proof
o dużej zawartości popiołu high in ash
o dużych oczkach (*sito, sieć*) large meshed
o dużych rozmiarach bulky, large sized
o dużym przekroju (*np. drut*) heavy gauge (*wire*)
o gładkim poszyciu *okr.* carvel built
o krótkim okresie połowicznego rozpadu *nukl.* short-lived
o małej masie cząsteczkowej *chem.* low-molecular (weight), lmw
o małej mocy low-power
o małej stratności dielektrycznej low-loss
o małej zawartości ekstraktu *ferm.* light-bodied
o małej zawartości oleju *powł.* short-oil
o małych rozmiarach small sized
o małym natężeniu low-intensity
o małym przekroju (*np. drut*) light gauge (*wire*)
o masie zerowej *fiz.* zero-mass, massless
o napędzie jądrowym nuclear-powered
o napędzie odrzutowym jet-propelled
o napędzie parowym steam-driven
o napędzie silnikowym power-driven; power-operated
o nieokreślonej marce fabrycznej unbranded
o nietrwałej barwie *farb.* fugitive
o niewłaściwych wymiarach off-gauge, out of size
o odcieniu czerwonym red-shaded
o ograniczonej zawartości ołowiu *farb.* lead restricted
o orientacji uprzywilejowanej with preferred orientation
o pełnej wodnicy *okr.* full-ended
o przeciwnym znaku of opposite sign
o przekryciu ujemnym underlapped
o przekryciu zerowym zero-lapped
o rozproszeniu atomowym atomically dispersed
o równym zasięgu coextensive
o symetrii obrotowej rotational symmetric
o symetrii osiowej in axial symmetry, axial symmetric, axisymmetrical
o tym samym stopniu prawdopodobieństwa equiprobable
o wartościach zespolonych *mat.* complex valued
o wzbudzeniu bocznikowym *masz.el.* shunt-excited
o wzbudzeniu szeregowym *masz.el.* series-excited
o wzmocnionej konstrukcji ruggedized
OB = odczyn Biernackiego *med.* erythrocyte sedimentation rate
obalić *v* **teorię** refute a theory
obarczony aberracjami *opt.* aberrated
obca czcionka *f poligr.* bastard (type)
obca waluta *f* foreign exchange, foreign currency
obcas *m* heel
obcążki *pl narz.* pincers
obce ciało *n* foreign body, foreign matter
obce pióro *n drewn.* slip feather, slip tongue, loose tongue
obce wtrącenie *n* **we wlewku** *hutn.* skull, patch
obcęgi *pl narz.* pincers
~ **do gwoździ** carpenter's pincers
obchodzić *v* by-pass
~ **się** handle
~ ~ **niewłaściwie** mishandle
~ ~ **ostrożnie** handle with care, handle cautiously
obchód *m* **kontrolny** round
obciąć *v* cut off
~ **na wymiar** cut to the length
obciąg *m* **1.** *poligr.* cylinder dressing, packing **2.** *ferm.* racking (*of beer*)
obciągacz *m obr.skraw.* honing tool
~ **bomu** (*jachtu*) kicking strap
~ **ściernic** grinding wheel dresser, dressing cutter, abrasive dressing wheel
~ ~ **jednoostrzowy** single point wheel dresser
obciągać *v* **luz** *żegl.* round up the slack (*of a rope*)
obciąganie *n* **1.** *obr.skraw.* honing (process) **2.** *obr.plast.* stretch drawing, stretch-draw forming, wrap forming (*stamping operation*) **3.** *ferm.* racking
~ **barwnika** *włók.* stripping
~ **obrotowe** *obr.plast.* roll flowing, rotary extrusion, flow turning, power spinning
~ **ściernic** dressing of grinding wheels, truing of grinding wheels

~ ~ **kształtowe** forming of grinding wheels
~ ~ **przez wygniatanie** crushing of grinding wheels
~ **uchwytami** *obr.plast.* stretch pressing
obciągarka *f* *obr.plast.* stretch-forming machine, stretcher; stretch press
obciągnięcie *n* *odl.* shrinkage depression, sink, suck (*casting defect*)
obciążacz *m* **1.** *farb.* extender, filler **2.** *włók.* weighting agent
obciążać *v* **1.** load, apply a load, impose a load; weight **2.** *siln.* put under load
~ **hipotekę** mortgage a property
~ **konto** debit an account (*with a sum*), charge (*a sum*) to an account
~ **kosztami** charge expenses (*to somebody*)
~ **odpowiedzialnością za...** make (*somebody*) responsible for...
obciążalność *f* load-carrying capacity, load-carrying ability, load capacity
~ **dopuszczalna bezpiecznika** *el.* fuse rating
~ **łożyska** load rating of a bearing
~ **mocowa** *el.* power-carrying capacity
~ **prądowa** *el.* current-carrying capacity
~ ~ **w amperach** ampacity
~ **ruchowa** *telef.* traffic-carrying capacity
~ **sprężyny** load capacity of a spring
~ **trafikowa** *telef.* traffic-carrying capacity
~ **udarowa** *el.* discharge capacity
~ **wejściowa** (*bramki logicznej*) *elektron.* fan-in
~ **wyjściowa** (*bramki logicznej*) *elektron.* fan-out
obciążanie *n* loading; weighting
~ **jedwabiu** *włók.* silk weighting
~ **papieru** paper loading, paper filling
~ **skóry** leather loading
obciążenie *n* **1.** load, loading; ballast **2.** *masz.* duty **3.** *statyst.* bias
~ **balastowe** *inż.* kentledge
~ **bierne** *el.* reactive load
~ **całkowite** total load
~ **ciągłe** continuous load
~ **ciągu** *lotn.* thrust loading
~ **cieplne** heat load
~ ~ **komory paleniskowej** *kotł.* heat release
~ ~ **materiałów ogniotrwałych** thermal load of refractories
~ **cykliczne** *mech.* cyclic loading
~ **dopasowane** *tel.* matched load
~ **dopuszczalne** permissible load, admissible load, safe load
~ ~ **gruntu** *inż.* permissible soil pressure
~ ~ **na oponę** *mot.* load per tyre
~ ~ **skręcające wału** torque capacity of shaft
~ ~ **wzdłużne łożyska** thrust capacity of bearing
~ **dynamiczne** dynamic load
~ **dziedziczne** *genet.* genetic load
~ **ekonomiczne** *siln.* economic load
~ **eksploatacyjne** service load
~ **estymatora** *statyst.* estimator bias
~ **fikcyjne** fictitious load
~ **genetyczne** *zob.* **obciążenie dziedziczne**
~ **hamowania** (*pojazdu*) braking load
~ **impedancyjne** *el.* inductive load, lagging load
~ **indukcyjne** *zob.* **obciążenie impedancyjne**
~ **jednostkowe** *wytrz.* load intensity
~ ~ **ciągu** *lotn.* thrust loading, weight per pound thrust, thrust-weight ratio
~ ~ **mocy** power loading, weight per horse-power
~ ~ **powierzchni nośnej** *lotn.* wing loading, surface loading
~ ~ **rozpiętości** *lotn.* span loading
~ **jednostronnie zmienne** fluctuating load, pulsating load
~ **kotła** (steam) boiler rating
~ **krótkotrwałe** short-time load
~ **krytyczne** (*przy wyboczeniu*) *wytrz.* buckling load, critical load
~ **łożyska** *masz.* bearing load
~ **maksymalne** maximum load
~ **manewrowe** (*w locie*) *lotn.* manoeuvering load
~ **momentem żyroskopowym** gyroscopic load
~ **na oponę** *mot.* load per tyre
~ **na oś** *kol.* axle load, weight per axle
~ **nadmierne** excessive load, overload
~ **niedostateczne** underloading
~ **nieruchome** dead load
~ **niszczące** breaking load, crippling load, failure load
~ **obliczeniowe** design load
~ **obustronnie zmienne** alternating load
~ **od ciężaru własnego konstrukcji** gravity loading
~ **od drgań** vibratory load
~ **od oblodzenia** ice load
~ **od sił aerodynamicznych** aerodynamic loading, airload
~ **od sił bezwładności** inertial load
~ **odbiorcze** proof load
~ **okresowo zmienne** *mech.* cyclic loading
~ **osiowe** axial load
~ **pamięci** *inf.* storage occupancy
~ **pełne** full load
~ **podstawowe** *el.* base load
~ **pojemnościowe** *el.* leading load
~ **poprzeczne** cross-bending load, transverse load
~ **pośrednie** transmitted load
~ **powierzchni nośnej** *lotn.* wing loading, surface loading
~ ~ **rusztu** *kotł.* stoker rating
~ **pozaszczytowe** *el.* off-peak load
~ **probiercze** *el.* test load
~ **prostokątne** uniform load
~ **próbne** test load, trial load, proof load
~ **przemienne** alternating load
~ **przy jeździe na zakrętach** *mot.* cornering load
~ **przyłożone** *bud.* imposed load
~ **pulsujące** fluctuating load, pulsating load
~ **reaktancyjne** *el.* reactive load

~ **robocze** working load
~ **rozłożone** distributed load
~ **równomierne** uniform load
~ **równoważne** equivalent load
~ **ruchome** moving load, live load, travelling load, rolling load
~ **siłami bezwładności** inertial load
~ **siłowe** *el.* power load
~ **skupione** concentrated load, point load
~ **stałe** fixed loading, steady load, static load, dead load
~ **statyczne** *zob.* **obciążenie stałe**
~ **symetryczne** *el.* balanced load
~ **szczytowe** *el.* peak load
~ **sztuczne** *el.* dummy load, artificial load
~ **śniegiem** *bud.* snow load
~ **średnie** (*łożyska*) mean effective load (*of a bearing*)
~ **tarczy wirnika** (*śmigłowca*) disk loading (*of helicopter rotor*)
~ **teoretyczne** design load
~ **tętniące** fluctuating load, pulsating load
~ **trapezowe** trapezoidal load
~ **trójkątne** triangular load
~ **trwałe** permanent load
~ **udarowe** shock load, impact load
~ **układu** *tel.* termination
~ **usterzenia** *lotn.* tail load
~ **użytkowe** useful load; operational load
~ **wahające** alternating load
~ **węzłowe** transmitted load
~ **wiatrem** wind load
~ **wibracyjne** vibratory load
~ **wstępne** preload load
~ **wtórne** fictitious load
~ **wzdłużne** axial load
~ **zastępcze** equivalent load
~ **zginające** bending load
~ **zmienne** changing load
~ **znamionowe** rated load
~ **żyroskopowe** (*momentem żyroskopowym*) gyroscopic load
obciążnik *m* **1.** (dead) weight; bob **2.** *wiertn.* sinker bar **3.** *farb.* extender, filler **4.** *ryb.* leads, sinker
~ **formy** *odl.* pouring weight
~ **łańcuszkowy wagi** catenary poise
~ **wahadła** pendulum bob
obciążniki *mpl* **do kół** (*zwiększające przyczepność*) wheel weights
~ **wagi włącznikowej** unit weight
obciążony *a* loaded; weighted
obciążony sprężyną spring-loaded
obciążyć *v* **1.** load, apply a load, impose a load; weight **2.** *siln.* put under load **3.** (*kogoś kosztami*) charge (*an expense to sb*), *zob.też* **obciążać**
obciekać *v* drip, drain
obcięcie *n* **(funkcji)** *mat.* section
obcinacz *m* **1.** *elektron.* limiter, clipper, *zob.też* **ogranicznik** **2.** *med.* cutting nippers
obcinać *v* cut off; clip; crop; *mat.* truncate
~ **wydatki** *ek.* cut (down) spending, reduce expenses
obcinak *m* cutter; *obr.skraw.* cut-off tool, parting tool
~ **do rur** pipe cutter, tubing cutter
obcinanie *n* **brzegów** trimming
~ **końców** (*prętów, rur itp.*) *hutn.* end cropping
~ **krawędzi blach** *hutn.* side shearing
~ **nadlewów palnikiem gazowym** *odl.* hogging
~ **nitów** deriveting
~ **ogona** *wet.* docking
~ **płomieniowe** *szkl.* burning-off
~ **pod kątem prostym** (*blachy*) *hutn.* squaring (*metal sheet*)
~ **słów** *inf.* truncation of words
~ **(sygnału) mowy** *rad.* speech clipping
~ **wlewów** *odl.* spruing, cutting of gates
obcinarka *f* cutter; cut-off saw
~ **nadlewów** *odl.* gate cutter, sprue cutter
~ **tarczowa promieniowa** (*z wysięgnikiem*) *obr.skraw.* cut-off saw
obcinka *f* *górn.* boundary caving drift, fringe drift
obcinki *mpl* (*metalowe*) clippings, snips, scissel; *obr.plast.* crops
~ **papieru** (*produkcyjne*) paper trims
obciskanie *n* *obr.plast.* reducing, necking, neck forming (*stamping operation*)
~ **przez rolowanie** crimping
obciskarka *f* *obr.plast.* crimping machine
obcisły *a* tight
obcopłodność *f* *biol.* cross-fertility
obcopylny *a* *bot.* allogamous
obcowzbudny *a* *masz.el.* separately excited
obejma *f* clamping ring, connection clip
~ **izolacji** insulation grip
~ **kuwety** *med.* flask clasp
~ **przedniej szyby** *mot.* windscreen clamp
~ **śrubowa** stirrup bolt
obejmować *v* **1.** enclose; clasp; grasp **2.** incorporate; include
~ **kierownictwo** take charge of ...
~ **przedstawicielstwo** take up an agency
~ **urząd** accede to an office
~ **w posiadanie** take possession, enter into possession
~ **wiązkę prowadzącą** *rad.* bracket a guide beam
obejście *n* by-pass
obejść *v* **bezpiecznie ląd** *żegl.* clear the land
~ **przylądek** *żegl.* double (a cape), make the head
obelisk *m* obelisk
oberwanie *n* **chmury** *meteo.* cloudburst, rain gush
~ **formy** *odl.* drop in a mould
~ **się stropu** *górn.* fall of roof
obficie zaopatrzony well supplied; heavily stocked
obfitość *f* **izotopu** *nukl.* isotope abundance
obfity *a* plentiful; abundant
obgotowywanie *n* *włók.* boiling-off
~ **alkaliczne** bowking, bocking
obicie *n* **1.** sheat(ing) **2.** bruising
~ **mebli** furniture covering
~ **ścienne** tapestry
~ **tapicerskie** upholstery
obieg *m* circulation; cycle

~ **azotu** (*w przyrodzie*) nitrogen cycle
~ **Braytona** *term.* Brayton cycle, Joule cycle (*of gas turbine*)
~ **Carnota** *term.* Carnot cycle
~ **chłodniczy** refrigerating cycle
~ ~ **suchy** refrigerating cycle by dry compression
~ ~ **wieloczynnikowy** cascade refrigerating cycle
~ ~ **wilgotny** refrigerating cycle by wet compression
~ **cieplny** thermal cycle
~ **cięć** *leśn.* felling cycle
~ **częściowo zamknięty** *term.* semi-closed cycle
~ **dwuczynnikowy** *term.* binary cycle
~ **gazowo-parowy** *term.* gas-steam cycle
~ **grawitacyjny** gravity circulation, natural-circulation
~ **histerezy** *fiz.* hysteresis loop
~ **jednokierunkowy** one-way circulation
~ **Joule'a** Brayton cycle, Joule cycle (*of gas turbine*)
~ **naturalny** gravity circulation, natural circulation
~ **odwracalny** *term.* reversible cycle
~ **olejowy** oil circulation
~ **Otto** *term.* Otto cycle
~ **otwarty** *term.* open cycle
~ **pieniężny** *ek.* money circulation, currency
~ **powietrzny** *term.* air(-standard) cycle
~ **recyrkulowany** *kotł.* superimposed recirculation
~ **synodyczny** *astr.* synodic period
~ **roboczy** *term.* working cycle
~ **teoretyczny** *term.* ideal cycle
~ **termodynamiczny** thermodynamic cycle, heat cycle
~ ~ **silnika** engine cycle
~ **węgla** (*w przyrodzie*) carbon cycle
~ **wymuszony** forced circulation, induced circulation
~ **z dopalaniem** afterburning cycle, Mordell cycle (*in aircraft gas turbine*)
~ **z regeneracją ciepła** *term.* regenerative cycle
~ **z rekuperacją ciepła** *term.* recuperative cycle
~ **zamknięty** *term.* closed cycle
obiegać *v* circulate; orbit
obiegowy *a ek.* circulating, current
obiekt *m* object
~ **inwestycyjny** investment object
~ **kosmiczny** spatial body
~ **latający możliwy do zidentyfikowania** identifiable flying object, IFO
~ ~ **niezidentyfikowany** unidentified flying object, UFO
~ **markujący cel** *wojsk.* decoy target
~ **regulacji** *aut.* controlled system, controlled plant
~ **wadliwy** (*w teorii niezawodności*) defective object
~ **wojskowy** military object
obiektyw *m opt.* objective, object glass; *fot.* lens
~ **achromatyczny** achromatic lens, achromat, antispectroscopic lens
~ **anachromatyczny** anachromatic lens
~ **anamorfotyczny** anamorphote lens
~ **anastygmatyczny** anastigmatic lens, anastigmat
~ **aplanatyczny** aplanat
~ **apochromatyczny** apochromatic lens, apochromat
~ **długoogniskowy** long-focus lens
~ **do zdjęć krajobrazowych** landscape lens
~ **imersyjny** immersion objective, immersion lens
~ **jednosoczewkowy** simple lens
~ **konwersyjny** convertible lens
~ **lustrzany** mirror lens
~ **miękko rysujący** soft-focus lens
~ **o zmiennej ogniskowej** zoom (lens), varifocal lens, transfocator
~ **otworkowy** pinhole lens
~ **projekcyjny** projecting lens
~ **„rybie oko"** *fot.* fish-eye (lens)
~ **sklejany** cemented lens
~ **szerokokątny** wide-angle lens
~ **wymienny** interchangeable lens
~ **zmiennoogniskowy** zoom (lens), varifocal lens, transfocator
~ **zwierciadlany** mirror lens
obieranie *n* **formy** *odl.* parting down, coping out
~ **ze skórki** *spoż.* peeling
obijaczka *f poligr.* backing and rounding press, rounder
obijać *v* upholster
objaśniający *a* explanatory; interpretative
objaśnienie *n* explanation; commentary
objaw *m* symptom; manifestation
objawy *mpl* **choroby popromiennej** *med.* radiation syndrome
~ **zatrucia** *med.* toxicological effect
objazd *m* by-pass (road), diversion; detour
objętościomierz *m* (*do gazów*) volumeter
objętościowo *adv* by volume
objętościowy *a* volumetric
objętość *f* volume
~ **atomowa** atomic volume
~ **ciała stałego** solid volume
~ **cieczy** liquid volume
~ **cząsteczkowa** molecular volume
~ **cząstkowa molowa** *chem.* partial (molal) volume
~ **czynna** *nukl.* sensitive volume
~ **informacji** information volume
~ **jednostkowa powietrza wilgotnego** humid volume
~ **końcowa** end volume
~ **krytyczna** critical volume
~ **międzyziarnowa** void volume
~ **molowa** *chem.* molar volume, molal volume, mole volume
~ ~ **normalna** standard volume (*of gas*)
~ **nasypowa** apparent volume (*of powder*)
~ ~ **z usadem** tap volume (*of powder*)
~ **płynna** *hydr.* fluid volume
~ **podwodzia** *okr.* volume of displacement
~ **pustek** void volume

~ **skokowa cylindra** *masz.* displacement volume, swept volume, piston-swept capacity, piston displacement
~ ~ **silnika** engine capacity; engine displacement
~ **stała** constant volume
~ **substancjalna** *hydr.* fluid volume
~ **szkodliwa** *masz.* clearance volume, clearance space
~ **wdechowa zapasowa** *med.* inspiratory reserve volume, IRV, complemental air
~ **właściwa** specific volume
~ **wydechowa zapasowa** *med.* expiratory reserve volume, ERV, reserve air
~ **wypełnienia wieży** *chem.* effective tower space
~ **wyporności** *okr.* volume of displacement
~ **względna pustek** void fraction
~ **zalegająca** *med.* residual air, residual volume, RV
~ **złoża** *geol.* bed volume
~ **zredukowana** reduced volume
objęty lekospisem *farm.* officinal
objęty umową falling under the contract
obkurczanie *n* (*przy pakowaniu*) shrink wrapping
oblatywacz *m lotn.* test pilot
oblatywanie *n lotn.* test flying
oblew *m fot.* coating
oblicówka *f bud.* facing
~ **z cegły** brick facing, brick veneer
obliczać *v* calculate, compute
~ **błędnie** miscount, miscalculate
~ **koszty** reckon the costs
~ **objętość** cube
~ **powierzchnię** square
~ **średnią** average
obliczalny *a* computable
obliczanie *n* calculation, computation
~ **namiaru** *hutn.* (blast-furnace) burdening
~ **ponowne** recalculation
~ **zestawu** (*surowców do produkcji*) batch calculation
obliczenia *npl* **automatyczne** *inf.* automatic calculations
~ **hybrydowe** hybrid computation
~ **statyczne** *bud.* structural analysis
obliczenie *n* calculation, computation
~ **błędne** miscalculation
obliczeniowy *a* analytical; computational
obliczony na... rated at...
obliczyć *v* make calculation
obligacja *f ek.* bond
oblina *f drewn.* wane
oblodzenie *n* icing
~ **statku** *żegl.* overicing of a ship
oblot *m lotn.* test flight
obluzować *v* **się** work loose; slacken
obłamywanie *n* (*klisz*) *poligr.* dressing
obłąk *m* straining strap
obłęd *m med.* alienation
obło *n okr.* (turn of) bilge
~ **beczki** bilge of a cask
~ **łagodne** *okr.* slack bilge
~ **ostre** *okr.* hard bilge
obłok *m meteo.* patch

obłożyć *v* face, clad, *zob.też* **okładanie**
~ **linę** *żegl.* belay a rope
obłóg *m drewn.* facing board, face veneer
obłuskiwacz *m spoż.* huller, hulling machine
obłuskiwanie *n* (*ziarna*) *spoż.* hulling, husking; decortication
obły *a* (*kształt*) rounded
obmiar *m bud.* quantity survey
obmurówka *f* **ceglana** brick setting
~ **szybu** *górn.* ginging
obmurze *n* **kotła** boiler brickwork, boiler setting
~ **pieca** *odl.* masonry envelope of a furnace
obmywać *v* swill, rinse
obnażanie *n geol.* denudation
~ **drutu z izolacji** baring of wire
obniżać *v* lower; depress; reduce; step down
~ **się** fall, decrease, go down; subside; *lotn.* lose
~ **temperaturę** lower the temperature, reduce the temperature
~ **wartość** *ek.* devaluate
obniżanie *n* **napięcia** voltage reduction
~ **ceny** *ek.* markdown
~ **wartości znamionowych** derating
obniżenie *n* fall; decrease; depression, subsidence
~ **horyzontu** *geod.* dip, depression (*of the horizon*)
~ **jakości** deterioration of quality
~ **napięcia sieciowego** mains voltage drop
~ ~ **znamionowego** voltage derating
~ **poziomu wody** *inż.* drawdown
~ **temperatury krzepnięcia** depression of freezing point
~ **wartości** depreciation, reduction of value
~ **włoskowate** capillary depression
obniżka *f* reduction
~ **ceny** diminution of price, price reduction
~ **kosztów** reduction of costs
obojczyk *m anat.* collar-bone, clavicle
obojętnochłonny *a med.* orthoneutrophil, orthochromophil
obojętność *f* **chemiczna** chemical inertness
obojętny *a* neutral; *chem.* inert, inactive
obojnaczy *a biol.* bisexual
oboknie *n bud.* window frame
obołowiony *a* lead-coated
obora *f* cowhouse, cow shed, byre
~ **uwięziowa** tying stall
obornik *m roln.* manure, dung
obowiązek *m* **ustawowy** statutory duty
obowiązki *mpl* **zawodowe** professional duties
obowiązujący *a* compulsory; obligatory; binding; in force; valid
obowiązujący na okres... effective for...
obowiązywać *v* (*o przepisach*) be in force, be valid, be effective
OBR = ośrodek badawczo-rozwojowy development centre
obrabiać *v* work; treat; *zob.też* **obróbka**

~ **cieplnie** heat treat
~ **plastycznie** work plastically
~ **skrawaniem** machine
obrabialność *f* workability
~ **betonu** cutting property of concrete
~ **cieplna** heat treatability
~ **skrawaniem** machinability
obrabialny *a* workable
obrabialny cieplnie heat-treatable
obrabialny skrawaniem machinable
obrabiarka *f* machine tool
~ **automatyczna** automatic (machine)
~ **do drewna** woodworking machine
~ **do metalu** metal working machine
~ **do obróbki wielostanowiskowej w jednym zamocowaniu** combination-operation machine
~ **do rowków klinowych** key-seating machine, keyseater
~ **elektroiskrowa** electroerosion machine
~ **elektronowa** electron-beam machine
~ **elektronowiązkowa** *zob.* **obrabiarka elektronowa**
~ **-kopiarka** tracer machine
~ **obwiedniowa do kół zębatych** gear generating machine, gear generator
~ **półautomatyczna** semi-automatic (machine)
~ **promieniowa do wiercenia i wytaczania** radial boring machine
~ **przenośnikowa** transfer machine
~ **(skrawająca) wielooperacyjna** machining centre
~ **sterowana liczbowo** numerically controlled machine
~ **stolarska uniwersalna** general joiner
~ **wielostanowiskowa ze stołem obrotowym** rotary index machine
~ **z bębnem o osi poziomej** trunnion machine
~ **zespołowa 1.** unit-construction machine, building-block machine **2.** transfer machine
~ ~ **ze stołem obrotowym** rotary transfer machine
obracać *v* **(się)** turn; rotate, revolve; (*wokół czopa*) swivel
~ **korbą** crank (up)
~ **silnik** turn the engine; crank the engine
obracak *m leśn.* peavy, peevy
obracanie *n* **(się)** turning; rotation, revolving; *rad.* slewing
~ ~ **śmigła „młynkiem"** *lotn.* windmilling of airscrew
obracarka *f* turning engine, turning gear, barring gear
obrady *pl* debate; conference; proceedings
obramowanie *n* framing; fringe
~ **kominka** mantelpiece
~ **rysunku** border of a drawing
obrasować *v* **na przeciwny hals** *żegl.* counter brace, haul the yards round
~ **ostrzej** brace up
~ **tępiej** brace in
obrastanie *n* **kadłuba** *żegl.* fouling of ship's hull
obraz *m* picture; *opt.* image; *mat.* image; *mat.* range
~ **anamorfotyczny** anamorphic image
~ **dyfrakcyjny** *radiol.* diffraction pattern
~ **elektronowy** *TV* electron image
~ **firmowy** brand image
~ **fotograficzny** picture; image
~ ~ **kombinowany** composition photo
~ **interferencyjny** interference pattern
~ **kontrolny** *TV* test pattern
~ **krwi** *med.* blood picture, haemogram, blood count, haematologic state
~ **ładunkowy** *TV* latent electronic image
~ **miękki** *fot.* soft focus image
~ **mowy** visible speech
~ **negatywowy** *fot.* negative image
~ **nieodwrócony** upright image, erect image
~ **nieostry** *fot.* soft-focus image; *TV* blurred image
~ **nieruchomy** still picture
~ **odtwarzany** *TV* displayed television picture
~ **pola prądu** *hydr.* stream-line diagram
~ **pozorny** virtual image
~ **pozytywowy** *fot.* positive image
~ **prosty** upright image, erect image
~ **punktu** *mat.* image of a point
~ **radarowy** radar presentation, radar image
~ **rentgenowski** X-ray shadow, X-ray pattern
~ ~ **dyfrakcyjny** X-ray diffraction spots
~ ~ **telewizyjny** X-ray television image
~ **rzeczywisty** true image, real image
~ **statyczny** *kin.* still
~ **telewizyjny** displayed television picture
~ **testowy** *TV* test pattern
~ **urojony** *opt.* virtual image
~ **utajony** *fot.* latent image
~ **widzialny** visible image
obrazkowiec *m min.* agalmatolite
obrazować *v* represent; illustrate; display
obrazowanie *n* **holograficzne** imaging from holograms
obrazowód *m opt.* fibrescope, coherent flexible fibre bundle, fiber-optic cable (*transmitting images*)
obrazowy *a* figurative; graphic
obrażenie *n med.* injury, trauma
~ **popromienne** radiation injury
obrączkowanie *n* (*drzew*) girdling, ring-barking; (*drobiu*) ringing, banding
obredlanie *n roln.* ridging, hilling
OBREP = Ośrodek Badawczo-Rozwojowy Elektroniki Próżniowej
obręb *m* **żagla** tabling
obrębianie *n włók.* hemming
obrębiarka *f włók.* hemming machine
obręcz *f* hoop; *anat.* girdle
~ **barkowa** *anat.* shoulder girdle, pectoral girdle
~ **koła** tyre, ring of a wheel; wheel band
~ **masztowa** *okr.* mast hoop, mast ring, mast band
~ **ochronna** (*koła ciągnika*) roadband

~ **okołkowana** (*np. koła ciągnika*) studded tyre
~ **wieńca koła drewnianego** felloe band
obręczowanie *n kol.* tyring
OBRI = Ośrodek Badawczo-Rozwojowy Informatyki
obr/min = obrotów na minutę revolutions per minute, r.p.m.
obrobiony *a* machined; dressed
obrobiony z jednego kawałka machined from the solid
obrodzić *v roln.* bear a rich crop; be plentiful
obrona *f* defence
~ **cywilna** civil defence
~ **przeciw okrętom podwodnym** anti-submarine warfare
~ ~ **pociskom rakietowym** antimissile defence
~ **przeciwatomowa** atomic defence
~ **przeciwawaryjna** (*okrętu*) damage control
~ **przeciwgazowa** antigas defence
~ **przeciwlotnicza** air defence, anti-aircraft defence
~ **radiologiczna** radiological defence
obrotnica *f kol.* turn-table
~ **statków** turning basin, manoeuvring basin, swinging area
~ **w samotoku** *hutn.* turn-around table
obrotnik *m* **spawalniczy** welding positioner, welding manipulator, turnover fixture
~ ~ **karuzelowy** welding turntable
obrotomierz *m* revolution counter, rev-counter, speed indicator, tachometer
~ **silnikowy** engine-speed indicator
obrotowy *a* rotational, rotary; *mat.* rotational, of revolution
obroża *f zoot.* collar
obróbka *f* working; machining; treatment; processing; dressing
~ **bezwiórowa** chipless forming
~ **blacharska dachu** flashing, roof work
~ **chemiczna** chemical treatment
~ ~ **(metali) trawieniem** chemical machining, chemical milling, chem-milling
~ **cieplna** heat treatment
~ ~ **po spawaniu** postweld treatment
~ ~ **ponowna** reheat treatment, retreating
~ ~ **w ośrodku sfluidyzowanym** fluidized-bed heat treatment
~ **cieplno-chemiczna** cementation, thermochemical treatment
~ **cieplno-dyfuzyjna** *zob.* **obróbka cieplno-chemiczna**
~ **cieplno-magnetyczna** thermo-magnetic treatment, magnetic annealing
~ **cieplno-mechaniczna** thermo-mechanical treatment, ausforming (treatment), hot-cold working
~ **cięciem gazowym** flame machining, flame shaping, oxygen machining
~ **czopów** *drewn.* tenoning
~ **danych** *inf.* handling of data
~ **dodatkowa** (*skrawaniem*) after-machining
~ **drewna** woodworking
~ **dwutlenkiem siarki** *cukr.* sulfitation
~ **elektrochemiczna** electrochemical machining, ECM, chem-milling
~ **elektroerozyjna** electrolytic machining, electromachining
~ **elektroiskrowa** electron discharge machining, EDM, electrodischarge machining, electrical discharge machining, electroerosive machining, electric spark machining, electrospark machining
~ **elektronowa** electron-beam machining, EBM
~ **elewacji** *bud.* exterior finish
~ **filmu** *fot.* processing of a film
~ **frezem jednoostrzowym** fly cutting
~ **gwintu** threading
~ **kamienia** stone dressing
~ **krawędzi** (*desek*) edging
~ **kształtowa** profiling
~ **kwasem** *chem.* acid treatment
~ **łukiem elektrycznym** arc machining
~ **materiałów fotograficznych** photo finishing
~ ~ **w warunkach kosmicznych** *kosm.* space processing of materials
~ **mechaniczna** mechanical working
~ ~ **końcowa** (*po spawaniu*) postweld machining
~ **metali** metalworking
~ **na mokro** wet treatment
~ **na pilnikarce** machine filing
~ **na rewolwerówce** turret work
~ **na tokarce** lathe work
~ **następcza** after-treatment
~ **obwiedniowa** *obr.skraw.* generation
~ ~ **kół zębatych** gear generating
~ **odwiertu naftowego** oil-well reconditioning
~ **parą** steam treatment, steaming (process)
~ **pilnikiem** filing
~ **plastyczna** plastic working, plastic forming
~ ~ **na gorąco** hot working
~ ~ **na zimno** cold working
~ **płaszczyzn** *obr.skraw.* surfacing
~ **płomieniowa** (*palnikiem gazowym*) flame machining, flame shaping
~ **podzerowa** *obr.ciepl.* sub-zero treatment, subquenching, cold treatment, deep-freeze treatment, low-temperature treatment
~ **ponowna** retreating
~ **powierzchni** surfacing; surface treatment
~ ~ **czołowych** *obr.skraw.* facing
~ ~ **wewnętrznych** *obr.skraw.* internal work
~ ~ **zewnętrznych** *obr.skraw.* external work
~ **powietrza** air treatment (*in air conditioning*)
~ **półczysta kamienia** scabbling, scappling

~ **profili złączowych** *drewn.* rebating, rabbeting
~ **radiacyjna** radiation processing
~ **skrawaniem** machining
~ **strumieniowo-ścierna** vapour blasting, vapour honing, liquid honing; wet blasting; abrasive blasting
~ **szkła za pomocą palników** lamp working of glass
~ **ścierna** abrasive machining
~ **ślusarska** bench work
~ **tarnikiem** rasping
~ **termiczna** heat treatment
~ **ultradźwiękowa** ultrasonic machining, ultrasonic impact grinding
~ **w autoklawie** autoclaving
~ **w uchwycie tokarskim** chucking work
~ **według wzornika** tracing
~ **wielonarzędziowa** *obr.skraw.* multiple tool cutting, multitooling
~ **wiórowa** machining
~ **wstępna** pretreatment
~ **wybarwień taniną** *włók.* tanning
~ **wykończająca** finishing; after-machining
~ ~ **mikroskopowa** microfinishing
~ ~ **powtórna** refinishing
~ ~ **spoiny** weld dressing
~ **wykrojów matryc** *obr.skraw.* diesinking
~ **z jednego kawałka** machining from the solid
~ **z pręta** (*na tokarce*) bar job, bar work
~ **za pomocą palników** *szkl.* lamp working
~ **zgrubna** *obr.skraw.* roughing
~ ~ **bloków kamiennych** knobbling
~ **zużytych gniazd zaworowych** valve reseating
~ ~ **walców** (*walcarki*) *hutn.* dressing the rolls
obrócić *v* **o kąt...** turn through an angle of...
obrót *m* **1.** turn, revolution **2.** rotation **3.** *geom.* rotation, revolution **4.** *ek.* turnover, traffic
~ **bezgotówkowy** traffic not involving cash
~ **chwilowy** *mech.* instantaneous rotation
~ **działa** *uzbr.* training of a gun, traverse
~ **handlowy** commercial traffic, trade turnover
~ **kapitału** capital turnover
~ **na minutę** revolution per minute, r.p.m.
~ **towarowy** commodity turnover, goods traffic
~ **w lewo** left turn
~ **w prawo** right turn
obrys *m* outline, contour
~ **dolny profilu** *aero.* lower camber of an aerofoil section
~ **płata** *aero.* aerofoil outline, aerofoil contour
~ **skrzydła** *lotn.* wing plan(form), wing shape
~ **wyrobiska** (*np. przy drążeniu tunelu*) neat lines
obrysie *n* limiting outline, overall dimensions, *zob.też* **skrajnia**
~ **ładunkowe** *kol.* loading gauge
obryw *m* **skalny** *geol.* rock fall
obrywanie *n zob.* **obrywka**
obrywka *f górn.* ripping, tapping, bringing down, breaking down
~ **ławic skalnych** slabbing
obrywkarz *m górn.* ripper
obrządzać *v* **bydło** *zoot.* handle the cattle
~ **konie** groom the horses
obrzeża *npl* **kolorowe** (*wada obrazu*) *TV* colour fringing
obrzeże *n* periphery; rim; border
~ **górne sieci** *ryb.* cork strip
~ **nadwozia** *mot.* body sill
~ **natarcia** *aero.* aerofoil profile nose, (aerofoil) border of attack
~ **(obręczy) koła** *mot.* wheel flange
~ **opony** *mot.* tyre bead
~ **pierścienia** (*łożyska*) ring lip (*of a bearing*)
~ **rysunku** margin of a drawing
~ **sieci** *ryb.* guarding of a net
~ **tapicerskie** *mot.* upholstery border
obrzeżny *a* peripheral
obrzęk *m med.* swell(ing)
obrzucać *v* (*przy szyciu*) overcast
obrzutka *f bud.* rendering (coat), scratch coat, rough coat
obrzynanie *n* **tarcicy** *drewn.* edging, slabbing
obrzynarka *f drewn.* edger, edge saw
~ **podwójna** two-saw edger
~ **pojedyncza** straight-line edger
obrzynki *mpl* trimmings
obsada *f* **1.** holder; mounting; housing **2.** personnel, crew
~ **ciągadła** *obr.plast.* draw plate
~ **dyszownicy** (*wielkiego pieca*) tuyère cooler holder
~ **dyszy (gaźnika)** *siln.spal.* jet carrier
~ **etatowa statku** complement of a ship
~ **iglicy** *uzbr.* striker holder
~ **klocka hamulcowego** *kol.* brake shoe holder, brake shoe back
~ **łodzi** boat's crew
~ **matrycy** *obr.plast.* die holder, die housing
~ **osobowa** personnel; crew
~ **szczotkowa** *el.* brush-holder
~ **żużlownicy** (*w wielkim piecu*) monkey cooler
obsadzenie *n* **poziomów** *fiz.* population of levels
obsadzić *v* **wolny etat** fill a vacant post, fill a vacancy
~ **załogą** *żegl.* man (*a ship*)
obserwabla *f fiz.* observable (quantity)
obserwacja *f* observation
~ **bezpośrednia** visual observation
~ **ciśnieniowa** (*stanu kabla*) *el.* gas control
~ **fikcyjna** *mat.* dummy observation
~ **nietypowa** *statyst.* outlier, outlying observation
~ **przy użyciu radiosondy** *meteo.* radiosonde observation, raob
~ **skrajna** *statyst.* extremal observation

~ (*zjawiska*) **w skali naturalnej** full-scale observation
~ **zdalna** remote observation
obserwacyjny *a* observational
obserwator *m* observer; *górn.* examiner
obserwatorium *n* observatory
~ **astronomiczne** astronomical observatory
~ ~ **orbitalne** orbiting astronomical observatory, OAO
~ **orbitalne do badań geofizycznych** orbiting geophysical observatory, OGO
~ ~ **do obserwacji astronomicznej Słońca** orbiting solar observatory, OSO
obserwować *v* observe; watch
obserwowalność *f aut.* observability
obsługa *f* **1.** service, servicing; maintenance **2.** servicing personnel
~ **bieżąca** routine maintenance
~ **codzienna** daily servicing, daily inspection, DI
~ **klientów** customers' service
~ **konserwacyjna** maintenance service
~ **naziemna** *lotn.* ground personnel
~ **pasażerów** passenger service
~ **pomocnicza** *żegl.* tender service
~ **prasowa** news service
~ **regularna** (*linii komunikacyjnych*) regular service; (*maszyn i urządzeń*) routine maintenance
~ **ręczna** hand operation
~ **zapobiegawcza** preventive maintenance
obsługiwać *v* service; maintain; tend
~ **maszynę** operate a machine, attend a machine
~ **nurka** tend the diver
obstalować *v* order
obstalunek *m* order
obsunięcie *n* **się ziemi** *geol.* landslide
obsuwanie *n* **się gleby** soil creep
~ ~ **stoków górskich** *geol.* hill(side) creep
obsydian *m petr.* obsidian
obsypnik *m roln.* ridging plough, furrow plough, ridger
obsypywanie *n roln.* ridging, hilling
obszar *m* **1.** region; zone; range **2.** *mat.* domain; field; range
~ **austenitu** (*na wykresie fazowym*) austenite range
~ **bazy** (*tranzystora*) base region
~ **bezpieczny morza** *żegl.* sea room
~ **bramki** *elektron.* gate region
~ **celny** customs area
~ **centrali telefonicznej** exchange area
~ **chroniony pamięci** *inf.* protected location
~ **dobrego samopoczucia** comfort zone, comfort standard
~ **doświadczalny** experimental area
~ **drenowany** *inż.* drainage area
~ **dyfuzyjny reakcji** *chem.* diffusion region of reaction
~ **działania** field of action, sphere of action
~ ~ **radiolokacji** radar coverage
~ ~ **studni filtracyjnej** *inż.* seepage area of a well
~ **emitera** (*tranzystora*) emitter region
~ **gęsto zaludniony** densely populated area
~ **gospodarczo zacofany** backward area, undeveloped area
~ **górniczy** mine-field, mining area
~ **graniczny** boundary
~ **informacji lotniczej** flight information region, FIR
~ **jednospójny** *mech.pł.* simply connected region
~ **jonosferyczny F** *geofiz.* F-layer, Appleton layer
~ **katodowy** *el.* cathode region
~ **kinetyczny reakcji** *chem.* kinetic region of reaction
~ **kolektora** (*tranzystora*) collector region
~ **kontroli lotniska** terminal control area, TCA
~ **krytyczny** *skj* critical region
~ **ładunku przestrzennego** *elektron.* space-charge region
~ **martwy** dead-zone
~ **miejski** urban area
~ **międzyelektrodowy** interelectrode space
~ **modulowania** *elektron.* buncher space
~ **N-spójny** *mat.* N-tuple connected domain
~ **napromieniony** irradiated region
~ **nastawialny** *metrol.* setting range
~ **niebezpieczny** *bhp* hazardous area
~ **nieodławiany** *ryb.* unfished ground
~ **niepewności pomiaru** *metrol.* confidence zone of measurement
~ **nieradioaktywny** *nukl.* cold area
~ **nierozróżniania** (*radiolokacyjnego*) confusion region
~ **niskiego ciśnienia** *meteo.* low-pressure area, cyclone
~ **nośności** (*wagi*) run of capacity
~ **obojętności** *mat.* zone of indifference
~ **oddziaływania** interaction range
~ **odrzuceń** *mat.* rejection region
~ **ograniczonej mieszalności** *chem.* miscibility gap
~ **określoności** *mat.* domain of determinancy
~ **osuszany** *inż.* drainage area
~ **paliwa wzbogaconego** *nukl.* seed (*in a reactor*)
~ **pamięci** *inf.* storage area
~ **pływowy** *ocean.* tidal waters, tide waters
~ **pod kontrolą** *radiol.* controlled area
~ **pod uprawą** *roln.* cultivated area
~ **pokrycia** *rad.* coverage, service area
~ **pomiarowy** measuring range (*of an instrument*)
~ **prawie stacjonarny** *mat.* quasi-stationary surface
~ **przepływu przydźwiękowego** *aero.* transonic range
~ **przeszukiwany** *rad.* field of search
~ **przyjęć** *mat.* acceptance region
~ **przyporu** *masz.* zone of contact

~ **przyspieszania** *elektron.* acceleration space
~ **rozbudowy** *bud.* development area
~ **rozrzutu** (*wartości*) scatter band
~ **skażony** *radiol.* contaminated area
~ **słyszalności** *akust.* auditory sensation area
~ **spawania** welding area
~ **spójny** *mat.* connected domain
~ **ssawny** (*pompy*) suction space
~ **stagnacji** *mech.pł.* dead region, stagnation region
~ **styku** surface of contact, contact area
~ **stosowalności** field of application
~ **szkód górniczych** *górn.* mine subsidence area
~ **tłoczny** (*pompy, dmuchawy*) delivery space
~ **tolerancji** *mat.* tolerance region
~ **transsoniczny** *lotn.* transonic range
~ **turbulencji atmosferycznej** *meteo.* turbosphere
~ **ufności** *mat.* confidence region
~ **uskokowy** *rad.* skip area
~ **uwarstwiony** *geol.* sheeted zone
~ **widma** region of spectrum
~ **wiecznych śniegów** *geogr.* névé
~ **wielospójny** *mech.pł.* multiply connected region
~ **wirowy** *mech.pł.* vortex region
~ **wolny od działania pola** *fiz.* field-free area
~ **wpływu** *mat.* domain of influence
~ **wskazań** *metrol.* range of indication
~ **wypartej cieczy** *mech.pł.* region of immersion
~ **wysokiego ciśnienia** *meteo.* high pressure area, anticyclone
~ **zabezpieczony** protected zone, protection area
~ **zabroniony** *fiz.* forbidden region
~ **zabudowany** *bud.* built-up area
~ ~ **lotniska** aerodrome building area
~ **zagrożenia pożarowego** designated fire zone
~ ~ **śmiertelnego** lethal zone
~ **zakłóceń** *rad.* interference area
~ **zależności** *mat.* domain of dependence
~ **zanikowy** *rad.* fading area
~ **zanurzenia** *mech.pł.* region of immersion
~ **zapisu taśmy** (*magnetycznej*) *inf.* tape writing area
~ **zasięgu** *rad.* service area
~ **zastoju** *aero.* stagnation region, dead region
~ **zetknięcia** surface of contact, contact area
~ **zimny** *nukl.* cold area
~ **zmienności zmiennej** *mat.* range of variable
~ **źródła** *elektron.* source region
~ **źródłowy** *mech.pł.* field of sources
obszerny *a* extensive, spacious, roomy; vast, wide, broad
obszycie *n* **wagonu** *kol.* sheating of a car
obtaczanie *n* **1.** *obr.plast.* reeling **2.** *szkl.* marvering
obtaczarka *f* *obr.plast.* reeling mill, reeler
obtłuczenie *n* bruising
obuch *m* **młotka** hammer face
obudowa *f* **1.** *masz.* housing; casing **2.** *elektron.* encapsulation, potting **3.** *górn.* lining
~ **bezpieczeństwa** (*reaktora*) *nukl.* containment
~ **bezwyprowadzeniowa** *elektron.* leadless chip carrier
~ **ceramiczna jednowarstwowa** *elektron.* single layer metallization package, SLAM
~ **cerdip** *elektron.* ceramic DIP package, cerdip package
~ **chłodnicy** radiator-shell
~ **czterorzędowa** *elektron.* quad-in-line package, QUIP
~ **DIP** *elektron.* dual-in-line package, DIL, DIP
~ ~ **z radiatorem bocznym** fin DIP
~ ~ **z wkładką radiatorową** DIP with insert
~ **drewniana** *górn.* timbering, timber lining
~ **dwurzędowa** *zob.* **obudowa DIP**
~ **formy** *tw.szt.* chase, bolster
~ **jednolita mostu pędnego** *mot.* banjo--type axle housing
~ **kamienna** *bud.* stoning
~ **kasztami** *górn.* cribbing
~ **klatkowa** *górn.* squaring
~ **kotwiowa** *górn.* roof bolting
~ **krocząca** *górn.* self-advancing supports
~ **łukami stalowymi** *górn.* steel arching
~ **mechanizmu różnicowego** *mot.* differential cage, differential casing
~ **mieszana** *górn.* timbering and walling
~ **mimośrodu** *masz.* eccentric strap
~ **mostu** *mot.* axle casing, axle housing
~ **murowa** *górn.* brick lining, (brick) walling, (shaft) walling
~ **pełna** (*odrzwiami*) *górn.* close-set timbering
~ **pieca** outer furnace body
~ **płaska** (*mikroukładu monolitycznego*) *elektron.* flat pack
~ ~ **jednorzędowa** *elektron.* single in-line package, SIP
~ ~ **typu krab** flatpack
~ **prowizoryczna** *górn.* false timbering
~ **przekładni kierownicy** *mot.* steering box
~ **sprzęgła** *masz.* clutch shell
~ **stojakami** *górn.* propping, posting
~ **stosami** *górn.* cribbing
~ **stropnicami** *górn.* cross-barring, bar timbering
~ **szeregami** *górn.* close-set timbering
~ **szybu** shaft lining; boxing; crib
~ **tubingami** *górn.* tubbing
~ **tylnego mostu** *mot.* rear-axle housing, rear-axle casing
~ **walca** (*walcarki*) *hutn.* bearing chock

~ **wbijana (wyprzedzająca)** *górn.* forepoling, piling, spiling
~ **wewnętrzna** fittings, fitments
~ **wkładki topikowej zamkniętej** *el.* fuse-carrier
~ **wykopu** *inż.* steening, steining
~ **zwarta** *bud.* close timbering
obudowany *a* cased, encased
obudowywać *v* encase
~ **stojakami** *bud.* prop
~ **drewnem** *górn.* timber
obukierunkowy *a* bidirectional
obumieranie *n biol.* atrophy
oburęczny *a med.* bimanual, ambidextrous
obustronny *a* double-sided, two-sided, bilateral
obuwie *n* footwear
~ **ochronne** *bhp* protective shoes, safety boots
obwał *m inż.* rock slide
obwałowanie *n inż.* embankment
obwałowywać *v inż.* embank
obwiązywać *v* **linę przechwytami** *żegl.* marl
~ **unos** *transp.* sling
obwiednia *f mat.* envelope
~ **obciążeń przy manewrach** manoeuvring envelope
~ **rodziny krzywych** envelope of a family of curves
~ **wyrwania** manoeuvring envelope
obwiert *m górn.* round of holes, set of holes
~ **pola naftowego** oil-field development
obwodnica *f drog.* ring road
~ **sklepienia** *arch.* intrados curve
obwodowy *a* **1.** circumferential **2.** *el.* circuital
obwodzina *f* **górna ściany bocznej wagonu** *kol.* cantrail; body-side rail
obwoluta *f* book jacket, dust cover, wrapper
obwód *m* **1.** *mat.* perimeter (*in geometry*); circuit (*in graph theory*) **2.** circuit; network
~ **alarmowy** alarm set, alarm circuit, alarm indicator
~ **bezszumny** *rad.* quiet circuit
~ **bierny** *el.* passive circuit
~ **dodatkowy** *el.* applique circuit
~ **drgań** *el.* tank (circuit), electrical resonator
~ **drukowany** *el.* printed circuit, pc
~ ~ **na płytce izolacyjnej** plated (printed) circuit
~ **dzwonienia** *tel.* ringing circuit
~ **elektroenergetyczny** power circuit
~ **elektryczny** electric circuit
~ **gaszący licznika** *nukl.* counter quench circuit
~ **grupujący** (*elektrony*) *elektron.* buncher (resonator), input resonator
~ **gwiazdowy** *el.* wye circuit
~ **hydrauliczny** hydraulic circuit
~ **jednoprzewodowy** *el.* single-wire circuit
~ **Karpa** *elektron.* Karp circuit
~ **koła** *mat.* circumference of circle
~ **kontrolny** *nukl.* control loop
~ **logiczny** *inf.* logic circuit
~ **łącznikowy** *tel.* connecting circuit
~ **łowiecki** *leśn.* hunting ground
~ **magnetyczny** magnetic circuit
~ **molekularny** *el.* molecular circuit
~ **motylowy** (*rezonansowy*) *elektron.* butterfly resonator
~ **napięciowy** voltage circuit, shunt circuit
~ **o stałych rozłożonych** *el.* distributed-constant circuit
~ ~ ~ **skupionych** *el.* lumped-constant circuit
~ **oscylacyjny** *el.* oscillating circuit
~ **oświetleniowy** lighting circuit
~ **otwarty** *el.* open circuit
~ **pierwotny** *el.* primary circuit
~ **pochodny** *el.* phantom circuit
~ **pomiarowy** measuring circuit
~ **przeciwoscylacyjny** *el.* antihunt circuit
~ **przytrzymujący** *el.* self-holding circuit
~ **regulacji** automatic control system
~ **rezerwowy** *el.* back-up loop
~ **rezonansowy** *el.* resonant circuit; tank (circuit), electrical resonator
~ **rozmówny** *telef.* conversational circuit, talking circuit
~ ~ **przyciskowy** push-to-talk circuit
~ **równoległy** *el.* parallel circuit
~ **różniczkujący** *el.* differentiator circuit
~ **scalony** *elektron.* integrated circuit, i-c unit, *zob.też* **układ scalony**
~ **sprzężenia zwrotnego** *rad.* retroactive circuit, singing path
~ **strojony** *rad.* tuned circuit
~ **sumujący** *inf.* add(ing) circuit
~ **symetryczny** *el.* balanced network
~ **szumiący** *rad.* noisy circuit
~ **torowy** *el.* track circuit
~ **trójkątny** *el.* delta circuit
~ **uziemiony** *el.* earth circuit
~ **wejściowy** *el.* input circuit
~ **wnękowy** *el.* cavity (resonator), tuned cavity, microwave resonance cavity
~ ~ **wychwytujący** catcher-resonator
~ **owręża** *okr.* girth of a vessel
~ **wiążący** *elektron.* link circuit
~ **wtórny** *el.* secondary circuit
~ **wyjściowy** *el.* output circuit
~ **wyrównawczy** *el.* equalizer circuit
~ **wysokiego ciśnienia** *hydr.* high-pressure circuit
~ **zamknięty** *el.* closed loop, mesh
~ **zapisujący** *inf.* writing circuit
~ **zaporowy** *el.* trap circuit
~ **ziemnopowrotny** *el.* earth-return circuit
~ **zwarciowy** *el.* short circuit
~ **zwilżony** *hydr.* wetted perimeter, wetted profile
~ **żarzenia** *el.* filament circuit
obwódka *f* **1.** fringe; rim; circuit **2.** *anat.* areola (*pl* areolae, areolas)
~ **reakcyjna** *min.* border rim, reaction rim
OC = obsługa codzienna daily servicing, daily inspection, DI

ocean *m* ocean
~ **pełny** mid-ocean
oceaniczne drogi *fpl* **komunikacyjne** *żegl.* ocean lanes
oceaniczny *a* oceanic
oceanografia *f* oceanography
ocena *f* assessment; evaluation, estimation
~ **działania systemu** *inf.* system evaluation
~ **fałszywa** misjudgement
~ **jakościowa** quality assessment
~ **kwalifikacji pracownika** (*oparta na specjalnej punktacji*) employee rating
~ **organoleptyczna** organoleptic assessment
~ **partii** *skj* valuation of a lot
~ **przybliżona** rough estimate
~ **subiektywna** subjective assessment
~ **sztuki** *skj* valuation of piece
~ **toksykologiczna** toxicological evaluation
~ **wysoka** high rating
~ **zbyt niska** underestimate, underrating
~ ~ **wysoka** overestimate, overrating
oceniać *v* evaluate, estimate; *ek.* assess; judge
~ **błędnie** misjudge
~ **chwyt** *włók.* judge the feel
~ **stopień dojrzałości** *roln.* judge the ripeness
~ **zbyt nisko** underrate
~ ~ **wysoko** overrate
ocet *m* vinegar
~ **drzewny surowy** pyroligneous acid, wood vinegar
~ **fermentacyjny** distilled vinegar, spirit vinegar
~ **jabłkowy** cider vinegar
~ **słodowy** malt vinegar
~ **spirytusowy** distilled vinegar, spirit vinegar
~ **winny** wine vinegar, grape vinegar
ochładzacz *m chłodn.* cooler
ochładzać *v* cool down
ochładzalnik *m odl.* chill, densener
~ **spiralny** chilling spiral
~ **wewnętrzny** internal chill
~ **zewnętrzny** external chill
ochmistrz *m żegl.* chief steward
ochotnik *m* volunteer
ochra *f farb.* ochre, ocher
~ **bizmutowa** bismuth ochre
~ **ciemnożółta** terra di Siena
~ **czerwona** ruddle, reddle
~ **molibdenowa** *min.* molybdite, molybdic ocher, molybdine
~ **palona** burnt ochre
~ **tellurowa** *min.* tellurite
~ **wolframowa** tungstic ochre
~ **żółta** yellow ochre
ochraniacz *m* protector; guard; fender
~ **dziobowy** (*łodzi*) puddening, pudding, bow fender
~ **gwintu** thread protector
~ **uszu** *bhp* ear protector
ochraniacze *mpl* **stóp** *bhp* protective spats
ochraniać *v* protect, guard
ochrona *f* **1.** protection; safeguard **2.** *farb.* resist
~ **anodowa** *met.* anodic protection
~ ~ **elektrolityczna** impressed current anodic protection
~ **barwna** *farb.* colour resist
~ **biała** *farb.* white resist
~ **brzegu** (*przed wymywaniem*) *inż.* shore protection
~ **czasowa** temporary (corrosion) protection
~ **danych** *inf.* data security
~ **dróg oddechowych** *bhp* respiratory protection
~ **elektrochemiczna** *met.* electrochemical protection
~ **katodowa** *met.* cathodic protection
~ ~ **elektrolityczna** impressed current cathodic protection
~ **konwoju** convoy escort
~ **lasu** forest protection
~ **nadmiarowa** *el.* overload protection
~ **oczu** *bhp* eye protection
~ **odbiorcy** *skj* consumer protection
~ **odgromowa** *el.* lightning protection
~ **osobista** personal protection
~ **pamięci** *inf.* storage protection, memory protection
~ **patentowa** patent protection
~ **pracy** work protection
~ **prawna** legal protection
~ **protektorowa** *met.* sacrificial protection, galvanic cathodic protection
~ **przeciwkorozyjna** anticorrosion protection
~ **przeciwpożarowa** fire protection
~ **przeciwprzepięciowa** *el.* surge protection
~ **przed błędami** error protection
~ **przed korozją** corrosion protection
~ **przed promieniowaniem** radiation protection
~ **przed rdzą** rustproofing
~ **przed wpływami atmosferycznymi** climatic protection
~ **przed wpływami środowiska** environmental protection
~ **przed wstrząsami** shock isolation
~ **przyrody** conservation of nature
~ **radiologiczna** radiation protection
~ **rąk** *bhp* hand protection
~ **roślin** plant protection
~ **środowiska** environment protection
~ **środowiskowa** environmental protection
~ **wód przed zanieczyszczeniem** water pollution control
~ **wzroku** *bhp* eye protection
~ **zasobów** *inf.* resource protection
~ **zdrowia** health protection
~ **znaków towarowych** trade mark protection
ochronnik *m el.* protector
~ **abonencki** *tel.* subscriber's protector unit
~ **antystatyczny** static discharger
~ **liniowy** *tel.* fuse panel

~ **przepięciowy** lightning arrester, (surge) arrester
~ **rożkowy** horn gap
~ **wydmuchowy** expulsion (protective) gap, expulsion arrester, expulsion tube
~ **zaworowy** non-linear-resistance arrester
~ **zmiennooporowy** *zob.* **ochronnik zaworowy**
ochronnopokładowiec *m okr.* shelter deck ship, complete superstructure vessel
ochronny *a* protective
ochwyt *m* **łodziowy** (*łodzi ratunkowej*) boat gripe
ocios *m górn.* side wall
~ **chodnika** roadside
~ **szybu** shaft cheek
~ **wolny od stojaków** prop-free front
~ **wyrobiska** side of work
octan *m chem.* acetate
~ **barowy** barium acetate
~ **butylu** butyl acetate
~ **cynkowy** zinc acetate
~ **celulozy** cellulose acetate, acetylcellulose
~ **etylu** ethyl acetate, acetic ester
~ **izoamylu** isoamyl acetate
~ **miedziowy** cupric acetate, verdigris, crystal aerugo, copper acetate, crystals of Venus
~ **niklowy** nickel acetate
~ **sodowy** sodium acetate
~ **uranylu** uranyl acetate
~ **wapniowy** calcium acetate
~ **winylu** vinyl acetate
~ **żelazowy** iron acetate
octanopropionian *m* **celulozy** *chem.* cellulose acetate propionate, CAP
octomierz *m* acetimeter
octowanie *n ferm.* acetification
octowy *a* acetic
ocucić *v med.* resuscitate
ocyfrowanie *n* **podziałki** scale numbering
ocynkownia *f hutn.* galvanizing line, galvanizing shop
~ **elektrolityczna** electrogalvanizing line, electrolytic galvanizing line
~ **taśm** strip galvanizing line
ocynownia *f hutn.* tinning plant, tinhouse
~ **elektrolityczna** electrolytic tinning plant
~ **gorąca** hot-dip tinning plant
oczar *m* **wirgiński** *bot.* witch hazel, *Hamamelis virginiana*
oczep *m bud.* girt, top plate
~ **pali** *inż.* pile cap, pile capping beam
oczka *npl* **sera** *spoż.* eyes of cheese, holes of cheese
oczko *n* **1.** mesh **2.** *okr.* lacing hole, eyelet **3.** *włók.* stitch **4.** *bot.* eye
~ **ciągadła** *obr.plast.* drawhole; die nib, die insert, die pellet
~ **czcionki** *poligr.* type-face
~ **do snucia** (*włókna*) *szkl.* drain bushing
~ **lutownicze** *elektron.* soldering eye
~ **ochronne** grommet
~ **podchwytywacza** *włók.* guide-eye
~ **sieci** **1.** net mesh **2.** *el.* closed loop **3.** *mat.* mesh
~ **sita** sieve mesh
oczkowanie *n* **1.** *drewn.* barking in patches **2.** *roln.* budding
oczkowatość *f* **sera** *spoż.* eyes of cheese, holes of cheese
oczodół *m anat.* orbit, eye socket, eyehole
oczyszczacz *m* **1.** cleaner; purifier **2.** *odl.* fetter
~ **powietrza** air cleaner
~ **wozów** *górn.* scavenger, scrubber
oczyszczać *v* clean; purify; scavenge, refine, *zob.też* **oczyszczanie**
~ **odlewy** clean (off) castings, dress (off) castings, fettle castings
oczyszczalnia *f* **gazu** gas cleaning plant
~ **odlewów** fettling shop, dressing shop
~ **ścieków** sewage-treatment plant, waste-water treatment plant
~ ~ **biologiczna** biological treatment plant
~ ~ **metodą tlenową** aerobic sewage-treatment unit
~ **wody** water treatment plant, water purification plant
oczyszczalnik *m* cleaner; purifier
~ **gazu mokry** wet cleaner; scrubber, wet collector
~ **wody** water purifier
oczyszczanie *n* cleaning; purifying; scavenging; refining
~ **biologiczne** (*ścieków*) biological treatment
~ **chemiczne** chemical purification
~ **dokładne** fine purification
~ **elektrolityczne** *met.* electrochemical cleaning
~ **gazu** gas cleaning; gas purification
~ **hydrauliczne** *odl.* hydroblasting
~ **i zmiękczenie wody** *san.* water conditioning, water treatment
~ **końcowe** final cleaning
~ **lica** *skór.* scudding
~ **mechaniczne** mechanical cleaning; mechanical refining
~ ~ **szczotką obrotową** power brushing
~ **metalu azotem** *odl.* nitrogen scavenging
~ **metodą bębnowania** barrel cleaning
~ **odlewów** *odl.* fettling, dressing of castings
~ **odwiertu** *wiertn.* workover
~ **ogniowe** *zob.* **oczyszczanie płomieniowe**
~ **płomieniowe** *hutn.* flame desurfacing, flame scarfing, flame blasting; (*przed malowaniem*) flame priming; flame cleaning
~ **przed lutowaniem** presoldering cleaning
~ **powietrza** air cleaning
~ **spalin** *siln.* emission control
~ **spoin** (*w murze*) *bud.* raking
~ **stopniowe** gradual purification
~ **strefowe** *met.* zone refining
~ **strumieniem piasku** sand blasting
~ ~ **ścierniwa** dry-blast cleaning
~ ~ **śrutu** shot blasting

~ ~ **wody z zawiesiną ścierną** liquid blast cleaning
~ **strumieniowo-ścierne** abrasive cleaning, blast cleaning, impact cleaning, grit blasting
~ **ścieków** *san.* sewage treatment, waste treatment, sewage purification
~ ~ **biologiczne** bio-aeration
~ ~ **przez wypienianie** foam separation of wastes
~ **trzeciego stopnia** *san.* tertiary treatment
~ **w bębnach** barrelling, tumbling, rattling
~ **wlewków** *hutn.* ingot dressing, ingot conditioning, conditioning of ingots
~ **wodne** *odl.* hydroblasting
~ **wody** water treatment, water purification
~ ~ **zasilającej** *kotł.* feed-water treatment
~ **wstępne ścieków** *san.* pretreatment of sewage
~ **z kamienia kotłowego** descaling, furring
~ **z min** *wojsk.* minesweeping
~ **z rdzy** rust removal, furbishing
~ **z topnika** *spaw.* defluxing
~ **z żużla** *spaw.* deslagging
oczyszczarka *f* **1.** *odl.* casting cleaning plant, fettling plant **2.** *skór.* scudding machine
~ **bębnowa** tumbling barrel, rattle barrel, tumbler, cleaning drum
~ **do walcówki** *hutn.* rod descaling machine
~ **gąsienicowa** *odl.* chain shot-blasting machine, conveyor wheelabrator
~ **karuzelowa** *odl.* rotary fettling table
~ **komorowa** shot blast chamber, shot blast cabinet, abrasive blast room
~ ~ **piaskowa** sand blast room
~ **odśrodkowa** *odl.* airless shot-blasting machine, airless shot blast plant
~ **piaskowo-wodna** *odl.* hydraulic casting cleaning plant, wet-type fettling plant, hydroblast
~ **pneumatyczna** air-operated shot-blasting machine, pneumatic shot-blasting machine, grit-blasting machine, blast cleaning machine
~ ~ **bębnowa** shot-blasting barrel
~ **powietrzna z dyszami** air-operated shot-blasting machine, pneumatic shot-blasting machine
~ **śrutowa** shot-blast(ing) machine
~ **wirnikowa** airless shot-blasting machine, airless shot blast plant
~ **wirnikowo-łańcuchowa** *odl.* chain shot-blasting machine, conveyor wheelabrator
~ **wodna** *odl.* hydraulic casting cleaning plant, wet-type fettling plant, hydroblast
oczyszczony *a* cleaned; purified; refined
oczywisty *a* obvious, evident; *mat.* trivial
od góry from above
od granic do szybu (*kierunek wybierania*) *górn.* on the retreat
od osi do osi (*odległość*) centre to centre
od pola *zob.* **od granic do szybu**
od ręki off-hand
od szybu do granic (*kierunek wybierania*) *górn.* on the advance
odacetylowanie *n chem.* deacetylation
odalkilowanie *n chem.* dealkylation
odaluminowanie *n* (*korozja selektywna stopów*) dealuminization
odaminowanie *n chem.* deamination, desamination
odarniowany *a* sodded
odasfaltowanie *n chem.* deasphaltizing, deasphalting
odazotowanie *n* **(stali)** *met.* denitriding
odbalastować *v żegl.* unballast
odbarwiacz *m* decolourant, decolourizer, decolourizing agent
odbarwiać *v* decolour, decolourize; discolour
odbarwianie *n* **1.** decolourization **2.** (*paliw*) deblooming **3.** *włók.* stripping; bleaching
~ **makulatury** de-inking of waste paper
odbarwienie *n* discolouration
odbenzolowanie *n chem.* debenzolization, debenzolizing
odbezpieczać *v* unlock, release the safety catch
odbicie *n* **1.** *fiz.* reflection; *mat.* reflection **2.** rebound
~ **dyfuzyjne** *fiz.* diffuse reflection
~ **kierunkowe** mirror reflection
~ **Macha** *aero.* Mach reflection
~ **nieregularne** *zob.* **odbicie Macha**
~ **od fal morskich** (*w radiolokacji*) sea return
~ **od jonosfery** (*w radiolokacji*) ionospheric reflection
~ **od ziemi** (*w radiolokacji*) ground return
~ **kierunkowe** *zob.* **odbicie zwierciadlane**
~ **regularne** *zob.* **odbicie zwierciadlane**
~ **resoru** spring rebound
~ **rozproszone** diffuse reflection
~ **światła** reflection of light
~ **wielokrotne** *opt.* multiple reflection, inter-reflection
~ **zwierciadlane** mirror reflection, specular reflection, direct reflection, regular reflection
odbić *v* **od nabrzeża** *żegl.* put off (*from the pier*)
~ **się od powierzchni** glance off the surface
odbielanie *n fot.* bleaching
odbierać *v* receive; collect; (*towar*) accept
odbierak *m* **prądu** *el.* current collector
~ ~ **krążkowy** trolley collector
~ ~ **łyżwowy** contact shoe, collector-shoe, plough
~ ~ **pałąkowy** bow collector
odbieralnik *m* receiver, receptacle
~ **destylacyjny** distillation receiver
~ **pozostałości** (*po destylacji*) *chem.* tail box
~ **próżniowy** *chem.* vacuum receiver
~ **przesączu** *chem.* filter receiver

odbijacz *m żegl.* fender, bumper
~ **burty** dolphin (fender)
~ **dziobowy** bow fender, puddening, pudding
~ **pływający** camel
~ **rufowy** quarter fender
odbijać *v* **1.** reflect; reverberate **2.** knock off **3.** *poligr.* print
~ **się 1.** (to) be reflected; reverberate **2.** rebound, spring back
odbijak *m narz.* **1.** (boiler) scaling hammer, scaler **2.** *bud.* club hammer, lump hammer, mash hammer **3.** *szkl.* knocker-off
odbijanie *n* **proszkowe** *fot.* powder process
odbiorca *m* (*towaru*) *ek.* consignee; buyer, recipient
~ **drobny** small buyer
~ **główny** main buyer
~ **informacji** information receiver
~ **ładunku** receiver of cargo, consignee
~ **masowy** bulk buyer, heavy buyer
~ **oferty** offeree
~ **usług** recipient of services
odbiornik *m* receiver
~ **alarmowy automatyczny** *rad.* automatic alarm receiver, autoalarm receiver
~ **bateryjny** battery (operated) receiver
~ **dziurkujący** *telegr.* (tape) reperforator
~ **FM** *rad.* frequency-modulation receiver
~ **informacji** information receiver
~ **kontrolny** monitoring receiver
~ ~ **obrazu** *TV* picture monitor
~ **krótkofalowy** *rad.* short-wave receiver, HF receiver
~ **kryształkowy** *rad.* crystal set
~ **lampowy** valve-type receiver
~ **laserowy** laser pick-off unit, laser receiving set
~ **morsowski** *telegr.* inker
~ **panoramiczny** *rad.* panoramic receiver
~ **podczerwieni** infrared receiver, nancy receiver
~ **pokładowy** *lotn.* airborne receiver
~ **radarowy** radar receiver
~ **radiofoniczny** broadcast receiver
~ **radiolokacyjny** radar receiver
~ ~ **odpowiedzi** responsor
~ **radiowy** radio receiver, wireless set
~ **reakcyjny** *rad.* regenerative receiver
~ **refleksowy** reflex receiver
~ **samochodowy** automobile receiver
~ **sieciowy** mains receiver
~ **superheterodynowy** superhet(erodyne) receiver
~ **superreakcyjny** superregenerative receiver
~ **synchrodynowy** synchrodyne receiver, homodyne receiver
~ **ścieków** *san.* receiving body of water
~ **telemetryczny** *el.* telemetering receiver
~ **telewizyjny** television receiver, television set, TV set
~ **tranzystorowy** transistor receiver
~ **wielozakresowy** multiband receiver, multirange receiver, all-wave receiver
~ **z modulacją częstotliwości** *rad.* frequency-modulation receiver
~ **ze wzmocnieniem fali nośnej** *rad.* exalted-carrier receiver
odbiór *m* **1.** *rad.* reception **2.** *ek.* acceptance; receipt
~ **ciśnienia** *metrol.* pressure tapping
~ **jednouszny** *akust.* monaural reception
~ **kierunkowy** *rad.* directive reception
~ **różnicowy dźwięku** *TV* intercarrier
~ **synchrodynowy** *rad.* homodyne reception, zero-beat reception
~ **towaru** acceptance of goods
~ **wielokrotny** *rad.* multiple reception
~ **wyrywkowy** *skj* sampling acceptance inspection, acceptance sampling
~ **zbiorczy** *rad.* diversity reception
odbitka *f* **1.** copy **2.** *fot.* print **3.** impression, imprint
~ **Baumanna** *met.* Baumann print, sulfur print
~ **do reprodukcji** (*fotograficznej*) *poligr.* reproduction proof, repro
~ **fotograficzna** print
~ **makrostruktury** *met.* macro-print
~ **projekcyjna** *fot.* optical print, projection print
~ **próbna** *poligr.* pull, proof
~ **siarkowa** *met.* Baumann print, sulfur print
~ **stykowa** *fot.* contact print
~ **szczotkowa** *poligr.* rough proof, hand proof
~ **w zmienionej skali** *poligr.* ratio print
odblask *m* **1.** reflection; gleam **2.** *fot.* halo
odblaskowy *a* reflective
odblokować *v masz.* unlock
odbłyskowy *a* reflecting
odbłyśnik *m* reflector (*reflecting element*)
odboczka *f* back gears
odbojnica *f* **1.** *hutn.* stop-measuring gear **2.** *kol.* check rail, guard rail, guide rail, side rail **3.** *bud.* fender beam, guard timber
odbojność *f gum.* resilience, shock elasticity
odbój *m* **1.** *inż.* fender; bumping block; bumping post **2.** rebound
~ **drzwiowy** door stop
~ **pala** *inż.* refusal of pile
odbromowanie *n chem.* debromination
odbudowa *f* rebuilding, reconstruction
odbutanizowanie *n chem.* debutanization
odbyt *m anat.* anus
odbytnica *f anat.* rectum
odbytowy *a anat.* anal
odcedzać *v* strain out
odchlorowodorowanie *n chem.* dehydrochlorination
odchlorowywanie *n chem.* dechlorination (*of water*)
odchładzalnia *f chłodn.* defrosting room
odchmielacz *m ferm.* hop jack
odchody *pl zool.* droppings
odchodzenie *n* **wiatru** *żegl.* backing around
odchodzić *v* **od wiatru** *żegl.* pay off (*from the wind*)

odchwaszczanie *n roln.* weeding; weed control
odchylacz *m masz.* deflector, baffle
~ **strumienia** jet deflector
~ ~ **gazów wylotowych** *rak.* blast deflector
odchylać *v* deflect; divert; turn aside; *elektron.* sweep
~ **się** deviate; diverge; depart
odchylak *m* **struga** back iron, cap iron, cover iron (*in a plane*)
odchylanie *n* **elektryczne** (*wiązki elektronów*) electrostatic deflection; sweep
~ **magnetyczne** (*wiązki elektronów*) magnetic deflection
~ **samolotu** *lotn.* yawing
odchylenie *n* **1.** *fiz.* aberration **2.** deflection; diversion; *metrol.* deviation **3.** *mat.* deviation
~ **czynne** actual deviation
~ **ćwiartkowe** *mat.* quartile deviation
~ **dodatnie** positive deviation
~ **(dopuszczalne) dolne** *metrol.* lower deviation
~ ~ **górne** upper deviation
~ **kwadratowe** *mat.* mean square deviation
~ **magnetyczne** *geofiz.* magnetic declination
~ **na południe** *nawig.* southing
~ **na zachód** *nawig.* westing
~ **normalne** *mat.* normal deviation
~ **podstawowe** *metrol.* fundamental deviation
~ **samolotu** (*kierunkowe*) *lotn.* yaw
~ **skrzydła** (*śruby*) *okr.* raising the shade
~ **standardowe** *mat.* standard deviation, s.d.
~ **strug za płatem** *lotn.* downwash
~ **systematyczne** systematic variation, deviation
~ **średnie** *mat.* average deviation, AD, mean deviation
~ ~ **kwadratowe** *mat.* mean square deviation
~ **(toru) w jonosferze** *rad.* ionospheric error
~ **wielodzielcze średnie kwadratowe** *mat.* mean square contingency
odchylić *v* **się od pionu** get out of plumb
odchylnica *f okr.* bowline
odchylny *a* hinged
odchylony do przodu (*o płacie*) swept-forward (*wing*)
odchylony do tyłu (*o płacie*) swept-back (*wing*)
odchylony od pionu out of plumb
odchyłka *f metrol.* deviation
~ **dolna** lower deviation
~ **górna** upper deviation
~ **impulsowa** *tel.* dial pulse distortion
~ **rzeczywista** real deviation
~ **wymiarowa** dimensional deviation
odciąć *v* **dopływ paliwa** shut off the fuel
odciąg *m* guy, stay
~ **linowy** guy (rope), stay (rope); *okr.* backstay
~ **sieciowy** *el.* pull-off
~ **soku** (*dyfuzyjnego*) *cukr.* juice draught, juice draft
odciągacz *m* **kowalski** *obr.plast.* fuller, fullering tool
odciągać *v* pull off; pull back; draw off
odciąganie *n obr.plast.* fullering; broaching
odciążacz *m uzbr.* equilibrator, equalizer, counterbalance mechanism (*in a gun*)
odciążać *v* lighten; discharge; relieve
odciążenie *n* lightening; discharge; relief; unloading
odciążka *f el.* stay (wire), guy
~ **na łuku** (*w sieci trakcyjnej*) pull-out wire
odciążnik *m* mass-balance weight; counterweight
odciek *m* **1.** *chem.* reflux; eluate, phlegm **2.** *cukr.* machine syrup, run-off syrup
~ **biały** wash syrup, high wash
~ **ciemny** green syrup, high green
~ **jasny** wash syrup, high wash
~ **pierwszego rzutu** first molasses
~ **zielony** green syrup, high green
odcień *m* shade, hue, tinge, tint
~ **ciemny** deep shade
~ **czysty** brilliant shade, bright shade
~ **głęboki** deep shade
~ **matowy** dull shade
~ **pastelowy** tint
~ **żywy** *zob.* **odcień czysty**
odcięcie *n* **1.** cut-off **2.** severance (cut) **3.** pinch-off **4.** *med.* amputation
~ **kadmowe** *nukl.* cadmium cutt-off
~ **obwodu** *el.* lockout
odcięta *f mat.* abscissa
~ **środka przekroju wodnicowego** *okr.* longitudinal centre of flotation
~ ~ **wyporu** *okr.* longitudinal centre of buoyancy
odcinać *v* cut off; cut away; sever; clip
~ **dopływ** cut off (*the supply*)
odcinak *m obr.plast.* cutoff; cutting-off die; dropping die; shearing die
~ **odpadu** *obr.plast.* scrap cutter
odcinanie *n obr.plast.* parting, shearing (*stamping operation*)
odcinek *m* **1.** *mat.* interval; *geom.* segment **2.** section; sector
~ **bierny** (*linii energetycznej*) dead end(ing)
~ **ciśnieniowy** (*kabla*) pressure section
~ **elementarny ścieżki** (recording) track element
~ **fabrykacyjny kabla** cable length
~ **koła** *mat.* segment of a circle
~ **kulisty** *mat.* spherical segment
~ **odniesienia** (*przy pomiarze chropowatości powierzchni*) sampling length, reference length; *US* roughness with cut off
~ **pomiarowy** measuring length, traversing length
~ **prostej** *geom.* line segment
~ **przyporu** *masz.* path of contact, drive length (*in a toothed gear*)
~ ~ **głowy zęba** path of face contact

~ ~ **stopy zęba** path of flank contact
~ **pupinizacyjny** *tel.* loading coil section
~ **rzeki prosty** *geol.* reach
~ **sklepienia** *arch.* severy
~ **symetryzacyjny** *tel.* complete transposition section
~ **torowy** *kol.* track section
~ **uszkodzony** *tel.* faulted section
~ **wejściowy przyporu** *masz.* path of approach, length of approach (*in a toothed gear*)
~ **wyzębienia** *masz.* path of recess, length of recession (*in a toothed gear*)
~ **wzębienia** *masz.* path of approach, length of approach (*in a toothed gear*)
~ **wzmacniakowy** *tel.* repeater section
~ **zbioru** *mat.* initial segment of set
~ **zejściowy przyporu** *masz.* path of recess, length of recession (*in a toothed gear*)
odcinki *mpl* **niewspółmierne** *geom.* incommensurable line segments
odcisk *m* impression; imprint; indentation (*in hardness testing*)
~ **palców** finger-print; dactylogram
~ **skamieniałości** *geol.* mould
~ **stempla** stamp
~ **wałka** *szkl.* pluck, roller impression (*defect*)
odciski *mpl* **kropel deszczu** *geol.* rain prints
odciskać *v* impress
odcukrzanie *n* desugarization
~ **melasy metodą Steffena** *spoż.* Steffen process
odcumowanie *n* **1.** *żegl.* unmooring **2.** *kosm.* undocking
odcynkowanie *n* *met.* dezincification
odcynowanie *n* *met.* detinning
odczep *m* *el.* branch; tap(ping)
~ **środkowy** centre tap, CT
odczepiać *v* detach; release
odczulacz *m* *fot.* desensitizer
odczulanie *n* *fot.* desensitization
odczuwanie *n* *med.* feel
odczyn *m* (*roztworu*) *chem.* reaction
~ **alkaliczny** alkaline reaction
~ **Biernackiego** *med.* erythrocyte sedimentation rate
~ **kwaśny** acid reaction
~ **obojętny** neutral reaction
~ **opadania czerwonych krwinek** *zob.* **odczyn Biernackiego**
~ **popromienny** *med.* radioreaction
odczynnik *m* *chem.* reagent
~ **chelatujący** chelating agent
~ **(czysty) do analizy** analytical reagent, analytically pure reagent
~ **do trawienia** *met.* etching reagent, etching solution, etchant
~ ~ ~ **barwnego** staining (metallographic) etching reagent
~ **flotacyjny** flotation reagent, flotation agent
~ **grupowy** group reagent, group precipitant, classification reagent
~ **maskujący (jony)** sequestering agent
~ **miareczkujący** titrant
~ **miedziowy** *met.* cupric (metallographic) reagent
~ **Nesslera** Nessler's reagent
~ **promieniotwórczy** radioreagent
~ **Schweizera** Schweizer's reagent
~ **specyficzny** specific reagent
~ **spektralnie czysty** spectral pure reagent, specpure reagent
~ **strącający** precipitating agent, precipitant
odczyt *m* **1.** *inf.* read-out, *zob.też* **odczytywanie 2.** lecture
~ **cyfrowy** *inf.* digital read-out
~ **magnetyczny** magnetic reading
~ **nieniszczący** *inf.* nondestructive read-out, NDRO
~ **niszczący** *inf.* destructive read
~ **powtórny** reread
~ **rozproszony** *inf.* scatter reading
~ **w przód** *geod.* foresight
~ **wskazań przyrządu** instrument reading
~ **wstecz** *geod.* back sight
~ **wymazujący** *inf.* destructive read
~ **zawartości pamięci** *inf.* storage read-out
odczytywacz *m* **dźwięku** *el.akust.* sound reproducer
odczytywać *v* (*wskazania przyrządów*) take readings, read off
odczytywanie *n* (*zapisu informacji*) reading; scanning; sensing, *zob.też* **odczyt 1.**
~ **dźwięku** *el.akust.* sound reproduction, playback
~ ~ **magnetyczne** magnetic sound reproduction
~ ~ **optyczne** optical sound reproduction
~ **pisma optyczne** *inf.* optical character recognition, OCR
~ **zapisu sygnału** playback
~ **zdjęć lotniczych** interpretation of aerial photographs
~ ~ **stereoskopowych** stereoviewing
oddać *v* **do dyspozycji** (*statek*) *żegl.* tender
~ **do eksploatacji** (put into) commission, put into service, put into operation, bring into operation
~ **do użytku** put to use
~ **pod kontrolę** place under supervision
~ **sprawę do sądu** submit a case to court
~ **w dzierżawę** lease out, put out to lease
oddalony *a* remote, distant
oddalony od osi *opt.* abaxial
oddawać *v* **ciepło** give up the heat
~ **moc** *siln.* develop power
~ **mocz** *fizjol.* urinate
~ **ster** *żegl.* ease the helm
oddech *m* *fizjol.* respiration
~ **sztuczny** *med.* artificial respiration
oddestylowanie *n* distilling off
oddychanie *n* breathing, respiration
~ **fotosyntetyczne** *biochem.* photorespiration
~ **osadu czynnego** *san.* activated sludge respiration
~ **sztuczne** *med.* artificial respiration

oddział *m* **1.** department; division **2.** *geol.* series **3.** (*szpitalny*) ward
~ **anestezjologiczny** *med.* anaesthesia department
~ **intensywnej opieki medycznej** *med.* intensive-care ward
~ **kontroli technicznej** production control department
~ **kopalniany** *górn.* flat
~ **obróbki wstępnej** preparation plant
~ **oczyszczania płomieniowego** (*wlewków, kęsów*) *hutn.* scarfing plant, desurfacing plant
~ ~ **półwyrobów walcowanych** *hutn.* deseaming plant
~ ~ **wlewnic** *hutn.* mould dressing shop
~ **produkcyjny** production department
~ **przedsiębiorstwa** *ek.* branch office
~ **przerobu mas formierskich** *odl.* sand shop
~ **przygotowania dennic konwertorów** *hutn.* bottom house
~ ~ **nadstawek wlewnicowych** *hutn.* hot-top yard
~ ~ **zatyczek kadziowych** *hutn.* stopper making area
~ **przygotowawczy** *zob.* **oddział obróbki wstępnej**
~ **rentgenowski** X-ray department
~ **wykończalniczy** *włók.* finishing department
oddziaływanie *n* **1.** *mech.* reaction **2.** *fiz.* interaction **3.** influence
~ **bliskiego zasięgu** *fiz.* short range interaction
~ **dipol-dipol** *fiz.* dipole interaction
~ **dipolowe** *zob.* **oddziaływanie dipol-dipol**
~ **elektromagnetyczne** electromagnetic interaction
~ **jądrowe** strong interaction (*produced by short range nuclear forces*)
~ **konfiguracyjne** configurational interaction
~ **międzycząsteczkowe** intermolecular interaction
~ **nadsubtelne** hyperfine interaction
~ **silne** strong interaction (*produced by short range nuclear forces*)
~ **słabe** weak interaction, beta interaction
~ **spinowo-orbitalne** spin-orbit coupling, spin-orbit interaction
~ **spinowo-spinowe** spin-spin coupling, spin-spin interaction
~ **twornika** *el.* armature reaction
~ **wymienne** exchange interaction
~ **wzajemne** interaction
oddzielacz *m* *masz.* separator
~ **bezwładnościowy** inertial separator
~ **cyklonowy pyłu** cyclone separator
~ **drzazg** *papiern.* coarse screen
~ **(elektromagnetyczny) tarczowy do rud** (*silnie magnetycznych*) *wzbog.* disk-type ore separator
~ **elektrostatyczny** electrostatic separator
~ **kamieni** *cukr.* stone separator, stone catcher
~ **kropel** *chem.* catch-drop, drip tube
~ **magnetyczny** magnetic separator
~ ~ **taśmowy** overband magnetic separator, belt-type magnetic separator
~ **mokry** wet separator
~ **nieskroplonych gazów** *chłodn.* flash chamber
~ **odśrodkowy** centrifugal separator
~ **oleju** oil separator
~ **piany** foam separator
~ **powietrzny** air separator
~ **pyłu** dust separator
~ **sęków** *papiern.* knots catcher, knotter
~ **skroplin** steam trap
~ **smoły** tar separator
~ **wilgoci** dehydrator, moisture trap
~ **wody** water separator
~ **żużla** *odl.* slag separator
oddzielać *v* separate; isolate; detach; set apart; part
oddzielalność *f* *mat.* separability
oddzielanie *n* **na mokro** wet separation
oddzielenie *n* **przeciwpożarowe** *bud.* fire division
oddzielny *a* separate; discrete; individual
oddzierać *v* tear off
oddźwiękowienie *n* sound-proofing
odejmować *v* **1.** *mat.* subtract **2.** detach, demount
odejmowanie *n* *mat.* subtraction
~ **międzyokresowe** (*sygnałów radiolokacyjnych*) cancellation of pulses
odejmowany *a* detachable, demountable
odejść *v* (*o pociągu, autobusie*) leave; (*o statku*) steam away, draw out
~ **na drugi krąg** *lotn.* make an overshoot, go round again
~ **na przeciwny baksztag** *żegl.* bring by the lee
~ **od lądu** *żegl.* clear the land
~ **od szyku** *lotn.* peel off, break away (*from formation*)
~ **w morze** *żegl.* stand to sea
odelektryzowanie *n* destaticizing
oderwanie *n* **od ziemi** (*przy starcie*) *lotn.* lift-off
~ **elektronu** electron abstraction
~ **się** breakaway; separation, detachment
~ ~ **linii prądu** *mech.pł.* burble
~ ~ **strumienia** *mech.pł.* flow separation, flow breakaway
~ ~ **warstwy przyściennej** boundary-layer separation
~ **wiru** *hydr.* detachment of vortex
odeskowanie *n* *bud.* timbering, boarding, planking
~ **luźne** open timbering
~ **pomostu** decking
~ **zwarte** close timbering
odetkać *v* unstop
odfenolowanie *n* *chem.* dephenolization
odfermentowanie *n* **brzeczki** attenuation of wort
odfluorowanie *n* *chem.* defluorination
odfosforowanie *n* *chem.* dephosphorization
odgałęziać *v* **(się)** branch off, branch out
odgałęzienie *n* branch; leg

~ **boczne żyły** *geol.* apophysis run
~ **od kabla głównego** *el.* stub cable
~ **łańcucha** *chem.* chain branch
~ **podsłuchowe** *tel.* wiretap
~ **strumienia powietrza wentylacyjnego** *górn.* air split
~ **ukośne przewodu rurowego** pipe lateral
odgarbowanie *n skór.* detanning
odgarc *m zob.* **odgarniak żużla**
odgarniak *m* **żużla** *hutn.* skimmer, skimming bar
odgarnianie *n* **żużla** *hutn.* slag skimming
odgazowanie *n* degassing, outgassing, *zob. też* **odgazowywanie**
~ **obiegowe próżniowe** *hutn.* vacuum circulation degassing, circulating flow vacuum degassing
~ **pola naftowego** *wiertn.* gas freeing
~ **porcjowe próżniowe** *hutn.* vacuum batch degassing, vacuum lift degassing, vacuum lifter process
~ **próżniowe metodą Ruhrstahl-Heraeus** *hutn.* Ruhrstahl-Heraeus process, R-H process
~ **stali próżniowe** *hutn.* vacuum degassing of steel
~ ~ **w kadzi** *hutn.* ladle degassing of steel
~ **strumieniowe próżniowe** *hutn.* vacuum stream degassing
~ ~ **przy spuście do kadzi** *hutn.* (ladle) tap degassing
~ **wysokotemperaturowe** *hutn.* high-temperature carbonization
odgazowany *a* out-gassed, gas free
odgazowywacz *m* **1.** degasifier, degasser **2.** *kotł.* deaerating heater
odgazowywanie *n* degassing, outgassing, *zob.też* **odgazowanie**
~ **węgla** coal carbonization
~ **wody** water deacidification
odgięcie *n* **skrzydła śruby** *okr.* skewback
odginać *v* deflect; bend out
odgławianie *n ryb.* deheading, beheading (*of fish*)
odgławiarka *f ryb.* (de-)heading machine
odgotowywanie *n* **jedwabiu** *włók.* boiling-off, silk degumming
odgraniczenie *n* **adiabatyczne** *fiz.* adiabatic partition
~ **diatermiczne** diathermic partition, diathermal wall
~ **półprzepuszczalne** semi-permeable membrane
odgraniczony *a mat.* bounded
odgraniczony od zera *mat.* bounded from zero
odgroda *f* acoustic baffle, baffle board
odgromnik *n* lightning arrester, lightning protector
~ **zaworowy** valve arrester
odgruzowanie *n* rubble clearance
odgryzacz *m* **kostny** *med.* bone punch, rongeur, bone forceps
odgumowywanie *n* **jedwabiu** *włók.* silk degumming, boiling-off
odhaczyć *v* unhook
odhamowanie *n* brake release
~ **reakcji** *chem.* reversal of inhibition
odholować *v żegl.* tow away
odholowanie *n* **statku od nabrzeża** *żegl.* streaming
ODiIN PAN = Ośrodek Dokumentacji i Informacji Naukowej Polskiej Akademii Nauk
odiskiernik *m kol.* spark arrester
odjazd *m* **1.** (*np. pociągu*) departure **2.** (*kamerą*) track out
odjemna *f mat.* minuend
odjemnik *m mat.* subtrahend
odkażać *v* disinfect; decontaminate
odkażanie *n* disinfection; decontamination
odkiełkowywanie *n ferm.* degermination
odkleić *v* **(się)** come unstuck
odklejanie *n* **1.** deglutination **2.** *włók.* desizing
~ **jedwabiu** degumming of silk, boiling-off
odkłaczkowanie *n chem.* deflocculation
odkład *m* **1.** *inż.* spoil, dump (*in earthwork*) **2.** *roln.* (air) layer
odkładacz *m* **arkuszy** *papiern.* layboy, sheet collector
odkładanie *n roln.* (air) layering
~ **kart błędnych** (*w maszynie licząco-analitycznej*) error stacking
odkładnica *f* **pługa** *roln.* mouldboard
odkłócanie *n* (*osłabianie zakłóceń*) *rad.* noise suppression
odkłucie *n* (*mas skalnych*) *geol.* decolbment
odkolczarka *f włók.* burr crusher
odkonserwowanie *n powł.* protective coating removal
odkopywanie *n* **odlewu** baring a casting
odkotwiczać *v żegl.* weigh anchor
odkręcać *v* **kurek** turn on a tap
~ **nakrętkę** undo a nut
~ **śrubę** unscrew a bolt, unbolt; back off
odkrycie *n* (*naukowe*) discovery
odkryć *v* **1.** discover; find out **2.** uncover
odkrywanie *n* **odlewu** digging up a casting
odkrywka *f górn.* strip mine, strip pit, open pit
~ **piasku** sand pit
~ **żwiru** gravel pit
odkrzemianie *n* (*wody*) desiliconization
odkształcać *v* deform
~ **się** undergo a deformation
odkształcalność *f* deformability, deformation ability; *obr.plast.* formability
odkształcenie *n* **1.** *wytrz.* strain **2.** deformation; distortion
~ **cieplne** thermal deformation
~ **elasto-plastyczne** elastic and plastic strain
~ **jednorodne** homogeneous strain
~ **jednostkowe** unit strain
~ **kołowo-symetryczne** axi-symmetrical strain
~ **liniowe** linear strain
~ **objętościowe** dilatational strain, volumetric-strain

~ **plastyczne** plastic strain, permanent set
~ **podłużne** longitudinal strain
~ **poprzeczne** transverse strain
~ **postaciowe** non-dilatational strain
~ **przez bliźniakowanie** *obr.plast.* deformation by twinning
~ **przez poślizg** *obr.plast.* deformation by slip
~ **przy rozciąganiu** tensile strain
~ **przy skręcaniu** torsional strain
~ **przy ścinaniu** shear strain
~ **przy ściskaniu** compressive strain
~ **przygotowane** virtual deformation
~ **równoległościenne** *obr.plast.* parallelepipedal deformation
~ **sprężyste** elastic strain
~ **termiczne** thermal deformation
~ **trwałe** plastic strain, permanent set
~ ~ **po ściskaniu** *gum.* compression set
~ **wirtualne** virtual deformation
~ **wstępne** prestrain
~ ~ **odwrotne** (*w stosunku do spodziewanego odkształcenia*) *spaw.* initial reverse distortion
~ **względne rzeczywiste** true strain
~ **zredukowane** *obr.plast.* effective strain
odkształcona *f* (*belki*) *wytrz.* deflection curve, bending line
odkurzacz *m* vacuum cleaner
odkurzać *v* dust, remove the dust
odkuwka *f obr.plast.* forging
~ **matrycowa** die forging, drop forging
~ ~ **na walcach kuźniczych** roll forging
~ ~ **prosta** stamping
~ **nie wykazująca „płatków"** flake-free forging
~ **prasowana** press forging
~ **przesadzona** offset stamping
~ **ręczna** hand forging, smith forging, flat-die forging, blacksmith forging
~ **swobodna** *zob.* **odkuwka ręczna**
~ **wstępna** blank, slug, use, biscuit
~ **wydłużona** drawn forging
~ **z kuźniarki** machine forging
~ **z młota** hammer forging
odkwaszacz *m spoż.* batch refining kettle
odkwaszanie *n* deacidification
~ **ługiem** (*tłuszczów*) alkali refining
odladzacz *m lotn.* de-icer
odladzanie *n lotn.* deicing
odległościomierz *m opt.* range-finder, telemeter
~ **doplerowski** (*do śledzenia lotu pocisków*) Doppler range-finder, doran
~ **radarowy** distance measuring equipment, DME, radio range-finder
odległościowy *a* remote, distant
odległość *f* distance, space
~ **bezpośrednia** (*celu*) *rad.* slant distance
~ **biegunowa** polar distance
~ **celowania** sighting range
~ **dobowa** *żegl.* day's run
~ **efektywna działania broni** kill range
~ **hamowania** braking distance
~ **hiperfokalna** *opt.* hyperfocal distance
~ **identyczności** *kryst.* identity period
~ **kątowa** angular distance
~ **między elektrodami zgrzewarki** *spaw.* throat opening
~ ~ **liniami kontrolnymi** *skj* spread of the control limits
~ ~ **płaszczyznami sieciowymi** *kryst.* interplanar distance, interplanar space, grating space, grating constant
~ ~ **półkami** *chem.* plate spacing (*in rectifying column*)
~ ~ **równoległymi rzędami nitów** back pitch of rivets
~ **międzyatomowa** *fiz.* interatomic distance, atomic spacing
~ **międzyelektrodowa** *elchem.* electrode spacing, anode-cathode spacing
~ **międzyjądrowa** *fiz.* internuclear distance
~ **międzypłaszczyznowa** *kryst.* interplanar distance, interplanar space, grating space, grating constant
~ **modularna** *bud.* modular gap
~ **na trawersie** *żegl.* bow-and-beam bearing, four-point bearing
~ (*na drodze*) **od pojazdu poprzedzającego** *mot.* following distance
~ **ogniskowa** *opt.* focal length, FL, focal distance
~ **osi** (*kół współpracujących*) *masz.* centre distance
~ **po loksodromie** *nawig.* rhumb distance, nautical distance
~ **po ortodromie** *nawig.* great-circle distance
~ **południkowa** *nawig.* meridian distance
~ **robocza** working distance
~ **rzeczywista** *nawig.* true distance
~ **skośna** (*celu*) *rad.* slant distance, slant range
~ **spiętrzenia** *hydr.* length of backwater
~ **translacji** *kryst.* identity period, axial length, translation period
~ **w linii prostej** (*w terenie*) crow-fly distance
~ **widzenia** *mot.* sight distance
~ **wykrycia** (*np. celu*) detection range
~ **zenitalna** *astr.* zenith distance, ZD
~ **zmiany pędu** (*w przepływie burzliwym*) *aero.* mixture length
odległy *a* remote, distant
odlepiać *v* **(się)** unstick
odlew *m odl.* cast(ing)
~ **artystyczny** art casting, ornamental casting
~ **bezrdzeniowy** coreless casting
~ **budowlany** builder's casting
~ **cienkościenny** light section casting
~ **ciśnieniowy** pressure casting, die casting
~ **części maszyn** engineering casting
~ **gipsowy** *bud.* plaster cast
~ **grubościenny** thick-walled casting, heavy-section casting
~ **handlowy** commercial casting
~ **kokilowy** chill casting, permanent-mould casting, die-casting
~ **naturalny** (*w paleontologii*) natural cast

~ **maszynowy** machinery-casting, engineering casting
~ **odśrodkowy** centrifugal casting
~ **ołowiany do sprawdzania kształtu wykroju matrycy** *obr.plast.* lead cast, lead proof
~ **precyzyjny** precision casting
~ **rdzeniowy** cored casting
~ **skorupowy** shell casting
~ **staliwny** steel casting
~ **surowy** rough casting
~ **utwardzony** chill casting
~ **wadliwy** *zob.* **odlew wybrakowany**
~ **warstwowy** compound casting, composite casting; faulty casting
~ **wybrakowany** waster (casting); aborted casting
~ **z modelu wytopionego** investment casting
~ **z pęcherzami** blown casting
~ **z żeliwa sferoidalnego** nodular iron casting
~ **zdrowy** sound casting
~ **żeliwny** iron casting
odlewać *v* cast, found; pour; teem
odlewanie *n odl.* cast(ing), founding; pouring; *hutn.* teeming
~ **ciągłe** continuous casting, conti-casting, strand casting
~ ~ **poprzez kadź pośrednią** tundish pouring
~ ~ **seryjne** sequence casting, continuous-continuous casting
~ ~ **wielożyłowe** multistrand continuous casting
~ **ciśnieniowe** pressure die casting
~ **elektrożużlowe** electroslag casting
~ **grawitacyjne** gravity casting, non-pressure casting
~ **kokilowe** (gravity) die-casting, chill casting, permanent-mould casting
~ **metodą traconego wosku** cire perdue (process), lost-wax process
~ **na płasko** horizontal casting
~ **na sucho** dry-sand casting
~ **na wilgotno** green-sand casting
~ **niskociśnieniowe** *tw.szt.* vacuum casting
~ **odśrodkowe** centrifugal casting, spinning
~ ~ **właściwe** true centrifugal casting, centrispinning process, centre spinning
~ **piętrowe** stack casting
~ **pionowe** vertical casting
~ **pochyłe** inclined casting, sloping casting
~ **poziome** horizontal casting
~ **półciągłe** semi-continuous casting, direct-chill casting, dc casting
~ **półodśrodkowe** semi-centrifugal casting
~ **precyzyjne** investment casting, precision casting; lost-wax process
~ **próżniowe** vacuum casting, suction casting
~ **przez garniec** *hutn.* basket pouring
~ **skorupowe** shell casting
~ **syfonowe** uphill casting, bottom casting, uphill pouring
~ **taśm** strip casting
~ **w dołach** pit casting
~ **w formach piaskowych** sand casting
~ **w skrzynkach formierskich** casting in flasks
~ **w stos** stack casting
~ **wlewków** *hutn.* teeming (of) ingots, pouring of ingots, casting of ingots
~ **z dołu** bottom casting, uphill casting, uphill pouring
~ **z gęstwy** *ceram.* slip casting
~ **z góry** top casting, down-hill casting
~ **z wylewaniem** slush casting
odlewarka *f poligr.* caster, casting machine, casting box
~ **gęsi** *hutn.* pig casting machine
~ **materiału ślepego** *poligr.* material maker
~ **monotypowa** monotype composition caster, monotype typecaster
~ **uniwersalna** monotype composition caster with display attachment
~ **wierszowa** linecasting machine
odlewnia *f* foundry; casting house
~ **czcionek** *poligr.* type foundry
~ **kokilowa** die-casting foundry
~ **metali nieżelaznych** non-ferrous foundry
~ **rur** pipe foundry
~ **staliwa** steel foundry
~ **stopów miedzi** brass foundry
~ **walców** roll foundry
~ **żeliwa** iron foundry
~ ~ **ciągliwego** malleable foundry
odlewnictwo *n* founding, foundry (practice), foundry (engineering)
odlewnik *m* foundryman, founder
odleżyna *f med.* bedsore
odliczanie *n* **wsteczne** *rak.* countdown
~ ~ **przy próbie gotowości do startu** countdown demonstration test, CDDT
odlodzenie *n lotn.* deicing
odlot *m lotn.* departure (*of an aircraft*)
odlutować *n* unsolder
odłamać *v* **(się)** break off
odłamek *m* fragment; splinter; chip, spall
~ **góry lodowej** *ocean.* calf
~ **jądrowy** *fiz.* nuclear fragment
odłączać *v* detach; disconnect
odłączalny *a* detachable
odłączanie *n* detachment; disconnection
~ **sznurem** *el.* patching out
odłączenie *n* **obwodu** *el.* isolation of circuit
odłącznik *m el.* disconnecting switch, isolating switch, cut-out
~ **ferrytowy** *elektron.* ferrite isolator
~ **hallotronowy** *elektron.* Hall-effect isolator
odłóg *m roln.* fallow, idle land
odłów *m ryb.* catch, fish crop
~ **główny sezonowy** harvest (*of fish*)
~ **przemysłowy** commercial catch
odłupywać *v* split off, chip off, break off; exfoliate; *górn.* prise
odmagnesowywanie *n* demagnetization

odmanganianie *n san.* demanganization, manganese removal
odmetylowanie *n chem.* demethylation
odmętnianie *n* **wody** water elutriation
odmgławianie *n* **1.** (*usuwanie zamglenia, np. szyb kabiny*) demisting **2.** (*rozpraszanie mgły*) fog dispersal, defogging
odmiana *f* variety; variation; modification
~ **aci(-nitrowa)** *chem.* aci(-nitro)form
~ **alotropowa** allotropic form, allotropic variety, allotrope
~ **cykliczna** *chem.* cyclic form
~ **enolowa** *chem.* enol form
~ **erytro** *chem.* erythro form
~ **karbonylowa** *zob.* **odmiana ketonowa**
~ **ketonowa** *chem.* keto form
~ **mezo** *chem.* meso form, mesomer
~ **pierścieniowa** *zob.* **odmiana cykliczna**
~ **polimorficzna** polymorphic modification, polymorph
~ **racemiczna** *chem.* racemic modification, dextro-laevo modification, racemate
~ **tautomeryczna** *chem.* tautomer
~ **trans** *chem.* trans form
~ **treo** *chem.* threo form
odmiareczkowywanie *n* **nadmiaru** *chem.* back titration
odmierzacz *m rys.* fine adjustment dividers, hair dividers, hair compasses
~ **sprężynowy** spring-bow dividers
odmierzać *v* measure; meter, batch
~ **czas** time
odmierzak *m bud.* batcher
odmierzanie *n* **pipetą** *lab.* pipetting
~ **porcji** batching
odmięsanie *n skór.* fleshing, scouring
odmięsarka *f skór.* fleshing machine
odmineralizowanie *n* (*wody*) *san.* demineralizing
odmłodzenie *n geol.* rejuvenation
odmocowywanie *n* unclamping, unfastening
odmowa *f* refusal
odmrażalnia *f chłodn.* thaw room
odmrażanie *n* defrosting
odmrożenie *n med.* frostbite
odmulacz *m* (*wody*) *san.* desilter; sludger, mud trap
odmulanie *n* desludging; elutriation
~ **kotła** boiler blowdown, blow-off
~ **piasku** *odl.* sand washing, elutriation
~ **wody** water elutriation
odmularka *f odl.* sand washer, elutriator
odmulnik *m wzbog.* settler, clarifier, slime separator
~ **ostrosłupowy** spitzkasten
~ **stożkowy** settling cone, conical settling tank
odmywanie *n* **lepiszcza z piasku** *odl.* sand washing, elutriation
odnawiać *v* renew, renovate; recondition; regenerate
odnawianie *n* **lasu** reforestation
~ **nawierzchni** *drog.* resurfacing
~ **wyprawy** (*pieca*) relining (*a furnace*)
~ **zapasów** restocking, refreshing the stock
odniklowanie *n met.* denicklefication
odnoga *f* branch, leg
~ **morska** arm of the sea, firth, reach
~ **rzeki** arm of a river
~ **żylna** *geol.* apophysis run
odnosić *v* **się do...** relate to..., refer to..., apply to...
odnośnie... towards, in relation to...; regarding, respecting
odnośnik *m* **1.** reference mark **2.** *chem.* reference material
odnowienie *n* renewal, renovation; reconditioning
odolejacz *m* oil separator, oil trap
odolejanie *n* deoiling
odoliwiacz *m* oil separator, oil trap
odontoblast *m anat.* odontoblast
odorymetria *f* odorimetry
odoryzowanie *n* **gazu** gas odorizing
odosiowy *a biol.* abaxial
odpad *m* discard, *zob.też* **odpady**
~ **od głowy wlewka** ingot top(end) discard
~ **od stopy wlewka** ingot bottom discard, bottom crop
~ **z przedniego końca** (*np. kęsa*) nose crop
~ **z tylnego końca** (*np. kęsa*) tailcrop
odpadać *v* (*od podłoża*) drop off, fall off
~ **od wiatru** *żegl.* pay off (*from the wind*)
odpadki *mpl* refuse; waste(s); offal; leavings; tails; garbage
~ **kuchenne** household wastes; food waste
~ **miejskie** municipal refuse
~ **poubojowe** slaughterhouse offal
~ **przędne** *włók.* hard waste
~ **rybne** gurry
~ **użytkowe** utility waste
odpady *mpl* **1.** *hutn.* scrap material, waste material, discards **2.** *wzbog.* tailing; spoil; debris; dirt; dross **3.** *górn.* strippings; deads
~ **atomowe** atomic waste
~ **ciekłe** liquid waste
~ **drzewne** wood waste
~ **gumowe** scrap rubber, rubber scraps
~ **kuzienne** discards from forging
~ **ludzkie** human waste
~ **nieradioaktywne** *nukl.* cold waste
~ **poflotacyjne** *wzbog.* flotation tailings
~ **produkcyjne** waste products
~ **promieniotwórcze** radioactive waste
~ **reaktorowe** *nukl.* reactor waste
~ **stałe** solid wastes, nonaqueous wastes
~ **tartaczne** sawmill waste, sawmill leftovers
~ **walcownicze** discards from rolling
~ **zimne** *nukl.* cold waste
odpalanie *n* firing, shooting
odpalenie *n* **opóźnione** *uzbr.* hung shot
odparafinowywanie *n* (*olejów*) wax removal, dewaxing
~ **rozpuszczalnikowe** solvent dewaxing
odparować *v* evaporate; vaporize
~ **do sucha** evaporate to dryness
odparowalność *f* evaporative power
odparowanie *n* evaporation, vaporization
~ **jądra** *nukl.* nuclear evaporation

~ **jednorazowe** *zob.* **odparowanie jednostopniowe**
~ **jednostopniowe** single-effect evaporation
~ **pod próżnią** vacuum evaporation
~ **pod zmniejszonym ciśnieniem** *zob.* **odparowanie pod próżnią**
~ **rzutowe** equilibrium vaporization
~ **wielokrotne** *zob.* **odparowanie wielostopniowe**
~ **wielostopniowe** multiple-effect evaporation
~ **za pomocą energii słonecznej** solar evaporation
~ **ze stanu zamrożenia** lyophilization, freeze drying
odparownik *m kotł.* boiler proper
odparowywacz *m* vaporizer; evaporator
~ **ciekłego tlenu** oxygen evaporator
~ **paliwa** *siln.spal.* fuel vaporizer
odparowywać *v* vaporize, evaporate
odpaść *v* **od wiatru** *żegl.* fall away
odpestczanie *n spoż.* stoning
odpestczarka *f spoż.* stoning machine
odpędzacz *m chłodn.* desorber
odpędzanie *n chem.* expelling; repelling
~ **butanu** debutanization
~ **części lotnych** expelling of volatile matter
~ **etanu** deethanization
~ **lekkich składników** topping
~ **propanu** depropanization
~ **rozpuszczalnika** stripping
~ **z parą wodną** steam-stripping
odpiaszczanie *n* desanding, sand removal
odpieniacz *m* froth breaker
odpienianie *n* defoaming
odpiklowanie *n skór.* depickling
odpilśniarka *f włók.* unfelting machine
odpis *m* **amortyzacyjny** *el.* depreciation allowance
~ **uwierzytelniony** *ek.* true copy, certified copy
odplamianie *n* spot removal
odpłynąć *v żegl.* steam away; sail
odpływ *m ocean.* ebb (tide), falling tide, low tide
~ **masy** *papiern.* pulp outlet
~ **wody** *kotł.* water outlet
~ **ze zlewni** *geol.* run-off
odpoczynek *m* **mieszanki gumowej** rubber relaxation
odpopielacz *m* ash remover, cinder trap
odpopielanie *n kotł.* ash removal, ash disposal
odpopielarnia *f* boiler-room basement
odporność *f* resistance; fastness; *biol.* immunity
~ **barwnika** fastness of dye
~ **barwy** *włók.* colour fastness
~ **chemiczna** chemical resistance
~ **cieplna** thermal resistance, heat stability
~ **cukru na inwersję** strength of sugar
~ **korozyjna** corrosion resistance
~ **na alkalia** fastness to alkali
~ **na barwienie** *biol.* achromatophilia
~ **na chorobę** immunity to a disease
~ **na czynniki atmosferyczne** resistance to weather
~ **na detonację** *paliw.* knock resistance
~ **na działanie bakterii** resistance to bacteria
~ ~ ~ **mrozu** frost resistance
~ ~ ~ **pleśni** mildew resistance
~ ~ ~ **prądów pełzających** creep current resistance
~ ~ ~ **światła słonecznego** sunlight resistance
~ ~ ~ **żużli** *odl.* resistance to slags, slag resistance
~ **na emulgowanie** demulsibility
~ **na gniecenie** *włók.* wrinkle resistance; *papiern.* crumpling resistance
~ **na gotowanie** fastness to boiling, resistance at the boil
~ **na korozję** corrosion resistance
~ **na kruche pękanie** fracture toughness
~ **na kurczenie się** shrink resistance
~ **na kwasy** fastness to acid
~ **na łamanie** *papiern.* bending strength
~ **na magazynowanie** fastness to storage
~ **na obciążenie dynamiczne** *met.* shock-resistance
~ **na odpuszczanie** *obr.ciepl.* red hardness, temper(ing) resistance
~ **na parowanie** fastness to steaming
~ **na pełzanie** *met.* creep resistance
~ **na pękanie** crack resistance
~ **na pranie** *włók.* washing fastness, washing resistance, fastness to laundering
~ **na promieniowanie** radioresistance
~ **na przeciążenia** overload capacity
~ **na przepuklenie** *papiern.* bursting strength
~ **na rozdzieranie** tear resistance, tear strength
~ **na rozwarstwianie** (*np. tektury*) delamination resistance, resistance to ply separation
~ **na sklejanie się** (*opakowań*) blocking resistance
~ **na ścieranie** abrasion resistance, abrasion hardness; wear resistance
~ **na swatło** light resistance, fastness to light
~ **na tworzenie się żywic** *paliw.* gum stability
~ **na uderzenia** *wytrz.* impact strength, impact value
~ **na utlenianie** resistance to exidation
~ **na wielokrotne zginanie** *gum., tw.szt.* flex life
~ **na wilgoć** moisture resistance
~ **na wodę** fastness to water
~ **na wpływy atmosferyczne** weather resistance, fastness to exposure, weatherability
~ **na wstrząsy** shock resistance
~ ~ ~ **cieplne** thermal shock resistance; spalling resistance
~ ~ ~ **mechaniczne** mechanical shock resistance
~ **na zakłócenia** *el.* noise immunity, NI

~ **na zarysowanie** scratch resistance, scratch hardness
~ **na zmęczenie cieplne** thermal endurance
~ **na zmywanie** *farb.* washability
~ **na zużycie** wear resistance, wearing quality, wearability
~ **nabyta** *biol.* acquired immunity
~ **radiacyjna** radioresistance
~ **żelu na ścinanie** gel strength
odporny *a* resistant, fast, -proof; immune
odporny chemicznie chemical resistant, chemical resisting
odporny na działanie alkaliów alkali-resistant
odporny na działanie wilgoci moisture-proof, moisture-resistant, damp-proof
odporny na działanie wysokiej temperatury stable to heat
odporny na korozję corrosion-proof, corrosion-resistant, non-corrodible, stainless
odporny na łuszczenie się scale-tight
odporny na obciążenia dynamiczne *met.* tough, shock-proof, shock-resistant
odporny na paczenie *drewn.* warpproof
odporny na pleśń mouldproof
odporny na pociski *uzbr.* shell-proof
odporny na pranie *barwn., włók.* wash-resistant, fast to wash
odporny na przebicie puncture-proof
odporny na ścieranie abrasion-resisting, wear resistant
odporny na światło fast to light, light-resistant, photostable
odporny na uszkodzenia fail-safe; survivable
odporny na wilgoć moisture-proof, damp-proof, moisture-resistant
odporny na wpływy atmosferyczne weatherproof, resistant to weather
odporny na wstrząsy shock-proof, shock-resistant
odporny na zakłócenia *rad.* jamproof
odporny na zatrucie poison-resistant
odporny na zużycie wear-resistant
odporny w ciężkich warunkach pracy hard-wearing
odpotniarka *f włók.* wool degreasing unit
odpowiadać *v* **normie** meet a standard, comply with a standard
~ **określonym tolerancjom** meet specified tolerances
~ **wymaganiom** meet the requirements, conform to requirements
~ **za swoje ruchy** *żegl.* be under command
odpowiedni *a* corresponding; equivalent; adequate; applicable; suitable
odpowiednik *m* **operatorowy** *mat.* operational equivalent
odpowiednio *adv* accordingly; as appropriate
odpowiedniość *f mat.* correspondence, homology
~ **odwrotna** (*odbiornika telewizji kolorowej*) reverse compatibility
~ **prosta** (*systemu telewizji kolorowej*) compability (*of colour television system*)
~ **wzajemnie jednoznaczna** *mat.* one-to-one correspondence, bi-uniform correspondence
odpowiedzialność *f* responsibility; liability
~ **cywilna** civil liability
~ **finansowa** financial responsibility
~ **nieograniczona** unlimited liability
~ **ograniczona** limited liability
~ **osobista** personal responsibility
~ **prawna** legal responsibility
~ **solidarna** joint liability
~ **za szodę** liability for damage
~ **zbiorowa** collective responsibility
odpowiedzialny *a* responsible; liable
odpowiedź *f aut.* response (function)
~ **czasowa** transient response
~ **częstotliwościowa** frequency response, harmonic response
~ **dynamiczna** dynamic response
~ **impulsowa** *aut.* transient response
~ **jednostkowa** unit step response
~ **na wymuszenie skokowe** step function response
~ **(potencjałowa) elektrody** *elchem.* electrode response
odpowietrzacz *m chłodn.* flash chamber, purger
odpowietrzać *v* vent, deaerate
odpowietrzanie *n* venting, deaeration
~ **betonu** *bud.* vacuum process (*of concrete making*)
~ **formy** *odl.* mould venting
odpowietrznik *m* vent; air-escape; breather; deaerator
~ **rdzenia** *odl.* core vent
odpowietrzony *a* deaerated
odpór *m* **gruntu** *inż.* passive earth pressure
odprawa *f* **celna** (custom) clearance
~ ~ **warunkowa** temporary admission
~ **(pasażerów) przed odlotem** check-in (*of passengers*)
~ **statku przy wejściu do portu** *żegl.* inward clearance
~ ~ **przy wyjściu z portu** outward clearance
~ **(załogi) po locie** *lotn.* debriefing
~ ~ **przed lotem** briefing, pre-mission meeting
odprężanie *n* **1.** *obr.ciepl.* (stress) relief annealing, stress relieving, lonealing **2.** unstressing, destressing
~ **szkła** glass annealing
odprężarka *f szkl.* annealing furnace
~ **muflowa** muffle lehr
~ **tunelowa** lehr, leer, lear
~ **wózkowa** pan lehr
odprężenie *n* **1.** decompression **2.** *wytrz.* elastic recovery **3.** *obr.ciepl.* stress relief
odprężnik *m siln.spal.* decompressor, pressure-relief valve
odpromieniowanie *n fiz.* re-radiation
odprowadzać *v* carry away, carry off

odprowadzanie *n* **cieczy** draining of liquid
~ **ciepła** carrying away of heat, heat abstraction
~ **narzędzia** *obr.skraw.* tool retracting
~ **ścieków** sewage disposal
~ **warstwy granicznej** *aero.* boundary--layer bleed
odprowadzenie *n* (*przewód*) offtake; drain
~ **anteny** *rad.* antenna downlead
~ **udaru do ziemi** *el.* drainage of a surge
odprysk *m* **1.** chip, splinter, spall **2.** *ceram.* pop-off (*defect*)
odpryskiwanie *n* chipping; spalling; cissing (*of enamel*)
odpuszczać *v* *obr.ciepl.* temper, draw
odpuszczalność *f* (*stali*) *met.* temperability
odpuszczanie *n* *obr.ciepl.* tempering, drawing the temper, drawback treatment, letting down
~ **niskie** (*w niskiej temperaturze*) low--temperature tempering
~ **przez opalanie w oleju** blazing-off
odpychacz *m* **drążka sterowego** *lotn.* stick pusher
odpychać *v* repel
odpychający *a* repellent; repulsive
odpychanie *n* repulsion
~ **elektrostatyczne** electrostatic repulsion
odpylacz *m* dust collector, dust extractor, dust separator, dust catcher, deduster
~ **cyklonowy** cyclone (separator), cyclone--type dust collector
~ **elektrostatyczny** electrostatic precipitator, electro-filter
~ **mokry** wet dust collector
~ ~ **półkowy** *chem.* multiwash collector
~ **odśrodkowy** cyclone
~ **próżniowy** vacuum cleaner
~ **szmat** *papiern.* rag duster, rag willow
odpylanie *n* dust extraction; dedusting, dust removal
~ **mokre gazu** gas scrubbing
odpylarka *f* **pokarbonizacyjna** *włók.* carbonizing duster
odpylnik *m* dust collector, dust extractor, dust separator, dust catcher, dustbin, deduster, *zob.też* **odpylacz**
~ **mokry** wet precipitator, wet collector, scrubber
~ **rękawowy** *zob.* **odpylnik tkaninowy**
~ **tkaninowy** fabric filter dust collector, cloth filter dust collector
~ **workowy** *zob.* **odpylnik tkaninowy**
odra *f* *med.* measles
odraczać *v* adjourn; postpone; defer
odrdzewiacz *m* rust remover
odrdzewianie *n* derusting, rust removal
odroczenie *n* adjournment; postponement; deferment
odrostek *m* *anat.* apophysis
odrośl *f* *bot.* offshoot; sprout
odruch *m* *med.* reflex
~ **bezwarunkowy** unconditioned reflex
~ **ruchowy** motor reflex
~ **warunkowy** conditioned reflex
odrutowanie *n* wiring
odrywać *v* tear off
~ **się** break away, break off, detach, separate
odrywanie *n* **chlorowca** *chem.* dehalogenation
odrzucać *v* throw away, cast away, reject; discard
~ **braki** reject
~ **roszczenie** *ek.* repudiate a claim
~ **propozycję** turn down an offer
~ **przeszczep** *med.* reject a graft
odrzut *m* **1.** *uzbr.* recoil, reaction; kick **2.** reaction (*of jet*)
~ **elektronu** *fiz.* electron recoil
~ **jądra** *fiz.* nuclear recoil
odrzutnik *m* **1.** *masz.* thrower, slinger, deflector **2.** *uzbr.* barrel mouthpiece (*in a machine gun*)
~ **liści obrotowy** *roln.* tops spinner
~ **oleju** *masz.* oil thrower, oil deflector, oil baffle, oil slinger
~ ~ **pierścieniowy** *masz.* oil thrower ring
~ **rąk** (*tłoczarza*) *obr.plast.* Posson guard
~ **smaru** *masz.* grease shield, grease retainer
~ **wiórów** *masz.* chip baffle
odrzutowiec *m* jet(-propelled) aircraft, (pure) jet
odrzutowy *a* jet-propelled
odrzwia *pl* *bud.* door frame
~ **obudowy** *górn.* double timber, set
~ ~ **prostokątne** square set
~ ~ **zamknięte** four-piece set
odsadek *m* *zoot.* weaned calf
odsadka *f* **czcionki** *poligr.* beard of type
odsadnia *f* (*łodzi wiosłowej*) outrigger
odsadzanie *n* *obr.plast.* offsetting (*forging operation*)
odsadzenie *n* offset
~ **czopa** *drewn.* haunch, hauncheon
~ **wału** *masz.* shaft shoulder
~ **od matki** *zoot.* weaning
odsadzka *f* **1.** *bud.* set-off, offset **2.** offset pipe, offset bend **3.** *narz.* fuller
~ **gzymsowa** *bud.* corbel
odsalanie *n* **1.** desalting, desalination **2.** *kotł.* surface blowoff
odsączanie *n* **1.** filtering off **2.** *górn.* bleeding (*of water*)
odserycynowanie *n* **jedwabiu** *włók.* silk degumming, boiling-off
odsetki *pl* interest
~ **składane** compound interest
~ **za zwłokę** interest for default
odsiarczalnia *f* *chem.* sulfur-recovery plant
odsiarczanie *n* *hutn.* desulfurization, sulfur removal
~ **gazu** sulfur removal from gas
~ **roztworem doktora** *paliw.* sweetening
odsiew *m* mesh fraction, plus mesh, shorts, screenings
odsiewacz *m* sifter
odsiewać *v* sift, screen
odskakiwać *v* rebound, spring back
odsklepianie *n* (*plastrów z miodem*) uncapping
odskocznia *f* spring-board
odskok *m* rebound

~ **Bidone'a** *hydr.* hydraulic jump
~ **działa** recoil of a gun
~ **jądra** *nukl.* nuclear recoil
~ **pala** *inż.* rebound of a pile
odskórzanie *n* *ryb.* skinning
odskórzarka *f* **mechaniczna** *ryb.* de-skinning machine
odsłaniać *v* uncover, expose; unveil (*a monument*); *górn.* bare, lay bare
odsłonięcie *n* **pokładu** *geol.* outcrop, basset
odsłuch *m* audio monitoring
odsmalacz *m* (*gazu koksowniczego*) tar separator, tar remover, tar extractor
odsmalanie *n* (*gazu koksowniczego*) tar separation, tar removal, detarring
odspajanie *n* **gruntu** loosening of rock
odsprzedawać *v* resell, sell back
odsprzedaż *f* *ek.* resale
odsprzężenie *n* *el.* decoupling, uncoupling
odsrebrzanie *n* *met.* desilverization
~ **cynkiem** (*ołowiu*) Parke's (desilverizing) process, zincing
odstawa *f* *górn.* haulage
odstawanie *n* sedimentation, settling
~ **lateksu** *gum.* creaming of latex
~ **masy formierskiej** *odl.* sand maturing
odstawiać *v* **od matki** *zoot.* wean
odstąpienie *n* **od umowy** *ek.* withdrawing from a contract, backing out of a contract
~ **praw** cession of rights, waiving the rights
~ **wierzytelności** assignment of a debt
odstearynowanie *n* *spoż.* wintering, winterizing (*of fat*)
odstęp *m* interval, space, spacing, gap, interstice, interspace; *poligr.* space
~ **bezpieczeństwa** *zob.* **odstęp czerni**
~ **blokowy** *kol.* block section
~ **czerni** *TV* pedestal, lift, set up
~ **częstotliwości** *rad.* frequency spacing
~ **iskiernika** *el.* gap distance
~ **izolacyjny** *el.* isolating clearance, isolating gap
~ **księżycowy pływów** *ocean.* lunitidal interval
~ **między stykami** *el.* contact clearance, contact gap
~ ~ **szczękami zgrzewarki** *spraw.* die opening, die spacing
~ ~ **wykrojami** *obr.plast.* blank spacing
~ **międzyimpulsowy** *tel.* spacing interval, blank
~ **nierówności profilu** (*powierzchni*) spacing of irregularities
~ **od zakłóceń** *elektron.* noise margin
~ **płatów** (*dwupłata*) *lotn.* wing gap
~ **podstawowy skali** *metrol.* fundamental scale interval
~ **poziomów lotu** *lotn.* vertical separation interval
~ **psofometryczny** *tel.* signal-to-noise ratio, SNR
~ **rowka** *spaw.* root opening, root gap, weld gap
~ **warstwic** *geod.* contour interval
odstępne *n* key money
odstępnik *m* *biur.* spacer; space bar
~ **uzwojenia** *el.* winding spacer
odstępstwo *n* **od reguły** departure from the rule
odstojnik *m* decanter, clarifier, sedimentation tank, settling pond
~ **błota defekosaturacyjnego** *cukr.* sludge tank
~ **masy formierskiej** *odl.* sand seasoning and storage bin
odstrojenie *n* *TV* offset
odstrzał *m* *górn.* firing, shooting
odsunięcie *n* **fali uderzeniowej** *aero.* stand-off distance of a shock wave
odsuwanie *n* **narzędzia** *obr.skraw.* tool retracting
odsyłacz *m* (*w tekście*) reference mark, cross-reference; foot-note
~ **do norm** reference to standards
odsyłanie *n* **krzyżowe** (*np. w słowniku*) cross-reference
odsyp *m* **rzeczny** *geol.* river outwash
odsysacz *m* **gazów** fume extractor
~ **powietrzny** air ejector
~ **strumieniowy** ejector, eductor
odsysać *v* suck off
odsysanie *n* **warstwy przyściennej** *aero.* boundary layer suction
odsysarka *f* *włók.* sucking-off machine, suction extractor
odszaklować *v* *żegl.* unshackle
odszczepiać *v* split off
odszczepienie *n* **chlorowodoru** *chem.* dehydrochlorination
~ **fluorowca** dehalogenation
~ **grupy metylowej** demethylation
~ **wody** dehydration
odszczurzanie *n* deratization, deratting, rat extermination
odszklenie *n* devitrification
odszkodowanie *n* *ek.* compensation (*for loss*), damages, indemnity
~ **awaryjne** *żegl.* average damages
~ **ubezpieczeniowe** insurance indemnification
~ **ustawowe** statutory damages
~ **za niewykonanie** (*umowy*) damages for non-performance
~ **za stratę** compensation for a loss
~ **za zwłokę** damages for delay
odszlamowanie *n* desludging
odszraniacz *m* (*szyb*) defroster
odśluzowanie *n* (*tłuszczów*) degumming (*of fats*)
odśnieżanie *n* snow removal, snow fighting
odśnieżarka *f* snow clearing machine, snow remover
~ **lemieszowa** snow-plough
~ **wirnikowa** snow-blower, snow-thrower
odśrodkowy *a* centrifugal
odśrubować *v* unscrew
odświeżać *v* refresh; freshen; furbish; restore, renew, recondition; revive
~ **masę formierską** *odl.* rebond the sand
odtajanie *n* *chłodn.* thawing, defrosting
odtleniacz *m* deoxidizer, deoxidant, deoxidizing agent

odtleniać *v chem.* deoxidize, reduce
odtlenianie *n chem.* deoxidation, reduction
~ **próżniowe** *hutn.* deoxidation by vacuum
~ **wstępne kąpieli stalowej** (*w piecu martenowskim*) blocking
odtłumik *m telef.* negative impedance repeater
odtłuszczać *v* degrease
odtłuszczalnik *m san.* grease trap, grease interceptor, grease-removal tank, skimming tank
odtłuszczanie *n* defatting; degreasing, skimming
~ **anodowe** *powł.* anode cleaning, reverse-current cleaning
~ **elektrolityczne** *powł.* electrolytic cleaning, electrolytic degreasing
odtrącać *v szkl.* crack off
odtrutka *f* antidote, counterpoison, detoxicant, detoxifier
odtruwanie *n* **gazu** (*świetlnego*) detoxication of gas
odtwarzacz *m* **dźwięku** *el.* sound reproducer
~ **(poziomu) prądu stałego** *rad.* direct-current restorer, reinserter, clamper
odtwarzać *v* reproduce
odtwarzalność *f* reproducibility
~ **wyników** reproducibility of results
~ ~ **badań laboratoryjnych** inter-laboratory reproducibility
odtwarzalny *a* reproducible
odtwarzanie *n* reproduction
~ **dźwięku** *akust.* sound reproduction, play-back
~ **fali nośnej** *rad.* reinsertion of carrier
~ **mleka** (*przez rozpuszczanie w wodzie*) reconstitution of milk
~ **składowej stałej** *TV* d.c. restoration
odurzenie *n* **azotem** *med.* nitrogen narcosis, rapture of the deep
odwadniacz *m* **1.** dewaterer; dehydrator **2.** steam trap, steam drier, steam separator
odwadnialność *f* **masy** *papiern.* drainage property, drainage time (factor)
odwadnianie *n* **1.** dewatering, unwatering, water removal; dehydration **2.** drainage
~ **gruntu** dewatering of soils
~ **kopalni** mine drainage
~ **osadu** *san.* dewatering of sludge
~ **piany** foam drainage
odwadniarka *f* **1.** *górn.* drainer **2.** *papiern.* wet (lap) machine
~ **próżniowa bębnowa** *papiern.* vacuum drum filter
odwał *m inż.* spoil, dump (*in earthwork*)
odwaniacz *m* deodorizer
odwanianie *n* deodorization
odwapnianie *n skór.* deliming, decalcification
odwar *m chem.* decoction
odwarstwianie *n* exfoliation
odważać *v* weigh
odważka *f chem.* weighed amount, weighed sample
~ **racjonalna** factor weight
odważnik *m metrol.* weight
~ **analityczny** analytical weight
~ **bez główki** knobless weight
~ **cylindryczny** *zob.* **odważnik bez główki**
~ **handlowy** commercial weight, trade weight
~ **jednostkowy** unit weight
~ **kontrolny** test weight
~ **legalny** authorized weight
~ **miligramowy** fraction weight
~ **nielegalny** unauthorized weight
~ **pierścieniowy** ring rider weight, circular rider weight
~ **wzorcowy** standard weight
~ **z haczykiem do zawieszania** hanger weight
~ **z uchwytem** grip handle weight
~ **z wykrojem dośrodkowym** slotted counterpoise weight
~ **zwyczajny** commercial weight, trade weight
odwęglanie *n met.* decarburization, decarbonizing
~ **powierzchniowe** skin decarburization
odwęglenie *n* **powierzchniowe** *met.* soft skin
odwiązać *v* unlash; unstrap; unbend
odwiert *m wiertn.* bore-hole, wellbore
~ **badawczy** exploratory bore-hole, test bore-hole
~ **gazowy** gas well, gasser
~ **konturujący** development well
~ **mokry** wet hole
~ **naftowy** oil well
~ **nawodniony** *zob.* **odwiert mokry**
~ **nieczynny** shut-in well
~ **poszukiwawczy** exploratory bore-hole, test bore-hole
~ **produktywny** producing well
~ **przemysłowo opłacalny** paying well
~ **samoczynny** flow(ing) well, spouter
~ ~ **nieopanowany** free flowing well, wild well
~ ~ **opanowany** belching well
~ **w pompowaniu** pumping well
~ **wydobywczy** *zob.* **odwiert produktywny**
~ **zamknięty** shut-in well
odwiewka *f* (*żarówki*) *el.* deflector
odwijalnia *f* **kokonów** *włók.* filature
odwijanie *n* uncoiling; unwinding; unreeling; unwrapping; unrolling; spooling off
~ **rury** beading of a tube
odwijarka *f papiern.* rewinding machine, rewinder
~ **kokonów** *włók.* silk reeling machine, silk reeling frame
odwilż *f meteo.* thaw, thawing weather
odwilżacz *m* dehumidifier; dehydrator
odwilżanie *n* dehumidification
odwirowywanie *n* (*na wirówce*) centrifuging, centrifugation
~ **odwadniające** *włók.* hydro-extracting, whizzing
~ **wirników** (test) overspeeding of rotors
odwłaszanie *n skór.* depilation, dehairing, unhairing

odwłaszarka *f skór.* unhairing machine
odwłok *m zool.* abdomen
odwodnienie *n* dehydration; anhydration
odwodniony *a* dehydrated
odwodornienie *n chem.* dehydrogenation
odwodorowywanie *n obr.ciepl.* dehydrogenation
odwodzenie *n* **1.** *mech.* restoring mechanism **2.** *med.* abduction
odwołać *v* **się od decyzji** appeal against a decision
~ **zamówienie** cancel an order
odwracacz *m* **ciągu** *lotn.* thrust reverser
~ **fazy** *el.* phase inverter
odwracać *v* reverse; invert; turn down
~ **na bok** turn aside
~ **na drugą stronę** turn over
odwracalność *f mat.* invertibility
~ **wskazań** *metrol.* reversibility of indications
odwracalny *a* reversible, convertible; *mat.* invertible
odwracanie *n* **widma** *tel.* frequency inversion
odwrotna godzina *f jedn.* inhour
odwrotna strona *f* **Księżyca** farside of the Moon, lunar farside
odwrotną pocztą by return mail
odwrotnie proporcjonalny *mat.* inversely proportional
odwrotność *f mat.* inverse, converse, reverse
~ **godziny** *nukl.* inhour, inverse hour
~ **przenikalności magnetycznej** reluctivity
odwrotny *a* reciprocal; inverse; reverse; contrary; converse
odwrócenie *n* inversion; reversal
~ **działania steru** *lotn.* control reversal
~ **faz emulsji** *chem.* emulsion inversion
~ **fazy** *el.* phase inversion
~ **linii** (*spektralnej*) self-reversal
~ **obsadzeń** *elektron.* inversion of charge-carrier population, population inversion
~ **spinu** *fiz.* spin flip
odwrócić *v* **kierunek** reverse the direction
odwrócony *a* inverted; reversed
odwulkanizowanie *n gum.* devulcanization
odwzbudzenie *n el.* de-energizing
odwzorowanie *n mat.* representation; *mat.* map(ping), transformation
~ **1-1** injection, one-to-one mapping, injective mapping
~ **afiniczne** affine mapping
~ **domknięte** closed mapping
~ **homomorficzne** homomorphism, homomorphic mapping
~ **identycznościowe** identity mapping
~ **izogonalne** equiangular transformation
~ **kartograficzne** *geod.* map projection
~ **konforemne** conformal mapping; isogonal transformation
~ **„na"** surjection
~ **nakrywające** covering transformation
~ **odwrotne** inversion
~ **otwarte** open mapping
~ **równokątne** isogonal transformation
~ **równopolowe** equiareal mapping
~ **różnowartościowe** injection, injective mapping, one-to-one mapping
~ **stałe** constant map
~ **stycznościowe** contact transformations
~ **topologiczne** *zob.* **odwzorowanie homomorficzne**
~ **w adres** *inf.* address conversion
~ **wiernokątne** conformal representation, conformal mapping; *geod.* conformal projection
~ **wzajemnie jednoznaczne** *zob.* **odwzorowanie różnowartościowe**
odymianie *n* fumigation
~ **siarką** sulfur fumigation
odyniec *m zool.* wild boar
odzerowanie *n* (*usuwanie nieznaczących zer*) *inf.* zero suppression
odziarnianie *n* **bawełny** *włók.* ginning
odziarniarka *f włók.* gin
~ **piłowa** saw gin
~ **podmuchowa** air-blast gin
~ **wałkowa** roller gin
odzierki *pl skór.* machine fleshings, glue stock
odzież *f* clothing, clothes
~ **gotowa** ready-made clothing; *US* store clothes
~ **kabla** *el.* cable dressing, cable bedding
~ **maszynowa** *papiern.* machine clothing
~ **ochronna** protective clothing
~ **robocza** working clothing
~ **szyta na miarę** made-to-measure clothes
odziomek *m drewn.* butt end
odznaczać *v* **się** be distinguished by ...
odzysk *m* recovery, *zob.też* **odzyskiwanie**
~ **produktów ubocznych** by-product recovery
~ **wody ze ścieków** waste water reclamation
odzyskiwać *v* recover, recuperate; reclaim; retrieve
odzyskiwalny *a* recoverable
odzyskiwanie *n* recovery, recuperation; regeneration; retrieval
~ **ciepła** heat recovery, heat recuperation
~ **ciśnienia** *hydr.* pressure recovery
odzysknica *f* (*ciepła*) recuperator, waste-gas heater
odżelaziacz *m san.* iron remover
odżelazianie *n* (*wody*) *san.* deironing, iron removal
odżużlacz *m odl.* dirt trap, slag trap
~ **pionowy** relief sprue
~ **poziomy** cross-gate, cross runner, top-trench
~ **wirowy** spinner-gate, spinning gate, whirl-gate
odżużlanie *n odl., hutn.* (de)slagging, skimming
odżywczy *a* nutrient, nutritive; trophic
odżywianie *n* nutrition, nourishment; alimentation; feeding
odżywka *f* nutrient
Oe = ersted *jedn.* oersted
oferent *m ek.* bidder, tenderer

oferować *v ek.* tender; offer; quote
~ **niższą cenę** underquote
oferta *f ek.* tender, offer; quotation
~ **korzystna** advantageous offer, favourable offer
~ **niewiążąca** open offer
~ **wiążąca** firm offer, f.o.
offset *m poligr.* **1.** offset printing, offset process **2.** offset press
~ **arkuszowy** sheet-fed offset rotary
~ **rolowy** web-fed offset rotary
ofiara *f* **nieszczęśliwego wypadku** casualty
oficer *m* **mechnik** *żegl.* engineer officer
oficyna *f bud.* outbuilding; outhouse, annex(e)
oftalmometr *m med.* ophthalmometer; astigm(at)ometer
oftalmoskop *m med.* ophthalmoscope
ogarek *m* **elektrody** *spaw.* stub end of an electrode, electrode stub
ogień *m* fire
ogier *m* stallion, stud-horse
ogiwa *f mat.* ogive
oglądać *v* **pod mikroskopem** view under the microscope
oględziny *pl* visual inspection, perusal
~ **przy przejmowaniu statku** *żegl.* on-survey
~ **przy zwrotnym zdaniu statku** *żegl.* off-survey
~ **szkód** damage survey
ogławiacz *m* **buraków** *roln.* root topper
ogławianie *n* **1.** *roln.* trimming **2.** *roln.* topping, heading
ogłosić *v* **konkurs** invite entries for a competition
~ **przetarg** invite tenders, advertise for tenders
~ **sprawozdanie** publish a report
~ **upadłość** declare insolvency
~ **w prasie** announce in press
~ **wyrok** pronounce a judgment
ogłoszenie *n* **1.** advertisement, advert, ad **2.** (*podanie do wiadomości*) announcement, publication
ognie *mpl* **sztuczne** fireworks
~ **św. Elma** *meteo.* St. Elmo's fire, corposant
ognienie *n* (*na komutatorze*) *el.* flashing, flash-over
ognioodporność *f* fire resistance
ognioodporny *a* fire-resisting, fireproof
ognioszczelny *a* flame-proof
ogniotrwałość *f* refractoriness
~ **pod obciążeniem** refractoriness under load, R.U.L.
ogniotrwały *a* refractory
ognisko *n mat., fiz.* focus, focal point
~ **do grzania nitów** riveting forge
~ **korozji** corrosion centre
~ **kowalskie** (smithy) forge
~ **pieca** (*maksimum krzywej topnienia*) *szkl.* hot spot
~ **profilu** (*lotniczego*) aerodynamic centre of a profile, focus of a profile
~ **świeżarskie** *hutn.* finery, bloomary
~ **wtórne** *opt.* sagittal focus
~ **zaburzenia** *aero.* disturbance source
~ **zakażenia** *med.* focus of infection
ogniskowa *f opt.* focal length, focal distance
ogniskowanie *n opt.* focusing, focalizing
~ **elektryczne** *elektron.* electrostatic focusing
~ **gazowe** *elektron.* gas focusing
~ **magnetyczne** *elektron.* magnetic focusing
ogniskowy *a* **1.** *opt.* focal **2.** *mat.* focal
ogniwo *n* **1.** *mech.* link, element **2.** *el.* cell, element
~ **aktywacyjno-pasywacyjne** active-passive cell
~ **akumulatorowe** (reversible) secondary cell
~ **chemiczne** chemical cell
~ **doładowywane** rechargeable cell
~ **dwuroztworowe** *el.* two-fluid cell
~ **elektrochemiczne** galvanic cell
~ **elektrolityczne** electrolytic cell
~ ~ **samoistne** unintentional electrolytic cell
~ **fotobłyskowe** photoflash cell
~ **fotoelektryczne** photo-voltaic cell, photoelement
~ ~ **selenowe** *elektron.* photronic cell
~ **galwaniczne** voltaic cell, galvanic cell
~ ~ **wtórne** storage cell
~ **gazowe** *el.* gas cell
~ **gąsienicy** (*np. ciągnika*) track link
~ **guzikowe** *el.* button cell
~ **jednoroztworowe** *el.* one-fluid cell
~ **kinematyczne** *mech.* kinematic link
~ **kontrolne** pilot cell
~ **korozyjne** corrosion cell
~ **kuprytowe** *el.* cupron element, neotherm cell
~ **Leclanchégo** Leclanché cell
~ **lokalne** (*na powierzchni metalu*) local cell
~ **łańcucha** chain link
~ **łącznikowe (łańcucha)** (chain) connecting link
~ **miejscowe** (*na powierzchni metalu*) local cell
~ **mokre** *el.* wet cell
~ **normalne** *el.* standard cell
~ ~ **Westona** *el.* Weston (standard) cell
~ **obciążnikowe** (*wagi elektronowej*) load cell
~ **odwracalne** *el.* reversible cell
~ **otwarte** open cell
~ **paliwowe** fuel cell
~ **pary kinematycznej** *mech.* pairing element
~ **patentowe** (*łańcucha kotwicznego*) *okr.* detachable link
~ **przeciwnapięciowe** *el.* countercell, counter-electromotive cell
~ **różnicowego napowietrzania** *elchem.* oxygen concentration cell
~ **słoneczne** *el.* solar cell
~ **spaleniowe** fuel cell
~ **spinające (łańcucha)** (chain) connecting link

~ **stężeniowe** *el.* concentration cell
~ ~ **tlenowe** *elchem.* oxygen concentration cell
~ ~ **z przenoszeniem** concentration cell with transport
~ **suche** *el.* dry cell
~ **termoelektryczne** thermo-couple, thermoelement, thermel
~ **wodnonalewne** *el.* water activated cell
~ **woreczkowe** *el.* bag-type cell
~ **wtórne** *el.* secondary cell
~ **wzorcowe** standard cell
~ **z depolaryzacją powietrzną** *elchem.* air cell
~ **zamknięte** *el.* sealed-in cell
~ **zamykające gąsienicy** track masterlink
~ **zbiorcze** (*zawiesia*) *transp.* master link
ogołocić *v* denude, bare
~ **z liści** defoliate
ogon *m zool.* tail
~ **destylacyjny** tail fraction, tails
~ **komety** *astr.* tail of a comet, train
~ **samolotu** aircraft tail
ogólnego zastosowania general-purpose
ogólnie dostępny open to the public
ogólnoświatowy *a* world-wide, global
ogólnotechniczny *a* (*concerning all fields of technology*)
ogólny *a* general; overall
ogólny program *m* **rozwiązywania problemów** *cybern.* general problem solving, GPS
ogórek *m bot.* cucumber, *Cucumis sativus* L.
ogradzać *v* fence
ograniczać *v* limit; restrict; restrain
~ **do minimum** keep to a minimum
~ **prędkość** limit the speed; impose a speed limit
~ **się do...** be confined to..., be restricted to...
ograniczający *a* limiting; restrictive
ograniczanie *n* **sygnałów** *elektron.* impulse clipping
~ **zakłóceń** *rad.* noise suppression
ograniczenia *npl* **dewizowe** exchange restrictions
~ **funkcjonalne** functional constraints
~ **kolejnościowe** *org.* precedence constraints
~ **kredytowe** credit restrictions
~ **obowiązujące** restrictions in effect
~ **obszarowe** (*przy projektowaniu*) regional constraints
~ **użytkowania** operating limitations
ograniczenie *n* limitation; restriction; constraint; confinement; bound
~ **dolne** *mat.* lower bound
~ **górne** *mat.* upper bound
~ ~ **istotne** essential upper bound
~ **jednostronne** *skj* single specification limit
~ **luźne** *mat.* slack constraint
~ **napięte** *mat.* tight constraint
~ **odpowiedzialności** limitation of liability
~ **popytu** cut in demand
~ **wydatków** limitation of spending, cut in expenses
ogranicznik *m* stop; limiter
~ **amplitudy** *el., akust.* limiting amplifier
~ **bieli** *TV* peak white limiter
~ **diodowy** *elektron.* diode limiter
~ **formatu** *papiern.* deckle strap; former strap
~ **idealny** *inf.* hard limiter
~ **maksymalnej prędkości obrotowej** *masz.* overspeed governor
~ **nieidealny** *inf.* soft limiter
~ **odrzutu** *uzbr.* recoil control
~ **poduszki** *obr.plast.* cushion lock
~ **prędkości** *masz.* snubber, snub, speed limiter
~ **ruchu sprężyny** *masz.* bump stop
~ **szczytów** (peak) limiter, (peak) clipper, amplitude limiter, automatic peak limiter, limiter circuit, amplitude-limiting circuit
~ **szumów** noise limiter, noise silencer, noise suppressor
~ ~ **dynamiczny** dynamic noise limiter, DNL
~ **wahań belki wagi** trig loop
~ **zakłóceń** *rad.* interference limiter
ograniczona wzajemna rozpuszczalność *f* incomplete miscibility
ograniczoność *f mat.* boundedness
ograniczony *a mat.* bounded; limited; confined; restrained; restricted
ograniczony całkowicie *mat.* totally bounded
ograniczony prawie wszędzie *mat.* essentially bounded
ograniczony start i lądowanie *lotn.* restricted take-off and landing, RTOL
ograniczony wspólnie *mat.* equi-bounded
ograniczony z góry *mat.* bounded from above
ograniczony zanurzeniem *żegl.* constrained by draught
ogrodnictwo *n* gardening, horticulture
ogrodniczy *a* horticultural
ogrodnik *m* horticulturist, gardener
ogrodowizna *f roln.* garden produce, horticultural crop
ogrodzenie *n* fencing; railing; guard rail
~ **elektryczne** electric fence
ogród *m* garden
~ **owocowy** orchard
ogródek *m* **działkowy** allotment garden
~ **przydomowy** kitchen garden
ogrzewacz *m* heater
~ **elektryczny** electric heater; electric fire
~ **płytowy ścienny** wall panel heater
~ **przewiewowy** convector
~ **wentylatorowy** fan heater
~ **(wnętrzowy) akumulacyjny** thermal-storage stove
ogrzewać *v* heat
~ **bezpośrednio płomieniem** heat over a naked flame
~ **do wrzenia** heat to boiling
~ **wstępnie** preheat
ogrzewanie *n* heating

~ **bezpośrednie** *zob.* **ogrzewanie bezprzeponowe**
~ **bezprzeponowe** direct heating
~ **centralne** central heating
~ **ciepłym powietrzem** warm-air heating
~ **dielektryczne** dielectric heating, electronic heating
~ **dzielnicowe** district (central) heating
~ **elektryczne** electric heating
~ **gazami odlotowymi** waste heating
~ **grawitacyjne** gravity heating
~ **grzejnymi pasami promieniującymi** (*pod stropem*) sun-strip heating
~ **indukcyjne** induction heating
~ **parowe** steam heating
~ **płytowe ścienne** wall panel heating
~ **podczerwienią** radiant heating
~ **podłogowe** floor heating
~ **pojemnościowe** dielectric heating, electronic heating
~ **pośrednie** indirect heating
~ **powietrzne obwodowe** perimeter heating
~ **prądami wielkiej częstotliwości** high-frequency heating
~ **promiennikowe** radiant heating
~ **przeponowe** indirect heating
~ **stopniowe** progressive heating
~ **wodą** water heating
~ **wstępne** preheating
~ **zdalaczynne** remote control heating
ogrzewek *m siln.par.* steam-jacket
ogumienie *n* **pełne** *mot.* solid tyre
~ **pneumatyczne** *mot.* pneumatic (tyre), *zob.też* **opona**
ojciec *m* (*w odniesieniu do ssaków*) *genet.* sire
ojstradiol *m biochem.* (o)estradiol
ojstriol *m biochem.* (o)estriol, theelol
okablowanie *n el.* cabling; wiring (system)
okap *m* (*dachu*) *bud.* eaves; hood
~ **komina** chimney hood
~ **nad konwertorem** *hutn.* converter hood
~ **odciągowy** *hutn.* waste-gas hood, suction hood, fume collection hood, canopy hood
~ **podszalowany** closed cornice
~ **wyciągowy** *lab.* fume hood
~ **z podbitką** closed cornice
~ **zapłonowy maszyny spiekalniczej** *hutn.* sinter ignition hood
okapnik *m bud.* drip (cap)
okapotowanie *n* **silnika** *lotn.* engine cowling
okaz *m* specimen; *biol.* individual; (*na wystawie*) exhibit
okaziciel *m ek.* bearer (*of a cheque etc.*)
okienko *n* window
~ **kontrolne** sight glass
~ **licznika** *nukl.* counter window
~ **na poddaszu** squint window
~ **obrazowe** *fot.* image window
~ **projekcyjne** *kin.* film window, viewing gate
~ **wentylacyjne** vent window
~ **z żaluzją** *bud.* louver
okiennica *f* (window) shutter
okleina *f drewn.* veneer, scaleboard
oklejać *v* **fornirem** veneer
okludować *v fiz.* occlude (*gases*)
okluzja *f* **1.** *fiz.* occlusion **2.** *meteo.* occlusion
okład *m med.* compress, pledget, pack
~ **prądowy** *el.* specific electric loading
~ **wilgotny** *med.* wet dressing
okładanie *n* facing; cladding
~ **boazerią** (*ścian*) wainscoting
~ **darnią** (*skarp*) turfing
~ **kamieniem** stone facing
~ **szczęk hamulca** brake lining
okładka *f* **dociskająca** (*przy klejeniu*) filler sheet
~ **książki** book cover
~ **ostrorysująca** *radiol.* detail screen
~ **wzmacniająca** *radiol.* intensifying screen
okładzina *f* facing; lining; cladding, *zob. też* **wykładzina**
~ **cierna** *masz.* friction lining
~ **drewniana 1.** *bud.* timber facing; wood lining **2.** *górn.* poling, cleating timber
~ **kamienna** *bud.* stone slab facing
~ ~ **skarpy** stone pitching
~ **kondensatora** *el.* capacitor plate
~ **sprzęgła** clutch facing
~ **tynkowa** *bud.* plaster board
~ **szczęk hamulca** brake lining
okno *m* **1.** window; light **2.** *siln.* port
~ **Brewstera** *opt.* Brewster window
~ **falowodowe** *el.* waveguide window, iris, diaphragm
~ **gotyckie** lancet window
~ **indukcyjne** (*falowodu*) *rad.* inductive window
~ **mansardowe** dormer (window)
~ **odmykowe** hopper window
~ **opuszczane** drop window
~ **ostrołukowe** *zob.* **okno gotyckie**
~ **przesuwne** sliding window
~ **skrzynkowe** casement window
~ **ślepe** blind window, dead window
~ **śrubowe** *okr.* propeller, screw aperture (*in the sternframe*)
~ **trójskrzydłowe** Venetian window
~ **uchylne** hopper window
~ **weneckie** Venetian window
~ **(wentylacyjne) regulacyjne** *górn.* regulator
~ **wielodzielne** mullion window
~ **witrażowe** stained glass window
~ **wlotowe** *siln.spal.* inlet port
~ **wsadowe** *hutn.* charging door, furnace door
~ **wykuszowe** bay window, bow window, oriel (window)
~ **wylotowe** *siln.spal.* exhaust port
~ **wyładowcze** (*pieca grzewczego*) *hutn.* discharge door
~ **wystawowe** shop window; show window
~ **zimowe** storm window
~ **żaluzjowe** louvre window
oko *n anat.* eye
~ **burzy** *meteo.* eye of the storm
~ **liny splecione** *żegl.* eyesplice

~ **magiczne** *rad.* magic eye
~ **pocisku** *uzbr.* fuse-hole
okolicznościowy *a* accidental, casual; occasional, incidental, circumstantial
okołobiegunowy *a* circumpolar
okołoksiężycowy *a* circumlunar
okołosłoneczny *a* circumsolar
okołoziemski *a* circum-earth
okoń *m zool.* perch, *Perca fluviatilis* L.
okopowe *pl roln.* root crops
okopywać *v roln.* hill, earth up, ridge
okorek *m drewn.* slab
okorowywać *v drewn.* bark, debark, decorticate
okostna *f anat.* periost
okowita *f ferm.* high wines (*containing* 60—90% *ethyl alcohol*)
okólnik *m* **1.** *roln.* stable-yard; cattle yard; barton **2.** (*pismo okólne*) circular letter
okółek *m bot.* whorl
okratowanie *n* grille, grating
~ **wlotu chłodnicy** *mot.* radiator grille
okrawanie *n obr.plast.* trimming (*stamping operation*)
okrawarka *f obr.plast.* trimmer, trimming machine; clipping press
okrawki *mpl obr.plast.* trimmings
okrąg *m* circle, *zob.też* **koło**
~ **cyrkulacji** *żegl.* turning circle
~ **dopisany** *geom.* excircle
~ **koła** *geom.* circumference
~ **opisany** *geom.* circumcircle, circumscribed circle
~ ~ **na trójkącie** circle circumscribed about a triangle
~ **tarczy śmigła** *lotn.* airscrew circle
~ **toczny koła** tread of a wheel (*of a vehicle*)
~ **wpisany** *geom.* incircle, inscribed circle
~ ~ **w trójkąt** inscribed circle of a triangle
okrąglak *m* round timber
okrągławy *a* subcircular
okrągłość *f* roundness
okrągły *a* round, circular
okrążać *v* encircle
okrążenie *n* circle
okres *m* period
~ **ciszy radiowej** radio silence period; silent period
~ **deszczów** rainy season
~ **długi** *chem.* long period (*of periodic system*)
~ **dmuchania** *chem.* blow period, blow stage
~ **dojrzewania** ripening period
~ ~ **betonu** *bud.* curing cycle of concrete
~ **dopuszczalny magazynowania** shelf life, storage life
~ **drgania** vibration period
~ **drgań własnych** *fiz.* natural period
~ **dwuletni** biennium, period of two years
~ **dymowy** *odl.* smoke period
~ **eksploatacji** service life
~ ~ **kopalni** mine age
~ ~ **statku powietrznego** flying life
~ **fali** *ocean.* wave period
~ **funkcji** *mat.* period of a function
~ **gazowania** *chem.* gas-making run, up-
~ **gotowania** *odl.* boiling period
~ **gotowania** *odl.* boiling period
~ **gwarancyjny** warranty period, repeat of warranty
~ **identyczności** *kryst.* identity period, axial lenght, translation period, repeat distance
~ **impulsowania** *elektron.* pulse repetition period
~ **indukcji** *chem.* induction period
~ **indukcyjny reakcji** *zob.* **okres indukcji**
~ **inkubacyjny** *biol.* incubation period, latent period; *zoot.* incubation period
~ **iskrowy** *odl.* slag-formation period
~ **iskrzenia** *zob.* **okres iskrowy**
~ **istnienia** *fiz.* life-period
~ ~ **serii** (*wyrobów*) *ek.* batch life
~ **karencji** *roln.* waiting period, preharvest interval
~ **koksowania** coking time
~ **krótki** *chem.* short period (*of periodic system*)
~ **lodowcowy** *geol.* glacial period
~ **ładowania** *żegl.* lay time, laydays
~ **małego zapotrzebowania** *el.* off-peak period
~ **mały** *chem.* short period (*of periodic system*)
~ **między kolejnymi zamówieniami** *ek.* reorder cycle
~ **międzyimpulsowy** *elektron.* interpulse period
~ **międzylodowcowy** *geol.* interglacial period
~ **międzynaprawczy** time between overhauls, TBO
~ **międzyrujowy** *zool.* an(o)estrus
~ **nieśności** (*kur*) laying period
~ **obiegu satelity** satellite period
~ **obrachunkowy** *ek.* account(ing) period
~ **obróbki cieplnej i mechanicznej** (*w cyklu zgrzewania oporowego*) postweld interval
~ **ochronny** (*w myślistwie*) close season
~ **odtleniania** *hutn.* killing stage (*in steelmaking*)
~ **otwarcia** *masz.* duration of opening, opening period
~ **płomienny** *odl.* boiling period
~ **pływu** *ocean.* tidal period
~ **początkowy** *chem.* initiation step (*of reaction*)
~ **podgrzewania wstępnego** (*w cyklu zgrzewania oporowego*) pre-weld interval
~ **podstawowy** *mat.* fundamental period, primitive period
~ **połowicznego rozpadu** *zob.* **okres połowicznego zaniku**
~ **połowicznego zaniku** *nukl.* half-life (period), half-period (*of a radioisotope*)
~ **połowicznej przemiany** *fiz.* period of half-change

~ **połowu** *ryb.* fishing period
~ **połówkowy** *zob.* **okres połowicznej przemiany**
~ **powtarzania impulsów** *el.* pulse repetition period
~ **półrozpadu** *zob.* **okres połowicznego zaniku**
~ **pozaszczytowy** (*obciążenia*) *el.* off-peak period
~ **półtrwania** *zob.* **okres połowicznego zaniku**
~ **próbny** testing period, trial period
~ **przechowywania** period of storage
~ ~ **najdłuższy dopuszczalny** safekeeping period
~ **przemiany promieniotwórczej** *nukl.* decay time, storage time, disintegration time
~ **przestoju** *masz.* down-time
~ **przygotowawczy** preparatory period
~ **przyporu zęba** *masz.* cycle of tooth contact, tooth cycle (*in a gear*)
~ **reaktora** *nukl.* reactor time constant, reactor period
~ **rozruchu** starting period
~ **rójki** (*pszczół*) swarming season
~ **ruji** *zool.* heat period
~ **skrytego spalania** *siln.spal.* ignition lag
~ **skutecznego działania pestycydu** persistence of pesticide
~ **służby lufy** *uzbr.* accuracy life of a barrel
~ **smarowania** *masz.* lubrication interval
~ **sprawozdawczy** reporting period
~ **szczytowy** (*obciążenia*) *el.* peak period
~ **średni międzyawaryjny** mean time between failures, MTBF
~ **świeżenia** *hutn.* refining stage (*in steelmaking*)
~ **tarła** *ryb.* spawning season
~ **tłoczenia pompy wtryskowej** *siln.spal.* fuel pump delivery period
~ **translacji** *kryst.* identity period, axial length, translation period, repeat distance
~ **trwałości ostrza** *obr.skraw.* tool life under cut
~ **trwania** duration; *fiz.* life(-period)
~ **ułamka** *mat.* repetend
~ **uszkodzeń początkowych** (*w teorii niezawodności*) early failure period
~ ~ **wskutek zużycia** wear-out failure period
~ **utajenia** latency time, latent period
~ **użytkowania** operation life, working life
~ ~ **silnika** *lotn.* engine installation life
~ **wahnienia** period of oscillation (*of mathematical pendulum*)
~ **warunkowy** *mat.* conditional
~ ~ **w trybie warunkowym** subjunctive conditional
~ **ważności** validity period; *ek.* currency (period)
~ ~ **patentu** duration of patent
~ **wdrażania** (*np. nowej technologii*) breaking-in period
~ **wegetacyjny** *bot.* vegetation season, growing season
~ **wiązania betonu** *bud.* concrete setting period
~ **wielki** *chem.* long period (*of periodic system*)
~ **wybiegu** (*przed zatrzymaniem się*) *masz.* stopping period
~ **wylęgania** *zoot.* incubation period
~ **wyłączenia** off-period; down-time
~ **wypalania krzemu** (*w procesie konwertorowym*) *hutn.* silicon phase of converter blow
~ **wypowiedzenia (pracy)** period of notice, term of notice
~ **wzębienia** *masz.* cycle of tooth contact, tooth cycle (*in a gear*)
~ **zachowania wysokiej jakości** *spoż.* high quality life, HQL
~ **zawiązywania kryształów** graining period
~ **zbiorów** *roln.* crop season
~ **zdatności** *skj* utility life
~ **życia** *fiz.* life(-period), lifetime
~ ~ **katalizatora** *chem.* catalyst life
~ ~ **satelity** lifetime of satellite
okresowość *f* periodicity
okresowy *a* periodic(al), recurrent
określać *v* determine; define
~ **priorytet** assign priorities
~ **z góry** predetermine
~ **zależność** determine a relationship, relate (*something*) to ...
określanie *n* determination
~ **głębokości echosondą** *żegl.* echo sounding
~ **grupy krwi** *med.* blood-grouping, blood-typing
~ **odległości metodami radioakustycznymi** *nawig.* radioacoustic ranging, RAR
~ **pozycji** *nawig.* fixing position
~ **wieku** dating, age determination
~ ~ **metodą izotopową** isotope dating
~ **wysokości** *lotn.* height finding
określenie *n* definition
określony *a* specified; particular, precise; determinate, definite
określony dodatnio *mat.* positively definite
okręg *m* district; region
~ **przemysłowy** industrial district
~ **wiejski** rural district
okręt *m* ship, vessel, *zob.też* **statek**
~ **-baza** depot ship
~ ~ **mieszkalna** barrack ship
~ ~ **okrętów podwodnych** submarine tender, submarine depot ship
~ **bojowy** fighting ship, fighting vessel, combat ship
~ **desantowy** landing craft
~ **dowodzenia** command ship
~ **dyżurny** guardship
~ ~ **obserwacji radiolokacyjnej** radar guardship
~ **eskortowy** escort ship
~ **flagowy** flagship
~ **liniowy** battleship
~ **markujący** decoy ship

~ **nieruchomy** dead ship
~ **obrony przybrzeżnej** coastal craft
~ **opancerzony** belted ship
~ **podwodny** submarine
~ ~ **atomowy** nuclear submarine, atomic submarine, A-sub
~ ~ **miniaturowy** minisub
~ **rozpoznawczy** reconnaissance ship
~ **śmigłowcowy** helicopter carrier
~ **transportowy** transport ship
~ **warsztatowy** repair ship
~ **wojenny** warship, naval vessel, man-of-war
~ **wykrywający miny** minehunter
~ **z uzbrojeniem rakietowym** rocket ship
okrętka *f* swivel; swivel socket
okrętowy *a* shipborne; naval
okrężnica *f* **1.** *okr.* gunwale **2.** *ryb.* purse net, purse seine, ring net, round-haul net **3.** *anat.* colon
~ **dmuchu** *hutn.* blast pipe, bustle pipe (*in a blast-furnace*)
okrężny *a* circumferential, circular; angular
okrojnica *f* *obr.plast.* trimming press tool
okrojnik *m* *obr.plast.* trimming die
okrój *m* *bud.* reverse templet
~ **do gzymsów ciągnionych** cornice mould, running mould
okruchowiec *m* *petr.* breccia
okruchy *mpl* **kamienne** chippings, chips, spalls
~ **wiertnicze** *wiertn.* borings
okrytonasienny *a* *bot.* angiosporous
okrytozalążkowy *a* *bot.* angiospermous
okrywa *f* **darniowa** *roln.* sod cover
~ **śnieżna** snow cover, snow mantle
okrywać *v* cover
okrzemki *mpl* *bot.* diatoms, bacillariophyceae
okrzesywanie *n* **drzew** *roln., leśn.* pruning, branching, lopping
oksalan *m* *chem.* oxalan, oxaluramide
oksalilomocznik *m* *chem.* oxalylurea, parabanic acid
oksamid *m* *chem.* oxamide
oksamoil *m* *chem.* oxam(o)yl
oksamyl *m* *zob.* **oksamoil**
oksanilid *m* *chem.* oxanilide
oksazol *m* *chem.* oxazole
oksazyna *f* *chem.* oxazine
oksimid *m* *chem.* oximide, oxalimide
oksokompleks *m* *chem.* oxo complex
oksol *m* *chem.* tetrol
oksy- = **hydroksy-** *chem.* hydroxy, hydroxyl (group)
oksyceluloza *f* *chem.* oxy-cellulose
oksydaza *f* *biochem.* oxidase
~ **aminokwasów** amino acid oxidase
~ *o*-**dwufenolowa** tyrosinase, *o*-diphenol oxidase
~ *p*-**dwufenolowa** laccase, *p*-diphenol oxidase
~ **tłuszczowa** lipoxidase
oksydowanie *n* *powł.* oxidizing, blueing, browning, black oxide finishing, blackening, black oxide treatment
~ **anodowe** anodizing
oksydymetria *f* *chem.* oxidimetry
oksyetylenowanie *n* *chem.* ethoxylation
oksyhemina *f* *biochem.* h(a)ematin
oksyhemoglobina *f* *biochem.* oxyh(a)emoglobin
oksylikwit *m* *wybuch.* liquid oxygen explosive, liquid air explosive
oksym *m* *chem.* oxime
~ **acetonu** acetoxime
~ **aldehydu** aldoxime
~ ~ **benzoesowego** benzaldoxime
~ ~ **mrówkowego** formaldehyde oxime, formaldoxime
~ **ketonu** ketoxime
oksymetr *m* *med.* oximeter
oksyna *f* *chem.* oxine
oksyterracyna *f* *zob.* **oksytetracyklina**
oksytetracyklina *f* *biochem.* terramycin, oxytetracycline
oksytocyna *f* *biochem.* oxytocin
oktadecen *m* *chem.* octadecene
oktadekan *m* *chem.* octadecane
oktadekanol-1 *m* *chem.* 1-octadecanol, stearyl alcohol
oktaedr *m* *geom.* regular octahedron
oktaedryczny *a* octahedral
oktan *m* *chem.* octane
oktanal *m* *chem.* octanal, n-octyl aldehyde, caprylic aldehyde
oktanol *m* *chem.* 1-n-octanol, primary n-octyl alcohol
oktant *m* *geom.* octant
oktawa *f* *akust.* octave
okten *m* *chem.* 1-caprylene, 1-octylene
oktet *m* **elektronowy** *fiz.* electron octet
oktoda *f* *elektron.* octode, eight electrode tube
oktoza *f* *chem.* octose
oktyl *m* *chem.* octyl
oktylion *m* *GB* octillion; *US* quindecillion
oktyloamina *f* *chem.* octylamine, amino-octane
oktyn *m* *chem.* octyne
okucia *npl* **budowlane** furniture
~ **meblowe** cabinet hardware
okucie *n* ferrule
~ **dziobnicy** *okr.* stem band
~ **ochronne** wearing-iron
okular *m* **1.** *opt.* eyepiece, ocular **2.** *obr. skraw.* rest
~ **dwuoczny** binocular eyepiece
~ **jednooczny** monocular eyepiece
~ **mikroskopu** microscope eyepiece
okulary *pl* glasses, (pair of) spectacles
~ **do bliży** reading spectacles
~ **do dali** distance spectacles
~ **końskie** horse-blinders
~ **korekcyjne** corrective glasses
~ **lornetkowe** telescopic spectacles
~ **lotnicze** flying goggles
~ **ochronne** (safety) goggles
~ **polaryzacyjne** polaroid spectacles
~ **spawalnicze** welding goggles
okulista *m* ophthalmologist, oculist
okulistyka *f* ophthalmology

okulizacja *f roln.* inoculation; budding, bud grafting
okulizak *m roln.* budding knife
okurzacz *m odl.* dust bag, dustbin
okurzać *v* **1.** dust, clear of dust **2.** *odl.* dust, powder
okurzawiec *m* dust brush, duster
olbrot *m chem.* spermaceti, cetaceum·
olbrzym *m astr.* giant star
olcha *f bot.* alder, *Alnus* Sp.
oleandomycyna *f biochem.* oleandomycin, matromycin
olefiny *pl chem.* olefins, alkenes, ethylenic hydrocarbons
oleić *v* oil, lubricate (with oil)
oleina *f chem.* olein, triolein, glycerol trioleate
oleinian *m chem.* oleate
~ **etylu** ethyl oleate
oleistość *f* oiliness; oil contents
oleisty *a* oily
olej *m* oil
~ **absorpcyjny** absorption oil, wash oil, scrubbing oil
~ **antracenowy** anthracene oil
~ **arachidowy** arachis oil, peanut oil
~ **asfaltowy** asphaltum oil
~ **bawełniany** cottonseed oil
~ **behenowy** ben oil, behn oil
~ **biały** white mineral oil, white paraffin oil
~ **bukwi tureckiej** *zob.* **olej behenowy**
~ **bunkrowy** bunker oil
~ **bursztynowy** *farm.* amber oil
~ **chaulmugrowy** *farm.* chaulmoogra oil, hydnocarpus oil
~ **chiński** (*drzewny*) Chinese wood oil, tung oil
~ **chłodniczy** (*do sprężarek chłodniczych*) refrigeration oil
~ **ciężki** *paliw.* heavy oil, dead oil
~ **cylindrowy** cylinder oil
~ **czerwieni alizarynowej** alizarin oil, Turkey red oil, sulfonated castor oil
~ **delfinowy** dolphin oil
~ **dezodoryzowany** *spoż.* deodorized oil
~ **dieslowy** diesel oil, diesel fuel, gas oil
~ **dmuchany** blown oil, oxidized oil, base oil, thickened oil
~ ~ **zagęszczony** blown stand oil
~ **do celów technicznych** denatured oil
~ **do dalszej przeróbki** unfinished oil
~ **do odpuszczania** tempering oil
~ **do pomp próżniowych** pump oil
~ **do przemywania układu olejowego** flushing oil
~ **do silników okrętowych** marine engine oil
~ **do zmiękczania bitumów i asfaltów** flux oil
~ **doprowadzany** *masz.* feed oil
~ **dorszowy** cod-liver oil
~ ~ **techniczny** cod oil
~ **drogowy** road oil
~ **drzewny** Chinese wood oil, tung oil
~ **emulgujący** emulsifiable oil
~ **flotacyjny** floatation oil
~ **fuzlowy** fusel oil; grain oil; potato spirit
~ **gazowy** gas oil, diesel oil, diesel fuel
~ **gęsty** sluggish oil
~ **gotowy** manufactured oil
~ **grafitowany** graphitic oil
~ **hartowniczy** *obr.ciepl.* hardening oil, quenching oil
~ **hipoidalny** extreme pressure oil, EP oil
~ **impregnacyjny** impregnating oil, wood preservative oil
~ **izolacyjny** insulating oil, electrical oil
~ **jadalny** edible oil
~ **kakaowy** cacao butter, theobroma oil
~ **karbolowy** carbolic oil, middle oil
~ **kokosowy** coconut oil
~ **koniugowany** dehydrogenated oil
~ **konopny** hempseed oil
~ **kopalowy** copal oil
~ **kopytkowy** neatsfoot oil, bubulum oil, hoof oil
~ **kostny** bone oil
~ **kreozotowy** creosote oil
~ **kukurydziany** maize oil; *US* corn oil
~ **lebiodkowy** origanum oil
~ **lekki** light oil
~ **letni** *siln.* summer grade oil
~ **lniankowy** cameline-seed oil
~ **lniany** linseed oil, flaxseed oil
~ **łogowy** sesame oil, ben(n)e oil
~ **łupkowy** shale oil
~ **makowy** poppy (seed) oil
~ **maszynowy** machine oil
~ **mieszany** compounded oil
~ **migdałowy** almond oil
~ **mineralny** mineral oil
~ **mirbanowy** mirbane oil
~ **naftalenowy** naphthalene oil
~ **napędowy** diesel oil, diesel fuel, gas oil
~ **neutralny** neutral oil
~ **niebieski** blue oil
~ **nieoczyszczony** raw oil, crude oil
~ **niepreparowany** uncompounded oil
~ **nierafinowany** untreated oil
~ **nieschnący** non-drying oil
~ **niskokrzepnący** cold-test oil, anti-freezing oil
~ **obiegowy** recycle stock
~ **obojętny** neutral oil
~ **odparafinowany** dewaxed oil
~ **odstearynowany** winterized oil
~ **odwodorniony** dehydrogenated oil
~ **odzyskany** recovered oil
~ **oiticica** oiticica oil
~ **olbrotowy** sperm oil
~ **oliwkowy** olive oil, sweet oil
~ **opałowy** (*do pieców przemysłowych*) furnace oil; fuel oil; heating oil, heater oil, heating fuel
~ **oświetleniowy** burning oil
~ **pakowy** pitch oil
~ **palmowy** palm oil, palm butter
~ **parafinowy** paraffin oil, liquid paraffin
~ ~ **destylowany** wax distillate
~ **perilla** perilla oil
~ **pędny** diesel oil, diesel fuel, gas oil

~ **pierwszego tłoczenia** virgin oil
~ **płuczkowy** wash oil, absorption oil, scrubbing oil
~ ~ **nasycony benzolem** benzolized oil
~ **po desorpcji** denuded oil, lean oil
~ **poekstrakcyjny** solvent-extracted oil
~ **polimeryzacyjny** polymerized oil
~ **powrotny** recycle stock
~ **pozostałościowy** residual oil, asphaltum oil
~ **półschnący** semi-drying oil
~ **preparowany** compounded oil
~ **przekładniowy** gear oil
~ **przepracowany** *masz.* used oil
~ **pszenny** wheat germ oil
~ **pyłochłonny** dust-allaying oil, dust-laying oil
~ **rafinowany** refined oil
~ **rącznikowy** ricinus oil, castor oil
~ ~ **sulfonowany** Turkey red oil, sulfonated castor oil, alizarin oil
~ **rdzeniowy** *odl.* core oil
~ **regenerowany** reclaimed oil, recovered oil
~ **resztkowy** residual oil, asphaltum oil
~ **roślinny** vegetable oil
~ **rozpuszczalnikowy** solvent oil
~ **rozpylony** oil mist
~ **rozruchowy** starting oil
~ **rozrzedzony** (*smarowy*) prediluted oil
~ **rybi** fish oil
~ **rycynowy** ricinus oil, castor oil
~ **rzepakowy** rape (seed) oil, colza oil
~ **schnący** drying oil
~ **sezamowy** sesame oil, ben(n)e oil, teel oil
~ **siarkowany** sulfurized oil
~ **silikonowy** silicone oil
~ **silnikowy** (*smarowy*) engine oil, motor oil, engine lubricant
~ ~ **nieinhibitowany** regular-type engine oil, regular motor oil
~ ~ **ulepszony** (*inhibitorami utleniania i korozji oraz detergentami*) premium-type engine oil, heavy-duty oil, HD oil
~ ~ **uniwersalny** (*zimowo-letni*) multi-grade motor oil
~ **skalny** rock oil, petroleum mineral oil, crude oil
~ **slopowy** slop oil
~ **słonecznikowy** sunflower oil
~ **smalcowy** lard oil
~ **smarowy** lubricating oil, lube oil
~ ~ **z dodatkami myjącymi** detergent oil
~ **smołowy** tar oil
~ **sojowy** soybean oil
~ **solarowy** solar oil
~ **specjalnie ciężki** extra heavy oil
~ ~ **lekki** extra light oil
~ **specjalny** special oil
~ **spermacetowy** sperm oil
~ **sulfonowany** sulfonated oil
~ **surowy** crude oil, raw oil
~ **szafranowy** safflower oil
~ **średni** middle oil, carbolic oil
~ **talowy** tall oil, tallol
~ **tłoczony** pressed oil
~ **transformatorowy** transformer oil
~ **transmisyjny** transmission oil
~ **tropikalny** tropical grade oil
~ **trotylowy** *wybuch.* TNT oil
~ **tungowy** tung oil, Chinese wood oil
~ **turbinowy** (*smarowy*) turbine oil
~ **turecki** Turkey red oil, sulfonated castor oil, alizarin oil
~ **ubogi** lean oil, denuded oil
~ **uspianowy** *farm.* chaulmoogra oil, hydnocarpus oil
~ **utleniony** oxidized oil, blown oil, base oil, thickened oil
~ **utwardzony** hardened oil, hydrogenated oil
~ **uwodorniony** *zob.* **olej utwardzony**
~ **wagonowy** dark oil, black oil
~ **wazelinowy** white mineral oil, white paraffin oil
~ **węglowy** coal oil
~ **wielorybi** whale oil, body oil, blubber oil
~ **woltolizowany** voltolized oil
~ **wrzecionowy** spindle oil
~ **wytłaczany** pressed oil
~ **z kiełków pszenicznych** wheat germ oil
~ **z nasion moreli** apricot kernel oil, persic oil
~ **z orzechów brazylijskich** Brazil-nut oil, castanka oil
~ ~ ~ **włoskich** walnut oil
~ **z orzeszków ziemnych** peanut oil, arachis oil
~ **zagęszczony** thickened oil, blown oil, oxidized oil, base oil
~ **zarobowy** *tw.szt.* doluent oil, pasting oil
~ **zdenaturowany** denatured oil
~ **zegarkowy** watch oil
~ **zielony** *paliw.* green oil
~ **zimowy** *siln.* winter grade oil
~ **zużyty** used oil, fouled oil
~ **zwierzęcy** animal oil
~ **żywiczny** rosin oil, rosinol
olejarka *f* oiler
~ **wtryskowa** squirt oiler
olejarnia *f* oil mill
olejarstwo *n* oil manufacture, oil milling
olejek *m* **ajowanowy** ajowan oil, ptychotis oil
~ **ambretowy** ambrette oil
~ **bajowy** bay(berry) oil, myrica oil
~ **bergamotowy** bergamot oil
~ **bezterpenowy** terpeneless oil
~ **dzięglowy** angelica oil
~ **dżindżergrasowy** ginger-grass oil
~ **estragonowy** estragon oil, tarragon oil
~ **eteryczny** volatile oil; essential oil; perfume oil
~ **gorczyczny** black mustard oil
~ **goździkowy** clove oil, caryophyllus oil
~ **ilangowy** ilang-ilang oil, cananga oil, ylang-ylang oil

~ **jałowcowy** juniper(-berry) oil (*from Juniperus communis*); savin oil (*from Juniperus sabina*)
~ **jaśminowy** jasmine oil
~ **jodłowy** fir oil
~ **kamforowy** **1.** camphor oil (*from Cinnamonum camphora*) **2.** *farm.* camphorated oil, camphor liniment
~ **kasjowy** cassia oil, Chinese cinnamon oil
~ **komosy piżmowej** chenopodium oil, American wormseed oil, goosefoot oil
~ **kozłkowy** valerian oil
~ **lawendowy** lavender oil
~ **lotny** volatile oil
~ **miętowy** peppermint oil
~ **odterpenowany** terpeneless oil
~ **palczatki indyjskiej** *zob.* **olejek palmarozowy**
~ **palmarozowy** Indian grass oil, palmarosa oil, East Indian geranium oil
~ **różany** attar of roses, otto of rose oil, rose oil
~ **rumiankowy** (German) camomile oil
~ **sandałowy** sandalwood oil
~ **sasafrasowy** sassafras oil
~ **starzęślowy** checkerberry oil, gaultheria oil, wintergreen oil
~ **terpentynowy** turpentine (oil), spirits of turpentine, turps
~ **walerianowy** *zob.* **olejek kozłkowy**
~ **wetiwerowy** vetiver oil, vetivert, cuscus oil
~ **wintergrinowy** *zob.* **olejek starzęślowy**
~ **z gorzkich migdałów** bitter almond oil
~ **z kory brzozowej** betula oil
~ **z kory Kaskaryli** cascarilla oil
~ **zapachowy** perfume oil; volatile oil
olejenie *n* lubrication, oiling
olejnik *m el.* oil expansion chamber, oil conservator (*in a transformer*)
olejno-żywiczny *a* oleo-resinous
olejny *a* oily
olejoodporność *f* oil resistance
olejoodporny *a* oilproof
olejoszczelny *a* oil-tight
olejówka *f* (*ubranie sztormowe*) *żegl.* oilskins
oleofilowy *a* oleophilic
oleomargaryna *f spoż.* oleomargarine
oleożywice *fpl* oleoresins
oleum *n chem.* oleum, fuming sulfuric acid, Nordhausen (sulfuric) acid
olfaktometria *f med.* olfactometry
oligocen *m geol.* Oligocene (*period or system*)
oligochromemia *f med.* oligochromemia
oligoklaz *m min.* oligoclase
oligomer *m chem.* oligomer
oligomeryzacja *f chem.* oligomerization
oligosacharydy *mpl chem.* oligosaccharides
oligosaproby *pl biol.* oligosaprobic organisms
olikowanie *n okr.* bolt-rope, roping
olinkowanie *n lotn.* bracing cables, bracing wires (*in a biplane*)
olinowanie *n okr.* rigging
~ **ruchome** running rigging
~ **spadochronu** parachute shroud lines
~ **stałe** standing rigging
oliwa *f* olive oil, sweet oil
~ **dla dzieci** *kosmet.* baby oil
~ **techniczna** olive oil foots, sulfur olive oil
oliwenit *m min.* olivenite, wood copper
oliwiarka *f* oiler
oliwić *v* oil
oliwienie *n* oiling, lubrication
oliwin *m min.* olivine, chrysolite
oliwka *f bot.* olive tree, *Olea europaea* L.
olowanie *n drewn.* dapping
olsza *f bot.* alder, *Alnus* L.
olszyna *f* **1.** *leśn.* alder forest **2.** *drewn.* alder wood
olśnienie *n* glare
~ **jednoczesne** simultaneous glare
~ **kontrastowe** contrast glare
~ **następcze** successive glare
~ **odbiciowe** reflected glare
~ **oślepiające** blinding glare
~ **poświatowe** vailing glare
~ **przeszkadzające** disability glare
~ **przykre** discomfort glare
olunek *m drewn.* dap, sally
ołowian *m chem.* plumbate
ołowianka *f* **1.** plumb-bob, plummet, souding-lead **2.** *min.* galena, lead-glance
ołowiany *a* leaden
ołowica *f* lead poisoning, plumbism, saturnine poisoning (*occupational disease*)
ołowin *m chem.* plumbite
ołowiowanie *n* leading, lead plating, lead coating
ołów *m chem.* lead, Pb
~ **antymonowy** antimonial lead, hard lead, regulus metal
~ **lutowniczy** burning lead
~ **metaliczny** blue lead
~ **radiogeniczny** *nukl.* radiogenic lead, uranium lead
~ **surowy** crude lead, base bullion, work lead
~ **techniczny** commercial lead
~ **twardy** antimonial lead, hard lead, regulus metal
~ **w blokach** pig lead
~ **z rozpadu uranu** radiogenic lead, uranium lead
ołówek *m rys.* pencil
~ **do brwi** *kosmet.* eyebrow pencil
~ **elektryczny** (*do znakowania*) electric etcher
~ **kopiowy** indelible pencil
~ **zaostrzony na łopatkę** *rys.* chisel-pointed pencil, wedge-pointed pencil
ołównik *m rys.* pencil, pencil point
~ **podwójny** road pencil
om *m jedn.* ohm
~ **akustyczny** acoustical ohm
~ ~ **jednostkowy** rayl, specific acoustical ohm, unit-area acoustical ohm
~ **cieplny** fourier, thermal ohm
oma = **om akustyczny**

oman *m* **wielki** *bot.* elecampane (inula), *Inula helenium* L.
omasztowanie *n okr.* masting
ombrometr *m* rain-gauge, pluviometer, ombrometer
omdlenie *n med.* swoon
omegatron *m* (*miniaturowy spektrograf masowy*) *elektron.* omegatron
omegówka *f obr.plast.* top-hat section
omiatać *v* sweep
omijać *v* by-pass
~ **trudność** obviate a difficulty
omłot *m roln.* **1.** threshing **2.** yield of corn (*in the threshing*)
omometr *m jedn.* metre ohm
omomierz *m* ohmmeter
omułek *m* **jadalny** *zool.* mussel, *Mytilis edulis* L.
omurowanie *n górn.* walling
omyłka *f* mistake, error
~ **w druku** misprint
~ **w obliczeniu** miscalculation, miscount
omyłkowo *adv* by mistake, erroneously
omyłkowy *a* mistaken, erroneous
ondograf *m el.* ondograph
ondulator *m telegr.* undulator
onkologia *f med.* oncology
ONPMP = Ośrodek Naukowo-Produkcyjny Materiałów Półprzewodnikowych
ontogeneza *f biol.* ontogeny
onyks *m min.* onyx
ONZ = Organizacja Narodów Zjednoczonych United Nations Organization, UNO
oolit *m min.* oolite, eggstone
~ **żelazisty** iron oölite, oölitic limonite
OP = ochrona pracy work protection
opad *m* **atmosferyczny** *meteo.* precipitation
~ **deszczowy** rainfall
~ **popiołu wulkanicznego** ash fall
~ **promieniotwórczy** (radioactive) fall-out
~ **przelotny** intermittent precipitation
~ **pyłów** dustfall
~ **śnieżny** snowfall
opadać *v* fall; drop; descend; sink; settle
opadanie *n* **1.** falling; (*osadu na dno*) settling; (*mas powietrza*) subsidence **2.** *lotn.* descent, losing hight **3.** *med.* prolapse
~ **liści** *bot.* shedding of leaves
~ **liściem** *lotn.* falling leaf (*aerobatics*)
~ **swobodne** (*osadu*) free settling
~ **w autorotacji** autorotation descent (*of a helicopter*)
~ **wierzchołka impulsu** *elektron.* pulse drop
~ **własne szybowca** sinking of a glider
~ **zakłócone** (*osadu*) hindered settling
opadowy *a* (*działający pod wpływem własnego ciężaru*) gravity operated
opakowalnictwo *n* packaging
opakowania *npl* **puste** empties
opakowanie *n* package; packaging
~ **aerozolowe** aerosol container, pressure pack
~ **bezzwrotne** non-returnable container
~ **ciśnieniowe** pressure pack
~ **do transportu morskiego** seaworthy package
~ **giętkie** flexible packaging
~ **grupowe** multipack
~ **indywidualne** prepack, prepackage
~ **jednorazowego użytku** single-trip container, STC
~ **jednostkowe** consumer package, unit package
~ **kokonowe** cocooning
~ **konturowe** blister pack(aging)
~ **koszowe** hamper
~ **kurczliwe** shrink pack(aging)
~ **niedostateczne** insufficient packaging
~ **obciągane na produkcie** skin-pack(aging)
~ **oryginalne** original package
~ **poduszkowe** pillow pack
~ **półsztywne** semirigid container
~ **próżniowe** vacuum package, vacuum container
~ **sztywne** rigid container
~ **transportowe** shipping container
~ **wielokrotnego użytku** re-use package
~ **zastępcze** substitutive package
~ **zbiorowe** omnibus package; bulk container
~ **zwrotne** returnable package, returnable container
~ ~ **rozbieralne** knock-down returnable shipping container
opakowany należycie properly packed
opakowany wadliwie badly packed
opal *m min.* opal
~ **ognisty** fire opal, pyrophane
opalacz *m* (*drobiu*) *spoż.* singeing machine
opalanie *n* **1.** *kotł.* firing **2.** *włók.* singeing
~ **mechaniczne** stoker firing
~ **powłok** (*malarskich*) paints burning off
~ **ręczne** hand-firing
opalany gazem gas-fired
opalany paliwem płynnym oil-fired
opalany węglem coal-fired
opalarka *f* (*tkanin*) *włók.* singeing machine
opalenizna *f* tan
~ **zamrażalnicza** *chłodn.* freezer burn
opalescencja *f fiz.* opalescence
opalizacja *f zob.* **opalescencja**
opał *m* furnace fuel
opancerzenie *n* armour
~ **kabla** *el.* cable sheathing
~ **kotła** boiler casing
~ **przeciw pociskom kumulacyjnym** passive armour
~ **z płyt** armour plating
opancerzony *a* armoured; bullet-proof
opanować *v* **pożar** control the fire
~ **problem** tackle a problem
opanowanie *n* **technologii** know-how
oparcie *n* support; rest; bolster
~ **belki stropowej** *bud.* floor joist bearing
~ **boczne** abutment
~ **głowy** (*np. w samochodzie*) head-rest
~ **siedzenia** back-rest
~ **ręki** (*np. w samochodzie*) arm-rest
opary *pl* vapours, fumes

~ **szkodliwe** noxious vapours
oparzelina *f* **kory** *drewn.* bark scorch
oparzenie *n med.* burn
~ **pierwszego stopnia** first-degree burn
~ **prądem elektrycznym** electrical burn
~ **słoneczne** sunburn
opas *m zoot.* fattening
opasać *v zoot.* fatten, fat
opasanie *n* **alkierzowe** stall fattening
~ **w oborze** *zob.* **opasanie alkierzowe**
opaska *f* **1.** band **2.** *bud.* finish casing, trim
~ **brzegowa** *inż.* seawall, sea bank
~ **do form bezskrzynkowych** *odl.* slip jacket for snap flask moulds
~ **drzwiowa** *bud.* door trim
~ **elastyczna** *med.* elastic bandage
~ ~ **przylepna** elastoplast
~ **kolumny** *arch.* cincture
~ **liny** whipping
~ **nośna rury** band iron pipe hanger
~ **okienna** *bud.* window trim
~ **ościeżnicy** *bud.* architrave
~ **pleciona** (*liny*) Turk's head
~ **resoru** spring hoop, spring stirrup
~ **ściągana śrubami** clamp hoop
~ **uciskowa** *med.* pressure band, pressure cuff
~ **wzmacniająca głowicę pala (drewnianego)** *inż.* driving band, pile hoop
~ **zaciskająca** *med.* tourniquet
~ **zaciskowa** band clip
~ ~ **przewodu giętkiego** hose clamp, hose clip
opatentować *v* patent (*an invention*)
OPAtom = **obrona przeciwatomowa** atomic defence
opatrunek *m med.* dressing, pack
~ **gipsowy** plaster dressing
~ **uciskowy** pressure dressing
opcja *f ek.* option
operacja *f* **1.** (*technologiczna*) operation **2.** *mat., inf.* operation **3.** *ek.* operation; transaction **4.** *med.* operation
~ **ciągła** non-batch operation
~ **dwuargumentowa** *inf.* dyadic operation
~ **I** *inf.* conjunction, AND operation
~ **jednoargumentowa** *inf.* monadic operation
~ **jednoczesna** *inf.* concurrent operation
~ **jednostkowa** unit operation
~ **logiczna** *inf.* logical operation
~ **matematyczna** mathematical operation
~ **na bieżąco** *inf.* real time operation
~ **NIE** *inf.* NOT operation
~ **niearytmetyczna** *inf.* non-arithmetical operation
~ **NIE-I** *inf.* NON-conjuction, NAND (operation), NOT-AND operation, Sheffer stroke
~ **NIE-JEŚLI-TO** *inf.* exclusion, NOT-IF--THEN operation
~ **NIE-LUB** *inf.* NON-disjunction, NOR operation
~ **obróbki skrawaniem** machining operation
~ **pamięciowa** *inf.* store-to-store operation
~ **plastyczna** *med.* plastic operation
~ **poprawkowa** *inf.* re-operation, rework
~ **szeregowa** *inf.* serial operation
operacje *fpl* **jednostkowe** *chem.* unit operations
~ **pomocnicze** (*przy porządkowaniu danych*) *inf.* bookkeeping operations
~ **porządkowe** *inf.* housekeeping operations, red tape operations
~ **symetrii** *fiz.* symmetry operations
operator *m* **1.** (*pl* **operatory**) *mat.* operator **2.** (*pl* **operatorzy**) (machine) operator, machinist
~ **brzegu** *mat.* boundary operator
~ **całkowy** *mat.* integral operator
~ **d'Alamberta** *mat.* d'Alambertian
~ **domknięty** *mat.* closed operator
~ **domykalny** *mat.* closable operator
~ **dualny** *mat.* dual operator
~ **dźwięku** *kin.* mixer
~ **dźwigu** lift operator
~ **filmowy** *kin.* cameraman
~ **gęstości** *fiz.* statistical operator, density matrix, density operator
~ **hermitowski** *mat.* Hermitian operator
~ **identycznościowy** *mat.* identity operator
~ **istotnie samosprzężony** *mat.* essentially self-adjoint operator
~ **jednostkowy** *zob.* **operator identycznościowy**
~ **kamery** *TV* cameraman
~ **kobrzegu** *mat.* coboundary operator
~ **kwantowo-mechaniczny** *fiz.* quantum--mechanical operator
~ **Laplace'a** *mat.* Laplacian, Laplace operator
~ **nabla** *mat.* del, nabla
~ **niearytmetyczny** *inf.* non-arithmetical statement
~ **normalny** *mat.* normal operator
~ **nożyc** *hutn.* shearer, shear operator
~ **ograniczony** *mat.* bounded operator
~ **pełnociągły** *mat.* completely continuous operator
~ **pseudoróżniczkowy** *mat.* pseudodifferential operator
~ **radarowy** radar operator; *US* radarman
~ **różniczkowy** *mat.* differential operator
~ **rzutowy** *mat.* projector
~ **samosprzężony** *mat.* self-adjoint operator, hypermaximal operator
~ **sprzężony** *mat.* **1.** adjoint operator (*in Hilbert space*) **2.** conjugate operator (*in Banach space*)
~ **statystyczny** *fiz.* statistical operator, density matrix, density operator
~ **Stokesa** *mech.pł.* operator D/Dt
~ **symetryczny** *mat.* symmetric operator
~ ~ **maksymalny** *mat.* maximal symmetric operator
~ **sztuczny** *tel.* artificial operator
~ **unitarny** *mat.* unitary operator
~ **wektorowy** *mat.* vector operator
~ **windy ładunkowej** *żegl.* winchman, winch operator

~ zwarty *mat.* compact operator, completely continuous operator
operatorowy *a mat.* operational
operon *m biochem.* operon
opękanie *n szkl.* crack(ing)-off
~ gorącą obręczą *szkl.* hot-wire cutting
opętnik *m* **masztu** *okr.* mast bed
opiekacz *m* (*do chleba*) toaster
opielacz *m roln.* hoe
~ do przecinki mechanicznej gapper, thinner
~ rzędowy inter-plant hoe
opielanie *n roln.* weeding
opierać *v* **się** (*na czymś*) rest; be supported on; (*o coś*) abut against
~ ~ na zasadzie be based on a principle
opierzenie *n inż.* planking; skin plates
opięcie *n* **sita** bolting cloth
opiłki *mpl* filings, file dust, swarf
opiniodawca *m* (*tekstu*) reviser
opinka *f górn.* lagging; poling; slabbing
~ drewniana timber lining
~ stropu astel
opis *m* description
~ bibliograficzny bibliographic description
~ patentowy patent specification
~ ~ pełny complete patent specification
~ procesu process description
~ techniczny specification
opisywacz *m* (punched card) interpreter
~ kontrolujący check writing interpreter
~ z przeniesieniem transfer interpreter, poster interpreter
opisywać *v* **1.** describe **2.** *mat.* circumscribe
opium *n* opium
OPL = obrona przeciwlotnicza air defence, anti-aircraft defence
oplatać *v* braid
oplatarka *f* (*do kabli*) braider, braiding machine
oplątm *m włók.* floss-silk
oplot *m* braid, plait
~ ekranujący *el.* braided screen
opłacalność *f* **ekonomiczna** worthwhileness
opłacalny *a* profitable, remunerative
opłata *f* charge; fee, *zob.też* **opłaty**
~ bojowa *żegl.* buoyage
~ celna customs duty
~ cumownicza moorage
~ dodatkowa surcharge; additional charge
~ dokowa dock charge, dockage
~ drogowa toll
~ dźwigowa cranage
~ kanałowa tool (money)
~ kolejowa railway charge
~ kotwiczna groundage, anchor dues
~ ładunkowa *żegl.* wharfage
~ obowiązująca cały rok *ek.* year-round rate
~ patentowa patent fee
~ ~ roczna patent annuity
~ pilotażowa *żegl.* pilotage
~ pocztowa postage, postal charge
~ przewozowa cartage, truckage
~ przystaniowa wharfage; quayage; berthage
~ rejestracyjna registration fee
~ roczna annuity
~ skarbowa duty
~ składowa storage, sheddage
~ stała fixed duty
~ stemplowa stamp duty
~ stępkowa *żegl.* keelage
~ sztauerska *żegl.* stevedorage
~ taryfowa tariff charge
~ ulgowa reduced charge
~ za holowanie *żegl.* towage, tugboat charge
~ za lichtowanie *żegl.* lighterage
~ za nadanie górnicze *górn.* royalty
~ za postój *kol.* demurrage
~ za przechowanie fee for safe-keeping
~ za przejazd fare
~ za przestój *kol.* demurrage
~ za przewóz łodzią boatage
~ za rezerwację booking fee
~ za rozmowę telefoniczną *telef.* call-fee
~ za śluzowanie *żegl.* lockage
opłatek *m* (*do leku*) *farm.* wafer
opłaty *fpl* dues, *zob.też* **opłata**
~ manipulacyjne handling charges
~ portowe port charges, port dues, harbour dues
~ ~ wejściowe inward charges
~ przeładunkowe cargo handling charges
opłomka *f kotł.* water tube
opłucna *f anat.* pleura
opływ *m* flow round; *mech.pł.* flow around a body
~ burzliwy *zob.* **opływ turbulentny**
~ laminarny laminar flow around a body
~ turbulentny turbulent flow around a body
~ uwarstwiony *zob.* **opływ laminarny**
opływać *v* flow round
~ przylądek *żegl.* double a cape
opływka *f okr.* fairwater
~ piasty śruby (okrętowej) fairwater (cone), propeller cap, fairwater cap
~ wału śrubowego shell bossing
opływowy *a* streamline(d)
opodatkowanie *n* taxation
opona *f* **1.** *mot.* tyre, tire **2.** *anat.* meninx
~ balonowa full balloon tyre, low-pressure tyre
~ bezdętkowa tubeless tyre
~ diagonalna diagonal tyre, bias-ply tyre
~ -gigant (*samochodu ciężarowego*) gigant cover
~ gwoździowana steel-studded tyre
~ klinczerowa clincher-bead tyre
~ kordowa cord tyre
~ miękka *anat.* pia mater
~ o osnowie z drutu metallic tyre
~ odporna na przebicie puncture-proof tyre
~ ogumienia pneumatycznego pneumatic tyre
~ okolcowana steel-studded tyre
~ opasana belted-bias-ply tyre
~ pajęcza *anat.* arachnoid
~ pełna solid tyre
~ półbalonowa semi-balloon tyre

~ **radialna** radial-ply tyre
~ **spłaszczona** (*bez powietrza*) flat tyre
~ **superbalonowa** extra low-pressure tyre
~ **surowa niewulkanizowana** green cover
~ **terenowa** cross-country tyre, off-the--road tyre
~ **twarda** *anat.* dura mater
~ **wysokiego ciśnienia** high-pressure tyre
~ **wzmocniona** heavy-duty cover
opończa *f* canvas cover; *mot.* collapsible hood
OPOP = obrona przeciw okrętom podwodnym anti-submarine defence
opora *f* abutment; back-up; **stop**
~ **nabojowa lufy** *uzbr.* cartridge stop
opornica *f* **1.** *drewn.* bench stop **2.** *kol.* switch-point saver, stock rail
~ **do strugania krawędzi** *drewn.* shooting board
opornik *m* **1.** *el.* resistor, resistance, *zob. też* **rezystor 2.** *uzbr.* recoil brake, buffer
oporność *f el.* resistance, *zob.też* **opór (elektryczny)**
~ **bierna** reactance, *zob.też* **reaktancja**
~ **czynna** effective resistance, ohmic resistance
~ **magnetyczna** reluctance, *zob.też* **reluktancja**
~ **nasycenia kolektor-emiter** collector--emitter saturation resistance
~ **pozorna** (electrical) impedance, *zob.też* **impedancja**
~ **właściwa** resistivity, specific resistance
oporopowrotnik *m uzbr.* recoil mechanism
opory *mpl* **przewodów rurowych** pipe resistance
opozycja *f astr.* opposition
opół *m drewn.* offcut
opór *m fiz.* resistance; *aero.* drag; refusal (*i.e. of a driven bolt*)
~ **aerodynamiczny** aerodynamic drag
~ **bezindukcyjny** *el.* non-inductive resistance
~ **bierny** *el.* reactance, *zob.też* **reaktancja**
~ **bryzgowy** *okr.* spray resistance
~ **całkowity** total resistance
~ **chłodzenia** (*silnika*) *lotn.* cooling drag
~ **cieplny** thermal resistance, heat resistance
~ **ciśnienia** *hydr* pressure resistance, eddy-making resistance
~ **czołowy** head resistance
~ **czopa** *drewn.* tenon shoulder
~ **czynny** *el.* effective resistance, ohmic resistance, *zob.też* **rezystancja**
~ **elektryczny** electric resistance
~ **falowy** *aero.* wave drag; *hydr.* wave--making resistance, wave resistance
~ **holowania** *żegl.* towrope resistance
~ **hydrauliczny** hydraulic resistance
~ **indukowany** *aero.* induced drag
~ **interferencyjny** *aero.* interference drag
~ **jazdy po łuku** *kol.* curve resistance, train resistance due to curves
~ ~ **pod górę** *kol.* grade resistance
~ **kształtu 1.** *aero.* form drag **2.** *hydr.* residuary resistance
~ ~ **kadłuba** *okr.* line resistance of hull
~ **lepkości** *mech.pł.* viscosity resistance
~ **magnetyczny** *el.* reluctance
~ **obciążenia** *el.* load resistance
~ **odkształcenia** *obr.plast.* resistance to deformation, deformation resistance
~ **ośrodka** resistance of the medium
~ **plastyczny** *obr.plast.* deformation resistance
~ **pługa** *roln.* draft of plough
~ **płynięcia** *obr.plast.* resistance to flow
~ **poślizgu krytyczny** *wytrz.* critical shear
~ **powietrza** *aero.* air resistance, drag
~ **pozorny** *el.* (electrical) impedance, complex impedance, *zob.też* **impedancja**
~ **profilowy** *aero.* profile drag
~ **przedarcia** *papiern.* tear resistance
~ **przepływu** *hydr.* resistance of flow
~ **przy malowaniu pędzlem** *hydr.* pulling
~ **przy wbijaniu** (*pali*) *inż.* driving resistance
~ **resztkowy** *hydr.* residuary resistance. form resistance
~ **równoważny** equivalent resistance
~ **ruchu** resistance to motion
~ **skrawania** *obr.skraw.* cutting resistance
~ **skupiony** (*w pewnych punktach toru*) *el.* lumped resistance
~ **sterowania** *okr.* steering resistance
~ **styczny** (*kadłuba statku*) *okr.* tangential resistance
~ **szkodliwy** *aero.* parasitic drag
~ **tarcia** frictional resistance; frictional drag
~ ~ **powierzchniowego** *aero.* surface friction drag, skin friction drag
~ ~ **zęba** *masz.* tooth loss
~ **tarczy wirującej** (*w płynie*) disk friction
~ **toczenia się** rolling resistance, rolling friction
~ **trakcji** *kol.* train resistance, tractive resistance
~ ~ **jednostkowy** specific train resistance
~ ~ **na łukach** train resistance due to curves, curve train resistance
~ ~ **na pochyłości** grade resistance
~ ~ **na prostej poziomej** train resistance on the level
~ ~ **w chwili ruszania** breakaway force
~ **uciosowy** *drewn.* mitre block
~ **ujemny** *el.* negative resistance
~ **upływowy siatki** *el.* grid leak
~ **użyteczny** *mech.* useful resistance
~ **w ostrzu** (*pala*) *inż.* point resistance
~ **wewnętrzny** internal resistance
~ **wirowy** *hydr.* pressure resistance, eddy--making resistance
~ **właściwy** *el.* resistivity, specific resistance
~ **wylotowy** *siln.* exhaust resistance
~ **wyrównawczy** *el.* balancing resistance
~ **wzbudzony** *aero.* induced drag
~ **wzniesienia** grade resistance
~ **zespolony** *el.* (electrical) impedance, complex impedance, *zob.też* **impedancja**

opóźniacz *m* **1.** *chem.* retarder, retardant, retarding agent **2.** *uzbr.* delayer, delay pellet
~ **korozji** corrosion inhibitor, rust inhibitor
~ **płomieni** flame retardant
~ **polimeryzacji** polymerization retarder
~ **wulkanizacji** vulcanizing retarder
opóźniać *v* retard, delay
~ **się** lag
opóźnianie *n* retardation, delay
~ **krystalizacji** inhibition of crystallization
~ **reakcji** *chem.* inhibition of reaction
opóźnienie *n* **1.** *mech.* deceleration, negative acceleration, retardation **2.** time lag; delay
~ **czasowe** time-lag; delay
~ ~ **odpowiedzi** *aut.* response time lag
~ **dielektryczne** dielectric viscosity
~ **fazowe** *el.* phase lag
~ **grupowe** *tel.* group delay
~ **kątowe** angular lag
~ **magnetyczne** magnetic viscosity, magnetic creep
~ **obwiedni** (*fali*) *tel.* envelope delay
~ **odległościowe** distance-velocity lag
~ **przeniesienia** *inf.* carry delay
~ **samozapłonu** *siln.* self-ignition delay
~ **sprężyste** *wytrz.* elastic after-effect
~ **sygnału** (*w układzie*) *tel.* propagation delay
~ **termometryczne** thermometric lag
~ **w czasie** time-lag; delay
~ **w rozwoju** *biol.* underdevelopment
~ **wtrysku** *siln.spal.* injection lag
~ **wykładnicze** *aut.* exponential lag
~ **zapłonu** *siln.spal.* ignition delay, ignition lag
opóźnieniomierz *m* decelerometer
opóźnik *m el.* delay network; delay
opóźniony w rozwoju *biol.* underdeveloped
opóźność *f* **jednostkowa toru** (*przewodowego*) *tel.* envelope delay per unit length
opracować *v* work out, elaborate
~ **metodę** develop a method, work out a method, evolve a method
~ **model matematyczny** formulate a mathematical model
~ **projekt** prepare the draft
~ ~ **normy** draft a standard
~ **zasady** develop principles
opracowywanie *n* **danych** *inf.* data handling
oprawa *f* **1.** *masz.* mount(ing) **2.** *poligr.* binding
~ **ciągadła** *obr.plast.* die case
~ **książki** book binding
~ **łożyska** bearing mounting
~ **miękka** *poligr.* flexible binding, flexicover
~ **obiektywu** lens mount(ing)
~ **oświetleniowa** lighting fitting, electric-light fitting, luminaire
~ ~ **korytkowa** trough lighting fitting
~ ~ **opuszczana** rise-and-fall lighting pendant
~ ~ **podwodna** waterproof lighting fitting
~ ~ **przeciwopryskowa** rainproof lighting fitting
~ ~ **przysufitowa** ceiling lighting fitting
~ ~ **skośna** angle lighting fitting
~ ~ **szerokostrumieniowa** wide-angle lighting fitting
~ ~ **ścienna** wall lighting fitting
~ ~ **wąskostrumieniowa** narrow-angle lighting fitting
~ ~ **wbudowana** (*w sufit lub w ścianę*) recessed lighting fitting
~ ~ **wielolampowa** multi-lamp fitting
~ ~ **wodoszczelna** waterproof lighting fitting
~ ~ **zwieszakowa** suspended lighting fitting
~ **płócienna** *poligr.* cloth binding, full-cloth
~ **struga** *narz.* plane body, plane stock
~ **w półpłótno** *poligr.* half-cloth binding, half-cloth
oprawiać *v* insert; set
~ **książki** bind books
oprawka *f* holder; adapter; socket
~ **do narzynek** dieholder, diestock
~ ~ ~ **okrągłych** circular die holder
~ **do noży stycznych** shaving holder
~ **do radełek** knurl holder, knurling tool
~ **do rozwiertaków** reamer holder, reamer bar
~ **do wierteł** drill holder
~ **do wytaczadła** bar holder
~ **kryształu** (*kwarcu*) *el.* crystal holder
~ **lampowa** lampholder, lamp socket
~ ~ **bagnetowa** bayonet cap lampholder, B.C. lampholder
~ ~ **gwintowa** screwed lampholder, Edison lampholder, E.S. lampholder
~ ~ **z wyłącznikiem** switch lampholder
~ **narzędziowa** *obr.skraw.* tool holder, toolpost
~ **obciągacza** (*ściernic*) dresser holder
~ **okularowa** spectacle frame
~ **pierścieniowa** *obr.skraw.* collet
~ **piłki do metali** hacksaw frame
~ **podatna** (*do rozwiertaków*) floating holder
~ **szybkomocująca** *obr.skraw.* quick-change holder
~ **wahliwa** (*do rozwiertaków*) floating chuck
~ **wielonożowa** *obr.skraw.* multiple cutter turner, gang tool
~ **wkładki bezpiecznikowej** *el.* fuse carrier
~ **zapłonnikowa** *el.* starter-holder
oprofilowanie *n lotn.* fairing; fillet
~ **nasady łopaty śmigła** propeller cuff
oprofilowany *a lotn.* faired
oprogramowanie *n inf.* software
~ **maszyny** standard software
~ **mikroprogramowe** firmware
~ **sprzętowe** *zob.* **oprogramowanie mikroprogramowe**

~ **układowe** *zob.* **oprogramowanie mikroprogramowe**
~ **użytkowe** application software
oprowadnica *f obr.plast.* looping trough, looping channel, looper, loop lifter
oprowadzanie *n obr.plast.* looping (*during rolling*)
opróżniać *v* empty; evacuate
opróżnianie *n* emptying; evacuation
~ **zbiorników z paliwa** (*w locie*) *lotn.* defuelling
oprysk *m* **ultramałoobjętościowy** *roln.* ultra low volume spray, ULV spray
opryskiwacz *m roln.* spraying machine
~ **plecakowy** knapsack spraying machine
opryskiwanie *n* spraying
~ **tworzywem sztucznym** spray webbing
oprzeć *v* **się** (*np. działaniu*) withstand
oprzewodowanie *n el.* wiring (system)
oprzęd *m* **kokonu** cocoon shell, floss
oprzędnik *m włók.* (straw) frame
oprzędzanie *n włók.* cocoon spinning
oprzyrządowanie *n* instrumentation
~ **naziemne statku kosmicznego** spacecraft ground instrumentation
~ **niehartowane** *obr.skraw.* soft-type tooling
~ **obrabiarki** tooling a machine-tool
~ **prasy** *obr.plast.* press tools
~ **reaktora** *nukl.* instrumentation of a reactor
optimetr *m metrol.* optimeter
optimum *n* optimum
~ **wulkanizacji** *gum.* plateau effect
optoelektronika *f* optoelectronics
optofon *m* optophone
optometr *m med.* optometer
optotyp *m med.* optotype, test figure, test mark
optycznie czynny optically active
optycznie dodatni optically positive
optycznie nieczynny optically inactive
optycznie ujemny optically negative
optyczny *a* optical
optyka *f* **1.** optics **2.** optical system
~ **elektronowa** electron optics
~ **kryształów** optical crystallography
~ **nieliniowa** nonlinear optics
~ **włóknista** fiber optics
~ **zintegrowana** integrated optics
optymalizacja *f* optimization
optymalna częstotliwość *f* **pracy** *tel.* optimum working frequency, OWF, optimum traffic frequency
optymalność *f* optimality
optymalny *a* optimum
optymizacja *f zob.* **optymalizacja**
opukiwanie *n med.* percussion
opust *m ek.* rebate, abatement, deduction of price
~ **frachtowy** *żegl.* draftage
opuszczać *v* lower; sink
~ **prostopadłą** *mat.* drop a perpendicular
~ **się** descend, come down
opuszczanie *n* **kesonu** caisson sinking
~ **się wsadu** *hutn.* descending of stock (*in a blast-furnace*)
~ **skrzydła** *lotn.* wing dropping
opuszczenie *n* **lotek** *lotn.* aileron droop
~ **skrzydeł** *lotn.* wing anhedral
~ **zapłonu** *el.* misfire (*in a rectifier*)
opuścić *v* abandon (*ship, aircraft*)
opylacz *m roln.* duster, dusting machine
~ **plecakowy** knapsack duster
opylać *v* dust, sprinkle with dust
opylarka *f górn.* dusting machine
orać *v* plough
oranż *m farb.* orange
~ **antymonowy** antimony orange, antimony vermilion
~ **chromowy** chrome orange
~ **metylowy** methyl orange, helianthine
orbita *f* orbit; trajectory
~ **Bohra** *fiz.* Bohr orbit
~ **cząsteczkowa** molecular orbit
~ **dozwolona** *fiz.* allowed orbit
~ **elektronowa** electronic orbit
~ **eliptyczna** *kosm.* elliptical orbit
~ ~ **przejściowa** (*w locie międzyplanetarnym*) transfer orbit, transfer ellipse
~ **kołowa** circular orbit
~ **kwantowa** *fiz.* quantum orbit
~ **Larmora** *fiz.* Larmor orbit
~ **oczekiwania** *kosm.* parking orbit
~ **okołoksiężycowa** circumlunar orbit
~ **okołosłoneczna** heliocentric orbit, circumsolar orbit
~ **okołoziemska** circumearth orbit
~ **paraboliczna** parabolic orbit
~ **parkingowa** *kosm.* parking orbit
~ **planety** planetary orbit
~ **przejściowa** *kosm.* transfer orbit
~ **satelity** satellite orbit
~ ~ **stacjonarnego** stationary orbit
~ **stała** *fiz.* stable orbit, equilibrium orbit
~ **ustalona** *zob.* **orbita stała**
~ **wewnętrzna** *fiz.* inner orbit
~ **zewnętrzna** *fiz.* outer orbit
~ **ziemska** earth orbit
orbital *m fiz.* orbital
~ **antywiążący** anti-bonding orbital
~ **atomowy** atomic orbital, AO
~ **Blocha** *fiz.* Bloch orbital, crystal orbital
~ **krystaliczny** *zob.* **orbital Blocha**
~ **molekularny** molecular orbital, MO
~ **niewiążący** nonbonding orbital
~ **rozmyty** *fiz.* diffuse orbital
~ **wiążący** bonding orbital
~ **wodoropodobny** hydrogen-like orbital
~ **zdelokalizowany** delocalized (molecular) orbital
~ **zhybrydyzowany** hybridized orbital
~ **zlokalizowany** localized (molecular) orbital
orbitalna liczba *f* **kwantowa** *fiz.* azimuthal quantum number, secondary quantum number
orbitalne laboratorium *n* **załogowe** *kosm.* manned orbiting laboratory, MOL
orbitować *v* (*krążyć po orbicie*) orbit
orcyna *f chem.* orcin, dihydroxytoluene

orczyk *m* **1.** *lotn.* rudder bar **2.** *el.* strain yoke (*in insulators*) **3.** *roln.* equalizing bar, equalizer (*in horse-drawn machines*) **4.** *odl.* ladle bar, ladle whiffletree **5.** *ryb.* danleno
ordowik *m geol.* Ordovician (*period or system*)
organ *m masz.* organ
~ **deprymogeniczny** *hydr.* deprimogenous organ
~ **dławiący** *hydr.* throttling organ
~ **łączeniowy** *tel.* switching unit
~ **regulacyjny** *aut.* control element
~ **spiętrzający** *hydr.* liquid level uplift unit
~ **szczątkowy** *biol.* vestige
~ **wykonawczy** *aut.* actuator
organek *m poligr.* galley
organella *f biol.* organelle
organiczny *a* organic
organizacja *f* organization
~ **logiczna** (*komputera*) logical structure
~ **pamięci** *inf.* storage organization
~ **pliku** *inf.* file organization
~ **pracy** organization of labour
~ **przedsiębiorstwa** business organization
Organizacja Europejskiej Współpracy Gospodarczej Organization for European Economic Cooperation, OEEC
Organizacja Narodów Zjednoczonych United Nations Organization, UNO
Organizacja Narodów Zjednoczonych d/s Oświaty, Nauki i Kultury United Nations Educational Scientific Cultural Organization, UNESCO
Organizacja Narodów Zjednoczonych d/s Rozwoju Przemysłu United Nations Industrial Development Organization, UNIDO
Organizacja Państw Eksportujących Ropę Naftową Organization of Petroleum Exporting Countries, OPEC
organizm *m biol.* organism
~ **ciepłolubny** *biol.* thermophile
~ **samożywny** *biol.* autotroph
organofilowy *a* organophilic
organoleptyczny *a* organoleptic
organopreparaty *mpl farm.* biologicals
organozol *m chem.* organosol
organożel *m chem.* organogel
organy *pl górn.* breaker row, close-set timbering
orientacja *f* orientation; *mat.* orientation; *fiz.* arrangement, array; (*w przestrzeni*) attitude
~ **cząsteczek** molecular orientation
~ **spinu** spin orientation
~ **uprzywilejowana** preferred orientation, texture
~ **w podstawieniu aromatycznym** *chem.* orientation in aromatic substitution
~ **wektora** *mat.* direction of a vector
orientowalność *f mat.* orientability
orientowalny *a mat.* orientable
orientowanie *n* orientation; *mat.* orientation; vectoring
~ **polimeru** *tw.szt.* racking
~ **przez rozciąganie** *tw.szt., gum.* stretching
orka *f roln.* ploughing
orlon *m włók.chem.* (*polyacrylic fibre*)
ornament *m* ornamentation
~ **czterolistny** *arch.* quatrefoil
ornitopter *m lotn.* ornithopter
ornityna *f chem.* ornithine
orny *a roln.* arable
orogeneza *f geol.* orogenesis
orogeniczny *a geol.* orogenic, orogenetic
orografia *f* orography
orosienie *n chem.* reflux, phlegm
ORP = Okręt Rzeczypospolitej Polskiej (*wojenny*)
orsztyn *m gleb.* hardpan
ortęć *f met.* amalgam
ortikon *m TV* orthicon, cathode-potential-stabilized tube
~ **obrazowy** image orthicon
ortoarsenian *m chem.* orthoarsenate, arsenate
~ **(trój)sodowy** sodium arsenate
ortoarsenin *m chem.* orthoarsenite, arsenite
ortocentrum *n mat.* orthocentre
ortochromatyczny *a fot.* orthochromatic
ortodeuter *m chem.* orthodeuterium
ortodoncja *f* orthodontics
ortodroma *f nawig.* orthodrome, great circle
ortofosforan *m chem.* orthophosphate, phosphate
ortofosforyn *m chem.* orthophosphite, phosphite
ortogonalizacja *f mat.* orthogonalization
ortogonalny *a mat.* orthogonal
ortohel *m chem.* orthohelium
ortoklaz *m min.* orthoclase
ortokrzemian *m chem.* orthosilicate
~ **dwuwapniowy** dicalcium silicate
~ **etylowy** ethyl silicate
ortomrówczan *m chem.* orthoformate
ortonormalny *a mat.* orthonormal
ortooctan *m chem.* orthoacetate
ortopedia *f* orthopedics
ortorombowy *a kryst.* orthorombic
ortowęglan *m chem.* orthocarbonate
ortowodór *m chem.* orthohydrogen
ortyt *m min.* allamite, orthite
orurowanie *n* tubulation; *wiertn.* casing (string), string of casing
oryginał *m* **rysunku** original drawing
orzacha *f bot.* groundnut, peanut, arachide, *Arachis hypogaea* L.
orzech *m* **1.** *bot.* nut **2.** (*sortyment węgla*) nut coal, bean coal
~ **brazylijski** Brazil nut, *zob.też* **orzesznica wyniosła**
~ **czarny** *bot.* black walnut, *Juglans nigra*
~ **kokosowy** coconut, *zob.też* **palma kokosowa**
~ **laskowy** hazel-nut, filbert, *zob.też* **leszczyna**
~ **tylnicy** *okr.* propeller post boss, stern boss
~ **włoski** (common) walnut, English walnut, Persian walnut, *Juglans regia* L

~ **ziemny** *bot.* groundnut, peanut, arachide
orzeczenie *n* **arbitrażowe** arbitration award
orzeszki *mpl* **buka** *bot.* beechnuts
orzesznica *f* **wyniosła** *bot.* Brazil nut, Brazilnut tree, *Bertholettia excelsa*
orzesznik *m bot.* hickory, *Carya* sp.
osad *m* deposit; sediment; settlings; precipitate, ppt; buildup; *geol.* drift
~ **aktywny** *nukl.* active deposit
~ **anodowy** anode slime
~ **bezpostaciowy** amorphous precipitate
~ **czynny** *san.* activated sludge
~ ~ **zawracany** *san.* recirculated activated sludge
~ **denny** 1. *chem.* bottoms 2. *geol.* sediment
~ ~ **pochodzenia lądowego** *ocean.* terrigenous sediment
~ **detrytyczny** *geol.* detrital sediment
~ **drożdżowy** *ferm.* lees
~ **elektrolityczny** electrodeposit
~ **eoliczny** *geol.* wind laid deposit
~ **galaretowaty** gelatinous precipitate
~ **gąbczasty** spongy precipitate
~ **głębokomorski** *ocean.* abyssal deposit
~ **kanalizacyjny** *san.* sludge
~ **krystaliczny** crystalline precipitate
~ **nadający się do usuwania** *san.* workable sludge
~ **nawiany** *geol.* wind laid deposit
~ **promieniotwórczy** (radio)active deposit
~ **przefermentowany** *san.* digested sludge
~ **przybrzeżny** *ocean.* littoral drift
~ **radioaktywny** (radio)active deposit
~ **rzeczno-lodowcowy** *geol.* glacial outwash
~ **rzeczny** *geol.* river deposit, fluvial outwash
~ **surowy** *san.* green sludge, fresh sludge
~ **ściekowy** sludge
~ **śluzowaty** *san.* fouling
~ **świeży** *san.* green sludge, raw sludge
~ **węglowy** *siln.spal.* carbon formation, carbon deposit
~ **zwarty** dense deposit
osadka *f ryb.* selvage line
osadnik *m* decanter, clarifier; *san.* settling tank, settling pond, sediment trap; mud box
~ **Imhoffa** *san.* Imhoff tank
~ **pionowy** *san.* vertical sedimentation tank
~ **poziomy** *san.* horizontal-flow sedimentation tank
~ **stożkowy** *wzbog.* settling cone
~ **świeżowodny** *san.* Imhoff tank
~ **terenowy** *san.* settling pond
~ **wstępny** *san.* primary settling tank
~ **wtórny** *san.* secondary settling tank
~ **zanieczyszczeń** (*w przewodzie*) dirt pocket
osadowy *a geol.* sedimentary
osady *mpl* **lodowcowe** *geol.* glacial drift
~ **rezydualne** *geol.* resistate
~ **rzeczne** *geol.* alluvium

osadzać *v* 1. mount; seat; embed; encase; set 2. deposit (*a coating*) 3. *obr.plast.* edge (*in rolling*)
~ **się** precipitate; settle; sediment
osadzanie *n* **chemiczne z pary** *elektron.* chemical vapour deposition, CVD
~ **elektrolityczne** electrolytic deposition
~ **przy walcowaniu** *obr.plast.* edging, edge rolling
~ **reotaksjalne** *elektron.* rheotaxial growth
~ **sieci** (*na linie*) *ryb.* rigging
~ ~ **zawieszkowe** *ryb.* osselling, norsalling
~ **się** settling, sedimentation
~ ~ **kamienia kotłowego** furring up
~ ~ **soli** salting
~ ~ **swobodne** free settling
~ ~ **wtórne** *chem.* redeposition
~ ~ **zakłócone** hindered settling
~ **warstwy epitaksjalnej** *elektron.* epitaxial growth
osadzarka *f wzbog.* jig(ger)
~ **membranowa** diaphragm jig
~ **przeponowa** *zob.* **osadzarka membranowa**
~ **pulsacyjna** pulsator (jig)
~ **z sitem nieruchomym** fixed-sieve jig
~ ~ ~ **ruchomym** movable-sieve jig
osadzenie *n* **przegubowe** articulation
~ **sprężynowe** spring mounting
~ **w łożyskach** bearing mounting
osadzony głęboko deep seated
osadzony przegubowo articulated
osazon *m chem.* osazone
oscylacja *f* oscillation, *zob.też* **drgania**
~ **atomu** *fiz.* atomic vibration
~ **plamki** *TV* spot wobble
~ **wzdłużna** (*statku*) *żegl.* surge, surging
oscylacje *fpl* **relaksacyjne** *fiz.* relaxation wiggles
~ **wierzchołka impulsu** *elektron.* pulse ripple
oscylacyjny *a* oscillatory
oscylacyjny powrót *m* **do równowagi** *aut.* oscillatory recovery
oscylator *m el.* oscillator
~ **anharmoniczny** anharmonic oscillator
~ **blokujący** blocking oscillator
~ **dudnieniowy** beat-frequency oscillator, b.f.o., heterodyne oscillator
~ **harmoniczny** harmonic oscillator, simple oscillator
~ **koherentny** coherent oscillator, coho
~ **mikrofalowy o fali wstecznej** *elektron.* carcinotron
~ **Plancka** *fiz.* Planck oscillator, radiation oscillator
~ **samodławny** blocking oscillator
~ **samowygaszany** squegger (oscillator)
~ **samowzbudny** self excited oscillator
~ **skokowy** swept oscillator
~ **wzbudzający** *tel.* actuator
oscylograf *m el.* oscillograph
~ **elektromagnetyczny** soft iron oscillograph
~ **elektronowy** oscillograph tube

~ **o podtrzymywanej próżni** pumped-type oscillograph
~ **pętlicowy** loop oscillograph
~ **szybkopiszący** high-speed oscillograph
~ **wielopromieniowy** multiple-beam oscillograph
oscylogram *m* oscillogram, oscillograph record
oscylometria *f* oscillometry
oscylopolarograf *m chem.* cathode-ray polarograph
oscylopolarografia *f chem.* oscillopolarography, cathode-ray polarography, oscillographic polarography
oscyloskop *m el.* oscilloscope
~ **samplingowy** sampling oscilloscope
oscylować *v* oscillate
oseina *f biochem.* ossein
osełka *f* whetstone, hone(stone), abrasive stick
~ **do docierania** lapping stone
~ **szmerglowa** emery stone
osełkowanie *n obr.skraw.* honing (process)
osesek *m* suckling
oset *m bot.* thistle, *Carduus*
osęka *f ryb.* gaff
osiadać *v* settle; subside; sediment; *szkl.* sag
osiadanie *n* settlement; subsidence; sedimentation; *szkl.* sagging
~ **gleby** self-consolidation of soil
~ **gruntu** *inż.* ground settlement
~ **postępujące** (*gruntu*) *inż.* progressive settlement
~ **stropu** *górn.* sag of roof, roof settlement
~ **wskutek wyrobisk górniczych** mining subsidence
~ **ziarna** (*np. w ładowni statku*) sinkage of grain
osiadły na mieliźnie podczas odpływu *żegl.* sand warped
osiągalny *a* attainable (*result, target etc.*)
osiągi *mpl* performance
osiągnąć *v* **cel 1.** reach the target **2.** achieve a purpose, achieve an object
~ **korzyść** gain an advantage of..., gain a benefit of..., derive a benefit from...
~ **maksimum** reach maximum value
~ **maksymalną wysokość** *lotn.* hit the ceiling
~ **porozumienie** reach an agreement
~ **postęp** make progress
~ **równowagę** attain equilibrium, reach equilibrium
~ **szybkość** reach a speed, achieve a speed, attain a speed
~ **wymiar** attain (proper) size
osiąść *v* **na mieliźnie** *żegl.* run aground, ground, take ground
osie *fpl mat.* axes, *zob.też* **oś**
~ **główne bezwładności** *mech.* principal axes of inertia
~ ~ **stanu naprężenia** *wytrz.* principal axes of stress
~ ~ ~ **odkształcenia** *wytrz.* principal axes of strain
~ **kolorowości** *TV* colour coordinates
~ **krystalograficzne** crystal axes
~ **współrzędnych** *mat.* coordinate axes
osiedle *n* settlement
~ **mieszkaniowe** housing estate
osierdzie *n anat.* pericardium, heart sac
osika *f bot.* aspen, asp, trembling poplar, *Populus tremula* L.
osiować *v* align, aline
osiowanie *n* alignment
osiowe *n kol.* demurrage (charges)
osiowy *a* axial
oskard *m* pick(axe)
oskrzele *n anat.* bronchus (*pl* bronchi)
osłabiacz *m fot.* reducer
~ **odrzutu** *uzbr.* recoil reducer, buffer
osłabiać *v* weaken; attenuate; abate; mitigate
osłabienie *n* **1.** weakening; attenuation **2.** *fot.* reducing
~ **masy formierskiej** *odl.* weakening of moulding sand
~ **negatywu** *fot.* negative reducing
~ **promieniowania** *fiz.* radiation attenuation
~ **włókna** weakening of the fibre
~ **wzbudzenia** *masz.el.* field weakening
~ **zakłóceń** *rad.* noise suppression
osłaniać *v* shield; screen; guard; cowl
osłanianie *n* shielding; screening; guarding; cowling
~ **prętów paliwowych** *nukl.* canning, jacketting
osłona *f* shield; screen; guard; casing; housing
~ **anodowa** *elektron.* anode sheath
~ **betonowa** *nukl.* concrete shield
~ **biologiczna** *nukl.* biological shield
~ **boczna poduszkowca** skirt of a cushioncraft
~ **chowanego podwozia** *lotn.* undercarriage fairing door
~ **cieplna** heat shield, thermal shield
~ ~ **ablacyjna** *kosm.* ablative heat-shield
~ **detektora podczerwieni** infrared dome, irdome
~ **elektromagnetyczna** electromagnetic screen
~ **elektrostatyczna** electrostatic shield, Faraday shield, Faraday cage
~ **elektryczna** electric screen
~ **elementu paliwowego** *nukl.* fuel element jacket
~ **gazowa** *hutn.* gas shroud; gaseous envelope
~ ~ **grani** *spaw.* backing shielding
~ **izolacyjna** hollow insulator
~ **kabiny pilota** *lotn.* cockpit canopy
~ **kabla** cable tube, cable duct
~ **kalorymetru** calorimeter jacket
~ **kotła** boiler casing
~ **kroplowa** (*kabiny samolotu lub szybowca*) bubble-type canopy
~ **łożyska** *masz.* bearing housing, bearing shell
~ ~ **jednolita** one-piece bearing housing
~ **magnetyczna** magnetic screen

~ **napędu rozrządu** *siln.spal.* timing case, timing cover
~ **ochronna** *nukl.* protective barrier
~ **oczu** eye-shield
~ **od kurzu** dust shield
~ **odchylna** hinged guard
~ **odrzucana** (*kabiny pilota*) jettisonable canopy
~ **pasa napędowego** *masz.* belt guard
~ **pianowa** foam protection
~ **piasty śmigła** *lotn.* spinner; nose cap
~ **pierścieniowa silnika** *lotn.* Townend ring
~ **pierwotna** *nukl.* primary protective barrier
~ **płomienia** (*gazów wylotowych*) *lotn.* glare shield
~ **powietrzna** air curtain
~ **probiercza kabla** *el.* cable test shield
~ **przeciwbryzgowa** *obr.skraw.* splash guard (*on a machine-tool*)
~ **przeciwiskrowa** *obr.skraw.* spark shield (*on a grinder*)
~ **przeciwłukowa** *el.* flash-barrier
~ **przeciwpyłowa** dust hood
~ **przeciwsłoneczna** *mot.* (sun) visor
~ ~ **obiektywu** *fot.* lens screen, lens hood
~ **przeciwwiatrowa** *okr.* dodger, weather cloth
~ **przed promieniowaniem** radiation shield, radiation protection
~ **radiacyjna** *zob.* **osłona przed promieniowaniem**
~ **resoru** *mot.* spring cover, spring gaiter
~ **rury** pipe casing
~ **silnika** cowling, engine casing
~ **spiralna** *masz.* spiral casing, volute (casing)
~ **spowalniacza** *nukl.* moderator can
~ **szamotowa** *ceram.* saggar
~ **śruby** *okr.* propeller guard
~ **termometryczna** thermometer well
~ **turbiny wodnej** water turbine casing
~ **ucha** *bhp* ear muff
~ **uszczelki** *masz.* seal housing
~ **wiatrowa** *roln.* windbreak (*in a binder*)
~ **wylotu lufy** *uzbr.* blast tube; barrel mouthpiece
~ **wziernika** (*np. radiolokatora*) viewing hood
~ **z betonu ciężkiego** *nukl.* heavy-aggregate shield
~ **z drutu** (*np. lampy*) wire guard
~ **zabezpieczająca** fender, guard
~ **zaciskowa** *el.* terminal cover
~ **zbieralnika** *kol.* dome shell
~ **zewnętrzna kabla** (*opancerzonego*) *el.* cable serving
osłonięty *a* shielded; screened; cased; cowled; (*od światła*) shaded
osłonka *f* **1.** *anat.* sheath **2.** *bot.* aril
osłuchiwanie *n med.* auscultation
osm *m chem.* osmium, Os
osmalać *v* singe
osmian *m chem.* osmate
osmofor *m chem.* osmophore, odoriphore, odour-bearing radical
osmoiryd *m met.* osmiridium, iridosmine, iridosmium
osmometr *m fiz.* osmometer
osmondyt *m met.* osmondite
osmotyczny *a* osmotic
osmowce *mpl chem.* heavy platinum metals, third triad (Os, Ir, Pt)
osmoza *f fiz.* osmosis
~ **odwrócona** reverse osmosis
osnowa *f* **1.** *włók.* warp **2.** *mat.* matrix
~ **kremu** (*kosmetycznego*) cream base
~ **luminoforu** *el.* host (crystal), base-material of a phosphor
~ **opony** tyre body, tyre carcass
~ **piaskowa** *odl.* sand grains (*in moulding sand*)
~ **stopu** *met.* metallic matrix, groundmass
~ **ściany** *bud.* base wall
osnuwanie *n tw.szt.* spray webbing
osoba *f* **fizyczna** *ek.* natural person
~ (*lub instytucja*) **popierająca** sponsor
~ **prawna** artificial person, legal person
~ **uprawniona** authorized person
osobliwość *f mat.* singularity
~ **istotna** essential singularity
~ **usuwalna** removable singularity
osobliwy *a mat.* singular
osobnik *m biol.* individual
osobokilometr *m transp.* passenger-kilometer
osocze *n biol.* plasma; serum
ospa *f* **bydlęca** *med., wet.* vaccinia, cowpox
~ **cynowa** (*wada*) *met.* tin pest, tin disease
~ **naturalna** *med.* smallpox, variola
~ **ptaków** *wet.* fowl pox
~ **wietrzna** *med.* chickenpox, varicella
ospałość *f* **termometru** thermometric lag
ospowatość *f* **1.** *odl.* pitted skin, orange peel, surface blowholes (*casting defect*) **2.** *farb.* pock-marking (*coating defect*)
osprzęt *m* fittings; fixtures; accessories
~ **bezpiecznikowy** *el.* fusegear
~ **do rurkowania** *el.* conduit fittings
~ **elektryczny** electrical equipment
~ **kadzi** *hutn.* ladle rigging
~ **kotłowy** boiler fittings, boiler accessories, boiler appliances
~ **samochodowy** motor-car accessories
~ **wypustowy** *el.* terminal fittings
ostaniec *m geol.* island mountain, monadnock, inselberg, outlier, torso mountain
ostatni *a* last, final
ostatni na wejściu — ostatni na wyjściu (*w teorii kolejek*) last-in, last-out, LILO
ostatni na wejściu — pierwszy na wyjściu (*w teorii kolejek*) last-in, first-out, LIFO
osteocyt *m anat.* bone cell
osteologia *f* osteology
osteotom *m med.* flat chisel, osteotome
ostoja *f* **lokomotywy** *kol.* locomotive frame, locomotive bed
~ **wózka** *kol.* bogie frame, truck frame

ostojnica *f kol.* side sill, skid rail
ostro do wiatru *żegl.* by the wind, on a wind, upon wind
ostro zakończony pointed
ostrobok *m zool.* saurel, horse mackerel, *Trachurus trachurus* L.
ostrobrzeżny *a* sharp-edged
ostroga *f inż.* groin, groyne, repelling spur, wing dam
ostrogi *fpl* **przeciwślizgowe** (*na kołach ciągnika*) cleat, grouser, spade lug (*on tractor's wheels*)
ostrołuk *m arch.* gothic arch, ogive
~ **pocisku** projectile ogive
ostrołukowy *a* ogival
ostromlecz *m bot.* spurge, *Euphorbia*
ostrosłup *m mat.* pyramid
~ **foremny** regular pyramid
~ **ścięty** truncated pyramid
ostrość *f* sharpness; keenness; acuity
~ **obrazu** image sharpness; sharpness of picture; *TV* high definition
~ **rezonansu** sharpness of resonance
~ **wzroku** visual acuity
~ **zarysów obrazu** *fot.* acutance
ostrożnie przetaczać *transp.* handle with care
ostry *a* **1.** sharp, keen; *geom.* acute **2.** pungent, acrid, tart (*taste, smell*) **3.** *med.* peracute
ostry zakręt *m* **1.** sharp bend **2.** sharp turn
~ ~ **o 180°** *drog.* hair-pin bend
ostry zapach *m* pungent smell
ostryga *f zool.* oyster, *Ostrea* sp.
ostryż *m* **długi** *bot.* turmeric, Indian saffron, *Curcuma longa* L.
ostrzarka *f* **narzędziowa** tool grinder, tool grinding machine, sharpening machine, sharpener
ostrze *n* **1.** *narz.* blade; cutting edge; tooth **2.** point; nib; spike; spear **3.** *mat.* cusp; (*punkt podwójny krzywej, w którym obie styczne pokrywają się*) spinode
~ **iglicy zwrotnikowej** *kol.* facing point
~ **igły** needle point
~ **impulsu** *tel.* pulse overshoot
~ **narzędzia** *obr.skraw.* tool point
~ **noża** knife-edge
~ **obciągacza diamentowego** *narz., obr. skraw.* diamond nib
~ **odgromnikowe** *tel.* earth spike
~ **ołówka** pencil point
~ **prowadzące przeciągacza** *narz., obr. skraw.* bumper tooth of a broach
~ **strzałki** arrow-head
~ **wiertła** drill point; bit
~ **woltomierza** *el.* voltmeter spike, voltmeter spear
~ **wstawiane freza** cutter blade
~ ~ **narzędzia** tool insert
~ **na ostrze** *młyn.* sharp to sharp
ostrzegacz *m* **pożarowy** fire alarm box
ostrzegać *v* warn; caution; monitor
ostrzegawczy *a* warning; cautionary; monitory
ostrzenie *n* sharpening
~ **kamienia ścieraka** *papiern.* burring
~ **na osełce** whetting
~ **na pasku** stropping
~ **pił** saw filing
~ **ściernic** dressing of grinding wheels
~ **ściernicą** grinding
ostrzeżenie *n* warning; notice
~ **o nagłej zmianie aktywności Słońca** *geofiz.* adalert, advance alert
~ **przed niebezpieczeństwem** warning of danger
~ **przed silnym wiatrem** gale warning
~ **sztormowe** *meteo.* gale warning; storm warning
ostrzyć *v* sharpen
osuszacz *m* **1.** drier; liquid separator; dehumidifier **2.** drying agent, desiccant
~ **pary** *kotł.* steam drier, steam separator
~ ~ **żaluzjowy** impact steam separator, baffle-plate steam separator
osuszać *v* dry; dehumidify; drain
~ **w eksykatorze** *chem.* exsiccate
osuszanie *n* drying; dehumidification; drainage
~ **rowami otwartymi** *melior.* open drainage
~ **terenów bagnistych** (*lub zalanych*) land accretion, land reclamation
osuwisko *n geol.* landslide, landslip
~ **skalne** rock slide
~ **stoku** *inż.* slope failure
oswajać *v* (*zwierzęta*) domesticate
oszacowanie *n* estimation; evaluation
~ **kosztów** cost estimation
~ **wartości** valuation
~ **„z grubsza"** rough estimate
oszalowanie *n inż.* timbering, boarding, planking
oszałamianie *n* (*zwierząt przed ubojem*) stunning
oszczędnościowy *a* economical
oszczędność *f* economy; saving
~ **czasu** time saving
~ **paliwa** fuel economy
~ **pracy** labour saving
oszczędzacz *m siln.spal.* economizer (*in a carburettor*)
~ **gazu** *spaw.* gas saver, gasaver, gas-mizer
oszczędzać *v* economize; save
oszklenie *n bud.* glazing (*of windows*)
osznurowanie *n* **maszyny Żakarda** *włók.* harness
oszronienie *n* frosting
oszwar *m drewn.* slab
oś *f* **1.** *mat.* axis, *zob.też* **osie 2.** *masz.* axle; staff; arbor
~ **belki** *wytrz.* centre line of a beam
~ **bez przedpiaścia** *kol* muley axle
~ **biegunowa** *kryst.* polar axis
~ **bliźniacza** *kryst.* twin-axis
~ **charakterystyczna** *kryst.* unique axis
~ **chwilowa** *mech.* instantaneous axis
~ **czasowa** time axis
~ **drążona** tubular axle
~ **działania ciągu** *lotn., kosm.* thrust axis

~ **dzielona** divided axle
~ **dźwigienek zaworowych** *siln.spal.* rocker shaft
~ **elektryczna serca** *med.* electrical axis of heart
~ **elipsy mała** minor axis of an ellipse
~ ~ **wielka** major axis of an ellipse
~ **główna stanu naprężenia** *wytrz.* principal axis of stress
~ **inwersyjna** *zob.* **oś symetrii inwersyjna**
~ **jednolita** *mot.* solid axle
~ **kołysania** *żegl.* axis of roll
~ **kotwicy** *zeg.* pallet arbor
~ **krystalograficzna** crystallographic axis
~ **liczb rzeczywistych** *mat.* real axis
~ ~ **urojonych** imaginary axis
~ **lunety** line of sight, line of collimation
~ **magnetyczna** magnetic axis
~ **napędowa** *mot.* driving axle, live axle
~ **niedzielona** *mot.* solid axle
~ **niestateczna** (*obrotu*) *mech.* unstable axis
~ **niewłaściwa obrotu** *kryst.* improper rotation axis
~ **nośna** *mot.* dead axle, stationary axle
~ **obojętna** neutral axis
~ **obrotu** *mech.* axis of rotation; *geom.* axis of revolution
~ **odciętych** *mat.* axis of abscissae, X-axis
~ **odciążona** *mot.* floating axle
~ **odniesienia** *rys.* reference axis
~ **optyczna** optic axis
~ **półodciążona** *mot.* semifloating axle
~ **pasa** *kryst.* zone axis
~ **podtrzymująca** *mot.* dead axle, stationary axle
~ **pola pływania** *hydr.* axis of intersection of waterplanes
~ **polarna** *kryst.* polar axis
~ **pręta** *mech.* centre line of a bar
~ **przechyleń** *zob.* **oś przechyłów**
~ **przechyłów** *hydr.* axis of heel, axis of angular inclination
~ **przednia** *mot.* front axle; *kol.* leading axle
~ **przegubu** pivot
~ **przekręceń** (*łopaty śmigła*) *lotn.* feathering hinge
~ **przemienna** *kryst.* alternating axis
~ **pusta** *kol.* tubular axle
~ **ruchoma** live axle
~ **ruchu śrubowego** *mech.* axis of the screw motion
~ **rzeczywista** *mat.* real axis
~ ~ **hiperboli** transverse axis
~ **rzeczywistych** *mat.* real axis
~ **rzędnych** *mat.* axis of ordinates, Y-axis
~ **sprężystości** (*belki*) *wytrz.* elastic axis
~ **stała** (*obrotu*) *mech.* permanent axis
~ **stateczna** *zob.* **oś stała**
~ **swobodna** (*obrotu*) *mech.* free axis
~ **symetrii** axis of symmetry, symmetry axis
~ ~ **czterokrotna** *kryst.* quaternary axis, tetrad axis, four-fold axis of symmetry
~ ~ **dwukrotna** *kryst.* diad axis, two-fold axis of symmetry
~ ~ **inwersyjna** *kryst.* (rotation) inversion axis, rotoinversion axis
~ ~ **przekroju wodnicowego** *hydr.* axis of intersection of waterplanes
~ ~ **sześciokrotna** *kryst.* hexad axis, six-fold axis of symmetry
~ ~ **śrubowa** *kryst.* screw axis
~ ~ **trzykrotna** *kryst.* ternary axis, triad axis, three-fold axis of symmetry, three fold rotation axis
~ **ślimaka** worm shaft
~ **świata** *astr.* axis of heavens
~ **tylna** *mot.* back axle, rear axle
~ **urojona** *mat.* imaginary axis
~ ~ **hiperboli** conjugate axis of an hiperbola
~ **(wagonowa) wydrążona** *kol.* bored axle
~ **widokowa** *arch.* vista
~ **współrzędnych** *mat.* coordinate axis
~ **wzdłużna** (*samolotu, pocisku*) roll axis
~ **z tuleją roboczą** *masz.* quill axle
~ **(zawieszenia) wahadła** axis of the pendulum
~ **zerowa profilu lotniczego** *aero.* axis of zero lift, no-lift line
~ **zestawu kołowego** *kol.* road axle
~ **ziemska** *astr.* axis of Earth
oścień *m ryb.* leister
ościeże *n bud.* reveal
~ **w głowie doku** (*lub śluzy*) jamb
~ **zukosowane** *bud.* splayed jamb
ościeżnica *f* **drzwiowa** *bud.* door frame
~ **okienna** *bud.* window frame
ościeżyna *f bud.* door lining
ość *f* **1.** *bot.* awn **2.** *zool.* (fish) bone
oślepiać *v* (*blaskiem*) dazzle
ośmiokąt *m geom.* octagon
ośmiokątny *a* octagonal
ośmiornica *f zool.* octopus, *Octopus* sp.
ośmiościan *m geom.* octahedron
~ **piramidalny** trisoctahedron
ośmiościenny *a* octahedral
ośmiowartościowy *a chem.* octavalent
ośmiowodzian *m chem.* octahydrate
ośnik *m drewn.* spokeshave, shave, drawknife
~ **do korowania** barking iron, knife-barker
ośrodek *m* **1.** *fiz.* medium, *zob.też* **środowisko** **2.** centre
~ **badań jądrowych** nuclear research centre
~ **badawczo-rozwojowy** research and development centre
~ **badawczy** research centre
~ **chłodzący** *obr.ciepl.* cooling medium, quenchant
~ **ciągły** *fiz.* continuous medium, (physical) continuum
~ **ciekły** liquid medium
~ **doświadczalny** experimental centre
~ **dyspersyjny** *fiz.* dispersion medium, continuous phase
~ **ETO** *zob.* **ośrodek obliczeniowy**

~ **giromagnetyczny** *fiz.* gyromagnetic medium
~ **główny rytmu serca** *anat.* pacemaker
~ **grzewczy** *obr.ciepl.* heating medium
~ **handlowy** commercial centre, business centre
~ **hartowniczy** *obr.ciepl.* hardening medium, quenching medium, guenchant
~ **informacji** information centre
~ **kabla** *el.* cable core
~ **koordynacji** *chem.* centre for coordination, coordination centre
~ **krystalizacji** crystal nucleus nucleus of crystallization
~ **obliczeniowy** *inf.* computer centre, electronic data-processing centre EDP centre
~ ~ **niedostępny** closed shop
~ ~ **usługowy** service computer centre
~ ~ **z maszyną dostępną** open shop
~ **pamięciowy** *inf.* storage medium
~ **płynny** *fiz.* fluid medium
~ **przemysłowy** industrial centre
~ **przetwarzania danych** *inf.* data processing centre
~ **radarowej kontroli ruchu lotniczego** radar air traffic control centre, RATCC
~ **rozdzielczy** *el.* distribution centre
~ **rozpraszający** *fiz.* dispersion medium, continuous phase
~ **społeczny** community centre
~ **spowalniający** *nukl.* moderating medium
~ **szkoleniowy** training centre
~ **wymiany informacji** *inf.* clearinghouse
~ **załamujący** *fiz.* refracting medium
ośrodkowość *f mat.* separability
ośrodkowy *a mat.* (completely) separable
ośródka *f* (*w paleontologii*) internal natural cast
oświadczenie *n* statement
~ **o abandonie** *żegl.* notice of abandonment
~ **pod przysięgą** affidavit
~ **potwierdzone notarialnie** notarized statement
oświata *f* **sanitarna** health education
oświetlacz *m* **mikroskopu** microscope illuminator
oświetlać *v* lighten, illuminate
oświetlenie *n* lighting; illumination
~ **apertury** (*anteny mikrofalowej*) *rad.* aperture field, aperture illumination
~ **awaryjne** emergency lighting
~ **bezpieczeństwa** *zob.* **oświetlenie awaryjne**
~ **błyskowe** *fot.* flashlight
~ **celu** (*radiolokacyjnego*) illumination of a target
~ **ciemniowe** *fot.* darkroom lighting
~ **dzienne** day lighting
~ **górne** sky lighting, top lighting
~ **jarzeniowe** fluorescent lighting
~ **kierunkowe** directional lighting
~ **naturalne** natural lighting
~ **płaszczyznowe** two-dimensional lighting
~ **pośrednie** indirect lighting
~ **projektorowe** floodlighting
~ **przestrzenne** three-dimensional lighting
~ **przeważnie bezpośrednie** semi-direct lighting
~ ~ **pośrednie** semi-indirect lighting
~ **punktowe** spot-lighting
~ **reflektorami szerokostrumieniowymi** floodlighting
~ **rozproszone** diffused lighting
~ **sztuczne** artificial lighting
~ **w ciemnym polu** (*przy badaniu mikroskopowym*) dark-field illumination
~ **w jasnym polu** (*przy badaniu mikroskopowym*) bright-field illumination
~ **z góry** *zob.* **oświetlenie górne**
~ **zapasowe** emergency lighting
oświetlony *a* illuminated
otaczać *v* surround; enclose
otaczający *a* ambient, surrounding
otaczarka *f drog.* paving plant
otapianie *n* **krawędzi** *szkl.* edge melting
otaśmowywanie *n* (*np. kabli*) taping
otenit *m min.* autunite
otłuszczenie *n* **serca** *med.* fatty heart, adipositas cordis, adiposity
otoczak *m* boulder, cobble
otoczenie *n* environment; surroundings; *mat.* neighbourhood
otoczka *f* envelope; *biol.* areola (*pl* areolae, areolas)
~ **ferrytyczna** *met.* ferrite halo
~ **właściwa bakterii** *biol.* capsule of bacteria
otok *m* **powielający** *nukl.* breeding blanket
otolaryngologia *f* otolaryngology
otorbiony *a med.* saccate
otoskop *m med.* otoscope
otręby *pl roln.* bran
otrzewna *f anat.* peritoneum
otrzymać *v* **dyplom** qualify as...; graduate (*from a university*); take one's degree
~ **licencję** *ek.* take out a licence
~ **patent** obtain a patent
~ **stopień naukowy** take an academic degree; graduate
otrzymywanie *n* getting; receiving; winning
~ **elektrolityczne metali** electro-winning of metals
~ **metali** winning of metals, extraction of metals, extractive metallurgy
~ **stali bezpośrednio z rudy** direct steelmaking
~ **w drodze syntezy** *chem.* synthetic preparation
otulanie *n* (*pokrywanie otuliną*) lagging, cleading
otulina *f* **1.** lag(ging), cleading, heat insulation **2.** packing material
~ **elektrody** *spaw.* covering of an electrode, coating of an electrode
~ **gazująca** *spaw.* volatile covering
~ **kotła** boiler lagging, boiler covering
~ **niskowodorowa** *spaw.* hydrogen controlled covering

~ **rury** pipe covering, pipe casing, pipe wrapping
otulony *a* lagged, heat-insulated
otwarcie *n* opening
~ **jamy brzusznej** *med.* laparotomy
~ **serca** *med.* cardiotomy
otwarte morze *n* high sea(s), open sea
otwarty *a* open; *med.* patent
otwieracz *m* opener
~ **puszek** can-opener, tin-opener
~ **tkanin** *włók.* expander
otwierać *v* open, *zob.też* **otworzyć**
otwieranie *n* **cholewy** *szkl.* blowing out
otworek *m* **kontrolny w rurociągu** pipe tap
~ **piezometryczny** *metrol.* pressure hole, pressure tap, piezometric orifice
otwornica *f* (*piła*) fret saw, compass saw, keyhole saw
otworzyć *v* **luki ładowni** *żegl.* break bulk
~ **nawiasy** *mat.* remove parentheses
~ **obwód** *el.* open a circuit
~ **rachunek** *ek.* open an account
~ **zatrzask** snap out
otwór *m* hole, opening; orifice; aperture; *anat.* meatus
~ **badawczy** *wiertn.* exploratory bore-hole; exploratory well, test well, prospect hole
~ **chłonny** *geol.*, *inż.* sink hole
~ **ciągadła** *obr.plast.* drawhole
~ **do oczyszczania** cleaning hole, cleanout
~ **do olejenia** *masz.* oilhole
~ **do palnika** *kotł.* burner port
~ **do ściągania żużla** *hutn.* slagging door, cinder notch, slag notch
~ **do zagrzewania** (*w piecu*) *szkl.* glory hole
~ **dolotowy** *masz.* inlet (opening)
~ **drzwiowy** *bud.* door-way
~ **gwintowany** tapped hole
~ **kalibrowany** calibrated orifice
~ **kluzy kotwicznej** *okr.* hawse hole
~ **kolby** *lab.* mouth of the flash
~ **kontrolny** inspection opening
~ **kryzy pomiarowej** *hydr.* iris of an orifice
~ **kwadratowy w kowadle** *obr.plast.* hardie hole
~ **ładowni** *okr.* hatch square
~ **ładunkowy** charging hole
~ **na czop** bung hole
~ **na elektrodę** (*w sklepieniu pieca łukowego*) electrode port
~ **na klin poprzeczny** *masz.* cotter way
~ **na kołek** *masz.* pinhole
~ ~ ~ **ustalający** dowel hole
~ **na śrubę** (*lub na sworzeń*) bolt hole
~ **napowietrzający** aerator, aeration vent
~ **nawiercony w osi zespórki** *kotł.* tell-tale hole
~ **nieprzelotowy** blind hole, dead hole
~ **nitowy** rivet hole
~ **obiektywu** *opt.* lens aperture, stop
~ **obserwacyjny** sight-hole
~ **odniesienia** *obr.skraw.* datum-hole
~ **odpowietrzający** vent hole, vent(ing) aperture, air vent
~ **odwadniający** drain hole
~ **okienny** *bud.* window opening
~ **okrągły w kowadle** *obr.plast.* pritchel hole, spud hole
~ **piasty koła** *kol.* axle seat
~ **po sęku** *drewn.* knothole
~ **pod gwint** tapping hole
~ **podstawowy** *masz.* basic hole (*fits*)
~ **poszukiwawczy** *wiertn.* exploratory bore-hole, exploratory well, prospect hole
~ **powietrza dodatkowego** *siln.spal.* air--bleed orifice
~ **prowadzący** *masz.* lead hole
~ **przedmuchowy** *odl.* foreblow hole
~ **przelewowy** 1. *hydr.* notch 2. *okr.* limber hole
~ **przelotowy** port
~ **przesypowy** *okr.* bleeder hole (*e.g. for grain*)
~ **roboczy** (*w piecu*) *szkl.* gathering hole, working hole, ringhole
~ **rurowy** *kotł.* tube hole
~ **smarowy** grease hole, oil hole
~ **sprzęgający** *rad.* coupling hole
~ **spustowy** *masz.* drain (hole); bottom outlet (*in a tank*)
~ ~ **surówki** tap(ping) hole, iron notch (*in a blast-furnace*)
~ ~ **w dnie łodzi** boat drain
~ ~ **żużla** cinder notch, slag notch, slag hole (*in a blast-furnace*)
~ **sterowy** *okr.* helm port, rudder port
~ **strzałowy** *górn.* blast-hole, shot-hole, plughole, gopher hole
~ ~ **bez przybitki** unstemmed shothole
~ ~ **czołowy** breast hole
~ ~ **ociosowy** rib hole
~ ~ **pomocniczy** relief hole, slab hole, splitter
~ ~ **przyspągowy** snake hole, toe hole
~ **strzelniczy** (*w murze*) *bud.* embrasure; firing port
~ **studzienny** well hole
~ **swobodny** *hydr.* free orifice
~ **ściekowy** drain hole
~ **ślepy** blind hole, dead hole
~ **świetlikowy** *bud.* lunette
~ **tonażowy** *okr.* tonnage opening
~ **ulażowy** *okr.* ullage hole
~ **ulgowy** (*do zmniejszania ciężaru konstrukcji*) lightening hole
~ **upustowy** bleeder hole
~ **ustalający skrzynki formierskiej** *odl.* moulding box pinhole
~ **użyteczny** *fot.* angular aperture
~ **w zsypni** *górn.* drawhole
~ **wentylacyjny** ventilating hole, vent
~ **wielorowkowy** *obr.skraw.* internal splines
~ **wiertniczy** bore-hole, drill-hole
~ ~ **poszukiwawczy** exploratory bore--hole, prospect hole
~ ~ **próbny** trial bore-hole
~ ~ **rurowany** cased bore-hole
~ **wlotowy** inlet
~ ~ **wirnika** (*np. sprężarki*) impeller eye

~ **włazowy** manhole
~ **włomowy** *górn.* breaking-in hole, snubbing hole, snubber
~ **wsadowy** *hutn.* charging door
~ **wstępny do dalszego wiercenia** lead hole for drilling
~ **wtryskowy formy** *tw.szt.* mould gate
~ **wyczystkowy** *kotł.* washout hole, cleaning hole, cleanout
~ **wykrawany** perforation
~ **wylotowy** outlet; mouth; escape hole
~ **wyprzedzający** *górn.* protection hole
~ **wyrdzeniowany** (*uzyskany za pomocą rdzenia*) *odl.* cored hole
~ **wywiercony** bore-hole, bore
~ **względny obiektywu** *fot.* focal ratio, stop number, f-number
~ **wziernikowy** inspection opening; peep hole
~ **wzmocniony** reinforced hole
~ **z kołnierzem** collared hole
~ **załadowczy** charging hole
~ **zapłonowy** *kotł.* lighting port
~ **zasilający** *górn.* (gas-)injection well
~ **zarzutowy w palenisku** *kotł.* furnace mouth
~ **zatopiony** *hydr.* drowned orifice, submerged orifice
~ **żużlowy** cinder notch, slag notch, slagging door (*in a blast-furnace*)
otyłość *f biol.* adiposity, fatness
owad *m* insect
~ **pożyteczny** beneficial insect
owadobójczy *a* insecticidal
owadożerny *a* insectivorous
owal *m* **1.** *geom.* oval **2.** (*wykrój owalny*) *obr.plast.* oval
~ **dwupromieniowy** double radius oval
~ **-gładzik** leading oval
~ **osadczy** slug oval, edged oval
~ **przedgotowy** leading oval
~ **spłaszczony** flat oval, hexagonal oval
~ **trójpromieniowy** triple radius oval
owalizacja *f* ovalization (*of an opening*)
owalność *f* ovality
owalny *a* oval
owantowanie *n* **diamentowe** (*jachtu*) diamond rig
owca *f zool.* sheep, *Ovis* L.
~ **cienkowełnista** fine-wool sheep
~ **kotna** in-lamb ewe
~ **mięsna** mutton sheep
~ **wełnista** wool sheep
owczarnia *f* fold, sheep shed
owicyd *m pest.* ovicide
owies *m bot.* oat(s), *Avena sativa* L.
owiewek *m lotn.* fairing
~ **kierujący** deflector, baffle (*in air-cooled engines*)
~ **nasady łopaty śmigła** airscrew blade shank cuff
owiewka *f zob.* **owiewek**
owijać *v* wrap
owijak *m żegl.* serving mallet, serving board
owijanie *n* **drzew workami** *roln.* sacking
~ **lin** *żegl.* rounding
~ **się metalu wokół walca** *obr.plast.* collaring
~ **taśmą** taping
owijarka *f* wrapping machine
~ **kabli** *el.* cable covering machine
owijka *f* (*w oponie*) bead cover (*in a tyre*)
owłosiony *a biol.* hirsute
owoc *m* fruit, *zob.też* **owoce**
~ **miękki** soft fruit
~ **pestkowy** drupe, stone fruit
~ **płynny** fruit juice
~ **pojedynczy w gronie** acinus (*pl* acini), drupelet
~ **twardy** hard fruit
owoce *mpl* **cytrusowe** citrus fruit
~ **kandyzowane** candied fruit
~ **suszone** dried fruit
owocobranie *n* gathering of fruit
owocować *v* fructify, bear fruit
owocowiec *m* fruit carrier, fruit ship
owodnia *f anat.* amniotic sac, amnion
owoskop *m spoż.* eggtester
owój *m* (*kabla*) lapping, serving, wrapping, cable covering, overwrap
owręże *n okr.* midship section, midship bend
owrężenie *n okr.* framing
~ **budowlane** frame lines, frame body plan
~ **poprzeczne** transverse framing
owrzodzenie *n* **chromowe** (*choroba zawodowa*) chrome ulceration
owsik *m zool.* (human) threadworm, pinworm, *Enterobius vermicularis*
owulacja *f fizjol.* ovulation
oxytetracyklina *f biochem.* terramycin, oxytetracycline
oz *m geol.* esker, back furrow
ozdabiać *v* ornament, decorate
ozdoba *f* ornamentation; decoration
ozdobny *a* ornamental, decorative, fancy
ozdoby *fpl* **szklane** gablonz glassware
oziębiacz *m* cooler
~ **bańkowy mleka** in-churn milk cooler
oziębiać *v* cool down; *obr.ciepl.* quench
oziębianie *n* cooling down; *obr.ciepl.* rapid cooling, quenching
~ **głębokie** *zob.* **oziębianie do niskich temperatur**
~ **do niskich temperatur** *chłodn.* low-temperature refrigeration
oziębiarka *f* refrigerating machine, refrigerating unit
oziminy *fpl roln.* winter crops
oznaczalny *a chem.* determinable
oznaczanie *n* **1.** notation, marking **2.** *chem.* determination; assay
~ **barwami** distinctive painting
~ **grupy krwi** blood grouping, blood typing
~ **ilościowe** *chem.* quantitative determination, estimation
~ **jakościowe** *chem.* qualitative determination
~ **liczby oktanowej** *paliw.* fuel rating
~ **miareczkowe** *zob.* **oznaczanie objętościowe**

~ **objętościowe** *chem.* volumetric determination
~ **pH** *chem.* **pH** determination
~ **pośrednie** *chem.* indirect determination
~ **próby metalu** assay of a metal
~ **wagowe** *chem.* gravimetric determination
~ **wieku** age determination, dating
~ **ziarnistości** sieve analysis, mesh analysis, screen analysis
oznaczenie *n* **1.** designation, denotation **2.** *chem.* determination
~ **bibliograficzne** bibliographical strip
~ **liczbowe gładkości powierzchni** *rys.* roughness number
oznacznik *m inf.* tag
oznakowanie *n* marking
~ **drogi** road signs
ozobrom *m fot.* ozobrome
ozokeryt *m min.* ozocerite, ozokerite, mineral wax
~ **oczyszczony** ceresin(e), ceressin wax, cerin
ozon *m chem.* ozone, O_3
ozonek *m chem.* ozonide
ozonid *m zob.* **ozonek**
ozonizator *m* ozonator, ozonizer, ozone generator
ozonoliza *f chem.* ozonolysis
ozonosfera *f geofiz.* ozonosphere
ozonowanie *n* ozonization
ożaglowanie *n* sails
~ **bermudzkie** Bermuda rig, Bermuda sail, Marconi rig
~ **łacińskie** lateen rig
~ **Marconi** Marconi rig, Bermuda rig, Bermuda sail
~ **rejowe** square rig
~ **skośne** fore-and-aft rig
~ **trójkątne** Marconi rig, Bermuda rig, Bermuda sail
ożóg *m* fire iron
ożużlanie *n hutn.* fluxing, scorification
ożywianie *n* **1.** *włók.szt.* avivage **2.** *med.* reanimation, resuscitation, transanimation
~ **odwiertu** *górn.* (oil-)well stimulation
~ **osadu** *san.* sludge activation

Ó

ósemka *f* **1.** *mat.* octant **2.** *żegl.* eight-man rowboat **3.** *żegl.* figure eight fake **4.** (*arkusz o formacie* 8°) octavo sheet **5.** *lotn.* figure eight (*manoeuvre*)
ósemkowy *a mat.* octal
ósemnik *m tel.* eight-terminal network

P

P = parzystość (*liczba kwantowa*) *fiz.* parity
P = puaz *jedn.* poise
p = piko- pico-
p = pond *jedn.* gram-force
Pa = paskal *jedn.* pascal
p.a. (*łac.* **pro analisi**) **= do analizy** *chem.* for analysis
paca *f bud.* long float
pacha *f* **sklepienia** *arch.* haunch
pachnący *a* odoriferous
pachnieć *v* smell
pachoł *m zob.* **pachołek**
pachołek *m żegl.* bollard, bitt
~ **cumowniczy** mooring bitt, mooring post
~ **drogowy** road guard, guide post
~ **holowniczy** towing bollard
~ **nabrzeżny** checking bollard
~ **podwójny** double bollard, bitts
pachwina *f* **łuku** *arch.* spandrel
paciorek *m* bead
paciorkowiec *m biol.* streptococcus
packa *f* **drewniana** *bud.* float
~ **metalowa** *bud.* trowel
~ ~ **do zacierania** smoothing trowel
~ ~ **zaokrąglona** (*do powierzchni wklęsłych*) circle trowel
paczenie *n* **się** warpage, warping
paczka *f* parcel; package
~ **cząstek** *nukl.* bunch of particles
~ **falowa** *fiz.* wave packet
~ **greży** *włók.* book (*of grege silk*)
~ **złomu** *hutn.* bale of scrap
paczkarka *f* **złomu** *hutn.* scrap baling press, scrap baler, scrap press, scrap compacting press
paczkarnia *f* packing room, parcel-room
paczkowanie *n* parcelling; prepackaging
~ **złomu** *hutn.* baling of scrap, compaction of scrap, consolidation of scrap
paczyć *v* **się** warp
padanie *n* (*promieni*) *fiz.* incidence
~ **liściem** *lotn.* falling leaf (*aerobatics*)
paduny *mpl okr.* backstays
pagina *f* **dolna** *poligr.* drop folio
~ **górna** head folio
~ **martwa** folio
~ **żywa** headline, running head, page head
paginacja *f poligr.* pagination
pagodyt *m min.* pagodite, agalmatolite
pagórek *m* hill
~ **ciśnienia** pressure hill
~ **tarcia** (*w teorii walcowania*) *hutn.* friction hill
pająk *m zool.* spider
pajęczaki *mpl zool.* arachnida
pajęczarz *m rad.* black listener
pajęczynówka *f anat.* arachnoid (membrane)
pak *m* **1.** pitch **2.** (ice) pack
~ **drzewny** wood-tar pitch
~ **kalafoniowy** rosin pitch
~ **kumaronowy** coumarone pitch
~ **lodowy** *ocean.* ice pack
~ **smołowy** tar pitch, coke pitch
~ **stearynowy** stearine pitch
~ **węglowy** coal-tar pitch
paka *f* bin (*for the storage of bulk substance*)
pakiet *m* pack, bunch
~ **blach** *obr.plast.* sheet pack (*for rolling*)
~ **dysków** *inf.* disk pack
~ **elektronów** *fiz.* parcel of electrons
~ **falowy** *fiz.* wave packet
~ **łopatek** (*turbiny*) blade pack
~ **miki** *petr.* mica book
~ **prętów** *obr.plast.* faggot
~ **programowy** *inf.* software package, software module
~ **rdzeniowy** *el.* (laminated) core assembly
pakietowanie *n transp.* packeting; parcelling
~ **prętów** *obr.plast.* faggoting, bushelling
~ **złomu** *hutn.* cabbaging
pakiety *mpl* **poślizgu** *kryst.* glide packets
pakowacz *m* packer
pakować *v* pack
pakowanie *n* **1.** packing; packaging **2.** *inf.* packing (*data*)
~ **próżniowe** vacuum packing
~ **w beczki** barrelling, casking
~ **w gazie obojętnym** gas packing
~ **w kartony** cartoning
~ **w papier** wrapping in paper
~ **w pudełka** boxing; cartoning
~ **w puszki** tinning; canning
~ **w worki** sacking, bagging
pakowarka *f* pack(ag)ing machine, packer
pakownia *f* packing department
pakówka *f transp.* dry barrel
pakuły *pl* tow; oakum; hards, hurds
pakunek *m* **1.** package **2.** packing; seal
~ **smarujący** *kol.* lubricating packing
pal *m inż.* pile; spile
~ **betonowany na miejscu budowy** in situ concrete pile
~ **betonowy w płaszczu stalowym** steel-shelled concrete pile
~ **cumowniczy** *żegl.* mooring pile, mooring post
~ **drewniany** timber pile, spile
~ ~ **impregnowany** treated pile
~ **kierujący** (*ścianki szczelnej*) king pile
~ **kotwiący** anchor pile
~ **nośny** bearing pile

~ **o stopie poszerzonej** bulb pile
~ **odbojowy** *żegl.* fender pile, pile fender
~ **piaskowy** sand pile
~ **słupowy** *zob.* **pal stojący**
~ **stojący** point bearing pile, end-bearing pile
~ **ścianki szczelnej** sheet pile
~ **śrubowy** screw pile
~ **talerzowy** disk pile
~ **ubijany** (*na miejscu budowy*) cast-in--situ concrete pile
~ **ukośny** battered pile
~ **wbijany** driven pile
~ **wiszący** friction pile
~ **z poszerzoną podstawą** bulb pile
~ **zastrzałowy** batter pile, raking pile
~ **zawiercany** screw pile
~ **zawieszany** friction pile
palacz *m kotł.* stoker, fireman
palarnia *f* smoking room
palący się burning
palący się swobodnie free burning
palcowanie *n poligr.* fingering the keys, tapping the keys
palczak *m* **łososia** *zool.* salmon parr, fingerling
palczasty *a zool.* digitate
palec *m* **1.** *anat.* finger **2.** *masz.* finger, pin
~ **gumowy** *med.* finger cot
~ **mechanizmu podającego** *obr.skraw.* feed finger
~ **nastawczy** *tel.* selecting finger
~ **prowadzący** (*przy kopiowaniu*) *obr. skraw.* tracer-finger, form tracer, explorator, follower
~ **przerzutowy** *zeg.* locking-stone, roller jewel, roller pin
~ **rozdzielacza** *masz.* distributor rotor arm
~ **spustowy** *uzbr.* firing lever; sear
~ **steru** *okr.* rudder pintle
~ **u nogi** *anat.* toe
~ **zabieraka** *obr.skraw.* driving pin, driving dog, dog carrier (*in a lathe*)
~ **zsuwający** *obr.plast.* flip-off finger
palenie *n* **się** burning
~ **się degresywne** *wybuch.* degressive burning
~ **wzbronione** *bhp* smoking prohibited, no smoking
palenisko *n* furnace
~ **bezekranowe** all-refractory furnace
~ **całkowicie zaekranowane** complete waterwall furnace
~ **cyklonowe** cyclone furnace
~ **fluidyzacyjne do spalania osadu ściekowego** *san.* fluidized bed for waste sludge
~ **kotła** boiler furnace
~ **kowalskie** forge hearth, smithy forge
~ **kuchenne** (kitchen) range
~ **na gaz** gas-fired furnace
~ **na ropę** oil-fired furnace
~ **odciekowe** molten-slag furnace, slag--tap furnace
~ **podsuwowe** stoker
~ **przednie** = **przedpalenisko** Dutch oven
~ **pyłowe** (*opalane paliwem pyłowym*) pulverized-fuel fired furnace
~ **ręczne** hand-fired furnace
~ **rusztowe** grate furnace
~ **tymczasowe wygrzewcze** *szkl.* heating--up flue
~ **z odprowadzeniem ciekłego żużla** molten-slag furnace, slag-tap furnace
~ **zaekranowane** waterwall furnace, water cooled furnace
paleogen *m* (*oddział*) *geol.* Older Tertiary system
paleontologia *f* paleontology
paleozoik *m geol.* **1.** Palaeozoic era **2.** Palaeozoic group
paleta *f* **1.** *transp.* pallet, tray **2.** *zeg.* pallet (jewel)
~ **dwupłytowa** *transp.* double-decked pallet
~ **jednopłytowa** *transp.* single-decked pallet
~ **kołkowa** *zeg.* pin pallet
~ **skrzynkowa** *transp.* box pallet
~ **słupkowa** *transp.* post pallet
~ **wejściowa** *zeg.* entrance pallet, receiving pallet, outside pallet
~ **wyjściowa** *zeg.* exit pallet, discharging pallet, unlocking pallet
paletyzacja *f* (*wprowadzanie palet do transportu i składowania*) palletization
paletyzator *m* (*urządzenie do paletyzowania*) palletizer
palić *v* **się** burn
palik *m* peg; stake
~ **pikietowy** *geod.* guide stake
palikować *v geod.* peg; *bud.* stake out
palisada *f* palisade; stockade
~ **łopatek** *masz.* grid of blades, lattice of blades, blade cascade
~ **pomiarowa** *hydr.* measuring palisade, measuring grid
~ **profilów lotniczych** aerofoil palisade
paliwo *n* fuel
~ **alkoholowe** alcohol fuel
~ **antydetonacyjne** anti-knock fuel
~ **bezpieczne** safety fuel
~ **borowodorowe** boron fuel
~ **brykietowane** patent fuel
~ **ceramiczne** *nukl.* ceramic fuel
~ **ciekłe** liquid fuel, liquid propellant
~ **ciężkie** heavy fuel
~ **do reakcji fuzji** *nukl.* fusion fuel
~ **do silników gaźnikowych** carburettor fuel
~ ~ ~ **turboodrzutowych** jet fuel
~ ~ ~ **wysokoprężnych** Diesel fuel
~ **egzotyczne** *lotn., rak.* exotic fuel
~ **etylizowane** leaded fuel
~ **gazowe** gaseous fuel, fuel gas
~ ~ **sztuczne** manufactured fuel gas
~ **gaźnikowe** carburettor fuel
~ **jądrowe** nuclear fuel, atomic fuel
~ ~ **wypalone** spent nuclear fuel
~ ~ **wzbogacone** concentrated nuclear fuel
~ **kopalne** mineral fuel, fossil fuel
~ **lekkie** light fuel

~ **lotnicze** aviation fuel, aircraft fuel
~ **martwe** (*którego nie można usunąć z samolotu stojącego na ziemi*) trapped fuel
~ **metaliczne** metallic fuel
~ **mineralne stałe** solid mineral fuel
~ **napromienione** *nukl.* irradiated fuel
~ **niejednorodne** composite fuel, composite propellant
~ **niekonwencjonalne** *lotn., rak.* exotic fuel
~ **niezużywalne** (*pozostałe po próbie całkowitego zużycia paliwa*) *lotn.* unusable fuel
~ **olejowe** oil fuel, fuel oil, f.o.
~ **płynne** liquid fuel
~ **przeciwstukowe** anti-knock fuel
~ **pyłowe** pulverized fuel
~ **rakietowe** rocket propellant, *zob.też* **materiał napędowy**
~ ~ **jednorodne** homogeneous propellant
~ ~ **niejednorodne** composite propellant
~ ~ **właściwe** rocket fuel
~ **silnikowe** engine fuel, motor fuel
~ **stałe** solid fuel
~ **standardowe** (*do badania własności antydetonacyjnych*) reference fuel
~ **syntetyczne** synthetic fuel; syncrude
~ **świeże** green fuel (*e.g. coke*)
~ **termojądrowe** thermonuclear fuel, fusion fuel
~ **tlenkowe** *nukl.* ceramic fuel
~ **umowne** fuel unit, theoretical standard fuel
~ **w kawałkach** lump fuel
~ **wysokoenergetyczne** high energy (rocket) fuel, zip fuel
~ **wysokooktanowe** high-octane fuel
~ **wzbogacone** *nukl.* enriched fuel
~ **wzorcowe** (*do badania własności antydetonacyjnych*) standard fuel, reference fuel
~ **z dodatkami uszlachetniającymi** doped fuel
~ **z łupków bitumicznych** shale oil fuel
~ **zastępcze** alternat(iv)e fuel; substitute fuel
~ **zregenerowane** *nukl.* regenerated fuel
~ **zubożone** *nukl.* **1.** (*materiałem nierozszczepialnym*) denatured fuel **2.** (*pozbawione rozszczepialnych izotopów*) depleted fuel
paliwomierz *m* fuel gauge, fuel indicator
paliworodność *f nukl.* fertility
paliworodny *a nukl.* fertile
pallad *m chem.* palladium, Pd
palma *f* **daktylowa** *bot.* date(-palm), *Phoenix dactylifera*
~ **kateszowa** betel nut palm, *Areca catechu*
~ **kokosowa** coconut (palm), *Cocos nucifera*
palmityna *f chem.* palmitin, tripalmitin
palmitynian *m chem.* palmitate
~ **cetylu** cetin, cetyl palmitate
palnik *m* **1.** burner **2.** *spaw.* blowpipe; torch
~ **acetylenowo-tlenowy** oxy-acetylene blowpipe
~ **alkoholowy** alcohol burner
~ **Bunsena** *lab.* Bunsen burner
~ **długopłomienny** long flame burner
~ **dmuchawkowy** blast burner
~ **do cięcia** cutting blowpipe
~ ~ ~ **gazowego** flame-cutting torch, gas cutting torch
~ ~ ~ **pod wodą** underwater cutting blowpipe, underwater torch
~ ~ ~ **poprzecznego** (*np. wlewków ciągłych*) cut-off torch
~ **do hartowania płomieniowego** flame hardening torch, flame hardening blowpipe
~ **do obróbki szkła** blowpipe, blast lamp
~ **do oczyszczania ogniowego** (*np. wlewków*) flame cleaning blowpipe, flame scarfing torch
~ **do podgrzewania** *spaw.* heating torch
~ **do przecinania** *zob.* **palnik do cięcia poprzecznego**
~ **do rozpalania żeliwiaków** cupola lighter
~ **do skórowania** *hutn.* deseaming blowpipe, scarfing torch
~ **do usuwania zgorzeliny** descaling blowpipe, flame conditioning torch
~ **do wypalania chwastów** weed burner
~ **do żłobienia** *spaw.* gouging blowpipe, gouging torch
~ **dwupłomieniowy** *spaw.* twin flame torch
~ **gazowy** gas burner
~ **łukowo-tlenowy** *spaw.* arc-oxygen torch
~ **maszynowy** *spaw.* mechanical torch
~ **motylkowy** *lab.* batswing burner, wing-topped burner, fish-tail burner
~ **Nernsta** Nernst lamp, Nernst glower
~ **niskiego ciśnienia** *spaw.* low-pressure torch
~ **nurnikowy** *lab.* submerged-flame burner
~ **o mieszaniu zewnętrznym** *kotł.* external-mixing burner
~ **o przepływie wirowym** turbulent burner
~ **o spalaniu bezpłomieniowym** *lab.* surface combustion burner
~ **o stałej wydajności** *spaw.* fixed head blowpipe
~ **olejowy** *kotł.* oil burner
~ ~ **z rozpylaniem parą** steam-oil burner
~ ~ **z rozpylaniem powietrzem** air-oil burner
~ **oszczędnościowy** pilot burner
~ **pierścieniowy** (*piecowy*) toroidal burner; ring burner
~ ~ **rozwierany** *spaw.* split annular torch
~ **plazmowy** plasma burner, plasma torch; plasmatron
~ ~ **do spawania** plasma welding torch
~ **powietrzno-gazowy** *spaw.* gas-air blowpipe
~ **pyłowy** powdered-fuel burner

~ **ręczny** *spaw.* hand blowpipe, manual torch
~ **ropowy** oil burner
~ **rotacyjny** (*olejowy*) rotary burner
~ **rozruchowy** (*do rozpalania kotła pyłowego*) lighting-up burner
~ **równoprężny** *spaw.* balanced pressure torch, equal-pressure torch
~ **spawalniczy** welding blowpipe, welding torch
~ **spirytusowy** alcohol burner
~ **strumieniowy** jet burner
~ **tlenowo-acetylenowy** oxy-acetylene blowpipe
~ **tlenowo-gazowy** *spaw.* oxygen-gas torch
~ **tlenowo-paliwowy** *hutn.* oxygen-fuel burner, oxy-fuel torch
~ **tlenowo-wodorowy** oxygen-hydrogen blowpipe
~ **uniwersalny** (*do spawania i cięcia*) welding and cutting torch
~ **w ścianie czołowej pieca grzewczego** *hutn.* end burner
~ **wielopłomieniowy** multiflame torch, multijet blowpipe
~ **wirowy** (*o przepływie wirowym*) turbulent burner, spin-type burner
~ **wysokiego ciśnienia** *spaw.* high-pressure torch
~ **z rozpylaniem mechanicznym** *kotł.* mechanical-atomizing burner
~ **z wirującym stożkiem** *kotł.* rotary cup burner
~ **zanurzeniowy** *lab.* submerged-flame burner
palność *f* combustibility, (in)flammability
palny *a* combustible, (in)flammable
palonka *f ceram.* (refractory) grog
palony *a* burnt, burned
palowanie *n* piling
palpacja *f med.* palpation
paluszek *m narz.odl.* fluted bead
pałac *m* palace
pałąk *m* bail; bow
~ **do dźwignic** *transp.* grab link
~ **holowniczy** *okr.* tow rail, towing beam
~ **ochronny** safeguard bow
~ **słuchawki** *tel.* headband
~ **zabezpieczający** (*w razie przewrócenia się samochodu*) roll bar
pałeczka *f* **chromatograficzna** *chem.* chromatobar
~ **do spawania** welding rod, filler rod
~ **do tamowania krwi** (*np. przy goleniu*) styptic pencil
~ **goła** *spaw.* bare rod
~ **otulona** *spaw.* coated rod
~ **rdzeniowa** *spaw.* flux cored filler rod
~ **szklana** *lab.* glass rod
pamięć *f inf.* memory, store, storage
~ **adresowa** address memory
~ **aktywna** read-write memory, RWM
~ **akustyczna** acoustic memory
~ **asocjacyjna** associative store, content addressed store, content addressable memory, CAM
~ **autonomiczna** off-line store
~ **bębnowa** (magnetic) drum memory
~ **buforowa** buffer memory, buffer store
~ **centralna** *zob.* **pamięć operacyjna**
~ **cienkowarstwowa** (magnetic) thin (film) memory
~ **danych** data memory
~ **domenowa** magnetic domain store, bubble memory
~ **drutowa** wire-plated store, plated wire memory, wire storage
~ **dwuwartościowa** two-value store
~ **dynamiczna** dynamic memory
~ **dyskietkowa** floppy disk memory
~ **dyskowa** (magnetic) disk memory
~ **ferrytowa** (ferrite) core memory, (magnetic) core store
~ **fotograficzna** photographic store
~ **głównie stała** read-mostly memory, RMM
~ **holograficzna** holographic memory
~ **integralna** on-line store
~ **karuzelowa** carousel memory
~ **kasowalna** erasable memory
~ **komputerowa** computer store, computer memory
~ **kriogeniczna** *zob.* **pamięć kriotronowa**
~ **kriotronowa** cryotronic memory
~ **kształtu** *tw.szt.* elastic memory
~ **kumulowana** add-on memory
~ **laserowa** laser memory
~ **magnetostrykcyjna** magnetostrictive memory
~ **magnetyczna** magnetic memory
~ ~ **bębnowa** magnetic drum memory, drum storage
~ ~ **cienkowarstwowa** (magnetic) thin (-film) memory
~ ~ **domenowa** magnetic domain store, bubble memory
~ ~ **drutowa** wire-plated store, plated wire memory, wire storage
~ ~ **dyskowa** magnetic disk memory
~ ~ **ferrytowa** (ferrite) core memory, (magnetic) core store
~ ~ **kartowa** magnetic card memory
~ ~ **paskowa** magnetic strip memory, strip storage
~ ~ **pęcherzykowa** *zob.* **pamięć magnetyczna domenowa**
~ ~ **rdzeniowa** *zob.* **pamięć magnetyczna ferrytowa**
~ ~ **taśmowa** magnetic tape memory
~ **masowa** mass store, bulk store
~ **na lampie elektronopromieniowej** cathode-ray tube store
~ **na liniach opóźniających** delay line store, circulating memory
~ **nadprzewodnikowa** cryotronic memory
~ **natychmiastowa** zero-access memory
~ **niekasowalna** permanent memory, non-erasable memory
~ **nietrwała** volatile memory
~ **nieulotna** nonvolatile memory
~ **nominalna** virtual store
~ **notatnikowa** scratchpad memory, intermediate memory

~ **o dostępie bezpośrednim** *zob.* **pamięć o dostępie swobodnym**
~ **o dostępie długim** slow memory, slow storage
~ **o dostępie natychmiastowym** zero-access memory
~ **o dostępie sekwencyjnym** sequential memory
~ **o dostępie swobodnym** random-access memory, RAMemory, RAM, random access store, direct access store
~ **o dostępie szybkim** fast(-access) memory, high-speed store, quick access store
~ **o dużej gęstości zapisu** high-density store
~ **o odczycie niszczącym** destructive read-out memory
~ **operacyjna** operating store, internal store
~ **pęcherzykowa** bubble memory, magnetic domain store
~ **pomocnicza** auxiliary store, secondary store, backing store
~ **pośrednia** intermediate store, scratch-pad store
~ **powolna** slow memory, slow storage
~ **półprzewodnikowa** semiconductor memory
~ **półtrwała** semi-permanent memory
~ **programowalna** programmable memory
~ **programów** program memory
~ **przejściowa** temporary store
~ **przekaźnikowa** relay memory
~ **przeniesień** carry store
~ **punktowa** dot memory
~ **rdzeniowa** (magnetic) core store, ferrite (core) memory, core memory
~ **recyrkulacyjna** recirculating memory
~ **reprogramowalna** reprogrammable memory
~ **robocza** working store
~ **sekwencyjna** sequential memory
~ **sensoryczna** sensory memory
~ **skojarzeniowa** associative store, content addressed store, content addressable memory, CAM
~ **stała** read-only memory, ROM, fixed store, read-only store
~ ~ **kasowalna** erasable ROM, E-ROM
~ ~ ~ **i programowalna** erasable programmable ROM, E-PROM
~ ~ **programowalna** programmable ROM, PROM
~ ~ **programowana elektrycznie** electrically programmable ROM, E-PROM
~ ~ **reprogramowalna elektrycznie** electrically alterable ROM, EAROM, electrically erasable programmable ROM, EE-PROM
~ ~ ~ **polem** field-programmable ROM, F-PROM
~ **statyczna** static memory
~ **sterująca** control memory, control storage
~ **strumieniowa** electron beam addressable memory, EBAM
~ **szeregowa** serial memory
~ **szybka** high-speed memory, fast(-access) memory, quick access memory
~ **taśmowa** (magnetic) tape memory
~ **trwała** nonvolatile memory
~ **ulotna** volatile memory
~ **ultraszybka** ultra-high-speed memory
~ **wewnętrzna** internal store, operating store
~ **wirtualna** virtual store
~ **własna** private memory
~ **wymazywalna** erasable memory
~ **wzrokowa** *med.* visual memory
~ **zewnętrzna** external store
pamiętać *v inf.* store
pamiętanie *n inf.* storage
PAN = poliakrylonitryl *chem.* polyacrylonitrile
PAN = Polska Akademia Nauk
pancernik *m okr.* battleship
pancerny *a* armoured
pancerz *m* armour; *zool.* armour
~ **kabla** armouring of a cable
~ **linki hamulca** *mot.* brake cable conduit
~ **szybu** (*pieca*) *hutn.* shaft casing
~ **wielkiego pieca** blast furnace jacket, blast furnace shell
pancerzownica *f uzbr.* bazooka; piat
panchromatyczność *f fot.* colour sensitivity
panchromatyczny *a fot.* panchromatic
pandermit *m min.* pandermite, priceite
panelit *m bud.* panel lighting
panew *f* **1.** *masz.* bearing bush(ing), bearing shell, bearing pillow, bearing sleeve **2.** pan (*vessel*)
~ **dzielona** split bearing bushing
~ **niedzielona** solid bearing bushing
~ **próżniowa** vacuum pan
~ **warzelnicza** (*do soli*) boiling pan
~ **wyparna** *chem.* evaporating pan, pan evaporator
~ ~ **do soli** leads
panewka *f* **1.** *zeg.* hole, setting **2.** *zob.* **panew 1. 3.** *anat.* acetabulum
~ **płaska** (*wagi*) plane bearing
~ **stożkowa** (*wagi*) cup bearing, point bearing, needle cup
pankreatyna *f biochem.* pancreatin
panmiksja *f* **1.** *nukl.* panmixis **2.** *biol.* panmixis
panorama *f kin., TV* panoramic effect
panoramiczny *a* panoramic (*screen, film*)
panoramowanie *n* panoramic motion, panning
pantal *m* (*stop wieloskładnikowy o podstawie aluminiowej*) pantal
pantograf *m* pantograph
pantokareny *fpl okr.* cross curves of stability
papa *f* building paper; tar board
~ **dachowa** roofing paper
papaina *f biochem.* papain
papaweraldyna *f chem.* papaveraldine, xanthaline
papaweryna *f chem.* papaverine
papiak *m* roofing nail

papier *m* paper
~ **abhezyjny** (*nieprzyczepny*) abhesive paper
~ **adamaszkowy** (*obrusowy*) damask paper
~ **afiszowy** poster paper
~ **aktowy** deed paper, register paper
~ **antykorozyjny** anti-corrosive paper
~ **asfaltowany** asphalt-laminated paper
~ **atłasowy** satin paper
~ **azbestowy** asbestos paper
~ **bakelizowany** bakelite paper
~ **banknotowy** banknote paper
~ **barwiony** tinted paper, coloured paper
~ **barytowany** baryta paper
~ **bawełniany** cotton paper
~ **bez wypełniaczy** unloaded paper
~ **bezdrzewny** wood-free paper, all-rag paper
~ **bezkalkowy** *zob.* **papier do kopiowania bez kalki**
~ **bezszmerowy** noiseless paper
~ **białkowany** albumenized paper
~ **biblijny** bible paper
~ **biletowy** ticket paper
~ **biurowy** administrative paper, stationery paper; official foolscap paper
~ **błyszczący** glossy paper
~ **bromosrebrowy** *fot.* bromide paper
~ **celulozowy** cellulose paper
~ **chlorobromosrebrowy** *fot.* chloro-bromide paper
~ **chlorosrebrowy** *fot.* chloride paper
~ **chłonny** absorbent paper
~ **chromowany** chromo paper, enamel paper
~ **czerpany** hand-made paper, vat paper
~ ~ **nie obcięty** deckle-edged paper
~ **do kopiowania bez kalki** carbonless copying paper, no carbon required paper, NCR paper
~ **do pakowania** wrapping paper, packing paper
~ **do pakowania materiałów światłoczułych** photopacking paper
~ **do pisania** writing paper
~ **do pras filtracyjnych** filter-press paper
~ **dokumentowy** deed paper, register paper
~ **drukowy** printing paper
~ **drzewny** wood pulp paper
~ **dwustronny** two-sided paper
~ **dziełowy** book paper
~ **elektrotechniczny** electrical insulating paper
~ **falisty** corrugated paper
~ **filtracyjny** filter paper
~ **fotograficzny** photographic paper
~ **gazetowy** newsprint
~ **gładzony** glazed paper
~ **gofrowany** embossed paper
~ **groszkowany** grained paper
~ **gumowany** gummed paper
~ **heliograficzny** heliographic paper, black print paper
~ **higieniczny** toilet paper, hygienic paper
~ **ilustracyjny** half-tone paper, art paper
~ **impregnowany** impregnated paper
~ **introligatorski** bookbinder's paper
~ **izolacyjny** insulating paper
~ **jednostronnie barwiony** split-colour paper
~ ~ **kredowany** chromo paper, enamel paper
~ **kaliko** calico paper, chintz
~ **kancelaryjny** official foolscap paper; stationery paper
~ **klejony** sized paper
~ **klimatyzowany** conditioned paper, mature paper
~ **kratkowany** squared paper
~ **kredowany** chalk overlay paper; art paper
~ **krepowy** crêpe paper, crinkled paper
~ **kreślarski** drawing paper, drafting paper
~ **laminowany** laminated paper
~ **liniowany** ruled paper
~ **listowy** letter paper
~ ~ **lotniczy** air-mail paper
~ **litograficzny** lithographic paper
~ **logarytmiczny** logarithmic paper, log-log paper
~ **-mâché** paper-mâché
~ **mapowy** map paper
~ **marmurkowy** marble paper
~ **marszczony** crêpe paper, crinkled paper
~ **maszynowy 1.** machine-made paper **2.** typewriting paper
~ ~ **gładki** machine-glazed paper
~ **matowy** unglazed paper
~ **metalizowany** metallized paper, metal-foil paper
~ **milimetrowy** graph paper, plotting paper
~ **monotypowy** monotype paper
~ **nabojowy** (*do materiałów wybuchowych*) blasting paper
~ **nasycony** impregnated paper
~ **natronowy** kraft paper, sulfate paper
~ **negatywowy** *fot.* negative paper
~ **niezaklejony** waterleaf paper
~ **nutowy** music writing paper; music printing paper
~ **o formacie nietypowym** side-run paper
~ **obciążony** filled paper, loaded paper
~ **obiciowy** hanging base paper
~ **offsetowy** offset paper
~ **ozalidowy** ozalid paper
~ **pakowy** packing paper, wrapping paper
~ ~ **siarczanowy** kraft paper, sulfate packing paper
~ **parafinowy** paraffin paper
~ **pełnoklejony** sized paper
~ **pergaminowy** parchment paper
~ ~ **satynowany** glassine (paper)
~ **płótnowany** linen (finished) paper
~ **podbarwiony** tinted paper, toned paper
~ **podgumowany** gummed paper; adhesive paper
~ **podłożowy** body paper, coating paper, backing paper

~ **powielaczowy** mimeo paper, duplicator paper
~ **powlekany** coated paper
~ **półklejony** half-sized paper, soft-sized paper
~ **półlogarytmiczny** semilogarithmic paper, arthlog paper, semilog paper, ratio paper
~ **półprzezroczysty** semi-opaque paper
~ **przebitkowy** copying paper
~ **przeciwkorozyjny** antitarnish paper
~ **przedrukowy** transfer paper
~ **przezroczysty z miazgi siarczynowej** glassine
~ **przędny** (*na sznurki*) spinning paper, twisting paper, cord paper
~ **ręcznikowy** towel paper, towelling
~ **rotacyjny** continuous paper, reeled paper, web paper
~ **rotograwiurowy** intaglio-printing paper
~ **rysunkowy** drawing paper
~ **satynowany** glazed paper
~ **siarczanowy** sulfate paper
~ **siarczynowy** sulfite paper
~ **sklejany** laminated paper
~ **słomowy** straw paper
~ **smołowany** tar paper, tarred brown
~ **stykowy** *fot.* contact printing paper
~ **szklany** glass-paper
~ **szmaciany** rag paper
~ **ścierny** abrasive paper
~ ~ **krzemienny** flint paper
~ ~ **piaskowy** sand-paper
~ ~ **szklany** glass-paper
~ ~ **szmerglowy** emery paper
~ **śniadaniowy** greaseproof wrapper for sandwiches
~ **światłoczuły** *fot.* light-sensitive paper, photocopying paper
~ ~ **dzienny** heliographic paper
~ **tłuszczoodporny** greaseproof paper
~ **toaletowy** toilet paper, hygienic paper
~ **typograficzny** print paper
~ **welinowy** vellum paper, velin, wove paper
~ **welurowy** flock coated paper, flock dusted paper, velour paper
~ **wielowarstwowy** multiplex paper
~ **wklęsłodrukowy** copperplate paper
~ **wodoszczelny** waterproof paper, watertight paper
~ **workowy** sack paper, bag paper
~ **woskowany** waxed paper
~ ~ **powierzchniowo** wet-waxed paper
~ **wysokogatunkowy** fine paper
~ **wytłaczany** embossed paper
~ **z włókna szklanego** all-glass paper
~ **zaklejony** sized paper
~ **zgrzewny** (*do sklejania na gorąco*) heat-sealing paper
~ **zmywalny** washable paper
~ **żeberkowany** laid paper
papierek *m* **karminowy** *chem.* carmine paper
~ **Kongo** *chem.* Congo paper
~ **lakmusowy** *chem.* litmus paper
~ **odczynnikowy** *zob.* **papierek wskaźnikowy**
~ **uniwersalny** *chem.* universal indicator paper
~ **wskaźnikowy** *chem.* indicator paper, test-paper
papiernia *f* paper-mill
papiernica *f* papermaking machine
papiernictwo *n* papermaking
papierówka *f papiern.* pulpwood
papiery *mpl* **wartościowe** securities
papka *f* pulp; slurry; magma
~ **barytowa** *med.* barium meal
~ **białoskórnicza** *skór.* tawing paste
~ **odwłaszająca** *skór.* depilatory paint, depilatory paste, lime sulfide paint
~ **pszczelarska** brood food
~ **wodna** *papiern.* water slurry
papkowanie *n skór.* painting
papkownica *f skór.* sulfide paint spraying machine
papryka *f bot.* paprika, *Capsicum annuum* L.
para *f* **1.** pair; *mech.* couple **2.** steam; vapour
~ **ciepłownicza** street steam
~ **Dalitza** *nukl.* Dalitz pair
~ **dławiona** throttled steam
~ **do odpędzania** (*składników lotnych*) *chem.* stripping steam
~ **dolotowa** *siln.par.* incoming steam
~ **elektron-dziura** electron-hole pair
~ **elektron-pozyton** electron-positron pair
~ **elektronów** electron pair, electron doublet
~ ~ **niezwiązana** *zob.* **para elektronów wolna**
~ ~ **uwspólniona** shared electron pair
~ ~ **wiążąca** bond (electron) pair
~ ~ **wolna** lone electron pair
~ **energetyczna** power-steam
~ **funkcji** *mat.* complex function, pair of functions
~ **grzejna** heating steam
~ **homologiczna** *chem.* homologous pair (*in spectroscopy*)
~ **impulsów** *elektron.* pulse doublet
~ **jonowa 1.** ion pair **2.** ion pair, ion association complex, outer sphere complex
~ ~ **nierozdzielna** intimate ion pair
~ ~ **solwatowana** solvated ion pair
~ **kinematyczna** *mech.* kinematic pair
~ ~ **niższa** (*powierzchniowa*) lower pair, closed pair
~ ~ **niższego rzędu** *zob.* **para kinematyczna niższa**
~ ~ **o zamknięciu geometrycznym** self-closed pair, complete pair
~ ~ **o zamknięciu siłowym** force-closed pair
~ ~ **wyższa** (*liniowa lub punktowa*) higher pair
~ ~ **wyższego rzędu** *zob.* **para kinematyczna wyższa**
~ **końcówek** *el.* terminal pair
~ **kulista** *mech.* spherical pair

~ **linii analityczna** analytical line pair (*in spectroscopy*)
~ ~ **kontrolna** control line pair, fixation pair (*in spectroscopy*)
~ **mokra** wet steam
~ **nasycona** saturated vapour
~ **nienasycona** superheated vapour
~ **niesamodzielnie zwarta** *zob.* **para niesamozwarta**
~ **niesamozwarta** *mech.* force-closed pair, uncomplete pair
~ **nieuporządkowana** *mat.* unordered pair
~ **niskoprężna** low-pressure steam
~ **obrotów** *mech.* couple of rotations
~ **odlotowa** *masz.* waste steam, exhaust steam
~ **postępowa** *mech.* sliding pair
~ **prostych** *mat.* line pair
~ **przegrzana** superheated steam, steam-gas
~ **przesuwna** *mech.* sliding pair
~ **przesycona** supersaturated vapour
~ **przewodów** *tel.* pair of conductors (*in a cable*)
~ **samodzielnie zwarta** *zob.* **para samozwarta**
~ **samozwarta** *mech.* self-closed pair, complete pair
~ **sił** *mech.* couple of forces
~ **stycznych klinów kwadratowych** *masz.* Kennedy double key
~ **sucha** dry steam
~ **śrubowa** *mech.* screw pair
~ **świeża** *kotł.* live steam
~ **technologiczna** process steam
~ **uporządkowana** *mat.* ordered pair
~ **upustowa** bleed steam, extraction steam
~ **węzłowa** *mech.* kinematic pair
~ **wilgotna** wet steam
~ **wirów** *hydr.* vortex pair
~ **wodna** steam, water vapour
~ **wtórna przegrzana** re-superheated steam
~ **wysokoprężna** high-pressure steam
parabola *f mat.* parabola
~ **metacentryczna** *aero.* metacentric parabola
~ **półsześcienna** semi-cubical parabola
~ **stateczności** *zob.* **parabola metacentryczna**
~ **sześcienna** cubical parabola
paraboliczny *a* parabolic
paraboloida *f mat.* paraboloid
~ **eliptyczna** elliptical paraboloid
~ **hiperboliczna** hyperbolic paraboloid
~ **obrotowa** paraboloid of revolution
paraboloidalny *a* paraboloidal
parachora *f fiz.* parachor
~ **atomowa** parachor equivalent
paradoks *m* paradox
~ **d'Alemberta** *aero.* d'Alembert's paradox
~ **hydrostatyczny** hydrostatic paradox, Stevin theorem
~ **logiczny** logical paradox
~ **Russella** *mat.* Russell's paradox
~ **semantyczny** semantic paradox
~ **zegarowy** clock paradox, twin paradox, time dilatation (effect), slowing of clock (*in the theory of relativity*)
paradontoza *f med.* paradentosis
parafina *f* paraffin (wax)
~ **ciekła** liquid petrolatum, liquid paraffin, white paraffin oil
~ **destylowana** (*krystaliczna*) paraffin distillate
~ **miękka** soft wax
~ **niskotopliwa** *zob.* **parafina miękka**
~ **po wypoceniu olejów** *zob.* **parafina w łuskach**
~ **rafinowana** refined paraffin
~ **surowa** unrefined paraffin
~ **w łuskach** paraffin scale, wax scale
~ **w taflach** slab wax
parafiniarka *f papiern.* waxing machine
parafiniarnia *f* paraffin wax plant
parafinowanie *n chem.* paraffining; *papiern.* waxing
parafiny *fpl chem.* paraffins, alkanes, paraffin hydrocarbons
paraform *m zob.* **paraformaldehyd**
paraformaldehyd *m chem.* paraformaldehyde, paraform
parafować *v* initial
parageneza *f min.* paragenesis, mineral association; mineral sequence, paragenetic sequence
paragnejs *m petr.* paragneiss
paragonit *m min.* paragonite
paragrafowiec *m okr.* paragraph vessel
parakazeina *f tw.szt.* paracasein, rennet casein
parakwat *m pest.* paraquat (*herbicide*)
paralaksa *f astr.* parallax
paralaktyczny *a* parallactic
paraldehyd *m chem.* paraldehyde
paraliż *m med.* paralysis; palsy
paramagnetyczny *a fiz.* paramagnetic
paramagnetyk *m fiz.* paramagnetic material
paramagnetyzm *m* paramagnetism
parametr *m mat.* parameter
~ **formalny** *inf.* formal parameter
~ **geometryczny** *nukl.* geometric buckling
~ **krytyczny** *term.* critical property, critical constant
~ **materiałowy** *nukl.* material buckling
~ **populacji** *mat.* parameter of population
~ **reaktywności** *chem.* reactivity ratio
~ **regulowany** *aut.* controlled variable, controlled condition
~ **rozkładu** *mat.* parameter of distribution
~ **sieci krystalicznej** lattice spacing, lattice parameter, lattice constant
~ **stanu** *fiz.* state parameter, state variable, thermodynamic variable, coordinate of thermodynamic system, thermodynamic function of state
~ **termodynamiczny** *zob.* **parametr stanu**
~ **uporządkowania bliskiego** *fiz.* short-range order parameter
~ ~ **dalekiego** *fiz.* long-range order parameter
~ **zadany** *aut.* preset parameter

parametron *m el.* parametron, phase-locked oscillator
parametry *mpl* **krytyczne przepływu** *mech. pł.* critical parameters of flow
~ **orbity** *kosm.* orbital elements
~ **pozycji** *nawig.* elements of a fix
~ **procesu** (*np. produkcyjnego*) variables of a process
~ **stagnacji** *zob.* **parametry zastoju**
~ **zastoju** *aero.* stagnation parameters
parametryczny *a* parametric
parami *adv* pairwise, in pairs
paramorfina *f chem.* para-morphine, thebaine
paramorfizm *m min.* paramorphism, allomorphism
parantelion *m* (*halo przeciwsłoneczne*) *meteo.* paranthelion, mock sun
parapet *m bud.* **1.** parapet wall **2.** window sill; window stool
paration *m pest.* parathion (*acaricide, insecticide and ovicide*)
parawan *m* (*rodzaj trału*) *żegl.* protective paravan, A sweep
parawodór *m chem.* para-hydrogen
parazwarty *a mat.* paracompact
parazytologia *f* parasitology
parcela *f* lot, plot
~ **budowlana** building lot
parcie *n* pressure; thrust
~ **bierne gruntu** *inż.* passive earth pressure
~ **gruntu** *inż.* earth pressure
~ **od dołu** *inż.* uplift pressure
~ **poziome łuku** *mech.* thrust of an arch
~ **wiatru** wind pressure
~ **wody infiltracyjnej** *inż.* pore-water pressure
parcjalny *a* partial
park *m* park
~ **narodowy** national park
~ **obrabiarkowy** stock of machine tools
~ **samochodowy** fleet of motor vehicles
parkan *m* hoarding
parkeryzacja *f powł.* parkerizing
parkesowanie *n met.* Parke's (desilverizing) process, zincing
parkieciarka *f masz.* wood flooring making machine
parkiet *m* parquet (floor); wood flooring
parking *m* car-park, parking space
~ **przy drodze** lay-by; rest area
~ **strzeżony** attended car-park
parkowanie *n mot.* parking
~ **wzdłuż krawężnika** kerbside parking
parnik *m* steamer; steaming plant; cooker
paromierz *m kotł.* steam-flow meter
~ **rejestrujący** steam-flow recorder
paroodporny *a* steamproof
paroszczelny *a* steam-tight
parowacz *m chłodn.* evaporator, boiler
parować *v* **1.** evaporate, vaporize **2.** steam (*treat with steam*)
parowanie *n* **1.** evaporation, vaporization **2.** steaming, steam treatment
~ **drewna** *papiern.* wood steaming
~ **powolne** volatilization
~ **próżniowe impulsowe** flash evaporation
~ **się linii** *TV* pairing, twinning
~ **wstępne** *papiern.* presteaming
parowiec *m żegl.* steam ship, steamer
parownica *f lab.* evaporating dish
~ **do eteru** ether vaporizer
parownik *m* **1.** *chłodn.* evaporator, boiler **2.** *kotł.* boiler proper **3.** *roln.* steamer; steaming plant **4.** *włók.* ager
~ **ciągły** *włók.* continuous ager
~ **płaszczowo-rurowy** *chłodn.* shell-and-tube evaporator
~ **płaszczowo-rurowy wężownicowy** *chłodn.* shell-and-coil evaporator
~ **podstropowy** *chłodn.* ceiling-type evaporator
~ **półkowy** *chłodn.* shelf-type evaporator
~ **przegrzewny** (*na suchą parę nasyconą*) *chłodn.* dry-type evaporator
~ **przyścienny** *chłodn.* wall-type evaporator
~ **stromorurowy** *chłodn.* steep tube evaporator
~ **szybkościowy** *włók.* rapid ager
~ **wężownicowy** *chłodn.* expansion coil
~ **zalany** *chłodn.* flooded evaporator
parowozownia *f kol.* locomotive shed, engine house, roundhouse
parowóz *m* steam locomotive, engine
~ **bezpaleniskowy** fireless locomotive, steam storage locomotive
~ **kusy** *zob.* **parowóz tendrzak**
~ **tendrzak** tank locomotive, tank engine
parowy *a* steam driven
parów *m geol.* ravine
parsek *m jedn.* parsec
partenogeneza *f biol.* parthenogenesis
parter *m* ground floor; *US* first floor
partia *f* (*produktu*) batch; lot (*of product*)
~ **badana** *skj* inspection lot
~ **informacyjna** *skj* pilot lot
~ **kontrolowana** *zob.* **partia badana**
~ **próbna** pre-production batch
~ **wydźwignięta uskokiem** *geol.* upthrow
~ **wysłanego towaru** *żegl.* shipment
partycypować *v* **w kosztach** share costs
~ **w zyskach** share profits
parycyna *f chem.* paricine
paryta *f inf.* even parity bit
parytet *m ek.* parity, par
~ **złota** gold standard
parzący *a* blister (*e.g. gas*)
parzysta kontrola *f* **parzystości** *inf.* even parity check
parzystokopytne *pl zool.* artiodactyla
parzystość *f* evenness; parity
parzysty *a* even (*number*)
PAS = kwas *p***-aminosalicylowy** *p*-aminosalicylic acid
pas *m* **1.** belt; strip **2.** (*strefa*) zone
~ **architrawu** *arch.* fascia
~ **belki** beam flange
~ **bez końca** *masz.* endless belt
~ **bezpieczeństwa** safety belt, seat belt
~ **blach** (*w poszyciu kadłuba*) *okr.* strake (*in ship's hull*)
~ **ciężarowy** *żegl.* diver's belt

~ **ciszy** *meteo.* calm belt
~ **członowy** (*napędowy*) link belt
~ **do karabinu** rifle sling
~ **do lądowania** *lotn.* landing strip
~ **dolny** (*dźwigara*) bottom flange, bottom chord
~ **drogowy** roadway
~ **dźwigara** spar flange
~ **górny** (*dźwigara*) top flange, top chord
~ **kierunkowy** *bud.* screed
~ **klinowy** (*napędowy*) V-belt, wedge belt
~ **krystalograficzny** crystal zone
~ **kulisty** *mat.* spherical zone, zone of a sphere
~ **miedniczy** *anat.* pelvic girdle
~ **napędowy** *masz.* driving belt
~ **obciążony przenośnika** loaded strand of a conveyor
~ **ochronny przeciwpożarowy** firebreak
~ **ograniczający format** *papiern.* deckle strap
~ **parciany** webbing
~ **pędniany podwójny** (*nałożony na drugi*) rider belt
~ **podsadzkowy** *górn.* packwall, pack
~ **poszycia** *okr.* strake of plating
~ **powrotny przenośnika** return strand of a conveyor
~ **przybrzeżny** *ocean.* coastal belt
~ **przydrożny** roadside
~ **przystępkowy** *okr.* garboard stroke
~ **ratunkowy** life-belt
~ **rozdzielczy** *zob.* **pas środkowy**
~ **ruchu** *drog.* traffic lane
~ **rudonośny** *geol.* belt of ore
~ **startowy** *lotn.* airstrip, flying strip
~ **sztormów** *meteo.* storm belt
~ **środkowy** (*rozdzielczy*) *drog.* median strip, dividing strip
~ **transmisyjny** transmission belt
~ **ufności** *mat.* confidence belt
~ **wiatrochronny** *roln.* windbreak, shelter belt
~ **wielowarstwowy** built-up belt
~ **wodnicowy** *okr.* boot topping
~ **wygubiony poszycia** *okr.* diminishing strake of plating
~ **wzmacniający** (*żagla*) lining cloth (*of a sail*)
~ **z rdzeniem tekstylnym** (*napędowy*) tex-rope belt
~ **zamknięty** *masz.* endless belt
~ **znakowany** *drog.* striping lane
pasat *m meteo.* trade-wind, passage wind
pasaż *m bud.* passage, arcade
pasażer *m* passenger
~ **bez biletu** *żegl.* stowaway
~ **klasy turystycznej** tourist passenger
pasek *m arch.* taenia; bandage
~ **do ostrzenia** (*skórzany*) strap
~ **ochronny obrzeża opony** chafer
~ **papieru** slip of paper
~ **skórzany** leather strap
~ **taśmy magnetycznej** magnetic strip
pasemko *n* strip; *włók.* lea
pasemkowy *a* striped
paser *m poligr.* register cross, cross-line register mark
paseta *f chem.* passette, absorption tower plate
pasieka *f pszczel.* apiary; *US* bee yard
paskal *m jedn.* pascal (N/m^2)
paskoit *m* (*odmiana hewetytu*) *min.* pascoite
pasma *npl* **bliźniacze** *met.* twinning bands
~ **Neumanna** *met.* Neumann bands, Neumann lines
~ **ferrytyczne segregacyjne** *met.* ferrite banding, ferrite ghosts, ferrite streaks, ghost lines, ghost structure
pasmo *n* band; strip
~ **absorpcyjne** *fiz.* absorption band
~ ~ **w nadfiolecie** *opt.* u-band
~ **bliźniacze** *met.* twin band
~ **boczne** (*częstotliwości nośnej*) *tel.* sideband
~ **charakterystyczne** (*dźwięku*) *tel.* characteristic band
~ **CT** *fiz.* charge-transfer band, CT band
~ **częstotliwości** *fiz.* frequency band
~ ~ **36—46 GHz** *rad.* Q-band
~ ~ **300—3000 MHz** *rad.* ultra-high frequency
~ ~ **nadawania** *tel.* transmission band
~ ~ **przenoszenia** *tel.* transmitted frequency band
~ **dozwolone** *fiz.* allowed (energy) band, zone of allowed states
~ **energetyczne** *fiz.* energy band
~ **hartowności** *obr.ciepl.* hardenability band
~ **inwersyjne** (*w spektroskopii*) inversion line
~ **kalibracyjne** (*w spektroskopii*) reference band
~ **likwacyjne** *met.* ferrite ghost, ghost (line), ghost structure
~ **międzykanałowe** *tel.* guard band
~ **nośne** (*mostu wiszącego*) suspender
~ **obsadzone** *fiz.* filled (energy) band
~ **odniesienia** (*w spektroskopii*) reference band
~ **oscylacyjne** *fiz.* vibrational band
~ **piany** (*wada szkła*) feather
~ **pływów strefy przybrzeżnej** *ocean.* intertidal zone
~ **pobudzenia** *fiz.* excitation band
~ **podstawowe 1.** (*w spektroskopii*) fundamental band **2.** (*w teorii pasmowej ciała stałego*) ground (energy) band, normal band **3.** (*linii radiowej*) baseband
~ **poślizgu** *kryst.* slip band
~ **przeniesienia ładunku** *fiz.* charge-transfer band, CT-band
~ **przepustowe** *el.* pass band
~ **przewodnictwa** *fiz.* conduction (energy) band
~ **przędzy** *włók.* skein
~ **puste** *fiz.* empty (energy) band
~ **radiofoniczne** broadcast band
~ **rozrzutu** *rad.* scatter band

~ **ruchu** (*drogowego*) traffic lane
~ **środkowe (główne) częstotliwości nośnej** *tel.* midband
~ **tłumienia** *tel.* attenuation band
~ **tłumieniowe** (*filtru*) *el.* stop band, rejection band
~ **transferu ładunku** *fiz.* charge-transfer band, CT-band
~ **walencyjne** *fiz.* valency band
~ **widmowe** *fiz.* spectral band
~ **zabronione** *fiz.* forbidden (energy) band, energy gap
~ ~ **o przejściach bezpośrednich** direct energy gap
~ ~ **o przejściach pośrednich** indirect energy gap
~ **zapełnione** *fiz.* filled (energy) band, energy gap
~ **zapłonowe** *el.* ignition band
pasmowość *f* **węglików** *met.* carbide banding
pasować *v* fit; fay
pasowanie *n masz.* fit
~ **bardzo dokładne** extra-fine fit
~ **ciasne** close fit
~ **dokładne** fine fit
~ **lekko wtłaczane** light drive fit, medium-force fit
~ **mieszane** transition fit
~ **mocno wciskane** heavy keying fit, tight fit
~ ~ **wtłaczane** heavy drive fit, heavy force fit
~ **obrotowe** running fit
~ ~ **ciasne** close running fit
~ ~ **luźne** slack running fit, easy running fit
~ ~ **zwykłe** normal running fit
~ **powierzchni stożkowych** conical fit
~ ~ **walcowych** cylindrical fit
~ **przestronne** loose fit
~ ~ **luźne** coarse clearance fit
~ **przy zasadzie stałego otworu** basic-hole fit
~ ~ ~ ~ **wałka** basic-shaft fit
~ **przylgowe** wringing fit, push fit
~ **ruchowe** clearance fit
~ **skurczowe** shrink fit
~ **spoczynkowe** interference fit (*for parts permanently assembled*)
~ **suwliwe** slide fit, snug fit
~ **swobodne** free fit
~ **średnie** medium fit
~ **wciskane** keying fit
~ ~ **zwykłe** medium-keying fit
~ **wtłaczane** drive fit, force fit; press fit
~ **z wciskiem** interference fit
pasożyt *m biol.* parasite
~ **krwi** hematophyte
~ **wewnętrzny** endoparasite
~ ~ **zwierzęcy** entozoon (*pl* entozoa) (*parasite living internally in an animal*)
~ **zewnętrzny** ectoparasite
~ ~ **roślinny** ectophyte (*a plant living externally on other organism*)
~ ~ **zwierzęcy 1.** epizoon (*pl* epizoa) (*parasite living externally on an animal*) **2.** ectozoon (*pl* ectozoa) (*animal living externally on other organism*)
pasożytniczy *a* parasitic(al)
pasożytować *v* parasitize
pasta *f* paste
~ **akumulatorowa** active paste of an accumulator
~ **do obuwia** shoe polish
~ **do podłóg** floor polish
~ **do rozcieńczania farby drukarskiej** *poligr.* reduction paste
~ **do smarowania** *spoż.* spread
~ **do zębów** toothpaste
~ **głusząca** *mot.* sound deadener, deadening mixture
~ **lutownicza** soldering paste
~ **nadająca połysk** polish
~ **ochronna** (*pod wybarwienia*) *włók.* resist paste
~ **pigmentowa** *włók.* paste paint
~ **polerska** abrasive compound, buffing compound
~ **szmerglowa** emery paste
~ **uszczelniająca** sealing compound
~ **węglowa** *tw.szt.* paste paint
~ **wywabowa** *włók.* discharge paste
pastereloza *f* **drobiu** *wet.* fowl cholera
pasterka *f wiertn.* swivel socket
pasternak *m bot.* parsnip, *Pastinaca* L.
pasteryzacja *f spoż.* pasteurization
~ **radiacyjna** radiation pasteurization, radiopasteurization
pasteryzator *m spoż.* pasteurizer
pasterz *m* shepherd, herdsman
pastować *v* paste
pastownica *f masz.* paster
pastwisko *n roln.* pasture, grazing land
pastylka *f* **1.** tablet, pastille; pellet **2.** *elektron.* chip
pastylkowanie *n* tableting
pasy *mpl* **bezpieczeństwa** *lotn., mot.* safety belts, seat belts
~ ~ **samonakładające się** *mot.* self fastening safety belts
~ **pilota czteroczłonowe** Sutton harness
~ **van Allena** *geofiz.* Van Allen radiation belts
pasywa *pl ek.* liabilities; debit items
pasywacja *f met.* passivation, immunization
pasywator *m* (*substancja*) *elchem.* passivator, oxidizing inhibitor
pasywność *f chem.* passivity
pasywny *a chem.* passive
pasza *f zoot.* feed; fodder
~ **białkowa** protein feed
~ **bytowa** maintenance feed
~ **granulowana** (*np. dla drobiu, ryb*) pellets
~ **kiszona** ensilage, silage
~ **mlekozastępcza** milk replacer
~ **objętościowa** bulky feed; *US* roughage
~ **pełnodawkowa** all-mash feed, complete (mixed) feed

~ **pełnoporcjowa** *zob.* **pasza pełnodawkowa**
~ **stosowana przy opasaniu** fattening feed
~ ~ ~ **wychowie** growing feed
~ **treściwa** nutritive fodder
~ **uzupełniająca** supplementary feed
~ **wysokoskrobiowa** starchy feed
~ **wysokowęglowodanowa** *zob.* **pasza wysokoskrobiowa**
~ **zielona** green fodder, green crop
paszarnia *f zoot.* food store
paszport *m* **1.** pass(port) **2.** *masz.* data sheet (*for machines*)
patent *m* patent
~ **krajowy** home patent
patentowanie *n obr.ciepl.* patenting
~ **w kąpieli ołowiowej** lead patenting
~ **w kąpieli solnej** salt-bath patenting
~ **w powietrzu** air patenting, old process patenting
patentowy *a* patent
patenty-analogi *pl* analog patents, parallel patents
paternoster *m* (*dźwig okrężny*) paternoster
patogen *m med.* pathogen
patogeneza *f med.* pathogenesis
patogeniczny *a med.* pathogenic
patoka *f* liquid honey
patologia *f* pathology
~ **roślin** phytopathology, plant pathology
patologiczny *a* pathological
patron *m* sponsor
patronat *m* sponsorship
patronit *m min.* patronite
patroszyć *v* embowel, eviscerate; (*ryby*) gut; (*ptactwo*) draw
patryca *f* **1.** *obr.plast.* hob, hub **2.** *tw.szt.* patrix, male mould **3.** *poligr.* counter
patrynit *m min.* aciculite, patrinite
patrzeć *v* **do przodu** (*o łańcuchu kotwicznym*) *żegl.* draw ahead
~ **do tyłu** draw aft
patyna *f met.* patina, green rot
patynowanie *n met.* patination
pauza *f* pause
PAW = polialkohol winylowy *tw.szt.* polyvinyl alcohol
pawęż *f okr.* escutcheon, deck transom
pawilon *m arch.* pavilion
~ **wystawowy** exhibition pavilion, exhibition hall
paznokieć *m anat.* nail
pazur *m* **1.** *zool.* claw; nail **2.** *masz.* claw, fang
~ **dolny** (*walcarki*) resting guide
~ **górny podwieszony** (*walcarki*) hanging guide
~ **kotwicy** *okr.* anchor bill
~ **skręcający** (*walcarki*) twist guide
paździerze *pl włók.* shove harl(e)
pączek *m bot.* bud, gemma (*pl* gemmae), gemmula
~ **kwiatowy** flower bud
~ **liściowy** leaf bud
~ **przybyszowy** adventitious bud
~ **śpiący** (a)estive bud, dormant bud
pączkować *v* bud, gemmate
pąs *m farb.* ponceau
pchacz *m okr.* pusher-tug, pushboat, pusher
pchać *v* push; impel
pchła *f zool.* flea
PCW = polichlorek winylu *chem.* polyvinyl chloride
PD = przetwarzanie danych *inf.* data processing
pedał *m* pedal, foot-lever
~ **gazu** *mot.* accelerator (pedal)
~ **hamulca** *mot.* brake pedal
~ **napędowy** treadle
~ **przepustnicy gaźnika** throttle pedal
~ **przyspieszenia** *mot.* accelerator pedal
~ **sprzęgła** *mot.* clutch pedal
~ **sterujący** foot control
pedały *mpl* **sterowania kierunkowego** *lotn.* rudder pedals
pediatria *f* pediatrics
pedobiologia *f* soil biology
pedokal *m gleb.* pedocal
pedosfera *f gleb.* pędosphere
pegmatyt *m petr.* pegmatite
pehametr *m chem.* pH-meter, hydrogen-ion concentration meter
pehametria *f chem.* pH-metry, pH determination
pehastat *m elchem.* pH-stat
peklowanie *n spoż.* pickling; curing
pektynazy *fpl biochem.* pectinases, pectinolytic enzymes
pektynoliza *f biochem.* pectinolysis
pektyny *fpl chem.* pectins
pelagial *m ocean.* pelagic zone
pelagra *f med.* pellagra
pelargonian *m chem.* pelargonate
peleng *m* = **namiar** *nawig.* bearing
pelengator *m* = **namiernik** *nawig.* bearing finder, (radio) direction-finder, RDF
pelorus *m nawig.* pelorus, bearing plate, dumb compass
peloteza *f* plodder (*in soap manufacture*)
pelur *m* thin fine copying paper, onionskin paper
pełna moc *f siln.* full power
pełne morze *n* open sea, high sea(s)
pełne obciążenie *n* full load
pełne otwarcie *n* **przepustnicy** *siln.* full throttle
pełne utrzymanie *n* full board
pełnej krwi *zoot.* full-blood(ed)
pełnia *f* **księżyca** full moon
~ **tonu** *akust.* fullness of tone
pełniący obowiązki in charge, acting
pełnoklejony *a papiern.* hard-sized
pełnokontenerowiec *m okr.* full container ship
pełnokrwisty *a zool.* fool-blood(ed)
pełnomocnictwo *n ek.* power (of attorney)
pełnomocnik *m* attorney
pełnomorski *a* seagoing
pełnopokładowiec *m okr.* flush deck vessel
pełnorejowiec *m okr.* full-rigged ship
pełność *f mat.* adequacy
pełnota *f* **wykresu** *siln.par.* diagram factor

pełnotliwość *f* **konstrukcyjna podwodzia** *okr.* block coefficient
~ **pryzmatyczna** prismatic coefficient, cylindrical coefficient, longitudinal coefficient
~ **wzdłużna** *zob.* **pełnotliwość pryzmatyczna**
pełnowartościowy *a* of full value
pełny *a* **1.** full; *mat.* complete; solid **2.** *farb.* rich
pełny wiatr *m żegl.* quarter(ing) wind; running free (*sailing point*)
pełnym wiatrem *żegl.* before the wind
pełzacz *m* **obręczowy** *okr.* mast hoop
pełzak *m zool.* amoeba (*pl* amoebae, amoebas), *Amoeba*
~ **czerwonki** (*common species of amoebas, Endamoeba histolytica*)
pełzakowica *f med.* amoebiasis
pełzanie *n* **1.** *wytrz.* creep **2.** *masz. el.* crawling
~ **dyfuzyjne** *met.* (Herring-)Nabarro (diffusion) creep
~ **gruntu** *geol.* soil creep, soil flow, solifluction
~ **kotwicy** *żegl.* anchor dragging, drag of anchor
~ **nieustalone** *met.* primary creep, initial creep, transient creep, unsteady creep
~ **niskotemperaturowe** *met.* low-temperature creep
~ **osadu** creep of a precipitate
~ **pasa** *masz.* belt creep
~ **progresywne** *zob.* **pełzanie przyspieszone**
~ **przyspieszone** *met.* tertiary creep, accelerated creep
~ **szyn** *kol.* rail creep
~ **ustalone** *met.* secondary creep, steady-rate creep, constant-rate creep, K-flow
~ **wysokotemperaturowe** high-temperature creep
~ **zera** *aut.* zero drift
~ **żyroskopu** gyro drift
pełzarka *f wytrz.* creep-testing machine
pełznąć *v* (*o kotwicy*) *żegl.* come home
pendentyw *m arch.* pendentive, squinch, scoinson arch
peneplena *f geol.* peneplain, plain of denudation
peneplenizacja *f geol.* peneplanation
penetracja *f* penetration
penetrant *m* (*barwna ciecz do wykrywania pęknięć powierzchniowych*) dye penetrant
penetrator *m wytrz.* penetrator (*of a hardness testing machine*)
penetrometr *m* **1.** *radiol.* qualimeter, penetrometer, radiosclerometer **2.** penetrometer (*for lubricants*)
penicylina *f biochem.* penicillin
~ **benzylowa** benzyl-penicillin, penicillin G
~ **G** *zob.* **penicylina benzylowa**
~ **krystaliczna** potassium penicillin G; sodium penicillin G
~ **prokainowa** procaine penicillin G
~ **V** penicillin V, phenoxymethylpenicillin
penicylinaza *f biochem.* penicillinase
pensja *f* salary
~ **podstawowa** base salary
pensjonat *m* lodging-house
pentadekan *m chem.* pentadecane
pentaerytryt *m chem.* pentaerythritol, tetranitrate, PETN
pentan *m chem.* pentane, amyl hydride
pentanal *m chem.* pentanal, *n*-valeraldehyde
pentanol *m chem.* pentanol
pentazolil *m chem.* pentazolyl
penten *m chem.* pentene, amylene
pentenyl *m chem.* pentenyl
pentlandyt *m min.* pentlandite, nicopyrite
pentoda *f elektron.* pentode, five-electrode tube
pentoza *f chem.* pentose
pentra *f okr.* pantry; cuddy
pentryl *m wybuch.* Pentryl
pentryt *m wybuch.* Pentryt
pentyl *m chem.* pentyl, amyl
pentymetylenodwuamina *f chem.* pentamethylenediamine, cadaverine
pentyn *m chem.* pentyne
pepsyna *f biochem.* pepsin
peptony *mpl biochem.* peptones
peptydazy *fpl biochem.* peptidases, proteinases, proteases, proteolytic enzymes
peptyzacja *f chem.* peptization
~ **substancji białkowej** *skór.* digestion of hide substance
peptyzator *m chem.* peptizing agent
percentyl *m statyst.* percentile
percepcja *f biol.* perception
~ **pozazmysłowa** extrasensory perception
perceptron *m inf.* perceptron
perchlorobenzen *m chem.* perchlorobenzene, hexachlorobenzene
perchlorowinyl *m chem.* post-chlorinated polyvinyl chloride
perełki *fpl* **szklane** *lab.* glass beads
perfluoroetylen *m chem.* perfluoroethylene, tetrafluoroethylene
perforacja *f* perforation; *med.* perforation; punching
perforator *m* perforator; puncher
perforatorka *f fot.* perforating machine
perforować *v* perforate
perforowany *a* perforated
perforówka *f poligr.* perforating machine, perforator
perfumy *pl* perfume
perfuzja *f med.* perfusion
pergamin *m* **1.** parchment (leather) **2.** parchment paper
~ **roślinny** vegetable parchment, parchment paper
pergaminiarka *f papiern.* parchmentizing machine
pergaminowanie *n papiern.* parchmentizing
pergola *f arch.* pergola
perhydrol *m chem.* Perhydrol (30% *solution of* H_2O_2)
periastron *m astr.* periastron

perigeum *n astr.* perigee
perihelium *n astr.* perihelion
period *m mat.* period
periodyczny *a* periodic
perkal *m włók.* percale
perkolacja *f chem.* percolation
perkolator *m chem.* percolator
perl *m poligr.* pearl (*size of type*)
perliczka *f zool.* guinea fowl, *Numida meleagris*
perlik *m* miner's hammer, maul
perlit *m* **1.** *met.* pearlite **2.** *min.* pe(a)rlite, pearlstone
~ **bardzo drobny** *met.* quenching troostite
~ **drobnopłytkowy** fine(-lamellar) pearlite, dense lamellar pearlite
~ **gruboplytkowy** coarse (lamellar) pearlite
~ **kulkowy** *zob.* **perlit ziarnisty**
~ **płytkowy** lamellar pearlite, laminated pearlite
~ **sorbityczny** sorbitic pearlite, curly pearlite
~ **zdegenerowany** degenerate pearlite
~ **ziarnisty** spheroidal pearlite, globular pearlite, granular pearlite, divorced pearlite, spheroidite
perlon *m włók.szt.* Perlon
perła *f* pearl; bead
~ **boraksowa** borax bead
~ **fosforanowa** microcosmic salt bead
~ **szklana** *lab.* glass bead
perłowy *a* pearly, nacreous
perm *m geol.* **1.** Permian period **2.** Permian system
permaloj *m met.* permalloy
permatron *m elektron.* permatron
permeametr *m el.* permeameter
permeancja *f el.* permeance
permeazy *fpl biochem.* permeases
permendur *m met.* permendur
perminwar *m met.* perminvar
permutacja *f mat.* permutation
~ **cykliczna** circular permutation
~ **nieparzysta** odd permutation
~ **parzysta** even permutation
~ **z n elementów po r** permutation of n things taken r at a time
permutować *v* permute
permutyt *m san.* permutit
perodyt *m min.* olivin(e)
peroksydaza *f biochem.* peroxidase
peroksyhydrat *m chem.* peroxyhydrate
peron *m kol.* platform
~ **wyspowy** island-platform
peronówka *f kol.* platform ticket
perowskit *m min.* perovskite
perpetuum mobile perpetual motion
perseit *m chem.* perseite
persistor *m elektron.* persistor
persistron *m elektron.* persistron
personalia *pl* personal data
personel *m* personnel, staff
~ **administracyjny** administrative staff
~ **inżynieryjny** staff of engineers, engineering staff
~ **kierowniczy** managerial staff
~ **latający** *lotn.* flying personnel
~ **nadzorczy** supervisory staff
~ **naziemny** *lotn.* ground personnel
~ **techniczny** technical staff
~ **warsztatowy** shop-floor personnel
persorpcja *f* persorption
perspektywa *f rys.* perspective; vista
perspektywiczność *f* perspectivity
perspektywiczny *a* perspective
perspektywy *fpl* **gospodarcze** economic prospects
perspex *m tw.szt.* perspex
perta *f żegl.* foot rope
pertraktacje *pl* negotiations
perturbacje *fpl astr.* perturbations
pertyt *m geol.* perthite
perweancja *f el.* perveance (*of a diode*)
perwibrator *m bud.* immersion vibrator, internal concrete vibrator, poker vibrator
perydotyt *m petr.* peridotite
peryferie *pl* **miasta** outskirts of a town
peryferyjny *a* peripheral
peryklaz *m min.* periclase
perymetr *m* (*przyrząd do pomiaru pola widzenia*) *med.* perimeter
peryskop *m opt.* **1.** periscope **2.** *fot.* anachromatic symmetrical lens
perystaltyka *f fizjol.* peristalsis, peristaltic motion, vermicular movement, vermiculation
perytektoid *m fiz.* peritectoid
perytektoidalny *a* peritectoidal
perytektyczny *a* peritectic
perytektyk *m fiz.* peritectic point
perz *m* **właściwy** *bot.* couch grass, *Agropyron repens* (L.) P.B.
pestka *f bot.* stone
pestkowiec *m bot.* drupe, stone fruit
pestycyd *m* pesticide, biocide
pestycydowy *a* pesticidal
peta- peta- (*prefix representing* 10^{15})
petalit *m min.* petalite
petarda *f* squib, thunderflash
petit *m poligr.* brevier (*size of type*)
petrochemia *f* petrochemistry, petroleum chemistry
petrochemiczny *a* petrochemical
petrografia *f* petrography
petrolatum *n chem.* petrolatum
petrurgia *f* rock casting practice
petryfikacja *f* petrification
pewnik *m mat.* axiom
pewność *f* (*działania*) *masz.* reliability, dependability
~ **odczytania** *metrol.* reading efficiency (*of a measuring apparatus*)
pewny *a* reliable, dependable
pęcherz *m* blister; *med.* blister, bleb; *anat.* bladder; *biol.* vesicle; *geol.* vesicle, bladder, saccus, vacude, wing, air sac
~ **gazowy** *odl.* blowhole; gas cavity
~ **moczowy** *anat.* urinary bladder
~ **otwarty** (*wada*) *szkl.* broken seed
~ **płodowy** *anat.* bag of waters
~ **podskórny** (*wada wlewka*) *hutn.* subcutaneous blowhole, skin blowhole

~ **powierzchniowy** (*wada wlewka*) *hutn.* skin hole
~ **sulfatowy** (*wada*) *szkl.* (sulfate) scab
~ **żywiczny** *drewn.* pitch pocket
pęcherzenie *n* **powłoki** *farb.* blistering
pęcherzyk *m* bubble; *biol.* sac, *zob.też* **pęcherz**
~ **płucny** *anat.* (pulmonary) alveolus (*pl* alveoli), alveolar sac
~ **wydłużony** (*wada*) *szkl.* blibe
~ **żółciowy** *anat.* gallbladder, cholecyst
~ **żółtkowy** *biol.* yolk sac
pęcherzyki *mpl* **magnetyczne** *fiz.* magnetic domains, magnetic bubbles
~ **powietrza** *fot.* air bells
pęcina *f zool.* fetlock
pęczek *m* bunch
~ **rur** *kotł.* bank of tubes
pęcznieć *v* swell; expan
pęcznienie *n* swelling; expanding, bulging; bulking
~ **cegieł** *hutn.* bloating of bricks
~ **międzycząsteczkowe** intermolecular swelling
~ **międzymicelarne** intermicelle swelling
~ **osmotyczne** osmotic swelling
~ **skóry** *skór.* swelling of the skin
~ **spągu** *górn.* floor heave, squeeze of bottom
~ **wytłoczki** *gum.* die swell
~ **złoża** bed expansion
~ **żeliwa** growth of cast iron
pęd *m* **1.** *mech.* momentum **2.** *bot.* sprout, shoot
~ **bambusowy** *bot.* bamboo shoot
~ **boczny** *bot.* offshoot
~ **główny** *bot.* leader
~ **rozłogowy** *bot.* runner
~ **uogólniony** *mech.* generalized momentum
~ **właściwy** *rak.* specific impulse
pędnia *f masz.* overhead transmission, overhead shafting, line shafting
pędnik *m okr.* propeller
~ **akcyjny** active propeller
~ **cykloidalny** cycloidal propeller
~ **idealny** ideal propeller, actuator disk propeller
~ **o osi pionowej** *zob.* **pędnik Voitha-Schneidera**
~ **odrzutowy** *zob.* **pędnik strugowodny**
~ **poprzeczny** side thruster
~ **reakcyjny** reactive propeller
~ **sterujący** *zob.* **pędnik poprzeczny**
~ **strugowodny** jet propeller
~ **swobodny** open water propeller
~ **śrubowy** screw propeller
~ **Voitha-Schneidera** Voith-Schneider propeller, vertical axis propeller
pędrak *m zool.* gub
pędzarnia *f roln.* hothouse
pędzel *m* brush
~ **do golenia** shaving brush
~ **do okurzania** dust brush
~ **formierski** *odl.* swab, bosh
~ **malarski** paintbrush
~ **okrągły** Turk's head
pędzić *v* **1.** *mech.* drive; propel, impel **2.** *roln.* force (*artificially hasten maturity of plants*)
~ **tunel** *inż.* drive a tunnel
pęk *m geom.* pencil
~ **cząstek** *fiz.* shower of particles
~ **pali** *inż.* pile cluster
~ **płaszczyzn** *geom.* pencil of planes
~ **promieni** *opt.* pencil of rays
~ **prostych** *geom.* pencil of lines
pękać *v* crack; fracture; burst; check; craze
pękanie *n* cracking; bursting
~ **korozyjne** stress corrosion cracking
~ **międzykrystaliczne** intercrystalline cracking
~ **nośnika** *tw.szt.* pressure-break (*defect of a laminate*)
~ **pączków** *bot.* breaking of buds
~ **pod wpływem ozonu** *gum., tw.szt.* ozone cracking
~ ~ ~ **światła słonecznego** *gum., tw.szt.* sun-crazing
~ **podczas nagrzewania** *obr.ciepl.* fire-cracking
~ **sezonowe mosiądzu** season cracking of brass
~ **śródkrystaliczne** transcrystalline cracking
~ **wodorowe** *met.* hydrogen cracking
pęknięcia *npl* **deseniowe** *farb.* crocodiling
~ **mozaikowe** (*np. na walcu walcarki lub na wlewnicy*) *hutn.* mosaic-like cracks
~ **powierzchniowe** surface check(ing)
~ **włoskowate** hair cracking, hairlines
~ **wskutek utrudnionego skurczu** *met.* restriction cracks
pęknięcie *n* crack; fracture; rupture; burst; fissure; cleft; crevice; rent; rift; chink; *drewn.* shake
~ **ciągliwe** *met.* ductile fracture
~ **cieplne** heat crack, thermal crack
~ **czołowe dwustronne** *drewn.* through shake
~ ~ **jednostronne** shell shake
~ **hartownicze** *obr.ciepl.* hardening crack, quenching crack
~ **kruche** *met.* brittle fracture
~ **łukowe** *drewn.* cup shake
~ **łupliwe** cleavage (fracture)
~ **metalu na brzegu spoiny** *spaw.* toe crack
~ **międzykrystaliczne** *zob.* **pęknięcie międzyziarniste**
~ **międzyziarniste** intercrystalline crack
~ **mikroskopijne** microfissure, microcrack
~ **mrozowe** *drewn.* frost shake
~ **na gorąco** *odl.* hot crack
~ **na zimno** *odl.* cold crack
~ **naprężeniowe** strain crack, stress crack
~ **okrężne** *drewn.* ring shake
~ **pełne** *drewn.* round shake
~ **plastyczne** *met.* ductile fracture
~ **podczas prasowania** *obr.plast.* pressing crack
~ ~ **zginania** bending crack

~ **poślizgowe** *met.* shear fracture, ductile fracture
~ **prasowalnicze** pressing crack (*in powder metallurgy*)
~ **promieniowe** *drewn.* heart shake, star shake
~ **przy ściskaniu** *wytrz.* compression failure
~ **rdzeniowe** *zob.* **pęknięcie promieniowe**
~ **rozdzielcze** parting fracture
~ **skurczowe** shrinkage crack
~ ~ **poprzeczne** (*wlewka*) hanger crack
~ **szlifierskie** grinding crack
~ **w skale** rift
~ **w strefie utwardzonej** (*obok spoiny*) *spaw.* hard crack
~ **wewnętrzne** (*spoiny*) *spaw.* underbead crack
~ ~ **„daszkowe"** (*w osi wyciskanych prętów*) centre bursting
~ **wzdłużne** (*szkła płaskiego*) snake, snaking
~ **z przesuszenia** *drewn.* seasoning crack
~ **zmęczeniowe** *met.* fatigue crack, fatigue failure
~ **żarzeniowe** *odl.* annealing crack
pępek *m anat.* umbilicus, navel
pępowina *f biol.* umbilical cord
pęta *npl zoot.* fetters, hobbles
pętla *f* **1.** loop **2.** *lotn.* loop (*in aerobatics*) **3.** (lifting) sling **4.** kink, hitch (*on a rope*) **5.** *mat.* loop **6.** *inf.* (*sekwencja rozkazów*) loop
~ **dopasowująca** *rad.* matching stub
~ **dostrajająca** *rad.* stub
~ **doświadczalna** *nukl.* experimental loop
~ **drogowa** *drog.* loopway
~ **druciana** wire sling
~ **dyslokacji** *kryst.* dislocation loop, dislocation ring
~ **histerezy** *fiz.* hysteresis loop
~ ~ **prostokątna** rectangular hysteresis loop
~ **liny** bight (*of a rope*)
~ **na końcu liny cumowniczej** *żegl.* bollard eye
~ **nieskończona** *inf.* endless loop
~ **odwrócona** *lotn.* inverted loop, outside loop
~ **PLL** *zob.* **pętla ze sprzężeniem fazowym**
~ **radiacyjna** *nukl.* irradiation loop, irradiation circuit
~ **regulacji** *nukl.* control loop
~ **sprzęgająca** *rad.* coupling loop
~ **ściekowa** (*przewodu*) drip loop
~ **zaciągająca się** noose
~ **zaciśnięta** (*np. na drucie*) sharl
~ **ze sprzężeniem fazowym** *el.* phase-locked loop, PLL
pętlowanie *n hutn.* looping
pętlownica *f hutn.* looper, loop former, loop lifter
pfaffian *m mat.* pfaffian
PFW = polifluorek winylu *chem.* polyvinyl fluoride, PVF
PGR = państwowe gospodarstwo rolne state farm
pH (*wykładnik jonów wodorowych*) *chem.* pH, hydrogen ion exponent, power hydrogen
ph = fot *jedn.* phot
pH-metr *m chem.* pH-meter, hydrogen ion concentration meter
pH-metria *f chem.* pH-metry, pH determination
pH-stat *m elchem.* pH-stat
piana *f* **1.** froth, foam, spume; *ferm.* head **2.** (*wada szkła*) fine seed
~ **błonotwórcza** aqueous film forming foam, AFFF
~ **gaśnicza** fire foam
~ **kąpielowa** (*kosmetyczna*) bath foam
~ **miedziana** copper skim
~ **mydlana** lather
~ **w szkle** (*wada*) fine seed
pianka *f* (*wada*) *ceram.* boiling
~ **morska** *min.* sepiolite, meerschaum, sea-foam
pianobeton *m* foamed concrete
pianoguma *f* porous rubber
pianoszkło *n* expanded glass
PIAP = Przemysłowy Instytut Automatyki i Pomiarów
piarg *m geol.* scree, talus
piasawa *f włók.* raffia
piasecznica *f kol.* sander
piasecznik *m papiern.* sand trap, sand catcher, sand table, riffler
piasek *m* sand
~ **bitumiczny** tar sand
~ **drobnoziarnisty** fine sand
~ **formierski** *odl.* moulding sand
~ ~ **chudy** weak moulding sand, lean moulding sand, mild moulding sand
~ ~ **kwarcowy** high-silica sand
~ ~ **naturalny** naturally-bonded moulding sand
~ ~ **tłusty** strong moulding sand
~ **glaukonitowy** greensand, glauconite sand
~ **gruboziarnisty** coarse sand
~ **kopalny** pit sand
~ **lekki** *gleb.* light sand
~ **lotny** shifting sand
~ **monacytowy** *min.* monazite sand
~ **murarski** mortar sand, masons sand
~ **naniesiony** *ocean.* driftsand
~ **podziałowy** *odl.* parting sand
~ **przypalony** *odl.* burnt-on sand
~ **roponośny** oil-sand, tar sand
~ **ruchomy** quick sand, shifting sand
~ **rzeczny** river sand
~ **szklarski** glass-making sand
~ **świeży** *odl.* greensand, new sand
~ **wybielony** *gleb.* bleached sand
~ **złotonośny** gold-dust
~ **żelazisty** ironsand
piaskarka *f* (*drogowa*) *mot.* sanding vehicle, sand (and salt) spreader
piaskowanie *n* **1.** sand-blast cleaning, sand blasting **2.** *kol., drog.* sanding **3.** *roln.* sand application

~ **nasion** (*rodzaj stratyfikacji*) *roln.* earthing of seeds
piaskowiec *m petr.* sandstone
~ **drobnoziarnisty** siltstone, siltite
~ **granitowy** arkose
~ **krzemionkowy** siliceous sandstone
~ **wapnisty** calcareous sandstone
~ **zanieczyszczony** bastard rock
~ **żelazisty** ferruginous sandstone
piaskownia *f górn.* sand pit
piaskownica *f* **1.** sand-box (*for children*) **2.** sandblast machine
piaskownik *m san.* sand trap, desander, grit chamber
piasta *f masz.* hub, boss, nave
~ **koła** wheel hub
~ **komutatora** *el.* commutator hub, commutator spider
~ **śmigła** airscrew hub
~ **twornika** *masz.el.* armature spider
~ **tylnicy** *okr.* stern boss
~ **wielorowkowa** serrated hub
~ **wielowpustowa** spline(d) hub
~ **wirnika** (*śmigłowca*) rotor hub
~ **z kołnierzem** flanged hub
piaszczarka *f* sandblast machine
~ **komorowa** *odl.* sandblast cabinet
piaszczenie *n melior.* addition of sand
piaszczysty *a* sandy
piątego stopnia *mat.* quintic
piątka *f* (*np. punktów*) *mat.* quintuple
piątkowy *a mat.* quinary
piec *m* furnace; oven; kiln; stove
~ **bezprzeponowy** direct furnace, direct heating oven
~ **beztyglowy** non-crucible furnace
~ **bębnowy** rotary drum furnace
~ **Cariusa** *chem.* Carius furnace, bomb furnace
~ **cementowy** cement (burning) kiln
~ **ceramiczny** ceramic furnace
~ **ciągły** continuous furnace
~ **ciśnieniowy** (*o podwyższonym ciśnieniu*) pressure furnace
~ **destylacyjny** distillation furnace
~ **do azotowania** *obr.ciepl.* nitriding furnace
~ **do bezpośredniej redukcji rud** *hutn.* direct reduction furnace
~ **do grzania kęsisk płaskich** *hutn.* slab reheating furnace
~ **do kalcynacji** calciner, calcining furnace
~ **do krakowania** cracking furnace, cracking still
~ **do lutowania** soldering furnace
~ **do nagrzewania kęsisk płaskich** *hutn.* slab furnace, slab heater
~ **do nagrzewania kęsów** *hutn.* billet furnace
~ **do nawęglania** *obr.ciepl.* carburizing furnace, case-hardening furnace
~ **do obróbki cieplnej** heat-treating furnace
~ **do odpuszczania** *obr.ciepl.* tempering furnace, draw furnace
~ **do patentowania** *obr.ciepl.* (wire) patenting furnace
~ **do prażenia** *hutn.* roasting furnace, roaster
~ **do prażenia wapienia** lime kiln
~ **do rafinowania ołowiu** *hutn.* lead softening furnace
~ **do reformowania** (*np. gazu ziemnego*) reformer (furnace)
~ **do spalania siarki** sulfur burner
~ **do spalań** *chem.* combustion furnace
~ **do spiekania** *hutn.* sintering furnace
~ **do spopielania** *chem.* incinerator
~ **do suszenia chmielu** *spoż.* oast
~ **do topienia** melting furnace
~ **do topienia szkliw ceramicznych** *ceram.* smelting furnace, smelter
~ **do wstępnej redukcji rud** *hutn.* prereduction kiln
~ **do wulkanizacji** *gum.* curing oven
~ **do wypalania cegły** brick kiln
~ **do wytapiania** *hutn.* smelting furnace, smelter
~ **do wytapiania żelazostopów** ferro-alloy smelting furnace
~ **do wyżarzania** *obr.ciepl.* annealing furnace, annealer
~ ~ ~ **jednomuflowy** single-cover annealing furnace
~ ~ ~ **normalizującego** normalizing furnace
~ ~ ~ **odprężającego** stress-relieving furnace
~ ~ ~ **ujednorodniającego** homogenizing furnace
~ ~ ~ **zmiękczającego** *hutn.* softening furnace
~ **donicowy** *szkl.* pot furnace
~ **dwukomorowy** (*do nagrzewania blachówek*) *hutn.* pair furnace
~ **dwutrzonowy** *hutn.* two-hearth furnace, dual-hearth furnace
~ ~ **do wytapiania stali** twin-bath steel melting furnace, tandem furnace
~ **dzwonowy** bell-type furnace, hood-type furnace
~ ~ **do wyżarzania** *obr.ciepl.* bell-type annealing furnace, annealing bell, cover annealing furnace, cover annealer
~ **elektrodowy** electrode furnace
~ **elektronowy** electron-beam furnace
~ **elektrożużlowy** *hutn.* electroslag (remelting) furnace, ESR furnace
~ **elektryczny** electric furnace
~ ~ **do wytapiania surówki** electric ironmaking furnace, electric pig-iron furnace
~ ~ **niskoszybowy** (*do wytapiania żelazostopów*) low-shaft electric furnace
~ **emalierski** enamel(ling) furnace, enamel kiln
~ **fluidyzacyjny** fluidized-bed furnace, fluosolids furnace
~ **gazowniczy** gas producing oven
~ **gazowy** gas-fired furnace, gas furnace; gas stove

~ ~ **łazienkowy** geyser, gas water heater
~ **grzewczy 1.** heating stove **2.** *hutn.* heat furnace, reheater
~ ~ **indukcyjny** induction heater
~ ~ **kuźniczy** forge furnace
~ ~ **strefowy** zone-fired reheating furnace
~ ~ **trójstrefowy** triple-fired reheating furnace
~ ~ **walcowniczy** mill (reheat) furnace
~ ~ **wielostrefowy** multi-zone reheating furnace
~ ~ **z promiennikami rurowymi** radiant-tube-heated furnace
~ **hartowniczy** hardening furnace
~ ~ **z wbudowaną wanną** sealed quench furnace
~ **hutniczy** metallurgical furnace
~ **indukcyjny** *el.* induction furnace
~ ~ **bezrdzeniowy** (*wielkiej częstotliwości*) coreless induction furnace
~ ~ **kanałowy** channel-type induction furnace
~ ~ **małej częstotliwości** low-frequency induction furnace
~ ~ **rdzeniowy** (*małej częstotliwości*) core-type induction furnace
~ ~ **wielkiej częstotliwości** high-frequency induction furnace
~ **karbidowy** carbide furnace
~ **karuzelowy** rotary-hearth furnace
~ ~ **z trzonem pierścieniowym** annular hearth furnace
~ **kąpielowy** *obr.ciepl.* bath furnace
~ **kociołkowy** *odl.* pot furnace
~ **koksowniczy** coke oven
~ ~ **z bliźniaczymi kanałami grzewczymi** twin-flue coke oven
~ **kołpakowy** bell-type furnace, hood-type furnace
~ ~ **do wyżarzania** bell-type annealing furnace, annealing bell, cover annealing furnace, cover annealer
~ **kołyszący** *odl.* rocking furnace
~ **komorowy** box(-type) furnace, chamber furnace
~ ~ **malarski** *szkl.* decorating kiln
~ **kontaktowy** *chem.* catalyst furnace
~ **konwekcyjny** convection-type furnace
~ **kryptolowy** (*do oznaczania ogniotrwałości pod obciążeniem*) *hutn.* carbon granule resistance furnace
~ **kuchenny** kitchen stove
~ ~ **okrętowy** galley range
~ **kuźniczy** forging furnace
~ **kwaśny** (*o wyprawie kwaśnej*) acid furnace
~ **łukowy** *el.* arc furnace
~ ~ **bezpośredni** direct-arc furnace
~ ~ **ładowany przez okno wsadowe** door-charged arc furnace
~ ~ **ładowany z góry** top-charged arc furnace
~ ~ **o sklepieniu obrotowym** swing-roof arc furnace
~ ~ **o sklepieniu odejmowanym** removable-roof arc furnace
~ ~ **o sklepieniu odsuwanym** gantry-type arc furnace
~ ~ **pośredni** indirect-arc furnace, open-arc furnace
~ ~ **promieniujący** *zob.* **piec łukowy pośredni**
~ ~ **próżniowy z roztapianą elektrodą** consumable electrode arc furnace, skull crucible
~ ~ **z elektrodami trzonowymi** bottom electrode arc furnace
~ ~ **z przewodzącym trzonem** conductive hearth arc furnace
~ ~ **z wysuwanym kotłem** sliding-hearth-type arc furnace
~ **martenowski** *hutn.* open-hearth furnace, O.H. furnace
~ ~ **z podwójnymi przelotami w głowicach** twin-uptake furnace
~ **muflowy** muffle furnace
~ ~ **do destylacji cynku** zinc furnace, Belgian furnace
~ **naczyniowy** *odl.* pot furnace
~ ~ **czerpalny** bale-out pot furnace
~ **nieprzelotowy** batch furnace
~ **niskoszybowy** *hutn.* low-shaft furnace
~ **niskotemperaturowy** low-temperature furnace
~ **o działaniu ciągłym** continuous furnace
~ ~ ~ **okresowym** periodic furnace, batch furnace
~ **o łuku otulonym** smothered-arc furnace
~ **o nagrzewaniu bezpośrednim** direct-heat furnace
~ ~ ~ **pośrednim** indirect-heat furnace
~ **o przedmuchu wstecznym** (*w stosunku do ruchu wsadu*) counter-flow furnace
~ ~ ~ **zgodnym** (*z ruchem wsadu*) parallel flow furnace
~ **obrotowy** rotary furnace; rotary kiln
~ **odlewniczy** foundary furnace
~ **okresowy** periodic furnace, batch furnace
~ **opalany drewnem** wood-burning stove
~ ~ **gazem** gas-fired furnace, gas furnace; gas stove
~ **oporowy** *el.* resistance furnace
~ ~ **bezpośredni** direct resistance furnace
~ ~ **pośredni** indirect resistance furnace
~ **paliwowy** fuel-fired furnace
~ **piekarski** baking oven
~ **pionowo-komorowy** *chem.* vertical-chamber oven
~ **pionowo-retortowy** *chem.* vertical-retort oven
~ **plazmowy łukowy** *hutn.* plasma arc furnace
~ ~ **strumieniowy** plasma jet furnace
~ **płomienny** *hutn.* air furnace, reverberatory furnace, open-flame fired furnace
~ **płytowy do suszenia piasków formierskich** *odl.* sand drying plate

~ **podgrzewający** (*ciekły metal*) *odl.* holding furnace, maintaining furnace
~ **podnośnikowy** elevator furnace
~ **posobny** *hutn.* tandem furnace
~ **poziomo-komorowy** *chem.* horizontal-chamber oven
~ **poziomo-retortowy** *chem.* horizontal-retort oven
~ **prażalniczy** *hutn.* roasting furnace, roaster
~ ~ **muflowy** blind roaster
~ **probierczy** assay furnace
~ **próżniowy** vacuum furnace
~ **przechylny** tilting furnace
~ **przelotowy** continuous furnace
~ **przemysłowy** industrial furnace
~ **przenośnikowy** conveyor-type furnace
~ **przeponowy** indirect heating oven
~ **przepychowy** pusher furnace
~ **przewałowy** *hutn.* rolldown furnace
~ **przewiewowy** convection-type furnace
~ **pudlarski** *hutn.* puddling furnace, finery hearth
~ **reakcyjny** *chem.* reaction still
~ **redukcyjny** *hutn.* reduction kiln
~ **regeneracyjny** regenerative furnace
~ **rekuperacyjny** recuperative furnace
~ **retortowy** *chem.* retort furnace
~ **rurowy** pipe furnace, tubular furnace; tube kiln
~ ~ **do destylacji równowagowej** pipe-still
~ ~ **obrotowy** rotary tubular furnace
~ **siarkowy** *papiern.* sulfur burner
~ **skośnoretortowy** *chem.* inclined retort oven
~ **solny elektrodowy** *hutn.* electrode salt bath furnace
~ **stalowniczy** *hutn.* steelmaking furnace
~ ~ **dwutrzonowy** double-hearth steelmaking furnace, tandem furnace
~ **suszarniczy** drying kiln, drying stove, drying oven
~ **szczelinowy** (*kuźniczy*) slot-type furnace, slot-forge furnace
~ **szklarski** glass-furnace
~ **szybowy** shaft furnace
~ **tandem** tandem furnace, double-hearth steelmaking furnace
~ **topniskowy** *zob.* **piec trzonowy**
~ **trzonowy** hearth furnace, pool furnace
~ **tunelowy** tunnel furnace; tunnel kiln
~ ~ **malarski** *szkl.* decorating lehr
~ ~ **o ogniu bezpośrednim** open-flame tunnel kiln
~ **tyglowy** crucible furnace
~ ~ **przechylny** lip-pour crucible furnace
~ ~ **wgłębny** pit-type crucible furnace
~ **ulowy** beehive oven
~ **wahadłowy** *odl.* rocking furnace
~ **wannowy 1.** *obr.ciepl.* pot furnace; bath furnace **2.** *szkl.* tank furnace
~ ~ **solny** *obr.ciepl.* salt-bath furnace
~ **wapienny** lime-kiln
~ **węglowy** coal-fired furnace
~ **wgłębny** (*do nagrzewania wsadu walcowniczego*) *hutn.* soaking pit, soaking furnace, pit furnace, soaker
~ ~ **dwudrogowy** two-way fired soaking pit
~ ~ **jednodrogowy** one-way fired soaking pit
~ ~ **studzienkowy** multi-cell soaking pit
~ ~ **z płynnym żużlem na trzonie** wet-bottom soaking pit
~ ~ **z trzonem suchym** dry-bottom soaking pit
~ **wielkiej częstotliwości** high-frequency induction furnace
~ **wielokomorowy** *ceram.* compartment kiln; *hutn.* multi-chamber furnace
~ **wieżowy** tower furnace
~ **wulkanizacyjny** *gum.* curing oven
~ **wysokotemperaturowy** high-temperature furnace
~ **z atmosferą regulowaną** controlled-atmosphere furnace
~ **z dolnym nagrzewem** bottom-fired furnace
~ **z górnym nagrzewem** top-fired furnace
~ **z łukiem zakrytym** *hutn.* submerged arc furnace
~ **z palnikami bocznymi** *szkl.* cross-fired furnace
~ **z palnikami w sklepieniu** roof-fired furnace
~ **z podnoszonym spodem** *hutn.* elevator furnace
~ **z przenośnikiem taśmowym** belt conveyor furnace
~ ~ ~ ~ **drucianym** (*do obróbki cieplnej drobnych wyrobów*) mattress conveyor furnace; mesh-belt conveyor furnace
~ **z trzonem kroczącym** *hutn.* walking-beam furnace
~ ~ ~ **łańcuchowym** chain-conveyor furnace
~ ~ ~ **obrotowym** rotating hearth furnace
~ ~ ~ **potrząsanym** shaker-hearth furnace
~ ~ ~ **przewodzącym** bottom electrode (arc) furnace
~ ~ ~ **samotokowym** roller hearth furnace
~ ~ ~ **wysuwanym** bogie hearth furnace, car-type furnace, car bottom furnace
~ **z wymuszonym obiegiem gazów** forced convection furnace, recirculation furnace
~ **zasadowy** (*o wyprawie zasadowej*) basic furnace
~ **zasilany kulkami** *szkl.* marble furnace
~ **zawiesinowy** *hutn.* fluidized-bed oven, fluidized-bed furnace
piec *v* bake
piecowy *m* furnace operator, furnaceman
piecyk *m* **gazowy 1.** gas water-heater **2.** gas fire
~ ~ **wieloczerpalny** multi-point water-heater

~ **koksowy** brazier
~ **lutowniczy przenośny** portable soldering furnace, devil
~ **łazienkowy** geyser water-heater
pieczara *f* cave, cavern
pieczarka *f bot.* (common) mushroom, *Agaricus campestris* Fr.
pieczarkarnia *f* mushroom-growing cellar
pieczęć *f* stamp; seal
pieczętować *v* stamp, seal
pieczywo *n* bakery products
piedestał *m bud.* pedestal
piekarnia *f spoż.* bakery
piekarnik *m* **elektryczny** electric cooking oven
piekący *a chem.* acrid
piekło *n poligr.* hell box
pielenie *n roln.* weeding
~ **gracą** hoeing
pielęgniarka *f* nurse
pielęgnowanie *n* **betonu** *bud.* curing of concrete
~ **chorych** care of the sick
~ **koni** grooming
~ **lasu** forest conservation
~ **po chorobie** *med.* after-treatment
~ **roślin uprawnych** crop cultivation
pielgrzymowanie *n obr.plast.* pilger process
pielnik *m roln.* hoe
~ **do upraw międzyrzędowych** drill hoe
~ **ręczny taczkowy** push hoe, planet
piemontyt *m min.* piedmontite
pieniądz *m* money; currency
~ **gotówkowy** ready money, cash
~ **krajowy** national currency
~ **towarowy** real money
pienić się *v* froth, foam
pieniek *m* **biegunowy** *masz.el.* pole body
pienienie *n* foam formation, foaming
pienistość *f* **miejscowa** (*wada szkła*) heavy seed
pienisty *a* frothy, foamy
pień *m drewn.* trunk, bole; steam
~ **magmowy** *geol.* stock
pieprz *m spoż.* pepper
~ **czarny** *bot.* black pepper, *Piper nigrum*
~ **turecki** *bot.* pimento, *Capsicum annuum*
piernik *m spoż.* honey-cake; gingerbread
pierś *f anat.* breast
~ **czopa** *drewn.* tenon shoulder
~ **odkładnicy pługa** *roln.* breast of a mouldboard
pierścienice *fpl zool.* annelida
pierścienie *mpl* **do makrofotografii** *fot.* extension tubes
~ **dyfrakcyjne** *fiz.* diffraction rings
~ **interferencyjne** *opt.* Newton's rings, interference rings, interference fringes
~ **Newtona** *zob.* **pierścienie interferencyjne**
~ **Raschiga** *chem.* Raschig rings
~ **skondensowane** *chem.* condensed rings, condensed nuclei
pierścieniopłat *m lotn.* coleopter
pierścieniowy *a* ring-shaped, annular, toroidal; *chem.* cyclic
pierścień *m* **1.** ring **2.** *chem.* ring; nucleus **3.** *mat.* ring; annulus
~ **Adamsona** *kotł.* Adamson flanged ring
~ **akumulujący** (*cząstki przyspieszone*) *nukl.* storage ring
~ **alicykliczny** *chem.* alicyclic nucleus
~ **aromatyczny** *chem.* aromatic ring, aromatic nucleus
~ **benzenowy** *chem.* benzene ring
~ **chelatowy** *chem.* chelatic ring
~ **ciągowy** *obr.plast.* draw(ing) ring
~ **cumowniczy** *okr.* mooring ring
~ **czteroczłonowy** *chem.* four-membered ring
~ **dennicy konwertora** *hutn.* bottom ring of a converter
~ **dławicowy rozstawczy** *masz.* lantern ring
~ **dmuchowy** (*żeliwiaka*) *odl.* air-belt, wind belt (*of a cupola*)
~ **dociskowy dławika** *masz.* gland ring, follower ring, packing follower
~ ~ **kompasu** verge ring of a compass
~ ~ **przy ciągnieniu** *obr.plast.* draw(ing) ring
~ ~ **przy tłoczeniu** *obr.plast.* pressure ring
~ **dolny kopuły** *bud.* curb-plate
~ **dwudzielny** *masz.* split ring cotter
~ **dymnicy** *kol.* smoke-box shell
~ **gardzieli konwertora** *hutn.* nose ring of a converter
~ **heterocykliczny** *chem.* heterocyclic ring
~ **homocykliczny** *zob.* **pierścień izocykliczny**
~ **hydroaromatyczny** *chem.* hydroaromatic ring, alicyclic nucleus
~ **ideałów głównych** *mat.* principal ideal ring
~ **ilorazowy** *mat.* factor ring, quotient ring
~ **izocykliczny** *chem.* homocyclic ring
~ **kalibrujący ciągadła** *obr.plast.* sizing portion of a die, land of a die, parallel of a die
~ **karbocykliczny** *chem.* carbocyclic ring
~ **kierownicowy turbiny** turbine diaphragm nozzle
~ **lepowy** *roln.* grease-band
~ **łoża silnikowego** (*silnika gwiazdowego*) *lotn.* motor mounting ring
~ **łożyskowy** bearing ring
~ ~ **ochronny boczny** *masz.* bearing shield
~ ~ **osadzony na wale** shaft ring
~ ~ **wewnętrzny** bearing inner ring
~ ~ **zewnętrzny** bearing outer ring
~ **masowy świecy zapłonowej** *siln.spal.* sparking plug earthed ring
~ **nastawczy** *masz.* adjusting ring; *uzbr.* setting ring
~ ~ **zapalnika czasowego** *uzbr.* time ring
~ **natryskowy** (*nagrzewnicy hartowniczej*) *obr.ciepl.* quench ring
~ **ochronny** guard ring
~ **odległościowy** *masz.* distance ring, spacer ring

~ **odrzucający olej** *masz.* oil thrower ring, flinger collar
~ **odwadniający szybu** *górn.* (water) garland, water ring, water curb
~ **okrągły** *mech.* circular ring
~ **oporowy** *masz.* stopper ring, stop collar, thrust ring
~ **piranowy** *chem.* pyran ring
~ **pirolowy** *chem.* pyrrole ring
~ **pirydynowy** *chem.* pyridine ring
~ **podchwytowy kotwicy** *okr.* balancing anchor ring
~ **podszybowy wielkiego pieca** *hutn.* mantle ring, lintel (ring), mantle shelf
~ **pośredni** *fot.* adapter ring
~ **prosty** *mat.* simple ring
~ **roczny** *bot.* annual ring
~ **rogu** *zoot.* horn ring
~ **rozcięty** split ring
~ **rozprężny** *masz.* expanding ring
~ **rozstawczy** *masz.* distance ring, spacer ring
~ **ryglujący** *masz.* lock ring
~ **skurczowy** *masz.* shrink ring, shrunk-on ring
~ **smarujący** *masz.* oiling ring, lubricating ring
~ **sprężynujący zabezpieczający** *masz.* snap ring, circlip
~ **sprężysty** *masz.* spring ring
~ **stopowy** *kotł.* mud ring
~ **szotowy** *okr.* clew ring
~ **ślizgowy** *masz.el.* slip-ring; collector ring; sliding ring
~ **tetrazolowy** *chem.* tetrazole ring
~ **tłokowy** *siln.spal.* piston ring
~ ~ **górny** fire ring
~ ~ **uszczelniający** piston gas ring, piston packing ring, compressioning ring
~ ~ **zgarniający** piston scraper ring, piston oil ring, oil control ring
~ **ustalający** *masz.* retainer ring, retaining ring
~ **uszczelniający** *masz.* packing ring, seal(ing) ring, ring packing, ring seal
~ ~ **kołnierzowy** hat seal (ring), hat packing
~ ~ **skórzany** leather cuff
~ **usztywniający** stiffening ring
~ **waluacji** *mat.* valuation ring
~ **wewnętrzny łożyska stożkowego** *masz.* bearing cone
~ **wieloczłonowy** *chem.* poly-membered ring
~ **wielomianów** *mat.* polynomial ring
~ **wiodący** (*pocisku*) rotating ring, rotating band, driving band
~ **wirowy** *hydr.* vortex ring, ring vortex
~ **wodny** (*w pompie*) water-ring
~ **wzmacniający** strengthening ring, reinforcing ring
~ **z dzieleniem** *mat.* division ring
~ **z filtracją** *mat.* filtrated ring
~ **z gradacją** *mat.* graded ring
~ **zaciskowy** clamping ring, clamp collar, gripping ring
~ **zapisu** *inf.* write enable ring
~ **zewnętrzny łożyska stożkowego** *masz.* bearing cup
~ **zezwalający na zapis** *zob.* **pierścień zapisu**
~ **zębaty** *masz.* toothed ring, ring gear, annular gear
~ **zgniotowy** *obr.plast.* drawing ring (*round the reduction angle of a die*)
~ **zwarty elektromagnesu** *el.* shading ring
pierściono *n* **płaszcza kotła** boiler shell ring
pierśnica *f leśn.* breast height diameter
pierwak *m pszczel.* prime swarm (*of bees*)
pierwiastek *m* **1.** *mat.* radical; root, radix **2.** *chem.* (chemical) element, elementary substance, *zob.też* **pierwiastki**
~ **104** *chem.* element 104, kurchatovium, Ku
~ **105** *chem.* element 105, hahnium, Ha
~ **amfoteryczny** *chem.* amphoteric element
~ **arytmetyczny** *mat.* principal root
~ **austenitotwórczy** *met.* austenite stabilizer, austenitizer, austenite forming element, gamma-producing element, gamma forming element
~ **charakterystyczny** *mat.* characteristic root
~ **drugiego stopnia** *mat.* square root
~ **dwuwartościowy** *chem.* dyad
~ **elektrododatni** *chem.* electropositive element
~ **elektroujemny** *chem.* electronegative element
~ **ferrytotwórczy** *met.* ferrite stabilizer, ferritizer, ferrite forming element, ferrite former, alpha-producing element, alpha forming element
~ **główny** *mat.* principal root (*of a number*)
~ **kwadratowy** *mat.* square root
~ **kwasotwórczy** *chem.* acid-forming element, acidifier
~ **macierzysty** *chem.* parent element (*in radioactive series*)
~ **mieszany** *chem.* mixed element, isotopic mixture
~ **pierwotny z jedności** *mat.* primitive root of unity
~ **promieniotwórczy** radioactive element, radioelement
~ **prosty** *mat.* simple root
~ **rozszczepialny** *chem.* fissionable element
~ **równania** *mat.* root of an equation
~ **stabilizujący austenit** *met.* austenite stabilizer, austenitizer, austenite forming element, gamma-producing element, gamma forming element
~ ~ **ferryt** ferrite stabilizer, ferritizer, ferrite-forming element, ferrite former, alpha-producing element, alpha forming element

~ **stopowy** *met.* alloying element, alloying addition
~ ~ **główny** major alloying element, principal alloying element
~ **sześcienny** *mat.* cube root
~ **śladowy** *biochem.* trace element, microelement, micronutrient, minor element
~ **towarzyszący** *chem.* accompanying element; *met.* residual element
~ **trójwartościowy** *chem.* triad
~ **trzeciego stopnia** *mat.* cube root
~ **utwardzający** *met.* hardening (alloy) element, hardening constituent, hardener
~ **węglikotwórczy** *met.* carbide-forming element, carbide former
~ **wskaźnikowy 1.** *chem.* tracer (element) **2.** *geol.* pathfinder element
~ **z jedności** *mat.* root of unity
~ **znaczony** *zob.* **pierwiastek wskaźnikowy 1.**
pierwiastki *mpl chem.* (chemical) elements
~ **alkaliczne** alkali metals (Li, Na, K, Rb, Cs, Fr)
~ **atmofilne** *min.* atmophilic elements
~ **biogeniczne** organogenic elements, organogens
~ **chalkofilne** *min.* chalcophilic elements
~ **cisuranowe** (*five elements: francium, radium, actinium, thorium, protactinium*)
~ **czyste** (*nie mające izotopów*) pure elements, simple elements
~ **dodatkowe** transition elements
~ **główne** representative elements
~ **kruszcolubne** *min.* chalcophilic elements
~ **litofilne** *min.* lithophilic elements
~ **metaliczne** metallic elements, metals
~ **niemetaliczne** non-metallic elements, non-metals, metalloids
~ **o dużej liczbie atomowej** high-Z elements
~ **o małej liczbie atomowej** low-Z elements
~ **organogeniczne** organogenic elements, organogens
~ **półmetaliczne** semi-metals, metalloids
~ **przejściowe** transition elements
~ **reprezentatywne** representative elements
~ **rudotwórcze** *min.* chalcogens
~ **skałolubne** *min.* lithophilic elements
~ **syderofilne** *min.* siderophilic elements
~ **transplutonowe** transplutonium elements
~ **transuranowe** transuranic elements, posturanic elements
~ **wewnętrznoprzejściowe** inner transition elements
~ **zastępcze** (*w strukturze krystalicznej*) vicarious elements
~ **ziem rzadkich** rare-earth elements, lanthanide series, lanthanides, lanthanons
pierwiastkowanie *n mat.* extraction of roots, evolution
pierwiastkowy *a* **1.** elemental **2.** *mat.* radical
pierwiastnik *m mat.* radical
pierwiosnek *m bot.* primrose, *Primula*
pierwodruk *m* first edition
pierwopis *m* original copy
pierwotniak *m zool.* protozoon (*pl* protozoa)
pierwotny *a* **1.** original; primary; primordial **2.** *mat.* prime; primitive
pierwowzór *m* prototype; archetype
~ **rysunku** original drawing
pierwsza dwusieczna *f* **kąta osi optycznych** *kryst.* acute bisectrix
pierwsza kwadra *f* **księżyca** first quater of the moon
pierwsza liczba *f* **kwantowa** *fiz.* main quantum number, principal quantum number, total quantum number
pierwsza podróż *f* (*nowego statku*) maiden voyage
pierwsza pomoc *f* first aid
pierwsza strefa *f* **spalania** (*w komorze spalania turbiny spalinowej*) primary combustion zone
pierwsza strzyża *f* (*wełny*) first clip (*of wool*); lamb's wool
pierwsza zasada *f* **dynamiki** *mech.* first principle of dynamic, first law of motion, Newton's first law
pierwsza zasada *f* **Newtona** *zob.* **pierwsza zasada dynamiki**
pierwsze ciepło *n* **rozpuszczania** *fiz.* first heat of solution
pierwsze prawo *m* **Daltona** *chem.* Proust's law
pierwsze przeregulowanie *n aut.* initial peak overshoot
pierwsze przybliżenie *n* first approximation
pierwsze stadium *n* **pełzania** *met.* primary creep, transient creep
pierwszeństwo *n* priority
~ **przejazdu** *drog.* right of way
~ **zakupu** buying preference
pierwszy bieg *m mot.* bottom gear, first gear, first speed
pierwszy lot *m* **prototypu** maiden flight
pierwszy lot *m* **samodzielny** (*ucznia pilota*) first solo
pierwszy na wejściu—ostatni na wyjściu first-in, last-out, FILO (*in queueing theory*)
pierwszy na wejściu — pierwszy na wyjściu first-in, first-out, FIFO (*in queueing theory*)
pierwszy pokos *m roln.* first crop
pierwszy rzut *m cukr.* first crop
pierwszy wertykał *m geod.* prime vertical
pierwszy zgłoszony — pierwszy obsłużony first-come, first-served, FCFS (*in queueing theory*)
pierzeja *f arch.* frontage
pierzga *f pszczel.* bee bread
pietruszka *f* **zwyczajna** *bot.* parsley, *Petroselinum sativum* Hoffm.
pieza *f jedn.* pieze

piezochemia *f* piezochemistry
piezoelektryczność *f* piezoelectricity
piezoelektryczny *a* piezoelectric
piezoid *m el.* piezoid, crystal unit
piezometr *m metrol.* piezometer
piezorezystywność *f el.* piezoresistivity
pięcioatomowy *a chem.* pentatomic
pięcioazotan *m* **glukozy** *chem.* glucose pentanitrate, nitroglucose
pięcioazotek *m* **trójfosforu** *chem.* phosphorus nitride
pięcioboran *m* **sodowy** *chem.* sodium pentaborate
pięciochlorek *m* **fosforu** *chem.* phosphorus pentachloride, phosphoric chloride
pięciocząsteczkowy *a chem.* quinquemolecular
pięcioetylenoimina *f chem.* piperidine
pięciokarbonylek *m chem.* pentacarbonyl
pięciokąt *m geom.* pentagon
~ **foremny** regular pentagon
~ **gwiaździsty** pentagram
pięciokwasowy *a chem.* pentacid
pięcioliść *f arch.* cinque-foil
pięcioraczki *pl biol.* quintuplets
pięciosiarczek *m chem.* pentasulfide
~ **antymonu** antimony red, antimony pentasulfide, antimonic sulfide
pięciościan *m geom.* pentahedron
pięciotlenek *m chem.* pentoxide
~ **azotu** nitrogen pentoxide, nitric anhydride
~ **fosforu** phosphorus pentoxide, phosphoric anhydride
~ **wanadu** vanadium pentoxide, vanadic acid anhydride
pięciowalcówka *f spoż.* five high crushing rolls (*for oil seeds*)
pięciowartościowy *a chem.* quinquevalent, pentavalent
pięciozasadowy *a chem.* pentabasic
pięta *f anat.* heel
~ **kotwicy** *okr.* crown of an anchor
~ **masztu** *okr.* heel of mast
~ **młotka** hammer face
~ **pilnika** file heel, file shoulder
piętak *m narz.* crow-bar, claw bar
piętka *f* **płozy pługa** *roln.* plough heel
~ **przy wyciskaniu** *obr.plast.* extrusion butt
piętnastokąt *m geom.* pentadecagon
piętno *n* (*wypalone*) brand mark
piętro *n* **1.** *bud.* storey, story, floor **2.** *geol.* stage **3.** *masz.el.* plane, tier (*of a winding*)
~ **górne drzewostanu** *leśn.* overwood
~ **lasu** forest floor
~ **prasy** daylight (*of a press*)
~ **uzwojenia** *masz.el.* tier, plane of a winding
piętrobus *m* double-deck bus, double-decker
pigment *m* pigment; colour; colorant
~ **kadziowy** *włók.* vat pigment
~ **mineralny** mineral pigment, earth colour
~ **nieorganiczny** *zob.* **pigment mineralny**
~ **organiczny** organic pigment
~ ~ **strącany** lake
~ **pasywujący** corrosion-inhibiting pigment
~ **roślinny** plant pigment
~ **syntetyczny** synthetic pigment
~ **świecący** luminescent pigment
pigmentofag *m biol.* pigmentophage
PIGPE = **Państwowy Inspektorat Gospodarki Paliwowo-Energetycznej**
pigułka *f farm.* pill
pigwa *f* **pospolita** *bot.* quince (tree), *Cydonia oblonga*
PIHM = **Państwowy Instytut Hydrologiczno-Meteorologiczny** (*do* 1973 r.)
PIHZ = **Polska Izba Handlu Zagranicznego** Polish Chamber of Foreign Trade
pijawka *f zool.* leech
pik *m* **1.** *fiz.* peak **2.** *okr.* peak
~ **fotoelektryczny** *fiz.* photopeak, total absorption peak
~ **par** pair peaks
~ **rezonansowy** resonance peak
~ **rozproszenia wstecznego** backscatter peak
~ **sumy** sum peak
~ **ucieczki** escape peak
~ ~ **promieniowania rentgenowskiego** X-ray escape peak
pikap *m mot.* pick-up
pikfał *m żegl.* peak halyard
pikiel *m* (*kąpiel garbarska*) pickle
~ **enzymatyczny** enzyme pickle
pikieta *f geod.* station pole
~ **wysokościowa** spot height
pikle *pl spoż.* pickles
piklowanie *n skór.* pickling
piknometr *m* pycnometer, specific gravity bottle, density bottle
~ **kapilarny** (*w kształcie litery* U) Sprengel tube
piko- pico- (*prefix representing* 10^{-12})
pikofarad *m el.* micromicrofarad, puff, *zob.też* **farad**
pikować *v roln.* bed out, prick out, dibble
pikrotoksyna *f biochem.* picrotoxin
pikryl *m chem.* picryl
pikrynian *m chem.* picrate
pikryt *m petr.* picrite
piktogram *m* pictograph, pictogram
pilarka *f drewn.* sawing machine
~ **promieniowa** rift saw
~ **ramowa** frame sawing machine, frame saw, gang saw
~ **tarczowa** circular saw, circular sawing machine
~ **taśmowa** band saw, band sawing machine
pilaster *m arch.* pilaster
~ **płaski** pilaster strip
pilers *m okr.* pillar, stanchion
pilnie poszukiwany urgently required
pilnik *m narz.* file
~ **bez zbieżności** parallel file, blunt file
~ **do drewna** wood file
~ **do gwintów** tap file

~ **do kości** *med.* bone file
~ **do matryc** diesinkers file
~ **do miękkich metali** lead file
~ **do oczyszczania odlewów** foundry file
~ **do ostrzenia pił** saw file
~ **do rowków klinowych** cotter file
~ **do styków** (*w układach zapłonowych*) magneto file
~ **frezowany** milled tooth file
~ **gładzik** smooth file
~ **grubozębny o nacięciu pojedynczym** float, float-cut file
~ **grzbietowy** round edge joint file
~ **igiełkowy** needle file
~ **jedwabnik** dead smooth file
~ **maszynowy** (*do pilnikarki*) machine file
~ **mieczowy** double edge file, featheredge file, lozenge file
~ **-nakładka** file blade
~ **nożowy** knife file
~ **o nacięciu krzyżowym** cross-cut file, double-cut file
~ ~ ~ **łukowym** curved cut file
~ ~ ~ **pojedynczym** single cut file
~ **o przekroju kroplowym** pippin file
~ **obrotowy do przyrządów ręcznych** burr, rotary file
~ **okrągły do ostrzenia pił** gulleting saw file
~ ~ **zbieżny do otworów** rattail file
~ **owalny** oval tumbler file
~ **płaski** flat file
~ ~ **zbieżny** warding file
~ **półgładzik** second cut file
~ **półokrągły** half-round file
~ **regenerowany** re-cut file
~ **równiak** bastard file
~ **soczewkowy** fishback file, taper crossing file
~ **szmerglowy** emery stick, emery stone
~ **ścierny** abrasive stick
~ **ślusarski** engineer's file, machinist's file
~ **taśmowy** band file
~ **trójkątny** angle file
~ ~ **do ostrzenia pił** cant file
~ ~ **dolnokątny** barrette file
~ ~ **zbieżny** three-square file
~ **wygięty** riffler
~ **zbieżny** taper file
~ **zdzierak** coarse file, rough file, dreadnought file
~ **zegarmistrzowski** *zeg.* escapement file, Swiss pattern file
pilnikarka *f* filing machine
pilnikowanie *n* filing
pilność *f* **danych** *inf.* urgency of data
pilny *a* urgent
pilocik *m* **spadochronu** *lotn.* auxiliary parachute, pilot parachute
pilolit *m* (*odmiana azbestu*) *min.* mountain cork
pilot *m* **1.** *lotn., żegl.* pilot **2.** *masz.* guide pin; aligning pin; pilot
~ **automatyczny** *lotn.* automatic pilot, autopilot, gyro-pilot
~ **-kosmonauta** space pilot, pilot astronaut
~ **pełnomorski** sea pilot
~ **portowy** *żegl.* dock pilot, berthing master
~ **prowadzony** wingman
~ **rezerwowy** *lotn., kosm.* back-up pilot
~ **rzeczny** river pilot
~ **szybowcowy** glider pilot
pilotaż *m* pilotage
~ **nieobowiązkowy** *żegl.* optional pilotage
pilotówka *f* *żegl.* pilot vessel, pilot boat
pilśniarka *f* *włók.* fulling mill, fuller
pilśń *f* *włók.* felt
~ **mineralna** rock cork
piła *f* **1.** saw **2.** saw blade
~ **amputacyjna** *med.* amputation saw, bone saw
~ **bezzębna** friction saw
~ **cierna druciana** (*do kamienia*) wire saw
~ **do cięcia kłód** *drewn.* log saw
~ **do drewna** woodworking saw, wood cutting saw
~ **do kamienia** stone cutting saw
~ **do kości** (*rzeźnicza*) butcher's saw
~ **do metali** metal cutting saw; metal sawing machine
~ **do szkła** *szkl.* slitting disk, slitting wheel
~ **do ścinki drzew** felling saw
~ **dwuchwytowa** two-handled saw
~ **dwuręczna** *zob.* **piła dwuchwytowa**
~ **grzbietnica** back saw, mitre saw, tenon saw
~ **jednochwytowa** single-handled saw, one-man saw
~ **jednoręczna** *zob.* **piła jednochwytowa**
~ **kabłąkowa** bow saw; buck saw
~ **kostna** *med.* amputation saw, bone saw
~ **krzywica** sweep-saw, turning saw
~ **łańcuchowa** chain saw
~ **maszynowa** power saw, sawing machine
~ **o uzębieniu dwukierunkowym** double-cut saw
~ ~ ~ **rozsuniętym** skip-tooth saw
~ **obcinarka** (*do metali*) cut-off saw
~ **ogrodnicza** pruning saw
~ **otwornica** fret saw, compass saw; keyhole saw
~ **poprzeczna** *drewn.* cross-cut saw, stock-cutting saw
~ **przyrznica** (*do forniru*) veneer saw
~ **ramowa** frame saw
~ ~ **do metali** power hack saw, hack-sawing machine
~ ~ **stolarska** sash saw, span web saw
~ **ręczna** (*jednochwytowa*) hand saw
~ ~ **przenośna z napędem elektrycznym** saber saw
~ **rozdzielcza** *drewn.* resaw
~ **stołowa** saw-bench
~ **tarciowa** friction saw
~ **tarczowa 1.** circular saw, buzz saw, circular sawing machine **2.** circular saw blade
~ ~ **cierna** fusing disk
~ ~ **do cięcia** (*metalu*) **na gorąco** hot-saw
~ ~ **do cięcia** (*metalu*) **na zimno** cold-saw

~ ~ **dośrodkowozbieżna** hollow ground saw
~ ~ **jednolita** solid circular saw
~ ~ **płaska** straight saw
~ ~ **segmentowa** segmental saw
~ ~ **wahadłowa** pendulum saw, swing saw, radial saw
~ **taśmowa 1.** band-saw, bandsawing machine **2.** band-saw blade, saw band
~ **tracka** *drewn.* cleaving saw, pit saw
~ **walcowa** barrel saw, bilge saw; hole saw, crown saw
~ **wielotarczowa** gang saw
~ **wycinarka** (*do metali*) contour band saw
~ **wyrzynarka** *drewn.* jig saw, scroll saw
~ **wzdłużna** *drewn.* rip-saw, ripper
~ **ze wstawianymi zębami** inserted tooth saw
piłka *f* **do metali** hack-saw
piłowanie *n* sawing
~ **pilnikiem** filing
~ ~ **na tokarce** lathe filing
~ **poprzeczne** *drewn.* cross-cutting
~ **wzdłużne** *drewn.* ripping
piment *m bot.* pimento, *Capsicum annuum*
PIMR = Przemysłowy Instytut Maszyn Rolniczych
pinakiel *m arch.* pinnacle
pinakon *m chem.* pinacol
pinceta *f* tweezers, forceps
~ **samoczynna** *med.* self-holding forceps
pindon *m pest.* pindone (*rodenticide*)
pinen *m chem.* pinene, nopinene
pinia *f bot.* stone pine, *Pinus pinea* L.
pinocytoza *f biol.* pinocytosis
piocyjanina *f biochem.* pyocyanin
piołun *m bot.* wormwood, *Artemisia obsinthium* L.
pion *m* **1.** plumb-line; perpendicular **2.** riser (*pipe, conduit*) **3.** *fiz.* pi-meson, pion
~ **dziobowy** *okr.* fore perpendicular, FP
~ **giroskopowy** *lotn.* gyro(scopic) vertical, vertical gyro
~ **rufowy** *okr.* after perpendicular, AP
~ **spustowy** (*kanalizacyjny*) *bud.* soil pipe
~ **wentylacyjny** *bud.* vent stack
pionier *m* pioneer
pionowanie *n bud.* plumbing
~ **wręgów** *okr.* horning
pionowy *a* vertical, plumb
pionowzlot *m lotn.* vertical take-off and landing aircraft, VTOL aircraft, vertiplane
piorun *m meteo.* thunderbolt
~ **kulisty** ball lightning, globe lightning
piorunian *m* **rtęciowy** *chem.* mercury fulminate
piorunochron *m* lightning arrester
pióro *n* **1.** writing pen **2.** *drewn.* tongue, feather **3.** *zool.* feather
~ **główne resoru** master leaf of a spring
~ **kulkowe** ball-point pen, ball-pen
~ **progresywne resoru** helper leaf, overload leaf (*of leaf spring*)
~ **resoru** spring leaf, spring plate
~ **steru** *okr.* rudder blade
~ **świetlne** *inf.* light pen
~ **wieczne** fountain-pen
~ **wiosła** oar blade
~ **wycieraczki szyby** *mot.* wiper blade
~ **ze zbiorniczkiem** bucket pen (*in registering instruments*)
pióropusz *m* plume (*of smoke etc.*)
pipekolina *f chem.* pipecoline, methylpiperidine
piperazyna *f chem.* piperazine, hexahydropyrazine
piperydyna *f chem.* piperidine, hexahydropyridine
piperylen *m chem.* piperylene, 1,3-pentadiene
pipeta *f lab.* pipette
~ **automatyczna** automatic measuring pipette, speedy pipette
~ **jednomiarowa** calibrated pipette
~ **kapilarna** capillary pipette
~ **z kulką ochronną** bulb pipette
~ **z podziałką** graduated pipette
~ **zdalnie obsługiwana** telepipette
pipetka *f* **wagowa z kulką** *lab.* Lunge weighing-bottle
~ **wkraplająca** dropper pipette
piramida *f* pyramid
~ **podwójna** *kryst.* bipyramid
~ **tetragonalna** *kryst.* tetragonal pyramid
~ **usypana z kamieni** *geod.* cairn
piramidon *m farm.* amidopyrine
piranozy *pl chem.* pyranoses (*sugars*)
pirargiryt *m min.* pyrargyrite, dark-red silver ore, dark ruby silver
pirat *m* **drogowy** hit-and-run driver
pirazol *m chem.* pyrazole
piro- *chem.* pyro
pirobitumin *m* pyrobitumen, pyritobitumen
piroboran *m chem.* pyroborate, tetraborate
piroceluloza *f wybuch.* pyrocellulose, pyrocotton
pirochlor *m min.* pyrochlore
piroelektryczność *f kryst.* pyroelectricity
piroelektryk *m fiz.* pyroelectric body
pirofan *m min.* fire opal, pyrophane
pirofilit *m min.* pyrophyllite
pirofory *mpl* pyrophoric substances
piroforyczny *a* pyrophoric
pirofosforan *m chem.* pyrophosphate
~ **czteroetylowy** *pest.* tetraethyl pyrophosphate, TEPP (*acaricide and insecticide*)
pirogalol *m chem.* pyrogallol
pirogronian *m chem.* pyruvate
pirokatechina *f chem.* pyrocatechol, catechol
piroksenit *m petr.* pyroxenite
pirokseny *pl min.* pyroxenes
piroksylina *f wybuch.* pyroxilin
pirol *m chem.* pyrrole
pirolidyna *f chem.* tetrahydropyrrole
piroliza *f chem.* pyrolysis, thermal decomposition
pirolizer *m chem.* pyroliser
piroluzyt *m min.* pyrolusite, battery manganese
pirometalurgia *f* pyrometallurgy

pirometr *m* pyrometer, high-temperature thermometer; *US* thermo gage
~ **fotoelektryczny** photo-electric pyrometer, photocell pyrometer
~ **optyczny** optical pyrometer
~ **promieniowania całkowitego** total radiation pyrometer
~ ~ **cząstkowego** partial radiadion pyrometer
~ ~ **podczerwonego** infrared pyrometer
~ **radiacyjny** radiation pyrometer, ardometer
~ **ssawny** suction pyrometer, aspiration pyrometer
~ **termoelektryczny** thermo-couple pyrometer
~ **zanikowy** disappearing-filament pyrometer
~ **zanurzeniowy** dissolving-tube pyrometer, immersion pyrometer
~ **zasysający** suction pyrometer, aspiration pyrometer
pirometria *f* pyrometry
piromorfit *m min.* pyromorphite, green land ore
piron *m chem.* pyrone
pironabój *m* explosive cartridge
pirop *m min.* pyrope
pirosiarczan *m chem.* pyrosulfate
pirosiarczyn *m chem.* pyrosulfite, metabisulfite
pirosmalit *m min.* pyrosmalite
pirotechnika *f* pyrotechnics
pirotyn *m min.* pyrrhotite, magnetic pyrite, pyrrhotine
pirozol *m chem.* pyrosol
pirs *m inż.* pier; jetty
~ **poprzeczny** spur-jetty
piruwoil *m chem.* pyruvoyl
pirydazyna *f chem.* pyridazine, 1,2-diazine
pirydoksyna *f biochem.* pyridoxine, adermin(e), vitamin B_6
pirydol *m chem.* pyridol, pyridone
pirydon *m zob.* **pirydol**
pirydyna *f chem.* pyridine
pirymidyna *f chem.* pyrimidine, 1,3-diazine
piryt *m min.* pyrite
~ **arsenowy** arsenopyrite, mispickel
~ **cynowy** tin pyrite, stannite
~ **kobaltowy** cobalt pyrite, linnaeite
~ **magnetyczny** pyrrhotite, magnetic pyrite
~ **miedziowy** chalcopyrite, copper pyrite
~ **niklowy czerwony** niccolite, nickelin, arsenic nickel
~ **węglowy** coal pyrite
~ **włóknisty** hair pyrite
pisać *v* **na maszynie** type(write)
pisak *m* pen
~ **syfonowy** *telegr.* undulator
~ **x-y** *inf.* xy plotter, coordinate plotter, autoplotter, mechanical plotting board
pisanie *n* **na niebie** (*dymem wypuszczanym z samolotu w celach reklamowych*) sky-writing
pisklę *n zool.* nestling
~ **gęsi** *zool.* gosling
pismo *m* **1.** writing, letter **2.** *poligr.* (*zbiór czcionek*) fount
~ **grube** bold face
~ **jasne** light face
~ **maszynowe** typewriting
~ **okólne** circular letter
~ **ręczne** handwriting
~ **zwykłe** light face
pisownia *f* **oboczna** alternative spelling
pistacja *f* **właściwa** *bot.* pistachio tree, *Pistacia vera* L.
pistolet *m* pistol; (hand)gun
~ **do natryskiwania płomieniowego** flame spray gun
~ **do oczyszczania płomieniowego** flame-gun
~ **do oszałamiania zwierząt** (*przed ubojem*) stunning pistol
~ **do przyspawania sworzni** stud welding gun
~ **do zgrzewania** poke gun
~ ~ ~ **punktowego** gun welder, welding gun
~ ~ ~ **z prostą elektrodą** push gun
~ **maszynowy** *uzbr.* machine pistol, submachine gun, tommy-gun
~ **metalizacyjny** metal spray gun, metallizing gun, metal spraying pistol
~ ~ **elektryczny** electric-arc spray gun
~ **natryskowy** spray-gun, air-gun
~ ~ **do malowania** paint gun, air-brush, aerograph
~ **plazmowy** plasma-arc gun
pistonfon *m akust.* pistonphone
pisuar *m* urinal
~ **stojący** stall urinal
piszczel *f* **1.** *anat.* tibia **2.** *szkl.* blowing-iron
PIT = Przemysłowy Instytut Telekomunikacji
pitny *a* drinkable
pitting *m* **1.** *powł.* pitting (corrosion) **2.** *masz.* pitting
~ **przemijający** *masz.* initial pitting
piwnica *f* cellar
~ **fermentacyjna** (*piwowarska*) fermenting cellar
~ **leżakowa** *ferm.* storage cellar
piwo *n* beer
~ **beczkowe** draught beer, beer on draught
~ **butelkowe** bottle beer
~ **ciemne** dark beer
~ **dojrzałe** matured beer
~ **jasne** pale beer; ale
~ **karbonizowane** carbonated beer
~ **lekkie** light beer
~ **leżakowe** lager beer, bottom-fermented beer
~ **młode** green beer, young beer
~ **słodowe** malt beer
~ **zielone** green beer, young beer
piwowarnia *f* brewery
piwowarstwo *n* brewing industry
pizolit *m petr.* pisolite
pizonit *m min.* pigeonite

piżmo *n* musk, moschus
~ **ambrowe** musk ambrette
~ **ketonowe** musk ketone
~ **wiwery** civet, zibet
PKEt = **Polski Komitet Elektrotermii**
PKNiM = **Polski Komitet Normalizacji i Miar** (do 1979 r.)
PKNMiJ = **Polski Komitet Normalizacji, Miar i Jakości**
PKP = **Polskie Koleje Państwowe**
PKS = **Państwowa Komunikacja Samochodowa**
plac *m* **1.** square (*in town*) **2.** site; yard
~ **budowy** building site, building ground, construction site
~ **do zabaw** playground
~ **formierski** *odl.* moulding floor
~ **składowy** stacking yard, store place
~ ~ **drewna** woodyard
~ **tartaczny** sawmill yard
~ **u zbiegu kilku ulic** circus
~ **zwałowy** dumping ground
placebo *n* (*lek pozorowany*) *med.* placebo
placek *m* (*rdzeń płaski*) *odl.* cover core, cake
~ **błota defekosaturacyjnego** *cukr.* lime cake
~ **filtracyjny** filter cake, press cake
~ **osadu** *san.* sludge cake
~ **żużlowy** *hutn.* slag cake, slag pancake
placówka *f tel.* station; office
~ **dzielnicowa miejska** city branch office
~ **końcowa** terminal office
~ **telegraficzna** public telegraph office
~ **tranzytowa** relay centre
~ **węzłowa** traffic centre
plafon *m* plafond
plafoniera *f* ceiling light fitting
plaga *f* **purpurowa** (*wada elementów półprzewodnikowych*) purple plague
plagioklaz *m min.* plagioclase
plakat *m* poster, placard
plama *f* spot; stain; smudge; patch
~ **bielarska** *włók.* bleaching stain
~ **jonowa** *elektron.* ion burn, ion spot
~ **likwacyjna** *met.* ghost (line), ghost structure
~ **z warzenia** *włók.* kier stain
plamiak *m zool.* haddock, *Melanogrammus aeglefinus*
plamić *v* stain; *farb.* mark off
plamistość *f* spotting; stains
plamka *f* **1.** spot, fleck, speck **2.** *szkl.* (*wada szkła płaskiego*) bloach
~ **dyfrakcyjna** *opt.* diffraction spot
~ **katodowa** *elektron.* cathode spot
~ **oczna** *zool.* eyespot
~ **odtwarzająca** *TV* reproducing spot
~ **świetlna** light spot, luminous spot
~ ~ **ruchoma** *TV* flying spot
~ **wybierająca** *TV* scanning spot
plamki *fpl* **dynodowe** *TV* dynode spots
plamkowanie *n* (*negatywów, pozytywów*) *fot.* spotting
plamkowatość *f* **powłoki** *farb.* water spotting (*defect*)
plamy *fpl* **słoneczne** *astr.* sun-spots
~ **wodne** *drewn.* wetwood, watercore
plan *m* plan; project; schedule; scheme
~ **badania (wyrywkowego)** *skj* sampling plan
~ ~ **skrócony** curtailed sampling plan
~ ~ ~ **z przeskokiem serii** skip-lot sampling plan
~ **badań naukowych** research project
~ **czynnikowy** *statyst.* factor design
~ **eksperymentu** *statyst.* experiment design
~ **generalny** master plan
~ **gniotów** (*przy walcowaniu*) drafting schedule, reduction schedule, pass schedule, rolling schedule
~ **gospodarczy** economic plan
~ **instalacji przewodowej** *el.* wiring plan
~ **inwestycyjny** investment plan
~ **kompleksowy** integrated plan
~ **kondygnacji budynku** *bud.* floor plan
~ **napraw i obsługi** (*sprzętu*) repair-and-maintenance plan, R/M plan
~ **nasycony** *mat.* saturated design
~ **odbiorczy wyrywkowy** *skj* sampling acceptance plan
~ **operacyjny spawania konstrukcji** welding procedure
~ **orientacyjny** *bud.* key plan
~ **parteru** *bud.* ground plan
~ **perspektywiczny** long-term plan
~ **pomiarowy** surveying plan
~ **pomieszczeń** accommodation plan
~ **przepustów** *zob.* **plan gniotów**
~ **przesycony** *mat.* supersaturated design
~ **rotatabilny** *statyst.* rotatable design
~ **sił Cremony** *mech.* Cremona's polygon of forces, Maxwell diagram
~ **sytuacyjny** *bud.* location plan, site plan
~ ~ **ogólny** general layout
~ **sztauerski** (*rozmieszczenia ładunków*) *żegl.* stowage plan
~ **świetlny torów** *kol.* illuminated track diagram
~ **transpozycji** (*przewodów linii napowietrznej*) *tel.* anti-induction design
~ **wydawniczy** publishing programme
~ **zagospodarowania przestrzennego** *bud.* development plan
planarny *a mat.* planar
plandeka *f mot.* collapsible hood; canvas cover
planet *m roln.* planet, push hoe, wheel hoe
planeta *f astr.* planet
~ **wewnętrzna** inner planet
~ **zewnętrzna** outer planet
planetarium *n* planetarium
planetarny *a* planetary
planetoida *f astr.* planetoid
planimetr *m* planimeter, area integrator
~ **biegunowy** polar planimeter
~ **pierwiastkujący** square root planimeter
planimetria *f* planimetry, plane geometry, two-dimensional geometry
plankton *m biol.* plankton
~ **jeziorny** limnoplankton
~ **roślinny** phytoplankton, plant plankton
~ **rzeczny** potemoplankton

~ **słonowodny** haliplankton
~ **zwierzęcy** zooplankton
planosol *m gleb.* planosol
planowanie *n* **1.** *ek.* planning **2.** *obr.skraw.* facing
~ **czynnikowe** *statyst.* factorial design
~ **długofalowe** long-range planning
~ **doświadczeń** *statyst.* design of experiments, experimental design
~ **ewolucyjne** evolutionary operation, EVOP
~ **metodą PERT** critical path planning
~ **otworów** *obr.skraw.* spot facing
~ **po obcięciu** *obr.skraw.* refacing
~ **produkcji** planning for production
~ **przestrzenne** town and country planning
~ **regionalne** country planning, regional planning
~ **zagospodarowania terenu budowlanego** site planning
planowo *adv* according to plan; on schedule; methodically
planowy *a* planned; scheduled; methodical
plansza *f* **wystawowa** display panel
planszet *m* **radiolokacyjny** plotting board
~ ~ **projekcyjny** sky screen
~ **ręczny** manual plotting board, standard flight progress board
plantacja *f* plantation
plantator *m* planter
plantowanie *n inż.* levelling; surfacing
plastelina *f* plasticine; modelling paste
plaster *m* slice
~ **awaryjny** *okr.* collision mat
~ **lepki** adhesive tape
~ **miodu** honeycomb
plastizol *m chem.* plastisol
plastiżel *m chem.* plastigel
plastomery *mpl tw.szt.* plastomers
plastometr *m tw.szt.* plastometer
~ **wypływowy** extrusion plastometer
plastyczność *f* plasticity
~ **Defo** *gum.* Defo hardness (number)
~ **prasownicza** flow
~ ~ **duża** free flowing
~ **przy przeróbce na gorąco** *hutn.* hot-workability
plastyczny *a* plastic
plastyd *m biol.* plastid
plastyfikacja *f tw.szt., gum.* plasticization, plastifying
~ **chemiczna** chemical plasticization
~ **mechaniczna** mastication, mechanical plasticization
~ **termiczna** heat plasticization; thermal softening
~ **wewnętrzna** (*przez kopolimeryzację*) internal plasticization
plastyfikator *m tw.szt., gum.* flexibilizer, plasticizer; softener, softening agent
plastyfikować *v tw.szt., gum.* plasticize, plastify
plastyk *m* **1.** artist (*fine arts*) **2.** plastic (material), *zob.też* **tworzywa sztuczne**
plastyka *f* **naczyń** *med.* angioplasty
plastykacja *f gum.* plasticization, *zob.też* **plastyfikacja**
plastykator *m* (*aparat*) *gum.* plasticator, plastificator
platal *m* plastic coated steel sheet
platan *m bot.* plane tree; button wood; sycamore, *Platanus* L.
plateau *n* **1.** *geol.* plateau **2.** plateau (*part of a characteristic*)
platerowanie *n met.* plating, cladding
~ **wybuchowe** explosive cladding
platerowany *a* plated, clad
platforma *f* **1.** platform **2.** *kol.* lorry
~ **abrazyjna** *ocean.* abrasion platform
~ **brzegowa** *zob.* **platforma abrazyjna**
~ **instrumentalna** *ocean.* floating instrument platform
~ **pływająca** (*eksploatacyjna*) *wiertn.* tension leg platform, TLP
~ **stabilizowana** stabilized platform, stable platform (*in guided missiles and satellites*)
~ **wiertnicza** drilling platform
platformowanie *n* (*benzyn*) platforming
platyna *f* **1.** *chem.* platinum, Pt **2.** *hutn.* sheet slab, sheet bar, *zob.też* **blachówka**
~ **gąbczasta** platinum sponge
platynawy *a chem.* platinous
platynian *m chem.* platinate
platynit *m min.* platynite, platinite
platynoiryd *m met.* platinum-iridium (alloy)
platynorod *m met.* rhodio-platinum, platinum-rhodium (alloy)
platynować *v* platinize
platynowanie *n* platinization, platinating
platynowce *mpl chem.* platinum metals, platinum family
~ **ciężkie** heavy platinum metals, third triad (Os, Ir, Pt)
~ **lekkie** light platinum metals, second triad (Ru, Rh, Pd)
platynowy *a chem.* platinic
plazma *f* **1.** *fiz.* plasma **2.** *biol.* plasma, protoplasm(a) **3.** *min.* plasma **4.** *med.* plasma
~ **całkowicie zjonizowana** high temperature plasma
~ **częściowo zjonizowana** low temperature plasma
~ **doskonała** perfect plasma, ideal plasma
~ **idealna** *zob.* **plazma doskonała**
~ **jądrowa** *biol.* nucleoplasm
~ **neutralna** neutral plasma
~ **niskotemperaturowa** low temperature plasma
~ **quasi-neutralna** neutral plasma
~ **relatywistyczna** relativistic plasma
~ **wysokotemperaturowa** high temperature plasma
~ **zarodkowa** *biol.* germ plasma
plazmoblast *m biol.* plasmablast
plazmocyt *m biol.* plasmacyte
plazmoliza *f biol.* plasmolysis
plazmon *m fiz.* plasmon
plazmotron *m elektron.* plasmatron
plazmowód *m fiz.* plasma guide

plaża *f* beach, strand
~ **górna** backbeach, backshore
~ **piaszczysta** sand beach
plątanie *n włók.* tangling
~ **się łańcucha** kinking of chain
plecak *m* knapsack
plecionka *f* **1.** sennit **2.** *inż.* wattle, wattling **3.** *włók.* plaited fabric
~ **antenowa** *rad.* stranded aerial wire
~ **suszarnicza** dryer hurdle
pleciony *a* woven
pleinomer *m chem.* pleinomer
plejstocen *m geol.* pleistocene
pleksiglas *m tw.szt.* plexiglass, perspex
plemnik *m biol.* spermatozoon, sperm
plenum *n org.* plenary meeting
pleochroizm *m min.* pleochroism
pleść *v* (*np. maty*) plait
pleśnienie *n* mould growth
pleśń *f* mould, mildew
pletyzmograf *m med.* plethysmograph
plewy *fpl roln.* chaff
plik *m inf.* file
~ **główny** master file, main file
~ **kart dziurkowanych** deck of cards
~ **programowy** program file
~ **transakcji** transaction file, detail file
~ **wejściowy** input file
~ **wyjściowy** output file
plintus *m arch.* plinth
pliocen *m geol.* pliocene
pliotron *m elektron.* pliotron, multi-electrode tube
PLL = Polskie Linie Lotnicze
PLO = Polskie Linie Oceaniczne
plomba *f* **1.** leaden seal **2.** (*dentystyczna*) filling, inlay
plombować *v* seal with lead
plon *m roln.* yield, crop
~ **roślin przemysłowych** industrial crop
plot. = przeciwlotniczy anti-aircraft
plumbikon *m TV* plumbicon
plumbogumit *m min.* plumbogummite
plumborezynit *zob.* **plumbogumit**
pluskiewka *f* **kreślarska** drawing pin, thumbtack
plusz *m włók.* plush
Pluton *m astr.* Pluto
pluton *m chem.* plutonium, Pu
plutonit *m* (*skała magmowa w głębi skorupy ziemskiej*) *geol.* pluton
pluwiometr *m* rain gauge, pluviometer
plwocina *f med.* expectoration
płaca *f* wages, pay
~ **akordowa** piece wages
~ **dniówkowa** daily wages
~ **godzinowa** hourly wages
~ **podstawowa** basic wages
~ **realna** real wages
~ **za czas** time wages
płask *m masz.* flat
~ **wylotowy lufy** *uzbr.* muzzle face
płaski *a* **1.** flat **2.** *geom.* flat, planar, plane, two-dimensional
płaskocentryczny *a kryst.* face centred
płaskodenny *a* flat-bottomed
płaskorzeźba *f arch.* relief; bas-relief, low-relief
płaskostopie *n med.* flat foot
płaskość *f* flatness
płasko-wklęsły *a* plano-concave
płaskownica *f hutn.* bullhead (*of a roll*)
płaskownik *m* flat (bar)
~ **do wyrobu nakrętek** nut flat
~ **łebkowy** bulb flat, flat-bulb section
płaskowniki *mpl* **stalowe** flat iron, flat steel
płasko-wypukły *a* plano-convex
płaskowyż *m geol.* tableland, continental plateau, elevated plane
płaskowzgórze *n geol.* mesa
płastuga *f zool.* flatfish, *Liopsetta*
płaszcz *m masz.* jacket; mantle; casing
~ **chłodzący** cooling jacket
~ **ciśnieniowy** *chem.* pressure resisting shell
~ **grzejny** heating jacket
~ ~ **elektryczny** electric heating mantle
~ **izolacyjny** mantle
~ **kotła** boiler shell; boiler barrel
~ **lufy** *uzbr.* barrel casing; barrel jacket
~ **ochronny** *bhp* protective coat
~ ~ **pala** *inż.* shell of a pile
~ **ogrzewania spalinami** *mot.* exhaust heat jacket
~ **parowy** steam jacket
~ **pieca** furnace shell, furnace mantle
~ **pocisku karabinowego** bullet jacket, bullet envelope
~ **reaktora** *nukl.* reactor blanket
~ **spadków** boshplate (*of a blast furnace*)
~ **tłoka** *siln.spal.* piston skirt
~ **walca zespolonego** *obr.plast.* roll sleeve
~ **wodny** *masz.* water jacket
~ **Ziemi** *geol.* mantle of the Earth
płaszczowina *f geol.* nappe
płaszczyzna *f* plane
~ **atomowa** *kryst.* atomic plane
~ **biegunowa** *mat.* polar plane
~ **bliźniacza** *kryst.* twin plane
~ **boczna ośmiościanu** *kryst.* octahedral face
~ ~ **robocza** *obr.skraw.* working plane
~ **fazowa** phase plane
~ **Gaussa** *mat.* complex number plane
~ **główna** *mech.* principal plane
~ **habitus** *kryst.* habit plane
~ **hodografu** *mat.* hodograph plane
~ **jednostkowa** *kryst.* parametral plane
~ **krawędzi skrawającej** *obr.skraw.* tool cutting edge plane
~ **krystalograficzna** crystallographic plane
~ ~ **najgęściej obsadzona** strong plane
~ **liczb zespolonych** *mat.* complex number plane
~ **(łatwego) poślizgu** *kryst.* slip plane, gliding plane
~ **łupliwości** *min.* cleavage plane, cleat plane
~ **matrycy** *obr.plast.* face of a die
~ **niezmienna** *mech.* invariable plane
~ **normalna** *mat.* normal plane
~ **obciążenia** *wytrz.* plane of loading

~ **obojętna belki zginanej** *wytrz.* neutral surface of a beam
~ **obrazu** *opt.* image plane
~ **odbicia** *fiz.* reflection plane
~ **oddzielności** *petr.* cleat plane
~ **odniesienia** datum plane, reference plane, chart datum
~ **ogniskowa** *opt.* focal plane
~ **osi optycznych** *kryst.* optic plane
~ **owręża** *okr.* midship section plane
~ **padania** *fiz.* incident plane
~ **pierwotna** *hydr.* original plane
~ **pionowa** *mat.* vertical plane
~ **pływania** *hydr.* floatation plane
~ **podpierająca** *mat.* supporting plane
~ **podstawowa** *obr.skraw.* tool reference plane
~ **podziałowa 1.** *masz.* pitch plane **2.** *obr. plast.* neutral plane
~ ~ **zębatki** tooth pitch plane, datum plane of a rack
~ **podziału** parting plane (*in dies, moulds*)
~ **polaryzacji** *fiz.* polarization plane, plane of polarization
~ **poślizgu** *kryst.* slip plane; *obr.skraw.* plane of shear
~ **pozioma** *mat.* horizontal plane
~ **pracy** (*oświetlona*) working plane
~ **prostująca** *mat.* rectifying plane
~ **przekroju** *rys.* cutting plane
~ ~ **głównego** *obr.skraw.* tool orthogonal plane
~ **przepływu płaskiego** *mech.pł.* plane of flow
~ **rektyfikacyjna** *mat.* rectifying plane
~ **ruchu** *mech.* plane of motion
~ **rzutowa** *mat.* projective plane
~ **rzutowania** *rys.* viewing plane, plane of projection
~ **sieciowa** *kryst.* crystal plane, lattice plane
~ **styczna** *geom.* tangential plane, tangent plane
~ **styku** plane of contact; interface
~ **symetrii** *geom.* plane of symmetry, reflection plane, symmetry plane
~ **sześcianu** *kryst.* cubic plane
~ **ścinania** *obr.skraw.* plane of shear, shear plane
~ **ściśle styczna** *geom.* osculating plane
~ **środkowa płyty** *wytrz.* middle surface of a plate
~ **tylna robocza** *obr.skraw.* (tool) working back plane
~ **ukośnicowa** *okr.* diagonal plane
~ **uławicenia** *geol.* bedding plane
~ **uskoku** *geol.* face of fault, fault plane, slip plane
~ **uwarstwienia** *geol.* bedding plane
~ **węzłowa** *hydr.* nodal plane
~ **wierzchołkowa zębatki** *masz.* tip plane of a rack
~ **wirowania końców łopat** *lotn.* tip-path plane (*of rotor blades*)
~ **wodnicowa** *okr.* waterplane
~ **wrężnicowa** *okr.* (transverse) section plane
~ **wzdłużnicowa** *okr.* buttock plane
~ **zerowa** *mat.* null plane
~ **zespolona** *geom.* complex plane
~ ~ **rozszerzona** extended (complex) plane
~ **zetknięcia noża z wiórem** *obr.skraw.* tool-chip interface
płaszczyzny *fpl* **słabości** (*w strukturze wlewka*) *hutn.* planes of weakness
~ **współliniowe** coaxial planes, collinear planes
~ **współosiowe** *zob.* **płaszczyzny współliniowe**
płat *m* **1.** *lotn.* aerofoil, airfoil, plane **2.** *rad.* lobe (*of the radiation pattern of an antenna*) **3.** *anat.* flap; lobe
~ **(blachy) o dwukierunkowej krzywiźnie przestrzennej** return panel, reverse panel
~ **boczny tylny** (*nadwozia*) *mot.* quarter panel
~ **drzwiowy** (*nadwozia*) *mot.* door panel
~ **narożny** (*nadwozia*) *mot.* gusset panel
~ **nośny** *lotn.* lifting surface, supporting surface
~ **pamięci** *inf.* magnetic storage plate
~ **pomocniczy** *lotn.* auxiliary aerofoil
~ **poszycia** *mot.* body panel
~ ~ **kadłuba** *okr.* plate panel
~ **pracujący** (*poszycia nadwozia*) *mot.* stress panel
~ **przedni** (*w samolocie typu „kaczka"*) fore plane, canard
~ ~ **przysadki mózgowej** *anat.* anterior lobe of the hypophysis
~ **szczelinowy** *lotn.* slotted aerofoil
~ **tylny przysadki mózgowej** *anat.* posterior lobe of the hypophysis
~ **wodny** hydrofoil
~ ~ **superkawitacyjny** (*wodolotu*) supercavitating foil
płatek *m* flake; *bot.* petal
~ **filtracyjny przy dyszy** *tw.szt.* jet filter
płatew *f* *bud.* purlin, bidding rafter
płatki *mpl* **kukurydziane** *spoż.* *GB* flaked maize; *US* corn flakes
~ **mydlane** soap flakes
~ **owsiane** *spoż.* oat flakes
~ **śnieżne 1.** *meteo.* snowflakes **2.** *met.* snowflakes (*steel defect*)
płatkowanie *n* *spoż.* flaking
~ **owsa** oat crushing
płatkownica *f* *spoż.* flaker
płatkowy *a* flaky
płatne gotówką przy dostawie cash on delivery
płatne gotówką przy zamówieniu cash with order
płatne na okaziciela payable to bearer
płatne na zlecenie payable to order
płatne na żądanie payable on demand
płatne przy odbiorze payable on delivery, payable upon receipt
płatne w dniu... payable on...
płatne w ratach payable by instalments
płatne z dołu payable afterwards

płatne z góry prepayable, payable beforehand
płatne za okazaniem payable at sight
płatnik *m* paymaster, payroll clerk
płatny *a ek.* payable
płatowiec *m lotn.* airframe
pława *f żegl.* buoy; floating beacon
~ **beczkowa** barrel buoy, cask buoy
~ **bucząca** whistle buoy
~ **cumownicza** warping buoy
~ **dźwiękowa** (automatic) sound buoy
~ **kablowa** telegraph buoy
~ **kotwiczna** anchor buoy
~ **laboratoryjna** *ocean.* floating instrument platform
~ **łowiskowa** dan (buoy); marker
~ **odjazdowa** sea buoy, farewell buoy
~ **osiowa** (*toru wodnego*) mid-channel buoy
~ **ostrzegawcza** danger buoy, mark buoy
~ **pławnicowa** *ryb.* bowl, buff, pallet
~ **podejściowa** *zob.* **pława odjazdowa**
~ **radarowa** racon, radio beacon, ramark
~ **radiohydroakustyczna** (radio) sonobuoy, radiosonic buoy
~ **ratunkowa** life-buoy
~ **stożkowa** nun buoy
~ **świetlna** light(ed) buoy
~ **toru wodnego** fairway buoy, channel buoy
~ **wejściowa** sea buoy, farewell buoy
~ **wrakowa** wreck buoy
~ **wrzecionowa** *zob.* **pława stożkowa**
~ **zakrętowa** turning buoy
pławienie *n* **gliny** *ceram.* clay washing
pławka *f* **kotwiczna** *żegl.* anchor buoy, cable buoy
~ **pozycyjna** watch buoy, station buoy
pławlina *f* buoy line, weighing line
pławnica *f ryb.* drift net, deeping
~ **łososiowa** *ryb.* whammel, driving net
płazy *mpl zool.* amphibia
płeć *f* sex
płetwa *f* fin
~ **brzuszna** *zool.* pelvic fin
~ **chwytu wiertła** drill tang
~ **denna** *okr.* skeg
~ **grzbietowa** **1.** *zool.* dorsal fin **2.** (*samolotu*) dorsal fin
~ **ogonowa** *zool.* caudal fin
~ **piersiowa** *zool.* pectoral fin
~ **przechyłowa** *okr.* stabilizing fin
~ **sterowa** *okr.* rudder blade
płetwal *m* **błękitny** *zool.* blue whale, *Balaenoptera musculus* L.
płetwina *f drewn.* dovetail key
płetwonóg *m zool.* **1.** pinniped (*mammal*) **2.** palmiped, web-footed (*bird*)
płetwonurek *m* frogman, skin-diver
~ **spadochronowy** pararescueman
płetwy *fpl* **płetwonurka** swim-fins, flippers
~ **stabilizacyjne** (*przeciwdziałające kołysaniu statku*) anti-pitch fins, anti-rolling fins
płocha *f włók.* reed
płoć *f zool.* roach, *Rutilus rutilus L.*
płodność *f biol.* fertility
płodowy *a fizjol.* fetal
płodozmian *m roln.* crop rotation
~ **trójpolowy** three-field rotation
płody *mpl* **rolne** farm produce, agricultural products, crops
płomieniak *m hutn.* air furnace, reverberatory furnace
płomienica *f* **1.** *kotł.* furnace tube, flue tube **2.** flame-tube (*in gas turbines*)
~ **falista** corrugated furnace
~ **nieusztywniona** self-supporting furnace, unstayed furnace
~ **okrągła** circular furnace
płomieniówka *f kotł.* smoke tube; combustion tube
płomień *m* flame
~ **acetylenowo-tlenowy** oxy-acetylene flame
~ **dymiący** smoky flame
~ **gaz świetlny-tlen** oxy-coal gas flame
~ **gazowy** gas flame
~ **grzewczy** heating flame
~ **kopcący** smoky flame
~ **nawęglający** *spaw.* carburizing flame, reducing flame
~ **normalny** *spaw.* neutral flame
~ **odtleniający** *spaw.* reducing flame, carburizing flame
~ **podgrzewający** *spaw.* preheating flame
~ **redukujący** reducing flame
~ **rozregulowany** *spaw.* incorrect flame
~ **sodowy** sodium flame
~ **spawalniczy** welding flame
~ **świecący** luminous flame
~ **tlenowo-benzynowy** oxy-benz flame
~ **twardy** *spaw.* hard flame
~ **utleniający** *spaw.* oxidizing flame
~ **w spalinach** *siln.spal.* exhaust flame
~ **wodorowo-tlenowy** oxy-hydrogen flame
~ **wylotowy** *uzbr.* muzzle flash
płomyk *m* **oszczędnościowy** pilot burner, pilot flame
płona *f hydr.* polynya
płonica *f med.* scarlet fever
płot *m* fence; hoarding
~ **pleciony z wikliny** wattle fence
~ **węglowy** *górn.* rib of coal, coal pillar
płotek *m* (*przenośny*) hurdle
płotka *f zob.* **płoć**
płowieć *v* fade
płoz *m* **łodziowy** (*łodzi ratunkowej*) boat scate
płoza *f* skid; runner
~ **do lądowania** *lotn.* landing skid
~ **ogonowa** *lotn.* tail skid
~ **pługa** *roln.* soil shoe of a plough, slade
~ **rozpornicy** trawler head
~ **włoka rozprzowego** *zob.* **płoza rozpornicy**
~ **zewnętrzna** (*żniwiarki*) outer shoe slipper
płozy *fpl* **wodowaniowe** *okr.* sliding ways, bilge ways (*for launching ships*)
płożący *a bot.* recumbent
płód *m biol.* fetus
~ **poroniony** abortus

płótno *n* **1.** linen; cloth **2.** *poligr.* cloth binding, full cloth
~ **azbestowe** asbestos cloth
~ **filtracyjne** filter cloth
~ **lniane** flax linen
~ **pakowe** packing cloth
~ **szmerglowe** emery cloth
~ **ścierne** abrasive cloth
~ **workowe** sack cloth
~ **żaglowe** sail-cloth; duck
płuco *n anat.* lung
„płuco-serce" *n med.* heart-lung apparatus, heart-lung machine
płuczka *f* **1.** washer; washing machine **2.** *wiertn.* drilling fluid, flush(ing)
~ **absorpcyjna** *chem.* absorption bulb
~ **amoniakalna** *chem.* ammonia scrubber
~ **bełkotkowa** (*do gazu*) bubbling washer, bubbler
~ **ciśnieniowa** *włók.* pressure washing kettle
~ **do gazu** gas washer, scrubber
~ **do okopowych** *roln.* root cleaner
~ **iłowa** *wiertn.* clay-laden fluid, mud fluid, mud flush
~ **korytowa** *wzbog.* launder, log washer
~ **mechaniczna** mechanical washer
~ **pary** steam scrubber
~ **powietrza** air washer
~ **rozpryskowa** spray rotor scrubber
~ **rusztowa** (*do gazu wielkopiecowego*) hurdle washer
~ **strumieniowa** *wzbog.* launder, log washer
~ **ustępowa** flushing cistern
~ **węglowa** coal washer
~ **wiertnicza** drilling fluid, flush(ing), drilling mud
~ **wieżowa** (*do gazu*) tower washer, scrubbing tower
~ **wodna** *hutn.* wet scrubber
~ **zwężkowa** (*do gazu*) Venturi scrubber
płuczkarka *f włók.* rinsing machine
płuczkownia *f wzbog.* washery, washing plant
płuczyny *pl wzbog.* washings
~ **flotacyjne** flotation pulp
pług *m* plough, plow
~ **bezkolesny** walking plough, swing plough
~ **ciągnikowy** tractor plough
~ ~ **półzawieszony** (*z tylnym kółkiem podporowym*) semi-mounted plough
~ ~ **zawieszany** mounted plough, pendant plough
~ **do głębokiej orki** deep plough
~ **do karczowania krzaków** brush plough
~ **do orki nowin** new-ground plough, fallow plough
~ **do wyorywania rowów** digger plough, gutter plough
~ ~ ~ **ziemniaków** potato plough
~ **doczepiany** trailed plough
~ **drenarski** draining plough
~ **dwuskibowy** double-furrow plough
~ **jednoskibowy** single-furrow plough
~ **kolesny** riding plough, gallows plough
~ ~ **jednoskibowy** sulky (plough)
~ **konny** horse-drawn plough
~ **kreci** (*do kreciego drenowania*) mole plough, mole (drainer)
~ **lemieszowy** mouldboard plough
~ **obracalny** reversible plough, swivel plough, hillside plough
~ ~ **typu brabanckiego** turn-about plough, roll-over plough
~ ~ **ze wspólną odkładnicą** turn-wrest plough
~ **odśnieżny** snow-plough; *US* snowplow
~ **ogrodowy** orchard plough
~ **podorywkowy** hoeing plough
~ **przechylny** balance plough, swing plough
~ **przyczepiany** drag plough
~ **pszeniczny** (*talerzowy*) wheatland plough
~ **ramowy** frame plough
~ **silnikowy** motor plough
~ **talerzowy** disk plough, harrow plough
~ **wahadłowy** balance plough, swing plough
~ **węglowy** *górn.* wedgehead, coal plough
~ **wieloskibowy** gang plough, multiple (-furrow) plough
~ **z kółkiem podporowym** wheeled plough
~ **z wydźwigiem samoczynnym** self-lift plough
~ **zawieszany** power-lift plough
płukać *v* rinse; swill; wash
płukanie *n* rinsing; swilling; washing; *med.* lavage, irrigation
~ **powietrzem** (*po okresie gazowania*) *chem.* run-purge
płukanka *f kosmet.* rinse
~ **koloryzująca** (*do włosów*) tint rinse, coloured rinse
płukarka *f* (*pojazd asenizacyjny*) gulley sucker
płużenie *n* (*poduszkowca*) plough-in (*of a hovercraft*)
płycina *f* **drzwiowa** *bud.* door panel
~ **licująca** (*z ramiakiem*) flush panel
~ **ze zdobiną** beaded panel
płycizna *f* shoal; shallow (waters)
~ **przybrzeżna** nearshore
płyn *m* fluid; liquor; *fizjol.* humour
~ **baroklinowy** baroclinic fluid
~ **barotropowy** barotropic fluid
~ **binghamowski** *fiz.* Bingham plastic
~ **dializujący** dialysis fluid
~ **do czyszczenia** cleaning fluid
~ **do układania włosów** *kosmet.* hair-setting lotion
~ **doskonały** perfect fluid
~ **etylowy** *paliw.* ethyl fluid
~ **fermentacyjny** fermentation broth
~ **hamulcowy** brake fluid
~ **heterogeniczny** heterogeneous fluid
~ **homogeniczny** homogeneous fluid
~ **idealny** perfect fluid
~ **jednorodny** homogeneous fluid
~ **lepki** viscous fluid

~ **mineralizujący** *nukl.* ore-forming fluid
~ **mózgowo-rdzeniowy** *fizjol.* cerebrospinal fluid
~ **niejednorodny** heterogeneous fluid
~ **nieściśliwy** incompressible fluid
~ **nieważki** weightless fluid
~ **niezamarzający** antifreeze, antifreezing agent
~ **obiegowy** circulating fluid
~ **obróbkowy** *obr.skraw.* cutting fluid, cutting-tool lubricant
~ **owodniowy** *fizjol.* amniotic fluid
~ **piezotropowy** piezotropic fluid
~ **po goleniu** *kosmet.* after-shave lotion
~ **przeciw zamarzaniu** anti-freeze
~ **przędzalniczy** *włók.szt.* spinning liquid, spinning solution
~ **rzeczywisty** real fluid
~ **Stokesa** Stokesian fluid
~ **ściśliwy** compressible fluid
~ **ustrojowy** *fizjol.* body fluid
~ **ważki** heavy fluid
~ **wymywający** *chem.* eluant, eluent
~ **wyparty** (*przez ciało*) displaced fluid
~ **złożowy** *geol.* reservoir fluid
płynący z portu *żegl.* outbound
płynąć *v* **1.** flow **2.** *wytrz.* flow; yield **3.** *żegl.* sail
płynięcie *n* (*materiału*) flow
~ **łatwe** *tw.szt.* soft flow
~ **plastyczne** plastic flow
płynność *f* fluidity
~ **kadr** labour turnover
~ **mas formierskich** flowability of foundry sands
płynny *a* fluid
płynomierz *m* fluid meter
płyta *f* plate; panel; board; slab
~ **akumulatorowa** accumulator plate
~ **azbestowa** asbestos cardboard
~ **betonowa zbrojona krzyżowo** *bud.* two-way reinforced slab
~ **chłodnicza** (*przy otworze spustowym wielkiego pieca*) *hutn.* dam plate; plate cooler
~ **cięta z boku** *tw.szt.* sliced sheet
~ **czołowa** (*np. słupa*) *bud.* cap plate
~ **denna** (*pieca oporowego*) hearth plate
~ **deseniowa** *skór.* embossing plate
~ **deskowania powtarzalnego** *bud.* element of forms
~ **długogrająca** long-playing record, LP--record
~ **do docierania** lapping block
~ **do odstawiania** *szkl.* deadplate, buck
~ **do tuszowania** blueing plate
~ **do zasypywania formy** *tw.szt.* filter plate
~ **dociskowa** *masz.* platen, pressure plate; *poligr.* tympan
~ **dodatnia** *el.* positive plate (*of accumulator*)
~ **drobnorowkowa długogrająca** micro--groove record
~ **drogowa** pavement slab
~ **form właściwych** *szkl.* blow table
~ **formy dolna** *tw.szt.* bottom plate
~ **fotograficzna** photographic plate
~ **fundamentowa** *bud.* foundation plate; slab foundation; *masz.* bed plate, base plate
~ ~ **ciągła** continuous foundation slab, foundation mat, mat foundation, uniform mat
~ ~ **walcarki** *obr.plast.* mill shoe
~ **gąsienicowa** crawler tread
~ **głowicowa kolumny** *arch.* abacus
~ ~ **prasy** *obr.plast.* head block of a press
~ **gnojowa** *zoot.* dunging gutter
~ **gramofonowa** gramophone record
~ **grzebieniowa** *odl.* stripping plate
~ **grzejna 1.** *bud.* heating panel; warming-plate **2.** *papiern.* heating press platen
~ **gzymsu** *arch.* corona
~ **izolacyjna** insulating board, insulating plate
~ **kalandrowana** *tw. szt.*, *gum.* calender sheet
~ **kamienna chodnikowa** paving flag, flagstone
~ **kołyski wodowaniowej** *okr.* cradle plate, swing plate
~ **koordynatowa** *odl.* master plate
~ **korkowa** (*izolacyjna*) corkboard
~ **kotwiąca** *bud.* anchor plate
~ **krawędziowa** *okr.* margin plate
~ **kuchenna** stove plate
~ **laminatu** laminated board
~ **lotniskowa** apron (*at an aerodrome*)
~ **matrycowa** *obr.plast.* die block, bolster (plate)
~ **mocnicy burtowej** *okr.* sheer plate
~ **mocująca** *tw.szt.* backing plate
~ **modelowa** *odl.* pattern plate, match plate
~ ~ **kliszowa** cliché pattern plate
~ ~ **uniwersalna** master plate
~ **montażowa** mounting plate
~ **nakresowa na ekranie radarowym** *nawig.* reflection plotter
~ **nieruchoma formy ciśnieniowej** *odl.* cover die
~ **nośna** (*sprzęgu siodłowego ciągnika*) skid plate
~ **obejmująca** (*matrycę*) *tw.szt.* retainer plate
~ **obłowa** *okr.* bilge plate
~ **ochronna** guard plate
~ **odciążająca** *siln.par.* relieving plate
~ **oporowa** support plate; pressure plate; base plate
~ **ortotropowa** *wytrz.* orthotropic plate
~ **orzechowa** *okr.* boss plate
~ **osłaniająca** screen plate
~ **paliwowa** *nukl.* fuel plate
~ **pancerna 1.** armour plate **2.** *el.* ironclad (accumulator) plate
~ **pastowana** *el.* pasted (accumulator) plate
~ **paździerzowa** *bud.* flaxboard
~ **pilśniowa** *bud.* fibreboard, millboard
~ ~ **konstrukcyjna** panel board

~ ~ **twarda** hardboard
~ **podformowa** *odl.* bottom board
~ **podłogowa** *bud.* floor panel; floor plank
~ **podmodelowa** *odl.* moulding board, pattern board, bottom plate, turning-over board
~ **podstawowa** *masz.* bed plate, base plate; *tw.szt.* backing plate
~ **podtłocznikowa** *obr.plast.* die block, bolster (plate)
~ **podwlewnicowa** *hutn.* (ingot mould) bottom plate, mould bottom (plate), ingot (mould) stool, casting plate
~ **pogłosowa** *el.akust.* reverberation plate
~ **pomiarowa** surface plate, platen
~ **prasująca** *odl.* pressure plate (*of a moulding machine*)
~ **progowa okna wsadowego** (*w piecu martenowskim*) fore plate of a charging door
~ **prostownicza** (*przy wyrobie szkła płaskiego*) flattening table
~ **przeciągowa** *odl.* stripping plate
~ **przedformy** *szkl.* blank table
~ **przedrusztowa** *kotł.* dead plate
~ **przelewowa** *okr.* swash plate (*in a tank*)
~ **przesuwna** *obr.plast.* slide plate
~ **przytrzymująca** *masz.* retainer plate
~ **rezonująca** *akust.* sound board
~ **równoważna** *okr.* equivalent plate
~ **ruchoma formy ciśnieniowej** *odl.* ejector die
~ **silnikowa** (*silnika gwiazdowego*) *lotn.* engine plate, motor mounting ring
~ **sinusowa** *metrol.* sine plate
~ **spychacza** (*w wykrojniku*) *obr.plast.* stripper plate
~ **stemplowa** *obr.plast.* punch plate, punch holder
~ **sterowania okresowego** swash-plate, wobble plate (*in helicopters*)
~ **stolarska** *bud.* blockboard, coreboard
~ **stołu** table top
~ ~ **prasy** *obr.plast.* bolster (plate), die block
~ **stropowa** *bud.* floor slab
~ **ścienna** (*okładzinowa*) *bud.* wallboard
~ **świetlna** luminous panel
~ **tablicy przyrządów** *mot.* facia panel
~ **telewizyjna** videodisk
~ **traserska** bench plate, toolmaker's flat
~ **ujemna** *el.* negative plate (*of accumulator*)
~ **ustawcza** *obr.skraw.* setup plate
~ **uziomowa** *el.* earth plate, ground plate
~ **wachlarżowa** *okr.* gusset plate
~ **węzłowa** (*kratownicy*) gusset plate
~ **wibracyjna** vibro-plate
~ **wielowarstwowa** sandwich plate; laminated board
~ **wiertarska** open drill jig
~ **wiórowa** *bud.* chipboard, particle board
~ **wizyjna** videodisk
~ ~ **długogrająca** (*z odczytem optycznym*) video long play, VLP
~ **wyrzutnika** *tw.szt.* ejection plate
~ **zbrojona** *bud.* reinforced (concrete) slab
~ **ze słomy** *bud.* strawboard

płytka *f* **1.** plate; tile **2.** lamina, lamella
~ **chromatograficzna** *lab.* chromatoplate
~ **ćwierćfalowa** *opt.* quarter-wave plate
~ **do analizy kroplowej** *chem.* spot plate
~ **do obijania modelu** *odl.* rapping plate
~ **do obtaczania** *szkl.* marver
~ **do wyjmowania modelu** *odl.* lifting plate
~ **do zespalania kości** bone plate, osteotomy plate
~ **dociskowa** *obr.skraw.* plate clamp; strap
~ ~ **odchylna** hinged clamp
~ ~ **odgięta** offset clamp
~ ~ **płaska** plain clamp
~ ~ **z palcem** pin clamp
~ **drukowana** *zob.* **płytka obwodu drukowanego**
~ **filtracyjna** filter plate
~ **glazurowana** glazed tile
~ **grzejna** hot plate, cooking surface unit
~ **interferencyjna płaska** *metrol.* optical flat
~ **kątowa** *metrol.* angle gauge
~ **krwi** *biol.* thrombocyte, (blood) platelet blood disk
~ **licowa** *bud.* facing tile
~ **łożyskowa** *masz.* bearing pad, bearing shoe
~ **łupkowa dachowa** *bud.* roofing plate
~ **mikowa** sheet of mica
~ **montażowa** *rad.* base board
~ **nakrywkowa** *zeg.* end-stone
~ **nastawcza** *obr.skraw.* adjusting plate
~ **nośna** (*w chromatografii cienkowarstwowej*) carrier plate, support plate
~ **obwodu drukowanego** *elektron.* printed-circuit board, pcb
~ **ochronna** (*przy zamku drzwi*) *bud.* finger plate
~ **odchylająca** *elektron.* deflecting electrode, deflector plate
~ **oporowa** *obr.skraw.* packing plate
~ ~ **łożyska poprzecznego** journal pad
~ ~ ~ **wzdłużnego** thrust pad
~ **paznokcia** *anat.* nail plate
~ **Petriego** *lab.* Petri dish
~ **płasko-równoległa** optical parallel
~ **podłogowa** *bud.* floor tile
~ **półfalowa** *opt.* half-wave plate
~ **półprzewodnikowa z warstwą epitaksjalną** *elektron.* epitaxial wafer
~ **pryzmowa stała** *obr.skraw.* vee location, V-block
~ **przedformy** *szkl.* baffle (plate)
~ **Savarta** *opt.* Savart plate
~ **sygnałowa** *TV* signal plate
~ **szczelinomierza** feeler blade
~ **szklana** glass plate
~ **szkliwiona** glazed tile
~ **ścienna** *bud.* wall tile
~ **ścierna** abrasive brick, sanding brick
~ ~ **diamentowa** diamond plate
~ **ustalająca** (*nakrętkę*) locking plate
~ **ustawcza** (*ułatwiająca ustawienie przedmiotu w uchwycie obróbkowym*) *obr. skraw.* profile plate, sighting plate

~ **wahliwa łożyska** tilting bearing pad
~ **Witta** *lab.* perforated porcelain plate, Witt plate
~ **wzorcowa** *metrol.* gauge block, size block, slip block, block gauge, precision block
~ ~ **graniczna** limit gauge block
~ ~ **ochronna** wear gauge block, wear protector
~ ~ **twardości** (standard) hardness block
~ **z obwodem drukowanym** *elektron.* printed circuit board, p-c board, pcb
~ **z węglików spiekanych** *narz.* cemented carbide tip; carbide blank
~ **zaciskowa** *el.* terminal plate
płytki *a* shallow
płytki *fpl* **odchylające** *el.* deflector plates, deflecting electrodes
płytkowy *a* lamellar
płytoteka *f* disk record library
płytowanie *n* (*kamienia*) *bud.* sheeting
pływ *m ocean.* tide
~ **apogeniczny** apogean tide
~ **atmosferyczny** atmospheric tide
~ **ćwierćdobowy** quarter diurnal tide
~ **dobowy** diurnal tide
~ **główny** primary tide
~ **górny** over tide
~ **księżycowy** direct tide
~ **kwadraturowy** neap tide, neaps
~ **odwrócony** inverted tide
~ **podwójny** double tide, agger
~ **półdobowy** semi-diurnal tide
~ **przeciwksiężycowy** antilunar tide
~ **przeciwsłoneczny** antisolar tide
~ **przeciwwiatrowy** weather tide
~ **równonocny** equinoctial tide
~ **syzygijny** spring tide, syzygy tide
~ **z wiatrem** leeward tide
~ **zrównoważony** equilibrium tide, astronomical tide
~ **zwrotnikowy** tropic tide
pływać *v* **1.** float **2.** swim **3.** *żegl.* navigate
pływające zero *n elektron.* floating zero
pływający (*unoszący się na wodzie*) afloat, floating
pływak *m* float
~ **całkujący** integrating float
~ **drążkowy** staff float, rod float; hydrometric staff
~ **głębinowy** submerged float, subsurface float
~ **hydrometryczny** hydrometric float
~ **podpowierzchniowy** submerged float, subsurface float
~ **przykadłubowy** sponson (*in a flying boat*)
~ **ratunkowy** life float, buoyant apparatus
~ **skrzydłowy** wing-tip float (*in a seaplane*)
~ **sznura haczykowego** *ryb.* dipsey
~ **wodnosamolotu** floatation gear (*of a seaplane*); pontoon
~ **wysięgowy** captive float
~ **zanurzenia trału** depressor
~ **ze zmienną komorą wyporową** reefing float
pływalnia *f* swimming-pool
pływalność *f okr.* buoyancy
~ **całkowita** floating power
pływanie *n* **1.** floatation **2.** swimming **3.** *żegl.* navigation
pływnica *f okr.* line of floatation
pływomierz *m żegl.* mareograph, marigraph
pływowskaz *m żegl.* tide pole
pływowy *a ocean.* tidal
pm = **pistolet maszynowy** submachine gun, tommy gun
PN = **Polska Norma** Polish standard
pnącze *n bot.* climbing plant, climber, vine
pneumatyczno-hydrauliczny *a* airdraulic
pneumatyczny *a* pneumatic, air-operated
pneumatyka *f* pneumatics
pneumoencefalografia *f med.* pneumoencephalography
pneumografia *f med.* pneumography
pneumopak *m* air cap (*air bubble film*)
pniak *m drewn.* stump
p.o. kierownika acting manager
po cenach rynkowych at market price
po jednej sztuce piecemal; piece by piece; one by one
po kolei in turn, in sequence
po kropli dropwise, drop by drop
po kursie... *ek.* at the rate of...
po nachyleniu pokładu *górn.* down grade
po obniżonej cenie at a reduced price
po potrąceniu kosztów all charges deducted
po przekątnej diagonally
po rozciągłości *górn.* on the strike, along the strike
po upadzie *górn.* down-grade, downhill
po użyciu szczelnie zamknąć replace cap firmly
po wzniesieniu *górn.* up grade, up dip, up the rise
po zwrocie kukorbowym *siln.* after bottom (dead) centre, A.B.(D.)C.
po zwrocie odkorbowym *siln.* after top (dead) centre, A.T.(D.)C.
pobiałka *f ceram.* engobe
pobić *v* **rekord** beat the record, break the record, surpass the record
pobielanie *n powł.* tinning, tin plating
pobierać *v* **energię** consume energy; absorb power; draw power
~ **materiał na nasyp lub zasyp** *inż.* borrow
~ **opłatę** charge a fee; collect money
~ **pieniądze** draw money (*from the bank*)
~ **próbki** sample, *zob.też* **pobieranie próbek**
~ **wyciśnięty spąg** *górn.* rip the floor
~ **z magazynu** take out of store
pobierak *m szkl.* trying iron, proof rod
pobieranie *n* **barwnika** *włók.* dye absorption
~ **krwi** *med.* blood drawing
~ **mocy** *masz.* power absorption
~ **próbek** *skj* sampling, drawing of samples

~ ~ **bez zwracania** sampling without replacement
~ ~ **gniazdowe** (*przy badaniu wielostopniowym*) nested sampling
~ ~ **grupowe** cluster sampling
~ ~ **kopaliny na czole przodku** *górn.* face sampling
~ ~ **metodą kratową** lattice sampling
~ ~ **pokładowych** (*kopaliny*) *górn.* chip sampling
~ ~ **reprezentacyjne** representative sampling
~ ~ **sekwencyjne** sequential sampling
~ ~ **tendencyjne** biased sampling
~ ~ **warstwowe** stratified sampling
~ ~ **z odwiertu** *górn.* well sampling
~ ~ **ze zwracaniem** sampling with replacement
~ ~ **zgłębnikiem** dipper sampling
~ **spągu** *górn.* dinting, taking up the floor
pobijak *m* mallet
pobijanie *n* striking (*repeatedly*), beating
~ **kokonów** *włók.* brushing of cocoons
pobocze *n* *drog.* shoulder
pobocznica *f* side surface
pobór *m* **mocy** *el.* power consumption; power input
~ **pary międzystopniowej** steam bleeding
~ **tlenu** *san.* oxygen uptake
pobrzeże *n* *geol.* littoral
pobrzeżek *m* *zool.* periwinkle, *Littorina sp.*
pobudliwość *f* *med.* excitability
~ **obniżona** hypoexcitability
~ **wzmożona** hyperexcitability, supernormal excitability
pobudnik *m* **cieplny** *akust.* thermophone
~ **elektrostatyczny** *akust.* electrostatic actuator
~ **tłokowy** *akust.* pistonphone
pobudzacz *m* *chem.* activator; *wybuch.* detonator
pobudzać *v* excite; activate; actuate; stimulate; *wybuch.* initiate
pobudzenie *n* excitation; activation; stimulation
~ **cieplne** *fiz.* thermal excitation, thermal effect
~ **do wybuchu** firing (*an explosive*)
~ **termiczne** *fiz.* thermal activation
pocenie *n* *odl.* sweat, exudation (*casting defect*)
~ **się** perspiration; sweating, transpiration
~ ~ **burt** *żegl.* ship sweat
~ ~ **ładunku** *żegl.* cargo sweat
~ ~ **parafiny** *chem.* sweating of paraffin
pochewka *f* *anat.* sheath
pochłaniacz *m* **1.** absorber (*apparatus*) **2.** absorbent (*substance*)
~ **akustyczny** sound absorber
~ **ciepła** heat sink
~ **elektronów** sink of electrons
~ **fal 1.** *el.* surge absorber **2.** *inż.* wave absorber, wave trap, wave-catch
~ ~ **naturalny** *ocean.* spending beach
~ **gazów** *elektron.* getter, degasser
~ **(gazów) barowo-tantalowy** batalum getter
~ ~ **miedziowo-barowy** cuba getter
~ ~ **niklowo-barowy** niba getter
~ **maski przeciwgazowej** canister (*in a gas-mask*)
~ **neutronów** *nukl.* neutron absorber
~ **nieselektywny** *opt.* neutral absorber, non-selective absorber
~ **pyłu** dust catcher
~ **wilgoci** dehydrator
pochłaniać *v* absorb
pochłanialność *f* absorbing power, absorptivity
pochłanianie *n* absorption, *zob.też* **absorpcja**
~ **gazów 1.** *odl.* gas pick-up (*by metal*) **2.** *elektron.* gettering
~ **neutronów** neutron absorption
~ **powierzchniowe** *fiz.* adsorption
~ **wewnętrzne** *fiz.* self-absorption
~ **wykładnicze** *fiz.* exponential absorption
pochodna *f* **1.** *mat.* derivative, differential coefficient **2.** *chem.* derivative
~ **chlorowcowa** *chem.* halogen derivative
~ **cząstkowa** *mat.* partial derivative
~ **druga** *mat.* second derivative, flexion
~ **funkcji wielu zmiennych** *mat.* total derivative
~ **indywidualna** *hydr.* individual derivative, substantial derivative, material derivative
~ **kierunkowa** *mat.* directional derivative
~ **kontrawariantna** *mat.* contravariant derivative
~ **konwekcyjna** *hydr.* convective derivative
~ **kowariantna** *mat.* covariant derivative
~ **lewostronna** *mat.* left hand derivative
~ **Liego** *mat.* Lie derivative
~ **logarytmiczna** *mat.* logarithmic derivative
~ **lokalna** *hydr.* local derivative
~ **metaliczna** *chem.* metal derivative
~ **miejscowa** *hydr.* local derivative
~ **nitrowa** *chem.* nitro derivative
~ **normalna** *mat.* normal derivative
~ **podstawiona** *chem.* substitution derivative
~ **prawostronna** *mat.* right-hand derivative
~ **substancjalna** *hydr.* individual derivative, substantial derivative, material derivative
~ **unoszenia** *hydr.* convective derivative
~ **wędrowna** *hydr.* substantial derivative, material derivative
~ **względem czasu** time derivative
~ **zbioru** *mat.* derivative of a set, derived set, cluster set
~ **zewnętrzna** *mat.* exterior derivative
pochodne *fpl* **bliźniacze dwuchlorowcowe** *chem.* *gem*-dihalides
~ **sąsiadujące dwuchlorowcowe** *vic*-dihalides
pochodnia *f* **chromosferyczna** *astr.* plage
pochodnie *mpl* (*słoneczne*) *astr.* faculae
pochodny *a* derivative
pochodzący z zewnątrz extraneous

pochodzenia naturalnego naturally occurring
pochodzenie *n* origin; genesis; *genet.* pedigree
~ **pierwiastków** genesis of elements
~ **pozaziemskie** extraterrestrial origin
~ **społeczne** social background
pochód *m* **lodu** drifting of ice
pochwa *f* **1.** sheath; protecting tube; *uzbr.* scabbard **2.** *anat.* vagina
~ **liściowa** *bot.* leaf sheath
~ **mostu (napędowego)** *mot.* axle casing, axle housing
~ **termometryczna** thermometer well
~ **wału śrubowego** *okr.* stern tube, shaft pipe
pochwyt *m* **poręczy** *bud.* hand-rail
pochylać *v* **się** incline; slope; rake
pochylenie *n* inclination; slope; gradient; rake; batter; tilt
~ **dopuszczalne** (*toru, drogi*) *inż.* ruling gradient, ruling grade, limiting gradient
~ **dośrodkowe burt** *okr.* tumble home
~ **drogi** road grade
~ **kół** *mot.* wheel camber
~ **ku rufie** *okr.* rake aft
~ **linii przyporu** (*w przekładni zębatej*) obliquity of action (*in a toothed gear*)
~ **lotek** *lotn.* aileron droop
~ **miarodajne** *zob.* **pochylenie dopuszczalne**
~ **odlewnicze** *odl.* draft, patternmaker's taper
~ **połaci dachowej** *bud.* pitch of roof
~ **poprzeczne** *drog.* crossfall, cross slope
~ **samolotu** pitching of an aircraft
~ **stępki** *okr.* keel rake
~ **ściany** *bud.* wall batter
~ **wierzchołka impulsu** *elektron.* pulse tilt
pochylnia *f* **1.** ramp, inclined plane **2.** *górn.* inclined drift **3.** *okr.* slipway, shipway, building slip, building ways (*in shipbuilding yard*)
~ **automatyczna** *górn.* self-acting incline, back balance, gravity plane, balance plane
~ **do wodowania poprzecznego** *okr.* side slipway
~ **hamulcowa** *górn.* braking incline, jinny (road)
~ **kryta** *okr.* ship-house
~ **okrętowa** *okr.* slipway, shipway, building slip, building ways
~ **otwarta** *okr.* semisubmerged shipway
~ **przewozowa** *górn.* haulage plane
~ **rufowa** net ramp, stern ramp, trawl ramp
~ **sortownicza** *górn.* sorting chute
~ **stroma z przewozem na podwózkach** *górn.* dukeway
pochylnik *m* *geol.* clinometer, inclinometer, slope level
pochyłość *f* slope, declivity, downgrade
pochyły *a* sloping, inclined, slant
pociąg *m* train; *górn.* string of cars
~ **bezpośredni** through train
~ **dalekobieżny** long-distance train
~ **drogowy** (*ciągnik z przyczepą*) trailer-truck
~ **elektryczny** electric train
~ **holowniczy** *żegl.* barge train, towing train
~ **na poduszce powietrznej** aerotrain
~ **osobowy** passenger train, slow train
~ **podmiejski** suburban train, commuting train
~ **pospieszny** express (train), fast train
~ **powietrzny** (*samolot z holowanymi szybowcami*) *lotn.* air train
~ **ratunkowy** (*do usuwania z toru wagonów uszkodzonych w czasie katastrofy*) wreck train
~ **towarowy** goods train, freight train
~ **wahadłowy** down and up train
pociągacz *m* *wiertn.* pitman, lifter rod
pociągać *v* **za sobą koszty** involve costs
pociągnięcie *n* **wiosłem** stroke of oar
pociągokilometr *m* train-kilometre
pociemnienie *n* **brzegowe** *astr.* limb darkening
~ **doplerowskie** *astr.* Doppler dimming
pocierać *v* rub
pocisk *m* missile; projectile
~ **artyleryjski** artillery shell
~ **balistyczny** ballistic missile
~ ~ **międzykontynentalny** inter-continental ballistic missile
~ ~ **średniego zasięgu** intermediate range ballistic missile
~ ~ **transkontynentalny** transcontinental ballistic missile
~ ~ **wystrzeliwany z okrętu podwodnego** submarine launched ballistic missile, SLBM
~ **bezbrzechwowy** unfinned missile
~ **bliskiego zasięgu** short-range missile
~ **bojowy** (*z głowicą bojową*) live missile
~ **bombardujący** bombardment missile
~ **brzechwowy** finned missile
~ **burzący** (*artyleryjski*) high-explosive shell, H.E. shell
~ **chemiczny** chemical shell
~ **dalekiego zasięgu** long-range missile
~ **do broni strzeleckiej** bullet
~ **dymny** smoke shell
~ **gazowy** gas shell, chemical shell
~ **globalny** (*o zasięgu globalnym*) global missile
~ **jednolity** shot
~ **kierowany** guided missile
~ ~ **badawczy** test vehicle
~ ~ **przewodowo** wire-guided missile
~ ~ **ślizgowy** gravity-powered missile
~ ~ **wiązką radiową** beam-rider
~ ~ **za pomocą termolokacji** heat seeker, heat-seeking missile
~ **(klasy) głębina wodna-powietrze** underwater-to-air missile
~ ~ **głębina wodna-ziemia** underwater-to-surface missile
~ ~ **powietrze-głębina wodna** air-to-underwater missile, anti-submarine missile

~ ~ **powietrze-powierzchnia** (*ziemi lub morza*) air-to-surface missile, ASM
~ ~ **powietrze-powietrze** air-to-air missile, AAM
~ ~ **powietrze-przestrzeń kosmiczna** air-to-space missile
~ ~ **powietrze-ziemia** air-to-ground missile, AGM
~ ~ **ziemia-głębina wodna** ground-to-underwater missile; surface-to-underwater missile
~ ~ **ziemia-powietrze** ground-to-air missile, surface-to-air missile, SAM
~ ~ **ziemia-ziemia** ground-to-ground missile; surface-to-surface missile
~ **kumulacyjny** hollow charge shell
~ **moździerzowy** mortar bomb
~ **napędzany na torze** cruise missile
~ **nieuzbrojony** (*bez zapalnika*) plugged shell
~ **nuklearny** (*z głowicą nuklearną*) nuclear projectile; nuclear missile
~ **o zasięgu globalnym** global missile
~ **odłamkowy** high-explosive shell, H.E. shell
~ **odrzutowy** missile
~ ~ **z silnikiem przelotowym** air-breathing missile
~ **oświetlający** iluminating projectile
~ **pełny** (*do broni strzeleckiej*) ball cartridge
~ **podkalibrowy** sabot shell
~ **przeciw okrętom podwodnym** surface-to-underwater missile; ground-to-underwater missile
~ **przeciwbalistyczny** antiballistic missile, ABM
~ **przeciwbetonowy** semi-armour-piercing shell
~ **przeciwlotniczy** anti-aircraft missile, air-to-air missile, AAM
~ ~ **morski** ship-to-air missile
~ ~ **startujący z okrętu podwodnego** underwater-to-air missile
~ **przeciwpancerny** armour-piercing shell
~ ~ **podkalibrowy** armour-piercing sabot, APS
~ ~ **rdzeniowy** *zob.* **pocisk przeciwpancerny podkalibrowy**
~ ~ **smugowy** armour piercing tracer, APT
~ ~ **zapalający** armour-piercing incendiary, API
~ **rakietowy** rocket (missile)
~ ~ **do prób układu sterowania** control test vehicle
~ ~ **przeciw okrętom** antiship missile
~ ~ **przeciw satelitom** antisatellite missile
~ ~ **przeciwczołgowy** antitank missile
~ ~ **zapalający** incendiary rocket
~ **samokierowany** homing missile; (target) seeker
~ **samonaprowadzający się na cel** *zob.* **pocisk samokierowany**
~ **smugowy** tracer shell
~ **stabilizowany brzechwowo** fin-stabilized missile
~ ~ **obrotowo** spin-stabilized missile
~ **startujący z okrętu podwodnego** submarine-launched missile
~ **taktyczny** tactical missile
~ **uskrzydlony** winged missile
~ **uzbrojony** (*z zapalnikiem*) fused projectile
~ **z głowicą zaostrzoną** common pointed shell
~ **z silnikiem odrzutowym przelotowym** air-breathing missile, airbreather
~ **z zapalnikiem dennym** base-fused shell
~ ~ ~ **głowicowym** nose-fused shell
~ **zapalający** incendiary shell
początek *m* start; beginning; origin
~ **impulsu** *elektron.* pulse start
~ **nieśności** (*kur*) *zoot.* point of lay
~ **pętli programu** *inf.* loop start
~ **przemiany martenzytycznej** *met.* M_s point
~ **przypływu** *ocean.* young flood
~ **układu współrzędnych** origin of coordinates
~ **wektora** origin of a vector
~ **wiązania** *ceram.* initial setting time
początkowy *a* initial; first; elementary; primordial
począwszy od... with effect from..., w.e.f.
poczekalnia *f* waiting room
poczerwienienie *n* **galaktyk** *astr.* (nebular) red shift
poczta *f* post, mail
~ **dworcowa** railway post
~ **lotnicza** air mail
~ **pneumatyczna** pneumatic conveyor, air conveyor; pneumatic (sample) transfer system
~ **zwykła** (*nie lotnicza*) surface mail
pocztowiec *m okr.* mail boat, mail vessel
poczwarka *f zool.* chrysalis (*pl* chrysalides), pupa
poczwórnik *m rad.* quadrupler
poczwórny *a* quadruple; quaternary
poczynić kroki take measures
pod auspicjami under the auspices
pod balastem *żegl.* in ballast
pod ciśnieniem under pressure
pod ciśnieniem atmosferycznym at atmospheric pressure
pod gołym niebem outdoors
pod gołymi masztami *żegl.* under bare poles
pod górę uphill
pod kątem... at an angle of...
pod kątem prostym at right angle
pod klucz *bud.* turnkey (*contract*)
pod kontrolą under control
pod nadzorem under supervision
pod napięciem *el.* live
pod napięciem sprężyny spring-loaded
pod obciążeniem under load
pod ochroną under protection
pod osłoną brzegu *żegl.* lee of the shore
pod pełną galą *żegl.* dressed full (*ship*)
pod pełnymi żaglami under full sail, all standing
pod pokładem *żegl.* under deck

pod prąd upstream
pod redakcją... edited by...
pod ręką close at hand
pod stałym ciśnieniem at constant pressure
pod ścisłym nadzorem under strict supervision
pod światło against the light
pod warunkiem subject to...
pod warunkiem, że... provided that...; on condition that...
pod wiatr against the wind; into the wind; windward
pod własnym ciężarem by gravity
pod wpływem under the influence of, by the action of, under the action of
pod wpływem światła on exposure to light
pod zarządem państwowym state run, under state administration
pod ziemią underground
pod zmniejszonym ciśnieniem under reduced pressure
pod żaglami under sail, with sail set, under canvas
podajnik *m* feeder, feed (mechanism), feeding device; magazine, *zob.też* **zasilacz**
~ **automatyczny** loader, automatic loading unit (*in a machine tool*)
~ **drutu pchająco-ciągnący** *spaw.* push-pull wire feeder
~ **kart** *inf.* card feed
~ **korytkowy** *obr.skraw.* trough-type magazine
~ **naboi** *uzbr.* cartridge feeder
~ **przyssawkowy** vacuum cup lifter
~ **ślimakowy** *zob.* **podajnik śrubowy**
~ **śrubowy** feeding screw
~ **walcowy** feed rolls
~ **z bębnem obrotowym** *obr.skraw.* circular-type magazine
~ **z koszem zasypowym** *obr.skraw.* hopper-type magazine
podalgebra *f* subalgebra
podanie *n* application
podatek *m* tax
~ **dochodowy** income tax
~ **gruntowy** land tax
~ **obrotowy** turnover tax
~ **od nabycia** (*artykułów luksusowych*) purchase tax
podatnik *m* taxpayer, ratepayer
podatność *f* **1.** flexibility **2.** susceptibility
~ **akustyczna** acoustic compliance
~ **elektryczna** electric susceptibility
~ **kątowa** (*sprzęgła*) angular flexibility
~ **magnetyczna** magnetic susceptibility
~ **na barwienie** *włók.* dyeability
~ **na cięcie gazowe** gas cuttability
~ **na drukowanie** printability
~ **na obróbkę** workability
~ **na odkształcenie** deformability
~ **na pełzanie** *tw.szt.* creep compliance
~ **na powielanie** *nukl.* fertility
~ **na przetwarzanie maszynowe** machinability
~ **na redukcję** *chem.* reducibility
~ **na rozkład biologiczny** *san.* biodegradability
~ **na uszkodzenia** vulnerability
~ **na wycieranie** (*gumką*) *papiern.* erasability
~ **na wyciskanie** extrudability (*of metal*)
~ **na wyoblanie** spinability (*of metal*)
~ **na zginanie** *papiern.* foldability
~ **rdzenia** *odl.* collapsibility of core
~ **w stanie szklistym** glasslike compliance (*in rheology*)
podatny *a* **1.** flexible; spring **2.** susceptible
podatny na cięcie cuttable
podatny na jonizację ionizable
podatny na uszkodzenia vulnerable, damageable
podawacz *m* **nitów** rivet passer, rivet catcher
podawanie *n* feed, feeding
~ **chwytakowe** *obr.plast.* grip feed
~ **doustne** *med.* oral administration
~ **materiału w pasach** *obr.plast.* strip feed
~ **podajnikiem walcowym** *obr.plast.* roll feed
~ **rewolwerowe** *obr.plast.* dial feed
~ **ręczne** hand feed
~ **ruchem zygzakowym** *obr.plast.* stagger feed
~ **suwakowe** *obr.plast.* slide feed
~ **tarczowe** *obr.plast.* dial feed
~ **trzpieniowe z kosza** *obr.plast.* pin hopper feed
~ **w prasach stopniowych** *obr.plast.* transfer feed
~ **wierszowe** *inf.* sideways feed
~ **z bębna** *obr.plast.* drum feed
~ **z kosza** hopper feed
~ **z zasobnika** magazine feed
podawarka *f* *górn.* loading elevator
~ **chodnikowa** gangway loader
podazotyn *m* *chem.* hyponitrite
podaż *f* supply
~ **i popyt** supply and demand
~ **nadmierna** oversupply
podbabnik *m* *inż.* dolly
podbarwianie *n* *włók.* tinting, shading, topping
~ **błękitem** blueing, bluing
podbaza *f* *mat.* subbase
podbicie *n* **stopy** *anat.* instep
podbielanie *n* *papiern.* semi-bleaching, half-bleaching
podbieracz *m* *roln.* pick-up, gatherer (*in a combine-harvester*)
podbijak *m* *kol.* tamper
podbijanie *n* *kol.* tamping
podbijarka *f* *kol.* tamper, tamping machine
podbora *f* *ryb.* ground rope, sole rope, chain line, bottom line
podbudowa *f* substructure
~ **drogi** road foundation; base course
~ **statku** (*na pochylni*) blocking, cribbing, making up
~ **stępki** *okr.* keel track
~ **tłuczniowa** *drog.* macadam foundation

podbudowywanie *n* **fundamentów** *bud.* underpinning
podcentrala *f tel.* sub-exchange
podchloryn *m chem.* hypochlorite
podchlorynochlorek *m* **wapniowy** *chem.* chloride of lime, chlorinated lime
podchodzić *v* **do lądowania** *lotn.* approach, to land
~ **do lądu** *żegl.* close the land, stand in
~ **do nabrzeża** *żegl.* come alongside
~ **do zagadnienia** approach a problem
~ **z nawietrznej** *żegl.* make the weather side
podchwyty *mpl* **klatki** (*szybowej*) *górn.* cage rest, cage keep, fang, folding boards, ke(e)ps
podchwytywacz *m włók.* piecer
podciąg *m* **1.** *mat.* subsequence **2.** *górn.* horsehead
~ **stropowy** *bud.* binding joist, binder
podciągać *v* pull up; *żegl.* bring home (*an anchor, a ship*)
podcienie *mpl arch.* arcades
podcieniowywanie *n włók.* tinting, topping, shading
podcięcie *n* undercut(ting); relief
podcinać *v* undercut
podcinka *f narz.* anvil cutter, anvil chisel
podcios *m górn.* undercut
podciśnienie *n* **1.** pressure below atmospheric, negative pressure (partial) vacuum **2.** *med.* hypotension
podciśnieniomierz *n* vacuum gauge, vacuometer
podczarterować *v żegl.* re-charter
podczerń *f TV* infra-black, blacker-than--black
podczerwień *f fiz.* infrared (radiation), IR
~ **bliska** near infrared, NIR, overtone region
~ **daleka** far infrared, FIR
podczerwony *a fiz.* infra-red
poddasze *n bud.* attic; garret; loft
poddawać *v* **działaniu pary** steam
~ **elektrolizie** electrolyze
~ **fermentacji** ferment
~ **kontroli** make subject to control
~ **napromieniowaniu** expose
~ **obciążeniu** subject to a load
~ **pod arbitraż** submit to arbitration
~ **perkolacji** percolate
~ **polimeryzacji** polimerize
~ **próbie** put on test, subject to a test, test
~ **starzeniu** age
poddostawa *f ek.* sub-consignment
poddruk *m* **ochronny barwny** *włók.* (coloured) first-printed resist
poddział *m* subdivision
poddzierżawca *m* subtenant
poddźwięk *m fiz.* infrasound
poddźwiękowy *a aero.* subsonic
podejmować *v* **decyzję** take a decision, decide, make a decision
~ **ryzyko** (under)take a risk, assume a risk, run a risk
~ **uchwałę** pass a resolution
podejście *n* approach
~ **do lądowania** *lotn.* landing approach
~ ~ ~ **bez widoczności** blind approach
~ ~ ~ **nieudane** missed approach
podejść *v* **do przystani** *żegl.* make a landing
~ **na widoczność lądu** make the land
podeprzeć *v* **stojakami** *bud.* underprop
podera *f geom.* pedal curve
poderwanie *n lotn.* pulling-off (*during take-off*)
podest *m bud.* foot-pace, platform; landing
podeszwa *f* **fundamentu** *bud.* foundation footing
~ **skiby** *roln.* soil of a plough
~ **struga** sole of a plane
~ **wewnętrzna** *roln.* main shoe, inner shoe (*of a harvester*)
~ **zewnętrzna** *roln.* outer shoe (*of a harvester*)
~ **żelazka** (*do prasowania*) iron sole plate
podeutektoidalny *a met.* hypo-eutectoid
podfluorek *m chem.* subfluoride
podfosforan *m chem.* hypophosphate
podfosforyn *m chem.* hypophosphite
podgardle *n* dewlap
podgatunek *m biol.* subspecies
podgeodezyjna *f mat.* subgeodesic
podgląd *m TV* monitoring
podglądanie *n* (*drukowanie wybranych danych z pamięci komputera*) *inf.* snapshot
podglebie *n geol.* subsoil, undersoil
~ **przepuszczalne** open subsoil
podgłówek *m* (*np. w samochodzie*) headrest
~ **w łóżku** (*szpitalnym*) bed rest
podgorączkowy *a med.* subfebrile
podgotowywanie *n spoż.* parboiling
podgraf *m mat.* subgraph
~ **częściowy** spanning subgraph
podgranica *f kryst.* subgrain boundary, subboundary
podgrupa *f* subgroup
~ **domknięta** *mat.* closed subgroup
~ **komutatorów** *mat.* commutator subgroup
~ **niezmiennicza** *mat.* invariant subgroup
~ **robocza** *org.* task group
~ **układu okresowego** *chem.* subgroup, odd series
podgrzewacz *m* **1.** heater; preheater **2.** *siln.spal.* heater plug, glow plug
~ **do nasion oleistych** *spoż.* stack cooker
~ **dyfuzyjny** *spoż.* calorisator, caloriser
~ **elektryczny płytowy** electric warming plate
~ **międzystopniowy** interheater
~ **powietrza** air-heater
~ ~ **na rurze wydechowej** *mot.* heating muff
~ **wody** *kotł.* fuel economizer, (feed)water heater; feedheater
podgrzewanie *n* preheating, heating up, warming up
~ **nasion** (*oleistych*) *spoż.* seed cooking
~ **pojemnościowe** dielectric preheating

~ **prądami wielkiej częstotliwości** radio--frequency preheating, rf preheating
~ **wody zasilającej** *kotł.* feed heating
podgumowany *a papiern.* gummed
podhalogenek *m chem.* subhalide
podharmoniczna *f fiz.* subharmonic
podium *n* podium, dais, foot-pace
podjazd *m* approach road, access road
podjąć *v* **badanie** undertake a study
~ **decyzję** make a decision, take a decision
~ **kroki prawne** take legal steps
~ **produkcję** take up production
~ **próbę** make an attempt
~ **środki** take measures, take steps
podjednostka *f* **białka** *biochem.* subunit of protein
podjodyn *m chem.* hypoiodite
podkalibrowy *a uzbr.* subcaliber
podkanał *m telegr.* subchannel
podkarmiacz *m* **nawozowy** *roln.* fertilizer placement drill
podkarmianie *n zoot.* flushing
~ **pszczół** stimulative feeding of bees
podkategoria *f mat.* subcategory
podkitowywanie *n bud.* back-puttying
podkitówka *f bud.* back putty
podklasa *f mat.* cell
podklinowywanie *n* **statku** *żegl.* wedging up, ramming up
podkład *m* **1.** *farb.* ground coat, prime coat, undercoater; priming paint, primer **2.** *bud.* ground beam, sleeper **3.** backing **4.** *kosmet.* base coat
~ **antykorozyjny** anticorrosion primer
~ **bieżnika opony** undertread, stabilizer plies, breaker
~ **kolejowy** sleeper, cross-tie, cross-sill; *US* railroad tie
~ **magnetyczny** *el.akust.* magnetic bias
~ **nawierzchni** *drog.* base course
~ **pod makijaż** *kosmet.* foundation make-up
~ **podłogowy** *bud.* blind floor, rough floor, subfloor
podkładanie *n* **dźwięku** *kin.* dubbing
podkładka *f* **1.** *masz.* washer **2.** *roln.* rootstock
~ **do suszenia rdzeni** *odl.* core drying cradle, core drier
~ **gumowa** rubber pad, rubber cushion
~ **karbowana** (*z rowkami promieniowymi*) corrugated washer
~ **kulista** spherical washer
~ **kwadratowa** square washer (*with round hole*)
~ **miękka** cushion, pad
~ **odginana** tab washer
~ ~ **zębata** tooth lock washer
~ **odległościowa** spacer washer
~ **okrągła** plain washer, round washer
~ ~ **ze ścięciem** chamfered plain washer
~ **oporowa** thrust washer
~ **otwarta** slip washer, C-washer
~ ~ **odchylna** swing C-washer
~ **pierścieniowa** **1.** *masz.* ring washer **2.** *spaw.* backing ring, chill ring (*in pipe welding*)
~ ~ **sprężysta** cup washer
~ ~ **uszczelniająca** grummet washer
~ **płaska** *spaw.* backing strip, backing strap
~ **pod nit** rove
~ **pod szynę** *kol.* sole-plate
~ **przeciwdrganiowa** shakeproof washer
~ **regulująca** shim; *obr.skraw.* packing plate, adjusting plate
~ **spoiny** *spaw.* backing; backing bar, backing strip
~ **sprężysta** spring washer; cushion
~ ~ **pracująca w oleju** bath-cum-cushion
~ **stępkowa** *okr.* keel-stop
~ **szynowa** *kol.* sole-plate
~ **talerzykowa** saucer washer
~ **topnikowa** *spaw.* flux retainer
~ **uszczelniająca** packing washer
~ **wygięta** curved washer
~ **z wgłębieniem** (*na łeb śruby*) cup-washer
~ **z wycięciem** slip washer, slot washer, C-washer
~ **zabezpieczająca** lock-washer
podkładzina *f bud.* wall plate, rafter plate
podkłucie *n* **naczynia** *med.* acupressure
podkompleks *m mat.* subcomplex
podkomutacja *f el.* under-commutation
podkopywać *v* undermine
podkowa *f* horseshoe
podkowiak *m* horse nail
podkreślać *v* **1.** underline **2.** stress, emphasize
podkrytyczny *a nukl.* subcritical, undercritical (*reactor*)
podkuwanie *n obr.plast.* blocking, preparing
podkwaszać *v chem.* acidulate
podlegać *v* **1.** be subject to... **2.** be subordinated
~ **kompetencjom** fall within competence
~ **ocleniu** be liabe to duty
~ **wahaniom** be subject to variations
podlegający karze grzywny amenable to a fine
podlegający ocleniu dutiable
podlegający opłacie liable to fee
podlegający opodatkowaniu taxable
podlegający zgłoszeniu reportable, certifiable
podległy *a* subject; subordinate
podlepianie *n* **dachówek** *bud.* rendering of roofing-tiles
podlew *m* **lustra** silvering of a mirror
podlewanie *n roln.* watering (*of plants*)
~ **luster** silvering of mirrors, mirror making
podładowanie *n* (*akumulatora*) *el.* boost charge, quick charge
podładowywanie *n* **akumulatorów** *el.* trickle charge
podłączyć *v* **do źródła prądu** connect to a power source
podłodzie *n lotn.* alighting gear, flotation gear (*of a seaplane*)
podłoga *f* floor

~ **kowalska** *okr.* bending floor, bending table
~ **ładowni** *okr.* bottom ceiling, floor ceiling
~ **łodzi** bottom boards of a boat
~ **odlewni** foundry floor
~ **ruchoma** movable floor
~ **słodowni klepiskowej** *spoż.* couching-floor
~ **sztauerska** *okr.* dumping boards, dumping planks, bottom dunnage
~ **ślepa** blind floor, rough floor, subfloor
~ **traserska** *okr.*, *lotn.* loft floor
~ **z desek na podłożu betonowym** *bud.* solid floor
~ **z warstwą izolacji przeciwdźwiękowej** *bud.* floating floor
~ **zdejmowana** *okr.* loose ceiling
podłogówka *f bud.* floor-board, tongue-and-groove board
podłokietnik *m* (*np. w samochodzie*) arm-rest
podłoże *n* **1.** base; foundation; substrate **2.** *inż.* subsoil **3.** *odl.* mould bed **4.** *papiern.* base paper, body paper, raw stock **5.** (*w spektrofotometrii*) background
~ **do kredowania** *papiern.* coating base paper
~ **do metalizowania** *papiern.* metal base paper
~ **do parafinowania** *papiern.* paraffine base paper, waxing paper
~ **drogowe** *drog.* subgrade
~ **filmu** *fot.* film base
~ **genetyczne** genetic background
~ **miękkie** (*w podłodze odlewni*) *odl.* permanent bed of sand
~ **na papier ścierny** emery base paper, raw emery paper, abrasive base paper
~ **niejednorodne** *inż.* erratic subsoil
~ **nieregularne** *zob.* **podłoże niejednorodne**
~ **papierowe** base paper, raw stock, body paper
~ **plastyczne** *bud.* yielding foundation
~ **pod tynk** *bud.* plaster base
~ **skalne** bed-rock
~ **sprężyste** *wytrz.* elastic foundation
~ **stopu** *met.* matrix, groundmass
~ **taśmy magnetycznej** base film
~ **trudno urabialne** *inż.* firm bottom
~ **twarde** (*w podłodze odlewni*) *odl.* occasional moulding pit, vented moulding pit
~ **ziemne** *inż.* earthen foundation
podłużnica *f* **1.** *lotn.* longeron, longitudinal; stringer **2.** *bud.* stringer
~ **boczna** *kol.* skid rail
~ **odeskowania** *bud.* waler
~ **ramy** longitudinal member of a frame, frame side member
~ **rusztowania** *bud.* ledger
podłużny *a* **1.** oblong **2.** longitudinal, lengthwise
podmacierz *f mat.* submatrix
podmajstrzy *m* subforeman
podmalowywanie *n rys.* tinting
podmiejski *a* suburban
podmodulator *m elektron.* driver circuit
podmokły *a* waterlogged
podmorski *a* submarine
podmost *m szkl.* throat
podmuch *m* **1.** *kotł.* blast draught, blast air **2.** *wybuch.* blast
~ **płomienia** *spaw.* force of flame
~ **wiatru** gust, blast of wind
~ ~ **lekki** cat's paw
podmycie *n inż.* scour; *drog.* washout
~ **gleby** *roln.* under-washing of soil
podmywanie *n* (*pali*) *bud.* jetting
podnajem *m* (*statku*) sub-charter
podnajemca *m* (*statku*) subcharterer
podnastawnia *f el.* sub-control room
podniebienie *n anat.* palate
~ **łuku** *arch.* intrados, soffit
~ **skrzyni paleniskowej** *kotł.* crown sheet
podniesienie *n* lift; rise, *zob.też* **zwiększenie, wzrost**
~ **(ciała)** *mat.* lifting
~ **do kwadratu** *mat.* squaring
~ **do potęgi** *mat.* involution
~ **dopuszczalne** *mat.* admissible lifting
~ **włoskowate** capillary rise
podnormalna *f* (*krzywej*) *mat.* subnormal
podnosić *v* **1.** raise; lift; hoist; elevate; up; heave (up) **2.** pick up (*from the ground*)
~ **banderę** *żegl.* make colours
~ **do kwadratu** *mat.* square
~ **do potęgi** raise to a power
~ **do sześcianu** *mat.* cube
~ **dźwignikiem** jack up
~ **jakość** upgrade
~ **kotwicę** *żegl.* weigh anchor
~ **pieniądze z banku** draw money out of the bank
~ **się** rise
~ ~ **na fali** *żegl.* scend, send
~ **wydajność pracy** raise the productivity of labour, increase the productivity
~ **żagle** make sails
podnoszenie *n* raising; lifting; hoisting; elevation
~ **gali flagowej** *żegl.* dressing a ship
~ **kwalifikacji** upgrade training
podnośna *f TV* subcarrier
podnośnik *m* elevator; hoist; lift; jack, *zob.też* **dźwignik**
~ **(członowy) półkowy** tray elevator
~ **do worków** sack hoist
~ **hydrauliczny do narzędzi zawieszanych** *roln.* hydraulic lift
~ **kubełkowy** bucket elevator
~ **mechaniczny do narzędzi zawieszanych** *roln.* power-lift
~ **niedomłóconych kłosów** (*w kombajnie*) tailings elevator
~ **powietrzny cieczy** air lift pump, mammoth pump
~ **rusztowy** (*w kopaczce ziemniaków*) open-web elevator
~ **snopów** (*w młocarni*) sheaf elevator
~ **śrubowy** screw elevator
~ **widłowy** forklift

~ **ziarna** (*w kombajnie*) grain elevator
podnóże *n* **kontynentu** *ocean.* continental rise
~ **zapory** *inż.* toe of dam
podnóżek *m* foot-rest
~ **stopnia schodów** *bud.* tread
podobieństwo *n* similarity; analogy; similitude; affinity; homology
~ **cieplne** heat similarity
~ **dynamiczne** dynamic similarity
~ **kinematyczne** kinematic similarity
~ **mechaniczne** mechanical similarity
podoblenie *n* *okr.* deadrise, rise of floor, rise of bottom
podobny *a* similar; homothetic
podobszar *m* *mat.* subdomain
podofilina *f* *farm.* podophyllin, podophyllum resin
podokiennik *m* **wewnętrzny** *bud.* window stool
~ **zewnętrzny** window sill, breast of a window
podoptymalizacja *f* suboptimization
podorywka *f* *roln.* skimming
podpalać *v* light; fire; kindle, set fire to; set on fire
podpalusznik *m* **tłoczyska** (*strzykawki*) piston knob
podparcie *n* support; bearing; *bud.* racking
~ **obrotowe** fulcrum; pivot
podpartia *f* *skj* sub-lot
podpierać *v* support; bear; prop; shore
~ **obrotowo** pivot
~ **podnośnikiem** jack up
~ **strop** *górn.* hold the roof
podpierścień *m* *mat.* subring
podpiętro *n* *geol.* substage
podpinacz *m* **wozów** *górn.* flatter
podpis *m* signature
~ **pod rysunkiem** legend
podpocisk *m* (*wyrzucany w locie z większego pocisku*) submissile
podpodział *m* *mat.* subdivision
~ **barycentryczny** barycentric subdivision
podpokrycie *n* *mat.* subcovering
podpora *f* support; bearing; bearer; prop; shore
~ **dźwignicy linomostowej** cableway tower
~ ~ ~ **odchylna** cableway floating tower
~ ~ ~ **przesuwna** cableway travelling tower
~ **kulista** spherical bearing
~ **ładowni** *okr.* hold stanchion
~ **ogonowa** tail bumper
~ **pełna** solid pillar, round pillar
~ **pokładowa** *okr.* deck pillar
~ **przegubowa** pivot bearing
~ **przewodu rurowego** pipe bearer
~ **rolkowa** roller support
~ **stała** fixed bearing
~ **tylna** backstay
~ **ukośna** *inż.* raking shore
podpowierzchniowy *a* subsurface
podpowłoka *f* **elektronowa** (*atomu*) *fiz.* electronic subshell
podpoziom *m* **1.** *fiz.* subshell, sublevel **2.** *górn.* sublevel **3.** *gleb.* sub-horizon
podpórka *f* support; prop; *ceram.* thimble; stilt
~ **do nitowania** hold-on, dolly bar (*for riveting*)
~ **rdzeniowa** *odl.* chaplet
~ ~ **dwustronna** stud chaplet
~ ~ **jednostronna** stalk pipe chaplet, stem chaplet, single headed chaplet
~ ~ **słupkowa** stud chaplet
~ ~ **spiralna** radiator chaplet
~ ~ **sworzniowa** stalk pipe chaplet, stem chaplet, single headed chaplet
podprogram *m* *inf.* subroutine
~ **kasujący** erase routine
~ **korekcyjny** patch
~ **obsługi urządzenia zewnętrznego** handler
~ **otwarty** open subroutine
~ **powtórzenia** rerun routine
podpróbka *f* *skj* subsample, part sample
podprzedział *m* *mat.* subinterval
podprzestrzeń *f* *mat.* subspace
~ **własna** eigenspace
~ **zerowa odwzorowania liniowego** null space of linear transformation
podpuszczka *f* *biochem.* rennin, chymosin
podrażnienie *n* *med.* irritation
~ **skóry** skin irritation
podręcznik *m* textbook; handbook, manual
~ **programowany** handbook for programmed learning
podrobiony *a* counterfeit; false
podroby *pl* (*zwierząt rzeźnych*) variety meats, haslets; (*drobiu*) giblets
podrozjezdnica *f* *kol.* switch sleeper
podrozmaitość *f* *mat.* submanifold
podróż *f* **bez ładunku** ballast voyage
~ **do portu macierzystego** voyage home
~ **dziewicza** (*statku*) maiden voyage
~ **kabotażowa** (*między portami jednego państwa*) domestic voyage
~ **kosmiczna** space travel
~ **morska** voyage
~ **okrężna** round (trip); round voyage
~ **próbna** trial trip
podrywka *f* *ryb.* lift net, lever net
podrzędny *a* *mat.* subordinate, subordinated
podrzynacz *m* **wypielacza** *roln.* scuffle knife
podsadzanie *n* (*wyrobisk*) *górn.* backfilling, (mine) filling, stowing, gobbing, packing
~ **dmuchane** pneumatic stowing
~ **hydrauliczne** (*podsadzką płynną*) hydraulic filling, slushing, flushing
~ **pasami** belt stowing, strip stowing
~ **pełne** solid stowing, compact stowing, complete stowing
~ **wyrobisk** stope filling
podsadzarka *f* *górn.* backfilling machine, stowing machine, stower
podsadzka *f* *górn.* **1.** filling, packing, stowing (*material*) **2.** *zob.* **podsadzanie**
~ **płynna** (*piaskowa*) hydraulic filling, slushing, flushing

podsadzkarz *m górn.* filler, packer, pack builder, stower, gobber
podsiarczyn *m chem.* hyposulfite
podsiąkanie *n* **kapilarne** *gleb.* capillary ascent, capillary rise (*of soil moisture*)
podsieć *f* **1.** *tel.* sub-network **2.** *kryst.* sublattice
podsiewacz *m* (*w młocarni*) chaff riddle, chaffer, grain table
podskok *m* **napięcia** *el.* overshooting, substained overvoltage
podskórny *a anat.* subcutaneous
podsłuch *m tel.* listening in
podsłyszalny *a* infrasonic, subsonic, infra-acoustic
podsolizacja *f geol.* podzolization
podstacja *f el.* substation
podstawa *f* **1.** base; basis **2.** mount; pedestal; footing
~ **bomu** *okr.* boom gallow
~ **cegły** large face of brick
~ **celownika** *uzbr.* traversing head; backsight bed
~ **chmur** *meteo.* cloud base
~ **czasu** *elektron.* time base
~ **dwunożna** bipod
~ **działa** *uzbr.* gun mount
~ **formy** *tw.szt.* bottom plate
~ **fundamentu** *bud.* foundation footing
~ ~ **szeroka** spread footing
~ **impulsu gaszącego** *TV* blanking pedestal
~ **kolumny** *bud.* base of a column, column footing
~ **kompasu** binnacle (stand)
~ **kowadła** anvil stock
~ **kremu** *kosmet.* cream base
~ **logarytmu** *mat.* radix, base of a logarithm
~ **masztu** *okr.* mast step
~ **mechanizmu** *mech.* fixed link, frame of a mechanism
~ **mikroskopu** base of a microscope
~ **montażowa** *elektron.* chassis
~ ~ **drukowana** printed-circuit mother-board
~ **nadlewu** *odl.* foot of riser
~ **obliczeń** basis of calculation
~ **obrotowa** turn-table
~ **obróbkowa** machining datum surface
~ **oszacowania** basis of valuation
~ **podatku** tax base
~ **potęgi** *mat.* base of a power
~ **prawna** legal basis
~ **pudru** *kosmet.* powder base
~ **rzędu kolumn** *arch.* stylobate
~ **silnika** (*elektrycznego*) motor base
~ **skrzynkowa** *obr.skraw.* box angle plate
~ **stopu** *met.* base of an alloy
~ **sygnału synchronizacji kolorowości** *TV* colour burst pedestal
~ **systemu liczenia** *mat.* radix, base of a number system
~ **tłocznika** *obr.plast.* die holder, die shoe
~ **trójkąta** *geom.* base of a triangle
~ **trójnożna** tripod mount
~ **wewnętrznego systemu liczenia** *inf.* internal number base
~ **wiertarki ręcznej** drilling post, drill stand
~ **wymiarowa** *rys.* reference line
~ **wypychająca** *tw.szt.* ejector pad
~ **z osadzeniem wahliwym** *obr.skraw.* swivel base
~ **zapachowa** *kosmet.* perfume base
~ **żaglowa** foot of a sail
podstawiać *v mat., chem.* substitute, replace
podstawialność *f mat.* substitutivity
podstawienie *n mat., chem.* substitution, replacement
~ **podstawnika wodorem** *chem.* retrogressive substitution
~ **siarką** *chem.* replacement by sulfur
~ **wewnątrzcząsteczkowe** *chem.* intramolecular substitution
podstawiony chlorem *chem.* chlorine-substituted
podstawiony przy azocie *chem.* N-substituted
podstawiony przy tlenie *chem.* O-substituted
podstawiony w pozycji orto *chem.* o-substituted
podstawka *f* stand; stillage
~ **bez kół** (*do wózków dźwignikowych*) *transp.* dead skid
~ **do kolb** *lab.* flask stand
~ **do wózków dźwignikowych** *transp.* skid
~ **kątowa** *obr.skraw.* angle bracket
~ **klinowa** (*pod koła*) chock, scotch
~ **lampowa** *elektron.* tube holder, tube retainer, valve holder
~ **na poduszce powietrznej** *transp.* air pallet, hoverpallet
~ **pod tygiel** *odl.* crucible stool, cheese
~ **pryzmowa** *metrol.* vee block, V-block, vee location
podstawnik *m chem.* substituent; ligand, substituent group
~ **drugiego rodzaju** metadirecting substituent
~ **kierujący w położenie meta** *zob.* **podstawnik drugiego rodzaju**
podstawowa przemiana *f* **materii** *biol.* basal metabolic rate, BMR
podstawowe gałęzie *fpl* **przemysłu** staple industries
podstawowe produkty *mpl* **rolne** staple farm products
podstawowy *a* basic; primary
podstemplowywać *v bud.* (under)prop; rack
podsterowność *f* (*samochodu*) understeer(ing)
podstępka *f okr.* slab keel, rubbing strip
podstopnica *f bud.* stair riser
podstruktura *f* **1.** *mat.* substructure **2.** *met.* substructure
podstyczna *f* (*krzywej*) *mat.* subtangent
podsufitka *f bud.* soffit (counter) ceiling, false ceiling
~ **podwieszona** suspended ceiling
podsuma *f mat.* subtotal

podsumować *v* summarize
podsumowanie *n* summary
podsunięcie *n* *geol.* underthrust
podsuszanie *n* **form** *odl.* skin-drying of moulds
podsypka *f* *kol.* ballast; *odl.* sand bed; *drog.* sub-crust
~ **kamienna** *inż.* rubble bed
~ **pod donicę** *szkl.* breezing
podsystem *m* subsystem
podszybie *n* *górn.* pit bottom, shaft bottom, shaft station
~ **dźwigu** lift-pit
~ **właściwe** *górn.* inset
podszyt *m* *leśn.* underbrush, undergrowth
podściółka *f* **filcowa** *mot.* underfelt
~ **pod ładunek** *żegl.* dunnage
podświetlacz *m* (*sceniczny*) groundrow (*stage light*)
podtlenek *m* *chem.* suboxide
~ **azotu** nitrous oxide, nitrogen monoxide
~ **węgla** carbon suboxide
podtoczenie *n* *obr.skraw.* neck
~ **gwintu** neck of thread, thread relief
podtopienie *n* *spaw.* undercut
podtorze *n* *kol.* subgrade, roadbed
podtrawianie *n* *elektron.* undercutting
podtrzymka *f* (*tokarki*) rest, steady (*on a lathe*)
~ **do nitowania** hold-on
~ **przesuwna** *zob.* **podtrzymka ruchoma**
~ **ruchoma** follow rest, following steady
~ **stała** back rest, backstay, steady
podtrzymywać *v* support; carry; hold up; *obr.skraw.* rest, steady
podtrzymywanie *n* **ciśnienia** (*złoża*) *wiertn.* pressure maintenance
podtytuł *m* subtitle, undertitle
poduszeczka *f* (*dociskająca np. w magnetofonie*) pressure pad
poduszka *f* cushion; pad; bolster
~ **brzegowa** *żegl.* bank cushion
~ **do stempli** ink-pad
~ **dolna górnego walca** (*walcarki*) *obr. plast.* carrier chock
~ **elektryczna** electric heating pad
~ **fundamentowa** *bud.* foundation mat
~ **gazowa** gas cushion
~ **gumowa** (*przy tłoczeniu gumą*) *obr.plast.* rubber blanket
~ ~ **napełniona powietrzem** air-cushion
~ **kotwiczna** *okr.* anchor bed, billboard
~ **łodzi** *okr.* boat chock, boat cradle
~ **matrycy** *obr.plast.* anvil cap, anvil sow, sow block
~ **ochronna głowicy pala** *inż.* pile cap
~ **pneumatyczna** *masz.* air cushion
~ **powietrzna 1.** *masz.* air cushion; pneumatic spring **2.** *lotn.* ground effect
~ **smarująca** lubricating pad
~ **sprężynowa** *obr.plast.* spring cushion
~ **topnikowa** *spaw.* melt backing
~ **walca (walcarki)** roll chock, bearing chock
~ **wodna** *inż.* cushion pool
poduszkowiec *m* ground-effect machine, cushioncraft, hovercraft, air cushion vehicle, ACV
~ **bocznościenny** captured air bubble craft, sidewall hovercraft
~ **ciągniony** hovertrailer
~ **o sztywnych ścianach bocznych** (*zanurzonych w wodzie*) surface-piercing a.c.v.
podwajacz *m* **częstotliwości** *el.* frequency doubler
~ **napięcia** *el.* voltage doubler
podwajać *v* double
podwalina *f* *bud.* ground sill, ground beam, sleeper, sole-plate, patand
podwarstwa *f* **elektronowa** (*atomu*) electronic subshell
~ **laminarna** *aero.* laminar sublayer
podważać *v* prize, prise, lever
podważka *f* **dentystyczna** *med.* dental elevator
~ **kostna** *med.* bone lever
podwiąz *m* *ryb.* seizing; lash; stopper
podwiązka *f* **1.** *mat.* subbundle **2.** *med.* ligature
podwielokrotność *f* *mat.* submultiple, aliquot
podwieszać *v* undersling
podwieszenie *n* suspension
~ **rur** tube hanger
~ **ściany** (*na belkach*) *bud.* needling
~ **zaworu** *siln.spal.* valve sticking
podwieszka *f* **1.** (*górnego walca walcarki*) *obr.plast.* carrier chock **2.** *ryb.* ossel, daffin
podwieszony *a* underslung
podwiew *m* *kotł.* blast air, blast draught
podwładny *a* subordinate
podwłosie *n* *skór.* short-hair
podwodny *a* underwater, submarine; subaqueous
podwodzie *n* **1.** *okr.* underwater hull, underwater body, quickwork **2.** *ocean.* foreshore, beach face
podwozie *n* **1.** *mot.* chassis **2.** *lotn.* undercarriage, landing gear, ground gear **3.** *kol.* running gear
~ **chowane** retractable undercarriage
~ **jednośladowe** bicycle landing gear
~ **kadzi mieszalnikowej** *hutn.* torpedo ladle car
~ **kompletne** *mot.* chassis assembly
~ **nartowe** ski landing gear
~ **odrzucalne** jettisonable landing gear
~ **poduszkowe** air cushion landing gear, landing bag
~ **nartowe** ski landing gear
~ **stałe** fixed undercarriage
~ **trójkołowe** tricycle undercarriage
~ **wciągane** retractable undercarriage
~ **wyłącznika** *el.* circuit-breaker truck
~ **z kołem przednim** tricycle undercarriage
podwójny *a* dual; duplex; binary, dyadic; *bot.* binate
podwórze *n* court, courtyard, yard
podwózek *m* *górn.* dukey

podwręblanie *n górn.* undercutting
podwulkanizowanie *n gum.* prevulcanization, scorching
podwykonawca *m ek.* subcontractor
podwymiarowy *a* undersize
podwyznacznik *m mat.* minor (determinant)
podwyżka *f ek.* rise, increase
podwyższać *v* increase the height, highten; raise; step up
podzakres *m* **bezwładnościowy** (*energii turbulencji*) inertial sub-range
podzbiorowość *f mat.* subpopulation
podzbiór *m mat.* subset
~ **rzutowy** projective set
~ **właściwy** proper subset
~ **znaków** *inf.* character subset
podzespół *m masz.* sub-assembly
podział *m* division; partition; section; fission
~ **bezpośredni** (*komórki lub jądra*) *biol.* amitosis
~ **czasu** (*przy pracy komputera*) *inf.* time sharing
~ **ćwiartkowy wysokości** *lotn.* quadrantal cruising levels
~ **dychotomiczny** dichotomy
~ **grodziowy** (*kadłuba statku*) *okr.* compartmentation
~ **jądra** *biol.* karyokinesis, mitosis
~ **komórkowy** *biol.* cell division
~ **matrycy** *obr.plast.* die parting
~ **na odcinki** sectionalization, segmentation
~ **na pół** bisection
~ **na strefy** zoning, zonation
~ **na trzy równe części** trisection
~ **okna gotyckiego** *arch.* tracery
~ **pracy** *ek.* division of labour
~ **procesora** *inf.* processor sharing
~ **symplicjalny** *mat.* simplicial subdivision
~ **tuszy zwierzęcej** carving
~ **w przeciwprądzie** *chem.* countercurrent distribution
~ **wodoszczelny** (*kadłuba*) *okr.* watertight subdivision
podziałka *f* **1.** *metrol.* scale, graduation **2.** *masz., narz.* pitch
~ **1:1** full size scale
~ **1:2** half size scale
~ **bezzerowa** suppressed-zero scale
~ **biegunowa** *masz.el.* pole pitch
~ **celownika** *uzbr.* sight scale
~ **czołowa** (*koła zębatego*) apparent transverse pitch
~ **dokładna** precision scale
~ **dwustronna** zero-centre scale
~ **gwintu** *masz.* pitch of thread
~ **kołowa** circular graduation
~ **komutatorowa** *masz.el.* segment pitch
~ **liniowa** linear scale
~ **logarytmiczna** logarithmic scale
~ **łańcucha** chain pitch
~ **nierówności profilu** (*powierzchni*) spacing of irregularities (*of surface*)
~ **nitowania** pitch of a riveted joint
~ **nominalna** (*koła zębatego*) nominal pitch, transverse pitch
~ **noniusza** vernier scale
~ **normalna** (*koła zębatego*) normal pitch, true transverse pitch
~ **obwodowa** *masz.* circular pitch
~ **odkształceń** (*w maszynie wytrzymałościowej*) deflection scale
~ **osiowa** (*gwintu lub koła zębatego o zębach śrubowych*) axial pitch
~ ~ **ślimaka** *masz.* lineal pitch of worm
~ **równomierna** uniform scale
~ **sprężyny** spring lead, pitch of a spring
~ **szwu nitowego** pitch of a riveted joint
~ ~ **spawanego** pitch of weld
~ **ścieżek (zapisu)** (recording) track pitch
~ **średnia** (*koła zębatego*) mean pitch
~ **wzorcowa** master scale
~ **zasadnicza** (*koła zębatego*) base pitch
~ ~ **normalna** (*na walcu zasadniczym koła zębatego*) normal base pitch
~ **zębów** (*koła zębatego*) pitch of teeth
~ ~ **pilnika** coarseness of a file
~ ~ **piły** saw pitch
~ **żeberek** (*chłodzących*) fin pitch
~ **żłobkowa** *masz.el.* slot pitch, tooth pitch
podziałówka *f metrol.* scale; reading face; indicating dial, *zob.też* **podzielnia**
podziarno *n* **1.** minus mesh, through; undersize (particles) **2.** *kryst.* subgrain
podzielić *v* divide; part
podzielnia *f metrol.* scale; reading face; indicating dial
~ **konikowa** rider-scale (*in a balance*)
~ **optyczna** optically projected scale
~ **ruchoma kołowa** accumulative ring (*in a balance*)
~ **tarczowa** indicating dial, dial face
~ **wachlarzowa** fan scale
podzielnica *f masz.* dividing head, index head
podzielnik *m mat.* common factor
~ **liczby całkowitej** factor of a integer
~ **wspólny** common divisor
podzielność *f mat.* divisibility
podzielny *a* divisible
podziemie *n bud.* basement
podziemny *a* underground, subterranean
podzlecenie *n ek.* subcontract
podzwanianie *n telef.* bell-tinkling
podzwojnik *m masz.el.* coil support
podzwrotnikowa strefa *f* **ciszy** doldrums
podzwrotnikowy *a* subtropical
pofałdowanie *n* corrugation, folding
pofałdowany *a* corrugated
pogarszać *v* impair
~ **się** deteriorate, get worse
pogarszanie *n* **się własności** *chem.* retrogradation
pogazowanie *n* (*w wytwornicy acetylenowej*) *spaw.* aftergeneration
poglądowy *a* pictorial
pogłębiacz *m* **1.** *obr.skraw.* counterbore; countersink **2.** *roln.* subsoiler, subsoil plough, chisel plough; subsoil cultivator
~ **cylindryczny** *zob.* **pogłębiacz czołowy**

~ **czołowy** *obr.skraw.* counterbore
~ ~ **do płytkich otworów** spot facer
~ **pługa** *roln.* subsoil attachment, subsoiling tine
~ **stopniowy** *obr.skraw.* step counterbore
~ **stożkowy** *obr.skraw.* countersink
~ ~ **do nakiełków** centre reamer
~ **walcowy** *obr.skraw.* counterbore
pogłębiać *v* deepen; dredge
pogłębiak *m drewn.* counterbore bit; countersink bit
pogłębianie *n* deepening; dredging
~ **czołowe** *obr.skraw.* spot facing
~ **odwiertu naftowego** *górn.* recompletion
~ **otworów cylindrycznych** *obr.skraw.* counterboring
~ ~ **stożkowych** countersinking
~ **płytkich otworów cylindrycznych** *obr. skraw.* spot facing
~ **rzek** river mining
~ **wrębu** *górn.* snubbing
pogłębiarka *f* dredger, dredge
~ **chwytakowa** clamshell dredger, grab-dredger, grapple dredger
~ **czerpakowa** bucket dredger, scoop dredger
~ **czerpakowo-ssąca** compound dredger
~ **holowana** dump dredger
~ **jednoczerpakowa** dipper dredger
~ **kombinowana** compound dredger
~ **kubłowa** bucket dredger, scoop dredger
~ **łyżkowa** dipper dredger
~ **nasiębierna** hopper dredger
~ **ssąca** sand pump dredger, suction dredger
~ ~ **z głowicą frezującą** suction-cutter dredger, cutter head dredger
~ **ssąco-regulująca** trailing suction dredger
~ **stacjonarna** dumb dredger
~ **wieloczerpakowa** bucket-ladder dredger, continuous bucket dredger, elevator dredger
pogłębienie *n* **barwy** *fiz.* deepening of colour
pogłos *m akust.* reverberation, after-sound
~ **tubalny** boom
pogłowie *n* **bydła** number of cattle, livestock population
pogoda *f* weather
~ **burzliwa** rough weather, tempestuous weather
~ **do lotu według przyrządów** *lotn.* instrument weather
~ **dobra** fair weather
~ **mglista** thick weather
~ **niesprzyjająca** adverse weather
~ **nieustabilizowana** broken weather
~ **sprzyjająca** favourable weather
~ ~ **powstawaniu pożarów lasu** fire weather
~ **sztormowa** stormy weather
~ **zła** faul weather, dirty weather
pogodowiec *m okr.* weather ship
pogodynka *f tel.* automatic weather report service
pogon *m chem.* tail fraction, tails (*in distillation*)
pogoń *m* pursuit
pogorszenie *n* **się jakości** deterioration
pogotowie *n* stand-by
~ **lotnicze** air ambulance service
~ **naprawcze** stand-by service
~ **techniczne samochodowe** break-down truck, rescue truck
pogórze *n geol.* foot-hills
pogrążać *v* **(się)** sink, submerge
pogrążanie *n* **pali** *inż.* pile driving
~ **się pala** *inż.* penetration of a pile
pogrubiać *v* thicken
pogrzebacz *m* poker, fire iron
pogwałcenie *n* (*zasady, warunków umowy*) violation
pOH = wykładnik jonów wodorotlenowych *chem.* pOH, power hydroxyl ions
poić *v roln.* water (*give drink*)
poidło *n* drinking bowl; drinking fountain
~ **smoczkowe** *zoot.* nipple drinker
~ **wiadrowe** *zoot.* bucket drinker
pojaśnienie *n* **brzegowe** *astr.* limb brightening
~ **doplerowskie** *astr.* Doppler brightening
pojazd *m* vehicle; carriage
~ **bezszynowy** railless vehicle
~ **bojowy** fighting vehicle, combat vehicle
~ **ciężarowy** goods vehicle
~ **do wielkogabarytowych ładunków specjalnych** *mot.* off-road vehicle, outsize vehicle
~ **drogowy** road vehicle
~ **gąsienicowy** tracklaying vehicle, crawler
~ **inwalidzki** invalid carriage
~ **kołowy** wheeled vehicle
~ **konny** horse-drawn vehicle, horse carriage
~ **kroczący** walking machine
~ **księżycowy** (*dla selenonautów*) lunar rover
~ **mechaniczny** motor vehicle
~ **na poduszce powietrznej** (*torowy*) hovercar
~ **na podwoziu gąsienicowym** tracklaying vehicle, crawler
~ **nadjeżdżający z przeciwnego kierunku** oncoming vehicle
~ **osobowy** passenger vehicle
~ **pancerny** armoured fighting vehicle
~ **pogrzebowy** hearse vehicle
~ **półgąsienicowy** half-track laying vehicle
~ **przewozowy** transport vehicle
~ **ratowniczy** breakdown vehicle
~ **samochodowy** automotive vehicle, self-propelled vehicle
~ **(samochodowy) do eksploatacji handlowej** commercial vehicle
~ **silnikowy** motor vehicle
~ **szynowo-drogowy** autorail vehicle
~ **szynowy** rail-vehicle
~ **śniegowy** snowmobile

~ **terenowy** cross-country vehicle, off-road vehicle
~ **towarowy** goods vehicle
~ **trzykołowy** three-wheeled vehicle, tricar
~ **użyteczności publicznej** public service vehicle
~ **zaprzęgowy** horse-drawn vehicle
~ **ziemno-wodny** amphibious vehicle
pojazdowiec *m okr.* roll on/roll off (system) ship, ro-ro carrier, trailer ship
pojedynczo *adv* one by one, one at a time
pojedynczy *a* single; singular; simple; individual
pojemnik *m* container; tote box
~ **chłodniczy** reefer
~ **chłodzony** freezing tank
~ **do zrzutu sprzętu na spadochronie** *lotn.* paracrate
~ **na bomby** (*podwieszany*) *lotn.* bomb dispenser
~ **na izotopy** isotope container
~ **na śmieci** waste container
~ **pływający elastyczny** (*na ładunki płynne*) dracone, flexible barge
~ **radowy** *radiol.* radium container
~ **rakiety badawczej** rocket capsule
~ **schładzający** *nukl.* decontamination vessel
~ **transportowy** shipping container; *nukl.* coffin, casket
pojemnikowiec *m* container ship
pojemnościomierz *m el.* capacitance meter
pojemnościowy *a el.* capacitive
pojemność *f* **1.** (cubic) capacity, content **2.** *el.* capacitance
~ **akumulatora** capacity of an accumulator
~ **amperogodzinowa** (*akumulatora*) ampere-hour capacity
~ **bramka-dren** *elektron.* drain-gate capacitance
~ **brutto** *okr.* gross (register) tonnage
~ **buforowa** *chem.* buffer capacity
~ **całkowita elektrody** total electrode capacitance
~ **cieplna** *fiz.* heat (storage) capacity, calorific capacity, thermal capacity
~ ~ **kalorymetru** water equivalent of a calorimeter
~ **doziemna** *el.* capacitance to earth
~ **elektryczna** capacitance; ampere-hour capacity
~ **energetyczna** *el.* water-hour capacity
~ ~ **sprężyny** resilience of a spring
~ **informacyjna** information capacity
~ **jonowymienna** *chem.* ion exchange capacity
~ **kondensatora strojeniowego** tuning capacity
~ **linowa bębna** coiling length of a drum
~ **ładunkowa** *okr.* cargo capacity
~ **magazynowa** storage capacity
~ **międzyelektrodowa** interelectrode capacitance
~ **międzyzwojowa** *el.* inter-turn capacitance
~ **nasypowa** heaped capacity
~ **netto** *okr.* net (register) tonnage
~ **obciążenia** *elektron.* load capacitance
~ **oporowa naczynia** *elchem.* cell constant
~ **pamięci** *inf.* storage capacity
~ **polowa gleby** (*względem wody*) *roln.* field capacity of soil
~ **przeciwpowodziowa** flood surcharge (*of a water reservoir*)
~ **rejestrowa** *okr.* register tonnage
~ ~ **brutto** gross register tonnage
~ ~ **netto** net register tonnage
~ **retencyjna** conservation storage (*of a water reservoir*)
~ **skokowa** *masz.* swept capacity, swept volume
~ ~ **silnika** engine cubic capacity, engine (piston) displacement
~ **w galonach** gallon capacity
~ **w litrach** litre capacity
~ **watogodzinowa** watt-hour capacity
~ **wejściowa** *elektron.* input capacity
~ **własna** *rad.* self-capacity
~ **właściwa jonitu** *chem.* ion-exchange capacity
~ **wodna** *gleb.* water capacity
~ **wyjściowa** *elektron.* output capacity
~ **wymienna robocza** (*kolumny jonitowej*) breakthrough capacity
~ **wzajemna** *el.* mutual capacitance
~ **zbiornika** tank capacity, tankage
~ **znamionowa akumulatora** *el.* battery rating
pojemny *a* capacious; voluminous
pojezierze *n* lakeland, lake district
pojęcie *n* notion; concept
~ **pierwotne** primitive notion
~ **zdefiniowane** defined notion
pojęciowy *a* conceptual
pojnik *m* **automatyczny** *roln.* drinking fountain
pokarm *m* food
pokaz *m* display, show; demonstration
pokazywacz *m żegl.* hatchman, hatch signal man
pokaźny *a* appreciable
pokład *m* **1.** *okr.*, *lotn.* deck **2.** *geol.* stratum (*pl* strata), bed, ledge
~ **częściowy** *okr.* platform deck
~ **do lądowania** (*na lotniskowcu*) landing deck, flying-on deck
~ **dolny** *okr.* lower deck, under-deck
~ **dziobowy** *okr.* fore deck
~ **główny** *okr.* upper deck
~ **grodziowy** *okr.* bulkhead deck
~ **hangarowy** (*lotniskowca*) *okr.* hangar deck
~ **kotwiczny** *okr.* anchor deck
~ **lekki** *okr.* awning deck, promenade deck, hurricane deck
~ **lotniskowca** flight deck
~ **łodziowy** *okr.* boat deck
~ **mocny** *okr.* strength deck
~ **najniższy** *okr.* orlop deck
~ **najwyższy** *okr.* flying bridge
~ **nawigacyjny** *okr.* navigation deck

~ **o małym nachyleniu** *górn.* flat dipping bed
~ **o wzrastającej grubości** *górn.* expanding bed
~ **obły** *okr.* turtle deck
~ **ochronny** *okr.* shelter deck
~ **otwarty** *okr.* weather deck
~ **pasażerski** passenger deck
~ **przewodni** *górn.* key bed, marker bed, guiding bed
~ **przystosowany do przewozu pojazdów** *okr.* vehicle deck
~ **rudonośny** *geol.* ore bed
~ **rufówki** *okr.* poop deck, quarter-deck
~ **skrajnika** *okr.* panting deck
~ **słoneczny** *okr.* sun deck
~ **spacerowy** *okr.* promenade deck, hurricane deck, awning deck
~ **startowy** (*na lotniskowcu*) flying-off deck
~ **średniówki** *okr.* bridge deck
~ **tonażowy** *okr.* tonnage deck
~ **towarzyszący** *górn.* accompanying bed
~ **węgla** *górn.* coal bed
~ ~ **odsłonięty** visible coal field
~ ~ **stromy** edge coal
~ **wieżowy** *okr.* turret deck
~ **wodoszczelny** *okr.* watertight deck
~ **wolnej burty** *okr.* freeboard deck
~ **wyczerpany** *górn.* gotten
~ **wytrzymałościowy** *żegl.* strength deck
~ **zalegający poziomo** *górn.* flat bed
~ **załogi** (*w samolocie komunikacyjnym*) flight deck
~ **zawierający kopaliny użyteczne** *górn.* carrier bed
pokładnik *m okr.* (deck) beam
~ **promieniowy** cant beam
~ **skrzynkowy** box beam
pokładówka *f okr.* **1.** deck house **2.** deck barge
pokolenie *n* generation
pokonywać *f* **falę** *żegl.* breast the sea
~ **opór** overcome a resistance
~ **przeszkody** surmount obstacles
~ **trudności** overcome difficulties, surmount difficulties
~ **wzniesienia** negotiate gradients
pokos *m roln.* swath; windrow
pokost *m* oil varnish, boiled oil
~ **lniany** linseed oil varnish
pokostowanie *n* varnishing, oil finish
pokój *m* room, *zob.też* **pomieszczenie**
~ **kawalerski** bachelor flat
~ **kontrolny** *rad., TV* control room
~ ~ **emisyjny** *TV* presentation control room
~ **lekcyjny** classroom
~ **montażowy** *rad.* editing room
~ **stołowy** dinning room
~ **sypialny** bedroom
~ **wagowy** *lab.* weighing room, balance room
~ **wypoczynkowy** lounge
pokrewieństwo *n biol.* consanguinity; (*skał*) *geol.* consanguinity; *chem.* affinity
pokręcać *v* turn (*slowly, intermittently*)
~ **korbą** crank (up)
~ **ręką** (*maszynę*) handwind
~ **silnik** turn the engine, crank the engine
pokrętak *m* **przesuwny** tommy-bar
pokrętka *f* **1.** handwheel; *zob.też* **pokrętło** **2.** strand (*of a rope*)
pokrętło *n* handwheel
~ **do gwintowników** tapholder, tapper, tap wrench
~ **do narzynek** dieholder, diestock
~ **gwiazdowe** star wheel
~ **przesuwne** tommy-bar
~ **wskazówek** *zeg.* hand-setting knob
~ **zaworu** valve (hand) wheel
pokrotnia *f telegr.* multiplex
pokrotnik *m telegr.* rotating contact
pokrowiec *m* (protective) cover
~ **chłodnicy** radiator cover, radiator muff
~ **na maskę** *mot.* bonnet rug
~ **resoru** spring cover, spring gaiter
~ **spadochronu** *lotn.* parachute bag, parachute outer pack
pokrój *m* **blaszkowy** *kryst.* scaly habit
~ **kryształu** crystal habit
~ **pryzmatyczny** *kryst.* prismatic habit
~ **skały** *petr.* rock fabric
~ **tablicowy** *kryst.* tabular habit
pokrycie *n* coat; covering; coverage; facing
~ **antyradiolokacyjne** antiradar coating
~ **dachu** *bud.* roofing
~ **faz rozrządu** *siln.* valve overlap
~ **jednostajne** *mat.* uniform covering
~ **krawędziowe** *mat.* edge covering
~ **kruche** *wytrz.* stress-coat
~ **lokalnie skończone** *mat.* locally finite covering
~ **nadwozia** *mot.* panelling
~ **nieba** *meteo.* sky cover, overcast
~ ~ **całkowite** opaque sky cover
~ **normalne** *mat.* normal covering
~ **nośne** *lotn.* stressed skin
~ **ochronne** protective coating
~ **otwarte** *mat.* open covering
~ **pokładu** *okr.* decking
~ **pomostu** *bud.* decking
~ **pracujące** *lotn.* stressed skin
~ **punktowo przeliczalne** *mat.* point-countable covering
~ ~ **skończone** *mat.* point finite covering
~ **się sygnałów** *fiz.* collapse of signals
~ **spągu** *górn.* flooring
~ **szeregu zdjęć lotniczych** overlap of aerial photographs
~ **tapicerskie** upholstery
~ **wpisane** *mat.* refinement (*of a cover*)
~ ~ **gwiaździście** star-refinement
~ **zbioru** *mat.* cover(ing) of a set
~ **zębów** teeth overlap (*in toothed gears*)
pokryty dachem *bud.* roofed
pokrywa *f* cover; cap; bonnet; lid
~ **głowicy cylindra** *siln.spal.* cylinder head cover
~ **kluzy kotwicznej** *okr.* hawse block, blind buckler
~ **koła** (*samochodu*) wheel cover

~ **licznika** *el.* meter cover
~ **lodowa** ice cover; ice cap
~ **luku** *okr.* hatch (way) cover
~ **łożyska** bearing cap
~ **maźnicy** *kol.* pedestal hood
~ **od kurzu** dustcap
~ **pływająca** (*zbiornika cieczy*) floating roof
~ **szlamnika** *kotł.* mud-hole door
~ **śnieżna** snow cover
~ **włazu** manhole cover, hatch
~ **zęzy** *okr.* bilge board
pokrywać *v* cover; coat; face; plate
~ **koszty** defray costs, bear costs, cover expenses
~ **się** 1. overlap 2. coincide
~ ~ **(barwnym) nalotem** tarnish
~ **straty** cover losses
~ **zapotrzebowanie na...** meet demand for..., satisfy demand for...
pokrywanie *n* covering; coating; plating
~ **brązem** bronzing
~ **cyną** tinning
~ **czernią platynową** platinization
~ **galwaniczne** *elchem.* plating
~ **gumą** rubberizing, rubber coating
~ **klepkami** planking
~ **miedzią** copper plating, coppering
~ **ołowiem** lead plating
~ **otuliną** lagging
~ **polewą** glazing
~ **topnikiem** (*przy lutowaniu*) fluxing
~ **woskiem** waxing
~ **zaprawą murarską** *bud.* buttering
pokrywka *f* **przyrządu podtynkowego** *el.* wall plate
~ **tygla** crucible lid
pokrzyk *m* **wilcza jagoda** *bot.* deadly nightshade, belladonna, poison black cherry, *Atropa belladonna*
pokrzywa *f bot.* nettle, *Urtica* L.
pokrzywka *f med.* urticaria, hives
pokupny *a ek.* marketable, saleable, salable
pokwitować *v* **odbiór** acknowledge receipt
pokwitowanie *n* receipt
pola *npl* **irygacyjne** *san.* sewage farm
polano *n* chunk of wood
polara *f mat.* polar
polariton *m elektron.* polariton
polarność *f* **wiązania** *chem.* polarity of bond
polarny *a* polar
polarograf *m chem.* polarograph
polarografia *f chem.* polarography, polarographic analysis
~ **prądu maksymalnego** „tast" polarography
~ **różniczkowa** derivative polarography
~ **z bramkowaniem** *zob.* **polarografia prądu maksymalnego**
~ **zmiennoprądowa prostokątna** square-wave polarography
polarogram *m chem.* polarogram
polaroid *m* polaroid
polarokwantometr *m elchem.* polaroquantometer
polaron *m elektron.* polaron
polarymetr *m chem.* polarimeter
polarymetria *f chem.* polarimetry, polarimetric analysis
polaryskop *m* polariscope
polaryzacja *f fiz.* polarization; *elektron.* bias
~ **aktywacyjna** activation polarization
~ **anodowa** anodic polarization
~ **atomowa** atomic polarization
~ **dielektryczna** dielectric polarization
~ ~ **deformacyjna** distortion polarization
~ ~ **zespolona** complex dielectric polarization
~ **dodatnia** (*złącza* p-n) forward bias
~ **elektrolityczna** electrolytic polarization
~ **indukcyjna** *zob.* **polaryzacja (dielektryczna) deformacyjna**
~ **liniowa** linear polarization
~ **ładunku przestrzennego** space-charge polarization
~ **magnetyczna** magnetic polarization, magnetooptic rotation
~ **migracyjna** *zob.* **polaryzacja ładunku przestrzennego**
~ **molowa** mol(ecul)ar polarization
~ **oporowa** ohmic polarization
~ **przewodzenia** (*złącza* p-n) forward bias
~ **reakcyjna** reaction polarization, chemical polarization
~ **siatki sterującej** *elektron.* grid biasing
~ **stężeniowa** concentration polarization
~ **szczątkowa** residual polarization
~ **światła** polarization of light
~ **zaporowa** (*złącza* p-n) reverse bias
polaryzator *m fiz.* polarizer (*nicol*)
polaryzować *v fiz.* polarize
polaryzowalność *f fiz.* polarizability
polder *m inż.* polder
pole *n* 1. *mat.* area; field 2. *fiz.* field 3. *roln.* field
~ **akustyczne** sound field
~ **baroklinowe** *hydr.* baroclinic field
~ **barotropowe** *hydr.* barotropic field
~ **bezwirowe** *fiz.* potential field, irrotational field
~ **bezźródłowe** *mat.* solenoidal field
~ **brzegowe** (*kondensatora*) edge field
~ **ciężkości** field of gravity, gravitational field
~ **doświadczalne** experimental area
~ **elektromagnetyczne** electromagnetic field
~ **elektrostatyczne** electrostatic field
~ **elektryczne** electric field
~ **embrionalne** *biol.* embryonic field
~ **falowe** wave field
~ **gazowe** *wiertn.* gas field
~ **geomagnetyczne** terrestrial magnetic field
~ **grawitacyjne** field of gravity, gravitational field
~ **gwintu lufy** land
~ **hamujące** *el.* retarding field
~ **karty** *inf.* card field
~ **kontaktowe** *elektron.* contact pad, bonding pad

~ **kręgu śruby** *okr.* screw disk area
~ **krystaliczne** *fiz.* crystal field
~ ~ **ligandów** ligand field
~ **lodowe** ice field, field ice
~ **magnesujące** magnetizing field
~ **magnetyczne** magnetic field
~ ~ **unoszące** levitational magnetic field
~ ~ **ziemskie** terrestrial magnetic field
~ **minowe** *wojsk.* minefield
~ **molekularne** molecular field
~ **naftowe** oil field
~ **naprężeń** *wytrz.* stress field
~ **napromieniowania** *radiol.* radiation field
~ **nienaruszone** *górn.* maiden field
~ **nieprzygotowane** *górn.* virgin field
~ **nierozcięte** *zob.* **pole nieprzygotowane**
~ **obsługi** *el.* distribution panel
~ **obstrzału** *wojsk.* field of fire
~ **odchylające** *elektron.* deflecting field
~ **oddziaływań** *fiz.* reaction field
~ **odmagnesowujące** demagnetizing field
~ **okienne** *bud.* window light
~ **operacyjne** *med.* field of operation
~ **pamięci** *inf.* memory field
~ **pędu** *hydr.* momentum field
~ **pływania** *hydr.* floatation area
~ **poprzeczne elektryczne** *rad.* transverse electric field, TE field
~ **potencjalne** *fiz.* potential field, irrotational field
~ **powierzchni bocznej** lateral area
~ ~ **płata** *lotn.* aerofoil area
~ ~ **rozwiniętej śruby** *okr.* developed blade area
~ ~ **rzutowej śruby** *okr.* projected blade area
~ ~ **skrzydła** *lotn.* wing area, wing face
~ ~ **wyprostowanej śruby** *okr.* expanded blade area
~ ~ **zwilżonej** *hydr.* wetted area
~ **prądu** *mech.pł.* flow field, flow distribution, field of flow
~ **prędkości** *mech.* velocity field
~ **promieniowania** radiation field
~ **przekroju dyszy** jet area
~ ~ **poprzecznego** cross-sectional area
~ ~ **wodnicowego** waterplane area
~ ~ **wręźnicowego** *okr.* area of section, transverse section area
~ **prześwitu rury** internal area of pipe
~ **przygotowane do siewu** *roln.* seedbed
~ **przyspieszające** *nukl.* accelerating field
~ **przyspieszeń** *hydr.* acceleration field
~ **radiacyjne** radiation field
~ **reakcji** *fiz.* reaction field
~ **refulacyjne** *inż.* dumping area
~ **rozdzielnicy** *el.* switch bay
~ **rozproszenia** *el.* stray field
~ **ruchu** (*lotniska*) movement area (*at an aerodrome*)
~ **rysunku** (*na arkuszu*) working area of a drawing
~ **samouzgodnione** *fiz.* self-consistent field
~ **sił** *mech.* field of force
~ ~ **centralne** field of central force
~ ~ **jądrowych** nuclear field
~ ~ **jednorodne** homogeneous field of force
~ ~ **osiowych** axial field of force
~ ~ **potencjalne** conservative field of force
~ ~ **równoległe** parallel field of force
~ ~ **środkowe** field of central force
~ ~ **zachowawcze** conservative field of force
~ **skalarne** *mat.* scalar field
~ **sklepienia** *arch.* severy
~ **składania form** *odl.* closing floor
~ **solenoidalne** *mat.* solenoidal field
~ **spinorowe** *nukl.* spinor field
~ **stykowe** (*wybieraka*) *telef.* bank
~ ~ **drukowane** *elektron.* printed-circuit board finger
~ **tablicy sterowniczej** control-board panel
~ **tarczy śmigła** *lotn.* airscrew disk area
~ ~ **wirnika** rotor disk area (*of a helicopter*)
~ **temperatur** thermal field
~ **tensorowe** *mat.* tensor field
~ **tolerancji 1.** *metrol.* tolerance range, tolerance zone **2.** *skj* specification range, tolerance range
~ **typu E** *rad.* electric field, E field
~ ~ **TE** transverse electric field, TE field
~ **wektorowe** *mat.* vector field
~ **widzenia** *opt.* field of view, visual field
~ **wirowe** *fiz.* vorticity field, vortex field, rotational field, vorticity region
~ **wirowości** *zob.* **pole wirowe**
~ **wirujące** *masz.el.* rotating field
~ **własne** *nukl.* self-field
~ **współczynników** *mat.* coefficient field
~ **wybierania** *górn.* panel
~ **wzlotów** *lotn.* manoeuvring area (*at an aerodrome*)
~ **wzmocnienia** *el.* (*gain bandwidth product*)
~ **zacieniowane** *zob.* **pole zakreskowane**
~ **zakreskowane** *rys.* shaded area
~ **zalewania** *odl.* pouring floor
~ **zdarzeń** *mat.* field of events
polecenie *n* **na piśmie** written instruction
polepa *f bud.* pugging
polepszać *v* upgrade, improve
poler *m* = **pachołek** *żegl.* bollard, bitt
polerka *f masz.* polishing machine, polishing lathe, buffing lathe, polisher, buffer
~ **taśmowa** belt polishing machine, band polishing machine
polerowacz *m* polisher
polerowanie *n* polishing
~ **anodowe** anodic polishing
~ **chemiczne** chemical polishing
~ **dogniataniem** burnishing
~ **elektrolityczne** electrolytic polishing, electrolytic brightening, electropolishing, electrobuffing
~ **mechaniczne** mechanical polishing
~ **proszkiem ściernym** sand polishing, sand-buffing

~ **tarczą polerską** buffing, bobbing
~ **z trawieniem** *met.* polish etch, polish attack
~ **ziarna** *spoż.* pearling
~ **zwierciadlane** colouring, coloring, glossing
poletko *n roln.* plot
~ **doświadczalne** experimental plot
~ **osadowe** (*do suszenia osadów*) *san.* sludge drying bed
polewa *f ceram.* glaze, glazing
~ **szklista** vitreous enamel
polewaczka *f* **drogowa** road-watering vehicle
~ **samochodowa uliczna** street watering truck, motor sprinkler, street sprinkler
polewać *v* **wodą** sprinkle with water
polewanie *n ceram.* glazing
polędwica *f* loin
poliacetal *m* **winylu** *tw.szt.* polyvinyl acetal
poliacetylen *m chem.* polyacetylene, acetylenic polymer
poliaddycja *f chem.* polyaddition, addition polymerization
poliakroleina *f* polyacrolein, acrolein polymer
poliakrylan *m tw.szt.* polyacrylate, polyacrylic ester
poliakryloamid *m* polyacryloamide, acrylamide polymer
poliakrylonitryl *m tw.szt.* polyacrylonitrile
polialdehyd *m* **octowy** *chem.* polyacetaldehyde
polialkan *m tw.szt.* polyalkane
polialkohol *m* **winylowy** *tw.szt.* polyvinyl alcohol, PVA
poliallomer *m chem.* polyallomer
poliamid *m chem.* polyamide
~ **6** polycaprolactam
~ **włóknotwórczy** superpolyamide
poliamidomocznik *m chem.* polyamide-urea
poliaminokwas *m chem.* polyamic acid, polyamide acid
poliaminotriazole *mpl chem.* triazole polymers
polianit *m min.* polianite, pyrolusite
polibazyt *m min.* polybasite
polibutadien *m chem.* polybutadiene; butadiene rubber
polibuten *m tw.szt.* polybutene, polybutylene
polibutylen *m zob.* **polibuten**
polichelat *m chem.* chelate polymer, coordination polymer
polichlorek *m* **winylu** *tw.szt.* polyvinyl chloride, PVC
~ ~ **chlorowany** post-chlorinated polyvinyl chloride
~ ~ **twardy** rigid polyvinyl chloride, rigid PVC
polichloropren *m chem.* polychloroprene; chloroprene rubber, CR
policzalny *a* enumerable, countable
policzek *m* **1.** *anat.* cheek **2.** (*biegu schodów*) *bud.* notchboard, string(er)
policzterofluoroetylen *m tw.szt.* polytetrafluorethylene, PTFE
policzyć *v* count, *zob.też* **liczyć, liczenie**
polidyspersja *f chem.* polydispersion, molecular-weight distribution
polidyspersyjność *f chem.* polydispersity
~ **polimerów** polymolecularity, polydispersity of molecular weight
polielektrolit *m elchem.* polyelectrolyte
polieny *pl chem.* polyenes
poliester *m chem.* polyester
polieter *m chem.* polyether
~ **winylowo-izobutylowy** polyvinylisobutyl ether, PVI
polietylen *m tw.szt.* polyethylene, polythene
~ **chlorosulfonowany** chlorosulfonated polyethylene, CSPE
polifluorek *m* **winylu** *chem.* polivinyl fluoride, PVF
polifluoropren *m* fluoroprene rubber
poliformaldehyd *m chem.* polyoxymethylene, POM
poliforming *m zob.* **poliformowanie**
poliformowanie *n paliw.* polyform process, polyforming
poligon *m* **1.** *uzbr.* range, firing ground, testing ground **2.** *geod.* traverse
~ **artyleryjski** artillery range
~ **badawczy** proof ground, proving ground
~ **otwarty** *geod.* open traverse
~ **rakietowy** rocket range
~ **zamknięty** *geod.* closed traverse
poligonizacja *f geod.* traversing
poligrafia *f* typography, art of printing
polihalit *m min.* polyhalite
polihydroksyeter *m chem.* phenoxy resin
poliimid *m chem.* polyimide
poliizopren *m chem.* polyisoprene, isoprene rubber, IR
polikondensacja *f chem.* polycondensation
polikondensat *m chem.* polycondensate, condensation polymer
polikrystaliczny *a* polycrystalline
polikryształ *m* polycrystal
polikwas *m chem.* polyacid
~ **akrylowy** polyacrylic acid
~ **metakrylowy** polymethacrylic acid
polimer *m chem.* polymer
~ **ablacyjny** ablative polymer
~ **addycyjny** addition polymer
~ **ataktyczny** atactic polymer
~ **blokowy** block polymer
~ **drabinkowy** ladder polymer
~ **izotaktyczny** isotactic polymer
~ **jednolity** homopolymer
~ **jonowymienny** ion-exchange polymer
~ **kondensacyjny** condensation polymer, polycondensate
~ **koordynacyjny** coordination polymer
~ **krzemoorganiczny** *chem.* silicone, SI
~ **łańcuchowy** chain polymer
~ **martwy** dead polymer
~ **mieszany** copolymer, heteropolymer
~ **modyfikowany** modified polymer
~ **monodyspersyjny** monodisperse polymer
~ **nieaktywny** *zob.* **polimer martwy**

~ **o łańcuchu głównym zawierającym heteroatomy** heterochain polymer
~ **perełkowy** pearl polymer
~ **przestrzenny** network polymer, space polymer
~ **redoksy** electron-transfer polymer
~ **regularny** regular polymer
~ **rozgałęziony** branched polymer
~ **siloksanowy** polysiloxane
~ **stereoblokowy** stereoblock polymer
~ **stereoregularny** stereoregular polymer
~ **syndiotaktyczny** syndiotactic polymer
~ **szczepiony** graft polymer
~ **śpiący** dormant polymer
~ **taktyczny** tactic polymer
~ **termoodporny** thermally stable polymer
~ **termostabilny** *zob.* **polimer termoodporny**
~ **trójskładnikowy** terpolymer
~ **usieciowany** network polymer, space polymer
~ **włóknotwórczy** fibre-forming polymer
~ **wstępny** prepolymer
~ **zimny** cold polymer
~ **żyjący** living polymer
polimeraza *f* **DNA** *biochem.* DNA polymerase, DNA nucleotidyltransferase, Kornberg's enzyme
polimeria *f* **koordynacyjna** polymerization isomerism
polimery *mpl* **ABS** (*akrylonitrylo-butadieno-styrenowe*) acrylonitrile butadiene styrene resins, ABS resins
polimeryzacja *f chem.* polymerization
~ **addycyjna** addition polymerization
~ **blokowa** block polymerization
~ **elektrolityczna** electrolytic polymerization
~ **emulsyjna** emulsion polymerization
~ **fotosensybilizowana** photopolymerization
~ **jonowa** ionic polymerization
~ **katalizowana adsorbowaniem monomeru na polimerze** replica polymerization
~ **kondensacyjna** condensation polymerization, polycondensation
~ **mieszana** copolymerization, heteropolymerization, interpolymerization
~ **na gorąco** heat polymerization
~ **następcza** postpolymerization
~ **niskotemperaturowa** cold polymerization
~ **radiacyjna** radiation induced polymerization
~ **rozpuszczalnikowa** solution polymerization, solvent polymerization
~ ~ **strąceniowa** precipitation polymerization
~ **równowagowa** equilibrium polymerization
~ **stereoselektywna** stereoselective polymerization
~ **stereospecyficzna** stereospecific polymerization
~ **suspensyjna** suspension polymerization, bead polymerization, pearl polymerization
~ **szczepiona** graft polymerization
~ **termiczna** thermal polymerization, thermopolymerization, heat polymerization
~ **typu „popcorn"** proliferous polymerization, popcorn polymerization
~ **w masie** bulk polymerization
~ **w roztworze** solvent polymerization, solution polymerization
~ **w zawiesinie** suspension polymerization
~ **winylowa** vinyl polymerization
~ **wolnorodnikowa** free-radical polymerization
~ **wtórna** repolymerization
~ **z ograniczoną wydajnością** dead-end polymerization
polimeryzujący *a* polymerizable
polimetakrylan *m chem.* polymethacrylate, polymethacrylic ester
polimetakrylany *mpl tw.szt.* methacrylate resins
polimetyleny *mpl chem.* polymethylenes, cycloparaffins, naphthenes
polimocznik *m chem.* polyurea
polimolekularność *f chem.* polymolecularity, polydispersity of molecular weight
polimorf *m biol., kryst.* polymorph
polimorficzny *a* polymorphous
polimorfizm *m kryst.* polymorphism, allomorphism
polimyksyna *f biochem.* polymyxin (*antibiotic*)
polinukleotydy *mpl biochem.* polynucleotides
polioctan *m* **winylu** *tw.szt.* polyvinyl acetate, PVAc
polioksyfenylen *m chem.* polyphenylene oxide, PPO
polioksymetylen *m chem.* polioxymethylene, POM, paraform(aldehyde)
poliol *m chem.* polyol, polyalcohol, polyhydroxy alcohol
poliolefiny *pl chem.* polyolefines
poliozy *fpl chem.* polyoses, polysaccharides
~ **drzewne** hemicellulose
polip *m* **1.** *zool.* polyp **2.** *med.* polyp
polipeptydy *pl biochem.* polypeptides
polipropylen *m tw.szt.* polypropylene
polireakcja *f chem.* polyreaction
poli(rybo)somy *mpl biochem.* ergosomes
polisa *f* **ubezpieczeniowa** insurance policy
~ ~ **nieotaksowana** open policy
polisacharydy *mpl chem.* polysaccharides, polyoses
polisiloksan *m chem.* polysiloxane
polistyren *m tw.szt.* polystyrene, polystyrol, polyvinylbenzene
polisulfon *m chem.* polysulfone
politechniczny *a* polytechnic
politechnika *f* technical university, institute of technology
politechnizacja *f* technological education (*in primary schools*)
politlenek *m* **etylenu** *chem.* polyethylene oxide, PEO
~ **fenylenu** polyphenylene oxide, PPO

politropa *f fiz.* polytropic curve
politura *f farb.* French polish
~ **ogniowa** *szkl.* fire polish, fire finish
poliuretany *mpl tw.szt.* polyurethanes, polyurethane resins
poliwęglan *m chem.* polycarbonate, PC
poliwinyloacetal *m tw.szt.* polyvinyl acetal
poliwinylobutyral *m tw.szt.* polyvinyl butyral, PVB
poliwinyloformal *m chem.* polyvinyl formal, PVFM
poliwinyloizobutyloeter *m chem.* polyvinylisobutyl ether, PVI
poliwinylokarbazol *m tw.szt.* polyvinyl carbazole
poliwinyloketon *m chem.* vinyl ketone polymer
poliwinylopirolidon *m chem.* polyvinyl pyrrolidone, PVP
polizasada *f chem.* polybase
polling *m* (*system abonencki*) *inf.* polling
pollucyt *m min.* pollucite, pollux
polodia *f mech.* polhode
polon *m chem.* polonium, Po
polopiryna *f farm.* (*Polish trade name for acetylsalicylic acid*)
polowanie *n* hunting
~ **na wieloryby** whaling
Polska Norma *f* Polish Standard
polutanty *mpl* (*substancje zanieczyszczające środowisko*) pollutants
poluzować *v* **linę** ease a line, douse a rope, pay out a rope
~ **się** become loose, slack(en) back
~ **żagiel** start a sail
połać *f* **dachu** *bud.* hipped roof end
połączenie *n* **1.** connection; joint; fastening; coupling; union, junction **2.** *ek.* amalgamation, merger
~ **bagnetowe** bayonet joint
~ **bezpośrednie** *telef.* direct call
~ **chemiczne** chemical combination
~ **czołowe** *drewn.* heading joint
~ ~ **zezwoju** *masz.el.* coil outhang
~ **drewniane** timber joint
~ **dróg** road junction
~ **drukowane** *el.* printed wiring
~ **elastyczne** flexible joint
~ **gwiazdowe** *el.* star connection, Y-connection
~ **gwintowe** screw joint
~ **gwoździowane** nailed joint
~ **kątowe** angle joint
~ ~ **na ucios** *drewn.* mitre (joint)
~ **klejowe** glue joint
~ **klinowe poprzeczne** *masz.* cotter joint
~ ~ **wzdłużne** keyed joint
~ **kolanowo-dźwigniowe** toggle joint, knee joint
~ **kolejowe** railway connection
~ **konferencyjne** *telef.* conference call
~ **kulowe** ball coupling
~ **łubkowe** fished joint
~ **między dwiema stacjami** *rad.* point-to-point communication
~ **na czopy** *drewn.* mortise-and-tenon joint
~ **na długość** *drewn.* lengthening joint, splice
~ **na gwoździe** nailed joint
~ **na kołki** *drewn.* dowelled joint
~ **na orbicie** (*dwóch statków kosmicznych*) *kosm.* docking
~ **na pióro i wpust** *drewn.* tongue-and-groove joint, feather joint
~ **na przełącznicy** *telef.* cross-connection
~ **na styk prosty** *drewn.* square joint
~ **na szlif stożkowy** (*części szklanych*) tapered glass joint
~ **na ucios** *drewn.* splayed joint; bevel joint
~ **na wczepy płetwiaste** *drewn.* dovetail joint
~ **na wkręty ukryte** *drewn.* secret screw joint
~ **na wrąb** *drewn.* notched joint
~ **na wręg i przylgę** *drewn.* rebated joint
~ **na zakład** *drewn.* half-lap joint, halving (joint)
~ **na zakładkę** (*blach*) grooved joint
~ ~ ~ **podwójną** knocked-up joint
~ **na zamek** *drewn.* cog scraf joint, shouldered joint
~ ~ ~ **prosty** tabled joint
~ **na zasuw** *drewn.* housing
~ ~ ~ **płetwiasty** dovetail housing
~ **nakładkowe** fish joint, strapped joint
~ ~ **na obce pióro i ucios** tongued angle joint
~ **nierozłączne** permanent joint, permanent fastening
~ **niewłaściwe** misconnection
~ **nitowe** riveted joint
~ ~ **mocne** staunch riveted joint
~ **ogniwkowe** link joint
~ **owijane** *elektron.* wire-wrap connection, wrapped connection
~ **podatne** flexible connection
~ **posobne cewek** *rad.* series aiding connection
~ **przeciwsobne** *el.* anti-parallel coupling; *rad.* push-pull connection
~ ~ **cewek** *rad.* series opposing connection
~ **przegubowe** articulated joint, articulation; pivotal joint
~ **przesuwne** sliding joint, slip joint
~ **radiowe** radio communication
~ **rozłączne** temporary fastening
~ **równoległe** parallel connection
~ **rurowe** pipe joint, pipe connection
~ ~ **bez uszczelki** dry pipe joint
~ ~ **kielichowe** spigot-and-socket pipe joint, bell-and-spigot pipe joint, faucet pipe joint
~ ~ **kolankowe** elbow connection
~ ~ **kołnierzowe** flanged pipe joint
~ ~ **na ołów** wiped pipe joint
~ ~ **na złączkę dwuwkrętną** nipple connection
~ ~ **nasuwkowe** muff joint, box joint, sleeve coupling

~ ~ **odchylne** flexible pipe joint
~ ~ **odwijane** beaded pipe joint
~ ~ **soczewkowe** lens joint
~ ~ **stożkowe** tapered joint
~ ~ **teleskopowe** telescope joint
~ ~ **tulejowe** muff joint, box joint, sleeve coupling
~ **samouszczelniające się** self-sealing joint
~ **samozaciskowe** self-tightening joint
~ **skurczowe** thermocompression bonding
~ **spawane** welded joint
~ **splątane** spliced joint, splice
~ **sprzęgające** (*sieci*) *el.* interconnection
~ **stolarskie** joinery joint
~ **stykowe** butt joint
~ **sworzniowe** *masz.* knuckle joint, pin joint, spigot joint
~ **szczelne** leakproof joint
~ **szeregowe** series connection
~ **szeregowo-równoległe** series-parallel connection
~ **szkło-metal** glass-to-metal joint
~ **sznurem** *el.* patch
~ **szybko rozłączalne** quick-release joint
~ **śrubowe** bolted joint; screw joint
~ **telefoniczne** telephone call
~ ~ **międzymiastowe** trunk call
~ **teowe** tee joint; T-connection
~ **termokompresyjne** *elektron.* thermo-compression bonding
~ ~ **kulkowe** ball bonding
~ ~ **oczkowe** eylet bonding
~ ~ **ostrzowe** wedge bonding
~ **trójkąt-gwiazda** *el.* delta-star connection
~ **trójkątowe** *el.* delta connection
~ **uszczelnione** packing joint
~ **w gwiazdę** *el.* star connection, Y-connection
~ **w kaskadę** *el.* concatenated connection, concatenation
~ **w otwarty trójkąt** *el.* open-delta connection, V connection
~ **w podwójną gwiazdę** *el.* star-star connection
~ **w trójkąt** *el.* delta connection
~ **w zygzak** *el.* zigzag connection
~ **wczepione** *drewn.* dovetail joint
~ **widłowe** *drewn.* forked joint
~ **wielokątowe** *el.* mesh connection
~ **wieloklinowe** *masz.* stake keying
~ **wielowypustowe** *masz.* splined coupling, splined connection
~ **(wodociągowe) domowe** *bud.* service pipe
~ **wodoszczelne** watertight joint
~ **wtłaczane** forced-in joint
~ **wyrównawcze** *el.* equalizer connection; *elektron.* strapping
~ **wzajemne** interconnection
~ **zakładkowe** lap joint
~ **zawiasowe** hinged joint
~ **ze źródłem energii** *el.* power connection
~ **zwrotne** *telef.* call-back
~ **zygzakowe** *el.* zigzag connection
połączony *a* connected; joint; combined
połączony równolegle connected in parallel
połączony szeregowo connected in series
połączyć *v* connect; join; *teléf.* put through
~ **środki** *ek.* pool resources
połowa *f* half
~ **długości fali** *fiz.* half-wave
~ **drogi** half-way
~ **kąta** *geom.* half-angle
~ ~ **rozwarcia** (*matrycy, ciągadła*) *hutn.* semidie angle
połowy *mpl* **dalekomorskie** *ryb.* deep-sea fishing
~ **przybrzeżne** offshore fishing
~ **trawlerowe** commercial trawling
położenie *n* position; orientation; aspect; attitude
~ **dokładnie ustalone** *nawig.* pinpoint
~ **martwe** dead position; dead point
~ ~ **kukorbowe** *masz.* bottom dead centre, outer dead centre
~ ~ **odkorbowe** *masz.* inner dead centre, top dead centre
~ **międzywęzłowe** *kryst.* interstitial site
~ **naścienne** *spaw.* horizontal position
~ **obojętne** neutral position
~ **perspektywiczne** *geom.* perspective position
~ **poziome z obrotem** (*przy spawaniu rur*) horizontal rolled position
~ **robocze** *el.* on-position; service position
~ **równowagi** state of equilibrium; balance point
~ ~ **względem powietrza** air position
~ **serca prawostronne** *med.* dextrocardia
~ **spoczynkowe** *el.* off-position
~ **spoczynku** (*np. wagi*) rest point
~ **środkowe** midposition
~ **ustalone** *nawig.* fix
~ **w widmie** spectral position
~ **włączenia** *masz.* in-gear position; *el.* on-position
~ **wyłączenia** *masz.* out-of-gear position; *el.* off-position
~ **zerowe** zero position
~ **zwrotne** *masz.* dead centre
~ ~ **kukorbowe** (*tłoka*) outer dead centre, bottom dead centre
~ ~ **odkorbowe** (*tłoka*) inner dead centre, top dead centre
położnictwo *n* obstetrics
położony najbardziej na lewo left-most
położyć *v* **nacisk na...** place emphasis on ...
połów *m* fishing, fishery
~ **na haczyki** hook fishing, fishing with line
~ **niewodem** seining, seine fishing
~ **pereł** pearl-fishing
~ **prądem elektrycznym** electrical fishing
~ **sieciami** net fishing
~ **sznurami haczykowymi** long lining
~ **trolingiem** trolling, line lure fishing
~ **tuką** pair trawling
~ **wielorybów** whaling
~ **włokiem** trawling, trawl fishing, dragging

~ **z jednego zaciągu siecią** draught of fish, haul
~ **z rufy** stern fishing
połówka *f* half
~ **cegły** *bud.* half-header
~ **dolna formy tłocznej** *tw.szt.* bottom force
~ **formy** *odl.* half mould, mould section
~ **niebezpieczna** (*cyklonu*) *meteo.*, *żegl.* dangerous semicircle
~ **skóry bydlęcej** side
~ **wideł maźniczych** *kol.* pedestal jaw, pedestal leg
południe *n* **1.** *astr.* noon **2.** south
~ **słońca prawdziwego** *astr.* (local) apparent noon, L.A.N.
południk *m* meridian
~ **gryniczowski** Greenwich meridian, prime meridian
~ **magnetyczny** magnetic meridian
~ **niebieski** celestial meridian
~ **zerowy** Greenwich meridian, prime meridian
południkowy *a* meridional
południo-wschód *m* southeast
południo-zachód *m* southwest
południowy *a* south; southern
połysk *m* lustre, polish, sheen, gloss
~ **jedwabisty** semi-gloss
~ **lakierowy** full gloss
~ **lustrzany** bright polish
~ **matowy** dull lustre, soft sheen
~ **metaliczny** metallic lustre, metallic sheen
~ **niepełny** eggshell gloss
połyskiwać *v* glitter
połyskliwość *f* gloss, sheen, lustre
~ **miejscowa** (*wada powłoki*) flashing
połyskliwy *a* glossy, lustrous
pomada *f* *kosmet.* pomade
pomadka *f* **do ust** *kosmet.* lipstick
pomarańcza *f* orange (*fruit*)
pomarańczowy *a* orange
pomiar *m* **1.** measurement; mensuration, *zob.też* **pomiary 2.** *geod.* survey
~ **bezpośredni** direct measurement
~ **bezstykowy** non-contact measurement
~ **ciśnienia krwi** *med.* blood pressure measuring
~ ~ **w oku** *med.* tonometry
~ **czułości węchu** olfactometry
~ **dokładny** precise measurement, exact measurement
~ **mostkowy** *el.* bridge measurement
~ **porównawczy** measurement by comparison
~ **pośredni** indirect measurement
~ **ulażu** *żegl.* taking ullage
~ **wewnętrzny** (*wymiarów wewnętrznych*) inside measurement
~ **zdalny** remote measurement
~ **zewnętrzny** (*wymiarów zewnętrznych*) outside measurement
pomiarownia *f* *el.* testing and regulating department
pomiarowy *m* *geod.* rodman
pomiary *mpl* **1.** measurements, *zob.też* **pomiar 2.** *geod.* surveying
~ **aerofotogrametryczne** aerial surveying
~ **ciał niebieskich** astrometry, uranometry
~ **drzew** *leśn.* dendrometry
~ **gruntów** land surveying
~ **hydrograficzne** hydrographic survey
~ **kompasem górniczym** *górn.* dialing
~ **morskie** marine surveying
~ **promieniowania** radiometry
~ **rozbieżne** divergent measurements
~ **stolikowe** *geod.* plane-tabling
~ **wielkości liniowych** linear measurements
~ **wodne** hydraulic measurements, hydrometry
~ **wyrównane** adjusted measurements
~ **zdalne sygnałów biologicznych** *med.* biotelemetry, medical telemetry
~ **związane** conditioned measurements
pomidor *m* *bot.* tomato, *Lycopersicon esculentum* L.
pomieszczenie *n* accommodation; compartment; room
~ **klimatyzowane** (air) conditioned room
~ **mieszkalne** habitat
~ **niewyciszone** *akust.* live room
~ **pasażerskie** *okr.* passenger accommodation, passenger compartment
~ **pogłosowe** *akust.* echo room
~ **rozpraszające** *akust.* diffusion room
~ **wytłumione** *akust.* dead room
~ **załogi 1.** *okr.* crew accommodation, crew quarters **2.** (*w dużym samolocie*) flight-deck
~ **zamknięte** closed space
pomijalny *a* negligible
pominąć *v* (*w rozważaniach*) disregard, neglect, omit
pomnażanie *n* **dyslokacji** *kryst.* dislocation multiplication
pomniejszanie *n* **próbek** (*do analizy*) reduction of bulk samples
pomnik *m* monument
pomoc *f* aid
~ **ekonomiczna z zagranicy** foreign economic aid
~ **lekarska** medical help
~ **rzeczowa** aid in kind
~ **techniczna** technical assistance
~ **żywnościowa** food aid
pomoce *fpl* **naukowe** educational aids
~ **nawigacyjne** navigational aids
~ ~ **radiowe** radio aids to navigation
~ ~ **radiowo-telewizyjne** radio and television aid to navigation, ratan
~ **szkoleniowe** training aids
pomocniczy *a* auxiliary, ancillary
pomocnik *m* **1.** assistant; helper; handy-man **2.** sideboard
~ **kowala** hammer-smith, hammerman, striker
~ **maszynisty** *kol.* assistant driver
~ **palacza** *żegl.* trimmer
pomost *m* platform; stage, landing; bridge
~ **bagażowy kratowy** *mot.* luggage grid
~ **dla obsługi** service platform

~ **do lamp horyzontowych** (*na scenie*) cyclorama bridge
~ **dokowy** *okr.* running stage
~ **gardzielowy wielkiego pieca** throat platform of a blast furnace, top platform
~ **gaśniczy** (*w koksowni*) (coke) quenching bench
~ **holowniczy** *okr.* towing carriage, towing catamaran, towing platform
~ **kapitański** *okr.* captain's bridge
~ **komunikacyjny** *okr.* cat-walk, flying bridge (*in a tanker*)
~ **ładunkowy wagi** goods platform of the scales
~ **nawigacyjny** *okr.* navigating bridge, connecting bridge
~ **obsługowy** service platform
~ **odlewniczy** (*w stalowni*) *hutn.* pouring platform, teeming platform, casting floor
~ **pływający** floating platform
~ **przyszybowy** *górn.* shaft landing
~ **roboczy** working platform; cat-walk; *bud.* staging; *hutn.* operating floor
~ **rozpoznawczy** (*przy stromych pokładach*) *górn.* stull
~ **ruchomy** *żegl.* landing apron
~ **rusztowania** builder's staging
~ ~ **wiszącego** *bud.* swinging platform, swinging stage, swinging cradle
~ **sceniczny** *TV* practicable
~ **szybowy** *górn.* shaft landing
~ **wagi** scale bridge, scale platform, weight-table
~ **wsadowy** *hutn.* charging platform, charging floor
~ ~ **żeliwiaka** cupola stage
~ **wyładowczy** unloading deck
~ **wysypowy** *okr.* island bridge (*in aircraft carrier*)
~ **załadowczy** loading platform; *hutn.* charging platform, charging floor, charging gallery
~ **zwodzony rufowy** (*dla poziomego systemu przeładowczego*) *okr.* stern ramp
pomór *m wet.* epizootic
~ **drobiu** avian plague; fowl plague
pompa *f* pump
~ **balastowa** *okr.* ballast pump
~ **benzyny** petrol pump
~ **bezdławnicowa** glandless pump
~ **beztłokowa** pistonless pump
~ **bezzaworowa** valveless pump
~ **bliźniacza** twim pump, two-throw pump
~ **ceramiczna** stoneware pump
~ **ciepła** heat pump (*reverse-cycle heating*)
~ **cyrkulacyjna** circulating pump
~ **dawkująca** metering pump
~ **diagonalna** mixed flow pump
~ **do chłodziwa** *obr.skraw.* suds pump
~ **do cieczy żrących** chemical pump
~ **do kwasów** acid pump
~ **do masy betonowej** concrete pump
~ ~ ~ **papierniczej** stock pump
~ **do sączenia** filter pump
~ **dozująca** metering pump, volumetric pump
~ **Duplex** duplex pump
~ **dwustopniowa** two-stage pump
~ **dwustrumieniowa** double-suction pump
~ **dyfuzyjna** diffusion pump
~ **ejektorowa** ejector (pump)
~ **elektromagnetyczna** electromagnetic pump
~ **głębinowa** deep-well pump, borehole pump
~ **główna** (*hamulca hydraulicznego*) *mot.* master cylinder
~ **hamulcowa** *mot.* brake master cylinder
~ **helikoidalna** screw pump
~ **jednostopniowa** single-stage pump
~ **jednostronnego działania** single-acting pump
~ **kanalizacyjna** sewage pump
~ **kłykciowa** lobar pump
~ **kondensacyjna** condensate extraction pump
~ **krążeniowa** liquid ring pump
~ **krętna** torque pump
~ **krzywkowa** lobar pump
~ **leżąca** horizontal pump
~ **ładunkowa** *okr.* cargo pump
~ **łopatkowa** sliding-vane pump
~ **magnetyczna** electromagnetic pump
~ **Mamut** mammoth pump, air lift pump
~ **membranowa** membrane pump, diaphragm pump
~ **molekularna** molecular pump
~ **mułowa** sludge pump, slurry pump
~ **nastawna** (*o zmiennej wydajności*) variable-delivery pump
~ **niskopróżniowa** low-vacuum pump
~ **nurkowa powietrza** diving air pump
~ **nurnikowa** plunger pump; ram pump
~ **o napędzie turbinowym** turbo-drive pump
~ **o pierścieniu cieczowym** liquid-ring pump
~ **o wirujących tłokach promieniowych** radial piston pump
~ **o zmiennej wydajności** variable delivery pump
~ **obiegowa** circulating pump
~ **obustronnego działania** double-acting pump
~ **odśrodkowa** centrifugal pump
~ ~ **w osłonie spiralnej** volute pump
~ ~ **z kierownicą łopatkową** guide-vane centrifugal pump
~ **odwadniająca** drainage pump, dewatering pump
~ **oleju** oil pump
~ ~ **drenująca** oil scavenge pump
~ ~ **dyfuzyjna** oil diffusion pump
~ ~ **tłocząca** oil delivery pump
~ **opryskiwacza** *roln.* spray pump
~ **osiowa** axial-flow pump
~ **osuszająca** seepage pump
~ **paliwa** fuel pump
~ ~ **wtryskowa** *siln.* fuel injection pump
~ ~ **zasilająca** *siln.* fuel supply pump

~ **parowa bezkorbowa** direct-acting steam pump
~ ~ ~ **bliźniacza** direct-acting duplex steam pump
~ ~ ~ **jednocylindrowa** direct-acting simplex steam pump
~ ~ **strumieniowa ssąca** steam-jet ejector
~ **perystaltyczna** peristaltic pump
~ **płuczkowa** *wiertn.* sand pump, shell pump, sludger
~ **pożarnicza** fire pump
~ **próżni wstępnej** fore-vacuum pump
~ **próżniowa** vacuum pump
~ ~ **frakcjonująca** fractionating vacuum pump
~ ~ **jonowa** (chemical) ion pump
~ **przedmuchująca** *siln.* scavenge-pump
~ **przepłukująca** *zob.* **pompa przedmuchująca**
~ **przepływowa** straightway pump
~ **przeponowa** membrane pump, diaphragm pump
~ **przetłaczająca** force pump
~ **przewałowa parowa** (*przetłaczająca parę*) *kotł.* steam circulating pump
~ **przewodowa** peristaltic pump
~ **przyspieszająca** *siln.spal.* accelerator pump, throttle pump (*in a carburettor*)
~ **ratownicza** *żegl.* salvage pump
~ **rezerwowa** emergency pump; stand-by pump
~ **rotacyjna** rotary pump
~ **rotodynamiczna** impeller pump, rotodynamic pump
~ **rozruchowa** *siln.* priming pump, primer pump
~ **rybna** fish pump
~ **samozasysająca** self-priming pump
~ **sercowa** *med.* heart pump, circulation pump
~ **Simplex** simplex pump
~ **skroplinowa** condensate extraction pump
~ **skrzydełkowa** vane pump, semi-rotary pump
~ **smarowa** lubricating oil pump
~ **ssąca** suction pump; lifting pump
~ **ssąco-tłocząca** suction and force pump
~ **stojąca** vertical pump
~ **strumieniowa** jet pump
~ ~ **parowa tłocząca** steam injector
~ ~ **wodna** water-jet pump, water ejector
~ **studzienna** well pump
~ **szlamowa** sludge pump, slurry pump
~ **śmigłowa** propeller pump, axial-flow pump
~ **śrubowa** screw pump
~ **tarczowa** nutating pump, wobble pump
~ **tłocząca** force pump
~ **tłokowa** piston pump
~ ~ **z tłokami zaworowymi** bucket-pump
~ **trójniacza** three-throw pump
~ **turbinowa** turbine pump, impulse turbo-pump
~ **wielostopniowa** multi-stage pump
~ **wirowa** impeller pump, rotodynamic pump
~ ~ **diagonalna** mixed-flow pump
~ **wodociągowa** water-works pump
~ **wody obiegowej** circulating-water pump
~ **wspomagająca** booster pump
~ **wtryskowa** *siln.spal.* injection pump, jerk pump
~ ~ **o bezpośrednim wtrysku** direct-injection pump
~ **wyporowa** positive-displacement pump
~ **wysokociśnieniowa** high pressure pump
~ **wysokopróżniowa** high vacuum pump
~ **z regulacją fazową** *aut.* phase pump
~ **zapasowa** stand-by pump
~ **zasilająca** feed pump, supply pump
~ **zastrzykowa** *siln.spal.* priming pump, primer pump
~ **zębata** gear pump
~ **zęzowa** *okr.* bilge pump
~ **żerdziowa** *wiertn.* rod pump
pompiarz *m* pumper
pompka *f* **przędzalnicza** *tw.szt.* spinning pump
~ **ręczna** hand pump
~ **rowerowa** bicycle pump
~ **wodna** *lab.* water aspirator
~ **zastrzykowa** *siln.spal.* primer pump, primer doper
pompoturbina *f* (*reversible pump-turbine for pumped storage power plants*)
pompować *v* pump
pompowanie *n* **1.** pumping **2.** surging; pumping (*instability of flow in axial compressor*) **3.** *elektron.* pumping (*stimulating laser action*)
~ **lamp** *el.* lamp evacuation
~ **magnetyczne** magnetic pumping
~ **odlewu** *odl.* pumping, rod feeding
pompownia *f* pumping station, pump house, pumping plant
pompownica *f* exhaust machine (*for electric bulbs*)
pompowtryskiwacz *m siln.spal.* injection unit
pompowy *m* (*pracownik*) pumpman
pomyje *pl zoot.* swill
pomyłka *f* mistake; error
pomysł *m* **nowatorski** innovation
pomysłowość *f* ingenuity
pomysłowy *a* ingenous
pomyślny wiatr *m żegl.* fair wind
pomywalnia *f* scullery
ponad (wartość) in excess of...
ponadtermiczny *a nukl.* epithermal
ponadtlenek *m chem.* superoxide
pond *m jedn.* gram-force: 1 gf = $0.980665 \cdot 10^{-2}$ N
poniżej pokładu *żegl.* alow
poniżej (wymagań) normy substandard
poniżej zera below zero
ponosić *v* **koszty** incur costs
~ **straty** incur losses
ponowić *v* **zamówienie** repeat an order, reorder
ponowna obróbka *f* retreating

ponowne łączenie *n* recombination
ponowne nagrzewanie *n* reheat
ponowne uruchomienie *n* **silnika odrzutowego podczas lotu** relighting the jet engine (*in flight*)
ponowne użycie *n* reuse
ponownie montować *v* reassemble
ponownie oczyszczony repurified
ponownie wprowadzać *v* **do obiegu** recycle
ponowny zapłon *m* **łuku** *spaw.* arc reignition, arc restriking
ponton *m* pontoon
~ **ratowniczy** lifting pontoon, salvage pontoon; camel
ponur *m inż.* upstream apron
pończocha *f* **kablowa** (*do ujmowania końca odcinka kabla*) cable grip
pończoszarka *f włók.* stocking frame
pooperacyjny *a med.* postoperative
popas *m roln.* bait
popęd *m mech.* impulse of a force, time-effect
popielaty *a* cinereous
popielisty *a* cinereous
popielnik *m* ash pit; ash box; ash pan
~ **w palenisku na ropę** firepan
~ **zalewany wodą** water ash pan
popioły *mpl odl.* cinder, dross
popiół *m* ash; *hutn.* cinders
~ **cynkowy** zinc ash
~ **kostny** bone ash, bone earth
~ **lotny** fly-ash, flue dust
~ **wulkaniczny** volcanic ash
poplon *m roln.* after-culture, aftercrop
~ **ścierniskowy** stubble crop
popłatny *a ek.* remunerative, profitable
popłód *m biol.* afterbirth
popłuczki *fpl* washings
popłuczyny *fpl zob.* **popłuczki**
poporodowy *a med.* postpartum
poprawiać *v* correct; improve; rectify
~ **obudowę** *górn.* reline
poprawianie *n* correction
poprawiony *a* corrected
poprawka *f* correction; allowance; amendment
~ **na opóźnienie** *aut.* correction for lag
~ **na temperaturę** temperature correction
~ **na wiatr** *uzbr.* windage, wind allowance, wind correction
poprawność *f* correctness
~ **wskazań** *metrol.* freedom from bias (*of a measuring instrument*)
poprawny *a* correct
popręg *m roln.* horse sling
popromienny *a med.* (*caused by radiation*)
poprowadzić *v* **linię** draw a line
~ **prostopadłą** *rys.* erect a perpendicular
poprzeczka *f* crosspiece; cross-bar
~ **świetlna** *lotn.* cross-bar (*landing lights*)
poprzecznica *f* **1.** cross-bar; traverse; transom **2.** *narz.* cross-cut saw, stock-cutting saw
~ **dolna maszyny wytrzymałościowej** (*połączona z mechanizmem napędowym*) moving head of a testing machine
~ **górna maszyny wytrzymałościowej** (*połączona z siłomierzem*) top head of a testing machine
~ **ramy** cross member of a frame
~ **rufowa** *okr.* transom floor; transom plate
poprzecznie *adv* crosswise, across
poprzecznik *m* **1.** *narz.* cross peen hammer **2.** *el.* cross-arm, pole arm (*on a line support*)
poprzeczny *a* transverse, lateral, crosswise
poprzednik *m* (direct) predecessor, antecedent
populacja *f statyst.* population
~ **dwurodzajowa** two-fold population
~ **generalna** parent population
~ **próbna** sampling population
popuszczać *v* **liny** pay out, ease a line, douse a rope, veer
popuszczadło *n* **śrubowe** *wiertn.* temper-screw, stirrup
popychacz *m* **1.** *masz.* pusher, push rod; tappet; cam follower **2.** *górn.* car pusher, putter, carman
~ **form** *transp., odl.* mould pusher
~ **grzybkowy** mushroom follower
~ **iglicowy** pointed follower, V-edge follower, knife-edge follower
~ **kłowy** *zob.* **popychacz iglicowy**
~ **krążkowy** roll follower, roller follower, cam roller
~ **osiowy** (*o osi przecinającej oś krzywki*) follower on line of axis
~ **płaski** flat-faced follower, flat-foot follower
~ **przestawiony** offset follower
~ **punktowy** pointed follower, V-edge follower, knife-edge follower
~ **wahliwy** rocker follower, swinging follower
~ **zaworu** valve lifter
popychanie *n* **wozów** *górn.* putting
popyt *m ek.* demand
por *m* **1.** pore; *spaw.* blowhole; pinhole **2.** *bot.* leek, *Allium porrum* L. **3.** *biol.* pore, stoma
pora *f* **deszczowa** *meteo.* rainy season, wet season
~ **roku** time of year, season
poradnictwo *n* advisory service, consultancy service, consulting
~ **zawodowe** vocational guidance
poradnik *m* (*książka*) handbook, reference book, guide-book
~ **techniczny** engineers' handbook
porastanie *n* (*nasion*) *bot.* sprouting, germination
porażenie *n med.* paralysis; palsy
~ **cieplne** heatstroke
~ **oczu** (*u spawacza*) eye flash
~ **ołowicze** lead paralysis
~ **prądem elektrycznym** electric shock
~ **promieniowaniem** radiation injury
~ **słoneczne** sunstroke
~ **śmiertelne prądem elektrycznym** electrocution
porcelana *f* porcelain; china, China-ware

~ **chemiczna** (*do wyrobu aparatury*) chemical porcelain
~ **cyrkonowa** zircon porcelain
~ **elektrotechniczna** electrical porcelain
~ **kostna** bone china (*with bone ash addition*)
~ **laboratoryjna** laboratory porcelain
~ **miękka** soft-paste porcelain
~ **porowata** porous porcelain
~ **stołowa i artystyczna** china, China-ware
~ **twarda** hard-paste porcelain
porcelanka *f lab.* boiling chips, boiling stones
porcelit *m* semi-vitreous China-ware
porcja *f* batch; ration; *szkl.* gob, gather, lump
porcjami *adv* (*np. ładować*) batchwise
poręba *f leśn.* felling site, clearing
poręcz *f* hand-rail; railing; balustrade
~ **linowa** hand rope, grab rope
~ **nadburcia** *okr.* bulwark rail
poręczenie *n ek.* guarantee
poręczny *a* handy
poręczyciel *m ek.* guarantee; sponsor
porfir *m petr.* porphyry
porfiroblast *m petr.* metacryst, metacrystal
porofor *m tw.szt., gum.* porophor, blowing agent, expanding agent
poronienie *n med.* abortion; miscarriage
poronny *a med.* abortive
porosły mchem mossy, moss-grown
porosły trawą grassy
porost *m bot.* lichen
~ **islandzki** *bot.* Iceland moss, *Centaria islandia*
porośla *pl bot.* epiphytes, aerophytes, air plants
porowatość *f* porosity
porowaty *a* porous
porozumienie *n* agreement
poród *m fizjol.* delivery, birth, parturation
porównać *v* compare, make a comparison
porównanie *n* comparison
porównawczo *adv* by comparison, comparatively
porównawczy *a* comparative
porównywalny *a* comparable
port *m* port; harbour
~ **docelowy** port of destination
~ **handlowy** commercial port
~ **krajowy** home port
~ **lotniczy** airport
~ **macierzysty** port of registry
~ **morski** sea port
~ ~ **na rzece** close port
~ **naturalny** natural harbour
~ **niezamarzający** ice-free port, open port
~ **obcy** foreign port
~ **otwarty** open port
~ **pośredni** port of call
~ **przybycia** port of entry
~ **rybacki** fishery harbour, fishing harbour
~ **rzeczny** river port
~ ~ **zimowy** wintering harbour
~ **schronienia** port of refuge, p.o.r., harbour of refuge
~ **wojenny** naval harbour
~ **wolnocłowy** free port
~ **wyładunkowy** port of discharge
~ **z nabrzeżami** quay port
~ **załadunkowy** port of loading
~ **zawinięcia** *zob.* **port pośredni**
portal *m* **1.** *arch.* portal **2.** gantry
porte-fenêtre *bud.* French window
portfel *m* **zamówień** backlog of orders, orders in hand, order book
portiernia *f* gate-house
porto *n ek.* postal charge, postage
portyk *m arch.* portico; porch
~ **z dwiema kolumnami** distyle
poruszać *v* move; actuate, stir
~ **problem** raise a problem, raise a point
~ **się** move
~ **się po prostej** move along the straight line; keep straight
~ **się ruchem postępowo-zwrotnym** reciprocate
poruszający się moving
porwak *m petr.* accidental inclusion, xenolith
porwanie *n* **samolotu** hijacking
pory *mpl* **kanalikowe** *spaw.* piping, wormholes
porysować *v* (*powierzchnię*) score, scratch
poryw *m* **wiatru** *meteo.* gust, blast of wind
porywacz *m* **samolotu** hijacker
porywanie *n* (*np. kropelek cieczy przez strumień gazu*) entrainment
porządek *m* order
~ **alfabetyczny** alphabetic order
~ **(architektoniczny) klasyczny** classical order
~ **bliski** *kryst.* short-range order
~ **częściowy** *mat.* partial ordering
~ **daleki** *kryst.* long-range order
~ **dzienny** (*zebrania*) agenda, order of the day
~ **kartoteki** *inf.* file sequence
~ **leksykograficzny** *mat.* lexicographical ordering
~ **obrad** agenda, order of the day
porządkowanie *n* ordering, putting in order; arranging
~ **danych** data ordering
~ **wstępne** *inf.* ordering bias
porządkowy *a* ordinal
porzeczka *f bot.* currant, *Ribes* L.
~ **czarna** black-currant, *Ribes nigrum* L.
porzucić *v* abandon (*ship, aircraft*)
posadowienie *n bud.* foundation
posadzka *f* floor
~ **bezspoinowa** jointless floor
~ **deszczułkowa** parquet (floor), block floor
~ **jednolita** *zob.* **posadzka bezspoinowa**
~ **klepkowa** *zob.* **posadzka deszczułkowa**
~ **płytkowa** tile floor
posesja *f bud.* premises
posiadacz *m* owner, holder
~ **licencji** licensee, license holder

~ **patentu** patentee, patent holder
posiadłość *f* estate
posiew *m* **1.** *biol.* inoculation (*in culture medium*) **2.** *fiz.* seeding
posiłek *m* **czopa** *drewn.* tenon shoulder, haunch
poskok *m* **komutatorowy** *el.* commutator pitch
~ **szczotkowy** pole pitch
~ **uzwojenia** winding pitch
~ **zezwoju** coil pitch, coil span
posmak *m* *spoż.* after-taste; flavour
~ **rybi** fishy flavour
posobnie *adv* in series, in tandem
posobnik *m* *el.* series regulator
posobny *a* tandem
posocznica *f* *med.* blood poisoning, septicemia, septic infection, sepsis
posortownik *m* *papiern.* tailings screen
pospolity *a* common
pospółka *f* **1.** *bud.* all-in aggregate **2.** *górn.* mine run, run-of-mine, all-ups
~ **piaskowo-żwirowa** sand-gravel mix
~ **węglowa** run-of-mine (coal)
posrebrzanie *n* silvering, silver plating
postać *f* form; *jęz.* aspect
~ **algebraiczna liczby zespolonej** *mat.* rectangular form of a complex number
~ **czytelna dla komputera** *inf.* computer-readable form
~ **dysjunktywna normalna** *inf.* disjunctive normal form
~ **enolowa** *chem.* enol form
~ **handlowa** market form (*of a product*)
~ **iloczynowa macierzy odwrotnej** *mat.* product form of the inverse
~ **kanoniczna** *mat.* canonical form
~ **kodowana cyfrowa** *inf.* coded digital form
~ **konjunktywna normalna** *inf.* conjunctive normal form
~ **krystaliczna** crystalline form
~ **kryształu** crystal habit
~ **macierzowa** *mat.* matrix form
~ **normalna** *mat.* standard form (*of an equation*)
~ **odcinkowa równania prostej** *mat.* intercept form of the equation of a straight line
~ **rozkazu** *inf.* instruction format
~ **równowagi** *mech.* form of equilibrium
~ **trygonometryczna liczby zespolonej** *mat.* polar form of a complex number
~ **wykładnicza** *mat.* exponential form
~ **wyznacznikowa** *mat.* determinantal form
postawić *v* **problem** state a problem
~ **żagiel** set sail
postdatować *v* post-date
posterunek *m* **alarmowy** alerting post
postęp *m* **1.** progress, advance **2.** *mat.* progression
~ **arytmetyczny** arithmetic(al) progression
~ **geometryczny** geometric(al) progression
~ **harmoniczny** harmonic progression
~ **reakcji** *chem.* advancement of reaction
~ **skokowy w technice** technological break through
~ **ściany** *górn.* wall advance
~ **techniczny** technological progress
~ **wiercenia** *wiertn.* drilling speed, drilling rate
postępować *v* **naprzód** (*o pracy*) progress, advance
~ **zgodnie z instrukcją** follow instructions
postępowanie *n* procedure, proceeding
~ **awaryjne** emergency procedure
~ **odbiorcze** acceptance procedure
~ **odszkodowawcze** compensation proceedings
~ **polubowne** arbitration, arbitral procedure
~ **przy rozruchu** starting procedure, start-up procedure
~ **rozjemcze** arbitration, arbitral procedure
~ **samowolne** unauthorized action
~ **sądowe** legal proceedings
~ **w sytuacji zagrożenia** emergency procedure
postępowy *a* progressive
postojowe *n* *kol.* demurrage
postój *m* *masz.* standstill
~ **kotła** banking of a boiler
~ **pojazdów** parking
postprocesor *m* *inf.* postprocessor
postrzępienie *n* fuzz
postrzyganie *n* (*tkanin*) *włók.* shearing
postrzygarka *f* *włók.* shearing machine
postsynchronizacja *f* *kin.* post-synchronizing
postulat *m* *mat.* postulate
postument *m* *arch.* entablement
posucha *f* drought
posuw *m* advance; *obr.skraw.* feed
~ **automatyczny** *zob.* **posuw mechaniczny**
~ **elektrody** *spaw.* electrode feed
~ **mechaniczny** power feed, automatic feed
~ **na jedno ostrze** (*lub ząb*) *obr.skraw.* feed per tooth
~ **na obrót** *obr.skraw.* feed per revolution
~ **na podwójny skok** *obr.skraw.* feed per cycle
~ **poprzeczny** *obr.skraw.* cross-feed
~ **przy wydłużaniu** *obr.plast.* bite (*during forging*)
~ **przyspieszony** (*przy przechodzeniu narzędzia nad powierzchniami nieobrabianymi*) *obr.skraw.* skip feed
~ **styczny** *obr.skraw.* tangential feed
~ **ściany** *górn.* wall advance
~ **śmigła** *aero.* propeller advance
~ **śruby okrętowej** propeller advance
~ **wiersza** *inf.* line feed
~ **wgłębny** *obr.skraw.* in-feed, feed-in
~ **względny śmigła** propeller advance coefficient, advance ratio
~ **zerowego momentu** *okr.* no-torque advance coefficient
~ ~ **naporu** *okr.* no-thrust advance coefficient
posuwać *v* **(się)** advance, move forward

posuwisto-zwrotny *a mech.* reciprocating
posuwka *f zeg.* regulating device
posypywać *v* **proszkiem** powder, dust
poszczepienny *a med.* postvaccinal
poszerzacz *m lotn.* extension flap, Fowler flap
~ **impulsów** *el.* volume expander
poszerzanie *n* widening; enlarging; broadening
~ **dna otworu** chambering
~ **otworu** (*np. nitowego*) drifting
poszerzenie *n* **linii widmowej** *fiz.* spectral line broadening
poszukiwania *npl górn.* prospecting, exploring
~ **metodami elektrycznymi** electrical prospecting
~ **radiologiczne** radioprospecting
poszukiwanie *n* seek; search; quest
~ **bezpośrednie** (*w pamięci*) *inf.* direct seek
~ **celu** target search
~ **i ratownictwo** *żegl.* search and rescue, SAR
~ **okrętów podwodnych** sub-hunting
~ **patentowe** patent search, patent examination
~ **radiolokacyjne** radar search
~ **ropy** oil exploration
poszukiwany na rynku in wide demand
poszur *m inż.* downstream apron
poszycie *n* skin; sheathing
~ **blaszane** skin plate, plating
~ **burtowe** *okr.* side plating
~ **denne** *okr.* bottom plating
~ **kadłuba** *okr.* shell plating, skin plating
~ **karwelowe** *okr.* carvel planking, smooth planking
~ **klepkowe** *okr.* planking
~ ~ **stykowe** carvel planking
~ **klinkierowe** *okr.* clinkier planking
~ **kotła** boiler casing
~ **na styk** *okr.* carvel planking, smooth planking
~ **na zakładkę** *okr.* clinker planking
~ **nadwozia** *mot.* body panelling
~ **paleniska** *kotł.* furnace envelope
~ **pokładu** *okr.* deck planking, deck plating
~ **wagonu** *kol.* car sheathing
pościel *f* (*w osadzarce*) *wzbog.* bed of grains
pośład *m roln.* screenings
poślizg *m* slip, slide, skid; *masz.* lost motion
~ **hydrodynamiczny** (*kół na warstwie wody przy dużej prędkości*) aquaplaning
~ **jonów** *fiz.* ion slip (effect)
~ **koła** (*jezdnego napędowego*) wheel spin
~ **kontrolowany** *mot.* power slide
~ **kulki łożyska** *masz.* ball spin
~ **łatwy** *met.* easy glide
~ **pasa** *masz.* belt slip
~ **pojedynczy** *kryst.* simple slip, single slip, single glide
~ **pozorny** (*śruby okrętowej*) apparent slip, nominal slip
~ **rzeczywisty** (*śruby okrętowej*) real slip, actual slip, effective slip, true slip
~ **śmigła** *lotn.* airscrew slip
~ **translacyjny** *kryst.* translation gliding
~ **wielokrotny** *kryst.* multiple slip, multiple glide, polyslip
~ **wodny** *zob.* **poślizg hydrodynamiczny**
pośmiertny *a med.* postmortem
pośredni *a* intermediate; indirect
pośredniak *m górn.* jack prop, middle prop, catch prop
pośrednictwo *n* **pracy** employment exchange
~ **w wymianie wiadomości** *inf.* message switching
pośrednik *m* jobber, middleman
pośrodku *adv* in the middle, midway
pośrodku statku *żegl.* midships
poświata *f* phosphorescence, afterglow
~ **anodowa** *elektron.* anode glow
~ **ekranu luminescencyjnego** afterglow, persistence (*of a luminous screen*)
~ **katodowa** *elektron.* cathode glow, negative glow
~ **niebieska** 1. *geofiz.* airglow, night-sky light, permanent aurora 2. *elektron.* blue glow
~ **słoneczna** crepuscular rays
poświęcić *v* **uwagę** give attention to, devote attention to, pay attention to
pot *m fizjol.* sweat, perspiration
~ **cynowy** *met.* tin sweat, tin exudation
potas *m chem.* potassium, K
potasowce *mpl chem.* (*four elements: potassium, rubidium, caesium, francium*)
potazot *m* (*mixed fertilizer*: $NH_4Cl+KCL$)
potaż *m chem.* potash
~ **żrący** caustic potash
potencjalny *a* potential
potencjalny nabywca *m* prospective buyer
potencjał *m* potential
~ **aktywacji** activation potential
~ **bioelektryczny zerowy** bioelectric null
~ **biologiczny** biopotential
~ **chemiczny** (*składnika w fazie*) chemical potential
~ **cieczowy** *elchem.* liquid-junction potential
~ **czynnościowy** *el.med.* action (current) potential
~ **Donnana** *elchem.* membrane potential
~ **dyfuzyjny** *elchem.* diffusion potential, liquid-junction potential
~ **elektrochemiczny** electrochemical potential
~ **elektrody** electrode potential
~ **elektroforetyczny** *elchem.* sedimentation potential, electrophoretic potential, Dorn effect
~ **elektrokinetyczny** electrokinetic potential, zeta potential
~ **elektryczny** electric potential
~ **gospodarczy** economic potential
~ **grawitacyjny** Newtonian potential, potential of gravitation
~ **jądrowy** nuclear potential

~ **jonizacyjny** *fiz.* ionization potential
~ ~ **orbitalu walencyjnego** valence orbital ionization potential, VOIP
~ ~ **stanu walencyjnego** valence state ionization potential, VSIP
~ **korozyjny** corrosion potential
~ **krytyczny pasywacji** *met.* initial passivation potential
~ **logarytmiczny** logarithmic potential
~ **ładunku zerowego** null potential, zero point of charge, zpc
~ **magnetyczny** magnetic potential
~ **metalu szlachetnego** *elchem.* noble potential
~ **mieszany** *elchem.* mixed (polyelectrode) potential, mixture potential, compromise potential
~ **następczy** *el.* afterpotential
~ **newtonowski** Newtonian potential, potential of gravitation
~ **normalny elektrody** *elchem.* normal electrode potential, standard electrode potential
~ **ochronny** *elchem.* protective potential
~ **oksydacyjno-redukcyjny** *elchem.* oxidation-reduction potential, redox potential
~ **opóźniony** *mat.* retarded potential
~ **osadzania** *elchem.* sedimentation potential
~ **pola sił** *mech.* force potential
~ **prądu** *mech.pł.* stream function
~ **prędkości** *mech.pł.* velocity potential
~ **przepływu** *elchem.* streaming potential
~ **przeponowy** *elchem.* membrane potential, Donnan potential
~ **przyspieszeń** *mech.pł.* acceleration potential
~ **przyspieszony** *mat.* advanced potential
~ **psychogalwaniczny** *med.* cutaneous potential
~ **radiolokatora** radar performance figure
~ **redoksy** *elchem.* redox potential, oxidation-reduction potential
~ **redukcyjny** *elchem.* reduction potential
~ **rozkładowy** *elchem.* decomposition potential
~ **sedymentacji** *elchem.* sedimentation potential, Dorn effect, electrophoretic potential
~ **skalarny** scalar potential
~ **skórny** *med.* cutaneous potential
~ **styku cieczy** *elchem.* diffusion potential, liquid-junction potential
~ **termodyfuzyjny** *elchem.* thermodiffusion potential
~ **termodynamiczny** thermodynamic potential, characteristic function
~ ~ **przy stałym ciśnieniu** Gibbs free energy, Gibbs function, free enthalpy
~ ~ **stałej objętości** Helmholtz free energy, Helmholtz function, work function
~ **tworzenia się wżerów** (*korozyjnych*) *met.* pitting potential
~ **układu konstrukcja-gleba** (*w zagadnieniach korozji*) structure/soil potential
~ **uszkodzeniowy** *el.med.* demarcation potential
~ **utleniająco-redukujący** *elchem.* oxidation-reduction potential, redox potential
~ **utleniający** oxidation potential
~ **warstwy podwójnej** *mat.* double layer potential
~ ~ **pojedynczej** single layer potential
~ **wektorowy** (*wektora solenoidalnego*) vector potential
~ **węglowy** *met.* carbon potential
~ **wojskowy** warmaking capacity
~ **wydzielania** *elchem.* deposition potential, discharge potential
~ **wyjścia** *elektron.* voltage equivalent of work function
~ **wzbudzenia** *fiz.* excitation voltage, excitation potential
~ **zespolony** *mech.pł.* complex potential
~ **zeta** electrokinetic potential, zeta potential
potencjometr *m el.* potentiometer, pot
~ **dostrojczy** trimming potentiometer, trimpot
~ **indukcyjny** inductive potentiometer, ipot
~ **kompensacyjny** balancing potentiometer
~ **trygonometryczny** sin-cos resolving potentiometer, sine-cosine potentiometer
~ **wielozwojowy** multiturn potentiometer
potencjometria *f elchem.* potentiometry
potencjometry *mpl* **sprzężone** (*mechanicznie*) *el.* ganged potentiometers
potencjometryczny *a* potentiometric
potencjostat *m* potentiostat
potęga *f mat.* power
~ **gospodarcza** economic power
~ **punktu** power of a point
~ **ułamkowa** fractional power
~ **warstwy magnetycznej** strength of shell
potęgowanie *n mat.* raising to a power, involution
potnica *f żegl.* cargo batten, hold sparring, sweat batten
potok *m* stream; rivulet
~ **gruntowy** underflow
~ **ruchu** (*np. ulicznego*) traffic flow
potometr *m roln.* potometer
potomstwo *n biol.* progeny; descendants
potrajacz *m rad.* tripler
potrajać *v* triplicate, treble
potrajanie *n* **napięcia** *rad.* voltage trebling
potraw *m roln.* after-grass, aftermath
potrącenie *n* (*np. z rachunku*) deduction
potrójny *a* triple; ternary
potrząsać *v* shake, jolt
potwierdzenie *n* **odbioru** notice of receipt, acknowledgement of receipt
~ **zamówienia** confirmation of an order
poufność *f* (*w systemach informatycznych*) computer security and privacy
poufny *a* confidential
pourazowy *a med.* posttraumatic
POW = polioctan winylu *chem.* polyvinyl acetate
powab *m fiz.* charm

poważna naprawa *f* major repair
poważna zmiana *f* (*konstrukcji*) major alteration
poważnie uszkodzony badly damaged; crippled
powiatr *m meteo.* breeze
powidełko *n farm.* electuary, confection
powidła *pl* fruit paste
powidok *m opt.* after-image
powieka *f anat.* eyelid
powielacz *m* **1.** *biur.* duplicator, duplicating machine, copier **2.** *elektron.* multiplier
~ **białkowy** stencil duplicator
~ **czcionkowy** typeset duplicator
~ **częstotliwości** frequency multiplier
~ **fotoelektronowy** multiplier photo-tube, photoelectric multiplier, photomultiplier
~ **napięcia** voltage multiplier
~ **offsetowy** offset duplicator
~ **przedrukowy** spirit duplicator
~ **siatkowy** stencil duplicator
~ **spirytusowy** spirit duplicator
~ **sześciokrotny** (*napięcia*) *tel.* sextupler
powielanie *n* **1.** duplication (*of documents*) **2.** *elektron.* multiplication **3.** *nukl.* breeding, fertilization
~ **częstotliwości** *el.* frequency multiplication
~ **dokumentów** document copying
~ **lawinowe** (*np. nośników w złączu p-n*) avalanche multiplication, cumulative multiplication of carriers
~ **na neutronach termicznych** *nukl.* thermal neutron breeding
~ **paliwa jądrowego** breeding of atomic fuel
~ **prądu** *el.* current multiplication
powiercanie *n obr.skraw.* reboring
powiernik *m ek.* trustee
powierzchnia *f* surface; face
~ **biegunowa** *el.* pole face
~ **boczna** flank, lateral surface
~ ~ **głowy zęba** tip flank of tooth
~ ~ **stopy zęba** root flank of toth
~ ~ **zęba** *masz.* active flank of tooth
~ ~ **zwoju ślimaka** worm thread flank
~ **brzegowa** *mech.pł.* boundary surface
~ **całkowita stropów** *bud.* gross floor area
~ **charakterystyczna** *mat.* characteristic surface
~ **chłodząca** cooling surface
~ **cięcia** *spaw.* face of cut
~ **czołowa** (butting) face, end face
~ **depresji** *hydr.* surface of depression
~ **dna wrębów** (*w kole zębatym*) root surface
~ **dolna** undersurface
~ **drugiego stopnia** *mat.* quadric (surface), conicoid
~ **dwustronna** *mat.* two-sided surface
~ **dyfuzji** *nukl.* diffusion area
~ **eksploatowana odkrywki** *górn.* area of take
~ **ekwienergetyczna** energy surface, ergodic surface
~ **ekwipotencjalna** equipotential surface
~ **falowa** wave surface
~ **fazowa fali** *zob.* **powierzchnia falowa**
~ **Fermiego** *fiz.* Fermi surface
~ **graniczna** *mech.pł.* boundary surface
~ **grzbietowa łuku** *arch.* extrados, back of an arch
~ **grzejna** heating surface
~ **izobaryczna** *mech.pł.* isobaric surface, constant-pressure surface, surface of constant pressure
~ **izosteryczna** *mech.pł.* surface of equal specific volume
~ **jednakowego ciśnienia** *mech.pł.* isobaric surface of constant pressure
~ **jednakowej objętości właściwej płynu** *mech.pł.* surface of equal specific volume
~ **jednostronna** *mat.* one-sided surface, surface of one side; unilateral surface, nonorientable surface
~ **kadłuba żywego** *okr.* wetted surface
~ **kopalni** *górn.* minehead, day
~ **kulista** *mat.* spherical surface
~ **marszczona** *szkl.* chill marks (*defect*)
~ **materialna** *mech.* material surface
~ **mieląca** *papiern.* beating surface
~ **mieszkalna** living room
~ **międzyfazowa** interface, interfacial area, interfacial surface
~ **migracji** *nukl.* migration area
~ **minimalna** *mat.* minimal surface
~ **mocnej nieciągłości** *mech.pł.* strong discontinuity surface
~ **momentów** *mech.* area of moments
~ **nabiegunnika** (*od strony szczeliny powietrznej*) *el.* pole face
~ **naporowa** (*łopatki*) *masz.* pressure face (*of an impeller blade*)
~ **naprężeń** *wytrz.* stress quadric
~ **naporowa** (*łopatki*) *masz.* pressure face
~ **nawiewu** *okr.* topside projected area, above-water lateral plane
~ **nieciągłości** *mech.pł.* surface of discontinuity
~ ~ **Mohorovičicia** *geol.* Mohorovičić discontinuity, Moho
~ **nośna 1.** bearing surface **2.** *lotn.* lifting surface, supporting surface
~ ~ **gwintu** flank of thread, side of thread
~ **o fakturze ozdobnej** *bud.* textured surface
~ **o stałym znaku krzywizny** *mat.* synclastic surface
~ **obrabiana** *obr.skraw.* work surface
~ **obrobiona** *obr.skraw.* cut surface, machined surface
~ **obrotowa** *mat.* surface of revolution
~ **odbicia** reflecting surface
~ **odbłyskowa** reflecting surface
~ **odkształceń** *wytrz.* strain quadric
~ **odniesienia** datum surface, reference surface
~ **odpowiedzi** *mat.* response surface

~ **ogrzewalna** heating surface
~ **omiatana** swept area
~ **oporowa** bearing surface
~ ~ **czołowa** abutting surface
~ **orna** *roln.* arable area; arable acreage
~ **ożaglowania** sail area
~ **palety** *zeg.* pallet face
~ **parowania** vaporization surface
~ **płynna** fluid surface
~ **podłogi** floor space
~ **podniebienna łuku** *arch.* intrados
~ **podwodzia** *okr.* wetted surface
~ **podziałowa** *masz.* pitch surface (*in a toothed gear*)
~ ~ **koła zębatego** (*rozpatrywanego oddzielnie*) tooth pitch surface
~ ~ ~ ~ **przekładni** working pitch surface
~ **podziału** parting face
~ ~ **formy** *odl.* mould joint
~ **pomieszczeń służbowych** *bud.* custodial area
~ **poślizgu** *mech.pł.* slip surface
~ **pozaprądowa** *mech.pł.* down-stream surface
~ **pracująca** working surface
~ ~ **krzywki** cam face
~ **prądu** *mech.pł.* stream surface
~ **prędkości** *mech.pł.* velocity surface
~ **promieniująca** radiant surface
~ **prostokreślna** *zob.* **powierzchnia prostoliniowa**
~ **prostoliniowa** *mat.* ruled surface
~ **prowadząca tłoka** *siln.* piston pressure face
~ **przeciwprądowa** *mech.pł.* up-stream surface
~ **przed obróbką** *obr.skraw.* original work surface
~ **przekrojów pływania** *mech.pł.* surface of flotation fields
~ **przelotowa zaworu** *masz.* valve opening area
~ **prześwitu rury** internal area of pipe
~ **przylgowa** faying surface, faying face
~ ~ **kołnierza** flange face
~ **przyłożenia narzędzia** *obr.skraw.* tool flank
~ **Riemanna** *mat.* Riemann surface
~ **robocza popychacza** *masz.* tappet foot
~ ~ **zęba** active face of tooth, tooth bearing (*in a gear*)
~ **rozdziału faz** interface, interphase boundary, interfacial surface, separation surface
~ **rozsyłu światłości** *opt.* surface of intensity distribution, solid of light distribution, candlepower-distribution solid
~ **rozwijalna** *mat.* developable surface, ruled surface
~ **rozwinięta** extended surface
~ **równofazowa** equiphase surface
~ **równoległa** *mat.* equidistant surface
~ **rusztu** *kotł.* grate area
~ **skrzydła brutto** *zob.* **powierzchnia skrzydła całkowita**
~ ~ **całkowita** *aero.* gross wing area
~ ~ **netto** *zob.* **powierzchnia skrzydła użytkowa**
~ ~ **użytkowa** *aero.* net wing area
~ **skuteczna** (*celu radarowego*) echoing area
~ **spływu** *geol.* gathering ground, catchment area; drainage area, drainage basin
~ **spoczynku palety** *zeg.* dead face of pallet, locking face of pallet
~ **spowolniania** *nukl.* slowing-down area
~ **sterowa** *lotn.* control surface
~ **steru** *okr.* rudder area
~ **stożkowa** *mat.* conical surface
~ **stropów netto** *bud.* net floor area
~ **stykowa** (*złącza*) faying surface, faying face; surface of contact
~ **swobodna cieczy** free surface of liquid
~ **szkód górniczych** area of draw
~ **ślizgowa** sliding surface
~ **środków wyporu** *hydr.* surface of centres displacement
~ **śrubowa** helical surface, helicoid
~ **tarcia** friction face
~ **toczna koła** *mot.* wheel tread
~ ~ **szyny** rolling surface of a rail
~ **typu przestrzennego** *mat.* space-like surface
~ **uprawna** *roln.* cultivated area, arable area
~ **usterzenia** *lotn.* tail surface
~ **uszczelniająca** *masz.* sealing face, packing surface
~ **użytkowa mieszkania** *bud.* usable floor area
~ **użytków rolnych** agricultural acreage
~ **w akrach** acreage (*of land*)
~ **wierzchołków zębów** (*w kole zębatym*) *masz.* tip surface
~ **wirowa** *mech.pł.* whirling surface
~ **właściwa** specific surface (*of powder*)
~ **wodna portu** water surface of harbour, water area of harbour
~ **wystawowa** exhibition space
~ **zamknięta** *mat.* closed surface
~ **zasiewów** *roln.* sown area, area under crop
~ **zukosowania** bevel face
~ **zwilżona** *hydr.* wetted surface
~ **zrostu** *kryst.* composition surface
~ **źródłowa** *hydr.* surface source
powierzchniarka *f skór.* measuring machine
powierzchnie *fpl* **izometryczne** *mat.* isometric surfaces, applicable surfaces
~ **kierujące** (*strumień zaśrubowy*) *okr.* contra propeller
~ **nakładalne** *zob.* **powierzchnie izometryczne**
powierzchniowo czynny *chem.* surface-active
powierzchniowy *a* superficial
powierzchowny *a* superficial
powierzyć *v* **zadanie** (*komuś*) entrust (*sb*) with the task
powietrze *n* air

~ **atmosferyczne** free air, atmospheric air
~ **bogate w tlen** oxygen rich air
~ **burzliwe** *meteo.* rough air
~ **ciekłe** liquid air
~ **klimatyzowane** conditioned air
~ **kopalniane** *górn.* mine air
~ ~ **o małej zawartości tlenu** choke damp, black damp
~ ~ **zawierające CO** white damp
~ ~ ~ **siarkowodór** stinkdamp
~ **morskie** maritime air
~ **naporowe** *lotn.* ram air
~ **normalne** (*w warunkach atmosfery wzorcowej*) standard air, normal air
~ **obiegowe** (*w klimatyzacji*) recirculated air
~ **oddechowe** *med.* tidal air
~ **otaczające** ambient air
~ **pierwotne** (*np. w turbinie spalinowej*) primary air
~ **podgrzane** *kotł.* preheated air
~ **polarne** polar air
~ **przepłukujące** *siln.spal.* scavenge air
~ **resztkowe** *med.* minimal air
~ **skroplone** liquid air
~ **sprężone** compressed air
~ **świeże** fresh air; *chłodn.* replacement air
~ **uchodzące** *górn.* fugitive air
~ **uwięzione** *inż.* entrapped air
~ **uzupełniające** *med.* inspiratory reserve volume, IRV, complemental air
~ **wlotowe** *górn.* inlet air, intake air, downcast air
~ **wtórne** (*np. w turbinie spalinowej*) secondary air; *kotł.* overfire air
~ **wylotowe** *górn.* discharge air, upcast air
~ **wzbogacone (w tlen)** oxygen enriched air, rich air
~ **zalegające** (*w płucach*) *med.* residual air, residual volume, RV
~ **zanieczyszczone** vitiated air
~ **zapasowe** *med.* expiratory reserve volume, ERV, reserve air
~ **zużyte** *górn.* dead air, bad air, foul air
powietrznik *m* **1.** air vessel, air chamber (*in a pump*) **2.** receiver (*in a compressor*)
powietrznosuchy *a* air-dry, air moisture free, amf
powietrznoszczelny *a* air-tight
powietrzny *a* **1.** pneumatic **2.** aerial
powiew *m meteo.* light air (1 *Beaufort scale*); puff of wind
powiększać *v* **1.** *opt.* magnify **2.** *fot.* enlarge
powiększalnik *m fot.* enlarger
powiększenie *n* **1.** *opt.* magnification, magnifying power **2.** *fot.* enlargement; blow-up
~ **skali procesu** *chem.* process development
powięź *f anat.* fascia
powikłanie *n* **par** (*w kablu*) wire changeover
~ **przewodów** *tel.* wire entanglement

powinowactwo *n mat.* affinity
~ **chemiczne** chemical affinity
~ **do włókna** affinity for fibre
~ **elektronowe** electron affinity
powlekać *v* coat; plate
powlekanie *n* coating; plating
~ **bezprądowe** electroless plating, electroless deposition
~ **dyfuzyjne** diffusion coating
~ **elektrolityczne** *zob.* **powlekanie galwaniczne**
~ **farbą świecącą** luminizing
~ **galwaniczne** (electro)plating, electrolytic plating, electrolytic coating, electrodeposition
~ ~ **bębnowe** barrel plating
~ ~ **miejscowe** partial plating
~ ~ **połyskowe** bright plating
~ ~ **stykowe** contact plating
~ ~ **szczotkowe** brush plating
~ ~ **wstępne** striking
~ ~ **zanurzeniowe** immersion plating, dip plating
~ ~ **żelazem** acierage, steeling
~ **gumą** rubberizing, rubber coating, rubber plating
~ **lustrzane** bright plating
~ **miedzią** copper plating, coppering
~ **na gorąco** hot-dip coating; coating by hot dipping
~ **natryskowe** spray coating
~ **ogniowe** coating by hot dipping; hot-dip coating
~ **przez maczanie** dip coating
~ **przez polewanie** curtain coating
~ **rtęcią** quicksilvering, quicking
~ **wapnem** liming
~ **woskiem** wax coating
~ **wstępne** precoating
~ **za pomocą wałków** roller coating
powlekarka *f tw.szt., gum.* spreading machine, spreader; *papiern.* coater, coating machine
~ **kąpielowa** dip coater
~ **natryskowa** spray coater
~ **nożowa** knife coater
~ **raklowa** *zob.* **powlekarka nożowa**
~ **szczotkowa** brush coater
~ **wałkowa** roll(er) coater
powłoka *f* **1.** coat, coating **2.** envelope **3.** *wytrz.* shell **4.** *mat.* hull
~ **aluminiowa** aluminium coating
~ **anodowa** anodic coating
~ **antyradiolokacyjna** antiradar coating
~ **atomu** *fiz.* atomic envelope, atomic shell
~ **balonu** balloon envelope
~ **barierowa** (*antykorozyjna*) barrier coating
~ **chemiczna** chemical coating
~ **chromianowa** chromate coating
~ **cynkowa** zinc coating
~ **dekoracyjna** decorative coating
~ **dyfuzyjna** diffusion coating
~ **ekranująca** shielding coating
~ **elektrolityczna** *zob.* **powłoka galwaniczna**
~ **elektronowa** (*atomu*) electronic shell

~ ~ **niezapełniona** electronic shell with a vacancy
~ **fosforanowa** phosphate coating
~ **galwaniczna** electrolytic coating, electroplated coating, electrodeposit
~ ~ **przepalona** burnt deposit
~ ~ **wstępna** strike (*in electroplating*)
~ ~ **zwarta** reguline
~ **gruntowa** ground coat, prime coat, undercoat (*of paint*)
~ **gumowa** rubber coating
~ **iryzująca** *farb.* polychromatic finish
~ **jonowa** ion hose
~ **kablowa** *el.* cable covering
~ **katodowa** cathodic coating
~ **kontaktowa** immersion coating
~ **konwersyjna** conversion coating
~ **krystaliczna** *farb.* crystallizing finish
~ **lakierowa** (*bezbarwna*) varnish coat
~ **liniowa** *mat.* span
~ **malarska** paint coat(ing)
~ **marszczona** *farb.* ripple finish, wrinkle finish
~ **metalowa** metallic coating
~ ~ **ekranująca** purely shielding metal coating
~ **miedziana** copper coating, coppering
~ **miękka niewyschnięta** *farb.* cheesy film
~ **młotkowa** *farb.* hammer finish
~ **natryskiwana** spray-on coating; mist coat
~ **nawierzchniowa** (*farby*) topcoat
~ **nieorganiczna niemetalowa** non-metallic inorganic coating
~ **nierównomierna** *farb.* ropey finish
~ **ochronna** protective coating
~ ~ **kabla** *el.* cable sheathing
~ ~ **przeciwogniowa** intumescent coating
~ **ognioodporna** *farb.* fire-resistant finish, fire-retardant finish
~ **olejowa** oil film
~ **optymalnej grubości** *farb.* full coat
~ **perłowa** *farb.* pearlescent coating
~ **piecowa** baking coating
~ **podsmarowa** (*przy ciągnieniu drutu*) carrier coating
~ **przeciwradiolokacyjna** antiradar coating
~ **tlenkowa** oxide film (*on metal*)
~ ~ **pasywacyjna** passivating oxide film
~ **twarda** crust
~ **walencyjna** *fiz.* valence shell
~ **wielowarstwowa** multilayer coating
~ **wstępna** precoat
~ **wypukła** *mat.* convex hull
~ **zanurzeniowa** dip coating
~ **zdzieralna** (*ochronna*) strippable coating, peelable coating, peel-off coating
~ **zespolona** *mat.* complexification
~ **zewnętrzna płomienia** *spaw.* flame envelope
powodować *v* cause, bring about, result in, produce
powodujący gorączkę *med.* pyretogenic
powolny *a* slow, sluggish
powołać *v* (*na stanowisko*) appoint (*sb to a post*)
~ **komisję** set up a committee
powoływać *v* **się na...** refer to, make reference to...
powództwo *n* suit, (legal) action
powódź *f* flood; inundation
powóz *m* coach
powrotnik *m uzbr.* counterrecoil mechanism, recuperator
powroźnictwo *n* ropemaking
powrósło *n* straw-rope
powróślarka *f* straw twister
powrót *m* **1.** return **2.** *elektron.* flyback, return trace, retrace **3.** *chem.* reflux, phlegm
~ **do atmosfery** *kosm.* reentry
~ **do bazy** return to base
~ **do normalnego stanu** recovery
~ **do zdrowia** *med.* recovery
~ **elastyczny** *gum.* (elastic) recovery
~ **lufy** (*działa*) counterrecoil
~ **napięcia** *el.* voltage recovery
~ **pełzaniowy** *tw.szt.* creep recovery
~ **podkształceniowy** *gum.* elastic recovery
~ **prądu** *el.* current return
~ ~ **przez ziemię** earth return
~ **samoczynny pod własnym ciężarem** *masz.* gravity return
~ **sprężysty** elastic recovery; spring-back
~ **wewnętrzny** *chem.* internal reflux
powróz *m* rope
powstający *a* nascent; forming
powstawać *v* form; arise
powstawanie *n* formation
~ **chmur** cloud formation
~ **frontu** *meteo.* frontogenesis
~ **gleby** pedogenesis, soil genesis
~ **gór** *geol.* orogenesis
~ **leukocytów** *biol.* leuko(cyto)poiesis, leukocytogenesis
~ **par** *fiz.* pair production, materialization of energy
~ **pęcherzy** blistering, vesication
~ **rys** cracking
~ **wżerów** *met.* scoring, scuffing
~ **zacieków** bleeding
~ **zarodków krystalizacji** *kryst.* nucleation, nucleus formation
powszechnie przyjęty generally accepted
powszechnie używany in common use
powtarzacz *m* **żyrokompasu** *nawig.* gyro repeater
powtarzać *v* repeat
powtarzający się repeated, iterative
powtarzalność *f* repeatability
~ **grupowa** (*wyników badań sensorycznych*) group replicability
~ **okresowa** periodicity
~ **pomiarów** *metrol.* repeatability of measurements
powtarzalny *a* reproducible
powtarzanie *n* **1.** repetition **2.** replication
~ **obiegu** recirculation
~ **ułamkowe** *mat.* fractional replicate
powtórnie oczyszczony repurified

powtórny *a* repeated
powyżej *adv* higher up; above; over; upwards of...; in excess of...
poza kolejnością *ek.* free of turn, f.o.t.
poza zasięgiem out of range; beyond reach
poza żywym ustrojem (*w środowisku sztucznym*) *biol.* in vitro
pozaatmosferyczny *a* extraatmospheric
pozagalaktyczny *a astr.* extragalactic
pozajądrowy *a fiz.* extranuclear
pozakomórkowy *a biol.* extracellular
pozaplanowy *a* off-schedule
pozaskończony *a mat.* transfinite
pozaustrojowy *a biol.* extracorporal
pozaziemski *a astr.* extraterrestrial
pozbawiony *a* free from..., devoid of...
pozbawiony bezwładności inertialess
pozbawiony liści defoliate
pozbawiony nasion seedless
pozbawiony powietrza air-free
pozbawiony życia abiotic
poziom *m* **1.** level **2.** *geol.* horizon
~ **abstrakcji** *mat.* level of abstraction
~ **akceptorowy** *fiz.* acceptor level, acceptor state
~ **aktywności** (*promieniotwórczej*) *nukl.* activity level
~ **bieli** *TV* white level
~ **ciśnienia akustycznego** sound (pressure) level
~ **czerni** *TV* black level
~ **częstotliwości** frequency level
~ **donorowy** *fiz.* donor level, donor state
~ **dźwięku** sound level
~ **energetyczny** *fiz.* energy level
~ ~ **cząsteczki** molecular energy level
~ ~ **domieszkowy** impurity level
~ ~ **jądra** nuclear energy level
~ ~ **metastabilny** metastable level
~ ~ **pułapkowy** trapping level
~ ~ **wirtualny** virtual level
~ **Fermiego** *fiz.* Fermi characteristic energy level, Fermi level
~ **głośności** loudness level
~ ~ **mowy** *tel.* speech level
~ **hałasu** noise level
~ **intensywności uszkodzeń** failure rate level
~ **istotności** *mat.* significance level
~ **izolacji** *el.* insulation level
~ **jakości dopuszczalny** *skj* acceptable quality level, AQL
~ ~ **dyskwalifikujący** *skj* rejectable quality level, RQL
~ **jądrowy** nuclear (energy) level
~ **kontroli** *skj* inspection level
~ **lotu** flight level
~ **lustra szkła** (*w wannie*) *szkl.* fluxline, metal line, metal level
~ **metastabilny** *fiz.* metastable level
~ **morza** sea level
~ ~ **średni** mean sea level
~ ~ **w porcie** interior sea level
~ ~ **zerowy** ordnance datum
~ **nadawczy** *górn.* loading floor
~ **nadszybia** *górn.* bank level
~ **natężenia dźwięku** *akust.* sound intensity level
~ ~ **oświetlenia** illumination level
~ **niezawodności dopuszczalny** acceptable reliability level, ARL
~ **niższy** *górn.* sublevel
~ **obcinania** *elektron.* clipping level
~ **ochrony** *el.* protection level
~ **odbioru** *tel.* reception level
~ **odniesienia** datum level; reference level
~ ~ **ciśnienia akustycznego** reference acoustic pressure, reference sound level
~ **odwadniania** *górn.* blind level, drainage level
~ **podstawowy** *fiz.* ground level
~ **powierzchni kopalni** day level
~ **prądu nośnego** *tel.* carrier level
~ **progów okien wsadowych** (*w piecu martenowskim*) fore plate line, sill level, sill line
~ **próchniczy** *gleb.* humus horizon
~ **przewodni** *górn.* key horizon; key bed; index bed
~ **przyboru wody** high water level
~ **pułapkowy** *fiz.* trapping state, trap
~ **rezonansowy** *fiz.* resonance level
~ **roboczy** *górn.* working floor
~ **roponośny** *geol.* oil horizon
~ **rozwoju** level of development, state of development
~ **stabilizacji** *TV* clamping level
~ **synchronizacji** *TV* sync level
~ **szumów** noise level
~ **techniki** state of technology
~ **terenu** ground level
~ **transmisji** *tel.* transmission level, power level
~ **transportowy** *górn.* tramming level
~ **ufności** *mat.* level of confidence, confidence level
~ **wody** water level
~ **wód (rzeki)** *hydr.* (river) stage
~ ~ **gruntowych** *geol.* water table, plane of saturation
~ **wydobywczy** *górn.* drawing level, production level, extracting level, working floor
~ **wygaszania** *TV* blanking level
~ **wykształcenia** educational status
~ **wysokowzbudny** *fiz.* highly excited level
~ **wysterowania** (*sygnału fonicznego*) *el.* sound signal level
~ **wytrzymałości udarowej** *el.* impulse withstand level
~ **wyżywienia** nutritional standard
~ **wzbudzony** *fiz.* excitation level
~ **względny mocy** *tel.* relative power level
~ ~ **napięcia** *tel.* relative voltage level
~ ~ **prądu** *tel.* relative current level
~ **wzorcowy** *tel.* reference level
~ **zakłóceń** *tel.* level of interference
~ ~ **dopuszczalny** limit of interference
~ **zapisu** (*dźwięku*) *el.akust.* recording level
~ **zasadniczy** (*kopalni odkrywkowej*) main floor, development level

~ **zasypu** (*w wielkim piecu*) stock line (*in a blast-furnace*)
~ **zbierania nadkładu** *górn.* stripping level
~ **zerowy morza** *żegl.* ordnance datum
~ **znaczenia błędu** *skj* level of significance
~ **żużla** (*w piecu martenowskim*) *hutn.* slag line (*in an open-hearth furnace*)
poziomica *f* **1.** *mat.* level line **2.** *geol.* contour line, *zob.też* **warstwica**
poziomka *f* wild strawberry, *Fragaria vesca* L.
poziomnica *f metrol.* level
~ **alkoholowa** alcohol level
~ **koincydencyjna** coincidence level
~ **murarska** *bud.* mason's level
~ **nasadkowa** *geod.* striding level
~ **poprzeczna** cross level
~ **stykowa** coincidence level
~ **torowa** *kol.* track level
~ **wodna** water-level
poziomopis *m tel.* level recorder, recording transmission measuring set
poziomować *v* level
poziomowskaz *m* level indicator, level gauge
poziomy *a* horizontal, level
pozłacanie *n* gold plating, gilding
pozłota *f* gilt, gilding
pozorny *a* apparent
pozorowany *a* dummy, phony
pozostałość *f* residue, residuum; remainder, rest; relic
~ **koksowa** *chem.* carbon residue
~ **magnetyczna** residual flux density, residual magnetism, remanence
~ **na filtrze** filtration residue
~ **na kracie** *san.* screenings
~ **na sicie** sieve residue, mesh fraction, plus mesh, shorts
~ **odkształceniowa** harmonic content (*of a periodic function*)
~ **pestycydu** *spoż.* pesticide residue
~ ~ **dopuszczalna** pesticide tolerance
~ **po krakowaniu** *chem.* pressure still tar
~ **po odparowaniu** *chem.* dry residue
~ **po supernowej** *astr.* supernova remnant
~ **podestylacyjna** distillation residue, bottoms
~ **prądu nośnego** *tel.* carrier leak
~ **spalin** *siln.spal.* exhaust residue
pozostały *a* residual
pozostawać *v* remain
~ **w tyle** fall behind
pozostawiony do wyboru optional
pozwolenie *n* permission; permit; licence, *zob.też* **zezwolenie**
pozwolić *v* **odstać się** allow to stand
~ **ściekać** (*kroplami*) allow to drop
pozycja *f* **1.** position; *nawig.* fix **2.** item (*on a list*)
~ **ewidencyjna** item
~ **kodowa** code symbol position
~ **międzywęzłowa** *kryst.* interstitial site
~ **nadmiarowa** *inf.* overflow position
~ **niebezpieczeństwa** *nawig.* distress position
~ **obserwowana** *nawig.* true position, position by observation
~ **pamięci** *inf.* store location
~ **przeznaczenia** *nawig.* point of destination
~ **spoczynkowa** „off" position
~ **umocniona** *wojsk.* fortification
~ **ustalona** *nawig.* fix
~ ~ **niedokładnie** weak fix
~ **w skorowidzu** index entry
~ **węzłowa** *kryst.* lattice position, lattice site
~ **włączenia** „on" position
~ **wołającego o pomoc** *nawig.* distress position
~ **wyjściowa** *nawig.* point of departure
~ **wyłączenia** „off" position
~ **względem ziemi** *nawig.* ground position
~ **z radionamiarów** *nawig.* radio fix
~ **założona** *nawig.* assumed position
~ **zliczona** *nawig.* estimated position, reckoned position
~ **znaku** *inf.* sign position
pozyskiwanie *n* **drewna** *leśn.* logging
pozyt *m fiz.* positronium
pozyton *m fiz.* positron, positive electron, antielectron
pozytonium *n fiz.* positronium
pozytron *m zob.* **pozyton**
pozytyw *m fot.* positive
~ **na podłożu nieprzezroczystym** kata-positive
~ **płyty** *el.akust.* mother, positive print
~ **ścieżki dźwiękowej** *kin.* positive sound-track
pożar *m* fire
~ **denny** *leśn.* ground fire
~ **endogeniczny** *górn.* spontaneous fire
~ **górny** *leśn.* crown fire
~ **kopalniany** coal mine fire, underground fire
~ **lasu** forest fire
~ **przelotny** *leśn.* running fire
~ **wierzchołkowy** *leśn.* crown fire
~ **zrobów** *górn.* gob fire
pożarnictwo *n* fire-fighting, firemanship
pożarnicza sieć *f* **sygnalizacyjna** fire-alarm system
pożyczać *v* **1.** loan, lend **2.** borrow
pożyczka *f* loan
~ **nisko oprocentowana** low-interest-bearing loan
pożytek *m* **pszczeli** nectar flow
pożywienie *n* food, nourishment, nutriment
pożywka *f biol.* nutrient medium; culture medium
~ **agarowa** nutrient agar
~ **bulionowa** bouillon, broth
~ **fermentacyjna** fermentation broth, fermentation nutrient, fermentation medium
~ **mineralna** *roln.* nutrient solution
pożywny *a* nourishing, nutrient; alible
półacetal *m chem.* hemiacetal, semiacetal
półamplituda *f* **pływu** *ocean.* half tide
półantracyt *m petr.* semianthracite

półautomat *m* semi-automatic (machine)
~ **obróbkowy** semi-automatic (lathe)
~ ~ **jednowrzecionowy** single-spindle semi-automatic
~ ~ **wielowrzecionowy** multiple-spindle semi-automatic
~ **spawalniczy** semi-automatic welder, squirt welder
półautomatyczny *a* semi-automatic
półbajt *m inf.* half-byte
półbeczka *f lotn.* half-roll
półbrama *f* single-leg gantry, semi-gantry
półciągły *a mat.* semi-continuous
półciągły z góry upper semi-continuous
półciekły *a* semi-liquid
półcień *m astr.* penumbra
półebonit *m gum.* flexible ebonite
półfabrykat *m* semi-finished product, *zob. też.* **półwyrób**
półfabrykaty *mpl* **tarte** *drewn.* shop lumber, factory lumber
półfala *f* half-wave
półfalówka *f opt.* half-wave plate
półfilar *m arch.* pilaster; respond
półfiret *m poligr.* en-quad
półgrupa *f mat.* semi-group
~ **z jedynką** monoid
półhals *m żegl.* midship tack, false tack
półka *f* shelf; ledge; plate (*of rectifying column*)
~ **belki** (*stalowej*) beam flange
~ **dzwonowa** *zob.* **półka kołpakowa**
~ **kolumny** *chem.* column plate
~ **kołpakowa** *chem.* bubble-cap plate, bubble-cap tray
~ **nad kominkiem** mantelshelf
~ **rzeczywista** *chem.* actual plate
~ **sitowa** *chem.* sieve plate, sieve tray
~ **teoretyczna** *chem.* theoretical plate, perfect plate
~ **usztywniająca** web
~ **zasilana** *chem.* feed plate
półkąt *m* **stożka czołowego** *masz.* back cone angle, edge angle (*in a bevel gear*)
~ ~ **dna wrębów** base angle (*in a bevel gear*)
~ ~ **podziałowego** pitch angle (*in a bevel gear*)
~ ~ **stóp** root angle (*in a bevel gear*)
~ **zarysu gwintu** *masz.* half thread angle, thread flank angle
półklejony *a papiern.* half-sized
półkluza *f okr.* open chock
półkoks *m* semi-coke, low carbonization coke
półkoksowanie *n* low temperature carbonization
półkole *n* semicircle
półkolisty *a* semicircular
półkolumna *f arch.* attached column
półkratownica *f bud.* jack truss
półkrupon *m skór.* bend, half butt
półkrwi *a* half-blooded, half-bred
półksiężyc *m astr.* half-moon
półkula *f* hemisphere
półkulisty *a* hemispherical
półliniowy *a mat.* semi-linear
półłuk *m arch.* semi-arch
półmasa *f papiern.* half-stuff
~ **szmaciana** rag half-stuff
półmaska *f bhp* respirator, half-mask
~ **z doprowadzeniem powietrza** supplied-air respirator
~ **z pochłaniaczem (chemicznym)** (chemical) cartridge respirator
półmaszt *m okr.* derrick post, samson post
półmat *m farb.* eggshell gloss, semigloss
półmetal *m* semi-metal, metalloid
półmikroanaliza *f chem.* semi-microanalysis
półniezmiennik *m mat.* semi-invariant
północ *f* **1.** *astr.* midnight **2.** north
~ **geograficzna** true north
północo-wschód *m* northeast
północo-zachód *m* northwest
północny *a* north; northern
półnorma *f mat.* semi-norm
półobraz *m TV* field
półobrobiony *a* semi-finished
półobrót *m* half-turn
półodrzwia *pl* **obudowy** *górn.* half set, gallow timber
półogniwo *n el.* half-cell, half-element
półokrąg *m* semicircle
półokrągły *a* half-round
półokres *m* half-period, semi-period
~ **reakcji** *chem.* period of half-change
~ **rozpadu** *fiz.* half-life (period)
~ **zjawiska przemiennego** alternation
półokrężny *a* semicircular
półoś *f* **1.** *geom.* semi-axis **2.** *mot.* axle shaft, half-shaft
~ **(elipsy) mała** *geom.* semi-minor axis
~ **napędowa** *mot.* drive shaft
~ **rzeczywista hiperboli** *geom.* semi-transverse axis
~ **wahliwa** swing(ing) axle shaft
półotwarty *a* half-open
półpanew *f masz.* half-sleeve of bearing, bearing brass, bearing half-shell
półpasożyty *mpl biol.* semiparasites, hemiparasites
półpętla *f lotn.* half-loop
półpiętro *n bud.* mezzanine (floor), entresol
półplastyczny *a* semi-plastic
półpłaszczyzna *f mat.* half-plane
~ **górna** upper half plane
~ **nadmiarowa** *kryst.* extra half-plane
półpłótno *n poligr.* half-cloth binding
półpłynny *a* semi-fluid
półpojemnikowiec *m okr.* part container ship, semicontainer ship
półpokład *m okr.* half deck
półpokładnik *m okr.* half beam
półpołysk *m farb.* semi-gloss
półporcelana *f* semi-vitreous china-ware
półprodukt *m* intermediate product
półprodukty *mpl* **żywnościowe** ready-to-cook food
półprosta *f geom.* half-line, ray
półprosty *a mat.* **1.** semi-prime (*about ideal*) **2.** semi-simple (*about group or module*)

półprzekrój-półwidok *m rys.* half section
półprzepuszczalność *f* semi-permeability
półprzepuszczalny *a* semi-permeable
półprzestrzeń *f mat.* half-space
półprzewodnictwo *n fiz.* semiconduction
półprzewodnik *m fiz.* semiconductor
~ **amorficzny** amorphous semiconductor
~ **domieszkowy** impurity semiconductor; doped semiconductor
~ **dziurowy** electron-defect semiconductor, p-type semiconductor
~ **elektronowy** electron-excess semiconductor, n-type semiconductor
~ **intermetaliczny** compound semiconductor
~ **(jedno)pierwiastkowy** elemental semiconductor
~ **jonowy** ionic semiconductor
~ **krystaliczny** semiconducting crystal
~ **mieszany** mixed semiconductor
~ **nadmiarowy** electron-excess semiconductor, n-type semiconductor
~ **niedomiarowy** electron-defect semiconductor, p-type semiconductor
~ **niesamoistny** extrinsic semiconductor
~ **o „dwupoziomowym" przenoszeniu elektronów** two-level transfer semiconductor
~ **o przejściu międzypasmowym prostym** direct semiconductor
~ **organiczny** organic semiconductor
~ **pierwiastkowy** elemental semiconductor
~ **samoistny** intrinsic semiconductor
~ **silnie domieszkowany** heavily doped semiconductor
~ **skompensowany** compensated semiconductor
~ **słabo domieszkowany** lightly doped semiconductor
~ **szkłopodobny** semiconducting glass
~ **tlenkowy** metal-oxide semiconductor, MOS
~ **typu n** n-type semiconductor, electron-excess semiconductor
~ ~ **p** p-type semiconductor, electron-defect semiconductor
~ **z wąską przerwą energetyczną** narrow-band semiconductor
~ **zakłóceniowy** defect semiconductor
~ **zdegenerowany** degenerate semiconductor
~ **złożony** compound semiconductor
półprzewodzący *a* semiconducting
półprzezroczysty *a* translucent
pół-relief *m arch.* half-relief
półrozpiętość *f lotn.* semi-span
półsprzęg *m kol.* coupling adapter
półsprzęgło *n masz.* half-coupling
półstały *a* semi-solid
półsumator *m inf.* half-adder
półsztywny *a* semi-rigid
półślizg *m okr.* semi-hydroplane
półton *m akust.* semitone, half tone
półtora raza więcej half as much again
półtorapłat *m lotn.* sesquiplane
półtoratlenek *m chem.* sesquioxide
półtorawęglan *m chem.* sesquicarbonate
półtusza *f spoż.* half carcass
półtwardy *a* semi-hard
półwałek *m arch.* half-round moulding, bead
półwęzeł *m mech.* element of a pair
półwiatr *m żegl.* beam reach (sailing point)
półwodzian *m chem.* hemihydrate
półwolnonośny *a lotn.* semi-cantilever
półwózek *m transp.* semi-live skid
półwyroby *mpl* **stalowe** *hutn.* semi-finished steel
~ ~ **walcowane** rolled steel
półwyrób *m* semi-finished product; semi-manufacture; blank
~ **ceramiczny** (*wypalony nieszkliwiony*) biscuit
~ **monety** planchet
~ **wyciskany** *obr.plast.* extruded blank
~ **wytłoczki** *obr.plast.* preformed part
~ **z węglików spiekanych** carbide blank
półwysep *m* peninsula
PP = polipropylen *chem.* polypropylene
ppanc. = przeciwpancerny armour-piercing, antitank
p.p.b. = części na miliard *chem.* parts per billion
p.p.m. = części na milion *chem.* parts per million
ppoż. = przeciwpożarowy fire-fighting
PPWK = Państwowe Przedsiębiorstwo Wydawnictw Kartograficznych
praca *f* **1.** *mech.* work **2.** *masz.* running, run, operation **3.** *ek.* work, job, labour, *zob.też* **prace**
~ **akordowa** *ek.* piece-work, job, work
~ **bez obciążenia** *masz.* no-load operation, running light
~ **bez przerywania ruchu** (*kolejowego, drogowego*) *inż.* work under traffic
~ **bezawaryjna** trouble-free service
~ **bezbrakowa** zero defects work
~ **bezpośrednia** *inf.* on-line operation
~ **ciągła** *el.* continuous running; continuous duty
~ **ciężka** hard-work
~ **dokładna** high-grade work
~ **doktorska** doctor's thesis
~ **dorywcza** *el.* short-time duty
~ **dwukierunkowa** *aut.* duplexing
~ **elementarna** *mech.* elementary work
~ **indykowana** *siln.* indicated work
~ **jałowa** no-load running, running light, idling
~ **jednogodzinna** *masz.el.* one-hour duty
~ **jednokierunkowa** *aut.* simplexing
~ **kwalifikowana** skilled labour
~ **łączeniowa** *el.* switching duty
~ **magisterska** master's thesis
~ **mechaniczna** mechanical work
~ **na dziennej zmianie** daywork
~ **na jedną zmianę** one-turn operation
~ **na roli** farm work
~ **na trzy zmiany** three-shift work
~ **naukowa** scientific work
~ **niebezpieczna** dangerous work
~ **nienormowana** (*nie nadająca się do ustalenia akordu*) unmeasured job

~ **nieprodukcyjna** non-productive labour
~ **nierównomierna** *siln.spal.* rough running
~ **odkształcenia** *wytrz.* work of deformation
~ **okresowa** *el.* periodic duty
~ **oszczędna** *siln.spal.* economical running
~ **pionierska** pioneering work
~ **pod obciążeniem** *masz.* load running
~ **pompowania** *siln.spal.* pumping work
~ **pośrednia** *inf.* off-line operation
~ **prądnicowa** *masz.el.* generator operation, generator action
~ **próbna** (*urządzenia*) test run
~ **przerywana** *siln.spal.* intermittent running, erratic running, missing
~ **przy częściowo otwartej przepustnicy** *siln.spal.* part throttle running
~ **przy częściowym obciążeniu** partial load running
~ **przy dużym obciążeniu** *masz.* heavy duty
~ **przy pełnym obciążeniu** full load running
~ **przy zbyt dużych posuwach** *obr.skraw.* overfeeding
~ **przy zmiennym obciążeniu** *masz.el.* varying duty
~ **przygotowana** *mech.* virtual work
~ **ręczna** manual work, handiwork
~ **rozprężania** expansion work
~ **równoległa** *masz.el.* parallel running
~ **równomierna** *siln.spal.* steady running
~ **silnika (lotniczego) na ziemi** ground running
~ **silnikowa** *masz.el.* motor operation, motor action, motoring
~ **spokojna** *siln.spal.* quiet running, smooth running
~ **stateczna** *masz.el.* stable operation
~ **(systemu) z podziałem czasowym** *tel.* time-division multiplexing, tdm
~ ~ **z podziałem częstotliwościowym** frequency-division multiplexing, fdm
~ **szeregowo-równoległa** *inf.* serial-parallel operation
~ **twarda** *siln.spal.* rough running
~ **uboczna** by-work
~ **uderzenia** *mech.* energy of blow, striking energy
~ **(urządzenia) w warunkach eksploatacyjnych** service duty
~ **użyteczna** effective work, useful work
~ **w niepełnym wymiarze godzin** part-time job
~ **w pełnym wymiarze godzin** full-time job
~ **w przemyśle** industrial work
~ **w rolnictwie** farm work
~ **w terenie** field work
~ **w trybie autonomicznym** *inf.* off-line operation
~ ~ ~ **bezpośrednim** *inf.* on-line operation
~ **wewnętrzna** *fiz.* internal work
~ **wielkosygnałowa** *elektron.* large-signal operation
~ **wielozmianowa** multi-shift work
~ **wirtualna** *mech.* virtual work
~ **wyjścia** (*elektronu*) *fiz.* thermionic work function, electronic work function, electron affinity, emission work
~ **wyznaczona** work task
~ **z nadmierną szybkością** overspeeding
~ **z podziałem czasu** *inf.* time-sharing
~ **z szarpnięciami** *siln.* jerky running
~ **zawodowa** professional work
~ **zbiorowa** (*książka*) multi-author work
~ **zespołowa** team-work
~ **zewnętrzna** *fiz.* external work
~ **zlecona** work at order; work to order
~ **zmechanizowana** mechanized work
~ **zmianowa** shift work
~ **znamionowa** *el.* rated duty
prace *fpl* **badawczo-rozwojowe** development (work)
~ **biurowe** office work
~ **doświadczalne** experimental work
~ **naprawcze** repair work
~ **naukowo-badawcze** research work
~ **pomocnicze** chores
~ **porządkowe** *zob.* **prace pomocnicze**
~ **poszukiwawcze** *geol.* exploration work, prospecting
~ **przeładunkowe** *transp.* handling of materials; handling of goods, freight handling
~ **przygotowawcze** preliminary work, preparatory work
~ **remontowe** *zob.* **prace naprawcze**
~ **rozwojowe** development work, development activities
~ **w toku** work in progress
pracochłonność *f* labour consumption, labour demand
pracochłonny *a* labour-consuming
pracodawca *m* employer
pracować *v* work; run; operate; be in operation
~ **na fali** (*o statku*) *żegl.* make heavy weather
~ **równolegle** *el.* run in parallel
~ **zadowalająco** work satisfactorily; work smoothly
pracownia *f* laboratory; workroom; study
~ **analityczna** *chem.* analytical laboratory
~ **izotopowa** isotopic laboratory
~ **rentgenowska** X-ray room
pracownica *f* woman employee; woman worker
pracownicy *mpl* **młodociani** juvenile labourers
pracownik *m* worker; employee
~ **biurowy** office worker, clerk
~ **fizyczny** labourer
~ **laboratoryjny** laboratory assistant
~ **nadzorujący** attendant, tender
~ **naukowy** scientific worker; research worker, researcher
~ **przemysłu metalowego** metalworker
~ **służby ochrony środowiska** environmentalist
~ **transportu międzyoperacyjnego** move-man

pracujący *a* (*będący w ruchu*) working, running
pragaz *m* low-temperature oven gas
prakoks *m* semi-coke, low carbonization coke
praktyczny *a* practical
praktyka *f* practice; apprenticeship; training; usage
~ **morska** seamanship
~ **warsztatowa** workshop practice
praktykant *m* apprentice; trainee; improver
pralka *f* washing machine; washer
~ **bębnowa** drum-type washing machine
~ **wirnikowa** impeller-type washing machine
pralnia *f* laundry, wash-house
pralnica *f* *włók.* washer, washing machine; scouring machine
~ **szerokościowa** full width scouring machine
~ **wełny** wool washer
pranie *n* laundering; washing; scouring
~ **chemiczne** chemical cleaning, dry cleaning
~ **delikatne** fine laundering
~ **maszynowe** machine washing
~ **na sucho** chemical cleaning, dry cleaning
~ **wełny** scouring of wool
prasa *f* press
~ **automatyczna** automatic press
~ **balansowa** brake press
~ **brykietowa** briquetting machine
~ **cedzidłowa** (*hydrauliczna*) cage press
~ **ceglarska** brick press, brick moulding machine
~ **ciągowa** *obr.plast.* drawing press, draw press
~ ~ **podwójnego działania** toggle drawing press
~ ~ **pojedynczego działania do wtórnych ciągów** reducing press
~ **cierna śrubowa** friction screw press
~ **czterokolumnowa** *obr.plast.* four-column press, four-post press
~ **czteropunktowa** *obr.plast.* four-point suspension press
~ **do belowania** baler, baling press
~ **do dziurowania** (*kęsów na rury*) *obr. plast.* piercing press
~ **do form** *odl.* mould clamp
~ **do formowania** *tw.szt.* moulding press
~ **do gięcia** *obr.plast.* press bender, bending press
~ **do główczenia** *obr.plast.* nosing press
~ **do kształtowania obciągiem** *obr.plast.* stretch-forming press
~ **do kształtowania wzornikiem** stretch-wrap forming press
~ **do kucia matrycowego** *obr.plast.* die forging press, drop forge press
~ **do kucia swobodnego** free forging press
~ **do matrycowania** *poligr.* moulding press
~ **do nakiełkowania kęsów na rury** centre press
~ **do okrawania** *obr.plast.* trimming press, trimmer, trimming machine, clipping press
~ **do paczkowania złomu** scrap baling press, (scrap) compacting press, scrap press
~ **do prostowania blach** (plate) flattening press
~ **do prostowania kształtowników** gag (press)
~ **do prostowania podwalcowanych kęsisk płaskich** *obr.plast.* slab squeezer, slab edging press
~ **do przepychania (lub przetłaczania) otworów** *obr.skraw.* broaching press
~ **do rdzeni** *odl.* squeeze-type core-making machine
~ **do siana** *roln.* hay press, hay baler
~ **do sklejki** *drewn.* laminating press
~ **do spęczania końców rur** *obr.plast.* tube upsetting press
~ **do spęczania miejscowego** *obr.plast.* upsetting press
~ **do tłoczenia** *obr.plast.* stamping press
~ **do tłoczenia blach** sheet-metal forming press
~ **do tłoczenia kształtowego** forming press
~ **do tłoczenia poduszką gumową** rubber pad press
~ **do wybijania odlewów** press for mould extrusion
~ **do wycinania** *obr.plast.* blanking press
~ **do wyciskania 1.** *obr.plast.* extrusion press, extruder **2.** *spoż.* squeezing press, squeezer
~ **do wyciskania hydrostatycznego** *obr. plast.* hydrostatic extrusion press
~ **do wyciskania oleju** oil expeller, oil mill
~ **do wyginania kołnierzy** flanging press
~ **do wyoblania tarczy kół** *hutn.* dishing press
~ **do wysłodków** *cukr.* pulp press
~ **do wytłaczania** *papiern.* embossing press
~ **dolnotłokowa** *tw.szt.* upstroke press
~ **drukarska** printing press, letterpress
~ **dwukolumnowa** *obr.plast.* double sided press, two-column press
~ **dwukorbowa** *zob.* **prasa dwupunktowa**
~ **dwupunktowa** *obr.plast.* two-point press
~ **dziurkarska** *obr.plast.* punch press, punching machine
~ **dziurująca** (*kęsy na rury*) piercing press
~ **dźwigniowa** lever press
~ **filtracyjna** filter-press
~ ~ **ramowa** plate-and-frame filter press
~ **formująca bloki** blocking press
~ **gładząca** *papiern.* smoothing press
~ **górnotłokowa** *tw.szt.* downstroke press
~ **hartownicza** *obr.ciepl.* quenching press
~ **hydrauliczna** hydraulic press
~ **jarzmowa** *drewn.* jig
~ **jednokolumnowa** *obr.plast.* single-column press
~ **jednokorbowa** *zob.* **prasa jednopunktowa**

~ **jednopunktowa** *obr.plast.* one point press, single-crank press
~ **jednosłupowa** *obr.plast.* single-column press
~ **jednostronnie łożyskowana** *obr.plast.* endwheel press
~ **kątowa** *tw.szt.* angle press, side-ram press
~ **klejarska** *papiern.* sizing press
~ **kolanowa** knuckle joint press, toggle press
~ **kolumnowa** pillar press
~ **korbowa** crank (operated) press
~ ~ **dwupunktowa** double crank press
~ **korektorska** *poligr.* proof press
~ **krawędziowa** *obr.plast.* (bending) brake, cornice brake, press brake
~ **krzywkowa** cam (operated) press
~ **kuźnicza** forging press
~ ~ **dwucylindrowa** (*hydrauliczna*) duplex forging press
~ ~ **wysięgowa** overhung forging press
~ **litograficzna** *poligr.* lithographic press
~ **mechaniczna** power press
~ ~ **z dolnym napędem** under-drive press
~ ~ **z górnym napędem** overhead drive press
~ **medalierska** *obr.plast.* embossing and coining press
~ **mimośrodowa** eccentric press
~ **mokra** *papiern.* wet press, suction couch roll
~ **montażowa do wrzecion** arbor press
~ **nitownicza** riveting press, riveter
~ **o napędzie z tyłu** *obr.plast.* endwheel press
~ **obrotowa** *obr.plast.* rotary press
~ **odbierająca** *papiern.* take-up press
~ **odlewnicza** *odl.* mould clamp
~ **olejarska** oil press
~ **płytowa** platen press
~ ~ **do polerowania** *tw.szt.* polishing press
~ **podwójnego działania** *obr.plast* .double-action press
~ **pojedynczego działania** (*bez poduszki*) *obr.plast.* single-action press
~ **połyskowa** *papiern.* smoothing press
~ **potrójnego działania** *obr.plast.* triple-action press
~ **półautomatyczna** semi-automatic press
~ **przechylna** inclinable press
~ **przedrukowa** *poligr.* transfer press
~ **przetłoczna** *tw.szt.* transfer (moulding) press
~ **ramowa** *obr.plast.* straight-side press
~ **ręczna** hand press
~ **rotacyjna** rotary press
~ **ssąca** *papiern.* suction press
~ **stołowa** *obr.plast.* bench press
~ **ślimakowa** *ceram.* pug mill; *spoż.* expeller
~ **śrubowa** screw press
~ ~ **ręczna** fly press
~ **tabletkująca** pelleting press
~ **tłokowa** (*do słomy lub siana*) *roln.* ram baler
~ **walcowa** roll press
~ **wielopłytowa** *tw.szt.* multi-daylight press, multi-platen press
~ **wieloprześwitowa** *zob.* **prasa wielopłytowa**
~ **wielostopniowa** *obr.plast.* **1.** multiple plunger press **2.** transfer (moulding) press
~ ~ **z podajnikiem walcowym** *obr.plast.* eyelet machine
~ **wielosuwakowa** *obr.plast.* multiple slide press
~ **wstępna** *papiern.* baby press
~ **wulkanizacyjna** vulcanizing press
~ ~ **Bag-O-Matic** bladder press
~ **wysięgowa** *obr.plast.* C-frame press, gap press, overhanging press, open-fronted press
~ ~ **ze stołem nastawnym** straight front press
~ **wysokiego docisku** *papiern.* high pressure press
~ **wyżymakowa** *papiern.* couch press
~ **z głowicą przechylną** *tw.szt.* tilting head press
~ **z matrycą hydrauliczną** *obr.plast.* hydromatic press
~ **z napędem nożnym** foot press
~ **z prześwitem między stojakami** open back press
~ **z rogiem** *obr.plast.* horn press
~ **z wałem jednostronnie łożyskowanym** front-to-back shaft press
~ **zaklejająca** *papiern.* sizing press
~ **zegarmistrzowska** watch press
~ **zgrzewalnicza** welding press
~ **znakująca** *papiern.* stamping press
~ **zwrotna** *papiern.* reverse press
prasmoła *f* primary tar, low-temperature tar
prasomłot *m obr.plast.* hammer press
prasować *v* **1.** press; iron **2.** *tw.szt.* mould
prasowalność *f* **proszku** compressibility of powder
prasowanie *n* **1.** pressing; ironing **2.** *tw. szt.* press moulding
~ **ciągłe** *tw.szt.* pultrusion
~ **na sucho** *ceram.* dust pressing
~ **na zasyp** pressing with volume filling
~ **na zimno** *tw.szt.* cold moulding
~ **przeponowe** *tw.szt.* hat press moulding, rubber-bag moulding
~ **przetłoczne** *tw.szt.* transfer moulding
~ **sterowane** pressing with steering die; withdrawal pressing (*of powder*)
~ **swobodne** floating die pressing (*of powder*)
~ **tłoczne** *tw.szt.* compression moulding
~ **wypływowe** *obr.plast.* extrusion
~ **wysokociśnieniowe** *tw.szt.* high-pressure moulding
~ **z odważki** pressing with weight filling
~ **z ogrzewaniem prądem wielkiej częstotliwości** *tw.szt.* heatronic moulding, radio-frequency moulding
~ **złomu** *hutn.* compaction of scrap, consolidation of scrap, scrap baling

~ **żelazkiem** ironing
prasowarka *f* **1.** *włók.* ironing machine, ironer **2.** *skór.* plating press
prasownia *f obr.plast.* press shop, stamping plant
prasownica *f* **do odzieży** clothes press
prasownik *m* pressing tool (*in powder metallurgy*)
prasówka *f* (powder) compact
~ **surowa** green compact
prawa *npl* **autorskie** proprietor's rights; copyright
~ **de Morgana** *mat.* de Morgan's laws
~ **Kirchhoffa** *el.* Kirchhoff's laws
~ **Mendla** *genet.* Mendel's laws
~ **patentowe** (*uprawnienia*) patent rights
prawa burta *f okr.* starboard
prawa strona *f* right side; *lotn.* starboard
prawdopodobieństwo *n mat.* probability
~ **a posteriori** probability a posteriori, posterior probability, empirical probability
~ **a priori** a priori probability, prior probability
~ **asymptotyczne rozszczepienia** (*w reaktorze krytycznym*) *nukl.* iterated fission expectation
~ **błędu** error probability
~ **odrzucenia dobrej partii** *skj* probability of rejecting a good lot
~ **odwrotne** inverse probability
~ **przeżycia** survival probability
~ **przyjęcia wadliwej partii** *skj* probability of accepting a bad lot
~ **statystyczne** statistical probability
~ **termodynamiczne** thermodynamic probability, thermodynamic multiplicity
~ **trafienia w cel** kill probability
~ **warunkowe** conditional probability
~ **względne** *zob.* **prawdopodobieństwo warunkowe**
~ **zdarzenia** probability of an event
~ **zderzenia** collision probability
~ **złożone** compound probability
prawdopodobnie *adv* probably
prawdopodobny *a* probable
prawdziwek *m bot.* edible boletus, *Boletus edulis*
prawdziwy *a* true; genuine
prawidło *n* **1.** rule **2.** *tw.szt.* cooling fixture **3.** (*do butów*) boot-tree
~ **prasownicze** *tw.szt.* shrinkage block
prawidłowość *f* correctness; regularity
~ **kształtu** truth of form
prawidłowy *a* right; correct; regular
prawie nierozpuszczalny nearly insoluble
prawie periodyczny *mat.* almost periodic
prawie pewny *mat.* almost certain
prawie wszędzie *mat.* almost everywhere
prawierównia *f geol.* peneplain, plain of denudation
prawniczy *a* legal
prawnie chroniony legally protected, protected by law
prawnie obowiązujący legally valid, legally binding, valid in law
prawny środek *m* **płatniczy** *ek.* legal tender
prawo *n* **1.** law **2.** right; licence
~ **(addytywności) ciśnień cząstkowych** *fiz.* Dalton's law
~ **akcji i reakcji** Newton's third law, law of action and reaction, third principle of dynamics, third law of motion
~ **Archimedesa** Archimedes' principle
~ **autorskie** copyright
~ **Avogadry** *fiz.* Avogadro's law, Avogadro's hypothesis
~ **bliźniacze** *kryst.* twinning law
~ **Boltzmanna-Stefana** *fiz.* fourth-power law, Stefan-Boltzmann law
~ **Boyle'a i Mariotte'a** *fiz.* Boyle's law
~ **Bunsena i Roscoe** *fot.* reciprocity law
~ **ciśnień cząstkowych** Dalton's law, law of partial pressures
~ **Coulomba** Coulomb's law
~ **Daltona** *zob.* **prawo ciśnień cząstkowych**
~ **Debye'a** Debye T^3 law
~ **do patentu** entitlement to the patent, patent rights
~ **drogi** right-of-way
~ **Dulonga i Petita** Dulong and Petit's law, law of atomic heats
~ **działania mas** *chem.* law of mass action
~ **Einsteina** Einstein mass-energy equivalence law
~ **Gay-Lussaca** law of combining volumes, Gay-Lussac's law
~ **gazów doskonałych** law of ideal gases
~ **grawitacji** law of universal gravitation
~ **Guldberga i Waagego** *chem.* law of mass action
~ **Hessa** *chem.* law of constant heat summation
~ **Hooke'a** *wytrz.* Hooke's law
~ **iterowanego logarytmu** *mat.* law of iterated logarithm
~ **izotropii ciśnienia** Pascal's law, theorem on the isotropy of pressure
~ **jazdy** driving licence
~ **kwadratów odległości** *opt.* law of inverse squares
~ **łączności mnożenia** *mat.* associative law for multiplication
~ **małych liczb** *mat.* law of small numbers
~ **Maxwella** Maxwellian distribution law
~ **morskie** maritime law
~ **natury** law of nature
~ **niezależnej wędrówki jonów** law of independent migration of ions
~ **odstrzału** shooting right
~ **odwrotności kwadratów** *fiz.* inverse square law
~ **Pascala** Pascal's law, theorem on the isotropy of pressure
~ **pasowe** *kryst.* zone law
~ **patentowe** patent law
~ **pierwszeństwa** right of priority, preferential right, precedence
~ ~ **przejazdu** right-of-way

~ **Plancka** 1. *fiz.* Planck's law 2. *mech. pł.* Planck radiation formula, Planck distribution law, Planck's law
~ **podaży i popytu** *ek.* law of supply and demand
~ **podpisu** authority to sign
~ **podwójnej negacji** *mat.* law of double denial, law of double negation
~ **podziału** distribution law, partition law
~ **połowu ryb** fishing right
~ **powszechnego ciążenia** law of universal gravitation
~ **przemienności** *mat.* commutative law
~ **przesunięć** *fiz.* displacement law
~ **regresu** right of recourse
~ **rozcieńczeń Ostwalda** *chem.* Ostwald's dilution law
~ **rozdzielności mnożenia względem dodawania** *mat.* distributive law of multiplication
~ **rozpadu promieniotwórczego** *nukl.* decay law
~ **równoważności masy i energii** *fiz.* Einstein mass-energy equivalence law
~ **sprzeczności** *mat.* law of contradiction
~ **stałości kątów** *kryst.* law of constant angles, law of invariability of interfacial angles
~ ~ **składu** *chem.* law of constant proportions, law of constant composition, law of definite proportions, Proust's law
~ ~ **sum cieplnych** law of constant heat summation
~ **stanów odpowiadających** *chem.* principle of corresponding states
~ **Stefana-Boltzmanna** Stefan-Boltzmann law; fourth-power law
~ **stosunków objętościowych** *chem.* law of combining volumes, Gay-Lussac's law
~ ~ **równoważnikowych** *chem.* law of reciprocal proportions, law of equivalent proportions
~ ~ **stałych** law of constant proportions, law of constant composition, law of definite proportions, Proust's law
~ ~ **wielokrotnych** law of multiple proportions
~ **tangensów** *mat.* tangent law
~ **transpozycji** *mat.* law of transposition
~ **trzeciej potęgi** *fiz.* Debye T^3 law
~ **udziałów** *chem.* law of reciprocal proportions, law of equivalent proportions
~ **wielkich liczb** *mat.* law of large numbers
~ ~ ~ **mocne** strong law of large numbers
~ ~ ~ **słabe** weak law of large numbers
~ **własności** ownership; title to property
~ **wyłączne** *ek.* exclusive right, sole right
~ **wyłącznego środka** *mat.* law of the excluded middle
~ **wymiernych wskaźników** *fiz.* law of rational indices
~ **wynalazcze** patent law
~ **zachowania energii** law of conservation of energy
~ ~ **masy** law of conservation of mass
~ ~ **materii** law of conservation of matter
~ ~ **parzystości** *nukl.* parity conservation law
~ ~ **pędu** momentum conservation law
~ **zastawu** *ek.* lien
~ **zmienności wykładniczej** *mat.* law of exponents, exponential law
prawobrzeżny *a* right-bank (*situated on the right bank of a river*)
prawodawstwo *n* legislation
~ **w zakresie ochrony środowiska** environmental legislation
prawomocny *a* legally solid, (legally) binding
prawoskrętność *f opt.* dextrorotation
prawoskrętny *a* dextrorotatory, dextrose
prawostronny *a* right-hand
prawoślaz *m* **lekarski** *bot.* marsh mallow, *Althaca officinalis*
prawy *a* right
prawybuch *m astr.* bing-bang
prazeodym *m chem.* praseodymium, Pr
prażak *m hutn.* roasting furnace, roaster
prażalnia *f hutn.* roasting plant
prażalnik *m hutn.* roasting furnace, roaster
prażenie *n* roasting (*of ores*); calcination; torrefaction
~ **całkowite** dead roasting
~ **chlorujące** chloridizing roasting
~ **form skorupowych** *odl.* curing of shell moulds
~ **kalcynujące** calcination
~ **magnetyzujące** magnetizing roasting, magnetic roasting
~ **pirytu** pyrite roasting
~ **podmuchowe** blast roasting
~ **redukujące** reduction roasting
~ **rudy** ore roasting
~ **spiekające** blast roasting, roast-sintering
~ **usiarczające** sulfatizing roasting
~ **utleniające** oxidizing roasting
~ **wstępne** preroasting
~ **z dmuchem** *zob.* **prażenie podmuchowe**
~ **zupełne** dead roasting
prażonka *f hutn.* roasted ore
prąd *m* current, *zob.też* **prądy**
~ **anodowy** *el.* plate current
~ **bierny** *el.* reactive current, wattless current, idle current, quadrature current
~ **bioelektryczny** *fizjol.* bioelectric current
~ **boczny** (*powietrza wentylacyjnego*) *górn.* split
~ **bramki** *elektron.* gate current
~ **ciemny** *el.* dark current (*in a photo-cathode*)
~ **czynnościowy** *fizjol.* action current
~ ~ **serca** heart action current
~ **czynny** *el.* active current
~ **doziemny** *el.* earth current
~ **drenu** *elektron.* drain current
~ **dryfowy** *ocean.* drift current
~ **dwukierunkowy** *el.* double current
~ **dyfuzyjny** *elchem.* diffusion current

~ **dziurowy** *elektron.* current of holes
~ **elektronowy** electron current
~ **elektryczny** electric current
~ **emisyjny** *el.* emission current, saturation current
~ **faradyczny** *elchem.* faradic current
~ **foniczny** *el.* audio current
~ **fotoelektryczny** photo-electric current
~ **galwaniczny** *el.* voltaic current, galvanic current
~ **geostroficzny** *ocean.* geostrophic current
~ **głębinowy** *ocean.* undercurrent
~ **graniczny** *el.* limiting current
~ **indukowany** *el.* induced current
~ **jałowy** *el.* no-load current
~ **jednokierunkowy** *el.* unidirectional current
~ **jonizacji** ionization current, gas current
~ **katalityczny** *el.* catalytic current
~ **katodowy** cathode current
~ **konwekcyjny** convection current (*in a fluid*)
~ **krzyżowy** cross-flow
~ **ładowania** *el.* charging current
~ **magnesujący** *el.* magnetizing current
~ **migracyjny** *elchem.* migration current
~ **morski** sea current
~ **mówny** *tel.* speech current
~ **następczy** *el.* follow current
~ **nasycenia** *el.* emission current, saturation current
~ **neutronów** *nukl.* neutron current
~ **niezrównoważenia** *el.* offset current
~ **nośny** *tel.* carrier current
~ **o częstotliwości przemysłowej** *el.* power current
~ **obciążeniowy** *el.* load current
~ **obwodowy** *el.* loop current
~ **ochrony katodowej z zewnętrznego źródła** impressed current
~ **odcięcia** *el.* cut-off current
~ **okresowy** *ocean.* periodic current
~ **opóźniający się** (*w fazie*) *el.* lagging current
~ **pełnego obciążenia** *el.* full-load current
~ **pierwotny** *el.* primary current
~ **pilotowy** *tel.* pilot wave
~ **piłokształtny** *el.* sawtooth current
~ **płynu** fluid current
~ **pływu** *ocean.* tidal stream, tidal current
~ **pobierany** *el.* current input
~ **podtrzymujący** *el.* holding current
~ **powierzchniowy** *ocean.* surface current
~ **powietrza** air current
~ **powrotny** *ocean.* return current
~ ~ **przyboju** undertow, underset
~ **przeciwbieżny** *el.* back current
~ **przemienny** *el.* alternating current
~ **przerywany** *el.* interrupted current
~ **przerzutu** *el.* breakover current
~ **przesunięcia** *el.* displacement current
~ **przewodzenia** *el.* forward current, conduction current
~ **przybrzeżny** *ocean.* coastal current
~ **przypływu** *ocean.* flood current
~ **resztkowy** *elchem.* residual current
~ **roboczy** *el.* work current
~ ~ **silnika** *el.* running current
~ **rozruchowy** *el.* starting current
~ **równikowy** *ocean.* equatorial current
~ **siatki** *elektron.* grid current
~ **sinusoidalny** *el.* harmonic current
~ **skrzyżowany** *mech.pł.* cross-current
~ **skurczu plazmy** *fiz.* pinch current
~ **skuteczny** *el.* root-mean-square current, rms current, effective current
~ **spawania** welding current
~ **spoczynkowy** *el.* quiescent current
~ **stabilizacji** *el.* regulation current
~ **stały** **1.** *el.* direct current, d.c. **2.** *ocean.* permanent current
~ **stanu jałowego** *el.* no-load current
~ **sterujący** *el.* control current
~ **strumieniowy** *meteo.* jet stream
~ **symboliczny** *el.* complex current
~ **synchronizujący** *masz.el.* synchronizating current
~ **szczątkowy** (*ogniwa*) *el.* residual current
~ **szczytowy** *el.* peak current
~ **szumowy** *tel.* noise current
~ **termiczny** *meteo.* thermal current
~ **termoelektronowy** thermionic current
~ **termoelektryczny** thermoelectric current
~ **tętniący** *el.* pulsating current
~ **topienia** (*bezpiecznika*) *el.* fusing current, blowing current
~ **trakcyjny powrotny** *el.* propulsion return current
~ **trójfazowy** *el.* three-phase current
~ **trzymania** (*przekaźnika*) *el.* holding current, hold current
~ **udarowy** *el.* surge current, impulse current
~ **upływowy** *el.* leakage current
~ ~ **siatki** *el.* grid current
~ **ustalony** *el.* steady-state current
~ **ustępujący** *ocean.* outgoing current
~ **w uzwojeniu bocznikowym** *el.* shunt current
~ **wejściowy** *el.* input current
~ ~ **w stanie 0** *aut.* low-level input current
~ ~ **w stanie 1** *aut.* high-level input current
~ **wiatrowy** *ocean.* wind current
~ **wiązki elektronowej** *el.* beam current
~ **wirowy** *ocean.* rotary current
~ **włączalny** *el.* rated making current, making-capacity
~ **wsteczny** *el.* inverse current, reverse current
~ **wstępujący** *meteo.* updraft (*in the atmosphere*), upward air current
~ **wtórny** *el.* secondary current
~ **wydechowy główny** *górn.* main return
~ **wyjściowy** *el.* output current
~ **wyładowczy** *el.* discharge current
~ **wyłączalny** *el.* (rated) breaking current, (rated) interrupting current
~ **wyłączania** *el.* cut-off current
~ **wymiany** *elchem.* exchange current
~ **wyprostowany** *el.* rectified current

~ **wyprzedzający** (*w fazie*) *el.* leading current
~ **wyrobowy** *szkl.* pull current, withdrawal current
~ **wyrównawczy** *el.* equalizing current
~ **wzbudzający** *el.* exciting current
~ **zakłóceniowy** *el.* faul current
~ **załączalny** *el.* rated making current, making-capacity
~ **załączeniowy spodziewany** prospective making current
~ **zapłonowy** *elektron.* striking current
~ **zasilania** *el.* supply current, feed current
~ **Zatokowy** *ocean.* Gulf Stream
~ **zawiesinowy** *ocean.* suspension current, density current, turbidity current
~ **zewowy** *telef.* ringing current
~ **ziemnozwarciowy** *el.* ground fault current
~ **ziemny** *el.* earth current, ground current
~ **zmienny** **1.** *el.* variable current **2.** *el.* alternating current, a.c. **3.** *ocean.* alternative current
~ **znamionowy** *el.* rated current
~ **zstępujący** *meteo.* downdraft (*in the atmosphere*)
~ **zwarcia silnika indukcyjnego** stalling current
~ **zwarciowy** *el.* short-circuit current, fault current
~ **zwolnienia** (*przekaźnika*) dropout current
~ **żarzenia** *elektron.* filament current, heater current
prądnica *f el.* (current) generator
~ **asynchroniczna** asynchronous generator
~ **bocznikowa** shunt generator
~ **dodawcza** positive booster
~ **dodawczo-ssąca** reversible booster
~ **doładowcza** milking generator, milker
~ **dwuprądowa** double-current generator
~ **hamownicza** electric dynamometer
~ **indukcyjna** induction alternator
~ **jednakobiegunowa** homopolar generator acyclic generator
~ **o biegunach wydatnych** salient-pole generator
~ **o stałym napięciu** (*na zaciskach*) constant-voltage generator
~ **obcowzbudna** separately excited generator
~ **osiowa** (*napędzana przez wał osiowy wagonu*) axle driven generator
~ **prądu przemiennego** alternator, alternating current generator, a.c. generator
~ ~ **stałego** dynamo, direct-current generator, d.c. generator
~ **reluktancyjna** reluctance generator
~ **różnobiegunowa** heteropolar generator
~ **samochodowa** automotive generator
~ **samowzbudna** self-excited generator
~ **siłowa** power generator
~ **spawalnicza** (arc-)welding generator
~ **ssąca** negative booster
~ **synchroniczna** synchronous generator
~ **szeregowa** series generator
~ **szeregowo-bocznikowa** compound generator
~ **tachometryczna** *aut.* rate generator
~ **trójfazowa** three-phase generator
~ **turbinowa** turbine generator
~ ~ **prądu przemiennego** turbo-alternator
~ ~ **prądu stałego** turbo-dynamo
~ **wieloprądowa** multiple-current generator
~ **wyrównawcza prądu stałego** direct-current balancer
prądomierz *m żegl.* current log
prądownica *f* fire-hose nozzle; water jet
prądy *mpl* **błądzące** *el.* stray currents, vagabond currents
~ **Foucaulta** *zob.* **prądy wirowe**
~ **powrotne** *ocean.* remanses
~ **strumieniowe** *meteo.* jet-streams
~ **telurycznie** *geofiz.* earth currents, telluric currents
~ **termiczne** *meteo.* thermal air currents
~ **wirowe** *el.* eddy currents, Foucault currents
~ **zerowe tranzystora** transistor leakage currents
prążek *m biol.* stria (*pl* striae)
~ **widma** *fiz.* spectral line
~ **wypukły** *włók.* wale
prążki *mpl opt.* striae
prążkowanie *n* striation
prążkowany *a* striated
precesja *f mech.* precession
~ **jądrowa** *fiz.* nuclear precession
~ **księżycowo-słoneczna** *astron.* luni-solar precession
~ **lunisolarna** *zob.* **precesja księżycowo-słoneczna**
~ **odwrotna** retrograde precession
~ **pozorna** *geofiz.* apparent precession, (apparent) wander
~ **prosta** direct precession, progressive precession
~ **regularna** regular precession
precypital *m chem.* (*phosphate fertilizer*)
precyzja *f* precision
~ **wielokrotna** *inf.* multiple precision
precyzyjny *a* precise
predeterminacja *f biol.* predetermination
predykat *m* predicate
predysocjacja *f fiz.* predissociation
preemfaza *f el.akust.* preemphasis, accentuation
prefabrykacja *f* prefabrication
prefabrykat *m* prefabricated product
prefabrykować *v* prefabricate, prefabricated unit
prefabrykowany *a* prefabricated
preferencja *f* preference
~ **konsumenta** consumer preference
prejonizacja *f chem.* preionization
prekambr *m geol.* **1.** pre-cambrian (era) **2.** pre-cambrian group
prekataliza *f chem.* methanation
prekursor *m chem.* precursor (*substance*)
prelaminat *m tw.szt.* lay up

premia *f* bonus, premium
~ **eksportowa** export bonus
~ **za brudne roboty** *żegl.* dirt money, dust allowance
~ **za pośpiech** dispatch money
prenatalny *a biol.* prenatal
preparat *m chem.* preparation, formulation
~ **aerozolowy** aerosol
~ **fosforo-organiczny** *roln.* organophosphate
~ **promieniotwórczy beznośnikowy** carrier-free radioactive preparation
~ **wywołujący opaleniznę** *kosmet.* sun tan preparation
preparaty *mpl* **biologiczne** biologicals
~ **farmaceutyczne** pharmaceuticals
~ **lecznicze** medicinal preparations
~ **odżywcze** nutrients
~ **sulfamidowe** sulfa drugs
~ **toaletowe** toiletries
~ **witaminowe** vitamin preparation
preparatyka *f* **chemiczna organiczna** practical organic chemistry
preparować *v* prepare
preparowanie *n* preparation
~ **wody** *san.* water purification, water treatment
~ ~ **zasilającej** *kotł.* boiler feed water treatment
preparowany *a* prepared
prepolimer *m chem.* prepolymer
preprocesor *m inf.* preprocessor
prerotacja *f hydr.* prerotation, pre-whirl
presbyopia *f med.* presbyopia
preselekcja *f* preselection; *ek.* open display (*of merchandise*)
preselektor *m* preselector
presnop *m mat.* presmeaf
~ **doskonały** fine presmeaf
presostat *m* pressure control
~ **maksymalny** high-pressure control
~ **minimalny** low-pressure control
preszpan *m* pressboard
~ **izolacyjny** insulating board
prewenter *m wiertn.* (blow-out) preventer
prezbiterium *n arch.* presbytery, chancel
prezerwy *fpl spoż.* preserves
pręcik *m bot.* stamen
~ **czułkowy stukomierza** *siln.spal.* bouncing-pin, feeler pin
prędkościomierz *m* velocity meter; speedometer, speed indicator; tachometer
~ **elektromagnetyczny** electro-magnetic velocity meter
~ **piętrzący** impact pressure velocity meter
~ **rejestrujący** speed recorder
~ **Venturiego** Venturi velocity meter
prędkość *f* speed; velocity
~ **asymptotyczna spadania** limiting velocity (*of a falling body*)
~ **bezpieczna** safety speed
~ **bezwzględna** absolute velocity
~ **blokowa** *lotn.* chock-to-chock speed
~ **cyrkulacji** *żegl.* turning speed (*of a ship*)
~ **cząsteczek** molecular velocity
~ **(cząstek) w ruchu bezładnym** *fiz.* random velocity
~ **czysta na wiatr** *żegl.* speed made good to windward
~ **dryfu** *fiz.* average drift velocity
~ **dźwięku** speed of sound, acoustic velocity
~ ~ **miejscowa** local speed of sound
~ **ekonomiczna** economical speed; *lotn.*, *żegl.* cruising speed
~ ~ **bojowa** *wojsk.* operational speed
~ ~ **przejścia** *żegl.* endurance speed
~ **eliptyczna** *kosm.* elliptic velocity
~ **fali** wave velocity
~ **fazowa** phase velocity
~ **graniczna** limit velocity
~ ~ **nurkowania** *lotn.* terminal velocity (*in a dive*)
~ **grupowa** (waves) group velocity
~ **hiperboliczna** *kosm.* hyperbolic velocity, solar escape velocity
~ **indukowana** *mech.pł.* induced velocity
~ ~ **osiowa** axial component of induced velocity
~ **jazdy** travelling speed; rate of travel
~ ~ **w tył** *mot.* reverse speed
~ **kątowa** angular velocity, rate of turning
~ **kołowa** *kosm.* circular velocity, earth satellite velocity
~ **komunikacyjna** *kol.* schedule speed
~ **końcowa** terminal velocity; burn-out speed (*of a rocket*)
~ **krążenia** *astr.* orbital velocity
~ **krytyczna** (*przepływu*) *mech.pł.* critical velocity
~ ~ **startu z wody** *lotn.* hump speed
~ **lądowania** *lotn.* landing speed
~ **liniowa** linear velocity
~ **lotu** *lotn.* air speed, flying speed
~ ~ **przyrządowa** indicated air speed, IAS; air-speed indicator reading, ASIR
~ ~ **równoważna** equivalent air speed, EAS
~ ~ **rzeczywista** true air speed, TAS
~ ~ **wskazywana** *zob.* **prędkość lotu przyrządowa**
~ **maksymalna** top speed, maximum velocity
~ **miejscowa** *mech.pł.* local velocity, point velocity
~ **międzyszczelinowa** interstitial velocity
~ **na biegu jałowym** idling speed
~ **naddźwiękowa** supersonic speed
~ **największa dopuszczalna** speed limit
~ **objętościowa** *akust.* volume velocity
~ **obliczeniowa** design speed
~ **obrotowa** rotational speed
~ ~ **krytyczna wału** *masz.* critical speed of a shaft
~ ~ **nadmierna** overspeed
~ ~ **silnika** engine speed
~ **obrotu Ziemi** earth rate
~ **obwodowa** peripheral speed; *masz.* tangential velocity

~ ~ **na kole podziałowym** *masz.* pitch-line velocity
~ **oderwania się** (*od ziemi podczas startu*) *lotn.* get-away speed, lift-off speed
~ **opadania** *lotn.* rate of descent
~ ~ **krwinek** *med.* blood sedimentation rate
~ ~ **szybowca** sinking speed of a glider
~ **opływu niezakłóconego** *mech.pł.* velocity in infinite, velocity of undisturbed flow
~ **osadzania się** settling velocity
~ **paraboliczna** *kosm.* parabolic velocity, (earth) escape velocity
~ **pełzania** *el.* creeping speed
~ **plamki wybierającej** *TV* scanning speed
~ **po wypaleniu się paliwa** *rak.* all-burned velocity, burnout velocity
~ **pocisku** (*w danym punkcie toru*) remaining velocity of a missile
~ ~ **względem ruchomego celu** missile-to-target speed
~ **początkowa** initial velocity
~ ~ **pocisku** (*wystrzeliwanego*) *uzbr.* muzzle velocity
~ **podchodzenia do lądowania** *lotn.* approach speed
~ **poddźwiękowa** subsonic speed
~ **podkrytyczna** subcritical speed
~ **podnoszenia** (*dźwignicy*) hoisting speed
~ **podróżna** *mot.* cruising speed; *lotn.* ground speed
~ **podstawowa** (*silnika elektrycznego*) *el.* base speed
~ **postępowa** forward speed, speed of advance, advance velocity
~ **posuwu** *masz.* rate of travel, speed of travel
~ **poślizgu** *masz.* rubbing speed
~ **pozorna** line-of-sight velocity; apparent velocity
~ **przeciągnięcia** *lotn.* stalling speed
~ **przelotowa** *lotn.* cruising speed, cross-country flight speed
~ **przepływu** *mech.pł.* velocity of flow, flow velocity
~ ~ **masy** mass velocity
~ ~ **niezakłóconego** free stream velocity
~ ~ **w nieskończoności** velocity in infinity, velocity of undisturbed flow
~ **przeskokowa** *lotn.* intercurrent flight speed (*of a sailplane*)
~ **przeszukiwania radiolokacyjnego** scanning speed
~ **przy opadaniu** *lotn.* speed of descent
~ **przy wznoszeniu** *lotn.* climbing speed
~ **przydźwiękowa** transonic speed
~ **przyrządowa** *lotn.* air speed indicator reading, ASIR, indicated air speed, IAS
~ ~ **poprawiona** calibrated air speed, CAS; *US* rectified airspeed, RAS
~ **przyziemienia** *lotn.* touch-down speed
~ **punktowa** *mech.pł.* local velocity, point velocity
~ **robocza** operating speed; working speed; running speed
~ **rozchodzenia się fali** *fiz.* velocity of wave propagation
~ ~ ~ **płomienia** *siln.spal.* flame rate, rate of flame propagation
~ **rozruchowo najmniejsza** *siln.spal.* cranking speed
~ **równoważna** equivalent airspeed, EAS
~ **rzeczywista** *nawig.* speed made good
~ ~ **samolotu** true airspeed, TAS
~ **spotkaniowa** *żegl.* velocity of encounter (*of waves*)
~ **startu** *lotn.* take-off speed
~ **strumienia nadążającego** *żegl.* wake speed
~ **ślizgania** *hydr.* planing speed
~ **średnia** average velocity
~ ~ **w ruchu bezładnym** *fiz.* mean random speed
~ **światła** speed of light
~ **termiczna** *nukl.* thermal velocity
~ **toczenia się** velocity of rolling
~ **trałowania** *żegl.* trawl speed
~ **trasowa** *lotn.* chock-to-chook speed
~ **ucieczki** *kosm.* escape velocity
~ **uderzenia** striking velocity, impact velocity
~ **unoszenia** *mech.* velocity of transportation, velocity of the moving space
~ **uogólniona** *mech.* generalized velocity
~ **w ruchu postępowym** forward speed, speed of advance, advance velocity
~ **wejścia w atmosferę** *kosm.* reentry velocity
~ **wiatru** wind velocity
~ ~ **w porywach** gust velocity
~ **wlotowa** inlet velocity
~ **wybierania** *TV* scanning speed
~ **wycinkowa** sector velocity
~ **wylotowa** outlet velocity; (*w silnikach odrzutowych*) exhaust velocity; carry-over velocity, leaving velocity
~ **wzbudzona** *mech.pł.* induced velocity
~ ~ **osiowa** axial component of induced velocity
~ **względem ziemi** *lotn.* ground speed
~ **względna** relative velocity; *żegl.* speed-length ratio
~ **wznoszenia** *lotn.* rate of climb; ascending velocity
~ **za przekładnią** *masz.* geared speed
~ **zadziałania** (*przyrządu*) *lotn.* coming-in speed
~ **zapłonowa** *siln.spal.* firing speed
~ **zasilania** feed velocity, supply velocity
~ **zbliżania się** *lotn.* closing rate
~ **znamionowa** rated speed
~ **znoszenia** *fiz.* drift velocity; *nawig.* drift rate
pręga *f* streak
pręt *m* bar, barstock; rod
~ **awaryjny** *nukl.* (emergency) shut-off rod, safety rod, security rod, scram rod
~ **bezpieczeństwa** *zob.* **pręt awaryjny**
~ **ciągniony i szlifowany** *hutn.* bright (ground) bar
~ ~ **na zimno** cold drawn bar

~ **do pobierania próbek** *szkl.* trying iron, proof rod
~ **do przesuwania konika wagi** rider guide rod
~ **do spawania** welding rod
~ **grafitowy** *rys.* blacklead
~ **grzejny** *el.* heating rod, rod resistor
~ ~ **węglowy** carbon heating rod
~ **kompensacyjny** *nukl.* shim rod
~ **kontrolny zwrotnicowy** *kol.* point detector rod
~ **kotwiący** anchoring rod
~ **kratownicy** truss member
~ **kwadratowy** (*walcowany*) square bar
~ **łuszczony** peeled bar
~ **na nity** rivet bar
~ **nadliczbowy** (*kratownicy*) redundant member (*of truss*)
~ **napędowy zwrotnicy** *kol.* point operating rod
~ **nastawczy zwrotnicy** *kol.* switch rod
~ **odgromowy** *el.* lightning rod
~ **okrągły** (*walcowany*) round bar
~ **ośmiokątny** (*walcowany*) octagon bar
~ **owalny** (*walcowany*) oval
~ **paliwowy** *nukl.* fuel rod
~ ~ **elementarny** fuel slug
~ **pochłaniający** *nukl.* absorbing rod
~ **półokrągły** (*walcowany*) half-round
~ **regulacyjny** *nukl.* control rod, regulating rod
~ **rombowy** (*na wiertła górnicze*) diamond section
~ **rozciągany** (*kratownicy*) tension member (*of truss*), tie (bar)
~ **skręcany** (*zbrojeniowy*) twisted bar
~ **sondujący** *hydr.* sounding rod
~ **stalowy ciągniony i szlifowany** bright (ground) bar
~ ~ **czarny** black bar
~ ~ **walcowany** steel bar
~ **sterowania dokładnego** *nukl.* fine control rod
~ ~ **zgrubnego** shim rod
~ **sterowniczy** *nukl.* control rod, regulating rod
~ **sześciokątny** (*walcowany*) hexagon bar
~ **ściskany** (*kratownicy*) strut (*of truss*)
~ **uranowy** *nukl.* uranium rod
~ **ustateczniający** (*wirnik śmigłowca*) *lotn.* gyroscopic stabilizing bar
~ **uziemiający** *el.* earth rod; ground rod
~ **walcowany czarny** black rolled **bar**
~ **węglowy** *el.* carbon (heating) rod
~ **wyłączeniowy** *nukl.* (emergency) shut-off rod, safety rod, security rod, scram rod
~ **zbrojeniowy** *bud.* reinforcement bar, reinforcement rod, rebar
~ ~ **żebrowany** ribbed (reinforcing) bar
prętowy wskaźnik *m* **poziomu** (*np. oleju w zbiorniku*) dip rod, dipper rod
pręty *mpl* **stalowe** bar iron, rod iron, bar steel
~ ~ **do wyrobu śrub** bolt steel
~ ~ **kwadratowe** square iron, squares, square stock
~ ~ **okrągłe** round iron, rounds, round stock
~ ~ **płaskie** flat steel
~ ~ **sześciokątne** hexagonal iron
~ ~ **wyższej jakości** bright steel
~ **szklane** cane, glass rods
~ **termoskopowe Holdcrofta** (*wskaźniki pirometryczne*) Holdcroft thermoscope bars
~ **w kręgach** coiled bars
~ **zwykłej jakości** (*walcowane*) merchant bars
prężność *f* **dysocjacji** dissociation pressure
~ **gazu** gas pressure
~ **pary** vapour pressure, v.p.
~ **rozkładowa** dissociation pressure
~ **roztwórcza** solution pressure
priorytet *m* priority
PRO = **Polskie Ratownictwo Okrętowe**
probabilistyka *f* *mat.* calculus of probability
probierczy *a* test
probiernia *f* testing room
problem *m* **n-ciał** *mech.* *n*-body problem, many-body problem
~ **dualny** *mat.* dual problem
~ **komiwojażera** *mat.* travelling salesman problem
~ **małżeństw** *mat.* marriage problem
~ **plateau** *mat.* plateau's problem
~ **plecakowy** *org.* knapsack problem
~ **początkowy** *mat.* initial-value problem
~ **słów** *mat.* word problem
~ **spełnialności** *inf.* satisfiability problem
~ **testowy do wykrywania błędów** *inf.* trouble-location problem
~ **trzech ciał** *astr.* three-body problem
~ **ze swobodnym brzegiem** *mat.* free boundary problem
probówka *f* *lab.* test-tube
~ **wirówkowa** test-tube for centrifuge
~ **z podziałką** measuring test-tube
procedura *f* procedure; *inf.* routine, *zob. też* **program**
procent *m* **1.** per cent **2.** percentage **3.** interest
~ **kalorii netto białka** *spoż.* net dietary protein calories per cent, NDP cal %
~ **objętościowy** percentage by volume; *chem.* volume fraction
~ **składany** compound interest
~ **sztuk badanych** *skj* percent tested
~ ~ **wadliwych** percent defective
~ **wagowy** percentage by weight; *chem.* mass fraction
procentować *v* *ek.* bear interest
procentowo *adv* in percentages
procentowość *f* percentage
proces *m* process
~ **addytywny** *mat.* additive process
~ **adiabatyczny** *fiz.* adiabatic process, adiabatic change
~ **algorytmiczny** *inf.* algorithmic process
~ **aproksymacji** *mat.* approximation process
~ **besemerowski** *hutn.* Bessemer process, pneumatic process

~ **bromolejowy** *fot.* bromoil process
~ **chemiczny** chemical process
~ **ciągły** continuous process; flow process
~ **cieplny** thermal process
~ **ciśnieniowy** pressure process
~ **Croninga** *odl.* shell moulding, Croning process, C-process
~ **cykliczny** cyclic process
~ **duplex** *hutn.* duplex process, duplexing
~ **dwużużlowy** *hutn.* two-slag process (*of steelmaking*), double-slag practice
~ **elektrolitycznego oczyszczania ołowiu** *hutn.* Betts' process
~ **elektrożużlowy** *hutn.* electroslag process, electroslag remelting, ESR, electroslag refining process, ESR process
~ **fluidyzacyjny** *chem.* fluid(-bed) process
~ **fuzji** *nukl.* fusion process
~ **gałązkowy** *mat.* branching process
~ **glebotwórczy** soil-forming process
~ **gorącej rdzennicy** *odl.* hot-box process (*of coremaking*)
~ **izobaryczny** isobaric process
~ **izotermiczny** isothermal process
~ **jednostkowy** *chem.* unit process
~ **jednożużlowy** *hutn.* single-slag (*of steelmaking*)
~ **Kaldo** *hutn.* Kaldo (steelmaking) process
~ **karbonylkowy** *hutn.* carbonyl process
~ **katalityczny** catalytic process
~ **kontaktowy** *chem.* contact process
~ ~ **fluidyzacyjny** fluid catalytic process
~ **konwertorowy** *hutn.* Bessemer process, converting
~ ~ **AOD** argon-oxygen decarburization process, AOD process
~ ~ **tlenowy** oxygen(-blow) converter process
~ ~ ~ **OLP** oxygen line-powder process, OLP process
~ ~ ~ **PL** Phoenix Lanzen process, PL process
~ ~ **zasadowy** basic Bessemer process, Thomas process
~ **kwaśny** *hutn.* acid process
~ **LD** *hutn.* Linz-Donawitz process (*of steelmaking*)
~ **losowy** *mat.* random process, stochastic process
~ **Markowa** *mat.* Markov process
~ **martenowski** *hutn.* open-hearth process, Siemens-Martin process
~ **mokry** *chem.* wet process
~ **Monella** *hutn.* Monell process
~ **niejednorodny** *mat.* nonhomogeneous process
~ **nieodwracalny** irreversible process
~ **octanowy** *tw.szt.* acetate process
~ **odtwarzania** *nukl.* replicative process
~ **odwracalny** reversible process
~ **ogniowy powlekania metalami** hot-dip process
~ **okresowy** batch process
~ **ozobromowy** *fot.* ozobrome process
~ **podwójny** *hutn.* duplex process, duplexing
~ **potrójny** *hutn.* triplex process
~ **produkcyjny** manufacturing process
~ **przypadkowy dyfuzyjny** *statyst.* Wiener process, Gaussian noise
~ **pudlarski** *hutn.* puddling process, pig boiling
~ **redukcji i destylacji cynku** *hutn.* Belgian retort process, horizontal retort process
~ **rotorowy** *hutn.* rotor (steelmaking) process
~ **rozrywania** (*wiązania*) *chem.* disruption process
~ **rudowy** *hutn.* pig-and-ore process
~ **samorzutny** spontaneous process, natural process
~ **stacjonarny** *mat.* stationary process
~ **stalowniczy** steelmaking (process)
~ ~ **bezpośredni** direct steelmaking
~ ~ **ciągły** continuous steelmaking (process)
~ **statystycznie nieustabilizowany** process out of control
~ ~ **ustabilizowany** process under control, controlled process
~ **sterowany** *zob.* **proces statystycznie ustabilizowany**
~ **stochastyczny** stochastic process, random process
~ **surówkowy** *hutn.* pig-and-ore process
~ **syntezy** *nukl.* fusion process
~ **syntinowy** *chem.* Fischer-Tropsch process
~ **Talbota** *hutn.* Talbot process (*of steelmaking*)
~ **technologiczny** manufacturing process; processing
~ **tlenowo-paliwowy** *hutn.* oxy-fuel process (*of steelmaking*)
~ **tomasowski** *hutn.* basic bessemer process, Thomas process
~ **triplex** *hutn.* triplex process
~ **Tropenasa** *hutn.* side-blown process, Tropenas process
~ **tyglowy** *hutn.* crucible process
~ **urodzin i śmierci** *mat.* birth and death process
~ **wielkopiecowy** *hutn.* blast-furnace process
~ **wielociałowy** *nukl.* multiple production
~ **Wienera** *statyst.* Wiener process, Gaussian noise
~ **wykończalniczy** finishing process
~ **wysokociśnieniowy** high-pressure process, super-pressure process
~ **wytapiania stali na ciekłym wsadzie** *hutn.* hot-metal process
~ ~ ~ **na stałym wsadzie** cold metal process
~ ~ ~ **w piecu indukcyjnym wielkiej częstotliwości** *hutn.* high frequency steel making process
~ ~ ~ **w piecu łukowym** arc steel making process
~ **zasadowy** *hutn.* basic process
~ **zimnej rdzennicy** *odl.* cold-box process (*of coremaking*)

~ **złomowo-surówkowy** *hutn.* pig-and--scrap process
~ **złomowy** *hutn.* scrap process (*of steel-making*)
procesor *m inf.* (data) processor; central processing unit, CPU, (main) frame
~ **arytmetyczny mikroprogramowany** *elektron.* microprogrammable arithmetic processor system, MAPS
~ **macierzowy** array processor
~ **peryferyjny** peripheral processor (unit), PP(U)
~ **podrzędny** slave processor
~ **potokowy** pipeline processor
~ **szczególnego przeznaczenia** special-purpose processor, SPP
~ **wejścia/wyjścia** input-output processor, IOP
~ **wektorowy** vector processor
~ **wirtualny** virtual processor
~ **wspomagający** support processor
procesy *mpl* **glebotwórcze** *geol.* soil genesis, pedogenesis
~ **współbieżne** *inf.* concurrent processes
~ ~ **rozłączne** disjoint concurrent processes
proch *m* powder, gunpowder; low explosive
~ **amonowy** ammonopulver
~ **bezdymny** smokeless powder
~ ~ **niehigroskopijny** NH propellant
~ ~ ~ **bezpłomienny** flashen non-hygroscopic powder, FNH powder
~ **czarny** black powder, gun powder
~ **czekoladowy** cocoa powder, brown powder
~ **do amunicji ślepej** blank powder
~ **dymny** black powder, gun powder
~ **górniczy** blasting powder
~ **kanalikowy** perforated powder
~ **kulkowy** ball-grain powder
~ **lontowy** fuse powder
~ **minerski** blasting powder, miner's powder
~ **nitrocelulozowy** nitrocellulose powder
~ **nitroglicerynowy** nitroglycerine powder
~ **pastylkowany** pellet powder
~ **płytkowy sklejany** laminated powder
~ **progresywny** progressive (burning) powder
~ **skalny** blasting powder
~ **zapłonnikowy** fuse powder
prochiralność *f chem.* prochirality
producent *m* producer; manufacturer
~ **surówki** *hutn.* ironmaker
produkcja *f* production; manufacture
~ **bezbrakowa** zero defects production, ZD
~ **ciągła** continuous production
~ ~ **arkuszy** *tw.szt.* continuous sheeting
~ **cząstek** *fiz.* particle production
~ **czysta** net output
~ **dobowa** day output
~ **doświadczalna** experimental production
~ **drobnotowarowa** small-scale commodity production
~ **dzienna** daily production
~ **eksportowa** production for export
~ **elektrowni** energy production of a power station
~ **globalna** gross output
~ **hodowlana** *roln.* animal production
~ **jednostkowa** piece production
~ **koksu** cokemaking
~ **małoseryjna** small lot production, small batch production, short-run production, job-lot production
~ **masowa** mass production
~ **na (podstawie) licencji** manufacture under licence, licence-manufacture
~ **niedostateczna** underproduction
~ **niezakończona** production in progress, work in progress, WIP
~ **okresowa** batch production
~ **planowana** planned production
~ **podstawowa** basic production, primary production
~ **ponadplanowa** overplanned production
~ **potokowa** direct-line production, straight-line production
~ **próbna** pilot production, preproduction
~ **przemysłowa** industrial production, large-scale production
~ **przepływowa** direct-line production, straight-line production
~ **przewidywana** estimated production
~ **rolna** agricultural production, farm production
~ **roślinna** *roln.* plant production
~ **rybna** fish crop
~ **seryjna** lot production, series production
~ **sezonowa** seasonal production
~ **surówki** *hutn.* ironmaking
~ **taśmowa** belt-system production
~ **towarowa** commodity production
~ **w toku** production in progress, work in progress, WIP
~ **wielkoseryjna** large-lot production, long-run production, big-lot production
~ **wielorodna** *nukl.* multiple production
~ **zwierzęca** *roln.* animal production
produkcyjność *f* productiveness, productivity
produkcyjny *a* productive
produkować *v* produce; manufacture
~ **na zapas** work for store
produkowalność *f ek.* productibility
produkt *m* product; produce, *zob.też* **produkty**
~ **bezkształtny** bulk product
~ **bezwodny** dry product
~ **białkowy roślinny teksturowany** *spoż.* textured vegetable protein, TVP
~ ~ **upostaciowany** *spoż.* textured protein product, TPP
~ **dolny** *wzbog.* underflow, sand
~ **dyfuzji** diffusate
~ **finalny** final product, end product, end item
~ **funkcji** *mat.* product-function
~ **główny** chief product, major product
~ **gotowy** finished product
~ **górny** *wzbog.* overflow, slime
~ **handlowy** commercial product

~ **hydroformingu** *paliw.* hydroformate
~ **hydrolizy** hydrolizate
~ **końcowy** final product, end product, end item
~ **narodowy brutto** *ek.* gross national product, GNP
~ **nadsitowy** mesh fraction, plus mesh, shorts (*in sieve analysis*)
~ **niezgodny z wymaganiami** *skj* nonconforming product
~ **o własnościach granicznych** *skj* borderline product
~ **pirolizy** pyrolyzate
~ **pochodny** *nukl.* daughter product
~ ~ **rozszczepialny** fissionable derivative
~ **podsitowy** minus mesh, through, undersize (*in sieve analysis*)
~ **podstawienia** *chem.* substitution product
~ **prawnie zastrzeżony** proprietary product
~ **przejściowy** intermediate product; *nukl.* in-process material
~ **przemiany materii** metabolite
~ ~ **promieniotwórczej** *nukl.* daughter product, disintegration product, decay product
~ **reakcji** *chem.* reaction product
~ **reformowania** *chem.* reformate
~ **rozkładu** decomposition product
~ **rozpadu 1.** *biochem.* catabolite **2.** *nukl.* decay product
~ **rozszczepienia** *nukl.* fission product
~ **sublimacji** sublimate
~ **surowy** crude product
~ **suszenia** dry material
~ **szczytowy** *chem.* overhead product
~ **sztukowy** discrete product
~ **uboczny** by-product
~ **wejściowy** input product
~ **wyjściowy** output product
~ **wypacania** exudate
~ **wzbogacony** enriched material
~ **zastępczy** substitute product
~ **zgodny z wymaganiami** *skj* conforming product
~ **zredukowany** *mat.* reduced product
~ **zregenerowany** regenerate
produktownia *f cukr.* sugar end
produkty *mpl* **gotowe** finished goods
~ **korozji** corrosion products
~ **mleczne** milk products
~ **naftowe** petroleum products
~ **nietrwałe** *spoż.* perishable products
~ **odpadkowe** waste products
~ **pochodzenia roślinnego** products of plant origin
~ **przemysłu petrochemicznego** petrochemicals
~ **rolne** agricultural products, farm produce
~ **roślinne** plant products
~ **smołowe** tar products
~ **spalania** combustion products
~ **węglopochodne** coal chemicals
~ **wielkiego przemysłu nieorganicznego** heavy chemicals
~ **zbożowe** cereal products
~ **żywnościowe** food products, food, foodstuffs
~ ~ **mrożone** frozen food
~ ~ **pochodzenia zwierzęcego** animal food
~ ~ **podstawowe** staple food
produktywność *f* productivity
proenzym *m biochem.* proenzyme, proferment, zymogen
profam *m pest.* propham (*herbicide*)
profesor *m* **nadzwyczajny** associate professor
~ **zwyczajny** (full) professor
profil *m* **1.** profile **2.** (rolled) section, shape, *zob.też* **kształtownik**
~ **beczki walca** (*walcarki*) crown of a roll, roll camber, roll crown
~ **cienki** *lotn.* thin aerofoil section, slender aerofoil section
~ **dna** *ocean.* bottom profile
~ **drobny prostokątny** *arch.* reglet
~ **dwutrapezowy** *lotn.* trapezoidal aerofoil section
~ **dwuwypukły** *lotn.* bi-convex aerofoil section
~ **efektywny** (*powierzchni*) *metrol.* effective profile
~ **glebowy** soil profile
~ **gruby** *lotn.* thick aerofoil section
~ **klinowy** *lotn.* wedge aerofoil section
~ **krzywki** *masz.* cam profile
~ **laminarny** *lotn.* laminar aerofoil section
~ **linii** *kol.* route contour
~ **lotniczy** aerofoil section, aerofoil profile
~ **lotu** flight profile, flight altitude chart
~ **łopatki** (*np. turbiny*) blade profile
~ **łukowy** *lotn.* arc shaped aerofoil section
~ ~ **dwuwypukły** circular arc aerofoil section, lens aerofoil section
~ ~ **płasko-wypukły** flat-convex circular arc aerofoil section
~ **nadkrytyczny** *aero.* supercritical profile
~ **naddźwiękowy** *lotn.* supersonic aerofoil section
~ **niesymetryczny** *lotn.* asymmetrical aerofoil section
~ **okresowy** (*walcowany*) periodic section
~ **płaski** *lotn.* flat aerofoil section
~ **płasko-wypukły** *lotn.* flat-convex aerofoil section
~ **płata nośnego** *lotn.* aerofoil section, aerofoil profile
~ **płytkowy** *lotn.* flat aerofoil section
~ **powierzchni** surface profile
~ **prostoliniowy** *lotn.* flat aerofoil section
~ **rombowy** *lotn.* diamond-shaped aerofoil section
~ **równowagi brzegu** *ocean.* equilibrium beach profile
~ **rzeczywisty** *metrol.* real profile
~ **skrzydła** *lotn.* wing section
~ ~ **śruby** *okr.* blade section of a screw
~ **słupa** (*linii napowietrznej*) pole diagram

~ **smukły** *lotn.* thin aerofoil section, slender aerofoil section
~ **soczewkowy** *lotn.* circular arc aerofoil section, lens aerofoil section
~ **strumieniowy** *lotn.* jet flap aerofoil section
~ **symetryczny** *lotn.* symmetrical aerofoil section
~ **szczelinowy** *lotn.* slotted aerofoil section
~ **sztukatorski** *arch.* moulding
~ **trójkątny** *lotn.* triangular aerofoil section
~ **wklęsło-wypukły** *zob.* **profil wklęsły 2.**
~ **wklęsły 1.** *arch.* hollow **2.** *lotn.* concavo-convex aerofoil section
~ **wstępny dwuteowy** *hutn.* beam blank
~ **wydrążony** *hutn.* hollow section
~ **wypukły** *lotn.* bi-convex aerofoil section
~ **z klapą strumieniową** *lotn.* jet flap aerofoil section
~ **złączowy** *drewn.* rabbet
~ **zużycia** (*np. walca*) wear pattern
~ **zwilżony** *hydr.* wetted profile, wetted contour
profilaktyczny *a* preventive, prophylactic
profilaktyka *f* prevention, preventive treatment; prophylaxis
profilarka *f drewn.* moulding machine
~ **rolkowa** *obr.plast.* section form rolling machine, roll former
profilograf *m* profilograph, surface analyser
profilogram *m* profilogram
profilometr *m* profile measurement gauge
profilomierz *zob.* **profilometr**
profiloskop *m* profiloscope
profilowanie *n* **1.** *obr.plast.* roll forming **2.** *drewn.* moulding; sticking **3.** *inż.* grading **4.** *geofiz.* prospecting, survey
~ **elektryczne** *wiertn.* electrical logging
~ **potencjałów polaryzacji naturalnej** *geofiz.* self-potential survey
~ **rolkowe** *obr.plast.* (cold)roll forming, roll form profiling
proflawina *f farm.* proflavine (sulfate)
progesteron *m biochem.* progesterone
prognoza *f* forecast; prognosis
~ **długoterminowa** long range forecast, long-term forecast
~ **falowania** *zob.* **prognoza stanu morza**
~ **krótkoterminowa** short-term forecast, short range forecast
~ **ostrożna** *skj* conservation prediction
~ **pogody** weather forecast
~ ~ **dla określonego obszaru** area forecast, ARFOR
~ ~ **na trasie** route forecast
~ **stanu morza** *żegl.* wave forecast
prognozowanie *n* forecasting
~ **techniczne** technological forecasting
program *m* program(me)
~ **badawczy** research project
~ **biblioteczny** *inf.* library program
~ **diagnostyczny** *inf.* diagnostic program
~ **drugoplanowy** *inf.* background program
~ **drukowania zawartości pamięci** *inf.* storage print routine
~ **dyrygent** *inf.* supervisory program, supervisor, executive program
~ **generujący** *inf.* generating program, (program) generator
~ **główny** *inf.* master program
~ **heurystyczny** *inf.* heuristic program
~ **interpretujący** interpretative program, interpreter
~ **kompilujący** *inf.* compiling program, compiler
~ **korekcyjny** *inf.* error routine
~ **ładujący** *inf.* program loader, loading routine, bootstrap program
~ **łączący** *inf.* linkage editor
~ **maszynowy** computer program
~ **migawkowy** snapshot program
~ **monitor** *inf.* monitor program
~ **nadzorczy** *inf.* supervisory program, supervisor, executive program
~ **nauczania** curriculum, syllabus
~ **ogólny** generalized routine
~ ~ **rozwiązywania problemów** general problem solving, GPS
~ **organizacyjny** *inf.* primary control program, PCP, housekeeping routine
~ **pierwotny** *inf.* source program
~ **pierwszoplanowy** *inf.* foreground program
~ **planujący** *inf.* scheduler
~ **pomocniczy** utility program, service program
~ **post-mortem** *inf.* postmortem program, dumping program
~ **przydzielający** *inf.* dispatcher
~ **redagujący** *inf.* editor program
~ **samoładujący** *inf.* self-loading program
~ **sortowania** *inf.* sorting program
~ **sprawdzający** *inf.* checking program
~ **standardowy** *inf.* routine
~ ~ **obsługi urządzeń** device handler
~ **sterujący** *inf.* primary control program, PCP, housekeeping routine
~ **symulujący** *inf.* simulator program
~ **szeregujący** *inf.* scheduler
~ **szkolny** school curriculum; syllabus
~ **śledzący** *inf.* trace routine, tracing routine
~ **testujący** *inf.* checking program, trial routine
~ **tłumaczący** *inf.* translating program, (language) translator
~ **uniwersalny** generalized routine
~ **usługowy** *inf.* service program, utility routine
~ **użytkowy** processing program
~ **wewnętrzny** computer program
~ **wprowadzający** *inf.* program loader, loading routine, bootstrap program
~ **wybierający** *inf.* scheduler
~ **wydawniczy** *inf.* report program
~ **wynikowy** (*przetłumaczony z programu źródłowego*) *inf.* object program
~ **wyprowadzający** *inf.* output routine
~ **zarządzający** supervisory program, supervisor, executive program

~ **zmiennoprzecinkowy** *inf.* floating-point routine, floating-point package
~ **źródłowy** (*w języku źródłowym*) *inf.* source program
programista *m inf.* programmer (*programming specialist*)
programowanie *n inf., aut.* programming
~ **całkowite** all integer programming
~ **częściowo całkowite** mixed integer programming
~ **dynamiczne** dynamic programming
~ **heurystyczne** heuristic programming
~ **liniowe** linear programming
~ **nieliniowe** nonlinear programming
~ **o najkrótszym czasie dostępu** minimum-access programming, minimum-latency programming
~ **stochastyczne** chance-constrained programming
~ **wyprostowane** straight programming
programowany *a* programmable
projekcja *f opt.* projection
~ **tylna** *kin.* rear projection, back projection
projekt *m* project; design; draft; plan; scheme
~ **budynku** design for a building
~ **inwestycyjny** investment project
~ **logiczny** *inf.* logical design
~ **pisma** draft of a letter
~ **procesowy** *chem.* process design
~ **racjonalizatorski** proposal for an improvement
~ **umowy** draft contract
~ **wstępny** preliminary design, predesign, foredesign; pilot project
projektant *m* designer, design engineer
~ **systemów** *inf.* systems designer, systems analyst
projektor *m* **1.** projector **2.** *kin.* projector; projection lantern **3.** *mat.* projector
~ **do widm** spectrum projector
~ **dźwiękowy** *kin.* sound-picture projector
~ **filmowy** film projector
~ **iluminacyjny** flood-light
~ **kinowy** cinematograph (projector)
~ **obrazów statycznych** still projector
~ **pomiarowy** *masz.* projection gauge, contour projector
~ **punktowy** spot-light
~ **wąskostrumieniowy** *zob.* **projektor punktowy**
~ **wąskotaśmowy** *kin.* sub-standard projector
projektować *v* design; plan
projektowanie *n* design; planning
~ **całościowe** overall design
~ **domów mieszkalnych** domestic architecture; house planning
~ **kolei** railway location
~ **konstrukcji** *bud.* structural design
~ **miast** town planning
~ **modułowe** *bud.* modular design
~ **przemysłowe** commercial design
~ **(składu) mieszanki betonowej** *bud.* design of concrete mixture, mix design, systems engineering, systems analysis
~ **techniczne** engineering design
~ **urbanistyczne** town planning
~ **wspomagane komputerem** computer-aided design, CAD
~ **zakładów przemysłowych** plant design
~ ~ ~ **i organizacja produkcji** industrial engineering, management engineering
~ **ze zbyt dużą rezerwą** (*z punktu widzenia niezawodności działania*) over-design (*with redundant elements*)
projektywny *a mat.* projective
prokaina *f farm.* procaine
prolaktyna *f biochem.* prolactin, PRL, mammogen, mammotropin, mammogenic hormone, luteotropic hormone
prolamina *f biochem.* prolamin
prolil *m chem.* prolyl
prolongacja *f* prolongation
prolongować *v* prolong
prom *m* ferry, ferry-boat
~ **kolejowy** train-ferry; car float
~ **kosmiczny** space shuttle
~ **motorowy** motor ferry, m/f
~ **samochodowy** car ferry
promenada *f* **nadmorska** marina
promet *m chem.* promethium, Pm
~ **-147** *m chem.* promethium-147, florentium, illinium
promienica *f* **gruczołów mlecznych** *wet.* actionomycosis of the udder
promienice *fpl zool.* radiolaria, *Radiolaria*
promienie *mpl fiz.* rays, radiation, *zob.też* **promień, promieniowanie**
promienioczuły *a* radiosensitive; actinosensitive
promieniomierz *m* **1.** radius gauge, fillet gauge **2.** total radiation pyrometer
promienioodporność *f* radioresistance
promieniotwórczość *f* radioactivity
~ **naturalna** natural radioactivity, spontaneous radioactivity
~ **samorzutna** *zob.* **promieniotwórczość naturalna**
~ **sztuczna** artificial radioactivity, induced radioactivity
~ **wzbudzona** *zob.* **promieniotwórczość sztuczna**
promieniotwórczy *a* radioactive
promieniować *v* radiate
promieniowanie *n fiz.* radiation, rays
~ **adaptacyjne** *biol.* adaptive radiation
~ **aktyniczne** actinic radiation
~ **alfa** alpha rays, alpha radiation
~ **anihilacyjne** annihilation radiation
~ **anodowe** anode rays
~ **beta** beta radiation
~ **cieplne** heat radiation, thermal radiation
~ **cząstkowe** particle radiation, corpuscular radiation
~ **Czerenkowa** Cerenkov radiation
~ **delta** *fiz.* delta rays
~ **działające fotochemicznie** actinic radiation
~ **elektromagnetyczne** electromagnetic radiation

~ ~ **Ziemi** terrestrial radiation, eradiation
~ **fotosyntetycznie czynne** photosynthetic active radiation, PhAR
~ **gamma** gamma radiation, gamma rays
~ ~ **natychmiastowe** prompt gamma radiation
~ ~ **wychwytowe** capture gamma radiation
~ **graniczne** (*rentgenowskie*) grenz rays
~ **hamowania** bremsstrahlung, braking radiation, white radiation
~ **jądrowe** nuclear radiation
~ **jednorodne** monochromatic radiation, homogeneous radiation
~ **jonizujące** ionizing radiation
~ **kanalikowe** canal rays
~ **katodowe** cathode rays
~ **korpuskularne** corpuscular radiation, particle radiation
~ **kosmiczne** cosmic radiation, cosmic rays
~ **mało przenikliwe** soft radiation
~ **mieszane** mixed radiation
~ **miękkie** *zob.* **promieniowanie mało przenikliwe**
~ **monochromatyczne** monochromatic radiation, homogeneous radiation
~ **nadfioletowe** ultraviolet (radiation), uv
~ **nieboskłonu** sky radiation
~ **nieprzenikliwe** soft radiation
~ **nieużyteczne** stray radiation
~ **niewidzialne** ultraphotic rays; blacklight
~ **odbite** secondary radiation
~ **opóźnione** *fiz.* residual radiation, reststrahlen
~ **otoczenia** background radiation
~ **pasożytnicze** spurious radiation, parasitic radiation
~ **pierścieniowe** *geofiz.* trapped radiation; Van Allen radiation belts
~ **podczerwone** infrared radiation
~ **przenikliwe** hard radiation, penetrating radiation
~ **rekombinacyjne** recombination radiation
~ **rentgenowskie** X-rays, Röntgen rays, X-radiation
~ ~ **charakterystyczne** characteristic X-radiation
~ **resztkowe** *nukl.* residual radiation, reststrahlen
~ **rozproszone** scattered radiation
~ **słoneczne** solar radiation
~ **synchrotronowe** synchrotron radiation
~ **szczątkowe** *astr.* cosmic background radiation
~ **szkodliwe** harmful rays
~ **świetlne** visible radiation, light
~ **termiczne** heat radiation, thermal radiation
~ **tła** background radiation
~ **twarde** hard radiation, penetrating radiation
~ **uboczne** leakage radiation
~ **ultrafioletowe** ultraviolet radiation, uv
~ ~ **nadfotograficzne** ultraphotic rays
~ **unicestwienia** annihilation radiation
~ **widzialne** visible radiation
~ **własne** *nukl.* self-radiation
~ **wtórne** secondary radiation
~ **wysokoenergetyczne** high energy radiation
~ **X** X-rays, Röntgen rays, X-radiation
~ **zderzeniowe** impact radiation
~ **zimne** nonthermal radiation
~ **złożone** complex radiation
promieniowy *a* radial
promienisty *a* radiant
promieniujący *a* radiant
promiennik *m* radiator
~ **lampowy nadfioletu** ultraviolet lamp
~ ~ **niskotemperaturowy** dull-emitter lamp
~ ~ **podczerwieni** infrared lamp, infrared radiator
~ ~ **wysokotemperaturowy** high-temperature lamp
~ **nieselektywny** *fiz.* grey body
~ **niewybiorczy** *zob.* **promiennik nieselektywny**
~ **płytowy** radiant heating panel
~ **podczerwieni** (*do oświetlania celów*) infrared searchlight
~ **zupełny** *fiz.* complete radiator, black body
promienność *f fiz.* emittance
promień *m* **1.** *geom.* radius **2.** *geom.* ray **3.** *fiz.* ray
~ **atomu** atomic radius
~ ~ **wodoru** hydrogen radius
~ **bezwładności** *mech.* radius of gyration
~ **Bohra** *fiz.* Bohr's radius
~ **cyrkulacji** *okr.* turning radius
~ **działania** radius of action; combat radius; actuation range
~ **(ekranowania) Debye'a** *fiz.* Debye radius, Debye shielding distance
~ **fali** *hydr.* wave radius
~ **gięcia** *obr.plast.* bend radius
~ **hydrauliczny** hydraulic radius
~ **jądra atomowego** nuclear radius
~ **jonowy** *fiz.* ionic radius
~ **korby** *masz.* crankthrow
~ **kowalencyjny** (*atomu*) *fiz.* covalent radius
~ **krzywizny** *geom.* radius of curvature
~ **Larmora** *fiz.* Larmor radius
~ **lotu** *lotn.* radius of action
~ **metacentryczny** *hydr.* metacentric radius
~ **mimośrodu** eccentricity
~ **nadzwyczajny** *opt.* extraordinary ray
~ **okręgu** *geom.* radius of a circle
~ ~ **dopisanego** exradius
~ ~ **opisanego** circumradius, long radius
~ ~ **wpisanego** inradius, short radius
~ **padający** incident ray
~ **pułapkowania** (*nośników ładunku*) *elektron.* capture radius
~ **rdzenia przekroju** *wytrz.* radius of the core of a section (*of a bar*)

~ **rdzeniowy** *drewn.* medullary ray, pith ray, xylary ray
~ **równikowy Ziemi** *geod.* equatorial radius
~ **rzutujący** *geom.* projecting ray
~ **skręcenia** *geom.* radius of torsion
~ **skrętu** *mot.* turning radius
~ **skuteczny** (*porażenia promieniowaniem*) *nukl.* effective radius
~ ~ **Ziemi** effective radius of the earth
~ **spektralny** *mat.* spectral radius
~ **strefy chronionej** *el.* radius of protection
~ **ustalonej cyrkulacji** *okr.* radius of the turning circle
~ **-wektor** *geom.* radius-vector
~ **wodzący** *geom.* radius vector
~ **wykorbienia** *masz.* crankthrow
~ **zaokrąglenia naroża** (*np. kształtownika*) corner radius
~ ~ **ostrza** *narz.* nose radius
~ ~ **wewnętrznego** fillet radius
~ **zastępczy Ziemi** *rad.* effective radius of the earth
~ **zataczania** *mot.* offset radius
~ **zbieżności** *mat.* radius of convergence
~ **zwyczajny** *opt.* ordinary ray, O ray, ordinary wave
promil *m* per mille
promotor *m* **1.** *chem.* promotor, activator **2.** (*professor conferring an academic degree*)
promowiec *m okr.* roll on-roll off (system) ship, ro-ro ship, trailer ship
propadien *m chem.* propadiene, allene
propagacja *f* **fal** propagation of waves
~ ~ **przez rozpraszanie troposferyczne** scatter propagation
~ **nieciągłości** *mat.* propagation of discontinuity
~ **łańcucha reakcji** *chem.* chain propagation
~ **przeniesienia** *inf.* carry propagation
propagator *m* **łańcucha reakcji** *chem.* chain propagator, chain carrier
propan *m chem.* propane
propanodiol-1,2 *m chem.* propylene glycol
propanol-1 *m chem.* 1-propanol, *n*-propyl alcohol
propanotriol-1,2,3 *m chem.* glycerin(e), glycerol
propanowiec *m okr.* LPG carrier
propazyna *pest.* propazine (*herbicide*)
propelent *m* propellant (*in aerosols*)
propen *m chem.* propene, propylene
propepsyna *f biochem.* pepsinogen
propergol *m* (rocket) propellant, *zob.też* **materiał napędowy**
propilit *m petr.* propylite
propilityzacja *f petr.* propylitization
propionian *m chem.* propionate
propolis *m pszczel.* propolis, bee glue
proporcja *f mat.* proportion, ratio
proporcjonalność *f* proportionality
propocjonalny *a* proportional
proporcjonowanie *n* proportioning
proporczyk *m żegl.* pennant
propyl *m chem.* propyl
propylen *m chem.* propylene, propene
propyloamina *f chem.* propylamine, aminopropane
propyn *m chem.* propyne, methylacetylene
prosić *v* **o zezwolenie na lądowanie** *lotn.* request a landing clearance
~ **się** (*o świniach*) farrow, litter
prosię *n zoot.* young pig, piglet
~ **ssące** weaned pig, weaner
proso *n bot.* millet, *Panicum* L.
prospekt *m* prospectus; folder
prosta *f* straight line, *zob.też* **proste**
~ **niewłaściwa** ideal line
~ **odbicia** *kryst.* mirror-reflection line, symmetry line
~ **poślizgu** *kryst.* glide-reflection line
~ **prostopadła** perpendicular (line)
~ **regresji** *statyst.* regression line
~ **równoległa** parallel (line)
~ **rzutująca** *rys.* projector, projection line
~ **styczna** tangent (line)
~ **symetrii** *kryst.* symmetry line, mirror-reflection line
~ **w nieskończoności** *geom.* absolute line, ideal line, line at infinity
prostata *f anat.* prostate
proste *fpl* **równoległe** parallel lines
~ **skośne** skew lines
~ **wichrowate** *zob.* **proste skośne**
~ **(wzajemnie) prostopadłe** mutually perpendicular lines
prostka *f* **(rurowa)** straight connection pipe
prosto dziobem *żegl.* bow on
prosto dziobem na... *żegl.* head on...
prosto z dziobu *żegl.* dead ahead
prosto za rufą *żegl.* right astern, dead aft
prostokąt *m* rectangle
prostokątny *a* rectangular, right
prostoliniowość *f* rectilinearity
prostoliniowy *a* rectilinear, rectilineal, straight
prostopadle do... perpendicular to...
prostopadła *f geom.* perpendicular
prostopadłościan *m geom.* rectangular prism, cubicoid
prostopadłość *f* perpendicularity; orthogonality
prostopadły *a* perpendicular; orthogonal
prostość *f* straightness
prostota *f* simplicity
prostować *v* **1.** straighten **2.** *el.* rectify (*alternating current*)
~ **blachy** level; flatten (*plates, sheets*)
~ **wrak** *żegl.* parbuckle a wrecked ship
prostowalny *a geom.* rectifiable
prostowanie *n* **1.** straightening **2.** *el.* rectification; *rad.* detection
~ **blach przez rozciąganie** *obr.plast.* stretch flattening, stretcher levelling, patent levelling
~ ~ **w prostownicy rolkowej** roll levelling
~ **kształtowników** straightening of sections, gagging of steel shapes
~ **kwadratowe** *rad.* square-law detection
~ **liniowe** *rad.* linear detection

~ **pełnookresowe** *el.* full-wave rectification
~ **płytami** *obr.plast.* die straightening
~ **półokresowe** *el.* half-wave rectification, single-wave rectification
~ **prądu przemiennego** rectification of alternating current
~ **programu** *inf.* unwinding
~ **przez naciąg** *zob.* **prostowanie przez rozciąganie**
~ **przez rozciąganie** *obr.plast.* tension levelling; stretch flattening, stretcher straightening
~ **w prostownicy rolkowej** (*blach*) roll flattening, roll levelling; (*prętów, rur, kształtowników*) roll straightening

prostownia *f* (*szkła płaskiego*) flattening kiln

prostownica *f obr.plast.* straightener, straightening machine, leveller, levelling machine, planishing machine; flattener, flattening machine
~ **do blach** levelling machine, flattening machine, leveller, flattener
~ **do blach cienkich** (*w arkuszach*) sheet levelling machine
~ **do blach gorących** hot levelling machine, hot leveller
~ **do blach grubych** plate levelling machine
~ **do blach zimnych** cold levelling machine, cold leveller
~ **do kształtowników** section straightener, section straightening machine, structural straightener
~ **do prętów** bar straightening machine, bar straightener
~ **do rur** tube straightening machine, tube straightener
~ **do taśm** strip levelling machine, strip leveller
~ **rolkowa** (*do blach*) roll flattener; (*do prętów, kształtowników, rur*) roll(er) straightener
~ **rozciągająca** stretching machine, stretch straightening machine, stretch-straightener; stretcher leveller
~ ~ **do blach grubych** plate stretcher
~ ~ **do kształtowników** section stretcher
~ **ulowa** *aero.* honeycomb straightener (*in a wind tunnel*)
~ **wątku** *włók.* tamponing machine
~ **wielorolkowa** multi-roller straightening machine
~ **z rolkami skośnymi** (*do rur i prętów okrągłych*) cross-roll straightening machine

prostownice *fpl* **przeciwkrętne** *aero.* straightening vanes, fan straighteners

prostownik *m* **1.** *el.* rectifier **2.** *anat.* extensor, protractor
~ **anodowy** plate rectifier
~ **jednofazowy** single-phase rectifier
~ **kaskadowy** cascade rectifier
~ **krzemowy sterowany** silicon-controlled rectifier
~ **lampowy** vacuum-tube rectifier, valve rectifier
~ **pełnookresowy** full-wave rectifier
~ **półokresowy** half-wave rectifier
~ **półprzewodnikowy** semiconductor rectifier, metallic rectifier, dry-plate rectifier
~ ~ **sterowany** silicon controlled rectifier
~ **rtęciowy** mercury(-arc) rectifier, mercury-vapour rectifier
~ **spawalniczy** rectifier welding set, welding rectifier
~ **stykowy** contact rectifier
~ **wibracyjny** vibrator rectifier
~ **wysokopróżniowy** kenotron
~ **z ciekłą katodą rtęciową** mercury-pool rectifier, pool-cathode mercury arc rectifier
~ **z warstwą zaporową** blocking-layer rectifier

prostowód *m mech.* straight-line mechanism, straight-line motion

prosty *a* **1.** straight; *geom.* right (*about angle*); *geom.* straight (*about line*); *mat.* prime (*about ideal*) **2.** simple; plain

proszek *m* powder
~ **dendrytyczny** *met.* arborescent powder
~ **diamentowy** diamond powder
~ **do bielenia** bleaching powder (*calcium hypochlorite*)
~ **do formowania** *tw.szt.* moulding powder
~ **do nawęglania** *obr.ciepl.* solid carburizer
~ **do pieczenia** baking powder
~ **do polerowania** *szkl.* putty powder
~ **do prania** washing powder
~ **do prasowania** *tw.szt.* moulding powder
~ **do spawania** welding powder, powdered flux
~ **do szorowania** scouring powder
~ **do zębów** toothpowder
~ **elektrolityczny** electrolytic powder
~ **ferromagnetyczny** magnetic powder, magnetic particles (*for magnafluxing*)
~ **karbonylkowy** carbonyl powder
~ **metalu** metal powder
~ **mielony** disintegrated powder
~ **mydlany** powdered soap
~ **owadobójczy** insect powder, insecticidal powder
~ **podziałowy** *odl.* parting powder
~ **polerski** polishing powder
~ **pumeksowy** pounce
~ **redukowany** reduced metal powder
~ **rozpylany** atomized powder
~ **skórzany** hide powder
~ **spawalniczy** welding powder, flux powder, powdered flux
~ **ścierny** abrasive dust
~ **topnikowy** *spaw.* flux powder, powdered flux, welding powder
~ **wytrącany** precipitated powder
~ **żelaza** iron dust

proszkować *v* pulverize, powder, comminute

proszkownia *f* **mleka** powdered milk factory

prot *m chem.* protium, ¹H, light hydrogen
protaktyn *m* protactinium, Pa
protaminy *pl biochem.* protamines
protanopia *f med.* protanopia, red blindness, anerythro(ble)psia
proteazy *pl biochem.* proteases
proteidy *pl chem.* proteides, conjugated proteins
proteinazy *pl biochem.* proteinases, proteolytic enzymes
proteinian *m* **srebrowy** *farm.* protein silver
proteiny *pl chem.* simple proteins
protekcja *f tel.* (error) protection
protektor *m* **1.** (zinc) protector (*in anticorrosion protection*) **2.** *mot.* tyre tread **3.** *tel.* protector
proteoliza *f biochem.* proteolysis
proterozoik *m geol.* **1.** Proterozoic (era), Algonkian (era) **2.** Proterozoic group
protest *m* **morski** *żegl.* sea protest, maritime declaration
protetyka *f med.* prosthetics
~ **dentystyczna** prosthodontia
proteza *f med.* prosthesis (*pl* prostheses); artifical limb
~ **słuchowa** hearing aid
~ **zębowa** denture
protokół *m* oględzin report of survey
~ **szkód** damage report, damage certificate
~ **zdawczo-odbiorczy** delivery-acceptance act
protokołować *v* **zebranie** draft minutes
protoliza *f chem.* protolysis, protolytic reaction
proton *m fiz.* proton
protonobiorca *m fiz.* proton acceptor, protophile
protonodawca *m fiz.* proton donor, protophobe
protonotropia *f chem.* prototropism
protoplazma *f biol.* protoplasm(a), plasma
~ **jądrowa** nucleoplasm, karyoplasm
prototropia *f chem.* prototropism
prototyp *m* prototype
protraktor *m geod.* protractor
~ **trójramienny** station pointer, three-arm protractor
protosyntaktyka *f mat.* protosyntax
protrombina *f biochem.* prothrombin, thrombinogen
protuberancja *f* (*słoneczna*) *astr.* prominence
prowadnica *f masz.* guide; way, slideway; slide bearing; guide bar; fence
~ **cichobieżna do prętów** (*w rewolwerówkach i automatach*) *obr.skraw.* silent stock support
~ **elementów przesuwnych** *drewn.* c(o)ullis
~ **falowa** *rad.* wave-guide
~ **fotela** *mot.* seat track
~ **klatki szybowej** *górn.* cage shoe
~ **klinowa** *masz.* V guide
~ **kulkowa** *masz.* ball slide
~ **linki** *okr.* fairlead (bollard), fairleader
~ ~ **krążkowa** fairlead sheave
~ **pierścieniowa** *obr.skraw.* circumferential bearing
~ **plazmowa** *fiz.* plasma guide
~ **prostująca łańcucha** chain detwister
~ **przednia** (*walcarki*) entry guide
~ **punktaka** *narz.* punch guide
~ **skręcająca** *obr.plast.* twist guide, twister
~ **tylna** (*walcarki*) stripper guide, delivery guide
~ **wyrzutni** *rak.* launcher guide
~ **wzornika** *odl.* profile board
~ **zaworu** valve guide
~ **żagla** (sail) track, tramway
prowadnice *fpl* (*obrabiarki*) ways, shears (*of a machine tool*); (*kafara*) guide poles
~ **łoża** bedways
~ **poprzeczne** crossrails (*of a vertical lathe*)
~ **rolkowe krawędziowe** (*do taśm*) side guides
~ **trapezowe** dovetail ways
prowadnik *m masz.* guide; guide shoe, pilot; slide
~ **klatki szybowej** *górn.* cage guide, receiver guide
~ **piły taśmowej** *masz.* blade guide
~ **szybowy** *górn.* shaft guide, pit guide
prowadzenie *n* **1.** *masz.* guidance; lead; ducting **2.** operation
~ **matrycy** *obr.plast.* die slide
~ **pieca** *hutn.* run of a furnace, working of a furnace
~ **robót przygotowawczych** *górn.* first driving, openings driving
~ **sprężyny** spring guide
~ **wytopu** *hutn.* melting practice; steelmaking process
prowadzić *v* **1.** guide; lead; pilot **2.** operate; run
~ **badania** make investigations, conduct investigations, make studies, conduct research
~ **chodnik** *górn.* drive a drift; drive a heading
~ **do wniosku** lead to a conclusion
~ **dochodzenie** investigate
~ **dziennik pokładowy** keep a log
~ **fabrykę** operate a factory
~ **handel** carry on trade; deal in...
~ **pertraktacje** negotiate
~ **przedsiębiorstwo** run an enterprise
~ **rachunki** keep accounts
~ **równoległą** *mat.* draw a parallel
~ **samochód** drive a car
~ **sklep** run a shop, keep a shop
~ **wielki piec** operate the blast furnace
~ **wiercenie** *wiertn.* drive a well
~ **zapis** keep record
~ **zebranie** preside over a meeting
prowiant *m* provisions, food supplies
~ **chłodzony** *żegl.* reefer stores
prowitamina *f biochem.* provitamin
~ **A** provitamin A, β-carotene, β-carotin
~ **D_2** provitamin D_2, ergosterol
prowitryt *m geol.* provitrain, telain
prowizja *f ek.* commission

~ **maklerska** *transp.* brokerage, broker's commission
prowizoryczny *a* provisional, temporary
próba *f* **1.** test; trial **2.** sample, *zob.też* **próbka** **3.** *met.* fineness (*of precious metals*)
~ **Baumanna** *met.* Baumann printing, sulfur print test
~ **bez obciążenia** no-load test
~ **bezwładności** *okr.* crash-backing test (*of a ship*)
~ **bębnowa** (*koksu*) tumbler test, drum test
~ ~ **na ścieranie** drum abrasion test
~ **broni jądrowej** nuclear test, N-test
~ **chemiczna** chemical test; (*metali*) assay
~ **COD** *spaw.* crack opening displacement (test)
~ **CTS** *spaw.* controlled thermal severity (test), CTS
~ **cyrkulacji** *okr.* circulation test
~ **częściowo niszcząca** semi-destructive test
~ **doktora** *paliw.* doctor test
~ **drogowa** (*pojazdu*) *mot.* driving test, road test
~ **duroskopowa** *wytrz.* pendulum recoil test
~ **dymna** (*rurociągu*) smoke test
~ **działania** operation test; performance test; pilot run
~ **dziewiątkowa** *inf.* casting out nines
~ **dźwiękowa** (*przez uderzenie młotkiem*) sonic test, aural test
~ **eksploatacyjna** performance test, service test
~ **Erichsena** *obr.plast.* cupping test, cup drawing test
~ **fabryczna** (*w skali technicznej*) production test
~ **funkcjonowania urządzenia po montażu** shakedown test
~ **giętkości** *tw.szt.* flexure test
~ **głębokiego trawienia** *met.* deep etch test, macro-etch test
~ **gwarancyjna** guarantee test
~ **hamowania** *siln.* bench test, rig test
~ **hartowania od czoła** *obr.ciepl.* end-quench hardenability test, Jominy end-quench test
~ **hartowności** *obr. ciepl.* hardenability test
~ **homologacyjna** type test, certification test
~ **hydrauliczna** water-pressure test
~ **implantacyjna** *spaw.* implant test
~ **iskrowa** *met.* spark test
~ **jednorazowego zginania** *wytrz.* single bend test
~ **języczkowa** *spaw.* tongue bend test
~ **Jominy'ego** *obr.ciepl.* end-quench hardenability test, Jominy end-quench test
~ **kafarowa** falling weight test, drop (weight) test, DWT
~ **Kempfa** *okr.* Kempf manoeuvres, zig-zag manoeuvres
~ **klinowa** *odl.* wedge test, chill test
~ **kołkowa** *spaw.* implant test
~ **kostiumowa** dress rehearsal
~ **krążenia** *okr.* circulation test
~ **kruchego pękania** fracture toughness test
~ **kruszności** *wybuch.* brisance test
~ **krzyżowa krwi** *med.* cross matching
~ **kujności** forgeability test
~ **kwalifikacyjna spawacza** welder certification test
~ **laboratoryjna** laboratory test, bench test
~ **lejności** *odl.* fluidity test; spiral test
~ **łamania klina** *odl.* chill test, wedge test
~ ~ **próbki z karbem** *wytrz.* nick-break test
~ **mechaniczna** mechanical test
~ **metalu szlachetnego** fineness of precious metal
~ **Micum** (*własności mechanicznych koksu*) Micum test
~ **mikrotwardości** micro-hardness test
~ **miseczkowa** *obr.plast.* cupping test, cup drawing test
~ ~ **tłoczności** (*blach*) cup-forming test
~ **modelu w zmniejszonej skali** scale-model test
~ **na barwienie płomienia** *chem.* flame test
~ **na dojrzałość** *tw.szt.* ripeness test
~ **na korozję na płytce miedzianej** copper strip corrosion test
~ **na mokro** *el.* wet test
~ **na odrywanie** (*sklein*) stripping test
~ **na pełzanie** creep test
~ **na przebicie** **1.** *met.* punching test, drift test **2.** *el.* breakdown test
~ **na rozerwanie** bursting test
~ **na siarkę** *met.* sulfur print test, Baumann printing
~ **na starzenie w warunkach atmosferycznych** weathering test
~ **na ścieranie** attrition test
~ **na uczulenie** *med.* allergic test
~ **na uwięzi** captive test; *okr.* mooring trial
~ **na zgniatanie** crushing test
~ **na zmęczenie** *wytrz.* fatigue test, endurance test
~ **napędowa** *okr.* self-propulsion test
~ **nawęglania** *met.* carburizing test
~ **nawijania** (*drutu*) wrapping test
~ **NDT** *spaw.* nil ductility transition (test), NDT
~ **nieniszcząca** non-destructive test
~ **nieudana** unsuccessful attempt, abortive attempt
~ **niszcząca** *obr.plast.* destructive test
~ **obciążenia** load test
~ **obrączkowa** *chem.* ring test
~ **odbiorcza** acceptance test
~ **odbita na metalu** hall-mark
~ **odporności na działanie żużla** *hutn.* slagging test, slag attack test
~ ~ **na kruche pękanie** fracture toughness test
~ ~ **na ścieranie** *włók.* wear testing
~ ~ **na wstrząsy cieplne** (*materiałów ogniotrwałych*) spalling test

~ **odrywania zgrzeiny punktowej** *spaw.* peel test, slug test
~ **ogniowa** *chem.* fire-assay (*of precious metals*)
~ **okresowa** periodic test
~ **organoleptyczna** organoleptic test
~ **pełnej mocy** *siln.* full power test
~ **pełzania** *met.* creep test
~ ~ **do zerwania próbki** creep-rupture test, stress-rupture test
~ **pęcherzykowa** *papiern.* bubble test
~ **piaskowa** *wybuch.* sand test
~ **pierścieniowa 1.** *obr.plast.* ring test **2.** *wet.* (milk) ring test
~ **pod obciążeniem długotrwała** sustained load test
~ **poduszkowa** *spaw.* pillow test; burst test
~ **polowa** field test
~ **powiększania otworu** *hutn.* hole enlargement test
~ **pracą** *masz.* test run, trial run
~ **prądowa** *el.* current test
~ **prosta** *mat.* simple sample
~ **przechyłu** *żegl.* stability test, inclining experiment
~ **przeciągania trzpienia** (*przez rurę*) *obr. plast.* drift test
~ **przed lotem** pre-flight test
~ **przeginania** *wytrz.* reverse bend test, repeated bend test, flexion test
~ **przełomu** *met.* fracture test
~ **przepuklenia** bursting test
~ **przyspieszona** accelerated test
~ **rakiety** *rak.* test firing
~ **reduktazowa mleka** *spoż.* milk test for safety
~ **rozciągania** *wytrz.* tensile test, tension test
~ ~ **próbki z karbem** notch tensile test
~ ~ **udarowa** tensile impact test
~ ~ **zgrzeiny punktowej** *spaw.* U tensile test
~ **rozjemcza** umpire assay
~ **rozpuszczalności** solubility test
~ **rozruchu** (*silnika*) starting test
~ **roztłaczania** *obr.plast.* expansion test, flaring test
~ ~ **końca rury** pin expansion test
~ ~ **pierścienia** (*za pomocą stożkowego trzpienia*) ring expansion test
~ **rtęciowa** *met.* mercurous nitrate test
~ **silnika** engine test, proof run of an engine
~ ~ **na dużych obrotach** revving-up (*an engine*)
~ **sitowa** sieve testing
~ **skłonności do pękania w próbce usztywnionej** *spaw.* restrained weld test
~ **skręcania** *wytrz.* torsion test, twist test
~ ~ **na gorąco** hot torsion test
~ ~ **wielokrotnego** reverse torsion test
~ **spadowa** drop test, shatter test
~ **spęczania** *obr.plast.* knock-down test, jump test, slug test, upsetting test
~ **spiralna (Dieudonne)** *okr.* (Dieudonne) spiral test
~ **spłaszczania** *spaw.* flattening test
~ **stałości** *wybuch.* stability test
~ **standardowa (Kempfa)** *okr.* zig-zag test, standard test
~ **stanowiskowa silnika** stand test
~ **stateczności** *okr.* stability test, inclining experiment
~ **szczelności** leak proof test
~ **szybkości** speed trial
~ **ścieralności** wear test
~ **ścinania** *wytrz.* shearing test
~ **ściskania** compression test
~ **ślepa** *chem.* blank test, blank determination
~ **ślepego hartowania** *met.* blank hardening
~ **środowiskowa** environmental test
~ **terenowa** field test
~ **tłoczności** (*blach*) press forming test; cupping test, cup drawing test
~ ~ **Olsena** Olsen cupping test, Olsen ductility test
~ **Trauzla** *wybuch.* Trauzl test, lead block expansion
~ **trawienia** *chem.* etch(ing) test
~ **trwałości** life test; durability test; *siln.* endurance test; *wybuch.* stability test
~ **trzpieniowa** (*przeciągania trzpienia przez rurę*) *obr.plast.* drift test
~ **tuberkulinowa** *med.* tuberculin test
~ **twardości** hardness test
~ ~ **Brinella** Brinell hardness test
~ ~ **Rockwella** Rockwell hardness test
~ ~ **ryskowa** scratch hardness test
~ ~ **za pomocą pilników wzorcowych** file hardness test
~ **typu** *lotn.* type test, certification test
~ **udarnościowa** *wytrz.* impact test
~ ~ **Charpy'ego** Charpy test
~ ~ **Izoda** Izod test
~ ~ **rozciągania** tension impact test
~ ~ **skręcania** torsion impact test
~ ~ **z karbem** notched bar (impact) test
~ ~ **zginania** bending impact test
~ **udarowa wytrzymałości elektrycznej** impulse withstand test
~ **upływności** *el.* leakage test
~ **w komorze solnej** (*odporności na korozję*) *met.* salt-spray test, salt-fog test
~ **w locie** *lotn.* flight test
~ **w perle** *chem.* bead test
~ **w skali technicznej** production test
~ **wężowa** *okr.* zig-zag test, standard test
~ **wodna** hydraulic test, hydrostatic test
~ **wrażliwości na uderzenie** *wybuch.* shock sensitivity test, drop test
~ **wstępna** preliminary test
~ **wydęcia w bloku ołowianym** *wybuch.* Trauzl test, lead block expansion test
~ **wyrywkowa** sampling test
~ **wysokim napięciem** *el.* high-voltage test, high-potting
~ **wytrawiania** etch(ing) test
~ **wytrzymałości dielektrycznej** dielectric withstand test
~ ~ **kostkowej** (*np. betonu*) cube test
~ **wytrzymałościowa** strength test

~ **wywijania kołnierza** (*rury*) flanging test
~ **z brunatną obrączką** *chem.* brown-ring test
~ **zarysowania** *kryst.* scratch test
~ **zerowa** *chem.* blank determination
~ **zginania** *wytrz.* (transverse) bend test
~ ~ **bocznego** side bend test
~ ~ **do przylegania ramion 180°** flat bend test, bend test through 180°
~ ~ **kierowanego** guided bend test
~ ~ **na gorąco** hot bend test
~ ~ **o kąt 180°** 180° flat bend test, bend test through 180°
~ ~ **o określony kąt** angle bend test
~ ~ **swobodnego** free bend test
~ ~ **udarowa** impact bend test
~ ~ **wielokrotnego** reverse bend test
~ ~ **z karbem** notched bend test
~ ~ **z rozciąganiem grani** *spaw.* root bend test, reverse bend test
~ ~ **z rozciąganiem lica** face bend test, normal bend test
~ ~ **ze spłaszczaniem** flat-bend test
~ ~ **złącza teowego** T bend test, tee-bend test
~ **zmęczeniowa** *wytrz.* fatigue test, endurance test
~ ~ **przy osiowym rozciąganiu-ściskaniu** tension-compression test
~ ~ **Wöhlera** rotating cantilever test, Wöhler test
~ **zrzutowa** (*np. koksu*) drop test, shatter test
~ **zużywalności** wear test
~ **zwarciowa** *el.* short-circuit test
~ **zwiększonym napięciem** *el.* over-voltage test
~ **żucia** *papiern.* chewing test
próbka *f* sample, specimen; *wytrz.* test piece, test bar
~ **bez wartości** sample of no value, no value sample
~ **bezpłatna** free sample
~ **beztendencyjna** *skj* unbiased sample
~ **charakterystyczna** *skj* representative sample
~ **cienka** thin-film specimen
~ **do analizy** sample for analysis
~ **do badań rozciągania** tensile test piece, tensile specimen, tensile bar
~ **do badań zginania** bend-test specimen
~ **do badań zmęczeniowych** fatigue specimen
~ **dostawcza** shipping sample
~ **globalna** *skj* gross sample, grand sample
~ **gładka** (*bez karbu*) unnotched specimen, plain specimen
~ **kadziowa** (*próbka metalu pobrana z kadzi*) ladle sample
~ **laboratoryjna średnia** final (bulk) sample
~ **losowa** *skj* random sample
~ **na lejność** *odl.* fluidity test casting
~ **nagrzewana wraz ze wsadem w piecu** (*na wierzchu wsadu*) *hutn.* rider sample
~ **naruszona** (*gruntu*) *inż.* disturbed sample
~ **nienaruszona** (*gruntu*) *inż.* undisturbed sample
~ **nieobciążona** *skj* unbiased sample
~ **o zmniejszonych wymiarach** subsize specimen
~ **obciążona** *skj* biased sample
~ **odlana** *odl.* arbitration bar
~ ~ **oddzielnie** separate test bar
~ **ogólna** *skj* grand sample, gross sample
~ **organoleptyczna** tasting sample
~ **pierwotna** *skj* primary sample
~ **pobierana w ruchu** continuous sample
~ **pobrana przy odlewaniu wlewków** *hutn.* pit test sample
~ ~ **wzdłuż materiału** *wytrz.* longitudinal specimen
~ ~ **z pieca** *hutn.* bath sample, spoon sample
~ **przylana** *odl.* cast-on test bar
~ **punktowa** *skj* spot sample
~ **rdzeniowa** *wiertn.* core sample
~ **reprezentatywna** representative sample
~ **ruchowa** continuous sample
~ **spawania** welded test piece
~ **szkła** (*pobrana prętem z pieca*) rod proof, dip
~ **tendencyjna** *skj* biased sample
~ **udarnościowa podparta na dwóch podporach** (*do prób Charpy'ego*) beam-type test piece
~ ~ **wspornikowa** (*do prób Izoda*) cantilever-type test piece
~ ~ **z karbem** notched bar test piece
~ **uśredniona** averaged sample
~ **warstwowa** *skj* stratified sample
~ **wewnątrz próbki** *skj* subsample, part sample
~ **wycięta** test coupon
~ **wysyłkowa** shipping sample
~ **wzorcowa** standard sample
~ **zapieczętowana** sealed sample
~ **znormalizowana** *wytrz.* standard test piece
~ **zrównoważona** *skj* balanced sample
próbki *fpl* **sprzężone** *skj* linked samples
próbkowanie *n* **1.** (*pobieranie próbek*) sampling **2.** *aut., inf.* (*pomiar chwilowych wartości zmiennych*) sampling (action)
próbnik *m* **1.** sampler, trier **2.** *el.* testing set, tester **3.** probe
~ **izolacji** *el.* insulation tester, megger
~ **kosmiczny** unmanned spacecraft, cosmic probe
~ **złoża** *wiertn.* formation tester
próbny *a* experimental; tentative
próbować *v* test; try
~ **silnik na dużych obrotach** run the engine up, rev up the engine
próby *fpl* **hamowania** *siln.* bench tests
~ **na ziemi** *lotn.* pre-flight tests
~ **na morzu** *żegl.* sea trials
~ **przed lotem** *zob.* **próby na ziemi**
~ **(statku) na mili pomiarowej** *żegl.* trials on the measured mile

próchnica *f* **1.** *med.* caries; tooth decay **2.** (*w glebie*) *roln.* humus
próchno *n* touchwood
próg *m* threshold; sill; *górn.* sill timber, ground brace; *med.* limen
~ **Bidone'a** *hydr.* hydraulic jump
~ **bólu** *med.* pain threshold
~ **doku** *okr.* dock sill, apron
~ **drogi startowej** *lotn.* runway threshold
~ **dyslokacji** *kryst.* (dislocation) jog
~ **emisji fotoelektrycznej** photoelectric threshold
~ **energetyczny** (*reakcji*) *chem.* potential energy barrier
~ **falowy** (*emisji fotoelektronowej*) threshold wavelength
~ **fotojądrowy** *nukl.* photonuclear threshold
~ **holendra** *papiern.* backfall
~ **kontrastu** *opt.* contrast threshold
~ **kruchości** *wytrz.* nil ductility transition temperature, NDT temperature, impact transition temperature
~ **ogniowy** *kotł.* fire bridge
~ **pochylni** *okr.* ways-end
~ **pobudliwości** (*narzędzia pomiarowego*) discrimination threshold
~ **potencjalny** (*reakcji*) *chem.* energy barrier
~ **przeciwzakłóceniowy** *elektron.* noise-margin
~ **przedni** (*impulsu gaszącego*) *TV* front porch
~ **ramy tunelowej** *inż.* foot block
~ **reakcji fotojądrowej** *nukl.* photonuclear threshold
~ **rozpoznania** (*w analizie sensorycznej*) recognition threshold
~ **rozruchu licznika** *metrol.* starting value of a totalizing instrument
~ **rozszczepienia** *nukl.* fission threshold
~ **różnicy** (*w analizie sensorycznej*) difference threshold
~ **rzeczny** river bar; cataract
~ **słyszalności** *akust.* threshold of audibility, hearing threshold, audibility threshold, minimum audible
~ **śluzy** *inż.* mitre sill, lock sill
~ **tektoniczny** *geol.* fault scrap, fault ledge
~ **tylny** (*impulsu gaszącego*) *TV* back porch
~ **w wykroju matrycy** *obr.plast.* edger in a forging die
~ **wyczuwalności** (*w analizie sensorycznej*) detection threshold
~ **wykrywania** (*obiektu*) detection threshold
~ **wypustowy** (*w osadzarce*) *wzbog.* tailboard
~ **zapachu** odour threshold
próżnia *f* vacuum
~ **głęboka** high vacuum
~ **kosmiczna** vacuum of space
~ **Torricellego** *fiz.* Torricelean vacuum
~ **wstępna** preliminary vacuum
~ **wysoka** high vacuum
próżniomierz *m* vacuummeter, vacuum gauge
~ **alfatronowy** alphatron vacuummeter
~ **termomolekularny** molvacuummeter
próżnioszczelność *f* vacuum tightness
próżnioszczelny *a* vacuum-tight
próżniowanie *n* (*betonu*) *bud.* vacuum process
próżniowy *a fiz.* vacuous
próżny *a* empty
PRS = Polski Rejestr Statków
pruć *v* rip; unstitch
prustyt *m min.* proustite, light-ruby silver
prusydek *m chem.* prussiate
pryceit *m min.* pandermite, priceite
prymalny *a mat.* primal
prymarny *a* primary
prymula *f bot.* primrose, *Primula*
prymulina *f farb.* primuline
pryskać *v* splash
pryszczyca *f wet.* foot-and-mouth disease, aphthous fever; *US* aftosa
prysznic *m* shower
~ **ręczny** hand shower, hand spray
prywatny *a* private
pryzma *f* **1.** *obr.skraw.* vee block, V-block **2.** *drewn.* flitch **3.** pile; heap
~ **wiertarska** drill block
pryzmat *m opt.* prism
~ **do gwintów** thread measuring prism
~ **Nikola** Nicol prism, nicol (*in polarimeter*)
~ **okularowy** prismatic eyepiece
~ **pentagonalny** *fot.* penta prism, reflex prism
~ **polaryzacyjny Wollastona** Wollaston polarizing prism
pryzmatoid *m mat.* prismatoid
pryzmatyczny *a* prismatic
prząść *v włók.* spin
przeadresowywanie *n inf.* readressing
przeanalizować *v* make an analysis
przebarwienie *n* **1.** *włók.* dye penetration **2.** *med.* chromatosis
przebazowanie *n lotn.* redeployment; redislocation
przebicie *n* **1.** puncture; *el.* breakdown; punchthrough **2.** *górn.* cut-through; hole, through; holing, thirling **3.** *med.* perforation
~ **cieplne** (*złącza p-n*) thermal breakdown
~ **gruntu** (*wskutek ciśnienia hydrodynamicznego*) *inż.* piping
~ **kolumny** (*w chromatografii*) column breakthrough
~ **lawinowe** (*złącza p-n*) avalanche breakdown
~ **licytacyjne** (*ceny*) overbid
~ **łukowe** *el.* arc-over
~ **opony** *mot.* flat tyre, puncture
~ **skrośne** punch-through
~ **tunelowe** (*złącza p-n*) tunneling (Zener) breakdown
~ **w gazie** *el.* gaseous breakdown
~ **zenerowskie** *zob.* **przebicie tunelowe**
~ **złącza p-n** breakdown of a p-n junction

przebić *v* **1.** puncture; pierce; punch **2.** *el.* break down
przebieg *m* **1.** course; run **2.** *mot.* mileage
~ **choroby** *med.* course of a disease
~ **międzynaprawczy** mileage between repairs
~ **międzyobsługowy** *zob.* **przebieg międzynaprawczy**
~ **nieustalony** *el.* transient
~ **nośny** *rad.* carrier (wave)
~ **organizacyjny** (*etap wstępny procesu przetwarzania danych*) *inf.* housekeeping run
~ **poimpulsowy** *elektron.* post-pulse oscillations
~ **ponowny** *inf.* rollback, rerun
~ **pracy** *masz.el.* duty
~ **przejściowy** *el.* transient
~ **reakcji** *chem.* course of reaction
~ **równoległy** *inf.* parallel running
~ **rurociągu** run of pipeline
~ **testujący** *inf.* test run
~ **uchybu** *aut.* error response
~ **w milach** *mot.* mileage
~ **włókien** *met.* grain pattern, grain direction, fibre alignment
~ **wyjściowy** *aut.* output function
przebiegać *v* (*o reakcji*) progress; proceed
~ **zgodnie z harmonogramem** run according to schedule
przebiegunowanie *n el.* pole reversal
przebieracz *m* picker
~ **rudy** (*pracownik*) *wzbog.* cobber
przebierać *v* pick (out)
przebieralnia *f* changing room
przebieranie *n* picking
~ **niedozwolone odpadów użytkowych** totting
~ **ręczne** hand-packing
przebijak *m* **1.** punch (*hand tool*) **2.** *obr. plast.* piercing mandrel
~ **kowalski** blacksmith's punch
~ **prasy do wyciskania** *obr.plast.* piercer of extrusion press
przebijanie *n* **druku** (*na drugą stronę papieru*) show(ing)-through
~ **okna z zabierki** *górn.* packeting
~ **otworów** *obr.plast.* punching; piercing; broaching
~ **otworu spustowego** *hutn.* picking up the bott, opening the taphole
~ **przekopu** *inż.* drifting
przebijarka *f* **otworu spustowego** *hutn.* taphole opener
przebitka *f* **1.** *papiern.* copy paper; manifold paper, manifold tissue **2.** typed copy **3.** *górn.* countershaft
przebudowa *f* rebuilding, reconstruction; redevelopment
przebyć *v* **odległość** travel a distance, traverse a distance
przecena *f* repricing, revaluation
przeceniać *v* **1.** overestimate, overvalue, overrate **2.** change the price, reprice; revalue
przechłodzenie *n* **1.** over-cooling, super-cooling **2.** *met.* superfusion, surfusion
przechłodzony *a* over-cooled, super-cooled
przechodni *a mat.* transitive
przechodniość *f mat.* transitivity
przechodzenie *n* **na układ metryczny** metrication
~ **światła** *fiz.* light transmission
~ **w poprzek** crossing
~ **wybarwienia** *włók.* crocking
przechodzić *v* **do żużla** pass into the slag
~ **na elementy półprzewodnikowe** *aut., inf.* go solid state
~ **na układ metryczny** metricate, change over to the metric system
~ **próby** undergo trials
~ **przez sito** pass (through) a screen
~ **w dużej odległości** *żegl.* give a wide berth
~ **w żel** gelatinize
~ **w żużel** slag
~ **ze stanu stałego w stan ciekły** pass from the solid to the liquid state
~ **zmianę** undergo a change
przechowalnia *f* **bagażu** luggage room, left-luggage office, cloak-room
~ **owoców** *roln.* fruit store
przechowalnik *m* (*materiałów radioaktywnych*) *nukl.* bunker
przechowalność *f* shelf life, storage life; *spoż.* keeping capacity, keeping quality
przechowywać *v* store
~ **poniżej...** °**C** store below... °C
~ **w chłodnym miejscu** store in cool place, keep cool
~ **w suchym miejscu** store in dry place, keep dry
przechowywanie *n* storage, storing
~ **(drewna) w wodzie** water seasoning
~ **krwi** *med.* blood preservation
~ **w chłodni** cold storage
~ **w pamięci** *inf.* storage
przechronienie *n* (*w ochronie elektrochemicznej*) overprotection
przechwyt *m elektron.* penetration factor
przechwytywanie *n* (*celu w powietrzu*) *lotn.* air interception, AI
przechylać *v* tilt; cant; bank
~ **kadź** *hutn.* tip the ladle
~ **konwertor** *hutn.* turn down a converter, tilt a converter
przechylanie *n* **skrzyni ładunkowej wywrotki** *transp.* tripping
przechylenie *n* tilt; cant; *lotn.* bank
przechylny *a* tilting
przechył *m* tilt; cant; *lotn.* bank; *żegl.* heel
~ **(statku) na nawietrzną** *żegl.* weather lurch
przechyłka *f* (*na łukach*) *kol.* superrelevation
przechyłomierz *m żegl.* list indicator, clinometer
przeciągacz *m narz.* pull broach
~ **do otworów wielokarbowych** serration broach
~ **do otworów wielorowkowych** spline broach
~ **do rowków wpustowych** keyway broach

~ **zewnętrzny** (*do powierzchni zewnętrznych*) surface broach
przeciąganie *n* **1.** *obr.skraw.* pull broaching **2.** *transp.* overhauling
~ **częstotliwości** *rad.* frequency pulling
~ **kalibrujące** *obr.skraw.* burnish broaching
~ **ładunku** *żegl.* bulling
~ **otworów** *obr.skraw.* hole broaching
~ **płynu** *lab.* sucking through
~ **statku** *żegl.* shifting a ship
~ ~ **na cumach** warping a ship
~ **wewnętrzne** (*powierzchni wewnętrznych*) *obr.skraw.* hole broaching
~ **ze zgniotem** *obr.skraw.* burnish broaching
~ **zewnętrzne** (*powierzchni zewnętrznych*) *obr.skraw.* surface broaching, external broaching
przeciągarka *f obr.skraw.* broaching machine
~ **bębnowa** rotary broaching machine
~ **dwusuwakowa** dual-ram broaching machine
~ **obrotowa** rotary broaching machine
~ **pionowa** *obr.skraw.* vertical broaching machine
~ ~ **o ruchu roboczym w dół** pull-down broaching machine
~ ~ **o ruchu roboczym w górę** pull-up broaching machine
przeciągnąć *v lotn.* stall (*an aircraft*)
przeciągnica *f* **wagonowa** *górn.* car mover, car puller
przeciągnięcie *n lotn.* stall
~ **rzeki** *geol.* (river) capture, stream capture, (stream) piracy, river piracy
przeciążać *v* overload; overstress (*a structure*)
przeciążalność *f* overload capacity
~ **obwodu prądowego** *el.* over-current factor
przeciążenie *n* overload, excessive load, overchanging; *lotn.* gravity load, G-load
~ **awaryjne** *el.* emergency overload
~ **długotrwałe** sustained overload
~ **robocze** *el.* operating overload
~ **ulicy** (*ruchem*) street congestion
~ **zakłóceniowe** *el.* emergency overload
przeciek *m* leakage, leak
~ **labiryntowy** (*w turbinach*) gland leakage
~ **międzystopniowy** (*w turbinach*) interstage leakage
~ **substancji radioaktywnych** *nukl.* spill
przeciekać *v* leak; dribble; seep; bleed
przeciekający *a* leaky
przeciekanie *n* leakage; leak; seepage; bleeding
przecier *m spoż.* pomace
przecieraczka *f spoż.* rubbing machine
przecieranie *n* **1.** *spoż.* rubbing through **2.** *drewn.* sawing
przecięcie *n* **1.** cut; cross-cut; slit; slot **2.** *mat.* intersection
~ **piłą** kerf
~ **wpustu** *med.* cardiotomy
przeciętna *f* average
przeciętna dawka *f* **śmiertelna** lethal dose 50
przeciętnie *adv* on the average
przeciętny *a* average
przeciętny okres *m* **życia** life-time
przecinacz *m* (*obrazu w spektrografie*) image slicer
przecinać *v* cut; cut through; slit
~ **linię** cross a line
~ **się** *mat.* intersect
~ **w poprzek** transect, cut across
przecinak *m* **gazowy** cutting blowpipe
~ **kowalski** sett, set, sate
~ ~ **na gorąco** hot sett, hot chisel
~ ~ **na zimno** cold sett
~ **pneumatyczny** pneumatic chisel; chipping hammer
~ **ścierny** cut-off wheel, emery cutter
~ **ślusarski** cold chisel
~ ~ **niesymetryczny** side chisel
~ **tokarski** *obr.skraw.* cut-off tool, parting-off tool
przecinanie *n* **1.** *obr.skraw.* parting-off, cutting off **2.** *obr.skraw.* slitting
~ **dłużyc na kłody** *drewn.* bucking
~ **przecinakiem** chipping
przecinarka *f obr.skraw.* cutting-off machine
~ **strumieniowa wstęgi** *papiern.* coucher, spray cutter
przecinek *m* comma
~ **w liczbie dziesiętnej** (decimal) point, separatrix
~ **zmienny** *inf.* floating point
przecinka *f górn.* cross-cut, cross heading, cut-through, breakthrough, upcut; close work; stenting; thirling, holing
~ **po upadzie** wall-down
~ **po wzniosie** wall-up
~ **w caliźnie filaru** jenkin
~ **wentylacyjna** bolt hole, monkey drift
przeciw celom żywym *uzbr.* antipersonnel, apers
przeciwalbumina *a biochem.* antialbumin
przeciwbakteryjny *a* antibacterial
przeciwbiegun *m wytrz.* antipole
przeciwbiegunowa *f wytrz.* antipole
przeciwbieżny *a* backward
przeciwblask *f geofiz.* zodiacal counterglow, gegenschein
przeciwbólowy *a med.* analgesic
przeciwciało *n biochem.* antibody
przeciwciąg *m* **1.** *obr.plast.* back tension, backpull **2.** *lotn.* reverse thrust
przeciwcierny *a* anti-friction
przeciwciężar *m* counterweight, counterbalance, counterpoise, balance weight
~ **okna** (*ze skrzydłami podnoszonymi*) sash balance, sash weight
~ **wału korbowego** crank web balance weight
przeciwciśnienie *n* counterpressure, back pressure
przeciwcząstka *f fiz.* antiparticle
przeciwczołgowy *a* antitank
przeciwdziałać *v* counteract

~ **sterem** *żegl.* meet the helm
~ **zagrożeniu** meet the threat
~ **zatruciu** detoxificate
przeciwdziałanie *n* counteraction
przeciwdziedzina *f mat.* range
przeciwelektroda *f* counter electrode
przeciwgnilny *a* antiputrescent; antiputrefactive
przeciwieństwo *n* **faz** *el.* phase opposition
przeciwjadowy *a* anagotoxic; antivenomous
przeciwjony *mpl chem.* counter-ions, gegenions
przeciwklin *m masz.* gib, cotter lock
przeciwkolano *n* (*część zestawu dyszowego*) *hutn.* goose neck, swan neck
przeciwkorozyjny *a* anticorrosive
przeciwksiężyc *m meteo.* antiselene
przeciwległy *a* opposite
przeciwlotniczy *a* anti-aircraft
przeciwna strona *f* **Księżyca** far side of the Moon
przeciwnakrętka *f* lock-nut, check nut, jam nut, pinch nut
~ **jednozwojna** palnut
przeciwnie do kierunku ruchu wskazówek zegara anticlockwise, counter-clockwise
przeciwnie skierowany oppositely directed (*vector*)
przeciwnóż *m* (*rębaka*) *drewn.* bed knife
przeciwny *a* reverse; contrary; opposite; adverse
przeciwobraz *m mat.* inverse image
przeciwogniwo *n el.* counter-electromotive cell, counter-cell
przeciwoscylacyjny *a aut.* antihunt
przeciwoślepieniowy *a* antidazzle, antiglare
przeciwoświetlenie *n TV* back light
przeciwpancerny *a* armour-piercing, antitank
przeciwpasaty *mpl meteo.* anti-trades, counter trades
przeciwpocisk *m* **(rakietowy)** antimissile (rocket) missile
przeciwpoślizgowy *a* antislip, non-skid
przeciwprąd *m* counter-current
przeciwprądowy *a* counter-current
przeciwprostokątna *f geom.* hypotenuse
przeciwprzodek *m górn.* counter-road
przeciwradiolokacja *f* radar counter-measures
przeciwrdzewny *a* antirust
przeciwreflektor *m rad.* subdish, auxiliary reflector
przeciwsłońce *n astron.* anthelion, antisun, countersun
przeciwsobny *a* (*układ*) *el.* push-pull
przeciwsprawdzian *m metrol.* master gauge, reference gauge
przeciwstawiać *v* **się** resist; withstand; oppose
przeciwstawienie *n* opposition; resistance
przeciwstawny *a mat.* inverse
przeciwster *m okr.* contra-guide rudder
przeciwstukowy *a paliw.* antiknock
przeciwstyk *m el.* counter contact
przeciwszablon *m bud.* reverse templet
przeciwśruba *f okr.* contra-propeller
przeciwutleniacz *m* antioxidant
przeciwwaga *f* counterweight, counterbalance, counterpoise, balance weight
~ **anteny** (*elektryczna*) *rad.* (antenna) counterpoise, earth screen
~ **burtowa** *żegl.* balance board, outrigger
przeciwwęzeł *m fiz.* antinode
przeciwwirusowy *a med.* antiviral
przeciwwręg *m okr.* reverse frame
przeciwwskazanie *n med.* contraindication
przeciwwskaźnik *m metrol.* index mark
przeciwwybuchowy *a* explosion-proof
przeciwzapadka *f* detent pawl
przeciwzbieżność *f* (*modelu*) *odl.*, *tw.szt.* back draft
przeciwzmiękczacz *m gum.* antisoftener, stiffener
przecznica *f górn.* cross heading, crosscut; stone drift
przeczyszczenie *n med.* purgation
przed dziobem *żegl.* ahead, afore
przed terminem ahead of schedule; in advance
przed trawersem *żegl.* before the beam
przed zwrotem kukorbowym *siln.* before bottom (dead) centre
przed zwrotem odkorbowym *siln.* before top (dead) centre
przedarcie *n* tear
przedawkowanie *n med.* overdosage
przedawnienie *n* expiration (*of validity*); prescription
przedawniony *a ek.* prescribed
przedchłodnia *f chłodn.* precooler, precooling room, thaw room
przedestylować *v* distil over
przedforma *f szkl.* parison mould, blank mould, blank
przedgon *m chem.* first running, forerunnings; *ferm.* heads
przedkierownica *f* (*sprężarki*) prestator blades (*of a compressor*)
przedkuwka *f obr.plast.* slug (forging), (forging) preform
przedłożyć *v* **do zatwierdzenia** submit for approval
~ **ofertę** submit a tender, submit a quotation
przedłużacz *m* extension rod, lengthening bar; *el.* extension cord
~ **łańcucha** *chem.* chain extender
~ **wiertła** (*do długich otworów*) *obr.skraw.* drill stem
przedłużać *v* lengthen; prolong; extend
~ **linię** *geom.* produce a line
~ **tor** *górn.* advance the track
przedłużenie *n* lengthening; extension; prolongation
~ **analityczne** *mat.* analytic continuation
~ ~ **bezpośrednie** direct analytic continuation
~ **połączenia** *telef.* switching through
~ **roczne okresu klasyfikacyjnego statku** *żegl.* year of grace
przedłużka *f poligr.* throwout
~ **rurowa** lengthening pipe

przedłużnik *m* **1.** extension rod, lengthening bar **2.** *tel.* building-out network
przedmiar *m* **robót** *bud.* take-off
przedmiarowanie *n bud.* cubing; taking off quantities
przedmieszka *f gum.* premix masterbatch
~ **sadzowa** carbon black masterbatch
~ **wysokostyrenowa** resin rubber (masterbatch), self-reinforming rubber
przedmieście *n* suburb
przedmiot *m* object
~ **nieobrobiony** black work
~ **normy** subject of a standard; scope of a standard
~ **obrabiany** workpiece, work, job
~ ~ **na kłach** on-centre workpiece
~ **ubezpieczenia** subject of insurance
~ **urojony** *opt.* virtual object
~ **ze skazą** *skj* spotty unit
przedmioty *mpl* **codziennego użytku** daily necessities
przedmontaż *m okr.* preassembling, pre-erection (*of a hull section*)
przedmorze *n żegl.* roads, roadstead
przedmowa *f* preface
przedmuch *m siln.spal.* scavenge
~ **gazów przez pierścienie** blow-by
przedmuchać *v* blow through
przedmuchanie *n* **żeliwiaka** *odl.* foreblow (*in the cupola*)
przedmuchiwanie *n* (*po okresie gazowania*) *chem.* run-purge
~ **cylindrów** *siln.spal.* scavenging
~ **kotła** boiler blowdown, blow-off
~ **stali** (*w konwertorze*) steel blowing
~ ~ **w kadzi gazem obojętnym** bubbling inert gas (*to the liquid steel in the ladle*)
~ **złoża powietrzem** *wiertn.* air drive
przedmurze *n bud.* bulwark
przedni *a* frontal; fore; *anat.* anterior
przednówek *m roln.* preharvest
przednóżek *m bud.* riser
przedostatni *a* penultimate, last but one
przedpalenie *n el.* prearcing, preburning
przedpalenisko *n kotł.* Dutch oven
przedpięcie *n el.* bias (voltage)
~ **siatki** grid bias
przedplon *m roln.* forecrop, pioneer crop
przedpłata *f* prepayment
przedpłużek *m roln.* skim coulter, skim plough, jointer
przedpokój *m* antechamber; anteroom
przedporcie *n żegl.* outer port, outer harbour
przedramię *n anat.* forearm, antebrachium
przedrostek *m jęz.* prefix
przedruk *m* reprint
przedrukować *v* reprint
przedsiębiorca *m* undertaker; contractor
~ **budowlany** building contractor
~ **przeładunkowy** *żegl.* stevedore
~ **robót rozbiórkowych** housebreaker
~ **składowy** warehouseman, warehouse-keeper, storekeeper
przedsiębiorstwo *n ek.* enterprise
~ **kontrolowane** subsidiary enterprise
~ **kontrolujące** parent company
~ **państwowe** state enterprise; state-controlled enterprise
~ **prywatne** private enterprise
~ **spedycyjne** forwarding agency, shipping agency
~ **upaństwowione** nationalized enterprise
~ **użyteczności publicznej** public utility undertaking
~ **żeglugowe** shipping company
przedsięwziąć *v* **środki ostrożności** take precautions
~ **właściwe kroki** take appropriate action
przedsięwzięcie *n* enterprise; project
przedsionek *m* **1.** *bud.* vestibule **2.** *anat.* atrium (cordis); vestibule
przedsprzedaż *f* advance sale
przedstawiać *v* (*np. na rysunku*) show; represent; illustrate; (*np. wyniki badań*) present; display
~ **w zależności od...** plot against...
przedstawiciel *m* agent; representative
~ **akwizycyjny** canvassing agent
~ **prawny** attorney
~ **wyłączny** sole agent, sole representative
przedstawicielstwo *n* agency
~ **generalne** general agency
przedstawić *v* **do opinii** submit for comment
~ **referencje** supply references
~ **sprawozdanie** present a report
~ **wniosek** put forward a proposal
przedstawienie *n* representation; presentation; display, *zob.też* **reprezentacja**
~ **binarne liczby** *mat.* binary representation of a number
~ **cyfrowe** digital display
~ **graficzne** graphical representation
~ **kanoniczne** *mat.* canonical representation (*of a curve*)
~ **trójkowe liczb** *mat.* ternary representation of numbers
~ **umowne** (*rysunkowe*) conventional representation
~ **uproszczone** (*rysunkowe*) symbolic representation
przedszkole *n* nursery school
przedtytuł *m* half-title, bastard title, fly-title
przedwczesny *a* premature
przedwiercanie *n górn.* predrilling
przedwiert *m górn.* protection hole
przedwydzielanie *n obr.ciepl.* pre-precipitation
przedwzmacniacz *m rad.* preliminary amplifier, preamplifier
~ **wizyjny** (*kamerowy*) *TV* head amplifier
przedzacziernik *m spoż.* premashing apparatus
przedział *m* **1.** interval; range **2.** compartment **3.** panel (*of a framework*) **4.** *chłodn.* locker
~ **bagażowy** luggage compartment, luggage hold
~ **całkowania** *mat.* integration range, interval of integration
~ **czasu** time interval

~ **daktyloskopowy** (*widma w podczerwieni*) *fiz.* fingerprint region
~ **drabinowy** (*szybu*) *górn.* ladder way; ladder road
~ **izolacyjny** *okr.* cofferdam
~ **klatkowy** *górn.* cage road
~ **maszynisty** (*elektrowozu*) driver's cab
~ **maszynowy** *okr.* engine room
~ **międzykwartylowy** *skj.* interquartile range
~ **ochronny** *okr.* cofferdam
~ **otwarty** *mat.* open interval
~ **pasażerski** passenger compartment
~ **powietrzny** air space
~ **synchronizacji** *tel.* synchronization range
~ **szybowy** *górn.* shaft way
~ **torpedowy** *okr.* torpedo room (*in a submarine*)
~ **ufności** *mat.* confidence interval
~ **wentylacyjny** air-space
~ **wyciągowy** *górn.* hoist way, hoisting compartment
~ **zamknięty** *mat.* closed interval
~ **zbieżności** *mat.* interval of convergence
przedzielacz *m ryb.* lazy rope
przedziurawić *v* puncture; pierce
przegarbowanie *n* tanning through
przegarniać *v* **palenisko** poke the fire
przegięcie *n* **1.** *mat.* inflexion **2.** *wytrz.* contraflexure
~ **dyslokacji** *kryst.* dislocation klink
~ **kadłuba statku** (*na grzbiecie fali*) hog, hogging
~ **modelu** *odl.* counter-camber
przegięty *a* (*o statku*) broken backed (*ship*)
przegląd *m* survey; inspection; overhaul; review
~ **awaryjny** damage survey
~ **ciągły** continuous survey
~ **codzienny** daily inspection
~ **doraźny** occasional survey
~ **mały** (*okresowy*) minor inspection
~ **okresowy** periodical survey, inspection
~ **stanu prac** (*nad jakimś zagadnieniem*) stock-taking
przeglądarka *f* **do filmów** film viewer, previewer
~ **przezroczy** slide viewer
~ **tkanin** *włók.* cloth looking machine, cloth looking frame
przegłębiać *f żegl.* trim (*a ship*)
przegłębienie *n* **1.** *żegl.* trim (*of a ship*) **2.** (*w robotach pogłębiarskich*) over-depth dredging
~ **dziobowe** trim by head, trim forward
~ **konstrukcyjne** designed trim, permanent trim
~ **rufowe** trim by stern, trim aft
przegłębieniomierz *m żegl.* trim indicator
przegłębiony na dziób *żegl.* trimmed by the head
przegłębiony na rufę *żegl.* trimmed by the stern
przegłębiony nieprawidłowo *żegl.* out of trim
przegonka *f* bee escape
przegradzać *v* partition; baffle
przegroda *f* partition; bulkhead; barrier; baffle; *górn.* stopping; *biol.* septum
~ **filtracyjna** filter medium
~ **kominowa** *bud.* withe, mid-feather
~ **na ryby** (*stała*) fish-weir
~ **nosowa** *anat.* nasal septum
~ **ogniotrwała** fire-resisting division
~ **paroszczelna** *chłodn.* vapour barrier
~ **pływowa** *ryb.* tidal weir
~ **półprzepuszczalna** semi-permeable membrane
~ **przeciwogniowa** fire stop, fire-wall
~ **przeciwprzesypowa** *okr.* shifting board
~ **przepuszczalna** permeable membrane
~ **wanny holendra** *papiern.* midfeather, midboard
~ **zbiornikowa** (*przeciw falowaniu cieczy*) tank baffle plate, antisurge baffle
przegrupowanie *n* regrouping; rearrangement
~ **atomów** (*w sieci przestrzennej*) *kryst.* atomic rearrangement
~ **Beckmanna** *chem.* Beckmann rearrangement
~ **cząsteczkowe** *chem.* molecular rearrangement
~ **jądrowe** nuclear rearrangement
~ **wewnątrzcząsteczkowe** intramolecular rearrangement
przegrzanie *n* superheating; overheating
przegrzany *a* superheated; overheated
przegrzew *m* overheat; superheating
przegrzewacz *m* superheater
~ **opromieniowany** radiant superheater
~ **pary** steam superheater
~ **płytowy** plate superheater
~ **spiralny** spiral superheater
~ **wtórny** resuperheater, interstage reheater (*in steam turbines*)
~ **zawieszony** pendant superheater
przegrzewanie *n* superheating; overheating
~ **wtórne** interstage reheating, resuperheating (*in steam turbines*)
przegrzewność *f met.* susceptibility to overheating, susceptibility to grain growth
przegub *m* articulated joint, articulation
~ **bezcierny** *masz.* silentblock
~ **Cardana** Cardan universal joint
~ **elastyczny** flexible coupling
~ **homokinetyczny** *zob.* **przegub uniwersalny równobieżny**
~ **kulowy** ball-and-socket joint, cup-and-ball joint
~ **nożycowy** toggle joint
~ **pionowy** (*łopaty wirnika śmigłowca*) alpha hinge, drag hinge (*of the rotor blade*)
~ **poziomy** (*łopaty wirnika śmigłowca*) flapping hinge (*of the rotor blade*)
~ **uniwersalny** universal joint, universal coupling
~ ~ **homokinetyczny** *zob.* **przegub uniwersalny równobieżny**

~ ~ **o dużym kącie odchylenia osi** plunging-type universal joint
~ ~ **równobieżny** constant velocity universal joint
~ **wychylny** universal joint, universal coupling
przegubowy *a masz.* articulated, jointed; hinged
przehartowalność *f obr.ciepl.* hardenability, depth-hardening
przejazd *m* **dołem** *drog.* undercrossing, underpass
~ **dwupoziomowy** flyover; *US* overpass, underpass
~ **górą** overcrossing, overpass
~ **klatki dźwigowej poza poziom pomostu** *górn.* overwind
~ **kolejowy** railway crossing
~ **niestrzeżony** unguarded crossing
~ **strzeżony** guarded crossing
przejąć *v* **obowiązki** take over the duties
przejezdny *a* mobile
przejmować *v* **ciepło** take up the heat
~ **nacisk** take the thrust
przejrzały *a* overmature, overripe
przejrzysty *a* clear
przejście *n* **1.** passage; gangway; walkway; pathway **2.** transition
~ **bezpromieniste** *fiz.* radiationless transition, nonradiative transition
~ **bezradiacyjne** *zob.* **przejście bezpromieniste**
~ **dla pieszych** pedestrian crossing, crosswalk
~ **do lotu nurkowego** *lotn.* entry into a dive
~ **dozwolone** *fiz.* allowed transition
~ **elektronowe** electron transition
~ **fazowe** *fiz.* phase transition, phase change
~ **interkombinacyjne** *fiz.* intercombination transition
~ **izomeryczne** *fiz.* isomeric transition, IT
~ **kwantowe** *fiz.* quantum transition, quantum jump
~ **N → R** *fiz.* Rydberg transition
~ **na system dziesiętny** decimalization
~ **narzędzia** *obr.skraw.* pass; cut
~ **optyczne** *fiz.* optical transition
~ **podziemne dla pieszych** pedestrian subway, underpass
~ **projekcyjne** *kin.* change-over
~ **promieniste** *fiz.* radiative transition
~ **radiacyjne** *zob.* **przejście promieniste**
~ **rydbergowskie** *fiz.* Rydberg transition
~ **sklepione** *arch.* archway
~ **stopniowe z jednego obrazu w drugi** *TV* lap dissolve
~ **uliczne dla pieszych** (*malowane w pasy*) zebra crossing
~ **w celu określenia zasięgu pływania** *żegl.* endurance run
~ **w hali fabrycznej** gangway
~ **w lodach** *żegl.* ice lead
~ **w stan kruchy** *met.* ductile to brittle transition, D/B transition
~ **wzbronione** *fiz.* forbidden transition
~ **zapasowe** emergency gate
przejść *v* **na emeryturę** retire
~ **próbę** (*z wynikiem dodatnim*) pass a test
przejściowy *a* transitory; transient
przekalibrowywanie *n* **walców** *obr.plast.* redressing of rolls
przekarmienie *n* supernutrition, superalimentation; overfeeding
przekaz *m* **pocztowy** money order
przekazać *v* **do eksploatacji** commission (*a plant etc.*)
~ **żądaną sumę** remit the amount in question
przekazywać *v* transmit; transfer; relay
~ **dane** transmit data
~ **ruch** communicate motion
przekazywanie *n* transmission; transfer; relaying
~ **ciepła** heat transmission, heat transfer
~ **energii** energy transfer, imparting of energy
~ **informacji** information transfer
~ **pamięci** *inf.* dumping of store
~ **parametrów** *inf.* parameter passing
~ **rozmów** *tel.* auto-transfer
~ **zdalne wyników pomiarów** telemetering
przekaźnik *m aut.* relay; transmitter
~ **balansowy** balanced-beam relay
~ **bezzwłoczny** instantaneous relay
~ **biernomocowy** reactive power relay
~ **blokujący** interlocking relay, latching relay
~ **cieplny** thermal relay
~ **ciśnieniowy** pressure relay
~ **czasowy** time relay, timer
~ **częstotliwościowy** frequency relay
~ **czynnomocowy** active power relay
~ **dwupołożeniowy** all-or-nothing relay
~ **dwustopniowy** two-step relay
~ **elektrodynamiczny** electrodynamic relay
~ **elektromagnetyczny** electromagnetic relay
~ **fotoelektryczny** photorelay
~ **główny** master relay
~ **hermetyczny** reed relay
~ **hydrauliczny** hydraulic relay, hydraulic amplifier
~ ~ **mocy** fluid power transmission
~ ~ **strumieniowy** jet relay
~ **iloczynowy** product relay
~ **ilorazowy** quotient relay
~ **impulsów** pulse repeater
~ **indukcyjny** induction relay
~ **liniowy** *telef.* line relay
~ **magnetoelektryczny** magnetoelectric relay
~ **mocowy** power relay
~ **momentu obrotowego** torque transmitter
~ **nadmiarowo-prądowy** over-current relay
~ **nadprądowy** *zob.* **przekaźnik nadmiarowo-prądowy**
~ **napięciowy** voltage relay

~ **niedomiarowo-prądowy** undercurrent relay
~ **niedomiarowy** underload relay
~ **niezależnie zwłoczny** independent time-lag relay
~ **o opóźnionym działaniu** slugged relay
~ **o wyzwalaniu swobodnym** trip-free relay
~ **obojętny** nonpolarized relay, neutral relay
~ **otwarcia fazy** open-phase relay
~ **polaryzowany** polarized relay, biased relay
~ ~ **niepowrotny** side-stable relay
~ **pomiarowy** measuring relay
~ **pomocniczy** relief relay
~ **powolny** slow-speed relay, slow-operate relay, slow-acting relay
~ **półprzewodnikowy** solid-state relay, SSR
~ **prądowy** current relay
~ **próbny** *telef.* test relay
~ **przewodnościowy** conductance relay
~ **sumujący impulsy** notching relay
~ **sygnałowy** signal relay
~ **temperaturowy** temperature relay
~ **torowy** track relay
~ **udarowy** sudden-change relay
~ **unieruchamiający** lock relay, latching relay
~ **ustateczniony** stable relay
~ **wielostykowy** multiple relay, multi-contact relay
~ **wtykowy** plug-in relay
~ **wyłączający** cut-out relay
~ **z bocznikiem magnetycznym** *tel.* shunt-field relay
~ **zabezpieczeniowy** protective relay
~ **zależno-zwłoczny** dependent time-lag relay
~ **zamykający** lock relay
~ **zgodnej kolejności faz** positive phase-sequence relay
~ **zwłoczny** time-lag relay
~ **zwrotno-prądowy** reverse-current relay
przekaźnikownia *f* relay room
przekątna *f geom.* diagonal
~ **wielościanu** body diagonal
przekątny *a geom.* diagonal
przekipiacz *m cukr.* juice boiler
przekład *m* translation
~ **autoryzowany** authorized translation
~ **maszynowy** machine translation
przekładacz *m szkl.* takeout
przekładać *v* **1.** (*warstwami*) interleave, sandwich **2.** translate
przekładanie *n* **opon** (*dla zapewnienia ich równomiernego zużycia*) *mot.* rotation of tyres
~ **toru** *kol.* relaying the track
przekładka *f* separator; divider; spacer, distance piece
~ **konwekcyjna** *obr.ciepl.* convector plate
~ **międzywarstwowa** interlayer
~ **przenośników** *górn.* flitting
~ **regulująca** *obr.skraw.* packing plate
~ **stalowa belki złożonej** *bud.* flitch plate
~ **stemplowa** (*w wykrojnikach*) *obr.plast.* back-up plate
~ **z blachy** *hutn.* diffuser plate
przekładkarz *m* **przenośnika** *górn.* conveyor shifter
przekładnia *f* transmission (gear)
~ **bezstopniowa** variable-speed transmission (unit), variable gear
~ **biegu szybkiego** high gear
~ ~ **wolnego** low gear
~ ~ **wstecznego** reverse gear
~ **bierna** secondary gear
~ **chodu** *zeg.* going train
~ **ciągła** variable-speed transmission (unit), variable gear
~ **cierna** friction gear
~ **czynna** primary gear
~ **drugiego biegu** *mot.* second gear
~ **elektryczna** *kol.* electrical transmission
~ **gitarowa** swing-frame gear train, change-gear train with quadrant
~ **główna** *mot.* final drive
~ **hamulcowa** brake gear
~ **hiperboloidalna** hyperboloidal gear
~ **hipoidalna** hypoid gear
~ **hydrokinetyczna** hydrokinetic torque converter
~ **hydromechaniczna** hydraulic torque converter
~ **jednokierunkowa** irreversible transmission
~ **kątowa** (*o osiach przecinających się*) intersecting axis gear
~ **kierownicza** *mot.* steering gear
~ ~ **globoidalna** worm-and-roller steering gear
~ ~ **ślimakowa** worm-and-sector steering gear
~ ~ **śrubowa** worm-and-nut steering gear
~ **łańcuchowa** chain transmission
~ **napędzana** secondary gear
~ **napięciowa** *el.* transformer voltage ratio, ratio of transformation
~ **nawrotna** reversing gear
~ **o kołach daszkowych** double-helical gear
~ **o stałym przełożeniu** constant ratio gear
~ **obiegowa** planetary gear, epicyclic gear, crypto gear, sun-and-planet gear
~ ~ **o kołach prostych** simple epicyclic gear
~ ~ **o kołach osiowych wewnętrznych** internal-internal planetary system
~ ~ **o kołach osiowych zewnętrznych** external-external planetary system
~ **odboczkowa** back gears
~ **optyczna** optical lever
~ **pasowa** belt transmission
~ **pierwszego biegu** *mot.* first gear
~ **planetarna** planetary gear, epicyclic gear, crypto gear, sun-and-planet gear, *zob.też* **przekładnia obiegowa**
~ **prądowa** *el.* current ratio
~ **prędkości** speed transmission
~ **przeciwbieżna** contra-rotation gear

~ **przymusowa bezstopniowa** positive infinitely variable gear, PIV gear
~ **przyspieszająca** multiplying gear, increase gear, step-up gear; *mot.* overdrive
~ **redukcyjna** reduction gear
~ ~ **o podwójnym położeniu** double-reduction gear
~ ~ **wielokrotna** multiple-reduction gear
~ **różnicowa** differential (gear), compensating gear
~ ~ **kątowa** bevel-gear differential
~ ~ **równoległa** cylindrical-gear differential
~ **ślimakowa** worm gear
~ ~ **dwukierunkowa** reversible worm gear
~ ~ **globoidalna** globoidal worm gear, hourglass worm gear, double enveloping worm gear, cone-drive gearing
~ ~ **jednokierunkowa** irreversible worm gear
~ ~ **zwykła** (*o ślimaku prostym*) single enveloping worm gear
~ **śrubowa stożkowa** hypoid gear
~ **transformatora** *el.* transformation ratio
~ **wejściowa** primary gear
~ **wskazań** *zeg.* motion work
~ **z kompensacją luzu międzyzębnego** antibacklash gear
~ **zębata** (toothed) gear, gear transmission, (change-)gear train
~ ~ **gitarowa** swinging-frame gear train
~ ~ **o kołach rozstawionych** straddle-mounted gear
~ ~ **o zębach zygzakowych** triple-helical gear
~ ~ **podwójna** gear pair in series
~ ~ **równoległa** parallel gear
~ ~ **stożkowa** bevel gear; mitre gear
~ ~ **szybkozmienna** quick-change gear train
~ ~ **śrubowa** crossed helicoidal gear
~ ~ **walcowa** cylindrical gear, spur gear
~ ~ **wewnętrzna** internal gear
~ ~ **wichrowata** crossed gear, skew gear, angle gear
~ ~ **z kołami o niepełnym uzębieniu** intermittent gearing
~ ~ **z kołami zmianowymi** change-speed gear
~ ~ **złożona** compound gearing
~ ~ **zwarta** closed gear train, reverted gear train
~ **zębatkowa** rack-and-pinion
~ **zsynchronizowana** synchromesh gear
~ **zwalniająca** reduction gear
~ **zwiększająca** multiplying gear, increase gear, step-up gear; *mot.* overdrive
~ **zwojowa (transformatora)** (transformer) turns ratio, ratio of transformer
przekładnik *m el.* measuring transformer
~ **napięciowy równoległy** shunt transformer
przekłamanie *n tel.* error
przekompensowanie *n* overcompensation; *lotn.* over-balance
przekonstruować *v* redesign
przekop *m górn.* cross-cut, cross heading; cross-measure drift
~ **poszukiwawczy** exploratory drift
~ **w kamieniu** stone drift
przekos *m inf.* (tape) skew
przekrawacz *m papiern.* cutter; cross-cutter
~ **formatowy** size cutter
~ **kombinowany** (*tnący wzdłuż i w poprzek*) duplex cutter
przekręcić *v* turn
~ **śrubę** overtighten a bolt
przekroczyć *v* **barierę** surmount a barrier (*overcome difficulties*)
~ **dopuszczalną prędkość** exceed the speed limit
~ **granicę 1.** exceed a limit **2.** cross a boundary
~ **limit** *ek.* exceed the limit; overrun (*the costs*)
~ **plan** overfulfill a plan
~ **planowane wskaźniki** exceed the planned targets
~ **przepis** contravene the regulation, break the regulation
~ **równik** *żegl.* cross the line
przekroje *mpl* **główne** *wytrz.* principal sections
przekrój *m geom.* **1.** intersection, cut; section **2.** cut-set
~ **całkowity** *rys.* full section
~ **ceowy** channel section
~ **cząstkowy** *rys.* broken-out section, part section
~ **czynny** *nukl.* (collision) cross-section
~ ~ **całkowity** *nukl.* total cross-section
~ ~ **jądra** *nukl.* nuclear cross-section
~ ~ **makroskopowy** *nukl.* macroscopic cross-section
~ ~ **mikroskopowy** *nukl.* microscopic cross-section
~ ~ **na aktywację** *nukl.* activation cross-section
~ ~ **oddziaływania nieelastycznego** *nukl.* nonelastic (interaction) cross-section
~ ~ **pochłaniania neutronów** *nukl.* neutron absorption cross-section
~ ~ **przeniesienia z grupy do grupy** *nukl.* group transfer scattering cross-section
~ ~ **radiacyjnego rozpraszania niesprężystego** *nukl.* radiative inelastic scattering cross-section
~ ~ **rdzenia gwintu** *masz.* stress area of thread
~ ~ **reakcji** (*jądrowej*) *nukl.* reaction cross-section
~ ~ **rozpraszania** *nukl.* scattering cross-section
~ ~ ~ **spójnego** coherent scattering cross-section
~ ~ ~ **sprężystego** elastic scattering cross-section

~ ~ **rozszczepienia** *nukl.* fission cross-section
~ ~ **różniczkowy** *nukl.* differential cross-section
~ ~ **rury** internal area of pipe
~ ~ **termicznego rozpraszania niesprężystego** *nukl.* thermal inelastic scattering cross-section
~ ~ **termiczny** *nukl.* thermal cross-section
~ ~ ~ **skuteczny** effective thermal cross-section, Westcott cross-section
~ ~ **transportu** *nukl.* transport cross-section
~ ~ **usunięcia z grupy** *nukl.* group removal cross-section
~ ~ **uśredniony wg zjawiska Dopplera** *nukl.* Doppler-averaged cross-section
~ ~ **Westcotta** *nukl.* Westcott cross-section, effective thermal cross-section
~ ~ **wychwytu** *nukl.* capture cross-section
~ ~ **zderzenia** *nukl.* collision cross-section
~ **Dedekinda** *mat.* Dedekind cut
~ **dwuteowy** I-section
~ **geologiczno-inżynierski** soil profile
~ **glebowy** soil profile
~ **hydrauliczny** (*śruby*) *okr.* propeller disk, screw disk
~ **hydrometryczny** hydrometric section
~ **izotermiczny** *met.* isothermal section
~ **krytyczny belki** *wytrz.* dangerous section of a beam
~ **łamany** *rys.* offset section
~ **miarodajny** *obr.ciepl.* ruling section
~ **na owrężu** *okr.* midship section
~ **obrócony** *rys.* rotated section
~ **perspektywiczny częściowy** *rys.* cutaway view
~ **pionowy** **1.** vertical section **2.** *geol.* structure section
~ ~ **budynku** sciagraph
~ **płaski** plane section
~ **płaszczyzną** *zob.* **przekrój płaski**
~ **politermiczny** *met.* isopleth section, vertical section (*of a ternary space diagram*)
~ **pomiarowy** *hydr.* gauging section
~ **poprzeczny** cross-section, transverse section
~ **promieniowy** radial section
~ **prostopadły** right section
~ **przepływowy** *hydr.* flow section
~ **przewężony** (*strugi*) *hydr.* contracted section, vena contracta
~ **pseudopodwójny** *met.* quasibinary section, pseudobinary section
~ **równoważny** *met.* equivalent section
~ **skrzynkowy** box-section
~ **stężeniowy** *met.* isopleth section, vertical section (*of a ternary space diagram*)
~ **stożkowy** *mat.* conic section
~ **teowy** T section
~ **ukośnicowy** *okr.* diagonal section
~ **warstwy skrawanej** *obr.skraw.* area of cut
~ **wodnicowy** *okr.* waterplane section
~ ~ **konstrukcyjny** *okr.* designed waterplane
~ **wzdłużnicowy** *okr.* buttock section
~ **wzdłużny** longitudinal section
~ ~ **statku** sheer draft, sheer plan, profile plan (*of a ship*)
~ **zderzeniowy skuteczny** *nukl.* effective collision cross-section
przekrwienie *n med.* congestion
przekrycie *n* **1.** *bud.* cover; roof **2.** *masz.* overlap
~ **ujemne** *masz.* underlap
~ **wiszące** *bud.* suspension roof
~ **zaworów** *masz.* valve overlap
przekrystalizować *v* recrystallize
przekrystalizowanie *n* recrystallization
przekształcać *v* convert; transform
~ **równanie** *mat.* rearrange an equation
przekształcalny *a* convertible; transformable
przekształcenia *npl* **sąsiednie** *mat.* contiguous maps
przekształcenie *n* **1.** conversion; transformation **2.** *mat.* map(ping), transformation
~ **dopuszczalne** *mat.* admissible map
~ **Fouriera** *mat.* Fourier transform
~ **konforemne** *mat.* conformal transformation
~ **lekkie** *mat.* light mapping
~ **liniowe** *mat.* linear transformation, linear function, linear operation
~ **naturalne** *mat.* natural mapping
~ **odpowiednie** *mat.* conformal transformation
~ **odwrotne** *mat.* inverse transformation
~ **podstawienia** *mat.* evaluation map
~ **rzutowe** *mat.* projective transformation
~ **skaczące** *mat.* bonding mapping
~ **szybkie Fouriera** *mat.* fast Fourier transform, FFT
~ **wymierne** *mat.* rational transformation
przekształtnik *m el.* converter; inverter
~ **iskrowy** spark-gap converter
~ **kaskadowy** cascade converter
~ **krzyżowy** (*przy falowodach*) cross-bar transformer
~ **prądowy** current transformer
~ **prądu stałego** direct current static converter
~ **rodzaju fali** *rad.* mode transformer
~ **rtęciowy** mercury-arc converter
~ **spawalniczy** static welding set, static welding machine
~ **wielokrotny** multiple converter
przekuwanie *n* **kęsiska** *hutn.* reforging of a bloom
~ **spoiny** peening of a weld, hammering of a weld
~ **wstępne wlewka** *hutn.* cogging of an ingot
przelew *m* **1.** *hydr.* overfall, weir, notch **2.** overflow **3.** *odl.* flow-off, pop-off, strain relief **4.** *ek.* transfer

~ **burzowy** *inż.* storm overflow
~ **doskonały** complete overfall, perfect overfall
~ **lewarowy** siphon overfall
~ **mierniczy** measuring overfall
~ **niezupełny** submerged overfall, drowned overfall
~ **o liniowej charakterystyce przepływu** proportional overfall, linear weir
~ **proporcjonalny Rothera** *zob.* **przelew o liniowej charakterystyce przepływu**
~ **spływowy** spillway
~ **swobodny** *inż.* free-waste weir
~ **szybowy** *inż.* glory hole, morning-glory spillway, shaft spillway
~ **trójkątny** triangular overfall, triangular-notch weir, V-notch weir
~ **wykładniczy** exponential overfall
~ **zatopiony** submerged overfall, drowned overfall
~ **zupełny** complete overfall, perfect overfall
przelewać *v* **się** flow over, overflow
~ **stal z kadzi do kadzi** *hutn.* reladle
przeliczać *v* **1.** count over, tally; recalculate, recount **2.** convert
przeliczalność *f* countability, enumeration
przeliczalny *a* (de)numerable, countable
przeliczenie *n* **w skali** scaling
przelicznik *m* **1.** *aut.* resolver; scaler; (specialized) computer **2.** conversion factor
~ **artyleryjski** gunnery predictor
~ **automatyczny** autoscaler
~ **azymutu** azimuth computer
~ **cyfrowy** digital computer
~ **dwójkowy** *elektron.* binary scaler, scale-of-two circuit
~ **dziesiętny** *elektron.* decade scaler, scale-of-ten circuit
~ **elektronowy** electronic computer
~ **kulowy sin-cos** *aut.* ball resolver, spherical resolver
~ **kursu** course line computer; omnitrac
~ **skali metrycznej na calową** metric/inch converter
~ **torpedowy** torpedo data computer
~ **toru lotu** flight path computer
~ **uniwersalny** multiscaler
~ **wysokości** *lotn.* height computer
~ **zasięgu** *lotn.* ranging computer
przelot *m* **1.** *lotn.* cross-country flight **2.** *lotn.* overshoot (*during landing*) **3.** *masz.* passage
~ **dla wycinków w wykrojniku** *obr.plast.* scrap passage
~ **gazowy pionowy** (*w piecu martenowskim*) gas uptake
~ **w pobliżu** *kosm.* flyby
~ **wentylacyjny dolny** *górn.* undercast
przelotka *f* fair-lead
przelotnia *f* *siln.spal.* air chamber (*in two-stroke engines*)
~ **sprężarki** receiver of a compressor
przelotność *f* (*drogi, linii kolejowej*) traffic capacity, road capacity
~ **prądowa** (*linii*) *el.* current-carrying capacity
~ **turbiny parowej** steam flow capacity of a turbine
przeludnienie *n* overpopulation
przeładować *v* **1.** reload; transship **2.** overload **3.** *el.* overcharge
przeładunek *m* reloading; transshipment
~ **towaru** *żegl.* cargo handling, freight handling
~ **w portach** stevedoring
~ **ze statku na statek** overside (cargo) delivery
przełam *m* *kryst.* fracture
~ **tensjonalny** *geol.* tension fracture, subsidiary fracture
przełamanie *n* **piany** *kosmet.* lather collapse
przełączanie *n* switching (over); changing over; *telef.* jumpering
~ **biegunów** *el.* pole reversal
~ **napięciowe** constant-voltage switching
~ **prądowe** constant-current switching
~ **wiązki** *rad.* beam switching, lobe switching
~ **wieloobwodowe** multiway switching
~ **zaczepów** tap-changing
przełączenie *n* switch-over; change-over
przełącznica *f* **telefoniczna** *telef.* distribution frame
przełącznik *m* **1.** *el.* (throw-over) switch, changer-over switch **2.** *inf.* branch point
~ **antenowy** antenna change-over switch
~ **aparatowy** *tel.* gravity switch
~ **biegunów** pole reverser
~ **do zmiany kierunku** reversing switch
~ **dwubiegunowy dwupołożeniowy** *el.* double-pole double-throw switch, dpdt switch
~ **dwugrupowy** *el.* all-or-part switch
~ **dwustabilny** toggle switch
~ **elektroniczny** electronic switch
~ **ferrytowy** *el.* ferrite switch
~ **grupowy** switchgroup
~ **gwiazda-trójkąt** *masz.el.* star-delta switch
~ **haczykowy** *telef.* switch hook
~ **kanałów** channel selector
~ **krzemowy dwustronny** *elektron.* silicon bilateral switch, SBS
~ ~ ~ **niesymetryczny** asymmetrical silicon bilateral switch, ASBS
~ ~ **jednostronny** silicon unilateral switch, SUS
~ ~ **sterowany** silicon-controlled switch, SCS
~ **krzyżowy** *el.* four-way switch
~ **między obwodami** *el.* transfer switch
~ **migowy przechylny** *el.* toggle switch
~ **mikrofalowy dużej mocy** *elektron.* multipactor
~ ~ **nadawanie-odbiór** *rad.* transmit-receive switch, TR switch, TR box, TR cell
~ **na mikrofonie** *el.* press-to-talk switch

~ **NO** *zob.* **przełącznik mikrofalowy nadawanie-odbiór**
~ **o styku rtęciowym** *el.* mercury switch
~ **obwodów** *telef.* sequence switch
~ **ognia** *uzbr.* fire control lever (*in a machine gun*)
~ **pociągany** pull switch, ceiling switch
~ **powietrza** *chłodn.* air alternator
~ **półprzewodnikowy ze sprzężeniem świetlnym** light-coupled semiconductor switch
~ **przechylny** *el.* lever key
~ **przyciskowy** button switch, push-button
~ **schodowy** (*dwuobwodowy*) *el.* landing switch
~ **seryjny** *telef.* sequence switch
~ **silnikowy** motor driven switch
~ **suwakowy** slide switch
~ **świateł przy mijaniu** *mot.* dimmer switch, anti-dazzle switch, dipper switch, dipswitch, dimswitch
~ **taśmy barwiącej** *biur.* ribbon shift key
~ **tranzystorowy** switching transistor
~ **trzyobwodowy** *el.* three-way switch
~ **wciskowy zwrotny** *el.* spring reset push-button
~ **widełkowy** *telef.* cradle switch
~ **wybierakowy** selector switch
~ **zaczepów** *el.* tap-changer, tap switch
~ **zakresu fal** *rad.* band switch, band selector
~ **zegarowy** (*do licznika*) meter change-over clock
przełączyć *v* switch (over); change over
przełęcz *f geogr.* pass
przełom *m* **1.** *met.* fracture **2.** *drog.* fissure
~ **aksamitny** silky fracture
~ **biały** white fracture (*cast iron defect*)
~ **ciągliwy** ductile fracture
~ **drobnoziarnisty** fine grained fracture, smooth fracture, even fracture
~ **drzewiasty** fibrous fracture, woody fracture
~ **gruboziarnisty błyszczący** fiery fracture
~ **jasny** bright fracture (*cast iron defect*)
~ **jedwabisty** silky fracture
~ **końcowy** remaining fracture
~ **kruchy** brittle fracture, cleavage fracture
~ **krystaliczny** crystalline fracture
~ **łupkowy** laminated fracture; flaky fracture
~ **międzykrystaliczny** intercrystalline fracture
~ **muszlowy** conchoidal fracture
~ **naftalinowy** fish-scale fracture
~ **opóźniony** delayed fracture
~ **plastyczny** ductile fracture
~ **poślizgowy** shear fracture
~ **statyczny** remaining fracture
~ **stożkowy** cup-and-cone fracture
~ **szklisty** vitreous fracture, glassy fracture
~ **szkła** fracture mirror (*of glass*)
~ **śródkrystaliczny** transcrystalline fracture, intracrystalline fracture
~ **śródziarnisty** *zob.* **przełom śródkrystaliczny**
~ **warstwowy** laminated fracture
~ **wewnątrzkrystaliczny** *zob.* **przełom śródkrystaliczny**
~ **włóknisty** fibrous fracture, woody fracture
~ **ziarnisty** granular fracture
~ **zmęczeniowy** fatigue fracture
przełopatkowanie *n* reblading (*of rotors*)
przełowienie *n ryb.* overfishing
przełożenie *n* **drogi** relocation of a way
~ **dźwigni** leverage, purchase, prize
~ **przekładni** *masz.* transmission ratio
~ ~ **głównej** *mot.* axle ratio, final drive ratio
~ ~ **obiegowej** epicyclic value
~ ~ **redukcyjnej** reduction ratio
~ ~ **zębatej** gear ratio, gear train value
~ **siłowe maszyny** mechanical advantage, purchase, prize
przełożony *m* superior
przełyk *m anat.* gullet, (o)esophagus
~ **turbiny wodnej** capacity of water turbine, discharge of water turbine
przemakalny *a* water-permeable
przemarzanie *n* frost penetration
przemęczenie *n* **lotnicze** *med.* flying sickness, aeroneurosis, aerasthenia
przemiał *m młyn.* milling
przemiana *f fiz.* transformation; conversion; change
~ **adiabatyczna** *term.* adiabatic process
~ **alotropowa** allotropic change, allotropic transformation
~ **beta** *fiz.* beta decay
~ **całkowita** perfect conversion
~ **chemiczna** chemical change
~ **cukrów** *biochem.* saccharometabolism
~ **cykliczna** *term.* cyclic process
~ **częstotliwości** *el.* frequency translation, frequency changing, frequency conversion
~ **drugiego rodzaju** *zob.* **przemiana drugiego rzędu**
~ **drugiego rzędu** *term.* second-order transition
~ **egzotermiczna** exothermic process
~ **elementarna** *term.* infinitesimal process
~ **endotermiczna** endothermic process
~ **energii** *fiz.* energy conversion
~ **fazowa** phase change, phase transition
~ **fizyczna** physical change
~ **izentropowa** isentropic process, isentropic change
~ **izobaryczna** isobaric process, constant pressure cycle
~ **izochoryczna** isochoric process, constant volume cycle
~ **izomeryczna** isomeric transition, IT
~ **izotermiczna** *met.* isothermal process, isothermal transformation
~ **jądrowa** *fiz.* nuclear transformation, radioactive transformation
~ **magnetyczna** *met.* magnetic change, magnetic transformation

~ **martenzytyczna** *met.* martensite transformation
~ **materii** *biochem.* metabolism
~ **nieodwracalna** *term.* irreversible process
~ **nieskończenie mała** *term.* infinitesimal process
~ **odwracalna** *term.* reversible process
~ **perlityczna** pearlite reaction
~ **perytektyczna** *met.* peritectic transformation
~ **pokoleń** *biol.* alternation of generations
~ **politropowa** *term.* polytropic process
~ **porządek-nieporządek** *kryst.* order-disorder transition
~ **promieniotwórcza** radioactive transformation, nuclear transformation
~ **protonowa** *fiz.* proton decay
~ **quasistatyczna** *term.* quasistatic process
~ **samorzutna** spontaneous transformation
~ **strukturalna** *met.* microstructural change
~ **syntektyczna** *fiz.* syntectic reaction
~ **tautometryczna** tautometric change
~ **termodynamiczna** thermodynamic process
~ ~ **elementarna** *chem.* infinitesimal process
~ **uporządkowanie-nieuporządkowanie** *kryst.* order-disorder transition
~ **w stanie stałym** *fiz.* solid-state transition, solid transformation
~ **widma sygnału** *tel.* conversion of spectrum
~ **wzajemna** interconversion
~ **zamknięta** *term.* cyclic process, cycle
~ **żelu w zol** *fizchem.* solation
przemieniać *v* transform; convert; change
przemiennik *m* converter; inverter; changer
~ **częstotliwości** *el.* frequency converter, frequency changer
~ **energii** energy converter
~ **momentu obrotowego** torque converter
~ **strumienia neutronów** flux converter
przemienność *f mat.* commutation
przemienny *a* **1.** *mat.* commutative **2.** alternating **3.** convertible
przemieszczać *v* displace; shift; relocate
przemieszczenie *n* displacement; dislocation; shift; relocation
~ **celu** *uzbr.* aim-bias
~ **ładunku** *żegl.* stowage
~ **mimośrodowe** *masz.* lobing
~ **tłoka** *masz.* piston travel
przemoczenie *n* **1.** (*ziarna na słód*) oversteeping **2.** (*lnu*) overretting
przemodulowanie *n rad.* overmodulation
przemostkowanie *n el.* bridging out (*of a storage battery*)
przemysł *m* industry
~ **atomowy** atomic (energy) industry
~ **barwników** dyestuff industry
~ **budowlany** building industry
~ **budowy maszyn** machine-building industry, engineering industry, metal industry
~ **celulozowo-papierniczy** pulp and paper industry
~ **ceramiczny** ceramic industry
~ **chemiczny** chemical industry
~ **ciężki** heavy industry
~ **cukrowniczy** sugar industry
~ **drobny** small(-scale) industry
~ **drzewny** woodworking industry; wood industry
~ **elektrotechniczny** electrical industry
~ **energetyczny** power industry
~ **farb i lakierów** paint and varnish industry
~ **fermentacyjny** fermentation industry
~ **gazowniczy** gas industry
~ **górniczy** mining industry
~ **hutniczy** iron and steel industry, metals producing industry, metal-forming industry, metallurgical industry
~ **jedwabniczy** silk industry
~ **kluczowy** key industry
~ **kosmetyczny** cosmetic industry
~ **krajowy** domestic industry
~ **lekki** light industry, consumer goods industry
~ **lotniczy** aircraft industry
~ ~ **i kosmonautyczny** aerospace industry
~ **maszynowy** machine-building industry, engineering industry, metal industry
~ **metalurgiczny** metals producing industry, metal-forming industry, metallurgical industry, iron and steel industry
~ **mleczarski** dairy industry, dairying
~ **motoryzacyjny** automotive industry
~ **mrożonek** food-freezing industry
~ **naftowy** petroleum industry, oil industry
~ **nawozów sztucznych** fertilizer industry
~ **obrabiarkowy** machine-tool industry
~ **obuwniczy** footwear industry
~ **odzieżowy** clothing industry
~ **okrętowy** shipbuilding industry
~ **papierniczy** papermaking industry, paper industry
~ **poligraficzny** printing industry
~ **pomocniczy** supporting industry
~ **przetwórczy** processing industry
~ **rybny** fishing industry
~ **skórzany** leather industry
~ **spożywczy** food industry
~ **szklany** glass-making industry
~ **tworzyw sztucznych** plastics industry
~ **włókien sztucznych** synthetic fibre industry
~ **włókienniczy** textile industry
~ **wydobywczy** extractive industry
~ **wytwórczy** manufacturing industry
~ **zbrojeniowy** armaments industry
przemysłowiec *m* industrialist
przemysłowy *a* industrial
przemywacz *m* washer
~ **korytowy** *wzbog.* logwasher
przemywać *v* wash, rinse
przemywanie *n* washing, wash, rinsing
~ **gazu** scrubbing
~ **ługiem** alkali wash
~ **w korytach** *wzbog.* sluicing

przeniesienie *n* **1.** transfer **2.** *inf.* carry
~ **bezpośrednio przez dziewiątki** standing on nines carry
~ **cykliczne** end-around carry, EAC
~ **danych na inny nośnik** *inf.* media conversion
~ **dwójkowe** binary carry
~ **dziesiętne** decimal carry
~ **elektronu** electron transfer
~ **energii** energy transfer
~ ~ **liniowe** linear energy transfer, LET
~ **kaskadowe** cascaded carry
~ **ładunku** charge transfer
~ **na drugą stronę równości** *mat.* transposition
~ **na moderator** *chem.* transfer to modifier
~ **na monomer** *chem.* transfer to monomer
~ **podwójne** double carry
~ **pozycyjne** cascaded carry
~ **praw** assignation, assignment (*of rights*)
~ **ujemne** negative carry
przenik *m tel.* crosstalk
~ **skupiony** concentrated crosstalk
~ **zbliżny** near-end crosstalk, NEX
~ **zdalny** far-end crosstalk, FEX
przenikać *v* penetrate; permeate; pervade; infiltrate
~ **się wzajemnie** (*np. o bryłach*) interpenetrate
przenikający *a* penetrating
przenikalność *f fiz.* permeability
~ **akustyczna** acoustic transmittivity
~ **dielektryczna** *zob.* **przenikalność elektryczna**
~ **elektryczna** (*absolutna*) permittivity
~ ~ **próżni** permittivity of free space
~ ~ **względna** specific inductive capacity, SIC, dielectric constant
~ **magnetyczna** magnetic permeability
przenikalny *a* penetrable, permeable, pervious
przenikanie *n* penetration; infiltration
~ **barwnika** dye penetration
~ **ciepła** heat transmission; heat penetration
~ **garbnika** tannin penetration
~ **masy** *fiz.* mass transfer
~ **międzywarstwowe** (*w farbiarstwie*) *włók.* bleeding
~ **powierzchni** *mat.* intersection of surfaces
~ **powietrza** air leakage
~ **się studzien** interference of wells
~ **wilgoci** migration of humidity
~ **wzajemne** interpenetration
przenikliwość *f* penetrating power
~ **promieniowania** radiation hardness
przenikliwy *a* penetrating; *radiol.* hard
przenosić *v* transfer; transmit; convey; carry
~ **informację** transcribe
~ **na drugą stronę równości** *mat.* transpose, carry over
~ **ruch** transmit a motion
~ **samotokiem** convey on a roller table
~ **suwnicą** carry by overhead crane, move by overhead crane
przenoszenie *n* **1.** transfer; transmission; conveyance **2.** *fiz.* transport **3.** *biol.* translocation
~ **blokowe** *inf.* block transfer
~ **danych** *inf.* transfer operation
~ **dźwięku** *akust.* sound transmission, sound conduction
~ **elektronów w fotosyntezie** *biochem.* photosynthetic electron transport
~ **energii** energy transfer
~ ~ **liniowe** linear energy transfer, LET
~ **informacji** information transfer
~ **łańcucha** (*polimeru*) *chem.* chain transfer
~ **masy** *chem.* transport of mass
~ **metalu** (*w łuku*) *spaw.* metal transfer
~ **mocy** power transmission
~ **na kalkę** *rys.* tracing
~ **natryskowe** (*metalu w łuku*) spray transfer
~ **pipetą** *lab.* pipetting
~ **się błędów** propagation of errors
~ **zapisu z kart dziurkowanych na taśmę magnetyczną** card-to-magnetic tape conversion
~ **zarazków** *med.* vection
przenośnik *m* **1.** conveyor, transporter; elevator **2.** *rys.* dividers
~ **chodnikowy** *górn.* gangway conveyor
~ ~ **główny** trunk conveyor
~ **członowy** link-belt conveyor
~ ~ **korytowy** tray conveyor
~ ~ **płytowy** slat conveyor
~ ~ **półkowy** cellar hoist
~ **do stertowania worków** sack piler
~ **grawitacyjny** gravity conveyor
~ ~ **rolkowy** gravity roll conveyor
~ ~ **ślizgowy** gravity shute
~ **hakowy** *hutn.* hook carrier, hook conveyor
~ **hydrauliczny** hydraulic conveyor
~ **kątowy** *geod.* station pointer
~ **korytowy** trough conveyor
~ **krążkowy** wheel conveyor
~ **kubełkowy** bucket conveyor
~ ~ **pionowy** bucket elevator
~ ~ **stromopochyły** inclined elevator
~ ~ **taśmowy** belt-bucket elevator, apron elevator
~ **łańcucha** *chem.* chain transfer agent
~ ~ **zaczepowy** pusher chain conveyor
~ **montażowy** assembly conveyor
~ **obiegowy** *zob.* **przenośnik okrężny**
~ **okrężny** circular conveyor, closed-belt conveyor; curve-going conveyor
~ **pancerny** *górn.* armoured conveyor
~ **płócienny** *roln.* elevator canvas, platform canvas
~ **płytowy** apron conveyor
~ **pneumatyczny** pneumatic conveyor
~ **podawczy krótki** *górn.* short cross conveyor
~ **podwieszony** monorail conveyor, overhead conveyor

~ **przesypowy pośredni** *górn.* transfer conveyor
~ **przewoźny** mobile conveyor
~ **przodkowy** *górn.* face conveyor
~ **przyspieszony** speeded conveyor
~ **redukcyjny** *rys.* proportional dividers
~ **rurowy** pipe conveyor
~ **sortowniczy** sorting conveyor
~ **(systemu) Redlera** Redler conveyor
~ **ślimakowy** *zob.* **przenośnik śrubowy**
~ **ślizgowy spiralny** spiral chute
~ **śrubowy** helical conveyor, screw conveyor, worm conveyor; *roln.* platform auger
~ ~ **poziomy łopatkowy** screw paddle conveyor
~ ~ ~ **z taśmą** screw ribbon conveyor
~ ~ **rurowy** screw tube conveyor
~ **taśmowy** band conveyor, belt conveyor
~ ~ **druciany** mattress conveyor, wire mesh conveyor
~ ~ **nieckowy** troughed belt conveyor
~ ~ **płaski** flat-belt conveyor
~ ~ **przebierczy** picking belt, sorting belt
~ ~ **zbiorczy** *górn.* mother belt (conveyor)
~ ~ **zgrzebłowy** scraper belt conveyor
~ **tlenu** *chem.* oxygen carrier
~ **wałkowy** roller conveyor, roller runway
~ ~ **grawitacyjny spiralny** spiral roller conveyor chute, roller spiral
~ ~ **z napędem** live roller conveyor, power-driven roller conveyor
~ **wibracyjny** vibrating conveyor
~ **wózkowy** trolley conveyor
~ ~ **okrężny** integrated train
~ **wstrząsowy** oscillating conveyor, shaker conveyor, jigging conveyor
~ **zasilający** feeder conveyor
~ **zbiorczy** *górn.* gathering conveyor
~ **zgarniakowy** drag conveyor, flight conveyor; scraper conveyor
~ ~ **prętowy** push-bar conveyor
~ ~ **rurowy** Redler conveyor
~ ~ **talerzowy** button rope conveyor
~ ~ **zgrzebłowy** push-plate conveyor
~ **zwrotny** shuttle conveyor
przenośniki *mpl* **w łańcuchu oddechowym** *biochem.* respiratory carriers
przenośny *a* portable; transportable; *prawn.* transferable
przeobrażenie *n* **skał** *geol.* alteration of rocks
przeolejenie *n* *masz.* overoiling
przeorientowanie *n* *fiz.* reorientation
przeorzech *m* *bot.* hickory, *Carya* Mill.
przeostrzanie *n* *narz.* regrinding
przepadanie *n* *lotn.* mushing
przepalenie *n* *ceram.* overheating; *obr. ciepl.* burning
~ **się żarówki** burnout of an electric bulb
przepał *m* (*nadmierne zużycie paliwa*) excessive fuel consumption
przeparnik *m* *chem.* stripping column, stripper
przepełniać *v* overfill
przepełnienie *n* **wykroju** *obr.plast.* overfill, fin
przepełz *m* *el.* leakage path
przepieczenie *n* *odl.* overbaking
przepierzenie *n* *bud.* partition; *górn.* stopping
~ **wentylacyjne** *górn.* brattice
przepięcie *n* *el.* overvoltage, supervoltage, overtension
~ **atmosferyczne** lightning surge
~ **łączeniowe** switching overvoltage
~ **rezonansowe** overvoltage due to resonance
~ **wędrowne** travelling overvoltage
przepiórka *f* **domowa** *zool.* domestic quail, *Coturnix coturnix*
przepis *m* prescription; formula; recipe
~ **prania** washing instruction
~ **użycia** *med.* signature
przepisy *mpl* regulations; rules, code
~ **bezpieczeństwa** safety code; safety rules
~ **budowlane** building code
~ **budowy zbiorników ciśnieniowych** pressure vessel code
~ **cywilne budowy sprzętu lotniczego** *US* civil air regulations, CAR
~ **drogi morskiej** *żegl.* rules of the road
~ **konstrukcyjne** code of construction
~ **kotłowe** boiler code
~ **lotu wg przyrządów** *lotn.* instrument flight rules, IFR
~ ~ **z widocznością ziemi** visual flight rules, VFR
~ **portowe** port by-laws
~ **przewozowe** shipping regulations
~ **ruchu drogowego** traffic regulations, highway code
~ **techniczne** (standard) code of practice
~ **wysyłkowe** shipping regulations
przepisywać *v* transcribe, rewrite
przepisywanie *n* **dźwięku** (*poprzednio zapisanego*) re-recording of sound
~ **zawartości pamięci operacyjnej** (memory) dump
przeplatać *v* interleave, interlace
przeplecenie *n* (*przewodów*) *el.* transposition
przepławka *f* (*dla ryb*) *inż.* fish pass, fish ladder
przepłukiwanie *n* **1.** flushing (*with liquid*) **2.** *siln.spal.* scavenging **3.** *kotł.* blowing-down **4.** *med.* irrigation; *fizjol.* perfusion
~ **głębokie** high scavenging
~ **pętlowe** *zob.* **przepłukiwanie zwrotne**
~ **płytkie** flat scavenging
~ **wzdłużne** uniflow scavenging, straight-through scavenging
~ **zwrotne** backflow scavenging, loop scavenging
przepływ *m* flow
~ **adiabatyczny** adiabatic flow
~ **ageostroficzny** *meteo.* ageostrophic flow, ageostrophic wind
~ **antytryptyczny** *meteo.* antitriptic flow, antitriptic wind
~ **baroklinowy** baroclinic flow

~ **barotropowy** barotropic flow, classical flow
~ **bieguna** *masz.el.* ampere-turns per pole
~ **burzliwy** turbulent flow
~ **ciągły** continuous flow
~ **ciepła** heat flow
~ **cyklostroficzny** *meteo.* cyclostrophic flow, cyclostrophic wind
~ **cząstek** *fiz.* particle fluence
~ **diabatyczny** diabatic flow, Rayleigh flow
~ **dławiony** throttled flow
~ **dwufazowy** two-phase flow
~ **dwuwymiarowy** two-dimensional flow
~ **entropii** entropy flow, entropy flux
~ **Eulera** Eulerian flow, Eulerian wind
~ **geostroficzny** *meteo.* geostrophic flow, geostrophic wind
~ **hipersoniczny** hypersonic flow
~ **izalobaryczny** *meteo.* isallobaric flow, isallobaric wind
~ **izentropowy** homentropic flow
~ **izotermiczny** isothermic flow
~ **jednorodny** homogeneous flow
~ **jednowymiarowy** one-dimensional flow
~ **klasyczny** barotropic flow, classical flow
~ **Knudsena** free-molecule flow, Knudsen flow
~ **konwekcyjny** convective flow, bulk flow
~ **krytyczny** critical flow
~ **krzyżowy** cross flow
~ **kulisty** spherical flow
~ **laminarny** laminar flow, streamline flow
~ **magneśnicy** *masz.el.* field ampere-turns
~ **modelowy** model flow, scale-model flow
~ **naddźwiękowy** supersonic flow
~ **nadkrytyczny** *hydr.* supercritical flow
~ **nieustalony** unsteady flow, variable flow
~ **niewirowy** irrotational flow
~ **niezakłócony** undisturbed flow
~ **osiowo-symetryczny** axi-symmetric flow
~ **osiowy** axial flow
~ **pełzający** *hydr.* creeping flow
~ **plastyczny ze sztywnym rdzeniem** plug flow, piston flow
~ **płaski** plane flow
~ **płynu** fluid flow
~ ~ **nielepkiego** frictionless flow, inviscid flow
~ **poddźwiękowy** subsonic flow
~ **podkrytyczny** *hydr.* subcritical flow
~ **poślizgowy** slip flow
~ **potencjalny** potential flow
~ **powietrza** airflow
~ **prądu** *el.* passage of current
~ **przeciwprądowy** countercurrent flow
~ **przez przewody** pipe flow
~ **przydźwiękowy** transonic flow
~ **pulsujący** (*w przewodach rurowych*) pulsating flow
~ **quasi-ustalony** quasi-steady flow
~ **Rayleigha** diabatic flow, Rayleigh flow
~ **rozwinięty** developed flow
~ **równomierny** uniform flow
~ **rwący** *hydr.* supercritical flow
~ **sferyczny** spherical flow
~ **spokojny** *hydr.* subcritical flow
~ **stożkowy** conical flow
~ **subsoniczny** subsonic flow
~ **supersoniczny** supersonic flow
~ **swobodnie molekularny** free-molecule flow, Knudsen flow
~ **swobodny** unrestricted flow
~ **ślizgowy** sliding flow
~ **termiczny** *aero.* thermal flow, thermal wind
~ **tłokowy** piston flow, plug flow
~ **transkrytyczny** intermittent flow
~ **transsoniczny** transonic flow
~ **trójwymiarowy** three-dimensional flow
~ **turbulentny** turbulent flow
~ **umiarkowany** moderate flow
~ **ustalony** stationary flow
~ **uwarstwiony** laminar flow, streamline flow
~ **współprądowy** countercurrent flow
~ **wsteczny** reverse flow; backflow
~ ~ **gazów** *siln.spal.* blow-back of gases
~ **wtórny** secondary flow
~ **wymuszony** forced flow
~ **z posiewem** *fiz.* seeded flow
~ **zamrożony** frozen flow
~ **zlinearyzowany** linearized flow
~ **zmienny** nonuniform flow
przepływać *v* flow (through)
przepływność *f hydr.* flowability, quantity of flow
~ **turbiny wodnej** capacity of a water turbine, discharge of a water turbine
przepływomierz *m* flow-meter, rate-of-flow meter, fluid meter
~ **całkujący** flow integrator
~ **elektroniczny** electronic flow meter
~ **klapowy** flap flow-meter
~ **kolanowy** *zob.* **przepływomierz krzywakowy**
~ **krzywakowy** centrifugal-head flow meter, elbow flow meter
~ **manometryczny** differential-head flow meter
~ **o stałym otwarciu** constant-area flow meter
~ **o zmiennym otwarciu** variable-area flow meter
~ **otwarty** free-flow meter
~ **piętrzący** impact flow meter
~ **pływakowy** float flow meter
~ ~ **swobodny** cone-and-float meter, rotameter
~ **rejestrujący** flow recorder
~ **rotacyjny** rotary-vane meter
~ **upustowy** shunt flow meter
~ **wirnikowy** velocity-type flowmeter
~ **wskazujący** flow indicator
~ **zamknięty** closed-flow meter, forced-flow meter
~ **zasuwowy** sliding-gate measuring valve
~ **zaworowy** valve flow meter

~ ~ **iglicowy** needle flow meter
~ ~ **przesuwny** *zob.* **przepływomierz zasuwowy**
~ **zwężkowy** constriction flow meter
przepływy *mpl* **międzygałęziowe** *ek.* input-output relations
~ **termodynamiczne** thermodynamic fluxes
przepołowić *v mat.* bisect; halve
przepołowienie *n mat.* bisection
przepompownia *f* intermediate pumping station
przepompowywanie *n* pumping operation, pumping over
przepona *f* **1.** diaphragm, membrane **2.** *anat.* diaphragm, phren **3.** (*w prasie Bag-O-Matic*) *gum.* bladder
~ **anodowa** *elektron.* target anode
~ **bezpieczeństwa** blow-out disk, burst(ing) disk, rupture disk (*in a rocket*)
~ **grodzy** *inż.* cut-off wall
~ **jonowa** ionic membrane
~ **uszczelniająca** sealing diaphragm
~ **wodoszczelna** (*grodzy, zapory*) *inż.* cut-off wall, core wall
przeponka *f* (*przy nadlewach łatwoutrącalnych*) *odl.* neck-down (core), wafer core, Washburn core
przeprężenie *n wytrz.* overstraining; autofrettage
przeprojektowanie *n* redesign
przeprowadzać *v* **badania** make an investigation, investigate
~ **doświadczenie** carry out an experiment, run an experiment, experiment
~ **dowód** *mat.* prove (*a theorem*)
~ **próbę** carry out a test, conduct a test
~ **remont** overhaul
~ **w alkohol** *chem.* alcoholize
~ **w kwas** *chem.* acidify
~ **w siarczany** *chem.* convert into sulfates
~ **w stan ciekły** liquefy
~ **w stan lotny** volatilize
~ **w węglan** *chem.* carbonate
~ **w żel** gelate
przeprowadzić *v* **rozmowę z kandydatem** interview the candidate
przepuklenie *n papiern.* burst
przepuklina *f med.* rupture, hernia
przepust *m* **1.** *obr.plast.* roll pass **2.** *inż.* culvert **3.** *el.* seal wire
~ **ciemniowy** *radiol.* lightproof baffle
~ **gładzący** *obr.plast.* pinch pass; skin pass
~ **izolatorowy** *el.* bushing
~ **jałowy** *obr.plast.* dead pass, dummy pass, blind pass
~ **na kant** *zob.* **przepust osadczy**
~ **osadczy** *obr.plast.* edging pass
~ **polerujący** *obr.plast.* polishing pass
~ **roboczy** *obr.plast.* live pass
~ **rurowy** *inż.* pipe culvert
~ **wanny szklarskiej** throat of a tank furnace, dog-hole
~ **wstępny** *obr.plast.* breakdown pass
~ **wykończający** *obr.plast.* finishing pass
~ **zgniatający** *zob.* **przepust wstępny**
przepustka *f* pass
przepustnica *f* **1.** *siln.* throttling valve; choke (valve) **2.** *obr.plast.* entry guide
~ **całkowicie otwarta** full throttle
~ **do spalin** (*przed turbiną*) waste-gate
~ **rolkowa** *obr.plast.* roller entry guide
~ **ślizgowa** *obr.plast.* static entry guide
przepustowość *f* **1.** (flow) capacity **2.** *aut.* transfer function
~ **członu sprzężenia zwrotnego** feedback transfer function
~ **drogi** traffic capacity, road capacity
~ **informacyjna** throughput (*of information*)
~ **kanału** *tel.* channel capacity
~ **pieca grzewczego** *hutn.* heating rate of a reheating furnace
~ **uchybowa** *aut.* error response
przepuszczać *v* (let) pass; *fiz.* transmit
~ **impuls** *aut.* gate
~ **prąd** pass current
~ **światło** transmit light
~ **statek przez śluzę** lock a ship
przepuszczalność *f* permeability
~ **promieniowania** transmittance
~ **światła** light transmittance
~ **właściwa promieniowania** transmissivity
przepuszczalny *a* permeable, pervious
przepuszczanie *n* (*światła*) transmission (*of light*)
~ **kierunkowe** regular transmission
~ **rozproszone** diffuse transmission
przepychacz *n obr.skraw.* push broach
~ **kanalizacyjny** *hydr.* force cup
przepychanie *n* **1.** forcing through **2.** *obr. skraw.* push broaching
przerabiać *v* **1.** remake; rework; modify **2.** process
~ **plastycznie** work plastically, work mechanically
~ **surówkę na stal** *hutn.* convert pig iron into steel
~ **wlewek na blachę** *hutn.* convert an ingot into plate
przerastanie *n* **warstwami** *geol.* interbedding
przeregulowanie *n* **1.** readjustment **2.** *aut.* over-regulation, overshoot
przerębla *f* air-hole in ice
przerobiony plastycznie wrought, worked
przerobiony plastycznie na zimno cold-worked
przerost *m geol.* interlayer, parting; dirt band
przerób *m* working; processing, *zob.też* **przeróbka**
~ (*materiału*) **na jednostkę czasu** throughput
przeróbka *f* **1.** working; processing **2.** modification
~ **mechaniczna rud** ore dressing
~ **odpadów** waste recovery
~ **osadów** *san.* sludge treatment
~ **paliwa wypalonego** *nukl.* fuel reprocessing, fuel regeneration

~ **plastyczna** *hutn.* plastic working (*of metals*), mechanical working
~ ~ **na gorąco** hot working, hot processing
~ ~ **na półgorąco** hot-cold working
~ ~ **na zimno** cold working
~ **ropy** crude oil refining, crude oil treatment
~ **rud** *wzbog.* ore treatment
~ **w stanie nadplastycznym** *hutn.* superplastic processing
~ **zachowawcza** (*ropy naftowej*) straight-run distillation
~ **zużytego katalizatora** *chem.* reworking of a spent catalyst
przerwa *f* interruption; stoppage; pause; break; gap
~ **analityczna** (*w analizie spektralnej*) analytical gap, electrode gap
~ **Hertzsprunga** *astr.* Hertzsprung gap
~ **iskrowa** *el.* spark gap
~ **izolacyjna** isolating clearance
~ **między zapisami** (*na nośniku informacji*) interrecord gap, IRG
~ **międzyblokowa** (*na nośniku informacji*) interblock gap
~ **międzyelektrodowa** analytical gap, electrode gap
~ **obiadowa** lunch break
~ **początkowa** (*na taśmie magnetycznej*) premier gap
~ **ruchliwości** (*nośników ładunków*) *elektron.* mobility gap
~ **sedymentacyjna** *geol.* hiatus
~ **start/stop** *inf.* start-stop gap
~ **sterowana** (*w ruchu mechanizmu*) dwell
~ **stykowa** contact gap, contact clearance
~ **w dopływie energii elektrycznej** power failure, power stoppage
~ **w dostawach** stoppage of supplies
~ **w ruchu** (*maszyn*) down time
~ **zasilania w sieci energetycznej** power stoppage, power failure
przerwać *v* interrupt; break; stop; discontinue
~ **czynność** stop an operation
~ **dmuch** stop the blow, turn off the blow
~ **dopływ paliwa** shut off the fuel
~ ~ **prądu** shut off the power, cut off (electric) current
~ **obwód elektryczny** break electric circuit, open electric circuit
~ **pracę** stop work
~ **próżnię** relieve a vacuum
~ **start** *lotn.* abandon take-off
~ **wykonywanie zadania** *lotn.* discontinue the operation; abort
przerwanie *n* **1.** interruption; stoppage; break; rupture **2.** *rys.* break **3.** *inf.* interrupt; hang-up
~ **dopływu** cut-off
~ **formy** *odl.* (metal) break-out, run-out
~ **łańcucha** *chem.* chain breaking, chain fission
~ **łączności** *tel.* communications failure
~ **łuku** *spaw.* breaking of arc; *el.* arc extinction, arc quench, arc interruption, arc suppression
~ **naskórka wlewka ciągłego** *hutn.* bleed-out
~ **spodu** (*pieca*) *odl.* breakout
przerwnik *m el.* normally closed contactor
przerybienie *n* (*stawu*) overpopulation, overstocking (*with fish*)
przerysować *v* redraw; trace
przerywacz *m* **1.** *masz.* disconnector; breaker **2.** *el.* circuit breaker, contact breaker, interrupter **3.** *lotn.* spoiler, intercepter **4.** *fot.* stopping agent
~ **ciągu** *rak.* thrust terminator
~ **polimeryzacji** *chem.* stopping agent, short stop
~ **prędki** *nukl.* fast chopper
~ **próżni** vacuum breaker (*valve*)
~ **strumienia świetlnego** (light) chopper
przerywanie *n siln.spal.* missing, misfiring
przerywany *a* intermittent; discontinuous
przerywka *f roln.* thinning
przerzedzanie *n* **owoców** *roln.* fruit thinning
przerzucać *v* switch (over)
przerzucanie *n* **łopatką** shovelling, spading
~ **wątku** *włók.* picking
przerzut *m med.* metastasis
~ **czółenka** *włók.* pick, shot, shoot
~ **pierwotny** *elektron.* backswing
~ **płomienia** propagation of flame, flame propagation
~ **powtórny** *elektron.* forward swing
przerzutnik *m* **1.** *elektron.*, *inf.* bistable multivibrator, flip-flop (circuit), trigger **2.** roller
~ **o sprzężeniu pojemnościowym** capacitance-coupled flip-flop, a-c coupled flip-flop
~ **Schmitta** Schmitt trigger, Schmitt circuit
~ **symetryczny** symmetric flip-flop
~ **typu J-K** J-K flip-flop
~ **typu „master-slave”** master-slave flip-flop
przerzynarka *f drewn.* cross-cut circular saw
przesadzanie *n* **1.** *obr.plast.* joggling **2.** *roln.* transplantation, transplanting; replanting
przesadzenie *n obr.plast.* joggle (*of a forging*)
przesącz *m* filtrate
~ **z wywaru** *ferm.* slop back
przesączać *v* filter; percolate
~ **się** ooze, trickle, seep; infiltrate
przesączalny *a* filt(e)rable
przesiąkać *v* percolate
przesieka *f leśn.* clearing
przesiew *m* minus mesh, through, fines
przesiewacz *m* screen, sifter; bolter
~ **bębnowy** drum screen, rotary screen, revolving screen, trommel (screen)
~ **drgający** vibrating screen, shaking screen
~ **jednopokładowy** single-deck screen

~ **klasyfikacyjny** classifying screen, grading screen
~ **obrotowy** drum screen, rotary screen, revolving screen, trommel (screen)
~ ~ **stożkowy** cone screen
~ ~ **sześciościenny** rotating hexagonal screen
~ **odwadniający** dewatering screen
~ **płaski** screening table
~ **płasko-wahliwy** jigging screen
~ **rezonansowy** resonance screen
~ **rusztowy** bar screen, grizzly (grate); rod deck screen
~ ~ **nieruchomy** static grizzly
~ ~ **walcowy** roll grizzly
~ **szczelinowy** slotted screen
~ **taśmowy** band screen, belt screen
~ **wahliwy** oscillating screen
~ **wibracyjny** vibrating screen, shaking screen
~ ~ **dwupokładowy** double-deck vibrating screen
~ ~ **mimośrodowy** gyratory screen
~ ~ **udarowy** impact screen
~ **wielopokładowy** multideck screen
~ **wstrząsowy** *odl.* shaker screen, riddler
przesiewać *v* screen; sieve, sift; bolt
przesiewalnia *f* **rud** *hutn.* (ore) screening station
przesiewnik *m* screen, sifter; bolter, *zob. też* **przesiewacz**
przesilenie *n astr.* solstice
~ **letnie** summer solstice
~ **pływu** *ocean.* change of tide, turn of the tide, slack water
~ **zimowe** winter solstice
przeskakiwanie *n* (*rodzaj niestabilności układów scalonych nieliniowych*) *elektron.* latch-up
~ **iskry** *el.* sparking over
~ **płomienia** flame striking back, flashback (*in a burner*)
przesklepianie *n* **się** arching (*of loose material*)
przesklepienie *n* **otworu lejkowate** *bud.* trumpet arch
przeskok *m* jump; skip; *kryst.* overshoot
~ **dozwolony** *fiz.* allowed transition
~ **elektronu** electron jump
~ **iskry** *el.* spark-over, flashover
~ **kwantowy** *fiz.* quantum transition
~ **płomienia** (*w palniku*) reversion of flame (*in a burner*)
~ **zabrudzeniowy** *el.* pollution flashover
przesłać *v* **projekt** (*dokumentu*) **do poprawek** turn over a project to... for revision
przesłaniać *v* (*otwór*) blank off
przesłanianie *n* **jądra** *fiz.* screening of nucleus
przesłanka *f* (*logiczna*) premise
przesłona *f opt.* diaphragm, *zob.też* **przysłona**
~ **Goecklą** *lab.* meniscus reader
~ **przepustnicy** *siln.spal.* strangler flap
~ **reflektora** occulter
~ **uszczelniająca** *inż.* cut-off wall
~ **wiązki promieniowania** chopper, beam stop
przesłonka *f* (*przy nadlewach łatwoutrącalnych*) *odl.* neck-down (core), wafer core, Washburn core
~ **zaworu ssawnego** *siln.spal.* inlet valve mask
przesłuch *m telef.* crosstalk, overhearing
~ **między kanałami** inter-channel crosstalk
~ ~ **zespołami** intersystem crosstalk
~ **niezrozumiały** nonintelligible crosstalk, babble
~ **z toru macierzystego na tor macierzysty** side-to-side crosstalk
~ **zbliżny** near-end crosstalk, NEX
~ **zdalny** far-end crosstalk, FEX
~ **zrozumiały** intelligible crosstalk
przesłuchomierz *m* crosstalk meter
przesmyk *m geol.* isthmus
~ **tkacki** *włók.* shed
przestać *v* **stosować** disuse
przestarzałość *f* obsolescence
przestarzały *a* obsolete; antiquated; outdated
przestarzenie *n obr.ciepl.* overageing
przestawialny *a* adjustable
przestawić *v* transpose, shift; re-set
~ **nagrzewnicę na dmuch** *hutn.* go on blast
~ **się** (*np. na inną produkcję*) change over, switch over, reconvert
~ **śmigło w chorągiewkę** *lotn.* feather an airscrew
przestawienie *n* **1.** *mat.* transposition; permutation **2.** *odl.* mould shift, mismatch
~ **produkcji** reconversion of production
~ **przemysłu na produkcję wojenną** industrial mobilization
przestępność *f mat.* transcendence
przestępny *a mat.* transcendental
przestojowe *n* demurrage (charges)
przestój *m masz.* shutdown; outage; down-time; *transp.* demurrage
przestrajać *v* retune
przestrajalny *a* tunable
przestron *m hutn.* waist, belly (*of a blast furnace*)
przestronny *a* spacious, roomy
przestrzegać *v* **normy** adhere to a standard
~ **przepisów** observe regulations
~ **terminów** keep the dates
przestrzennie centryczny *kryst.* space-centered, body-centered
przestrzenny *a* spatial, spacial, three-dimensional, non-planar
przestrzeń *f* space
~ **afiniczna** *geom.* affine space
~ **anodowa** anode compartment, anodic area
~ **Banacha** *mat.* Banach space
~ **barw** colour space
~ **bazowa** *mat.* base space
~ **bornologiczna** *mat.* bornologic space
~ **całkowicie regularna** *mat.* completely regular space

~ **ciągowa** *mat.* sequential space
~ **ciągowo zupełna** *mat.* sequentially complete space
~ ~ **zwarta** sequentially compact space
~ **czynnikowa** *statyst.* factor space
~ **dołączona** *mat.* adjunction space
~ **doskonale normalna** *mat.* perfectly normal space
~ **dóbr** *mat.* commodity space
~ **dualna** *mat.* dual space
~ **działania** *cybern.* action space
~ ~ **radiolokatora** radar volume
~ **euklidesowa** Euclidean space, Cartesian space
~ **falowa** *fiz.* k space, wave (vector) space
~ **fazowa** phase space
~ **frachtowa** (*statku*) freightage
~ **Frécheta** *mat.* Fréchet space
~ **funkcyjna** *mat.* function space
~ **gazowa martwa** (*w instalacji*) gas pocket
~ **Hausdorffa** *mat.* Hausdorff space
~ **Hewitta** *mat.* realcompact space
~ **Hilberta** *mat.* Hilbert space
~ **ilorazowa** *mat.* factor space, quotient space
~ **jednorodna** *geom.* homogeneous space
~ **jednostajna** *mat.* uniform space
~ **jednostajnie wypukła** *mat.* uniformly convex space
~ **k** *fiz.* k space, wave (vector) space
~ **katodowa** cathode compartment, cathodic area
~ **kosmiczna** cosmic space, outer space
~ ~ **daleka** (*poza strefą przyciągania Ziemi*) deep space
~ **liniowa** *mat.* linear space, vector space
~ **liniowo-topologiczna** *mat.* linear topological space
~ **lokalnie wypukła** *mat.* locally convex space
~ **ładunkowa** *okr.* cargo space
~ **łukowa** *el.* arc space
~ **manipulacyjna między rzędami kontenerów** *transp.* container aisle space
~ **metryczna** *mat.* metric space
~ ~ **zupełna** complete metric space
~ **metryzowalna** *mat.* metrizable space
~ **międzybiegunowa** *el.* interpolar space
~ **międzyplanetarna** interplanetary space
~ **międzywręgowa** *okr.* bay
~ **Minkowskiego** *fiz.* Minkowski world
~ **modularna** *bud.* modular space
~ **nakrywająca** *mat.* covering space
~ ~ **uniwersalna** universal covering space
~ **normalna** *mat.* normal space
~ **osłonięta od wiatru** *żegl.* wind shadow
~ **ośrodkowa** *mat.* separable space
~ **parametryczna** *mat.* parameter space
~ **parazwarta** *mat.* paracompact space
~ **pętli** *mat.* loop space
~ **płaska** *mat.* flat space
~ **pomiarowa tunelu aerodynamicznego** test section of a wind tunnel
~ **potrącalna** *żegl.* deductable space
~ **powietrzna** *lotn.* airspace, aerospace
~ **pozbawiona powietrza** airless space
~ **próbki** *skj* sample space
~ **pseudozwarta** *mat.* pseudo-compact space
~ **pusta** empty space; void, pocket
~ **refleksywna** *mat.* reflexive space
~ **regularna** *mat.* regular space
~ **Riemanna** *mat.* Riemannian space
~ **robocza** working space
~ ~ **cylindra** *siln.spal.* total cylinder volume
~ ~ **pieca** furnace laboratory, work space of a furnace
~ ~ **pieca ogrzewczego** *hutn.* heating chamber of a furnace
~ ~ **tunelu aerodynamicznego** working section of a wind tunnel
~ **rzutowa** *mat.* projective space
~ **sferyczna** *mat.* spherical space
~ **składowa** storage space
~ **Sobolewa** *mat.* Sobolev space
~ **sprzężona** *mat.* conjugate space
~ **stanu** *aut.* state space
~ **swobodna** free space
~ **symplektyczna** *geom.* symplectic space
~ **szkodliwa** *masz.* clearance space, clearance volume
~ **ściągalna** *mat.* contractible space
~ **Tichonowa** *mat.* completely regular space
~ **topologiczna** *mat.* topological space
~ ~ **z punktem bazowym** pointed topological space
~ **trójwymiarowa** three-dimensional space
~ **typu B_0** *mat.* Fréchet space
~ **unitarna** *mat.* unitary space
~ **uniwersalna** *mat.* universal space
~ **unormowana** *mat.* normed (linear) space
~ **wektorowa** *mat.* vector space
~ **wielowymiarowa** multidimensional space
~ **włóknista** *mat.* fibre space
~ **wodna** (*np. chłodnicy*) water space
~ **wolna w naczyniu reakcyjnym** *chem.* freeboard
~ ***n*-wymiarowa** *mat.* n-dimensional space
~ **z bliskością** *mat.* proximity space
~ **zupełna** *mat.* complete space
~ **zwarta** *mat.* compact space, compact set

przestwory *mpl* **międzykomórkowe** *bot.* intercellular spaces

przesunięcie *n* displacement; shift; travel; offset; translation; slip
~ **adresu** *inf.* address adjustment
~ **arytmetyczne** *inf.* arithmetic shift
~ **atomów** *kryst.* atomic displacement
~ **batochromowe** (*absorpcji światła*) bathochromic shift, bathochromic effect
~ **chemiczne** (*w magnetycznym rezonansie jądrowym*) chemical shift
~ **cykliczne** *inf.* cyclic shift
~ **czerwone** (*absorpcji światła*) bathochromic shift, bathochromic effect
~ **dielektryczne** electric induction, electric displacement

~ **doplerowskie** *fiz.* Doppler shift
~ **fazowe** *el.* phase shift, phase displacement
~ **hypsochromowe** (*absorpcji światła*) hypsochromic shift, hypsochromic effect
~ **logiczne** *inf.* logical shift
~ **mierzone w płaszczyźnie uskoku** *geol.* net slip
~ **niearytmetyczne** *inf.* non-arithmetic shift
~ **niebieskie** (*absorpcji światła*) hypsochromic shift, hypsochromic effect
~ **obrazu w kierunku poziomym** *TV* line slip
~ **przygotowane** *mech.* virtual displacement
~ **punktu pracy** *aut.* bias
~ **regulatora** travel of a governor
~ **równoległe** *mat.* translation
~ **się matrycy** *obr.plast.* die shift
~ **szczotek** *el.* brush shift
~ **w fazie o π** antiphase
~ **wirtualne** *mech.* virtual displacement
przesunięty *a* displaced; shifted
przesunięty w fazie *el.* out of phase
przesunięty w fazie czasowej o 90° *el.* in time quadrature
przesunięty w przestrzeni o kąt elektryczny 90° *el.* in space quadrature
przesuw *m masz.* travel(ling); shift
~ **formularza** *inf.* form feeding
~ **taśmy** tape feed, tape transport; (*filmowej*) *kin.* film transport
przesuwacz *m* **1.** (*w walcowni*) *hutn.* transfer (table) **2.** (*w wybieraku*) *telef.* paul, pall
~ **linowy** *hutn.* cable-type transfer, rope transfer (bank), rope skid
~ **łańcuchowy** *hutn.* chain transfer
~ **pasa** (*pędni*) belt shifting fork, belt shifter, belt striker
przesuwać *v* shift; displace
przesuwalność *f* **programów** *inf.* program relocatibility
przesuwanie *n* **impulsów** *el.* pulse shifting
~ **się** shifting, displacement; drift
~ ~ **kontynentów** *geol.* continental drift
~ ~ **ładunku** *żegl.* shifting of cargo
~ ~ **obrazu** *TV* image drift
przesuwka *f* **1.** *masz.* gear cluster, sliding change gear **2.** *zeg.* index, regulating device **3.** cursor (*in a slide rule*)
~ **pryzmowa** *obr.skraw.* sliding vee location, adjustable V-block
~ **sprzęgła** sliding collar of a clutch
przesuwki *fpl* **dekodujące** *telegr.* code bars
~ **kodujące** combination bars, selector bars
przesuwnica *f kol.* transfer table, traverser
~ **torów** track shifter
~ **wozów** *górn.* tub shifter
przesuwnik *m* **fazowy** *el.* phase shifter
~ ~ **mostkowy** phase shifting bridge
~ **główny wagi** main poise, capacity poise, sliding poise, movable poise
~ **maszyny wytrzymałościowej** travelling poise weight of a testing machine
~ **niezdejmowalny wagi** permanent poise weight
~ **stały wagi** *zob.* **przesuwnik niezdejmowalny wagi**
~ **torowy wagi** tare beam poise
~ **wagi** poise weight, balance weight, travelling poise, counterpoise
~ **zdejmowalny wagi** hanger poise weight, loose poise weight
przesuwność *f* **jednostkowa** (*toru przewodowego*) *tel.* wave-length constant, phase constant
przesuwny *a* slidable
przesycanie *n* **1.** supersaturation; impregnation **2.** *obr.ciepl.* solution heat treatment, solutioning, hyperquenching
przesycony *a* supersaturated; impregnated
przesył *m* **energii elektrycznej** transmission of electrical energy
przesyłać *v* send; transmit; transfer
~ **prąd** transmit current
~ **sygnały** send signals; transmit signals
~ **towar** ship goods
przesyłanie *n* **blokowe** (*danych*) *inf.* block transfer
~ **danych** data transfer, moving data
~ **informacji** transmission of information
~ **szeregowe** (*danych*) *inf.* serial transfer
przesyłka *f* (*pocztowa*) postal matter; (*towar*) consignment, shipment (*of goods*)
~ **polecona** registered letter; registered parcel
~ **wartościowa** value parcel
przesypka *f* (*koksu*) *odl.* coke booster
przeszczep *m biol.* graft, explant; *med.* graft
~ **bliźniopochodny** *med.* homograft
~ **obcopochodny** *med.* heterograft
~ **własnopochodny** *med.* autoplasty, autograft
przeszczepianie *n biol.* grafting; *med.* grafting, transplantation
przeszkoda *f* obstacle, obstruction
~ **na drodze** roadblock
~ **nawigacyjna** *żegl.* obstruction to navigation
~ **prawna** disability
~ **przestrzenna** *chem.* **1.** steric hindrance **2.** blocking group
przeszkody *fpl* **nawigacyjne wynurzające się przy odpływie** *żegl.* drying features
przeszkolenie *n* conversion training, special training
przeszlifowywanie *n obr.skraw.* regrinding
przesztywniony *a wytrz.* over-rigid
przeszukiwanie *n* **1.** *inf.* search, searching **2.** (*w radiolokacji*) scanning, sweeping
~ **azymutowe** azimuth scanning
~ **danych** *inf.* data search
~ **dookrężne** *rad.* circular scanning
~ **elektryczne** *rad.* electrical scanning
~ **mechaniczne** *rad.* mechanical scanning
~ **metodą połowienia** *inf.* binary search
~ **powietrza** *wojsk.* air search

~ **sektorowe** *rad.* sector scanning
~ **stożkowe** *rad.* conical scanning
~ **tablic** *inf.* table look-up, TLU
prześlizg *m* **gazów** (*przez rury wydobywcze*) *górn.* slippage
przeświecający *a* translucent
prześwietlanie *n* **jaj** *spoż.* egg candling
~ **linii stępki** *okr.* keel sighting
~ **promieniami gamma** gammascopy
~ ~ **X** X-raying, röntgenoscopy, fluoroscopy; fluoroscopic inspection
prześwietlenie *n fot.* over-exposure
prześwit *m* **1.** clearance **2.** *TV* crosstalk
~ **kolorowy** *TV* cross-colour
~ **komórkowy** *bot.* lumen, cell cavity
~ **oczka sieci** *ryb.* lumen
~ **pod pojazdem** road clearance, ground clearance
~ **prasy** *masz.* daylight
~ **przesłony falowodu** *rad.* window
~ **rury** bore of pipe
~ **słońca** (*przez mgłę*) *meteo.* fog eye
~ **śmigła** *lotn.* propeller clearance
~ **śruby napędowej** *żegl.* screw clearance
~ **toru** rail gauge, track gauge
prześwitujący *a* translucent
przetaczanie *n* **cylindrów** *obr.skraw.* reboring of cylinders
~ **krwi** *med.* (blood) transfusion
~ **wagonów** *kol.* switching, shunting, car handling
~ **zużytych walców** dressing of rolls, redressing of rolls
przetainy *fpl żegl.* thawing holes (*in ice*)
przetapianie *n* remelting
~ **elektrożużlowe** electroslag remelting, ESR, electroslag refining, electroslag process
~ **plazmowe** plasma-arc remelting
~ **w łukowym piecu próżniowym z roztapianą elektrodą** vacuum arc remelting (process), VAR (process)
przetarg *m* warding contract by tenders
przeterminowany *a* overdue, in arrears
przetężenie *n el.* overcurrent
~ **rezonansowe** resonance overcurrent, overcurrent due to resonance
przetłaczanie *n* **1.** forcing through **2.** *obr. plast.* redrawing
~ **z wyciąganiem** *obr.plast.* cup-ironing
przetłaczarka *f* montejus, blowing egg
~ **kwasowa** *chem.* acid egg, blowcase
przetłoczenie *n szkl.* overpress (*defect*)
przetłocznik *m tw.szt.* transfer plunger, transfer mould
przetłumienie *n el.* overdamping
przetłuszczanie *n* **mydła** superfatting of soap
przetłuszczenie *n* **lica** *skór.* greasiness of grain
przetop *m spaw.* joint penetration, weld penetration, depth of fusion
~ **całkowity** thorough penetration
~ **częściowy** partial joint penetration
~ **w grani** root penetration, root fusion
przetopienie *n zob.* **przetop**
przetrawienie *n met.* overpickling

przetrenowanie *n wytrz.* coaxing (*of material*)
przetrwalnik *m* resting spore; (*u grzybów*) sclerotium
przetrwalnikowanie *n biol.* sporulation
przetrząsacz *m* **siana** *roln.* hay tedder, haymaker, swath turner
~ **słomy** strawwalker (*in a thresher*)
przetrząsać *v* **siano** *roln.* make hay, ted
przetrzymywanie *n* **ścieków w stawach** *san.* lagooning
przetuczenie *n roln.* overfeeding
przetwarzać *v* process; convert
przetwarzanie *n* processing; conversion
~ **analogowo-cyfrowe** analog-to-digital conversion, a/d conversion
~ **cyfrowo-analogowe** digital-to-analog conversion, d/a conversion
~ **danych** data processing
~ ~ **automatyczne** automatic data processing, a.d.p.
~ ~ **autonomiczne** off-line data processing
~ ~ **bezpośrednie** on-line data processing
~ ~ **bieżące** real-time data processing
~ ~ **czołowe** front-end data processing
~ ~ **dla potrzeb zarządzania** business data processing
~ ~ **elektroniczne** electronic data processing, EDP
~ ~ **na bieżąco** real-time data processing
~ ~ **okresowe** batch data processing
~ ~ **partiowe** *zob.* **przetwarzanie danych okresowe**
~ ~ **pośrednie** off-line data processing
~ ~ **potokowe** pipelining, pipeline processing
~ ~ **równoczesne** parallel processing, shnultaneouh processing
~ ~ **równoległe** *zob.* **przetwarzanie danych równoczesne**
~ ~ **potokowe** pipelining, pipeline processing
~ ~ **swobodne** in-line data processing, demand data processing, random processing
~ ~ **w czasie rzeczywistym** real-time data processing
~ ~ **wsadowe** batch data processing
~ ~ **zintegrowane** integrated data processing
~ **energii elektrycznej** conversion of electrical energy
~ ~ **wiatru** wind energy conversion, WEC
~ **liczby faz** *el.* phase transformation
~ **prądu** *el.* current conversion
~ **reprezentacji danych** *inf.* interconversion
~ **sygnałów** *aut.* signal processing
~ ~ **analogowych na cyfrowe** analog-to-digital conversion, a/d conversion
przetwornica *f el.* converter
~ **częstotliwości** frequency converter, frequency changer
~ **dwumaszynowa** motor-generator set

~ **fazowa** phase converter, phase changer
~ ~ **wirująca** rotary phase converter
~ **jednotwornikowa** rotary converter
~ **kaskadowa** motor converter
~ **spawalnicza** motor-driven welding set, welding motor-generator
przetwornik *m el., aut.* converter; transducer
~ **a/c** *zob.* **przetwornik analogowo-cyfrowy**
~ **analogowo-cyfrowy** analog-to-digital converter, a/d converter, adc, digitizer
~ ~ ~ **z kompensacją wagową** successive approximation a/d converter
~ **bierny** passive transducer
~ **c/a** *zob.* **przetwornik cyfrowo-analogowy**
~ **cyfrowo-analogowy** digital-to-analog converter, d/a converter, dac
~ **czynny** active transducer
~ **elektroakustyczny** electro-acoustic transducer
~ **elektromechaniczny** electromechanical transducer
~ **elektrooptyczny** electrooptical converter tube
~ **kodu** code converter
~ **kompensacyjny** successive approximation converter
~ **noktowizyjny** infrared sensitive image tube, infrared image converter
~ **obrazowy** *TV* image-converter tube, image converter
~ **obrazu w podczerwieni** *zob.* **przetwornik noktowizyjny**
~ **odwracalny** *elektron.* reciprocal transducer; reversible transducer
~ **piezoelektryczny** piezoelectric transducer, crystal transducer
~ **standardu** *TV* television system converter, standards converter
~ **termoelektryczny** thermal converter, thermoelectric generator
przetwory *mpl* **mleczne** dairy products, milk products
przetwórnia *f* (food) processing plant
przetwórstwo *n* processing
~ **mleka** milk processing
~ **owocowo-warzywne** fruit-and-vegetable processing
~ **rybne** fish processing
~ **spożywcze** food-processing
~ **zbożowe** grain processing
przetyczka *f* pin
~ **przesuwna** tommy bar
~ **sprężysta** spring cotter
~ **zabezpieczająca** (*w zapalniku*) *uzbr.* safety pin
przetykacz *m* **kanalizacyjny** *hydr.* force cup
przewalcować *v* roll down; reroll
~ **wlewek na kęsisko** *hutn.* reduce ingot to slab, roll (down) ingot into bloom
przewalcowanie *n gum.* overmastication
przewał *m papiern.* backfall
~ **paleniskowy** furnace bridge, fire bridge
przewałowanie *n inż.* overrolling
przewapnienie *n skór.* overliming
przewarstwienie *n geol.* interbedding
przeważać *v* **1.** overbalance, outbalance, outweigh **2.** predominate, prevail
przewężenie *n* contraction; necking (down); narrowing
~ **dyszy** nozzle throat, throat of nozzle
~ **kadłuba** (*samolotu*) waisting
~ **magnetofluidodynamiczne** *fiz.* pinch effect, rheostriction
~ **po rozerwaniu** *wytrz.* reduction of area at fracture
~ **procentowe** *obr.plast.* percent reduction of area, pct RE
~ **próbki** *wytrz.* (percentage) reduction of area of the specimen
~ **przewodu** choke; throat; restrictor
przewiąz *m okr.* seizing, lashing
przewiązka *f bud.* lacing, batten plate
przewiązywać *v żegl.* seize
przewidywane zapotrzebowanie *n* forecast demand
przewidywanie *n* prediction, forecasting
przewidywany wpływ na... future impact on...
przewidziany harmonogramem scheduled
przewidziany ustawą statutory
przewidzieć *v* **1.** foresee; predict; anticipate **2.** make provision for, provide
przewiercanie *n wiertn.* reboring
przewiert *m wiertn.* rebore
przewieszka *f* (*do ulicznej oprawy oświetleniowej*) lantern span wire
przewietrzanie *n* ventilation; venting
~ **sztuczne** *bud.* artificial ventilation
przewietrznik *m* ventilator, ventilating fan
przewiew *m* aeration
przewiewność *f* **proszku** permeability of powder
przewiewny *a* permeable to air
przewijanie *n* **1.** rewinding **2.** *obr.plast.* reverse drawing, reversing
~ **przędzy wątkowej** *włók.* weft yarn winding
~ **taśmy** *obr.plast.* recoiling the strip
przewijarka *f* **1.** *włók.* winder, winding machine **2.** *kin.* winder, winding bench **3.** *papiern.* re-reeling machine, rewinding machine, rewinder **4.** *hutn.* recoiler, rewind reel
~ **(pracująca) z naciągiem** *hutn.* tension rewinder
przewlekanie *n* threading; reeving
~ **drutu przez ciągadło** threading the wire through the die hole
~ **i wiązanie nitek osnowy** *włók.* looming, healding
~ **osnowy** *włók.* slaying, sleying
przewlekarka *f włók.* reading-in machine
przewlekły *a* protracted; lengthy; chronic
przewłoka *f* **burtowa** *okr.* hawser port, mooring pipe
~ **cumownicza** *zob.* **przewłoka burtowa**
~ **holownicza** towing chock
~ **otwarta** cable chock, open chock
~ **rolkowa** roller chock, roller fairlead

~ zamknięta rowser chock, closed chock
przewodnictwo *n* *fiz.* conductivity; conduction; conductance, *zob.też* **przewodność**
~ cieplne heat conduction, thermal conduction
~ ~ właściwe thermal conductivity, heat conductivity
~ dziurowe *elektron.* hole conduction, defect (electron) conduction, *p*-type conduction, conduction by defect
~ elektrolityczne *elchem.* electrolytic conductivity
~ elektronowe electron conduction, *n*-type conduction
~ elektryczne electric conduction
~ graniczne *elchem.* limiting conductivity
~ jednokierunkowe unilateral conductivity
~ jonowe ionic conductance
~ ~ równoważnikowe ionic equivalent conductance
~ molowe *elchem.* molar conductivity
~ nadmiarowe *elektron.* electron conduction, *n*-type conduction
~ niedomiarowe *elektron.* hole conduction, defect (electron) conduction, *p*-type conduction, conduction by defect
~ niesamoistne extrinsic conduction
~ równoważnikowe *elchem.* equivalent conductivity
~ ~ graniczne equivalent conductivity at infinite dilution
~ typu n *elektron.* electron conduction, *n*-type conduction
~ typu p *elektron.* hole conduction, *p*-type conduction, defect (electron) conduction, conduction by defect
~ właściwe *elchem.* electrolytic conductivity
przewodniczący *m* chairman
przewodniczyć *v* preside (*over a meeting*), be in the chair
przewodnik *m* **1.** (*ciało przewodzące*) *fiz.* conductor **2.** guide book; directory
~ ciepła thermal conductor
~ elektrolityczny electrolytic conductor, ionic conductor, second class conductor
~ elektronowy electronic conductor, metallic conductor
~ jonowy ionic conductor, electrolytic conductor, second class conductor
~ metaliczny metallic conductor, electronic conductor
~ produkcyjny process planning sheet
przewodność *f* *fiz.* conductivity; conductance
~ bierna *el.* susceptance
~ cieplna thermal conductivity, heat conductivity
~ ~ fononowa phonon conductivity
~ ~ nośników ładunku carrier conductivity
~ czynna *el.* conductance
~ ~ wzajemna transconductance
~ magnetyczna permeance
~ pozorna *el.* admittance
~ ~ wzajemna transadmittance
~ rzeczywista *el.* conductance
~ samoistna *el.* intrinsic conductance
~ ~ przenoszenia intrinsic transconductance
~ temperaturowa thermal diffusivity
~ właściwa *el.* electrical conductivity
przewody *mpl* **instalacji elektrycznej** electric wiring
~ pomiarowe *el.* instrument leads
~ rozmówne *telef.* transmission wires
~ rurowe pipes, tubing
przewodzący *a* conductive, conducting
przewodzący prąd elektryczny electrically conducting
przewodzenie *n* *fiz.* conduction, *zob.też* **przewodnictwo**
~ ciepła thermal conduction, heat conduction
~ elektryczności electric conduction
~ powietrzne (*dźwięku*) air conduction (*of sound*)
przewodzić *v* conduct, carry (*heat, electric current*); convey (*liquids, gases*)
przewołanie *n* *fot.* overdevelopment
przewozić *v* transport, carry, convey, haul
~ łodzią boat
~ promem ferry
przewozy *mpl* **morskie** shipping
~ nieregularne tramp service
~ pasażerów passenger service
~ wahadłowe shuttle service
przewoźne *n* transport charges, freight, frt
przewoźnik *m* *transp.* carrier
~ lądowy carrier by land
~ lichtugowy *żegl.* lighterman
~ morski carrier by sea
~ powietrzny carrier by air
~ publiczny common carrier
przewoźny *a* transportable, mobile
przewód *m* conduit, duct; *el.* conductor, lead; *anat.* duct, tract, meatus
~ ciśnieniowy pressure conduit
~ dmuchu *hutn.* air-blast main
~ do masy *el.* earth conductor, earth lead; *spaw.* work lead, welding ground
~ doprowadzający supply conduit
~ doprowadzeniowy *US el.* drop wire
~ drenażowy (*w ochronie przeciwkorozyjnej*) *el.* drainage bond
~ elektryczny conductor
~ elementarny *el.* conductor element
~ giętki 1. (*rurowy*) hose **2.** *el.* flexible conductor, flexible cord
~ główny main conduit, gallery
~ ~ gorącego dmuchu *hutn.* hot-blast main
~ ~ paliwa *siln.spal.* fuel gallery
~ ~ powietrzny air main
~ ~ wodny water main
~ ~ zasilający supply main
~ goły *el.* bare conductor
~ hamulcowy *kol.* brake pipe, train pipe
~ izolowany *el.* insulated conductor
~ jednodrutowy *el.* solid conductor
~ jednożyłowy *el.* single conductor

~ **jezdny** *el.* trolley wire, contact wire
~ ~ **górny** overhead conductor
~ **kanalizacyjny** sewer
~ **kompensacyjny** compensating lead
~ **koncentryczny** concentric cable
~ **liniowy** *telef.* line-wire, conductor wire
~ **linkowy** *el.* stranded conductor
~ **lufy** *uzbr.* (barrel) bore
~ ~ **gładki** smooth bore
~ **napowietrzny** overhead conductor; open wire (conductor), aerial conductor
~ **nasienny siewnika** *roln.* delivery tube of a seed drill
~ **nawiewnika** *okr.* ventilator trunk
~ **nieizolowany** *el.* bare conductor
~ **nurkowy powietrza** diving air hose
~ **obejściowy** by-pass conduit
~ **odbojowy** *el.* guard wire
~ **odgromowy** *el.* ground wire, static wire
~ **odprowadzający** (*rurowy*) offtake
~ **okrężny dmuchu** *hutn.* blast pipe, bustle pipe (*in blast-furnace*)
~ **olejowy** *masz.* oil pipe, oilway
~ **opadowy** (*odprowadzający w dół*) downcomer
~ **opleciony** *el.* braided wire
~ **otwarty** *hydr.* open conduit
~ **paliwa** *siln.* fuel pipe; fuel line
~ **pary** steam pipe
~ **pęcherzykowy** *anat.* cystic duct
~ **pionowy** *bud.* riser
~ **pod napięciem** *el.* live conductor
~ **pokarmowy** *anat.* alimentary canal, alimentary tract, digestive tract, enteron
~ **połączeniowy** *el.* connection cord; *tel.* jumper (wire)
~ **powietrzny** air conduit; air pipe
~ **powrotny** *el.* return conductor, return
~ **prądowy** *el.* current-carrying wire
~ **probierczy** *el.* test lead
~ **profilowy** *el.* shaped conductor
~ **przyłączeniowy** *el.* terminal, connector; cord
~ **przyłącznicowy** *telef.* jumper (wire)
~ **rurowy 1.** pipe; pipeline; tubing; conduit **2.** *el.* hollow conductor
~ ~ **giętki** hose
~ ~ **rozdzielczy** distributing pipe
~ ~ **rozgałęziony** manifold
~ ~ **w izolacji cieplnej** utilidor
~ **sądowy** legal proceedings
~ **sektorowy** *el.* segmental conductor
~ **spawalniczy** welding cable, welding lead
~ **spustowy** *bud.* drain (pipe)
~ **ssawny** suction conduit, suction line
~ **startowy 1.** *telef.* start wire **2.** *rak.* umbilical cord
~ **sterowniczy** *el.* pilot wire
~ **strzałowy** *górn.* shot-firing cable
~ **szynowy** *el.* solid conductor
~ **tłoczny** pressure conduit
~ **ucha** *anat.* vestibule
~ **uziemiający** *el.* earth conductor, ground conductor, earth lead
~ **wejściowy** *el.* lead-in wire
~ **wentylacyjny** ventilation duct
~ ~ **wyciągowy** exhaust pipe
~ **wewnątrzbateryjny** *el.* group connector
~ **wiązkowy** *el.* multiple conductor, bundle conductor
~ ~ **podwójny** double conductor, twin conductor
~ ~ **potrójny** triple conductor
~ **wielodrutowy** *el.* bunched conductor
~ **wielożyłowy** *el.* cable
~ **wlotowy** *siln.spal.* induction pipe, inlet pipe
~ ~ **rozgałęziony** induction manifold, inlet manifold
~ **wodociągowy** water conduit
~ **wylotowy** outlet pipe; tail pipe (*in gas turbines*)
~ ~ **rozgałęziony** outlet manifold
~ **zapłonowy** *siln.spal.* ignition cable
~ **zasilający** *el.* power lead, feeder (cable)
~ **zbiorczy gazu** gas collector
~ **zerowy** *el.* neutral conductor, neutral, zero lead
~ **zewowy** *telef.* ringing current wire
~ **złożony ze skrętek** *el.* multiple stranded conductor
~ **żółciowy** *anat.* bile duct
przewóz *m* transport; haul(age); conveyance
~ **dołowy** *górn.* underground haulage
~ **kopalniany** mine haulage
~ **lichtugą** *żegl.* lighterage, lightering
~ **linowy** *górn.* rope haulage
~ **(materiałów) luzem** bulk handling
~ **maszyn** *górn.* flitting
~ **na małe odległości** short haul
~ **wozami** *górn.* tramming
przewrócić *v* **się** overturn, upset; (*o statku, łodzi*) capsize
przewrót *m* *lotn.* wing-over, hammerhead stall, cartwheel
~ **falownika** *el.* arc-through
przewulkanizowanie *n* *gum.* overcure
przewymiarowanie *n* *rys.* redimensioning
~ **napędu** (*stosowanie zbyt dużych silników elektrycznych*) overmotoring
przewyższać *v* exceed
przewyższenie *n* **1.** superiority; predominance; excedance **2.** *lotn.* gain in height, overheight
przewzbudzenie *n* *el.* overexcitation, superexcitation
przez analogię by analogy
przez omyłkę by mistake, erroneously
przez styczność *med.* per contiguum
przez telefon by phone
przeziernik *m* *opt.* sight vane
przeziębienie *n* *med.* common cold
przezimować *v* overwinter
przeznaczać *v* (*fundusze na jakiś cel*) earmark, assign
przeznaczony dla publiczności public-oriented
przezrocze *n* **1.** *fot.* diapositive, (film) slide, transparency **2.** *arch.* open-work **3.** *papiern.* lookthrough
~ **chmurne** *papiern.* cloudy lookthrough

przezroczystość *f* transparency
przezroczysty *a* transparent
przezwajać *v el.* rewind
przeżarcie *n* **wykładziny** *odl.* lining wear, burn-back
przeżarzenie *n obr.ciepl.* over-annealing
przeżuwacz *m zool.* ruminant
przeżuwać *v zool.* ruminate; *fizjol.* remasticate
przeżyć *v* survive
przędza *f włók.* yarn
~ **czesankowa** worsted yarn
~ **dziewiarska** knitting yarn
~ **nitkowana** twisted yarn, doubled yarn
~ **osnowowa** warp yarn
~ **powroźnicza** rope yarn
~ **sieciarska** *ryb.* netting twine, fishing twine, fishnet twine
~ **skręcona** roll, plied yarn
~ **szklana** spun glass
~ **wątkowa** weft yarn
~ **wielokrotnie nitkowana** cable yarn
~ **wielowłókienkowa** multifilament
~ **z włókien mieszanych** union
~ **zgrzebna** carded yarn
przędzalnia *f włók.* spinning mill
przędzalnictwo *n włók.* spinning
przędzarka *f włók.* spinning frame
~ **kapturkowa** cap spinning frame
~ **obrączkowa** ring spinning frame
~ **półmokra** (*do lnu*) cold water spinning frame
~ **skrzydełkowa** flyer spinning frame
~ **szpulowa** bobbing-type spinning machine
~ **wirówkowa** *włók.szt.* centrifugal box, centrifugal pot, spinning box
~ **wózkowa** mule spinning frame, self-actor mule
przędzenie *n włók.* spinning
~ **mokre** wet spinning
~ **suche** dry spinning
~ **ze splotu** (*polimeru*) melt spinning
przędzina *f włók.* bonded cloth, unwoven cloth
przędziwo *n włók.* spinning material
przęsło *n* span; bay
~ **kolumnady** *arch.* colonnade bay
~ **linii napowietrznej** *el.* span of an overhead line
~ **łańcucha kotwicznego** *okr.* shackle, shot
~ **mostu** bridge span
~ **sklepienia** *arch.* severy (bay)
~ **wtórnogrupowe** *tel.* supergroup link
przodek *m* **1.** *biol.* ancestor **2.** *górn.* (mine) face, end, forehead
~ **chodnikowy** gate end, endgate, road head
~ **czynny** active end, working end, working place
~ **działa** *uzbr.* limber, bogie
~ **nieobudowany** *zob.* **przodek odsłonięty**
~ **nieprzewietrzany** *górn.* airless end, blind end, dead end, cul-de-sac
~ **odsłonięty** *górn.* free face
~ **po rozciągłości** *górn.* strike face
~ **po wzniesieniu dowierzchni** *górn.* rise face
~ **roboczy** *górn.* working face
~ **siewnika rzędowego** *roln.* foresteerage
~ **ścianowy** *górn.* longwall
~ **ślepy** *górn.* blind end, dead end, airless end, cul-de-sac
~ **tunelowy** tunnel end, tunnel heading
~ **ustępliwy** *górn.* stoping face, stope
~ **węglowy** *górn.* coal face
~ **wozu** forecarriage
~ **wybierkowy** *górn.* stoping face, stope
~ ~ **prowadzony bez obudowy** open stope
przodowanie *n* **płatów** (*dwupłata*) *lotn.* stagger (*of wings in a biplane*)
przodowy *m górn.* face foreman, face boss
przód *m* front
~ **kadłuba** (*np. rakiety*) forebody (*of a missile*)
~ **pieca grzewczego** *hutn.* charging end of a reheating furnace
~ ~ **martenowskiego** charging side of open hearth furnace
~ **statku** *okr.* fore(body)
przy brzegu *żegl.* inshore
przy burcie *żegl.* alongside
przy całkowicie otwartej przepustnicy *siln.spal.* at full throttle, flat out
przy małych częstotliwościach at low frequencies
przy najbliższej okazji by first opportunity
przy pełnym obciążeniu at full load
przy pomocy with the assistance (*of sb, sth*)
przy przemianie... in converting...
przy samej ziemi close to the ground
przy stałej prędkości at constant speed
przy wielkich częstotliwościach at high frequencies
przy założeniu, że... on the assumption that...
przy ziemi at ground level
przybicie *n* **licytacyjne** *ek.* adjudication (*to the highest bidder*)
przybierać *v* **na sile** (*o wietrze*) freshen (*of wind*)
~ **spąg** *górn.* cut a ripping, cut a dinting
przybieranie *n górn.* ripping, tapping, *zob. też* **przybierka**
~ **pływu** *ocean.* making of a tide
przybierka *f górn.* ripping, tapping
~ **ociosów** flitching, checking
~ **spągu** dinting
~ **stropu** roof ripping, top taking, topping
przybierkarz *m górn.* ripper, pelter
przybijać *n* (*gwoździami*) nail
~ **do nabrzeża** *żegl.* come alongside
~ **nabój** (*w robotach strzałowych*) tamp; stem
przybijak *m* (*do ubijania przybitek*) *górn.* stemmer, tamping stick, tamping bar, tamper
przybitka *f* (*w robotach strzałowych*) tamping, stemming, wadding
przybliżenia *npl* **kolejne** succesive approximations

przybliżenie *n mat.* approximation
~ **diofantyczne** diophantine approximation
~ **liniowe** linear approximation
~ **średniokwadratowe** least-squares approximation
~ **wielomianowe** polynomial approximation
przybliżony *a mat.* approximate
przybornik *m* set of compasses
przybory *pl* instruments; tackle
~ **kreślarskie** drawing instruments
~ **nawigacyjne** navigational aids
~ **sanitarne** *bud.* sanitary fittings; sanitary fitments
przybój *m ocean.* surf, breakers
przybór *m* **wody** flood, water rise
przybrzeże *n ocean.* offshore, nearshore
przybrzeżny *a* coastal
przybudówka *f bud.* outhouse, outbuilding, annex(e), home extension
~ **z dachem jednospadowym** lean-to
przychodzący *a* incoming
przychód *m ek.* receipts; revenue
przychówek *m zoot.* animal yield
przyciąganie *n fiz.* attraction
~ **elektrostatyczne** electrostatic attraction, Coulomb attraction
~ **międzycząsteczkowe** molecular attraction
~ **ziemskie** terrestrial gravitation, earth gravity, earthpull
przyciągarka *f transp.* capstan
przyciemnianie *n* **barwy** (*wybarwienia*) *włók.* raising the shade
przycierek *m* **drożdżowy** yeast starter
przycinak *m obr.plast.* notching die
przycinanie *n* **1.** *obr.plast.* notching (*stamping operation*) **2.** *drewn.* trimming
~ **blachy pod kątem prostym** resquaring sheet metal
~ **gałęzi** trimming (*the trees*)
~ **na wymiar** *drewn.* dimensioning
~ **żywopłotu** hedge trimming
przycinarka *f drewn.* trim saw, trimmer
~ **wymiarowa** dimension saw
przycisk *m* push; key; push-button
~ **do odpalania elektrycznego** *uzbr.* firing key, firing button
~ **dzwonkowy** bell-push
~ **guzikowy** push-button
~ **jezdniowy** vehicle detector pad
~ **kasujący** reset button
~ **kontrolny** *el.* press-to-test button
~ **lukowy** *okr.* hatch bar, hatch clamping beam
~ **rozruchu** *biur.* start key
~ **rozrusznika elektrycznego** starting button
~ **spustowy** *uzbr.* firing button, firing key
~ **sterujący** control button
~ **sygnału dźwiękowego** *mot.* horn actuator
~ **szynowy** *kol.* treadle
~ **świecący** lighted push-button
~ **wiszący** *el.* pendant push
~ ~ **gruszkowy** pear-push
~ **włączający** (*urządzenie automatyczne*) engage button
~ **zatrzymujący działanie** *biur.* stop button; stop key
przyciskać *v* press
przycumować *v żegl.* come alongside
przyczepa *f* trailer
~ **autobusowa** passenger trailer
~ **-cysterna** tank trailer
~ **do transportu wewnętrznego** works trailer
~ **dynamometryczna** (*do pomiaru siły pociągowej holującego pojazdu*) dynamometer trailer
~ **kempingowa** caravan, house trailer
~ **kłonicowa** (*do dłużyc i słupów*) pole trailer
~ **mieszkaniowa** (*dla robotników*) house trailer
~ **na poduszce powietrznej** hovertrailer
~ **niskopodwoziowa** low loading trailer
~ **odwracalna** (*przystosowana do holowania z obu końców*) reversible trailer
~ **podłodziowa** boat-carrying trailer
~ **turystyczna mieszkalna** caravan, house trailer
~ **-wywrotka** dump trailer, tipper trailer
przyczepienie *n* **elektronu** *fiz.* electron attachment
przyczepka *f* **motocyklowa** sidecar
przyczepność *f* adherence, adhesion
~ **cierna** friction grip
~ **kół napędowych** *mot.* tractive adhesion
~ **nawierzchni** *mot.* road adhesion
~ **pasa** *masz.* belt grip
przyczepny *a* adhesive, tenacious
przyczółek *m* **mostowy** bridge head, bridge abutment
~ ~ **bez skrzydeł** wingless abutment, breast abutment
~ ~ **ze skrzydłami** wing abutment
przyczyna *f* cause
~ **nieprzypadkowa** assignable cause
~ **przypadkowa** chance cause
przyczyniać *v* **się** contribute; make a contribution to...
przyczynowość *f* causalty
przyczynowy *a* causal
przyćmiewacz *m wybuch.* flash reducing agent
przyćmiewać *v* dim
przyćmiony *a* dim
przydatność *f* suitability, usability
~ **do przędzenia** (*włókna szklanego*) drawability
~ **do wielokrotnego użycia** reusability
~ **papieru do pisania** writability of paper
~ **pojazdu do warunków drogowych** roadworthiness
~ **praktyczna** practicability
~ **przechowalnicza** keeping quality
~ **rzeźna** *zoot.* slaughter value
przydatny *a* suitable; useful
przydatny jako kotwicowisko *żegl.* anchorable
przydenny *a ocean.* demersal

przydział *m* allocation; allotment; assignment
~ **częstotliwości** *rad.* allocation of frequencies, frequency assignment
~ **pamięci** *inf.* store allocation
~ **środków** *ek.* allocation of resources
przydzielać *v* allocate; assign
przydźwięk *m* **sieciowy** *rad.* hum
~ **talerza obrotowego** *el.akust.* turntable rumble
przydźwiękowy *a aero.* transsonic, near-sonic
przygotowawczy *a* preparatory
przygotowywanie *n* preparation
~ **brzegów** *spaw.* forming the edges, edge preparation
~ **kąpieli** *farb.* making-up the bath
~ **klisz drukarskich** *poligr.* blockmaking
~ **masy ciekłej** *ceram.* blunging
~ ~ **papierniczej** stock preparation
~ **paliwa** *kotł.* fuel conditioning
~ **rud** ore dressing
~ **wody** water conditioning
~ **wstępne** preconditioning
~ **ziemi do siewu** *roln.* bedding of land
przygruntowy *a meteo.* near the ground
przyjazd *m* (*pociągu, autobusu*) arrival (*of a train, bus*)
przyjąć *v* **do pracy** engage (*a worker*)
~ **kształt** take the shape, take the form, assume the shape
~ **ofertę** award a contract
~ **położenie** assume a position
~ **propozycję** take advantage of the offer, accept the offer
~ **założenie** make an assumption, assume
~ **zamówienie** take an order, accept an order
~ **zasadę** admit a principle
przyjęcie *n* **fałszywej hipotezy** *statyst.* false acceptance
~ **się przeszczepu** *med.* acceptance of a graft
przyjmowanie *n* **partii** (*wyrobów*) acceptance of a lot
~ **pokarmu** *biol.* ingestion
~ **towaru** taking delivery of goods; acceptance of goods
przykanalik *m* **domowy** *bud.* house drain, house sewer
przykleić *v* stick; glue
~ **elektrodę** *spaw.* freeze the electrode
przyklejenie *n spaw.* incomplete fusion
przykład *m* example
przykładka *f* **chłodząca** *spaw.* cooling shoe
~ **klinowa** *masz.* gib
~ **stykowa** *spaw.* contact shoe
przykładnica *f rys.* T-square, parallel motion protractor, drafting square
przykręcać *v* screw down
przykręcarka *f* **osnowy** *włók.* twisting-in frame
przykrycie *n* **1.** cover(ing) **2.** *siln.par.* lap
~ **muru** *bud.* coping
przykrywa *f* cover; lid
przykrywać *v* cover
przylądek *m* cape, promontory, point
przylegać *v* adhere; adjoin; abut; fay
przylegający *a* adherent; adjacent, contiguous; abutting
przyleganie *n fiz.* adhesion
~ **dokładne** (*współpracujących części*) intimate contact
przylepiać *v* **się** stick
przylepiak *m szkl.* punty, pontil
przylepiec *m* (pressure-sensitive) adhesive tape, adhesive plaster
przylepność *f* **na sucho** (*kleju*) dry tack
~ **powłoki** *farb.* residual tack, after tack
~ **wtórna** sweating back
przylga *f drewn.* rebate
przylgnia *f masz.* faying surface, faying face
~ **gniazda zaworu** seat face of a valve
~ **zaworu** valve face
przylistek *m bot.* stipule
przylot *m* **samolotu** arrival of an aircraft
przyłączać *v* attach; connect
~ **do zacisku** *el.* terminate
~ **sznurem** *el.* patch in
przyłączanie *n* attachment; addition
~ **elektronu** electron addition
~ **grup wodorotlenowych** hydroxylation
~ **wody** *chem.* water addition
przyłącze *n el.* terminal; service line
~ **antenowe** *rad.* aerial terminal
przyłączenie *n* **elektrofilowe** *chem.* electrophilic addition
~ **nukleofilowe** *chem.* nucleophilic addition
~ **wielocentrowe** *chem.* cycloaddition
przyłbica *f* **spawacza** welder's helmet, helmet shield, head-gear
przyłożyć *v* **obciążenie** impose a load, apply a load
~ **siłę** apply a force
przyłów *m ryb.* gurry fish, additional catch
przymiar *m metrol.* gauge; rule
~ **do blach** sheet gauge
~ **do drutu** wire gauge
~ **do noży do gwintowania** screw-cutting gauge, thread tool gauge
~ **do promieni** radius gauge
~ **do wierteł** drill gauge
~ **końcowy** end measuring rod
~ **kreskowy** graduated rule, measuring rule
~ ~ **12-calowy** foot-rule
~ ~ **giętki** flexible rule
~ ~ **metryczny** metre rule
~ ~ **składany** folding rule, zigzag rule
~ ~ **stalowy zwijany** spring rule, push-pull rule
~ ~ **ze skosem** bevel rule
~ **przesuwkowy** slide caliper
~ **spoinowy** weld gauge
~ **taśmowy** measuring tape
~ ~ **zwijany** wind-up measuring tape
~ **z zarysami gwintów** screw pitch gauge
przymieszka *f* admixture
przymiotnik *m jęz.* adjective
przymocować *v* attach, affix, fasten, secure
przymocowanie *n* fastening, fixing, securing

przymrozek *m* frost, light freeze
~ **radiacyjny** radiation frost
przymusowy *a* 1. compulsory 2. *masz.* forced; positive (drive)
przymykać *v* **przepustnicę** *siln.spal.* throttle back
przynależność *f* (*do organizacji*) affiliation
~ **statku** nationality of a vessel
przynęta *f* bait; decoy; lure
przynosić *v* **korzyści** yield benefits
~ **zysk** show profit, bring profit, pay
przypadek *m* case; incident; occurrence
~ **chorobowy** *med.* case
~ **ogólny** general case
~ **szczególny** special case
przypadki *mpl* **równie prawdopodobne** *statyst.* equally likely cases
przypadkowość *f* randomness
przypadkowy *a* random; incidental; hazard
przypalać *v* burn; scorch
przypalenie *n* **przy szlifowaniu** *obr.skraw.* wheel burn, grinding burn
~ **rudy** (*wada obróbki cieplnej odlewu*) ore fusion, burn-on of ore
przypawanie *n* **kołków** stud welding
przypis *m* footnote
przypisywać *v* ascribe, attribute to...; assign
przypływ *m ocean.* flood tide, rising tide, high tide
~ **sztormowy** storm tide
przypon *m ryb.* gangen, ganger, norsal, norsel, daffins
przypora *f* 1. *bud.* buttress; counterfort 2. *górn.* cocker sprag
~ **łękowa** *bud.* flying buttress
~ **łodziowa** boat spar
~ **łukowa** *bud.* straining arch
przyporządkować *v* assign
przypór *m* **nitowniczy** riveting anvil, holder-on (*for riveting*)
~ **zęba** tooth contact (*in a toothed gear*)
przyprawa *f spoż.* seasoning; flavouring
~ **korzenna** spice
przyprostokątna *f* leg (*of right-angled triangle*)
przypustnica *f bud.* false rafter, sprocket (piece)
przypuszczenie *n* assumption; *mat.* conjecture
przyrost *m* increment; increase; rise; accretion; growth
~ **ciepła** heat gain
~ **ciężaru** gain in weight, weight gain
~ **drzewostanu** *leśn.* stand increment
~ **funkcji** *mat.* increment of a function
~ **ludności** population growth
~ **masy wskutek korozji** surrosion
~ **naturalny** birth-rate, natality
~ **objętości** increase in volume, gain in volume
~ **roczny** *bot.* annual growth
~ **temperatury dopuszczalny** temperature-rise limit
przyrostowy *a mat.* incremental
przyrównywać *v mat.* equate

przyrząd *m* instrument; device; *masz.* attachment, *zob.też* **przyrządy**
~ **całkujący** integrator
~ ~ **kulowo-tarczowy** ball-and-disk integrator
~ ~ **z tarczą cierną** friction-disk integrator
~ **celowniczy** *uzbr.* sight, aiming device
~ **centralny** (*artylerii przeciwlotniczej*) predictor, director
~ **do badania gładkości powierzchni** surface tester
~ ~ ~ **ostrości wzroku** *med.* optometer
~ **do kontroli (poziomu) promieniowania** radiation monitor
~ **do kształtowego obciągania ściernic** form-turning device, profile copying wheel dresser
~ **do mierzenia i ważenia noworodków** *med.* pedometer
~ ~ ~ **siły refrakcji soczewki** *med.* phacometer
~ ~ ~ **wrażliwości na ból** *med.* algometer, algesimeter
~ **do montowania opon** *mot.* tyre changer
~ **do obciągania ściernic** wheel dresser
~ **do obserwacji pod wodą** hydroscope
~ **do określania osi optycznych soczewek** axometer
~ **do pobierania próbek gleb** geotome, soil sampler
~ **do pomiaru łuków** cyclometer
~ ~ ~ **nacisku** (*np. walców, kół pojazdu*) loadmeter
~ ~ ~ **ogniskowej** *opt.* focometer
~ ~ ~ **prędkości dźwięku w wodzie** velocimeter
~ ~ ~ **rozpuszczalności gazu w cieczy** absorptiometer
~ ~ ~ **skażenia** *nukl.* contamination detector
~ ~ ~ **strzałki ugięcia** (*przy próbie zginania*) bending test deflection indicator
~ ~ ~ **zawartości emanacji w atmosferze** emanometer
~ **do prób miseczkowych** *wytrz.* cupping test machine
~ **do radełkowania** knurling tool
~ **do rysowania łuków** cyclograph
~ **do sprawdzania ciągłości uziemienia** ground continuity tester
~ ~ ~ **kół zębatych** gear tester
~ ~ ~ **prostoliniowości** alignment tester
~ **do wyjmowania zaworów** valve remover
~ **elektronowy** electron device
~ **funkcjonalny** *inf.* functional element, functional-block device
~ **grzejny** heating apparatus
~ **ilorazowy** *el.* quotient meter, ratio meter
~ **kłowy kontrolny** bench testing centres
~ **kontrolno-ostrzegawczy** monitor
~ **kontrolny** control device; check apparatus
~ **łańcuchowy** *elektron.* bucket brigade device, BBD

~ **montażowy** assembly jig
~ **niwelacyjny** *geod.* levelling instrument
~ **o sprzężeniu ładunkowym** *elektron.* charge-coupled device, CCD
~ ~ ~ ~ **objętościowy** bulk-charge--coupled device, BCCD
~ ~ ~ ~ **powierzchniowy** surface--charge-coupled device, SCCD
~ **obróbkowy** (production) jig
~ **odtwarzający** *akust.* reproducer
~ **ostrzegawczy** warning device
~ **piszący** pen recorder, graphic instrument, grapher
~ **podziałowy** *obr.skraw.* indexing fixture
~ **pomiarowy** measuring instrument, meter, gauge
~ ~ **całkujący** integrating measuring instrument
~ ~ **kontrolny** check meter
~ ~ **nastawiany** presetting measuring instrument
~ ~ **projekcyjny** projection-type measuring instrument
~ ~ **sumujący** totalizing measuring instrument
~ **półprzewodnikowy** *elektron.* semiconductor device
~ **precyzyjny** precision instrument
~ **probierczy** tester
~ **ratunkowy** *wiertn.* fishing tool
~ **rejestrujący** recording instrument
~ ~ **pisakowy** pen recorder
~ ~ **rysikowy** scratch recorder
~ ~ **wielopunktowy** multiple-point recorder
~ ~ **wykreślnie** autographic recorder
~ **ręczny z napędem mechanicznym** power-operated tool
~ **spawalniczy montażowy** setting-up fixture, work locatoı
~ ~ **ustawczy** welding positioner, welding manipulator, welding jig, positioning fixture
~ ~ **zestawczy** setting-up fixture, work locator
~ **sumujący** integrator, totalizer
~ **testowany** *elektron.* device under test, DUT
~ **tnący** (*żniwiarki*) cutting apparatus, cutter bar (*of a harvester*)
~ **uchylny** (*wagi*) pendulum (*counterbalancing mechanism*), pendulum indicating device (*of the scales*)
~ **wagowy** weighing instrument, weighing machine
~ **wędrowny** *obr.skraw.* platen fixture
~ **wiążący** (*wiązałki*) binder attachment
~ **wielokrotny** *obr.plast.* gang-tool
~ **wiertarski** drill jig
~ ~ **podziałowy** indexing jig
~ ~ **przechylny** tumble jig
~ **wskazujący** indicator, indicating instrument
~ **wysiewający** (*siewnika*) seeding apparatus, feed mechanism
~ ~ **szczoteczkowy** brush feed
~ **z pęcherzykami magnetycznymi** *elektron.* magnetic bubble device, MBD
~ **z przenoszeniem elektronów** transferred electron device, TED
~ **z przenoszeniem ładunku** *elektron.* charge-transfer device, CTD
~ **zapobiegający ssaniu** *zoot.* suckling preventer
~ **zdalny** remote-indication instrument, distant-reading instrument
~ **ze sprzężeniem ładunkowym** *elektron.* charge-coupled device, CCD
przyrządy *mpl* **celownicze** *uzbr.* aiming mechanism, sights
~ **i uchwyty** *obr.skraw.* set-up material
~ **nawigacyjne** nautical instruments
~ **obróbkowe** jigging
~ **pilotażowe** *lotn.* flight instruments
~ **pokładowe** *lotn.* board instruments
przyrządzać *v* prepare
przyrznica *f* **do oklein** veneer saw
~ **dwustronna** double edged veneer saw
przysadka *f* **mózgowa** *anat.* hypophysis, pituitary gland, pituitary body
przysiek *m* mortise chisel, framing chisel
przysłaniać *v fot.* stop down
przysłona *f opt.* diaphragm
~ **falowodu** *el.* waveguide iris
~ **iluminatora** *okr.* deadlight
~ **obrotowa** *zob.* **przysłona otworkowa**
~ **otworkowa** *fot.* rotating diaphragm
~ **otworu** *szkl.* tweed block, twell, shear--cake
~ **powietrza** *siln.spal.* strangler
~ **szczelinowa** *fot.* slit diphragm
~ **tęczówkowa** *fot.* iris diaphragm
przyspawać *v* weld on
przyspieszacz *m* **1.** *chem.* accelerant, accelerating agent **2.** *fiz.* accelerator
~ **cząstek** *fiz.* accelerator, *zob.też* **akcelerator 1.**
~ **półaktywny** *gum.* semi-ultra accelerator
~ **protonów** *fiz.* cosmotron
~ **rakietowy** *lotn.* rocket booster, auxiliary rocket motor
~ **startu** *lotn.* assisted take-off unit, ATO unit, take-off booster
~ **wulkanizacji** rubber accelerator
przyspieszać *v* accelerate, speed up, hasten; promote
przyspieszanie *n* **cząstek** *fiz.* particle acceleration
przyspieszenie *n mech.* acceleration
~ **anchimeryczne** (*reakcji*) *chem.* anchimeric assistance
~ **autokatalityczne** (*reakcji*) *chem.* autoacceleration
~ **bezwzględne** absolute acceleration
~ **Coriolisa** Coriolis acceleration; supplementary acceleration
~ **dobowe** (*chronometru*) gaining rate
~ **dodatkowe** *elektron.* post-deflection acceleration, PDA, postacceleration
~ **dośrodkowe** centripetal acceleration
~ **drugiego stopnia** jerk
~ **grawitacyjne** acceleration due to gravity, acceleration of gravity

~ **kątowe** angular acceleration
~ **liniowe** linear acceleration
~ **normalne** normal acceleration
~ **obrotu walców** *hutn.* zooming of a rolling mill
~ **poodchyleniowe** *elektron.* post-deflection acceleration, PDA, postacceleration
~ **siły ciężkości** *zob.* **przyspieszenie grawitacyjne**
~ **styczne** tangential acceleration
~ **ujemne** negative acceleration, deceleration, retardation
~ **unoszenia** acceleration of translation
~ **walcarki** *hutn.* zooming of a rooling mill
~ **względne** relative acceleration
~ **zapłonu** *siln.* advance of spark
~ **ziemskie** acceleration of gravity
przyspieszeniomierz *m* accelerometer
~ **piszący** accelerograph
przyspiesznik *m* **1.** *mot.* accelerator **2.** *roln.* hotbed
przyspieszyć *v* **zakończenie** (*prac*) hasten completion (*of work*)
przyssawka *f* suction cup, vacuum cup
przystające modulo *n* **A** *mat.* congruous modulo A
przystający *a mat.* congruent
przystanek *m* **1.** stop **2.** arrest, hold (*on a curve*)
przystań *f* **1.** haven, inland harbour **2.** landing stage
~ **dla poduszkowców** hoverport
~ **pływająca** floating landing stage
przystawanie *n mat.* congruence, osculation
przystawka *f* **1.** attachment **2.** *hydr.* mouthpiece, adjutage
~ **Bordy** *hydr.* Borda's mouthpiece
~ **dziurkująca** *inf.* punching unit
~ **kablowa** *telef.* cable turning section
~ **napędu** layshaft, countershaft
~ **odbioru mocy** power take-off
~ **tomograficzna** *radiol.* planigraphic attachment
~ **Venturiego** *hydr.* Venturi mouthpiece
~ **zdawcza** (*poboru mocy*) *masz.* power take-off, PTO
przystąpić *v* **do egzaminu** enter for an examination
~ **do rozwiązania problemu** approach a problem
przystosować *v* adapt; accommodate
przystosowanie *n* adaptation; accommodation
~ **do eksploatacji w przestrzeni kosmicznej** space-rating
~ **do eksploatacji w warunkach zimowych** winterizing
przystosowany *a* (*do czegoś*) adapted for..., fitted for...
przystosowany do warunków tropikalnych tropicalized
przystrugnica *f drewn.* angle block, screw mitre shoot
przysuwnica *f bud.* false rafter, sprocket (piece)
przyswajać *v* assimilate
przyswajalność *f* **barwnika** dyeability
~ **składników pokarmowych** nutrient availability; bio-availability of nutrients
przyswajalny *a biochem.* available
przyswajanie *n* assimilation
~ **pokarmu** nutritive absorption
przysypać *v* **ziemią** *roln.* bank with earth
przyszwa *f skór.* vamp
przyściennica *f górn.* stringing deal
przyśrubować *v* screw down, fasten with screw
przytarczyce *fpl anat.* parathyroid glands
przytępiać *v* blunt
przyton *m akust.* partial (tone)
przytrzymywacz *m masz.* keep(er); retainer; holder
~ **lampy** *elektron.* tube retainer, tube holder
~ **okiennicy** casement stay
przytrzymywać *v* hold down
przytwierdzać *v* affix; fasten
przywiązać *v* tie, bind
~ **linami** *żegl.* lash
~ **pętlą** *żegl.* bight
przywiązywać *v* **znaczenie do...** attach importance to..., attach significance to...
przywiedlność *f mat.* reducibility
przywierać *v* adhere; stick
przywieranie *n* adherence; sticking
przywilej *m* preferential right
przywołanie *n telef.* call
przywóz *m* import
przywra *f zool.* distoma, *Distoma*
przywracać *v* restore
~ **do stanu użytkowego** recondition
~ **do życia** *bhp* resuscitate
~ **pływalność** refloat (*a vessel*)
~ **równowagę** restore equilibrium
przywrzyca *f wet.* distomiasis, fascioliasis
przyzębica *f med.* paradentosis
przyziemie *n* basement
przyziemienie *n lotn.* touch-down
~ **poduszkowca** set-down of a hovercraft
przyznać *v* **nagrodę** award a prize
~ **odszkodowanie** give damages
~ **patent** grant a patent
przyżegadło *n* **elektryczne** electrocauter
przyżeganie *n med.* cauterization
~ **igłą elektryczną** electropuncture
~ **prądem elektrycznym** electrocautery
PS = polistyren *chem.* polystyrene
ps = parsek *jedn.* parsec
psamit *m* (*skała okruchowa*) *petr.* psammite
pseudoazotowanie *n obr.ciepl.* pseudonitriding, blank nitriding
pseudochlorowce *mpl chem.* pseudohalogens
pseudocząsteczka *f* pseudomolecule
pseudoczynnik *m mat.* pseudofactor
pseudo-drzewo *n mat.* pseudo-tree
pseudoeutektyka *f met.* pseudoeutectic
pseudokod *m inf.* pseudo-code
pseudokoloid *m chem.* pseudocolloid, semicolloid

pseudokrystaliczny *a* pseudocrystalline
pseudokwas *m chem.* pseudoacid
pseudomeria *f chem.* pseudomerism
pseudometryka *f mat.* pseudometric, semi--metric
pseudomorficzny *a min.* pseudomorphic
pseudonawęglanie *n obr.ciepl.* pseudocarburizing, blank carburizing
pseudonorma *f mat.* pseudonorm
pseudoplastyczny *a* pseudoplastic
pseudopostaciowy *a min.* pseudomorphic
pseudoprogram *m mat.* infeasible solution
pseudorozkaz *m inf.* pseudoinstruction
pseudorozmaitość *f mat.* pseudomanifold
~ **bez brzegu** circuit
pseudo-różnica *f mat.* pseudo-difference
pseudoskalar *m* pseudoscalar
pseudostop *m met.* compound compact, pseudoalloy
pseudosymetria *f kryst.* pseudosymmetry
pseudoszafran *m bot.* bastard saffron, *Carthamus tinctorius* L.
pseudo-uzupełnienie *n mat.* pseudo-complement
pseudozasada *f chem.* pseudobase
PSFN = Polskie Stowarzyszenie Filmu Naukowego
psia krzywa *f* curve of pursuit
PSK = Przedsiębiorstwo Spedycji Krajowej
PSL = pionowy start i lądowanie *lotn.* vertical take-off and landing, VTOL
psofometr *m el.* psophometer, noise-meter
pstrąg *m zool.* trout, *Salmo*
~ **strumieniowy** speckled trout, *Salmo trutta morpha fario* L.
~ **tęczowy** rainbow trout, *Salmo irideus* Gibb.
psucie *n* **się** spoilage; *masz.* mortality
~ ~ **żywności** food spoilage
psuć *v* **się** deteriorate; spoil; get worse
psychiatra *m* alienist
psychiatria *f* psychiatry
psychologia *f* psychology
psychometria *f* psychometrics
psychrometr *m* psychrometer, wet-and-dry-bulb thermometer
psylomelan *m min.* psilomelane
PSz = Politechnika Szczecińska
pszczelarstwo *n* beekeeping, apiculture
pszczelarz *m* beekeeper
pszczoła *f* bee
~ **karmicielka** nurse bee
pszenica *f bot.* wheat, *Triticum* L.
~ **orkisz** spelt, *Triticum spelta* L.
~ **szklista** *zob.* **pszenica twarda**
~ **twarda** hard wheat, durum wheat, *Triticum durum* L.
~ **zwyczajna** bread wheat, *Triticum vulgare* Vill.
PTA = Polskie Towarzystwo Astronautyczne
PTA = Polskie Towarzystwo Astronomiczne
ptactwo *n* **domowe** domestic fowls, poultry
~ **dzikie** game-fowls, wild fowls
~ **wodne** water fowl
ptak *m* bird
ptaki *mpl zool.* aves
ptaszarnia *f zoot.* aviary
ptaszyniec *m* (*pasożyt drobiu*) *zool.* chicken mite, *Dermanyssus gallinae*
PTB, PTBiochem. = Polskie Towarzystwo Biochemiczne
PTC = Polskie Towarzystwo Cybernetyczne
PTCh = Polskie Towarzystwo Chemiczne
PTE = Polskie Towarzystwo Ekonomiczne
pterofagia *f* (*choroba drobiu*) *wet.* feather eating
PTETS = Polskie Towarzystwo Elektrotechniki Teoretycznej i Stosowanej
PTF = Polskie Towarzystwo Fizyczne
PTFCE = politrójfluorochloroetylen *chem.* polychlorotrifluoroethylene
PTG = Polskie Towarzystwo Geologiczne
PTG = Polskie Towarzystwo Gleboznawcze
PTL = Polskie Towarzystwo Leśne
PTM = Polskie Towarzystwo Matematyczne
PTMTS = Polskie Towarzystwo Mechaniki Teoretycznej i Stosowanej
PTNW = Polskie Towarzystwo Nauk Weterynaryjnych
ptomainy *fpl biochem.* ptomaines
ptyalina *f biochem.* ptyalin, salivary amylase, ptyalase
PTZ = Polskie Towarzystwo Zootechniczne
puaz *m jedn.* poise
publikacja *f* publication
publikacje *fpl* **ciągłe** serials
~ **pierwotne** primary publications
~ **podstawowe** key publications
~ **prymarne** *zob.* **publikacje pierwotne**
~ **zwarte** monographs
publikatory *mpl* (*środki masowego przekazu*) mass media
publikować *v* publish
puch *m* **1.** down **2.** *meteo.* wild snow
~ **nasion** *bot.* seed hairs, floss
~ **przędzalniczy** *włók.* spinning fly
puchlina *f* **brzuszna** *med.* ascites
~ **wodna** *med.* edema, dropsy
puchnięcie *n* **płyt akumulatorowych** *el.* buckling of accumulator plates
~ **żeliwa** *odl.* swelling of cast iron
puchowiec *m bot.* ceiba, kapok tree, silk cotton tree, *Ceiba pentranda*
pucka *f bud.* club hammer, lump hammer, mash hammer
pucolana *f ceram.* pozzolana
pudełko *n* box
~ **kartonowe** paperboard box, carton
~ **nieskładane** setup box
~ **rurkowania** *el.* conduit-box
~ **składane** folding box
~ **szufladkowe** slide box
~ **tekturowe** carton
~ **teleskopowe** telescope box
~ **wytłaczane** moulded box
puder *m* powder
~ **do twarzy** *kosmet.* face powder; cosmetic powder
~ **formierski** *odl.* parting powder

~ **kosmetyczny** cosmetic powder; face powder
~ **w płynie** *kosmet.* liquid powder
~ **w sztyfcie** *kosmet.* powder stick
pudlarka *f hutn.* puddling furnace
pudło *n* box
~ **bateryjne** *el.* battery casing, battery cupboard
~ **wagonu** *kol.* wagon body, car body
pudrować *v* powder, dust
pularda *f zoot.* spayed hen, poularde
pulchność *f* **gleby** soil looseness
pulpa *f* pulp
pulpit *m* **łącznicy ręcznej** *telef.* key-shelf
~ **operatorski** *zob.* **pulpit sterowniczy**
~ **sterowniczy** control desk, console
puls *m med.* pulse
pulsacja *f* **1.** pulsation **2.** *mech.* angular frequency
~ **ciśnienia** (*w układzie*) pressure fluctuation
~ **światła** flicker
pulsacyjny *a* pulsatory
pulsar *m astr.* pulsar
pulsator *m* pulsator; *elektron.* pulser
pulsatron *m elektron.* pulsatron
pulsometr *m* pulsometer (pump), expulsor pump
pulsowanie *n* (*przepływu*) *aero.* buzz
pulsujący *a* pulsating
pulweryzacja *f* pulverization; spraying; atomization
pulweryzator *m* pulverizer; atomizer
pułap *m* ceiling
~ **chmur** cloud ceiling
~ **napięcia** *el.* ceiling voltage
~ **nieograniczony** *lotn.* unlimited ceiling
~ **praktyczny** *lotn.* service ceiling
~ **teoretyczny** *lotn.* absolute ceiling
~ **wzbudzenia** *masz.el.* ceiling excitation
~ **zawisu** *lotn.* hover ceiling
pułapka *f* **1.** trap **2.** *fiz.* catcher **3.** *kryst.* trapping state, trap **4.** *elektron.* (semiconductor) trap
~ **elektronów** electron trap
~ **jonów** ion trap
~ **labiryntowa** *ryb.* fish corral
~ **magnetyczna** magnetic trap, magnetic bottle
~ **na ryby** fish trap, basket trap
~ **rodnikowa** *chem.* radical trap
~ **sieciowa zakotwiczona** *ryb.* fixed net
~ **sygnału dźwiękowego** *TV* sound trap
~ **wiązki** beam catcher
pułapkowanie *n* (*nośników ładunku*) *elektron.* trapping
pumeks *m petr.* pumice(-stone)
~ **hutniczy** foamed slag, pumice-stone slag
punkt *m* point, *zob.też* **punkty**
~ **anilinowy** *paliw.* aniline point
~ **azeotropowy** (*na wykresie fazowym*) azeotropic point
~ **bazowy** *mat.* base point
~ **bezprądowy** (*pływu*) *ocean.* dead point
~ **celowania** aiming point
~ **centralny** central point
~ **charakterystyczny w terenie** landmark
~ **Curie** *met.* Curie point, magnetic change point, magnetic transformation point
~ **cykliczny** *geom.* circular point
~ **czerpania** *bud.* draw-off point
~ **dali** *opt.* far point, punctum remotum
~ **docelowy** *nawig.* point of destination
~ **drenażu** (*w ochronie katodowej*) drainage point
~ **dymienia** smoke point
~ **dystektyczny** (*na wykresie fazowym*) distectic point
~ **ekstremalny** *mat.* extremal point
~ **eliptyczny** *geom.* elliptic point
~ **eutektyczny** (*na wykresie fazowym*) eutectic point
~ **fazowy** (*w mechanice statystycznej*) phase of the system, phase point, representative point, specific phase
~ **geodezyjny** geodetic position
~ **główny** *opt.* principal point
~ **gorący** (*uzwojenia*) *masz.el.* hot spot
~ **graniczny** **1.** *mat.* limit point **2.** *fiz.* end point
~ **gwizdu** (*toru*) *tel.* singing point
~ **hiperboliczny** *geom.* hyperbolic point
~ **inkongruentny** (*na wykresie fazowym*) incongruent (melting) point
~ **interferencji zębów** (*w przekładni o wewnętrznym zazębieniu*) *masz.* interference point of tooth
~ **izoelektryczny** *elchem.* isopotential point, isoelectric point
~ **izolowany** *mat.* isolated point, acnode
~ **jesienny** *astr.* autumnal equinox
~ **kątowy** *geom.* angular point
~ **kondensacji** *mat.* point of condensation
~ **kontrolny** control point; checkpoint; *el.* test point
~ ~ **trasy** reporting point
~ **kongruentny** (*na wykresie fazowym*) congruent (melting) point
~ **końcowy miareczkowania** *chem.* end-point of titration
~ **kriohydratu** cryohydric point
~ **kruchości** *tw.szt.* brittle temperature
~ **krytyczny** **1.** *mat.* critical point **2.** *fiz.* critical point, change point, transition point
~ ~ **izolowany** *mat.* isolated critical point
~ ~ **stabilny** *mat.* stable critical point
~ **kulisty** *geom.* umbilical point
~ **legalizacyjny** *metrol.* stamping station
~ **lodu** *fiz.* ice point
~ **magnetyczny** (*na magnetycznym nośniku informacji*) magnetic spot
~ **martenzytyczny** (*temperatura początku przemiany martenzytycznej*) *obr.ciepl.* martensite start temperature, M_s point
~ **materialny** *mech.* particle
~ ~ **nieswobodny** constrained particle
~ ~ **swobodny** free particle
~ **natarcia** *aero.* point of attack
~ **nawiązania** *nawig.* reference point (*in direction finding*)
~ **neutralny** *el.* neutral point

~ **nieciągłości** *mat.* point of discontinuity
~ **niejednoznaczności** *mat.* ambiguous point
~ **niewłaściwy** *geom.* infinite point, ideal point
~ **niwelacyjny** *geod.* bench mark
~ **obliczeniowy** *masz.* design point
~ **obrotu** pivoting point
~ **obserwacyjny** lookout station, observation point
~ **ochrony portu** harbour watching station
~ **oczekiwania** *lotn.* holding point (*before landing*)
~ **odbiorczy** *el.* supply point, supply terminals
~ **oderwania warstwy przyściennej** *aero.* separation point, break-off point, burble point (*of a boundary layer*)
~ **odksiężycowy** *kosm.* apolune, aposelene
~ **odniesienia** reference point; datum point; origin
~ **odprawy pasażerów** check-in point
~ **odsłoneczny** *astr.* aphelion
~ **odziemny** *astr.* apogee
~ **opatrunkowy** *bhp* dressing station, first-aid station
~ **orientacyjny w terenie** landmark
~ **osiągalny** *mat.* accessible point
~ **osobliwy** *mat.* singularity, singular point
~ ~ **funkcji analitycznej** singular point of an analytic function
~ ~ **nieregularny** irregular singular point
~ ~ **odosobniony** isolated singular point, isolated singularity
~ ~ **regularny** regular point
~ **pary** *fiz.* steam point
~ **pełnego skupienia** *mat.* point of complete accumulation
~ **perytektyczny** (*na wykresie fazowym*) peritectic point
~ **początkowy** starting point
~ **poczwórny** *fiz.* quadruple point
~ **podgwiezdny** *astr.* substellar point
~ **podparcia** point of support, fulcrum
~ **podsatelitarny** *kosm.* subsatellite point
~ **podwójny** (*krzywej*) *geom.* crunode
~ ~ ~ **w którym obie styczne pokrywają się** cusp
~ **podziału** point of division
~ **połowy mocy** *rad.* half-power point
~ **pomiarowy** measuring point; *el.* test point
~ **potrójny** *fiz.* triple point
~ **powtórnego wejścia** *inf.* re-entry point
~ **pracy** *el.* working point
~ **probierczy** *tel.* testing point
~ **przebicia płaszczyzny współrzędnych przez linię** *geom.* trace of a line
~ **przebiegu ponownego** *inf.* rerun point
~ **przecięcia** point of intersection, intersection point
~ ~ **środkowych** median
~ **przegięcia 1.** *mat.* point of inflexion, inflexion point, flex point (*of a curve*) **2.** *wytrz.* point of contraflexure
~ **przejścia** *fiz.* transition point
~ **przemiany** *zob.* **punkt przejścia**
~ **przerwania** *inf.* break-point
~ **przestrzeni próbki** *mat.* point of a sample space
~ **przyłączenia** (*przyrządu pomiarowego*) pick-up point (*for measurement*)
~ **przyłożenia siły** *mech.* point of application of force
~ **przyporu** *masz.* contact point, point of action
~ ~ **nieruchomy** (*w przekładni zębatej*) concurrent contact
~ **przysłoneczny** *astr.* perihelion
~ **przyziemny** *astr.* perigee
~ **pupinizacji** (*linii kablowej*) *tel.* loading point
~ **regularny krzywej** *geom.* ordinary point of a curve
~ **rosy** *fiz.* dew-point, saturation point
~ **rozcinający** *mat.* cut point
~ **rozdzielczy** *el.* distributing point; switching station
~ **rozgałęzienia** branch point; *mat.* branch point, ramification point
~ ~ **logarytmiczny** logarithmic branch point
~ **rozwidlenia** *aut.* breakaway point
~ **równonocy** *astr.* equinoctial point, equinox
~ ~ **jesiennej** autumnal equinox
~ ~ **wiosennej** vernal equinox, spring equinox
~ **równowagi pięciu faz** *fiz.* quintuple point
~ **równoważnikowy** (*miareczkowania*) *chem.* equivalence point of titration, theoretical end-point of titration
~ **samostyczności** *geom.* point of osculation, duble cusp, tacnode
~ **sczepny** *spaw.* positional weld, tack weld
~ **siodłowy** *mat.* saddle point
~ **skupienia** *mat.* accumulation point, point of accumulation; (*zbioru*) cluster point, limit point
~ **skupu** *roln.* (state) purchasing centre
~ **smarowania** *masz.* lubricating point
~ ~ **kroplowego** drip-point
~ **spiętrzenia** *aero.* impact point
~ **spinodalny** *fiz.* spinodal point, spinode
~ **spływu** *aero.* trailing point
~ **sprawozdawczy** *rad.* commentary point
~ **stacjonarny** *geom.* stationary point
~ **stagnacji** *aero.* stagnation point
~ **stały** (*odwzorowania*) *mat.* fixed-point
~ **styczności** *geom.* point of tangency, point of contact
~ **szczytowy** *el.* peak point
~ **środkowy** midpoint, centre
~ **świetlny** *bud.* lighting point, lighting outlet
~ **topnienia** melting point, m.p.
~ ~ **lodu** ice point
~ **triangulacyjny** *geod.* triangulation point
~ **tworzący** *mat.* generating point

~ **typograficzny** *poligr.* typographical point (≈0.37594 mm)
~ **umbilikalny** *geom.* umbilical point
~ **usługowy** service workshop; repairing shop
~ **w nieskończoności** *geom.* infinite point, absolute point, ideal point, point at infinity
~ **wcięty** *geod.* cutting point
~ **wewnętrzny** *mat.* inner point
~ **węgla** (*w kąpieli stalowej*) *hutn.* point of carbon
~ **węzłowy** *mat., fiz.* nodal point, node
~ ~ **obwodu** *el.* transition point of a circuit
~ **widzenia** point of view
~ **wiosenny** *astr.* vernal equinox, spring equinox
~ **wlotowy** *siln.spal.* point of inflow
~ **wrzenia** *fiz.* boiling point
~ **wsporczy** (*linii nadziemnej*) *el.* point of support
~ **wyjścia** *nawig.* point of departure
~ **wyjściowy** starting point, origin
~ **wznowienia** *inf.* restart point, rerun point
~ **zachłystywania** (*kolumny destylacyjnej*) flooding point
~ **zaczepienia siły** *mech.* point of application of force
~ ~ **wektora** *mat.* origin of a vector
~ **zakończenia** (*procesu*) end point
~ **zaopatrzenia** supply point
~ **zapłonu** (*prostownika*) *el.* fire point
~ **zarodkowy** *kryst.* nuclear point
~ **zasiłowy** *el.* feeding-point, feed point
~ **zastoju** *aero.* stagnation point
~ **zawieszenia** point of suspension
~ **zaziębienia** *masz.* contact point, point of action
~ **zbiegu** (*w rysunku perspektywicznym*) vanishing point
~ **zbieżności** convergence point
~ **zerowy** zero point; *el.* neutral (point)
~ ~ **charakterystyki wzmacniacza** quiescent point
~ ~ **chwiejny** floating neutral
~ ~ **elektrody** null potential, zero point potential
~ ~ **odbiornika** load neutral
~ ~ **uziemiony** grounded neutral
~ ~ **uzwojenia pierwotnego** (*transformatora*) primary neutral
~ ~ ~ **wtórnego** (*transformatora*) secondary neutral
~ ~ **wagi** zero point of balance
~ ~ **wybuchu** ground zero, surface zero
~ ~ **źródła** supply neutral
~ **zetknięcia** contact point
~ **złota** *fiz.* gold point
~ **znamionowy pracy** *masz.* design point
~ **zniknięcia** *mat.* vanishing point
~ **zrównania** (*w analizie*) *chem.* concentration index
~ **zwrotny** *masz.* dead centre
~ **zwrotu** *geom.* turning point
~ **żelowania** *chem.* gel point

punktak *m narz.* centre punch
~ **centrujący** bell punch
~ **o cienkim ostrzu** prick punch
~ **samoczynny** automatic centre punch
punktat *m med.* punctate
punktować *v* punch, prick
punktowanie *n* marking with a centre-punch, centre-punching
~ **obrazu** (*widma*) *fiz.* scanning
punktowo *adv* pointwise
punktualny *a* punctual; prompt
punkty *mpl* **bezpływowe** *ocean.* amphidromic points
~ **ekwipotencjalne** *masz.el.* equipotential points
~ **homologiczne** *hydr.* homologous points
~ **kardynalne horyzontu** cardinal points of the horizon
~ **leżące na jednym okręgu** *mat.* concyclic points
~ **niewspółpłaszczyznowe** *mat.* noncoplanar points
~ **podstawowe skali** fiducial points
~ **pośrednie przy niwelacji** *geod.* flying levels
~ **przesileń** *astr.* solstitial points
~ **równonocne** *astr.* equinoctial points
~ **sprzężone** (*harmonicznie*) *geom.* (harmonic) conjugate points
~ **współliniowe** *mat.* collinear points
~ **współpłaszczyznowe** *mat.* coplanar points
punt *m* **żaglowy** sailing punt
pupinizacja *f* (*kabla*) *el.* coil loading, Pupin loading
~ **torów pochodnych** phantom loading
purpura *f farb.* purple
~ **antyczna** Tyrian purple
~ **bromokrezolowa** bromocresol purple
~ **Kasjusza** purple of Cassius, gold-tin purple
~ **wzrokowa** *biochem.* rhodopsin, retinal pigment, visual purple
purpurowy *a* purple
purpuryna *f chem.* purpurin
puryna *f chem.* purine
pustak *m bud.* hollow brick, hollow tile
~ **ceramiczny** structural (clay) tile
~ **stropowy** structural-floor tile
~ **ścienny** structural-wall tile, hollow masonry unit
~ **wentylacyjny** ventilating brick, air-brick
pustka *f* void
pusty *a* empty, hollow; *mat.* null, void, empty
pustynia *f* desert
puszczać *v* let go, let loose
~ **linę** *żegl.* cast off a rope
~ **pędy** *bot.* sprout, shoot
~ **w ruch** set in motion, start
puszczanie *n* **farby** *skór.* crocking
puszka *f* tin, can, canister
~ **barometrowa** barometric capsule
~ **ciśnieniowa** (*sprężysta*) pressure capsule, aneroid

~ **do obróbki fotograficznej** developing tank
~ **odgałęźna** *el.* branch box
~ **połączeniowa** *el.* junction box
~ **przelotowa** *el.* draw box, pull box
~ **rozgałęźna** *el.* distribution box
~ **uniwersalna** *el.* utility box
~ **wypustowa** *el.* outlet box
puszkowanie *n spoż.* canning, tinning
puszysty *a* fluffy
puścić *v* **z prądem** *żegl.* cut adrift
puzzolana *f ceram.* pozzolana
PW = Politechnika Warszawska
PWE = Państwowe Wydawnictwo Ekonomiczne
PWN = Państwowe Wydawnictwo Naukowe
PWRiL = Państwowe Wydawnictwo Rolnicze i Leśne
pylenie *n gum.* dusting
~ **farby drukarskiej** powdering
~ **jądra** *fiz.* nuclear evaporation
~ **papieru** dusting, fuzzing, fluffing, linting
pylica *f* (*płuc*) *med.* pneumoconiosis, lithicosis
~ **azbestowa** asbestosis
~ **bawełniana** byssinosis
~ **berylowa** berylliosis
~ **kaolinowa** kaolinosis
~ **krzemowa** silicosis, chalicosis
~ **węglowa** anthracosis, blacklung
~ **włókiennicza** byssinosis
pylisty *a* powdery, dusty
pylnik *m bot.* anther
pylon *m arch.* pylon
pył *m* dust
~ **cynkowy** zinc dust, blue dust, blue powder
~ **gardzielowy** *hutn.* blast-furnace dust
~ **kamienny** *bud.* stone dust
~ **koksowy** coke dust, powdered coke
~ **kosmiczny** cosmic dust
~ **piecowy** flue dust, furnace emission
~ **promieniotwórczy** radioactive dust
~ **przemysłowy** industrial dust
~ **szmerglowy** flour of emery
~ **ścierny** grinding flour
~ **węglowy** coal dust, pulverized coal
~ **wielkopiecowy** blast-furnace dust, flue dust
~ **wulkaniczny** volcanic ash, volcanic dust
~ **złoty** flour gold
pyłek *m bot.* pollen
pyłosuchy *a farb.* dust dry, sand dry, tack-free
pyłoszczelny *a* dustproof, dusttight
pyreks *m* pyrex (glass)
pyros *m met.* pyros
pyrotron *m fiz.* pyrotron
pyrozol *m fiz.* pyrosol
pysk *m zool.* muzzle, mouth
pyszczek *m* **gaśnicy** fire extinguisher nozzle
pytanie *n* **informacyjne** query
pz = pieza *jedn.* pieze
PZITB = Polski Związek Inżynierów i Techników Budownictwa
PZITS = Polskie Zrzeszenie Inżynierów i Techników Sanitarnych
PZK = Polski Związek Krótkofalowców
PZL = Polskie Zakłady Lotnicze
PZMot = Polski Związek Motorowy
PZO = Polskie Zakłady Optyczne
PZU = Państwowy Zakład Ubezpieczeń
PZŻ = Polski Związek Żeglarski
PŻB = Polska Żegluga Bałtycka
PŻM = Polska Żegluga Morska

Q

Q-metr *m el.* Q-meter
quasi-cząstki *fpl fiz.* quasi-particles
quasi-eutektyka *f fiz.* pseudoeutectic
quasi-liniowy *a mat.* quasi-linear
quasi-periodyczny *a fiz.* quasiperiodic
quasi-składowa *f mat.* quasi-component

R

R = stała gazowa *fiz.* gas constant
R = rentgen *jedn.* röntgen, Röntgen unit
R = rezystancja *el.* resistance
rabarbar *m bot.* rhubarb, *Rhenum rhaponticum* L.
rabat *m ek.* discount, rebate, abatment; deduction in price
rabowanie *n* **obudowy** *górn.* drawing off, withdrawing
~ ~ **drewnianej** timber drawing, timber recovery, striking the timber
rabowarka *f* **obudowy** *górn.* prop puller, prop withdrawer, dog-and-chain, sylvester
rabunkarz *m górn.* prop drawer
raca *f* **oświetlająca** light rocket
~ **sygnalizacyjna** signal rocket
racemat *m chem.* racemate, racemic compound, dl-compound
racemazy *fpl biochem.* racemases
racemizacja *f chem.* racemization
rachmistrz *m* calculator; *żegl.* tallyman, tallier
rachować *v* **1.** calculate; compute **2.** count; reckon
rachuba *f ek.* accounting department
rachunek *m* **1.** *mat.* calculus (*pl* calculi *or* calculuses) **2.** *mat.* calculation; computation **3.** *ek.* account **4.** bill
~ **bieżący** *ek.* current account
~ **bulowski** Boolean calculations
~ **całkowy** integral calculus
~ **kosztów i zysków** *ek.* cost-benefit study
~ ~ **własnych** cost account
~ **kwantyfikatorów** functional calculus
~ **operatorowy** operational calculus
~ **otwarty** *ek.* open account
~ **prawdopodobieństwa** theory of probability, calculus of probability
~ **predykatów** predicate calculus
~ **pro forma** *ek.* pro forma invoice
~ **przelewowy** *ek.* transferable account
~ **rozliczeniowy** *ek.* clearing account
~ **różniczkowy** differential calculus, infinitesimal calculus, calculus of finite differences
~ ~ **i całkowy** advanced calculus
~ **środków własnych** *ek.* assets account
~ **tensorowy** tensor calculus

~ **uzgodniony** *ek.* stated account
~ **wariacyjny** calculus of variations
~ **wektorowy** calculus of vectors
~ **wspólny** *ek.* joint account
~ **za fracht** freight account
~ **zablokowany** *ek.* blocked account, frozen account
~ **zaburzeń** *fiz.* perturbation theory
~ **zamknięty** *ek.* closed account
~ **zdań** propositional calculus
~ **zysków i strat** profit-and-loss account
rachunkowość *f* accountancy
rachunkowy *a* computational; counting
racica *f zool.* cloven hoof
racje *fpl* **żywnościowe** food rations
racjonalizacja *f* rationalization, improvement (*of production methods*)
racjonalizator *m* rationalizer (*of production methods*)
racjonalny *a* rational; efficient
racjonować *v* ration (*food etc.*)
raczek *m górn.* drill bit
rad = radian *jedn.* radian
rad *m* **1.** *chem.* radium, Ra **2.** *jedn.* rad, radium absorbed dose : 1 rd = 0.01 Gy
~ **D** radium D, RaD
~ **G** radium G, radium lead, RaG
rada *f* **nadzorcza** supervisory board
~ **zakładowa** plant committee, plant council
~ **zawiadowcza** board of directors
radar *m* radar; radiolocation
~ **artyleryjski** fire-control radar, gun-aiming radar
~ **dalekiego zasięgu** long-range radar
~ **do wykrywania celów** target acquisition radar
~ ~ ~ ~ **ruchomych** (*z tłumieniem ech stałych*) moving-target indication radar, MTI radar
~ **doplerowski** Doppler radar
~ **dwuczęstotliwościowy** two-frequency radar
~ **impulsowy** pulsed radar
~ **kartograficzny** ground mapping radar
~ **(kontroli) lądowania** precision approach radar, PAR
~ ~ **lotniska** aerodrome control radar, aerodrome surface-movement indicator, ASMI
~ ~ **rejonu** surveillance radar (equipment), SRE
~ **meteorologiczny** weather radar
~ **monoimpulsowy** monopulse radar
~ **na fali ciągłej** continuous wave-radar CWR
~ **naziemny przechwytywania** ground-control intercept radar, GCI radar
~ **o dużej rozróżnialności** high resolution radar
~ ~ ~ **wyrazistości** high definition radar
~ **o modulacji częstotliwościowej** frequency-modulated radar, FMR
~ **o wiązce V** V-beam radar
~ **o zobrazowaniu bocznym** side-looking airborne radar, SLAR
~ **określający odległość stacji zagłuszającej** jammer finder, burn-through
~ **optyczny** ladar, laser-radar, colidar (*coherent light detection and ranging*)
~ **ostrzegawczy** acquisition radar, early-warning radar
~ **oświetlający** illuminating radar
~ **pokładowy** airborne radar
~ ~ **antykolizyjny** anticollision radar, collision avoidance radar
~ ~ **obserwacji bocznej** side-loking airborne radar, SLAR
~ ~ ~ **okrężnej** all-round looking radar
~ ~ ~ **przedniej** forward-looking radar
~ ~ **ochrony ogona** tail warning radar
~ ~ **przechwytywania** air interception radar, AI radar
~ **poszukiwania** search radar, acquisition radar
~ **precyzyjny** precision approach radar, PAR
~ **przeciwzderzeniowy** anticollision radar
~ **śledzący** (*obiekty w przestrzeni*) tracking radar
~ **świetlny** opdar (*optical direction and ranging*)
~ **zbliżania** surveillance radar (equipment), SRE
~ ~ **wtórny** secondary surveillance radar, SSR
radca *m* **handlowy** commercial counsellor
~ **prawny** legal adviser
radełko *n narz.* knurl, knurling wheel, serration roll, roulette
~ **krzyżowe** chequer(ed) knurl
~ **skośne lewe** left-hand knurl
~ ~ **prawe** right-hand knurl
radełkowanie *n* knurling, milling
~ **krzyżowo-skośne** diamond knurling
~ **proste** straight knurling
radiacyjny *a* radiation(al)
radial *m rad.nawig.* radial
radialny *a* radial
radian *m jedn.* radian
radiant *m astr.* radiant (*of meteors*)
radiator *m elektron.* radiator
~ **dyszowy** *zob.* **radiator tubowy**
~ **falowodowy** wave-guide radiator
~ **pierwotny** (*anteny mikrofalowej*) aerial feed
~ **tubowy** horn radiator
radio *n* radio, wireless
radioaktyn *m chem.* radioactinium, RdAc
radioaktywacja *f* radioactivation
radioaktywność *f* radioactivity, *zob.też* **promieniotwórczość**
radioaktywny *a* radioactive
radioakustyka *f* radioacoustics
radioamator *m* ham
radioastronomia *f* radio-astronomy
radioautografia *f radiol.* autoradiography, radioautography
radiobiologia *f* radiobiology
radiochemia *f* radiochemistry
radiochromatografia *f* radiochromatography

radiochronologia *f* radioactive dating, radiometric dating, carbon dating, nuclear age determination
radioczułość *f* radiosensitivity
radiodalekopis *m* radioteletype, RTTY
radiodalmierz *m* distance measuring equipment, DME, radio range finder
radiodatowanie *n zob.* **radiochronologia**
radioelektryka *f* radio engineering
radiofonia *f* radio broadcasting
~ **monofoniczna** monophony
~ **przewodowa** line broadcasting, wire broadcasting
~ **stereofoniczna** stereophony
radiofonizacja *f* planned development of radio services
radiofosfor *m chem.* radiophosphorus, phosphorus-32, ^{32}P
radiogeniczny *a* radiogenic
radiogoniometr *m* radiogoniometer
radiogoniometria *f* radiogoniometry
radiografia *f* radiography
~ **gamma** gamma radiography, gammagraphy
~ **małoobrazkowa** miniature radiography
~ **metali** radiometallography
~ **przemysłowa** industrial radiography
~ **rentgenowska** X-ray radiography, röntgenography
~ **stereoskopowa** stereoradiography
~ **stykowa** contact radiography
~ **techniczna** industrial radiography
~ **udarowa** high-speed radiography
~ **warstwowa** planar radiography
radiograficzny *a* radiographical
radiogram *m* radiograph, radiogram; exograph, X-ray photograph, X-ray pattern
~ **stereoskopowy** stereoradiograph
radioizotop *m* radioisotope, radioactive isotope
radiojądro *n* radioactive nucleus
radiojod *m chem.* radioiodine, iodine-131
radiojon *m* radioactive ion
radiojonizacja *f* radiation ionization
radiokardiografia *f* radiocardiography
radiokobalt *m chem.* radiocobalt, cobalt-60
radiokoloidy *mpl* radiocolloids
radiokompas *m nawig.* automatic direction finder, ADF, radio compass
radiokomunikacja *f* radio communication
radiokrystalografia *f* crystal analysis, radiocrystallography
radiolarie *pl zool.* radiolaria
radiolaryt *m petr.* radiolarite
radiolatarnia *f nawig.* radio beacon, radiophare
~ **bezkierunkowa** non-directional radio beacon, NDB
~ **docelowa** *lotn.* homer beacon
~ **kierunkowa** directional radio beacon
~ ~ **mówiąca** talking radio beacon
~ ~ **o promieniowaniu okrężnym** omnidirectional radio beacon, ORB
~ **kołowa** circular radio beacon
~ **kursowa** localizer transmitter
~ **lotniskowa** aerodrome beacon, aerodrome marker
~ **obrotowa** rotating radio beacon
~ **odzewowa** transponder beacon
~ **radarowa** radar beacon, racon
~ **ścieżki schodzenia** glide-path radio beacon
~ **wirująca** rotating radio range
~ **znakująca** radio marker beacon, ramark
radiolinia *f* radio link
radioliza *f fiz.* radiolysis
radiolog *m* radiologist
radiologia *f* radiology
radiolokacja *f* radiolocation, *zob.też* **radar**
~ **odzewowa** *zob.* **radiolokacja wtórna**
~ **pierwotna** primary radar
~ **wtórna** secondary radar
~ **wzrokowa i słuchowa** visual-aural range, VAR
radiolokator *m* radar, *zob.też* **radar**
radioluminescencja *f* radioluminescence
radiometeorologia *f* radiometeorology
radiometr *m* radiometer
~ **akustyczny** acoustic radiometer
radiometria *f* radiometry
radionadajnik *m* radio transmitter
radionamiar *m nawig.* radio bearing, wireless bearing
radionamiernik *m nawig.* radio direction-finder, RDF
~ **z anteną obracaną** rotating direction-finder
radionamierzanie *n nawig.* radio direction finding
radionawigacja *f* radio navigation
radionuklid *m* radionuclide, radioactive nuclide
radioodbiornik *m* radio receiver
radioołów *m chem.* radium D, RaD
radiooperator *m* radio operator, wireless operator
radiopelengacja *f* = **radionamierzanie** *nawig.* radio direction finding
radiopierwiastek *m* radioelement, radioactive element
radiopółkompas *m lotn.* airborne radio direction finder
radiosekstans *m* radio sextant
radiosiarka *f chem.* radiosulfur, sulfur-35
radiosonda *f meteo.* radiosonde, radiometeorograph
radiosód *m chem.* radiosodium, sodium-24
radiospektroskopia *f* microwave and radiofrequency spectroscopy
radiostacja *f* radio station
~ **kontrolna** monitoring radio station
~ **nadawcza** transmitting radio station
~ **nadawczo-odbiorcza** transmitter-receiver, transceiver
~ **namierzająca** radio compass station
~ **odbiorcza** receiving radio station
~ **pokładowa** airborne radio station
~ **przekaźnikowa** relay radio station
~ **przenośna** mobile radio station
~ **telewizyjna** television station
~ **zagłuszająca** jamming station, jammer

radiostront *m chem.* radiostrontium, strontium-90
~ B strontium-89
radiotechnika *f* radio engineering
radiotelefon *m* radio-telephone
~ przenośny walkie-talkie
radiotelefonia *f* radio-telephony
radiotelegrafia *f* radio-telegraphy
radiotelegrafista *m* radio operator, wireless operator
radiotelegram *m* wireless message
radioteleskop *m* radio telescope
radioterapia *f* radium therapy, radiotherapy, radiation therapy
~ stykowa contact radiation therapy
radiotoksyczność *f* radiotoxicity
radiotor *m chem.* radiothorium, RdTh
radiowapń *m chem.* radiocalcium, calcium-45
radiowęgiel *m chem.* radiocarbon, ^{14}C
radiowęzeł *m* wire broadcasting system, radio relay centre
radiowodór *m chem.* tritium, T
radiowysokościomierz *m lotn.* radio altimeter
radioźródło *m astr.* radio source
radiożelazo *m chem.* radioiron, iron-59
radło *n roln.* shovel plough
radoaktyn *m chem.* radioactinium, RdAc
radon *m* radon, radium emanation, Rn
radoołów *m chem.* radium G, radium lead, RaG
radykał *m mat.* radical
rafa *f geol.* reef
~ barierowa barrier reef, coastal reef
~ brzegowa coastal reef
~ koralowa coral reef
~ przybrzeżna fringing reef
rafia *f* **1.** *bot.* raffia (palm), *Raphia ruffia* **2.** *włók.* raffia
rafinacja *f* refining
~ elektrolityczna *hutn.* electrolytic refining, electrorefining
~ katalityczna catalytic treatment
~ metali szlachetnych parting of noble metals
~ ogniowa *hutn.* fire refining, fire reduction
~ parą steam refining
~ próżniowa vacuum refining
~ ~ stali z zastosowaniem tlenu vacuum oxygen decarburization process, VOD process
~ rozpuszczalnikami solvent refining
~ strefowa *hutn.* zone refining
~ wstępna ołowiu lead softening
rafinada *f cukr.* refined sugar
rafinat *m* raffinate
rafiner *m* **1.** *gum.* refiner, refining mill **2.** *papiern.* refiner
rafineria *f* refinery
~ cukru sugar refinery
~ metali szlachetnych *met.* parting plant
~ miedzi *met.* copper refinery
~ ropy petroleum refinery
rafinować *v* refine
rafinowanie *n* refining
rafinowany *a* refined
rafinowany kwasem acid-refined
rafinowany ługiem alkali-refined
rafinoza *f chem.* raffinose, melitriose
rafka *f papiern.* strainer, knotter, knot catcher
rajd *m mot.* rally
rajgras *m bot.* rye grass, *Lolium*
rak *m* **1.** *zool.* crawfish, crayfish, *Astacus leptodactylus* **2.** *med.* cancer **3.** *okr.* parrel
~ ratunkowy *wiertn.* pipe grab, pipe dog, casing spear
~ ~ nieodpinalny bulldog spear, death grip
~ śmiertelny *zob.* **rak ratunkowy nieodpinalny**
~ w betonie *bud.* honeycombing in concrete
raki *mpl* (*słupołazy*) climbers, creepers
rakiel *m włók., poligr.* squeegee
rakieta *f* rocket
~ artyleryjska artillery rocket
~ badawcza test rocket
~ balistyczna ballistic rocket
~ fotonowa photon rocket
~ hamująca retrorocket
~ jądrowa nuclear rocket
~ jednostopniowa single-stage rocket
~ jonowa ion rocket
~ kierowana guided rocket
~ kosmiczna space rocket
~ księżycowa lunar rocket, moon rocket
~ lotnicza aircraft (launched) rocket
~ meteorologiczna (*do badań górnych warstw atmosfery*) sounding rocket
~ międzyplanetarna interplanetary rocket
~ na paliwo ciekłe liquid (propellant) rocket
~ ~ ~ stałe solid (propellant) rocket
~ niekierowana free rocket
~ nośna carrier rocket; launch-vehicle
~ ~ rzutki ratunkowej life rocket
~ opóźniająca retrorocket
~ oświetlająca light rocket, flare
~ pomocnicza rocket booster
~ przeciwlotnicza anti-aircraft rocket
~ ratunkowa startowa (*na kabinie rakiety kosmicznej*) escape rocket
~ stabilizowana ruchem obrotowym spinner rocket, spin stabilized rocket
~ startowa launching rocket; A.T.O. rocket booster
~ startująca z balonu balloon-borne rocket
~ sygnalizacyjna signal rocket
~ średniego zasięgu medium-range rocket (missile)
~ wielostopniowa multi-stage rocket
rakietnica *f* signal pistol, flare pistol, very pistol
rakietoplan *m* rocket-propelled aeroplane
rakieto-torpeda *f* rocket-assisted torpedo
rakotwórczy *a biol.* carcinogenic
rakowatość *f odl.* sand holes, drop (*casting defect*)
rakowiak *m med.* carcinoid

raksa *f żegl.* sail slide, snap hook
rakurs *m* (*celu*) aspect angle (*of a target*)
rama *f* frame
~ **centralna** *mot.* central tube frame
~ **do formy drukarskiej** *poligr.* chase
~ **formatowa** *fot.* masking frame, enlarging frame
~ **krzyżowa** cruciform frame
~ **nastawnicy** *kol.* power frame
~ **natykowa snowarska** *włók.* creel
~ **płytowa** *mot.* panel frame, punt frame
~ **podłużnicowa** *mot.* longitudinal frame, side-member frame
~ **podsilnikowa** *mot.* engine mounting cradle, engine underframe
~ **podwozia** *mot.* chassis frame
~ **pola stykowego** *tel.* multiple frame
~ **silnika** engine bed; engine frame
~ **sitowa** *papiern.* wire frame
~ **trakowa** saw frame
~ **wózka** *kol.* truck frame
~ **wzmocniona** *lotn.* spar frame
~ **ze wzmocnieniem krzyżowym** *mot.* X frame, cross-braced frame
ramelsbergit *m min.* rammelsbergite, white nickel
ramia *f bot.* ramie, rhea, China grass, *Boehmeria nivea*
ramiak *m* **dolny** *bud.* sill
~ **pionowy** *bud.* stile
~ **poziomy** *bud.* rail
ramieniowy *a anat.* brachial
ramię *n* **1.** arm; rocker **2.** *anat.* brachium; arm
~ **bezwładności** *mech.* radius of gyration
~ **celownika** *uzbr.* backsight leaf
~ **dźwigni** lever arm
~ ~ **rzeczywiste** moment arm of a lever
~ **kąta** *geom.* arm of an angle
~ **kątownika** leg of an angle
~ **koła** wheel arm, spoke
~ **korby** *masz.* crankweb, crank arm
~ **kotwicy** *okr.* anchor arm
~ **kranu zdjęciowego** *kin.* camera boom
~ **kształtownika** section flange
~ **łyżki koparki** dipper stick
~ **manometru** manometer leg
~ **mieszadła** strirrer blade
~ **pary sił** *mech.* arm of the couple of forces
~ **prostujące** *okr.* righting lever, righting arm
~ **przekładni kierowniczej** *mot.* drop arm, pitman arm
~ **przenośnika** *rys.* divider leg
~ **siły** arm of a force
~ **sterowe tylnicy** *okr.* rudderpost
~ **steru** *lotn.* horn (*of a control surface*)
~ **śmigła** *aero.* airscrew blade, propeller blade
~ **śrubowe tylnicy** *okr.* propeller post
~ **tarczowe wykorbienia** *masz.* crank disk
~ **usterzenia** *lotn.* tail arm
~ **wagi** balance arm
~ **wycieraczki** *mot.* wiper arm
~ **wykorbienia** *masz.* crankweb
~ **zgrzewarki** welder horn
~ **zwrotnicy** *mot.* knuckle arm
ramka *f* **1.** frame **2.** *pszczel.* frame
~ **celownika** *uzbr.* backsight leaf
~ **kliszowa** *odl.* cliché frame
~ **nastawiana** *odl.* top sand frame
~ **ozdobna** (*np. w nadwoziach samochodowych*) garnish rim
~ **pamięci** *inf.* magnetic storage plate
~ **wyprowadzeniowa** *elektron.* lead frame
ramnit *m chem.* rhamnitol
ramnoza *f chem.* rhamnose
ramo-antena *f rad.* (*combination of loop and vertical antenna*)
ramowanie *n skór.* tacking
ramownica *f bud.* frame
rampa *f* **1.** *kol.* ramp, loading platform **2.** foot-light (*on a stage*)
~ **dojazdowa** approach bank
~ **drągów rozruchowych** *hutn.* dummy-bar parking ramp
~ **ładunkowa** loading ramp
~ **sceniczna górna** batten, borden light
~ **załadowcza** loading ramp
rana *f med.* wound
~ **cięta** gash
randomizacja *f mat.* randomization
randomizowana transformacja *f* **kluczy** *inf.* randomized key transformation
ranga *f mat.* rank
ranny *a med.* wounded
rapaki *pl* (*luźno płynące okruchy lodu lądowego*) *ocean.* rapaki
rapakiwi (*odmiana granitu*) *petr.* rapakivi
raport *m* report; account
~ **na podstawie obserwacji radarowej** *meteo.* radar report, RAREP
rapowanie *n* **tynku** *bud.* scoring
rapówka *f bud.* parge-work, parging
raptowny *a* sudden, abrupt
rasa *f zoot.* race, breed
~ **górska** *zob.* **rasa wyżynna**
~ **miejscowa** local breed
~ **mięsna** *zob.* **rasa opasowa**
~ **mleczna** (*bydła*) dairy breed
~ **nizinna** lowland breed
~ **o dwukierunkowej użytkowości** dual purpose breed
~ **ogólno-użytkowa** multipurpose breed
~ **opasowa** (*bydła*) beef breed
~ **wyżynna** mountain breed, hill cattle
raster *m poligr.* (half-tone) screen
raszpla *f* = **tarnik** rasp (file)
rata *f ek.* instalment
ratować *v* **1.** rescue, save **2.** *wiertn.* fish
ratownictwo *n* **górnicze** mine rescue work
~ **morskie** sea rescue
~ **okrętowe** ship salvaging, wrecking
ratownik *m* rescueman, rescue worker, salvager; *żegl.* lifeboatman
ratusz *m* town hall
razowiec *m spoż.* whole-meal bread
rażące niedbalstwo *n* gross negligence
rażenie *n* **śmiertelne prądem elektrycznym** electrocution
rąb *m* **młotka** hammer peen, hammer pane

rąbać *v* chop; hew
rąbek *m* **1.** (*przy łączeniu blach*) seam, welt **2.** *obr.plast.* burr; fin, flash, fash; *spaw.* spit
~ **ołowiczy** *med.* lead line, blue line
~ **prasowniczy** *tw.szt.* flash
~ **spoiny** (*lub zgrzeiny*) *spaw.* weld flash
rąbkowanie *n* seaming (*sheet metal*)
rączka *f* handle, *zob.też* **rękojeść**
rącznik *m* *bot.* ricinus, *Ricinus communis*
rb = **rumb** *jedn.* rhumb
rd = **rad** *jedn.* rad, radium absorbed dose
rd = **rezerford** *jedn.* rutherford
rdza *f* **1.** rust **2.** *bot.* mould, *Puccinia*
~ **na zbożu** *bot.* blight
rdzeniarka *f* *odl.* coremaking machine
~ **dmuchająca** core-blowing machine, core blower
~ **prasująca** squeeze-type core making machine
~ **strzałowa** explosion-type core blower
~ **-wyciskarka ślimakowa** core extrusion machine
~ **-wypycharka tłokowa** plunger core machine
rdzeniarnia *f* *odl.* core shop
rdzeniarz *m* *odl.* coremaker
rdzeniowanie *n* (*otworu wiertniczego*) *wiertn.* coring
rdzeniówka *f* *wiertn.* core barrel
rdzennica *f* *odl.* core box
~ **do nadmuchiwania** core box for blowing
~ **ramkowa** plain-frame core box
~ ~ **złożona** collapsible core box, loose-frame core box
~ **skrzynkowa** split core box
~ **z pancerzem** turn-out core box with loose sides
rdzennik *m* **1.** *odl.* core print **2.** *górn.* upper prop
~ **ciągowy** tail core print
~ **kołnierzowy** augmented core print
~ **nadłożony** tail print
~ **stojaka dwudzielnego** *górn.* upper prop
~ **zamkowy** core print with register
~ **ze słupkiem** tail core print
rdzeń *m* **1.** core **2.** *med.* medulla **3.** *jęz.* stem
~ **atmosferyczny** *odl.* atmospheric (riser) core, pencil core
~ **atomowy** *fiz.* atomic core, atomic kernel, atomic trunk, effective nucleus
~ **bieguna** *masz.el.* pole body
~ **chłodnicy** radiator core
~ **ciągadła** *obr.plast.* die insert
~ **drzewa** pith
~ **dyslokacji** *kryst.* dislocation core, dislocation kernel
~ **elektrody** *spaw.* core wire, core of an electrode
~ **elektromagnesu** magnet core
~ **ferrytowy** *inf.* ferrite (storage) core
~ **jednostronnie oparty** *odl.* floating core
~ **kabla** *el.* central quad of cable
~ **kompleksu** *chem.* coordination centre
~ **kręgowy** *anat.* spinal cord
~ **liny** heart of a rope, rope core, rope centre
~ **magneśnicy** *el.* field core
~ **magnetyczny** magnetic core
~ **mydlany** neat soap
~ **niedosuszony** *odl.* underbaked core
~ **olejowy** *odl.* oil-sand core
~ **ołówkowy** *odl.* pencil core, atmospheric (riser) core
~ **pamięciowy** *inf.* storage core
~ **płaszczowy** *odl.* jacket core
~ **podwieszony** *odl.* hanging core, suspended core
~ **proszkowy** *el.* dust core
~ **przekroju** *wytrz.* core of a cross section
~ **przepalony** *odl.* overbaked core
~ **przerzucany** *odl.* greensand core
~ **przestawiony** *odl.* misplaced core
~ **reaktora** *nukl.* reactor core
~ **skorupowy** *odl.* shell core
~ **spalony** *odl.* overbaked core
~ **stalowy** (*liny*) wire core (*of a rope*)
~ **stojana** *masz.el.* stator iron
~ **środkowy** (*zapory*) *inż.* central core wall
~ **taśmowy** (*zwijany z taśmy*) tape-wound core
~ **wiertła** web of a drill
~ **wiertniczy** drill core, well core
~ **wilgotny** *odl.* greensand core
~ **wirnika** *masz.el.* rotor core
~ **wiru** *hydr.* vortex core, whirl core
~ **wiszący** *odl.* hanging core, suspended core
~ **zaformowany** *odl.* ram-up core
~ **zapory** *inż.* core wall of a dam
~ **zwijakowy** bobbin core
rdzewieć *v* rust
rdzochronny *a* rust preventive
Re, re = **liczba Reynoldsa** *mech.pł.* Reynolds number
reagent *m* *chem.* reacting substance
reagować *v* react; respond
~ **z wodą** *chem.* react with water
reagowanie *n* reacting; response
~ **wzbudnicy** *el.* exciter response
reakcja *f* **1.** *mech.* reaction **2.** *chem.* reaction **3.** *cybern.*, *biol.* reaction, response
~ **(α, n)** (*α*, n) reaction, alpha-neutron reaction
~ **(α, p)** (*α*, p) reaction, alpha-proton reaction
~ **aerodynamiczna** aerodynamic force
~ **analityczna** analytic reaction
~ **analizy** decomposition (reaction)
~ **barwienia płomienia** flame reaction
~ **bezmechanizmowa** *chem.* no-mechanism reaction
~ **biologiczna** (*organizmu*) biological reaction
~ **biuretowa** *chem.* biuret reaction
~ **burzliwa** violent reaction
~ **charakterystyczna** identification reaction
~ **chemiczna** chemical reaction, chemical change

~ **cząsteczkowa** molecular reaction
~ **cząstka alfa-neutron** *zob.* **reakcja (α, n)**
~ ~ **alfa-proton** *zob.* **reakcja (α, p)**
~ **czterocentrowa** *zob.* **reakcja cząsteczkowa**
~ **Dielsa i Aldera** Diels-Alder reaction, diene synthesis
~ **drugiego rzędu** second-order reaction
~ **dwucząsteczkowa** bimolecular reaction
~ **dwustopniowa** two-stage reaction
~ **dysproporcjonowania** disproportionation (reaction), dismutation
~ **egzoenergetyczna** exoergic reaction; *biochem.* exergonic reaction
~ **egzoergiczna** *zob.* **reakcja egzoenergetyczna**
~ **egzotermiczna** exothermic reaction
~ **elektrodowa** *elchem.* electrode reaction
~ **elementarna** elementary reaction
~ **endoenergetyczna** endoergic reaction; *biochem.* endergonic reaction
~ **endoergiczna** *zob.* **reakcja endoenergetyczna**
~ **endotermiczna** endothermic reaction
~ **fotochemiczna** photochemical reaction, photoreaction
~ ~ **sensybilizowana** photosensitized reaction
~ **fotojądrowa** photonuclear reaction, nuclear photodisintegration
~ **fuzji** fusion reaction
~ **gorąca** *chem.* hot reaction
~ **gwałtowna** violent reaction
~ **homogeniczna** homogeneous reaction
~ **hydrodynamiczna** hydrodynamic reaction
~ **hydrolizy** hydrolysis
~ **immunologiczna** *med.* immunoreaction
~ **indukowana** secondary reaction
~ **indukująca** primary reaction
~ **inicjująca** initiating reaction
~ **jądrowa** nuclear reaction
~ ~ **kontrolowana** controlled nuclear reaction
~ ~ **przeszkadzająca** interfering nuclear reaction
~ **jednofazowa** *zob.* **reakcja homogeniczna**
~ **jonowa** ionic reaction
~ **knock-out** *nukl.* knock-out reaction
~ **kompleksowania** *chem.* complex formation reaction, complexing
~ **kondensacji** *chem.* condensation
~ **łańcuchowa** chain reaction
~ ~ **prosta** simple chain reaction, straight chain reaction
~ **Mannicha** aminomethylation, Mannich reaction
~ **międzycząsteczkowa** intermolecular reaction
~ **na dno** *żegl.* smelling the ground, feeling the bottom (*of a ship in shallow water*)
~ **nieodwracalna** irreversible reaction
~ **odwracalna** reversible reaction, balanced reaction
~ **odwrotna** opposing reaction, opposite reaction
~ **okso** hydroformylation, oxo process
~ **oksyredukcyjna** *elchem.* oxidation-reduction reaction, redox reaction
~ **perytektyczna** *fiz.* peritectic transformation
~ **pick-up** *nukl.* pick-up reaction
~ **pierwszego rzędu** first-order reaction
~ **podporowa** *mech.* bearing reaction
~ **podstawienia** *chem.* substitution (reaction), displacement reaction
~ **podtrzymywana sterowana** sustained controlled reaction
~ **podwójnej wymiany** double displacement, metathesis
~ **połówkowa** *elchem.* half-reaction
~ **porywania** *nukl.* pick-up reaction
~ **potencjałotwórcza** *elchem.* electrode reaction
~ **prosta** *zob.* **reakcja elementarna**
~ **protolizy** protolytic reaction, protolysis
~ **przebiegająca do końca** complete reaction
~ **przeciwna** *zob.* **reakcja odwrotna**
~ **przekazu** *nukl.* transfer reaction
~ **przyłączenia** addition reaction
~ **radiochemiczna** radiochemical reaction
~ **redoks** *elchem.* redox reaction, oxidation-reduction
~ **redukcji** *elchem.* reduction
~ **regioselektywna** *chem.* regioselective reaction, regiospecific reaction
~ **rodnikowa** radical reaction
~ **rozbieżna** *nukl.* divergent reaction
~ **rozkładu** decomposition (reaction)
~ **rozszczepienia** *nukl.* fission reaction
~ **samorzutna** natural process
~ **solwolizy** solvolysis
~ **sprzęgania** coupling reaction
~ **stereoselektywna** *chem.* stereoselective reaction
~ **stereospecyficzna** *chem.* stereospecific reaction
~ **stopniowana** step reaction
~ **strącania** precipitation reaction
~ **syntektyczna** *fiz.* syntectic reaction
~ **syntezy** synthesis
~ ~ **jądrowej** nuclear fusion reaction
~ **termiczna** *fiz.* low energy reaction
~ **termitowa** *spaw.* thermite reaction
~ **termojądrowa** thermonuclear reaction, nuclear fusion
~ **toru** *mech.* reaction of the path
~ **transferu** *nukl.* transfer reaction
~ **uboczna** side reaction
~ **utleniania-redukcji** *elchem.* oxidation-reduction reaction, redox reaction
~ **wewnątrzcząsteczkowa** intramolecular reaction
~ **wewnątrzmicelarna** *gum., tw.szt.* intramicelle reaction
~ **wtórna** secondary reaction
~ **wybicia** *nukl.* knock-out reaction
~ **wychwytu** *nukl.* pick-up reaction

~ **wymiany** 1. *chem.* exchange reaction, replacement reaction 2. *nukl.* exchange reaction
~ **wyższego rzędu** higher-order reaction
~ **zbieżna** *nukl.* convergent reaction
~ **zdarcia** *nukl.* stripping
~ **zerowego rzędu** zero-order reaction
~ **złożona** (*wielostopniowa*) complex reaction, composite reaction
reakcje *fpl* **jednoczesne** simultaneous reactions, parallel reactions
~ **równoległe** *zob.* **reakcje jednoczesne**
~ **sprzężone** coupled reactions
~ **wewnątrz gniazda** *zob.* **reakcje wewnątrzśladowe**
~ **wewnątrzśladowe** spur reactions
~ **współbieżne** *zob.* **reakcje jednoczesne**
reakcyjność *f* 1. reactivity 2. degree of reaction (*in turbines*)
reaktancja *f el.* reactance
~ **bezwładnościowa** *el.akust.* mass reactance
~ **elastancyjna** elastive reactance
~ **pojemnościowa** capacitive reactance, capacitance
~ **przejściowa** transient reactance
~ ~ **wstępna** subtransient reactance
~ **przestrzeni swobodnej** intrinsic reactance
~ **rozproszenia** leakage reactance
~ **skuteczna** effective reactance
~ **wlotowa** *el.akust.* throat reactance
~ **wylotowa** *el.akust.* mouth reactance
reaktor *m* 1. *chem.* reactor, reaction still 2. *nukl.* reactor, pile
~ **atomowy** nuclear reactor, atomic reactor, atomic pile
~ **badawczy** research reactor
~ **basenowy** (swimming-)pool reactor, aquarium reactor
~ **bez reflektora** bare reactor, naked reactor
~ **chemiczny** chemical reactor
~ **chemojądrowy** chemonuclear reactor
~ **chłodzony gazem** gas-cooled reactor
~ ~ **mieszaniną stopionych soli** fused-salt reactor, molten-salt reactor, MSR
~ ~ **sodem** sodium-cooled reactor
~ **ciężkowodny** heavy water reactor
~ ~ **ciśnieniowy** pressurized heavy water reactor, PHWR
~ **ciśnieniowo-wodny** pressurized-water reactor, PWR
~ **ciśnieniowy** *chem.* autoclave; pressure reactor
~ **czysty** clean reactor
~ **deuterowy** deuterium-moderated pile
~ **do badań materiałów** materials testing reactor
~ ~ ~ **naukowych** development reactor
~ **do napędu statku** ship propulsion reactor
~ **do polimeryzacji** *chem.* polimerization reactor, polimerizer
~ **do produkcji plutonu** plutonium(-producing) reactor
~ **doświadczalny** experimental reactor, teaching reactor
~ **energetyczny** power reactor, atomic energy reactor
~ **epitermiczny** epithermal reactor
~ **fluidyzacyjny** fluidized-bed reactor, fluosolids reactor
~ **grafitowy** graphite(-moderated) reactor
~ **heterogeniczny** heterogeneous reactor
~ **homogeniczny** homogeneous reactor
~ **impulsowy** pulsed reactor
~ **jądrowy** nuclear reactor, atomic reactor
~ **jednorodny** homogeneous reactor
~ **kontaktowy** *chem.* catalyst furnace
~ **kontrolowany** controlled reactor
~ **-konwertor** converter reactor, regenerative reactor
~ **krytyczny** critical reactor, chain-reacting pile
~ **lekkowodny** light-water reactor
~ **małej mocy** low-power reactor
~ **mocy** power reactor, atomic energy reactor
~ **na neutronach pośrednich** intermediate reactor
~ ~ ~ **powolnych** slow reactor
~ ~ ~ **prędkich** fast reactor
~ ~ ~ **termicznych** thermal reactor
~ **na paliwo ceramiczne** ceramic reactor
~ ~ ~ **plutonowe** plutonium reactor
~ ~ ~ **półpłynne** slurry reactor
~ ~ ~ **torowe** thorium reactor
~ ~ ~ **wzbogacone** enriched reactor
~ ~ ~ **zawiesinowe** suspension reactor
~ **na uran naturalny** natural uranium reactor
~ **nadkrytyczny** supercritical reactor
~ **nagi** bare reactor, naked reactor
~ **napędowy** propulsion reactor
~ **nie eksploatowany** cold reactor, clean reactor
~ **niejednorodny** heterogeneous reactor
~ **niskostrumieniowy** low-flux reactor
~ **o krążącym paliwie** circulating reactor
~ **o małej gęstości strumienia neutronów** low-flux reactor
~ **o mocy malejącej** convergent reactor
~ ~ ~ **rosnącej** divergent reactor
~ ~ ~ **zerowej** zero-power reactor
~ **o wielkiej mocy** high-power reactor
~ **o zmiennym widmie** spectral shift reactor
~ **obiegowy** circulating reactor
~ **ogrzewczy** thermal reactor
~ **okrętowy** ship propulsion reactor
~ **organiczny** organic(-moderated) reactor
~ **plutonowy** plutonium reactor
~ **podkrytyczny** subcritical reactor
~ **podwodny** underwater reactor
~ **pośredni** intermediate (spectrum) reactor
~ **powielający** breeder (reactor), regenerative reactor, regenerative converter
~ ~ **na neutronach prędkich** fast breeder reactor, FBR
~ **powolny** slow reactor
~ **prędki** fast reactor

~ **produkcyjny** production reactor
~ **przemysłowy** engineering reactor
~ **przepływowy** flow reactor
~ **rozszczepieniowy** fission reactor
~ **szkoleniowy** training reactor
~ **termiczny** thermal reactor
~ **termojądrowy** thermonuclear reactor, fusion reactor
~ ~ **sterowany** controlled thermonuclear reactor, CTR
~ **torowy** thorium reactor
~ **uranowy** uranium reactor
~ **wirtualny** image reactor, virtual reactor
~ **wodny ciśnieniowy** pressurized-water reactor, PWR
~ **wykładniczy** exponential reactor
~ **wymienny** (*z wymianą paliwa*) exchange reactor
~ **wysokociśnieniowy** high-pressure reaction vessel
~ **wysokoenergetyczny** high-power reactor
~ **wysokostrumieniowy** high flux reactor
~ **wysokotemperaturowy** high temperature reactor
~ **wytwórczy** *nukl.* production reactor
~ **z katalizatorem nieruchomym** bed converter
~ **z moderatorem** moderated reactor
~ ~ ~ **grafitowym** graphite(-moderated) reactor, carbon pile
~ ~ ~ **organicznym** organic(-moderated) reactor
~ **z obiegiem paliwa** circulating reactor
~ **z reflektorem** reflected reactor
~ **z wodą ciężką** heavy water reactor
~ ~ ~ **lekką** light water reactor
~ ~ ~ **wrzącą** boiling-water reactor
~ **zawiesinowy** suspension reactor
~ **zbiornikowy** tank-type reactor
~ **ze spowalniaczem** moderated reactor
~ **ze złożem fluidalnym** fluidized-bed reactor, fluosolids reactor
~ **zimny** *nukl.* cold reactor, clean reactor
reaktory *mpl* **do aromatyzacji** (*paliw*) aromatization stalls
reaktywacja *f chem.* reactivation
reaktywność *f fiz.* reactivity
~ **nadmierna** *nukl.* excess reactivity
~ **natychmiastowa** *nukl.* prompt reactivity
~ **szczątkowa** *nukl.* shut-down reactivity
~ **wbudowana** *nukl.* built-in reactivity
reaktywowanie *n chem.* reactivation
realgar *m min.* realgar, red arsenic
realizacja *f* realization
realizator *m* **dźwięku** *TV* sound engineer
~ **wizji** *TV* video engineer
realizować *v* realize, put into practice
realizowalność *f* (*projektu*) realizability
~ **fizyczna** physical realizability
realny *a* **1.** (*rzeczywisty*) real; actual; true **2.** (*możliwy do zrealizowania*) feasible, practical (*project etc.*), attainable (*plan, target etc.*)
reanimacja *f med.* resuscitation; reanimation
reasekuracja *f ek.* reinsurance
reboiler *m chem.* reboiler
recenzja *f* critical review
recepcja *f* reception office (*in a hotel*)
recepcjonista *m* receptionist, desk clerk
recepta *f med.* prescription; recipe; formula
receptor *m cybern.* receptor
~ **dotykowy** *fizjol.* tactoreceptor
~ **węchowy** *fizjol.* olfactoreceptor
receptura *f* recipe
recesja *f geol.* recession
~ **gospodarcza** economic recession
recyrkulacja *f* recirculation
recyrkulować *v* recycle
recesyw *m genet.* recessive
reda *f żegl.* roads, roadstead
~ **otwarta** open roads
redagować *v* **1.** draft; formulate (*a letter, a report etc.*) **2.** edit (*a book, an article*)
redagowanie *n* **wstępne** *inf.* preediting
~ **następcze** *inf.* postediting
redakcja *f* **1.** editing **2.** editorial office **3.** editorial staff, editors
redaktor *m* editor
~ **naczelny** chief editor, editor-in-chief
redan *m* step (*in the bottom of a float or hull*)
redestylacja *f* redistillation; rerunning
redestylat *m* redistillate
redisówka *f rys.* speedball pen
redlenie *n roln.* ridging, hilling
redlica *f roln.* coulter, drill opener, furrow opener, drill shoe, drill boot
~ **dwutarczowa** double-disk coulter, double shoe, drill boot
~ **jednotarczowa** disk coulter
~ **stopkowa** hoe coulter
redliczka *f roln.* cultivator point
redlina *f roln.* ridge
redukat *m* asphaltum oil
redukcja *f* **1.** *chem.* reduction **2.** *mat.* cancellation (*of similar terms*); reduction **3.** reduction; lowering; diminishing
~ **aluminotermiczna** *hutn.* aluminothermic reduction
~ **bezpośrednia rud** *hutn.* direct-reduction process
~ **danych** *inf.* data reduction
~ **elektrolityczna** electroreduction, electrolytic reduction
~ **kadziowa** *włók.* vatting
~ **katalityczna** *chem.* catalytic reduction
~ **mokra** *chem.* wet reduction
~ **obserwacji mimośrodowych** *geod.* reduction to centre
~ **optyczna** *kin.* optical reduction
~ **osiągów** (*do warunków normalnych*) performance reduction
~ **płac** cut in wages
~ **prędkości obrotowej** speed reduction
~ **samorzutna** *chem.* self-reduction
~ **stopnia** (*np. wyznacznika*) *mat.* reduction of order
~ **układu sił** *mech.* composition of forces
~ **w oleju** *chem.* wet reduction
redukować *v* reduce; lower; diminish
redukowalność *f mat.* reducibility

redukowanie *n* **tulei rurowych** *hutn.* sinking of tube shells
reduktazy *fpl biochem.* reductases
reduktometria *f chem.* reductometry, reductometric titration
reduktor *m* **1.** *masz.* reducer; reduction gear **2.** *chem.* reducing agent, reducer, reductant
~ **acetylenowy** *spaw.* acetylene regulator
~ **centralny** *spaw.* station regulator
~ **ciśnienia** reducing valve; pressure regulator; gas regulator
~ **do rur** *obr.plast.* tube reducing mill, tube reducer, sink mill
~ **dwustopniowy** *spaw.* dual stage regulator, two stage regulator
~ **dwuwalcowy** (*do rur bez szwu*) *hutn.* two-roll reducing mill, two-roll sink mill
~ **główny** *spaw.* station regulator
~ **jednostopniowy** *spaw.* single stage pressure regulator
~ **planetarny** *masz.* planetary reduction gear
~ **pracujący z naciągiem** (*do rur bez szwu*) *obr.plast.* stretch (reducing) mill, stretch reducer
~ **prędkości** *masz.* speed reducer, reduction gear
~ **równoprężny** *spaw.* balanced pressure regulator
~ **sieciowy** *spaw.* line regulator
~ **tlenowy** *spaw.* oxygen regulator
~ **trójwalcowy** (*do rur bez szwu*) *hutn.* three-roll reducing mill, three-roll sink mill
redundancja *f* **1.** *inf.* redundancy **2.** (*jako środek zwiększenia niezawodności systemu*) redundancy
redyk *m zoot.* (*taking the sheep to distant mountain pastures*)
redystrybucja *f* **domieszek** *elektron.* impurity redistribution
ref *m żegl.* reef
referat *m* paper (*presented at a meeting*)
referent *m* **1.** rapporteur **2.** (*lower rank official in the administration*)
referować *v* present a report; read a paper
refleksometria *f fiz.* reflection spectroscopy
refleksyjność *f mat.* reflexivity
refleksywny *a mat.* reflexive
reflektografia *f poligr.* reflectography
reflektometr *m* reflectometer
reflektometria *f fiz.* reflection spectroscopy
reflektor *m* **1.** reflector **2.** projector; *mot.* head-light **3.** reflecting telescope
~ **akustyczny** *bud.* abatvoix
~ **anteny radarowej** radar dish
~ **chmurowy** *lotn.* ceiling projector, ceiling light
~ **do lądowania** *lotn.* landing light
~ **iluminacyjny** floodlight
~ **łukowy** arc lamp projector
~ **mgłowy** *mot.* fog lamp, fog light
~ **miskowy** *rad.* dish reflector
~ ~ **pomocniczy** subdish
~ **nastawny** searchlight, adjustable spot light
~ **neutronów** *nukl.* neutron reflector, neutron mirror, tamper
~ **obrotowy** *rad.* rotoflector
~ **pokładowy do lądowania** aircraft landing light
~ **poszukiwawczy** searchlight, adjustable spot light
~ **przeciwlotniczy** antiaircraft searchlight
~ **przeciwmgłowy** *mot.* fog light, fog lamp
~ **przeciwradiolokacyjny** radar confusion reflector
~ **pułapowy** *lotn.* ceiling projector, ceiling light
~ **punktowy** spot-light
~ ~ **mały** baby spot
~ **rogowy** *rad.* corner reflector
~ **serowy** cheese reflector (*in a waveguide*)
~ **wąskostrumieniowy** spot-light
reflina *f żegl.* reef line
refmaszynka *f żegl.* reefing gear
reforma *f* **rolna** *ek.* land reform
reformowanie *n paliw.* reforming (process)
~ **katalityczne** catalytic reforming, catforming
refować *v* **żagiel** *żegl.* reef
refpatent *m żegl.* reefing gear
refrakcja *f fiz.* refraction
~ **brzegowa** *rad.* coastal refraction
~ **molowa** *fiz.* molar refraction, molecular refraction
refraktometr *m fiz.* refractometer
refraktometria *f chem.* refractometry; refractometric analysis
refraktor *m opt.* refractor, refracting telescope
refsajzing *m żegl.* jack rope, reef point
reftalia *f żegl.* reef tackle
refulacja *f inż.* silting (method)
refuler *m* **pogłębiarki** dredger cutter
refulować *v inż.* silt up
regał *m* **zecerski** *poligr.* frame, cabinet
regały *pl* stillage, rack; shelving
regaty *fpl żegl.* regatta, sailing races
regelacja *f fiz.* regelation
regeneracja *f* regeneration; reclamation; recuperation; recovery
~ **ciepła odlotowego** recovery of waste heat
~ **filmu** *fot.* film regeneration
~ **gumy** rubber reclaiming
~ **impulsów** *el.* pulse regeneration
~ **katalizatora** *chem.* reworking of spent catalyst
~ **masy formierskiej** *odl.* reclamation of moulding sand
~ **oleju przepracowanego** spent oil regeneration
~ **paliwa** *nukl.* fuel regeneration, fuel reprocessing
~ **rozpuszczalnika** solvent recovery
regeneracyjny *a* regenerative
regenerat *m* reclaim
~ **gumowy** reclaimed rubber

regenerator *m* regenerator
~ **ciepła** heat regenerator
~ **gazowy** gas regenerator
~ **impulsów** *el.* pulse regenerator
~ **telegraficzny** regenerative repeater
~ **z podwójną kratownicą** *hutn.* two-pass regenerator, double-pass chequer
regenerować *v* regenerate; reclaim
reglamentacja *f ek.* control, regulation
regolit *m geol.* regolith, mantle rock
regresja *f* **1.** regression **2.** *mat.* regression
~ **całkowita** total regression
~ **cząstkowa** partial regression
~ **krokowa** stepwise regression
~ **Księżyca** *astr.* regression of nodes
~ **liniowa** linear regression
~ **wielokrotna** multiple regression
~ **wielomianowa** polynomial regression
regulacja *f* control; governing; regulation; adjustment
~ **absorpcyjna** *nukl.* absorption control
~ **astatyczna** floating control, proportional-speed control
~ ~ **z wieloma prędkościami** multi--speed floating control
~ ~ **ze stałą prędkością** single-speed floating control
~ **automatyczna** automatic control
~ ~ **częstotliwości** *rad.* automatic frequency control, a.f.c.
~ ~ **jaskrawości** *TV* automatic brightness control, ABC
~ ~ **napięcia początkowego** *rad.* automatic bias control, ABC
~ ~ **wzmocnienia** *rad.* automatic gain control
~ **barwy tonu** *rad.* tone control
~ **bezstopniowa** infinitely variable adjustment
~ **biegu jałowego** *siln.spal.* idling adjustment, slow-running adjustment
~ **biegunowości** *el.* poling
~ **chrominancji** *TV* chroma control
~ **ciągła** infinitely variable adjustment
~ **cieplna** *biol.* thermotaxis
~ **ciśnienia** pressure control
~ **częstotliwości** *el.* frequency control
~ **dławieniowa** throttle governing (*in steam turbines*)
~ **dwóch zmiennych parametrów** *aut.* dual effect control
~ **chrominancji** *TV* chroma control
~ **dwupozycyjna** *zob.* **regulacja dwupołożeniowa**
~ **dwustopniowa** *aut.* two-step control
~ **ilościowa** *siln.* quantity governing
~ **jakościowa** *siln.* quality governing
~ **jaskrawości** brightness control
~ **jednoznacznie wymuszona** positive control
~ **kaskadowa** *el.* cascade control
~ **kompleksowa uzależniona** *aut.* correlated control system
~ **luzu** clearance adjustment
~ **łuku** *spaw.* arc control
~ **nadążna** *aut.* follow-up control
~ **nadmiernie czuła** oversensitive control
~ **nominalnie niezmienna** *aut.* stable control
~ **obejściowa** by-pass governing (*in steam turbines*)
~ **ogniskowania** *zob.* **regulacja ostrości**
~ **opornikowa** *el.* rheostatic control
~ **opustowa** hit-and-miss governing
~ **ostrości** *opt., TV* focus control; focusing
~ **płac** salary adjustment
~ **podpór** *bud.* setting supports
~ **pośrednia** *siln.* intermediate governing
~ **programowa** programming control
~ **proporcjonalna** *aut.* proportional control
~ **proporcjonalno-całkowa** *aut.* proportional-plus-integral control
~ **proporcjonalno-różniczkowa** *aut.* proportional-plus-derivative control
~ **ręczna** manual control
~ **rzeki** river regulation, river engineering
~ **samoczynna ciśnienia ładowania** *lotn.* automatic boost control
~ ~ **elektrod** searching of electrodes (*in an electric furnace*)
~ ~ **składu mieszanki** *siln.lotn.* automatic mixture control
~ **siły głosu** *el.akust.* volume control; gain adjustment
~ **(składu) żużla** *hutn.* slag control
~ **spływu** *inż.* flood control
~ **stosunkowa** *aut.* ratio control
~ **stycznikowa** *el.* contactor control
~ **synchroniczna** synchronous timing
~ **synchronizacji** *TV* hold control
~ **śledząca** *aut.* follow-up control
~ **śrub nastawczych walcarki** *hutn.* screw-down control
~ **temperatury** temperature control; attemperation
~ **toru w planie** *kol.* track lining
~ **urodzeń** birth control
~ **w czasie** timing
~ **wielostopniowa** *aut.* multi-step control
~ **wyprzedzenia zapłonu** *siln.spal.* ignition control
~ **wypukłości beczki walca** *hutn.* roll shape control
~ **wysokich tonów** *rad.* treble control
~ **wzmocnienia** *el.akust.* volume control; gain adjustment
~ **zapłonu** *siln.spal.* ignition timing, spark timing
~ **zasilania** *kotł.* feed-water regulation
~ **zdalna** remote control
~ **zgrubna** coarse control
regulamin *m* regulations
regularność *f* regularity
regularny *a* **1.** regular **2.** *kryst.* cubic(al), isomeric
regularyzacja *f mat.* regularization
regulator *m* controller; control (unit); governor; regulator; adjustment
~ **astatyczny** astatic controller, isochronous governor
~ **automatyczny przemiennego włączania** over-and-under controller

~ **bez energii pomocniczej** self-actuated controller, self-operated regulator, direct-acting governor
~ **bezpieczeństwa** emergency governor, safety governor, overspeed governor
~ **bezpośredni** self-actuated controller, self-operated regulator, direct acting governor
~ **bezpośredniego działania** *zob.* **regulator bezpośredni**
~ **bezwładnościowy** inertia governor
~ **całkujący** astatic controller
~ **ciężarowy** dead-weight governor, weight-loaded governor
~ **ciśnienia** pressure-regulating governor; pressure regulator
~ ~ **ładowania** *siln.lotn.* boost control (unit), manifold pressure regulator
~ **czasu zgrzewania** weld-interval timer
~ **dwupołożeniowy** on-off controller
~ **dwustopniowy** dual-stage regulator
~ **flotacji** *wzbog.* floatation agent
~ **I** isochronous governor, astatic governor
~ **indukcyjny napięcia** *el.* induction voltage regulator
~ **izochroniczny** isochronous controller
~ **mocy** (*turbiny*) output governor, power governor
~ **napełnienia** *zob.* **regulator mocy**
~ **napełnień wagi** automatic compensator of the scales, dribble compensator, dribble weigher
~ **napięcia** voltage regulator
~ **nastawny** adjustable regulator
~ **obrotów** speed governor
~ **odrzutu** *uzbr.* recoil adjusting gear; recoil valve
~ **odśrodkowy** centrifugal governor
~ ~ **kulowy** flyball governor
~ **osiowy** drum governor, shaft governor
~ **P** proportional controller
~ **PD** proportional-plus-derivative controller
~ **PI** proportional-plus-integral controller
~ **PID** proportional-plus-integral-plus-derivative controller
~ **płaski** drum governor, shaft governor
~ **pozycyjny** fixed-position controller
~ **prądowo-napięciowy** *el.* current-voltage regulator
~ **prędkości obrotowej** speed governor
~ **programowy** programme controller; process timer
~ **proporcji** (*dozowania*) ratio controller
~ **proporcjonalno-całkująco-różniczkujący** proportional-plus-integral-plus-derivative controller
~ **proporcjonalno-całkujący** proportional-plus-integral controller
~ **proporcjonalny** proportional controller
~ ~ **z zapobieganiem** proportional-plus-reset controller
~ **punktu zerowego** *metrol.* zero adjuster
~ **rozpędowy** inertia governor
~ **składu** (*mieszaniny*) ratio controller
~ **sprężynowy** spring-loaded governor
~ **stałych obrotów** (*śmigła*) *lotn.* constant-speed unit
~ **statyczny** static controller
~ **sterowania wysokości** *lotn.* altitude control unit
~ **stężenia masy** *papiern.* stock regulator
~ **stożkowy** conical governor, pendulum governor
~ **światła** *el.* light dimmer
~ **temperatury** thermoregulator; temperature controller
~ **tulejowy** conical governor, pendulum governor
~ **wahadłowy** *zob.* **regulator tulejowy**
~ **wielopozycyjny** multiposition controller
~ **wielowymiarowy** multivariable controller
~ **wszechzakresowy** all-speed governor
~ **wyprzedzenia zapłonu** *siln.* spark-advance control
~ **wzbudzenia** *el.* field rheostat
~ **wzrostu** *biochem.* growth regulator
~ **zasilania** *kotł.* feed-water regulator
~ **zasilany** servo-operated regulator
~ **zmiennego ciśnienia ładowania** *siln.spal.* variable-datum boost control

regulować *v* control; regulate; adjust
~ **zegarek** time the watch

regulowany *a* controllable; adjustable; regulated

reguła *f* rule, *zob.też* **zasada**
~ **dźwigni** lever-arm principle
~ **Eötvösa** *fiz.* Eötvös rule
~ **faz** *fiz.* phase rule
~ **gazu szlachetnego** *chem.* octet rule, Abegg's rule (*of eight*)
~ **korkociągu** *el.* corkscrew rule
~ **Le Chateliera i Brauna** *zob.* **reguła przekory 1.**
~ **Lenza** *el.* Lenz's law
~ **lewej ręki** *el.* left-hand rule
~ **liczb całkowitych** (*ciężarów atomowych*) *chem.* whole number rule
~ **oktetu** *chem.* octet rule, Abegg's rule (*of eight*)
~ **pól** *aero.* area rule
~ **praktyczna** (*oparta na doświadczeniu*) rule of thumb
~ **prawej ręki** *el.* right-hand rule
~ **przekory 1.** *fiz.* Le Chatelier-Braun's principle, principle of mobile equilibrium **2.** *el.* Lenz's law
~ **przesunięć** (*promieniotwórczych*) *nukl.* displacement law
~ **stężeń Gibbsa** Gibbs adsorption equation
~ **trapezów** *mat.* trapezoidal rule
~ **trzech** *mat.* rule of three
~ **wartościowości** *chem.* valency rule
~ **wyboru** *fiz.* selection principle, selection rule
~ **znaków Descartesa** *mat.* Descart's rule of signs

reguły *fpl* **wnioskowania** *mat.* rules of inference
~ **wyboru** *fiz.* selection rules

rehabilitacja *f med.* rehabilitation

rehydratacja *f* rehydration (*of dried products*)
reja *f okr.* yard
~ **ruchoma** hoisting yard
rejestr *m* record; register
~ **A** *inf.* A-register, arithmetic register
~ **adresowy pamięci** memory address register, MAR
~ **B** *inf.* index register, B-register, B-line, B-box, modifier register
~ **buforowy** *inf.* buffer register
~ **dynamiczny** *inf.* dynamic register
~ **ilorazu** *inf.* quotient register, Q-register
~ **indeksowy** *inf.* index register, B-register, B-line, B-box, modifier register
~ **jednozadaniowy** *inf.* single-purpose register
~ **klawiaturowy** *telef.* sender
~ **L** *inf.* instruction counter
~ **modyfikacji** *inf.* index register, B-register, B-line, B-box, modifier register
~ **pamięci** *inf.* memory register
~ **patentowy** patent roll
~ **pośredniczący** *inf.* buffer register
~ **przesuwny** *inf.* shift register
~ **R** *zob.* **rejestr rozkazów**
~ **rozkazów** *inf.* instruction register
~ **równoległo-równoległy** *inf.* parallel-in, parallel-out register
~ ~ **-szeregowy** parallel-in, serial-out register
~ **równoległy asynchroniczny** *inf.* latch
~ **stanów** (*systemu*) *inf.* status register
~ **statków** *żegl.* register of shipping
~ **statyczny** *inf.* static register
~ **szeregowo-szeregowy** *inf.* serial-in, serial-out register
~ **szeregowy magnetyczny** *inf.* magnetic-core shift register
~ **znaku** *inf.* sign register
rejestracja *f* registration; recording
~ **audiowizualna** *TV* video recording
~ **danych** data logging
~ **holograficzna laserowa obrazów** selectavision
~ **pasażerów** (*na lotnisku*) check-in of passengers
rejestrator *m* **1.** recorder; register **2.** *aut.* logger
~ **awaryjny** *lotn.* crash recorder
~ **danych** data logger
~ **kursu** course recorder
~ **rozmów** (*w kabinie załogi*) *lotn.* cockpit voice recorder
~ **samoczynny** *lotn.* automatic observer
~ **temperatury** temperature recorder
~ **toru lotu** *lotn.* flight path recorder
rejestrowanie *n* registration; recording
~ **danych** logging
~ **w pamięci** *inf.* storing
rejka *f* **sygnałowa** *okr.* signal yard
~ **topsla** gaff topsail yard
rejl *m jedn.* rayl, specific acoustical ohm
rejon *m* **amfidromiczny** *ocean.* amphidromic region
~ **informacji lotu** advisory area
~ ~ **powietrznej** (*kontroli ruchu lotniczego*) flight information region, FIR
~ **kontrolowany lotniska** terminal control area, TMA
~ **węzła obubieżnego** *ocean.* amphidromic region
~ **połowu** *ryb.* fishing region
rejonizacja *f* regional division
rejowiec *m okr.* bark, square rigged vessel
rejs *m żegl.* voyage, trip; *lotn.* flight
~ **bez ładunku** ballast voyage
~ **dziewiczy** maiden voyage
~ **pod balastem** ballast voyage
~ **połowowy** fishing trip
~ **próbny** trial trip
~ **próżny** ballast voyage
rekalescencja *f met.* recalescence
rekapitulacja *f biol.* recapitulation
rekin *m zool.* shark
reklama *f* advertizing, publicity; advertisement
~ **ciągła** follow-up advertizing
~ **prasowa** press advertizing
~ **świetlna** illuminated advertizing
~ **telewizyjna** television advertizing
reklamacja *f* claim, complaint
reklamować *v* **1.** advertise **2.** claim, complain, make a complaint
rekombinacja *f fiz.* recombination
~ **augerowska** Auger recombination
~ **jednopoziomowa** single-level recombination
~ **jonów** ion recombination
~ **międzypasmowa** band-to-band recombination
~ **objętościowa** (*w objętości półprzewodnika*) bulk recombination
~ **pośrednia** (*przez energetyczne stany pośrednie*) intermediate-level recombination
~ **promienista** radiative recombination
~ **rodników** recombination of radicals
~ **wielopoziomowa** multiple-level recombination
~ **wewnątrzgenowa** *biochem.* intragenic recombination
rekompatybilność *f TV* reverse compatibility
rekompensata *f ek.* compensation
rekonfiguracja *f* (*systemu*) *inf.* reconfiguration
rekonstrukcja *f* reconstruction
rekonwalescencja *f med.* convalescence
rekonwersja *f inf.* binary-to-decimal conversion
rekorder *m* **awaryjny** *lotn.* crash recorder
rekord *m* record
rekordowy *a* record, record-breaking
rekrutacja *f* recruitment, enrollment
rekrutować *v* enrol
rekrystalizacja *f* **1.** recrystallization **2.** *obr. ciepl.* recrystallization, recrystallizing, commercial annealing
~ **samorzutna** *obr.ciepl.* self-annealing, spontaneous annealing
~ **szkła** devitrification of glass

~ **wtórna** *obr.ciepl.* secondary recrystallization
rekrystalizować *v* recrystallize
rekrystalizowanie *n obr.ciepl.* recrystallization, annealing recrystallizing, commercial annealing
rektascensja *f astr.* right ascension
rektor *m* rector
rektorat *m* rector's office
rektoskop *m med.* rectoscope, proctoscope
rektyfikacja *f chem.* rectification, fractional distillation
rektyfikat *m* rectified spirit
rektyfikator *m chłodn.* rectifier
rektyfikować *v chem.* rectify
rekultywacja *f* **terenów** land reclamation
rekuperacja *f* recuperation
~ **ciepła** heat recovery
rekuperator *m* recuperator
~ **ceramiczny** tile recuperator
~ **gazowy** gas recuperator
~ **igły** needle recuperator, hairpin-type recuperator
~ **krzyżowy** (*z krzyżowym przepływem spalin i powietrza*) cross-flow recuperator
~ **metalowy** metallic tube recuperator
~ **powietrzny** air recuperator
~ **przeciwprądowy** counter-flow recuperator
~ **radiacyjny** radiation-type recuperator
~ **rurowy** tubular recuperator
~ **współprądowy** parallel-flow recuperator, cocurrent-flow recuperator
rekurencyjny *a mat.* recurrent
rekursja *f mat.* recursion
~ **pierwotna** primitive recursion
rekursywność *f mat.* recursiveness
rekursywny *a mat.* recursive
rekwirować *v* commandeer
relacja *f* **1.** report, statement, account **2.** *mat.* relation
~ **cen** *ek.* price relations
~ **dwuargumentowa** binary relation, dyadic relation
~ **dziedziczenie** *mat.* ancestral relation
~ **nieprzechodnia** intransitive relation
~ **porządkująca** ordering relation
~ **przechodnia** transitive relation
~ **przewozowa** *żegl.* direction of trade
~ **równoważności** equivalence relation
~ **symetryczna** symmetric relation
~ **zwrotna** reflexive relation
relaksacja *f wytrz.* relaxation
~ **kwadrupolowa** quadrupole relaxation
~ **naprężeń** stress relaxation, stress decay
~ **poprzeczna** *zob.* **relaksacja spinowo-spinowa**
~ **spinowo-sieciowa** *fiz.* spin-lattice relaxation
~ **spinowo-spinowa** spin-spin relaxation
relatywistyczny *a* relativistic
relewancja *f inf.* relevance
relewantny *a inf.* relevant
relief *m* relief
~ **wklęsły** intaglio
relikt *m geol.* relic
reling *m okr.* (bulwark) rail
~ **rufowy** taffrail
reluktancja *f fiz.* reluctance
reluktywność *f fiz.* reluctivity
rem *m radiol.* röntgen-equivalent-man, rem
remanencja *f* **magnetyczna** *el.* residual flux density, residual magnetism, remanence
remanent *m* inventory, stock-taking
remiza *f* depot
remizka *f żegl.* lacing hole, eyelet
remont *m* repair; overhaul, *zob.też* **naprawa**
~ **awaryjny** damage repair
~ **kapitalny** major repair, heavy repair, general overhaul
~ ~ **wielkiego pieca** blast furnace reline
~ **okresowy** routine repair
remontować *v* repair
ren *m chem.* rhenium, Re
rencista *m* pensioner
rendement *m cukr.* rendement
rener *m* **ładunkowy** *okr.* cargo runner, cargo fall
renery *mpl* **sprzężone** *okr.* union gear (*for handling cargo*)
renesans *m arch.* renaissance
renian *m chem.* rhenate
renifer *m zool.* reindeer, *Rangifer Tarandus* L.
renina *f fizjol.* rennet, rennin, chymosin
renkloda *f bot.* greengage, *Prunus domestica ssp. italica*
renomowany *a* renowned
renowacja *f* renovation
renta *f* pension; annuity
~ **inwalidzka** disability benefit
~ **roczna** annuity
~ **wdowia** widow's benefit
rentgen *m* **1.** X-ray apparatus, röntgen apparatus **2.** *jedn.* röntgen, Röntgen unit
rentgenodefektoskopia *f* radiographic inspection
rentgenografia *f* X-ray radiography, X-ray photography, röntgenography
~ **dyfrakcyjna** X-ray crystal analysis, X-ray diffraction, X-ray structure analysis
~ **małoobrazkowa** photo-röntgenography
~ **metali** X-ray metallography
~ **strukturalna** *zob.* **rentgenografia dyfrakcyjna**
rentgenogram *m* X-ray photograph, X-ray shadow, röntgenogram, radiograph, exograph, skiagram
~ **Debye'a-Scherrera** powder pattern
~ **dyfrakcyjny** X-ray diffraction micrograph, X-ray pattern
~ **proszkowy** powder pattern
~ **warstwowy** tomograph, laminograph, stratigraph
~ **wykonany metodą kryształu obracanego** rotation diagram, rotation pattern

~ ~ ~ **promieni przechodzących** transmission diagram, transmission pattern
~ ~ ~ ~ **zwrotnych** back reflection diagram, back reflection pattern
rentgenokinematografia *f* cinemaradiography
rentgenokrystalografia *f* X-ray crystallography
rentgenologia *f* röntgenology, radiology
rentgenometr *m* röntgen meter
rentgenoskopia *f* röntgenoscopy, fluoroscopy
rentgenoterapia *f* X-ray therapy
~ **głęboka** X-ray deep therapy
~ **stykowa** X-ray contact therapy
rentowność *f* profitability
rentowny *a* profitable
reobaza *f* *biol.* rheobase
reologia *f* *mech.* rheology
reometr *m* *fiz.* rheometer
reopeksja *f* *fiz.* rheopexy
reorganizacja *f* reorganization
reorganizować *v* reorganize
reostat *m* *el.* variable resistor, rheostat
reostrykcja *f* *fiz.* rheostriction, pinch effect
reotaksja *f* *biol.* rheotaxis
rep *m* **1.** *radiol.* rep (röntgen-equivalent-physical): 1 rep = 1 Gy **2.** *ryb.* bush rope, fleetrope
repelent *m* repellent
reper *m* *geod.* bench-mark, datum point
~ **stały wagi** beam balance indicator
reperacja *f* repair
~ **sieci** net mending
reperforator *m* *telegr.* tape reperforator
reperować *v* repair; mend
repertuar *m* **rozkazów** *inf.* instruction repertory, instruction set
repetier *m* *zeg.* repeater, repeating watch, clock watch
repetycja *f* *geod.* repetition
repetytor *m* **girokompasu** *nawig.* gyro repeater
replika *f* **ekstrakcyjna** extraction replica
~ **węglowa** carbon replica
replikacja *f* **częściowa** *mat.* fractional replicate
~ **DNA** *biochem.* DNA replication
reportaż *m* **elektroniczny** electronic news gathering, ENG
represja *f* (*regulacja syntezy enzymu*) *biochem.* repression
reprezentacja *f* *mat.* representation
~ **analogowa** *inf.* analog representation
~ **całkowicie przywiedlna** completely reducible representation
~ **cyfrowa** digital representation
~ **danych** *inf.* representation of data
~ **dwójkowa** binary representation
~ **dziesiętna kodowana dwójkowo** binary-coded decimal representation
~ **grupy** representation of a group
~ **nieprzywiedlna** irreducible representation
~ **przyrostowa** incremental representation
~ **stałopozycyjna** fixed point representation
~ **w kodzie z nadmiarem trzy** excess-three representation
~ **wierna** faithful representation
~ **zerowa** null representation
~ **zmiennopozycyjna** floating-point representation
reprezentacyjny *a* presentable; elegant
reprezentatywny *a* representative
reproducer *m* **1.** *biur.* document originating machine **2.** reproducing machine, card reproducer, card punch (*in punched card machines*)
reprodukcja *f* reproduction
~ **barw** *fot.* colour reproduction
~ **dźwięku** sound reproduction
reprodukować *v* reproduce
reproduktor *m* *zoot.* getter
reprografia *f* reprography
reprojekcja *f* *kin.* rear projection, back projection
reprywatyzacja *f* return to private ownership
residualny *a* residual
residuum *n* **1.** *mat.* residuum **2.** *geol.* residue, residuum; eluvium
~ **funkcji analitycznej** residue of an analytic function
resor *m* (carriage) spring, suspension spring
~ **ćwierćeliptyczny** cantilever spring, quarter-elliptic spring
~ **eliptyczny** (full-)elliptic spring
~ **hydroelastyczny** hydroelastic unit, spring-and-damper unit
~ **hydropneumatyczny** hydro-pneumatic unit
~ (*teoretyczny*) **o stałym naprężeniu** constant stress spring
~ **piórowy** leaf spring, laminated spring
~ **poduszkowy** bag air spring, air cushion
~ **poprzeczny** transverse spring
~ **półeliptyczny** half-elliptic spring
~ **ustopniowany** graduated spring
~ **wielokrotny** multiplex spring
~ **wielopłytkowy** leaf spring, laminated spring
~ **wspornikowy** cantilever spring, quarter-elliptic spring
~ **wygięty w górę** reversed cambered spring
~ **z piórami przylegającymi** nipless spring
~ **z prześwitami między piórami** nipped spring
~ **zawieszony na wieszakach** shackled spring
resorowanie *n* springing; *kol.* spring rigging
~ **niezależne** *mot.* independent springing
resorpcja *f* resorption
resort *m* government department
respirator *m* *bhp* respirator
restaurować *v* restore, renovate (*works of art, monuments etc.*)
restrykcja *f* *ek.* restriction, restraint

resurs *m* overhaul life; service life
~ silnika engine installation life
resuscytacja *f med.* resuscitation
resuscytator *m med.* resuscitator
reszta *f* **1.** rest; remainder **2.** residue, residuum
~ kwasowa *chem.* acid radical
~ spalin *siln.spal.* exhaust residue, residual gases
~ z dzielenia *mat.* remainder of the division
~ zbioru *mat.* final segment of a set, remainder of a set
resztka *f* (*materiału*) *włók.* fent
~ anody (*z kąpieli galwanicznej*) anode butt
resztki *fpl* **pożniwne** *roln.* crop residue
resztkowy *a* residual
retardant *m* **wzrostu** (*roślin*) *chem.* growth retardant
retarder *m* **polimeryzacji** polymerization retarder
reten *m chem.* retene, 7-isopropyl-1-methyl phenanthrene
retencja *f* retention
~ izotopów *chem.* isotope retention
~ powierzchniowa *hydr.* surface storage, initial retention, surface retention
~ przeciwpowodziowa *inż.* flood surcharge
retikulometr *m* (*aparat do oznaczania stopnia usieciowania*) *gum.* reticulometer
retikulum *n* **endoplazmatyczne** *biol.* endoplasmic reticulum, ER
retorta *f* retort
~ jednostronna stop-ended retort
~ koksownicza coking retort, coker
~ konwertora *hutn.* converter vessel, converter body
~ przelotowa through retort
retrakcja *f mat.* retraction
retrakt *m mat.* retract
~ absolutny absolute retract
~ deformacyjny deformation retract
~ otoczeniowy absolutny absolute neighbourhood retract
retransmisja *f rad.* retransmission
~ dziurawkowa *telegr.* tape relay
retrognoza *f* hindcast
retrogradacja *f chem.* retrogradation
~ superfostatu reversion of superphosphate
retrokompatybilność *f TV* reverse compatibility (*in colour television*)
retusz *m* **1.** *fot.* retouching **2.** *szkl.* blocking
~ elektryczny (*obrazu*) *TV* shading correction
retykulacja *f fot.* reticulation (*of film emulsion*)
retynit *m min.* retinite
reumatologia *f* rheumatology
reumatyzm *m* rheumatism
rewa *f ocean.* submerged bar
rewerberacja *f akust.* reverberation
rewers *m* **1.** (*odwrotna strona monety, medalu*) reverse **2.** receipt; lending form (*in a library*)
rewersja *f* **smakowitości** *spoż.* flavour reversion
rewident *m* examiner; auditor; *US* certified accountant
~ wagonowy *kol.* car examiner
rewizja *f* **1.** revision **2.** *bud.* access eye, cleanout **3.** *poligr.* clean proof
~ finansowo-księgowa *ek.* book audit(ing)
~ normy revision of standard
rewolucja *f* **przemysłowa** industrial revolution
rewolwer *m uzbr.* revolver
rewolwerówka *f obr.skraw.* turret lathe
rezerford *m jedn.* rutherford: 1 Rd = 10^6Bq
rezerpina *f farm.* reserpine
rezerwa *f* **1.** reserve; stand-by **2.** redundancy (*structural*) **3.** *włók.* resist
~ alkaliczna *biochem.* alkali reserve
~ bierna standby redundancy
~ chłodna (*w teorii niezawodności*) cold reserve, unloaded reserve
~ ciągła (*w teorii niezawodności*) parallel redundancy
~ ekspansyjna zbiornika ullage
~ gorąca (*w teorii niezawodności*) hot reserve, loaded reserve
~ zamówień backlog of orders
rezerwacja *f* booking, reservation (*of seats, rooms in a hotel etc.*)
rezerwat *m* reserve; preserve (*for game or fish*)
rezerwować *v* (*miejsca, bilety*) book, make reservation
rezerwowanie *n* (*jako środek zwiększania niezawodności systemu*) redundancy
rezerwowy *a* reserve; stand-by (*engine etc.*)
rezerwy *fpl* **gospodarcze** economic reserves
~ siły roboczej labour reserves, manpower reserves
~ ukryte hidden reserves
rezinografia *f chem.* resinography
rezinoid *m tw.szt.* resinoid
rezit *m tw.szt.* resite, C-stage resin
rezitol *m tw.szt.* resitol, B-stage resin
rezol *m tw.szt.* resol, A-stage resin, single-stage resin
rezolwenta *f mat.* **1.** resolvent (*in functional analysis*) **2.** resolution (*in algebraic topology*)
rezolwometr *m fot.* resolution meter
rezonans *m fiz.* resonance
~ bezwiązaniowy *fiz.* no-bond resonance, hyperconjugation
~ elektryczny electrical resonance
~ ferromagnetyczny ferromagnetic resonance
~ gigantyczny giant resonance
~ kwadrupolowy jądrowy nuclear quadrupole resonance
~ kwantowo-mechaniczny quantum-mechanical resonance
~ magnetyczny elektronowy electron paramagnetic resonance, EPR, electron spin resonance, ESR
~ ~ jądrowy nuclear magnetic resonance, NMR
~ mezonowy meson resonance

~ **napięć** voltage resonance, series resonance
~ **optyczny** optical resonance
~ **paramagnetyczny elektronowy** electron paramagnetic resonance, EPR, electron spin resonance, ESR
~ ~ **jądrowy** nuclear magnetic resonance, NMR
~ **podwójny elektronowo-jądrowy** electron-nuclear double resonance, ENDOR
~ ~ **jądrowo-elektronowy** nucleus-electron double resonance, NEDOR
~ ~ **jądrowo-jądrowy** internuclear double resonance, INDOR
~ **prądów** *zob.* **rezonans równoległy**
~ **równoległy** *el.* current resonance, parallel resonance
~ **spinowy elektronowy** electron paramagnetic resonance, EPR, electron spin resonance, ESR
~ **szeregowy** *el.* series resonance, voltage resonance
~ **w obwodzie strojonym** tunance
~ **własny** self-resonance
rezonansowy *a* resonant
rezonator *m* resonator
~ **akustyczny** acoustic resonator
~ **echa** *el.* echo-box
~ **komorowy** cavity resonator
~ **krystaliczny** resonator crystal
~ **kwarcowy** quartz-crystal resonator
~ **modulujący** modulator resonator
~ **motylkowy** butterfly resonator
~ **paskowy** strip line resonator
~ **stabilizujący** stabilizing resonator
~ **wejściowy** input resonator, buncher
~ **wnękowy** cavity resonator, resonant cavity, tuned cavity
~ **wyjściowy** output resonator, catcher (-resonator)
~ **zewnętrzny** external resonator
rezonatron *m elektron.* resnatron
rezonować *v* resonate
rezonujący *a* resonating
rezorcyna *f chem.* resorcinol, resorcin
rezultat *m* result
rezydencja *f* residence; mansion
rezygnować *v* **z pretensji** give up the claim, abandon the claim
rezynit *m petr.* resinite
rezystancja *f el.* (effective) resistance
~ **akustyczna** acoustic resistance
~ **kolektor-baza** collector resistance
~ **obciążenia** termination resistance
~ **przestrzeni swobodnej** intrinsic resistance
~ **rozproszona** spreading resistance
~ **skrośna** volume resistance
~ **termiczna** thermal resistance
~ **uziemienia** resistance to earth
~ **uzwojenia** winding resistance
~ **własna** self-resistance
~ **zestyku** contact resistance
~ **zwarcia** fault resistance
rezystor *m el.* resistor, resistance
~ **bezindukcyjny** non-inductive resistor
~ **cermetowy** cermet resistor
~ **cienkowarstwowy** thin-film resistor
~ **drukowany** printed resistor
~ **drutowy** wire-wound resistor
~ **dyfuzyjny** diffused resistor
~ **fotoelektryczny** photoresistor, photoresistive cell
~ **grubowarstwowy** thick-film resistor
~ **grzejny** heating resistor
~ **kompozycyjny** composite resistor
~ **lity** slug-type resistor
~ **masowy** *zob.* **rezystor lity**
~ **metalizowany** metal-film resistor
~ **napięcia polaryzacji** bias resistor
~ **nastawny** rheostat, variable resistor
~ **objętościowy** slug-type resistor
~ **szeregowy** dropping resistor
~ **ściśnięty** pinch resistor
~ **termometryczny** thermometer resistor
~ **upływowy** bleeder resistor
~ **warstwowy** film resistor
~ **węglowy** carbon resistor
~ **wstępny** dropping resistor
~ **z zaczepami** tapped resistor
rezystywność *f* resistivity, specific resistance
reżyser *m rad., kin.* director, producer
reżysernia *f rad., TV* (master) control room
~ **fonii** sound control room
~ **oświetlenia** lighting control room
~ **wizji** *TV* production (video) control room
rębacz *m górn.* getter, cutter, hewer, picksman
rębak *m drewn.* chipper, chopper, wood splitting machine
rębalnia *f drewn.* chipping plant
rębnia (forest) cutting
~ **częściowa** *zob.* **rębnia grupowa**
~ **grupowa** group felling
~ **przerębowa** selection felling
~ **smugowa** strip felling
~ **zupełna** clear felling
ręcznej roboty hand-made
ręcznie *adv* by hand, manually
ręcznie dokręcony hand tight
ręczny *a* manual; hand operated
ręczny karabin *m* **maszynowy** automatic rifle
rędzina *f gleb.* limestone soil
ręka *f anat.* hand
rękaw *m* **anody** *el.* anode arm
~ **balonu** *lotn.* appendix, neck of a balloon
~ **do strzelania ćwiczebnego** *lotn.* towing sleeve
~ **izolacyjny** *bhp* insulating sleeve
~ **lotniskowy** wind-sock, wind cone
~ **upustowy** (*balonu*) *lotn.* appendix, neck of a balloon
~ **zsypowy** *okr.* garbage chute, slop chute
rękawica *f* **bosmańska** *żegl.* sailmaker's palm, sewing palm
~ **żeglarska** *zob.* **rękawica bosmańska**
rękawice *fpl* gloves
~ **gumowe** rubber gloves

~ **jednopalcowe** mittens
~ **nurka** diver gloves
~ **ochronne** protective gloves, gauntlets
~ **pszczelarskie** bee gloves
~ **spawacza** welding gloves
~ **z gumy ołowiowej** *radiol.* lead rubber gloves
rękodzielnik *m* handicraftsman
rękodzieło *n* handicraft
rękojeść *f* handle; grip; helve; haft
~ **do przesuwania** (*np. suportu obrabiarki*) draw handle
~ **gwiazdowa** star handwheel, palm grip
~ **korby** crank handle
~ **piły** *drewn.* saw tiller
~ **zaciskowa dwuramienna** *masz.* speed handle
~ **zamkowa** *uzbr.* cocking handle; breech mechanism lever
rękojmia *f prawn.* warranty
rękopis *m* manuscript
RIAD (*family of digital computers produced in the Comecon countries*)
rillmarki *pl geol.* rill marks
rimifon *m farm.* (*isonicotinic acid hydrazide*)
rinoskop *m med.* rhinoscope
riolit *m petr.* rhyolite, liparite
ripplemarki *pl geol.* ripple marks
rizosfera *f* (*warstwa gleby otaczająca korzenie*) rhizosphere
rkm = ręczny karabin maszynowy automatic rifle
roadster *m mot,* convertible, roadster
robaczyca *f wet.* worm infestation
robaczywy *a* worm-infested
robak *m zool.* worm
~ **móżdżku** *anat.* vermiform lobe (of the cerebellum), vermis cerebelli
robić *v* **korektę** read proofs
~ **notatki** take notes; keep a record
~ **postępy** make progress; advance in...
~ **remanent** take stock
~ **zdjęcia pomiarowe** *geod.* map out
~ **zwrot** *żegl.* put about
~ ~ **przez dziób** go about
~ ~ **przez rufę** jibe, gybe, wear
robinia *f bot.* robinia, false acacia, *Robinia pseudoacacia* L.
robocizna *f* **1.** labour **2.** labour costs
roboczodniówka *f* man-shift
roboczogodzina *f* man-hour
roboczy *a* working
robot *m aut.* robot
robota *f* work, job, *zob.też* **roboty**
robotnica *f* **1.** woman-worker, workwoman **2.** *pszczel.* working bee, worker
robotnik *m* worker, workman, hand; labourer
~ **akordowy** piece worker, jobber
~ **dniówkowy** daily worker, dayman
~ **drogowy** roadman
~ ~ **układający nawierzchnie** pavior
~ **fabryczny** factory worker
~ **kwalifikowany** skilled worker
~ **niewykwalifikowany** unskilled worker; labourer; (*na obrabiarce*) machinist's helper
~ **obsługujący maszynę** operative, tender
~ **pomocniczy** auxiliary worker
~ **portowy** docker; *US* longshoreman
~ **produkcyjny** productive worker
~ **przemysłowy** factory worker
~ **przyuczony** semi-skilled worker; (*na obrabiarce*) machine hand
~ **rolny** farm worker
~ **sezonowy** seasonal worker
~ **wykwalifikowany** skilled worker
~ ~ **na obrabiarkach** specialized machinist
~ **wysokokwalifikowany** highly skilled worker
~ **ziemny** navvy, digger
robotniko-dzień *m* man-shift
roboty *fpl* **blacharskie** sheet metal work
~ **budowlane** construction work
~ **ciesielskie** carpentry
~ **dekarskie** *bud.* roofwork
~ **dodatkowe** extras, variations
~ **drogowe** road work
~ **górnicze dołowe** underground working, mining
~ ~ **przygotowawcze** working, development mining
~ **gruntowe** *inż.* dirt work
~ **instalacyjne** *bud.* plumbing
~ **kamieniarskie** *bud.* stonework
~ **kamienne** (*w skale płonnej*) *górn.* dead work
~ **kesonowe** *inż.* pneumatic work
~ **konserwacyjne** maintenance work
~ **linowe** *żegl.* sailorizing
~ **melioracyjne** land reclamation works
~ **montażowe** assembly, assembling
~ **murowe** bricklayer's work, brickwork
~ **na powierzchni kopalni** *górn.* overground working
~ **naprawcze** repair work
~ **nasypowe** *inż.* filling work
~ **odkrywkowe** *górn.* open working, opencast mining, open-cut mining, overground working
~ **podsypkowe** *kol.* ballast conditioning
~ **pogłębiarskie** dredging
~ **porządkowe** cleaning-up work
~ **poszukiwawcze** *górn.* prospecting, exploration work
~ **przeładunkowe** *żegl.* stevedoring
~ **przygotowawcze** *górn.* first working, development
~ ~ **produktywne** fore-winning
~ ~ **w kamieniu** (*w skałach płonnych*) stone work(ing), rock working, dead work
~ **publiczne** public works
~ **ratunkowe** *wiertn.* fishing
~ **rozbiórkowe** demolition work
~ **stolarskie** *bud.* joinery
~ **strzałowe** *górn.* shooting
~ **tokarskie** lathe work
~ **torowe** *kol.* track work
~ **tynkowe** *bud.* plaster work

~ **udostępniające** *górn.* unproductive development, working in the whole
~ **ziemne** earth work; diggings
roczniak *m ryb.* yearling
rocznik *m* **1.** year class; year group; age group **2.** year-book; annual set (*of periodicals etc.*)
~ **astronomiczny** *nawig.* almanac
~ **statystyczny** statistical yearbook
~ **wina** vintage
roczny *a* annual
rod *m chem.* rhodium, Rh
rodaminy *pl farb.* rhodamines
rodan *m chem.* thiocyanogen
rodanek *m chem.* rhodanate, thiocyanate, sulfocyanate
~ **potasowy** potassium thiocyanate
rodanina *f chem.* rhodanine
rodentycyd *m* (*środek przeciw gryzoniom*) rodenticide
rodinal *m* **1.** *chem.* rhodinal, cytronellal **2.** *fot.* rodinal
rodnik *m chem.* radical
~ **alkilowy** alkyl
~ **dwuwartościowy** bivalent radical, biradical
~ **gorący** hot radical
~ **krótkotrwały** radical of short life
~ **kwasowy** acid radical
~ **przejściowy** intermediate radical
~ **trwały** stable radical
~ **wolny** free radical
~ **złożony** complex radical
rodniko-anion *m chem.* radical anion, anion-radical
radniko-kation *m chem.* radical cation cation-radical
rodny *a nukl.* fertile
rodochrozyt *m min.* rhodochrosite, dialogite
rodolit *m min.* rhodolite
rodonit *m min.* rhodonite
rodopsyna *f biochem.* rhodopsin, retinal pigment
rodowód *m zoot.* pedigree, blood line
rodzaj *m* kind; sort; type; *biol.* genus (*pl* genera)
~ **drgań** *el.* mode of oscillation
~ ~ **podstawowy** dominant mode, fundamental mode
~ **energii** kind of energy
~ **ładunku** *transp.* type of cargo
~ **ożaglowania** rig
~ **pisma** *rys.* type of lettering, style of lettering
~ **pola rezonansowego** (*w rezonatorze mikrofalowym*) *el.* resonator mode
~ **poprzeczny elektromagnetyczny** *zob.* **rodzaj propagacji TEM**
~ ~ **elektryczny** *zob.* **rodzaj propagacji TE**
~ ~ **magnetyczny** *zob.* **rodzaj propagacji TM**
~ **pracy** (*maszyny lub przyrządu*) *masz.el.* type of duty
~ **propagacji TE** *tel.* transverse electric mode, TE mode, H mode
~ ~ **TEM** transverse electromagnetic mode, TEM mode
~ ~ **TM** transverse magnetic mode, TM mode, E mode
~ **przepływu** *hydr.* pattern of flow
~ **rębni** *leśn.* method of cutting
~ **stali** type of steel
~ **wiązania** *chem.* type of binding
rodzajowy *a biol.* generic
rodzeństwo *n genet.* siblings
rodzice *pl genet.* parents
rodzić *v fizjol.* deliver (*a child*), give birth
rodzimy *a met.* native
rodzina *f* family; series
~ **biegunowych skośnej fali uderzeniowej** *aero.* shock polars diagram
~ **charakterystyk** characteristic family
~ **dodatkowa** *chem.* odd series, subgroup B (*of periodic system*)
~ **główna** *chem.* even series, subgroup A (*of periodic system*)
~ **hodowlana** *zoot.* breeding family
~ **jednoparametrowa** *mat.* one-parameter family
~ **komputerów** computer family
~ **krzywych** *mat.* family of curves
~ **pierwiastków** *chem.* family of elements
~ **poboczna** *chem.* odd series, subgroup B (*of periodic system*)
~ **profilów lotniczych** *aero.* family of profiles
~ **promieniotwórcza** radioactive series, decay series
~ **pszczela** colony of bees
~ **układów scalonych** *elektron.* integrated circuit family, IC family
~ **zbiorów** *mat.* family of sets
~ ~ **gwiaździście przeliczalna** star-countable family of sets
rodzynki *mpl spoż.* raisins
rogacizna *f* horned cattle
rogatka *f* toll gate, toll-bar, turnpike
rogaty *a zool.* horned
rogowacieć *v* become horny
rogowaty *a* horny
rogowiec *m petr.* hornstone
~ **zwietrzały** cotton rock
rogowy *a* (made of) horn; *biol.* horny
rogówka *f* **1.** *poligr.* round cornering machine **2.** *anat.* cornea
roić *v* **się** (*o owadach*) swarm
rojnica *f pszczel.* swarm box
rojołapka *f* swarm catcher, swarm trap
rok *m* **budżetowy** financial year, fiscal year, FY
~ **gwiazdowy** sidereal year
~ **hydrologiczny** water year
~ **kalendarzowy** calendar year, civil year
~ **nieurodzajny** *roln.* fail-year
~ **obrachunkowy** financial year, fiscal year, FY
~ **platoński** *astr.* great year, platonic year
~ **przestępny** leap year
~ **słoneczny** solar year
~ **sprawozdawczy** year under review
~ **świetlny** *astr.* light year
~ **wydania** (*książki*) year of publishing

~ **zwrotnikowy** tropical year, astronomical year
rokoko *n arch.* rococo
rokowania *pl* negotiations
rokowanie *n med.* prognosis
rokrocznie *adv* every year, yearly
rola *f gleb.* ploughland
~ **alarmowa** *żegl.* stations bill, muster roll
~ **papieru** paper reel, paper web
~ **zaciągowa** *żegl.* ship's articles
roleta *f* roller blind, roller shade
~ **migawki** (*szczelinowej*) *fot.* shutter blind
rolka *f* roller, roll, *zob.też* **krążek; wałek**
~ **całkująca** *metrol.* integrating roller
~ **do nawalcowywania gwintu** circular thread rolling die, thread roll
~ **do obciążania ściernic** (*przez wygniatanie*) grinding wheel crusher
~ **do wyoblania** spinning roll
~ **dociskowa** pressure roll
~ **kształtowa** *obr.plast.* profile roller
~ **luźna** (*do oparcia materiału przy walcowaniu blachy*) billy roll
~ **napędzana** *transp.* powered roll
~ **napinająca** tension roll
~ **nośna** support roller
~ **odginająca** deflector roll
~ **pomiarowa** *metrol.* integrating roller
~ **profilowa** *obr.plast.* profile roller
~ **prowadnicza** *włók.szt.* godet
~ **prowadząca** guide roll
~ **samotoku** *hutn.* table roller
~ **sieciowa** *ryb.* net roller, seine-roller
~ **stojakowa** (*w stojaku walcarki*) *hutn.* breast roller
~ **wagowa** (*w wadze*) weight roller
~ **wygniatająca** *obr.skraw.* crush roll, crushing roller
rolkowanie *n obr.plast.* finish rolling, roller burnishing, roll die working
rolnictwo *n* agriculture
rolniczy *a* agricultural
rolnik *m* farmer
rolny *a* agricultural
rolownica *f* (*do nawalcowywania gwintu*) thread rolling die
romański *a arch.* Romanesque (*style*)
romb *m geom.* rhombus
~ **przegubowy** *mech.* four way link movement
romboedr *m* **1.** *geom.* rhombohedron **2.** *kryst.* rhombohedron, rhomb
~ **ujemny** reverse rhombohedron
romboedryczny *a kryst.* rhombohedral
romboid *m* rhomboid
rombowy *a* rhombic, lozenge-shaped; *kryst.* orthorhombic
rondo *n drog.* roundabout, traffic circle
ropa *f* **1.** *med.* pus **2.** (*naftowa*) petroleum, crude oil, rock oil
~ **aromatyczna** aromatic-base crude oil
~ **asfaltowa** asphalt-base crude oil
~ **bezparafinowa** waxfree crude oil
~ **naftowa** petroleum, crude oil, rock oil
~ **parafinowa** paraffin-base crude oil
~ **półasfaltowa** semi-asphalt crude oil
ropienie *n med.* suppuration, pus formation
ropień *m med.* abscess
ropociąg *m* oil pipeline
ropomasowiec *m okr.* oil-bulk carrier, OB
roponośny *a geol.* oil-bearing
roporudomasowiec *m okr.* ore-bulk-oil carrier, OBO
roporudowiec *m okr.* oil-ore carrier, OO carrier
ropowica *f med.* phlegmon
ropucha *f zool.* toad
rorowiec *m okr.* ro-ro carrier, roll on/roll off (system) ship
rosa *f* dew
rosienie *n* precipitation
roskelit *m min.* roscoelite (*vanadium-bearing mica mineral*)
rosnący *a mat.* ascending
rosnąć *v* grow
rosomierz *m meteo.* drosometer
rosomierz *m meteo.* drosometer
rostry *pl* **łodziowe** *okr.* skid
roszarnia *f włók.* rettery
roszczenie *n ek.* claim
roszenie *n włók.* retting
rościć *v* (*zgłaszać pretensje*) claim
~ **sobie prawo do...** claim a right to...
roślina *f* plant, *zob.też* **rośliny**
~ **żywicielka** host plant
roślinność *f* vegetation, flora
~ **denna** *ocean.* benthic plants
~ **morska** marine flora
roślinny *a* vegetable
roślinożerny *a zool.* phytophagous, herbivorous, plant-feeding
rośliny *fpl* **charakteryzujące siedlisko** habitat plants
~ **cieniolubne** sciophytes
~ **cieplarniane** hot-house plants
~ **doniczkowe** pot plants
~ **dwuletnie** biennial plants
~ **glebotwórcze** soil builder crops
~ **iglaste** conifers
~ **jare** spring crops
~ **jednoroczne** annual plants
~ **lecznicze** medical plants
~ **leśne** foresters
~ **liściaste** deciduous plants
~ **mikroskopijne** microphytes
~ **miododajne** honey plants, bee plants, nectar plants
~ **motylkowe** papilionaceous plants
~ **na kiszonki** silage crops
~ **nasienne** seed plants
~ **ochronne** (*osłaniające wsiewkę*) nurse-crops
~ **okopowe** root crops, roots
~ **okrywowe** cover crops
~ **oleiste** oil plants
~ **owocujące przez cały sezon** ever-bearers
~ **ozime** winter crops
~ **pastewne** forage, fodder plants
~ **pnące** climbing plants, ramblers
~ **przeciwerozyjne** soil binders

~ **przemysłowe** economic plants, plants of economic importance
~ **przyziemne** grounding plants
~ **rozłogowe** creepers, runner plants
~ **skałolubne** lithophytes
~ **słonolubne** halophytes
~ **spożywcze** food crops
~ **strączkowe** leguminous plants, legumes
~ **sucholubne** hygrophobes
~ **szpilkowe** conifers
~ **światłolubne** heliophytes
~ **uprawne** cultivated plants
~ **wiążące lotne piaski** sand binders
~ **wiecznie zielone** evergreens
~ **wieloletnie** perennials
~ **wielonasienne** allseeds
~ **włókniste** fibre crops
~ **wodne** water plants
~ **wskaźnikowe** indicator plants
~ **wyczerpujące glebę** soil depleting crops
~ **wzbogacające glebę** soil improving crops
~ **zbożowe** grain crops, cereals
~ **ziołowe** herbaceous plants
rośnięcie *n* **żeliwa** *odl.* growth of cast iron
rotacja *f* **1.** *mat.* curl, rotation (*of vector field*) **2.** *poligr.* rotary (press), rotary machine
~ **swobodna** *chem.* free (internal) rotation
~ **zahamowana** *chem.* restricted (internal) rotation, hindered rotation
~ **zapasów** (*w magazynie*) stock rotation
rotacyjny *a mat.* rotational; rotary
rotametr *m hydr.* rotameter, cone-and--float meter
rotaniny *fpl chem.* Polish syntannins
rotator *m fiz.* rotator
~ **ferrytowy** ferrite rotator
~ **sztywny** rigid rotator
~ **zahamowany** restricted rotator
rotel *m* (*autobus turystyczny mieszkalny*) rotel
rotenoid *m pest.* rotenoid (*insecticide*)
rotenon *m chem.* rotenone
rotograwiura *f poligr.* rotogravure
rotor *m* **1.** *masz.* rotor, *zob.też* **wirnik** **2.** *hutn.* rotary converter, rotor furnace **3.** *meteo.* rotor cloud, roll cloud
rotorowiec *m* rotor ship
rototrol *m* (*wzmacniacz elektromaszynowy*) rototrol
rotunda *f arch.* rotunda
routing *m poligr.* routing machine, router
rowek *m* groove; chase; gash
~ **do rozprowadzania oleju** *masz.* application oil groove
~ **dźwiękowy** acoustic groove
~ **klinowy** *masz.* keyseat, key-slot, key--way, key bed
~ **krążka linowego** gorge of a pulley
~ **łopatkowy** bladę groove (*in a turbine rotor*)
~ **na J** single-J groove
~ **na K** double bevel groove
~ **na podwójne J** double-J groove
~ ~ ~ **U** double-U groove
~ ~ ~ **1/2 V** double bevel groove
~ ~ ~ **V** double V groove
~ **na U** single-U groove
~ **na 1/2 V** single bevel groove
~ **na V** single-V groove
~ **na wypływkę** *obr.plast.* gate, gutter, flash gap, flash well, flash pan
~ **na X** double-V groove
~ **nadmiarowy** *tw.szt.* spew groove
~ **przejściowy** *akust.* lead-over groove
~ **smarowy** *masz.* oil groove, grease groove
~ **spawalniczy** weld groove
~ **szlamowy** *masz.* mud groove
~ **teowy** *masz.* T-slot
~ **trapezowy** dovetail groove
~ **trawienny** (*przy trawieniu termicznym*) *met.* thermal groove
~ **wiórowy** *narz.* flute, chip space, chip clearance
~ **wprowadzający** *akust.* lead-in groove
~ **wpustowy** *masz.* splineway
~ **wyprowadzający** *akust.* lead-out groove
~ **zbiorczy oleju** *masz.* collector oil groove
rower *m* cycle; bicycle
~ **trzykołowy** tricycle
rowkarka *f obr.plast.* groover
rowkowanie *n* grooving; fluting
rozalin *m szkl.* pink glass
rozanilina *f farb.* fuchsin(e), magenta
rozarium *n roln.* rose house; rose-garden
rozbełtywanie *n ceram.* blunging
rozbicie *n* **atomu** *zob.* **rozbicie jądra atomowego**
~ **jądra atomowego** *fiz.* fragmentation, nuclear explosion
~ **się statku** shipwreck
rozbić *v* break; smash; shatter
~ **się** crash; *żegl.* wreck
rozbieg *m* (*przy starcie*) *lotn.* take-off run
~ **wiatru** *meteo.* fetch of wind
rozbieganie *n* **się** racing, overspeeding
rozbierać *v* dismantle; disassemble; strip; take to pieces
rozbieralnia *f* changing-room
~ **mięsa** *spoż.* cutting room
rozbieralny *a* sectional; collapsible; dismountable
rozbieżnia *f* (*na boisku sportowym*) run-up
rozbieżność *f* divergence
~ **danych** discrepancy between the data
~ **kół** *mot.* toe-out
~ **poglądów** divergence of opinions
~ **pomiarów** discrepancy of measurement
~ **reakcji łańcuchowej** *nukl.* divergence (of a chain-reaction)
~ **skrętna aeroelastyczna** *lotn.* aero-elastic divergence
~ **wektora** *mat.* divergence of a vector
rozbieżny *a* divergent
rozbijacz *m* **emulsji** homogenizer
~ **piany** froth breaker
rozbijać *v* smash, shatter, break
~ **klinami** wedge (*e.g. stones*)
~ **otwór** batter a hole
rozbijanie *n* **bloku** *inf.* deblocking

~ **emulsji** emulsion breaking, demulsification
rozbijarka *f* **kulowa** (*np. do robót wyburzeniowych*) *bud.* ball breaker
rozbiór *m* **gramatyczny zdań** parsing
rozbiórka *f* (*na części*) disassembly, dismantling
~ **budynku** demolition of a building
~ **tusz mięsnych** partition of carcasses
rozbitek *m* *żegl.* shipwrecked person; castaway
rozbłysk *m* flare up; scintillation
~ **słoneczny** *astr.* solar flare
~ **wybuchu jądrowego** nuclear flash
rozbłysnąć *v* flare up
rozbrajać *v* **1.** disarm (*ammunition*) **2.** *żegl.* unrig; unbend (*a mast etc.*)
rozbrojenie *n* disarmament
rozbryzg *m* **powierzchniowy** (*fal wiatrowych*) *ocean.* spindrift
rozbryzgiwać *v* **się** splash
rozbrzmiewać *v* resound
rozbudowa *f* development; expansion
rozbudowywać *v* develop; expand
rozcalanie *n* **amunicji** disassembly of ammunition
rozchodnik *m* *bot.* sedum, *Sedum*
rozchodzenie *n* **się fal** *fiz.* propagation of waves
~ ~ **płomienia** flame propagation
rozchodzić *v* **się** propagate
~ ~ **promieniowo** radiate
rozchód *m* expenditure
rozchylać *v* **(się)** part; draw aside; half-open
rozchylak *m* *narz., żegl.* beveller
rozchylenie *n* **burt** *okr.* flare
~ **wręgu** *okr.* frame bevel
rozchylony *a* half-open; flared
rozciąć *v* cut (*in two*), dissect
rozciąg *m* *elektron.* time base (trace)
rozciągać *v* **się na przestrzeni...** spread out over an area...
rozciąganie *n* **1.** tension; stretching **2.** *obr. plast.* bumping; blocking out (*sheet metal*)
~ **cewki** *el.* coil spreading
~ **mimoosiowe** *wytrz.* eccentric tension
~ **osiowe** *wytrz.* axial tension
~ **pasma** *rad.* band-spreading
~ **przy zgrzebleniu** *włók.* drawing
~ **tkaniny na szerokość** *włók.* tentering
rozciągarka *f* **grzebieniowa** *włók.* gill box
~ **taśm** *włók.* drawing frame
~ **tkanin** tenter frame
rozciągliwość *f* extensibility
rozciągliwy *a* tensile; extendible, extensible; stretchy
rozciągłość *f* extent; stretch; expansion
~ **pokładu** *geol.* strike
rozcieńczacz *m* *powł.* diluent
rozcieńczać *v* dilute, thin
~ **napoje alkoholowe** reduce in proof
rozcieńczalnik *m* diluent; thinner; reducer
rozcieńczenie *n* dilution
~ **graniczne** dilution limit
~ **izotopowe** isotope dilution (method), isotope dilution analysis
~ **nieskończenie wielkie** infinite dilution
rozcieńczony *a* dilute
rozcieracz *m* **1.** grinder **2.** *poligr.* rider
rozcierać *v* grind; triturate
~ **na miazgę** pulp
~ **na proszek** grind to powder, triturate
rozcięcie *n* cut; dissection; slit
~ **na dwie połowy** hemisection
rozcinak *m* *obr.plast.* parting die
rozcinanie *n* *obr.plast.* parting; shearing
~ **calizny** *górn.* working in the whole
~ **filarów** *górn.* splitting of pillars
~ **pola** *górn.* panelling
~ **taśmy** (*wzdłużnie*) *hutn.* strip slitting
~ **na warstwy** slicing
rozczepiać *v* (*np. wagony*) uncouple
rozczyn *m* *spoż.* leaven
rozczynnik *m* (*leku*) *farm.* excipient
rozdarcie *n* tear
rozdeskowywanie *n* *bud.* striking, stripping, removal of forms
rozdeszczanie *n* **ścieków** spray irrigation of sewage
rozdmuchiwanie *n* *tw.szt.* blow moulding
rozdrabniacz *m* *roln.* shredder
~ **do pasz** feed mill
~ **mikrocząsteczkowy** *chem.* micronizer
~ **złomu** fragmentizer
~ **żużla** clinker grinder
rozdrabniać *v* comminute, break up, disintegrate, reduce size (*of grain*)
~ **na proszek** powder
~ **na pył** pulverize
rozdrabnianie *n* comminution, breaking up, disintegration
~ **grube** coarse grinding, preliminary breaking up
~ **na proszek** powdering
~ **na pył** pulverizing, pulverization
~ **skał** *inż.* tampwork
~ **wstępne** coarse grinding, preliminary breaking up
~ **wybuchowe** explosive disintegration, explosive shattering
~ **złomu** fragmentation of scrap
rozdrabniarka *f* crusher; disintegrator, *zob.też* **kruszarka**
rozdrobnienie *n* size reduction, break-up
~ **nadmierne** overgrinding
~ **struktury** *obr.ciepl.* refinement of structure
rozdroże *n* road fork, diverging roads
rozdwajać *v* divide in two; halve; split
rozdwajanie *n* **się skór surowych** blistering of hides
rozdział *m* **1.** distribution; division; separation **2.** (*w książce*) chapter
~ **częstotliwości radiolokatora** radar frequency splitting
rozdzielacz *m* distributor; divider
~ **cukrzycy** *cukr.* mingler
~ **hydrauliczny** (*w prasie hydraulicznej*) manipulator
~ **laboratoryjny** *chem.* separatory funnel, tap-funnel

~ **rurowy** (*pożarowy*) dividing breeching
~ **wewnętrzny** (*w żniwiarce*) *roln.* inner divider
~ **wsadu** (*w wielkim piecu*) *hutn.* charge distributor
~ **zapłonu** *siln.spal.* ignition distributor
~ **zewnętrzny** **1.** *roln.* outer divider (*w żniwiarce*) **2.** dividing attachment (*w kosiarce*)
rozdzielać *v* separate; divide; distribute
rozdzielanie *n* **1.** separation; resolution; distribution **2.** *tw.szt.* segregation (*defect*)
~ **chemiczne** chemical resolution
~ **elektrolityczne** electrolytic separation
~ **emulsji** demulsification, emulsion breaking
~ **izotopów** isotope separation
~ **mechaniczne** mechanical separation
~ **mieszanin** separation of mixture
~ **na ziarna** *wzbog.* disaggregation
~ **pneumatyczne** air separation, pneumatic separation, air elutriation
~ **radiochemiczne** radiochemical separation
~ **według wielkości** (*ziarna*) size-grading
rozdzielczość *f opt.* resolving power, resolution
~ **liniowa** *TV* line definition
~ **obrazu** *TV* definition of picture
rozdzielczy *a* distributive; distributing
rozdzielenie *n* **się betonu** concrete disintegration
~ **zmiennych** *mat.* separation of variables
rozdzielnia *f* switching station
rozdzielnica *f el.* switchgear
rozdzielnik *m* distribution list
~ **korespondencji** mailing list
~ **wywołań** *telef.* allotter
rozdzielnopłciowy *a biol.* dioecious, dioic
rozdzielny *a* separable
rozdzierać *v* tear, rend
rozdzierność *f* tear resistance
rozebrać *v* **na części** take to pieces
rozedma *f* **płuc** *med.* emphysema
rozelaborowanie *n uzbr.* disassembly (*of ammunition*)
rozepchnięcie *n* **formy** *odl.* swell of the mould
rozerwać *v* tear; rend; disrupt
rozerwanie *n* tear; rent; disruption
~ **łańcucha** *chem.* chain scission, chain splitting
~ **pierścienia** *chem.* ring opening, ring cleavage
~ **próbki** *wytrz.* failure of a test piece
~ **przy próbie pełzania** *wytrz.* creep failure
~ **przy rozciąganiu** *wytrz.* tensile failure
~ **się** bursting, burst; blow-out
~ ~ **koła zamachowego** flywheel explosion
~ ~ **lufy** *uzbr.* barrel bursting
~ ~ **opony** tyre blowout
~ **wiązania** *chem.* bond cleavage
rozesłać *v* **do opinii** (*projekt dokumentu*) circulate for comment
rozeta *f arch.* rosette, rosace, rose window, marigold window
~ **czteroramienna** four-flute wobbler
~ **walca** (*walcarki*) rill wobbler, palm end, tenon end (*of a roll*)
rozetka *f* (*np. do klucza*) escutcheon, scutcheon
~ **sufitowa** *el.* coiling rose, rosette
rozgałęziać *v* **się** branch off, furcate, fork; *bot.* ramify
~ ~ **w dwóch kierunkach** bifurcate
~ ~ **w trzech kierunkach** trifurcate
rozgałęzienie *n* branching, furcation, fork; *bot.* ramification
~ **łańcucha** *chem.* chain branching
rozgałęziony *a* branched; *bot.* ramate
rozgałęźnik *m el.* branch-joint; cluster; (*w technice mikrofalowej*) junction
~ **T** (*falowodowy*) *tel.* T junction
~ **transformatorowy** hybrid coil
rozgęszczać *v* relieve congestion, thin; dilute
rozginać *v* bend out
roźblifiene *n arch.* splayed jamb, splay embrasure
rozgłośnia *f* **manewrowa** *okr.* master communicator
~ **radiowa** broadcasting station, broadcasting centre
rozgłośnictwo *n* **radiowe** radio broadcasting
rozgniatać *v* crush
rozgotować *v* **(się)** boil to a pulp
rozgraniczać *v* delimitate
rozgrzany *a* heated up
rozgrzewacz *m siln.spal.* hot bulb
rozgrzewać *v* heat up, warm up
rozgrzewanie *n* **silnika** engine warm-up
rozhermetyzować *v* depressurize; unseal
rozjaśniacz *m* **optyczny** *farb.* optical brightening agent, optical brightener, optical bleach
rozjaśniać *v* brighten up
rozjaśnianie *n* **obrazu** *TV, kin.* fade-in
~ **odcienia** (*wybarwienia*) *farb.* toning down the shade
~ **optyczne** *farb.* optical brightening, optical bleaching
rozjaśnienie *n* **brzegowe** *TV* edge flare
rozjazd *m kol.* turnout
~ **angielski** *zob.* **rozjazd krzyżowy**
~ **krzyżowy** scissors crossover
~ **sieciowy** *el.* overhead junction
rozjemca *m* mediator; arbitrator
rozkawałkowanie *n wzbog.* disaggregation
rozkaz *m aut.* command; instruction; order
~ **adresowy** address instruction
~ **bezadresowy** zero-address instruction, no-address instruction
~ **bębnowy** drum instruction
~ **czekania** waiting instruction
~ **czteroadresowy** four-address instruction
~ **dwuadresowy** two-address instruction

~ **jednoadresowy** one-address instruction, single address instruction
~ **kierujący** *rad.* guidance command
~ **kodowy** coded order
~ **komputera** computer instruction, machine instruction
~ **logiczny** logical instruction
~ **maskowania** extract instruction
~ **nic nie rób** no-operation instruction, NO OP, waste instruction
~ **operacyjny** operational order
~ **pełny** absolute instruction, complete instruction
~ **ponownego uruchomienia komputera** startover
~ **przesunięcia** shift instruction
~ **pusty** dummy instruction
~ **radiowy** (*przy zdalnym sterowaniu*) radio command
~ **rozgałęzienia** branch instruction
~ **skoku** jump instruction
~ **sterujący** *aut.* control command; *inf.* control instruction
~ **stopu** halt instruction
~ **warunkowy** conditional instruction
~ **wieloadresowy** multiaddress instruction
~ **wprowądzenia** input instruction
~ **wyprowadzenia** output instruction
~ **zaokrąglenia** round(-off) instruction
rozkazy *mpl* **początkowe** (*przy programowaniu*) *inf.* initial orders, bootstrap
rozklepywanie *n* (*blachy*) blocking out, bumping (*of sheet metal*)
rozkład *m* **1.** distribution **2.** decomposition; decay; break-down **3.** *mat.* decomposition; splitting **4.** *mat.* expansion (*in series*) **5.** *mat.* distribution (*in probability theory*) **6.** schedule
~ **alarmowy** *żegl.* muster list, quarter bill, stations bill
~ **alarmu łodziowego** abandon ship bill
~ **asymptotyczny** *mat.* asymptotic distribution
~ **Bernoulliego** *statyst.* binomial distribution, Bernoulli distribution
~ **beta** *statyst.* beta distribution
~ **beztlenowy** anaerobic decomposition
~ **biologiczny** biodegradation
~ **brzegowy** *mat.* marginal distribution
~ **Cauchy'ego** *mat.* Cauchy (frequency) distribution
~ **chemiczny** chemical decomposition
~ **chi-kwadrat** *statyst.* chi-square distribution
~ **ciągły** *statyst.* continuous distribution
~ **ciśnienia 1.** pressure distribution **2.** *meteo.* pressure pattern
~ **częstości** *mat.* frequency distribution
~ **częściowy** partial decomposition
~ **dnia** daily routine
~ **dwumianowy** *skj* binominal distribution
~ **dwumodalny** *mat.* bimodal distribution
~ **dwuwymiarowy** *mat.* bivariate distribution
~ **empiryczny** *mat.* empirical distribution
~ **Fermiego-Diraca** *fiz.* Fermi-Dirac distribution
~ **Fishera** *statyst.* Fisher's distribution
~ **fotochemiczny** photochemical decomposition, photodecomposition
~ **gamma** *statyst.* gamma distribution
~ **Gaussa** *statyst.* normal distribution, Gaussian distribution
~ **hipergeometryczny** hypergeometrical distribution
~ **identyczności** *mat.* partition of unity, resolution of the identity
~ **jazdy** time-table
~ **Jordana** *mat.* Jordan decomposition
~ **kanoniczny** *fiz.* canonical ensemble, canonical distribution
~ **koncentracji domieszki** (*w przekroju płytki półprzewodnikowej*) impurity concentration profile
~ **liniowy** linear distribution
~ **logarytmiczno-normalny** *statyst.* log-normal distribution
~ **logarytmiczny** *statyst.* logarithimic distribution
~ **lotów** flight schedule
~ **łączny** *statyst.* joint distribution
~ **masy cząsteczkowej** *chem.* molecular-weight distribution
~ **Maxwella** *fiz.* Maxwell (velocity) distribution
~ **miejsc sypialnych** *okr.* berthing
~ **mikrokanoniczny** *fiz.* microcanonical ensemble
~ **na czynniki** *mat.* factoring, factorization
~ **na jony** ionic decomposition
~ **najbardziej prawdopodobny** *statyst.* most probable distribution
~ **naprężeń** *wytrz.* stress pattern
~ **nieskończenie podzielny** *statyst.* infinitely divisible distribution
~ **normalny** *statyst.* normal distribution, Gaussian distribution
~ **obciążeń** load distribution
~ **osobliwy** *mat.* singular distribution
~ **Poissona** *statyst.* Poisson distribution
~ **Polyi** *statyst.* Polya distribution
~ **pól laplace'owskich** *mat.* laplacian distribution
~ **prawdopodobieństwa** *statyst.* distribution of a random variable, distribution function, statistical distribution, probability distribution
~ **prędkości** velocity distribution
~ **progresywny** *chem.* progressive decomposition
~ **rejsów** *żegl.* sailing list
~ **roztworu** unmixing
~ **równomierny** *statyst.* uniform distribution
~ ~ **temperatury** temperature uniformity
~ **samorzutny** *chem.* self-decomposition
~ **sensybilizowany** *chem.* sensitized decomposition
~ **skokowy** step distribution
~ **spektralny** *mat.* spectral resolution
~ **spinodalny** *fiz.* spinodal decomposition

~ **statystyczny częstości** frequency distribution
~ **stopniowy** *chem.* progressive decomposition
~ **Studenta** Student's distribution
~ **symetryczny** *statyst.* symmetrical distribution
~ **termiczny** thermal decomposition, thermal dissociation pyrolysis
~ **twardości** *met.* hardness penetration pattern
~ **warunkowy** *statyst.* conditional distribution
~ **wektora** (*na składowe*) decomposition of a vector
~ **wielowymiarowy** *mat.* multivariate distribution
~ **zajęć** time-table
~ **złożony** *statyst.* compound distribution
rozkładać *v* **1.** distribute **2.** decompose **3.** unfold
~ **na czynniki** *mat.* factorize
~ **na pierwiastki** *chem.* resolve (a compound) into elements
~ **na raty** *ek.* spread (payment) into instalments
~ **na składowe** resolve
~ **obciążenie** spread the load, distribute the load
~ **się 1.** decompose **2.** *biol.* decay
rozkładanie *n* **siły** *mech.* decomposition of force
~ **wektora** *mat.* resolution of a vector
rozkładówka *f poligr.* (*two opposite pages considered as a whole*)
rozkołys *m ocean.* swell
rozkopywać *v inż.* dig up
rozkręcać *v* **śruby** unbolt
rozkruszać *v* crumble; disintegrate
rozkruszanie *n wzbog.* stamping
rozkruszek *m* **serowy** *zool.* cheese mite, *Tyroglyphus siro*
rozkrzewiać *v roln.* layer (*plants*)
~ **się** *bot.* grow, develop
rozkurz *m transp.* draftage
rozkuwanie *n obr.plast.* becking (*a ring or tube*)
rozkwitać *v bot.* bloom; blossom; burst into blossom
rozległy *a* extensive; vast; widespread
rozlew *m* **spoiny** weld overlap, roll (*defect*)
rozlewacz *m* **gnojówki** *roln.* liquid manure spreader
rozlewać *v* spill; pour
~ **do beczek** barrel
~ **do butelek** bottle
rozlewanie *n* **piwa** *ferm.* racking
rozlewarka *f* **1.** bottling machine, bottle filler **2.** *hutn.* ingot casting machine, pig casting machine
rozlewisko *n* flood waters; (*u ujścia rzeki*) broads
rozlewnia *f* bottling plant
rozlewność *f* **farby** paint fluidity, paint spreading
rozliczać *v* **się** account (*for money spent*)
rozliczenie *n ek.* settlement of accounts
~ **awarii wspólnej** *żegl.* average adjustment, average statement
~ **bezgotówkowe** *ek.* clearing
~ **frachtowe** *żegl.* freight account, freight note
rozlokowanie *n* distribution (*of people or things over an area*); assigning quarters
rozlutować *v* unsolder
rozluźniać *v* **1.** slacken; loosen **2.** *włók.* open
~ **się** slacken; get loose; *masz.* work loose
~ **zgorzelinę** *obr.plast.* rot the scale
rozluźniarka *f* **bawełny** *włók.* cotton opener
~ **wełny** *włók.* fearnought
rozluźnienie *n* **nawierzchni** fretting, ravelling (*of road surface*)
rozluźniony *a* slack; loose
rozładowanie *n* unloading; discharge
~ **jonu** *elchem.* discharge of ion
~ **udaru** *el.* drainage of a surge
rozładowywacz *m* **knotowy** *lotn.* static discharge wick
rozładowywać *v* unload; discharge
rozładunek *m* unloading
rozłączać *v* disconnect; uncouple; separate; *el.* interrupt
rozłączenie *n* disconnection; uncoupling
rozłączny *a* **1.** separable **2.** *mat.* disjoint
rozłożenie *n* **1.** decomposition **2.** distribution
rozłożony równomiernie evenly distributed
rozłożyć *v* **na części** take apart
~ **obciążenie** distribute a load
~ **siłę** (*na składowe*) resolve a force (*into components*)
rozłóg *m bot.* runner
rozłupywać *v* split; cleave; rive; cope
rozmaczać *v skór.* soak
rozmagnesowywacz *m* demagnetizer
rozmagnesowywać *v* demagnetize
rozmaitość *f* **1.** variety **2.** *mat.* manifold
~ **Abelowa** *mat.* Abelian variety
~ **analityczna** analytic manifold
~ **orientowalna** orientable manifold
~ **relatywna** relative manifold
~ **z brzegiem** manifold with boundary
~ **zespolona** complex manifold
rozmaryn *m bot.* rosemary, *Rosmarinus officinalis* L.
rozmarzać *v* thaw
rozmazać *v* **1.** smear over **2.** blur
rozmazanie *n* **obrazu** *TV* image blurring
~ **ogniska** *elektron.* focus spread
rozmiar *m* size; magnitude
~ **arkusza nie obciętego** *rys.* overall size of a drawing
~ ~ **po obcięciu** *rys.* nominal size of a drawing, trimmed size of a drawing
~ **krytyczny reaktora** *nukl.* critical size of a reactor
~ **produkcji** volume of production
~ **strat** extent of losses
rozmiary *mpl* **pamięci** *inf.* memory size
rozmieszczać *v* space; arrange (*in space*); dispose

~ **ładunek** *żegl.* stow; trim
~ **załogę** *żegl.* house the crew
rozmieszczenie *n* spacing; lay-out; arrangement
~ **bezodpadowe wykrojów** (*przy wycinaniu*) *obr.plast.* scrapless blank layout, no-scrap blank layout
~ **broni jądrowej** deployment of nuclear weapon
~ **ciężarów** weight distribution
~ **elektronów** electronic configuration
~ **obiektów przemysłowych** industrial development
~ **odwiertów** *wiertn.* well spacing
~ **okien** *bud.* fenestration, arrangement of windows
~ **w przestrzeni** *chem.* spatial arrangement
~ **wyrzutni pocisków rakietowych** deployment of rocket missiles
~ **zwarte** (*atomów*) close packing (*of atoms*)
rozmieszczony w odstępach spaced
rozmiękać *v* get soaked; soften
rozmiękczać *v* soften; steep
rozminować *v* *wojsk.* clear of mines; sweep (*the sea*) for mines
rozmnażanie *n* *biol.* reproduction
~ **bezpłciowe** monogony, asexual reproduction
~ **drożdży** growth of yeast
~ **płciowe** gamogony, sexual reproduction
~ **przez podział** fissiparism
~ **(roślin) metodą odkładów** layering
~ **wegetatywne** proliferation
~ **z sadzonek** *roln.* cutting propagation
rozmoczyć *v* soak; steep; sodden
rozmoknąć *v* get soaked; get soggy
rozmontować *v* disassemble, dismantle
rozmotać *v* unwrap; unravel; unreel
rozmotalnia *f* *włók.* reeling mill
rozmotarka *f* **kokonów** *włók.* silk reeling frame
rozmowa *f* **telefoniczna** telephone call
~ ~ **miejscowa** local call
~ ~ **międzymiastowa** long-distance call
~ ~ **z przywołaniem** advised call
rozmównica *f* **telefoniczna** (public) call office
rozmrażać *v* defrost, thaw
rozmrażalnia *f* *chłodn.* defrosting room
rozmrażanie *n* defrosting, thawing
rozmycie *n* **1.** *odl.* cuts, washes, erosion scab (*casting defect*) **2.** *drog.* washout, scour
~ **linii widmowej** *fiz.* spectral line broadening
~ **pasma** (*w chromatografii*) band broadening
rozmywać *v* wash out; scour
roznitowywać *v* unrivet
rozogniskowanie *n* **odchyleniowe** *elektron.* deflection defocusing
~ **wiązki elektronowej** debunching of electron beam
rozpad *m* disintegration; decomposition, decay; *med.* lysis
~ **alfa** *fiz.* alpha disintegration, alpha decay
~ **bakterii** bacteriolysis
~ **beta** *fiz.* beta disintegration, beta decay
~ **betonu** *bud.* concrete failure
~ **czerwonych krwinek** *med.* hemolysis
~ **fagocytów** *biol.* phagolysis
~ **heterolityczny** *chem.* heterolytic dissociation, heterolysis
~ **homolityczny** *chem.* homolytic dissociation, homolysis
~ **hydrolityczny** *chem.* hydrolytic cleavage
~ **jądra** *fiz.* nuclear disintegration
~ ~ **komórkowego** *biol.* karyolysis
~ **ketonowy** *chem.* ketonic hydrolysis
~ **łańcuchowy** *fiz.* series decay, chain disintegration, chain decay
~ **promieniotwórczy** *fiz.* radioactive disintegration, radioactive decay
~ **rozgałęziony** *fiz.* branching
~ **samorzutny** *chem.* autodecomposition, autodestruction
~ **termiczny** thermal destruction
~ **wiązania** *chem.* cleavage of bond
rozpadać *v* **się** disintegrate, crumble; dilapidate; decay
~ ~ **na kawałki** fall to pieces, break up into pieces
rozpadlina *f* *geol.* cleft; crack
rozpakować *v* unpack; unwrap (*a parcel*)
rozpakowywanie *n* **danych** *inf.* unpacking of data
rozpalać *v* kindle; light up
~ **kocioł** fire up a boiler
~ **wielki piec** light off a blast furnace
rozparcelować *v* parcel out (*an estate*)
rozpatrywać *v* (*sprawę*) examine; consider; look into (*a question*)
~ **ponownie** reconsider
rozpęczanie *n* *obr.plast.* bulging, bulge forming, expanding
~ **hydrauliczne** hydro-bulging
rozpęd *m* impetus; swing; momentum
rozpędzać *v* accelerate, bring up to speed
~ **się** accelerate, gather speed, gain speed
~ **silnik** run up the engine
rozpiąć *v* undo; unhook; unbutton
rozpieczętować *v* unseal; open (*a parcel, a letter*)
rozpieracz *m* **hydrauliczny** (*szczęk hamulca*) *mot.* wheel cylinder
~ **mechaniczny** (*szczęk hamulca*) *mot.* mechanical expander; expander cam
rozpierać *v* strut; space; *górn.* sprag
rozpierak *m* **zamka** *mot.* lock expander
rozpiętość *f* span
~ **naświetleń** *fot.* exposure latitude
~ **płata** *lotn.* span of an aerofoil
~ **przęsła** span (length)
~ **resoru** spring span, spring chord
~ **skrzydeł** *lotn.* wingspan
~ **temperatur** temperature span
~ **teoretyczna** *bud.* effective span
~ **w świetle** *bud.* clear span
~ **zezwoju** *el.* coil span
rozpiętrzanie *n* **impulsów** *el.* debunching of pulses

rozpiłowywać *v drewn.* resaw
rozpinanie *n* (*skór wyprawionych*) *skór.* tacking
rozpinka *f* (*na krośnie*) *włók.* temple
rozpisać *v* **konkurs** invite entries for a competition
rozplanowanie *n* lay-out
~ **pamięci** *inf.* storage schedule, storage planning
rozplanowywać *v* lay out
rozplatać *v* unplait; unbraid
~ **linę** unlay a rope
rozplątać *v* **linę** overhaul a rope
rozpleniać *v* **się** *biol.* proliferate; grow exuberantly
rozpłaszczanie *n* beating, dressing (*of sheet metal*)
rozpłatnica *f drewn.* panel saw
rozpływ *m* **fal** *rad.* propagation of waves
rozpływanie *n* **się** (*pod wpływem wilgoci powietrza*) *fiz.* deliquescence
~ ~ **farby** spreading of paint
rozpoczęcie *n* **roku szkolnego** inauguration of school year
~ **wykopów** (*pod fundamenty*) *bud.* groundbreaking
~ **wyładowania** (*statku*) *żegl.* breaking bulk
rozpoczynać *v* (*pracę, działanie*) begin, commence, start
rozpogodzić *v* **się** *meteo.* brighten up
rozpora *f bud.* strut; counter-tie; straining beam; *górn.* sprag; stretcher bar; stull piece
~ **dokowa** *okr.* breast shore, wale shore, side shore
~ **zagrożonej ściany** *bud.* flying shore
rozpornica *f* **poprzeczna luku** *okr.* hatchway beam, shifting beam
~ **sieciowa** *ryb.* otter board, trawl board
~ **wzdłużna luku** *okr.* bridle beam
rozporządzać *v* (*czymś*) dispose of..., have at one's disposal
rozporządzalny *a* available, disposable
rozporządzanie *n* disposal
rozporządzenie *n* order; decree
rozpościerać *v* spread out; stretch; expand
rozpowszechniać *v* disseminate
rozpowszechnianie *n* **informacji** dissemination of information
rozpowszechnienie *n* **izotopu** isotopic abundance
~ **pierwiastków** abundance of elements
rozpowszechniony *a* widespread; current; prevalent
rozpoznanie *n* **1.** *wojsk.* reconnaissance **2.** *med.* diagnosis
~ **celu** target identification
~ **przy użyciu sztucznych satelitów** satellite reconnaissance
~ **radiolokacyjne** radar reconnaissance
~ **skażeń promieniotwórczych** frisking, searching for radioactive contamination
rozpoznawalność *f* recognizability
rozpoznawanie *n cybern.* recognition
~ **barw** colour vision
rozpór *m* **łuku** thrust of an arch
rozpórka *f* strut; spur; spacer; stay; separator
~ **sieci trakcyjnej** spreader in an overhead contact line
~ **skrzydłowa** *lotn.* drag strut
rozpraszacz *m fiz.* diffuser; scatterer
~ **doskonały** perfect diffuser
~ **ładunków elektrostatycznych** static discharger
~ **nieselektywny** neutral diffuser
~ **równomierny** uniform diffuser
~ **szary** neutral diffuser
~ **światła** light diffuser
~ **wirów brzegowych** *lotn.* vortex diffuser; winglet
~ **wsteczny** *nukl.* backscatterer
rozpraszać *v* dissipate; disperse; diffuse; scatter
rozpraszający *a* dissipative
rozpraszanie *n fiz.* dissipation; diffusion; scattering, *zob.też* **rozproszenie**
~ **ciepła** heat dissipation
~ **cząstek** scattering of particles
~ **domieszkowe** impurity scattering
~ **dźwięku** acoustic scattering
~ **energii** dissipation of energy
~ **fononowe** phonon scattering
~ **klasyczne** Rayleigh scattering
~ **komptonowskie** Compton effect, Compton scattering
~ **mgły** fog dispersal
~ **międzydolinowe** intervalley scattering
~ **na domieszkach** impurity scattering
~ **na dyslokacjach** dislocation scattering
~ **neutronów** neutron scattering
~ **niespójne** incoherent scattering
~ **niesprężyste** inelastic scattering
~ **niskokątowe** low-angle scattering
~ **promieniowania** scattering of radiation
~ **ramanowskie** Raman effect
~ **rayleighowskie** Rayleigh scattering
~ **rozmyte** diffuse scattering
~ **sieciowe** lattice scattering
~ **spójne** coherent scattering
~ **światła** light diffusion
~ **wewnątrzdolinowe** intravalley scattering
~ **wymienne** exchange scattering
rozprawa *f* **doktorska** doctor's thesis
rozprężacz *m* expander
rozprężać *v* **(się)** expand
rozprężanie *n* expansion
~ **adiabatyczne** adiabatic expansion
~ **gazu** decompression
~ **politropowe** polytropic expansion
~ **wielostopniowe** multi-stage expansion
rozprężarka *f chłodn.* expander, expansion engine
rozprężenie *n* **resoru** spring rebound
~ **wybuchowe** (*gazu*) explosive decompression
rozprężność *f* expansion pressure
rozproszenie *n fiz.* dissipation; diffusion; scattering, *zob.też* **rozpraszanie**
~ **magnetyczne** magnetic leakage
~ **wirów** *mech.pł.* dissipation of vortices

~ **wsteczne** backscattering
~ **zwrotne** *zob.* **rozproszenie wsteczne**
rozprowadzanie *n* **mieszanki** *siln.spal.* mixture distribution
~ **samolotów** aircraft ferrying
~ **zaprawy** *bud.* buttering
rozpruwać *v* unstitch, rip
rozprysk *m* spatter, splatter, splutter
~ **metalu** *spaw.* metal spattering
~ **na odłamki** fragmentation
~ **pocisku** *uzbr.* shell burst
rozpryski *mpl* **metalu** (*przy odlewaniu wlewków*) splashings
rozpryskiwacz *m* sprinkler
rozpryskiwać *v* sprinkle; spray; spatter, splash
rozprza *f* **włoka** *ryb.* cross beam of a trawl
~ **żagla** sprit (*across a sail*)
rozprzestrzeniać *v* **(się)** propagate
rozprzestrzenianie *n* **się** propagation
~ ~ **fal** *fiz.* propagation of waves
~ ~ **płomienia** propagation of flame
rozpuszczać *v* **(się)** dissolve, solubilize
~ **w podwyższonej temperaturze** digest
rozpuszczalnik *m* (dis)solvent
~ **amfiprotonowy** amphiprotic solvent, amphoteric solvent
~ **amfoteryczny** *zob.* **rozpuszczalnik amfiprotonowy**
~ **aprotonowy** aprotic solvent, indifferent solvent
~ **do ekstrakcji** extraction solvent, extractant
~ **kwaśny** proton donor solvent, protogenic solvent, acidic solvent
~ **naftowy** petroleum solvent
~ **niewodny** non-aqueous solvent
~ **niwelujący** levelling solvent, equalizing solvent
~ **obojętny** aprotic solvent, indifferent solvent
~ **organiczny** organic solvent
~ **polarny** polar solvent
~ **protonoakceptorowy** proton acceptor solvent, protophilic solvent, basic solvent
~ **protonodonorowy** proton donor solvent, protogenic solvent, acidic solvent
~ **protonofilowy** proton acceptor solvent, protophilic solvent, basic solvent
~ **protonogenowy** proton donor solvent, protogenic solvent, acidic solvent
~ **różnicujący** differentiating solvent
~ **selektywny** selective solvent
~ **wtórny** extraction solvent
~ **wyrównujący** levelling solvent, equalizing solvent
~ **zasadowy** proton acceptor solvent, protophilic solvent, basic solvent
rozpuszczalność *f* solubility
~ **całkowita** *zob.* **rozpuszczalność doskonała**
~ **doskonała** perfect solubility
~ **graniczna** solubility limit
~ **w kwasach** acid solubility
~ **w stanie stałym** solid(-state) solubility
~ **w wodzie** water solubility
~ **wzajemna** mutual solubility, intersolubility
rozpuszczalny *a* soluble
rozpuszczalny w alkaliach alkali-soluble
rozpuszczalny w alkoholu spirit-soluble
rozpuszczalny w kwasach acid-soluble
rozpuszczalny w tłuszczu fat-soluble
rozpuszczalny w wodzie water-soluble
rozpuszczalny w wodzie całkowicie all-water-soluble
rozpuszczanie *n* *obr.ciepl.* quench annealing
~ **(się)** dissolution, solution
~ **wtórne** *elchem.* re-solution
rozpuszczony *a* dissolved
rozpylacz *m* atomizer, sprayer, pulverizer; atomizing nozzle, spray nozzle
~ **czopikowy** *siln.* pintle nozzle (*of an injector*)
~ **do rozpylania płaskiego** fan atomizer
~ **odśrodkowy** centrifugal atomizer
~ **talerzowy** disk atomizer
~ **wirowy** centrifugal atomizer
rozpylać *v* atomize, spray, pulverize
rozpylanie *n* atomization, spraying, pulverization
~ **jonowe** *elektron.* ion sputtering
~ ~ **prądami w.cz.** rf sputtering
~ **katodowe** *elektron.* cathode sputtering, cathode evaporation
rozrachunek *m* **bezgotówkowy** *ek.* clearing
~ **gospodarczy** economic accountability
rozrastać *v* **się** grow; develop
rozregulować *v* put out of adjustment, put out of order
rozregulowanie *n* maladjustment
rozregulowany *a* out of adjustment
rozrost *m* growth
~ **ziarna** *met.* grain growth, grain coarsening
rozróżniacz *m* *fiz.* discriminator
rozróżniać *v* differentiate; distinguish; discriminate
rozróżnialność *f* discrimination, resolution (*in radiolocation*)
~ **azymutowa** azimuth discrimination
~ **celu** (*od tła lub od innych obiektów*) target discrimination
~ **kątowa** angular discrimination, resolution in angle
~ **odległościowa** range discrimination, resolution in range
rozróżnienie *n* distinction
rozruch *m* starting; start-up
~ **ponowny** restart
~ **produkcji** beginning the production
~ **silnika** starting an engine
~ ~ **samolotu w powietrzu** airstart of an engine
~ ~ **zimnego** cold starting, starting from cold
rozrusznik *m* starter
~ **autotransformatorowy** *el.* autostarter
~ **bezwładnościowy** inertia starter
~ **gwiazda-trójkąt** *el.* star-delta starter
~ **lotniskowy** (*obsługi ziemnej samolotu*) ground starter

~ **nożny** (*motocyklowy*) kick-starter
~ **sztuczny serca** *med.* artificial pacemaker
~ **wirnikowy opornikowy** *el.* rotor-resistance starter
~ **zmiennobiegunowy** *el.* pole-changing starter
rozrywać *v* tear; disrupt
rozrywalność *f* **materiału wybuchowego** shattering effect of an explosive
rozrząd *m* **1.** *siln.spal.* timing gear **2.** *kol.* switching
~ **dolnozaworowy** side-valve timing gear
~ **górnozaworowy** overhead-valve timing gear
~ **pary** *siln.par.* steam distribution
~ **zaworowy** valve timing
rozrzedzać *v* rarefy; dilute, thin, weaken; *farb.* cut back
rozrzedzenie *n* rarefaction; dilution; thinning; tenuity
rozrzucać *v* scatter
rozrzut *m* scatter, spread, dispersion
~ **częstotliwości radiolokatora** radar frequency dispersion, radar frequency scattering
~ **przeciętnej wartości** *mat.* spread of averages
~ **wskazań** (*przyrządu*) dispersion of indications
~ **wyników** scatter of results
rozrzutnik *m* **gwiazdowy** *roln.* digging reel
~ **wapna** *roln.* lime spreader
rozsada *f* *roln.* seedling
rozsadnik *m* *roln.* seed-plot, nursery bed
rozsadzać *v* **1.** burst; blow out **2.** *roln.* bed out
rozsadzanie *n* **skał przez zamarzającą w szczelinach wodę** *geol.* congelifraction, frost bursting
rozsiew *m* spread
rozsiewacz *m* **nawozów** *roln.* fertilizer distributor
rozsprzęgać *v* uncouple
rozsprzężenie *n* **spinowe** *fiz.* spin decoupling
rozstaw *m* spacing
~ **częstotliwości radiolokatorów** radar frequency diversity, mode separation
~ **kłów** centre distance (*in a lathe*)
~ **kół** (*pojazdu*) wheel track, tread
~ **osi** (*pojazdu*) wheel base, axle base
~ **płatów** (*dwupłata*) gap (*in a biplane*)
~ **ramion** (*zgrzewarki punktowej*) *spaw.* horn spacing
rozstawiak *m* *biur.* spacing key
rozstawienie *n* spacing, *zob.też* **rozstaw**
rozstawiony *a* spaced
rozstęp *m* **1.** range **2.** *med.* lacuna
~ **uskoku** *geol.* stratigraphic throw, stratigraphic separation
~ ~ **poziomy** want
~ ~ **prostopadły** vertical separation
rozstrojenie *n* (*obwodu rezonansowego*) *rad.* mistuning, detuning
rozstrojony *a* out of tune
rozstrzygalność *f* *mat.* decidability
rozstrzygalny *a* *mat.* decidable
rozsupłać *v* (*linę, drut*) take out a kink
rozsuw *m* **faz** *el.* angular displacement
rozsył *m* **światła** light distribution
rozsyp *m* (*ładunku*) *transp.* draftage
rozsypywać *v* scatter; spread
rozszczelniać *v* unseal
rozszczepiacz *m* **fazy** *el.* phase splitter
rozszczepiać *v* **(się)** split; cleave; sliver; splinter
rozszczepialność *f* fissility
rozszczepialny *a* fissile, fissionable
rozszczepienie *n* splitting, split; cleavage; *fiz.* fission
~ **białka** *biochem.* proteolysis
~ **jądra atomu** nuclear fission
~ **ketonowe** *chem.* ketonic hydrolysis
~ **kwasowe** *chem.* acid hydrolysis, acidolysis
~ **linii widmowych** splitting of spectral lines
~ **łańcucha** chain fission
~ **(na skutek sprzężenia) spin-spin** spin-spin splitting
~ **nadsubtelne** *fiz.* hyperfine splitting
~ **neutronami powolnymi** slow-neutron fission
~ ~ **prędkimi** fast-neutron fission
~ ~ **termicznymi** thermal neutron fission
~ **niekontrolowane** explosive fission
~ **pierwsze** original fission
~ **powolne** slow-neutron fission
~ **prędkie** fast neutron fission
~ **rezonansowe** resonance fision
~ **samorzutne** spontaneous fission
~ **spin-orbita** *fiz.* spin-orbit splitting
~ **sztuczne** induced fission
~ **światła** dispersion of light
~ **termiczne** thermal neutron fission
~ **tłuszczów** *chem.* fat splitting
~ **wariancji** *mat.* splitting a variance
~ **warstw** delamination
~ **wybuchowe** explosive fission
~ **wyjściowe** original fission
~ **wzbudzone** induced fission
rozszerzacz *m* *wiertn.* broach, broaching bit, enlarging bit, expansion bit, reamer
~ **tkanin** *włók.* expander
rozszerzać *v* **działalność** extend activity
~ **rynki zbytu** *ek.* expand markets
~ **się** widen; enlarge; extend; expand; spread
rozszerzalność *f* dilatability; expansion
~ **cieplna** thermal expansion
~ **liniowa** linear expansion
~ **objętościowa** cubical expansion
~ **wtórna** *ceram.* secondary expansion
rozszerzalny *a* expandable, dilatable, distensible
rozszerzanie *n* **1.** expansion; extension **2.** *obr.plast.* spreading
~ **dynamiki** *el.akust.* volume expansion
~ **materiału** (*podczas walcowania*) *obr. plast.* lateral spreading
~ **otworu** *wiertn.* broaching, reaming
~ **się płomienia** propagation of flame
~ **się Wszechświata** cosmic expansion

rozszerzarka *f* **rur** *hutn.* reeling mill
~ **tkanin** *włók.* tentering machine
rozszerzenie *n* widening; dilatation; extension, broadening; *mat.* extension
~ **abelowe** *mat.* abelian extension
~ **algebraiczne** *mat.* algebraic extension
~ **całkowite** *mat.* integral extension
~ **linii widmowej** *fiz.* spectral line broadening
~ **produkcji** production development
~ **rozdzielcze** *mat.* separable extension
~ **rozwiązalne** *mat.* solvable extension
~ **rury** (*u wylotu*) pipe flaring
~ **źrenicy** *med.* mydriasis
rozsztauować *v* *żegl.* unstow
rozszycie *n* **kabla** *el.* cable form
rozszyfrować *inf.* unscramble, decipher; break the code
rozścielacz *m* *drog.* spreading machine, spreader
rozściełać *v* spread
rozśrodkowanie *n* **samolotów** (*na lotnisku wojskowym*) dispersal of aircraft
roztaczanie *n* *obr.skraw.* boring; chambering
roztapianie *n* **wsadu** *hutn.* melting (down) the charge, meltdown
roztłaczak *m* **do rur** *narz.* tube expander
roztłaczanie *n* *obr.plast.* spreading; expanding, bulging, bulge forming
~ **rur** tube expanding, flue rolling
roztocza *mpl* *bot.* saprophytes, acarus
roztocze *pl* *zool.* mites, *Acarina*
roztop *m* *szkl.* bath of glass, melt
roztopiony *a* fused, molten
roztrząsacz *m* **obornika** *roln.* dung spreader, manure spreader
roztwarzać *v* digest; pulp; solubilize
roztwarzalność *f* *papiern.* pulpability
roztwarzanie *n* digestion; *papiern.* pulping; *obr.ciepl.* quench annealing
~ **obojętnosiarczynowe** neutral sulfite pulping
~ **półchemiczne** semi-chemical pulping
~ **siarczanowe** sulfate pulping, kraft pulping
~ **siarczynowe** sulfite pulping
~ **sodowe** soda pulping, soda process
roztwory *mpl* **alkoholowe środków leczniczych** spirits
~ **izoosmotyczne** *zob.* **roztwory izotoniczne**
~ **izotoniczne** isotonic solutions
~ **równomolowe** equimolar solution
~ **sprzężone** conjugate solutions
roztwór *m* solution, *zob.też* **roztwory**
~ **alkaliczny** alkaline solution
~ **alkoholowy** alcoholic solution
~ **arseninu potasowego** *farm.* Fowler's solution, arsenical solution, potassium arsenite solution
~ **atermiczny** athermal solution
~ **bielący** *włók.* bleaching liquor
~ **bogaty** rich solution
~ **buforowy** buffer(ed) solution
~ **Clarka** *san.* standard soap solution
~ **do ługowania** (*rudy*) extraction liquor, extractant
~ **do pędzlowania** *med.* paint
~ **doktora** doctor solution, sodium plumbite solution
~ **doskonały** ideal solution, ideal mixture
~ **dwuskładnikowy** binary solution
~ **elektrolitu** electrolytic solution
~ **eterowy** etheral solution
~ **eutektyczny** *met.* eutectic solution
~ **fizjologiczny** physiological solution
~ **Fowlera** *farm.* Fowler's solution, arsenical solution, potassium arsenite solution
~ **hipertroniczny** hypertronic solution
~ **hipotoniczny** hypotonic solution
~ **inkongruentny** incongruent saturated solution
~ **jednodziesięcionormalny** decinormal solution
~ **jednonormalny** normal solution
~ **jednosetnonormalny** centinormal solution
~ **koloidalny** sol, colloidal solution
~ **kwaśny** acid solution
~ **ługu sodowego** (*kąpiel hartownicza*) caustic solution
~ **macierzysty** mother liquor
~ **maskujący** *elchem.* masking buffer
~ **-matka** *nukl.* pregnant solution
~ **mianowany** standard solution, titrant
~ **miedziowo-amoniakalny** Schweizer's reagent, cuprammonium solution
~ **molalny** molal solution
~ **molarny** molar solution
~ **molekularno-dyspersyjny** molecular solution, true solution
~ **molowy** molar solution
~ **mydła** soap solution
~ ~ **wzorcowy** *san.* standard soap solution
~ **nadtlenku wodoru** hydrogen peroxide solution, hydrogen dioxide solution
~ **nasycony** saturated solution
~ **niedoskonały** non-ideal solution
~ **nienasycony** unsaturated solution
~ **nieskończenie rozcieńczony** solution at infinite dilution
~ **niewodny** non-aqueous solution
~ **niezgodnie nasycony** incongruent saturated solution
~ **nitrocelulozy w octanie amylu** *chem.* banana liquid
~ **normalny** normal solution
~ **obojętny** neutral solution
~ **olejowy witaminy A** *farm.* oleovitamin A
~ **ołowiu sodowego** sodium plumbite solution, doctor solution
~ **podstawowy** stock solution
~ **porównawczy** reference solution
~ **potrawienny** *met.* spent pickling solution, (spent) pickle liquor
~ **przesycony** supersaturated solution
~ **przędzalniczy** *włók.szt.* spinning solution, spinning liquid, spinning fluid
~ **pseudodoskonały** pseudoideal solution
~ **rozcieńczony** dilute solution

~ **rozpoznawczy** reference solution (*in colorimetric analysis*)
~ **rzeczywisty** non-ideal solution
~ **słaby** weak solution
~ **soli** saline solution
~ **stały** solid solution, mixed crystal
~ ~ **drugiego rodzaju** addition solid solution
~ ~ **graniczny** terminal solid solution, primary solid solution
~ ~ **macierzysty** parent solid solution
~ ~ **międzywęzłowy** interstitial solid solution
~ ~ **nieuporządkowany** random solid solution
~ ~ **pierwotny** terminal solid solution, primary solid solution
~ ~ **pierwszego rodzaju** substitutional solid solution
~ ~ **podstawowy** *zob.* **roztwór stały pierwotny**
~ ~ **pustowęzłowy** subtractional solid solution
~ ~ **różnowęzłowy** *zob.* **roztwór stały substytucyjny**
~ ~ **substytucyjny** substitutional solid solution
~ ~ **subtrakcyjny** subtractional solid solution, omission solid solution
~ ~ **śródwęzłowy** interstitial solid solution
~ ~ **uporządkowany** ordered solid solution
~ **sterylny** sterilized solution
~ **stężony** concentrated solution
~ **ubogi** lean solution
~ **wieloskładnikowy** complex solution
~ **właściwy** true solution, molecular solution, simple solution
~ **wodny** aqueous solution, water solution; liquor
~ ~ **amoniaku** ammonia solution, ammonia water
~ **wskaźnika** indicator solution
~ **wymywający** eluent
~ **wzorcowy** standard solution
~ **zatężony** concentrated solution; thick liquor
~ **zgodnie nasycony** congruent saturated solution
rozwadniać *v* water down, dilute with water
rozwalcowywanie *n* **rur** tube expanding; flue rolling
rozwarcie *n* **dyszy** nozzle divergence
~ **przedformy** *szkl.* cracking
~ **ramion zgrzewarki** *spaw.* horn spacing
~ **spoiny (klejowej)** open (glue) joint
~ **zębów piły** saw set
rozwarstwienie *n* (de)lamination; stratification; ply separation; foliation
~ **emulsji** emulsion breaking
rozwartość *f* **klucza** *masz.* wrench opening
~ **optyczna** *opt.* aperture
~ ~ **kątowa** angular aperture
~ ~ **liczbowa** numerical aperture
rozwarty *a* obtuse (*angle*)
rozwiązać *v* **1.** untie; undo **2.** solve, *zob.też* **rozwiązywać**
~ **strop** *transp.* unstrap
~ **umowę** dissolve a contract
rozwiązalne przez pierwiastki *mat.* solvable by radicals
rozwiązalność *f* *mat.* solvability
rozwiązalny *a* *mat.* solvable
rozwiązanie *n* *mat.* solution
~ **asymptotyczne** asymptotic solution
~ **dopuszczalne** feasible solution
~ **graficzne** graphic solution
~ **jednoznaczne** unique solution
~ **kompromisowe** trade-off
~ **liczbowe** numerical solution
~ **niedopuszczalne** infeasible solution
~ **ogólne** general solution
~ **osobliwe** singular solution
~ **podstawowe** fundamental solution
~ **przybliżone** approximate solution
~ **równania** solution of an equation
~ **słabe** weak solution
~ **sposobem prób i błędów** cut-and-trial solution, trial-and-error solution
~ **szczególne** particular solution, partial solution
~ **trójkąta** solution of triangle
~ **trywialne** trivial solution
~ **umowy** dissolution of a contract
~ **uogólnione** generalized solution
~ **w liczbach całkowitych** integer solution
~ **wariantowe** alternative solution
rozwiązujący *a. mat.* resolvent
rozwiązywać *v* *mat.* solve
~ **równanie** solve an equation
~ **problem** (re)solve a problem, tackle a problem, meet the problem
rozwidlacz *m* *el.* branch-joint; cluster
rozwidlenie *n* (bi)furcation, fork, branching
~ **dróg** road fork
rozwidlony *a* forked, bifurcate
rozwieracz *m* **opon** *narz.* tyre spreader
rozwierać *v* open out; pull apart
rozwierak *m* *narz.szkl.* pucella
~ **do pił** saw set
rozwieranie *n* **zębów piły** saw setting
rozwiercanie *n* **1.** *obr.skraw.* reaming; boring **2.** *wiertn.* broaching, enlarging, expanding
rozwiertak *m* **1.** *obr.skraw.* reamer, enlarging drill **2.** *wiertn.* broach, broaching bit, enlarging bit, expansion bit
~ **blokowy** block reamer
~ **do otworów w konstrukcjach stalowych** structural reamer, bridge reamer
~ **do usuwania zadziorów** burring reamer
~ **dwuostrzowy** (*z wkładami prowadzącymi*) pack reamer
~ **kotlarski** boiler reamer
~ **kręty** spiral reamer, helically-fluted reamer
~ **maszynowy** chucking reamer
~ **nakładany płytkami z węglików spiekanych** tipped reamer

~ **nasadzany** shell reamer
~ **płytkowy** block reamer
~ **rozprężny** expanding reamer, expansion reamer
~ **samonastawny** floating reamer
~ **skrócony** stub reamer
~ **stały** (*nienastawny*) solid reamer
~ **stożkowy** taper reamer
~ **ślusarski** diemakers' reamer
~ **wykańczak** finishing reamer
~ **z pokrętłem** handle reamer
~ **z uzębieniem czołowym** end cutting reamer
~ **z wiertłem w części przedniej** subland reamer
~ **z zębami prostymi** straight fluted reamer
~ **zdzierak** roughing reamer
~ ~ **do długich otworów** hollow-core reamer
~ ~ **maszynowy** rose reamer
~ ~ **nasadzany** shell core drill
rozwijać *v* develop; evolve
~ **dużą prędkość** develop high speed
~ **taśmę z kręgu** *hutn.* pay off strip, unroll a coil of strip, unwind the strip from the coil
~ **ze szpuli** unreel
~ **ze zwoju** (*np. drut*) uncoil, unwind
rozwijająca *f mat.* involute, evolvent
rozwijalny *a mat.* developable
rozwijanie *n* development; evolving
~ **chromatogramu** chromatogram development
~ **łańcucha reakcji** *chem.* chain propagation
~ **programu** *inf.* bootstrap
~ **się pęknięcia** *met.* fracture propagation
~ **spływowe** (*w chromatografii*) *chem.* descending development
~ **wstępujące** (*w chromatografii*) *chem.* ascending development
~ **zstępujące** *zob.* **rozwijanie spływowe**
rozwijarka *f masz.* uncoiler; *hutn.* decoiler, pay-off reel, P.O. reel
~ **bębnowa** (*drutu*) mandrel uncoiler
rozwinięcie *n* **1.** development **2.** *rys.* developed view **3.** *mat.* expansion (*in a series*); *mat.* development (*of a surface*)
~ **asymptotyczne** *mat.* asymptotic expansion
~ **funkcji** *mat.* expansion of a function
~ **poszycia kadłuba** *okr.* shell expansion
~ **powierzchni** *mat.* development of surface, surface development
~ **w szereg** *mat.* series expansion
~ **wytłoczki** (*z naddatkiem na obcięcie*) *obr.plast.* blank development
rozwinięta *f mat.* evolute
rozwlekłość *f inf.* redundancy
rozwłóknianie *n papiern.* defibering
rozwłókniarka *f masz.papiern.* defiberizer, defibrator
~ **wirowa** *papiern.* hydropulper
rozwłóknienie *n mat.* **1.** fibration **2.** fibre space
~ **uniwersalne** universal fibration
rozwodzenie *n* **zębów piły** saw setting
rozwora *f* (*ściany szkieletowej*) *bud.* dwang, nogging-piece
rozwój *m* development; evolution; expansion; build-up; advancement
~ **gospodarczy** economic development
~ **jądra komórkowego** *biol.* karyogenesis
~ **miast** urban development, urbanization
~ **nadmierny** overdevelopment
~ **produkcji** production development
rozżaglować *v* unbend a sail
rozżarzony *a* incandescent
rozżarzony do białości white-hot
rożek *m* **blacharski** *narz.* stake
~ ~ **jednostronny** side stake
~ **hełmu nurka** gooseneck of a diving helmet
~ **łukowy** *el.* arcing horn, arc runner
~ ~ **pomocniczy** sub-arc runner
~ **odbijający** *rad.* corner reflector
~ **szkutniczy** *żegl.* marline spike
~ **takielarski** *żegl.* fid, pricker, setting fid
~ **widełek kotwicy** *zeg.* horn of the fork
rożki *mpl* **pokładowe** *okr.* deck cleat, belaying cleat
~ ~ **zaciskowe** jam cleat
rożyca *f zob.* **rożki pokładowe**
ród *m genet.* lineage
róg *m* **1.** horn; *zool.* horn **2.** corner
~ **fałowy żagla** head of a sail
~ **halsowy żagla** tack of a sail
~ **kowadła** anvil horn, anvil beak
~ **mgłowy** fog-horn
~ **sygnałowy** *zob.* **róg mgłowy**
~ **szotowy żagla** clew of a sail
~ **sztuczny** *tw.szt.* artificial horn
rój *m* **1.** *pszczel.* swarm **2.** *fiz.* cluster
~ **jonowy** *fiz.* ion cluster
~ **meteorów** *astr.* meteor shower, meteor stream
~ **pierwak** prime swarm (*of bees*)
rójka *f* swarming (*of bees*)
rów *m* trench; ditch; dike
~ **chłonny** absorption trench
~ **cyrkulacyjny** *san.* oxidation ditch
~ **drenażowy** *zob.* **rów odwadniający**
~ **odwadniający** drainage ditch
~ ~ **chwytny** catchwater
~ **kablowy** cable trench
~ **przeciwczołgowy** *inż.* (anti)tank ditch
~ **tektoniczny** *geol.* rift valley, fault trough
równać *v* even; level; flatten; grade
równania *npl mat.* equations, *zob.też* **równanie**
~ **Cauchy'ego-Riemanna** Cauchy-Riemann equations
~ **fenomenologiczne** *term.* phenomenological equations
~ **kanoniczne (Hamiltona)** canonical equations
~ **krzywej naturalne** intrinsic equations of a space curve
~ ~ **wewnętrzne** *zob.* **równania krzywej naturalne**
~ **parametryczne** parametric equations
~ **równoważne** simultaneous equations

równanie *n* **1.** *mat.* equation **2.** evening; levelling; flattening; grading
~ **adsorpcji Gibbsa** Gibbs adsorption equation
~ **algebraiczne** algebraic equation, polynomial equation
~ **barw** colour equation
~ **Bernoulliego** *mech.pł.* Bernoulli's theorem
~ **BET** (*Brunauera, Emmetta i Tellera*) *chem.* BET equation
~ **bezwymiarowe** dimensionless equation
~ **biharmoniczne** biharmonic equation
~ **całkowe** integral equation
~ ~ **Abela** Abel's integral equation
~ ~ **Fredholma** Fredholm integral equation
~ **charakterystyczne** characteristic equation, indicial equation
~ ~ **macierzy** characteristic equation of a matrix, secular equation
~ **chemiczne** chemical equation, stoichiometric equation
~ **ciągłości** equation of continuity
~ **czasu** equation of time
~ **cząstkowe** (*reakcji*) *chem.* molecular equation
~ **czwartego stopnia** quartic (equation)
~ **Darcy-Weisbacha** *mech.pł.* Darcy-Weisbach equation
~ **drugiego stopnia** quadratic (equation)
~ **dwukwadratowe** biquadratic (equation), quartic equation
~ **dwumienne** binominal equation
~ **eikonału** eikonal equation
~ **elektronowe** *chem.* electronic equation
~ **eliptyczne** elliptic equation
~ **Eulera-Lagrange'a** Euler-Lagrange equation
~ **ewolucyjne** equation of evolution
~ **falowe** wave equation; *fiz.* Schrödinger equation
~ **funkcyjne** functional equation
~ **Gibbsa** *term.* fundamental equation
~ **hiperboliczne** hyperbolic equation
~ **izobary van't Hoffa** *fiz.* van't Hoff equation
~ **jednorodne** homogeneous equation
~ **kinetyczne** (*szybkości reakcji*) *chem.* rate equation, kinetic equation
~ **kryterialne** dimensionless equation
~ **krytyczne** *nukl.* critical equation
~ **kwadratowe** quadratic (equation)
~ **liczbowe** numerical equation
~ **liniowe** linear equation
~ **logarytmiczne** logarithmic equation
~ **macierzowe** matrix equation
~ **niedookreślone** indeterminate equation
~ **nieliniowe** nonlinear equation
~ **normalne** standard equation
~ **odwrotne** reciprocal equation
~ **operatorowe** operational equation
~ **piątego stopnia** quintic (equation)
~ **pierwszego stopnia** linear equation
~ **proste** simple equation
~ **prostej przechodzącej przez dwa dane punkty** two point form of the equation of a straight line
~ **przewodnictwa ciepła** heat equation
~ **radiolokacyjne** radar equation
~ **reakcji** chemical equation, stoichiometric equation
~ **regresyjne** regression equation
~ **relatywistyczne mechaniki kwantowej** relativistic wave equation
~ **równowagi** *mech.* equation of equilibrium
~ **różnicowe** difference equation
~ **różniczkowe** differential equation
~ ~ **cząstkowe** partial differential equation
~ ~ **zwyczajne** ordinary differential equation
~ **ruchu** *mech.pł.* equation of motion
~ **Schrödingera** *fiz.* Schrödinger equation
~ **sekularne** characteristic equation of a matrix, secular equation
~ **stanu** *fiz.* equation of state
~ **stechiometryczne** stoichiometric equation, chemical equation
~ **sześcienne** cubic (equation)
~ **szóstego stopnia** sextic (equation)
~ **szybkości reakcji** *chem.* rate equation, kinetic equation
~ **telegrafistów** telegraph equation
~ **termochemiczne** thermochemical equation
~ **trygonometryczne** trigonometric equation
~ **trzech momentów** *wytrz.* equation of three moments
~ **trzeciego stopnia** cubic (equation)
~ **wiekowe** *nukl.* age equation
~ **wielkościowe** *metrol.* quantity equation
~ **wykładnicze** exponential equation
~ **wyznacznikowe** determinantal equation
równia *f* **pochyła** *mech.* inclined plane
równiak *m* (*młotek*) face hammer
równiarka *f* **1.** *drog.* grader **2.** *poligr.* jogger, jogging machine
~ **podłoża drogowego** subgrader
~ **samobieżna** power grader, maintainer
równik *m* equator
~ **astronomiczny** *zob.* **równik niebieski**
~ **magnetyczny** magnetic equator, aclinic line
~ **niebieski** celestial equator, equinoctial
~ **astronomiczny** *zob.* **równik niebieski**
~ **ziemski** terrestrial equator, astronomical equator
równikowy *a* equatorial
równikowy pas *m* **ciszy** *meteo.* doldrums
równina *f* plain
~ **napływowa** *geol.* outwash plain
~ **potencjału** *el.* potential plateau
równoboczny *a geom.* equilateral
równocząsteczkowy *a chem.* equimolecular
równoczesny *a* concurrent
równodzienny *a astr.* equidiurnal
równokątny *a geom.* equiangular, isogonal
równokierunkowość *f* isotropy
równokierunkowy *a* isotropic

równolegle *adv* in parallel
równoległa *f geom.* parallel
równoległobok *m geom.* parallelogram
~ **prędkości** *mech.* parallelogram of velocities
~ **sił** *mech.* parallelogram of forces
równoległościan *m geom.* parallelepiped
równoległość *f* parallelism
równoległowód *m mech.* parallel mechanism, parallel motion, parallelogram (linkage)
równoległoznacznik *m* **traserski** surface gauge, scribing block
równoległy *a* parallel
równoleżnik *m* parallel (*of latitude*)
~ **deklinacyjny** *astr.* parallel of declination
~ **kołobiegunowy** circle of perpetual apparition
~ **przeciwkołobiegunowy** circle of perpetual occultlation
~ **szerokości** parallel of latitude
~ **wysokości** *astr.* almucantar, alamacantar, parallel of altitude
równoliczny *a mat.* equipotent, equinumerous
równomiernie *adv* uniformly, at a uniform rate
równomierność *f* uniformity
~ **działania** *masz.* smoothness of operation
~ **pracy silnika** engine smoothness
równomierny *a* uniform
równomolarny *a chem.* equimolar
równonoc *f astr.* equinox, equinoctial point
~ **jesienna** autumnal equinox
~ **wiosenna** vernal equinox
równonocny *a astr.* equinoctial
równoodległy *a* equidistant
równookresowość *f* isochronism
równoosiowy *a kryst.* equiaxed, equiaxial
równopostaciowość *f kryst.* isomorphism
równopostaciowy *a kryst.* isomorphic, isomorphous
równoramienny *a geom.* isosceles; even--armed
równorzędny *a* equivalent
równość *f* equality
równowaga *f* equilibrium
~ **baroklinowa** *hydr.* barocline equilibrium
~ **barotropowa** *hydr.* barotropic equilibrium
~ **bieli** *TV* white balance
~ **biologiczna** biological balance
~ **chemiczna** chemical equilibrium, reaction equilibrium
~ ~ **nietrwała** false chemical equilibrium
~ ~ **pozorna** *zob.* **równowaga chemiczna nietrwała**
~ **chwiejna** unstable equilibrium, labile equilibrium
~ **cieczy** *hydr.* equilibrium of a liquid
~ **cieplna** thermal equilibrium
~ **Donnana** *fizchem.* Donnan equilibrium; membrane equilibrium
~ **dynamiczna** dynamic equilibrium
~ **fazowa** phase equilibrium, transfer equilibrium
~ **fotochemiczna** photostationary state
~ **lokalna** local equilibrium
~ **mebranowa** membrane equilibrium; Donnan equilibrium
~ **metastabilna** metastable equilibrium
~ **międzyfazowa** phase equilibrium, transfer equilibrium
~ **niestała** unstable equilibrium, labile equilibrium
~ **niestateczna** *zob.* **równowaga niestała**
~ **obojętna** neutral equilibrium, indifferent equilibrium; neutral stability
~ **para-ciecz** vapour-liquid equilibrium
~ **pozorna** apparent equilibrium, false equilibrium
~ **promieniotwórcza** radioactive equilibrium
~ ~ **trwała** secular equilibrium
~ **przejściowa** transient equilibrium
~ **przemijająca** *zob.* **równowaga przejściowa**
~ **przeponowa** membrane equilibrium; Donnan equilibrium
~ **reakcji** *chem.* reaction equilibrium, chemical equilibrium
~ **ruchoma** *cybern.* mobile equilibrium, transient equilibrium
~ **rynkowa** *ek.* market equilibrium
~ **sił** equilibrium of forces
~ **stała** stable equilibrium
~ **stateczna** *zob.* **równowaga stała**
~ **termiczna** thermal equilibrium
~ **termodynamiczna** thermodynamic equilibrium
~ **w układzie jednorodnym** homogeneous equilibrium
~ ~ ~ **niejednorodnym** heterogeneous equilibrium, polyphase equilibrium
~ ~ ~ **wielofazowym** *zob.* **równowaga w układzie niejednorodnym**
~ **wiekowa** (*promieniotwórcza*) secular equilibrium
~ **względna** (*układu materialnego*) *mech.* relative equilibrium
równowartościowy *a* equivalent
równowartość *f* equivalence, equal value
równoważenie *n* **toru** *el.* balancing of a circuit
równoważnik *m* **1.** equivalent **2.** *tel.* balancing network
~ **biologiczny** *radiol.* rem (*röntgen-equivalent-man*)
~ **chemiczny** chemical equivalent
~ **chropowatości** *hydr.* equivalent sand roughness
~ **cieplny pracy** thermal equivalent of work
~ **dawki** *radiol.* dose equivalent, DE
~ **elektrochemiczny** electrochemical equivalent
~ **elektryczny ciepła** electrical equivalent of heat
~ **fotochemiczny** photochemical equivalent
~ **fotometryczny** photometric equivalent

~ **hamowania** *nukl.* stopping equivalent
~ **indukcyjności wzajemnej** *rad.* mutual-inductance balance
~ **kompromisowy** *tel.* compromise balancing network
~ **liniowy** *tel.* line balancing network
~ **mechaniczny ciepła** mechanical equivalent of heat, Joule's equivalent
~ **molowy** *chem.* molar equivalent
~ **ołowiu** lead equivalent
~ **świetlny** photochemical equivalent
~ **toru** *tel.* line balance
~ **węglowy** *met.* carbon equivalent
~ **zmydlenia** saponification equivalent
równoważnikowy *a* equivalent
równoważność *f* equivalence, biconditional
~ **masy i energii** mass-energy equivalence
równoważny *a* equivalent; equipollent
równoważyć *v* counterbalance, counterpoise; equilibrate; compensate
~ **z nadwyżką** *ek.* overcompensate
równy *a* **1.** even **2.** equal
równy rozdział *m* **energii** equipartition of energy
róż *m farb.* rose, pink; *kosmet.* rouge
~ **polerski** (polishing) crocus, rouge
róża *f* **dzika** *bot.* dog rose, eglantine, *Rosa canina*
~ **kompasowa** compass rose, compass card
~ **wiatrów** wind rose
różdżka *f* **poszukiwawcza** dowsing-rod, divining-rod
różdżkarstwo *n* dowsing, divining, radiesthesia
różdżkarz *m* dowser
różnica *f* difference
~ **centralna** *mat.* central difference
~ **faz** phase difference
~ **funkcji progresywna** *mat.* forward difference
~ ~ **wsteczna** backward difference
~ **ledwie zauważalna** just-noticeable difference, JND
~ **postępu arytmetycznego** common difference
~ **potencjałów** *el.* potential difference
~ **poziomów niwelacyjnych** *hydr.* head
~ **temperatur** temperature difference
~ **wzmocnienia sygnału chrominancji i luminancji** *TV* chrominance-luminance inequality
~ **zbiorów A i B** *mat.* complement of B in A
~ ~ **symetryczna** symmetric difference of sets
różnice *fpl* **skończone** *mat.* finite differences
różnicować *v* differentiate, make a difference, diversify
różnicowanie *n genet.* differentiation
różnicowy *a* differential
różniczka *f mat.* differential
~ **cząstkowa** partial differential
~ **długości łuku** linear element
~ **drugiego rzędu** differential of second order
~ **objętości** element of a volume
~ **zupełna** total differential
różniczkować *v mat.* differentiate
różniczkowalny *a mat.* differentiable
różniczkowalny w sposób ciągły continuously differentiable
różniczkowanie *n mat.* differentiation
~ **kowariantne** covariant differentiation
różniczkowo-całkowy *a mat.* integro-differential
różniczkowy *a mat.* differential
różnić *v* **się** differ
~ ~ **własnościami** differ in properties, vary in properties
różnobarwny *a* heterochromous, heterochromic; variegate
różnobiegunowy *a* heteropolar
różnokierunkowość *f* anisotropy
różnokierunkowy *a* anisotropic
różnomierność *f med.* anisometropia
różnopostaciowy *a* heteromorphous
różnorodność *f* variety
~ **zastosowań** versatility
różnorodny *a* various, miscellaneous
różnowzroczność *f med.* aniseikonia
różny *a* different
różyca *f* **1.** *arch.* rosace, rosette, rose-window, marigold window **2.** *wet.* erysipeloid
~ **świń** *wet.* swine erysipelas
rtęciawy *a chem.* mercurous
rtęcica *f* (*choroba zawodowa*) *bhp* mercurialism
rtęciowy *a chem.* mercuric
rtęciówka *f el.* mercury-discharge lamp
rtęć *f chem.* mercury, quicksilver, Hg
~ **piorunująca** fulminating mercury
rubid *m chem.* rubidium, Rb
rubin *m min.* ruby
rubraks *m* mineral rubber
ruch *m* **1.** motion, movement, *zob.też* **ruchy** **2.** *transp.* traffic
~ **bez ograniczenia prędkości** free speed traffic
~ **bezładny cząsteczek** molecular tumbling
~ **bezwładnościowy** inertial motion
~ **bezwzględny** absolute motion
~ **centralny** central motion
~ **chwilowy** instantaneous motion
~ **cieczy nieswobodny** *hydr.* constrained motion of a liquid, forced flow
~ ~ **pełzający** creeping motion of a liquid, creeping flow
~ ~ **równomierny** uniform motion of a liquid, uniform flow
~ ~ **swobodny** free motion of a liquid, free flow
~ ~ **ślizgowy** sliding motion of a liquid, sliding flow
~ ~ **wymuszony** constrained motion of a liquid, forced flow
~ **cieplny** thermal motion
~ **cyrkulacyjny** (*wody*) *ocean.* gyre, *zob. też* **ruch wirowy**
~ **dalekobieżny** long distance traffic
~ **drgający** oscillating motion, vibration
~ **drogowy** road traffic

~ ~ **w przeciwnym kierunku** oncoming traffic
~ ~ **wahadłowy** shuttle traffic, shuttling
~ **dwukierunkowy** two-way traffic
~ **elementarny** (*w analizie ruchów*) *ek.* therblig, elemental motion
~ **falowy** undulating motion, wave motion
~ **główny** *mech.pł.* principal motion
~ **harmoniczny (prosty)** (simple) harmonic motion
~ **jałowy** *masz.* lost motion, dead movement; *aut.* pretravel
~ **jawny** *mech.* apparent motion
~ **jednokierunkowy** one-way traffic
~ **jednostajnie opóźniony** uniformly retarded motion
~ ~ **przyspieszony** uniformly accelerated motion
~ ~ **zmienny** uniformly variable motion
~ **jednostajny** uniform motion
~ **kolejowy** railway traffic
~ **kołowy 1.** *mech.* circular motion **2.** *transp.* vehicular traffic
~ **krzywoliniowy** curvilinear motion
~ **kulisty** rotation about a fixed point
~ **lewostronny** left driving
~ **lotniczy** air traffic
~ **lotniskowy** aerodrome traffic
~ **miejscowy** local traffic
~ **międzymiastowy** *telef.* trunk traffic
~ **molarny** molar motion
~ **molekularny** *mech.pł.* molecular motion
~ **niejednostajny** variable motion
~ **nieograniczony** unconstrained movement
~ **niestateczny** unstable motion
~ **nieswobodny** constrained motion, forced motion
~ **niewirowy** *mech.pł.* irrotational motion
~ **nutacyjny** nutation, wobbling motion
~ **obrotowy** rotation, rotary motion, angular motion, turning
~ ~ **wysięgnika żurawia** slewing of a crane
~ **odwrotny** inverse motion
~ **okresowy** periodic motion
~ **opóźniony** retarded motion
~ **oscylująco-obrotowy** gyroscopic motion, wobbling motion
~ **pasażerski** passenger traffic
~ **periodyczny** periodic motion
~ **pieszy** pedestrian traffic
~ **pionowy postępowo-zwrotny** rising and
~ **nutacyjny** nutation, wobling motion
~ **planetarny** *masz.* planetary motion
~ **płaski** plane motion
~ **płynu** fluid motion
~ ~ **nieustalony** unsteady motion of a fluid, variable motion of a fluid
~ ~ **przestrzenny** three-dimensional flow
~ ~ **stacjonarny** steady motion of a fluid
~ ~ **trójwymiarowy** three-dimensional flow
~ ~ **ustalony** steady motion of a fluid
~ ~ **zmienny** unsteady motion of a fluid, variable motion of a fluid
~ **po krzywej** curvilinear motion
~ **pociągów** railway traffic
~ **pod wpływem światła** *biol.* phototaxis
~ **Poinsota** free motion of a gyroscope
~ **postępowo-zwrotny** *masz.* to-and-fro motion
~ **postępowy** translatory motion, translation
~ **posuwisty** plane motion
~ **posuwowy** *obr.skraw.* feed motion
~ **potencjalny** *mech.pł.* irrotational motion
~ ~ **acykliczny** acyclic potential motion
~ ~ **bezcyrkulacyjny** *zob.* **ruch potencjalny acykliczny**
~ ~ **cykliczny** cyclic potential motion
~ ~ **cyrkulacyjny** *zob.* **ruch potencjalny cykliczny**
~ **powrotny** (*wiązki elektronowej, plamki na ekranie*) *elektron.* flyback, return trace, retrace
~ **prawostronny** right driving
~ **precesyjny** precession
~ **prostoliniowy** straight-line motion, rectilinear motion
~ ~ **postępowo-zwrotny** reciprocating motion
~ **(przekazywany) bez poślizgu** *masz.* positive motion
~ **przelotowy** through traffic
~ **przerywany** intermittent motion
~ **przyspieszony** accelerated motion
~ **pseudookresowy** quasi-periodic motion
~ **robaczkowy** *fizjol.* vermicular movement, vermiculation, peristaltic rushes, peristalsis
~ **równomierny cieczy** uniform flow
~ **rumowiska** *ocean.* sediment transport
~ **samochodowy** motor traffic
~ **składowy** component motion
~ **skokowy** stepwise movement
~ **stateczny** stable motion
~ **statku naprzód** *żegl.* headway
~ ~ **wstecz** sternway
~ **stopniowy** stepwise movement
~ **swobodny** free motion; unconstrained movement
~ **swoisty** *astr.* peculiar motion
~ **szczytowy** (*w godzinach szczytu*) peak traffic
~ **ślizgowy** sliding motion
~ **środkowy** central motion
~ **śrubowy** screw motion
~ **telefoniczny** telephone traffic, traffic density
~ **telegraficzny** message traffic
~ **termiczny nieuporządkowany** *fiz.* random thermal motion
~ **toczny** rolling motion
~ **towarowy** *transp.* freight traffic
~ **translacyjny** *mech.* translatory motion, translation
~ **tranzytowy** *transp.* transit traffic
~ **ukryty** *mech.* concealed motion
~ **uliczny** street traffic
~ **unoszenia** *mech.* transportation

~ **wahadłowy 1.** swinging motion **2.** *transp.* shuttle traffic
~ **wewnętrzny** *mech.pł.* molecular motion
~ **wirowy 1.** *mech.pł.* rotational motion, eddy motion, vortex motion; *ocean.* gyre **2.** spinning
~ **wsteczny** backward motion
~ **wyjazdowy** outgoing traffic
~ **wymuszony** *mech.* constrained motion
~ **wypadkowy** resultant motion
~ **względny** relative motion
~ **z przeciwnego kierunku** *lotn.* conflicting traffic, opposite traffic
~ **z szarpnięciami** *masz.* jerking motion
~ **zamiatający** sweeping movement
~ **zataczający** gyroscopic motion, wobbling motion
~ **złożony** resultant motion
~ **zmienny** variable motion
ruchliwość *f* mobility
~ **dyslokacji** *kryst.* dislocation mobility
~ **elektroforetyczna** electrophoretic mobility
~ **Halla** (*nośników w półprzewodniku*) Hall mobility
~ **jonów** *chem.* ionic mobility
~ **nośników ładunku** *el.* carrier mobility; (drift) mobility
ruchliwy *a* active; lively
ruchomości *fpl ek.* movables
ruchomy *a* mobile; movable
ruchy *mpl* movements *zob.też* **ruch**
~ **Browna** *fiz.* Brownian movement
~ **górotwórcze** *geol.* earth movements, orogenic movements
~ **mimowolne** *med.* hyperkinesia
~ **orogeniczne** *zob.* **ruchy górotwórcze**
~ **osiowe** *masz.* end movements, endwise motion
~ **podstawowe** *obr.skraw.* cutting motions
~ **pomocnicze** *obr.skraw.* non-cutting motions
~ **poprzeczne** *masz.* sidewise movements, radial motion
~ **proste** (*statku*) *żegl.* simple motions, uncoupled motions
~ ~ **robocze** (*w analizie ruchów*) elemental motions
~ **własne** *żegl.* natural motions
~ **wzdłużne** *masz.* end movements, endwise motion
ruda *f* ore
~ **bagienna** bog iron ore
~ **besemerowska** Bessemer ore
~ **bobowa** (*odmiana limonitu*) bean ore, pea iron
~ **bogata** high-grade ore, rich ore
~ **czysta** finished ore
~ **darniowa** bog iron ore, meadow ore, morass ore
~ **do odwęglania** malleablizing ore
~ **drobnoziarnista** ore fines
~ **glinkowa** (*ze złożem gliniastym*) argillaceous ore
~ **gruba** lump ore
~ **kawałkowa** *zob.* **ruda gruba**
~ **krajowa** domestic ore
~ **laterytowa** lateritic ore
~ **lita** compact ore
~ **łąkowa** bog iron ore
~ **magnetytowa** magnetite ore
~ **manganowa** manganese ore
~ **miedzi** copper ore
~ **mieszana** complex ore
~ **nadająca się do wytopu bez wzbogacania** smelting ore
~ **nerkowa** nodular ore, reniform ore
~ **niskoprocentowa** lean ore, low-grade ore
~ **okruchowa** drag ore
~ **pasemkowa** banded ore
~ **pierzasta** feather ore
~ **płowa** grey copper ore, tetrahedrite, panabase
~ **polimetaliczna** complex ore
~ **prażona** roasted ore
~ **przemysłowo opłacalna** pay ore
~ **przemyta** washed ore
~ **przerośnięta** incrusted ore
~ **samoożużlająca się** fluxing ore
~ **samotopliwa** self-fluxing ore
~ **siarczkowa** sulfide ore
~ **spieczona** agglomerate
~ **surowa** crude ore
~ **tlenkowa** oxide ore
~ **trudna do przeróbki** rebellious ore, refractory ore
~ **uboga** lean ore, low-grade ore
~ **uranowa** uranium ore
~ **w kęsach** coarse ore
~ **wapnista** (*ze złożem zasadowym wapniowym*) calcareous ore
~ **wielometaliczna** complex ore
~ **wstęgowa** banded ore
~ **wstępnie przesiana** hurdled ore
~ **wysokoprocentowa** high-grade ore, heads
~ **występująca w postaci kominów** pipe ore
~ **wzbogacona** finished ore
~ **ze złożem krzemionkowym** siliceous ore
~ **ziemista** earthy ore
~ **żelazna** iron ore
rudawiec *m gleb.* hardpan
rudny *a* (*zawierający rudę*) orey, ory
rudonośny *a* ore-bearing
rudowanie *n* **wytopu** *hutn.* oreing down the heat
rudowęglowiec *m okr.* ore-and-coal carrier, coal-ore carrier
rudowiec *m okr.* ore vessel, ore carrier
rufa *f okr.* stern
~ **eliptyczna** fantail, elliptical stern
~ **groszkowa** bulbous stern
~ **krążownicza** cruiser stern
~ **łyżkowa** spoon stern
~ **nawisająca** overhanging stern, counter stern
~ **ostra** sharp stern
~ **pawężowa** transom stern
~ **pełna** apple stern
~ **tunelowa** tunnel stern
~ **z przeciwśrubą** contra-guide stern
rufówka *f okr.* poop

rugować *v mat.* eliminate
rugownik *m mat.* resultant
ruiny *fpl* ruins
ruja *f zool.* estrus, heat (period), rutting time
rukiew *f* **wodna** *bot.* watercress, *Nasturtium officinale*
ruleta *f mat.* roulette
ruletka *f* measuring tape, tape measure
rulon *m* roll (*of papers*)
rumb *m jedn.* rhumb
rumbatron *m elektron.* rhumbatron
rumian *m* **szlachetny** *bot.* roman camomile, *Anthemis nobilis* L.
rumianek *m* (*pospolity*) *bot.* matricaria, *Matricaria chamonille*
rumień *m med.* erythema
~ **lombardzki** pellagra
~ **słoneczny** sunburn
rumosz *m* **skalny** *zob.* **rumowisko skalne**
rumowisko *n* **skalne** *geol.* rubble, scree, rock waste
rumpel *m okr.* rudder crosshead, (rudder) tiller
runda *f* (*nad lotniskiem*) *lotn.* circuit
runit *m petr.* runite, graphic granite
runo *n* **leśne** ground cover (*in a forest*)
~ **owcze** fleece
rura *f* pipe, tube
~ **akceleracyjna** *nukl.* accelerating tube
~ **akustyczna** acoustic tube
~ **barometryczna** *siln.spal.* barometric tail pipe
~ **bez szwu** seamless tube, weldless pipe
~ **bezpieczeństwa nadmiarowa** *kotł.* safety outlet pipe
~ ~ **przelewowa** *zob.* **rura bezpieczeństwa nadmiarowa**
~ **całkowicie wypełniona** (*płynącą cieczą*) pipe running full
~ **ciągniona** drawn tube
~ ~ **bez szwu** solid drawn tube
~ ~ **na zimno** cold-drawn tube
~ **cienkościenna** light-wall tube
~ **ciśnieniowa** pressure pipe
~ **ciśnień** stand pipe
~ **cyrkulacyjna** water circulating tube
~ **do betonowania podwodnego** tremie pipe
~ **do sondowania** (*zbiornika*) *okr.* sounding pipe
~ **do spalań** *lab.* combustion tube
~ **do wpłukiwania pali** *inż.* wash pipe
~ **do wyładowań elektrycznych** (*w gazach rozrzedzonych*) discharge tube
~ **dolotowa** *siln.* intake manifold; inlet pipe
~ **doprowadzająca** delivery pipe, supply pipe; *siln.spal.* induction pipe
~ **dwuścienna** double-walled tube
~ **dymna** flue pipe
~ **ekranowa** *kotł.* radiant tube, waterwall tube
~ **eliptyczna** elliptical tube
~ **emisyjna** *el.* generating tube (*of an oscilloscope*)
~ **falista** corrugated tube
~ ~ **śrubowa** helically corrugated tube
~ **filtracyjna** (*perforowana*) *wiertn.* strainer
~ **gazowa** gas pipe
~ **gładka** (*bez żebrowania*) smooth pipe
~ **głosowa** *okr.* speaking tube, voice tube
~ **grubościenna** double extra strong pipe, heavy wall tube
~ **gwintowana** threaded pipe
~ **helowa** *el.* helium lamp
~ **iglicowa** *kotł.* studded tube
~ **jarzeniowa** *el.* gas discharge tube, glow-tube lamp
~ **kablowa** *el.* conduit (pipe)
~ **kamionkowa** stoneware pipe
~ **kanalizacji kablowej** *el.* cable tube, cable duct
~ **kanalizacyjna** sewage pipe
~ **kielichowa** flared tube; socket tube, spigot tube
~ **kluzy kotwicznej** *okr.* hawse pipe
~ **kołkowa** *kotł.* studded tube
~ **kołnierzowa** flanged pipe, collar tube
~ ~ **o stożkowej powierzchni styku** universal pipe, hub-and-spigot pipe
~ **korpusu cewki** *el.* bobbin tube
~ **kotłowa** boiler tube
~ **kotwowa** *kotł.* stay tube
~ **kształtowa** profiled tube
~ **kwadratowa** square tube
~ **lufy działa** gun tube
~ **łańcuchowa** *okr.* chain pipe, naval pipe, hawse pipe
~ **łącząca** connecting pipe
~ ~ **prowadnicę z oprowadnicą walcarki** *hutn.* guide pipe
~ **łyżkowa** *wiertn.* bailing cylinder
~ **mrożeniowa** *wiertn.* freezing casing
~ **neonowa** *el.* neon discharge tube
~ **nieizolowana** bare pipe
~ **o normalnej wytrzymałości** standard wall pipe, standard weight pipe
~ **obejściowa** by-pass pipe
~ **obsadowa** *wiertn.* casing (pipe), lining pipe, casing liner
~ **ochronna** protecting tube
~ **odgałęziona** branch pipe
~ **odlewana odśrodkowo** spun pipe
~ **odpowietrzająca** vent-pipe
~ **odprowadzająca** outlet pipe
~ **ogniowa** flame tube (*in a gas turbine*)
~ **okładzinowa** *wiertn.* casing (pipe), lining pipe, casing liner
~ **opadowa** downcomer (tube), down-pipe
~ **opromieniowana** *kotł.* radiant tube, waterwall tube
~ **osłonowa** *wiertn.* casing (pipe), lining pipe, casing liner
~ **parowa** steam pipe
~ **płetwowa** finned pipe; fin tube
~ **płomienna** *kotł.* furnace flue
~ **płuczkowa** *wiertn.* drill pipe
~ **podwójna** double-walled tube
~ **pomiarowa** (*zbiornika*) *okr.* sounding pipe
~ **poprzeczna w płomienicy** *kotł.* Galloway tube

~ **promieniująca** (*w piecu grzewczym*) *hutn.* radiant tube
~ **prowadnikowa** *wiertn.* conductor pipe; guide casing, drive pipe, bore-hole conductor
~ **próżniowa** vacuum tube
~ **przelewowa** overflow pipe, spill pipe
~ ~ **ostrzegawcza** warning pipe
~ **przewodowa** line pipe
~ **przyspieszeń** *nukl.* accelerating tube
~ **rdzeniowa** *wiertn.* core barrel, calyx, sludge barrel, bucket
~ ~ **lufy** *uzbr.* barrel liner
~ **reakcyjna** (*stanowiąca pochwę wału napędowego*) *mot.* torque tube
~ **rentgenowska** X-ray tube
~ **rozgałęźna** manifold header
~ **spawana** (*lub zgrzewana*) welded tube
~ **spłukująca** flush(ing) pipe
~ **spustowa 1.** *bud.* downpipe, fall pipe, downcomer, conductor, leader, rain water pipe **2.** *kotł.* blowdown pipe, blow-off pipe
~ **ssawna** suction pipe
~ **ssąca** *siln.wodn.* suction pipe
~ **stożkowa** taper(ed) pipe, conical tube
~ **studzienna** water well pipe
~ **szczelinowa** *hutn.* open-joint tube, slit tube
~ **ściągowa** *kotł.* stay tube
~ **ściekowa** drain pipe, waste pipe
~ **ścieku pokładowego** scupper pipe
~ **tłoczna** delivery pipe
~ **uderzeniowa** *aero.* shock tube
~ **wewnętrzna lufy** *uzbr.* barrel liner
~ **wiertnicza** drill pipe
~ **wlotowa** inlet pipe; induction pipe
~ **wodna** *kotł.* water tube
~ **wodociągowa** water-main pipe
~ **wydechowa** *siln.* exhaust pipe
~ **wydmuchowa** *kotł.* blast pipe, free-blow
~ **wydobywcza** *wiertn.* lifting casing
~ **wylotowa** outlet pipe; escape pipe; *siln.* exhaust pipe
~ ~ **silnika odrzutowego** jet pipe, tail pipe (*of a jet engine*)
~ **wypustowa** *kotł.* blowdown pipe
~ **wyrównawcza** compensating pipe, equilizing pipe, balance pipe
~ **wysokoprężna** pressure pipe
~ **wzmocniona** double extra strong pipe
~ **wznośna** ascent tube, riser tube
~ **z kołnierzem** collar tube, flanged pipe
~ **z końcami gładkimi** plain-end pipe
~ **z odgałęzieniami** branch pipe
~ **z wykładziną** (*wewnętrzną*) lined pipe
~ **zabezpieczająca przed pluciem kotła** *kotł.* anti-priming pipe
~ **zapłonowa** ignition tube (*in gas turbines*)
~ **zasilająca** supply pipe, delivery pipe; feed pipe
~ **zbieżna** taper(ed) pipe
~ **zbiorcza** collecting pipe, collector
~ **ze szwem** seamed tube; welded tube
~ ~ ~ **śrubowym** spiral formed tube, helically seamed tube, spiral welded pipe
~ ~ ~ **wzdłużnym** *hutn.* longitudinally seamed tube
~ **zgrzewana na zakładkę** lap welded tube
~ **żarowa** flame tube (*in gas turbines*)
~ **żebrowa** finned pipe, gilled pipe, ribbed pipe
rurarz *m* plumber
ruraż *m. bud.* piping
rurka *f* tube, pipe
~ **aerodynamiczna** Pitot head, Pitot tube, impact tube
~ **Bourdona** *metrol.* Bourdon tube, C-tube, Bourdon element
~ **drenarska** drain tile
~ **gumowa** rubber pipe
~ **izolacyjna** *el.* conduit
~ **kalibrowana** scale pipe
~ **kapilarna** capillary (tube)
~ **lejowa** *odl.* runner brick, guide tube, trumpet-~~guide~~, guide brick
~ **oddechowa** breathing pipe
~ **odpowietrzająca** vent tube
~ **piętrząca** *hydr.* impact (pressure) tube
~ **Pitota** *aero.* Pitot head, Pitot tube
~ **pola** *fiz.* tube of force, tube of flux
~ **prądu** *hydr.* stream tube
~ **prędkościomierza** *lotn.* pitostatic tube
~ **przyłączeniowa** connecting pipe
~ **radowa** *radiol.* radium seed
~ **sondy ciśnieniowej** *okr.* sounding tube
~ **spiętrzająca** *hydr.* impact (pressure) tube
~ **sprężynująca** *metrol.* Bourdon tube, C--tube, Bourdon element
~ **spustowa oleju** oil drain pipe
~ **trachealna** *med.* artificial larynx cannula, speaking cannula
~ **wirowa** *hydr.* vortex tube
~ **włoskowata** capillary (tube)
~ **wodowskazowa** gauge glass
~ **-zgłębnik do sztucznego odżywiania** *med.* nutrition probe
~ **żerdziowa** (*osłaniająca żerdź zatyczkową*) *hutn.* stopper rod sleeve, stopper rod brick, stopper sleeve brick, rod cover
rurki *fpl* **sitowe** *bot.* sieve tubes
rurkowanie *n el.* conduit pipe
rurkowy *a* tubular, cannular
rurociąg *m* pipeline
~ **balastowy** *okr.* ballast suction pipe, ballast line
~ **dostawczy** (*np. w porcie naftowym*) feeder line
~ **gazowy** gas piping
~ **kablowy** *el.* cable duct
~ **łącznikowy** *okr.* crossover line (*in a tanker*)
~ **naftowy** oil pipeline
~ **napełniający** *okr.* filling pipe
~ **odgazowujący** *okr.* vent line (*in a tanker*)
~ **resztkowy** *okr.* stripping line (*in a tanker*)

~ **tłumienia ognia** *okr.* smothering line
~ **wlewowy** *okr.* filling pipe
~ **zasilający turbinę wodną** penstock
~ **zbiorczy wody** watermain
~ **zęzowy** *okr.* bilge line
rurowanie *n wiertn.* casing
rurownia *f hutn.* tube works, pipe works, tube mill, tube (making) plant
rurowy *a* tubular
rury *fpl* (*materiał wyjściowy do dalszej przeróbki*) *hutn.* tube stock, tubular stock
~ **okrągłe** round tubing
~ **okrętowe kotłowe** Admiralty tubes
~ **owalne** streamline tubing
~ **ślizgowe** (*w piecu grzewczym*) *hutn.* skid pipes
rustyka *f bud.* rustic work, rustication, pitch faced finish
ruszać *v* **z miejsca** start moving; *żegl.* fetch way (*of a ship*)
ruszenie *n* **lodów** (*na rzece*) debacle, ice run, breaking up (*of ice*)
rusznikarnia *f* armoury
rusznikarz *m* gunsmith, armourer
ruszt *m* grate; grid
~ **do chłodzenia** *hutn.* cooling bed, hot bed
~ **do smażenia** grill
~ **dokowy** careening grid, gridiron
~ **dopalający** *kotł.* extension grate
~ **fundamentowy** *bud.* foundation framework, grillage foundation
~ **granulacyjny** *kotł.* water grate
~ **korytkowy** retort stoker
~ **łańcuchowy** *kotł.* chain grate
~ **mechaniczny** mechanical stoker, automatic stoker
~ ~ **narzutowy** spreader stoker, sprinkler stoker
~ ~ **nasuwowy** overfeed stoker
~ ~ **podsuwowy** underfeed stoker
~ **paleniska** *kotł.* fire grate
~ **palowy** *inż.* pile bent
~ **pochylniowy** (building) ways (*in shipbuilding yard*)
~ **przegubowy** *kotł.* link grate
~ **ręczny** (*z ręcznym zarzucaniem paliwa*) *kotł.* hand-fired grate
~ **samooczyszczający się** *kotł.* self-clearing grate
~ **samozarzucający** *kotł.* sprinkler stoker
~ **schodkowy** *kotł.* step grate
~ **sortowniczy** bar screen, grizzly
~ **stożkowy obrotowy** revolving-cone grate
~ **taśmowy** *kotł.* travelling grate
~ **wędrowny** *zob.* **ruszt taśmowy**
~ **wsadowy** (*przy piecu grzewczym*) *hutn.* charging grid, loading grid
~ **wychylny** *kotł.* shaking grate
~ **wywrotny** *kotł.* dump grate
~ **załadowczy** (*przy piecu grzewczym*) *hutn.* loading grid, charging grid
~ **zsypujący** *zob.* **ruszt wywrotny**
~ **żużlowy** *kotł.* extension grate
rusztowanie *n bud.* scaffold(ing)
~ **drabinowe** ladder scaffold
~ **kafara** pile driving frame
~ **na kozłach** trestle scaffold, horse scaffold
~ **na wysuwnicach** outrigger scaffold, needle scaffold
~ **rurowe** tubular scaffold
~ **stojakowe** bricklayer's scaffold, independent scaffold, pole scaffold
~ **wiedeńskie** ladder scaffold
~ **wiszące** cradle scaffold, suspended scaffold
rusztowina *f* fire-bar; grate bar
ruten *m chem.* ruthenium, Ru
rutenian *m chem.* ruthenate
rutenowce *mpl chem.* light platinum metals, second triad
rutherfordyn *m min.* rutherfordine
rutyl *m min.* rutile, titania
rutynowany *a* experienced; skilled
rutynowy *a* routine
rwa *f* **kulszowa** *med.* sciatica
rwaniec *m włók.* filature gum waste
RWPG = Rada Wzajemnej Pomocy Gospodarczej Council for Mutual Economic Assistance, CMEA, COMECON
ryba *f* fish
~ **chłodzona** chilled fish
~ **denna** ground fish, bottom fish
~ **lodowana** iced fish
~ **niewymiarowa** undersized fish
~ **patroszona** gutted fish
~ **pelagiczna** pelagic fish
~ **słodkowodna** fresh-water fish
~ **solona** salted fish
~ ~ **na mokro** wet salted fish
~ ~ **niedojrzała** half-salted fish, half--fresh fish
~ **suszona** dried fish
~ **świeża** wet fish
~ **wędzona** smoked fish
~ **wytarta** spent fish
~ **żyworodna** live-bearing fish
rybactwo *n* fish culture
rybi ogon *m* **1.** (*wada walcownicza*) fishtail (*rolling defect*) **2.** *wiertn.* drag bit, fishtail bit
rybia łuska *f powł.* fish scale (*defect*)
rybie oczy *npl spaw.* fish-eyes (*defect*)
rybie oko *n* (*obiektyw*) fish-eye (*lens*)
ryboflawina *f biochem.* riboflavine, lactoflavine, vitamin B_2, vitamin G
rybołówstwo *n* fishery, fishing
~ **dalekomorskie** deep sea fisheries, open--sea fishery
~ **haczykowe** hook and line fishing
~ **przemysłowe** commercial fishery
~ **przybrzeżne** inshore fishery
~ **sieciowe** net fishery
~ **słodkowodne** inland fisheries, fresh-water fisheries
~ **trawlerowe** commercial trawling
rybonukleaza *f biochem.* ribonuclease
rybosomy *pl biol.* ribosomes
ryboza *f chem.* ribose
rybuloza *f chem.* ribulose
rycynus *m bot.* castor oil plant, *Ricinus communis* L.

ryczałt *m ek.* lump sum
ryczące czterdziestki *fpl meteo., żegl.* roaring forties
ryć *v* **dziobem** *żegl.* scend
rydberg *m jedn.* rydberg: 1 Ry = (2.17972± ±0.00017)·10^{-18} J
rydlowanie *n* (*betonu*) *bud.* rodding, poking
ryga *f bud.* ledger
rygiel *m* **1.** *masz.* lock; bolt; **2.** *bud.* spandrel beam, nogging-piece, transom
~ **zwrotnicowy** *kol.* switch lock
ryglować *v masz.* (inter)lock
ryglownik *m* **sterów** *lotn.* gust-lock
ryj *m zool.* snout
rylec *m* burin, graver, stylet
rymarz *m* saddler
rymarstwo *n* saddlery
rynek *m ek.* market
~ **chłonny** consuming market, absorptive market
~ **konkurencyjny** competitive market
~ **krajowy** home market
~ **niedostatecznie zaopatrzony** understocked market
~ **obficie zaopatrzony** well-stocked market
~ **potencjalny** potential market
~ **pracy** labour market
~ **światowy** world market
~ **towarowy** commodity market
~ **wewnętrzny** home market
~ **zagraniczny** foreign market
~ **zbytu** outlet, ready market
rynienka *f* **olejowa** oil pan, oil trough
rynkit *m min.* rinkite
rynkowy *a ek.* marketable
rynna *f* gutter; trough; gully; chute
~ **dachowa** *bud.* roof gutter
~ **ewakuacyjna nadmuchiwana** *lotn.* inflatable (escape) slide
~ **potrząsana** (*do ładowania wsadu*) *hutn.* shaker chute
~ **przenośnika** conveyor trough
~ **ratunkowa pneumatyczna** *lotn.* inflatable (escape) slide
~ **spławiakowa** *cukr.* flume
~ **spustowa** *hutn.* tapping spout, pouring spout, tapping runner
~ ~ **rozwidlona** forked runner
~ **ukryta** (*wbudowana w gzyms*) *bud.* hidden gutter, concealed gutter
~ **zsypowa** chute
~ ~ **wahliwa** tipping trough
~ **żużlowa** *hutn.* slag spout, slag runner, cinder runner, cinder trough, slag launder
rynsztok *m* gutter, street gully
ryps *m włók.* baize
rysa *f* scratch
~ **hartownicza** *obr.ciepl.* quenching crack
rysik *m narz.* scriber, marking point, draw point; scratch awl
~ **dwustronny** engineer's scriber
~ **jednostronny** machinist's scriber
~ **stolarski stały** timber scriber
ryski *fpl* (*pęknięcia włoskowate*) hair cracks, hairlines, hair seams
ryskować *v* scratch
rysować *v* draw
~ **w skali** draw to scale
rysowanie *n* drawing
rysownica *f* drawing board
rysunek *m* **1.** drawing **2.** figure, fig. (*illustration*)
~ **aksonometryczny** isometric drawing
~ **części** detail drawing, part drawing
~ **dodatkowy** appendant drawing
~ **kreskowy** line drawing
~ **lica** *skór.* grain pattern
~ **odręczny** freehand drawing
~ **perspektywiczny** perspective drawing
~ **pomocniczy** appendant drawing
~ **roboczy** working drawing
~ **schematyczny** diagrammatic drawing
~ **techniczny maszynowy** engineering drawing
~ **w jednym rzucie** one-view drawing
~ **w kilku rzutach** multi-view drawing
~ **w ołówku** pencil drawing
~ **w skali** drawing to scale
~ **warsztatowy** (work)shop drawing
~ **widoku połowy przedmiotu** half-view drawing
~ **wykonawczy** working drawing
~ **wymiarowy** dimensioned drawing
~ **zbiorczy** collecive drawing
~ **zestawieniowy** *zob.* **rysunek złożeniowy**
~ **złożeniowy** assembly drawing
ryś *m zool.* lynx, *Felis lynx*
ryśnik *m* **traserski** surface gauge, scribing block
rytm *m* rhythm
rytować *v* engrave
rytowanie *n* engraving
~ **punktowe** *szkl.* stippling
rytownica *f szkl.* engraving lathe
ryza *f* **1.** *papiern.* ream **2.** (*do spuszczania drewna*) chute
ryzalit *m arch.* break (*in a wall of a building*)
ryzyko *n* **dostawcy** *skj* producer's risk
~ **empiryczne** *genet.* empiric risk
~ **morskie** marine risk, risk of the sea
~ **odbiorcy** *skj* consumer's risk
~ **pożaru** fire hazard, fire risk
~ **przewoźnika** carrier's risk
~ **wojenne** war risk
ryż *m bot.* rice, *Oryza sativa* L.
~ **niełuszczony** paddy (rice)
rzadki *a* **1.** rare **2.** thin (*of a fluid*)
rzadkopłynność *f* (*ciekłego metalu*) flowing power
rzadkopłynny *a* highly fluid
rzadkoskurcz *m med.* bradycardia, slow heart rate
rzadzizna *f odl.* micro-shrinkage, shrinkage porosity (*casting defect*)
~ **osiowa** axial porosity, core porosity, central porosity, centre looseness
rzaz *m drewn.* kerf, saw cut
rząd *m* **1.** *mat.* grade; dimensionality; rank; type; order **2.** *biol.* order **3.** row; tier

~ **bieguna** *mat.* order of a pole
~ **funkcji** order of a function
~ **harmonicznej** *fiz.* harmonic number, order of harmonic
~ **kodowy** *inf.* code symbol position
~ **macierzy** *mat.* rank of a matrix
~ **reakcji (chemicznej)** order of (chemical) reaction, reaction order
~ ~ **pozorny** pseudo-order of reaction
~ **rezonansu** (*rezonatora mikrofalowego*) *rad.* resonance index
~ **równania różniczkowego** *mat.* order of a differential equation
~ **stojaków** (*teletransmisyjnych*) bay suite, suite of racks
~ **styczności** *mat.* order of contact
~ **tensora** rank of tensor
~ **(w) macierzy** *mat.* row of a matrix
~ **wiązania** *fiz.* bond order
~ **widma** *fiz.* order of interference
~ **wielkości** order of magnitude
~ **wzoru interpolacyjnego** *mat.* order of interpolation formula
rząp *m zob.* **rząpie**
rząpie *n górn.* (shaft) sump, sink, receiving pit, standage
rzecznik *m* **patentowy** patent agent
rzeczny *a* fluvial
rzeczownik *m* noun
rzeczoznawca *m* expert
rzeczywiste ramię *n* **dźwigni** moment arm of a lever
rzeczywisty *a* **1.** *mat.* real **2.** *fiz.* actual, true
rzeczywisty ciężar *m* **właściwy** (*ciał porowatych*) true specific gravity
rzednik *m* **włoka** *ryb.* bosom, bosum
rzeka *f* river
~ **z pływami** tidal river
rzemieślnik *m* craftsman, artisan
rzemiosło *n* handicraft, craft
~ **wiejskie** rural crafts
rzepa *f bot.* turnip, *Brassica rapa*
rzepak *m bot.* rape, colza, *Brassica oleifera* Moench.
rzepik *m bot.* oil-yielding rape, *Brassica campestris oleifera* D.C.
rzepka *f anat.* kneecap, knee pan, patella
rzeszoto *n* **1.** riddle **2.** *mat.* sieve
rzetelny *a* reliable
rzewień *m bot.* rhubarb, *Rheum*
rzeźba *f* **1.** sculpture **2.** *szkl.* cut
~ **bieżnika** (*opony*) (*tyre*) tread pattern
~ **terenu** *geol.* relief
~ **wklęsła** (*np. na szkle*) intaglio
rzeźbiarka *f szkl.* cutting lathe
~ **do jamek i oliwek** olive machine
~ **do żłobin klinowych** mitre grinding machine, mitering machine
rzeźbić *v* sculpture; carve
rzeźnia *f* slaughterhouse, abbatoir
rzeżucha *f bot.* cuckoo flower, lady's smock; *US* bittercress, *Cardamine pratensis* L.
rzędna *f mat.* ordinate
~ **fali** *ocean.* wave elevation
~ **niwelacyjna** *geod.* datum
rzędu ... (*o wartości*) of the order of ...
rzodkiew *f* **zwyczajna** *bot.* (oil) radish, *Raphanus sativus* L.
rzodkiewka *f bot.* small radish, *Raphanus sativus var. sativus*
rzucać *v* **1.** throw; fling **2.** project
~ **cień** cast a shadow
~ **kotwicę** let go anchor
~ **obraz** (*na ekran*) project a picture
~ **sondę** *żegl.* take a cast
rzucanie *n lotn.* bumpy conditions
rzut *m* **1.** throw **2.** *mat.* projection **3.** *rys.* projection; view; elevation, *zob.też* **widok** **4.** *cukr.* crop
~ **aksonometryczny** axonometric projection
~ **boczny** *rys.* end elevation, end view
~ ~ **linii teoretycznych** *okr.* sheer plan
~ **centralny** central projection
~ **cząstkowy** *rys.* local view
~ **flag** *żegl.* flag hoist
~ **główny** *rys.* main view, principal view
~ ~ **pionowy** front view, front elevation
~ ~ **poziomy** plan, top view
~ **gnomoniczny** (*kartograficzny*) gnomonic projection
~ **kartograficzny** map projection
~ **łuku styku** (*w teorii walcowania*) projected arc of contact
~ **Merkatora** Mercator's projection
~ **ortogonalny** *mat.* orthogonal projection
~ **ortograficzny** *geol.* orthographic projection
~ **parteru** *bud.* ground plan
~ **pionowy** *rys.* elevation, vertical projection
~ **pomocniczy** *rys.* auxiliary view
~ ~ **pionowy** rear view, rear elevation
~ ~ **poziomy** bottom view, view looking up
~ **powierzchni styku** (*w teorii walcownictwa*) projected contact area
~ **poziomy** *rys.* horizontal projection, floor projection
~ **prądu** *el.* kick current
~ **prostej na płaszczyznę współrzędnych** *geom.* trace of line
~ **prostokątny** *zob.* **rzut prostopadły**
~ **prostopadły** orthogonal projection
~ **równikowy** (*kartograficzny*) equatorial projection
~ **równoległy** parallel projection
~ **stereograficzny** stereographic projection
~ **środkowy** central projection
~ **ukośny** oblique projection
~ **wielostożkowy** *geod.* polyconic projection
~ **wiernokątny** (*kartograficzny*) conformal projection
~ **wodnic** *okr.* half-breadth
~ **wręgów** *okr.* body plan
rzutek *m* clay pigeon
rzutka *f żegl.* hauling line, heaving line
rzutnia *f mat.* projection plane
~ **ręczna** (*sieć nakrywkowa*) *ryb.* throw net

rzutnik *m fot.* (slide) projector, projection lantern, still projector
~ **kombajnu** *roln.* feeder beater
~ **mapy na ekran radiolokatora** *nawig.* chart comparison unit, CCU
~ **refleksyjny** *nawig.* reflection plotter
rzutować *v* project
rzutowanie *n mat., opt.* projection
~ **amerykańskie** *rys.* third angle projection
rzutowy *a mat.* projective
rzygacz *m arch.* gargoyle, gurgoyle
rżnąć *v* cut; saw
rżysko *n roln.* stubble

S

S = **simens** *jedn.* siemens, mho
s = **sekunda** *jedn.* second
sabadyla *f bot.* sabadilla, *Sabadilla officinalis*
sabin *m jedn.* sabin, open window unit, OW unit, absorption unit
sabotaż *m* sabotage
sabotować *v* sabotage
sacharaza *f biochem.* saccharase, β-fructofuranosidase, invertase
sacharoza *f chem.* saccharose, sucrose
sacharydy *mpl chem.* saccharides, carbohydrates, sugars
sacharymetr *m cukr.* saccharimeter
sacharyna *f chem.* saccharin, benzosulfimide, gluside
sad *m* orchard
sadło *n spoż.* leaf fat
sadownictwo *n* pomiculture, fruit culture, orcharding
sadownik *m* fruit-farmer; fruit-grower
sadz *m ryb.* fish bin, fish well, live box
sadza *f* soot, (carbon) black
~ **aktywna** hard carbon black, reinforcing black
~ **gazowa** gas black
~ **kanałowa** channel black
~ **lampowa** lamp-black
~ **piecowa** furnace black
~ **półaktywna** semi-reinforcing black, medium black
~ **termiczna** thermal black
~ **z substancji roślinnych** vegetable black
~ **zwykła** non-reinforcing black
sadzarka *f roln.* planter
~ **rozsady** seedling transplanter
~ **ziemniaków** potato planter
sadzawka *f* pool; pond
sadzeniak *m roln.* set, seed-potato
sadzenie *n roln.* planting
~ **z bryłką ziemi** ball planting
sadzić *v roln.* plant
sadzonka *f roln.* cutting
~ **korzeniowa** root cutting
sadź *f meteo.* rime, hoar-frost
safian *m skór.* saffian, Morocco leather
saflor *m* **barwierski** *bot.* bastard saffron, *Carthamus tinctorius* L.
safraniny *pl farb.* safranines

sago *n spoż.* sago
SAKO = system automatycznego kodowania *inf.* automatic coding system
sala *f* **gimnastyczna** gymnasium
~ konferencyjna conference room
~ lekcyjna schoolroom, class-room
~ obrad *zob.* **sala konferencyjna**
~ odpraw (*załóg*) *lotn.* briefing room
~ operacyjna *med.* operating theatre, operating room
~ przeglądowa *kin.* showing room, viewing room
~ sypialna dormitory
~ wykładowa lecture room, lecture hall
saldo *n ek.* balance
saletra *f chem.* saltpetre
~ amonowa ammonium nitrate
~ chilijska *zob.* **saletra sodowa**
~ indyjska *zob.* **saletra potasowa**
~ magnezowa nitromagnesite
~ norweska *zob.* **saletra wapniowa**
~ potasowa nitre, saltpetre
~ sodowa soda nitre, Chile saltpetre, Chile nitr(at)e, caliche
~ wapniowa Norwegian saltpetre, Norge nitre, lime saltpetre
~ wybuchowa black blasting powder
saletrzak *m roln.* nitro-chalk
salicyl *m chem.* sodium salicylate
salicylan *m chem.* salicylate
~ α-naftyłu alphol
~ naftylu naphthyl salicylate
salicyna *f chem.* salicin
saliczny *a petr.* salic
saligenina *f chem.* saligenin, salicyl alcohol
salina *f* saline, saltern; salt-works
saling *m żegl.* crosstrees; spreader; outrigger
salinometr *m* salinometer
salipiryna *f farm.* salipyrine
salit *m* (*odmiana diopsydu*) *min.* salite
salkomina *f chem.* salcomine
salmiak *m chem.* salammoniac, ammonium chloride
salmina *f biochem.* salmine
salmonele *fpl* (*bakterie*) *biol.* salmonellae, salmonellas
salmoneloza *f med., wet.* salmonellosis
salol *m chem.* salol, phenyl salicylate
salon *m* drawing room; parlour; *okr.* lounge, saloon (*in a passenger ship*)
~ wystawowy show-room, exhibition room
salsefia *f bot.* salsify, oyster plant, vegetable oyster, *Tragopogon porrifolius*
saltacja *f* (*skokowy ruch cząstek osadów*) *geol.* saltation
salut *m* **honorowy** *żegl.* courtesy salute
salutować *v* **banderą** *żegl.* dip the flag
salwa *f wojsk.* salvo; volley
sałata *f bot.* lettuce, *Lactuca sativa*
samar *m chem.* samarium, Sm
samarskit *m min.* samarskite
samica *f zool.* female
samiec *m zool.* male
samobieżny *a* self-propelled, mobile
samocentrujący *a* self-centring
samochodowiec *m okr.* car carrier
samochodowy *a* automotive
samochód *m* motor-car, car
~ amfibia amphibious vehicle, amphibian
~ asenizacyjny cesspool emptier, gully emptier
~ chłodnia refrigerated truck, reefer
~ ciągnik przyczep trailer towing truck
~ ciężarowy (motor) truck, lorry
~ ~ izotermiczny thermal-insulated truck
~ ~ ratowniczy wrecker, recovery vehicle
~ ~ skrzyniowy sided lorry, open lorry, platform truck
~ cysterna tank truck, road tanker
~ dłużycowy girder truck
~ do przewozu mebli pantechnicon van, removal van
~ do zamiatania ulic street sweeper
~ dostawczy delivery truck, delivery van
~ ~ skrzyniowy *zob.* **samochód półciężarowy**
~ dwuosobowy otwarty roadster
~ ewakuacyjny wrecker, recovery vehicle
~ gaśniczy fire tender, fire-fighting truck
~ księżycowy (*dla selenonautów*) lunar rover
~ meblowy removal van, pantechnicon van
~ mieszkalny (*np. turystyczny*) house car
~ naprawczy (*serwisowy*) breakdown van
~ osobowo-bagażowy station wagon, estate car
~ osobowy motor-car, car, automobile
~ ~ otwarty open car, phaeton
~ ~ zamknięty saloon (car)
~ pancerny armoured car
~ pływający amphibious vehicle, amphibian
~ pocztowy mail car
~ pozadrogowy (*do ładunków wielkogabarytowych*) off-road vehicle, outsize vehicle
~ pożarniczy fire tender, fire-fighting truck
~ półciężarowy light truck, pick-up truck
~ ratowniczy rescue truck
~ samozaładowczy self-loading truck
~ -sanie z napędem śmigłowym autosled
~ sanitarny ambulance (car)
~ sportowy sports car
~ sześciokołowy six-wheeler
~ -śmieciarka refuse collection truck
~ śniegowy snowmobile
~ terenowy cross-country vehicle, all-terrain vehicle; (*mały*) utility cart
~ -warsztat workshop truck, mobile workshop
~ wieżowy (*np. do obsługi napowietrznej sieci elektrycznej*) tower wagon
~ wydłużony long-wheelbase truck
~ wyścigowy racing car
~ wywrotka dump truck, tipper (truck)
~ z dachem składanym convertible
~ z napędem na przednie koła front-drive motor-car

~ **ziemno-wodny** amphibious vehicle, amphibian
samoczynny *a* self-acting, automatic; autogenous
samodyfuzja *f fiz.* self-diffusion
samodział *m włók.* homespun
samodzielny *a* independent; self-contained; individual
samoekranowanie *n nukl.* self-shielding
samogasnący *a* self-extinguishing
samogon *m* illicitly distilled liquor; moonshine; rot-gut; hooch
samohamowny *a masz.* self-locking
samohartowny *a met.* self-hardening
samohartujący się *zob.* **samohartowny**
samoindukcja *f el.* self-induction
samoistnie bezpieczny intrinsically safe
samoistny *a* intrinsic; self-contained
samojezdny *a* self-propelled
samokierowanie *n* (*pocisku*) homing (guidance), *zob.też* **samonaprowadzanie**
samokontrola *f skj* operator control
samokształcenie *n* self-education
samolikwidator *m uzbr.* self-destroying fuse, self-destruction unit
samolot *m* aeroplane, plane, aircraft
~ **bezzałogowy** pilotless aircraft; drone
~ ~ **rozpoznawczy** reconnaissance drone
~ **bezogonowy** tailless aircraft
~ **bliskiego zasięgu** short-range aircraft
~ **bojowy** combat aircraft
~ ~ **ofensywny** attacker
~ ~ **wielozadaniowy** multi-role combat aircraft, MRCA
~ **bombowy** bomber
~ **-cel** target aircraft; (target) drone
~ **ćwiczebny** advanced training aircraft, advanced trainer
~ **dalekiego zasięgu** long-range aircraft
~ **do opylania** aeroduster
~ **dowozowy** feeder service aircraft, feeder liner
~ **dyspozycyjny** executive aircraft
~ ~ **odrzutowy** corporate·jet
~ **holujący** (*szybowce*) glider-tug; tow(ing) aeroplane
~ **jednomiejscowy** single-seater (aircraft)
~ **jednosilnikowy** single-engine(d) aircraft
~ **komunikacyjny** communication aircraft, airliner
~ ~ **komunikacji lokalnej** commuter (airliner)
~ ~ **odrzutowy** jetliner
~ **krótkiego startu i lądowania** short-take-off and landing aircraft, STOL aircraft
~ **KSL** *zob.* **samolot krótkiego startu i lądowania**
~ **lądowy** landplane
~ **myśliwski** fighter (aircraft)
~ ~ **pościgowy** pursuit plane
~ ~ **przechwytujący** interecepter(-fighter)
~ **na poduszce powietrznej** aircraft with air-cushion landing gear
~ **naddźwiękowy** supersonic aircraft
~ **nieoblatany** unflown aeroplane
~ **-nosiciel** carrier aircraft
~ **o zmiennym skosie skrzydeł** variable-geometry aircraft
~ **obserwacyjny** spotter aircraft
~ **odrzutowy** jet aircraft
~ ~ **pionowego startu i lądowania** jump jet
~ **pasażerski** passenger aircraft
~ **pilotowany** piloted aircraft
~ **pionowego startu i lądowania** vertical-take-off and landing aircraft, VTOL aircraft, vertiplane
~ **-pocisk** flying bomb, missile plane
~ **podwieszony** (*pod samolotem-matką*) parasite aircraft
~ **pokładowy** carrier-borne aircraft
~ **przekształcalny** convertiplane, heliplane
~ **PSL** *zob.* **samolot pionowego startu i lądowania**
~ **rakietowy** rocket aircraft
~ **rolniczy** agricultural aircraft, ag-plane
~ **rozpoznawczy** reconnaissance aircraft, recce plane
~ **sanitarny** ambulance aeroplane
~ **szerokokadłubowy** wide-body aircraft
~ **szkolny** training aircraft, trainer
~ ~ **podstawowy** primary training aircraft, primary trainer
~ **szturmowy** attack aircraft, strike aircraft, strafing aeroplane, strafer
~ **śmigłowy** propeller-driven aeroplane, airscrew propelled aircraft
~ **towarowy** freighter
~ **transportowy** transport aircraft
~ ~ **do przewozu wojska** troop-carrier
~ ~ **naddźwiękowy** supersonic transport, SST
~ ~ **wojskowy dalekiego zasięgu** strategic transport aircraft
~ **typu kaczka** canard (aeroplane)
~ **wielocelowy** *zob.* **samolot wielozadaniowy**
~ **wielosilnikowy** multi-engined aircraft
~ **wielozadaniowy** multi-purpose aircraft, general purpose aircraft
~ **wodno-lądowy** amphibian (aircraft)
~ **wodny** seaplane, hydroplane
~ **wyścigowy** racing plane
~ **wywiadowczy** spy plane
~ **z załogą** manned aircraft, piloted aircraft
~ **zdalnie kierowany** drone, remotely controlled aircraft
samolotostatek *m* aerofoil ship
samoładujący *a* self-loading
samołówka *f ryb.* fish trap
samonagrzewanie *n* **się** spontaneous heating
samonakładacz *m poligr.* automatic feeder, feeding apparatus
samonapromienianie *n radiol.* self-irradiation
samonaprowadzanie *n* (*pocisku kierowanego*) target-homing, homing (guidance)
~ **bierne** passive homing guidance
~ **czynne** (fully-)active homing guidance, on-board guidance
~ **półczynne** semi-active homing guidance

samonastawność *f* łożyska self-alignment of bearing
samonastawny *a* self-adjusting; self-aligning
samonośny *a bud.* self-supporting
samoobrót *m lotn.* autorotation
~ wiatrakowy windmilling
samoobsługa *f* self-service; *org.* help--yourself system
samooczyszczanie *n* **się** self-cleaning; self--purification
~ ~ drzew (*z gałęzi*) *leśn.* self-pruning
~ ~ wód (*naturalnych*) self-purification of waters
samoodwrócenie *n* **linii widmowej** self--reversal of a spectral line
samoogrzewanie *n* self-heating
samoopalacz *m kosmet.* sun tan preparation
samoosłanianie *n nukl.* self-shielding
samoostrzenie *n* **się** *obr.skraw.* self-sharpening (*of a grinding wheel*)
samopis *m* recorder, autographic apparatus, *zob.też* **rejestrator**
samopiszący *a* self-recording, self-registering
samopochłanianie *n nukl.* self-absorption
samopodawacz *m* **snopów** *roln.* self-feeder (*in a thresher*)
samopodtrzymujący się *fiz.* self-sustaining
samopomoc *f* self-help; mutual aid; mutual aid society
samopowrotny *a masz.* automatically reset; self-restoring
samoprostowanie *n el.* self-rectification
samoredukcja *f chem.* self-reduction
samoregenerujący się self-restoring
samoregulacja *f aut.* self-regulation; inherent regulation
samorejestrujący *a* self-registering; self--recording
samorodek *m min.* nugget
samorodny *a biol.* autogenic
samorozpraszanie *n fiz.* self-scattering
samorozpuszczanie *n biochem.* autolysis
samorództwo *n biol.* autogenesis
samorząd *m* autonomy, self-government
samorzutny *a* spontaneous
samosieciowanie *n gum.* self-vulcanizing
samosiew *m bot.* **1.** self-seeding **2.** self--sown plant
samosmarowny *a masz.* self-lubricating
samosprzężony *a mat.* self-adjoint
samosterowanie *n okr.* automatic steering
samoświecący *a* self-luminous
samotok *m hutn.* roller table, roller-track, rolling table, rollway
~ bez własnego napędu idle roller table
~ doprowadzający run-in roller table, ingoing roller table, approach roller table, entry roller table
~ napędzany live roller table, power roller table
~ nawrotny reversible roller table
~ odprowadzający run-out roller table, outgoing roller table, delivery roller table, exit roller table
~ pośredni delay roller table
~ roboczy main mill table, main roller table, mill main table, working roller table
~ ~ przed walcarką front mill table, front roller table
~ ~ za walcarką rear mill table, outgoing main table, back mill table
~ transportowy extension roller table
~ traserski marking roller table
~ wsadowy charging roller table, charge table
~ z rolkami skośnymi skew roller table
~ ~ ~ tarczowymi disk-type roller table
~ za nożycą after shear roller table
~ załadowczy charging roller table
~ zbiorczy assembly roller table, collecting roller table
samotopliwy *a hutn.* self-fusible
samouk *m* self-taught person, autodidact
samouporządkowanie *n aut.* self-organizing
samoustawiający się self-positioning
samoutleniacz *m chem.* autoxidator
samoutlenianie *n chem.* autoxidation, self-oxidation
samoutwardzanie *n* self-hardening; *tw.szt.* self-curing
samowygaszanie *n* (*oscylatora*) *el.* squegging
samowyładowanie *n* **1.** (*akumulatora*) self-discharge **2.** *transp.* self-dumping
samowyładowczy *a transp.* self-dumping
samowyrównywanie *n aut.* inherent regulation
samowystarczalność *f* self-sufficiency; autarky
samowystarczalny *a* self-sufficient; self--supporting
samowyzwalacz *m fot.* time releaser, self--timer
samowzbudny *a fiz.* self-excited
samowzbudzenie *n fiz.* self-excitation
samowzmocnienie *n* (*np. lufy działa*) autofrettage
samozaciskający się *masz.* self-locking
samozakażenie *n med.* autoinoculation
samozamykający się self-closing
samozapalny *a* self-igniting
samozapłodnienie *n biol.* autogamy, self--fertilization
samozapłon *m* spontaneous ignition, self--ignition
samozapłonowy *a paliw.* self-igniting, hypergolic
samozapylenie *n bot.* self-pollination, self-fertilization, autogamy
samozatopienie *n* (*statku*) scuttling (*of a ship*)
samozatrucie *n med.* autointoxication
samozryw *m włók., papiern.* breaking length
samozużycie *n* **podczas przechowywania** storage depreciation, shelf depreciation (*of a battery etc.*)
samożywienie *n zoot.* self-feeding
samożywny *a biol.* autotrophic, autoecious

sanatorium *n* sanatorium, sanatorium
sandacz *m zool.* pike perch, *Lucioperca lucioperca*
sandaraka *f* sandarac gum (*natural resin*)
sanforyzowanie *n włók.* sanforizing
sanidyn *m min.* sanidine
sanie *pl* **1.** sleigh; sledge; sled **2.** *masz.* slide, saddle (*in machine tools*); slide base (*of an electric motor*) **3.** *żegl.* cradle
~ **do badań aerodynamicznych** aerodynamic sledge
~ **głowicy rewolwerowej** *obr.skraw.* turret slide
~ **narzędziowe** *obr.skraw.* tool slide
~ **pionowe** *obr.skraw.* vertical slide
~ **poprzeczne** *obr.skraw.* cross slide
~ **rakietowe** rocket sled
sanitarka *f mot.* ambulance (car)
sankcja *f ek.* sanction
sanki *pl* **prowadnicze** (*kubła szybowego*) *górn.* rider
SAPD = system automatycznego przetwarzania danych *inf.* automatic data processing system
saponiny *fpl chem.* saponins
saponit *m petr.* soapstone, soaprock
saprofag *m biol.* saprophage
saprofit *m bot.* saprophyte, acarus
saprolit *m petr.* saprolite
sapropel *m geol.* sapropel
sard *m min.* sard, sardine, sardius
sardela *f zool.* anchovy, *Engraulis encrassicholus* L.
sardynka *f zool.* pilchard, sardine, *Sardina pilchardus sardina* Risso
sarkofag *m arch.* sarcophagus
sarkomycyna *f* (*antybiotyk*) *biochem.* sarkomycin
sarna *f zool.* roe(-deer), *Capreolus capraea*
SARP = Stowarzyszenie Architektów Polskich
sarsaparyla *f bot.* sarsaparilla, *Smilax officinalis*
sasanka *f* **zwyczajna** *bot.* meadow anemone, *Pulsatilla vulgaris*
sassolin *m min.* sassolite
satelit *m zob.* **satelita 2.**
satelita *m* **1.** *astr.,kosm.* satellite **2.** *masz.* planet (gear), planet wheel
~ **biologiczny** biosatellite
~ **długowieczny** long-life satellite
~ **do badań jonosfery** ionosphere sounding satellite, ISS; topside sounder
~ **do wykrywania okrętów podwodnych** antisubmarine surveillance satellite
~ **geostacjonarny** geostationary satellite, synchronous satellite
~ **komunikacyjny** communication satellite, CS
~ **meteorologiczny** meteorological satellite
~ **nawigacyjny** navigational satellite
~ **niszczyciel** satellite destroyer, satellite killer
~ **rozpoznawczy** reconnaissance spacecraft
~ **stacjonarny** stationary satellite
~ **synchroniczny** synchronous satellite, geostationary satellite
~ **Słońca sztuczny** artificial asteroid
~ **telekomunikacyjny aktywny** active communications satellite
~ ~ **pasywny** passive communications satellite
~ ~ **przekaźnikowy** radio-relay satellite
~ **załogowy** manned satellite
~ **zorientowany** oriented satellite
sateloid *m astr.* satelloid
saturacja *f chem.* saturation; *cukr.* carbonatation
saturator *m chem.* saturator, gazogene; *cukr.* carbonator, carbonatation tank
Saturn *m astr.* Saturn
satyna *f włók.* satin; sateen; *papiern.* enamel(led) paper
satyniarka *f papiern.* glazing calender
satynowanie *n papiern.* glazing, supercalendering
sawart *m jedn.akust.* savart (*a unit of pitch interval*)
sączek *m* **1.** *lab.* filter **2.** *inż.* drain (tile) **3.** *med.* drain
~ **karbowany** *lab.* fluted filter paper
~ **z bibuły** *lab.* filter paper
sączenie *n* filtering, filtration
~ **molekularne** *biochem.* molecular filtration, molecular sieving chromatography, gel filtration
sączkowanie *n med.* drainage
sącznica *f górn.* bleeding
sączyć *v* filter, strain
~ **się** dribble; ooze
sąd *m* **konkursowy** jury
~ **polubowny** court of arbitration
sąg *m drewn.* pile
sąsiedni *a* adjacent; adjoining; next; *chem.* vicinal, vic
sąsiedztwo *n* neighbourhood; *mat.* contiguity
sąsiek *m* (*w stodole*) *roln.* mow
sążeń *m jedn.* fathom: 1 fm = 1,8288 m
sb = stilb *jedn.* stilb
scalać *v* unite, unitize; bond; agglomerate; integrate; merge
scalanie *n* **gruntów** integration of land property
~ **plików** *inf.* collating of files
scalony *a* (*o urządzeniach*) self-contained
scedować *v* cede; transfer (*a debt, a right etc.*)
scena *f* stage
scenariusz *m* screenplay
scenopis *m TV* script
schab *m spoż.* loin
schemat *m* diagram; scheme
~ **blokowy** block diagram
~ **działań programu** *inf.* program flow chart
~ **funkcjonalny** functional diagram
~ **ideowy** schematic diagram
~ **logiczny** *inf.* logic diagram
~ **montażowy** *bud.* erection drawing; *masz.* assembly diagram

~ **ogólnostrukturalny** *inf.* structural flow chart
~ **operacyjny** *inf.* run diagram
~ **organizacyjny** organization chart
~ **poglądowy** pictorial diagram
~ **połączeń** *el.* connection diagram, circuit diagram, wiring diagram
~ **proceduralny** flow chart, flow diagram, control diagram, flow sheet
~ **reakcji** *chem.* reaction network
~ **sieci** *el.* network diagram
~ **technologiczny procesu** flow chart, flow diagram, control diagram, flowsheet
~ **WDH** *biochem.* Warburg-Dickens--Horecker (pathway), WDH
schematyczny *a* diagrammatic
schładzacz *m kotł.* attemperator, desuperheater
schładzanie *n* **1.** *chłodn.* precooling **2.** *nukl.* cooling
~ **pary** *kotł.* attemperation of steam
schnąć *v* dry
schodek *m* **wzrostu** *kryst.* growth step
schodkowanie *n* **1.** *geod.* stepping **2.** *inż.* benching
schodkowy *a* stepped, arranged in steps
schodnia *f* **1.** *okr.* gangway; gangplank, gangboard **2.** *bud.* gang boarding, duck board
schody *pl* **1.** *bud.* stairs, stair **2.** *lotn.* echelon (formation)
~ **kręte** spiral stairs, winding stairs
~ **kuchenne** back stairs, service stairs
~ **ruchome** escalator, moving stairway
~ **w lewo** *lotn.* echelon left
~ **w prawo** *lotn.* echelon right
~ **zapasowe** (*na wypadek pożaru*) fire-escape
~ **zejściowe** (*pod pokład*) *okr.* companion ladder
schodzenie *n lotn.* descent, descending, letdown
~ **wsadu** (*w piecu*) *hutn.* descending of stock
schodzić *v* come down; descent
~ **z kierunku** *lotn.* swing (*during take off or landing*)
~ **z kursu** *żegl.* sheer
~ **z mielizny** *żegl.* forge, refloat
schorzenie *n med.* affection
schować *v* hide; conceal
schowek *m* locker; safe-deposit (box)
~ **w tablicy rozdzielczej** *mot.* glove compartment, cubby-hole
schron *m* shelter
~ **bojowy betonowy** *wojsk.* bunker, blockhouse
~ **przeciwatomowy** atomic shelter
~ **przeciwlotniczy** air raid shelter, bomb shelter
~ **schładzania paliwa** *nukl.* fuel cooling installation
schronienie *n* refuge; shelter
schronisko *n* shelter-home, hostel
schudzanie *n* **masy formierskiej** weakening of moulding sand
~ **węgla** leaning of coal
scukrzanie *n* saccharification
scyntylacja *f fiz.* scintillation
scyntylator *m fiz.* scintillator, scintillating material
scyzoryk *m* pocket-knife, jack-knife, penknife
szczepianie *n* **1.** tacking **2.** *spaw.* tack welding, tacking
~ **wstępne** *spaw.* prior tacking
~ **zgrzeinami punktowymi** *spaw.* spot tacking
sczepiarka *f włók.* looping machine, looper
~ **łańcuszkowa** chain stitch machine, linker
sczepina *f spaw.* positional weld, tack weld
seans *m* **łączności** *rad.* communication session
sec = secans *mat.* secant, sec
secamskop *m TV* secamscope
secans *m mat.* secant, sec
sedan *m mot.* saloon, sedan
sednik *m drewn.* knot borer, Forstner auger bit
sedymentacja *f* sedimentation, settling
~ **odśrodkowa** *chem.* centrifugal sedimentation
seeing (*jakość widzialności*) *astr.* seeing
segars *m okr.* mast hoop
segment *m* **1.** *mat.* segment **2.** *masz.* bearing pad
~ **nakładany** (*programu*) *inf.* overlay
~ **programu** *inf.* program segment
segmentować *v* segment
segregacja *f* segregation
~ **dendrytyczna** *met.* dendritic segregation, microsegregation, minor segregation
~ **dodatnia** *met.* positive segregation
~ **kroplista** *met.* sweating (out), droplet segregation
~ **odwrotna** *met.* inverse segreation, negative segregation
~ **ujemna** *zob.* **segregacja odwrotna**
~ **w rdzeniowej strefie wlewka** *met.* core segregation
~ **wlewka** *met.* macrosegregation, major segregation
segregator *m biur.* (box) file; binder
segregowanie *n* **dokumentów** filing
seiner *m* (*statek rybacki*) purse seiner
sejsmiczny *a* seismic
sejsmika *f geofiz.* seismic prospecting
sejsmograf *m geofiz.* seismograph
sejsmologia *f geofiz.* seismology
sejsza *f ocean.* seiche
sejzing *m okr.* furling line, (sea) gasket
sekator *n roln.* pruning scissors, pruning shears, garden pruner
sekcja *f* **1.** section **2.** *kotł.* header
~ **nakładania** (*podawania arkuszy*) *poligr.* infeed station
~ **paliwowa** *nukl.* fuel assembly
~ **przeplecenia** *el.* transposition interval
~ **zwłok** *med.* autopsy
sekcjonowanie *n* (*podział układu na odcinki*) *el.* sectionalization

sekretariat *m* secretary's office; secretarial staff
sekretarka *f* secretary
~ **planu scenicznego** *kin.*, *TV* script girl
sekretyna *f* *biochem.* secretin
sekstans *m* *nawig.* sextant
~ **automatyczny** autotracker, star tracker
sekstet *m* **aromatyczny** *zob.* **sekstet elektronowy**
~ **elektronowy** *chem.* aromatic sextet
seksto *n* *hutn.* six-high (rolling) mill
sektor *m* sector
~ **migawki** (*centralnej*) *fot.* shutter leaf
~ **sterowy** *okr.* rudder quadrant
~ **widoczności** *żegl.* arc of visibility
~ **zębaty** *masz.* toothed sector, sector gear
sekularny *a* *mat.* secular
sekunda *f* *jedn.* second
sekundnik *m* *zeg.* seconds hand
sekundomierz *m* stop watch; chronograph
~ **sportowy** sports timer
~ **z dwiema centralnymi wskazówkami sekundowymi** split-seconds chronograph
sekundy *fpl* **Saybolta uniwersalne** Saybolt universal seconds (*measure of viscosity*)
sekwencja *f* sequence; *mat.* sequent
~ **wywołująca** *inf.* calling sequence
sekwens *m* *fiz.* sequence
sekwestracja *f* *chem.* sequestration
sekwoja *f* *bot.* sequoia, *Sequoia*
seledynowy *a* celadon, willow green
selekcja *f* selection
~ **wstępna** preselection
selektor *m* **1.** *masz.* selector **2.** *mat.* selector
~ **kluczowany** *TV* gated separator
~ **mechaniczny neutronów** *fiz.* (neutron) chopper
~ ~ **neutronów powolnych** slow chopper
~ **wstępny** *el.* pre-selector
~ **z detektorem zakłóceń** *TV* noise cancelling separator
selektywność *f* selectivity
~ **katalizatora** *chem.* specificity of catalyst
selektywny *a* selective; *rad.* sharp tuning
selen *m* *chem.* selenium, Se
selenek *m* *chem.* selenide
selenit *m* *min.* selenite, spectacle stone
selenologia *f* selenology, lunar science
selenonauta *m* selenonaut
selenowodór *m* *chem.* hydrogen selenide
seler *m* *bot.* celery, *Apium graveolens* L.
selfaktor *m* *włók.* mule spinning frame, (selfactor) mule
seligmanit *m* *min.* seligmannite
selsyn *m* *aut.* selsyn, autosyn, synchro, self-synchronous repeater, magslip
~ **mocowy** power selsyn
~ **nadawczy** synchrotransmitter, selsyn transmitter, synchro generator
~ **odbiorczy** selsyn motor, synchro motor, synchro receiver
~ **sterownik** *zob.* **selsyn nadawczy**
~ **transformatorowy** selsyn control transformer, synchro-control transformer
~ **wykonawczy** *zob.* **selsyn odbiorczy**
SEM = **siła elektromotoryczna** electromotive force
semafor *m* semaphore (signal)
~ **odstępowy** block signal
~ **świetlny** light signal
~ ~ **dwustawny** two-aspect colour light signal
~ ~ **trzystawny** three-aspect colour light signal
~ **wjazdowy** home signal
semantyka *f* semantics
semestr *m* semester, half-year
semicelinit *m* *zob.* **semifuzynit**
semifuzynit *m* *min.* semifusinite
semikarbazon *m* *chem.* semicarbazone
semikarbazyd *m* *chem.* semicarbazide, aminourea
semikoloid *m* *chem.* semicolloid, association colloid
semikontenerowiec *m* *okr.* part container ship, semicontainer ship
seminarium *n* seminar
semiotyka *f* semiotics
sen *m* **letni** *zool.* (a)estivation
~ **zimowy** hibernation, winter sleep
senarmontyt *m* *min.* senarmontite
senes *m* *farm.* senna
sensoryczny *a* sensory
sensybilizacja *fpl* **optyczna** *fot.* optical sensitization, photosensitization
sensybilizator *m* *chem.* sensitizer
~ **optyczny** optical sensitizer, photosensitizer
~ **radiacyjny** radiosensitizer, radiation sensitizer
sensystor *m* *elektron.* sensistor
sensytometr *m* *fot.* sensytometer
sensytometria *f* *fot.* sensitometry
SEP = **Stowarzyszenie Elektryków Polskich**
separacja *f* **pionowa** *zob.* **separacja wysokościowa**
~ **wysokościowa** *lotn.* vertical separation, level separation, stacking
separator *m* **1.** separator; classifier, *zob. też* **oddzielacz** **2.** *rad.* buffer amplifier **3.** *inf.* separating character, information separator
~ **mas** *fiz.* mass separator
~ **odśrodkowy** centrifugal separator
~ **ostrosłupowy** *wzbog.* pointed-tank separator
~ **stożkowy** *zob.* **separator ostrosłupowy**
~ **wilgoci** *kotł.* steam separator
~ **zwojowy** *wzbog.* Humphrey's spiral
SEPD = **system elektronicznego przetwarzania danych** *inf.* electronic data processing system
sepia *f* **1.** *zool.* cuttlefish, *Sepia officinalis* **2.** (pigment) sepia
sepiolit *m* *min.* meerschaum, sepiolite
septarium *m* *geol.* septarium, turtle stone, beetle stone, septarian boulder, septarian nodule
septyczny *a* septic
ser *m* *spoż.* cheese
~ **bez oczek** blind cheese, eyeless cheese

~ **biały** cottage cheese, curd cheese
~ **chudy** skimmed milk cheese
~ **do smarowania** spreadable cheese, smearcase
~ **dojrzały** ripe cheese
~ **kremowy** full cream cheese
~ **miękki** soft cheese
~ **niebieski** blue-mould cheese, blue-veined cheese
~ **niedojrzały** immature cheese
~ **odtłuszczony** fatless cheese, skim-milk cheese
~ **owczy** ewe's milk cheese, sheep's milk cheese
~ **pełnotłusty** full-fat cheese, creamed cheese
~ **podpuszczkowy** rennet cheese
~ **półtłusty** half fat cheese, semi-fat cheese
~ **półtwardy** medium hard cheese
~ **śmietankowy** full cream cheese
~ **tłusty** fat cheese
~ **topiony** melted cheese
~ **twardy** hard cheese
~ **twarogowy** cottage cheese, curd cheese
~ **w blokach** brick cheese
~ **w bochnach** loaf cheese
~ **w klinach** wedged cheese
~ **w kręgach** drum cheese
~ **wędzony** smoked cheese
~ **zwarty** blind cheese, eyeless cheese
seradela *f* **pastewna** *bot.* serradella, *Ornithopus sativus* L.
serce *n anat.* heart
~ **włoka** *ryb.* flapper
sercowy *a med.* cardiac
sercówka *f* **1.** *odl.* heart trowel, safe-edge heart **2.** *zool.* cockle, *Cardium edule* L.
~ **linowa** thimble
~ **tokarska** lathe dog
seria *f* **1.** series **2.** run, lot, batch (*in production*)
~ **fundamentalna** (*widma*) *fiz.* fundamental series
~ **główna** (*widma*) *fiz.* principal series
~ **impulsów** *el.* pulse train
~ **informacyjna** pilot lot
~ **poboczna** (*widma*) *fiz.* subordinate series
~ **próbna** test run
~ **strzałów** (*z broni maszynowej*) burst (*machine gun fire*)
~ **widmowa** *fiz.* spectral series, series of spectral lines
serioskopia *f radiol.* serioscopy
sernik *m chem.* casein
serologia *f biol.* serology
serotonina *f biochem.* serotonin, 5-hydroxytryptamine
serowarnia *f* cheese dairy
serowarstwo *n* cheese making
serownia *f* cheese dairy
serpentyn *m min.* serpentine
~ **blaszkowy** antigorite
serum *n biol., gum.* serum
serwatka *f spoż.* whey
serwis *m* **gospodarczy** *telegr.* commercial news distribution
serwitut *m ek.* easement
serwohamulec *m mot.* servo brake, power brake
serwomechanizm *m aut.* servo-mechanism, servo
~ **położeniowy** (*regulacji położenia*) position control servo-mechanism
~ **typu prędkościowego** velocity servomechanism
~ **z reakcją siły na sterownicy** reaction servo-mechanism, feel servo-mechanism
serwomotor *m aut.* servo-motor, servo-operator
serwosterowanie *n* servo-operation; power--assisted control
serwosterownica *f lotn.* power-assisted controls
serwosystem *m aut.* servo-system
serwowzmacniacz *m el.* servo-amplifier
serwozawór *m aut.* servovalve
serycyna *f biochem.* sericin, silk gum
serycyt *m min.* sericite
seryjny *a* serial
serymetr *m włók.* serimeter
seryna *f chem.* serine
sesja *f* session (*of a committee etc.*)
seskwikarbonat *m chem.* modified soda, neutral soda
seskwiterpen *m chem.* sesquiterpene
seston *m* (*zawiesina organiczna i nieorganiczna w zbiornikach wodnych*) seston
sezam *m* **indyjski** *bot.* sesame, benne, *Sesamum indicum* L.
sezon *m* season
sezonowanie *n* **1.** *obr.ciepl.* stabilizing, seasoning **2.** *drewn.* weathering, seasoning
sęk *m drewn.* knot; knag
~ **obrączkowy** bark ringed knot
~ **szpilkowy** pin knot
~ **wypadający** loose knot
~ **zdrowy** sound knot
~ **zepsuty** decayed knot
~ **zrośnięty** tigh knot
sękarka *f drewn.* holesaw, plugging machine
sękaty *a* knotty
sfaleryt *m min.* sphalerite, zinc blende, mock ore
sfalowanie *n* **nawierzchni** *drog.* washboarding
sfałdowanie *n* folding
~ **wgłębne** *geol.* underthrust
sfen *m min.* sphene, titanite
sfenoedr *m kryst.* bisphenoid
sfenoid *m kryst.* sphenoid
sfera *f geom.* spherical surface, sphere
~ **Fermiego** *fiz.* Fermi sphere
~ **koordynacyjna (pierwsza)** *fiz.* (first) coordination sphere, inner coordination sphere
~ ~ **zewnętrzna** second coordination sphere, outer coordination sphere
~ **niebieska** *astr.* celestial sphere
~ **opisana** circumsphere, circumscribed sphere
~ **wpisana** insphere, inscribed sphere

sfermentowany *a* fermented
sferoid *m* (*krystalit kulisty*) *met.* spherulite
sferoida *f met.* spheroid
sferoidalny *a* spheroidal, nodular
sferoidyt *m met.* divorced pearlite
sferoidyzacja *f* (*cementytu*) *met.* spheroidizing, spheroidization, balling
sferoidyzowanie *n obr.ciepl.* spheroidizing annealing
sferolit *m* (*krystalit kulisty*) *met.* spherulite
sferometr *m* spherometer; *med.* dioptometer
sferosyderyt *m petr.* sphaerosiderite
sferyczny *a* spherical
sferyka *f* spherical geometry, spherics
sfilcować *v* felt
sfilmować *v* make into film
sfinalizować *v* conclude; bring to an end; sign (*an agreement*)
sfingomielina *f biochem.* sphingomyelin
sformułować *v* formulate
SGGW — AR = Szkoła Główna Gospodarstwa Wiejskiego — Akademia Rolnicza
SGP = Stowarzyszenie Geodetów Polskich
SGPiS = Szkoła Główna Planowania i Statystyki
sgraffito *n arch.* graffito, scratch-work
shimmy *n lotn.* shimmy (*castoring wheel vibration*)
shoran *m nawig.lotn.* short-range air navigation (system), shoran
SI (Systeme International d'Unites) **Międzynarodowy Układ Jednostek Miar** SI units, international system of units
siać *v roln.* sow
siadanie *n* **1.** *lotn.* alighting **2.** *zool.* alighting
sial *m geol.* sial
siano *n* hay
sianokosy *pl roln.* haysel, hay-making
siara *f biol.* beestings, colostrum
siarczan *m chem.* sulfate, vitriol
~ **alkilowy** sulfated alcohol
~ **amonowy** ammonium sulfate, sulfate of ammonia
~ **barowy** barium sulfate
~ **cynkowy** zinc sulfate
~ ~ **siedmiowodny** white vitriol, zinc vitriol
~ **glinowy** aluminium sulfate
~ **kwaśny** acid sulfate, bisulfate
~ **magnezowy** magnesium sulfate
~ **miedziowy** copper sulfate, cupric sulfate
~ ~ **pięciowodny** blue vitriol, blue copperas, bluestone
~ **ołowiawy** lead sulfate
~ **potasowo-chromowy** chromium potassium alum
~ **potasowy** potassium sulfate, salt of Lemery
~ **sodowo-laurylowy** sodium lauryl sulfate
~ **sodowy** sodium sulfate
~ **wanadylu** vanadyl sulfate
~ **wapniowy** calcium sulfate
~ **żelazawy siedmiowodny** copperas
~ **żelazowy** ferric sulfate, iron sulfate
siarczek *m chem.* sulfide
~ **barowy** black ash
~ **cynawy** stannous sulfide
~ **cynkowy** zinc sulfide
~ **cynowy** stannic sulfide, tin bisulfide, tin bronze
~ **β-hydroksyetylu** thiodiglycol
~ **sodowy** sodium sulfide
~ **srebrowy** silver sulfide
~ **żelazawy** ferrous sulfide
siarczkowanie *n tw.szt.* xanthating, xanthation
siarczkowość *f papiern.* sulfidity
siarczyn *m chem.* sulfite
~ **sodowy** sodium sulfite
siarczynowanie *n skór.* bisulfiting
siarka *f chem.* sulfur, sulphur, S
~ **-35** sulfur-35, radiosulfur
~ **bezpostaciowa** amorphous sulfur
~ **elementarna** elementary sulfur, elemental sulfur
~ **jednoskośna** monoclinic sulfur, prismatic sulfur
~ **koloidalna** colloidal sulfur
~ **krystaliczna** crystalline sulfur
~ **organiczna** organic sulfur
~ **pirytowa** pyritic sulfur
~ **rodzima** brimstone, native sulfur
~ **rombowa** rhombic sulfur
~ **strącona** lac of sulfur
~ **sublimowana** sublimed sulfur
siarkawy *a chem.* sulfurous
siarkoazotowanie *n obr.ciepl.* sulfonitriding, sulfinuzing
siarkowanie *n* **1.** *chem.* sulfuration, sulfurization **2.** *chem.* sulfur fumigation **3.** *cukr.* sulfitation
~ **dyfuzyjne** *obr.ciepl.* sulfiding
siarkowce *mpl chem.* **1.** sulfur group **2.** oxygen family
siarkowęgloazotowanie *n obr.ciepl.* sulfocarbonitriding
siarkowodór *m chem.* hydrogen sulfide, sulfuretted hydrogen
siarkowy *a chem.* sulfuric
siateczka *f* **endoplazmatyczna** *biochem.* endoplasmic reticulum, ER, ergastoplasma
siatka *f* **1.** net; network; grid, *zob.też* **sieć** **2.** *poligr.* half-tone block
~ **azbestowa** asbestos-centered wire gauze
~ **cementytu** *met.* cementite network, carbide network
~ **charakterystyk w płaszczyźnie przepływu** *aero.* Mach net, principal net of a flow
~ **druciana** wire net, wire mesh; wire cloth, wire gauze
~ **dyfrakcyjna** *opt.* diffraction grating
~ ~ **typu echelette** echelette grating
~ ~ **typu echelle** echelle grating
~ ~ **wklęsła** concave grating
~ **ekranująca** *elektron.* screen grid
~ **ferrytu** *met.* ferrite network

~ **filtracyjna** filter gauze
~ **gęsta** fine screen
~ **hamująca** *elektron.* suppressor grid
~ ~ **do lądowania** *lotn.* landing net
~ **jedwabna** *włók., poligr.* silk screen
~ **kartograficzna** map graticule
~ **lampy elektronowej** grid
~ **ładunkowa** *transp.* cargo net, net sling
~ **Macha** *aero.* Mach net, principal net of a flow, shock diamonds
~ **maskująca** *wojsk.* camouflage netting
~ **metalowa jednolita** expanded metal
~ ~ **pod tynk** *bud.* metal lath, wire lath
~ **miedziana** copper wire gauze
~ **modularna** *bud.* modular grid
~ **nitek** *opt.* cross-hairs, graticule, reticule
~ **o drobnych oczkach** close-mesh
~ **obwodów drukowanych** *elektron.* printed circuit grid
~ **okienna** (*ochronna*) window screen
~ **osłaniająca** *elektron.* shield grid
~ **pęknięć mozaikowych** (*na powierzchni beczki walca*) *obr.plast.* fire crazing, fire cracks
~ **płac** *ek.* wage scale
~ **podsadzkowa** *górn.* flushing gauze
~ **prętów** *nukl.* rod lattice
~ **projektowa** *bud.* planning grid
~ **przeciwładunkowa** *elektron.* space-charge grid
~ **przeciwoblodzeniowa** *lotn.* ice guard
~ **(przeciwrozproszeniowa) nieruchoma** *radiol.* stationary grid, Lysholm grid
~ ~ **ruchoma** *radiol.* moving grid, reciprocating grid, bucky
~ **przeciwturbulencyjna** *aero.* tranquilization screen
~ **pszczelarska** (*na twarz*) bee veil
~ **reakcji** *chem.* reaction network
~ **reaktora** *nukl.* reactor lattice
~ **rozciągana** expanded metal (net)
~ **rysek** (*na wykończonej powierzchni przedmiotu*) cross-hatching
~ **schodkowa (Michelsona)** *opt.* echelon
~ **sterująca** *elektron.* control grid
~ **swobodna** *elektron.* floating grid
~ **szlifierska** (*pęknięcia*) heat check
~ **uspokajająca** *aero.* tranquilization screen
~ **uziomowa** *el.* ground grid
~ **zbrojeniowa** *bud.* reinforcing fabric
~ **żarowa** incandescent mantle (*in a gas lamp*)
siatkowy *a* netlike, reticular, reticulated
siatkówka *f anat.* retina, optomeninx
sieciowanie *n chem.* crosslinking; reticulation (*in polymers*)
~ **pod wpływem światła** photocrosslinking
sieciownia *f ryb.* net room
sieczka *f roln.* chaff
sieczkarnia *f roln.* chaff cutter, straw cutter
~ **toporowa** flywheel cutter
~ **z wydmuchem** (*do liści roślin pastewnych*) cutter blower, flywheel chopper-blower
sieczna *f geom.* secant

sieć *f* **1.** net; network; grid, *zob.też* **siatka** **2.** *mat.* lattice (*in set theory and algebra*); network (*in topology and graph theory*) **3.** *kryst.* lattice
~ **bezwęzłowa** *ryb.* knotless net
~ **Bravais** *kryst.* Bravais lattice, point lattice, translation lattice
~ **cieplna** heat distribution network
~ **ciepłownicza** *zob.* **sieć cieplna**
~ **diamentowa płaska** *kryst.* diamond lattice
~ **drogowa** road net
~ **dryfująca** *ryb.* drift net
~ **dyslokacji** *kryst.* dislocation network
~ **działań** *inf.* flow chart, flow diagram
~ **(elektro)energetyczna** power network
~ ~ **ogólnokrajowa** *el.* power grid
~ **gazowa** gas grid
~ **izolowana** *el.* isolated neutral system
~ **jednostronnie zasilana** *el.* radial network
~ **jezdna** *kol.* contact system, contact line
~ ~ **górna** overhead contact system
~ **jonowa** *kryst.* ionic lattice
~ **kanalizacyjna** sewerage (system)
~ **kolejowa** railway system
~ **komputerowa wielodostępna** *inf.* time-sharing service, time-sharing system, TSS
~ **komunikacyjna** communication network
~ **kratowa** *el.* mashed network
~ **krystaliczna** (crystal) lattice
~ ~ **atomowa** atomic lattice
~ ~ **dwuwymiarowa** plane lattice
~ ~ **heksagonalna** hexagonal lattice
~ ~ **koordynacyjna** co-ordination lattice
~ ~ **o nieuporządkowanym rozmieszczeniu atomów** disordered lattice
~ ~ **o uporządkowanym rozmieszczeniu atomów** ordered lattice
~ ~ **o zwartym rozmieszczeniu atomów** close-packed lattice
~ ~ **płaska równoległoboczna** parallelogram lattice
~ ~ **płasko centryczna** face-centered (cubic) lattice
~ ~ **prosta** plain Bravais lattice
~ ~ **prymitywna** *zob.* **sieć krystaliczna prosta**
~ ~ **przestrzennie centryczna** body-centered lattice
~ ~ **regularna** cubic lattice
~ ~ **rodzima** host lattice
~ ~ **romboedryczna** rhombohedral lattice, trigonal lattice
~ ~ **sześcienna** cubic lattice
~ ~ **tetragonalna** tetragonal lattice
~ ~ **złożona** multiple lattice
~ **logiczna** *inf.* logical net
~ **macierzysta** *kryst.* host lattice
~ **napowietrzna** *el.* overhead network
~ **nieliniowa** *el.* nonlinear network
~ **niwelacyjna** *geol.* levelling net
~ **o elementach biernych** *el.* passive network
~ **oczkowa** *el.* mesh network
~ **odwrotna** *kryst.* reciprocal lattice

~ **okrążająca** *ryb.* encircling net, surrounding net
~ **oświetleniowa uliczna** street lighting system
~ **otwarta** *el.* radially-operated network
~ **pasywna** *el.* passive network
~ **pętlowa** *el.* ringed network
~ **pierwotna** (*wysokiego napięcia*) *el.* primary network
~ **planktonowa** plankton net
~ **poligonowa** *geod.* polygon network
~ **promieniowa** *el.* radial network
~ **prosta** *mat.* simple network
~ **przejściowa** *kryst.* transition lattice
~ **przestrzenna** crystal lattice, *zob.też* **sieć krystaliczna**
~ **przesyłowa średniego napięcia** *el.* subtransmission grid
~ **przewodów elektrycznych** wiring system
~ **pułapkowa** *ryb.* trap net
~ **punktowa** *kryst.* translation lattice, point lattice, Bravais lattice
~ **radiolokacyjna** radar (warning) net
~ ~ **portowa** harbour radar network
~ **rozdzielcza** distribution network
~ **równoległa** *el.* shunt system of distribution, parallel system of distribution
~ **rybacka** fishing net
~ **skompensowana** *el.* resonant earthed system (*by arc suppression coil*)
~ **skrzelowa** *ryb.* gill net
~ **skutecznie uziemiona** *el.* system with solidly earthed neutral
~ **stawna** *ryb.* set-net
~ **sygnalizacyjna pożarnicza** fire-alarm system
~ **szeregowa** *el.* series system of distribution
~ **światowa stacji meteorologicznych** *meteo.* réseau
~ **teledacyjna** teletransmission network
~ **telefoniczna** telephone network
~ **telekomunikacyjna** communications network
~ **telewizyjna zamknięta** closed-circuit television, CCTV
~ **trakcyjna** *kol.* contact system, contact line
~ **translacyjna** *kryst.* point lattice, translation lattice, Bravais lattice
~ **transmisji danych** teletransmission network
~ **transportowa** *mat.* transportation network
~ **uziemiająca** *el.* ground mat
~ **uziemiona** *el.* earthed neutral system
~ **węzłowa** *ryb.* knotted netting
~ **wieloprzetwarzania** *inf.* multiprocessing system, multiprocessor
~ **włóczona** *ryb.* drag-net, pull net
~ **wodociągowa** water-pipe network
~ **wysokiego napięcia** *el.* high-tension system
~ **z powrotem przez szyny** *kol.el.* track return system
~ **z punktem zerowym izolowanym** *el.* isolated neutral system
~ **z punktem zerowym uziemionym** *el.* earthed neutral system
~ **z ziemią jako przewodem** *el.* earth return system
~ **zarzucana** *ryb.* cast net
~ **zasilająca** mains, supply network
~ **zastawna** *ryb.* fixed net
~ **żywicy** (*jonowymiennej*) *chem.* resin matrix
siedlisko *n biol.* site; habitat
~ **leśne** forest site
siedmiokąt *m geom.* heptagon
siedmiotlenek *m chem.* heptoxide
siedmiowartościowy *a chem.* heptad, heptavalent, septivalent, septavalent
siedzenie *n* seat
~ **dodatkowe składane** rumble seat
~ **kanapowe** *mot.* single piece seat
~ **odejmowane** removable seat
~ **odwrócone** (*tyłem do kierunku jazdy*) rear-facing seat
~ **przekładane** *kol.* throw-over seat
~ **przesuwane** *mot.* sliding seat
~ **z oparciem pochylanym** reclining seat
siedziba *f* seat (*abiding place*)
sieja *f zool.* whitefish, *Coregonus* sp.
siekacz *m biol.* cutter, incisor
~ **do okopowych** *roln.* root cutter
~ **do paszy** food cutter, fodder chopper
siekać *v* chop, hack; mince
siekiera *f* ax(e)
~ **kowalska** *obr.plast.* anvil cutter
sielawa *f zool.* vendace, *Coregonus albula* L.
siemię *n* **lniane** linseed, flax-seed
sień *f* hall, vestibule
sierp *m roln.* sickle, reaping-hook
~ **Księżyca** *astr.* crescent
sierpak *m* (*nóż ogrodniczy*) pruning knife
sierść *f* hair
siew *m roln.* sowing, seeding
~ **rzędowy** drilling
~ **rzutowy** broadcasting
siewka *f bot.* seedling
siewnik *m roln.* seeder, sower; drill
~ **do nasion okopowych** root drill
~ **do nawozów mineralnych** fertilizer distributor
~ **do siewu kupkowego** spacing drill
~ **do trawy** grass seed drill
~ **do wapna** lime distributor
~ **kombinowany** (*do jednoczesnego wysiewu nasion i nawozu mineralnego*) combine drill
~ **ręczny** seed barrow
~ **rzędowy** drill (seeder)
~ ~ **do siewu punktowego** single-seed drill
~ **rzutowy** broadcast sower, (seed) broadcaster
~ ~ **ręczny** seed fiddle
~ **wielorzędowy** gang seeder
~ **z kółkami ugniatającymi** press drill
~ **z łyżeczkowym przyrządem wysiewającym** cup-feed drill

~ **zbożowy** (*rzędowy*) grain drill
sięgacz *m bud.* header, tie brick; through--stone, parpend
sięgać *v* **na dużą odległość** reach over a long distance
~ **od ... do ...** range from ... to ...
sikawka *f* hand-driven fire-pump
silal *m met.* silal
silan *m chem.* (mono)silane, silicomethane
silany *mpl chem.* silanes, silicanes, silicon hydrides
silchrom *m met.* silchrom, silcrome
silikażel *m chem.* silica gel
silikony *mpl tw.szt.* silicones, organo-silicon polymers
silna topologia *f mat.* strong topology
silna trucizna *f* powerful poison
silna ulewa *f* heavy rain
silna wichura *f* whole gale (10 *Beaufort scale*)
silne prądy *mpl* **wznoszące** (*w kumulusach*) *meteo.* uprush
silnia *f mat.* factorial
silnie alkaliczny *chem.* strongly alkaline
silnie eliptyczny *mat.* strongly elliptic
silnie kwaśny *chem.* strongly acid
silnie promieniotwórczy *nukl.* highly radioactive, hot
silnie stężony *chem.* higly concentrated
silnie zbrojony *bud.* heavily reinforced
silnie zjonizowany higly ionized, stripped
silnik *m* engine; motor
~ **asynchroniczny** *el.* asynchronous motor
~ ~ **zasilany dwustronnie** doubly-fed motor
~ **benzynowy** petrol engine
~ **bez osprzętu** bare engine
~ **bezkorbowy** free-piston engine
~ **bezsprężarkowy** (*wysokoprężny*) airless--injection engine, solid-injection engine
~ **bezwodzikowy** trunk-piston engine
~ **bliźniaczy** *el.* twin motor
~ **bocznikowy** *el.* shunt motor
~ **bocznozaworowy** L head engine, side--valve engine
~ **bokser** opposed-cylinder engine, flat engine
~ **chłodzony cieczą** liquid-cooled engine
~ ~ **powietrzem** air-cooled engine
~ **ciągnikowy** tractor engine
~ **cichobieżny** low-noise-level engine; *el.* silent motor
~ **cieplny** heat engine
~ **czterosuwowy** four-stroke engine
~ **czterotaktowy** *zob.* **silnik czterosuwowy**
~ **Diesla** Diesel engine, diesel, compression ignition engine, oil engine
~ **do pracy ciągłej** *el.* continuous-rated motor
~ **do pracy przerywanej** *el.* intermittent--rated motor
~ **dolnozaworowy** L head engine, side--valve engine
~ **doładowany** supercharged engine
~ **dużej mocy** high-power engine
~ **dwubiegowy** *el.* two-speed motor
~ **dwugwiazdowy** *lotn.* two-row radial engine
~ **dwuklatkowy** *el.* double squirrel-cage motor
~ **dwuprzepływowy** (*turboodrzutowy*) *lotn.* ducted-fan turbine (engine), turbofan, by-pass turbojet
~ **dwurzędowy widlasty** Vee-type engine, V-type engine
~ **dwusuwowy** two-stroke engine, two--cycle engine
~ ~ **z przepłukiwaniem wzdłużnym** uniflow two-stroke engine
~ **dwutaktowy** *zob.* **silnik dwusuwowy**
~ **dwuwirnikowy** *el.* tandem motor
~ **dźwigowy** *el.* crane motor
~ **ekspansyjny** *chłodn.* expander, expansion engine
~ **elektryczny** electric motor
~ ~ **układu śledzącego** (*np. anteny*) follow-up motor
~ **gazowy** gas engine
~ **gaźnikowy** carburettor engine
~ **główny napędowy** (*rakiety*) sustainer rocket engine; main propulsion engine
~ **górniczy** *el.* mine motor
~ **górnozaworowy** overhead-valve engine, OHV, valve-in-head engine
~ **gwiazdowy** *lotn.* radial engine, pancake engine
~ **histerezowy** *el.* hysteresis motor
~ **hydrauliczny** hydraulic engine
~ **indukcyjny** *el.* induction motor
~ ~ **pierścieniowy** wound-rotor induction motor
~ ~ **synchronizowany** autosynchronous motor
~ **jądrowy** nuclear engine
~ ~ **do pocisków rakietowych** nuclear engine for rocket vehicle application, NERVA
~ **jednofazowy** *el.* single-phase motor
~ **jednogwiazdowy** *lotn.* single-row radial engine
~ **jonowy** *rak.* ion engine
~ **klatkowy** *el.* squirrel-cage motor
~ **kołnierzowy** *el.* flange-type motor
~ **kompensowany** *el.* compensated motor
~ **kompletny** (*z osprzętem*) *mot.* complete engine assembly
~ **komutatorowy** *el.* commutator motor
~ ~ **o przesuwnych szczotkach** brush--shifting motor
~ **korekcyjny** *rak.* vernier (engine)
~ **krokowy** *el.* stepper motor, stepping motor
~ **kubkowy** *el.* drag-cup motor
~ **kwadratowy** square engine
~ **lewoobrotowy** (*patrząc od tyłu silnika*) *lotn.* left-handed engine
~ **linearny** *zob.* **silnik liniowy**
~ **liniowy** *el.* linear induction motor
~ **lotniczy** aero-engine, aircraft engine
~ **łopatkowy** (*hydrauliczny*) vane motor
~ **małej mocy** low-power engine

~ **marszowy** *rak.* sustainer rocket engine, sustainer (motor); *lotn.* propelling jet engine (*in VTOL aircraft*)
~ **mikroułamkowy** (*o bardzo małej mocy*) *el.* subfractional motor
~ **momentowy** (*dający moment kompensujący*) torque motor
~ **motocyklowy** motor-cycle engine
~ **na paliwo ciężkie** heavy oil engine
~ ~ ~ **lekkie** petrol engine
~ **napędowy** propulsion motor, driving motor
~ ~ **główny** *okr.* main engine
~ **nastawczy** *aut.* servo-motor (operator)
~ **nawrotny** reversible motor; reversing engine
~ **nie pracujący** (*w powietrzu*) *lotn.* dead engine, inoperative engine
~ **niedoładowany** (*spalinowy*) unsupercharged engine, normally aspirated engine
~ **niskoprężny** low compression engine
~ **nośno-napędowy** *lotn.* vectored-thrust engine (*in VTOL aircraft*)
~ **nośny** *lotn.* liftjet (*in VTOL aircraft*)
~ **o charakterystyce bocznikowej** *el.* shunt-characteristic motor
~ ~ ~ **mechanicznej miękkiej** soft motor
~ ~ ~ **szeregowej** series-characteristic motor, inverse-speed motor
~ ~ ~ **szeregowo-bocznikowej** motor with compound characteristic
~ **o cylindrach podwieszonych** *lotn.* inverted engine
~ ~ ~ **przeciwległych** opposed-cylinder engine, flat engine
~ **o dużej przeciążalności** *el.* heavy-duty motor
~ **o jednym kierunku obrotu** *el.* unidirectional motor
~ **o podwyższonym stopniu sprężania** high-compression engine
~ **o stałej mocy** *el.* constant horsepower motor
~ ~ ~ **prędkości obrotowej** constant-speed motor
~ **o stałym momencie** *el.* constant-torque motor
~ **o tłokach przeciwbieżnych** opposed-piston engine
~ **o układzie cylindrów H** H-engine
~ **o układzie cylindrów X** X-engine
~ **odrzutowy** reaction engine, reaction motor
~ ~ **nośny** liftjet (*in VTOL aircraft*)
~ ~ **plazmowo-łukowy** arc jet engine
~ ~ **plazmowy** plasma engine, plasma jet
~ ~ **przelotowy** jet (engine), jet-propulsion motor
~ ~ **pulsacyjny** pulsejet, intermittent jet, intermittent impulse duct
~ ~ **sterowniczy** *kosm.* thruster, control jet
~ ~ **strumieniowy** ramjet, athodyd, continuous thermal duct
~ ~ **z przestawną dyszą wylotową** vectored thrust engine
~ **odwrócony** *lotn.* inverted (in-line) engine
~ **okrętowy** marine engine
~ **parowy tłokowy** steam engine
~ ~ ~ **bliźniaczy** twin steam engine
~ ~ ~ **posobny** tandem-compound steam engine
~ ~ ~ **przeciwprężny** non-condensing steam engine
~ ~ ~ **przelotowy** uniflow steam engine
~ ~ ~ **rozprężny** expansion steam engine
~ ~ ~ **sprzężony** cross-compound steam engine
~ ~ ~ **wydmuchowy** exhaust-steam engine
~ **pierścieniowy** *el.* slip-ring motor
~ **pneumatyczny** compressed-air engine
~ **płaski** opposed-cylinder engine, flat engine
~ **pochodny** derivative engine
~ **podsynchroniczny** *el.* subsynchronous motor
~ **położeniowy** *el.* position motor
~ **pomiarowy** *el.* messmotor
~ **potrójny** *el.* triple motor
~ **prawoobrotowy** (*patrząc od tyłu silnika*) *lotn.* right-handed engine
~ **przechylny** *zob.* **silnik przekręcany**
~ **przeciwsobny** opposed-piston engine
~ ~ **czterocylindrowy** flat-four engine
~ **prądu przemiennego** *el.* alternating-current motor, a.c. motor
~ ~ **stałego** direct-current motor, d.c. motor
~ **przeciwwzbudny szeregowo-bocznikowy** *el.* decompounded motor
~ **przekładniowy** *el.* gear-motor, motorized speed reducer
~ **przekręcany** *lotn.* tiltable engine, swivelling engine
~ **przeprężony** supercompression engine
~ **przewietrzany** *el.* ventilated motor
~ **przyczepny** (*do łodzi*) outboard motor
~ **przystosowany do lotów plecowych** *lotn.* inverted system engine
~ **pulsacyjny (rezonansowy)** *lotn.* resojet (engine), resonant jet, aeroresonator, aeropulse engine
~ **rakietowy** rocket (motor)
~ ~ **korekcyjny** (*w pociskach kierowanych*) vernier (engine)
~ ~ **marszowy** sustainer (motor)
~ ~ **na paliwo ciekłe** liquid fuel rocket motor
~ ~ ~ ~ **stałe** solid fuel rocket motor
~ ~ **pomocniczy** booster rocket motor, rocket booster
~ ~ ~ **silnika strumieniowego** ram rocket
~ ~ **startowy** RATO booster rocket
~ ~ **sterujący** *kosm.* thruster
~ ~ **wspomagający** *zob.* **silnik rakietowy pomocniczy**
~ **reakcyjny** *zob.* **silnik odrzutowy**
~ **regenerowany** (*po naprawie głównej*) reconditioned engine
~ **reluktancyjny** *el.* reluctance motor

~ **repulsyjny** *el.* repulsion motor
~ **rolniczy** agrimotor
~ **rotacyjny** revolving-block engine
~ **rowerowy** moto bicycle engine
~ **rozruchowy** starting motor
~ **rozwojowy** development engine
~ **rzędowy** in-line engine
~ ~ **sześciocylindrowy** six-in-line engine
~ **samochodowy** motor-car engine
~ **skokowy** *el.* stepper motor, stepping motor
~ **spalinowy na podwójne paliwo** dual-fuel engine
~ ~ **rozruchowy** internal-combustion starter
~ ~ **wewnętrznego spalania** internal combustion engine, I.C. engine
~ ~ **zewnętrznego spalania** external combustion engine
~ **sprężarkowy** (*wysokoprężny*) air-injection engine
~ **sprzężony 1.** compound (steam) engine **2.** *lotn.* coupled-engine power unit
~ **stały** stationary engine
~ **Stirlinga** Stirling engine
~ **strumieniowy** (*odrzutowy*) ramjet (engine), athodyd, continuous thermal duct
~ **suwakowy** sleeve-valve engine
~ **synchroniczny** *el.* synchronous motor
~ ~ **wału elektrycznego** *aut.* synchro receiver, synchro motor, selsyn motor
~ ~ **z rozruchem asynchronicznym** self-starting synchronous motor
~ **szeregowo-bocznikowy** *el.* compound motor
~ **szeregowy 1.** *el.* series motor **2.** *siln. spal.* in-line engine
~ **szybkobieżny** high-speed engine
~ **szybkoobrotowy** *zob.* **silnik szybkobieżny**
~ **tarczowy** wobble-plate engine
~ ~ **o obwodach drukowanych** *el.* printed motor
~ **tłokowy** piston engine
~ ~ **bezkorbowy** free-piston engine, cam engine
~ ~ **o tłokach wirujących** cat-and-mouse engine
~ ~ **o zmiennej objętości skokowej** variable-displacement engine
~ ~ **obrotowy** rotary (piston) engine
~ ~ **suwowy** reciprocating (piston) engine
~ **trakcyjny** traction engine; railway motor
~ **trójfazowy** *el.* three-phase motor
~ **trzyrzędowy** (*o układzie cylindrów W*) arrow engine
~ **turbinowy** turbine (engine)
~ **turboodrzutowy** *lotn.* jet turbine engine, turbo-jet
~ ~ **dwuprzepływowy** *lotn.* ducted-fan turbine (engine), turbofan, by-pass turbojet; fanjet
~ ~ **wentylatorowy** *zob.* **silnik turboodrzutowy dwuprzepływowy**
~ **turbośmigłowy** *lotn.* propeller turbine engine, turbo-prop, propjet
~ **ułamkowy** *el.* fractional horsepower motor, f.h.p. motor, small-power motor
~ **uniwersalny** *el.* universal motor
~ **w gondoli** (*pod skrzydłem*) *lotn.* podded engine
~ **walcowniczy** *el.* mill motor
~ **Wankla** Wankel rotary piston engine
~ **wewnętrzny** (*w samolocie czterosilnikowym*) *lotn.* inboard engine
~ **wiatrowy** windmotor, windmill, wind turbine
~ **widlasty** (*dwurzędowy*) Vee-type engine, V-type engine
~ ~ **dwunastocylindrowy** double six V--type engine, twin-six engine
~ **wielobiegowy** *el.* multiple-speed motor, change-speed motor
~ **wielocylindrowy** multi-cylinder engine
~ **wielofazowy** *el.* polyphase motor
~ **wielogwiazdowy** *lotn.* multi-row radial engine
~ **wielopaliwowy** multi-fuel engine
~ **wodzikowy** crosshead engine
~ **wolnobieżny** low-speed engine
~ **wolnoobrotowy** *zob.* **silnik wolnobieżny**
~ **wolnossący** unsupercharged engine, normally aspirated engine
~ **wtryskowy** fuel injection engine
~ **wyciągowy** *górn.* winder motor
~ **wysokoprężny** compression-ignition engine, Diesel engine, diesel, oil engine
~ **z doładowaniem** supercharged engine
~ **z komorą wstępną** indirect-injection engine
~ **z przekładnią bezstopniową** *el.* vari-speed gearmotor
~ **z przepłukiwaniem oddzielną sprężarką** separately scavenged engine
~ **z regulacją prędkości** *el.* adjustable--speed motor, variable-speed motor
~ **z tłokami przeciwbieżnymi** opposed-piston engine
~ **z zapłonem iskrowym** spark-ignition engine
~ ~ ~ **samoczynnym** compression-ignition engine, Diesel engine, diesel, oil engine
~ **zabudowany wewnątrz skrzydła** *lotn.* buried engine
~ **zamknięty** *el.* totally-enclosed motor
~ **zewnętrzny** (*w samolocie czterosilnikowym*) *lotn.* outboard engine
~ **złożony** composite engine
~ **zwartobiegunowy** *el.* shaded-pole motor
silny *a* powerful; strong
silny wiatr *m meteo.* strong breeze (6 *Beaufort scale*)
siłoksany *mpl chem.* oxosilanes
silos *m* silo; storage bin
~ **do wysłodków** *cukr.* pulp silo
~ **zbożowy** grain silo
~ **wgłębiony** pit silo
~ **wieżowy** tower silo
silosokombajn *m* forage harvester
silosowanie *n roln.* silage, ensilage
silumin *m met.* silumin, alpax, italsil, high--silicon aluminium alloy

siła *f* force *zob.też* **siły**
~ **adhezyjna** adhesive force, adhesive attraction
~ **aerodynamiczna** aerodynamic force
~ **amylolityczna** *ferm.* diastatic activity (*of malt*)
~ **barwienia** *farb.* tinctorial strength
~ **bezwładności** force of inertia, inertial force
~ **bezwzględna** absolute force
~ **bierna** reaction
~ **centralna** central force
~ **chwilowa** instantaneous force
~ **ciągnienia** *obr.plast.* die pull, drawing load
~ **ciężkości** force of gravity, earthpull
~ **Coriolisa** *mech.* Coriolis force
~ **czynna** effort, active force, applied force, effective force
~ **diastatyczna** *ferm.* diastatic activity (*of malt*)
~ **dośrodkowa** centripetal force, deviating force
~ **dynamitu** strength of dynamite
~ **elektromotoryczna** electromotive force, electromotance, emf
~ ~ **wirowania** rotational electromotive force, speed voltage
~ **fali uderzeniowej** *aero.* shock strength
~ **gnąca** bending force
~ **grawitacyjna** gravity force
~ **hamowania** braking force
~ **jonowa** *elchem.* ion(ic) strength
~ **kiełkowania** *bot.* germinating power
~ **kohezyjna** cohesion force
~ **krusząca** *wybuch.* brisance
~ **krycia** *farb.* covering power; hiding power, opacity
~ **krytyczna** (*powodująca wyboczenie pręta*) critical force
~ **lepkości** *mech.pł.* force of internal friction
~ **magnesująca** magnetizing force
~ **magnetohydrodynamiczna** magnetohydrodynamic force
~ **magnetomotoryczna** *el.* magnetomotive force, magnetomotance
~ **masowa** *mech.* body force
~ **materiału wybuchowego** explosive power
~ **na drążku sterowym** *lotn.* control force, stick load
~ **na haku** *transp.* draw-bar pull
~ **nabywcza** *ek.* buying power
~ **nacisku gazów na tłok** *siln.spal.* firing load, gas load
~ **napędowa** driving force, propulsive effort; propelling force
~ **normalna** (*w prętach*) axial force
~ **nośna** aerodynamic lift
~ **objętościowa** *mech.* volume force
~ **odporowa skrawania** *obr.skraw.* thrust force
~ **odpychająca** repulsive force, repelling force
~ **odrzutu** recoil force
~ **odśrodkowa** centrifugal force
~ ~ **złożona** Coriolis force
~ **ognia** *uzbr.* firepower
~ **oporu** resisting force; *aero.* drag
~ **osiowa** axial force
~ **pchająca** push force
~ **pęcznienia (gruntu)** *inż.* expansive force
~ **pędna** propelling force
~ **pociągowa** tractive force, tractive effort
~ **ponderomotoryczna** ponderomotive force
~ **poprzeczna** (*w prętach*) shearing force, transverse force
~ **powierzchniowa** *mech.pł.* surface force
~ **przeciwdziałająca** counterforce
~ **przeciwelektromotoryczna** counter-electromotive force, c.e.m.f., counter voltage
~ **(przesuwowa) regulatora** governor effort, regulating force, controlling force of a governor
~ **przyciągania** attractive force
~ ~ **ziemskiego** terrestrial gravity force, earthpull
~ **przylegania** adhesive force, adhesive attraction
~ **przywracająca** (*równowagę układu*) restoring force
~ **reakcji** reactive force
~ **robocza** *ek.* manpower, labour force
~ ~ **najemna** hired labour
~ **rozciągająca** *wytrz.* tensile force
~ **rozrodcza** *biol.* reproductive power
~ **równoważąca** (*wypadkową sił danych*) equilibrant of forces
~ **składowa** component of force
~ **skręcająca** torsional force
~ **skupiona** concentrated force
~ **spójności** cohesion force
~ **sprzęgania** *farb.* coupling power
~ **ssania** (*śruby*) *okr.* thrust deduction
~ **ssąca** *gleb.* capillary potential
~ **statyczna regulatora** strength of governor, powerfullness of governor
~ **steru** *okr.* rudder force
~ **styczna działająca na korbę** crank pin effort
~ **ścinająca** (*w prętach*) shearing force, transverse force
~ **ściskająca** compressive force
~ **środkowa** *mech.* central force
~ **światła obiektywu** *fot.* rapidity of lens, speed of lens
~ **tarcia** friction force
~ ~ **wewnętrznego** *mech.pł.* force of internal friction
~ **termoelektryczna** thermal electromotive force, thermoelectric power, thermopower
~ **tnąca** shearing force, transverse force
~ **uciągu** pull force; *transp.* towing power; draw-bar pull
~ **uderzenia** impact force, force of percussion
~ **unoszenia** *mech.* force of transportation
~ **uogólniona** *mech.* generalized force
~ **wewnętrzna** internal force

~ **wiatru** wind power, wind energy
~ ~ **w skali Beauforta** Beaufort force
~ **wiązania** *chem.* bonding power, bond energy, bond strength
~ **wiążąca** (*spoiwa*) cementing power
~ **wymuszająca** exciting force
~ **wypadkowa** resultant force
~ **wyższa** *prawn.* force majeure, act of god
~ **wzbudzająca** exciting force
~ **względna** relative force
~ **zakłócająca** (*równowagę układu*) disturbing force
~ **zewnętrzna** *mech.* external force
siłomierz *m* dynamometer; force gauge
siłownia *f* power plant, power station, *zob.też* **elektrownia**
~ **okrętowa** marine power plant
~ **parowa** steam electric power station
~ **pływowa** tidal power plant
~ **skojarzona** thermal-electric power station, heat and power generating plant
~ **wiatrowa** wind power plant
~ **wodna** water power plant, hydro-plant
siłownik *m aut.* servo-motor, servo, motor operator
siły *fpl* **bliskiego oddziaływania** *fiz.* short-range forces
~ **jądrowe** nuclear forces
~ **międzycząsteczkowe** *chem.* (inter)molecular forces, van der Waals forces
~ **molekularne** *zob.* **siły międzycząsteczkowe**
~ **niezachowawcze** *mech.* dissipative forces
~ **od mas związanych** *aero.* apparent mass forces
~ **rozpraszające energię** *mech.* dissipative forces
~ **tłumiące** (*kołysanie*) damping forces
~ **van der Waalsa** van der Waals forces, intermolecular forces
~ **wewnątrzatomowe** intra-atomic forces
~ **wewnątrzcząsteczkowe** intramolecular forces
~ **wytwórcze** *ek.* productive forces
~ **zachowawcze** *mech.* conservative forces
sima *f* **1.** *arch.* cyma, ogee **2.** *geol.* sima
simens *m jedn.* siemens, reciprocal ohm, mho
similografia *f* facsimile (telegraphy), telephotography
SIMP = **Stowarzyszenie Inżynierów i Techników Mechaników Polskich**
simpleks *m telegr.* simplex
sin = **sinus** *mat.* sine, sin
singlet *m fiz.* singlet (state)
~ **widmowy** singlet line
singularny *a mat.* singular
singulet *m zob.* **singlet**
sinh = **sinus hiperboliczny** *mat.* hyperbolic sine
sinica *f med.* cyanosis
sinice *fpl bot.* blue-green algae, *Cyanophyta*
sinizna *f drewn.* blue stain (*defect*)
sinor *m mat.* sinor
sinus *m mat.* sine, sin
~ **hiperboliczny** hyperbolic sine, sinh
sinusoida *f mat.* sinusoid, sine curve
sinusoidalny *a* sinusoidal
sinuśnica *f metrol.* sine bar
siny kamień *m min.* blue vitriol, blue-stone, chalcanthite
siodełka *npl* **Berla** (*kształtki wypełniające*) *chem.* Berl saddles
siodełko *n* **1.** saddle (*of a bicycle etc.*) **2.** *bud.* bolster, crown plate **3.** *anat.* saddle **4.** *geol.* saddleback
~ **szynowe** *kol.* rail-chair
siodło *n* **1.** saddle **2.** *mat.* saddle point **3.** *geol.* saddle, anticline
~ **baryczne** *meteo.* col, saddle point
~ **ciągnika** (*do naczepy*) fifth wheel coupling (*of a truck-tractor*)
~ **resoru** *masz.* spring saddle
siodłowość *f* saddleback distortion
SITGórn. = **Stowarzyszenie Inżynierów i Techników Górnictwa**
sitko *n* strainer
~ **natryskowe** shower head
SITKom. = **Stowarzyszenie Inżynierów i Techników Komunikacji**
SITLiD = **Stowarzyszenie Inżynierów i Techników Leśnictwa i Drzewnictwa**
sito *n* **1.** sieve; screen, *zob.też* **przesiewacz** **2.** *zob.* **ściana sitowa**
~ **cząsteczkowe** *chem.* molecular sieve
~ **czerpalne** *papiern.* paper mould, hand mould
~ **dolne** *papiern.* bottom wire
~ ~ **przesiewacza** sub-sieve
~ **druciane** wire screen
~ **Eratosthenesa** *mat.* number sieve
~ **gęste** fine sieve
~ **górne** *papiern.* top wire
~ **grube** coarse sieve
~ **jonowe** *chem.* ionic sieve
~ **molekularne** molecular sieve
~ **odwadniające** dewatering screen
~ **otworowe** punched-plate screen
~ **podkładowe** *papiern.* foundation wire
~ **poziome płaskie** *roln.* screening tray
~ **rusztowe** bar screen, grizzly
~ **szczelinowe** slotted sieve
~ **tkane** woven screen
~ **wibracyjne** vibrating screen
~ **zbożowe** (*młocarni*) *roln.* grain sieve
sitodruk *m* screen process (printing), (silk-)screen printing
sitosterol *m biochem.* sitosterol
sitowatość *f odl.* gas holes
sitowie *n bot.* rush
sitówka *f bud.* perforated brick
SITPH = **Stowarzyszenie Inżynierów i Techników Przemysłu Hutniczego**
SITPP = **Stowarzyszenie Inżynierów i Techników Przemysłu Papierniczego**
SITR = **Stowarzyszenie Naukowo-Techniczne Inżynierów i Techników Rolnictwa**
SITWiM = **Stowarzyszenie Inżynierów i Techników Wodnych i Melioracyjnych**

sizal *m bot.* sisal, *Agave sisalona* Per.
sjena *f farb.* sienna
~ **naturalna** raw sienna
~ **palona** burnt sienna
sjenit *m petr.* syenite
skafander *m* **ciśnieniowy** *lotn.* pressure suit
~ ~ **wentylowany** air-ventilated suit
~ **kosmiczny** space suit
~ ~ **wyjściowy** extravehicular mobility unit, EMU
~ **miękki** *żegl.* diving suit, immersion suit
~ **nurka** diving dress, diving gear
~ **sztywny** *żegl.* armoured diving dress
skaj *m tw.szt.* sky (*artificial leather*)
skakać *v* **1.** jump; leap **2.** bounce
~ **ze spadochronem** parachute, jump with a parachute; bale out
skala *f metrol.* scale, *zob.też* **podziałka**
~ **barometryczna** barometer scale
~ **barw** colour scale
~ **Beauforta** (*siły wiatru*) Beaufort scale
~ **bezwzględna temperatur** Kelvin temperature scale
~ **Brixa** *cukr.* Brix scale
~ **celownika** *uzbr.* tangent scale
~ **Celsjusza** Celsius temperature scale, centigrade scale (*of temperature*)
~ **czasu** time scale
~ **Douglasa stanu morza** Douglas sea and swell scale
~ **elektroujemności** (*pierwiastków*) electronegative scale
~ **Fahrenheita** Fahrenheit temperature scale
~ **integracji duża** *elektron.* large scale integration, LSI
~ ~ **mała** small scale integration, SSI
~ ~ **średnia** medium scale integration, MSI
~ ~ **wielka** *zob.* **skala integracji duża**
~ **Kelvina** Kelvin temperature scale
~ **kolorymetryczna** colour scale
~ **konikowa** (*wagi*) rider-scale
~ **laboratoryjna** (*badań*) laboratory scale, bench scale, beaker scale
~ **ładunkowa** *żegl.* deadweight scale
~ **mas atomowych** atomic mass scale
~ ~ ~ **węglowa** carbon-12 atomic mass scale
~ **meteorologiczna siły wiatru** meteorological wind scale
~ **naświetlenia** *fot.* exposure latitude
~ **nośności** *żegl.* deadweight scale
~ **półtechniczna produkcji** semi-commercial scale of production, pilot plant scale of production
~ **prawdopodobieństwa** probability scale
~ **przemysłowa produkcji** commercial scale of production
~ **przyrostu wyporności** *żegl.* tons per inch scale, immersion scale
~ **przysłon** *fot.* stop-scale
~ **sit** sieve scale
~ **stanu morza** *żegl.* sea scale
~ **strojeniowa** *rad.* tuning dial
~ ~ **mikrometryczna** vernier dial
~ **stustopniowa temperatury** centigrade scale of temperature, Celsius temperature scale
~ **szarości** *fot., farb.* grey scale
~ **tarczowa (okrągła)** indicating dial, dial face, disk scale
~ **termometryczna** temperature scale, thermometric scale
~ ~ **podstawowa** basic temperature scale
~ **twardości Mohsa** Mohs' scale of hardness
~ **wachlarzowa** fan scale
~ **widzialności** visibility scale
~ **wodorowa** *chem.* hydrogen scale
~ **załadowania** *żegl.* scale of loading, displacement scale
skalar *m mat.* scalar
skalarny *a* scalar
skaleczenie *n med.* mutilation
skaleniowce *mpl min.* feldspathoid group
skalenoedr *m kryst.* scalenohedron
skaleń *m min.* feldspar
~ **sodowy** albite, white schorl, whitefeldspar
~ **wapniowy** anorthite, lime feldspar
skalisty *a* rocky
skaliwo *n odl.* cast rock, rock casting
skalnik *m* quarryman
skalny *a* rock
skalowanie *n metrol.* graduation, scaling
skalpel *m med.* scalpel
skała *f* rock
~ **autochtoniczna** *zob.* **skała macierzysta**
~ **drobnouwarstwiona** flaggy rock
~ **glebotwórcza** soil parent rock
~ **głębinowa** intrusive rock, plutonic rock
~ **hipoabisalna** hypabyssal rock
~ **ilasta** argillaceous rock
~ **intruzywna** intrusive rock, plutonic rock
~ **jednorodna** monomineralic rock
~ **klastyczna** clastic rock
~ **krucha** ravelly rock
~ **krystaliczna** crystalline rock
~ **księżycowa** moon-rock
~ **luźna** detached rock
~ **macierzysta** bed-rock, parent rock, mother rock, host rock, matrix; country rock
~ **magmowa** magmatic rock, igneous rock
~ ~ **kwaśna** acidic rock
~ ~ **twarda** whin
~ ~ **wylewna** extrusive rock, eruptive rock, volcanic rock; trap (rock), trappide
~ **metamorficzna** metamorphic rock
~ **o strukturze wstęgowej** ribbon rock
~ **okruchowa** clastic rock
~ **osadowa** sedimentary rock, derivative rock; stratified rock
~ **piroklastyczna** pyroclastic rock
~ **płonna** *górn.* gangue, deads, waste rock, stent
~ **podstawowa** *zob.* **skała przewodnia**
~ **podwodna** sunken rock

~ **przewodnia** base rock
~ **roponośna** oil rock
~ **saliczna** acidic rock
~ **spągowa** *górn.* bottom rock
~ **sypka** detached rock
~ **talkowa** talcose rock
~ **towarzysząca** adjacent rock
~ **twarda** cohesive rock, solid rock, hard rock
~ **ultrazasadowa** ultra-basic rock
~ **wodonośna** aqueous rock, waterbearing rock
~ **wulkaniczna** volcanic rock, effusive rock
~ **wybuchowa** magmatic rock, igneous rock
~ **wylewna** extrusive rock, eruptive rock, volcanic rock; trap (rock), trappide
~ **wypełniająca szczelinę uskokową** fault rock
~ **zbiornikowa** (*roponośna, gazonośna*) reservoir rock
~ **zwietrzała** blossom rock
~ **zwięzła** cohesive rock, solid rock, hard rock
~ **żyłowa** vein rock
skałodrzew *m bud.* xylolith
skałolubny *a min.* lithophilous
skałotocz *m* **morski** *zool.* marine borer
skałoznawstwo *n* lithology
skały *fpl* **stropowe** *górn.* cap rock, roof--rock, blanket rock
skamielina *f zob.* **skamieniałość**
skamieniałość *f geol.* fossil
~ **drzewna** silicified wood, woodstone
~ **roślinna** phytolith
skamienienie *n* petrifaction, lapidification
skanalizowany *a bud.* sewered
skand *m chem.* scandium, Sc
skandowce *pl chem.* scandium subgroup (Sc, Y, La, Ac)
skaner *m poligr.* scanner
~ **formowy** electronic engraving machine
skanistron *m elektron.* scanistor
skantować *v* (*reję*) *żegl.* cockbill
skapolit *m min.* scapolite
skarbiec *m* strong-room
skarbnik *m* treasurer
skarlenie *n zob.* **skarłowacenie**
skarłowacenie *n* dwarfing
skarłowaciały *a* dwarfed
skarn *m geol.* skarn
skarpa *f* slope, batter, scarp
~ **muru oporowego** counterfort
~ **nasypu** fill slope
~ **pochłaniacza fal** *inż.* wave trap floor
~ **wykopu** cut slope
skaryfikator *m* **1.** *roln.* scarifier **2.** *med.* scarificator, scarifier
skatol *m chem.* 3-methylindole, skatole
skawalać *v* **się** lump; cake
skaza *f* defect, flaw, fault, blemish, spot
skazić *v* contaminate; pollute; vitiate
skażenie *n* contamination, denaturation; pollution
~ **promieniotwórcze** radioactive contamination, radiocontamination
~ **radioaktywne** *zob.* **skażenie promieniotwórcze**
~ **smaku** depravation of taste
~ **sygnału** distortion of a singal
~ **środowiska** environmental contamination
~ ~ **hałasem** noise pollution
skąpo użaglowany *żegl.* undercanvassed
skiaskop *m med.* retinoscope
skiatron *m elektron.* dark-trace tube, skiatron
skiba *f roln.* furrow-slice
skierować *v* direct; point
~ **list** address a letter
~ **sprawę do sądu** bring a case before the court
skierowany do wewnątrz inward
skierowany w dół downward
skip *m* **1.** skip hoist **2.** skip car
sklarowany *a chem.* cleared; *szkl.* seed--free
skleina *f* glue joint, adhesive-bonded joint
~ **o zbyt małej ilości kleju** hungry joint, starved (glue) joint
sklejać *v* glue, stick together
~ **taśmę filmową** splice the film
sklejalność *f* gluability
sklejanie *n* gluing
sklejarka *f drewn.* joint gluer
~ **do taśmy filmowej** film joining press, splicer
sklejka *f* plywood
sklep *m* shop, store
~ **fabryczny** manufacturer's own shop
~ **samoobsługowy** self-service shop
~ **specjalistyczny** single-line shop, speciality shop
~ **wielobranżowy** general stores, department store
~ **wzorcowy** model shop
sklepienie *n bud.* vault, vaulting
~ **ciśnień** *górn.* pressure arch
~ **dolne** (*np. tunelu, kanału*) invert
~ **ekranowane** *kotł.* water-cooled arch
~ **gwiaździste** stellar vault, lierne vault
~ **klasztorne** cloister vault
~ **kolebkowe** barrel vault, wagon vault
~ **komory paleniskowej** *kotł.* combustion chamber roof
~ **krzyżowe** cross vault
~ **nad przelotami w piecu martenowskim** ramp roof of an open-hearth furnace
~ **odcinkowe** segmental barrel vault
~ **odwrotne** (*np. tunelu, kanału*) invert
~ **pieca** furnace roof
~ ~ **podwieszone** suspended furnace roof
~ ~ **ubijane** rammed furnace roof
~ ~ **wisząco-rozporowe** semi-suspended furnace roof
~ **profilu** *aero.* camber of an airfoil section
~ **siatkowe** lamella roof
~ **skrzyni paleniskowej** *kotł.* crown-sheet
~ **stopy** *anat.* foot arch
~ **wachlarzowe** fan vault
~ **walcowe** barrel vault, wagon vault
~ **zapłonowe** *kotł.* ignition arch

~ **żebrowe** ribbed vault
sklepieniówka *f bud.* arch brick
sklepiony *a bud.* vaulted
skleroklaz *m min.* sartorite
sklerometr *m* sclerometer
skleroproteiny *fpl biochem.* scleroproteins, albuminoids
skleroskop *m metrol.* scleroscope
skleroza *f med.* sclerosis
skład *m* **1.** composition, constitution **2.** store (house); depot; dump **3.** *poligr.* type-matter; typesetting, composition **4.** *kol.* draft (*of cars*)
~ **bez interlinii** *poligr.* solid matter
~ **chemiczny** chemical constitution, chemical analysis
~ **cząsteczkowy** molecular composition
~ **drewna** timber yard, wood yard
~ **drukarski** *poligr.* type matter
~ **fazowy** *fiz.* phase composition
~ **fotograficzny** *poligr.* photocomposition, phototype setting, photosetting, filmsetting
~ **granulometryczny** grain composition, size distribution, size grading
~ **izotopowy** isotopic composition
~ **komputerowy** *poligr.* computer typesetting
~ **kontenerów** container depot
~ **maszynowy** *poligr.* machine composition
~ **mechaniczny** *gleb.* mechanical composition
~ **mieszanki** mixture ratio
~ **mineralny** mineralogical composition
~ **objętościowy** volumetric composition, composition by volume
~ **pociągu** *kol.* draft of cars
~ **powietrzno-paliwowy** *siln.* mixture richness
~ **procentowy** percentage
~ **ręczny** *poligr.* hand composition
~ **tarcicy** timber yard
~ **wagowy** gravimetric composition, composition by weight
~ **wąski** *poligr.* condensed composition
~ **widmowy** spectral composition
~ **ziarnowy** size analysis
~ **zimny** *poligr.* cold-type composition
składacz *m poligr.* compositor, typesetter
składać *v* **1.** assemble; compose; put together **2.** *poligr.* compose, set (type) **3.** fold
~ **jaja** *zool.* lay eggs
~ **ofertę** *ek.* submit an offer, tender
~ **się z...** consist of...; be composed of...; be made up of...
~ ~ **teleskopowo** telescope
składanie *n* **1.** *poligr.* composing, typesetting **2.** folding **3.** *mat.* concatenation
~ **formy** *odl.* mould assembly
~ **sił** *mech.* composition of forces
składany *a* **1.** folding; collapsible **2.** built-up
składany w harmonijkę accordion-folded, concertina-folded
składarka *f* **1.** *poligr.* typesetter, typesetting machine, composing machine **2.** *włók.* folding machine
~ **fotograficzna** *poligr.* photo(type)setter, photocomposer
składka *f* **członkowska** membership fee
~ **ubezpieczeniowa** insurance premium
składnia *f* syntax
składnica *f* depot
~ **księgarska** book repository
składnik *m* component; constituent; ingredient, *zob.też* **składniki**
~ **barwiący** colouring ingredient (*of a mixture*)
~ **główny** (*w analizie chemicznej*) major constituent
~ **losowy** *statyst.* random component
~ **lotny** light constituent, volatile matter
~ **mieszaniny** ingredient
~ **pokarmowy** nutrient
~ **przeciwstukowy** *paliw.* anti-knock component
~ **rozproszony** (*układu*) *fiz.* disperse phase, discontinuous phase, internal phase
~ **sieci** *kryst.* lattice constituent
~ **sprzęgający się** *farb.* coupling component, azo component
~ **stopowy** *met.* alloy-forming element, alloying constituent, alloying component
~ ~ **ferrytotwórczy** ferrite former
~ ~ **węglikotwórczy** carbide former, carbide stabilizer
~ **strukturalny** *met.* structural constituent, micro-constituent
~ **sumy** *mat.* addend, summand; augend
~ **szkłotwórczy** glass former
~ **śladowy** *chem.* trace constituent
~ **uboczny** (*w analizie chemicznej*) minor constituent
~ **wariancji** *mat.* component of variance
~ **więźbotwórczy** *szkl.* network former
~ **wybłyszczający** *elchem.* brightener
~ **wysokowrzący** *farb.* high boiler
~ **żelatynizujący** gelatinizer
~ **żużlotwórczy** slag-forming constituent, slag former
składniki *mpl* **ekstraktowe** *spoż.* solids
~ **pokarmowe strawne** total digestible nutrients, TDN
~ **stopowe w postaci brykietów** *hutn.* alloying briquettes
składopis *m poligr.* justifying typewriter (*e.g. Vari Typer*)
składowa *f mat.* component (*of a vector*); component, constituent (*of a set*)
~ **bierna** (*prądu*) *el.* reactive component, quadrature component, wattless component, idle component
~ **czynna** (*prądu*) *el.* active component, in-phase component, power component
~ **dyspersyjna** *fiz.* u-mode component
~ **harmoniczna** *fiz.* harmonic
~ **indukcyjna napięcia** *el.* inductive voltage

~ **jednokierunkowa prądu** *el.* direct--current component
~ **kontrawariantna wektora** contravariant component of a vector
~ **kowariantna wektora** covariant of a vector
~ **nieokresowa prądu** *el.* direct-current component
~ **okresowa prądu** *el.* alternating-current component
~ **opóźniająca** *inf.* delay component
~ **pływu** *ocean.* partial tide, tidal constituent
~ **podharmoniczna** *akust.* subharmonic
~ **podstawowa** *aukst.* fundamental
~ **przeciwbieżna** *masz.el.* backward-rotating quantity
~ **przeciwna napięcia** negative-sequence voltage
~ **przemienna** (*wielkości pulsującej lub tętniącej*) varying component
~ **przenikliwa** *fiz.* penetrating component
~ **rzeczywista modułu zespolonego** *fiz.* storage modulus (*in rheology*)
~ ~ **podatności zespolonej** storage compliance (*in rheology*)
~ **siły** *mech.* component of force
~ **sprzęgająca** *fot.* colour coupler
~ **stała** constant component
~ **twarda** *fiz.* penetrating component
~ **wektora** component of a vector
~ **współbieżna** *masz.el.* forward-rotating quantity
~ **zerowa napięcia** zero-sequence voltage
~ **zgodna napięcia** positive-sequence voltage
~ **zmienna napięcia tętniącego** ripple voltage
składować *v* store
składowanie *n* storage, warehousing
~ **materiałów luzem** bulk storage
~ **w chłodni** cold storage
~ **w piwnicy** cellarage
~ **w żywym stanie** (*np. ryb*) live storage
składowe *n* warehouse rent; sheddage
składowe *fpl* **kwadraturowe** *rad.* quadrature components
składowisko *n* storage yard, stockyard; stacking yard
~ **odpadów promieniotwórczych** radioactive cemetery
~ **rudy** ore yard
~ **złomu** scrap yard
składowy *a* constituent
skłon *m* slope
~ **kontynentalny** *geol.* continental slope
skłonność *f* **do gruboziarnistości** *obr.ciepl.* susceptibility to overheating
~ **do korozji** corrodibility
~ **do pękania** *odl.* crack sensitivity, susceptibility to cracking
~ **do rozrostu ziarn** *met.* coarsening propensities
~ **(statku) do nawietrzności** *żegl.* weather helm
~ ~ **do zawietrzności** lee helm
skłonny *a* inclined; susceptible; disposed; prone; apt
SKM = **szybka kolej miejska** underground; *US* subway
skobel *m* staple
skocja *f arch.* scotia, cavetto
skoczek *m* **spadochronowy** parachutist; *wojsk.* paratrooper
skocznia *f* **narciarska** ski-jumping take-off
~ **pływacka** diving tower
skojarzenia *npl mat.* matchings
skojarzenie *n* association
skok *m* **1.** jump; leap **2.** *masz.* stroke; travel **3.** *masz.* pitch; lead **4.** *inf.* jump, transfer
~ **bezwarunkowy** *inf.* unconditional jump
~ **ciśnienia** *meteo.* pressure jump
~ **duży** (*śmigła*) *lotn.* coarse pitch
~ **efektywny** (*śmigła*) effective pitch
~ **geometryczny** (*śmigła*) geometric pitch
~ **gęstości** *aero.* shock compression
~ **gwintu** *masz.* pitch of thread, lead of thread
~ **hamujący** (*śmigła*) braking pitch
~ **izotermiczny** *aero.* isothermic shock
~ **jałowy pedału** pedal free movement
~ **kondensacyjny** *aero.* condensation jump, condensation shock
~ **kwantowy** *nukl.* quantum jump
~ **linii śrubowej** *mat.* spiral lead
~ **mały** (*śmigła*) fine pitch
~ **mocy reaktora** *nukl.* reactor runaway, power excursion
~ **nitów** (*w szwie*) rivet pitch
~ **obciążenia koła jezdnego** *mot.* wheel bump movement
~ **odciążenia koła jezdnego** *mot.* wheel rebound movement
~ **osi śrubowej** *kryst.* pitch of screw axis
~ **pedału** *masz.* pedal travel
~ **pływu** *ocean.* range of tide, tidal range, tidal amplitude
~ ~ **dobowego** diurnal range
~ ~ **syzygijnego** spring range
~ **prasy** *obr.plast.* stroke of press
~ **prądu** *el.* current rush
~ **pupinizacji** *tel.* coil spacing
~ **regulatora** *masz.* governor travel
~ **rzeczywisty** *okr.* virtual pitch (*of a propeller*)
~ **skrętu** (*żył w kablu, drutu w linie*) length of lay
~ **spadochronowy** parachute jump; bale--out, bailout
~ **sprężyny** spring lead, travel of a spring
~ **śmigła** *lotn.* airscrew pitch
~ **tłoka** *masz.* piston stroke, piston travel
~ **ujemny** (*śmigła*) reverse pitch
~ **walców** *obr.plast.* roll spring, mill spring
~ **warstwic** *geol.* contour interval
~ **warunkowy** *inf.* conditional jump
~ **z opóźnionym otwarciem spadochronu** *lotn.* delayed parachute jump
~ **zaworu** *masz.* valve lift, valve travel
~ **ze spadochronem** parachute jump; bailout, bale-out

~ **zerowego naporu** *okr.* pitch of no thrust (*of a propeller*)
~ **zwoju ślimaka** *masz.* worm lead
skokomierz *m* (*do mierzenia skoku śruby okrętowej*) pitchometer
skokowość *f* **silnika** *mot.* stroke-bore ratio
skomplikowany *a* complicated
skomputeryzowany *a* computer-aided, computer based, computerized
skoncentrowany *a* concentrated; intensive
skondensowany *a* condensed
skontaktować *v* **się z ...** get into contact with ..., contact ...
skończenie *adv mat.* finitely
skończenie generowany *mat.* finitely generated
skończenie wymiarowy *mat.* finite-dimensional
skończony *a* **1.** finished **2.** *mat.* finite
skop *m zoot.* wether
skopolamina *f farm.* scopolamine, hyoseine
skorodyt *m min.* scorodite
skoroszyt *m* letter file, folder
skorowidz *m* **1.** index **2.** *inf.* reference record
~ **rzeczowy** subject index
skorupa *f* shell; crust
~ **jaja** eggshel
~ **małża** *zool.* valve of a mollusk
~ **pocisku** *uzbr.* shell case, shell body
~ **ziemska** lithosphere, crust of the earth
skorupiaki *mpl zool.* crustacea, *Crustacea*
skorupki *fpl* **ułatwiające wrzenie** *lab.* boiling chips, boiling stones
skorygowany *a* corrected; rectified; revised
skorzystać *v* **z propozycji** take advantage of the offer
skos *m* bevel, chamfer, scarf, cant
~ **gładki** *drewn.* plain scarf
~ **matrycowy** (*zbieżności ścianki wykroju*) *obr.plast.* draft
~ **płata** *lotn.* sweep
~ **rozjazdu** *kol.* frog angle
~ **wykroju żagla** gore
~ **z wrębem** *drewn.* hooked scarf
skostnienie *n* ossification
skośnica *f metrol.* sine bar
skośnie *adv* askew
skośnie symetryczny *mat.* skew-symmetric
skośnik *m* **zaczepu pługa** *roln.* brace bar
skośność *f mat.* skewness
~ **dodatnia** positive skewness
~ **lewa** negative skewness
~ **prawa** positive skewness
~ **ujemna** negative skewness
skośny *a* skew; oblique
skotofor *m elektron.* scotophor
skóra *f* **1.** *anat.* skin **2.** *skór.* leather; skin; hide
~ **ałunowa** alum leather
~ **angielska** moleskin
~ **blachowata** tinny leather
~ **bydlęca** cow hide
~ **chromowa** chrome(-tanned) leather
~ ~ **cielęca** box-calf
~ **cielęca** calf skin; calf leather, calf
~ **deseniowa** embossed leather
~ **futerkowa** fur skin
~ **garbowana** (tanned) leather
~ **gładka** leather with smooth grain
~ **introligatorska** bookbinding leather
~ **jagnięca** lamb skin
~ ~ **cienko garbowana** basan, basil
~ **juchtowa** Russian leather
~ **kolodionowa** leather with nitrocellulose finish
~ **końska** horse hide
~ **kozłowa** buck skin
~ **koźlęca** kid skin
~ **lakierowana** patent leather, varnished leather
~ **licowa** grain leather
~ **marszczona** shrink leather
~ **miękka** light leather
~ **nappa** napa (leather)
~ **odzieżowa** garment leather, clothing leather
~ **owcza** sheepskin
~ ~ **garbowana** cabretta
~ ~ **pełnowełnista** wooled sheepskin
~ ~ **półwełnista** half-wooled sheepskin
~ ~ **strzyżona** shearling
~ **rękawiczkowa** gloving leather
~ **roślinna** vegetable tanned leather
~ **solona** salted hide
~ **surowa pofałdowana** ribby hide
~ ~ **wysuszona całkowicie** flint-dried hide
~ ~ **ze zwierząt dużych** hide
~ ~ ~ ~ **małych** skin
~ **suszona** dried hide
~ **sztuczna** artificial leather, imitation leather
~ **ścisła** firm leather
~ **świeża** green hide
~ **świńska** pig skin
~ **właściwa** *anat.* dermis, derm, cutis, true skin, corium
~ **workowa** (*zdjęta bez cięcia*) skin coat, cased skin
~ **wyprawiona** leather
~ **zielona** (*świeża*) green hide
~ **zwarta** firm leather
skórka *f* peel
~ **pomarańczowa** *powł.* orange peel, pock-marking (*defect of coating*); *met.* orange peel, alligator skin, alligator effect, pebbling (*defect of metal surface*)
~ **zamszowa** chamois leather, chamois skin
~ **źrebięca** foal skin
skórny *a biol.* cutaneous, dermal
skórowanie *n* **1.** *obr.skraw.* skinning, scapling, roughing, rough turning **2.** *skór.* flaying
~ **wlewków** *hutn.* peeling of ingots
skórzany *a* (made of) leather
skracać *v* **1.** shorten **2.** *mat.* reduce; cancel out; **3.** abridge; contract
~ **czas** cut down the time
~ **ułamek** reduce a fraction

skracalny *a mat.* cancellable
skracanie *n* **głowy zęba** (*koła zębatego*) tooth topping
skrajnia *f kol.* (clearance) gauge, limiting outline
~ **ładunku** loading gauge
~ **taboru** vehicle gauge
~ **tranzytowa** transit-gauge
skrajnie mała częstotliwość *f* (*poniżej* 300 Hz) *rad.* extremely low frequency, ELF
skrajnie wielka częstotliwość *f* (30 000—300 000 MHz) *rad.* extremely high frequency, EHF
skrajnik *m* **1.** *okr.* peak **2.** *kol.* clearance gate
~ **dziobowy** forepeak
~ **rufowy** after-peak
skrajny *a* extreme; terminal
skrapiacz *m odl.* sprinkler, water spray
skrapiać *v* sprinkle
skrapiarka *f drog.* sprinkler
skraplacz *m* condenser; liquefier
~ **bezprzeponowy** jet condenser, direct-contact condenser
~ **częściowy** partial condenser, dephlegmator
~ **natryskowy** spray condenser
~ ~ **barometryczny** (*z rurą barometryczną*) *siln. par.* barometric condenser
~ **ociekowy** spray condenser
~ ~ **jednoodpływowy** straight spray condenser
~ ~ **wieloodpływowy** bleeder-type spray condenser
~ **par** vapour condenser, steam condenser
~ **pęczkowy** multitube condenser
~ **płaszczowo-rurowy** shell-and-tube condenser
~ ~ **-wężownicowy** shell-and-coil condenser
~ **powierzchniowy** surface condenser
~ ~ **jednoprzepływowy** one-pass surface condenser
~ ~ **wieloprzepływowy** multi-pass surface condenser
~ **powietrzny** (*chłodzony powietrzem*) air-cooled condenser
~ **przeciwprądowy** counter-flow condenser
~ **(przeciwprądowy) dwururowy** double-pipe condenser, tube-in-tube condenser
~ **przeponowy** surface condenser
~ **wiązkowy** multitube condenser
~ **wodny** (*chłodzony wodą*) water-cooled condenser
~ **współprądowy** parallel-flow condenser
~ **wstępny** precondenser
~ **wyparny** evaporative condenser
~ **zanurzony** flooded condenser, submerged condenser
skraplać *v* condense, liquefy
skraplanie *n* condensation (*of steam*); liquefaction (*of gas*), *zob.też* **kondensacja**
~ **bezprzeponowe** jet condensation
~ **błonowe** filmwise condensation
~ **perliste** dropwise condensation
skraplarka *f chłodn.* condensing unit
skratki *pl san.* screenings, rakings
skrawać *v* cut, slice; machine (*on a lathe*)
skrawalność *f* machinability, machining properties (*of material*)
skrawalny *a* machinable
skrawanie *n* (machine) cutting; machining
~ **warstwami** slicing
skrawarka *f* **obwodowa** veneer slicer
skrawki *mpl* cuttings, clippings, scissel, snips
skrawność *f* cutting ability (*of a tool*)
skreślić *v* cross out; strike out; delete; cancel
~ **klasę statku** expunge the class of a ship
~ **z listy** strike off a list
~ **z planu** take off schedule
skręcać *v* **1.** twist; strand **2.** turn
~ **jedwab** *włók.* throw silk
~ **ku rufie** (*o wietrze*) *żegl.* veer aft
~ **linę** lay a rope
~ **na wiatr** *żegl.* bear down, come round, come to (*of a ship*)
~ **nici** *włók.* twist threads
~ **w lewo 1.** turn to the left **2.** *meteo.* (*o wietrze*) back
~ **w prawo 1.** turn to the right **2.** *meteo.* (*o wietrze*) veer
skręcalnictwo *n* **jedwabiu** *włók.* silk throwing
skręcalność *f* **molowa** *chem.* molar rotation
~ **optyczna** optical rotation
~ ~ **w lewo** rotation to the left, levorotation
~ ~ **w prawo** rotation to the right, dextrorotation
~ **właściwa** specific rotation
skręcanie *m* **1.** *mech.* torsion **2.** *włók.* twisting, doubling **3.** *mot.* turning; cornering
~ **jedwabiu** throwing of silk
~ **kabla** (*z wielu drutów*) stranding
~ **(kabli) w pary** twinning (of cables)
~ **wiązek czwórkowych** (*kabla*) quadding
~ ~ **parowych** pairing
skręcarka *f* **1.** *wytrz.* torsion test machine **2.** *włók.* twisting machine, twister
~ **kablowa** *el.* (cable) stranding machine
~ **krepowa** *włók.* crape twisting machine
~ **obrączkowa** *włók.* ring twisting frame, ring doubling frame
~ **-rozciągarka** *włók.* draw-twister
~ **zmęczeniowa** *wytrz.* torsional fatigue machine, torsator
skręcenie *n* twist; torsional deflexion; torsion; contorsion
~ **krzywej** *mat.* torsion of a curve
~ **płaszczyzny polaryzacji światła** rotatory polarization, rotation of plane of polarization of light
~ **w stawie** *med.* sprain
skrępowanie *n mech.* constrainment (*of a material system*)

skręt *m* **1.** twist; strand **2.** turn **3.** sense of rotation
~ falowodowy waveguide twist
~ gwintu lufy *uzbr.* twist of rifling
~ kiszek *med.* volvulus, twisting of the bowel
~ liny lay of a rope
~ włókien *drewn.* slope of grain (*defect*)
skrętka *f* **1.** strand (*of rope*) **2.** *el.* spiral
~ druciana wire coil
~ grzejna *el.* heating coil, helical heating element
skrętnik *m mech.* wrench
skrętność *f* (*liczba kwantowa*) *fiz.* helicity
skrętny *a* torsional
skrętomierz *m włók.* twist tester
skrobacz *m wiertn.* oil saver
skrobaczka *f* **1.** *narz.* scraper **2.** *med.* abrasor, raspator
~ do rur *kotł.* tube scraper
~ stolarska *drewn.* shave
skrobać *v* scrape; *drewn.* shave
skrobak *m narz.* scraper; *papiern.* doctor
~ do łożysk bearing scraper
~ do rur *wiertn.* wall scraper, rabbit
~ luźnospadowy *wiertn.* go-devil
~ (ślusarski) hakowy hook scraper
~ ~ łyżkowy wygięty half-round bent scraper
~ ~ płaski flat scraper
~ ~ trójkątny three-cornered scraper, three square scraper
skrobanie *n* scraping; *drewn.* shaving
~ na tusz spotting
skrobia *f* starch, amylum
~ wątrobiana liver starch, animal starch, glycogen
~ ziemniaczana potato starch
~ zwierzęca *zob.* **skrobia wątrobiana**
skrobiowość *f spoż.* starch content
skroń *f anat.* temple
skropliny *pl* condesate; drip
skroplony *a* condensed; liquefied
skrosowanie *n telef.* cross-connection
skrośny *a* through
skrócenie *n* shortening; contraction
~ bezwzględne *wytrz.* shortening
~ poskoku zezwojów *masz.el.* chording
~ ułamka *mat.* reduction of a fraction
~ względne *wytrz.* unit shortening
skrócony *a mat.* curtate
skrót *m* abbreviation
~ literowy initialism
~ mnemotechniczny mnemonic symbol
skrótowiec *m* acronym
skruber *m chem.* scrubber, wet cleaner, wet collector
~ z wypełnieniem packed scrubber
skrypt *m* lecture(s) run off on the duplicator
~ dłużny *prawn.* promissory note
skrytka *f* **bankowa** safe-deposit (box), bank safe
~ pocztowa post office box, P.O.B.
skrytokrystaliczny *a* cryptocrystalline, hypocrystalline, semicrystalline, structureless
skrywka *f górn.* removing of overburden
skrzele *n* **1.** *lotn.* slat **2.** *zool.* gill, branchia
~ nieruchome *lotn.* auxiliary aerofoil
skrzemionkowanie *n chem.* silicification
skrzep *m* **1.** *hutn.* skull, bear, sow, salamander **2.** *med.* clot, thrombus, blood clot
~ mleka *spoż.* curd
skrzydełko *m bot.* ala
~ bezpiecznika *uzbr.* safety lever
~ mieszadła stirrer blade
~ obwoluty flap of a book jacket
~ przędzarki *włók.* flier
~ żaluzji shutter blade
skrzydło *n* **1.** wing **2.** *zool.* wing, ala
~ budynku wing of a building
~ delta *lotn.* delta wing
~ drzwi *bud.* door leaf
~ jednodźwigarowe *lotn.* monospar wing
~ laminarne *lotn.* laminar-flow wing
~ latające *lotn.* flying wing, all-wing aircraft
~ łamane do dołu *lotn.* gull wing
~ ~ do góry cranked wing
~ muru oporowego *bud.* wing wall
~ o dużym skosie *lotn.* highly swept wing
~ o profilu laminarnym *lotn.* laminar wing
~ o zmienianej geometrii *lotn.* variable-geometry wing
~ o zmienianej rozpiętości *lotn.* variable-span wing, extensible wing
~ o zmiennym skosie *lotn.* crescent wing
~ okienne *bud.* sash; casement
~ powłokowe *lotn.* stretched-membrane sailwing
~ przyczepne *lotn.* detachable wing (assembly), outer wing
~ Rogallo *lotn.* Rogallo wing
~ skorupowe *lotn.* monocoque wing
~ skośne *lotn.* swept wing
~ ~ do tyłu backswept wing
~ sprężyste *lotn.* stretched membrane wing, flexible wing, spring wing
~ strumieniowe *lotn.* jet wing, blowing wing
~ szablaste *lotn.* crescent wing
~ szczątkowe *lotn.* stub plane, stub wing
~ szczelinowe *lotn.* slotted wing
~ środkowe *lotn.* inner wing
~ śruby napędowej *okr.* propeller blade
~ trapezowe *lotn.* tapered wing
~ trójkątne *lotn.* delta wing
~ w kształcie litery M *lotn.* gull-wing
~ w kształcie litery W *lotn.* inverted gull wing, cranked wing
~ wolnonośne *lotn.* cantilever wing
~ z klapami *lotn.* flapped wing
~ z zastrzałami *lotn.* strut-braced wing
~ zbieżne *lotn.* tapered wing
~ ze wzniosem *lotn.* dihedral wing
~ ~ ~ ujemnym anhedral wing
~ zrzucone (*uskoku*) *geol.* downthrow side
skrzydłowiec *m lotn.* ornithopter
skrzynia *f* box; case, chest; bin
~ chłodząca cooling box

~ **czyszcząca** *paliw.* purifying box, box purifier
~ **denna** *okr.* sea chest, water box
~ **dmuchowa** *hutn., odl.* air-belt, air-box, blast box, wind-box, wind-belt
~ **do pakowania** packing case
~ **kingstonowa** sea chest, water box
~ **korbowa** *siln.spal.* crankcase, crankshaft casing
~ ~ **tunelowa** barrel-type crankcase
~ **kratowa** (packing) crate
~ **ładunkowa** (*samochodu ciężarowego*) open load-carrying body
~ **łańcuchowa** *okr.* chain locker
~ **mieczowa** (*jachtu*) centre board case
~ **mułowa** *górn.* dolly tub
~ **na śmieci** dustbin
~ **na węgiel** coal bin
~ **nasienna** *roln.* seed box (*of a drill*)
~ **osadowa** *zob.* **skrzynia paleniskowa**
~ **paleniskowa** *kotł.* fire-box
~ **powietrzna** *hutn., odl.* air-belt, air-box, blast box, wind-box, wind belt
~ **pupinizacyjna** *tel.* loading case
~ **szlamowa** sludge box, mud box
~ **wlewowa** *papiern.* head box
~ **wodna** *okr.* sea chest, water box
~ **wylęgowa** *roln.* brood case
~ **załadowcza** *hutn.* charging box
~ **zaworowa** *siln.par.* valve chest, steam chest, valve box
~ **zęzowa** *okr.* bilge chest
~ **żużlowa** *hutn., odl.* slag pot
skrzyniec *m okr.* coffer, lacunar, caisson
skrzyniowiec *m okr.* trunk deck vessel
skrzynka *f* box, chest
~ **akumulatorowa** accumulator box
~ **amunicyjna** *uzbr.* ammunition chest
~ **bezpiecznikowa** *el.* fuse-box
~ **biegów** *mot.* gearbox; transmission
~ ~ **automatyczna** automatic gearbox, self-change gearbox
~ ~ **czterobiegowa** four-speed gearbox
~ ~ **hydramatic** hydraulic transmission
~ ~ **hydrokinetyczno-obiegowa** *zob.* **skrzynka biegów hydramatic**
~ ~ **obiegowa** epicyclic gearbox
~ ~ **planetarna** *zob.* **skrzynka biegów obiegowa**
~ ~ **preselekcyjna** pre-selector gearbox
~ ~ **rozdzielcza** transfer case, transfer box, wheel reduction gear
~ ~ **synchronizowana** synchromesh gearbox
~ ~ **z nadbiegiem** overdrive gearbox
~ **ciągadła** *obr.plast.* die box
~ **czółenkowa** *włók.* shuttle box
~ **do azotowania** *obr.ciepl.* nitriding box
~ **do nawęglania** *obr.ciepl.* carburizing box
~ **dolna** (*formierska*) *odl.* drag, bottom box
~ **dyszowa** nozzle-box (*in steam turbines*)
~ **formierska** *odl.* (moulding) flask, moulding box
~ ~ **ręczna** one-man flask
~ ~ **usuwalna** snap flask
~ ~ ~ **otwierana** pop-off flask
~ ~ ~ **zdejmowana** taper strip flask, slip flask
~ **górna** (*formierska*) *odl.* cope, top box
~ **kablowa** *el.* cable box
~ **kartotekowa** card filing box
~ **napędu akcesorii** *siln.spal.* accessory gear box
~ **narzędziowa** toolbox
~ **opornikowa** *el.* resistance box
~ **pocztowa** letter-box
~ **połączeniowa** *el.* junction box; link-box
~ **posuwów** feed box, feed unit (*of a machine tool*)
~ **pośrednia** (*formierska*) *odl.* cheek
~ **przegrzewacza** *kotł.* superheater header
~ **przekładniowa** gearbox; transmission; wheel case
~ ~ **z kołami w stałym zazębieniu** constant-mesh gearbox
~ **przyłączowa** *el.* feeder box
~ **rdzeniowa** *odl.* split core box
~ **rozbieralna** (*opakowanie*) collapsible shipping box
~ **rozdzielcza** *el.* connecting box; distributor box
~ **rozgałęźna** *el.* distribution box
~ **sekcyjna** *kotł.* sectional header
~ **ssąca** *papiern.* suction box
~ **sterownicza** (electric) control box
~ **suportowa tokarki** apron of a lathe
~ **suwakowa** *siln.par.* slide box
~ **środkowa** (*formierska*) *odl.* cheek
~ **światłoszczelna** dark box
~ **uciosowa** *drewn.* mitre box
~ **wiertarska** *obr.skraw.* box jig
~ **wodna = komora wodna** *kotł.* box-header
~ **zaciskowa** *el.* terminal box
~ **zbiornika wlewowego** *odl.* runner bush, pouring box
~ **zbrojona** (*opakowanie*) cleated box
~ ~ **drutem** wirebound box
~ **żeberkowa** (*opakowanie*) cleated box
skrzywienie *n* **otworu wiertniczego** *wiertn.* hole deviation
~ **się** (*np. w prowadnicach*) cant(ing)
skrzywiony *a* twisted; bent
skrzyżowanie *n* crossing; *elektron.* crossover; crossunder (*of conductive paths*)
~ **bezkolizyjne** two-level crossing, grade separation
~ **drogi z torem kolejowym** railway crossing
~ **dróg** intersection of roads, cross-roads
~ ~ **pod ostrym kątem** skew crossing
~ ~ **w kształcie liścia koniczyny** clover-leaf crossing
~ **jednopoziomowe** level crossing
~ **ukośne** (*torów*) *kol.* diamond crossing
skubać *v* (*drób*) pluck
skubarka *f* **drobiu** *zoot.* plucking machine, plucker
skumbria *f zool.* scomber
skumulowany *a* cumulated, cumulative
skunks *m zool.* skunk, *Mephitis*

skup *m ek.* purchase, purchasing; buying up
skupiać *v* concentrate; focus; converge; agglomerate
skupienie *n* **1.** concentration; agglomeration; pile-up **2.** *min.* aggregate
~ **dyslokacji** *kryst.* dislocation pile-up
~ **ognia** *uzbr.* accuracy of fire
~ **przewodów** *el.* bunching of cables
skupisko *n* cluster
~ **jonowe** *fiz.* ion cluster
~ **wakansów** *kryst.* vacancy cluster
skurcz *m* **1.** shrinkage, contraction **2.** *med.* cramp
~ **krzepnięcia** *odl.* solidifying contraction, solidification shrinkage
~ **liniowy** linear contraction
~ **magnetyczny** (*plazmy*) *fiz.* pinch (effect), rheostriction
~ **objętościowy** contraction in volume
~ **odlewniczy** *odl.* casting contraction
~ **podczas krzepnięcia** *odl.* solidifying contraction, solidification shrinkage
~ **podwójny** *odl.* double contraction, pattern-maker's shrinkage
~ **powierzchni** *skór.* area shrinkage
~ **prasowniczy** *tw.szt.* moulding shrinkage
~ **przy wysychaniu** drying shrinkage
~ **serca** *fizjol.* systole
~ **spawalniczy** welding shrinkage
~ **utrudniony** *odl.* hindered contraction, restrained contraction
~ **w stanie ciekłym** *odl.* liquid contraction
~ ~ ~ **stałym** solid contraction, pattern--maker's contraction, solid shrinkage
~ **wtórny** *tw.szt.* after-shrinkage
skurczenie *n* shrinkage, contraction
skurczliwość *f* **wtórna** *ceram.* after-contraction
skurczówka *f odl.* pattern-maker's rule, shrink rule, shrinkage gauge, contraction rule
skuteczność *f* effectiveness
~ **biologiczna promieniowania** biological effectiveness of radiation
~ **ciśnieniowa** (*mikrofonu*) pressure sensitivity, pressure response
~ **detekcji** *nukl.* detection efficiency
~ **fotograficzna promieniowania** actinicity (*of radiation*)
~ **mocowa** (*przetwornika*) *el.akust.* response to power, power response
~ **napięciowa** (*przetwornika*) *el.akust.* voltage response
~ **parafoniczna** (*mikrofonu*) close talking response, close talking sensitivity
~ **prądowa** *el.* current efficiency
~ **rażenia** (*broni*) lethality (*of weapon*)
~ **spowolniania** *nukl.* moderating efficiency
~ **steru** *lotn.* control sensitivity
~ **świetlna lampy** (luminous) efficiency of a lamp
skuteczny *a* effective
skutek *m* effect
skuter *m* scooter
skuterudyt *m* (*ruda kobaltu i niklu*) *min.* skutterudite
skutki *mpl* **uboczne** side effects
~ **ujemne** unfavourable effects
skutkować *v* be effective; produce desired results; work
skuty lodem (*np. port*) ice bound
skuwka *f* ferrule
skwalen *m chem.* squale, spinacene
skwantowany *a fiz.* quantized
skwarki *pl spoż.* greaves, cracklings
skwaśniały *a* sour
skwaśnieć *v* turn sour
skwer *m* **1.** square **2.** *ryb.* square (*of a trawl net*)
slabing *m hutn.* slab mill
slajd *m fot.* (film) slide, lantern slide, transparency
slip *m* **1.** *okr.* marine railway, slipway, patent slip **2.** *ryb.* net ramp, stern slip, stern ramp, trawl ramp (*of a trawler*)
slot *m lotn.* slat
slup *m żegl.* sloop
słabnąć *v* weaken; abate; diminish
słabo alkaliczny *chem.* slightly alkaline, weak-alkaline, alkalescent
słabo amoniakalny *chem.* faintly ammoniacal
słabo kwaśny *chem.* slightly acid, weak--acid
słabo parazwarty *mat.* metacompact
słabo promieniotwórczy *nukl.* cold
słabo rozpuszczalny slightly soluble
słabo zakwaszony *chem.* weakly acidified, acidulated
słabosilnikowy *a* low-powered
słaby *a* weak
słaby wiatr *m meteo.* light breeze, slight breeze, light wind (2 *Beaufort scale*)
słaniec *m* dew ratted flax
sięp *m ryb.* lamp net, splash net
słodkawy *a* sweetish
słodki *a* sweet
słodowanie *n ferm.* malting
~ **klepiskowe** flooring
słodownia *f ferm.* malt-house
~ **klepiskowa** floor malt-house
słodzenie *n* (*benzyn*) *paliw.* sweetening, doctor treatment
słodzić *v spoż.* sweeten
słodzik *m spoż.* artificial sweetener
słodziny *fpl* **piwne** *ferm.* spent grain
słodzone cukrem *spoż.* sugar added
słodzony *a* sweetened
słojowanie *n* **drewna** graining of wood
słoma *f* straw
słomiak *m ryb.* briddle, ground cable
słonawy *a* saltish; brackish
słoneczko *n* (*spiralnie zwinięta lina na pokładzie*) *żegl.* flemish coil
słonecznik *m bot.* sunflower, helianthus, *Helianthus annuus* L.
słoneczny *a* solar
słonina *f spoż.* back fat
słoniowacizna *f med.* elephantiasis
słoność *f* salinity, saltiness
słony *a* salty, saline

słońce *n* **1.** sun **2.** (*zespół lamp używany przy przeładunku towarów*) cargo light
~ **prawdziwe** *astr.* apparent sun
~ **średnie** *astr.* mean sun
słowa *npl* **kluczowe poza kontekstem** keywords-out-of-context, KWOC
~ ~ **w kontekście** *inf.* keywords-in-context, KWIC
słownictwo *n* vocabulary, lexis
~ **specjalistyczne** terminology
słownie *adv* in words
słownik *m* dictionary; vocabulary; glossary; *inf.* symbol table
~ **a tergo** reverse dictionary
~ **dwujęzyczny** bilingual dictionary
~ **frekwencyjny** frequency dictionary
~ **normatywny** (*norma terminologiczna*) standard(ized) vocabulary, standard glossary
~ **w układzie systematycznym** classified vocabulary
~ **wielojęzyczny** multilingual dictionary; multilingual vocabulary
słowo *n inf.* word
~ **indeksowe** modifier, index word
~ **kluczowe** keyword
~ **komputerowe** computer word, machine word
~ **o długości 16 bajtów** quad word
~ **podwójnej długości** double-length number
~ **rozkazowe** instruction word
~ **stanu procesora** processor status word, PSW
~ **zabezpieczające** password
~ **zastrzeżone** reserved word
słód *m* malt
~ **barwiący** caramel malt
~ **browarniany** brewer's malt, short malt
~ **gorzelniczy** distiller's malt, long malt
~ **jęczmienny** malted barley
~ **mokry** green malt
~ **palony** caramel malt
~ **piwowarski** brewer's malt, short malt
~ **zielony** green malt
słój *m* (*naczynie*) jar
~ **roczny** *drewn.* annual ring, growth ring
słuch *m* (*zdolność słyszenia*) audition
słuchacz *m rad.* listener
słuchać *v* **steru** *żegl.* answer the helm
~ **wykładów** attend lectures
słuchawka *f el.* earphone, receiver
~ **douszna** insert earphone
~ **kostna** bone-conduction receiver
~ **lekarska** stethoscope, phonendoscope
~ **nagłowna** (head)phone, head receiver
~ **telefoniczna** telephone receiver
słuchowisko *n* radio-play
słuchowo-wzrokowy *a* (*np. o pomocach naukowych*) audiovisual
słuchowy *a* auditory, aural
słup *m* **1.** post, pole; pillar; column, stud **2.** *kryst.* prism
~ **A-owy** *el.* A-pole
~ **bliźniaczy** *el.* twin pole
~ **bramowy** *el.* H-pole, portal structure
~ **cieczy** column of liquid
~ **dymu** column of smoke
~ **dytrygonalny** *kryst.* ditrigonal prism
~ **(gazowy) łuku** arc (gaseous) column
~ **H-owy** *el.* H-pole, portal structure
~ **kablowy** *el.* transition pole
~ **kolei linowej** trestle of an overhead railway
~ **kotwiczny pogłębiarki** spud of a dredge
~ **krańcowy** *el.* terminal support
~ **kratowy** (lattice) tower, pylon
~ **krzyżowniczy** *el.* transposition pole
~ **latarniany** lamp-post
~ **łuku** *el.* arc column, arc space
~ **milowy** *drog.* milepost
~ **nadstawny** *el.* shoed pole
~ **napowietrznej linii przesyłowej** overhead transmission line support
~ **narożny** *el.* angle support, angle post
~ **odporowy** anchor support, section support
~ **ogłoszeniowy** poster pillar
~ **ogrodzenia** fence post
~ **oświetleniowy** lamp post
~ **powietrza** air column
~ **prowadzący** (*tłocznika*) *obr.plast.* guide-post, leader pin
~ **przelotowy** *el.* straight-line support
~ **solny** *geol.* salt plug, salt dome
~ **stacyjny** *el.* lead-in pole
~ **stalowy kratowy** pylon
~ **szczudłowy** *el.* shoed pole
~ **środkowy schodów krętych** newel (post), solid newel
~ **telegraficzny** telegraph pole
~ **wieżowy** *el.* tower (*of an overhead line*)
~ **wody** column of water
~ **ześlizgowy** (*strażacki*) sliding pole (*at fire station*)
~ **żelbetowy uzwojony** *bud.* spiral reinforced column
słupek *m* **1.** post; stanchion, stake **2.** *bot.* pistil
~ **balustrady schodowej** *bud.* newel post
~ **drzwiowy** (*w nadwoziu*) *mot.* door post, center pillar
~ **kratownicy** vertical member of the truss, truss post
~ **ograniczający wychwytu kotwicznego** *zeg.* banking pin
~ **okienny** *bud.* muntin, mullion, monial
~ **okna przedniego** *mot.* widnscreen pillar
~ **rtęci** mercury thread, mercury column (*in thermometer*)
~ **ściany kolankowej** *bud.* oxter piece
~ **wagi** balance pedestal
~ **zestyków** *tel.* contact group
słupica *f* **pługa** *roln.* plough standard, plough frog
słupołazy *pl* climbers, creepers
słupowy *a* columnar
służba *f* service
~ **alarmowa** *lotn.* alerting information service, AIS
~ **czasu** timed signal service
~ **czynna** *wojsk.* active service
~ **holownicza** *żegl.* towage service

~ **informacji bieżąca** *inf.* current awareness service
~ ~ **retrospektywna** retrospective information service
~ ~ **ruchu lotniczego** flight information service, FIS
~ **łączności** communication service
~ **meteorologiczna** weather service, meteorological service
~ **nasłuchu** *rad.* monitoring service
~ **radiokomunikacyjna** radiocommunication service
~ **ratownicza 1.** salvage service **2.** life saving service
~ ~ **lotniczo-morska** air-sea rescue (service)
~ **teleksowa** *tel.* TWX service
~ **wywiadowcza** intelligence service
~ **zdrowia** (public) health service, medical service
służbowo *adv* on business; on duty
służyć *v* **radą** provide advice
słyszalność *f* audibility
słyszalny *a* audible; within hearing
smaczliwka *f* **właściwa** *bot.* avocado, *Persea americana* Mill.
smaczny *a* palatable
smak *m* taste; flavour
~ **następczy** after-taste
smalec *m* *spoż.* lard
~ **benzoesowy** *farm.* benzoinated lard
smalta *f* *farb.* smalt
smaltyn *m* *min.* smaltite
smar *m* lubricant; grease
~ **antykorozyjny** corrosion preventing grease
~ **barowy** barium-base grease
~ **ciągarski** *obr.plast.* drawing lubricant
~ **ciekły** liquid lubricant; lubricating oil
~ **do form** *bud.* mould oil, form oil
~ **grafitowany** graphite grease
~ **litowy** lithium grease
~ **maszynowy** machine grease
~ **niskotopliwy** low setting grease
~ **próżniowy** (*uszczelniający*) vacuum grease
~ **przekładniowy** gear grease, transmission grease
~ **stały** grease, solid oil
~ ~ **nie zawierający mydeł alkalicznych** nonsoap grease
~ **Tovotte'a** cup grease
~ **wagonowy** black oil
~ **walcowniczy** *hutn.* rolling lubricant
~ **wewnętrzny** *tw.szt.* internal release agent, mould release; friction reducer
~ **wlewnicowy** *hutn.* mould dressing
~ **wodowaniowy** *okr.* launching grease
~ **wysokotopliwy** high-melting grease
smardz *m* *bot.* morel, *Morchella*
smarność *f* **1.** lubricating ability, lubricity; oiliness **2.** *papiern.* slowness, wetness
smarochłodziwo *n* *obr.skraw.* cutting fluid, cutting compound,. cutting oil
smarowacz *m* greaser, lubricator (*worker*); *górn.* fetter, fat boy
smarować *v* lubricate; smear
~ **olejem** oil
~ **pastą** paste
~ **smarem stałym** grease
~ **zaprawą murarską** *bud.* butter
smarowanie *n* *masz.* lubrication
~ **ciśnieniowe** pressure lubrication, forced lubrication
~ **ciśnieniowo-rozbryzgowe** pump-and--splash lubrication
~ **dawkowane** measured-feed lubrication
~ **dopływowe** (*bez obiegu*) all-loss lubrication, total-loss lubrication
~ **hydrostatyczne** hydrostatic lubrication
~ **kąpielowe** oil bath lubrication
~ **knotowe** wick feed lubrication, wick oiling, waste lubrication
~ **krążeniowe** circulating lubrication
~ **kroplowe** drip-feed lubrication, drop cup lubrication
~ **mgłą olejową** oil-mist lubrication, atomized lubrication, aerosol lubrication
~ **mieszankowe** petroil lubrication
~ **nadmierne** over-lubrication; overgreasing
~ **natryskowe** spray lubrication
~ **niedostateczne** under-lubrication
~ **obiegowe** circulating lubrication
~ **obiegowo-ciśnieniowe** pressure-circulation lubrication
~ **olejem** oiling; oil lubrication
~ **opadowe** gravity lubrication
~ **pasa** (*pędnianego*) belt dressing
~ **pastą** pasting
~ **pierścieniowe** ring lubrication
~ **płynne** fluent lubrication, full fluid lubrication, fluid-film lubrication, complete lubrication, viscous lubrication
~ **poduszkowe** pad lubrication
~ **półpłynne** regulose lubrication, incomplete lubrication
~ **półsuche** partial lubrication, boundary lubrication, discontinuous lubrication
~ **przy mokrej komorze korbowej** *siln. spal.* wet-sump lubrication
~ **przy suchej komorze korbowej** *siln. spal.* dry-sump lubrication
~ **ręczne** hand-feed lubrication
~ **rozbryzgowe** splash lubrication
~ **rozbryzgowo-obiegowe** splash-circulating lubrication
~ **rozpyleniowe** oil-mist lubrication, atomized lubrication, aerosol lubrication
~ **smarem stałym** greasing, grease lubrication
~ **smarownicą** cup oiling
~ **strumieniowe** spray lubrication
~ **w warunkach tarcia płynnego** complete lubrication
~ ~ ~ ~ **półpłynnego** incomplete lubrication, regulose lubrication
~ **wymuszone** forced lubrication, pressure lubrication
~ **zanurzeniowe** oil bath lubrication
~ **ze swobodnym dopływem smaru** flooded lubrication

smarownica *f* lubricator; greaser; oiler, oil feeder
~ **ciśnieniowa** grease gun
~ **drucikowa** bottle oiler
~ **igiełkowa** needle lubricator
~ **kapturowa** grease cup, cup greaser
~ **knotowa** wick lubricator
~ **kroplowa** drop-feed lubricator, drop-feed oiler
~ **przeziernikowa** sight feed lubricator
~ **tłokowa** grease gun
smarowniczka *f masz.* (grease) nipple, lubricating nipple, lubricant fitting
~ **olejowa ręczna** oil can
~ **ręczna wtryskowa** squirt-can oiler
~ **zastrzykowa oleju** priming nipple
smarownik *m* greaser, lubricator (*worker*)
smarowność *f* lubricating ability, lubricity; oiliness
smarówka *f papiern.* brush coater
smektyczny *a fizchem.* smectic
smicyt *m min.* smithite
smitsonit *m min.* smithsonite, zinc spar
SMM = siła magnetomotoryczna *el.* magnetomotive force, magnetomotance
smocza krew *m farb.* dragon's blood
smoczek *m* injector; ejector
smok *m* **pompy** strainer of a pump; suction rose
smolej *m* tail oil, tallol
smolt *m zool.* smolt
smoła *f* tar; pitch
~ **drzewna** wood tar
~ **gazownicza** gas pitch
~ **koksownicza** high-temperature tar
~ **łukowa** shale tar
~ **niskotemperaturowa** low-temperature tar, primary tar
~ **pogazowa** gas pitch
~ **polerownicza** *szkl.* mallet pitch
~ **pwęglowa** coal tar
~ **surowa** crude tar
~ **średniotemperaturowa** mid-temperature tar
~ **torfowa** peat tar
~ **węglowa** coal tar
~ **wysokotemperaturowa** high-temperature tar
~ **wytlewna** primary tar, low-temperature tar
smołobeton *m* tar concrete
smołować *v* tar, pitch
smołowiec *m petr.* pitchstone
smołownia *f* tar working plant
smuga *f* streak
~ **kondensacyjna** *lotn.* condensation trail, contrail, vapour trail
~ **meteorowa** meteor trail
~ **piany** (*na morzu*) *żegl.* spumę-streak
smugacz *m uzbr.* tracer
smugi *fpl* **barwne** *szkl.* striae, streaks, smoke (*defect*)
~ **płynięcia** *tw.szt.* flow lines, flow marks (*moulding defect*)
~ **spływania** *farb.* runs (*defect*)
~ **w magmie** *petr.* schlieren

smukłość *f* **1.** *aero., okr.* fineness ratio **2.** *wytrz.* slenderness ratio
~ **graniczna** *wytrz.* limiting slenderness ratio
smukły *a* slender
smużenie *n* (*w obrazie*) *TV* streaking
snop *m* **1.** *roln.* sheaf **2.** *mat.* sheaf
~ **analityczny** *geom.* analytic sheaf
snopienie *n el.* brush discharge, corona brush
snopowiązałka *f roln.* (sheaf-)binder, sheafer
snowarka *włók.* warping machine, warping mill
~ **działowa** sectional warping machine
~ **sekcyjna** *zob.* **snowarka działowa**
~ **taśmowa** *zob.* **snowarka działowa**
SNT = Stowarzyszenie Naukowo-Techniczne
snucie *n* **1.** *włók.* warping **2.** *szkl.* drawing, attenuation
soból *m zool.* sable, *Martes zibellina* L.
socjotechnika *f* social engineering
soczewica *f bot.* lentil, *Lens culinaris* Medik
soczewka *f* **1.** *opt.* lens **2.** *geol.* lens, lenticle **3.** *anat.* (crystalline) lens, eye lens
~ **asferyczna** aspheric lens
~ **cienka** (*o grubości pomijalnej*) thin lens
~ **dodatnia** convergent lens, focusing lens, positive lens
~ **dwuogniskowa spajana** fused bifocals
~ ~ **szlifowana** solid bifocals
~ **dwuwklęsła** biconcave lens, double-concave lens
~ **dwuwypukła** biconvex lens, double-convex lens
~ **elektronowa** electron lens
~ **elektryczna** electrostatic lens
~ **Fresnela** Fresnel lens, stepped lens
~ **konikowa** (*wagi*) rider lens
~ **magnetyczna** *fiz.* magnetic lens
~ **nasadkowa** *fot.* supplementary lens
~ **obiektywu** *fot.* component lens, lens element
~ **płasko-wklęsła** plano-concave lens
~ **płasko-wypukła** plano-convex lens
~ **rozpraszająca** divergent lens, negative lens
~ ~ **wklęsło-wypukła** diverging meniscus, positive meniscus
~ **schodkowa** stepped lens, Fresnel lens
~ **skupiająca** convergent lens, focusing lens, positive lens
~ **ujemna** divergent lens, negative lens
~ **wahadła** *zeg.* lenticular pendulum bob
~ **wklęsło-wypukła** meniscus, concavo-convex lens
~ **wskazówkowa** (*wagi*) pointer lens
~ **wypukło-wklęsła** convexo-concave lens
~ **zbierająca** convergent lens, focusing lens, positive lens
~ ~ **wklęsło-wypukła** converging meniscus, positive meniscus
~ **żwirowa** *geol.* gravel pocket
soczewkowaty *a* lenticular
soczystość *f* succulence; juiciness

soczysty *a* succulent; juicy
soda *f* soda
~ **amoniakalna** soda ash, calcined soda
~ ~ **topiona** fused soda ash
~ ~ **zwykła** light soda, light ash
~ **bezwodna** *zob.* **soda amoniakalna**
~ **ciężka** heavy ash, dense ash, dense soda (ash)
~ **do pieczenia** baking soda
~ **do prania** washing soda, sal soda
~ **jednowodna** soda monohydrate, soda crystals, crystal carbonate
~ **kalcynowana** soda ash, calcined soda
~ **kaustyczna** caustic (soda)
~ **krystaliczna** sal soda, washing soda
~ **naturalna** natron
~ **oczyszczona** baking soda
~ **śnieżna** modified soda, neutral soda
~ **żrąca** caustic (soda)
sodalit *m min.* sodalite
sodówka *f* sodium discharge lamp, sodium-vapour tube
SOETO = **Stołeczny Ośrodek Elektronicznej Techniki Obliczeniowej**
sofioni (*wyziewy gazów wulkanicznych*) *geol.* soffione
soja *f bot.* soya(-bean), soybean, *Glycine hispida* Maxim.
sok *m* juice
~ **dyfuzyjny** *cukr.* raw juice, diffusion juice
~ **komórkowy** *bot.* cell sap
~ **odsaturowany** *cukr.* thin juice
~ **stężony** *cukr.* thick juice, concentrated juice
~ **surowy** *cukr.* raw juice, diffusion juice
~ **żołądkowy** *fizjol.* gastric juice
soki *mpl* **roślinne** *bot.* sap
~ **trawienne** *biol.* digestive juices
sokora *f bot.* black poplar, *Populus nigra* L.
sokowirówka *f* juice extractor
sola *f zool.* (common) sole, *Solea solea* L.
solanka *f* brine; *med.* brine bath
~ **amoniakalna** *chem.* ammoniated brine; green liquor
~ **chłodnicza** refrigerating brine
~ **eutektyczna** cryohydrate, cryosel
~ **z wody morskiej** sea brine
solankowanie *n skór.* brining, brine cure
solarium *n bud.* solarium
solarymetr *m* solarimeter, pyranometer
solaryzacja *f fot.* solarization, sunning down
sole *fpl* **mineralne** mineral salts
solenie *n spoż.* salting; brining
solenoid *m el.* solenoid
solidny *a* solid; robust
solidus *m met.* solidus (curve)
~ **cofający się** retrograde solidus
soliflukcja *f geol.* solifluction, soil flow, soil creep
solion *m elektron.* solion
solomierz *m* salinometer; brinometer, brine gauge
solonośny *a* saliferous
solstycjum *n astr.* solstice, *zob.też* **przesilenie**
solum *n gleb.* solum, true soil
solwat *m chem.* solvate
solwatacja *f chem.* solvation
solwatochromia *f chem.* solvatochromism
solwent-nafta *f chem.* solvent naphtha
solwoliza *f chem.* solvolysis
solwus *m* (*na wykresie równowagi faz*) *fiz.* solvus
sołodź *f gleb.* solod, soloth
sołonczak *m gleb.* solonchak
sołoniec *m gleb.* saline soil, solonetz
somatotropina *f biochem.* growth hormone, GH, somatotropic hormone, STH, somatotropin
somatyczny *a biol.* somatic
son *m jedn.* sone
sonar *m żegl.* sonar, sound navigation and ranging
sonda *f* probe; sounder; depth finder
~ **akustyczna 1.** *geofiz.* sonic sounder, echo sounder **2.** *żegl.* sonic depth finder, depth recorder, sonic sounder, echo sounder
~ **czteroostrzowa** *el.* four point probe
~ **do pobierania próbek** (*gazu*) *hutn.* sampling probe
~ ~ ~ ~ **dna** bottom sampler
~ **elektryczna** electric probe
~ **głębinowa** *żegl.* deep-sea lead
~ **jonosferyczna** *rad.* ionosonde
~ **kierunkowa aerodynamiczna** *lotn.* yaw meter
~ **kosmiczna** space probe, cosmic probe, unmanned spacecraft
~ **mechaniczna** *żegl.* sounding machine
~ **(meteorologiczna) radarowa** radar sonde
~ **mikrofonowa** probe microphone
~ **na balonie na uwięzi** *meteo.* wiresonde
~ **radiowa** *meteo.* radiosonde, radiometeorograph
~ **ręczna** *żegl.* sounding lead, hand lead; *US* plumb bob
~ **sprzęgająca** *el.* coupling probe
~ **stożkowa** *inż.* cone penetrometer
~ **ultradźwiękowa** *żegl.* ultrasonic depth finder
~ **wbijana** *inż.* driving rod
~ **wielkopiecowa** stock line indicator, burden level indicator (*in a blast furnace*)
~ ~ **radarowa** radar stock indicator
~ **wiertnicza** probing auger
~ **zwężkowa** *hydr.* Venturi velocity meter
sondolina *f żegl.* sounding line, lead line
sondowanie *n* sounding; probing
~ **atmosfery** *meteo.* atmospheric sounding
~ **bez osiągnięcia dna** *ocean.* no-bottom sounding
~ **górnych warstw atmosfery** upper-air probing
~ **ręczne** *żegl.* heaving the lead
~ **rynku** *ek.* market research

sonochemia *f* sonochemistry, phonochemistry
sonoluminescencja *f fiz.* sonoluminescence
sonometr *m akust.* objective noise meter, sound level meter
sonoskop *m* sonoscope
sonotroda *f* (*końcówka robocza urządzenia do spawania ultradźwiękami*) *spaw.* sonotrode
sopstok *m chem.* soap stock
sorbat *m chem.* sorbate
sorbent *m chem.* sorbent, sorbing agent
sorbit *m* **1.** *met.* sorbite, emulsified pearlite **2.** *chem.* sorbite, sorbitol
~ **hartowania** *met.* quenching sorbite
~ **odpuszczania** *met.* temper sorbite
sorbityczny *a met.* sorbitic
sorboza *f chem.* sorbose
sorgo *n bot.* sorghum, grain sorghum, sorgo, *Sorghum vulgare*
sorpcja *f fiz.* sorption
~ **chemiczna** chemisorption
~ **wyładowania elektrycznego** electrical clean-up
sorpcyjny *a* sorptive
sorter *m* (punched-card) sorter, card sorter
sortowacz *m* sorter (*worker*)
sortowanie *n* sorting, grading, classification; screening; sizing
~ **hydrauliczne** hydraulic classification
~ **ręczne** picking
~ **według wielkości** sizing, grading according to size
sortownia *f* sorting plant; screening plant; grading plant
sortownica *f* **jaj** (*wagowa*) egg grading machine
sortownik *m* sorting machine, grading machine, sorter, classifier; sizing machine, sizer
~ **nasion** *roln.* trieur
~ **odrzutu** *papiern.* tailings screen
~ **papierniczy** strainer, knotter, knot catcher
sortyment *m* assortment; *górn.* size grade, coal size
SOS = stacja obsługi samochodów
sosiuryt *m min.* saussurite
sosna *f* pine
~ **amerykańska** white pine, weymouth pine, *Pinus strobus* L.
~ **czarna** black pine, *Pinus nigra* Arnold
~ **górska** mountain pine, dwarf pine, *Pinus montana* Mill.
~ **limba** Siberian stone pine, *Pinus cembra* L.
~ **pospolita** common pine, Scotch pine, *Pinus silvestris* L.
~ **smołowa** pitch pine, yellow pine, *Pinus rigida* Mill.
sosyryt *m min.* saussurite
sozologia *f* environmental science
sód *m chem.* sodium, Na
~ **-24** sodium-24, radiosodium
~ **w postaci drutu** sodium wire
sól *f* salt
~ **angielska** bitter salt
~ **arsoniowa** arsonium salt
~ **Candlota** *ceram.* cement bacillus
~ **glauberska** Glauber's salt
~ ~ **rodzima** mirabilite
~ **gorzka** bitter salt
~ ~ **rodzima** epsomite, Epsom salt
~ **jadalna** domestic salt, table salt
~ **kamienna** rock-salt, halite
~ **kompleksowa** complex salt
~ **kuchenna** domestic salt, table salt
~ **kwasu nadtlenowego** persalt
~ ~ **tlenowego** oxy-salt
~ ~ **żywicznego** resinate
~ **kwaśna** acid salt
~ **lizawkowa** *roln.* mineral lick
~ **Mohra** Mohr's salt
~ **morska** sea salt, marine salt
~ **nawozowa** manure salt
~ **nylonowa** *tw.szt.* nylon salt
~ **obojętna** neutral salt, normal salt
~ **pastewna** *roln.* mineral lick
~ **podwójna** double salt
~ **preparacyjna** (*metacynian sodowy*) *włók.* preparing salt
~ **przewodząca** *elchem.* conducting salt
~ **sodowa proksanu** *pest.* proksan(-sodium) (*herbicide*)
~ **stołowa** domestic salt, table salt
~ **uwodniona** salt hydrate
~ **warzona** evaporated salt
~ **wewnątrzkompleksowa** neutral chelate
~ **zasadowa** basic salt
~ **złożona** complex salt
spacer *m* **w przestrzeni kosmicznej** space walk
spacja *f* **1.** *inf.* space character **2.** *poligr.* space
spacjować *v poligr.* space out
spacystor *m elektron.* spacistor
spad *m hydr.* head, difference of levels
~ **krzywki** *masz.* instroke of a cam, drop of a cam
~ **połaci dachowej** *bud.* roof pitch
~ **użyteczny** *hydr.* effective head
spadać *v* **1.** fall, drop **2.** decrease, diminish
spadanie *n* fall, drop, *zob.też* **spadek**
spadek *m* **1.** drop, decrease **2.** decline, declivity, downgrade
~ **anodowy** (*potencjału*) *elektron.* anode fall, anode drop
~ **ciągu** *kotł.* draught drop
~ **ciśnienia** pressure drop
~ ~ **pomiarowy** measuring pressure drop
~ **gorączki** *med.* defervescence
~ **hydrauliczny** hydraulic gradient
~ **intensywności absorpcji** *farb.* hypochromic effect
~ **katodowy** (*potencjału*) *elektron.* cathode drop
~ **napięcia** *el.* voltage drop
~ ~ **czynny** IR drop
~ ~ **na linii** line drop
~ ~ **na rezystorze** voltage across the resistor
~ ~ **sieciowego** mains voltage drop
~ ~ **w łuku** arc drop
~ **niwelacyjny** *geol.* slope, falling gradient

~ **obrotów** 1. *masz.* decrease in speed 2. *ek.* drop in sales
~ **oporności izolacji** *el.* insulation loss
~ **pod wpływem własnego ciężaru** gravity fall
~ **poprzeczny** *drog.* crossfall, cross slope
~ **potencjału** potential drop
~ **produkcji** production decline
~ **próżni** loss of vacuum; vacuum breakdown
~ **swobodny** free fall
~ **temperatury** temperature drop, drop in temperature
~ **toru** *kol.* track fall
~ **wydobycia** *górn.* production decline
~ **wzmocnienia** *el.* roll-off
~ **zanieczyszczeń** abatement of pollution
~ **zwierciadła wody** *hydr.* free surface slope
spadki *mpl* 1. (*wielkiego pieca*) bosh(es) (*of a blast-furnace*) 2. *roln.* windfalls
spadochron *m* 1. *lotn.* parachute 2. *górn.* cage catcher, cage parachute
~ **hamujący** drag (para)chute, brake parachute, deceleration parachute
~ **klatkowy** *górn.* cage catcher, cage parachute, safety apparatus for cages
~ **otwierany samoczynnie** statichute
~ **piersiowy** lap-type parachute
~ **plecowy** back-type parachute
~ **płachtowy** parasheet
~ **siedzeniowy** seat-type parachute
~ **taśmowy** ribbon parachute
~ **towarowy** supply-dropping parachute, freight parachute, cargo parachute
~ **(transportowy) wyciągający** extraction parachute
~ **ułatwiający wyjście z korkociągu** (anti)spin parachute
~ **wirnikowy** rotachute, rotochute
spadochroniarstwo *n* parachute jumping (*sport*)
spadochroniarz *m* parachutist; *wojsk.* paratrooper
spadochronik *m* **wyciągający** *lotn.* pilot (para)chute
spady *mpl roln.* windfalls
spadzisty *a* steep
spadź *f spoż.* honeydew
spajać *v* cement; bond
spajanie *n* **metali na zimno** cold pressure welding
spalacja *f nukl.* spallation
spalać *v* **(się)** burn
spalanie *n* combustion; burning
~ **bezdymne** smoke-free combustion
~ **bezpłomieniowe** flameless combustion
~ **całkowite** complete combustion, perfect combustion
~ **degresywne** (*prochu*) *wybuch.* regressive burning
~ **dymiące** smoky burning
~ **gwałtowne** deflagration
~ **jednostajne** uniform burning
~ **na popiół** incineration, reduction to ashes
~ **niecałkowite** incomplete combustion, imperfect combustion
~ **nieprawidłowe** imperfect combustion
~ **nierównomierne** (*w silniku rakietowym lub strumieniowym*) rough burning
~ **od końca** (*paliwa stałego*) *rak.* cigarette burning, end burning
~ **pod powierzchnią cieczy** sumberged combustion
~ **powierzchniowe** surface combustion
~ **powolne** *zob.* **spalanie przewlekłe**
~ **przewlekłe** *siln.spal.* delayed combustion, sluggish combustion; delayed burning
~ **pulsujące** *zob.* **spalanie rezonansowe**
~ **rezonansowe** resonant burning, chuffing, chugging (*of solid rocket fuel*)
~ **w komorze wstępnej** *siln.spal.* pre-combustion
~ **zupełne** complete combustion, perfect combustion
spalarnia *f* **śmieci** incinerating plant
spalenie *n odl.* overbaking
spalinowóz *m kol.* diesel locomotive
spaliny *pl* combustion gas, waste gas, emission; *siln.* exhaust gas; *kotł.* flue gas, furnace gas
spallacja *f nukl.* spallation
spalność *f paliw.* combustibility
spalony *a* burned, burnt
spała *f leśn.* tap (*in a log*)
spałowanie *n leśn.* tapping
spangolit *m min.* spangolite
spardek *m okr.* spar deck
spardekowiec *m okr.* spar deck vessel
sparteina *f chem.* sparteine, lupinidine
sparzanie *n* (*obgotowywanie*) *spoż.* parboiling, scalding
spasanie *n roln.* grazing
spat *m min.* spar, *zob.też* **szpat**
spawacz *m* welder
~ **gazowy** gas welder
~ **łukowy** arc welder
~ **maszynowy** welding operator
~ **okrętowy** ship welder
spawać *v* weld
spawadełko *n* electric hand welder
spawalnia *f* welding shop
spawalnica *f* welding set, (arc) welding plant, arc welder
~ **jednostanowiskowa** single-arc welding plant
~ **prostownikowa** rectifier welding set
~ **przetwornicowa** motor-driven welding set
~ **transformatorowa** welding transformer, transformer welding plant
~ **wielostanowiskowa** multiple-arc welding plant
spawalnictwo *n* welding technology
spawalność *f* weldability
~ **konstrukcyjna** overall weldability
~ **metalurgiczna** local weldability
~ **technologiczna** operative weldability
spawalny *a* weldable
spawanie *n* (fusion) welding
~ **acetylenowe** (oxy-)acetylene welding

~ **acetylenowo-powietrzne** air-acetylene welding
~ **atomowe** atomic-hydrogen welding
~ **atomowo-wodorowe** *zob.* **spawanie atomowe**
~ **automatyczne** automatic welding
~ **dielektryczne** *tw.szt.* high-frequency welding, radio frequency welding
~ **doczołowe** butt welding
~ **dwiema elektrodami jedna obok drugiej** transverse welding
~ ~ ~ **jedna za drugą** tandem welding
~ **dwoma drutami** two-wire welding
~ **dwustronne jednoczesne** two-operator welding
~ ~ **w górę** double cordon gas welding with two operators
~ **elektrodą leżącą** firecracker welding, self-operating welding process
~ ~ **oplataną** fusarc welding
~ ~ **rdzeniową** flux-cored welding
~ ~ **topliwą w osłonie gazu czynnego** MAG-welding, metal active gas welding
~ ~ ~ **w osłonie gazu obojętnego** MIG--welding, metal inert gas welding
~ ~ **węglową** carbon-arc welding
~ ~ **wolframową w osłonie gazu obojętnego** TIG-welding, tungsten inert gas welding, gas tungsten-arc welding
~ **elektrogazowe** electrogas welding, gas--arc welding
~ **elektronowe** electron beam welding, EB welding
~ **elektrożużlowe** electroslag welding, electroslag process
~ **elektryczne** electrical welding
~ **gazowe** gas (torch) welding, autogenous welding
~ ~ **z głębokim wtapianiem** deep penetration gas welding
~ **gorącym powietrzem** *tw.szt.* hot-air welding
~ **impulsowe** impulse welding
~ **indukcyjne** induction welding
~ **jednostronne w górę** double cordon gas welding with one operator
~ **kontaktowe** touch welding
~ **laserowe** laser-beam fusion welding
~ **łukiem bezpośrednim** transferred-arc welding
~ ~ **elektrycznym** electric-arc welding
~ ~ **krótkim** short(-circuiting) arc welding, shorting arc welding, dip-transfer welding
~ ~ **krytym** (*pod topnikiem*) hidden arc welding, submerged arc welding, sub-arc welding
~ ~ ~ **bliźniaczym** twin-arc welding
~ ~ **metalowym** metal-arc welding
~ ~ **nieosłoniętym** open-arc welding
~ ~ **osłoniętym** shielded arc welding
~ ~ **plazmowym** plasma-arc welding
~ ~ **węglowym** carbon-arc welding
~ **łukowe** arc welding
~ ~ **elektrodą gołą** bare-metal arc welding
~ ~ ~ **nietopliwą** non-consuming electrode welding
~ ~ ~ **stykową** contact arc welding, touch arc welding
~ ~ ~ **topliwą** consumable electrode welding
~ ~ **punktowe** arc spot welding
~ ~ **w osłonie argonu** argon-arc welding
~ ~ ~ ~ **gazów obojętnych** gas-shielded welding, inert-gas arc welding
~ ~ ~ ~ **helu** heliarc welding, heliwelding
~ **łukowo-tlenowe** arcogene welding
~ **maszynowe** machine welding
~ **metodą MAG** MAG-welding, metal active gas welding
~ ~ **MIG** MIG-welding, metal inert gas welding
~ ~ ~ **o łuku zwartym** MIG-short arc welding, MIG-dip arc welding, MIG-dip transfer welding
~ ~ **TIG** TIG-welding, tungsten inert gas welding, gas tungsten-arc welding
~ ~ **Unionarc** unionarc welding
~ **montażowe** field welding, site welding
~ **na zakładkę** overlapping welding, lap welding
~ **obwodowe** girth welding
~ **odlewnicze** liquid metal welding, cast welding
~ **ołowiu** lead burning
~ **oporowe** *tw.szt.* high frequency welding, radio frequency welding
~ **pachwinowe dwustronne** twin fillet welding
~ **pionowe w dół** vertical down welding
~ ~ **w górę** vertical up welding, upward welding
~ **plazmowe** plasma-arc welding
~ ~ **łukiem zwężonym** constricted arc welding
~ **płomieniem wodorowym** hydrogen welding
~ **pod wodą** underwater welding
~ **podolne** downhand welding, gravity position welding
~ **ponowne** rewelding
~ **poziome** horizontal welding
~ **półautomatyczne** semi-automatic welding
~ **przerywane** *tw.szt.* stitch welding
~ **przez zalewanie** (*złącza roztopionym spoiwem*) flow welding
~ **pułapowe** overhead (position) welding
~ **(punktowe) pakietu blach** stack welding
~ **ręczne** manual welding, hand welding
~ **szwem przestawnym** staggered welding
~ ~ ~ **pachwinowym** staggered intermittent fillet welding
~ **ściegiem krokowym** back-step welding
~ ~ **schodkowym** cascade welding, block welding
~ ~ **skokowo-krokowym** skip step-back welding
~ ~ **skokowym** skip welding
~ ~ **zakosowym** welding with weaving

~ **termitowe** thermit welding
~ **tlenowo-wodorowe** oxy-hydrogen welding
~ **w górę** uphill welding
~ **w lewo** leftward welding, forward welding, forehand welding
~ **w prawo** rightward welding, backward welding, backhand welding
~ **w spawalni** shop welding
~ **w strumieniu gorącego gazu** *tw.szt.* hot gas welding
~ **we wszystkich pozycjach** all-position welding
~ **wiązką elektronową w normalnej atmosferze** out-of-vacuum EB welding
~ **wibracyjne** vibration welding
~ **wieloelektrodowe** multiple electrode welding
~ **wieloimpulsowe** woodpecker welding
~ **wielowarstwowe** multiple-pass welding, multilayer welding
~ **z przetapianiem** through welding
~ **z wkładką łatwotopliwą** (*tworzącą grań spoiny*) consumable insert welding
~ **złącz teowych** T-welding
~ **żużlowe** electro-slag welding, pool (slag) welding
spawany gazowo gas-welded
spawarka *f* welder, welding machine
~ **elektronowa** electron-beam welding unit
~ **elektronowiązkowa** *zob.* **spawarka elektronowa**
~ **jednostanowiskowa** single-operator welding machine
~ **łukowa** (arc) welding plant, welding set, arc welder
~ **o stałej mocy łuku** constant energy welding machine
~ **portalowa** gantry-type welding machine
~ **półautomatyczna** semi-automatic welder, squirt welder
~ **wielostanowiskowa** multiple-operator welding machine
~ **wirująca** rotary welding machine
spąg *m górn.* floor, thill, sole
~ **ilasty** *geol.* underclay, underearth, seat clay
~ **miękki** weak floor
~ **pęczniejący** heaving bottom, swelling ground
~ **podatny** yielding floor
spągnica *f górn.* sill piece, foot piece, sill timber, bottom sprag, ground brace, stringer
SPD = system przetwarzania danych *inf.* data processing system
specjacja *f biol.* speciation
specjalista *m* specialist; master hand
specjalizacja *f* specialization
specjalność *f* speciality; (special) line
specyficzność *f* **katalizatora** *chem.* specifity of catalyst, selectivity of catalyst
~ **substratowa** *biochem.* substrate specificity
specyfikacja *f* specification
~ **ładunków** cargo list
~ **magazynowa** housing note
spedycja *f* forwarding, dispatching
spedytor *m* forwarder, forwarding agent
spektralnie czysty *chem.* spectrally pure, specpure
spektralny *a* spectral
spektrochemia *f* spectrochemistry
spektrofluorymetria *f* spectrofluorimetry
spektrofotometr *m* spectro(photo)meter
spektrofotometria *f* spectrophotometry
~ **absorpcyjna** *chem.* absorption spectrophotometry, spectrophotometric analysis, (analytical) absorption spectroscopy
~ **płomieniowa** flame spectrophotometry
~ **szybka** time-resolved spectroscopy
spektrograf *m* spectrograph
~ **akustyczny** sound spectrograph
~ **Astona** Aston's spectrograph, mass spectrograph
~ **magnetyczny** magnetic spectrograph
~ **masowy** mass spectrograph, Aston's spectrograph
~ **o małej dyspersji** small spectrograph
~ **prędkości** magnetic spectrograph
~ **rejestrujący** quantometer
spektrogram *m* spectrogram
spektrometr *m* spectrometer
~ **beta** beta-ray spectrometer
~ **gamma** gamma-ray spectrometer
~ **o dużej zdolności rozdzielczej** high resolution spectrometer
~ **odbiciowy** reflection spectrometer
~ **przelotowy** transmission spectrometer
~ **rentgenofluorescencyjny** fluorescent X-ray spectrometer
~ **rentgenowski** X-ray spectrometer
~ **satelitarny na podczerwień** *kosm.* satellite infrared spectrometer, SIRS
~ **scyntylacyjny** scintillation spectrometer
spektrometria *f* spectrometry
~ **rentgenowska z dyspersją energii** energy dispersive X-ray spectrometry, EDXS
spektroprojekt *m* spectrum projector
spektroskop *m* spectroscope
~ **akustyczny** sound spectroscope
spektroskopia *f* spectroscopy
~ **absorpcyjna** absorption spectroscopy
~ **błyskowa** flash photolysis
~ **cząsteczkowa** molecular spectroscopy
~ **elektronowa w analizie chemicznej** electron spectroscopy for chemical analysis, ESCA
~ **emisyjna** emission spectroscopy
~ **jądrowa** nuclear spectroscopy
~ **masowa** mass spectroscopy
~ **mikrofalowa** microwave spectroscopy
~ **NMR** nuclear magnetic resonance spectroscopy, NMR spectroscopy
~ **próżniowa** vacuum spectroscopy
~ **w zakresie nadfioletu próżniowego** *zob.* **spektroskopia próżniowa**
spektroskopowy *a* spectroscopic
spektrum *n mat.* spectrum
spekularyt *m min.* specular iron (ore)
speleologia *f geol.* speleology

spełniać *v* **funkcję** perform a function, serve a function, fulfil a purpose
~ **równanie** *mat.* satisfy an equation
~ **warunek** satisfy a condition, fulfil a condition, meet a condition
~ **warunki techniczne** meet specifications
~ **wymagania** meet requirements, fulfil requirements, satisfy requirements
spełnialny *a* satisfiable
spełzanie *n* **gleby** *geol.* soil creep
spermacet *m chem.* spermaceti, cetaceum
sperylit *m min.* sperrylite
spesartyn *m min.* spessartite
spęczanie *n obr.plast.* upsetting, upset forging, upend forging, upending, bossing up, jumping-up
~ **łbów** heading
spęczenie *n obr.plast.* upset
spęcznienie *n* swell(ing)
spichlerz *m zob.* **spichrz**
spichrz *m* (*zbożowy*) granary
spidobarograf *m lotn.* velocity-height recorder, VH recorder
spidograf *m lotn.* air speed recorder
spiek *m* (*rudy*) *hutn.* sinter; agglomerate
~ **ceramiczno-metalowy** cermet, ceramet
~ **ceramiczny** ceramal, ceramic metal, self-bonded carbide
~ **metalowy** sintered metal; sintered alloy
~ **o dużej zasadowości** *hutn.* superfluxed sinter
~ **samotopliwy** self-fluxing sinter
~ **twardy** sintered hard alloy
~ **węglikowy** sintered carbides, cemented carbides
~ **zwrotny** return sinter
spiekalnia *f* (*rudy*) *hutn.* sinter(ing) plant, agglomerating plant
~ **dwutaśmowa** two-strand sinter plant
~ **skrzyniowa** pan sintering plant
spiekalność *f* sinterability; caking properties
spiekanie *n* agglomeration; sintering
~ **ciągłe** (*wyprasek z proszków metali*) stoking
~ ~ **w aparacie Dwighta-Lloyda** Dwight--Lloyd process, dwighting
~ **wstępne** presintering
spieniacz *m* frother, frothing agent
spienianie *n* foaming, foam formation
~ **z odlewaniem** *tw.szt.* pour-in-place expansion
~ **żużla** *hutn.* expanding the slag, foaming the slag
spiętrzanie *n* **się lodu** *ocean.* hummocking
~ **wody** damming up of water
spiętrzenie *n* **1.** *hydr.* swell(ing); backwater **2.** *aero.* ram effect
~ **dyslokacji** *kryst.* pile-up of dislocations
~ **naprężeń** *wytrz.* stress concentration
spiętrzona krzywa *f* **błędów** stowed error curve
spiker *m rad.*, *TV* announcer
spikule *pl* (*wytryski gazów z chromosfery Słońca*) *astr.* spicules
spilśnianie *n włók.* felting; fulling; milling
spiłować *v* file off
spin *m fiz.* spin
~ **całkowity** integral spin
~ **detonacyjny** spin-detonation
~ **izobaryczny** *zob.* **spin izotopowy**
~ **izotopowy** isotopic spin, isobaric spin, isospin
~ **jądra atomowego** nuclear spin, nuclear angular momentum
~ **połówkowy** half-integral spin
spinacz *m* clip; clamp
~ **biurowy** paper clip
~ **okienny** *bud.* casement stay
~ **pasa** *masz.* belt fastener
~ **resoru** *masz.* spring clamp
~ **wozów** *górn.* flatter; wagon rider
spinaker *m żegl.* spinnaker
spinanie *m* tacking; clipping; lacing; clamping
~ **klamrami** stapling
~ **pasa** *masz.* belt lacing
~ **wozów** *górn.* coupling
spinel *m min.* spinel
spinoda *f fiz.* spinodal curve, spinodal
spinor *m mat.* spinor
spinorbital *m fiz.* spinorbital
spintaryskop *m fiz.* spinthariscope
spirala *f* **1.** *mat.* spiral, helix **2.** *arch.* scroll, volute; *masz.* spiral casing, scroll casing, volute casing **3.** *lotn.* spiral glide, falling spiral
~ **Archimedesa** spiral of Archimedes
~ **balansu** *zeg.* balance spring
~ **Cornu** *mat.* Cornu's spiral, clothoid
~ **grzejna** *el.* heating coil, helical heating element
~ **hiperboliczna** hyperbolic spiral, reciprocal spiral
~ **Humphreya** *wzbog.* Humphrey's spiral (*classifier*)
~ **logarytmiczna** logarithmic spiral, logistic spiral, equiangular spiral
~ **o dużym skoku** quick spiral
~ **paraboliczna** parabolic spiral
~ **stożkowa** *mat.* conical helix
~ **świecy żarowej** *siln.spal.* plug spiral
~ **turbiny** (*wodnej*) turbine scroll
~ **wzrostu** *kryst.* growth spiral
spiralność *f* **1.** *fiz.* helicity **2.** *tel.* spiralling
spiralny *a* spiral, helical
spiramycyna *f biochem.* spiramycin
spirany *mpl chem.* spiranes
spiratron *m* (*lampa mikrofalowa o fali bieżącej*) *elektron.* spiratron
spiroatom *m chem.* spiro atom
spirometr *m med.* spirometer
spiropolimery *mpl chem.* spiro polymers
spirula *f rys.* spirule
spirytus *m* spirit(s)
~ **czysty spożywczy** neutral spirits
~ **denaturowany** denatured alcohol
~ **drzewny** wood spirit
~ **eterowany** spirit of ether compound
~ **kamforowy** spirits of camphor
~ **miętowy** essence of peppermint
~ **rektyfikowany** rectified spirit
~ **skażony** denatured alcohol
~ ~ **metanolem** methylated spirit

~ **surowy** high wines
~ **z ziemniaków** potato spirit
~ **zbożowy** grain alcohol
spis *m* list
~ **inwentarza** inventory (sheet)
~ **kontrolny** check list
~ **ludności** census
~ **rzeczy** contents (*of a book*)
~ **telefonów** telephone directory
~ **treści** contents (*of a book*)
spisywać *v* **na straty** *ek.* write off
spiż *m met.* zinc bronze, red bronze, statuary bronze
~ **armatni** gun-metal, ordnance bronze, government bronze
~ **okrętowy** naval bronze
spiżarnia *f bud.* pantry, larder
splatanie *n* splicing (*of ropes etc.*); stranding
spleśniały *a* mouldy; mucid
splot *m* **1.** *włók.* weave; plait; splice **2.** *mat.* convolution, resultant **3.** *anat.* plexus
~ **atłasowy** *włók.* satin weave
~ **dyslokacji** *kryst.* dislocation tangle
~ **dziewiarski** knitting weave
~ **funkcji** *mat.* convolution
~ **Langa** (*liny współzwitej*) lang lay
~ **liny** rope lay
~ **płócienny** *włók.* plain weave
~ **skośny** *włók.* twill weave
~ **tkacki** *włók.* weave
~ **torów** *kol.* gauntler tracks
~ **z wytraceniem grubości** drawing splice
~ **żaglowy** round splice, sailmaker's splice
splotarka *f* (*do lin stalowych*) *hutn.* stranding machine
~ **koszowa** basket-type stranding machine
splotka *f* **liny** rope strand
spluwaczka *f* spittoon, cuspidor
spłacić *v* pay off; pay up; repay; liquidate
spłaszcz *m* (*lampy*) *el.* pinch, squeeze
spłaszczać *v* flat, flatten
spłaszczenie *n* (*kuli*) **na biegunach** oblateness
spłaszczony *a* flattened; oblate (*e.g. spheroid*)
spłata *f* **długu** repayment of debt
spław *m* **drewna** floating of timber, rafting
spławiak *m transp.* flume
~ **do buraków** *cukr.* beet flume
spławianie *n* fluming
spławny *a* navigable (*river*)
spłonka *f wybuch.* primer, detonator
~ **nabojowa** percussion cap
~ **pobudzająca** disruptive detonator
~ **zapalająca** igniferous detonator
spłowieć *v* fade; become discoloured
spłuczka *f* **szyby przedniej** *mot.* windscreen washer
spłukiwać *v* flush; wash away
spływ *m* **1.** *hydr.* run-off **2.** *lotn.* fillet
~ **błotny** *geol.* mud-flow
~ **gruntu** *inż.* earth flow
~ **powodziowy** *hydr.* flood run-off
~ **średni roczny** *hydr.* mean yearly run-off
~ **wióra** *obr.skraw.* chip flow
spływać *v* flow off; drift
spływanie *n* **żużla** *spaw.* flow of slag
spływnik *m* **1.** *okr.* scupper **2.** *bud.* drip
spocznik *m* (*schodowy*) *bud.* staircase landing
~ **dwubiegowy** half-space landing
~ **jednobiegowy** quarter-space landing
~ **schodów zewnętrznych** stoop
spoczynek *m* rest
spoczywać *v* rest (upon)
spodarka *f geod.* levelling head, substage
spodek *m* (*prostopadłej*) *geom.* foot (*of perpendicular*)
~ **kowalski** *obr.plast.* bottom fuller
~ **wyrobiska** *górn.* bottom, sole
~ **żeliwiaka** *odl.* cupola hearth
spodnik *m* (*stojaka dwudzielnego*) *górn.* lower prop, stool shoot
spodumen *m min.* spodumene, triphane
spoina *f* **1.** (fusion) weld **2.** *bud.* (mortar) joint
~ **bez rąbka** flashless joint
~ **brzeżna** flange weld
~ **ciągła** continuous weld
~ **czołowa** butt joint; butt weld; groove weld
~ ~ **bez odstępu** closed butt weld
~ ~ **jednoskokowa** bevel (groove) weld
~ ~ **na B** double-J butt weld
~ ~ **na I z odstępem** square groove weld
~ ~ **na J** (single-)J butt weld
~ ~ **na K** double-bevel butt weld
~ ~ **na podwójne J** double-J butt weld
~ ~ **na podwójne U** double-U butt weld
~ ~ **na U** (single-)U butt weld, U weld
~ ~ **na 1/2 V** bevel (groove) weld
~ ~ **na V** V-groove weld, single-Vee butt weld
~ ~ **na X** double-Vee butt weld
~ ~ **w złączu teowym** T-butt weld
~ ~ **z odstępem** open butt weld
~ **dwustronna na U** double-U butt weld
~ **elektrycznie przewodząca** (*w połączeniach szyn*) bond weld
~ **gazowa** gas weld
~ **goła termoelementu** bare junction of a thermocouple
~ **gorąca termoelementu** hot junction of a thermocouple, measuring junction of a thermocouple
~ **graniowa** back weld
~ **grzbietowa w złączu przylgowym** edge weld
~ **jednowarstwowa** (single-)bead weld, single-run weld, single-pass weld
~ **kielichowa** (single-)U butt weld
~ ~ **dwustronna** double-U butt weld
~ **klejowa** adhesive-bonded joint
~ **kołkowa** plug weld
~ **kołowa** all-around weld, circumferential weld
~ **łukowa** arc weld
~ **montażowa** field weld
~ **nadwymiarowa** (*z nadmiernym nadlewem*) oversize weld
~ **naścienna** horizontal weld

~ **nieizolowana termoelementu** bare junction of a thermocouple
~ **nośna** strength weld, stress weld
~ **o niepełnej grubości** undersize weld
~ **obwodowa** girth weld; stress weld; all-around weld, circumferential weld
~ **odniesienia termoelementu** cold junction of a thermocouple, reference junction of a thermocouple, dry joint
~ **otworowa** plug weld
~ **pachwinowa** fillet weld
~ ~ **pełnej grubości** full fillet weld
~ ~ **płaska** mitre fillet weld
~ ~ **w złączu teowym** inside fillet weld
~ ~ **z licem wklęsłym** concave fillet weld
~ ~ **zewnętrzna** (*w złączu kątowym*) corner weld
~ **pełna gładko zatarta** *bud.* flat joint, flush joint
~ **płaska** flush weld
~ **podłużna** longitudinal weld
~ **podolna** downhand weld, flat weld
~ **poprzeczna 1.** transverse weld **2.** *bud.* cross joint
~ **pomiarowa termoelementu** measuring junction of a thermocouple, hot junction of a thermocouple
~ **próbna** sample weld
~ **przerywana** intermittent weld, skip weld
~ **przestawna** staggered weld
~ **pułapowa** overhead weld
~ **pusta** *bud.* recessed joint
~ **równomierna** even weld
~ **sczepna** positional weld, tack weld
~ **szczelinowa** slot weld
~ **termoelementu** junction of a thermocouple, thermojunction
~ **uszczelniająca** caulk weld, seal weld
~ **w złączu teowym** tee weld
~ ~ ~ **zakładkowym** lap weld
~ **warsztatowa** shop weld
~ **wielowarstwowa** multi-layer weld, multi-run weld, multi-pass weld
~ **wklęsła 1.** sagged weld, light weld **2.** *bud.* keyed joint
~ **wsporna** *bud.* bed joint
~ **wypukła** *bud.* projecting joint
~ **z nadlewem** reinforced weld
~ **z pełnym przetopem** complete penetration weld
~ **zakładkowa** overlapping weld
~ **zimna termoelementu** cold junction of a thermocouple, reference junction of a thermocouple
spoinomierz *m* weld gauge, fillet (weld) gauge
spoinowanie *n bud.* pointing
spoistość *f* cohesion, cohesiveness; tenacity
spoisty *a* coherent; cohesive; tenacious
spoiwo *n* binder, binding material; binding agent; *spaw.* filler (metal), added metal
~ **bitumiczne** *bud.* bituminous binder, bituminous cement
~ **do natapiania** *spaw.* surfacing filler metal
~ **farby** paint vehicle
~ **hydrauliczne** *bud.* hydraulic binding agent
~ **mosiężne** brazing brass
~ **rdzeniowe** *odl.* core binder
spojówka *f anat.* conjunctiva
spolaryżowany *a* polarized
społeczność *f* community
spontaniczny *a* spontaneous
spopielać *v* incinerate
spopielanie *n* incineration; ashing
spora *f biol.* spore
sporny *a* questionable; controversial; disputable
sport *m* **motorowodny** motorboating
~ **samochodowy** motoring
~ **szybowcowy** gliding
~ **żeglarski** yachting
sporysz *m bot.* ergot, *Claviceps purpurea* Tul.
sporządzać *v* **abstrakt** *inf.* abstract
~ **bilans** *ek.* balance
~ **fakturę** make up an invoice
~ **kosztorys** estimate (costs)
~ **mapę** chart
~ **mieszankę** blend
~ **plan** lay out a plan
~ **remanent** take stock, draw up an inventory, inventory
~ **wykres** plot (a graph)
sposób *m* **postępowania** procedure
~ **użycia** directions for use
spostrzeżenie *n* observation
spotkanie *n* (*w powietrzu, na orbicie*) *lotn., kosm.* rendezvous
spowalniacz *m nukl.* moderator
~ **-chłodziwo** moderator coolant
~ **grafitowy** graphite moderator
~ **neutronów** neutron moderator
~ **ognia** fire retardant
spowalnianie *n nukl.* moderation, slowing down
~ **(neutronów) do energii termicznej** (neutron) thermalization
spowodować *v* cause; bring about
spożycie *n ek.* consumption
~ **dzienne dopuszczalne** (*substancji toksycznej*) acceptable daily intake, ADI
spód *m* bottom; undersurface
~ **formy** *odl.* mould drag, nowel
~ **kolumny** *chem.* column bottom
~ **łopaty śmigła** *lotn.* pressure face of a propeller blade, thrust face
~ **odwiertu** *wiertn.* bore-hole bottom
~ **paleniska** *kotł.* furnace bottom, furnace floor
~ **pieca do wyżarzania** annealing base, base of an annealing furnace
~ **płata** *lotn.* downstream face of an aerofoil; lower wing surface
~ **pokładu** *górn.* footwall
~ **profilu lotniczego** downstream face of an aerofoil section
~ **stopy** *anat.* sole

spójnik *m* **dwuargumentowy** *mat.* binary connective
~ **zdaniowy** connective, statement connective
spójność *f* **1.** coherence; cohesion **2.** *mat.* connectivity
spójny *a* **1.** coherent **2.** *mat.* connected
spójny łukowo *mat.* arcwise connected
spółdzielczość *f ek.* co-operative movement
spółdzielczy *a* co-operative
spółdzielnia *f ek.* co-operative
~ **mieszkaniowa** housing co-operative
~ **rzemieślnicza** handicrafts co-operative
spółka *f ek.* company; partnership
~ **akcyjna** (joint) stock company
~ **z ograniczoną odpowiedzialnością** limited liability company, Ltd
SPP = **statek na poduszce powietrznej** (*poduszkowiec*) ground-effect machine, cushioncraft, hovercraft, air cushion vehicle, a.c.v.
sprawca *m* **szkody** author of the damage
sprawdzać *v* check; verify
sprawdzalny *a* verifiable
sprawdzanie *n* checking; verification; inspection; validation; *rad.* monitoring
~ **hipotezy** *mat.* testing of hypothesis
~ **parzystości** *inf.* odd-even check
~ **programu** *inf.* program check
~ **za pomocą sprawdzianu** gauging
~ **zespołowe** (*za pomocą sprawdzianu*) mating gauging
~ **zgodności z normą** validation test
sprawdzarka *f* verifier, verifying punch (*in punched card machines*)
~ **taśmy** *inf.* tape verifier
sprawdzenie *n mat.* check, proof
sprawdzian *m metrol.* gauge
~ **czujnikowy** dial gauge
~ **do gwintów wewnętrznych** internal screw gauge
~ **do kół zębatych** odontometer
~ **do stożków wewnętrznych** male taper gauge
~ ~ ~ **zewnętrznych** female taper gauge
~ **długości** length gauge
~ **drążkowy** stick gauge
~ **dwugraniczny** double limit gauge, go-not-go gauge
~ **dwustronny** double end gauge
~ **działania** functional gauge
~ **głębokości** depth gauge
~ **graniczny** limit gauge
~ **gwintowy** thread gauge, screw gauge
~ **jednograniczny** single limit gauge
~ **jednostronny** single end gauge
~ **kąta wierzchołkowego wiertła krętego** drill angle gauge, drill point gauge; drill grinding gauge
~ **kontrolny** inspection gauge, check gauge
~ **kształtu** curve gauge
~ **nastawny** adjustable gauge
~ **nieprzechodni** not-go gauge
~ **odbiorczy** acceptance gauge
~ **optyczny średnicy prętów** *hutn.* optical bar gauge
~ **pierścieniowy** ring gauge
~ ~ **gwintowy** screw ring gauge, thread ring gauge
~ **prętowy** bar gauge, rod gauge
~ **przechodni** go gauge
~ **roboczy** working gauge, workshop gauge
~ **składany** built-up gauge
~ **skoku gwintu** lead gauge
~ **stopniowy** step gauge
~ **stożkowy** taper gauge
~ ~ **stopniowy** step-type taper gauge
~ **szczękowy** caliper gauge, snap gauge
~ ~ **czujnikowy** dial snap gauge
~ ~ **jednostronny** horseshoe gauge
~ ~ **gwintowy** screw caliper gauge, thread snap gauge, thread caliper gauge
~ **szlifierski** grinding gauge
~ **średnicówkowy** rod gauge, bar gauge
~ **tłoczkowy** plug gauge
~ **tolerancyjny** gauge of tolerance limits
~ **trzpieniowy** plug gauge
~ ~ **gwintowy** screw plug gauge, thread plug gauge
~ ~ **stożkowy** male taper gauge
~ **tulejowy** ring gauge
~ ~ **do stożków** female taper gauge
~ **wewnętrzny** (*do powierzchni zewnętrznych np. sprawdzian tulejowy*) female gauge
~ **wymiarów** size gauge
~ **z gniazdem pomiarowym** receiver gauge
~ **zewnętrzny** (*do powierzchni wewnętrznych, np. sprawdzian tłoczkowy*) male gauge
sprawdzić *v mat.* prove, check
sprawność *f mech.* efficiency
~ **adiabatyczna** adiabatic efficiency
~ **amperogodzinowa** (*akumulatora*) ampere-hour efficiency
~ **całkowita** total efficiency, overall efficiency
~ **cieplna** thermal efficiency
~ **elektronowa** electronic efficiency
~ **elektryczna** ampere-hour efficiency
~ **energetyczna** *el.* watt-hour efficiency
~ **generacji przebiegu sinusoidalnego** *elektron.* sine-wave efficiency
~ **indykowana** indicated efficiency, internal efficiency
~ **kolumny** *chem.* column performance, column efficiency
~ **kotła** boiler efficiency
~ **łopatkowa** blade efficiency (*of a turbine*)
~ **masowa rakiety** rocket propellant loading ratio, rocket mass ratio
~ **maszyny** efficiency of a machine
~ **mechaniczna** mechanical efficiency
~ **mechanizmu odwróconego** reversed efficiency
~ **metody statystycznej** power of a statistical test
~ **napędu** propulsive efficiency, propulsive coefficient
~ **napięciowa** *el.* voltage efficiency
~ **obiegu** *term.* cycle efficiency

~ ~ **powietrznego** *siln.spal.* air-standard efficiency
~ **objętościowa** volumetric efficiency
~ **ogólna** total efficiency, overall efficiency
~ **oświetlenia** coefficient of utilization
~ **przetwarzania** *elektron.* conversion efficiency, plate efficiency, anode efficiency
~ **startowa** *lotn.* take-off ability
~ **statku** handiness of a ship
~ **śmigła** *lotn.* propulsive efficiency of a propeller
~ **teoretyczna** ideal efficiency
~ **usługowa** *telef.* grade of service
~ **watogodzinowa** *el.* watt-hour efficiency
~ **wewnętrzna** *siln.spal.* indicated efficiency, internal efficiency
~ **wolumetryczna** *masz.* volumetric efficiency
~ **znamionowa** declared efficiency
~ **(źródła) promieniowania** radiant efficiency
sprawny *a* efficient
sprawny fizycznie able-bodied
sprawować *v* **kontrolę** exercise control (*over* ...), effect control
~ **urząd** hold an office
sprawozdania *npl* **z posiedzeń towarzystw naukowych** transactions
sprawozdanie *n* report; account
sprawozdawczość *f* accountancy
sprecyzować *v* specify; state precisely
spręż *m* compression
sprężanie *n* **1.** compression (*of gas*) **2.** *bud.* prestressing, tensionning (*of concrete*)
~ **adiabatyczne** adiabatic compression
~ **betonu po stwardnieniu** posttensioning of concrete
~ ~ **przed stwardnieniem** pretensioning of concrete
~ **jednostopniowe** single-stage compression
~ **politropowe** polytropic compression
~ **wielostopniowe** multistage compression
~ **z doładowaniem czynnika** *chłodn.* dual compression, multiple-effect compression
sprężarka *f* compressor
~ **chłodnicza** refrigerating compressor
~ ~ **przelotowa** uniflow refrigerating compressor
~ ~ **z doładowaniem** dual-effect refrigerating compressor
~ **doładowująca** supercharger
~ ~ **Rootsa** Roots supercharger
~ ~ **wielobiegowa** multi-speed supercharger
~ **jednostopniowa** single-stage compressor
~ **kabinowa** *lotn.* cabin supercharger, pressurizer
~ **ładująca** *siln.* supercharger
~ **o pierścieniu cieczowym** liquid-piston rotary compressor
~ **o przepływie mieszanym** (*osiowo-promieniowym*) mixed-flow compressor
~ **odśrodkowa** centrifugal compressor
~ **osiowa** axial(-flow) compressor
~ **powietrzna** air compressor
~ **rotacyjna** rotary compressor
~ **rotodynamiczna** rotodynamic compressor
~ **śrubowa** screw compressor
~ **tłokowa** piston compressor, reciprocating compressor
~ ~ **bezkorbowa** free-piston compressor
~ **wielostopniowa** multi-stage compressor
~ **wirowa** rotodynamic compressor
~ **wolnotłokowa** free-piston compressor
~ **wyporowa** positive(-displacement) compressor
~ ~ **obrotowa** rotary compressor
~ **wysokoprężna** high-pressure compressor
~ **złożona osiowo-promieniowa** axial-cum--centrifugal compressor
sprężenie *n* compression, *zob.też* **sprężanie**
sprężony *a* **1.** compressed (*gas*) **2.** *bud.* prestressed (*construction*)
sprężyna *f* spring
~ **amortyzująca** cushion spring, damper spring
~ **cierna** friction spring
~ **dociskowa sprzęgła** clutch compression spring
~ **drzwiowa** (*do samoczynnego zamykania*) door check spring
~ **główna** *uzbr.* driving spring (*in a machine-gun*)
~ **igliczna** *uzbr.* firing spring, mainspring
~ **krążkowa** disk spring, Belleville spring
~ **naciągowa** pull spring, tension spring, draw spring
~ **naciskowa** push spring
~ **napędowa** power spring; *zeg.* mainspring
~ **nośna zestawu** *kol.* driving spring
~ **o stałym naprężeniu** constant-force spring
~ **o zmiennej charakterystyce** variable rate spring
~ **odbojowa** rebound spring
~ **odciągająca** antagonistic spring
~ **ograniczająca** (*ruch elementu*) control spring
~ **pierścieniowa** garter spring, ring spring
~ **płytkowa** leaf spring, flat spring, plate spring
~ **podmaźnicza** *kol.* underhung spring
~ **powrotna** return spring, retracting spring; *uzbr.* recoil spring (*in a machine-gun*)
~ **prętowa** rod spring
~ **rozciągana** tension spring
~ **skręcana** torsion spring, twist spring
~ **spiralna** spiral spring
~ **spustowa** *uzbr.* firing spring; sear spring
~ **stykowa** *el.* contact spring
~ **szczotkowa** *el.* brush spring
~ **sztywna** stiff spring
~ **ściskana** compression spring
~ **ściśle spiralna** true spiral spring
~ **śrubowa** coil spring, helical spring

~ ~ **kwadratowa** (*z drutu kwadratowego*) square-wire coil spring
~ ~ **o końcach przeciwnie zwitych** laevodex spring
~ ~ **obciążona stycznie** helical twist spring
~ ~ **okrągła** (*z drutu okrągłego*) round-wire coil spring
~ ~ **ruchoma** two-load helical spring
~ ~ **stała** single-load helical spring
~ ~ **stożkowa** taper helical spring, conical spring
~ **śrubowo-spiralna** helico-spiral spring
~ **talerzowa** disk spring, Belleville spring
~ ~ **falista** crown spring
~ **twarda** stiff spring
~ **ustalająca** stabilizer spring
~ **wężykowa** zigzag spring
~ **wielopłytkowa** laminated spring, multiple-plate spring
~ **włosowa** hair-spring
~ **zablokowana** home spring, closed spring, solid spring
~ **zaczepowa** grip spring, key spring
~ **zapadkowa** click spring
~ **zatrzaskowa** *zob.* **sprężyna zapadkowa**
~ **zaworowa** valve spring
~ **zderzakowa** buffer spring
~ **zginana** flexion spring
~ **złożona** combination spring, grouped spring, nest spring
~ **zwarta** home spring, closed spring, solid spring
~ **zwojowa** coil spring, helical spring
sprężynica *f masz.* elastic element
sprężynka *f* spring (*small*)
~ **odskokowa** *zeg.* fly spring
sprężynowanie *n* springing; spring-back, spring action
sprężynowy *a* spring-actuated; spring-loaded
sprężynówka *f roln.* spring-tooth harrow
sprężyny *fpl* **zaworowe podwójne** *siln.* duplex valve springs
sprężystość *f wytrz.* elasticity
~ **objętościowa** elasticity of volume, elasticity of bulk
~ **opóźniona** anelasticity, delayed elasticity
~ **podłużna** elasticity of elongation
~ **postaciowa** shape elasticity
~ **powrotna** resilience
sprężysty *a* elastic
sprostować *v* correct; rectify, right (*a mistake*)
sproszkowany *a* powdered
sprowadzać *v* **do niedorzeczności** bring to an absurdity
~ **do warunków normalnych** reduce to normal conditions
~ **do wspólnego mianownika** bring (fractions) to common denominator, reduce to a common denominator
~ **do zera** reduce to zero, null
~ **(statek) z orbity** *kosm.* deorbit
~ **z zagranicy** bring from abroad; import
sprowadzanie *n* **na żądanie** (*sposób przemiennego wykorzystania pamięci*) *inf.* demand fetching
sprowadzony do uzwojenia głównego *masz. el.* in main winding terms
sprowadzony do uzwojenia stojana *masz. el.* in stator terms
spryskiwacz *m* **szyby** *mot.* windscreen washer
spryskiwać *v* sprinkle; dabble
sprzączka *f* buckle
~ **węzłowa** *el.* bull-ring (*in an overhead contact line*)
sprzątaczka *f* charwoman
sprzątać *v* clear away, clean up; char
sprzeczność *f* contraction; contradiction; discrepancy; inconsistency
sprzeczny *a* contradictory
sprzedawać *v* sell
sprzedawca *m* salesman, seller
sprzedaż *f ek.* sale
~ **detaliczna** retail
~ **hurtowa** wholesale
~ **na kredyt** credit sale
~ **na raty** sale by instalments, instalment sale
~ **poniżej kosztów własnych** sale under cost price
~ **z licytacji** auction sale
~ **z przetargu** sale by tender
~ **za gotówkę** sale for cash, cash sale
sprzęg *m* **1.** *kol.* coupler; draw-bar, draught-bar **2.** *inf.* interface
~ **hamulcowy** brake coupling
~ **samoczynny** *górn.* autocoupler
~ **siodłowy** *mot.* fifth wheel coupling
~ **śrubowy** screw coupling
~ **wozu** *górn.* jig, jigger, jink
sprzęgacz *m rad.* coupler
~ **barwnika** *chem.* colour coupler
~ **fotonowy** *zob.* **sprzęgacz optyczny**
~ **kierunkowy** *rad.* directional coupler
~ **magiczny T** *rad.* magic T
~ **optyczny** *elektron.* transoptor, photo coupler
~ **rozgałęźny** hybrid coupler
~ **szczelinowy** *rad.* slot coupler
~ **wozów** *górn.* clipper, nipper, hatcher
sprzęgać *v* couple; interconnect; interface; engage
sprzęgło *n masz.* coupling; clutch
~ **bezpieczeństwa** safety coupling
~ **bezpoślizgowe** positive(-engagement) clutch
~ **Cardana** universal coupling, Hooke's coupling
~ **cierne** friction clutch
~ ~ **zapadkowe** roller friction clutch
~ **elektromagnetyczne** electromagnetic clutch
~ **hydrauliczne** *zob.* **sprzęgło hydrokinetyczne**
~ **hydrokinetyczne** *mot.* fluid coupling, fluid flywheel
~ **indukcyjne** eddy-current clutch
~ **jednokierunkowe** unidirectional clutch, one-way clutch

~ **jednotarczowe** single-plate clutch
~ **kłowe** claw coupling, claw clutch, dog clutch
~ ~ **o kłach śrubowych** spiral jaw coupling
~ **kołnierzowe** flange coupling
~ **łubkowe** clamp coupling, split-muff coupling
~ **magnetyczne hydrauliczne** magnetic particle coupling, magnetic fluid clutch
~ **metalowe wężykowe** multiflex coupling, steelflex coupling
~ **mokre** wet clutch
~ **odsuwne** double slider coupling, Oldham coupling
~ **odśrodkowe** centrifugal (friction) clutch
~ **Oldhama** *zob.* **sprzęgło odsuwne**
~ **podatne** flexible coupling
~ ~ **z łącznikami gumowymi** silentblock flexible coupling
~ **poślizgowe** slip(ping) clutch
~ **półodśrodkowe** semicentrifugal clutch
~ **przeciążeniowe** overload (release) coupling; safety coupling
~ ~ **z kołkiem ścinanym** shear-pin coupling
~ **przegubowe** universal coupling, Hooke's coupling
~ **przesuwne** slip coupling, sliding clutch
~ **przymusowe** positive (engagement) clutch
~ **rozłączne** disengaging coupling; clutch
~ **samozaciskające się** self-energizing clutch, self-sustained clutch
~ **Sellersa** compression coupling, Sellers' muff coupling
~ **sprężynowe** spring coupling
~ ~ **wężykowe** multiflex coupling, steelflex coupling
~ **sprężyste** flexible coupling
~ ~ **pierścieniowe** (*z pierścieniem rozprężnym*) expanding-ring clutch
~ **stałe** permanent coupling
~ **sterowane** clutch (coupling)
~ **stożkowe** (*cierne*) cone clutch
~ ~ **zdwojone** double-cone clutch
~ **suche** dry clutch
~ **sztywne** rigid coupling
~ **tarczowe** (*cierne*) disk clutch, plate clutch
~ ~ **z wkładką sprężystą** flexible disk coupling
~ **taśmowe** band clutch
~ **tulejowe** box coupling, muff coupling, sleeve coupling
~ **wielotarczowe** multiple-disk clutch
~ **włączalne** clutch (coupling), disengaging coupling
~ **wychylne** universal coupling
~ **wyłączalne** *zob.* **sprzęgło włączalne**
~ **wyprzedzeniowe** free-wheeling clutch, free wheel
~ **wysuwne** expansion coupling
~ **zapadkowe** ratched coupling
~ **zmiany kierunku obrotu** reversing clutch

sprzęgnik *m el.* plug-and-socket (connector)
sprzęt *m* **1.** equipment **2.** *roln.* harvest; gathering
~ **biurowy** office equipment
~ **budowlany** construction equipment
~ **do robót ziemnych** earth-moving plant
~ **dźwigowy** hoisting equipment
~ **gospodarstwa domowego** household equipment, domestic appliances
~ **komputerowy** *inf.* hardware
~ **kotłowy** boiler appliances
~ **kotwiczny** *okr.* anchor gear
~ **kuchenny** kitchen equipment
~ **laboratoryjny** laboratory equipment
~ **lotniczy** aircraft fleet
~ **łączeniowy** *el.* switchgear
~ **naziemny** *lotn.* ground support equipment, GSE
~ **ochrony osobistej** personal safety equipment
~ **powszechnego użytku** consumer product; appliances
~ **pożarniczy** fire-fighting equipment
~ **radionawigacyjny** radio aids to navigation
~ **ratowniczy** rescue equipment, life-saving equipment, survival equipment
~ **rybacki** fishing gear, fishing tackle
~ **transportowy** transport equipment, hauling equipment
~ **uzbrojeniowy** *uzbr.* ordnance (material); *US* weaponry
~ **wojskowy** military hardware
~ **żeglarski** sailing gear
sprzęty *mpl* **(domowe)** *bud.* fitments; furniture
sprzężenie *n* **1.** coupling **2.** *mat.* conjugation
~ **bezpośrednie** direct coupling
~ **cierne** frictional contact
~ **dławikowe** *el.* impedance coupling
~ **do przodu** *aut.* feedforward
~ **elektronowe** electron coupling
~ **indukcyjne** *el.* inductive coupling
~ **jj** *fiz.* jj coupling
~ **krytyczne** *el.* critical coupling
~ **LS** *fiz.* L-S coupling, Russel-Saunders coupling
~ **magnetyczne** *el.* magnetic coupling
~ **mechaniczne** *el.* ganging
~ **mieszane** *el.* compound coupling
~ **nadkrytyczne** *el.* over coupling
~ **oporowe** *el.* resistance coupling, resistive coupling
~ **oporowo-pojemnościowe** *el.* resistance-capacity coupling
~ **podkrytyczne** *el.* undercoupling
~ **pojemnościowe** *el.* capacitive coupling
~ **ponadoptymalne** *el.* supercoupling
~ **Russela-Saundersa** *fiz.* Russel-Saunders coupling, L-S coupling
~ **słabe** *rad.* loose coupling
~ **spinowo-orbitalne** *fiz.* spin-orbit coupling, spin-orbit interaction
~ **spinowo-spinowe** *fiz.* spin-spin coupling, spin-spin interaction

~ **termoelastyczne** *aero.* thermoelastic coupling
~ **transformatorowe** *el.* transformer coupling
~ **zwrotne 1.** *aut.* feedback **2.** *rad.* regenerative coupling, back coupling
~ ~ **akustyczne** acoustic feedback
~ ~ **biologiczne** biofeedback
~ ~ **dodatnie** positive feedback, regenerative feedback, reaction, regeneration, retroaction
~ ~ **główne** monitoring feedback, primary feedback
~ ~ **kompensacyjne** compensating feedback
~ ~ **podatne** frequency sensitive feedback
~ ~ **położeniowe** position feedback
~ ~ **stabilizujące** stabilizing feedback
~ ~ **szybkościowe** rate feedback
~ ~ **ujemne** negative feedback, degenerative feedback, degeneration reverse feedback, inverse feedback
~ ~ **wewnętrzne** envelope feedback
sprzężony *a* **1.** coupled **2.** *mat.* conjugate, adjoint, adjugate; associate
spulchniacz *m roln.* opener, ripper
~ **pogłębiarki** cutter of a dredger
spulchniać *v* **1.** fluff **2.** *roln.* open
spulchnianie *n* **masy formierskiej** *odl.* aeration of moulding sand, fluffing of moulding sand
spulchniarka *f* **1.** *odl.* (sand) disintegrator, (sand) aerator **2.** *inż.* scarifier
~ **palcowa** *zob.* **spulchniarka tarczowa**
~ **tarczowa** disintegrating mill, disintegrator
~ **taśmowa przewoźna** *odl.* Royer sand mixer
spust *m* **1.** release (mechanism), trigger; *uzbr.* firing lock; sear **2.** drain, bottom outlet **3.** *hutn.* tapping, cast, heat melt
~ **bombowy** *lotn.* bomb firing switch
~ **liny** lay of rope
~ **migawki** *fot.* shutter release
~ **pierwszego żużla** (*w procesie martenowskim*) *hutn.* flushing slag
~ **żużla** *hutn.* draining off slag, slagoff, slagging
spuszczać *v hutn., odl.* tap (*metal*)
~ **na taliach** *żegl.* bowse down
~ **na wodę** *okr.* launch (*a ship*)
~ **prostopadłą** *mat.* drop a perpendicular
~ **wodę ze stawu** empty a pond
~ **wytop** *hutn.* tap the heat
~ **żużel** *hutn.* drain off slag, slag; flush
~ **żywicę z drzew** bleed the trees
spychacz *m obr.plast.* flip-off finger, stripper
~ **wodowaniowy** *okr.* starting ram, starting arrangement; push block
spycharka *f inż.* (bull)dozer
~ **czołowa** front casting bulldozer
~ **łyżkowa** shoveldozer
~ **mała** calfdozer
~ **o lemieszu nastawianym** tilting dozer
~ **skośna** angling dozer, angledozer, bullgrader, side casting bulldozer
sr = steradian *jedn.* steradian
srebrny *a* **1.** argentine, of silver **2.** silvery
srebro *n chem.* silver, Ag
~ **czyste** fine silver
~ **koloidalne** colloidal silver; *farm.* collargol
~ **rafinowane** *zob.* **srebro czyste**
~ **rogowe** *min.* cerargyrite, chlorargyrite, hornsilver
~ **standardowe** standard silver, sterling silver
srebrzanka *f met.* silver steel, bright steel
srebrzenie *n* silver plating
srebrzyca *f med.* argyria
srokaczenie *n leśn.* barking in patches
ssać *v* suck
ssak *m zool.* mammal
~ **pogłębiarki** suction drag head, dustpan
~ **żołądkowy** *med.* stomach pump
ssanie *n* suction
~ **przez brzeg** *żegl.* bank effect, bank suction (*on a moving ship*)
~ **śruby** *okr.* screw thrust deduction
ssawa *f* exhaust fan
ssawka *f* suction nozzle
~ **podsitowa** *papiern.* wire suction box
St. = stokes *jedn.* stoke
stabilitron *m* **półprzewodnikowy** *elektron.* Zener diode
stabiliwolt *m elektron.* stabilivolt
stabilizacja *f* stabilization, stabilizing
~ **austenitu** *met.* stabilization of austenite
~ **cząsteczki** *chem.* deactivation of molecule
~ **częstotliwości** *rad.* frequency stabilization
~ **gruntu** *bud.* soil stabilization
~ **miana** *chem.* stabilization of a titer
~ **pocisku ruchem obrotowym** spin stabilization
~ **przepływowa** *okr.* flume stabilization
~ **rodników** *chem.* trapping of radicals
~ **statku** ship stabilization
~ **termiczna** *włók.* heat setting
~ **tlenowa osadu** *san.* aerobic sludge digestion
stabilizacyjny *a* stabilizing; *aut.* antihunt
stabilizator *m* **1.** stabilizer; stable element **2.** *chem.* stabilizing agent, stabilizer
~ **Denny-Browna** *okr.* Denny-Brown stabilizer, fin(-type) stabilizer
~ **giroskopowy** gyrostabilizer; *kosm.* reaction wheel
~ **lampy wyładowczej** *el.* ballast for discharge lamp
~ **łuku** *spaw.* arc stabilization oscillator
~ **napięcia** *el.* constant-voltage regulator
~ **piany** *chem.* foam stabilizing compound, foam stabilizer
~ **płetwowy** *okr.* fin(-type) stabilizer, Denny-Brown stabilizer
~ **płomienia** flame holder (*in jet engines*)
~ **poprzeczny** *mot.* anti-roll bar
~ **półprzewodnikowy prądu** semiconductor current limiter

~ **przepływowy** *okr.* flume stabilizer
~ **stateczności poprzecznej** *mot.* anti-roll bar
~ **statku** *okr.* ship stabilizer, anti-rolling device
~ **świetlny** *tw.szt.* light stabilizer
~ **wciągany** *okr.* retractable stabilizer
stabilizować *v* stabilize
stabilizowanie *n* **1.** stabilization **2.** *obr.ciepl.* stabilizing, seasoning
stabilność *f* stability
~ **asymptotyczna** *mat.* asymptotical stability
~ **jądrowa naturalna** *fiz.* inherent nuclear stability
stabilny *a* stable
stabilny asymptotycznie *mat.* asymptotically stable
stabilotron *m elektron.* stabilotron
stabistor *m elektron.* stabistor
stacja *f* station
~ **abonencka końcowa** *inf.* remote data station
~ **alarmowa** *żegl.* muster station
~ **badawcza** testing station
~ ~ **dryfująca** *ocean.* drift station; research station
~ **benzynowa** *mot.* petrol station, filling station, gas station
~ **doświadczalna** experimental station
~ **elektroenergetyczna** substation
~ **filtrów** *san.* filter plant
~ ~ **workowych** *hutn.* bag filter plant, baghouse
~ **główna** (*w systemie nawigacyjnym Decca*) *rad.* master station
~ **kolejowa** railway station
~ **konwersacyjna** *inf.* conversational station
~ **końcowa** terminus
~ **kosmiczna** space station
~ **ładowania akumulatorów** battery charging station
~ **meteorologiczna** weather station
~ **metra** underground station
~ **międzyplanetarna** *kosm.* space station
~ **na podszybiu** *górn.* shaft station
~ **nadawcza** *rad.* transmitting station
~ **namiarowa** *rad.nawig.* range station
~ **obsługi** service station
~ **oceanograficzna** oceanographic station
~ **oczyszczania ścieków** sewage-treatment plant
~ **orbitalna** *kosm.* orbiting (space) station, orbital station
~ **pogotowia ratunkowego** first-aid station, emergency station
~ **pomiarowa** *hydr.* measuring station, gauging station
~ **pomp** pumping station, pumping plant
~ **prób** testing station
~ **przekaźnikowa** relay station, repeater station
~ **przeładunkowa** *kol.* transfer station
~ **przetwórcza** *el.* converting station
~ **przygotowania mas formierskich** *odl.* sand conditioning plant, sand treating plant, sand preparation plant
~ **radarowa** *zob.* **stacja radiolokacyjna**
~ **radiofoniczna** broadcasting station
~ **radiolokacyjna** radar station
~ ~ **dalekiego wykrywania** early-warning radar, long range radar
~ ~ **do wykrywania celów nawodnych** antiship radar
~ ~ **lądowania** *lotn.* precision approach radar
~ ~ **podrzędna** slave station
~ ~ **wielokanałowa** multichannel radar
~ ~ **zbliżenia** airport surveillance radar
~ **radionamiarowa** *nawig.* (radio) direction-finding station
~ **radiowa** radio station
~ **retransmisyjna** *tel.* repeater station, relay (radio) station
~ **rozdzielcza** *el.* distribution substation
~ **rozrządowa** *kol.* marshalling yard, shunting yard, switch yard
~ ~ **z górką rozrządową** hump yard, gravity yard
~ **śledzenia** (*lotu obiektów kosmicznych*) *kosm.* tracking station
~ **uzdatniania wody** water purification plant
~ **towarowa** *kol.* goods station
~ **trakcyjna** *el.* traction substation
~ **transformatorowa** *el.* transformer station
~ **translacyjna** *telegr.* repeating station
~ **węzłowa** *kol.* junction station
~ **wyładowczo-napinająca** (*kolei linowej*) unloading and tension station
~ **wyparek** *kotł.* distillation plant
~ **wzmacniakowa** *tel.* repeater station, relay station
~ **zakłóceń** *rad.* jamming station
~ **zależna** (*w systemie nawigacyjnym Decca*) slave station
~ **załadowcza** *kol.* loading station
~ **załadowczo-napędowa** (*kolei linowej*) loading and driving station
~ **zlecająca** (*nadanie sygnału*) *rad.* station of origin
stacjonarny *a* stationary
stacyjka *f mot.* ignition switch
stać *v* stand (still); be at a standstill; stand idle; *żegl.* lie (*of a ship*)
~ **burtą do wiatru** *żegl.* ride athwart
~ **na dwóch kotwicach** *żegl.* moor
~ **na kotwicy** *żegl.* ride at anchor, lie at anchor
~ **na luźnym łańcuchu** *żegl.* ride easy
~ **na łańcuchu pracującym** *żegl.* ride hard
~ **na przeszkodzie** hinder; obstruct
~ **na redzie** *żegl.* lie out
~ **na stanowisku że ...** be of an opinion that ...
~ **na uboczu** *żegl.* stand clear
~ **w dryfie** *żegl.* hove to
stadion *m* stadium
stadium *n* stage
~ **eksperymentalne** stage of experiments

~ **końcowe** final stage
~ **początkowe** initial stage
stadnina *f roln.* stud
stado *n roln.* herd; flock
~ **wielorybów** pod of whales
~ **zarodowe** breeding herd, attested herd
stagnacja *f* stagnation
stajnia *f* stall, stable, barn
stal *f* steel
~ **aluminiowa** aluminium steel
~ **austenityczna** austenitic steel
~ **austenityczno-ferrytyczna** austenitic--ferritic steel
~ **automatowa** free-cutting steel, free--machining steel, easy-machining steel, resulfurized steel
~ **azotowana** nitrided steel
~ **bainityczna** bainitic steel
~ **bardzo miękka** extra-soft steel, dead soft steel
~ **besemerowska** Bessemer steel
~ **budowlana** structural steel
~ **całkowicie uspokojona** dead killed steel, full killed steel
~ **cementowa** blister steel
~ **chromowa** chromium steel
~ **chromowo-niklowa** chromium-nickel steel
~ **cyrkonowa** zirconium steel
~ **czteroskładnikowa** ternary steel
~ **damasceńska** damascene steel
~ **diamentowa** extra-hard steel
~ **do azotowania** nitriding steel
~ **do głębokiego tłoczenia** deep-drawing steel
~ **do hartowania w wodzie** water-hardening steel
~ **do nawęglania** carburizing steel, case--carburizing steel, case-hardening steel
~ **do normalizowania** normalizing steel
~ **do pracy na zimno** cold-working (tool) steel
~ **do ulepszania cieplnego** toughening steel
~ **drobnoziarnista** fine-grained steel
~ **dzika** (*całkowicie niedotleniona*) wild steel
~ **elektrotechniczna** electrical steel, (arc-)electric steel
~ **eutektoidalna** eutectoid steel
~ **ferrytyczna** ferritic steel
~ **głęboko hartująca się** deep hardening steel
~ **głębokotłoczna** deep-drawing steel
~ **grafityzowana** graphitized steel, graphitic steel
~ **gruboziarnista** brittle timber steel
~ **Hadfielda** Hadfield steel
~ **handlowa** commercial steel
~ **hartowana** quenched steel, hardened steel
~ **hartująca się w oleju** oil-hardening steel
~ ~ ~ **w wodzie** water-hardening steel
~ **jakościowa** quality steel
~ **kobaltowa** cobalt steel
~ **konstrukcyjna** constructional steel
~ ~ **budowlana** structural steel
~ ~ **maszynowa** machinery steel, machine-steel
~ ~ **niskoperlitowa** pearlite reduced structural steel, PRS steel
~ **konwertorowa** converter steel
~ ~ **świeżona tlenem** oxygen steel
~ **kotłowa** boiler steel
~ **kowalna** forge iron
~ **krzemowa** silicon steel
~ **krzemowo-manganowa** silico-manganese steel
~ **kwasoodporna** acid resistant steel
~ **kwaśna** (*wytopiona w piecu o wyłożeniu kwaśnym*) acid steel
~ **lana** cast steel
~ **ledeburytowa** ledeburitic steel
~ **łożyskowa** bearing steel
~ **ługoodporna** alkali-resisting steel
~ **magnetyczna** magnetic steel
~ **magnetycznie miękka** soft magnetic steel
~ ~ **twarda** hard magnetic steel
~ **manganowa** manganese steel
~ ~ **o małej zawartości manganu** carbon--manganese steel
~ **manganowo-chromowa** manganese--chromium steel
~ **maraging** maraging steel, martensitic ageing steel
~ **martenowska** open-hearth steel
~ **martenzytyczna** martensitic steel
~ ~ **starzona** *zob.* **stal maraging**
~ **matrycowa** (*na matryce*) die steel, die--block steel
~ ~ **do kucia na gorąco** hot-work die steel
~ **miedziowa** copper steel
~ **miedziowo-niklowa** Hi-steel
~ **miękka** mild steel, soft steel
~ **mikrostopowa** micro-alloyed steel
~ ~ **o podwyższonej wytrzymałości** high--strength low-alloy steel, HSLA steel
~ **molibdenowa** molybdenum steel
~ **mrozoodporna** low-temperature steel, steel tough at subzero
~ **na blachy głębokotłoczne** deep drawing steel
~ **na koła zębate** gear steel
~ **na łopatki turbin gazowych** turbine--blade steel
~ **na łożyska toczne** bearing steel
~ **na magnesy trwałe** permanent-magnet steel
~ **na narzędzia tnące** cutting steel
~ ~ ~ **wykończające** finishing tool steel
~ **na nity** riveting steel
~ **na noże** cutlery steel
~ **na przebijaki** punch steel
~ **na przecinaki** chisel steel
~ **na rury** tube steel
~ **na szyny** rail steel
~ **na śruby** screw steel
~ **nadeutektoidalna** hyper-eutectoid steel
~ **najwyższej jakości** high-quality steel, high-grade steel

~ **nakrywana** (*otrzymana z wlewka nakrytego*) plugged steel, capped steel, cooler plated steel
~ **narzędziowa** tool steel
~ ~ **do pracy na gorąco** hot-work tool steel
~ ~ **do pracy na zimno** cold-work tool steel
~ **nawęglona** carburized steel
~ **nie hartująca się** non-hardenable steel
~ **niemagnetyczna** non-magnetic steel
~ **nierdzewna** stainless steel, rust-resisting steel, rustless iron
~ **niestopowa** unalloyed steel, carbon steel, ordinary steel, common steel
~ **nieuspokojona** effervescing steel, rimming steel, open(-poured) steel
~ **niklowa** nickel steel
~ **niklowo-chromowa** nickel-chromium steel
~ **niskochromowa** low-chromium steel
~ **niskostopowa** low-alloy steel
~ **niskowęglowa** low-carbon steel
~ **normalna** normal steel
~ **normalizowana** normalized steel
~ **nożowa** cutlery steel
~ **o dużej wytrzymałości** (*na rozciąganie*) high-strength steel, high-tensile steel, HTS
~ **o podwyższonej wytrzymałości** higher-strength steel
~ **obrabialna cieplnie** heat-treatable steel
~ **obręczowa** tyre steel, banding steel, hoop
~ **odgazowana w próżni** vacuum treated steel
~ **odlewana sposobem ciągłym** strand cast steel
~ **odporna na pełzanie** creep-resisting steel
~ ~ **na starzenie** age-resisting steel
~ **odpuszczona** tempered steel
~ **ogólnego przeznaczenia** general-purpose steel
~ **okrętowa** ship steel
~ **ołowiowa** lead-bearing steel, ledloy
~ **oszczędnościowa** (*zastępcza*) alternate steel
~ **perlityczna** pearlitic steel
~ **platerowana** clad steel
~ **płytko hartująca się** shallow-hardening steel
~ **podeutektoidalna** hypo-eutectoid steel
~ **pospolita** tonnage steel
~ **półaustenityczna** semi-austenitic steel
~ **półferrytyczna** semi-ferritic steel
~ **półuspokojona** semi-killed steel, semi-rimming steel, balanced steel
~ **prądnicowa** (*na blachy prądnicowe*) dynamo steel
~ **prętowa** (rolled) steel bar, bar iron, rod iron
~ **próżniowa** vacuum-treated steel, vacuum-melted steel
~ **przegrzana** (*podczas obróbki cieplnej*) overheated steel
~ **przemysłowa** commercial steel
~ **przepalona** burnt steel
~ **przetleniona** overoxidized steel
~ **pudlarska** puddled steel, puddling iron, malleable iron, knobbled iron
~ **resorowa** vehicle spring steel
~ **rosnąca** (*nieuspokojona*) rising steel
~ **samohartowna** air-hardening steel
~ **sorbityczna** sorbitic steel
~ **spawalna** weldable steel
~ **specjalna** special-purpose steel
~ **sprężynowa** spring steel
~ **srebrzanka** bright steel, silver steel
~ **starzejąca się** ageing steel
~ **stopowa** alloy steel
~ ~ **do azotowania** nitralloy (steel)
~ ~ **wieloskładnikowa** complex steel
~ **szybkotnąca** high-speed steel, rapid tool steel
~ **szynowa** rail steel
~ **średniostopowa** medium-alloy steel
~ **średniowęglowa** medium-carbon steel
~ **świeżarska** ball iron
~ **taśmowa** band steel, strip steel
~ **techniczna** commercial steel
~ **tomasowska** Thomas steel
~ **transformatorowa** transformer steel
~ **tyglowa** crucible steel, pot steel
~ **tytanowa** titanium steel
~ **ulepszona** (*cieplnie*) toughened steel
~ **uranowa** uranium steel
~ **uspokojona** killed steel, dead steel, solid steel, piping steel
~ **wanadowa** vanadium steel
~ **we wlewkach** ingot steel
~ **węglowa** carbon steel, ordinary steel, common steel, nonalloyed steel, unalloyed steel
~ **wieloskładnikowa** complex steel
~ **wielowarstwowa** composite steel
~ **wolframowa** tungsten steel, wolfram steel
~ **wolframowo-chromowa** tungsten-chromium steel
~ **wysokiej jakości** high-grade steel, high-quality steel
~ **wysokochromowana** high-chromium steel
~ **wysokogatunkowa** extra-fine steel
~ **wysokostopowa** high-alloy steel
~ **wysokowęglowa** high-carbon steel
~ **wytopiona w rotorze** rotor steel
~ **wyższej jakości** quality steel
~ **z dwoma składnikami stopowymi** (*prócz węgla*) quaternary steel
~ **z pieca zasadowego** basic steel
~ **z procesu duplex** duplex steel
~ **zanieczyszczona** dirty steel
~ **zasadowa** basic steel
~ **zastępcza** alternate steel
~ **zbrojeniowa** *bud.* reinforcing steel, concrete steel
~ **zgrzewalna** weld steel
~ **zgrzewna** puddled steel, puddling iron, wrought iron, malleable iron
~ **zlewna** cast steel
~ **znormalizowana** standard steel

~ **zwykła** carbon steel, ordinary steel, common steel, nonalloyed steel, unalloyed steel
~ **zwykłej jakości** tonnage steel
~ **żaroodporna** heat resisting steel
~ **żarowytrzymała** creep-resisting steel
stalagmit *m geol.* stalagmite
stalaktyt *m geol.* stalactite
staliwo *n* cast steel
~ **stopowe** alloy cast steel
~ **węglowe** cast carbon steel
stalka *f* **palca** (*kosiarki*) finger liner
stalle *fpl arch.* stalls
staloryt *m* steel engraving
staloskop *m* steeloscope
stalownia *f* steelworks, steel(making) plant, steel melting shop, steelmaking shop
~ **elektryczna** electric steelworks, electric furnace shop, electric melting shop
~ **Kaldo** Kaldo plant
~ **konwertorowa** converter plant
~ ~ **tlenowa** basic oxygen steel(making) plant, BOS plant, basic oxygen process shop, basic oxygen furnace shop; Linz-Donawitz steel plant, LD steelworks
~ **LD** *zob.* **stalownia konwertorowa tlenowa**
~ **Linz-Donawitz** *zob.* **stalownia konwertorowa tlenowa**
~ **martenowska** open-heart (furnace) plant, open-hearth steelmaking plant
~ **rotorowa** rotor steelworks
~ **tlenowa** oxygen melt shop
~ **tomasowska** Thomas plant
~ **(z konwertorami) OBM** OBM steelmaking plant
stalownictwo *n* steel-making, steel manufacture
stalownik *m* steel-maker
stalowy *a* steel
stalówka *f żegl.* wire rope
stała *f* constant
~ **aberracji** *astr.* constant of aberration
~ **adresowa** *inf.* address constant, ADCON
~ **Avogadra** *chem.* Avogadro constant, Avogadro number
~ **balistyczna** ballistic factor (*of a measuring instrument*)
~ **Boltzmanna** *fiz.* Boltzmann constant
~ **całkowania** *mat.* integration constant
~ **czasowa** time-constant
~ ~ **członu pierwszego rzędu** *aut.* first order lag
~ ~ **reaktora** reactor time constant, reactor period
~ **dielektryczna** dielectric constant, permittivity, specific inductive capacity, SIC
~ ~ **zespolona** complex permittivity
~ **dyfuzji** diffusion coefficient, diffusivity
~ **dysocjacji** (*kompleksu*) dissociation constant, instability constant
~ **ebulioskopowa** ebullioscopic constant
~ **ekranowania** *nukl.* screening constant
~ **fazowa** *tel.* phase constant
~ **Faradaya** *elchem.* faraday
~ **gamma** ionization constant, gamma-constant
~ **gazowa** gas constant
~ **grawitacji** gravitational constant
~ **jonizacji** ionization constant, gamma-constant
~ **kalorymetru** water equivalent of a calorimeter, heat capacity of a calorimeter
~ **kapilarna** capillarity constant
~ **katalityczna** catalytic coefficient
~ **krioskopowa** cryscopic constant
~ **licznika** *el.* constant of a meter
~ **masowa łopaty wirnika** (*śmigłowca*) mass constant of a rotor blade
~ **maszyny** *el.* machine constant
~ **materiałowa** material constant
~ ~ **histerezy** hysteresis material constant
~ ~ **obrabialności** machining constant
~ **naczynia** *elchem.* cell constant
~ **napięcia powierzchniowego** capillarity constant
~ **natapiania** *spaw.* deposition rate
~ **nietrwałości** (*kompleksu*) *chem.* instability constant, dissociation constant
~ **Plancka** *fiz.* Planck constant, elementary quantum
~ **powszechnego ciążenia** gravitational constant
~ **propagacji** *tel.* propagation constant
~ **przemiany promieniotwórczej** *zob.* **stała rozpadu promieniotwórczego**
~ **przenoszenia** *tel.* transfer constant
~ **rozpadu promieniotwórczego** *fiz.* (radioactive) decay constant, decay coefficient, disintegration constant, transformation constant
~ **rozprzestrzeniania** *tel.* propagation constant
~ **rozpuszczalności** (*elektrolitu*) *elchem.* solubility product
~ **równowagi** (*chemicznej*) *chem.* equilibrium constant
~ **sieciowa** *kryst.* lattice constant, lattice spacing, lattice parameter
~ **sprężyny** *masz.* spring constant, scale of a spring
~ **sprzężenia** *fiz.* coupling constant
~ ~ **spin-spin** spin coupling constant
~ **symboliczna** *inf.* figurative constant
~ **szybkości reakcji** *chem.* reaction-velocity constant, rate constant
~ ~ **zużywania tlenu** *san.* deoxygenation constant
~ **tłumienia 1.** *tel.* attenuation constant **2.** ballistic factor (*of a measuring instrument*)
~ **włoskowatości** capillarity constant
~ **wzrostu w procesie utleniania** oxidation rate constant
stałe *fpl* **pływów** *ocean.* tidal constants
~ **skupione** *el.* lumped constants
~ **sprężystości** *wytrz.* elastic constants
~ **uniwersalne** *fiz.* universal constants, absolute constants, fundamental constants
stałocieplny *a biol.* hematothermal, homeothermal, warm-blooded

stałopłat *m lotn.* fixed-wing aircraft
stałościan *m* (*poduszkowiec bocznościenny*) sidewall hovercraft
stałość *f* stability; constancy; permanency
~ **chemiczna** chemical stability
~ **objętości** constancy of volume
~ **płomienia** *spaw.* flame stability
~ **równowagi** stability of equilibrium
~ **wskazań wagi** truth of a balance
~ **wymiarów** dimensional stability
stały *a* **1.** constant; permanent; stable **2.** stationary; immovable **3.** *fiz.* solid **4.** *mat.* uniform, constant
stan *m* state, condition
~ **akceptorowy** *elektron.* acceptor level, acceptor state
~ **barometru** height of barometer
~ **bezpostaciowy** amorphous state
~ **ciekły** liquid state
~ **cieplny** thermal state
~ **energetyczny** *fiz.* energy state, quantum state
~ **ergodyczny** *mat.* ergodic state
~ **gazowy** gaseous state
~ **gotowości** readiness, stand-by
~ **jałowy** no-load state
~ **kauczukopodobny** *tw.szt.* high-elastic state
~ **krystaliczny** crystalline state
~ **krytyczny** *nukl.* critical state
~ **kwantowy** *fiz.* quantum state, energy state
~ ~ **zapełniony** occupied quantum state
~ **lepkopłynny** *fiz.* plastic state
~ **magazynu** stock on hand
~ **magnetyczny** magnetic state
~ **makro(skopowy)** macroscopic state, macrostate, thermodynamic state
~ **metaliczny** *fiz.* metallic state
~ **metastabilny** *fiz.* metastable state
~ **metatrwały** *zob.* **stan metastabilny**
~ **mezomorficzny** (*kryształów ciekłych*) mesomorphic state
~ **mikro(skopowy)** microscopic state, microstate
~ **morza** sea, state of the sea
~ **naprężenia** *wytrz.* state of stress, stress
~ ~ **jednoosiowy** uniaxial stress
~ ~ **jednorodny** homogeneous stress
~ ~ **kołowo-symetryczny** axially symmetrical stress
~ ~ **ogólny** general state of stress, three dimensional state of stress
~ ~ **płaski** plane stress, state of stress in two dimensions
~ ~ **przestrzenny** general state of stress, three dimensional state of stress
~ **nieba** (*zachmurzenie, widoczność*) sky condition, state of the sky
~ **niestabilny** *fiz.* unstable state
~ **niestacjonarny** *fiz.* nonstationary state
~ **nietrwały** *fiz.* unstable state
~ **nieuporządkowania** *kryst.* disordered state
~ **nieustalony** *el.* transient (state)
~ **nieważkości** state of weightlessness
~ **normalny** *fiz.* ground state
~ **obojętny** *el.* neutral state
~ **odkształcenia** *wytrz.* state of strain, strain (state)
~ ~ **ogólny** general state of strain
~ ~ **płaski** plane state of strain
~ **odniesienia** state of reference
~ **odwodnienia gleby** *melior.* drainage status of soil
~ **plastyczny** plastic state
~ **pochłaniający** *mat.* absorbing state
~ **początkowy** initial state
~ **podstawowy** *fiz.* ground state
~ **pogody** weather conditions
~ **pośredni** intermediate state
~ **powierzchniowy** *elektron.* surface state
~ **pracy** operating conditions
~ ~ **procesora** *inf.* processor status
~ **prawny** legal status
~ **procesora** *zob.* **stan pracy procesora**
~ **przejściowy** *el.* transient state; intermediate state
~ **pseudokrystaliczny** quasi-crystalline state
~ **pseudopłynny** pseudoliquid state
~ **rezonansowy atomu** resonance state of atom
~ **rozwoju** (*dziedziny wiedzy, technologii*) state of the art
~ ~ **technicznego** state of technology
~ **równowagi** state of equilibrium
~ **singletowy** *fiz.* singlet (state)
~ **skupienia** *fiz.* state of aggregation
~ **spoczynku** standstill
~ **stacjonarny** *fiz.* steady state, stationary state
~ **stały** solid state
~ **standardowy** *fiz.* standard state
~ **surowy odlewu** *odl.* as-cast condition
~ ~ **wyrobu walcowanego** *obr.plast.* as-rolled condition
~ **szklisty** *fiz.* vitreous state, glassy state
~ **termodynamiczny** thermodynamic state, macroscopic state
~ **trwały** stable state
~ **trypletowy** *fiz.* triplet (state)
~ **uporządkowania** *kryst.* ordered state
~ **ustalony** *el.* steady state
~ **utajony** *fiz.* latent state, latency
~ **w chwili dostawy** as supplied condition
~ ~ ~ **powstawania** nascent state
~ **wibroniczny** *fiz.* vibronic level
~ **wirtualny** *fiz.* virtual state
~ **własny** *fiz.* eigenstate
~ ~ **włączenia** (*układu*) on state
~ **wody** water level
~ **wolny** *chem.* elemental state
~ **wyjściowy** initial state
~ **wyłączenia** (*układu*) off-state
~ **wysokoelastyczny** (*polimerów*) high-elastic state, rubber-like state
~ **wyzerowania** (*miernika*) zero balance
~ **wzbudzony** *fiz.* excited state
~ **zachmurzenia** *meteo.* cloudiness; cloud cover
~ **zagrożenia** emergency, distress
~ ~ **wybuchem** explosive conditions

~ **zajętości** *telef.* busy condition
~ **zapasów** stock level, stock balance
~ **zarybienia** stock of fish
~ **zdegenerowany** *fiz.* degenerate state
~ **zdrowia** state of health
~ **zerowy** zero state
~ **związany** *chem.* combined state
~ **zwyrodniały** *fiz.* degenerate state
stanąć *v* **na kotwicy** *żegl.* bring to an anchor, come to anchor, anchor
~ **w miejscu** stop dead
~ **w płomieniach** burst into flames
~ **wzdłuż burty** *żegl.* range alongside
standard *m* standard, *zob.też* **norma**
~ **telewizyjny** television standard
standaryzacja *f* standardization, standards engineering, *zob.też* **normalizacja**
stanin *m min.* stannine, tin pyrite, hell-metal ore
staniol *m met.* tin-foil, stanniol, tin leaf
stanowić *v* **integralną część ...** be part and parcel of ...
~ **rezerwę** back up
stanowisko *n* stand; post; station; *zoot.* standing
~ **alarmowe** *żegl.* muster station
~ **badawcze latające** *lotn.* flying test bed
~ **do prób** test stand
~ **dowodzenia okrętem** conning station
~ **etatowe** *ek.* permanent status, regular employment
~ **kontrolne** control stand, inspection station
~ **kotwiczne czyste** *żegl.* swinging berth
~ **letnie słońca** *astr.* summer solstitial point
~ **łaty** *geod.* staff station
~ **montażowe** assembly stand
~ **obróbkowe** machining station
~ **oczyszczania** (*np. wlewków*) *hutn.* conditioning dock
~ ~ **płomieniowego** (*wlewków, kęsisk itp.*) scarfing bed
~ **odlewnicze** casting area; pouring stand; teeming stand
~ **pomiarowe** measuring position
~ **pracy** work station, work-stand, work-place
~ **przygotowania nadstawek wlewnicowych** (*w stalowni*) hot top yard
~ ~ **zatyczek kadziowych** (*w stalowni*) stopper making area
~ **robocze** work station, work-stand, workplace
~ **suszenia kadzi odlewniczych** *hutn.* ladle drying station
~ **triangulacyjne** *geod.* triangulation station
~ **w alarmie łodziowym** *żegl.* boat station, abandon ship station
~ **zdalnego kierowania** remote control post
~ **zimowe Słońca** *astr.* winter solstitial point
stany *mpl* **szybkie na powierzchni granicznej** *fiz.* fast interface states
~ ~ **powierzchniowe** *fiz.* fast surface states
stapel *m włók.* staple
stapianie *n* **(się)** fusion; colliquation
stara wapnica *f skór.* old lime liquid
starannie *adv* with care, carefully; scrupulously
staranny *a* careful; scrupulous; accurate; neat
starcie *n* **ostrza na powierzchni przyłożenia** *narz.obr.skraw.* wear land
starczowzroczność *f fizjol.* presbyopia
starczy-a *biol.* senile; of old age, old-age
stare zroby *pl górn.* abandoned workings, old excavations
starodrzew *m leśn.* mature forest
starorzecze *n* old river bed
staroświecki *n* antiquated
starszy mechanik *m żegl.* chief engineer
start *m lotn.* take-off
~ **alarmowy** *zob.* **start natychmiastowy**
~ **katapultowy** catapult launch
~ **natychmiastowy** scramble (take-off)
~ **pionowy** vertical take-off
~ **pocisku nieudany** abort
~ ~ **z napędem odrzutowym** blast-off
~ **punktowy** zero-run tak-off, spot take-off
~ **rakiety** launch, lift-off (*of a rocket*)
~ **w terenie przygodnym** off-field take-off
~ **wspomagany** assisted take-off
~ ~ **silnikami rakietowymi** rocket-assisted take-off
~ **z katapulty** catapulting, launching
~ **z lin gumowych** bungee launch(ing) (*of a glider*)
~ **z miejsca** *zob.* **start punktowy**
~ **z wody** water take-off
~ **za samolotem** aerotow take-off, tow-off (*of a glider*)
~ **za wyciągarką** winch launch(ing) (*of a glider*)
starter *m* starter, *zob.też* **rozrusznik**
~ **lampowy** *el.* glow starter, starting switch
startować *v lotn.* take off
startowność *f lotn.* take-off ability
starzenie *n* ageing
~ **magnetyczne** (*stali*) magnetic ageing
~ **martenzytu** *obr.ciepl.* maraging
~ **mechaniczne** *met.* strain ageing
~ **naturalne** *obr. ciepl.* natural ageing, spontaneous ageing
~ **po przesyceniu** quench ageing
~ **po zgniocie** *met.* strain ageing
~ **pod wpływem światła** *gum., tw.szt.* light ageing
~ **przyspieszone 1.** *obr.ciepl.* artificial ageing, accelerated ageing, precipitation heat treatment **2.** *ferm.* quick ageing
~ **samorzutne** *obr.ciepl.* natural ageing, spontaneous ageing
~ **się** *biol.* ageing
~ **(się) oleju** oil deterioration
~ **sztuczne** *obr.ciepl.* artificial ageing, accelerated ageing
~ **świetlne** *tw.szt.* light ageing

~ **w warunkach atmosferycznych** weathering
statecznik *m* stabilizer
~ **kierunkowy** *lotn.* fin
~ **lampy wyładowczej** *el.* ballast for discharge lamp
~ **pionowy** *zob.* **statecznik kierunkowy**
~ **poziomy** *zob.* **statecznik wysokości**
~ **skośny** *lotn.* swept (tail) fin
~ **wysokości** *lotn.* tail plane
stateczność *f* stability
~ **awaryjna** *okr.* damage stability
~ **boczna** *lotn.* lateral stability
~ **dynamiczna** *okr.* dynamic stability
~ **kierunkowa** *lotn.* directional stability
~ **kształtu** *okr.* form stability
~ **kursowa** *okr.* directional stability
~ **podłużna** *lotn., okr.* longitudinal stability
~ **poprzeczna** *lotn., okr.* transverse stability
~ **przechyłowa** *okr.* righting capacity
~ **regulatora** stability of a governor
~ **równowagi** stability of equilibrium
~ **skarpy** *geol., inż.* stability of slope, slope stability
~ **statyczna** *lotn., okr.* static stability
~ ~ **kierunkowa** *lotn.* weathercock stability
~ **wymiarowa** *papiern.* dimensional stability
~ **wzdłużna** *lotn., okr.* longitudinal stability
~ **zbocza** *geol., inż.* stability of slope, slope stability
stateczny *a* stable
stateczny na kursie *okr.* directionally stable
statek *m* ship; vessel; craft, *zob.też* **okręt**
~ **atomowy** nuclear ship, NS
~ **badawczy** research vessel
~ **-baza** *ryb.* (fishing) mother-ship
~ **baza-przetwórnia** factory mother-ship
~ **bez ładunku** empty ship
~ **bez napędu** dumb vessel, dumb craft, non-propelled vessel
~ **bezpokładowy** open craft
~ **bliźniaczy** sister ship
~ **bocznokołowy** paddle vessel, paddler
~ **budowany z sekcji** fabricated vessel
~ **-chłodnia** refrigerated ship, cold storage vessel, reefer
~ **con-ro** (*kontenerowiec-pojazdowiec*) con-ro vessel
~ **daszkowy** shade deck vessel
~ **desantowy** *wojsk.* landing ship
~ **do podnoszenia wraków** ship raising vessel, wrecker
~ **do przewozu bydła** cattle carrier
~ ~ ~ **drewna** timber carrier
~ ~ ~ **drobnicy** general cargo ship
~ ~ ~ **ładunków ciężkich** heavy lift ship
~ ~ ~ ~ **masowych** bulk carrier
~ ~ ~ ~ **suchych** dry-cargo ship
~ ~ ~ ~ **tocznych** roll on/roll off (system) ship, ro-ro ship, trailer ship
~ ~ ~ **owoców** fruit carrier, fruiter
~ ~ ~ **rudy** ore carrier, ore vessel
~ ~ ~ **samochodów** car carrier
~ ~ ~ **węgla** coal carrier, collier
~ **dwukadłubowy** catamaran
~ **dwuśrubowy** twin-screw vessel
~ **flagowy** flagship
~ **handlowy** merchant ship, trading vessel, trader
~ **harpunniczy** whale catcher, whale vessel, whaler, whaleman
~ **hydrograficzny** hydrographic ship, surveying vessel
~ **idący naprzeciw** meeting vessel
~ **jednopokładowy** single deck vessel
~ **jednośrubowy** single screw vessel
~ **kablowy** (*do kładzenia kabli podmorskich*) cable ship, cable layer
~ **kosmiczny** spacecraft, spaceship
~ ~ **orbitalny** orbital space vehicle, orbiter
~ **kotwiczący na redzie** roadster
~ **latający** flying craft (*aircraft or spacecraft*)
~ **latarniowy** lightship
~ **łatwotrymujący** easy trimmer
~ **łowczy** fisherman, fishing boat, fishing vessel
~ **miękki** crank(y) ship
~ **motorowy** motorship, motor vessel, m.v.
~ **na mieliźnie** stranded ship
~ **na poduszce powietrznej** cushioncraft, hovercraft, air cushion vehicle, a.c.v., surface effect ship
~ **nawodny** surface ship
~ **niewypornościowy** surface effect vehicle, SEV, surface skimmer
~ **niezatapialny** unsinkable ship
~ **niezdatny do żeglugi** disabled ship
~ **o konstrukcji mieszanej** (*stalowo-drewnianej*) composite ship
~ **o napędzie jądrowym** nuclear ship, NS
~ ~ ~ **strugowodnym** jet-propelled vessel
~ **oceanograficzny** oceanographic research ship; floating island platform
~ **ochronnopokładowy** shelter deck vessel
~ **otwarty** (*bezpokładowy*) open ship
~ **orbitalny** orbital space vehicle, orbiter
~ **paragrafowy** paragraph vessel
~ **parowy** steam ship, steamer
~ **pasażerski** passenger vessel, passenger ship, passenger liner
~ **pełnomorski** ocean-going ship, sea-going ship
~ **pełnopokładowy** full scantling vessel
~ **pełnotliwy** full form vessel, full ship
~ **pełnowymiarowy** full scantling vessel
~ **pełny** full form vessel, full ship
~ **pilotowy** pilot vessel; pilot cutter
~ **pława** (*do badań oceanograficznych*) floating instrument platform, FLIP
~ **pocztowy** mail ship, mail boat, packet vessel

~ **podwodny** submersible, submarine
~ **pokładowy** decked ship
~ **pomocniczy** auxiliary ship; tender
~ **porzucony** derelict
~ **powietrzny** aircraft
~ **pożarniczy** fire-fighting vessel, fire--boat, monitor
~ **półzanurzony** semisubmerged ship
~ **-prom** ferry-boat
~ **przestrzenny** good measurement ship
~ **-przetwórnia** factory vessel, factory ship, floating factory; floating cannery
~ **ratowniczy** 1. rescue vessel 2. salvage ship
~ **ro-ro** (*pojazdowiec*) roll-on/roll-off vessel, ro-ro ship, trailer ship
~ **rybacki** fishing boat, fishing craft, fishing vessel, fisherman, netter
~ ~ **łowiący niewodem** seiner
~ **rzeczny** river boat, river vessel
~ **samotrymujący** self-trimming vessel, self-trimmer
~ **samowyładowczy** self-unloading vessel
~ **skrzyniowy** trunk deck ship
~ **smukły** fine (form) vessel
~ **spalinowo-elektryczny** Diesel-electric vessel
~ **spardekowy** spar-deck vessel
~ **stojący na redzie** roadster
~ **studniowy** well-deck vessel
~ **szańcowy** raised quarter-deck vessel
~ **szkolny** training ship, school vessel
~ **sztywny** stiff ship, stiff vessel
~ **śrubowy** screw ship
~ **towarowo-pasażerski** combination vessel, intermediate vessel
~ **towarowy** cargo ship, cargo carrier, freighter
~ **trójkadłubowy** trimaran
~ **trójśrubowy** triple-screw vessel
~ **trójwyspowy** three-island ship
~ **turbinowy** turbine ship
~ **turboelektryczny** turbo-electric vessel
~ **turbogazowy** gas-turbine ship, g.t.s.
~ **twardy** stiff ship
~ **warsztatowy** repair ship, floating workshop
~ **węglowy** coal carrier, collier
~ **wielorybniczy** whale vessel, whaler, whale catcher, whaleman
~ **wiertniczy** drilling vessel, drill ship
~ **wieżowy** turret deck vessel
~ **wodny** water craft
~ **wycieczkowy** pleasure-boat
~ **wypornościowy** displacement craft
~ **zamrażalnia** freezership
~ **żaglowy** sailing vessel
~ **żeglugi nieregularnej** tramp (ship)
~ ~ **przybrzeżnej** coasting vessel, coaster
~ ~ **regularnej** liner
~ ~ **śródlądowej** inland (waterways) vessel
~ ~ **wielkiej** foreign going vessel
stator *m el.* stator
statoskop *m* statoscope
statycznie niewyznaczalny *wytrz.* statically indeterminate, over-rigid
statycznie wyznaczalny *wytrz.* statically determinate
statyczny *a* static(al)
statyka *f mech.* statics
~ **budowli** structural analysis, stress analysis
~ **cieczy** hydrostatics
statystyczna kontrola *f* **jakości** statistical quality control
statystyczny *a* statistic(al)
statystyka *f* **1.** statistics **2.** statistic
~ **biologiczna** biostatistics
~ **Bosego i Einsteina** *fiz.* Bose-Einstein statistics
~ **Fermiego i Diraca** *fiz.* Fermi-Dirac statistics
~ **kwantowa** *fiz.* quantum statistics
~ **matematyczna** mathematical statistics
~ **Maxwella i Boltzmanna** *fiz.* Maxwell--Boltzmann statistics
~ **ubezpieczeniowa** insurance statistics, actuarial statistics
statystyki *fpl* **niezgodne** *mat.* inconsistent statistics
~ **pozycyjne** order statistics
statyw *m* stand; tripod
staurolit *m min.* staurolite
staw *m* **1.** pond **2.** *anat.* articulation, joint
~ **biologiczny** *san.* sewage (purification) pond, waste lagoon
~ **cepowy** *anat.* flail joint
~ **chłodzący** cooling pond, spray pond
~ **górski** *geol.* tarn
~ **kulisty** *anat.* ball-and-socket joint
~ **napowietrzny** *san.* aerated pond
~ **narybkowy** *ryb.* nursery pond
~ **obrotowy** *anat.* rotary joint, pivot joint
~ **odrostowy** *ryb.* finishing pond, rearing pond
~ **płaski** *anat.* plane joint
~ **rybny** fish pond
~ **ściekowy** *san.* waste lagoon, waste pond, sewage pond
~ **utleniający** *san.* oxidation pond
~ **wylęgowy** *ryb.* hatching pond
~ **zawiasowy** *anat.* hinge joint
stawa *f żegl.* beacon
stawać *v* **na kotwicy** *żegl.* anchor
stawiacz *m* **min** *okr.* minelayer
stawiać *v* **hipotezę** make a hypothesis, hypothesize
~ **miny** lay mines
~ **obudowę** *górn.* set support
~ **ogrodzenie** fence, surround with fence
~ **opór** resist, withstand, offer a resistance
~ **żagle** make sail, set sail
stawianie *n* (*sznurów haczykowych, takli*) *ryb.* stringing
stawidło *n* **1.** *siln.par.* valve gear **2.** *hydr.* gate
stawka *f* **dzienna** *ek.* day's rate
~ **płacy** wage rate
~ ~ **jednostkowa** piece(-work) rate
~ **podatkowa** tax rate
~ **stała** fixed rate
~ **ulgowa** cheap rate
stawonogi *mpl* arthropoda

stawowy *a anat.* articular
staż *m* period of service; professional experience; seniority
stażysta *m* trainee
stągiewka *f ryb.* daffins
STC = Stowarzyszenie Techników Cukrowników
steadyt *m met.* steadite, phosphide eutectic
stearon *m chem.* stearone, diheptadecyl ketone
stearyna *f chem.* stearin, glyceryl tristearate
sterynian *m chem.* stearate
steatyt *m min.* steatite, soapstone, soaprock
STE = siła termoelektryczna thermal electromotive force
stebnowanie *n* quilting
stechiometria *f chem.* stoichiometry
stefanit *m min.* stephanite, brittle silver ore
stelinga *f żegl.* staging
stellarator *m fiz.* stellar generator, stellarator
stellit *m met.* stellite
stellitowanie *n* stelliting
stempel *m* **1.** *obr.plast.* punch **2.** stamp **3.** *bud.* shore
~ **ciągowy** drawing punch
~ **do gięcia** bending punch
~ **do kształtowania obciąganiem** stretch-forming block
~ **do wgłębiania matryc** *obr.plast.* hob
~ **do wybijania monet** coining punch
~ **do wytłaczania** cupping punch
~ **dolny** lower punch
~ **dziurujący** piercing punch, piercer
~ **formy** *tw.szt.* male mould, patrix
~ **górny** upper punch
~ **legalizacyjny** *metrol.* verification stamp
~ **okrawający** cropping punch
~ **prasy do wyciskania** *met.* extrusion ram
~ **ruchomy samonastawny** floating punch
~ **składany z segmentów** segmental steel punch
~ **spęczający** staking punch
~ **tłocznika** plunger die, male die
~ **wyjmowany** *tw.szt.* loose punch
~ **wypychający** *odl.* stripper punch
~ **zastępczy** dummy stamp
stemplować *v* **1.** stamp **2.** *bud.* shore
stemplowanie *n* **krążynowe** *bud.* centring
~ **rozpierające poziome** *bud.* flying shore
stemplownica *f obr.plast.* stamping machine, stamper, marking machine, marker, branding machine
sten *m jedn.* sthene, sn, funal:1 sn = 1000 N
stenga *f* **dziobnika** *okr.* jib boom
~ **masztu** topmast
stenograf *m* stenographer, shorthand writer
stenografia *f* shorthand, stenography
stenografować *v* write in shorthand
stenogram *m* shorthand notes
stenwanta *f okr.* topmast shroud
step *m geol.* steppe
ster *m* **1.** *okr.* rudder; helm **2.** *lotn.* control surface
~ **awaryjny** *okr.* jury rudder
~ **dziobowy** *okr.* bow rudder
~ **głębokościowy** *okr.* diving plane, diving rudder, hydroplane (*of a submarine*)
~ ~ **rufowy** stern plane (*of a submarine*)
~ **kierunkowy** *lotn.* rudder
~ **kontra** *żegl.* contra-rudder
~ **opływowy** *okr.* streamline rudder
~ **opuszczany** (*jachtu*) *okr.* drop rudder
~ **skręcony** *żegl.* contra-rudder
~ **strumieniowy** *okr.* tubular rudder
~ **wychylony w prawo** *żegl.* right rudder
~ **wypornościowy** *okr.* streamline rudder
~ **wysokości** *lotn.* elevator
~ **zrównoważony** *okr.* balanced rudder
steradian *m jedn.* steradian, sterad, sr
sterczeć *v* protrude, project
sterczyna *f arch.* pinnacle
stereochemia *f* stereochemistry
stereofonia *f* stereophony, stereophonics; stereo (sound system)
stereofoniczny *a* stereophonic
stereofotografia *f* stereophotography
stereofotogrametria *f* stereophotogrammetry
stereografia *f* stereography
stereogram *m* stereogram (*a stereoscopic set of photographs*)
stereoizomeria *f chem.* stereoisomerism, space isomerism
stereokartograf *m geod.* stereoplotter
stereometria *f* stereometry, geometry of solids, solid geometry
stereomutacja *f chem. cis-trans* izomerization
stereopara *f* stereogram (*a stereoscopic set of photographs*)
stereoradian *m jedn.* steradian, sterad, sr
stereoradiografia *f* stereoradiography
stereoradiogram *m* stereoradiograph
stereoregularność *f chem.* stereospecificity
stereorentgenografia *f* X-ray stereoscopy
stereoskop *m opt.* stereoscope
stereoskopia *f opt.* stereoscopy
stereotyp *m poligr.* stereotype, stereo
sterlinga *f żegl.* staging
sternik *m żegl.* steersman, helmsman, wheelman
~ **automatyczny** automatic pilot, autopilot, automatic steering unit, gyro-pilot
~ **łodzi** coxwain
sterociąg *m żegl.* rudder chain
steroidy *fpl biochem.* steroids
sterole *mpl biochem.* sterols, steroid compounds
sterolotka *f lotn.* elevon, ailavator
sterować *v* control; steer, operate
~ **do lądu** *żegl.* stand in
~ **kurs** *żegl.* lie the course, stand
~ **od lądu** *żegl.* bear off
~ **ostrzej do wiatru** *żegl.* luff
sterowalność *f* controllability
sterowanie *n* control; steering; operation
~ **astatyczne** *aut.* floating control
~ **automatyczne** automatic control

~ **azymutalne** (*skoku*) *lotn.* azimuthal control, cyclic pitch control (*in helicopters*)
~ **bezstopniowe prędkości obrotowej** infinitely variable speed control
~ **bilansu materiałowego** *aut.* material balance control
~ **całkowe** *aut.* integral control
~ **ciągłe** continuous control
~ **ciekłą trucizną** *nukl.* fluid poison control (*in reactors*)
~ **cyfrowe** *aut.* digital control, DC
~ ~ **bezpośrednie** direct digital control, DDC
~ **cykliczne** (*skoku*) *lotn.* azimuthal control, cyclic pitch control (*in helicopters*)
~ **dokładne** fine control
~ **elektronowe** electronic control
~ **fazowe** *el.* phase control
~ **jakości** quality control, QC
~ ~ **(wyrobów) w przemyśle** industrial quality control, IQC
~ **kaskadowe** *aut.* cascade control
~ **komputerowe** computer control
~ **liczbowe** *aut.* numerical control, NC
~ **łukiem** arc control
~ **mechaniczne** mechanical control, power operation
~ **moderatorowe** *fiz.* moderator control (*in reactors*)
~ **nadążne** *aut.* follow-up control
~ **nadzorcze** *aut.* supervisory control
~ **numeryczne** *aut.* numerical control, NC
~ ~ **bezpośrednie** direct numerical control, DNC
~ ~ **za pomocą komputera** computer numerical control, CNC
~ **odtwarzające** *aut.* play-back control
~ **okresowe** (*skoku*) *lotn.* azimuthal control, cyclic pitch control (*in helicopters*)
~ **optymalne** *aut.* optimal control
~ **paliwem** *nukl.* fuel control (*in reactors*)
~ **położenia** (*przedmiotu względem narzędzia*) *obr.skraw.* positioning control
~ **programowe** program control
~ **przekaźnikowe** *aut.* bang-bang control
~ **przesunięciem widma** *nukl.* spectral shift control (*in reactors*)
~ **przyciskowe** push-button control
~ **reflektorem** *nukl.* reflector control (*in reactors*)
~ **repetycyjne** *aut.* play-back control
~ **ręczne** manual control
~ **różniczkowe** *aut.* derivative control
~ **sekwencyjne** *aut.* sequential control
~ **siatkowe** *el.* grid control
~ **siłowe** *lotn.* power-assisted control
~ **skoku** (*śmigła, wirnika*) pitch control
~ ~ **ogólnego** collective pitch control (*in helicopters*)
~ **spowalniaczem** moderator control (*in reactors*)
~ **stosunkowe** *aut.* ratio control
~ **stycznikowe** *el.* contactor control
~ **układem rdzenia** *nukl.* configuration control (*in reactors*)
~ **ustawienia** *aut.* positioning control
~ **w układzie otwartym** *aut.* open-loop control
~ ~ ~ **zamkniętym** closed-loop control
~ **warstwą przyścienną** *aero.* boundary layer control, BLC
~ **według wzornika** *obr.skraw.* tracer control
~ **wieloobwodowe** *aut.* multicircuit control
~ **wielostopniowe** *aut.* multi-step control
~ **współbieżne** *aut.* on-stream control
~ **wyprzedzające** *aut.* anticipating control
~ **za pomocą klapek sterowniczych** *lotn.* servo-tab control
~ ~ ~ **serwomechanizmów** *aut.* servo-control
~ ~ ~ **taśmy dziurkowanej** punched tape control
~ **zapalnikowe** *el.* ignitor control
~ **zaprogramowane w pamięci** *aut.* stored-program control
~ **zdalne** remote control, telecontrol
~ ~ **samolotem z ziemi** aircraft vectoring
~ **ze sprzężeniem zwrotnym** feedback control, closed-loop control
~ **ze wzmacniaczem** *lotn.* power-assisted control
~ **zgrubne** coarse control
~ **zmianą pochłaniania** *nukl.* absorption control (*in reactors*)
sterowany *a* controllable; steerable
sterowiec *m* airship, dirigible
~ **bezszkieletowy** non-rigid airship
~ **ciśnieniowy** *zob.* **sterowiec bezszkieletowy**
~ **miękki** *zob.* **sterowiec bezszkieletowy**
~ **szkieletowy** rigid airship
sterownia *f okr.* wheelhouse, pilothouse
~ **doku** dock valve house
sterownica *f* **1.** *lotn.* flying controls **2.** *okr.* rudder crosshead, (rudder) tiller
sterownik *m* **1.** *el.* controller **2.** *aut.* programmer
~ **nawrotu przeciwprądowego** plugging reversing controller
~ **wieloobwodowy** master controller, pilot controller
sterowność *f* steerability, steering qualities; *lotn.* manoeuvrability
sterowny *a* steerable; *lotn.* manoeuvrable
sterówka *f okr.* wheelhouse, pilothouse
sterta *f* **1.** *roln.* stack; rick **2.** pile
stertnik *m roln.* stacker, ricker
~ **do siana** hay-stacker
~ **taśmowy** stacking elevator
stertować *v* stack; pile; tier
stertownik *m* stacker; piler; tiering machine
sterydy *mpl biochem.* steroids
sterylizacja *f* sterilization
~ **ciągła w butelkach** (*mleka*) in-bottle process
~ **radiacyjna** radiation sterilization
sterylizator *m* sterilizer
~ **glebowy** *chem.* soil sterilant
sterylność *f* sterility

sterylny *a* sterile
steryny *fpl* = **sterole** *chem.* sterols
sterżagiel *m okr.* crossjack
stetoskop *m med.* stethoscope
~ **podwójny** (*do osłuchiwania maszyn*) symballophone
stewa *f* **dziobowa** *okr.* stem
~ **rufowa** *okr.* stern frame, stern post
steward *m żegl., lotn.* steward
stewardesa *f* stewardess; *lotn.* air hostess
stewartyt *m min.* stewartite
stęchlizna *f* must
stęchły *a* stale; fusty; musty
stępa *f* (*kadź do ugniatania skór*) crank stock
stępić *v* blunt, dull
stępka *f okr.* keel
~ **belkowa** bar keel
~ **dokowa** docking keel
~ **obłowa** bilge keel
~ **płetwowa** fin keel
~ **przechyłowa** bilge keel
~ **skrzynkowa** box keel
stępor *m wzbog.* stamp, beater
stężacz *m* **1.** *chem.* concentrator **2.** *chłodn.* rectifier, analyser
stężać *v* **1.** *chem.* concentrate **2.** *bud.* brace
stężanie *n* **solanki** reduction of brine
stężenie *n* **1.** *chem.* concentration; strength **2.** *bud.* bracing, strutting **3.** *med.* rigor
~ **cząsteczkowe** molecular concentration
~ **dopuszczalne** allowable concentration, permissible concentration
~ **elektronów** (free) electron density
~ **graniczne** limiting concentration, concentration limit
~ **jonowe** ionic concentration
~ **koagulujące** coagulation concentration
~ **masowe** mass concentration, mass fraction, weight in volume concentration, w/v.
~ **masy** *papiern.* stock consistency
~ **mieszanki** *paliw.* mixture richness
~ ~ **nadmierne** over-richness of mixture
~ ~ **powietrzno-paliwowej** air-fuel ratio, AFR
~ **molalne** *chem.* molal concentration, molality
~ **molarne** *chem.* molar concentration, molarity
~ **molowe** *zob.* **stężenie molarne**
~ **normalne** normal concentration
~ **objętościowe** *chem.* volume fraction
~ **ogólne** bulk concentration
~ **poprzeczne** *bud.* sway brace
~ **pośmiertne** *med.* rigor mortis
~ **roztworu** concentration of solution
~ **równoważnikowe** normal concentration, normality (*of solution*)
~ **śladowe** trace concentration
~ **ukośne** *bud.* angle brace, angle tie
~ **wagowe** *chem.* mass concentration, mass fraction, weight in volume concentration, w/v.
~ **wiatrowe** *bud.* lateral bracing, wind bracing
stężony *a* concentrated
stibnit *m min.* stibnite, stibium, antimonite, grey antimony, antimony glance
stigmasterol *m biochem.* stigmasterol
stilb *m jedn.* stilb
stiuk *m bud.* artificial marble, scagliola
stłok *m* (*fal*) *ocean.* overfalls
stłuc *v* (*szkło itp.*) break, shatter
stłuczenie *n med.* concussion
stłuczka *f* breakage
~ **obca** foreign cullet
~ **szklana** cullet
~ **własna** *szkl.* factory cullet, domestic cullet
~ **z nabiera** *szkl.* moil
~ **zwrotna** *szkl.* return cullet
stochastyczny *a* stochastic; random
stoczek *m odl.* wax vent, strum
stocznia *f* shipyard, shipbuilding yard; dockyard
~ **marynarki wojennej** naval shipyard
~ **montażowa** multiple shipyard
~ **remontowa** repair (ship)yard, repair dock
~ **złomowa** ship-breaker's yard
stoczniowiec *m* shipbuilder, dockyard worker
stoczyć *v* **się** roll down
stodoła *f* barn
stogowanie *n roln.* ricking, stacking (up)
stoisko *n* stand
~ **do prób silników** engine test bed, engine test bench
~ **wyrzutni** launching stand
~ **wystawowe** exhibition stand
stojak *m* **1.** stand; column; pillar; upright; pedestal; stud; *górn.* prop **2.** trestle; rack; stillage **3.** *kotł.* outer box
~ **cierny** *górn.* friction prop
~ **dachowy** (*linii napowietrznej*) *el.* roof pole
~ **do imadła** vice-stand
~ **dwudzielny** *górn.* collapsible prop, expanding prop
~ ~ **cierny** mechanical yielding prop
~ **hydrantowy** standpipe
~ **hydrauliczny** *górn.* hydraulic prop
~ **kopalniany** *górn.* pit prop
~ **kroczący** *górn.* travelling prop, walking prop, self-advancing support
~ **łożyskowy** *masz.* bearing pedestal, pillow block
~ **montażowy silnika** *lotn.* engine erection stand, engine trestle
~ **nadburcia** *okr.* bulwark stay
~ **octowniczy** *ferm.* acetifier, mother cask
~ **organowy** *górn.* cockermeg
~ **ostrzegawczy** *górn.* safety prop, watch prop
~ **ościeżnicy drzwiowej** door post
~ **oświetleniowy** light floor stand
~ **podatny** *górn.* collapsible prop, yielding prop
~ **pomiarowy** *tel.* test rack
~ **pośredni** *górn.* jack prop, catch prop
~ **późnopodporowy** *górn.* late-bearing prop
~ **prasy** *obr.plast.* column of a press

~ **rozporowy** *górn.* anchor prop, stelling prop
~ **rozsuwny** *górn.* adjustable prop, expanding prop
~ **skrzynkowy** *obr.plast.* box column
~ **szpulowy** (*do materiału kręgowego*) *obr.plast.* coil cradle
~ **tentu** *okr.* awning stanchion
~ **tymczasowy** *górn.* temporary prop, advancing prop
~ **walcarki** *hutn.* mill housing, roll housing, stand housing
~ ~ **typu otwartego** open topped mill housing
~ **wczesnopodporowy** *górn.* early bearing prop, rigid prop
~ **wskaźnikowy** *górn.* safety prop, watch prop
~ **wybierakowy** *tel.* switchrack
~ **wyrzutni rakietowej** launching rack
~ **zabezpieczający** *górn.* preventer prop, emergency prop
~ **zasilania** *telef.* power frame
~ **żurawia masztowego** derrick pole
stojan *m el.* stator
~ **dzielony** split stator
stojący *a* standing; upright; erect
stok *m* slope, declivity; mountain-side; scarp
~ **pokryty rumoszem** *geol.* detrital slope
stoker *m kotł.* stoker, *zob.też* **ruszt mechaniczny**
stokes *m jedn.* stoke(s): 1 St = 1 cm²/s
stolarka *f* joinery, woodwork
~ **meblowa** cabinet work
stolarnia *f* joinery, woodworking shop
stolarstwo *n* joinery, woodworking
stolarz *m* joiner
~ **meblowy** cabinet-maker
stolec *m fizjol.* stool
stolik *m* **mierniczy** *geod.* plane table, surveyor's table
~ **pomiarowy twardościomierza** anvil of a hardness testing machine
~ **przedmiotowy mikroskopu** stage of a microscope, microscope stage, object stage
~ **topograficzny** *geod.* plane table, surveyor's table
stołówka *f* cafeteria, canteen
stomatologia *f* stomatology, odontology
stonka *f* **ziemniaczana** *zool.* Colorado beetle, potato beetle, *Leptinotarsa decemlineata* Sag.
STOP = **Stowarzyszenie Techniczne Odlewników Polskich**
stop *m* **1.** *met.* alloy **2.** *szkl.* melt **3.** *inf.* halt
~ **addycyjny** addition solid solution
~ **anatomiczny** anatomical alloy, anatomical metal
~ **architektoniczny** decorative alloy, ornamental alloy
~ **automatowy** free cutting alloy
~ **B** bahnmetall, alkaline earth bearing alloy
~ **ciężki** (tungsten) heavy metal
~ **czcionkowy** *poligr.* type metal
~ ~ **linotypowy** linotype metal, slug-casting metal
~ ~ **monotypowy** monotype metal
~ ~ **stereotypowy** stereotype metal
~ **czteroskładnikowy** quaternary alloy, four-component alloy
~ **dekoracyjny** decorative alloy, ornamental alloy
~ **do lutowania** soldering alloy, solder
~ **do napawania** hard-facing alloy, hard-surfacing alloy
~ **do przeróbki plastycznej** wrought alloy, workable alloy, forging alloy
~ **dentystyczny** dental alloy
~ **drukarski** printer's metal
~ ~ **do galwanotypii** electrotype metal
~ **dwufazowy** two-phase alloy
~ **dwuskładnikowy** binary alloy, two-component alloy
~ **eutektyczny** eutectic alloy
~ **ferromagnetyczny** ferromagnetic alloy
~ **galwanotypowy** electrotype metal
~ **jednofazowy** single-phase alloy, homogeneous alloy
~ **jubilerski** jewellery alloy
~ **kolorowy** non-ferrous alloy
~ **lekki** light alloy
~ **linotypowy** slug-casting metal
~ **Lipowitza** (*stop łatwo topliwy* Bi-Pb-Sn-Cd) cerrobend
~ **lutowniczy** solder, soldering alloy
~ **łatwotopliwy** fusible alloy, low melting alloy
~ ~ **Rose'go** Rose's alloy
~ **łożyskowy** bearing metal, antifriction metal
~ ~ **kolejowy** alkaline earth bearing alloy, bahnmetall
~ **magnetycznie miękki** magnetically soft alloy
~ ~ **twardy** magnetically hard alloy
~ **magnetyczny** magnet alloy
~ **miedziowo-arsenowy** arsenical copper
~ ~ **-berylowy** berylium copper
~ ~ **-chromowy** chromium copper
~ ~ **-kadmowy** cadmium copper
~ ~ **-manganowy** cupromanganese
~ ~ **-niklowy** cupro-nickel
~ **Monela** Monel metal, monel
~ **monetowy** coinage metal
~ **na magnesy trwałe** magnet alloy
~ **na odlewy ciśnieniowe** die-casting alloy
~ **na osnowie żelaza** iron(-base) alloy
~ **nadeutektyczny** hypereutectic alloy
~ **nadplastyczny** superplastic alloy
~ **nadwytrzymały** super-strength alloy, ultra-high-strength alloy
~ **narzędziowy** tool alloy
~ **nasycany** infiltration alloy
~ **naturalny** (*występujący w przyrodzie*) native alloy
~ **nieżelazny** nonferrous alloy
~ **niskoprocentowy** dilute alloy, low alloy
~ **niskotopliwy** fusible alloy, low melting alloy

~ **o dużej przenikliwości magnetycznej** (high) permeability alloy
~ **o dużej wytrzymałości** strong alloy, high-strength alloy
~ **o małej rozszerzalności cieplnej** low-expansion alloy
~ **o podstawie cynkowej** zinc-base alloy
~ ~ ~ **cynowej** tin-base alloy
~ ~ ~ **miedziowej** copper-base alloy
~ ~ ~ **niklowej** nickel-base alloy
~ **odlewniczy** casting alloy
~ **odporny na korozję** corrosion-resisting alloy, non-corrosive alloy
~ ~ **na matowienie** tarnish-resisting alloy, non-tarnishing alloy
~ **oporowy** resistor alloy, (electrical) resistance alloy
~ **panewkowy** bearing metal, antifriction alloy
~ **pierwotny** new alloy
~ **pięcioskładnikowy** quinary alloy, five-component alloy
~ **piroforyczny** pyrophoric alloy, ignition alloy, sparking alloy
~ **poczwórny** quaternary alloy, four-component alloy
~ **podwójny** binary alloy, two-component alloy
~ **potrójny** ternary alloy, triple alloy
~ **przejściowy** *odl.* master alloy, foundry alloy, preliminary alloy
~ **przemysłowy** *met.* commercial alloy, technical alloy, engineering alloy
~ **przerabialny plastycznie** workable alloy, wrought alloy, forging alloy
~ **przewodowy** high-conductivity alloy
~ **pseudopodwójny** pseudobinary alloy, quasi-binary alloy
~ **sodowo-potasowy** sodium-potassium alloy, nack
~ **steksturowany** textured alloy
~ **stykowy** (electrical) contact alloy
~ **superwytrzymały** ultra-high-strength alloy, super-strength alloy
~ **śródwęzłowy** addition solid solution
~ **techniczny** commercial alloy, technical alloy, engineering alloy
~ **termostatyczny** thermoelectric metal
~ **trójskładnikowy** ternary alloy, three-component alloy
~ **trudno topliwy** high-melting alloy, refractory alloy
~ **twardy** hard metal
~ **ultralekki** ultra-light alloy
~ **utwardzalny dyspersyjnie** thermal hardening alloy
~ **warunkowy** *inf.* conditional stop instruction
~ **wielofazowy** heterogeneous alloy
~ **wieloskładnikowy** complex alloy
~ **Wooda** Wood's metal, Wood's alloy
~ **wtopieniowy** (*do wtapiania w szkło, np. w lampach*) seal-in alloy
~ **wtórny** *odl.* secondary alloy, re-melted alloy
~ **wysokoprocentowy** concentrated alloy, high alloy
~ **wysokotopliwy** refractory alloy
~ **wysokowytrzymały** strong alloy, high-strength alloy
~ **zwierciadłowy** speculum alloy, mirror alloy
~ **żaroodporny** heat-resisting alloy
~ **żarowytrzymały** high-temperature alloy, creep-resisting alloy
~ **żelaza** ferroalloy, ferrous alloy, ferrous metal, iron(-base) alloy
~ **żelazo-węgiel** iron-carbon alloy
stopa *f* **1.** *anat.* foot **2.** *jedn.* foot: 1ft = = 0,3048 m
~ **bieżąca** running foot
~ **błędu** *tel.* error rate
~ **butli** (*do gazu*) cylinder stand
~ **deskowa** *US jedn.* board foot (measure), bd-ft
~ **fundamentowa** *bud.* base of foundation, spot footing
~ **inflacji** *ek.* inflation rate, rate of inflation
~ **kolumny** *bud.* column footing
~ **korbowodu** *siln.spal.* connecting rod big end
~ **kwadratowa** *jedn.* square foot
~ **nasypu** *inż.* toe of embankment
~ **podatkowa** tax rate
~ **popychacza** *siln.spal.* tappet face
~ **procentowa** *ek.* interest rate, rate of interest
~ **struga** *narz.* face of a plane, sole of a plane
~ **sześcienna** cubic foot
~ **szybowa** *górn.* curb, crib, kerb
~ **zapory** *inż.* toe of a dam
~ **zęba** *masz.* tooth root (*in a gear wheel*)
~ **zysku** *ek.* profit rate
~ **życiowa** *ek.* standard of living
stopaż *m kin.* footage number
stoper *m* **1.** *zeg.* stop-watch; chronograph, *zob.też* **sekundomierz** **2.** *okr.* stopper, controller (*of a chain*)
~ **kotwiczny** *okr.* housing stopper
stopić *v* **(się)** fuse, melt
stopienie *n* fusion
~ **bezpiecznika** *el.* fuse blow-out
stopień *m* **1.** step; foot-plate (*in vehicles*) **2.** *metrol.* degree **3.** *mat.* grade, degree **4.** *masz.* stage (*in turbines etc.*) **5.** grade; rate
~ **akcyjny** impulse stage (*in steam turbines*)
~ **asocjacji** *chem.* degree of association
~ **Baumé** *jedn.* Baumé (degree), °Bé
~ **Brixa** *cukr.* Brix degree, °Bx
~ **Celsjusza** *jedn.* degree Celsius, degree centigrade: 1°C = 1 K
~ **chropowatości** roughness grade
~ **ciśnienia** pressure stage (*in steam turbines*)
~ **czcionki** *poligr.* type size, point size
~ **czystości** degree of purity
~ **deflegmacji** reflux ratio

~ **dokładności** degree of accuracy, order of accuracy
~ **dokowy** *okr.* altar step
~ **dopuszczalności** *mat.* admissibility
~ **dysocjacji** degree of dissociation
~ **dyspersji** degree of dispersion, dispersity
~ **Fahrenheita** *jedn.* degree Fahrenheit: 1°F = $^5/_9$K
~ **funkcji** *mat.* order of a function
~ **grafityzacji** *met.* degree of graphitization
~ **jonizacji** degree ionization
~ **Kelvina** *jedn.* degree Kelvin, kelvin, K
~ **klinowy** *bud.* winder (stair)
~ **koncentracji** *wzbog.* concentration ratio
~ **krzywej** *mat.* degree of a curve
~ **łączenia** *telef.* switching stage
~ **mocy znamionowej** *lotn.* height power factor
~ **nadwozia** *mot.* running board
~ **napełnienia** filling ratio
~ **nasycenia** *fiz.* saturation ratio
~ **naukowy** academic degree, university degree
~ **niejednorodności** *met.* segregation ratio, index of segregation, degree of (dendritic) segregation
~ **niejednostajności regulatora** static fluctuation of a governor
~ **niepewności pomiaru** *metrol.* incertitude limits
~ **nierozdzielczości** *mat.* inseparable degree
~ **nierównomierności biegu** *masz.* coefficient of fluctuation of speed
~ **niskiego ciśnienia** (*turbiny*) *lotn.* low-pressure (*turbine*) stage, LP stage
~ **obciążenia** load factor, ld.f.
~ **oddzielający** *rad.* buffer stage
~ **odkształcenia** (*plastycznego*) degree of deformation, amount of deformation
~ ~ **krytyczny** critical degree of deformation, critical strain, threshold strain
~ ~ **przy wyciskaniu** extrusion ratio
~ **odporności paliwa na detonację** fuel grade
~ **pierwiastka** *mat.* index of a radical
~ **pisma** *poligr.* type size, point size
~ **pod nasypem** *inż.* berm
~ **podgórski** *geol.* piedmont step, piedmont bench
~ **pokrewieństwa** genetic step
~ **pokrycia** (*w przekładni zębatej*) (tooth) contact ratio, drive ratio, engagement factor (*in a toothed gear*)
~ **polimeryzacji** *chem.* degree of polymerization, D.P.
~ **prędkości łopatki** blade-speed ratio (*in gas turbines*)
~ **przechłodzenia** *met.* degree of supercooling, degree of undercooling
~ **przekucia** forging reduction ratio, degree of forging
~ **przestępny** *mat.* transcendence degree
~ **przewalcowania** *obr.plast.* rolling reduction ratio, degree of rolling, reduction ratio in rolling
~ **rakiety** stage of a rocket
~ **Rankine'a** *jedn.* degree Rankine:1°R = = $^9/_5$ K
~ **reakcji** degree of reaction (*of a turbine*)
~ **regeneracji** recovery ratio (*of a product*)
~ **rekrystalizacji** *met.* fraction of recrystallization
~ **rozdrobnienia** (degree of) fineness
~ **rozprężania** expansion ratio
~ **roztworzenia masy** *papiern.* pulp hardness
~ **(równania) krzywej** *mat.* degree of a curve
~ **schodów** stair, step
~ **segregacji** *met.* segregation ratio, index of segregation, degree of (dendritic) segregation
~ **sferyczny** *geom.* spherical degree
~ **skorodowania** (*powierzchni metalu*) degree of rusting
~ **skrakowania po jednym przejściu** *chem.* cracking per pass
~ **spęcznienia** (*żelu*) *chem.* swelling index
~ **spójności** *mat.* connectivity number
~ **sprasowania** (*proszku*) compression ratio (*of powder*)
~ **sprężania** compression ratio
~ **sprężarki** stage of a compressor
~ **sterujący** (*np. ostatni stopień wzmacniacza mocy*) *rad.* driver stage
~ **swobody** *mech.* degree of freedom
~ **symetrii** *kryst.* degree of symmetry
~ **szerokości geograficznej** degree of latitude
~ **trwałości** *farb.* degree of fastness
~ **twardości** *min.* degree of hardness, hardness number
~ ~ **stali narzędziowej** temper of tool steel
~ **umocnienia** *obr.plast.* degree of strain hardening
~ **uporządkowania** *kryst.* degree of order
~ **utlenienia** oxidation state, oxidation number
~ **uwęglenia** (*węgla*) rank of coal
~ **warstwicowy** *geod.* contour interval
~ **wielomianu** *mat.* degree of a polynomial
~ **wielostrumieniowy** multi-exhaust stage (*in steam turbines*)
~ **wodny** *hydr.* stage of fall
~ **wojskowy** rank
~ **wygarbowania** *skór.* degree of tannage
~ **wykorzystania mocy turbozespołu** *el.* unit capacity factor
~ **wymiany izotopowej** *fiz.* exchange fraction
~ ~ **powietrza** *bhp* air changes factor
~ **wypalenia** *nukl.* burn-up fraction
~ **wypełnienia** *kryst.* (efficiency of) space filling
~ **wytuczenia** *zoot.* fattening grade

~ **wyznacznika** *mat.* order of a determinant
~ **wzbogacenia** *nukl.* degree of enrichment
~ **wzmacniacza** *el.* amplifier stage
~ **wzrostu** *kryst.* growth step
~ **zabiegowy** *bud.* winder (stair)
~ **zaklejenia** *papiern.* degree of sizing
~ **zanieczyszczenia** *san.* level of pollution
~ ~ **dopuszczalny** acceptable level of pollution
~ **zapylenia** dust loading
~ **zasadowości** *hutn.* basicity ratio, V-ratio, V-value
~ **zasilania** *siln.wod.* degree of admission
~ **zasolenia** salinity
~ **zatapialności** *okr.* permeability (*of a ship*)
~ **zawartości alkoholu** *ferm.* proof
~ **zdolności ochronnej powłoki malarskiej** paint value
~ **zgniotu** *obr.plast.* degree of cold work
~ **zrównoważenia** *okr.* balance ratio (*of a rudder*)
~ **zwulkanizowania** *gum.* state of cure
stopina *f wybuch.* black match
stopiony *a* fused; *szkl.* batch-free
stopiwo *n spaw.* deposited metal, weld metal, weld deposit
stopka *f* **belki** (*stalowej*) beam flange
~ **łopatki wirnika** *masz.* rotor blade root
~ **okrągła** *masz.odl.* round sleeker
~ **oporowa wiertarki piersiowej** *narz.* breast plate
~ **szyny** rail foot, rail flange
stopnica *f* (*stopnia schodów*) *bud.* stair tread
stopniowanie *n* stepping; gradation
~ **prędkości** velocity staging (*in turbines*)
stopniowany *a* stepped; graduated; graded
stopniowo *adv* gradually, by steps, stepwise, by stages, progressively
stopniowy *a* gradual; graded; progressive
stopoświeca *f jedn.* foot-candle
storczyk *m bot.* orchid, *Orchis* L.
stos *m* **1.** pile; stock-pile; stock; heap **2.** *inf.* push-down storage, stack **3.** *górn.* crib, chock, cog, pigsty
~ **form** *odl.* stacked moulds
~ **galwaniczny** *el.* galvanic stack battery
~ **termoelektryczny** thermo-electric pile, thermopile
stosiarz *m górn.* cogger
stosować *v* apply; use; employ; deploy
~ **duże gnioty** (*przy walcowaniu*) *hutn.* take heavy reductions, use heavy drafts
~ **normę** adhere to a standard, obey a standard
~ **płodozmian** *roln.* rotate the crops
~ **się do instrukcji** follow instructions, obey instructions
~ ~ **do umowy** adhere to the contract
~ ~ **do zaleceń** follow recommendations
~ ~ **do zasady** observe a principle
~ **zbyt duże posuwy** *obr.skraw.* overfeed
stosowalność *f* applicability
stosowanie *n* application; use, usage
~ (*pestycydu*) **na całą uprawę** *roln.* overhead application (*of pesticide*)
~ **nadmiernej prędkości obrotowej** *masz.* overspeeding
~ **przedsiewne** (*nawozów, pestycydów*) *roln.* presawing application
stosowany *a* applied
stosownie do ... as appropriate; in compliance with ...; accordingly
stosunek *m mat.* ratio, proportion, quotient
~ **anharmoniczny** *mat.* cross ratio, anharmonic ratio
~ **białkowo-energetyczny** *spoż.* protein--energy ratio
~ **ciężarowy** weight ratio, proportion by weight
~ **długości do średnicy** *masz.* length to diameter ratio, L/D ratio
~ **harmoniczny** *mat.* harmonic ratio
~ **jednokładności** *geom.* ray ratio
~ **kontrakcji** *aero.* contraction ratio
~ **korelacyjny** *mat.* correlation ratio
~ **mas** *rak.* mass ratio
~ **masy pożywek do masy mikroorganizmów** (*w komorze napowietrzania*) *san.* food-to-microorganism ratio, F/M ratio
~ **momentu krytycznego do znamionowego** *masz.el.* pull-out ratio
~ **natężenia przepływów** (*w silniku odrzutowym dwuprzepływowym*) by-pass ratio
~ **objętościowy** voluminal ratio
~ **odgałęzień** (*rozpadu promieniotwórczego*) *nukl.* branching ratio
~ **odwrotności** *mat.* inverse ratio
~ **orosienia** *chem.* reflux ratio
~ **osiowy** *kryst.* axial ratio
~ **osłabienia** (*promieniowania*) *nukl.* attenuation factor
~ **pojedynczego podziału** *geom.* affine ratio of three points
~ **posuwu do szerokości materiału** (*przy wydłużeniu podczas kucia*) bite ratio
~ **ramion dźwigni** lever ratio
~ **spalania** combustion ratio
~ **tłumienia** (*drgań*) damping ratio
~ **upakowania** *nukl.* packing fraction
~ **wagowy** weight ratio
~ **wariancji** *mat.* variance ratio
~ **zawartości izotopów** *nukl.* abundance ratio
~ **zwarcia** *el.* short circuit ratio
~ **zwężenia** *aero.* contraction ratio
stosunki *mpl* **międzyludzkie** human relations
stowarzyszenie *n* association
~ **inżynierów i techników** engineering association
~ **księgi stadnej** *zoot.* breed society
stożek *m* **1.** *geom.* cone **2.** *narz.* taper **3.** *hutn.* bell, cone (*in a blast-furnace*)
~ **aluwialny** *geol.* detrital fan, alluvial fan
~ **charakterystyczny** *geom.* characteristic cone
~ **ciszy** *tel.* cone of silence
~ **kołowy** *geom.* circular cone
~ ~ **prosty** right circular cone

~ **Macha** *aero.* Mach cone
~ **Monge'a** *mat.* Monge cone
~ **napływowy** *geol.* detrital fan, alluvial fan
~ **naprężeń** *mech.* stress-conic
~ **(narzędziowy) Brown and Sharpe** Brown and Sharpe taper
~ ~ **Morse'a** Morse taper
~ **o dużej zbieżności** steep taper, large taper, quick-taper
~ **odkształceń** *mech.* strain-conic
~ **osadowy** *chem.* settling cone
~ **pirometryczny** pyrometric cone, pyrocone
~ **płomienia** (*gazowego*) *spaw.* flame cone
~ **pochyły** *geom.* general cone
~ **poślizgu** *mech.* cone of static friction
~ **roboczy ciągadła** *obr.plast.* die approach angle, die reduction angle
~ **samohamowny** self-holding taper
~ **Segera** Seger (pyrometric) cone
~ **ścięty** *geom.* frustum of a cone, truncated cone
~ **światła** *mat.* light cone
~ **tarcia** *mech.* cone of static friction
~ **wału śrubowego** *okr.* tail-end of the propeller shaft
~ **wejściowy ciągadła** *obr.plast.* die entrance angle, entrance cone of a die, entrance bell of a die
~ **wewnętrzny 1.** *masz.* female cone **2.** *lotn.* inner body (*in a turbojet*)
~ **wulkaniczny** *geol.* volcanic cone
~ ~ **boczny** adventive cone
~ **wyjściowy ciągadła** *obr.plast.* die exit angle, relief angle of a die, exit bell of a die
~ **wylotowy** (*w dyszy silnika odrzutowego*) exhaust cone
~ **zaciskowy podwójny** *masz.* olive, ball sleeve
~ **zewnętrzny** *masz.* male cone
~ **zgniatający ciągadła** *obr.plast.* die approach angle, die reduction angle
stożkowa *f geom.* conic (section)
~ **prostych** line conic
~ **punktów** point conic
stożkować *v* cone; taper
stożkowanie *n* **próbek** coning of samples
stożkowe *fpl* **współogniskowe** *geom.* confocal conics
stożkowość *f* conicity; taper
stożkowy *a* conic(al); tapered
stóg *m roln.* stack, rick
stójka *f lotn.* interplane strut (*in a biplane*)
stół *m* table, bench
~ **do czyszczenia odlewów** fettling bench
~ **do gięcia prętów** *bud.* bar bending bench
~ **do przemywania i klasyfikacji rud** *górn.* Wilfley table
~ **do zbierania** *poligr.* collating table
~ **elektromagnetyczny** *obr.skraw.* electromagnetic chuck
~ **farbowy** *poligr.* ink slab, inking stone
~ **formierski** *odl.* moulder's bench
~ **frezarski** *obr.skraw.* milling table
~ **inspekcyjny tkanin** *włók.* cloth looking machine
~ **kamieniarski** *bud.* banker; siege
~ **klasyfikacyjny sitowy** *wzbog.* screening table
~ **koncentracyjny** *wzbog.* concentrating table
~ ~ **potrząsany** oscillating table, vanner
~ **kontrolny** inspection table
~ **kreślarski** drawing desk
~ **kwasowy** *chem.* chamber drip spout (H_2SO_4 *industry*)
~ **laboratoryjny** *chem.* laboratory bench
~ **magnetyczny** *obr.skraw.* (permanent) magnetic chuck
~ **mikserski** *kin., rad., TV* mixer console
~ ~ **foniczny** audio mixing desk
~ **montażowy** *kin.* film cutting bench
~ **obrotowy** turntable
~ **operacyjny** *med.* operating table
~ **piły** (*obrabiarki*) saw bench
~ **płuczkowy** *wzbog.* washing table; strake; buddle
~ **pochylny** *masz.* tilting table, inclinable table
~ **podnośny** *obr.plast.* lifting table
~ **powietrzny** *wzbog.* air table, pneumatic table
~ **prasy** *obr.plast.* press table, lower platen
~ **przebierczy** *wzbog.* picking table
~ **przesuwny** *obr.plast.* slide plate
~ **rdzeniarski** *odl.* coremaker's bench
~ **roboczy** *masz.* work table; platen
~ **samonakładacza** *poligr.* feed board
~ **sinusowy** *obr.skraw.* sine table
~ **sitowy** *papiern.* wire frame
~ **spawalniczy** welding bench
~ **traserski** marking-off table
~ **uchylny** *obr.skraw.* swivel table
~ **warsztatowy** bench, work-bench
~ **wiązacza** *roln.* binder deck
~ **wibracyjny** vibrating table, table vibrator
~ **wstrząsowy** *odl.* plain jolting machine, plain bumper
~ **zbierający** *roln.* receiving board (*in a thresher*)
straceniak *m górn.* waster (prop)
strajk *m ek.* strike
~ **okupacyjny** sit-in strike
~ **powszechny** general strike
strajkować *v ek.* strike
strata *f* loss, *zob.też* **straty**
~ **bezzwrotna** irrecoverable loss
~ **brodzenia łopatek** blade windage loss, fanning loss (*in steam turbines*)
~ **całkowita** total loss
~ **ciśnienia** loss of pressure
~ ~ **hydrostatycznego** *hydr.* loss of (pressure) head
~ **częściowa** partial loss
~ **częściowego zasilania** partial admission loss (*in steam turbines*)
~ **indukowana** (*śmigła*) *lotn.* induced power loss

~ **kominowa** *kotł.* chimney loss
~ **magazynowa** storage depreciation
~ **mocy** loss of power, power loss
~ **na ciężarze** loss of weight, loss in weight
~ **na iskrzenie** *spaw.* flash-off
~ **na wadze** loss of weight, loss in weight
~ **na zgorzelinę** *hutn.* scaling loss
~ **prażenia** *ceram., hutn.* loss on ignition, ignition loss
~ **przeciekowa** leakage loss
~ **przemiałowa** *młyn.* milling loss
~ **(przepływu) na krzywiźnie** *hydr.* bend loss
~ **uderzeniowa** *hydr.* shock loss
~ **wartości** *ek.* depreciation
~ **wentylacji** blade windage loss, fanning loss (*in steam turbines*)
~ **wlotowa** *masz.* entrance loss, admission loss
~ **wodorowa** weight loss in hydrogen, H_2 loss (*in powder metallurgy*)
~ **wskutek niedopasowania** *tel.* mismatch loss
~ **wylotowa** *masz.* carry-over loss, discharge loss
~ **wysokości ciśnienia** *hydr.* loss of pressure head
~ **z rozprysku** *spaw.* spatter loss
~ **zasysania** *masz.* aspirating loss
strategia *f* strategy
~ **czysta** *mat.* pure strategy
~ **dopuszczalna** *mat.* admissible strategy
~ **optymalna** *mat.* optimum strategy
stratność *f* **dielektryczna** dielectric loss
stratocumulus *m meteo.* strato-cumulus (cloud)
stratopauza *f meteo.* stratopause
stratosfera *f* stratosphere
stratosferyczny *a* stratospheric
stratostat *m* stratospheric balloon
stratowizja *f TV* stratovision
stratus *m meteo.* stratus (cloud)
straty *fpl* losses; waste, *zob.też* **strata**
~ **cieplne** heat losses, heat waste
~ **dielektryczne** dielectric loss
~ **(dielektryczne) w izolacji** insulation loss
~ **do otoczenia** *siln.* radiation heat losses
~ **dodatkowe** (*obciążeniowe*) *el.* stray losses
~ **energetyczne** loss of energy
~ **histerezowe** *el.* hysteresis loss
~ **hydrauliczne** hydraulic losses
~ **jednostkowe** (*produktu*) specific losses
~ **jonizacyjne** ionization losses
~ **korozyjne** corrosion losses
~ **mechaniczne** mechanical losses
~ **na promieniowanie** radiation losses
~ **nieujawnione** *el.* unaccounted losses
~ **obciążeniowe** *el.* load loss
~ **oporowe** *el.* ohmic loss, resistance loss
~ **oporów ruchu** mechanical losses
~ **przemiany** (*energii*) *fiz.* conversion losses
~ **przewodzenia** *el.* conduction loss
~ **przy napełnianiu** filling losses
~ **przy pracy jałowej** *el.* stand-by losses
~ **przy prądzie stałym** *el.* I^2R loss
~ **radiacyjne** radiation losses
~ **ulotowe** *el.* corona loss
~ **w cieple odpadkowym** waste-heat loss
~ **w łuku** *el.* arc-drop loss
~ **w uzwojeniu** *el.* copper loss
~ **w żelazie** *el.* iron loss, core loss
~ **wskutek histerezy** *el.* hysteresis loss
~ **wydechu** *siln.spal.* exhaust heat losses
~ **z prądów wirowych** *el.* eddy-current loss
stratyfikacja *f* stratification
stratygrafia *f geol.* stratigraphy
stratymetr *m górn.* slope level, (in)clinometer
strawność *f* digestibility
straż *f* guard
~ **ogniowa** fire-brigade
~ **portowa** harbour police
strażak *m* **1.** fireman **2.** *bud.* (chimney) cowl, tallboy
strażnica *f* watch-tower; lookout station
strażnik *m* guard
strącanie *n* **frakcyjne** *chem.* fractional precipitation
~ **następcze** postprecipitation
~ **oczyszczające** scavenging
~ **powtórne** reprecipitation
~ **(się)** precipitation
~ **w postaci kłaczków** flocculation
~ **wspólne** co-precipitation
strącany *a chem.* precipitated, pptd
strącić *v* **samolot** bring down an aircraft; shoot down an aircraft
strączkowy *a bot.* leguminous
strąk *m bot.* pod
strefa *f* zone
~ **abysalna** abyssal zone
~ **afotyczna** *ocean.* aphotic zone
~ **bezakustyczna** *geofiz.* anacoustic zone
~ **bezpieczeństwa** protected zone, protection area
~ **Brillouina** *kryst.* Brillouin zone
~ **cementacyjna** *geol.* zone of cementation
~ **chroniona** protection area
~ **cienia** (*radiolokacyjnego*) shadow region
~ **ciszy** *rad.* silent zone, skip zone, zone of silence
~ **czynna reaktora** *nukl.* reactor core, active zone
~ **daleka** *rad.* far zone, radiation zone
~ **dysfotyczna** *ocean.* disphotic zone
~ **dysz** (*w żeliwiaku*) *odl.* tuyère zone
~ **działań wojennych** battle zone
~ **epi** *geol.* epizone
~ **eufotyczna** *ocean.* euphotic zone
~ **fotyczna** *ocean.* photic zone
~ **godzinna** *astr.* time zone
~ **grudkowa** (*w piecu obrotowym Kruppa do wytwarzania żelgrudy*) *hutn.* luppen zone
~ **klimatyczna** climatic zone
~ **komfortu** (*w klimatyzacji*) comfort zone
~ **kontroli** *lotn.* control zone

~ **kontrolowana lotniska** control terminal area, CTR
~ **koordynacyjna** *kryst.* coordination zone
~ **kryształów równoosiowych** (*we wlewku*) *hutn.* equiaxed zone
~ ~ **słupkowych** (*we wlewku*) columnar (crystal) zone
~ ~ **zamrożonych** (*we wlewku*) chill zone
~ **litoralna** *geol.* littoral zone
~ **martwa 1.** *rad.* silent zone, skip zone, zone of silence **2.** *aut.* dead zone, blind spot
~ **miejska** urban area
~ **milczenia** *rad.* silent zone, skip zone, zone of silence
~ **napowietrzenia** *geol.* zone of aeration, vadoze zone
~ **naprężeń ścinających** *geol.* shear zone
~ **napromieniania** radiation zone
~ **nasilenia sejsmicznego** *geol.* zone of earthquake intensity
~ **nasycenia** *geol.* phreatic zone
~ **niebezpieczna** danger area
~ **nieczułości** (*np. regulatora*) zone of insensitivity; *aut., metrol.* dead band, neutral zone
~ **niepewności pomiaru** *metrol.* confidence zone of measurement
~ **nieskończonej liczby półek** (*w kolumnie*) *chem.* pinch zone
~ **obojętna** *masz.el.* neutral zone
~ **odtleniająca płomienia** *spaw.* flame reducing zone
~ **osiadania** *górn.* mine subsidence area
~ **osiowa wlewka** (*nieuspokojonego*) *hutn.* core zone of an ingot
~ **osłonowa** (*zwodu pionowego*) *el.* cone of protection
~ **pelagiczna** *ocean.* pelagic zone
~ **podchodzenia** *lotn.* approach zone
~ **podzwrotnikową** tropics
~ **pożaru** fire zone
~ **promieniowania** (*anteny mikrofalowej*) *rad.* far zone, radiation zone
~ **przejściowa spoiny** weld interface
~ **przemarzania** *inż.* freezing zone
~ **przewagi grawitacyjnej** *astr.* gravisphere
~ **przyboju** *ocean.* surf zone, breaker zone
~ **przyziemienia** *lotn.* touchdown zone, TDZ
~ **rdzeniowa wlewka** *hutn.* core zone of an ingot
~ **reakcji** *chem.* reaction zone
~ **redukująca** *spaw.* reducing zone
~ **równikowa ciszy** *meteo.* doldrums
~ **ruchu** *lotn.* movement area
~ **sejsmiczna** *geol.* seismic belt; earthquake zone
~ **spalania** combustion zone
~ **spawania** weld zone, weld melt, welding area
~ **spiekania** *ceram.* burning zone
~ **stopienia** *spaw.* fusion zone
~ **stożkowa milczenia** *tel.* cone of silence
~ **środkowa wlewka** *hutn.* core zone of an ingot
~ **topienia** *hutn.* melting zone
~ **utleniania** oxidizing zone, oxidation layer
~ ~ **wewnętrznego** (*pod powierzchnią metalu*) *hutn.* subscale
~ **wolnocłowa** *ek.* free (trade) zone
~ **wpływu ciepła** *spaw.* heat-affected zone, HAZ
~ **wtopienia** *spaw.* fused zone
~ **wygrzewania** (*w piecu przepychowym*) *hutn.* soak zone
~ **wygrzewcza pieca grzewczego** *hutn.* equalizing zone of a reheating furnace
~ **wzbogacenia w siarczki** *geol.* sulfide zone of enrichment
~ **z ograniczeniem ruchu** *lotn.* restricted area
~ **zabezpieczenia** *el.* protected zone
~ **zaburzeń uskokowych** *geol.* distributed fault, fault zone
~ **zagrożenia** danger zone
~ ~ **śmiertelnego** lethal zone
~ **zakazana** prohibited area, exclusion area
~ **załamania** *geol.* fracture zone
~ **zewnętrzna wlewka** (*nieuspokojonego*) *hutn.* rim zone of an ingot
strefowanie *n bud.* zoning
strefowy *a* zonal
streptomycyna *f farm.* streptomycin
streszczać *v* abstract
streszczenie *n* abstract; synopsis
~ **autorskie** synopsis
stripping *m nukl.* stripping
stroboskop *m* stroboscope
~ **błyskowy** stroboscope with flashlamp, lightning stroboscope
stroboskopowy *a* stroboscopic
strobowanie *n elektron.* strobing, strobe
strofantyna *f* **G** *chem.* G-strophanthin, ouabain
strofoida *f mat.* strophoid
strofotron *m elektron.* strophotron
stroiczka *f* **rozdęta** *bot* wild tobacco, *Lobelia inflata*
stroić *v* **obwód na częstotliwość** *rad.* tune a circuit to a frequency
stroik *m* **(widełkowy)** tuning fork
strojenie *n rad.* tuning
~ **dokładne** fine tuning, vernier tuning
~ **klawiszowe** push-button tuning
~ **magnetyczne** permeability tuning
~ **obwodów rezonansowych przesuniętych** staggered tuning
~ **pojemnościowe** capacitive tuning
~ **tępe** broad tuning
~ **zgrubne** rough tuning
strojnik *m rad.* tuner
stromy *a* steep
strona *f* **1.** side **2.** *prawn.* party
~ **cisnąca** (*skrzydła śruby*) *okr.* blade face, driving face (*of a screw blade*)
~ **ciśnieniowa łopatki** pressure face of blade (*of a rotor*)

~ **grzbietowa łopatki** back of blade (*of a rotor*)
~ **lewa tkaniny** *włók.* back of cloth
~ **licowa** *skór.* grain side (*of leather*)
~ **maszynowa pieca koksowniczego** pusher-side of coke oven
~ **mizdrowa** *skór.* flesh side
~ **nawietrzna** windward side, weather side
~ **obsługiwania** (*urządzenia*) *masz.* tending side
~ **odpowietrzna zapory** (*od dolnej wody*) *inż.* downstream side of a dam
~ **odwodna zapory** (*od górnej wody*) *inż.* upstream side of a dam
~ **poboru mocy** power end of an engine
~ **podciśnieniowa łopatki** suction face of blade (*of a rotor*)
~ **podpisująca umowę** signatory
~ **pozwana** *prawn.* defendant
~ **prawa** (*samolotu*) starboard (side)
~ **przednia karty** (*dziurkowanej*) *inf.* card face
~ ~ **walcarki** ingoing side of a rolling mill, roll entry side
~ **robocza** (*manipulatora*) slave-end of a manipulator
~ **równania** *mat.* member, side (*of an equation*)
~ **sitowa** *papiern.* wire side (*of paper machine*)
~ **skarżąca** *prawn.* plaintiff
~ **spustowa pieca martenowskiego** tapping side of an open-hearth furnace
~ **ssąca** (*skrzydła śruby*) *okr.* blade back, drag surface (*of a screw blade*)
~ ~ **łopaty śmigła** suction face of an airscrew blade
~ **tłoczna pompy** delivery side of a pump
~ **tylna pieca martenowskiego** pitside of an open-hearth furnace
~ ~ **walcarki** outgoing side of a rolling mill, delivery side of a rolling mill, exit side of a rolling mill
~ **tytułowa** *poligr.* title page
~ **wewnętrzna** inside
~ **wsadowa pieca grzewczego** *hutn.* charge end of a reheating furnace
~ ~ ~ **martenowskiego** charging side of an open-hearth furnace
~ **wykonawcza** (*manipulatora*) *lab.* slave end of a manipulator
~ **zawietrzna** lee side
~ **zewnętrzna** outside; exterior
stroncjanit *m min.* strontianite
stronica *f* **nieparzysta** (*książki*) recto
~ **parzysta** (*książki*) verso
~ **rozkładowa** (*książki*) opposite page
stronicowanie *n* (*pamięci*) *inf.* paging
stront *m chem.* strontium, Sr
~ **-90** strontium-90, radiostrontium
strony *fpl* **świata** cardinal points of the compass
strop *m* **1.** *bud.* floor; ceiling **2.** *górn.* roof **3.** *transp.* sling
~ **belkowy** beam-framed floor
~ **blazy** *ryb.* stopper, buoy rope, buff strop
~ **bojkowy** *ryb.* dan line
~ **czteroramienny** cargo bridle
~ **do beczek** *transp.* barrel sling
~ **dzieleniowy włoka** *ryb.* lazy rope, splitting strop
~ **gęstożebrowy** rib-and-slab floor
~ **giętki** *górn.* bending roof, yielding roof
~ **grzybkowy** flat slab floor
~ **kruchy** *górn.* weak roof, bad roof, instable roof, short roof
~ **łodziowy** boat sling
~ **mocny** *górn.* fast roof, safe roof, tough roof
~ **nagi** open floor
~ **nawisający** *górn.* heavy roof
~ **nie wymagający obudowy** *górn.* self supporting roof
~ **niebezpieczny** *górn.* hazardous roof
~ **nieobudowany** *zob.* **strop odkryty**
~ **odkryty** *górn.* exposed roof
~ **płaszcza stojaka** *kotł.* roof-sheet
~ **płytowo-bezbelkowy** girderless floor
~ ~ **-monolityczny** solid slab floor
~ ~ **-żebrowy** beam-and-slab floor
~ **pokładu** *górn.* roof
~ **pustakowy** tile void slab floor
~ **skrzyni paleniskowej** *kotł.* crown-sheet
~ **słaby** *górn.* weak roof, bad roof, instable roof, short roof
~ **świeży** (*świeżo odsłonięty*) *górn.* green roof
~ **wytrzymały** *górn.* fast roof, safe roof, tough roof
~ ~ **-żebrowy** beam-and-slab floor
stropnica *f górn.* roof-bar, cross-bar, roof-timber, cap (piece)
~ **osadzona w ociosach** *górn.* stretcher bar
strój *m* **bobrowy** *chem.* castor
~ **(muzyczny) normalny** *akust.* standard pitch
stróż *m* **nocny** watchman
strug *m narz.* plane
~ **bocznik** side rabbet plane, side-rebate plane, T-rabbet plane
~ **do ukosowania** chamfer plane
~ **do wpustów** dado plane
~ ~ ~ **trapezowych** dovetail plane
~ **garbarski** *skór.* shaving knife
~ **gładzik** smoothing plane
~ **kątnik** rabbet plane, rebate plane
~ **krzywak** compass plane; circular plane
~ ~ **wypukły** concave plane
~ **kształtownik** moulding plane, bead-plane, cornice plane
~ **płaszczyznowy** bench plane
~ ~ **dwustronny** double end block plane
~ **profilowy** bead-plane, cornice plane, moulding plane
~ **równiak** jack plane
~ **spustnik** jointing plane, shooting plane, trying plane
~ **wałkownik** rounding plane
~ **węglowy** *górn.* coal plough, coal planer, wedgehead
~ **wpustnik** badger plane, grooving plane
~ **wręgownik** rabbet plane, rebate plane
~ ~ **nastawny** filletster plane

~ **wypustnik** tonguing plane
~ **wyżłabiak** plough plane, router plane, trenching plane, quirk-router
~ **zdobinowy** bead-plane, cornice plane, moulding plane
~ **zdzierak** jack plane, scrub plane
~ **zębak** scraper plane
~ **żłobnik** hollow plane
struga *f* stream
~ **elementarna płynu** *mech.pł.* stream filament
~ **lodów** *ocean.* ice stream
strugacz *m* (*pracownik*) *skór.* shaver
struganie *n* **1.** *obr.skraw.* planing; shaping **2.** *drewn.* planing; dressing **3.** *skór.* shaving
~ **krawędzi** (*desek*) shooting
~ **pionowe** *obr.skraw.* slotting
~ **poprzeczne** *obr.skraw.* shaping
~ **powierzchni walcowych** *obr.skraw.* radius planing
~ **wpustów** *drewn.* ploughing
~ **wzdłużne** *obr.skraw.* planing
strugarka *f* **1.** *obr.skraw.* planing machine, planer **2.** *drewn.* planing machine, planer **3.** *skór.* shaving machine
~ **bramowa** *obr.skraw.* double-housing planer, closed planer
~ **czterostronna** *drewn.* four-side planer
~ **do kół zębatych** *obr.skraw.* gear shaper
~ **grubościowa** *drewn.* thicknessing machine, thicknesser, panel planer
~ **pionowa** *obr.skraw.* slotting machine, slotter, vertical shaper
~ **poprzeczna** *obr.skraw.* shaper, shaping machine
~ **pozioma poprzeczna** *obr.skraw.* traverse shaper, travelling-head shaper
~ **-wyrówniarka** *drewn.* surfacer, jointer
~ **wzdłużna** *obr.skraw.* planer, planing machine
~ ~ **dwustojakowa** closed planer, double-housing planer
~ ~ **jednostojakowa** openside planer
~ **z powrotnym ruchem roboczym** *obr. skraw.* drawcut shaper
strugnica *f* **stolarska** joiner's bench
strugoszczelny *a masz.el.* hose-proof
struktura *f* **1.** structure; texture **2.** *mat.* lattice, structure
~ **analityczna** *geom.* analytic structure
~ **Brouwera** *mat.* Brouwerian lattice
~ **danych** *inf.* data format
~ **dendrytyczna** dendritic structure, cored structure, fir-tree structure
~ **domenowa** domain structure
~ **drobnoziarnista** close-grained structure
~ **dwufazowa** *met.* duplex structure, two-phase structure, dual microstructure
~ **dyslokacyjna** *kryst.* dislocation structure
~ **dziedziczna** *met.* lineage structure
~ **eutektoidalna** eutectoid structure
~ **eutektyczna** eutectic structure
~ **ferrytyczna** ferritic structure
~ **gruboziarnista** coarse-grained structure
~ **grzebieniowa** *elektron.* interdigitated structure
~ **harmonijkowa** (*białka*) *biochem.* pleated sheet structure
~ **heterodesmiczna** *kryst.* heterodesmic structure
~ **iglasta** acicular structure
~ **jednostajna** *mat.* uniform structure
~ **kierunkowa** *geol.* vectorial structure, directional structure
~ **komórkowa** *met.* cellular structure, network structure, polyhedral structure
~ **krystaliczna** crystal(line) structure
~ **krystaloblastyczna** (*skał metamorficznych*) *geol.* crystalloblastic texture
~ **listowa danych** *inf.* list structure
~ **martenzytyczna** martensitic structure
~ **metal-aluminium-tlenek-krzem** *elektron.* metal-aluminium-oxide-silicon, MAOS
~ **metal-azotek-tlenek-krzem** *elektron.* metal-nitride-oxide-silicon, MNOS
~ **metal-izolator-metal-półprzewodnik** *elektron.* metal-insulator-metal-semiconductor, MIMS
~ **metal-izolator-półprzewodnik** *elektron.* metal-insulator-semiconductor, MIS
~ **metal-tlenek-półprzewodnik** *elektron.* metal-oxide-semiconductor, MOS
~ **metalu** metal structure
~ **mikroskopowa** microstructure
~ **modularna** *mat.* modular lattice
~ **mozaikowa** mosaic structure
~ **nadcząsteczkowa** *chem.* supermolecular structure
~ **nadsubtelna** *fiz.* hyperfine structure
~ **o ziarnach wielościennych** polyhedral structure
~ **oscylacyjna** (*widma*) *fiz.* vibrational structure
~ **otwarta ściernicy** open grain of the grinding wheel
~ **pasemkowa** *met.* banded-structure
~ **pasm energetycznych** *fiz.* energy band structure
~ **perlityczna** pearlitic structure
~ **pierwotna** *met.* primary structure
~ ~ **odlewu** cast structure
~ **płytkowa 1.** *met.* lamellar (micro)structure **2.** *petr.* platy flow structure, linear flow structure, planar flow structure
~ **półprzewodnikowa** *elektron.* semiconductor chip
~ **projektywna** *mat.* projective structure
~ **promienista** radiate structure
~ **rozkazu** *inf.* instruction format
~ **różniczkowa** *geom.* differential structure
~ **SATO** *elektron.* self-aligned thick oxide structure, SATO (structure)
~ **siatkowa** envelope structure
~ **słowa maszynowego** *inf.* word format
~ **smugowa** *geol.* flaser structure
~ **subkrystaliczna** sub-boundary structure, veining (structure)
~ **submikroskopowa** sub-microstructure
~ **subtelna** fine structure

~ **towarowa handlu** commodity pattern of trade
~ **warstwowa** lamellar structure; banded structure
~ ~ **krzem na szafirze** *elektron.* silicon-on-sapphire (system), SOS
~ **wiatru** wind structure
~ **Widmanstättena** Widmanstätten structure
~ **wielofazowa** heterogeneous structure
~ **włóknista** fibrous structure
~ **wtórna** *met.* secondary structure
~ **wyjściowa** *obr.ciepl.* initial structure
~ **z kontaktem sferycznym** *elektron.* flip-chip
~ **zapisu** *inf.* record layout
~ **zgniotowa** *hutn.* cold-work structure
~ **ziarnista** granular structure
~ **zwarta ściernicy** closed grain of the grinding wheel
strukturalnie wrażliwy *kryst.* structure-sensitive
strukturalny *a* structural
struktury *fpl* **graniczne** *chem.* canonical structures
~ **homometryczne** *kryst.* homometric structures
~ **kanoniczne** (*cząsteczki*) *zob.* **struktury graniczne**
~ **rezonansowe** *zob.* **struktury graniczne**
strumienica *f masz.* jet pump
~ **ssąca** ejector
strumienika *f* fluidics, fluid state technology, fluid-state automation
strumieniomierz *m el.* maxwellmeter, fluxmeter
strumieniowanie *n geol.* rainwash
strumień *m* flux; stream; jet
~ **2200 m/s** *nukl.* 2200 m/s flux density, conventional flux density
~ **biegunów zwrotnych** *masz.el.* interpole flux
~ **boczny** *chem.* side stream
~ **cieplny** heat flux, thermal flux
~ **cząstek** *fiz.* particle flux, particle beam
~ ~ **beta** beta ray
~ **elektronów** (*w górnych warstwach atmosfery*) *geofiz.* electrojet
~ **elektryczny** electric flux
~ **energii** energy flux, flux of energy
~ **magneśnicy** *el.* field flux
~ **magnetyczny** magnetic flux
~ ~ **rozproszony** leakage flux
~ **masy płynnej** *mech.pł.* fluid flux
~ **nadążający** *mech.pł.* wake; *żegl.* wake (current), backwash
~ ~ **falowy** *żegl.* wave wake
~ ~ **potencjalny** *żegl.* displacement wake
~ ~ **tarciowy** *żegl.* frictional wake
~ **neutronów termicznych** *fiz.* thermal neutron flux
~ **niewysychający** *geogr.* perennial stream
~ **odmłodzony** *geol.* revived stream
~ **pary** steam jet
~ **pędu** *mech.pł.* momentum flux
~ **plazmy** *fiz.* plasma beam
~ **pojazdów** traffic line
~ **prędki** *fiz.* fast (neutron) flux
~ **promieniowania** *fiz.* radiant flux
~ **przelewowy** *hydr.* nappe
~ **ruchu drogowego** traffic line; traffic flow
~ ~ **telefonicznego** traffic flow
~ **sprzężony** *el.* flux linkage
~ **sterujący** *aut.* control jet
~ **swobodny cieczy** free jet of a liquid
~ **śmigłowy** *aero.* propeller airflow
~ **śrubowy** *żegl.* propeller race
~ **świetlny** luminous flux
~ **towarzyszący skrzydła** *lotn.* wing wake
~ **umowny** *nukl.* conventional flux density, 2200 m/s flux density
~ **w korycie wgłębionym** *geol.* entrenched stream
~ **wektora** *mat.* flux of a vector
~ ~ **przez cewkę** *el.* flux linking a coil
~ ~ **przez zwój** *el.* flux linking a turn
~ **wirowości** *hydr.* flux of vorticity
~ **wody** water jet
~ **wpływający** influent
~ **wylotowy** (*spalin*) *siln. lotn.* exhaust jet, jet-stream; *rak.* backblast
~ **zachowawczy** conservative flux (*of a vector*)
~ **zarufowy** *żegl.* back eddy
~ **zaśmigłowy** *lotn.* slipstream, propeller race
~ **zaśrubowy** *żegl.* screw race
~ **zwężony cieczy** *hydr.* contracted stream of a liquid
strumyk *m geol.* rill; rivulet
struna *f* **1.** string **2.** *zeg.* fusee gut **3.** *anat.* cord
~ **głosowa** *anat.* vocal cord
~ **nicielnicowa** *włók.* heald, heddle
~ **stykowa** *tel.* contact wire
strunobeton *m bud.* pre-tensioned prestressed concrete
strunowce *mpl zool.* chordata
strup *m* **1.** *med.* scab, incrustation **2.** *odl.* sand buckle, scab (*casting defect*)
strużyny *fpl drewn.* shavings, abatement
strych *m bud.* loft
strychnina *f chem.* strychnine
strychować *v* strike off
strychulec *m narz.* strike
stryperownia *f hutn.* ingot stripper building
strzał *m* shot
~ **do gaźnika** *siln.spal* back-fire
~ **niedoładowany** *górn.* undercharged shot
~ **niewydarzony** *górn.* failed shot
~ **odbitkowy** *uzbr.* ricochet, rebounding shot
~ **opóźniony** *górn.* hung shot
~ **rozszczepkowy** *górn.* pop
~ **spóźniony** *uzbr.* hang-fire
~ **w rurze wydechowej** *siln.spal.* back-flash
~ **włomowy** *górn.* breaking-in shot, buster-shot
strzała *f leśn.* bolt, bole
strzałka *f rys.* arrow

~ **fali stojącej** *fiz.* loop of wave
~ **kierunkowa** direction arrow
~ **linii szkieletowej profilu** *aero.* camber of an aerofoil section
~ **łuku** *bud.* rise of arch
~ **świetlna** luminous arrow
~ **ugięcia** deflection; sag
~ ~ **resoru** spring camber
~ ~ **wirnika nieruchomego** (*turbiny*) static deflection of a rotor
~ ~ ~ **wirującego** (*turbiny*) dynamic deflection of a rotor
strzałowy *m górn.* shot firer, shot lighter, blaster
strzały *fpl* **kafara** *inż.* guide poles, leaders (*of a pile-driver*)
strzebla *f zool.* minnow
strzecha *f bud.* thatch; thatched roof
strzelanie *n* shooting; firing; blasting
~ **palnika** *spaw.* blowpipe back-fire
~ **przy mokrych otworach** *górn.* wet blasting
~ **seriami** *górn.* volley shooting
~ **w caliźnie niepodwrębionej** *górn.* solid shooting
~ **zespołowe** *zob.* **strzelanie seriami**
strzelarka *f odl.* core shooter
strzelnica *f uzbr.* shooting-range
strzemiączko *n anat.* stapes, stirrup
strzemię *n masz.* stirrup; shackle; clevis
strzęp *m* shred
strzępek *m* **grzybni** *bot.* hypha (*pl* hyphae)
strzępiarka *f hutn.* ripper
strzępić *v* shred
~ **się** fray
strzępie *n bud.* toothings
strzyc *v* clip
strzyk *m zool.* teat
strzykawka *f* syringe; squirt
~ **do jednorazowego użytku** disposable syringe
~ **repetująca** (*do masowych szczepień*) repeating syringe
strzyża *f zoot.* clip(ping) (*of wool*)
strzyżenie *n* **1.** (*tkanin*) *włók.* shearing, cropping **2.** *zob.* **strzyża**
studia *pl* **podyplomowe** postgraduate course
~ **terenowe** *bud.* exploration of the site
~ **zaoczne** extra-mural studies
studio *n rad., TV, kin.* studio
~ **bez pogłosu** dead studio
~ **do nagrywania audycji** recording room
~ **niewytłumione** live studio
~ **radiofoniczne** broadcasting studio
~ **wytłumione** dead studio
studiować *v* study
studnia *f* **1.** well **2.** *meteo.* (thermal) downdraft
~ **abisyńska** driven well
~ **artezyjska** artesian well
~ **chłonna** absorbing well, drain well, soakway
~ **czerpalna** (*pompowni kanalizacyjnej*) *san.* wet well
~ **kontenerowa** (*w ładowni*) *okr.* container cell
~ **kopana** dug well, shaft well
~ **kubłowa** ladder well (*of a dredger*)
~ **odciążająca** relief well
~ **opuszczana** *inż.* caisson, sunk well
~ **podmaszynowa** *szkl.* drawing pot
~ **pojemnikowa** *okr.* container cell (*in a hold*)
~ **potencjału** *fiz.* potential well, potential trough
~ **rurowa** bored well, drilled well
~ **szybowa** shaft well, dug well
~ **ściekowa** *szkl.* glass pocket
~ **ulgi** (*do obniżenia ciśnienia wody artezyjskiej*) bleeder well
~ **wbijana** driven well
~ **wentylacyjna** *okr.* ventilating well, chimney (*in the cargo*)
~ **wiercona** bored well, drilled well
studniowiec *m okr.* well-deck vessel
studzenie *n* **1.** *obr.ciepl.* slow cooling; *chłodn.* chilling **2.** *nukl.* cooling down
~ **do temperatury wyrobowej** *szkl.* standing off
studzienka *f* well, sump
~ **dyszy** *siln.spal.* jet well
~ **kablowa** *el.* jointing chamber, cable vault
~ **kompensacyjna** (*w gaźniku*) *siln.spal.* pick-up well, compensating well
~ **olejowa** *masz.* oil well, oil sump
~ **peryskopowa** *okr.* periscope well
~ **pompy** *okr.* pump well
~ **rewizyjna** *bud.* inspection chamber, gully
~ **rozruchowa** (*w gaźniku*) *siln.spal.* starter well
~ **ściekowa** *san.* sink basin
~ **w układzie wlewowym** *odl.* sprue base, well
~ **zęzowa** *okr.* bilge well
stuk *m* **tłoka** *siln.* piston slapping
stukać *v* knock
stukanie *n siln.spal.* (engine) knock, combustion knock, knocking; pinking
~ **zaworów** valve knock
stukawka *f telegr.* sounder
stukomierz *m siln.spal.* knockmeter, detonation meter, bouncing-pin indicator, bouncing-pin detonation meter
stustopniowy *a* centigrade
stwardniały *a* hardened; set (*e.g. cement*)
stwardnienie *n med.* sclerosis; induration
stwarzać *v* **trudności** cause difficulties
stwierdzać *v* **tożsamość** identify
stwierdzić *v* (*na piśmie*) certify
stwierdzono że... it was found that...
stworzyć *v* **dogodniejsze warunki dla...** ease conditions for...
stybina *f chem.* stibine, antimony hydride
stybnit *m min.* stibnite, antimonite, antimony glance
styczka *f el.* contact point
styczna *f geom.* tangent
~ **do krzywej** tangent to a curve
stycznik *m el.* contactor
~ **rozwierny** normally closed contactor
~ **zwierny** normally open contactor

stycznikownia *f el.* switchhouse
styczność *f* **1.** *geom.* tangency, contact, contingence **2.** contact
~ elektryczna electrical contact
~ przerywana *el.* intermittent contact
~ ścisła *geom.* osculation
~ wyższego rzędu *geom.* superosculation
styczny *a geom.* tangent(ial)
styczny ściśle *geom.* osculating, osculatory
styczny wewnętrznie *geom.* internally tangent
styczny zewnętrznie *geom.* externally tangent
styfninian *m chem.* styphnate
stygnąć *v* cool (down)
stygnięcie *n* self-cooling
styk *m* contact
~ czołowy *el.* butting contact
~ gniazdowy *el.* socket contact, female contact
~ kamertonowy *el.* bifurcated contact
~ krańcowy *el.* end contact
~ liniowy linear contact
~ montażowy *spaw.* field splice; field joint
~ nieruchomy *el.* stationary contact, fixed contact
~ nożowy *el.* wedge contact, knife contact
~ obejmowany *el.* male contact, pin contact
~ obejmujący *el.* female contact, socket contact
~ obojnaki *el.* hermaphroditic contact
~ ostrzowy *el.* point contact
~ powierzchniowy area contact
~ punktowy point contact
~ ruchomy moving contact
~ samooczyszczający się *el.* wiping contact
~ spoczynkowy *el.* home contact
~ sprężynowy *el.* spring contact
~ szczękowy *el.* jaw contact, contact-jaw, ferrule contact
~ szczotkowy *el.* brush contact
~ szybkodziałający *el.* snap-action contact
~ ślizgowy sliding contact; *el.* slider
~ toczny rolling contact
~ tulejkowy rozcięty *el.* slotted tubular contact
~ uziomowy *el.* ground contact
~ wielopunktowy multiple point contact
stykać *v* **się** contact, touch, be in contact with...
~ się ściśle *geom.* osculate
styki *mpl el.* contacts, set of contacts
~ przerywacza *siln.* contact breaker points
~ rozdzielacza *siln.* distributor points
styl *m* style
~ architektoniczny klasyczny architectural order
~ barokowy baroque style
~ bizantyjski Byzantine style
~ gotycki Gothic style
~ romański Romanesque style
stylben *m chem.* stilbene, diphenylethylene, tolnylene
stylbestrol *m chem.* (diethyl) stilbesterol
stylbit *m min.* stilbite
stylisko *n narz.* handle, helve
stylizacja *f* (*np. nadwozia samochodu*) styling
stylobat *m arch.* stylobate
stymulacja *f* stimulation
stymulator *m* **elektryczny** *med.* stimulator
~ korozji corrosion stimulator, stimulator of corrosion
~ serca *med.* pacemaker
stymulować *v* stimulate
stypendium *n* scholarship; bursary
stypendysta *m* holder of a scholarship
styraks *m* styrax, storax (*balsam*)
styren *m chem.* styrene, vinyl benzene
styropian *m tw.szt.* foamed polystyrene
subaddytywny *a mat.* subadditive
subatomowy *a fiz.* subatomic
subiektywny miernik *m* **szumów** *akust.* subiective noise meter
sublimacja *f fiz.* sublimation
sublimat *m chem.* mercuric chloride, corrosive sublimate
sublimator *m* sublimator
sublimować *v* sublimate
sublokator *m* subtenant
submikrometoda *f chem.* submicro method, nanogram method
submikron *m* submicron, sub-microscopic particle
submikroogniwo *n* (*korozyjne*) submicro--cell
submikroskopowy *a* sub-microscopic
submoduł *m bud.* submodule
subskrypcja *f ek.* subscription
substancja *f* substance; matter, *zob.też* **substancje**
~ absorbowana absorbate
~ absorbująca absorbent
~ aktywna *chem.* active matter, active substance; *radiol.* (radio)active substance; *pest.* active component, active ingredient, a.i.
~ amfoteryczna amphoteric substance
~ antyzadymiająca *fot.* anti-fog agent; antifogging compound
~ barwiąca colouring matter
~ bieląca *papiern., włók.* bleach
~ blaskotwórcza *elchem.* brightener, brightening agent
~ błonotwórcza *powł.* film forming substance, filmogen; (non-volatile) vehicle; binding agent, binder
~ chemiczna (pure) substance, chemical individual
~ chłonąca sorbing agent, sorbent
~ czysta pure substance
~ dymotwórcza smoke producing substance
~ inicjująca *wybuch.* detonator
~ lotna volatile substance, volatile matter
~ nie zmydlająca się unsaponifiable matter
~ nielotna non-volatile matter, NVM
~ nieorganiczna mineral matter
~ obca foreign substance

~ **optycznie czynna** optically active substance
~ **organiczna** organic matter
~ ~ **niestrawna** (*w paszy*) *zoot.* ballast
~ **palna** combustible
~ **pianotwórcza** frother
~ **pochłaniająca wilgoć** humectant
~ **podstawowa** *chem.* matrix
~ **powierzchniowo czynna** surface-active substance, surfactant
~ **powłokotwórcza** *powł.* film forming substance, filmogen; (non-volatile) vehicle; binding agent, binder
~ **promieniotwórcza** radioactive material
~ **prosta** simple substance
~ **rakotwórcza** carcinogen, carcinogenic substance, cancerigenic substance
~ **reagująca** *chem.* reacting substance, reactant
~ **rozpuszczona** solute
~ **skażająca** contaminant; denaturant
~ **sucha** dry substance, dry matter
~ **szkłotwórcza** vitrifier; glass former
~ **tłumiąca maksima polarograficzne** *chem.* maximum suppressor
~ **wydzielona** *chem.* educt
~ **wzorcowa do nastawiania miana** *chem.* standard titrimetric substance
~ **wzrostowa** *biol.* growth-promoting substance
~ **zagęszczająca produkt spożywczy** food thickener
~ **zanieczyszczająca** contaminant
~ **zapachowa** odoriferous substance, odorant
~ **zapobiegająca zamarzaniu** anti-freeze
~ **zmętniająca** *szkl.* opacifier
~ **znakująca wodę** (*do lokalizacji obiektów na morzu*) dye marker
~ **żrąca** caustic
substancje *fpl* **obce w żywności** incidental additives, unintentional food additives
~ **odporne na rozkład** *san.* refractory substances
~ **rozpuszczone** total dissolved solids, TDS
~ **suche nietłuszczowe** *spoż.* solids not fat, s.n.f.
~ **zanieczyszczające środowisko** environmental pollutants
substantywność *f* **barwnika** substantivity of dye
substrat *m chem.* parent substance, substrate, reactant
substytut *m* substitute
subsydiować *v* subsidize
subsydium *n ek.* subsidy, subvention
subtelny *a* (*bardzo drobny*) *chem.* fine
subtraktor *m aut.* (digital) subtracter
subtraktywna synteza *f* **barw** *fot.* subtractive colour process
subtylina *f biochem.* subtilin (*antibiotic*)
subultramikrometoda *f chem.* subultramicro method, picogram method
subwencja *f* subsidy, subvention
subwencjonować *v* subsidize
sucha destylacja *f* **drewna** destructive distillation of wood
sucha destylacja *f* **węgla** coal carbonization
sucha masa *f spoż.* dry matter, dry substance
sucha pozostałość *f* (*po odparowaniu*) solid residue, total residue, total solids, TS
suchar *m spoż.* biscuit, cracker
suche gorąco *n* dry heat
suchorosty *mpl bot.* xerophytes
suchy *a* dry
suchy dok *m okr.* dry dock, graving dock
suchy lód *m* dry ice, solidified carbon dioxide, carbon dioxide snow
suchy tynk *m bud.* plaster board
sufit *m* ceiling
sukcynamid *m chem.* succinamide, butanediamide
sukcynit *m min.* succinite, amber
sukno *n* cloth
sulfaguanidyna *f farm.* sulfaguanidine
sulfaktyna *f farm.* sulfactin
sulfamid *m farm.* sulfamide, sulfuryl amide, sulfa drug
sulfanilamid *m chem.* sulfanilamide
2-sulfanilamidopirydyna *f farm.* sulfapyridine
2-sulfanilamidotiazol *m* sulfathiazole
sulfapirydyna *f zob.* **2-sulfanilamidopirydyna**
sulfataza *f biochem.* sulfatase
sulfatiazol *m zob.* **2-sulfanilamidotiazol**
sulfhydryl *m* sulfhydryl (group)
sulfitacja *f cukr.* sulfitation
sulfobursztynian *m chem.* sulfosuccinate
sulfochlorek *m chem.* sulfonyl chloride
sulfochlorowanie *n chem.* sulfochlorination, chlorosulfonation
sulfoksylan *m* **sodowy** *chem.* sodium formaldehyde sulfoxylate, SFS
sulfon *m chem.* sulfone
sulfonamid *m farm.* sulfonamide, sulfuryl amide, sulfa drug
sulfonator *m chem.* sulfonator
sulfonian *m chem.* sulfonate
sulfonowanie *n chem.* sulfonation
~ **pierścienia** nuclear sulfonation
sulfotep *m pest.* sulfotepp (*acaricide and insecticide*)
sulfotlenek *m chem.* sulfoxide
sulfotransferazy *fpl. biochem.* sulfortransferases
sulfuryl *m chem.* sulfuryl
sulfuryzowanie *n chem.* sulfurization
sulwanit *m min.* sulvanite
sum *m zool.* sheatfish, *Silurus glanis* L
suma *m mat.* **1.** sum **2.** coproduct (*in theory of category*) **3.** union
~ **algebraiczna** algebraic sum
~ **całkowa** grand total
~ **częściowa** (*szeregu*) patrial sum
~ **galwaniczna** *inf.* wired-OR
~ **geometryczna** vector sum
~ **kontrolna** *inf.* checksum, proof total, control total
~ ~ **łączna** hash total, gibberish total
~ **kwadratów niepoprawiona** unadjusted sum square

~ **logiczna** logical sum, disjunction, OR operation
~ **naturalna** natural sum
~ **pośrednia** *inf.* subtotal
~ **prosta** direct sum
~ **stanów** *fiz.* state sum, partition function, sum of states, sum over states
~ **statystyczna wielka** *fiz.* grand partition function
~ **szeregu** sum of a series
~ **trygonometryczna** trigonometric sum
~ **wektorowa** vector sum
~ **zanegowana** *inf.* NOR function
~ **zbiorów** union (*of sets*)
sumak *m* **1.** *bot.* sumac, *Thus* **2.** *skór.* sumac
sumaryczny *a* total; global; summary
sumator *m inf.* (digital) adder
~ **akumulujący** adder accumulator
~ **algebraiczny** algebraic adder
~ **amplitudowy** amplitude adder
~ **analogowy** analog adder
~ **całkowity** full adder
~ **cyfrowy** digital adder
~ **dwójkowy** binary adder
~ **dziesiętny** decimal adder
~ **jednocyfrowy** half-adder, one-digit adder
~ **kaskadowy** ripple-carry adder
~ **pełny** full adder
~ **równoległy** look-ahead carry adder
~ **szeregowy** serial adder
~ **szybki** high-speed adder
~ **zupełny** full adder
sumować *v* sum, totalize; tot
sumowalność *f mat.* summability
sumowanie *n mat.* summation; totting
~ **tolerancji** tolerance stack-up
supeł *m* kink
~ **na przędzy** *włók.* nub
superarbiter *m ek.* umpire
superata *f* surplus (*e.g. of weight*)
superduralumin *m met.* super-duralumin
superdyslokacja *f kryst.* superdislocation
superemitron *m TV* super-emitron
superfinisz *m obr.skraw.* superfinish
superfosfat *m* superphosphate
~ **kostny** bone superphosphate, vitrolized bone, dissolved bone
superheterodyna *f rad.* superheterodyne (receiver)
superikonoskop *m TV* image iconoscope, emitron
superkargo *m* (*przedstawiciel załadowcy na statku*) *żegl.* supercargo
superkawitacja *f hydr.* supercavitation
supernatant *m* (*ciecz sklarowana nad osadem*) supernatant liquid
supernowa *f astr.* supernova
superpoliamid *m tw.szt.* superpolyamide
superpolichlorek *m* **winylu** *tw.szt.* post-chlorinated polyvinyl chloride
superpolimer *m chem.* superpolymer
superpozycja *f* **1.** *mat.* superposition **2.** *fiz.* superposition
supersensybilizacja *f fot.* supersensitization
supersoniczny *a aero.* supersonic
superstop *m met.* superalloy
supertlenek *m chem.* superoxide
superuczulenie *n* supersensitization
super-zbiornikowiec *m okr.* super-tanker, very large crude carrier, VLCC
supłacz *m roln.* knotter (*of a binder*)
supłanie *n* **się** kinking (*of a chain or rope*)
suport *n obr.skraw.* slide, carriage, saddle
~ **krzyżowy** compound slide
~ **poprzeczny** cross slide
supra *f poligr.* monotype display caster
supraporta *f arch.* overdoor
supremum *n mat.* least upper bound, lub, supremum, sup
surfing *m sport* surfing
surjektywny *a mat.* surjective
surogat *m* substitute, surrogate
surowica *f biol.* serum
~ **krwi** blood serum
~ **przeciwtężcowa** tetanus antitoxin
surowiec *m* raw material
~ **do krakowania** *chem.* cracking stock
~ **drzewny** timber, lumber
~ **obiegowy** *chem.* recycle stock
~ **podstawowy** fundamental material
~ **suszarniczy** wet material
~ **włókienniczy** textile raw material
surowy *a* raw; crude
surówka *f* **1.** *hutn.* pig iron **2.** *obr.plast.* blank **3.** *bud.* green brick
~ **besemerowska** Bessemer pig iron
~ **biała** white pig iron
~ **drzewnowęglowa** charcoal pig iron
~ **elektropiecowa** electric furnace pig iron
~ **fosforowa** phosphoric pig iron
~ **gorzelnicza** *ferm.* high wines
~ **hematytowa** heamatite pig iron
~ **koksowa** coke pig iron
~ **martenowska** open-hearth pig iron
~ **na żeliwo ciągliwe** malleable pig iron
~ **nie trafiona** off-iron
~ **niskofosforowa** low-phosphorous pig iron
~ **o nietrafionym składzie chemicznym** off-analysis iron
~ **odlewnicza** foundry (pig) iron
~ **połowiczna** mottled pig iron
~ **półhematytowa** medium-phosphoric pig iron
~ **przeróbcza** steelmaking pig iron
~ **pstra** mottled pig iron
~ **stalownicza** steelmaking pig iron
~ **stopowa** alloy pig iron
~ **syntetyczna** synthetic pig iron
~ **szara** grey pig iron
~ **tomasowska** Thomas pig iron
~ **wielkopiecowa** pig (iron)
~ **wysokofosforowa** high-phosphorous pig iron
~ **wysokowęglowa** high-carbon pig iron
~ **z mieszalnika** mixer metal
~ **zasadowa** basic pig iron
~ **zwierciadlista** specular pig iron, spiegel (eisen)
~ ~ **krzemowa** silicospiegel
susceptancja *f el.* susceptance

suspensoid *m* suspensoid
susz *m* dried material
~ **owocowy** dried fruit
~ **warzywny** dried vegetables
susza *f* drought
suszarka *f* drier; dryer
~ **bezpośrednia** direct drier
~ **bębnowa** drum drier
~ **dielektryczna** dielectric drier
~ **do włosów** hairdrier
~ **festonowa** festoon drier
~ **naprężarka** *włók.* stenter, tenter
~ **pneumatyczna** flash drier
~ **pojemnościowa** dielectric drier
~ **pospieszna** (*laboratoryjna*) *odl.* moisture teller
~ **pośrednia** indirect drier
~ **promiennikowa** infra-red drier
~ **próżniowa** vacuum drier
~ **rolkowa** roller drier
~ **rozpryskowa** spray drier
~ **sitowa** screen drier
~ **sublimacyjna** vacuum freeze drier
~ **szafkowa** cabinet drier
~ **szufladowa** *odl.* drawer-type stove
~ **taśmowa** band drier, belt drier
~ **wieszankowa** festoon drier
~ **wirówkowa** centrifugal drying machine, centrifugal drier, spin drier, turbodrier
~ **wstępna** predrier
suszarnia *f* drier; dryer; drying room, drying stove; drying oven
~ **do chmielu** *ferm.* hop kiln, oast
~ **etażerkowa rdzeni** *odl.* rack-type core oven
~ **fluidyzacyjna** fluidized-solids drying plant
~ **form** *odl.* mould drying stove
~ **komorowa** drying chamber
~ **łańcuchowa** *ceram.* mangle drier
~ **o działaniu ciągłym** continuous drier; continuous drying stove
~ ~ ~ **okresowym** batch drier; batch-type drying stove
~ **odlewnicza** foundry stove
~ **pionowa** *odl.* vertical continuous drying stove
~ **podłogowa** *ceram.* hot floor
~ **powietrzna wentylatorowa** blast drier
~ **promiennikowa** infra-red drying oven
~ **rdzeni** *odl.* core-drying stove
~ **regałowa rdzeni** *odl.* rack-type core oven
~ **szufladkowa** *odl.* drawer-type drying oven
~ ~ **rdzeni** drawer-type core oven
~ **tunelowa** horizontal continuous drying stove
~ **wgłębna** *odl.* pit drying stove, drying pit
~ **wielkiej częstotliwości** radio-frequency drying oven
~ **wieżowa** *odl.* vertical continuous drying stove
~ **wysokotemperaturowa** drying furnace, drying kiln
suszarnictwo *n spoż.* dehydration industry
suszenie *n* drying
~ **dielektryczne** dielectric drying, high-frequency drying
~ **drewna** timber seasoning
~ **form** *odl.* mould drying
~ **na powietrzu** air drying; weathering
~ **na walcach** (*podgrzewanych*) roller drying
~ **naturalne** (*na powietrzu*) *drewn.* weathering
~ **piecowe** stoving
~ **pod zmniejszonym ciśnieniem** vacuum drying
~ **pneumatyczne** flash drying
~ **podczerwienią** infra-red drying, radiant-heat drying
~ **pojemnościowe** dielectric drying, high-frequency drying
~ **promiennikowe** infra-red drying, radiant-heat drying
~ **próżniowe** vacuum drying
~ **rdzeni** *odl.* core drying, core baking
~ **rozpryskowe** spray-drying
~ **rozpyłowe** *zob.* **suszenie rozpryskowe**
~ **sublimacyjne** lyophilization, freeze drying
~ **wstępne** preliminary drying, predrying
~ **wysokotemperaturowe** high-temperature drying, oven drying, stoving
suszka *f farb.* siccative, (quick-)drier
susznik *m papiern.* dryer felt
suszyć *v* dry; exsiccate, desiccate; cure, *zob.też* **suszenie**
~ **do stałej masy** *chem.* dry to constant mass
suterena *f bud.* basement
suw *m masz.* stroke
~ **dolotu** intake stroke
~ **jałowy** idle stroke
~ **kukorbowy** *siln.* outstroke
~ **odkorbowy** *siln.* instroke
~ **powrotny** return stroke
~ **pracy** *siln.* power stroke, working stroke
~ **roboczy** *zob.* **suw pracy**
~ **rozprężania** *siln.* expansion stroke
~ **sprężania** *siln.* compression stroke
~ **ssania** suction stroke, induction stroke, intake stroke
~ **tłoczenia** delivery stroke (*in a pump*)
~ **w dół** downstroke
~ **w górę** upstroke
~ **wydechu** *siln.* exhaust stroke, scavenging stroke
suwać *v* **(się)** slide
suwak *m masz.* slide, slider, slide block; slide valve; *metrol.* sliding head
~ **boczny** (*w prasie korbowej*) *obr.plast.* outer slide, outside slide
~ **celownika** (*karabinu*) *uzbr.* sight slide
~ **Corlissa** *siln.spal.* Corliss valve, oscillating valve
~ **logarytmiczny** slide rule
~ **muszlowy** *siln.par.* D slide-valve
~ **nawigacyjny** navigational slide-rule
~ **podający** (*w tłocznikach*) *obr.plast.* feed slide

~ **prasy** *obr.plast.* press ram, press slide, upper platen
~ **rachunkowy** slide rule
~ **tłoczkowy** *siln.par.* piston valve
suwmiarka *f* slide caliper
~ **do kół zębatych** gear-tooth vernier, gear-tooth caliper
suwnica *f* overhead (travelling) crane
~ **bramowa** gantry crane, goliath; transporter crane
~ **do wyciągania wlewków** *hutn.* ingot-stripping crane, ingot stripper
~ **dwubelkowa** double-girder crane
~ **jednobelkowa** single-girder crane
~ **kleszczowa do ściągania wlewnic** *hutn.* (ingot mould) stripper crane, ingot stripper
~ **mostowa** bridge crane, travelling transporter, travelling bridge
~ **odlewnicza** foundry crane, ladle crane; *hutn.* teeming crane
~ **pomostowa** overhead travelling crane, overhead traveller, shop traveller
~ **półbramowa** semi-gantry crane, single-leg gantry crane, semi-goliath
~ **wsadowa** *hutn.* charging crane, steelworks charger
~ **z napędem elektrycznym** electric overhead travelling crane, EOT crane
suwnicowy *m* craneman, (overhead) crane operator
swoboda *f* **ruchów** freedom of movement
swobodnie podparty simple-supported
swobodny *a* free; unbounded
sworzeń *m* *masz.* pin; bolt
~ **gładki** plain pin
~ **gwintowany śruby** screw bolt
~ **kulowy** ball pin, ball stud, spherical pin
~ **łatwo wyjmowany** quick-release pin
~ **łącznika** shackle bolt
~ **montażowy** erection pin, assembling bolt
~ **stopy korbowodu bocznego** *siln.spal.* wrist-pin, knuckle pin, anchor pin
~ **ścinany wybuchowo** explosive bolt
~ **tłokowy** *siln.spal.* gudgeon pin, piston pin
~ ~ **pływający** floating gudgeon pin
~ **ustalający skrzynki formierskiej** *odl.* moulding box pin
~ **wybuchowy** (*zrywany ładunkiem wybuchowym w razie nagłej potrzeby*) explosive bolt
~ **zabezpieczony kołkiem** key bolt
~ **zawiasy** hinge pin
~ **zawieszenia obrotowego** trunnion pin
~ ~ **steru** *okr.* rudder pintle
~ **zwrotnicy** (*osi przedniej*) *mot.* king-pin, swivel-pin, steering pivot
SWP = Stowarzyszenie Włókienników Polskich
syciwo *n* saturant; impregnant, impregnating agent
syczenie *n* **łuku** *el.* hissing of arc
syderofilit *m* *min.* siderophyllite
syderostat *m* *astr.* siderostat
syderyt *m* *min.* siderite, siderose, ironstone, spathic iron ore
syfilis *m* *med.* syphilis
syfon *m* **1.** syphon bottle **2.** air-trap; water seal
~ **do wody sodowej** soda-fountain
~ **kanalizacyjny** drain trap, sewer trap, waste trap
sy-gaz *m* *chem.* synthesis gas
sygnalista *m* signaller, signalman; *górn.* cager
~ **na nadszybiu** *górn.* top cager
~ **na podszybiu** *górn.* onsetter, bottom cager
sygnalizacja *f* signalling
~ **dwustawna** *kol.* two-aspect signalling
~ **dźwiękowa** sound signalling
~ **kolejowa** railroad signalling
~ **optyczna** visual signalling
~ **ostrzegawcza** monitoring
~ **przejazdowa** *kol.* highway crossing signalling
~ **ruchu ulicznego** road traffic signalling
~ **świetlna** light signalling
~ **trzystawna** *kol.* three-aspect signalling
sygnalizator *m* signalling device; *inf.* invigilator, flag
~ **klapkowy** *telef.* drop-type indicator
~ **pożarniczy** fire-alarm (device)
~ **promieniowania** radiation (warning) monitor
~ **przeciągnięcia** stall-warning device
sygnalizować *v* signal
sygnalizowanie *n* **poziomu jakości** (*podczas procesu produkcyjnego*) quality audit
sygnał *m* signal
~ **akustyczny** audible signal; *rad.* audio signal
~ **alarmowy** alarm (signal)
~ **analogowy** analog signal
~ **blokujący** *inf.* blocking signal
~ **całkowity wizji** *TV* composite video signal
~ **chrominancji** *TV* chrominance signal
~ **cyfrowy** numerical signal
~ **czasu** time signal
~ **częstotliwości wzorcowej** *rad.* standard-frequency signal
~ **dźwiękowy** sound signal, audible signal, aural signal; *mot.* hooter, horn
~ **fałszywy** *rad.* spurious response
~ **foniczny** *TV* sound signal
~ **jednowstęgowy za stłumioną falą nośną** *elektron.* single side-band suppressed carrier, SSBSC
~ **karzełkowy** *kol.* dwarf signal
~ **kierujący** *aut.* command
~ **klapkowy** *telef.* drop signal
~ **końca wybierania** *tel.* end-of-selection signal
~ **korekcyjny** *aut.* corrective impulse
~ **lustrzany** *rad.* image signal
~ **modulujący** *aut.* modulating signal
~ **mgłowy** *żegl.* fog signal
~ **nadmiaru** *inf.* overflow alarm, carry signal
~ **niebezpieczeństwa** distress signal

~ **niedostępności** *telef.* number unobtainable tone, NU tone
~ **niepożądany** *tel.* spurious signal
~ **niezapisany** (*na taśmie magnetycznej*) drop in
~ **o wartości (bezwzględnej) niezmiennej w czasie** *el.* drift-free signal, driftless signal
~ **obrazu** *TV* picture signal
~ **odczytu** *inf.* sense signal, read output signal
~ **odzewu** *telef.* answer signal
~ **okrężny** *rad.* round-the-world echo
~ **ostrzegawczy** warning signal
~ **pasożytniczy** *tel.* spurious signal
~ **pierwszeństwa drogi** *żegl.* right of way signal
~ **podejściowy portowy** *żegl.* approach signal
~ **pomiarowy obrazu okna** *TV* window signal
~ ~ ~ **pasa** *TV* bar signal
~ ~ ~ **punktów** *TV* dot signal
~ ~ **sinus kwadrat** sine-squared signal
~ ~ **skali kontrastów** gray scale signal
~ **progowy** *rad.* threshold signal
~ **przejazdowy ruchomy** *kol.* wig-wag
~ **pytający** *rad.* interrogation signal
~ **radiolokacyjny** radar signal
~ ~ **bezpośredni** ground wave
~ ~ **użyteczny** desirable signal
~ **radiowy** radio signal
~ **rozpoznawczy** recognition signal, identification signal (*friend-or-foe*)
~ **skali kontrastów** *TV* gray scale signal
~ **sterujący** *aut.* command (signal); *TV* driving signal
~ **synchronizacji kolorów** *TV* colour burst, reference burst, colour sync signal
~ ~ **pionowej** *TV* field sync pulse, field synchronizig signal
~ ~ **poziomej** line sync pulse, line synchronizing signal
~ **świetlny** light signal
~ **uchybu** *aut.* error signal
~ **uruchamiający** *aut.* actuating signal
~ **wejściowy** *aut.* input (signal)
~ ~ **odniesienia** reference standard
~ **wizyjny** *TV* video signal
~ **wyboru struktury pamięci** *inf.* chip enable, CE, chip select, CS, memory enable, ME
~ **wygaszenia** *TV* blanking signal
~ **wyjściowy** *aut.* output (signal)
~ **wywoławczy** call-sign
~ **wzywania pomocy** distress signal
~ **zadający** *aut.* input (signal), set point
~ **zajętości dźwiękowy** *telef.* busy tone
~ ~ **świetlny** busy flash
~ **zakazujący** *inf.* inhibiting signal
~ **zakłócający** *rad.* spurious response
~ **zakłócony** (*szumem*) *rad.* noisy signal
~ **zespolony wizji** *TV* composite video signal
~ **zezwolenia zapisu** *inf.* write enable, WE
~ **zgłoszenia** *telef.* dialling tone
~ ~ **zapytania** *inf.* request signal
~ **zwężony** *rad.* chirp signal
sygnały *mpl* **synfazowe** *el.* common-mode signals
sygnatariusz *m* signatory (*of an agreement*)
sygnatura *f* **1.** signature **2.** (*formy*) *mat.* signature **3.** *med.* signature
~ **czcionki** *poligr.* nick of type
sykatywa *f farb.* siccative, (quick-)drier
~ **w paście** paste drier, patent drier
sylaba *f* syllable
sylfon *m* aneroid, pressure capsule
sylifikacja *f chem.* silification
sylimanit *m min.* sillimanite
sylogizm *m* syllogism
sylur *m geol.* **1.** Silurian period **2.** Silurian system
sylwan *m chem.* silvan, 2-methyl furan
sylwanit *m min.* sylvanite, yellow tellurium, white tellurium, graphic tellurium
sylwetka *f* silhouette
sylwin *m min.* silvine
symazyna *f pest.* simazine (*herbicide*)
symbiotyczny *a biol.* symbiotic
symbioza *f biol.* symbiosis
symbol *m* symbol; *mat.* sign
~ **chemiczny** chemical symbol
~ **klucza** *inf.* key number
~ **kodowy** *inf.* code symbol
~ **matematyczny** mathematical symbol
~ **pierwiastka** symbol of an element
~ **pierwiastkowania** *mat.* radical
~ **porządkowy** *inf.* ordering term
~ **przesunięcia adresu** *inf.* character adjustment
~ **sortowania** *inf.* sorting term
symetralna *f* (*odcinka*) *geom.* midperpendicular
symetria *f* symmetry
~ **cykliczna** cyclosymmetry
~ **fałszywa** *kryst.* pseudosymmetry
~ **kryształu** crystalling symmetry
~ **lustrzana** mirror reflection symmetry, reflection plane symmetry
~ **obrotowa** rotational symmetry
~ **osiowa** axial symmetry
~ **pozorna** *kryst.* pseudosymmetry
~ **promieniowa** radial symmetry
~ **środkowa** central symmetry
~ **względem prostej** reflection in a line
~ **translacyjna** *fiz.* translational symmetry
~ **zwierciadlana** mirror reflection symmetry, reflection plane symmetry
symetryczny *a* symmetric(al)
symetryzacja *f mat.* symmetrization
~ **kabla** *telegr.* cable balancing
symilograf *m elektron.* facsimile transmitter
symilografia *f* facsimile, fax, radiophoto, telephoto, phototelegraphy, picture telegraphy, wirephoto
symistor *m* (*tyrystor symetryczny*) *elektron.* bidirectional thyristor
sympleks *m mat.* simplex

symplektyczny *a mat.* symplectic
symplicjalny *a mat.* simplicial
sympozjum *n* symposium
symptom *m* **uszkodzenia** *skj* failure mode
symptomy *mpl* symptoms
symulacja *f inf.* simulation
~ **analogowo-cyfrowa** analog-digital simulation
~ **na bieżąco** real-time simulation
symulator *m* **1.** *aut.* simulator **2.** *inf.* simulator program
~ **analogowy** *inf.* analogue simulator
~ **elektroakustyczny** *aut.* electronic dummy, ED
~ **lotu** *lotn.* flight simulator; link-trainer
~ **treningowy** training simulator
~ **zakłóceń** *rad.* noise generator
synapsa *f biol.* synapse
synchrocyklotron *m nukl.* synchrocyclotron
synchrodyna *f rad.* synchrodyne receiver, homodyne receiver
synchrofazotron *n nukl.* synchrophasotron
synchrogenerator *m TV* synchronizing pulse generator, sync generator
synchroniczny *a* synchronous
synchronizacja *f* synchronization; sync; timing; *masz.el.* pulling into step
~ **częstotliwości** frequency synchronization
~ **fazowa** *rad.* phase lock
synchronizator *m* synchronizer; chronolizer
~ **zazębienia przekładni** *mot.* synchro-mesh gear
synchronizm *m* synchronism
synchronizować *v* synchronize; *masz.el.* pull into step; zero in
synchronoskop *m el.* synchronoscope
synchrotron *m nukl.* synchrotron
~ **protonowy** proton-synchrotron
syndrom *m med.* syndrome, complex
synereza *f chem.* syneresis
synergetyk *m chem.* synergist
synergizm *m biol., farm.* synergism, synergetic effect, synergy; (*w koloidach*) synergic coagulation
synfazowo *adv telegr.* in phase
syngenetyczny *a geol.* syngenetic
syngonia *f* crystal system
synklina *f geol.* syncline, trough
synklinorium *n geol.* synclinorium, composite syncline
syntaktyka *f* syntax
syntany *pl chem.* syntannins, synthetic tannins
syntetazy *fpl biochem.* synthetases, ligases
syntetyczny *a* synthetic
synteza *f* synthesis; *nukl.* fusion
~ **antracenu Elbsa** *chem.* Elbs reaction
~ **automatów** *cybern.* automata synthesis
~ **biologiczna** biosynthesis
~ **(chinoliny) Skraupa** *chem.* Skraup synthesis
~ **dienowa** *chem.* diene synthesis, Diels-Alder reaction
~ **fotochemiczna** photosynthesis
~ **jądrowa** nuclear fusion, fusion (reaction), thermonuclear reaction
~ **logiczna** *inf.* logical synthesis
~ **metodą Fischera-Tropscha** *chem.* Fischer-Tropsch process
~ **na skalę przemysłową** *chem.* industrial synthesis
~ **obrazu** *TV* scanning (*in reception*)
~ **pierwiastkowa** *chem.* total synthesis
~ **radiacyjna** *chem.* radiosynthesis, radiation chemical synthesis
syntezator *m el.akust.* synthetizer, synthesizer
~ **częstotliwości** frequency synthesizer
syntezować *v* synthesize
syntina *f paliw.* synthin
syntonia *f el.* syntony
sypać *v* pour (*sand, grain etc.*)
sypki *a* loose (*material*)
sypkość *f* **proszku** flow rate of powder, liquidity of powder (*in powder metallurgy*)
syrena *f* siren; buzzer
~ **ostrzegawcza** warning horn
syrop *m* syrup
system *m* **1.** system, *zob.też* **układ 2.** *geol.* formation
~ **abonencki** *inf.* time-sharing system, TSS, time sharing service, subscriber system
~ **aksjomatyczny** *mat.* axiomatic system
~ **antykolizyjny** (*pokładowy*) *lotn.* collision avoidance system, CAS
~ **automatycznego lądowania** *lotn.* autoland system
~ ~ **przetwarzania danych** automatic data processing system
~ ~ **testowania** *elektron.* automatic test system, ATS
~ **dalekosiężny** *telef.* trunk system
~ **Dolby** *el.* Dolby (noise-reduction) system
~ **dwójkowy** *mat.* binary system
~ **dziesiętny** *mat.* decimal system, decimal notation
~ **dziesiętny kodowany dwójkowo** *inf.* binary coded decimal system, BCD system
~ **ekologiczny** ecosystem
~ **elektroenergetyczny** electric power system
~ **elektroniczny przekazywania danych ładunkowych** *transp.* datafreight system
~ **informacyjno-wyszukiwawczy** information retrieval system
~ **informacyjny skomputeryzowany** computer-based information system
~ **informatyczny zarządzania** (computerized) management information system
~ **interakcyjny** *inf.* interactive system
~ **jednoprocesorowy** *inf.* uniprocessor system
~ **kanałów** *inż.* canalization; ductwork
~ **kolejno-polowy** *TV* field-sequential system
~ **kolejny** *TV* sequential colour television (system)

~ **komutacyjny** *tel.* exchange system
~ **lądowania GCA** ground control approach, GCA
~ ~ **mikrofalowy** microwave landing system, MLS
~ ~ **na przyrządy** instrument landing system, ILS
~ ~ **na radiolatarnie** blind approach beacon system
~ ~ **według sygnałów** beam approach system
~ **liczący** computing system
~ **liczbowy** number system
~ **metryczny** metric system
~ **modularny** *bud.* modular system
~ **nawigacyjny inercyjny** inertial navigator
~ **odwadniający** drainage system
~ **odwrotny** *mat.* inverse system
~ **operacyjny** operating system
~ ~ **DOS** disk operating system, DOS
~ **podziału czasu** *inf.* time-sharing system, TSS
~ **podziału częstotliwości** *tel.* frequency-division multiplexing, fdm
~ **poślizgu** *kryst.* slip system
~ **problemowy programowania** *inf.* problem-oriented programming system
~ **proceduralny programowania** *inf.* procedure-oriented programming system
~ **programowania** *inf.* programming system
~ ~ **w języku komputera** machine-oriented programming system
~ **przechowywania i wyszukiwania danych** *inf.* storetrieval system, storage and retrieval system
~ **przeładunku dwuramienny** *transp.* burtoning
~ ~ **pionowy** *żegl.* lift-on/lift-off (system), lo-lo
~ ~ **poziomy** roll-on/roll-off (system), ro-ro
~ ~ ~, **pionowy i przez wpływanie do ładowni barkowca** roll-on/roll-off lift-on/lift-off float-on/float-off (system), ro-lo-flo
~ ~ **wahadłowy** one-on/one-off (system)
~ **(przemysłowy) centralnej rejestracji danych** *inf.* Industrial Data Acquisition System, IDAS
~ **przetwarzania danych** *inf.* data processing system
~ ~ **informacji** information processing system, IPS
~ **radiofonii przewodowej** wire broadcasting system
~ **radionawigacyjny Decca** Decca (navigation system)
~ **relacyjny** *mat.* relational system
~ **rozgłoszeniowy** *rad.* broadcasting system
~ **rozszerzalny** *inf.* expandable system
~ **samoporządkujący** *aut.* self-organizing system
~ **sanitarny** sanitation
~ **(sterowania) wejścia/wyjścia** *inf.* input/output control system, IOCS
~ ~ **zintegrowany** *nawig.* integrated control system, INCOS
~ **szybkiego ładowania** (*aparatu*) *fot.* quick-loading system, QL system
~ **śledzący półczynny** *nawig.* semi-active tracking system
~ **telekomunikacyjny wewnątrzzakładowy** in-plant communication system
~ **telewizyjny przekaźnikowy** television repeater
~ **uzbrojenia** weapons system
~ **wielodostępny** *inf.* multi-access system
~ **wielokomputerowy** *inf.* multicomputer system
~ **wieloprocesorowy** *inf.* multiprocessing system
~ **wykrywania i śledzenia** (*obiektów w przestrzeni kosmicznej*) *kosm.* space detection and tracking system, SPADATS
~ **wyszukiwania informacji** information retrieval system, IRS
~ **z przetwarzaniem potokowym** *inf.* pipeline system
~ **zerojedynkowy** *inf.* zero-one system
~ **zintegrowany przetwarzania danych** *inf.* integrated computing system
~ **zmianowy** (*pracy*) *ek.* shift labour
systematyczny *a* systematic
systematyka *f* systematics; *biol.* taxonomy
systematyzować *v* systematize
systemiczny *a biol.* systemic
systemotechnika *f* systems science
sytnik *m chem.* saturator
sytuacja *f* **decyzyjna** decision situation
~ **problemowa** problem situation
syzygium *n astr.* syzygy
szablon *m* pattern; templet; mould; curve gauge, *zob.też* **wzornik**
szabota *f* (*młota*) *obr.plast.* anvil block
szacować *v* estimate; assess
~ **zbyt nisko** underestimate
~ **zbyt wysoko** overestimate
szacunek *m* estimate; assessment
szadź *f meteo.* rime
szafa *f* cupboard; wardrobe
~ **chłodnicza** (domestic) refrigerator
~ **rozdzielcza** *el.* cubicle
~ **suszarnicza** drying cabinet
~ **ścienna** *bud.* built-in wardrobe
~ **wyciągowa** *lab.* fume cupboard
~ **zasilająca** *el.* power cubicle
szafir *m min.* sapphire
szafka *f* locker; cabinet
~ **kablowa** *telef.* cable distribution box
~ **kartotekowa** file cabinet
~ **kompasowa** *okr.* binnacle
~ **wagi** balance case
~ **wystawowa** show-case
szafran *m bot.* saffron, *Crocus sativus* L.
~ **barwierski** safflower, *Carthamnus tinctorius*
szagryn *m papiern.* shagreen paper, paper with shagreen grain
szakla *f żegl.* shackle
~ **łącząca łańcuch z liną** splicing shackle

szakłak *m* **kruszyna** *bot.* frangula, *Rhamnus frangula*
szala *f* (*wagi*) scale pan, platter
~ **polerska** *szkl.* polisher
~ **szlifiersko-polerska** *szkl.* optical tool
szalanda *f* *okr.* dump barge, dump-scow, garbage scow
szalej *m* **jadowity** *bot.* water hemlock, *Cicuta virosa*
szalet *m* public lavatory; *US* comfort station
szalka *f* **wagi** scale pan, platter
~ **odważnikowa** weight pan
~ **towarowa** commodity pan
szalowanie *n* **1.** *bud.* boarding, shuttering, forms, form work, falsework **2.** *okr.* ceiling
~ **przestawne** *bud.* climbing shuttering
szalupa *f* ship's boat; pinnace
szałas *m* *bud.* chalet
szałwia *f* *bot.* sage, *Salvia officinalis* L.
szambo *n* *san.* septic tank
szamot *m* *ceram.* chamotte
szamozyt *m* *min.* chamoisite
szampon *m* *kosmet.* shampoo
~ **koloryzujący** colour shampoo
~ **suchy** dry shampoo
szandor *m* *inż.wod.* log stop, flashboard
szanta *f* **zwyczajna** *bot.* horehound, *Marrubium vulgare*
szańcowiec *m* *okr.* raised quarter deck vessel, quarter-deck ship, quarter-decker
szarańcza *f* *zool.* locust, *Acridiae*
szare mydło *n* potash soft soap, green soap
szarogłaz *m* *petr.* greywacke, wacke
szarowaka *f* *zob.* **szarogłaz**
szarpać *v* jerk; *włók.* tear
szarpak *m* **1.** *wiertn.* jerke-line **2.** *papiern.* thresher, rag cutter
szarparka *f* *włók.* tearing machine
szarpi *n* *żegl.* sharpie (*boat*)
szarpie *pl* *med.* lint
szarpnięcie *n* jerk; flirt
szary *a* grey
szarzeń *f* *farb.* grey
szarża *f* *chem.* manufactured unit
szatkownica *f* (cabbage-)slicer
szatnia *f* cloak-room; dressing-room
szczapa *f* *drewn.* sliver, chopped log, split log
szczaw *m* *bot.* sorrel, *Rumex acetosa* L.
szczawian *m* *chem.* oxalate
szczawianowanie *n* *hutn.* oxalate coating
szczawiooctan *m* *chem.* oxalacetate
szczątki *mpl* (*po katastrofie*) wreckage; debris
szczątkowy *a* residual; *biol.* vestigial
szczebel *m* (*drabiny*) rung, spoke
~ **płaski** ladder step
szczeblina *f* **okienna** *bud.* window bar, sash bar
szczecina *f* bristle
szczeciniarka *f* dehairing machine, dehairer
szczególny *a* particular
szczegół *m* detail
szczegółowo *adv* in detail
szczegółowy *a* detailed
szczelina *f* **1.** gap; slot; slit; interstice; crevice; fissure; rift; crevasse **2.** *siln.* port **3.** *odl.* hot crack
~ **dylatacyjna** *inż.* expansion gap
~ **nadłopatkowa** tip clearance (*in turbines*)
~ **osiowa** *masz.* axial clearance
~ **po cięciu gazowym** *spaw.* kerf
~ **powietrzna** *el.* air-gap
~ **przeziernikowa** *geol.* viewing slit, vision slit
~ **skrzelowa** **1.** *zool.* atriopore **2.** *lotn.* slot
~ **skurczowa** contraction joint
~ **smarowa łożyska** *masz.* bearing interspace, oil clearance
~ **sprzęgająca** *rad.* coupling slot
~ **uskokowa** *geol.* fault fissure
~ **w stropie** *górn.* foig
~ **wierzchołkowa** tip clearance (*in turbines*)
~ **wlotowa** *siln.* admission port, inlet port
~ **wylotowa** *siln.* exhaust port
szczeliniak *m* *narz.* nicker, tracer
szczelinomierz *m* feeler gauge, gap gauge, clearance gauge, feelers
szczeliny *fpl* **wentylacyjne** louvers
szczeliwo *n* packing, stuffing, sealant
szczelność *f* (*np. rurociągu*) leak tightness
~ **powłoki** coating density
szczelny *a* tight; leakproof; air-tight; hermetic; staunch
szczep *m* *bot.* graft; scion
~ **bakteryjny** *biol.* (bacterial) strain
szczepak *m* (*nóż ogrodniczy*) *roln.* grafting knife
szczepić *v* **1.** *med.* vaccinate **2.** *roln.* graft
szczepienie *n* *med.* inoculation, vaccination
~ **elektrolityczne** (*polimeru*) *chem.* electrolytic grafting
~ **gleby** (*bakteriami*) *roln.* soil vaccination
~ **ochronne** *med.* preventive inoculation
~ **polimerów** grafting of polymers
~ **radiacyjne** *chem.* radiation induced grafting
~ **w roztworach** (*polimerów*) *chem.* solution grafting
~ **zapobiegawcze** *med.* preventive inoculation
szczepionka *f* *biochem.* vaccine, inoculum
~ **bakteryjna** bacterial vaccine, bacterin
~ **BCG** Bacillus Calmette-Guerin vaccine, BCG vaccine
szczerba *f* nick; dent
szczerbina *f* **celownika** *uzbr.* sighting notch, sight aperture, peep
szczęka *f* **1.** *anat.* jaw **2.** *masz.* jaw
~ **dolna** *anat.* submaxilla
~ **górna** *anat.* maxilla
~ **hamulcowa** brake shoe
~ ~ **rozpierana** expanding brake shoe
~ **płaska do walcowania gwintów** thread rolling die, flat die
~ **stała** (*uchwytu*) master jaw (*of a chuck*)
~ **ślizgowa sprzęgła** clutch slipper

~ **zaciskowa** (*uchwytu*) gripping jaw (*of a chuck*)
~ **zgrzewarki** weld die
szczęki *fpl* **imadła** vice jaws
~ **uchwytu elektrody** *spaw.* electrode--holder jaws
szczękościsk *m med.* trismus
szczotka *f* **1.** brush **2.** *el.* brush
~ **do (mycia) butelek** bottle-brush
~ **do pilników** file card
~ **do szorowania** scrubbing brush
~ **do tepowania** *bud.* stippler
~ **do zębów** tooth brush
~ **druciana** wire brush; card
~ **gąsienicowa** (*do mycia probówek*) test--tube brush
~ **odczytu** *inf.* brush scanner, sensing brush
~ **tarczowa** wheel brush, brushing wheel
~ **węglowa** *el.* carbon brush
~ **wybieraka** *telef.* wiper
szczotkarka *f włók.* brushing machine, brushing mill
szczotkotrzymacz *m el.* brush-holder
szczotkowanie *n* brushing; brush cleaning
szczudło *n* (*słupa linii nadziemnej*) *el.* crutch, pole socket
~ **pogłębiarki** spud of a dredger
szczupak *m* **1.** *ryb.* pike, *Esox lucius* L. **2.** (*środkowa część skóry bydlęcej*) back (*of hide*)
szczur *m zool.* rat, *Rattus*
szczypce *pl* pliers; tongs
~ **do cięcia drutu** nippers, wire cutter
~ ~ ~ ~ **boczne** side-cutting nippers
~ ~ ~ ~ **czołowe** end-cutt'ng nippers
~ ~ ~ ~ **przegubowe** multi-power cutting nippers, toggle jointed (cutting) nippers
~ ~ ~ ~ **skośne** diagonal cutting nippers
~ **do gięcia rurek izolacyjnych** *el.* hickey
~ **do obciskania** crimper
~ **do rozwierania zębów piły** saw set pliers
~ **do tygli** crucible tongs
~ **do zdzierania izolacji** (*z drutu*) *el.* skinning pliers
~ **elektrotechniczne** electricians' pliers
~ **kolankowe** toggle pliers
~ **kombinowane** combination pliers, engineers' side-cutting pliers
~ **nastawne** slip-joint pliers
~ **okrągłe krótkie** round-nose pliers
~ ~ **wydłużone** round-nose fine point pliers
~ **płaskie** flat nose pliers
~ ~ **krótkie** short snipe nose pliers
~ ~ **wydłużone** long snipe nose pliers
~ **równoległe** parallel action pliers
~ **stożkowe** cone pliers
~ **trzyzębowe** three prong pliers
~ **uniwersalne** combination pliers, engineers' side-cutting pliers
~ **z bocznymi nożami** side-cutting pliers
~ **zaciskowe** clamping pliers
szczypczyki *pl* forceps; pincette; tweezers
szczypiorek *m bot.* chives, *Allium schoenprasum* L.
szczyt *m* **1.** peak; top; acme **2.** *el.* peak load, maximum demand **3.** *anat.* apex
~ **pagórka sprawności** (*na wykresie*) point of best efficiency
~ **płuca** *anat.* apex of lung
~ **podwodny** *ocean.* sea peak
~ **przemieszczeń** *kryst.* displacement spike
~ **stosu** *inf.* top of stack
~ **ściany** *bud.* gable
~ **temperaturowy** *fiz.* thermal spike
szczytówka *f okr.* blinker, flashing lantern
SZD = Szybowcowe Zakłady Doświadczalne
szedyt *m wybuch.* cheddite
szelak *m* shellac
~ **w bochenkach** button lac
szelf *m geol.* shelf
~ **kontynentalny** continental shelf
szelit *m min.* scheelite
szenit *m min.* schoenite
szerardyzacja *f powł.* sherardizing, zinc impregnation
szereg *m* **1.** series **2.** row
~ **aktynowy** (*promieniotwórczy*) actinium series
~ **asymptotyczny** *mat.* asymptotic series
~ **czasowy** *mat.* time series
~ **efektu** *trans chem. trans* effect series
~ **eluotropowy** *chem.* eluotropic series
~ **geometryczny** *mat.* geometric series
~ **główny** *mat.* chief series
~ **hipergeometryczny** *mat.* hypergeometric series
~ **homologiczny** *chem.* homologous series
~ **interpolacyjny** *mat.* interpolation series
~ **kiurowy** (*promieniotwórczy*) curium series
~ **liotropowy** *chem.* (Hofmeister's) lyotropic series (of anions)
~ **napięciowy** (*metali*) *chem.* electromotive series, electrochemical series, displacement series, constant series
~ **naprzemienny** *mat.* alternating series, oscillating series
~ **nieskończony** *mat.* infinite series
~ **ograniczony** *mat.* bounded series
~ **pochodny** *mat.* derived series
~ **potęgowy** *mat.* power series
~ **promieniotwórczy** *fiz.* radioactive series, decay series, disintegration series, disintegration chain, decay family
~ ~ **przynależny** (*danemu nuklidowi*) collateral series
~ **przestawny** staggered row (*of rivets etc.*)
~ **rozbieżny** *mat.* divergent series
~ **torowy** (*promieniotwórczy*) thorium series, thorides
~ **trygonometryczny** *mat.* trigonometric series
~ **urano-aktynowy** (*promieniotwórczy*) actinium series

~ **urano-radowy** (*promieniotwórczy*) uranium series
~ **wszędzie zbieżny** *mat.* permanently convergent series
~ **wykładniczy** *mat.* exponential series
~ **zbieżny** *mat.* convergent series
~ ~ **bezwzględnie** absolutely summable series
szeregowanie *n inf.* scheduling
~ **wielopoziomowe** foreground-back--ground scheduling
~ **z wywłaszczaniem** (*w systemach operacyjnych*) preemptive scheduling
szeregowo *adv* in series
szeroki *a* wide, broad
szeroki zakres *m* wide range
szeroko otwarty (*o drzwiach, klapie itp.*) wide open
szerokolistny *a bot.* broad-leaved
szerokopasmowy *a* broad-band
szerokość *f* width, breadth
~ **ekliptyczna** *astr.* celestial latitude, ecliptic latitude
~ **geograficzna** latitude
~ **impulsu** *el.* pulse length, pulse duration
~ **konstrukcyjna kadłuba statku** (*na wręgach*) moulded breadth of a ship
~ **linii widmowej** *fiz.* breadth of spectral line
~ **pasma** (*częstotliwości*) *rad.* bandwidth, BW
~ ~ **widmowego** spectral bandwidth
~ **piku** (*w chromatografii*) *chem.* peak width
~ **pomiarowa** *okr.* tonnage breadth
~ **poprawiona** (*na płaszczyźnie ziemi*) *astr., nawig.* reduced latitude
~ **rejestrowa** (*statku*) *okr.* register breadth
~ **rozwarcia klucza** *masz.* width across flats, wrench opening
~ **skorygowana** *zob.* **szerokość poprawiona**
~ **strefy fazowej uzwojenia** *el.* phase spread
~ **ścieżki** (*na taśmie magnetycznej*) track width
~ **tonażowa** (*statku*) *okr.* tonnage breadth
~ **toru** rail gauge, track gauge
~ **w świetle** clear width
~ **wiązki** (*promieniowania*) beamwidth
~ **widma impulsu** *el.* pulse bandwidth
~ **wieńca koła zębatego** face (width) of gear, tooth facewidth
~ **wrębu międzyzębnego** *masz.* gear interval
~ ~ ~ **normalna** true interval of a gear
szeryf *m* (*litery*) *poligr.* serif
szesylit *m min.* chessylite
sześcian *m mat.* **1.** cube, regular hexahedron **2.** cube (*third power*)
sześcienny *a* **1.** *geom.* cubic(al), cu **2.** *kryst.* isometric
sześcioazotan *m chem.* hexanitrate
sześciochlorek *m chem.* hexachloride
sześciochlorocykloheksan *m chem.* hexachlorocyclohexane, benzene hexachloride
~ **techniczny** technical benzene hexachloride, TBH
sześciofluorek *m chem.* hexafluoride
sześciofluorokrzemian *m chem.* fluosilicate
~ **potasowy** potassium fluosilicate
sześciokąt *m geom.* hexagon
sześciokątny *a* hexagonal
sześciokrotnik *m tel.* sextupler
sześciometylenoczteroamina *f chem.* hexamethylenetetramine, hexamine, aminoform
sześciościan *m geom.* hexahedron
sześciotlenek *m chem.* hexoxide
sześciowartościowy *a chem.* sexivalent, hexavalent
sześciowodorek *m chem.* hexahydride
szew *m* seam; *med.* suture
~ **na okrętkę** round seam
~ **na styk** butt seam
~ **nitowy** riveted joint
~ ~ **nakładkowo-zakładkowy** overlapping riveted joint
~ ~ **nakładkowy dwurzędowy** double-riveted butt joint
~ ~ **nakładkowy jednorzędowy** single--riveted butt joint
~ ~ **obwodowy** *zob.* **szew nitowy poprzeczny**
~ ~ **poprzeczny** circumferential riveted joint
~ ~ **zakładkowy dwurzędowy** double--riveted lap joint
~ ~ ~ **jednorzędowy** single-riveted lap joint
~ **spawany** intermittent weld, skip weld, weld(ing) seam
~ ~ **łańcuchowy** chain intermittent weld
~ ~ **przestawny** staggered stitch weld
~ ~ **punktowy** stitch spot weld
~ ~ **szczelinowy** slot stitch weld
szewiot *m włók.* cheviot
szewro *n skór.* glazed kid
szkarłat *m farb.* scarlet
szkic *m* sketch, draft
~ **projektu** predesign
szkicować *v* sketch
szkielet *m* **1.** *anat.* skeleton **2.** (*konstrukcji*) skeleton (*of a structure*), frame(work), framing; carcass
~ **jonitu** *chem.* ionite skeleton
~ **kompleksu** *mat.* skeleton of a complex
~ **pudła wagonu** *kol.* car body shell
~ **rdzenia** *odl.* core grid, core iron; core arbor, stalk
~ **zbrojeniowy** *bud.* reinforcing cage
szkieletowa *f* **profilu lotniczego** centre line of aerofoil section
szkiełko *n* glass
~ **przedmiotowe mikroskopu** microscopic slide, micro slide
~ **przykrywkowe mikroskopu** microscopic cover glass, micro(cover) glass
~ **zegarkowe** watch glass, crystal

szklanka *f* (*tuleja rurowa z dnem*) *hutn.* bottle, thimble-shaped hollow
szklany *a* (made of) glass
szklarnia *f roln.* glasshouse, greenhouse, solar house
szklarstwo *n* glass-making
szklarz *m* **1.** glassworker **2.** glazier
szklenie *n* glazing (*windows*)
szklisty *a* glassy, glasslike, vitreous
szkliwienie *n ceram.* glazing (*covering with glaze*)
~ **za pomocą chlorku sodowego** salt glazing, salting
szkliwo *n* **1.** glaze **2.** *anat.* enamel, adamantin
~ **bezołowiowe** leadless glaze
~ **borowe** boracic glaze
~ **ceramiczne** ceramic glaze
~ **czarne** black stain
~ **fosforowo-krzemowe** phosphosilicate glass, PSG
~ **lodowe** *ocean.* ice-slush, sludge
~ **lśniące** glossy glaze
~ **matowe** matt glaze
~ **nieprzezroczyste** opaque glaze
~ **ołowiowe** lead glaze
~ **opalizujące** iridescent glaze
~ **porcelanowe** porcelain enamel
~ **solne** salt glaze
~ **wulkaniczne** *petr.* volcanic glaze, natural glass
~ **ziemne** clay glaze
szkliwotwórczy *a med.* amelogenic
szkła *npl* **kontaktowe** *opt.* contact lenses
~ **korekcyjne** ophthalmic glasses; eyeglasses; spectacles
~ **nagałkowe** *opt.* contact lenses
~ **ochronne** eye-protection glasses, protective glasses
~ **z nóżką** goblet, stemware
szkło *n* glass
~ **antysolowe** *bud.* antisolar glass
~ **barwione** stained glass
~ **bezbarwne** colourless glass
~ **bezodpryskowe** *zob.* **szkło bezpieczne**
~ **bezpieczne** safety glass, shatterproof glass; security glass
~ **brunatne** amber glass
~ **budowlane** architectural glass
~ **butelkowe** bottle glass
~ **ciągnione** drawn glass
~ **ciepłochronne** heat-absorbing glass
~ **długie technologicznie** slow-setting glass, long glass, sweet glass
~ **do aparatury chemicznej** chemical glass
~ **do oszkleń** glazing glass
~ **formowane za pomocą piszczeli** free-blown glass, off-hand glass
~ **fotochromowe** photochromic glass
~ **gięte** bent glass, curved glass
~ **gospodarcze** domestic glassware
~ **hartowane** chilled glass, toughened glass, tempered glass, hardened glass
~ **inspektowe** greenhouse glass, roofing glass
~ **jenajskie** Jena glass
~ **katedralne** *bud.* cathedral glass
~ **klejone** laminated glass
~ ~ **trójwarstwowe** triplex glass
~ **kolorowe** *opt.* coloured glass
~ **koronowe** *opt.* crown glass
~ **krótkie technologicznie** quick-setting glass, short glass
~ **kryształowe** lead glass, lead crystal
~ **kuchenne ognioodporne** cooking glass
~ **kwarcowe** vitreous silica, quartz glass, silica glass
~ **laboratoryjne** laboratory glassware
~ **lodowe** *ocean.* ice rind
~ **lustrzane** (polished) plate, glass plate
~ **łączeniowe** (*np. na złącza z metalem*) sealing glass, glass for sealing
~ **matowe** clouded glass, frosted glass
~ **mieniące się** dichroic glass
~ **miękkie** soft glass
~ **mleczne** milk glass
~ **młotkowane** hammered glass
~ **mrożone wzorzyste** ice-patterned glass, ice-flower glass, glue-etched glass
~ **naczyniowe** hollow glassware
~ **o regulowanej porowatości** controlled pore glass, CPG
~ **o szerokim zakresie temperatur wyrobu** slow-setting glass, good-natured glass, sweet glass
~ **o własnościach półprzewodnikowych** semiconducting glass
~ **o wzorze kropelkowym** dewdrop glass
~ **ochronne** protecting glass
~ **odblyskowe** reflex-reflector
~ **ognioodporne** flameproof glass
~ **okienne** *bud.* sheet glass, window glass
~ ~ **falowane** corrugated sheet glass
~ **okularowe** spectacle lens
~ ~ **dwuogniskowe** bifocal lens
~ ~ **surowe płasko-wypukłe** micoquille
~ ~ ~ **wypukłe** coquille
~ **ołowiowe** lead glass
~ **opakowe** opaque glass
~ ~ **czarne** black glass
~ **opalizujące** opalescent glass
~ **opalowe** opal glass
~ **optyczne** optical glass, flint (glass)
~ ~ **surowe** optical blank
~ **organiczne** *tw.szt.* organic glass
~ **ornamentowe** ornamental glass
~ **pancerne** bullet-proof glass
~ **piankowe** foam glass, cellular glass
~ **płaskie** (*walcowane*) flat glass, plate glass
~ **pochłaniające promieniowanie nadfioletowe** document glass
~ **podstawowe** base glass, parent glass
~ **pokładowe** *okr.* deck light
~ **polerowane** (polished) plate glass
~ **pośrednie do spajania** solder glass
~ **powiększające** magnifying glass, reading glass
~ **powlekane** flashed glass, cased glass
~ **półkryształowe** semi-crystal, half crystal
~ **próbne** (*optyczne*) *med.* trial lens
~ **przeciwodblaskowe** non-reflecting glass

~ **przednie hełmu nurka** window door
~ **przepuszczalne dla nadfioletu** uviol glass
~ **pyreksowe** pyrex glass
~ **różowe** pink glass
~ **rubinowe** ruby glass
~ **rżnięte** cut glass
~ **sokowskazowe** *cukr.* juice gauge
~ **spawalnicze ochronne** welding lens
~ **surowe w donicy** transfer glass, raw pot glass, pot-cooled glass
~ **szare** (*dla telewizji*) neutral tinted glass, neutral gray glass
~ **trudnotopliwe** refractory glass
~ **trzonowe** slag, hearth glass
~ **twarde** hard glass
~ **uwiolowe** uviol glass
~ **walcowane** rolled glass
~ **wielowarstwowe** laminated glass
~ **wodne** water-glass, soluble glass, liquid glass
~ **wodowskazowe** *hydr.* water gauge glass
~ **wystawowe** glass for shop windows
~ **wytłaczane** pressed glass, pressware
~ **z nalotem** smoked glass
~ **zadymione** *zob.* **szkło z nalotem**
~ **zamącone** opaque glass
~ ~ **w masie** pot-opal glass
~ **zapobiegające olśnieniu** glare-reducing glass, non-glare glass
~ **zbrojone** armoured glass, wire glass
~ **żaroodporne** flameproof glass, ovenproof glass, oven ware
~ **żeberkowe** ribbed glass
szkoda *f* damage
szkodliwość *f* **ścieków** harmfulness of wastes
szkodliwy *a* harmful; noxious; detrimental; damaging
szkodnik *m roln.* pest
~ **zwierzęcy** animal pest
szkody *fpl* **górnicze** mining damage
~ **korozyjne** corrosion damage
szkolenie *n* training, schooling, instruction
~ **na stanowisku roboczym** on-the-job training
~ **podyplomowe** post-graduate training
~ **przywarsztatowe** on-the-job training
~ **przyzakładowe** training within industry, vestibule training
~ **zawodowe** vocational training
szkolić *v* train, instruct
szkolnictwo *n* educational system
szkoła *f* **techniczna** technical school; polytechnic
~ **zawodowa** trade school
szkorbut *m med.* scurvy
szkółka *f* (*drzewek*) *roln.* nursery
szkuner *m okr.* schooner
szkunerbark *m okr.* barkentine
szkunerbryg *m okr.* brigantine
szkuta *f* (*barka*) scow, tray
szkutnictwo *n* boatbuilding
szkutnik *m* boatbuilder, shipwright; *US* ceiler, planker
szkwał *m meteo.* squall
szlak *m* **1.** *mat.* route **2.** *biochem.* pathway
~ **morski** seaway, shipping lane, sea-lane
~ **zrywkowy** *leśn.* skidding road
~ **żeglugowy** *zob.* **szlak morski**
szlaka *f* = **żużel** slag
szlam *m* sludge; slime, mud; silt; sullage; tails
~ **anodowy** *elchem.* anode slime
~ **czerwony** *met.* red mud, Bayer mass
~ **olejowy** oil residues
~ **popiołowy** ash slurry
~ **rudny** *wzbog.* ore pulp
szlamnik *m kotł.* washout, mud hole, handhole, cleaning hole, cleanout
szlamowanie *n* liquid classification; *wzbog.* tossing
~ **gliny** *ceram.* clay washing
szlamownik *m chem.* sludger; *ceram.* washmill
szlamówka *f* **1.** sludge pump **2.** *wiertn.* sand bucket
szlichtowanie *n włók.* dressing
szlif *m* **1.** *met.* microsection, polished section, metallographic specimen **2.** cut (*of a gem*)
~ **brylantowy** diamond cut
szlifierka *f* **1.** *obr.skraw.* grinder, grinding machine **2.** *drewn.* sander, sandpapering machine **3.** *skór.* fluffing machine
~ **bezkłowa** centreless grinder
~ **bębnowa** *drewn.* drum sander
~ **bramowa do płaszczyzn** plano grinder
~ **czołowa** face grinder
~ **do gwintów** thread grinder
~ **do kół zębatych** gear grinder
~ **do obróbki kształtowej** contour grinding machine, profile grinder
~ **do obróbki obwiedniowej kół zębatych** generating grinder, generation grinder
~ **do otworów** internal grinder
~ **do otworów planetarna** planetary-type internal grinding machine
~ **do płaszczyzn** surface grinder
~ **do prowadnic** slideway grinder
~ **do rdzeni** *odl.* core grinder
~ **do usuwania wad powierzchniowych** conditioning grinder
~ **do walców** roll grinder
~ **do wałków** cylindrical grinder, external grinder
~ **do zaworów** valve refacer
~ **-docierarka** lapper, lapping machine
~ **-dogładzarka** superfinisher
~ **do płaszczyzn** (*szlifująca dwustronnie*) double disk grinder, double-ended grinder
~ **kłowa** centre-type grinder
~ **koordynatowa** jig grinder
~ **obwiedniowa** generating grinder
~ **-ostrzarka do pił** saw grinding machine, saw gummer
~ ~ **do przeciągaczy** broach sharpening machine
~ ~ **do wierteł** drill sharpening machine

~ ~ **narzędziowa** tool grinder, tool grinding machine, sharpening machine, sharpener
~ **profilowa optyczna** (*z ekranem do obserwacji szlifowanego zarysu*) optical profile grinding machine
~ **-przecinarka** abrasive-cutting machine
~ ~ **z obrotem przedmiotu** rotating abrasive-cutting machine
~ **ręczna z napędem mechanicznym** portable grinding tool
~ **stojakowa** floor-stand grinder, pedestal grinder
~ **stołowa** bench-grinder
~ **suportowa** lathe grinder, tool-post grinder
~ **tarczowa** *drewn.* disk sander
~ **taśmowa** belt grinder, band grinding machine, abrasive belt machine, bandfacer
~ **wahadłowa** swing frame grinder
~ **walcowa pionowa** *drewn.* bobbin sander
~ **współrzędnościowa** jig grinder
~ **-wygładzarka** honing machine
~ **z tarczą segmentową** (*do szlifowania przerywanego*) chop-stroke abrasive cutting machine
~ **-zdzierarka** snagging grinder
szlifiernia *f* grindery, grinding shop
szlifierski *a* grinding; abrasive
szlifierz *m* grinder
~ **diamentów** diamond cutter
szlifowanie *n* **1.** grinding **2.** *drewn.* sanding **3.** *skór.* fluffing **4.** *powł.* rubbing down
~ **bezkłowe** centreless grinding
~ **czołowe** face grinding
~ **i rzeźbienie dna** (*naczyń szklanych*) puntying
~ **elektrolityczne** electrolytic grinding
~ **kłowe** centre-type grinding
~ **kształtowe** form grinding, profile grinding, contour grinding
~ **na mokro** (*z chłodzeniem*) wet grinding
~ **na sucho** (*bez chłodzenia*) dry grinding
~ **obwiedniowe** generation grinding
~ **otworów** internal grinding
~ ~ **cylindrycznych** inside diameter grinding, ID grinding
~ **pierścieniowe** annular grinding
~ **płaszczyzn** surface grinding
~ **poprzeczne** traverse grinding
~ **profilowe** form grinding, profile grinding, contour grinding
~ **przeciwbieżne** up cut grinding, up-grinding
~ **przelotowe** continuous grinding
~ **przerywane** chop grinding
~ **taśmą ścierną** (abrasive) belt grinding, linishing
~ **taśmowe** *zob.* **szlifowanie taśmą ścierną**
~ **wałków** cylindrical grinding
~ **wgłębne** plunge grinding, plunge-cut grinding
~ **współbieżne** climb cut grinding, down-grinding
szmaragd *m min.* emerald
~ **niklowy** zaratite
szmatowatość *f skór.* sponginess
szmaty *fpl* rags
szmer *m* (*serca*) *med.* murmur
szmergiel *m min.* emery
sznajderyt *m wybuch.* schneiderite
sznary *pl farb.* brush marks
sznur *m* cord; line; *el.* flexible cord
~ **elastyczny** elastic cord
~ **haczykowy dorszowy** *ryb.* throat line, bultow
~ ~ **zakotwiczony** trawling line, set line
~ **łączeniowy** *el.* connecting cord, patch cord
~ **plazmy** plasma filament
~ **pomiarowy** *tel.* test cord
~ **przyłączeniowy** *el.* line cord, power cord
~ **uszczelniający** packing cord
~ **woskowy** *odl.* wax vent, strum
sznurek *m* string
~ **traserski** (*do odbijania linii prostych*) chalk line
sznurowanie *n ryb.* pursing
sznurówka *f* **kutla niewodu** *ryb.* tie line
~ **worka włoka** *ryb.* draw rope
sznury *mpl* **haczykowe** *ryb.* long lines
szok *m med.* shock
szopa *f* shed, shanty
~ **dla bydła** covered cattle yard
szorować *v* scrub, scour
szorstki *a* rough, coarse
szorstkość *f* roughness, coarseness
szorstkować *v* roughen, rasp
szosa *f* highroad
szot *m okr.* sheet
szóstego stopnia *mat.* sextic
szóstnik *m el.* six-terminal network
szpachla *f* spatula; putty krafe; stopping knife
szpachlować *v* lute; stop
szpachlówka *f* lute; putty; surfacer; filler
~ **stolarska** wood filler
szpagat *m* cord, twine
szpaler *m roln.* **1.** (*korona drzewa*) espalier **2.** (*podpora*) espalier
szpalta *f poligr.* column
szpałdówka *f bud.* scone brick
szpara *f* gap; chink
szparag *m bot.* asparagus, *Asparagus officinalis* L.
szpat *m min.* spar
~ **ciężki** barytes, barite, heavy spar, tiff
~ **islandzki** Iceland spar
~ **manganowy** rhodochrosite, dialogite, manganese spar
~ **migający** schillerspar
~ **polny** feldspar
~ **tabliczkowy** wollastonite, tabular spar
~ **wapienny** (sparry) calcite, calsparite, calcspar, sparite
~ **żelazny** ironstone, spathic iron ore, siderite

szperacz *m mot.* searchlight, adjustable spot light
szpic *m* point, pointed tip
szpicak *m bud.* point chisel
szpicowanie *n bud.* pointing (*stones*)
szpiczasty *a* pointed
szpigat *m okr.* scupper
szpik *m anat.* (bone) marrow, medulla
szpilka *f* pin
~ **formierska** *odl.* (moulder's) sprig, moulder's brad
~ **miernicza** *geod.* chaining arrow, pin arrow
~ **pokładowa** *okr.* deck bolt
szpilkowanie *n* **formy** *odl.* sprigging, nailing
szpinak *m bot.* spinach, *Spinacia oleracea* L.
szpital *m* hospital
~ **okrętowy** (*na okręcie wojennym*) sick-bay; (*na statku handlowym*) sick berth
szpon *m zool.* claw
szpring *m okr.* spring (line), quarter mooring
~ **rufowy** quarter rope
szprot *m ryb.* sprat, *Spratus spratus* L.
szprycha *f* spoke, wheel arm
szpula *f* spool; bobbin; reel
~ **nawijająca** (*np. taśmę magnetyczną*) take-up reel
~ **odbiorcza** *fot.* take-up spool
~ **odwijająca** (*np. taśmę magnetyczną*) take-off reel, pay-off reel
~ **podająca** (*np. taśmę magnetyczną*) feed reel; *fot.* delivery spool
szpularka *f hutn.* spooling machine, spooler
szradan *m pest.* schradan (*acaricide and insecticide*)
szrapnel *m uzbr.* shrapnel (shell)
szron *m meteo.* hoarfrost, silver frost, white frost; rime
sztaba *f* heavy bar
~ **mydła** slab
sztabik *m bud.* glazing bead
sztacheta *f* pale, paling
sztag *m okr.* stay
~ **dziobnika** bobstay
sztaksel *m okr.* staysail
sztamowanie *n* (*przy formowaniu*) *odl.* stamping-back
sztapel *m* stack (*of timber*)
sztaplarka *f* stacker (*for stacking timber*)
sztaplowanie *n* stacking (*timber*)
sztauer *m żegl.* stevedore
sztauować *v żegl.* stow, stevedore
sztauowanie *n żegl.* stowage, stevedoring
sztauplan *m żegl.* stowage plan
sztender *m okr.* pendant, pennant
sztokfisz *m ryb.* stockfish
sztolnia *f* **1.** *górn.* (side) drift; adit **2.** *inż.* power tunnel
~ **łącznikowa** close work
~ **odprowadzająca powietrze** off-take drift
~ **odwadniająca** drain adit; off-take drift
~ **poszukiwawcza** exploratory drift
~ **przelewowa** spillway tunnel (*in a dam*)
~ **wentylacyjna** air adit
~ **wodna** drain adit
~ **z ujściem na powierzchnię** *górn.* day level
sztorm *m meteo.* storm
~ **wirowy** revolving storm
sztormować *v żegl.* weather
sztormtrap *m okr.* rope ladder, jack ladder, Jacob's ladder
sztruks *m włók.* corduroy
sztuczka *f odl.* drawback, false core
sztuczna inteligencja *f* artificial intelligence
sztuczna łąka *f roln.* seeded grassland
sztuczna nerka *f med.* artificial kidney
sztuczna przynęta *f ryb.* plug
sztuczna skóra *f* imitation leather, leather substitute, leathercloth
sztuczna szczęka *f* denture
sztuczne czucie *n lotn.* artificial feel
sztuczne jajo *n* (*w gnieździe*) *zoot.* nest egg
sztuczne jezioro *n* man-made lake
sztuczne oddychanie *n bhp* artificial respiration
sztuczne oddychanie *n* **usta-usta** mouth-to-mouth rescue breathing
sztuczne płuco-serce *n med.* heart-lung machine
sztuczne ręce *fpl nukl.* master-slave manipulator
sztuczne serce *n med.* artificial heart
sztuczne wędzenie *n spoż.* artificial smoking
sztuczny *a* artificial; dummy
sztuczny horyzont *m lotn.* artificial horizon
sztuczny jedwab *m* rayon
sztuczny rozrusznik *m* **serca** *med.* artificial pacemaker
sztuczny róg *m tw.szt.* galalith, artificial horn
sztuczny satelita *m* artificial satellite
sztuczny satelita *m* **Słońca** artificial asteroid
sztuka *f* **1.** piece; specimen; unit; head **2.** (*umiejętność*) art; craft
~ **dobra** *skj* good piece, conforming unit
~ **drukarska** art of printing
~ **wadliwa** *skj* defective (piece)
~ **z wadą istotną** major defective
~ ~ ~ **krytyczną** critical defective
~ ~ ~ **nieznaczną** minor defective
sztukateria *f bud.* stuccowork
sztukator *m bud.* plasterer, stucco decorator
sztuki *fpl* **pojedyncze** (*należące do zdekompletowanej całości*) odd pieces
sztychowanie *n* **betonu** *bud.* rodding the concrete
sztychówka *f* **do darniny** sod knife, turf cutter
sztyft *m kosmet.* stick
~ **dezodoryzujący** deodorant stick
~ **do cieniowania powiek** eyestick
sztygar *m* mine foreman, head miner

~ **mierniczy** surveying deputy
~ **objazdowy** overman, overlooker
~ **przy głębieniu szybu** deputy of sinkers
~ **strzelniczy** deputy for shot firing
sztylet *m* **zecerski** *poligr.* bodkin, spike
sztywnieć *v* stiffen, become rigid
sztywnik *m bud.* window brace, window bracket
sztywność *f* **1.** rigidity, stiffness **2.** *mat.* tautness **3.** *med.* rigor
~ **akustyczna** acoustic stiffness
~ **bezpośrednia** *aero.* direct stiffness
~ **klatki walcowniczej** *hutn.* mill modulus
~ **rozciągania** longitudinal rigidity
~ **skręcania** torsional rigidity
~ **sprężyny** spring rate
~ **zginania** flexural rigidity
sztywny *a* rigid, stiff
szubienica *f lotn.* glider training scaffold
szufla *f* shovel, scoop
szuflada *f* drawer
~ **klujnikowa** (*inkubatora*) *zoot.* hatching tray
~ **lęgowa** (*inkubatora*) *zoot.* setting tray
szuflarka *f* **nożowa** *zob.* **szuflarka samoczynna**
~ **samoczynna** *odl.* sand cutter, sand cutting machine
szuflować *v* shovel
szukacz *m* **1.** *tel.* hunter, interference search device **2.** *mot.* searchlight, adjustable spot light
~ **horyzontu** *nawig.* horizon tracker, horizon scanner
~ **kabla** (*ziemnego*) *el.* cable finder
~ **liniowy** *tel.* line finder
~ **przerwy** (*w kablu*) *el.* disconnection locator
~ **słońca** *kosm.* sun-position indicator, sun seeker, sun follower
szukanie *n tel.* hunting; *inf.* search(ing)
szum *m el.akust.* noise, *zob.też* **szumy**
~ **biały** white noise
~ **cieplny** thermal agitation noise
~ **dyfuzyjny** *elektron.* diffusion noise
~ **igły** needle scratch
~ **informacyjny** information noise
~ **kwantowy** *tel.* quantization noise, quantization distortion
~ **migotania** *elektron.* flicker noise
~ **mikrofonu** (*węglowego*) frying
~ **pochodzenia zewnętrznego** fuzz
~ **pseudolosowy** *tel.* pseudorandom noise
~ **sali** room noise
~ **syczący** hiss
~ **taśmy filmowej** *kin.* film noise
~ **tłowy** *rad.* background noise
~ **torowy** *tel.* line noise
~ **wybuchowy** *elektron.* popcorn noise, burst noise
~ **wywołany impulsami** *tel.* pulse noise
szumować *v* skim
szumowiny *pl* (*na powierzchni ciekłego metalu*) *odl.* dross, scruff, scum
szumówka *f odl.* skimmer spoon
szumy *mpl* **geomagnetyczne** *tel.* geomagnetic noise
~ **kosmiczne** *rad.* cosmic noise, sky noise, extraterrestrial noise, galactic noise
~ **lampy** *elektron.* tube noise
~ **modulacyjne** modulation noise
~ **radiowe** radio noise
~ ~ **słoneczne** solar (radio) noise
~ **śrutowe** *elektron.* shot-effect
~ **w antenie** *rad.* antenna pick-up
~ **własne** *rad.* internal noise
szungit *m* (*odmiana grafitu*) shungite
szworka *f ryb.* fishing line
szyb *m* shaft; *okr.* casing
~ **dźwigu** lift shaft
~ **kablowy** *el.* cable chute
~ **kominowy** *okr.* funnel casing
~ **kopalniany** *górn.* pit shaft
~ **kotłowy** *okr.* boiler(-room) casing
~ **maszynowy do ciągnienia** *szkl.* tower of a drawing machine
~ **nadmiarowy** *okr.* expansion trunk
~ **naftowy** *wiertn.* oil well
~ **oświetleniowy** *okr.* light casing
~ **pieca** furnace shaft
~ **pływakowy** *hydr.* float well
~ **pomocniczy** *górn.* countershaft
~ **poszukiwawczy** *górn.* prospecting shaft, discovery shaft
~ **ratunkowy 1.** *górn.* emergency shaft, escape shaft **2.** *okr.* escape trunk
~ **solankowy** salt well
~ **spalania** (*w nagrzewnicy dmuchu*) *hutn.* combustion well
~ **studzienny** well shaft
~ **ślepy** *górn.* staple shaft, staple pit
~ **świetlny** *bud.* light-well
~ **ucieczkowy** *górn.* emergency shaft, escape shaft
~ **wdechowy** *górn.* downcast (shaft)
~ **wentylacyjny** *górn.* ventilating shaft, air-shaft
~ **wlotowy** *górn.* downcast (shaft)
~ **wodowskazowy** water gauge well
~ **wyciągowy** lift shaft; *górn.* drawing shaft
~ **wydechowy** *górn.* upcast shaft, U.C., outtake shaft
~ **wydobywczy** *górn.* drawing shaft, output shaft
~ ~ **kopalni** węgla coal-pit
~ **wylotowy** *górn.* upcast shaft, outtake shaft
~ **żeliwiaka** cupola shaft
szyba *f* (*okienna*) (window) panel
~ **bezpieczna** *mot.* safety window
~ **ogrzewana** *mot.* heated window
~ **opuszczana** *mot.* drop window, wind-down window
~ ~ **do połowy** half drop window
~ **pancerna** transparent armour
~ **panoramiczna** (*przednia*) *mot.* panoramic window, wrap round window
~ **przednia** *mot.* windscreen; *US* windshield
~ ~ **łamana** V-front window
~ **tylna o ujemnym kącie pochylenia** *mot.* cliff-cut rear window

~ **wirująca** (*w oknie sterowni*) *okr.* clear-view screen (*in wheelhouse*)
szyber *m* chimney damper, chimney register
szybiarz *m górn.* sinker
szybik *m górn.* small shaft, fore-shaft
~ **badawczy** trial pit, test pit; prospecting shaft, discovery shaft
~ **między dwoma poziomami** winze
~ **poszukiwawczy** *zob.* **szybik badawczy**
~ **ślepy** staple
~ **wiertniczy** *wiertn.* cellar
szybka *f zeg.* watch glass, crystal
szybka kolej *m* **miejska** underground; *US* subway
szybki *a* fast, quick, rapid
szybki algorytm *m* **przekształcenia Fouriera** *mat.* fast Fourier transform, FFT
szybki dostęp *m* (*do pamięci*) *inf.* quick access
szybki ruch *m* **jałowy** *masz.* skip motion
szybki ruch *m* **powrotny** quick-return motion; fly-back, kickback (*of a pointer*)
szybki wzrost *m* rapid growth
szybkie przejście *n* **adiabatyczne** *fiz.* adiabatic fast passage
szybko działający quick-acting, fast-acting
szybko zamarzający quick-freezing
szybkobieżny *a* high-speed; quick-running
szybkoobrotowy *a* high-speed
szybkoschnący *a* quick-drying
szybkostrzelność *f uzbr.* rate of fire
szybkostrzelny *a uzbr.* quick-firing
szybkościomierz *m* speed indicator, speedometer; *lotn.* air-speed indicator
szybkościowy *a* high-speed
szybkość *f* speed; rate; rapidity; celerity; *zob.też* **prędkość**
~ **chłodzenia** cooling rate
~ **drukowania** *inf.* print-out rate
~ **działania całkującego** *aut.* reset rate
~ **ekonomiczna** *mot.* maxmile speed
~ **jazdy** running speed; *mot.* driving speed
~ **jonizacji** ionization rate
~ **kątowa obrotu Ziemi** *astr.* earth rate
~ **korozji** corrosion rate
~ **narastania impulsu** *elektron.* pulse rate-of-rise
~ ~ **oblodzenia** *lotn.* rate of icing, icing severity
~ **obrotowa** angular velocity, speed of rotation
~ **opadania krwinek** *med.* blood sedimentation rate, BSR
~ **osiadania** sedimentation rate
~ **pełzania** *wytrz.* creep rate
~ **posuwu** *obr.skraw.* feed rate
~ **prądu odpływu** *ocean.* strength of ebb
~ ~ **przypływu** strength of flood
~ **przemiany promieniotwórczej** *nukl.* decay rate, disintegration rate
~ **przesyłania danych** throughput
~ ~ **informacji** information flow rate
~ **reakcji** *chem.* reaction rate
~ **rozchodzenia się fali** speed of wave propagation
~ **rozpadu** *nukl.* decay rate, disintegration rate
~ **rozszczepienia** *nukl.* fission rate
~ **roztapiania** (*wsadu*) *hutn.* melting rate
~ **ruchu posuwowego** *obr.skraw.* feed speed
~ **skrawania** *obr.skraw.* cutting speed
~ **spalania** rate of combustion, combustion rate
~ **spływu wióra** (*względem narzędzia*) *obr.skraw.* chip flow velocity
~ **sterowania** *aut.* rapidity of control
~ **sterowna** (*statku*) *żegl.* steerageway
~ **stygnięcia** cooling rate
~ **tętna** *med.* pulse rate
~ **transmisji bitów** *tel.* bit rate
~ **trawienia** etch rate
~ **tworzenia (się)** *chem.* rate of formation
~ **unoszenia nośników ładunków** (*w polu elektrycznym*) *elektron.* carrier drift velocity
~ **walcowania** *obr.plast.* rolling speed, rolling rate, mill speed
~ **wejściowa** (*do walców*) *obr.plast.* entering speed
~ **wprowadzania** (*danych*) *inf.* input speed
~ **wybuchu** explosion rate
~ **wyjściowa** (*z walców*) *obr.plast.* delivery speed
~ **wykonywania zakrętu** *lotn.* turn rate
~ **wypalania się** *nukl.* rate of depletion
~ ~ ~ **węgla** (*w kąpieli stalowej*) *hutn.* carbon loss rate, carbon drop rate
~ **wypornościowa** *żegl.* displacement speed
~ **wyprowadzania** (*danych*) *inf.* output speed
~ **wzrostu** *ek.* rate of increase
~ **zakręcania** *lotn.* rate of turn, turning rate
~ **zasilania** feed rate
~ **zbieżności całki** *mat.* rate of convergence of an integral
~ **zliczeń** *radiol.* counting rate
~ **zmiany kursu** *żegl.* turning rate
szybkowar *m* pressure cooker
szybowanie *n lotn.* soaring, planing
szybowiec *m lotn.* glider; sailplane
~ **wyczynowy** sailplane, soaring glider
szybowisko *n* glider airfield
szybownictwo *n lotn.* gliding
szybownik *m* glider pilot
szybowy *m górn.* shaftsman
szych *m włók.* tinsel
szyć *v* sew; stitch
szydło *n* awl
~ **odpowietrzające** *odl.* vent wire
~ **płaskie** bradawl
szyfon *m włók.* chiffon
szyfr *m* code; cipher
~ **jednokierunkowy** *inf.* one-way cipher
szyfrator *m inf.* coder, encoder
szyfrować *v* code, encode; cipher (*a message*); *tel.* scramble

szyja *f anat.* neck
szyjka *f* neck
~ **bańki** *el.* neck of bulb
~ **butelki** bottleneck
~ **butli** (*do gazu*) cylinder neck
~ **kolby** *lab.* flask neck
~ **nadlewu** *odl.* riser neck
~ **nitu** rivet neck
~ **płuczkowa** *wiertn.* gooseneck
~ **szyny** rail web
~ **wiertła** drill neck
~ **wlewu** (*zbiornika*) filler neck
~ **zegarka** *zeg.* case pendant
szyjkowanie *n obr.plast.* necking, neck forming
szyk *m* array; *lotn.* formation
~ **antenowy** *rad.* aerial array
~ ~ **promieniujący poprzecznie** broadside array
~ ~ ~ **wzdłużnie** end-fire array
~ ~ **synfazowy** cophasal array
~ ~ **ścianowy** curtain array
~ **bojowy** *lotn.* battle formation
~ **czołowy** *żegl.* line abreast
~ **torowy** *żegl.* line ahead
~ **zwarty** *lotn.* close formation
szykana *f inż.wod.* baffle pier
szyld *m* signboard
szyna *f* **1.** rail **2.** *el.* bus(bar) **3.** *inf.* bus **4.** *med.* splint
~ **bezstykowa spawana** *kol.* continuous welded rail, CWR
~ **dwugłówkowa** (*przestawna*) double-head rail
~ **dźwigowa** crane rail
~ **jezdna** traffic rail, running rail
~ ~ **podwieszona** runway (*of an overhead conveyor*)
~ **karetki** *biur.* carriage rail
~ **kolankowa** *kol.* wing rail
~ **kolejowa** railway rail
~ **ochronna** *kol.* check rail, guard rail, side rail
~ **podsuwnicowa** bridge rail
~ **prądowa** *kol.* conductor-rail, contact rail, third rail
~ **prowadząca** guide bar, guide rail
~ **przecinkowa** (*w maszynach do liczenia*) *biur.* decimal rod
~ **rowkowa** dock rail
~ **skrzydłowa** *kol.* wing rail
~ **suwnicowa** bridge rail
~ **szlifierska** *szkl.* nog bar
~ **toczna obrotnicy** *kol.* circle rail
~ **tramwajowa** tram rail
~ **uziemiająca** *el.* earth bar
~ **Vignoli** flat bottom rail, F.B. rail
~ **wagowa** (*wagi wagonowej*) scale rail, weighing rail, deck rail, live rail
~ **wąskotorowa** *kol.* light rail
~ **wózka** *biur.* carriage rail
~ **z płaską stopą** flat bottom rail
~ **z rowkiem** grooved rail
~ **zasilająca wielowarstwowa** *elektron.* laminated busbar
~ **zębata** rack-rail
~ ~ **marginesu** *biur.* margin stop rack
~ **odstępów** *biur.* letter spacing rack
~ ~ **tabulatora** tabulator rack
szyniak *m kol.* rail(road) spike, track spike, dog-nail
szynka *f spoż.* ham
szynoprzewód *m el.* busway
~ **ślizgowy** trolley duct
szynszyla *f zool.* chinchilla, *Chinchilla laniger*
szyny *fpl* **ślizgowe** (*w piecu przepychowym*) *hutn.* running skids, skid rails
~ **zasilające** *el.* power rails
~ **zbiorcze** *el.* busbars
szypczendler *m żegl.* shipchandler
szyper *m żegl.* skipper
szypułka *f bot.* leaf stalk
szyszka *f bot.* cone
szyszki *fpl* **chmielowe** *ferm.* hops
szyszynka *f anat.* pineal gland, conarium, epiphysis

Ś

ściana *f* **1.** wall **2.** *górn.* longwall
~ **ażurowa** *bud.* honeycombed wall
~ **Blocha** *fiz.* Bloch wall, domain wall
~ **boczna** side wall; *geom.* lateral face
~ **czołowa** *inż.* headwall
~ **domenowa** *zob.* **ściana Blocha**
~ **drzwiczkowa** *kotł.* door-sheet
~ **dyslokacji** *kryst.* dislocation wall
~ **działowa** *bud.* partition (wall), division wall
~ ~ **rozsuwana** folding partition (wall)
~ **ekranowana** *kotł.* water-wall
~ **frontowa** face wall
~ **główna** *bud.* main wall, load-bearing wall
~ **grzewcza** heating wall
~ **kapitalna** *zob.* **ściana główna**
~ **kominowa** stack partition
~ **komórkowa** *biol.* cell wall
~ **konstrukcyjna** *zob.* **ściana nośna**
~ **kryształu** crystal face, facet
~ ~ **zarośnięta** overlapped face of crystal
~ **nabrzeża** *inż.* wharf wall, quay wall
~ **naporowa zapory** *inż.* dam heel
~ **niekonstrukcyjna** *zob.* **ściana nienośna**
~ **nienośna** *bud.* nonbearing wall
~ **nośna** *bud.* load-bearing wall, main wall
~ **o jednym licu pochyłym** *bud.* talus wall
~ **ochronna** protective wall
~ **ogniowa** *bud.* fire-wall, fire partition
~ **oporowa** *inż.* retaining wall
~ **osłonowa** (*konstrukcji szkieletowej*) *bud.* curtain wall, panel wall
~ **parapetowa** *bud.* parapet wall
~ **piętrząca zapory** *inż.* dam heel
~ **podgardlana** *kotł.* throat sheet
~ **podstawowa** *kryst.* pedion
~ **podziału pożarowego** *zob.* **ściana przeciwpożarowa**
~ **pokryta płytami okładzinowymi** *bud.* dry wall
~ **prowadzona od granic do szybu** *górn.* retreating longwall
~ ~ **od szybu do granic** advancing longwall
~ **przeciwpożarowa** *bud.* fire-wall, fire partition
~ **przeciwwybuchowa** *inż.* blast wall
~ **przepustu** (*w wannie szklarskiej*) bridge (wall)
~ **prześwitowa** *bud.* honeycombed wall
~ **ryglowa** (*drewniana*) *bud.* stud wall
~ **samonośna** *bud.* nonbearing wall
~ **sitowa** *kotł.* tube-sheet, tube plate
~ ~ **walczaka** flue sheet
~ **szczelinowa** *bud.* cavity wall, hollow wall
~ **szczytowa** *bud.* gable wall, gable end
~ **szkieletowa** *bud.* stud wall
~ **ślepa** blind wall, blank wall
~ **tylna skrzyni ładunkowej** *mot.* tailboard (*of a truck*)
~ **wielościanu** *geom.* face of a polyhedron
~ **zawałowa** *górn.* longwall with caving
~ **zwarciowa** *rad.* electric short wall
ścianka *f* wall, *zob.też* **ściana**
~ **adiabatyczna** *fiz.* adiabatic partition
~ **diatermiczna** *fiz.* diathermic partition, diathermal wall, thermally conducting wall
~ **kierująca** (*narzędzi pułapkowych*) *ryb.* hedging, (fish) hedge
~ **ochronna** (*w piecu donicowym*) *szkl.* wicket wall, breast wall
~ **pod biegiem schodowym** *bud.* spandrel
~ **rowka** *spaw.* fusion face, groove face
~ **szczelna** *inż.* sheet pile wall, sheet piling, sheeting
ściany *fpl* **wicynalne** *kryst.* vicinal faces
ściąć *v* truncate, cut off
ściąg *m* stay; brace; tie (rod); *bud.* bowstring
~ **dachowy** *bud.* roof beam
~ **diagonalny** *okr.* dagger
~ **kątowy płaski** *kotł.* gusset (stay)
~ **narożnikowy** *kotł.* diagonal stay
~ **podłużny** *kotł.* longitudinal stay; *bud.* through stay
~ **stropowy zawieszony** *kotł.* sling stay
~ **sufitowy ukośny** *kotł.* radial stay
~ **wiązara dachowego** *bud.* collar beam, span-piece
ściągacz *m* **1.** turnbuckle; right-and-left nut **2.** *narz.* puller **3.** *bud.* wall tie **4.** *bud.* through-stone, parpen, binder
~ **do kół zębatych** *narz.* gear puller
~ **do łożysk** *narz.* bearing puller
~ **dolny** (*okrężnicy*) *ryb.* spring rope, purse rope, pursing cable, hauling rope
~ **kół** *mot.* wheel puller
~ **linowy** *okr.* lanyard
~ **odbieraka prądu** pole retriever (*in a trolley-bus*)
~ **piasty koła** *mot.* hub puller
~ **śrubowy** rigging screw
ściągać *v* **1.** pull off **2.** *ferm.* rack (off)
~ **statek z mielizny** *żegl.* refloat a ship
~ **w dół** haul down
~ **wlewnicę** (*z wlewków*) *hutn.* strip the moulds (*from the ingots*)
~ **żużel** *hutn.* slag, flush the slag, skim off slag

ściągający *a mat.* contracting
ściągalny *a mat.* contractible, shrinkable
ściągnięcie *n mat.* contraction
~ **pokrycia** shrinking of a covering
ścieg *m* **1.** *włók.* stitch; seam **2.** *spaw.* run; bead; (welding) sequence
~ **granitowy** *spaw.* root run, back-up weld, stringer
~ ~ **podtrzymujący** *spaw.* backing run
~ **krokowy** *spaw.* back-step sequence, stepback sequence
~ **licowy** *spaw.* final run
~ **podspawany** *spaw.* sealing run
~ **prosty** *spaw.* string bead
~ **schodkowy** *spaw.* block sequence
~ **skokowo-krokowy** *spaw.* skip back-step sequence
~ **skokowy** *spaw.* skip sequence
~ ~ **nieregularny** wandering sequence
~ ~ **schodkowy** wandering block sequence
~ **spoiny** weld bead
~ **zakosowy** *spaw.* weave bead
ściek *m* gutter, gully; sewer; *górn.* gauton
~ **pokładowy** *okr.* waterway, (deck) scupper
~ **uliczny** gutter, street gully; catch basin
ściekać *v* drip; trickle
ściekanie *n* **farby olejnej** curtaining
ścieki *mpl* sewage, waste water, liquid wastes
~ **fabryczne** manufacturing waters
~ **garbarskie** tannery wastes
~ **gospodarskie** domestic sewage
~ **kanalizacyjne** sewage
~ **komunalne** municipal wastes
~ **kuchenne** sink water
~ **miejskie** *zob.* **ścieki komunalne**
~ **nieoczyszczone** crude sewage
~ **pocelulozowe** pulp-mill liquors
~ **potrawienne** *hutn.* pickling effluents, pickling (plant) liquors
~ **promieniotwórcze** *zob.* **ścieki radioaktywne**
~ **przemysłowe** (liquid) industrial wastes, industrial effluent water, trade wastes
~ **radioaktywne** radioactive effluents
~ **z cukrowni** beet-sugar wastes
~ **z gorzelni** distillery wastes
~ **z mleczarni** dairy wastes
~ **z przerobu ziemniaków** potato wastes
ściekwa *f bud.* drip
ściemniacz *m el.* (light) dimmer
ściemnianie *n* **1.** (light) dimming **2.** *TV, kin.* fade-out
ścieniać *v* **się** thin out; peter out
ścienienie *n* **pokładu** *górn.* nip, want, balk; *geol.* pinch
n-**ścienny** *a geom.* *n*-hedral
ścier *m papiern.* groundwood, (wood) pulp, paper pulp
~ **biały** white groundwood
~ **brązowy** steamed groundwood
~ **chemiczny** chemical pulp
~ **drzewny** wood pulp, paper pulp
~ **mechaniczny** mechanical pulp, groundwood

ścierać *v* **1.** abrade; grind; wear off **2.** wipe
ścierak *m papiern.* pulp grinder
~ **łańcuchowy** chain grinder
~ **prasowy** pocket grinder
ścierakowy *m papiern.* grinderman
ścieralnia *f papiern.* pulp mill, groundwood mill, grinder room
ścieralnościomierz *m* abrasiometer, abrasion tester
ścieralność *f* grindability
ścieranie *n* abrasion, abrasive action; grinding
~ **drewna** wood grinding
~ **na gorąco** *papiern.* hot grinding
~ **się** abrasive wear, attrition
ścierka *f* **pyłochłonna** tack rag
ściernica *f obr.skraw.* grinding wheel
~ **diamentowa** diamond wheel
~ **do cięcia** cut-off wheel, emery cutter
~ **do gwintów** thread grinding wheel
~ **do ostrzenia pił** saw gummer
~ **do szlifowania gniazd zaworowych** seat stone
~ **do zdzierania** snagging wheel
~ **garnkowa** (straight) cup-type grinding wheel, cup wheel
~ ~ **zbieżna** flaring cup-type grinding wheel
~ **jednoprofilowa** (*do gwintów*) single-edged grinding wheel, single-ribbed wheel
~ **pierścieniowa** cylinder-type grinding wheel
~ **pojedyncza** (*do gwintów*) single-edged grinding wheel, single-ribbed wheel
~ **segmentowa** segmental grinding wheel
~ **stępiona** glazed grinding wheel
~ **szlifierki ręcznej** (*do płaszczyzn*) sand disk
~ **talerzowa** dish-type grinding wheel, saucer-type grinding wheel
~ **tarczowa** disk-type grinding wheel, abrasive disk
~ ~ **dwustronnie stożkowa** grinding wheel tapered on two sides
~ ~ **płaska** straight-type grinding wheel
~ ~ ~ **z dwustronnym wybraniem** grinding wheel recessed on both sides
~ ~ ~ **z jednostronnym wybraniem** grinding wheel recessed on one side
~ **trzpieniowa** grinding pin, mounted grinding point
~ **wielokrotna** (*do gwintów*) multiple-edged grinding wheel, multi-ribbed grinding wheel
~ **wieloprofilowa** *zob.* **ściernica wielokrotna**
~ **z zielonego węglika krzemu** green grit grinding wheel
~ **zamazana** (*o porach wypełnionych szlifowanym materiałem*) loaded grinding wheel
~ **ze spoiwem ceramicznym** vitrified grinding wheel
ściernisko *n roln.* stubble (field)
ścierniwo *n* abrasive (material), abradant

ścierny *a* abrasive
ścieżka *f* path
~ **adresowa** *inf.* address track
~ **dla pieszych** footpath, walkway, footway
~ **dyspozycji** *TV* cue track
~ **dźwiękowa** *akust.* soundtrack
~ **informacyjna** information (recording) track
~ **krytyczna** (*w metodzie PERT*) critical path, slackless path
~ **magnetyczna** *el.akust.* magnetic track
~ **ośmiokrotna** *nukl.* eightfold way
~ **podejścia** *lotn.* path of approach
~ **prochowa** *uzbr.* powder train
~ **przewodząca** *elektron.* conductor track, conductive path
~ **reakcji** *chem.* reaction path(way)
~ **rowerowa** *drog.* cycle track
~ **schodzenia** *lotn.* glide path
~ **synchronizująca** *inf.* timing track
~ ~ **zegarowa** clock track
~ **wizyjna** *TV* video track
~ **z rezerwą** (*w metodzie PERT*) slack path
~ ~ ~ **nadmierną** surplus path, redundant path
~ **zapasowa** (*zapisu w pamięci magnetycznej*) *inf.* alternate track
~ **zapisu** *inf.* recording track
~ **zdatności** operating path
~ **zegarowa** *inf.* clock track
ścięcie *n* **gwintu** *masz.* truncation of thread
~ **naprowadzające** (*współdziałających części złącza*) lead-in chamfer
~ **skośne** (*krawędzi*) bevel, chamfer, scarf, cant
~ ~ **końcówki skrzydła** *lotn.* wing-tip rake
ścięgna *npl* **nośne** *lotn.* lift wires, flying wire
~ **przeciwnośne** *lotn.* anti-lift wires
ścięgno 1. *anat.* sinew, tendon **2.** bracing wire, tie rod
~ **profilowe** streamline bracing wire
ścięty skośnie bevelled, chamfered
ścigacz *m* **artyleryjski** *okr.* motor gun boat
~ **okrętów podwodnych** submarine chaser
~ **torpedowy** motor torpedo boat, PT boat, mosquito boat
ścin *m* **naroża** *narz.* chamfered corner
~ **powierzchni przyłożenia** *narz.* land of the flank
~ **wiertła** chisel edge of a drill
ścinacz *m* **impulsów** *rad.* chipper
~ **łęcin** *roln.* haulm stripper
~ **zielonek** *roln.* forage harvester
ścinać *v* cut down; hew; truncate
~ **do wewnątrz** (*na zakręcie*) *mot.* cut in
~ **drzewa** fell trees
~ **nity** shear rivets
~ **się** coagulate
~ **skośnie** bevel, chamfer
ścinak *m* (pneumatic) rivet shearing tool
ścinanie *n* shear(ing)
~ **czyste** pure shear
~ **się** *chem.* coagulation
ścinka *f* **drzew** *leśn.* felling
ścinki *mpl* cuttings, chips
ściółka *f* **1.** *roln.* litter; bedding **2.** *roln.* mulch **3.** *żegl.* dunnage **4.** *wzbog.* bed of grains
~ **leśna** duff
ściółkowanie *n* **gleby** *roln.* mulching
~ **ładunku** *żegl.* dunnaging
ściskacz *m* **do korków** cork press
~ **Hofmanna** *zob.* **ściskacz śrubowy**
~ **Mohra** *zob.* **ściskacz sprężynowy**
~ **sprężynowy** *lab.* pinchcock clamp, Mohr clamp
~ **śrubowy** *lab.* screw clip, Hofmann clamp
ściskać *v* compress; squeeze; clamp
ściskanie *n* compression; squeezing
~ **mimoosiowe** eccentric compression
~ **osiowe** axial compression
ściski *pl narz.* clamp; hand screw
ścisła odpowiedniość *f mat.* coincidence
ścisła styczność *f geom.* osculation
ścisłe przestrzeganie *n* strict adherence to...
ścisłość *f* **1.** accuracy; exactness **2.** density, compactness
ścisły *a* **1.** accurate, exact **2.** dense, compact
ściśle przestrzegać *v* adhere strictly to...
ściśle styczny *geom.* osculatory
ściśle tajne top secret
ściśle upakowany *kryst.* close-packed
ściśle wypukły *geom.* strictly convex
ściśle związany closely connected (*with sth.*)
ściśliwość *f* compressibility
ściśliwy *a* compressible
ściśnięcie *n* compressing, squeezing; clamping
~ **magnetyczne** *fiz.* magnetic constriction (*of plasma*)
ślad *m* trace; track; *mat.* spur, trace
~ **aerodynamiczny** wake
~ **(drogi) jonizacji** *fiz.* ionization track
~ **dźwiękowy** sound track
~ ~ **gęstościowy** variable-density
~ ~ **powierzchniowy** variable-area sound track
~ ~ **przeciwsobny** push-pull sound track
~ ~ **wielościeżkowy** multiple sound track
~ **macierzy** *mat.* trace of a matrix
~ **magnetyczny** magnetic track
~ **meteoru** meteor trail
~ **nici** (*po wyfarbowaniu*) *włók.* weft-way mark
~ **odcięcia** *szkl.* shear mark (*defect*)
~ **po usunięciu rąbka z odkuwki** *hutn.* flash line
~ **posuwu** *obr.skraw.* feed ridge
~ **prostej** *mat.* trace of a line
~ **torowy** *żegl.* wake
~ **toru** *fiz.* track of trajectory
~ **w emulsji fotograficznej** photographic track
~ **w komorze mgłowej** *fiz.* cloud track, fog track

ślady *mpl* **ciągów** *obr.plast.* die marks, die score, draw marks
~ nacięć na walcach *obr.plast.* ragging marks
~ pędzla brush marks
~ ślimacze (*wada powłoki emalii*) snail tracking
ślaz *m bot.* mallow, *Malva* L.
śledzenie *n* tracing (*of a moving target etc.*); tracking; *aut.* follow-up action
~ fali powodziowej flood routing, streamflow routing
śledziona *f anat.* lien, spleen
śledź *m zool.* herring, *Clupea harengus* L.
~ dziewiczy matjes herring, mattie
~ lekko solony solvsild
~ patroszony split herring
~ solony pickle herring
~ wędzony kipper, smoked herring
ślemię *n bud.* transom bar
ślepa plamka *f* **oka** *anat.* blind spot
ślepa podłoga *f* blind floor, rough floor, subfloor
ślepa próba *f chem.* blank test, blank determination
ślepa ulica *f* dead-end street, cul-de-sac
ślepe lądowanie *n* blind landing
ślepe okno *n bud.* blind window
ślepe wyrobisko *n* (*w kamieniu*) *górn.* blind drift
ślepota *f med.* blindness
~ całkowita na barwy monochromasia; achromatopsia
~ dzienna hemeralopia, day blindness
~ na barwę czerwoną protanopia, red blindness
~ ~ ~ niebieską acyanoblepsia, acyanopsia, tritanopia, blue blindness
~ ~ ~ ~ i żółtą tetartanopia, blue-yellow blindness
~ ~ ~ zieloną achloropsia
~ zmierzchowa night blindness, nyctalopia
ślepy chodnik *m górn.* blind drift
ślepy otwór *m* blind hole
ślepy przodek *m górn.* blind end
ślepy pułap *m bud.* sound boarding
ślepy tor *m kol.* stub track
ślepy zezwój *m el.* idle coil
ślimacznica *f* **1.** *masz.* worm-wheel **2.** *arch.* scroll(work)
~ o wieńcu płaskim *masz.* straight-face worm-wheel
~ pakująca *młyn.* packing worm
~ podzielnicy uniwersalnej *masz.* dividing worm-wheel, master worm-wheel
ślimak *m* **1.** *masz.* worm, perpetual screw **2.** *zool.* snail **4.** *anat.* cochlea
~ drobnozwojowy fine-pitch worm
~ globoidalny globoid worm, hourglass worm, hourglass screw, Hindley screw
~ jednokrotny *zob.* **ślimak jednozwojny**
~ jednozwojny single-start worm, single-thread worm
~ łopatkowy (*przenośnika*) paddle worm
~ opadający (*wyzębiający się w określonych warunkach*) drop worm
~ przekładni kierownicy *mot.* steering worm
~ przenośnika conveying worm, transport worm
~ samohamowny self-locking worm
~ stożkowy cone worm
~ wielokrotny *zob.* **ślimak wielozwojny**
~ wielozwojny multi-thread worm, multi-start worm
ślina *f fizjol.* saliva
ślinotok *m fizjol.* salivation
śliski *a* slippery
śliwa *f* **domowa** *bot.* plum-tree, *Prunus domestica* L.
~ migdał almond tree, *Prunus amygdalus* L.
~ renkloda greengage, *Prunus domestica* ssp. *italica*
śliwka *f bot.* plum
ślizg *m* **1.** *masz.* shoe, slipper; slide (block) **2.** chute (conveyor) **3.** *lotn.* sideslip **4.** planing craft, skimming boat
~ lodowy iceboat, ice yacht
~ maźniczy *kol.* pedestal liner
~ na ogon *lotn.* whip stall, tail slide
~ spiralny spiral chute (conveyor)
~ wodzika *siln.* crosshead slipper, crosshead shoe
~ żaglowy *zob.* **ślizg lodowy**
ślizgacz *m* **1.** *masz.* shoe, slipper, slide, traveller **2.** *okr.* planing craft, skimming boat
~ listwowy pantografu *el.* pantograph pan
~ łyżwowy (*odbieraka prądu*) *el.* contact slipper, contact shoe
~ ~ wodny z napędem śmigłowym airboat
ślizgać *v* **się** slide; glide; slip, skid
~ ~ po wodzie hydroplane
ślusarz *m* fitter; locksmith
~ instalacji rurowych plumber
~ kadłubowy *okr.* plater
~ narzędziowy toolmaker
~ okrętowy shipfitter
~ precyzyjny die-sinker
~ remontowy repairer
śluz *m* **1.** *fizjol.* mucus **2.** mucilage (*a sticky material*)
śluza *f* (canal) lock, sluice, flood-gate
~ morska sea lock
~ powietrzna air-lock
~ ~ osobowa man-lock
~ ~ robocza (*do transportu materiałów*) materials lock
~ przepływowa tide gate
~ świetlna *fot.* light lock
śluzować *v* lock
śluzówka *f anat.* mucous membrane, mucosa
śmieci *pl* rubbish; garbage; refuse; litter
~ uliczne street refuse; road sweepings
śmieciarka *f* **samochodowa** refuse collection truck, garbage truck, dust truck
śmiercionośny *a* lethal
śmierć *f* **genetyczna** genetic death

~ **pozorna** anabiosis; suspended animation
śmiertelność *f* lethality, mortality; death rate, mortality rate
śmiertelny *a* lethal, mortal; deadly
śmietana *f spoż.* sour cream
śmietanka *f spoż.* cream
~ **bita** whipped cream
~ **kremowa** full cream
~ **w proszku** cream powder
śmietnik *m* **1.** dustbin **2.** *inf.* garbage
śmietnisko *n* scrap-heap
śmigła *npl* **przeciwbieżne** *lotn.* contra-rotating airscrews, contraprop
śmigło *n lotn.* airscrew, propeller
~ **ciągnące** tractor airscrew
~ **dwuramienne** two-bladed airscrew
~ **lewobieżne** left-handed airscrew
~ **lewoskrętne** *zob.* **śmigło lewobieżne**
~ **naddźwiękowe** supersonic airscrew
~ **napędzane za pośrednictwem reduktora** geared airscrew
~ **nastawne** (*w spoczynku*) adjustable-pitch airscrew
~ **nieprzestawialne** fixed-pitch airscrew
~ **o osi przechylnej** swivelling propeller
~ **o stałym skoku** fixed-pitch airscrew
~ **o zmiennym skoku** variable-pitch airscrew
~ **obudowane** shrouded airscrew, ducted propeller
~ **odwracalne** reversible airscrew, airbrake airscrew, braking propeller
~ **ogonowe** tail rotor, auxiliary rotor (*of a helicopter*)
~ **pchające** pusher airscrew
~ **poddźwiękowe** subsonic airscrew
~ **prawobieżne** right-handed airscrew
~ **prawoskrętne** *zob.* **śmigło prawobieżne**
~ **przestawialne w locie** controllable-pitch airscrew
~ ~ **dwupołożeniowe** two-pitch airscrew, two-position propeller
~ **przydźwiękowe** transonic airscrew
~ **rewersyjne** reversible airscrew, airbrake airscrew
~ **samoprzestawialne** constant-speed airscrew
~ **stałe** fixed-pitch airscrew
~ **subsoniczne** subsonic airscrew
~ **supersoniczne** supersonic airscrew
~ **swobodne** free airscrew
~ **transoniczne** transonic airscrew
~ **trójramienne** three-bladed airscrew
~ **trójzakresowe** braking propeller, reversible airscrew, airbrake airscrew
~ **ustawione w chorągiewkę** feathered airscrew
śmigłowcowiec *m wojsk.* helicopter carrier
~ **wsparcia desantu** helicopter support ship
śmigłowiec *m lotn.* helicopter
~ **bezzałogowy** (*zdalnie kierowany*) drone helicopter
~ **dwuwirnikowy** twin-rotor helicopter
~ **-dźwig** (*do ładunków wielkogabarytowych*) flying crane
~ **wywiadowczy** scout helicopter
~ **z opuszczanym hydrolokatorem** sonar-dunking helicopter
śnieć *f roln.* smut
śniedź *f met.* patina, aerugo, verdigris
śnieg *m* **1.** snow **2.** *TV* snow
~ **gaśniczy** fire extiguishing carbon dioxide
~ **topniejący** slush
~ **z deszczem** sleet
śniegołaz *m* snowmobile
śniegołom *m leśn.* snowbreak
śnieżnobiały *a* niveous
śnieżyca *f meteo.* blizzard
śnięcie *n* **ryb** fish kill, fish mortality
śnięty *a ryb.* dead
śpiączka *f med.* coma; sleeping sickness
śpiwór *m* sleeping bag
średni *a* mean, medium, average
średni błąd *m* **kwadratowy** *metrol.* probable average error, quadratic error, standard error
średni czas *m* **międzyawaryjny** mean time between failures, MTBF
średni czas *m* **ruchu swobodnego** *fiz.* mean time between collisions
średni czas *m* **życia** *fiz.* average life, mean-life
średni kwadrat *m mat.* mean square
średni liczbowy stopień *m* **polimeryzacji** *chem.* number-average degree of polymerization
średni logarytmiczny dekrement *m* **energii** *nukl.* average logarithmic energy decrement
średni moment *m* **zapłonowy** *siln.spal.* firing torque
średni okres *m* **międzyawaryjny** mean time between failures, MTBF
średni zasięg *m* medium range
średnia *f mat.* mean, average
~ **arytmetyczna** arithmetic mean, arithmetic average
~ **dowolnie przyjęta** assumed mean
~ **geometryczna** geometric mean
~ **harmoniczna** harmonic mean
~ **kwadratowa** quadratic mean
~ **ogólna** *skj* grand mean, total mean
~ **poprawiona** adjusted mean, corrected mean
~ **statystyczna** *fiz.* expectation value
~ **ważona** weighted average, weiglted mean
~ **wewnętrzna klasy** class mean
~ **z wartości skrajnych** mid-range value
średnia cięciwa *f* **aerodynamiczna** mean aerodynamic chord, second mean chord, standard mean
średnia cięciwa *f* **geometryczna** *aero.* mean geometric chord, first mean chord, standard mean chord
średnia częstość *f* **zderzeń** *fiz.* mean collision frequency
średnia długość *f* **życia** *biol.* life expectancy
średnia droga *f* **swobodna** *fiz.* mean free path

średnia droga *f* **swobodna transportu** transport mean free path
średnia liczebność *f* **próbki** average sample number, ASN
średnia linia *f* **zarysu** *metrol.* profile mean line
średnia mąka *f* *spoż.* middlings
średnia próbka *f* **laboratoryjna** final (bulk) sample
średnia światłość *f* **całoprzestrzenna** mean spherical luminous intensity
średnia światłość *f* **pozioma** mean horizontal luminous intensity
średnia woda *f* **niska** *ocean.* mean low water
średnia woda *f* **wysoka** *ocean.* mean high water
średnia zdolność *f* **wytwórcza elektrowni wodnej** mean producibility of a hydro-electric power station
średnica *f* *geom.* diameter
~ **atomu** atomic diameter
~ **cyrkulacji** *okr.* turning circle diameter, diameter of turning circle
~ ~ **taktycznej** tactical diameter
~ **jądra** *fiz.* nuclear diameter
~ **koła podziałowego** (*koła zębatego*) pitch diameter of a gear
~ ~ **wierzchołkowego** (*koła zębatego*) tip diameter of a gear
~ **nominalna śruby** *masz.* major diameter of thread, nominal diameter of thread, outside diameter of thread
~ **otworu** inside diameter; bore
~ **podziałowa gwintu** *masz.* pitch diameter of thread, simple effective diameter of thread
~ ~ **koła zastępczego** (*w przekładni zębatej*) virtual pitch diameter
~ ~ **łożyska** pitch diameter of a bearing
~ **podziału** *mat.* mesm of a triangulation
~ **pomiarowa próbki** *wytrz.* gauge diameter of a test piece
~ **rdzenia śruby** minor diameter of thread, root diameter of thread, inside diameter of thread
~ **toczenia nad łożem** (*tokarki*) *obr.skraw.* swing over bed (*of a lathe*)
~ ~ **największa** swing capacity
~ **ustalonej cyrkulacji** *okr.* steady-turning diameter
~ **wewnętrzna** inside diameter, ID
~ ~ **gwintu śruby** minor diameter of thread, root diameter of thread, inside diameter of thread
~ **zewnętrzna** full diameter, outside diameter, OD, outer diameter
~ ~ **śruby** major diameter of thread, nominal diameter of thread, outside diameter of thread
średnicomierz *m* *wiertn.* section gauge
średnicowy *a* diametral
średnicówka *f* *metrol.* rod gauge, bar gauge
~ **mikrometryczna** inside micrometer (caliper)
~ **teleskopowa** telescopic gauge
średnie arytmetyczne odchylenie *n* **profilu chropowatości powierzchni** average arithmetical roughness
średnie ciśnienie *n* **efektywne** *siln.* mean effective pressure
średnie ciśnienie *n* **indykowane** *siln.* mean indicated pressure, indicated mean effective pressure
średnie ciśnienie *n* **użyteczne** *siln.* mean effective pressure
średnie odchylenie *n* **kwadratowe** *statyst.* mean square deviation
średniej wielkości middle-sized
średnio *adv* at the average, on the average
średnio rozpuszczalny moderately soluble
średniopłat *m* *lotn.* mid-wing monoplane
średniówka *f* *okr.* bridge house
~ **wgłębiona** sunken bridge
środek *m* **1.** centre; middle; midpoint **2.** agent, medium, *zob.też* **środki**
~ **aerodynamiczny profilu** (*lotniczego*) aerodynamic centre of a profile, focus of a profile
~ **aktywujący** *chem.* activating agent, activator
~ **amebobójczy** *med.* amoebicide
~ **antyadhezyjny** *gum.*, *tw.szt.* release agent, parting agent
~ **antydetonacyjny** *paliw.* anti-detonator, anti-knock agent
~ **antyseptyczny** antiseptic
~ **antystatyczny** antistatic agent, destaticizer
~ **apreterski** *włók.*, *skór.* finishing agent, finishing compound
~ ~ **zmiękczający** textile softener
~ **bakteriobójczy** bactericide, germicide, microbicide
~ **barwiący** colouring agent
~ **bezwładności** *mech.* centre of mass, centre of inertia
~ **bielący** bleaching agent, bleach
~ **apreterski** *włók.*, *skór.* finishing agent, optical brightener
~ ~ **pomocniczy** bleaching assistant
~ **chemiczny** chemical agent
~ **chwastobójczy** weedkiller, herbicide
~ **chwilowy** *mech.* instantaneous centre
~ **cieniujący** *radiol.* contrast medium, diagnostic opaque
~ **ciężkości** *mech.* centre of gravity
~ ~ **pola figury płaskiej** *mech.* centre of area, centroid
~ ~ **sympleksu** *mat.* barycentre
~ **ciśnień** *aero.* centre of pressure
~ **czyszczący** cleanser; cleaner; detergent
~ **demulgujący** *chem.* demulsification agent, demulsifier, emulsion breaker
~ **depilacyjny** depilatory
~ **deratyzacyjny** rat exterminant, rat poison
~ **dezynfekcyjny** disinfectant
~ **do czyszczenia zębów** dentifrice
~ **do gruntowania porowatych podłoży** *powł.* sealer
~ **do konserwacji drewna** wood preservative

~ **do mycia naczyń** dishwashing agent
~ **do oczyszczania kąpieli metalowej z gazów** *odl.* scavenger
~ **do odymiania** fumigant
~ **do ondulacji włosów** *kosmet.* hair-waving preparation, waving agent
~ **do polerowania nadwozi samochodowych** car polish
~ **do prania** washing agent; detergent
~ **do utrwalania barwnika** dye-fixing agent
~ **do wywabiania plam** stain remover
~ **do znieczulania miejscowego** *med.* topical anaesthetic
~ **do zwalczania ptaków** *chem.* avicide
~ ~ ~ **szkodników** *roln.* pesticide
~ **drażniący** *farm.* irritant
~ **dyspergujący** dispersing agent
~ **emulgujący** emulsifier, emulsifying agent
~ **folarski** *włók.* fulling agent
~ **garbujący** *skór.* tanning agent; tan(nin)
~ **gaśniczy** extinguishing medium, smothering agent
~ **gryzoniobójczy** rodenticide
~ **grzybobójczy** fungicide
~ **hamujący** (*reakcję*) *chem.* inhibitor
~ ~ **kiełkowanie** *roln.* sprout inhibitor
~ ~ **wzrost bakterii** bacteriostat
~ **impregnujący** impregnant, impregnating agent
~ **inicjujący** *wybuch.* initiator
~ **inwersji** *kryst.* inversion centre, centre of symmetry
~ **jajobójczy** ovicide
~ **jednokładności** *geom.* centre of similarity, centre of similitude, ray centre
~ **kadziujący** *farb.włók.* vatting agent
~ **katalizujący** *chem.* catalytic agent, catalyst
~ **klarujący** clarificant, clarifying agent
~ **klasy** *skj* mid-value of class
~ **koagulujący** coagulating agent, coagulator
~ **koła dopisanego** *geom.* excentre
~ ~ **opisanego** circumcentre
~ ~ **wpisanego** orthocentre, incentre
~ **kompleksotwórczy** *chem.* sequestrant
~ **konserwujący** preservative
~ **kontrastowy** *radiol.* contrast medium, radiopaque medium
~ **(kosmetyczny) przeciwsłoneczny** sunscreen (agent)
~ **krzywizny** *mat.* centre of curvature
~ **larmorowski** *fiz.* centre of gyration
~ **larwobójczy** larvicide
~ **leczniczy** therapeutic (agent), medicine
~ **łagodzący** *farm.* demulcent
~ **masy** *mech.* centre of mass, centre of inertia
~ ~ **figury geometrycznej** centroid
~ ~ **układu** *mat.* barycentre
~ **matujący** dulling agent; flatting agent; *tw.szt.* delustering agent, delustrant
~ **mięczakobójczy** molluscide
~ **moczopędny** *farm.* diuretic
~ **modyfikujący** *tw.szt.* modifier, modifying agent
~ **mszycobójczy** aphicide
~ **naporu** *hydr.* centre of pressure
~ **napotny** *farm.* sudorific, diaphoretic
~ **nasenny** *farm.* soporific, narcotic, sleep-inducing drug, opiate, hypnotic
~ **nasercowy bodźcowy** cardiac stimulant, cardiotonic drug
~ **natłuszczający** *włók.* oiling agent
~ **nawaniający** odorizing agent, odorant
~ **nawęglający** *obr.ciepl.* carburizer, carburizing compound
~ **nicieniobójczy** *chem.* nematocide
~ **niszczący wszy** lousicide
~ **nitrujący** nitrating agent
~ **nitryfikujący** nitryfying agent, nitrifier
~ **obciążający** *chem.* weighting agent
~ **obciążenia** *wytrz.* load centre (*of a bar*)
~ **obniżający popęd płciowy** *farm.* anaphrodisiac
~ **obszaru zanurzenia** *hydr.* centre of the region of immersion
~ **ochraniający skórę** *bhp* skin protective
~ **oczyszczający** cleansing agent; clearing agent, purifying agent
~ **odbarwiający** decolorizing agent, decolorizer, decolorant; *włók.* stripping agent
~ **odcinka** *geom.* midpoint of a line segment, bisecting point of a segment
~ **odgazowujący** degassing agent, degasifier, degasser
~ **odkażający** disinfectant; decontaminating agent
~ **odklejający** *włók.* desizing agent
~ **odstraszający owady** insect repellent
~ ~ **ptaki** bird repellent
~ **odtleniający** deoxidizing agent, deoxidizer, deoxidant, reducer
~ **odtłuszczający** degreasing agent
~ **odurzający** narcotic
~ **odwadniający** dehydrating agent, dehydrant
~ **odwaniający** deodorant, deodorizer, deodorizing agent
~ **odżywczy** nutriment
~ **ogniouodporniający** fireproofing compound
~ **ograniczający wysokość roślin** *roln.* height retardant
~ **okręgu dopisanego** *geom.* excentre
~ ~ **opisanego** circumcentre
~ ~ **wpisanego** incentre, orthocentre
~ **oporu** (*pługa*) *roln.* centre of draught, centre of resistance
~ **opóźniający palenie się** *chem.* flame retardant
~ **optycznie rozjaśniający** optical brightener, optical whitening agent
~ **osłabiający** *fot.* restrainer
~ **osuszający** drying agent, desiccant
~ **owadobójczy** insecticide, insect exterminant
~ **ożaglenia** *żegl.* centre of effort, centre of (wind) pressure
~ **parcia** *aero.* centre of pressure

~ **pasożytobójczy** parasiticide
~ **pasywujący** corrosion inhibitor
~ **peptyzujący** *chem.* peptizing agent
~ **pianotwórczy** frothing agent, foaming agent
~ **pieniący** *zob.* **środek pianotwórczy**
~ **piorący** washing agent; detergent
~ ~ **enzymatyczny** enzyme detergent
~ ~ **słabo pieniący się** controlled-foam detergent
~ ~ **syntetyczny** (synthetic) detergent, syndet
~ ~ **w kawałku** shaped washing agent
~ **pływania** *hydr.* centre of floatation
~ **pobudzający** *chem.* activiting agent, activator
~ ~ **apetyt** appetizer
~ ~ **popęd płciowy** *farm.* aphrodisiac
~ **podrażniający skórę** *farm.* epispastic
~ **polepszający pienienie** lather booster; foam improver
~ **pomocniczy do barwienia** dyeing assistant
~ **poprawiający płynność** *tw.szt.* flow agent
~ **porotwórczy** *gum.*, *tw.szt.* blowing agent, expanding agent
~ **poślizgowy** lubricant (*in powder metallurgy*)
~ **powierzchniowo czynny** *chem.* surface active agent, surface-acting agent, surfactant
~ ~ ~ **anionowy** anionic surface-active agent
~ ~ ~ **kationowy** cationic surface-active agent
~ ~ ~ **niejonowy** non-ionic surface-active agent, non-ionic surfactant
~ **przeciw gryzoniom** rodenticide
~ **przeciw kożuszeniu** *powł.* anti-skinning agent
~ **przeciw muchom** muscacide
~ **przeciw pasożytom** *zob.* **środek pasożytobójczy**
~ **przeciw robakom** *farm.* vermicide
~ **przeciwbłyskowy** *wybuch.* anti-flash agent
~ **przeciwbólowy** *farm.* analgesic, pain killer
~ **przeciwdziałający pleśni** *chem.* mildewstat
~ ~ **zamarzaniu** antifreeze agent
~ **przeciwfermentacyjny** antizymotic
~ **przeciwgorączkowy** *farm.* febrifuge
~ **przeciwkrzepliwy** *farm.* anticoagulant
~ **przeciwmolowy** mothproofing agent
~ **przeciwpieniący** foam inhibitor, foam reducing agent, defoamer, antifrothing agent, foam suppressor
~ **przeciwpłomienny** *wybuch.* anti-flash agent
~ **przeciwpotowy** *farm.* antisudorific, antiperspirant; *kosmet.* antiperspirant
~ **przeciwrdzewny** rust preventive
~ **przeciwskurczowy** *farm.* antispasmodic
~ **przeciwstarzeniowy** *gum.* anti-ager, age-resistor
~ **przeciwstukowy** *paliw.* anti-detonator, anti-knock agent
~ **przeciwtężcowy** *farm.* antitetanic
~ **przeciwzapalny** *farm.* demulcent
~ **przeciwzbrylający** anti-caking agent
~ **przeczyszczający** *med.* laxative, purgative
~ **przenikający** *włók.* penetrant
~ **przerywający polimeryzację** *chem.* radical interceptor
~ ~ **wzrost łańcucha** *chem.* chain stopper
~ **przetłuszczający** superfatting agent
~ **przęsła** midspan (*of a bridge etc.*)
~ **przyciągań** *mech.* centre of attraction
~ **przyspieszający** *chem.* accelerant
~ ~ **dojrzewanie** *roln.* ripening agent
~ **przyspieszeń** *mech.* acceleration centre
~ **redukujący 1.** *chem.* reducer, reducing agent **2.** *hutn.* reductant
~ **rozpraszający** dispersing agent
~ **rozstępu** *statyst.* midrange
~ **rozszerzający źrenicę** *farm.* mydriatic
~ **roztoczobójczy** *chem.* acaricide, miticide
~ **ruchu** *mech.* centre of motion
~ **sieciujący** *chem.* cross-linking agent; *tw.szt.* curing agent
~ **sił poprzecznych** *wytrz.* shear centre, flexural centre
~ **skręcania** *wytrz.* centre of twist (*of a bar*)
~ **smarująco-chłodzący** *obr.skraw.* cutting fluid, cutting compound
~ **solubilizujący** *chem.* hydrotrope
~ **spęczniający** *chem.* swelling agent
~ **stabilizujący** stabilizing agent, stabilizer
~ **sterowności** *lotn.* manoeuvre point
~ **strącający** *chem.* precipitating agent, precipitant
~ **suszący** drier, desiccant
~ **symetrii 1.** centre of symmetry **2.** *kryst.* inversion centre, centre of symmetry
~ **sztormu** *meteo.* eye of the storm
~ **ściągający** *med.* astringent
~ **ścinania** *wytrz.* shear centre, flexural centre
~ **tamujący krwawienie** *farm.* styptic
~ **terapeutyczny** therapeutic (agent), medicine, remedy
~ **toniczny** *med.* tonic
~ **toru wodnego** *żegl.* mid-channel
~ **trawienny** *farm.* digestive
~ **uciągu** (*pługa*) *roln.* centre of power, centre of pull
~ **uderzenia** *mech.* centre of percussion
~ **uspokajający** *med.* sedative
~ **uśmierzający bóle** *med.* anodyne
~ **utleniający** oxidizing agent, oxidizer, oxidant
~ **utrwalający** fixing agent, fixative
~ **utrzymujący wilgoć** *kosmet.* humectant
~ **utwardzający** *tw.szt.* curing agent
~ **wabiący** *roln.* attractant
~ ~ **owady** insect attractant
~ **wahań** (*wahadła fizycznego*) *mech.* centre of oscillation
~ **wiatropędny** *farm.* carminative
~ **wiązki** *geom.* centre of a sheaf

~ **wiążący** binding agent, bonding agent
~ **wspomagający** *med.* adjuvant
~ **wulkanizujący** *gum.* vulcanizing agent, curative
~ **wykończalniczy** *włók., skór.* finishing agent, finishing compound
~ **wykrztuśny** *farm.* expectorant
~ **wymiotny** *farm.* vomitive, emetic
~ **wypełniający** filler, filling agent
~ **wypierający wodę** *powł.* water-displacing agent
~ **wyporu** *hydr.* centre of buoyancy
~ **wytrawiający** *skór.* bate
~ **wywołujący rumień** rubefacient
~ **wzmacniający 1.** *gum., tw.szt.* reinforcing agent **2.** *med.* tonic
~ **wzmagający pienienie** *chem.* suds booster
~ **zabezpieczający przed pleśnią** mild preventive
~ **zagęszczający** thickener, thickening agent
~ **zakończający łańcuch polimeru** *chem.* chain terminator
~ **zakwaszający** acidulant, souring agent
~ **zapachowy** odorant, odorizing agent
~ **zapobiegający oblodzeniu** anti-icer
~ ~ **przyleganiu** *gum., tw.szt.* parting agent, release agent
~ **zarodnikobójczy** *roln.* germicide
~ **zastępczy** substitute, surrogate
~ **zmiękczający** softening agent, softener; emollient
~ ~ **do płukania tkanin** softening rinse
~ **zmniejszający łaknienie** appetite--suppressant
~ **zmydlający** saponifier
~ **zmywający** *med.* abluent
~ **znieczulający** *med.* anesthetic
~ **zobojętniający** neutralizing agent, neutralizer
~ ~ **kwas** *chem.* antacid
~ **zwężający źrenicę oka** *farm.* miotic
~ **zwiększający przylepność** *chem.* sticker
~ ~ **rozpuszczalność** *chem.* solubilizer
~ **zwilżający** wetting agent; *włók.* penetrant
~ **żelatynizujący** *wybuch.* gelatinizing agent
~ **żółciopędny** *farm.* cholagogue
środki *mpl* **1.** means; resources **2.** agents; media, *zob.też* **środek**
~ **anionowo czynne** *chem.* anionics, anion--active agents
~ **antykoncepcyjne** contraceptives
~ **bezpieczeństwa** safety measures, safeguards
~ ~ **pracy** accident-prevention measures
~ **bojowe chemiczne** chemical warfare agents, CW agents
~ ~ **gazowe** gas warfare agents
~ ~ **nękające** harassing agents
~ ~ **obezwładniające** incapacitating agents
~ ~ **ogniowe** ammunition
~ ~ **trujące** toxic warfare agents
~ **farmaceutyczne** pharmaceuticals
~ **inwestycyjne** investment means
~ **kationowo czynne** *chem.* cationics, cation-active agents
~ **komunikacji** means of transport
~ **łączności** means of communication
~ **masowego przekazu** mass media
~ **materialne** *ek.* material means
~ **nadzwyczajne** emergency measures
~ **niejonowe** *chem.* nonionics
~ **obliczeniowe** *inf.* computation aids, computation means
~ **ochrony czasowej** temporary corrosion preventives; temporary protectives
~ ~ **radiologicznej** *zob.* **środki promieniochronne**
~ ~ **roślin** *roln.* (plant) pesticides, pest control products, crop protection products
~ **ograniczone** *ek.* limited means
~ **ostrożności** precautions
~ **płatnicze** *ek.* means of payment
~ **pobudzające** *farm.* stimulants
~ **pomocnicze** auxiliaries; aids
~ ~ **włókiennicze** textile auxiliary agents, textile assistants
~ **produkcji** means of production
~ **programowo-sprzętowe** *inf.* middleware
~ **promieniochronne** radiation protection measures
~ **przeciwdziałające** countermeasures
~ ~ **radarowi** radar countermeasures
~ **pyłochłonne** *drog.* dust-laying media
~ **ratunkowe** lifesaving appliances, lifesaving equipment
~ **spożywcze** foodstuffs
~ **transportu** means of transport; transport facilities
~ **zapobiegawcze** preventives, preventive measures
~ **zaradcze** countermeasures
~ **żywnościowe** *zob.* **środki spożywcze**
środkowa *f geom.* median
~ **łącząca nierównoległe boki trapezu** midline of a trapezoid
~ **trójkąta** median of a triangle
środkowanie *n* centring, alignment
środkowiec *m narz.* centre bit
~ **do wiercenia maszynowego** machine centre bit
~ **płaski nastawny** expansion bit, expansive bit
~ **wieloostrzowy** multi-spur boring bit
środkownik *m narz.* centre square; centre head
środkowy *a* middle; central
środnik *m* **dwuteownika** web of an I-beam
środowisko *n* environment; surroundings; *fiz.* medium; *bot., zool.* habitat; biotope
~ **dyspersyjne** *zob.* **środowisko rozpraszające**
~ **korozyjne** corroding medium
~ **mnożące** *nukl.* multiplying medium
~ **naturalne** natural environment
~ **rozpraszające** *rad.* dispersion medium, dispersive medium
~ **spowalniające** *nukl.* moderating medium

~ **załamujące** refracting medium
środowiskowy *a* environmental
śródbłonek *m med.* endothelium
śródkostny *a med.* intraosseous
śródkrystaliczny *a* transcrystalline
śródlądowy *a* inland
śródmiąższowy *a med.* interstitial
śródmieście *n* town centre, city, downtown
śródmózgowie *n anat.* midbrain
śródokręcie *n okr.* waist; midship, middle-body
śródopłucnowy *a med.* intrapleural
śródpłucny *a med.* intrapulmonary
śródskórnia *f bot.* endodermis
śródstawowy *a med.* intra-articular
śródżylny *a med.* intravenous
śruba *f* screw; bolt
~ **Archimedesa** *hydr.* Archimedean screw, Archimedes' screw
~ **bez nakrętki** tap bolt, tap screw
~ **(częściowo) wynurzona** (*do statków rzecznych*) *okr.* vane screw propeller
~ **do drewna** log screw
~ **do pływania swobodnego** (*holownika, statku rybackiego*) *okr.* free-running propeller
~ **dociskowa** set screw; press bolt
~ **dwustronna** stud-bolt, double-nutted bolt
~ ~ **samozaciskowa** interference stud
~ ~ **z podcięciem** stud with undercut
~ **fundamentowa** anchor bolt, anchor rod, foundation bolt; swage bolt
~ ~ **z ostrogami** jag bolt, indented bolt, rag bolt
~ **hakowa** hook bolt
~ **jednokrotna** single-threaded screw
~ **kotwowa** *zob.* **śruba fundamentowa**
~ **lewozwojna** left-handed screw
~ **logu** *okr.* rotator
~ **lustrzana** *TV* mirror screw
~ **maszynowa** machine bolt
~ **mechanizmu ruchu poprzecznego** traversing screw
~ **mikrometryczna** micrometer screw
~ **młoteczkowa** T-bolt, tee head bolt
~ **mocowana jednostronnie** (*do połączeń dostępnych z jednej strony*) blind bolt
~ **mocująca** clamping screw, holding-down bolt
~ **montażowa** erection bolt; tackbolt
~ **napędowa 1.** *masz.* power screw **2.** *okr.* screw propeller
~ ~ **o skrzydłach stałych** *okr.* solid propeller
~ **nastawcza** adjusting screw
~ **nieobrobiona** black bolt
~ **niesamohamowna** overhauling screw
~ **nieznormalizowana** bastard screw
~ **noskowa** fin neck bolt
~ **o dużym skoku** steep-pitch screw
~ **o gwincie wielokrotnym** multiple-threaded screw
~ **o małym skoku** fine-pitch screw
~ **o skrzydłach odejmowanych** *okr.* built-up propeller
~ **o sworzniu rozwidlonym** fork bolt
~ ~ ~ **zagiętym** J-bolt
~ **obrobiona** bright screw
~ ~ **niecałkowicie** unfinished bolt
~ **oczkowa** eye bolt
~ **ogniskująca** *opt.* focusing screw
~ **okrętowa** *zob.* **śruba napędowa 2.**
~ **pasowana** fitted bolt
~ **pazurkowa** fang bolt
~ **pociągowa** (*tokarki*) lead-screw, feed screw, guide screw
~ **pojedyncza** single-threaded screw
~ **poziomująca** levelling screw
~ **prawozwojna** right-handed screw
~ **przenośnika śrubowego** conveyor screw
~ **radełkowana** thumb screw
~ **regulacyjna** adjusting screw
~ **samohamowna** self-locking screw
~ **skrzydełkowa** butterfly screw, thumb screw
~ **sprężająca** *bud.* high tensile bearing-type bolt, high strength friction grip bolt
~ **superkawitacyjna** *okr.* supercavitating propeller
~ **swobodna** *okr.* open-water propeller
~ **śpiewająca** *okr.* singing propeller
~ **uciągowa** *okr.* maximum pull propeller
~ **ustalająca** set screw, fixing bolt
~ **z gniazdem na klucz** internal wrenching bolt
~ **z gwintem drobnozwojnym** fine motion screw
~ **z łbem do klucza** wrench-head bolt
~ ~ ~ **kołnierzowym** collar-head screw
~ ~ ~ **kwadratowym** square(-head) bolt
~ ~ ~ **noskowym** gib-headed bolt
~ ~ ~ **otworowym** capstan bolt
~ ~ ~ **płytkowym** thumb screw
~ ~ ~ ~ **i półkołnierzowym** half-turn thumb screw
~ ~ ~ ~ **wzmocnionym** thumb screw with wide grip
~ ~ ~ **sześciokątnym** hexagon bolt
~ ~ ~ **wpuszczanym** countersunk screw
~ **z nakrętką kulkową** ball screw
~ **z przetyczką przesuwną** tommy bar screw
~ **z rozkutym końcem** *masz.* bat bolt
~ **zabezpieczająca** lock screw
~ **zaciskowa** clamping screw; *el.* terminal screw; binding post
~ **zastopowana** *okr.* fixed propeller
~ **złączna** coupling bolt; screw fastener
śrubkowanie *n* (*wiosłem*) sculling
śrubokręt *m* screwdriver
śrubonit *m* stud rivet, tap rivet
śrubowiec *m okr.* screw ship
śrubowy *a mat.* helical
śrubówka *f* (*wiosło*) *żegl.* scull
śrubunek *m* pipe union (joint)
śruby *fpl* **nastawcze walcarki** *hutn.* housing screws
~ **przeciwbieżne** *okr.* contra-rotating propellers
śrut *m* shot
~ **cięty z drutu** cut wire shot

~ **do oczyszczania** abrasive shot, metal abrasive
~ **do tarowania** tare shot
~ **ołowiany** lead shot
śruta *f* **poekstrakcyjna** *spoż.* solvent-extracted cake, extracted meal, oil meal
~ **słodowa** *ferm.* ground malt, grist
~ **z nasion lnu** linseed meal
~ **zbożowa** grinding grain, ground grain
śrutowanie *n* **1.** shot peening **2.** *odl.* shot blasting, blast cleaning **3.** *roln.* grinding
śrutownica *f* **1.** (*do kuleczkowania*) shot peening machine **2.** *odl.* shot-blasting machine, grit-blasting machine
śrutownik *m roln.* grain mill; corn crusher
~ **do słodu** *ferm.* malt grinding mill
~ **tarczowy** radial plate grinding mill
śryż *m meteo.* slush ice, sludge
świadczyć *v* **usługi** render services, offer services
świadectwo *n* certificate; attestation
~ **autorskie** (*patentowe*) certificate of authorship
~ **jakości** (*wyrobu*) quality certificate
~ **klasy** *żegl.* classification certificate (*of a ship*)
~ **kwalifikacyjne** certificate of competency; qualification certificate
~ **lekarskie** medical certificate
~ **liczenia** (*sztuk towaru*) *transp.* tally sheet
~ **odprawy celnej** clearance certificate
~ **pochodzenia** (*towaru*) certificate of origin, C/O
~ **pomiarowe** (*statku*) *żegl.* tonnage certificate
~ **próby** test certificate
~ **trymowności statku** *żegl.* trimming certificate
~ **tymczasowe** interim certificate
~ **urodzenia** birth-certificate
~ **wolnej burty** *żegl.* load line certificate
~ **wzorcowania** *metrol.* calibration certificate
~ **załadowania** *żegl.* shipping note
~ **zdatności do lotu** certificate of airworthiness, C of A
~ **zdolności żeglugowej** seaworthiness certificate
~ **zdrowia** certificate of health, health certificate, bill of health
~ **zgonu** death certificate
świadek *m geod.* witness peg, recovery peg
~ **miareczkowania** *chem.* comparison (colour) solution
~ **zatwierdzonego typu narzędzia pomiarowego** copy of approved type of a measuring instrument
świadomość *f* consciousness
świat *m* **Minkowskiego** *fiz.* Minkowski world, Minkowski universe
światła *npl* lights; *zob.też* **światło**
~ **burtowe** *żegl.* side lights
~ **długie** *mot.* driving lights, road lights, driving beam, country beam, upper beam
~ **drogi startowej** *lotn.* flare-path
~ **drogowe** *mot.* driving lights, road lights, driving beam, country beam
~ **główne** *mot.* head lights
~ **graniczne** (*lotniska*) boundary lights
~ **hamowania** *mot.* stop lights
~ **krótkie** *zob.* **światła mijania**
~ **mijania** *mot.* passing lights, anti-dazzle lights, passing beam, traffic beam, dipped beam, lower beam
~ **nabieżnika** *żegl.* leading lights
~ **nawigacyjne** *żegl.* navigation lights
~ ~ **brzegowe** coasting lights
~ **obrysowe** *mot.* clearance lights
~ **pływowe** *żegl.* tidal lights
~ **podejścia** *lotn.* approach lights
~ **postojowe** *mot.* parking lights, sidelamps
~ **pozycyjne 1.** *lotn.* navigation lights **2.** *żegl.* running lights; standing lights
~ **progowe** *lotn.* (*drogi startowej*) threshold lights
~ **przeciwmgłowe** *mot.* fog lights
~ **przeszkodowe** (*lotniska*) obstruction lights
~ **ruchu drogowego** traffic lights
światło *n* **1.** light; visible radiation, light radiation, *zob.też* **światła 2.** inside diameter, ID **3.** *poligr.* blank space, white space
~ **barwne** coloured light
~ **błyskowe** flashlight
~ **Drummonda** lime light, Drummond light
~ **dzienne** daylight
~ **dziobowe** *żegl.* bow light
~ **gazowe** gas-light
~ **holownicze** *żegl.* towing light
~ **jazdy w tył** *mot.* reversing light, back-up lamp
~ **jednobarwne** *zob.* **światło jednorodne**
~ **jednorodne** monochromatic light
~ **jednostajne** steady light
~ **kąta podejścia** *lotn.* angle of approach light
~ **kierunku jazdy** *mot.* direction indicator lamp
~ **kodowe** code light, character light
~ **koherentne** coherent light
~ **koła ratunkowego** *żegl.* life signal, life-buoy signal, life-buoy light
~ **kotwiczne** *żegl.* riding light, anchor light
~ **księżyca** moonshine, moonlight
~ **lewoburtowe** (*czerwone*) *żegl.* port light (*red*)
~ **masztowe** *żegl.* masthead light, steaming light
~ **migające** blinker light
~ **monochromatyczne** *zob.* **światło jednorodne**
~ **nieboskłonu** *geofiz.* diffuse sky radiation, skylight
~ **nieosłonięte** naked light

~ **numeru rejestracyjnego** *mot.* number plate light
~ **obrotowe** revolving light
~ **odbite** reflected light
~ **ogonowe** (*samolotu*) *lotn.* rear position light, tail light
~ **ostrzegawcze** warning light
~ **polaryzujące** bias light
~ **popielate** *astr.* earthlight, earthshine
~ **portowe** (*wejściowe*) *żegl.* port light
~ **prawoburtowe** (*zielone*) *żegl.* starboard light (*green*)
~ **przerywane** intermittent light
~ **rozproszone** scattered light, stray light
~ **rufowe** *żegl.* stern light
~ **sektorowe** *nawig.* sectored light
~ **skrzydłowe samolotu** wing-tip light
~ **słoneczne** sunlight
~ **spolaryzowane** polarized light
~ **spójne** coherent light
~ **stałe** fixed light
~ **sztuczne** artificial light
~ **tablicy rozdzielczej** *mot.* dash light
~ **torowe** (*dla statku holowanego*) *żegl.* steering light
~ **tylne** *mot.* rear light, tail light
~ **uprzywilejowania** (*z obracającym się odbłyśnikiem*) *mot.* rotating flashing lamp
~ **wapienne** lime light, Drummond light
~ **wewnętrzne** *mot.* body light
~ ~ **dodatkowe** courtesy light
~ **zmienne** alternating light
~ **zodiakalne** *astr.* zodiacal light
światłoczułość *f* sensitivity to light, photosensitivity; *fot.* speed
~ **emulsji** *fot.* emulsion speed
światłoczuły *a* light-sensitive, sensitive to light, actinosensitive, photosensitive
światłodruk *m poligr.* phototype, collotype, photo-gelatine process
światłokopia *f fot.* print; blueprint
światłolecznictwo *n* light therapy, phototherapy, actinotherapy, light treatment
światłolubny *a bot.* heliophilous
światłomierz *m fot.* exposure meter, light meter
światłoodporność *f* light resistance, fastness to light, photostability
światłoodporny *a* light-resistant, photostable
światłopis *m inf.* light pen
światłoszczelny *a* lightproof
światłość *f opt.* candle power; luminous intensity
światłotrwałość *f* light resistance, fastness to light, photostability
światłotrwały *a* light-resistant, photostable; *farb.* light-fast
światłowód *m* light pipe, optical waveguide
Światowa Federacja Związków Zawodowych World Federation of Trade Unions, WFTU
Światowy Program Wyżywienia World Food Programme, WFP

świąd *m med.* itch
świątynia *f arch.* temple
świder *m* bit; *górn.* drill
~ **dentystyczny** burr-drill
~ **dłutowy** *górn.* flat drill
~ **do drewna** carpenter's auger
~ **do kamienia** *górn.* bar drill
~ **do wiercenia studzien** well drill
~ **glebowy** soil auger
~ ~ **do sadzenia** *leśn.* planting auger
~ **gryzowy** *wiertn.* cogged bit, sawtooth bit
~ **kręty** *drewn.* auger bit
~ ~ **wężykowy** ship auger
~ **krzyżowy** *wiertn.* cross-bit, X-bit
~ **łyżkowy** **1.** *drewn.* spoon bit, shell boring bit, gouge-bit **2.** *wiertn.* quill--bit miser, mizer
~ **płaski** *wiertn.* fishtail bit, drag bit
~ ~ **poszerzający** wedge bit
~ **płuczkowy** *wiertn.* hollow drill, holbit
~ **przyrostowy** *drewn.* increment borer
~ **rdzeniowy** *wiertn.* core barrel
~ **ręczny** (*z uchwytem*) *drewn.* gimlet
~ **„rybi ogon"** *zob.* **świder płaski**
~ **stożkowy** (*np. do betonu*) *narz.* taper bit
~ **ślimakowy** *drewn.* gimlet bit
~ **śrubowy** *drewn.* spiral bit, twist bit
~ **trójgryzakowy** tricone bit
~ **udarowy** *wiertn.* jumping drill, percussion drill
~ **wiertniczy** drilling bit
~ **ziemny** earth drill
świdrak *m* **okrętowy** *zool.* shipworm, teredo, *Teredo navalis*
świeca *f* **1.** candle **2.** *lotn.* zoom
~ **dymna** smoke candle
~ **filtracyjna** filter candle
~ **zapłonowa** *siln.spal.* sparking plug, ignition plug
~ ~ **gorąca** hot-running sparking plug, soft sparking plug
~ ~ **jednoelektrodowa** single-pointed sparking plug
~ ~ **nierozbieralna** integral sparking plug
~ ~ **o długim gwincie** long-reach sparking plug
~ ~ **o dużej stopie izolatora** long nose sparking plug
~ ~ **o kilku bocznych elektrodach** multiple-pointed sparking plug
~ ~ **o krótkiej stopie izolatora** short nose sparking plug
~ ~ **rozbieralna** separable sparking plug
~ ~ **rozruchowa** (*turbiny spalinowej*) igniter plug
~ ~ **zimna** cold-running sparking plug
~ **żarowa** *siln.spal.* heater plug, glow plug
~ ~ **rozruchowa** pre-ignition plug
świecący *a* luminous
świece *fpl* (*kafara*) *bud.* guide poles
~ **wieżowe** *wiertn.* shears
świecenie *n* **morza** sea fire
~ **się lampy** lamp burning
~ **zimne** luminescence
świecówka *f el.* candle lamp

świecznik *m* candlestick
~ **ścienny wspornikowy** scone
świerk *m drewn.* spruce, *Picea*
świerzb *m med.* itch
świetlenie *n* (*w gazach*) *el.* glow discharge, glowing
świetlica *f* recreation room
świetlik *m bud.* skylight
~ **kanałowy** *inż.* lamphole
~ **lekarski** *bot.* eyebright, *Euphrasia officinalis*
~ **odbijający światło** *bud.* abatjour
~ **pilasty** saw-toothed skylight
~ **w chodniku** (*z kształtek szklanych*) pavement light
świetlówka *f el.* fluorescent lamp
~ **pierścieniowa** circline fluorescent lamp
świeża ryba *f* wet fish
świeża wapnica *f skór.* live pit
świeże masło *n* sweet butter
świeżenie *n* **stali** *hutn.* steel refining
~ **wstępne surówki** prerefining of pig iron
świeżo malowane „wet paint", „fresh paint"
świeży *a* fresh
świeży wiatr *m meteo.* fresh breeze (5 *Beaufort scale*)
świnia *f* **1.** *zool.* pig, *Sus* **2.** *hutn.* skull, scull (*in a ladle*)
~ **bita na mięso** porker
~ **tuczona na bekon** baconer
świnka *f* **morska** *zool.* Guinea pig
świt *m* dawn, daybreak; morning twilight

T

T = tesla *jedn.* tesla
T = tona siła *jedn.* ton-force
t = tona *jedn.* ton
t.= temperatura temperature
tabela *f* table, chart, *zob.też* **tablica**
tabelaryczny *a* tabular
tabletka *f* tablet; *tw.szt.* preform, pellet, biscuit
tabletkarka *f* tableting machine; *tw.szt.* pelleter, pelleting machine, preforming press
tabletkowanie *n* tableting; pelleting, pelletizing
tablica *f* **1.** board; pannel **2.** table, chart, *zob.też* **tablice**
~ **algorytmu sympleks** *mat.* simplex tableau
~ **bezpiecznikowa** *el.* fuse-board
~ **częstości** *statyst.* frequency table
~ **czteropolowa** *statyst.* four-fold table
~ **decyzyjna** *inf.* decision table
~ **do pisania** blackboard
~ **dopuszczalnej wadliwości w partii** *skj* lot tolerance table
~ **dwudzielcza** *statyst.* four-fold table
~ **funkcji** *inf.* look-up table
~ **Karnaugha** *elektron.* Karnaugh map
~ **kontrolna 1.** *el.* control board **2.** *TV* test pattern, resolution chart
~ ~ **kolorów** *TV* colour fidelity chart
~ ~ **rozdzielczości obrazu** *TV* resolution chart, test pattern
~ ~ **skali kontrastów** *TV* grey scale chart
~ **liczb losowych** table of random numbers
~ **ogłoszeniowa** notice-board
~ **pamiątkowa** commemoration plaque
~ **planów badań wyrywkowych** *skj* sampling table
~ ~ **odbiorczych** acceptance table
~ **połączeń** *el.* plugboard, patch board
~ **poprawek** correction table
~ **prawdy** *mat.* truth table
~ **programowania** *inf.* patchboard, patchpanel, problem board
~ **przeglądowa** look-up table
~ **przeliczeniowa** conversion table
~ **-przewodnik** *inf.* hash table

~ **przyrządów** *lotn., mot.* instrument board; instrument panel
~ ~ **pilotażowych** *lotn.* flying instrument panel
~ **rejestracyjna** *mot.* number plate, licence plate
~ **rozdzielcza** *el.* switchboard; distribution board; *mot.* dashboard
~ **rozproszona** *inf.* hash-coded table, scatter table
~ **sterownicza** *el.* control switchboard, control board, control panel
~ **szkolna** blackboard
~ **świetlna** lighting panel
~ **testowa** *TV* test pattern
~ **układu okresowego pierwiastków** *chem.* periodic table (of elements)
~ **wielodzielcza** *statyst.* contingency table
~ **wpisów o adresach obliczanych** *inf.* computed entry table
~ **wskaźników** instrument panel; dashboard
~ **współzależności cechy** *statyst.* contingency table
tablice *fpl* **decyzyjne** *inf.* decision tables
~ **logarytmiczne** *mat.* logarithmic tables
~ **miąższości** *drewn.* log rules, volume tables
~ **nawigacyjne** *żegl.* nautical tables, nautical almanac
~ **pływów** *żegl.* tide tables
~ **proceduralne** *inf.* decision tables
~ **przejścia** conversion tables
~ **trygonometryczne** trigonometric tables
~ **zasobności** *leśn.* yield tables
tablicować *v* (*ujmować w tablice*) tabulate
tabliczka *f* plate; plaque
~ **firmowa** name plate
~ **identyfikacyjna** identification plate, tally
~ **ostrzegawcza** *bhp* safety tag; danger notice
~ **oznaczeniowa** designation label
~ **rysunkowa** *rys.* title block
~ **zaciskowa** *el.* terminal board
~ **znamionowa** *masz.* data plate, rating plate
tabor *m* **kolejowy** (railway) rolling stock
tabulator *m* **1.** tabulator **2.** *inf.* tabulating machine, tabulator
tabulogram *m inf.* report
~ **programu** program write-up
tabun *m chem.* GA agent, tabun
taca *f* tray
~ **chłodnicza** *spoż.* shallow cooler
~ **ładownicza** *transp.* loading tray, platform sling
~ **wylęgowa** *ryb.* hatching trough
tacan *m lotn.* tacan (*tactical air navigation*)
tachograf *m* tachograph
tachometr *m* tachometer, speed indicator, revolution counter, rev-counter
~ **zdalny** teletachometer
~ **rezonansowy** resonant-reed tachometer
tachymetr *m geod.* tachymeter, tacheometer
tachymetria *f geod.* tachymetry
taczka *f* wheel-barrow
~ **silnikowa** power barrow
~ **wywrotna** tip barrow
taczkarz *m bud.* barrowman
tafla *f* panel; pane
~ **lodowa** *ocean.* ice floe
~ **podłogowa** *bud.* floor panel
~ **sufitowa** *bud.* ceiling panel
tajanie *n* thawing
~ **śniegu** snowmelt
tajemnica *f* **służbowa** official secret
tajfun *m meteo.* typhoon
tak trzymać! *żegl.* keep her so!, steady!
takielarnia *f okr.* rigging loft, rigger's shop
takielarz *m okr.* rigger
takielunek *m okr.* rigging
~ **stały** standing rigging
takle *fpl* **dryfujące** *ryb.* drift lines
taklowiec *m okr.* lingliner
takonit *m min.* taconite
taksacja *f* appraisal; valuation
taksator *m ek.* appraiser, valuer
taksogen *m chem.* taxogen
taksometr *m* taximeter, fare register
taksonomia *f biol.* taxonomy
taksówka *f* taxi, taxi-cab
~ **powietrzna** air taxi
takt *m masz.* stroke, *zob.też* **suw**
~ **produkcyjny** production pace
taktomierz *m* metronome
taktyczność *f* (*polimeru*) *chem.* tacticity
taktyt *m petr.* tactite
tal *m chem.* thallium, Tl
talawy *a chem.* thallous
talerz *m* plate; *masz.* dished disk
~ **grudkujący** *hutn.* balling disk
~ **obrotowy** (*w gramofonie*) *akust.* turn-table
talerzówka *f roln.* disk harrow
talerzykarka *f el.* flare machine, funnelling machine
talia *f okr.* purchase, tackle
~ **kotwiczna** anchor tackle, cat purchase, cat tackle
~ **łodziowa** boat tackle
~ **podręczna** burton
~ **rybacka** fish tackle
~ **refowa** reef tackle
~ **sterowa amortyzująca** relieving tackle
talk *m* talc, French chalk
~ **kosmetyczny** talcum powder
~ **włóknisty** agalite
talowy *a chem.* thallic
taloza *f chem.* talose
talrep *m* (*ściągacz linowy*) *okr.* lanyard
talweg *m geol.* thalweg, valley line
tama *f* dam, *zob.też* **zapora**; bulkhead, cofferdam; *górn.* stopping; brattice
~ **bezpieczeństwa** *górn.* emergency stopping
~ **gazo- i wodoszczelna** *górn.* stank
~ **klocowa** *górn.* frame dam
~ **ogniowa** *zob.* **tama pożarowa**
~ **poprzeczna** *inż.* repelling spur, groin, groyne

~ **pożarowa** *górn.* fire dam, fire stopping
~ **regulacyjna 1.** *inż.* training wall **2.** *górn.* gauge door
~ **wentylacyjna** *górn.* air stopping, ventilation stopping, air barrage
~ ~ **płócienna** air curtain
~ **wodoszczelna** *górn.* sealed stopping
~ **zabezpieczająca** (*brzeg*) *inż.* protecting groyne
tambur *m arch.* drum (*carrying a cupola*)
tamiarz *m górn.* waller
tamować *v* dam; block; impound (*water*)
tamowność *f* **jednostkowa toru** (*przewodowego*) *tel.* propagation coefficient
tampon *m med.* tampon
tanaceton *m chem.* tanacetone
tanalbina *f farm.* tannalbin (*albumin tannate*)
tandem *m* arrangement in series
tangens *m mat.* tangent (*of an angle*)
~ **hiperboliczny** hyperbolic tangent
~ **kąta stratności** (*dielektrycznej*) loss tangent
tangensoida *f mat.* tangent curve
tangensowy *a mat.* tangential
tani *a* cheap
tani tlen *m* (*technologiczny*) cheap oxygen
tania bandera *f żegl.* flag of convenience
taniec *m* **przewodów** *el.* conductor dancing, conductor gallopping
~ **pszczół** dance of bees
tanina *f chem.* tannin
taninian *m chem.* tannate
tank *m* = **zbiornik** tank; cistern
~ **do wywoływania** *fot.* developing tank
tankowanie *n* refuelling
tankowiec *m okr.* tanker, *zob.też* **zbiornikowiec**
tantal *m chem.* tantalum, Ta
tantalan *m chem.* tantalate
tantalawy *a chem.* tantalous
tantalit *m min.* tantalite, niobite
tantalowy *a chem.* tantalic
TAO = **trójacetylooleandomycyna** triacetyloleandomycin (*antibiotic*)
tapeciarka *f* wallpaper printing press
tapeta *f* wallpaper
tapetowanie *n* paper-hanging
tapicer *m* upholsterer
tapicerka *f* upholstery
tapicernia *f* upholstery shop
tapioka *f spoż.* tapioca
TAR = **termiczna analiza różnicowa** *min.* differential thermal analysis
tara *f* tare (weight)
taran *m* ram
~ **hydrauliczny** hydraulic ram
~ **młota wahadłowego** *wytrz.* hammer of an impact testing machine
~ **wodny** hydraulic ram
taras *m* **1.** *bud.* terrace **2.** *inż.* berm, bench
~ **brzegowy dolny** *geol.* shoreface terrace
~ ~ **górny** backshore terrace
~ **morski akumulacyjny** *geol.* wave(-built) terrace, wave-built platform
~ ~ **erozyjny** wave-cut terrace, wave (-cut) platform, erosion platform
~ **nadbrzeżny** *geol.* raised beach
tarasować *v* obstruct (*the passage*)
tarasowanie *n melior.* benching
tarcica *f* sawn timber, sawn wood
~ **iglasta** coniferous timber
~ **liściasta** hardwood timber, converted hardwoods, broadleaved sawn wood
~ **nieobrzynana** unedged timber
~ **obrzynana** edged timber, square-sawn timber
~ **odziomkowa** butt-end timber
~ **ogólnego przeznaczenia** merchantable sawn wood, commercial sawn wood
~ **rdzeniowa** heartwood timber
~ **stolarska** joinery timber
~ **strugana** planed timber
~ **środkowa** heartwood timber
~ **wierzchołkowa** top-end timber
tarcie *n* friction
~ **czopowe** journal friction
~ **graniczne** mitigated solid friction
~ **kinetyczne** kinetic friction, friction of motion
~ **krętne** pivoting friction
~ **lepkościowe** viscous friction
~ **międzycząsteczkowe** molecular friction
~ **o powietrze** (*części wirujących*) *masz.* air friction, windage
~ **obrotowe** journal friction
~ **płynne** fluid friction
~ **(płynu) o ścianki przewodu** wall friction
~ **posuwiste** sliding friction
~ **potoczyste** rolling friction, rolling resistance
~ **powierzchniowe** *mech.pł.* skin friction, surface friction
~ **półpłynne** semi-fluid friction
~ **półsuche** mitigated solid friction
~ **przy rozruchu** starting friction
~ **ruchowe** kinetic friction, friction of motion
~ **spoczynkowe** static friction, stiction, friction of rest
~ **statyczne** *zob.* **tarcie spoczynkowe**
~ **suche** dry friction, Coulomb friction
~ **suwne** sliding friction
~ **ślizgowe** *zob.* **tarcie suwne**
~ **toczne** rolling friction, rolling resistance
~ **w łożyskach** bearing friction
~ **w ruchu** running friction
~ **w rurach** (*płynu*) pipe friction
~ **wewnętrzne** internal friction
~ **wiertne** pivoting friction
~ **wywołane uszczelnieniem** packing friction
tarciowy *a* frictional
tarcza *f* **1.** shield; disk **2.** *nukl.* target
~ **cierna** friction disk
~ **dociskowa** *obr.skraw.* contact roll, contact wheel; *obr.plast.* follow block
~ ~ **sprzęgła** clutch pressure plate
~ **hamulca** brake disk
~ **jądrowa** *nukl.* target

~ **katodowa** (*lampy mikrofalowej*) cathode end-disk
~ **kodowa** *aut.* code disk, keying disk
~ **koła** wheel disk; *kol.* web of a wheel, wheel plate
~ ~ **wirnikowego turbiny** turbine rotor-disk
~ **namiernicza** *nawig.* pelorus, dumb compass
~ **napędzająca sprzęgła** clutch drive plate
~ **nożowa rębaka** *papiern.* chipper disk
~ **numerowa** *telef.* dial
~ **odciążająca** (*w maszynie przepływowej*) balance disk
~ **Odhnera** (*w arytmometrze*) Odhner wheel
~ **oporowa** (*na wale*) *masz.* keep plate
~ **ostrzegawcza** *kol.* distant signal
~ **pędna** *górn.* Koepe pulley
~ **piły tarczowej** saw-blade disk
~ **podtrzymująca** (*w bezkłowej szlifierce do otworów*) *obr.skraw.* support roll
~ **podziałowa** (*podzielnicy*) *obr.skraw.* index plate, dividing plate
~ **polerska** polishing wheel, buffing wheel, buff
~ **prowadząca** (*szlifierki bezkłowej*) regulating wheel, feed wheel (*of a centreless grinding machine*)
~ **przeciw szczurom** (*na cumie*) *żegl.* rat guard
~ **rozpryskowa** spray disk
~ **słoneczna** sun's disk
~ **spawacza** welder's handshield, face shield
~ **sprzęgła** clutch plate
~ **sterująca** (*wirnika śmigłowca*) swash-plate, wobble plate (*in helicopters*)
~ **szlifierska** disk-type grinding wheel, abrasive disk; *szkl.* nog plate
~ **ścierna** *zob.* **tarcza szlifierska**
~ **śmigła** *lotn.* airscrew disk
~ **świecąca** (*np. zegara*) luminous dial
~ **tokarska** *obr.skraw.* face plate, face chuck (*in a lathe*)
~ **trytowa** *nukl.* tritium target, tritiated target
~ **tunelowa** *inż.* tunnelling shield, great-head shield
~ **wirnika** (*śmigłowca*) *lotn.* rotor disk, rotor orbit, tip-path plane
~ ~ **turbiny** (*osiowej*) turbine disk
~ **wirująca z łopatkami** vaned disk
~ **wklęsła** dished disk
~ **z podziałką** indicating dial
~ **zabierakowa** (*tokarki*) catch plate, driver plate, driving chuck (*in a lathe*); dog carrier (*in an automatic*)
~ ~ **przestawna** (*do toczenia gwintów wielokrotnych*) indexing catch plate
~ ~ **z czopem** single pin catch plate
~ ~ **z wycięciami** slotted catch plate
~ **zegara** dial-plate of a clock
~ **zrywkowa** *leśn.* skidding plan
tarcze *fpl* **hamujące** *okr.* sea drags (*to stop the vessel after launching*)
tarczka *f* **do klucza** key plate

~ **opadowa** (*klapki*) *telef.* shutter
~ **zarodkowa** (*jaja*) *zool.* blastodisk, germinal disk
tarczownica *f bud.* folded plate structure
tarczówka *f* **1.** *drewn.* circular saw, circular sawing machine, buzz saw **2.** *obr. skraw.* face lathe, surfacing lathe
~ **poprzeczna** cross-cut circular saw
~ ~ **dwupiłowa** double cross-cut circular saw
~ ~ **wahadłowa** pendulum cross-cut circular saw, swing saw
~ **stolikowa** circular sawbench
~ **wielopiłowa** gang saw
~ **wzdłużna** edger, edge saw
tarczyca *f anat.* thyroid gland
targan *m* oakum
~ **bawełniany** cotton wicking
~ **niesmołowany** white oakum
targanie *n* **bel** *włók.* bale breaking
targaniec *m* **1.** *roln.* pitman (*in a mower*) **2.** oakum
targarka *f* **bel** *włók.* bale breaker
targi *pl ek.* fair
targlica *f ryb.* dolphin-striker
~ **wielohaczykowa** ripper
tarka *f* rasp; rasping machine
~ **do koniczyny** *roln.* clover huller
tarlak *m ryb.* spawner, hard-roe fish
tarlisko *n ryb.* spawning ground, breeding ground
tarło *n ryb.* spawning
tarnik *m narz.* rasp (file)
~ **do drewna** wood rasp, grater
~ **kowalski** horse rasp
~ **obrotowy** rotary rasp
~ **okrągły** round rasp
~ **półokrągły** half-round rasp
tarować *v* tare
tarownik *m* **wagi** balance weight, balance ball
tartak *m* sawmill
tartrazyna *f chem.* tartrazine, hydrazine yellow
taryfa *f* tariff; rate
~ **pozasezonowa** off-season fare
taryfikator *m* scale of charges, schedule
tasiemiec *m zool.* taenia, *Taenia*, tape-worm
~ **bąblowcowy** echinococcus, *Taeniidae*
tasmanit *m petr.* tasmanite, yellow coal
taster *m poligr.* keyboard (*in monotype*)
tastrowanie *n poligr.* keyboarding
taśma *f* tape; band; strip; ribbon; belt; *włók.* sliver
~ **bieżnikowa** (*do bieżnikowania opon*) *gum.* camelback
~ **bimetalowa** bimetal strip
~ **błędów** *inf.* error tape
~ **czysta** *inf.* blank tape
~ **dziurkowana** perforated tape, punch(ed) tape
~ ~ **całkowicie** chad(ded) tape
~ ~ **niecałkowicie** chadless tape
~ **filmowa** (cinematrograph) film, ciné-film, film stock

~ ~ **magnetyczna** perforated magnetic film
~ ~ **nienaświetlona** raw film stock
~ ~ **wąska** substandard film
~ **geodezyjna** measuring tape, tape measure
~ **hamulca** brake band
~ **izolacyjna** insulating tape
~ **klejąca** adhesive tape
~ ~ **przezroczysta** scotch tape
~ **lepka** *zob.* **taśma klejąca**
~ **magnetofonowa** sound recording magnetic tape
~ **magnetowidowa** video magnetic tape
~ **magnetyczna** magnetic tape
~ ~ **z blokami danych** *inf.* gapped tape
~ ~ **z ciągłym zapisem danych** *inf.* gapless tape
~ **maskująca** masking tape
~ **metalowa** metal strip
~ **miernicza** *geod.* measuring tape
~ ~ **zwijana** wind-up measuring tape
~ **montażowa** assembly belt
~ **nabojowa** ammunition belt, cartridge belt, linked ammunition
~ **o powierzchni wzorzystej** (*imitującej fakturę skóry, tkaniny itp.*) *obr.plast.* pattern rolled strip
~ **ochraniająca** masking tape
~ **oryginalna odwracalna** *kin.* reversal original
~ **perforowana** punched tape, perforated tape
~ **pociągowa wózka** *biur.* carriage tape
~ **podgumowana** adhesive tape
~ **prochowa** *wybuch.* powder strip
~ **przebiercza** *wzbog.* picking belt
~ **przenośnika** conveyor belt
~ **rejestracyjna** recorder tape
~ **rozciągarkowa** *włók.* drawing sliver
~ **samoprzylepna** pressure-sensitive adhesive tape
~ **sortownicza** sorting belt
~ **spiekalnicza** *hutn.* sinter belt, sinter strand
~ **stalowa** *hutn.* steel strip; (*do opakowań*) steel strap
~ **sterująca** *aut.* control tape
~ **tapicerska** webbing
~ **uszczelniająca** sealing tape; *mot.* weather strip
~ **walcowana na gorąco** *hutn.* hot(-rolled) strip
~ ~ **na zimno** cold(-rolled) strip
~ **z wyciętymi otworami** *obr.plast.* apertured strip
~ **zgrzeblarkowa** *włók.* card sliver
~ **zrywana** (*przy otwieraniu opakowania*) pull strip
~ **źródłowa systemu** *inf.* system master tape
taśmociąg *m* belt conveyor flight
taśmoteka *f* collection of tape recordings, library of tapes
taśmować *v* tape; strap
taśmowiec *m poligr.* auto-stitcher, gatherer and stitcher
taśmówka *f drewn.* band saw
~ **rozdzielcza** band resaw, band resawing machine
~ **stolikowa** band-sawing machine
~ **wąska** ribbon saw
taśmy *fpl* **formujące bele** (*słomy lub siana*) *roln.* bale-forming belts
tauryna *f chem.* taurine, 2-aminoethansulphonic acid
tautochrona *f mech.* tautochrone
tautologia *f* tautology
tautologiczny *a* tautological
tautomeria *f chem.* tautomerism, dynamic isomerism
~ **okso-cykliczna** ring-chain tautomerism
tautomeryczny *a chem.* tautomeric
tautomeryzować *v chem.* tautomerize
tąpnięcie *n górn.* crump, bounce, bump
~ **po strzelaniu** afterburst
tchawica *f anat.* trachea, windpipe
tchórz *m zool.* polecat, *Mustela putorius*
teak *m bot.* teak, *Tectona grandis* L.
teatr *m* theatre
tebaina *f chem.* thebaine, paramorphine
technet *m chem.* technetium, Tc
techniczna metryczna jednostka *f* **masy** metric-technical unit of mass, hyl, metric slug: 1 TME = 9,80665 kg
technicznie czysty *chem.* technically pure, commercially pure
techniczno-ekonomiczny *a* techno-economic
techniczny *a* technological; technical
techniczny węglan *m* **potasowy** potash
techniczny węglan *m* **sodowy** soda, sodium carbonate
techniczny wodorotlenek *m* **wapniowy** caustic lime
technik *m* technician, engineer
~ **bezpieczeństwa pracy** safety engineer
~ **normowania pracy** ratefixer
~ **rentgenowski** X-ray operator, radiographer
technika *f* **1.** engineering, technology **2.** technique
~ **analogowa** *elektron.* analog technique
~ **bezpieczeństwa pracy** safety engineering
~ **budowlana** structural engineering, architectural engineering, construction engineering
~ **chłodnicza** refrigerating engineering
~ **cienkowarstwowa** *elektron.* thin-film technique
~ **cieplna** thermal engineering
~ **cyfrowa** *elektron.* digital-circuit engineering
~ **grubowarstwowa** *elektron.* thick-film technique
~ **hybrydowa** *elektron.* hybrid technique
~ **impulsowa** *rad.* impulse technique, pulse electronics
~ **jakości** quality (control) engineering
~ **jądrowa** nuclear engineering
~ **kosmonautyczna** space technology
~ **laboratoryjna** laboratory technique
~ **laserowa** laser technology

~ **lotnicza** aeronautical engineering
~ ~ **i kosmonautyczna** aircraft and space engineering, aerospace technology
~ **łączności** communication engineering
~ **mikrofalowa** microwave technique
~ **niskich temperatur** low-temperature technique, cryogenics
~ **obliczeniowa** calculation technique, computing technique
~ **okrętowa** marine engineering, naval engineering
~ **oświetleniowa** lighting engineering
~ **pocisków kierowanych** missilry, missile engineering
~ **pomiarowa** measuring technique
~ **programowania** software engineering
~ **radiacyjna** radiation technique, irradiation technique
~ **rakietowa** rocketry, rocket engineering
~ **rentgenowska** X-ray technique
~ **samochodowa** automobile engineering, automotive engineering
~ **sanitarna** sanitary engineering
~ **sterowania jakością** quality (control) engineering
~ **strumieniowa** *aut.* fluid-state technology, fluidics
~ **systemów** systems engineering
~ **światłowodowa** fibre optics
~ **transportowa** transportation engineering
~ **ultradźwięków** ultrasonic engineering
~ **wielkiej częstotliwości** high-frequency engineering
~ **wielowarstwowa** (*elementów półprzewodnikowych*) multi-layer technology
~ **wojskowa** military technology
~ **wysokich ciśnień** high-pressure technology
~ **wysokiej próżni** high-vacuum engineering
~ **zarządzania** management engineering
technikum *n* technical school
technolog *m* process engineer, production engineer
~ **żywienia** nutritionist
~ **żywności** food technologist
technologia *f* product(ion) engineering, process engineering, production technology
~ **budowy maszyn** mechanical engineering, tool engineering, workshop practice
~ **CDI** *elektron.* collector diffusion isolation technology, CDI technology
~ **chemiczna** chemical technology
~ **(dyfuzyjnej) izolacji kolektorowej** *zob.* **technologia CDI**
~ **elektronowa** electron-beam technology
~ **epiplanarna** *elektron.* planar epitaxial process
~ **epitaksjalna** *elektron.* epibase technology
~ **„krzem na izolatorze"** *elektron.* epitaxial silicon film on insulator technology, ESFI technology
~ **mechaniczna** product engineering
~ **n-MOS** *elektron.* n-channel metal-oxide semiconductor technology, n-MOS technology
~ **odlewania wlewków** *hutn.* pouring pit practice, casting pit practice
~ **planarna** *elektron.* planar process
~ **p-MOS** *elektron.* p-channel metal-oxide semiconductor technology, p-MOS technology
~ **procesu wielkopiecowego** *hutn.* blast-furnace practice
~ **przeróbki plastycznej metali** mechanical metallurgy
~ **SATO** *elektron.* self-aligned thick oxide technology, SATO technology
~ **SOS** *elektron.* silicon-on-saphire technology, SOS technology
~ **układów logicznych monolitycznych** solid logic technology, SLT
~ ~ **LSI na całej płytce** *elektron.* full slice technology
~ ~ **MOS z samocentrującą bramką** *elektron.* self-aligned thick oxide technology, SATO technology
~ **utrwalania żywności** preserving technology
~ **V-MOS** *elektron.* vertical metal oxide semiconductor technology, V-MOS technology
~ **warstw cienkich** *elektron.* thin-film technique
~ ~ **grubych** *elektron.* thick-film technique
~ **wytapiania stali** *hutn.* steelmaking practice
~ **żywienia** nutrition engineering
~ **żywności** food technology, food engineering
technologiczność *f* (*konstrukcji*) producibility
technoprognozowanie *n* technological forecasting
teczka *f* **1.** briefcase **2.** folder; binder
teflon *m* *tw.szt.* teflon
tefryt *m* *petr.* tephrite
teina *f* *chem.* theine, caffeine
teknacen *m* *pest.* tecnazene, TCNB (*fungicide*)
teknetron *m* *elektron.* technetron
teks *m* *jedn. włók.* tex: 1 tex $= 10^{-6}$ kg/m
tekstura *f* *kryst.* texture, preferred orientation
~ **daszkowa** *zob.* **tekstura Gossa**
~ **Gossa** *met.* Goss texture, cube-on-edge texture
~ **kostkowa** *met.* cube-on-face texture
~ **po rekrystalizacji** *met.* recristallization texture, annealing texture
~ **po walcowaniu** *met.* rolling texture
~ **po zgniocie** *met.* deformation texture
~ **reliktowa** *petr.* relict texture
~ **resztkowa** *zob.* **tekstura reliktowa**
~ **rozciągania** *met.* tensile texture
~ **skręcania** *met.* torsional texture
~ **walcowania** *zob.* **tekstura po walcowaniu**
~ **zgniotowa** *zob.* **tekstura po zgniocie**

teksturogram *m radiol.* fibre diagram
teksturowanie *n włók.* texturing
~ **powierzchni malowanej** *bud.* paint texturing
tekstylia *pl włók.* textiles
tektofacja *f geol.* tectofacies
tektogen *m geol.* tectogene
tektogeneza *f geol.* tectogenesis
tektonika *f geol.* tectonics
tektura *f papiern.* (card)board; paperboard
~ **azbestowa** asbestos board
~ **budowlana** building board
~ **falista** corrugated board
~ **introligatorska** binder's board
~ **lita** solid fibreboard
~ **na opakowania** container board
~ **słomowa** strawboard
~ **szewska** leather board
~ **twarda** hardboard
~ **wielowarstwowa** pasteboard
tekturnica *f zob.* **tekturówka**
tekturówka *f papiern.* board machine, cardboard machine
tektyt *m geol.* tectite, tektite, obsidianite
teleautomatyka *f* remote control engineering
teledacja *f* data transmission
teledator *m* data transmission unit
teledetektor *m aut.* scanner
teleelektryka *f* telecommunication engineering
telefilm *m* telefilm
telefon *m* **1.** telephone set **2.** telephone (system)
~ **biurkowy** desk telephone
~ **nastolny** *zob.* **telefon biurkowy**
~ **nurkowy** diving telephone
~ **pokładowy** *lotn.* intercom, interphone
~ **ścienny** wall telephone
~ **tubowy** speaking tube, gosport
~ **wewnętrzny** **1.** extension telephone **2.** interphone, domestic telephone
telefonia *f* telephony
~ **międzypojazdowa** vehicular telephony
~ **nośna** carrier telephony
telefoniczna moc *f* **odniesienia** reference telephone power
telegraf *m* telegraph
~ **cumowniczy** *żegl.* mooring telegraph
~ **manewrowy** *żegl.* docking telegraph
~ **maszynowy** *okr.* engine room telegraph
~ **sterowy** *żegl.* steering telegraph
telegrafia *f* telegraphy
~ **abonencka** telex, teleprinter exchange, TEX
~ **faksymilowa** *zob.* **telegrafia kopiowa**
~ **kopiowa** fascimile (photo)telegraphy, telephoto(graphy), picture telegraphy
~ **nośna** carrier telegraphy
~ **prądem stałym** direct-current telegraphy
telegrafista *m* telegraph operator
telegrafować *v* telegraph; cable
telegram *m* telegram; cablegram
telekino *n TV* telecine
telekomunikacja *f* telecommunication
~ **przewodowa** wire telecommunications
telekonferencja *f* (*przy wykorzystaniu urządzeń telekomunikacyjnych*) teleconference
teleks *m* telex, teleprinter exchange, TEX
telemechanika *f* remote control engineering, telemechanics
telemetria *f* telemetry, remote measurements
telemotor *m okr.* telemotor
teleobiektyw *m fot.* telephoto lens
teleprzetwarzanie *n inf.* teleprocessing
teleran *m nawig., lotn.* teleran, television and radar navigation
telerekording *m TV* telerecording, television recording
teleskop *m* telescope
~ **na balonie stratosferycznym** (*z urządzeniem przekazującym obrazy na Ziemię*) stratoscope
~ **na podczerwień** infrared telescope
~ **zwierciadlany** reflecting telescope
teleskopowy *a* telescopic
telesterowanie *n* telecontrol, remote control
teletachometr *m* teletachometer
teletechnika *f* telephone and teletype service, telecommunication engineering
teletermometr *m* telethermometer
teletransmisja *f* **falowodowa** wave-guide transmission
~ **przewodowa** wire transmission
~ **radioelektryczna** wireless transmission
~ **radiowa** *zob.* **teletransmisja radioelektryczna**
teletyposetter *m poligr.* teletypesetter
telewidz *m* (television) viewer
telewizja *f* television
~ **czarno-biała** black-and-white television, monochrome television
~ **kablowa** community aerial television, CATV, cable television, wired television
~ **kasetowa** cassette television
~ **kolorowa** colour television, CTV
~ **komercyjna** pay television, subsription television
~ **monochromatyczna** monochrome television, black-and-white television
~ **o małym poziomie światła** low-light-level television, LLL TV
~ **o powolnym wybieraniu** slow-scan television, SSTV
~ **podwodna** underwater television
~ **programowa** telecasting
~ ~ **dla abonentów** pay television, subscription television
~ **projekcyjna** projection television
~ **przemysłowa** industrial television, ITV
~ **przewodowa** community aerial television, CATV, cable television, wired television
~ **użytkowa** closed circuit television, CCTV
~ ~ **na usługach przemysłu** industrial television, ITV
~ **z retransmisją programu** relay television

telewizor *m* television receiver, television set, TV set
telinit *m geol.* provitrain, telain
tellur *m chem.* tellurium, Te
telluran *m chem.* tellurate
tellurawy *a chem.* tellurous
tellurek *m chem.* telluride
tellurowodór *m chem.* hydrogen telluride
tellurowy *a chem.* telluric
telluryt *m chem.* tellurite
telogen *m chem.* telogen
telomer *m chem.* telomer
telomeryzacja *f chem.* telomerization
telwar *m* (*środek do sterylizacji gleby*) *chem.* telvar
tematyka *f* subject area; subject matter
temblak *m med.* sling
tempera *f* (*farba*) tempera
temperatura *f* temperature
~ **absolutna** absolute temperature
~ **austenityzowania** *obr.ciepl.* austenitizing temperature
~ **barwowa** *opt.* colour temperature
~ **bezwzględna** absolute temperature, thermodynamic temperature
~ **białego żaru** *met.* white heat
~ **całkowita** *aero.* stagnation temperature, total temperature
~ **ciała czarnego** *fiz.* blackbody temperature, brightness temperature
~ **Curie** *met.* Curie temperature, Curie point, magnetic transformation point
~ ~ **antyferromagnetyczna** antiferromagnetic Curie point, Néel temperature, Néel point
~ ~ **asymptotyczna** *zob.* **temperatura Curie paramagnetyczna**
~ ~ **paramagnetyczna** paramagnetic Curie point, asymptotic Curie point
~ **czerwonego żaru** *met.* red heat
~ **Debye'a** *fiz.* Debye (characteristic) temperature
~ **degeneracji** *fiz.* Fermi temperature, degeneracy temperature
~ **detonacji** *siln.spal.* detonation point
~ **dymienia** smoke point
~ **elektronowa** electron temperature
~ **empiryczna** empirical temperature
~ **eutektyczna** *met.* eutectic temperature
~ **Fermiego** *fiz.* Fermi temperature, degeneracy temperature
~ **fuzji** *nukl.* fusion temperature
~ **hartowania** *obr.ciepl.* hardening temperature, quenching temperature
~ **inwersji** *chem.* inversion temperature
~ **kadziowania** *włók.* vatting temperature
~ **kinetyczna plazmy** *fiz.* kinetic temperature of plasma
~ **kondensacji** condensation point
~ **końca przemiany martenzytycznej** *met.* martensite finish temperature, M_f temperature
~ **końcowa destylacji** *chem.* dry point, DP
~ ~ **operacji** *hutn.* finishing temperature
~ ~ **walcowania** *hutn.* finish-rolling temperature
~ **kroplenia** *chem.* dropping point
~ **kruchości** *tw.szt.* brittle temperature, brittle point
~ **krytyczna** *fiz.* critical temperature, critical point
~ ~ **mieszalności** critical solution temperature, consolute temperature
~ ~ **nadprzewodnictwa** superconducting transition temperature, superconducting critical temperature
~ ~ **plazmy** critical temperature of plasma, ignition temperature of plasma
~ ~ **rozpuszczania** *zob.* **temperatura krytyczna mieszalności**
~ **krzepnięcia** *fiz.* freezing temperature, freezing point, solidification point
~ ~ **kwasów tłuszczowych** *chem.* titer (value)
~ ~ **złota** gold point
~ **kucia** forging temperature, forging heat
~ **likwidusu** *met.* liquidus temperature
~ **luminancyjna** *fiz.* brightness temperature
~ **mętnienia** *chem.* cloud point
~ **mieszalności (krytyczna)** critical solution temperature, consolute temperature
~ **mięknienia** softening point, fusing point
~ **nadmierna** overtemperature
~ **Néela** Néel temperature, Néel point, antiferromagnetic Curie point
~ **niebieskiego nalotu** *obr.ciepl.* blue heat
~ **normalna** normal temperature (273,15 K)
~ **odniesienia** fiducial temperature
~ **odprężania** *szkl.* annealing point
~ **odpuszczania** *obr.ciepl.* tempering temperature
~ **osiadania** *szkl.* sag point
~ **otoczenia** ambient temperature
~ **palenia** *paliw.* fire point
~ **perytektyczna** *met.* peritectic temperature
~ **płynięcia** *tw.szt.* flow temperature
~ **początku deformacji** *szkl.* sink point
~ ~ **destylacji** *chem.* drip point
~ ~ **flokulacji** *chem.* floc point
~ ~ **przemiany martenzytycznej** *met.* martensite start temperature, M_s temperature
~ ~ **wrzenia** initial boiling point, i.b.p.
~ **podwyższona** elevated temperature
~ **pokojowa** room temperature
~ **poniżej punktu zamarzania** sub-freezing temperature
~ **powstawania klinkieru** *ceram.* clinkering temperature
~ **pracy** working temperature
~ **przejścia w stan kruchości** *met.* brittle fracture transition temperature, nil ductility transition temperature, NDT temperature
~ ~ **w stan nadprzewodnictwa** *met.* superconducting transition temperature

~ **przemiany** *met.* critical temperature, critical point, transformation point, transition point
~ ~ **magnetycznej** Curie point, Curie temperature, magnetic transformation point
~ **przy wlocie** inlet temperature
~ **radiacyjna** *fiz.* radiation temperature
~ **resublimacji w próżni** vacuum condensing point, vcp
~ **rosy** *fiz.* dew-point, saturation point
~ **rozkładu** *fiz.* breakdown temperature
~ **samozapłonu** spontaneous ignition temperature, autoignition point
~ **scukrzania** saccharification temperature
~ **skraplania** condensation point
~ **spalania** combustion temperature
~ **spawania** welding heat
~ **spiekania** sintering point
~ **spinowa** *fiz.* spin temperature
~ **spustu** *hutn., odl.* tapping temperature
~ **stagnacji** *aero.* stagnation temperature, total temperature
~ **sublimacji** sublimation temperature, snow point
~ **syntezy jądrowej** *nukl.* fusion temperature
~ **termodynamiczna** thermodynamic temperature, absolute temperature
~ **termometru suchego** dry-bulb temperature
~ ~ **wilgotnego** wet-bulb temperature
~ **topnienia** melting point; fusion temperature
~ ~ **czystego lodu** ice point
~ **walcowania** *hutn.* rolling temperature
~ **wiśniowego żaru** *obr.ciepl.* cherry-red heat, dull red heat
~ **wrzenia** boiling point, bubble point
~ **wygrzewania** *obr.ciepl.* soaking heat
~ **wymieszania** (*gazu*) bulk temperature
~ **zalewania** (*form*) *odl.* pouring temperature, pour point
~ **zamarzania** freezing temperature, freezing point, solidification point
~ **zanikania naprężeń** *szkl.* strain point
~ **zapłonu** flash-point, ignition temperature, kindling temperature
~ ~ **plazmy** *fiz.* critical temperature of plasma, ignition temperature of plasma
~ **zastoju** *aero.* stagnation temperature, total temperature
~ **zestalania się produktu sublimacji** sublimate condensing point
~ **zeszklenia** *tw.szt.* glassy temperature, glass transition temperature
~ **zmętnienia** *chem.* cloud point
temperowanie *n* **sygnału** *tel.* tapering of signal
temperówka *f* **mechaniczna do ołówków** *biur.* pencil sharpener
tempo *n* rate, speed
~ **rozwoju gospodarczego** economic growth rate
~ **walcowania** *hutn.* rolling rate
tenantyl *m min.* tennantite (*ore of copper*)
tenardyt *m min.* thenardite
tendencja *f* **rozwojowa** *ek.* growth trend
~ **w losowaniu** *statyst.* bias in sampling
~ **zniżkowa** downward trend
~ **zwyżkowa** upward trend
tender *m* **1.** *kol.* tender **2.** *okr.* tender (*ship*)
tendrzak *m kol.* tank locomotive, tank engine
tenoryt *m min.* tenorite, melaconite
tensametria *f* (*polarografia przy użyciu prądu zmiennego*) *chem.* tensammetry
tensjometr *m fiz.* tensiometer
tensometr *m wytrz.* strain gauge; extensometer; deformeter
~ **czujnikowy** dial extensometer
~ **elektrooporowy** electric resistance wire strain gauge, bonded wire strain gauge
~ **pojemnościowy** capacity strain gauge
~ **ryskowy** scratch extensometer
tensor *m mat.* tensor
~ **antysymetryczny** antisymmetrical tensor, skew-symmetrical tensor
~ **drugiego rzędu** tensor of rank two
~ **dwuwskaźnikowy** *zob.* **tensor drugiego rzędu**
~ **izotropowy** *mech.* isotropic component of a tensor
~ **kontrawariantny** contravariant tensor
~ **kowariantny** covariant tensor
~ **krzywizny zwężony** contracted curvature tensor, Ricci tensor
~ **kulisty** *mech.* isotropic component of a tensor
~ **metryczny** metric tensor
~ **mieszany** mixed tensor
~ **naprężeń** *wytrz.* stress tensor
~ **odkształcenia** *wytrz.* strain tensor
~ **pierwszego rzędu** tensor of rank one
~ **Ricciego-Einsteina** *zob.* **tensor krzywizny zwężony**
~ **skośny** *mech.* deviator
~ **symetryczny** symmetric tensor
~ **zerowego rzędu** tensor of rank zero
tent *m okr.* awning
tenyl *m chem.* thenyl
teobromina *f chem.* theobromine
teodolit *m geod.* theodolite, altometer
~ **głuchy** direction instrument
~ **górniczy** mining theodolite
~ **noniuszowy** vernier theodolite
~ **repetycyjny** repeating theodolite, double-centre theodolite, repeating instrument
~ **wiszący** suspension theodolite
~ **z lunetą przekładaną** transit theodolite, wye theodolite
teofilina *f chem.* theophylline
teoretyczny *a* theoretical
teoria *f* theory
~ **automatów** automata theory
~ **błędów** theory of errors
~ **doświadczeń** *mat.* theory of experiments
~ **dowodu** *mat.* proof theory
~ **elektronowa metali** free-electron theory of metals
~ **ewolucji** evolution theory
~ **falowa światła** wave theory of light

~ **gier** *mat.* game theory, theory of games
~ **grafów** graph theory
~ **homologii** *mat.* homology theory
~ **kinetyczna gazów** *aero.* kinetic theory of gases
~ **kohomologii** *mat.* cohomology theory
~ **kolejek** queueing theory
~ **korpuskularna światła** corpuscular theory of light
~ **kwantowa** quantum theory
~ **kwantykułowa** quanticule theory
~ **liczb** *mat.* number theory
~ **masowej obsługi** queueing theory
~ **mechanizmów i maszyn** theory of machines
~ **mezonowa pola** *fiz.* meson field theory
~ **mnogości** *mat.* set theory
~ **modeli** *mat.* theory of models, model theory
~ **niezawodności** reliability theory
~ **okrętu** naval architecture
~ **pasmowa ciała stałego** *fiz.* energy band theory of solids
~ **podejmowania decyzji** decision theory
~ **pola jednolita** *fiz.* unified field theory
~ ~ **krystalicznego** *fizchem.* crystal field theory
~ **potencjału** *mat.* potential theory
~ **prawdopodobieństwa** theory of probability, probability mathematics
~ **przenoszenia** *fiz.* transport theory
~ **sieci** *el.* network theory
~ **sprężystości** *wytrz.* theory of elasticity
~ **stref** *kryst.* zone theory
~ **transportu** *fiz.* transport theory
~ **warstewek granicznych** *mech.pł.* film theory, boundary layer theory
~ **wartościowości** *chem.* theory of valence
~ **wielkich kier litosfery** *geol.* plate tectonics
~ **wielkiego wybuchu** *astr.* big bang theory, superdense theory
~ **względności** *fiz.* relativity theory
~ **zbiorów** *mat.* set theory
~ **zderzeń aktywnych** *chem.* collision theory
teoriomnogościowy *a mat.* set-theoretic
teownik *m* tee bar, T-bar
~ **łebkowy** tee bulb bar, bulb tee
~ **niski** unequal tee (bar)
~ **wysoki** equal tee (bar)
teowniki *mpl* **stalowe** tee iron, T-iron
teowy *a* T-shaped
tepowanie *n bud.* stippling
tera- tera (*prefix representing* 10^{12})
terakota *f bud.* terracotta
terapeutyczny *a med.* therapeutic
terapia *f med.* therapy, treatment
~ **aerozolowa** aerosol therapy
~ **bodźcowa** stimulating therapy, stimulation therapy
~ **cezowa** caesium therapy
~ **fizyczna** physiotherapy, physicotherapy, physical therapy
~ **głęboka** deep radiation, deep therapy
~ **intensywna** intensive care
~ **jonowa** ionotherapy
~ **kobaltowa** cobalt therapy
~ **powierzchniowa** superficial therapy
~ **półgłęboka** intermediate therapy
~ **radiologiczna** radiotherapy
~ **radowa** radium therapy
~ **rentgenowska** X-ray therapy, Röntgen therapy
~ ~ **megawoltowa** supervoltage X-ray therapy
~ ~ **wnękowa** (*wewnątrz jam ciała*) intracavitary X-ray therapy
~ **ruchomą wiązką promieniowania** pendulum therapy
~ **stykowa** contact therapy
~ **tlenowa** oxygen therapy, treatment by oxygen
~ **wahadłowa** *zob.* **terapia ruchomą wiązką promieniowania**
~ **wiązką zbieżną** convergent irradiation
~ **wstrząsami elektrycznymi** electroshock therapy
terazzo *n bud.* terrazzo
terb *m chem.* terbium, Tb
tereftalan *m chem.* terephthalate
teren *m* terrain; site; ground, *zob.też* **tereny**
~ **bagnisty** everglade
~ **budowy** building site, building ground
~ **do prób** testing ground
~ **doświadczalny** experimental area
~ **lądowania** *lotn.* landing site
~ **łowiecki** hunting ground
~ **nie zbadany** *górn.* unproven area
~ **otwarty** open area
~ **pagórkowaty** hilly country
~ **podmokły** waterlogged area
~ **pustynny** desert land
~ **rekreacyjny** pleasure grounds; recreation ground
~ **skażony** contaminated area, contaminated ground
~ **uzbrojony** developed area
~ **zakazany** out-of-bounds area
~ **zalewany w czasie przypływu** tidal flat, tideland
~ **zatopiony** flooded land
~ **zbadany** *górn.* proven area
tereny *mpl* **nie zbadane** (*biała plama na mapie*) *geogr.* unsurveyed area
~ **nieurodzajne** badlands
~ **podmokłe** *geogr.* fenland, fen
~ **wystawowe** exhibition grounds, show grounds
~ **zalesione** *geogr.* woodland
~ **zielone** greens; green belt
terfenyl *m chem.* terphenyl, 1,4-diphenylbenzene
term *m fiz.* term
~ **atomowy** atomic term
~ **bieżący** current term
~ **cząsteczkowy** molecular term
~ **stały (serii)** series term
~ **widmowy** spectral term
terma *f* 1. *geol.* thermal spring 2. water heater
termalizacja *f* **neutronów** *nukl.* thermalization of neutrons

termaloj *m met.* thermalloy
termia *f jedn.* ton calorie: 1th=0.41868·10^7 J
termicznie nietrwały thermolabile
termiczny *a* thermal, thermic
termika *f meteo.* thermal air currents
termin *m* **1.** time-limit; appointed time; fixed date **2.** (technical) term
~ **dostawy** time of delivery, delivery date
~ **niezalecany** deprecated (technical) term
~ **ostateczny** deadline
~ **preferencyjny** preferred (technical) term
~ **skrócony** abbreviated (technical) term
~ **techniczny** technical term
~ **ważności** expiration date
~ **zalecany** preferred (technical) term
terminal *m* **1.** *inf.* terminal (*unit*) **2.** *transp.* terminal (*station*)
~ **kontenerowy** *transp.* container terminal
~ **konwersacyjny** *inf.* conversational terminal
terminator *m* **1.** apprentice **2.** *astr.* terminator, circle of illumination
terminologia *f* terminology
terminowanie *n* apprenticeship
terminowy *a* punctual; prompt
termistor *m elektron.* thermistor, temperature-sensitive resistor
~ **PTC** (*o dużym dodatnim współczynniku temperaturowym rezystancji*) positive temperature coefficient resistor, posistor
termit *m* **1.** *zool.* termite, white ant, *Isoptera* **2.** *met.* thermite
termoanemometr *m* **elektryczny** hot-wire anemometer
termobarometr *m* thermobarometer
termobeton *m bud.* foamed slag
termobimetal *m* thermometal, thermal bimetal, thermostatic bimetal
termochemia *f* thermochemistry
termochromia *f chem.* thermochromism
termodyfuzja *f* thermal diffusion, thermodiffusion, Soret effect
termodynamiczna skala *f* **temperatur** Kelvin thermodynamic scale of temperature
termodynamiczny *a* thermodynamic
termodynamika *f* thermodynamics
~ **chemiczna** chemical thermodynamics
~ **ciał stałych** thermodynamics of solids
~ **fenomenologiczna** macroscopic thermodynamics
~ **klasyczna** thermostatics, classical thermodynamics
~ **procesów nieodwracalnych** nonequilibrium thermodynamics, irreversible thermodynamics
~ **stanów nierównowagi** *zob.* **termodynamika procesów nieodwracalnych**
~ **statystyczna** statistical thermodynamics
~ **stopów** metallurgical thermodynamics
termoelastyczność *f* thermoelasticity
termoelastyczny *a* thermoelastic
termoelektroda *f* thermocouple wire
termoelektrolizer *m* electrolytic furnace
termoelektron *m* thermion, thermoelectron
termoelektronika *f* thermionics
termoelektronowy *a* thermionic
termoelektryczność *f* thermo-electricity
termoelektryczny *a* thermo-electric
termoelement *m* thermocouple, thermoelement, thermel
~ **wrzutowy** *hutn.* throw-in thermocouple
termoemisja *f elektron.* thermionic emission
termofon *m akust.* thermophone
termofor *m med.* thermophore
termofrezarka *f hutn.* hot ingot peeling machine
termogalwanometr *m* thermo-galvanometer
termogenerator *m* thermoelectric generator, thermal converter
~ **półprzewodnikowy** semiconductor heat generating element
termograf *m* thermograph, recording thermometer, temperature recorder
termografia *f* thermography, infrared photography, thermal photography
termogram *m* thermogram, thermal image, infrared photograph
termograwimetria *f chem.* thermogravimetric analysis, thermogravimetry
termohigrometr *m* hytherograph
termoizolacyjny *a* heat-insulating
termojądrowy *a fiz.* thermonuclear
termojon *m fiz.* thermion
~ **ujemny** thermoelectron
termojonizacja *f fiz.* thermal ionization
termojonowy *a* thermionic
termokatoda *f el.* thermionic cathode, hot cathode
termoklina *f geofiz.* metalimnion, thermocline
termokolor *m* thermometric paint
termokompresja *f* thermocompression
termokopiarka *f* thermal printer, thermoprinter
termokopiowanie *n* thermography
termoliza *f chem.* thermolysis
termolokacja *f* infrared range and direction detection
termolokator *m* IR locator, heat seeker
termoluminescencja *f* thermoluminescence
termometr *m* thermometer
~ **alkoholowy** alcohol thermometer
~ **Beckmanna** Beckmann thermometer, metastatic thermometer
~ **cieczowy** liquid thermometer
~ **dylatacyjny** expansion thermometer
~ **elektryczny** electric thermometer, electrothermometer
~ **galowo-kwarcowy** gallium-in-quartz thermometer
~ **gazowy** gas thermometer
~ ~ **izobaryczny** (*o stałym ciśnieniu*) constant-pressure gas thermometer
~ ~ **izochoryczny** (*o stałej objętości*) constant-volume gas thermometer
~ **głębinowy** *żegl.* deep-sea thermometer
~ **kąpielowy** bath thermometer

~ **kontaktowy** contact thermometer
~ **lekarski** clinical thermometer
~ **maksymalny** maximum (reading) thermometer
~ **manometryczny** pressure (spring) thermometer
~ **metastatyczny** metastatic thermometer, Beckmann thermometer
~ **minimalno-maksymalny** maximum and minimum thermometer, Six's thermometer
~ **minimalny** minimum (reading) thermometer
~ **normalny** standard thermometer
~ **o całkowitym zanurzeniu** total immersion thermometer
~ **odległościowy** telethermometer
~ **oporowy** resistance thermometer
~ **optyczny** optical pyrometer
~ **pałeczkowy** capillary thermometer
~ **piszący** recording thermometer, thermograph
~ **pokojowy** wall thermometer
~ **prętowy** solid rod thermometer
~ **przemysłowy** industrial thermometer
~ **rozszerzalnościowy** expansion thermometer
~ **rtęciowy** mercurial thermometer
~ **skórny** *med.* cutaneous thermometer
~ **stalowy rtęciowy** mercury-in-steel thermometer
~ **stykowy** contact thermometer
~ **suchy** (*w psychrometrze*) dry-bulb thermometer
~ **szklany cieczowy** liquid-in-glass thermometer
~ ~ **rtęciowy** mercury-in-glass thermometer
~ **ścienny** wall thermometer
~ **techniczny** industrial thermometer
~ **wilgotny** (*w psychrometrze*) wet-bulb thermometer
~ **wysokotemperaturowy** high-temperature thermometer
~ **wzorcowy** standard thermometer
~ **zdalny** telethermometer
termometria *f* thermometry, temperature measurements
termometryczny *a* thermometric
termonuklearny *a* thermonuclear
termonukleonika *f* thermonucleonics
termoodporność *f* heat resistance
termoodporny *a* heat-resistant
termoogniwo *n* termocell
termopara *f* thermocouple, thermoelement, thermal, *zob.też* **termoelement**
termoplasty *mpl* thermoplastics
termoplastyczny *a* thermoplastic
termopolimeryzacja *f chem.* thermopolymerization, heat polymerization
termopreny *mpl gum.* thermoprenes
termoregulator *m* thermoregulator
termos *m* vacuum bottle, vacuum flask
termosfera *f geofiz.* thermosphere
termoskop *m* thermoscope
termostabilność *f* thermostability
termostabilny *a* thermostable
termostat *m* thermostat
termostatyczny *a* thermostatic(al)
termostatyka *f* thermostatics, classical thermodynamics
termostos *m* thermopile
termosyfon *m* thermosiphon, thermal siphon
termotechnik *m* heating engineer
termotechnika *f* thermal engineering; heating engineering
termotransport *m fiz.* thermal diffusion, Soret effect
termoutwardzalny *a tw.szt.* thermosetting, thermohardening, heat-hardening, heat-convertible
termowaga *f chem.* thermobalance
termowizja *f* thermovision, infrared mapping
termowizor *m* infrared receiver, nancy receiver
termozyt *m* foamed slag
terotechnika *f* terotechnology
terpentyna *f* turpentine (oil), spirits of turpentine, turps
~ **balsamiczna** gum turpentine
~ **ekstrakcyjna** steam-distilled wood turpentine
~ **rektyfikowana** destructively-distilled wood turpentine
~ **siarczynowa** sulfite wood turpentine
terpeny *mpl chem.* terpenes
terpin *m chem.* terpin, terpinol
terpinen *m chem.* terpinene
terpineol *m chem.* terpineol
terpinolen *m chem.* terpinolene
terpolimer *m chem.* terpolymer
terra rossa *geol.* terra rossa
terramycyna *f* terramycin, oxytetracycline (*antibiotic*)
terrofotogrametria *f* ground photogrammetry
terylen *m tw.szt.* Terylene (*trade name*)
tesla *f jedn.* tesla, T
test *m* **1.** *statyst.* test **2.** *inf.* trial routine
~ **chi kwadrat** chi-square test
~ **dwustronny** two-sided test
~ **hipotezy** test of hypothesis
~ **ilorazu wariancji** variance ratio test
~ ~ **wiarogodności** likelihood ratio test
~ **istotności** test of significance
~ **jednostronny** one-sided test
~ **losowości** test of randomness
~ **najmocniejszy** most powerful test
~ **nieobciążony** unbiased test
~ **nieparametryczny** nonparametric test
~ **normalności** test of normality
~ **post mortem** (*ułatwiający lokalizację błędu*) *inf.* post-mortem routine
~ **przeskokowy** *inf.* leap-frog test
~ **statystyczny** statistical test, criterion
~ **śledzący** *inf.* trace routine
~ **t-Studenta** Student's t-test
~ **zgodności** test of goodness of fit
~ **zgodny** consistent test
tester *m* **automatyczny** automatic test equipment, ATE
testosteron *m biochem.* testosterone

testowanie *n* (*badanie kontrolne*) testing
tetartanopia *f med.* tetartanopia, blue--yellow blindness
tetartoedryczny *a kryst.* tetartohedral
tetra *f chem.* carbon tetrachloride, tetrachloromethane
tetracen *m chem.* tetracene, naphthacene
tetracyklina *f* tetracycline (*antibiotic*)
tetradekanol-1 *m chem.* myristyl alcohol, 1-tetradekanol
tetradifon *m pest.* tetradifon (*acaricide*)
tetradymit *m min.* tetradymite
tetraedr *m* **1.** *mat.* tetrahedron **2.** *kryst.* tetrahedron
tetraedryczny *a* tetrahedral
tetraedryt *m min.* tetrahedrite, grey copper ore, panabase
tetragonalny *a kryst.* tetragonal
tetramer *m chem.* tetramer
tetrametylen *m chem.* tetramethylene, cyclobutane
tetrazen *m wybuch.* tetrazene
tetrazol *m chem.* tetrazole
tetrazyna *f chem.* tetrazine
tetroda *f elektron.* tetrode; four-electrode tube
~ **polowa** field-effect tetrode
~ **wiązkowa** beam power tetrode
tetroza *f chem.* tetrose
tetrówka *f* (*gaśnica tetrowa*) carbon-tetrachloride extinguisher
tetryl *m wybuch.* tetryl, tetralite, nitramine
tex *m jedn.włók.* tex: 1 tex = 10^{-6} kg/m
teza *f* argument; thesis; proposition
tezaurus *m inf.* thesaurus (*pl* thesauri), indexing vocabulary
tęcza *f* **1.** *meteo.* rainbow **2.** *arch.* rood arch
~ **biała** *meteo.* fogbow, white rainbow
~ **księżyca** lunar rainbow
tęczówka *f anat.* iris
tęgoryjec *m* (*pasożyt z rodziny nicieni, Ancylostomatidae*) hookworm
tępić *v* destroy, exterminate (*pests etc.*)
tępiej do wiatru *żegl.* (go) off the wind
tępienie *n* **się ściernicy** glazing of grinding wheel
~ **szczurów** rat extermination, deratting
tępy *a* blunt; dull; obtuse
tętniak *m med.* aneurysm
tętnica *f anat.* artery
~ **główna** aorta
~ **udowa** femoral artery
tętniczka *f anat.* arteriole
tętnienie *n fiz.* pulsation
~ **prądu** *el.* current ripples, ripple
~ **przepływu** (*w sprężarce*) surging (*in axial compressor*)
~ **sieciowe** *rad.* hum
tętnik *m hydr.* pulsometer, expulsor pump
tętno *n med.* pulse, heart rate
~ **nitkowate** thready pulse
tężec *m med.* tetanus, lockjaw
~ **pośmiertny** rigor mortis
tężeć *v* stiffen; solidify
tężnia *f* graduation tower, twig tower
tężnik *m inż.* brace, stay
tg = **tangens** *mat.* tangent
tiamina *f biochem.* thiamine, aneurin(e), vitamin B_1
tiazol *m chem.* thiazole
tik *m bot.* teak, *Tectona grandis* L.
tiksotropia *f chem.* thixotropy; *farb.* false body
tillit *m geol.* tillit (*lithified till*)
tintometr *m* tintometer
tioacetal *m chem.* mercaptal
tioalkohol *m chem.* mercaptan, thiol
tiocyjanian *m chem.* thiocyanate, rhodanate, sulfocyanate
tiodwufenyloamina *f chem.* phenothiazine, dibenzothiazine
tiodwuglikol *m chem.* thiodiglycol, dihydroxyethylsulfide
tioeter *m chem.* thioether
tiofen *m chem.* thiophene, thiofuran
tiofenol *m chem.* thiophenol, phenyl mercaptan
tiofosgen *m chem.* thiophosgene, thiocarbonyl chloride
tiofuran *m chem.* thiophene, thiofuran
tiohydroksy = **merkapto** mercapto (HS—)
tioindygo *n barwn.* thioindigo
tiokarbamid *m chem.* thiocarbamide, thiourea
tiokauczuk *m tw.szt.* thiorubber, thioplast, polysulfide rubber
tiokol *m zob.* **tiokauczuk**
tioksen *m chem.* thioxene, dimethyl thiophene
tiokwas *m chem.* thioacid
tiometon *m pest.* thiometon (*acaricide and insecticide*)
tiomocznik *m chem.* thiourea, thiocarbamide
tionaften *m chem.* thionaphthene, benzothiophene
tionaftol *m chem.* naphthalenethiol
tionowy *a chem.* thionic
tionyl *m chem.* thionyl, sulfinyl (—SO—)
tioplast *m tw.szt.* thioplast, thiorubber, polysulfide rubber
tiosemikarbazyd *m chem.* thiosemicarbazide, aminothiourea
tiosiarczan *m chem.* hyposulfite, thiosulfate
tiosiarczanometria *f chem.* thiosulfatimetry
tiosiarkowy *a chem.* thiosulfuric
tiotlenek *m* **węgla** carbonyl sulfide, carbon oxysulfide
tiouretan *m chem.* thiourethan
tiowęglan *m chem.* thiocarbonate
titr *m włók.* titre
titrant *m* (*roztwór mianowany*) *chem.* titrant, standard solution
tiularka *f włók.* bobbinet machine
tiuram *m chem.* **1.** thiocarbamoyl **2.** thiuram (*fungicide*)
tkactwo *n* weaving
tkacz *m* weaver
tkać *v* weave
tkalnia *f* weaving mill, weaving plant
tkanina *f* (woven) fabric; cloth

~ **azbestowa** asbestos cloth
~ **dekoracyjna** tapestry
~ **druciana** wire cloth
~ **drukowana** printcloth
~ **dwustronna** double faced cloth
~ **filtracyjna** filter cloth
~ **flagowa** bunting
~ **gładka** bareface fabric
~ **grzejna** *el.* woven resistors
~ **gumowana** rubberized fabric
~ **impregnowana** impregnated fabric
~ **jutowa** (*workowa gruba*) burlap
~ **kordowa** cord (fabric)
~ **obciążona** filled cloth
~ **pokryta drukiem ochronnym** resisted fabric
~ **powleczona** coated fabric
~ ~ **gumą** rubberized fabric
~ **sieciowa** (fish) netting
~ **sitowa** sieve cloth, space cloth
~ **spilśniona** felted fabric; fulled fabric, milled fabric
~ **workowa** sackcloth, bagging
~ **wzorzysta** jackquard
~ **z włókien mieszanych** (*np. półwełna*) union fabric
tkanka *f biol.* tissue
~ **chrzęstna** *anat.* cartilage
~ **drzewna** *bot.* xylem
~ **kostna** osseous tissue
~ **łączna** *anat.* connective tissue
~ **mięśniowa** muscular tissue
~ **naczyniowa** *bot.* vascular tissue
~ **nerwowa** nervous tissue
~ **przewodząca** *bot.* conducting tissue
~ **sitowa** *bot.* phloem, bast, sieve tissue
~ **sprężysta** *anat.* elastic tissue
~ **tłuszczowa** *anat.* adipose tissue
~ **włóknista** fibrous tissue
tlen *m chem.* oxygen, O
~ **95%** low-purity oxygen
~ **99,5%** high-purity oxygen
~ **aktywny** available oxygen (*in oxidizing agents*)
~ **atmosferyczny** atmospheric oxygen
~ **atomowy** atomic oxygen
~ **całkowity** total oxygen
~ **ciekły** liquid oxygen, lox
~ **ciężki** oxygen-18, heavy oxygen, ^{18}O
~ **cząsteczkowy** molecular oxygen
~ **do celów technicznych** tonnage oxygen
~ **gazowy** gaseous oxygen, gox
~ **niezwiązany** free oxygen
~ **rozpuszczony** dissolved oxygen, D.O.
~ **tani** cheap oxygen
~ **techniczny** *zob.* **tlen technologiczny**
~ **technologiczny** tonnage oxygen
~ **wolny** free oxygen
~ **zużyty** *san.* consumed oxygen
~ **związany** combined oxygen
tlenek *m chem.* oxide, *zob.też* **tlenki**
~ **aminy** amine oxide, amino-oxide
~ **antymonawy** antimony (tri)oxide
~ **antymonowy** pentoxide
~ **azotu** nitric oxide
~ **barowy** barium oxide, calcined baryta
~ **berylowy** beryllium oxide, beryllia
~ **bizmutawy** bismuth (tri)oxide
~ **butylomezytylowy** butyl mesityl oxide, butopyronoxyl
~ **cerawy** cerous oxide
~ **cerowy** ceric oxide, ceria
~ **chloru** chlorine monoxide
~ **chromowy** chromic oxide, chromium oxide
~ **cynawy** stannous oxide
~ **cynkowy** zinc oxide
~ **cynowy** stannic oxide, tin dioxide, tin peroxide
~ **cyrkonowy** zirconium (di)oxide, zirconia
~ **deuteru** deuterium oxide, heavy water
~ **dysprozowy** dysprosium oxide, dysprosia
~ **erbowy** erbium oxide, erbia
~ **etylenu** ethylene oxide, 1,2-epoxyethane
~ **galawy** gallium suboxide
~ **galowy** gallium sesquioxide
~ **germanowy** germanium (di)oxide
~ **glinowy** aluminium oxide, alumina
~ **iterbowy** ytterbium oxide, ytterbia
~ **itrowy** yttrium oxide, yttria
~ **kwasowy** acid oxide, acidic oxide
~ **lantanowy** lanthanum oxide, lanthana
~ **magnezowy** magnesium oxide, magnesia
~ **manganawo-manganowy** manganese (II, III) oxide
~ **manganowy** manganic oxide, manganese (III) oxide
~ **manganu** manganese oxide (*in general*)
~ ~ **(IV)** manganese dioxide
~ **miedziawy** cuprous oxide
~ **miedziowy** cupric oxide
~ **niklawy** nickel oxide, nickelous oxide
~ **niklowy** nickelic (per)oxide, nickel sesquioxide
~ **ołowiawy** lead monoxide
~ **ołowiowy** lead dioxide, lead peroxide, lead superoxide
~ **ołowiu czerwony** red lead (oxide)
~ **pośredni** mixed oxide
~ **potasowy** potassium oxide
~ **rtęciowy** mercuric oxide
~ ~ **czerwony** red mercuric oxide, red precipitate
~ **samarowy** samarium oxide, samaria
~ **skandowy** scandium oxide, scandia
~ **sodowy** sodium oxide, sodium monoxide
~ **strontowy** strontium oxide, strontia
~ **szkłotwórczy** glass forming oxide
~ **talawy** thallium (mon)oxide
~ **talowy** thallium peroxide, thallic oxide
~ **terbowy** terbium oxide, terbia
~ **torowy** thorium dioxide, thoria
~ **trytu** (*woda superciężka*) heavy-heavy water
~ **tulowy** thulium oxide, thulia
~ **tytanowy** titanium dioxide, titania, titanium white
~ **tytanu (III)** titanium trioxide, titanium peroxide
~ **uranowo-dwuuranowy** triuranium octoxide
~ **uranowy** uranium trioxide, orange oxide

~ **wapniowy** calcium oxide
~ ~ **techniczny** burned lime
~ **węgla** carbon monoxide
~ **wodoru** hydrogen oxide, water
~ **zasadowy** basic oxide
~ **żelazawo-żelazowy** iron (II, III) oxide, ferroferric oxide
~ **żelazowy** ferric oxide, ferric trioxide
~ ~ **blaszkowaty** *farb.* micaceous iron oxide
tlenki *mpl* **lantanowców** *chem.* rare earths
~ **spiekane** sintered oxides
~ **wapniowców** alkaline earths
tlenobromek *m* **węgla** *chem.* carbon oxybromide, carbonyl bromide, bromophosgene
tlenochlorek *m chem.* oxychloride
~ **fosforu** phosphorus oxychloride, phosphoryl
~ **węgla** carbon oxychloride, carbonyl chloride, phosgene
tlenodwuchlorek *m* **wanadu (IV)** vanadyl (di)chloride, vanadium oxydichloride
tlenosiarczan *m* **wanadu (IV)** vanadyl sulfate, vanadium sulfate
tlenosiarczek *m chem.* oxysulfide
tlenowce *pl* **1.** *chem.* oxygen family, chalcogens (O, S, Se, Te, Po) **2.** *biol.* aerobes, aerobic bacteria
tlenownia *f* oxygen (generating) plant
tlić *v* **się** smoulder
TLM = **telemechanika** remote control engineering
tło *n* background
~ **barwne** *farb.* ground colour
~ **licznika** (*promieniowania*) background count
~ **obrazu telewizyjnego** television raster
~ **otoczenia** environmental background
~ **promieniowania** radiation background
tłoczek *m* **1.** *masz.* (small) piston; plunger **2.** *zeg.* pusher, push-piece
~ **wzorcowy** *metrol.* standard plug
tłoczenie *n* **1.** *obr.plast.* stamping; press forming, pressing; *zob.też* **kształtowanie** **2.** forcing; pumping
~ **blach** sheet-metal forming
~ **elektrohydrodynamiczne** electrohydraulic forming, electric hydroforming
~ **głębokie** deep drawing
~ **impulsowe** high-energy-rate forming
~ **magnetyczne** magnetic-pulse forming
~ **na młotach spadowych** impact stamping
~ **wielorzędowe** multiple pressing, multi-row pressing
~ **wielotaktowe** follow-on-die pressing, progresive pressing
~ **wielozabiegowe** combination pressing, compound pressing
~ **wstępne** prepressing
~ **wybuchowe** explosive forming
~ **złożone** combination pressing, compound pressing
tłoczliwość *f obr.plast.* drawability
tłocznia *f* **1.** *obr.plast.* stamping press **2.** *spoż.* extractor press
tłocznica *f* **do smaru** grease compressor
tłocznictwo *n obr.plast.* sheetmetal working, press-forming (industry); presswork
tłocznik *m obr.plast.* (stamping) die, press-forming die, press tool
~ **do kształtowania przesadzeń** joggle die
~ **do obcinania** cutting-off die
~ **do obciskania** crimping die
~ **do wyciskania** extrusion die
~ **do wygniatania** embossing die
~ **do zawijania obrzeży** curling die, hemming die
~ **do znakowania** marking die
~ **gnący** bending die
~ ~ **trójkątny** V-bend die
~ **jednoczesny** (*do wycinania i dziurkowania*) compound die
~ **maszyny wytrzymałościowej** *wytrz.* punch of a testing machine
~ **odsadkowy** joggle die
~ **odwrócony** (*stempel w dolnej części przyrządu*) inverted die
~ **prosty** (*do jednej operacji*) simple press tool, simple die
~ **rozprężny** expanding die
~ **składany** sectional die
~ **wielokrotny** multiple die, gang die, gang tool
~ **wielotaktowy** multi-stage die, progressive die, follow die
~ **z prowadnicami słupowymi** pillar die
~ **złożony** (*do kilku operacji*) combination press tool, combination die
tłoczność *f obr.plast.* drawability, press-formability
tłoczyć *v* **1.** force; pump **2.** *obr.plast.* stamp, press
tłoczysko *n siln.* piston rod
tłoczywo *n tw.szt.* moulding composition, moulding compound
~ **arkuszowe** sheet moulding compound, SMC
~ **do prasowania** compression moulding material
~ **proszkowe** moulding powder
~ **wtryskowe** injection moulding compound
tłok *m masz.* piston
~ **drgający** *akust.* vibrating piston
~ **jednolity** (*w odróżnieniu od składanego*) *siln.* single-piece piston
~ **krzywkowy** lobe (*in a compressor*)
~ **o nieprzeciętej części prowadzącej** *siln. spal.* solid skirt piston
~ **o przeciętej części prowadzącej** *siln. spal.* split skirt piston
~ **obrotowy** *siln.* rotary piston
~ **odciążający** (*maszyny przepływowej*) balance drum, balance piston
~ **odciążony** *siln.par.* supported piston
~ **podparty** *zob.* **tłok odciążony**
~ **prasujący** (*w maszynie do odlewania pod ciśnieniem*) injector plunger
~ **remontowy** over-size piston
~ **schodkowy** step piston
~ **składany** *siln.* composite piston

~ **stopniowany** step piston
~ **swobodny** free piston
~ **w falowodzie** waveguide plunger
~ **wtryskarki** *tw.szt.* injection ram
~ **wyrzutnika** *tw.szt.* ejection ram
~ **zaworowy** (*w pompie*) pump bucket
~ **zowalizowany** *siln.* oval piston
~ **zwierający** (*w maszynie do odlewania pod ciśnieniem*) closing plunger
tłuc *v* stamp; pestle
~ **o boję** *żegl.* bull the buoy
tłuczarka *f* stamp mill
tłuczek *m* pestle; beater; stamp
tłuczeń *m* broken stone, breakstone
~ **ceglany** crushed brick
~ **drobny** (stone) chippings
~ **drogowy** road-metal
~ **gruby** coarse stone
~ **nie przesiany** crusher-run stone
tłuka *f ocean.* drift-ice, pack ice
~ **luźna** open drift-ice
tłumacz *m* interpreter; translator
~ **przysięgły** sworn translator
tłumaczenie *n* translation; interpreting
~ **kabinowe** simultaneous interpreting
~ **maszynowe** machine translation, automatic translation
~ **pełne** (*np. czasopism naukowych*) cover-to-cover translation
tłumaczyć *v* translate; interpret
tłumić *v* dampen; attenuate; suppress
tłumienie *n* damping; attenuation; suppression
~ **drgań** vibration damping
~ **dźwięków** silencing, sound insulation
~ **fali nośnej** *rad.* carrier suppression
~ **hałasu** noise suppression
~ **niskich tonów** *el.akust.* bass attenuation
~ **ognia** smothering, blanketing (*of fire*)
~ **prądu nośnego** *rad.* carrier suppression
~ **sygnałów synfazowych** *elektron.* in-phase rejection, common mode rejection, CMR
~ **sygnału wspólnego** *zob.* **tłumienie sygnałów synfazowych**
~ **tętnień** *elektron.* ripple rejection
~ **wstrząsów** buffering, shock absorption
~ **wysokich tonów** *el.akust.* high note attenuation
tłumienność *f tel.* attenuation
~ **jednostkowa** attenuation constant
~ **odbicia** return loss, reflection loss
~ **odniesienia** (*łańcucha telefonicznego*) reference equivalent
~ **przenikowa** cross-talk attenuation
~ **przesyłania** transmission loss
~ **równoważna** (*łańcucha telefonicznego*) reference equivalent
~ **wtrąceniowa** insertion loss
~ **wynikowa linii** overall line equivalent
tłumik *m* **broni palnej** gun silencer
~ **dopasowujący nieregularny** *el.* fixed attenuator
~ **drgań** vibration damper
~ ~ **skrętnych** *masz.* torsion damper
~ **dynamiczny drgań skrętnych** *masz.* antivibrator, dynamic vibration damper, de-tuner
~ **dźwięków** silencer, muffler
~ **echa** *tel.* echo suppresor
~ **falowodowy** waveguide attenuator
~ **hałasu** noise suppressor
~ **języczkowy** *rad.* flap attenuator
~ **mikrofalowy** microwave attenuator
~ **nastawny** *rad.* attenuator; fader
~ ~ **tłokowy** piston attenuator
~ **płomieni** *siln.spal.* flame-trap, induction flame damper
~ **płomienia wylotowego** *uzbr.* muzzle flash deflector, flash hider
~ **sprzężeń zwrotnych** *tel.* singing suppressor
~ **szumów** *el. akust.* noise suppressor
~ **tłokowy** (*drgań mechanicznych*) dash-pot
~ **w rurze wydechowej** *mot.* exhaust silencer
~ **wiroprądowy** *el.* eddy current damper
~ **zakłóceń** *rad.* noise suppressor
tłumiony *a* damped; dead-beat
tłusty *a* **1.** fatty; oily **2.** (*druk*) bold-faced
tłuszcz *m* fat
~ **ciekły** fatty oil
~ **garbarski** moellen, degras
~ **jadalny** edible fat
~ **kakaowy** cocoa butter, cocoa oil
~ **kokosowy** coconut (palm) oil
~ **kostny** bone fat, bone grease, bone tallow
~ **mineralny** mineral fat
~ **mleka** milk fat, butter fat
~ **niejadalny** inedible fat
~ **palmowy** palm butter, palm grease, palm oil
~ **piekarski** *spoż.* shortening
~ **roślinny** vegetable fat, plant fat
~ **techniczny z odpadków kuchennych** house grease
~ ~ **z odpadków miejskich** garbage grease
~ ~ **z odpadków zwierzęcych** tankage grease
~ **utwardzony** hydrogenated fat
~ **uwodorniony** *zob.* **tłuszcz utwardzony**
~ **wielorybi** whale oil, body oil, blubber oil
~ **wytopiony** *spoż.* drippings
~ **z wełny** (*owczej*) wool grease, wool wax
~ **zwierzęcy** animal fat; adeps
tłuszczak *m med.* lipoma, fatty tumour
tłuszczomierz *m* **do mleka** butyrometer
tłuszczoodporność *f* greaseproofness
tłuszczoodporny *a* greaseproof
tłuszczopot *m* suint (grease), fat of wool
tłuszczowce *mpl biochem.* lipides, lipins, lipoids
tłuszczownik *m san.* grease trap, grease-removal tank
tłuszczowy *a chem.* fatty; aliphatic; *biol.* adipose
TM = **telemetria** telemetry, remote measurement

TM = tłumaczenie maszynowe machine translation, automatic translation
TNT = trójnitrotoluen *chem.* trinitrotoluene
toaleta *f* retiring room; lavatory
tobogan *m* toboggan (*rescue sledge*)
toczak *m* grindstone
~ **do rdzeni** *odl.* core turning lathe
toczek *m* *ceram.* potter's wheel, jolley
toczenie *n* **1.** *obr.skraw.* turning **2.** rolling **3.** *ceram.* throwing
~ **czyste** *mech.* pure rolling
~ **kształtowe** *obr.skraw.* contour turning
~ **poprzeczne** *obr.skraw.* facing
~ **powierzchni czołowych** *zob.* **toczenie poprzeczne**
~ ~ **stożkowych** taper turning
~ **promieniowe** *zob.* **toczenie poprzeczne**
~ **się** rolling (motion)
~ **stożków** taper turning
~ **wielonożowe** multi-tool turning
~ **wykańczające** finish turning
~ **wzdłużne** straight turning
toczny *a* *transp.* rolling
toczony *a* *obr.skraw.* turned (*on a lathe*)
toczyć *v* **1.** *obr.skraw.* turn **2.** roll **3.** *ceram.* throw
~ **się** roll
toczysko *n* *ryb.* bobbin, roller
toina *f* **konopna** *bot.* Indian hemp, *Apocynum cannabinum*
tojad *m* *bot.* monkshood; aconite, *Aconitum*
~ **mocny** aconite, *Aconitum napellus*
~ **mordownik** *zob.* **tojad mocny**
tok *m* **obliczania** calculation procedure
~ **technologiczny** production process; manufacturing procedure
tokarka *f* *obr.skraw.* (turning) lathe
~ **automatyczna** automatic lathe, (full) automatic, auto-lathe
~ **do długich wałów i osi** shafting lathe
~ **do drewna** wood-turning lathe
~ **do gwintów** screwing lathe
~ **do krzywek** cam cutting lathe
~ **do luf działowych** gun lathe
~ **do metalu** metal-turning lathe
~ **do nakrętek** nut lathe
~ **do obróbki zgrubnej** roughing lathe
~ **do otworów** boring lathe
~ **do powierzchni kulistych** ball turning lathe
~ **do robót dokładnych** precision lathe
~ ~ ~ **z pręta** bar-stock lathe
~ **do toczenia kształtowego** forming lathe, profile-turning lathe
~ **do walców** roll-turning lathe
~ **do wałów korbowych** crankshaft lathe
~ ~ ~ **krzywkowych** camshaft lathe
~ **do wlewków** ingot lathe
~ **do zestawów kołowych** axle-turning lathe, wheel-turning lathe
~ **karuzelowa** turning and boring lathe, vertical lathe, vertical boring mill, side-head boring mill
~ **kłowa** centre lathe
~ **-kopiarka** copying lathe, tracer lathe
~ **narzędziowa** toolmaker's lathe
~ **o dużej wydajności skrawania** heavy-duty lathe
~ **-obcinarka** cutting-off lathe
~ **pedałowa** foot lathe
~ **pociągowa** screw-cutting lathe, engine lathe
~ **półautomatyczna** semi-automatic (lathe)
~ **precyzyjna** precision lathe
~ **produkcyjna** manufacturing lathe
~ **rewolwerowa** turret lathe
~ ~ **z poprzecznym posuwem głowicy** set-over turret lathe, cross-slide turret lathe
~ **sterowana numerycznie** numerically controlled lathe, NC lathe
~ **stołowa** bench lathe
~ **„T"** (*odmiana tokarki tarczowej z poprzecznym łożem*) tee-lathe
~ **tarczowa** face lathe, surfacing lathe
~ ~ **z wybraniem** gap lathe, break lathe
~ **uchwytowa** chuck(ing) lathe, chucker
~ **uniwersalna** engine lathe, toolmaker's lathe
~ **wielocelowa** *zob.* **tokarka uniwersalna**
~ **wielonożowa** multi-tool lathe, multicut lathe
~ **-wytaczarka** boring lathe
~ **z napędem indywidualnym** power lathe
~ **z preselekcyjnym przełączaniem prędkości** preoptive lathe
~ **z ręcznym posuwem** speed lathe, hand lathe
~ **z rozsuwnym łożem** extension gap lathe
~ **-zataczarka** backing-off lathe, relieving lathe
~ **-zdzierarka** roughing lathe
~ **zegarmistrzowska** watchmaker's lathe
tokarko-wyoblarka *f* spinner, spinning lathe, bulging lathe, mandrel lathe
tokarnia *f* turning shop, turnery
~ **walców** *hutn.* roll (turning) shop
tokarstwo *n* turnery, turning practice
tokarz *m* turner, lathe hand
tokoferol *m* *biochem.* tocopherol, vitamin E, fertility vitamin, antisterility factor
tokowanie *n* *zool.* tooting
tokowisko *n* tooting-grounds
toksafen *m* *pest.* toxaphene (*insecticide*)
toksemia *f* *med.* toxemia, blood poisoning
toksoid *m* *biochem.* toxoid, anatoxin
toksyczność *f* toxicity
toksyczny *a* toxic, poisonous
toksykologia *f* toxicology
~ **przemysłowa** industrial toxicology
toksykomania *f* drug dependence
toksyna *f* *biochem.* toxin
~ **bakteryjna** bacteriotoxin
tolan *m* *chem.* tolan, diphenylacetylene
tolerancja *f* tolerance; allowance
~ **ciężaru** (*marża przy ważeniu*) *transp.* weight allowance
~ **dwustronna** bilateral tolerance
~ **kształtu** geometrical tolerance
~ **leku** *med.* drug tolerance
~ **pestycydu** *zob.* **tolerancja pozostałości pestycydu**

~ **położenia** positional tolerance
~ **pozostałości pestycydu** *spoż.* maximum pesticide residue limit, pesticide tolerance
~ **procesu** (*produkcyjnego*) process tolerance
~ **sumaryczna** cumulative tolerance
~ **ustalona** explicit tolerance
~ **wymiaru** dimensional tolerance
~ **zarysu** profile tolerance
~ **zbiorcza** cumulative tolerance
tolerancje *fpl* **wymagane** specified tolerances
~ **wykonawcze** working tolerances
tolerowanie *n* (*wymiarów*) *rys.* tolerancing (*of dimensions*)
~ **dwugraniczne** bilateral tolerancing
~ **jednograniczne** unilateral tolerancing
tolidyna *f chem.* tolidine, dimethylbenzidine
tolil *m chem.* tolyl
tolilen *m chem.* tolylene
tolilomocznik *m chem.* tolylurea
toluen *m* toluene, methylobenzene
toluidyna *f chem.* toluidine, aminotoluen
toluil *m chem.* toluyl
toluilen *m chem.* tolylene
tom *m* volume (*of a book*)
tomasówka *f zob.* **tomasyna**
tomasyna *f* (*nawóz*) Thomas slag; basic slag phosphate
tomatyna *f pest.* tomatine (*plant fungicide*)
tombak *m met.* tombac, red brass
tombolo *n geogr.* tombolo, tie bar, connecting bar
tomofan *m tw.szt.* Cellophane (*trade name*)
tomograf *m radiol.* tomograph, laminagraph, stratigraph, planigraph
~ **skanujący** computer-assisted tomograph, CAT, tomo-scanner, CT-scanner
~ **wspomagany komputerem** *zob.* **tomograf skanujący**
tomografia *f radiol.* tomography, laminagraphy, stratigraphy, sectional radiography, planigraphy
~ **skanująca** computer-assisted tomography, CAT, computerized tomography, CT-scan
~ **wspomagana komputerowo** *zob.* **tomografia skanująca**
tomogram *m* (*zdjęcie*) tomograph, laminagraph, stratigraph, planigraph
tomsonit *m min.* thomsonite
ton *m* **1.** *akust.* simple tone, pure sound, *zob.też* **dźwięk 2.** *med.* sound
~ **pilotujący** *tel.* pilot tone
~ **podstawowy** fundamental tone
~ **różnicowy** *akust.* difference tone
~ **składowy górny** overtone
~ **wewnątrzsercowy** *med.* endocardiac sound
tona *f jedn.* ton
~ **amerykańska** short ton (907.18 kg)
~ **angielska** long ton (1016.05 kg)
~ **chłodnicza** ton of refrigeration
~ **frachtowa** *żegl.* freight ton, shipping ton
~ **metryczna** metric ton: 1 t = 1000 kg
~ **nośności** *żegl.* ton burden
~ **przestrzenna** *zob.* **tona rejestrowa**
~ **rejestrowa** *żegl.* register ton, measurement ton, gross ton (2.83 m^3)
~ **-siła** ton-force
~ **wypornościowa** *żegl.* displacement ton
~ **zarobkowa** *transp.* payable ton
tonar *m ryb.* madrague, tuna trap
tonaż *m okr.* tonnage
~ **brutto** gross tonnage
~ **całkowity** (*floty*) aggregate tonnage (*of a fleet*)
~ **rejestrowy** register tonnage
~ **wolny** (*do zafrachtowania*) open tonnage
tonąć *v* sink; founder (*of a ship*), go down
tonkobób *m bot.* tonka (bean), *Dipteryx oppositifolia*
tonlar *m telef.* tonlar, tone-operated net--loss adjuster
tonokilometr *m transp.* ton-kilometre
tonometr *m med.* tonometer
tonometria *f med.* tonometry (*measuring hydrostatic pressure within the eye*)
tonowanie *n* **1.** *fot.* toning **2.** *farb.* grading
tonus *m* **mięśniowy** *fizjol.* tonus
tony *mpl* **niskie** *akust.* bass (*sounds of low frequencies*)
~ **wysokie** treble (*sounds of high frequencies*)
top *m* **masztu** *okr.* masthead
topaz *m min.* topaz
topenanta *f okr.* (topping) lift, topping line
~ **bomu** span rope
~ **stała** standing lift
topforsztag *m okr.* headstay
topiarka *f* **do wosku** (*pszczelego*) wax extractor
topiarz *m szkl.* teaser, fazer, founder, melter, furnace-man
topić *v* **(się)** melt; fuse
topienie *n* melting; fusion
~ **łukiem elektrycznym** *met.* arc melting
~ **powtórne** remelting
~ **się** melting; fusing
~ **składników szkliwa** *ceram.* fritting
~ **strefowe** *met.* zone melting, zone refining
~ **szkła** melting of glass
~ **w próżni** vacuum fusion
~ **wysokopróżniowe** high-vacuum melting
topik *m el.* fuse-element, fuse-link
topliwość *f* fusibility
topliwy *a* fusible
topnieć *v* melt
topnienie *n* melting
~ **śniegu** snowmelt
topnik *m* flux, fluxing agent, fusing agent
~ **ceramiczny** *spaw.* bonded flux
~ **do lutowania miękkiego** solder flux
~ ~ ~ **twardego** brazing flux
~ **do spawania** welding flux
~ **gazowy** gaseous flux
~ **redukujący** reducing flux
~ **spiekany** *spaw.* bonded flux
~ **utleniający** oxidizing flux

~ **w postaci pasty** *spaw.* flux paste
~ **w proszku** flux powder; welding powder
topnisko *n* **pieca** *hutn.* hearth
topografia *f* topography
topola *f bot.* poplar, *Populus* L.
~ **biała** white poplar, abele, *Populus alba* L.
~ **czarna** black poplar, *Populus nigra* L.
~ **kanadyjska** eastern poplar, cottonwood, *Populus daltoides* Marsh.
~ **nadwiślańska** black poplar, *Populus nigra* L.
~ **osika** aspen, asp, trembling poplar, *Populus tremula* L.
~ **szara** grey poplar, *Populus canescens* L.
topologia *f mat.* topology
~ **fotomaski** *elektron.* mask layout
~ **indukowana** relative topology
~ **kombinatoryczna** combinatorial topology
~ **nieskończenie wymiarowa** infinite dimensional topology
~ **silna** strong topology
~ **słaba** **1.** weak topology **2.** coherent topology (*in homotopy theory*)
~ **układów scalonych** *elektron.* IC layout
~ **Zariskiego** Zariski topology
~ **zwarto-otwarta** compact-open topology
topologiczny *a* topological
toporek *m* hatchet, hand-axe
~ **dekarski** *bud.* sax
toporzysko *n* helve
topór *m* ax(e)
~ **ciesielski** adze
~ **kowalski** *obr.plast.* anvil cutter
~ **pożarniczy** fire axe
topsel *m okr.* jib headed topsail, jib-header
topsztag *m okr.* headstay
topwanta *f okr.* topmast shroud
topżagiel *m okr.* skysail
tor *m* **1.** *mech.* path, trajectory **2.** *kol.* track **3.** *el.* line; circuit; channel **4.** *chem.* thorium, Th **5.** *jedn.* torr: 1 Tr $\approx 1.333224 \cdot 10^2$ Pa
~ **(badawczy) falisty** *mot.* pitching track
~ **bezstratny** *el.* no-loss line
~ **boczny** *kol.* siding
~ **chrominancji** *TV* chrominance channel
~ **cząstki** *fiz.* particle trajectory
~ **czteroprzewodowy** *tel.* four-wire line
~ **D** *chem.* thorium D, ThD, ^{208}Pb
~ **(doskonale) gładki** *mech.* smooth trajectory
~ **dwuprzewodowy** *tel.* two-wire line
~ **dwustronnie zasilany** *el.* ring circuit
~ **falowodowy** *tel.* wave-guide line
~ **fazowy separujący** *aut.* separatrix
~ **foniczny** *TV* sound channel
~ **huraganu** storm track
~ **jednoprzewodowy** *tel.* one-wire circuit
~ **jednostronnie zasilany** *el.* radial circuit
~ **jezdny dźwignicy** crane track
~ **jonizacyjny** *fiz.* ionization track
~ **kolejowy** railway track
~ **krarupizowany** *tel.* continuously loaded circuit
~ **lotu** flight path
~ **luminancji** *TV* luminance channel
~ **macierzysty** *tel.* side circuit
~ **mijankowy** *kol.* passing track
~ **na spadku** *kol.* down-grade track
~ **na wzniesieniu** *kol.* up-grade track
~ **niesymetryczny** *tel.* unbalanced line
~ **normalny** standard-gauge track
~ **o dużej tłumienności** *tel.* lossy line
~ **opóźniający** *el.* delay cable
~ **pętlowy** *el.* ring circuit
~ **pochodny** *tel.* phantom circuit, derived circuit
~ ~ **drugiego rzędu** double phantom circuit
~ **podsuwnicowy** crane track
~ **podwieszony** overhead track, elevated track
~ **pomiarowy** *tel.* slotted line, slotted section
~ **postojowy** *kol.* storage track
~ **promieniotwórczy** *chem.* radiothorium, ^{228}Th
~ **próbny samochodowy** (*o sfalowanej nawierzchni*) washboard course
~ **przelotowy** *kol.* running track
~ **przewodowy** *tel.* metallic circuit
~ **pupinizowany** *tel.* coil-loaded circuit
~ **radiowy** radio link, radio channel
~ ~ **mikrofalowy** microwave link
~ ~ **optyczny** line-of-sight radio link
~ **rozrządowy** *kol.* sorting track
~ **sprzężenia zwrotnego** *aut.* feedback path
~ **sznurowy** *telef.* cord circuit
~ **sztuczny** *tel.* artificial line
~ **szynowy** rail-track
~ **ślepy** *kol.* stub track
~ **wąski** narrow-gauge track
~ **wizji** *TV* video channel, picture channel
~ **wodny** *żegl.* fairway, water lane
~ **współosiowy** *tel.* coaxial line, coaxial pair
~ **współziemny** *tel.* earth-return circuit, ground-return circuit
~ **wtórnie pochodny** *tel.* double-phantom circuit
~ **wyścigowy** racing track
~ **zestawczy** *kol.* marshalling siding
torakoplastyka *f med.* thoracoplasty
torakoskop *m med.* thoracoscope
torarz *m górn.* track layer
torba *f* bag; pouch
~ **fałdowa** square bag
~ **klockowa** self-opening square bag, SOS bag
~ **krzyżowa** satchel-bottom bag
~ **narzędziowa** tool bag
~ **papierowa** paper bag
~ **płaska** flat bag
~ **wielowarstwowa** multiwall bag
~ **z uchwytem** carrier bag, chopping bag
torbanit *m petr.* torbanite, boghead coal
torbernit *m min.* torbernite, copper uranite, uran-mica
torbiel *f med.* cyst
torebka *f* small bag; *biol.* capsule

~ **nasienna** *bot.* seed bag
~ **oddechowa** *anat.* breathing bag
~ **stawowa** *anat.* articular capsule
~ **włosowa** *anat.* hair follicle
torebkarka *f* paper-bag making machine
torf *m* peat
~ **hydrauliczny** hydropeat
~ **mszysty** moss peat
~ **nizinny** fen peat, lowmoor peat
~ **opałowy** peat coal
~ **rozmywany** hydropeat
~ **smolisty** pitch peat
~ **wyżynny** highmoor peat
torfiasty *a* peaty
torfienie *n* peat-formation
torfowiec *m bot.* peat moss, bog moss, *Sphagnum* L.
torfowisko *n* peat-bog; peat land
torianit *m min.* thorianite
torkret *m bud.* gunite, shotcrete
torkretnica *f bud.* cement gun, concrete gun, concreting sprayer, spraying gun
torkretować *v bud.* gunite, spray with concrete
tornado *n meteo.* tornado, twister
toroidalny *a mat.* toroidal
toromierz *m kol.* track gauge, rail gauge
toron *m chem.* thoron, thorium emanation, Tn, ^{220}Rn
torootów *m chem.* thorium D, ThD, ^{208}Pb
torować *v* **drogę** clear the way
torowisko *n kol.* railway subgrade
~ **drogowe** road subgrade
~ **przewodów** *el.* wireway, raceway
torowy *m górn.* track layer
torpeda *f* **1.** *uzbr.* torpedo **2.** *wiertn.* torpedo **3.** *tw.szt.* torpedo, pencil
~ **lotnicza** aerial torpedo
~ **niesamonaprowadzająca się** aimed torpedo
~ **rakietowa** rocket-assisted torpedo, RAT
~ **samonaprowadzająca się** homing torpedo
~ **z samonaprowadzaniem biernym** passive homing torpedo
torpedować *v* (*statek*) torpedo (*a ship*)
~ **odwiert** *wiertn.* shoot the well
torpedowiec *m okr.* torpedo boat
torsator *m wytrz.* torsion fatique machine
torsja *f mat.* second curvature
torsjograf *m* torsiograph
torsjometr *m* torsiometer, torsion meter
torus *m mat.* torus
tory *mpl* **wodowaniowe** *okr.* launching ways; ground ways, standing ways
toryt *m min.* thorite
TOS = Techniczna Obsługa Samochodów
tosyl *m chem.* tosyl
towar *m* merchandise, commodity, goods, *zob.też* **towary**
~ **chodliwy** fast-moving goods
~ **deficytowy** goods in short supply, scarce goods
~ **do natychmiastowej dostawy** spot goods, loco goods, spots
~ **drobnicowy** general cargo
~ **luksusowy** luxury goods
~ **masowy** bulk commodity, goods in bulk
~ **na miejscu** goods on spot, goods on hand
~ **na składzie** goods in stock
~ **niechodliwy** (*zalegający w magazynie*) dead stock
~ **paczkowany** packet goods, parcelled goods
~ **pokupny** marketable goods, easy going goods
~ **przestrzenny** measurement goods
~ **sypki** dry goods
~ **trwały** durable goods
~ **w beczkach** barreled goods
~ **w puszkach** canned goods
~ **wyborowy** choice goods
~ **wybrakowany** rejects, cast off goods, defective goods
~ **wyładowany** *żegl.* off-load
~ **zamówiony** goods in order
towarowiec *m* cargo ship, cargo carrier
towaroznawstwo *n* product determination, science of commodities
towary *mpl* **importowane podlegające ocleniu** dutiable imports
~ **konsumpcyjne** consumer goods
~ ~ **trwałego użytkowania** durable consumer goods
~ **łatwo psujące się** perishable goods, perishables
~ **pierwszej potrzeby** basic commodities
~ **podstawowe** staple commodities
towarzystwo *n* society; company
~ **akcyjne** joint stock company
~ **klasyfikacyjne** *żegl.* classification society
~ **lotnicze** airline company
~ **naukowe** scientific society
~ **ubezpieczeniowe** insurance company
~ **udziałowe** shareholders' company
~ **żeglugowe** shipping company
towot *m* cup grease
towotnica *f masz.* screw-down grease cup
tożsamość *f mat.* identity
~ **polaryzacyjna** polarization identity
~ **trygonometryczna** trigonometrical identity
TPF = trójpolifosforan (sodowy) pentasodium triphosphate, sodium tripolyphosphate
Tr = tor *jedn.* torr
trachit *m petr.* trachyte
tracić *v* **czas** waste time
~ **liście** *bot.* shed leaves
~ **na wadze** lose weight
~ **na wartości** lose value, fall in value
~ **na wietrze** *żegl.* sag to leeward, drop to leeward
~ **połysk** lose lustre, tarnish
~ **prawo do...** forfeit a right to...
~ **słoność** (*o wodzie morskiej*) freshen (*of sea water*)
~ **wiatr** *żegl.* spill the wind (*from the sails*)
~ **wysokość** *lotn.* lose height
~ **zabarwienie** lose colour, fade
tracz *m* sawyer

tracznica *f drewn.* cleaving saw, pit saw
tradycyjny *a* traditional; conventional; customary
trafić *v* (*w cel*) hit (*the target*)
trafienie *n* hit
trafik *m tel.* traffic (density)
tragakant *m zob.* **tragant**
tragant *m* tragacanth (gum)
trajektoria *f fiz.* trajectory; path
~ **fazowa** *nukl.* phase trajectory; phase orbit
~ **izogonalna** isogonal trajectory
~ **największa naprężeń stycznych** *wytrz.* shear stress trajectory
~ **równokątna** isogonal trajectory
~ **wyprzedzająca** *nukl.* ancestor trajectory
trajektorie *fpl* **naprężeń głównych** *wytrz.* stress trajectories, stress lines, isostatics
trak *m drewn.* frame sawing machine, frame saw, gang saw, power-saw bench
trakcja *f transp.* traction
~ **cieplno-elektryczna** thermo-electric traction
~ **dieslowska** Diesel traction
~ **elektryczna** electric traction
~ **rzeczna** *geol.* river traction
~ **spalinowa** motor traction
traktor *m* tractor, *zob.też* **ciągnik**
~ **spawalniczy** welding tractor, tractor welder
~ **wodny** (*mały pchacz portowy*) marine tractor
traktoria *f mat.* tractrix
traktorzysta *m* tractor driver, tractor operator
traktowanie *n* **kwasem** *chem.* acid treatment
traktrysa *f mat.* tractrix
tralka *f arch.* baluster, banister
trał *m* (naval) sweep, minesweep
~ **czołgowy** tank minesweeper
~ **hydrograficzny** *żegl.* wire drag, sweep-float (*in hydrographic surveys*)
~ **parawan** (*ochronny*) paravane, otter
trałowanie *n* **1.** *ryb.* trawling, trawl fishing **2.** (*oczyszczanie z min*) minesweeping
trałowiec *m okr.* minesweeper
tram *m* **dachowy** *bud.* footing beam
trama *f włók.* tram
tramp *m okr.* tramp (ship)
tramping *m* (*żegluga nieregularna*) tramping, tramp service
trampolina *f* springboard
tramwaj *m* tram, tram-car; *US* street car
~ **wodny** passenger river boat
tran *m* **dorszowy** cod-liver oil
~ **rybi** fish-liver oil
~ **wielorybi** whale oil, body oil, blubber oil
transadmitancja *f el.* transadmittance
transakcja *f* **wiązana** *ek.* matched sale
transaminacja *f chem.* transamination
transaminaza *f biochem.* transaminase, aminotransferase
transdukcja *f biochem.* transduction
transduktor *m el.* transductor
~ **samosterowny** auto-transductor
transept *m arch.* transept
transestryfikacja *f chem.* transesterification, ester exchange
transfer *m* **bagażu** *lotn.* luggage transfer
transferazy *fpl biochem.* transferases
transferkar *m hutn.* transfer car
transfluksor *m elektron.* multi-aperture device, MAD
transfokator *m fot.* zoom lens, transfocator
transformacja *f* **1.** *mat.* transformation, *zob.też* **przekształcenie** **2.** *el.* transformation
~ **Fouriera** *mat.* Fourier transformation
transformata *f mat.* transform
~ **Fouriera** Fourier transform
~ **funkcji wymuszającej** *aut.* driving transform
~ **Laplace'a** Laplace transform
~ ~ **odwrotna** inverse Laplace transform
~ **odpowiedzi** *aut.* response transform
transformator *m el.* transformer
~ **bezrdzeniowy** air-core transformer
~ **blokowy** (*sprzężony z turbogeneratorem*) unit transformer
~ **częstotliwości** frequency transformer
~ **ćwierćfalowy** *rad.* quarter-wave transformer
~ **dodawczy** booster transformer
~ ~ **obniżający napięcie** buck transformer
~ ~ **regulacyjny** regulating transformer
~ **dopasowujący** *rad.* matching transformer
~ **dwurdzeniowy** two-core transformer
~ **ekranowany** shielded transformer
~ **głośnikowy prosty** output transformer in direct circuit
~ ~ **torowy** line output transformer
~ **impulsowy** *rad.* pulse transformer
~ **izolujący** isolating transformer
~ **jednofazowy** single-phase transformer
~ **liniowy** line transformer
~ **miernikowy** measuring transformer
~ **międzylampowy** intervalve transformer
~ **mocy** power transformer
~ **niedrgający** non-resonating transformer
~ **o chłodzeniu wymuszonym** forced-cooled transformer
~ **o stałej wartości prądu** (*w uzwojeniu wtórnym*) constant-current transformer
~ **o sztucznym chłodzeniu powietrznym** air-blast transformer
~ **o zmiennym sprzężeniu** *rad.* jigger
~ **obniżający napięcie** step-down transformer
~ **odporny na przepięcia udarowe** surge-proof transformer
~ **olejowy** oil-immersed transformer
~ **płaszczowy** shell-type transformer
~ **podwyższający napięcie** step-up transformer
~ **powietrzny** air-core transformer

~ **prostownikowy** rectifier transformer
~ **przejściowy** (*umożliwiający przejście z układu symetrycznego na niesymetryczny*) *rad.* balance-to-unbalance transformer
~ **rdzeniowy** core-type transformer
~ **regulacyjny** regulating transformer
~ **rezonansowy** resonance transformer
~ **rozruchowy** starting transformer
~ **różnicowy** *tel.* bridge transformer, hybrid transformer
~ **sieciowy** mains transformer
~ **spawalniczy** welding transformer
~ ~ **wielostanowiskowy** multioperator welding transformer
~ **sprzęgający** *rad.* coupling transformer
~ ~ **dopasowujący** variocoupler
~ **sprzęgowy** (*sprzęgający szyny zbiorcze o różnych napięciach*) interbusbar transformer
~ **sprzężony** (*z innym transformatorem*) banked transformer
~ **ssący** draining transformer
~ **stabilizujący** stabilizing transformer
~ **symetryzujący** balancing transformer, bazooka
~ **torowy** line transformer
~ **wejściowy** input transformer
~ **wielofazowy** polyphase transformer
~ **wyjściowy** output transformer
transformatorek *m* **dzwonkowy** doorbell transformer
transformatornia *f el.* transformer room; transforming station
transformować *v* transform
transfuzja *f med.* transfusion
transgresja *f* **1.** *geol.* transgression **2.** *mat.* transgression
transhydrogenaza *f* **NAD(P)** *biochem.* NAD(P) transhydrogenase
transkodowanie *n TV* transcoding (*in colour TV*)
transkonduktancja *f el.* transconductance
transkrypcja *f* transcription
transkrystaliczny *a* transcrystalline
transkrystalizacja *f* (*wlewka*) *met.* transcrystallization, ingotism
translacja *f* **1.** *mat.* translation **2.** *biochem.* translation **3.** *tel.* repeater
translator *m inf.* translating program, (language) translator
~ **języka symolicznego** assembly routine; assembler
transliteracja *f* transliteration
translokacja *f biol.* translocation (*in plants*)
transmetylowanie *n chem.* transmethylation
transmisja *f tel.* transmission; broadcast
~ **danych** data transmission
~ **dwuskokowa** two-hop transmission
~ **dwuwstęgowa** double-sideband transmission, DSB
~ **jednoskokowa** single-hop transmission
~ **„na żywo"** *rad., TV* live coverage
~ **przezroczysta kodowo** *inf.* transparent mode (transmission)
~ **radiowa** radio broadcast
~ **telewizyjna** television broadcast, telecast
~ **z częściowo tłumioną wstęgą boczną** vestigial-side-band transmission
~ **z falą nośną** carrier transmission
~ **z tłumioną falą nośną** suppressed-carrier transmission
transmitancja *f* **1.** *fiz.* transmittance **2.** *aut.* transmittance, transfer function
transmitować *v* transmit; broadcast
transmitywność *f* (acoustic) transmittivity
transmutacja *f chem.* transmutation
transoceaniczny *a* transoceanic
transoptor *m elektron.* transoptor, photo coupler
transpasywność *f elchem.* transpassivity
transpasywowanie *n elchem.* transpassivation
transpiracja *f* transpiration
transplantacja *f med.* transplantation
transplutonowce *mpl chem.* transplutonium elements (Z > 94)
transponder *m rad.* transponder
transponować *v mat.* transpose
transport *m* **1.** transport, transportation, haulage **2.** *fiz.* transport **3.** *geol.* transport
~ **aktywny** *biol.* active transport
~ **bliski** materials handling
~ **dalekobieżny** long-distance transport
~ **dołowy** *górn.* underground transport
~ **drogowy** road transport
~ **filmu** (*w projektorze*) film propulsion
~ **hydrauliczny** hydraulic transport; fluming
~ **kolejowy** rail transport
~ **kołowy** road transport
~ **kopalniany** mine transport
~ **lądowy** land transport
~ **liną otwartą** *górn.* main rope haulage system
~ **lotniczy** air transport
~ **materiałów sypkich** (*w ośrodku ciekłym lub gazowym*) mass transport
~ **miejski** municipal transport
~ **morski** sea transport; sea-borne trade
~ **nośników ładunków** *fiz.* carrier transport
~ **osobowy** passenger transport
~ **pneumatyczny** pneumatic conveying
~ **przemysłowy mechaniczny** mechanical handling (*of materials*)
~ **rurociągowy** piping
~ **rzeczny** (*materiału skalnego wleczonego przez wodę*) *geol.* stream transport
~ **samochodowy** motor transport
~ **towarowy** goods transport
~ **wewnątrzzakładowy** works transport
~ **wiatrowy** *geol.* aeolian drift
~ **wodny** water transport
transporter *m* **1.** *wojsk.* armoured personnel carrier, APC; mechanized infantry combat vehicle, MICV **2.** conveyor, *zob. też* **przenośnik**
~ **kątowy** *metrol.* sine bar
~ **ustawczy** *rak.* transporter-erector

~ **zwierząt** (*żywych*) *mot.* livestock transporter; cattle truck
transporterka *f* **do butelek** bottle crate
transportować *v* transport, convey; haul
transportowiec *m okr.* transport ship, carrier
~ **paliwa** fuel ship
~ **podwodny** cargo-carrying submarine
~ **wojska** troop carrier, troop ship
transpozycja *f mat.* transposition, contraposition
transsoniczny *a aero.* transonic; nearsonic
transuranowce *mpl chem.* transuranic elements (Z > 92)
transurany *mpl zob.* **transuranowce**
transwersalny *a mat.* transversal
tranzycja *f* **par zasad** *biochem.* transition of base pairs
tranzystancja *f elektron.* transistance
tranzystor *m el.* transistor
~ **bipolarny** bipolar junction transistor, BJT
~ **boczny** lateral transistor
~ **cienkowarstwowy** thin-film transistor, TFT
~ **dryftowy** drift transistor
~ **dwubramkowy MOSFET** dual-gate MOSFET
~ **dwukierunkowy** bidirectional transistor
~ **dyfuzyjny** diffusion transistor
~ **elektrochemiczny** electrochemical transistor
~ **epitaksjalny** epitaxial transistor
~ **jednozłączowy** unijunction transistor, UJT, double-base diode
~ ~ **programowalny** programmable unijunction transistor, PUT
~ **komplementarny** complementary transistor, C/MOS transistor
~ **lawinowy** avalanche transistor
~ **mesa** mesa transistor
~ **mikrostopowy** microalloy transistor, micro-alloy-diffused transistor, MADT
~ **mocy** power transistor
~ **o podwójnej implantacji** (*obszaru źródła*) DI (*double implantation*) MOS transistor
~ **o złączu stopniowym** graded-junction transistor, rate-grown transistor
~ **ostrzowy** point-contact transistor, type A transistor
~ **pasożytniczy** parasitic transistor
~ **planarny** planar transistor
~ **p-n-i-p** pnip-transistor
~ **polowy** field-effect transistor, FET
~ ~ **DMOS** double-diffused MOS transistor
~ ~ **jonowoczuły** ion-sensitive FET
~ ~ ~ **z elektrodą odniesienia** referenced ISFET
~ ~ **MES** metal-semiconductor FET, MESFET
~ ~ **MIS** metal-insulator-semiconductor transistor, MISFET
~ ~ **MOS** metal-oxide-semiconductor FET, MOSFET
~ ~ **o rezystancji ujemnej** nesistor
~ ~ **RMOS** refractory MOS FET
~ ~ **z barierą Schottky'ego** Schottky barrier (gate) FET, SBFET
~ ~ **z bramką izolowaną** insulated gate FET, IG-FET
~ ~ ~ ~ **krzemową** silicon-gate transistor
~ ~ **z kanałem wzbogaconym** enhancement transistor
~ ~ ~ ~ **zubożonym** depletion transistor, depletion-layer transistor
~ ~ **złączowy** junction FET, JFET
~ **stopowo-dyfuzyjny** post alloy diffused transistor, PADT
~ **stopowy** alloyed transistor
~ **super-beta** super-beta transistor, SBT
~ **tetrodowy** tetrode transistor
~ **unipolarny** unipolar transistor
~ **warstwowy** post alloy diffused transistor, PADT
~ **wieloemiterowy** overlay transistor, multiple emitter transistor
~ **złączowy** junction transistor
tranzystorowy *a* transistorized
tranzyt *m ek.* transit
tranzytron *m el.* transitron
tranzytywność *f mat.* transitivity
tranzytywny *a mat.* transitive
trap *m petr.* trap (rock)
~ **burtowy** *okr.* accommodation ladder, gangway ladder
~ **pneumatyczny ratunkowy** *lotn.* inflatable escape slide
~ **załadunkowy** *lotn.* ventral loading door (*in a transport aircraft*)
trapez *m* **1.** *geom.* trapezoid **2.** *żegl.* trapeze, balance board
trapezoedr *m kryst.* trapezohedron
tras *m petr.* trass
trasa *f* route; itinerary
~ **drogi** highway location
~ **krytyczna** critical path (*critical path method*)
~ **linii dalekosiężnej** *tel.* trunk route
~ **lotnicza** air route, airway
~ ~ **ubezpieczona** advisory route
~ **spawania** welding route
trasant *m ek.* drawer
trasat *m ek.* drawee
traser *m* loftsman
trasernia *f okr., lotn.* mould loft
trasowanie *n* **1.** *masz.* laying out; laying off; marking-off, marking-out; scribing; lofting **2.** *inż.* route survey; location (*of roads etc.*) **3.** *elektron.* routing (*conducting paths*)
~ **optyczne** photolofting, optical marking
trata *f ek.* draft
tratwa *f* raft
~ **ratunkowa** *żegl.* life raft
~ ~ **pneumatyczna** inflatable life raft, dinghy
trauma *f med.* trauma, injury
traumatologia *f med.* traumatology
trawa *f* **1.** grass; herb **2.** *rad.* grass (*on radar screen*)
~ **morska** seaweed

trawers *m żegl.* beam, athwartship direction
~ **nawietrzny** weather beam
trawersa *f bud.* cross-bar, cross-beam, traverse
~ **wibracyjna** *odl.* shake-out bail
trawertyn *m petr.* travertine; calcareus tufa
trawiasty *a* grassy
trawienie *f* **1.** *fizjol.* digestion **2.** *elchem.* etching; pickling
~ **cieniowane** (*o różnej głębokości*) *szkl.* French embossing, multi-tone etching
~ **elektrolityczne** electrolytic etching
~ **głębokie** *met.* macroetching
~ **jonowe** *elektron.* ion etching
~ **przezroczyste** *szkl.* clear etching, bright etching
~ **rozjaśniające** *met.* bright pickling
~ **szkła** glass etching, acid embossing; frosting
~ **termiczne** *met.* thermal etching
~ **w celu ujawnienia mikrostruktury** micro-etching
~ **z kontrastem fazowym** *met.* contrast etching
~ **za pomocą stempla** *szkl.* acid badging, stamp etching
trawieniec *m zool.* abomasum, true stomach (*of ruminants*)
trawler *m okr.* trawler
~ **burtowy** side trawler
~ **dalekomorski** distant-water trawler
~ **-przetwórnia** fish factory trawler
~ **rufowy** stern trawler
~ **-zamrażalnia** freezer trawler
trawnik *m* lawn
trawoznawstwo *n bot.* agrostology, study of grasses
trąba *f* **powietrzna** *meteo.* whirlwind, tornado, twister
~ **wodna** *meteo.* waterspout
trąbik *m zool.* whelk, *Buccinum* sp.
trąbka *f* **Eustachiusza** *anat.* eustachian tube
trąd *m med.* leprosy
~ **cynowy** *met.* tin pest, tin disease
trądzik *m* **różowaty** *med.* whelk
tremolit *m min.* tremolite
trenażer *m* training simulator; *lotn.* link-trainer
trend *m* trend; tendency
trepan *n med.* trepan
trepanacja *f med.* trepanation
treść *f* **informacji** information content
~ **pojęcia** connotation of a concept, intension of a concept
~ **żyły** *geol.* vein matter, vein content, lodestuff
trędowaty *m med.* leper
tri *n chem.* trichloroethylene
triada *f* **1.** *chem.* triad **2.** *mat.* ternary
~ **barwna** (*ekranu mozaikowego*) *TV* colour triad
~ **osmu** *chem.* third triad, heavy platinum metals (Os, Ir, Pt)
~ **rutenu** *chem.* second triad, light platinum metals (Ru, Rh, Pd)
~ **żelaza** *chem.* first triad, ferrous metals (Fe, Co, Ni)
triak *m elektron.* triac (*triode ac switch*), bidirectional thyristor
triakontan *m chem.* triacontane
trialat *m pest.* tri-allate (*herbicide*)
triangulacja *f geod.* triangulation
triangulować *v* triangulate
trias *m geol.* **1.** Triassic system, Trias **2.** Triassic period
triazol *m chem.* triazole, azimino compound
trichlorofon *m pest.* trichlorphon (*insecticide*)
tridekan *m chem.* tridecane
tridekanol *m chem.* tridecanol, tridecyl alcohol
triformal *m chem.* metaformaldehyde, triformal
trikozan *m chem.* tricosane
trimaran *m okr.* trimaran
trimer *m chem.* trimer
trioda *f elektron.* triode; three-electrode tube
~ **dużej mocy** high-power triode
~ **gazowana** thyratron
~ **jarzeniowa** grid-glow tube
~ **lampowa oscylacyjna** vibrotron
~ **podwójna** duotriode, double triode
~ **półprzewodnikowa** transistor, *zob.też* **tranzystor**
trioksan *m chem. sym*-trioxane, metaformaldehyde, triformal
trioza *f chem.* triose
trochoida *f mat.* trochoid
trochotron *m elektron.* trochotron
trocinobeton *m bud.* sawdust concrete
trocinówka *f bud.* light porous clay brick
trociny *pl* sawdust
troczyna *f żegl.* gasket, stop, furling line
troć *f zool.* sea trout, *Salmo trutta* L.
troficzny *a biol.* trophic
trofobionty *mpl biol.* trophobionts
troilit *m min.* troilite
trojaczki *pl biol.* triplets
trojak *m kryst.* trilling, threeling (*crystal twin consisting of three individual crystals*)
troki *mpl* **do zszywania pasa** belt lacing
troland *m jedn.* troland (*unit of retinal illuminance*)
trolejbus *m* trolley-bus
troler *m ryb.* trolling boat
troling *m ryb.* trolling line, troller, troll
trombina *f biochem.* thrombin
trombocyt *m biol.* thrombocyte, blood disk
trombokinaza *f zob.* **trombina**
tromboplastyna *f zob.* **trombina**
trona *f min.* trona, urao
troostyt *m met.* troostite
~ **hartowania** quenching troostite, nodular troostite, very fine pearlite
~ **odpuszczania** temper troostite
tropanol-3 *m chem.* tropine

tropeolina *f* **00** *chem.* tropeoline 00 (*biological stain*)
tropik *m* **1.** *geogr.* tropic (*of Cancer, of Capricorn*) **2.** *geogr.* tropical regions, tropics **3.** *włók.* tropical (*lightweight suiting*)
tropikalizacja *f* tropicalization, tropic-proofing (*of machinery and equipment*)
tropikalny *a* tropical
tropina *f zob.* **tropanol-3**
tropizm *m biol.* tropism
tropopauza *f* tropopause
troposfera *f* troposphere
trotuar *m* sidewalk
trotyl *m wybuch.* trinitrotoluene, TNT
trójacetyloceluloza *f chem.* cellulose triacetate; *włók.* fully acetylated cellulose
trójacetylooleandomycyna *f* triacetyloleandomycin (*antibiotic*)
trójacetyna *f chem.* glyceryl triacetate, triacetin
trójamid *m* **kwasu cyjanurowego** *chem.* cyanourotriamide
trójamina *f chem.* triamine
trójamyloamina *f chem.* triamylamine
trójatomowy *a chem.* triatomic
trójazotan *m chem.* trinitrate
~ **celulozy** cellulose trinitrate, trinitrocellulose
~ **glicerylu** gliceryl trinitrate, (tri)nitroglycerin
trójbok *m ryb.* starter three-legger
trójborotrójimina *f chem.* borazole
trójbromek *m chem.* tribromide
trójbromoetanol *m chem.* tribromoethanol, tribromoethyl alcohol
trójbromometan *m chem.* tribromomethane, bromoform
trójbromonitrometan *m chem.* tribromonitromethane, nitrobromoform, bromopicrin
trójbutyloamina *f chem.* tributylamine
trójbutyryna *f chem.* tributyrin, glyceryl tributyrate
trójchlorek *m chem.* trichloride
~ **chromu** chromic chloride, chromium chloride
~ **fosforu** phosphorus (tri)chloride
~ **rodu** rhodium (tri)chloride
trójchlorobenzen *m chem.* trichlorobenzene
trójchloroetan *m chem.* trichloroethane
trójchloroetanol *m* trichloroethanol, trichloroethyl alcohol
trójchloroetylen *m chem.* trichloroethylene
trójchlorofenol *m chem.* trichlorophenol
trójchlorometan *m chem.* trichloromethane, chloroform
trójchloronitrometan *m chem.* trichloronitromethane, nitrochloroform
trójchlorooctan *m chem.* trichloroacetate
trójcukry *mpl chem.* trisaccharides
trójcząsteczkowy *a chem.* termolecular
trójczłon *m kol.* triple locomotive
trójdrogowy *a masz.* three-pass, three-way
trójetanoloamina *f chem.* triethanolamine
trójetylobar *m chem.* triethylborane, triethylborine, boron triethyl
trójfenylek *m* **fosforu** *chem.* triphenylphosphine
trójfenylofosfina *f zob.* **trójfenylek fosforu**
trójfenylometan *m chem.* triphenylmethane, tritan
trójfluorek *m chem.* trifluoride
~ **azotu** nitrogen trifluoride
trójfluorometan *m chem.* trifluoromethane, fluoroform
trójfosforan *m* **pięciosodowy** pentasodium triphosphate, sodium tripolyphosphate
trójgliceryd *m chem.* triglyceride
trójgraniec *m narz.med.* trocar
1,2,3-trójhydroksybenzen *m chem.* pyrogallol, pyrogallic acid, 1,2,3-trihydroxybenzene
trójjodek *m chem.* triiodide
trójjodometan *m chem.* triiodomethane, iodoform
trójka *f mat.* ternary; triple
~ **DM** (*Dieselhorst-Martin*) *tel.* multiple-twin quad
~ **jonowa** *chem.* ion triplet
trójkadłubowiec *m okr.* trimaran
trójkąt *m* **1.** *geom.* triangle **2.** *rys.* triangle; set-square **3.** *el.* delta
~ **barw** *fiz.* colour triangle
~ **błędu** triangle of error
~ **dowolny** general triangle
~ **druciany** (*do tygli*) *lab.* wire triangle
~ **kreślarski** *rys.* triangle, set-square
~ **kulisty** spherical triangle
~ **nierównoboczny** scalene triangle
~ **ostrokątny** acute(-angled) triangle
~ **paralaktyczny** astronomical triangle
~ **Pascala** Pascal's triangle
~ **porcelanowy** (*do tygli*) *lab.* pipe-clay triangle
~ **prędkości** velocity triangle
~ ~ **na wlocie** *masz.* inlet velocity triangle
~ ~ **na wylocie** *masz.* outlet velocity triangle
~ **prostokątny** right-angled triangle, right triangle
~ **rozwartokątny** obtuse(-angled) triangle
~ **równoboczny** equilateral triangle
~ **równoramienny** isosceles triangle
~ **rysunkowy** triangle; set square
~ **sferyczny** spherical triangle
~ **sił** *mech.* triangle of forces
~ **ukośnokątny** oblique triangle
trójkątny *a* triangular
trójkątowanie *n geod.* triangulation
trójkowy *a mat.* ternary
trójkrezol *m* (*mieszanina trzech izomerów krezolu*) (tri)cresol
trójłączowy *a el.* triple
trójmaślan *m* **glicerylu** *chem.* glyceryl tributyrate, tributyrin
trójmetylen *m chem.* trimethylene
trójmetyloamina *f chem.* trimethylamine
1,2,4-trójmetylobenzen *m chem.* pseudocumene, *uns*-trimethylbenzene

2,2,3-trójmetylobutan *m chem.* 2,2,3-trimethylbutane, triptane
trójmetyloglicyna *f chem.* trimethylglicine, betaine, oxyneurine
1,3,7-trójmetyloksantyna *f chem.* 1,3,7-trimethylxantine, caffeine, theine
trójmetylopirydyna *f chem.* trimethylpyridine, collidine
trójmian *m mat.* trinomial
~ **kwadratowy** trinomial square
trójmienny *a* trinomial
trójnik *m* (*rurowy*) (pipe) tee, T-connection, T-pipe, three-way pipe
~ **45°** Y-branch, wye, lateral, breeches-pipe
~ **jednowkrętny** service tee
~ **kamionkowy** Y-tile
~ **kołnierzowy** flanged tee
~ **łukowy** branch tee, Y-bend
~ **narożny** side outlet tee
~ **o rozszerzonym wylocie** bull head tee
~ **orłowy** double branch bend, double branch elbow, twin elbow
~ **równoprzelotowy** straight tee
~ **z uchami do zamocowania** drop tee
~ **zwężkowy** reducing tee
trójnitka *f żegl.* houseline
~ **konopna** (*niesmołowana*) white line
trójnitrobenzen *m chem.* trinitrobenzene, TNB
2,4,6-trójnitrofenol *m chem.* 2,4,6-trinitrophenol, picric acid
trójnitrometan *m chem.* trinitromethane, nitroform
trójnitrorezorcynian *m* **ołowiawy** *chem.* lead trinitroresorcinate, lead styphnate
trójnitrotoluen *m wybuch.* trinitrotoluene, TNT
trójnóg *m* tripod
trójnóż *m poligr.* 3-knife trimmer, three-side trimmer
trójoctan *m chem.* triacetate
~ **celulozy** cellulose triacetate; *włók. chem.* fully acetylated cellulose
~ **glicerylu** glyceryl triacetate, triacetin
trójosiowy *a* triaxial
trójpalimityna *f chem.* (tri)palmitin, glyceryl tripalmitate
trójpodział *m mat.* trisection
trójpolówka *f roln.* three-field rotation
trójpostaciowość *f* trimorphism
trójpostaciowy *a* trimorphous
trójprzepływowy *a masz.* three-pass, three-way
trójsacharydy *mpl chem.* trisaccarides
trójsiarczek *m chem.* trisulfide
~ **antymonu** antimony trisulfide; antimony black, black antimony
~ **czterofosforu** phosphorus sesquisulfide, tetraphosphorus trisulfide
~ **dwufosforu** phosphorus (tri)sulfide
trójskładnikowy *a* ternary
trójskośny *a kryst.* triclinic
trójstearyna *f chem.* (tri)stearin, glyceryl tristearate
trójstronny *a* trilateral
trójścian *m geom.* trihedron
~ **Freneta** moving trihedral
trójścienny *a geom.* trihedral
trójśrubowiec *m okr.* triple screw vessel
trójtlenek *m chem.* trioxide
~ **arsenu** arsenic trioxide, arsenious oxide, white arsenic
~ **siarki** sulfur trioxide
~ **tytanu** titanium (tri)oxide, titanellow
~ **uranu** uranium (tri)oxide, orange oxide
~ **wolframu** tungstic (tri)oxide, tungstic (acid)anhydride
trójwakans *m kryst.* trivacancy
trójwartościowość *f chem.* trivalence
trójwartościowy *a chem.* trivalent, tervalent
trójwymiarowy *a* three-dimensional
trójwyspowiec *m okr.* three-island ship
trójzasadowy *a chem.* tribasic
trójzrębowiec *m okr.* three-island ship
trójżyłowy *a el.* three-core (*cable*)
trucizna *f* poison
~ **katalizatora** catalytic poison
~ **kauczuku** rubber poison
~ **reaktorowa** *nukl.* reactor poison, nuclear poison
~ ~ **wypalająca się** burnable (reactor) poison
~ **silna** powerful poison
~ **systemiczna** *pest.* systemic poison
trudne warunki *mpl* (*eksploatacji*) rugged conditions (*of operation*); trying conditions
trudno dostępny hard to reach; not easily accessible
trudno palny slow-burning
trudno rozpuszczalny sparingly soluble
trudno ścieralny abrasion-resisting
trudno topliwy infusible, high-melting
trudno zamarzający anti-freezing
trudno zapalny non-flammable, flash resistant
trudny do nabycia *ek.* hard to get
trudny do obróbki almost unworkable
trudny do odróżnienia hard to distinguish; undistinguishable
trudny do sprzedania *ek.* hard to sell
trufla *f bot.* truffle, *Tuber*
trujący *a* poisonous, toxic
trumna *f nukl.* coffin, casket
truskawka *f bot.* strawberry, *Fragaria grandiflora*
trust *m ek.* trust
trustyt *m min.* troostite
truteń *m zool.* drone
trutka *f* **na szczury** rat-poison, rat exterminator
trwać *v* last; endure
trwałość *f* life; durability; stability; fastness, *zob.też* **odporność**
~ **barwnika** dye fastness
~ **barwy** colour fastness
~ **chemiczna** chemical stability
~ **ekonomiczna ostrza** *obr.skraw.* economic tool life
~ **jarzenia się łuku spawalniczego** welding arc stability
~ **jądra** *fiz.* nuclear stability

~ **na...** *zob.* **odporność na...**
~ **narzędzia** *obr.skraw.* tool life
~ **niezawodna** (*okres działania bez usterek*) safe life
~ **obserwowana średnia** observed mean life
~ **ostrza** *obr.skraw.* tool life (*under cut*)
~ **oszacowana średnia** assessed mean life
~ **piany** foam stability
~ **powłoki** life of coating
~ **przechowalnicza** keeping quality; storage life, shelf life
~ **przewidywana** expected life, predicted life
~ **średnia** mean life
~ **użyteczna** useful life
~ **użytkowa** service life
~ **wybarwienia** *włók.* colour fastness
~ **wymiarowa** dimensional stability
~ **zmęczeniowa** fatigue life
trwały *a* durable, stable; fast
trwanie *n* **wrażenia wzrokowego** (*po ustaniu bodźca, wskutek bezwładności wzroku*) persistence of vision
tryb *m* **adresowania** *inf.* addressing mode
~ **konwersacyjny współpracy** *inf.* conversational mode
~ **sterowania** *inf.* control mode
~ **współpracy** (*między komputerem i użytkownikiem*) operating mode (*of a computer system*)
trybologia *f* (*nauka o tarciu*) tribology
tryboluminescencja *f fiz.* triboluminescence
trybuna *f* rostrum
trychina *f zool.* hairworm
trychinoza *f med.* trichinosis
trydymit *m min.* tridymite
trygatron *m elektron.* trigatron
trygistor *m elektron.* trigistor
tryglif *m arch.* triglyph
trygonalny *a kryst.* trigonal
trygonometria *f mat.* trigonometry
~ **płaska** planes trigonometry
~ **sferyczna** spherical trigonometry
trygonometryczny *a* trigonometric
tryjer *m roln.* trieur
tryk *m zool.* ram, tup
trykot *m włók.* knitted fabric
trykotaże *mpl* knitted goods
trylion *m* (10^{18}) *GB* trillion; *US* quintillion
trymer *m* **1.** *lotn.* trimming tab **2.** *rad.* trimming condenser, trimmer **3.** *żegl.* trimmer
trymowanie *n żegl.* trimming
trypaflawina *f farm.* acriflavine, euflavine
trypla *f min.* tripoli
trypler *m rad.* tripler
tryplet *m chem.* triplet (state)
~ **jonowy** triple ion
trypsyna *f biochem.* trypsin
tryptan *m chem.* triptane, 2,2,3-trimethyl butane
tryptofan *m biochem.* tryptophan
tryptyk *m arch.* triptych
tryskacz *m* (*instalacji przeciwpożarowej*) splinkler head
tryskać *v* gush; jet
tryskawa *f papiern.* spraying pipe
tryskawka *f* **1.** *lab.* wash bottle **2.** *papiern.* spraying nozzle
~ **formatowa** *papiern.* jet edger, size jet
tryt *m chem.* tritium, T, $^3_1$H
trytanopia *f* (*ślepota na barwę niebieską*) *med.* tritanopia, blue blindness
tryton *m fiz.* triton (*nucleus of tritium*)
trywializacja *f mat.* trivialization
trywialny *a* trivial
trzaski *mpl tel.* clicks
~ **atmosferyczne** natural static, atmospherics, strays
~ **komutacyjne** switching noise, key clicks
trząść *v* shake, jolt
trzcina *f bot.* reed
~ **cukrowa** sugar cane, *Saccharum officinarum* L.
trzebienie *n* **1.** *leśn.* thinning *zob.też* **trzebież** **2.** *zoot.* castration; emasculation; gelding
~ **kogutów** caponization
~ **kur** poulardizing
trzebież *f* (*lasu*) thinning
~ **dolna** low thinning
~ **górna** crown thinning
~ **selekcyjna** selection thinning
trzecia harmoniczna *f fiz.* third harmonic
trzecia liczba *f* **kwantowa** *fiz.* magnetic quantum number, third quantum number
trzecia potęga *f mat.* third power, cube
trzecia prędkość *f* **kosmiczna** solar escape velocity; hyperbolic velocity
trzecia szyna *f el.* conductor rail, third rail, contact rail
trzecia zasada *f* **dynamiki** *mech.* third principle of dynamics, Newton's third law (*of motion*), law of action and reaction
trzecie stadium *n* **pełzania** *wytrz.* tertiary creep, accelerating creep
trzeciego stopnia *mat.* cubic
trzeciorzęd *m geol.* Tertiary (period)
trzeć *v* **(się)** rub
trzepak *m* **1.** beater **2.** disintegrating mill, disintegrator
trzepanie *n włók.* scutching (*of flax or hemp*)
~ **kokonów** cocoon beating, cocoon brushing
trzeparka *f włók.* scutcher (*for flax or hemp*)
~ **kokonów** cocoon beating machine, cocoon beater
~ **szmat** rags shaker
~ **zwojowa** scutching lap machine
trzepotanie *n* **1.** *lotn.* buffeting **2.** *masz.* flutter; wobble; shimmy
~ **pierścieni tłokowych** *siln.spal.* ring flutter
~ **poprzedzające przeciągnięcie** *lotn.* prestall buffeting
~ **przepustnicy** *siln.spal.* throttle flutter
~ **żagli** slatting of sails

trzeszczenie *n* **górotworu** *górn.* gulching, growl of rock
~ **obudowy** *górn.* talking of timber lining
trzewia *pl biol.* bowels
trzewik *m* **kolby** *uzbr.* butt plate
~ **krokwi** *bud.* rafter shoe
~ **pala** *inż.* pile shoe, sabot
~ **prowadniczy** *górn.* cage shoe
trzęsak *m papiern.* shake gear, shake apparatus, shaker
~ **sita** vibrating frame
trzęsawisko *n geol.* quagmire; quaking bog
trzęsienie *n masz.* chatter, judder
~ **ziemi** earthquake
~ ~ **podmorskie** submarine earthquake, seaquake
trzoda *f* **chlewna** swine; pigs
trzon *m* shank; stem
~ **gazowy** gas stove
~ **gwoździa** nail shank
~ **izolatorowy** *el.* insulator spindle
~ **kolumny** *bud.* shaft of column, shank of column
~ **komina** *bud.* chimney shaft
~ **korbowodu** connecting rod shank
~ **kotwicy** *okr.* anchor shank
~ **kuchenny** (kitchen) range, kitchen stove
~ ~ **wbudowany** built-in (kitchen) stove
~ **łopaty śmigła** airscrew blade shank
~ **nitu** rivet shank, rivet neck, rivet tail
~ **pieca** *hutn.* furnace hearth, furnace bottom
~ ~ **donicowego** *szkl.* siege of a pot furnace
~ ~ **martenowskiego** *hutn.* open-hearth bottom
~ **sterowy** *okr.* rudderstock
~ **suwakowy** *siln.par.* slide valve spindle, slide valve rod
~ **systemu** *inf.* nucleus of a system
~ **szpulowy** *biur.* ribbon spool shaft
~ **śruby** bolt shank, screw shank, screw bolt
~ **tłokowy** *masz.* piston rod
~ **wielkiego pieca** blast-furnace bottom
~ **wiosła** loom (*of an oar*)
~ **zamkowy** *uzbr.* breech-block; bolt
~ **zaworu** *masz.* valve stem, valve spindle
~ **żeliwiaka** *odl.* cupola bottom
trzonek *m* handle; shank; shaft; helve
~ **bagnetowy** (*lampy*) *el.* bayonet cap
~ **edisonowski** *el.* screw-cap
~ **goliatowy** (*lampy*) *el.* mogul base
~ **gwintowy** (*lampy*) *el.* screw-cap
~ **lampy** *el.* lamp cap, lamp base
~ **zaworu** *siln.spal.* valve stem
trzonkarka *f* (lamp) capping machine, basing machine
trzonkowanie *n* **lamp** *el.* lamp capping
trzpienie *mpl* **podnoszące** *odl.* lifting pins, stripping pins
trzpieniówka *f odl.* pin-lift moulding machine, push-off moulding machine
trzpień *m masz.* mandrel; arbor
~ **ciągarki do rur** *obr.plast.* drawing plug, drawing mandrel
~ **do przebijania** *obr.plast.* piercing mandrel
~ **do przedmiotu obrabianego** *obr.skraw.* work arbor
~ **do rozkuwania** (*pierścienia lub tulei*) *obr.plast.* becking bar
~ **dziurujący** *obr.plast.* piercing mandrel
~ **frezarski** *obr.skraw.* cutter arbor, milling arbor
~ ~ **do głowic frezowych** stub arbor
~ **kontrolny** (*do sprawdzania średnicy rur*) *obr.plast.* drift mandrel
~ **nastawczy** *obr.skraw.* aligning pin
~ **pomiarowy** (gauge) plunger
~ **prowadzący** *masz.* pilot bar
~ **rozpierający** *zob.* **trzpień rozprężający**
~ **rozprężający** *obr.skraw.* expanding mandrel, expanding arbor, expander
~ **sterowniczy** *masz.* control rod
~ **szlifierski** *obr.skraw.* grinding arbor
~ **tokarski** lathe mandrel, lathe arbor
~ ~ **do równoczesnego mocowania kilku przedmiotów** gang mandrel
~ ~ **stały** plain solid mandrel
~ ~ **stożkowy** cone mandrel
~ **zaworu** *masz.* valve stem, valve spindle
trzusło *n roln.* knife coulter
trzustka *f anat.* pancreas
trzyćwierciówka *f bud.* three-quarter bat
trzykrotny *a* treble; threefold
trzymacz *m* **papieru** *biur.* paper holder
~ **styku** (*w korpusie*) *elektron.* contact retainer
~ **sznura** *telef.* cord fastener
trzymać *v* **kurs** *żegl.* stand a course, hold a course
~ ~ **w morze** stand for the offing
~ **luźno** (*np. linę*) keep slack
~ **na pełnych żaglach** keep her full
~ **ostro do wiatru** *żegl.* keep the luff, ahold, stand up
~ **się** hold, grip
~ ~ **blisko lądu** *żegl.* hug the land
~ ~ **dobrze na fali** *żegl.* make good weather (of it)
~ ~ **drogi** *mot.* hold the road
~ ~ **prawej strony** keep right
~ ~ **w bezpiecznej odległości od brzegu** *żegl.* keep an offing
~ ~ **wiatru** *żegl.* hug the wind
~ ~ **z daleka** keep away from...; *żegl.* give a wide berth, stand clear
trzymadło *n* **szczotkowe** *el.* brush-rocker; brushgear
trzymanie *n* **się drogi** *mot.* roadholding
trzyskładnikowy *a mat.* trinomial
TST = **termodynamiczna skala temperatur** thermodynamic temperature scale
tsunami *ocean.* tsunami, seismic sea wave
t.t. = **temperatura topnienia** *fiz.* melting point, m.p.
tuba *f* horn; flare
~ **akustyczna** acoustic horn
~ **elektromagnetyczna** electromagnetic horn
~ **pudełkowa** *tel.* box horn
~ **sektorowa** *tel.* sectoral horn

~ **stożkowa** *tel.* conical horn
~ **wielodrożna** *tel.* multihorn
tuberkulacja *f* tuberculation (*local corrosion*)
tuberkulina *f farm.* tuberculin (*culture of Mycobacterium tuberculosis*)
tubing *m górn.* tubbing
~ **łączący** joining tubbing
~ **przejściowy** *zob.* **tubing łączący**
tubka *f* (collapsible) tube
~ **mikrofonu** *telef.* mouthpiece
tubus *m* **mikroskopu** microscope tube
~ **obiektywu** lens barrel, tubular lens mount
tubylcy *mpl* aborigines
tucz *m zoot.* fattening
tuczarnia *m roln.* fattening house
tucznik *m* fattening pig, fattener
~ **bekonowy** baconer
~ **słoninowy** lard pig
tuczyć *v roln.* fat
tuf *m petr.* tuff
~ **riolitowy** rhyolitic tuff
~ **wapienny** tufa, calcareous sinter
tuja *f bot.* thuja, arborvitae, *Thuja*
tujon *m chem.* thujone
tuka *f ryb.* pair net, pair trawl, tuck seine, two-boat trawl
~ **pelagiczna** pelagic trawl
tukowanie *n ryb.* pair trawling
tul *m chem.* thulium, Tm
tularemia *f med.* tularemia
tuleja *f* **1.** *masz.* sleeve; bush; quill **2.** *obr.plast.* tube blank, hollow
~ **cylindrowa** *siln.* cylinder liner, cylinder sleeve, cylinder barrel
~ ~ **krótka** cuff cylinder liner
~ ~ **mokra** (*stykająca się z cieczą chłodzącą*) wet cylinder liner
~ ~ **sucha** (*nie stykająca się z cieczą chłodzącą*) dry cylinder liner
~ ~ **wymienna** separate cylinder liner, removable cylinder liner
~ **kołnierzowa** neck bush
~ **konika** *obr.skraw.* tailstock spindle, tailstock ram
~ **kulkowa** ball bushing
~ **łącząca** jointing sleeve, muff coupling box
~ **łożyskowa** bearing sleeve, bearing liner
~ **odległościowa** spacing sleeve, distance sleeve
~ **odlewana odśrodkowo** *hutn.* centrispun hollow
~ **opóźniająca** (*przekaźnika*) *el.* retarding sleeve
~ **prowadząca** pilot sleeve
~ **redukcyjna** reducer sleeve
~ ~ **do wierteł** drill sleeve, drill socket
~ **regulacyjna** adjusting sleeve
~ **rozprężna łożyskowa** bearing adapter sleeve
~ **rozstawcza** spacing sleeve, distance sleeve
~ **rurowa** *obr.plast.* tube blank, tube shell, tube hollow
~ ~ **odlewana** hollow ingot
~ **sprężynująca** spring sleeve
~ **stykowa** *el.* socket contact
~ **suwakowa** piston valve sleeve
~ **środkująca** bush centralizer
~ **toczna** ball bushing
~ **wału śrubowego** *okr.* tail-shaft liner
~ **wysuwna** drawtube
~ **zaciskowa** *obr.skraw.* collet
~ ~ **do liny stalowej** steel rope socket, wire rope socket
~ ~ **do (obróbki) prętów** *obr.skraw.* wire chuck
~ ~ **dzwonowa** *obr.skraw.* head collet
~ ~ **sprężynująca** spring collet
~ ~ **z wkładkami** (*dostosowanymi do średnic zaciskanych przedmiotów*) pad collet
tulejka *f* sleeve; bush, *zob.też* **tuleja**
~ **izolacyjna** *el.* insulating sleeve
~ **kotłowa** boiler bushing
~ **odległościowa** distance sleeve, spacing sleeve
~ **redukcyjna** *obr.skraw.* taper adapter
~ **traserska** toolmaker's button
~ **uszczelniająca** sleeve packing
~ **wiertarska** jig bushing, drill guide, drill bush
~ ~ **bez kołnierza** headless bushing
~ ~ **wymienna** slip renewable bushing
~ ~ **z kołnierzem** head-type bushing
~ **wzorcarska** toolmaker's button
tulejowanie *n masz.* bushing, bush fitting
tułów *m anat.* trunk
tundra *f geogr.* tundra
tunel *m* tunnel
~ **aerodynamiczny** wind tunnel
~ ~ **ciśnieniowy** pressure wind tunnel, variable density wind tunnel
~ ~ **do badania korkociągu** free spinning vertical wind tunnel
~ ~ **dymny** smoke tunnel
~ ~ **hipersoniczny** hypersonic wind tunnel
~ ~ **na duże prędkości** high-speed wind tunnel
~ ~ **naddźwiękowy** supersonic wind tunnel
~ ~ **o napędzie iniektorowym** injector-type wind tunnel
~ ~ **o obiegu otwartym** open-circuit wind tunnel, non-return-flow wind tunnel
~ ~ **o obiegu zamkniętym** closed-circuit wind tunnel, return-flow wind tunnel
~ ~ **o otwartej przestrzeni pomiarowej** open-jet wind tunnel
~ ~ **o zamkniętej przestrzeni pomiarowej** closed-jet wind tunnel
~ ~ **o zmiennej gęstości powietrza** variable-density wind tunnel, pressure wind tunnel
~ ~ **pionowy** free spinning wind tunnel
~ ~ **pochylany** free flight wind tunnel
~ ~ **przelotowy** open-circuit wind tunnel, non-return-flow wind tunnel

~ ~ **przydźwiękowy** transonic wind tunnel
~ ~ **supersoniczny** supersonic wind tunnel
~ ~ **transsoniczny** transonic wind tunnel
~ ~ **wodny** water tunnel
~ **górniczy** mine tunnel
~ **kablowy** *el.* cable duct
~ **kanalizacyjny** sewer tunnel
~ **kawitacyjny** *hydr.* cavitation tunnel
~ **kolejowy** railroad tunnel
~ **obkurczający** (*przy pakowaniu*) shrink tunnel
~ **odkrywkowy** open trench tunnel
~ **poprzeczny** *górn.* cross-cutting tunnel
~ **wału napędowego** *okr.* propeller shaft tunnel, shaft alley
~ ~ **pędnego** *mot.* propeller shaft tunnel
~ **zamrażalniczy** *chłodn.* freezing tunnel, tunnel freezer
tunelowanie *n* **1.** *elektron.* tunneling, tunnel effect **2.** *tw.szt.* tunneling (*formation of tunnel-like chambers in laminates*)
tuńczyk *m zool.* tunny, tuna, *Thunnus thynnus* L.
tuńczykowiec *m okr.* tuna clipper; tuna boat
TUP = Towarzystwo Urbanistów Polskich
turbidymetr *m chem.* turbidimeter
turbidymetria *f chem.* turbidimetry, turbidimetric analysis
turbina *f* turbine
~ **akcyjna** impulse turbine
~ ~ **ze stopniowaniem prędkości** velocity compounded impulse turbine
~ **akcyjno-reakcyjna** impulse-reaction turbine
~ **bezpośrednio sprzężona** (*z prądnicą*) direct-coupled turbine
~ **bębnowa** (*z wirnikiem bębnowym*) drum turbine
~ **biegu naprzód** *okr.* ahead turbine
~ **czysto reakcyjna** pure-reaction turbine
~ **dwubieżna** (*o dwóch kierunkach obrotu*) double-motion turbine, double-rotation turbine
~ **dwuczynnikowa** mixed-fluid turbine
~ **dwustrumieniowa** double-flow turbine
~ **elektrowniana** power-station turbine
~ **gazowa** gas turbine
~ ~ **o obiegu otwartym** open-cycle gas turbine, continuous combustion gas turbine
~ ~ **o obiegu zamkniętym** closed-cycle gas turbine, aerodynamic closed-circuit turbine
~ ~ **przeciążeniowa** boost gas turbine
~ **hydrauliczna** hydraulic turbine
~ **jednobieżna** (*o jednym kierunku obrotu*) single-motion turbine
~ **jednokadłubowa** one-cylinder turbine
~ **jednostopniowa** single-stage turbine
~ **jednostrumieniowa** single-flow turbine
~ **Kaplana** *zob.* **turbina wodna Kaplana**
~ **na parę odlotową** exhaust-steam turbine
~ ~ ~ **rtęci** mercury-vapour turbine
~ **na powietrze naporowe** (*do napędu akcesorii*) *lotn.* ram-air turbine, wind-driven turbine
~ **napędowa** power turbine
~ **napędzająca sprężarkę** compressor turbine
~ **natryskowa** action water turbine, free-jet water turbine
~ **nawrotna** reversible turbine
~ **niskoobrotowa** low speed turbine
~ **o częściowym zasilaniu** partial admission turbine
~ **o pełnym zasilaniu** full admission turbine, total admission turbine
~ **o przepływie wielokrotnym** re-entry turbine
~ **okrętowa** ship propulsion turbine
~ **(okrętowa) marszowa** cruising turbine
~ ~ **nawrotna** backing turbine, reverse turbine
~ **osiowa** axial-flow turbine
~ **parowa** steam turbine
~ ~ **bez skraplacza** (*przeciwprężna lub wydmuchowa*) non-condensing turbine
~ ~ **czołowa** primary turbine
~ ~ **dwuupustowa** double-automatic extraction turbine
~ ~ **jednoprężna** single-pressure turbine
~ ~ **kondensacyjna** condensing turbine
~ ~ **niskoprężna** low-pressure turbine
~ ~ **przeciwprężna** back-pressure turbine, counter-pressure turbine
~ ~ **regeneracyjna** regenerative turbine
~ ~ **średnioprężna** middle-pressure turbine
~ ~ **upustowa** extraction turbine, bleeder turbine, tapped turbine
~ ~ **wielokadłubowa dwuwałowa** cross-compound steam turbine
~ ~ ~ **jednowałowa** tandem-compound steam turbine
~ ~ **wieloprężna** mixed-pressure turbine
~ ~ **wielostrumieniowa w części niskoprężnej** low-pressure multi-flow turbine
~ ~ **wielowylotowa** multi-exhaust turbine
~ ~ **wysokoprężna** high-pressure turbine
~ ~ **z dławieniem upustu** controlled extraction turbine
~ ~ **z przegrzewem międzystopniowym** reheat turbine
~ **podstawowa** (*pokrywająca obciążenie podstawowe*) main load turbine
~ **powietrzna** air turbine
~ **promieniowa** radial-flow turbine
~ **przeciwbieżna** double-rotation turbine, double motion turbine
~ **przekładniowa** reduction turbine, geared turbine
~ **reakcyjna** pressure turbine, reaction turbine
~ **siłowniana** power-station turbine

~ **spalinowa** internal combustion turbine
~ ~ **dwuwlotowa** double-entry turbine
~ ~ **o zasilaniu pulsującym** explosion turbine
~ ~ **w układzie dwuwałowym** free power turbine
~ **stała** stationary turbine
~ **styczna** tangential-flow turbine
~ **szczytowa** top-load turbine
~ **szybkobieżna** high-speed turbine
~ **śmigłowa** *zob.* **turbina wodna Kaplana**
~ **trakcyjna** traction turbine
~ **wiatrowa** air turbine, wind turbine, windmotor, windmill
~ ~ **Savoniusa** (*z wirnikiem o osi pionowej*) Savonius windmill
~ **wielokadłubowa** multi-case turbine
~ **wielostopniowa** multi-stage turbine
~ **wielowałowa** multi-shaft turbine
~ **wodna** water turbine
~ ~ **akcyjna** impulse water turbine, free-jet water turbine
~ ~ **diagonalna** diagonal water turbine, mixed-flow water turbine
~ ~ **dośrodkowa** inward-flow water turbine
~ ~ **Francisa** Francis turbine
~ ~ ~ **bliźniacza** twin Francis turbine, double Francis turbine
~ ~ **graniczna** limit water turbine
~ ~ **Jonvala** Jonval turbine
~ ~ **Kaplana** Kaplan turbine, propeller-type (water) turbine
~ ~ **lewarowa** siphon water turbine
~ ~ **na niski spad** low-head water turbine
~ ~ **natryskowa** action water turbine, free-jet water turbine
~ ~ **otwarta** open water turbine
~ ~ **Peltona** Pelton turbine, Pelton wheel
~ ~ **półotwarta** half-open water turbine
~ ~ **reakcyjna** reaction water turbine
~ ~ **śmigłowa** propeller-type water turbine
~ ~ **zamknięta** enclosed water turbine
~ **wolnobieżna** low-speed turbine
~ **wysokoobrotowa** high-speed turbine
~ **ze stopniowaniem prędkości i ciśnienia** pressure-velocity-compounded turbine
turbinowiec *m okr.* turbine ship
turbinownia *f* turbine room; turbine house
turbodmuchawa *f* turbo-blower
turbogenerator *m el.* turbine generator, turbogenerator (set)
~ **prądu przemiennego** turboalternator, turbine-driven alternator
turbopompa *f* turbine-driven pump
turbosprężarka *f* turbocompressor, turbo-blower
~ **doładowująca** turbosupercharger, turbo-charger
~ **spalinowa** exhaust-driven supercharger
turbot *m zool.* turbot, *Rhombus maximus* L.
turbowiert *m wiertn.* turbodrill
turbozespół *m* turbine set
turbulencja *f mech.pł.* turbulence
~ **atmosferyczna** *meteo.* atmospheric turbulence
~ **bezchmurnego nieba** (*na dużych wysokościach*) *lotn.* clear-air turbulence, CAT
~ **elastyczna** *tw.szt.* melt fracture
turbulentny *a* turbulent
turbulizacja *f* **opływu** *mech.pł.* turbulence stimulation
turbulizator *m aero.* turbulence stimulator, turbulizer, vortex generator
turkot *m* clatter
turkuć *m* **podjadek** *zool.* mole cricket, *Gryllotalpa gryllotalpa*
turkus *m min.* turquoise, calaite
turmalin *m min.* tourmaline
~ **litowy** elbait
turnikiet *m* revolving gate
turyla *f* (*pochłaniacz*) *chem.* tourill
tusz *m* **do powiek** (*płynny*) eyeliner
~ **do rzęs** mascara
~ **do skrobania** *obr.skraw.* reddle
~ **kreślarski** drawing ink
tusza *f* (*mięsna*) carcass (*of a slaughtered animal*)
tuta *f wiertn.* bell-mouth socket, overshot
tutka *f* **worka** (*papierowego*) paper sack tube
tutkarka *f masz.* paper sack tube maker
TV = **telewizja** television
t.w. = **temperatura wrzenia** boiling point, b.p.
twarda guma *f* ebonite, hard rubber
twarde promieniowanie *n radiol.* hard rays
twardnieć *v* harden; set
twardnienie *n* hardening; setting
twardościomierz *m* hardness testing machine, hardness tester
~ **iglicowy** (*do smarów*) penetrometer
~ **Shore'a** scleroscope
~ **typu Poldi** Poldi hardness tester
twardość *f* hardness
~ **Brinella** Brinell hardness (number), BHN
~ **całkowita** (*wody*) total hardness
~ **Knoopa** Knoop hardness (number)
~ **masy** *papiern.* pulp hardness
~ **Meyera** Meyer hardness number, MHN
~ **mierzona pilnikiem wzorcowym** file hardness
~ ~ **wgłębnikiem** indentation hardness, penetration hardness
~ **minerałów** hardness of minerals
~ **na gorąco** hot hardness
~ **niewęglanowa** (*wody*) non-carbonate hardness
~ **ogólna** (*wody*) total hardness
~ **promieniowania** radiation hardness, penetrating power
~ **przemijająca** (*wody*) temporary hardness
~ **Rockwella** Rockwell hardness (number)
~ **ryskowa** scratch hardness, scratch resistance

~ **Shore'a** scleroscope hardness (number), Shore hardness (number), rebound hardness, dynamic hardness number, DHN
~ **stała** (*wody*) permanent hardness
~ **ściernicy** grinding wheel grade
~ **Vickersa** Vickers hardness (number), (diamond) pyramid hardness
~ **w stanie wyżarzonym** *met.* annealed hardness
~ **w temperaturze czerwonego żaru** *met.* red hardness
~ **wapniowa** (*wody*) calcium hardness
~ **węglanowa** (*wody*) temporary hardness
~ **wody** water hardness
twardy *a* hard
twardy bieg *m* **silnika wysokoprężnego** diesel knock
twardy cynk *m* hard zinc, zinc dross
twardy polichlorek *m* **winylu** rigid PVC
twardy spąg *m górn.* firm bottom
twardzica *f drewn.* compression wood (*defect*)
twardziel *f drewn.* heart-wood, duramen
~ **fałszywa** false heartwood
~ **mokra** wetwood watercore
~ **mrozowa** frost-heart
twaróg *m* cottage cheese, curd cheese
twarz *f* face
twarzowy *a anat.* facial
twierdzenie *n* theorem; proposition; statement
~ **Baire'a o kategoriach** Baire's category theorem
~ **Bézout** factor theorem, remainder theorem
~ **Cauchy'ego o wartości średniej** extended mean value theorem, second mean value theorem
~ **chińskie o resztach** Chinese remainder theorem
~ **cosinusów** law of cosines
~ **dwumianowe** binomial theorem
~ **ergodyczne** ergodic theorem
~ **fałszywe** false statement
~ **Fermata wielkie** Fermat's last theorem
~ **graniczne** limit theorem
~ **Greena** Green's theorem, divergence theorem
~ **o domkniętym wykresie** close-graph theorem
~ **o funkcji uwikłanej** implicit function theorem
~ **o istnieniu** existence theorem
~ **o monodromii** monodromy theorem
~ **o odwzorowaniu odwrotnym** inverse-transform theorem
~ ~ ~ **otwartym** open mapping theorem
~ **o pokryciu** covering theorem
~ **o powrocie** recurrence theorem
~ **o punkcie stałym** fixed-point theorem
~ **o różnicach dopełniających** theorem of complementary slackness
~ **o trzech kołach** three-circles theorem
~ **o wartości średniej** mean-value theorem
~ **o zanurzaniu** embedding theorem
~ **odwrotne** converse theorem
~ **Pitagorasa** Pythagorean theorem, Pythagorean proposition
~ **podziałowe** partition theorem
~ **Poincare'go** recurrence theorem
~ **prawdziwe** true statement
~ **Shannona** Shannon's theorem
~ **sinusów** law of sines
~ **Stevina** *hydr.* Stevin theorem, hydrostatic paradox
~ **tauberowskie** Tauberian theorem
~ **Taylora** extended mean value theorem
~ **zasadnicze algebry** fundamental theorem of algebra
twistor *m inf.* twistor
twornik *m el.* armature
~ **bezżłobkowy** smooth core armature
~ **bębnowy** drum armature
~ **gładki** smooth core armature
~ **octowniczy** *ferm.* vinegar generator
~ **pierścieniowy** ring armature, ring-wound armature
~ **strony** (*pamięci holograficznej*) *inf.* page composer (*for holographic memory*)
~ **tarczowy** disk armature
~ **walcowy** drum armature
~ **z uzwojeniem drutowym** wire-wound armature
~ ~ ~ **pętlicowym** lap-wound armature
~ ~ ~ **prętowym** bar-wound armature
~ **żłobkowy** slotted armature
tworząca *f geom.* generating line, generator, generatrix
~ **powierzchni prostoliniowej** rectilinear generator, regulus
~ ~ **tocznej** (*walca lub stożka tocznego*) *masz.* pitch-surface generator
~ **półgrupy** infinitesimal generator
~ **stożka** *geom.* element of a cone
tworzenie *n* generating; forming; formation
~ **bloku** (*łączenie zapisów*) *inf.* blocking
~ **emulsji** emulsification
~ **grup nadtlenkowych** *chem.* peroxidation
~ **kompleksów** *chem.* complexing, complex formation
~ **łańcucha** *inf.* chaining
~ **par** (*cząstka-antycząstka*) *fiz.* pair production, pair creation
~ **porów** *tw.szt., gum.* expanding
~ **przesmyku** *włók.* shedding
~ **się** forming, formation
~ ~ **chmur** *meteo.* cloud formation
~ ~ **frontu** *meteo.* frontogenesis
~ ~ **kamienia kotłowego** boiler scale formation
~ ~ **kanałów** channelling
~ ~ **kopuły** *geol.* doming
~ ~ **krwinek czerwonych w szpiku** *fizjol.* erythropoiesis
~ ~ **łańcucha** *chem.* chain formation
~ ~ **miceli** *chem.* micellarization
~ ~ **nalotów** *powł.* blooming
~ ~ **ogonów** *chem.* tailing (*in chromatography*)

~ ~ **osadów żywicznych** *siln.spal.* gumming up
~ ~ **osadu węglowego** carbon formation
~ ~ **pęcherzy** blistering; *med.* vesication
~ ~ **pierścienia** *chem.* ring formation
~ ~ **prążków na bieżni łożyska** *masz.* washboard formation
~ ~ **próchnicy** *roln.* humification
~ ~ **skorupy** incrustation
~ ~ **skrzepów** **1.** *hutn.* skulling, sculling **2.** *med.* thrombosis, formation of thrombi
~ ~ **strupa** *med.* incrustation
~ ~ **wiązań poprzecznych** *chem.* cross-linking (*formation of intermolecular covalent bonds between polymer chains*)
~ ~ **zarodków** *kryst.* nucleation
~ ~ **zgorzeliny** scaling, scale formation
~ ~ **związków chelatowych** *chem.* chelate formation, chelation
~ ~ **żużla** slagging, clinkering
~ **stopu** *met.* alloying
tworzyć *v* create, form
~ **całość** (*z czymś*) be integral (*with sth*)
~ **kąt** make an angle, form an angle
tworzywa *npl* materials; *chem.* plastics, *zob.też* **tworzywo**
~ **ABS** (*kopolimery akrylonitrylu, butadienu i styrenu*) *chem.* acrylonitrile butadiene styrene resins, ABS resins
~ **aminowe** amino plastics, aminoplasts
~ **białkowe** protein plastics
~ **błonotwórcze** film forming plastics
~ **celulozowe** cellulosic plastics, cellulosics
~ **do wtrysku** injection moulding materials
~ **drzewne** wood-base materials
~ **ekspandowane** expanded plastics
~ **fenolowe** phenolic plastics
~ **fluoryzujące** fluorescent plastics
~ **fosforyzowane** phosphorescent plastics
~ **gąbczaste** spongy materials
~ **kauczukopodobne** rubber-like plastics
~ **kazeinowe** casein plastics
~ **komórkowe** cellular plastics
~ **lane** cast plastics
~ **ligninowe** lignin plastics
~ **melaminowe** melamine plastics
~ **mocznikowe** urea plastics
~ **naturalne** (*pochodzenia naturalnego*) natural plastics
~ **piankowe** foamed plastics
~ **polietylenowe** ethylene plastics
~ **porowate** cellular plastics
~ **samoświecące** luminescent plastics
~ **silikonowe** silicone plastics
~ **spienione** foamed plastics
~ ~ **o komórkach zamkniętych** closed-cell foamed plastics
~ **styrenowe** styrene plastics
~ **styrenowo-kauczukowe** styrene-rubber plastics
~ **syntetyczne** synthetic plastics
~ **szklano-ceramiczne** glass-ceramic, vitro-ceramic
~ **sztuczne** plastics
~ ~ **napromienione** irradiated plastics
~ ~ **wzmocnione** reinforced plastics
~ ~ ~ **włóknem szklanym** glass reinforced plastics, GRP, fibreglass reinforced plastics, FRP
~ **termoplastyczne** thermoplastics
~ **termoutwardzalne** thermosetting plastics
~ **uretanowe** urethane plastics
~ **utwardzalne** hardening plastics
~ **warstwowe** laminated plastics, laminated material, laminates
~ **węglowodorowe** hydrocarbon plastics
~ **winylidenowe** vinylidene plastics
~ **winylowe** vinyl plastics
~ **wzmocnione** reinforced materials
tworzywo *n* **1.** material **2.** plastic, *zob.też* **tworzywa**
~ **barierowe** (*antykorozyjne*) barrier material
~ **na pasy** belting material
~ **opakowaniowe** packaging material
~ **przeciwwstrząsowe** (*np. na opakowania*) cushioning material
~ **zbrojone włóknem szklanym** glass-fibre reinforced plastic
~ **zespolone** composite (material)
~ **żużlowo-ceramiczne** slagceram
tx = **tex** *jedn.włók.* tex
tyczenie *n geod.* setting out, ranging
tyczka *f* rod; pole
~ **do sondowania** *żegl.* sounding pole
~ **geodezyjna** *geod.* range pole, flagpole
~ **miernicza** *zob.* **tyczka geodezyjna**
~ **niwelacyjna** *geod.* levelling rod
tyczkarz *m geod.* rodman
tyczyć *v geod.* set out, range
tygiel *m* crucible
~ **do topienia** melting crucible, melting pot
~ **Goocha** *lab.* Gooch crucible
~ **probierczy do kupelacji** cupel (*for assaying precious metals*)
tygielek *m* **lutowniczy** solder pot
tyglak *m hutn.* crucible furnace
tygodnik *m* weekly (magazine)
tygodniowy *a* weekly
tygrysie oko *n min.* tiger's-eye (*variety of quartz*)
tyka *f* **1.** pole; rod **2.** *żegl.* spar buoy
~ **chmielowa** *roln.* hop pole
tylda *f poligr.* tilde (~)
tylec *m* **gałęzi** *leśn.* snag
tylne siedzenie *n* (*np. w samochodzie*) back-seat
tylne światło *n nawig.* rear light (*of leading mark*)
tylne wejście *n bud.* back door, postern
tylnica *f okr.* stern frame, stern post
~ **krzyżowa** (*statku wielośrubowego*) spectacle frame
tylnokołowiec *m okr.* sternwheeler
tylny *a* rear; back; *żegl.* stern
tył *m* back
~ **fali** wave tail, wave queue
tymczasowo *adv* for the time being, temporarily

tymczasowy *a* provisional, temporary
tymianek *m* **pospolity** *bot.* thyme, *Thymus vulgaris* L.
tymidyna *f biochem.* thymidine
tymidynomonofosforan *m biochem.* thymidine monophosphate, TMP
tymina *f biochem.* thymine, 5-methyluracil
tymol *m chem.* thymol, thymic acid, thyme camphor
tymoloftaleina *f chem.* thymolphthalein
tymolosulfoftaleina *f barwn.* thymosulfonephthalein, thymol blue
tymotka *f* **łąkowa** *bot.* timothy, *Pheleum pratense* L.
tympan *m* (*płyta dociskowa*) *poligr.* tympan
tympanon *m arch.* tympanum
tyndalizacja *f spoż.* tyndallization
tynk *m bud.* plaster (work)
~ **dwuwarstwowy** render and set, two-coat plaster work
~ **dźwiękochłonny** acoustic plaster
~ **gipsowy** gypsum plaster, calcium sulfate plaster
~ **kamyczkowy** rought cast, pebble-dash, depeter
~ **odciskany** pargeting
~ **rapowany** parge-work, parging
~ **suchy** plaster board
~ **surowy** parge-work; parging
~ **szlachetny** stucco
~ **trójwarstwowy** three-coat plaster work, render float and set, RFS
~ **z zaprawy bezpiaskowej** neat plaster
~ **zatarty na gładko** trowelled plaster
~ **zbrojony** fibrous plaster
tynkal *m min.* tincal, borax
tynkarz *m bud.* plasterer
tynkować *v bud.* plaster
tynkownica *f* **mechaniczna** *bud.* plastering machine
tynktura *f farb.* tincture
typ *m* type
~ **gospodarki** pattern of economy
~ **gospodarstwa** *roln.* farm pattern
~ **homotopijny** *mat.* homotopy type
~ **porządkowy** *mat.* order type
~ **relacyjny** *mat.* relational type
~ **siedliska** *leśn.* site type
~ **węgla** (*w zależności od stopnia uwęglenia*) coal rank
typizacja *f* typification
typograf *m poligr.* typograph (*composing machine*)
typografia *f* typography, printing
typoszereg *m* series of types
typowy *a* typical
typowymiar *m* type dimension
tyramina *f chem.* tyramine, *p*-hydroxyphenethylamine
tyratron *m elektron.* thyratron
tyreotropina *f biochem.* thyrotropic hormone, thyroid-stimulating hormone, TSH, thyrotropin
tyroksyna *f biochem.* thyroxine
tyrotrycyna *f* tyrothricin (*antibiotic*)
tyrozyna *f biochem.* tyrosine
tyrozynaza *f biochem.* *o*-diphenol oxidase
tyrystor *m elektron.* thyristor, silicon controlled rectifier, SCR
~ **dwukierunkowy** bidirectional thyristor, triac, symistor
~ **mocy** power thyristor
~ **symetryczny** *zob.* **tyrystor dwukierunkowy**
~ **światłoczuły** light-activated silicon-controlled rectifier, LASCR
~ **wyłączalny** gate-turnoff, GTO
tysięczna *f* **artyleryjska** *jedn.* mil
tytan *m chem.* titanium, Ti
tytanawy *a chem.* titanous
tytanek *m met.* titanide (*intermetallic compound*)
tytanian *m chem.* titanate
tytanit *m min.* titanite, sphene
tytanowanie *n* (*dyfuzyjne*) *obr.ciepl.* titanizing
tytanowce *mpl chem.* titanium group, titanium family (Ti, Zr, Hf, Th)
tytanowy *a chem.* titanic
tytanyl *m chem.* titanyl
tytoń *m bot.* tobacco, *Nicotina tabacum* L.
tytuł *m* title (*of a book etc.*)
~ **naukowy** degree
~ **prawny** (legal) title
~ **urzędowy** title of rank
~ **wstępny** *poligr.* half-title, bastard title, fly-title
~ **wykonawczy** executory title
tytułem odszkodowania by way of indemnity, as compensation
tytułem pożyczki as a loan
tytułem zaliczki by way of advance

U

uaktywnianie *n fiz.* activation, *zob.też* **aktywacja**
uaktywniony *a* (*przygotowany do działania*) *el.* activated
UAR = układ automatycznej regulacji automatic control system
ubarwienie *n* **ochronne** *zool.* homochromy, protective colouration
ubezpieczać *v* insure
ubezpieczający *m* insurance taker
ubezpieczenie *n* insurance, assurance
~ **chorobowe** health insurance
~ **ładunku** cargo insurance
~ **na podstawie polisy generalnej** floating policy insurance
~ **od ognia** fire insurance
~ **od wypadków** accident insurance
~ **społeczne** social insurance
ubezpieczyciel *m ek.* insurer; underwriter
ubichinon *m biochem.* ubiquinone, coenzyme Q, CoQ
ubiegać *v* **się o patent** apply for a patent
ubieralnia *f* dressing-room
ubierka *f górn.* open-end
~ **komorowa** stall
ubijacz *m* (*przyrządu wiążącego wiązałki*) *roln.* packer arm (*of a binder*)
ubijać *v* ram; tamp; pun; compact
ubijak *m narz.* rammer; tamper; punner
~ **drewniany** maul, mall; beetle
~ **formierski** *odl.* moulder's rammer
~ **hakowy** *odl.* peen rammer
~ **laboratoryjny** (*do próbek mas formierskich*) *odl.* standard rammer
~ **mechaniczny** power rammer
~ **ręczny długi** *odl.* floor rammer
~ ~ **krótki** hand rammer
~ **spalinowy** *inż.* frog rammer
~ **wibracyjny** vibrotamper, vibratory compactor
ubijanie *n* ramming; tamping; punning; compacting
~ **masła** churning
~ **masy ceramicznej** *ceram.* wedging
~ **przybitki** tamping, stemming
ubijarka *f masz.* compactor
ubiór *m* **ochronny** protective suit
ubity *a* compact; rammed
uboczny *a biol.* adventitious, adventive
ubogi *a* lean (*mixture*); hungry (*soil*); low-grade (*ore*)
ubój *m* slaughter
~ **gospodarczy** home slaughter, farm slaughter
~ **przemysłowy** commercial slaughter
~ **z konieczności** emergency slaughter
ubranie *n* **azbestowe** asbestos suit
~ **nurka** diving suit, diving dress
~ **ochronne** protective suit
~ ~ **wierzchnie** overclothes
~ **sztormowe** *żegl.* oilskins
ubytek *m* loss; decrement; defect
~ **ciężaru** loss in weight, loss of weight
~ **ciśnienia** pressure drop
~ **energii** loss of energy
~ **masy** mass decrement
~ **naturalny** (*towaru*) natural wastage, trade shortage (*of goods*)
~ **względny** *obr.plast.* reduction in area
ucho *n* **1.** *masz.* lug; eye, ear **2.** *anat.* ear
~ **do podnoszenia** lifting eye
~ **dolne bloku** *okr.* becket
~ **holownicze** towing lug, towing clevis; towing eye
~ **igły** eye of a needle
~ **kotwicy** *okr.* anchor ring
~ **nośne** lifting eye
~ **pociągowe** *zob.* **ucho holownicze**
~ **przesuwne** traveller
~ **steru** (*łodzi*) gudgeon
~ **środkowe** *anat.* middle ear
~ **trzonu steru** rudder eye
~ **żagla** cringle
uchodzenie *n* **gazu** gas escape, gas effusion
~ **powietrza** air leakage, air spilling
uchwycenie *n* (*np. wiązki prowadzącej, celu*) capture; lock-on
uchwyt *m* grip; holder; hand grip; grab rail; handle; *obr.skraw.* chuck; fixture
~ **bagnetowy** bayonet socket
~ **bezpiecznikowy** *el.* fuse holder
~ **ciągadła** *obr.plast.* draw head
~ **czteroszczękowy** *obr.skraw.* four-jaw chuck
~ **do blach** plate-gripping tongs
~ **do ciosów** *bud.* lewis
~ **do drzwi** *bud.* door pull
~ **do elektrod** *spaw.* electrode holder
~ **do gwintowania** *obr.skraw.* tapping fixture
~ **do nitowania** riveting clamp
~ **do noszenia** carrying handle
~ **do prób ścinania** (*płaskowników*) *wytrz.* shearing shackle
~ **do wyciągania** (*np. szuflady*) pull
~ **do wytaczania** *obr.skraw.* boring fixture
~ **do żłobienia elektropowietrznego** *spaw.* arc-air torch
~ **elektrody do spawania łukowego** welding torch
~ **elektromagnetyczny 1.** *obr.skraw.* magnetic chuck **2.** lifting magnet, crane magnet
~ **frezarski** *obr.skraw.* milling fixture
~ ~ **szeregowy** string-milling fixture

~ **kątowy elektrody** *spaw.* offset electrode holder
~ **kleszczowy elektrody** *spaw.* electrode tongs
~ **korby** handle grip
~ **krzyżujący** *el.* crossby clip
~ **łukowo-tlenowy** *spaw.* oxy-arc torch
~ **magnetyczny** *obr.skraw.* magnetic chuck, magnetic holder
~ **manipulacyjny** *obr.plast.* porter
~ **maski** *mot.* bonnet fastener, hood fastener
~ **montażowy** assembly jig
~ **narzędziowy** *obr.skraw.* toolholder, tool chuck
~ ~ **przeciągarki** broach puller
~ **nożycowy do podnoszenia ciosów** *bud.* stone tongs, nippers
~ **odciągowy** *el.* anchor clamp
~ ~ **końcowy** dead-end clamp
~ **odkuwki** *obr.plast.* tonghold, handling tag
~ **omijający** *el.* crossby clip
~ **palcowy** (*manipulatora*) finger-action tool
~ **pistoletowy** *narz.* pistol grip
~ **planetarny** (*do docierania płaskich przedmiotów*) planetary workholder
~ **pneumatyczny** *obr.skraw.* air-operated fixture, air-chuck
~ **próżniowy** (*do mocowania blach i płaskich przedmiotów przy użyciu podciśnienia*) *obr.skraw.* vacuum chuck
~ **przedmiotu obrabianego** *obr.skraw.* workholder; work driver
~ **przewodowy** *el.* wireholder
~ **samocentrujący** *obr.skraw.* self-centring chuck, universal chuck, self-adjusting grip, concentric chuck
~ **(samocentrujący) z tarczą spiralną** scroll chuck
~ **samonastawny** *obr.skraw.* equalizing fixture
~ **spawalniczy mocujący** welding clamp
~ **specjalny** *obr.skraw.* fixture
~ **stykowy** *el.* contact clip
~ **szczękowy** jaw chuck; *el.* alligator clip, crocodile clip
~ **szlifierski** grinding fixture
~ **szpadlowy** (*w kształcie strzemienia*) spade grip, spade handle
~ **szybkomocujący** *obr.skraw.* quick-change chuck, quick-release chuck
~ **tokarski** lathe chuck
~ ~ **kombinowany** combination chuck
~ ~ **(samocentrujący) klinowy** wedge-type chuck
~ ~ **szczękowy** grip chuck
~ ~ **z przesuwną tuleją zaciskową** (*do toczenia wykorbień*) bell chuck, cup chuck
~ **trójszczękowy** *obr.skraw.* three-jaw chuck
~ **wiertarski** drill chuck
~ **wieszakowy** *el.* suspension clamp
~ **z tuleją zaciskową** *obr.skraw.* collet chuck, collet fixture

uchwyty *mpl* **blachy** (*przy obciąganiu*) *obr. plast.* sheet jaws
uchyb *m metrol.* deviation; error, *zob.też* **błąd**
~ **maksymalny** *aut.* peak error
~ **położeniowy** *aut.* displacement error
~ **prędkościowy** *aut.* velocity error, velocity misalignment
~ **przetworzony** *aut.* converted deviation
~ **przyspieszeniowy** *aut.* acceleration error, acceleration misalignment
~ **regulacji** *aut.* control error
~ **układu** *aut.* system error, system deviation
~ **ustalony** *aut.* offset
~ **w stanie ustalonym** *aut.* steady-state error
uchybienie *n* **chodu dziennego** *zeg.* deviation of daily rate
uciąg *m transp.* towing power; draw-bar pull
~ **na uwięzi** *okr.* bollard pull
uciążliwość *f* **ścieków** *san.* noxiousness of wastes
ucieczka *f* **domieszki** (*z półprzewodnika*) *elektron.* out-diffusion
~ **elektronów** (*z obszaru plazmy*) *fiz.* runaway of electrons
~ **galaktyk** *astr.* recession of galaxies
~ **neutronów** *fiz.* neutron leakage, neutron escape
~ **powietrza** *górn.* air escape
uciekać *v* run away, escape
ucieraczka *f* **walcowa** soap mill (*in soap manufacture*)
ucierać *v* **na pastę** rub into a paste
~ **na proszek** powder, triturate
ucieranie *n* rubbing
ucios *m drewn.* bevel
uczenie *n* **komputera** education of a computer
~ **się programowane** programmed learning
uczeń *m* (*w przemyśle*) learner; apprentice
~ **pilot** pupil pilot
uczestnictwo *n* participation
uczestniczyć *v* participate, take part, partake; share; attend (*a meeting*)
uczestnik *m* participant
uczęszczanie *n* attendance
uczulacz *m chem.* sensitizer
~ **optyczny** *fot.* optical sensitizer
~ **reakcji radiacyjnej** radiosensitizer, radiation sensitizer
~ **wagi** gravity weight, gravity bob, running ball, running nut, sliding nut
uczulający *a med.* allergenic
uczulenie *n* **1.** sensitization **2.** *med.* allergy
~ **gazowe** (*fotonówki*) *el.* gas amplification factor
uczuleniowy *a med.* allergic
udar *m* **1.** stroke; surge; *el.* impulse wave **2.** *med.* stroke; ictus
~ **akustyczny** *tel.* acoustic shock
~ **cieplny** *med.* thermal shock; heatstroke
~ **mózgowy** *med.* (cerebral) apoplexy; apoplectic stroke, paralytic stroke

~ **napięciowy** *el.* voltage surge, voltage wave
~ **prądowy** *el.* current surge, current wave, inrush current
~ **słoneczny** *med.* sunstroke, insolation
udarnościomierz *m* **Izoda** *wytrz.* Izod testing machine
udarność *f* *wytrz.* impact resistance, impact strength, notch (impact) toughness, notched-bar value
~ **według Izoda** Izod impact strength
~ **z karbem** notched impact strength
udarowy *a* percussive
uderzak *m* *wiertn.* go-devil
uderzanie *n* striking; impingement
~ **dziobem** (*statku*) **o fale** *żegl.* slamming, pounding
~ **młotem** hammering
~ **płomienia** flame impingement
uderzenie *n* **1.** blow; impact; stroke; impingement **2.** *med.* stroke; ictus
~ **(doskonale) plastyczne** *mech.* entirely plastic impact
~ ~ **sprężyste** entirely elastic impact
~ **dźwiękowe** *lotn.* sonic bangs, sonic boom, bing-bang
~ **hydrauliczne** *hydr.* water hammer
~ **klawisza** keystroke
~ **nawisu** (*dziobu*) *żegl.* flare impact
~ **pioruna** lightning stroke
~ **płomienia** flame impingement
~ **prądu** *el.* current surge, current wave, current rush
~ **wiatru** gust
~ **wodne** *hydr.* water hammer
uderzeniowy *a* percussive; striking
udo *n* *anat.* thigh
udogodnienie *n* facility
udomowić *v* *roln.* domesticate
udoskonalenie *n* improvement, perfection
udoskonalić *v* improve, perfect
udostępnianie *n* **złoża** *górn.* first working, first driving, opening out
udowodnić *v* *mat.* prove mathematically
udój *m* *zoot.* milk yield, yield of milk
UDT = Urząd Dozoru Technicznego
uduszenie *n* *med.* strangulation
udział *m* **1.** part; portion **2.** *ek.* share; quota **3.** participation
~ **masowy (kg/kg)** *chem.* mass fraction, weight in weight concentration, w/w.
~ **molowy** *chem.* mole fraction, molar fraction
~ **neutronów natychmiastowych** *nukl.* prompt neutron fraction
~ ~ **opóźnionych** delayed neutron fraction
~ **nośny powierzchniowy** *masz.* bearing surface
~ **objętościowy** *chem.* volume fraction
~ **w zyskach** *ek.* share in the profits
~ **wagowy** *chem.* mass fraction, weight in weight concentration, w/w.
udziałowiec *m* *ek.* shareholder
udzielić *v* **kredytu** allow a credit, grant a credit
~ **licencji** grant a licence
~ **pełnomocnictwa** give an authority
~ **pomocy** render assistance, give assistance
~ **porady** give an advice
~ **pożyczki** grant a loan
~ **rabatu** allow a reduction, grant a rebate
udźwiękowienie *n* **filmu niemego** post-scoring of a silent film
udźwig *m* **dźwignicy** hoisting capacity, lifting capacity
~ **wagi** weighing capacity, carrying power of the scales
~ **znamionowy dźwignicy** crane rating
ugier *m* *farb.* ochre, *zob.też* **ochra**
ugięcie *n* **1.** deflection; sag **2.** *fiz.* diffraction, *zob.też* **dyfrakcja**
~ **fali** diffraction of a wave
~ **magnetyczne łuku** *spaw.* magnetic arc blow
~ **promieni** *fiz.* deflection of rays
~ **resoru** *mot.* spring camber, spring compression
~ **sprężyny** *masz.* spring deflection, spring distortion
ugięciomierz *m* deflectometer, deflection indicator
uginać *v* **się** deflect; sag; yield
uginanie *n* **1.** cambering **2.** *fiz.* diffraction
~ **się** sagging; yielding
~ ~ **łuku** (*elektrycznego*) arc blow effect
~ **wstępne sprężyn** scragging, presetting of springs
ugniatacz *m* **podglebia** *roln.* subsoil packer
ugniatać *v* knead
ugniatanie *n* kneading
~ **gleby** *roln.* soil packing
ugniatarka *f* kneader, kneading machine
ugór *m* *roln.* fallow, idle land
ugrupowanie *n* **końcowe** (*polimeru*) *chem.* terminal unit
~ **łączeniowe łącznicy** *tel.* trunking diagram
~ **przestrzenne** spatial arrangement
UJ = Uniwersytet Jagielloński
ujawnić *v* **szczegóły** reveal details
~ **wadę** disclose a defect, reveal a defect
~ **wynalazek** disclose an invention
ujednolicać *v* unify
ujednolicenie *n* unification
ujednorodnianie *n* *obr.ciepl.* homogenizing (treatment)
ujednoznacznienie *n* *mat.* uniformization
ujemny *a* *mat.* negative, minus
ujeżdżanie *n* **koni** horse breaking-in
ujęcie *n* **gazu z głowicy rurowej** *wiertn.* gas-cap drive
~ **ilościowe** (*przy opisie dowolnych zjawisk*) quantification
~ **magnetyczne** *fiz.* magnetic confinement, magnetic containment (*of plasma*)
~ **telewizyjne** shot
~ **wody** water intake
ujmować *v* **w tablice** tabulate
~ **we wzory** formulate

ujście *n* **1.** outlet; issue; espace **2.** *elektron.* drain (*in a transistor*) **3.** *hydr.* negative source **4.** *anat.* orifice
~ **danych** *inf.* data sink
~ **rzeki** estuary, river mouth
~ **sztolni** *górn.* adit opening
~ **wpustowe** *anat.* cardia
ukazać *v* **się** appear
~ ~ **na horyzoncie** *żegl.* heave in sight
~ ~ **na rynku** appear in the market
~ ~ **w druku** be published
UKD = uniwersalna klasyfikacja dziesiętna Universal Decimal Classification, UDC
UKF = fale ultrakrótkie *rad.* ultra-short waves
ukierunkowany *a* oriented; directed
uklejka *f zool.* alburn, *Alburnus*
układ *m* **1.** system **2.** arrangement; configuration, lay-out **3.** set; assembly; array **4.** agreement
~ **achromatyczny** *opt.* achromat, achromatic lens, antispectroscopic lens
~ **aksjomatów** *mat.* axiomatics
~ **akustyczny** acoustical system
~ **alfabetyczny** alphabetical arrangement
~ **antenowy** *rad.* array antennas, antenna array
~ ~ **fazowany** phased array
~ ~ **piętrowy** tier array, stacked antenna array
~ **antykoincydencyjny** *el.* anticoincidence circuit
~ **antylokalny** *akust.* anti-side-tone circuit
~ **arytmetyczno-logiczny** *inf.* arithmetic logic unit, ALU
~ **astabilny** *elektron.* astable circuit
~ **automatycznego sterowania ciągłego procesu technologicznego** *aut.* process control system
~ **automatycznej regulacji** automatic control system, ACS
~ **automatyczny sterowany komputerem** computer-controlled system
~ **autonomiczny** *mat.* autonomous system
~ **barw CIE** CIE colour system
~ **bez korekcji** *aut.* uncorrected system
~ **bez uchybu położeniowego** *aut.* zero displacement error system
~ **bezstratny** *tel.* lossless network
~ **bezwładnościowy** *mech.* inetrial system, inetrial reference frame
~ **binarny** binary system, two-component system
~ **blokowy** *el.* unit system
~ **bramkujący** *elektron.* gating circuit
~ **całkujący** *aut.* integrating circuit; lead network, integral network, lag(ging) network; *inf.* integrator
~ **CGS** (*centymetr, gram, sekunda*) *metrol.* CGS system of units
~ **chłodniczy** refrigerating system
~ **chłodzenia** *masz.* cooling system
~ **chłonny** *anat.* lymphatic system
~ **ciężarowy jednostek miar** *metrol.* engineer's units system
~ **czasujący** *zob.* **układ dawkowania czasu**
~ **czteroskładnikowy** *fiz.* quaternary system
~ **danych** *inf.* (data) format
~ **dawkowania czasu** *elektron.* timing circuit
~ **dekodujący** *inf.* decoding circuit
~ **DOFIC** *elektron.* domain-originated functional integrated circuit
~ **dopasowujący** *el.* matching circuit, matching assembly
~ **dopełnienia jedynkowego** *inf.* ones complement circuit
~ **drabinkowy** *el.* ladder network, series-shunt network
~ **dupleksowy** *telegr.* duplex
~ **dwóch osi posobnych** *mot.* tandem axles
~ **dwójkowy** *mat.* binary system
~ **dwufazowy** *el.* two-phase system
~ **dwuprzewodowy** *el.* two-wire system
~ **dwuskładnikowy** *fiz.* binary system, two-component system
~ **dynamiczny** *mat.* dynamical system
~ **dyspersyjny** *chem.* disperse system, dispersoid
~ **dziesiętny** *mat.* decimal system
~ **dźwigni** compound lever, lever train, leverage
~ **elektroenergetyczny** electric power system, power-supply system
~ **elektroniczny sztucznej stateczności i sterowania** *lotn.* fly-by-wire control system
~ **elektronooptyczny** electron-optical system
~ **fal okrętowych** wave system of a ship
~ **(fazowy) dwuzmienny** *fiz.* bivariant (phase) system
~ ~ **jednozmienny** univariant (phase) system, monovariant system
~ ~ **niezmienny** invariant (phase) system
~ **funkcji zupełny** *mat.* complete system of functions
~ **funkcjonalny** *elektron.* functional block
~ **Galileusza** *mech.* inertial system, inertial reference frame
~ **gwiazdowy** *tel.* star connection
~ **hamulcowy** braking system
~ **heksagonalny** *kryst.* hexagonal system
~ **heterogeniczny** *fiz.* heterogeneous system, multiphase system
~ **hiperstatyczny** *mech.* statically indeterminate system
~ **holonomiczny** *mech.* holonomic system
~ **homogeniczny** *fiz.* homogeneous system, one phase system
~ **hydrauliczny** hydraulic system
~ **„I"** *inf.* AND gate, AND circuit
~ **idealny** *aut.* ideal system
~ **IIL** *elektron.* integrated injection logic, IIL
~ **iloczynu logicznego** *inf.* AND gate, AND circuit

~ **indywidualnego napędu** (*dla kosmonautów opuszczających statek kosmiczny*) self-manoeuvring unit, SMU
~ **inercyjny** *mech.* inertial system, inertial reference frame
~ **izolowany** *fiz.* isolated system
~ **izostatyczny** *mech.* statically determinate system
~ **jednofazowy** *fiz.* homogeneous system, one phase system
~ **jednoskładnikowy** *fiz.* unary system, unitary system, one-component system
~ **jednoskośny** *kryst.* monoclinic system
~ **jednostek miar** *metrol.* system of units, unit system
~ **kaskadowy** *el.* cascade
~ **kierowania pociskami** missile guidance system
~ **kierowniczy** *mot.* steering system
~ ~ **lewostronny** left-hand drive
~ ~ **odwracalny** reversible steering gear
~ ~ **prawostronny** right-hand drive
~ **klasyczny** *fiz.* classical system, non-quantized system
~ **kluczujący** *tel.* keyer
~ **koincydencyjny** *elektron.* coincidence gate
~ **koloidalny** colloidal system, colloidal suspension, colloid
~ **komórkowy** *inf.* cellular array
~ **komplementarny MOS** *elektron.* complementary MOS, CMOS, complementary symmetry metal-oxide semiconductor, COS/MOS, complementary symmetry MOS
~ **korbowy** *siln.* (*an assembly of crankshaft, pistons and connecting-rods*)
~ **korekcyjny** *tel.* weighting network, shaping circuit
~ **kostny** *anat.* osseous system
~ **kół zębatych** gear train
~ **krążenia** *anat.* cardiovascular system, circulatory system
~ **krystalograficzny** crystallographic system, crystal system
~ **krytyczny** *nukl.* critical system
~ **kształtowania impulsów** *TV* pulse former, pulse shaper; *tel.* shaping circuit
~ **Kühlego** *tel.* differential transformer
~ **Leonarda** *el.* Ward-Leonard system
~ **lewoskrętny** *mat.* left-handed system
~ **licytacyjny** *nukl.* auctioneer circuit
~ **liczący** *el.* counter circuit, counting circuit
~ **liczenia** *mat.* numeration
~ **limfatyczny** *anat.* lymphatic system
~ **linii sił pola** *fiz.* pattern of field
~ **liniowo niezależny** *mat.* linearly independent system
~ **liniowy ciągły** *aut.* linear continuous system
~ **logiczny** *aut.* logic, logic circuit, logic network
~ ~ **diodowo-tranzystorowy** diode-transistor logic, DTL
~ ~ ~ ~ **z diodą Zenera** diode-transistor Zener logic, DTZL
~ ~ ~ ~ **ze skompensowanym prądem obciążenia** load-compensated diode-transistor logic, LCDTL
~ ~ **diodowy** diode logic, DL
~ ~ **I²L** integrated injection logic, I²L, merged transistor logic, MTL
~ ~ **I³L** isoplanar integrated injection logic, I³L
~ ~ **komplementarny** complementary transistor logic, CTL
~ ~ **MTL** *zob.* **układ logiczny I²L**
~ ~ **o podwyższonej odporności na zakłócenia** high noise-immunity logic, HiNIL
~ ~ **o sprzężeniu emiterowym** emitter-coupled logic, ECL; current mode logic
~ ~ **oporowo-pojemnościowy** resistor-capacitor transistor logic, RCTL
~ ~ **programowalny** programmable logic array, PLA
~ ~ **RCTL** resistor-capacitor transistor logic, RCTL
~ ~ **rezystorowo-tranzystorowy** resistor-transistor logic, RTL
~ ~ **tranzystorowo-rezystorowy** transistor-resistor logic, TRL
~ ~ **tranzystorowo-tranzystorowy** transistor-transistor logic, TTL, T²L
~ ~ **tranzystorowy o sprzężeniu bezpośrednim** direct-coupled transistor logic, DCTL
~ ~ ~ **o sprzężeniu emiterowym** emitter-coupled transistor logic, ECTL
~ ~ **trzystanowy** three-state logic, TSL
~ ~ **wysokoprogowy** high-threshold logic, HTL, high-level logic, HLL
~ ~ **ze wstrzykiwaniem nośników prądu** integrated injection logic, I²L, merged transistor logic, MTL
~ ~ **zmiennoprogowy** variable-threshold logic, VTL
~ **łańcuchowy** *elektron.* bucket-brigade device, BBD
~ **łopatek** *masz.* blade system, blading
~ **macierzowy** *TV* matrixer
~ **makroskopowy** *fiz.* thermodynamic system, macroscopic system
~ **materialny** *mech.* material system
~ ~ **ciągły** continuous medium, material continuity, substantial continuity
~ ~ **nieswobodny** constrained material system
~ ~ **swobodny** free material system
~ ~ **zachowawczy** conservative material system
~ **mechaniczny** material system, *zob.też* **układ materialny**
~ **metaliczny** metallic system, metal system, alloy system
~ **międzynarodowy jednostek miar** international system of units, SI (*Système International*)
~ **mikrofalowy** microwave circuit

~ **mikroprocesorowy segmentowy** *inf.* bit slice
~ **miniaturowy w szczelnej obudowie** *elektron.* potted circuit
~ **MKS** (*metr, kilogram, sekunda*) *metrol.* MKS system of units
~ **mnożący dla funkcji** *inf.* function multiplier
~ **mnożenia przez stały współczynnik** *inf.* scaler, coefficient unit
~ **moczowo-płciowy** *anat.* urogenital system, genitourinary system
~ **moczowy** *anat.* urinary system
~ **naczyniowy** *biol.* vascular system, vasculature
~ **nadążny** *aut.* follow-up system
~ ~ **skokowy** step-by-step system
~ **nadokreślony** *mat.* overdetermined system
~ **napędowy** power transmission system
~ **negacji** *aut.* NOT circuit, inverter circuit
~ **nerwowy** nervous system
~ **nieholonomiczny** *mech.* non-holonomic system
~ **niejednorodny** *fiz.* heterogenous system, polyphase system
~ **niekorygowany** *aut.* uncorrected system
~ **nieliniowy** *mat., fiz.* nonlinear system
~ **nieskwantowany** *fiz.* non-quantized system, classical system
~ **niesprzeczny** *mat.* consistent set
~ **nieuziemiony** *el.* ungrounded system, unearthed system
~ **niskoszumowy** *el.* low-noise circuit
~ **o parametrach rozłożonych** *aut.* distributed-parameter system
~ **o parametrach skupionych** *aut.* lumped-parameter system
~ **o rozdrobnieniu cząsteczkowym** *fizchem.* simple solution, molecular solution, true solution
~ **o wspólnym emiterze** *elektron.* common-emitter connection
~ **o wspólnym kolektorze** *elektron.* common-collector connection
~ **obcinający** *elektron.* clipping circuit, clipper limiter (circuit), peak limiter
~ **odbioru zbiorczego** *rad.* diversity
~ **odchylający** *elektron.* sweep circuit, scanning circuit
~ **oddechowy** *anat.* respiratory system
~ **oddziaływania** *biol.* action system
~ **odejmujący** *aut.* subtractor
~ ~ **jednocyfrowy** half subtractor, one-digit subtractor, two-input subtractor
~ **odniesienia** reference system; *geom.* frame of reference
~ **odtwarzania składowej stałej** *TV* (direct-current) restorer, d.c. restorer, clamper, reinserter
~ **ogniskujący** *elektron.* focusing system
~ **okresowy pierwiastków** *chem.* periodic classification of the elements, periodic system, periodic table
~ ~ ~ **Mendelejewa** Mendeleev's classification, Mendeleev's table
~ **olejowy** *masz.* lubrication system
~ **opóźniający** *aut.* (time) delay circuit, delay network
~ **optyczny** optical system
~ **ortorombiczny** *kryst.* (ortho)rhombic system
~ **oświetlenia** *el.* lighting system
~ **otwarty** *fiz.* open system
~ **owal-kwadrat** (*kalibrowanie walców*) *hutn.* oval-square sequence, oval-square series
~ **ósemkowy** *mat.* octal number system
~ **paliwowy** *siln.* fuel system
~ **pamięciowy** *inf.* memory system
~ **pasm** *fiz.* band system, band group (*in spectrum*)
~ **pasowań** *masz.* system of fits
~ ~ **przy zasadzie stałego otworu** basic-hole system, hole basis fit system
~ ~ **przy zasadzie stałego wałka** basic-shaft system, shaft basis fit system
~ **pełnookresowy** *el.* full-wave circuit
~ **pierwiastkujący** *aut.* square rooter
~ **pikietowy linii sił** *fiz.* picket-fence configuration, cusped lines configuration
~ **planetarny** *astr.* planetary system
~ **płaski sił** *mech.* coplanar forces
~ **poczwórny** *fiz.* quaternary system
~ **podwójny** *fiz.* binary system, two component system
~ ~ **odbioru zbiorczego** *rad.* dual diversity
~ **policykliczny** *el.* multi-frequency system
~ **połączeń** *el.* scheme of connections
~ **pomiarowy** (*miernika*) *el.* meter circuit
~ **porównujący** *aut.* comparator
~ **posobny** arrangement in series, tandem arrangement
~ **potęgujący** (*podnoszący do kwadratu*) *aut.* squarer, squaring circuit
~ **potrójny** *fiz.* ternary system, three-component system
~ **pracy narzędzia** *obr.skraw.* tool-in-use system
~ **prawoskrętny** *mat.* right-handed system
~ **próbkujący** *elektron.* sampling circuit; sampled-data control system
~ ~ **z pamięcią** sample-and-hold circuit, S/H circuit
~ **przeciwdogłosowy** *akust.* anti-side-tone circuit
~ **przeciwiskrzeniowy** *masz.el.* spark killer circuit
~ **przeciwsobny** *el.* push-pull circuit
~ **przenoszący** *masz.* transmission system
~ **przenoszenia napędu** *mot.* power transmission system
~ **przepustowy** *aut.* straight-through system
~ **przerzutowy** (*bistabilny*) *elektron.* flip-flop circuit
~ **przestrzenny atomów** (*w cząsteczce*) atomic configuration
~ **przesyłowy** *el.* transmission system
~ **przewodów zapłonowych** *siln.spal.* ignition harness

~ **przyspieszająco-opóźniający** *aut.* lead-lag network
~ **przyspieszający** *aut.* lead network
~ **pseudopodwójny** *met.* pseudobinary system
~ **punktów materialnych** *mech.* system of particles
~ **quasi-podwójny** *zob.* **układ pseudopodwójny**
~ **reaktancyjny** *tel.* lossless network, reactive network
~ **redoksy** *chem.* redox system, oxidation-reduction system
~ **regulacji** *aut.* control system
~ ~ **bez sprzężenia zwrotnego** input-actuated control system, unmonitored control system
~ ~ **impulsów** sampled-data control system
~ ~ **kinetyczny** dynamic control system
~ ~ **położenia** position control system
~ ~ **procesu technologicznego** process control system
~ ~ **zamknięty** error-actuated control system, monitored control system
~ ~ **ze sprzężeniem zwrotnym** *zob.* **układ regulacji zamknięty**
~ **regularny** *kryst.* cubic system, isometric system, regular system, tesseral system
~ **reonomiczny** *mech.* system with constrains depending on time
~ **rezerwowy** (*zwiększający niezawodność systemu*) back-up system
~ **roboczy** *obr.skraw.* tool-in-use system
~ **romb-kwadrat** (*kalibrowanie walców*) *hutn.* diamond-square sequence, diamond-square series
~ **rombowy** *kryst.* (ortho)rhombic system
~ **rozdzielczy** distribution system
~ **rozrządu** *siln.* timing gear system
~ **równań** *mat.* system of equations
~ **równoległy** arrangement in parallel
~ **równowagi** *fiz.* equilibrium system
~ **równoważący** *tel.* balanced-to-unbalanced unit, balun, bazooka
~ **różnicy symetrycznej** *inf.* exclusive-or circuit
~ **różniczkująco-całkujący** *aut.* lead-lag network
~ **różniczkujący** *aut.* lead network; *inf.* differentiator
~ **rurociągów** pipework, piping
~ **samosynchronizujący się** *aut.* self-aligning system
~ **scalony** *elektron.* integrated circuit, IC
~ ~ **cienkowarstwowy** thin-film integrated circuit
~ ~ **cyfrowy** digital integrated circuit, DIC
~ ~ **działający z wykorzystaniem zjawisk objętościowych** bulk-effect integrated circuit
~ ~ **funkcjonalny domenowy** *elektron.* domain-originated functional integrated circuit
~ ~ **grubowarstwowy** thick-film integrated circuit
~ ~ **hybrydowy** hybrid integrated circuit, HIC
~ ~ **liniowy** linear integrated circuit, LIC
~ ~ **mikrofalowy** microwave integrated circuit, MIC
~ ~ **monolityczny** monolithic integrated circuit, solid(-state) circuit
~ ~ **odporny na promieniowanie jonizujące** radiation hardened IC
~ ~ **pastylkowy** chip circuit
~ ~ **typu DOFIC** domain originated functional integrated circuit, DOFIC
~ ~ **w obudowie dwurzędowej** dual-in-line package, DIP
~ ~ **warstwowy** film integrated circuit
~ ~ **wielopłytkowy** multi-chip integrated circuit
~ **schodkowy** staggering, staggered arrangement
~ **sekwencyjny adresujący** *inf.* sequencer
~ **serwosterowania** *lotn.* power assisted control system
~ **SI** *metrol.* International System of Units, SI
~ **sieciowy** network (system)
~ **sił** *mech.* force system
~ ~ **płaski** coplanar force system
~ ~ **przestrzenny** spatial force system
~ ~ **środkowy** *zob.* **układ sił zbieżnych**
~ ~ **zbieżnych** concurrent force system
~ **skleronomiczny** *mech.* system with constraints independent of time
~ **skondensowany** *fiz.* condensed system
~ **skwantowany** *fiz.* quantized system
~ **słoneczny** solar system
~ **smarowania** *masz.* lubrication system
~ **soczewek** *opt.* lens assembly
~ **sprzęgający antenowy** *rad.* antenna coupler
~ **spustowy** *el.* trigger (circuit)
~ **ssania** *siln.spal.* induction system
~ **stabilizacji poziomu** *TV* clamping circuit, clamp(er)
~ ~ ~ **diodowy** diode clamping circuit, diode clamp
~ **stabilizujący** *aut.* stabilizing network
~ **stacjonarny** *aut.* time-invariant system
~ **statycznie niewyznaczalny** *mech.* statically indeterminate system
~ ~ **wyznaczalny** *mech.* statically determinate system
~ **stereofoniczny** *akust.* stereophonic sound system, stereo (sound system)
~ **sterowania 1.** *aut.* control system, *zob. też* **układ regulacji 2.** *lotn.* controls
~ ~ **adaptacyjny** *aut.* self-adapting control system, adaptive control
~ ~ **ciągły** *aut.* linear control system
~ ~ **dozorowany** monitored control system
~ ~ **komputerowego** computerizing control system
~ ~ **samolotu** *lotn.* flying controls
~ ~ **silnika** engine controls

~ ~ **ze wspomaganiem** *lotn.* power-assisted controls
~ **stopowy** metallic system, metal system, alloy system
~ **strefowy** *biol., geol.* zonation
~ **strumieniowy** *aut.* fluid-state control system
~ **sumująco-odejmujący** *inf.* adder-subtractor
~ **sumujący 1.** *inf.* adder, add(ing) circuit **2.** *el.* summing network
~ **sumy logicznej** *inf.* OR gate, OR-circuit
~ **symetryzujący** *tel.* balancing network
~ **sympleksowy** *telegr.* simplex
~ **synchronizujący** synchronizer
~ **synfazujący** *TV* sync lock
~ **szeregowy rurek Pitota** *mech.pł.* Pitot comb
~ **sześcienny** *kryst.* cubic system, isometric system, regular system, tesseral system
~ **sztywny** *mech.* invariable (material) system
~ **śledzący** (*np. radarowy*) tracking system, tracker
~ **średnicujący** *aut.* averaging device, averager
~ **tandem** tandem arrangement, arrangement in series
~ **techniczny jednostek miar** engineer's units system
~ **telekonferencyjny** omnibus circuit
~ **tematyczny** (*np. słownika, encyklopedii*) subject-oriented arrangement
~ **termodynamiczny** thermodynamic system; macroscopic system, macrosystem
~ **tetragonalny** *kryst.* tetragonal system, quadratic system, piramidal system
~ **tolerancji** *masz.* limit system
~ **(tranzystorowy) o wspólnej bazie** *elektron.* grounded-base connection, common-base connection
~ ~ **o wspólnym emiterze** grounded-emitter connection, common-emitter connection
~ ~ **o wspólnym kolektorze** grounded-collector connection, common-collector connection
~ **trawienny** *anat.* digestive system, alimentary system
~ **trójfazowy** *fiz.* three-phase system
~ **trójnikowy** *mat.* ternary system
~ **trójprzewodowy** *el.* three-wire system
~ **trójskładnikowy** *fiz.* three-component system, ternary system
~ **trójskośny** *kryst.* triclinic system, anorthic system, asymmetric system
~ **trójzmienny** *fiz.* trivariant system
~ **trygonalny** *kryst.* trigonal system
~ **TTL** transistor-transistor logic, TTL, T^2L
~ **TTL małej mocy** low-power TTL, LPTTL
~ **typu „totem pole"** *elektron.* totem-pole circuit
~ **ustawienia (obrabiarki)** *obr.skraw.* (machine tool) setting system
~ **utleniająco-redukujący** *zob.* **układ utleniania redukcji**
~ **utleniania redukcji** *chem.* oxidation-reduction system, redox system
~ **uwydatniający** (*określone częstotliwości*) *el.* accentuator
~ **uziemiony poprzez dławik rezonansowy** *el.* resonant earthed system
~ **Wagnera** *el.* Wagner ground, Wagner earth connection
~ **Ward-Leonarda** *el.* Ward-Leonard system
~ **wieloczęstotliwościowy** *el.* multi-frequency system
~ **wielofazowy** *fiz.* polyphase system, heterogeneous system
~ **wieloobwodowy** *aut.* multiloop system
~ **wielorezonansowy** *TV* staggered circuits
~ **wieloskładnikowy** *fiz.* polynary system, multicomponent system
~ **wielowymiarowy automatyki** multivariable (technical) control system
~ **wielozmienny** *fiz.* multivariant system
~ **wirów Kármána** *aero.* Kármán's vortex street
~ ~ **płata nośnego** vortex system of an aerofoil
~ ~ **za ciałem opływanym** *mech.pł.* vortex street
~ **wlewowy** *odl.* gating system, gate assembly
~ **wlotowy** *siln.spal.* induction system
~ **współrzędnych** *mat.* coordinate system
~ ~ **biegunowych** polar coordinates system
~ ~ **lewoskrętny** left-handed coordinate system
~ ~ **prawoskrętny** right-handed coordinate system
~ ~ **prostokątnych** cartesian coordinate system
~ **wybierający** *elektron.* scanner
~ **wybiorczy** *el.* segregating network
~ **wydechowy** *siln.spal.* exhaust system
~ **wykrojów** (*walców*) *hutn.* sequence of (roll) passes
~ ~ **wydłużających** breakdown sequence of passes
~ ~ **zgniatających** roughing sequence of passes
~ **(wymiarowania) narzędzia** *obr.skraw.* tool-in-hand system
~ **wyzwalający** *el.* trip circuit
~ **wzbudzenia** *masz.el.* excitation system
~ **z powierzchniowym sprzężeniem ładunkowym** *elektron.* surface-charge-coupled device, SCCD
~ **zamknięty** *fiz.* closed system; isolated system
~ **zapłonowy** *siln.spal.* ignition system
~ ~ **akumulatorowy** battery ignition system
~ ~ **iskrownikowy** magneto ignition system

~ **zasilania** feed system; supply system
~ **zastępczy** *el.* equivalent circuit
~ **zawieszenia** *mot.* suspension system
~ **zbiorowy pracy** *ek.* collective labour contract
~ **ze wzmacniaczem katodowym** *rad.* bootstrap circuit
~ **zeotropowy** *fiz.* zeotropic system
~ **zerozmienny** *fiz.* invariant system
~ **zliczający** *elektron.* scaling circuit, scaler, counter
~ **zmieniający znak funkcji** *aut.* inverter, sign reverser
~ **znakujący** *TV* marker
~ **zracjonalizowany** *metrol.* rationalized system
~ **żelazo-węgiel** *met.* iron-carbon system
układacz *m* **zwojów walcówki** *hutn.* loop layer
układać *v* lay; set; place; arrange
układanie *n* **arkuszy** *poligr.* gathering of sheets
~ **cegieł** *bud.* brick setting
~ **kabli** *el.* cabling
~ **liny w zwoje** coiling a rope
~ **masy betonowej** *bud.* placing of concrete
~ **na zaprawie** *bud.* bedding
~ **nawierzchni** (*drogowej*) paving, surfacing (*a road*)
~ ~ **tłuczniowej** macadamizing
~ **rurociągu** pipe-laying
~ **stogów** *roln.* ricking
~ **ściegów** *spaw.* beading
~ **torów** track laying
~ **w stos** stacking, piling
~ **w zakład** (*np. dachówek*) imbrication
układarka *f* piling machine, stacking machine
~ **magnetyczna wyrobów** *hutn.* magnetic stacker
~ **mechaniczna drenów** drainage pipe layer
ukłon *m* **dziobu** (*przy wodowaniu*) *okr.* dipping
ukończyć *v* **studia na...** graduate from...
ukop *m* **1.** borrow (pit) **2.** excavated materials, diggings
ukorzenienie *n* *bot.* rooting
ukos *m* bevel, chamfer, scarf
ukosować *v* bevel, chamfer, scarf (*edges*); *bud.* flue, splay (*openings*)
ukośnica *f* *okr.* diagonal (line)
ukośnik *m* *geom.* rhomb(us)
ukośny *a* oblique, skew, slant
ukrop *m* boiling water
ukryć *v* hide, conceal
ukształtowanie *n* configuration; shape
ukwaszenie *n* **śmietanki** souring of cream
ukwiał *m* *zool.* sea anemone
ul *m* *roln.* (bee)hive
~ **książkowy** leaf hive
~ **leżak** long hive
ulatniać *v* **się** volatilize, escape (*of gas*)
ulaż *m* ullage (*the amount that a container lacks of being full*)
ulec *v* **przedawnieniu** expire; become prescribed
~ **uszkodzeniu** break down, fail
~ **wypadkowi** meet with an accident, have an accident
ulegać *v* **korozji** corrode
~ **nasyceniu** become saturated
~ **odkształceniu** undergo a deformation
~ **przewężeniu** *wytrz.* neck down (*in tensile test*)
~ **rozkładowi** decay; rot; putrefy
~ **sferoidyzacji** (*o cementycie w stali*) *obr.ciepl.* spheroidize
~ **zmianie** undergo a change; change
ulegający skraplaniu liquefiable
ulegający załamaniu *fiz.* refrangible
ulegający zepsuciu perishable
uleganie *n* **awariom** *masz.* mortality
uleksyt *m* *min.* ulexite, boronatrocalcite, cotton ball, natronborocalcite
ulep *m* *cukr.* syrup
~ **z trzciny cukrowej** sugarcane sap, liquor
ulepek *m* *farm.* syrup
ulepszać *v* improve, ameliorate
ulepszanie *n* **cieplne** *obr.ciepl.* toughening, quenching and tempering (*of steel*)
ulepszany cieplnie *obr.ciepl.* quenched and tempered
ulepszenie *n* improvement
~ **konstrukcyjne** structural improvement
ulewa *f* **1.** *fiz.* (air) shower, cosmic-ray shower **2.** *meteo.* rainstorm, downpour, shower, rain gush
~ **cząstek** *fiz.* shower of particles
~ **kaskadowa** *fiz.* cascade shower
~ **skupiona** *fiz.* narrow shower
ulga *f* *ek.* allowance, reduction, abatement
ulgowy *a* *ek.* reduced; cheap
ulica *f* street
~ **główna** arterial street, main street
~ **handlowa** shopping street, retail business street
~ **mieszkaniowa** residential street
~ **o ruchu jednokierunkowym** one-way street
~ **okrężna** circular street
~ **poprzeczna** cross street
~ **przelotowa** through street; *US* express-way
~ **ślepa** blind alley, cul-de-sac
ulistnienie *n* *bot.* foliage, leafage
ulmanit *m* *min.* nickel-antimony glance, ullmannite
ulmina *f* (*związek humusowy*) *chem.* ulmin, carbohumin, fundamental jelly, homogelite
ulokować *v* **zamówienie** *ek.* place an order with..., place a contract with...
ulot *n* *el.* corona (effect), corona discharge, electric corona
ulotka *f* leaflet; handbill
ultra wielka częstotliwość *f* *rad.* ultra-high frequency
ultraakustyka *f* ultrasonics
ultradźwięk *m* ultrasound
ultradźwiękowy *a* ultrasonic

ultrafiltr *m* **1.** *chem.* ultrafilter **2.** *mat.* ultrafilter
ultrafiltracja *f chem.* ultrafiltration
ultrafiolet *m fiz.* ultraviolet radiation, ultraviolet light
ultrafioletowy *a fiz.* ultraviolet, UV
ultrahiperboliczny *a mat.* ultrahyperbolic
ultramaryna *f farb.* ultramarine
ultramikroanaliza *f chem.* ultramicroanalysis
ultramikrometoda *f chem.* ultramicro method, submicro method, nanogram method
ultramikron *m* ultramicron, ultramicroscopic particle
ultramikroskop *m opt.* ultramicroscope
ultramikroskopowy *a* ultramicroscopic
ultramikrotom *m lab.* ultramicrotome
ultramikrowaga *f* ultramicrochemical balance, ultramicrobalance
ultrapróżnia *f* ultra-high vacuum
ultraprzyspieszacz *m gum.* ultra accelerator
ultrasączek *m chem.* ultrafilter
ultrasączenie *n chem.* ultrafiltration
ultrasonokardiografia *f med.* echocardiography, ultrasonic cardiography
ultraultramikrometoda *f chem.* ultraultramicro method
ultrawirówka *f chem.* ultracentrifuge
ułamek *m mat.* fraction
~ **dziesiętny** decimal (fraction)
~ ~ **nieskończony** infinite decimal, nonterminating decimal
~ **łańcuchowy** continued fraction
~ ~ **okresowy** recurring continued fraction
~ ~ **skończony** terminating continued fraction
~ **masowy** *chem.* mass fraction
~ **molowy** *chem.* mole fraction
~ **nieskracalny** simplified fraction
~ **niewłaściwy** improper fraction
~ **objętościowy** *chem.* volume fraction
~ **okresowy** repeating decimal, recurring decimal, periodic decimal
~ ~ **czysty** proper periodic decimal
~ ~ **mieszany** mixed periodic decimal
~ **piętrowy** complex fraction
~ **prosty** partial fraction
~ **wagowy** *chem.* mass fraction
~ **właściwy** proper fraction
~ **złożony** *zob.* **ułamek piętrowy**
~ **zwykły** vulgar fraction, common fraction, simple fraction
ułamki *mpl* **o tym samym mianowniku** like fractions
ułamkowy *a mat.* fractional
ułatwiać *v* facilitate
ułatwiający pracę labour-saving
uławicenie *n geol.* bedding
ułopatkowanie *n masz.* blading, blade system
~ **akcyjne** (*turbiny*) impulse blading
~ **reakcyjne** (*turbiny*) reaction blading
ułożenie *n kryst.* packing
~ **śrubowe** *kryst.* helical array
~ **warstw niezgodne** *geol.* discordance, false bearing
~ ~ **regresywne** regressive overlap, offlap
~ ~ **zgodne** concordance
umacniać *v* **(się)** consolidate; strengthen
umacnianie *n* **radiacyjne** *met.* radiation hardening, radiation-induced strengthening
~ **wybuchowe** *met.* explosive hardening, shock-wave hardening
umasienie *n el.* electrical bond(ing)
~ **samolotu** aircraft bonding
umbra *f farb.* umber
~ **palona** burnt umber
umeblowanie *n* furniture
umiarkowany *a* moderate
umiejętności *fpl* **nawigacyjne** *żegl.* seamanship
umiejętność *f* skill; technique
~ **praktyczna** (*produkcji*) know-how
umiejscowienie *n* location
umieszczać *v* locate, place, house, accommodate; position
~ **obok siebie** juxtapose
~ **w obudowie** *elektron.* encapsulate, pot
~ **w spisie** list
~ **w środku** *mat.* middle
umięśnienie *n anat.* musculature
umocnienie *n* consolidation
~ **brzegu** *inż.* bank protection
~ **przez zgniot** *wytrz.* strain hardening
~ **skarpy** *inż.* revetment
~ ~ **faszyną** *inż.* faggotting
~ **terenu** *wojsk.* fortification; defensive works; strong point
~ **workami z betonem** *inż.* bagwork
~ **wydzieleniowe** *met.* precipitation strengthening
~ **zgniotowe** *zob.* **umocnienie przez zgniot**
umocować *v* fasten; fix
umocowanie *n* fastening; fixation
~ **ładunku** *transp.* restraint of loads
umocowany *a* fixed; fast
umorzenie *n ek.* **1.** amortization **2.** cancellation, annulment
umowa *f* **1.** *ek.* contract; agreement **2.** convention
~ **dodatkowa** supplementary contract
~ **frachtowa** *żegl.* contract of affreightment
~ **handlowa** commercial contract
~ **licencyjna** licencing contract
~ **o pracę** contract of employment
~ **ubezpieczeniowa** contract of insurance
~ **ustna** parol contract
~ **uzupełniająca** *zob.* **umowa dodatkowa**
~ **wydawnicza** publishing contract
~ **zbiorowa** collective agreement
umowna granica *f* **plastyczności** *wytrz.* creep limit, yield strength
umowna granica *f* **sprężystości** *wytrz.* apparent elastic limit
umowna wytrzymałość *f* **na zginanie** *wytrz.* modulus of rupture
umownie *adv* conventionally, by convention

umowny *a* conventional
umywalka *f* wash-bowl
~ stojąca wash-stand
umywalnia *f* washroom; lavatory
unaczynienie *n biol.* vasculature; vascularity
unasienianie *n* (*zwierząt*) *roln.* artificial insemination
uncja *f jedn.* ounce, oz
~ aptekarska apothecaries' ounce, oz ap, oz apoth, troy ounce, oz t, oz tr: 1 oz apoth = 31.1035 g
~ troy *zob.* **uncja aptekarska**
undecen *m chem.* undecene, undecylene
undecyl *m chem.* undecyl
undecylen *m chem.* undecylene, undecene
undekan *m chem.* undecane, hendecane
undekanol *m chem.* undecanol, undecyl alcohol, hendecanol
undulator *m telegr.* undulator
unerwienie *n* (*liścia*) *bot.* neuration
unicestwienie *n fiz.* annihilation
unieruchomić *v* immobilize; fix; put out of action
unieruchomienie *n* **ładunku** (*w ładowni*) *transp.* restraint of load
~ osi żyroskopu caging of a gyro
unieszkodliwić *v* render harmless
unieważnić *v* (*dokument*) annul, cancel, nullify
unieważnienie *n* **patentu** invalidation of a patent
unifikacja *f* unification
unifikować *v* unify
uniformizacja *f mat.* uniformization
unilateryzacja *f elektron.* unilaterization
unimodularny *a mat.* unimodular
unipol *m rad.* monopole (*antenna*), spike antenna
unitarny *a mat.* unitary
uniwersal *m hutn.* universal mill plate
uniwersalny *a* universal, general-purpose
uniwersalny asynchroniczny odbiornik-nadajnik *m elektron.* universal asynchronous receiver-transmitter, UART
uniwibrator *m elektron.* monostable multivibrator, one-shot multivibrator, single-shot multivibrator, start-stop multivibrator, univibrator
unormować *v* normalize
unormowanie *n* normalization
unormowany normalized; normed
unos *m transp.* sling load
unosić *v* **się** (*na powierzchni*) float; drift
unoszący się na wodzie affloat
unoszenie *n* convection, *zob.też* **konwekcja**
unowocześniać *v* modernize
unożowienie *n* **holendra** *papiern.* tackle of a beater
uodpornianie *n* **1.** proofing **2.** *biol.* immunization
~ konstrukcji na uszkodzenia mechaniczne ruggedization of structure
~ na działanie kwasów acid-proofing
~ na promieniowanie jonizujące *elektron.* radiation hardening
uogólnienie *n* generalization

UP = **Urząd Patentowy**
upad *m górn.* dip, decline
~ warstwy *geol.* dip of bed
upadek *m* fall; collapse; drop
upadomierz *m górn.* clinometer, inclinometer, slope level
upadowa *f górn.* dip-heading, dip road, descending gallery
upakowanie *n* **1.** *nukl.* packing fraction **2.** *elektron.* packing **3.** *kryst.* packing (*of atoms or ions in a crystal lattice*)
~ gęste *kryst.* close packing
~ heksagonalne najgęstsze *kryst.* hexagonal close-packed structure, hcp structure
upakowany *a* packed
upalanie *n* **się elektrod** *el.* burning-off of electrodes
upaństwowienie *n* nationalization
upełnomocnić *v* empower; authorize
uperyzacja *f spoż.* uperization
upierzenie *n zool.* plumage
upiększać *v* ornament, adorn, embellish
uplastyczniać *v tw.szt., gum.* plasticize, plastify
uplastycznianie *n* plasticization, plasticizing, plastifying, *zob.też* **plastyfikacja**
~ termiczne *gum.* thermal softening
~ żeliwa malleablizing of cast iron
upłynnianie *n* **1.** *fiz.* fluidization **2.** fluxing
~ krzywej *okr.* fairing (*ship's line*)
~ węgla *chem.* coal liquefaction, coal hydrogenation
upływ *m* **prądu** *el.* current leak(age)
upływać *v* (*o terminie*) expire
upływność *f el.* leakance, leakage conductance
upomnienie *n ek.* reminder; dun
uporządkowanie *n fiz.* arrangement, array, orientation; order, ordered state; *mat.* arrangement, ordering
~ bliskie *kryst.* short-range order
~ częściowe *mat.* partial ordering
~ dalekie *kryst.* long-range order
~ liniowe *mat.* complete ordering, linear ordering
~ zupełne *mat.* complete ordering
uporządkowany *a* systematic, orderly, ordered
uposażenie *n* salary
upoważnienie *n* authorization; warrant; authority
upozorowany *a* dummy
upraszczać *v* simplify; *mat.* abridge, reduce
~ formalności ease the formalities
uprawa *f roln.* **1.** cultivation, tillage; growing, raising **2.** crop
~ bezglebowa hydroponics
~ gleby soil cultivation
~ główna main crop
~ gruntowa field culture
~ mieszana mixed crop
~ międzyrzędowa inter-row cultivation, intertillage
~ morza marine farming
~ roślin jadalnych food growing

~ **tarasowa** terrace cultivation, terracing
~ **wieloletnia** permanent crop
~ **winorośli** viticulture
~ **wstęgowa** strip cropping
~ **zbóż** corn growing
uprawiać *v* (*glebę*) *roln.* cultivate, till
uprawnienie *n* right; authority; commision; authorization
uprawny *a roln.* cultivable (*land*)
uprawomocnienie *n* legalization
uprawy *fpl* **polne** *roln.* arviculture
uproszczenie *n* simplification; *mat.* reduction
~ **rysunkowe** *rys.* simplified representation, symbolic representation
~ **ułamka** reduction of a fraction
uprowadzenie *n* **samolotu** hijacking
uprząż *f* harness
~ **spadochronu** parachute harness
uprzemysłowienie *n* industrialization
upust *m* **1.** *hydr.* negative source, sink **2.** *inż.* sluice **3.** *masz.* bleed(ing) **4.** *masz.* bleeder (valve); tapping point
~ **krwi** *med.* blood letting
~ **pary** steam bleeding, steam extraction (*in turbines*)
~ **powietrza** (*np. ze sprężarki*) air bleed
urabiać *v górn.* mine, get, win
urabialność *f* (*skały*) *górn.* gettability, workability
~ **betonu** *bud.* concrete workability
~ **masy betonowej** *bud.* workability of concrete mix
urabialny *a* (*technicznie możliwy do eksploatacji*) *górn.* mineable
urabianie *n górn.* mining, getting, winning
~ **czerparką** dredging
~ **hydrauliczne** (*strumieniem wody*) hydraulic mining, hydraulic excavation, hydraulicking, jetting, hydroextracting
~ **mechaniczne** machine mining, mechanical mining
~ **nadsiębierne** working to the rise
~ **podsiębierne** working to the deep
~ **strzelaniem** blasting
urabiarka *f górn.* mechanical miner, winning machine, getter
uracyl *m chem.* uracil
uralit *m petr.* uralite
uralityzacja *f geol.* uralitization
uramil *m chem.* uramil
Uran *m astr.* Uranus
uran *m chem.* uranium, U
uranawy *a chem.* uranous
uranian *m chem.* uranate
uranina *f* (*sól sodowa fluoresceiny*) *chem.* uranine (yellow), sodium fluorescein, uranin
uraninit *m min.* uraninite, pitchblende, coracite, ulrichite
uranofan *m min.* uranophane, uranotile
uranotyl *m zob.* **uranofan**
uranowce *mpl chem.* uranoids, uranides (U, Np, Pu, Am, Cm, Bk, Cf, Es, Fm, Md, No, Lr)
uranowy *a chem.* uranic
uranyl *m chem.* uranyl
uraz *m med.* injury; trauma
~ **śmiertelny** fatal injury
urbanista *m* town planner
urbanistyka *f* town planning
urbanizacja *f* town development, urban development
ureaza *f biochem.* urease
uregulować *v* adjust
~ **rachunek** settle an account
ureidy *mpl chem.* ureides
uresorowanie *n* spring suspension
uresorowany *a* sprung, spring-borne
uretan *m* **etylu** *chem.* urethane, ethyl carbamate, ethyl urethane
urlop *m* leave
~ **bezpłatny** unpaid leave
URM = Urząd Rady Ministrów
urobek *m górn.* winning; gotten, output; *inż.* excavated material, diggings; muck
~ **niewzbogacony** run-of-mine, mine run
~ **pogłębiarki** spoil
~ **surowy** mine run, run-of-mine
~ **wiertniczy** drillings, borings, bore dust
urobilinogen *m biochem.* urobilinogen
urobisko *n inż.* borrow pit (*an excavation dug to provide material for fill elsewhere*)
urodzaj *m roln.* harvest, crop
~ **rekordowy** bumper crops
urodzajność *f* **gleby** soil fertility
urodzajny *a gleb.* fertile
urografia *f med.* urography
urojony *a mat.* imaginary
urologia *f med.* urology
urotropina *f chem.* hexamethylenetetramine, hexamine, aminoform
uruchamianie *n* **programu** *inf.* debugging
uruchamiany ręcznie hand-worked
uruchomić *v* start; actuate; set working, set in motion, put in motion
~ **ponownie** restart
~ **silnik** start the engine
U-rurka *f* U-tube
~ **manometryczna** U-tube manometer, liquid-column gage
urwanie *n rys.* break
urwisko *n* **skalne** *geol.* cliff; bluff
urydyna *f biochem.* uridine, Urd
urydynodwufosforan *m biochem.* uridine diphosphate, UDP
urydynomonofosforan *m biochem.* uridylic acid, uridine monophosphate, UMP
urydynotrójfosforan *m biochem.* uridine triphosphate, UTP
urywak *m* **rdzenia** *wiertn.* beche, besh, bitch, core lifter
urząd *m* office
~ **celny** customs, custom-house
~ **miar** *metrol.* weights and measures office
~ **morski** harbour board, marine board
~ **patentowy** patent office
~ **probierczy** assay office
~ **zatrudnienia** employment agency
urządzanie *n* **lasu** forest management

urządzenia *npl* **automatycznej regulacji** automatic control equipment
~ **bytowe** amenities
~ **elektryczne** electrical equipment
~ **hipernośne** *lotn.* high-lift devices
~ **lotniskowe** aerodrome facilities
~ **napędowe statku** ship propelling plant
~ **nawigacyjne elektroniczne** electronic aids to navigation
~ **(peryferyjne) autonomiczne** *inf.* off-line equipment
~ **pomocnicze** auxiliaries; ancillaries; add-on devices; back-up facilities
~ ~ **naziemne lotnicze i kosmonautyczne** aerospace ground equipment, AGE
~ **portowe** port facilities
~ **produkcyjne** production facilities
~ **przeciwpożarowe** fire fighting facilities; fire extinguishing appliances
~ **przeładunkowe** cargo (handling) facilities
~ **radio-nawigacyjne** radio (navigational) aids
~ **ratownicze** life-saving equipment, rescue gear
~ **sanitarne** sanitary facilities
~ **socjalne** amenities
~ **transportowe** transport facilities; transportation equipment
~ **transportu bliskiego** materials handling equipment
~ **wiertnicze** (*przeznaczone do pracy w odwiercie*) *wiertn.* downhole equipment, drill fittings

urządzenie *n* installation; plant; system; attachment; device; appliance
~ **alarmowe** alarm (device); *med.* alarm indicator, alarm set, alarm circuit
~ **awaryjne** *okr.* damage control instrument
~ **chłodnicze** refrigerating system, refrigerating machine
~ **cięgłowe** *kol.* draw-gear, draft gear
~ **cumownicze** *żegl.* mooring equipment, mooring gear
~ **do betonowania pod wodą** *inż.* tremie
~ **do ciągłego odlewania** *hutn.* continuous casting machine, continuous casting plant, concast plant, concast caster, strand caster, continuous caster
~ ~ ~ ~ **czterożyłowe** four-strand caster
~ ~ ~ ~ **dwużyłowe** twin-strand casting machine
~ ~ ~ ~ **o małej wysokości** low-head concast caster
~ ~ ~ ~ **profili wstępnych** profile continuous casting machine
~ ~ ~ ~ **wielożyłowego** multistrand continuous caster
~ ~ ~ ~ **wlewków** continuous slab caster
~ ~ ~ ~ ~ **kwadratowych** bloom caster, bloom machine, bloom continuous casting machine
~ ~ ~ ~ **z krystalizatorem łukowym** bow-type continuous casting machine, curved mould machine, bow casting machine
~ ~ ~ ~ **z odginaniem wlewka** (*w kierunku poziomym*) bent strand continuous casting machine
~ **do cięcia gazowego** *hutn.* flame cutter
~ **do cynowania ogniowego** *hutn.* hot-dip tinning plant
~ **do frezowania gwintów** *obr.skraw.* thread-milling attachment
~ **do ładowania akumulatorów** *el.* battery charger
~ **do łamania zgorzeliny** (*przez wielokrotne przeginanie*) *hutn.* processor
~ **do nawęglania** *kotł.* coal-handling plant
~ **do obciągania ściernic** *obr.skraw.* truing attachment
~ **do obróbki kopiowej** *obr.skraw.* tracer attachment
~ ~ ~ **kształtowej** contouring attachment
~ ~ ~ **pod ciśnieniem** *chem.* pressure treater
~ **do ogniowego oczyszczania** (*np. wlewków*) *hutn.* hot scarfer
~ **do opalania** (*wlewków*) *zob.* **urządzenie do ogniowego oczyszczania**
~ **do podładowywania akumulatorów** *el.* trickle charger
~ **do podnoszenia** *transp.* hoisting gear, lifting gear
~ **do podwieszania** *med.* bed-gallows, bed-gibbet
~ **do prób** test rig
~ **do próżniowego odgazowania** (*ciekłego metalu*) *hutn.* vacuum degassing plant, vacuum degasser
~ **do przeginania walców** *hutn.* roll deflecting attachment
~ **do przetwarzania danych** *inf.* data processor
~ **do przychwytywania** (*samolotów lądujących na lotniskowcu*) *okr.* arrester gear
~ **do rozciągania** *włók.* expander
~ **do szlifowania** (*na tokarce*) grinding attachment
~ **do teleterapii kobaltowej** cobalt-therapy unit, cobalt-telecurie unit
~ **do transmisji danych** data set
~ **do układania zwojów walcówki na przenośniku** *hutn.* loop layer
~ **do usuwania koszulek z elementów paliwowych** *nukl.* fuel decanner
~ **do uwodorniania** hydrogenator
~ **do wiercenia linowego** *wiertn.* cable rig
~ **do workowania** (*w kombajnie*) *roln.* bagging attachment
~ **do wybijania** (*form i rdzeni*) *odl.* shake-out
~ **do wyciągania pali** *inż.* pile drawer, pile extractor
~ **do wymiany narzędzi** (*na obrabiarce*) *obr.skraw.* toolchanger

~ **do wytrawiania** *hutn.* pickling machine, pickler
~ **do zdjęć poklatkowych** *kin.* stop-motion
~ **dodawcze** *el.* booster
~ **dopasowujące** *tel.* conditioner
~ **dyspozytorskie nastawcze** *kol.* centralized traffic control, C.T.C.
~ **elektroenergetyczne** electrical equipment
~ **farbowe** *poligr.* inking apparatus, inking unit
~ **główne** (*w stosunku do urządzeń podporządkowanych* — slave) *aut.* master
~ **grudkujące** *hutn.* pelletizer
~ **grzejne** heating unit
~ **interpolujące** *aut.* interpolator unit
~ **klimatyzacyjne** air conditioner
~ **kodujące** *inf.* coder, encoder
~ **kojarzące** (*elementy podobne*) *inf.* associator
~ **konferencyjne** *telef.* conference system
~ **kontrolne** *el.* monitoring system
~ ~ **przyciskowe** *el.* push-to-test unit
~ **końcowe 1.** *inf.* terminal (unit) **2.** *tel.* termination, terminal
~ ~ **„inteligentne"** *inf.* intelligent terminal, smart terminal
~ ~ **systemu nośnego** *tel.* carrier terminal
~ **kwantujące** *el.* quantizer
~ **mechaniczne** machinery; gear
~ **mikserskie** *TV* mixer
~ **mocujące** *obr.skraw.* clamping device, clamper
~ **monitorujące do sal operacyjnych** control system for operations, operation monitoring device
~ **naciągowe** tensioning apparatus
~ ~ **rolkowe** (*regulujące naciąg taśmy*) *hutn.* tension bridle, pulling bridle
~ **nastawcze** adjuster
~ ~ **walcarki** *hutn.* roll positioning mechanism
~ ~ ~ **śrubowe** screw positioning system, screwdown
~ **ochronne** protective device
~ **odczytujące** *inf.* read-out
~ **odpylające** dust collection plant
~ **odwadniające** *chem.* dehydrator
~ **odzewowe** *rad.* responder, transponder, recon (*in radiolocation*)
~ **ogrzewcze domowe** domestic heating unit
~ **ogrzewnicze** heating plant; heating system
~ **ostrzegające przed zderzeniem z ziemią** *lotn.* ground proximity warning system, GPWS
~ **ostrzegawcze** warning device, telltale
~ **oświetleniowe** lighting installation
~ **peryferyjne** *inf.* peripheral equipment, external device
~ **pochłaniające ciepło** heat dump, heat sink
~ **podające** *hutn.* stock feeding device
~ **podglądu** *TV* preview mixer
~ **podnoszące wodę na wyższy poziom** *roln.* water raiser
~ **podporządkowane** (*w stosunku do głównego* — master) *aut.* slave
~ **podsłuchowe** *elektron.* listening device, bug
~ **pogłosowe** *rad.* reverberation equipment
~ **pokładowe pomocnicze** *okr.* deck gear
~ **pomiarowe** measuring device
~ **porównujące** *aut.* error sensing device, error register
~ **pozwalające na oszczędzenie czasu** time-saving device
~ **prognozujące** predictor
~ **próbkujące** *aut.* sampler
~ **przeciwoblodzeniowe** *lotn.* deicer
~ **przeciwślizgowe** (*zapobiegające zablokowaniu kół*) *mot.* anti-block system, ABS
~ **przeciwzwrotne** (*w wytwornicy*) *spaw.* flashback arrester
~ **przytrzymujące** holding device, holdfast
~ **(radiolokacyjne) elektronowo-projekcyjne** electronic map projector
~ ~ **odzewowe** responder; transponder
~ ~ **zapytujące** interrogator
~ **rejestrujące** recording device; register
~ ~ **dane lotu** *lotn.* flight recorder
~ **rozgłoszeniowe** (*głośnikowe*) sound-reinforcement system, public-address system
~ **rozruchowe 1.** *el.* accelerator **2.** *kotł.* starting-up equipment
~ **ryglujące** *masz.* interlock
~ **smugowe laserowe** laser schlieren device
~ **spawalnicze laserowe** laser welder, laser welding unit
~ **sprawdzające automatyczne** automatic testing equipment, ATE
~ **sprzęgowe** *kol.* draw-gear, draft gear
~ **startowe pomocnicze** *lotn.* assisted take-off booster
~ **sterowane głosem** *el.akust.* voice-operated device
~ **sterowe** *okr.* steering gear, helm
~ **sterujące** controller, control gear; control system
~ ~ **pozaatmosferyczne** *kosm.* no-atmospheric control
~ ~ **zaprogramowane** *aut.* stored program control, SPC
~ **sumujące** *biur.* adding device
~ **szarpakowe** *wiertn.* piller, jerk-line
~ **telefoniczne głośnomówiące** *biur.* intercommunicating system
~ **telegraficzne** voice-frequency telegraph equipment
~ **telekonferencyjne** teleconference system
~ **telemetryczne** *aut.* telemeter
~ **(teletransmisyjne) liniowe** *el.* line equipment
~ **uruchamiające** actuator
~ **wagowe** weighing machine

~ **wejściowo-wyjściowe** *inf.* input/output unit, i/o unit, i/o device
~ **wiertnicze** drill(ing) rig, drill jig, boring jig, boring rig, well rig
~ **wspomagające** (*działanie urządzenia głównego*) booster
~ **wybierające** *elektron.* scanner
~ **wyciągowe** *górn.* winding gear
~ **wyjściowe** *inf.* output unit
~ **wykonawcze** *aut.* actuator
~ **wyładowcze** unloader
~ **wyłącznikowe** (*wagi*) arresting mechanism
~ **wysiewające** *roln.* seeder unit
~ **wyszukiwania danych** *inf.* scan disk
~ **zabezpieczające** safety device
~ **załadowcze 1.** loading device **2.** *hutn.* charging arrangement, charging device
~ **zapadkowe** ratchet-work
~ **zapłonowe 1.** *kotł.* ignition system, lighting-up equipment **2.** flame igniter (*in gas turbines*)
~ **zapobiegawcze** preventer
~ **zapytujące** *rad.* interrogator
~ **zasypowe** *hutn.* charging device, charging arrangement
~ **zatrzymujące** arrester (gear), arresting mechanism
~ **zewnętrzne** *inf.* peripheral equipment, peripheral unit, external device
~ **zraszające** *roln.* sprinkling machine, drencher; sparger
~ **zwrotne** *inf.* input/output unit, i/o unit
urzędowy *a* official
usieciowanie *n chem.* cross-linking (*in polymers*)
uskok *m* **1.** *geol.* fault, leap **2.** *bud.* set-off, offset (*in a wall*) **3.** *rad.* skip distance
~ **dyslokacji** *kryst.* dislocation jog
~ **fali** *rad.* skip distance
~ **mały** *geol.* hitch
~ **nasunięty** *geol.* overfault, thrust (slip) fault, reverse (slip) fault
~ **normalny** *geol.* bedding fault, downthrow
~ **nożycowy** *geol.* hinge fault, scissors fault
~ **o wyraźnym przebiegu** *geol.* traceable fault
~ **odwrócony** *zob.* **uskok nasunięty**
~ **poboczny** *geol.* auxiliary fault
~ **przekształcający** *geol.* transform fault
~ **rotacyjny** *zob.* **uskok nożycowy**
~ **w widmie absorpcyjnym** *fiz.* absorption edge
~ **właściwy** *zob.* **uskok normalny**
~ **wsteczny** *zob.* **uskok nasunięty**
~ **wtórny** *zob.* **uskok poboczny**
~ **wzdłużny** (*równoległy do uwarstwienia*) *geol.* strike slip
uskrzydlony *a* winged
usłojenie *n drewn.* figure, natural grain of wood
usłonecznienie *n meteo.* sunshine
usługi *fpl* service
~ **holownicze** *żegl.* towage service
~ **ratownicze** *żegl.* salvage service
uspokajający *a farm.* sedative (*of an agent or drug*)
uspokajanie *n* **stali** *hutn.* steel killing
uspokoić *v* **się** (*o sztormie*) subside
uspołeczniony *a ek.* socialized
uspółdzielczanie *n* **wsi** collectivization of farms
usprawnienie *n* rationalization
~ **lecznicze** *med.* rehabilitation
usta *pl anat.* os (*pl* ora), mouth
ustabilizować *v* stabilize; steady
ustalacz *m masz.* locator; retainer; keep(er); locking device
~ **do odłamków kostnych** *med.* Barr bolt, fixing screw
ustalać *v* **1.** fix; steady **2.** establish; determine; lay down
~ **fakt** establish a fact
~ **granice** establish limits, set limits
~ **harmonogram** schedule
~ **kolejność operacji** rout (*production process*)
~ **normę** establish a standard, adopt a standard
~ **ojcostwo** *prawn.* affiliate, fix the paternity
~ **płynny kurs danej waluty** *ek.* float a currency
~ **położenie** locate, position; *nawig.* pinpoint
~ **proporcje** proportion
~ **termin** fix a date
~ **tożsamość** establish identity
~ **wartość** rate, estimate value
~ **wpływ** asses an effect of...
~ **wymagania** lay down requirements
~ **z góry** predetermine
~ **zależność** establish a relationship
~ **zasadę** establish a principle, lay down a principle
~ **zawartość** assess the content of..., determine the content of...
~ **zgodność** determine conformity
ustalanie *n* **rytmu czynności manualnych robotnika** *org.* pace rating, effort rating, performance rating
~ **zwrotu namiaru** *nawig.* sensing of the bearing
ustalone warunki *mpl* **pracy** (*urządzenia*) steady-state conditions
ustalony *a* **1.** fixed; stationary; steady; stabilized **2.** established
ustawa *f* law, act (*of parliament*)
ustawiacz *m obr.skraw.* tool setter
ustawiać *v* set up; position
~ **maszt** *żegl.* house a mast
~ **pionowo** erect, position vertically
~ **pod kątem** cant
~ **ponownie** re-set
~ **poziomo** level
~ **w linii** align, aline
ustawiak *m obr.skraw.* edge finder; set block
ustawianie *n* **na zero** *metrol.* zeroing
~ **obrazu** *TV* framing
~ **reflektorów** *mot.* aiming the headlights

~ **się pod wiatr samoczynne** weathercocking, weather vaning
~ **zapłonu** *siln.spal.* ignition setting, ignition timing, spark timing
ustawienie *n* **1.** setting; set-up **2.** *astr., lotn.* aspect
~ **narzędzi** *obr.skraw.* tooling set-up, tool setting
~ **rozrządu** *siln.* valve timing
~ **w linii** alignment, alinement
~ **zerowe** zero setting
ustawiony pod kątem angled
ustawodawstwo *n* **pracy** labour legislation
ustawowo zakazany forbidden by law
ustawowy *a* legal; statutory
ustawowy czas *m* **pracy** statutory working time
usterka *f* defect, fault, shortcoming, *zob. też* **wada**
usterzenie *n* *lotn.* control surfaces
~ **kierunku** vertical tail unit
~ **motylkowe** vee-tail; butterfly tail
~ **ogonowe** tail (unit), empennage, tail assembly
~ ~ **integralne** stabilator, all-moving tail
~ ~ **krzyżowe** cruciform tail (unit)
~ **pionowe** vertical tail unit
~ ~ **zdwojone** twin fin tail unit
~ **płytowe** *zob.* **usterzenie poziome niedzielone**
~ **poziome** tail plane, elevator unit
~ ~ **niedzielone** all-moving tail plane, slab-type tail plane, slab tail
~ **wysokości** tail plane, elevator unit
ustęp *m* lavatory
~ **publiczny** public lavatory; *US* comfort station
ustępować *v* **pod naciskiem** give way, yield
ustnik *m* mouthpiece
~ **w linotypie** *poligr.* pot mouth
~ **wtryskarki** injection moulding nozzle
~ **wytłaczarki** *tw.szt.* extruder die
ustój *m* **słupa** (*linii napowietrznej*) *el.* footing
ustrój *m* structure
~ **nośny** load-carrying structure
usunąć *v* **balast** *żegl.* unballast
~ **nieszczelność** stop a leak
~ **usterkę** correct a fault, rectify
~ **uszczelnienie** depressurize
~ **zapalnik** *uzbr.* defuze
usunięcie *n* removal; elimination; displacement
~ **migdałków** *med.* tousillectomy
ususzka *f* shrinkage (*in drying*), loss-in-weight by drying
usuwać *v* remove; eliminate; displace; take away, clear away; expel; purge, *zob.też* **usuwanie**
~ **jajniki** *wet.* spay
~ **naprężenia** relieve stresses, remove stresses, suppress stresses, eliminate stresses
~ **urządzenia podsłuchowe** debug
~ **wodę** remove water, unwater
~ **zagęszczenie** relieve congestion
~ **zgorzelinę** remove the scale, scale off
usuwak *m* **wrębowin** (*przy wrębiarce*) *górn.* gummer, bug-duster, bugger
usuwalny *a* removable
usuwanie *n* **1.** removal, disposal; elimination; expulsion; scavenging **2.** *med.* extraction, removal
~ **balastu** unballasting
~ **elektryczności statycznej** destaticizing
~ **gazów** degassing, outgassing
~ **izolacji z drutu** *el.* wire stripping
~ **kamienia kotłowego** scaling, descaling, scale removal
~ ~ **nazębnego** *med.* scaling (*the teeth*)
~ **kiełków z ziarna** *ferm.* degermination
~ **klejonki** *włók.* desizing
~ **koszulek z prętów paliwowych** *nukl.* decanning
~ **krzemionki** desiliconization
~ **kurzu** dust extracion, dedusting
~ **metanu** *górn.* methane drainage, firedamp drainage
~ **naddatku materiału** *obr.skraw.* stock removal
~ **nadkładu** *górn.* stripping
~ ~ **strumieniem wody** hydraulic stripping
~ **naprężeń** *wytrz.* stress relief, destressing
~ **narostu** (*np. z kadzi*) *hutn.* deskulling
~ **nieszczelności** stopping leaks
~ **niewymierności** *mat.* rationalization
~ **nieznaczących zer** *inf.* zero-suspension
~ **nitów** deriveting
~ **oblodzenia** *lotn.* de-icing
~ **odpadków** waste disposal, refuse disposal, waste removal
~ **odspojonego gruntu** *inż.* mucking
~ **osadu węglowego** decarbonizing, carbon removal; decoking
~ **paliwa** (*ze zbiorników*) *lotn.* defuelling; fuel dumping
~ **piasku** desanding
~ **plam** stain removal, spot removal
~ **popiołu** ash removal, ash disposal, ash handling
~ **powłoki** stripping of a coating
~ **programu** *inf.* roll-out
~ **rąbków** burring, deburring; deflashing
~ **rdzeni** *odl.* de-coring
~ **siarki** sulfur removal; desulfurization
~ **szumowin** (*z kąpieli metalowej*) *hutn.* drossing
~ **ścieków** *san.* sewage disposal, waste-water disposal
~ ~ **do ziemi** disposal of wastes into the soil
~ **śluzów z oleju** hydration of oil
~ **śmieci** garbage disposal
~ **tlenu** *chem.* deoxygenation
~ **tłuszczu z wełny** *włók.* wetting out
~ **usterek** trouble-shooting; fault clearing
~ **uszkodzeń** *el.* fault clearing
~ **uszkodzonych pojazdów** wrecking
~ **wad powierzchniowych** (*np. wlewków*) *hutn.* surface conditioning

~ **wody** water removal; dewatering
~ **wosku** dewaxing
~ **zakłóceń radiowych 1.** dejamming **2.** *elektron.* (*przez ulepszanie konstrukcji sprzętu*) sourcing
~ **zanieczyszczenia przez ożużlanie** *odl.* fluxing out
~ **zgorzeliny** *hutn.* descaling, scale removal
~ ~ **płomieniowe** flame descaling
~ **żużla** *hutn.* deslagging, clinkering
usypiać *v* **eterem** *med.* etherize
usypisko *n* dump; heap; *geol.* scree, rubble, talus
usypywanie *n* **stożkowe próbek** *chem.* coning of samples
usytuować *v* place, locate, situate
usytuowanie *n* *bud.* location
uszak *m* (*do dźwignic*) grab link
uszczelka *f* *masz.* gasket, seal; packing
~ **azbestowa** asbestos packing
~ **gumowa płaska** sheet rubber gasket
~ **maźnicy** *kol.* axle packing, box packing
~ **pierścieniowa** packing ring; ring gasket
~ **przeciwpyłowa** dust slinger
~ **skórzana miseczkowa** cup-leather (packing)
~ **soczewkowa** lens ring
~ **tulejowa** sleeve packing
~ **w układzie poprzecznym** (*dociskana promieniowo*) radial seal
~ ~ ~ **wzdłużnym** (*dociskana osiowo*) axial seal, end-face seal
~ **wystrzępiona** *siln.spal.* blown gasket
uszczelniacz *m* leak stopper
~ **wewnątrz rur wydobywczych** *wiertn.* production packer
uszczelniać *v* seal; pack; obturate; tighten
~ **gliną** pug
~ **kitem** lute
~ **listwami** spline
~ **(pokład) lepikiem** *żegl.* pay
~ **(prowizorycznie) targanem** *żegl.* chiuse
~ **złącza** caulk, stem, seal (*the joints*)
uszczelniak *m* *narz.* gasket iron
uszczelnienie *n* **1.** *masz.* seal; packing; stuffing **2.** *wiertn.* plugging
~ **ciśnieniowe** pressure seal
~ **hydrauliczne** hydraulic seal, liquid seal
~ **kołnierzowe** flange packing
~ **kurzochronne** dust seal
~ **labiryntowe** labyrinth seal
~ **listwami** splining
~ **łożyska** bearing seal
~ **mieszkowe** bellows seal
~ **na gorąco** heat sealing
~ **nurnikowe** (*ujęcie w cylindrze*) plunger packing
~ **okien i drzwi** (*taśmą*) *bud.* weatherstripping
~ **olejowe** oil seal
~ **osiowe** axial packing
~ **piaskowe** (*pieca*) *hutn.* sand seal
~ **podatne** yielding packing
~ **poprzeczne** radial packing
~ **poprzeczno-wzdłużne** duplex packing
~ **promieniowe** radial packing
~ **próżniowe** vacuum seal
~ **przeciwpyłowe** dust seal
~ **ruchowe** dynamic seal; gland
~ ~ **suwliwe** sliding-contact packing
~ **spoczynkowe** static seal; gasket
~ **stykowe** contact seal
~ **ścian odwiertu** *wiertn.* walling off
~ **tłoka** (*ujęcie w tłoku*) piston packing
~ **wału** shaft packing
~ **węglowe** carbon gland
~ **wodne** water seal
~ **wzdłużne** axial packing
~ **zamykające** stop gland
~ **zupełne** positive seal
uszeregowanie *n* **niepodzielne** *inf.* non-preemptive schedule
~ **podzielne** preemptive schedule
uszko *n* **druciane** wire sling
uszkodzenie *n* **1.** damage; defect; failure; impairment **2.** *med.* injury; lesion
~ **awaryjne** *żegl.* average damage
~ **ciała** personal injury
~ **drugorzędne** minor failure
~ **główne** major failure
~ **izolacji** *el.* insulation fault
~ **katastroficzne** catastrophic failure
~ **korozyjne** corrosion damage
~ **koszulki** (*reaktora*) *nukl.* burst can
~ **losowe** random failure
~ **nawierzchni** *drog.* scabbing
~ **nieodwracalne** unremovable failure
~ **nieznaczne** minor damage
~ **odwracalne** removable failure
~ **początkowe** (*w początkowym okresie działania*) early (life) failure
~ **popromienne** *zob.* **uszkodzenie radiacyjne**
~ **postępujące** degradation failure, progressive damage
~ **poważne** extensive damage, severe damage
~ **powierzchni** surface flaw, sear
~ **przypadkowe** chance failure
~ **radiacyjne** *nukl.* radiation damage
~ **roślinności** *ochr.środ.* damage to vegetation
~ **statku** damage to ship
~ **widoczne** apparent failure
~ **wskutek działania środowiska** environmental failure
~ ~ **nieprawidłowej eksploatacji** misuse failure
~ ~ **wewnętrznych wad obiektu** *elektron.* inherent weakness failure
~ ~ **zużycia** degradation failure, wear-out failure
~ **wymuszone** (*obiektu*) *elektron.* misuse failure
~ **zmęczeniowe** fatigue failure
uszkodzić *v* damage; impair
uszkodzony *a* damaged; impaired; out of order
uszlachetniać *v* enrich; refine; purify; (*zwierzęta hodowlane*) grade

uszlachetnianie *n* **masy** *papiern.* purification of pulp
uszny *a anat.* otic; aural
usztywniacz *m* **1.** stiffener; brace; stringer **2.** *gum.* antisoftener, stiffener
usztywniać *v* stiffen; brace; stay
~ **krzyżulcem** (*kratownicę*) counterbrace, crossbrace
~ **odciągami** guy
~ **ścięgnami** brace
usztywnienie *n* stiffening; bracing; staying; backstay
uśredniać *v mat.* average
uśrednianie *n* **próbek** averaging of samples
~ **rud** *hutn.* ore bedding
~ **węgla** *górn.* coal blending
uśredniony *a mat.* averaging
UT = Urząd Telekomunikacyjny
utajenie *n biol., fiz.* latency
utajnianie *n* **informacji** encryption of information
utajone ciepło *n* **parowania** latent heat of vaporization
utajone ciepło *n* **topnienia** latent heat of fusion
utajony *a biol., fiz.* latent
utknięcie *n* **na mieliźnie** *żegl.* stranding (*of a ship*)
~ **silnika** *el.* stall of a motor
utleniacz *m* **1.** *chem.* oxidizer, oxidant, oxidizing agent **2.** *paliw.* oxidizer (*ingredient of propellants*)
utleniać *v* **się** oxidize, oxidate
utleniający *a* oxidizing
utleniający inhibitor *m* **korozji** passivator
utleniający się oxidable, oxidizable
utlenialność *f* (*wody*) *san.* oxygen consumption, chemical oxygen demand, permanganate value
utlenialny *a* oxidable, oxidizable
utlenianie *n chem.* oxidation
~ **anodowe** *powł.* anodic oxidation, anodizing, Eloxal process, anodic treatment
~ **biochemiczne** biochemical oxidation
~ **biologiczne** biological oxidation
~ **elektrolityczne** electrolytic oxidation
~ **powierzchni** *powł.* oxidizing blueing, browning, black oxide treatment
~ **samorzutne** autooxidation, self-oxidation
~ **tlenem atmosferycznym** atmospheric oxidation
~ **wysokotemperaturowe** high temperature oxidation
utlenienie *n* (state of) oxidation
utonąć *v* drown
utożsamianie *n inf.* aliasing
utrata *f* **aktywności** inactivation
~ **głosu** *med.* aphonia
~ **mocy** *siln.* loss of power
~ **pamięci** *med.* amnesia
~ **patentu** forfeiture of a patent
~ **połysku** *farb.* clouding, dulling, loss of lustre
~ **próżni** loss of vacuum
~ **przytomności** *med.* syncope, loss of consciousness
~ **sił** *med.* adynamia
~ **synchronizmu** *el.* loss of synchronism
~ **wartości** deprecitation, devaluation
~ **ważności** (*np. dokumentu*) loss of validity
~ **zabarwienia** fading
~ **zdolności mówienia** *med.* alalia
utrącać *v* knock off
utrudniać *v* make difficult, render difficult
utrwalacz *m farb., fot.* fixing agent, fixer
~ **garbujący** *fot.* hardening fixing agent
~ **kwaśny** *fot.* acid fixer
~ **szybki** *fot.* rapid fixer
~ **zapachu** perfume fixative
utrwalać *v farb., fot.* fix
utrwalanie *n farb., fot.* fixation
~ **powierzchniowe starej nawierzchni drogi** retreading a road
~ **żywności** preservation of food
utrwalony *a* fixed
utrząsarka *f poligr.* jogger, jogging machine
utrzymanie *n* (*urządzeń*) maintenance, upkeep
~ **plazmy** (*np. przez pole magnetyczne*) *fiz.* confinement of plasma
utrzymywać *v* maintain, keep up
~ **kierunek** *nawig.* keep straight
~ **kurs** *żegl.* stand on; *nawig.* maintain the heading, keep course
~ **na stałym poziomie** hold constant, keep at a constant level
~ **pod napięciem** keep energized
~ **równowagę** maintain equilibrium
~ **temperaturę** maintain a temperature
~ **w dobrym stanie** keep in repair
~ **w położeniu** hold in a position
~ **w równowadze** hold in equilibrium
~ **w stanie ciekłym** *hutn.* keep molten
~ **w stanie zawiesiny** hold in suspension
~ **wysokość** (*w locie poziomym*) *lotn.* keep level
utwardzacz *m* hardening agent, hardener; *tw.szt.* curing agent
utwardzać *v* harden; *tw.szt.* cure; (*tłuszcze*) hydrogenate
~ **się** (*wskutek polimeryzacji*) set up
utwardzalność *f* hardening capacity, hardenability
utwardzalny *a* hardenable
utwardzalny na gorąco *tw.szt.* hot-setting
utwardzanie *n* hardening; induration; *tw. szt.* curing, cure, setting; (*tłuszczów*) hydrogenation
~ **dodatkowe** *tw.szt.* after-bake
~ **dyspersyjne** *met.* dispersion hardening
~ **grudek** *hutn.* induration of pellets
~ **na zimno** *tw.szt.* cold hardening, cold-setting
~ **olejów** hydrogenation of oils, hardening of oils

~ ostateczne *tw.szt.* after-bake
~ płomieniowe *obr.ciepl.* flame hardening, Shorter process, shorterizing, torch hardening
~ powierzchniowe surface hardening, skin hardening; *obr.ciepl.* case-hardening
~ przez starzenie *met.* age-hardening, structural hardening
~ przez zgniot cold-work hardening
~ radiacyjne *met.* radiation hardening, radiation-induced strengthening
~ roztworowe *met.* solution hardening
~ tłuszczów fat hardening
~ wstępne *tw.szt.* pre-curing
~ wybuchowe *met.* explosive hardening
~ wydzieleniowe *obr.ciepl.* (*przesycanie i starzenie*) precipitation hardening, age hardening
~ zgniotowe *zob.* **utwardzanie przez zgniot**
utwardzony *a* hardened; (*tłuszcz*) hydrogenated
utwardzony przez zgniot *met.* work-hardened
utwierdzać *v mech.* restrain; *masz.* fasten; fix
utwierdzenie *n mech.* restrain; *masz.* fastening; fixing
utworzyć *v* **komisję** set up a committee
utwór *m geol.* formation
utyk *m* **maszyny synchronicznej** *el.* falling out of step
~ silnika *el.* stall a motor
utykać *v* (*np. szczeliwem*) tamp
utylizacja *f* utilization
uwarstwienie *n* lamination; *geol.* stratification, bedding
~ frakcjonowane *geol.* graded bearing
~ krzyżowe *zob.* **uwarstwienie poprzeczne**
~ naprzemianległe *geol.* interstratification
~ nieregularne *zob.* **uwarstwienie niezgodne**
~ niezgodne *geol.* false bearing
~ poprzeczne *geol.* cross-bedding
~ powtarzające się *geol.* repetition bearing
~ ustępliwe *geol.* graded bearing
~ zgodne *geol.* conformable bedding
uwarstwiony *a* laminar; stratified
uwarunkowany *a* conditioned by...
uważać *v* **za nieważny** *prawn.* consider null and void
u.w.cz. = **ultrawielka częstotliwość** ultra high frequency
uwęglanie *n geol.* coalification, bituminization, carbonification, incarbonization, incoalation
uwidocznianie *n* **przepływu** *aero.* visualization of flow
uwierzytelnić *v* **podpis** legalize the signature
uwierzytelnienie *n* **narzędzia pomiarowego** metrological certification
uwięziony przez odpływ *żegl.* tide bound
uwięziony w lodach *żegl.* icebound
uwięź *f* **balonu** *lotn.* flying cable
uwikłanie *n* (*efektów w doświadczeniu*) confounding
uwodnienie *n* **1.** *chem.* hydration **2.** *spoż.* rehydration (*of freeze-dried food*)
uwodniony *a chem.* hydrated
uwodornianie *n chem.* hydrogenation
~ destrukcyjne destructive hydrogenation
~ olejów hardening of oils, hydrogenation of oils
~ rozkładowe destructive hydrogenation
~ rozszczepiające *paliw.* splitting hydrogenation
~ sprzężone conjugated hydrogenation
~ węgla coal hydrogenation, coal liquefaction
uwodorniony *a chem.* hydrogenated
uwolnienie *n* liberation; release; disengagement
~ od odpowiedzialności exoneration
uwspólnienie *n* **elektronu** electron-sharing
uwspólniona para *f* **elektronów** *chem.* shared electron pair
uwydatniać *v* **1.** set off; bring out **2.** stress, emphasize
uwydatnianie *n* (*pewnych częstotliwości*) *rad.*, *TV* peaking
~ w układzie równoległym *TV* shunt peaking
~ w układzie szeregowym *TV* series peaking
~ wstępne pre-emphasis
uwzględniać *v* take into account, take into consideration, allow for, make allowance for, give consideration to
uzależnianie *n masz.* interlocking
uzależnienie *n* **lekowe** *med.* drug addiction, drug dependence
uzans *m* (*zwyczaj handlowy*) usage of trade
uzbrajać *v* arm; fuse
~ sieć *ryb.* equip a netting
~ statek (*w takielunek*) rig a ship
uzbrojenie *n* armament
~ korony *wiertn.* crown block
~ lufowe (*działka i karabiny maszynowe*) gun armament
~ pieca martenowskiego binding of open-hearth furnace
~ pomocnicze *okr.* secondary armament
~ strażackie fireman's outfit
~ terenu territorial development
~ ulicy street furniture; utilities
~ walców (*walcarki*) *hutn.* mill tackle, guide tackle
~ włoka *ryb.* trawl gear
uzda *f* bridle
uzdatnianie *n* **powietrza** air treatment
~ wody *san.* water conditioning, water treatment
uzdrowisko *n* health resort
uzębienie *n* **1.** *masz.* teeth; toothing **2.** *med.* dentition **3.** *zool.* set of teeth
~ daszkowe herringbone teeth (*of a gear*)
~ koła zębatego gear teeth

~ **mleczne** *med.* deciduous dentition, primary dentition
~ **piły** saw toothing
~ **stałe** *med.* permanent dentition, secondary dentition
~ **strzałkowe** herringbone teeth (*of a gear*)
~ **wewnętrzne** internal teeth
~ **zewnętrzne** external teeth
uzębiony *a* toothed; cogged
uzębiony wycinek *m* **kołowy** *masz.* sectional spur gear
uzgadniać *v* **1.** make agree; adjust **2.** agree upon...
uzgadnianie *n* **faz** *el.* phasing
uzgodniony *a* agreed-upon
uziarnienie *n* graining; grain-size distribution
uziemiać *v* earth, ground
uziemić *v* **samolot** (*zabronić startowania*) ground an aircraft
uziemienie *n el.* earthing (system), earth, ground
~ **ochronne** equipment earth, protective grounding
~ **poprzez rezystancję** resistance grounding
~ **punktu zerowego** neutral earthing; neutral ground
~ **robocze** system earth; service ground
uziemiony *a el.* earthed, grounded
uziemnik *m el.* earthing switch
uziom *m el.* earth electrode
~ **anodowy** groundbed (*in cathodic protection*)
~ **odniesienia** independent earth electrode
~ **płytowy** earth plate
~ **prętowy** earth rod
~ **wodny** sea earth
uznać *v* **potrzebę** (*czegoś*) recognize the need for...
~ **za nieważny** *prawn.* declare null and void
uzupełniać *v* **1.** complement, supplement, complete **2.** refill, replenish; make-up; fill up
~ **do pełnego kwadratu** *mat.* complete the square
~ **zapasy** replenish the stock, restock
uzupełniający *a* complementary; supplementary
uzupełnianie *n* **paliwa** refuelling, fuel make-up
~ ~ **w powietrzu** *lotn.* in-flight refuelling
~ **powietrza** (*w klimatyzacji*) air make-up
~ **tynku** *bud.* spackling
~ **zapasów** re-stocking
uzupełnić *v* **do kreski** make up to the mark
uzupełnienie *n* **1.** complement, supplement **2.** addendum, appendix **3.** *mat.* completion
~ **binarne** *zob.* **uzupełnienie do dwu**
~ **do dwu** *inf.* two's complement, binary complement
~ **do dziesięciu** *inf.* ten's complement
~ **do dziewięciu** *inf.* nine's complement
~ **jedynkowe** *inf.* one's complement
~ **ładunku** *żegl.* topping-up
~ **zapasów w morzu** *żegl.* replenishment at sea
uzwajacz *m masz.el.* winder
uzwajalnia *f el.* winding shop
uzwajanie *n el.* winding
uzwarcenie *n mat.* compactification
~ **Aleksandrowa** Aleksandroff's compactification, one point compactification
uzwojenie *n el.* winding
~ **bezładne** random winding, mush winding
~ **bębnowe** drum winding
~ **bifilarne** bifilar winding
~ **cewkowe** coil winding
~ **cięciwowe** chorded winding, chorded coil, fractional pitch winding
~ ~ **skrócone** short-chorded winding
~ **czterokrotne** quadruplex winding
~ **dwa razy zamknięte** double reentrant winding
~ **dwubiegowe** two-speed winding
~ **dwuklatkowe** double squirer-cage winding
~ **dwukrotne** duplex winding
~ **dwunitkowe** bifilar winding
~ **faliste** wave winding, series winding
~ ~ **wielokrotne** multiple-wave winding, series-parallel winding
~ **jednakozezwojowe** diamond winding
~ **klatkowe** squirrel-cage winding
~ **kompensacyjne** compensating winding
~ **krążkowe** sandwich winding
~ ~ **wywrotkowe** (*transformatora*) continuous-disk winding
~ **lewoskrętne** left-handed winding
~ **mocowe** power winding
~ **motkowe** skein winding
~ **o grupach dzielonych** bifurcated winding
~ **pełnożłobkowe** integral-slot winding
~ **pętlicowe** lap winding, parallel winding
~ ~ **wielokrotne** multiple-lap winding
~ **pętlicowo-faliste** frog-leg winding
~ **pierścieniowe** ring winding
~ **pierwotne** primary winding, pri (*of a transformer*)
~ **prawoskrętne** right-handed winding
~ **raz zamknięte** singly reentrant winding
~ **regulacyjne** regulating winding
~ **rozłożone** distributed winding
~ **równoległe** *el.* parallel winding
~ **różnicowe** differential winding
~ **samowzbudzające** self-excitation winding
~ **schodkowe** split-throw winding
~ **skupione** concentrated winding
~ **spiralne** (*zbrojenie słupa żelbetowego*) *bud.* spiral reinforcement, helical reinforcement
~ **stabilizujące** stabilizing winding
~ **symetryczne** balanced winding

~ szablonowe mould winding, preformed winding
~ szeregowe series winding, wave winding
~ szeregowo-równoległe series-parallel winding
~ szyte pull-through winding
~ średnicowe full-pitch winding
~ tarczowe disk winding
~ tłumiące damping winding, amortisseur winding
~ trójne tertiary winding (*of a transformer*)
~ ułamkowe fractional slot winding
~ ułamkowo-żłobkowe *zob.* **uzwojenie ułamkowe**
~ w nabiegunnikach (*maszyny synchronicznej*) pole-face winding
~ wielobiegowe more-speed winding
~ wielokrotne multiplex winding
~ współosiowe concentric winding
~ wsypywane random winding, mush winding
~ wtórne secondary winding (*of a transformer*)
~ wyrównawcze compensating winding
~ wzbudzające excitation winding
~ wzmacniające amplifying winding
~ wzornikowe mould winding, preformed winding
~ z zaczepami tapped winding
uzysk *m* yield, output
~ elektrody *spaw.* deposition efficiency
~ metalu ze wsadu *hutn.* metallic yield, charge yield
~ powielania *nukl.* breeding gain
uzyskać *v* get; obtain; acquire; extract
~ kwalifikacje qualify
~ oszczędność effect an economy, get a saving
~ patent obtain a patent
~ stopień... (*naukowy*) receive the degree of...
~ wyniki obtain results
uzyskane dane *pl* findings
uzyskiwanie *n* **metalu z rud polimetalicznych w piecu zawiesinowym** *hutn.* flash process
użebrowanie *n masz.* finning; ribbing
~ chłodzące cooling fins
użebrowany *a masz.* finned; ribbed; gilled
użyć *v* use, utilize
~ ponownie re-use
użyłkowanie *n* (*skrzydła owada*) *zool.* neuration
użyteczność *f* usefulness, utility, usability
użyteczny *a* useful, usable
użytek *m* use, usage
użytki *mpl* **rolne** arable land, cropland
~ zielone *roln.* grassland
użytkowanie *n* utilization; consumption; operational use
~ gruntów *roln.* land use
~ urządzeń zewnętrznych poza maszyną *inf.* simultaneous peripheral operations off-line, SPOOL
użytkownik *m* user; consumer
~ drogi road user
~ języka rodzimy native speaker
użytkowność *f* (*jakość użytkowa wyrobu*) functional quality
używać *v* use, utilize
używalność *f* usability
używalny *a* usable
używanie *n* use, usage
używany *a* used; second-hand
używki *pl spoż.* stimulants
użyźniać *v roln.* fertilize; manure

W

W = **wat** *jedn.* watt
w atmosferze azotu under nitrogen
w budowie under construction
w celu... in order to...
w chwili powstawania *chem.* nascent, in nascent state
w chwili uderzenia on impact
w ciągu... dni od otrzymania zamówienia within... days of order
w ciąży *fizjol.* pregnant
w ciemności in the dark
w ciężkich warunkach under severe conditions
w części środkowej at the middle portion
w ćwiartce dziobowej on the bow
w ćwiartce rufowej on the quarter
w dobrej wierze *prawn.* bona fide, in good faith
w dobrym stanie in good condition, in good repair
w dół downward, down
w dół rzeki downstream, down the river
w drodze under way, en route
w druku *poligr.* in the press
w dużych odstępach czasu at long intervals
w dużym zakresie to a large extent
w dwóch egzemplarzach in duplicate
w eksploatacji in operation, in service; *okr.* in commission
w fazie *fiz.* in phase
w fazie czasowej *masz.el.* in time phase
w gotowości bojowej in fighting trim
w górę upward, up
w górę rzeki upstream, up the river
w granicach within the limits
w innych przypadkach at other times
w izolacji gumowej *el.* rubber-insulated
w jednakowej odległości equidistantly
w (jednej) płaszczyźnie in a plane
w kierunku wzniesienia (*wybieranie pokładów pochyłych*) *górn.* up the rise, up grade
w kłach *obr.skraw.* between centres
w kolejności in (regular) turn; in order of...
w kształcie jaja egg-shaped, oviform, ovoid
w kształcie krzyża cruciform
w kształcie litery L L-shaped
w kształcie litery U U-shaped
w kształcie sierpa crescent-shaped; falcate
w kwadraturze *el.* in quadrature
w lewo to the left; *żegl.* a-port
w łopocie (*żagle*) all in the wind, slatting
w małych ilościach in small quantities
w małych odstępach czasu at short intervals
w miarę wzrostu produkcji as production rises
w miarę zapotrzebowania as required
w mniejszym stopniu to a lesser degree
w morzu at sea
w nadmiarze in excess
w nagłym wypadku in (case of) emergency
w naprawie under repair
w naturze in kind
w nieobecności tlenu *chem.* in the absence of oxygen
w normalnych warunkach (*temperatury, ciśnienia*) under standard conditions, at normal temperature and pressure, at N.T.P.
w normalnym trybie in due course
w obecności katalizatora *chem.* in the presence of a catalyst
w obudowie (*o mikroelementach*) *elektron.* encapsulated
w obudowie metalowej *el.* metal-clad
w oddzielonej przesyłce under separate cover
w odpowiednich warunkach under suitable conditions, under the right conditions
w odróżnieniu od... as distinct from..., as distinguished from...
w odstępach 1-minutowych at 1 minute intervals
w odwrotnym stosunku in inverse ratio
w ogniu aflame, ablaze
w ogólnym zarysie in outline
w ograniczonym zakresie to a limited extent, within a limited range
w okresach największego nasilenia ruchu at peak times
w okresie... (*lat*) over a span of... (*years*)
w określonych warunkach under certain conditions
w opozycji *el.* in opposition
w oprawie płóciennej (*książka*) cloth-bound (*book*)
w osłonie cased
w pełni wystarczający ample
w planowanym terminie on schedule
w podwójnym opakowaniu double wrapped
w podwyższonej temperaturze at elevated temperature
w polu widzenia in the field of vision
w połączeniu z... in conjuction with..., coupled with..., in connection with...
w połowie drogi half-way, midway
w połowie wysokości at half height
w poprzek crosswise, across
w poprzek słoi *drewn.* cross-grain

w poprzek statku aburton
w porównaniu z... (as) compared with..., in comparison with...; comparatively, by comparison
w postaci arkuszy in sheets
w postaci płatków in flakes; flaky
w postaci proszku powdered
w poziomie *inż.* at grade
w pozycji leżącej na plecach dorsicumbent
w praktyce in practice
w prawo to the right; *żegl.* a-starbord
w próżni under vacuum, in vacuo
w przeciwieństwie do... as contrasted with..., as opposed to..., in opposition to...
w przeliczeniu na... in terms of...
w przeliczeniu na suchą substancję adjusted to a dry matter basis
w prześwicie in the clear
w przybliżeniu approximately, roughly
w przypadku in case of...
w przyrodzie in nature
w ramach within the framework
w razie katastrofy in the event of a crash
w razie pożaru in case of fire
w równych odstępach czasu at regular intervals
w równym stopniu equally
w ruchu in operation; in motion
w rufowej części statku abaft
w skali to scale
w skali mikroskopowej on a micro(scopic) scale
w skali ogólnokrajowej in the national scale
w skali produkcyjnej on a production scale
w skali światowej world-wide
w skali zwiększonej to an enlarged scale; scaled-up
w służbie czynnej on active service
w sposób ciągły continuously
w stadium budowy under construction
w stałej objętości at constant volume
w stanie ciągnionym as drawn
w stanie gotowości *żegl.* atrip
w stanie hartowanym as quenched
w stanie jałowym at no-load
w stanie kutym as forged
w stanie lanym as cast
w stanie nie nadającym się do użytku out of commission
w stanie nieważkości in the state of weightlessness
w stanie powstawania in statu nascendi
w stanie pustym (*o statku*) *żegl.* light condition
w stanie rodzimym *met.* in the native state, native
w stanie rozkładu in decay; decaying
w stanie spoczynku at rest
w stanie stałym in solid state
w stanie walcowanym as rolled
w stanie wolnym *chem.* in the elemental state
w stanie wykończonym as finished
w stanie związanym *chem.* in the combined state
w statku *okr.* inboard
w stosunku ciężarowym by weight
w stosunku do... in relation(ship) to..., relative to...
w stosunku objętościowym by volume
w stosunku rocznym at... per annum rate
w swoim położeniu in position
w szachownicę chequered (*pattern*)
w szczególności in particular
w szerokim ujęciu in broad terms
w szerokim zakresie over a wide range
w środku at the centre
w świetle *bud.* in the clear
w świetle nowych przepisów under the new regulations
w świetle odbitym under reflected light
w tej samej fazie w przestrzeni *masz.el.* in space phase
w temperaturze... at the temperature of... degrees
w temperaturze odpowiedniej do obróbki *met.* at heat
w temperaturze wrzenia at the boil
w terenie in the field
w terminie on schedule
w toku in the course of...
w trudnych warunkach under severe conditions
w trzech egzemplarzach in triplicate
w tył backwards, to the rear
w tym celu for this purpose
w układzie posobnym (arranged) in tandem
w układzie przeciwsobnym *el.* push-pull
w warunkach under conditions of...
w warunkach eksploatacji under operating conditions, under service conditions, in service
w workach bagged
w wyniku as result of...; in consequence
wz. = w zastępstwie per procura, p.p.
w zakresie within the range
w zależności od... depending on...; versus
w zamian za... in exchange for...
w zamkniętym pomieszczeniu indoors
w zasięgu within reach
w złej wierze *prawn.* mala fide, in bad faith
w złym stanie in bad condition; in bad repair
w zmniejszonej skali scaled-down
w zwiększonej skali scaled-up
w żywym ustroju *biol.* in vivo
wabik *m* decoy
wachlarz *m* fan
wachlarzowaty *a* fan-shaped
wachta *f żegl.* watch
~ **lewej burty** port watch
wad *m min.* wad, bog manganese
wada *f* defect, fault, flaw
~ **dyskwalifikacyjna** mortal fault
~ **istotna** major defect
~ **konstrukcyjna** defect of design, structural defect
~ **krytyczna** critical defect
~ **łatwa do wykrycia** apparent failure
~ **naturalna** inherent defect

~ **nieistotna** incidental defect
~ **nieznaczna** minor defect
~ **odlewnicza** casting defect
~ **odlewu wskutek przerwania formy** run out
~ **powierzchni** surface defect
~ **produkcyjna** manufacturing defect
~ **refrakcji oka** *med.* ametropia
~ **ukryta** latent defect
~ **walcownicza** rolling defect
~ **wrodzona** *med.* birth defect, congenital anomaly
~ **wzrostowa** *kryst.* growth fault
wadium *n ek.* security; deposit
wadliwość *f* defectiveness; *skj* fraction defective
~ **dopuszczalna** acceptable quality level, AQL, acceptable malfunction rate, AMR
~ ~ **preferowana** preferred acceptable quality level
~ **dyskwalifikująca** lot tolerance percent defective, LTPD
~ **maksymalna oczekiwana po kontroli** average outgoing quality limit, AOQL
~ **neutralna** indifference quality level, IQL
~ **niedopuszczalna** lot tolerance per cent defective, LTPD
~ **procentowa** percent(age) defective
~ **produkcji** fraction defective in production
~ **rzeczywista** real fraction defective
~ **w próbce** sample fraction defective
wadliwy *a* defective, faulty
wafel *m spoż.* wafer
waga *f* **1.** scales; balance; weigher **2.** *roln.* evener, equalizer, equalizing bar **3.** weight, *zob.też* **ciężar**
~ **aerodynamiczna** aerodynamic balance
~ ~ **na sześć składowych** *zob.* **waga aerodynamiczna uniwersalna**
~ ~ **uniwersalna** six component aerodynamic balance
~ **analityczna** analytical balance
~ ~ **łańcuszkowa** chainomatic balance
~ **aperiodyczna** aperiodic balance
~ **aptekarska** apothecary balance, general laboratory balance
~ **automatyczna przenośnikowa** conveying scales, weighing conveyor
~ ~ **w podnośniku taśmowym** poidometer
~ **belkowa** beam scales, lever scales
~ **beztłumikowa** undamped balance, free-swinging balance
~ **bydlęca** livestock scales
~ **czysto uchylna** self-balancing scales, self-indicating scales
~ **dla niemowląt** infant scales
~ **do listów** letter scales
~ **do mierzenia nacisku kół** (*pojazdów mechanicznych*) wheel load scales
~ **do mieszanin** proportioning scales
~ **do mleka** dairy scales
~ **do pojazdów drogowych** vehicle scales
~ **do przędzy** *włók.* roving scales
~ **do wyznaczania gęstości** specific gravity balance
~ ~ ~ **liczby sztuk** (*ważonej partii towaru*) counting scales
~ ~ ~ **zawartości tłuszczu w maśle** *spoż.* butter-fat scales
~ ~ ~ **zawartości tłuszczu w śmietanie** cream test scales
~ **dynamometryczna** dynamometer scales
~ **dziesiętna** decimal balance
~ **dźwigniowa** beam scales, lever scales
~ **dźwigowa** crane scales, crane weighing machine
~ **elektrodynamiczna** electrodynamic balance
~ **elektronowa** electronic weigher
~ **fundamentowa** built-in scales
~ **hydrostatyczna** hydrostatic balance
~ **jubilerska** jeweller's balance
~ **kontrolna** checking scales, checkweigher
~ ~ **przenośnikowa** continuous checking scales
~ **kopalniana wbudowana w wywrotkę** mine tipple scales
~ **legalizacyjna** weighmaster's beam
~ **licząca** counting scales
~ **ładunkowa** *transp.* cargo weigher
~ **magnetyczna** (*do pomiaru natężenia pola magnetycznego*) magnetic balance
~ **nieobciążona** unloaded balance
~ **o dużej nośności** heavy-capacity scales, high-capacity scales
~ **o małej nośności** light-duty scales, small-capacity scales
~ **o niezmiennym wskazaniu** truthful balance
~ **odważnikowo-uchylna** semi-automatic indicating scales
~ **osobowa** physician's scales, person weigher
~ ~ **z urządzeniem drukującym wynik ważenia** ticket person weigher
~ **pełnoautomatyczna** (*z automatycznym nakładaniem odważników*) auto-loading balance
~ **pierścieniowa** *hydr.* tilting-ring manometer
~ **pływakowa** buoyancy balance
~ **pocztowa** postal scales
~ **pomostowa** weighbridge, platform weighing machine, platform scales
~ **porcjowa** batching scales, aggregate scales
~ ~ **połączona z pakowarką** automatic weighing and packing machine
~ ~ **uchylna** over-and-under scales
~ **prądowa** *el.* current balance
~ **probiercza** assay balance
~ **prostodźwigniowa** ordinary beam scales, simple weighing scales, simple balance
~ **pryzmatyczna** knife-edge balance
~ **przenośnikowa sumująca wyniki ważenia** totalizing conveyor scales
~ **przesuwnikowa prosta** steelyard, Roman balance
~ **równoramienna** equal-arm balance

~ ~ **prosta** simple weighing scales, ordinary beam scales, simple balance
~ **sedymentacyjna** *chem.* sedimentation balance
~ **skręceń** *geofiz.* Eötvös (torsion) balance
~ **skrętna** torsion balance
~ **sprężynowa** spring scales
~ **statystyczna** *fiz.* statistical weight factor
~ **stołowa** bench scales
~ **szalkowa** pan scales
~ **szybkoważąca** quick balance
~ **techniczna** apothecary balance, general laboratory balance
~ **tłumikowa** damped balance
~ **torsyjna** torsion balance
~ **uchylna** pendulum-cam scales, tangent--balance
~ **wagonowa** railway track scales, rail weighbridge, wagon scales
~ **walcownicza** mill-type scales
~ **Westphala** Westphal balance
~ **wielopomostowa** articulted weighbridge
~ **wisząca** suspension scales, overhead scales
~ ~ **jednoszynowa** monorail scales, trolley scales
~ ~ **sprężynowa** commercial spring balance
~ **workująca** (*automatyczna*) sacking scales, bag weigher
~ **wsadowa** *hutn.* furnace charging scales
~ **wysokiej dokładności** precision balance
~ **z ostrzami nożowymi** knife-edge balance, prismatic balance
~ **z pomostem pochyłym** grade scales
~ **z tarczą kołową** dial scales
~ **z urządzeniem do drukowania wyniku ważenia** printweighing scales
~ **ze skalą cylindryczną** barrel scales
~ ~ ~ **do odczytywania cen** price computing scales
~ **zbiornikowa** hopper-scales, tank scales
~ **żywa** (*ciężar żywych zwierząt*) live weight
wagi *fpl* **spostrzeżeń** *mat.* weights of observations
wagon *m kol.* wagon; car; rail-coach
~ **bagażowy** baggage van, luggage van
~ **bydlęcy** stock car, cattle wagon
~ **-chłodnia** refrigerator car
~ **-cysterna** tank car
~ **czteroosiowy** eight-wheel car
~ **dennozsypowy** drop bottom car, bottom dump car
~ **doczepny** trailer car
~ **dwuosiowy** four-wheel car
~ **dwupoziomowy** double-deck coach
~ **dynamometryczny** dynamometer car
~ **kłonicowy** stake car
~ **kolejowy** rail(way) car
~ **kontenerowy** container car
~ **kryty** box car, covered wagon
~ **motorowy** motor coach, rail car
~ **mroźnia** freezer car
~ **na wózkach zwrotnych** bogie wagon
~ **niekryty** open wagon
~ **ogrzewnia** heater car
~ **osobowy** rail-coach, passenger car
~ ~ **luksusowy** lounge car
~ **-platforma** platform car, flat car, flat wagon
~ ~ **z podłogą zagłębioną** well car, well wagon, well-hole gondola car
~ **pocztowy** mail van, postal car
~ **restauracyjny** dining car, restaurant car
~ **rozworowy** logging car
~ **salonowy** saloon-car, saloon
~ **samowyładowczy** dump car, dumping wagon
~ ~ **bocznozsypny** side-dump car
~ **silnikowy** motor coach, rail car, power car
~ **skrajnia** clearance car
~ **służbowy** guard's van, cabin car, caboose
~ **sypialny** sleeper, sleeping car
~ **tarowy** test weight car
~ **towarowy** goods wagon, freight car
~ **tramwajowy** tram car; *US* street car
~ **-waga** scale car
~ **-węglarka** coal wagon; *US* gondola (car)
~ **wieloczłonowy** articulated car
~ **-wywrotka** tip wagon, pivot dump car, jubilee wagon
~ **z kadzią mieszalnikową** *hutn.* submarine car
~ **zbiornikowy** tank car
wagonetka *f* industrial car
wagonik *m* **kolei linowej** ropeway car
wagonomila *f transp.* car-mile
wagowo *adv* by weight
wagowskaz *m* weigh-beam, steel-yard
wagowy *m* (*pracownik*) weigher
~ **zaprzysiężony** sworn weigher
wagowy *a* gravimetric(al); weight-
wahacz *m masz.* rocker (arm), rocking lever, balance lever; *kol.* equalizer
~ **niezależnego zawieszenia** *mot.* independent suspension arm
~ **strugarki** *obr.skraw.* clapper of a planer
~ **walczaka** *kol.* expansion sheet, waist sheet, expansion knee
wahać *v* **się** oscillate; swing; rock
~ ~ **od... do...** range from... to..., vary between... and...
wahadło *n* pendulum
~ **balistyczne** ballistic pendulum
~ **bifilarne** *zeg.* bifilar pendulum
~ **fizyczne** physical pendulum, compound pendulum
~ **izochroniczne** *zeg.* izochronous pendulum
~ **kompensacyjne** *zeg.* compensation pendulum
~ **kuliste** spherical pendulum
~ **matematyczne** mathematical pendulum, simple pendulum
~ **napędzające mechanizm zegarowy** (*w zegarach z napędem elektrycznym*) motor pendulum
~ **odśrodkowe** centrifugal pendulum, conical pendulum

~ **odwrócone** *zeg.* inverted pendulum
~ **podwójne** double pendulum
~ **półsekundowe** *zeg.* half-seconds pendulum
~ **proste** mathematical pendulum, simple pendulum
~ **rewersyjne** (*do pomiaru przyspieszenia ziemskiego*) reversible pendulum, Karter's pendulum
~ **sekundowe** *zeg.* seconds pendulum
~ **sferyczne** spherical pendulum
~ **stożkowe** centrifugal pendulum, conical pendulum
~ **swobodne** free pendulum
~ **złożone** physical pendulum, compound pendulum
wahadłowiec *m kosm.* space shuttle
wahadłowy *a* pendulous; oscillatory
wahadłówka *f drewn.* pendulum cross cut saw, swing saw
wahania *npl* oscillation; swing(ing); fluctuation; rocking; variation
~ **częstotliwości** *rad., TV* wobble modulation, wobbling; frequency swing
~ **dzienne** (*np. temperatury*) *geofiz.* variation per day
~ **fugoidalne** *lotn.* phugoid(al) oscillation
~ **funkcji** *mat.* saltus of a function
~ **niesystematyczne** *skj* erratic fluctuations
~ **pionowe** (*łopat wirnika śmigłowca*) flapping (*of helicopter rotor blades*)
~ **poziome** (*łopat wirnika śmigłowca*) lagging, hunting (*of helicopter rotor blades*)
~ **temperatury** fluctuation of temperature
~ **wzdłużne** *mot.* pitching (*of a motor-car*)
~ ~ **długookresowe** *lotn.* phugoid oscillation
wahliwość *f* **łożyska** self-alignment of bearing
wahliwy *a masz.* self-aligning
wahnięcie *n* swing
wahnik *m zeg.* rotor of a self-winding watch
wakans *m kryst.* vacancy
~ **jonowy** Schottky defect
~ **poczwórny** tetravacancy
~ **przechłodzony** quenched-in vacancy
~ **równowagowy** structural vacancy, constitutional vacancy, equilibrium vacancy
~ **strukturalny** *zob.* **wakans równowagowy**
~ **termiczny** thermal vacancy
wakat *m poligr.* blank (page)
wakuola *f biol.* vacuole
wakuometr *m* vaccum meter, vacuum gauge
wal *m chem.* gram-equivalent
walcarka *f obr.plast.* rolling mill; roll stand, mill stand
~ **bezklatkowa** housingless stand
~ **blach cienkich** sheet mill
~ ~ **grubych** plate mill
~ ~ **żeberkowych** chequer plate mill
~ **blokowa** (*do walcówki*) monoblock
~ **bruzdowa** shape mill
~ **czterowalcowa** four-high mill
~ **do drutu płaskiego** wire flattening mill, flat wire mill
~ **do gwintów** thread-rolling machine, thread roller
~ ~ ~ **ze szczękami płaskimi** flat-die thread rolling machine
~ **do kół** wheel mill
~ **do kształtowników** structural shape mill
~ **do obręczy** tyre mill
~ **do pierścieni** ring mill, ring roller
~ **do poprzecznego walcowania** cross rolling machine
~ **do rur** tube-rolling mill
~ **do szyn** rail mill
~ **do taśm** strip mill
~ **duo** two-high mill
~ **dwudziestowalcowa** twenty-high (rolling) mill
~ **dwunastowalcowa** twelve-high (rolling) mill
~ **dwuwalcowa** two-high (rolling) mill
~ **dziurująca** piercing mill, roll piercer
~ ~ **dwuwalcowa** two-roll piercer
~ ~ **skośna** rotary piercer
~ ~ **trzywalcowa** three-roll piercer
~ ~ **z walcami stożkowymi** cone roll piercer
~ **kalibrująca** sizing mill, sizer
~ **konstrukcji sprężonej** prestressed rolling mill
~ **krokowa** pilger mill
~ **kwarto** four-high mill
~ **mała** jobbing mill
~ **mieszankowa** *gum.* mixing rolls, mixing mill
~ **MKW** MKW (rolling) mill
~ **Morgana** (*do walcówki*) Morgan mill
~ **nawrotna** reversing mill
~ ~ **duo** two-high reversing mill
~ **nienawrotna** non-reversing mill
~ ~ **duo** drag-over mill, pull-over mill
~ **okresowa** periodic rolling mill, die rolling mill
~ **osadcza** edging mill, universal (rolling) mill
~ **pętlująca** looping mill
~ **pielgrzymowa** pilger mill
~ **planetarna** planetary rolling mill
~ **podgrzewcza** *gum.* warm-up mill
~ **podwójne duo** dcuble-duo mill, Dowlais mill
~ **poprzeczna** (*do profili specjalnych*) transverse rolling mill, cross rolling mill
~ **poszerzająca** (*pierwsza klatka ciągłej walcowni blach*) broadside mill
~ **pracująca z pętlą** *zob.* **walcarka pętlująca**
~ **przebijająca** piercing mill, roll piercer
~ **przemienna duo** alternating two-high stand
~ **-rafiner** *gum.* refining mill, refiner
~ **redukująca** reducing mill, reduction rolling mill, sink(ing) mill
~ **rozwalcowująca tuleje** expanding mill

~ **Sędzimira** Senzimir (planetary rolling) mill
~ **skokowa** pilger mill
~ **skośna** reeling mill, skew rolling mill
~ **stałoszczelinowa** constant-gap mill
~ **Stiefela** (*do rur bez szwu*) Stiefel mill
~ **sześciowalcowa** cluster mill, six-high (rolling) mill
~ **trio** three-high mill
~ **uniwersalna** edging mill, universal (rolling) mill, universal stand
~ **wahadłowa** pendulum rolling mill, rocker mill, swing forging machine
~ **wielowalcowa** multi-roll (rolling) mill
~ **wstępna** roughing mill
~ **wydłużająca** elongator, (rotary) elongating mill
~ ~ **trzywalcowa** Assel mill
~ **wygładzająca** skin-pass mill
~ ~ **do blach cienkich** temper mill
~ **wykańczająca** finishing mill
~ ~ **do rur** sizing mill
~ ~ **taśmę** planishing mill, planishing stand, planisher
~ **z prowadnicami** guide mill
~ **z regulowaną wypukłością walców** crown-controlled rolling mill
~ **z walcami poziomymi** horizontal rolling mill
~ **z walcami stożkowymi** cone mill
~ **zasilająca** *gum.* feed rolling mill
~ **zimna** cold-rolling mill
walce *mpl* **ciągnące** (*urządzenia do ciągłego odlewania*) *hutn.* pinch rolls, withdrawal rolls, withdrawing rollers
~ **do gięcia** (*blach*) bending rolls
~ **do prostowania** (*blach*) straightening rolls
~ **do rafinowania** *gum.* refining mill, refiner
~ **do ukosowania krawędzi taśmy** scarfing rolls
~ **do zgrzewania rur na zakładkę** lap welding rolls
~ **gładzące** *papiern.* smoothing rolls
~ **kruszące** *młyn.* grinding rolls
~ **kuźnicze** forge rolls, roll forging machine
~ **mielące** grinding rolls
~ **połyskowe** *papiern.* smoothing rolls
~ **pośrednie** *obr.plast.* pony roughing rolls
~ **przedgotowe** *obr.plast.* leader rolls, planishing rolls
~ **redukujące** *obr.plast.* reducing rolls, sinking rolls
~ **ściągające** (*przy walcowaniu rur*) stripper rolls
~ **wyżymające** *włók.* squeeze rolls
~ **zębate** roll crusher
walcowanie *n obr.plast.* rolling
~ **bez końca** endless rolling
~ **bez naciągu** tension-free rolling
~ **blach** plate rolling; sheet rolling
~ ~ **w pakietach** ply rolling
~ ~ **wielowarstwowych** sandwich rolling
~ **dużymi gniotami** rolling with heavy drafts, taking heavy reductions
~ **gwintów** roll-threading
~ ~ **szczękami płaskimi** flat-die thread rolling
~ **jednożyłowe** single-strand rolling
~ **kęsisk kwadratowych** blooming down
~ ~ **płaskich** slabbing, slab milling
~ **kontrolowane** controlled rolling
~ **kształtowników** section rolling
~ **kuźnicze** forge rolling, roll forging
~ **na ciepło** warm rolling
~ **na gorąco** hot rolling
~ **na pół-gorąco** *zob.* **walcowanie na ciepło**
~ **na sucho** (*bez chłodzenia walców*) dry rolling
~ **na walcarce uniwersalnej** universal rolling
~ **na wymiar** rolling to gauge
~ **na zimno** cold rolling, cold rectifying
~ **okresowe** die rolling, periodic rolling
~ **osadcze** edge rolling, edging, universal rolling
~ **pielgrzymowe** pilger process
~ **płaskowników w wykrojach zamkniętych** tongue-and-groove method of rolling flats
~ **poprzeczne** transverse rolling, cross rolling
~ **skośne** helical rolling, skew rolling
~ **taśm z ciekłego metalu** strip casting
~ ~ **z proszków** powder rolling
~ **tulei rurowych na walcarce skośnej** rotary piercing
~ **w pakietach** pack rolling
~ **wielożyłowe** multistrand rolling
~ **wstępne** (*wlewka*) rough-rolling, roughing, breakdown rolling
~ **wykańczające** finish rolling
~ ~ **blach na zimno** skin passing, pinch passing, temper rolling
~ **wzdłużne** longitudinal rolling
~ **z naciągiem** tension rolling
~ **z oprowadzaniem materiału** repeater rolling
walcowany *a* rolled
walcowany na gorąco hot-rolled
walcowany na zimno cold-rolled
walcowina *f* mill scale, rolling scale
walcownia *f obr.plast.* rolling mill
~ **blach cienkich** sheet mill
~ ~ **grubych** plate mill
~ **blachówek** sheet bar mill
~ **bruzdowa** shape mill, merchant mill
~ **ciągła** continuous (rolling) mill
~ ~ **pętlująca** contiloop mill
~ **do pakietów** pack rolling mill
~ **duża** heavy-section mill
~ **gorąca** hot(-rolling) mill
~ **jednoklatkowa** single stand mill
~ **jednoliniowa w układzie belgijskim** Belgian mill
~ **jednoprzepustowa** single pass rolling mill
~ **kęsisk kwadratowych** blooming mill
~ ~ **płaskich** slabbing mill
~ **kęsów** billet mill
~ **kombinowana** combination mill

~ **kształtowników** section mill
~ ~ **ciężkich** structural mill, heavy section mill
~ **liniowa** open train
~ **mała** jobbing mill
~ **mijana skośna** cross-country mill, zigzag mill
~ **nawrotna** reversing mill
~ **o układzie posobnym** *zob.* **walcownia posobna**
~ **posobna** tandem (rolling) mill
~ **półciągła** semi-continuous mill
~ **półwyrobów** semifinishing mill
~ **pracująca z oprowadzaniem** looping mill
~ **prętów** bar mill
~ ~ **całkowicie ciągła** straightway bar mill
~ ~ **w kręgach** coiled bar mill
~ **rur** tube (rolling) mill, pipe mill
~ ~ **bez szwu** seamless-tube mill
~ ~ **zgrzewanych oporowo** ERW mill
~ **szyn** rail mill
~ **średnia** medium-section mill
~ **tandem** tandem mill
~ **taśm** strip mill
~ ~ **na gorąco** hot strip mill
~ ~ **na zimno** cold strip mill
~ **walcówki** rod mill, wire rod mill, wire-rolling mill
~ ~ **dwużyłowa** two-strand rod mill
~ ~ **i prętów** rod and merchant mill, rod-bar mill
~ ~ **wielożyłowa** multistrand rod mill
~ **wieloklatkowa** multi-strand mill
~ **wstęg na rury** skelp mill
~ **wstępnego przerobu** primary (rolling) mill
~ **wtórnego przerobu** secondary mill, rerolling mill
~ **-zgniatacz** breakdown mill; blooming mill; slabbing mill
~ **zimna** cold(-rolling) mill, cold reduction mill
walcownictwo *n* rolling mill practice
walcownik *m* mill operator
walcowy *a* cylindrical
walcówka *f* **1.** *hutn.* wire rod, blank **2.** *narz.* tube expander
~ **miedziana** *hutn.* copper rod
walczak *m kotł.* (boiler) drum
walec *m* **1.** *geom.* cylinder **2.** *masz.* roll; roller
~ **beczkowy** *obr.plast.* barrel-type roll
~ **bruzdowy** *obr.plast.* section roll, profiled roll, grooved roll
~ **chłodzący** *papiern.* cooling roll
~ **czołowy** *papiern.* breast roll
~ **deseniowy** (*grawerowany*) *tw.szt., gum.* engraved roll
~ **dociskowy wyżymaka** *papiern.* top couch roll
~ **dolny** *obr.plast.* bottom roll
~ **drogowy** road roller
~ ~ **dwukołowy** tandem roller
~ ~ **okołkowany** tamping roller
~ ~ ~ **stopkowy** sheepsfoot roller
~ ~ **parowy** steam roller
~ ~ **samobieżny** power roller
~ **drukarski** *włók.* printing roller
~ **eliptyczny** *geom.* cylindroid
~ **formatowy** *papiern.* forming roll, size roll
~ **gładki** *obr.skraw.* plain-bodied roll, plain(-barrelled) roll
~ **górny** *obr.plast.* upper roll
~ **kalandra** *papiern.* calender roll, calender bowl
~ **koszulkowy** (*zespolony*) *obr.plast.* sleeved roll
~ **kruszący** breaker roll, grinding roll
~ **luźny** (*nienapędzany*) *obr.plast.* idle roll
~ **nożowy kalandra** *papiern.* knife roll, beating roll
~ ~ **mizdrownicy** *skór.* fleshing cylinder
~ ~ **odwłaszarki** *skór.* unhairing cylinder
~ ~ **strugarki** *skór.* shaving cylinder
~ ~ **wypycharki** *skór.* putting-out cylinder
~ **odbierający** *papiern.* take-up roll
~ **oporowy** *obr.plast.* backing(-up) roll, support(ing) roll
~ **osadczy** (*walcarki*) *obr.plast.* edge roll, edging roll
~ **podający** (*w walcarce planetarnej*) *obr. plast.* push roll
~ **podziałowy** (*w kole zębatym walcowym*) reference cylinder
~ **połyskowy** *papiern.* smoothing roll
~ **pośredni** *obr.plast.* strand roll
~ **prasujący** press roller
~ **prasy mokrej** *papiern.* wet-press roll
~ **profilowy** *obr.plast.* grooved roll, profiled roll, section roll
~ **prowadzący** *papiern.* carrier roll, guide roll
~ **przeciągający** (*tkaninę*) *włók.* draw roller
~ **rejestrowany** *papiern.* table roll
~ **roboczy** *obr.plast.* working roll
~ **rozdzielczy** *papiern.* distributing roll
~ **schodkowy** *obr.plast.* squabbing roll, stepped roll
~ **skośny** *obr.plast.* skew roll
~ **skrobakowy** *papiern.* doctor roll
~ **ssący** *papiern.* suction roll
~ **stożkowy** *obr.plast.* conical shaped roll, cone roll
~ **środkowy** *obr.plast.* centre roll
~ **tarczowy** (*walcarki Stiefela*) *obr.plast.* disk roll
~ **walcarki** *obr.plast.* mill roll
~ ~ **skośnej** *zob.* **walec skośny**
~ **wodny** *papiern.* damping roll
~ **wspornikowy** (*walcarki*) *obr.plast.* cantilevered roll
~ **wyciskający** squeeze roller
~ **wykrojony** *obr.plast.* section roll, profiled roll, grooved roll
~ **wypukły** *obr.plast.* full roll
~ **wyżymaka** *papiern.* couch roll
~ **zespolony** (*złożony z rdzenia i płaszcza*) *obr.plast.* built-up roll, overflowed roll, composite roll, compound roll

~ ~ **lany** double pour roll, composite cast roll
~ ~ **staliwny** double pour steel roll
~ ~ **żeliwny** double pour iron roll
~ **żeliwny półutwardzony** *obr.plast.* part-chilled roll
~ ~ **utwardzony** (clear) chill roll, definite chill roll
~ ~ **zwykły** (*nie utwardzony*) sand iron roll, grain roll
walencja *f* **tensora** *mat.* valence of a tensor
walencyjność *f chem.* valency (number), valence
walentynit *m min.* valentinite, antimony bloom
waleń *m zool.* whale, *Cetacea*
waleriana *f bot.* valerian, all-heal, setwall, *Valeriana officinalis*
walerianian *m chem.* valerate
~ **izoamylu** apple essence, apple oil
γ-walerolakton *m chem.* γ-valerolactone
walil *m chem.* valyl
walrat *m chem.* spermaceti, cetaceum
waluacja *f mat.* valuation
~ **dyskretna** discrete valuation
waluta *f* **mocna** hard currency
~ **obiegowa** currency in circulation
~ **słaba** soft currency
~ **wymienialna** convertible currency
~ **zagraniczna** foreign currency
wał *m* **1.** *masz.* shaft **2.** *roln.* roller **3.** *inż.* embankment, bank
~ **akumulacyjny** *geol.* moraine bar
~ **bierny** driven shaft
~ **brzegowy** *ocean.* berm
~ **Cambridge** *roln.* Cambridge roller
~ **Campbella** *roln.* furrow press, subsurface packer (roller)
~ **Cardana** cardan shaft
~ **czynny** live shaft, drive shaft
~ **do ugniatania** *roln.* packer (roller)
~ **drążony** hollow shaft
~ **dwukorbowy** two-throw crankshaft
~ **dzielony** built-up shaft
~ **elektryczny** *aut.* power selsyn system, synchro system, synchro-tie
~ **giętki** flexible shaft
~ **gładki 1.** *masz.* uniform shaft **2.** *roln.* flat-roller, drum roller
~ **główny skrzynki biegów** *mot.* third motion shaft
~ **holendrowy** *papiern.* beater roll, beating roll, knife roll
~ **izolacyjny** *el.* rotating insulator
~ **jednokorbowy** single-throw crankshaft
~ **kierowniczy** *mot.* steering shaft, steering spindle
~ **korbowy** crankshaft
~ ~ **drążony** hollow crankshaft
~ ~ **dzielony** built-up crankshaft
~ ~ **jednolity** solid crankshaft
~ ~ **składany** built-up crankshaft
~ ~ **z przeciwciężarami** counter-balanced crankshaft
~ ~ **z tłumikiem drgań** damped crankshaft
~ **krótki** stub shaft
~ **krzywkowy** camshaft
~ **lekki** (*do ugniatania gleby*) *roln.* surface packer (roller)
~ **nadmorski** *inż.* sea wall, sea bank
~ **napędowy 1.** *mot.* drive shaft, propeller shaft **2.** *okr.* main engine shafting
~ ~ **śrubowy** *okr.* screw shaft, propeller shaft
~ **nieosłonięty** open propeller shaft
~ **napędzany** driven shaft
~ **niedzielony** integral shaft
~ **ochronny** *inż.* dike, dyke, check dam
~ **oporowy** *okr.* thrust shaft
~ **pełny** solid shaft
~ **pędniany** line shaft, transmission shaft
~ **pędny** *mot.* drive shaft, propeller shaft
~ **pierścieniowy** *roln.* corrugated roller, ring roller, culti-packer
~ **pochwowy** *okr.* screw shaft, propeller shaft
~ **podwodny piaszczysty** *ocean.* submerged bar
~ **pośredni 1.** (*przekładni zębatej*) layshaft, countershaft **2.** *okr.* tunnel shaft
~ ~ **przeciążeniowy** (*o zmniejszonej średnicy*) breaking spindle
~ ~ **skrzynki biegów** *mot.* transmission pinion shaft, first motion shaft
~ **przeciwpowodziowy** *inż.* levee, river embankment, flood bank
~ **przegubowy** jointed shaft
~ **przelotowy** (*wystający poza łożysko*) through shaft
~ **przybrzeżny** *ocean.* offshore bar
~ **pusty** hollow shaft
~ **rozrządczy** distribution shaft, camshaft, valve shaft
~ ~ **zaworów wlotowych** intake cam shaft
~ ~ ~ **wydechowych** exhaust cam shaft
~ **ruchomy niepracujący** idling shaft
~ **rurowy** tubular shaft
~ **składany** built-up shaft
~ **stawidła** *siln. par.* rocker shaft
~ **sztywny** stiff shaft
~ **ślimakowy** *masz.* wormshaft
~ **śmigła** *lotn.* propeller shaft, airscrew shaft
~ **transmisyjny** line shaft, transmission shaft
~ **tunelowy** *okr.* tunnel shaft
~ **wejściowy** input shaft
~ **wieloczłonowy** *roln.* sectional land roller
~ **wielokorbowy** multi-throw crankshaft
~ **wielowypustowy** spline shaft
~ **wodny** *ocean.* roller
~ **wybierakowy** *biur.* selector shaft
~ **wyjściowy** output shaft
~ **wykorbiony** crankshaft, *zob.też* **wał korbowy**
~ **wysokiego ciśnienia** *meteo.* ridge
~ **zdawczy** *masz.* output shaft
~ **ziemny** earth embankment, earth bank
wałach *m zoot.* gelded horse; gelding

wałeczek *m* **łożyska** *masz.* bearing roller
~ **pomiarowy** measuring wire, measuring cylinder
~ ~ **optymalny** best size measuring wire
wałeczkowanie *n obr.plast.* surface rolling, finish rolling
wałek *m* **1.** *masz.* shaft **2.** roller **3.** *arch.* roll moulding, bead
~ **dociskowy** *biur.* impression roller
~ **drukarski** *włók.* printing roller
~ **falowy** wave-mark
~ **giętki** flexible shaft
~ **główny skrzynki biegów** gear-box shaft, third-motion shaft
~ **gumowy** squeegee
~ **królewski** *siln.* intermediate distribution shaft, vertical bevel drive shaft
~ **krzywkowy** camshaft
~ **maszyny do pisania** platen of a type--writer
~ **naciągowy** *zeg.* winding stem
~ **nanoszący farbę** *włók.* furnishing roller
~ **napędowy** *masz.* driving shaft; *zeg.* barrel arbor, centre arbor
~ ~ **pośredni** *masz.* jackshaft
~ **odbioru mocy** *masz.* power take-off shaft
~ **ozdobny** *arch.* bandage
~ **pociągowy** feed shaft (*of a lathe*)
~ **podstawowy** *metrol.* basic shaft
~ **pośredni skrzynki biegów** *mot.* first motion shaft, transmission pinion shaft
~ **przesuwny zmiany biegów** selector shaft
~ **przyrządu wysiewającego** *roln.* sowing axle (*in a drill*)
~ **rejestrowy** *papiern.* table roll
~ ~ **eguterowy** wire-covered table roll, dandy-type table roll
~ **rozrządczy** *siln.* distribution shaft, camshaft
~ ~ **dolny** low camshaft
~ ~ **górny** overhead camshaft, high camshaft
~ **rurowy** *masz.* quill shaft
~ **schodkowy** *masz.* stepped shaft
~ **sprężyny napędowej** *zeg.* barrel arbor, centre arbor
~ **sprzęgłowy** *mot.* clutch shaft, jackshaft, primary shaft
~ **stopniowany** *masz.* stepped shaft
~ **stożkowy** *masz.* taper shaft
~ **szlifierski** sanding roller
~ **szpulowy** *biur.* ribbon spool shaft
~ **wielokarbowy** *masz.* serrated shaft
~ **wielowypustowy** *masz.* spline shaft
~ **wyciskający** squeeze roller
~ **zębaty** pinion
wałki *mpl* **łożyska mostowego** *inż.* expansion rollers
wałowanie *n* rolling (*of ground*)
wały *mpl* **o osiach wichrowatych** *masz.* skew shafts, non-intersecting shafts
~ **równolegle odsunięte** parallel offset shafts
~ **współosiowe** lined-up shafts
WAM = Wojskowa Akademia Medyczna
wanad *m chem.* vanadium, V
wanadan *m chem.* vanadate
wanadawy *a chem.* vanadous
wanadowce *mpl chem.* vanadium group, vanadium family (V, Nb, Ta)
wanadowy *a chem.* vanadic
wanadynit *m min.* vanadinite
wanga *f bud.* notchboard, stringer
wanienka *f* **fotograficzna** *fot.* developing dish, developing tray
~ **ściekowa** *masz.* drip tray, drip pan
wanilia *f bot.* vanilla, *Vanilla planifolia* Andr.
wanilina *f chem.* vanilin, vanillic aldehyde
wanna *f* **1.** tub; tank; vat **2.** bathtub
~ **do cynkowania** galvanizing pot, galvanizing kettle
~ **do wytrawiania** *met.* pickling tank, pickle tank
~ **elektrolityczna** electrolytic tank, electroplating vat, electrolyzer
~ **hartownicza** *obr.ciepl.* quenching tank, cooling tank, work tank
~ **rekuperatorowa** *szkl.* recuperative tank
~ **szklarska** *szkl.* tank furnace
~ **wyrobowa** *szkl.* day tank
~ **z kąpielą płuczącą** *hutn.* rinsing tank
~ **zmianowa** *szkl.* continuous tank
wanta *f okr.* shroud
~ **stengi** topmast shroud
wantownik *m okr.* chain plate
wapiennik *m* lime kiln
wapienny *a* calcareous; calciferous
wapień *m petr.* limestone
~ **cuchnący** swinestone, stinkstone
~ **dolomityczny** dolomitic limestone, dolostone
~ **oolityczny** oölitic limestone
wapniak *m zob.* **wapień**
wapnica *f skór.* lime liquor
wapnienie *n* **1.** *skór.* liming **2.** *petr.* calcifying
~ **dołowe** pit liming
wapniokrzem *m odl.* calcium silicon
wapniomierz *m* calcimeter
wapniowce *mpl chem.* alkaline earth metals (Ca, Sr, Ba, Ra)
wapno *n* lime
~ **bielące** chlorinated lime, bleaching powder, chloride of lime
~ **chlorowane** *zob.* **wapno bielące**
~ **chude** lean lime
~ **dolomitowe** dolomite lime
~ **gaszone** slaked lime
~ **hydratyzowane** hydrated lime
~ **hydrauliczne** hydraulic lime, water lime
~ **martwe** dead-burnt lime, overburnt lime
~ **nawozowe** agricultural limestone, soil lime
~ **niegaszone** *zob.* **wapno palone**
~ **palone** burnt lime, quicklime, unslaked lime
~ **pokarbidowe** carbide residue
~ **przepalone** dead-burnt lime, overburnt lime
~ **sodowane** soda lime

~ **suchogaszone** hydrated lime
~ **tłuste** fat lime, rich lime
~ **uwodnione** hydrated lime, slaked lime
wapnowanie *n* **1.** *gleb.* liming **2.** *obr.plast.* lime dip, lime coating; liming
wapń *m chem.* calcium, Ca
~ **-45** calcium-45, radiocalcium, ^{45}Ca
~ **metaliczny** calcium metal
wapotron *m elektron.* vapour-cooled tube, vapotron
war *m* **1.** boiling water **2.** *cukr.* strike **3.** boil (*in soap manufacturing*) **4.** *jedn.* var: 1 var = 1W
waraktor *m elektron.* varactor (diode), variable-capacitance (diode), varicap
warchlak *m zoot.* piglet
warenit *m petr.* warrenite
warfaryna *f pest.* warfarin (*rodenticide*)
warga *f anat.* lip
~ **poślizgu** (*na krawędziach przełomu kruchego*) *met.* shear lip
wargowy *a anat.* labial
wariacja *f* **1.** *mat.* fluctuation, variation **2.** *geofiz.* variation, (magnetic) declination
~ **całkowita** *mat.* total fluctuation
~ **dobowa** *geofiz.* diurnal variation
~ **księżycowa** *astron.* lunar inequality
~ **magnetyczna** *nawig.* compass variation error
~ **ograniczona** *mat.* bounded variation, limited variation
wariacyjny *a* variational
wariak *m el.* variac
wariancja *f* **1.** *statyst.* variance **2.** *biol.* variance
~ **błędu** variance of error
~ **losowa** random variance
~ **resztkowa** remainder variance
~ **wewnątrzlaboratoryjna** within-laboratory variance
~ **z próbki** sampling variance
wariant *m* **projektu** alternative design
wariator *m masz.* variable-speed transmission unit
wariegacja *f biol.* variegation
warikap *m elektron.* varactor (diode), variable-capacitance (diode), varicap
wariograf *m* lie detector
wariometer *m* **1.** *lotn.* rate-of-climb indicator, variometer **2.** *rad.* variometer
warkocz *m* **komety** *astr.* tail of a comet
warnik *m* **1.** boiling pot, heat boiler **2.** *chłodn.* desorber
~ **cukrzycy** *cukr.* strike pan
~ **do drewna** *papiern.* wood digester
~ **do kleju** glue boiler
~ **do szmat** *papiern.* rag boiler
~ **do zaparzania w naprężeniu** *włók.* crabbing machine
warogodzina *f jedn.* var-hour: 1 var·h = $= 0.36 \cdot 10^4$J
waromierz *m el.* varmeter
warstewka *f* film, lamina, lamella, *zob. też* **warstwa**
~ **ochronna** protective film
~ **smaru** *masz.* lubricating film, oil film
~ **tworząca się na powietrzu** air-formed film
warstwa *f* layer; ply; tier; *fiz.* shell; *geol.* stratum (*pl* strata)
~ **adsorpcyjna** *chem.* surface-active film
~ **barierowa** (*antykorozyjna*) barrier layer
~ **barwoczuła** *fot.* colour sensitive layer
~ **Beilby'ego** (*na powierzchni metalu po polerowaniu*) Beilby layer
~ **cegieł** (*w murze*) *bud.* course of bricks
~ **chmur** *meteo.* cloud layer
~ **cieczy spływająca** *mech.pł.* falling film
~ **cienka** *elektron.* thin (magnetic) film
~ **dolna** *geol.* sublayer, underlayer
~ ~ **drzewostanu** *leśn.* understorey
~ **domieszkowa** *elekron.* extrinsic film
~ ~ **podpowierzchniowa** buried impurity layer
~ **dwuelektronowa** *fiz.* K-shell, two-electron shell
~ **dyfuzyjna** **1.** *elchem.* diffusion layer **2.** *obr.ciepl.* case
~ **elektronowa** *fiz.* electron shell (*in an atom*)
~ **elektryczna podwójna** *elchem.* electrical double layer, dipole layer
~ **emulsji** *fot.* emulsion layer
~ **epitaksjalna** *elektron.* epitaxial layer
~ ~ **cienka** epitaxial film
~ **filtracyjna** filter layer; filter bed; *inż.* drainage blanket
~ **glonów** (*na powierzchni wody*) algae bloom
~ **główkowa cegieł** *bud.* heading course of bricks
~ **górna** *geol.* superstratum
~ ~ **nawierzchni** *drog.* surface course, top course
~ **graniczna** boundary layer
~ **graniowa** (*spoiny*) *spaw.* root bead, root pass, capping pass, cap run, stringer
~ **Heaviside'a** Heaviside layer
~ **Helmholtza** *elchem.* compact double layer, Helmholtz double layer
~ **inwersyjna** *elektron.* inversion layer
~ **izolacyjna przeciwwilgociowa** *bud.* damp-proof course, damp-course
~ **jednoatomowa** monoatomic film
~ **jednocząsteczkowa** monolayer, monomolecular layer
~ **jonowa podwójna** electric double layer, dipole layer
~ **K** *fiz.* K-shell, two-electron shell
~ **kontaktowa** *elektron.* conductor layer (*in film circuits*)
~ **kulista** *mat.* zone of a sphere; *fiz.* spherical shell
~ **lewostronna** *mat.* left coset
~ **licowa** *skór.* grain layer
~ **M** *fiz.* M-shell
~ **magnetyczna** *fiz.* magnetic film, magnetic coating
~ **mizdrowa** *skór.* flesh layer
~ **monomolekularna** monomolecular layer, monolayer
~ **N** *fiz.* N-shell
~ **naazotowana** *obr.ciepl.* nitrided case

~ **nacyjanowana** *obr.ciepl.* cyanide case
~ **nadległa** *górn.* overlaying bed
~ **nanoszona próżniowo** *elektron.* vacuum-deposited film
~ **naskórkowa** *el.* skin layer
~ **naspawana** *spaw.* buildup, overlay
~ **nasypu refulowanego** *inż.* hydraulic beach
~ **niecałkowicie osadzona** *zob.* **warstwa niezapełniona**
~ **niezapełniona** *fiz.* shell with a vacancy
~ **nośna** (*drogi*) base (course); foundation
~ **obojętna belki** *wytrz.* neutral layer of a beam
~ **organiczna** *gleb.* organic layer
~ **orna** (*gleby*) surface soil, topsoil
~ **osłabienia dziesięciokrotnego** *radiol.* tenth-value layer
~ ~ **połówkowego** half-value layer
~ **ośmioelektronowa** *fiz.* eight-electron shell, L-shell
~ **płonna** *górn.* barren measure
~ **podkładowa** *powł.* precoat
~ **podkolektrowa** *elektron.* buried layer
~ **podsmarowa** *obr.plast.* lubricant carrier
~ **połówkowa** *zob.* **warstwa osłabienia połówkowego**
~ **pośrednia 1.** *geol.* interlayer **2.** *spaw.* interrun, interpass
~ **powierzchniowa** *mech.pł.* superficial layer
~ ~ **utwardzona** (*stali*) *obr.ciepl.* case
~ **półchłonna** *radiol.* half-value layer
~ **prawostronna** *mat.* right coset
~ **prądowa** *fiz.* current sheet
~ **przeciwodblaskowa** *fot.* antihalation layer (*on film*); anti-reflex coating, blooming (*on lens*)
~ **przepuszczalna** permeable layer
~ **przewodząca** conducting film
~ **przypowierzchniowa inwersyjna** (*w półprzewodniku*) *elektron.* surface inversion layer
~ ~ **zubożona** (*w półprzewodniku*) surface depletion layer
~ **przyścienna** *mech.pł.* boundary layer
~ ~ **burzliwa** turbulent boundary layer
~ ~ **laminarna** laminar boundary layer
~ ~ **stateczna** stable boundary layer
~ ~ **temperaturowa** thermal boundary layer
~ **reakcyjna** *elchem.* reaction layer
~ **retikulinowa** *skór.* reticular layer
~ **rozmyta** *elchem.* diffuse layer
~ **samoistna** (*w półprzewodniku*) *elektron.* intrinsic film
~ **siatkowa** *skór.* reticular layer
~ **skały płonnej** *geol.* dirt bed, dirt band
~ **skóry właściwej** true skin
~ **skrajna belki** *wytrz.* extreme layer of a beam
~ **spągowa** *geol.* underlayer, sublayer
~ **spoiny** weld pass, weld run, weld layer
~ **stropowa** *geol.* superstratum
~ **ścieralna nawierzchni** *drog.* wearing course, surface course
~ **światłoczuła** photographic emulsion
~ **uprawna** (*gleby*) surface soil, topsoil
~ **uszczelniająca** sealer
~ **walencyjna** *fiz.* valency shell
~ **wielocząsteczkowa** multimolecular layer
~ **wirowa** *mech.pł.* vortex sheet
~ **wodonośna** *gleb.* aquiferous layer
~ **wodoszczelna** *geol.* aquifuge
~ **wyrównawcza** *drog.* levelling course, levelling layer, sub-crust
~ **wysadzona cegieł** *bud.* string-course, sailing course
~ **wzbogacona** *elektron.* enhanced layer
~ **zagrzebana** *elektron.* burried layer
~ **zapełniona** *fiz.* filled shell
~ **zaporowa** *elektron.* barrier layer, blocking layer, depletion layer, space charge layer
~ **zaprawy** *bud.* mortar bed
~ **zewnętrzna** *powł.* topcoat
~ **zubożona** *elektron.* depletion layer
~ **zwarta** *elchem.* compact double layer, Helmholtz double layer
warstwica *f* contour (line)
~ **głębinowa** bathymetrical contour, depth contour, depth curve, isobath
warstwopion *m bud.* storey rod
warstwowanie *n geol.* stratification, bedding
~ **repetycyjne** *geol.* rhytmic stratification
warstwownica *f kotł.* coal gate, vertical lifting fire door
warstwowy *a* laminar
warstwy *fpl* **ciekłe** *geol.* running measures
~ **karbońskie** *geol.* coal measures
~ **kurzawkowe** *geol.* running measures
~ **nadległe** *geol.* superimposed strata
~ **osadowe wtórne** *geol.* redeposition
~ **roponośne** *geol.* oil measures
~ **siodłowe** *geol.* saddle series
~ **węglowe** *geol.* coal measures
warsztat *m* workshop, shop
~ **kotlarski** boiler shop
~ **kowalski** blacksmith shop
~ **malarski** paint shop
~ **mechaniczny** machine-shop
~ **mokry** *skór.* beamhouse, beamroom
~ **naprawczy** repair shop; service workshop
~ **narzędziowy** tool-room, tool shop, toolmakers's shop
~ **przewoźny** mobile workshop
~ **remontowy** repair shop
~ **stolarski** joinery, woodworking shop
~ **usługowy** service workshop
~ **uzbrojeniowy** armoury
~ **wulkanizacyjny** vulcanizing shop
~ **wyposażeniowy** *okr.* outfit shop
warsztatowiec *m* **1.** shopman **2.** *okr.* floating workshop, repair ship
warsztaty *mpl* **kolejowe** railway workshop
wartościowanie *n* valuation
wartościowość *f chem.* valency (number), valence
~ **dodatnia** positive valence
~ **drugorzędowa** secondary valence, coordinate valence

~ **elektrochemiczna** electrovalence
~ **główna** primary valence
~ **jonowa** electrovalence
~ **jonu** ionic valence
~ **kowalencyjna** covalence
~ **pierwszorzędowa** primary valence
~ **poboczna** secondary valence, coordinate valence
~ **ujemna** negative valence
~ **wtórna** *zob.* **wartościowość poboczna**
~ **względem wodoru** hydrogen referred valence
wartościowy *a* valuable
n-**wartościowy** *a mat.* *n*-valued
wartość *f* value
~ **absorpcji** *fiz.* absorbance, absorbancy
~ **aktualna** real value, actual value
~ **antydetonacyjna** *paliw.* anti-knock value, anit-knock rating, knock-rating
~ **bezwzględna** absolute value
~ ~ **liczby rzeczywistej** magnitude of a real number, absolute value of a real number
~ ~ **wektora** magnitude of a vector
~ **biologiczna** (*białka*) biological value (*of protein*)
~ **brzegowa** *mat.* boundary value
~ **chwilowa** actual value, instantaneous value
~ **cieplna kalorymetru** energy equivalent of a calorimeter
~ ~ **świecy zapłonowej** *siln.spal.* sparking plug heat factor, sparking plug heat range
~ **dodatkowa** *ek.* surplus value
~ **dopuszczalna** admissible value; *skj* specification limit
~ **ekstremalna** extreme value
~ **funkcji** *mat.* dependent variable
~ **główna** (*funkcji*) *mat.* principal value
~ ~ **logarytmu** principal logarithm
~ ~ **(w sensie) Cauchy'ego** Cauchy principal value
~ **graniczna** boundary value
~ **hodowlana** *zoot.* breeding value, genic value
~ **inwentarzowa** *el.* book value, B/v
~ **jednostkowa** per unit value
~ **koagulacyjna** coagulation concentration
~ **liczbowa** numerical value
~ ~ **twardości** *wytrz.* hardness number
~ **logiczna** *mat.* logical value
~ **łączna** aggregate value, total value
~ **maksymalna** maximal value
~ **międzyszczytowa** (*wielkości okresowej*) *el.* peak-to-peak value
~ **minimalna** minimum value
~ ~ **wielkości okresowej** *el.* valley value
~ **modalna** *mat.* modal value, mode
~ **nastawiona** *aut.* set value, setting (*of a controlled quantity*)
~ **nominalna 1.** *ek.* nominal value, face value **2.** rated value, rating, nominal value
~ **oczekiwana** expected value, EV, expected utility, EU, (mathematical) expectation
~ ~ **warunkowa** conditional expected value
~ **odniesienia** *skj* basic size
~ **odżywcza** *spoż.* nutritive value
~ **oktanowa** *paliw.* octane rating
~ **opałowa (dolna)** net calorific value, n.c.v, lower heating value
~ ~ **górna** gross calorific value, high-heat value
~ **optymalna** optimal value
~ **pH** *chem.* pH-value
~ **podlegająca ubezpieczeniu** *ek.* insurable value
~ **podziałki** *masz.* pitch length
~ **pokarmowa** food value, nutritive value
~ **poprawna wielkości** *metrol.* true conventional value
~ **prawdopodobna** probable value; suspected value
~ **procentowa** percentage value
~ **progowa** (*koagulacji*) coagulation concentration
~ **projektowa** design value
~ **przeciwstukowa** *paliw.* anti-knock value, anti-knock rating, knock-rating
~ **przemiałowa** *młyn.* milling quality
~ **przestrzenna średnia** *nukl.* spatial average
~ **przybliżona** approximate value
~ **przypadkowa sygnału** *tel.* freak value of a signal
~ **Q** *fiz.* Q-value, nuclear disintegration energy
~ **rafinacyjna** *cukr.* rendement
~ **regatowa** *żegl.* rating
~ **rynkowa** *ek.* market value
~ **rzeczywista** actual value, real value
~ **skrobiowa** *roln.* starch equivalent
~ **skuteczna** (*wielkości okresowej*) *el.* root-mean-square value, rms value
~ ~ **prądu** root-mean-square current, rms current, effective current
~ **spodziewana** *mat.* expected value, EV, expected utility, EU, (mathematical) expectation
~ **szacunkowa** estimated value
~ **szczytowa** peak (value), crest value
~ ~ **impulsu** *el.* impulse crest
~ ~ **napięcia** peak voltage, crest voltage
~ ~ **prądu** *el.* peak current
~ ~ **sygnału** *tel.* signal peak
~ **średnia** mean (value), average, av.
~ ~ **w zespole** statistical average, ensemble average, expectation value
~ **ubezpieczeniowa** insurable value, insurance value
~ **wejściowa** *zob.* **wartość wielkości wejściowej**
~ **wielkości wejściowej** input value
~ ~ **wyjściowej** output value
~ **własna** *mat.* eigenvalue, characteristic value, characteristic number, characteristic root, latent root
~ **wyjściowa** output value
~ **wyprostowana** (*wielkości okresowej*) *el.* rectified value
~ **wyzwalająca** *aut.* trip point

~ **zadana** *aut.* set value (*of a controlled quantity*)
~ **zalecana** preferred value
~ **zaobserwowana** observed value
~ **zerowa funkcji** *mat.* zero of a function
~ **znamionowa** rating, rated value, nominal value
~ ~ **znormalizowana** standard rating
~ **żądana** *aut.* desired value, required value (*of a controlled quantity*)
wartownia *f* watch room
warunek *m* condition, *zob.też* **warunki**
~ **Abbego** *opt.* Abbe's sine condition
~ **brzegowy** *mat.* boundary condition
~ **Cauchy'ego** (*zbieżności*) *mat.* Cauchy's condition (*for convergence*)
~ **chwytu** (*przy walcowaniu*) *obr.plast.* biting condition, roll·bite
~ **domniemany** (*np. umowy*) *ek.* implied term, implied condition
~ **dostateczny** sufficient condition
~ **konieczny** necessary condition
~ **plastyczności** *obr.plast.* yield criterion, criterion of plastic yielding, condition of plasticity
~ **początkowy** *mat.* initial condition
~ **wstępny** precondition
~ **wypromieniowania** *mat.* radiation condition
warunki *mpl* **atmosferyczne** weather conditions
~ **brzegowe** *mat.* boundary conditions
~ **burzowe** *lotn.* rough air
~ **Cauchy-Riemanna** *mat.* Cauchy-Riemann conditions
~ **ciężkie** trying conditions, difficult conditions
~ **doświadczalne** experimental conditions
~ **drogowe** road conditions
~ **eksploatacji** service conditions
~ **graniczne** *mat.* boundary conditions
~ **klimatyczne** climatic conditions
~ **korzystne** *ek.* easy terms
~ **kredytowe** terms of credit
~ **meteorologiczne** weather conditions
~ ~ **do lotów wg przyrządów** instrument meteorological conditions, IMC, IFR conditions
~ ~ ~ ~ **z widzialnością Ziemi** visual meteorological conditions, VMC
~ ~ **poniżej dopuszczalnych** *lotn.* below minimums
~ **mieszkaniowe** housing conditions
~ **niesprzyjające** adverse conditions
~ **normalne 1.** (*temperatury i ciśnienia*) standard conditions, NTP conditions (*normal temperature and pressure*) **2.** *ek.* usual terms, u.t.
~ **odbioru 1.** *rad.* receiving conditions **2.** *ek.* acceptance requirements
~ **otoczenia** environmental conditions
~ **płatności** terms of payment
~ **początkowe** initial conditions
~ **pracy 1.** (*urządzenia*) operating conditions, regime **2.** *bhp* working conditions
~ ~ **nieustalone** *el.* transient conditions
~ ~ **przy stałym obciążeniu** *el.* steady-load conditions
~ ~ **ustalone** *el.* steady-state conditions
~ **równowagi** (*układu sił*) *mech.* conditions of equilibrium
~ **sanitarne** sanitary conditions
~ **sprzedaży** terms of sale
~ **sprzyjające** favourable conditions
~ **stapiania elektrody** *spaw.* melting characteristics of an electrode
~ **techniczne** technical specifications
~ **umowy** terms of contract
~ **użytkowania** service conditions, operating conditions
~ **występowania** (*pokładu*) *geol.* mode of occurence
~ **zgodności** *mat.* consistency conditions
~ **zdrowotne** sanitary conditions
~ **znamionowe** (nominal) rating
~ ~ **przy pracy ciągłej** (*urządzenia*) continuous(-duty) rating
~ **zwarciowe** *el.* short-circuit conditions
warunkowy *a* conditional
warwa *f* (*warstewka ilastego osadu*) *geol.* varve
warystor *m el.* varistor, variable resistor
~ **światłoczuły** photovaristor
warzelnia *f papiern.* digester house
~ **mydła** pan room (*in soap manufacturing*)
~ **soli** saltworks, saltpan, saline
warzelniczy *m* (*pracownik*) *papiern.* digesterman
warzenie *n* cooking, boiling
~ **celulozy** kiering of cellulose
~ **drewna** *papiern.* wood-digestion
~ **mydła** soap boiling
~ **piwa** brewing
~ **siarczanowe** *papiern.* sulfate cooking
~ **siarczynowe** *papiern.* sulfite cooking
~ **soli** obtaining salt by evaporation of brine
~ **tkanin** *włók.* lixiviation
~ **w mleku wapiennym** *włók.* bowking
warzonka *f* evaporated salt
warzywa *npl roln.* vegetables, greens
warzywnictwo *n* market gardening
WAT = Wojskowa Akademia Techniczna
wat *m jedn.* watt, W
wata *f* cotton-wool
~ **azbestowa** asbestos wool
~ **bawełniana** cotton wool
~ **celulozowa** cellucotton
~ **stalowa** steel wool
~ **szklana** glass wool
~ **żużlowa** slag wool, slag hair
watersztag *m okr.* bobstay
watolina *f włók.* wadding
watomierz *m el.* wattmeter
~ **zdalny** telewattmeter
watosekunda *f jedn.* watt-second: $1W \cdot s = 1J$
wawelit *m min.* vavellite
wawrzyn *m* **szlachetny** *bot.* laurel, sweet bay, *Laurus nobilis* L.
wawrzynek *m* **wilczełyko** *bot.* wild pepper, *Daphne mezercum*

wazelina *f* petroleum jelly, vaseline
~ **apteczna** paraffin jelly
wazopressyna *f biochem.* antidiuretic hormone, vasopressin, ADH
ważenie *n* weighing
~ **bezpośrednie** single weighing
~ **hydrostatyczne** sinker weighing
~ **metodą podstawiania** weighing by substitution
~ ~ **tary** counterpoise weighing
~ ~ **wahnień** weighing by swings
~ **podwójne** (*bez tary*) transposition weighing
~ **porcjowe** batch weighing
ważki *a fiz.* ponderable
ważkość *f fiz.* ponderability
~ **psofometryczna** (*dla danej częstotliwości*) *tel.* psophometric weight
ważny *a* **1.** (*dokument*) valid **2.** important
ważyć *v* weigh
wągier *m zool.* cysticercus
wąglik *m wet.* anthrax
~ **u owiec** braxy
wągrzyca *f med.* cysticercosis, pork measles
wąs *m bot.* runner
~ **kierowniczy** *mot.* steering knuckle arm
~ **kłosa** *bot.* awn, beard
~ **pnącza** *bot.* tendril
~ **salingu** *okr.* outrigger
wąski *a* narrow
wąskie gardło *n* (*np. w produkcji*) bottleneck
wąskie przejście *n* **żeglowne** *żegl.* narrow waters, narrows
wąskosłoisty *a drewn.* fine-ringed
wąskotorowy *a kol.* narrow-gauge
wąsonogi *mpl* (*skorupiaki obrastające dno statku*) *zool.* barnacles, *Cirripedia*
wątek *m włók.* weft, woof; *US* filling
wątków na cal *włók.* picks per inch, ppi
wątłusz *m zool.* cod, cod fish, *Gadus morrhua* L.
wątroba *f anat.* liver, hepar
~ **siarczana** *chem.* liver of sulfur, sulfurated potash
wąwóz *m* **1.** *geol.* ravine **2.** *nukl.* canyon (*in a radiochemical plant*)
wąż *m* hose
~ **do spawania gazowego** welding hose
~ **hamulcowy** *kol.* (air) brake hose
~ **ładunkowy** (*do paliw płynnych*) *żegl.* oil hose
~ **nurkowy** diving air hose
~ **oplatany** braided hose
~ **parciany** canvas hose
~ **powietrzny uszczelniający** inflatable sealing tube
~ **pożarniczy** fire hose
~ **próżniowy** suction hose
~ **zbrojony** armoured hose
Wb = weber *jedn.* weber
wbijać *v* **gwoździe** drive nails, nail
~ **kliny** force wedges
~ **pale** drive piles
wbudowany *a* built-in
wbudowywać *v* build in; embody; incorporate
~ **podsypkę** *kol.* ballast
wchłaniać *v* absorb; imbibe
wchłanianie *n* absorption; imbibition
wchłonięcie *n nukl.* capture
wchodzić *v* **do wykroju** (*walców*) *obr.plast.* enter a roll pass
~ **na pokład** *żegl.* go aboard
~ **na wysokość** *lotn.* climb
~ **w zazębienie** *masz.* mesh, engage
~ **w życie** (*o przepisach*) take effect
wciąg *m* **wiertniczy** drilling tackle, crown block
wciągać *v* draw in, pull in
~ **linę** haul in a rope
~ **podwozie** *lotn.* retract the undercarriage
~ **przewody w rurkowanie** *el.* fish
wciąganie *n* **1.** (*w blacharstwie*) taking in, puckering (*sheet metal*) **2.** *inf.* (*rozwijanie programu*) bootstrap
wciągany *a lotn.* retractable
wciągarka *f* hoisting winch
~ **mechaniczna** power winch
wciągnik *m* **1.** hoist; block **2.** *lotn.* retracting jack
~ **klap** *lotn.* flap jack
~ **łańcuchowy** chain block
~ **nieprzejezdny ręczny dźwigniowy** lever pull hoist
~ **podwozia** *lotn.* undercarriage jack, gear retraction jack
~ **przejezdny** travelling block; traversing hoist, monorail hoist
~ ~ **elektryczny** telpher
~ ~ ~ **z jazdą górną** monorail telpher
~ **samohamowny** self-locking hoist, safety hoist
~ **suwnicy** hoisting crab
~ **wielokrążkowy** hoisting tackle, block and tackle
~ **z przekładnią ślimakową** worm geared hoist
~ ~ ~ **zębatą** geared hoist
wciek *m san.* influent
wcieranie *n* **na kalandrze** *gum.* friction calendering, frictioning
wcięcie *n* **1.** incision, identation, dent, nick **2.** *poligr.* indention **3.** *med.* incisure, notch
~ **w przód** *geod.* intersection
~ **wstecz** *geod.* resection, reverse intersection
wcinka *f górn.* neck
wcios *m górn.* cut, nick, shear
wcisk *m masz.* interference, negative allowance
wciskać *v* force in, drive in, push in
~ **do oporu** press home
~ **na gorąco** shrink on
~ **tuleję** *masz.* bush
WCT NOT = Wydawnictwa Czasopism Technicznych NOT
w.cz. = wielka częstotliwość *el.* high frequency
wczep *m* **1.** *drewn.* dovetail **2.** *żegl.* pennant
~ **opony** tyre flipper
~ **płetwiasty** *drewn.* dovetail

wczepiarka *f drewn.* dovetailing machine, dovetail jointer, gang mortiser
wczesna odmiana *f roln.* early variety
wczytywanie *n inf.* reading in
wdarcie *n* **się wody** *górn.* inrush of water, debacle
wdech *m fizjol.* inspiration
wdmuchiwać *v* **tlen** blow oxygen, inject oxygen
wdrażanie *n* (*np. nowej technologii*) implementation; practical application
~ **normy** enforcing a standard
wdychanie *n biol.* aspiration
~ **pyłu** inhaling dust
wdzierka *f górn.* drawing at entry
we właściwy sposób properly, in a proper manner
we właściwym czasie in due time
weber *m jedn.* weber, Wb
według oryginału from the original
według umowy according to contract
według wartości *ek.* ad valorem, A/V
według wzornika by using a pattern
według wzoru... by formula...
wegetatywny *a biol.* vegetative
wehikuł *m* vehicle, *zob.też* **pojazd; statek**
wejście *n* **1.** entrance; entry; ingress **2.** *aut.* input **3.** *med.* aditus (*pl* aditus, adituses)
~ **akustyczne** *aut.* vocal input
~ **celowe** *aut.* purposeful input
~ **danych** *inf.* data-in, DI
~ **dynamiczne** *aut.* dynamic input
~ **ekspanderowe** *aut.* extender input
~ **główne** *bud.* main entry
~ **gospodarcze** *bud.* back entrance, postern
~ **jednoprzewodowe** *elektron.* single-ended input
~ **liczące** (*przerzutnika*) *aut.* T input
~ **na orbitę** *kosm.* entering an orbit, orbit capture
~ **negujące** *aut.* negated input
~ **nieodwracające** *elektron.* noninverting input
~ **niespolaryzowane** *elektron.* input not referred to a potential
~ **niesymetryczne** *zob.* **wejście jednoprzewodowe**
~ **odwracające** *elektron.* inverting input
~ **portowe** *żegl.* navigation opening
~ **przełączające** (*przerzutnika*) *aut.* forcing input
~ **przygotowujące** (*przerzutnika*) *aut.* preparatory input
~ **przypadkowe** *aut.* incidental input
~ **różnicowe** *elektron.* differential input
~ **spolaryzowane** *elektron.* input referred to a potential
~ **statyczne** *aut.* static input
~ **symetryczne** *elektron.* push-pull input
~ **synchronizacji** (*przerzutnika*) *aut.* G input
~ **środowiskowe** *aut.* environmental input
~ **uaktywnienia** *elektron.* enable input
~ **w atmosferę** *kosm.* atmospheric entry, reentry
~ **w burcie** *okr.* gangway
~ **w strefę przyciągania Księżyca** *kosm.* lunar capture
~ **wzbronione** no entry, entrance prohibited
wejściowy sygnał *m* **odniesienia** *aut.* reference input
wejść *v* **do portu** *żegl.* enter a harbour, put in
~ **na mieliznę** *żegl.* run aground, strand
~ **na orbitę** *kosm.* enter the orbit
~ **na pokład samolotu** emplane
~ ~ ~ **statku** board a ship
~ **na pułap** *lotn.* hit the ceiling
~ **na rynek** *ek.* enter the market
~ **w końcowe stadium** reach the last stage
~ **w korkociąg** *lotn.* go into spin
weksel *m ek.* bill of exchange
wektokardiografia *f med.* vectorcardiography
wektokardiogram *m med.* vector(electro)-cardiogram, cardiovectogram
wektor *m mat.* vector
~ **bazowy** basis vector
~ **biegunowy** polar vector
~ **Burgersa** *kryst.* Burgers vector
~ **charakterystyczny** characteristic vector
~ **falowy** *fiz.* wave vector
~ **jednostkowy** unit vector
~ **kolumnowy** column vector
~ **losowy** random vector
~ **mocy** (*pozornej*) *el.* vector power
~ **namiarowy** (*na ekranie wskaźnika radiolokacyjnego*) bearing vector
~ **niewłaściwy** zero vector
~ **niezerowy** non-zero vector
~ **osiowy** axial vector
~ **posuwny** sliding vector
~ **Poyntinga** *el.* Poynting vector
~ **sieci(owy)** *kryst.* unit lattice vector
~ **sinusoidalnie zmienny** (*na płaszczyźnie liczbowej*) sinor
~ **składowy o kolejności zerowej** *el.* zero--sequence component vector
~ **swobodny** free vector
~ **średniej krzywizny** mean curvature vector
~ **translacji** *zob.* **wektor sieci(owy)**
~ **wierszowy** row vector
~ **wirujący** rotating vector
~ **własny** eigenvector
~ **właściwy** non-zero vector
~ **wypadkowy** resultant (vector)
~ **zerowy** zero vector, null vector
~ **związany** localized vector
wektorowy *a* vectorial
wektorskop *m TV* vectorscope
welin *m papiern.* velin, vellum paper, wove paper
welodyna *f el.* velodyne
welur *m* **1.** *skór.* Suede leather **2.** *włók.* velour(s) **3.** *papiern.* flock coated paper, velour paper
welwet *m włók.* velveteen; corduroy
wełna *f* wool
~ **angorska** angora wool
~ **azbestowa** asbestos wool
~ **czesankowa** combed wool; worsted wool

~ **drzewna** wood wool
~ ~ **do opakowań** excelsior
~ **grzbietowa** back wool
~ **karbikowata** curly wool
~ **kaszmirska** cashmere wool
~ **martwa** dead wool; skin wool
~ **melanżowa** blending wool
~ **obłożona** moity wool, burry wool
~ **odtłuszczona** degreased wool, scoured wool
~ **ołowiana** (*do uszczelniania połączeń rurowych*) lead wool
~ **papierowa** paper wool, excelsior tissue
~ **pierwotna** (*nie regenerowana*) virgin wool
~ **ponowna** reworked wool, remanufactured wool, shoddy
~ **potna** grease wool, greasy wool
~ **prana** scoured wool
~ **stalowa** steel wool
~ **szklana** glass wool
~ **wtórna** reworked wool, remanufactured wool, shoddy
~ **z drugiej strzyży** fleece wool
~ **z pierwszej strzyży** lamb's wool, yearling's wool
~ **zdekolorowana** stained wool
~ **zgrzebna** carding wool
~ **żużlowa** slag wool, slag hair, silicate cotton
~ **żywa** live wool
wełniak *m* **pięciopręcikowy** *bot.* silk cotton tree, *Ceiba pentandra* (Stickm.) Gaerth.
wełniany *a* woolen
wełniarka *f* wood-wool machine
wełnodajny *a* wool-bearing
wełnopodobny *a* wool-like
wenesekcja *f med.* venesection
wentyl *m* = **zawór** *masz.* valve
wentylacja *f* ventilation
~ **mechaniczna** mechanical ventilation, artificial ventilation
~ (*ładunku*) **na wskroś** *żegl.* through ventilation
~ **naturalna** natural ventilation
~ **nawiewna** supply ventilation, pressure ventilation
~ **poosiowa** axial ventilation
~ **prądem wstępującym** *górn.* ascensional ventilation
~ ~ **zstępującym** descensional ventilation
~ **promieniowa** radial ventilation
~ **przelotowa** pipe ventilation
~ **przemysłowa** industrial ventilation
~ **wyciągowa** exhaust ventilation
~ **wywiewna** *zob.* **wentylacja wyciągowa**
wentylator *m* fan
~ **chłodzący** cooling fan
~ **nawiewowy** *okr.* downcast ventilator
~ **odśrodkowy** centrifugal fan
~ **osiowy** axial-flow fan
~ ~ **w osłonie pierścieniowej** ducted fan
~ **promieniowy** centrifugal fan
~ **śmigłowy** propeller fan
~ **tłoczący** pressure fan, forcing fan
~ **tunelowy** ducted fan
~ ~ **bez kierownicy** tubeaxial fan
~ ~ **z kierownicą** vaneaxial fan
~ **wyciągowy** exhaust fan, suction fan, exhauster, induced draught fan, ID fan
Wenus *f astr.* Venus
weranda *f bud.* veranda(h), piazza
weratryna *f chem.* cevadine, veratrine, veratria
werlit *m petr.* wehrlite, mirror glance
wermikulit *m min.* vermiculite
wernalizacja *f roln.* vernalization, iarovization
werneryt *m min.* scapolite
werp *m żegl.* kedge anchor
wersaliki *mpl poligr.* capital letters, capitals, caps, upper case
wersenian *m chem.* versenate
wersor *m mat.* unit vector, versor
wertykał *m astr.* vertical circle
weryfikacja *f* revision; verification
~ **procedury odbiorczej** *skj* sampling verification
weryfikator *m tel., inf.* verifier
wessanie *n* (*przypadkowe, np. do silnika odrzutowego*) ingestion
wesz *f zool.* louse (*pl* lice), *Pediculus humanus*
weterynaria *f* veterinary medicine
weterynarz *m* veterinary surgeon, veterinarian, vet
wewnątrz budynku indoors
wewnątrzatomowy *a* intraatomic, subatomic
wewnątrzcząsteczkowy *a* intramolecular
wewnątrzjądrowy *a* intranuclear
wewnątrzkrystaliczny *a* intracrystalline
wewnątrzmolekularny *a* intramolecular
wewnątrzpochodny *a biol.* endogenous
wewnątrzzakładowy *a* in-house
wewnętrzna praca *f* **wyjścia** *fiz.* inner work function
wewnętrzny *a* internal, inner; intrinsic; *mat.* interior
wezbranie *n* **wód** (*rzeki*) freshet
wezerometr *m powł.* weatherometer
wezgłowie *n bud.* abutment
~ **filara** cushion, coussient
~ **sklepienia** abutment, skewback
wezykla *f geol.* vesicle, air sac
węda *f ryb.* fishing line
~ **ciągniona** trolling line, troll(er)
~ **ręczna** whiffing line
~ **stawna** standing line
wędka *f ryb.* angle; fishing rod, fishing pole
wędkarstwo *n ryb.* fishing, angling
wędliny *fpl* cured meat products
wędrowny *a* migratory
wędrówka *f* migration, *zob.też* **migracja**
~ **(jonowa) srebra** *el.* silver migration
~ **jonów** *elchem.* ionic migration
~ **ryb** *zool.* migration of fish, trip of fish
~ **środka ciężkości** *lotn.* travel of the centre of gravity
wędrujący na tarło *ryb.* anadromous
wędzarnia *f* smoke-house; curing house
wędzenie *n* smoking; curing
~ **sztuczne** *spoż.* artificial smoking

wędzisko *n ryb.* fishing rod; fishing pole
wędzony *a* smoked; smoke-dried
węgar *m bud.* jamb
węgarek *m bud.* external reveal, break jamb
węgiel *m* **1.** *chem.* carbon, C **2.** *min.* coal
~ **-14** (natural) radiocarbon, carbon-14
~ **aktywny** active carbon, activated carbon
~ **antracytowy** anthracite coal
~ **bezpopiołowy** ash-free coal
~ **bitumiczny** bituminous coal, soft coal
~ **błyszczący** bright coal, brights
~ **brunatny** brown coal; lignite
~ **bunkrowy** bunker coal
~ **chudy** dry steam coal, lean coal, short flame coal
~ ~ **niespiekalny** free-burning coal
~ **długopłomiennny** long flame coal
~ **drobny** small coal, smalls, slack
~ **drzewny** charcoal, wood coal
~ **energetyczny** power coal, boiler coal, steam coal
~ **gazowo-płomienny** gas-flame coal
~ **gazowy** **1.** (*retortowy*) gas carbon **2.** gas coal
~ **głuchy** dull coal
~ **gruby** large coal, lump coal, coarse coal
~ **kamienny** hard coal, bituminous coal
~ **kenelski** cannel, cannel-coal
~ **koksujący** coking coal
~ **kostny** bone charcoal, bone black
~ **kowalski** smithy coal, forge coal
~ **krótkopłomienny** short flame coal, dry steam coal, lean coal
~ **kuzienny** forge coal, smithy coal
~ **martwy** dead coal
~ **matowy** dull coal
~ **miękki** soft coal, bituminous coal
~ **niewzbogacony** run-of-mine coal, undressed coal, raw coal
~ **niskopłomienny** low ash coal
~ **niskouwęglony** low-rank coal
~ **odpadowy** inferior coal, unsaleable coal
~ **odprężony** dead coal
~ **opałowy** stove coal
~ **parowy** steam coal, boiler coal, power coal
~ **pasemkowy** banded coal
~ **płomienny** flame coal, splint (coal), splent
~ **płukany** washed coal
~ **pobitumiczny** subbitúminous coal
~ **półpłynny** slurry coal
~ **promieniotwórczy** radiocarbon, carbon-14
~ **przerośnięty** banded coal
~ **retortowy** gas carbon
~ **rozdrobniony** broken coal
~ **sortowany** sized coal; graded coal
~ **spiekalny** baking coal, caking coal
~ **subbitumiczny** semi-bituminous coal
~ **surowy** raw coal, undressed coal, run--of-mine coal
~ **średnio uwęglony** medium-rank coal
~ **świeży** green coal
~ **tłusty** fat coal
~ **wolny** *met.* free carbon
~ **wysoko uwęglony** high-rank coal
~ **wysokopopiołowy** high-ash coal
~ **wzbogacony** dressed coal
~ **ziemisty** smudge coal, earthy coal
~ **związany** *met.* combined carbon
~ **zwierzęcy** animal charcoal, animal black
~ **zwierzęcy z krwi** blood char(coal)
~ **zwietrzały na wychodniach** crop coal
~ **żarzenia** *met.* temper carbon
węgielnica *f metrol.* square
~ **pryzamtyczna** prism square
~ **zwierciadlana** optical square
węgieł *m bud.* quoin
węgierka *f bot.* plum tree, *Prunus domestica*
węglan *m chem.* carbonate
~ **amonowy** ammonium carbonate
~ **bizmutylu** basic bismuth carbonate, bismuth subcarbonate
~ **kwaśny** = **wodorowęglan** bicarbonate, acid carbonate
~ **magnezowy** magnesium carbonate
~ ~ **zasadowy** magnesia alba
~ **potasowy** potassium carbonate
~ **sodowy** sodium carbonate
~ **wapniowy** calcium carbonate, carbonate of lime
węglarka *f kol.* coal car; *US* gondola (car)
węglarz *m kotł.* coal passer; trimmer
węglica *f med.* anthracosis, blacklung
węglik *m chem.* carbide
~ **jonowy** salt-like carbide
~ **krzemu** silicon carbide
~ **sferoidalny** *met.* spheroidized carbide
~ **wapniowy** calcium carbide
~ **żelaza** iron carbide
węgliki *mpl* **spiekane** sintered carbides
~ **szczątkowe** *met.* undissolved carbides
węglikoazotek *m chem.* carbonitride
węglisty *a* carbonaceous
węgloazotowanie *n obr.ciepl.* cyaniding, cyanide (case) hardening
węgloutwardzanie *n* **cieplne** *obr.ciepl.* case hardening
węglowce *mpl chem.* carbon family, carbon group (C, Si, Ge, Sn, Pb)
węglowiec *m okr.* collier, coal carrier
węglowodany *mpl chem.* carbohydrates, saccharides, sugars
węglowodory *mpl chem.* hydrocarbons
~ **acetylenowe** acetylene hydrocarbons, alkynes
~ **alicykliczne** alicyclic hydrocarbons
~ **alifatyczne** aliphatic hydrocarbons, chain hydrocarbons, acyclic hydrocarbons
~ **aromatyczne** aromatic hydrocarbons, arenes
~ **cykliczne** cyclic hydrocarbons, ring hydrocarbons
~ **etylenowe** ethylenic hydrocarbons, alkenes, olefins
~ **łańcuchowe** chain hydrocarbons, acyclic hydrocarbons, aliphatic hydrocarbons
~ **naftenowe** naphthenes, cycloparaffin hydrocarbons

~ **nasycone** saturated hydrocarbons
~ ~ **niższe** lower paraffins
~ **olefinowe** olefins, alkenes, ethylenic hydrocarbons
~ **parafinowe** paraffin hydrocarbons, alkenes, aliphatic saturated hydrocarbons
~ **pierścieniowe** ring hydrocarbons, cyclic hydrocarbons
~ **wielopierścieniowe** polynuclear hydrocarbons
~ **żywicotwórcze** resin-forming hydrocarbons
węglowodór *m* **kauczuku** *chem.* rubber hydrocarbon, RHC
węglowy *a* **1.** *chem.* carbon; carbonic **2.** *min.* coaly **3.** *geol.* carbonaceous, carboniferous
węgorz *m zool.* eel, *Anguila*
węgorzyk *m* **octowy** *zool.* vinegar eel, *Turbotrix aceti*
węza *f pszczel.* foundation
węzeł *m* **1.** knot **2.** *jedn.* knot: 1 knot = = 1.852 km/h **3.** *fiz.* node **4.** *mech.* kinematic pair **5.** *mat.* knot, node **6.** *anat.* node
~ **chłonny** *anat.* lymph node, lymph gland, absorbent gland
~ **cieplny** *odl.* thermal centre, heat (distribution) centre, hot spot
~ **dyslokacji** *kryst.* dislocation node
~ **kolejowy** railway junction
~ **kratownicy** truss joint
~ **lotnisk** aerodrome complex
~ **napięcia** *rad.* voltage node
~ **obubieżny** amphidromic point
~ **otwarty** *mech.* uncomplete pair, force-closed pair
~ **podporowy belki kratowej** *bud.* truss shoe
~ **prądu** *el.* current node
~ **przedsionkowo-komorowy** *anat.* atrioventricular node
~ **sieci** *kryst.* lattice point
~ **sieciarski** *ryb.* mesh knot, netting knot
~ **sklepienia siatkowego** *arch.* lamella joint
~ **termiczny** *odl.* thermal centre, heat centre, hot spot
~ **zamknięty** *mech.* complete pair, self-closed pair
~ **zatokowy** *anat.* sinoatrial node
~ ~ **(serca)** heart pacemaker, pacemaker (*of heart*)
węzłowy *a fiz.* nodal
węzłówka *f* (*w kratownicy*) gusset (plate)
~ **obłowa** *okr.* wing bracket
~ **pokładowa** *okr.* beam knee
~ **przystępkowa** *okr.* keel bracket
~ **skośna** *okr.* dagger knee
wężownica *f* coil (pipe)
~ **chłodząca** cooling coil
~ **grzejna** heating coil
~ **parowa** steam coil
~ **wielopętlowa** multiloop coil
~ **żeberkowa** finned coil, extended surface coil
wężyk *m* **spustowy** *fot.* cable release
wężykowanie *n lotn.* snaking
wężykowaty *a* sinuous, tortuous
wężymord *m* **czarny korzeń** *bot.* scorzonera, black salsify, *Scorzonera hispanica*
WFS = **współczynnik fali stojącej** *rad.* standing wave ratio
WG = **Wydawnictwa Geologiczne**
wgłębianie *n* (*matryc*) *obr.plast.* hobbing
wgłębienie *n* cavity; pit; recess; nest; dimple
~ **na fotel** (*w podłodze nadwozia samochodowego*) seat well
~ **usztywniające tłoczone** bead (*in a sheet metal*)
wgłębnik *m* indenter, indenting tool, penetrator (*of a hardness tester*)
~ **kulkowy** stell ball indenter
~ **mikrotwardościomierza** microindenter
~ **ostrosłupowy diamentowy** pyramidal diamond indenter
~ **strojący śrubowy** (*w falowodzie*) *tel.* tuning screw, screw-tuner
wgłębność *f elchem.* throwing power
wgniatać *v* indent, dent
wgniecenie *n* identation, dent
Wh = **watogodzina** *jedn.* watt-hour
whisky *f spoży.* whisky, whiskey
WHZ = **Wydwanictwa Handlu Zagranicznego**
WI = **wzmacniacz impulsowy** pulse amplifier
wiadomość *f* message; *tel.* intelligence
wiadro *n* bucket
wiadukt *m* viaduct; overpass; overbridge
wialnia *f* **1.** *wzbog.* pneumatic separation plant, air classifier; dry cleaner **2.** *młyn.* dressing machine, fanning mill, fanner, winnower
~ **wstępnego oczyszczania** *młyn.* receiving separator
wialnik *m zob.* **wialnia 1.**
~ **płaski** air table
wianuszek *m* **uszczelniający** *odl.* sealing flange
wiarogodność *f* likelihood
~ **hipotezy** likelihood of hypothesis
~ **informacji** reliability of information
wiata *f bud.* island station roof, umbrella roof
wiatr *m* wind
~ **ageostroficzny** ageostrophic wind
~ **anabatyczny** anabatic wind
~ **antytryptyczny** antitriptic wind
~ **balistyczny** ballistic wind
~ **bardzo silny** moderate gale (7 *Beaufort scale*)
~ **boczny** cross-wind
~ **cykloniczny** cyclonic wind
~ **cyklostroficzny** cyclostrophic wind
~ **czołowy** head-wind, beating wind
~ **dobrzegowy** onshore wind
~ **dominujący** prevailing wind
~ **elektryczny** electric wind, static breeze, convective discharge
~ **Eulera** Eulerian wind
~ **geostroficzny** geostrophic wind
~ **gradientowy** gradient wind

~ **gwałtowny** fresh gale (8 *Beaufort scale*)
~ **halny** foehn
~ **izalobaryczny** isallobaric flow
~ **jonowy** ionic wind
~ **katabatyczny** katabatic wind
~ **łagodny** gentle breeze (3 *Beaufort scale*)
~ **od lądu** offshore wind, land wind
~ **od morza** onshore wind
~ **pomyślny** *żegl.* fair wind, leading wind
~ **przeciwny** head wind, beating wind
~ **silny** strong breeze (6 *Beaufort scale*)
~ **słaby** light wind, light breeze
~ **słoneczny** (*strumień cząstek elementarnych emitowanych przez Słońce*) *astr.* solar wind
~ **świeży** fresh breeze (5 *Beaufort scale*)
~ **termiczny** thermal wind
~ **umiarkowany** moderate breeze, moderate wind (4 *Beaufort scale*)
~ **z baksztagu** *żegl.* quarter(ing) wind
~ **z rufy** *żegl.* following wind, tailwind
wiatraczek *m* vane
~ **motarki** *włók.* swift
~ **zapalnika** arming vane (*of an air bomb*)
wiatrak *m* windmill
~ **mechanizmu bicia** *zeg.* fly, flirt mechanism
~ **młyński** grinding windmill
wiatrakowanie *n* (*śmigła*) *lotn.* windmilling (*of an airscrew*)
wiatrakowiec *m lotn.* autogiro, gyroplane
wiatrochron *m* **1.** *lotn.* windscreen, windshield **2.** *roln.* windbreak
wiatrołom *m* windfall
wiatromierz *m* anemometer
~ **czaszowy** cup anemometer
~ **zapisujący** anemograph
wiatropylność *f bot.* anemophily
wiatropylny *a bot.* anemophilous
wiatroszczelny *a* windproof
wiatroślizg *m* **wodny** windsurfer
wiatrował *m* windfallen tree
wiatrowiec *m petr.* ventifact, dreikanter, facted pebble, glyptolith, rillstone, wind-cut stone
wiatrownica *f bud.* wind brace, wind tie, wind beam
wiatrowskaz *m* wind vane, weathercock
wiatrówka *f* air gun, air rifle, BB gun
wiatry *mpl* **stałe** *meteo.* wind currents
~ **w górnych warstwach atmosfery** winds aloft, upper (level) winds
~ **zmienne** variable winds
wiąz *m* elm (tree), *Ulmus*
~ **amerykański** American elm, white elm, *Ulmus americana* L.
~ **górski** witch elm, *Ulmus glabra* Huds.
~ **pospolity** common elm, *Ulmus campestris* L.
wiązać *v* **1.** bind; tie; lash **2.** set (*of cement etc.*)
~ **azot** *chem.* fix the nitrogen
~ **sieć** *ryb.* knot a net
~ **w wiązki** bundle
~ **węzły** knot
wiązałka *f roln.* binder; sheafer
~ **lewotnąca** left-cutting binder
~ **prawotnąca** right-cutting binder
wiązanie *n* **1.** *chem.* bond(ing); fixation **2.** binding; lashing **3.** setting (*of cement etc.*) **4.** *bud.* bond (*of bricks*)
~ π *chem.* π bond, pi bond
~ τ *chem.* bent bond, banana bond
~ **acetylenowe** *chem.* carbon triple bond
~ **aksjalne** *chem.* axial bond
~ **atomowe** atomic bond, covalent bond, homopolar bond, non-polar bond
~ **bananowe** *chem.* banana bond, bent bond
~ **biologiczne azotu** biological nitrogen fixation
~ **błyskawiczne** (*cementu*) *bud.* flash set(ting)
~ **cementu** *bud.* cement setting, setting of cement
~ **chemiczne** chemical bond
~ **dipolowe** *chem.* dipole cohesion
~ **dwuelektronowe** *chem.* two-electron bond, electron-pair bond
~ **dwusiarczkowe** *chem.* disulfide bridge
~ **e** *zob.* **wiązanie ekwatorialne**
~ **ekwatorialne** *chem.* equatorial bond
~ **elektrowalencyjne** electrovalent bond, heteropolar bond, ionic bond
~ **etylenowe** *chem.* carbon double link
~ **fosfodwuestrowe** *biochem.* phosphodiester bond
~ **garbnika** *skór.* tannin fixation
~ **główkowe** (*w murze*) *bud.* header bond
~ **heteropolarne** electrovalent bond, heteropolar bond, ionic bond
~ **homeopolarne** homopolar bond, covalent bond, atomic bond, non-polar bond
~ **jednoelektronowe** one-electron bond
~ **jonowe** ionic bond, heteropolar bond, electrovalent bond
~ **jonowo-dipolowe** *chem.* ion-dipole bond
~ **koordynacyjne** semipolar bond, coordinate bond, dative bond
~ **kowalencyjne** covalent bond, atomic bond, homopolar bond, non-polar bond
~ ~ **niespolaryzowane** pure covalent bond
~ **krzyżykowe** (*cegieł*) *bud.* cross bond
~ **makroergiczne** *biochem.* high energy bond
~ **metaliczne** metallic bond
~ **między węglem i chlorowcem** *chem.* carbon-to-halogen bond
~ **międzycząsteczkowe** *chem.* intermolecular bond
~ **peptydowe** *chem.* peptide bond, peptide linkage
~ **podwójne** *chem.* double bond
~ **polarne** heteropolar bond, electrovalent bond, ionic bond
~ **potrójne** *chem.* triple bond
~ **półbiegunowe** *chem.* coordinate bond
~ **protonowe** hydrogen bond, hydrogen bridge
~ **semipolarne** semipolar bond, coordinate bond, co-ionic bond, dative bond

~ **sieci** *ryb.* knotting (nets)
~ **taśmą** (*przy pakowaniu*) strapping
~ **van der Waalsa** *chem.* van der Waals bond, molecular bond
~ **walencyjne** *chem.* valence bond, VB
~ **wielokrotne** *chem.* multiple bond
~ **wodorowe** hydrogen bond, hydrogen bridge
~ **wozówkowe** (*cegieł*) *bud.* stretcher bond
~ **zakrzywione** *chem.* banana bond, bent bond
~ **zaprawy** *bud.* mortar setting
~ **zgięte** *chem.* bent bond, banana bond
wiązanka *f* (*figur akrobacji lotniczej*) linked aerobatic figures
wiązar *m* **dachowy** *bud.* roof truss
~ **kratowy niemiecki** *bud.* scissors truss
~ ~ **prosty** trussed rafter
~ **lokomotywy** *kol.* coupling rod, side rod
~ **systemu Finka** *bud.* Fink truss
~ ~ **Polonceau** *zob.* **wiązar systemu Finka**
wiązarka *f* **osnowy** *włók.* twisting-in frame
~ **węzłów** *włók.* knotter
wiązka *f* bundle; bunch; sheaf
~ **chrustu** faggot
~ **czwórkowa** *el.* quad (*in a cable*)
~ ~ **jednoskrętna** star-quad
~ **do lądowania** *lotn.* landing beam
~ **elektrod** *spaw.* nested electrode
~ **elektronowa** *fiz.* electron beam, EB
~ **eliptyczna** (*promieniowania anteny*) *rad.* fan beam
~ **główna** (*promieniowania anteny*) *rad.* main lobe
~ **gwiazdowa** *el.* star-quad (*in a cable*)
~ **jonowa** *fiz.* ion beam
~ **kierunkowa** *el.* marker quad (*in a cable*)
~ **kołowa** (*promieniowania anteny*) *rad.* pencil beam
~ **kostyczna** *mat.* cotangent bundle
~ **laserowa** laser beam
~ **naczyniowa** *bot.* vascular bundle
~ **pali** *inż.* pile cluster
~ **parowa** *el.* pair (*in a cable*)
~ **płaszczyzny** *mat.* sheaf of planes, bundle of planes
~ **początkowa** *el.* reference quad
~ **promieniowania** *fiz.* beam (*of radiation*)
~ **prostych** *mat.* pencil of lines
~ **prowadząca** *rad.* guide beam
~ **przewodów** *el.* group of conductors, group of wires
~ **radarowa nakierowana na cel** target tracking beam
~ ~ **wachlarzowa** beavertail
~ **styczna** *mat.* tangent bundle
~ **światła** light beam
~ **wektorowa** *mat.* (vector) bundle
~ **włóknista** *mat.* fibre bundle
wiązki *fpl* **przewodzące** *bot.* vascular bundle, vascular strand
wiązkość *f* *mat.* toughness
wibracja *f* *mech.* vibration, *zob.też* **drgania**
~ **dźwięku** *akust.* flutter
wibracyjny *a* vibratory
wibrator *m* **1.** *el.* vibrator **2.** *masz.* vibrator, shaker
~ **buławowy** poker (concrete) vibrator
~ **do masy betonowej** concrete vibrator
~ **drążka sterowego** *lotn.* stick shaker
~ **krystaliczny piezoelektryczny** *el.* piezoelectric vibrator, piezoid
~ **pogrążalny** internal (concrete) vibrator, immersion vibrator
~ **przyczepny** external (concrete) vibrator, outside vibrator
~ **wgłębny** internal (concrete) vibrator, immersion vibrator
~ ~ **igłowy** vibrating spear
~ **zanurzeniowy** internal (concrete) vibrator, immersion vibrator
wibrograf *m* vibrograph
wibrometr *m* vibration meter, vibrometer
wibrować *v* vibrate
wibrowanie *n* vibration, vibrating
~ **wewnętrzne** (*betonu*) *bud.* internal vibration, pervibration (*of concrete*)
~ **wgłębne** *zob.* **wibrowanie wewnętrzne**
wichrować *v* **się** warp
wichrowatość *f* (*płaszczyzn*) twist
wichura *f* strong gale (9 *Beaufort scale*)
wicynalny *a* *chem.* vicinal, vic-
widełki *pl* fork
~ **cięgła** push-rod fork
~ **pasowe** *masz.* belt fork, belt striker
~ **przegubu** *masz.* knuckle
~ **przesuwne** *masz.* shift fork
~ **strojeniowe** tuning fork
~ **ślizgowe** *masz.* forked level
~ **wahadła** *zeg.* crutch
~ **wyłączające sprzęgła** *masz.* clutch fork, clutch release yoke
~ **wyorywacza** (*buraków*) *roln.* lifting fork
~ **zmiany biegów** gear-box selector fork, change-speed fork, shifter fork
wideofon *m* *TV* video telephone, picturephone
wideogramofon *m* *TV* teleplayer, videodisk player
wideokaseta *f* *TV* video cassette
wideomagnetofon *m* *TV* video tape recorder
wideopłyta *f* *TV* video disk record
wideoskop *m* *elektron.* display
wideta *f* *inf.* vedette
widia *f* *obr.skraw.* widia
widikon *m* *TV* vidicon, photoconductive pick-up tube
widłak *m* **babimór** *bot.* lycopodium, *Lycopodium clavatum*
widły *pl* fork
~ **do buraków** (*z kulkowymi zakończeniami zębów*) beet fork
~ **do kadzi ręcznej** *odl.* ladle shank
~ **do koksu** coke fork
~ **do kopania** digging fork
~ **do siana** pitchfork
~ **maźnicze** *kol.* pedestal (jaws), horn-plate, axle guard
widmo *n* *fiz.* spectrum; *mat.* spectrum
~ **absorpcyjne** absorption spectrum

~ **akustyczne** acoustic spectrum, sound spectrum
~ **atomowe** atomic spectrum
~ **ciągłe** continuous spectrum
~ **cząsteczkowe** molecular spectrum
~ **dyfrakcyjne** diffraction spectrum
~ **dyskretne** point spectrum
~ **elektronowe** electronic spectrum
~ **emisyjne** emission spectrum
~ **energetyczne** energy spectrum
~ **IR** IR spectrum, infrared spectrum
~ **iskrowe** spark spectrum
~ **istotne** essential spectrum
~ **jądrowe** nuclear spectrum
~ **jonowe** ion spectrum
~ **kwadraturowe** quadspectrum
~ **liniowe** line spectrum
~ **łukowe** arc spectrum
~ **magnetyczne** magnetic spectrum
~ **masowe** mass spectrum, MS
~ **neutronów** neutron spectrum
~ **odwrócone** reversal spectrum, dark line spectrum
~ **oscylacyjne** vibrational spectrum
~ **pasmowe** band spectrum
~ **płomieniowe** flame spectrum
~ **prążkowe** line spectrum
~ **promieniowania** radiation spectrum
~ **proste** simple spectrum
~ **punktowe** point spectrum
~ **Ramana** *chem.* Raman spectrum
~ **rentgenowskie** X-ray spectrum
~ **residualne** residual spectrum
~ **rezonansowe** (*rezonatora mikrofalowego*) resonator spectrum
~ **rozdzielone w czasie** time-resolved spectrum
~ **rozmyte** diffuse spectrum
~ **rozszczepienia** (*określonego nuklidu rozszczepialnego*) fission spectrum
~ **słoneczne** solar spectrum
~ **udarowe** shock spectrum
~ **UV** UV spectrum, ultraviolet spectrum
~ **w nadfiolecie** *zob.* **widmo UV**
~ **w podczerwieni** IR spectrum, infrared spectrum
widmowy *a* spectral
widnia *f* **optyczna** camera lucida
widnokrąg *m* visible horizon
~ **radarowy** radar horizon
widoczność *f* **1.** field of vision **2.** visibility, sight distance, *zob.też* **widzialność**
widoczny *a* visible; apparent; evident
widoczny gołym okiem visible to the naked eye
widoczny na tle... visible against the background of...
widok *m rys.* view; elevation, *zob też* **rzut**
~ **boczny** end view, end elevation
~ **cząstkowy** local view
~ **główny** main view, principal view
~ **od przodu** front view, front elevation
~ **od tyłu** rear view, rear elevation
~ **perspektywiczny** perspective (view)
~ **poglądowy** pictoral view
~ **pomocniczy** auxiliary view
~ **przerwany** interrupted view
~ **ukośny** oblique view
~ **z dołu** bottom view, looking up
~ **z góry** top view, plan
~ **z lotu ptaka** aerial view, bird's-eye view
~ **z powietrza** *zob.* **widok z lotu ptaka**
~ **zespołu rozebranego** exploded view
widownia *f* **teatru** auditorium of theatre
widzenie *n* vision
~ **barwne** colour vision, chromatopsia
~ **boczne** lateral vision
~ **dwubarwne** dichromatism, two-colour vision
~ **dwuoczne** binocular vision
~ **dzienne** *zob.* **widzenie fotopowe**
~ **fotopowe** photopic vision, foveal vision
~ **jednooczne** monocular vision
~ **mezopowe** mesopic vision
~ **nocne** scotopic vision
~ **normalne** emmentropia, normal vision
~ **obuoczne** binocular vision
~ **podwójne** diplopia, double vision
~ **prawidłowe barw** euchromatopsy
~ **skotopowe** scotopic vision
~ **stereoskopowe** stereoscopic vision
~ **w ciemności** (*za pomocą noktowizora*) noctovision
~ **w kolorze zielonym** chloropsia
~ **zmierzchowe** mesopic vision
widzialność *f meteo.* visibility, sight distance
~ **na pasie startowym** runway visual range, RVR
~ **na ziemi** ground visibility
~ **niezwykle dobra** exceptional visibility
~ **ograniczona** restricted visibility
~ **słaba** poor visibility
~ **zerowa** zero visibility
~ **ziemi** ground contact
widzialny *a* visible
wiecha *f* **1.** *bud.* perch **2.** *żegl.* spar buoy
wiechlina *f* **łąkowa** *bot.* smooth-stalked meadow-grass, *Poa pratensis*
wieczko *n* cover
wieczny śnieg *m geogr.* perennial snow
wiedza *f* knowledge
wiejski *a* rural
wiek *m* **1.** *biol.* age **2.** *geol.* age **3.** (100 *lat*) century
~ **anatomiczny** *biol.* anatomical age
~ **atomowy** atomic age
~ **biologiczny** biological age
~ **dojrzałości** *biol.* age of maturity
~ **dojrzewania** *biol.* adolescence
~ **drzewostanu** *leśn.* stand age
~ **emerytalny** retirement age
~ **geologiczny** geological age
~ **izotopu macierzystego** *fiz.* parental age
~ **kostny** *med.* bone age
~ **księżyca** *astr.* age of the moon
~ **(neutronów) Fermiego** *fiz.* Fermi age, symbolic age of neutrons
~ **pływu** *geofiz.* age of tide, age of phase inequality
~ **reprodukcyjny** *zoot.* parental age
~ **strontowy** (*oznaczony metodą strontową*) strontium age
~ **wyrębu** *leśn.* cutting age

~ **złoża rudnego** age of ore bodies
wieko *n* lid; cover
wielbłąd *m zool.* camel, *Camelus*
wielka częstotliwość *f el.* high frequency
Wielka Niedźwiedzica *f astr.* Ursa Major
wielka opozycja *f astr.* favourable opposition
wielka oś *f* **elipsy** major axis of an ellipse
wielka skala *f* **integracji** (*układów scalonych*) *elektron.* large scale integration, LSI
wielki piec *m hutn.* iron blast furnace
wielki prąd *m* (*o dużym natężeniu*) *el.* heavy current
wielki przemysł *m* big industry
wielki wybuch *m astr.* big-bang
wielkie koło *n mat.* great circle
wielkocząsteczkowy *a chem.* high-molecular
wielkogabarytowy *a* bulky, large-size
wielkopiecownictwo *n* blast-furnace practice, ironmaking
wielkopiecownik *m* blast-furnaceman
wielkopiecowy *a* blast-furnace
wielkości *fpl* **charakterystyczne orbity** *astr.* elements of an orbit
~ **sprzężone** conjugates
~ **wyznaczające pozycję statku** *nawig.* elements of a fix
wielkość *f* **1.** quantity **2.** size; magnitude
~ **bezwymiarowa** dimensionless quantity
~ **cząsteczki** molecular size
~ **dana** given quantity
~ **drgająca** oscillating quantity
~ **ekonomiczna partii** (*wyrobów*) economic batch quantity, economic lot size
~ ~ **produkcji** economic manufacturing quantity, EMQ
~ ~ **zakupu** economic purchase quantity, EPQ
~ ~ **zamówienia** economic order quantity, EOQ
~ **ekstensywna** extensive quantity
~ **fizyczna** physical quantity
~ **fluktująca** fluctuating quantity
~ **gwiazdowa** *astr.* (stellar) magnitude
~ ~ **obserwowana** apparent magnitude
~ **intensywna** intensive quantity
~ **liczbowa** numerical quantity
~ **miernicza wzorca** *metrol.* quantity of a measure
~ **mierzona** measurand, measured quantity
~ **nastawiana** *aut.* manipulated variable, regulated condition
~ **odwrotna** *mat.* reciprocal
~ **okresowa** periodic quantity
~ **okresowo-zmienna** fluctuating quantity
~ **oscylująca** oscillating quantity
~ **partii** (*wyrobów*) batch quantity, lot size
~ **pochodna** *metrol.* derived quantity
~ **podstawowa** base quantity
~ **produkcji** *ek.* volume of production, rate of production
~ **przemienna** alternating quantity
~ **pseudoskalarna** pseudoscalar
~ **pulsująca** undulating quantity, pulsating quantity, rippled quantity
~ **regulowana 1.** *aut.* controlled variable, controlled condition **2.** *chem.* process variable
~ **sinusoidalna** sinusoidal quantity
~ **skalarna** *mat.* scalar quantity
~ **stała** constant (quantity), const.
~ **sterująca** *aut.* control quantity
~ **szczeliny** *masz.* gap width
~ **termodynamiczna** thermodynamic quantity, state quantity
~ **tętniąca** undulating quantity, pulsating quantity, rippled quantity
~ **urojona** *mat.* imaginary quantity
~ **wejściowa** *aut.* input quantity
~ **wektorowa** *mat.* vector quantity
~ **wodząca** *aut.* command quantity
~ **wyjściowa** *aut.* output quantity
~ **zakłócająca** *aut.* disturbance
~ **ziarna** *met.* grain size
~ ~ **austenitu** *zob.* **wielkość ziarna dziedziczna**
~ ~ **dziedziczna** inherent (austenitic) grain size, McQuaid-Ehn grain size
~ **zmienna** variable (quantity)
~ **znamionowa** rated quantity
wieloargumentowy *a mat.* polyadic
wieloatomowy *a chem.* polyatomic
wielobarwność *f kryst.* pleochroism, pleochromation
wielobarwny *a* polychromic, multicolour
wielobiegunnik *m el.* multipole
wielobiegunowy *a* **1.** *mat.* multipolar **2.** *el.* multi-pole
wieloboczny *a geom.* polygonal; *kryst.* polyhedral
wielobok *m geom.* polygon, *zob też* **wielokąt**
~ **częstości skumulowanych** *skj* cumulative frequency polygon
~ **sił** *mech.* polygon of forces, force polygon
~ **sznurowy** *mech.* funicular polygon
~ ~ **zamknięty** closed funicular polygon
wielocelowy *a* multi-role; multipurpose
wielociąg *m hutn.* multi-die drawing machine
wielocukry *mpl chem.* polysaccharides, polyoses
~ **zapasowe** *biochem.* storage polysaccharides
wielocyfrowy *a* multidigit
wieloczłonowy *a mat.* polyadic
wielodostępność *f* (*systemu*) *inf.* multi-access
wielodzielczość *f mat.* contingency
wielofazowy *a* polyphase, multiphase
wielofunkcyjny *a* polyfunctional, multifunctional
wielojęzyczny *a* multilingual
wielokanałowy *a* multi-channel
wielokąt *m geom.* polygon
~ **foremny** regular polygon
~ **krzywoliniowy** arc polygon
~ **równokątny** equiangular polygon

~ **sferyczny** spherical polygon
~ **wklęsły** concave polygon, reentrant polygon
~ **wskaźnikowy** *kryst.* index polygon
wielokątny *a geom.* polygonal
wieloklin *m masz.* splines
wielokondygnacyjny *a bud.* multi-stor(e)y
wielokrążek *m* pulley block, compound pulley; purchase, tackle, *zob.też* **talia**
~ **różnicowy** differential (pulley) block
wielokrocie *n* (*wybieraków*) *telef.* multiple
wielokropek *m* suspension points, suspension periods; ellipsis; dots
wielokrotna *f mat.* multiple (number)
wielokrotnie *adv* repeatedly
wielokrotność *f mat.* multiple
~ **termu** *fiz.* term multiplicity
~ **wejścia** *inf.* reentry
~ **wspólna** common multiple
wielokrotny *a* multiple; repeated
wielokwasy *mpl chem.* polyacids
wieloletni *a bot.* perennial
wieloliniowy *a* multilinear
wielołopatkowy *a masz.* multibladed
wielomian *m mat.* multinomial, polynomial
~ **addytywny** additive polynomial
~ **charakterystyczny** characteristic polynomial
~ **interpolacyjny** interpolating polynomial
~ **jednorodny** homogeneous polynomial
~ **minimalny** minimal polynomial
~ **pierwszy** prime polynomial
~ **podziału koła** cyclotomic polynomial
wielomianowy *a* multinomial, polynomial
wielomiany *mpl* **Czebyszewa** *mat.* Chebyshev polynomials
wielomodalny *a mat.* multimodal
wielonożówka *f obr.skraw.* multi-cut lathe, multi-tool lathe
wieloobwodowy *a* multicircuit
wieloosiowy *a* multiaxial
wielopierścieniowy *a chem.* polycyclic
wielopiętrowy *a bud.* multi-story
wielopłat *m lotn.* multiplane
wielopostaciowość *f kryst.* polimorphism
wielopostaciowy *a* multiform; *kryst.* polimorphous
wieloprocesor *m inf.* multiprocessor
~ **wewnętrzny** intrinsic multiprocessor
wieloprogramowość *f* (*równoczesne wykonywanie wielu programów*) *inf.* multiprogramming, concurrent processing
wieloprzetwarzanie *n* (*wykonywanie za pomocą kilku maszyn cyfrowych zadania podzielonego na logicznie niezależne części*) *inf.* multiprocessing, parallel processing
wielorak *m roln.* all purpose cultivator
wieloramiennik *m* **tentowy** *okr.* crowfoot
wieloryb *m zool.* whale, *Cetacea*
wielorybnictwo *n* whaling
wielorybnik *m* **1.** whaler, whaleman **2.** whaling ship, whaler
wielosiarczek *m chem.* polysulfide, persulfide
wieloskładnikowy *a* multicomponent
wielospójny *a* multiply connected
wielostabilny *a* multistable
wielostopniowy *a* multistage
wielościan *m geom.* polyhedron
~ **foremny** regular polyhedron
~ **koordynacyjny** *kryst.* coordination polyhedron
~ **opisany** circumscribed polyhedron
~ **wpisany** inscribed polyhedron
wielościenny *a geom.* polyhedral, multilateral
wieloużywalność *f* (*programów*) *inf.* reusability
wielowarstwowy *a* multilayer, multi-ply
wielowartościowość *f chem.* multivalency
wielowartościowy *a* **1.** *chem.* multivalent, polyvalent **2.** *mat.* multiple-valued, multivalent
wielownik *m tel.* N-terminal-pair network
wielowrotnik *m* (*w technice mikrofalowej*) multiport element, n-port
wielowymiarowy *a* multidimensional
wielowypust *m masz.* splines
~ **o ewolwentowym zarysie boków** involute splines
wielowypustowy *a masz.* splined
wielozadaniowy *a* multi-role, multi-purpose
wielozakresowy *a* multirange
wielozasadowy *a chem.* polybasic
wieloznaczny *a* multi-valued; ambiguous; polysemantic
wielozwojowy *a el.* multiturn
wielożyłowy *a el.* multi-core
wieniec *m* (*ze splotek liny*) *żegl.* grommet ring
~ **balansu** *zeg.* rim of a balance
~ **dolny stojaka** *kol.* mud ring, boiler foundation, foundation ring
~ **koła** wheel rim
~ ~ **drewnianego** felloe, felly
~ ~ **pasowego** pulley rim
~ ~ **zębatego** toothed wheel rim, toothed ring
~ **łopatkowy** *masz.* blade-ring, blade rim (*of a turbine etc.*)
~ **podstawowy obudowy murowej szybu** *górn.* curb, walling crib
~ **sprzęgła** clutch shell
~ **szybowy** *górn.* kerb, curb, crib
~ **zębaty** toothed wheel rim, toothed ring
~ ~ **koła zamachowego** flywheel gear, flywheel toothed ring
wieprz *m zool.* hog
wieprzowina *f spoż.* pork
wiercenie *n* drilling; boring
~ **badawcze** *wiertn.* exploratory drilling
~ **geologiczno-badawcze** structure drilling
~ **kierowane** directional drilling
~ **linowe** (*udarowe*) *wiertn.* rope drilling, cable drilling
~ **na terenach nie zbadanych** *wiertn.* wildcat drilling, wildcatting, cold nosing
~ **obrotowe** *wiertn.* rotary drilling
~ **okrętne** *wiertn.* rotary hand drilling

~ płuczkowe *wiertn.* hydraulic drilling, wash drilling, wet drilling, jet drilling, flush boring
~ pochyłe *wiertn.* slope drilling
~ poszukiwawcze *wiertn.* exploratory drilling
~ powtórne *wiertn.* reboring
~ próbne *wiertn.* scout boring
~ przybrzeżne *wiertn.* offshore drilling
~ rdzeniowe *wiertn.* core drilling
~ szybów (*naftowych*) well drilling
~ śrutem stalowym *wiertn.* shot drilling
~ trepanacyjne *obr.skraw.* trepanning
~ udarowe *wiertn.* percussion drilling, jump drilling, churning
~ ukośne *wiertn.* slope drilling
~ wstępne otworów na pale *inż.* pre--boring for piles
~ za pomocą żerdzi wiertniczych *wiertn.* rodding
wiercić *v* drill; bore
wierność *f* **odczytania** *metrol.* reading efficiency (*of a measuring apparatus*)
~ odtwarzania *el.akust.* fidelity of reproduction
~ wysoka (*odtwarzania*) high fidelity, Hi-Fi
wiersz *m* **1.** *poligr.* type line **2.** *ryb.* basket (*trap*)
~ linotypowy *poligr.* lino slug, machine slug
~ obrazu *tel.* picture strip
~ wyznacznika *mat.* row of determinant
wierszownik *m poligr.* **1.** composing stick **2.** assembler (*in composing machines*)
wiertacz *m obr.skraw.* driller, borer (*worker*)
wiertarka *f* drill; driller; borer, drilling machine, boring machine
~ dentystyczna dental engine
~ do głębokich otworów *obr.skraw.* deep--hole driller
~ do kamienia rock drill
~ koordynatowa *obr.skraw.* jig borer, jig drilling machine
~ korbowa brace and bit
~ lufowa barrel piercing machine
~ napierśna *górn.* breast drill, breast auger
~ obrotowo-udarowa *górn.* drifter drill
~ pionowa *obr.skraw.* drill press
~ pneumatyczna pneumatic drill
~ pozioma *obr.skraw.* drill lathe
~ promieniowa *obr.skraw.* multiradial drilling machine
~ rewolwerowa *obr.skraw.* turret drill
~ ręczna hand drill
~ ~ grzechotkowa ratchet brace
~ ~ o napędzie mechanicznym portable power drill
~ ~ piersiowa breast drill
~ silnikowa power drill
~ słupowa *obr.skraw.* pillar drill
~ stojakowa 1. *obr.skraw.* upright drilling machine, floor-model drill press **2.** *górn.* column drill, pillar drill, post-mounted drill
~ stołowa bench drill
~ udarowa *górn.* hammer drill, jackhammer
~ wielopozycyjna *obr.skraw.* multistation drilling machine
~ wielowrzecionowa *obr.skraw.* gang driller, multiple-spindle drilling machine
~ współrzędnościowa *obr.skraw.* jig drilling machine, jig boring machine, jig borer
~ z głowicą wielowrzecionową *obr.skraw.* gang-spindle drilling machine
wiertarko-frezarka *f obr.skraw.* horizontal boring machine, drilling boring and milling machine
wiertarko-tokarka *f* drill lathe
wiertło *n obr.skraw.* drill; *drewn.* boring bit, borer
~ dentystyczne dental borer
~ do głębokich otworów deep-hole drill
~ do grzechotek ratchet drill
~ do nakiełków centre drill
~ do nawiercania spotting drill, spotter
~ do wiercenia maszynowego *drewn.* machine bit
~ drążone całkowite *drewn.* plug cutter, plug borer
~ dwustopniowe subland drill
~ działowe gun drill
~ kostne bone drill
~ kręte twist drill; *drewn.* auger bit
~ ~ dwuzwojowe *drewn.* machine boring auger
~ ~ jednozwojowe *drewn.* single twist machine bit, solid centre bit
~ ~ krótkie *obr.skraw.* body drill; *drewn.* machine dowel bit
~ kształtowe multicut drill
~ lufowe gun drill, rifle drill
~ łyżkowe *drewn.* spoon bit, shell boring bit
~ piórkowe flat drill, spade drill
~ płaskie *zob.* **wiertło piórkowe**
~ prowadzące *drewn.* pilot drill
~ rurowe pin-cutting drill, trepanning tool, trepan
~ stopniowe multiland drill, step drill, drill-reamer
~ ślimakowe *drewn.* gimlet bit
~ trepanacyjne pin-cutting drill, trepanning tool, trepan
~ z kołnierzem oporowym (*do ograniczenia głębokości wiercenia*) stop drill
~ z wkładkami prowadzącymi guided drill
~ ze skróconą częścią roboczą stub drill
~ zespołowe subland drill
wiertnia *f* oil well (*surface installation*)
wiertnica *f wiertn.* drill(ing) rig, boring rig, boring jig
~ na podwoziu samochodowym truck--mounted drill rig
wiertnictwo *n* drilling
wierzba *f bot.* willow, *Salix* L.
~ szara grey willow, *Salix cinerea* L.
~ wiciowa basket willow, *Salix viminalis* L.
wierzch *m* **formy** *odl.* mould cope

~ ~ **ciśnieniowej** ejector die, movable die
~ **zbiornika** *inż.* crown of tank
wierzchołek *m* **1.** *mat.* vertex; *mat.* node (*of a network*); **2.** top, summit **3.** *anat.* apex
~ **bazowy** *mat.* base vertex
~ **czaszki** *anat.* crown
~ **kąta** *mat.* vertex of an angle
~ **łuku** *arch.* crown of an arch
~ **masztu** *okr.* masthead
~ **rozdzielający** *mat.* cut-vertex
~ **trójkąta** *mat.* vertex of a triangle
~ **wiszący** (*sieci*) *mat.* pendant node
~ **zęba** *masz.* tooth tip, tooth crest, top land of a gear
wierzchowiec *m* saddle-horse, mount
wierzyciel *m ek.* creditor
wieszadło *n kol.* lifting link
wieszak *m* **1.** *masz.* hanger **2.** *bud.* suspension member, suspension rod **3.** *el.* dropper (*in an overhead contact line*) **4.** rack
~ **do kadzi** *odl.* ladle hoist
~ **dodatkowy w wieszarze wielowieszakowym** *bud.* princess post
~ **galwanizerski** *elchem.* plating rack
~ **kablowy** *el.* carrying sling, cable suspender-ring
~ **łożyskowy** *masz.* bearing hanger
~ **na narzędzia** tool rack
~ **przewodu rurowego** tubing hanger
~ **sieci łańcuchowej** *kol.* overhead contact system dropper
~ **resoru** spring hanger, spring shackle
~ **rurociągu** pipe hanger
~ **stalowy w wieszarze dwuwieszakowym** *bud.* queen-bolt
~ ~ **w wieszarze jednowieszakowym** king-bolt
~ **szalki wagi** pan suspension
~ **w wieszarze dwuwieszakowym** *bud.* queen-post
~ ~ ~ **jednowieszakowym** king-post
~ **wagi** scale shackle, scale pan support, stirrup
~ **wału** *masz.* shaft hanger
wieszar *m bud.* roof truss
~ **dwuwieszakowy** queen-post truss
~ **jednowieszakowy** king-post truss
wieś *f* village
wietrzeć *v* **1.** *geol.* weather **2.** *ferm.* grow flat; stale
wietrzenie *a geol.* weathering (*of racks*)
~ **aliczne** *geol.* laterization, lateritic weathering
~ **cementu** *bud.* aeration of cement
wietrzyć *v* air, ventilate
wiewiórka *f zool.* squirrel, *Sciuridae*
wieża *f* **1.** *bud.* tower **2.** *chem.* tower, column, *zob.też* **kolumna**
~ **absorpcyjna** *chem.* absorption tower
~ **atmosferyczna** *chem.* atmospheric tower
~ **bez wypełnienia** *chem.* void tower
~ **bielarska** *papiern.* bleaching tower
~ **chlorowa** *papiern.* chlorinator
~ **chłodnicza** cooling tower, cooling stack
~ ~ **o sztucznym ciągu** mechanical-draft cooling tower
~ **ciśnień** water-tower
~ **ćwiczebna strażacka** drill tower
~ **destylacyjna** distillation tower, distillation column
~ **do odpędzania butanu** *chem.* debutanizer
~ **działowa** *okr.* gun turret, turret gun house
~ **gaśnicza** coke-quenching tower, coke tower, quenching tower
~ **Glovera** *chem.* Glover tower
~ **karbonizacyjna** *chem.* carbonating tower, carbonating column
~ **kontrolna** *lotn.* (aerodrome) control tower
~ **koparki linomostowej** head mast
~ **kratowa** lattice tower
~ **kwasowa** *chem.* acid tower
~ **natryskowa** (*chłodnicza*) spray tower
~ **obserwacyjna** (*np. przeciwpożarowa*) look-out-tower
~ **obsługi** *rak.* service tower, maintenance rig
~ **pancerna dowodzenia** conning-tower (*of a submarine*)
~ **pętlowa** (*pieca do wyżarzania taśm*) *hutn.* looping tower
~ **półkowa** *chem.* plate tower
~ **produkcyjna** *chem.* making tower
~ **silosowa** silo tower
~ **spadochronowa** parachute (jumping) tower
~ **stalowa** steel tower, pylon
~ **startowa** *rak.* umbilical tower, launching tower
~ **strażnicza** watch-tower
~ **strzelista** *arch.* steeple
~ **suszarnicza** drying tower
~ **szybowa** *górn.* headframe, hoist tower
~ **triangulacyjna** *geod.* triangulation tower
~ **wiertnicza** drilling rig, boring rig, boring tower, oil-well derrick
~ **wyciągowa** *górn.* headframe, hoist tower
~ **z wypełnieniem** *chem.* packed tower, packed column
~ **ze zwilżanymi ścianami** *chem.* wetted--wall column
wieżomaszt *m wiertn.* portable boring tower
wieżowiec *m* **1.** *bud.* skyscraper **2.** *żegl.* turret deck vessel
wieżyczka *f* turret; cupola
~ **na dachu** *arch.* spirelet
~ **pancerna** armoured turret
~ **strzelecka** *lotn.* gun turret
więcierz *m ryb.* crawfish trap
~ **drewniany** pot
~ **klatkowy** creel
większość *f* majority
więzadło *n anat.* ligament
więzy *pl mech.* constraints
~ **holonomiczne** holonomic constraints
~ **jednostronne** unilateral contraints
~ **nieustalone** varying constraints

~ **reonomiczne** constraints depending on time
~ **skleronomiczne** constraints independent of time
~ **stacjonarne** *zob.* **więzy ustalone**
~ **ustalone** non-varying contraints
więź *f okr.* lashing
~ **spustkowa** *okr.* davit span
więźba *f* **dachowa** *bud.* rafter framing
wiklina *f bot.* purple willow, *Salix purpurea*
wikłanie *n* **się łańcucha** kinking of chain
wilcza łapa *f bud.* lewis
wilemit *m min.* willemite
wilgoć *f* moisture, damp
~ **kondensacyjna** condensing moisture
~ **niezwiązana** unbound moisture
~ **swobodna** free moisture
~ **związana** bound moisture
wilgotnościomierz *m* hygrometer
wilgotność *f* humidity, dampness
~ **bezwzględna** absolute humidity
~ **krytyczna** critical humidity, critical moisture content
~ **nasycenia** saturation humidity
~ **względna** relative humidity
wigotny *a* moist, damp, humid, wet
wilk *m* **1.** *hutn.* skull, bear, sow, salamander **2.** *papiern.* rag cutter, thresher **3.** *szkl.* heating-up flue **4.** *spoż.* meat grinder, hasher
~ **klepak** *włók.* willow, willey
~ **odkolczający** *włók.* burr crusher
~ **szarpiący** *włók.* tearing machine
willa *f* villa, country house
WIŁ = Wojskowy Instytut Łączności
WIML = Wojskowy Instytut Medycyny Lotniczej
wimpel *m okr.* pennant, pendant
winda *f* **1.** lift, elevator, *zob.też* **dźwig, wyciąg pionowy 2.** *okr.* winch
~ **cumownicza** warping winch, mooring winch
~ **holownicza** towing winch
~ **kotwiczna** windlass
~ **ładunkowa** cargo winch
~ **trałowa** trawl winch
windziarz *m* **1.** lift operator **2.** *żegl.* winchman
winiak *m spoż.* brandy
winian *m chem.* tartrate
winiarstwo *n* winemaking
winieta *f arch.* vignette
winietowanie *n fot.* vignetting
winkielak *m poligr.* composing stick
winnica *f* vineyard
wino *a* wine
~ **alkoholizowane** fortified wine
~ **deserowe** dessert wine
~ **dobrego rocznika** vintage wine
~ **dojrzałe** matured wine
~ **musujące** sparkling wine
~ **wytrawne** dry wine
winobranie *n roln.* vintage
winorośl *f* **właściwa** *bot.* grapevine, wine grape, *Vitis vinifera* L.
winyl *m chem.* vinyl (group)
winylen *m chem.* vinylene
winyliden *m chem.* vinylidene
winyloacetylen *m chem.* vinylacetylene
winylobenzen *m chem.* vinylbenzene, styrene
winylogia *f chem.* vinylogy
winyloizobutyloeter *m chem.* vinyl isobutyl ether
winylowanie *n chem.* vinylation
wiolantron *m chem.* violanthrone
wiomycyna *f biochem.* viomycin
wiosełko *n* (*próbka do badań wytrzymałości na rozciąganie*) *gum.* dumbbell
wioska *f* village
wiosło *n* oar
~ **kajakowe** double paddle
~ **łopatkowe** paddle
~ **pychowe** quant (pole)
wiosłować *v* row
wiosna *f* spring
wiotkość *v* **1.** *masz.* whippines **2.** *skór.* sponginess; flabbiness
wiór *m obr.skraw.* chip, *zob.też* **wióry**
wiórkarka *f* **do kół zębatych** *obr.skraw.* gear shaving machine, gear shaver
wiórkowanie *n skór.* whitening
~ **kół zębatych** *obr.skraw.* gear shaving
~ **narzędziem krążkowym** rotary shaving
~ ~ **zębatkowym** rack shaving
wiórkownica *f skór.* whitening machine
wiórkownik *m* (*do kół zębatych*) *obr.skraw.* (gear) shaving tool, shaving cutter
~ **krążkowy** rotary shaving cutter
wióry *mpl* chips; turning; *drewn.* shavings, abatement
~ **ciągłe** *obr.skraw.* continuous chips
~ **drobne** (*metalowe*) swarf, scobs
~ **elementowe** *obr.skraw.* discontinuous chips, segmental chips
~ **wiertarskie** drillings, borings, bore dust
~ **wstęgowe** *obr. skraw.* continuous chips
wir *m mech.pł.* vortex (*pl* vortices, vortexes), whirl
~ **izolowany** isolated vortex
~ **kawitacyjny** hollow vortex
~ **nośny** *aero.* lifting vortex
~ **odosobniony** isolated vortex
~ **pierścieniowy** vortex ring, ring vortex
~ **płaski kołowy** circular vortex, potential vortex
~ **początkowy** *aero.* starting vortex, cast-off vortex
~ **podkowiasty** *aero.* horseshoe vortex
~ **potencjalny** potential vortex, cirucular vortex
~ **prostoliniowy** rectilinear vortex
~ **spływowy** *aero.* trailing vortex
~ **swobodny** *aero.* free vortex
~ **sztywny** rigid vortex
~ **śrubowy** spiral vortex
~ **wlotowy** (*przed wlotem do silnika odrzutowego pracującego na ziemi*) inlet vortex
~ **wodny lejowaty** whirlpool
~ **związany** *aero.* bound vortex
wiriał *m* (*gazu*) *fiz.* virial
wirnik *m masz.* rotor; impeller; runner

~ **ABC** (*śmigłowca*) ABC rotor, advancing blade concept rotor (*of helicopter*)
~ **bandażowany** shrouded rotor (*of axial compressor or turbine*)
~ **bębnowy** drum rotor (*of a turbine*)
~ **dwustronnie przewieszony** two-outboard rotor
~ **dwustrumieniowy** double-suction impeller (*of a pump*)
~ **jednostkowy** *siln.wod.* specific runner
~ **jednostronnie przewieszony** outboard rotor
~ **jednostrumieniowy** single-suction impeller (*of a pump*)
~ **jednotarczowy** single-row wheel (*of a turbine*)
~ **napędzany** impeller (*of a pump or compressor*)
~ **nastawczy** (*w maszynach do liczenia*) *biur.* setting-up rotor
~ **(nośny) śmigłowca** helicopter rotor
~ **o łopatach promieniowych** radial bladed impeller (*of a compressor*)
~ **o przepływie diagonalnym** *siln.wod.* mixed-flow runner
~ **obustronnie podparty** inboard rotor
~ **osiowy** *lotn.* paddle-wheel rotor
~ **otwarty** unshrouded impeller, skeleton impeller
~ **Peltona** *siln.wod.* Pelton wheel
~ **pełnokuty** solid rotor
~ **pomocniczy** (*stabilizacyjny*) *lotn.* tail rotor, auxiliary rotor (*of a helicopter*)
~ **prądnicy turbinowej** *el.* turbo-rotor
~ **silnika wiatrowego** windwheel
~ **sterujący** *lotn.* control rotor
~ **śmigłowy** propeller
~ **tarczowy** disk rotor (*of a turbine*)
~ **turbiny wodnej** turbine wheel, turbine runner
~ **turbogeneratora** *el.* turbo-rotor
~ **ułożyskowany jednostronnie** over-hung-type impeller
~ ~ **obustronnie** pedestal-type impeller
~ **uzwojony** *el.* wound rotor
~ **wielowieńcowy** multi-row wheel (*of a turbine*)
~ **wstępny** entry impeller
~ **z wlotem jednostronnym** single-entry impeller (*of a compressor*)
~ ~ ~ **obustronnym** double-entry impeller, double-sided impeller (*of a compressor*)
~ **zamknięty** shrouded impeller, closed impeller
~ **zębnikowy** lobe
~ ~ **o zębach śrubowych** spiral lobe
wirolot *m lotn.* rotodyne, heliplane, gyrodyne
wiropłat *m lotn.* rotorcraft, rotary-wing aircraft
wiroszybowiec *m lotn.* gyroglider
wirować *v* whirl, swirl, spin, gyrate
wirowość *f* (*wektora pola*) *mat.* rotation, curl (*of a vector*)
wirowy *a mat.* rotational
wirówka *f* centrifuge, centrifugal separator
~ **bębnowa** basket centrifuge
~ **do klarowania** (*cieczy*) centrifugal clarifier
~ **do mleka** *spoż.* cream separator
~ **do probówek** test-tube centrifuge
~ **filtracyjna** centrifugal filter
~ **laboratoryjna** *zob.* **wirówka do probówek**
~ **odwadniająca** spin-drier, hydroextractor, whizzer
~ **przyspieszeniowa** *lotn.* whirling arm, centrifuge
~ **sedymentacyjna** setting centrifuge
~ **talerzowa** disk-type centrifuge
wirus *m biol.* virus
~ **bakteryjny** bacteriophage
~ **mozaiki tytoniowej** tobacco mosaic virus, TMV
wirusobójczy *a* viruscidal
wirusologia *f* virology
wirusowy *a biol.* viral
wiry *mpl* **krawędziowe** *aero.* tip vortices
wisior *m arch.* pendant
wisker *m kryst.* whisker
wiskoza *f* **1.** *tw.szt.* viscose **2.** viscosity, *zob.też* **lepkość**
~ **dielektryczna** dielectric viscosity
~ **magnetyczna** magnetic viscosity, magnetic creep
wiskozymetr *m* viscometer, viscosimeter
wiskozymetria *f* viscometry
wiśnia *f bot.* (sour) cherry, *Prunus cerasus* L.
wiśniowy żar *m met.* cherry-red heat
wiśniówka *f spoż.* cherry-brandy
witalium *n met.* vitallium
witamina *f biochem.* vitamin
~ **A** vitamin A, axerophthol, antixerophthalamic vitamin
~ **B_1** vitamin B_1, thiamin, aneurin
~ **B_2** vitamin B_2, lactoflavin, riboflavin, vitamin G
~ **B_6** vitamin B_6, pyridoxin, adermin(e)
~ **B_{12}** vitamin B_{12}, (cyano)cobalamin, extrinsic factor
~ **B_c** folic acid, folacin, pteroylglutamin acid, PGA
~ **B complex** vitamin B complex
~ **C** vitamin C, ascorbic acid
~ **D** vitamin D, antirachitic vitamin
~ **E** vitamin E, tocopherol, antisterility factor
~ **H** vitamin H, biotin
~ **K** vitamin K, antihemorrhagic vitamin
~ **K_3** vitamin K_3, menadione
~ **koagulacyjna** phthiocol
~ **P** vitamin P, citrin
~ **PP** vitamin PP, niacinamide, nicotinamide, pellagra-preventive vitamin
witaminizowanie *n spoż.* vitamin enrichment, vitaminization
witaminy *fpl* **wzrostowe** *biochem.* growth promoting factors
witeryt *m min.* witherite
witlinek *m zool.* whiting, *Gadus merlangus*
witraż *m arch.* stained-glass window

witriol *m* **biały** *chem.* zinc vitriol, white vitriol
~ **niebieski** blue vitriol, blue stone, copper sulfate
witroceram *m* (*tworzywo szklano-ceramiczne*) glass-ceramic, vitro-ceramic
witryfikacja *f* vitrification
witryna *f* shop window
witrynit *m* *petr.* vitrinite
witryt *m* *petr.* glance coal, vitrain, pure coal
wiwianit *m* *min.* vivianite
wizja *f* *TV* picture
wizjer *m* = **celownik** *fot.* view-finder
~ **elektronowy** (*kamery telewizyjnej*) electronic viewfinder
wizować *v* *geod.* sight, point
wizualizacja *f* **przepływu** *aero.* visualization of flow
wizualny *a* visual
wjazd *m* drive (way)
~ **na autostradę** motorway approach
~ **pochyły** ramp
WKiŁ = **Wydawnictwa Komunikacji i Łączności**
wklarowanie *n* *żegl.* inward clearance
wklęsek *m* **1.** *arch.* cavetto, scotia **2.** *odl.* spandrel
wklęsłodruk *m* *poligr.* rotogravure
wklęsło-wypukły *a* concavo-convex
wklęsłość *f* concavity
~ **profilu** (*lotniczego*) camber of the centre line of an aerofoil section
wklęsły *a* concave
wkład *m* **1.** input; contribution **2.** insert; cartridge
~ **filtru** filter element, filter pack, filter cartridge
~ **harmonijkowy** (*filtru*) pleated cartridge
~ **kapitału** *ek.* investment
~ **książki** *poligr.* bulk of book
~ **reflektora** (*nierozbieralny*) *mot.* headlamp insert, sealed beam
~ **szklany do termosu** vacuum flask, Dewar flask
~ **zapasowy** (*np. do długopisu*) refill
wkładać *v* put in, insert
wkładalny *a* (*element*) *elektron.* pluggable
wkładka *f* **1.** insert; pad; liner **2.** *drewn.* slip feather, slip tongue, loose tongue **3.** inset (*in a book*)
~ **adapterowa** *el.* pick-up cartridge, crystal cartridge
~ **bezpiecznika** *el.* fuse-link, fuse-element
~ **biegunowa** *elektron.* polarization key
~ **do formowania** *bud.* filling element
~ **do jednorazowego użytku** *masz.* throw-away insert
~ **do wlewnic** *hutn.* mould plug
~ **dociskowa** *obr. skraw.* clamping pad
~ **gwintowa** (*z gwintem wewnętrznym i zewnętrznym*) threaded insert
~ **koksowa** (*przy formowaniu*) *odl.* coke bed
~ **matrycowa** *obr.plast.* die insert
~ **mikrofonowa** telephone transmitter, transmitter inset
~ **odpowietrzająca** *odl.* coke bed
~ **ortopedyczna** *med.* arch support
~ **podmatrycowa** *obr. plast.* die rail
~ **przeciwrozpryskowa** (*na dnie wlewnicy*) *hutn.* pouring pad, splash disk, splash arrester
~ **słuchawkowa** *telef.* receiver inset
~ **strojeniowa** (*falowodu*) *rad.* slug tuner
~ **szczelinowa** *bud.* joint filter
~ **topikowa** *el.* fuse-element, fuse-link
~ ~ **zamknięta** cartridge fuse
~ **ustalająca** *obr. skraw.* locating pad
~ **uszczelniająca** packing piece
~ **wirowa rozpylacza** *roln.* spray disk, swirl plate
~ **wszyta** *poligr.* wrap
~ **z grafionem** *rys.* ink point
~ **zabudowana** *spraw.* projected insert
~ **zalewana** *odl.* inserted piece
~ **zbrojeniowa** *bud.* reinforcing rod
wkładki *fpl* **wypełniające kabla** *el.* fillers of a cable
wkłucie *n* *radiol.* implantation
wkolejanie *n* *kol.* rerailing, retracking (*of cars*)
wkolejnica *f* *kol.* rerailing ramp, rerailer, retracker
wkraplacz *m* *lab.* dropping funnel, dropper
wkraplać *v* drop in, instil, add drop by drop
wkręcać *v* (*np. śruby*) screw in
wkręt *m* screw; tap bolt, tap screw
~ **bez łba** grub screw
~ **do drewna** wood screw
~ ~ ~ **z łbem trapezowym** gun head wood screw
~ **dociskowy** set screw
~ ~ **bez łba** headless set screw
~ ~ **z końcem wgłębionym** cup point screw
~ **dwustronny** (*do drewna*) dowel screw
~ **kompensacyjny** *zeg.* balance screw
~ **narzędziowy** tool screw
~ **obciążeniowy** *zeg.* balance screw
~ **ograniczający** stop screw
~ **samogwintujący** self-tapping screw, self-piercing screw, drive screw, thread-forming screw, sheet-metal screw
~ **szyjkowy** shoulder screw
~ **szynowy** *kol.* screw spike
~ **wyważeniowy balansu** *zeg.* balance regulation screw, quarter-screw
~ **z czopkiem** dog point screw
~ **z łbem gniazdowym** socket-head screw, recessed screw
~ ~ ~ **kołnierzowym** washer head screw
~ ~ ~ **kwadratowym** square head screw
~ ~ ~ **płytkowym** regular thumb screw
~ ~ ~ **półkolistym** button-headed screw, half-round screw
~ ~ ~ **stożkowym soczewkowym** lentil head screw, knob head screw
~ ~ ~ **trapezowym wklęsłym** cock head screw
~ ~ ~ **wpuszczanym** countersunk screw, sunk-head screw

~ **z oczkiem** (*do drewna*) screw eye
~ **z rowkiem** slotted screw
~ **z wgłębieniem krzyżowym** cross recessed screw
~ **zabezpieczający** retaining screw
~ **zaślepiający** hole screw plug
~ **zderzakowy** stop screw
wkrętak *m* screwdriver
~ **automatyczny** automatic return screwdriver, spiral ratchet screwdriver
~ **do cyrkli** compass key
~ **kątowy** offset screwdriver
~ **mechaniczny** screwer
~ ~ **do nakrętek** nut runner, nutsetter
~ **z grzechotką** ratchet screwdriver
~ **zegarmistrzowski** jeweller's screwdriver
wkrętka *f* screw plug
~ **bezpieczeństwa topikowa** fusible plug, safety plug
~ **pobudzająca** (*w pocisku*) *uzbr.* booster
wkręty *mpl* **regulacyjne** (*wrzeciona*) *zeg.* quarter screws, mean time screws
~ **wyważeniowe** (*wrzeciona*) *zeg.* compensating screws
wlec *v* drag
wleczenie *n* **materiału** (*przez prąd wody po dnie*) *geol.* traction
wleczka *f* *lotn.* trail rope (*of a balloon*)
wlew *m* **1.** *odl.* gate, runner **2.** filler **3.** *papiern.* flow box, head box, stuff box, sluice **4.** *med.* infusion
~ **deszczowy** *odl.* spray gate, shower gate, pop gate
~ **dolny** *odl.* bottom gate
~ **doprowadzający** *odl.* ingate, runner, running gate
~ **formierski** *odl.* gate stick, runner stick, gate pin
~ **główny** *odl.* down-gate, pouring gate, down runner, sprue
~ **górny bezpośredni** *odl.* top gate, drop gate
~ **kaskadowy** *odl.* step gate
~ **klinowy** *odl.* wedge gate
~ **naporowy** *papiern.* high-pressure sluice
~ **palcowy** *odl.* finger gate, pencil gate
~ **pierścieniowy** *odl.* ring gate
~ **podziałowy** *zob.* **wlew poziomy**
~ **poziomy** *odl.* joint gate, parting gate
~ **rozprowadzający** *odl.* cross-gate, cross-runner
~ **rożkowy** *odl.* horn gate
~ **syfonowy** *odl.* bottom gate
~ **szczelinowy** *odl.* knife gate, lap gate
~ **widełkowy** *odl.* branch gate, finger gate
~ **zbiornika** filler
wlewać *v* pour in
~ **(masę szklaną) do wody** *szkl.* shrend, dragade
wlewek *m* *hutn.* ingot
~ **ciągły** continuous casting, cast strand
~ ~ **płaski** concast slab, (strand) cast slab
~ **do kucia** forging(-grade) ingot
~ **do wyciskania** extrusion ingot, extrusion billet
~ **dwuwarstwowy** composite ingot
~ **kuzienny** forging(-grade) ingot
~ **kwadratowy** square ingot
~ **na druty** wirebar
~ **nakrywany** (*mechanicznie lub chemicznie*) capped ingot
~ **niedolany** short-run ingot, butt ingot, short ingot
~ **nieuspokojony** rimming ingot
~ **o grubym naskórku** thick-skinned ingot
~ **o ścianach falistych** fluted ingot
~ **odlany syfonowo** bottom-teemed ingot
~ **płaski** slab ingot
~ **próbny** *odl.* test coupon, arbitration bar
~ **stali półuspokojonej** balanced ingot
~ **wydrążony** annular ingot, hollow ingot
~ **z cholewą** box-hat ingot
~ **z licznymi pęcherzami gazowymi** blown ingot
~ **z nadlewem** hot-top ingot
~ **zakleszczony we wlewnicy** sticker ingot
~ **zbieżny ku dołowi** big-end-up ingot, inverted ingot, wide-end-up ingot, WEU ingot
~ ~ **ku górze** big-end-down ingot
wlewnica *f* *hutn.* ingot mould
~ **bez dna** open bottom mould, open-ended mould
~ **bez nadstawki** open top mould
~ **butelkowa** bottle top mould
~ **do syfonowego odlewania** bottom-poured ingot mould
~ **głuchodenna** solid-bottom mould, closed-bottom mould, closed-end mould
~ **płaska** slab mould
~ **składana** book mould
~ **z dnem** solid-bottom mould, closed-bottom mould, closed-end mould
~ **z nadstawką** hot-topped mould, sink-head mould
~ **zbieżna ku dołowi** big-end-up ingot mould, wide-end-up mould
~ ~ **ku górze** big-end-down ingot mould, small-end-up mould, narrow-end-up mould
wlewniczka *f* **do pobierania próbek** (*stali*) *hutn.* test mould, sample mould
~ **maszyny rozlewniczej** pig casting mould
wlot *m* inlet; intake; entry; ingress
~ **kablowy** *el.* cable entry
~ **pary** *siln.spal.* steam admission
~ **powietrza** air intake
~ **przewodowy** *el.* bush
~ **wirnika** (*np. sprężarki*) impeller eye
~ **włoka** *ryb.* trawl mouth
wlutowywanie *n* **łączników** *el.* burning-on of connectors
własności *fpl* properties, qualities
~ **addytywne** additive properties
~ **anizotropowe** (*zależne od kierunku*) directional properties
~ **barierowe** (*opakowania*) barrier properties
~ **chemiczne** chemical properties
~ **fizyczne** physical properties
~ **intensywne** intensive properties
~ **izolacyjne** insulating properties
~ **izotropowe** (*niezależne od kierunku*) isotropic properties

~ **koligatywne** (*zależne od ilości cząstek*) *chem.* colligative properties
~ **lotne** *lotn.* flying qualities (*of an aircraft*)
~ **mechaniczne** mechanical properties
~ **odlewnicze** casting properties, founding properties
~ **przeciwstukowe** *paliw.* anti-knock properties
~ **reologiczne** rheological properties
~ **ścierne** abrasiveness
~ **technologiczne** technological properties
~ **trujące** poisonous quality, toxic properties
~ **wytrzymałościowe** mechanical properties
własność *f* **1.** property; quality **2.** *ek.* property; ownership
~ **drzewa** *mat.* tree property
~ **dziedziczna** *mat.* hereditary property
~ **państwowa** state property; government property
~ **powierzchni wewnętrzna** *mat.* absolute property of a surface
~ **prywatna** private ownership; private property
~ **społeczna** collective property, public property
~ **wspólna** corporate ownership
właściciel *m* owner
~ **gruntu** (*dożywotni*) freeholder
~ **patentu** pattentee, patent holder, grantee of patent
właściwości *fpl* **manewrowe** *okr.* manoeuvrability, manageability (*of a vessel*)
~ **morskie** *okr.* seagoing qualities (*of a vessel*)
właściwość *f* property; characteristic; peculiarity; feature, *zob.też* **własność**
~ **mierzalna** *mat.* measurable characteristic
właz *m* manhole; hatch(way); scuttle
~ **bunkrowy** *okr.* bunker scuttle
~ **kontrolny** *inż.* disconnecting manhole, D.M.
~ **nabojowy** *uzbr.* loading recess
~ **obsługowy** servicing hatch
~ **w obmurowaniu kotła** *kotł.* flue door
włączenie *n el.* switching on; closure
~ **ponowne** (*wyłącznika*) reclosure
~ ~ **do obiegu** recirculation
~ **silnika hamującego** *rak.* retrofire
włącznik *m el.* switch-key
~ **sprzęgła** sliding collar of a clutch
włączyć *v* **1.** engage; turn on; *el.* switch on **2.** include; embody, incorporate
~ **bieg** *mot.* throw into gear
~ **dmuch** *odl.* put on the blast
~ **do pracy równoległej** *el.* synchronize and close
~ **sprzęgło** clutch in, engage (*the clutch*)
~ **wagę** release the scales
włok *m ryb.* trawl (net), drag
~ **okrągły planktonowy** ring trawl
~ **pelagiczny** pelagic trawl, (two-boat) midwater trawl, floating trawl
~ ~ **Larssona** phantom trawl
~ ~ **przypowierzchniowy** surface floating trawl
~ **rozprzowy** drag seine, beach seine, haul seine, dredge
~ **skrzydłowy** wing trawl, skagen net
włom *m górn.* breaking in hole
~ **armatni** burn cut
~ **klinowy** V cut
~ **łukowy** arching cut
włos *m* **1.** hair **2.** *włók.* nap **3.** *zeg.* hair--spring
~ **bregetowski** Breguet spring
włosie *n* horsehair
włosień *m zool.* hairworm
włoski *mpl* **nasienne** *bot.* floss, seed hairs
włoskowatość *f* capillarity
włoskowaty *a* capillary
włośnica *f* **1.** *med.* trichinosis **2.** *włók.szt.* spinning nozzle, spinneret
~ **czerwona** *bot.* napier grass, elephant grass, *Pennisetum purpureum*
włożenie *n mat.* inclusion (map), embedding, imbedding, injection
~ **naturalne** natural injection
włóka *f roln.* drag, leveller, planer, pulverizing harrow, smoothing harrow
włókienko *n* fibril
~ **nerwowe** *anat.* neurofibril
włókiennictwo *n* textile industry
włókienniczy *a* textile
włókna *npl* **skrajne** (*belki*) *wytrz.* extreme fibres (*of a beam*)
włóknik *m biochem.* fibrin
włóknina *f* needled cloth; unwoven fabric, unwoven cloth
włóknisty *a* fibrous
włókno *n* **1.** fibre **2.** filament **3.** *drewn.* grain **4.** *mat.* fibre, fiber
~ **azbestowe** asbestos fibre
~ **celulozowe** cellulose fibre
~ **chemiczne** synthetic fibre
~ **ciągłe** *włók.chem.* continuous filament
~ **cięte** *włók.chem.* staple fibre
~ **drzewne** *bot.* wood fibre, libriform fibre
~ **elementarne** *włók.chem.* monofilament, monofil
~ **kazeinowe** *włók.chem.* casein fibre
~ **kokosowe** coir, coconut fibre
~ **łykowe** bast fibre
~ **mięśniowe** *anat.* muscle fibre
~ **mineralne** mineral fibre
~ **modakrylowe** *włók.chem.* modacrylic fibre
~ **nasienne** *bot.* seed-hair fibre
~ **naturalne** natural fibre
~ **nerwowe** *med.* nerve fibre
~ **obojętne** (*belki zginanej*) *wytrz.* neutral fibre
~ **octanowe** *włók.chem.* acetate fibre
~ **pojedyncze** *włók.chem.* monofilament, monofil
~ **poliakrylowe** *włók.chem.* polyacrylic fibre
~ **poliamidowe** *włók.chem.* polyamide fibre
~ **prądu** *mech.pł.* stream filament

~ **roślinne** plant fibre
~ **rozciągane** *wytrz.* tension fibre
~ **ruchowe** *fizjol.* motor fibre
~ **syntetyczne** synthetic fibre
~ **szklane** glass fibre, spun glass
~ ~ **obnażone** bare glass fibre, pristine fibre
~ ~ **używane we włókiennictwie** glass silk
~ **sztuczne** man-made fibre, artificial fibre
~ ~ **celulozowe ciągłe** rayon staple fibre, rayon tow
~ **ściskane** *wytrz.* compression fibre
~ **światłowodowe** light pipe
~ **wirowe** *mech.pł.* vortex filament, whirl filament
~ **wiskozowe** *włók.chem.* viscose fibre
~ **zwierzęce** animal fibre
~ **żarzenia** *el.* filament, *zob.też* **żarnik**
WM = wzmacniacz magnetyczny *el.* magnetic amplifier, magamp
WN = wysokie napięcie high voltage, high tension, HT
WN = Wydawnictwa Normalizacyjne
wnęka *f* cavity; recess; niche
~ **formy** *odl.* mould cavity, casting cavity of a mould
~ **-jadalnia** *bud.* dining recess
~ **kluzy kotwicznej** *żegl.* anchor pocket
~ **kuchenna** *bud.* kithchenette
~ **lutownicza** (*w końcówce montażowej*) *el.* solder cup
~ **na koło** (*w nadwoziu*) *mot.* wheel-arch, wheelhouse
~ **rezonansowa** *fiz.* resonant cavity
~ **sterowa doku** *okr.* rudder pit
~ **sypialna** *bud.* bed recess
wnętrze *n* interior; inside
~ **zbioru X** *mat.* interior of X
wnętrzności *pl anat.* viscera (*sing* viscus); bowels, intestines
wnieść *v* **reklamację** raise a complaint
wnikanie *n* penetration
wniosek *m mat.* corollary; inference
~ **racjonalizatorski** proposal for an improvement
wnioskować *v* **1.** *mat.* infer **2.** put forward a proposal
wnioskowanie *n mat.* inference
~ **przez analogię** inference by analogy
~ **statystyczne** statistical inference
WNT = Wydawnictwa Naukowo-Techniczne
wobec braku... in the absence of...
woblowanie *n* **plamki** *TV* spot wobble, vobbulation
wobulator *m TV* wobbulator
woda *f* water
~ **adhezyjna** *gleb.* film water, pellicular water
~ **amoniakalna** ammonia water; ammonia liquor, gas liquor
~ **balastowa** *żegl.* ballast water
~ **barytowa** baryta water
~ **bieżąca** running water, flowing water
~ **błonkowata** *gleb.* film water, pellicular water
~ **brachiczna** *ocean.* brackish water
~ **bromowa** bromine water
~ **chemicznie związana** chemically combined water, constitutional water
~ **chlorowa** chlorine water
~ **chlorowana** chlorinated water
~ **chłodząca** cooling water
~ **cicha** (*na rzece*) backwater
~ **ciężka** heawy water, deuterium oxide
~ **czysta** pure water
~ **destylowana** distilled water
~ **deszczowa** rain water
~ **do picia** drinking water, potable water
~ **do (płukania) ust** mouth wash
~ **do przemywania** wash water
~ **dolna** *siln.wod.* tailwater
~ **dopływowa** *siln.wod.* entering water
~ **dyfuzyjna** *cukr.* pulp water, sweet water
~ **fenolowa** phenolated water
~ **filtracyjna** *geol.* seepage water
~ **fosylna kondensacyjna** *geol.* connate water
~ **glicerynowa** sweet water (*fats*)
~ **Goularda** *farm.* Goulard's extract
~ **górna** *siln.wod.* headwater
~ **grawitacyjna** *geol.* gravitational water
~ **gruntowa** underground water, subterranean water
~ **higroskopijna** *geol.* hygroscopic water
~ **infiltracyjna** *san.* infiltration water
~ **jasna** (*nad mielizną*) *żegl.* white water
~ **juwenilna** (*wydostająca się po raz pierwszy na powierzchnię ziemi*) *geol.* juvenile water
~ **kapilarna** *geol.* capillary water
~ **kolońska** (eau de) cologne
~ **kondensacyjna** condensation water
~ **konstytucyjna** chemically combined water, constitutional water
~ **kotłowa** boiler water
~ **kopalniana** mine water
~ **królewska** *chem.* aqua regia, nitrohydrochloric acid, chloroazotic acid
~ **krystalizacyjna** water of crystallization
~ **kwaśna** (*produkt suchej destylacji drewna*) pyroligneous acid, wood vinegar
~ **lekka** (*środek gaśniczy*) light water
~ **lutownicza** soldering liquid
~ **martwa** *ocean.* slack water
~ **miejska** municipal water
~ **miękka** soft water
~ **mineralna** mineral water
~ **morska** sea water, salt water
~ **mydlana** suds
~ **na lodzie** *ocean.* puddle
~ **napędzająca** *siln.wod.* power water
~ **nie preparowana** *kotł.* crude feed water, raw water, untreated water
~ **niska** *ocean.* low-water, low-tide
~ ~ **niższa** lower low water
~ **odpływowa** discharge water, waste water
~ **odrzucana** (*przez śrubę*) *żegl.* wash
~ **ołowiawa** *farm.* Goulard's extract

~ **pitna** drinking water, potable water
~ **płytka** *żegl.* shallow water
~ **pogazowa** ammonia liquor, gas liquor
~ **popłuczkowa** *wzbog.* washery effluent
~ **preparowana** treated feed water
~ **produkcyjna** *papiern.* mill water
~ **przeciekowa** *geol.* seepage water; leakage water
~ **przegotowana** boiled water
~ **przemysłowa** industrial water, process water
~ **redestylowana** redistilled water
~ **robocza** *siln.wod.* power water
~ **rozpylona** water spray
~ **siarkowodorowa** sulfuretted hydrogen water
~ **sieciowa** *kryst.* lattice water
~ **sitowa** *papiern.* white water
~ **słodka** fresh water
~ **słonawa** *ocean.* brackish water
~ **sodowa** soda-water
~ **sokowa** *spoż.* potato juice (*starch industry*)
~ **stojąca** stagnant water, dead water, quiescent water
~ **studzienna** well water
~ **superciężka** heavy-heavy water
~ **surowa** raw water
~ **ściekowa** drain water
~ **świeża** fresh water
~ **twarda** hard water
~ **utleniona** hydrogen peroxide solution, hydrogen dioxide solution
~ **uzdatniona** *san.* treated water
~ **uzupełniająca** (*straty w obiegu*) make-up water
~ **wadozna** *geol.* vadoze water, suspended water, kremastic water, wandering water
~ **wadyczna** *zob.* **woda wadozna**
~ **wapienna** limewater
~ **wgłębna** underground water, subterranean water
~ **wodociągowa** municipal water, tap water
~ **wolna** *geol.* gravitational water
~ **wrząca** boiling water
~ **wysłodkowa** *cukr.* pulp water, sweet water
~ **wysoka** *ocean.* high water
~ ~ **najniższa** dead neap
~ ~ **niższa** lower high water
~ **wytlewna** phenolated water
~ **z Javelle** *chem.* Javel water, eau de Javel
~ **z płukania** wash water
~ **zanieczyszczona** polluted water
~ **zarobowa** *ceram.* make-up water
~ **zasilająca** *kotł.* feed water
~ **zaskórna** subsoil water, ground water
~ **zęzowa** *okr.* bilge water
~ **związana** *geol.* bound water, water of combination
~ **źródlana** spring water
~ **żelazista** ferruginous water, chalybeate water
wodnica *f okr.* waterline
~ **balastowa** ballast (water)line
~ **bezładunkowa** light waterline
~ **konstrukcyjna** designed load waterline, design(ed) waterline, DWL
~ **ładunkowa** load water-line, L.W.L.
~ ~ **letnia** summer load waterline
~ **największego zanurzenia** deep waterline
~ **pełnoładunkowa** (maximum) lead waterline
wodnisty *a* watery
wodnopłat *m lotn.* seaplane, hydroplane, *zob.też* **wodnosamolot**
wodno-powietrzny *a* hydropneumatic
wodnosamolot *m lotn.* seaplane, hydroplane
~ **łodziowy** flying boat
~ **pływakowy** float seaplane
wodny *a chem.* aqueous; hydrous; water-
wodobrzusze *n med., wet.* ascites
wodochłonność *f* water absorbability, water absorption
wodochłonny *a* water-absorbing; water-consuming
wodociąg *m* water pipe, water line; water supply system
~ **główny** water-main
wodociek *m* water-course, water race
wododział *m geol.* watershed, divide
wodolecznictwo *n med.* hydrotherapy, water treatment
wodolot *m* hydrofoil boat, hydrofoil craft, hydrofoil ship, H.S.
wodomierz *m* water meter
~ **bębnowy** drum-type water meter, revolving drum water meter
~ **bliźniaczy** twin water meter
~ **komorowy** displacement water meter, positive water meter
~ **krętny** velocity water meter, rotodynamic water meter
~ **młynkowy** propeller water meter
~ **mokry** wet runner water meter
~ **nieckowy** tipping-trough water meter
~ **otwarty** open water meter
~ **owalny** oval gear water meter
~ **proporcjonalny** proportional water meter
~ **puszkowy** semi-rotary piston water meter
~ **rotacyjny** rotary water meter
~ **rotodynamiczny** velocity water meter, rotodynamic water meter
~ **Segnera** turbine water meter
~ **silnika** mechanical water meter
~ **skrzydełkowy** vane-wheel water meter
~ **sprzężony** compound water meter
~ **suchy** dry runner water meter
~ **ślimakowy** worm-gear water meter
~ **śrubowy** propeller water meter
~ **tarczowy** disk water meter, wobbling-plate water meter
~ **tłokowy** piston water meter
~ **turbinowy** turbine water meter
~ **upustowy** shunt water meter
~ **wirnikowy** velocity water meter, rotodynamic water meter

~ **wirowy** *zob.* **wodomierz wirnikowy**
~ **wyporowy** positive water meter, displacement water meter
~ **zamknięty** closed water meter
~ **zwężkowy** constriction water meter
wodomiotacz *m* monitor, hydraulic giant
wodonośny *a geol.* water-bearing
wodoodporny *a* waterproof, water-resistant; *farb.* fast to water
wodopój *m roln.* watering place
wodoprzepuszczalny *a* water-permeable
wodorek *m chem.* hydride
~ **cyny** stannane, tin hydride
~ **glinu** polymeric aluminium hydride
wodorofluorek *m chem.* bifluoride
wodorokarbonyl *m chem.* formyl
wodorokwas *m chem.* hydracid
wodoroliza *f chem.* hydrogenolysis
wodoronadtlenek *m chem.* hydroperoxide
wodorosiarczan *m chem.* bisulfate, acid sulfate, hydrogen sulfate
~ **sodowy** sodium bisulfate, acid sodium sulfate, niter cake
wodorosiarczek *m chem.* hydrosulfide
wodorosiarczyn *m chem.* bisulfite, acid sulfite
wodorost *m* seaweed; alga (*pl* algae)
wodorotlenek *m chem.* hydroxide
~ **cynkowy** zinc hydroxide
~ **potasowy** potassium hydroxide, potassium hydrate
~ **sodowy** sodium hydroxide, sodium hydrate
~ **wapniowy** calcium hydroxide, calcium hydrate
wodorowęglan *m chem.* bicarbonate, hydrogen carbonate, acid carbonate
~ **sodowy** sodium bicarbonate, sodium acid carbonate
wodorowinian *m* **potasowy** *chem.* potassium bitartrate, potassium acid tartrate
~ **potasowy surowy** crude cream of tartar
wodosłój *m drewn.* wetwood, watercore
wodospad *m* waterfall
wodoszczelny *a* watertight; waterproof
wodotrysk *m* fountain
wodowanie *n* **1.** *okr.* launching **2.** *lotn.* alighting on water
~ **boczne** *okr.* side launching
~ **przymusowe** (*samolotu lądowego*) ditching
~ **wzdłużne** *okr.* end launching
wodownik *m okr.* water boat, water carrier
wodowskaz *m* water-level indicator, water-level gauge; *kotł.* water-gauge glass
~ **kolcowy** needle level gauge, hook level gauge
~ **manometryczny** manometric level gauge
~ **oporowy elektryczny** electrical variable-resistance level gauge
~ **pływakowy** float level gauge
~ **pneumatyczny** pneumatic level gauge
~ **refleksyjny** *kotł.* reflecting water-gauge glass
~ **rejestrujący** limnigraph, water-level recorder
~ **rzeczny** river gauge
~ **wypornikowy** displacer level gauge
wodowstręt *m med., wet.* hydrophobia, rabies
wodór *m chem.* hydrogen, H
~ **ciężki** heavy hydrogen, deuterium, D
~ **in statu nascendi** nascent hydrogen
~ **kwasowy** acid hydrogen
~ **lekki** protium, H
~ **superciężki** tritium, T
wody *fpl* **burzowe** *san.* storm water
~ **lecznicze** curative waters
~ **nad szelfem kontynentalnym** *ocean.* superjacent waters
~ **ograniczone** *żegl.* restricted waters
~ **płodowe** *fizjol.* amniotic fluid
~ **przybrzeżne** *ocean.* nearwater
~ **ściekowe** sewage (waters)
~ **śródlądowe** inland waters
~ **terytorialne** territorial waters
~ **żeglowne** navigable waters
wodze *fpl* **włoka** *ryb.* trawl legs
~ ~ **dolne** tow legs
wodzian *m chem.* hydrate
wodzidło *n kol.* guide bar, slide bar
~ **jarzma** radius bar
~ **sprzęgła** clutch shift rail
~ **suwaka** valve rod
~ **wahacza** crosshead link
wodzik *m* **1.** *siln.* crosshead **2.** slide, slider, slide block, slipper **3.** *włók.* thread guide
~ **planimetru** tracing point of a planimeter
wogezyt *m petr.* vogesite
wojłok *m włók.* felt
wojna *f* **bakteriologiczna** germ warfare
~ **biologiczna** biological warfare, BW
~ **radioelektroniczna** electronic warfare
wokoder *m el.akust.* vocoder, voise coder
wolant *m lotn.* control wheel
wolastonit *m min.* wollastonite, tabular spar
wole *n* **1.** (*ptaka*) *zool.* crop **2.** *med.* goitre
wolec *m zoot.* beef earling, steer
wolfram *m chem.* tungsten, wolfram, W
~ **torowany** *met.* thoriated tungsten
wolframian *m chem.* tungstate
wolframit *m min.* wolframite, wolframine, tobacco jack
wolframowanie *n* **dyfuzyjne** tungsten impregnation
wolframowy *a* tungstic, wolframic
wolina *f* wood wool
woliniarka *f* wood-wool machine
wolna burta *f żegl.* freeboard
wolna ładownia *f żegl.* clear hold
wolna przestrzeń *f* clear area
wolna woda *f ocean.* open water
wolne koło *n* free-wheel
wolne miasto *m* city-state
wolne rodniki *mpl chem.* free radicals
wolnobieżny *a masz.* slow-speed; slow-running
wolnocłowy *a* (duty-)free
wolnonośny *a lotn.* cantilever

wolnoobrotowy *a masz.* slow-speed, slow-running
wolnospad *m wiertn.* free-fall drilling system
wolnostojący *a bud.* detached, free-standing, insulated
wolność *f* **mórz** freedom of the seas
wolny *a* free
wolny etat *m* vacancy, vacant post
wolny handel *m* free trade
wolny koniec *m* **termoelementu** cold end, cold junction of thermo-couple
wolny od aberracji *opt.* aberration-free, aberrationless
wolny od błędów error-free
wolny od cła *ek.* free of duty, duty free
wolny od lodu *żegl.* ice-free
wolny od ograniczeń unrestricted
wolny od pasożytów axenic
wolny od podatku free of tax(ation), f.o.t., tax-free
wolny od specyficznych chorób zakaźnych *med.* specific pathogen free, SPF
wolny od zakażenia *med.* germ-proof
wolny port *m* free port
wolny wylot *m* **elektrody** (*poza zaciski automatu spawalniczego*) *spaw.* electrode stick-out
wolt *m el.* volt, V
woltametr *m el.* voltameter, coulometer
~ **masowy** weight voltameter
~ **objętościowy** volumetric voltameter
woltoamper *m jedn.* volt-ampere
wolt(o)amperometria *f chem.* voltammetry
woltoamperomierz *m el.* voltammeter, multimeter
woltole *mpl* voltolized oils
woltolizacja *f chem.* voltolization
woltomierz *m el.* voltmeter
~ **lampowy** vacuum-tube voltmeter, VTVM
~ **stykowy** contact-making voltmeter, CMV
~ **zdalny** televoltmeter
wolumen *m* **akustyczny** volume
wolumetr *m tel.* volume indicator, speech level meter, volume unit meter
wolumetryczny *a* volumetric
woluta *f arch.* volute, scroll
wołek *m* **zbożowy** *zool.* granary weevil, *Calandra granaria*
wołowina *f* beef
wonny *a* fragrant, odoriferous
woń *f* smell, odour; fragrance; scent
woreczek *m anat.* sack
worek *m* sack, bag; *anat.* sack
~ **gumowy do sztucznego oddychania** *med.* breathing bag
~ **ochronny włoka** *ryb.* shark cover
~ **podwójny** duplex bag
~ **powietrzny** *odl.* air lock (*in a mould*)
~ **pyłowy** dust pocket
~ **wielowarstwowy** multiwall bag
~ **włoka** *ryb.* codend, tail (*of a trawl*)
~ **z piaskiem** sandbag
~ **żużlowy** *hutn.* slag pocket
workowanie *n* sacking, sack filling, bagging
workowce *mpl bot.* ascomycytes
workownica *f* sack-filling machine, bagging machine, bagger
worlina *f ryb.* bag rope
worobiewit *m min.* vorobievite, morganite
wosk *m* wax
~ **japoński** Japan wax, Japan tallow
~ **kandelila** candellila wax
~ **karnauba** carnauba wax, Brazil wax
~ **mineralny** mineral wax
~ **mirtowy** myrtle wax, bayberry wax
~ **montana** montan wax, lignite wax
~ **próżniowy** sealing wax
~ **pszczeli** beeswax
~ **roślinny** vegetable wax
~ **syntetyczny** synthetic wax
~ **zastępczy** replacement wax
~ **ziemny** ozocerite, ozokerite, fossil wax, native paraffin
woskol *m chem.* chloronaphthalene wax
woskopodobny *a* waxy
woskować *v* wax
woskowanie *n* wax coating
woskownica *f włók.* waxing machine
woskówka *f* stencil
wozak *m górn.* car pusher, putter, trammer, headman
wozodzień *m* (*pracy pojazdu*) *mot.* truck-workday
wozówka *f* (*cegły*) *bud.* side face of brick
wódka *f* **czysta** *spoż.* unflavoured vodka
~ **gatunkowa** flavoured vodka
wół *m zool.* ox, steer
wóz *m* car; carriage; cart
~ **bojowy** *uzbr.* combat vehicle
~ **bramowy** *transp.* straddle carrier
~ **dennozsypny** *górn.* drop bottom car
~ **do przewozu kadzi odlewniczych** transfer car for teeming ladles; ladle transfer car
~ **gaśniczy** *hutn.* quenching car
~ **kadziowy** *hutn.* ladle transfer car
~ **kontroli drogi startowej** *lotn.* runway control van, caravan
~ **kopalniany** mining car, tub
~ ~ **osobowy** manriding car
~ **(kopalniany) samowyładowczy** self-dumping car
~ **meblowy** furniture van, pantechnicon
~ **odlewniczy** (*w stalowni*) *hutn.* ingot casting car, casting bogey, teeming car
~ **osobowy** *górn.* man car
~ **przodkowy** (*z własnym napędem*) *górn.* shuttle-car
~ **ratunkowy lotniskowy** crash tender
~ **startowy** *lotn.* runway control van, caravan
~ **transmisyjny** *rad., TV* recording van
~ ~ **telewizyjny** television pickup station
~ **wiertniczy** *wiertn.* gadding car, gadder, drill truck
~ **z kadzią surówkową** *hutn.* hot metal car
~ ~ ~ **żużlową** slag car, cinder car
~ **zasypowy** *hutn.* coke-charging car
~ **zdjęciowy** *kin.* camera car

wózek *m* truck; car; carriage; trolley
~ **akumulatorowy** battery-electric truck
~ **ciągarki** *obr.plast.* drawbench wagon, dog carriage, draw(ing) carriage
~ **czteroosiowy** *kol.* eight-wheel truck
~ **do butli** *spaw.* cylinder trolley
~ **do przewozu kręgów** (*taśmy*) *hutn.* coil transfer car
~ **do wymiany dennic konwertorowych** *hutn.* bottom replacement car
~ **dwukołowy** two-wheeled cart
~ ~ **do masy betonowej** *bud.* concrete buggy
~ **dwuosiowy** *kol.* four-wheel truck
~ **dźwignikowy** lift truck
~ **formatowy** *papiern.* deckle frame
~ **holowniczy** (*basenu doświadczalnego*) *okr.* towing carriage
~ **jazdy suwnicy** end carriage, end truck (*of an overhead travelling crane*)
~ **jednoszynowy ręczny** velocipede car, hand car
~ **jezdniowy** truck
~ ~ **paletowy** pallet-lift truck
~ ~ **widłowy** fork-lift truck
~ ~ **wysokiego podnoszenia** high-lift truck
~ **magazynowy** warehouse truck
~ **maszyny spiekalniczej** *hutn.* sinter(ing) pallet
~ **natorowy** industrial car, larry car
~ ~ **dennozsypny** hopper-bottom car
~ ~ **samozsypny** dump car
~ ~ ~ **kolebowy** cradle car
~ **odprężarki** *szkl.* lehr pan
~ **palnikowy** (*do cięcia wlewków ciągłych*) *hutn.* torch carriage
~ **parowozu** *kol.* engine truck
~ **pętlujący** *hutn.* loop(er) car, looping car
~ **-platforma** platform car
~ **podnośnikowy** lift truck
~ ~ **do stertowania** stacking truck
~ ~ **widłowy** fork-lift truck
~ **podwieszony z ręcznym napędem jazdy** hand push overhead trolley
~ **podwozia** *lotn.* undercarriage bogie
~ **pomiarowy** *tel.* measuring trolley
~ **prowadzący** *kol.* guiding truck, leading truck
~ **przechylny** tipper truck
~ **przemysłowy** industrial truck
~ **przesuwny parowozu** *kol.* swing motion truck
~ **ręczny** hand truck
~ **rozdzielczy** *kin.* light truck
~ **samobieżny** *zob.* **wózek silnikowy**
~ **silnikowy** power bogie
~ **skipowy** (*wyciągu pochyłego*) skip bucket
~ **suwnicy** (travelling) crab, jenny, jinny, traversing trolley, bridge trolley, block carriage (*of an overhead travelling crane*)
~ **szynowy** industrial car, larry car
~ **transportowy wodnosamolotu** *lotn.* beaching trolley, beaching chassis, beaching gear
~ **wagonu rozworowego** *kol.* logging truck
~ **-wywrotka do wlewków** *hutn.* ingot buggy
~ **z urządzeniem do cięcia** *hutn.* cut-off carriage
~ **załadowczy** charging car
~ **zasypowy** *zob.* **wózek załadowczy**
~ **zrywkowy** *leśn.* bummer
~ **zrzutowy** *transp.* throw-off carriage
~ **zwrotny** *kol.* bogie
WP = wartość pokarmowa food value
WP = wskaźnik płynięcia *tw.szt.* melt (flow) index
WP = wysokoprężny high-pressure
wpaść *v* **do portu** *żegl.* touch a port
~ **w korkociąg** *lotn.* get into spin
~ **w synchronizm** *el.* come into step
wpęd *m* **pala** *inż.* penetration of a pile per blow
wpędzanie *n* **pali** *inż.* pile driving, poling
wpisowe *n* registration fee
wpisywać *v* *mat.* inscribe
~ **okrąg w trójkąt** inscribe a circle into a triangle
wpisywanie *n* **się w łuki** *kol.* negatiation of curves
wpłacać *v* pay in
~ **zaliczkę** pay on account
wpłata *f* *ek.* payment
~ **a conto** earnest money
wpłukiwanie *n* **pali** *inż.* pile driving by water jet, wash boring, jetting
wpływ *m* influence; effect
~ **bliskości ziemi** *lotn.* ground (cushion) effect, air cushion effect
~ **brzegu** *żegl.* bank effect
~ **karbu** *wytrz.* notch effect
~ **kształtu** (*na opór tarcia okrętu*) *okr.* fullness effect
~ **luzu** *aut.* backlash effect
~ **promieniowania** radiation effect
~ **skali (modelu)** (model) scale effect
~ **wiatru na tor pocisku** *uzbr.* windage
~ **zaburzeniowy** *hydr.* disturbing influence
~ **zbliżenia** (*przewodów*) *el.* proximity effect
wpływać *v* *hydr.* flow in
~ **na ...** have an effect on ..., influence
wpływy *mpl* **kasowe** *ek.* receipts
wprawa *f* skill
wprawiać *v* **się** practise
~ **szyby** *bud.* glaze windows
~ **w ruchu** put in motion, set in motion, start
wprost na siebie *żegl.* end on
wprost proporcjonalnie in direct proportion
wprost proporcjonalny directly proportional
wprowadzać *v* **1.** introduce; bring in; insert; let in **2.** incorporate
~ **dane** *inf.* load data
~ **do akcji** bring into action

~ **do exploatacji** introduce into service
~ **do pamięci** *inf.* store in, feed into a computer
~ **dodatki** (*do kąpieli stalowej*) *hutn.* make additions (*into a steel bath*)
~ **drut do ciągadła** *obr.plast.* insert the wire into the die
~ **na orbitę** (*sztucznego satelitę*) put into orbit, inject
~ **na rynek** market, introduce into the market
~ **nowy sprzęt** (*do eksploatacji*) introduce new equipment, re-equip
~ **ograniczenia** impose restrictions
~ **poprawkę** (*na*) make a correction (*for*), apply a correction (*for*)
~ **statek** *żegl.* bring in a ship; dock
~ **ulepszenia** improve, make an improvement
~ **w korkociąg** *lotn.* enter into a spin
~ **w zakręt** *lotn.* enter into a (banked) turn
~ **w życie** put into practice, put into effect
~ **wagony na boczny tor** *kol.* sidetrack
~ **(wartość) do równania** *mat.* introduce (a value) into an equation
~ **zmiany** introduce changes, make modifications
wprowadzanie *n* **danych** *inf.* data input (process), loading
~ **do pamięci** *inf.* storing; loading
~ **grupy -NO** *chem.* nitrozation
~ **na orbitę** *kosm.* injection (guidance)
~ **na rynek** *ek.* marketing
~ **(pocisku) w wiązkę kierującą** beam capture
~ **poprawek** correcting
~ **przebiegu nośnego do modulatora** *rad.* carrier injection
~ **rtęci** (*do związku*) *chem.* mercurization
~ **siarki** (*do związku*) *chem.* sulfuration
~ **składnika stopowego** *met.* alloying
~ **wstawek do programu** patching
~ **zmian do projektu** revision of the draft
wprowadź i wykonaj (*metoda przetwarzania*) *inf.* load-and-go
wpust *m* **1.** *masz.* key **2.** gully, inlet **3.** *anat.* cardia
~ **czopkowy** peg feather key
~ **czółenkowy** disk key, Woodruff key
~ **noskowy** single-head feather key
~ **otworowy** feather key, sliding key
~ **prostokątny** *drewn.* dado
~ **przesuwny** feather key, sliding key
~ **uliczny** *inż.* street inlet
~ **zaokrąglony** roundheaded key
wpustniak *m* *narz.* lewising chisel (*stone dressing*)
wpustnik *m* *narz.* grooving plane, badger plane
wpuszczać *v* let in
~ **łeb śruby** countersink the bolt head
~ **śruby w fundament** sink bolts into the foundation
wpychać *v* push in, force in
wpycharka *f* (*obsługująca piec przepychowy*) *hutn.* furnace pusher
~ **śrubowa** screw-and-nut type pusher
~ **zębatkowa** rack-and-pinion type pusher
WR = wzmacniacz różnicowy *el.* differential amplifier
wracać *v* return
wrak *m* *żegl.* wreck
~ **pływający** derelict
wrażenie *n* **wzrokowe** visual sensation
wrażliwość *f* sensitiveness; susceptibility, *zob.też* **czułość**
~ **materiału wybuchowego** explosive sensitivity
~ **na dodatek czteroetylku ołowiu** *paliw.* lead susceptibility
~ **na działanie karbu** *wytrz.* notch sensitivity
~ **na grubość ścianki** *odl.* section sensitivity
~ **na promieniowanie** radiosensitivity
~ **na przegrzanie** *obr.ciepl.* susceptibility to overheating
~ **na szkodliwe działanie czynników chemicznych** susceptibility to attack
~ **widmowa** *fiz.* spectral sensitivity, spectral response
wrażliwy *a* sensitive; susceptible
wrażliwy na ciepło heat-sensitive, thermosensitive
wrażliwy na światło sensitive to light
wrąb *m* cut; notch; nick; *drewn.* gain, dap
~ **częściowy** *drewn.* cog
~ **dolny** *górn.* undercut(ting), bottom cut, toe cut
~ **dźwigni przesuwnikowej** (*wagi*) steelyard notch
~ **górny** *górn.* overcut, top cut
~ **klinowy** *górn.* V cut
~ **łopatkowy** *masz.* blade groove (*in a rotor disk*)
~ **między zębami piły** saw gullet
~ **pochyły** *górn.* angle cut
~ **przyspągowy** *górn.* undercut(ting), bottom cut, toe cut
~ **przystropowy** *górn.* overcut, top cut
~ **zęba** *masz.* tooth space (*in a toothed gear*)
wrębianie *n* cutting; notching; dapping
wrębiarka *f* *górn.* cutter, cutting machine
~ **chodnikowa** header, heading machine
~ **do kamienia** stone cutter
~ **do węgla** coal cutter
~ **do wrębów dolnych** undercutter
~ ~ ~ **górnych** overcutter
~ **ładująca** *górn.* cutter loader, mechanical coal miner
~ **łańcuchowa** chain cutter
~ **łukowa** arcwall cutter
~ **ścianowa** longwall cutter
~ **udarowa** puncher, punching machine
~ **zabierkowa** shortwaller, breast machine
~ **żerdziowa** bar cutter
wrębiarz *m* *górn.* cutter, cutterman, cutting machine operator
wrębienie *n* *górn.* cutting, holing
wrębnik *m* (*wrębiarki*) *górn.* cutter gib, cutter-bar

wrębołądowarka *f górn.* cutter loader, mechanical coal miner
wrębopług *m górn.* reaming cutter
wrębprzenośnik *m górn.* cutter-conveyor
wrębostrug *m górn.* reaming cutter
wrębowiny *pl górn.* cuttings, gummings, gum, bug dust
wręg *m* **1.** *okr.* frame **2.** *drewn.* rabbet, rebate
~ **denny** *okr.* bottom frame
~ **główny** *okr.* midship frame, main frame
~ **okienny** *bud.* fillister
~ **pełny** *okr.* solid frame
~ **podwójny** *okr.* rider frame
~ **poprzecznikowy** *okr.* transom frame
~ **poprzeczny** *okr.* transverse frame
~ **szklarski** *bud.* glazing groove
~ **środkowy** *okr.* midship frame, main frame
~ **wysoki** *okr.* deep frame
~ **wzdłużny** *okr.* longitudinal frame
~ **wzmocniony skrajnika** *okr.* panting frame
wręga *f lotn.* frame; former
~ **wzmocniona** bulkhead
wręgi *fpl* **teoretyczne** *okr.* square stations
wręgownik *m narz.* rebate plane, sash plane
wrężnica *f okr.* section (line)
wrodzony *a biol.* congenital; inborn; innate
wrońskian *m mat.* Wronskian
wrostek *m min.* included grain, inclusion
wrota *pl* **1.** gate **2.** *el.* port
~ **energetyczne** *aut.* energy port
~ **lodowcowe** *geol.* snout of glacier
~ **ładunkowe** *okr.* cargo port
~ **powodziowe** *inż.* flood-gate
~ **śluzy** *inż.* lock-gate, wicket
~ **zewnętrzne** *okr.* sea gate (*of a dock*)
wrotycz *m* **pospolity** *bot.* tansy, *Tanacetum vulgare*
wrożnik *m arch.* squinch, scoinson arch, pendentive
wrócić *v* **na kurs** *żegl.* regain the course
WRPT = wysokość równoważna półce teoretycznej *chem.* height equivalent to theoretical plate
wrzątek *m* boiling water
wrzeciądz *m* (*zamka*) hasp
wrzeciennik *m* (*obrabiarki*) *obr.skraw.* fixed headstock, fast headstock, fast head
wrzeciono *n* **1.** *masz.* spindle **2.** *włók.* spindle
~ **do szlifowania otworów** internal grinding spindle
~ **kompensacyjne** *zeg.* compensation balance
~ **polerskie** buffing spindle
~ **rdzeniowe** *odl.* core barrel
~ **zaworu** valve spindle, valve stem
wrzecionowaty *a* cigar-shaped, fusiform
wrzeć *v* boil
wrzenie *n* boiling; ebullition
~ **błonowe** film boiling
~ **burzliwe** bumping
~ **pęcherzykowe** bubble boiling, nucleate boiling
~ **stali nieuspokojonej** *hutn.* rimming of steel
~ **wapienne** (*kąpieli stalowej*) *hutn.* lime boil
~ **warstewkowe** film boiling
wrzód *m med.* ulcer
WS = wartość skrobiowa *roln.* starch equivalent
wsad *m* charge; stock
~ **metalowy** *odl.* metallic charge
~ **roztopiony** *szkl.* bath of glass, melt
~ **tłoczywa** *tw.szt.* mould charge
~ **wielkopiecowy** blast-furnace charge
wsadnica *f* coal charging machine, charging larry (*in a coking plant*)
wsadzarka *f hutn.* charging machine, charger
~ **pomostowa** ground-type charging machine, low-type charging machine, mobile furnace charger
~ ~ **obrotowa** revolving ground-type charging machine
~ **suwnicowa** overhead-type charging machine, high-type charging machine
~ ~ **obrotowa** revolving overhead-type charging machine, overhead turn-around charger
WSB = względna skuteczność biologiczna (*promieniowania*) relative biological effectiveness (*of radiation*)
wschód *m* **1.** rise (*of a celestial body*) **2.** east (*direction*)
~ **do południa** east by south (*direction*)
~ **księżyca** moonrise
~ **słońca** sunrise
WSI = Wyższa Szkoła Inżynierska
wsiąkać *v* percolate
wsiewka *f roln.* companion crop, supplementary crop
WSiP = Wydawnictwa Szkolne i Pedagogiczne
WSK = Wytwórnia Sprzętu Komunikacyjnego
wskaz *m metrol.* indicating mark
wskazanie *n* indication
~ **sygnału** *kol.* aspect
wskazówka *f* pointer; hand; indicating needle
~ **budzeniowa** (*budzika*) alarm hand
~ **godzinowa** *zeg.* hour hand
~ **minutowa** *zeg.* minute hand
~ **nożowa** knife-edge pointer, knife-blade indicator
~ **ruchoma** moving pointer
~ **sekundowa** *zeg.* seconds hand
~ ~ **centralna** *zeg.* sweep seconds hand
~ ~ **wtórna** (*stopera*) flyback hand
~ **świetlna** light indicator
~ **tarownicza** auxiliary indicator (*in a balance*)
wskazówki *fpl* **dla użytkownika** directions
wskazująca *f geom.* indicatrix
~ **na kuli** spherical indicatrix
wskazywać *v* indicate, point
wskaźnik *m* **1.** index **2.** indicator **3.** *mat.* index; superscript; subscript
~ **alarmowy ciśnienia** *aut.* pressure alarm

~ ~ **temperatury** heat alarm
~ **alkacymetryczny** *chem.* acid-base indicator
~ **anizotropii mechanicznej** *obr.plast.* strain ratio
~ **automatyczny konieczności wykonania naprawy** automatic need-to-repair indicator
~ **awaryjności** failure rate
~ **biegunowości** *el.* polarity indicator
~ **błędów w znakach** *inf.* character error rate
~ **braków** rejection rate, reject quota
~ **cementowo-wodny** *bud.* cement-water ratio
~ **cen** price index
~ **chorągiewkowy** *telef.* flag-type indicator
~ **ciekłokrystaliczny** liquid crystal display, LCD
~ **ciśnienia ładowania** *lotn.* boost gauge
~ **cyfrowy** numerical read-out, digital display; digitron
~ **dieslowy** *paliw.* diesel index
~ **do gwintów** *obr.skraw.* thread dial
~ **dolny** *mat.* subscript, lower index
~ **dyspozycyjności** *el.* availability factor, a.f.
~ **elektronowy** electron-ray indicator tube
~ ~ **dostrojenia** *rad.* magic eye
~ **emisji** *ochr.środ.* emission factor
~ **fali stojącej** *tel.* standing-wave detector
~ **fluorescencyjny** *chem.* fluorescent indicator
~ **głębokości wżerów** (*korozyjnych*) pitting factor
~ **głośności** *rad.* volume indicator
~ **górny** *mat.* superscript, upper index
~ **hartowności** *obr.ciepl.* index of hardenability
~ **ilości błędów** *inf.* error rate
~ ~ **paliwa** *lotn.* fuel gauge
~ **izotopowy** isotopic tracer, tracer isotope
~ **jakości** *skj* quality coefficient, quality rating
~ ~ **wyrobów walcowanych na gorąco** *hutn.* merit number, quality factor
~ ~ **zdjęcia** *radiol.* penetrameter, image quality indicator
~ **jarzeniowy** *el.* glow indicator tube
~ ~ **neonowy** neon indicator
~ **kierunku i odległości** *rad.* interscan
~ **kierunku lądowania** *lotn.* landing direction indicator
~ ~ **strug** *lotn.* yaw meter
~ ~ **wiatru** wind direction indicator, wind wane
~ **komputerowy położenia w powietrzu** *lotn.* air-position indicator, API
~ **konsystencji** consistency index
~ **kontrolny** monitor
~ **korozji** *met.* pitting factor
~ ~ **wodorowy** hydrogen index of corrosion
~ **kosztów utrzymania** *ek.* consumer price index, CPI
~ **kursu** *lotn.* direction indicator
~ **kwasowo-zasadowy** *chem.* acid-base indicator
~ **lepkości** viscosity index
~ **liczbowy tarczowy** deal
~ **luminoforowy próżni** *elektron.* skanascope
~ **miałkości kruszywa** *bud.* fineness modulus of aggregate
~ **modulacji** (*częstotliwości*) *tel.* modulation index
~ **na ciekłych kryształach** liquid crystal display, LCD
~ **nieruchomy** (*wagi*) stationary reading line (*of a balance*)
~ **niezawodności** reliability index
~ **obecności napięcia** voltage indicator
~ **odkształcenia** (*plastycznego*) *wytrz.* effective strain
~ **oporu** *wytrz.* section modulus
~ **optyczny** visual indicator
~ ~ **cyfrowy** *aut.* digital display
~ ~ **strojenia** *rad.* tunoscope
~ **pH** *chem.* acid-base indicator
~ **plastyczności** (*gruntu*) *inż.* plasticity index
~ **podatności podłoża** *inż.* bedding value
~ **podziałki** scale mark
~ **położenia steru** *okr.* rudder indicator
~ **pomieszczenia** (*w technice oświetleniowej*) room ratio
~ **porowatości** void ratio
~ **poziomu** (*cieczy*) level gauge, tell-tale
~ ~ **prętowy** dip stick, dip rod
~ **pozycji statku powietrznego** *nawig.* automatic position plotter
~ **precyzji** *skj* precision index
~ **promieniotwórczy** radioactive tracer, radioactive indicator, radiotracer
~ **próżni** vacuoscope
~ **przeciągania fazowego** *el.* pushing figure
~ ~ **prądowego** pulling figure
~ **przegłębienia** *okr.* trim indicator
~ **przekroju** *wytrz.* section modulus
~ ~ **przy skręcaniu** polar section modulus, section modulus of torsion
~ **przepływu** flow indicator
~ ~ **migowy** blinker flow indicator
~ **przyporu** *masz.* tooth contact ratio, engagement factor (*in a toothed gear*)
~ **przyzewowy** *el.* annunciator
~ **radarowy** radar display (unit), radar indicator
~ ~ **o współrzędnych prostokątnych** C display
~ ~ **odległości i wysokości** range-height indicator, RHI
~ ~ **panoramiczny** plan position indicator, PPI
~ ~ **typu E** E scope
~ ~ **z powiększaniem echa** R display
~ **radioaktywności powietrza** air monitor
~ **radiolokacyjny** *zob.* **wskaźnik radarowy**
~ **redoksy** *chem.* redox indicator, oxidation-reduction indicator
~ **refleksyjny na wiatrochronie** head-up display, HUD
~ **rozproszenia** *mat.* index of dispersion

~ **ruchomy** *metrol.* pointer
~ **sprężystości sprężyny** stress factor of a spring
~ **stały** *metrol.* index mark
~ **strojenia** *rad.* tuning indicator
~ **synchronizmu** *el.* synchroscope
~ **szybkości płynięcia** *tw.szt.* melt flow index, MFI
~ **ślizgu** *lotn.* yaw meter, side-slip indicator
~ **świetlny** light indicator, indicator light
~ **temperatury** thermoscope
~ **tłoczności** (*blachy*) *obr.plast.* drawability index
~ ~ **Erichsena** Erichsen value
~ ~ **Olsena** Olsen cup value
~ **tolerancji** *metrol.* tolerance pointer
~ **turbulencji** *mech.pł.* scale of turbulence
~ **udarności** *wytrz.* notched-bar value, notch impact walue
~ **uniwersalny** *chem.* universal indicator, many-coloured indicator
~ **uszkodzeń** *el.* fault detector, fault indicator
~ **wadliwości** defect index
~ **wielobarwny** *chem.* universal indicator, many-coloured indicator
~ **wodno-cementowy** *bud.* water-cement ratio
~ **wolnego wydymania** (*węgla*) *chem.* swelling index
~ **wolumenu akustycznego** *tel.* volume unit meter, volume indicator
~ **wybraków** *ek.* rejection rate, reject quota
~ **wychylenia klap** *lotn.* flaps setting indicator
~ **wydajności pracy** performance index
~ ~ **wielkiego pieca** *hutn.* blast-furnace output index, BOI
~ ~ **żeliwiaka** *hutn.* relative melting rate of a cupola
~ **wykorzystania** (*w technice oświetleniowej*) coefficient of utilization
~ **wypadkowości** *bhp* accident rate
~ **wyświetlany na wiatrochronie** *lotn.* head-up display, HUD
~ **wytrzymałości przekroju** *wytrz.* section(al) modulus
~ **zachowania plastyczności** *gum.* plasticity retention index, PRI
~ **zanieczyszczenia** (*stali*) **wtrąceniami** *met.* cleanliness rating
~ **zanurzenia** *okr.* draught gauge, draught indicator
~ **zapłonności** *paliw.* diesel index
~ **zerowy** null indicator
~ **zgłoszeniowy** *telef.* calling indicator
~ **zwarcia doziemnego** *el.* earth detector, earth indicator, ground detector
~ **związania garbnika** *skór.* relative fixation value
~ **zysku** *ek.* profit rate
~ **żyroskopowy kursu** *lotn.* directional gyro, gyro direction indicator
wskaźniki *mpl* **Millera** *zob.* **wskaźniki płaszczyzny**
~ **płaszczyzny** *kryst.* Miller indices, crystal indices
~ **ruchowe** operating data, operating variables
~ **zanieczyszczenia** *san.* indices of pollution
wskutek niepomyślnej pogody *żegl.* under stress of weather
wsparty na sprężynach spring-borne
wspinanie *n* **się dyslokacji** *kryst.* climb of dislocation, dislocation climb
wspływanie *n* *wzbog.* floatation
wspomaganie *n* **startu** *lotn.* take-off assist
wspomagany komputerem computer-aided
wspora *f* *bud.* springer, rein, skewback
wspornik *m* bracket; console; cantilever; *lotn.* pylon
~ **do nitowania** dolly (bar), hold-on, riveting anvil
~ **nadburcia** *okr.* bulwark stanchion
~ **rurociągu** pipe bearer; pipe holder
~ **silnika** *lotn.* engine bearer
~ **wału śrubowego** *okr.* shaft strut, shaft bracket, propeller bracket
~ **wysadzony** *bud.* corbel
wspólna wielokrotność *f* *mat.* common multiple
wspólna własność *f* *ek.* common property
wspólne przedsięwzięcie *m* joint venture
wspólne wydanie *m* (*książki*) co-edition
wspólnik *m* *ek.* partner
wspólny mianownik *m* *mat.* common denominator
współbieżność *f* *inf.* concurrent operation, concurrency
współbrzmienie *m* **harmonijne** *akust.* consonans
współczynnik *m* coefficient; factor; multiplier; modulus
~ η (*nuklidu rozszczepialnego lub paliwa jądrowego*) *nukl.* eta factor, neutron yield per absorption
~ **absorpcji** absorptivity, absorption coefficient, specific absorbance, absorb index, absorptive power
~ ~ **masowy** *nukl.* mass absorption coefficient
~ ~ **molowy** molar absorbancy index
~ **aktywności** **1.** *chem.* activity coefficient **2.** (*śmigła*) activity factor, AF
~ **amplifikacji** *el.* amplification factor, mu factor (*of an electronic valve*)
~ **anizotropii plastycznej** *met.* plastic strain ratio, r-value
~ **asymetrii cyklu** *wytrz.* stress ratio
~ ~ **rezystancyjnej** *el.* resistance unbalance coefficient
~ **barotropii** barotropy coefficient
~ **bezpieczeństwa** **1.** *wytrz.* factor of safety **2.** *rad.* protection ratio
~ **chwilowego przepięcia** *el.* overshoot factor
~ **ciągu** *rak.* coefficient of thrust, propulsive coefficient
~ **czasu pracy** *el.* operating time ratio
~ **czystości** *chem.* coefficient of purity
~ **determinacji** *mat.* coefficient of determination

~ **dławienia** *hydr.* throttling coefficient
~ **długości fali** *fiz.* wavelength constant
~ **dobroci** *el.* quality factor, Q factor
~ **dyfuzji** diffussion coefficient, diffusivity
~ **dyspersji** coefficient of dispersion, Abbe number
~ **działania** (*paliw rakietowych*) performance index
~ **emisji wtórnej** *elektron.* secondary emission factor
~ **fali stojącej** *rad.* standing wave-ratio, SWR
~ **Fanninga** (*oporu przepływu płynu w rurach*) *mech.pł.* Fanning friction factor
~ **fazowy** *el.* phase coefficient
~ **gamma** *TV, fot.* contrast factor, gamma
~ **gęstości siatki** *elektron.* screen-factor
~ **giromagnetyczny** *fiz.* gyromagnetic ratio, magnetomechanical ratio
~ **gniotu** (*przy walcowaniu*) *obr.plast.* draft coefficient
~ **gotowości** (*obiektu do pracy*) availability factor
~ **grupy zezwojów** *masz.el.* distribution factor, breadth factor
~ **hydrauliczny** *ceram.* hydraulic modulus
~ **impulsowania** *elektron.* pulse duty factor
~ **intensywności naprężeń** *wytrz.* stress intensity factor
~ **jakości promieniowania** *radiol.* quality factor
~ **jednoczesności** (*obciążenia*) *el.* coincidence factor
~ **„K"** *term.* overall heat-transfer coefficient
~ **katalityczny** *chem.* catalytic coefficient
~ **kawitacji** *nukl.* void coefficient
~ **kierunkowości** *akust.* directivity factor, directivity index
~ **kierunkowy prostej** *geom.* slope of a straight line
~ **koncentracji** (*izotopu*) *fiz.* differential absorption ratio
~ **kontrakcji** *hydr.* coefficient of contraction
~ **kierunkowości** *akust.* directivity factor, gamma
~ **konwersji** *nukl.* conversion ratio, conversion coefficient
~ **korelacji** *mat.* correlation coefficient
~ ~ **rangowej** rank correlation coefficient
~ ~ **wielokrotnej** multiple correlation coefficient
~ **krzemianowy** *ceram.* silica modulus
~ **kształtu** *masz.* form factor, shape factor
~ ~ **obrazu** *TV* aspect ratio
~ **kwasowości** *min.* acidity coefficient, oxygen ratio
~ **lepkości burzliwej** *mech.pł.* coefficient of turbulent viscosity, coefficient of turbulent friction
~ ~ **dynamicznej** coefficient of dynamic viscosity, coefficient of internal friction
~ ~ **kinematycznej** coefficient of kinematic viscosity
~ **luminancji** *el.* luminance factor
~ **magnetogiryczny** *fiz.* magnetomechanical ratio, gyromagnetic ratio
~ **mnożenia** *nukl.* multiplication factor, multiplication constant
~ **mocy** *el.* power factor, phase factor
~ **modulacji** *elektron.* gap factor
~ **nadmiaru powietrza** (*przy spalaniu*) excess air number, (combustion) air factor
~ **największego obciążenia dopuszczalnego** *wytrz.* load factor
~ **narastania** *nukl.* build-up factor
~ **natapiania** *spaw.* deposition rate
~ **natleniania** *san.* aeration coefficient
~ **niebezpieczeństwa** *nukl.* danger coefficient
~ **nieboskłonu** (*w technice oświetleniowej*) sky factor
~ **nieczułości regulatora** *masz.* coefficient of insensitiveness of a governor
~ **niedopasowania** *tel.* mismatch factor
~ **niejednoczesności** (*obciążenia*) *el.* diversity factor
~ **niejednostajności regulatora** *masz.* static fluctuation of a governor
~ **niekorzyści** *nukl.* disadvantage factor
~ **niezawodności** reliability factor
~ **obciążenia** load factor; duty factor
~ ~ **dopuszczalnego** proof factor
~ ~ **elektrowni** plant load factor
~ ~ **niszczącego** *wytrz.* ultimate load factor
~ ~ **przy manewrowaniu** *lotn.* manoeuvring load factor
~ ~ **roczny** (*elektrowni*) annual load factor
~ **obniżenia sprawności oświetlenia** *el.* depreciation factor
~ **odbicia** *fiz.* **1.** coefficient of reflection, reflection coefficient, reflectivity **2.** coefficient of restitution
~ ~ **kierunkowego** direct reflection factor
~ **odkażenia** *nukl.* decontamination factor
~ **odkształcenia** *el.* distortion factor
~ ~ **plastycznego** *wytrz.* coefficient of deformation
~ **oporu** *mech.pł.* drag coefficient; resistance coefficient
~ **osłabiania** (*promieniowania*) attenuation coefficient
~ **pełnotliwości kadłuba** *okr.* block coefficient (*of a ship's hull*)
~ ~ **owręża** midship section coefficient, maximum-section coefficient
~ ~ **pionowej** *okr.* vertical prismatic coefficient
~ ~ **przekroju wodnicowego** waterplane coefficient
~ ~ **wzdłużnej** *okr.* cylindrical coefficient
~ **pewności** *wytrz.* factor of safety
~ **pływu** *ocean.* ratio of rise
~ **pochłaniania** *fiz.* absorption coefficient
~ **podatności gruntu** *inż.* coefficient of soil reaction
~ **podziału** *nukl.* distribution ratio, partition coefficient

~ **Poiseuille'a** *mech.pł.* coefficient of dynamic viscosity, coefficient of internal friction
~ **Poissona** *wytrz.* Poisson's ratio
~ **poprawkowy** correction factor
~ **porowatości** void ratio (*for porous materials*)
~ **posuwu śmigła** *aero.* advance coefficient, advance ratio
~ **poszerzenia** (*przy walcowaniu*) *obr.plast.* spread factor, spread coefficient
~ **powielania** *nukl.* breeding ratio, breeding factor
~ **powrotu** (*do obiegu, w procesach ciągłych*) *chem.* recycle ratio
~ **prawidłowości działania** *el.* performance factor
~ **prędkości 1.** *hydr.* velocity coefficient **2.** *kol.* speed ratio; *żegl.* speed-length ratio
~ **proporcjonalności** *mat.* factor of proportionality, constant of proportionality
~ **prostokątności** *fiz.* squareness ratio
~ **protekcji** *tel.* protection ration
~ **przeciążenia** overload factor
~ **(przedwykładniczy w równaniu) Arrheniusa** *chem.* frequency factor
~ **przejmowania ciepła** *term.* surface film conductance
~ **przemienności** (*turbulencji*) intermittency factor
~ **przenikania ciepła** overall heat-transfer coefficient
~ ~ **masy całkowity** overall mass transfer coefficient
~ **przepływu** *hydr.* flow ratio
~ **przepuklenia** *papiern.* burst factor
~ **przepuszczania** (*promieniowania*) *fiz.* transmittance
~ **przesłaniania siatki** *elektron.* screen-factor
~ **przestrzenności ładunku** *żegl.* stowage factor
~ **przesunięcia zarysu zębów** (*koła zębatego*) addendum modification coefficient
~ **przesuwu fazowego** *el.* displacement factor
~ **przesycenia** *fiz.* degree of supersaturation
~ **przewodzenia ciepła** *fiz.* thermal conductivity, thermal conductance
~ **przy najwyższej potędze wielomianu** *mat.* leading coefficient of a polynomial
~ **przyczepności** *kol.* adhesion coefficient (*of wheels*)
~ **przyspieszania intensywności uszkodzeń** *skj* failure rate acceleration factor
~ **reaktywności** *chem.* reactivity ratio
~ **regresji** *mat.* regression coefficient
~ **rekombinacji** *elektron.* recombination coefficient
~ **restytucji** *mech.* coefficient of restitution
~ **rozpraszania** *nukl.* scattering coefficient
~ **rozproszenia białek** *spoż.* protein dispersibility index
~ ~ **magnetycznego** *fiz.* magnetic leakage factor
~ **rozrzutu** *mat.* scatter coefficient
~ **rozszczepienia prędkiego** *nukl.* fast fission factor
~ **rozszerzalności** *fiz.* coefficient of expansion
~ **równoczesności** (*w elektrowniach*) diversity factor, d.f.
~ **samoogrzania pary** (*w turbinach parowych*) reheat factor
~ **siły nośnej** *aero.* lift coefficient
~ **skręcenia** *geom.* torsion coefficient
~ **skrótu cewki** *el.* coil-span factor
~ ~ **uzwojenia** pitch factor
~ **(skuteczności) ekranu** *el.* shield factor
~ **smukłości** (*kadłuba*) *okr.* fineness ratio
~ **spiętrzenia naprężeń** *wytrz.* stress concentration factor, SCF
~ **spowolniania** *nukl.* moderating ratio
~ **sprawności oświetlenia** *opt.* utilization coefficient
~ **sprężystości** *wytrz.* coefficient of elasticity, elastic constant
~ ~ **klatki walcowniczej** *hutn.* mill elastic coefficient, mill spring constant
~ ~ **objętościowej** compression modulus (of elasticity)
~ ~ **podłużnej** Young's modulus, coefficient of direct elasticity, longitudinal modulus of elasticity
~ ~ **poprzecznej** modulus of rigidity, modulus of shear, shear modulus
~ ~ **postaciowej** *zob.* **współczynnik sprężystości poprzecznej**
~ ~ **wzdłużnej** *zob.* **współczynnik sprężystości podłużnej**
~ **sprzężenia** *rad.* coupling coefficient
~ **stabilizacji pocisku** *uzbr.* coefficient of steadiness
~ **strat dielektrycznych** (dielectric) loss factor
~ **strumienia nadążającego** *hydr.* wake fraction
~ **szczytu** (*wielkości okresowej*) *el.* peak factor
~ **sztauowania** *żegl.* stowage factor
~ **szumów** *rad.* noise factor; noise figure, NF
~ **ściśliwości (gazu)** coefficient of compressibility
~ ~ **objętościowej** compression modulus (of elasticity)
~ **śmiertelności** *nukl.* lethal factor
~ **tarcia** *fiz.* coefficient of friction, friction factor
~ ~ **burzliwego** *mech.pł.* coefficient of turbulent viscosity, coefficient of turbulent friction
~ ~ **wewnętrznego** coefficient of dynamic viscosity, coefficient of internal friction
~ **temperaturowy** temperature coefficient
~ **tlenowy** *min.* oxygen ratio
~ **tłumienia 1.** *el.* attenuation coefficient **2.** *mech.* damping coefficient
~ ~ **dźwięku** *akust.* sound reduction factor, sound reduction index

~ ~ **kołysania wzdłużnego** *okr.* pitching damping coefficient
~ ~ **sumacyjnego rodzaju pracy** *zob.* **współczynnik tłumienia sygnału wspólnego**
~ ~ **sygnału nałożonego** (*charakteryzujący tłumienie zakłóceń*) *elektron.* series mode rejection ratio, SMRR, normal mode rejection ratio, NMRR
~ ~ ~ **wspólnego** common mode rejection ratio, CMRR
~ ~ **wpływu zasilania** *elektron.* supply voltage rejection ratio, power supply rejection ratio, PSRR
~ **ufności** *skj* confidence coefficient
~ **umieralności** mortality rate, death rate
~ **upakowania** *nukl.* packing fraction
~ **urodzeń** natality rate, birth rate
~ **uzwojenia** *masz.el.* winding factor
~ **użytkowania** *el.* utilization factor
~ **walców** *obr.plast.* roll factor
~ **wartości biologicznej** (*białka*) *spoż.* biological value, BV
~ **warunków obrotu łożyska** *masz.* rotation factor of bearing
~ **wirialny** *term.* virial coefficient
~ **wnikania ciepła** *term.* surface film conductance, convective heat-transfer coefficient
~ **wrażliwości na działanie karbu** *wytrz.* notch sensitivity index
~ **wyczynowy** *siln.* performance number
~ **wydajności wzrostowej białka** *spoż.* protein efficiency ratio, PER
~ **wydłużenia** (*przy walcowaniu*) *obr.plast.* elongation factor
~ **wykorzystania** utilization factor; *el.* duty factor
~ ~ **białka netto** *spoż.* net protein utilization, NPU
~ ~ **powietrza przepłukującego** *siln spal.* scavenge factor
~ ~ **wyporności** (*statku*) *okr.* deadweight efficiency, deadweight ratio
~ **wypalenia** *nukl.* burn-up factor
~ **wypełnienia 1.** *fiz.* filling factor **2.** solidity ratio (*of a propeller*)
~ ~ **impulsu** *elektron.* pulse-duty factor
~ ~ **wykresu teoretycznego** *siln.par.* diagram factor
~ **wypływu** *hydr.* coefficient of discharge
~ **wysokości podnoszenia** *hydr.* head coefficient (*in rotodynamic pump*)
~ **wzbogacenia** *nukl.* enrichment factor
~ **wzmocnienia** *el.* amplification factor, coefficient of amplification, gain coefficient
~ ~ **całkowego** *aut.* integral-action factor
~ ~ **mocowego** (*przetwornika*) *el.* power gain
~ ~ **prądowego** (*tranzystora*) current-gain factor
~ ~ **wzmacniacza** amplifier gain
~ **zakłóceń telefonicznych** telephone influence factor
~ **załamania światła** *opt.* index of refraction, refractive index, r.i., refractivity
~ **zamiany** conversion factor
~ **zapotrzebowania** *el.* demand factor
~ **zasadowości żużla** *hutn.* slag ratio
~ **zatrzymania** (*substancji promieniotwórczych*) *nukl.* retention coefficient
~ **zawartości harmonicznych** *el.* relative harmonic content, distortion factor
~ **zawiesistości** *mech.pł.* coefficient of kinematic viscosity, kinematic viscosity
~ **zestrojenia** (*częstotliwości fali z częstotliwością kołysań własnych statku*) *okr.* tuning factor
~ **ziemi płaskiej** *rad.* plane earth factor
~ **zmienności** *statyst.* coefficient of variation
~ **zmniejszenia obciążenia** *skj* derating factor
~ **zniekształcenia tłumieniowego** (*transformatora*) *el.* distortion attenuation coefficient
~ **zwężenia** (*strugi*) *hydr.* coefficient of contraction
~ **żelazowy** *ceram.* iron modulus
~ **żyromagnetyczny** gyromagnetic ratio, magnetomechanical ratio
współdestylacja *f chem.* codestillation
współdziałający z okrętem podwodnym *żegl.* prosubmarine
współdziałanie *n* co-operation
współistnienie *n fiz.* coexistence
współjony *mpl chem.* co-ions
współkońcowy *a mat.* cofinal
współliniowy *a* collinear
współmastykacja *f gum., tw.szt.* comastication
współmierność *f geom.* commensurability
współmierny *a geom.* commensurable
współogniskowy *a* confocal
współosadzanie *n elchem.* codesposition
współosiowy *a* coaxial; collinear
współotwarcie *n* **zaworów** *siln.* valve overlap
współpaliwo *n* comburent (*for rockets*)
współpłaszczyznowy *a* coplanar
współpoczątkowy *a* coinitial
współpraca *f* collaboration; (*części mechanizmu*) mating
współpracować *v* collaborate; (*o częściach mechanizmu*) mate
współpracownik *m* collaborator; co-operator
współprąd *m.* parallel current, parallel flow, conflow
współprądowy *a* cocurrent, streamwise
współrzędne *fpl mat.* coordinates, coordinate axes
~ **barycentryczne** barycentric coordinates
~ **biegunowe** polar coordinates
~ ~ **przestrzenne** space polar coordinates
~ **cykliczne** cyclic coordinates
~ **cylindryczne** cylindrical coordinates
~ **geodezyjne** geodesic coordinates
~ **geograficzne** geographic coordinates, terrestrial coordinates

~ **jednorodne** homogeneous coordinates
~ **kartezjańskie** Cartesian coordinates
~ **krzywoliniowe** curvilinear coordinates
~ **kuliste** space polar coordinates
~ **normalne** normal coordinates
~ **prostokątne** rectangular coordinates
~ **przestrzenne** space coordinates
~ **sferyczne** spatial polar coordinates, spherical coordinates
~ **tensora** components of a tensor
~ **trójchromatyczne** *opt.* chromaticity coordinates
~ **ukośnokątne** oblique coordinates
~ **uogólnione** generalized coordinates
~ **walcowe** cylindrical coordinates
współrzędny *a mat.* coordinate
współstrącanie *n chem.* co-precipitation
współśrodkowość *f* concentricity
współśrodkowy *a* concentric
współutlenianie *n* cooxidation
współużywalność *f inf.* reentry
współużywalny *a inf.* reenterable
współwłaściciel *m* co-owner, part owner
współzależność *f* interdependence, interrelation, correlation
współzawodnictwo *n* competition; emulation
współzawodnicza inhibicja *f* **enzymów** *biochem.* competitive inhibition of enzymes
współziemny na całej długości *tel.* all-grounded
współzmienność *f mat.* covariation
współzmienny *a mat.* covariant
współżycie *n biol.* symbiosis
wstawiać *v* insert, put in, place
~ **program** *inf.* roll-in
~ **szyby** *bud.* glaze
wstawka *f* insert
~ **cylindryczna** *okr.* middlebody, midship body, dead flat
~ **do programu** *inf.* patch
~ **walcowa** *zob.* **wstawka cylindryczna**
wstąpić *v* **na wyższą uczelnię** enter the university
wstecz *adv* backwards; *żegl.* astern
wsteczny *a* reverse
wstęga *f* **1.** band; ribbon; *mat.* strip **2.** *anat.* lemniscus
~ **boczna** *rad.* sideband
~ ~ **szczątkowa** vestigial side band, VSB
~ **charakterystyczna** *mat.* characteristic strip
~ **górna** *elektron.* upper sideband
~ **jednostronna** *rad.* single side band, SSB
~ **Möbiusa** *mat.* **1.** Möbius strip **2.** cross-cap (*in algebraic topology*)
~ **na rury** *hutn.* (tube) skelp, skelp iron, tube strip
~ **papieru** *papiern.* paper web
wstęgi *fpl* **rozbłysku** *astr.* flare ribbons
wstęp wzbroniony entry prohibited, no admittance; out of bounds
wstępne nadawanie *n* **skrętu** *włók.szt.* pretwisting
wstępne obciążenie *n* **łożyska** *masz.* bearing preload
wstępne odkształcanie *n* **sprężyste** *spaw.* pre-springing
wstępne świeżenie *n* **surówki** *hutn.* prerefining of pig iron
wstępniak *m obr.plast.* preform
wstępny *a* preliminary
wstępujący *a* ascending
wstrząs *m* **1.** shock, concussion **2.** *cukr.* shocking
~ **cieplny** thermal shock
~ **elektryczny** *med.* electric shock, electro-shock
~ **hipoglikemiczny** *med.* insulin shock
~ **podziemny** *geol.* tremor
wstrząsać *v* shake, agitate; jolt
wstrząsak *m odl.* vibrator
wstrząsarka *f* **1.** shaker; vibrator **2.** *odl.* jolter, jolt-moulding machine, jolt-ramming machine, jar-ramming machine
~ **do sit** sieve shaker
~ **o ruchu pionowym** end-over-end shaker
wstrząsoodporny *a* shockproof, shake-proof, shock-resistant
wstrząsy *mpl* **sejsmiczne na księżycu** moonquake
wstrzeliwarka *f odl.* explosion-type core blower, core shooter
wstrzykiwać *v* inject
wstrzykiwanie *n* **nośników** *elektron.* injection of carriers
~ **zaprawy cementowej** *bud.* grouting, cement injection
wstrzyknięcie *n med.* injection
wstrzymanie *n* **pracy kotła** banking of a boiler
~ **ruchu obrotowego** *kosm.* despinning
~ **wypłat** stoppage of payments
wstrzymywać *v* stop; check; restrain; inhibit
~ **reakcję** inhibit (chemical) reaction
~ **ruch** *drog.* hold up the traffic
~ **sterem** *żegl.* meet the helm
wsypywać *v* (*np. proszek, ziarno*) pour
wsysać *v* draw in; imbibe
wsysanie *n* aspiration; indraught
wszawica *f med.* lousiness
wszczep *m med.* implant
wszczepienie *n med.* implantation
wszechocean *n* world ocean
wszechstronność *f* versatility
wszechstronny *a* versatile; universal; all-embracing
Wszechświat *m* Universe, Cosmos
wszechświatowy *a* universal
wszystkie prawa zastrzeżone all rights reserved
wszystkożerny *a zool.* omnivorous; polyphagous
wścieklizna *f wet.* rabies, hydrophobia
wtaczać *v* roll in
wtaczanie *n* **wozów** (*do klatek szybowych*) *górn.* decking-on
wtargnięcie *n* inrush (*of water*)
wtłaczać *v* force (in)
wtop *m spaw.* fusion (penetration)
~ **niedostateczny** (*wada*) poor penetration
~ **nierównomierny** erratic penetration

wtopienie *n zob.* **wtop**
wtórnik *m* duplicate
~ **katodowy** *el.* cathode loaded amplifier, cathode follower
~ **napięciowy** *el.* voltage follower
wtórny *a* secondary
wtrącenia *npl* inclusions
~ **makroskopowe** *met.* macro inclusions
~ **mikroskopowe** *met.* micro inclusions
~ **niemetaliczne** *met.* non-metallic inclusions
~ **pasmowe** (*żużlowe*) *met.* stringer, slag streak
~ **tlenkowe** *met.* oxide inclusions
~ **topnika** *spaw.* flux inclusions
~ **zgodne** (*w uwarstwieniu*) *geol.* concordant body
~ **żużlowe** *met.* entrapped slag
wtrysk *m* injection; *tw.szt.* injection moulding, shot
~ **bezodpadowy** *tw.szt.* runnerless injection moulding
~ **bezpowietrzny** (*paliwa*) *siln.spal.* airless injection, solid injection
~ **hydrauliczny** *zob.* **wtrysk bezpowietrzny**
~ **paliwa** *siln.spal.* fuel injection
~ **pneumatyczny** *zob.* **wtrysk powietrzny**
~ **powietrzny** (*paliwa*) *siln.spal.* air-blast injection
~ **wirowy** (*paliwa*) *siln.spal.* turbulent injection
wtryskarka *f tw.szt.* injection moulding machine, injection moulding press
wtryskiwacz *m* **1.** injector **2.** *lotn.* burner (*in turbojets*)
~ **czopikowy** *siln.spal.* pintle injector
~ **jednootworowy** *siln.spal.* single hole injector
~ **paliwa** *siln.spal.* fuel injector
~ **powietrza** *kotł.* air injector
wtryskiwać *v* inject
wtryskiwanie *n tw.szt.* injection (moulding)
~ **paliwa** (*przed uruchomieniem silnika*) priming (the engine)
wtyczka *f el.* plug, male connector
~ **bananowa** banana plug
~ **czterostykowa** four-point plub
~ **dwukołkowa** twin plug
~ **probiercza** test plug
~ **odzewowa** *telef.* answering plug
~ **przyrządowa** inlet plug
~ **redukcyjna** plug adapter
~ **rozgałęźna** socket-outlet adapter; plug adapter
~ **sieciowa** outlet plug
~ **ślepa** dummy plug
~ **trzykołkowa** three-pin plug
~ **uziemiająca** grounding plug
~ **wielokołkowa** multiple plug
~ **wielostykowa** *telef.* multi-point plug
~ **wywoławcza** *telef.* calling plug
~ **zwierająca probiercza** test link
wtyk *m el.* pin
wtykać *v* (*wtyczkę w gniazdko*) plug in
wulfenit *m min.* wulfenite, yellow lead ore
wulkametr *m gum.* curemeter, vulcameter
wulkan *m* volcano
wulkanizacja *f gum.* vulcanization, cure, curing
~ **częściowa** semi-cure
~ **na zimno** room temperature vulcanization, RTV
~ **przedwczesna** prevulcanization, precure
~ **radiacyjna** radiation-induced vulcanization
~ **samorzutna** self-curing, self-vulcanizing
~ **w bandażu** wrapped cure
~ **w formach** mould vulcanization
~ **w gorącym powietrzu** dry heat cure
~ **w parze** steam cure
~ **w prasie** press cure
wulkanizat *m gum.* vulcanizate
wulkanizator *m* vulcanizer
wulkanizm *m geol.* volcanicity, volcanism
wurcylit *m petr.* wurtzilite
wurcyt *m min.* wurtzite
wustyt *m met.* wustite
wybarwienie *n farb.* dyeing
~ **równomierne** level dyeing
wybicie *n* **żyroskopu** topple of a gyro, tumble of a gyro
wybieg *m masz.* coasting
~ **dla drobiu** *roln.* aviary, fowl yard
~ **drogi startowej** *lotn.* overrun strip, stopway
~ **liny** (*logu*) *żegl.* stray line
~ **statku** *żegl.* ahead reach
wybielacz *m* **optyczny** optical brightener, optical whitening agent
wybielanie *n* bleaching
~ **optyczne** optical bleaching
wybierać *v* choose, select, *zob.też* **wybieranie**
~ **czerpakiem** bail out (*water*)
~ **kotwicę** *żegl.* heave up an anchor
~ **linę** *żegl.* haul away (*a rope*)
~ **luz** (*liny*) take in the slack
~ **numer** (*tarczą*) dial
~ **windą** *żegl.* heave (around)
wybierak *m* **1.** selector; selector switch **2.** *TV* scanner **3.** *biur.* choosing arm
~ **bez pozycji wyjściowej** non-homing switch
~ **cyfrowy** *aut.* digit selector
~ **dołączający** (*aparat kontrolny*) access selector
~ **elektromechaniczny** electromechanical selector
~ **elektroniczny** electronic selector
~ **grupowy** group selector
~ **igłowy** (*do kart selekcyjnych*) *inf.* sorting needle
~ **jednoruchowy** uniselector
~ **krzyżowy** crossbar switch
~ **liniowy** final selector
~ **maszynowy** power-driven selector
~ **mieszający** combination selector
~ **międzymiastowy** trunk selector
~ **o ruchu ciągłym** continuous motion selector
~ **obrotowy** rotary (selector) switch

~ **powracający po pracy do pozycji wyjściowej** homing switch
~ **przekaźnikowy** relay unit
~ **rozróżniający** discriminating selector
~ **wstępny** preselector, line selector
~ ~ **rozróżniający** discriminating preselector
~ **z absorpcją cyfr** digit-absorbing final selector
wybieranie *n* **1.** selecting, picking **2.** *TV* scanning **3.** *górn.* working; getting; winning; exploitation; extraction **4.** *żegl.* heave up; haul
~ **chodnikowe** *górn.* breast working
~ **choinkowe** *górn.* spearhead-front working
~ **dwustronne** *TV* bilateral scanning
~ **filarowe** *górn.* pillar working, pillaring, pulling pillars, board-and-wall working
~ ~ **krótkimi ubierkami** *górn.* pocketing
~ **filarowo-komorowe** *górn.* breast-and-pillar working, pillar-and-board working
~ **filarów** *górn.* pillar recovery, withdrawing pillars
~ **gniazda na czop** *drewn.* beating out
~ **koincydencyjne** *inf.* coincident-current selection
~ **kolejnoliniowe** *TV* sequential scanning
~ **komorami** *górn.* block mining, chain wall
~ **komorowo-filarowe** *górn.* board-and-stall working, breast-and-stall working, pillar-and-stall working
~ **liniowe** *TV* line-by-line scanning
~ **magazynowe** (*rudy*) *górn.* shrinkage stoping
~ **międzyliniowe** *TV* interlaced scanning, line jump scanning, interlacing
~ **międzypunktowe** *TV* dot interlace
~ **numeru** (*tarczą*) *telef.* dialling
~ ~ **za pomocą przycisków** push-button dialling
~ **od granic do szybu** *górn.* retreating working, backwards working, working home, home mining
~ **od szybu do granic** *górn.* advancing working, working from home
~ **po upadzie** *górn.* working to the deep
~ **po wzniesieniu** *górn.* working to the rise, rise working, on-the-rise working
~ **podpoziomowe** (*po upadzie*) *górn.* sublevel stoping, underhand working
~ ~ **warstwami** sublevel slicing
~ **pokładów poziomych** *górn.* flat working
~ **pola** *TV* field scan
~ **prostopadle do płaszczyzny łupliwości** (*skały*) *górn.* on-face working, on-board working
~ **przecinkami** *górn.* working by cross-cuts
~ **przekątne z magazynowaniem urobionej rudy** *górn.* rill stoping
~ **przeplatane** *TV* interlaced scanning, line jump scanning, interlacing
~ **przyciskowe** *tel.* push-button dialling
~ **ruchomą plamką świetlną** *TV* flying-spot scanning
~ **schodowe** *górn.* step working, stepping, stoping, benching, scramming
~ **sieci** *ryb.* boarding the net, hauling in the net
~ **stromo zalegających pokładów** *górn.* dip working
~ **stropowo-schodowe** *górn.* top slicing
~ **ścianowe** *górn.* longwall working, walling
~ **ubierkami** *górn.* breast working, cut-and-fill, drift slicing
~ **ustępliwe** *górn.* step working, stepping, stopping, benching, scramming
~ ~ **schodowo-spągowe** underhand working
~ ~ **stropowe** overhand working
~ ~ **stropowo-schodowe** *górn.* sawtooth stoping
~ ~ **warstwami** descending slicing
~ **warstwami** *górn.* slicing; benching
~ ~ **od góry** top benching
~ ~ **z obudową stojakami** prop slicing
~ **wpustów** *drewn.* sinking, sink drawing
~ **z częściowym zawałem** *górn.* semi-caving working
~ **z podsadzką** *górn.* cut-and-fill
~ **z zawałem** *górn.* robbing working, caving
~ **zabierkami** *górn.* shortwall working, shortwalling
~ **zabierki** *górn.* drawing a jud
wybijać *v zob.* **wybijanie**
wybijak *m narz.* **1.** drift **2.** jumper
~ **do klinów** cotter driver
wybijalność *f* (*masy formierskiej*) *odl.* knock-out properties
wybijanie *n* **1.** knocking out **2.** *obr.plast.* striking
~ **monet** coining, coinage
~ **odlewów** (*z form*) *odl.* knocking out, shaking-out (*of castings*)
~ **płomienia** (*z okien pieca martenowskiego*) stingout
~ **rdzeni** *odl.* de-coring
wybiorczość *f el.* selectivity
wybiorczy *a el.* selective
wyblaknąć *v farb.* discolour, fade (out)
wyblinka *f żegl.* ratline
wybłyszczacz *m elchem.* brightener
wybłyszczanie *n elchem.* brightening
wyboczenie *n wytrz.* (elastic) buckling
~ **giętne** flexural buckling
~ **giętno-skrętne** torsional-flexural buckling
wyboina *f* (*od uderzenia*) dint, dent
wyborowy *a* selected; choice
wybór *m* selection
~ **losowy** random selection
~ **towarów** choice of goods
wybrać *v* **szoty** *żegl.* sheet home
wybrakowywać *v* reject; scrap
wybranie *n masz.* recess; relief
~ **w otworze** bore chamber
wybrzeże *n* (sea) coast, seashore, shoreline
~ **wydźwignięte** shoreline of emergence

~ **wynurzone** *zob.* **wybrzeże wydźwignięte**
~ **zanurzone** shoreline of submergence
wybrzuszenie *n* bulge, bulging; belly; *geol.* upward
~ **rury** tube blister
~ **tynku** *bud.* blub
~ **żagla** belly of a sail, roach
wybuch *m* explosion; *geol.* eruption; *med.* outbreak
~ **gazu** gas explosion
~ **jądrowy** nuclear explosion
~ **pocisku** *uzbr.* shell burst
~ ~ **w powierzu** airburst
~ **pyłu** dust explosion
~ **w palenisku** (*pyłu lub gazów*) *kotł.* furnace explosion
~ **w powietrzu** (*np. pocisku*) aerial burst
~ **w zamkniętej przestrzeni** confined explosion
~ **wulkanu** volcanic eruption
wybuchać *v* explode, blow up; erupt
wybuchowy *a* explosive
wyburzanie *n* demolition
wycena *f* assessment; appraisal, evaluation
wychładzalnia *f chłodn.* chill cooler, chilling room, precooler
~ **tunelowa** chilling tunnel
wychładzanie *n chłodn.* chilling, precooling
~ **pospieszne** quick chilling
wychodnia *f geol.* outcrop, outcropping
~ **obnażona** exposed outcrop, basset
~ **przykryta** (*nadkładem*) buried outcrop, sub-outcrop, subcrop
~ **uskoku** fault outcrop
wychodzący z portu *żegl.* outward bound
wychodzący z użycia obsolescent
wychodzić *v* **na powierzchnię** (*o warstwie, pokładzie*) *geol.* crop out, come out to the day
~ **z użycia** go out of use, become obsolescent
wychód *m odl.* flow-off, pop-off, strain relief
wychów *m* **zwierząt** animal husbandry
wychudzenie *n med.* emaciation
wychwyt *m* **1.** *zeg.* escapement **2.** *nukl.* capture
~ **bez rozszczepienia** *nukl.* non-productive capture
~ **chronometrowy** chronometer escapement, detent escapement
~ **ciążeniowy** gravity escapement
~ **cofający** recoil escapement
~ **cylindrowy** cylinder escapement, horizontal escapement
~ **elektronu** *nukl.* electron capture
~ **(elektronu) K** *nukl.* K(-electron) capture
~ **(elektronu) L** *fiz.* L(-electron) capture
~ ~ **orbitalnego** *fiz.* EC decay, electron capture decay
~ **Grahama** Graham escapement, dead-beat escapement, frictional rest escapement
~ **grawitacyjny** gravity escapement
~ **jednouderzeniowy** single beat escapement
~ **karuzelowy** tourbillon escapement
~ **kołkowy** pin escapement
~ **kotwicowy** lever escapement, anchor escapement
~ **łopatkowy** vertical escapement, verge escapement
~ **materii** *astr.* accretion
~ **mezonu** meson capture
~ **neutronów** *nukl.* neutron capture
~ **nieproduktywny** *nukl.* non-productive capture
~ **nierozszczepieniowy** *nukl.* parasitic capture
~ **obiegowy** tourbillon escapement
~ **ostrozębny** English lever escapement
~ **pasożytniczy** *nukl.* parasitic capture
~ **pionowy** vertical escapement, verge escapement, crown heel escapement
~ **poziomy** horizontal escapement, cylinder escapement
~ **radiacyjny** *nukl.* radiative capture
~ **rezonansowy** *nukl.* resonance capture
~ **spoczynkowy** Graham escapement, frictional rest escapement, dead-beat escapement
~ **swobodny** detached escapement
~ **zegarowy** clock escapement; watch escapement
wychylenie *n* deflection
~ **dziobnicy** *okr.* forerake, rake of bow
~ **klap** *lotn.* flap displacement
~ **lotki** *lotn.* aileron displacement
~ **wskazówki przyrządu** swing of a pointer
~ **wyważające steru** *lotn.* control bias
wychylić *v* **ster** *żegl.* lay the rudder
wyciąg *m* **1.** *transp.* hoist; lift, elevator **2.** *narz.* extractor, *zob.też* **wyciągacz** **3.** *lab.* fume cupboard; ventilating hood **4.** *chem.* extract **5.** abstract (*in documentation*)
~ **aparatu fotograficznego** camera extension
~ **barwy** *fot.* separation negative
~ **do tygli** *odl.* crucible lifter
~ **jednosłupowy** *bud.* central mast type hoist
~ **klatkowy** *górn.* cage hoist
~ **kopalniany** mine hoist
~ **krzesełkowy** chair-lift
~ **kubłowy** bucket hoist
~ **laboratoryjny** fume cupboard
~ **narciarski** ski lift
~ **obrotowy** *wiertn.* draw works
~ **osobowy** passenger elevator
~ **pionowy** elevator, lift
~ ~ **kuchenny** dumb-waiter
~ **pochyły** skip (hoist), inclined haulage
~ **pompowy** *wiertn.* sucker-rod jack
~ **powietrzny** air extractor
~ **pozytywowy** *fot.* separation positive
~ **półdokowy** *okr.* slip dock
~ **przyścienny jednosłupowy** *bud.* rotating platform hoist, central mast type hoist
~ **skipowy** skip (hoist), inclined haulage
~ **statków** marine railway, patent slip (*in a shipyard*)

~ **szybowy** *górn.* shaft hoist; drawing engine; winding gear
~ **towarowy** freight elevator
~ **ubraniowy** *górn.* clothes hoist
~ **wodny** *chem.* water extract
~ ~ **z oczaru wirgińskiego** *farm.* witch hazel
~ **z konta** *ek.* statement of account
~ **z pamięci** *inf.* memory dump
~ **z wątroby** *farm.* liver extract
wyciągacz *m masz.* extractor
~ **buraków** *roln.* sugar beet lifter
~ **gwoździ** nail-puller, nail claw
~ **korzeni okopowych** *roln.* root lifter
~ **próżniowy** (*położniczy*) *med.* vacuum extractor
~ **sworzni** bolt extractor
wyciągać *v* **1.** pull out, draw out; withdraw; extract **2.** stretch; extend
~ **na brzeg** (*łódź*) *żegl.* beach
~ **pierwiastek** *mat.* extract a root
~ **(rysunek) w tuszu** *rys.* ink up
~ **tygle z pieca** *odl.* pull the heat
~ **wlewki** (*z wlewnic*) *hutn.* strip the ingots
~ **wnioski** draw conclusions
~ **(wspólny czynnik) przed nawias** *mat.* factor out
wyciąganie *n obr.plast.* **1.** fullering, drawing down (*forging*) **2.** redrawing, ironing (*stamping*)
~ **dwustopniowe** (*szybem*) *górn.* two-stage hoisting
~ **monokryształów** *elektron.* pulling of crystals
~ **na kalandrze** calender sheeting
~ **na zimno** *tw.szt.* cold stretch
~ **pierwiastka** *mat.* evolution, extraction of root
~ **płyt** sheeting
~ **szkła** glass drawing
wyciągarka *f* **1.** *lotn.* (launching) winch (*for gliders*) **2.** *włók.* stretching machine
~ **-nabłyszczarka** *włók.* stretching and lustering machine
~ **włókien pierwotnych** *szkl.* fibre feeder
wyciągnąć *v* **wniosek** draw a conclusion, deduce (a conclusion)
wycie *n el.akust.* howl
wyciek *m* effluent
~ **z nosa** *wet.* nasal discharge
wyciekać *v* trickle, dribble
wycieraczka *f* wiper
~ **szyby przedniej** *mot.* windshield wiper, windscreen wiper
wycierać *v* wipe; *rys.* erase, rub away
wycieranie *n* **się ryb** spawning
wycierka *f* waste pulp (*starch industry*)
wycięcie *n* cut-out; recess; *med.* excision
~ **migdałków** *med.* tonsillectomy
wycinać *v* cut out, *zob.też* **wycinanie**
wycinak *m obr. plast.* blanking die
~ **ślusarski** cross-cut chisel
~ ~ **półokrągły** grooving chisel
~ ~ **prostokątny** cape chisel
wycinanie *n* **1.** cutting out **2.** *obr.plast.* blanking (*stamping operation*) **3.** *mat.* excision
~ **gładkie** *obr.plast.* precision blanking, burless blanking
~ **rowków teowych** *obr.skraw.* T-slotting
~ ~ **trapezowych** dovetailing
wycinarka *f* (*do metali*) contour band saw
wycinek *m mat.* sector
~ **koła** (circular) sector
~ **komutatora** *el.* commutator bar
~ **krzywkowy** *masz.* sector cam
~ **kuli** spherical cone, spherical sector
~ **mikroskopowy** microscopic section
~ **stykowy** *el.* contact sector
~ **zębaty** *masz.* toothed sector
wycinki *mpl* (*kart lub taśm dziurkowanych*) chads, chaff
wycior *m uzbr.* cleaning rod; bore brush
wyciskanie *n* **1.** squeezing out **2.** *obr.plast.* extrusion
~ **brudu** *skór.* scudding
~ **dwustronne** *obr.plast.* combined forward and backward extrusion
~ **gruntu** (*spod fundamentu*) *bud.* lateral escape of ground
~ **hydrostatyczne** *obr.plast.* hydrostatic extrusion
~ **przeciwbieżne** *obr.plast.* indirect extrusion, inverted extrusion, inverse extrusion, backward extrusion
~ **rowków poprzecznych** *obr.plast.* cannelluring
~ **spągu** *górn.* floor heave, bottom raising, bottom squeeze; want, nip
~ **współbieżne** direct extrusion, forward extrusion
~ ~ **rur na zimno** Hooker process
wyciskarka *f* **rdzeni** *odl.* core extrusion machine
wyciszacz *m* silencer
wyciszać *v* **1.** silence, deaden, quieten **2.** *rad.* tune out
wycofać *v* withdraw
~ **narzędzie** *obr.skraw.* retract, backtrack (*the tool*)
~ **się z wyścigu** retire from a race
~ **skargę** abandon a claim
~ **statek z eksploatacji** lie up a ship
~ **z eksploatacji** take out of service, phase out
~ **z obiegu** withdraw from circulation
~ **z produkcji** cease production, phase out
~ **z rynku** (*wadliwy produkt*) recall from the market
~ **zamówienie** *ek.* cancel the order
~ **zgłoszenie** abandon an application
wycofany z użytku out of service, out of use
wyczepić *v* **szybowiec** *lotn.* release the glider
wyczerpanie *n* **gleby** *roln.* soil depletion, soil exhaustion
~ **tlenu** *biol.* oxygen depletion
~ **zapasu** (*w magazynie*) stock-out, stock exhaust
~ **zasobów** (*naturalnych*) depleting stocks

wyczerpany *a* spent; used up; (*nakład*) out of print
wyczerpywać *v* **1.** (*zapas*) exhaust, use up, deplete **2.** (*wodę*) bale, bail (out)
wyczeski *pl włók.* noils, wool-combings
wyczuwać *v* **dno** *żegl.* smell the ground, feel the bottom (*in shallow waters*)
wyczuwalność *f* sensibility, perceptibility
wyczuwalny *a* sensible, perceptible
wyczuwanie *n* (*wielkości przez czujnik*) *aut.* sensing
wyczynowość *f paliw.* performance number
wyczynowy *a* high-performance
wyczystka *f kotł.* washout hole, mud hole, handhole; cleaning hole, cleanout
wydać *v* **dokumenty klientowi** *ek.* surrender the documents to the customer
~ **polecenie** instruct, give instruction
~ **zaświadczenie** issue a certificate
wydajność *f* capacity; output; throughput; productivity, rate of production, yield
~ **anodowa** *elchem.* anode efficiency, plate efficiency, conversion efficiency
~ **całkowita przy rozszczepieniu** *nukl.* cumulative fission yield
~ **chłodnicza** refrigerating capacity, refrigerating effect
~ **cieplna** calorific effect
~ **elektrody** *spaw.* recovery of the electrode
~ **fluorescencji** fluorescent yield
~ **grzejna** heating capacity
~ **jednokrotnego przejścia** (*np. przez warstwę kontaktu*) *chem.* once-through yield
~ **jonizacji** ionization yield
~ **katody** *elchem.* cathode efficiency
~ **kotła parowego** steaming capacity of a boiler, steaming rate
~ **kwantowa** (*fotoluminescencji*) quantum yield
~ ~ **reakcji fotochemicznej** photochemical quantum yield
~ **liczenia** (*licznika promieniowania*) counting yield
~ **luminescencyjna** luminous efficiency
~ **łańcucha produktów rozszczepienia** *nukl.* chain fission yield
~ **momentowa** *masz.el.* torque efficiency
~ **na robotniko-zmianę** output per man-shift
~ **nominalna** rated output
~ **objętościowa złoża** *wiertn.* volumetric performance
~ **odwiertu** *górn.* well performance
~ **opasowa** *zoot.* fattening yield
~ **paszy** *roln.* feed efficiency
~ **pieca grzewczego** *hutn.* heating rate of a reheating furnace
~ **pierwotna przy rozszczepieniu** *nukl.* primary fission yield, direct fission yield, independent fission yield
~ **pompy** delivery of a pump
~ **pracy** productivity
~ **prądowa** *elchem.* current efficiency
~ ~ **anody** current output of anode
~ **prostowania** *el.* efficiency of rectification
~ **przy rozszczepieniu** *nukl.* fission yield
~ **radiacyjna** radiation yield
~ **reakcji** *chem.* yield of reaction
~ **robocza** *el.* operating efficiency
~ **skrawania** *obr.skraw.* metal removal factor, metal removal rate
~ **spieniania** *tw.szt.* blowing efficiency
~ **stapiania łuku** *spaw.* arc efficiency, melting efficiency of the arc
~ **studni** yield of well
~ **walcowni** *hutn.* rolling rate
~ **wiertnicza** drilling capacity
~ **wtrysku** *tw.szt.* shot capacity
~ **z powierzchni produkcyjnej** *ek.* relative production density
~ **zliczania** *radiol.* counting yield
~ **złoża** *wiertn.* reservoir performance
~ **znamionowa** rated output
~ ~ **kotła parowego** boiler rating
~ **źródła** *hydr.* productiveness of source, strength of source
~ **żeliwiaka** *odl.* output of a cupola, melting rate of a cupola
~ ~ **jednostkowa** relative melting rate of a cupola
wydajny *a* productive; efficient
wydalać *v* expel, purge
wydaliny *fpl fizjol.* egesta, excrements
wydanie *n poligr.* impression, edition; issue
~ **pełne** unabridged edition
~ **pierwsze** first edition, original edition
~ **ponowne** re-edition
~ **poprawione i uzupełnione** revised edition
~ **skrócone** abridged edition
wydatek *m* **1.** *ek.* expense, outlay, disbursment, *zob.też* **wydatki 2.** *zob.* **wydajność**
~ **energii** expenditure of energy
~ **neutronów** neutron output, neutron yield
~ **pompy** delivery of a pump
~ **wody** *hydr.* discharge of water
wydatki *mpl ek.* expenditure, expenses
~ **bieżące** current expenditure
~ **inwestycyjne** capital expenditure
~ **na cele wojskowe** military expenditures
~ **nieprzewidziane** incidental expenses, incidentals
wydawać *v* **1.** (*książki*) publish **2.** (*pieniądze*) spend, expend
~ **sieć** *ryb.* shoot a net, run out a net, lay out a net
wydawca *m* publisher
wydawnictwo *n* **1.** (*dzieło*) publication **2.** (*instytucja*) publishing house, publishers
wydech *m* **1.** *fizjol.* expiration **2.** *siln.* exhaust
wydęcie *n* bulging
~ **rury** tube blister
wydłużacz *m hutn.* elongator
~ **impulsu** *elektron.* pulse stretcher
wydłużać *v* **(się)** lengthen, elongate

wydłużak *m* **kowalski** *narz.* fuller, fullering tool
wydłużalnik *m* (*rurowy*) expansion pipe joint, tube compensating piece
~ **falisty** corrugated expansion joint
~ **lirowy** lyre shaped bend
~ **pętlicowy otwarty** expansion pipe bend, horseshoe expansion joint
~ ~ **zamknięty** expansion loop
~ **poduszkowy** cushion expansion joint
~ **w kształcie litery U** expansion U-bend
wydłużanie *n obr.plast.* fullering, broaching, drawing down (*forging operation*)
~ **kuźnicze** stretch forging
~ **się czasu** *fiz.* time dilatation, twin paradox, clock paradox (*in the theory of relativity*)
wydłużenie *n* **1.** elongation; extension **2.** *lotn.* aspect ratio
~ **bezwzględne** *wytrz.* elongation
~ **całkowite** *wytrz.* percentage elongation
~ **główne** *wytrz.* principal strain
~ **logarytmiczne** *obr.plast.* logarithmic strain, natural strain
~ **płata** aspect ratio
~ **przy zerwaniu** (*próbki*) *wytrz.* ultimate elongation, ultimation at rupture
~ **przewężeniowe** (*próbki*) *wytrz.* local extension
~ **rzeczywiste** *obr.plast.* logarithmic strain, natural strain
~ **trwałe** *gum.* tension set
~ **względne** *wytrz.* unit elongation
wydłużony *a* elongated; oblong; prolate
wydma *f* (sand) dune
~ **ruchoma** migrating dune, wandering dune
wydmuch *m* blow-out; *siln.par.* exhaust
~ **gazów** *górn.* whistler, outburst
~ **magnetyczny** *el.* magnetic blow-out (*of arc*)
wydmuchiwacz *m szkl.* glass-blower
wydmuchiwanie *n* **1.** blowing **2.** *gum.*, *tw. szt.* blow moulding
~ **cholew** *szkl.* cylinder process
~ **wstępne** *szkl.* preblowing, first blow, first puff
~ **za pomocą piszczeli** *szkl.* mouthblowing
wydobycie *n górn.* output; production
~ **dobowe** day output
~ **na wrąb** yield per cut
wydobywać *v* **się** (*na zewnątrz*) get out; emerge; issue
wydobywanie *n* mining, winning; raising; getting; recovery; drawing out
~ **elektrolityczne** electrowinning (*of metals*)
~ **odkrywkowe** *górn.* open-cut mining
~ **rud z dna oceanu** subaqueous mining, deep-sea mining
wydokować *v żegl.* undock
wydra *f* **1.** *zool.* otter, *Lutra vulgaris* **2.** *bud.* wall chase
wydrążacz *m* (*stomatologiczny*) *med.* excavator
wydrążenie *n* hollow
wydrążony *a* hollow
wydruk *m* **1.** *włók.* printed cloth **2.** *inf.* printed read-out, printout, hard copy (output)
~ **zawartości pamięci** *inf.* storage print-out, postmortem dump
~ ~ **taśmy magnetycznej** tape print-out, tape dump
wydrukować *v* print; publish (*in print*)
wydychanie *n fizjol.* expiration
wydyfundowanie *n* **domieszki na zewnątrz** (*półprzewodnika*) *elektron.* out-diffusion
wydymanie *n* swelling
wydział *m* department, *zob.też* **dział**
wydzielacz *m TV* **impulsów synchronizacyjnych** synchronizing separator, burst separator
~ **impulsu** impulse separator
wydzielać *v* emit; evolve; give off; liberate; release; *chem.* educe
~ **się** issue, come out; precipitate (*at grain boundaries*)
~ ~ **z roztworu** separate from a solution
wydzielanie *n* **mleka** *biol.* secretion of milk, milk secretion
~ **pasma** *tel.* band separation
~ **się ciepła** heat emission
~ ~ **gazu** gas evolution, liberation of gas
~ ~ **pęcherzyków** bubbling, effervescence
~ ~ **piany** frothing
~ **zapisów pojedynczych** (*z bloku danych*) *inf.* deblocking
wydzielina *f biol.* secretion, excretion
wydzielony *a* (*o urządzeniu*) separated; self-contained
wydzierżawić *v* lease out
wyeksploatować *v* exploit (completely); work out (*a mine etc.*)
wyekwipować *v* equip; fit out
wyeliminować *v* eliminate, suppress, remove
~ **luz** take up the slack
wyfarbowanie *n* dyeing
wygarbienie *n* hump
wygasać *v* burn out; go out
wygaszacz *m* (*luminoforu*) *elektron.* poison, killer (*of phosphor*)
wygaszać *v* extinguish, quench, put out; *TV* blank
~ **luminescencję** *fiz.* quench the luminescence
~ **łuk** *spaw.* break the arc
~ **palenisko** *kotł.* damp a fire
wygaszanie *n TV* blanking
~ **linii** line suppression
~ **odchylania poziomego** horizontal blanking
wygaśnięcie *n* extinction
~ **lampy** *el.* burnout of a lamp
~ **łuku** *spaw.* extinction of arc, arc pop-out
~ **patentu** expiration of a patent
wygięcie *n* flexure, flexion; camber; bow; buckling
~ **belki do góry** hogging
~ **kadłuba statku** (*w dolinie fali*) sagging, sag

~ **profilu lotniczego** camber of an airfoil section
~ **resoru** spring camber
~ **w górę** *geol.* upwarp
~ **w łuk** arching
wyginać *v* bend; curve
wyginak *m obr.plast.* bending die
wyginanie *n obr.plast.* bending; flexion
wyginarka *f* (*do szyn*) *hutn.* cambering machine
wygląd *m* **zewnętrzny** appearance
wygładzanie *n* smoothing; *obr.plast.* planishing; *skór.* putting out, setting out
~ **ciągłe sygnału** *tel.* tapering of signal
~ **danych** *mat.* smoothing the data
~ **papierem ściernym** *drewn.* sanding
~ **przez dogniatanie** burnishing
~ **strumieniowo-ścierne** liquid honing, vapour blasting, wet blasting
wygłosić *v* **odczyt** deliver a lecture
~ **referat** present a paper, read a paper
wygniatanie *n* **1.** *obr.plast.* embossing, shallow drawing **2.** kneading
~ **gliny** pugging
~ **gumą** *obr.plast.* rubber forming, Guerin process
~ **ściernic** crush dressing of grinding wheels
wygniatarka *f* kneading machine
wygoda *f* comfort
wygodny *a* comfortable; convenient; (*przy manipulacji*) handy
wygon *m roln.* pasture
wygotowywanie *n włók.* boiling-out
wygrzewać *v* **w temperaturze...** hold at a temperature of...
wygrzewanie *n obr.plast.* soaking
~ **donic** *szkl.* pot arching, pot firing
~ **ostateczne** (*po wyjęciu z formy*) *tw.szt.* after stove
~ **uwrażliwiające** *obr. ciepl.* sensitization
~ **wahadłowe** cyclic annealing, thermal cycling
wygrzewnik *m* **donic** *szkl.* pot arch
wygubione pasy *mpl* **poszycia** *okr.* diminishing strakes
wyhodować *v* **nową odmianę** *roln.* create a new variety
wyiskrzanie *n obr.skraw.* sparking out; *spaw.* flashing
wyjaławianie *n* sterilization
~ **radiacyjne** radiation sterilization
~ **suche** dry sterilization
~ **zimne** cold sterilization
wyjałowienie *n* **gleby** *roln.* impoverishment of the soil
wyjałowiony *a* sterile
wyjaśnić *v* explain, elucidate; comment (upon)
~ **przyczynę** elucidate a cause
~ **zjawisko** explain a phenomenon
wyjaśnienie *n* explanation
wyjawianie *n* **barwy** (*pod wpływem ciepła*) *szkl.* striking, warming-in
wyjątek *m* exception
wyjmować *v* take out (of...), remove (from...)
wyjmowanie *n* **modelu z formy** *odl.* drawing of pattern, lifting of pattern
~ **wypraski z formy** *tw.szt.* demoulding
wyjście *n* **1.** exit **2.** *aut.*, *inf.* output **3.** *mat.* sink
~ **awaryjne** emergency exit; *okr.* escape trunk; *lotn.* break-out panel
~ **buforowane** *inf.* output buffering
~ **emitera** *elektron.* emitter lead
~ **mikrofilmowe** *inf.* microfilm output
~ **na wypadek pożaru** fire escape
~ **niepożądane** *inf.* undesired output
~ **optyczne** *inf.* visual output
~ **pożarowe** fire escape
~ **pożądane** *inf.* desired output
~ **przeciwsobne** *elektron.* totem pole output
~ **z korkociągu** *lotn.* recovery from spin
~ **zanegowane** *inf.* negated output
~ **zapasowe** emergency exit
wyjściowy *a* **1.** (*dotyczący wyjścia*) exit (*door etc.*) **2.** (*początkowy*) initial (*data, value etc.*) **3.** *inf.* output
wyjść *v* **w morze** *żegl.* put to sea; set sail
~ **z korkociągu** *lotn.* go out of spin
wyka *f bot.* vetch, *Vicia* L.
wykańczak *m narz.* finishing tool
wykańczalnia *f* (*wyrobów walcowanych*) *hutn.* finishing bank, finishing shop
wykańczanie *n* finishing, *zob.też* **wykończanie**
wykaszanie *n* **niedojadów** *roln.* pasture topping
wykaz *m* specification; schedule
~ **bibliograficzny** bibliography, reference list
~ **części** *org.* parts list
~ **czynności kontrolnych** check-list
~ **materiałów** *bud.* bill of materials
~ **oficjalny dodatków do żywności** food additives specification, FAS
wykazywać *v* show; point out; exhibit; reveal; demonstrate
~ **odporność na** (*ścieranie*) resist (*abrasion*)
~ **wzrost o...** show a gain of...
wyklarować *v* **statek** *żegl.* clear a ship
~ ~ **na wejściu** clear inwards
~ ~ **na wyjściu** clear outwards
wyklejka *f poligr.* end sheet, end paper, fly-leaf
wyklinowywanie *n* **się pokładu** *geol.* petering out, dwindling, narrowing, pinching out, thinning away, thinning out, thin-out (*of a layer*)
wykluczać *v* exclude; rule out; except
~ **wszelkie ryzyko** rule out any risk
wykluczanie *n* **jonów** *chem.* ion exclusion
wykluwać *v* **się** *zoot.* hatch
wykład *m* lecture
~ **kliniczny** *med.* clinic
wykładacz *m* **automatyczny** *poligr.* automatic delivery
wykładać *v* **1.** *bud.* line; face **2.** (*na uczelni*) lecture
~ **kabel** pay out a cable

wykładanie *n bud.* lining; facing
~ **deskami** boarding
~ **kamieniem** stoning
~ **płytami** panelling
~ **sufitu** (*deskami lub płytami*) ceiling
wykładniczy *a mat.* exponential
wykładnik *m mat.* exponent; superscript
~ **gazowy** (*ropy*) *wiertn.* gas-oil ratio
~ **grupy** *mat.* exponent of a group
~ **izentropy** *term.* isentropic exponent
~ **jonów wodorotlenowych** *chem.* power hydroxyl ions, pOH
~ ~ **wodorowych** hydrogen ion exponent, power hydrogen, pH
~ **politropy** *term.* polytropic exponent
~ **potęgi** *mat.* index (*pl* indices), exponent
~ **sześcienny** *siln.* cube ratio
~ **ułamkowy** *mat.* fractional exponent
wykładowca *m* lecturer
wykładzina *f* lining, *zob.też* **okładzina**
~ **kwaśna** acid lining
~ **ogniotrwała** refractory lining, fire-brick lining
~ **piankowa** foam lining
~ **pieca** furnace lining
~ **podłogowa** floor finish
~ **podokienna** window apron
~ **studni** steening, steining
~ **ubijana** rammed lining, tamped lining, monolithic lining (*of a furnace*)
~ **umocnienia** *wytrz.* strain-hardening coefficient
~ **wideł maźnicy** *kol.* wear plate
~ **wielkiego pieca** inwall of blast-furnace
~ **zasadowa** basic lining
wykoleić *v* **się** derail, leave the track
wykolejenie *n* derailment
~ **odbieraka** dewirement of a current collector
wykolejnica *f kol.* derailing ramp, derailer
wykonać *v* carry out, execute; make; do; perform; accomplish; effect, *zob.też* **wykonywanie**
~ **czynność** carry out an operation
~ **obliczenia** make calculations, carry out calculations
~ **plan** fulfil a plan, carry out a plan
~ **pomiary** make measurements, take measurements
~ **pracę** do a work, perform a work
~ **próbę** (make) test, carry out a test, perform a test
~ **rozkaz** *inf.* obey order
~ **zadanie** perform a task
~ **zakręt** turn, negotiate a turn
~ **zwrot** *żegl.* put about, come about
~ ~ **przez rufę** gybe
wykonalność *f* realizability
wykonanie *n* **1.** carrying out, execution **2.** quality of work
~ **dokładne** high-grade work
~ **wzorcowe** reference-grade work
wykonany maszynowo machine-made
wykonany na zamówienie made to order; *US* custom-made
wykonany ręcznie hand-made
wykonany w gruncie *inż.* cast-in place, cast-in-situ
wykonany z dokładnością do ... mm accurate within ... mm
wykonawca *m ek.* contractor
wykonywać *v* **zawód** practise a profession
wykonywanie *n* **doświadczeń** experimentation
~ **kolejne przewidzianych czynności** step-by-step procedure
~ **makrografii** macrography
~ **mikrografii** micrography
~ **murów** *bud.* bricklaying
~ **napisów za pomocą wzornika** stencilling
~ **obrzutki** *bud.* roughing in, rendering
~ **odbitek** *fot.* printing
~ **podłoża gruntowego** *drog.* subgrading
~ **pomiarów** taking measurements, making measurements
~ ~ **zdalnych** telemetering
~ **robót** execution of work
~ ~ **tapicerskich** upholstering
~ **rowów za pomocą ładunków wybuchowych** blast ditching
~ **spoin pachwinowych** fillet welding
~ **tarasów** *inż.* shelving
~ **zdjęć** *fot.* shooting
wykończać *v* finish; fashion
wykończalnia *f* finishing department; finishing shop
~ **odlewów** *odl.* fettling shop, dressing shop, cleaning room
~ **wyrobów walcowanych** *hutn.* finishing bank
wykończalnictwo *n włók.* finishing
wykończanie *n* finishing
~ **chemiczne** *włók.* chemical finishing
~ **mokre** *włók.* wet finishing
~ **morujące** *włók.* moire finishing
~ **na gorąco** *obr.plast.* hot finishing
~ **na zimno** *obr.plast.* cold finishing
~ **niekurczliwe** *włók.* sanforizing, shrinkproofing
~ **odlewów** *odl.* fettling, dressing, cleaning (*of castings*)
~ **otworów** *wiertn.* well completion
~ **suche** *włók.* dry finishing
~ **wodoodporne** *włók.* waterproofing
~ **wytopu** (*stali*) *hutn.* finishing the heat
wykończarka *f* finishing machine
~ **drogowa** concrete road finisher
wykończenie *n* finish; trim
~ **bardzo gładkie** satin finish
~ **chroniące tkaninę przed zabrudzeniem** *włók.* soil-release finish
~ **dekoracyjne** decorative finish
~ **gładkie** *włók.* clear finish
~ **jedwabiste** *włók.* Schreiner finish, schreinerizing
~ **lakierem asfaltowym** japanning, japan finish
~ **maszynowe** machine finish
~ **matowe** satin finish; *włók.* dull finish, eggshell finish
~ **na połysk** bright finish
~ ~ ~ **lustrzany** extra bright finish, mirror finish

~ **niekurczliwe** *włók.* shrinkproof finish
~ **niemnące** *włók.* anti-crease finish
~ **odporne na wpływy atmosferyczne** weathering finish
~ **ognioodporne** *włók.* fire-retardant finish
~ **polerowaniem** buffed finish
~ **powierzchni** surface finish
~ **przez naoliwienie** *obr.ciepl.* oiled finish
~ **specjalne** *włók.* functional finish
~ **srebrzyste** *włók.* Schreiner finish, schreinerizing
~ **szlifowaniem** ground finish
~ ~ **na matowo** butter finish
~ **toczeniem** turned finish
~ **tropikalne** tropical finish
~ **trwałe** *włók.* durable finish
~ **wnętrza** *arch.* interior finish, inside finish; interior trim
~ **z połyskiem** *włók.* lustre finish
wykończone wraz z... completed with..., C.W.
wykop *m* excavation, cut (*earth work*)
~ **fundamentowy** *bud.* foundation trench
~ **pod wodą** *inż.* wet cut
wykopać *v* dig out, unearth; excavate
wykopalisko *n* (archeological) excavation
wykopki *pl* **ziemniaków** *roln.* lifting potatoes, potato harvest
wykorbienie *n masz.* (double) crank, inside crank
~ **z ciężarem wyważającym** balanced crank
wykorbiony *a* cranked
wykorzystać *v* **w pełni** take full advantage, make full use of...
wykorzystanie *n* **białka** *spoż.* net protein utilization, NPU
~ **odpadów** waste utilization, reuse of wastes
~ **paliwa** fuel utilization
~ **przemysłowe** industrial utilization
~ **przestrzeni kosmicznej do celów pokojowych** peaceful uses of outer space
~ **ścieków w rolnictwie** sewage farming
wykorzystywać *v* utilize; make use of...
~ **ciepło** utilize heat
~ **maszynę** make use of a machine
~ **wyniki badań** take advantage of experimental results
wykraczać *v* **poza dopuszczalne granice** exceed limits
wykraplacz *m chłodn.* dephlegmator
wykraplanie *n* outdropping
wykrawanie *n obr.plast.* die shearing, punching
~ **gumą** rubber shearing
~ **nożowe** dinking
~ **otworów** piercing
wykres *m* diagram, graph; chart
~ **biegunowy** polar diagram
~ ~ **impedancji** *el.* Smith chart
~ **chromatyczności** chromaticity diagram
~ **CTP** *met.* time-temperature transformation curve, TTT curve, S curve
~ **czasowania** *siln.spal.* timing diagram
~ **czynności robotnika** *org.* man process chart, MPC
~ **dendrytyczny** tree diagram
~ **energii rozporządzalnej** *hydr.* specific-energy curve
~ **entropowy** *fiz.* temperature-entropy diagram
~ **fazowy** phase (equilibrium) diagram, constitution(al) diagram, composition diagram
~ **funkcji** *mat.* graph of a function
~ ~ **cosecans** cosecant curve
~ ~ **secans** secant curve
~ **Gantta** Gantt chart
~ **indykatorowy** *siln.spal.* indicator diagram
~ **i-s** *fiz.* enthalpy-entropy diagram, h-s diagram
~ **izotermicznej przemiany austenitu** *met.* time-temperature transformation curve, TTT curve, S curve
~ **kołowy** circle diagram
~ **kontrolny** inspection diagram
~ **logarytmiczny** log-log plot
~ **momentów gnących** *wytrz.* moment diagram
~ **muszlowy** *hydr.* set of iso-efficiency curves
~ **naprężeń** *wytrz.* stress diagram
~ **obciążenia** *wytrz.* load curve
~ **pasmowy** band chart
~ **poziomów energetycznych** *fiz.* energy-level diagram
~ **pracy** *mech.* force-displacement diagram
~ **prędkości** velocity diagram
~ **próby rozciągania** *wytrz.* tensile test diagram, stress-strain diagram
~ **przemian izotermicznych** *met.* isothermal transformation diagram, IT diagram
~ **punktowy** dot diagram
~ **rozciągania** (*zwykły*) *wytrz.* engineering stress-strain curve
~ ~ **rzeczywisty** effective stress-strain curve, true-stress-strain curve; flow curve
~ **(rozkładu) ciśnień** *masz.* pressure diagram
~ **rozrzutu** scatter diagram
~ **równowagi fazowej** constitution(al) diagram, phase (equilibrium) diagram, composition diagram
~ **ruchu 1.** *mech.* displacement-time diagram **2.** *kol.* time-space diagram
~ **sił poprzecznych** *wytrz.* shearing force diagram
~ ~ **stycznych** turning-force diagram, turning effort diagram
~ **słupkowy** *mat.* histogram, bar chart
~ **Smitha** *el.* Smith chart
~ **suwakowy** *siln.par.* slide valve diagram
~ **temperatura-ciśnienie** *term.* thetagram
~ ~ **-zasolenie** (*wody morskiej*) *ocean.* T-S diagram, temperature-salinity diagram
~ **T-S** *siln.par.* temperature-entropy diagram
~ **ukośnic** *okr.* plan of the diagonals

~ **żelazo-węgiel** *met.* iron-carbon diagram
wykreślać *v* **krzywą** plot a curve, draw a curve
~ **kurs** *nawig.* lie the course
~ **okrąg** scribe a circle
wykreślny *a* graphical; diagrammatic
wykręcać *v* **śrubę** (*lub wkręt*) screw out, unscrew
wykrętak *m* **do (usuwania urwanych) śrub** screw extractor
wykrojka *f obr.plast.* (sheared) blank, punching
wykrojnik *m obr.plast.* blanking die, punching die
~ **nożowy** knife-edge die, dinking die
~ **otworów** piercing die
~ **wygładzający** shaving die
wykropliny *f pl chłodn.* reflux
wykrot *m leśn.* windfallen tree
wykrój *m* **1.** *obr.plast.* impression (*of a die*) **2.** *obr.plast.* pass (*of a roll*) **3.** *bud.* reverse **4.** *bud.* batter
~ **czynny** *obr.plast.* working pass, live pass
~ **gnący matrycy kuźniczej** setter, bender
~ **gotowy** *obr.plast.* finishing pass
~ **kształtujący** *obr.plast.* shape pass, forming pass
~ **kwadratowy** *obr.plast.* square pass
~ ~ **wklęsły** gothic pass
~ **matrycy** *obr.plast.* die impression, die cavity
~ ~ **pośredniej** semi-finishing impression, blocking impression
~ ~ **wstępnej** contour impression
~ **nożowy** *obr.plast.* cutting-in pass, knife pass, knifing pass
~ **osadczy** *obr.plast.* edging pass
~ **otwarty** *obr.plast.* open pass
~ **owalny** *obr.plast.* oval groove
~ **poprzedzający wykrój przedgotowy** *obr. plast.* strand pass
~ **przedgotowy** *obr.plast.* planishing pass, leader pass
~ **rombowy** *obr.plast.* diamond pass
~ **rozcinający** *obr.plast.* cutting-in pass, knife pass, knifing pass
~ **skrzynkowy** *obr.plast.* box pass
~ ~ **otwarty** open box pass
~ **ślepy** *obr.plast.* dummy pass, dead groove, inoperative pass
~ **trapezowy** *obr.plast.* trapezoidal pass
~ **walców** (*walcarki*) *obr.plast.* roll pass
~ **wstępny** *obr.plast.* roughing pass
~ ~ **pośredni** pony rougher
~ **wydłużający** **1.** (*matrycy*) fullering step **2.** (*walców*) stretching pass, breakdown pass
~ **wykończający** **1.** (*matrycy*) finishing impression **2.** (*walców*) finishing pass
~ **z kołnierzami** *obr.plast.* collared pass
~ **zamknięty** *obr.plast.* closed pass, tongue-and-groove pass
~ **zgniatający** *obr.plast.* breakdown pass, stretching pass
wykruszanie *n* **się** spalling; chipping
~ **ściernic** crush dressing of grinding wheels
wykrwawianie *n zoot.* bleeding
wykrystalizowanie *n* **się soli** salting
wykrystalizowany *a* crystallized, crystd
wykrywacz *m* detector; sensor
~ **anomalii magnetycznej** magnetic anomaly detector, MAD
~ **dymu** smoke detector
~ **gazu** gas detector; gas sniffer
~ **kłamstw** lie detector
~ **metanu** *górn.* methane detector, fire-damp detector
~ **min** *uzbr.* mine detector
~ **nieszczelności** leak detector
~ **pożaru** fire detector
~ **promieniowania** radiation monitor
~ **uszkodzeń** *tel.* fault finder
~ **zakłóceń** *rad.* interference search device
~ **zwarć** *el.* short-circuit detector
wykrywalność *f* detectability; limit of detection; *mat.* recognizability
wykrywalny *a* detectable, findable
wykrywanie *n* detection
~ **ech ruchomych** (*w radiolokacji*) moving-target indication, MTI
~ **korelacyjne** *rad.* correlation detection
~ **ławic ryby** fish finding
~ **(obiektów) za pomocą fal radiowych** radio detection
~ ~ **za pomocą hydrolokatora** echo-ranging detection
~ **uszkodzeń** fault finding
~ ~ **w stadium początkowym** incipient failure detection
wykrzywienie *n* twisting; distortion
wykształcenie *n* education
~ **podstawowe** elementary education
~ **półkoliste** *bud.* half-round
~ **średnie** secondary education
~ **wyższe** university education; higher education
wykup *m* **przymusowy gruntu** compulsory acquisition of land
wykupić *v* **1.** (*towar na rynku*) buy out **2.** (*weksel*) redeem a bill **3.** (*licencję, abonament*) buy, purchase
wykusz *m bud.* jutty, bay
wykwalifikowany *a* skilled
wykwaterować *v* evict (*inhabitants*)
wykwit *m min.* efflorescence; *med.* efflorescence; *powł.* bloom; *skór.* spew
wykwitanie *n tw.szt.* chalking
~ **siarki** sulfur blooming
wylanie *n* **panwi łożyskowej** bearing lining
wyląg *m* (*piskląt*) *zool.* hatch, brood
wylepianie *n* **kanałów dymowych** *bud.* pargetting
wylew *m* outflow
~ **bezzatyczkowy** *hutn.* metering nozzle, unstoppered nozzle
~ **kadzi** *hutn.* nozzle (of a ladle), ladle nozzle, discharge nozzle
~ ~ **obrotowy** (*przy odlewaniu ciągłym*) *hutn.* turret-type nozzle, multi-hole nozzle, ladle rotary nozzle
~ ~ **pośredniej** tundish nozzle, tundish spout, outlet nozzle of a tundish, outlet spout of a tundish

~ ~ **suwakowy** (*przy odlewaniu ciągłym*) *hutn.* ladle valve, slide gate nozzle, sliding valve
~ ~ **zanurzony** (*przy odlewaniu ciągłym*) *hutn.* immersible pouring tube, immersion-type nozzle, submerged (pouring) nozzle
~ ~ ~ **rozwidlony** (*między kadzią pośrednią a krystalizatorem*) bifurcated submerged tube
~ **rzeki** freshet, flood
~ **zatyczkowy** (*przy odlewaniu ciągłym*) *hutn.* stopper-controlled nozzle
wylewać *v* **1.** pour out **2.** *szkl.* cast
~ **panewki łożyskowe** line bearings
wylewki *pl spoż.* leakers (*eggs*)
wylęg *m zool.* brood
~ **podrośnięty** *ryb.* advanced fry
wylęganie *n zool.* hatching
wylęgarka *f* hatching apparatus; incubator
wylęgarnia *f zoot.* hatchery
~ **ryb** fish hatchery
wylęgarność *f zool.* hatchability
wyliczać *v* enumerate
wyliczanie *n mat.* evaluation
wylot *m* **1.** outlet; mouth **2.** *siln.* exhaust
~ **drutu elektrodowego** *spaw.* exposed length of wire, wire extension
~ **dyszy** nozzle mouth
~ **kanału powietrznego** air port
~ ~ **ściekowego** outfall
~ **kurka czerpalnego** tap nose, bib-cock nose
~ **lufy** muzzle
~ **otworu wiertniczego** heel of a shot
~ **paleniska** *kotł.* furnace exit
~ **palnika** (*wanny szklarskiej*) pot mouth
~ **pary** *kotł.* steam outlet
~ **tunelu** tunnel opening
~ **sztolni** *górn.* adit mouth
~ **szybu** *górn.* pit mouth, (pit) eye
~ **wody** waterspout
~ **zaworu czerpalnego** tap nose
wyludnienie *n* depopulation
wyładowanie *n* **1.** *el.* discharge **2.** unloading
~ **atmosferyczne** atmospheric discharge
~ **bezelektrodowe** *el.* electrodeless discharge
~ **ciemne** *el.* dark discharge
~ **(dodatkowe) oddolne** *geofiz.* upward ground streamer
~ **elektrostatyczne** static discharge
~ **elektryczne** electric(al) discharge
~ **główne** (*przy uderzeniu pioruna*) *geofiz.* return streamer, main stroke
~ **iskrowe** *el.* spark discharge
~ **jarzeniowe** *el.* glow discharge
~ **kondensatora** *el.* discharge of a capacitor
~ **koronowe** *el.* corona (discharge)
~ **lawinowe** *nukl.* Townsend discharge
~ **łukowe** *el.* arcing, arc discharge
~ **nadmierne akumulatora** overdischarging, starvation of a battery
~ **niezupełne** *el.* partial discharge
~ **przebijające** *el.* disruptive discharge, breakdown
~ **przedwstępne** *el.* pilot streamer
~ **samodzielne** *el.* self-maintained discharge
~ **snopiaste** *el.* brush discharge, corona brush
~ **sznurowe** *el.* pinch discharge
~ **(towaru) z nadwyżką** *żegl.* overlanding
~ **Townsenda** *nukl.* Townsend discharge
~ **ulotowe** *el.* corona (discharge)
~ **w gazie** *elektron.* gas discharge
~ **wielkiej częstotliwości** high-frequency discharge
~ **wstęgowe** *el.* streamer
~ **zupełne** *el.* disruptive discharge
wyładowany niecałkowicie *żegl.* short-landed
wyładowany z nadwyżką *żegl.* overlanded
wyładowywacz *m* unloader
wyładowywać *v* **1.** unload **2.** discharge
~ **statek** unship
wyładunek *m transp.* unloading; *żegl.* landing; disembarkation
~ **bez kosztów** *żegl.* free out, f.o.
wyłaniać *v* **się** emerge
wyłapywanie *n* (*elektronów, jonów*) trapping
wyławiacz *m* **drzazg** *papiern.* splinter strainer
~ **min** minesweeper
~ **sęków** *papiern.* knots catcher, knotter
~ **węzłów** *włók.* knots catcher
~ **włókien** *papiern.* pulp-saver, save-all
wyławiarka *f* **nici** *włók.* thread extractor
wyłaz *m bud.* roof hatch
wyłączać *v* except; exclude; *masz.* disengage; disconnect; *el.* switch off; break
~ **bieg** *mot.* throw out of gear
~ **prąd** *el.* switch off the current, turn off the current
~ **spod napięcia** *el.* de-energize, kill
~ **sprzęgło** declutch, disengage a clutch
~ **wagę** arrest the scales
~ **z eksploatacji** shut down (*a plant*)
wyłączalność *f el.* breaking capacity
wyłączenie *n* (*wyłącznika*) *el.* trip-out
~ **awaryjne** (*reaktora*) *nukl.* emergency shut-down, scram
~ **reaktora** *nukl.* reactor shut-down
wyłącznie do użytku służbowego for service use only
wyłącznik *m el.* (breaker) switch; circuit-breaker; cut-out
~ **automatyczny** circuit-breaker
~ **awaryjny** *nukl.* scram switch; (*w dźwigach*) emergency stop switch
~ **belki** (*wagi*) beam arrest
~ **bezolejowy** oilless circuit-breaker
~ **bezpieczeństwa** safety cut-out switch
~ **czasowy** time-lag switch
~ **drzwiowy ryglujący** (*w dźwigach*) gate lock
~ **dwubiegunowy** *el.* double-pole switch
~ **dwuprzerwowy** *el.* double-break switch
~ **gaszenia pola** field-discharge switch
~ **gazujący** *el.* gas-blast circuit breaker

~ **główny** master switch
~ **jednoprzerwowy** single-break switch
~ **krańcowy** limit switch
~ **liniowy** (*główny*) line-breaker
~ **małoolejowy** oil-poor circuit-breaker, low-oil circuit-breaker
~ **migowy** quick-break switch
~ **natynkowy** surface switch
~ **nożny** footswitch
~ **nożowy** knife switch
~ **o samoczynnym ponownym załączeniu** circuit recloser
~ **obrotów wrzeciona** *obr.skraw.* spindle stop
~ **odwzbudzenia** field-discharge breaker
~ **olejowy** oil circuit-breaker
~ **piętrowy** (*dźwigu*) floor selector
~ **podłogowy** (*dźwigu*) car-floor switch
~ **podtynkowy** sunk switch, flush switch
~ **posuwu tokarki** lathe carriage stop
~ **powietrzny** air-break circuit-breaker
~ **przedmuchowy** air-blast circuit-breaker
~ **przyciskowy** pushbutton switch
~ **rozprężeniowy** expansion circuit-breaker
~ **rozruchowy** starting switch
~ **rtęciowy** mercury switch, mercury tilting tube
~ **samoczynny** trip, tripper; automatic cutout
~ **samogazujący** hard-gas circuit-breaker
~ **sekcyjny** sectionalizing breaker
~ **sieciowy** power-switch
~ **sprzęgłowy szyn zbiorczych** bus-tie breaker
~ **suchy** air-break circuit-breaker
~ **szali** (*wagi*) pan arrest
~ **wagi** scale arrestment
~ ~ **pomostowej** drop lever, relieving gear of the scales
~ **wydmuchowy** magnetic blow-out circuit-breaker
~ **z samoczynnym ponownym zamykaniem** auto-reclose breaker
~ **zanikowo-zwrotny** (*akumulatora*) battery cut-out
~ **zapłonu** *mot.* ignition switch
~ **zasilania** power-switch
~ **zegarowy** time switch
~ **zwrotny** reverse current, circuit-breaker
wyłączny przedstawiciel *m ek.* sole agent, sole representative
wyłączony *a* out of action, out of operation; out of mesh, out of gear; *el.* switched off
wyłom *m* breach; *górn.* breakout
wyłożenie *n* liner; lining, *zob. też* **wykładzina**
~ **kosza blachą** *bud.* valley flashing
~ **(ogniotrwałe) pieca** *hutn.* furnace lining, refractory lining
~ **strefowe** (*np. konwertora*) *hutn.* zoned lining
~ **trwałe** (*kadzi, pieca*) *hutn.* safety lining
wyługowywać *v* lixiviate
~ **na ciepło** digest
wyłuskiwać *v* shell; husk; decorticate

wymagać *v* require, call for; involve; necessitate; demand
wymagający naprawy in want of repair
wymagana godzinowa wydajność *f* **pracy** *ek.* allowed hour
wymagania *npl* requirements
~ **alternatywne** *skj* non-numerical requirements
~ **bojowe** *wojsk.* operational requirements
~ **eksploatacyjne** performance requirements, operational requirements
~ **odbiorcze** *skj* acceptance specifications
~ **przepisowe** prescribed requirements
~ **środowiskowe** environmental requirements
~ **techniczne** technical requirements
wymalowanie *n powł.* coat
wymarzanie *n roln.* freezing (out)
wymazać *v* erase; efface; delete
wymian *m bud.* trimmer (beam)
wymiana *f* **1.** exchange; conversion **2.** replacement; renewal
~ **ciepła** heat exchange
~ ~ **przez promieniowanie** radiative heat transfer
~ **części** *masz.* replacement of parts
~ **informacji** information interchange
~ **izotopowa** isotopic exchange
~ **jonów** ion exchange
~ **kationów** (*w glebie i w kationitach mineralnych*) base exchange
~ **licencji** *ek.* cross-licensing
~ **łopatek** reblading (*turbine rotors*)
~ **na siarkę** *chem.* replacement by sulfur
~ **obudowy drewnianej** *górn.* retimbering
~ **oleju** *mot.* oil change
~ **podkładów** *kol.* tie renewal
~ **podsypki** *kol.* reballasting
~ **podwójna** *chem.* double replacement, double decomposition, metathetical reaction
~ **powietrzna** *chłodn.* change of air
~ **przewodów** *el.* rewiring
~ **sprzętu** (*na nowocześniejszy*) re-equipment
~ **szczeliwa** *masz.* repacking
~ **szyn zużytych** *kol.* rail renewal
~ **tulei** *masz.* rebushing
~ **wozów na nadszybiu** *górn.* banking
~ **wylewów kadziowych** *hutn.* renozzling
~ **wzajemna** interchange
~ **zakodowanej informacji między maszynami** information interchange
~ **zaworów** *masz.* revalving
wymiar *m* **1.** dimension, dim; dimensionality **2.** size, *zob. też* **wymiary**
~ **cząstkowy łańcucha wymiarowego** *rys.* intermediate dimension
~ **czynny** (*znaleziony jako wynik pomiaru*) actual size
~ **graniczny** *metrol.* size limit
~ ~ **dolny** lower limit
~ ~ **górny** upper limit
~ ~ **sprawdzianu** gauge limit
~ **hydrauliczny** *hydr.* fall velocity, sinking velocity
~ **jądra** *mat.* nullity

~ **konstrukcyjny** (*wpływający na działanie przedmiotu*) *rys.* functional dimension
~ **max mat** *masz.* maximum material size
~ **min mat** *masz.* minimum material size
~ **modularny** *bud.* modular dimension
~ **nadsitowy** oversize (*in sieve analysis*)
~ **nieobjęty normą** bastard size
~ **nieskończony** infinite dimension
~ **nietolerowany** *rys.* untoleranced dimension
~ **ochronny** *ryb.* conservation measure
~ **orientacyjny** *rys.* reference dimension, auxiliary dimension
~ **pod klucz** *masz.* width across flats
~ **podsitowy** undersize (*in sieve analysis*)
~ **podstawowy 1.** *rys.* basic dimension **2.** *metrol.* basic size
~ **przestrzeni liniowej** *mat.* dimension of vector space
~ **tolerowany** *rys.* toleranced dimension
~ **wyznaczający obrys** *rys.* true profile dimension
~ ~ **położenie** true position dimension
~ **zamykający łańcuch wymiarowy** *rys.* redundant dimension
~ **zaobserwowany** observed dimension, measured dimension
~ **zmodulowany** *bud.* modulated dimension
~ **znamionowy spoiny** size of weld
wymiarowanie *n rys.* dimensioning
~ **dwugraniczne** bilateral dimensioning
~ **graniczne** limit dimensioning
~ **jednograniczne** unilateral dimensioning
~ **kombinowane** (*łańcuchowe i równoległe*) combined dimensioning
~ **we współrzędnych biegunowych** angular dimensioning, polar dimensioning
~ ~ ~ **prostokątnych** rectangular dimensioning
wymiarowy *a* dimensional
***n*-wymiarowy** *a geom. n*-dimensional
wymiary *mpl* **gabarytowe** overall dimensions
~ **przyłączeniowe** linkage dimensions
~ **uprzywilejowane** preferred dimensions
wymieniacz *m* **anionowy** anion exchanger
~ **elektronów polimeryczny** electron-transfer polymer
~ **jonowy** ion exchanger
~ **kationowy** cation exchanger
~ **redox** electron exchanger
wymieniać *v* **1.** exchange; interchange **2.** replace; renew, *zob.też* **wymiana** **3.** list; enumerate; specify
~ **lampy** *el.* relamp
~ **obręcze** (*na kołach*) *kol.* re-tyre
~ **obudowę drewnianą** *górn.* re-set timber, retimber
~ **okładzinę** reline (*brakes etc.*)
~ **opony** *mot.* re-tyre
~ **silnik** re-engine, put a new engine
~ **wyłożenie** reline (*a furnace*)
wymiennik *m masz.* exchanger, interchanger
~ **ciepła** heat exchanger
~ ~ **dwururowy** double-pipe heat exchanger
~ ~ **krzyżowy** cross-flow heat exchanger
~ ~ **przeciwprądowy** counter-flow heat exchanger
~ ~ **rurowy** tubular heat exchanger
~ ~ **spiralny** spiral-tube heat exchanger
~ ~ **typu „rura w rurze"** double-pipe heat exchanger
~ **jon(it)owy** ion-exchange column, ion-exchange unit, ionic column
wymienność *f* **części** *masz.* replaceability of parts
~ **oprogramowania** *inf.* software compatibility; program compatibility
wymienny *a* exchangeable; replaceable; renewable
wymierny *a mat.* rational
wymierzyć *v* measure
wymieszać *v* intermix
wymię *n zool.* udder
wymijać *v mot.* pass (*on the road*)
wymiotnica *f* **lekarska** *bot.* ipecac, *Cephaelis ipecacuanha*
wymiotować *v med.* vomit
wymioty *pl med.* emesis, vomiting
wymontować *v* dismount
wymówienie *n* (*pracy*) notice
wymrażanie *n* **1.** *obr.ciepl.* sub-zero treatment, low-temperature treatment, subquenching, cold treatment **2.** *chem.* freezing out **3.** *spoż.* wintering, winterizing (*fats*)
wymrażarka *f* (*w technologii próżni*) cold trap
wymurówka *f* **pieca** furnace lining, kiln lining
wymuszać *v* force
wymuszenie *n aut.* input (function)
~ **skokowe** *aut.* step function
wymuszony *a* forced
wymycie *n geol.* washout
~ **w pokładzie** *górn.* horseback
wymyślić *v* devise; invent; contrive
wymywanie *n* **1.** washing out; erosion; *inż.* piping **2.** *chem.* leaching, elution
~ **fazy nieruchomej** (*w chromatografii*) *chem.* bleeding
~ **zwrotne** *chem.* backflushing
wynagrodzenie *n* remuneration; pay; reward
~ **straty** indemnity (*for a loss*)
~ **za ratownictwo** *żegl.* salvage money
wynajem *m* hire
wynajmować *v* hire
wynalazca *m* inventor
wynalazczość *f* invention, inventiveness
wynalazek *m* invention
~ **pracowniczy** employee's invention
wynaleźć *v* invent
wyniesienie *n geol.* upheaval, uplift, elevation
wynik *m* result, effect
~ **odbiegający** *statyst.* outlier
~ **przybliżony** approximate result

~ **surowy pomiaru** rough result of a measurement, uncorrected result of a measurement
wynikać *v* **z...** follow from..., arise from..., result from..., come from...
wyniki *mpl* **analizy** *chem.* analyses
~ **dochodzenia** findings of an investigation
~ **nieprzekonujące** (*badań*) inconclusive results
~ **poszukiwań** findings
wyniszczenie *n* **lasów** disforestation, deforestation
wynosić *v* **przeciętnie** average
wynurzać *v* **się** emerge
wyoblak *m* spinning tool, forming tool
wyoblanie *n* *obr.plast.* spinning
~ **grubych blach** heavy spinning
~ **przy użyciu palnika gazowego** flame spinning
~ **tarczy koła kolejowego** dishing of a wheel web, coning of a wheel web
wyoblarka *f* *obr.plast.* spinner, spinning lathe
wyoblarz *m* *obr.plast.* spinner, spincraftsman
wyoblenie *n* **pokładu** *okr.* camber, round of beam
wyodrębniać *v* isolate
wyokrąglenie *n* *masz.* fillet
wyokrętowywać *v* *żegl.* disembark, put ashore
wyorywacz *m* *roln.* digger; rooter
~ **buraków** beet digger
~ **ziemniaków** potato plough
wyosabniać *v* *chem.* isolate
wyostrzać *v* *żegl.* haul up
wypacać *v* sweat; exude
wypacanie *n* *tw.szt.* exudation
wypaczanie *n* warp(ing)
wypad *m* (*podłoże poduszki wodnej*) *inż.* hearth
wypadać *v* **z synchronizmu** *masz. el.* fall out of step, go out of step
wypadanie *n* **włosów** *med.* psilosis
~ **zapłonu** *siln.spal.* missing, misfiring
wypadek *m* accident
~ **bezurazowy** potential injury accident
~ **drogowy** road accident
~ **lotniczy** aircraft crash
~ **morski** marine accident, accident of the sea
~ **przy pracy** industrial accident, injury at work
~ **śmiertelny** fatal accident
wypadkowa *f* *mat.* resultant
~ **sił** *mech.* resultant force
wypadkowy *a* resultant
wypadnięcie *n* (*np. dysku*) *med.* prolapse
~ **z synchronizmu** *el.* falling out of step, going out of step
wypalać *v* **piętno** brand
wypalanie *n* *ceram.* burning, firing; baking
~ **bez szkliwa** biscuit fire
~ **jednorazowe** single-fire
~ **jonowe** *elektron.* ion burning (*of a luminescent screen*)
~ **na biskwit** biscuit fire
~ **otwór lancą tlenowo-proszkową** *spaw.* powder piercing, powder lancing
~ **wapna** lime burning
~ **ze szkliwem** glaze fire
wypalenie *n* **się** burn-out
wypalić *v* **się** burn out
wypalony *a* *ceram.* burnt, burned
wypałki *pl* *hutn.* cinders, burnt ore
~ **pirytowe** cinder pyrites
wyparka *f* evaporator
~ **jednodziałowa** single-effect evaporator
~ **próżniowa** vacuum evaporator, vacuum pan
~ **Roberta** calandria evaporator
~ **warstewkowa** film-type evaporator
~ **wężownicowa** coil evaporator
~ **wielodziałowa** multiple-effect evaporator
~ **wstępna** pre-evaporator
~ **z rurą opadową** calandria evaporator
wyparowywać *v* evaporate
wypas *m* *roln.* pasturing, grazing
wypasać *v* *roln.* pasture, graze
wypaść *v* **z wiatru** *żegl.* broach to
wypatroszyć *v* gut, eviscerate
wypełniacz *m* filler, filling material; extender
~ **aktywny** *chem.* builder
~ **komórkowy** cellular filler
~ **liny** *żegl.* worming of a rope
~ **papieru** paper filler
~ **porów** *farb.* sanding scaler
~ **szczelin** *bud.* joint-sealing material
~ **ulowy** honeycomb filler
wypełniać *v* fill
~ **formularz** fill in the form, complete the form, fill out the form
~ **lukę** bridge a gap, fill a gap
wypełnianie *n* (*bloku danych*) *inf.* padding
~ **cegłą szkieletu drewnianego** *bud.* brick nogging
~ **papieru** filling of paper, loading of paper
~ **szczelin** *spaw.* bridging of gaps
wypełnienie *n* **1.** *bud.* fill(ing) **2.** *chem.* packing (*of column*) **3.** *med.* filling, fillet
~ **formy niewystarczające** *tw.szt.* short shot
~ **impulsu** *aut.* pulse-width modulation, pulse duration modulation, PDM
~ **kolumny** *chem.* column packing
~ **siatkowe** (*kolumny*) *chem.* wire-net packing
~ **śmigła** *lotn.* propeller solidity
~ **wałowane** (*ziemne*) *inż.* rolled fill
~ **wieży** *chem.* tower packing
~ **wirnika** rotor solidity
wypełzanie *n* **1.** (*osadów*) creep **2.** *farb.* fading (out)
wypiekanie *n* baking
wypielacz *m* *roln.* hoe
wypierać *v* displace; dislodge
wypieranie *n* displacement (*of fluid*)
wypiętrzenie *n* *geol.* upheval, uplift, upthrust, elevation
wypis *m* **1.** extract (*in documentation*) **2.** *inf.* write

~ **rozproszony** *inf.* gather write
~ **zawartości pamięci** *inf.* storage print-out
wypisać *v* (*z pamięci*) *inf.* write out
wypłacalność *f* *ek.* solvency
wypłacić *v* **odszkodowanie** pay damages
wypłata *f* payment
wypłowienie *n* *farb.* fading (out)
wypłukiwanie *n* rinsing out, washing (out)
wypływ *m* outflow, effusion, effluence; discharge; *tw.szt.* flash
~ **resztkowy gazu** *spaw.* post-flow of gas
wypływać *v* flow out
~ **na powierzchnię** float, come up to the surface, rise to the surface
wypływanie *n* **pigmentów** *powł.* floating, flooding (*defect*)
~ **wód głębinowych** (*w strefie dywergencji*) *ocean.* upwelling
wypływka *f* *obr.plast.* flash, fin
wypompowywać *v* pump out
wypornik *m* *hydr.* displacer, sinker
wyporność *f* *okr.* displacement
~ **konstrukcyjna** design displacement; moulded displacement
~ **lekka** light displacement
~ **ładunkowa** light displacement
~ **pełnoładunkowa** full-load displacement
~ **przy danym zanurzeniu** displacement tonnage
wyposażać *v* equip; fit out; furnish; provide with...
~ **na nowo** (*statek*) *okr.* refit
wyposażenie *n* equipment; outfit; *bud.* fittings
~ **architektoniczne** architectural fittings
~ **awaryjne** *lotn.* crash equipment, emergency equipment
~ **dodatkowe** accessories
~ **kuchni** kitchen fitments
~ **laboratorium** laboratory equipment
~ **luksusowe** (*np. samochodu*) de lux equipment
~ **naziemnej obsługi samolotów** ground-support equipment
~ **normalne** (*np. samochodu*) standard equipment
~ **peryferyjne** *inf.* peripheral equipment
~ **pokładowe** (*statku*) deck outfit, deck equipment
~ **portu** port facilities
~ **pożarowe** fire equipment
~ **ratunkowe** survival equipment
~ **sanitarne** *bud.* sanitary fittings
~ **stałe** *lotn.* fixed equipment
~ ~ **mieszkań** (*np. szafy ścienne*) *bud.* standing finish
~ **toru** *kol.* wayside equipment
~ **trakcyjne** *kol.* traction equipment
~ **ulicy** *inż.* street furniture
~ **wnętrza opakowania** interior packing
~ **zasadnicze** (*fabryki*) capital equipment, capital plant (*in a factory*)
wypowiedzenie *n* (*pracy, umowy*) notice (*about termination of agreement*)
wypowiedzieć *v* (*pracę*) give notice
wypożyczalnia *f* **narzędzi** tool room
wypór *m* *inż.* uplift pressure
~ **(hydrostatyczny)** buoyancy, hydrostatic lift, upthrust
wypracowanie *n* elaboration
wypraska *f* **1.** *met.* die stamping **2.** *tw.szt.* moulding, moulded piece **3.** compact (*of metal powder*)
~ **surowa** green compact
wyprawa *f* **1.** (furnace) lining **2.** *bud.* plaster **3.** (*naukowa*) expedition **4.** leather dressing
~ **bombowa** bombing mission
~ **na księżyc** lunar mission
~ **naukowa** scientific expedition
wyprawianie *n* (*pieca*) lining (*of a furnace*)
~ **skóry** leather dressing; tanning
wyprażanie *n* **całkowite** *hutn.* complete roasting, final roasting
~ **na martwo** *zob.* **wyprażanie całkowite**
wyprężanie *n* stretching
~ **blach** patent flattening, stretcher levelling (*of sheet metal*)
wypromieniowywanie *n* **ciepła** heat emission
wyprostować *v* straighten
wyprowadnica *f* (*walcarki*) *obr.plast.* stripper guide, stripper
~ **rolkowa** roller stripper
wyprowadzać *v* **wzór** *mat.* derive a formula
~ **z doku** *żegl.* undock (*a ship*), haul out from the dock
~ **z lotu nurkowego** *lotn.* pull out from dive
~ **z synchronizmu** *masz.el.* pull out of step
~ **zależność** deduce a relationship
wyprowadzanie *n* **danych** *inf.* output process, (data) output
~ ~ **na mikrofilm** microfilm output
wyprowadzenie *n* **1.** *el.* lead; terminal **2.** *mat.* derivation
~ **anteny** *lotn.* aerial fairlead
~ **bazy** (*tranzystora*) *elektron.* base terminal
~ **belkowe** (*układu scalonego*) *elektron.* beam lead
~ **kabla** *el.* cable outlet
~ **kulkowe** (*układu scalonego*) *elektron.* spherical lead
~ **osiowe** *el.* axial lead
~ **środkowe** *el.* centre tap, CT
~ **wzoru** *mat.* derivation of formula
~ **z lotu nurkowego** *lotn.* recovery from dive
~ **zawartości pamięci** storage read-out
~ **źródła** *elektron.* source terminal
wypróbowywać *v* try (out)
wypróżniać *v* empty; exhaust
wypróżnienie *n* *fizjol.* defecation
wyprysk *m* *med.* eczema
wyprzedaż *f* clearance sale, selling-off sales
wyprzedzać *v* (*np. pojazd na drodze*) *mot.* overtake
~ **harmonogram** run ahead of schedule

wyprzedzanie *n* **1.** *mot.* overtaking **2.** (*przy walcowaniu*) *hutn.* forward slip, forward creep, extrusion effect
wyprzedzenie *n* *masz.* lead; advance
~ **fazowe** *el.* phase lead
~ **krystalizatora w stosunku do ruchu wlewka** *hutn.* negative strip
~ **sterowania** *lotn.* control advance
~ **zapłonu** *siln.spal.* spark lead, ignition advance
wyprzędność *f* *włók.* count of yarn
wyprzęgać *v* (*sprzęgło*) declutch, disengage a clutch
wyprzęgnik *m* **sprzęgła** *mot.* clutch application mechanism
wypukłorzeźba *f* relief
wypukłość *f* **1.** convexity; camber, crown(ing) **2.** protrusion; bulge; buckle
~ **pokładu** *okr.* crown of beam
wypukło-wklęsły *a* convexo-concave
wypukły *a* convex; crowned
wypust *m* **1.** *masz.* spline, integral key; tongue **2.** *el.* outlet; point
~ **świetlny** lighting outlet, lighting point
~ ~ **sufitowy** ceiling point
wypustka *f* **drzewiasta** (*komórki nerwowej*) *anat.* dendrite, dendrone
~ **(kadzi zatyczkowej)** *odl.* (ladle) sleeve, (ladle) nozzle
~ **osiowa** (*komórki nerwowej*) *anat.* neurite, axon
wypuszczać *v* **klapy** *lotn.* lower the flaps
~ **liście** *bot.* leaf
~ **pędy** *bot.* sprout
~ **podwozie** *lotn.* lower the under-carriage
~ **powietrze** (*np. z ogumienia*) deflate
wypychacz *m* pusher; ejector; *obr.plast.* knock-out; shedder (*in a blanking die*)
~ **krzywkowy** cam knock-out
~ **matrycowy** bottom knock-out, lift-out pad
~ **poprzeczny** cross-bar knock-out
wypychać *v* push out; force out; eject; *skór.* put out
wypycharka *f* pushing machine, pusher
~ **koksu** *hutn.* coke discharging machine, coke discharger, coke pusher (machine)
~ **rdzeni** *odl.* plunger core machine
wyrabiać *v* manufacture, make
~ **glinę** pug
~ **normę** work out a quota
~ **się** *masz.* wear out (*by friction*)
~ **wytop** *hutn.* work the heat
wyraz *m* *mat.* term (*of a series*)
~ **hasłowy** (*w słowniku*) lemma of an entry, key word
~ **wolny w wyrażeniu** *mat.* absolute term in an expression, free term in the expression
wyrazić *v* **za pomocą wzoru** *mat.* formulate, express by a formula
wyrazistość *f* *akust.* articulation
~ **dźwięków** sound articulation
~ **obrazu** *TV* sharpness of picture
~ **procentowa** articulation score
wyrazisty *a* distinct; clear-cut; sharply outlined
(wyraźna) granica *f* **plastyczności** *wytrz.* (sharp) yield point
wyraźnie zarysowany sharply outlined
wyraźny *a* clear; distinct
wyrażać *v* **pogląd** express one's opinion, be of opinion
wyrażenie *n* *mat.* expression
~ **algebraiczne** algebraic expression
~ **bulowskie** Boolean expression
~ **nieoznaczone** indeterminate forms
~ **niewymierne** irrational expression, surd
~ **pierwotne** primitive
~ **podcałkowe** element of integration, integrand
~ **podpierwiastkowe** radicand
~ **uśrednione** averaged expression
wyrobić *v* **normę** work out a quota
wyrobisko *n* *górn.* excavation, working; heading
~ **korytarzowe** dog heading
~ **odkrywkowe** open cast
~ **pionowe** rising heading, overbreak
~ **poszukiwawcze** exploratory heading
~ **poziome** cross-cut
~ **udostępniające** opening-out heading, development heading
~ **zatopione** drowned workings
wyroby *mpl* products; ware; goods
~ **ceramiczne** ceramics, ceramic ware
~ ~ **białe** (ceramic) whiteware
~ ~ **niewypalone** greenware
~ **cukiernicze** confectionery
~ **dziane** knitwear
~ **garmażeryjne** ready-to-cook foods
~ **garncarskie** pottery
~ **gotowe** finished products, end products, finished goods
~ **gumowe dmuchane** hollow rubber goods
~ **kamionkowe** stoneware
~ **koszykarskie** basket work; basketry
~ **krajowe** home(-made) articles
~ **kształtowe** **1.** *obr.plast.* shapes **2.** *szkl.* hollow-ware
~ **kute artystyczne** hammered metalwork
~ **maczane** *gum.*, *tw.szt.* dipped goods
~ **metalowe** (*drobne*) iron goods, hardware
~ **odlewane** *ceram.* slipware
~ **ogniotrwałe** refractories
~ ~ **formowane** mouldable refractories
~ ~ **formowane z mas sypkich** dry-pressing refractories
~ ~ **glinokrzemianowe** aluminosilicate refractories
~ ~ **karborundowe** silicon-carbide refractories
~ ~ **krzemionkowe** silica refractories
~ ~ **obojętne** neutral refractories
~ ~ **odlewane** castable refractories
~ ~ **odlewane z mas topionych w piecach elektrycznych** electrocast refractories
~ ~ **węglowe** carbon refractories
~ **plecione** basketry, basket work
~ **porcelanowe** porcelain; China-ware, china
~ **powlekane** *gum.*, *tw.szt.* spread (coating) goods
~ **przemysłowe** industrial goods

~ **ręczne** hand-made products
~ **stalowe gotowe** *hutn.* finished steel
~ ~ **walcowane na gorąco** hot-rolled steel
~ **szamotowe** fireclay refractories
~ **szklane** glassware
~ **tłoczone** *obr.plast.* presswork
~ **walcowane** *obr.plast.* rolled products
~ ~ **kształtowe** shapes
~ ~ **płaskie** flat-rolled products
~ ~ **w kręgach** coiled products
~ **włókiennicze** textiles
~ ~ **laminowane** foambacks
~ **wybrakowane** rejects, cast-off products
wyrostek *m anat.* appendix, appendage
~ **kolczysty** spine, acantha
~ **robaczkowy** (vermiform) appendix
wyrób *m* **1.** manufacture, fabrication, making **2.** (manufactured) product, *zob. też* **wyroby**
~ **wadliwy** defective product, defective (piece)
~ **zgodny z normą** product up to the standard, standard(ized) product
~ **znormalizowany** *zob.* **wyrób zgodny z normą**
wyrównanie *n* **1.** equalization; levelling; compensation **2.** *geod.* adjustment **3.** *lotn.* levelling out; flattening out, flare-out (*during landing*)
wyrówniarka *f drewn.* edging machine
wyrównoważenie *n* balancing
wyrównywacz *m* equalizer; compensator; balancer
~ **działania hamulców** (*na poszczególne koła*) *mot.* brake equalizer, brake compensator
~ **knowia** *roln.* buttor
~ **momentu obrotowego** *aut.* wrap-up
wyrównywać *v* equalize; level (out); set off; compensate; even up (*the* surface); *zob. też* **wyrównywanie**
~ **w lewo** *poligr.* left-justify
~ **w prawo** *poligr.* right-justify
wyrównywanie *n* equalization; levelling; compensation
~ **brzegów** (*wyrobu*) trimming
~ ~ **wymalowania** *powł.* feathering
~ **działania hamulców** (*na poszczególne koła*) *mot.* brake compensation
~ **krzywej** *mat.* curve fitting
~ **mas ziemnych** *inż.* cut-and-fill balance
~ **przegłębienia** *żegl.* trimming
~ **strumienia** *nukl.* flux flattening
~ **ściernic** *obr.skraw.* dressing of grinding wheels, truing of grinding wheels
~ **wymalowania** (*pędzlem*) *powł.* lay(ing) off
wyróżniać *v* discriminate; distinguish
wyróżnienie *n* **wstępne** *el.akust.* preemphasis
~ **wtórne** *el.akust.* de-emphasis
wyróżnik *m mat.* discriminant
~ **burzliwości** *aero.* scale of turbulence
~ **jakościowy** quality factor
~ **kształtu** *hydr.* shape number
~ **otwarcia** *hydr.* area ratio
~ **szybkobieżności bezwymiarowy** *hydr.* shape number
wyrwa *f* breach; gap
wyrwać *v* draw out, pull out
wyrwanie *n rys.* broken-out section, part section
~ **z lotu poziomego** *lotn.* pull-up from level flight
wyrybienie *n* overfishing
wyrywacz *m* **lnu** flax puller
wyrywać *v* pull out
~ **z korzeniami** uproot
wyrywanie *n* **lnu** *roln.* flax pulling
~ **podstawy czasu** *rad.* by-passing time base
wyrywkowo *adv* at random
wyrywkowy *a* random
wyrządzić *v* **szkodę** cause damage
wyrzucacz *m* (*w automacie szklarskim*) *szkl.* takeout
wyrzucać *v* throw out; throw away; cast out; eject
~ **na brzeg** *żegl.* beach, wash ashore
~ **pocisk rakietowy** launch a rocket
~ **za burtę** *żegl.* jettison, throw overboard
wyrzucenie *n* **na brzeg** (*statku*) stranding, grounding, beaching
wyrzut *m* (*gazu lub pyłu węglowego*) *górn.* breakout
~ **gazów** squealer
~ **węgla** coal outburst
wyrzutnia *f* **1.** launcher **2.** *poligr.* schoofly (*in a rotary press*)
~ **elektronowa** electron gun
~ **jonowa** ion gun
~ **na odpadki** *okr.* slop chute
~ **plazmowa** plasma gun
~ **rakietowa** rocket launcher, launch complex
~ ~ **bezszynowa** zero length rocket launcher
~ ~ **na samolocie** airborne rocket launcher
~ ~ **podziemna** silo, underground rocket launcher
~ ~ **próbna** firing pit, firing box
~ ~ **rurowa** rocket projector
~ ~ **szynowa** rail rocket launcher
~ ~ **wieżowa** tower launcher
~ **torpedowa** *okr.* torpedo tube, TT
~ **wielorakietowa** multiple rocket launcher
wyrzutnik *m* pusher, ejector; *obr.plast.* knock-out; shedder
~ **bombowy** *lotn.* bomb release gear, bomb rack, bomb carrier
wyrzynanie *n drewn.* fretting
wyrzynarka *f drewn.* fret-saw, jig-saw, scroll saw
wyrzynek *m* (*kłody*) *drewn.* bolt, cut log
wyrzynka *f drewn.* logging
wysad *m geol.* diapir
wysadzać *v* **w powietrze** *wybuch.* blow up, blast
wysadzanie *n* **gzymsu** *bud.* corbelling
wysadzina *f geol.* heave, swell
~ (*gruntu*) **od mrozu** frost heave

wysalanie *n chem.* salting out, graining out (*in soap manufacture*)
wyschnięcie *n* **całkowite** *farb.* hard dry
~ **użytkowe** dry to handle
wysepka *f* **1.** *geogr.* islet **2.** *elektron.* mesa
~ **na jezdni** (*dla pieszych*) street refuge, safety island
wysiadywanie *n* **jaj** hatching eggs
wysiewać *v roln.* sow
wysiewki *pl* (*rudy*) *wzbog.* siftings
wysięg *m* reach
~ **prasy** press throat
~ **ramion zgrzewarki** throat depth of a welding machine, depth of throat
~ **wiertarki** throat-distance of a drilling machine
~ **wrzeciona** (*frezarki pionowej*) throat distance of a milling machine
~ **żurawia** crane radius
wysięgnik *m* outrigger; extension arm
~ **wspornikowy** cantilever jib
~ **żurawia** (crane) jib; boom; gibbet
wysięk *m med.* effusion, exudate
wysklepianie *n* **się** (*gruntu*) *inż.* arching
wysklepienie *n* **profilu** *aero.* camber of a profile
wysklepka *f arch.* squinch (arch)
wyskoczyć *v* **ze spadochronem** *lotn.* bail out
wyskok *m arch.* taenia; corbelling; (*na ekranie lampy oscyloskopowej*) pip, blip
~ **impulsu** *el.* spike; *TV* overshoot, overswing
~ **poprzedzający zbocze impulsu** *TV* preshoot
wyskrobki *mpl odl.* cinder, dross
wysłać *v* **odwrotną pocztą** despatch by return
wysładzanie *n cukr.* sweetening off
wysłodki *pl* **buraczane** *cukr.* beet pulp
~ **wysokocukrowe** sugar pulp
wysłody *pl cukr.* sweetwater
wysłodziny *pl* **browarniane** *ferm.* spent grain, (brewer's) draff
wysługa *f* **lat** length of service (*in years*)
wysoka próżnia *f* high vacuum
wysoka woda *f ocean.* high water
wysoka wydajność *f* high-yield
wysoki połysk *m* full gloss
wysokie napięcie *n* high voltage, high tension, H.T.
wysokiej jakości high-quality
wysoko rozwinięty highly develped; advanced
wysoko wykwalifikowany highly skilled
wysokociśnieniowy *a* high-pressure
wysokogatunkowy *a* high-quality
wysokokaloryczny *a* with a high caloric content
wysokoobrotowy *a masz.* high-speed (*engine*)
wysokoprężny *a* high-pressure
wysokoprocentowy *a* high-grade (*e.g. ore*)
wysokoradioaktywny *a* highly radioactive, hot
wysokosprawny *a* high-duty, heavy duty; highly efficient, high-performance
wysokostopowy *a met.* highly alloyed
wysokościomierz *m* **1.** *lotn.* altimeter **2.** *narz.* height gauge, height finder
~ **barometryczny** *zob.* **wysokościomierz ciśnieniowy**
~ **ciśnieniowy** barometric altimeter, pressure altimeter
~ ~ **piszący** altigraph
~ **mikrometryczny** height setting micrometer
~ **piszący** recording altimeter
~ **radiowy** (*mierzący wysokość bezwzględną*) *lotn.* terrain clearance indicator, absolute altimeter
~ **sygnalizujący** altitude switch
wysokościowiec *m bud.* multistoreyed building
wysokość *f* **1.** height **2.** *geom.* altitude **3.** (*elementu konstrukcyjnego*) depth
~ **bezwzględna** absolute height
~ ~ **podstawy chmur** *meteo.* cloud height
~ **biegu schodów** *bud.* stair rise
~ **ciśnienia** *hydr.* pressure head
~ ~ **artezyjskiego** artesian head
~ **ciśnieniowa** (*lotu*) *lotn.* pressure height; *meteo.* pressure altitude
~ **czynna zęba** *masz.* meshing tooth depth (*of a gear wheel*)
~ **dźwigara** depth of girder
~ **energii całkowita** *hydr.* total energy head
~ **fali** wave height
~ **geometryczna zęba** *masz.* total tooth depth (*of a gear wheel*)
~ **gęstościowa** (*lotu*) *lotn.* density height
~ **głowy zęba** *masz.* addendum (*of a gear wheel*)
~ **hydrauliczna** effective head, available head, hydraulic head
~ **jednostkowa przenikania masy** *chem.* height of transfer unit, HTV
~ **kątowa** *uzbr.* angular height
~ **konstrukcji nawodnej** *okr.* freeboard
~ **konstrukcyjna** construction depth
~ **lotu** *lotn.* flight altitude
~ **łba śruby** height of head of a screw
~ **metacentryczna** *hydr.* metacentric height
~ **międzypokładzia** *okr.* deck height
~ **mocy maksymalnej** *lotn.* critical altitude, rated altitude
~ **nad płaszczyzną** *mat.* elevation
~ **nadciśnienia** *hydr.* positive pressure head, head of pressure above atmospheric
~ **nakrętki** thickness of nut
~ **napełnienia** *hydr.* discharge head
~ **niwelacyjna** *hydr.* position head, geometrical head, gravity head
~ **nominalna** *lotn.* critical altitude; rated altitude
~ **oblodzenia** (*najmniejsza wysokość, na której pojawia się oblodzenie w danych warunkach*) *lotn.* icing level
~ **oporów hydraulicznych** *hydr.* resistance head

~ **pisma** *rys.* size of letters
~ **pływu** *ocean.* height of tide, rise of tide
~ **podciśnienia** *hydr.* vacuum head
~ **podniesienia włoskowatego** *fiz.* capillary rise
~ **położenia** *hydr.* position head, geometrical head, gravity head
~ **pomiarowa głowy zęba** (*mierzona od cięciwy koła podziałowego*) *masz.* chordal height of a tooth, chord addendum
~ **pompowania** lift (*of a pump*), elevation head, delivery head
~ **pozorna** *astr.* apparent altitude
~ **półki teoretycznej** (*w chromatografii*) effective height of theoretical plate, plate height
~ **prawdziwa** *astr.* true altitude
~ **prędkości** *hydr.* velocity head, kinetic head
~ **procentu** rate of interest
~ **progu** *spaw.* thickness of root face, width of root face
~ **prześwitu** headroom
~ **rozporządzalna** *hydr.* effective head, available head, hydraulic head
~ **równoważna półce teoretycznej** *chem.* height equivalent of theoretical plate, HEPT, plate height
~ **rzeczywista** (*lotu*) *lotn.* true altitude, true height
~ **skrajni** headroom
~ **skuteczna anteny** effective height of antenna
~ **słupa rtęci** head of mercury
~ **spiętrzenia** *hydr.* water rise head, water-surface elevation
~ **sprężyny zblokowanej** *masz.* home height of a spring, solid height of a spring
~ **ssania** (*pompy*) suction lift, suction head
~ **statyczna** *hydr.* static head
~ **stopy zęba** *masz.* dedendum (*of a gear wheel*)
~ **strat hydraulicznych** hydraulic loss head
~ **ściany bocznej** *geom.* slant height
~ **środka wyporu** *okr.* vertical centre of buoyancy
~ **tonu** *akust.* pitch of the tone
~ **trójkąta** *mat.* height of a triangle
~ **unoszenia się poduszkowca** *lotn.* hover-height; hover gap, air gap
~ **uposażenia** rate of pay
~ **uskoku** *geol.* throw of fault
~ **w świetle** clear height; headroom
~ **wypełnienia** (*kolumny*) *chem.* height of packing
~ **wypływu** *hydr.* discharge head
~ **wyrobiska** *górn.* headroom
~ **względna** *lotn.* true height
~ **zawieszenia** (*linii napowietrznej*) height above ground
~ **złoża** *geol.* bed depth
~ **znamionowa** *lotn.* critical altitude, rated altitude
~ **zrzutu uskoku** *geol.* fault throw
~ **żagla** depth of sail; drop

wysokotemperaturowy *a met.* high-temperature
wysokotopliwy *a* high-melting
wysokowęglowy *a met.* high-carbon
wysokowrzący *a* high-boiling
wysokowydajny *a* high-duty, heavy duty; highly efficient
wysół *m* **płynny** *chem.* neat soap, finished soap (*in soap manufacture*)
~ **ścięty** curd soap
wyspa *f* island
~ **węglowa** *górn.* heel of coal
wysprzęgać *v* declutch, disengage
wystający *a* jutting out, projecting; prominent
wystarczać *v* suffice; be sufficient
wystawa *f* **1.** exhibition **2.** show window, shop window
~ **objazdowa** travelling exhibition
~ **sklepowa** shop window
wystawać *v* project, protrude, jut (out), stand out, stand proud
wystawca *m* **1.** exhibitor **2.** (*dokumentu*) drawer (*of a document*)
wystawiać *v* (*eksponaty*) expose; exhibit; display, show
~ **czek** make out a cheque, sign a cheque
~ **dokument** issue a document
~ **na działanie atmosfery** expose to weather
~ **na licytację** put up for auction
wystąpić *v* **z brzegów** (*o rzece*) overflow; burst the banks
~ **z propozycją** put forward a proposal
występ *m* projection, protrusion; protuberance; boss; lug; cog; jut; tongue; *obr.plast.* joggle
~ **końca resoru** heel of a spring
~ **oporowy trzonu steru** *okr.* rudder stop
~ **podkładki odginanej** *masz.* washer tang, washer prong
~ **ustalający** *masz.* locking lip
~ **wideł maźniczych** *kol.* half-axle guard, pedestal leg
występować *v* occur, be present
~ **w ilościach śladowych** *chem.* occur in traces
~ **w stanie rodzimym** *min.* occur native
występowanie *n* **choroby** *med.* incidence
~ **zjawiska** occurrence of a phenomenon, manifestation of a phenomenon
występujący w przyrodzie naturally occurring
wystrój *m* outfit; decorations
wystrzelenie *n* **rakiety** rocket firing
wystrzelić *v* (*z broni palnej*) shoot, fire
~ **rakietę** launch a rocket, fire a rocket
wysunąć *v* **hipotezę** put forward a hypothesis
wysuszać *v* desiccate, exsiccate
wysuszony na powietrzu air-dry
wysuszony na słońcu sun-dried
wysuszony w piecu kiln-dried, oven dried
wysuw *m inf.* line feed
wysuwnica *f* **rusztowania** *bud.* outrigger of a scaffold
wysycanie *n chem.* saturation

~ **amoniakiem** ammoniation
~ **gleb zasadami** *roln.* base saturation of soils
wysychać *v* dry (up)
wysyłać *v* send; dispatch; consign; ship (*goods*)
~ **promienie** emit rays
wysyłka *f* expedition; dispatching; consignment; shipment
~ **częściami** split shipment
wysypisko *n* waste dump, dumping ground; bingstead; fill area
wysypka *f med.* rash, eruption
wysypywać *v* dump; pour out
wyszczególniać *v* specify
wyszczególnienie *n* specification
wyszczerbienie *n* nick, dent
wyszukiwanie *n* searching, search
~ **informacji** information retrieval, IR
~ **uszkodzeń** *el.* fault tracing
wyściełanie *n* padding (*of furniture*); cushioning
wyściełany *a* padded
wyścig *m* race; *aut.* race condition
wyścigi *mpl* **konne** horse race
wyścigowy *a* racing
wyściółka *f* (*tapicerska*) stuffing, padding (*upholstery*); *żegl.* dunnage
wyślizg *m* (*w zakręcie*) *lotn.* skidding
wyświecanie *n* **się** *farb.* glossing up (*of a matt surface*)
wyświetlanie *n* **1.** photo-copying, printing **2.** projection (*on a screen*)
wyświetlarka *f* **do odbitek światłoczułych** blueprinting machine
wyświetlarnia *f kin.* projection room
wytaczadło *n obr.skraw.* boring bar
~ **z urządzeniem do wytaczania podcięć** recessing bar
wytaczak *m obr.skraw.* boring tool, boring cutter
~ **dwustronny** double cutter
wytaczanie *n obr.skraw.* boring
~ **dokładne** fine boring, precision boring
~ **podcięć** recessing
~ **ponowne** reboring
~ **poziome zgrubne** heavy horizontal boring
~ **szyjki** necking
~ **wozów** (*z klatek szybowych*) *górn.* decking-off
wytaczarka *f obr.skraw.* boring machine, borer
~ **z wytaczadłem swobodnym** snout boring machine
wytapiacz *m hutn.* smelter
wytapianie *n* **kamienia miedziowego** *hutn.* matte smelting
~ **metali** smelting
~ **stali** steelmaking, melting the steel
~ **surówki** ironmaking
~ **tłuszczu** *spoż.* rendering, melting down (*fat*)
wytępić *v* extirpate; destroy; make extinct; (*szkodniki*) exterminate (*pests*)
wytężenie *n* (*materiału*) *wytrz.* effort
wytlewanie *n* (*węgla*) low temperature carbonization
wytlewnia *f* low temperature carbonization plant
wytłaczanie *n* **1.** *obr.plast.* drawing (*stamping operation*) **2.** *tw.szt.* extrusion moulding; *gum.* tubing **3.** *włók.* embossing **4.** *poligr.* blocking; tooling
~ **adiabatyczne** *tw.szt.* autothermal extrusion
~ **cieczą** *obr.plast.* hydraulic drawing; hydroforming
~ **gumą** *obr.plast.* rubber drawing
~ **maszynowe** *poligr.* blocking
~ **oleju** *spoż.* oil extraction
~ **ręczne** *poligr.* tooling
~ **ropy ciśnieniem gazów w niej rozpuszczonych** *wiertn.* internal gas drive, solution gas drive
~ ~ ~ **gazu** pressure drive
~ **siłami tarcia** *obr.plast.* punchless drawing
~ **ślepe** *poligr.* blind tooling
~ **wzorów** embossing; *tw.szt.* swaging
~ **z nagrzewaniem kołnierza** *obr.plast.* hot drawing
~ **z rozdmuchiwaniem** *tw.szt.* blowing extrusion
wytłaczarka *f tw.szt.* extruding press, extrusion machine, extruder; *gum.* tuber
~ **ślimakowa** screw extruding press, screw extruder
wytłoczka *f obr.plast.* drawpiece; die stamping
wytłoczyny *pl zob.* **wytłoki**
wytłoki *pl* pomace; oil cake
~ **trzciny cukrowej** *cukr.* bagasse
wytłumaczyć *v* **zjawisko** explain a phenomenon
wytoczenie *n* **w otworze** bore chamber
wytoczyć *v* **sprawę sądową** bring an action against ...
wytop *m hutn.* heat, melt
~ **nie trafiony** (*o niezamierzonym składzie chemicznym*) off-heat, off-grade heat, misfit cast, miscast
~ **stali besemerowskiej** Bessemer cast
~ ~ **konwertorowej** converter heat
wytracanie *n* **wysokości** *lotn.* descent, letdown
wytrasowanie *n* **linii kolejowej** railway layout
wytrawa *f skór.* bate
~ **enzymatyczna** enzymatic bate
~ **psia** dog manure
~ **zakisowa** sour
wytrawiać *v* **1.** etch **2.** *skór.* bate
wytrawialnia *f met.* pickling plant, plickle house, pickle line
~ **blach cienkich** (*w arkuszach*) sheet pickling plant
~ **rur** tube pickling plant
~ **taśm** strip pickling plant
~ **wieżowa** tower pickling plant
wytrawianie *n* **1.** *met.* pickling; etching **2.** *skór.* bating

~ **anizotropowe pionowe** *elektron.* vertical anisotropic etch, V-ATE
~ **elektrolityczne** *met.* electrolytic pickling, electrolytic etching
~ **katodowe** *met.* cathode pickling
~ **termiczne** *met.* thermal etching
~ **w celu ujawnienia węglików** *met.* carbide etching
~ **wstępne** *met.* black pickling
~ **wykończające** *met.* white pickling
~ **z zastosowaniem mieszania kąpieli** *met.* agitator pickling
wytrawny *a ferm.* dry
wytrącać *v* **się** precipitate
wytrącanie *n chem.* precipitation
wytrącić *v* **z równowagi** unbalance
wytrącony *a chem.* precipitated, pptd
wytrącony z równowagi out of balance, unbalanced
wytrych *m* skeleton key, picklock; *US* pass-key
wytrysk *m* squirt, jet, ejection; *wiertn.* blow-out, gusher
wytryskiwać *v* squirt, jet, eject; *wiertn.* blow out, gush
wytrzask *m* **bezpieczeństwa** emergency cut-out (*in steam turbines*)
wytrząsacz *m* **słomy** (*w młocarni*) *roln.* straw shaker, straw rake, thresher riddle
wytrząsak *m* **podwieszony** *odl.* pneumatic vibratory knock-out
wytrząsanie *n* shaking
wytrzeć *v* (*gumką*) erase, rub out
wytrzymać *v* **próbę** withstand a test
wytrzymałość *f* strength; resistance
~ **bębnowa** (*np. koksu*) drum strength
~ **cieplna 1.** heat resistance, thermal strength **2.** *tw.szt.* heat distortion point, heat distortion temperature
~ **elektryczna** electric strength
~ **grudek surowych** *hutn.* green strength (*of pellets*)
~ **izolacyjna** *el.* insulating strength
~ **konstrukcyjna** *bud.* structural strength
~ **końcowa** (*spoiny klejowej*) dry strength
~ **kostkowa** (*na ściskanie*) cube strength (*of concrete etc.*)
~ **materiałów** strength of materials, mechanics of materials
~ ~ **formierskich** *odl.* sand strength
~ **na mokro** *włók.* wet tenacity
~ **na naderwanie** *papiern.* initial tearing strength, edge tearing resistance
~ **na obciążenia dynamiczne** dynamic strength
~ **na odrywanie** peel strength, stripping strength (*of a glue joint*)
~ **na pełzanie** creep strength
~ **na przebicie** *el.* break-down strength, disruptive strength
~ **na przepuklenie** *papiern.* burst(ing) strength
~ **na rozciąganie** tensile strength
~ **na rozdzieranie** tear(ing) strength, tear resistance
~ **na składanie** folding endurance
~ **na skręcanie** torsional strength
~ **na sucho** *odl.* baked strength, dried strength (*of moulding sand*)
~ **na ścinanie** shear strength
~ **na ściskanie** (ultimate) compressive strength, compression strength, crushing strength
~ **na ściskanie w temperaturze pokojowej** cold crushing strength (*of refractories*)
~ **na wilgotno** *odl.* green strength, green bond (*of moulding sand*)
~ **na zerwanie** *włók.* tenacity
~ **na zginanie** bending strength, flexural strength
~ **na zgniatanie** crushing strength
~ **na zrywanie powierzchni** *papiern.* pick resistance, resistance to plucking
~ **plastyczna** *obr.plast.* yield stress, flow stress
~ **powierzchniowa** surface strength
~ **rozdzielcza** cohesion strength, cohesive strength
~ **skleiny początkowa** wet strength
~ **spadowa** shatter strength
~ **spoiny** *tw.szt.* bond strength
~ **szwu nitowego** rivet seam strength
~ **trwała** true limiting creep stress
~ ~ **na zmęczenie** safe fatique life
~ **udarowa** *el.* impulse strength
~ **w stanie mokrym** *papiern.* wet strength; *włók.* wet tenacity
~ **w wysokich temperaturach** hot strength, strength at elevated temperatures
~ **względna połączenia** efficiency of a joint, relative strength of a joint
~ **złożona** combined stress
~ **zmęczeniowa** fatigue strength
~ ~ **rzeczywista** true endurance limit
~ **zrzutowa** (*np. grudek*) *hutn.* drop strength
~ **zwarciowa** short-circuit strength
wytrzymały *a* resistant; tough
wytrzymanie *n* holding
~ **samolotu na ziemi podczas rozbiegu** holding down during take-off
~ ~ **przy lądowaniu** float during landing
wytrzymywać *v* **ciśnienie** withstand a pressure
~ **konkurencję** be competitive
~ **napięcie** *el.* withstand a voltage
~ **naprężenie** resist a stress, sustain a stress, support a stress
~ **obciążenie** withstand a load, sustain a load
~ **próbę** withstand a test
wytwarzacz *m* **fal** *hydr.* wavemaker, wave generator
wytwarzanie *n* generation; production, producing; creation; manufacture; fabrication
~ **ciepła** heat generation, heat development
~ **dźwięku** production of sound
~ **emulsji** emulsification
~ **fal** *hydr.* wave-making
~ **gazu** (*w wytwornicy*) gas generation; gas making

~ **klisz drukowych** *poligr.* plate-making
~ **kryształów** crystal growing, crystal pulling
~ **mieszanki palnej** *siln.spal.* carburation
~ **mocy** power generation
~ **pary** steam generation, raising of steam
~ **piany** foaming
~ **powłok metalicznych metodą dyfuzyjną** metallic cementation
~ ~ **przy użyciu plazmy** plasma spraying
~ **próżni** production of vacuum
~ **stopu** *met.* alloyage, alloying
wytwornica *f* generator, producer
~ **acetylenowa** acetylene generator
~ ~ **dopływowa** water-to-carbide type acetylene generator
~ ~ **nurkowa** (*stykowa*) bell-type acetylene generator, dipping basket acetylene generator
~ ~ **stykowa** contact-type acetylene generator
~ ~ **wsypowa** carbide-to-water type acetylene generator
~ ~ **wyporowa** (*stykowa*) water displacement-type acetylene generator, recession-type acetylene generator
~ **dymu** smoke generator, smoke producer
~ **gazu** gas generator, gas producer, gasifier, *zob.też* **generator gazu**
~ **lodu** *chłodn.* ice generator
~ **pary** steam generator, steam-raiser
wytwór *m* (manufactured) product, *zob.też* **wyrób, wyroby**
wytwórca *m* manufacturer, maker, producer
wytwórczość *f* manufacture
wytwórnia *f* factory, works; production plant
~ **filmowa** film producers
~ **konserw rybnych** fish cannery
~ **lodu** ice making plant
~ **masy betonowej** *bud.* concrete-mixing plant
~ **sprzętu lotniczego** aircraft factory
~ **win** winery
~ **wyrobów ogniotrwałych** refractory plant
wytyczanie *n* laying out; *geod.* setting out; *bud.* staking out
wytyczne *fpl* instructions; guidelines
wytyk *m* **burtowy** *okr.* boat boom, riding boom, boat spar
~ **szalupowy** *zob.* **wytyk burtowy**
wywab *m* (*wybarwienie*) *farb.*, *włók.* discharge
wywabiacz *m* **plam** spot-cleaner
wywabianie *n* **plam** spot cleaning, stain removal
~ **wybarwienia** *fabr.*, *włók.* discharging
wywar *m* decoction
~ **gorzelniczy** *ferm.* slops, stillage, spent wash, spent beer
~ **melasowy** *ferm.* vinasse
wyważanie *n* *mech.* balancing
~ **dynamiczne** dynamic balancing
~ **statyczne** static balancing
wyważarka *f* balancer, balancing machine
~ **dynamiczna** dynamic balancer, two-plane balancing machine
~ **nadkrytyczna** above-resonance balancing machine, soft bearing balancing machine
~ **podkrytyczna** below-resonance balancing machine, hard bearing balancing machine
~ **statyczna** static balancer
wyważenie *n* *lotn.* balance; trim
~ **aerodynamiczne** aerodynamic balance
~ **dynamiczne** dynamic balance
~ **masowe** mass balance
~ **rogowe** horn balance
~ ~ **odsłonięte** screen horn balance
~ **statyczne** static balance
~ **wewnętrzne** inset balance, set-back balance, shrouded balance
wywiad *m* intelligence
~ **lekarski** *med.* anamnesis
~ **terenowy** *geod.* field inspection
wywiązanie *n* **się z umowy** discharge of a contract
wywiązywanie *n* **się gazu** gas evolution
wywierać *v* **nacisk na...** exert pressure on...
~ **wpływ na...** influence, have a bearing on..., exert an influence...
wywieszka *f* **ostrzegawcza** safety tag
wywietrznik *m* ventilator
~ **dachowy** roof ventilator
~ **wyciągowy** aspirating ventilator
wywiew *m* **miejscowy** *bhp* local exhaust ventilation
wywiewanie *n* *gleb.* deflation
wywiewnik *m* *okr.* uptake ventilator
wywijanie *n* *obr.plast.* burring (*stamping operation*)
~ **kołnierza** flanging (*a tube*)
wywlec *v* **linę** (*z bloku*) *żegl.* unreeve a rope
wywłaszczenie *n* *ek.* expropriation
~ **z patentu** expropriation of patent
wywołać *v* **zmianę** produce a change
wywołanie *n* **podprogramu** *inf.* subroutine call
~ **ponowne** *telef.* recall
~ **procedury** *inf.* procedure call
wywołujący alergię *med.* allergenic
wywoływacz *m* *fot.*, *farb.* developer
~ **kontrastowy** *fot.* contrast developer
wywoływaczka *f* *fot.* developing machine
wywoływać *v* **1.** produce, create; generate; induce; cause **2.** *telef.* call **3.** *fot.* develop, *zob.też* **wywoływanie**
~ **hałas** produce noise
~ **naprężenia** induce stresses, create stresses, generate stresses
~ **ruch** cause motion, produce motion
wywoływanie *n* **1.** *fot.* development **2.** *telef.* calling
~ **ciągłe** continuous development
~ **deszczu** *meteo.* rainmaking
~ **drobnoziarniste** fine grain development
~ **wyrównawcze** compensating development
~ **zdjęć barwnych** colour development

wywóz *m* export
~ **śmieci** garbage disposal
wywracać *v* overturn; tip; upset
wywrotka *f kol.* dump car, dump wagon, tip wagon; *mot.* dump truck, tipper (truck)
~ **dwukołowa** *bud.* dump buggy
~ **kolebowa** cradle car, rocker dump car
~ **kołyskowa** *zob.* **wywrotka kolebowa**
~ **samochodowa trójstronna** three-side tipper truck, three-way tipper
~ ~ **wsteczna** rear dump truck, end tipper
wywrotnica *f kol.* tippler, dumper
~ **beczkowa** rotary tippler
~ **boczna** side (discharge) tippler
~ **czołowa** end (discharge) tippler
~ **unosząca do wagonów** wagon tippler hoist
~ **wagonowa** wagon tippler
~ **wozów** tub tippler
wywrócić *v* **się** (*o statku*) overset; turn over; upset (*of a ship*)
~ ~ **do góry dnem** capsize; keel over
wywrót *m* **1.** *transp.* dump (*of a dump car*) **2.** *lotn.* bunt (*in aerobatics*)
wyzdrowienie *n med.* recovery
wyzębiać *v masz.* disengage, demesh (*gears*)
wyzębiony *a masz.* out of gear, out of mesh
wyziewy *pl* fumes, exhalations
wyznaczać *v* **1.** determine **2.** assign
~ **eksperta** assign an expert
~ **krzywą** determine a curve
~ **na stanowisko** appoint to a position
~ **pierwszeństwo** assign priorities
~ **pochodną** *mat.* differentiate
~ ~ **cząstkową** differentiate partially
~ ~ **wędrowną** *hydr.* differentiate following the particle
~ **przebieg krzywej** *geom.* curve tracing
~ **trasę** rout
~ **wartość** evaluate
~ **z góry** predetermine
wyznaczalny *a* determinable
wyznacznik *m mat.* determinant, det
~ **cykliczny** circulant
~ **Grama** Gramian
~ **macierzy** matrix determinant
~ **Pfaffa** Pfaffian
~ **układu** eliminant
~ **Wrońskiego** Wronskian
wyzwalacz *m masz.* release; trip
~ **migawki** *fot.* shutter release
~ **nadmiarowo-napięciowy** *el.* overvoltage release
~ **nadmiarowo-prądowy** *el.* overcurrent release
~ **reakcji łańcuchowej** *chem.* trigger
~ **wężykowy migawki** *fot.* wire releaser
~ **zwrotnoprądowy** *el.* reverse current release
wyzwalać *v* **1.** *masz.* release; trip **2.** *chem.* liberate
wyzwalanie *n* release; liberation; *el.* tripping
~ **energii** liberation of energy, release of energy
~ **migawki** *fot.* shutter release
~ **nadmiarowo-prądowe** *el.* overcurrent release
~ **nadnapięciowe** *el.* overvoltage release
~ **nadprądowe** *el.* overcurrent release
~ **podnapięciowe** *el.* undervoltage release
~ **podprądowe** *el.* undercurrent release
~ **zwłoczne** *el.* time-lag release
~ **zwrotnoprądowe** *el.* reverse curent release
wyzyskiwać *v* exploit
wyż *m* (*baryczny*) *meteo.* anticyclone, high
~ ~ **ciepły** warm(-core) high
wyżarcie *n* **wykładziny** *odl.* lining wear, burn-back
wyżarzalnia *f obr.ciepl.* annealing plant, annealing department, annealing bay
wyżarzanie *n obr.plast.* annealing
~ **bez nalotu** (*w atmosferze ochronnej*) bright annealing, white annealing, non-oxidizing annealing, clean annealing
~ **ciemne** (*bez atmosfery ochronnej*) open annealing, black annealing
~ **czyste** (*w skrzynce zamkniętej*) close annealing, box annealing
~ **defektów** annealing of defects
~ **grafityzujące** graphitizing
~ ~ **żeliwa ciągliwego** blackheart process
~ **izotermiczne** isothermal annealing, cycle annealing
~ **jasne** (*w atmosferze ochronnej*) bright annealing, white annealing, non-oxidizing annealing, clean annealing
~ **międzyoperacyjne** intermediate annealing, interannealing
~ **miejscowe** selective annealing
~ **niezupełne** under-annealing
~ **normalizujące** normalizing, normalization, heat refining
~ **odprężające** stress relief annealing, stress relieving
~ **odwęglające** (*żeliwa*) white heart process, decarburization annealing
~ **pakietami** (*blach*) pack annealing
~ **płomieniowe** flame annealing
~ **podkrytyczne** sub-critical annealing
~ **próżniowe** vacuum bright annealing
~ **przeciwpłatkowe** (*stali*) dehydrogenation
~ **przyspieszone** short cycle annealing
~ **rekrystalizujące** recrystallization annealing
~ **rozpuszczające** quench annealing
~ **sferoidyzujące** spheroidizing annealing
~ **taśm w kręgach luźno zwiniętych** open coil annealing
~ **ujednorodniające** homogenizing (treatment)
~ **w atmosferze wodoru** hydrogen annealing
~ **w piecu** bell annealing
~ **w szczelnej skrzyni** coffin annealing
~ **w temperaturze niebieskiego nalotu** blue annealing, blueing
~ **wahadłowe** thermal cycling, cyclic annealing

~ **z niebieskim nalotem** *zob.* **wyżarzanie w temperaturze niebieskiego nalotu**
~ **z przemianą izotermiczną** isothermal annealing, cycle annealing
~ **zmiękczające** soft annealing, softening
~ ~ **płomieniowe** flame softening
~ **zupełne** full annealing, dead annealing, true annealing
wyżarzony czysto close-annealed
wyżej wymieniony above-mentioned, a/m, above named, a.n.
wyżeranie *n* **wykładziny** *odl.* cutting away of lining
wyżłabiać *v* furrow; gouge
wyżłabiak *m narz.* quirk-router
wyżłobienie *n* furrow
wyższa matematyka *f* higher mathematics
wyższego stopnia superior in rank
wyżymaczka *f* **1.** squeezer, wringer (*for household use*) **2.** *spoż.* oil press; *cukr.* pulp press
wyżymak *m papiern.* couch press
~ **ssący** suction couch roll
wyżymanie *n* squeezing, wringing; *skór.* putting out, setting out
wyżymarka *f włók.* squeezing machine, wringing machine; *skór.* putting-out machine, setting-out machine
~ **wielostołowa** *skór.* serial-table putting--out machine
wyżyna *f geol.* upland
wyżywienie *n* alimentation
wzajemnie jednoznaczne *mat.* one-to-one
wzajemnie wykluczające się *mat.* mutually exclusive
wzajemność *f mat.* correlation
wzajemny *a mat.* reciprocal
wzbogacalnik *m wzbog.* concentrator, concentrating plant; separator
~ **suchy** dry cleaner
wzbogacanie *n* enrichment; *elektron.* enhancement
~ **całkowite na stopniu** (*kaskady rozdzielczej*) overall enrichment per stage
~ **flotacyjne** enrichment by floatation
~ **gleby w związki próchnicze** humifying
~ **grawitacyjne** gravity separation
~ **izotopowe** isotopic enrichment
~ **mechaniczne** mechanical cleaning
~ **metodą suchą** dry blowing
~ **mieszanki** *siln.* enrichment of fuel mixture
~ **na stołach koncentracyjnych** tabling
~ ~ ~ ~ **mokre** wet tabling
~ **na sucho** dry cleaning
~ **powietrzne** dry blowing
~ **rud** ore enrichment, ore dressing, ore concentration, upgrading of ores, beneficiation of ores, mineral dressing
~ **w cieczach ciężkich** dense liquid separation, heavy media separation, sink--float process
~ **w osadzarkach** jigging
~ **w witaminy** *spoż.* vitamin enrichment, vitaminization
~ **węgla na mokro** coal wet cleaning
~ ~ **na sucho** coal dry cleaning
~ **żywności** *spoż.* fortification of food, food supplementation
wzbogacony w izotop isotope enriched
wzbroniony *a* forbidden
wzbudnica *f el.* exciter, driver unit
~ **fali** wave launcher
~ **prądnicy turbinowej** turbo-exciter
wzbudnik *m* **1.** (*grzejny*) *el.* heating inductor, heating coil **2.** electric primer
~ **hartowniczy** *obr.ciepl.* hardening coil
~ **pętlicowy** loop inductor
~ **płaski** pancake inductor
~ **szpilkowy** (*w kształcie szpilki do włosów*) U-shaped inductor, hairpin inductor
wzbudzać *v* induce; excite
~ **zainteresowanie** arouse interest
wzbudzalnik *m chem.* excitation source, light source
wzbudzenie *n* excitation; induction; activation
~ **atomu** atomic excitation
~ **bocznikowe** *el.* shunt excitation
~ **jądra atomowego** nuclear excitation
~ **obce** *el.* separate excitation
~ **pola magnetycznego** *el.* field excitation
~ **przeciwzwojowe** *el.* differential excitation
~ **przez naświetlanie** photoactivation
~ **szeregowe** *el.* series excitation
~ **szeregowo-bocznikowe** *el.* compound excitation
~ **udarowe** *el.* quick-response excitation
~ **zderzeniowe** *fiz.* impact excitation
wzbudzony *a* excited; induced; activated
wzbudzony przez naświetlanie *fiz.* photoactivated
wzdęcie *n wet.* bloat; *med.* flatulence
~ **sera** *spoż.* blowing of cheese
wzdłuż brzegu *żegl.* along shore
wzdłuż cięciwy (*płata*) *lotn.* chordwise
wzdłuż krawędzi edgewise
wzdłuż rozpiętości spanwise
wzdłuż statku *żegl.* fore and aft
wzdłużnica *f okr.* buttock line
wzdłużnik *m okr.* longitudinal; stringer; girder
~ **burtowy** side stringer
~ **dodatkowy skrajnika** panting stringer
~ **krótki** carling
~ **pokładowy** deck girder
wzdłużny *a* longitudinal, lengthwise
wzębiać *v* **się** *masz.* mesh, engage
wzębiony *a* in mesh, in gear
względna liczba *f* **plam słonecznych** *astr.* Wolf (sunspot) number
względnie pierwszy *mat.* relatively prime
względny *a* relative
względy *mpl* **bezpieczeństwa** safety considerations
wzgórze *n* hill; mound
wziąć *v* **na hol** take in tow
~ **namiar** *nawig.* take a bearing
~ **pod uwagę** take under consideration, take into account
~ **poprawkę na...** allow for..., make an allowance for...

~ **udział w przetargu** bid a tender
~ **w nawiasy** bracket, put into brackets
wziernik *m* sight-glass; peep-hole; inspection opening; eyehole; *med.* speculum
~ **celownika** *opt.* view-finder eyepiece
~ **dalmierza** *opt.* range-finder eyepiece
~ **jelitowy** *med.* enteroscope
~ **krtaniowy** *med.* laryngoscope
~ **matówki** *fot.* focusing hood, finder hood
~ **nosowy** *med.* rhinoscope
~ **oczny** *med.* ophthalmoscope
~ **odbytniczy** anoscope, rectoscope
~ **optyczny** (*np. do luf, rur*) borescope
~ **oskrzelowy** *med.* bronchoscope
~ **otrzewnowy** *med.* laparoscope, peritoneoscope
~ **uszny** *med.* otoscope
wziernikowanie *n med.* endoscopy
wziewanie *n med.* inhalation
wzmacniacz *m* amplifier; intensifier
~ **akustyczny** audio frequency amplifier
~ **ciśnienia** hydraulic intensifier, hydraulic amplifier
~ **elektroakustyczny** audio frequency amplifier
~ **elektrohydrauliczny** *aut.* servovalve
~ **elektromaszynowy** dynamoelectric amplifier, rotary amplifier
~ **elektroniczny** electronic amplifier
~ **filmowy** sound-film amplifier
~ **fotograficzny** *fot.* intensifier
~ **grupowy** *tel.* group amplifier
~ **heterodynowy** *rad.* heterodyne amplifier
~ **impulsowy** pulse amplifier
~ **iskry** *siln.spal.* spark intensifier
~ **kanałowy** *tel.* channel amplifier
~ **kaskadowy** *el.* cascade amplifier, multi-stage amplifier
~ **kinowy** sound-film amplifier
~ **kontrolny** *rad.* monitoring amplifier
~ **lampowy** *el.* vacuum-tube amplifier, electron-tube amplifier
~ **linearno-logarytmiczny** *tel.* linear-logarithmic amplifier
~ **liniowy** *el.* line amplifier
~ **logarytmiczny** *el.* logarithmic amplifier
~ **magnetyczny** *el.* magnetic amplifier, magamp
~ **małoszumiący** *el.* low-noise amplifier, LNA
~ **maszynowy** *el.* dynamo-electric amplifier, rotary amplifier
~ **mikrofalowy** *el.* microwave amplifier
~ **mocy** power amplifier
~ ~ **małej częstotliwości** (*akustycznej*) audiofrequency power amplifier
~ ~ **wielkiej częstotliwości** high-frequency power amplifier
~ **molekularny** *tel.* molecular amplifier
~ **momentu** *masz.el.* capstan amplifier, torque amplifier
~ **nadkrytyczny** *elektron.* supercritical amplifier
~ **napięcia** voltage amplifier
~ **o dwóch obwodach rezonansowych** *el.* double-tuned amplifier
~ **o sprzężeniu katodowym** *el.* cathode-coupled amplifier
~ **obrazu** *radiol.* image amplifier, image intensifier
~ **oddzielający** *rad.* buffer amplifier
~ **operacyjny** *inf.* operational amplifier
~ **parametryczny** *el.* parametric amplifier, paramp, reactance amplifier, mavar
~ **płynowy** *aut.* fluid amplifier
~ **podkrytyczny** *elektron.* subcritical amplifier
~ **polowy** field effect transistor amplifier, FET amplifier
~ **półprzewodnikowy** solid-state amplifier
~ **prądu** current amplifier
~ **próżni** vacuum augmenter, vacuum intensifier
~ **przeciwsobny** *el.* push-pull amplifier, balanced amplifier
~ **-przerywacz** *el.* contact-modulated amplifier, chopper amplifier
~ **przestrajany** *el.* tunable amplifier
~ **rezonansowy** *el.* tuned amplifier
~ ~ **jednoobwodowy** single-tuned amplifier
~ **różnicowy** *el.* differential amplifier
~ **serwomechanizmu** servo-amplifier
~ **strumieniowy** *aut.* fluidic amplifier
~ **szerokopasmowy** *el.* wide-band amplifier
~ **środkowo-przepustowy** *el.* band-pass amplifier
~ **transformatorowy** transformer-coupled amplifier
~ **tranzystorowy** transistor amplifier
~ ~ **Darlingtona** Darlington amplifier
~ **turbulentny** *aut.* turbulence amplifier
~ **w układzie równoległym** *el.* push-push amplifier
~ **wielkiej częstotliwości** high-frequency amplifier
~ **wielostopniowy** *el.* multi-stage amplifier, cascade amplifier
~ **wirowy** *aut.* vortex amplifier
~ **wizyjny** *TV* video amplifier
~ **wstępny** *rad.* preliminary amplifier, pre-amplifier; lawn mower
~ **z reakcją** *rad.* regenerative amplifier
~ **zapisu** (*dźwięku*) recording amplifier
wzmacniać *v* **1.** strengthen; reinforce **2.** amplify; intensify
wzmacniak *m tel.* telephone amplifier; repeater
~ **dwutorowy** four-wire amplifier
~ **impulsów** pulse amplifier
~ **jednotorowy** two-wire amplifier
~ **kierunku nadawczego** go repeater
~ ~ **odbiorczego** return repeater
~ **końcowy** terminal repeater
~ **obukierunkowy** bidirectional repeater
~ **przelotowy** intermediate repeater
~ **radiofoniczny** broadcasting repeater
~ **sznurowy** cord circuit repeater
~ **telekonferencyjny** omnibus repeater
wzmacnianie *n* **kwasu** *chem.* fortification of acid
wzmagać *v* intensify; boost; enhance

wzmagać *v* **się** (*o wietrze*) freshen (*of wind*)
wzmocnienia *npl* **międzypokładnikowe** *okr.* partners
wzmocnienie *n* **1.** strengthening; reinforcement **2.** *wytrz.* strain hardening **3.** *el.* amplification; intensification; gain
~ **całkowite** cross-over gain
~ **dziobowe lodołamacza** *okr.* ram
~ **gruntu** *bud.* soil stabilization
~ **konstrukcji** structural reinforcement
~ **na stopień** *rad.* stage gain
~ **napięciowe** *el.* voltage amplification, voltage gain
~ ~ **różnicowe** differential-mode voltage amplification
~ **negatywu** *fot.* intensification of negative
~ **niskich tonów** (*pasma akustycznego*) *el. akust.* bass boosting
~ **obrazu utajonego** *fot.* latensification
~ **poszycia dziobu** *okr.* bow doubling
~ **prądowe** *el.* current amplification, current gain
~ **przeciwlodowe** *okr.* ice strengthening
~ **synchronizacji** *elektron.* locking gain
~ **-szerokość pasma** *el.* gain-bandwidth, GB
~ **włazu** *kotł.* manhole saddle
~ **wstępne** *el.* preamplification
~ **wypadkowe** cross-over gain
~ **wzmacniacza** amplifier gain
wzmocność *f* **wtrąceniowa** *tel.* insertion gain
wzmożenie *n* intensification; boosting
wzniecać *v* **łuk** *el.* strike an arc
wzniecenie *n* **wyładowania** *el.* breakdown
wzniesienie *n* **1.** elevation; altitude **2.** acclivity, upgrade
~ **kapilarne** *zob.* **wzniesienie włoskowate**
~ **kontynentalne** (*dna morskiego*) *ocean.* continental rise
~ **nad poziomem morza** absolute height
~ **proste** (*danego południka*) *astr.* right ascension of the meridian, RAM
~ **włoskowate** capillary rise
wznios *m* *masz.* lift
~ **dna** *okr.* deadrise, rise of bottom
~ **kłów** *obr.skraw.* height of centres
~ **koła** *mot.* wheel suspension travel
~ **krzywki** *masz.* cam lift, outstroke of cam, cam throw
~ **płata dodatni** *lotn.* dihedral
~ ~ **ujemny** anhedral
~ **pokładu** *okr.* sheer
~ **zaworu** *masz.* valve lift, valve travel
wznosić *v* *bud.* erect
~ **się** rise; ascend; climb, gain height; go up
~ ~ **na pułap** *lotn.* hit the ceiling
wznoszący się ascending, ascendant, rising
wznoszenie *n* **1.** *lotn.* climb; ascent **2.** *bud.* erection
~ **murów** *bud.* bricklaying
~ **po starcie** *lotn.* take-off climb, initial climb
~ **proste** *astr.* right ascension
wznowienie *n* **1.** restart **2.** (*książki*) re-issue
~ **przebiegu** *inf.* restart
wzorcowanie *n* calibration; rating
~ **zegarka** watch timing
wzorcownia *f* showroom
wzorcowy *a* model; standard
wzornica *f* *włók.* pattern card (*in a Jacquard machine*)
wzornictwo *n* **przemysłowe** industrial design
wzornik *m* templet; (contour) master; pattern; mould; curve gauge; *odl.* strickle (board), sweep
~ **do ciągnięcia gzymsów** *bud.* cornice mould
~ **do kopiowania** *obr.skraw.* master
~ **do kształtowania blach** sheet metal former
~ **do nawijania cewek** *el.* coil former
~ **do wyoblania** spinning block, forming block, former
~ **kontrolny** master templet
~ **pisma** stencil (*for lettering*)
~ **traserski** marking-off templet
wzornikowanie *n* *odl.* sweeping up, strickling, strickle moulding
wzory *mpl* **Fresnela** *opt.* Fresnel equations
~ **redukcyjne** *mat.* reduction formulas
wzorzec *m* standard; master
~ **absolutny** absolute standard
~ **analityczny** *chem.* standard sample
~ **bieli** *opt.* white reference standard
~ **czasu** time standard
~ **częstotliwości** *el.* frequency standard
~ ~ **atomowy** atomic frequency standard
~ ~ **kwarcowy** quartz frequency standard
~ **długości** end gauge
~ **dopasowania** *rad.* matching standard
~ **dziurkowania** *inf.* punching pattern
~ **fotometryczny** standard lamp
~ **kształtu** contour master
~ **kwarcowy częstotliwości** quartz clock
~ **masy** standard of mass, standard weight
~ **miary** measurement standard
~ ~ **jednomiarowy** single-value measure
~ ~ **samodzielny** self-sufficient measure
~ ~ **wielomiarowy** multi-value measure
~ ~ **wielowskazowy** graduated measure
~ ~ **z podziałką** *zob.* **wzorzec miary wielowskazowy**
~ **międzynarodowy** *metrol.* international standard
~ **oporności** *el.* standard resistance
~ **pierwotny** *chem.* primary standard (*substance*)
~ **podstawowy** *metrol.* primary standard, fundamental standard
~ **porównawczy** reference standard
~ **rozstawienia otworów** (*do przyrządów wiertarskich*) *obr.skraw.* master drill plate, transfer plate
~ **trzpieniowy nastawczy** setting rod
~ **twardości** standard hardness block
~ **urzędowy** legal standard
~ **wewnętrzny** *chem.* internal standard
~ **wizualny** visual standard
~ **wtórny** secondary standard, sub-standard
~ **zarysu** contour master

~ ~ **gwintu** screw pitch gauge
~ ~ **zębów koła zębatego** rolling curves
wzór *m* **1.** formula **2.** pattern; design
~ **algebraiczny** algebraic formula
~ **budowy** *chem.* structural formula
~ **całkowy Cauchy'ego** *mat.* Cauchy integral formula
~ **chemiczny** chemical formula
~ **cosinusowy** *astr.* fundamental formula, four part formula, general equation
~ **cząsteczkowy** *chem.* molecular formula
~ **daktyloskopijny** fingerprint
~ **doświadczalny** empirical formula
~ **dwumianowy Newtona** *mat.* binomial formula, binomial theorem
~ **elektronowy** *chem.* electronic formula
~ **empiryczny** empirical formula
~ **Eulera** *mat.* Euler's formula
~ **Herona** *mat.* Hero's formula
~ **interpolacyjny** *mat.* interpolation formula
~ ~ **w przód** forward interpolation formula
~ ~ **wstecz** backward interpolation formula
~ **iteracyjny jednopunktowy** *mat.* one point iteration formula
~ ~ **wielopunktowy** multipoint iteration formula
~ **korygujący** *mat.* corrector
~ **kozłowy** *chem.* sawhorse formula
~ **kreskowy** *chem.* structural formula
~ **na transformatę odwrotną** *mat.* inversion formula
~ **ogólny** *chem.* generalized formula
~ **pisma** type of lettering
~ **przestrzenny** *chem.* stereometric formula, stereo formula
~ **rekurencyjny** *mat.* recurrence formula
~ **rzutowy** (*cząsteczki*) *chem.* projection formula
~ **strukturalny** *chem.* structural formula
~ **sumaryczny** *chem.* molecular formula
~ **trapezów** *mat.* trapezoid rule
~ **użytkowy** utility model, utility pattern
~ **wielomianowy Newtona** *mat.* multinomial theorem
~ **wstępny** *mat.* predictor
~ **zastrzeżony** *ek.* registered design
wzrastać *v* increase, grow, rise
wzrastanie *n gum., tw.szt.* expanding
wzrokowy *a* visual
wzrost *m* increase, growth, rise; escalation
~ **cen** price increase
~ **ciśnienia** increase of pressure
~ **epitaksjalny** *kryst.* epitaxial growth
~ **intensywności absorpcji** (*barwnika*) *włók.* hyperchromic effect
~ **kruchości** *met.* embrittlement
~ **kryształu** crystal growth
~ **krzyżowy** (*w kopolimeryzacji*) *chem.* cross-propagation
~ **łańcucha** *chem.* chain growth
~ ~ **polimeru** propagation of polymer chain
~ **napięcia krótkotrwały** voltage flare
~ **obrotów** *ek.* increase in sales
~ **szybkości wiatru** *meteo.* acceleration of wind
wzrostomierz *m* (*roślin*) auxonometer
wzywanie *n* **pomocy** distress call
wżarcie *n odl.* metal penetration (*casting defect*)
wżer *m met.* pit; pinhole
wżery *mpl met.* pitting; pinholing
~ **korozyjne** corrosion pits

ylid *m chem.* ylide

Z

z boku from the side; sideways
z dokładnością do ... accurate to ..., with an accuracy of ..., to an accuracy of ...
z dokładnością do n-tego miejsca (po przecinku) accurate to n decimal points
z dołu from below
z dostawą do domu delivery at residence
z dostawą na statek free on board
z dwiema zmiennymi *mat.* binary
z góry 1. downhill **2.** in advance
z grubsza roughly
z gwintem wewnętrznym internally screwed, female
z gwintem zewnętrznym externally screwed, male
z napędem mechanicznym power-driven
z napędem parowym steam-driven
z napędem ręcznym hand-driven, hand-operated
z niepełną załogą undermanned
z opóźnieniem (*w stosunku do planu*) behind the schedule
z pierwszej ręki first-hand
z prądem downstream
z przegłębieniem na dziób *żegl.* down by the bows
z przegłębieniem na rufę *żegl.* down by the stern
z przodu in front
z przodu trawersu *żegl.* before the beam
z reguły as a rule
z szybkością... at a speed of..., at a rate of...
z tyłu 1. at the back **2.** (*w rufowej części statku*) abaft
z tytułu *ek.* in virtue, on the score
z upoważnienia per procuration, P.P.
z ważnością od... with effect from..., w.e.f.
z wiatrem downwind, down the wind
z własnym napędem self-propelled
z wyjątkiem... except for...
z wyłączeniem szkód częściowych *prawn.* free of average
z zaokrągleniem do... to the nearest...
z zasilaniem bateryjnym battery-powered
z zastrzeżeniem dogodnych warunków atmosferycznych weather permitting
z zastrzeżeniem zmian subject to alteration
z zastrzeżeniem, że... provided that...
z zawodu by profession
za burtą *żegl.* overboard; overside
za morzem oversea(s)
za obopólną zgodą by mutual consent
za okazaniem (*dokumentu*) at sight
za pomocą (*czegoś*) with the aid (*of sth*)
za zaliczeniem cash on delivery
zaabonować *v* subscribe
zaangażować *v* engage (*to work*)
zaatakować *v* attack; launch an attack
zaatakowanie *n* **przez szkodniki** (*roślin, żywności*) infestation, pest attack
zaawansowany *a* advanced
zabarwiać *v* colour, tint, tinge
zabarwienie *n* colouration, colouring, coloring, colour, tint, tinge; *biol.* pigmentation
~ **kontrastowe** contrast colour
~ **przejściowe** transition tint
zabetonować *v* *bud.* embed in concrete
zabezpieczać *v* protect; secure; safe-guard; preserve
zabezpieczający *a* protective
zabezpieczający przed korozją anticorrosive
zabezpieczający przed rdzewieniem rust-inhibiting
zabezpieczenie *n* **1.** protection; safeguard; preservation; *uzbr.* safing **2.** safety device; safety lock **3.** *ek.* indemnity
~ **częstotliwościowe** *el.* frequency protection
~ **haka** *żegl.* mousing
~ **łączowe** *el.* pilot protection
~ **mocowe** *el.* power protection
~ **nadmiarowe** *el.* overload protection
~ **nadmocowe** *el.* overpower protection
~ **nadnapięciowe** *el.* overvoltage protection
~ **nadprądowe** *el.* overcurrent protection
~ **nakrętek** *masz.* safetying of nuts
~ **nośno-łączowe** *el.* carrier-current protection
~ **obrazu końcowego** (*zapisu danych*) *inf.* after-image protection
~ ~ **pierwotnego** *inf.* before-image protection
~ **od szczurów** rat-proofing
~ **od wilgoci** damp-proofing
~ **odgromowe** lightning protection
~ **odległościowe** distance protection
~ **plików** *inf.* file protection
~ **podmocowe** *el.* underpower protection
~ **podnapięciowe** *el.* undervoltage protection
~ **podprądowe** *el.* undercurrent protection
~ **podwozia na ziemi** *lotn.* retraction lock, ground safety lock
~ **porównawczo-fazowe** *el.* phase-comparison protection
~ **przeciążeniowe** *el.* overload protection
~ **przeciwhuraganowe** (*w silnikach wiatrowych*) furling device
~ **przeciwpiorunowe** lightning protection
~ **przeciwpożarowe** fire protection
~ **przeciwwstrząsowe** cushioning

~ **przed kradzieżą** theft deterrence, thief-proofing
~ **przed promieniowaniem** radiation protection, radioprotection
~ **przed szczurami** ratproofing
~ **przepięciowe anteny** *rad.* antenna circuit-breaker
~ **przewodowo-łączowe** *el.* pilot-wire protection
~ **radiowo-łączowe** radio-link protection
~ **reaktora** *nukl.* reactor containment
~ **rezerwowe** *el.* back-up protection
~ **różnicowe** *el.* differential protection
~ **w razie przerwania fazy** (*obwodu wielofazowego*) *el.* open-phase protection
~ **workami z piaskiem** sandbagging
~ **wybiorcze** *el.* selective protection
~ **ziemnozwarciowe** *el.* ground-fault protection
~ **złącza** *masz.* locking fastener
~ **zwrotno-prądowe** *el.* reverse-current protection
zabieg *m* **1.** treatment **2.** *obr.skraw.* cut
~ **chirurgiczny** operation
~ **leczniczy** curative treatment
~ **ochronny** protective treatment
zabielenie *n odl.* hard spots (*casting defect*)
zabierak *m obr.skraw.* driver, dog
~ **czołowy rowkowy** splined driver
~ **kłowy** driving centre
~ **krzywkowy** *zob.* **zabierak samocentrujący**
~ **rozprężny** expanding driver, expander
~ **samocentrujący** equalizing driver
~ **tokarski** lathe carrier, lathe dog
~ ~ **prosty** lathe dog with straight tail, straight tail carrier
~ ~ **ramkowy** clamp lathe dog
~ ~ **wygięty** lathe dog with bent tail, bent tail carrier
zabieranie *n* **cykli** *inf.* cycle stealing
zabierka *f górn.* shortwall, jud
zabijanie *n* **się ściernic** gumming up of grinding wheels
zabiór *m* **kubła czerparki** *inż.* swath
~ **ściany** *górn.* web
zablokowanie *n* locking; caging (*of a gyro*)
~ **obwodu** *el.* lockout of a circuit
zablokowany lodami (*statek*) frozen in
zabrać *v* **wiatr** *żegl.* blanket (*the sails*)
zabronić *v* forbid
zabrudzony *a* soiled; dirty; foul
zabudowa *f* building (development), land development
~ **bezplanowa** sporadic building
~ **ekstensywna** open development
~ **luźna** *zob.* **zabudowa rozproszona**
~ **pasmowa** (*wzdłuż arterii komunikacyjnej*) ribbon development, ribbon building
~ **rozproszona** dispersed development
~ **szeregowa** *zob.* **zabudowa pasmowa**
~ **zwarta** compact settlement
zabudowania *npl* premises
~ **gospodarskie** farm buildings
zabudowywać *v* (*teren*) build over
zaburzenia *npl* **oddychania** *med.* breathing trouble
~ **podyslokacyjne** *kryst.* dislocation debris
~ **trawienne** *med.* dyspepsia
~ **umysłowe** *med.* mental aberration
~ **wzrokowe** vision disorder
zaburzenie *n* disturbance, perturbation; *geol.* dislocation
~ **magnetyczne** magnetic disturbance
~ **sieci** *kryst.* disordering of lattice
~ **uskokowe** *geol.* faulting
~ ~ **drobne** hitch
~ **warstw** *geol.* displacement of strata
zaburzony przez uskoki *geol.* faulted
zachłystywanie *n* **kolumny destylacyjnej** *chem.* flooding of column
zachmurzenie *n* cloud cover, amount of cloud
~ **całkowite** overcast
~ **niecałkowite** broken sky cover
zachmurzony *a meteo.* cloudy
zachodni *a* western; westerly (*wind*)
zachodnio-północny zachód *m* (*kierunek*) *nawig.* west-northwest
zachodzić *v* **1.** *astr.* set **2.** (*o procesie*) proceed **3.** *żegl.* (*o wietrze*) draw ahead
~ **na siebie** overlap
zachorowalność *f med.* incidence; morbidity
zachować *v* **kształt** preserve shape
~ **własności magnetyczne** retain magnetic properties
zachowanie *n* **energii** *fiz.* conservation of energy
~ **materii** *fiz.* conservation of matter
~ **się** behaviour
zachowawczy *a* conservative
zachowujący kąty *mat.* angle-preserving
zachowujący normę *mat.* norm-preserving
zachowujący pole equiareal
zachowywać *v* **położenie poziome** keep level
~ **równowagę** maintain equilibrium
~ **ważność** (*o dokumencie*) remain valid
zachód *m* west (*direction*)
~ **do południa** *nawig.* west by south
~ **do północy** *nawig.* west by north
~ **Księżyca** moonset
~ **Słońca** sunset
zachwaszczony *a roln.* weed-grown, weedy
zachwianie *n* **równowagi** loss of balance, unbalance
zaciąg *m* **siecią** *ryb.* net haul, draught
~ **włokiem** trawl haul
zaciągnąć *v* **dług** incur a debt
~ **hamulec** pull the (hand) brake
zacieki *mpl* seepage, weeping (*on a wall*); *farb.* sagging, curtaining; tears; runs
zaciemnienie *n* blackout
zacienienie *n* shading; blanketing
zacier *m spoż.* mash
~ **kwaśny** sour mash
~ **octowy** vinegar mix, vinegar stock
~ **odfermentowany** wash, (distillery) beer
~ **piwny** malt mash
~ **słodki** sweet mash
~ **zbożowy** cereal mash

zacieraczka *f* **1.** *drog.* float **2.** *bud.* float
~ z taśmą gumową *drog.* squeegee
zacieranie *n* *spoż.* mashing
~ się *masz.* seizing; scuffing; galling
~ trójpanwiowe *ferm.* three-mash process, triple-mashing process
~ tynku (*packą*) *bud.* floating, float finish
zacinanie *n* *drewn.* dapping
~ się *masz.* stoppage, jamming; *el.* cogging (*of a motor*)
zacios *m* *drewn.* dap
zacisk *m* clamp; clip; grip; cleat; *el.* terminal
~ bramki *elektron.* gate terminal
~ do masy *spaw.* earth clamp, return current clamp
~ hamulca tarczowego *mot.* disk brake caliper
~ kablowy *el.* cable clamp
~ klinowy wedge grip, keyseat clamp
~ kotwowy *el.* anchor ear
~ krokodylkowy crosodile clip, alligator clip
~ linowy rope clamp, rope clip
~ ~ podkowiasty bulldog grips
~ ~ tulejowy rope socket
~ ~ zawiesia *górn.* rope capping
~ maski (*samochodu*) bonnet fastener
~ mimośrodowy cam-lever grip
~ mostkowy *el.* jumper terminal
~ napięciowy *el.* potential terminal
~ papieru *biur.* paper holder
~ pneumatyczny air clamp, pneumatic clamp
~ prądowy *el.* current terminal; feeder clamp
~ probierczy *tel.* testing terminal
~ przegubowy toggle clamp
~ rozgałęźny drutu jezdnego *kol.el.* trolley frog
~ sprężynowy spring clip
~ szczękowy crocodile clip, alligator clip
~ śrubowy **1.** *narz.* cramp **2.** *el.* screw terminal **3.** stirrup bolt
~ taśmowy band clip
~ uziemiający *el.* earth clamp, earth terminal
~ wieszakowy *el.* suspension clamp
~ wyjściowy *el.* output terminal
~ zerowy *el.* neutral terminal
zaciskacz *m* **Hofmanna** *zob.* **zaciskacz śrubowy**
~ Mohra *zob.* **zaciskacz sprężynowy**
~ sprężynowy *lab.* pinchock clamp, Mohr clamp
~ śrubowy *lab.* screw clip, Hofmann clamp
zaciskać *v* clamp; clip; grip; cramp; clench; tighten
~ w uchwycie *obr.skraw.* chuck
zacofany *a* backward
zacząć *v* start, begin
~ orkę *roln.* break ground
~ owocować *roln.* come into bearing
~ pracować *siln.spal.* kick over, start
~ przeciekać *żegl.* spring a leak
zaczątkowy *a* incipient
zaczep *m* **1.** catch (pawl); dog; detent **2.** *el.* tap, tapping point
~ haka *bud.* hook eye
~ kołowy sprężyny (*śrubowej*) spring eye, spring loop
~ kurkowy *uzbr.* sear
~ okienny *bud.* window catch
~ pługa hitch
~ rakiety na wyrzutni rocket holdback mechanism
~ sprężyny napędowej *zeg.* bridle for mainspring
~ środkowy (*w środku uzwojenia*) mid-tap
~ ustalający *masz.* locating lip
zaczepiać *v* catch; engage; grapple; hitch
zaczernienie *n* blackening; *fot.* optical density, OD
zaczerwienienie *n* reddening; *med.* redness
zaczopować *v* plug (*a hole*)
zaczyn *m* *ferm.* leaven
~ cementowy *bud.* cement grout, cement slurry, cement paste
zaćma *f* *med.* cataract
~ szara hutnicza (*choroba zawodowa szklarzy*) glassworker's cataract
zaćmienie *n* *astr.* eclipse
~ całkowite total eclipse
~ częściowe partial eclipse
~ Księżyca lunar eclipse
~ Słońca solar eclipse
zadania *npl* **podzielone** *org.* preemptible tasks
zadanie *n* **1.** *mat.* problem **2.** task; job
~ akordowe stint
~ do wykonania (*praca wyznaczona*) work task
zadarnienie *n* *gleb.* sod formation
zadatek *m* *ek.* advance
zadatkować *v* pay on account
zadawać *v* **alkoholem** *chem.* alcoholize
~ drożdżami *ferm.* yeast
~ kwasem *chem.* acidify
zadławienie *n* **się tunelu aerodynamicznego** choking of a wind tunnel
zadmuchać *v* **wielki piec** *hutn.* put on blast, blow in the blast furnace
zadowalający *a* satisfactory
zadrapanie *n* scratch; score
zadrzewienie *n* *leśn.* stand density
zadymianie *n* fumigation
zadymienie *n* **1.** smokiness **2.** *fot.* fogging
~ przemysłowe industrial haze; smog
~ tła *radiol.* background fog
zadymiony *a* smoky
zadymka *f* *meteo.* blizzard
zadziałać *v* function; operate
zadzierać *v* (*nos samolotu*) *lotn.* cabre, pull up
zadzierzgnąć *v* **strop** *transp.* sling
zadzior *m* burr, flash, fash, barb
~ na krawędzi feather edge
zafałszowanie *n* adulteration
zafermentowanie *n* preliminary fermentation
zagadnienie *n* problem, *zob.też* **problem**
~ brzegowe *mat.* boundary value problem

~ ~ **drugiego rodzaju** *mat.* Neumann problem
~ **Cauchy'ego** *mat.* initial-value problem
~ **continuum** *mat.* continuum problem
~ **czterech barw** *mat.* four-colour problem
~ **Dirichleta** *mat.* Dirichlet problem
~ **dystrybucji** *mat.* distribution problem
~ **ekstremów funkcjonałów** *mat.* boundary value problem
~ **izoperymetryczne** *mat.* isoperimetric problem
~ **Neumanna** *mat.* Neumann problem
~ **początkowe** *mat.* initial-value problem
~ **połączenia** *mat.* problem of matching
~ **przydziału** *mat.* assignment problem
~ **transportowe z pojemnościami** *mat.* transportation capacitated problem
zagarbowanie *n* (*wstępne garbowanie*) *skór.* pretanning
zagarniacz *m roln.* firmer (*in a planter*)
zagazowany *a górn.* gassy (*mine*)
zagęstnik *m chem.* thickener, thickening agent
zagęszczacz *m* thickener (*apparatus*)
~ **Dorra** *wzbog.* Dorr thickener, Dorr agitator
~ **grawitacyjny** gravity thickener
~ **mechaniczny** mechanical thickener
~ **osadu** *san.* sludge consolidation tank, sludge thickener
~ **płuczkowy** washing thickener
~ **tacowy** tray thickener
zagęszczać *v* thicken; condense; concentrate; compact; consolidate
zagęszczalność *f* (*np. gruntu*) compactibility
zagęszczanie *n* **betonu** *bud.* consolidation of concrete
~ **danych** *inf.* data compression
~ **gruntu** soil compacting
~ **masy papierniczej** paper pulp thickening
~ **oleju** bodying of oil
~ **osadu** *san.* sludge thickening
~ **podłoża gruntowego** *inż.* consolidation of subgrade
~ **przez odparowanie** thickening by evaporation
~ **żużla** *hutn.* stiffening of slag
zagęszczenie *n* **1.** density; concentration; consolidation **2.** *mat.* refinement
zagęszczony *a* thickened; condensed; concentrated
zagięcie *n* bend
~ **o 180°** U-bend
zaginać *v* bend
~ **końce gwoździ** clench, clinch
~ **obrzeże** (*blachy*) throw off an edge
zaginadło *n* **blacharskie** *narz.* stake, bending iron
~ ~ **półokrągłe** half-moon stake
~ ~ **proste** hatchet stake
zaginak *m obr.plast.* bender, bending step (*in a forging die*)
zaginarka *f obr.plast.* bar folder; flanging machine; angle bending machine
zaginiony *a* (*o ofiarach katastrofy*) missing; (*o statku lub samolocie*) overdue
zagłębianie *n* **(się)** sinking
~ ~ **pala** (*w grunt*) *inż.* penetration of a pile
zagłębie *n geol.* basin
~ **naftowe** oil-field
~ **węglowe** coal basin, coal-field
~ ~ **paraliczne** (*przy brzegu morza*) paralic coal basin
zagłębienie *n* caving; hollow; pit
~ **w matrycy** *obr.plast.* die pocket
~ **w odkuwce** pocket of a forging
~ **w powierzchni cegły** frog in a brick
zagłuszanie *n rad.* (acoustic) jamming; *akust.* aural masking
~ **na określonej częstotliwości** *rad.* spot jamming
zagniatać *v* knead
zagniatarka *f* kneading machine, kneader
zagniwalność *f* (*zdolność do gnicia*) putrescibility
zagon *m roln.* bed
zagospodarowanie *n* **odpadków** waste management, waste disposal
~ **przestrzenne terenu budowlanego** site planning
~ **terenu** land development
zagroda *f roln.* farmstead; *zoot.* enclosure; pen
~ **dla bydła** open cattle yard
zagrożenie *n* **pożarowe** fire hazard
~ **promieniowaniem** radiation hazard
~ **radiacyjne** *zob.* **zagrożenie promieniowaniem**
~ **wybuchem** explosive conditions
~ **zdrowia** health hazard
zagrzany *a* (*o sianie, zbożu*) *roln.* mow-burned
zagrzybienie *n* fungal attack
zahaczać *v* hook (up)
zahamować *v* **1.** brake, apply brake **2.** retard, slow down **3.** *nukl.* moderate **4.** *biol.* inhibit
~ **inflację** *ek* check inflation, stem inflation
zahamowanie *n* **reakcji chemicznej** inhibition of chemical reaction
~ **wzrostu** growth control
~ ~ **bakterii** bacteriostasis
zahartowany *a met.* hardened, quenched
zainstalować *v* install; fit
zajarzanie *n* **łuku** *spaw.* striking the arc, arc start, arc ignition
~ ~ **łukiem pomocniczym** pilot arc start
~ ~ **ponowne** arc reignition, arc restriking
zając *m zool.* hare, *Lepus* L.
zajezdnia *f* **autobusowa** bus depot
~ **lokomotyw** locomotive shed, engine house, roundhouse
~ **macierzysta** parent depot
zajęcie *n* **1.** occupation; trade **2.** *prawn.* seizure
zajętość *f* **toru** *kol.* track occupancy
zajęty *a telef.* busy
zajmować *v* **miejsce** occupy space, take up space

~ **się** deal with, be concerned with, be engaged in
zakamarek *m* (*w układzie wlewowym*) *odl.* runner extension
zakaz *m* (*czegoś*) ban on...; prohibition
~ **parkowania** parking ban; no parking
~ **Pauliego** *fiz.* (Pauli) exclusion principle
~ **wjazdu** *mot.* no entry
~ **wyprzedzania** *mot.* no overtaking
~ **wyrębu** *leśn.* prohibition of felling
~ **zawracania** *mot.* no U return
zakazić *v med.* infect
zakaźny *a* infectious, septic
zakażenie *n med.* infection
~ **bakteryjne** bacterial infection
~ **kontaktowe** contact infection
~ **kropelkowe** droplet infection
~ **ponowne** reinfection
~ **przez drogi oddechowe** airborne infection
zakis *m skór.* sour
zakiszanie *n* (*paszy*) *roln.* ensilage
zaklejanie *n włók., papiern.* sizing
~ **powierzchniowe** *papiern.* surface sizing
~ **w masie** *papiern.* tub sizing, engine sizing
zakleszczać *v* **się** seize; jam; stick
zakleszczenie *n masz.* seizure; jam(ming)
~ **materiału w czasie walcowania** *hutn.* mill wreck
zaklinować *v* **się** wedge
zaklinowanie *n* (*na wale*) *masz.* keying
zakład *m* establishment; plant, *zob.też* **zakłady**
~ **bezpośredniej redukcji rud** *hutn.* direct reduction plant, DR plant
~ **budowy pieców** *hutn.* furnace works
~ (*produkcyjny*) **doświadczalny** pilot plant
~ **flotacyjny** *wzbog.* flotation plant
~ **galwanizacyjny** galvanizing plant, electroplating plant, plating shop
~ **hutniczy** metallurgical plant
~ **hydroenergetyczny** water-power station, hydro-electric power plant
~ **impregnacji drewna** wood treating plant
~ **mechanicznej przeróbki węgla** coal preparation plant
~ **mleczarski** dairy
~ **obróbki cieplnej** heat-treating plant, heat treatment shop
~ **oczyszczania miasta** (municipal) department of sanitation
~ ~ **produktów rozszczepienia** *nukl.* fission-product refining plant
~ ~ **ścieków** (*przemysłowych*) effluent treatment plant
~ **odzyskiwania siarki** sulfur-recovery plant
~ **odzysku pyłu** dust recovery plant
~ **pracy** working place
~ **produkcyjny** works, factory, production plant
~ **przemysłowy** industrial plant, industrial establishment
~ **przemysłu spożywczego** food-processing plant
~ **przerobu produktów ubocznych** by-product recovery plant
~ ~ **złomu** *hutn.* processing plant
~ **przesiewania** (*np. rud*) *hutn.* screening station
~ **przetwórczy** processing plant
~ **przygotowania rud** ore dressing plant
~ **wodociągowy** waterworks
~ **wzbogacania rud** ore concentration plant, ore beneficiation plant
zakładać *v* **1.** install; place **2.** overlap **3.** assume, make an assumption **4.** establish
~ **bezpieczniki** *el.* fuse
~ **przedsiębiorstwo** establish an enterprise
~ **przewody** *el.* wire
~ **przybitkę** *górn.* tamp
~ **sad** establish an orchard
zakładka *f* overlap, lap; welt; pleat
zakłady *mpl* **chemiczne** chemical works, chemical plant, *zob.też* **zakład**
~ **kooperujące** co-operating plants
~ **lotnicze** aircraft factory
~ **użyteczności publicznej** public utilities
zakłócać *v* **równowagę** upset an equilibrium
zakłócanie *n* **odbioru** *rad.* jamming
~ **sygnałów radiolokacyjnych** radar jamming
zakłócenia *npl rad.* interference; disturbance; noise
~ **atmosferyczne** *rad.* atmospherics, atmospheric interference, spherics, X's
~ **bierne** clutter (*in radar*)
~ **echa radiolokacyjnego** (*wysyłanego przez cel*) target noise
~ **elektromagnetyczne** electromagnetic interference, EMI
~ **elektrostatyczne** electrostatic interference, ESI
~ **impulsowe** impulse interference
~ **jonosferyczne** ionospheric disturbance
~ **kosmiczne** *rad.* extraterrestrial noise, cosmic noise
~ **na częstotliwościach radiowych** radio frequency interefence, RFI
~ **od deszczu** *rad.* rain clutter
~ **od fal morskich** *rad.* wave clutter, sea clutter
~ **od obiektów terenowych** ground clutter
~ **opadowe** *rad.* precipitation static
~ **programu radiowego** broadcast interference, BCI
~ **przemysłowe** man-made interference
~ **radioelektryczne** radio noise
~ **sieciowe** line interference
~ **telewizyjne** television interference, TVI
~ **w pracy silnika** engine trouble
~ **wskutek przeniku sygnałów monochromatycznych** *TV* cross-colour
zakłócenie *n fiz.* perturbation; disturbance
zakodowany *a* coded
zakole *n* **rzeki** *geol.* meander
zakończenie *n* **1.** end; tip **2.** termination, finish
~ **łańcucha reakcji** *chem.* chain termination, chain breaking (reaction)

~ **nerwowe** *anat.* nerve ending
~ **spoiny** *spaw.* closing of the weld
zakończyć *v* terminate; finish; bring to an end, conclude
~ **oczkiem** (*np. przewód drutowy*) terminate in a loop
zakopać *v* bury, dig in
zakopcony *a* smoky
zakorek *m drewn.* bark pocket
zakorzeniać *v. bot.* enroot
zakotwiczać *v żegl.* anchor
zakotwiczenie *n* **dyslokacji** *kryst.* pinning down of a dislocation
zakotwienie *n bud.* anchorage
zakownik *m narz.* rivet header, rivet set, rivet snap
zakraplacz *m med.* dropper
zakres *m* range; scope; extension
~ **całkowania** *mat.* integration range
~ **częstotliwości** frequency range
~ **dynamiki** (*programu*) *rad.* dynamic range, volume range
~ **działania** operating range
~ **komputera** numerical capacity of a computer
~ **kontrastu** *TV* contrast range
~ **krótkofalowy** *rad.* short waves range
~ **liczb** number range
~ **mocy** (*reaktora*) *nukl.* power range
~ **nadtonów** *fiz.* overtone region, near infrared, NIR
~ **naprężeń** (*zmiennych*) *wytrz.* range of stress
~ **nieczułości regulatora** *aut.* controller dead zone
~ **obciążania sprężyny** stress range of a spring
~ **ochrony** (*patentu, wynalazku*) extent of protection
~ **odkształceń plastycznych** *wytrz.* plastic range
~ ~ **sprężystych** elastic range
~ **pH** *chem.* pH range
~ **plastyczny** *wytrz.* plastic range
~ **podziałki** scale range
~ **pomiarowy** measuring range, measuring capacity
~ **pracy radaru** radar range
~ **pracy reaktora** *nukl.* operating range of a reactor
~ **prądowy licznika** *el.* (effective) current range of a meter
~ **prędkości** speed range
~ ~ **regulatora** fluctuation of speed of a governor
~ **proporcjonalności 1.** *wytrz.* range of proportionality **2.** *aut.* proportional band
~ **przemiany martenzytycznej** *met.* martensite range
~ **regulacji** range of adjustment, control range
~ **roboczy** operating range
~ **spalania** (*mieszanki*) *paliw.* range of burning
~ **sprężysty** *wytrz.* elastic range
~ **stosowalności** range of application; field of application
~ **strojenia** *rad.* tuning range
~ **tematyczny** subject area, subject field, scope
~ **temperatur** temperature range
~ ~ **krzepnięcia** solidification range
~ ~ **kucia** forging range
~ ~ **niebieskiego nalotu** *obr.ciepl.* blue heat range
~ ~ **obróbki cieplnej** heat treatment range
~ ~ ~ **plastycznej na gorąco** hot working range
~ ~ ~ **przemiany** transformation range, critical range
~ ~ **rekrystalizacji** recrystallization range
~ ~ **topnienia** melting range, fusion range
~ ~ **wrzenia** boiling range
~ **ugięcia sprężyny** *masz.* spring travel
~ **ultrakrótkofalowy** *rad.* metric waves range
~ **wędrówki środka ciężkości** (*samolotu*) centre-of-gravity range
~ **widmowy** spectral range
~ **wskazań** *metrol.* range of indication
~ **widzialny** (*promieniowania*) visible range
~ **zmienności skoku** (*śmigła*) pitch range (*of an airscrew*)
~ ~ **wskaźników** *mat.* range of indices
zakręcać *v* **1.** turn (*in a car etc.*) **2.** turn off (*a cock*)
zakręt *m* turn; bend
~ **bojowy** *lotn.* climbing turn
~ **głęboki** (*z dużym przechyłem*) *lotn.* steep (banked) turn
~ **o 180°** U-turn
~ **ostry** sharp turn
~ **pochwytu poręczy schodowej** wreath of hand-rail
~ **prawidłowy** *lotn.* co-ordinated turn
~ **proceduralny** *lotn.* procedure turn
~ **standardowy** *zob.* **zakręt proceduralny**
~ **w lewo** left turn
~ **w prawo** right turn
~ **z wyślizgiem** *lotn.* skidding turn
~ **z ześlizgiem** *lotn.* slip turn
~ **ze wznoszeniem** *lotn.* climbing turn
zakrętarka *f* **do śrub złączowych** *kol.* bolting machine, power bolt tightener
zakrętka *f bud.* turn button
zakrętomierz *m lotn.* turn indicator
~ **z chyłomierzem poprzecznym** band-and--turn indicator
zakrycie *n* (*jednego ciała niebieskiego przez drugie*) *astr.* occultation
zakrystia *f arch.* vestry
zakrywka *f* **gwintowana** (*butelki*) screw cap
~ **koronowa** crown closure
zakrzywiać *v* curve
zakrzywienie *n* curving, crooking; curvature
~ **toru cyklonu** *meteo.* recurvature

zakrzywiony *a* curved; crooked
zaktualizować *v* bring up to date, update
zaktualizowany *a* up-to-date, updated
zakucie *n obr.plast.* lap, lapping, overlap, cold shut (*forging defect*)
zakup *m ek.* purchase
zakuwać *v* **nit** close up a rivet, clench a rivet, pane over a rivet
zakuwarka *f* **końców rur** (*przeznaczonych do ciągnienia*) *hutn.* tube pointer
zakuwka *f* (*nitu*) formed rivet head
zakuwnik *m narz.* rivet header, rivet set, rivet snap
zakwas *m spoż.* starter; leaven
~ serowarski cheese starter
zakwaszać *v* **1.** *chem.* acidify **2.** *spoż.* sour
zakwit *m* **wody** *san.* water bloom(ing)
zakwitnąć *v bot.* burst into blossom
zalanie *n* (*terenu*) flooding, inundation; submergence
~ silnika *siln.spal.* flooding an engine, overpriming, over-fuelling
zalążek *m biol.* germ
zalążkowy *a biol.* germinal
zalążnia *f bot.* ovary
zalecać *v* recommend; prescribe
zalecenie *n* recommendation; prescription
~ normalizacyjne standard recommendation
zaleganie *n* **pokładów** *geol.* deposition of strata
~ rudy ore run
~ soczewkowe lensing
zaległości *fpl ek.* arrears
zaległy *a ek.* overdue; in arrear
zalepianie *n* luting; stopping (*holes*)
~ się ściernic gumming up of grinding wheels
zalesianie *n* afforestation
zaleta *f* advantage
zalew *m* flood, inundation; backwater
~ kontrolowany *melior.* controlled flooding
~ kopalni debacle, inrush of water
~ morski sea transgression
zalewa *f* **kablowa** *el.* cable filling compound
~ marynująca *spoż.* marinade, acid pickle
zalewacz *m* **(form)** *odl.* pourer, caster
zalewać *v* **1.** flood, drown, inundate **2.** *odl.* pour, cast
zalewanie *n* **doku** *okr.* flooding the dock
~ form *odl.* pouring (into) moulds, casting (into) moulds, running castings
~ kolumny destylacyjnej *chem.* flooding of column
~ masą kablową *el.* potting (*with the filling compound*)
~ pokładu przez fale *żegl.* shipping of (green) water
~ pompy pump priming, priming (the pump), fanging
~ przez dziób kadzi *odl.* lip-pouring
~ z boku *odl.* run on the joint
zalewisko *n melior.* overflow land
zalewka *f odl.* fash, flash, fin, burr
zależnie od potrzeby as (may be) required
zależność *f* dependence; relationship
~ liniowa *mat.* linear dependence
~ służbowa line of authority
~ wzajemna interdependence
zależny od napięcia voltage-varying
zależny od prądu current-varying
zależny od temperatury temperature-dependent
zaliczanie *n* **rozmów** *telef.* metering
~ ~ strefowo-czasowe time-zone metering, TZM
zaliczenie *n* **wzajemnych roszczeń** *ek.* offsetting of claims
zaliczka *f ek.* advance (money)
zalot *m zeg.* warning
zaludnienie *n* population
załadowanie *n transp.* loading; shipping
załadowany niecałkowicie (*statek*) short-shipped
załadowca *m* shipper
załadownia *f górn.* loading station
załadunek *m* loading; shipment
~ i wyładunek na koszt wysyłającego *transp.* free in and out
załamanie *n* (*promieni*) *fiz.* refraction
~ burty *okr.* chine of a hull
~ falowodu waveguide corner
~ podwójne double refraction
~ się break-down (*under load*)
~ światła refraction of light
załamek *m* **elektrokardiogramu** *med.* wave of ECG
załamywać *v fiz.* refract
załatwić *v* **formalności** settle formalities
~ odmownie refuse; reject (*a request*)
~ przychylnie comply with ...; grant (*a request*)
~ reklamacje deal with the complaints
załączalność *f el.* making-capacity
załącznik *m* enclosure; annex(e)
załoga *f* crew; personnel
~ dokowa dock crew
~ ochrony przeciwawaryjnej *żegl.* damage control party
~ pokładowa *żegl.* deck hands, deck crew
~ ratownicza salvage crew
~ remontowa repair crew
~ statku (*wodnego*) ship's crew, hands
~ statku powietrznego aircrew
~ szkieletowa *żegl.* nucleus crew
założenia *npl* **projektowe** brief foredesign
założenie *n mat.* assumption
założyć *v* (*przedsiębiorstwo itp.*) establish; set up
~ przodek *górn.* set out a face
zamach *m* swing (*of a hammer etc.*)
zamartwica *f med.* asphyxia
zamarzać *v* freeze; congeal
zamarznięcie *n* (*np. rzeki*) freeze-up
zamawiać *v ek.* order
zamazać *v* blur
zamazywanie *n* **obrazu** *TV* image blurring
~ się ściernicy gumming up of a grinding wheel

zamek *m* **1.** lock; fastener **2.** *uzbr.* breech-block; (gun) breech mechanism **3.** *drewn.* scarf (joint)
~ **bębenkowy** cylinder lock
~ **blokujący** (*kierownicy*) *mot.* anti-thief lock
~ **błyskawiczny** zip-fastener, zipper
~ **dolny podwozia chowanego** *lotn.* down lock
~ **drzwiowy** door lock
~ ~ **skrzynkowy** rim lock
~ ~ **sterowany elektrycznie** electric door opener
~ ~ **wpuszczany** mortise lock
~ **karabinu** rifle lock; breech bolt
~ **łopatkowy** *masz.* blade locking piece (*in a rotor*)
~ **matrycy** *obr.plast.* die lock
~ **miski sprężyny zaworu** *siln.spal.* valve key
~ **modelu** *odl.* pattern slot
~ **pierścienia tłokowego** *siln.spal.* piston-ring joint
~ **podwozia chowanego** (*blokujący w położeniu górnym i dolnym*) *lotn.* up-and-down undercarriage lock
~ **rdzeniowy** *odl.* core register
~ **szufladowy** drawer lock
~ **szyfrowy** coded lock
~ **ukośny gładki** *drewn.* plain scarf
~ ~ **z wrębem** hooked scarf
~ **wielotarczowy nastawny** coded lock
zamglenie *n meteo.* haze
~ **przemysłowe** smaze (*smoke and haze*)
zamglony *a* hazy
zamiana *f* exchange
~ **zmiennych** *mat.* change of variables
zamiatać *v* sweep
zamiatarka *f* **samozbierna** sweeper-collector
~ **(ulic)** street sweeper
zamiatarko-zmywarka *f* street sprayer-sweeper
zamieć *f* **śnieżna** snow storm; blizzard
zamieniać *v* **miejscami** transpose, change places, interchange
zamienność *f* **części** *masz.* interchangeability of parts
zamienny *a* interchangeable
zamierzenie *n* project; plan
zamieszkiwać *v* inhabit
zamknąć *v* close, shut, *zob.też* **zamykać**
~ **dopływ pary** shut off the steam
~ **fabrykę** close down a factory
~ **iluminator** *żegl.* douse a porthole
~ **na klucz** lock
~ **na zasuwę** bolt
~ **na zatrzask** snap-in
~ **obwód** *el.* make circuit
~ **otwór wiertniczy** (*aby opanować erupcję lub pożar*) kill a well
~ **rachunek** close an account
~ **zestyk** *el.* make contact
zamknięcie *n* **1.** closure; confinement **2.** lock
~ **bezstożkowe gardzieli wielkiego pieca** bell-less top of a blast furnace
~ **hydrauliczne** hydraulic seal, liquid seal
~ **na koronie przelewu** *inż.* crest gate
~ **okręcane** (*słoja*) twist-off
~ **pary kinematycznej** *mech.* pair closure
~ **pierścienia** *chem.* ring closure, cyclization, ring formation
~ **polem magnetycznym** *fiz.* magnetic confinement
~ **powierzchniowe** (*nawierzchni*) *drog.* sealing coat
~ **segmentowe** (*jazu*) *inż.* radial gate
~ **szczękowe** (*zbiornika zasypowego*) undercut gate
~ **śluzy** sluice gate
~ **wodne** water seal
~ **wykroju** (*walca walcarki*) roll joint
~ **z zabezpieczeniem gwarancyjnym** tamperproof closure
~ **zebrania** conclusion of a meeting
zamknięty *a* closed; shut
zamknięty przez lody *żegl.* frozen in; beset (*ship*)
zamkowanie *n* folding (*in sheet-metal work*)
zamocować *v* fix; attach; make fast, fasten; secure
zamocowany *a* fixed; attached; mounted
zamocowany nakrętką nutted
zamontować *v* mount; install
zamorski *a* oversea (*country, trade*)
zamorzanie *n* **kokonów** (*bez uszkodzenia oprzędu*) *włók.* stifling of cocoons
zamówić *v* **u...** place an order with...
zamówienie *n ek.* order; indent
~ **na podstawie katalogu** order on catalogue
~ **na podstawie próbki** sample order, order as per sample
~ **nielimitowane** open order
~ **pilne** (*mające pierwszeństwo*) priority order, urgent order, rush order
~ **próbne** trial order
~ **stałe** standing order
~ **wiążące** firm order
~ **zaległe** back order; overdue order
zamrażać *v* freeze; congeal
zamrażalnia *f chłodn.* sharp freezer, sharp freezer room
~ **tunelowa** tunnel freezer, freezing tunnel
zamrażalnik *m chłodn.* freezer
zamrażanie *n chłodn.* freezing
~ **kontaktowe** contact freezing
~ **rodników** *chem.* trapping of radicals
~ **szybkie** (*żywności*) sharp freezing, quick freezing
~ ~ **imersyjne w ciekłym azocie** liquid nitrogen freezing, LNF
~ ~ ~ **w ciekłym freonie** liquid freon freezing, LFF
~ ~ **indywidualne** (*produktów sypkich*) individual quick freezing, IQF
~ **w solance** brine freezing
zamrażarka *f chłodn.* freezer
~ **imersyjna** immersion freezer
~ **kontaktowa** contact freezer, plate freezer

zamroczenie *n lotn.* black-out
~ **częściowe** grayout
zamrożenie *n* **cen** price freeze
~ **pieca** *odl.* freezing of a furnace
~ **płac** wage freeze
zamróz *m* **1.** geological action of frost **2.** *drewn.* frost-heart
zamsz *m* chamois leather
zamszowanie *n włók.* flocking
zamulać *v* silt up
zamurować *v* brick up
zamykać *v* close, shut, *zob.też* **zamknąć**
~ **beczkę** head a barrel
~ **nit** close up a rivet, clench a rivet
~ **w nawiasach** *mat.* bracket
zamykająca *f* **wieloboku sił** *mech.* closing side of the polygon of forces
zamykający się samoczynnie self-closing, closing automatically
zamykanie *n* **formy** *odl.* closing the mould
~ **pierścienia** *chem.* cyclization
zamykarka *f* (*opakowań*) closing machine
~ **puszek** seaming machine, seamer
zaniechać *v* **wiercenia otworu** *górn.* abandon drilling a well
zanieczyszczać *v* pollute; vitiate; foul
zanieczyszczenia *npl* impurities; foulants; pollutants
~ **mechaniczne** mechanical impurities
~ **szczątkowe** residual impurities
~ **śladowe** *chem.* trace impurities
~ **w zawiesinie** (*mechaniczne*) suspended impurities
zanieczyszczenie *n* impurity, fouling, pollution, contamination
~ **atmosferyczne** *zob.* **zanieczyszczenie powietrza**
~ **powietrza** air pollution; emissions
~ **przypadkowe** adventitious impurity
~ **rzek** river pollution
~ **ściekami ciepłymi** thermal pollution
~ **wód** water pollution
~ **zgorzeliną** *hutn.* scale speck
~ **zgrzeiny materiałem elektrody** *spaw.* electrode pick-up
zanieczyszczony *a* foul, polluted, impure
zanieczyścić *v* foul, pollute, contamine
zaniedbanie *n* negligence
zanik *m* **1.** decay; *rad.* fading **2.** *med.* atrophy
~ **absorpcyjny** *rad.* fading by absorption
~ **ciągu** (*silnika*) *rak.* thrust termination
~ **ciśnienia** pressure failure; pressure dissipation
~ **fosforescencji** phosphorescence decay
~ **interferencyjny** *rad.* interference fading
~ **jonizacji** *el.* deionization
~ **pola** *el.* field collapse
~ **połysku** *powł.* sinking in (*defect*)
~ **prądu** *el.* current decay
~ **przewodności** *el.* conductivity decay
~ **sygnału** *rad.* fading, fadeout
~ ~ **odczytywanego** (*z nośnika magnetycznego*) dropout
~ **trzepoczący** *rad.* flutter fading
~ **umocnienia** *met.* work softening
~ **uskokowy** *rad.* skip fading
~ **wzbudzenia** *el.* loss of field
zanikać *v* decay; fade; dwindle; peter out
zaniżać *v* **wartość** underrate the value
zanokcica *f wet.* fouls
zanurzać *v* immerse, dip
~ **się** submerge; sink; plunge
zanurzalny *a* submersible
zanurzanie *n* **alarmowe** (*okrętu podwodnego*) crash diving
~ **doku** *okr.* flooding the dock
~ **okrętu podwodnego** diving of a submarine
zanurzenie *n* **1.** immersion; submersion **2.** *okr.* draught **3.** *mat.* embedding, imbedding
~ **bezładunkowe** *okr.* light draught
~ **do wodnicy podziałowej** *okr.* subdivision draught
~ **konstrukcyjne** *okr.* moulded draught
~ **krytyczne dokowania** critical docking draught
~ **ładunkowe** loaded draught
~ **największe** *okr.* extreme draught
~ **niezmiennicze** *mat.* invariant embedding
~ **podziałowe** *okr.* subdivision draught
~ **rufy** *okr.* stern draught
zaoblenie *n okr.* curvature
~ **dziobu** forefoot
zaobserwowany *a* observed
zaokrąglać *v* round (off)
zaokrąglenie *n* rounding
~ **końca resoru** *masz.* spring sweep
~ **liczby** rounding of a number
~ **naroża** *narz.* rounded corner
~ **obła** *okr.* turn of bilge
~ **podstawy zęba** *masz.* tooth fillet
~ **przejścia** *masz.* fillet
zaokrąglony *a* rounded
zaokrętowanie *n* (*pasażerów*) embarkation
zaolejenie *n* **świec** *siln.spal.* oiling up of sparking plugs
zaopatrywać *v* supply, furnish; provide
~ **w żywność** cater
zaopatrzenie *n* supply; provision; procurement
~ **materiałowe** material procurement
~ **w części zamienne** spares back-up
~ **w paliwo** fuel supply
~ **w wodę** water supply
~ **w żywność** catering; food supply
zaopatrzeniowiec *m* **1.** provider **2.** *okr.* support ship; supply ship
zaopatrzony *a* supplied; provided
zaorać *v roln.* plough; plough in
zaostrzać *v* sharpen; point
~ **kąpiel barwiącą** *włók.* sharpen the dyebath
zaostrzarka *f* (*do drutu*) *obr.plast.* pointing machine, tagging machine
zaostrzenie *n* **dziobowe** *okr.* entrance of a hull
~ **rufowe** *okr.* run of a hull
~ **zęba koła zębatego** (*u wierzchołka*) tip relief, tip relieving, tip easing

zaostrzony *a* pointed; sharpened
zaoszczędzić *v* save, effect an economy
zapach *m* smell; odour; scent; aroma
~ **charakterystyczny** characteristic smell
~ **czysty** pure odour
~ **gryzący** pungent odour
~ **hydrogenizacyjny** (*utwardzonego tłuszczu*) *spoż.* hardening off-flavour
~ **korzenny** spicy odour
~ **niepożądany** objectionable odour
~ **nieprzyjemny** disagreeable odour
~ **odrażający** offensive odour; fetid odour; stink
~ **ostry** sharp odour, penetrating odour
~ **przyjemny** pleasant odour; fragrance, perfume
~ **przykry** disagreeable odour; fetid odour
~ **słaby** faint odour
zapadać *v* **się** subside; fall in
~ ~ **rufą** *żegl.* scend
zapadalność *f med.* incidence
zapadanie *n* **się** *geol.* subsidence
zapadka *f* (catch) pawl; latch; click; dog
~ **blokująca** detent pawl, locking pawl, retaining pawl
~ **cierna** friction pawl, friction ratchet, silent ratchet
~ ~ **krzywkowa** cam pawl
~ ~ **wałeczkowa** roller ratchet
~ **dwustronnego działania** reversible pawl, reversible ratchet
~ **podwójna** double-acting click
~ **rozciągana** pulling ratchet
~ **sprężynowa** spring latch
~ **ściskana** pushing ratchet
~ **ustalająca** detent pawl, locking pawl, retaining pawl
~ **zwalniająca** trip dog
zapadlina *f geol.* slump
zapadlisko *n* **krasowe** *geol.* sink (hole), swallow hole, collapse sink
zapadnia *f* (*sceniczna*) (stage) trapdoor
~ **do wymiany zestawów kołowych** *kol.* wheel drop pit
zapakować *v* pack
zapalacz *m* **lontowy** *górn.* spitter
zapalać *v* ignite; light (up)
~ **lont** light a fuse, spit
~ **łuk** *spaw.* start the arc
zapalający *a uzbr.* incendiary
zapalarka *f górn.* exploder, blaster shot lighter
zapalenie *n med.* inflammation
~ **aorty** aortitis
~ **gruczołu mlecznego** mastitis; *wet.* garget
~ **jamy ustnej** stomatitis
~ **korzonków nerwowych** radiculitis
~ **migdałków** tonsilitis
~ **mózgu** encephalitis
~ **nerek** nephritis
~ **opłucnej** pleurisy
~ **opon mózgowych** pachymeningitis
~ **oskrzeli** bronchitis
~ **ostre** acute inflammation
~ **otrzewnej** peritonitis
~ **pęcherzyka żółciowego** cholecystitis
~ **płuc** pneumonia
~ **popromienne skóry** radio-dermatitis
~ **przełyku** esophagitis
~ **rdzenia** myelitis
~ **skóry** dermatitis
~ ~ **wywołane czynnikami chemicznymi** chemical dermatitis
~ **spojówki** conjunctivitis
~ **stawów** arthritis
~ **szpiku** osteomyelitis
~ **ścięgna** tendonitis
~ **tęczówki** iritis
~ **tętnicy** arteritis
~ **węzłów chłonnych** adenitis
~ **wyrostka robaczkowego** appendicitis
~ **zatok** sinusitis; *lotn.* barosinusitis
~ **żwacza** *wet.* alvitis
~ **żyły** phlebitis
zapalić *v* 1. ignite, light (up) 2. *siln.spal.* start, kick over
~ **się** ignite, catch fire, burst into flames
zapalniczka *f* lighter
zapalnik *m* 1. *wybuch.* fuse; detonator; firing mechanism 2. *el.* igniter, keep-alive electrode
~ **bombowy** bomb fuse
~ **bomby głębinowej** depth-charge pistol
~ **czasowy** time fuse
~ **magnetyczny** magnetic exploder
~ **minerski** blasting cap
~ **natychmiastowy** instantaneous fuse; superquick fuse
~ **opóźnieniowy** delay-action fuse
~ **uderzeniowy** percussion fuse, impact fuse
~ **z długą zwłoką** long delay fuse
~ **z urządzeniem samoniszczącym** self-destroying fuse
~ **zbliżeniowy** proximity fuse, ambient fuse, variable-time fuse, vt fuse
~ **zwłoczny** delay-action fuse
~ **żarowy** low-tension electric detonator
zapalność *f* inflammability, ignitability
zapalny *a* inflammable, ignitable
zapałka *f* match
zapamiętywać *v* (*wprowadzać dane do pamięci*) *inf.* store in
zapamiętywanie *n* **informacji** information storage
~ **rozproszone** scattered storage, dispersed storage
zaparcie *n med.* obstruction, constipation
zaparzać *v* infuse
zaparzanie *n* **kokonów** (*jedwabników*) boiling of cocoons
~ **tkanin w naprężeniu** *włók.* cloth crabbing
zapas *m* 1. stock; reserve 2. margin
~ **antykawitacyjny** *hydr.* net positive suction head
~ **bezpieczeństwa** margin of safety
~ **buforowy** buffer stock, minimum stock
~ **duży** (*towarów*) heavy stock
~ **fazy** *aut.* phase margin
~ **głębokości** (*pod dnem statku*) underkeel clearance
~ **mały** (*towarów*) low stock

~ **na zużycie** wear margin
~ **nadmierny** (*towarów*) overstock, excess stock
~ **niedostateczny** (*towarów*) understock
~ **niewykonanych zamówień** backlog of orders
~ **pływalności** *okr.* reserve buoyancy
~ **stateczności** stability margin
~ ~ **statycznej** *lotn.* static margin
~ **sterowności** *lotn.* manoeuvre margin
~ **wytrzymałości** margin of safety
~ **wzmocności** *el.* gain margin
~ **zabezpieczający** *ek.* buffer stock, minimum stock
zapasowy *a* spare; emergency (*e.g. door, exit*)
zapasy *mpl* reserves
zapaść *f med.* collapse
zapełniać *v* fill; complete
zapełnianie *n* **odpadami zagłębień terenu** sanitary land fill
zapełnienie *n* **pasma** *elektron.* filling the band
~ **powłoki** (*elektronowej*) *fiz.* closure of the shell
zapewnić *v* ensure, provide; gurantee; make provision for...
zapewnienie *n* **(wysokiej) jakości** quality assurance
zapętlenie *n* (*przewodu, łańcucha*) kink
zapiaszczenie *n* **1.** sanding up **2.** *odl.* sand holes (*casting defect*)
zapieczętowany *a* sealed
zapinacz *m* **wozów** *górn.* clipper, nipper, flatter
zapis *m* **1.** record, recording **2.** notation, *zob.też* **notacja 3.** entry (*in a log-book etc.*)
~ **bez powrotu do poziomu odniesienia** *inf.* non-return-to-reference recording
~ ~ ~ **do zera** non-return-to-zero-invert recording, NRZI recording
~ **cyfrowy** *inf.* digital recording
~ **dosłowny** (*np. przebiegu narady*) verbatim record
~ **drgań** oscillogram
~ **dwójkowy** *inf.* binary notation
~ **dwufazowy** (*na taśmie magnetycznej*) *inf.* phase-encoding recording, PE-recording
~ **dwupiątkowy** *inf.* biquinary notation
~ **dziesiętny** *inf.* decimal notation
~ ~ **kodowany dwójkowo** binary-coded decimal notation
~ **dźwięków mowy** (*do obserwacji wizualnej*) visible speech
~ **dźwięku** sound record
~ **magnetyczny** magnetic record
~ **maszynowy** *inf.* machine script
~ **na płycie** disk recording
~ **na taśmie magnetycznej** tape recording
~ **nagłówkowy** *inf.* header record
~ **normalny Backusa** *inf.* Backus normal form, BNF
~ **odniesienia** (*pierwszy w łańcuchu zapisów*) *inf.* home record
~ **oktalny** (*zapis liczbowy o podstawie* 8) *inf.* octal notation
~ **pionowy** *akust.* vertical-type record, hill and dale record
~ **poziomy** *akust.* lateral-type record
~ **pozycyjny** *inf.* positional notation
~ ~ **o stałej podstawie** radix notation
~ **programu telewizyjnego** telerecording
~ **przełączany krawędzią** *inf.* edge triggered write
~ **resztkowy** *inf.* residue notation
~ **stałopozycyjny** *inf.* fixed point notation
~ **sterujący** *inf.* control record
~ **uzupełnień do 2** *inf.* two's complement notation
~ **wboczny** *akust.* lateral-type record
~ **wgłębny** *akust.* vertical-type record, hill and dale record
~ **wielościeżkowy** multi-track recording
~ **wizji na płycie** *TV* video disk recording, VDR
~ **z kodowaniem fazy** (*na taśmie magnetycznej*) *inf.* phase-encoding recording, PE-recording
~ **z modulacją częstotliwości** frequency-modulation recording, FM recording
~ **z powrotem do polaryzacji** return-to-bias recording, RB
~ ~ ~ **do poziomu odniesienia** return-to-reference recording
~ **zmiennopozycyjny** *inf.* floating-point notation
~ **znak-moduł** *inf.* sign-magnitude notation
zapisy *mpl* **zgrupowane** *inf.* grouped records
zapisywacz *m* **dźwięku** sound recorder
~ **magnetyczny** magnetic recorder
~ **mechaniczny** mechanical recorder, record cutter
~ **optyczny** optical recorder
~ **płytkowy** disk recorder
~ **wboczny** lateral recorder
~ **wgłębny** hill and dale recorder
zapisywać *v* write; record
zapisywanie *n* **danych** *inf.* data recording, writing of data
~ **dźwięku** sound recording
~ ~ **magnetyczne** magnetic sound recording
~ ~ **monofoniczne** monophonic sound recording
~ ~ **optyczne** optical sound recording
~ ~ **pionowe** hill and dale sound recording, vertical sound recording
~ ~ **poziome** lateral sound recording
~ ~ **przeciwsobne** push-pull sound recording
~ ~ **stereofoniczne** stereophonic sound recording
~ ~ **wboczne** lateral sound recording
~ ~ **wgłębne** hill and dale sound recording, vertical sound recording
~ **kasujące** *inf.* overwriting
zaplanowany *a* scheduled; planned
zaplatanie *n* **liny** rope splicing

zaplecze *n* 1. (*teren*) hinterland 2. back-up facilities
~ **budowy** construction camp, builder's yard
~ **gospodarcze** economic background area
~ **materiałowe** resource base
~ **transportu lotniczego** ground support equipment
zapleśniały *a* mouldy, musty
zaplombować *v* seal with lead
zapłacić *v* pay, effect the payment
zapładniać *v biol.* fertilize; impregnate
zapłata *f* payment
~ **gotówką** cash payment
~ **w ratach** payment by instalments
~ **w terminie** payment at due date, due payment
~ **w zamian za dokumenty** payment against documents
~ **z góry** payment in advance, advance payment
zapłetwienie *n bud.* swallow-tail (joint)
zapłodnienie *n biol.* fertilization; impregnation; conception
zapłon *m siln.spal.* ignition; firing
~ **akumulatorowy** battery ignition, coil ignition
~ **bateryjny** *zob.* **zapłon akumulatorowy**
~ **bliźniaczy** (*np. iskrownikowy i akumulatorowy*) twin ignition
~ **cewkowy** battery ignition, coil ignition
~ **iskrownikowy** magneto ignition
~ **iskrowy** spark ignition
~ **łuku** *el.* arc ignition
~ **nieprawidłowy** *siln.* erratic firing, misfiring
~ **opóźniony** delayed ignition
~ **powtórny** (*łuku*) reignition, restrike (*of an arc*)
~ **przedwczesny** *siln.* pre-ignition, premature ignition
~ **przyspieszony** advanced ignition
~ **samoczynny** self-ignition, spontaneous ignition
~ **sprężeniowy** *siln.* compression ignition
~ **w okresie zaporowym** *el.* arc-through (*in a rectifier*)
~ **wielokrotny** intermittent ignition
~ **wsteczny** *el.* backfire, arc-back (*in a rectifier*)
~ **żarowy** *siln.* hot-bulb ignition
zapłonnik *m* 1. *wybuch.* primer; (artillery) tube 2. *el.* starting switch, starter
~ **lampowy** *el.* glow-starting switch, glow starter
zapłonność *f paliw.* ignitability, ignition quality
zapobiegać *v* prevent, *zob.też* **zapobieganie**
zapobiegający rdzewieniu antirust
zapobiegający skrzypieniu *mot.* antisqueak
zapobiegający zamarzaniu anti-freezing
zapobieganie *n* prevention; *med.* preventive treatment, prophylaxis
~ **ciąży** contraception, prevention of impregnation
~ **korozji** corrosion prevention
~ **nieszczęśliwym wypadkom** accident prevention
~ **pożarom** fire prevention
~ **rdzewieniu** rust prevention
~ **uszkodzeniu** damage prevention
zapobiegawczy *a* preventive; prophylactic
zapoczątkować *v* start, initiate
zapoczątkowanie *n* **łańcucha reakcji** *chem.* chain initiation
~ **pęknięcia** fracture initiation
zapomoga *f* benefit
zapora *f* barrage; barrier; dam
~ **balonowa** *lotn.* balloon barrage
~ **cienkopłytowa** flat-slab dam
~ **ciężka** gravity dam, monolithic dam
~ **filarowa** buttress dam
~ **głucha** non-overflow type dam
~ **lekka** (*łukowa, filarowa*) hollow dam
~ **łukowa** arch dam
~ ~ **cienkościenna** thin arch dam
~ **narzutowa** (*z narzutu skalnego*) rock-fill dam
~ **nieprzelewowa** non-overflow type dam
~ **pływająca** boom, port bar
~ **przeciwpowodziowa** high-water dam
~ **przelewowa** overflow dam
~ **pyłowa** *górn.* stone-dust barrier
~ **szkieletowa** buttress-type dam
~ **wielołukowa** multiple-arch dam
~ **wodna** dam
~ **wozowa** *górn.* car gripper; head block
~ **ziemna** earth dam
zapotrzebowanie *n* demand; requirement; requisition
~ **biochemiczne tlenu** biochemical oxygen demand, BOD
~ **bytowe** (*na składniki odżywcze*) *roln.* maintenance requirement
~ **chemiczne tlenu** *san.* chemical oxygen demand, COD
~ **chloru** *san.* chlorine demand
~ **energii** *el.* power demand, power requirement
~ **mocy** *masz.* power demand
~ **na części zamienne** replacement demand
~ **pokarmowe** *zoot.* nutritional requirements
~ **przewidywane** forecast demand
~ **społeczne** public demand
~ **szczytowe mocy** *el.* maximum power demand
~ **tlenu** oxygen demand
~ **wody** water requirement
~ **wzrostowe** growth needs
~ **z magazynu** stores requisition
zapowiadać *v* announce
zapowiedź *f* announcement
zapoznać *v* **się z** ... get acquainted with ..., become familiar with ...
zapóźniony w rozwoju underdeveloped
zapraska *f tw.szt.* (mould) insert
zaprawa *f* 1. *bud., ceram.* mortar 2. *farb.* priming ground 3. *odl.* master alloy, foundry alloy, preliminary alloy 4. *włók.* mordant
~ **bezpiaskowa** *bud.* neat plaster

~ **cementowa** cement mortar, compo
~ ~ **rzadka** grout
~ **chromowa** *włók.* chromium mordant
~ **cynowa** *włók.* tin mordant
~ **do spoin** *bud.* pointing mortar
~ **do tynków** *bud.* plaster
~ **do wylepiania** *odl.* daubing mixture
~ **farbiarska** *włók.* mordant
~ **glinowa** *włók.* aluminium mordant
~ **hydrauliczna** *bud.* hydraulic mortar
~ **murarska** masonry mortar
~ **nasienna** *roln.* seed dressing, seed pickle
~ **ogniotrwała** refractory mortar
~ **świeżo ułożona** *bud.* green mortar
~ **taninowa** *włók.* tanning mordant
~ **wapienna** *bud.* lime mortar
~ **wiążąca na powietrzu** *bud.* air-setting mortar
~ **żelazowa** *włók.* red mordant
zaprawianie *n włók.* mordanting, padding
~ **kabla** *el.* cable training
~ **materiałem ściernym** charging with abrasive
~ **nasion** *roln.* seed pickling, seed dressing
~ **piwa chmielem** beer hopping
~ **wiertła** bit dressing
zaprawiarka *f bud.* mortar mixer, mortar mill
~ **nasion** *roln.* seed pickling machine, chemical seed dresser
zaprenumerować *v* subscribe
zaprogramowany *a aut.* programmed
zaprojektować *v* design; make a project
zaprowiantowanie *n* catering, victualling
zaprószenie *n odl.* sand holes (*casting defect*)
zaprzeczenie *n* contradiction
zaprzestać *v* (*prób itp.*) discontinue
~ **stosowania** disuse
zapuszczać *v* **korzenie** *bot.* radicate
~ **pal** *inż.* drive a pile
~ **silnik** start the engine
~ ~ **korbą** crank up the engine
~ **studnię** sink a well
zapychacz *m* **wozów** *górn.* cager (*worker*), car feeder, lander
zapychak *m* **wozów** *górn.* (mechanical) cager, car feeder
zapychanie *n* **się** (*np. narzędzia wiórami*) clogging
~ **wozów** *górn.* caging, car feeding, decking-on
zapylanie *n bot.* pollination
zapylenie *n* dustiness (*of the air*)
zapytanie *n inf.* query
zarabiać *v ek.* earn
zarabianie *n* **cukrzycy** *cukr.* graining, granulation
~ **na pastę** pasting
~ **sieci** *ryb.* net mending
zaratyt *m* (*szmaragd niklowy*) zaratite
zaraza *f* **bydlęca** *wet.* rinder pest
~ **cynowa** *met.* tin disease, tin pest, tin plague
~ **purpurowa** (*wada elementów półprzewodnikowych*) *elektron.* purple plague
~ **ziemniaczana** *roln.* potato blight
~ **zwierząt** *wet.* epizooty
zarazek *m med.* pathogen, disease producing organism
zarazić *v med.* infect; (*pasożytami*) infest
zaraźliwy *a* contagious
zarażenie *n* infection; infestation
zardzewiały *a* rusty
zarefować *v żegl.* reef
zarobaczenie *n med.* vermination
zarobek *m ek.* earning
zarobkowy *a* profit-making
zarodek *m biol.* embryo; germ
~ **kondensacji** *meteo.* condensation nucleus
~ **krystalizacji** nucleus of crystallization, crystal nucleus
~ **obcy** *kryst.* foreign (crystal) nucleus
~ **wywoływania** *fot.* development centre
zarodkowanie *n kryst.* nucleation
~ **atermiczne** athermal nucleation
~ **przez tarcie** tribonucleation
~ **zorientowane** oriented nucleation
zarodkowy *a biol.* germinal
zarodnik *m biol.* spore
~ **przetrwalnikowy** resting spore
zarodniki *mpl* **widłaka** *bot.* lycopodium, vegetable sulfur
zarośla *pl* scrub; bush
zarób *m* **masy betonowej** *bud.* batch of concrete, concrete mix
~ **zaprawy** *bud.* batch of mortar
zaróbka *f* (*leku*) *farm.* excipient
zarybianie *n* (*stawów*) stocking (*of fish-ponds*)
~ **larwami ryb** planting
~ **ponowne** restocking
zarys *m* outline; profile; contour
~ **gwintu** thread contour
~ **powierzchni** surface profile
~ **zęba** (*koła zębatego*) (gear) tooth form, tooth profile
~ ~ **dwułukowy** double-arc tooth form
~ ~ **współpracującego** conjugate tooth profile
zarysować *v* scratch
~ **się** crack
zarysowanie *n* scratch
zarysy *mpl* (*zębów*) **pokrywające się** *masz.* corresponding profiles
~ **przeciwne** opposite profiles
~ **zgodne** corresponding profiles
zarząd *m* administration; board of directors
~ **naczelny** central board
~ **portu** harbour authority
~ **powierniczy** trusteeship
zarządzać *v* **1.** administer; manage; run (*an institution*) **2.** give orders, give dispositions
zarządzanie *n* management; administration
~ **danymi** *inf.* data management
zarządzenia *npl* **ograniczające** measures of restriction, restrictive measures
zarządzenie *n* order, disposition, regulation

zarzucanie *n* **(sieci)** *ryb.* laying out; shooting a net
zarzucenie *n mot.* skidding; *lotn.* ground loop
zarzutka *f* **1.** *masz.* swing C-washer; swinging clamp **2.** (*na przewodach linii napowietrznej*) *el.* foreign matter
zarzutnia *f ryb.* cast net
zasada *f* **1.** principle; law **2.** *chem.* base
~ **Archimedesa** *mech.pł.* Archimedes' principle
~ **argumentu** *mat.* argument principle
~ **Bettiego wzajemności przemieszczeń** *mech.* Betti's reciprocal theorem
~ **bezwładności** *mech.* first principle of dynamics, Newton's first law of motion
~ **d'Alemberta** *mech.* d'Alembert's principle
~ **de Saint-Venanta** *mech.* Saint-Venant's principle
~ **dwoistości** *mat.* duality principle, principle of duality
~ **dwukwasowa** *chem.* diacid base
~ **dwuwodorotlenowa** *zob.* **zasada dwukwasowa**
~ **działania** principle of operation (*of a mechanism*)
~ **ekwipartycji energii** *fiz.* principle of equipartition of energy
~ **(Gaussa) najmniejszego skrępowania** (*układu*) *mech.* Gauss principle of least constraint
~ **Hamiltona** *mech.* Hamilton's principle
~ **(Hertza) najprostszego toru** *mech.* Hertz principle of least curvature
~ **jednokwasowa** *chem.* monoacid base
~ **Lagrange'a** *mech.* principle of virtual work
~ **Le Châteliera i Brauna** *chem.* le Châtelier-Braun's principle, principle of mobile equilibrium
~ **Maupertuis** *mech.* principle of least action
~ **maximum** *mat.* maximum principle
~ **Maxwella wzajemności przemieszczeń** *mech.* Maxwell's reciprocal theorem
~ **Menabrea** *mech.* theorem of minimum (potential) energy
~ **minimax** *mat.* minimax principle
~ **mocna** *chem.* strong base
~ **najmniejszego działania** *mech.* principle of least action
~ **najmniejszej energii sprężystej** *wytrz.* theorem of minimum (potential) energy
~ **nieoznaczoności (Heisenberga)** *fiz.* uncertainty principle, Heisenberg relation, indeterminacy principle
~ **niezmienności krętu** *mech.* principle of conservation of moment of momentum, law of conservation of areas
~ **organiczna** *chem.* organic base
~ **Pauliego** *fiz.* (Pauli) exclusion principle
~ **pędu i popędu** *mech.* equation of momentum and impulse
~ **pioniera** *biol.* founder principle
~ **prac przygotowanych** *mech.* principle of virtual work
~ **przekory (Le Châteliera i Brauna)** *chem.* Le Châtelier-Braun's principle, principle of mobile equilibrium
~ **Schiffa** *chem.* Schiff base
~ **słaba** *chem.* weak base
~ **stałej objętości** *hutn.* constancy-of-volume relationship
~ **superpozycji** *fiz.* principle of superposition, superposition theorem
~ **symetrii** *geom.* reflection principle
~ **szczegółowej równowagi** *chem.* principle of detailed balancing
~ **wielokwasowa** *chem.* polyacid base
~ **wykluczenia** *fiz.* (Pauli) exclusion principle
~ **wzajemności** *fiz.* reciprocity principle
~ **względności Galileusza** *fiz.* Galileo's principle of relativity
~ **wzrostu entropii** *fiz.* principle of increase of entropy
~ **zachowania energii** *fiz.* energy conservation law, principle of conservation of energy
~ ~ **krętu** *mech.* principle of conservation of moment of momentum, law of conservation of areas
~ ~ **liczby leptonowej** lepton conservation law
~ ~ **masy** *fiz.* mass conservation law
~ ~ **pędu** *mech.* principle of conservation of momentum
~ **zesztywnienia** *wytrz.* principle of solidification
zasadniczy *a* principal; fundamental; essential
zasadochłonność *f med.* basophilia
zasadochłonny *a biol.* basophilous
zasadotwórczy *a chem.* base-forming
zasadowica *f med.* alkalosis
zasadowość *f chem.* basicity, alkalinity
~ **węglanowa** carbonate alkalinity
~ **wodorotlenkowa** caustic alkalinity
~ **wodorowęglanowa** bicarbonate alkalinity
~ **żużla** *hutn.* slag ratio, basicity ratio, V-ratio, V-value
zasadowy *a chem.* basic
zasady *fpl* **lotów wg przyrządów** instrument flight rules, IFR
~ **(racjonalnego) żywienia** *zoot.* feeding principles
~ **termodynamiki** laws of thermodynamics
zasadzić *v roln.* implant
zasiarczanienie *n* sulfating (*of accumulator plates*)
zasiek *m* (*do magazynowania*) storage bunker
~ **węglowy** coal bunker
zasieka *f wojsk.* abatis
zasiewy *mpl roln.* crops
zasięg *m* range; reach
~ **cząstki** *fiz.* range of particle
~ **daleki** long range
~ **głębokości** *żegl.* depth range

~ **lodów** *ocean.* ice limit
~ **lotu** *lotn.* flying range
~ **maksymalny** maximum range; *lotn.* extreme range
~ **na szybkości przelotowej** *lotn.* cruising range
~ **ochrony katodowej** protection area, spread of cathodic protection
~ **pływania** *żegl.* steaming range, cruising radius
~ **pocisku** *uzbr.* missile range
~ **powierzchniowy** (*nadajnika*) *rad.* service area (*of a transmitter*)
~ **radaru** radar range
~ **radiofoniczny** *rad.* broadcast coverage
~ **rzutu** *mech.* range of throw
~ **spiętrzenia** *hydr.* range of backwater
~ **w linii prostej** direct range
~ **w spokojnym powietrzu** *lotn.* still air range
~ **widzenia** visual range
~ **wykrywania** (*przez radar*) detection range, acquisition range
zasięgnąć *v* **opinii specjalisty** consult an expert
zasilacz *m* **1.** *masz.* feeder, feed (mechanism), *zob.też* **podajnik 2.** *odl.* feed bob, shrink bob **3.** *el.* feeder cable **4.** *szkl.* forehearth
~ **automatyczny ciężarowy** loss-in-weight feeder
~ **łańcuchowy** chain feeder
~ **łopatkowy** paddle feeder
~ **obrotowy** rotary feeder, revolving plate feeder
~ **płytkowy** apron feeder
~ **sieciowy** *elektron.* power pack
~ **skrzyniowy** box feeder
~ **talerzowy** rotary table feeder, rotary feed table
~ **taśmowy** belt feeder
~ **walcowy** roll feeder
~ **wibracyjny** vibrating feeder
~ **wstrząsowy** shaking feeder
~ **z przetwarzaniem energii** *el.* switched-mode power supply, SMPS
~ **zegarowy** (*impulsów*) *inf.* clock driver
zasilać *v* feed; supply; deliver
zasilanie *n* feed, feeding; supply; delivery; *siln.* admission
~ **awaryjne energią elektryczną** emergency power supply
~ **bocznikowe** *rad.* shunt feed, parallel feed
~ **brzegu (rumowiskiem)** *ocean.* beach nourishment
~ **energią** power supply, energizing
~ **grawitacyjne** gravity feed
~ **kroplowe** drip-feed; *szkl.* gob feeding, gob process
~ **napięciowe** *rad.* voltage feed
~ **objętościowe** volumetric feed
~ **odlewu** feeding of the casting
~ **opadowe** gravity feed
~ **paleniska** *kotł.* stoking
~ **paliwem** fuel feed, fuelling
~ ~ **nadmierne** over-fuelling
~ **pod ciśnieniem** force feed, pressure feed
~ **prądem** *el.* current supply
~ **przeciwprądowe** backward feeding
~ **równoległe** *rad.* shunt feed, parallel feed
~ **taśmowe** belt feed
~ **wagowe** weight feed
~ **wodą** water supply
~ **współprądowe** forward feeding
zasilany z baterii *el.* battery-operated; battery powered
zasilarka *f* *włók.* feeder
zasiłek *m* *ek.* benefit
~ **chorobowy** sickness benefit
~ **dla bezrobotnych** unemployment benefit
zaskarżyć *v* (*do sądu*) bring an action against ...
zasklep *m* *pszczel.* cappings
zasładzanie *n* (*wypieranie wody sokiem*) *cukr.* sweetening on
zasłaniać *v* screen; cover; mask
~ **światło** douse a light
zasłona *f* screen; curtain; blind
~ **dymna** smoke-screen
~ **gazowa** gas curtain (*in a furnace*)
~ **okienna** *bud.* window shutter; blind
~ **przeciwsłoneczna** sunblind, sunshade
~ **przeciwśnieżna** *kol.* snow-fence
~ **zwijana** roller blind
zasłonka *f* **twarzy** (*stosowana podczas opuszczania samolotu przy dużej prędkości*) face curtain
zasobnia *f* **paliwa** *okr.* bunker
zasobnik *m* accumulator; storage bin; bunker; magazine; dispenser
~ **jednowysypowy** one-dump bunker
~ **kart** *inf.* card hopper, card stacker
~ **lodowy** *chłodn.* ice bank
~ **masy formierskiej** *odl.* sand hopper, sand bin
~ **na dodatki stopowe** *hutn.* alloy hopper
~ **nadziemny** overhead storage bin, high-level storage hopper
~ **naziemny** ground-level storage bin, ground bunker
~ **ołowiany** *nukl.* lead casket
~ **podskrzydłowy** *lotn.* under-wing pack
~ **powietrza** *siln.spal.* air chamber, air cell, air-storage cell
~ **przyłowu** *ryb.* offal bunker
~ **schładzający** *nukl.* decontamination vessel
~ **surowców wielkopiecowych** blast furnace bunker
~ **węgla** coal bunker; coal bin
~ **wielowysypowy** poly-dump bunker
~ **wsadnicy** (*zawierający mieszankę węglową*) *hutn.* larry hopper
~ **wyrównawczy** *wzbog.* surge hopper
zasoby *mpl* *ek.* resources; reserves
~ **bilansowe** *geol.* recoverable reserves
~ **energii wodnej** water-power resources
~ **mineralne** mineral resources
~ **prawdopodobne** *geol.* possible reserves

~ **przemysłowe** (*kopalin*) *górn.* developed reserves
~ **ropy naftowej** (*w złożu, szacowane*) oil in place
~ **rybne** fishery stocks, fish resources
~ **stwierdzone** *geol.* actual reserves, positive reserves, proved reserves, assured mineral
~ ~ **rudy** developed ore reserves, measured ore, blocked-out ore
~ **udokumentowane rudy** indicated ore
~ **udostępnione** *górn.* developed reserves
~ **węgla** coal resources
~ **wodne** water resources
~ **zdatne do eksploatacji** *geol.* workable reserves
zasolenie *n* salinity
zasolony *a* saline
zasób *m* **paliwa** (*w reaktorze*) *nukl.* fuel inventory
~ **pracy regulatora** *masz.* work capacity of a governor, power of a governor
~ **słów** (*języka*) vocabulary
~ **sterowności** *lotn.* manoeuvre margin
zaspa *f* **piaszczysta** sand drift
~ **śnieżna** snow-drift, snow-bank
zaspokajać *v* **potrzeby** meet the demand, satisfy the needs, meet the needs
zastaw *m ek.* pledge, pawn; lien
zastawka *f hydr.* gate; penstock; ward, strike (*in a lock*); *anat.* valve
~ **aorty** *anat.* aortic valve
~ **całkująca** *hydr.* integrating gate
~ **elektryczna** electric lock
~ **maltańska** *zeg.* stop-work
~ **opuszczana** *inż.* drop gate
~ **podnoszona** *inż.* vertical-lift gate
~ **sektorowa** *inż.* drum gate
~ **serca** *anat.* heart valve, cardiac valve
~ **szybikowa** *górn.* shaft lock
~ **wodna** *hydr.* water gate
~ **zamka drzwi** *mot.* door striker
zastąpienie *n* substitution; replacement
zastępca *m* deputy
zastępcza liczba *f* **zębów** (*w przekładni zębatej*) *masz.* virtual number of teeth, formative number of teeth
zaśtępczy *a* substitute; replacing
zastępczy moment *m* **(skręcający)** *wytrz.* equivalent twisting moment
zastępować *v* substitute; replace
zastępowanie *n mat.* substitutivity
zastosować *v* apply; use, put into use
zastosowanie *n* application; use
~ **niewłaściwe** misapplication, misuse
~ **ograniczone** restricted application
~ **praktyczne** practical application
zastój *m* stagnation
zastrajkować *v* go on strike
zastrzał *m* angle strut; angle brace; diagonal stay; shore; knee brace
zastrzegać *v* **sobie prawo** reserve the right
~ **warunki w umowie** stipulate conditions with the order
zastrzeżenie *n* **patentowe** patent claim
zastrzyk *m med.* injection
~ **cementowy** *inż.* grouting, cement injection
~ **chemiczny** *inż.* chemical grouting
~ **domięśniowy** *med.* intramuscular injection
~ **dożylny** *med.* intravenous injection
~ **iłowy** *inż.* clay grouting
~ **podskórny** *med.* hypodermic injection
~ **śródskórny** *med.* endermic injection
zastrzykiwanie *n* **paliwa** (*przy rozruchu*) *siln.spal.* priming
zastygać *v* congeal, freeze; set
zasuszenie *n* **krowy** *zoot.* drying off (*of cow*)
zasuwa *v* **1.** bolt **2.** (slide) damper **3.** gate valve, sluice valve
~ **drzwiowa** door bolt, door latch
~ ~ **czołowa** flush bolt
~ ~ **nakładana** barrel bolt, box bolt
~ **dymowa** (*w piecu*) chimney damper, chimney register
~ **gorącego dmuchu** *hutn.* hot-blast valve
~ **klinowa** valve wedge
~ **kominowa** chimney damper, chimney register
~ **obrotowa** swivel damper
~ **okularowa** *hutn.* goggle valve
~ **pełnoprzelotowa** full way gate valve
~ **podnoszona** (*śluzy*) *inż.* lift gate
~ **równoległa** parallel gate valve
~ **spalinowa** (*w piecu*) chimney damper, chimney register
~ **szybkozamykalna** quick opening gate valve
~ **śluzy** sluice-gate
zasuwnica *f narz.* dovetail saw, foxtail saw
~ **drzwiowa** *bud.* double door bolt
~ **okienna** *bud.* cremone bolt, casement bolt
zasyp *m* charge; batch (*of bulk material*); *tw.szt.* shot
~ **formy** (*prasowniczej*) *tw.szt.* mould charge
~ **narefulowany** (*wykonany przy zastosowaniu hydromechanizacji*) *inż.* hydraulic fill
zasypanie *n* (*ludzi*) **przez zawał** *górn.* entombment
zasypka *f* **1.** *bud.* backfill, fill **2.** *hutn.* casting powder, mould powder
~ **dla dzieci** baby powder
zasypnica *f* **koksu** coke-charging car, larry
zasypywanie *n* **wykopu** *bud.* backfilling
zasysacz *m chem.* aspirator
zasysać *v* suck in, draw in
zasysanie *n* suction; induction
~ **powietrza** air suction
zaszarzenie *n odl.* gray spots (*casting defect*)
zaszczepianie *n* **krystalizacji** seeding of crystallization, inoculation of crystals
zaszlifowywanie *n obr.skraw.* relief grinding, backing off
zaszłość *f inf.* event
zaszpachlować *v* lute
zaszyfrować *v* encipher

zaślepiać *v* **otwór** stop a hole, close a hole, plug a hole, blank
~ **rurociąg** blank off a pipe
zaślepka *f* stopper; hole plug
~ **kołnierzowa** (*rury*) blind flange; blank flange
~ **rury** pipe stopper, pipe closer, pipe cap
~ **zabezpieczająca** *kotł.* safety plug
zaświadczać *v* certify, attest
zaświadczenie *n* certificate, *zob.też* **świadectwo**
~ **spedytorskie** forwarding agent's certificate of receipt, FCR
~ **tymczasowe** interim certificate
zaświecić *v* **lampę** *el.* switch on a lamp
~ **łuk** *el.* ignite an arc
zataczać *v* **okrąg** *geom.* describe a circle
zataczanie *n* *obr.skraw.* backing-off, relieving
zataczarka *f* *obr.skraw.* backing-off lathe, relieving lathe
zatapiacz *m* **pływaka** (*w gaźniku*) *siln.spal.* tickler
zatapiać *v* **1.** drown; flood, inundate; submerge **2.** seal (*by fusion*)
zatapialny *a* *żegl.* floodable
zatapianie *n* **1.** drowning; flooding **2.** sealing **3.** *szkl.* fire finishing
~ **lamp** *el.* lamp sealing
zatapiarka *f* **1.** *el.* sealing-in machine **2.** *szkl.* fire finisher, remelting machine
zatarcie *n* *masz.* seizing, seizure, galling
zatężacz *m* *chem.* concentrator
zatężanie *n* *chem.* concentration
~ **solanki** (*na tężniach*) graduation of brine
zatężony *a* concentrated
zatkać *v* stop; plug; stem
zatkanie *n* **kanału** (*w tranzystorze*) *elektron.* pinch-off
~ **rury** pipe choking
zatłoczenie *n* **przestrzenne** (*cząsteczki*) *chem.* molecular overcrowding, steric compression
~ **wewnątrzcząsteczkowe** *zob.* **zatłoczenie przestrzenne**
zatoka *f* **1.** *geol.* bay; gulf; bight **2.** *bud.* plaster cove **3.** *anat.* sinus
~ **ciepłego powietrza** *meteo.* warm tongue
~ **korozyjna** *geol.* embayment
~ **niskiego ciśnienia** *meteo.* V-shaped depression, low-pressure embayment
~ **niżowa** *zob.* **zatoka niskiego ciśnienia**
zatonąć *v* sink, go to the bottom
zatop *m* *skór.* lay-away pit
zatopić *v* **statek** (*własny*) scuttle a ship
zatopienie *n* **kopalni** mine inundation, flooding a mine
~ **lądu** *geol.* submergence
zator *m* *med.* embolism
~ **drogowy** traffic congestion, traffic jam
~ **lodowy** *żegl.* ice jam(ming); (*na rzece*) embacle
zatrucie *n* poisoning, toxemia, intoxication
~ **aniliną** anilinism
~ **antymonem** stibialism
~ **arsenem** arsenism
~ **bizmutem** bismuthism, bismuthosis
~ **bromem** bromism
~ **chroniczne** chronic poisoning, chronic intoxication
~ **cynkiem** zincalism
~ **fosforem** phosphorism
~ **gazem** gas poisoning
~ **grzybami** mycetism(us)
~ **jadem kiełbasianym** botulism
~ **jodem** iodism
~ **katalizatora** *chem.* catalyst poisoning
~ **katody** *elektron.* cathode poisoning
~ **nikotyną** nicotinism
~ **ołowiem** lead poisoning, plumbism
~ **paliwa** *nukl.* fuel poisoning
~ **parami cynku** metal fume fever, metal ague, brass chills
~ **platyną** platinosis
~ **pokarmowe** food poisoning
~ **selenem** selenosis
~ **strychniną** strychninization
~ **tlenem** oxygen poisoning (*diving*)
zatrudniać *v* employ, engage
zatrudnienie *n* employment, job
~ **nadmierne** over-employment
~ **niepełne** underemployment; part-time job
zatruwacz *m* *el.* poison, killer (*of phosphor*)
zatruwać *v* poison
zatrzask *m* **1.** snap fastener, catch, latch **2.** *aut.* (*typ przerzutnika*) bistable latch
~ **drzwiowy** catch-bolt, self-locking door latch
~ **guzikowy** press-stud fastener
~ **kulowy** ball latch
~ **okienny** window spring bolt
~ **ustalający** *masz.* stop dog
~ **wierzchni** window spring bolt
~ **wpuszczany** catch-bolt, self-locking door latch
zatrzasnąć *v* snap
zatrzymać *v* stop; arrest; check; bring to a standstill
~ **przeciekanie** stop a leak
~ **się** stop; come to rest
zatrzymanie *n* **1.** stoppage; arrestment **2.** retention
~ **pracy procesora** *inf.* processor interrupt
zatrzymany przez niepogodę weather-bound (*ship*)
zatrzymany przez odpływ tide-bound (*ship*)
zatrzymany przez sztorm storm-bound (*ship*)
zatrzymywacz *m* stop; arrester
zatrzymywać *v* **stoperem** (*linę, łańcuch*) *żegl.* stopper
zatwierdzenie *n* approval
zatwierdzić *v* approve; confirm
zatyczka *f* stopper, plug, bung
~ **do ucha** *bhp* earplug
~ **kadziowa** *odl.* ladle stopper, bottom-pour stopper
zatykać *v* (*zatyczką*) plug, stop; (*szczeliwem*) stem

~ **otwór spustowy** *hutn.* bott a taphole, stopper
~ **się** choke; clog
zatykanie *n* plugging; stopping
~ **się** (*przewodów*) clogging; choking
zatykarka *f* **otworu spustowego** *hutn.* taphole gun, mud gun, clay gun, notch gun
~ ~ **żużlowego** cinder notch stopper
zatynkować *v* *bud.* plaster up
zausznik *m* (*oprawki okularowej*) ear arm
zautomatyzowany *a* automated
zawada *f* **przestrzenna** *chem.* steric hindrance
zawadniać *v* (*złoże*) *wiertn.* flood
zawalcowanie *n* *obr.plast.* lap, lapping, overlap, cold shut (*rolling defect*)
zawalenie *n* **się** collapse, breaking down
zawalisko *n* *górn.* goaf
zawał *m* **1.** *górn.* fall of roof, breaking down, caving **2.** *med.* infarct(ion)
~ **burtowy** *okr.* tumble home
zawałować *v* *górn.* break down (*the roof*)
zawarcie *n* *górn.* retaining partition
zawartość *f* contents
~ **całkowita** total content
~ **cieplna** *term.* enthalpy, heat content, total heat
~ **czystego składnika** pure component content
~ **informacji** information content, negentropy
~ **izotopu** *nukl.* isotopic abundance
~ **pamięci** *inf.* storage content
~ **procentowa** percentage
~ **pyłu** (*w gazie*) dust loading
~ **suchej substancji kauczukowej** (*np. w lateksie*) dry rubber content, drc
~ **tlenków azotu** *chem.* nitrosity
~ **węgla po roztopieniu wsadu** *hutn.* melt-out carbon
~ ~ **przy spuście wytopu stali** tapping carbon
~ **wilgoci** moisture content
~ **wtrąceń** (*w % objętości*) *met.* volume fraction of inclusions, inclusion volume fraction
zawiadomienie *n* advice, notice
zawiadowca *m* **stacji** *kol.* station master
~ ~ **rozrządowej** yardmaster
zawiasa *f* hinge
~ **czołowa** butt (hinge)
~ **do drzwi wahliwych** double-acting hinge
~ **francuska skośna** rising hinge
~ **pasowa** strap hinge
~ **rozłączna** loose butt hinge
~ **unosząca** (*skrzydło drzwi przy otwieraniu*) rising hinge
zawiasowy *a* hinged
zawiązek *m* *biol.* anlage, blastema, primordium
zawiązywanie *n* **kryształów** graining; setting the grain
~ **ziarna** *bot.* nucleation
zawierać *v* contain; include; incorporate
~ **umowę** *ek.* (make a) contract, conclude an agreement
zawieradło *n* *masz.* closing component (*of a valve*)
zawierający cynk zinciferous
zawierający metal metalliferous
zawierający siarkę sulfur-containing
zawierający sól saliferous, saline
zawierający srebro argentiferous
zawierający węgiel carbonaceous
zawierający wodę hydrous
zawierający żelazo ferriferous
zawiertak *m* (*dolna część świdra ekscentrycznego*) *wiertn.* picker
zawiesie *n* *transp.* lifting sling
~ **belkowe** spreader beam
~ **klatki** *górn.* cage suspension gear
~ **linowe** rope sling; *górn.* capel
~ **naczynia wyciągowego** *górn.* suspension gears
~ **trzycięgnowe** *transp.* three-leg sling
zawiesina *f* suspension, suspended matter
~ **cząstek stałych** suspended solids, SS
~ ~ ~ **w gazie** sogasoid
~ **koloidowa** suspensoid
~ **lotna** volatile suspended solids, VSS
~ **osadzająca się** sedimentary solids, settleable solids
~ **proszku ściernego w cieczy** abrasive slurry
~ **wodna** *papiern.* water slurry
zawiesistość *f* kinematic viscosity
zawiesisty *a* viscid, thick (*liquid*)
zawieszać *v* suspend; mount; sling
~ **na haku** hook up
~ **na wieszakach galwanizerskich** rack (*for electroplating*)
~ **na zawiasach** hinge
~ **od dołu** undersling
zawieszanie *n* **się** (*materiału sypkiego w zbiorniku*) arching, bridging
zawieszenie *n* **1.** suspension; mounting **2.** hanging **3.** suspension, stoppage
~ **dwunitkowe** *metrol.el.* bifilar suspension
~ **hydroelastyczne** *mot.* hydroelastic suspension
~ **hydropneumatyczne** *mot.* hydro-pneumatic suspension
~ **jednonitkowe** *metrol.el.* unifilar suspension
~ **kardanowe** Cardan suspension
~ ~ **pierścieniowe** gimbal (mount)
~ **niezależne** *mot.* independent suspension
~ **pneumatyczne** *mot.* pneumatic suspension, air suspension
~ **przeciwwstrząsowe** shock mount
~ **przegubowe** Cardan suspension; gimbal mount
~ **rury** pipe hanger
~ **silnika** engine mounting
~ **sprężynowe** spring suspension; spring mounting
~ **steru** *okr.* rudder hangings, rudder braces

~ **sufitowe** *med.* ceiling-mounted suspension apparatus, ceiling suspension
~ **wypłat** suspension of payments, stoppage of payments
zawieszka *f* **sieci** *ryb.* norsal, norsel, nossles
~ **wahadła** *zeg.* suspension spring, pendulum spring
zawietrzność *f* *żegl.* leewardliness
zawietrzny *a* *żegl.* leeward (*direction*)
zawijać *v* wrap
zawijak *m* *obr.plast.* curling die, hemming die
zawijanie *n* wrapping
~ **obrzeża** *zob.* **zawijanie obwodowe**
~ **obwodowe** *obr.plast.* curling, hemming
zawijarka *f* **1.** (*do pakowania*) wrapping machine **2:** bundling machine
zawiły *a* intricate, complicated, complex
zawiły układ *m* **włókien** (*wada*) *drewn.* gnaur
zawinąć *v* **do portu** *żegl.* call at a harbour; (*na krótko*) touch a port
zawirowanie *n* swirl, whirl, spin
~ **powietrza za samolotem** backwash
~ **wlotowe** (*w sprężarce odśrodkowej lub osiowej*) entry whirl, prewhirl, entry spin
zawirowywacz *m* *masz.* swirl vane, swirler
zawis *m* *lotn.* hovering (flight), spot hovering
~ **na uwięzi** tethered hovering
zawisanie *n* **wsadu** *hutn.* hanging-up of the charge, scaffolding, bridging, hang-up (*in a blast furnace*)
zawleczka *f* cotter pin, split cotter
zawodowy *a* professional, occupational, vocational
zaworownia *f* *siln.wod.* valvehouse
zawozić *v* (*cumę, kotwicę*) *żegl.* lay out, run out
zawód *m* profession; occupation; vocation
~ **wykonywany** practised profession
~ **wyuczony** acquired profession
zawór *m* *masz.* valve
~ **atmosferyczny** snifting valve
~ **awaryjnego opróżnienia zbiornika** *lotn.* dump valve, jettison valve
~ **bezpieczeństwa 1.** *kotł.* safety-valve **2.** explosion door (*in a furnace*)
~ ~ **ciężarowy** weighted-lever safety-valve
~ ~ **dźwigniowy** *zob.* **zawór bezpieczeństwa ciężarowy**
~ ~ **o pełnym otwarciu** *zob.* **zawór bezpieczeństwa pełnoskokowy**
~ ~ **pełnoskokowy** full lift safety-valve
~ ~ **przeciwwybuchowy** explosion relief valve
~ ~ **sprężynowy** spring safety valve
~ ~ **wysokoskokowy** high lift safety-valve
~ **bocznikowy** by-pass valve
~ **boczny** *siln.spal.* side valve
~ **burtowy** *okr.* sea valve, side valve, over-board discharge valve
~ **butli** (*do gazu*) cylinder valve
~ **ciężarowy** dead-load valve, deadweight valve, weighted valve
~ **czopowy** plug valve, cock
~ **czterodrogowy** four-way valve, cross valve
~ **denny** *okr.* kingston valve, sea-inlet valve
~ **dławiący** throttle (valve)
~ **do usuwania piany** *kotł.* scum valve
~ **dodatkowego powietrza** *siln.spal.* air by-pass valve
~ **dolotowy** *siln.spal.* inlet valve
~ **dozujący** metering valve
~ **dwugniazdowy** *zob.* **zawór dwusiedzeniowy**
~ **dwusiedzeniowy** double-seat valve, dual-face valve
~ **dwuzasuwowy** double-disk gate valve
~ **dźwigniowy** lever loaded valve
~ **elektrolityczny** electrolytic rectifier
~ **elektronowy** *el.* rectifying valve, electronic rectifier
~ **elektryczny** *el.* rectifier
~ **głowicowy** stop valve with internal screw
~ **główny** master valve, main valve
~ **gorącego dmuchu** *hutn.* hot-blast valve
~ **górny** *siln.spal.* overhead valve
~ **grzybkowy** poppet valve, mushroom valve
~ **iglicowy** needle valve
~ ~ **dozujący** metering needle
~ **jednodrogowy** one-way valve
~ **jednokierunkowy** non-return valve, check valve
~ **kątowy** angle valve, elbow valve
~ **klapowy** flap valve, clack valve
~ **kominowy** (*w nagrzewnicy dmuchu*) *hutn.* chimney valve
~ **kulowy** ball valve, globe valve, ball cock
~ **kurkowy** plug valve, cock
~ **listwowy korytkowy** (*w sprężarkach tłokowych*) channel valve
~ **łukowy** *el.* arc rectifier
~ **mierniczy iglicowy** *hydr.* needle measuring valve
~ **minimalnego ciśnienia paliwa** (*w turbinach spalinowych*) minimum burner pressure valve, idling control valve
~ **motylkowy** butterfly valve
~ **nadciśnieniowy** pressure relief valve
~ **nadmiarowy** relief valve
~ ~ **ciśnieniowy** pressure relief valve
~ **nastawczy hamulca** *mot.* brake control valve
~ **o pełnym otwarciu** full-bore type valve
~ **o przepływie skrępowanym** resistance valve
~ **o przylgni natapianej twardym stopem** metallized valve, spray-shielded valve
~ **obejściowy** by-pass valve
~ **obrotowy** (*z zawieradłem obrotowym*) rotary valve
~ **obwodowy** by-pass valve
~ **odciążony** balanced valve, equilibrium valve

~ **odcinający** cut-off valve, shut-off valve, stop valve, isolator cock
~ **pełnoskokowy** full lift valve
~ **pierścieniowy** ring valve
~ **pilotowy** pilot valve
~ **płaski** (*z przylgnią płaską*) flat-seated valve
~ **płytkowy** plate valve
~ **pływakowy** float valve
~ **podciśnieniowy** vacuum relief valve
~ **podwójny** double-seat valve, dual-face valve
~ **pompowy ssący** *wiertn.* standing valve
~ **powietrzny** air valve
~ ~ **dętki** tube inflation valve
~ **prosty** straight-run valve
~ **przekaźnikowy** relay valve
~ **przelewowy** overflow valve
~ **przelotowy** straight-run valve
~ **przepływowy** *zob.* **zawór przelotowy**
~ **przeponowy** (*sterowany przeponą*) diaphragm valve
~ **przepustowy** overflow-valve
~ **przewężony** resistance valve
~ **redukcyjny** pressure reducing valve; *spaw.* gas regulator
~ **regulacyjny** control valve
~ ~ **powietrza** air register
~ **rozdzielczy** distribution valve, selector valve
~ **rozprężny** expansion valve
~ **rozrządczy** control valve
~ **rtęciowy** *el.* mercury-arc rectifier, mercury rectifier
~ **samozamykający się** self-closing valve
~ **skrzydełkowy** butterfly valve
~ **sprężynowy** spring-weighted valve
~ **spustowy** draining valve, drain valve; *kotł.* blow-off valve, blowdown valve
~ **ssący** suction valve
~ **stałego ciśnienia** constant pressure expansion valve
~ **sterowany silnikiem** motorized valve
~ **sterujący** control valve
~ **stopowy** (*w pompach*) foot valve
~ **stożkowy** conical valve, cone-seated valve
~ **stykowy** *el.* contact-rectifier
~ **suwakowy** slide valve
~ **szybko zamykający** quick-closing valve
~ **ściekowy** *okr.* drain valve
~ **świecowy** *hutn.* bleeder (valve), explosion valve (*in a blast-furnace*)
~ **talerzowy** disk valve
~ **tłoczkowy** piston-type valve
~ **tłokowy** (*pompy*) bucket valve
~ **trójdrogowy** three-way valve, tee valve
~ ~ **samoczynny** shuttle valve
~ **tulejowy** sleeve valve
~ **tulipanowy** tulip valve
~ **upustowy** release valve; bleed valve, extraction valve
~ **wargowy** lipped valve
~ **wielodrogowy** multi-way valve
~ **wlotowy** inlet valve; induction valve
~ ~ **odciążający** (*w sprężarkach osiowych*) suction unloader, unloading device (*in axial compressors*)
~ **wtryskowy** injection valve
~ **wydechowy** *siln.* exhaust valve, outlet valve; *żegl.* escape valve (*of a diving helmet*)
~ **wydmuchowy** *kotł.* blow-off valve, blowdown valve
~ **wylewowy** *okr.* overboard discharge valve, sea valve
~ **wylotowy** outlet valve; *siln.* exhaust valve
~ **wypływowy** discharge valve
~ **wzniosowy** lift valve
~ **z pokrętłem** wheel valve
~ **z prowadzeniem górnym** top-guided valve
~ **z przylgnią płaską** plain valve
~ **z zasuwą klinową** wedge-gate valve
~ **zamykający** *zob.* **zawór zaporowy**
~ **zaporowy** cut-off valve, shut-off valve, stop valve
~ **zasilający** *kotł.* feed check valve
~ **zasuwowy** gate valve, sluice valve
~ **zatrzaskowy** emergency stop valve
~ **zdalnie sterowany** remote controlled valve
~ **zlewowy** drain(ing) valve
~ **zmiany kierunku przepływu** reversing valve
~ **zmiennego obciążenia** *hydr.* change-over valve
~ **zrównoważony** balanced valve, equilibrium valve
~ **zwrotny** non-return valve, check valve
zawracać *v* turn round, turn back, make a U-turn
~ **do obiegu** recycle, recirculate
zawrębienie *n górn.* slotting
zawrężenie *n drewn.* rebating, rabetting
zawrotnica *f* (*do okien*) *bud.* espagnolette
zawrócenie *n mot.* U-turn
zawrót *m* (*figura akrobacji*) *lotn.* half-roll off the loop, Immelmann turn
~ **głowy** vertigo
zazębiać *v* **się** mesh, gear; interpenetrate
zazębienie *n masz.* mesh(ing)
~ **w zaporze** *inż.* keyway
zazębiony *a masz.* in mesh, in gear
zażalenie *n* complaint
zażółcenie *n* yellowish tinge
~ **papieru** discoloration of paper
zażużlenie *n* **1.** *kotł.* slagging, clinkering **2.** *odl.* slag inclusion (*casting defect*)
ząb *m* tooth; tine; prong
~ **cykloidalny** *masz.* cycloidal tooth
~ **dodatkowy** *masz.* hunting tooth
~ **ewolwentowy** *masz.* involute tooth
~ **koła łańcuchowego** sprocket
~ **kultywatora** *roln.* cultivator tine
~ **łukowy spiralny** *masz.* spiral curved tooth
~ **mądrości** late tooth, wisdom tooth
~ **mleczny** *anat.* milk tooth, deciduous tooth
~ **niekorygowany** *masz.* full-height tooth

~ **niski** *masz.* stub tooth
~ **normalny** *masz.* full-height tooth
~ **przedtrzonowy** *anat.* premolar tooth
~ **sieczny** *anat.* incisor, cutter
~ **spiralno-łukowy** *masz.* spiral curved tooth
~ **sprężynowy** (*kultywatora*) spring-tine
~ **sztywny** (*kultywatora*) rigid tine
~ **trzonowy** *anat.* molar (tooth), grinder
ząbek *m* **czosnku** clove of garlic
~ **zębnika** *zeg.* pinion leaf
ząbki *mpl arch.* dentils
ząbkowanie *n* **1.** serration; dentation **2.** *med.* teething, dentition
ząbkowany *a* serrate, dentate; *arch.* denticulated
zbaczać *v* deviate (*from the course*)
zbankrutować *v ek.* go bankrupt, become insolvent
zbędny *a* needless, useless; superfluous
zbiegać *v* **się** converge; taper
zbieracz *m* **1.** *roln.* pick-up (*in a combine harvester*) **2.** collector (pipe) manifold
~ **butlowy** *spaw.* cylinder manifold
~ **piany** *cukr.* foam blade
~ **-prasa** *roln.* pick-up press, pick-up baler
~ **wody** *inż.* water header (*in a dam*)
~ **zgrzeblarski** *włók.* doffer
zbierać *v* collect, gather, accumulate; compile; *poligr.* collate (*sheets*)
~ **dane** acquire data
~ **kłosy** *roln.* glean
~ **plony** harvest, reap the harvest; gather crops
~ **śmietankę** cream (*milk*)
~ **zamówienia** *ek.* get orders
~ **żagiel** *żegl.* furl sail
zbierak *m* **do owoców** (*na drążku*) *roln.* fruit picker
zbieralnik *m* **pary** *kol.* steam dome
zbieżność *f* **1.** *mat.* convergence; concurrence **2.** *masz.* taper; *obr.plast.* draft
~ **jednostajna** *mat.* uniform convergence
~ **kół** *mot.* toe-in
~ **majoryzowana** *mat.* dominated convergence
~ **odkuwki** forging draft
~ **płata** (*o obrysie trapezowym*) *aero.* taper ratio of an aerofoil
~ **południków** *geod.* convergence of meridians
~ **prasownicza** *tw.szt.* draft of a press moulding
~ **prawie wszędzie** *mat.* convergence almost everywhere
~ **silna** strong convergence
~ **słaba** *mat.* weak convergence
~ **stochastyczna** stochastic convergence
~ **w normie** *mat.* mean convergence
~ **warunkowa** conditional convergence
~ **według miary** *mat.* convergence in measure
~ **według prawdopodobieństwa** *mat.* convergence in probability
~ **według średniej** *mat.* convergence in the mean
zbieżny *a* convergent; tapered; (*w czasie*) concurrent
zbijak *m wiertn.* go-devil
zbijalność *f* **śmietany** *spoż.* churnability of cream
zbijanie *n* **gwoździami** nailing (together)
~ **węgla** *górn.* scalloping
zbiorczy *a* cumulative
zbiornik *m* tank; cistern; container; receptacle; reservoir
~ **balastowy** *okr.* ballast tank
~ **benzyny** petrol tank, gasoline tank
~ **burtowy** *okr.* wing tank
~ **chłodnicy dolny** *mot.* radiator bottom tank
~ ~ **górny** *mot.* radiator top tank, header tank
~ **chłodziwa** *obr.skraw.* suds sump
~ **ciśnieniowy** pressure vessel
~ **czerpalny** *san.* wet well
~ **dawkujący** *san.* dosing tank
~ **do przetrzymywania osadów** *san.* lagoon
~ **do wstępnej sedymentacji** presettling tank
~ **dodatkowy** (*paliwa*) auxiliary tank
~ **fermentacyjny** fermenting tank
~ **gazu** gasholder, gasometer
~ ~ **mokry** gasholder with water tank
~ ~ **suchy** waterless gasholder, dry gasholder
~ ~ **teleskopowy** telescopic gasholder
~ ~ **z ruchomym dzwonem** floating bell gasholder
~ **głęboki** *okr.* deep tank
~ **główny** (*paliwa*) main (fuel) tank
~ **integralny** *lotn.* integral tank
~ **kompensacyjny** *okr.* special ballast tank (*in a submarine*)
~ **kondensatu** *siln.par.* hot-well
~ **leżakowy** *ferm.* maturing vat
~ **na buraki** *cukr.* beet bin
~ **na końcu skrzydła** *lotn.* wing-tip tank
~ **na materiały masowe** bulk storage bin
~ **na wody kopalniane** *górn.* standage
~ **nadmiarowy** *okr.* expansion tank (*in a tanker*)
~ **namokowy** steeps (*starch industry*)
~ **odrzucany** (*paliwa*) *lotn.* drop tank
~ **oleju** oil tank
~ **opadowy** gravity feed tank; header tank
~ **osadowy** *san.* settling tank, sediment trap
~ **otwarty** (*wodny*) basin
~ **paliwa** fuel tank
~ **płuczkowy** *wiertn.* slush pit
~ **płynu hamulcowego** *mot.* brake fluid supply tank
~ **podgrzewany żeliwiaka** *odl.* preheated forehearth
~ **podkadłubowy** (*paliwa*) *lotn.* ventral tank, belly tank
~ **pomiarowy** *hydr.* calibrating tank
~ **powietrzny (łodzi)** buoyancy tank
~ **przechylny żeliwiaka** *odl.* reservoir ladle, holding ladle

~ **przechyłowy** *okr.* heeling tank (*in an ice-breaker*)
~ **przeciwpowodziowy** flood control reservoir, flood pool
~ **przeciwprzechyłowy** *okr.* anti-rolling tank
~ **przegłębny** *okr.* trimming tank
~ **reaktora** *nukl.* reactor vessel
~ **regulacyjny** *okr.* auxiliary tank (*in a submarine*)
~ **resztkowy** *okr.* slop tank (*in a tanker*)
~ **retencyjny** (*wodny*) *inż.* storage reservoir, impounding reservoir, impoundment lake
~ **ropy** oil reservoir
~ **rozprężny** expansion tank
~ **samouszczelniający się** self-sealing tank
~ **sedymentacyjny** settling tank
~ **skroplin** *siln.spal.* hot-well
~ **skrzydłowy** *lotn.* wing tank
~ **solanki powrotnej** *chłodn.* brine return tank
~ **stabilizacyjny** *okr.* anti-rolling tank
~ **szybkiego zanurzenia** *okr.* quick-diving tank (*in a submarine*)
~ **ściekowy** *masz.* sump
~ **ścieków sanitarnych** *okr.* sanitary tank, sewage tank
~ **termometru** thermometer bulb
~ **uspokajający** (*wodę*) *inż.* cushion pool
~ **ustępowy** *bud.* flushing cistern, flushing tank
~ **wieżowy** *inż.* elevated tank
~ **wlewowy** *odl.* pouring basin, pouring cup
~ **wodny** (*otwarty*) *inż.* water reservoir; water basin
~ ~ **sztuczny** man-made lake
~ ~ **wyrównawczy** stilling basin
~ **wody balastowej** *okr.* water ballast tank
~ **wyporowy gazu** *spaw.* water displacement gasholder
~ **wyrównawczy** equalizing tank; surge tank
~ **wysoki** *okr.* deep tank
~ **z przelewem pomiarowym** *hydr.* weir gauging tank
~ **zacieru odfermentowanego** beer well
~ **zapasowy** spare tank, storage tank
~ **zasobnikowy** (*wodny*) *inż.* storage reservoir, impounding reservoir, impoundment lake
~ **złożowy** *geol.* petroleum trap
~ **żeliwiaka** *odl.* forehearth, receiver of a cupola
~ **żużla** *odl.* slag receiver
zbiornikowiec *m okr.* tanker, tank ship
~ **brudny** dirty tanker, dirty ship
~ **czysty** (*na ładunki czyste*) clean tanker, clean ship
~ **do ropy** oil tanker
~ **LNG** (*do skroplonego gazu naturalnego*) LNG (*liquefied natural gas*) ship
~ **LPG** (*do skroplonych gazów ropopochodnych*) LPG (*liquefied petroleum gas*) ship
~ **motorowy** *okr.* motor tanker, m/t
~ **wodny** water carrier, water boat
zbiorowość *f* **1.** *biol.* population **2.** (*społeczna*) community **3.** *statyst.* population
~ **generalna** *statyst.* general population
~ **próbna** *statyst.* sample
zbiory *mpl* **rozłączne** *mat.* disjoint sets
zbiór *m* **1.** collection **2.** *mat.* set, ensamble **3.** *inf.* file **4.** *roln.* crop; harvest
~ **algebraiczny** algebraic set
~ **analityczny** *mat.* analytic set
~ **bazowy** *mat.* basic set
~ **bogaty** *roln.* heavy crop, large crop
~ **borelowski** *mat.* Borel set
~ **brzegowy** *mat.* boundary set, border set
~ **Cantora** *mat.* Cantor set, Cantor discontinuum
~ **ciągły** *mat.* continuously ordered set, continuous set
~ **danych** *inf.* data set, file
~ ~ **stałych** master file
~ **dobrze uporządkowany** *mat.* well-ordered set
~ **domknięty** *mat.* closed set
~ **doskonały** *mat.* perfect set
~ **dyskretny** *mat.* discrete set
~ **dziedziczny** *mat.* hereditary set
~ **gęsty** *mat.* dense set
~ ~ **w sobie** dense in itself set
~ **ilorazowy** *mat.* quotient set
~ **induktywny** *mat.* inductive set
~ **krytyczny** *mat.* critical set; *skj* critical region
~ **liniowy** *mat.* affine variety
~ **miary zero** *mat.* set of measure zero, null set
~ **mierzalny** *mat.* measurable set
~ **na pniu** *roln.* standing crop
~ **nasycony** *mat.* saturated set
~ **nieskończony** *mat.* infinite set
~ **nigdziegęsty** *mat.* nowhere dense set, non-dense set
~ **normalny** *mat.* normal set
~ **ograniczony** *mat.* bounded set
~ **otwarty** *mat.* open set
~ **pierwszej kategorii** *mat.* set of the first category
~ **potęgowy** *mat.* power set
~ **przeliczalny** *mat.* countable set, denumerable set
~ **przesiany** *mat.* sifted set
~ **punktów** *mat.* point pattern
~ ~ **izolowanych** isolated set
~ ~ **regularnych odwzorowania** resolvent set of a transformation
~ **pusty** *mat.* empty set, null set
~ **rekordowy** *roln.* bumper crop
~ **rekurencyjnie przeliczalny** *mat.* recursively enumerable set
~ **rezolwenty** *mat.* resolvent set of a transformation
~ **rozproszony** *mat.* scattered set
~ **skierowany** *mat.* directed set
~ **skończony** *mat.* finite set
~ **słaby** *roln.* poor crop

~ **spójny** *mat.* connected set
~ **terminów znormalizowanych** standard glossary
~ **typu F$_6$** *mat.* F$_6$-set
~ **typu G$_\delta$** *mat.* G$_\delta$-set
~ **ubogi** *roln.* poor crop
~ **uporządkowany** *mat.* ordered set
~ ~ **gęsto** densely ordered set
~ ~ **liniowo** simply ordered set
~ ~ **w sposób ciągły** continuously ordered set
~ **wartości** *mat.* range of values
~ **wypukły** *mat.* convex (set)
~ **z punktem bazowym** *mat.* pointed set
~ **zbalansowany** *mat.* balanced set
~ **zdarzeń elementarnych** *mat.* set of elementary events
~ **znaków** *inf.* character set
~ **zwarty** *mat.* compact set
~ **zwarty i spójny** *mat.* continuum
zblaknąć *v farb.* fade out
zbliźniaczenie *n kryst.* twinning
zbliżać *v* **się** approach
~ ~ **do zera** approach zero
zbliżanie *n* approach
zbliżenie *n kin., TV* close-up
~ **na orbicie** *kosm.* orbital rendezvous
zbliżony do jedności close to unity
zbliżony do okrągłego subcircular, near-circular
zbliżony do wartości krytycznej near-critical
zbliżyć *v* (*dwie rzeczy do siebie*) bring (closer) together
zblocze *n* pulley block, compound pulley
~ **linowe** sheave block
~ **otwierane** snatch block
zblokowanie *n* **przekładni obiegowej** clutch action of epicyclic gear
zbocze *n* slope
~ **impulsu przednie** *elektron.* pulse leading edge
~ ~ **tylne** pulse trailing edge
zboczenie *n* **1.** *fiz.* deviation **2.** *astr.* declination; aberration
~ **magnetyczne** magnetic deviation
~ **wschodnie** *mech.* easterly deviation
~ **z drogi** detour
zboże *n* corn, cereals
~ **jadalne** food grain
~ **jare** spring crops
~ **ozime** winter crops
~ **pastewne** feed grain
~ **porośnięte** sprouted grain
~ **wylegle** laid corn, layer
zbożowiec *m okr.* grain carrier
zbrązowienie *n* **barwy** *szkl.* overstriking (*defect*)
zbrojarnia *f bud.* steel yard
zbrojarz *m bud.* steel fixer
~ **gnący pręty zbrojeniowe** bar bender
zbrojenie *n* **betonu** *bud.* concrete reinforcement
~ **materiałem ściernym** *narz.* charging with abrasive
~ **samonośne** *zob.* **zbrojenie sztywne**
~ **siatką drucianą** *bud.* wire-mesh reinforcement
~ **sztywne** *bud.* rigid reinforcement
zbrojmistrz *m* armourer
zbrojony *a bud.* reinforced
zbrojownia *f* armoury; arsenal, ordnance depot
zbrylanie *n* lumping; caking, agglomeration, balling
zburzenie *n* demolition
zbutwiały *a* musty
zbyt *m ek.* sale, selling
zciemniać *v* darken
ZCl = zapotrzebowanie chloru *san.* chlorine demand
zdać *v* **egzamin** pass an examination; qualify as ...
zdalne przetwarzanie *n* **danych** *inf.* teleprocessing
zdalne sterowanie *n* remote control
zdalny *a* distant-reading (*instrument*); remotely-controlled, remotely operated
zdanie *n* sentence; statement, proposition
zdarcie *n odl.* cuts, washes, erosion, scab (*casting defect*)
zdarzenia *npl* **niezależne** independent events
~ **wzajemnie wykluczające się** mutually exclusive events
zdarzenie *n mat.* event
~ **dopełniające** complementary event
~ **losowe** random event
~ **pewne** certain event
zdatność *f* aptitude; ability
~ **do lotu** *lotn.* airworthiness
~ **do nakładania pędzlem** *farb.* brushability
~ (*materiału*) **do prania** washability
~ (*materiału*) **do przetwarzania** processability
~ (*towaru*) **do przewozu** transportability
~ **do żeglugi** *okr.* seaworthiness
~ **ładunkowa statku** cargoworthiness
~ **użytkowa** (*wyrobu*) fitness for use
zdatny do lotu *lotn.* airworthy, in flying order
zdatny do przewozu ładunku *okr.* cargoworthy
zdatny do użycia serviceable; fit for use, usable
zdatny do wielokrotnego użycia reusable
zdatny do zamieszkania *bud.* habitable
zdatny do żeglugi *okr.* seaworthy
zdatny pod uprawę *roln.* cultivable
zdecentralizowany *a* decentralized
zdecydować *v* make a decision, decide
zdeformować *v* deform
zdegenerowany *a* degenerate
zdejmować *v* take off; remove; dismount, *zob.też* **zdjąć**
~ **izolację** *el.* skin (*the wires*)
~ **nadkład** *górn.* strip the overburden, remove the overburden
~ **olinowanie** *żegl.* unrig
~ **osłony** *lotn.* uncowl
~ **skórę** (*ze zwierzęcia*) skin; flay
zdemontować *v* disassemble, dismantle

zderzać *v* **się** collide
zderzak *m* buffer; bumper; fender; stop
~ **krańcowy** *masz.* end stop
~ **nożycy** *obr.plast.* stop-measuring gear
~ **obrzynarki** *drewn.* cut-off gauge
~ **ograniczający głębokość obróbki** *obr. skraw.* depth stop
~ ~ **wysunięcie materiału** stock stop
~ **torpedy** *wojsk.* torpedo pistol
~ **wychylny** *obr.skraw.* swing stop
zderzenie *n* collision
~ **bez wychwytu** *fiz.* non-capture collision
~ **centralne** *fiz.* central collision
~ **czołowe** head-on collision
~ **drugiego rodzaju** collision of the second kind
~ **jonizujące** ionizing collision
~ **międzycząsteczkowe** intermolecular collision
~ **międzyelektronowe** electron-electron collision
~ **molekularne** intermolecular collision
~ **niesprężyste** inelastic collision, non-elastic collision
~ **pierwszego rodzaju** collision of the first kind
~ **podwójne** binary collision
~ **potrójne** triple collision, three-body collision
~ **rozproszeniowe** scattering collision
~ **sprężyste** elastic collision
~ **w powietrzu** mid-air collision (*of aircraft*)
~ **wielokrotne** multiple collision
zderzyć *v* **się** collide
~ ~ **burtami** *żegl.* fall aboard
~ ~ **czołowo** collide head-on
~ ~ **dziobem** *żegl.* run down
zdjąć *v* **olinowanie** *żegl.* unrig
~ **pętlę** *transp.* unsling
~ **pokrywę** remove a cover
~ **z haka** unhook
~ **z zawiasy** unhinge
~ **ze statku** *żegl.* unship
zdjęcia *npl* **plenerowe** *kin.* outdoor shots, exterior shots
~ **stolikowe** *geod.* plane tabling
~ **wnętrzowe** *kin.* indoor shots
zdjęcie *n* **1.** photograph, shot **2.** *geod.* survey
~ **cieplne** infrared photograph, IR picture, thermal photograph
~ **czaszki** *med.* cranial radiograph
~ **fotomakrograficzne** photomacrograph
~ **fotomikrograficzne** photomicrograph
~ **geologiczne** geological survey
~ **kimograficzne** scanograph, kymogram
~ **kombinowane** *kin.* trick shot
~ **kontrolne** *med.* control radiograph
~ **lotnicze** aerial photograph
~ ~ **perspektywiczne** oblique aerial photograph
~ **migawkowe** snapshot
~ **naziemne** *geod.* ground photograph
~ **nieme** *kin.* mute shot
~ **oscylograficzne** oscillograph record
~ **panoramiczne** *kin.* panning shot
~ **płucne** *med.* chest radiograph
~ **pomiarowe** *geod.* survey
~ **promieniami gamma** gammagraph, γ-ray picture
~ **rentgenowskie** röntgenogram, X-ray picture, exograph, skiagram
~ **skośne** *zob.* **zdjęcie lotnicze perspektywiczne**
~ **trikowe** *kin.* trick shot
~ **w podczerwieni** infrared photograph, IR picture, thermal photograph
~ **warstwowe** *radiol.* tomograph, planeograph, laminograph, laminagraph
zdmuchiwacz *m* **sadzy** *kotł.* soot blower
zdobić *v* decorate, ornament
zdobienie *n* **naszkliwne** *ceram.* overglaze decoration
~ **podszkliwne** underglaze decoration
zdobina *f* *bud.* bead
~ **nitkowa** *szkl.* applied thread, laid-on thread
zdobiony ornamentem roślinnym *arch.* floriated
zdobniczy *a* ornamental
zdobyć *v* **doświadczenie** gain experience
~ **nagrodę** win a prize
~ **rynek** win the market
~ **wiedzę** acquire knowledge
zdolność *f* ability; capacity; aptitude
~ **absorpcji** absorbing capacity, absorptivity, absorbing power
~ **barwienia** dyeing power; staining power
~ ~ **się** dyeability
~ **brodzenia** *mot.* fordability, fording ability
~ **chłodzenia** cooling power; *obr.ciepl.* quenching power
~ **do lutowania twardego** brazability
~ **do odkształceń plastycznych** *obr.plast.* formability
~ **do pracy** working ability
~ **do walcowania** *hutn.* rollability
~ **do wypełniania szczelin** *spaw.* bridgeability
~ **do życia** *biol.* viability
~ **dostosowania się** conformability, adaptability
~ **egalizacji** *farb.* levelling power
~ **emanacyjna** *nukl.* emanating power
~ **emisyjna** *fiz.* emissivity, emissive power
~ **hamowania** *nukl.* stopping power
~ **izolacyjna** insulating property
~ **kiełkowania** *bot.* germination capacity
~ **kompleksotwórcza** *chem.* complexing power, complex forming power
~ **konsumpcyjna** *ek.* consumption capacity
~ **krycia** *farb.* hiding power, covering power
~ **lecznicza** *farm.* therapeutic power
~ **manewrowania** *żegl.* manoeuvrability, manoeuvring quality
~ **mieszania się** miscibility
~ **migracji** migration power (*e.g. of dye*)

~ **moderacji** *nukl.* moderating power, slowing-down power
~ **nabywcza** *ek.* buying power, purchasing power
~ **napełniania** *siln.spal.* breathing capacity
~ **natleniania** *san.* oxygenation capacity
~ **odbijania** (*promieni*) *fiz.* reflecting power
~ **odtleniania** deoxidizing capacity
~ **osadzania się** settleability
~ **parowania** evaporative power
~ **patentowa** patentability
~ **pienienia (się)** foaming power
~ **piorąca** *chem.* detergency, washing power
~ **płatnicza** *ek.* solvency
~ **płynięcia** *obr.plast.* flowability (*of material*)
~ **płytkiego brodzenia** (*bez specjalnego uszczelniania sprzętu*) *wojsk.* shallow fording (ability)
~ **pochłaniania** *fiz.* absorbing capacity, absorptivity, absorbing power
~ **pociągowa** *kol.* hauling capacity
~ **pokonywania wzniesień** *mot.* gradeability, hill climbing ability
~ **prawidłowego działania** performability
~ **produkcyjna** productivity, production capacity
~ **promieniowania** *fiz.* emissivity, emissive power, radiating power
~ **przebiciowa lasera** laser piercing power
~ **przelotowa turbiny parowej** steam flow capacity of turbine
~ **przeładunkowa** *transp.* handling capacity
~ **przemiałowa** grindability (*of material*)
~ **przenikania** *fiz.* penetrating power, penetrability
~ **przenoszenia momentu obrotowego** *masz.* torque capacity
~ **przepustowa** (*kanału*) *inf.* throughput
~ **przepuszczania promieni cieplnych** *fiz.* diathermancy
~ **przewozowa** *transp.* load carrying capacity, transport capacity
~ ~ **pasażerów** passenger carrying capacity
~ **przyjmowania farby drukarskiej** *poligr.* ink receptivity
~ **przystosowania się** compatibility; adaptability; accustomisation
~ **rażenia** *uzbr.* killing power
~ **redukowania** *chem.* reduction capacity
~ **retaliacji** (*w razie ataku nuklearnego*) *wojsk.* second-strike capability
~ **rozdzielcza** *fot.* resolving power, resolution; peak resolution
~ ~ **kryształu** resolution of crystal
~ ~ **w kierunku pionowym** *TV* vertical resolution
~ ~ **w odległości** *rad.* range discrimination, range resolution
~ **rozjaśniania** *farb.* reducing power
~ **rozpraszania** *fiz.* diffusive power
~ **rozpuszczania** dissolving power, solvent power, solvency
~ **rozszczepiająca** *opt.* resolving power (*of a prism*)
~ **skręcania płaszczyzny polaryzacji** *fiz.* rotatory power
~ **spiekania się** caking properties, agglomerating capacity (*of coal*)
~ **spowolniania** *nukl.* moderating power, slowing-down power
~ **sprężynowania** springiness
~ **stopotwórcza** *met.* alloying power
~ **terenu wytrzymywania obciążeń ruchu kołowego** *inż.* trafficability
~ **tłumienia drgań** damping capacity
~ **tworzenia pęcherzy** *szkl.* seeding potential
~ ~ **porów** *tw.szt., gum.* expandibility, expanding property
~ **utleniania** oxidizing capacity
~ **utrzymywania w zawiesinie** suspending capacity, suspending power
~ **wiązania** cementing power
~ **włączania** *el.* making-capacity
~ **wspływania** (*przy flotacji*) floatability
~ **wydobywcza** (*szybu*) *górn.* winding efficiency
~ **wyłączania** *el.* breaking capacity, interrupting capacity
~ **wymienna jonitu** ion-exchange capacity (*of ion exchanger*)
~ **wypełniania porów** *powł.* pore-filling capacity, microthrowing power
~ **wytwarzania dymu** smokiness
~ **wytwórcza** productivity, production capacity
~ ~ **elektrowni wodnej** productibility of a hydro-electric power station
~ **wzrastania** *gum., tw.szt.* expandibility, expanding property
~ **załamująca soczewki** refractive power of lens
~ **zasysania** *siln.spal.* breathing capacity
~ **zatrzymywania wilgoci** moisture-holding capacity
~ **zbierająca ośrodka** *opt.* nu value, constringence
~ **zwilżania** wetting power
~ **żeglugowa** seaworthiness, navigability
zdolny do krystalizacji crystallizable
zdolny do polimeryzacji polymerizable
zdolny do pracy able to work, fit to work
zdolny do przystosowania się compatible, adaptable
zdolny do służby (*sprawny fizycznie*) able-bodied, fit
zdrewniały *a bot.* ligneous, lignified
zdrowienie *n obr.ciepl.* recovery
~ **statyczne** thermal recovery
~ **termiczne** *zob.* **zdrowienie statyczne**
zdrożdżowanie *n spoż.* yeast cultivation (*on starch-containing materials*)
zdrój *m geol.* spring
zdudnianie *n el.* beating-in (*obtaining a beat frequency*)
zdun *m* store fitter

zdwajacz *m* **blach.** *obr.plast.* doubler
zdwajać *v* double
zdwojony *a* doubled; *bot.* binate
zdyskwalifikować *v* disqualify
zdysocjowany *a fiz.* dissociated
zdziczenie *n* **gleby** *roln.* running wild of the soil
zdzieracz *m* **oplątu** (*kokonów*) floss remover
zdzierać *v* tear off; strip; peel
zdzierak *m narz.* **1.** coarse file, rough file **2.** *obr.skraw.* heavy-duty tool **3.** jack plane, scrub plane
~ **do toczenia wzdłużnego i poprzecznego** heavy-duty turning and facing tool
~ **okrągły wygięty** cranked round nose turning tool
zdzieranie *n obr.skraw.* roughing; (*ściernicą*) snagging
zdzierarka *f* **1.** (*do opon*) *gum.* splitting machine **2.** *drewn.* friction barker
ze stałą szybkością at a uniform rate
ze względów organizacyjnych... for organizational reasons...
zebra *f* zebra (street) crossing
zebrać *v* **załogę statku** *żegl.* muster the crew
zebranie *n* meeting
~ **plenarne** plenary meeting
zecer *m poligr.* compositor, type-setter
zecernia *f poligr.* composing room
zefir *m meteo.* zephyr, gentle breeze
zegar *m* clock; time-piece
~ **archeologiczny** radioactive clock
~ **atomowy** atomic clock, atomichron
~ ~ **amoniakalny** ammonia clock
~ ~ **z generatorem cezowym** cesium--beam atomic clock
~ **bijący** chiming clock, chime clock
~ **biologiczny** biological clock
~ ~ **endogenny** (*organizmu*) endogenous self-sustaining oscillatory clock, ESSO
~ **czasu bieżącego** *inf.* real-time clock
~ **do naświetlań** exposure (timing) clock, exposure timer
~ **elektryczny** electric clock
~ **główny** (*elektryczny*) central clock, master clock, primary clock
~ **grający** chiming clock, chime clock
~ **gwiazdowy** *nawig.* astronomical clock
~ **kontrolny (rejestrujący)** employee's time recorder
~ **kurantowy** chiming clock, chime clock
~ **kwarcowy** quartz clock, crystal clock
~ **-matka** central clock, master clock, primary clock
~ **molekularny** molecular clock
~ **nakręcany raz na 400 dni** anniversary clock, four-hundred-day clock
~ **normalny** standard clock, standard time transmitter, synchrometer
~ **obciążnikowy** weight clock
~ **piaskowy** hourglass
~ **pierwotny** (*elektryczny*) central clock, master clock, primary clock
~ **podłogowy** grandfather clock
~ **słoneczny** sundial
~ **sprężynowy** spring clock
~ **stojący** *zob.* **zegar szafkowy**
~ **szafkowy** grandfather clock
~ **układu cyfrowego** *aut.* master clock of a digital system
~ **wahadłowy** pendulum clock
~ **wieżowy** turret clock
~ **wsadowy** *odl.* charge indicator
~ **wtórny** (*elektryczny*) secondary clock, affiliated clock, slave clock
~ ~ **impulsowy** electric impulse dial
~ **wzorcowy** standard clock, standard time transmitter, synchrometer
zegarek *m* watch
~ **antymagnetyczny** non-magnetic watch
~ **kieszonkowy** pocket watch
~ **kotwicowy** lever watch
~ **naręczny** wrist watch
~ **z naciągiem samoczynnym** self-winding watch
zegarmistrz *m* watch-maker, clock-maker
zegarmistrzostwo *n* watch-making; horology
zegarmistrzowski *a* horological
zegarynka *f* speaking clock
zeina *f biochem.* zein
zejściówka *f okr.* companion (way)
zejść *v* **z kursu** *nawig.* get off the course; *żegl.* fall off, fall away
~ **z mielizny** refloat (*a ship*)
~ **z wiązki prowadzącej** *rad.* get off the beam
~ **z wyznaczonej orbity** *kosm.* abort from orbit; deorbit
~ **ze statku** disembark
zelektryfikowany *a* electrified
zeligmanit *m min.* seligmannite
zelówka *f* sole
zelżeć *v* (*o wietrze, sztormie*) abate
zemdlenie *n med.* swoon
zendra *f* = **zgorzelina** *hutn.* scale
zendrowanie *n* = **usuwanie zgorzeliny** *hutn.* scaling, de-scaling, scale removal
zendrówka *f bud.* overburned brick, burr
zenit *m astr.* zenith
zeolit *m min.* zeolite
zeolityzacja *f min.* zeolitization
zeotrop *m fiz.* zeotrope
zeotropia *f fiz.* zeotropy
zeotropowy *a* zeotropic
zepsuć *v* spoil; put out of order
~ **się** go out of order; break down; decay, go bad
zepsuty *a* out of order; broken down; spoiled; bad
zero *m* zero, naught, nought, null
~ **bezwzględne** *fiz.* absolute zero
~ **elektryczne** (*selsyna*) electrical zero
~ **hydrograficzne** *zob.* **zero mapy**
~ **mapy** *żegl.* chart datum
~ **mechaniczne** *metrol.* mechanical zero
~ **nieznaczące** *inf.* left-hand zero, leading zero
~ **pływów** *ocean.* tidal datum (plane)

zerowanie *n* **1.** *el.* neutralization; neutral earthing, neutral grounding **2.** *inf.* clearing **3.** *metrol.* setting to zero, zeroing, zero adjustment
zerowartościowy *a* *chem.* zero-valent
zerownik *m* *rys.* drop compasses, rotating compasses, drop pen, fixed centre spring bows, twirler
zerowość *f* *mat.* nullity
zerowymiarowy *a* zero-dimensional
zerwać *v* **się** (*z cum lub kotwicy*) *żegl.* break adrift
zerwanie *n* rupture, break
~ **ciągłości** *mech.pł.* solution of continuity
~ **formy** *odl.* sand wash (*in a mould*)
~ **gwintu** *masz.* thread stripping
~ **się wsadu** *hutn.* slip of the charge (*in a blast-furnace*)
~ **umowy** breach of contract
zeskalanie *n* *geol.* petrifaction
zespalać *v* integrate; combine
zespolony *a* **1.** *mat.* complex **2.** *masz.* combined
zespół *m* **1.** *masz.* assembly; set; unit; gang; battery; bank **2.** complex **3.** team, group (*of workers*) **4.** *med.* complex, syndrome
~ **aktywny** *chem.* activated complex, transition complex
~ **antenowy choinkowy** *rad.* pine-tree array
~ ~ **wielokrotny** *rad.* multielement array
~ **cewek odchylających** *TV* deflection yoke
~ **chłodniczy** refrigerating unit
~ **ciągły walcarek wstępnych** *obr.plast.* continuous roughing set of rolling stands
~ **cząstek** *fiz.* ensemble (*of particles*)
~ **diod** (*we wspólnej obudowie*) *elektron.* diode pack
~ **dmuchawa tłokowa-silnik** *hutn.* blast engine
~ **do ładowania akumulatorów** *el.* battery-charger
~ **do nitowania** (*dociągacz i zakownik*) combined rivet set
~ **dysza-śruba** *okr.* ducted propeller, Kort nozzle
~ **działek sprzężonych** *lotn.* gunpack
~ **dźwigni** lever train, compound lever
~ **frezów** *obr.skraw.* gang-type cutter, milling gang
~ **funkcjonalny** *inf.* functional unit
~ **genów** *biol.* gene complex
~ **grandkanoniczny** *fiz.* grand canonical ensamble, grand canonical statistical function
~ **kanoniczny** *fiz.* canonical ensemble, canonical distribution
~ ~ **wielki** *zob.* **zespół grandkanoniczny**
~ **kaskadowy** *masz.el.* cascade set
~ **komory spalania** (*w turbinie gazowej*) combustor
~ **kół zębatych współosiowych** gear cluster
~ **kruszarek stęporowych** *wzbog.* stamp battery
~ **lufy działa** *uzbr.* gun body
~ **łopatek** blade pack (*for a turbine*)
~ **miejski** urban aggregate, conurbation
~ **mikrokanoniczny** *fiz.* microcanonical ensemble
~ **modelowy** *odl.* pattern equipment
~ **modularny** *masz.* building block
~ **napędowy** power unit
~ ~ **pomocniczy** auxiliary power unit, APU
~ **nasłuchowo-rozmównicy** *tel.* telephone and trunk panel
~ **noży** *obr.skraw.* gang tool
~ **obwodów elektrycznych** circuitry
~ **oceniający** (*w analizie sensorycznej*) sensory panel
~ **odchylający** (*kineskopu*) *TV* deflection yoke
~ **odczytu/zapisu** *inf.* read-write head, combined head
~ **odczytujący i dziurkujący** *inf.* read-punch unit
~ **okienny** (*dwu- lub wieloszybowy*) *bud.* glazing unit
~ **opornik-kondensator** *el.* resistor-capacitor unit, rescap
~ **oporopowrotnika** *uzbr.* recoil system
~ **oprzyrządowania** (*rakiety*) *kosm.* instrument unit, IU
~ **parowo-prądnicowy** steam-electric generating set
~ **pokładów równoległych** *geol.* sheeted zone
~ **połączeniowy** (*w systemie crossbar*) *telef.* junctor
~ **pomiarowy** *aut.* measuring unit
~ **popychaczy** *siln.spal.* tappet gallery
~ **pośredni** (*walcarek*) intermediate train
~ **prądnicowy** *el.* generating set
~ ~ **z silnikiem wysokoprężnym** diesel-electric generating set
~ **prądotwórczy** *el.* generating set
~ **przepompowujący** *chem.* pumparound
~ **przewodów** (*do danego urządzenia*) *el.* wiring harness
~ **reakcji** *chem.* reaction network
~ **reakcyjny aktywny = kompleks aktywny** *chem.* activated complex, transition complex
~ **reanimacyjny** *med.* resuscitation group
~ **relatywistyczny** *fiz.* relativistic ensemble
~ **resorowy lokomotywy** spring rigging of a locomotive
~ **roślinny** *bot.* unit of vegetation
~ **silnik-pompa** pumping engine
~ **silnik-śmigło** *lotn.* engine-propeller unit
~ **silnikowo-prądnicowy** *el.* motor-generator
~ **silnikowy** power plant
~ ~ **pomocniczy** auxiliary power unit, APU
~ ~ **przenośny** power-pack
~ **soczewek** *opt.* compound lens

~ **sprężarkowy** compressor unit
~ **sprężyn** *masz.* combination spring, grouped spring
~ **stacji radiowych w systemie Decca** *nawig.* Decca chain
~ **statystyczny** *fiz.* statistical ensemble, representative ensemble, Gibbs ensemble
~ **stykowy** *el.* contact (system)
~ **szczotkowy** *el.* brush gear
~ **talerzowy** (*brony*) disk gang
~ **trakcyjny** *kol.* articulated train
~ **turbinowo-prądnicowy** *el.* turbo-generator
~ **uderzeniowy młota** *obr.plast.* striking parts of a hammer
~ **urządzeń sygnalizacyjnych** signalling system
~ ~ **wyrzutni rakietowej** launch complex
~ **walcarek** *hutn.* roll train, roll line
~ ~ **pośrednich** intermediate train
~ ~ **wstępnych** roughing train
~ ~ **wykończających** finishing train
~ **walcowniczy** *hutn.* roll train, roll line
~ **wałów** *masz.* shafting
~ **wiertarek** (*przystosowany do kolejnych operacji na tej samej części*) gang drill press
~ **wkładalny** (*z wtyczkami łączeniowymi*) *elektron.* plug-in unit
~ **wstępny** (*walcowni*) roughing train, roughing group
~ ~ **blokowy** (*walcowni*) monoblock roughing train
~ **wtryskowy** *siln.spal.* fuel injection unit
~ **wtyczkowy** *el.* plug-and-socket
~ **wykończający** (*walcarek*) *hutn.* finishing train
~ **wytwórczy** *el.* generating set
~ ~ **cieplno-elektryczny** thermo-electric generating set
~ ~ **wodno-elektryczny** hydro-electric generating set
~ **zintegrowany wielkoskalowo** *elektron.* superhybrid, hybrid giant
~ **zunifikowany** (*konstrukcyjny*) building block, module
zespórka *f kotł.* stay-bolt
~ **ruchoma** expansion staybolt
~ **stała** rigid staybolt, common staybolt
zestalać *v* **(się)** solidify, consolidate
zestalanie *n* solidification
~ **przez wymrażanie** gelation
~ **się** solidification
~ ~ **wymalowania** *farb.* setting-up
zestalony *a* solidified
zestaw *m* **1.** set; kit **2.** *ceram., szkl.* batch
~ **barek** (*holowanych lub pchanych*) train of barges
~ **chłodniczy** unit refrigerating system
~ **części składowych nadwozia** *mot.* body set
~ ~ **zapasowych** parts kit, set of spares
~ **do miareczkowania** *chem.* titration assembly
~ **do nadzorowania** (*chorego*) control equipment, monitoring unit
~ ~ ~ **w sali operacyjnej** anaesthesia column, surgery monitoring unit
~ **do naprawy dętek** *mot.* tyre patch kit
~ **do spalań** *chem.* combustion train
~ **do wierceń rdzeniowych** *wiertn.* core drill rig
~ **do zabiegu** *med.* service accessories
~ **dyszowy** *hutn.* tuyère assembly (*in a blast-furnace*)
~ **holowany** towing train, tow (*of barges*)
~ **intensywnego nadzoru** *med.* control equipment, monitoring unit
~ **kieszonkowy do insuliny** *med.* insulin pocket set
~ **kolana dyszowego** (*wielkiego pieca*) tuyère stock assembly
~ **kołowy** *kol.* axle set, wheel set
~ **komputera** computer system, computer configuration
~ **krytyczny** *nukl.* critical assembly
~ **malarski przeciwkorozyjny** anti-rust paint system
~ **mocy zerowej** *nukl.* zero-power reactor
~ **modularny** *bud.* modular set
~ **naczepowy** *mot.* tractor-semitrailer unit, articulated unit
~ **naprawczy** repair kit
~ **narzędzi** (*w opakowaniu*) tool kit
~ **paliwowy** *nukl.* fuel assembly
~ **pchany** (*barki i pchacz*) push train (*of barges*)
~ **pławnic sardynkowych** *ryb.* sardinal net
~ **pławnicowy** *ryb.* fishing fleet
~ **podkrytyczny** *nukl.* subcritical assembly
~ **pomiarowy** *el.* measuring set
~ **probierczy** *el.* testing set, tester
~ **próbny** *zob.* **zestaw probierczy**
~ **przekaźnikowy** *el.* relay set
~ **przyczepowy** *mot.* tractor-trailer unit, tractive unit, road train
~ **reaktorowy** *nukl.* reactor assembly
~ **rysunkowy** set of drawing instruments
~ **sit znormalizowanych** standard sieve set
~ **składników** set of components; *ceram., szkl.* batch
~ ~ **mieszanki** composition, blend
~ **słupowy do matryc** *obr.plast.* die set
~ **soczewek okulistycznych do badania wzroku** *med.* trial lenses
~ **wiertniczy** drilling equipment, drilling rig
~ **wlewnic do syfonowego odlewania** *hutn.* bottom pouring set-up, mould assembly for bottom pouring
~ **wozów** *górn.* string of cars
~ **wskaźników** (*na tablicy przyrządów*) *mot.* instrument cluster
~ **wykładniczy** *nukl.* exponential assembly
~ **żużlowy** *hutn.* cinder notch assembly
zestawiacz *m szkl.* mixer
zestawiać *v* set up; match; put together; compile

zestawianie *n* **ciągów rur** (*wydobywczych, okładzinowych*) *wiertn.* stringing
~ **łączy** *tel.* circuit switching
~ **mieszanki** blending
~ **w tablice** tabulation
zestawiarnia *f szkl.* batch house, mixing room
zestawienie *n* **1.** setting-up; matching; juxtaposition **2.** statement
~ **bilansowe** *ek.* balance scheet
~ **kosztów** *ek.* statement of expenses
zestrajanie *n* (*obwodów*) *rad.* aligning; trimming
zestrój *m* **radiolokacyjny** radar system
zestrzelić *v* (*samolot*) shoot down, bring down (*an aircraft*)
zestyk *m el.* contact (system), set of contacts, pair of contacts
~ **bliźniaczy** twin contact
~ **czołowy** *zob.* **zestyk dociskowy**
~ **dociskowy** butt contact
~ **jednoprzerwowy nieprzełączny** single-pole single-throw contacts, SPST contacts
~ ~ **przełączny** single-pole double-throw contacts, SPDT contacts
~ **mostkowy** bridge contact
~ **opalny** arcing contact
~ **przechodni** *zob.* **zestyk przelotowy**
~ **przelotowy** impulse contact
~ **przełączny** two-way contact, double-throw contact
~ ~ **bezprądowy** break-before-make contact
~ ~ **pod prądem** make-before-break contact
~ **rozwierny** break contact, normally closed contact
~ **szybkodziałający** snap-action contact
~ **ślizgowy** *tel.* sliding contact
~ **toczny** rolling contacts
~ **wybiorczy** two-way contact with neutral position
~ **zwierny** make contact, operating contact
zeszklenie *n* vitrification
zeszklić *v* **(się)** vitrify
zeszlifować *v obr.skraw.* grind off
zeszpecić *v* uglify, disfigure
zesztywnieć *v* stiffen
zesztywnienie *n med.* rigor
ześlizg *m* **1.** skid **2.** *lotn.* sideslipping
~ **elektrody** (*przy zgrzewaniu oporowym*) *spaw.* electrode skid
~ **łodziowy** (*łodzi ratunkowej*) boat scate
~ **szyny prądowej** *kol.el.* trailing ramp
ześrubowywać *v* bolt, fasten with bolts
zetknąć *v* bring into contact, bring together
~ **się** come into contact, touch
zetknięcie *n* contact
zetownik *m* Z-bar, zed, zee
zetowniki *mpl* **stalowe** Z-iron
zetrzeć *v* (*z powierzchni*) efface, erase
zeugogeosynklina *f geol.* zeugogeosyncline, yoked basin
zeuneryt *m min.* zeunerite
zew *m telef.* ringing
zewnątrzjądrowy *a fiz.* extranuclear
zewnątrzpochodny *a biol.* exogenous
zewnętrzny *a* outer; external; extrinsic
zewnik *m telef.* ringer
zez *m med.* strabismus, heterotropia, squint
~ **zbieżny** convergent strabismus, esotropia, cross-eye
zezwolenie *n* permission, permit; clearance
~ **na lądowanie** landing clearance
~ **na wywóz** export licence
~ **na zapis** *inf.* write enable
zezwój *m el.* coil
~ **cięciwowy** chorded coil
~ **jednozwojowy** single-turn coil
~ **martwy** idle coil, dummy coil
~ **o poskoku skróconym** short pitch coil
~ **średnicowy** full-pitch coil
~ **twornika** armature coil
~ **wielozwojowy** multiple-turn coil
zębak *m* **podłużny** *narz.* tooth axe (*for stone dressing*)
~ **poprzeczny** (stone) facing hammer
zębatka *f masz.* rack, toothed bar
~ **kierownicza** *mot.* steering rack
~ **o zębach skośnych** helical rack
~ **o znormalizowanym zarysie zębów** basic rack
~ **ramowa** counterpart racks
~ **współpracująca z kołem zębatym walcowym** generator rack of a wheel
zębato zwieńczony *arch.* castellated
zębaty *a masz.* toothed, cogged
zębina *f anat.* dentin(e)
zębnik *m* pinion
~ **godzinowy** *zeg.* centre pinion
~ **kierowniczy** *mot.* rack pinion of a steering gear
~ **naciągowy** *zeg.* winding pinion
~ **pośredni** *zeg.* third pinion
~ **sekundowy** *zeg.* fourth pinion
~ **wychwytowy** *zeg.* escape pinion
~ **zalotowy** *zeg.* warning pinion
zębodół *m anat.* tooth socket, alveolus (*pl* alveoli)
zęby *mpl masz.* teeth
~ **przestawne** staggered teeth
~ **współpracujące** intermeshing teeth
zęza *f okr.* bilge, limber
zgadzać *v* **się 1.** agree, accept **2.** correspond; answer; tally
~ ~ **na warunki** accept terms
~ ~ **z opisem** answer the description
~ ~ **z próbką** correspond with the sample
zgalaretowaciały *a* jellied
zgar *m odl.* melting loss
zgarniacz *m* **1.** *inż.* drift fender (*in hydro-electric plants*) **2.** *hutn.* sweep-off gear; kick-off gear **3.** *papiern.* doctor
~ **siana** (*ciągnikowy*) *roln.* hay sweep, sweep rake, buck rake
zgarniaczka *f odl.* straightedge, strike rod
zgarniać *v* scrape; strike off; skim

zgarniak *m* **1.** scraper bucket **2.** *odl.* straightedge, strike rod
zgarnianie *n* **grabiami** raking
~ **masy formierskiej** *odl.* striking off the sand
~ **na grubość** *odl.* thicknessing
~ **z powierzchni** (*np. piany*) skimming
zgarniarka *f* **1.** *masz.* scraper **2.** *bud.* carryall
~ **kołowa** wheel scraper
~ **linowa** drag-line scraper, track cable scraper
~ **motykowa** *górn.* hoe scraper
~ **tylnozsypna** rear dump scraper
~ **włókowa** drag-line scraper
zgasić *v* **lampę** switch-off a lamp
~ **łuk** *spaw.* snuff out the arc
~ **płomień** put out, extinguish a flame
zgaśnięcie *n* **silnika** (*wskutek przeciążenia*) *siln.spal.* stall
~ ~ **odrzutowego** *lotn.* flameout (*of a jet engine in the air*)
zgazowanie *n* gasification
~ **podziemne** *górn.* underground gasification (*of coal*)
~ **w pokładach** *zob.* **zgazowanie podziemne**
~ **węgla** coal gasification
zgazowywać *v* gasify
zgęstnieć *v* thicken, become thick
zgęszczać *v* condense; compress
zgęszczenie *n* **uderzeniowe** *aero.* shock compression
zgięcie *n* bend, flexure
~ **ku tyłowi** *anat.* retroflexion
~ **rurowe** pipe bend
~ ~ **fałdziste** creased pipe bend
zginacz *m* (*mięsień*) *anat.* flexor
zginać *v* bend; flex
zginanie *n* *wytrz.* bending
~ **czyste** pure bending
~ **kołowo-symetryczne płyty** symmetrical bending of a circular plate
~ **na zimno** cold bending
~ **walcowe płyty** bending of a plate to a cylindrical surface
zgład *m* *met.* microsection; metallographic specimen, polished section
zgłaszający *m* (*np. patent*) applicant
zgłębnik *m* **1.** sampler, trier, dipper, stabber; *chem.* sampling tube, thief tube **2.** *med.* bougie, catheter
~ **igłowy** *med.* needle catheter
~ **-rozszerzacz** *med.* dilation probe
~ **rurowy** pipe sampler, sampling tube
~ **stomatologiczny** dental probe
zgłosić *v* **pretensję** lay claim to ...
~ **reklamację** raise a complaint
~ **wniosek racjonalizatorski** propose an improvement
zgłoszenie *n* *ek.* declaration, entry; application, notice
~ **abandonu** *żegl.* notice of abandonment
~ **do odprawy celnej** customs entry
~ **do ubezpieczenia** application for insurance
~ **patentowe** patent application
~ **przetargowe** bid
~ **statku** (*w urzędzie portowym*) ship's entry
zgniatacz *m* *hutn.* cogging mill, breakdown mill
~ **kęsisk kwadratowych** blooming mill, bloomer
~ ~ **płaskich** slab mill, slabbing mill
zgniatać *v* crush; squeeze; squash
zgniatanie *n* crushing; squeezing; squashing
~ **obrotowe** *obr.plast.* roll flowing, roll forming, rotary extrusion, flow turning, power spinning, hydrospinning, spin forging, shear spinning
zgniatarka *f* plodder (*in soap manufacture*)
zgniecenie *n* **rury** collapse of a tube
zgnilizna *f* *drewn.* decay; rot
~ **miękka** advanced decay
~ **rdzeniowa** heart decay
~ **składowa** storage decay
~ **twarda** incipient decay
zgniły *a* rotten, putrid
zgniot *m* *met.* cold work
~ **drewna** (*pękanie wskutek ściskania*) upset of wood
~ **fazowy** *met.* internal work-hardening
~ **krytyczny** *met.* critical degree of deformation, critical strain, threshold strain
~ **wewnętrzny** *zob.* **zgniot fazowy**
zgniotek *m* **1.** *uzbr.* crusher (gauge) **2.** *górn.* crusher block
~ **drewniany** *górn.* wooden cushion piece
zgodnie z harmonogramem on schedule
zgodnie z instrukcją as instructed
zgodnie z kierunkiem ruchu wskazówek zegara clockwise; *żegl.* with the sun
zgodnie z normą in accordance with a standard, in compliance with a standard, in conformity with a standard, up to the standard
zgodnie z planem according to plan
zgodnie z praktyką consistent with practice
zgodnie z prawem *fiz.* in accordance with a law, in obedience to a law
zgodnie z umową according to contract
zgodnie z wyszczególnieniem as per details
zgodnie z zamówieniem as per order, as ordered
zgodnie ze wzorem up to the pattern
zgodnie ze zwyczajem as customary
zgodność *f* *mat.* compatibility; conformity; consistence
~ **estymatora** *mat.* consistency of an estimator
~ **faz** *fiz.* phase coincidence
~ **rozkładów** *mat.* goodness of fit
zgodny *a* compatible; consistent; conforming
zgodny z prawem lawful, legal
zgorzel *f* *med.* gangrene
~ **gazowa** gas gangrene
zgorzelina *f* *hutn.* scale

~ **kuźnicza** forge scale, hammer scale
~ **piecowa** fire scale
~ **powstająca w czasie wyżarzania** annealing scale
~ **słoneczna** *drewn.* bark scorch
~ **walcownicza** rolling scale, mill scale
~ **zawalcowana** rolled-in scale
zgotowanie *n* (*wada szkliwa*) *ceram.* boiling
zgrabiarka *f* *roln.* rake (*wheeled implement*), go-devil
zgromadzenie *n* **ogólne** (*organizacji*) general assembly
zgrubiak *m* (*do pił*) *narz.* swage, swager
zgrubienie *n* boss; shoulder; *med.* induration
~ **pierścieniowe** bead, shoulder
~ **powłoki** (*na brzegach malowanej powierzchni*) fat edge, bead
zgrubnie *adv* roughly
zgrubny *a* rough
zgryz *m* (*zębów*) *med.* occlusion, bite
zgrzeblarka *f* *włók.* carding engine, carding machine
~ **pokrywkowa** flat card
~ **wałkowa** roller card
~ **wstępna** breaker card
zgrzeblenie *n* *włók.* carding
zgrzebliny *pl* *włók.* card waste
zgrzeblisko *n* *papiern.* bedplate, bed knives, ground works
zgrzebło *n* **1.** horse-comb, curry-comb 2. scraper (*of a drag conveyor*)
zgrzeina *f* (pressure) weld
~ **ciągliwa** tough weld
~ **czysta** clean weld
~ **doczołowa** butt weld
~ **dwupunktowa** duplex spot weld
~ **garbowa** projection weld
~ **iskrowa** flash weld
~ **kołkowa** stud projection weld
~ **kołowa** all around weld
~ **krzyżowa** (*między skrzyżowanymi prętami*) cross wire weld
~ **liniowa** seam weld
~ ~ **zgniotowa** mash seam weld
~ **obwodowa** circular weld
~ **oporowa** resistance weld
~ **pozorna** (*blachy przyklejonej*) dud weld
~ **przegrzana** burned weld
~ **punktowa** spot weld
~ ~ **przyklejona** stuck spot weld
~ ~ **szeregowa** straight line spot weld
~ **spalona** (*wykonana zbyt dużym prądem*) burned weld
~ **tarciowa** friction weld
~ **udarowa** percussion weld
~ **zakładkowa** lap(ping) weld
~ **zamykająca** closure weld
~ **zgniotowa** cold pressure weld
~ **zwarciowa** upset weld
zgrzewać *v* weld, *zob.też* **zgrzewanie**
zgrzewadło *n* (hand) welder
~ **dźwigniowe** lever gun welder
~ **nożycowe** pinch welder
~ **pistoletowe** welding gun, gun welder; poke gun
~ **punktowe** portable spot welder
zgrzewalność *f* weldability
zgrzewalny *a* weldable
zgrzewanie *n* (pressure) welding; bonding
~ **cierne** friction welding, spin welding, friction bonding
~ **doczołowe** butt welding; upset welding
~ **drutów na krzyż** cross-wire welding
~ **dyfuzyjne** diffusion welding, diffusion bonding
~ **elektryczne** electric welding
~ ~ **oporowe** electric resistance welding, ERW
~ **garbowe** projection welding
~ **gazowe** pressure gas welding
~ ~ **zwarciowe** closed-joint pressure gas welding
~ **gęstym ściegiem punktowym** stitch welding
~ **indukcyjne** induction welding
~ **iskrowe** flash welding
~ **jednopunktowe** single-spot welding
~ **kołkowe** stud projection welding
~ **kondensatorowe** capacitor discharge welding
~ **kuźnicze** forge welding, blacksmith welding, hammer welding
~ **liniowe** seam welding, line welding
~ ~ **obwodowe** circular seam welding
~ **liniowo-doczołowe** butt seam welding
~ **matrycowe** die welding
~ **mikropołączeń** *elektron.* microminiature circuit welding
~ **na zakładkę** lap welding
~ **na zimno** cold welding
~ **ogniskowe** forge welding, blacksmith welding, hammer welding
~ ~ **przez walcowanie** roll welding
~ **opakowań** (*z tworzyw sztucznych*) heat sealing
~ **oporowe** resistance welding
~ **perkusyjne kondensatorowe** capacitor-discharge percussive welding
~ **punktowe** spot welding
~ ~ **elektrodami krążkowymi** roll spot welding
~ ~ **pistoletem ręcznym z prostą elektrodą** poker welding, push-gun process
~ **skośne w połączeniach narożnych** miter welding
~ **stykowe** contact welding
~ **tarciowe** friction welding, spin welding, friction bonding
~ **termitowe** pressure thermit welding
~ **udarowe** percussion welding
~ **ultradźwiękowe** ultrasonic welding
~ **w strumieniu gorącego gazu** *tw.szt.* hot gas welding
~ **walcowaniem** roll welding
~ **wielogarbowe** multiple-projection welding
~ **wieloimpulsowe** pulsation welding, woodpecker welding
~ **wielopunktowe** multiple-spot (resistance) welding

~ **wybuchowe** explosive welding, explosive bonding
~ **zgniotowe** cold pressure welding, mash welding
~ **zwarciowe** upset welding
zgrzewarka *f* **1.** *masz.* welder, welding machine **2.** (*do opakowań*) heat sealer
~ **akumulatorowa** battery welder
~ **cierna** friction welder
~ **do opakowań** (*z tworzyw sztucznych*) heat sealer
~ **dwupunktowa** duplex spot welder
~ **garbowa** projection welder
~ **gazowa** gas pressure welder
~ **impulsowa** (*do tworzyw sztucznych*) thermal impulse heat sealing machine
~ **iskrowa** flash welder
~ **kondensatorowa** capacitor discharge welder
~ **liniowa** seam welder
~ ~ **o dwóch kierunkach zgrzewania** universal seam welder
~ ~ **o jednym kierunku zgrzewania** standard seam welder
~ **oporowa** resistance welder
~ **prostownikowa** rectifier welder
~ **punktowa** spot-welding machine, spot welder
~ ~ **kleszczowa** plier spot welder
~ ~ **o docisku mechanicznym** press-type spot welder
~ ~ **przenośna** portable spot welder
~ ~ **wieloelektrodowa** multi-electrode spot welder, multi-point spot welder
~ ~ **ze zgrzewadłem pistoletowym** gun-type spot welder
~ **tarciowa** friction welding machine
~ **wielopunktowa** multi-electrode spot welder, multi-point spot welder
~ **zgniotowa** pressure welding machine
zgubić *v* **wiązkę prowadzącą** *rad.* lose the beam
ziarenko *n* granule
ziarenkowiec *m* (*bakteria*) coccus (*pl* cocci)
ziarnina *f* *med.* granular tissue
ziarnistość *f* **1.** granularity; *fot.* graininess; grain coarseness **2.** (*wada powłoki malarskiej*) seediness, pepperiness
ziarnisty *a* **1.** granular; grainy **2.** discrete
ziarnkownica *f* *wybuch.* corning mill (*of black powder*)
ziarno *n* **1.** *bot.* grain; bean **2.** *kryst.* crystallite
~ **browarniane** brewer's grain
~ **byłego austenitu** *met.* former austenite grain, prior austenite grain
~ **czystego metalu rodzimego** *min.* nugget
~ **kakaowe** cocoa seed, cacao seed, cocoa bean
~ **kawy** coffee bean
~ **krystaliczne** crystal grain
~ **kwalifikowane** *roln.* certified seed
~ **luzem** *transp.* grain in bulk
~ **materiału pędnego** grain of (rocket) propellant
~ **prochowe** *wybuch.* powder grain
~ **siewne** *roln.* seed-grain, sowable seed
~ **słodownicze** *ferm.* brewer's grain
~ **ścierne** abrasive grain, abrasive grit, cutting particle
~ **wielościenne** *kryst.* polyhedral grain
~ **wtórne** *cukr.* secondary grain
~ **zaokrąglone** (*np. piasku*) sub-angular grain
~ **zaprawione** *roln.* imbibed grain
ziarnoszczelny *a* grain-tight
ziarnowanie *n* *poligr.* (*plate*) graining
~ **prochu** graining of powder
ziarnówka *f* *poligr.* plate graining machine, grainer
ZIBJ = Zjednoczony Instytut Badań Jądrowych (*Dubna, ZSRR*) Joint Institute for Nuclear Research (*USSR*)
zielarstwo *n* herb cultivation, herborization
ziele *n* herb
~ **angielskie** (*przyprawa z owoców korzennika lekarskiego*) *spoż.* all-spice
zielenice *fpl* *bot.* green algae, *Chlorophyceae*
zieleniec *m* **1.** *petr.* greenstone **2.** lawn; square
zieleń *f* **1.** *barwn.* green **2.** *arch.* greens
~ **bromokrezolowa** bromocresol green
~ **butelkowa** bottle-green
~ **chromowa** chrome green
~ **Guigneta** permanent green, Guinet green, viridian
~ **kobaltowa** cobalt green, Rinmann's green
~ **malachitowa** malachite green, benzaldehyde green
~ **miedziana** green verdigris
~ **paryska** Paris green, Schweinfurth green, emerald green
~ **pruska** Prussian green
~ **Rinmanna** cobalt green, Rinmann's green
~ **szmaragdowa** permanent green
~ **szwajnfurcka** Paris green, Schweinfurth green, emerald green
~ **szwedzka** Scheele's green
zielonkawy *a* greenish
zielonki *fpl* *roln.* soilage, green fodder
zielony *a* **1.** green **2.** (*niedojrzały*) green
zielony promień *m* (*po zachodzie i przed wschodem słońca*) *meteo.* green flash
zielsko *n* weed
Ziemia *f* *astr.* Earth
ziemia *f* **1.** earth; ground **2.** *roln.* land; soil **3.** *el.* earth
~ **bieląca** fuller's earth, bleaching earth, bleaching clay
~ **czarna** *gleb.* black earth
~ **diatomitowa** diatomaceous earth, infusorial earth, diatomite, kieselguhr
~ **fulerska** fuller's earth, bleaching clay, bleaching earth
~ **kolońska** *farb.* Cologne earth, Cassel earth, Van Dyke brown
~ **odbarwiająca** fuller's earth, bleaching clay, bleaching earth

~ **okrzemkowa** diatomaceous earth, infusorial earth
~ **orna** arable land
~ **santorynowa** *ceram.* Santorin earth
~ **uprawna** cultivated land
~ **włoska** *farb.* terra di Siena
ziemie *fpl* **alkaliczne** alkaline earths
~ **cerytowe** *chem.* cerium earths
~ **itrowe** *chem.* yttrium earths
~ **rzadkie** *chem.* rare earths
ziemiopłody *pl* agricultural produce, crops
ziemniak *m bot.* potato, *Solanum tuberosum* L.
~ **sadzeniak** seed potato
~ **słodki** sweet potato, *Ipomaea batatas*
ziemniaki *mpl* **parowane** (*pasza*) steamed potatoes
ziemnowodny *a* amphibian
ziemski *a* terrestrial
zimne krople *fpl odl.* cold shots (*casting defect*)
zimne pęknięcie *n spaw.* cold crack (*defect*)
zimne światło *n* (*świecenie luminescencyjne*) cold light
zimnica *f* **1.** *zool.* dab, *Limanda limanda* **2.** *med.* malaria
zimnokrwisty *a zool.* cold-blooded
zimny *a* **1.** cold **2.** *nukl.* cold
zimoodporność *f roln.* winter hardiness
zimotrwałość *f zob.* **zimoodporność**
zimowanie *n* wintering
zimowisko *n* (*statków*) wintering harbour
zimowit *m bot.* colchicum, *Colchicum*
zineb *m pest.* zineb (*fungicide*)
zintegrowane przetwarzanie *n* **danych** *inf.* integrated data processing, IDP
zioła *npl* herbs
ziołolecznictwo *n med.* phytotherapy
ziram *m pest.* ziram (*fungicide*)
zjadanie *n* **piór** (*choroba drobiu*) feather eating
zjadliwość *f biol.* virulence
zjadliwy *a biol.* virulent; malignant
zjawa *f TV* multiple image, ghost (image)
~ **wyprzedzająca** leading ghost image
zjawisko *n* phenomenon (*pl* phenomena); effect, *zob.też* **efekt**
~ **Augera** *fiz.* Auger effect, autoionization
~ **Bauschingera** *wytrz.* Bauschinger effect
~ **brzegowe** *el.* edge effect
~ **Coandy** *mech.pł.* Coanda effect
~ **Comptona** *fiz.* Compton effect
~ **Dopplera** *fiz.* Doppler effect
~ **dzienne** *rad.* daylight effect
~ **(elektrooptyczne) Pockelsa** Pockels effect
~ **Esakiego** *elektron.* Esaki (tunnel) effect
~ **Faradaya** *opt.* Faraday effect, Faraday rotation, Kundt effect
~ **fizyczne** physical phenomenon
~ **fotoelektryczne** photoelectric effect, photo-effect
~ ~ **wewnętrzne** internal photoelectric effect, photoconductive effect, photoconduction
~ ~ **zewnętrzne** external photoelectric effect, photoemissive effect, photoemission
~ **fotoprzewodnictwa** photoconductive effect, photoconduction
~ **fotowoltaiczne** photovoltaic effect
~ **giromagnetyczne** *fiz.* gyromagnetic effect, magnetomechanical effect
~ **Halla** *el.* Hall effect, galvanomagnetic effect
~ **impulsów wtórnych** *el.* afterpulsing
~ **Kelvina** *el.* Kelvin effect, skin effect
~ **Kerra** *opt.* Kerr effect, electrooptical birefringence
~ **krawędziowe** *el.* edge effect
~ **ksenonowe** *fiz.* xenon effect
~ **losowe** random phenomenon
~ **luksemburskie** *rad.* Luxemburg effect
~ **magnetofluidodynamiczne** magnetofluiddynamic phenomenon
~ **magnetokaloryczne** *fiz.* magnetocaloric effect
~ **modelowe** *mech.pł.* model phenomenon
~ **Mössbauera** *fiz.* Mössbauer effect
~ **naskórkowości** *el.* skin effect, Kelvin effect
~ **Nernsta** *fiz.* Nernst effect, Ettingshausen-Nernst effect
~ **nieciągłego posuwu** (*przy bardzo małych posuwach*) *masz.* stick-slip phenomenon
~ **nocne** *rad.* night effect
~ **ogniskowania** *aero.* focusing effect
~ **pamięci kształtu** *gum.* memory effect
~ **Peltiera** *fiz.* Peltier effect
~ **piezoelektryczne** piezoelectric effect, piezoelectricity
~ **powierzchniowe** *fiz.* surface phenomenon
~ **przemieszczania się atomu** (*wskutek odrzutu*) *nukl.* discomposition effect, Wigner effect
~ **przewężenia** *el.* rheostriction, pinch effect (*in fluid conductors*)
~ **przyścienne** *hydr.* wall effect
~ **Schottky'ego** *fiz.* Schottky effect
~ **Seebecka** *fiz.* Seebeck effect, thermoelectric effect
~ **Soreta** *fiz.* Soret effect, thermal diffusion (*in liquids*), thermomigration
~ **spiętrzania** *aero.* ram effect
~ **sporadycznych przebić w lampach nadawczych** *elektron.* rocky point effect
~ **termoelektryczne** thermoelectric effect, Seebeck effect
~ **termomagnetyczne** *fiz.* thermomagnetic effect
~ **Thomsona** *fiz.* Thomson effect
~ **tunelowe** *elektron.* tunnel effect
~ **Tyndalla** *opt.* Tyndall effect
~ **uboczne** attendant phenomenon, side effect
~ **upakowania** *fiz.* mass effect, packing effect
~ **Wignera** *nukl.* Wigner effect, discomposition effect

~ **Wooda** *fiz.* Wood effect (*transparence of alcali metals to ultraviolet light*)
~ **wtórne** after-effect
~ **zamykania kanałów** *elektron.* reach-through
~ **Zeemana** *fiz.* Zeeman effect
~ **Zenera** *elektron.* Zener breakdown, Zener effect
zjazd *m* **1.** downhill run; downhill drive **2.** rally; convention; congress
~ **z autostrady** exit from motorway
~ **z rampy** off-ramp
zjednoczenie *n* **przemysłowe** united industrial enterprises, associated industries
zjełczałość *f* rancidity
zjełczały *a* rancid, rank
zjonizowany *a* ionized
zlanie *v* **się strumieni** confluence
zlecenie *n ek.* order
~ **dostawy** delivery order
~ **na wydanie narzędzi** tool order
~ **robocze** production order, works order
~ **spedycyjne** forwarding order, shipping order
~ **wykonania pracy** job order
~ **załadunkowe** *zob.* **zlecenie spedycyjne**
zlep *m* **lodowy** *ocean.* ice pack
zlepek *m* agglutination, conglutination
zlepiać *v* **się** agglutinate, conglutinate
zlepieniec *m petr.* conglomerate; pudding stone
zlew *m* (kitchen) sink
~ **paliwa** *lotn.* fuel drain
zlewać *v* (*sklarowaną ciecz*) decant
~ **żużel** *hutn.* drain off slag, pour off slag
zlewanie *n* (*sklarowanej cieczy*) decantation, decanting
zlewisko *n geol.* catchment area, reception area, gathering ground
zlewka *f lab.* beaker
~ **bez dziobka** plain beaker
~ **z dziobkiem** lipped beaker, nest beaker
zlewnia *f inż.* drainage area, drainage basin
~ **rzeki** *geol.* river basin
zlewozmywak *m bud.* (drainboard) sink
zleżały *a* stale
zliczanie *n* counting; totting
zlikwidować *v* **kopalnię** abandon a mine
zlodowacenie *n* icing; *geol.* glaciation
zlokalizować *v* locate; spot
zloty *mpl* (*z sita*) *młyn.* overtails
zluzować *v* loosen, slacken
~ **nakrętkę** slacken a nut
~ **żagle** *żegl.* unfurl sails
zluźnienie *n wytrz.* relaxation, stress decay
zła gospodarka *f* mismanagement; maladministration
zła jakość *f* bad quality, poor quality
zła pogoda *f* bad weather, dirty weather
zła przemiana *f* **materii** *biol.* metabolic disorder
zła widoczność *f meteo.* poor visibility
złąd *m okr.* framing
~ **poprzeczny** midship section
~ **wzdłużny** longitudinal section
zładownik *m* throw-off device (*on a conveyor*)
złagodzić *v* **przepisy** liberalize regulations
~ **uderzenie** absorb shock
złamać *v* break, fracture
złamanie *n* break, breakage, fracture
złamywanie *n poligr.* folding
złamywarka *f masz. poligr.* folder, folding machine
złapać *v* **wiatr burtą zawietrzną** *żegl.* bring by the lee
złącze *n* **1.** joint; connection; coupling; junction; bond **2.** *inf.* interface
~ **bagnetowe** bayonet coupling
~ **bez odstępu** *spaw.* closed joint
~ **bezstykowe** *el.* contactless junction
~ **beztarciowe** *elektron.* zero insertion force connector, ZIF connector
~ **dławikowe** *rad.* choke junction, choke coupling
~ **doczołowe** *spaw.* butt joint
~ ~ **z podkładką stałą** strapped butt joint
~ **dyfuzyjne** *elektron.* diffused junction
~ **emiterowe** *elektron.* emitter junction (*in a transistor*)
~ **epitaksjalne** *elektron.* epitaxial junction
~ **falowodowe** *rad.* waveguide junction
~ **gwintowe** screwed joint
~ **kablowe** *el.* cable joint
~ **kątowe** angle joint
~ **kolektorowe** *elektron.* collector junction (*in a transistor*)
~ **kompensacyjne** expansion joint
~ **krawędziowe** *elektron.* edge card connector
~ **krzyżowe** *spaw.* cruciform joint
~ **kulowe** ball-and-socket joint, ball joint
~ **l-h** *elektron.* l-h junction (*lightly-doped region, heavily-doped region*)
~ **lutowane** soldered joint
~ ~ **na twardo lutem srebrnym** silver-brazed joint
~ **montażowe** *spaw.* field joint
~ **narożne** *spaw.* angle joint
~ **nerwowe** *anat.* synapse
~ **nitowe** riveted joint
~ **n-n** *elektron.* n-n (semiconductor) junction
~ **obrotowe** *el.* rotating joint, rotary joint
~ **pachwinowe** *spaw.* fillet joint
~ **p-i-n** *elektron.* p-i-n (semiconductor) junction (*p-type impurity, intrinsic, n-type impurity*)
~ **p-n** *elektron.* p-n (semiconductor) junction (*positive-negative*)
~ **p-n skokowe** abrupt p-n junction
~ **p-n stopniowe** rate-grown p-n junction, graded junction
~ **podatne** flexible joint
~ **półprzewodnikowe** *elektron.* semiconductor junction
~ **p-p** *elektron.* p-p (semiconductor) junction
~ **próżniowe** vacuum seal
~ **przylgowe ze spoiną grzbietową** *spaw.* edge joint
~ **rurowe** pipe joint, pipe connection

~ ~ **nakładkowe** *spaw.* muff joint, sleeve joint
~ **spawane** welded joint, weldment
~ **standardowe** *inf.* standard interface
~ **stępkowe dziobnicy** *okr.* stem foot
~ **stopowe** *elektron.* alloy junction, fused junction
~ **stożkowe** taper joint
~ **stykowe** *elektron.* contact junction
~ **szczelne** leakfree joint, leakproof joint
~ **szkło-metal** *el.* glass-to-metal seal
~ **szlifowane** ground joint
~ **sznurowe** *el.* patch connector
~ **szufladkowe** *elektron.* rack and panel connector
~ **szybkoskrętne** quick-release (pipe) joint
~ **szynowe** *kol.* rail joint
~ ~ **przejściowe** compromise joint
~ **śrubowe** screw joint
~ **teowe** tee joint
~ ~ **przylgowe** *spaw.* flanged tee joint
~ ~ **ukośne** *spaw.* inclined tee joint
~ **z odstępem** *spaw.* open joint
~ **zakładkowe** overlap joint
~ **zaporowe** *el.* gastight plug
~ **zasilacza** *szkl.* alcove
~ **zgrzewane iskrowo** flash-welded joint
~ **złożone** (*np. spawane i nitowane*) composite joint
złączka *f* (*rurowa*) tube coupling, pipe connector, union piece
~ **do rur okładzinowych** *wiertn.* casing coupling
~ **dwuwkrętna** short nipple
~ ~ **rozstawcza** long nipple
~ **nakrętna** female union piece
~ **szynowa** *kol.el.* rail bond
~ **wkrętna** nipple, male union piece
~ ~ **z gwintem ciągłym** close nipple
~ **zwężkowa** reducer, adapter
~ ~ **mimośrodowa** eccentric reducer
złącznik *m el.* U-link
złączyć *v* **(się)** join
złe użycie *n* misuse, misapplication
złe wchłanianie *n fizjol.* malabsorption
złej jakości off-grade
złocenie *n* gold plating, gilding
złocian *m chem.* aurate
złocica *f zool.* lemon sole, *Pleuronectes microcephalus* Donovan
złogi *mpl* **osadów** *san.* sludge banks
złom *m* scrap
~ **anodowy** anode scrap
~ **elektrodowy** crushed electrodes
~ **kupny** bought scrap, merchant scrap
~ **kuzienny** discards from forging
~ **lekki** low-density scrap
~ **obcy** outside scrap
~ **obiegowy** process scrap, returns
~ **paczkowany** baled scrap, compacted scrap
~ **powrotny** capital scrap, dormant scrap
~ **walcowniany** discards from rolling
~ **własny** home scrap, works-arising scrap
~ **zbiórkowy** outside collected scrap
~ **żelazny** (*stalowy i żeliwny*) ferrous scrap
~ **żeliwny** scrap iron, iron scrap
złomowanie *n* scrapping, breaking up for scrap
~ **samochodów** car-breaking
~ **statku** shipbreaking
złomownia *f* breaker's yard
złomownik *m okr.* ship-breaker
złośliwy *a med.* (*o chorobie*) malignant; (*o zarazkach*) virulent
złota sprężynka *f zeg.* gold spring
złotawy *a chem.* aurous
złotnictwo *n* goldsmithing
złoto *n chem.* gold, Au
~ **białe** (*stop jubilerski*) white gold
~ **błyszczące płynne** *ceram.*, *farb.* liquid bright gold
~ **czerwone** red gold
~ **czyste** fine gold
~ **dukatowe** coinage gold
~ **koloidalne** *farm.* collaurin
~ **mozaikowe** *farb.* mosaic gold
~ **piorunujące** *wybuch.* fulminating gold
~ **rafinowane** fine gold
~ **rodzime** free gold, native gold
~ **standardowe** sterling gold (*GB* — 8.33% Cu); standard gold (*US* — 10% Cu)
złotodajny *a zob.* **złotonośny**
złotonośny *a geol.* gold-bearing, auriferous
złotowy *a chem.* auric
złoty *a* gold, golden
złoty podział *m* (*odcinka*) *mat.* golden cut, golden section
złoże *n* **1.** *geol.*, *górn.* deposit **2.** bed
~ **autochtoniczne** *geol.* autochtonous deposit
~ **biologiczne** *san.* biofilter
~ ~ **zraszane** trickling filter
~ **cienko uławicone** sheet deposit
~ **dowiercone** *górn.* penetrated bed
~ **ekspandowane** *chem.* expanded bed
~ **eluwialne** eluvial deposit
~ **ewaporacyjne** evaporation (mineral) deposit
~ **filtrujące** *san.* filter bed
~ **fluidalne** *chem.* fluidized bed, fluid bed
~ **głębinowe** deep-seated deposit
~ **intruzywne** intrusive deposit
~ **jonitowe** ion-exchange bed
~ **katalizatora** catalyst bed
~ **kationitowe** *san.* cation-exchange bed
~ **kontaktowe** *san.* contact bed
~ **mineralne** mineral deposit
~ **naniesione** alluvial deposit
~ **napływowe** drifted deposit
~ **naziemne** superficial deposit
~ **okruchowe** placer (deposit)
~ **opłacalne** *zob.* **złoże przemysłowe**
~ **osadowe** sedimentary deposit
~ **osiągnięte** *górn.* penetrated bed
~ **pierwotne** primary deposit
~ **płasko zalegające** blanket deposit
~ **płytowe** tabular deposit
~ **podziemne** subsurface deposit
~ **pokładowe** bedded deposit

~ **przemysłowe** commercial deposit, mineable deposit, workable bed
~ ~ **rudy** commercial ore, pay ore
~ **przybrzeżne** littoral deposit, near-shore deposit
~ **roponośne** oil accumulation
~ **rozszerzone** *chem.* expanded bed
~ **rudy** ore deposit, ore bed
~ **soczewkowe** lenticular deposit, pod
~ **soli** saline deposit, salt deposit
~ **stwierdzone** *górn.* penetrated bed
~ **tektonicznie zaburzone** dislocated deposit, faulted deposit
~ **udostępnione** *górn.* developed field
~ **uwarstwione** stratified deposit, bedded deposit
~ **węgla** coal deposit, carbon deposit
~ **wtórne** *geol.* secondary deposit, marginal deposit
~ **zalewane** *san.* contact bed
~ **zawiesinowe** *chem.* fluidized bed, fluid bed
~ **zeolitowe** *san.* zeolite bed
~ **zraszane** *san.* sprinkling bed, percolating filter
~ **żyłowe** vein deposit
złożenie *n* **1.** *masz.* assembly **2.** *mat.* composition, superposition
~ **kulkowe** (*łożyska*) *masz.* ball assembly, retainer with balls
złożoność *f* complexity
złożony *a* **1.** complex; composite; compound; built-up **2.** folded
złożyć *v* **ofertę** submit a tender, submit a quotation, offer
~ **podanie o...** apply for..., submit an application
~ **podpis** sign, subscribe
~ **skargę** lodge a complaint (against...)
~ **wniosek o udzielenie patentu** apply for a patent
~ **zamówienie** give an order, place an order
złudzenie *n* **optyczne** optical illusion
zły stan *m* bad condition, poor condition
zmagazynowany *a* stored, in store
zmarszczka *f* **1.** crease, wrinkle **2.** *hutn.* teeming lap (*ingot defect*)
zmarszczki *fpl* **na wodzie** ripples
zmarzlina *f* *geol.* permafrost, frozen ground
zmaślać *v* *spoż.* churn, make butter
zmatowiały *a* *farb.* sleepy
zmatowienie *n* (*powierzchni*) fogging, dulling, clouding, tarnish, loss of lustre
zmechanizowany *a* mechanized
zmęczenie *n* (*materiału*) *wytrz.* fatigue
~ **cieplne** *wytrz.* thermal fatigue
~ **katalizatora** *chem.* ageing of catalyst
~ **korozyjne** corrosion fatigue
~ **luminoforu** dark burn fatigue (*of phosphor*)
~ **małą liczbą cykli** *wytrz.* low-cycle fatigue
~ **udarowe** impact fatigue
zmętniacz *m* *ceram.* opacifier
zmętnienie *n* **1.** opacity; fogging **2.** *farb.* blushing (*defect of coating*)
~ **bakteryjne** *ferm.* bacterial turbidity
~ **białkowe** *ferm.* albumin turbidity, gluten turbidity
~ **dekstrynowe** *ferm.* starch turbidity
~ **drożdżowe** *ferm.* yeast turbidity
zmiana *f* **1.** change; alteration; variation; modification **2.** (*robocza*) shift
~ **adresu** *inf.* address modification
~ **barwy** discoloration
~ **biegu** gear change, shifting the gear
~ ~ **na szybszy** gearing up
~ ~ **na wolniejszy** gearing down, kick-down
~ **biegunowości** *el.* poling
~ **ciśnienia** variation of pressure
~ **dzienna** (*robocza*) day shift
~ **fazy** *el.* phase reverse
~ **indywidualna** *hydr.* material change, substantial change
~ **kąta zestawienia** angling, change of angle
~ **kierunku ruchu** *masz.* reversal of motion
~ ~ **wiatru** shift of wind
~ ~ ~ **w lewo** backing of wind
~ ~ ~ **w prawo** veering of wind
~ **konstrukcji** redesign
~ **kursu** *nawig.* turning, change of heading
~ **linii drogi** *inż.* realignment
~ **nagła** sudden change, abrupt change
~ **nocna** (*robocza*) night shift
~ **objętości** change of volume
~ **oleju** (*w układzie smarowania*) relubrication, change of oil
~ **orbity** *kosm.* (inter-)orbital transfer
~ **organizacji systemu** *inf.* reconfiguration
~ **orientacji spinu** *fiz.* spin flip
~ **patologiczna** *med.* lesion
~ **powolna wartości** (*jakiejś wielkości*) drift of value
~ **prędkości** change of speed; speed variation
~ **robocza** (working) shift
~ **rozmieszczenia** redistribution
~ **skali** scaling
~ **skokowa** abrupt change, sudden change
~ **stanu skupienia** *fiz.* change of state
~ **stopniowa** step change
~ **substancjalna** *hydr.* substantial change, material change
~ **temperatury** change of temperature
~ **układu** rearrangement
~ **wartości** *ek.* change of value, revaluation
~ **wędrowna** *hydr.* substantial change, material change
~ **wzajemnego położenia** transposition
~ **zamocowania** (*obrabianego przedmiotu*) *obr.skraw.* reclamping
~ **znaku** *mat.* reversal of sign
zmianowanie *n* *roln.* crop rotation
~ **trzyletnie** three-course rotation, three--year rotation
zmiany *fpl* **długookresowe** *zob.* **zmiany wiekowe**
~ **wiekowe** *geol.* secular changes

zmiatacz *m chem.* scavenger
~ **rodnikowy** scavenger of free radicals
zmiatanie *n chem.* scavenging
zmieniacz *m* **1.** *masz.* changer **2.** *odl.* inoculant
~ **rejestru** *biur.* shift key
zmieniać *v* **(się)** change; alter; vary; (*na służbie*) relieve
~ **hals** *żegl.* put about, tack about
~ **kierunek** change the direction; *nawig.* change course
~ **konstrukcję** redesign, modify the construction
~ **numerację** renumber
~ **oznakowanie** remark
~ **przynętę** *ryb.* rebait
~ **szybkość** vary the speed
~ **wymiary** *rys.* redimension
~ **znak** *mat.* reverse the sign
~ **zwrot** reverse the direction
zmienna *f* **1.** *mat.* variable **2.** *astr.* variable (star)
~ **binarna** binary digital variable
~ **dodana** additional variable
~ **dodatkowa** slack variable
~ **fikcyjna** dummy variable
~ **kataklizmowa** *astr.* cataclysmic variable, explosive variable (star)
~ **losowa** random variable, chance variable, variate
~ ~ **skokowa** discrete random variable
~ ~ **zależna** dependent random variable
~ ~ **znormalizowana** normalized random variable
~ **niezależna** independent variable, argument of a function
~ **pozorna** apparent variable
~ **rzeczywista** real variable
~ **stanu** *term.* state parameter, state variable, thermodynamic function of state
~ **wolna** free variable
~ **wtórna** secondary variable
~ **zależna** dependent variable
~ **związana** bound variable, bondage
zmienne *fpl* **kanoniczne** *mat.* canonical variables
~ **rozdzielone** separable variables
zmiennik *m* **1.** changer **2.** *telegr.* patching board
~ **czółenkowy** *włók.* automatic shuttle changer
~ **indukcyjności** *el.* adjustable inductor, variable inductor
~ **kierowcy** *mot.* co-driver
~ **kopkowy** *włók.* automatic bobbin changer
~ **napięcia** *el.* variable-voltage regulator
~ **oporności** *el.* variable resistor
~ **pojemności** *el.* adjustable capacitor, variable capacitor
~ **skrzynkowy dekadowy** *el.* decade box
~ ~ **oporności** resistance box
~ ~ **pojemności** condenser box
~ **tłumienności** *rad.* attenuator
zmiennopłat *m lotn.* convertiplane, tilt-wing aircraft
zmienność *f mat.* variation; variability
~ **cechy** *skj* mutability of property, variability of characteristic
~ **dobowa** *geofiz.* variation per day
~ **losowa** *mat.* chance variation, randomness
~ **pasowania** *metrol.* variation of fit
~ **przypadkowa** chance variation
~ **układu** *fiz.* number of thermodynamic degrees of freedom
zmienny *a* variable; changeable
zmierzch *m* dusk, evening twilight
zmierzyć *v* measure, gauge
zmieszać *v* mix; blend
zmieszany *a* mixed; blended
zmiękczacz *m chem.* softener, softening agent; plasticizer
~ **włókienniczy** (*środek apreterski*) textile softener
zmiękczać *v* soften, mollify; (*przez ugniatanie*) plasticate
zmiękczalnia *f* water softening plant
zmiękczanie *n* softening; *obr.ciepl.* soft annealing
~ **jedwabiu** *włók.* silk half-boiling
~ **konopi** *włók.* hemp breaking, hemp crushing
~ **wody** water softening
zmiękczarka *f* **konopi** *włók.* hemp breaking machine, hemp crusher
zmięknąć *v* soften, get soft
zminiaturyzowany *a* miniaturized
zmiotka *f odl.* banister brush, soft brush
zmiotki *fpl włók.* sweepings, sweeps
zmniejszać *v* decrease; diminish; reduce
~ **ciężar** reduce weight, lighten
~ **do minimum** minimize, reduce to minimum
~ **obciążenie znamionowe** derate
~ **objętość** reduce volume, contract
~ **obroty** *zob.* **zmniejszać prędkość obrotową**
~ **personel** reduce the staff
~ **popyt na...** reduce demand for...
~ **prędkość** slow down, decelerate, reduce the speed
~ ~ **obrotową** (*za pomocą przekładni*) gear down
~ **ryzyko** lessen the risk
~ **się** diminish; decrease; drop; fall
~ **szkody** mitigate damages
~ **według skali** scale down
zmniejszenie *n* decrease; diminution; reduction
~ **ciśnienia** reduction of pressure
~ **czułości** desensitization
~ **dopływu bodźców** (*np. w czasie długich samotnych lotów*) sensory deprivation
~ **hałasu** noise abatement
~ **niepewności** reduction of uncertainty
~ **objętości** volume reduction, contraction
~ **palności** (*środkami chemicznymi*) fire retardancy
~ **się** decrease; diminution; drop; fall
~ **trwałości** loss of life
~ **wartości znamionowej** derating

~ **wilgotności** dehumidification
zmodyfikowany *a* modified
zmostkowanie *n el.* bridging
zmotoryzowany *a* motorized
zmurszałość *f odl.* oxide inclusions (*casting defect*)
zmurszały *a* rotten
zmycie *n* **formy** *odl.* sand wash (*in a mould*)
zmyć *v* **z pokładu** *żegl.* wash overboard
zmydlacz *m* saponifier, saponifying agent
zmydlać *v* saponify
zmydlający się saponifiable
zmydlanie *n chem.* saponification
zmylacz *m* **torpedy** (*akustycznej*) foxer
zmysł *m* sense
~ **dotyku** sense of touch
zmyw *m geol.* rainwash
zmywacz *m* **do paznokci** enamel remover
~ **farb** paint remover
~ **rdzy** rust remover
zmywać *v* wash down, wash away, remove by washing
zmywak *m* (kitchen) sink
zmywalnia *f* scullery
zmywalność *f* washability
zmywalny *a* washable
zmywanie *n* washing
~ **gleby** *roln.* soil denudation
zmywarka *f* **do naczyń** dish-washing machine, dish-washer
znaczek *m* **kontrolny** *górn.* tally
~ **opłaty skarbowej** revenue stamp
~ **pocztowy** postage stamp
~ **tłowy** *geod.* collimating mark, fiducial mark
znaczenie *n* **1.** meaning; significance **2.** marking; tagging; labelling
znaczkarz *m górn.* tallyman
znaczkownia *f górn.* control room
znaczna różnica *f* significant difference, considerable difference
znaczna strata *f* heavy loss, serious loss
znaczna większość *f* great majority
znacznik *m* marker; marking gauge; *lotn.* marker (beacon)
~ **bramkowy** (*na wskaźniku radiolokacyjnym*) strobe marker
~ **cyfrowy** figure stamp
~ **czasu** *elektron.* time marker
~ **końca pliku** *inf.* end-of-file indicator
~ ~ **taśmy** (*magnetycznej*) end-of-tape marker
~ **kursu** *nawig.* heading marker
~ **literowy** letter stamp
~ **odległości** (*w radiolokacji*) range marker
~ **początku taśmy** (*magnetycznej*) beginning-of-tape marker
~ **słowa** *inf.* word mark
~ **traserski** surface gauge, scribing block
znaczny *a* **1.** considerable; appreciable; substantial **2.** conspicuous; prominent
***n*-znaczny** *a mat. n*-valent
znaczyć *v* mark, tag; *nukl.* label
znajdować *v* **się w równowadze** be in equilibrium
~ ~ **w ruchu** move; run; work
~ **zastosowanie** find application
znajdujący się w gotowości bojowej *wojsk.* operational
znajdujący się w stanie początkowym incipient
znajomość *f* **języków obcych** command of foreign languages
znak *m* sign; mark, character, *zob.też* **znaki**
~ **alfanumeryczny** *inf.* alpha(nu)meric character
~ **armatorski** (*na kominie*) *okr.* funnel mark
~ **cofania** *inf.* backspace character
~ **drogowy** road sign, traffic sign
~ **dwójkowy** *inf.* binary digit, bit
~ **fabryczny** trade-mark, brand
~ **gładkości** (*powierzchni przedmiotu obrabianego*) *rys.* finish mark
~ **jakości** quality symbol, mark of quality
~ **kasowania** *inf.* erase bit, ignore bit
~ **kontroli** check mark
~ **lądowy** *żegl.* landmark
~ **matematyczny** mathematical symbol
~ **minus** *mat.* minus (sign)
~ **niedozwolony** *inf.* illegal character
~ **niezatapialności** *żegl.* mark of watertight subdivision
~ **ochronny** trade-mark, brand
~ **odniesienia** *nawig.* bench mark
~ **odstępu** *inf.* space character
~ **optyczny kryształtu** *kryst.* optic sign
~ **orientacyjny** (*pomocny przy nawigacji wzrokowej*) visual aid to navigation
~ ~ **w terenie** landmark
~ **ostrzegawczy** caution sign
~ **pierwiastka** *mat.* radical (sign)
~ **Plimsolla** *żegl.* freeboard mark, Plimsoll line, Plimsoll mark
~ **plus** *mat.* plus (sign)
~ **pokładu** *żegl.* statutory deck line
~ **pomiarowy** *geod.* reference mark
~ **protekcji** *inf.* safeguarding character
~ **pusty** *inf.* blank
~ **rdzeniowy** *odl.* core print (*of a pattern*)
~ **rozdzielający** *inf.* information separator, separating character
~ **rozpoznawczy** identity mark
~ **równości** *mat.* equality sign
~ **rumbowy** (*busoli*) point of the compass
~ **składania** *rys.* fold mark
~ **sterujący** *inf.* functional character, control character
~ **sumy** *mat.* summation sign
~ **sygnalizujący** *inf.* flag
~ **szczytowy** (*pławy*) *żegl.* topmark
~ **towarowy** trade-mark, brand
~ ~ **zastrzeżony** registered trade mark
~ **tożsamości** identity mark
~ **umowny** conventional sign
~ **ustawczy** matchmark
~ **wodny** *papiern.* watermark
~ **wody niskiej** *nawig.* low-water mark
~ ~ **wysokiej** high-water mark
~ **wolnej burty** *żegl.* freeboard mark, Plimsoll mark, birth-mark

~ **wypalony** brand (mark)
~ **wysokości przepływu** *żegl.* flood mark
~ **wywoławczy** *tel.* call-sign
~ **zabezpieczający** *inf.* safeguarding character
~ **załadowczy** *żegl.* shipper's mark (*on goods*)
~ **zasięgu wód pływowych** *żegl.* tidemark
~ **zgodności z normą** standard certification mark, mark of conformity with standard
~ ~ ~ ~ **brytyjską** BSI kitemark
znaki *mpl* **diakrytyczne** diacritical marks
~ **głębokości** *żegl.* marks and deeps
~ **korektorskie** proof correction symbols, proof-reader's marks
~ **nabieżnikowe** *żegl.* leading marks
~ **przynależności państwowej samolotu** aircraft nationality marking
~ **rumbowe** *nawig.* points of the compass
~ ~ **pośrednie** intercardinal points, quadrantal points
~ **zanurzenia** *żegl.* draught marks
znakować *v* **1.** mark; tag; brand **2.** *nukl.* label
~ **punktakiem** punch
~ **wzornikiem** stencil
znakowanie *n* **1.** marking; tagging **2.** *nukl.* labelling
znakownica *f* marking machine, marker; stamping machine, stamper; branding machine
~ **pneumatyczna** *hutn.* pneumatic marking gun
znal *m met.* mazak, zamak, durak
znaleźć *v* find; spot; discover
znamiennik *m tel.* name emitter, identifying emitter
znamię *n* **podłoża** *inż.* bedding value
znamiona *npl el.* ratings
znamionowy *a* nominal, rated
znicz *m spaw.* pilot flame
znieczulać *v med.* anaesthetize
~ **eterem** etherize
znieczulenie *n med.* anaesthesia; analgesia
~ **dotchawicze** intubation anaesthesia, intubation narcosis
~ **elektryczne** electroanalgesia
~ **miejscowe** local anaesthesia, local analgesia
~ **mieszane** combined anaesthesia, balanced anaesthesia, mixed anaesthesia
~ **przewodowe** conduction anaesthesia
~ **wziewne** inhalation narcosis, inhalation anaesthesia
zniekształcać *v* distort
zniekształcenie *n* distortion
~ **amplitudowe** *tel.* amplitude distortion, attenuation distortion
~ **aperturowe** *TV* aperture distortion
~ **beczkowe** *TV* barrel distortion
~ **chromatyczne** *opt.* chromatism
~ **echowe** *tel.* echo distortion
~ **fazowe** *tel.* delay distortion
~ **grzybkowate** mushrooming
~ **impulsu** *el.* pulse distortion
~ **linearne** *tel.* linear distortion
~ **obrazu** *TV* image defect
~ **opóźnieniowe** *tel.* delay distortion
~ **poduszkowate** *TV* pincushion distortion
~ **trapezowe** *TV* keystone distortion
~ **wierzchołka impulsu** *el.* pulse top distortion
zniekształcony *a* distorted; *biol.* abortive
znieść *v* **kontrolę** lift control
~ **ograniczenia** remove restrictions, lift restrictions
~ **zahamowanie** (*reakcji*) *chem.* reverse the inhibition
znikać *v* vanish; disappear
znikanie *n* **światła** *kryst.* extinction
zniszczenie *n* destruction; devastation; *wytrz.* failure
~ **popromienne** radiation damage
~ **próbki** *wytrz.* failure of a test piece
~ **struktury tiksotropowej** thixotropic breakdown
~ **termiczne lawinowe** *elektron.* thermal runaway (*of a power transistor*)
znormalizowany *a* **1.** standard **2.** *mat.* normalized
znos *m żegl.* drift, leeway
znoszenie *n lotn., żegl.* drift
~ **linii** *tel.* recovery of the line
znoszony *a* (*statek*) *żegl.* adrift
zobojętniać *v chem.* neutralize
~ **kwas** kill the acid
zobowiązanie *n* commitment
~ **awaryjne** *żegl.* average bond
zobrazowanie *n* display; presentation
~ **oscyloskopowe** *el.* cathode-ray tube display, CRT display
~ ~ **dwuplamkowe** double-spot display
~ **radiolokacyjne** radar display, radar presentation, radar image
~ ~ **ruchu rzeczywistego** true-motion radar presentation
~ ~ **we współrzędnych prostokątnych** A display
~ **w podczerwieni** infra-red image, IR image
Zodiak *m astr.* Zodiac
zol *m chem.* sol, soliquid
zompy *pl skór.* foul soaks
zooplankton *m* zooplankton
zoosterol *m biochem.* zoosterol
zootechnika *f* animal husbandry, zootechny
zorientowany *a* oriented
zorza *f* **górna** twilight arch
~ **polarna** aurora polaris
~ ~ **południowa** aurora australis, southern lights
~ ~ **północna** aurora borealis, northern lights
~ **wieczorna** afterglow
zostawiać *v* **znaki** *farb.* mark off
zostawić *v* **do odstania się** allow to stand
~ **miejsce na...** allow free space for...
zostera *f* **morska** *bot.* wrack grass, eelgrass, *Zostera marina* L.
zowalizowany *a masz.* out-of-round
ZPK = zwrotne położenie kukorbowe *siln.* outer dead centre, bottom dead centre

ZPO = zwrotne położenie odkorbowe *siln.* inner dead centre, top dead centre
zranienie *n med.* injury
zrastanie *n biol.* adhesion
zraszacz *m* (*w deszczowni*) *roln.* sprinkler
zraszać *v* sprinkle, spray
zraz *m roln.* scion, graft
zrąb *m* **1.** *leśn.* felling site **2.** *geol.* horst
~ atomowy *fiz.* atomic core, atomic kernel
~ budynku carcass of a building
~ zupełny *leśn.* clear-cut
zrealizować *v* put into effect
~ czek cash a cheque
~ projekt realize a project
~ zamówienie execute an order
zredagować *v* **projekt dokumentu** draft a document, draw up a document
zredukowany *a* **1.** (*zmniejszony*) reduced **2.** (*sprowadzony do...*) referred to...
zrefować *v* (*żagiel*) reef
zrewidować *v* (*pogląd, stanowisko*) reconsider
zrezygnować *v* **z patentu** abandon a patent
~ z pretensji abandon a claim
zrębek *m drewn.* chip
zrębnica *f okr.* coaming
zrębnik *m okr.* coaming bar
zrobić *v* **doktorat** take the doctor's degree
zroby *pl górn.* abandoned workings, old works, cavings, goaf
zrogowaciały *a* horny
zrolować *v* (*żagiel, tent*) *żegl.* stow (*a sail, an awning*)
zrost *m med.* adhesion
zrozumiałość *f* intelligibility; *tel.* articulation, quality of speech
zrozumiały *a* intelligible
zrównać *v* equalize; make even; level out
zrównanie *n* **dnia z nocą** *astr.* equinox
zrównoważenie *n* **steru** *okr.* rudder balance
zrównoważyć *v* balance; (*przy ważeniu*) backbalance, back-weigh
zróżnicowanie *n* diversification
zróżnicowany *a* diversified
zróżniczkować *v mat.* differentiate
zruszać *v* loosen (*ground, rock*)
zryw *m siln.spal.* pick-up
zrywać *v* **1.** pluck (*fruit etc.*) **2.** rip, scarify (*ground surface*)
zrywarka *f* **1.** *wytrz.* tensile testing machine **2.** *inż.* ripper, scarifier
zrywka *f* (*dłużyc*) *drewn.* skidding, logging
zrywność *f siln.* engine pickup (ability)
zrzec *v* **się patentu** abandon a patent
zrzeszenie *n* association
Zrzeszenie Międzynarodowego Transportu Lotniczego International Air Transport Association, IATA
zrzeszotnienie *n* **kości** *med.* osteoporosis
zrzucać *v* **bomby** drop bombs, release bombs
~ linę z pachołka *żegl.* unbitt
~ na spadochronie drop by parachute
zrzut *m* **1.** *lotn.* airdrop; air delivery **2.** *geol.* thrust; throw
~ awaryjny *lotn.* emergency dump, jettisoning
~ bez spadochronu free drop
~ bomb release of bombs
~ jałowy wody *hydr.* idle water dump
~ normalny *geol.* down-thrust, downthrow
~ uskoku *geol.* throw of fault, stratigraphic throw
~ ze spadochronu drop by parachute
zrzutnia *f* drop test apparatus
~ bomb głębinowych *okr.* depth charge release track
~ koksu *hutn.* coke tipping jetty, coke wharf
zrzyny *pl drewn.* edgings
zsiadłe mleko *n* curdled milk
ZSPD = zintegrowany system przetwarzania danych *inf.* integrated data processing system
zstępni *pl prawn.* descendants
zstępny *a* (*wiatr*) *meteo.* katabatic
zsuw *m geol.* landslide, landslip
zsuwać *v* **się** slide down
zsuwnia *f* chute (conveyor)
~ ładunkowa *żegl.* cargo chute
~ pożarnicza emergency chute
~ spiralna spiral chute (conveyor)
zsychać *v* **się** shrivel
zsynchronizować *v* synchronize
zsyp *m* chute
~ do śmieci *bud.* rubbish chute
~ do wiórów *obr.skraw.* chip spout
~ wychylny swinging chute
zszywacz *m biur.* stitching machine, stapler
~ pasa belt lacer
zszywanie *n* stitching; lacing; sewing
~ drutem *poligr.* wire-stitching
~ pasa belt lacing
~ zszywkami stapling
zszywarka *f poligr.* stitcher
zszywka *f* **stalowa** *poligr.* steel stitch, steel clip
zubożać *v* **mieszankę** *siln.spal.* weaken the mixture, lean the mixture
zubożenie *n* (*zmniejszenie zawartości cennego składnika*) impoverishment; *elektron.* depletion
~ paliwa *nukl.* fuel depletion
zukosowanie *n* (*krawędzi*) bevel, chamfer
zunifikowany *a* unified
zupełna cisza *f żegl.* flat calm, clock calm, dead calm
zupełnie wolno *żegl.* dead slow
zupełność *f mat.* completeness
~ funkcjonalna functional completeness
zupełny *a* complete
zużycie *n* **1.** consumption **2.** wear
~ energii energy consumption
~ jednostkowe (*na jednostkę produkcji*) consumption per unit
~ ~ paliwa *siln.spal.* specific fuel consumption
~ korozyjne corrosive wear
~ materiałów material consumption

~ **naturalne** (*części, sprzętu*) usual wear and tear
~ **paliwa** fuel consumption
~ **przez korozję** corrosive wear
~ **przez ścieranie** *zob.* **zużycie ścierne**
~ **ścierne** abrasive wear, attrition
~ **zmęczeniowe** fatique wear
zużytkować *v* make use of..., utilize
zużyty *a* used; spent; worn out
zużywać *v* consume; use up; expend
~ **czas** expend time
~ **się** wear
~ **środki** *ek.* spend resources
zużywanie *n* **się** (*w eksploatacji*) wear and tear
ZW = zwrot wewnętrzny *siln.* outer dead centre
zwalać *v* **na usypisko** dump, heap up
zwalczać *v* **skutki...** combat the effects of...
zwalczanie *n* **chwastów** *roln.* weed killing, weed control
~ **hałasu** noise suppression, noise control
~ **okrętów podwodnych** anti-submarine warfare, ASW
~ **pożarów** fire fighting
~ **szkodników** *roln.* pest control
~ **zapachów** *san.* odour control
zwalić *v* **się** (*wskutek przeciągnięcia*) *lotn.* stall
zwalniacz *m* **1.** *masz.* release **2.** *chem.* retarder
~ **marginesu** *biur.* margin release handle
~ **papieru** *biur.* paper release lever
~ **przyspieszaczy** *gum.* accelerator retarder
~ **wału pędnego** *mot.* propeller shaft retarder
~ **wodowaniowy** *okr.* launching trigger, launching pawl
~ ~ **płytowy** sole plate, solepiece
zwalniać *v* **1.** release; unclamp **2.** retard, decelerate, slow down
zwalniak *m* *masz.* release
~ **łańcucha kotwicznego** *okr.* chain slipping arrangement
zwał *m* dump, heap
~ **skały płonnej** *górn.* spoil bank
zwałować *v* dump, heap up
zwałowarka *f* dumping conveyor
zwałowisko *n* dumping ground
zwałownica *f* dumping conveyor
zwały *mpl* **lodu** *ocean.* hummocked ice
zwapnienie *n* **1.** calcination **2.** *med.* calcinosis
zwarcie *n* *el.* short-circuit, shorting
~ **doziemne** *el.* earth (fault), ground
~ ~ **pełne** dead earth, dead ground
~ **międzyprzewodowe** line-to-line fault
~ **pary kinematycznej** *mech.* pair closure
~ **przemijające** *el.* transient fault
~ **przerywane** *el.* intermittent fault
~ **trwałe** *el.* permanent fault
~ **z masą** *el.* fault to frame
~ **zębów** *med.* occlusion (of teeth)
zwarciownia *f* *el.* high-power short-circuit laboratory, short-circuit testing station
zwartość *f* compactness
~ **kompozycji** *arch.* tectonics
zwarty *a* **1.** compact **2.** *el.* shorted
~ **warunkowo** *mat.* relatively compact
zwarzaki *mpl* **mydła wapniowego** solid lime, soap scum
zwęglać *v* **(się)** carbonize; char
zwęglanie *n* **1.** *chem.* carbonization; charring **2.** *geol.* coalification, carbonification, bituminization
zwężać *v* **(się)** contract; taper
zwężanie *n* **dośrodkowe** *elektron.* centripetal striction
~ **dynamiki** *elakust.* volume compression
~ **płaskie** *elektron.* laminar striction
zwężenie *n* contraction; narrowing; throat, choke
~ **przekroju** contraction in area
~ **strugi** *hydr.* contraction of a jet
~ **wylotu dyszy** (*silnika odrzutowego*) *lotn.* constrictor
zwężka *f* (*rurowa*) reducing pipe, reducer, diminisher
~ **rurowa rozbieżna** diffuser, diverging cone
~ ~ **zbieżna** confusor, converging cone
~ **Venturiego** *metrol.* Venturi tube
zwężony tensor *m* **krzywizny** *mat.* contracted curvature tensor, Ricci tensor
zwiastun *m* (*choroby*) *med.* prodrome
~ **fali** *ocean.* forerunner
związać *v* tie; bind; lash
związany chemicznie chemically bounded
związek *m* **1.** connection; relation **2.** *chem.* compound, *zob.też* **związki 3.** *org.* union
~ **autokompleksowy** *chem.* autocomplex
~ **chelatowy** *chem.* chelate (complex), chelate compound
~ **chemiczny** chemical compound, *zob.też* **związki**
~ **dwuskładnikowy** *chem.* binary compound
~ **elektronowy** *met.* electron compound, Hume-Rothery compound
~ **kleszczowy** *zob.* **związek chelatowy**
~ **kompleksowy** *chem.* complex compound, coordination compound
~ **koordynacyjny** *zob.* **związek kompleksowy**
~ **nietrwały** *chem.* unstable compound
~ **pochodny** derivative (compound)
~ **półprzewodnikowy** *chem.* semiconducting compound
~ **prosty** *chem.* simple compound
~ **przejściowy** *chem.* intermediate compound
~ **przyczynowy** causal connection
~ **racemiczny** *chem.* racemic compound, racemate
~ **sandwiczowy** *chem.* sandwich compound
~ **trwały** *chem.* stable compound
~ **wielopodstawiony** *chem.* polysubstituted compound
~ **zawodowy** trade union
~ **zespolony** *chem.* complex compound, coordination compound

związki *mpl chem.* compounds, *zob.też* **związek**
~ **acinitrowe** aci-nitro compounds
~ **addycyjne** addition compounds, molecular compounds
~ **alicykliczne** alicyclic compounds
~ **alifatyczne** aliphatic compounds
~ **amfoteryczne** amphoteric compounds, ampholytes
~ **aminoazowe** aminoazo compounds
~ **aromatyczne** aromatic compounds, aromatics
~ **atomowe** covalent compounds
~ **azoksy** azoxy compounds
~ **azotowe** nitrogen compounds
~ **azowe** azo compounds
~ **bertolidowe** Berthollide compounds, berthollides, non-stoichiometric compounds
~ **bogate w energię** *biochem.* higher-energy compounds, energy-rich compounds
~ **cykliczne** cyclic compounds
~ **cynoorganiczne** organotin compounds
~ **cząsteczkowe** molecular compounds, addition compounds
~ **daltonidowe** daltonides, stoichiometric compounds
~ **dwuazoaminowe** diazoamino compounds
~ **dwuazoniowe** diazonium compounds
~ **dwucykliczne** *zob.* **związki dwupierścieniowe**
~ **dwupierścieniowe** bicyclic compounds
~ **elektrowalencyjne** ionic compounds, electrovalent compounds, polar compounds
~ **fosfoniowe** phosphonium compounds
~ **heterocykliczne** heterocyclic compounds
~ **heteropolarne** polar compounds, electrovalent compounds, ionic compounds
~ **hormonalne** (*o działaniu hormonalnym*) hormone chemicals
~ **hydrazowe** hydrazo compounds
~ **izocykliczne** isocyclic compounds, homocyclic compounds
~ **izoprenowe** isoprenoids
~ **izostrukturalne** *kryst.* isostructural compounds, isotypes
~ **izotypowe** *zob.* **związki izostrukturalne**
~ **jednopierścieniowe** monocyclic compounds
~ **jodoniowe** iodonium salts
~ **jonowe** ionic compounds, electrovalent compounds, polar compounds
~ **karbocykliczne** carbocyclic compounds
~ **karbonylowe** carbonyl compounds
~ **klatratowe** clathrate compounds
~ **kowalencyjne** covalent compounds
~ **krzemoorganiczne** organosilicone compounds
~ **łańcuchowe** open-chain compounds
~ **makroergiczne** (*bogate w energię*) *biochem.* high-energy compounds, energy-rich compounds
~ **metaloorganiczne** organometallic compounds
~ **mezojonowe** meso-ionic compounds
~ **międzychlorowcowe** *chem.* interhalogen compounds
~ **międzymetaliczne** intermetallic compounds, intermetallics
~ **nadtlenowe** peroxy compounds
~ **nasycone** saturated compounds
~ **nienasycone** unsaturated compounds
~ **nieorganiczne** inorganic compounds
~ **niestechiometryczne** non-stoichiometric compounds, Berthollide compounds, berthollides
~ **nitrowe** nitro compounds
~ **nitrozowe** nitroso compounds
~ **oksoniowe** oxonium compounds
~ **oniowe** onium compounds
~ **optycznie czynne** optically active compounds
~ **organiczne** organic compounds
~ **pierścieniowe** cyclic compounds
~ **powierzchniowo czynne** surface active agents, surfactants
~ ~ ~ **amfoteryczne** ampholytics, amphoteric surface active agents
~ ~ ~ **aminowe** anionics, anionic surface active agents
~ ~ ~ **kationowe** cationics, cationic surface active agents
~ ~ ~ **niejonowe** nonionics, nonionic surface active agents
~ **quasi-racemiczne** quasi-racemates
~ **rtęciowe** mercuric compounds
~ **stoichiometryczne** stoichiometric compounds, daltonides
~ **tlenowe** oxygen compounds
~ **węgla** carbon compounds
~ **wielkocząsteczkowe** macromolecular compounds, high molecular weight compounds
~ **wielochlorowcowe** polyhalogen compounds
~ **wielopierścieniowe** polycyclic compounds
~ **włączeniowe** inclusion compounds, inclusion complex
~ **wyższego rzędu** addition compounds, molecular compounds
~ **znaczone** *nukl.* tagged compounds, labelled compounds
~ **żywicotwórcze** gum-forming compounds
związkowiec *m* trade-unionist
zwichnięcie *n med.* dislocation
zwichrowanie *n* warp; twist; skewing, *zob.też* **zwichrzenie**
zwichrowany *a* warped; twisted
zwichrzenie *n* warp; twist; skewing
~ **aerodynamiczne** *lotn.* aerodynamic twist
~ **belki zginanej** lateral buckling of beam
~ **dodatnie** (*płata*) *lotn.* wash-out
~ **geometryczne** *lotn.* geometric twist
~ **łopatki** *masz.* blade twist
~ **ujemne** (*płata*) *lotn.* wash-in
zwielokrotniać *v* multiply
zwielokrotnienie *n* **1.** multiplication **2.** *tel.* channelizing
~ **prądu** *el.* current multiplication

zwieńczenie *n* **elementu architektonicznego** *arch.* finial
~ **kalenicy dachu** ridge capping
~ **muru** wall coping; wall cornice
zwieracz *m* **1.** *el.* short-circuiting switch **2.** *el.* test link **3.** *anat.* constrictor (*muscle*)
~ **falowodowy** waveguide coupler, waveguide connector
zwierać *v el.* short-circuit
~ **do masy** short to ground
zwierak *m* **anty-nadawanie-odbiór** (*ANO*) *rad.* antitransmit-receive tube, ATR tube
~ **mikrofalowy** microwave switching device
~ **nadawanie-odbiór** (*NO*) *rad.* transmit-receive switch, transmit-receive tube, TR box
zwiercalność *f* **skały** drillability of rock
zwierciadło *n* mirror; specular reflector
~ **elektronowe** electron mirror
~ **elipsoidalne** ellipsoidal mirror
~ **magnetyczne** magnetic mirror
~ **o tylnej warstwie refleksyjnej** back-coated mirror
~ **paraboliczne** parabolic mirror
~ **płaskie** plane mirror
~ **półprzezroczyste** *opt.* beam splitter
~ **sferyczne** spherical mirror
~ **wody** free surface of water, water level
~ ~ **gruntowej** ground water level; water table
~ ~ **zawieszonej** perched water table
zwierciny *pl* drillings, borings, bore dust, bug dust
zwiernik *m el.* short circuiting switch
zwierzchnik *m* superior
zwierzę *n* animal
~ **czworonożne** quadruped, tetrapod, four-footed animal
~ **doświadczalne** experimental animal, laboratory animal
~ **dwunożne** biped, two-footed animal
~ **juczne** pack animal, packer
~ **pociągowe** draught animal
~ **przeżuwające** ruminant
~ **rzeźne** slaughter animal
zwierzęta *npl* **futerkowe** furred animals
~ **gospodarskie** farm animals, livestock
zwierzostan *m* stock of game, head of game
zwierzyna *f* game
~ **gruba** big game
~ **łowna** game
~ **płowa** deer
zwieszak *m el.* pendant
zwietrzały *a* **1.** *geol.* weathered **2.** stale, vapid; flat, dead (*of beer*)
zwietrzelina *f geol.* eluvium, detritus, detrital minerals
~ **iłowa** residual clay soil
~ **luźna** immature residual soil
~ **rudna** ore flower
zwiększacz *m* **ciągu** *lotn.* thrust augmenter
~ **próżni** vacuum augmenter
zwiększać *v* increase, enlarge; augment, boost; highten
~ **czułość** sensitize, increase sensitivity
~ **do maksimum** maximize
~ **obroty 1.** *siln.* increase the speed, speed up **2.** *ek.* increase sales
~ **produkcję** increase the production, raise the production
~ **się** increase, grow
~ **skok** (*śmigła*) *lotn.* coarsen the pitch
~ **stopniowo** step up, increase gradually
~ **trwałość** lengthen the life, prolong the life
~ **wydajność** increase the output; uprate
~ **wymiary** enlarge dimensions
~ **zapasy** build up stores
~ **zasięg** extend the range
zwiększanie *n* **indukcyjności torów kabla** *el.* cable loading
~ **kontrastowości obrazu** *fot.* image intensification
~ **prędkości obrotowej** increasing the speed, revving up, spin-up
zwiększenie *n* increase, enlargement; augmentation, amplification, boost
~ **ciężaru** gain in weight
zwięzłość *f* **gleby** firmness of soil, compaction of soil
zwięzły *a* **1.** compact; firm **2.** concise
zwijacz *m* **wirów** *obr.skraw.* chip control groove
zwijać *v* coil, wind (up), reel
~ **żagle** take in sails, furl sails
zwijak *m* reel
zwijanie *n* coiling, winding (up), reeling
~ **się wióra** chip curling
~ **sprężyny** spring coiling
zwijarka *f* coiler, coiling machine, reeler, reeling machine; winding machine, winder
~ **bębnowa** *obr.plast.* drum-type winding machine; mandrel type coiler
~ **blach** circle bending rolls, sheet rolling machine
~ **cewek** *papiern.* tube winder
~ **podpodłogowa** *hutn.* downcoiler
~ **sprężyn** spring coiling machine
~ **taśm** *hutn.* strip coiler
~ **walcówki** *hutn.* rod coiler
~ **z naciągiem** *hutn.* tension reel
zwilżacz *m* wetting agent
zwilżać *v* wet, dampen, moisten
zwilżalność *f* wettability
zwilżalny wodą water-wettable
zwilżarka *f papiern.* wetting machine
zwinąć *v* **żagiel** (*na bom lub reję*) douse a sail
zwinięty *a* coiled
zwiotczały *a* flabby
zwiotczenie *n med.* atony
zwis *m* **1.** sag (*of rope*) **2.** overhang **3.** *lotn.* bank (*in straight and level flight*)
~ **impulsu** *TV* tilt of a pulse
~ **przedni** *mot.* front overhang
~ **tylny** *mot.* rear overhang
zwisać *v* sag; hang down
zwiskładka *f okr.* flake

zwitek *m* convolution; hank (*of line or cord*)
~ **wełny stalowej** (*do zajarzania łuku*) *spaw.* wad of steel wool
zwitka *f* **korkociągu** *lotn.* túrn of spin
zwłoka *f* **1.** time-lag; delay **2.** *ek.* respite
~ **krótka** short-time delay
~ **zapłonu** *siln.spal.* ignition lag
zwłóknienie *n med.* fibrosis
zwojarka *f włók.* fleece machine
zwoje *mpl* **bezprądowe** (*cewki*) dead end (*of a coil*)
zwojenie *n el.* winding operation
zwolnica *f mot.* wheel reduction gear
zwolnić *v* **1.** release; loosen, ease **2.** slow down, decelerate **3.** exempt (*from tax etc.*)
~ **hamulec** release a brake
~ **linę** let go a rope, cast loose a rope
~ **pracownika** discharge a worker
~ **sprężynę** release a spring
~ **spust** *uzbr.* uncock
~ **z pracy** discharge (*from work*)
~ **zaczep** release the catch
zwolnienie *n* **1.** release **2.** slowing down, deceleration **3.** *ek.* exemption (*from tax etc.*)
~ **czynności serca** *med.* bradycardia, slow heart rate
~ **hamulca** brake release
~ **lekarskie** sick leave
~ **przekaźnika** *el.* dropout of a relay
~ **z pracy** discharge (*from work*)
zwołać *v* **zebranie** convene a meeting
zwora *f bud.* cramp (*for stone and concrete blocks*)
~ **elektromagnesu** armature of an electromagnet
~ **magnesu** magnet keeper
~ **wideł maźniczych** *kol.* pedestal strap
zwornica *f* **stolarska** *drewn.* clamp joiner's cramp, hand screw
zwornik *m* **1.** *arch.* keystone, key block, closer **2.** *wiertn.* coupling piece, nipple **3.** jointer
zwód *m* (*urządzenia odgromowego*) *el.* air terminal
~ **prętowy** lightning rod
zwój *m* **1.** coil; convolution **2.** *arch.* volute, scroll **3.** *włók.* lap; hank **4.** *papiern.* roll, reel; web
~ **film** film reel
~ **liny** rope fake
~ **pakuł** (*do uszczelniania*) pledget
~ **papieru** paper roll, paper reel
~ **przędzy** roll of yarn
~ **sprężyny** spring coil, turn of a spring
~ ~ **nieczynny** dead coil of a spring
~ **uzwojenia** *el.* turn of winding
~ **wirówkowy** *włók., chem.* spinning cake
zwrot *m* **1.** *mat.* sense (*of a vector*) **2.** turn
~ **dodatni** *mat.* positive sense
~ **kosztów** refund, repayment
~ **na wiatr** *żegl.* going about, tacking about
~ **pożyczki** repayment of a loan
~ **przez rufę** *żegl.* gybe, gybing, wearing (*ship*)
~ **przez sztag** *żegl.* going about, tacking about
~ **ujemny** *mat.* negative sense
~ **w prawo** right turn
~ **wewnętrzny** *siln.* outer dead centre
~ **zewnętrzny** *siln.* inner dead centre
zwrotnia *f* **przenośnika** *górn.* turning station
zwrotnica *f* **1.** *kol.* switch, points **2.** *inf.* branch point switch **3.** *mot.* steering knuckle, stub axle, swivel axle
~ **antenowa** *rad.* antenna branching filter
~ **częstotliwościowa** (*w technice mikrofalowej*) frequency divider
~ **kolejowa** railroad switch
~ **przebiegana pod ostrze** *kol.* facing points
~ ~ **z ostrza** trailing points
~ **przeciwbieżna** *zob.* **zwrotnica przebiegana pod ostrze**
~ **rozwidlona** *mot.* yoke end kunckle, forked stub axle
~ **zbieżna** *zob.* **zwrotnica przebiegana z ostrza**
zwrotniczy *m kol.* switch-man, points-man
zwrotnik *m* **1.** tropic **2.** *kol.* switch throw, switch stand
Zwrotnik *m* **Koziorożca** Tropic of Capricorn
~ **Raka** Tropic of Cancer
zwrotnikowy *a* tropical
zwrotność *f* **1.** manoeuvrability, manoeuvring quality; *żegl.* turning qualities, turning ability (*of a ship*) **2.** *mat.* reflexivity
~ **wskazań** (*narzędzia pomiarowego*) reversibility of indications
zwrotny *a* **1.** manoeuvrable; good-turning (*ship*) **2.** returnable; repayable **3.** *mat.* reflexive
zwrotówka *f* frog, overhead switching (*in overhead contact lines*)
zwrócić *v* **pożyczkę** repay a loan
~ **uwagę na...** give attention to...
zwyczaj *m* **handlowy** usage of trade
~ **portowy** custom of the port
zwykły *a* common; plain; simple
zwyrodniały *a* degenerated
zwyrodnienie *n biol.* degeneration
~ **kwantowe gazu doskonałego** *fiz.* gas degeneracy
~ **poziomu energetycznego** *fiz.* degeneration of energy level
zwyrodnieniowy *a biol.* degenerative
zwyżka *f ek.* rise, increase
~ **kursu waluty** upward valuation of a currency
zygota *f biol.* zygote
zygzakowanie *n* (*przewodu jezdnego*) *kol.* stagger of contact wire
zymaza *f biochem.* zymase
zymogen *m biochem.* zymogen, proenzyme
zymoheksaza *f biochem.* fructosediphosphate aldolase
zysk *m* gain; *ek.* profit, proceeds

~ **brutto** *ek.* gross profit
~ **energetyczny anteny** *rad.* antenna power gain
~ **kierunkowy anteny** *rad.* directive gain of an antenna; directivity
~ ~ **głośnika** loudspeaker directional gain, loudspeaker directivity index
~ **logiczny** *aut.* logic gain, fan-out
~ **netto** *ek.* net profit, clear profit
~ **powielania** (*paliwa*) *nukl.* breeding gain
~ **uboczny** by-gain
~ **w kierunku na wiatr** *żegl.* headreach
zyskowny *a* profitable
ZZ = zwrot zewnętrzny *siln.* inner dead centre
zżywiczenie *n* resinification

Ź

źdźbło *n* **1.** *bot.* stalk (*of corn*); blade (*of grass*) **2.** *geom.* stalk
źle ukształtowany malformed
źle ustawiony misplaced; misaligned
źle zaopatrzony *ek.* ill-provided, understocked
źrebić *v* **się** *zool.* foal
źrebię *n zool.* foal
źrebna *a zoot.* in-foal (*mare*)
źrenica *f* **1.** *anat.* pupil **2.** *opt.* pupil **3.** *elektron.* crossover
~ **wejściowa** *opt.* entrance pupil
~ **wyjściowa** *opt.* exit pupil
źródło *n* **1.** source **2.** *geol.* spring; wellhead
~ **błędu** source of error
~ **ciągłe informacji** continuous information source
~ **dodatnie** *mech.pł.* positive source
~ **dostawy** *ek.* source of delivery
~ **dyskretne informacji** discrete information source
~ **dyslokacji** *kryst.* dislocation source, dislocation generator
~ **dźwięku** sound source, acoustic radiator
~ **emisji** emission source
~ **energii** source of energy
~ ~ **elektrycznej** electric generator, power generator
~ ~ **pokładowe** *lotn.* airborne energy source
~ **entropii** *fiz.* local entropy production, entropy source strength
~ **Franka-Reada** *met.* Frank-Read source
~ **informacji** information source
~ **jonów** ion source
~ **liniowe** *mech.pł.* linear source, source line
~ **mineralne** *geol.* mineral spring
~ **mocy** power source
~ **napędu** prime mover
~ **napięcia sterowane napięciowo** *elektron.* voltage-controlled voltage source, VCVS
~ **oświetlające** *rad.* aerial feed
~ **otwarte** *nukl.* free source, unsealed source
~ **pierwotne** *opt.* primary source

~ **podwójne** *mech.pł.* double source, doublet, dipole
~ **powierzchniowe** *mech.pł.* surface source
~ **pozorne** *nukl.* image source
~ **pożaru** seat of fire
~ **prądu** *el.* current generator
~ ~ **spawania** welding source
~ **promieniotwórcze** radioactive source
~ **promieniowania** radiation source; emitter
~ ~ **alfa** alpha emitter
~ ~ **beta** beta emitter
~ ~ **izotopowe** radioactive source
~ ~ **o dużej aktywności** multicurie source
~ ~ **pierwotne** primary emitter
~ ~ **wewnętrzne** internal source of radiation
~ ~ **wzorcowe** radioactive standard, reference source
~ **punktowe 1.** *mech.pł.* point source **2.** *opt.* point source
~ **równoenergetyczne** equal-energy source
~ **rzeki** riverhead
~ **solankowe** *geol.* brine spring
~ **światła** light source
~ **ujemne** *mech.pł.* negative source, sink
~ **wirtualne** *nukl.* image source
~ **wtórne** *opt.* secondary source
~ **wzbudzenia** *chem.* excitation source, light source
~ **zaburzenia** *aero.* disturbance source
~ **zakłóceń** *tel.* source of interference
~ **zamknięte** *nukl.* sealed source, encapsulated source
~ **zastępcze zakłóceń** *rad.* noise generator
~ **zmienności** *mat.* source of variation

Ż

żabka *f* **1.** *bud.* clip, latchet (*for sheet roofing*) **2.** *inż.* soil compactor; frog rammer **3.** sludge pump **4.** *narz.* adjustable pipe tongs **5.** *el.* toggle, draw vice
~ **niwelacyjna** *geod.* foot plate, crowsfoot
żachwy *fpl zool.* sea squirts, *Tunicatae Ascidiae*
żadeit *m min.* jadeite
żagiel *m* sail
~ **bezanmasztu** spanker, driver
~ **bramstengi** topgallant (sail)
~ **dwurozprzowy** wishbone trysail
~ **gaflowy** gaff sail
~ **kolumny fokmasztu** foresail
~ ~ **grotmasztu** mainsail
~ **lekki** kite, light sail
~ **luźny** flying sail
~ **niepracujący** easy sail
~ **rozprzowy** spritsail
~ **skośny** fore-and-aft sail
~ **słoneczny** *kosm.* solar sail
~ **trójkątny** jib headed sail
~ **usztywniony** *zob.* **żagiel z listwami**
~ **z listwami** batwing sail
~ **zwykły** working sail
~ **żebrowy** wishbone trysail
żagielek *m arch.* pendentive, squinch, scoinson arch
żagle *mpl* **w łopocie** slatting sails
żaglomistrz *m* sailmaker
żaglomistrzostwo *n* sailmaking
żaglowanie *n lotn.* planing; soaring
żaglowiec *m* sailing vessel, S.V.
żaglownictwo *n* sailmaking
żaglówka *f* sail boat
żak *m ryb.* fyke net
~ **skrzynkowy** box trap
żakard *m włók.* Jacquard machine
żaluzja *f* shutter; louvers
~ **okienna** window shutter
~ **osłaniająca od wiatru** abat-vent
~ **podnoszona** lifting (window) shutter
~ **powietrzna** air shutter
~ **zwijana** rolling (window) shutter
żar *m* heat; glow
~ **ciemnoczerwony** *met.* dark-red heat
żarna *pl* quern, hand-mill

żarnik *m* **1.** *el.* filament, glower, radient element **2.** *odl.* annealing pot, annealing box
~ **dwuskrętny** coiled-coil filament
~ **jednoskrętny** single-coil filament
żarnowanie *n poligr.* (plate) graining
żarnówka *f poligr.* plate graining machine, grainer
żaroodporność *f met.* heat-resistance
żaroodporny *a met.* heat-resisting
żarowy *a* incandescent
żarowytrzymałość *f met.* creep-resistance
żarowytrzymały *a met.* creep-resisting
żaróweczka *f el.* midget lamp, pigmy lamp
~ **iluminacyjna** festoon lamp
żarówka *f el.* light bulb, incandescent lamp
~ **błyskowa** *fot.* flash bulb, photoflash
~ **choinkowa** Christmas-tree lamp
~ **do latarki kieszonkowej** flash-lamp
~ **dwużarnikowa** bifilament bulb, double filament lamp
~ **gazowana** gas-filled filament lamp
~ **karzełkowa** pygmy lamp, midget lamp
~ **matowa** frosted lamp
~ **miniaturowa** midget lamp, pigmy lamp
~ **mleczna** pearl lamp, inside-frosted lamp
~ **rurowa** tubular lamp
~ **świecowa** candle lamp
~ **wskaźnikowa prądu** current indicator lamp
~ **wstrząsoodporna** rough service lamp
żarzak *m obr.ciepl.* annealing furnace
żarzący się glowing, incandescent
żarzenie *n* **się** glow, incandescence
żarzyć *v* **się** glow, incandesce
żąć *v roln.* reap
żądać *v* **informacji** *inf.* query
~ **odszkodowania** claim damages
~ **zapłaty** charge
~ **zwrotu** reclaim
żądanie *n* **informacji** *inf.* inquiry
żądło *n zool.* sting
żeberka *npl papiern.* laid lines, wire marks, ribs (*in watermarked paper*)
żeberko *n* **1.** *masz.* fin; rib **2.** *kol.* stub track
~ **chłodzące** cooling fin, gill
~ **fałszywe** *odl.* reinforcing rib, strengthening rib
żebro *n* **1.** *anat.* rib, costa **2.** rib; fin; web
~ **chłodzące** *masz.* cooling fin
~ **kształtowe** *lotn.* form rib, former, false rib
~ **łukowe** *bud.* arch rib
~ **pomocnicze** *lotn.* false rib, form rib, former
~ **rdzeniowe** *odl.* core grid, core iron
~ **sklepienia** *arch.* vault rib
~ ~ **krzyżowego** groin
~ **usztywniające** stiffening rib, reinforcing rib
~ **wzmocnione** *lotn.* reinforced rib, strong rib
żebrowanie *n* **sklepienia** *arch.* vault ribbing, nervures
żebrowy *a* finned, gilled (*tube etc.*)
żegadło *n zoot.* branding iron; *med.* cauter
~ **elektryczne** *med.* electrocauter
żeglarstwo *n* yachting
żeglować *v* sail; navigate
żeglowanie *n* sailing; navigation
~ **pełnym wiatrem** running free
~ **pod wiatr** windward sailing
~ **półwiatrem** reaching
~ **z wiatrem** running
~ **zygzakiem** zigzag sailing
żeglowność *f* navigability
żeglowny *a* **1.** (*o rzece, kanale*) navigable **2.** (*o statku*) seaworthy
żegluga *f* navigation
~ **dalekomorska** foreign trade
~ **dowozowa** tender service
~ **handlowa** shipping industry
~ **kabotażowa** cabotage
~ **liniowa** liner trade, liner traffic, line traffic
~ **mała** (*in Poland*) Baltic and North Sea trade
~ **mieszana** (*po ortodromie i loksodromie*) composite sailing
~ **nieregularna** tramp service, tramping
~ **po loksodromie** plain sailing, plane sailing, Mercator sailing
~ **po ortodromie** great circle sailing, orthodromics
~ **powietrzna** aeronautics
~ **przybrzeżna** coasting, inshore navigation; cabotage
~ **regularna** liner trade, liner traffic, line traffic
~ **śródlądowa** inland navigation
~ **wielka** ocean going navigation
żel *m chem.* gel
~ **glinowy** alumina gel
~ **kauczukowy** gel rubber
~ **krzemionkowy** silica gel
żelatyna *f* gelatin(e)
~ **wybuchowa** *wybuch.* explosive gelatine, blasting gelatine, dynamite gelatine
~ **zwierzęca** glutin
żelatynizacja *f* gelatinization
żelatynizator *m wybuch.* gelatinizing agent
żelatynowanie *n* (*galaretowacenie*) gelation, gelling
żelazawy *a chem.* ferrous
żelaziak *m* **brunatny** limonite, brown heamatite, brown iron ore
~ **chromowy** chromite, chrome iron ore
~ **czerwony** (red) haematite, red iron ore
~ **łyszczykowy** micaceous black iron ore
~ **magnetyczny** magnetite, black iron ore
~ **mikowy** micaceous iron ore
~ **tytanowy** ilmenite, menaccanite, titanic iron ore
żelazian *m chem.* ferrate
żelazica *f med.* siderosis
żelazicyjanek *m chem.* ferricyanide
żelazisty *a* ferruginous
żelazko *n* (*do prasowania*) flat-iron, iron
~ **do struga** plane iron, cutting iron
„żelazne płuca" *npl med.* iron lung
żelazny *a* (made of) iron
żelazny zapas *m ek.* emergency store
żelazo *n* iron, Fe

~ -59 radioiron, iron-59, ^{59}Fe
~ **alfa** alpha iron
~ **Armco** ingot iron
~ **beta** beta iron
~ **delta** delta iron
~ **elektrolityczne** electrolytic iron
~ **gamma** gamma iron
~ **gąbczaste** sponge iron, iron sponge
~ **karbonylkowe** carbonyl iron
~ **meteorytowe** meteoric iron
~ **pudlarskie** puddled iron
~ **technicznie czyste** ingot iron
~ **w proszku** iron powder
~ **zgrzewne** wrought iron, knobbled iron
żelazobeton *m bud.* reinforced concrete, ferro-concrete
żelazobor *m met.* ferroboron
żelazochrom *m met.* ferrochromium
żelazocyjanek *m chem.* ferrocyanide
~ **potasowy** potassium ferrocyanide
~ **sodowy** sodium ferrocyanide
żelazocyrkon *m met.* ferrozirconium
żelazofosfor *m met.* ferrophosphorus
żelazoglin *m met.* ferroaluminium
żelazokoks *m* ferrocoke
żelazokrzem *m met.* ferrosilicon
~ **wielkopiecowy** ferrosilicon pig
~ **zwierciadlisty** *zob.* **żelazokrzemomangan**
żelazokrzemomangan *m met.* silicomanganese
żelazomangan *m met.* ferromanganese
żelazomolibden *m met.* ferromolybdenum
żelazonikiel *m met.* ferronickel
żelazoniob *m* ferroniobium, ferrocolumbium
żelazonośny *a* iron-bearing
żelazoselen *m* ferroselenium
żelazostopy *mpl* ferroalloys
żelazotytan *m met.* ferrotitanium
żelazowanad *m met.* ferrovanadium
żelazowapniokrzem *m met.* calcium silicon
żelazowce *mpl chem.* **1.** iron-group (metals) (Fe, Ru, Os) **2.** ferrous metals, first triad (Fe, Co, Ni)
żelazowolfram *m met.* ferrotungsten
żelazowy *a chem.* ferric
żelbet *m bud.* reinforced concrete, ferroconcrete
żelgruda *f hutn.* luppen, Krupp-Renn nodules
żeliwiak *m odl.* cupola
~ **bezkoksowy** gas-fired cupola
~ **gazowy** *zob.* **żeliwiak bezkoksowy**
~ **mały** cupolette
~ **metalurgiczny** metallurgic blast cupola
~ **wielorzędowy** balanced-blast cupola
~ **z dmuchem wzbogaconym** cupola with oxygen enriched blast
~ **z podgrzewanym dmuchem** hot-blast cupola
~ **z rynną syfonową** front slagging cupola
~ **ze zbiornikiem** receiver cupola, tank cupola
żeliwiakowy *m odl.* cupola tender
żeliwo *n* cast iron
~ **austenityczne** austenitic cast iron
~ **bainityczne** bainitic cast iron
~ **białe** white cast iron
~ **chromowe** chromium cast iron
~ **ciągliwe** malleable (cast iron)
~ ~ **białe** whitehearth malleable
~ ~ **czarne** blackhearth malleable
~ ~ **perlityczne** pearlitic malleable
~ **ferrytyczne** ferritic cast iron
~ **iglaste** bainitic cast iron
~ **krzemowe** silicon cast iron
~ **łożyskowe** bearing cast iron
~ **martenzytyczne** martensitic cast iron
~ **maszynowe** engineering cast iron
~ **modyfikowane** inoculated cast iron
~ **niestopowe** plain cast iron
~ **niklowe** nickel cast iron
~ **niskokrzemowe** low-silicon cast iron
~ **niskostopowe** low-alloy cast iron
~ **odfosforzone** washed cast iron
~ **perlityczne** pearlitic cast iron
~ **połowiczne** mottled cast iron
~ **przeciwcierne** bearing cast iron
~ **pstre** *zob.* **żeliwo połowiczne**
~ **sferoidalne grafityzowane** ductile cast iron, nodular cast iron, spheroidal graphite iron, S.G. iron
~ **staliste** semi-steel, steeled cast iron, ferro-steel
~ **stopowe** alloy cast iron
~ **szare** grey cast iron
~ **utwardzone** chilled cast iron
~ **wysokojakościowe** high-duty cast iron, high-grade cast iron, high-test cast iron
~ **wysokoniklowe** high-nickel cast iron
~ **wysokostopowe** high-alloy cast iron, highly alloyed cast iron
~ **zabielone** chilled cast iron
~ **zbrojone** armoured cast iron
~ **zwykłe** (*niestopowe*) plain cast iron
żelkot *m tw.szt.* gel coat
żelowanie *n* gelation
żeński *a biol.* female
żeń-szeń *m bot.* ginseng, *Panax schinseng*
żerdziowanie *n odl.* poling
żerdziowina *f drewn.* pole wood
żerdź *f* rod, pole; perch
~ **do sondowania** *żegl.* sounding lance
~ **igliczna** *uzbr.* firing rod, firing pin
~ **płuczkowa** *wiertn.* hollow rod, drill pipe
~ **pompowa** *wiertn.* pump rod, sucker-rod
~ **ratunkowa** *wiertn.* fishing-rod, spear
~ **wiertnicza** drilling rod, drill pipe, bore rod, boring rod
~ **zatyczkowa** (*w kadzi*) *odl.* stopper rod
żerowisko *n ryb.* feeding ground
żeton *m* token
żęcie *n roln.* reaping
żłobak *m narz.* gouge
żłobek *m* **1.** groove; flute **2.** nursery
~ **skośny** *masz.el.* skewed slot
żłobiarka *f* **1.** *drewn.* trenching machine **2.** *obr.plast.* grooving machine, groover
~ **ręczna do blach** universal swaging machine, burning machine, jenny

żłobienie *n* **1.** gouging **2.** erosion
~ **elektropowietrzne** *spaw.* arc(-air) gouging, arc-air electrode deseaming
~ **łukowe** *zob.* **żłobienie elektropowietrzne**
~ **palnikiem** *spaw.* flame gouging, gas gouging, deseaming, scarfing
~ **strugiem** *drewn.* routing
~ **tlenowe** *spaw.* flame gouging, gas gouging, deseaming, scarfing
żłobik *m* **kątowy** *narz.* diamond point chisel
żłobki *mpl* **spływowe** *geol.* rill marks
żłobkowanie *n* grooving; fluting
żłobkowany *a* grooved; fluted
żłób *m* *roln.* manger, crib
żmija *f* *zool.* viper, *Vipera*
żmijka *f* **1.** *roln.* spiral gravity grain separator **2.** *żegl.* sailor's whipping
żniwa *pl* *roln.* harvest, reaping time
żniwiarka *f* *roln.* corn harvester, reaper, reaping machine
~ **pokosowa** swather; windrower
żołądek *m* *anat.* stomach
~ **trzeci przeżuwaczy** omasum
żołądź *m* *bot.* acorn
żółcenie *n* *obr.plast.* sulling
żółcień *f* *farb.* yellow
~ **barowa** barium yellow
~ **barytowa** baryta yellow, ultramarine yellow
~ **chromowa** chrome yellow, lead chrome
~ **cynkowa** zinc yellow, citron yellow, zinc chrome
~ **(dwu)metylowa** butter yellow
~ **kadmowa** cadmium yellow
~ **kobaltowa** cobalt yellow
~ **neapolitańska** antimony yellow
~ **strontowa** strontium yellow
~ **tiazolowa** *zob.* **żółcień tytanowa**
~ **tytanowa** titan yellow, thiazole yellow
~ **żelazowa** ferrite yellow
żółć *f* *fizjol.* bile, gall
żółknięcie *n* yellowing
żółta febra *f* *med.* yellow fever
żółta plamka *f* *anat.* yellow spot
żółtaczka *f* *med.* icterus, jaundice
żółtawy *a* *farb.* yellowish
żółtko *n* **białe** (*jaja*) *zool.* latebra, white yolk
~ **jaja** egg yolk
~ **zarodkowe** latebra, white yolk
~ **żółte** (*jaja*) yellow yolk
żółty *a* *farb.* yellow
żółty imbir *m* *farb.* curcuma, curry, turmeric
żółw *m* *zool.* turtle, *Chelonia*
żrący *a* *chem.* caustic
żubr *m* *zool.* bison, wisent, *Bison bonasus*
żubrownik-kłusownik *m* *roln.* awner
żuchwa *f* *anat.* lower jaw, submaxilla
żucie *n* *fizjol.* mastication
żuławy *pl* fen(s), fenland
żupa *f* **solna** salt-works, salt-pan, saline, saletern
żuraw *m* (jib) crane
~ **bomowy** *okr.* cargo boom, derrick boom
~ **bramowy** gantry crane, portal crane
~ **budowlany** building crane
~ **chwytakowy** grab crane
~ **ciągnikowy** tractor crane
~ **do sterowania** stacking crane
~ **do układania rurociągów** pipe layer crane
~ **jezdniowy gąsienicowy** track mobile crane
~ **kolejowy** railway crane
~ **linowłókowy** dragline
~ **lukowy** *okr.* hatch derrick
~ **masztowy** derrick
~ ~ **lekki z wciągarką** whip-crane
~ ~ **o górnym zawieszeniu wysięgnika** tower derrick
~ ~ **stojakowy** stiff-leg derrick, A-derrick
~ ~ **z odciągami linowymi** guy derrick
~ **mikrofonowy** *rad.* microphone boom
~ **naścienny** wall crane
~ **obrotowy** swing jib crane, slewing crane
~ **placowy** yard jib crane
~ **pływający** floating crane, derrick barge
~ **podwieszony** (*suwnicowy*) overhead underhung jib crane
~ **pościenno-przejezdny** travelling wall crane
~ **półbramowy** semi-gantry crane
~ **przejezdny** travelling crane, transit crane
~ **przyścienny** walking crane
~ **ratunkowy** breakdown crane
~ **samochodowy** truck (mounted) crane, lorry (mounted) crane
~ **samojezdny** mobile crane, wheeled crane
~ **samowznoszący** *bud.* self-mounting crane
~ **słupowy** post crane
~ **stały** fixed crane
~ **stoczniowy stały** giant crane for ship fitting-out
~ **suwnicowy podwieszony** overhead underhung jib crane
~ **wiertniczy** drilling rig, oil well derrick
~ **wieżowy** tower crane
~ ~ **młotowy** hammer-head crane
~ ~ **samomontujący się** self-erecting tower crane
~ **wodny** *kol.* water column
~ **wspornikowy** cantilever crane
~ ~ **przyścienny** bracket jib crane
~ **wychylny** luffing jib crane
~ **wypadowy** level luffing jib crane
~ **z przeciwciężarem** balance crane
~ **z przejazdem po wysięgnicy** transporter crane
żurawik *m* *okr.* davit
~ **kotwiczny** anchor davit, cat davit
~ **lukowy** hatch davit
~ **łodziowy** boat davit
~ ~ **obrotowy** radial davit

~ ~ **wychylny** quadrant davit
żurawina *f bot.* cranberry, *Oxycoccus quadripetalus* Gilib.
żużel *m* slag; cinder
~ **besemerowski** Bessemer slag
~ **ciekły** liquid slag, molten slag; *kott.* fluid ash
~ **erozyjny** erosive slag
~ **gęstopłynny** viscous slag
~ **granulowany** granulated slag
~ **hutniczy** metallurgical slag
~ **kawałkowy** lump slag
~ **konwertorowy** Bessemer slag
~ **kruchy** friable slag
~ **lepki** sluggish slag
~ **martenowski** open-hearth slag
~ **nieścisły** inflated slag
~ **piankowy** foamed slag
~ **początkowy** initial slag
~ **przyklejony** adhering slag
~ **rozdrobniony** slag sand
~ **rzadkopłynny** thin slag, fluid slag
~ **silnie przywierający** *zob.* **żużel przyklejony**
~ **spieniony** expanded slag
~ **syntetyczny** synthetic slag
~ **szklisty** vitreous slag
~ **ścisły** compact slag, dense slag, solid slag
~ **Thomasa** Thomas slag; basic slag, basic cinder, basic phosphate
~ **wielkopiecowy** blast furnace slag
~ **wyżerający** erosive slag
~ **zastygły** *zob.* **żużel zestalony**
~ **zestalony** solidified slag
żużlobeton *m bud.* slag concrete
żużloodporność *f* slag resistance
żużlotwórczy *a* slag-forming
żużlować *v* slag
żużlowaty *a* slaggy
żużlownica *f hutn.* intermediate cooler (*in a blast-furnace*)
żużlowy *m* (*robotnik*) *hutn.* cinder snapper
żużlówka *f hutn.* slag tuyere, monkey cooler, monkey (*in a blast-furnace*)
żwacz *m* **1.** *anat.* masseter **2.** *zool.* rumen, paunch
żwir *m* gravel
~ **filtracyjny** filter gravel
~ **gruby** shingle
~ **kopalny** bank-run gravel
~ **łamany** crushed gravel
~ **morski** beach gravel
~ **polodowcowy** glacial gravel
~ **rzeczny** valley gravel
żwirek *m* grit
żwirkowiec *m petr.* grit-stone
żwirobeton *m bud.* gravel concrete
żwirować *v* gravel
żwirownia *f* gravel pit, gravel mine
życica *f bot.* ryegrass, *Lolium*
życiodrzew *m bot.* arborvitae, thuja, *Thuja*
życiowy *a* biotic
żylak *m med.* varix (*pl* varices)
żyletka *f* razor blade
żyła *f* **1.** *anat.* vein **2.** *geol.* vein
~ **„a”** *telef.* tip wire, negative wire
~ **„b”** *telef.* ring wire, positive wire
~ **bogata** *geol.* strong vein, pay-lead, pay streak
~ **„c”** *telef.* sleeve wire
~ **ilasta** *geol.* flookan
~ **izolowana kabla** core of a cable
~ **kabla** *el.* conductor of a cable
~ **kominowa** *geol.* reaming vein
~ **kontrolna** (*w kablu*) *el.* pilot wire
~ **kruszcowa** *geol.* lode; reef
~ **liny** strand of a rope
~ **poprzeczna** *geol.* crossvein
~ **próbna** *el.* test wire
~ **rudna** *geol.* lode; reef
~ **sektorowa** *el.* sector-shaped conductor
~ **siodłowa** *geol.* saddle reef
~ **startowa** *el.* start wire
~ **stromo zalegająca** *geol.* rake
~ **szczelinowa** *geol.* fissure vein
~ **szychowa** *el.* tinsel thread
~ **ślepa** *geol.* blind lode
~ **wrotna** *anat.* portal vein
~ **wyeksploatowana** *geol.* exhausted vein
~ **wyrzucona uskokiem** *geol.* rise dike
żyłka *f ryb.* monofilament; gut
żyłki *fpl* **1.** *odl.* veining, mapping (*casting defect*) **2.** *tw.szt.* monofilaments
żyłowanie *n skór.* breaking
żyły *fpl* **rozmówne** *telef.* speaking wires
żyrandol *m* chandelier
~ **elektryczny** electrolier
żyrant *m ek.* endorser
żyrator *m el.* gyrator
żyro *n ek.* endorsement
żyro- gyro-, *zob.też* **giro-**
żyrobus *m* gyrobus
żyrobusola *f* gyro-compass, gyromagnetic compass
żyrokompas *m zob.* **żyrobusola**
~ **-matka** master gyro-compass
żyromagnetyczny *a fiz.* gyromagnetic
żyroskop *m* gyroscope, gyro
~ **orientacji przestrzennej** orientation gyroscope
~ **prędkościowy** rate gyroscope
~ **swobodny** free gyroscope
żyroskopowy wskaźnik *m* **kursu** directional gyro
żyrostat *m* gyrostat
żyrotron *m elektron.* gyrotron
żyrować *v ek.* endorse
żytniówka *f ferm.* rye whisky
żyto *m* rye, *Secale cereale* L.
żywa pagina *f poligr.* page headline
żywa waga *f* live weight
żywica *f* resin, *zob.też* **żywice**
~ **akaroidowa** acaroid (resin), accroides gum
~ **aloesowa** aloe
~ **benzoesowa** benzoin resin, benjamin gum, benzoin gum
~ **gwajakowa** guaiac (resin), guaiac gum
~ **kauri** kauri-gum, cowrie
~ **labdanum** labdanum, ladanum
~ **olibanowa** olibanum, frankincense
~ **w postaci żelu** plasigel
żywice *fpl* resins, *zob.też* **żywica**

~ **abietynowe** penta resins
~ **acetalowe** acetal resins
~ **acetonowe** acetone resins
~ **acetylenowo-fenolowe** acetylene-phenol resins
~ **akroleinowe** acrolein resins
~ **akrylowe** acrylic resins, acrylate resins
~ **aldehydowe** aldehyde resins
~ **alkidowe** alkyd resins, alkyds
~ **allilowe** allyl resins
~ **aminowe** amino resins
~ **anilinowe** aniline resins, aniline-formaldehyde resins
~ **anilinowo-formaldehydowe** *zob.* **żywice anilinowe**
~ **anionitowe** anion-exchange resins
~ **bezciśnieniowe** no-pressure resins
~ **chmielowe** *ferm.* hop resins
~ **do formowania** moulding resins
~ **do odlewania** casting resins
~ **epoksydowe** epoxy resins, epoxide resins
~ **estrowe** ester gums
~ **etylenowo-propylenowe fluorowane** fluorinated ethylene-propylene resins, FEP resins
~ **fenolowe** phenolic resins
~ **gliptalowe** glyptal resins, glyptals
~ **jonitowe** *zob.* **żywice jonowymienne**
~ **jonowymienne** ion-exchange resins
~ ~ **amfoteryczne** bifunctional ion-exchange resins
~ **kationitowe** cation-exchange resins
~ **kontaktowe** contact resins, low-pressure resins
~ **kopalne** fossil resins
~ **lakiernicze** varnish resins
~ **lane** cast resins
~ **maleinowe** maleic resins, maleates
~ **melaminowe** melamine resins, M.F. resins, melamine-formaldehyde resins
~ **melaminowo-formaldehydowe** *zob.* **żywice melaminowe**
~ **metakrylowe** methacrylate resins
~ **mocznikowe** urea resins, carbamide resins
~ **naturalne** natural resins, gums
~ **obecne** *paliw.* existent gums
~ **poliamidowe** polyamide resins
~ **poliestrowe** polyester resins
~ **polimeryzacyjne** polymerizing resins
~ **potencjalne** *paliw.* potential gums
~ **silikonowe** silicone resins
~ **styrenowo-akrylonitrylowe** styrene-acrylonitrile (resins), SAN
~ **syntetyczne** synthetic resins, artificial resins
~ **sztuczne** *zob.* **żywice syntetyczne**
~ **szybkoutwardzalne** quick-setting resins
~ **termoplastyczne** thermoplastic resins
~ **termoutwardzalne** thermohardening resins, thermosetting resins
~ **usieciowane** cross-linking resins
~ **utwardzalne** hardening resins
~ **utwardzone** cured resins
~ **winylowe** vinyl resins
~ **wodorozpuszczalne** gums
~ **wysokostyrenowe** high-styrene resins, high-styrene rubbers
~ **zdyspergowane** grinding resins
żywiciel *m* (*pasożyta*) *biol.* host, parasitifer
żywicotwórczy *a* resin-forming
żywicowanie *n* tapping of trees, gashing
żywicowaty *a* resinous
żywiczany *mpl chem.* resinates
żywiczenie *n* resinification
żywiczny *a* resinous; gummy
żywiec *m roln.* slaughter animals
żywienie *n* nutrition; feeding; catering
~ **intensywne** *zoot.* flushing
~ **opasowe** *zoot.* feeding for fattening
~ **pastwiskowe** pasture feeding
~ **samoobsługowe** *zoot.* self-feeding
~ **z podłogi** *zoot.* floor feeding
~ **zbiorowe** mass nutrition
żywieniowiec *m* nutritionist
żywieniowy *a* nutritional
żywność *f* food, eatables, victuals
~ **mrożona** frozen food
~ **suszona** dehydrated food
żywokost *m* **lekarski** *bot.* comfrey, *Symphytum officinale*
żywopłot *m* hedge, live fence
żyworodny *a zool.* viviparous
żywotność *f* **1.** *biol.* vitality **2.** (*trwałość*) life; *farb.* pot life; *wojsk.* survivability
~ **katalizatora** catalyst life
żywy *a farb.* bright, brilliant
żywy inwentarz *m roln.* livestock
żyzność *f roln.* fertility
żyzny *a roln.* fertile, fecund

Wydanie VII
Ark. wyd. 122,1
Ark. druk. 53,5 (71,16/A)
Symbol 82768/NES/WNT
Druk i oprawa z gotowych diapozytywów:
TIZ »Zrinski«, Čakovec
Jugoslaviapublic, Beograd

A
B
C Ć
D
E
F
G
H
I
J
K
L Ł
M
N
O Ó
P
Q R
S Ś
T
U
W
Y Z
Ź Ż